U0876665

有机卷

Organic Compounds Volume

化工物性速查速算手册

Rapid-Access Handbook of Chemical Property Data

青岛科技大学
全国图算学培训中心 组织编写

王英龙 马连湘 刘光启 主编

申威峰 刘永卓 刘阳生 副主编

化学工业出版社

·北京·

内容简介

《化工物性速查速算手册》分为无机卷和有机卷。本书为有机卷，以数表形式给出了有机酸和酸酐、有机盐和有机碱、烷烃、烯烃、炔烃、芳烃、醇类、酚类、醚类、酮类、醛类和醌类、酯类、胺类、腈类、油类和燃料、其他有机物料等的物理性能，包括各类有机物的一般特性、密度、相变点、黏度、表面张力、溶解度、热导率、蒸气压、比热容、焓和熵、汽化热和熔化热、气液平衡、危险品一般特性等物性数据。书中还给出了381张算图。

本手册采用法定单位制，以物性为主线，用数据和算图表达了7700余种物料的物性，说明了2600余种危险品特性，内容全面、资料准确、实用性强、方便查阅，可供化学、化工、环保、医药、轻工、机械、食品、纺织等企业和设计院所科技人员、大专院校师生及各行各业的化验人员使用。

图书在版编目（CIP）数据

化工物性速查速算手册．有机卷 / 青岛科技大学，全国图算学培训中心组织编写；王英龙，马连湘，刘光启主编．-- 北京：化学工业出版社，2024．11．

ISBN 978-7-122-45982-4

Ⅰ．06-62

中国国家版本馆CIP数据核字第2024VD2734号

责任编辑：傅聪智　仇志刚　　装帧设计：刘丽华

责任校对：张茜越

出版发行：化学工业出版社

（北京市东城区青年湖南街13号　邮政编码100011）

印　　装：北京建宏印刷有限公司

787mm×1092mm　1/16　印张56　字数1417千字

2026年1月北京第1版第1次印刷

购书咨询：010-64518888　　售后服务：010-64518899

网　　址：http://www.cip.com.cn

凡购买本书，如有缺损质量问题，本社销售中心负责调换。

定　　价：398.00元

版权所有　违者必究

前 言

化学工程是研究化工产品生产过程共性规律的一门学科，工艺计算、设备设计、流程控制、物料储存、产品质量优化、化合物鉴别及应用研究等均离不开基础数据。随着我国经济的发展和科学技术水平的不断提高，化工研究和设计已经发展到过程模拟仿真的阶段，作为基础的物性数据的重要性日益凸显。准确而又完善地掌握物性数据，是化工人应该具备的基本素质之一。但是要熟悉并掌握浩如烟海的物质的固有特性和随外界因素变化的规律，实非易事。编写本手册的目的就是希望能在这方面助你一臂之力。

化工物性数据的表现形式，不外乎数表、算图、经验公式和数据包四种。数表为传统形式，算图在此前一百多年内相当盛行，是我们的前辈智慧和经验的结晶，也可以说是一种非物质文化遗产。经验公式乃是对实验数据的拟合，而数据包则是当今信息时代的产物。使用数据包和经验公式时，需要代入一系列系数或者输入分子式并进行选择，十分麻烦，得到的结果误差也较大。所以本手册采用以数表和算图为主的形式。

本手册内容按物料大类分章，物性为节，数表和算图融为一体，介绍了工作中常用物料的物性，以达到“速查速算”的目的。为了排版方便和整体美观，各章数表中的算图只表明了其编号、名称以及所在页码，而将所有算图都统一放在所有数表之后。

在当今信息高度发达的时代，算图还有没有它的地位？可谓仁者见仁，智者见智。有一种看法是，有了计算机，算图就没有什么用处了。但在实际上，算图的实用功能，并没有因为计算机的出现而丧失，只是仍然侧重于常规计算罢了，俗语说“寸有所长，尺有所短”。算图与计算机相比，就好比交通工具中的自行车、汽车和飞机一样，相互不可代替。算图容易掌握，对使用者的文化程度要求不高，求解迅速，不易出错，计算结果一目了然，且便于现场使用。而使用数据包要求有较高的文化程度，不是每个人都能熟练掌握，何况输入一系列的分子式和数据也很麻烦，结果又不能直观反映参数变化的影响；加之价格昂贵等原因，不能满足广大科技人员的需求。再者，数据包也不是万能的，笔者曾经遇到几个问题，明明应该有解，可它却告诉我“无解”。所以，有人把我们二十年前出版的《化工物性算图手册》做成 PDF 完整版，在互联网上的点击量至今仍然居高不下，就是一个有说服力的证明。

化工物性包括物料的固有特性、传递特性、相平衡特性、热力学特性和热化学特性和安全性等，种类繁杂。本手册在编排上，大致按此先后次序并有所侧重。

古人云：“工欲善其事，必先利其器。”称为化学化工领域科技人员“囊中之宝”的物性数据，是从业人员在生产、科研或设计中经常要查阅的资料。本手册在笔者等编写的《化学化工物性数据手册》（增订版）基础上，整合了《化工物性算图手册》的大部分内容，试图为化工和其他领域的读者提供一部内容更为全面系统、资料准确、实用性强、查阅方便、采用法定单位制的物性工具书。

本手册在编写过程中，根据市场反应和读者反馈的信息，对以往的数据进行了许多重大补充和修改，丰富了内涵并增强了实用性。

本手册有机卷由王英龙、马连湘、刘光启任主编，申威峰、刘永卓、刘阳生任副主编。参加编写的还有孙晓岩、展红明、唐元政、宋君萍；参加审稿的有戴亚森、李亚男、周梦津、刘天雄、文春贺、王敬学、魏冉冉、王玉勐、陈玉森、陈夏夏、钟建辉、邢甲富、矫宇阳、张晓燕、孙文、渠娅娟、赵青、张艳丽、徐再凤、霍冰洁、李晨、王子晨、苏子皓。由于我们的学识和专业水平有限，缺点和不足在所难免，敬请同仁们不吝指正。

马连湘

2025 年 8 月

总目录

有机卷

无机卷

有机卷使用说明

一、本手册（有机卷）将物料分为有机酸和酸酐、有机盐和有机碱、烷烃、烯烃、炔烃、芳烃、醇类、酚类、醚类、酮类、醛类和醌类、酯类、胺类、腈类、油类和燃料、其他有机物料共16章。

二、物性用表格和算图的形式表示，包括一般特性、个性图表和危险品特性三大项。在一般特性表中，物料次序一般按天干顺序或笔画多少排列，其形态栏中文字的含义如下：

无—无定形　三—三斜晶　四—四方晶　六—六方晶　八—八面晶　平—平面晶

正—正方晶　立—立方晶　单—单斜晶　针—针状晶　斜—斜方晶　棱—棱角晶

晶—结晶体　固—固　体　液—液　体　片—片　状　粉—粉末状　油—油　状

浆—浆　状　黏—黏稠液　胶—胶　状　膏—膏　状　蜡—蜡　状　块—块　状

叶—叶片状　丝—丝　状

/乙醇—表示在乙醇溶液中析出的晶形（同一物料析出的溶液不同，晶形有可能不同）

三、在密度一栏中，密度值右上角标明的为与其相应的温度值，未标明的为常温下的密度。

四、在熔点（t_m）和沸点（t_b）栏中，140-41表示140～141℃，240-55表示240～255℃，以此类推。在一些情况下，它们还可能与压强有关，为此在其数值右上角标明了相应的大气压值（以kPa为单位），例如40^{70}表示在70kPa压强下，其熔点（或沸点）是40℃；未标明的为常压下的数值。另外，“200 //”表示其熔点（或沸点）为200℃，此时物料发生分解；而“// 200”则表示在到达熔点（或沸点）之前（<200℃）就发生分解。此栏中，下角dec表示分解，下角sub表示升华。

五、在颜色一栏中，由于有些物料的颜色与杂质含量的多少、贮存时间的长短，或是否见阳光、接触氧气、受热等因素有关，且不同的人对同一颜色的分辨和表达上也有一定的差异，故可能会有细微差别。

六、在溶解度（溶解性能）一栏中，溶解度数值右上角标明的亦为与其相应的温度值，例如130^{80}表示在80℃时，100g某溶剂中可溶解130g（无水）某物质。当溶解度不能定量表示时，则使用定性符号：−—不溶，÷—微溶或难溶，÷÷—极微溶或极难溶，+—溶解，++—易溶，+++—极易溶，∞—可以任何比例互溶；×—发生化学反应；纯—纯溶液。

溶剂一栏中的冷水是指温度为0℃的水，而热水是指温度为100℃的水，否则会注明具体温度。当原参考文献中未注明是冷水还是热水时，则采用通栏形式；该栏中的酸，用N表示硝酸，S 表示硫酸，Cl 表示盐酸，且一般是指它们的稀水溶液，对其浓水溶液，则加“′”表示，对其热溶液，则加“*”表示，对其冷溶液，则加“*”表示；该栏中的“碱”只表示 KOH 和 NaOH 水溶液，其他（如 NH_4OH）则另外注明，对其熔融液，则加“**”表示；“乙醇”表示质量分数为 95% 的乙醇。

七、其他符号：/—微分解；·/·—缓慢分解；//—分解；// 100—在 100℃时只发生分解；100 //—在 100℃熔点（或沸点）时，同时有分解发生；///—猛烈分解；～—吸湿或易潮解；≈—很易潮解；L—相变温度；↑—升华；×—反应；→—生成……；$-2H_2O$ 500—在 500℃时失去 2 个水分子。折射率数值右上角的数字为其对应的温度。

八、由于物料的物性数据繁杂，而物性总览表中所设栏目又有限，所以为了版面的美观，除了在必要时加“注”以外，也会出现少数项目在表中不完全对应的情况。

九、危险品特性表中燃烧性代号：不—不燃；助—助燃；易—易燃；可—可燃；-—无资料；※—无意义。

灭火介质代号：S—水；W—雾状水；Sw—用水无效；1—1211 灭火剂；G—干粉灭火剂；P—泡沫灭火剂；SJ—酸碱灭火剂；R—二氧化碳灭火剂；KP—抗溶性泡沫；T—砂土；K—可用任何灭火介质；QD—切断电源；QQ—切断气源；冠以 J 时表示禁止使用该灭火介质。

各类危险品特性中，危险物品分类代号见附录 3，风险性代号见附录 4，安全措施号见附录 5，建规火险分级见附录 6。

十、各类物性数据，都是根据前人试验或物料结构推算的结果。他们的试验条件不能完全相同，使用的仪器种类和等级也可能不一样，推算的理论和依据也会有差异，所以都不能绝对准确（分子量除外），有点差异是完全正常的，少数数据出现较大差异在过去的资料中也曾经有过。对于这种情况，我们要在实际工作中加以分析判别，去伪存真。

第 1 章
有机酸和酸酐

目 录

1.1 一般特性

1.1.1 羧酸的一般特性

表1.1.1 羧酸的一般特性

名称	分子式	分子量	密度 d_4^{20} /(g/cm³)	颜色	形态	性状	溶解性能					正常熔点 t_m	正常沸点 t_b	临界温度 T_c /K	临界压力 p_c /MPa	临界体积 V_c /(cm³/mol)	临界压缩因子 Z_c	偏心因子 ω	偶极矩 /D	折射率 n^{20}
							水	乙醇	乙醚	苯	其他	/℃								
甲酸（蚁酸）	CH_2O_2	46.03	1.220	无	液	刺激	∞	∞	∞	+	+甲苯、丙酮；∞甘油	8.3	101	580.0	5.50	588	0.152	0.349	1.5	1.3714
乙酸（醋酸）	$C_2H_4O_2$	60.05	1.0446^{25}	无	液	刺激	∞	∞	∞	∞	+CS_2	17	117.9	590.7	5.78	171	0.201	0.462	1.3	1.3720
丙酸（初油酸）	$C_3H_6O_2$	74.08	0.9882^{25}	无	油	刺激	∞	∞	∞	∞	∞氯仿	−20.5	141.5	598.5	4.67	233	0.219	0.536	1.56	1.3809
丁酸（酪酸）	$C_4H_8O_2$	88.11	0.9528^{25}	无	油	酸臭	∞	∞	∞	∞	∞其他有机溶剂	−5.12	163.7	615.2	4.06	292	0.232	0.604	1.5	1.3980
异丁酸（2-甲基丙酸）	$C_4H_8O_2$	88.11	0.9681	无	液	刺激	20^{20}	∞	∞	20^{20}	∞其他有机溶剂	−46	154.4	605.0	3.70	290	0.213	0.618	1.3	1.3930
戊酸（缬草酸）	$C_5H_{10}O_2$	102.13	0.9339^{25}	无-淡黄	液	刺激	3.7^{16}	∞	∞	3.7^{16}		−33.63	186.1	637.2	3.63	346	0.237	0.627	2.66	1.4085
异戊酸（3-甲基丁酸）	$C_5H_{10}O_2$	102.13	0.9310	无	液	异味	4.2^{20}	∞	∞		∞氯仿	−29.6	176.5	629	3.40	336	0.248	0.648	2.10	1.4063
己酸（羊油酸）	$C_6H_{12}O_2$	116.16	0.9212^{25}	无	油	恶臭	−	++	++		+丙酮、氯仿	−4.1	204.9	655	3.38	413	0.256	0.670	1.13	1.4168
庚酸（葡萄花酸）	$C_7H_{14}O_2$	130.19	0.9124^{25}	无	油	恶臭	0.25^{15}	+	+		①	−7.17	222	678	3.16	468	0.262	0.717		1.4216
辛酸（羊脂酸）	$C_8H_{16}O_2$	144.21	0.9073^{25}	无	油	果香	0.07^{16}	∞	∞	+	②	16.51	240	693	2.87	519	0.259	0.779	1.23	1.4285
壬酸（天竺葵酸）	$C_9H_{18}O_2$	158.24	0.9052	无	油	恶臭	÷÷	+	+		+氯仿	12.38	256	712	2.35	560	0.238	0.831		1.4343^{19}
癸酸（羊蜡酸）	$C_{10}H_{20}O_2$	172.26	0.8858^{40}	无	针	难闻	0.015^{20}	+	+	++	③	31.39	270	722	2.10	638	0.223	0.877		1.4288
十一酸（十一烷酸）	$C_{11}H_{22}O_2$	186.29	0.8907	无	晶	刺激	−	+	+		+热水、甲酚和1-丁醇	28.6	280	732	2.080	653	0.223	0.835		1.4294^{45}
十二酸（月桂酸）	$C_{12}H_{24}O_2$	200.32	0.8679^{50}	无	针	刺激	−	134^{21}	++	++	+甲醇142^{21}、石油醚	43.8	225^{100}	743	1.940	705	0.221	0.880		1.4183^{82}
十四酸（豆蔻酸）	$C_{14}H_{28}O_2$	228.37	0.8622	白	固	刺激	−	+	+	+	④	52–54	320							1.451
十六酸（棕榈酸）	$C_{16}H_{32}O_2$	256.42	0.8527	无	片	低毒	−	9.3^{20}	++	+	⑤	62.5	351.5							1.4345^{60}
十八酸（硬脂酸）	$C_{18}H_{36}O_2$	284.48	0.87	白	单	无味	0.03^{25}	2^{20}	6^{6}	+	⑥	70–71	361	782	1.390	1020	0.219	1.53		1.4299
十九酸（十九烷酸）	$C_{19}H_{38}O_2$	298.50	0.8863	白	叶	刺激	−	+	+	+	+氯仿，×碱液	68	297	812	1.300	1070	0.206	1.063		1.456
二十酸（花生酸）	$C_{20}H_{40}O_2$	312.53	0.824^{100}	白	叶	刺激	−	+*	++	++	++氯仿	74–76	328	821	1.240	1130	0.205	1.087		1.4250
乙二酸（草酸）	$C_2H_2O_4$	90.04	1.900^{17}	无	单	毒	10^{20}	24^{15}	1.3^{15}	−	⑦	189.5_{dec}	157_{sub}	804	7.020	205	0.215	0.9176		1.540

续表

名　称	分子式	分子量	密度 d_4^{20} /(g/cm³)	颜色	形态	性状	溶解性能					正常熔点 t_m	正常沸点 t_b	临界温度 T_c /K	临界压力 p_c /MPa	临界体积 V_c /(cm³/mol)	临界压缩因子 Z_c	偏心因子 ω	偶极矩 /D	折射率 n^{20}
							水	乙醇	乙醚	苯	其他	/℃								
2-乙基丁酸	$C_6H_{12}O_2$	116.16	0.9239	无	液	挥发	+	∞	∞			–31.8	193	655	3.410	389	0.244	0.6326		1.413
2-乙基己酸	$C_8H_{16}O_2$	144.21	0.9031^{25}	无	液	微臭	+	÷	+			–59	227.5	674	2.78	528	0.262	0.607		1.4241
丙二酸(胡萝卜酸)	$C_3H_4O_4$	104.06	1.619^{10}	无	三	强刺激	57^{20}	8^{15}	–		⑧	135	sub	805	5.640	258	0.217	0.9418		1.4780
丁二酸(琥珀酸)	$C_4H_6O_4$	118.09	1.572^{25}	无	单	极酸	6.8^{20}	9.9^{15}	1.2^{15}	–	⑨	185	234	806	4.710	317	0.223	0.991	2.2	1.450
顺-丁烯二酸(马来酸)	$C_4H_4O_4$	116.07	1.590	无	单/针	致敏	79^{25}	70^{30}	8^{25}	÷÷	⑩	143.5	275	773	4.990	297	0.231	0.9976		1.526
反-丁烯二酸(富马酸)	$C_4H_4O_4$	116.07	1.635	白	棱	易燃	0.7^{25}	5.8^{30}	0.72^{25}		⑪	122	165_{sub}	771	4.980	297	0.231	0.9885		1.5260
戊二酸(胶酸)	$C_5H_8O_4$	132.12	1.429^{15}	无	晶	刺激	63.9^{20}	++	++	+	÷石油醚；+氯仿	97.9	273	840	4.27	363	0.219	0.959		1.4188
己二酸(肥酸)	$C_6H_{10}O_4$	146.14	1.360^{25}	白	晶	焦臭	÷	++	++		++大多数有机溶剂	151.5	337.5	841	3.85	400	0.21	1.054		1.4880
庚二酸(薄桃酸)	$C_7H_{12}O_4$	160.17	1.329^{15}	白	晶	↑	2.5^{14}	++	++	–		104.4	342.0	842	3.28	469	0.22	1.116		1.422
辛二酸(软木酸)	$C_8H_{14}O_4$	174.19	1.162	白	粉	刺激	+热	+	+	–	–氯仿；+丙酮和甘油	142.3	345.5	843	2.97	522	0.219	1.125		1.4370
壬二酸(杜鹃花酸)	$C_9H_{16}O_4$	188.22	1.225^{25}	淡黄	针	刺激	0.2	++	2.7^{15}		+CCl_4、丙酮；++热水	106.5	357.1	811	2.560	610	0.232	1.172		1.4303
癸二酸(皮脂酸)	$C_{10}H_{18}O_4$	202.25	1.2705	无	液	易燃	0.1^{17}	++	++	–	÷沸水2.0；+酯类、酮类	131	374	845	2.50	658	0.228	1.205		1.422

① 溶于丙酮、二甲亚砜、*N*, *N*-二甲基甲酰胺。
② 溶于冰乙酸、氯仿；微溶于沸水 0.25。
③ 溶于稀酸；易溶于丙酮、氯仿、石油醚。
④ 不溶于水；溶于酒精、甲醇、乙醚、石油醚及氯仿。
⑤ 微溶于石油醚；易溶于丙酮、氯仿。
⑥ 溶于 CS_2、CCl_4、热水 100^{50}、丙酮、氯仿。
⑦ 不溶于石油醚、氯仿；溶于沸水、甘油。
⑧ 不溶于氯仿、CCl_4、甲苯；溶于甲醇、热水、丙酮。
⑨ 易溶于吡啶；溶于甲醇、丙醇。
⑩ 溶于氯仿、冰乙酸、热水；不溶于丙酮。
⑪ 溶于 CCl_4、氯仿、浓硫酸；不溶于 NH_3。

1.1.2 芳香酸的一般特性

表1.1.2 芳香酸的一般特性

名称	分子式	分子量	密度 d_4^{20} /(g/cm³)	颜色	形态	性状	溶解性能					正常熔点 t_m /℃	正常沸点 t_b /℃	临界温度 T_c /K	临界压力 p_c /MPa	临界体积 V_c /(cm³/mol)	临界压缩因子 Z_c	偏心因子 ω	偶极矩/D	折射率 n^{20}
							水	乙醇	乙醚	苯	其他									
六氢苯甲酸	$C_7H_{12}O_2$	128.17	1.0481	无	晶		÷	+	+	+		28-30	179±19	719	3.790		0.246	0.595		1.450
2-甲氧基苯甲酸	$C_8H_8O_3$	152.15	1.2±0.1	白	晶		0.5^{30}	++	++	+	++沸水、氯仿	100.9	279							1.5465
3-甲氧基苯甲酸	$C_8H_8O_3$	152.15	1.214	白	粉		÷	+	+	+	÷CCl_4；+热水	105	308							1.4945
4-甲氧基苯甲酸	$C_8H_8O_3$	152.15	1.385	无	粉		0.03^{19}	89^{25}	++		①	184	276.5							1.546
苯甲酸(安息香酸)	$C_7H_6O_2$	122.12	1.2659^{15}	白	晶		0.21^{18}	46^{15}	66^{15}	+	②	122.34	250.2	752.0	4.56	341.0	0.250	0.620	1.7	1.504^{132}
苯乙酸	$C_8H_8O_2$	136.15	1.2286	白	叶	异味	1.66^{20}	186	++		③	76.7	268							1.552
对甲苯甲酸	$C_8H_8O_2$	136.15	1.2±0.1	白	晶		1.3^{100}	++	++		++甲醇	179	275±9	773	3.860		0.237	0.669		1.5120
邻甲苯磺酸	$C_7H_8O_3S$	172.20	1.3692	白	晶		+	+	+			67.5	$128.8^{3.3}$			438				1.5151
间甲苯磺酸	$C_7H_8O_3S$	172.20	1.054	亮黄	片		+	++	++			113	263							1.509
对甲苯磺酸	$C_7H_8O_3S$	172.20	1.34	无	晶		+	+	+	÷	÷甲苯	106.5	140			438				1.562
邻苯二甲酸(1,2-苯二甲酸)	$C_8H_6O_4$	166.13	1.59^{15}	无	粉		÷	+	÷	−	④	191	378.3	800	3.950	424	0.252	1.0585		1.5100
间苯二甲酸(1,3-苯二甲酸)	$C_8H_6O_4$	166.13	1.507				÷	+			⑤	348.0	sub	1007	3.950	424	0.20	1.0613		1.5100
对苯二甲酸(1,4-苯二甲酸)	$C_8H_6O_4$	166.13	1.58^{25}				÷				⑥	＞300	300_{sub}	903	3.950	424	0.221	1.0591		1.5100
均苯四甲酸	$C_{10}H_6O_8$	254.15	0.56	微黄	粉		+	++				282.5		893	3.140	584	0.247	1.8301		1.7010
L-苯丙氨酸	$C_9H_{11}NO_2$	165.19	1.29	白	晶	刺激		÷÷			⑦	272±2	293	854	3.470	506	0.247	0.8516		1.564
苯基丙烯酸(肉桂酸)	$C_9H_8O_2$	148.16	1.248	白	晶	微香	÷	+	++		+冰乙酸，CS_2	135.5	300	797	3.540	431	0.23	0.7120		1.555
2-羟基苯甲酸(水杨酸)	$C_7H_6O_3$	138.12	1.443	无	单		+	++	+	+*	⑧	158.6	211^{20}	729.0	5.180	364.0	0.311	0.922		1.5650
1-萘甲酸	$C_{11}H_8O_2$	172.18	1.398^{25}	无	晶		÷÷*	++*	++		÷热石油醚、氯仿	160.8	＞300							1.4600
2-萘甲酸	$C_{11}H_8O_2$	172.18	1.077^{100}	无	晶		0.0725	+	+			185	＞300							1.5520

① 易溶于甲醇；溶于乙酸乙酯、热水、氯仿。

② 微溶于石油醚；溶于 CS_2、CCl_4、甲醇；易溶于热苯、丙酮、氯仿。

③ 溶于 CCl_4、三氯乙烯、四氯乙烯、五氯乙烯、氯仿和氨水。

④ 不溶于氯仿和石油醚；溶于甲醇、热水。

⑤ 溶于丙酮和冰乙酸；不溶于甲苯和石油醚。

⑥ 溶于碱液、热浓硫酸、吡啶、二甲基甲酰胺；不溶于乙酸、丙酮、氯仿。

⑦ 难溶于稀无机酸和碱性溶液。

⑧ 溶于热水、氯仿、石油醚、乙酸乙酯；易溶于丙酮。

1.1.3 含卤酸和含硫酸的一般特性

表1.1.3 含卤酸和含硫酸的一般特性

名称	分子式	分子量	密度 d_4^{20} /(g/cm³)	颜色	形态	性状	溶解性能					正常熔点 t_m /℃	正常沸点 t_b /℃	临界温度 T_c /K	临界压力 p_c /MPa	临界体积 V_c /(cm³/mol)	临界压缩因子 Z_c	偏心因子 ω	偶极矩 /D	折射率 n^{20}
							水	乙醇	乙醚	苯	其他									
甲磺酸	CH_4O_3S	96.10	1.4812^{18}	微棕	液	腐蚀	+	+	+	−	−烷烃	20	$167^{1.33}$			220				1.4317^{16}
一氯乙酸	$C_2H_3O_2Cl$	94.50	1.4043^{40}	淡黄	晶	腐蚀	+	+	+	+		61–63	189.11	682.5	5.291	202.9	0.279	0.5213	2.31	1.4351^{55}
二氯乙酸	$C_2H_2O_2Cl_2$	128.94	1.5634	无	液	刺鼻	+	+	+			12	193	686.1	4.852	249.5	0.212	0.5278		1.4658
三氯乙酸	$C_2HO_2Cl_3$	163.39	1.6126^{64}	无	晶	刺鼻	+	+	+			59.1	198.2	684.48	4.284	312.1	0.234	0.5189		1.4603^{61}
三氟乙酸	$C_2HO_2F_3$	114.02	1.5351^{25}	无	液	微毒	∞		∞	∞	①	−15.2	72	491.3	3.258	204.0	0.163	0.540	2.3	1.3
硫代乙酸	C_2H_4OS	76.12	1.064	黄	液	发烟	++	++	++		++热水	<−17	93	577.3	6.92	219.5	0.317		0.304	1.4648

① 能与氟代烃、甲醇、四氯化碳和己烷混溶。可部分溶解于六碳以上烷烃和二硫化碳。

1.1.4 其他酸的一般特性

表1.1.4 其他酸的一般特性

名称	分子式	分子量	密度 d_4^{20} /(g/cm³)	颜色	形态	性状	溶解性能					正常熔点 t_m /℃	正常沸点 t_b /℃	临界温度 T_c /K	临界压力 p_c /MPa	临界体积 V_c /(cm³/mol)	临界压缩因子 Z_c	偏心因子 ω	偶极矩 /D	折射率 n^{20}
							水	乙醇	乙醚	苯	其他									
乙氧基乙酸	$C_4H_8O_3$	104.11	1.1021	略黄	液	腐蚀	++	++	++				206.5							1.419
乙酰甲酸(丙酮酸)	$C_3H_4O_3$	88.06	1.267	无	液	醋味	∞	∞	∞		+丙酮；∞氯仿	11–12	165	634.5	5.650	239	0.256	0.6709		1.428
乙酰丙酸(果糖酸)	$C_5H_8O_3$	116.12	1.1335	无	叶	吸湿	++	++	++			33	245//	738	4.020	343	0.225	0.7557		1.4396
乙酰水杨酸(阿司匹林)	$C_9H_8O_4$	180.16	1.35	白	晶	酸味	1.37	20	3.57	÷	+碱液氯仿5.9	138±2	321.4	765	3.270	469	0.241	0.8327		1.45
乙烯基甲酸	$C_3H_4O_2$	72.06	0.965	无	液	刺激	+	+	+			−78.0	46.0	475.0	5.77	210.0	0.31	0.55		1.3842
2,2-二甲基丙酸	$C_5H_{10}O_2$	102.13	0.905^{50}	无	晶		+	+	+			35.3	164	628.8	3.475	319.1	0.212	0.495	1.9	1.393^{30}
2,3-二羟基丁二酸(酒石酸)	$C_4H_6O_6$	150.09	1.7598	白	晶		++					172.5		828	5.180	305	0.23	2.011		1.4955
2,6-二氨基己酸(赖氨酸)	$C_6H_{14}N_2O_2$	146.19	1.125	白	固		+					215	311.5	821	3.530	502	0.26	1.0127		
顺-2-丁烯酸	$C_4H_6O_2$	86.09	1.0267	无	针	可燃	40^{25}	+				15	169	641.9	4.262	252.0	0.201	0.539		1.4450
反-2-丁烯酸	$C_4H_6O_2$	86.09	0.9604^{77}	白	单	低毒	8.3^{15}	52.5^{25}		+甲苯	+热石油醚、丙酮	71.3	184.7	664.7	4.286	252.0	0.195	0.541	2.13	1.425^{77}
三甲基乙酸(新戊酸)	$C_5H_{10}O_2$	102.13	0.889^{25}	无	针		2.2^{20}	++	++			32–35	163.5	632	3.890	336	0.249	0.5128		1.393
2-甲基丁酸	$C_5H_{10}O_2$	102.13	0.9342	淡黄	液	辛辣	÷	∞	∞		+甘油	<−80	177	643	3.890	347	0.252	0.5894		1.4051

续表

名称	分子式	分子量	密度 d_4^{20} /(g/cm³)	颜色	形态	性状	溶解性能					正常熔点 t_m	正常沸点 t_b	临界温度 T_c /K	临界压力 p_c /MPa	临界体积 V_c /(cm³/mol)	临界压缩因子 Z_c	偏心因子 ω	偶极矩 /D	折射率 n^{20}
							水	乙醇	乙醚	苯	其他	/℃								
3-甲基丁酸	$C_5H_{10}O_2$	102.13	0.931	无	液	透明	+	∞	∞			−29.3	176.5	629.0	3.463	322.4	0.214	0.659	1.15	1.4033
2-甲基戊酸	$C_6H_{12}O_2$	116.16	0.931^{25}	无	液	透明	++	+			+乙醚0.1g/mL	−85	196.5	663	3.400		0.276	0.645		1.414
甲氧基乙酸	$C_3H_6O_3$	90.08	1.174^{25}	无	液	毒	∞	∞	∞			7–9	203±1	691	4.980	251	0.218			1.417
甲基丙烯酸	$C_4H_6O_2$	86.09	1.0153	无	液		+	+	+		+有机溶剂	14.6	160	645	4.690	280	0.232	0.449		1.431
丙烯酸（败脂酸）	$C_3H_4O_2$	72.06	1.0511	无	液	刺激	∞	∞	∞		+丙酮	13.6	142	615.0	5.67	210.0	0.230	0.560		1.4224
亚甲基丁二酸（衣康酸）	$C_5H_6O_4$	130.08	1.632	白	粉	异味	8.3^{20}	+	÷	÷	①	175	268↑	821	4.240	340	0.211	0.9247		
亚麻酸	$C_{18}H_{30}O_2$	278.45	0.9±0.1	淡黄	油	刺眼	−	+	++	+	+丙酮，氯仿	−5	360.6	780	1.440	1070	0.238	1.187		
L-谷氨酸	$C_5H_9NO_4$	147.13	1.54	白	正	升华	0.89^{25}	0.03^{25}	−	++热水	②	205//	267	782	4.130	420	0.267	1.1835		1.43
环戊乙酸	$C_7H_{12}O_2$	128.17	1.022^{25}	无	液	透明	−	+	+	+		12–14	$133^{3.1}$	708	3.620	410	0.252	0.6144		1.453
反-1,4-环己基二羧酸	$C_8H_{12}O_4$	172.18	1.2104	白	粉	刺眼					微溶于热水	＞300	262.5	889	3.420	464	0.215	1.0362		1.4795
单宁酸（鞣酸或丹宁酸）	$C_{76}H_{52}O_6$	1701.2	1.295	黄	粉		++	++	−	−	−氯仿，++丙酮	218	862.8							1.7040
乳酸	$C_3H_6O_3$	90.08	1.2026	微黄	浆	微酸	∞	∞	∞		−CS_2、+石油醚；∞甘油	18	122^{15}	675	5.960	251	0.267	1.022		1.4392
松香酸	$C_{20}H_{30}O_2$	302.45	1.06	黄	叶		−	++	++			140.5	440	832	1.680	998	0.242	1.1288		1.48
油酸	$C_{18}H_{34}O_2$	282.46	0.89^{25}	无	液	油状	−	∞	∞	+	∞甲醇、CCl_4；+氯仿	13–14	360	781	1.390		0.231	1.51		1.377
氨基乙酸	$C_2H_5NO_2$	75.07	1.1607	白	晶粉	甜味	23	0.1	−		③	182	234±2	1021	6.740	234	0.186	0.6860		
烯丙基乙酸	$C_5H_8O_2$	100.12	0.9809	无	液		÷	++	++			22.56	188.5	586.2	3.731	317.1	0.243	0.369		1.4281
羟基乙酸（过乙酸）	$C_2H_4O_3$	76.05	1.216	无	液	易爆	++	+	+		④	0.1	105	616	7.310	177	0.253			1.3974
羟基丁二酸（苹果酸）	$C_4H_6O_5$	134.09	1.609	白	晶	无臭	++	++	8.4^{15}			100	306.4	781	5.070	331	0.258	1.5256		1.3920
6-羟基己酸	$C_6H_{12}O_3$	132.16	0.981	白	液	黏稠	+					38–40	114.5	730	3.580	435	0.257	1.1776		1.44
巯基乙酸	$C_2H_4O_2S$	92.12	1.326	无	液	强刺激	+	+	+	+	+普通溶剂	−16	$96^{0.67}$	733	6.100	239	0.239	0.560		1.505
3-巯基丙酸	$C_3H_6O_2S$	106.14	1.218	无	液	有毒	∞	∞	∞			15–18	110.5	729	5.020	281	0.233	0.5885		1.492
萘乙酸（NAA）	$C_{12}H_{10}O_2$	186.21	1.263	白	粉	潮解	$+^*$	+	+		⑤	130±4	352	1065.2	3.2	544	0.264			1.6010

① 溶于丙酮；微溶于氯仿、石油醚、二硫化碳；难溶于氯仿。
② 不溶于丙酮、氯仿；溶于甲醇。
③ 不溶于丙酮；微溶于吡啶、丙酮；易溶于热水。
④ 溶于硫酸；易溶于一般有机溶剂。
⑤ 溶于热水、氯仿；易溶于丙酮。

1.1.5 酸酐的一般特性

表1.1.5 酸酐的一般特性

名称	分子式	分子量	密度 d_4^{20} /(g/cm³)	颜色	形态	性状	溶解性能					正常熔点 t_m /℃	正常沸点 t_b /℃	临界温度 T_c /K	临界压力 p_c /MPa	临界体积 V_c /(cm³/mol)	临界压缩因子 Z_c	偏心因子 ω	偶极矩 /D	折射率 n^{20}
							水	乙醇	乙醚	苯	其他									
乙酸酐(醋酐)	$C_4H_6O_3$	102.09	1.082	无	液	①	++	+	+		②	−73.4	139.5	606	4.0	289.5	0.262	0.908	3.0	1.3901
丙酸酐(初油酸酐)	$C_6H_{10}O_3$	130.14	1.0110	无	液	辛辣	③	④	+		+氯仿、碱液	−45.0	168	615.5	3330	396	0.261	0.636		1.404
丁酸酐	$C_8H_{14}O_3$	158.20	0.981	无	液	可燃	//	//				−73	198.3	644	2.640	501	0.247	0.6545		1.421
丁二酸酐(琥珀酐)	$C_4H_4O_3$	100.07	1.2	白	晶	刺激	−		−		+氯仿	119.5	261	741.4	5.978	223	0.223	0.5322	4.1	1.4688
戊二酸酐(胶酸酐)	$C_5H_6O_3$	114.10	1.26	米-淡棕	晶	急毒		+	+		+四氢呋喃	55–57	287	838	5.800	275	0.229	0.5372		1.463
甲基丁二酸酐	$C_5H_6O_3$	114.10	1.22[25]	淡黄	液							33–35	239					0.5695		1.452
偏苯三酸酐(偏酐)	$C_9H_4O_5$	192.12	1.68[0]	白	晶						⑤	166.5	390	890	4.080	462	0.255	0.9970		1.662
顺丁烯二酸酐(马来酐)	$C_4H_2O_3$	98.06	1.314[60]	白	晶	急毒	+	+			⑥	52.56	202	717.9	7280	219	0.271	0.5643		1.515
邻苯二甲酸酐(苯酐)	$C_8H_4O_3$	148.12	1.5274	白	晶	有毒		+	÷	+	⑦	131.4	285.3	810.0	4.76	368.0	0.26	0.614	5.3	1.646
乳酸酐	$C_6H_{10}O_5$	162.14	1.308	无	液	无味	∞	∞			⑧		162.5	660	3.480	436	0.277	0.9068		

① 易燃，有腐蚀性，有催泪性。
② 溶于氯仿；缓慢地溶于水形成乙酸，与乙醇作用形成乙酸乙酯；在热乙醇、乙醚中分解。
③ 遇水分解成丙酸。
④ 遇乙醇分解成丙酸酯。
⑤ 溶于热水及丙酮、2-丁酮、二甲基甲酰胺、乙酸乙酯、环己酮；溶于无水乙醇并发生反应。
⑥ 溶于水生成顺丁烯二酸。溶于乙醇并生成酯。
⑦ 微溶于热水；溶于吡啶。
⑧ 能与甘油混溶；不溶于氯仿、二硫化碳和石油醚。

1.2 密度

1.2.1 有机酸和酸酐的密度

表1.2.1 有机酸和酸酐的密度　　单位：g/cm^3

温度/K	甲酸	乙酸	丙酸	丁酸	异丁酸①	丙烯酸	甲基丙烯酸	苯甲酸②	丁二酸③	乙酸酐④	顺丁烯二酸酐
270			1.0158	0.9780	0.9719					1.1114	
290	1.2235	1.0513	0.9963	0.9603	0.9537	1.0546	1.0196			1.0870	
310	1.1991	1.0306	0.9763	0.9421	0.9350	1.0322	0.9998			1.0619	
330	1.1738	1.0092	0.9556	0.9235	0.9158	1.0092	0.9795			1.0360	1.3174
350	1.1476	0.9871	0.9344	0.9044	0.8959	0.9856	0.9587			1.0092	1.2913
370	1.1201	0.9641	0.9124	0.8846	0.8754	0.9614	0.9373			0.9813	1.2649
390	1.0913	0.9402	0.8896	0.8642	0.8541	0.9364	0.9153			0.9521	1.2381
410	1.0609	0.9151	0.8657	0.8431	0.8318	0.9106	0.8925	1.0717		0.9214	1.2108
430	1.0287	0.8887	0.8408	0.8210	0.8086	0.8837	0.8690	1.0515		0.8889	1.1829
450	0.9941	0.8607	0.8145	0.7980	0.7840	0.8556	0.8445	1.0308		0.8541	1.1545
470	0.9566	0.8306	0.7866	0.7737	0.7580	0.8260	0.8189	1.0095	1.3224	0.8164	1.1255
490	0.9151	0.7980	0.7565	0.7480	0.7301	0.7946	0.7920	0.9875	1.2948	0.7747	1.0957
510	0.8683	0.7619	0.7238	0.7204	0.6997	0.7610	0.7634	0.9649	1.2666	0.7272	1.0650
530	0.8131	0.7209	0.6874	0.6904	0.6661	0.7243	0.7328	0.9414	1.2376	0.6703	1.0334
550	0.7430	0.6720	0.6454	0.6572	0.6276	0.6833	0.6995	0.9170	1.2079	0.5937	1.0005
570	0.6327	0.6075	0.5939	0.6192	0.5813	0.6355	0.6625	0.8915	1.1771		0.9663
590		0.4791	0.5201	0.5735	0.5185	0.5749	0.6200	0.8647	1.1454		0.9304
610				0.5110		0.4719	0.5680	0.8363	1.1123		0.8922
630							0.4932	0.8059	1.0779		0.8512
650								0.7731	1.0417		0.8062
670								0.7368	1.0034		0.7552
690								0.6957	0.9626		0.6938
710								0.6467	0.9183		0.6062

注：根据参考文献［1］计算。
① 温度为230、250K时，其值分别为1.0070和0.9897g/cm^3。
② 温度为730、750K时，其值分别为0.5819和0.4348g/cm^3。
③ 温度为730、750、770、790K时，其值分别为0.8694、0.8137、0.7465和0.6539g/cm^3。
④ 温度为210、230、250K时，其值分别为1.1807、1.1581和1.1350g/cm^3。

算图1.1、算图1.2 有机酸的密度（第683页）

1.2.2 有机酸水溶液的密度

表1.2.2 甲酸水溶液的密度　　单位：g/mL

质量分数/%	温度/℃					质量分数/%	温度/℃				
	0	15	20①		30		0	15	20①		30
2	1.0059	1.0045	1.0044	20.09	1.0004	18	1.0518	1.0455	1.0441	188.3	1.0381
4	1.0120	1.0100	1.0093	40.37	1.0053	20	1.0571	1.0505	1.0488	209.8	1.0427
6	1.0179	1.0151	1.0141	60.85	1.0101	22	1.0625	1.0556	1.0537	231.5	1.0473
8	1.0237	1.0204	1.0196	81.57	1.0149	24	1.0679	1.0604	1.0585	253.9	1.0518
10	1.0295	1.0256	1.0246	102.5	1.0197	26	1.0733	1.0652	1.0633	276.5	1.0564
12	1.0351	1.0306	1.0296	124.0	1.0244	28	1.0787	1.0702	1.0681	299.1	1.0609
14	1.0407	1.0355	1.0345	145.8	1.0290	30	1.0839	1.0750	1.0729	321.9	1.0654
16	1.0463	1.0405	1.0393	167.2	1.0336	32	1.0891	1.0798	1.0777	344.9	1.0699

续表

质量分数/%	温度/℃					质量分数/%	温度/℃				
	0	15	20①		30		0	15	20①		30
34	1.0941	1.0844	1.0823	368.0	1.0743	68	1.1790	1.1640	1.1604	789.5	1.1489
36	1.0993	1.0892	1.0871	391.3	1.0788	70	1.1835	1.1685	1.1655	815.9	1.1531
38	1.1043	1.0940	1.0919	414.8	1.0832	72	1.1882	1.1729	1.1702	842.6	1.1573
40	1.1095	1.0988	1.0963	438.5	1.0876	74	1.1929	1.1773	1.1752	869.4	1.1615
42	1.1148	1.1036	1.1015	462.4	1.0920	76	1.1976	1.1816	1.1785	896.0	1.1656
44	1.1199	1.1084	1.1062	486.6	1.0965	78	1.2021	1.1859	1.1818	922.4	1.1697
46	1.1240	1.1133	1.1108	511.0	1.1009	80	1.2065	1.1902	1.1806	948.8	1.1737
48	1.1299	1.1179	1.1157	535.6	1.1053	82	1.2110	1.1944	1.1896	974.9	1.1778
50	1.1349	1.1225	1.1207	560.4	1.1098	84	1.2154	1.1985	1.1929	1002	1.1817
52	1.1399	1.1271	1.1244	585.2	1.1142	86	1.2196	1.2025	1.1976	1031	1.1856
54	1.1448	1.1318	1.1295	610.1	1.1186	88	1.2237	1.2064	1.2012	1059	1.1893
56	1.1497	1.1365	1.1342	635.1	1.1230	90	1.2278	1.2102	1.2044	1084	1.1927
58	1.1548	1.1411	1.1381	660.1	1.1274	92	1.2316	1.2139	1.2078	1111	1.1961
60	1.1597	1.1458	1.1424	685.4	1.1317	94	1.2354	1.2174	1.2117	1139	1.1994
62	1.1645	1.1504	1.1473	711.2	1.1360	96	1.2390	1.2208	1.2158	1167	1.2022
64	1.1694	1.1549	1.1517	737.2	1.1403	98	1.2425	1.2240	1.2183	1190	1.2048
66	1.1742	1.1595	1.1565	763.3	1.1446	100	1.2456	1.2273	1.2212	1221	1.2073

① 后一列数字为与其相对应的浓度（g/L）。

表1.2.3 乙酸水溶液的密度（质量分数≤50%）

单位：g/mL

浓度（20℃）			温度/℃						
质量分数/%	/(g/L)	/(mol/L)	0	10	15	20	25	30	40
2	20.02	0.33	1.0033	1.0029	1.0021	1.0012	1.0000	0.9984	0.9946
4	40.16	0.67	1.0070	1.0060	1.0051	1.0040	1.0027	1.0011	0.9970
6	60.41	1.01	1.0106	1.0092	1.0081	1.0069	1.0055	1.0037	0.9994
8	80.78	1.35	1.0142	1.0124	1.0111	1.0097	1.0081	1.0063	1.0018
10	101.3	1.69	1.0177	1.0156	1.0141	1.0125	1.0107	1.0089	1.0042
12	121.8	2.03	1.0211	1.0187	1.0170	1.0154	1.0133	1.0115	1.0065
14	142.5	2.37	1.0245	1.0217	1.0199	1.0182	1.0159	1.0139	1.0088
16	163.3	2.72	1.0278	1.0247	1.0227	1.0209	1.0185	1.0163	1.0110
18	184.2	3.07	1.0311	1.0276	1.0255	1.0236	1.0210	1.0187	1.0132
20	205.3	3.42	1.0343	1.0305	1.0283	1.0263	1.0235	1.0210	1.0153
22	226.3	3.77	1.0374	1.0333	1.0310	1.0288	1.0260	1.0233	1.0174
24	247.4	4.12	1.0404	1.0361	1.0336	1.0313	1.0283	1.0256	1.0195
26	268.7	4.48	1.0434	1.0388	1.0362	1.0338	1.0307	1.0278	1.0215
28	290.0	4.83	1.0463	1.0414	1.0386	1.0361	1.0329	1.0299	1.0234
29	300.7	5.01	1.0477	1.0427	1.0399	1.0372	1.0340	1.0310	1.0244
30	311.4	5.19	1.0491	1.0440	1.0411	1.0384	1.0350	1.0320	1.0253
32	332.9	5.55	1.0519	1.0465	1.0435	1.0406	1.0372	1.0341	1.0272
34	354.4	5.90	1.0545	1.0489	1.0458	1.0428	1.0392	1.0361	1.0289
36	376.1	6.26	1.0571	1.0513	1.0480	1.0449	1.0412	1.0380	1.0306
38	397.7	6.62	1.0596	1.0535	1.0501	1.0469	1.0432	1.0399	1.0322
40	419.5	6.99	1.0621	1.0557	1.0522	1.0488	1.0450	1.0416	1.0338
42	441.2	7.35	1.0644	1.0578	1.0542	1.0507	1.0469	1.0433	1.0353
44	463.1	7.71	1.0667	1.0598	1.0561	1.0525	1.0486	1.0449	1.0368
46	484.9	8.08	1.0689	1.0618	1.0579	1.0542	1.0503	1.0464	1.0382
48	506.8	8.44	1.0709	1.0636	1.0597	1.0559	1.0518	1.0479	1.0395
50	528.8	8.80	1.0729	1.0654	1.0613	1.0575	1.0534	1.0492	1.0408

表1.2.4　乙酸水溶液的密度(质量分数>50%)　　单位：g/mL

浓度(20℃)			温度/℃						
质量分数/%	/(g/L)	/(mol/L)	0	10	15	20	25	30	40
52	550.6	9.17	1.0748	1.0671	1.0629	1.0590	1.0549	1.0506	1.0421
54	572.6	9.54	1.0765	1.0687	1.0644	1.0604	1.0562	1.0518	1.0432
56	594.6	9.90	1.0782	1.0701	1.0658	1.0618	1.0574	1.0531	1.0443
58	616.5	10.27	1.0798	1.0715	1.0672	1.0631	1.0586	1.0542	1.0453
60	638.5	10.63	1.0813	1.0728	1.0684	1.0642	1.0597	1.0552	1.0462
62	660.4	11.00	1.0826	1.0740	1.0696	1.0653	1.0607	1.0562	1.0470
64	682.4	11.36	1.0838	1.0752	1.0706	1.0662	1.0616	1.0571	1.0477
66	704.2	11.73	1.0850	1.0762	1.0716	1.0671	1.0624	1.0578	1.0483
68	726.1	12.09	1.0860	1.0771	1.0725	1.0678	1.0631	1.0585	1.0489
70	748.0	12.46	1.0869	1.0779	1.0732	1.0685	1.0637	1.0590	1.0493
72	769.7	12.82	1.0877	1.0786	1.0738	1.0690	1.0642	1.0594	1.0496
74	791.4	13.18	1.0884	1.0792	1.0743	1.0694	1.0645	1.0596	1.0498
76	813.1	13.54	1.0889	1.0796	1.0746	1.0698	1.0648	1.0598	1.0499
78	834.6	13.90	1.0893	1.0798	1.0747	1.0700	1.0648	1.0598	1.0498
80	856.0	14.25	1.0895	1.0798	1.0747	1.0700	1.0647	1.0596	1.0495
82	877.0	14.61	1.0895	1.0796	1.0743	1.0698	1.0644	1.0592	1.0490
84	899.0	14.96	1.0893	1.0793	1.0738	1.0693	1.0638	1.0585	1.0483
86	918.8	15.30	1.0887	1.0787	1.0731	1.0685	1.0630	1.0576	1.0473
88	939.3	15.64	1.0877	1.0778	1.0721	1.0675	1.0620	1.0564	1.0460
90	959.5	15.98	1.0865	1.0766	1.0708	1.0661	1.0605	1.0549	1.0445
92	979.2	16.31	1.0848	1.0749	1.0690	1.0643	1.0587	1.0530	1.0426
94	998.2	16.62	1.0826	1.0724	1.0667	1.0619	1.0564	1.0506	1.0401
96	1016	16.93	1.0798		1.0632	1.0588	1.0535	1.0473	1.0368
98	1034	17.22	1.0759		1.0590	1.0549	1.0495	1.0431	1.0325
100	1050	17.48	1.0697		1.0545	1.0498	1.0440	1.0380	1.0271

算图 1.3

乙酸水溶液的密度（第 684 页左）

表 1.2.5　酒石酸水溶液的密度（15℃）

$C_4H_6O_6\cdot H_2O$ 浓度		密度 ρ	$C_4H_6O_6\cdot H_2O$ 浓度		密度 ρ	$C_4H_6O_6\cdot H_2O$ 浓度		密度 ρ
质量分数/%	g/L	g/cm^3	质量分数/%	g/L	g/cm^3	质量分数/%	g/L	g/cm^3
1	10.05	1.0045	20	219.4	1.0969	40	483.1	1.2078
2	20.18	1.0090	22	243.6	1.1072	42	512.3	1.2198
4	40.72	1.0179	24	268.2	1.1175	44	541.9	1.2317
6	61.64	1.0273	26	293.3	1.1282	46	572.3	1.2441
8	82.97	1.0371	28	319.0	1.1393	48	603.3	1.2568
10	104.7	1.0469	30	345.2	1.1505	50	634.8	1.2696
12	126.8	1.0565	32	371.7	1.1615	52	667.1	1.2828
14	149.3	1.0661	34	398.7	1.1726	54	699.9	1.2961
16	172.2	1.0761	36	426.2	1.1840	56	733.2	1.3093
18	195.6	1.0865	38	454.4	1.1959			

表 1.2.6 柠檬酸水溶液的密度（15℃）

$C_6H_8O_7·H_2O$浓度		密度 ρ	$C_6H_8O_7·H_2O$浓度		密度 ρ	$C_6H_8O_7·H_2O$浓度		密度 ρ
质量分数 /%	g/L	g/cm^3	质量分数 /%	g/L	g/cm^3	质量分数 /%	g/L	g/cm^3
2	20.15	1.0074	24	263.3	1.0972	46	551.9	1.1998
4	40.60	1.0149	26	287.6	1.1060	48	580.9	1.2103
6	61.36	1.0227	28	312.3	1.1152	50	610.2	1.2204
8	82.47	1.0309	30	337.3	1.1244	52	640.0	1.2307
10	103.9	1.0392	32	362.6	1.1332	54	670.1	1.2410
12	125.6	1.0470	34	388.3	1.1422	56	700.8	1.2514
14	147.7	1.0549	36	414.5	1.1515	58	732.4	1.2627
16	170.1	1.0632	38	441.3	1.1612	60	764.3	1.2738
18	192.9	1.0718	40	468.4	1.1709	62	796.6	1.2849
20	216.1	1.0805	42	496.2	1.1814	64	829.6	1.2960
22	239.6	1.0889	44	523.6	1.1899	66	862.7	1.3071

表 1.2.7 草酸水溶液的浓度和密度（17.5℃）

浓度		密度 ρ /(g/mL)	浓度		密度 ρ /(g/mL)	浓度		密度 ρ /(g/mL)
质量分数 /%	g/L		质量分数 /%	g/L		质量分数 /%	g/L	
无水草酸 $(COOH)_2$								
0.71	7.166	1.0035	4.00	40.83	1.0196	7.86	81.58	1.0385
1.00	10.02	1.0049	4.28	43.75	1.0210	8.00	83.08	1.0392
1.43	14.38	1.0070	5.00	51.21	1.0245	8.57	80.30	1.0420
2.00	20.22	1.0098	5.71	58.73	1.0280	9.00	94.02	1.0441
2.14	21.65	1.0105	6.00	61.78	1.0294	9.28	97.06	1.0455
2.86	28.97	1.0140	6.43	66.30	1.0315	10.00	104.9	1.0490
3.00	30.41	1.0147	7.00	72.41	1.0343	13.00	135.9	
3.57	36.33	1.0175	7.14	73.91	1.0350			
二水合草酸［$(COOH)_2·2H_2O$］								
1	10.04	1.0035	6	61.26	1.0210	11	114.2	1.0385
2	20.14	1.0070	7	71.72	1.0245	12	125.0	1.0420
3	30.32	1.0105	8	82.24	1.0280	13	135.9	1.0455
4	40.56	1.0140	9	92.84	1.0315			
5	50.88	1.0175	10	103.1	1.0350			

表 1.2.8 单宁酸水溶液的密度（15℃）

$C_{76}H_{52}O_{46}$浓度		密度 ρ /(g/cm^3)	$C_{76}H_{52}O_{46}$浓度		密度 ρ /(g/cm^3)	$C_{76}H_{52}O_{46}$浓度		密度 ρ /(g/cm^3)
质量分数 /%	g/L		质量分数 /%	g/L		质量分数 /%	g/L	
1.0	10.04	1.0040	2.4	24.23	1.0096	3.8	38.58	1.0152
1.1	11.05	1.0044	2.5	25.25	1.0100	3.9	39.61	1.0156
1.2	12.06	1.0048	2.6	26.27	1.0104	4.0	40.64	1.0160
1.3	13.07	1.0052	2.7	27.29	1.0108	4.1	41.67	1.0164
1.4	14.08	1.0056	2.8	28.31	1.0112	4.2	42.71	1.0168
1.5	15.09	1.0060	2.9	29.34	1.0116	4.3	43.74	1.0172
1.6	16.10	1.0064	3.0	30.36	1.0120	4.4	44.77	1.0176
1.7	17.12	1.0068	3.1	31.38	1.0124	4.5	45.81	1.0180
1.8	18.13	1.0072	3.2	32.41	1.0128	4.6	46.85	1.0184
1.9	19.14	1.0076	3.3	33.44	1.0132	4.7	47.88	1.0188
2.0	20.16	1.0080	3.4	34.46	1.0136	4.8	48.92	1.0192
2.1	21.18	1.0084	3.5	35.49	1.0140	4.9	49.96	1.0196
2.2	22.19	1.0088	3.6	36.52	1.0144	5.0	51.00	1.0200
2.3	23.21	1.0092	3.7	37.55	1.0148	10.0	104.0	1.0401

表 1.2.9　甲酸水溶液的密度（20℃）

HCO_2H 含量		密度	HCO_2H 含量		密度	HCO_2H 含量		密度
质量分数 /%	g/L	/（g/cm^3）	质量分数 /%	g/L	/（g/cm^3）	质量分数 /%	g/L	/（g/cm^3）
1	10.02	1.0019	23	242.9	1.0561	60	681.4	1.1424
2	20.09	1.0044	24	254.0	1.0585	62	711.3	11473
3	30.21	1.0076	25	265.2	1.0609	64	737.1	1.1517
4	40.37	1.0093	26	276.5	1.0633	66	763.3	1.1565
5	50.58	1.0115	27	287.7	1.0656	68	789.1	1.1604
6	60.85	1.0141	28	299.1	1.0681	70	815.9	1.1635
7	71.19	1.0170	29	310.4	1.0705	72	842.5	1.1702
8	81.57	1.0196	30	321.9	1.0729	74	869.6	1.1752
9	91.99	1.0221	32	344.9	1.0777	76	895.7	1.1785
10	102.5	1.0246	34	368.0	1.0823	78	922.0	1.1802
11	113.0	1.0271	36	391.4	1.0871	80	948.6	1.1857
12	123.6	1.0296	38	414.9	1.0919	82	975.5	1.1896
13	134.2	1.0321	40	438.5	1.0963	84	1002	1.1929
14	144.8	1.0345	42	462.6	1.1015	86	1016	1.1980
15	155.6	1.0370	44	486.7	1.1062	88	1054	1.1962
16	166.3	1.0393	46	511.0	1.1108	90	1083	1.2045
17	177.1	1.0417	48	535.5	1.1157	92	1111	1.2078
18	187.9	1.0441	50	560.4	1.1207	94	1139	1.2120
19	198.8	1.0464	52	584.7	11244	96	1167	1.2147
20	209.8	1.0488	54	609.9	1.1295	98	1194	1.2183
21	220.8	1.0512	56	635.2	1.1342	100	1221	1.2212
22	231.8	1.0537	58	660.1	1.1381			

1.3　相变点

N 算图 1.4
一些有机酸饱和蒸气的密度
（第 684 页右）

1.3.1　沸点

表1.3.1　有机酸和酸酐在不同压力下的沸点

名　称	0.2	1	2	4	7	10	20	40	60	80	101.3
	与上列压强（kPa）相对应的沸点 /℃										
乙　酸		13.0	24.0	35.9	48.5	57.0	72.6	89.8	102	110.2	118.1
戊　酸		$82.7^{1.3}$	88.8	101.5	113	121	137.6	157.5	170	179	185.4
庚　酸		100	122.5	136	147.5	156	174	194	206	215	223
壬　酸			145	158	170	178	198	220	235	245	254
十四酸	162	188	198.5	209	217	222	230	237	241	246	250.5^{100}
十八酸	$169^{0.3}$	207	232	251	270	281	307	335	352	364	376.1
辛二酸		$219^{1.3}$	230	237.5	245	249	257	266	272	276	279^{100}
癸二酸		225	243.5	260	273	276	282	288	292	294	295^{100}
丙炔酸					84	89	99	114	126.3	136	144
丙烯酸		20	30.9	44.7	55.3	63.2	82.5	107	121	132.5	141.5
巯基乙酸	83	101.5	110	115^{3}							
氯乙酸			100	111	120	126.5	142	160	172	182	189.3
乙酸酐			44.6	55.8	67.9	76.5	93.8	114.0	126	135	139.6

表1.3.2　草酸水溶液的沸点

浓度/(g/100g 水)	10	25	50	75	100	500	1000	1500	3000
沸点/℃	100.7	102.0	104.1	106.5	109.2	139.2	147.5	150.5	154.2

1.3.2　共沸点

表1.3.3　含甲酸的二元共沸物的共沸点

共沸物组分的质量分数/%		共沸点/℃	共沸物组分的质量分数/%		共沸点/℃	共沸物组分的质量分数/%		共沸点/℃
甲酸	第二组分(余量)		甲酸	第二组分(余量)		甲酸	第二组分(余量)	
77.5	水	107.3	63.0	辛烷	90.5	33.0	二乙基甲酮	105.4
31.0	苯	71.7	15.0	氯仿	59.2	32.0	甲基丙基酮	105.3
50.0	甲苯	85.8	5.0	1,1-二氯乙烷	56	10.5	2-甲基-2-丁烯	35
83	邻氯甲苯	100.2	14.0	1,2-二氯乙烷	77.4	21	环己烯	71.5
88	对氯甲苯	100.5	68	1,1,2,2-四氯乙烷	99.25	14	氯化乙烯	77.4
68	乙苯	≈94	19.0	二氯丁烷	63.0	25	三氯乙烯	74.1
74	邻二甲苯	95.5	14.0	1,2-二氯己烷	77.4	50	四氯乙烯	88.15
70.2	间二甲苯	94.2	51.5	1,2-二溴乙烷	94.65	73	苯乙烯	95.75
70	对二甲苯	≈95	8.0	1-氯丙烷	45.7	51.5	溴化乙烯	94.7
27	氟苯	73	1.5	2-氯丙烷	34.7	7.5	3-氯丙烯	45
55.0	氯苯	95.0	33.5	氯代异戊烷	80.0	≈22	3-溴丙烯	64.5
68	溴苯	98.1	6.0	碘甲烷	42.1	≈35	3-碘丙烯	85
4	2-甲基丁烷	27.2	22	碘乙烷	65.6	32	2-戊醇	105.5
25	1-氯丁烷	69.4	45.5	硝基甲烷	97.05	33	3-戊醇	105.25
19	2-氯丁烷	63.0	36	1-碘丙烷	82	8	丙基氯	45.6
52	1-碘丁烷	92.6	29	2-碘丙烷	75.2	1.5	异丙基氯	34.7
19	1-氯-2-甲基丙烷	62.95	3.0	溴乙烷	38.2	27	丙基溴	64.7
11.2	2-氯-2-甲基丙烷	50.0	27	1-溴丙烷	64.7	14	异丙基溴	56.0
30	1-溴-2-甲基丙烷	76.7	14.0	2-溴丙烷	56.0	19	异丁基氯	63.0
22	2-溴-2-甲基丙烷	62.2	30	1-溴-2-甲基丙烷	76.7	33.5	异戊基氯	83.0
45	1-碘-2-甲基丙烷	89.5	35	1-溴丁烷	81.4	63.5	吡啶	150.5
33.5	1-氯-3-甲基丁烷	80.0	22	二甲基丁烷	52.5	35	二乙硫	82.2
47	1-溴-3-甲基丁烷	90.5	29	甲基环戊烷	63.3	80	二烯丙基硫	97.5
10.0	戊烷	34.2	46.5	甲基环己烷	80.2	62	二异丙硫	93.5
16	环戊烷	46.0	48	2,5-二甲基己烷	83.2	25	2-皮考啉	158
28.0	己烷	60.6	51	1,3-二甲基环己烷	89.8	43	二噁烷	113.35
30	环己烷	70.7	18.5	四氯化碳	66.7			
43.5	庚烷	78.2	17.0	二硫化碳	42.6			

表1.3.4　含乙酸的二元共沸物的共沸点

共沸物组分的质量分数/%		共沸点/℃	共沸物组分的质量分数/%		共沸点/℃	共沸物组分的质量分数/%		共沸点/℃
乙酸	第二组分(余量)		乙酸	第二组分(余量)		乙酸	第二组分(余量)	
2.0	苯	80.0	95	溴苯	118.35	70	1,2-二溴丙烷	116.0
34.0	甲苯	105.0	82	溴仿	118.3	20	碘丙烷	99.2
66	乙苯	114.65	4.0	硝基甲烷	101.12	9.0	2-碘丙烷	88.3
70.9	二甲苯	115.2	3.0	四氯化碳	76.55	12	1-溴-2-甲基丙烷	90.2
76	邻二甲苯	116.0	13	1-氯-2-溴乙烷	102	30	2-碘丁烷	110.7
72.5	间二甲苯	115.35	34.5	3-氯-1,2-环氧丙烷	115.05	47	碘代丁烷	112.4
72	对二甲苯	115.25	18.5	氯代异戊烷	97.2	18	1-溴丁烷	97.6
58.5	氯苯	114.7	55.0	1,2-二溴乙烷	114.4	13	2-溴丁烷	89.0

续表

乙酸	第二组分（余量）	共沸点/℃	乙酸	第二组分（余量）	共沸点/℃	乙酸	第二组分（余量）	共沸点/℃
18.5	1-氯-3-甲基丁烷	97.2	3.8	三氯乙烯	86.5	53	吡啶	140±1
38	1-溴-3-甲基丁烷	108.65	39.5	四氯乙烯	107.35	27.8	2,6-二甲基吡啶	148.0
80	1-碘-3-甲基丁烷	117.65	15	3-碘丙烯	97.2	＜4.1	四氢噻吩	＜113.5
5	己烷	67.5	6.5	环己烯	81.8	49	2-皮考啉	145.0
2	环己烷	79.7	2	1,3-环己二烯	80.0	30.4	3-皮考啉	152.5
94	2,7-二甲基辛烷	117.0	6	1,4-环己二烯	84.0	30.3	4-皮考啉	154.3
30	硝基己烷	112.4	17	苯乙烯	116.0	18.5	异戊基氯	97.2
92	溴代己烷	117.5	97	莰烯	118.2	18	丁基溴	97.6
35	2,5-二甲基己烷	100	83	α-蒎烯	117.2	12	异丁基溴	90.2
31	甲基环己烷	96.3	80	三甲胺	149±1	9	异丙基碘	88.3
45	1,3-二甲基环己烷	109	67	三乙胺	163.0	10	二乙硫	91.5
30.0	庚烷	92.3	52.5	正辛醇	105.1	83	二丙硫	116.9
50.0	辛烷	109.0	48	二异丁醚	113.0	48	二异丙硫	111.5
77	二噁烷	119.5	23	硝酸丙酯	107.5	78.5	二烯丙基硫	116.55
55	溴化乙烯	114.4	50	硝酸异丁酯	114.2	64	三氟化硼	150

注：表头为“共沸物组分的质量分数/%”（乙酸、第二组分（余量））及“共沸点/℃”。

表 1.3.5 含丙酸的二元共沸物的共沸点

共沸物组分的质量分数/%		共沸点/℃	共沸物组分的质量分数/%		共沸点/℃	共沸物组分的质量分数/%		共沸点/℃
丙酸	第二组分（余量）		丙酸	第二组分（余量）		丙酸	第二组分（余量）	
17.7	水	99.9	＜6	二异丁醚	＜121.5	7	1-碘-2-甲基丙烷	110.3
3.0	甲苯	110.45	96.0	苯甲醚	140.8	42	1-碘-3-甲基丁烷	136.5
28	乙苯	131.1	73	二氯甲烷	140.65	9.0	2-碘丁烷	119.5
18	氯苯	128.9	37	溴仿	138	18	1,3-二甲基环己烷	118.2
67	邻氯甲苯	139.4	60	1,1,2,2-四氯乙烷	140.4	8	2,5-二甲基环己烷	108
≈75	对氯甲苯	139.8	17.5	1,2-二氯乙烷	127.75	＜30	辛烷	121.5
43	邻二甲苯	135.4	17.5	1,2-二溴乙烷	127.8	70	2,7-二甲基辛烷	138.3
3.5	间二甲苯	132.7	33	1,2-二溴丙烷	134.5	＜95	癸烷	＜140.0
34	对二甲苯	132.5	60	1,2,3-三溴丙烷	≈140.5	＜61	氯代乙酸乙酯	＜140.35
77	1,3,5-三甲苯	139.3	15	碘代丁烷	126.8	≈70	2,4-戊二酮	144
18	氯苯	128.9	10	溴代异戊烷	119.2	45	二丙基硫	136
17.5	溴化乙烯	127.8	60	溴代己烷	139	40	二烯丙基硫	134.6
≈47	苯乙烯	130	7.5	1-溴-3-甲基丁烷	119.45	9	异丁基碘	119.5
8.5	四氯乙烯	119.1				10	异戊基溴	119.2

表 1.3.6 含丁酸的二元共沸物的共沸点

共沸物组分的质量分数/%		共沸点/℃	共沸物组分的质量分数/%		共沸点/℃	共沸物组分的质量分数/%		共沸点/℃
丁酸	第二组分（余量）		丁酸	第二组分（余量）		丁酸	第二组分（余量）	
3.5	溴化乙烯	131.1	55	α-萜二烯	160.75	30	1,3-二溴丙烷	158.4
15	苯乙烯	143.5	25	溴代己烷	151.5	96.2	1,1,2,2-四氯己烷	145.65
1.2	四氯乙烯	121	2.5	碘代丁烷	129.8	54	二异戊醚	161.8
68	百里烯	160.5	13	1-碘-3-甲基丁烷	144.4	12	苯甲醚	152.9
70	γ-萜品烯	161.5	33	2,7-二甲基辛烷	152.5	65	苯乙醚	162.35
72	萜品油烯	162.5	6.8	溴仿	146.8	55	苄基甲醚	160
2.8	莰烯	152.3	40	二氯乙烷	159.1	42.5	糠醛	159.4
28	α-蒎烯	150.2	26	五氯乙烷	156.75	66	丙酮酸	162.4
38	β-蒎烯	156	3.5	1,2-二溴乙烷	131.1	＜46	草酸甲酯	＜160.8
16	α-萜品烯	160.65	8	1,2-二溴丙烷	138	16	溴代乙酸乙酯	157.4

续表

共沸物组分的质量分数 /%		共沸点 /℃	共沸物组分的质量分数 /%		共沸点 /℃	共沸物组分的质量分数 /%		共沸点 /℃
丁酸	第二组分（余量）		丁酸	第二组分（余量）		丁酸	第二组分（余量）	
40	氯代乙酸丙酯	160.5	57	对二氯苯	162	2.8	氯苯	131.8
18	乙酸-2-乙氧基乙酯	164.3	20	异丙基苯	149.5	19	溴苯	147-148
12	硝酸异戊酯	147.85	38	1,3,5-三甲苯	158	26.4	碘苯	161.6
75	丁苯	162.5	45	1,2,4-三甲苯	159.5	84	茚	162.65
4	己苯	135.8	72	邻溴甲苯	163	60	伞花烃	161
10	邻二甲苯	143	79.5	间溴甲苯	163.62	65	苄基氯	160.8
6.0	间二甲苯	138.3	75	对溴甲苯	161.5	<78	二异丁基硫	<162.5
5.5	对二甲苯	137.8	27	邻氯甲苯	154.5	18.4	水	99.4
65	邻二氯苯	163	32	对氯甲苯	106.8			

表 1.3.7 含异丁酸的二元共沸物的共沸点

异丁酸组分 /%	14.0	6.5	80	42	8.0
第二组分（余量）	间二甲苯	1,2-二溴乙烷	苄基氯	苯甲醚	氯苯
共沸点 /℃	136.8	130.5	153.5	148.5	131.2

表 1.3.8 含氯乙酸的二元共沸物的共沸点

共沸物组分的质量分数 /%		共沸点 /℃	共沸物组分的质量分数 /%		共沸点 /℃	共沸物组分的质量分数 /%		共沸点 /℃
氯乙酸	第二组分（余量）		氯乙酸	第二组分（余量）		氯乙酸	第二组分（余量）	
52	丁基苯	172.8	12	邻氯甲苯	156.8	70	草酸二甲酯	190.25
12	邻二甲苯	143.5	14	对氯甲苯	159.3	42	马来酸乙酯	195.7
7	间二甲苯	139.05	32	邻溴甲苯	172.95	65	异戊酸异戊酯	187.7
4	对二甲苯	138.35	30	间溴甲苯	174.0	67	癸酸甲酯	187.5
21	异丙基苯	150.8	34	对溴甲苯	174.1	≈15	莰烯	≈154.7
28	邻二氯苯	170.8	42	甲基异丙基苯	169.0	34	萜二烯	167.8
24.5	对二氯苯	167.55	25	α-氯代甲苯	173.8	30	β-蒎烯	157.6
97	α，α-二氯甲苯	189.1	78	萘	187.1	14	苯乙烯	144.8
17	1,3,5-三甲基苯	162.0	16	二异戊基醚	171.95	42	癸烷	165.2
34	1,2,4-三甲基苯	162.8	3	戊酯	186.33	28	2,7-二甲基辛烷	155.7
75	1,3,5-三乙基苯	185.5	40	碳酸异戊酯	192.5	10	1,2,4-三氯丙烷	154.5
11	溴苯	154.3	42	富马酸甲酯	195.7	25	苄基氯	173.8
74	二溴苯	186.3	28	琥珀酸甲酯	197.0	54	邻甲苯酚	187.5
≈35	碘苯	175.3						

表 1.3.9 含其他酸的二元共沸物的共沸点

共沸物组分的质量分数 /%		共沸点 /℃	共沸物组分的质量分数 /%		共沸点 /℃	共沸物组分的质量分数 /%		共沸点 /℃
第一组分	第二组分		第一组分	第二组分		第一组分	第二组分	
异丁酸	（余量）		20	苯乙醚	168.5	5.0	萘	217.7
21	水	99.3	己　酸	（余量）		6.0	水杨酸乙酯	233.8
14	间二甲苯	136.8	70	萘	202.0	12	苯甲酸异丁酯	241.2
8	氯苯	131.2	3.0	苄基氯	179.0	59	二苯醚	247.0
80	苄基氯	153.5	70	硝基苯	202.0	苯乙酸	（余量）	
42	苯甲醚	148.5	辛　酸	（余量）		23.3	联苯	252.2
6.5	溴化乙烯	130.5	6.0	萘	216.2	30	α-氯萘	255.9
异戊酸	（余量）		10	对二溴苯	218.8	3.0	肉桂酸甲酯	261.8
20	1,3,5-三甲苯	162.8	苯甲酸	（余量）		27.8	二苯醚	255.4
36	苄基氯	171.2	3.8	对二溴苯	219.5	26.0	苯甲酸异戊酯	259.9
68	苯甲醛	174.5	11	对硝基甲苯	237.4			
70	丁酸异戊酯	176.1	50.5	联苯	245.9			

1.3.3 三相点

表1.3.10 羧酸的三相点

名称	甲酸	乙酸	丙酸	正丁酸	异丁酸	异戊酸	正戊酸	正己酸	新己酸
三相点温度/K	281.45	289.81	252.45	267.95	227.15	243.85	239.15	270.15	259.15
三相点压力/Pa	2402.39	1276.9	13.1418	6.77539	0.078244	0.227668	0.032773	0.186292	1.32273
名称	正庚酸	新庚酸	正辛酸	正壬酸	正癸酸	正十一酸	正十二酸	正十九酸	正二十酸
三相点温度/K	265.83	230	289.65	285.53	304.55	301.63	316.98	341.23	348.23
三相点压力/Pa	0.023872	0.0019360	0.182924	0.046965	0.150124	0.033040	0.041181	0.0022744	0.0025803

表1.3.11 其他酸的三相点

名称	乙二酸（草酸）	丙二酸（缩苹果酸）	丁二酸（琥珀酸）	戊二酸（胶酸）	己二酸（肥酸）	庚二酸（薄桃酸）	辛二酸（软木酸）
三相点温度/K	462.65	407.95	460.65	370.05	425.5	379.15	416.15
三相点压力/Pa	2152.3	70.276	884.87	1.8106	78.083	1.1717	22.190
名称	壬二酸（杜鹃花酸）	癸二酸（皮脂酸）	乙醇酸	二乙基己酸	二羟基乙酸	二氯乙酸	三氯乙酸
三相点温度/K	379.65	407.65	352.65	213.15	421.15	286.54	330
三相点压力/Pa	0.50283	4.1597	1048.9	7.37E-06	33.189	8.5654	206.49
名称	三氟乙酸	过氧乙酸	丙烯酸	顺-丙烯酸	反-丙烯酸	丙酮酸	甲基丙烯酸
三相点温度/K	257.9	272.95	286.15	288.65	344.55	286.75	288.15
三相点压力/Pa	1374.7	322.589	257.117	36.096	807.314	73.8392	58.5615
名称	甲基丁酸	甲氧基乙酸	甲基异丁酸	甲磺酸	邻甲苯磺酸	亚油酸	油酸
三相点温度/K	187.35	281	188.45	292.81	340.65	268.15	286.53
三相点压力/Pa	0.134346	2.36322	0.401597	0.031318	—	6.46×10^{-7}	1.40×10^{-5}
名称	亚麻酸	L-谷氨酸	邻苯二甲酸	间苯二甲酸	对苯二甲酸	L-苯丙氨酸	苯甲酸
三相点温度/K	262.05	497.15	464.15	619.15	700.15	556.15	395.45
三相点压力/Pa	1.02×10^{-7}	3993.59	781.828	2820.71	4574.89	15159.3	795.501
名称	苯磺酸	环戊乙酸	松香酸	乳酸	羟基己酸	6-羟基己酸	巯基乙酸
三相点温度/K	338.65	286.65	446.65	289.9	334	313.15	256.65
三相点压力/Pa	—	0.258181	29.0299	0.166528	4.28222	0.0935086	0.215285
名称	3-巯基丙酸	氯乙酸	硬脂酸	乙烯基二氨基四乙酸	乙酰水杨酸（阿司匹林）	二乙基邻苯二甲酸	二甲基-1,4-环己二羧酸
三相点温度/K	290.65	333.15	342.75	513	408.15	269.87	343.15
三相点压力/Pa	3.45583	362.652	0.005863	379.9	280.393	0.00176014	30.5972
名称	2,3-二羟基丁二酸（酒石酸）	2,6-二氨基己酸（赖氨酸）	叔丁基过甲酸	反-丁烯二酸（富马酸）	顺-丁烯二酸（马来酸）	三甲基乙酸（新戊酸）	2-甲酰基苯甲酸
三相点温度/K	479.15	498	277.45	562.55	403.45	309.08	370.15
三相点压力/Pa	14.3501	2272.21	263.748	99165.8	96.4276	144.435	31.9377
名称	亚甲基丁二酸（衣康酸）	1,2,4,5-苯四甲酸	苯基丙烯酸（肉桂酸）	1,4-环己基二羧酸	羟基丁二酸（苹果酸）	2-羟基丙三羧酸	邻羟基苯甲酸（水杨酸）
三相点温度/K	438.75	554	406.15	585.65	403.15	426.15	431.75
三相点压力/Pa	227.744	177.516	113.906	10615.5	2.92933	0.366032	2802.65

表1.3.12　有机酸酐的三相点

名称	乙酸酐	丙酸酐	正丁酸酐	戊二酸酐	马来酸酐
三相点温度/K	200.15	228.15	199.85	328	325.72
三相点压力/Pa	0.0219995	0.231087	0.000152626	5.11995	289.837
名称	丁二酸酐(琥珀酸酐)	甲基-顺-丁烯二酸酐	邻苯二甲酸酐(苯酐)	偏苯三酸酐	乳酸酐
三相点温度/K	393	281.15	404.15	438.15	385.65
三相点压力/Pa	862.771	7.24869	790.06	56.0949	1650.93

N 算图 1.5
含水脂肪酸的冰点
（第 685 页左）

1.4　黏度

1.4.1　有机酸和酸酐气体的黏度

表1.4.1　有机酸和酸酐气体的黏度　　单位：μPa·s

名　称	温度/K							
	250	300	350	400	450	500	550	600
甲　酸		9.594	11.37	13.08	14.73	16.34	17.91	19.45
乙　酸		8.529	9.945	11.35	12.74	14.11	15.46	16.78
丙　酸		7.679	8.955	10.22	11.48	12.72	13.94	15.14
丁　酸		7.040	8.212	9.376	10.53	11.67	12.79	13.90
异丁酸	6.047	7.260	8.467	9.665	10.85	12.02	13.17	14.31
戊　酸	5.444	6.538	7.628	8.711	9.785	10.85	11.90	12.93
异戊酸	5.591	6.714	7.832	8.942	10.04	11.13	12.20	13.26
己　酸		6.130	7.153	8.170	9.179	10.18	11.17	12.14
己二酸					8.387	9.285	10.18	11.07
丙烯酸		7.458	8.654	9.844	11.03	12.21	13.39	14.56
甲基丙烯酸		7.611	8.879	10.14	11.39	12.62	13.84	15.05
2-甲基戊酸	5.224	6.275	7.321	8.361	9.394	10.42	11.42	12.42
油　酸		4.407	5.114	5.818	6.518	7.215	7.911	8.603
硬脂酸			5.003	5.691	6.376	7.058	7.738	8.416
苯甲酸				8.678	9.757	10.83	11.89	12.94
六氢苯甲酸			7.405	8.461	9.511	10.55	11.58	12.60
乙　酐	7.150	8.526	9.893	11.25	12.61	13.96	15.30	16.66
丙　酐	5.893	7.026	8.153	9.275	10.39	11.50	12.61	13.72
顺-丁烯二酸酐			10.01	11.39	12.76	14.13	15.49	16.85
邻苯二甲酸酐					10.30	11.41	12.50	13.60

名　称	温度/K							
	650	700	750	800	850	900	950	1000
甲　酸	20.96	22.44	38.99	25.33	26.74	28.14	29.51	30.88
乙　酸	18.08	19.36	20.60	21.82	23.01	24.17	25.31	26.42
丙　酸	16.31	17.47	18.60	19.71	20.79	21.85	22.89	23.90
丁　酸	14.98	16.05	17.10	18.12	19.12	20.11	21.07	22.01
异丁酸	15.42	16.51	17.58	18.63	19.65	20.65	21.63	22.58
戊　酸	13.95	14.95	15.93	16.89	17.84	18.76	19.66	20.55
异戊酸	14.30	15.32	16.32	17.30	18.26	19.20	20.12	21.02
己　酸	13.10	14.04	14.97	15.88	16.77	17.64	18.50	19.34
己二酸	11.96	12.85	13.73	14.61	15.51	16.38	17.23	18.05
丙烯酸	15.74	16.89	18.00	19.06	20.08	21.07	22.03	22.96
甲基丙烯酸	16.23	17.39	18.53	19.65	20.74	21.81	22.86	23.89

续表

名称	温度/K							
	650	700	750	800	850	900	950	1000
2-甲基戊酸	13.40	14.36	15.31	16.24	17.15	18.04	18.92	19.77
油酸	9.294	9.983	10.67	11.36	12.05	12.72	13.36	13.99
硬脂酸	9.091	9.765	10.44	11.11	11.79	12.45	13.08	13.70
苯甲酸	13.98	15.01	16.02	17.02	18.00	18.96	19.91	20.84
六氢苯甲酸	13.61	14.60	15.58	16.54	17.48	18.41	19.32	20.22
乙酐	17.98	19.24	20.44	21.61	22.73	23.82	24.87	25.90
丙酐	14.83	15.92	16.95	17.95	18.92	19.85	20.76	21.64
顺-丁烯二酸酐	18.20	19.55	20.91	22.25	23.53	24.78	25.98	27.15
邻苯二甲酸酐	14.69	15.78	16.87	17.95	19.05	20.12	21.16	22.17

1.4.2 有机酸和酸酐液体的黏度

表1.4.2 有机酸和酸酐液体的黏度　　单位：mPa·s

名称	温度/℃											
	−20	0	20	40	60	80	100	120	140	160	180	200
甲酸		2.17^{10}	1.77	1.23	0.891	0.670	0.519	0.413	0.336	0.278	0.189	0.161
乙酸			1.22	0.905	0.694	0.548	0.445	0.368	0.310	0.266	0.198	0.170
丙酸	2.11	1.48	1.10	0.843	0.668	0.544	0.453	0.384	0.331	0.289	0.255	0.211
丁酸		2.17	1.50	1.11	0.857	0.679	0.551	0.457	0.386	0.331	0.288	0.253
异丁酸	2.68	1.82	1.31	0.980	0.760	0.607	0.496	0.414	0.351	0.303	0.265	0.198
戊酸	5.53	3.40	2.24	1.55	1.13	0.846	0.656	0.521	0.424	0.352	0.296	0.253
异戊酸	6.83	3.93	2.44	1.61	1.11	0.806	0.603	0.465	0.367	0.297	0.244	0.204
己酸		5.14	3.14	2.04	1.40	0.998	0.740	0.565	0.443	0.355	0.290	0.242
己二酸										4.54	3.24	2.38
丙烯酸			1.30	0.990	0.651	0.489	0.378	0.301	0.244	0.202	0.170	0.223
甲基丙烯酸			1.42	1.02	0.768	0.594	0.473	0.386	0.320	0.271	0.232	0.202
2-甲基戊酸	7.72	4.55	2.88	1.93	1.36	0.997	0.756	0.589	0.470	0.383	0.318	0.268
油酸			46.5	19.9	9.41	4.85	2.68	1.58	0.976	0.631	0.424	0.295
硬脂酸						8.86	5.58	3.69	2.54	1.80	1.32	0.998
苯甲酸									1.14	0.900	0.728	0.599
六氢苯甲酸				11.0	6.78	4.42	3.01	2.14	1.57	1.18	0.915	0.723
乙酐①	1.69	1.21	0.907	0.705	0.565	0.464	0.389	0.332	0.288	0.294	0.247	0.204
丙酐	2.03	1.57	1.13	0.849	0.659	0.527	0.431	0.360	0.306	0.264	0.231	0.221
顺-丁烯二酸酐					1.80	1.24	0.889	0.659	0.503	0.394	0.315	0.257
邻苯二甲酸酐									0.523	0.431	0.361	0.307

名称	温度/℃											
	220	240	260	280	300	320	340	360	380	400	420	440
甲酸	0.135	0.112	0.091	0.072	0.055							
乙酸	0.145	0.122	0.101	0.082	0.065	0.050						
丙酸	0.185	0.153	0.128	0.105	0.085	0.066	0.058^{330}					
丁酸	0.233	0.199	0.167	0.138	0.112	0.088	0.067	0.058^{350}				
异丁酸	0.169	0.142	0.118	0.095	0.076	0.058	0.050					
戊酸	0.219	0.193	0.166	0.140	0.117	0.096	0.077	0.060	0.053^{370}			
异戊酸	0.209	0.179	0.152	0.126	0.103	0.082	0.064	0.048				
己酸	0.204	0.213	0.184	0.158	0.133	0.110	0.090	0.071	0.055	0.048^{390}		
己二酸②	1.790	1.380	1.080	0.862	0.699	0.575	0.479	0.296	0.258	0.222	0.189	0.159

续表

名　称	温度/℃											
	220	240	260	280	300	320	340	360	380	400	420	440
丙烯酸	0.191	0.162	0.136	0.112	0.090	0.070	0.054					
甲基丙烯酸	0.200	0.175	0.151	0.129	0.109	0.090	0.074	0.058	0.052^{370}			
2-甲基戊酸	0.229	0.206	0.178	0.152	0.128	0.106	0.077	0.060	0.053	0.046^{390}		
油　酸③	0.211	0.155	0.117	0.090	0.070	0.058	0.253	0.217	0.185	0.154	0.126	0.101
硬脂酸④	0.769	0.605	0.484	0.394	0.325	0.272	0.268	0.232	0.199	0.168	0.139	0.113
苯甲酸	0.501	0.425	0.365	0.317	0.261	0.231	0.202	0.175	0.151	0.128	0.107	0.088
六氢苯甲酸	0.583	0.478	0.397	0.227	0.199	0.173	0.149	0.126	0.106	0.087	0.070	0.055
乙　酐	0.165	0.129	0.098	0.071								
丙　酐	0.190	0.160	0.133	0.109	0.087	0.067	0.050					
顺-丁烯二酸酐	0.213	0.179	0.152	0.297	0.261	0.227	0.196	0.167	0.140	0.116	0.094	0.074
邻苯二甲酸酐⑤	0.265	0.231	0.204	0.181	0.163	0.147	0.134	0.266	0.236	0.208	0.181	0.157

① 温度为−60、−40℃时，其值分别为3.99、2.50mPa·s。

② 温度为460、480、500、520、530℃时，其值分别为0.131、0.105、0.082、0.061、0.052mPa·s。

③ 温度为460、480、500℃时，其值分别为0.078、0.058、0.040mPa·s。

④ 温度为460、480、500、510℃时，其值分别为0.089、0.068、0.048、0.040mPa·s。

⑤ 温度为460、480、500、520、530℃时，其值分别为0.134、0.113、0.094、0.076、0.068mPa·s。

⑥ 其他酸：庚酸 4.356^{20}，辛酸 5.749^{20}，壬酸 8.319^{20}，水杨酸 3.20^{10}、2.95^{15}、2.71^{20}、2.48^{25}、2.25^{30}、1.81^{40}（右上角数字为与其相对应的温度）。

1.4.3　有机酸水溶液的黏度

表1.4.3　乙酸水溶液的黏度　　单位：mPa·s

浓度（质量分数）/%	温度/℃										
	0	10	20	30	40	50	60	70	80	90	100
10	2.21	1.60	1.22	0.97	0.78	0.65	0.56	0.47	0.41	0.36	0.32
20	2.70	1.93	1.45	1.15	0.92	0.76	0.64	0.54	0.47	0.41	0.36
30	3.24	2.28	1.70	1.33	1.05	0.87	0.73	0.61	0.52	0.46	0.40
40	3.83	2.68	1.96	1.52	1.20	0.99	0.82	0.68	0.59	0.51	0.45
50	4.35	3.03	2.21	1.70	1.35	1.11	0.92	0.76	0.65	0.57	0.50
60	4.76	3.33	2.43	1.89	1.48	1.23	1.03	0.84	0.73	0.63	0.54
70	5.13	3.57	2.66	2.05	1.63	1.33	1.10	0.91	0.78	0.67	0.58
80	5.26	3.70	2.75	2.09	1.69	1.35	1.12	0.94	0.81	0.69	0.59
90	4.35	3.23	2.43	1.87	1.49	1.22	1.04	0.89	0.77	0.65	0.57
100			1.22	1.04	0.90	0.79	0.70	0.63	0.56	0.51	0.46

1.5　表面张力

N 算图1.6
甲酸、乙酸、丙酸、丁酸、异丁酸和乳酸水溶液的黏度
（第685页右）

1.5.1　有机酸的表面张力

表1.5.1　有机酸的表面张力　　单位：mN/m

名　称	温度/℃											
	−20	0	20	40	60	80	100	120	140	160	180	200
甲　酸		38.77^{10}	37.67	35.48	33.28	31.09	28.89	26.69	24.50	22.30	20.11	17.91
乙　酸			27.91	25.70	23.53	21.38	19.27	17.20	15.17	13.18	11.25	9.362
丙　酸	30.62	28.59	26.57	24.59	22.63	20.70	18.79	16.92	15.08	13.28	11.52	9.807

续表

名 称	温度/℃											
	−20	0	20	40	60	80	100	120	140	160	180	200
丁 酸		28.51	26.59	24.70	22.83	20.98	19.16	17.38	15.62	13.89	12.20	10.55
异丁酸	28.98	27.04	25.12	23.22	21.35	19.51	17.70	15.91	14.16	12.45	10.77	9.134
戊 酸	30.84	28.99	27.16	25.35	23.56	21.79	20.05	18.33	16.64	14.98	13.34	11.74
异戊酸	29.15	27.33	25.52	23.73	21.97	20.23	18.52	16.83	15.17	13.53	11.93	10.37
己 酸		29.86	28.05	26.26	24.49	22.74	21.01	19.32	17.63	15.98	14.35	12.76
己二酸										21.19	19.84	18.51
丙烯酸			29.18	27.02	24.89	22.79	20.72	18.68	16.68	14.72	12.80	10.93
甲基丙烯酸			26.96	25.13	23.33	21.54	19.78	18.05	16.35	14.67	13.03	11.42
2-甲基戊酸	31.87	30.01	28.17	26.36	24.56	22.79	21.03	19.30	17.60	15.93	14.28	12.66
油 酸			32.51	30.92	29.34	27.78	26.23	24.69	23.17	21.67	20.18	18.72
硬脂酸						27.75	26.24	24.74	23.26	21.80	20.35	18.91
苯甲酸									30.18	28.05	25.95	23.89
六氢苯甲酸				29.10	27.39	25.69	24.02	22.36	20.73	19.11	17.52	15.95

名 称	温度/℃											
	220	240	260	280	300	320	340	360	380	400	420	440
甲 酸	15.71	13.52	11.32	8.028	6.930							
乙 酸	7.540	5.789	4.123	2.565	1.155	0.037						
丙 酸	8.139	6.526	4.978	3.507	2.134	0.900	0.367^{330}					
丁 酸	8.934	7.370	5.860	4.413	3.041	1.768	0.640	0.171^{350}				
异丁酸	7.546	6.013	4.543	3.149	1.853	0.700	0.216^{330}					
戊 酸	10.18	8.653	7.170	5.738	4.363	3.058	1.841	0.751	0.284^{370}			
异戊酸	8.844	7.361	5.926	4.547	3.236	2.009	0.900	0.238				
己 酸	11.20	9.672	8.185	6.742	5.349	4.014	2.750	1.579	0.544	0.121^{390}		
己二酸①	17.20	15.90	14.62	13.36	12.11	10.89	9.694	8.520	7.372	6.258	5.166	4.117
丙烯酸	9.107	7.346	5.653	4.042	2.533	1.166	0.066					
甲基丙烯酸	9.842	8.309	6.822	5.388	4.015	2.717	1.517	0.468	0.055^{370}			
2-甲基戊酸	11.08	9.535	8.031	6.572	5.165	3.821	2.551	1.382	0.370			
油 酸②	17.27	15.84	14.43	13.05	11.68	10.35	9.043	7.767	6.525	5.322	4.162	3.055
硬脂酸③	17.50	16.11	14.73	13.38	12.04	10.74	9.455	8.202	6.980	5.793	4.645	3.543
苯甲酸	21.85	19.84	17.86	15.92	14.02	12.16	10.35	8.592	6.889	5.255	3.702	2.253
六氢苯甲酸	14.41	12.89	11.40	9.949	8.528	7.146	5.808	4.519	3.289	2.133	1.075	0.185

① 温度为460、480、500、520、530℃时，其值分别为3.110、2.156、1.269、0.480、0.148mN/m。

② 温度为460、480、500℃时，其值分别为2.011、1.053、0.234mN/m。

③ 温度为460、480、500、510℃时，其值分别为2.496、1.519、0.641、0.261mN/m。

N 算图1.7
一些有机酸和酸酐的
表面张力（第686页左）

1.5.2 有机酸酐的表面张力

表1.5.2 有机酸酐的表面张力 单位：mN/m

名 称	温度/℃											
	−20	0	20	40	60	80	100	120	140	160	180	200
乙 酐①	38.39	35.49	32.64	29.82	27.05	24.32	21.64	19.02	16.46	13.96	11.53	9.190
丙 酐	37.14	34.82	32.53	30.26	25.81	23.63	21.49	19.38	17.31	15.27	13.29	11.35
顺-丁烯二酸酐					32.56	30.54	28.54	26.57	24.62	22.69	20.79	18.92
邻苯二甲酸酐									29.60	27.82	26.06	24.32

续表

名　称	温度/℃											
	220	240	260	280	300	320	340	360	380	400	420	440
乙　酐	6.943	4.813	2.832	1.070								
丙　酐	9.460	7.636	5.881	4.211	2.646	1.227	0.080					
顺-丁烯二酸酐	17.08	15.27	13.50	11.77	10.07	8.426	6.831	5.297	3.834	2.460	1.207	0.165
邻苯二甲酸酐②	22.60	20.90	19.22	17.57	15.94	14.34	12.77	11.23	9.724	8.257	6.833	5.456

① 温度为−60、−40℃时，其值分别为44.29、41.32mN/m。

② 温度为460、480、500、520、530℃时，其值分别为4.136、2.883、1.716、0.675、0.233mN/m。

1.5.3　有机酸水溶液的表面张力

表1.5.3　有机酸水溶液的表面张力　　单位：mN/m

酸　名	温度/℃	浓度(质量分数)/%												
		1	2	5	10	20	30	40	50	60	70	80	90	100
甲　酸	30	70.1	69.0	66.2	62.8	57.9	54.9	52.0	49.5	47.1	44.7	42.1	39.4	36.5
乙　酸	30	68.0	64.5	60.1	54.5	47.7	43.6	40.7	38.4	36.3	34.2	31.9	29.4	26.6
丙　酸	25	64.4	59.4	50.6	43.7	35.8	30.5	27.1	32.0	30.6	29.8	28.7	26.9	25.6

酸　名	温度/℃	浓度(质量分数)/%												
		0.1	0.2	0.4	0.6	0.8	1.0	2	5	10	20	40	70	100
丁　酸	25	70.3	67.3	63.7	61.6	58.9	54.5	48.7	39.0	31.8	28.4	27.8	27.3	26.0
异丁酸	25	69.6	67.3	63.2	59.8	57.0	54.8	49.2	41.7	36.3	26.7	26.5	26.3	
戊　酸	25	65.7	59.6	53.0	49.0	43.2	39.4	30.1	28.8	28.0	27.3	26.5	25.9	26.6
异戊酸	25	65.8	61.7	55.2	50.6	47.6	45.5	39.7	28.5	27.0	26.0	25.5	24.6	24.9

酸　名	温度/℃	浓度(质量分数)/%									
		0.002	0.004	0.006	0.008	0.01	0.02	0.04	0.06	0.08	0.10
己　酸	19	70.2	66.6	63.6	61.0	58.7	49.9	40.2	36.1	31.6	
异己酸	18	70.2	66.3	63.0	60.1	57.7	50.0	41.5	36.1	32.2	29.6

表1.5.4　其他有机酸水溶液的表面张力　　单位：mN/m

酸　名	温度/℃	浓度(质量分数)/%									
		3	5	10	15	20	30	40	50	60	70
氯乙酸	25	66.9	64.3	59.0	55.3	53.0	50.5	49.1	47.7	46.8	45.5

酸　名	温度/℃	浓度(质量分数)/%												
		0.1	0.2	0.4	0.6	0.8	1.0	1.5	2	3	4	6	8	10
丁二酸	20	72.5	72.4	72.2	71.9	71.6	71.3	71.0	70.8	69.5	68.4	68.0		
顺-丁烯二酸	20		72.6	72.3	72.1	71.9	71.7	71.3	71.0	70.3	69.6	68.6	67.4	66.6
苹果酸	20		72.5	72.3	72.1	72.0	71.8	71.3	70.8	70.5	70.1	68.5	67.1	66.8

酸　名	温度								
甘氨酸	25℃	质量分数/%	3.62	6.98	10.12	13.10			
		σ	72.54	73.11	73.74	74.18			
肉桂醇酸	21.5℃	质量分数/%	7.02	12.62	18.39	26.09	31.06	38.25	47.93
		σ	69.08	66.49	63.63	59.25	56.14	52.96	47.24
氨基丁酸	25℃	质量分数/%	4.96	9.34	13.43				
		σ	71.91	71.67	71.40				
邻氨基苯甲酸	25℃	质量分数/%	12.35	22.36	30.45	37.44			
		σ	71.96	73.23	74.54	75.79			
间氨基苯甲酸	25℃	质量分数/%	12.35	9.34	13.43	37.44			
		σ	73.30	74.59	76.16	77.89			
对氨基苯甲酸	25℃	质量分数/%	12.35	9.34	13.43	37.44			
		σ	73.38	74.79	76.32	78.20			

注：σ表示表面张力，下同。

1.5.4 乙酸在苯和丙酮中的表面张力

表1.5.5 乙酸在苯和丙酮中的表面张力 单位：mN/m

苯	35℃	质量分数/%	10.45	25.53	34.28	43.93	68.77
		σ	25.40	25.21	25.32	25.43	25.99
丙酮	25℃	质量分数/%	25.63	50.83	75.62		
		σ	27.50	26.61	24.90		

1.6 溶解度

1.6.1 有机酸在水中的溶解度

表1.6.1 有机酸在水中的溶解度

名称	在下列温度（℃）时无水化合物在水中的最大溶解度/(g/100g)										
	0	10	20	30	40	50	60	70	80	90	100
草酸	3.42	5.73	8.69	12.5	17.7	23.9	30.7	37.9	45.8	54.7	
草酸·2水	3.54	6.08	9.52	14.3	21.5	31.4	44.3	65.0	84.5	119.8	—
丙二酸	61.1	67.3	73.5	79.8	86.2	92.6					
DL-丝氨酸	2.20	3.14	4.31	5.83	7.80	10.3	13.4	17.1	21.5	26.5	32.2
琥珀酸	2.80	4.50	6.91	10.6	16.1	24.4	35.9	51.1	70.9	94.9	121.3
酒石酸	115	126	139	156	176	195	218	245	273	304	344
酒石酸·1水	9.23	20.6									185
尿酸	0.2	0.27	0.36	0.51	0.74	1.08	1.76	3.02	6.70	20.5	
3-吡啶羟酸		1.03	1.56	2.05	2.58	3.20	3.97	4.95	6.21	7.79	9.76
磺胺酸		0.8	1.0	1.45	1.99	2.65	3.32	4.10	4.90	5.70	6.67
柠檬酸	95.9	118	146	183	216	244	278	319	371	439	526
柠檬酸·1水	96	118	146	183	216						
DL-亮氨酸			1.13	1.20	1.41	1.73	2.18	2.74	3.44	4.26	5.2
苯甲酸	0.17	0.21	0.29	0.41	0.56	0.78	1.16	1.73	2.71	4.09	5.88
水杨酸	0	0.14	0.22	0.30	0.42	0.64	0.90	1.39	2.26	3.89	8.12
邻苯二甲酸		0.50	0.57	2.35	5.67	8.40	10.6	12.7	14.7	16.4	18^{99}
对氨基苯甲酸①									$5.3^{82.2}$	7.64	18.8
对氨基苯磺酸	0.49	0.73	1.19	1.64	2.23	2.71	3.1	3.79	4.52	5.6	6.68
1-萘胺-4-磺酸	0.026	0.029	0.031	0.040	0.050	0.059	0.078	0.10	0.13	0.17	0.23
D-酪氨酸	0.196	0.258	0.374	0.545	0.771	1.052					
DL-酪氨酸	0.147	0.195	0.288	0.426	0.608	0.836					
L-酪氨酸		0.03	0.04	0.05	0.07	0.09	0.13	0.19	0.30	0.45	0.65
糠酸			4.43	8.35	11.9	15.0	17.8	20.2	22.2	23.8	25
丁二酸			6.8	10.5	16.0	24.0	35.3	50.5	70.1	96.0	120
苦味酸	0.70	0.87	1.08	1.40	1.75	2.23	2.90	3.67	4.50	5.70	7.01

①当温度为105、110、120、130、150、170和186℃时，其值分别为28.2、47.7、107、163、335、1024g/100g和∞。

1.6.2　有机酸在脂肪胺中的溶解度

表 1.6.2　有机酸在脂肪胺中的溶解情况（20 ~ 30℃）

名称	乙醇	乙醚	甲胺	二乙胺	三乙胺	二丙胺	丁胺	二丁胺	三丁胺	异戊胺	苯甲胺	氨
H酸	÷÷	÷÷					–n					
乙酰水杨酸	+	÷÷		÷	÷	÷	+	÷		+	÷	
乙酸			+									
3,5-二硝基苯甲酸	+	÷÷		÷÷	÷÷	÷÷x	÷	÷÷	÷÷x	+	÷m	
2,4-二硝基-1-萘酚-7-磺酸				÷÷								
顺-丁烯二酸	÷	÷÷		–	–		÷÷n	–	–	÷x	–m	
马尿酸	÷÷	÷÷	+	÷÷x						+		+
丙二酸	÷	÷÷		–	–n	–x	÷÷	–	÷÷	÷÷	–	–
丙氨酸	÷÷	–								–n		
半乳糖二酸	–			–	–	–n	÷÷	–	–	÷÷	–	÷
肉桂酸	÷	+			÷	÷÷		÷x	÷÷	÷÷x	÷÷x	÷
苦味酸	÷	÷÷	+	÷÷p	÷÷	+	++	÷	÷÷x		÷	+++
玫红酸	÷÷	÷		÷÷	÷÷		÷	÷	÷÷	÷	÷	÷÷
苯甲酸	+	+	+	÷÷x	÷÷x		+	÷÷	÷÷p	÷	x	++
苯乙酸	+++	+	+				+x					
邻苯二甲酸	÷	÷÷	–	–	–		–	–	–x		÷÷x	–
邻苯二甲酸酐	÷	÷÷	–	÷m	÷÷		÷	÷÷	–	÷	÷÷m	
油酸	∞	∞		∞	∞	∞	∞	∞	∞	∞	∞	–
草酸·2水	÷	÷÷		–	–		–n	–n	–	–	–	–
邻氨基苯甲酸	÷	÷		÷÷	–		÷	÷÷	÷÷	÷	÷	
氨基磺酸							÷÷n			÷÷x		
对氨基萘磺酸	÷÷	–		÷÷	–		÷	–	–	÷	÷÷	
棕榈酸	÷÷		+									
羟基丁二酸	+	÷÷		–	–	–	÷÷n	–	–	÷÷n	÷÷x	÷÷
间硝基苯甲酸	÷	÷	+									
对硝基苯甲酸	÷÷	÷÷		÷÷x	–n	÷÷x	+x	÷÷	÷÷	÷	÷x	÷÷
（一氯）氯乙酸	÷	÷		÷rx	+xp		÷x	÷÷xr	÷÷p	+	÷÷rm	+
鞣　酸	÷	÷÷		–n	–n		÷	–x	–n	÷	÷÷m	÷

注：–—不溶解或极轻微溶解；+—易溶解，40～70g/100mL；÷÷—轻微溶解，＜ 10g/100mL；++—很易溶解，70～100g/100mL；÷—适度溶解，10～40g/100mL；+++—极易溶解，>100g/100mL；∞—成任何比例混溶；p—分离成两个液相；n—不能溶解到明显地超过在热溶剂中溶解的程度；r—溶质与溶剂起化学反应；m—更易溶解于加热的胺中（在某些情况下是由于化学反应）；x—更易溶解于冷却时为晶体的加热的胺中。

N 算图 1.8
有机酸在甲醇和乙醇中的溶解度
（第 686 页右）

N 算图 1.9
有机酸在苯中的溶解度
（第 687 页左）

1.7 热导率

1.7.1 气态有机酸和酸酐的热导率

表1.7.1 气态有机酸和酸酐的热导率 单位：mW/(m·K)

名称	温度/K							
	250	300	350	400	450	500	550	600
甲酸		11.84	15.61	19.83	24.48	29.54	35.02	40.92
乙酸		10.88	14.31	18.16	22.43	27.07	32.09	37.49
丙酸		10.84	14.27	18.12	22.38	27.03	32.01	37.40
丁酸		11.21	14.77	18.74	23.10	27.91	33.10	38.66
异丁酸	9.791	13.35	17.28	21.51	25.94	30.59	35.35	40.29
戊酸	7.029	9.623	12.47	15.56	18.87	22.34	25.94	29.66
异戊酸	7.364	10.04	13.05	16.36	19.87	23.64	27.57	31.67
己酸		9.205	11.92	14.94	18.12	21.51	25.02	28.62
己二酸					14.69	17.36	20.17	23.05
丙烯酸		9.958	12.89	15.98	19.25	22.68	26.19	29.75
甲基丙烯酸		10.13	13.10	16.32	19.75	23.30	26.99	30.75
2-甲基戊酸	6.653	9.205	12.05	15.19	18.49	22.01	25.65	29.41
油酸		6.192	8.159	10.29	12.55	14.98	17.53	20.13
苯甲酸				10.63	13.26	16.07	18.95	21.92
六氢苯甲酸			11.05	14.27	17.70	21.38	25.27	29.29
乙酐	9.205	13.05	17.66	22.93	28.91	35.61	43.10	51.04
丙酐	7.991	11.09	14.60	18.54	22.89	27.61	32.76	38.24
顺-丁烯二酸酐			9.665	12.18	14.85	17.70	20.67	23.72
邻苯二甲酸酐					15.48	18.37	21.34	24.39

名称	温度/K							
	650	700	750	800	850	900	950	1000
甲酸	47.28	53.97	60.09	68.20	76.15	84.52	92.88	101.7
乙酸	43.10	49.37	55.65	62.76	69.87	77.40	84.94	93.30
丙酸	43.10	49.37	55.65	62.34	69.87	76.99	84.94	93.30
丁酸	44.77	51.04	57.74	64.43	71.96	79.91	87.86	96.23
异丁酸	45.19	50.21	55.23	60.67	65.69	71.13	76.57	82.01
戊酸	33.47	37.32	41.17	45.19	48.95	52.72	56.48	60.25
异戊酸	35.94	40.29	44.77	49.37	53.97	58.58	63.60	68.20
己酸	32.30	36.07	39.83	43.51	47.28	51.04	54.81	58.58
己二酸	25.98	28.95	31.92	34.94	37.91	40.88	43.98	46.86
丙烯酸	33.35	36.94	40.54	43.93	47.70	51.04	54.81	58.16
甲基丙烯酸	34.56	38.41	41.88	46.02	49.79	53.56	57.32	61.09
2-甲基戊酸	33.22	37.11	41.00	44.77	48.53	52.72	56.48	60.25
油酸	22.84	25.61	28.37	31.17	34.02	36.82	39.62	42.26
苯甲酸	24.98	28.07	31.13	34.23	37.28	40.29	43.10	46.02
六氢苯甲酸	33.43	37.66	41.84	46.44	50.63	54.81	58.99	63.18
乙酐	60.25	69.87	79.91	91.21	102.9	115.5	129.3	143.1
丙酐	43.93	50.21	56.90	64.02	71.13	79.08	87.03	95.40
顺-丁烯二酸酐	26.86	30.04	33.30	36.53	39.66	42.68	45.61	48.53
邻苯二甲酸酐	27.53	30.71	33.93	37.15	40.42	43.51	46.86	49.79

1.7.2 液态有机酸和酸酐的热导率

表1.7.2 液态有机酸和酸酐的热导率 单位：mW/(m·K)

名 称	温度/℃											
	–20	0	20	40	60	80	100	120	140	160	180	200
甲 酸			228.4	223.4	218.0	212.1	206.7	200.4	194.1	187.4	180.3	172.8
乙 酸			175.3	169.0	162.3	155.6	149.0	141.8	134.3	126.8	118.8	110.9
丙 酸	175.7	170.3	164.8	159.0	153.1	147.3	141.4	135.1	128.4	121.8	115.1	107.9
丁 酸		162.8	157.3	152.3	147.3	141.8	136.4	130.5	124.7	118.8	112.5	105.9
异丁酸	167.8	162.3	157.3	151.9	146.0	140.6	134.7	128.4	122.2	115.9	109.2	102.5
戊 酸	160.2	155.6	151.0	146.4	141.8	136.8	131.8	126.8	121.8	116.3	110.9	105.0
异戊酸	159.4	154.8	149.8	145.2	140.2	135.1	130.1	124.7	119.2	113.8	107.9	101.7
己 酸		150.6	146.4	142.3	137.7	133.5	128.9	124.3	119.2	114.2	109.2	104.2
己二酸										126.4	123.0	119.2
丙烯酸			192	188.3	184.1	179.5	175.3	170.7	166.1	161.1	155.6	150.2
甲基丙烯酸			169.9	166.5	163.2	159.8	156.5	152.7	149.0	145.2	141.0	136.8
2-甲基戊酸	153.1	149.0	144.8	140.6	136.4	131.8	127.2	122.6	117.6	112.5	107.5	102.5
ω-氨基己酸	118.8	120.5	122.2	123.4	124.7	125.1	125.5	125.9	125.9	125.5	125.1	124.3
油 酸			139.7	133.5	128.0	122.2	116.7	111.7	106.7	102.1	97.07	92.47
硬脂酸						113.0	110.0	107.1	104.2	101.3	98.32	95.40
苯甲酸									164.4	165.3	165.7	165.7
六氢苯甲酸				136.4	132.6	128.9	125.1	121.3	117.2	113.0	108.8	104.6
乙 酐①	157.3	151.9	146.0	140.6	134.7	128.4	122.2	115.9	108.8	102.1	94.56	86.61
丙 酐	141.4	137.2	132.6	128.4	123.8	118.8	114.2	109.2	104.2	98.74	93.30	87.45
顺-丁烯二酸酐					141.4	137.2	133.5	129.3	124.7	120.5	115.9	111.3
邻苯二甲酸酐									115.5	112.1	109.2	105.9

名 称	温度/℃											
	220	240	260	280	300	320	340	360	380	400	420	440
甲 酸	164.6	155.2	144.3	131.0	108.8							
乙 酸	102.1	92.47	82.42	71.13	57.74	37.03						
丙 酸	100.4	92.47	83.68	74.48	64.02	51.46	43.51^{330}					
丁 酸	99.16	92.05	84.52	76.57	67.78	57.74	45.61	37.03^{350}				
异丁酸	94.98	87.45	79.08	69.87	59.41	47.28	38.7^{330}					
戊 酸	99.16	92.88	86.61	79.50	72.38	64.43	55.23	44.35	37.4^{370}			
异戊酸	95.40	89.12	82.01	74.48	62.76	57.32	46.86	30.25				
己 酸	98.74	92.88	87.03	80.75	74.48	67.36	59.41	50.63	39.92	32.3^{390}		
己二酸②	115.5	111.7	107.5	103.8	99.58	95.40	90.79	86.19	81.59	76.57	71.55	66.11
丙烯酸	144.3	138.1	131.4	123.4	114.2	102.1	77.82					
甲基丙烯酸	132.6	128.0	123.0	117.2	111.3	104.2	95.40	82.84	69.45^{370}			
2-甲基戊酸	97.07	91.21	85.35	79.08	72.38	65.27	57.32	48.53	36.94	3.473^{390}		
ω-氨基己酸	123.4	122.2	120.9	119.7	118.0	116.3	114.6	112.1	109.6	106.3	102.1	95.81
油 酸③	88.28	83.68	79.50	75.31	71.55	67.36	63.18	59.41	55.23	51.04	46.86	42.68
硬脂酸④	92.05	88.70	85.35	82.01	78.66	74.89	71.13	67.36	63.60	59.41	54.81	49.79
苯甲酸	165.3	164.4	163.6	161.9	160.2	158.2	155.6	152.7	149.0	144.3	138.1	129.3
六氢苯甲酸	100.4	95.81	91.21	86.19	81.17	75.73	70.29	64.43	57.74	50.63	42.68	31.30
乙 酐	78.24	69.04	58.99	46.02								
丙 酐	81.59	75.31	68.20	61.09	52.72	43.10	28.91					
顺-丁烯二酸酐⑤	106.7	102.1	97.07	91.63	86.19	80.75	74.48	68.20	61.50	53.56	44.77	32.30
邻苯二甲酸酐	102.5	99.16	95.40	92.05	88.28	84.52	80.75	76.57	72.38	68.20	63.60	58.58

① 温度为–60、–40℃时，其值分别为167.8、162.8mW/(m·K)。

② 温度为460、480、500、520、530℃时，其值分别为60.25、53.56、46.44、37.61、31.72mW/(m·K)。

③ 温度为460、480℃时，其值分别为37.74、32.13mW/(m·K)。

④ 温度为460、480、500、510℃时，其值分别为44.77、38.91、31.92、27.45mW/(m·K)。

⑤ 温度为460、480、500、520、530℃时，其值分别为53.56、48.12、41.55、33.81、28.74mW/(m·K)。

1.8 蒸气压

1.8.1 有机酸和酸酐在常压下的蒸气压

表1.8.1 有机酸和酸酐在常压下的蒸气压 单位：kPa

名称	温度/℃										
	20	40	60	80	100	120	140	160	180	200	220
甲酸	4.458	11.40	25.80	52.85	99.64	175.3	328.0	543.4	856.5	1295	1887
乙酸	1.510	4.628	12.06	27.64	57.02	108.0	190.3	328.2	526.6	808.2	1194
丙酸			3.853	10.28	24.12	50.94	98.72	178.0	299.7	482.4	743.7
丁酸				3.638	9.559	22.29	47.06	91.51	166.0	283.0	462.4
异丁酸			1.820	5.434	13.86	31.24	63.53	118.8	207.2	343.1	539.3
戊酸				1.463	4.205	10.54	23.62	48.28	91.26	161.6	270.6
异戊酸			0.690	2.222	6.133	14.82	32.15	63.64	116.6	200.1	325.1
己酸					1.818	4.843	11.43	24.34	47.57	86.37	147.3
己二酸①										1.078	2.520
丙烯酸			4.168	10.90	24.98	51.54	97.43	171.4	301.2	485.6	750.1
甲基丙烯酸			1.787	4.960	12.06	26.30	52.26	96.08	165.4	269.4	418.4
2-甲基戊酸				0.843	2.484	6.375	14.57	30.21	57.64	102.5	171.9
ω-氨基己酸		1.395	3.466	7.626	15.16	27.78	47.48	76.53	117.4	172.7	244.6
苯甲酸							1.813	4.666	10.70	22.29	42.92
六氢苯甲酸					0.714	2.000	4.926	10.96	22.30	42.06	74.29
对甲基苯甲酸									5.373	11.35	22.17
乙酐		1.772	5.169	12.92	28.58	57.18	105.4	181.5	364.2	620.5	1009
丙酐			1.454	4.044	9.907	21.83	44.05	82.49	145.0	241.5	384.1
顺-丁烯二酸酐				1.439	3.741	8.598	17.87	34.17	60.93	102.4	163.6
邻苯二甲酸酐							1.564	3.389	6.756	12.55	21.94

名称	温度/℃										
	240	260	280	300	320	340	360	380	400	420	440
甲酸	2670	3682	4971	6597							
乙酸	1710	2380	3240	4328	5689						
丙酸	1105	1592	2234	3061	4119	4748^{330}					
丁酸	718.5	1081	1576	2239	3108	4232	4909^{350}				
异丁酸	813.7	1187	1686	2341	3196	3715^{330}					
戊酸	434.3	663.5	968.3	1359	1845	2433	3130	3521^{370}			
异戊酸	504.5	753.3	1089	1535	2116	2870	3843				
己酸	238.4	368.6	548.8	791.8	1112	1529	2064	2750	3162^{390}		
己二酸①	5.465	11.03	20.97	37.82	65.10	107.5	171.1	263.7	3948	5759	8211
丙烯酸	1116	1611	2261	3102	4180	5531					
甲基丙烯酸	624.4	901.1	1264	1732	2327	3078	4022	4580^{370}			
2-甲基戊酸	273.9	418.1	615.6	879.5	1226	1672	2245	2976			
ω-氨基己酸	336.2	449.4	586.4	749.6	941.1	1163	1418	1709	2038	2412	2833
油酸②	3.406	6.800	12.78	22.84	39.00	63.95	101.2	155.1	231.3	336.2	4783
硬脂酸③	2.523	5.118	9.775	17.70	30.58	50.71	81.04	125.4	188.4	276.0	395.3
苯甲酸	77.19	131.1	211.8	313.2	460.2	656.4	912.5	1241	1657	2178	2826
六氢苯甲酸	124.1	197.3	301.2	443.5	633.3	881.3	1199	1602	2108	2739	3524
对苯二甲酸④		1.012	2.386	5.160	10.40	19.66	35.13	59.71	97.04	151.6	229.0

续表

名 称	温度/℃										
	240	260	280	300	320	340	360	380	400	420	440
对甲基苯甲酸[⑤]	40.52	69.89	114.6	179.6	271.1	395.7	561.3	776.8	1053	1400	1836
乙 酐	1578	2386	3507								
丙 酐	587.1	867.6	1245	1744	2391	3222					
顺-丁烯二酸酐	250.3	433.8	648.4	939.0	1323	1820	2451	3243	4222	5425	6890
邻苯二甲酸酐[⑥]	36.42	57.78	88.16	129.4	185.9	3066	440.0	616.0	843.4	1133	1495

① 温度为460、480、500、520、530℃时，其值分别为1148、1574、2126、2832、3255kPa。

② 温度为220、460、480、500℃时，其值分别为1.596、667.4、915.6、1238kPa。

③ 温度为220、460、480、500、510℃时，其值分别为1.160、554.7、764.7、1038、1203kPa。

④ 温度为460、480、500、520、540、560、580、600、620℃时，其值分别为335.5、478.5、666.8、910.7、1223、1617、2112、2731、3503kPa。

⑤ 温度为460、480、490℃时，其值分别为2375、3043、3433kPa。

⑥ 温度为460、480、500、520、530℃时，其值分别为1941、2489、3155、3155、3960、4402kPa。

1.8.2 有机酸和酸酐在压力下的蒸气压

表1.8.2 有机酸在压力下的蒸气压（Ⅰ）

名 称	0.1	0.2	0.4	0.7	1.0	2	4	7	10	20	40	70	101.3	熔点/℃
	相应于上述蒸气压强(kPa)时的温度/℃													
甲 酸	–21.8	–16.7	–10.4	–4.6	–1.0	6.2	17.7	29.1	36.9	53.1	72.0	88.7	100.6	8.2
乙 酸	–20.5	–11.8	–1.8	7.0	12.7	24.1	37.0	48.3	56.1	71.9	90.6	106.9	118.1	16.7
丙 酸	1.3	10.0	20.0	28.7	34.6	46.2	59.5	70.9	78.7	94.6	113.4	129.9	141.1	–22
丁 酸	22.1	31.1	41.5	50.5	56.4	68.1	81.6	93.2	101.0	117.2	136.1	152.4	163.5	–74
异丁酸	11.2	20.4	30.9	40.0	46.1	58.0	71.5	83.0	90.9	107.4	126.2	142.8	154.5	–47
正戊酸	38.5	48.1	59.0	68.5	74.6	86.9	101.1	113.2	121.2	137.7	156.6	173.0	184.4	–34.5
异戊酸	30.9	40.3	51.0	60.3	66.2	78.0	91.6	103.7	111.9	128.0	146.8	163.4	175.1	–37.6
正己酸	69.1	75.5	83.2	90.1	95.2	106.0	118.9	130.1	137.5	152.8	172.1	189.7	202.0	–1.5
异己酸	64.1	69.9	77.1	83.7	89.2	100.9	114.2	126.1	134.3	150.3	171.1	192.1	207.7	–35
庚 酸	74.7	83.4	93.3	102.0	108.1	119.8	133.1	145.0	153.0	170.4	190.8	208.7	221.5	–10
辛 酸	89.3	97.3	106.6	114.7	119.7	130.6	144.1	156.4	164.8	181.8	203.6	223.7	237.5	16
壬 酸	105.9	112.2	119.8	126.7	132.5	144.0	157.3	169.0	177.1	194.3	216.9	238.3	253.5	12.5
癸 酸	178.1	190.7	204.7	216.8	225.0	241.8	260.1	275.5	285.7	304.4	324.2	340.9	352.3	134.5
十一烷酸	96.6	108.9	122.4	134.1	142.2	158.3	176.9	192.9	203.4	226.3	251.9	274.1	290.0	29.5
十二烷酸	116.6	128.0	140.6	151.6	159.4	175.6	193.4	208.5	218.7	239.5	263.3	284.4	299.2	48
十三烷酸	133.6	144.5	156.7	167.2	174.7	189.0	204.9	218.3	227.6	246.2	267.2	285.8	299.0	41
十四烷酸	137.2	149.6	163.3	175.2	183.7	199.9	216.3	232.2	242.5	262.3	284.8	304.3	318.0	57.5
十六烷酸	148.3	161.8	176.6	189.3	198.3	215.6	235.3	251.7	262.3	286.4	314.2	337.6	353.8	64.0
十八烷酸	168.3	182.1	197.2	210.0	218.2	235.1	254.4	271.0	281.8	304.9	331.5	354.2	370.0	69.3
α-乙基丙烯酸	43.7	52.5	62.6	71.4	77.1	88.6	101.8	113.4	120.9	136.2	153.3	168.3	179.2	
乙酰丙酸	98.2	108.1	119.2	129.0	135.9	148.3	162.5	174.7	182.8	199.8	219.0	235.0	245.8	33.5
二氯乙酸	40.3	50.0	61.0	70.6	77.1	89.9	104.8	117.8	126.5	143.7	164.3	182.3	194.4	9.7
10-十一烯酸	109.8	120.8	133.1	143.7	150.5	164.8	181.2	195.4	205.1	223.8	244.7	262.7	275.0	24.5
反-9-十八烯酸	165.9	179.7	194.9	207.8	216.3	233.8	252.5	268.5	279.1	301.3	326.3	347.4	362.0	51.5
顺-12-二十二烯酸	204.8	217.2	230.9	242.6	249.9	265.2	282.3	297.2	307.4	327.3	349.6	369.1	382.5	61.5
顺-13-二十二烯酸	201.7	214.5	228.6	240.6	248.2	263.2	280.8	296.1	305.9	326.3	349.0	368.2	381.5	33.5

表1.8.3　有机酸在压力下的蒸气压（Ⅱ）

名　称	0.1	0.2	0.4	0.7	1.0	2	4	7	10	20	40	70	101.3	熔点/℃
	相应于上述蒸气压强（kPa）时的温度/℃													
三氯乙酸	47.4	56.8	67.5	76.8	82.9	95.5	109.7	122.2	130.6	147.1	166.5	183.7	195.6	57
己二酸	154.8	166.9	180.4	191.9	199.3	214.5	232.2	247.0	256.6	277.3	301.7	322.9	337.5	152
壬二酸	173.5	185.9	199.6	211.4	219.0	234.7	252.1	267.4	277.7	299.0	322.7	342.7	356.5	106.5
水杨酸	110.6	118.8	128.3	136.6	141.8	151.7	165.2	178.3	186.5	202.1	221.5	241.1	256.0	159
顺-巴豆酸	30.1	39.0	49.2	58.1	64.0	75.9	89.6	101.2	109.2	125.6	144.1	160.4	171.9	15.5
反-巴豆酸						86.9	101.1	113.3	121.1	137.5	156.9	173.6	185.0	72
顺-2-甲基-2-丙烯酸	48.3	58.0	69.0	78.6	84.9	97.5	112.1	124.4	132.9	149.7	169.9	187.2	198.5	64.5
甲基丙烯酸	22.3	30.8	40.6	49.2	55.0	66.7	80.1	91.9	99.7	115.7	134.3	150.1	161.0	15
α-甲基苯基-2-丙烯酸	121.4	132.6	145.1	155.9	163.5	178.1	194.3	208.1	217.1	235.6	257.3	275.6	288.0	
甲氧基乙酸	48.6	58.8	70.2	80.1	86.5	99.8	115.0	128.1	136.9	154.6	175.1	192.4	204.0	
丙烯酸	0.1	9.0	19.1	28.0	33.9	45.9	59.7	71.6	79.4	95.2	113.7	129.9	141.0	14
丙酮酸	17.9	27.1	37.5	46.6	52.7	64.8	78.7	90.7	99.0	116.1	135.9	153.1	165.0	13.6
戊二酸	151.3	162.1	174.2	184.6	190.7	203.8	219.1	232.0	240.0	256.5	275.3	291.6	303.0	97.5
龙脑烯酸	93.5	104.2	116.2	126.6	133.8	147.4	162.7	176.2	185.5	203.8	224.7	243.1	256.0	
辛二酸	167.9	180.5	194.5	206.4	213.5	229.7	247.2	261.3	271.2	290.9	313.0	332.2	345.5	142
油　酸	171.7	184.1	197.7	209.4	216.8	232.3	249.5	265.2	276.4	298.9	323.9	345.2	360.0	14
苯甲酸	92.7	101.4	111.4	120.3	126.7	139.9	155.4	168.9	178.2	196.7	217.7	236.2	249.2	121.7
苯乙酸	92.5	104.1	116.9	127.9	135.2	149.2	165.7	180.4	190.0	209.7	232.7	252.3	265.5	76.5
苯基丙酸	97.5	109.6	123.0	134.5	142.2	157.5	175.1	190.0	200.1	220.8	244.5	265.3	279.8	48.5
反-3-苯基丙烯酸	123.0	134.6	147.6	158.8	166.5	182.0	199.2	213.8	223.7	243.6	266.5	286.4	300.0	133
庚二酸	158.4	171.2	185.2	197.2	205.2	221.4	239.1	254.0	263.7	284.2	308.0	328.3	342.0	103
香茅酸	95.4	106.0	117.9	128.2	135.4	149.0	164.5	178.2	187.4	205.6	226.9	245.1	257.0	
癸二酸	122.9	128.8	136.0	142.6	147.8	159.0	173.1	186.0	193.8	209.0	230.2	252.0	268.4	31.5
1-萘甲酸	151.9	162.6	174.5	184.8	191.3	204.5	218.7	230.9	238.9	255.2	273.5	289.1	300.0	160.5
2-萘甲酸	156.5	167.6	179.9	190.5	197.2	210.4	224.8	237.6	245.8	262.0	281.0	297.4	308.5	184
α-羟基异丁酸	69.9	79.3	90.0	99.2	105.3	117.6	131.5	143.1	150.8	166.9	185.6	201.3	212.0	79
氯乙酸	39.4	48.9	59.7	69.1	75.5	88.0	102.4	114.8	123.2	140.4	160.2	177.5	189.5	61.2
α-氯丁烯酸	66.3	76.0	86.9	96.4	102.7	115.0	129.0	141.0	148.9	165.4	184.6	201.0	212.0	
硫代乙酸	56.0	66.5	78.3	88.6	95.6	109.2	124.6	138.1	146.7					−16.5
溴代乙酸	50.8	61.0	72.5	82.4	88.7	101.7	116.8	130.1	138.8	156.7	177.5	195.5	208.0	49.5

表1.8.4　有机酸酐在压力下的蒸气压（$p \leq 101.3$kPa）

名　称	0.1	0.2	0.4	0.7	1.0	2	4	7	10	20	40	70	101.3	熔点/℃
	相应于上述蒸气压强（kPa）时的温度/℃													
二甲基丁二酸酐	57.5	67.6	79.0	89.0	96.0	109.7	125.1	138.6	147.5	166.3	188.0	206.6	219.5	
丁二酸酐	88.8	97.3	107.1	115.8	122.5	137.5	155.1	169.9	180.1	201.5	226.1	247.0	261.0	119.6
顺-丁烯二酸酐	41.4	48.4	56.6	64.4	72.2	87.5	104.2	118.1	127.5	146.6	169.2	188.8	202.0	58
三氯乙酸酐	51.9	63.0	75.5	86.2	93.5	107.5	123.6	137.8	147.2	166.5	189.5	209.4	223.0	
甲基丁二酸酐	65.2	76.8	89.6	100.6	108.0	122.7	139.8	154.5	164.7	185.8	210.2	232.0	247.4	
α-甲基戊二酸酐	89.1	101.3	114.8	126.5	134.8	150.4	168.7	185.3	196.0	218.1	244.0	266.7	282.5	
丙酸酐	17.1	26.3	36.9	46.1	52.4	64.4	78.7	91.1	99.6	118.3	137.9	154.7	167.0	−45
戊二酸酐	95.9	108.5	122.4	134.3	142.6	158.5	176.8	192.2	202.8	225.5	250.3	271.8	287.0	
苯甲酸酐	138.2	152.4	167.9	181.2	190.3	209.0	230.2	248.0	259.9	286.2	316.0	341.8	360.0	42
邻苯二甲酸酐	93.0	102.3	112.8	122.1	128.5	143.7	163.0	180.4	192.2	216.3	244.3	268.3	284.5	130.8
氯乙酸酐	63.3	73.5	85.0	95.0	102.0	115.7	131.0	144.3	152.7	169.3	188.5	205.3	217.0	46
乙酸酐	−1.5	7.0	16.9	25.5	31.2	42.5	55.8	67.4	75.3	91.6	111.1	128.0	139.6	−73
三甲基丁二酐	49.1	60.3	72.8	83.5	91.1	106.5	123.3	138.0	148.0	169.1	194.3	216.1	231.0	

表1.8.5 有机酸和酸酐在压力下的蒸气压（$p>101.3$kPa）

名 称	101.3	200	400	700	1000	1500	2000	2500	3000	3500	4000	5000	临界值	
	相应于上述蒸气压强（kPa）的温度/℃												t_c/℃	p_c/MPa
乙 酸	118.1	143.4	170.8	196.0	213.4	235.5	251.3	264.7	275.7	286.6	296.1	311.6	321.6	5.79
丙 酸	141.1	160.0	179.3	194.2	203.2	212.8	219.7	224.1	227.7	230.5	232.8	237.7	239.5	5.37
丁 酸	163.5	188.2	215.5	239.9	256.4	278.5	294.3	307.4	318.2	328.3	337.1	351.2	355.0	5.27
异丁酸	154.5	179.7	207.4	232.4	249.4	272.1	288.3	302.5	314.2	325.3	335.1		336.0	4.05
乙酸酐	139.6	161.9	185.8	206.8	221.0	239.3	252.4	263.3	272.2	280.5	287.8		296.0	4.66

1.8.3 乙酸水溶液的总蒸气压

N 算图 1.10
有机酸和酸酐的蒸气压（第687页右）

表1.8.6 乙酸水溶液的总蒸气压 单位：kPa

温度/℃	质量分数/%			温度/℃	质量分数/%		
	25	50	75		25	50	75
20	2.17	2.09	2.04	65	23.7	22.9	21.6
25	2.95	2.80	2.77	70	29.7	28.8	27.1
30	3.95	3.84	3.71	75	36.9	35.9	33.5
35	5.25	5.11	4.88	80	45.6	44.1	41.3
40	6.89	6.69	6.41	85	55.9	54.3	50.1
45	8.93	8.66	8.26	90	68.0	66.3	60.1
50	11.6	11.3	10.7	95	82.4	88.3	73.3
55	14.7	14.3	13.6	100	99.0	99.6	88.8
60	18.8	18.4	17.3				

1.9 比热容

N 算图 1.11
乙酸水溶液的总压强（第688页左）

1.9.1 气态有机酸和酸酐的比热容

表1.9.1 气态有机酸的比热容 单位：J/(mol·K)

名 称	温度/K								
	150	200	250	300	350	400	450	500	550
甲 酸	30.26	35.67	38.83	45.43	49.78	53.97	57.61	61.09	64.31
乙 酸	39.59	49.19	58.36	66.86	74.70	81.90	88.55	94.62	100.2
丙 酸	54.89	68.79	81.52	93.24	103.9	113.7	122.7	130.8	138.3
丁 酸	68.50	85.20	100.9	115.5	129.1	141.9	153.7	164.8	175.0
异丁酸		89.39	105.4	120.0	133.4	145.7	156.9	167.1	176.5
戊 酸	82.52	102.8	121.9	139.8	156.5	172.0	186.5	200.0	212.5
异戊酸	83.78	104.5	124.0	142.4	159.9	176.3	191.9	206.7	220.6
己 酸	96.46	120.4	142.9	164.0	183.7	202.1	219.2	235.1	249.9
己二酸		132.1	156.0	178.1	198.7	217.6	235.1	251.2	266.1
丙烯酸		56.69	67.91	78.17	87.59	96.21	104.0	111.2	117.7
甲基丙烯酸	60.67	76.33	90.86	104.3	116.8	128.3	138.9	148.6	157.5
2-甲基戊酸	87.88	113.7	137.8	160.3	181.2	200.6	218.6	235.3	250.7
ω-氨基己酸			167.6	190.4	211.6	231.6	250.2	267.5	283.5
油 酸		311.7	374.4	433.1	488.1	539.5	587.4	632.0	673.4
硬脂酸			396.2	456.4	512.9	566.1	616.0	662.9	706.9
苯甲酸		58.45	81.22	102.2	121.6	139.4	155.7	170.7	184.3
六氢苯甲酸	66.11	97.64	127.3	155.1	181.2	205.6	228.4	249.7	269.5
对苯二甲酸		105.6	132.9	158.3	182.0	203.9	224.2	243.0	260.4
对甲基苯甲酸		92.15	117.2	140.5	162.0	181.9	200.3	217.1	232.6

续表

名　称	温度/K								
	600	650	700	750	800	850	900	950	1000
甲　酸	67.24	69.96	72.47	74.73	76.83	78.75	80.47	82.10	83.57
乙　酸	105.3	110.0	114.3	118.2	121.9	125.2	128.3	131.2	133.9
丙　酸	145.2	151.6	157.4	162.9	168.0	172.9	177.6	182.3	286.9
丁　酸	184.4	193.2	201.2	208.7	215.5	221.8	227.6	232.9	237.7
异丁酸	185.2	193.2	200.6	207.7	214.4	220.8	227.1	233.4	239.7
戊　酸	224.1	234.8	244.8	253.9	262.3	270.0	277.2	283.7	289.7
异戊酸	233.9	246.5	258.5	270.0	281.0	291.7	302.0	312.0	321.8
己　酸	263.6	276.3	288.1	298.9	308.9	318.0	326.5	334.3	341.4
己二酸	279.6	292.0	303.4	313.7	323.1	331.6	339.3	346.3	352.7
丙烯酸	123.6	128.9	133.8	138.2	142.2	145.9	149.2	152.4	155.4
甲基丙烯酸	165.7	173.2	179.9	186.1	191.7	196.7	201.3	205.5	209.3
2-甲基戊酸	264.8	277.8	289.8	300.8	310.8	320.0	328.3	336.0	343.0
ω-氨基己酸	298.4	312.0	324.5	335.9	346.3	355.7	364.1	371.5	378.1
油　酸	711.8	747.4	780.4	810.8	838.8	864.7	888.4	910.3	930.4
硬脂酸	748.3	787.3	823.9	858.5	891.1	922.1	951.5	979.5	1006
苯甲酸	196.7	207.9	218.0	227.1	235.3	242.7	249.3	255.2	260.5
六氢苯甲酸	287.8	304.8	320.5	335.1	348.4	360.7	371.9	382.1	391.5
对苯二甲酸	276.4	291.2	304.8	317.3	328.8	339.4	349.2	358.3	366.8
对甲基苯甲酸	246.7	259.6	271.3	282.0	291.7	300.4	308.3	315.4	321.8

表1.9.2　气态有机酸酐的比热容　　单位：J/（mol·K）

名　称	温度/K								
	150	200	250	300	350	400	450	500	550
乙　酐			102.4	115.2	127.33	138.5	149.1	159.0	164.7
丙　酐		123.9	144.4	163.7	181.8	198.8	214.6	229.4	243.2
顺-丁烯二酸酐		48.28	61.13	73.10	84.20	94.45	103.9	112.6	120.6
邻苯二甲酸酐		110.0	133.9	155.9	176.3	195.1	212.3	228.1	242.5
名　称	温度/K								
	600	650	700	750	800	850	900	950	1000
乙　酐	174.5	183.3	191.3	198.5	205.1	211.0	216.4	221.4	225.9
丙　酐	255.9	267.8	278.8	288.9	298.2	306.8	314.7	321.8	328.4
顺-丁烯二酸酐	127.8	134.4	140.4	145.8	150.7	155.0	158.9	162.3	165.4
邻苯二甲酸酐	255.6	267.4	278.1	287.7	296.3	304.0	310.8	316.8	322.2

1.9.2　液态有机酸和酸酐的比热容

表1.9.3　液态有机酸的比热容　　单位：J/（mol·℃）

名　称	温度/℃											
	-20	0	20	40	60	80	100	120	140	160	180	200
甲　酸			99.02	100.2	101.7	103.6	105.5	107.9	110.6	114.3		
乙　酸			133.5	135.2	137.1	139.3	141.6	144.3	147.2	150.5	154.3	158.9
丙　酸	167.9	169.6	171.9	174.8	178.1	182.0	186.3	191.1	196.5	202.5	209.3	217.3
丁　酸		199.9	202.4	205.2	208.3	211.8	215.4	219.3	223.4	227.8	232.5	237.7
异丁酸	195.9	198.3	201.2	204.4	207.7	211.3	215.1	219.1	223.3	227.9	232.8	238.4
戊　酸	215.6	219.0	222.9	227.1	231.4	236.1	240.9	245.8	251.0	256.2	261.7	267.5

续表

名　称	温度/℃											
	−20	0	20	40	60	80	100	120	140	160	180	200
异戊酸	219.7	223.3	227.3	231.7	236.4	241.4	246.5	251.9	257.5	263.3	269.5	276.0
己　酸		249.6	254.2	259.2	264.4	269.8	275.4	281.1	287.0	293.0	299.2	305.6
己二酸										354.9	358.7	362.7
丙烯酸			155.0	156.7	158.7	160.9	163.3	166.0	168.9	172.1	175.7	179.9
甲基丙烯酸			172.1	175.4	178.9	182.6	186.4	190.2	194.3	198.4	202.8	207.5
2-甲基戊酸	235.8	240.9	246.3	252.0	257.9	264.0	270.2	276.5	282.9	289.3	296.0	302.8
ω-氨基己酸	209.1	216.1	222.8	229.2	235.3	241.2	246.8	252.2	257.5	262.7	267.8	272.9
油　酸			551.9	578.4	604.3	629.6	654.2	678.3	701.8	724.8	747.4	769.6
苯甲酸											233.0	238.3
六氢苯甲酸				252.0	260.1	268.5	271.0	279.1	287.2	295.3	303.0	311.6
对苯二甲酸											355.7	360.1
对甲基苯甲酸											281.9	287.7

名　称	温度/℃											
	220	240	260	280	300	320	340	360	380	400	420	440
乙　酸	164.8	172.8	185.2	208.3								
丙　酸	226.9	239.1	255.9	284.1								
丁　酸	243.6	250.5	259.0	270.7	288.9							
异丁酸	244.8	252.9	263.7	280.1								
戊　酸	273.7	280.5	288.2	297.4	309.5	327.4						
异戊酸	283.2	291.2	300.7	312.8	330.0	358.0						
己　酸	312.3	319.4	327.2	336.0	346.7	360.7	382.0					
己二酸	366.8	371.1	375.5	380.0	384.8	389.7	395.0	400.8	407.3	414.7	423.6	435.2
丙烯酸	184.9	191.2	199.8	213.0	237.6							
甲基丙烯酸	212.5	218.2	224.9	233.2	244.8	263.2						
2-甲基戊酸	309.9	317.5	325.7	335.1	346.4	361.5	383.4					
ω-氨基己酸	278.0	283.3	288.8	294.6	300.8	307.4	314.8	322.8	331.8	342.5		
油　酸	791.5	813.1	834.6	855.8	877.1	898.4	919.9	941.7	963.8	986.3	1009	1033
苯甲酸	243.6	249.0	254.5	260.2	266.1	272.4	279.4	287.3	297.0	309.8	329.1	354.8
六氢苯甲酸	319.8	328.1	336.6	345.3	354.5	364.5	375.8	389.5	407.7	436.9		
对苯二甲酸	364.7	369.4	374.1	378.9	383.8	388.7	393.7	398.8	404.0	409.5	415.2	421.4
对甲基苯甲酸	293.6	299.4	305.4	311.4	317.7	324.1	331.0	338.5	347.0	357.3	370.8	390.9

表1.9.4　液态有机酸酐的比热容

单位：J/(mol·℃)

名　称	温度/℃											
	−20	0	20	40	60	80	100	120	140	160	180	200
乙　酐	191.6	194.0	196.9	200.2	203.9	207.9	212.2	217.0	222.2	228.0	234.3	243.3
丙　酐	237.3	241.5	246.1	251.0	256.1	261.5	267.1	272.9	278.8	285.1	291.7	298.8
顺丁烯二酸酐					159.6	161.9	164.4	167.0	169.7	172.6	175.6	178.7
邻苯二甲酸酐									280.2	285.5	290.9	296.2

名　称	温度/℃											
	220	240	260	280	300	320	340	360	380	400	420	440
乙　酐	254.6	272.0	306.1									
丙　酐	306.7	316.0	327.5	343.7	371.3							
顺丁烯二酸酐	182.0	185.5	189.3	193.6	198.3	204.0	211.1	220.6	235.0	260.9		
邻苯二甲酸酐①	301.6	306.9	312.2	317.5	322.9	328.4	334.1	340.1	346.5	353.6	361.9	372.1

① 温度为460、490℃时，其值分别为385.9、407.3、424.0J/(mol·℃)。

1.9.3 固态有机酸的比热容

表1.9.5 固态有机酸的比热容 单位：kJ/（kg·℃）

名称	适用温度范围/℃	比热容计算式	名称	适用温度范围/℃	比热容计算式
十二酸	930～40	1.800+0.00113t	对氯苯甲酸	180～熔点	1.013+0.00230t
十四酸	0～35	1.595+0.00228t	邻硝基苯甲酸	−160～熔点	1.072+0.00356t
丁二酸	0～160	1.038+0.00640t	间硝基苯甲酸	−66～熔点	1.080+0.00381t
苯甲酸	20～熔点	1.202+0.00250t	对硝基苯甲酸	−160～熔点	1.034+0.00322t
邻氨基苯甲酸	85～熔点	1.063+0.00569t	邻甲苯甲酸	54～熔点	1.160+0.00502t
间氨基苯甲酸	120～熔点	1.059+0.00511t	间甲苯甲酸	54～熔点	1.001+0.00816t
对氨基苯甲酸	128～熔点	1.202+0.00368t	对甲苯甲酸	130～熔点	1.135+0.00444t
邻氯苯甲酸	80～熔点	0.955+0.00352t	草　酸	−200～50	1.084+0.00318t
间氯苯甲酸	94～熔点	0.971+0.00306t			

名称	比热容					
水杨酸	0.540^{-150}	0.699^{-100}	1.038^{0}			
草　酸	0.490^{-200}	1.001^{-100}	1.435^{0}	1.612^{50}	1.742^{100}	
十六酸	0.699^{-180}	0.871^{-140}	1.051^{-100}	1.281^{-50}	1.599^{0}	1.800^{20}
苦味酸	0.691^{-100}	1.005^{0}	1.101^{50}	1.244^{100}	1.390^{120}	
酒石酸	0.469^{-150}	0.712^{-100}	0.967^{-50}	1.269^{0}	1.532^{50}	
三氯乙酸	1.922					
甲基丁二酸	1.260^{20}					

注：右上角标值为其对应的温度（℃）。

表1.9.6 固态聚甲基丙烯酸的比热容 单位：kJ/（kg·℃）

T/K	c_p	T/K	c_p	T/K	c_p	T/K	c_p
25	0.0545	100	0.523	180	0.906	260	1.201
30	0.099	110	0.575	190	0.949	270	1.235
40	0.173	120	0.629	200	0.989	280	1.263
50	0.244	130	0.677	210	1.03	290	1.285
60	0.301	140	0.727	220	1.066	300	1.31
70	0.36	150	0.771	230	1.102		
80	0.414	160	0.818	240	1.138		
90	0.47	170	0.862	250	1.171		

1.10 焓和熵

1.10.1 有机酸和酸酐的焓

表1.10.1 有机酸的焓（25℃） 单位：kJ/mol

物料名	甲酸	乙酸	丙酸	正丁酸	异丁酸	异戊酸	正戊酸	正己酸
理想气体标准生成焓	−378.6	−432.8	−453.5	−475.8	−484.1	−514.7	−490.1	−511.9
标准燃烧焓	−211.5	−814.6	−1395.03	−2007.7	−2000.4	−2615.3	−2616.5	−3230.48

续表

物料名	新己酸	正庚酸	新庚酸	正辛酸	正壬酸	正癸酸	正十一酸	正十二酸
理想气体标准生成焓	−524.6	−536.2	−545.3	−556	−577.3	−594.3	−614.6	−640
标准燃烧焓	−3229	−3839	−3834	−4448.3	−5060.6	−5720	−6253.1	−6849.9

物料名	正十九酸	正二十酸	乙二酸	丙二酸	戊二酸	己二酸	庚二酸	辛二酸
理想气体标准生成焓	−785.3	−806	−723.7	−766.8	−842.6	−865	−885	−894.9
标准燃烧焓	−11088	−11694.8	−198.9	−773.2	−1975	−2580	−3196.4	−3803.1

表1.10.2 其他有机酸的焓（25℃）

单位：kJ/mol

物料名	癸二酸	2-乙基丁酸	乙酰丙酸	乙醇酸	二乙基己酸	二羟基乙酸	二氯乙酸	三氟乙酸
理想气体标准生成焓	−921.9	−537.8	−607	−585	−559.54	−945	−436	−1021.73
标准燃烧焓	−5029	−3212.03	−2238	−607	−4447.83	−1355	−530.9	161.97

物料名	三氯乙酸	丙烯酸	顺-丙烯酸	反-丙烯酸	丙酮酸	邻甲苯磺酸	对甲苯磺酸	甲氧基乙酸
理想气体标准生成焓	−435	−337.06	−289	−368.7	−529.6	−510	−511	−563
标准燃烧焓	−473	−1327.17	−1952	−1884	−1080	−3509	−3508	−1279

物料名	甲基丁酸	2-甲基丁酸	甲基异丁酸	甲基丙烯酸	甲磺酸	亚油酸	亚麻酸	过氧乙酸
理想气体标准生成焓	−450.7	−498	−464	−368	−583	−563.1	−413.9	−339
标准燃烧焓	−2686	−2622	−2675	−1930	−591	−10300	−10180	−885

物料名	L-谷氨酸	邻苯二甲酸	间苯二甲酸	对苯二甲酸	L-苯丙氨酸	苯甲酸	苯磺酸	环戊乙酸
理想气体标准生成焓	−824	−663	−696.3	−717.9	−312.9	−294.1	−479	−476.1
标准燃烧焓	−1848.4	−3091.5	−3070.7	−3057.6	−4404.9	−3095.1	−2904	−3654

物料名	间苯二甲酸	对苯二甲酸	松香酸	油酸	乳酸	癸酸甲酯	氨基乙酸	羟基己酸
理想气体标准生成焓	−696.3	−717.9	−537	−710.2	−599.6	−573.8	−392.1	−682.9
标准燃烧焓	−3070.7	−3057.6	−10900	−10446	−1228	−6348.5	−863.15	−3127

物料名	6-羟基己酸	巯基乙酸	3-巯基丙酸	氯乙酸	硬脂酸	乙烯基二氨基四乙酸
理想气体标准生成焓	−666.2	−394	−405.94	−435.2	−764	−1520
标准燃烧焓	−3071	−1113	−1734.5	−638.3	−10514	−4105.4

物料名	乙酰水杨酸（阿司匹林）	二乙基邻苯二甲酸	二甲基-1,4-环己二羧酸	2,3-二羟基丁二酸（酒石酸）
理想气体标准生成焓	−703.2	−688.3	−820.2	−1097
标准燃烧焓	−3693	−5636	−4921	−1009

物料名	2,6-二氨基己酸（赖氨酸）	丁二酸（琥珀酸）	叔丁基过甲酸	反-丁烯二酸（富马酸）
理想气体标准生成焓	−461	−822.9	−243	−671.95
标准燃烧焓	−3590	−1359.1	−2736.34	−1249.9

物料名	顺-丁烯二酸（马来酸）	三甲基乙酸（新戊酸）	壬二酸（杜鹃花酸）	邻羟基苯甲酸（水杨酸）
理想气体标准生成焓	−679.4	−491.3	−927	−494.8
标准燃烧焓	−1268	−2569	−4422.4	−2890.1

物料名	2-甲酰基苯甲酸	亚甲基丁二酸（衣康酸）	1,2,4,5-苯四甲酸	苯基丙烯酸（肉桂酸）
理想气体标准生成焓	−429.4	−729	−1480	−224.6
标准燃烧焓	−3342	−1853.2	−3190	−4175.5

物料名	1,4-环己基二羧酸	羟基丁二酸（苹果酸）	2-羟基丙烷-1,2,3-三羧酸（柠檬酸）	
理想气体标准生成焓	−877	−951.9	−1390	
标准燃烧焓	−3623	−1194	−1784	

表1.10.3 有机酸酐25℃时的焓 单位：kJ/mol

物料名	乙酸酐	正丁酸酐	戊二酸酐	马来酸酐	丙酸酐
理想气体标准生成焓	−572.5	−661	−349	−398.3	−626.5
标准燃烧焓	−1675	−4120	−2270	−1389.5	−2906
物料名	丁二酸酐（琥珀酸酐）	甲基-顺-丁烯二酸酐	邻苯二甲酸酐（苯酐）	偏苯三酸酐	乳酸酐
理想气体标准生成焓	−524.1	−447.186	−371.4	−778	−1022
标准燃烧焓	−1460	−1946.62	−3171.5	−3130	−2502

1.10.2 有机酸和酸酐的绝对熵

表1.10.4 有机酸的绝对熵（25℃） 单位：kJ/(kmol·K)

物料名	甲酸	乙酸	丙酸	正丁酸	异丁酸	异戊酸
绝对熵	248.7	282.5	323	362	341.2	390
物料名	正戊酸	正己酸	新己酸	正庚酸	新庚酸	正辛酸
绝对熵	402	441	420.1	480	459.5	520
物料名	正壬酸	正癸酸	正十一酸	正十二酸	正十九酸	正二十酸
绝对熵	559	599	638	677.4	953.3	992.7

表1.10.5 其他有机酸的绝对熵（25℃） 单位：kJ/(kmol·K)

物料名	乙二酸	2-乙基丁酸	乙酰丙酸	乙醇酸	二羟基乙酸	二乙基己酸	二氯乙酸
绝对熵	343.3	423	426	318	441	513.8	342
物料名	三氯乙酸	三氟乙酸	己二酸	丙二酸	顺-丙烯酸	丙烯酸	丙酮酸
绝对熵	366	333	482	370	351	315	352.9
物料名	戊二酸	邻甲苯磺酸	反-丙烯酸	对甲苯磺酸	甲氧基乙酸	甲基丁酸	2-甲基丁酸
绝对熵	448.6	387	356.7	396.94	360	398.8	390
物料名	甲基异丁酸	甲基丙烯酸	2-甲酰基苯甲酸	甲磺酸	亚油酸	亚麻酸	过氧乙酸
绝对熵	392	350	435.7	189	901.8	895.2	322
物料名	L-谷氨酸	辛二酸	邻苯二甲酸	间苯二甲酸	对苯二甲酸	L-苯丙氨酸	苯甲酸
绝对熵	527.6	561	442	442	448	487.9	369
物料名	1,2,4,5-苯四甲酸	苯磺酸	环戊乙酸	庚二酸	油酸	乳酸	癸二酸
绝对熵	619	368	420.2	522	910.1	370	640
物料名	癸酸甲酸	氨基乙酸	松香酸	羟基己酸	6-羟基己酸	3-巯基丙酸	硬脂酸
绝对熵	634.4	330	648	467.2	485.5	360	913.9
物料名	氯乙酸	巯基乙酸	丁二酸（琥珀酸）	叔丁基过甲酸	三甲基乙酸（新戊酸）	反-丁烯二酸（富马酸）	乙酰水杨酸（阿司匹林）
绝对熵	313	342.7	403.4	364	372	393	499.7

续表

物料名	二乙基邻苯二甲酸	2,6-二氨基己酸（赖氨酸）	2,3-二羟基丁二酸（酒石酸）	壬二酸（杜鹃花酸）	顺-丁烯二酸（马来酸）
绝对熵	742	529	486	600	416
物料名	亚甲基丁二酸（衣康酸）	1,4-环己基二羧酸	苯基丙烯酸（肉桂酸）	邻羟基苯甲酸（水杨酸）	羟基丁二酸（苹果酸）
绝对熵	438	453	429	406	450

表1.10.6　有机酸酐25℃时的绝对熵　　单位：kJ/(kmol·K)

物料名	乙酸酐	正丁酸酐	马来酸酐	戊二酸酐	丙酸酐
绝对熵	389.9	549	317	353	470
物料名	丁二酸酐（琥珀酸酐）	甲基顺丁烯二酸酐	邻苯二甲酸酐（苯酐）	偏苯三酸酐	乳酸酐
绝对熵	335	379.7	399.5	349	515.1

1.11　汽化热和熔化热

1.11.1　液态酸类和酸酐的汽化热

表1.11.1　液态酸类的汽化热　　单位：kJ/mol

名　称	温度/℃											
	−20	0	20	40	60	80	100	120	140	160	180	200
甲　酸			24.83	24.17	23.47	22.74	21.96	21.14	20.26	19.32	18.28	16.99
乙　酸			27.46	26.77	26.03	25.27	24.46	23.61	22.70	21.73	20.67	19.52
丙　酸	40.29	39.43	38.54	37.62	36.66	35.65	34.59	33.47	32.29	31.03	29.68	28.22
丁　酸		52.97	51.83	50.64	49.41	48.13	46.78	45.37	43.88	42.30	40.62	38.81
异丁酸	53.02	51.88	50.70	49.47	48.19	46.85	45.44	43.96	42.38	40.70	38.90	36.95
戊　酸	65.44	64.18	62.89	61.55	60.16	58.71	57.20	55.62	53.96	52.21	50.36	48.38
异戊酸	56.56	55.43	54.26	53.04	51.78	50.46	49.08	47.63	46.11	44.50	42.78	40.94
己　酸		72.34	70.94	69.49	67.99	66.44	64.82	63.13	61.36	59.50	57.54	55.47
己二酸[1]										96.06	94.11	92.09
丙烯酸			54.95	53.64	52.28	50.86	49.36	47.79	46.13	44.36	42.46	40.41
甲基丙烯酸			52.46	51.32	50.13	48.91	47.62	46.27	44.86	43.37	41.78	40.10
2-甲基戊酸	64.13	62.94	61.71	60.44	59.12	57.75	56.32	54.83	53.27	51.59	49.90	48.06
ω-氨基己酸	37.94	37.35	36.75	36.13	35.49	34.83	34.15	33.45	32.72	31.97	31.18	30.36
油　酸[2]			105.5	103.8	102.2	100.4	98.64	96.79	94.89	92.93	90.88	88.76
硬脂酸[3]						103.5	101.7	99.90	97.99	96.02	93.97	91.85
苯甲酸									58.68	57.35	55.98	54.54
六氢苯甲酸				65.75	64.51	63.24	61.91	60.55	59.13	57.65	56.10	54.48
对氢苯甲酸									112.1	110.4	108.6	106.8
对甲基苯甲酸											66.10	64.51

续表

名称	温度/℃											
	220	240	260	280	300	320	340	360	380	400	420	440
甲　酸	15.86	14.38	12.59	10.22	5.937							
乙　酸	18.25	16.80	15.11	13.03	10.16	3.810						
丙　酸	26.62	24.84	22.83	20.45	17.51	13.35	3.643					
丁　酸	36.85	34.7	32.29	29.55	26.30	22.19	16.11	10.59				
异丁酸	34.81	32.42	29.70	26.48	22.42	16.51	11.36					
戊　酸	46.27	43.97	41.47	38.67	35.50	31.75	27.08	20.43	15.01			
异戊酸	38.95	36.78	34.37	31.63	28.44	24.49	19.03	5.862				
己　酸	53.25	50.87	48.28	45.44	42.27	38.65	34.34	28.88	20.72	13.00		
己二酸①	90.00	87.81	85.54	83.16	80.66	78.03	75.23	72.25	69.05	65.59	73.09	57.55
丙烯酸	38.18	35.69	32.88	29.60	25.57	20.04	7.118					
甲基丙烯酸	38.28	36.30	34.13	31.70	28.91	25.58	21.31	14.71				
2-甲基戊酸	46.09	43.98	41.68	39.14	36.30	33.03	29.11	24.02	15.83			
ω-氨基己酸	29.5	28.59	27.64	26.62	25.54	24.38	23.11	21.72	20.16	18.36	16.21	13.44
油　酸②	86.55	84.25	81.83	79.29	76.61	73.75	70.71	67.42	63.84	59.90	55.46	50.34
硬脂酸③	89.65	87.35	84.95	82.43	79.76	76.95	73.95	70.73	67.25	63.44	59.21	54.39
苯甲酸	53.04	51.47	49.81	48.05	46.18	44.17	41.99	39.62	36.97	33.96	30.43	26.05
六氢苯甲酸	52.77	50.97	49.05	47.00	44.79	42.38	39.72	36.72	33.24	29.02	23.41	12.66
对氢苯甲酸	104.9	102.9	100.9	98.84	96.69	94.45	92.11	89.67	87.12	84.44	81.60	78.59
对甲基苯甲酸	62.86	61.14	59.34	57.43	55.41	53.26	50.96	48.47	45.74	42.71	39.28	35.26

① 温度为460、480、500、520、530℃时，其值分别为52.71、47.00、39.80、29.30、20.16kJ/mol。

② 温度为460、480、500℃时，其值分别为44.16、36.05、22.42kJ/mol。

③ 温度为460、480、500、510℃时，其值分别为48.74、41.71、31.81、23.95kJ/mol。

表1.11.2　液态有机酸酐的汽化热

单位：kJ/mol

名称	温度/℃											
	−20	0	20	40	60	80	100	120	140	160	180	200
乙　酐	49.68	48.48	47.22	45.91	44.53	43.07	41.53	39.89	38.12	36.21	34.11	31.77
丙　酐	59.40	58.15	56.85	55.50	54.09	52.62	51.08	49.46	47.74	45.91	43.96	41.84
顺丁烯二酸酐					58.92	57.76	56.55	55.30	53.99	52.63	51.22	49.73
邻苯二甲酸酐									70.69	69.34	67.94	66.48
名称	温度/℃											
	220	240	260	280	300	320	340	360	380	400	420	440
乙　酐①	29.10	25.94	21.97	16.18								
丙　酐	39.53	36.97	34.08	30.70	26.56	20.90	8.98					
顺丁烯二酸酐②	48.16	46.51	44.75	42.87	40.84	38.62	36.17	33.41	30.20	26.30	21.06	11.59
邻苯二甲酸酐③	64.97	63.40	61.76	60.05	58.26	56.36	54.35	52.21	49.91	47.42	44.69	41.66

① 温度为460、480、500、520、540、560、580、600、620℃时，其值分别为75.38、71.92、68.16、64.02、59.37、54.02、47.60、39.27、25.91kJ/mol。

② 温度为460、480、490℃时，其值分别为30.27、23.31、17.92kJ/mol。

③ 温度为460、480、500、520、530℃时，其值分别为38.20、34.11、28.99、21.62、15.43kJ/mol。

N 算图1.12
一些有机酸和酸酐的汽化热（第688页右）

1.11.2 有机酸的熔化热

表1.11.3 有机酸的熔化热 单位：kJ/mol

物料名	甲酸	乙酸	丙酸	正丁酸	异丁酸	异戊酸	正戊酸	正己酸
熔化热	12.70	11.73	10.66	11.59	5.020.8	732.2	14.16	15.40
物料名	新己酸	正庚酸	新庚酸	正辛酸	正壬酸	正癸酸	正十一酸	正十二酸
熔化热	11.40	15.44	12.40	21.40	19.82	27.80	25.98	36.30
物料名	正十九酸	正二十酸	乙酰丙酸	二乙基己酸	乙酰丙酸	二乙基己酸	二羟基乙酸	二氯乙酸
熔化热	57.62	69.20	9.220	20.30	9.220	20.30	26.40	12.34
物料名	三氯乙酸	丙二酸	顺-丙烯酸	丙烯酸	反-丙烯酸	己二酸	丙酮酸	戊二酸
熔化热	5.882	25.48	12.00	11.13	14.30	34.85	18.00	20.90
物料名	甲氧基乙酸	甲基丁酸	甲基异丁酸	2-甲酰基苯甲酸	L-谷氨酸	辛二酸	L-苯丙氨酸	苯甲酸
熔化热	10.50	11.50	11.50	19.30	46.30	29.16	42.80	18.07
物料名	环戊乙酸	庚二酸	癸二酸	乳酸	癸酸甲酸	氨基乙酸	羟基己酸	
熔化热	14.90	27.62	40.81	11.34	34.30	33.70	21.00	
物料名	6-羟基己酸	巯基乙酸	2-羟基丙三羧酸	3-巯基丙酸	氯乙酸	硬脂酸	乙烯基二氨基四乙酸	
熔化热	25.34	13.00	26.70	16.97	12.30	61.21	65.20	
物料名	乙酰水杨酸（阿司匹林）	邻羟基苯甲酸（水杨酸）	乙酰水杨酸（阿司匹林）	二乙基邻苯二甲酸	二甲基-1,4-环己二羧酸	2,6-二氨基己酸（赖氨酸）	2,3-二羟基丁二酸（酒石酸）	
熔化热	25.60	19.59	25.60	17.98	23.30	56.60	30.10	
物料名	丁二酸（琥珀酸）	反-丁烯二酸（富马酸）	三甲基乙酸（新戊酸）	壬二酸（杜鹃花酸）	苯基丙烯酸（肉桂酸）	羟基丁二酸（苹果酸）		
熔化热	32.94	33.30	2.268	32.68	22.64	25.30		

1.11.3 有机酸酐的熔化热

表1.11.4 有机酸酐的熔化热 单位：kJ/mol

物料名	乙酸酐	偏苯三酸酐	马来酸酐	乳酸酐
熔化热	10.50	29.00	13.55	27.50
物料名	丁二酸酐（琥珀酸酐）	甲基-顺-丁烯二酸酐	邻苯二甲酸酐（苯酐）	
熔化热	20.42	14.80	23.40	

1.12 气液平衡

表1.12.1 乙酸-水气液平衡组成与温度、压力关系

水(摩尔分数)/%		温度/℃	压强/kPa	水(摩尔分数)/%		温度/℃	压强/kPa
液相	气相			液相	气相		
0.0	0.0	118.5		80.2	86.9	131.8	
20.8	83.1	109.7		83.2	88.6	131.7	
32.7	44.1	107.2		88.3	91.9	130.9	
46.8	60.2	105.4		88.9	92.0	130.8	
59.2	71.3	104.0		92.4	94.3	130.7	
68.8	78.7	102.7		93.8	95.4	130.5	
77.9	85.2	101.7	101.1	95.4	96.7	130.5	
84.5	89.5	101.5		96.2	97.2	130.4	
88.4	91.8	100.9		97.5	98.1	130.4	
91.9	94.3	100.7		98.8	99.3	130.4	788.8
97.0	97.8	100.3		100.0	100	130.4	
98.7	99.1	100.2		0.0	0.0	200.7	
100	100	100.0		16.7	29.7	189.0	
0.0	0.0	153.6		34.4	51	182.1	
21.5	33.4	143.9		50.9	67.9	177.1	
38.1	53.8	138.7	273	62.1	67.8	177.2	
52.8	67.7	135.2		63.8	75.8	175.0	
65.9	78.0	133.6		71.1	80.7	173.4	
72.1	81.5	132.9		77.4	85.0	172.2	

表1.12.2 乙酸-甲苯气液平衡组成与温度的关系(101.3kPa)

甲苯(摩尔分数)/%		温度/℃	甲苯(摩尔分数)/%		温度/℃	甲苯(摩尔分数)/%		温度/℃
液相	气相		液相	气相		液相	气相	
0.0	0.0	118.0	40.0	54.1	101.7	85.0	75.8	101.4
5.0	15.5	111.3	50.0	57.0	100.8	90.0	81.0	102.6
10.0	25.5	108.9	60.0	61.5	100.6	95.0	88.5	104.9
20.0	37.2	105.6	70.0	66.0	100.6	100.0	100.0	110.8
30.0	46.0	103.3	80.0	71.8	100.9			

表1.12.3 乙酸-乙醛气液平衡组成与温度的关系(101.3kPa)

乙醛(摩尔分数)/%		温度/℃	乙醛(摩尔分数)/%		温度/℃	乙醛(摩尔分数)/%		温度/℃
液相	气相		液相	气相		液相	气相	
2.2	20.2	107.8	7.7	49.6	90.5	28.4	87.3	55.0
3.1	27.8	104.0	10.0	56.8	85.8	35.8	92.6	46.1
4.6	33.1	101.2	12.5	65.5	79.2	36.4	96.4	38.2
6.0	43.3	94.8	21.8	84.3	60.8	57.5	98.3	32.6

表1.12.4 乙酸-间二甲苯气液平衡组成与温度的关系(26.7kPa)

乙酸(摩尔分数)/%		温度/℃	乙酸(摩尔分数)/%		温度/℃	乙酸(摩尔分数)/%		温度/℃
液相	气相		液相	气相		液相	气相	
1.1	3.85	77.7	28.0	39.1	71.7	64.2	73.4	68.1
5.0	11.1	75.9	38.9	49.9	70.6	74.2	81.6	67.7
7.8	15.3	75.3	46.7	57.3	69.8	84.2	38.8	67.2
14.8	24.6	73.6	54.3	64.7	69.2	90.1	92.9	67.0
16.8	27.2	73.2	56.0	66.2	69.0	95.5	96.9	66.5

1.13 危险品特性

表1.13.1 有机酸和酸酐的危险品特性

名 称	CAS 号	危险品编号	饱和蒸气压[1] /kPa	燃烧性	闪点 /℃	自燃温度 /℃	建规火险分级	爆炸下/上限（体积分数）/%	灭火介质	危险品类别	风险性代号	安全代号
甲酸	64-18-6	81101	5.33（24）	可	68.9（O.C[2]）	410	丙	18.0/57.0	W, P, R, T	8.1	R35	S23; S26; S45
乙酸	64-19-7	81601	1.52（20）	易	39	463	乙	4.0/17.0	W, P, R, T	8.1	R10; R35	S23; S26; S45
丙酸	79-09-4	81613	1.33（39.7）	易	52	465	乙	2.9/12.1	W, R, T, KP	8.1	R34	S23; S36; S45
丁酸	107-92-6	81620	0.10（25）	可	71.7	452	丙	2.0/10	W, P, R, T	8.1	R34	S26; S36; S45
异丁酸	79-31-2	33592	0.13（14.7）	易	55	481	乙	2.0.9.0	R.P, KP, G, T	3.3	R21/22	
戊酸	109-52-4		0.02（25）	可	95	—	丙	—	W, P, R, G, T		R34; R52/53	S26; S36; S45; S61
异戊酸	503-74-2		0.13（34.5）	可	—	—	丙	—	W, P, R, G, T		R22; R24; R34	S26; S28A; S36/37/39; S38; S45
己酸	142-62-1	81622	0.13（72）	可	104	300	丙	—	W, P, R, G, T	8.1	R21; R34	S25; S36/37/39; S45
异辛酸	5026-76-7	32017	13.6（21）	易	<6.67	—	甲	—	1, P, R, G, T, Sw	3.2		
十八酸	1957-11-4		0.13（173.7）	可	196	395	丙	—	W, P, R, G, T		R11; R36/37/38	S16; S26; S37/39
乙二酸（草酸）	144-62-7	无	—	可	—	—		—	G, P, R, T		R21/22	S24/25
丁二酸	110-15-6			可	—	—	丙	—	W, P, R, G, T		R36/37/38	S26; S37/39
叔丁基过苯二甲酸		52058		易	—	—	甲	—	W, R, T	5.2		
丁烯酸	107-93-7	81623	0.025（20）	可	87	395	丙	2.2/15	W, P, R, G, T	8.1	R36/37/38; R50/53	S26; S37/39; S61
二乙基乙酸	88-09-5		1.1（20）	易	25.6	462.8	甲	—	W, P, R, G, T		R21; R34	S26; S36/37/39; S45
对二甲苯磺酸	609-54-1			可	—	—	丙	—	P, R, G, T		R36/38	S26
2,5-二羟基苯甲酸	490-79-9			可	—	—	丙	—	W, P, R, G, T		R36/37/38	S26; S37/39
二氯乙酸	79-43-6	81605	0.13（44）	可	>110	—	丙	—	W, P, R, T	8.1	R35; R50	S26; S45; S61
二氯代丁烯醛酸 二氯醛基丙烯酸	87-56-9	81625		可	—	—	丙	—	P, R, G, T	8.1	R25; R34; R37; R42/43	S22; S26; S36/37/39; S45
2,4-二氯苯氧基乙酸	94-75-7		0.053（160）	可	—	—	丙	—	W, P, R, G, T		R22; R37; R41; R43; R52/53	S2; S24/25; S26; S36/37/39; S46; S61
三氟乙酸	76-05-1	81102	13.73（25）	不	※	※		※/※	P, R, T	8.1	R20; R35; R52/53	S26; S27; S28A; S45; S61; S9

续表

名　称	CAS 号	危险品编号	饱和蒸气压[①] /kPa	燃烧性	闪点 /℃	自燃温度 /℃	建规火险分级	爆炸下/上限(体积分数)/%	灭火介质	危险品类别	风险性代号	安全代号
三氯乙酸	1976-03-9	81606	0.13(51)	可	>110	—	丙	—	P, R, T, W	8.1	R35; R50/53	S26; S36/37/39; S45; S60; S61
三溴乙酸	75-96-7	81608	—	可	—	—	丙	—	W, P, R, T	8.1	R35	S24/25; S26
三碘乙酸	594-68-3	81610		不	※	※		※	W, P, R, G, T	8.1		
三聚氰酸	108-80-5			助	※	※		※	W, P, R, G, T		R36/37/38	S26; S37/39
己二酸	124-04-9	1.33/165		可	—	—	丙	—	W, P, R, G, T			
马来酸	110-16-7			可	—	—	丙	—	W, P, R, G, T		R36	
壬二酸	123-99-9		0.13(178.3)	可	—	—	丙	—	W, P, R, G, T			S24/25
丙二酸	141-82-2			可	—	—	丙	—	W, P, R, G, T		R22; R36/37/38	S26; S37/39
丙炔酸	471-25-0	81619	26.67(102)	易	58	—	乙	—	W, P, R, T	8.1	R25; R34	S24/25; S45
丙烯酸	79-10-7	81617	1.33(39.9)	易	50	438	乙	2.4/8.0	W, KP, R, T	8.1	R25; R34	S24/25; S45
戊二酸	110-94-1		2.67(200)	可	—	—	丙	—	W, P, R, G, T		R36/37/38	S26; S37/39
对甲苯甲酸	99-94-5			可	—	—	丙	—	W, P, R, G, T		R22	S22
邻甲苯甲酸	118-90-1			可	—	—	丙	—	W, P, R, G, T		R22	S22
间甲苯甲酸	99-04-7			可	—	—	丙	—	W, P, R, G, T		R22	S22
对甲苯磺酸	104-15-4		2.67(140)	可	—	—	丙	—	W, P, R, G, T		R10; R34	S23; S26; S45
甲基丙烯酸	79-41-4	81618	1.33(60.6)	可	68	400	丙	—	W, P, R, T	8.1	R21/22; R35	S26; S36/37/39; S45
4-甲基戊酸	646-07-1		2.67(110)	可	97	—	丙	—	W, P, R, G, T		R21; R34; R38	S25; S36/37/39; S45
甲烷磺酸	75-75-2	81626	0.13(20)	可	>110	—	丙	—	W, P, R, T	8.1	R34	S1/2; S26; S36; S45
亚油酸	60-33-3		2.13(230)	可	>110	—	丙	—	W, P, R, G, T			S24/25
过甲酸	无	52050	—	易	40	—	甲	—	W, R, T	5.2		
过苯甲酸	93-59-4	52055	—	易	—	—	甲	—	W, T	5.2		
过氧乙酸	79-21-0	52051	2.67(25)	易	41	—	甲	—	W, P, R	5.2	R10; R20/21/22; R35; R50; R7	S14A; S23; S26; S3/7; S36/37/39; S45; S61
过氧化丁二酸	123-23-9	52052		易	—	—	甲	—	水, P, R, G, T	5.2		
环戊基乙酸	1123-00-8			可	109	—	丙	—	W, P, R, G, T		R36/37/38	S24/25
苯乙酸	103-82-2			可	—	—	丙	—	W, P, R, G, T		R36/37/38	S26; S37/39
对苯二甲酸	100-21-0			可	>110	—	丙	—	W, P, R, G, T, JS		36/37/38	S24/25
邻苯二甲酸	88-99-3			可	—	—	丙	—	W, P, R, G, T		R36/37/38	S26; S37/39

续表

名称	CAS号	危险品编号	饱和蒸气压[①]/kPa	燃烧性	闪点/℃	自燃温度/℃	建规火险分级	爆炸下/上限(体积分数)/%	灭火介质	危险品类别	风险性代号	安全代号
苯甲酸	65-85-0		0.13(96)	可	121	571	丙	11/–	W, P, R, G, T		R22; R36/37/38; R42/43	S22; S24; S26; S37/39; S45
苯氧基乙酸	122-59-8			可	—	—	丙	—	W, P, R, G, T		R22; R36/37/38	S26; S37/39
苯磺酸	98-11-3			不	※	※		※	W, P, R, G, T		R22; R34	S26; S36/37/39; S45
苦味酸	88-89-1	11057	—	可	150	—	爆炸品	—	W, JS	1	R1; R4; R11; R23/24/25	S25; S36/37; S45
氰乙酸	144-49-0	61099	—	可	—	—	—	—	W, P, R, T	6.1	R20/21/22-35-50-28	S26-36/37/39-45-61-22-20
4-氰丁酸	462-23-7		0.8(78–79)	可	—	—	丙	—	W, P, R, G, T			
3-氰丙酸	461-56-3		1.87(83–84)	可	—	—	丙	—	W, P, R, G, T			
氰磺酸	7789-21-1	81024	—	助	※	※	—	※	R, T, JS	8.1		
氨三乙酸	139-13-9			可	—	—	丙	—	W, P, R, G, T		R22; R36/37/38; R40	S26; S36/37/39; S45
3-氨基-2-萘甲酸	5959-52-4			可	—	—	丙	—	W, P, R, G, T		R22; R36/37/38	S26; S36
邻氨基苯甲酸	118-92-3			可	—	—	丙	—	W, P, R, G, T		R36; R37	S26; S39
4-氨基苯甲酸	150-13-0	无	—	可	—	—	丙	—	W, P, R, T, G	6.1	R36/37/38	S26; S37/39
对氨基苯砷酸	98-50-0	61856		可	—	—	丙	—	W, P, R, G, T	6.1	R23/25; R50/53	S20/21; S28A; S45; S60; S61
对氨基苯磺酸	121-57-3			不	※	※		※	W, P, R, G, T			
间氨基苯磺酸	121-47-1			可	—	—	丙	—	W, P, R, G, T		R20/21/22	S25; S28A
对氨基萘磺酸	84-86-6			可	—	—	丙	—	P, R, G, T		R22; R34	S25; S36/37/39; S45
氨基磺酸	5329-14-6	81506	—	助	※	※	-	※	W, P, R, T	8.1	R36/38; R52/53	S26; S28A; S61
3-羟基-2-萘甲酸	2283-08-1			可	—	—	丙	—	W, P, R, G, T		R36/37/38	S26; S36
羟基乙酸	79-14-1			可	—	—	丙	—	W, P, R, G, T		R22; R34	S26; S36/37/39; S45
2-羟基丙酸	79-33-4			可	>110	—	丙	—	W, P, R, G, T			
对羟基苯甲酸	99-96-7			可	—	—		—	W, P, R, G, T		R36/37/38	S26; S37/39
邻羟基苯甲酸	69-72-7		0.17(114)	可	157	540	丙	—	W, P, R, G, T		R22; R36/37/38; R41	S26; S37/39
间羟基苯甲酸	99-06-9			可	—	—	丙	—	P, R, G, T		R36/37/38	S26; S37/39
对羟基苯磺酸	98-67-9			不	※	※		※	P, R, G, T		R34	S26; S36/37/39; S45
β-羟基萘甲酸	2283-08-1			可	—	—	丙	—	W, P, R, G, T		R36/37/38	S26; S36
α-萘乙酸	86-87-3	61828	—	可	—	—	—	—	W, P, R, T	6.1	R22	S24/25
α-萘甲酸	86-55-5			可	—	—	丙	—	W, P, R, G, T			S24/25
β-萘磺酸	120-18-3			可	—	—	丙	—	P, R, G, T		R35	S26; S36/37/39; S45

续表

名称	CAS 号	危险品编号	饱和蒸气压[①] /kPa	燃烧性	闪点 /℃	自燃温度 /℃	建规火险分级	爆炸下/上限（体积分数）/%	灭火介质	危险品类别	风险性代号	安全代号
富马酸	110-17-8			可	—	—	丙	—	W, P, R, G, T		R36	S26
巯基乙酸	68-11-1	81611	1.33（18）	可	＞110	350	丙	5.9/	W, P, R, G, T	8.1	R24/25; R26; R34	S23; S25; S27; S28C; S36/37; S45
β-巯基丙酸	107-96-0		2.0（111.5）	可	93	350	丙	1.6/	W, P, R, G, T		R23/24/25; R34	S26; S36/37/39; S45
氯乙酸	79-11-8	81603	0.67（71.5）	可	126	＞500	丙	8.0/–	W, P, R, T	8.1	R25; R34; R50	S23; S37; S45; S61
2-氯丙酸	598-78-7	81615	0.53（20）	可	107	—	丙	—	W, KP, R, T	8.1	R21/22; R35	S23; S26; S28A; S36/37/39; S45
3-氯丙酸	107-94-8	81615		可	＞110	—	丙	—	W, P, R, G, T	8.1	R21/22; R34	S26; S36/37/39; S45
对氯代苯氧基乙酸	122-88-3			可	—	—	丙	—	W, P, R, G, T		R22	
邻氯苯甲酸	118-91-2			可	—	—	丙	—	W, P, R, G, T		R36/37/38	S26; S37/39
间氯苯甲酸	535-80-8			可	—	—	丙	—	W, P, R, G, T		R36/37/38	S26; S37/39
氯磺酸	7790-94-5	81023	0.13（32）	助	※	※	乙	※	S, R, JS	8.1	R14; R35; R37	S26; S45
氰乙酸	372-09-8	61645	2.0（108）	可	107	—	—	—	G, P, R, T, JSJ	6.1	R20/22; R31; R34; R52/53	S20; S26; S36/37/39; S45; S61
4-氰基苯甲酸	619-65-8	61649	—	可	—	—	—	—	G, P, R, T, JSJ	6.1	R20/21/22	S22
对硝基苯甲酸	62-23-7			可	—	—	丙	—	W, P, R, G, T		R22	S24/25
邻硝基苯甲酸	552-16-9			可	—	—	丙	—	W, P, R, G, T		R22; R36/37/38; R68	S26; S36/37/39
间硝基苯甲酸	121-92-6			可	—	—	丙	—	W, P, R, G, T		R33	S24/25
硫代乙酸	507-09-5	32113	—	易	＜1	—	甲	—	W, P, R, T	3.2	R11; R22; R34	S16; S26; S36/37/39; S45
硫氰酸	463-56-9			易	—	—		—	P, R, G, T			
溴乙酸	79-08-3	81607	0.13（54.7）	可	＞110	—	丙	—	W, P, R, T	8.1	R23/24/25; R35; R50	S26; S36/37/39; S45; S61
α-溴丁酸	80-58-0		1.33（99）	可	＞110	—	丙	—	W, P, R, G, T		R22; R34	S26; S28A
2-溴丙酸	598-72-1	61618	1.33（96）	可	100	—	丙	—	W, P, R, T, G	6.1	R22; R34	S26; S36/37/39; S45
3-溴丙酸	590-92-1	61618	6.3（140）	可	65	—	丙	—	W, P, R, T, G	6.1	R11; R34	S26; S36/37/39; S45
碘乙酸	64-69-7	81609	—	可	—	—	—	—	W, P, R, T	8.1	R25; R35	S22; S36/37/39; S45
磺基乙酸	123-43-3			不	※	※		※	W, P, R, G, T			
乙酸酐	108-24-27	81602	1.33（36）	易	49	316	乙	2.0/10.3	W, KP, R, T	8.1	R10; R20/21; R34	S26; S36/37/39; S45
顺丁烯二酸酐	108-31-6	81624	0.02（20）	可	110（O.C）	447	丙	1.4/7.1	W, P, R, T	8.1	R22; R34; R42/43	S22; S26; S36/37/39; S45

续表

名　称	CAS号	危险品编号	饱和蒸气压[①]/kPa	燃烧性	闪点/℃	自燃温度/℃	建规火险分级	爆炸下/上限(体积分数)/%	灭火介质	危险品类别	风险性代号	安全代号
丁烯酸酐	78957-07-0			可	＞110	—	丙	—	W，P，R，G，T			
丁酸酐	106-31-0	81621	0.04(20)	可	87.8	370	丙	—	P，R，T，G，	8.1	R34	S26；S36/37/39；S45
异丁酸酐	97-72-3	33593	3.2(92.4)	易	59	329	乙	1.0/6.2	R，P，G，T	3.3	R21/22；R34	S26；S36/37/39；S45
三氟乙酸酐	407-25-0	81102		不	※	※		※	R，G，T	8.1	R14；R20；R35；R52/53	S26；S27；S28A；S45；S61；S8；S9
三氟化硼乙酸酐		81103		可	—	—	丙	—	P，R，T	8.1		
丙酸酐	123-62-6	81614	0.13(20.6)	可	63	258	丙	1.3/9.5	KP，W，G，T，	8.1	R34	S26；S45
邻苯二甲酸酐	85-44-9	81631	0.13(96.5)	可	151.7	570	丙	1.7/10.4	W，P，R，T	8.1	R22；R37/38；R41；R42/43S22	S24/25；S26；S37/39；S46
均苯四甲酸酐	89-32-7	61623	4.00(305)	可	—	—	—	—	W，P，R，T	6.1	R41；R42/43	S22；S24；S26；S37/39
氯乙酸酐	541-88-8	81604	0.13(67.2)	可	—	—	丙	—	W，P，R，T	8.1	R23/24/25；R35	S22；S36/37/39

① 括号内数字为饱和蒸气压对应的温度(℃)。

② O.C表示是开杯试验结果。

第 2 章
有机盐和有机碱

目 录

2.1 一般特性

2.1.1 甲酸盐的一般特性

表 2.1.1 甲酸盐的一般特性

名称	分子式	分子量	颜色	形态	特性或折射率	密度/(g/cm³)	熔点	沸点	每100g溶剂中的溶解度(g)或溶解状况				
							/℃		冰水	沸水	乙醇	乙醚	其他溶剂
甲酸钾	$KCHO_2$	84.11	无	正		1.908	167.5	//	331^{18}	657^{90}	÷	–	
甲酸钠	$NaCHO_2$	68.01	白	单		1.919	253	//	①		÷	–	+甘油
甲酸钙	$Ca(CHO_2)_2$	130.12	无	正	1.514	2.015			16.1	18.4	–	–	
甲酸镁·2水	$Mg(CHO_2)_2·2H_2O$	150.39	无	正					14△②	24△②	–	–	
甲酸亚汞	$HgCHO_2$	245.63	亮	片			//		0.4^{17}	//	–		
甲酸钡	$Ba(CHO_2)_2$	227.40	无	正	1.597	3.210			26.2^{0}	51.3^{100}	–	–	
甲酸铜	$Cu(CHO_2)_2$	153.55	蓝	单		1.831			12.5	//	0.25		
甲酸铜·4水	$Cu(CHO_2)_2·4H_2O$	225.61	蓝	晶		1.810	$-H_2O$130		6.2				
甲酸铁·1水	$Fe(CHO_2)_3·H_2O$	208.92	黄红	晶、粉					+	//	÷		
甲酸铅	$Pb(CHO_2)_2$	297.25	白	正	1.852	4.560	// 190		1.6^{18}	18 //	–		
甲酸镍	$Ni(CHO_2)_2$	148.77	绿	晶		2.154	140	200 //	++				—浓甲酸
甲酸镍·2水	$Ni(CHO_2)_2·2H_2O$	184.76	绿	晶		2.154	//		+				
甲酸锂·1水	$LiCHO_2·H_2O$	69.97	无	正		1.460	$-H_2O$94		49.2^{0}	346^{104}	÷	÷	+甲酸
甲酸锰·2水	$Mn(CHO_2)_2·2H_2O$	181.00	白-微粉红	正		1.953	//		+	+			
甲酸锌	$Zn(CHO_2)_2$	155.42				2.360	//		3.8	62			
甲酸锌·2水	$Zn(CHO_2)_2·2H_2O$	191.45	白	单		2.207	// 175		4.7	89	1.2^{25}纯		
甲酸亚铊	$TlCHO_2$	249.39	无	针/乙醇	～	4.968^{25}	104		500^{10}		÷	÷÷	÷÷氯仿；++甲醇
甲酸钐	$Sm(CHO_2)_3$	285.48	无			3.733							
甲酸锶	$Sr(CHO_2)_2$	177.67	正		1.574	2.695	71.9		9.1	34.4			
甲酸锶·2水	$Sr(CHO_2)_2·2H_2O$	213.70	正		1.521	2.250	//		+	+			
甲酸双氧铀·1水	$UO_2(HCO_2)_2·H_2O$	378.12				3.690^{19}	// 110		8.2^{15}				
甲酸铵	NH_4CHO_2	63.06	白	片、晶或粉	≈	1.266	116	// 180	102	531^{80}	+		+甘油、氨水
氨基甲酸铵	$NH_2CO_2NH_4$	78.07	无	正			60↑		++				

①温度为0、10、20、25、30、40、50、60、70、80、90、100℃时，其溶解度值分别为43.5、60.0（均三水合物）、82.0（二水合物）、100、102、108、115、125、130、140、150、160g/100g。

②△表示无水物。

2.1.2 乙酸盐的一般特性

表 2.1.2 乙酸盐的一般特性

名称	化学式	分子量	颜色	形态	特性或折射率	密度/(g/cm³)	熔点/℃	沸点/℃	每100g溶剂中的溶解度(g)或溶解状况			
									冰水	沸水	乙醇	其他溶剂
乙酸钾	$KC_2H_3O_2$	98.14	无	晶或白、粉	～	1.570^{25}	292		表2.5.1		33	−乙醚
乙酸氢钾	$KH(C_2H_3O_2)_2$	158.21		片或针	～		148	// 200	//			+乙酸，无机酸
乙酸钠	$NaC_2H_3O_2$	82.04	无	单	透明 1.464	1.528	324		表2.5.1		2.1^{18}	÷乙醚
乙酸钠·3水	$NaC_2H_3O_2\cdot 3H_2O$	136.09	白	单(β)	1.464	1.440^{25}	58.2	$-3H_2O$123	34.0	65^{40}	7.8^{25}	+乙醚
乙酸钠(酸式)	$NaH(C_2H_3O_2)_2$	142.10		立					+	+		
乙酸钙	$Ca(C_2H_3O_2)_2$	158.17	无	晶	1.56	1.500	295 //		37.4	29.7	÷	+乙酸
乙酸钙·1水	$Ca(C_2H_3O_2)_2\cdot H_2O$	176.18	白	针	微苦 ≈	1.500	160	$-H_2O$150	表2.5.1		÷	+酸，闪点 160℃
乙酸钙·2水	$Ca(C_2H_3O_2)_2\cdot 2H_2O$	194.21	无	针			$-H_2O$84		34.7^{20}	33.5^{80}		
乙酸镁	$Mg(C_2H_3O_2)_2$	142.41	白			1.420	323 //		+++	+++		+甲醇 5.25^{15}
乙酸镁·4水	$Mg(C_2H_3O_2)_2\cdot 4H_2O$	214.47	无	棱或单	～1.491	1.454	80	$-3H_2O$130	36.2	66.4^{68}	+++	
乙酸锰	$Mn(C_2H_3O_2)_2$	173.02	淡红	晶		1.590	180		+	+	+	
乙酸锰·4水	$Mn(C_2H_3O_2)_2\cdot 4H_2O$	245.08	淡红	单		1.589			+	64.5^{50}	+	+甲醇
乙酸铜	$Cu(C_2H_3O_2)_2$	181.66				1.930^{20}			+			
乙酸铜(碱式)	$Cu(C_2H_3O_2)_2\cdot CuO$	261.18	蓝	针或鳞			$-H_2O$60		+			
乙酸铜·1水	$Cu(C_2H_3O_2)_2\cdot H_2O$	199.65	深绿	单	毒 1.545	1.882	115	240	7.2^{20}	20	7.1	+乙醚
乙酸铜(碱式)·6水	$Cu(C_2H_3O_2)_2\cdot CuO\cdot 6H_2O$	369.27	浅绿-蓝	粉					÷		÷	+稀酸、氨水
乙酸亚铁·4水	$Fe(C_2H_3O_2)_2\cdot 4H_2O$	245.99	浅绿	单、丝	～		190–200 //		++			
乙酸铁(碱式)	$Fe(OH)(C_2H_3O_2)_2$	190.95	棕红	非、粉	乙酸味				−		+	+酸
乙酸锡	$Sn(C_2H_3O_2)_4$	354.85		胶					—			
乙酸亚锡	$Sn(C_2H_3O_2)_2$	236.77	无	晶					—			
乙酸镍	$Ni(C_2H_3O_2)_2$	176.78	绿	棱	微醋酸味	1.798	//		16.6		+	
乙酸镍·4水	$Ni(C_2H_3O_2)_2\cdot 4H_2O$	248.85	苹果绿	棱		1.744	//		16	+	+稀	+氨水
乙酸铅	$Pb(C_2H_3O_2)_2$	325.29	白	晶	乙酸味 毒	2.550	280	// 200	表2.5.1		÷÷	+甘油
乙酸铅·3水	$Pb(C_2H_3O_2)_2\cdot 3H_2O$	379.33	白	单	毒 (β) 1.567	2.550	$-3H_2O$75	// 200	表2.5.1		÷÷	+甘油 1.43^{20}
乙酸铅·10水	$Pb(C_2H_3O_2)_2\cdot 10H_2O$	505.44	白	正		1.689	22		+	+	—	
乙酸铅(碱式)	$Pb(C_2H_3O_2)_2\cdot Pb(OH)_2$	566.54	白	针	遇明火、高热可燃				5.55	18.2	+	
乙酸铅(碱式)·1水	$Pb(C_2H_3O_2)_2\cdot Pb(OH)_2\cdot H_2O$	584.54	白	针	毒				6.1	25	÷÷	

续表

名称	化学式	分子量	颜色	形态	特性或折射率	密度/(g/cm³)	熔点/℃	沸点/℃	每100g溶剂中的溶解度(g)或溶解状况			
									冰水	沸水	乙醇	其他溶剂
乙酸铅(碱式)·2水	$Pb(C_2H_3O_2)_2\cdot Pb(OH)_2\cdot 2H_2O$	602.54	白	针或粉					+		—纯	
乙酸锌	$Zn(C_2H_3O_2)_2$	183.46	白	单	易风化 1.494	1.840	83–86	//	30^{25}	44.6	2.8^{25}	+乙醇 166^{79}
乙酸锌·2水	$Zn(C_2H_3O_2)_2\cdot 2H_2O$	219.50	白	单	(β)1.494	1.735	237	$-2H_2O$100	40^{25}	66.6	2	
乙酸银	$AgC_2H_3O_2$	166.91	白	针晶或晶粉	对光敏感	3.259			10.2^{20}g/L	3.5g/L		++稀硝酸
乙酸铝	$Al(C_2H_3O_2)_3$	204.12	白	晶、粉			// 200		++	//		+++硝酸
乙酸铝(碱式)	$Al(OH)(C_2H_3O_2)_2$	162.07	白	非	醋味 ～	2.890	$-2H_2O$110	// 275	7.7^{15}	×	++	–铵盐;+酸,碱;++乙醚
乙酸钡	$Ba(C_2H_3O_2)_2$	255.42	白	粉		2.468			表2.5.1			
乙酸钡·1水	$Ba(C_2H_3O_2)\cdot H_2O$	273.43	白	单	毒 1.517	2.190	$-H_2O$110		表2.5.1		÷÷	
乙酸铬·1水	$Cr(C_2H_3O_2)_3\cdot H_2O$	247.16	灰	粉(或蓝绿色糊状晶)					+		–	+甲醇 4.76^{15}
乙酸亚铬·1水	$Cr(C_2H_3O_2)_2\cdot H_2O$	188.10	红,透明	晶			有时着火					
乙酸钴	$Co(C_2H_3O_2)_2$	236.07	绿	八			// 100		//		+	+酸
乙酸钴·4水	$Co(C_2H_3O_2)_2\cdot 4H_2O$	249.09	红紫	单	～1.542	1.705	$-4H_2O$140		+		+	+酸
乙酸锂·2水	$LiC_2H_3O_2\cdot 2H_2O$	102.02	无	斜、棱(或白正)			70	//	300^{15}	+++	21.5	
乙酸锂(酸式)	$LiH(C_2H_3O_2)_2$	126.05							+	+		
乙酸汞	$Hg(C_2H_3O_2)_2$	318.68	白	片或粉	乙酸气 毒	3.270	179 //		25^{10}	100	+/	+乙酸
乙酸亚汞	$HgC_2H_3O_2$	259.63	白	鳞			//		0.75^{13}	//	–	+硫酸、硝酸;-乙醚
乙酸铈	$Ce(C_2H_3O_2)_3$	317.26	无				308 //		20^{15}	12^{75}		
乙酸铈·3/2水	$Ce(C_2H_3O_2)_3\cdot {}^3/_2H_2O$	344.28	无	针			$-3H_2O$115	//	26.5^{15}			
乙酸铈·5水	$Ce(C_2H_3O_2)_3\cdot 5H_2O$	407.12	白	晶	雪花状				+			
乙酸铍	$Be(C_2H_3O_2)_2$	127.10	无			2.940	// 294		+			–有机溶剂
乙酸铍(碱式)	$Be(C_2H_3O_2)_2\cdot {}^1/_3BeO$	135.44	白	八		1.250	285–6	330–1	–	//		+丙酮、氯仿;//酸
乙酸镉	$Cd(C_2H_3O_2)_2$	230.50	无	晶	乙酸味	2.341	256	//	++		+	+甲醇
乙酸镉·2水	$Cd(C_2H_3O_2)_2\cdot 2H_2O$	266.53	无	单	乙酸味	2.010	$-2H_2O$130		++	++	++	
乙酸镉·3水	$Cd(C_2H_3O_2)_2\cdot 3H_2O$	284.55	无	单		2.010	$-H_2O$130		++		+	
乙酸铯	$CsC_2H_3O_2$	191.95	白	晶	～		194		++			
乙酸镝	$Dy(C_2H_3O_2)_3\cdot 4H_2O$	411.66	黄	针			// 120		+		÷	
乙酸镧·x水	$La(C_2H_3O_2)_3\cdot xH_2O$		白	固	雪花状 ～				+			
乙酸钐·4水	$Sm(C_2H_3O_2)_3\cdot 4H_2O$	399.63	黄	晶		1.940			15^{25}			
乙酸锶	$Sr(C_2H_3O_2)_2$	205.72	白	晶		2.099	$-H_2O$150	//	36.9	36.4^{97}	÷	+甲醇 0.26^{15}

续表

名称	化学式	分子量	颜色	形态	特性或折射率	密度/(g/cm³)	熔点/℃	沸点/℃	每100g溶剂中的溶解度(g)或溶解状况			
									冰水	沸水	乙醇	其他溶剂
乙酸锶·0.5水	$Sr(C_2H_3O_2)_2·0.5H_2O$	214.72	白	晶、粉			$-0.5H_2O$150	+	÷		÷	
乙酸亚铊	$TlC_2H_3O_2$	263.43	丝光	针		3.680	110		++		++	
乙酸双氧铀·2水	$UO_2(C_2H_3O_2)_2·2H_2O$	424.15	黄	斜		2.890^{15}	$-2H_2O$110	// 275	9.2^{17}	//	++	+丙酮
乙酸镱·4水	$Yb(C_2H_3O_2)_3·4H_2O$	422.24		六、片		2.090	$-4H_2O$100		+++	+++		
乙酸铵	$NH_4C_2H_3O_2$	77.08	白	三	～	1.173	114	//	148	//	+	÷÷丙酮；+甲醇7.9^{15}
乙酸氢铵	$NH_4H(C_2H_3O_2)_2$	137.14	无	粉	～		66		+	+	+	
四乙酸铅	$Pb(C_2H_3O_2)_4$	443.37	无	单		2.228^{17}	175		//		//	+氯仿
氟乙酸钠	$NaFC_2H_2O_2$	100.02	白	粉 剧毒	无气味≈		200 //		+	++		−多数有机溶剂
羟基乙酸铅	$Pb_2(C_2H_3O_2)_3OH$	608.56	白						++		÷	

2.1.3 草酸盐的一般特性

表 2.1.3 草酸盐的一般特性

名称	分子式	分子量	颜色	形态	特性或折射率	密度/(g/cm³)	熔点/℃	沸点/℃	每100g溶剂中的溶解度(g)或溶解状况					
									冷水	沸水	乙醇	乙醚	酸	其他溶剂
草酸钾·1水	$K_2C_2O_4·H_2O$	184.24	白	单	毒1.485	2.130^{4}	$-H_2O$100	//	表2.5.2					
草酸氢钾	KHC_2O_4	128.12	无	单	1.545	2.040	//		表2.5.2					
草酸氢钾·1/2水	$KHC_2O_4·{}^1/_2H_2O$	137.13		单			//		2.2	51.5				
草酸三氢钾·2水	$KH_3(C_2O_4)_2·2H_2O$	254.19		三		1.836	//		1.8^{13}					
草酸钛钾·2水	$K_2TiO(C_2O_4)_2·2H_2O$	354.17	白	晶					++	++				
草酸钠	$Na_2C_2O_4$	134.00	白	晶或白、粉	～	2.340		// 250−270	表2.5.2		−	−		−碱
草酸氢钠	$NaHC_2O_4$	112.02		单	酸性									
草酸氢钠·1水	$NaHC_2O_4·H_2O$	130.04	白	三					1.7^{15}	21				
草酸铁钠·5水	$Na_3Fe(C_2O_4)_3·5H_2O$	487.97	绿	单		1.973^{18}	$-4H_2O$100	$-5H_2O$200	32.5^{20}	182				
草酸铁钠·10水	$Na_3Fe(C_2O_4)_3·10H_2O$	957.91	绿	晶		1.973			+	+				
草酸钙	CaC_2O_4	128.10	无	晶		2.200^{4}	//		表2.5.2			−乙酸	+	
草酸钙·1水	$CaC_2O_4·H_2O$	146.11	白	晶	1.555	2.200	$-H_2O$200		÷			−乙酸	+	
草酸镁·2水	$MgC_2O_4·2H_2O$	148.35	白	粉			//		0.07^{16}	0.08	+	−苯		+草酸钾/钠

续表

名称	分子式	分子量	颜色	形态	特性或折射率	密度/(g/cm³)	熔点	沸点	每100g溶剂中的溶解度(g)或溶解状况					
							/℃		冷水	沸水	乙醇	乙醚	酸	其他溶剂
草酸铝·4水	$Al_2(C_2O_4)_3\cdot4H_2O$	390.08	白	粉	毒				−	−	−			+无机酸
草酸银	$Ag_2C_2O_4$	303.76	无	晶		5.030	炸140		−	−	+酸			+KCN、氨水
草酸铜·$^1/_2$水	$CuC_2O_4\cdot{}^1/_2H_2O$	160.58	绿	非、粉					0.0025^{25}			+氨水	+	−乙酸
草酸铁	$Fe_2(C_2O_4)_3$	375.76	浅绿	非、鳞			// 100		++		−		+	
草酸铁·5水	$Fe_2(C_2O_4)_3\cdot5H_2O$	465.83	浅黄	粉、鳞晶			// 100		÷		−	−	+S、N	
草酸亚铁·2水	$FeC_2O_4\cdot2H_2O$	179.90	淡黄	晶粉	微刺激	2.280	160 //		0.008	0.026	+稀矿酸		+	+冷盐溶液
草酸亚锡	SnC_2O_4	206.71	白	粉	毒	3.560^{18}			−	−			+	
草酸钴	CoC_2O_4	146.96	浅红			3.021^{25}	//		0.0035^{25}			+氨水	+	
草酸钴·2水	$CoC_2O_4\cdot2H_2O$	182.98	浅粉红	粉	毒	3.020			÷			+氨水	÷	
草酸钡	BaC_2O_4	225.35	白	晶		2.658	// 400		$2.2mg^{18}$					
草酸钡·1水	$BaC_2O_4\cdot H_2O$	243.37	白	粉					÷			+乙酸	+Cl、N	
草酸钡·2水	$BaC_2O_4\cdot2H_2O$	261.38	白	晶、粉	毒	2.660			0.009^{18}	0.02				$+NH_4Cl$
草酸锰	MnC_2O_4	142.95				2.340^{22}	//		÷÷	÷÷	+			$+NH_4Cl$
草酸锰·2水	$MnC_2O_4\cdot2H_2O$	178.99	白	晶、粉			// 150		÷		+			
草酸锰·2.5水	$MnC_2O_4\cdot2.5H_2O$	187.99	白			2.453^{20}	// 150		0.03^{25}	0.08	+			
草酸镍	NiC_2O_4	146.72	亮绿	晶	光泽	2.235	//		0.0003				+	+铵盐溶液
草酸镍·2水	$NiC_2O_4\cdot2H_2O$	182.75	浅绿	粉					−				+	
草酸钛·10水	$Ti_2(C_2O_4)_3\cdot10H_2O$	539.94	黄	晶					+	+	−	−		−碱
草酸亚铬·1水	$CrC_2O_4\cdot H_2O$	158.04	黄	晶、粉		2.460				+	÷		+	
草酸铬·6水	$Cr_2(C_2O_4)_3\cdot6H_2O$	476.14	红	晶	毒				+	+				
草酸铋	$Bi_2(C_2O_4)_3$	682.06	白	粉					−					
草酸铋·7水	$Bi_2(C_2O_4)_3\cdot7H_2O$	808.73	白	粉						+	−	−	+	
草酸镉·3水	$CdC_2O_4\cdot3H_2O$	254.48	白	晶、粉			//		0.0034^{18}	0.009		+氨水	+	
草酸铈·9水	$Ce_2(C_2O_4)_3\cdot9H_2O$	706.46	白	粉			$-8H_2O$110		0.00004^{25}			—草酸	+Cl*	
草酸铈·10水	$Ce_2(C_2O_4)_3\cdot10H_2O$	724.48	淡黄	晶					÷		−95%	—	+Cl、S	
草酸镝·10水	$Dy_2(C_2O_4)_3\cdot10H_2O$	769.14		棱					−				+	
草酸铒·10水	$Er_2(C_2O_4)_3\cdot10H_2O$	778.77	淡红	粉		2.640			−				−稀	
草酸铁钾·5/2水	$FeK(C_2O_4)_2\cdot{}^5/_2H_2O$	316.03	橄榄棕				//		92^{21}	//				
草酸亚铁钾·2水	$FeK_2(C_2O_4)_2\cdot2H_2O$	346.11	黄	针			//		+	+				

续表

名　称	分子式	分子量	颜色	形态	特性或折射率	密度/(g/cm³)	熔点/℃	沸点/℃	每100g溶剂中的溶解度(g)或溶解状况					
									冷水	沸水	乙醇	乙醚	酸	其他溶剂
草酸铁三钾·3水	$FeK_3(C_2O_4)_3·3H_2O$	491.25		单			$-3H_2O100$	// 230	4.7	117.7	-95%			
草酸汞	HgC_2O_4	288.61	白-灰白	非、粉			// 165	炸	0.011^{20}	÷			+Cl; ÷N	
草酸亚汞	$Hg_2C_2O_4$	489.20	灰白	非、粉					–				÷N	
草酸氢锂	$LiHC_2O_4$	95.97	无				//		8^{17}					
草酸锂	$Li_2C_2O_4$	191.90	白	晶		2.121^{18}	//		8^{10}	+		–		–苯
草酸铅	PbC_2O_4	295.23	白			5.280	// 300		0.0002^{18}		–		+N	
草酸亚铅	$Pb_2C_2O_4$	502.42	白	粉					–				+N	
草酸亚锑	$Sb_2(C_2O_4)_3$	507.56	白	粉					–				+	
草酸锌	ZnC_2O_4	153.40				2.580^{18}			①					
草酸锌·2水	$ZnC_2O_4·2H_2O$	189.43	白	粉		3.280^{25}	// 100		0.0026^{18}				+	+氨水、碱
草酸铌(酸式)	$Nb(HC_2O_4)_5$	538.05		单					//		//			+草酸
草酸钆·10水	$Gd_2(C_2O_4)_3·10H_2O$	670.70	白	单			$-6H_2O110$		0.11				+N	
草酸镧	$La_2(C_2O_4)_3·9H_2O$	704.04	白	四			//		0.0008^{25}		÷			
草酸铵·1水	$(NH_4CO_2)_2·H_2O$	142.12	无	柱或白 晶	毒	1.501	表2.5.2		++	+	÷	÷碱		–氨水
草酸氢铵·1水	$NH_4HC_2O_4·H_2O$	125.08	无	正		1.556	//		+					
草酸铁铵·4水	$Fe(NH_4)_3(C_2O_4)_3·4H_2O$	446.05	浅绿	晶		1.779^{17}	$-3H_2O100$	// 165	42.8	34.5				
草酸铁铵·3水	$Fe(NH_4)_3(C_2O_4)_3·3H_2O$	428.07	绿	晶	毒	1.780			+					
草酸镨·10水	$Pr_2(C_2O_4)_3·10H_2O$	726.06		单					0.02^{25}				+	
草酸钪·5水	$Sc_2(C_2O_4)_3·5H_2O$	444.05	白	固					÷	++碱金属草酸盐浓溶液			+强	
草酸钐·10水	$Sm_2(C_2O_4)_3·10H_2O$	744.91	白	晶、粉					–				+	
草酸锶	SrC_2O_4	175.64	白	晶、粉					÷					
草酸锶·1水	$SrC_2O_4·H_2O$	193.67	无	晶			$-H_2O150$		0.005^{18}	5			+Cl、N	
草酸铽·10水	$Tb_2(C_2O_4)_3·10H_2O$	581.90	白		～				–				+强	
草酸钍	$Th(C_2O_4)_2$	408.16	白	晶		4.637^{16}	//		0.0017^{17}		0.0017^{50}			+草酸铵溶液
草酸亚铊	$Tl_2C_2O_4$	496.76		单斜		6.310	250 //		÷			÷		
草酸双氧铀·3水	$UO_2C_2O_4·3H_2O$	412.09	黄	晶					÷				+	+草酸
草酸钇·9水	$Y_2(C_2O_4)_3·9H_2O$	604.04	白	晶			//			0.00014			÷Cl	
草酸镱·10水	$Yb_2(C_2O_4)_3·10H_2O$	790.30	无	晶		2.644			0.00033^{25}				÷稀	

① 在水中的溶解度为0.00057^{10}、0.00072^{26}。

2.1.4 乳酸盐的一般特性

表 2.1.4 乳酸盐的一般特性

名称	分子式	分子量	颜色	形态	特性或折射率	密度/(g/cm³)	熔点/℃	沸点/℃	每100g溶剂中的溶解度(g)或溶解状况 冰水	沸水	乙醇	乙醚	其他溶剂
乳酸钾·x水	$KC_3H_5O_3 \cdot xH_2O$		微黄						+		+	–	
乳酸钠	$NaC_3H_5O_3$	112.07	无-微黄	浆	无气味 ≈		17	140 //	∞	33.3	∞	–	+甘油
乳酸钙·5水	$Ca(C_3H_5O_3)_2 \cdot 5H_2O$	308.30	无	针	风化		$-5H_2O$100			16.7	∞热	–	÷酸；–氯仿
乳酸镁·3水	$Mg(C_3H_5O_3)_2 \cdot 3H_2O$	256.45	白	晶	苦味				+		–	–	
乳酸银·1水	$AgC_3H_5O_3 \cdot H_2O$	214.92	浅灰	晶、粉	见光变黑				6.6		÷		
乳酸铜·2水	$Cu(C_3H_5O_3)_2 \cdot 2H_2O$	277.74	深蓝	单					16.7	45	÷		
乳酸铁	$Fe(C_3H_5O_3)_3$	323.06	棕	非	～				++			–	
乳酸亚铁·3水	$Fe(C_3H_5O_3)_2 \cdot 3H_2O$	288.04	浅绿	晶	≈		//		2.1^{30}	8.5	÷÷	–	++柠檬酸碱、酒石酸
乳酸铝	$Al(C_3H_5O_3)_3$	294.19	白-淡黄	粉									
乳酸锰·3水	$Mn(C_3H_5O_3)_2 \cdot 3H_2O$	287.12	苍红	单			//		10^{25}	+++	+		
乳酸汞	$Hg(C_3H_5O_3)_2$	378.74	白	粉					+				
乳酸锌·3水	$Zn(C_3H_5O_3)_2 \cdot 3H_2O$	297.56	白	斜					1.8^{10}		÷		
乳酸镉	$Cd(C_3H_5O_3)_2$	290.55		针					10	12.5	–		
乳酸镉·2水	$Cd(C_3H_5O_3)_2 \cdot 2H_2O$	326.56		单		2.440	//		8.4	94.6			
乳酸铈	$Ce(C_3H_5O_3)_3$	407.33	白	粉					+				
乳酸铵	$NH_4C_3H_5O_3$	107.11	浅黄	浆		1.200^{15}			++		++		
乳酸铵(78%)	$NH_4C_3H_5O_3$	107.11	微黄	浆	1.4543^{25}	1.201^{20}	91–4		+	+甘油	–	–	①
乳酸锑钠	$SbNa(C_3H_5O_3)_2$	338.82	白	晶	～				++				
乳酸锶·3水	$Sr(C_3H_5O_3)_2 \cdot 3H_2O$	319.82	白	粉			$-3H_2O$120		30	200	÷		

① 不溶于丙醇、丙酮、乙酸乙酯；微溶于甲醇。

2.1.5 酒石酸盐的一般特性

表 2.1.5 酒石酸盐的一般特性

名 称	分子式	分子量	颜色	形态	特性或折射率	密度/(g/cm³)	熔点/℃	沸点/℃	每100g溶剂中的溶解度(g)或溶解状况：冰水	沸水	乙醇	碱	酸	其他溶剂
酒石酸钾·1/2水	$K_2C_4H_4O_6 \cdot 1/2H_2O$	235.27	无	单	1.526	1.980	$-H_2O$155	// 200	125^{18}	278	÷			
酒石酸氢钾	$D\text{-}KC_4H_5O_6$	188.18	白	正、粉	无臭味酸	1.984^{18}			表2.5.3		1mg/L	+	++	−乙酸、丙酮；+硼砂液
酒石酸氢钾	$DL\text{-}KC_4H_5O_6$	188.18	无	单		1.954			0.42^{15}	7.0	−		+	
酒石酸钠·2水	$Na_2C_4H_4O_6 \cdot 2H_2O$	230.10	白	正	透明	1.818			29.0^{5}	66^{43}	−			
酒石酸氢钠·1水	$NaC_4H_5O_6 \cdot H_2O$	190.09	无	晶			$-H_2O$100	// 219	+	++	−			
酒石酸钾钠·4水	$NaKC_4H_4O_6 \cdot 4H_2O$	282.23	无	正	咸味1.493	1.790	70～80	$-4H_2O$215	表2.5.3		÷÷			+其70～80℃结晶水
酒石酸钙·3水	$CaC_4H_4O_4 \cdot 3H_2O$	242.20	白	晶	1.525		$-3H_2O$170		0.02^{18}	0.09				+乙酸0.03^{18},0.09^{100}
酒石酸钙·4水	$CaC_4H_4O_6 \cdot 4H_2O$	260.22	白	正			$-4H_2O$200		表2.5.3		÷	+	+Cl、N	+乙酸
酒石酸镁·4水	$MgC_4H_4O_6 \cdot 4H_2O$	244.43	白	粉					÷				+	
酒石酸镁·5水	$MgC_4H_4O_6 \cdot 5H_2O$	262.47	白	单		1.670	//	$-5H_2O$ 200	0.8^{18}	1.4^{90}	−		+	−氨水
酒石酸铝	$Al_2(C_4H_4O_6)_3$	498.17	白	粉					+					
酒石酸银	$Ag_2C_4H_4O_6$	363.81	白	粉(或非、晶，淀)		3.423^{15}	//		0.2^{18}	0.2^{25}	−	+氨水	+N	+KCN
酒石酸铜	$CuC_4H_4O_6$	211.61	绿-蓝	粉	无气味				÷÷			+	+	
酒石酸铜·3水	$CuC_4H_4O_6 \cdot 3H_2O$	265.69	微绿	非、粉			//		0.02^{15}	0.14^{85}		+KOH	+	+酒石酸
酒石酸亚铁	$FeC_4H_4O_6$	203.92	白	晶、粉					0.88^{16}				++	+氨水0.88^{16}
酒石酸亚锡	$SnC_4H_4O_6$	266.76	白	晶、粉					+				+	
酒石酸铅	$PbC_4H_4O_6$	355.27	白	晶、粉		2.530^{19}			0.0025			+KOH	++N	
酒石酸锌·2水	$ZnC_4H_4O_6 \cdot 2H_2O$	249.48	白	粉					−				+	
酒石酸汞	$HgC_4H_4O_6$	348.66	白	晶、粉					÷				+	
酒石酸亚汞	$Hg_2C_4H_4O_6$	549.25	白	晶、粉					÷				+	
酒石酸钡	$BaC_4H_4O_6$	285.40	白	粉					−				+Cl、N	+BaCl、酒石酸钾钠
酒石酸钴	$CoC_4H_4O_6$	207.00	粉红	粉					÷					
酒石酸铬	$Cr_2(C_4H_4O_6)_3$	548.21	紫	片					+					
酒石酸钡·1水	$BaC_4H_4O_6 \cdot H_2O$	303.52	白	晶	毒	2.980			0.026^{18}					
酒石酸亚锑	$Sb_2(C_4H_4O_6)_3$	687.71	白	晶、粉					−				+	
酒石酸镉	$CdC_4H_4O_6$	260.47	白	晶、粉					÷			+氨水	+	
酒石酸铋·3水	$Bi_2(C_4H_4O_6)_3 \cdot 3H_2O$	970.27	白	粉		2.595	$-3H_2O$105		−			+	+	
酒石酸氢铯	$CsC_4H_5O_6$	281.99		正		2.700			9.7^{25}	98				
酒石酸氢铷	$RbC_4H_5O_6$	234.56		正、棱		2.282	//		1.18^{25}	11.7				

续表

名　称	分子式	分子量	颜色	形态	特性或折射率	密度/(g/cm³)	熔点	沸点	每100g溶剂中的溶解度(g)或溶解状况					
							/℃		冰水	沸水	乙醇	碱	酸	其他溶剂
酒石酸铵	$(NH_4)_2C_4H_4O_6$	184.15	无	单		1.600	//		45.0	87^{60}	÷			
酒石酸铵(酸式)	$NH_4C_4H_5O_6$	167.12	白	正		1.636	//		2.35^{15}	3.24^{25}	−	++		
酒石酸氧锑钾·1/2水	$(SbO)KC_4H_4O_6\cdot1/2H_2O$	333.94	白	正	1.636	2.600	$-1/2H_2O100$		5.26^{9}	35.7	−			+甘油6.67^{25}
酒石酸锶·4水	$SrC_4H_4O_6\cdot4H_2O$	307.75	无	单		1.966^{20}			0.11	0.76^{85}				
硼酒石酸钾	$K_2C_4H_{10}B_2O_6$	253.94	白	晶		1.832			++					

2.1.6　柠檬酸盐的一般特性

表 2.1.6　柠檬酸盐的一般特性

名　称	分子式	分子量	颜色	形态	特性或折射率	密度/(g/cm³)	熔点	沸点	每100g溶剂中的溶解度(g)或溶解状况				
							/℃		冰水	沸水	乙醇	乙醚	其他溶剂
柠檬酸钾·1水	$K_3C_6H_5O_7\cdot H_2O$	324.42	无	晶		1.980	// 230		167^{15}	200^{31}	÷		
柠檬酸钠·2水	$Na_3C_6H_5O_7\cdot2H_2O$	294.10	白	晶	咸味	1.76	300	$-2H_2O150$	77^{25}	170	0.65		+甘油
柠檬酸钠·5¹/₂水	$Na_3C_6H_5O_7\cdot5^1/_2H_2O$	357.18	白	正		1.857^{24}	$-5^1/_2H_2O150$	//	91^{25}	250	÷		
柠檬酸钙·4水	$Ca_3(C_6H_5O_7)_2\cdot4H_2O$	570.50	无	针			$-2H_2O130$	$-4H_2O185$	0.085^{18}	0.10^{25}	0.006^{18}		
柠檬酸氢镁·5水	$MgC_6H_6O_7\cdot5H_2O$	304.51	白						20^{25}	+	−		
柠檬酸银	$Ag_3C_6H_5O_7$	512.74		针			//		0.028^{18}	//		−酸	+KCN、氨水
柠檬酸铝	$AlC_6H_5O_7$	216.07	白						÷	+			+氨水
柠檬酸铜·2¹/₂水	$Cu_3(C_6H_5O_7)_2\cdot2^1/_2H_2O$	613.89	黑蓝	单			$-H_2O100$		−				+酸
柠檬酸铁·5水	$FeC_6H_5O_7\cdot5H_2O$	335.03	酱红	鳞(或浅红、粉)					+	÷	−		+氨水
柠檬酸钡·7水	$Ba_3(C_6H_5O_7)_2\cdot7H_2O$	916.33	白	粉			$-7H_2O150$		0.041^{18}	0.06^{25}	0.004^{18}		+盐酸
柠檬酸铋	$BiC_6H_5O_7$	398.10	无	晶		3.458	//		0.01^{25}		−		+氨水
柠檬酸铈·3¹/₂水	$CeC_6H_5O_7\cdot3^1/_2H_2O$	394.28	白	粉					÷	÷			+无机稀酸
柠檬酸钴·2水	$Co_3(C_6H_5O_7)_2\cdot2H_2O$	591.04	玫瑰红　粉						÷	÷			+稀酸
柠檬酸镧·7水	$2LaC_6H_5O_7\cdot7H_2O$	782.12	浅黄	晶					÷	÷			
柠檬酸锂·4水	$Li_3C_6H_5O_7\cdot4H_2O$	281.98	白	晶			//		61.2^{15}	66.7	÷÷	÷÷	
柠檬酸氢二铵	$(NH_4)_2C_6H_6O_7$	226.19	白	晶		1.480			100		÷	÷	
柠檬酸铵	$(NH_4)_3C_6H_5O_7$	243.22	白	晶	～		//		++		−	−	−丙酮
柠檬酸铁铵	$(NH_4)_3Fe(C_6H_5O_7)_2$	524.04	棕或绿	粉					++		−		
柠檬酸锌·2水	$Zn_3(C_6H_5O_7)_2\cdot2H_2O$	610.37	白	粉					÷	÷			

2.1.7 苯甲酸盐的一般特性

表 2.1.7 苯甲酸盐的一般特性

名称	分子式	分子量	颜色	形态	特性或折射率	密度/(g/cm³)	熔点/℃	沸点/℃	每100g溶剂中的溶解度(g)或溶解状况				
									冰水	沸水	乙醇	乙醚	其他溶剂
苯甲酸钠	$NaC_7H_5O_2$	144.11	白	晶	甜涩味	1.440	＞300		62.5^{25}	76.9	2.8^{25}		+甘油、甲醇
苯甲酸钠·1水	$NaC_7H_5O_2·H_2O$	162.12	白	晶	无臭味，甜涩		$-H_2O120$		61^{25}	77	2.3^{25}		+热醇 8.3^{78}
苯甲酸钙·3水	$Ca(C_7H_5O_2)_2·3H_2O$	336.35	白	粉(或无、正)		1.440	$-3H_2O110$		2.67	8.4^{80}	÷	–	÷÷苯，氯仿
苯甲酸镁·3水	$Mg(C_7H_5O_2)_2·3H_2O$	320.59	白	粉			$-3H_2O110$		4.5^{25}	19.6			+丙酮
苯甲酸铜	$Cu(C_7H_5O_2)_2$	305.77	浅蓝	粉	无臭	1.197	200 //	//	÷÷		÷÷	÷丙酮	–苯、石油醚；÷甲苯
苯甲酸铝	$Al(C_7H_5O_2)_3$	390.33	白	晶、粉					÷÷				
苯甲酸汞·1水	$Hg(C_7H_5O_2)_2·H_2O$	460.84	白	晶粉	毒		165		÷		÷	+苯	+氯化铵、苯甲酸铵
苯甲酸锂	$LiC_7H_5O_2$	128.05	白	叶晶或粉					33.0^{25}	40.0	7.7^{25}		+乙醇 10^{78}
苯甲酸锰·3水	$Mn(C_7H_5O_2)_2·3H_2O$	351.20	棱						6.55^{15}		+		
苯基苯甲酸汞	$Hg(C_6H_5)_2CO_2$	398.81		晶	剧毒		94						
邻苯二甲酸氢钾	$KC_8H_5O_4$	204.22	白	晶		1.636	//		10.2^{25}	36			
对氨基苯甲酸钠	$NaC_7H_6NO_2$	159.12	白	针					++				
邻氨基苯甲酸钠·1水	$NaC_7H_6NO_2·H_2O$	177.14	淡黄	晶、粉					+				

2.1.8 水杨酸盐的一般特性

表 2.1.8 水杨酸盐的一般特性

名称	分子式	分子量	颜色	形态	特性或折射率	密度/(g/cm³)	熔点/℃	沸点/℃	每100g溶剂中的溶解度(g)或溶解状况						
									冰水	沸水	乙醇	乙醚	酸	碱	其他溶剂
水杨酸钾	$KC_7H_5O_3$	176.21	白	粉	无气味				++		++				
水杨酸钠	$NaC_7H_5O_3$	160.11	无	片/乙醇		1.919	//		111^{15}	125^{25}	17^{15}				+甘油25
水杨酸钙·1水	$Ca(C_7H_5O_3)_2·H_2O$	332.32	无	针					1.4	4	+	+			4，热水
水杨酸钙·2水	$Ca(C_7H_5O_3)_2·2H_2O$	350.33	白	八			$-2H_2O120$		2.3		+				
水杨酸镁·4水	$Mg(C_7H_5O_3)_2·4H_2O$	370.60	白	晶、粉	风化，无气味				8		+				
水杨酸银	$AgC_7H_5O_3$	244.98	无	针、晶或白、粉					÷		÷				
水杨酸铝	$Al(C_7H_5O_3)_3$	438.30	白-微红	粉	无气味				–		–	–	//	+	+氨水
水杨酸铜·4水	$Cu(C_7H_5O_3)_2·4H_2O$	409.83	蓝绿	针					+++		+++				

续表

名 称	分子式	分子量	颜色	形态	特性或折射率	密度/(g/cm³)	熔点/℃	沸点/℃	每100g溶剂中的溶解度(g)或溶解状况 冰水	沸水	乙醇	乙醚	酸	碱	其他溶剂
水杨酸汞	$Hg(C_7H_5O_3)_2$	336.72	白，微黄-微红		无味 毒				−		−			+	+碳酸盐溶液
水杨酸锂	$LiC_7H_5O_3$	144.05	白	粉		1.428	//		128^{25}		++				
水杨酸钡	$Ba(C_7H_5O_3)_2 \cdot H_2O$	429.56	白	针					25						
水杨酸铅	$Pb(C_7H_5O_3)_2$	481.43	白	粉	1.78	2.300			−		−	−			+乙酸
水杨酸锌·2水	$Zn(C_7H_5O_3)_2 \cdot 2H_2O$	377.64	无	针			$-2H_2O$150		+		+				
水杨酸锌·3水	$Zn(C_7H_5O_3)_2 \cdot 3H_2O$	393.65	白	针、粉	无气味		$-1H_2O$100	$-3H_2O$150	+		+				
次水杨酸铋	$BiC_7H_5O_4$	362.11	白	晶	无味				−		−	−	+	+	//沸水
水杨酸锶·2水	$Sr(C_7H_5O_3) \cdot 2H_2O$	397.88	无	晶			//		5.6^{25}	28.6	1.5^{25}				+乙醇9.5^{78}
水杨酸镉·1水	$Cd(C_7H_5O_3) \cdot H_2O$	404.63	白	针、片			242 //		÷	++	÷÷		+		+氨水
邻乙酰水杨酸镁	$Mg(C_9H_7O_4)_2$	382.62	白	粉					+		÷	−			
邻乙酰水杨酸钠	$NaC_9H_7O_4$	202.14		晶			218 //		++	++					÷÷丙酮
水杨酸铵	$NH_4C_7H_5O_3$	155.15	白	单 光泽	无气味				103^{25}	+	43.5^{25}				+乙醇100^{79}

2.1.9 硬脂酸盐的一般特性

表 2.1.9 硬脂酸盐的一般特性

名 称	分子式	分子量	颜色	形态	特性或折射率	密度/(g/cm³)	熔点/℃	沸点/℃	每100g溶剂中的溶解度(g)或溶解状况 冰水	沸水	乙醇	乙醚	酸	苯	其他溶剂
硬脂酸钾	$KC_{18}H_{35}O_2$	322.57	白	粉	脂肪气味		132		÷	10	+				+93%乙醇0.43^0,10^{66}
硬脂酸钠	$NaC_{18}H_{35}O_2$	306.47	白	粉	滑腻，微牛油味			//	÷	10					+乙醇0.2冷、10^{78}
硬脂酸钙	$Ca(C_{18}H_{35}O_2)_2$	607.04	白	粉			180		0.004^{15}		+*	+			//强酸
硬脂酸镁	$Mg(C_{18}H_{35}O_2)_2$	591.24	白-淡黄	粉	滑腻	1.028	200	359	0.003^{15}	+	0.02^{25}纯	0.003^{25}	//强酸		++热乙醇
硬脂酸铜	$Cu(C_{18}H_{35}O_2)_2$	630.50	淡绿蓝	粉			125		−						
硬脂酸铁	$Fe(C_{18}H_{35}O_2)_3$	906.27	橙黄	粉					−		+热			+	+苯
硬脂酸银	$AgC_{18}H_{35}O_2$	391.34	白	粉			205		−	−	−	−			
硬脂酸铝	$Al(C_{18}H_{35}O_2)_3$	877.42	白	粉		1.010	103		−		+			+	+碱、松节油
硬脂酸钡	$Ba(C_{18}H_{35}O_2)_2$	704.28	白	晶，粉		1.145	＞225		0.004^{15}	0.006^{50}	0.005^{17}	0.001^{25}			+乙醇0.008^{25}
硬脂酸铅	$Pb(C_{18}H_{35}O_2)_2$	774.15	白	粉		1.323	109±3		0.05^{15}		−	+	//强酸		
硬脂酸锌	$Zn(C_{18}H_{35}O_2)_2$	632.33	白	粉		1.080	130		−		−	−	//强酸	+	+松节油
硬脂酸铍	$Be(C_{18}H_{35}O_2)_2$	575.93	白	蜡			45-6		−		−	+		+二甲苯	$+CCl_4$

续表

名　称	分子式	分子量	颜色	形态	特性或折射率	密度/(g/cm³)	熔点/℃	沸点/℃	每100g溶剂中的溶解度(g)或溶解状况 冰水	沸水	乙醇	乙醚	酸	苯	其他溶剂
硬脂酸羟铍	$Be(OH)C_{18}H_{35}O_2$	309.48	白	粉			174		−		−	−			÷CCl_4
硬脂酸镉	$Cd(C_{18}H_{35}O_2)_2$	678.41	白	粉					−		+				
硬脂酸钴	$Co(C_{18}H_{35}O_2)_2$	625.88	紫，红	粉			73-5		−						
硬脂酸锂	$LiC_{18}H_{35}O_2$	290.42	白	晶、粉		1.025	220		0.01^{18}		0.01^{25}	0.04^{18}			÷乙酸乙酯　，丙酮0.46^{15}
硬脂酸铵	$NH_4C_{18}H_{35}O_2$	301.52	黄褐	蜡		0.890^{22}	74±1	//	÷÷		+热	−		÷÷	+甲醇；−CCl_4，丙酮
硬脂酸锶	$Sr(C_{18}H_{35}O_2)_2$	654.57	白	粉			130～140		−		−		//强酸	−	

2.1.10　磺酸盐的一般特性

表 2.1.10　磺酸盐的一般特性

名　称	分子式	分子量	颜色	形态	特性或折射率	密度/(g/cm³)	熔点/℃	沸点/℃	每100g溶剂中的溶解度(g)或溶解状况 冰水	沸水	乙醇	乙醚	苯	其他溶剂
苯亚磺酸钠·2水	$NaC_6H_5SO_2·2H_2O$	200.19	淡黄	叶/水					+	+				
苯酚磺酸锌·8水	$Zn(C_6H_5OSO_3)_2·8H_2O$	555.83	无	晶、白 粉					+	+				
苯磺酸钠·1水	$NaC_6H_5SO_3·H_2O$	198.18	白	针/水、乙醇			450△//		60^{30}	++	÷热			（△无水物）
苯甲醛-2-磺酸钠	$NaC_7H_5SO_4$	208.17	白	晶	有毒				++					
苯甲醛-4-磺酸钠	$NaC_7H_5SO_4$	208.17	白	晶	有毒				++					
对硝基苯磺酸钠	$NaC_6H_4(NO_2)SO_3·H_2O$	243.17	白	针					+					
邻硝基对甲苯磺酸钠	$NaC_7H_6(NO_2)SO_3$	239.18	微黄	粉	闪光				+					
间硝基苯磺酸钡	$BaC_{12}H_8N_2O_{10}S_2$	541.70		柱					÷	+	−			
间二甲苯-4-磺酸钠	$NaC_8H_9O_3S$	208.22	白	晶			85	265～268	−	+	+			+苛性碱
间硝基苯磺酸钠	$NaNO_2C_6H_4SO_3$	225.16		板/水					++		+	−		−盐酸
间苯二磺酸钠·4水	$(NaSO_3)_2C_6H_4·4H_2O$	354.27	无	针					+	++				
对苯胺磺酸钠	$NaNH_2C_6H_4SO_3$	231.20		正					++		+热	−		
对苯胺磺酸钠·3水	$NaNH_2C_6H_4SO_3·3H_2O$	285.24		正					++	++	+*	−		
对苯酚磺酸钠·2水	$NaO_3SC_6H_4OH·2H_2O$	232.18	白	晶、粉	风化				24	125	0.8		+甘油	+热醇8
2-萘酚-6-磺酸钾	$KHOC_{10}H_6SO_3$	262.31		晶					3.46^{25}					
1-萘酚-2-磺酸钠	$NaC_{10}H_7O_4S$	246.21		柱、针					++		++			
1-萘酚-4-磺酸钠	$NaC_{10}H_7O_4S$	246.21	淡丹宁	膏、粉	无气味				++					×氯化高铁
1-萘酚-5-磺酸钠	$NaC_{10}H_7O_4S$	246.21	灰	晶	无气味				++					

续表

名　称	分子式	分子量	颜色	形态	特性或折射率	密度/(g/cm³)	熔点/℃	沸点/℃	每100g溶剂中的溶解度(g)或溶解状况					
									冰水	沸水	乙醇	乙醚	苯	其他溶剂
2-萘酚-8-磺酸钠	$NaC_{10}H_7O_4S$	246.21		晶					++		++			
2-萘酚-6-磺酸钠	$NaC_{10}H_7O_4S$	246.21	亮黄-淡红	棱					6.29^{25}		÷			
2-萘酚-6-磺酸钙·5水	$Ca(HOC_{10}H_6SO_3)_2\cdot 5H_2O$	576.59		晶					4.76^{20}					
2-萘酚-3,6-二磺酸钾	$(KSO_3)_2HOC_{10}H_5$	380.46		晶					29.5^{25}					
2-萘酚-6,8-二磺酸钠	$(NaSO_3)_2HOC_{10}H_5$	348.26	灰白	粉					+		–			
2-萘酚3,6-二磺酸钠	$(NaSO_3)_2HOC_{10}H_5$	348.26	白	针	易潮湿				25.2^{25}		÷		–	
2-萘酚-3,6-二磺酸钙	$Ca(SO_3)_2HOC_{10}H_5$	342.35		晶					30.6^{25}					
蒽醌-1-磺酸钠	$NaC_{14}H_7O_2SO_3$	310.25	黄	叶			218		0.5320		–	–		
蒽醌-2-磺酸钠	$NaC_{14}H_7O_2SO_3$	310.25	银	叶					0.8425		–	–		
蒽醌-2-7-二磺酸钠·4水	$(NaSO_3)_2C_{14}H_6O_2\cdot 4H_2O$	484.37	棕黄	针					30.520		÷÷	–	–	
蒽醌-1,5-二磺酸钠·5水	$(NaSO_3)_2C_{14}H_6O_2\cdot 5H_2O$	502.38	黄	叶					++		–	–		
蒽醌-2,6-二磺酸钠·7水	$(NaSO_3)_2C_{14}H_6O_2\cdot 7H_2O$	538.41	黄	晶					3.920	++				
氨基磺酸铵	$NH_4SO_3NH_2$	114.13	白	晶	~		135	// 160	+++		÷			①
对羟基苯磺酸锌·8水	$Zn(O_3SC_6H_4OH)_2\cdot 8H_2O$	555.84	白	晶			$-8H_2O$120		60^{25}	250	55^{25}			

① 溶于甘油、乙二醇和甲酰胺。

2.1.11　其他有机盐的一般特性

表 2.1.11　其他有机盐的一般特性

名　称	结构式或分子式	分子量	颜色	形态	特性或折射率	密度/(g/cm³)	熔点/℃	沸点/℃	每100g溶剂中的溶解度(g)或溶解状况					
									冰水	沸水	乙醇	乙醚	苯	其他溶剂
一画														
乙二胺二氢溴酸盐	$(CH_2NH_2)_2\cdot 2HBr$	221.93	无	棱					+			–	–	
乙二胺二盐酸盐	$(CH_2NH_2)_2\cdot 2HCl$	133.02		单			↑		+			–	–	
乙二胺四乙酸二钠钙	$C_{10}H_{12}CaN_2Na_2O_8$	374.27	白	晶粉		0.690			++					
乙二胺四乙酸二钠镁	$C_{10}H_{12}MgN_2Na_2O_8$	358.50	白	粉		0.525	＞300		$\approx 90^{20}$					
乙二胺四乙酸二钠铁	$C_{10}H_{12}FeN_2Na_2O_8$	367.05	浅土黄	晶粉		0.6～0.8			80^{20},120^{80}					+酸
乙二胺盐酸盐	$C_2H_8N_2\cdot 2HCl$	133.02	白	晶					++		–	÷	–	
乙基钠	C_2H_5Na	52.05	白	粉	空气中可燃				//				–	
乙硫醇钠	C_2H_5SNa	84.12		晶					++	//				

续表

名称	结构式或分子式	分子量	颜色	形态	特性或折射率	密度/(g/cm³)	熔点	沸点	每100g溶剂中的溶解度(g)或溶解状况					
							/℃		冰水	沸水	乙醇	乙醚	苯	其他溶剂
邻乙酰水杨酸钠	$NaC_9H_7O_4$	202.14		晶/丙酮，乙醚			218/		++		++			÷÷丙酮
乙醛化亚硫酸氢钠·1/2水	$CH_3CHONaHSO_3 \cdot {}^1/_2H_2O$	175.13	白	晶					+		−	−		//酸
乙酸苯汞	$C_8H_8O_2Hg$	336.74	白	晶		2.580	151		÷		++			
乙酸银	CH_3COOAg	166.92	略灰	针		3.259			+					++稀硝酸
乙酸铜·1水	$(CH_3COO)_2Cu \cdot H_2O$	199.65	深绿	单斜		1.882	115	240 //	+		+	+		
二画														
二乙胺盐酸盐	$(C_2H_5)_2NH \cdot HCl$	109.60		叶/乙醚，乙醇		1.048^{21}	228-9	320-30	232^{25}		÷	−		
二乙基铍	$(C_2H_5)_2Be$	67.14	无	液			12±1	187	//		//			
二月桂酸二正丁基锡	$C_{32}H_{64}O_4Sn$	631.57	淡黄	液	易燃	1.040^{25}	8		−	−			+	+丙酮
二甲胺盐酸盐	$(CH_3)_2NH \cdot HCl$	81.55		针/乙醇			170-1		369^{25}		++	−		+氯仿16.9^{25}
二甲氨基二硫代氨基甲酸铁	$[(CH_3)_2NCSS]_3Fe$	416.47		晶			// 100-30	燃点＞150	÷÷					
二甲氨基二硫代氨基甲酸锌	$[(CH_3)_2NCSS]_2Zn$	305.79	白	粉	无味	2.000^{40}	246		÷÷			$+CS_2$	+	+稀碱液，二氯乙烷
二辛基二月桂酸锡	$SnC_{40}H_{80}O_4$	743.77	浅黄	液	透明	0.998	17-8							闪点 70℃
二苯胺盐酸盐	$(C_6H_5)_2NH \cdot HCl$	205.69	无	针/乙醇					+		+			
二苯胺硫酸盐	$(C_6H_5)_2NH \cdot H_2SO_4$	267.31	无	晶			123-5		−		+			+硫酸
二苯基乙酸锡	$C_{20}H_{18}O_2Sn$	409.05	白	晶			124-5		−					
二硫代碳酸乙酯钾	$KSCSOC_2H_5$	160.30		棱		1.558^{22}	//＞200		+++		20	−		
二氯丙酸钠	$C_3H_3O_2Cl_2Na$	164.95	淡黄	粉		0.48～0.56	195		++					
2,4-二氯苯氧乙酸钠	$C_8H_5O_3Cl_2Na$	243.02	无	针			216-8		+					
丁二酸钡	$BaC_4H_4O_4$	253.43	白	粉	毒				0.42	0.24^{80}	÷			
丁二酸钠·6水	$(CH_2CO_2Na)_2 \cdot 6H_2O$	270.16	无	晶			$-6H_2O$120		2	87^{75}	÷÷			
丁二酸铵	$C_4H_{12}N_2O_4$	152.14	无	晶		1.370			+++		−			
正丁基锂	$n\text{-}C_4H_9Li$	64.06	无	晶	固									
正丁基氯化镁	$n\text{-}C_4H_9MgCl$	116.88				0.880								
正丁基三氯化锡	$n\text{-}C_4H_9SnCl_3$	282.18	无	液	1.5190^{25}	1.710^{25}			÷		溶解于有机溶剂			
丁酸钡·2水	$Ba(C_4H_7O_2) \cdot 2H_2O$	347.59	无						37.4	42.1^{80}				
三、四画														
三甲铵乙内盐	$(CH_3)_3NCH_2CO_2$	117.15	无	单			293		159^{19}		8.6^{18}	÷		++甲醇

续表

名称	结构式或分子式	分子量	颜色	形态	特性或折射率	密度/(g/cm³)	熔点/℃	沸点/℃	每100g溶剂中的溶解度(g)或溶解状况 冰水	沸水	乙醇	乙醚	苯	其他溶剂
三乙基铋	$(C_2H_5)_3Bi$	296.17	无	油		1.820		107^{10kPa}	–		++	++		空气中加热爆炸
三甲基铋	$(CH_3)_3Bi$	254.09	无	油		2.300^{18}		110	–		++	++		空气中加热爆炸
三苯基铋	$(C_6H_5)_3Bi$	440.30		单斜/乙醇		1.952^{15}		242^{2kPa}	–		÷÷	+		+丙酮，++氯仿
三硬脂酸铝	$[CH_3(CH_2)_{16}CO_2]_3Al$	878.41	白-微黄	粉		1.070	115		–		–	–	+煤油	+碱溶液、松节油
山梨酸钾	$KC_6H_7O_2$	150.21	无或白	晶	鳞或粉		270 //		67.6^{20}		3			+丙二醇5.8
己二酸己二胺盐	$C_6H_{10}O_4C_6H_{16}N_2$	262.36	无	晶					+		+热		–	
五氯苯酚钠	C_6Cl_5NaO	288.32	白	针晶					++	++	÷			
五氯苯酚铝	$(C_6Cl_5O)_3Al$	822.97	白	粉					–	–				÷醇和碱
五氯苯酚铜	$(C_6Cl_5O)_2Cu$	594.21	深棕	晶	毒				–	–	÷			÷丙酮
五氯苯酚锌·1水	$Zn(C_6Cl_5O)_2 \cdot H_2O$	614.05	白	晶	毒				–	–	–			
月桂酸铵	$C_{11}H_{23}CO_2NH_4$	217.35		蜡		0.880	48-55	$-NH_3>50$		+	+	–	–	-氯仿
月桂酸钙·1水	$Ca(C_{12}H_{23}O_2)_2 \cdot H_2O$	456.73	白	针	风化		182		0.004^{15}					
月桂酸锌	$Zn(C_{11}H_{23}COO)_2$	464.01	白	粉			128		–	–	–			
月桂酸钠	$C_{11}H_{23}COONa$	222.30	白	晶或粉			240-4		+	++	+*			÷冷醇
月桂酸铜	$Cu(C_{11}H_{23}COO)_2$	462.17	浅蓝	粉			111～113		÷					
六甲基六亚氨基四磷	$P_4N_6(CH_3)_6$	298.15	白	晶			122～123	302～304						+有机溶剂
六亚甲基四胺	$N_4(CH_2)_6$	140.11	无	晶			158		+	+	–	–		
六次甲基二甲酸铵	$C_8H_{20}N_2O_4$	208.26	白	晶					+	+				
巴比妥钠	$C_8H_{11}N_2NaO_3$	206.18	白	晶	味苦 有毒				20	40	2.5g/L	–		–氯仿
五画														
丙酸钾	$KC_3H_5O_2$	112.17	白或无	晶块					++					
丙二酸钙·4水	$CaC_3H_2O_4 \cdot 4H_2O$	214.19	无	针			$-3H_2O100$	$-4H_2O180$	0.4	0.7				
丙二酸亚铊	$CH_2(COOTl)_2$	510.79	白	晶	可燃 剧毒									
丙二酸铈·6水	$Ce(C_3H_2O_4)_3 \cdot 6H_2O$	694.47	白	棱晶					÷					
丙二酸镧·5水	$La(C_3H_2O_4)_3 \cdot 5H_2O$	674.03	白	粉					÷					
丙二酸钡·1水	$BaC_3H_2O_4 \cdot H_2O$	257.42	无						0.14	0.33^{80}				
丙三醇钠	$NaC_3H_7O_3$	114.08	白	粉				// 245	//		+	–		$-C_2S$
丙酮酸钾	$CH_3COCOOK$	126.15	白	针晶					++		–	–		

续表

名称	结构式或分子式	分子量	颜色	形态	特性或折射率	密度/(g/cm³)	熔点	沸点	每100g溶剂中的溶解度(g)或溶解状况					
							/℃		冰水	沸水	乙醇	乙醚	苯	其他溶剂
丙酮酸钠	$CH_3COCOONa$	110.04	白	晶					++		÷	÷		
丙酮合亚硫酸氢钠	$(CH_3)_2CONaHSO_3$	162.14	无	晶、片					+		÷	–		//无机酸
丙酸钡·1水	$Ba(C_3H_5O_2)_2 \cdot H_2O$	301.52	白	正、粉	毒1.518		// 300		36.5	44.7	÷			
丙酸钠	$C_3H_5O_2Na$	96.06	无	晶或白，粉					++		÷			
丙酸钴·3水	$Co(C_3H_5O_2)_2 \cdot 3H_2O$	259.12	暗红	晶					++		÷			
丙酸银	$AgC_3H_5O_2$	180.94	无	针或白，晶		2.690^{25}			÷					
丙酸锌	$Zn(C_3H_5O_2)_2$	211.52	无	针晶					++		÷			
丙酸铝	$Al(C_3H_5O_2)_3$	204.25	白	晶		1.0578	106	248			+			
甘油磷酸钠·5水	$Na_2C_3H_5(OH)_2PO_4 \cdot 5H_2O$	306.08	黄	液(或白色晶体)			98-100	//＞130	66		–			
甘油磷酸钙	$CaC_3H_5(OH)_2PO_4$	210.02	微黄	粉							÷	–		+甘油
亚戊基二硫代氨基甲酸哌啶盐	$(CH_2)_6CS_2HHN(CH_2)_5$	232.41		晶		1.130	175		6^{23}					
甲苯二磺酸钠·7水	$Na_2C_7H_6O_6S_2 \cdot 7H_2O$	422.34		晶					+					
甲苯胺盐酸盐	$C_7H_{10}ClN$	143.62	白	晶、粉	易变色		228	250	++		++	–	–	
甲氨基二硫代氨基甲酸钠	$CH_3NHCSSNa$	129.16	白	晶	受热易挥发				++		+	÷		
甲胺盐酸盐	CH_6ClN	67.52	无	片	~		231-3	$225–30^{2}$	+		–	–	–酮	–乙酸乙酯、氯仿
甲基红钠盐	$C_{15}H_{14}O_2N_3Na$	291.28	橙红	晶	粉末				+		+			
甲基胂酸二钠	$CH_3O_3AsNa_2$	183.94	无	棱			110		++		÷		–	
甲醛化亚硫酸氢钠·1水	$NaCH_2OHSO_3 \cdot H_2O$	152.10	白	针/水	蒜味		63-4		++	//无机酸	÷	÷	÷	+甲醇、碱液
甲醛化次硫酸氢钠·2水	$NaCH_2OHSO_2 \cdot 2H_2O$	154.12		针/水			63-4	//＞135	55		–	–	–	
四乙基铅	$Pb(C_2H_5)_4$	323.44	无	液		1.659	136	152^{39}	–		÷	∞	+	
四甲基铅	$Pb(CH_3)_4$	267.33	无	液		1.995	27.5	110	–		∞	∞		
四苯基铅	$Pb(C_6H_5)_4$	515.62		四		1.530	228.5	270 //	–		0.1^{30}		1.7^{30}	
四环素盐酸盐	$C_{22}H_{24}O_8N_2 \cdot HCl$	480.70	黄	晶	苦　味		214 //		++		÷	–		–氯仿
四甲基氯化铵	$NCl(CH_3)_4$	109.60	白	晶	易挥发	1.169	425	// 230	+		+热	–		–氯仿
四甲基碘化铵	$NI(CH_3)_4$	201.06	淡黄	晶		1.840		// 230	÷		+纯	–		–氯仿
四甲基溴化铵	$NBr(CH_3)_4$	154.06	白	晶	≈	1.560		// ↑ 230	+		÷纯	–		
四溴酚酞乙酯钾	$C_{22}H_{13}Br_4O_4K$	700.08	深绿或紫蓝	晶粉					+		+			+石油醚
四溴酚酞钠	$C_{20}H_8Br_4Na_2O_4$	677.88	浅蓝	粉					++		÷	–		
四乙酸铅	$Pb(C_2H_3O_2)_4$	443.38	无	针晶		2.228^{17}	175							+醋酸，浓硫酸，氯仿

续表

名称	结构式或分子式	分子量	颜色	形态	特性或折射率	密度/(g/cm³)	熔点/℃	沸点/℃	每100g溶剂中的溶解度(g)或溶解状况					
									冰水	沸水	乙醇	乙醚	苯	其他溶剂
四乙酸硅	$Si(C_2H_3O_2)_4$	264.26	无	晶	≈									
四羰基合镍	$Ni(CO)_4$	170.75	无或黄	粉或液	易挥发	1.320[17]	–25	43	÷		+	+	+	
六、七画														
肉桂酸钠	$NaC_6H_5CHCHCO_2$	170.14	白	晶，粉			>115 //		9	5.0	0.6			+甘油
地塞米松磷酸钠	$C_{22}H_{28}FNaO_8P$	493.41	白或类白	粉	无臭，微苦		233-5		++			–		–氯仿
地霉素盐酸盐	$C_{22}H_{24}ClN_2O_9$	495.89	黄	晶粉	苦味		184-5		++		÷	–		–氯仿
苄基丙酮酸钐·2水	$Sm(C_{16}H_9O_2)_3 \cdot 2H_2O$	669.92	草绿	晶			103-5		–					+有机溶剂
L-谷氨酸钠盐·x水	$NaC_5H_8NO_4 \cdot xH_2O$	169.11	无-白	棱	甜或咸味	1.635	195		71.7		÷	–		
辛酸铁	$Fe(C_8H_{15}O_2)_3$	485.46	红紫	胶					–		+			
辛酸亚锡	$SnC_{16}H_{30}O_4$	405.10	白-淡黄棕	稠	1.493	1.251[25]	<–20	>200	–				+石油醚	闪点>110℃
辛酸钠	$NaC_8H_{15}O_2$	166	乳酪色	小颗粒	有毒		–20							
辛酸锌	$ZnC_{16}H_{30}O_4$	351.79	白	鳞	有光泽		136	÷沸水			+热			
泛酸钙	$Ca(C_9H_{16}O_5N)_2$	476.53	白	粉	苦		198 //	+	–		–			+甘油；–氯仿
尿酸钠·1水	$NaC_2H_5O_3N_4 \cdot H_2O$	230.09	白	粉				÷						
八画														
苯酚钠·3水	$NaC_6H_5O \cdot 3H_2O$	170.14	无	晶	吸湿				+		+			
苯基乙酸汞	$HgC_6H_5O_2CCH_3$	336.74	无	棱/苯			149			+	+		+	+乙酸
苯基硝酸汞	$C_6H_5HgONO_2$	339.70		板/乙醇			188 //			÷÷	+热		+	
苯基油酸汞	$C_6H_5HgOCOC_{17}H_{33}$	559.16	白	晶	毒		45		–	–				+油类、有机溶剂
苯基氯化汞	C_6H_5HgCl	313.15	无	叶/苯			251	↑	–		÷热	+	+	+吡啶
苯酚铋	$Bi(C_6H_5O)_3$	488.31	灰白	粉					–	–	–			
苯酚锌	$Zn(C_6H_5O)_2$	251.58	白	粉					÷	+				
苦味酸钾	$KC_6H_2N_3O_7$	267.20	黄绿	正	1.903	1.852[15]	炸310	//	0.5[15]					
苦味酸铵	$(NO_2)_3C_6H_2ONH_4$	127.57	黄	晶		1.720	265-71 //	423炸	+		+			
苦味酸亚铊	$TlC_6H_2N_3O_7$	432.47	红	晶		3.164			÷					÷甲醇
L-苹果酸氢钙·6水	$Ca(HC_4H_4O_5)_2 \cdot 6H_2O$	414.34	无	正					÷	+	÷		÷乙酸	+无机酸
肼二盐酸盐	$N_4H_2 \cdot 2HCl$	104.97	白	粉		1.420	298 //		++	÷				
肼盐酸盐	NH_2NH_2HCl	68.50	无	片	～		87-92		++	+				

续表

名称	结构式或分子式	分子量	颜色	形态	特性或折射率	密度/(g/cm³)	熔点/℃	沸点/℃	冰水	沸水	乙醇	乙醚	苯	其他溶剂
									每100g溶剂中的溶解度(g)或溶解状况					
油酸亚铊	$C_{17}H_{33}CO_2Tl$	485,83	白	晶			131～132		÷		+			
油酸铝	$(C_{17}H_{33}CO_2)_3Al$	871.35	黄白	稠液					−		+	+	+	+松节油
油酸亚锰	$(C_{17}H_{33}CO_2)_2Mn$	617.86	棕	晶					−	−	÷	+		
油酸钠	$C_{18}H_{33}O_2Na$	304.44	白	粉			232-5		10^{12}		10^{32}	+沸1		+乙醇4.8^{13}
油酸钙	$(C_{18}H_{33}O_2)_2Ca$	603.01	白	晶，蜡			83.5		0.04					
油酸镁	$(C_{18}H_{33}O_2)_2Mg$	578.21	淡黄	蜡，块					−		+	+		①
油酸铵	$C_{18}H_{33}O_2NH_4$	299.48	黄棕	膏			21.2		+		÷		÷	②
油酸钾	$C_{17}H_{33}CO_2K$	320.56	浅黄、淡棕	浆、晶					++		+		−	闪点 140℃
油酸铅	$(C_{17}H_{33}CO_2)_2Pb$	770.12	白	粉、油					−		+	+	+	+松节油
油酸铋	$(C_{17}H_{33}CO_2)_3Bi$	1053.36	黄棕	粒					−			+		
油酸铝	$(C_{17}H_{33}CO_2)_3Al$	871.37	黄白	黏稠					// −	+	+	+	+	+松节油、碱
油酸铜	$(C_{17}H_{33}CO_2)_2Cu$	626.47	棕，粉，深蓝	软脂　毒					−	−		+		
油酸锌	$(C_{17}H_{33}CO_2)_2Zn$	626.28	白	粉	腻滑		85.5		−	−	+	+	+	+二硫化碳、石油精
油酸镉	$(C_{17}H_{33}CO_2)_2Cd$	675.30	黄	蜡					−	−	−	+		
油酸铁	$(C_{17}H_{33}CO_2)_3Fe$	900.23	棕红	固					−		+	+	+	
油酸汞	$(C_{17}H_{33}CO_2)_2Hg$	763.51	黄	液，固	毒				−	−				
油酸钴	$(C_{17}H_{33}CO_2)_2Co$	621.86	棕，紫红	蜡，固					−	−	+	+	+	+油类
九、十画														
氟乙酸钠	FCH_2COONa	100.02	白	粉			200 //		111^{25}		1.4^{25}	++		③
肼哌甲基四环素盐酸盐	$C_{29}H_{40}Cl_2N_8O_8$	69.58	黄	晶	无臭　～		250 //				−	−		+甲醇；−丙酮
洁霉素盐酸盐	$C_{33}H_{50}Cl_3N_5O_8S$	783.20	白	粉					++		+			+甲醇
洗必泰盐酸盐	$C_{22}H_{32}Cl_4N_{10}$	578.37		晶			255～261		÷÷					
洗必泰乙酸盐	$C_{22}H_{30}Cl_2N_{10}\cdot 2(C_2H_4O_2)$	625.55	白	晶	无臭，苦味		150～154							
氧化双三丁基锡	$(C_4H_9)_6Sn_2O$	596.12	微黄	液		1.170	<−45	180	−	−	++	++	++	
氨基G酸单钾盐	$C_{10}H_5(NH_2)S_2O_6HK$	341.39							3.4^{18}					
氨基G酸单钠盐	$C_{10}H_5(NH_2)S_2O_6HNa$	325.29							27^{18}					
氨基G酸单钾盐	$C_{10}H_5(NH_2)S_2O_6HK$	341.39							12.8^{20}					
氨基G酸钠盐	$C_{10}H_5(NH_2)(SO_3Na)_2$	347.28							÷÷					
对氨基苯酚草酸盐	$(HOC_6H_4NH_2)_2\cdot H_2C_2O_4$	308.29	无	叶			290 //		−			−		÷碱液
对氨基苯酚盐酸盐	$HOC_6H_4NH_2\cdot HCl$	145.59	无	棱			306 //		71		10^{0}纯			
烟酸铵·1水	$(NH_4)_2C_6O_2\cdot H_2O$	158.16	白	晶			//		+		+			

续表

名称	结构式或分子式	分子量	颜色	形态	特性或折射率	密度/(g/cm³)	熔点	沸点	每100g溶剂中的溶解度(g)或溶解状况					
							/℃		冰水	沸水	乙醇	乙醚	苯	其他溶剂
十一、十二画														
羟基乙酸钙·4水	$CaC_4H_6O_6·4H_2O$	262.23					$-4H_2O110$		1.3^{15}		5^{100}			
棕榈酸钙	$Ca(C_{16}H_{31}O_2)_2$	550.93	白	油，粉					0.003					
棕榈酸铵	$NH_4C_{16}H_{31}O_2$	273.45	微黄	粉					+27℃		+78℃	+56℃丙酮	÷	$-CCl_4$、粗汽油
葡萄糖酸钙·1水	$C_{12}H_{22}O_{14}Ca·H_2O$	448.39	白	晶、粉	无臭无味		$-H_2O120$		3.3^{15}	20	–	–		
邻硝基苯胺盐酸盐	$C_6H_7ClN_2O_2$	174.59		片			// 155		++				–	–石油醚
对硝基苯胺盐酸盐	$C_6H_7ClN_2O_2$	174.59		叶					++					
邻硝基苯胺硫酸盐	$C_{12}H_{14}SN_4O_8$	374.23		针			144		++					
4,4-联苯胺盐酸盐	$(H_2NC_6H_4)_2·2HCl$	257.16	无	叶					+ //					
4,4-联苯胺硫酸盐	$(H_2NC_6H_4)_2·H_2SO_4$	282.32	无	板					÷ ÷		÷ ÷*	–		
氯乙酸钠	$ClCH_2COONa$	116.47	白	粉	不吸湿				++		+	–		–丙酮
氯化乙基汞	C_2H_5ClHg	265.10	白	晶		3.240	193		0.06		+			
氯化(2-氯乙基三甲铵)	$C_5H_{13}NCl$	158.07	白	晶			240-5		++		+	–	–	
蓖麻油酸钠	$C_{17}H_{33}OCO_2Na$	320.45	白-黄	粉					+		+			
十三画及以上														
雷酸汞	$Hg(ONC)_2$	284.63	无	立		4.420	炸		÷		+			+氨水
雷酸汞·1/2水	$Hg(ONC)_2·1/2H_2O$	293.65		晶/水		4.420	炸		0.07^{12}	0.17^{49}	+			+氨水
雷酸银	$Ag_2C_2O_2N_2$	299.80	白	针/水				炸	0.02^{30}		+			$-HNO_3$
L-赖氨酸二盐酸盐	$C_6H_{14}O_2N_2·2HCl$	219.11	无	晶			193							
L-赖氨酸盐酸盐	$C_6H_{14}O_2N_2·HCl$	182.65	无	晶			263-4							
磺基水杨酸钠·2水	$C_7H_5O_6SNa·2H_2O$	276.20	无	晶			22.2		3.3		–			
磺胺汞	$C_{19}H_{17}O_2NSHg$	524.00	白	晶		1.930	213		0.0002				+热	
酸式苯二酸钾	$KHC_8H_4O_4$	204.22	白	晶		1.630	//		10.2^{25}	36				
G酸钾盐	$HOC_{10}H_5(SO_3K)_2$	380.46		晶					8^{25}					
G酸钠盐	$HOC_{10}H_5(SO_3Na)_2$	348.26		晶					34^{20}					
H酸钠盐·1.5水	$C_{10}H_8O_7NS_2Na·1.5H_2O$	368.31		晶					0.17^{20}					

① 溶于亚麻油和碳氢化合物。
② 微溶于 CCl_4、二甲苯、甲醇和丙酮。
③ 溶于 $CCl_4 0.005^{25}$、丙酮 0.04^{25} 和甲醇 5^{25}。

2.1.12 有机碱的一般特性

表 2.1.12 有机碱的一般特性

名称	结构式或分子式	分子量	颜色	形态	特性或折射率	密度/(g/cm³)	熔点/℃	沸点/℃	每100g溶剂中的溶解度(g)或溶解状况						
									水	乙醇	乙醚	苯	石油醚	氯仿	其他溶剂
二～四画															
二十三碳罂粟碱·3水	$C_{23}H_{27}NO_8 \cdot 3H_2O$	445.45	白	针，柱	味苦		176		0.13		−	−		−	①
大麦芽碱	$(C_{10}H_{15}ON)_2$	165.23					＞140	$173.4^{1.5}$	+	++	++		+	+	+碱、稀酸
山核桃碱·1水	$C_7H_8O_3N_4 \cdot H_2O$	214.13					// 240		+热	−	−				
小檗碱	$C_{20}H_{19}NO_5$	353.37	黄	针晶			145		+	+	−				
己酮可可碱	$C_{13}H_{18}O_3N_4$	278.32	白	粉	无臭，味苦		82-4		+	+		+			÷乙醚，+氯仿
马钱子碱	$C_{21}H_{22}O_2N_2$	334.42	白	斜/乙醇	1.853^{13}	1.360^{20}	286-8	$270^{0.7}$	÷	÷	−	÷		+	+乙酸乙酯，甘油
乌来酸麦角新碱	$C_{24}H_{29}N_4O_9$	455.50	白	晶			195-97								
飞燕草碱	$C_{34}H_{47}NO_9$	613.74		菱形，六角，片，晶			198-200		−	+	÷			+	
无叶豆碱	$C_{15}H_{26}N_2$	234.38	黄	油液	1.5312	1.020		173	÷	+	+			+	
天冬碱(DL)	$C_4H_8N_2O_3 \cdot H_2O$	150.12	白	晶		1.454^{15}	182-3	// 213	2.2^{25}	−	−				+酸、碱液
天冬碱(D)	$C_4H_8N_2O_3 \cdot H_2O$	150.12	白	晶			215		3^{25}	0.02^{22}					
天冬碱(L)	$C_4H_8N_2O_3 \cdot H_2O$	150.12	白	晶	无气味	1.543^{15}	234-5		2	−	−	−			+酸、碱液
水苏碱	$C_7H_{13}NO_2$	179.5	白	蜡	稳定 ≈		50	// 235	++	++				++	++稀酸
长春新碱	$C_{46}H_{56}N_4O_{10}$	824.96	白	晶，粉	无臭		218-20								
长春碱	$C_{46}H_{58}N_4O_9$	810.97	白	晶，粉	无臭		211-16		÷	+		+		+	
乌头碱	$C_{34}H_{47}NO_{11}$	645.72	无	斜	微苦 剧毒		204		−	3.6		14	−	50	
毛果云碱	$C_{11}H_{16}N_2O_2$	208.25	无	针	毒		34	$260^{0.7}$	+	+	÷	÷	−	+	
五、六画															
石蒜碱	$C_{16}H_{17}NO_4$	287.30		棱					−	÷				÷	②
古柯碱(L)	$C_{17}H_{21}O_4N$	303.36		单/乙醇		1.502^{98}	98	$188^{0.01}$	÷热	++	++	++			++丙酮
古豆碱	$C_8H_{15}ON$	141.22	无	液		0.935		193～195							
可可碱	$C_7H_8O_2N_4$	180.17	白	叶			357	290-5 ↑	0.06^{15}	0.06	0.03	÷		−	−CCl_4，÷戊醇
四氢小檗碱	$C_{20}H_{21}NO_4$	339.39	白	针晶				133-4	−		+				
白金雀碱(D)	$C_{15}H_{24}N_2O$	248.36	无	针	≈ 1.5444^{24}		40-4	$191^{0.4}$	++	++	++		++	++	
白金雀碱(DL)	$C_{15}H_{24}N_2O$	248.36	白				98-9	$190^{0.13}$	+	+	+		−	+	

续表

名称	结构式或分子式	分子量	颜色	形态	特性或折射率	密度/(g/cm³)	熔点/℃	沸点/℃	每100g溶剂中的溶解度(g)或溶解状况						
									水	乙醇	乙醚	苯	石油醚	氯仿	其他溶剂
白金雀碱(L)	$C_{15}H_{24}N_2O$	248.36		稠				$187^{0.13}$							
白屈菜碱	$C_{20}H_{19}NO_5$	353.38	白	晶或晶粉			136		–	+	+			+	
白屈菜红碱	$C_{21}H_{19}NO_5$	365.38	白	晶				248-9	–	+				+	+丙酮及醋酸乙酯
仙人掌啶碱	$C_{12}H_{17}NO_3$	223.27	无	八或白	晶粉		154		+	+	÷			+	
芋碱	$C_{10}H_{14}N_2$	162.23			1.5286	1.009	<-10	246^{97}	∞	++	++				
吗啡碱	$C_{17}H_{19}O_3N$	285.35		棱		1.317	255 //		÷热				–	–	+吡啶
七～九画															
麦角新碱	$C_{19}H_{23}N_3O_2$	325.39	白	细晶			162.5			++低级醇类、乙酸乙酯和丙酮				÷	
花菱草碱	$C_{12}H_8N_2O_4$	244.21					236 //		–	+	+				+碱液
芦竹碱	$C_{11}H_{14}N_2$	174.24	白	针或片晶			134		÷		+		–		+丙酮
劳丹啶碱	$C_{20}H_{25}NO_4$	343.42		大棱晶			184		–	+	+			+	
辛可宁碱	$C_{19}H_{22}ON_2$	294.38	白	针			269	↑220	0.03^{20}	0.87^{25}	0.56^{25}				
苦杏碱	$C_{28}H_{20}N_2$	384.49	红	针/乙酸			245-6	↑	–	÷热	÷热	++		++	
芽子碱	$C_9H_{15}O_3N$	185	白	单斜形柱状晶			205		–	÷					
茄碱	$C_{45}H_{73}NO_{15}$	868.04	白	针(190℃成棕色)			285 //		–	++热	–			–	
咖啡碱	$C_8H_{10}O_2N_4$	194.20	白	针		1.230^{19}	234-7	178↑	1.4^{16}	2.3^{16}	0.04^{16}	+		14.2	+吡啶、丙酮
咖啡碱·1水	$C_8H_{10}O_2N_4 \cdot H_2O$	212.21							45.6	53.2	375				
金雀花碱	$C_{11}H_{14}N_2O$	190.24	无(或黄白)	棱	能升华		152-3	$218^{0.3}$	77	28.6		3.3		50	③
氢氯化甜菜碱	$C_5H_{11}O_2N \cdot HCl$	153.61					278 //		60	0.6	–			–	
秋水仙碱	$C_{22}H_{25}O_6N$	399.43	淡黄	针,粉			142-5		4.5	++	+	+	–	++	
品红碱	$C_{20}H_{21}ON_3$	319.39					186 //		÷÷	÷	–				+酸
副品红碱	$C_{19}H_{19}C_6N_3O$	305.38	紫	粉	有危害	1.287	205	598.9	464mg/L(25℃)						÷甲醇
前雅片碱	$C_{20}H_{19}NO_5$	353.36		棱		1.399	208		–	÷	÷	÷		6.6	÷CS_2、乙酸乙酯
胡椒碱	$C_{17}H_{19}NO_3$	285.33	无	单,棱		1.193	130		–	++	++	+	–	++	+乙酸
胡芦巴碱	$C_7H_8ClNO_2$	173.6	无-白	针					+	+					
茶叶碱	$C_7H_8O_2N_4$	180.09	白	晶	无臭		270-4		0.8	1.5	÷			0.6	++酸,硷液
草绿碱	$C_{11}H_{14}N_2$	174.24	白	薄片,粉			138-9			+	+氯仿		÷丙酮		–石油醚

续表

名称	结构式或分子式	分子量	颜色	形态	特性或折射率	密度/(g/cm³)	熔点	沸点	每100g溶剂中的溶解度(g)或溶解状况						
							/℃		水	乙醇	乙醚	苯	石油醚	氯仿	其他溶剂
毒芹碱	$C_7H_{18}N$	116.23	无	油			−2.5	166	÷	+	+				+油类
毒扁豆碱	$C_{15}H_{21}N_3O_2$	275.34	无-粉红	晶			105-6			+		+		+	+油类
毒藜碱	$C_{10}H_{12}N_2$	160.22	无	油	1.5430	1.046		276	+	+	+			+	
十画															
盐酸士的宁	$C_{21}H_{23}ClN_2O_2$	370.87	无	棱	无臭，极苦，剧毒				+	+	−				
盐酸山梗菜碱	$C_{22}H_{27}ClNO_2$	372.91	白	粉			62-4		÷	+					
盐酸小檗碱	$C_{20}H_{22}ClNO_6$	407.84	黄	粉	无臭味，极苦				+*、÷。	÷	−			−	
盐酸古柯碱	$C_{17}H_{22}ClNO_4$	339.81	白	晶	无臭味，极苦				+	+	−			÷	÷甘油
盐酸甲种北美黄连碱	$C_{21}H_{21}NO_6$	383.39	白	晶	毒				+	+	÷				
盐酸甲基麻黄碱	$C_{11}H_{18}ClNO$	215.72	白	针	无臭味，苦		190		+	+				÷	+冰醋酸÷氯仿
盐酸汉防己碱	$C_{19}H_{28}ClNO_6$	401.89	白	粉			231 //								
盐酸吐根酚碱	$C_{29}H_{41}ClN_2O_4$	629.18	无	晶			245		+					+	
盐酸吐根碱	$C_{28}H_{53}ClN_2O_{11}$	517.10	白	粉	无臭味，苦				++	++					
盐酸伪麻黄碱	$C_{10}H_{16}ClNO$	201.69	白	粉	无臭味，苦		178-81		+	+	−			÷	÷丙酮
盐酸麦角含硫碱	$C_9H_{20}ClN_3O_4S$	301.79	无	粉			250		+	+					++甲醇
盐酸麻黄碱	$C_{10}H_{16}ClNO$	201.69	白	粉、针	无臭味，苦		217-20		+	+	−			−	
盐酸甜菜碱	$C_5H_{11}ClNO_2$	152.60	无	单			227-8		+	+	−			−	
盐酸猪毛菜碱	$C_{11}H_{18}ClNO_3$	247.72	白、微黄	粉、针			141-52 //		+	+*	−			−	
盐酸毒芹碱	$C_8H_{18}ClN$	163.19	白	晶			208-10		++	++					
盐酸莨菪碱	$C_{17}H_{24}ClNO_3$	325.83							+	+					
盐酸罂粟碱	$C_{20}H_{21}O_4N\cdot HCl$	375.86	白	粉	无臭		220 //		÷	÷	÷÷			+	
骆驼蓬碱	$C_{11}H_{12}N_2O$	188.23	无	粉			249-250		−						
原鸦片碱	$C_{20}H_{19}NO_5$	353.37	无	单			206		−	÷	÷		÷	+	
鸭嘴花碱	$C_{11}H_{12}N_2O$	188.23	白	晶			210		÷	+	÷	÷		+	+丙酮
胆碱	$(CH_3)_3N(OHCH_2)_2$	121.18		浆					++	++纯	−				
胆茶碱	$C_{12}H_{21}N_5O_3$	283.33	白	晶、粉					++						
氧化毒芹碱	$C_8H_{17}N\cdot HCl$	163.69	白	晶			120.6	220～5	÷	+	+			+	

续表

名　称	结构式或分子式	分子量	颜色	形态	特性或折射率	密度/(g/cm³)	熔点/℃	沸点/℃	每100g溶剂中的溶解度(g)或溶解状况						
									水	乙醇	乙醚	苯	石油醚	氯仿	其他溶剂
氨茶碱	$C_7H_8N_4O_2$	180.16					269.5		3.7g/L						
十一画及以上															
D-菸碱(烟碱)	$C_{10}H_{14}N_2$	162.24		油	毒	1.009^{20}	<−80	247.3	+	∞	∞				
D,L-菸碱	$C_{10}H_{14}N_2$	162.24				1.008^{20}		242-3	∞	++	++				
L-菸碱	$C_{10}H_{14}N_2$	162.24	无-微黄	液	～1.5282^{20}	1.010^{20}	−79	246.7^{99}	∞，<60	+++	+++		+++	+++	
新菸碱	$C_{10}H_{14}N_2$	162.24	无(空气中变黑)		1.5430^{20}	1.046^{20}	9	276	∞	++	++	+			+其他多数有机溶剂
D-麻黄碱	$C_{10}H_{15}ON$	165.23					117		÷	+	+				
L-麻黄碱	$C_{10}H_{15}ON$	165.23	白	针晶或晶粉	无臭味苦		40	255	5	500	−			+	
甜菜碱	$(CH_3)_3NCH_2CO_2$	117.15		棱/乙醇			293 //		157^{19}	8.6^{18}	−				
脱氧麻黄碱	$C_{10}H_{15}N$	149.24	无	液	异味，缓挥发	0.9215	210		÷	∞	∞			∞	
隐品碱	$C_{21}H_{23}NO_5$	369.40	无	片		1.350^{20}	220-1		−	+沸	−			+	+乙酸
氯化胆碱	$HOCH_2CH_2N(CH_3)_3Cl$		无	晶					++	++	−				
氯替胆碱	$C_5H_{14}ONCl$	139.63					247 //	200	++	++					
番木薯碱	$C_{23}H_{26}N_2O_4$	394.44		单，棱/水			178	//	÷÷	+				++	+丙酮
番水鳖碱	$C_{21}H_{22}N_2O_2$	334.40	无	斜	极苦　极毒	1.360^{20}	268-90	$270^{0.7}$	−	÷	−	÷		+	
亚硝基三羰基合钴	$Co(NO)(CO)_3$	172.97	深红	液		1.470	−1.05	48.6	−	+	+		+酮	+苯	溶于多数有机溶剂
蓖麻子碱	$C_8H_8N_2O_2$	164.17					201.5	↑	0.27^{10}	0.16^{10}				++热	
罂粟碱	$C_{20}H_{21}O_4N$	339.40	白	棱/乙醇，乙醚	毒	1.337^{20}	147-8	// ↑	−	+热	÷	+		+	+苯胺，冰乙酸，丙酮
颠茄碱	$C_{17}H_{23}O_3N$	289.37		正/稀乙醇	1.4811^{50}	1.039^{76}	118-9	233 ↑	÷	++	+	+			
藜芦碱	$C_{32}H_{49}NO_9$	591.75	白-灰白	晶	毒		205		−	45	33	++			④

① 溶于沸水 0.45，NaOH；不溶于石油醚。
② 不溶于碱类；微溶于碘醚；溶于稀酸。
③ 溶于甲醇 7.7，乙酸乙酯 10，丙酮 7.7。
④ 不溶于石油醚；微溶于甘油；易溶于稀酸、戊醇。

2.2 密度

2.2.1 乙酸盐水溶液的密度

表2.2.1 乙酸盐水溶液的密度 单位：g/cm³

盐	温度/℃	浓度(质量分数)%								
		1	2	4	6	8	10	12	14	16
$Ba(C_2H_3O_2)_2$	18	1.0059	1.0133	1.0282	1.0433	1.0587	1.0745	1.0908	1.1075	1.1246
$Ca(C_2H_3O_2)_2$	18	1.0043	1.010	1.0215	1.0331	1.0447	1.0563	1.0679	1.0795	1.0912
$K_2C_2H_3O_2$①	18	1.0038	1.0089	1.0191	1.0293	1.0395	1.0497	1.0599	1.0703	1.0808
$NaC_2H_3O_2$	15	1.0060	1.0100	1.0200	1.0300	1.0400	1.0510	1.0620	1.0730	1.0830
$NH_4C_2H_3O_2$	25	0.9992	1.0013	1.0055	1.0096	1.0136	1.0176	1.0216	1.0255	1.0294
$Na_2C_2H_3O_2$	20	1.0033	1.0084	1.0186	1.0289	1.0392	1.0495	1.0598	1.0702	1.0807
$Pb(C_2H_3O_2)_2$	18	1.0061	1.0137	1.029	1.0446	1.0605	1.0768	1.0936	1.1109	1.1283

盐	温度/℃	浓度(质量分数)%								
		18	20	22	24	30	35	40	45	50
$Ba(C_2H_3O_2)_2$	18	1.1421	1.1599	1.1782	1.197	1.2554	1.3069	1.3608		
$Ca(C_2H_3O_2)_2$	18	1.1029	1.1146	1.1263						
$K_2C_2H_3O_2$①	18	1.0914	1.1022	1.1131	1.1241	1.1579	1.1868	1.2162	1.246	1.2761
$NaC_2H_3O_2$	15	1.094	1.105	1.116	1.127					
$NH_4C_2H_3O_2$	25	1.0331	1.0368	1.0404	1.0439	1.054	1.0618	1.0691	1.076	
$Na_2C_2H_3O_2$	20	1.0913	1.1021	1.113	1.124					
$Pb(C_2H_3O_2)_2$	18	1.1473	1.1663	1.186	1.2063	1.2711	1.3304	1.3994		

① 温度为60℃时，其值为1.3372g/cm³。

2.2.2 酒石酸盐水溶液的密度

表2.2.2 酒石酸盐水溶液的密度(20℃) 单位：g/cm³

盐	浓度(质量分数)%								
	1	2	4	6	8	10	12	14	16
$K_2C_4H_4O_6$	1.0048	1.0114	1.0248	1.0383	1.0519	1.0657	1.0798	1.0941	1.1087
$Na_2C_4H_4O_6$	1.0052	1.0123	1.0266	1.041	1.0555	1.0702	1.0851	1.1002	1.1156
$NaKC_4H_4O_6$	1.0049	1.0116	1.0252	1.039	1.053	1.0673	1.0818	1.0965	1.1114

盐	浓度(质量分数)%								
	18	20	22	24	30	35	40	45	50
$K_2C_4H_4O_6$	1.1236	1.1387	1.154	1.1696	1.2181	1.2606	1.3051	1.3516	1.4001
$Na_2C_4H_4O_6$	1.1313	1.1471	1.1633	1.1797					
$NaKC_4H_4O_6$	1.1265	1.1419	1.1576	1.1735	1.2225				

2.3　沸点

2.3.1　乙酸盐水溶液的沸点

表2.3.1　乙酸盐水溶液及饱和溶液的沸点

盐	下列浓度（g/100g 水）时溶液的沸点 /℃									饱和溶液	
	10	25	50	75	100	500	1000	1500	3000	沸点 /℃	浓度 /（g/100g 水）
$NaC_2H_3O_2$	101.2	103.2	107.3	111.4	115.0					125.0	207.0
$NaC_2H_3O_2 \cdot 3H_2O$		101.7	103.3	104.8	106.2	115.2	117.6	118.8	119.8		
$Pb(C_2H_3O_2)_2$					101.4	105.4	109.5	112.6	119.0		

注：乙酸钠的热导率，温度为0、5、10、15、20、25、30℃时，其值分别为0.598、0.585、0.570、0.554、0.537、0.520、0.502W/(m·K)。

2.3.2　酒石酸盐水溶液的沸点

表2.3.2　酒石酸盐水溶液及饱和溶液的沸点

分子式	下列浓度（g/100g 水）时溶液的沸点 /℃								饱和溶液	
	25	50	75	100	500	1000	1500	3000	沸点 /℃	浓度 /（g/100g 水）
$NaKC_4H_4O_6$	101.4	102.9	104.4	105.9	124.6	138.1	145.6	154.4		
$NaKC_4H_4O_6 \cdot 4H_2O$	101.0	101.8	102.7	103.6	109.7	111.9	112.7	113.6		
$Na_2C_4H_4O_6$	101.4	102.9	104.4	105.8					108.4	146.0

2.4　表面张力

表2.4.1　乳酸盐水溶液的表面张力　　单位：mN/m

浓度（质量分数）/%	1	10	20	30	40	50	60	70	80	90
乳酸钠				35.4	34.9	34.4	35.4	35.6	38.2	44.5
乳酸铵	70.4	69.6	69.0	68.5	64.8	45.4	56.7	60.7		

2.5　溶解度

2.5.1　乙酸盐在水中的溶解度

表2.5.1　乙酸盐在水中的溶解度

分子式	名称	在下列温度（℃）时无水乙酸盐在水中的最大溶解度 /（g/100g）												
		0	10	20	25	30	40	50	60	70	80	90	100	120
$AgC_2H_3O_2$	乙酸银	0.72	0.88	1.04		1.21	1.41	1.64	1.89	2.18	2.52			
$Ba(C_2H_3O_2)_2$	乙酸钡	58.8		71.8									75.0	

续表

分子式	名称	在下列温度（℃）时无水乙酸盐在水中的最大溶解度 /（g/100g）												
		0	10	20	25	30	40	50	60	70	80	90	100	120
$Ba(C_2H_3O_2)_2 \cdot H_2O$	乙酸钡 ·1 水					75	79	77	74	74			75	
$Ba(C_2H_3O_2)_2 \cdot 3H_2O$	乙酸钡 ·3 水	59	63	71										
$Ca(C_2H_3O_2)_2$	乙酸钙	37		35									30	
$Ca(C_2H_3O_2)_2 \cdot H_2O$	乙酸钙 ·1 水	52									45.5	31.1	29.7	
$Ca(C_2H_3O_2)_2 \cdot 2H_2O$	乙酸钙 ·2 水	37.4	36.0	34.7		33.8	33.2	32.8	32.7	33.0	33.5			
$KC_2H_3O_2$	乙酸钾	217	234	256	269	284	323		350		380			
$KC_2H_3O_2 \cdot {}^1/_2H_2O$	乙酸钾 ·0.5 水							337	350	365	380	396		
$KC_2H_3O_2 \cdot 1{}^1/_2H_2O$	乙酸钾 ·1.5 水	217	234	256		284	323							
$NaC_2H_3O_2$	乙酸钠	119	121	124		126	136	134	140	146	153	161	170	
$NaC_2H_3O_2 \cdot 3H_2O$	乙酸钠 ·3 水	36.3	40.8	46.5		54.5	65.5	83.0	140		153		170	191
$Pb(C_2H_3O_2)$	乙酸铅	19.7	29.0			70		221						
$Pb(C_2H_3O_2)_2 \cdot 3H_2O$	乙酸铅 ·3 水	19.7	29.3	44.3	55.2	69.7	117	221					200	
$Sr(C_2H_3O_2)_2 \cdot {}^1/_2H_2O$	乙酸锶 ·0.5 水		43.0	41.6		39.5		37.4		36.2	36.1	36.2	36.4	
$Sr(C_2H_3O_2)_2 \cdot 4H_2O$	乙酸锶 ·4 水	36.9	43.6											

2.5.2 草酸盐在水中的溶解度

表 2.5.2 草酸盐在水中的溶解度

分子式	名　称	在下列温度（℃）时无水乙二酸盐在水中的最大溶解度 /（g/100g）										
		0	10	20	25	30	40	50	60	80	100	130
BaC_2O_4	乙二酸钡		1.6^{8}①	2.2^{18}①	2.4^{24}①							
CaC_2O_4	乙二酸钙		0.67^{13}①		0.68			0.95				
KHC_2O_4	乙二酸氢钾	2.2						14.3			48.1	
$K_2C_2O_4 \cdot H_2O$	乙二酸钾 ·1 水	25.4	30.2	34.9	37.7	40.3	45.4		55.3	67.2	80.2	100
$KH_3(C_2O_4)_2 \cdot 2H_2O$	乙二酸钾 ·2 水	1.27				4.29			12.0		66.7	
$Na_2C_2O_4$	乙二酸钠		3.0^{15}	3.7							6.3	
$(NH_4)_2C_2O_4 \cdot H_2O$	乙二酸铵 ·1 水	2.4	3.2	4.5	5.2	6.1	8.2	10.8	14.0	22.4	34.6	

① 单位为 mg/100g，上角标为对应的温度（℃）。

2.5.3 酒石酸盐在水中的溶解度

表 2.5.3 酒石酸盐在水中的溶解度

分子式	名称	在下列温度 /℃时无水酒石酸盐在水中的最大溶解度 /（g/100g）											
		0	10	20	25	30	40	50	60	70	80	90	100
$KHC_4H_4O_6$	酒石酸氢钾	0.32	0.40	0.53		0.90	1.32	1.83	2.46		4.60		6.95
$KNaC_4H_4O_6 \cdot 4H_2O$	酒石酸钾钠 ·4 水	28.4	40.6	54.8	63.6	76.4							
$KPbOC_4H_4O_6 \cdot 1/2H_2O$	酒石酸氧钾铅 ·0.5 水		5.3	8.0		12.2	17.4	22.3	26.5	29.8	32.5	34.4	35.9
$CaC_4H_4O_6 \cdot 4H_2O$	酒石酸钙 ·4 水	0.037									0.22^{85}		0.3

2.5.4　有机酸盐在脂肪胺中的溶解度

表 2.5.4　有机酸盐在脂肪胺中的溶解度（20 ~ 30℃）

名　称	乙醇	乙醚	甲胺	二乙胺	三乙胺	二丙胺	丁胺	二丁胺	三丁胺	异戊胺	苯甲胺	氨（-33℃）
甲酸钙	ins	—	—	—	ins	—	—	—	—	ins，n	—	—
乙酸钙	ins	—	—	ins，n	—	—	—	—	—	—	—	—
乙酸汞	ss	—	—	ins，r	ins	s	vs	ss	ins	ss	ins	s
乙硫酸钾	—	—	—	ins	—	—	—	—	—	—	—	vs
正丁酸钙	—	—	—	—	ins	—	insn	—	—	—	—	—
苯甲酸铵	—	—	—	ss	—	—	vs，r	—	—	vsr	—	vs
柠檬酸铵	—	—	—	ss	—	—	—	—	—	—	—	—
对氨基苯砷酸钠	—	—	—	ins	ins	vs	ss	ins	ins	ss	ins	—
铬变酸盐	—	—	—	—	—	—	—	ins，n	—	—	—	—
羟胺盐酸盐	s	ins	vs	—	—	—	—	—	—	—	—	—
喹哪啶苦味酸盐	ss	—	—	es	—	—	es	vs	ss	—	—	—

注：ins—不溶解或极轻微溶解；vs—易溶解，40～70g/100mL；ss—轻微溶解，＜ 10g/100mL；s—适度溶解，10～40g/100mL；es—极易溶解，＞ 100g/100mL；n—不能溶解到明显地超过在热溶剂中溶解的程度；r—溶质与溶剂起化学反应。

2.5.5　葡萄糖酸钙在 NaH_2PO_4 中的溶解度

表 2.5.5　葡萄糖酸钙在 NaH_2PO_4 溶液中的溶解度（20℃）

溶解度/（g/100g 饱和溶液）		固相	溶解度/（g/100g 饱和溶液）		固相
NaH_2PO_4	$Ca(C_6H_{11}O_7)_2$		NaH_2PO_4	$Ca(C_6H_{11}O_7)_2$	
0.0	2.86	$Ca(C_6H_{11}O_7)_2$	21.61	5.81	$Ca(C_6H_{11}O_7)_2 \cdot NaH_2PO_4 \cdot 2H_2O$
2.70	3.00	$Ca(C_6H_{11}O_7)_2$	33.20	6.85	$Ca(C_6H_{11}O_7)_2 \cdot NaH_2PO_4 \cdot 2H_2O$
4.01	3.11	$Ca(C_6H_{11}O_7)_2 \cdot NaH_2PO_4 \cdot 2H_2O$	41.62	7.26	$Ca(C_6H_{11}O_7)_2 \cdot NaH_2PO_4 \cdot 2H_2O$
4.11	3.41	$Ca(C_6H_{11}O_7)_2 \cdot NaH_2PO_4 \cdot 2H_2O$	42.28	6.97	$Ca(C_6H_{11}O_7)_2 \cdot NaH_2PO_4 \cdot 2H_2O+NaH_2PO_4 \cdot 2H_2O$
7.32	3.87	$Ca(C_6H_{11}O_7)_2 \cdot NaH_2PO_4 \cdot 2H_2O$	43.69	4.49	$NaH_2PO_4 \cdot 2H_2O$
9.77	4.03	$Ca(C_6H_{11}O_7)_2 \cdot NaH_2PO_4 \cdot 2H_2O$	44.54	2.55	$NaH_2PO_4 \cdot 2H_2O$
14.07	4.45	$Ca(C_6H_{11}O_7)_2 \cdot NaH_2PO_4 \cdot 2H_2O$	46.00	0.00	$NaH_2PO_4 \cdot 2H_2O$

2.6 危险品特性

表 2.6.1 有机盐和碱的危险品特性

名　称	CAS 号	危险品编号	饱和蒸气压[①] /kPa	燃烧性	闪点 /℃	自燃温度 /℃	建规火险分级	爆炸下/上限 V%	灭火方法	危险品类别	风险性代号	安全代号
一氯乙酸钠	3926-62-3	61610		可	–	–	丙	–	W,P,R,G,T	6.1	R25;R38;R50	S22;S37;S45;S61
乙二胺四乙酸二钠	6381-92-6			可	–	450		75/–	W,R,P,G,T		R36/38	S26;S37/39
乙酸汞	1600-27-7	61093	–	可	–	–		–	W,P,R,T	6.1	R26/27/28–33–50/53	S13–28–36–45–60–61
乙酸苯汞	62-38-4	61129		可	–	–	丙	–	W,P,R,G,T	6.1	R26/27/28–33–50/53	S13–28–36–45–60–61
乙酸铅	301-04-2	61853	–	可	–	–		–	W,P,R,T	6.1		
乙酸镉	543-90-8			可	–	–	丙	–	P,R,G,T			
十二烷基苯磺酸钠	25155-30-0			可	110	–	丙	–	W,P,R,G,T		R22;R37/38;R41	S26;S27;S36/37/39
十二烷基硫酸钠	151-21-3			可	–	–	丙	–	W,P,R,G,T		R11;R22;R36/38	S26;S36/37/39
丙酸苯汞	103-27-5			可	–	–		–	W,P,R,G,T			
甲基胂酸锌	51952-65-9	61878		可	–	–		–	W,P,R,G,T	6.1		
苦味酸铵	131-74-8	11059	–	可	–	–	爆炸品	–	W,JT	1		
苯磺酸钠	515-42-4			可	※	※		※	W,P,R,G,T		R22;R36/37/38	S26
草酸钡	516-02-9			不	※	※		※	W,P,R,G,T		R320/22	S28
氰基乙酸钠	79034-80-3			可	–	–		–	P,R,G,T			
马钱子碱	57-24-9	61121	–	可	–	–		–	W,P,R,T	6.1		
烟碱	54-11-5	61868	0.13(61.8)	可	101	243	丙	0.7/4.0	W,P,KP,G,R,T	6.1	R25;R27;R51/53	S36/37;S45;S61

① 括号内数字为饱和蒸气压对应的温度（℃）。

第3章 烷 烃

目 录

3.1 一般特性

3.1.1 链烷烃的一般特性

表 3.1.1 链烷烃的一般特性

名称	化学式	分子量	密度 d_4^{20} /(g/cm³)	颜色	形态	性状	溶解性能					正常熔点 t_m /℃	正常沸点 t_b /℃	临界温度 T_c /K	临界压力 p_c /MPa	临界体积 V_c /(cm³/mol)	临界压缩因子 Z_c	偏心因子 ω	偶极矩 /D	折射率 n^{20}
							水	乙醇	乙醚	苯	其他									
甲烷	CH_4	16.04	0.423^{-162}	无	气	易燃	÷÷	+	+			−182.5	−161.5	190.6	4.599	98.60	0.286		0.011	1.0004
乙烷	C_2H_6	30.07	0.545^{-89}	无	气	易燃	−	÷		+	÷丙酮、热水	−182.8	−88.6	305.3	4.872	145.5	0.279	0.099	0.0	1.0047
丙烷	C_3H_8	44.10	0.493^{25}	无	气	无味	÷	+	+		÷丙酮；++氯仿	−187.8	−42.11	369.8	4.248	200	0.777	0.152	0.08	1.3397^{-42}
丁烷	C_4H_{10}	58.12	0.573^{25}	无	气	窒息	÷	++	++		+氯仿	−138.3	−0.5	425.12	3.796	255	0.274	0.199	0.0	1.3326
异丁烷	C_4H_{10}	58.12	0.551^{25}	无	气	可燃	÷	++	++			−159.6	−11.7	407.8	3.640	259	0.278	0.177	0.1	1.3518^{-25}
戊烷	C_5H_{12}	72.15	0.6262	无	液	易燃	−	∞	∞	∞	∞丙酮；氯仿	−129.7	36.06	469.7	3.370	311	0.268	0.249	0.00	1.3575
异戊烷	C_5H_{12}	72.15	0.6201	无	液	易燃	−	∞	∞		①	−159.8	27.88	460.4	3.38	306	0.270	0.288	0.13	1.3557
新戊烷	C_5H_{12}	72.15	0.585^{25}	无	液	窒息	−	+	+			−16.37	9.49	433.8	3.196	307	0.272	0.196	0.0	1.3476^{0}
己烷	C_6H_{14}	86.18	0.6606^{25}	无	液	挥发	÷	+	∞		∞氯仿	−95.27	68.72	507.6	3.025	368	0.264	0.305	0.0	1.3727^{25}
新己烷	C_6H_{14}	86.18	0.6444^{25}	无	液	易燃	−	+	+	∞		−99.0	49.7	489.0	3.10	358	0.279	0.234		
庚烷	C_7H_{16}	100.20	0.6795^{25}	无	液	麻醉	−	÷	∞	∞	∞丙酮、氯仿	−90.55	98.38	540.2	2.74	428	0.261	0.351	0.0	1.3878
异庚烷	C_7H_{16}	100.20	0.6787	无	液	易燃	−	+	∞			−118.2	90.0	530.4	2.74	421	0.262	0.328	0.0	1.3848
辛烷	C_8H_{18}	114.23	0.6986^{25}	无	液	麻醉	−	÷	÷	∞	+丙酮	−56.73	125.6	568.7	2.49	492	0.259	0.396	0.0	1.3974
异辛烷	C_8H_{18}	114.23	0.688^{25}	无	液	易燃	−	÷	+	∞	∞丙酮、氯仿	−107.4	99.2	543.8	2.57	468	0.267	0.303		1.3884
壬烷	C_9H_{20}	128.26	0.7192	无	液	易燃	−	+纯	++	∞	∞丙酮、氯仿	−53.47	150.8	594.6	2.29	555	0.257	0.438		1.4058
异壬烷	C_9H_{20}	128.26	0.7110	无	液	易燃						−120	126.5	573.5	2.38	506.6	0.253	0.321	0.0	1.4106
癸烷	$C_{10}H_{22}$	142.28	0.7266^{25}	无	液	易燃	−	∞	∞			−29.61	174.1	617.7	2.11	624	0.256	0.484	0.0	1.409^{25}
异癸烷	$C_{10}H_{22}$	142.28	0.7281	无	液	稳定						−74.3	167	610.3	2.10	596.0	0.246	0.459		1.4099
十一烷	$C_{11}H_{24}$	156.31	0.7402	无	液		−	∞	∞			−25.54	195.9	639	1.98	689	0.257	0.536	0.0	1.4164
十二烷	$C_{12}H_{26}$	170.33	0.7495	无	液	低毒	−	++	++	++	②	−9.55	216.3	658	1.82	754	0.251	0.573	0.0	1.4210
十三烷	$C_{13}H_{28}$	184.36	0.7564	无	液	有害	−	++	++		$+CCl_4$	−5.4	235.4	675	1.68	823	0.246	0.619		1.4256
十四烷	$C_{14}H_{30}$	198.39	0.7596	无	液	低毒	−	++	++			5.87	253.5	693	1.57	894	0.244	0.662		1.4290
十五烷	$C_{15}H_{32}$	212.42	0.7685	无	液		−	−	+		③	9.95	270.6	708	1.48	966	0.243	0.701		1.4315
十六烷	$C_{16}H_{34}$	226.44	0.7701^{25}	无	液	刺激	−	∞	∞	+	$+CCl_4$、丙酮、氯仿	18.18	286.9	723	1.40	1034	0.241	0.747		1.433^{25}
十七烷	$C_{17}H_{36}$	240.47	0.7780	无	液		−	÷	+			21.97	303	736	1.34	1103	0.242	0.768		1.4369

续表

名称	化学式	分子量	密度 d_4^{20} /(g/cm³)	颜色	形态	性状	溶解性能					正常熔点 t_m /℃	正常沸点 t_b /℃	临界温度 T_c /K	临界压力 p_c /MPa	临界体积 V_c /(cm³/mol)	临界压缩因子 Z_c	偏心因子 ω	偶极矩 /D	折射率 n^{20}
							水	乙醇	乙醚	苯	其他									
十八烷	$C_{18}H_{38}$	254.50	0.7768^{28}	无	晶	可燃	–	÷	+		+丙酮	28.17	316	747	1.29	1189	0.247	0.795		1.4390
十九烷	$C_{19}H_{40}$	268.52	0.7855	白	晶	刺激	–	÷	++	+		31.5	330	755	1.16	1100	0.212	0.820		1.4409
二十烷	$C_{20}H_{42}$	282.55	0.7886	无	晶	刺激	–	+	∞		++丙酮	36.48	344.1	768	1.07	1156	0.184	0.876		1.4425
二十一烷	$C_{21}H_{44}$	296.57	0.7919	白	蜡		–	+	++		+石油醚	40.01	356.5	778	1.03					1.4441
二十二烷	$C_{22}H_{46}$	310.63	0.7944	无	晶	刺激	–		++		+热乙醇、氯仿	43.6	368.6	786	0.98					1.4455
二十三烷	$C_{23}H_{48}$	324.63	0.7785^{48}	无	晶		–	+	++			47.8	380	790	0.92					1.4468

① 溶于碳氢化合物、油类。
② 易溶于丙酮、氯仿、四氯化碳。
③ 不溶于甲醇，溶于正已烷、丙酮。

3.1.2 甲基、乙基烷烃的一般特性

表 3.1.2 甲基、乙基烷烃的一般特性

名称	化学式	分子量	密度 d_4^{20} /(g/cm³)	颜色	形态	性状	溶解性能					正常熔点 t_m /℃	正常沸点 t_b /℃	临界温度 T_c /K	临界压力 p_c /MPa	临界体积 V_c /(cm³/mol)	临界压缩因子 Z_c	偏心因子 ω	偶极矩 /D	折射率 n^{20}
							水	乙醇	乙醚	苯	其他									
2-甲基丁烷	C_5H_{12}	72.15	0.62^{25}	无	液	易挥发	–	∞	∞		+多数有机溶剂	–159.4	27.8	460.4	3.38	306	0.270	0.228		1.354
2-甲基戊烷	C_6H_{14}	86.18	0.650^{25}	无	液	易燃	–	+	+	+		–153.6	60.21	497.7	3.04	368	0.270	0.278		1.382
3-甲基戊烷	C_6H_{14}	86.18	0.6598^{25}	无	液		–	+	+			–162.9	63.3	504.6	3.12	368	0.274	0.274		1.376
2-甲基己烷	C_7H_{16}	100.20	0.7±0.1	无	油		–	∞	∞	∞	∞丙酮	–118.2	90	530.4	2.74	421	0.252	0.328		1.392
3-甲基己烷	C_7H_{16}	100.20	0.687^{21}	无	液		–	+	÷	÷	÷丙酮	–119.4	92	535.2	2.81	404	0.256	0.322	0.0	1.3854
2-甲基庚烷	C_8H_{18}	114.23	0.6980	无	液		–	++	+	++	①	–109	117.6	559.7	2.50	488	0.262	0.377		1.3949
3-甲基庚烷	C_8H_{18}	114.23	0.7017^{25}	无	液		–	÷	+			–120.5	118.9	563.6	2.55	464	0.253	0.372	0.0	1.396^{25}
4-甲基庚烷	C_8H_{18}	114.23	0.7046	无	液		–	+	+			–121.0	117.7	561.7	2.54	476	0.259	0.371	0.0	1.3799
2-甲基辛烷	C_9H_{20}	128.26	0.7095^{25}	无	液	易燃	–	∞	∞	+	+醚、丙酮	–80.3	143	582.8	2.31	533.5	0.254	0.422	0.44	1.4031
3-甲基辛烷	C_9H_{20}	128.26	0.717^{25}	无	液					+	+丙酮	–107.6	144.2	590.0	2.34	529.0	0.252	0.413		1.404^{25}
4-甲基辛烷	C_9H_{20}	128.26	0.716^{25}	无	液	易燃						–113.3	142.4	586.7	2.33	533.5	0.254	0.416		1.404^{25}
3-甲基壬烷	$C_{10}H_{22}$	142.28	0.7354	无	液		÷					–84.6	167.9	613.4	2.14	582.0	0.244	0.451		1.4125
4-甲基壬烷	$C_{10}H_{22}$	142.28	0.7323	无	液	易燃	÷					–99	165.7	610.5	2.14	575.0	0.242	0.451		1.4123

续表

名称	化学式	分子量	密度 d_4^{20} /(g/cm³)	颜色	形态	性状	溶解性能					正常熔点 t_m /℃	正常沸点 t_b /℃	临界温度 T_c /K	临界压力 p_c /MPa	临界体积 V_c /(cm³/mol)	临界压缩因子 Z_c	偏心因子 ω	偶极矩 /D	折射率 n^{20}
							水	乙醇	乙醚	苯	其他									
5-甲基壬烷	$C_{10}H_{22}$	142.28	0.7326	无	液							−87.7	165.1	609.5	2.14	573.0	0.242	0.452		1.4116
3-乙基己烷	C_8H_{18}	114.23	0.714	无	液		−	+	+	+	+丙酮	−91.5	118.5	565.5	2.61	455	0.252	0.363		
3-乙基戊烷	C_7H_{16}	100.20	0.7[25]	无	液	稳定						−118.6	94	540.6	2.89	416	0.267	0.309		1.394
2-甲基-3-乙基戊烷	C_8H_{18}	114.23	0.7193	无	液	燃毒	−	+	+	+		−115.0	115.6	567.1	2.70	442.0	0.253	0.361	0.0	1.4040
3-甲基-3-乙基戊烷	C_8H_{18}	114.23	0.7274	无	液	燃毒						−90.8	118.2	576.5	2.81	455.0	0.266	0.305	0.0	1.4078
2,2-二甲基丙烷	C_5H_{12}	72.15	0.627	无	液	挥发	−	+				−19.5	9.5	433.8	3.195	307	0.272	0.195		1.3476
2,2-二甲基丁烷	C_6H_{14}	86.18	0.649[25]	微黄	液	易燃	−	+	+	∞		−98.2	49.7	489.0	3.10	358	0.279	0.234		1.369
2,3-二甲基丁烷	C_6H_{14}	86.18	0.6616	无	液		−		+			−128.1	58.0	500.0	3.15	361	0.279	0.248	0.0	1.375
2,2-二甲基戊烷	C_7H_{16}	100.20	0.6739	无	液		−	+	∞			−123.7	79.2	520.5	2.77	416	0.266	0.288	0.0	1.3822
2,3-二甲基戊烷	C_7H_{16}	100.20	0.6908[25]	无	液		−	+	+	++	②	−135.0	89.8	537.3	2.91	393	0.256	0.292	0.0	1.3894
2,4-二甲基戊烷	C_7H_{16}	100.20	0.6727	无	液		−	+	∞			−119.2	80.4	519.8	2.74	418	0.265	0.302	0.0	1.3815
3,3-二甲基戊烷	C_7H_{16}	100.20	0.6936	无	液		−	+	∞			−134.4	86.0	536.4	2.95	414	0.274	0.267	0.0	1.3909
2,2-二甲基己烷	C_8H_{18}	114.23	0.6953	无	液		−	++	++	++	++丙酮、氯仿	−121.2	106.8	549.8	2.53	478	0.265	0.338	0.0	1.3935
2,3-二甲基己烷	C_8H_{18}	114.23	0.6912[25]		液		−	÷	+			−135.0	115.6	563.5	2.63	468	0.263	0.347	0.0	1.4011
2,4-二甲基己烷	C_8H_{18}	114.23	0.6962[25]		液		−	÷	+				109.4	553.5	2. 56	472	0.263	0.344	0.0	1.3929
2,5-二甲基己烷	C_8H_{18}	114.23	0.690[25]	无	液		−	÷	+			−91.14	109.1	550.0	2. 49	482	0.262	0.358	0.0	1.3925
3,3-二甲基己烷	C_8H_{18}	114.23	0.7100	无	液		−	∞	++	++	+有机溶剂	−126.2	111.9	562.0	2.65	443	0.251	0.320	0.0	1.4001
3,4-二甲基己烷	C_8H_{18}	114.23	0.715[25]		液		−	÷	+				117.7	568.8	2.69	466	0.265	0.338	0.0	1.4041
2,2-二甲基庚烷	C_9H_{20}	128.26	0.7105	无	液		−	+	+	+		−113	132.7	576.7	2.35			0.385		1.3993
2,3-二甲基庚烷	C_9H_{20}	128.26	0.7260	无	液		−	∞	∞	∞	③	−116	140.5	589.7	2.40	515.0	0.252	0.385		1.4088
2,4-二甲基庚烷	C_9H_{20}	128.26	0.712[25]	无	液		−	∞	∞	∞	∞丙酮、氯仿		132.9	576.8	2.34	517.0	0.252	0.390		1.4034
2,5-二甲基庚烷	C_9H_{20}	128.26	0.7198	无	液		−	+	+	+			136.0	581.1	2.35	522	0.254	0.393		1.4033
2,6-二甲基庚烷	C_9H_{20}	128.26	0.7089	无	液							−102.9	135.2	577.9	2.30	535	0.256	0.400		1.4011
3,3-二甲基庚烷	C_9H_{20}	128.26	0.7254	无	液		−	++	++	++	++丙酮、氯仿	−102.2	137.3	588.4	2.43	506	0.252	0.379		1.4087
3,4-二甲基庚烷	C_9H_{20}	128.26	0.7314	无	液		−	+	+	+			140.6	591.9	2.46	503	0.252	0.379		1.4008
3,5-二甲基庚烷	C_9H_{20}	128.26	0.7225	无	液		−	+	+	+		−102.9	136.0	583.2	2.40	510	0.253	0.385		1.4083
3,3-二甲基辛烷	$C_{10}H_{22}$	142.28	0.7±0.1	无	液							−102.2	161.2	612.1	2.22	557	0.243	0.404		1.4150
2,2-二甲基-3-乙基戊烷	C_9H_{20}	128.26	0.7438									−99.3	133.8	590.4	2.55	486	0.253	0.333		1.4123
2,4-二甲基-3-乙基戊烷	C_9H_{20}	128.26	0.7465									−122.4	136.7	591.2	2.52	489	0.251	0.352		1.4131
2,4-二甲基-3-异丙基戊烷	$C_{10}H_{22}$	142.28	0.7545									−81.7	157	614.4	2.34	521	0.239	0.365		1.4246

续表

名称	化学式	分子量	密度 d_4^{20} /(g/cm³)	颜色	形态	性状	溶解性能					正常熔点 t_m /℃	正常沸点 t_b /℃	临界温度 T_c /K	临界压力 p_c /MPa	临界体积 V_c /(cm³/mol)	临界压缩因子 Z_c	偏心因子 ω	偶极矩 /D	折射率 n^{20}
							水	乙醇	乙醚	苯	其他									
二甲氧基甲烷	$C_3H_8O_2$	76.10	0.8593	无	液	氯仿味	+	∞	∞		∞丙酮	−105.1	42.3	491	3.96	213	0.207	0.290		1.3513
三甲氧基甲烷	$C_4H_{10}O_3$	106.14	0.9676	无	液	刺激	+	+	+			15	100							1.422
三乙氧基甲烷	$C_7H_{16}O_3$	149.19	0.8909	无	液	易燃	÷//	∞	∞				145							1.390[25]
1,1-二甲氧基乙烷	$C_4H_{10}O_2$	90.12	0.8502	无	液		∞	∞	∞			−113	64.5	502.0	3.639	283.8	0.247	0.3614		1.3668
1,2-二甲氧基乙烷	$C_4H_{10}O_2$	90.12	0.8637[25]	无	液	香味	∞	∞	∞		∞氯仿	−69.0	85.0	540	3.90	308	0.235	0.358	0.0	1.3796
1,2-二甲氧基丙烷	$C_5H_{12}O_2$	104.15	0.8319	无	液							−66	86	531.7						1.3835
2,2-二甲氧基丙烷	$C_5H_{12}O_2$	104.15	0.855	无	液	窒息	+						96	543.0						1.378
2,2,3-三甲基丁烷	C_7H_{16}	100.20	0.6901	无	液		−	+	∞			−24.56	80.8	531.1	2.95	398	0.265	0.250	0.0	1.3864
2,2,3-三甲基戊烷	C_8H_{18}	114.23	0.7161	无	液		−	÷	+			−112.4	109.8	563.5	2.73	436	0.254	0.297	0.0	1.4030
2,2,4-三甲基戊烷	C_8H_{18}	114.23	0.69	无	液	易燃	−	++	+	++	++丙酮、氯仿	−107.4	99.2	543.8	2.57	468	0.267	0.303		
2,3,3-三甲基戊烷	C_8H_{18}	114.23	0.7262	无	液		−	÷	+			−101.2	114.7	573.5	2.82	455	0.269	0.290	0.0	1.4075
2,3,4-三甲基戊烷	C_8H_{18}	114.23	0.7191	无	液		−	÷	+			−109.3	113.4	566.4	2.73	460	0.267	0.316	0.0	1.4042
3,3,5-三甲基庚烷	$C_{10}H_{22}$	142.28	0.7248[25]									−108.2	155.7	609.5	2.32	578.5	0.248	0.382		1.4170
2,2,3,3-四甲基丁烷	C_8H_{18}	114.23	0.8242		晶		−	+				100.8	106.3	567.8	2.87	461.8	0.280	0.251	0.0	1.4695
2,2,3,3-四甲基戊烷	C_9H_{20}	128.26	0.7530[25]	无	液							−9.75	140.2	607.5	2.74	517.5	0.246	0.280	0.0	1.4236
2,2,3,4-四甲基戊烷	C_9H_{20}	128.26	0.7389		液							−121.3	133.0	592.6	2.60	516.5	0.251	0.311	0.0	1.4147
2,2,4,4-四甲基戊烷	C_9H_{20}	128.26	0.7195	无	液	易燃						−66.53	122.2	574.6	2.49	517.5	0.257	0.316	0.0	1.4069
2,3,3,4-四甲基戊烷	C_9H_{20}	128.26	0.7547									−102.1	141.5	607.6	2.72	516.5	0.246	0.3L3	0.0	1.4222
2,2,3,3-四甲基己烷	$C_{10}H_{22}$	142.28	0.7609[25]									−54.0	160.3	623.0	2.51	573.5	0.242	0.364		1.4282
2,2,5,5-四甲基己烷	$C_{10}H_{22}$	142.28	0.7148[25]									−12.6	137.4	581.4	2.19	573.5	0.256	0.375		1.4055
3-乙基戊烷	C_7H_{16}	100.20	0.6982	无	液		÷	+	+	+	+丙酮	−118.6	93.4	540.6	2.89	416	0.267	0.309	0.0	1.3934
3-乙基己烷	C_8H_{18}	114.23	0.7136	无	液		−	+	+	+	+丙酮	−91.5	118.5	565.5	2.61	455	0.252	0.363	0.0	1.4018
3-乙基庚烷	C_9H_{20}	128.26	0.7225[25]	无	液		−	+	+	+	+有机溶剂	−114.8	143.0	587.5	2.33	533.5	0.254	0.416		1.4093
4-乙基庚烷	C_9H_{20}	128.26	0.7241[25]									−113.2	141.2	585.0	2.33	533.5	0.255	0.416		1.4096
二乙氧基甲烷	$C_5H_{12}O_2$	104.15	0.847[25]	无	液	易燃	+	+	+	+	+丙酮	−47	77.4	510	3.721	336.3	0.250	0.404	1.23	1.375[18]
1,1-二乙氧基乙烷	$C_6H_{14}O_2$	118.17	0.8254	无	液		+	+	+			−100.1	102	540	3.22			0.432		1.3834
1,2-二乙氧基乙烷	$C_6H_{14}O_2$	118.17	0.8351[25]	无	液	醚味	+	+	+	+	+有机溶剂	−74.0	120.6	542						1.3917
2,2-二乙氧基丙烷	$C_7H_{16}O_2$	132.20	0.8200[21]		液								101	510.7						1.3982

① 易溶于石油醚、丙酮、氯仿。
② 易溶于庚烷、丙酮、氯仿、苯。
③ 混溶于石油醚、丙酮、氯仿。

3.1.3 环烷烃的一般特性

表 3.1.3 环烷烃的一般特性

名称	化学式	分子量	密度 d_4^{20} /(g/cm³)	颜色	形态	性状	溶解性能					正常熔点 t_m /℃	正常沸点 t_b /℃	临界温度 T_c /K	临界压力 p_c /MPa	临界体积 V_c /(cm³/mol)	临界压缩因子 Z_c	偏心因子 ω	偶极矩 /D	折射率 n^{20}
							水	乙醇	乙醚	苯	其他									
环丙烷	C_3H_6	42.08	0.617^{25}	无	气	易燃	÷	+	+	+		-127.6	-31	398.0	5.54	162	0.272	0.134	0.0	1.38^{-42}
环丁烷	C_4H_8	56.11	0.7038^{0}	无	气	易燃	–	++	++	+	+石油醚	90.7	12.5	460.0	4.98	210.0	0.278	0.181		1.375
环戊烷	C_5H_{10}	70.13	0.7457	无	液	易燃	–	+	+	+	+CCl_4、丙酮	-93.4	49.2	511.7	4.51	259	0.275	0.194	0.0	1.4065
环己烷	C_6H_{12}	84.16	0.7739^{25}	无	液	麻醉	–	∞	∞	∞	∞丙酮、甲醇	6.7	80.7	553.8	4.08	308	0.273	0.212	0.3	1.4235^{25}
环庚烷	C_7H_{14}	98.19	0.8098	无	油		–	+	+	+		-8.0	118.8	604.2	3.82	353	0.268	0.243	0.0	1.4552
环辛烷	C_8H_{16}	112.22	0.8349	无	液	樟脑味	–	+	+	+		14.82	151.1	647.2	3.56	410	0.271	0.236	0.0	1.4586
甲基环戊烷	C_6H_{12}	84.18	0.7486	无	气		–		+			-142.42	71.8	532.7	3.79	318	0.272	0.230	0.0	1.4097
甲基环己烷	C_7H_{14}	98.19	0.7694	无	气		–	+	+			-126.6	100.9	572.1	3.48	369	0.270	0.235	0.0	1.4231
顺-1,3-二甲基环己烷	C_8H_{16}	112.22	0.77	无	液								12	587.7	3.01	416	0.256	0.274		
乙基环丙烷	C_5H_{10}	70.13	0.6790		液							-149.2	35.9	472.2	4.040	278.9	0.287	0.289	0.18	1.3786
乙基环丁烷	C_5H_{10}	84.16	0.7284	无	液		–	∞	∞	+	+丙酮、石油	142.9	70.8	269.5	3.40	375	0.269	0.272	0.05	1.4020
乙基环戊烷	C_7H_{14}	98.19	0.7665	无	液		–	∞	∞	∞	∞酮、CCl_4	-138.4	103.5	569.5	3.40	375	0.269	0.272		1.4198
乙基环己烷	C_8H_{16}	112.22	0.7880	无	液		–	∞	∞	∞	∞酮、石油醚	-111.3	131.8	609.0	3.00	455.8	0.270	0.243	0.0	1.4330
正丙基环戊烷	C_8H_{16}	112.22	0.7763	无	液			+	+	+		-117.3	130.9	603.0	3.00	425.0	0.250	0.335		1.4266
异丙基环戊烷	C_8H_{16}	112.22	0.7765	无	液		–	∞	+	+	①	-111.5	126.4	589.4	3.123	417.4	0.266	0.240	0.0	1.4258
正丙基环己烷	C_9H_{18}	126.24	0.7936	无	液				+	+	+冰乙酸，++石油醚	-94.9	156	630.8	2.80	472.5	0.256	0.258		1.4370
异丙基环己烷	C_9H_{18}	126.24	0.8023	无	液		–	++	++			-89.9	154.4	632.2	2.95	463.7	0.263	0.237	0.0	1.4410
正丁基环戊烷	C_9H_{18}	126.24	0.7846	无	液		–	+	+			-108	156.6	625.1	2.76	480.5	0.256	0.354	0.0	1.4316
异丁基环戊烷	C_9H_{18}	126.24	0.7769	无	液	易燃						-115.22	147.97							1.4273
正丁基环己烷	$C_{10}H_{20}$	140.27	0.7902	无	液		–	+	+			-74.7	180	653.1	2.56	528.5	0.255	0.362		1.4408
仲丁基环己烷	$C_{10}H_{20}$	140.27	0.8131	无	液		–				+丙酮	–	179.3	669.0	2.67	516.2	0.261	0.264		1.4467
1,4-二氧杂环己烷	$C_4H_8O_2$	88.11	1.0337	无	液	醚味	∞	∞	∞	∞		11.75	101.2	588.0	5.21	238	0.254		0.280	1.4175
环氧乙烷	C_2H_4O	44.05	0.8821^{10}	无	气		++	+	+	+		-112.5	10.4	469	7.2	142	0.262	0.202	0.198	1.3597^{7}
1,2-环氧丙烷	C_3H_6O	58.08	0.859^{0}	无	液	醚味	+	+	+			-111.9	35	485	5.2	190	0.245	0.270	2.0	1.3660
1,3-环氧丙烷	C_3H_6O	58.08	0.8930^{25}		液		∞					-97	47.6							1.392
1,2-环氧丁烷	C_4H_8O	72.11	0.8297	无	液	醚味	+	∞	∞	∞		-150	63.4	525.7	4.39					1.384
环氧氯丙烷	C_3H_5ClO	92.52	1.1812	无	油	刺激	÷	∞	∞	∞	∞CCl_4	-26.0	118		248.5	0.250				1.3851

续表

名称	化学式	分子量	密度 d_4^{20} /(g/cm³)	颜色	形态	性状	溶解性能					正常熔点 t_m /℃	正常沸点 t_b /℃	临界温度 T_c /K	临界压力 p_c /MPa	临界体积 V_c /(cm³/mol)	临界压缩因子 Z_c	偏心因子 ω	偶极矩 /D	折射率 n^{20}
							水	乙醇	乙醚	苯	其他									
金刚烷(三环癸烷)	$C_{10}H_{16}$	136.2	1.0725	无	针		−			+		270.1	//							1.4358
硫杂环戊烷(四氢噻吩)	C_4H_8S	88.17	0.9987	无	液		∞	∞	∞	∞	∞丙酮	−96.13	121.1	632	5.30	247.5	0.241	0.224	0.199	1.4871
硫杂环己烷	$C_5H_{10}S$	102.20	0.9861									19.09	141.7	655.4	4.825	274.7	0.243	0.227	1.71	1.5067
氮杂环戊烷(吡咯烷)	C_4H_9N	71.12	0.8586	无	液	胺味	+	+	+			−57.79	86.6	569	5.7	245	0.295		0.275	

① 能混溶于丙酮、CCl_4，易溶于石油醚。

3.1.4 卤烷烃的一般特性

表 3.1.4 卤烷烃的一般特性

名称	化学式	分子量	密度 d_4^{20} /(g/cm³)	颜色	形态	性状	溶解性能					正常熔点 t_m /℃	正常沸点 t_b /℃	临界温度 T_c /K	临界压力 p_c /MPa	临界体积 V_c /(cm³/mol)	临界压缩因子 Z_c	偏心因子 ω	偶极矩 /D	折射率 n^{20}
							水	乙醇	乙醚	苯	其他									
一氟甲烷(甲基氟)	CH_3F	34.03	0.557^{25}	无	气	易燃	+	++	++			−143.3	−78.4	317.4	5.876	109	0.243	0.204	1.8	1.1674^{25}
一氟乙烷	C_2H_5F	48.06	0.7182	无	气	易燃	÷	+	+			−143.2	−37.7	375.3	5.04	159	0.257	0.209	2.0	1.2656
二氟甲烷	CH_2F_2	52.02	1.214^{-52}	无	气		÷				++油	−136.8	−51.65	351.25	5.783	122	0.242	0.276	2.0	1.1960
三氟甲烷(氟仿)	CHF_3	70.01	0.673^{25}	无	气		+	++			÷÷氯仿	−155.2	−82.0	299.00	4.80	135	0.260	0.267	1.6	1.2150
四氟甲烷	CHF_4	88.00	3.034^{25}	无	气		÷					−183.6	−127.9	227.5	3.68	14.0	0.276	0.186	0.0	
五氟乙烷	C_2HF_5	120.02	1.476^{-50}	无	气	不燃	÷				÷烃	−100.6	−48.1	339.18	3620	210	0.270	0.259	1.54	1.234
六氟乙烷(全氟乙烷)	C_2F_6	138.00	1.590^{-78}	无	气	不燃	÷					−100.0	−78.1	293.0	3.040	224	0.280	0.245	0.00	1.2060
1,1-二氟乙烷	$C_2H_4F_2$	66.05	0.896^{25}	无	气	无臭	−					−118.6	−24.05	386.43	4.52	180	0.253	0.263	2.27	1.2434
1,2-二氟乙烷	$C_2H_4F_2$	66.05	1.024^{10}										26	453.54	7.103	181.5	0.342	0.300		1.2800
1,1,1-三氟乙烷	$C_2H_3F_3$	84.04	1.266^{-60}	无	气	微味						−111.8	−47.2	345.86	3.768	194	0.254	0.253	2.32	1.2060
1,1,1,2-四氟乙烷	$C_2H_2F_4$	102.31	1.2072^{25}	无	气	无味	+					−103.3	−26.1	374.23	4.044	199	0.259	0.239		1.0007
1,1,2,2-四氟乙烷	$C_2H_2F_4$	102.31			气							−89	−20	391.75		191				1.2735
1-氟丙烷	C_3H_7F	62.09	0.7596	无	气		÷	++	∞			−159	−3	422.0	4.16	221.5	0.263	0.227		1.3115
2-氟丙烷	C_3H_7F	62.09	0.969	无	气							−133.4	−10	374.8	2.912	274	0.256	0.204		1.3282
1,1,1,2,2-五氟丙烷	$C_3H_3F_5$	134.05			气								−17.4	380.1	3.137	273.0	0.271	0.308		1.510
八氟异丁烷	C_4F_8	200.03	1.5297^{25}									−129	1.5	388.5	2.80	322.7				

续表

名称	化学式	分子量	密度 d_4^{20} /(g/cm³)	颜色	形态	性状	溶解性能					正常熔点 t_m /℃	正常沸点 t_b /℃	临界温度 T_c /K	临界压力 p_c /MPa	临界体积 V_c /(cm³/mol)	临界压缩因子 Z_c	偏心因子 ω	偶极矩 /D	折射率 n^{20}
							水	乙醇	乙醚	苯	其他									
八氟环丁烷	C_4F_8	200.03	1.50025	无	气	无臭						−40.19	−5.91	388.5	2.784	325	0.280	0.356	0.0	1.217
全氟环己烷	C_6F_{12}	300.05	1.684		固							48	53	457.25	2.424	459	0.271	0.412		1.2685
全氟甲基环己烷	C_7F_{14}	350.05	1.80	无	油					+	+丙酮	−37	76	485.87	2.018	570	0.285	0.491		1.285
全氟丙烷(八氟丙烷)	C_3H_8	188.02		无	气		+				+油	−147.70	−36.8	345.0	2.66	300	0.278	0.326		1.2210
全氟丁烷(十氟丁烷)	C_4F_{10}	238.03	1.6484^{25}		气							−129	−2.1	386.4	2.299	378	0.270	0.372		
全氟戊烷	C_5F_{12}	288.03			液							−10	29.2	421.0	2.04	465	0.271	0.275		
全氟己烷	C_6F_{14}	338.04	1.6910		液							−86.1	57.2	451	1.85	545	0.267	0.278	0.514	1.2515
全氟庚烷	C_7F_{16}	388.05	1.7333		液							−51.2	82.5	474.8	1.621	664.0	0.273	0.556		1.2618
全氟辛烷	C_8F_{18}	438.06	1.73		液							−25	105.9	497.0	1.50	735	0.267	0.579		1.2820
全氟壬烷	C_9F_{20}	488.06	1.800		液							−16	117.6	524.2	1.560	800	0.286			1.276
全氟癸烷	$C_{10}F_{22}$	538.07			液		÷					36	144.2	542.0	1.448	892	0.286			1.271
全氟-2-甲基戊烷	C_6F_{14}	338.04	1.7326		液								57.6	455	1.923	520	0.263	0.464		1.2564^{22}
全氟-3-甲基戊烷	C_6F_{14}	338.04			液							−115.4	58.4	450	1.692			0.476	0.0	
全氟-2,3-二甲基丁烷	C_6F_{14}	338.04			液							−15	59.8	463.0	1.874	525.0	0.256	0.394		
全氟萘烷	$C_{10}F_{18}$	462.08	1.9305^{25}		液							−10	142.0	566.0	1.52			0.392		1.472
一氯甲烷	CH_3Cl	50.49	0.911^{25}	无	气	+	++				++乙酸	−97.6	−24.1	416.25	6.68	140	0.271	0.153	1.9	1.339
二氯甲烷	CH_2Cl_2	84.93	1.3266	无	液		÷	∞	∞			−95	39.8	508.0	6.35	189.5	0.235	0.192	1.8	1.4242
三氯甲烷(氯仿)	$CHCl_3$	119.38	1.4788^{25}	无	液		÷	∞	∞			−63.47	61.2	536.2	5.33	244	0.291	0.213	1.1	1.4459
四氯甲烷(四氯化碳)	CCl_4	153.84	1.5940	无	液	特臭	÷	∞	∞	++	++多数有机溶剂	−22.62	76.8	556.31	4.557	276.0	0.272	0.193	0.0	1.4601
一氯乙烷	C_2H_5Cl	64.51	0.9239^{0}	无	液		÷	∞	∞	∞		−138	1213	460	5.20	199.0	0.274	0.204	2.0	1.3676
1,1-二氯乙烷	$C_2H_4Cl_2$	98.96	1.1757	无	油	醚味		+	+			−96.93	56.3	523.4	5.06	236	0.274	0.244	2.0	1.4164
1,2-二氯乙烷	$C_2H_4Cl_2$	98.96	1.2454^{25}	微黄	液	氯仿味	÷	∞	∞		∞氯仿	−35.6	83.4	561.5	5.38	225	0.259	0.288	1.8	1.4422^{25}
1,1,1-三氯乙烷	$C_2H_3Cl_3$	133.40	13390	无	液	麻醉	−	+	+			−30	74.0	550	4.30		0.279	0.216	1.7	1.4379
1,1,2-三氯乙烷	$C_2H_3Cl_3$	133.40	1.4397	无	液	芳香	÷÷	∞	∞			−36.3	113	606	5.14	288.5	0.253	0.287	1.4	1.4714
1,1,1,2-四氯乙烷	$C_2H_2Cl_4$	167.85	1.5406	无	液	氯仿味	÷	+	+			−70.2	130.2	628.11	4.305	333.4	0.275	0.243	1.2	1.4821
1,1,2,2-四氯乙烷	$C_2H_2Cl_4$	167.85	1.5953	无	液	氯仿味	÷	+	+			−42.3	146.0	661.15	5.12	215.5	0.188	0.264	1.5	1.494
五氯乙烷	C_2HCl_5	202.29	1.6796	无	液	氯仿味	−	+	+	+		−27.8	156.2	646	4.58	375.5	0.276	0.447	0.92	1.5025
六氯乙烷	$CHCl_6$	236.74	2.091		晶		÷÷	++	++			186.8	184.7//	704.4	3.94	419.5	0.282	0.275		1.5282
1-氯丙烷	C_3H_7Cl	78.54	0.8899	无	液		÷÷	∞	∞			−122.9	46.5	503.5	4.571	264.9	0.289	0.228	2.0	1.3879
2-氯丙烷	C_3H_7Cl	78.54	0.8617	无	液		÷÷	∞	∞			117.2	35.7	482.4	4.261	242.0	0.257	0.224	2.17	1.3777

续表

名称	化学式	分子量	密度 d_4^{20} /(g/cm³)	颜色	形态	性状	溶解性能					正常熔点 t_m /℃	正常沸点 t_b /℃	临界温度 T_c /K	临界压力 p_c /MPa	临界体积 V_c /(cm³/mol)	临界压缩因子 Z_c	偏心因子 ω	偶极矩 /D	折射率 n^{20}
							水	乙醇	乙醚	苯	其他									
1-氯丁烷	C_4H_9Cl	92.57	0.8757	无	液		÷÷	∞	∞			−123.1	78.4	539.2	3.68	312.0	0.255	0.218	2.0	1.4023
2-氯丁烷	C_4H_9Cl	92.57	0.8732	无	液		−	∞	∞			−131.3	68.2	518.6	3.95	305.0	0.289	0.300	2.1	1.3971
1-氯-2-甲基丙烷	C_4H_9Cl	92.57	0.8773	无	液		÷					−130.3	69	526.5	3.76	302.5	0.260	0.249	2.1	1.3984
2-氯-2-甲基丙烷	C_4H_9Cl	92.57	0.8420	无	液		−	∞	∞		×沸水	−25.60	50.9	500	3.81	297.5	0.269	0.189	2.1	1.3857
2-氯-2-甲基丁烷	C_4H_9Cl	106.59	0.8553	无	液		−	+	+			−73.5	85.6	509.1	3.40	353.5	0.263	0.233		1.4055
1-一氯戊烷	$C_5H_{11}Cl$	106.60	0.8820	无	液	易燃	−	+	+	+	+氯仿	−99.0	107.9	571.2	3.32	364.5	0.257	0.437	2.14	1.4126
1-一氯己烷	$C_6H_{13}Cl$	120.62	0.8738[25]	无	液	芳香	−	+		+	+油类溶剂	−94.0	135.1	599						1.4200
1,1-二氯丙烷	$C_3H_6Cl_2$	112.99	1.1321	无	液		÷	+					88.1	581.0	4.183	292.0	0.262	0.2383	2.08	1.4289
1,2-二氯丙烷	$C_3H_6Cl_2$	112.99	1.1560	无	液		÷÷	++	++			−100.5	964	579	4.45	226.0	0.210	0.240	1.9	1.4394
1,3-二氯丙烷	$C_3H_6Cl_2$	112.99	1.1785[25]	无	液		÷	+	+			−99.5	120.8	614	4.01	301.5	0.241	0.288	2.09	1.4455[25]
2,2-二氯丙烷	$C_3H_6Cl_2$	112.99	1.1136	无	液		−	+				−33.9	69.51							1.4145
1,1-二氯丁烷	$C_4H_8Cl_2$	127.01	1.0863	无	液	香味	−	+	∞			≈70.3	113.8	586.8	3.776	344.5	0.267	0.2826		1.4355
1,2-二氯丁烷	$C_4H_8Cl_2$	127.01	1.1116[25]	无	液	醚味	÷	∞	∞	∞	∞多数有机溶剂	−70.3	124.1	608.2	3.757	335.3	0.249	0.2555		1.4450
1,3-二氯丁烷	$C_4H_8Cl_2$	127.01	1.1158	无	液		−		+	+	÷CCl_4		134	623.6	3.772	335.3	0.244	0.2569		1.4445
1,4-二氯丁烷	$C_4H_8Cl_2$	127.01	1.1331[25]	无	液	香味	−	+	+		+多数有机溶剂	37.3	161	659.2	3.607		0.242	0.329		1.4542
2,2-二氯丁烷	$C_4H_8Cl_2$	127.01	1.1048[25]	无	液							−74	104	578.4	3.563	350.7	0.260	0.2331		1.4295
1,2,3-三氯丙烷	$C_3H_5Cl_3$	147.43	1.3889	无	液		÷				+油类	−14.7	157	651.0	3.95	348.0	0.250	0.310	1.6	1.4852
一溴甲烷	CH_3Br	94.94	1.6755	无	气		÷÷	+	+		+氯仿、CS_2	−93.68	3.5	464.0	6.61	153	0.262	0.157	1.81	1.4218
二溴甲烷	CH_2Br_2	173.84	2.4969	无	液		÷	∞	∞		∞丙酮	−52.5	97	583.0	7.154		0.349	0.210	1.9	1.5420
三溴甲烷	$CHBr_3$	252.73	2.8788[25]	无	液		÷÷	∞	∞	∞	∞氯仿	8.69	149.1	690.0	4.733	270.7	0.223	0.123	1.0	1.595[25]
四溴甲烷	CBr_4	331.63	2.961[100]	无	晶		−	+	+			90	189.5							1.694
溴乙烷	C_2H_5Br	108.96	1.4604	无	液	挥发	−	+	+			−118.6	38.5	503.9	6.231	215.0	0.320	0.183	2.02	1.4239
1-溴丙烷	C_3H_7Br	122.99	1.3537	无	液		÷	∞	∞			−110.3	71.1	536.9	4.798	265.5	0.289	0.285	2.18	1.4343
2-溴丙烷	C_3H_7Br	122.99	1.3140	无	液		÷	∞	∞			−89	59.5	525.5	4.90	259.5	0.293	0.264	2.21	1.4151
1-溴丁烷	C_4H_9Br	137.02	1.2758		液		÷	∞	∞			−112.6	101.6	572	4.26	325	0.289	0.339	2.08	1.4401
2-溴丁烷	C_4H_9Br	137.02	1.2585		液		−	∞	∞			−112.6	91.3	558.7	4.30	315.5	0.292	0.308	2.23	1.4366
1-溴己烷	$C_6H_{13}Br$	165.07	1.1744	淡黄	液	刺激	−	+	+		+酯类	−83.7	155.3							1.4478
1,1-二溴乙烷	$C_2H_4Br_2$	187.86	2.0555	无	液		−	++	++			−63	108	650.2	5.477	261.6	0.265	0.2067		1.5128
1,2-二溴乙烷	$C_2H_4Br_2$	187.86	2.1683[25]	无	液	有毒	÷	∞	∞	∞	①	9.84	131.6	583.0	7.2	271.5	0.320	0.795	1.0	1.5356[25]
1,1,2-三溴乙烷	$C_2H_3Br_3$	266.76	2.6210	无	液	透明						−29.3	188.9							1.5933

续表

名称	化学式	分子量	密度 d_4^{20} /(g/cm³)	颜色	形态	性状	溶解性能					正常熔点 t_m /℃	正常沸点 t_b /℃	临界温度 T_c /K	临界压力 p_c /MPa	临界体积 V_c /(cm³/mol)	临界压缩因子 Z_c	偏心因子 ω	偶极矩 /D	折射率 n^{20}
							水	乙醇	乙醚	苯	其他									
一碘甲烷（甲基碘）	CH_3I	141.94	2.2789	无	液		÷	∞	∞			−66.4	42.43	528	6.535	179.5	0.231	0.193	1.62	1.5308
一碘乙烷（乙基碘）	C_2H_5I	155.96	1.9375	无	液		÷	∞	∞			−111.1	72.3	554.0	4.7	235.5	0.248	0.184	1.8	1.5133
1-碘丙烷	C_3H_7I	169.99	1.7489	淡黄	液	易燃	÷	∞	∞			−101.3	102.5	589.4	4.28	291.5	0.255	0.224		1.5058
2-碘丙烷	C_3H_7I	169.99	1.7042	淡黄	液		÷	∞	∞	∞	∞氯仿	−90	89.5	574.6	4.33	285.5	0.259	0.195	2.1	1.5028
1-碘丁烷	C_4H_9I	184.02	1.6154	无	液		−	∞	∞			−103	130.5							1.5501
2-碘丁烷	C_4H_9I	184.02	1.5920	无	液		−	∞	∞			−104.2	120.1							1.4991

①见光会稍分解，与液胺混合至室温会发生爆炸。

3.1.5 混合卤烷烃的一般特性

表 3.1.5 混合卤烷烃的一般特性

名称	化学式	分子量	密度 d_4^{20} /(g/cm³)	颜色	形态	性状	溶解性能					正常熔点 t_m /℃	正常沸点 t_b /℃	临界温度 T_c /K	临界压力 p_c /MPa	临界体积 V_c /(cm³/mol)	临界压缩因子 Z_c	偏心因子 ω	偶极矩 /D	折射率 n^{20}
							水	乙醇	乙醚	苯	其他									
一氟乙烷	C_2H_5F	48.06	0.818	无	气	易燃	÷	+	+			−143.2	−37.7	375	5.1					1.3057
一氟二氯甲烷	$CHCl_2F$	102.92		无	气		−	+	+		$+CCl_4$	−135	8.9	451.7	5.1673					
一氟三氯甲烷（R−11）	CCl_3F	137.36	1.4879	无	液	不燃	−	∞	∞			−110.4	23.7	471.1	4.4787	248	0.283	0.184		1.384^{26}
一氟五氯乙烷	C_2Cl_5F	220.28	1.74^{25}		固		−					101	138							1.4780
一氯二氟甲烷（R−22）	$CHClF_2$	86.47	1.4909^{-69}	无	气	不燃	+					−157.4	−40.8	369.2	4.99	165	0.269	0.219	1.4	
一氯三氟甲烷（R−13）	$CClF_3$	104.46	1.70	无	气	无臭						−181.2	−81.37	302.0	3.88	180	0.278	0.180	0.5	1.261
一氯五氟乙烷（R−115）	C_2ClF_5	154.46	1.5678^{-42}	无	气		−	+	+			−99.4	−39.2	353.0	3.13	253	0.270	0.251		
一溴一氯甲烷	CH_2BrCl	129.38	1.9344	微黄	晶粉		+	+	+	+	①	−87.9	67.9	570.2	6.08					1.482
一溴二氟甲烷	$CHBrF_2$	129.91	1.55^{16}									−145	−15.6	412.0	5.13	168	0.251			1.497
一溴三氟甲烷	$CBrF_3$	148.91	1.5800	无	气		÷					−174.4	−57.8	340.1	3.956	197.0	0.278	0.173		1.238
一溴一氯二氟甲烷	$CBrClF_2$	156.36	1.858	无	气	不燃	−					−159.9	−3.9	426.9	4.25	247	0.296	0.187		1.3371
二氟二氯甲烷	CCl_2F_2	120.91	1.315		气		+	+	+			−157.0	−29.8	385.0	4.13	214	0.277	0.180		1.169
1,1-二氟四氯乙烷	$C_2Cl_4F_2$	203.83	1.634		液	麻醉	−	÷	++	++		41.0	96							
1,2-二氟四氯乙烷	$C_2Cl_4F_2$	203.83	1.5951^{50}				−	++	++		②	26.54	92.8	551	3.45					1.413

续表

名称	化学式	分子量	密度 d_4^{20} /(g/cm³)	颜色	形态	性状	溶解性能					正常熔点 t_m /℃	正常沸点 t_b /℃	临界温度 T_c /K	临界压力 p_c /MPa	临界体积 V_c /(cm³/mol)	临界压缩因子 Z_c	偏心因子 ω	偶极矩 /D	折射率 n^{20}
							水	乙醇	乙醚	苯	其他									
1-氟-1,1-二氯乙烷	$C_2H_3Cl_2F$	116.90	1.25010				÷					−103.5	32.0	477.5	4.20	254	0.269			1.3600
1-氯-1,1-二氟乙烷	$C_2H_3ClF_2$	116.90	1.107^{25}	无	气							−130.4	−9.12	410.3	4.050	226	0.269	0.237		13672
1-氯-1,1,2,2-四氟乙烷	C_2HClF_4	136.48	1.364	无	气							−117	−10	399.9	3.72	244	0.273	0.281		
1-氯-1,2,2,2-四氟乙烷	C_2HClF_4	136.47	1.10	无	气	不燃						−199.2	−11.96	395.4	3.62	244	0.271			1.3022
1,2-二氯-1,1,2-三氟乙烷	$C_2HCl_2F_3$	152.93	1.50^{25}									−78	29.5	461.6		278.0				1.3430
2,2-二氯-1,1,1-三氟乙烷	$C_2HCl_2F_3$	152.93	1.4638^{25}	无	气	有毒						−107	27.8	456.85	3.670	277	0.267			1.3290
二氟氯乙烷	$C_2H_3ClF_2$	100.50	1.107^{25}	无	气	易燃	÷÷					−130.8	−96.1	410.29	4.041	225.0	0.267	0.237	2.14	1.217^{-20}
二氯氟乙烷	$C_2H_3Cl_2F$	116.95	1.250^{10}	无	气	易燃	÷÷					−103.5	32	477.30	5.359	249.5	0.334	0.2643		1.360^{10}
三氟氯乙烷	C_2ClF_3	116.47	1.54^{-60}									−158.2	−27.8	379	4.053	212.0	0.272	0.264	0.40	1.38^{0}
三氟甲基氯溴甲烷	$C_2HBrClF_3$	197.38	1.8563^{25}										50.2	495.0	3.956					1.368^{0}
五氟氯乙烷	C_2ClF_5	154.47	1.5678^{-42}	无	气	醚味	−	+	+			−99.4	−39.1	352.9	3.12	256	0.272	0.251	0.3	1.268^{-42}
全氟正戊烷	C_5F_{12}	288.04	1.733		液							−10	29.2	421.3	2.041	472.0	0.275	0.432	0.0	1.2412
一氯三氟甲烷(CFC-11)	$CClF_3$	104.46		无	气		÷					−181	−81.4	302.1	3.9210					1.261
二氯一氟甲烷(R-21)	$CHCl_2F$	102.92	1.405^{9}	无	气	无毒	−	+	+			−130.4	8.9	451.5	5.19	196	0.272	0.207	1.3	1.3724^{9}
二氯二氟甲烷(R-12)	$CHCl_2F_2$	120.91	1.46^{-30}	无	气	无臭	−	+	+			−157.1	−29.8	385.08	4.129	213.0	0.275	0.180	0.5	
1,2-二氯三氟乙烷	$C_2HCl_2F_3$	170.92	1.50^{25}									−78	30.0	461.6	3.303	278	0.279			1.3430
2-氯-1,1,1-三氟乙烷	$C_2H_2ClF_3$	118.48	1.389^{0}									−105.5	6.1	425.01		228				1.309^{0}
1,1-二氯四氟乙烷	$C_2Cl_2F_4$	170.92	1.455^{25}									−56.6	3	418.7	3.30	295	0.279	0.263		1.309^{0}
1,2-二氯四氟乙烷	$C_2Cl_2F_4$	170.92	1.455^{25}	无	气	氯仿味	−	+	+	+	+多数有机溶剂	−92.52	3.6	418.8	3.255	296	0.276	0.252	0.53	1.309^{0}
1,1,2-三氯三氟乙烷	$C_2Cl_3F_3$	187.38	1.5635^{25}	无	气		−				+油类、脂肪	−36.2	47.6	487.2	3.41	329	0.277	0.255		1.356^{25}
1,1,1,2-四氯-2,2-二氟乙烷	$C_2Cl_4F_2$	203.83	1.649^{25}	无	固		−		+		+酒精	41.0	92.8	551.8	3.428	366.5	0.278	0.2285		1.4046
1,1,2,2-四氯-1,2-二氟乙烷	$C_2Cl_4F_2$	203.83	1.591^{50}	无	固							24.8	92.8	551	3.621	360.2	0.285	0.133		1.413^{25}
一溴三氟甲烷	$CBrF_3$	184.91	1.58	无	气							−168	−58	340.2	3.9717					1.321
1,2-二溴四氟乙烷	$C_2Br_2F_4$	259.82	2.175		液							−110.5	47.3	487.8	3.497	227	0.196	0.250		
1,1,2,2-四溴乙烷	$C_2H_2B_4$	345.65	2.9655	黄	液	臭味	−	+	+	+	+氯仿	0	243.5							1.6353
二溴二氟甲烷	CBr_2F_2	209.82	2.547	无	液		−		+		+甲醇	−110.1	22.76	471.3	4.53	250.0			0.7	1.457
1,2-二溴四氟乙烷(R−114)	$C_2Br_2F_4$	259.82	2.149^{25}									−110	47.1	487.8	3.40	349	0.292	0.250		1.3612
1,2-二溴三氟氯乙烷	$C_2Br_2ClF_3$	276.28										50	93	560.7	3.61	368.0	0.285	0.248		

① 溶于丙酮、四氯化碳、氯仿、甲醇等多数有机溶剂。

② 能与脂肪烃、芳香烃、卤代烃、酚、醇和精油等混溶。对有机酸和无机盐等不溶解。

3.1.6 含氮烷烃的一般特性

表 3.1.6 含氮烷烃的一般特性

名称	化学式	分子量	密度 d_4^{20} /(g/cm³)	颜色	形态	性状	溶解性能					正常熔点 t_m /℃	正常沸点 t_b /℃	临界温度 T_c /K	临界压力 p_c /MPa	临界体积 V_c /(cm³/mol)	临界压缩因子 Z_c	偏心因子 ω	偶极矩 /D	折射率 n^{20}
							水	乙醇	乙醚	苯	其他									
硝基甲烷	CH_3O_2N	61.04	1.1371		油		÷	+	+		+碱	−28.7	101.2	588	6.31	173.0	0.224	0.310	3.44	1.3817
硝基乙烷	$C_2H_5O_2N$	75.07	1.0448^{25}		液		÷	∞	∞		∞氯仿，+酸、碱	−89.42	114.1	595.0	4.85	229.5	0.238	0.341	3.54	1.3917
1-硝基丙烷	$C_3H_7O_2N$	89.09	0.9961^{25}		油		÷	∞	∞			−104.3	131.2	606.0	4.00	285.5	0.254	0.376	3.68	1.4018
2-硝基丙烷	$C_3H_7O_2N$	89.09	0.9821^{25}		液		÷	∞	∞			−91.3	120.2	597.0	4.15	279.5	0.256	0.334	3.76	1.3944
1-硝基丁烷	$C_4H_9O_2N$	103.12	0.970^{25}	无	液		÷	∞	∞		∞碱	−81.3	152.8	624.0	3.80	341.5	0.260	0.452	3.40	1.4303
2-硝基丁烷	$C_4H_9O_2N$	103.12	0.9854^{17}		液							−132	140	611.5	3.775	322.9	0.240	0.389		1.4044
重氮甲烷	CH_2N_2	42.04	1.45		气		//		+			−145	−23							1.4180
偶氮甲烷	$C_2H_6N_2$	74.08	0.743^{0}		油	高毒						−78	1.5							1.4368
2-甲基-2-硝基丙烷	$C_4H_9O_2N$	103.12	0.9501^{28}									26.23	127.2	599.0	3.793	319.6	0.243	0.349	3.74	1.4015

3.1.7 其他烷烃的一般特性

表 3.1.7 其他烷烃的一般特性

名称	化学式	分子量	密度 d_4^{20} /(g/cm³)	颜色	形态	性状	溶解性能					正常熔点 t_m /℃	正常沸点 t_b /℃	临界温度 T_c /K	临界压力 p_c /MPa	临界体积 V_c /(cm³/mol)	临界压缩因子 Z_c	偏心因子 ω	偶极矩 /D	折射率 n^{20}
							水	乙醇	乙醚	苯	其他									
二苯甲烷	$C_{13}H_{12}$	168.23	1.001^{25}	无	棱		−	++	++			25.22	264.2	760	2.71	563	0.241	0.462	0.4	1.5753
1,1-二苯乙烷	$C_{14}H_{14}$	182.16	0.9997	无	液	透明						−18.0	285.8							1.560
1,2-二苯乙烷	$C_{14}H_{14}$	182.16	0.9780^{25}	白	晶	刺激	−	+*	+		①	51.18	280	790.7	2.776	602.9	0.255	0.440	0.0	1.548^{60}
二甲基二氯硅烷	$C_2H_6SiCl_2$	129.06	1.064^{25}	无	液	发烟			+	+		−16	70.3	520.4	3.49	350.0	0.282			1.4038
3,4-二硫己烷	$C_5H_{12}S$	122.25	0.9931									−101.5	154.0	642.1	3.50	367.5	0.279	0.306	1.96	1.5073
三甲基氯硅烷	C_2H_9SiCl	108.64	0.856^{25}	微黄	液	易燃				+	+甲醇	−40	60	497.8	3.20	366.0				1.3870
四甲基硅烷	$C_4H_{12}Si$	88.22	0.648^{19}	无	液	稳定	÷÷					−99.1	26.6	448.6	2.821	362.0	0.273			1.3587

续表

名称	化学式	分子量	密度 d_4^{20} /(g/cm³)	颜色	形态	性状	溶解性能					正常熔点 t_m /℃	正常沸点 t_b /℃	临界温度 T_c /K	临界压力 p_c /MPa	临界体积 V_c /(cm³/mol)	临界压缩因子 Z_c	偏心因子 ω	偶极矩 /D	折射率 n^{20}
							水	乙醇	乙醚	苯	其他									
四乙基硅烷	$C_8H_{20}Si$	144.33	0.7658	无	液		–						154.7	603.7	2.602	492.0	0.255			1.4268
八甲基三硅氧烷	$C_8H_{24}O_2Si_3$	236.53	0.8200									–80	153	565.4	1.46	841.0	0.275			1.3840
八甲基环四硅氧烷	$C_8H_{24}O_4Si_4$	296.62	0.9561									17.5	175.8	586.5	1.32	910.0	0.247			1.3968
十二甲基五硅氧烷	$C_{12}H_{36}O_4Si_5$	384.84	0.8755							÷	÷ 甲醇、乙酸乙酯	–80	232	629.0	0.95	1411	0.273			1.3925
十四甲基六硅氧烷	$C_{14}H_{42}O_5Si_6$	458.99	0.8910									–59	245.5	653.2	0.80	1723	0.267			1.3948
十六甲基七硅氧烷	$C_{16}H_{48}O_6Si_7$	533.15	0.9012									–78	270	671.8	0.68	2104	0.258			1.3965
十八甲基八硅氧烷	$C_{18}H_{54}O_7Si_8$	607.30	0.913^{25}									–63	$1.53^{5.1}$	688.9	0.62	2340	0.269			1.3970
甲基硅烷	CH_6Si	46.15	0.628	无	气							–156.5	–57.5	352.5						
甲基一氯硅烷	CH_5SiCl	80.59	0.884	无	气	易燃	–					–135	7	517.8						
甲基二氯硅烷	CH_4SiCl_2	115.03	1.105^{25}	无	液	刺鼻			+	+		–93	40.9							1.398
甲基三氯硅烷	CH_3SiCl_3	149.47	1.273	无	液	刺鼻	×	∞	∞	∞	∞有机溶剂	–75.8	66	517	3.28	348.0	0.265			1.4106
2-甲基-3-硫戊烷	$C_5H_{12}S$	104.21	0.8246									–122.2	107.5	573.4	3.457	352.8	0.256	0.288		
邻异丙基苯甲烷	$C_{10}H_{14}$	134.22	0.8766									–71.5	178.1	652.5	2.822	495.7	0.258	0.277		1.5006
间异丙基苯甲烷	$C_{10}H_{14}$	134.22	0.8610									–63.7	175.1	648.0	2.819	495.7	0.259	0.279		1.4930
对异丙基苯甲烷	$C_{10}H_{14}$	134.22	0.8573									–67.9	177.1	651.0	2.821	495.7	0.258	0.373	0.0	1.4909
2-硫戊烷	$C_4H_{10}S$	90.19	0.8424									–113	95.6	563.0	3.85	313.5	0.266	0.285		1.4442
2-硫己烷	$C_5H_{12}S$	104.22	0.8426									–97.8	123.4	592.1	3.489	360.4	0.255	0.328		1.4277
3-硫己烷	$C_5H_{12}S$	104.22	0.8370									–117	118.6	584.0	3.38	369.5	0.286	0.329		1.4462

① 溶于 CS_2、乙酸戊酯和氯仿。

3.2 密度

3.2.1 气态烷烃在常压下的密度

表3.2.1 烷烃气体在常压下的密度　　单位：kg/m^3

t/℃	−90	−80	−70	−60	−50	−40	−30	−20	−10	0
甲烷	1.0775	1.0205	0.9692	0.9229	0.8809	0.8426	0.8075	0.7752	0.7454	0.7179
乙烷						1.5983	1.5298	1.4671	1.4094	1.3562
丙烷						2.38	2.28	2.18	2.09	2.01
丁烷										2.69
异丁烷									2.79	2.68
t/℃	10	20	30	40	50	60	70	80	90	100
甲烷	0.6923	0.6685	0.6463	0.6255	0.6060	0.5878	0.5705	0.5543	0.5390	0.5245
乙烷	1.3070	1.2612	1.2187	1.1789	1.1417	1.1068	1.0739	1.0430	1.0139	0.9863
丙烷	1.94	1.87	1.80	1.74	1.69	1.63				
丁烷	2.59	2.49	2.40	2.32	2.24	2.17				
异丁烷	2.58	2.48	2.40	2.31	2.24	2.17				
t/℃	110	120	130	140	150	160	170	180	190	200
甲烷	0.5107	0.4977	0.4853	0.4735	0.4623	0.4516	0.4414	0.4316	0.4223	0.4133
乙烷	0.9603	0.9355	0.9121	0.8398	0.8685	0.8483	0.8290	0.8105	0.7929	0.7760
t/℃	210	220	230	240	250	260	270	280	290	300
甲烷	0.4048	0.3965	0.3886	0.3811	0.3738	0.3667	0.3600	0.3535	0.3472	0.3411
乙烷	0.7598	0.7443	0.7294	0.7151	0.7014	0.6882	0.6754	0.6632	0.6513	0.6399
t/℃	310	320	330	340	350	360	370	380	390	400
甲烷	0.3353	0.3296	0.3241	0.3188	0.3137	0.3088	0.3040	0.2993	0.2948	0.2904
乙烷	0.6289	0.6183	0.6080	0.5980	0.5884	0.5791	0.5700	0.5613	0.5528	0.5446
t/℃	410	420	430	440	450	460	470	480	490	500
甲烷	0.2861	0.2820	0.2780	0.2741	0.2703	0.2666	0.2630	0.2595	0.2561	0.2530
乙烷	0.5366	0.5288	0.5213	0.5140	0.5068	0.4999	0.4932	0.4866	0.4802	0.4741

表3.2.2 致冷剂气体的比容　　单位：dm^3/kg

温度/℃	−140	−130	−120	−110	−100	−90	−80	−70
R-12								1126
R-13	12378	4273	1732	789	407	225	134.2	84.4
R-22[1]					8340	3634	1775	940
温度/℃	−60	−50	−40	−30	−20	−10	0	10
R-11			2760	1533	963	616	405	277
R-12	639.4	385.4	244.1	161.3	110.7	78.13	56.67	42.04
R-13	55.42	37.74	26.42	18.89	13.73	10.10	7.47	5.49
R-21			2004	1168	716.9	458.7	305.3	210.3
R-22	535	323	205	135	92.9	65.4	47.1	34.3
R-40	2235	1295	794	508	338	233	164.8	119.8
R-113[2]				3798	2149	1281	7993	5186
R-114[2]			846.8	514.2	325.0	213.9	145.0	101.3
R-142	2410	1339	789.0	489.2	316.8	212.8	147.5	105.2

续表

温度/℃	20	30	40	50	60	70	80	90
R-11	194	140	103	77	59	46		
R-12	31.75	24.33	18.82	14.59	11.67	9.19	7.23	5.64
R-13	3.83	$1.72^{28.8}$						
R-21	149.1	108.4	80.4					
R-22	25.8	19.4	14.8	11.3				
R-40	89.1	67.5	52.0	40.8	32.4			
R-113②	3486	2416	1720	1255	934	708	546	
R-114②	72.5	53.1	39.7	30.2	23.3			
R-142③	76.7	57.0	43.1	32.9	25.3	19.6	15.2	11.7

① 温度为100、110℃时，其值分别为4.37、2.66dm³/kg。
② 系在饱和线上的数值。
③ 温度为100、110、120、130、140℃时，其值分别为9.08、6.98、5.23、3.96、2.26dm³/kg。

3.2.2 气态烷烃在压力下的密度

表3.2.3 甲烷气体在压力下的比容　　单位：m³/kg

p/bar	T/K								
	100	150	200	250	300	350	400	450	500
1	0.00228	0.7661	1.0299	1.2915	1.5521	1.8122	2.0719	2.3669	2.5911
5	0.00228	0.1434	0.2006	0.2549	0.3083	0.3611	0.4136	0.4657	0.5181
10	0.00227	0.0643	0.0968	0.1254	0.1528	0.1798	0.2063	0.2327	0.2590
20	0.00227	0.00277	0.0446	0.0606	0.0751	0.0891	0.1027	0.1162	0.1295
40	0.00226	0.00274	0.0176	0.0281	0.0363	0.0438	0.0510	0.0579	0.0648
60	0.00226	0.00271	0.00615	0.0173	0.0234	0.0287	0.0338	0.0386	0.0432
80	0.00225	0.00268	0.00411	0.0119	0.0171	0.0213	0.0252	0.0289	0.0324
100	0.00224	0.00266	0.00375	0.00888	0.0133	0.0169	0.0201	0.0231	0.0260
150	0.00223	0.00261	0.00337	0.00555	0.00852	0.0111	0.0134	0.0155	0.0175
200	0.00221	0.00256	0.00318	0.00447	0.00644	0.00837	0.0101	0.0118	0.0133
300	0.00218	0.00249	0.00296	0.00369	0.00474	0.00593	0.00708	0.00818	0.00924
400		0.00244	0.00282	0.00336	0.00406	0.00486	0.00569	0.00560	0.00729
500		0.00239	0.00272	0.00315	0.00368	0.00428	0.00492	0.00555	0.00616

表3.2.4 乙烷气体在压力下的比容　　单位：m³/kg

p/bar	T/K										
	100	150	200	250	300	350	400	450	500	600	700
1	0.00156	0.00171	0.0019	0.0590	0.0765	0.0923	0.1073	0.122	0.1365	0.165	0.1933
5	0.00156	0.0017	0.0019	0.00222	0.0346	0.0438	0.0521	0.0599	0.0674	0.0822	0.0966
10	0.00155	0.0017	0.00189	0.00219	0.0118	0.0193	0.0244	0.0288	0.0329	0.0407	0.0482
20	0.00155	0.0017	0.00188	0.00917	0.0029	0.0109	0.0102	0.0185	0.0215	0.0270	0.0321
40	0.00155	0.00169	0.00188	0.00215	0.00273	0.00667	0.0106	0.0134	0.0158	0.0201	0.0459
60	0.00155	0.00169	0.00187	0.00213	0.00263	0.00465	0.0079	0.0104	0.0124	0.0160	0.0193
80	0.00155	0.00168	0.00185	0.00209	0.00247	0.00328	0.00488	0.00655	0.00805	0.0107	0.0130
100	0.00154	0.00167	0.00184	0.00205	0.00237	0.00291	0.00383	0.00495	0.00605	0.00806	0.00966
150	0.00153	0.00166	0.00181	0.00200	0.00225	0.00259	0.00307	0.00367	0.00433	0.00563	0.00686
200	0.00153	0.00165	0.00179	0.00195	0.00216	0.00244	0.00276	0.00316	0.00361	0.00454	0.00545
300	0.00152	0.00163	0.00176	0.00192	0.0021	0.00232	0.00258	0.00288	0.00322	0.00392	0.00465
400	0.00156	0.00171	0.0019	0.05900	0.0765	0.0923	0.1073	0.1220	0.1365	0.1650	0.1933
500	0.00156	0.00171	0.0019	0.00222	0.0346	0.0438	0.0521	0.0599	0.0674	0.0822	0.0966

表3.2.5　丙烷气体在压力下的比容　　单位：m^3/kg

p/MPa	T_{sat}/K	T/K							
		250	300	350	400	450	500	550	600
0.05	216.4	0.9291	1.123	1.315	1.505	1.695	1.885	2.074	2.263
0.10	231.3	0.4509	0.5494	0.6455	0.7404	0.8347	0.9286	1.022	1.116
0.2	247.9	0.2208	0.2736	0.3238	0.3728	0.4211	0.4691	0.5169	0.5645
0.4	267.9		0.1318	0.1586	0.1840	0.2088	0.2332	0.2574	0.2814
1.0	300.3			0.05915	0.07065	0.08135	0.09163	0.1017	0.1116
2.0	330.4			0.02534	0.03268	0.03882	0.04444	0.04979	0.05497
4.0	366.5				0.01316	0.01745	0.02085	0.02389	0.02673
7.0					0.00418	0.00822	0.0108	0.01288	0.01473
10					0.00298	0.00495	0.00697	0.00862	0.01005
20					0.00238	0.00287	0.00355	0.00431	0.00506

表3.2.6　丁烷气体在压力下的比容　　单位：m^3/kg

p/bar	T/K									
	150	200	250	300	350	400	450	500	600	700
1	0.00139	0.00148	0.0016	0.4106	0.4847	0.5575	0.6297	0.7013	0.8440	0.9861
5	0.00139	0.00148	0.0016	0.00175	0.0909	0.1078	0.1238	0.1393	0.1693	0.1988
10	0.00139	0.00148	0.0016	0.00175	0.00198	0.0502	0.0593	0.0677	0.0835	0.0987
20	0.00138	0.00148	0.0016	0.00174	0.00196	0.0205	0.0268	0.0318	0.0406	0.0487
30	0.00138	0.00148	0.00159	0.00174	0.00195	0.0024	0.0156	0.0198	0.0263	0.0320
40	0.00138	0.00148	0.00159	0.00173	0.00194	0.00234	0.0097	0.0137	0.0199	0.0237
50	0.00138	0.00148	0.00159	0.00173	0.00193	0.00229	0.00549	0.0101	0.0149	0.0188
60	0.00138	0.00148	0.00159	0.00172	0.00192	0.00255	0.00352	0.00764	0.0121	0.0155
80	0.00138	0.00147	0.00158	0.00172	0.00190	0.00219	0.00286	0.00482	0.00868	0.0114
100	0.00138	0.00147	0.00158	0.00171	0.00188	0.00214	0.00264	0.00368	0.00669	0.00901
200	0.00137	0.00146	0.00156	0.00167	0.00178	0.0020	0.00225	0.00258	0.00349	0.0046
300	0.00136	0.00145	0.00154	0.00164	0.00176	0.00191	0.00209	0.00231	0.00284	0.00345
400	0.00136	0.00144	0.00152	0.00162	0.00173	0.00185	0.002	0.00217	0.00255	0.00298
500	0.00136	0.00143	0.00151	0.0016	0.00170	0.00181	0.00193	0.00207	0.00240	0.00272

表3.2.7　致冷剂R-12气体在压力下的比容　　单位：m^3/kg

t/℃	p/MPa										
	0.05	0.10	0.15	0.20	0.25	0.30	0.40	0.50	0.60	0.70	0.8
−20	0.34186	0.16770									
−10	0.35623	0.17522	0.11472								
0	0.37051	0.18265	0.11987	0.08861	0.06975	0.0571					
10	0.38472	0.18999	0.12493	0.09255	0.07302	0.05998					
20	0.39386	0.19728	0.12993	0.09642	0.07622	0.06273	0.04584	0.03565			
30	0.41296	0.20401	0.13487	0.10023	0.07935	0.06542	0.04797	0.03746	0.03042		
40	0.42701	0.21169	0.13977	0.10399	0.08213	0.06805	0.05005	0.03921	0.03197	0.02676	0.02283
50	0.44103	0.21884	0.14463	0.10771	0.08547	0.07064	0.05207	0.04091	0.03345	0.02810	0.02407
60	0.45502	0.22595	0.14945	0.11131	0.08847	0.07318	0.05406	0.04256	0.03489	0.02939	0.02525
70	0.46898	0.23304	0.15425	0.11506	0.09145	0.07570	0.05601	0.04418	0.03628	0.03063	0.02638
80	0.18292	0.24011	0.15902	0.11869	0.09440	0.07820	0.05794	0.04577	0.03765	0.03184	0.02748
90	0.19684	0.24715	0.16377	0.12230	0.09733	0.08067	0.05985	0.04734	0.03900	0.03303	0.02855
100				0.12590	0.10024	0.08313	0.06173	0.04889	0.04032	0.03419	0.02959
110				0.12948	0.10313	0.08557	0.06360	0.04042	0.04162	0.03533	0.03061

续表

t/℃	p/MPa										
	0.05	0.10	0.15	0.20	0.25	0.30	0.40	0.50	0.60	0.70	0.8
120							0.06546	0.05193	0.04291	0.03646	0.03162
130							0.06730	0.05343	0.04418	0.03757	0.03261
140										0.03867	0.03359
150										0.03976	0.03457

t/℃	p/MPa										
	0.9	1.0	1.2	1.4	1.6	1.8	2.0	2.5	3.0	3.5	4.0
40	0.01977										
50	0.02001	0.01837	0.01448								
60	0.02201	0.01941	0.01516	0.01258							
70	0.02306	0.02040	0.01637	0.01345	0.01121	0.00941					
80	0.02407	0.02134	0.01722	0.01425	0.01198	0.01019	0.00870				
90	0.02505	0.02220	0.01803	0.01500	0.01270	0.01088	0.00941	0.00659			
100	0.02600	0.02313	0.01881	0.01571	0.01337	0.01103	0.01004	0.00726	0.00523		
110	0.02694	0.02399	0.01957	0.01639	0.01400	0.01213	0.01061	0.00784	0.00589	0.00432	
120	0.02785	0.02484	0.02030	0.01705	0.01461	0.01270	0.01116	0.00830	0.00642	0.00496	0.00374
130	0.02875	0.02566	0.02102	0.01770	0.01520	0.01324	0.01168	0.00883	0.00689	0.00546	0.00432
140	0.02964	0.02647	0.02172	0.01832	0.01576	0.01377	0.01217	0.00927	0.00731	0.00588	0.00478
150	0.03052	0.02728	0.02241	0.01893	0.01632	0.01428	0.01265	0.00970	0.00771	0.00627	0.00517
160		0.02807	0.02309	0.01954	0.01686	0.01478	0.01312	0.01010	0.00808	0.00663	0.00552
170					0.01740	0.01527	0.01357	0.01050	0.00844	0.00696	0.00585
180					0.01792	0.01575	0.01401	0.01088	0.00878	0.00728	0.00615
190								0.01125	0.00911	0.00758	0.00643
200								0.01161	0.00944	0.00788	0.00671

算图 3.1
液态烷烃常压沸点时密度
（第 689 页左）

算图 3.2
烷烃液体的摩尔体积
（第 689 页右）

算图 3.3
致冷剂的比容
（第 690 页左）

3.2.3　液态烷烃在常压下的密度

表3.2.8　甲烷-癸烷液体的密度　　单位：kg/m^3

名称	温度/℃											
	−140	−120	−100	−80	−60	−40	−20	0	20	40	60	80
甲烷	390.0	352.5	302.5	264.2^{-90}	219.5^{-84}							
乙烷	607.4	584.0	560.2	535.6	509.2	480.2	444.3	402.0	342.5	277.7^{30}	239^{32}	
丙烷	681.3	662.4	642.8	622.4	601.0	578.4	554.3	528.2	499.5	466.8	427.6	374.2
丁烷		719.6	700.7	681.3	661.7	642.0	621.9	601.1	579.2	555.8	530.6	499.4
异丁烷	718.5	701.1	683.0	664.4	645.1	624.9	603.6	581.2	557.2	531.3	502.5	469.8
戊烷		750.1	734.0	717.5	700.5	682.9	664.8	645.9	626.2	605.5	583.7	560.3
异戊烷	767.1	750.9	733.2	714.9	696.3	677.6	658.7	639.5	619.7	699.0	577.0	553.6
新戊烷								612.9	591.0	567.6	542.4	514.7
己烷				745.1	727.9	710.4	692.8	675.1	657.2	638.9	620.0	600.2
异己烷	791.2	776.6	760.4	743.3	725.7	707.9	689.9	671.9	653.6	634.7	615.2	594.7
庚烷				764.4	749.3	733.8	717.9	701.0	684.8	667.4	649.4	630.7
辛烷						753.1	736.7	720.2	703.7	687.0	670.1	652.9
壬烷						766.3	751.6	736.6	721.3	705.6	689.4	672.7
癸烷							761.0	746.6	731.9	716.9	701.5	685.7

续表

名称	温度/℃											
	100	120	140	160	180	200	220	240	260	280	300	320
丙烷	331.3^{90}	272.4^{96}										
丁烷	465.4	425.8	365.7	334.4^{146}	243.3^{152}							
异丁烷	430.1	374.8	327.3^{130}	285.6^{134}								
戊烷	535.0	507.0	475.1	436.7	384.0	341.3^{190}	279.1^{196}					
异戊烷	526.8	494.9	461.1	419.1	346.9	293.2^{186}						
新戊烷	483.4	446.3	397.3	281.3								
己烷	579.3	557.0	531.2	501.7	470.6	433.5	378.5	3266^{230}	268.3^{234}			
异己烷	572.9	549.7	520.8	490.3	456.6	412.8	329.2	273.8^{224}				
庚烷	611.0	590.3	568.3	544.6	518.7	489.7	455.9	413.2	344.0	291.4^{266}		
辛烷	635.2	616.8	597.5	577.2	555.8	528.8	501.4	471.8	436.1	384.2	338.4^{290}	302.7^{294}
壬烷	655.4	637.4	618.7	599.1	578.3	556.2	532.3	506.0	476.3	441.1	394.8	295.9
癸烷①	669.3	652.4	634.9	616.6	597.4	577.2	555.6	532.4	506.9	478.3	444.6	401.4

① 温度为330、340、344℃时，其值分别为371.8、325.0、277.5kg/m³。

表3.2.9　十一烷～二十烷液体的密度

单位：kg/m³

名称	温度/℃							
	0	20	40	60	80	100	120	140
十一烷	754.8	739.9	724.9	709.9	694.8	679.4	663.7	647.5
十二烷	764.1	749.2	734.4	719.7	705.0	690.0	674.8	659.2
十三烷	770.9	756.5	742.2	727.8	713.4	699.1	684.7	670.3
十四烷	778.1	763.3	748.9	735.0	721.3	707.8	694.3	680.7
十五烷	782.3	768.5	754.7	741.0	727.2	713.1	698.6	683.6
十六烷	787.1	773.5	759.8	746.0	732.0	717.9	703.8	689.5
十七烷	792.0	778.1	764.4	750.7	737.0	723.3	709.4	695.3
十八烷	796.2	782.2	768.4	754.7	741.1	727.5	714.0	700.3
十九烷	800.0	786.0	772.2	758.7	745.3	732.2	719.2	706.5
二十烷	802.9	789.1	775.6	762.2	748.8	735.5	722.0	708.4

名称	温度/℃							
	160	180	200	220	240	260	280	300
十一烷	630.6	612.8	605.8^{190}					
十二烷	643.0	626.2	608.6					
十三烷	655.9	641.5	627.1	612.7				
十四烷	666.9	652.8	638.2	623.1	607.2			
十五烷	667.9	651.4	634.0	615.4	595.7	574.6		
十六烷	675.1	660.7	646.2	631.6	616.9	602.2	587.4	
十七烷	681.0	666.4	651.4	636.0	620.1	603.7	586.6	568.9
十八烷	686.6	672.8	658.7	644.3	629.7	614.7	599.3	583.4
十九烷	694.1	681.8	669.7	657.9	646.3	634.9	623.7	612.8
二十烷	694.5	680.2	665.4	650.1	634.2	617.5	600.0	581.6

算图3.4
饱和烷烃液体的密度（第690页右）

表3.2.10　环烷烃液体密度

单位：g/mL

名　称	温度/℃									
	−100	−80	−60	−40	−20	0	20	40	60	80
环丙烷	0.757	0.735	0.712	0.689	0.665	0.640	0.612	0.583	0.546	0.505
环丁烷		0.800	0.780	0.759	0.738	0.716	0.694	0.671	0.647	0.621
环戊烷		0.842	0.823	0.804	0.785	0.766	0.746	0.726	0.706	0.684
环己烷							0.778	0.760	0.741	0.721
甲基环戊烷	0.859	0.842	0.824	0.806	0.788	0.769	0.750	0.731	0.712	0.692
甲基环己烷	0.871	0.855	0.839	0.822	0.805	0.788	0.771	0.753	0.736	0.718
乙基环戊烷	0.873	0.857	0.841	0.823	0.806	0.789	0.771	0.753	0.735	0.717
乙基环己烷	0.878	0.864	0.850	0.836	0.821	0.806	0.791	0.775	0.759	0.742
丙基环戊烷	0.866	0.852	0.838	0.824	0.809	0.794	0.778	0.762	0.746	0.729
丙基环己烷		0.867	0.853	0.839	0.824	0.809	0.793	0.778	0.762	0.747

名　称	温度/℃									
	100	120	140	160	180	200	220	240	260	280
环丙烷	0.455	0.362								
环丁烷	0.591	0.555	0.517	0.469	0.386					
环戊烷	0.661	0.637	0.610	0.577	0.543	0.503	0.447			
环己烷	0.701	0.679	0.656	0.632	0.606	0.576	0.543	0.504	0.452	0.312
甲基环戊烷	0.671	0.649	0.625	0.598	0.566	0.534	0.496	0.443		
甲基环己烷	0.699	0.680	0.660	0.638	0.616	0.588	0.558	0.527	0.490	0.437
乙基环戊烷	0.698	0.678	0.658	0.636	0.613	0.584	0.554	0.522	0.483	0.427
乙基环己烷	0.725	0.707	0.688	0.669	0.648	0.627	0.603	0.578	0.550	0.517
丙基环戊烷	0.712	0.694	0.675	0.665	0.635	0.613	0.589	0.563	0.534	0.500
丙基环己烷	0.731	0.715	0.698	0.681	0.663	0.645	0.625	0.604	0.578	0.552

表3.2.11　低温下乙烷的密度

温度/K	密度/(g/cm^3)		温度/K	密度/(g/cm^3)		温度/K	密度/(g/cm^3)	
	液体	蒸气		液体	蒸气		液体	蒸气
175	0.5460	0.00126	220	0.5030	0.00920	265	0.4290	0.0366
180	0.5510	0.00168	225	0.4946	0.01092	270	0.4180	0.0419
185	0.5444	0.00218	230	0.4892	0.01289	275	0.4070	0.0484
190	0.5400	0.00274	235	0.4820	0.01518	280	0.3944	0.0563
195	0.5342	0.00341	240	0.4745	0.01773	285	0.3795	0.0661
200	0.5273	0.00421	245	0.4576	0.02064	290	0.3619	0.0787
205	0.5221	0.00520	250	0.4663	0.02394	295	0.3406	0.0951
210	0.5160	0.00636	255	0.4486	0.02773	300	0.3127	0.1187
215	0.5097	0.00766	260	0.4392	0.03219			

表3.2.12　卤烷烃液体的密度

单位：g/mL

名　称	温度/℃												
	−120	−100	−80	−60	−40	−20	0	20	40	60	80	100	120
氟甲烷	0.880	0.847	0.811	0.773	0.731	0.684	0.630	0.562	0.443				
三氯甲烷				1.628	1.595	1.561	1.526	1.490	1.453	1.415	1.375	1.333	1.288

续表

名称	温度/℃											
	−120	−100	−80	−60	−40	−20	0	20	40	60	80	100	120
四氯甲烷						1.663	1.628	1.593	1.556	1.517	1.478	1.436	1.393
氯乙烷	1.075	1.051	1.027	1.003	0.977	0.951	0.923	0.894	0.864	0.831	0.796	0.758	0.716
1,1-二氯乙烷			1.316	1.289	1.262	1.234	1.205	1.175	1.144	1.112	1.079	1.043	1.005
1,2-二氯乙烷						1.311	1.282	1.253	1.224	1.194	1.163	1.131	1.098
1,1,1-三氯乙烷						1.399	1.368	1.337	1.305	1.273	1.240	1.205	1.169
1,1,2-三氯乙烷						1.501	1.471	1.441	1.411	1.380	1.350	1.318	1.286
1,1,2,2-四氯乙烷					1.685	1.655	1.625	1.594	1.563	1.532	1.501	1.469	1.437
五氯乙烷						1.743	1.712	1.681	1.650	1.618	1.587	1.555	1.523
六氯乙烷								1.739	1.710	1.681	1.650	1.620	1.589
1-氯丙烷	1.046	1.025	1.005	0.983	0.961	0.939	0.915	0.891	0.866	0.839	0.812	0.782	0.750
1,4-二氯丁烷						1.185	1.163	1.141	1.118	1.096	1.073	1.050	1.027
溴甲烷			1.925	1.879	1.831	1.782	1.731	1.677	1.621	1.561	1.497	1.427	1.349
二溴甲烷					2.658	2.606	2.554	2.500	2.445	2.388	2.329	2.268	2.204
溴乙烷		1.680	1.647	1.611	1.576	1.539	1.500	1.461	1.419	1.376	1.331	1.283	1.231
1,1-二溴乙烷								2.055	2.019	1.982	1.945	1.906	1.866
2-溴丙烷			1.465	1.437	1.407	1.377	1.346	1.314	1.280	1.246	1.210	1.172	1.132
二氟-氯溴甲烷	2.242	2.188	2.132	2.074	2.014	1.951	1.886	1.816	1.741	1.660	1.571	1.468	1.343
三氟溴甲烷	2.245	2.164	2.082	1.995	1.900	1.798	1.688	1.560	1.405	1.152			
碘甲烷				2.503	2.448	2.392	2.336	2.280	2.222	2.163	2.102	2.037	1.969
碘乙烷		2.193	2.153	2.111	2.068	2.024	1.980	1.936	1.891	1.845	1.799	1.751	1.700
碘丙烷		1.964	1.931	1.896	1.860	1.823	1.786	1.749	1.711	1.673	1.635	1.595	1.554

名称	温度/℃											
	140	160	180	200	220	240	260	280	300	320	340	360	380
三氯甲烷	1.240	1.189	1.133	1.069	0.994	0.896	0.713						
四氯甲烷	1.347	1.300	1.245	1.186	1.120	1.043	0.942	0.751					
氯乙烷	0.666	0.604	0.503										
1,1-二氯乙烷	0.965	0.921	0.871	0.814	0.743	0.636							
1,2-二氯乙烷	1.063	1.027	0.986	0.936	0.886	0.830	0.758	0.637					
1,1,1-三氯乙烷	1.130	1.089	1.040	0.986	0.929	0.861	0.763						
1,1,2-三氯乙烷	1.252	1.217	1.180	1.140	1.093	1.042	0.989	0.929	0.852	0.724			
1,1,2,2-四氯乙烷	1.404	1.370	1.334	1.297	1.258	1.217	1.165	1.112	1.057	0.993	0.912	0.777	
五氯乙烷	1.490	1.456	1.421	1.384	1.346	1.306	1.262	1.208	1.155	1.098	1.032	0.946	0.801
六氯乙烷	1.558	1.524	1.489	1.455	1.419	1.381	1.340	1.298	1.252	1.203	1.148	1.087	1.015
1-氯丙烷	0.716	0.677	0.632	0.577	0.493								
1,4-二氯丁烷	1.003	0.978	0.952	0.925	0.897	0.867	0.829	0.792	0.752	0.706	0.646	0.546	
溴甲烷	1.260	1.149	0.985										
二溴甲烷	2.137	2.067	1.992	1.912	1.825	1.727	1.614	1.474	1.261				
溴乙烷	1.174	1.111	1.039	0.949	0.814								
1,1-二溴乙烷	1.825	1.782	1.738	1.691	1.643	1.591	1.536	1.476	1.410	1.336	1.247	1.133	0.917
2-溴丙烷	1.089	1.042	0.991	0.933	0.863	0.769							
二氟一氯溴甲烷	1.165												
碘甲烷	1.897	1.809	1.713	1.611	1.488	1.307							
碘乙烷	1.647	1.591	1.527	1.452	1.374	1.287	1.175	0.983					
碘丙烷	1.512	1.467	1.420	1.371	1.307	1.243	1.175	1.093	0.979				

表3.2.13 致冷剂液体的密度 单位：g/mL

名称	温度/℃									
	-180	-160	-140	-120	-100	-80	-60	-40	-20	0
R-11					1.737	1.699	1.660	1.619	1.577	1.534
R-12			1.777	1.727	1.674	1.622	1.568	1.514	1.457	1.396
R-13	1.846	1.786	1.724	1.658	1.589	1.515	1.435	1.346	1.243	1.117
R-14	1.891	1.793	1.693	1.587	1.468	1.315	1.118			
R-21				1.670	1.632	1.594	1.554	1.513	1.470	1.426
R-22			1.667	1.616	1.563	1.511	1.457	1.402	1.344	1.281
R-23			1.638	1.573	1.504	1.431	1.351	1.263	1.160	1.032
R-30						1.489	1.458	1.427	1.394	1.360
R-32						1.478^{-70}	1.465	1.450	1.423^{-35}	
R-40						1.094	1.063	1.030	0.996	0.960
R-113									1.665	1.620
R-114						1.755	1.703	1.650	1.596	1.540
R-116					1.698	1.616	1.526	1.427	1.295	1.139

名称	温度/℃									
	20	40	60	80	100	120	140	160	180	200
R-11	1.488	1.440	1.390	1.336	1.277	1.212	1.139	1.051	0.931	
R-12	1.331	1.255	1.164	1.062	0.908					
R-13	0.924									
R-21	1.379	1.330	1.277	1.220	1.158	1.086	1.001	0.886		
R-22	1.213	1.125	1.030	0.899						
R-23	0.819									
R-30	1.326	1.289	1.252	1.212	1.170	1.125	1.076	1.022	0.960	0.886
R-40	0.921	0.880	0.835	0.784	0.724	0.647	0.503			
R-113	1.575	1.528	1.479	1.427	1.372	1.310	1.236	1.158	1.066	0.929
R-114	1.482	1.419	1.351	1.264	1.172	1.059	0.856			

3.2.4 饱和烷烃的密度

表3.2.14 丙烷在压力下的密度 单位：g/L

温度/K	压力/kPa							
	10	50	100	200	300	400	500	600
230	0.231	1.172	584	584	584	584	584	584
240	0.222	1.120	2.279	571	572	572	573	573
250	0.213	1.074	2.179	4.497	560	560	560	561
260	0.204	1.031	2.088	4.285	6.647	548	548	549
270	0.197	0.992	2.004	4.100	6.323	8.678	535	535
280	0.190	0.956	1.928	3.934	6.041	8.258	10.59	521
290	0.183	0.922	1.858	3.783	5.789	7.889	10.08	12.38
300	0.177	0.891	1.793	3.645	5.563	7.559	9.633	11.79
310	0.171	0.86	1.734	3.517	5.356	7.261	9.232	11.27
320	0.166	0.834	1.678	3.400	5.168	6.991	8.872	10.80
330	0.161	0.808	1.626	3.289	4.994	6.745	8.544	10.39
340	0.156	0.784	1.570	3.185	4.832	6.516	8.243	10.01
350	0.152	0.761	1.530	3.091	4.680	6.306	7.967	9.669

续表

温度/K	压力/kPa 10	50	100	200	300	400	500	600
360	0.147	0.74	1.487	2.999	4.538	6.123	7.222	9.307
370	0.143	0.72	1.445	2.914	4.407	5.928	7.474	9.050
380	0.140	0.701	1.407	2.834	4.283	5.757	7.253	8.773
390	0.136	0.682	1.369	2.758	4.164	5.595	7.046	8.517
400	0.133	0.665	1.335	2.687	4.055	5.444	6.851	8.286
420	0.126	0.633	1.270	2.554	3.851	5.165	6.494	7.837
440	0.121	0.604	1.211	2.436	3.670	4.915	6.175	7.445
460	0.115	0.578	1.158	2.325	3.501	4.689	5.886	7.092
480	0.111	0.554	1.109	2.226	3.350	4.484	5.624	6.772
500	0.106	0.531	1.064	2.134	3.212	4.296	5.385	6.482
520	0.102	0.511	1.023	2.050	3.085	4.121	5.166	6.217
540	0.098	0.492	0.985	1.973	2.967	3.964	4.966	5.973
560	0.095	0.474	0.949	1.901	2.858	3.818	4.782	5.750
580	0.091	0.458	0.916	1.836	2.758	3.686	4.613	5.544
600	0.088	0.442	0.886	1.774	2.665	3.558	4.456	5.354

温度/K	压力/kPa 700	800	900	1000	1500	2000	2500	3000
230	585	585	585	586	587	588	589	589
240	573	574	574	574	575	577	577	579
250	561	562	562	562	564	565	566	567
260	549	550	549	550	552	553	553	555
270	536	536	536	537	537	539	541	541
280	521	522	522	523	525	526	528	529
290	14.82	506	507	507	510	511	513	514
300	14.07	16.47	19.02	491	493	494	497	498
310	13.41	15.62	17.97	20.46	475	477	479	481
320	12.91	14.93	17.08	19.37	32.56	457	460	462
330	12.30	14.28	16.31	18.43	30.54	436	439	442
340	11.83	13.70	15.58	17.61	28.83	42.52	414	418
350	11.40	13.18	15.02	16.90	27.21	39.62	55.50	386
360	11.02	12.72	14.46	16.25	25.94	37.20	50.87	68.97
370	10.64	12.29	13.96	15.67	24.81	35.21	47.36	62.18
380	10.32	11.88	13.49	15.13	23.81	33.48	44.50	57.34
390	10.01	11.52	13.07	14.64	22.91	31.99	42.14	53.73
400	9.725	11.19	12.67	14.19	22.10	30.66	40.14	50.58
420	9.198	10.57	11.96	13.38	20.70	28.51	36.92	45.94
440	8.730	10.02	11.34	12.66	19.49	26.70	34.31	42.36
460	8.310	9.537	10.78	12.02	18.43	25.12	32.14	39.46
480	7.930	9.095	10.26	11.44	17.49	23.76	30.27	37.01
500	7.586	8.695	9.813	10.93	16.65	22.56	28.64	34.91
520	7.272	8.331	9.398	10.46	15.90	21.49	27.21	33.09
540	6.985	7.999	9.020	10.05	15.24	20.53	25.94	31.48
560	6.722	7.695	8.675	9.661	14.63	19.68	24.84	30.10
580	6.480	7.417	8.358	9.307	14.08	18.92	23.85	28.86
600	6.256	7.161	8.069	8.981	13.57	18.23	22.95	27.74

续表

温度 /K	压力/kPa								
	4000	6000	8000	10000	20000	30000	40000	50000	60000
230	592	594							
240	581	584							
250	569	573							
260	557	560							
270	543	546							
280	531	536	541	544	554				
290	516	522	526	531	547				
300	501	507	512	516	532				
310	485	491	497	502	521	537	548	559	568
320	467	474	481	487	509	526	540	550	561
330	447	456	465	472	498	516	530	542	553
340	426	437	447	456	486	506	522	534	546
350	399	417	429	439	474	496	512	526	538
360	359	393	409	422	464	291.0	489	531	512
370	117.8	353.7	394.5	397.2	464.3	476.5	495.2	509.2	521.9
380	93.78	304.5	365.5	378.5	448.2	466.8	486.2	501.2	514.8
390	58.37	220.5	328.7	360.2	422.7	458.0	477.2	493.2	506.9
400	76.03	172.6	288.1	339.2	402.2	448.0	468.2	486.0	500.1
420	66.76	112.5	208.5	280.1	380.4	425.3	450.3	470.8	486.3
440	60.13	104.2	161.9	223.2	360.5	403.4	433.6	454.9	472.7
460	55.28	92.09	136.7	185.8	331.5	383.6	416.8	439.9	458.6
480	51.35	83.40	120.5	160.8	304.9	364.7	400.7	423.1	444.8
500	48.08	76.71	108.9	143.3	280.9	346.2	384.1	412.0	433.2
520	45.30	71.48	100.1	130.1	260.0				
540	42.91	67.16	93.05	119.9	240.6				
560	40.91	65.32	87.33	111.8	223.2				
580	39.11	60.41	82.57	105.0	207.8				
600	37.52	57.71	78.53	99.50	194.6				

注：表中横线上边为液体，下边为气体。

算图 3.5

液态丙烷在压力下的密度（第 691 页左）

算图 3.6

混合液体的平均密度（第 691 页右）

表3.2.15 丁烷液体在压力下的比容 单位：cm^3/kg

温度 /℃	压力/kPa													
	2	3	4	5	6	7	8	9	10	12	14	16	18	20
20	1700	1695	1691	1687	1683	1680	1676	1672	1669	1661	1656	1649	1643	1637
40	1739	1730	1764	1761	1754	1749	1743	1739	1734	1724	1715	1706	1698	1690
60	1862	1852	1843	1835	1827	1819	1811	1804	1797	1784	1771	1760	1745	1737
80	1969	1954	1940	1926	1913	1901	1890	1880	1870	1852	1836	1821	1808	1797
90	2040	2019	2000	1983	1967	1953	1939	1927	1916	1894	1877	1860	1845	1833
100	2126	2099	2075	2053	2033	2016	2000	1985	1971	1947	1926	1907	1891	1877
110	2229	2194	2163	2137	2113	2091	2071	2054	2038	2008	1984	1963	1945	1929
120	2345	2302	2264	2231	2202	2176	2153	2132	2113	2080	2052	2029	2008	1991

表3.2.16　戊烷液体在压力下的比容　　单位：cm^3/kg

温度/℃	压力/kPa										
	1	2	3	4	5	6	7	8	9	10	11
20	1591	1588	1584	1581	1578	1575	1572	1569	1567	1566	1562
40	1644	1640	1636	1632	1628	1625	1621	1617	1614	1611	1607
60	1703	1698	1693	1688	1683	1678	1673	1669	1665	1660	1658
80	1774	1766	1759	1753	1746	1740	1735	1729	1724	1718	1712
90	1813	1805	1797	1789	1781	1775	1768	1762	1756	1749	1743
100	1859	1848	1839	1830	1824	1814	1806	1798	1791	1784	1777
110	1908	1896	1884	1875	1864	1855	1845	1836	1828	1820	1813
120	1965	1950	1937	1924	1911	1900	1889	1878	1869	1860	1851

表3.2.17　致冷剂R-113液体在压力下的密度　　单位：g/mL

温度/℃	压力/kPa						
	0.5	1.0	1.5	2.0	2.5	3.0	3.5
20	1.586	1.586	1.587	1.588	1.589	1.590	1.591
30	1.561	1.561	1.562	1.563	1.564	1.565	1.566
40	1.535	1.536	1.537	1.538	1.539	1.541	1.542
50	1.510	1.512	1.513	1.514	1.515	1.517	1.518
60	1.485	1.486	1.487	1.489	1.490	1.492	1.494
70	1.459	1.460	1.462	1.464	1.465	1.468	1.469
80	1.432	1.434	1.436	1.437	1.439	1.441	1.444
90	1.403	1.405	1.408	1.410	1.412	1.415	1.417
100	1.372	1.375	1.378	1.381	1.384	1.387	1.390
110		1.347	1.350	1.353	1.355	1.359	1.362
120		1.314	1.318	1.321	1.325	1.328	1.333
130			1.284	1.287	1.292	1.296	1.300
140			1.246	1.252	1.257	1.263	1.268
150			1.207	1.213	1.219	1.225	1.232
160				1.171	1.181	1.189	1.195
170				1.210	1.134	1.144	1.153
180					1.081	1.093	1.103
185					1.051	1.063	1.073
190						1.030	1.041
195						0.995	1.009

算图3.7
致冷剂R-11、R-12的密度
（第692页左）

算图3.8
致冷剂的比容
（第692页右）

算图3.9
根据烷烃临界温度求密度（Ⅰ）
（第693页左）

算图3.10
根据烷烃临界温度求密度（Ⅱ）
（第693页右）

算图3.11
根据烷烃沸点求密度
（第694页左）

算图3.12
饱和烷烃密度的估算（Ⅰ）
（第694页右）

算图3.13
饱和烷烃密度的估算（Ⅱ）
（第695页左）

表3.2.18　饱和甲烷、乙烷、丙烷和丁烷的密度　　单位：kg/m^3

甲烷	T_{sat}/K	111.42	120	130	140	150	160	170	180	185	190	111.42
	p_{sat}/kPa	101	192	367	638	1033	1588	2338	3288	3854	4552	101
	液体	424.3	412.0	396.7	379.8	361.0	339.3	312.3	271.9	240.0	182.0	424.3
	气体	1.79	3.26	5.95	10.03	16.08	25.03	38.57	59.14	76.28	120.9	1.79

续表

乙烷	T_{sat}/K	184.52	200	210	230	240	260	270	280	290	300	184.52
	p_{sat}/kPa	101	217	334	700	968	1712	2208	2801	3510	4365	101
	液体	546.45	529.10	516.79	489.71	474.60	440.14	419.81	396.35	364.56	316.25	546.45
	气体	2.04	4.09	6.21	12.75	17.56	31.65	42.03	55.96	77.10	119.18	2.04
丙烷	T_{sat}/K	231.1	248.06	259.83	275.24	291.83	317.42	330.7	351.23	359.61	367.18	231.1
	p_{sat}/kPa	101	203	304	507	810	1520	2026	3039	3545	4052	101
	液体	582	562	549	528	504	460	434	381	347	300	582
	气体	2.42	4.63	6.77	11	17.5	33.9	47.1	80.4	104	150	2.42
丁烷	T_{sat}/K	273.15	289	305	321	337	353	369	385	405	425.15	273.15
	p_{sat}/kPa	103	184	304	469	706	1023	1526	1925	2739	3797	103
	液体	603	587	571	551	529	504	475	441	388	225.3	603
	气体	2.81	4.81	7.53	11.6	17.4	25.1	35.6	51.3	80.7	225.3	2.81

表3.2.19 饱和异丁烷的比容

单位：m^3/kg

T_{sat}/K	113.6	120	140	160	180	200	220	240	260	270	280	290
p_{sat}/kPa	1.90×10^{-7}	9.30×10^{-7}	0.000048	0.00082	0.007	0.0369	0.1374	0.3989	0.96	1.4081	2.002	2.7686
液体	0.001349	0.00136	0.001396	0.001435	0.001476	0.00152	0.001568	0.001621	0.00168	0.001712	0.001746	0.001784
气体	8.60×10^{-6}	1.84×10^{-6}	4210	278.2	36.66	7.723	2.265	0.8432	0.3738	0.2617	0.1882	0.1385
T_{sat}/K	300	310	320	330	340	350	360	370	380	390	400	408
p_{sat}/kPa	3.7365	4.934	6.392	8.14	10.21	12.64	15.46	18.72	22.48	26.82	31.86	36.55
液体	0.001824	0.001868	0.001916	0.001971	0.002032	0.002103	0.002187	0.002289	0.00242	0.002604	0.00292	0.004464
气体	0.104	0.0794	0.0614	0.0481	0.038	0.0301	0.024	0.019	0.015	0.0115	0.0083	0.0045

表3.2.20 饱和戊烷的密度

单位：kg/m^3

正戊烷	T_{sat}/K	309.2	335	350	365	380	395	410	425	440	469.6
	p_{sat}/kPa	101.3	227	341	492	688	935	1249	1634	2103	3370
	液体	610.2	582.9	566	548	528.9	507.9	484.1	456.5	423.5	280.9
	气体	3.00	6.36	9.41	13.51	18.99	26.11	36.21	49.73	68.96	184.1
异戊烷	T_{sat}/K	301	325	340	355	370	385	400	415	430	460.4
	p_{sat}/kPa	101.3	217	328	476	667	913	1222	1603	2070	3380
	液体	613	586	569	552	532	511	488	461	428	236
	气体	3.07	6.3	9.41	13.5	18.9	26.2	36.a	49.3	68.3	236
新戊烷	T_{sat}/K	282.65	305	320	335	350	365	380	395	410	433.8
	p_{sat}/kPa	101.3	215	362	482	676	945	1280	1700	2200	3196
	液体	603	575	558	543	519	497	472	443	407	238
	气体	3.28	6.38	9.91	14.5	20.7	29	40.2	55.8	79.1	238
环戊烷	T_{sat}/K	322.4	350	370	390	410	430	450	470	490	511.8
	p_{sat}/kPa	101.3	239	406	642	948	1309	1861	2742	3562	4508
	液体	706	680	656	635	607	577	547	505	455	272
	气体	10.8	20	36.3	52.1	69.2	97.5	117	141	176	272

表3.2.21 饱和己烷和庚烷的密度

单位：kg/m^3

正己烷	T_{sat}/K	341.88	370	385	400	415	430	445	460	475	507.44
	p_{sat}/kPa	101.3	228	331	465	683	854	1124	1457	1859	3031
	液体	613	585	568	551	532	511	488	463	432	233
	气体	3.3	7.0	10.0	14.1	19.5	26.7	34.7	48.6	66.2	233

续表

环己烷	T_{sat}/K	353.87	360	385	410	435	460	485	510	535	554.15
	p_{sat}/kPa	101.3	124	234	414	689	1069	1586	2275	3723	4075
	液体	715	710	685	660	630	590	555	510	445	273
	气体	3.02	3.75	6.76	11.6	18.9	29.0	42.9	64.6	144	273
正庚烷	T_{sat}/K	371.6	380	400	420	440	460	480	500	520	540.6
	p_{sat}/kPa	101.3	130	219	349	529	721	1094	1513	2046	2736
	液体	614	606	585	563	540	512	484	448	397	234
	气体	3.46	4.36	7.23	11.5	17.4	25.6	37.8	56.5	88.3	234

表3.2.22 饱和辛烷、壬烷和庚烷的密度

单位：kg/m³

正辛烷	T_{sat}/K	398.8	415	435	455	475	495	515	535	555	568.8
	p_{sat}/kPa	101.3	156	252	386	569	809	1127	1535	2052	2486
	液体	611	595	575	553	529	502	470	432	373	232
	气体	3.8	5.67	8.98	13.7	20.4	29.9	44.0	65.0	105	232
正壬烷	T_{sat}/K	423.97	435	455	475	495	515	535	555	575	594.63
	p_{sat}/kPa	101.3	134	214	338	496	717	965	1320	1750	2289
	液体	614	602	581	560	535	510	479	444	394	234
	气体	3.94	5.18	8.22	12.6	18.7	27.3	39.6	58	89.8	234
正癸烷	T_{sat}/K	447.31	460	480	500	520	540	560	580	600	617.6
	p_{sat}/kPa	101.3	141	227	329	479	675	927	1250	1650	2096
	液体	621	608	588	564	538	513	479	445	392	235.9
	气体	4.13	5.6	8.73	13.2	19.4	28.1	40.7	59.6	93.1	235.9

表3.2.23 饱和致冷剂R-12的比容

单位：m³/kg

T_{sat}/K	−90	−85	−80	−75	−70	−65	−60
p_{sat}/kPa	0.0028	0.0042	0.0062	0.0088	0.0123	0.0168	0.0226
液体	0.000608	0.000612	0.000617	0.000622	0.000627	0.000632	0.000637
气体	4.410541	3.037316	2.13834	1.537651	1.12728	0.841166	0.63791
T_{sat}/K	−55	−50	−45	−40	−35	−30	−25
p_{sat}/kPa	0.03	0.0391	0.0504	0.0642	0.0807	0.1004	0.1237
液体	0.000642	0.000648	0.000604	0.000659	0.000666	0.000672	0.000679
气体	0.491	0.383105	0.302682	0.24191	0.195398	0.159375	0.131166
T_{sat}/K	−20	−15	−10	−5	0	5	10
p_{sat}/kPa	0.1509	0.1826	0.2191	0.261	0.3086	0.3626	0.4233
液体	0.000685	0.000693	0.0007	0.000708	0.000716	0.000724	0.000733
气体	0.108847	0.091018	0.076646	0.064963	0.055389	0.047485	0.040914
T_{sat}/K	15	20	25	30	35	40	45
p_{sat}/kPa	0.4914	0.5673	0.6516	0.7449	0.8477	0.9607	1.0843
液体	0.000743	0.000752	0.000763	0.000774	0.000786	0.000798	0.000811
气体	0.035413	0.03078	0.026854	0.023008	0.020641	0.018171	0.016032
T_{sat}/K	50	55	60	65	70	75	80
p_{sat}/kPa	1.2193	1.3663	1.5259	1.6988	1.8818	2.0874	2.3046
液体	0.000826	0.000841	0.000858	0.000877	0.000897	0.00092	0.000946
气体	0.01417	0.012542	0.011111	0.009847	0.008725	0.007723	0.006821
T_{sat}/K	85	90	95	100	105	110	112
p_{sat}/kPa	2.538	2.7885	3.0069	3.344	3.6309	3.9784	4.1155
液体	0.000976	0.001012	0.001056	0.001113	0.001197	0.001364	0.001792
气体	0.006005	0.000258	0.004563	0.003903	0.003242	0.002462	0.001797

3.3　共沸点

3.3.1　二元共沸物的共沸点

表 3.3.1　含链烷烃的二元共沸物的共沸点

（1）第一组分　戊烷

第一组分质量分数 /%	91	95	94	50	78	30	90	79	85	53	48
第二组分（余量）	甲醇	乙醇	异丙醇	乙硫醇	甲丙醚	乙醚	二硫化碳	丙酮	二乙胺	二甲硫	异丙基溴
共沸点 /℃	30.8	34.3	35.5	32	25.3	33.4	35.7	31.9	35	33.9	32

第一组分质量分数 /%	90	50	68	47	75	65	33.8	89	43
第二组分（余量）	甲酸	溴乙烷	碘甲烷	甲酸甲酯	甲酸乙酯	甲醛缩二甲醇	2-甲基1,3-丁二烯	亚硝酸丙酯	1,2-环氧乙烷
共沸点 /℃	34.2	33	35.0	21.8	33.5	33.7	10	35.9	27.5

（2）第一组分　己烷

第一组分质量分数 /%	72	79	95.7	78	97.5	92	74.8	95.5	96	41
第二组分（余量）	甲醇	乙醇	丙醇	异丙醇	异丁醇	仲丁醇	叔丁醇	烯丙醇	叔戊醇	丙酮
共沸点 /℃	50.6	56.7	65.7	61.0	68.3	67.2	63.7	65.2	68.3	49.8

第一组分质量分数 /%	63	67	28	50	33	70	52	82	74
第二组分（余量）	丁酮	溴丙烷	氯仿	异丁胺	甲酸乙酯	甲酸丙酯	甲酸异丙酯	甲酸异丁酯	甲酸烯丙酯
共沸点 /℃	64.2	67.5	59.9	60.0	49.5	63.6	57.0	68.5	64.5

第一组分质量分数 /%	10	61	91	78	50	82	44	45	62
第二组分（余量）	乙酸甲酯	乙酸乙酯	乙酸异丙酯	丙酸甲酯	硼酸三甲酯	亚硝酸丁酯	亚硝酸异丁酯	异丁基氯	异丁基溴
共沸点 /℃	56.6	65.1	68.5	69.5	66.3	68.0	65.0	66.3	68.0

（3）第一组分　庚烷

第一组分质量分数 /%	48.5	51	62	63	99	80	30	65	87	85
第二组分（余量）	甲醇	乙醇	丙醇	烯丙醇	乙二醇	乙缩醛	丁酮	3-戊酮	甲基异丙酮	甲基叔丁酮
共沸点 /℃	59.1	70.9	84.8	84.5	98.3	97.5	77.0	93.0	97.5	97.0

第一组分质量分数 /%	67	70	29	60	50	66	6	62	33
第二组分（余量）	甲酸	乙酸	甲酸丙酯	甲酸丁酯	甲酸异丁酯	乙酸甲酯	乙酸乙酯	乙酸丙酯	乙酸异丙酯
共沸点 /℃	79.5	92.3	78.2	90.7	92.0	94.9	76.9	93.6	87.5

第一组分质量分数 /%	53	40	32	46	39	49.5	82	73	62
第二组分（余量）	丙酸乙酯	异丁酸甲酯	硝酸乙酯	亚硝酸异戊酯	碳酸二甲酯	异丙醇	丁醇	异丁醇	仲丁醇
共沸点 /℃	93.0	88.5	82.5	95.0	82.4	76.4	94.4	90.8	89.0

第一组分质量分数 /%	38	73.5	93	0.7	90	90	50	47	52
第二组分（余量）	叔丁醇	异戊醇	叔戊醇	苯	异丁酸乙酯	甲基环己烷	溴丁烷	三氯乙醛	烯丙基碘
共沸点 /℃	78.0	92.2	97.7	80.1	97.0	98.3	96.7	9.3	97.0

（4）第一组分　辛烷

第一组分质量分数 /%	28	27	22.7	16	65	84	20	47.5	92
第二组分（余量）	甲醇	乙醇	丙醇	异丙醇	异丁醇	2-氨基乙醇	甲酸	乙酸	乙酰胺
共沸点 /℃	63.0	76.3	95.0	81.6	102.5	123	93.5	105.5	125.5

第一组分质量分数 /%	45	35	48	30	40	35	36	10	6
第二组分（余量）	甲酸异戊酯	乙酸丁酯	乙酸丁酯	乙酸异丁酯	丙酸丙酯	丁酸丁酯	乙腈	吡啶	二噁烷
共沸点 /℃	116.5	118.8	119	114	118.2	118.5	77.4	112.8	100.5

第一组分质量分数 /%	35	70	90	52	62	89
第二组分（余量）	甲基异丙基酮	亚异丙基丙酮	二异丁基酮	乙二醇一甲醚	乙二醇一乙醚	乙酸-2-甲氧基乙酯
共沸点 /℃	113.4	123	122	110	116	125.2

表 3.3.2 含卤烷烃的二元共沸物的共沸点

（1）第一组分 二氯甲烷

第一组分质量分数/%	98.5	94.0	88.5	92.0	72.0	94.0	86.0	55.0	70.0
第二组分（余量）	水	甲醇	乙醇	异丙醇	仲丁醇	叔丁醇	乙二醇	糠醇	乙醚
共沸点/℃	38.1	39.2	54.6	56.6	174.0	57.0	168.7	165.8	40.8

第一组分质量分数/%	20	41.0	27.0	70.0	49.0	70.0	77.0	61
第二组分（余量）	甲酸甲酯	甲酸乙酯	丙酸	丙酮	戊烷	环戊烷	环氧丙烷	二硫化碳
共沸点/℃	30.8	92	140.6	57.6	35.5	38.0	40.6	37

（2）第一组分 三氯甲烷

第一组分质量分数/%	97.2	87.5	93.2	95.5	85.0	87.0	77.0	79.5	4.0	97.2	65.0
第二组分（余量）	水	甲醇	乙醇	异丙醇	甲酸	甲酸乙酯	乙酸甲酯	丙酮	丁酮	己烷	异丙基溴
共沸点/℃	56.1	53.5	59.3	60.8	59.15	62.7	64.8	64.5	79.7	60.0	62.7

表 3.3.3 第一组分为 1,1-二氯乙烷、1,2-二氯乙烷和 1,1,2,2-四氯乙烷

（1）第一组分 1,1-二氯乙烷

第一组分质量分数/%	95.3	88.5	88.5	≈92	95	70	6	约 45
第二组分（余量）	水	甲醇	乙醇	异丙醇	甲酸	丙酮	二硫化碳	二乙胺
共沸点/℃	53	59.05	54.6	56.6	56	57.55	46	52

（2）第一组分 1,2-二氯乙烷

第一组分质量分数/%	65	63	81	60.8	93.5	＜78	94	82	85.5	86
第二组分（余量）	甲醇	乙醇	丙醇	异丙醇	异丁醇	叔丁醇	叔戊醇	乙二醇	烯丙醇	甲酸
共沸点/℃	59.5	70.5	80.7	77.7	83.5	＜76.5	83	79.9	80.9	77.4

第一组分质量分数/%	91.9	15%（体积分数）	75.8	49.6	82	82	90	20	80.5
第二组分（余量）	水	苯	庚烷	环己烷	氯仿	二氯乙烯	甲酸丙酯	四氯化碳	1,1-二氯乙烷
共沸点/℃	71.9	80.1	81	74.4	82.9	82.9	84.05	75.5	72

（3）第一组分 1,1,2,2-四氯乙烷

第一组分质量分数/%	32	40	96.2	93	98.2	2	91	3	68.9
第二组分（余量）	甲酸	丙酸	丁酸	异丁酸	氯代乙酸	异戊醇	乙二醇	糠醛	水
共沸点/℃	99.25	140.4	145.7	144.8	146.25	131.3	145.1	161.6	93.2

第一组分质量分数/%	68	55	＜85	48	26	73	85	45	70
第二组分（余量）	乙酸异戊酯	丙酸丁酯	丙酸异丁酯	乳酸甲酯	乙二醇乙酸酯	氯代乙酸乙酯	亚异丙基丙酮	环己酮	二丁基醚
共沸点/℃	150.1	152.5	148	143.3	158.2	147.45	147.5	159.1	148

表 3.3.4 第一组分为 1-氯丙烷、2-氯丙烷、1,2-二氯丙烷和 1,2,3-三氯丙烷

（1）第一组分 1-氯丙烷

第一组分质量分数/%	92	90	94	97.2	＞68	＜64	44.5	85	99	90.8
第二组分（余量）	甲酸	甲醇	乙醇	2-丙醇	戊烷	环戊烷	二硫化碳	甲酸乙酯	水	水（2.5）+乙醇（6.7）
共沸点/℃	45.7	40.6	45.0	≈64.4	＜34.6	＜44.5	42.1	46.3	43.4	40.0

（2）第一组分 2-氯丙烷

第一组分质量分数/%	43	94	97	98.2	78	57	98.8
第二组分（余量）	甲酸甲酯	甲醇	乙醇	甲酸	二硫化碳	戊烷	水
共沸点/℃	29.0	32.3	34.2	34.8	33.7	31.0	33.6

（3）第一组分 1,2-二氯丙烷

第一组分质量分数 /%	47	47.26	16	16	89.6
第二组分（余量）	甲醇	乙醇	四氯化碳	环乙烷	水
共沸点 /℃	62.9	74.7	76.6	80.4	78.4

（4）第一组分 1,2,3-三氯丙烷

第一组分质量分数 /%	30	75	62	90	92.5	87
第二组分（余量）	丙酸	丁酸	异丁酸	氯代乙酸	乙酰胺	乙二醇
共沸点 /℃	140.5	153	149.2	154.5	154.5	150.8
第一组分质量分数 /%	>60	>65	62	62	98.1	96
第二组分（余量）	丁酮	乙酸乙酯	丙酸甲酯	甲酸丙酯	丁醇	异丁醇
共沸点 /℃	＜77.0	76	76.8	76.1	77.7	77.65

表 3.3.5 第一组分为氯丁烷和二溴甲烷

（1）第一组分 氯丁烷

第一组分质量分数 /%	93.4	73	79.7	82	77	8	20	4
第二组分（余量）	水	甲醇	乙醇	丙醇	异丙醇	2-丁醇	叔丁醇	异丁醇
共沸点 /℃	68.1	57	65.7	74.8	70.8	77.7	72.8	77.65

第一组分质量分数 /%	67	84	10	72	96	61	30
第二组分（余量）	环已醇	硝基甲烷	乳酸乙酯	草酸二甲酯	苯酚	环已酮	溴苯
共沸点 /℃	154.9	75	153.5	154	107	160	155.65

（2）第一组分 二溴甲烷

第一组分质量分数 /%	52	60	>74	>32	84	>58	82	>75
第二组分（余量）	甲醇	乙醇	丙醇	2-丙醇	乙酸	庚烷	2-甲基-1-丙醇	甲基环已烷
共沸点 /℃	64.3	75.5	＜90.5	＜81.0	94.8	＜95.5	94.8	＜96.4

表 3.3.6 第一组分为溴乙烷和 1,2-二溴乙烷

（1）第一组分 溴乙烷

第一组分质量分数 /%	≈99	＜52	80	＜80	94.5	96.5	97	34	67	≈30
第二组分（余量）	水	戊烷	二氯甲烷	环戊烷	甲醇	乙醇	甲酸	甲醇甲酯	二硫化碳	≈40%二硫化碳+≈10%甲醇
共沸点 /℃	37	＜32.8	38.1	＜37.5	35	37.6	38.2	29.9	37.8	33.9

（2）第一组分 1,2-二溴乙烷

第一组分质量分数 /%	48.5	40	82.5	96.5	9	＜47	＜78	96.5	90	59	27.1	66.0
第二组分（余量）	甲酸	乙酸	丙酸	丁酸	1-丙醇	2-戊醇	1-戊醇	己二醇	乙苯	氯苯	烯丙醇	2-氯乙醇
共沸点 /℃	94.7	114.3	128	131.1	97.0	＜119.0	＜127.3	130.9	131.4	130.1	88.9	122.3

第一组分质量分数 /%	＞38	77	37	67	63.5	69.5	82	≈8
第二组分（余量）	1-氯-2-丙醇	2-乙氧基乙醇	2-甲基-1-丙醇	2-氯-1-丙醇	2-甲氧基乙醇	3-甲基-1-丁醇	乳酸甲酯	甲酸异戊酯
共沸点 /℃	＜124.8	127.8	106.8	128	120.6	124.2	130	123.7

表 3.3.7 第一组分为 2-溴丙烷和 1,2-二溴丙烷

（1）第一组分 2-溴丙烷

第一组分质量分数 /%	85.5	88.5	93	86	98.5	35	94.8	58	30	32	10.5
第二组分（余量）	甲醇	乙醇	2-丙醇	甲酸	己烷	氯仿	2-甲基-2-丙醇己烷	丙酮	甲酸乙酯	乙酸甲酯	二硫化碳
共沸点 /℃	49	55.3	57.7	56.1	59.3	62.2	59	54.1	53	56	46.1

（2）第一组分 1,2-二溴丙烷

第一组分质量分数/%	30	67	92	39	>52
第二组分（余量）	乙酸	丙酸	丁酸	丁醇	3-甲基-1-丁醇
共沸点/℃	116	134.5	138.5	<117.1	<128.5
第一组分质量分数/%	50	>78	>32	>25	40
第二组分（余量）	乙氧基乙醇	邻二甲苯	间二甲苯	对二甲苯	二丁基醚
共沸点/℃	131.5	<140.2	<138.8	<138.5	146

表 3.3.8 第一组分为环烷烃

（1）第一组分 环戊烷

第一组分质量分数/%	25	>55	82	>20	30	38	>36
第二组分（余量）	甲酸甲酯	甲酸乙酯	甲酸异丙酯	溴乙烷	二氯甲烷	二甲氧基甲烷	1-氯丙烷
共沸点/℃	28	<42.0	<47.0	<37.0	38	40	<44.5

第一组分质量分数/%	<91	86	92.5	≈93	64	33
第二组分（余量）	硝基甲烷	甲醇	乙醇	2-甲基-2-丙醇	丙酮	二硫化碳
共沸点/℃	<47.5	38.8	44.7	48.2	41	44

（2）第一组分 环己烷

第一组分质量分数/%	61	70	80	67	80	70	74	52	10	78
第二组分（余量）	甲醇	乙醇	丙醇	异丙醇	烯丙醇	1-丁醇	2-丁醇	异丁醇	叔丁醇	叔戊醇
共沸点/℃	54.2	64.9	74.3	68.6	74.0	79.8	76.0	78.1	71.3	78.5
第一组分/%	96	15	60	61	63	91	46	78	48	41
第二组分（余量）	3-戊醇	丙酮	丁酮	甲基异丙基酮	甲酸丙酯	甲酸异丁酯	乙酸乙酯	乙酸异丙酯	丙酸甲酯	异丁酸甲酯
共沸点/℃	80	54.0	72.0	79.0	75	80	72.8	78.9	75	78.6
第一组分质量分数/%	62	33	98	78	84	50	30	91.6	3.59	75.4
第二组分（余量）	硝酸乙酯	亚硝酸丁酯	乙酸	水合氯醛	1,2-二氯丙烷	苯	福尔马林	水	四氯化碳	二噁烷
共沸点/℃	74.5	76.5	79.7	76	80.4	77.8	70.7	68.95	76.5	79.5

（3）第一组分 甲基环己烷

第一组分质量分数/%	57	58.5	52.5	58	79	70	35	77	59	94	96
第二组分（余量）	甲醇	丙醇	异丙醇	烯丙醇	丁醇	异丁醇	叔丁醇	3-戊醇	叔戊醇	异戊醇	乙二醇
共沸点/℃	59.45	86.0	77.4	85.0	96.4	93.2	78.2	97.4	93.4	100.1	100.8
第一组分质量分数/%	70	30	59.7	60	60	43	22	47	55	25	80
第二组分（余量）	甲基叔丁基醇	丁酮	2-戊酮	3-戊酮	甲基异丙基酮	甲酸异丁酯	乙酸异丙酯	丙酸乙酯	丁酸甲酯	异丁酸甲酯	异丁酸乙酯
共沸点/℃	98	78	100.6	95.0	100.6	92.4	89.0	94.5	97.0	91.0	100.1
第一组分质量分数/%	18	28	60	43	53.5	69	10	60.5	71	40	30
第二组分（余量）	亚硝酸异戊酯	硝酸乙酯	三乙缩醛	三氯乙醛	甲酸	乙酸	庚烷	硝基甲烷	三氯硝基甲烷	丙基碘	烯丙基碘
共沸点/℃	95.5	83.85	99.4	94.45	80.2	96.3	98.3	81.25	100.8	99.4	99

表 3.3.9 第一组分为 3-氯-1,2-环氧丙烷和 1,2-环氧溴丙烷

（1）第一组分 3-氯-1,2-环氧丙烷

第一组分质量分数/%	70	>4	≈80	<28	<92	>5	29	<70
第二组分（余量）	水	庚烷	辛烷	碘丙烷	碘丁烷	甲基环己烷	甲苯	四氢噻吩
共沸点/℃	88	<98.1	114.5	<100.5	<115	<100.8	108.4	<112.5
第一组分质量分数/%	23	57	25	39.5	<95	60	54	30
第二组分（余量）	丙醇	丁醇	仲丁醇	异丁醇	戊醇	2-戊醇	3-戊醇	叔戊醇
共沸点/℃	96	112	98	105	<116.2	113	115.5	100.7

续表

第一组分质量分数/%	81	22	>50	>88	75	≈10
第二组分（余量）	异戊醇	烯丙醇	乙酸异丁酯	丙酸丙酯	丁酸乙酯	异丁酸乙酯
共沸点/℃	115.35	95.8	＜115.3	＜116.3	115.75	109.8
第一组分质量分数/%	67	47	48	>32	65	25
第二组分（余量）	二异丙硫醚	1-碘-2-甲基丙烷	3-甲基-2-丁醇	4-甲基-2-戊酮	1,3-二甲基环己烷	2,5-二甲基己烷
共沸点/℃	111.5	111	109.5	＜115.5	113.6	≈107.0

（2）第一组分　1,2-环氧溴丙烷

第一组分质量分数/%	99.0	60	47	54	57	23
第二组分（余量）	水	2-甲基-1,3-丁二烯	2-甲基-1-丁烯	2-戊烯	戊烷	二氯甲烷
共沸点/℃	33.8	31.6	27	30	27.5	40.6

表 3.3.10　第一组分为硝基烷烃

（1）第一组分　硝基甲烷

第一组分质量分数/%	76.9	54.5	96	12.5	26.8	47.5	28.2	70	56.5	46	32
第二组分（余量）	水	甲酸	乙酸	甲醇	乙醇	丙醇	异丙醇	丁醇	异丁醇	2-丁醇	叔丁醇
共沸点/℃	83.6	97.05	101.2	64.55	75.95	89.3	79.3	97.8	94.6	91.1	79.4
第一组分质量分数/%	88	49.5	73	68	43	56	55	14	55	21	37
第二组分（余量）	异戊醇	叔戊醇	2-戊醇	3-戊醇	烯丙醇	2-戊酮	3-戊酮	苯	甲苯	己烷	庚烷
共沸点/℃	100.6	93.1	98.5	97.4	89.3	99.15	99.1	79.13	96.5	62	80.2
第一组分质量分数/%	53	50	43	17	16	7	50	10	28	23	39.5
第二组分（余量）	辛烷	1,3-二甲基环己烷	2,5-二甲基己烷	四氯化碳	氯丁烷	溴丙烷	溴丁烷	碘乙烷	环己烷	甲基环戊烷	甲基环己烷
共沸点/℃	92	90.2	85.5	71.3	75.5	70.55	90	71.2	70.2	64.2	81.25
第一组分质量分数/%	6	32	45	35	50	72	60	35	20	30	10
第二组分（余量）	1-氯-2-甲基丙烷	甲酸异丁酯	乙酸丙酯	丙酸乙酯	丁酸甲酯	异丁酸乙酯	乙缩醛	三氯乙醛	三氯乙烯	二乙硫	二硫化碳
共沸点/℃	68.35	94.7	97.6	96	97.95	100.1	95	93	81.4	58	44.25

（2）第一组分　硝基乙烷

第一组分质量分数/%	73.6	70	55	40	78	89.2	106.5	96	90.8	60	108.5
第二组分（余量）	水	乙酸	丁醇	异丁醇	异戊醇	庚烷	甲苯	溴丁烷	甲基环己烷	丁酸异丁酯	异丁酸乙酯
共沸点/℃	87.1	112.4	107.7	102.5	112.2	28	25	25	30	112.5	27

表 3.3.11　第一组分为其他烷烃

（1）第一组分　二噁烷

第一组分质量分数/%	81.6	9.3	＜60	80	12	80	＞20
第二组分（余量）	水	乙醇	2-丁醇	叔戊醇	苯	甲苯	环己烯
共沸点/℃	87.8	78.13	＜98.8	100.65	82.4	101.8	＜81.8
第一组分质量分数/%	44	47	24.6	＞5	92	36	
第二组分（余量）	庚烷	溴丁烷	环己烷	甲基环戊烷	硼酸乙酯	1-氯-2-甲基丁烷	
共沸点/℃	91.85	98	79.5	＜71.5	100.7	97.5	

（2）第一组分　桉树脑（1,8-环氧对孟烷）

第一组分质量分数/%	43	80	36	83	92	40
第二组分（余量）	水	乙二醇	2-氨基乙醇	乙酰胺	丙酰胺	二氯甲烷
共沸点/℃	99.55	164.75	153.4	170.9	173.8	169.6
第一组分质量分数/%	78	80	45	72	57	41
第二组分（余量）	乙二醇乙酸酯	乙酰乙酸甲酯	草酸甲酯	氨基甲酸乙酯	双(2-氯乙基)醚	糠醛
共沸点/℃	174.1	＜164.0	108.85	168.4	173.35	157.25

3.3.2 三元共沸物的共沸点

表 3.3.12 含烷烃的三元共沸物及其共沸点

（1）第一组分 1,2-二氯乙烷（余量）

第二组分质量分数 /%		第三组分质量分数 /%		共沸点 /℃	第二组分质量分数 /%		第三组分质量分数 /%		共沸点 /℃
乙醇	15.7	水	7.2	67.8	苯	66.4	氯仿	5	79.2
异丙醇	19	水	7.7	69.7					

（2）第一组分 四氯乙烷（余量）

第二组分质量分数 /%		第三组分质量分数 /%		共沸点 /℃	第二组分质量分数 /%		第三组分质量分数 /%		共沸点 /℃
烯丙醇	5.44	水	4.13	65.4	异丙醇	5.14	水	0.92	65.9
乙醇	10.3	水	3.4	51.8	丁酮	22.2	水	3	65.7
丙醇	11.0	水	5	65.4	叔丁醇	11.9	水	3.1	64.7

（3）第一组分 环己烷（余量）

第二组分质量分数 /%		第三组分质量分数 /%		共沸点 /℃	第二组分质量分数 /%		第三组分质量分数 /%		共沸点 /℃
水	8.5	丙酮	10	66.55	甲醇	23	丙酮	30	57.5
水	7	乙醇	17	62.1	甲醇	16	乙酸甲酯	48.6	50.8
水	7.5	异丙醇	18.5	64.3	乙醇	–	乙酸乙酯	–	64.33
水	8	烯丙醇	11	66.18	异丙醇	–	己酸乙酯	–	74.0
水	–	2-丁醇	–	67.0	异丙醇	–	苯	–	63.3
水	8	叔丁醇	21	65.0	1,2-二氯乙烷	28.5	苯	66.4	79.2

（4）其他烷烃

第一组分质量分数 /%		第二组分质量分数 /%		第三组分质量分数 /%		共沸点 /℃
戊烷	52.0	甲酸甲酯	40	乙醚	8	20.4
己烷	74.0	丁酮	22	水	6	58.5（99kPa）
氯丁烷	91.6	丁醇	0.6	水	7.8	68
溴乙烷	22.0	甲酸甲酯	60	二硫化碳	18	24.7

3.4 黏度

3.4.1 烷烃气体在常压下的黏度

表3.4.1 链烷烃气体的黏度 单位：μPa·s

温度 /℃	–180	–170	–160	–150	–140	–130	–120	–110	–100	–75	–50	–25	0
甲烷	3.75	4.14	4.53	4.90	5.28	5.66	6.03	6.40	6.77	7.69	8.60	9.46	10.28
重氮甲烷	4.46	4.92	5.40	5.84	6.29	6.75	7.18	7.61	8.06	9.15	10.22	11.26	12.23
乙烷									5.52	6.23	7.03	7.80	8.55

温度 /℃	0	25	50	75	100	150	200	250	300	400	500	600	临界值
甲烷[①]		11.08	11.85	12.60	13.32	14.72	16.04	17.25	18.50	20.80	22.68	24.65	15.9
重氮甲烷		13.19	14.10	15.00	15.90	17.50	19.10	20.55	22.00	24.80	27.00	29.40	
乙烷		9.42	10.20	10.91	12.67	12.78	14.09	15.26	16.40	19.00	21.40	23.80	21.0
丙烷	7.50	8.11	8.78	9.42	10.06	11.30	12.48	13.62	14.75	17.15	19.40	21.80	22.8
丁烷	6.82	7.49	8.14	8.81	9.47	10.70	11.85	13.00	14.20	16.50	18.80	21.00	23.9
异丁烷	6.89	7.56	8.21	8.84	9.47	10.73	12.02	13.30	14.50				23.9

续表

温度/℃	0	25	50	75	100	150	200	250	300	400	500	600	临界值
戊烷	6.23	6.80	7.37	7.96	8.50	9.67	10.79	11.91	12.95	15.10	17.25	19.30	23.8
异戊烷	6.38	6.96	7.52	8.07	8.60	9.65	10.70	11.78	12.91				24.0
己烷	6.00	6.54	7.10	7.66	8.20	9.28	10.40	11.51	12.61	14.75	16.89	19.00	24.8
环己烷	6.53	7.12	7.70	8.25	8.78	9.81	10.90	11.97	13.00	14.82	16.67	18.60	28.4
庚烷	5.20				7.16	8.12	9.00	9.85	10.72				25.4②
辛烷	4.94				6.74	7.57	8.43						25.9②
壬烷					6.33	7.02	7.78	8.50	9.20				26.5②

① 温度为700、800、900、1000℃时，其值分别为26.50、28.20、29.8、31.35μPa·s。
② 为液态时的临界黏度。

表3.4.2 甲基烷烃气体的黏度

单位：μPa·s

温度/K	200	250	300	350	400	450	500	550	600
2,2-二甲基丁烷	4.388	5.487	6.616	7.756	8.893	10.01	11.11	12.18	13.22
3-甲基戊烷	4.269	5.330	6.422	7.529	8.336	9.732	10.81	11.86	12.88
2-甲基己烷	3.974	4.950	5.957	6.982	8.012	9.037	10.05	11.04	12.01
2-甲基庚烷	3.745	4.652	5.590	6.548	7.516	8.483	9.441	10.38	11.31
2,2,4-三甲基戊烷	3.957	4.924	5.923	6.941	7.966	8.987	9.996	10.99	11.96
温度/K	650	700	750	800	850	900	950	1000	
2,2-二甲基丁烷	14.23	15.20	16.15	17.07	17.97	18.84	19.69	20.53	
3-甲基戊烷	13.88	14.84	15.78	16.69	17.58	18.44	19.28	20.11	
2-甲基己烷	12.95	13.87	14.76	15.63	16.48	17.30	18.11	18.89	
2-甲基庚烷	12.22	13.10	13.96	14.80	15.61	16.41	17.19	17.95	
2,2,4-三甲基戊烷	12.90	13.82	14.72	15.59	16.44	17.26	18.07	18.86	

表3.4.3 卤烷烃气体的黏度

单位：μPa·s

名称	温度/K								
	150	200	250	300	350	400	450	500	550
一氟甲烷	5.676	7.492	9.292	11.08	12.87	14.54	16.10	17.57	18.96
一氯甲烷			8.801	11.85	13.32	14.80	16.25	19.00	21.05
三氯甲烷			8.446	10.13	11.81	13.46	15.09	16.69	18.27
四氯甲烷①			8.530	10.20	11.90	13.61	15.31	16.98	18.63
氯乙烷	4.777	6.380	7.977	9.559	11.12	12.65	14.15	15.62	17.05
1,1-二氯乙烷		5.724	7.561	9.292	10.95	12.54	14.08	15.58	17.05
1,2-二氯乙烷			7.640	9.169	10.69	12.19	13.67	15.14	16.57
1,1,1-三氯乙烷			7.782	9.338	10.88	12.41	13.92	15.40	16.86
1,1,2-三氯乙烷			7.456	8.952	10.44	11.92	13.38	14.82	16.23
1,1,2,2-四氯乙烷			7.213	8.662	10.11	11.54	12.96	14.37	15.75
五氯乙烷			7.015	8.425	9.830	11.23	12.61	13.98	15.34
六氯乙烷				8.181	9.547	10.91	12.26	13.60	14.92
1-氯丙烷	4.204	5.616	7.025	8.424	9.810	11.18	12.52	13.84	15.12
1,4-二氯丁烷			6.217	7.466	8.710	9.945	11.17	12.38	13.58
溴甲烷			10.27	12.50	14.64	16.71	18.71	20.66	22.56
二溴甲烷			10.42	12.51	14.58	16.64	18.67	20.67	22.64
溴乙烷		6.672	8.763	10.74	12.62	14.44	16.20	17.91	19.59
1,1-二溴乙烷				11.18	13.04	14.89	16.73	18.55	20.34
2-溴丙烷		7.614	9.444	11.26	13.07	14.86	16.65	18.43	20.23
二氟-氯溴甲烷	6.462	8.628	10.78	12.91	15.00	17.05	19.05	20.99	22.87

续表

名 称	温度/K								
	150	200	250	300	350	400	450	500	550
三氟溴甲烷	7.532	10.04	12.51	14.93	17.28	19.54	21.73	23.82	25.84
碘甲烷			12.41	14.80	17.18	19.54	21.89	24.23	26.59
碘乙烷		6.585	8.800	10.88	12.87	14.78	16.63	18.44	20.19
碘丙烷		5.705	7.707	9.585	11.37	13.10	14.76	16.38	17.97
二苯甲烷				5.583	6.460	7.364	8.282	9.207	10.13
硝基甲烷			6.502	7.753	8.997	10.23	11.47	12.69	13.92
硝基乙烷		5.033	6.242	7.443	8.636	9.824	11.01	12.19	13.36

名 称	温度/K								
	600	650	700	750	800	850	900	950	1000
氟甲烷	20.28	21.55	22.77	23.95	15.09	26.20	27.29	28.34	29.38
三氯甲烷	19.80	21.30	22.77	24.20	25.59	26.95	28.27	29.56	30.82
四氯甲烷①	20.23	21.80	23.34	24.84	26.30	27.72	29.12	30.48	31.81
氯乙烷	18.43	19.78	21.09	22.36	23.59	24.79	25.95	27.08	28.18
1,1-二氯乙烷	18.49	19.89	21.28	22.64	23.98	25.30	26.61	27.90	29.18
1,2-二氯乙烷	17.98	19.35	20.70	22.01	23.29	24.54	25.76	26.96	28.12
1,1,1-三氯乙烷	18.28	19.67	21.04	22.36	23.66	24.92	26.16	27.36	28.53
1,1,2-三氯乙烷	17.63	19.00	20.34	21.65	22.94	24.19	25.42	26.62	27.79
1,1,2,2-四氯乙烷	17.12	18.46	19.78	21.08	22.35	23.59	24.81	26.00	27.17
五氯乙烷	16.68	17.99	19.28	20.55	21.80	23.02	24.22	25.39	26.54
六氯乙烷	16.23	17.52	18.79	20.04	21.27	22.48	23.66	24.82	25.96
1-氯丙烷	16.38	17.60	18.79	19.95	21.08	22.18	23.25	24.29	25.30
1,4-二氯丁烷	14.75	15.91	17.05	18.20	19.26	20.33	21.38	22.41	23.41
溴甲烷	24.42	26.25	28.05	29.82	31.56	33.28	34.98	36.66	38.32
二溴甲烷	24.58	26.48	28.33	30.15	31.92	33.65	35.34	37.00	38.61
溴乙烷	21.23	22.83	24.41	25.97	27.50	29.01	30.50	31.98	33.43
1,1-二溴乙烷	22.11	23.86	25.57	27.25	28.90	30.52	32.10	33.65	35.17
2-溴丙烷	21.99	23.66	25.27	26.81	28.29	29.72	31.11	32.46	33.77
二氟-氯溴甲烷	24.70	26.47	28.18	29.84	31.45	33.01	34.53	36.00	37.43
三氟溴甲烷	27.77	29.64	31.43	33.16	34.83	36.45	38.03	39.56	41.05
碘甲烷	28.90	31.09	33.19	35.20	37.15	39.02	40.84	42.61	44.33
碘乙烷	21.92	23.60	25.26	26.89	28.50	30.09	31.65	33.20	34.72
碘丙烷	19.51	21.03	22.52	23.99	25.43	26.85	28.26	29.65	31.02
二苯甲烷	11.05	11.96	12.86	13.75	14.63	15.49	16.34	17.17	17.99
硝基甲烷	15.14	16.36	17.53	18.65	19.72	20.76	21.77	22.74	23.69
硝基乙烷	14.53	15.71	16.83	17.91	18.95	19.95	20.92	21.86	22.76

注：一氯甲烷、二氯甲烷的数据见致冷剂 R-40、致冷剂 R-30。

① 临界黏度为 41.3μPa·s。

表3.4.4 致冷剂气体的黏度

单位：μPa·s

名 称	温度/K									
	100	150	200	250	300	350	400	450	500	550
R-11			7.347	9.201	11.10	13.01	14.91	16.77	18.59	20.36
R-12		6.271	8.362	10.52	12.69	14.83	16.91	18.92	20.86	22.72
R-13	4.730	7.108	9.461	11.77	14.00	16.15	18.22	20.19	22.08	23.88
R-14	5.841	8.750	11.58	14.29	16.86	19.28	21.55	23.70	25.74	27.67
R-21				9.453	11.33	13.17	14.98	16.76	18.49	20.17
R-22					13.01	15.08	17.09	19.04	20.91	22.72

续表

名 称	温度/K									
	100	150	200	250	300	350	400	450	500	550
R-23		7.113	9.557	12.02	14.42	16.73	18.93	21.02	23.02	24.93
R-30			6.217	8.181	10.03	11.80	13.51	15.16	16.77	18.34
R-40			7.558	9.441	11.30	13.13	14.91	16.65	18.34	19.98
R-113				8.583	10.29	11.98	13.64	15.28	16.87	18.43
R-114			7.611	9.508	11.38	13.22	15.02	16.78	18.48	20.14
R-116			10.05	12.49	14.85	17.12	19.29	21.36	23.34	25.22

名 称	温度/K									
	600	650	700	750	800	850	900	950	1000	
R-11	22.07	23.72	25.33	26.89	28.40	29.87	31.31	32.70	34.07	
R-12	24.51	26.24	27.91	29.53	31.10	32.63	34.12	35.57	36.99	
R-13	25.60	27.26	28.86	30.39	31.88	33.32	34.72	36.08	37.41	
R-14	29.52	31.29	33.00	34.65	36.25	37.80	39.32	40.80	42.24	
R-21	21.80	23.39	24.92	26.42	27.86	29.27	30.63	31.96	33.26	
R-22	24.47	26.15	27.77	29.33	30.85	32.31	33.74	35.13	36.47	
R-23	26.77	28.53	30.24	31.90	33.50	35.07	36.59	38.07	39.51	
R-30	19.88	21.38	22.87	24.33	25.76	27.18	28.58	29.96	31.33	
R-40	21.57	23.10	24.58	26.02	27.41	28.76	30.07	31.35	32.59	
R-113	19.95	21.43	22.87	24.27	25.63	26.95	28.24	29.49	30.71	
R-114	21.74	23.28	24.78	26.23	27.64	29.00	30.32	34.61	32.87	
R-116	27.03	28.76	30.43	32.04	33.60	35.10	36.57	38.00	39.39	

表3.4.5 环烷烃气体的黏度

单位：μPa·s

名 称	温度/K								
	150	200	250	300	350	400	450	500	550
环丙烷	4.680	6.177	7.662	9.136	10.60	12.06	13.51	14.87	16.16
环丁烷		5.504	6.882	8.246	9.593	10.92	12.21	13.47	14.71
环戊烷		5.258	6.521	7.776	9.023	10.26	11.50	12.73	13.97
环己烷				7.284	8.452	9.615	10.77	11.93	13.07
甲基环戊烷	3.709	4.896	6.072	7.240	8.401	9.557	10.71	11.85	13.01
甲基环己烷	3.489	4.605	5.711	6.810	7.902	8.989	10.07	11.15	12.22
乙基环戊烷	3.457	4.563	5.660	6.749	7.831	8.908	9.980	11.05	12.11
乙基环己烷		4.188	5.194	6.193	7.187	8.175	9.159	10.14	11.12
丙基环戊烷		4.207	5.217	6.121	7.219	8.212	9.200	10.19	11.17
丙基环己烷		3.998	4.958	5.912	6.860	7.804	8.743	9.679	10.61
环氧乙烷		5.955	7.747	9.440	11.06	12.62	14.14	15.61	17.06
环氧丙烷		5.543	7.237	8.837	10.37	11.84	13.27	14.66	16.02
3-氯-1,2-环氧丙烷			6.502	8.113	9.648	11.12	12.55	13.94	15.30
1,2-环氧丁烷	3.092	4.765	6.299	7.744	9.124	10.45	11.74	13.00	14.22
1,4-二氧杂环己烷				8.210	9.527	10.84	12.14	13.44	14.74

名 称	温度/K								
	600	650	700	750	800	850	900	950	1000
环丙烷	17.38	18.55	19.67	20.74	21.79	22.80	23.78	24.74	25.67
环丁烷	15.90	17.06	18.19	19.29	20.35	21.38	22.38	23.36	24.31
环戊烷	15.16	16.29	17.38	18.42	19.42	20.39	21.33	22.25	23.14
环己烷	14.23	15.34	16.40	17.42	18.40	19.34	20.26	21.15	22.01
甲基环戊烷	14.14	15.22	16.25	17.24	18.19	19.11	20.01	20.88	21.72
甲基环己烷	13.31	14.36	15.37	16.34	17.27	18.17	19.04	19.89	20.71

续表

名称	温度/K								
	600	650	700	750	800	850	900	950	1000
乙基环戊烷	13.19	14.23	15.23	16.18	17.10	17.99	18.86	19.69	20.50
乙基环己烷	12.09	13.08	14.02	14.93	15.81	16.66	17.47	18.27	19.04
丙基环戊烷	12.14	13.13	14.08	14.99	15.87	16.71	17.53	18.32	19.09
丙基环己烷	11.54	12.47	13.40	14.30	15.15	15.98	16.78	17.56	18.31
环氧乙烷	18.47	19.85	21.21	22.55	23.87	25.18	26.46	27.73	28.99
环氧丙烷	17.36	18.66	19.95	21.21	22.46	23.68	24.90	26.10	27.28
3-氯-1,2-环氧丙烷	16.62	17.92	19.20	20.45	21.69	22.91	24.11	25.30	26.47
1,2-环氧丁烷	15.42	16.60	17.75	18.89	20.01	21.11	22.20	23.28	24.34
1,4-二氧杂环己烷	16.04	17.33	18.56	19.74	20.88	21.98	23.04	24.08	25.08

3.4.2 烷烃气体在压力下的黏度

表3.4.6 甲烷气体的黏度　　单位：μPa·s

压强/MPa	温度/℃								
	−15	0	25	50	75	100	150	200	250
0.1	9.8	10.3	11.1	11.8	12.6	13.3	14.7	16.0	17.2
1.0	9.9	10.4	11.2	11.9	12.7	13.4	14.8	16.1	17.3
2.0	10.1	10.6	11.4	12.1	12.8	13.5	14.9	16.2	17.4
4.0	10.7	11.2	11.8	12.5	13.1	13.8	15.1	16.3	17.5
6.0	11.5	11.8	12.4	12.9	13.5	14.2	15.3	16.5	17.7
8.0	12.5	12.7	13.1	13.5	13.9	14.5	15.6	16.8	17.9
10	13.9	13.8	14.0	14.2	14.5	15.0	15.8	17.0	18.1
15	18.4	17.4	16.5	16.1	16.0	16.3	16.8	17.8	18.7
20	22.6	21.0	19.3	18.3	17.9	17.9	18.1	18.7	19.5
25	26.2	24.2	21.9	20.6	20.0	19.6	19.4	19.8	20.3
30	29.4	27.2	24.6	23.0	22.0	21.4	20.9	20.8	21.2
35	32.3	29.3	27.1	25.3	24.0	23.2	22.3	21.8	22.0
40	34.9	32.3	29.4	27.5	25.9	24.9	23.7	22.9	23.0
50	39.6	36.9	33.6	31.5	29.6	28.2	26.4	25.0	24.7
60	43.8	41.0	37.4	34.8	32.8	31.2	28.9	27.1	26.5
70	47.8	44.7	40.9	38.0	35.5	34.0	31.3	29.1	28.2
80	51.6	48.2	44.1	41.0	38.6	36.6	33.7	31.1	30.0

算图 3.14
气态甲烷的黏度（第695页右）

表3.4.7 乙烷气体的黏度　　单位：μPa·s

压强/atm	温度/℃									
	−15	0	12	31.5	39.5	60	100	150	200	250
1	8.06	8.5.5	9.14	9.4.5	9.69	10.30	11.45	12.78	14.10	15.30
20	6.83	10.67	10.20	10..06	10.16	10.70	11.70	12.95	14.17	15.40
30	6.97	55.25	11.68	11.08	10.71	11.05	12.01	13.18	14.22	15.50
40	7.11	57.40	40.90	13.40	12.29	11.65	12.39	13.49	14.37	15.55
50	7.25	59.40	44.09	30.90	15.60	12.70	13.05	13.85	14.60	15.65
60	7.38	60.90	46.50	37.09	24.60	14.80	13.85	14.29	14.85	15.75
70	7.50	62.50	48.52	40.78	32.00	18.60	15.00	14.87	15.03	15.85
80	7.63	64.00	50.35	43.60	38.00	23.20	16.40	15.53	15.47	16.15
100	7.88	66.70	53.71	47.85	42.45	31.90	19.30	17.14	16.60	16.80

注：横线下方为液体，上方为气体。

表3.4.8 丙烷气体的黏度

单位：μPa·s

压强/MPa	温度/℃							
	25	50	75	100	125	150	200	250
0.1	8.3	8.8	9.4	10.1	10.7	11.3	12.5	13.6
2.0	94.9	—	—	10.7	11.2	11.9	12.6	13.9
3.5	97.8	74.6	—	14.2	12.4	13.5	12.2	14.2
4.0	98.8	75.6	—	15.8	13.0	13.9	12.6	14.4
4.5	100.0	77.0	—	24.1	14.0	14.1	13.6	14.6
5	101.2	78.3	69.3	32.7	15.7	14.3	14.4	14.8
6	103.6	81.5	61.7	41.9	22.3	16.3	15.7	15.4
8	107.2	85.1	65.3	49.2	33.1	22.8	18.1	16.9
10	110.6	88.9	69.5	54.6	40.8	29.5	21.5	18.9
15	118.4	96.6	79.6	64.7	60.9	44.3	30.0	24.8
20	125.7	103.8	83.7	71.8	54.4	51.7	40.3	30.1
30	138.8	116.7	98.4	84.4	72.3	65.1	51.6	40.2
40	151.4	129.0	110.7	96.1	85.9	76.4	61.7	49.9
50	164.0	141.1	121.9	107.5	96.0	86.7	70.9	58.63
60	176.2	153.0	132.9	118.1	106.2	96.1	79.1	65.5
70	188.7	164.8	143.2	127.9	115.2	104.7	86.9	72.0
80	201.2	175.7	153.6	137.5	124.0	113.1	94.6	78.6

注：横线上方为气体，下方为液体。

表3.4.9 丁烷气体的黏度

单位：μPa·s

压强/MPa	温度/℃							
	35	40	50	60	70	80	90	100
0.1	7.77	7.90	8.15	8.41	8.66	8.91	9.15	9.38
0.2	7.92	8.05	8.30	8.54	8.78	9.03	9.27	9.52
0.4	—	8.32	8.49	8.69	8.92	9.17	9.42	9.68
0.6	—	—	—	8.90	9.11	9.36	9.61	9.86
0.8	—	—	—	—	—	9.81	9.98	10.17
1.0	—	—	—	—	—	—	11.04	11.11
1.5	153.2	145.3	130.7	117.4	104.9	93.03	81.18	12.29
2	153.8	146.0	131.5	118.2	105.8	93.91	82.16	
4	157.1	149.4	134.9	121.6	109.2	97.41	85.92	
6	159.9	152.2	137.7	124.5	112.1	100.5	89.21	
8	162.0	154.3	140.0	126.9	114.7	103.2	92.14	
10	164.8	156.8	142.2	129.2	117.3	106.1	94.93	
14	168.3	160.3	145.6	132.4	120.3	109.2	98.70	
饱和蒸气	8.135	8.554	9.166	9.652	10.22	11.09	12.46	15.24
饱和液体	151.6	143.5	128.8	115.7	103.7	92.25	80.85	

注：横线上方为气态，下方为液态。

表3.4.10 异丁烷气体的黏度

单位：μPa·s

压强/MPa	温度/℃							
	35	40	50	60	70	80	90	100
0.1	7.60	7.20	7.88	8.06	8.25	8.43	8.57	8.81
0.2	7.78	7.85	8.02	8.18	8.38	8.58	8.80	9.01
0.4	8.13	8.19	8.34	8.50	8.69	8.90	9.11	9.32
0.6			8.80	8.93	9.07	9.27	9.47	9.67
0.8					9.55	9.70	9.85	10.02
1.0					9.98	10.13	10.26	10.42
1.2							10.61	10.88
1.4							11.51	11.73
1.7								12.96

3.4.3 烷烃液体的黏度

表3.4.11 甲烷-癸烷液体的黏度　　单位：mPa·s

名称	温度/℃												
	−180	−160	−140	−120	−100	−80	−60	−40	−20	0	20	40	60
甲烷	0.187	0.113	0.080	0.061	0.042	0.034^{-90}							
乙烷	1.100	0.556	0.345	0.242	0.184	0.149	0.125	0.100	0.079	0.061	0.045	0.038^{-30}	
丙烷	5.940	1.950	0.981	0.612	0.432	0.326	0.255	0.204	0.169	0.144	0.102	0.082	0.065
丁烷				1.190	0.751	0.521	0.387	0.303	0.246	0.206	0.177	0.155	0.115
异丁烷			2.950	1.540	0.931	0.626	0.452	0.342	0.267	0.215	0.179	0.118	0.098
戊烷				2.340	1.240	0.789	0.560	0.427	0.340	0.278	0.234	0.199	0.172
异戊烷			6.940	3.030	1.600	0.965	0.640	0.455	0.342	0.268	0.217	0.180	0.153
新戊烷									0.386^{-10}	0.327	0.243	0.187	0.121
己烷					1.690^{-90}				1.340	0.892	0.637	0.480	0.377
异己烷		18.8^{-150}	11.00	4.610	2.37	1.39	0.907	0.636	0.471	0.365	0.292	0.241	0.204
庚烷					3.76^{-90}	2.60	1.47	0.962	0.690	0.525	0.417	0.342	0.286
异庚烷										0.481	0.384	0.315	
辛烷							1.85^{-50}	1.46	0.978	0.710	0.545	0.436	0.358
壬烷							2.98^{-50}	2.23	1.40	0.966	0.714	0.555	0.446
癸烷									1.860	1.280	0.930	0.703	0.549

名称	温度/℃												
	80	100	120	140	160	180	200	220	240	260	280	300	320
丙烷	0.050	0.043^{90}											
丁烷	0.095	0.077	0.061	0.048	0.041^{150}								
异丁烷	0.079	0.063	0.049	0.042^{130}									
戊烷	0.151	0.117	0.097	0.080	0.064	0.050	0.044^{190}						
异戊烷	0.128	0.108	0.090	0.073	0.058	0.045							
新戊烷	0.101	0.083	0.067	0.052	0.040								
己烷	0.306	0.255	0.217	0.189	0.166	0.130	0.110	0.092	0.076	0.061	0.048	0.042^{290}	
异己烷	0.175	0.153	0.122	0.103	0.085	0.069	0.055	0.043^{218}					
庚烷	0.242	0.208	0.181	0.143	0.123	0.103	0.086	0.070	0.056	0.044			
辛烷	0.400	0.255	0.219	0.190	0.150	0.129	0.109	0.092	0.076	0.061	0.048	0.042^{290}	
壬烷	0.368	0.309	0.263	0.226	0.197	0.155	0.134	0.114	0.096	0.080	0.065	0.051	0.040
癸烷①	0.441	0.363	0.305	0.260	0.225	0.198	0.155	0.134	0.115	0.097	0.080	0.065	0.052

① 温度为330、340℃时，其值分别为0.046、0.040mPa·s。
注：右上角的数字为与其相对应的温度（℃）。

算图 3.15 液态戊烷的黏度（第 696 页左）

算图 3.16 液态癸烷的黏度（第 696 页右）

算图 3.17 液态烷烃的黏度（Ⅰ）（第 697 页左）

算图 3.18 液态烷烃的黏度（Ⅱ）（第 697 页右）

表3.4.12 十一烷～二十烷液体的黏度　　单位：mPa·s

名称	温度/℃											
	−20	0	20	40	60	80	100	120	140	160	180	200
十一烷	2.163^{-10}	1.745	1.182	0.866	0.673	0.540	0.437	0.360	0.311	0.262	0.223	0.204
十二烷	2.900^{-10}	2.264	1.504	1.058	0.800	0.618	0.510					
十三烷		2.960^{10}	1.928	1.312	0.965	0.751	0.602	0.489	0.404	0.347	0.296	0.260
十四烷			2.322	1.560	1.135	0.868	0.685					
十五烷			2.841	1.873	1.335	1.010	0.786					
十六烷①			3.451	2.257	1.543	1.132	0.892	0.727	0.584	0.499	0.398	0.349
十七烷②			3.740	2.873	2.129	1.510	1.014	0.642	0.394	0.269		
十八烷			3.813^{30}	3.063	2.064	1.510	1.131					
二十烷③				4.072	2.864	1.994	1.403	1.032	0.823	0.717	0.656	0.580

① 温度为240℃时，其值为0.259mPa·s。
② 温度为300℃时，其值为0.203mPa·s。
③ 温度为220℃时，其值为0.432mPa·s。

表3.4.13 甲基烷烃液体的黏度

单位：mPa·s

名 称	温度/℃									
	−100	−80	−60	−40	−20	0	20	40	60	80
2,2-二甲基丁烷	2.88^{-90}	2.17	1.33	0.884	0.628	0.469	0.364	0.292	0.241	0.203
3-甲基戊烷	2.27	1.36	0.897	0.636	0.475	0.371	0.300	0.249	0.211	0.182
2-甲基己烷	3.60	2.03	1.27	0.863	0.623	0.427	0.371	0.301	0.250	0.213
2-甲基庚烷	5.61	3.05	1.85	1.23	0.870	0.647	0.501	0.401	0.330	0.277
2,2,4-三甲基戊烷	6.34	3.33	1.98	1.28	0.891	0.653	0.499	0.395	0.321	0.267
名称	温度/℃									
	100	120	140	160	180	200	220	240	260	280
2,2-二甲基丁烷	0.133	0.113	0.095	0.078	0.064	0.050	0.044^{210}			
3-甲基戊烷	0.160	0.130	0.110	0.092	0.076	0.061	0.048	0.042^{230}		
2-甲基己烷	0.184	0.162	0.133	0.113	0.095	0.078	0.063	0.050	0.044^{250}	
2-甲基庚烷	0.237	0.207	0.182	0.141	0.120	0.101	0.084	0.069	0.055	0.043
2,2,4-三甲基戊烷	0.227	0.196	0.172	0.124	0.105	0.088	0.073	0.059	0.047	0.041^{270}

注：右上角的数字为与其相对应的温度（℃）。

表3.4.14 硝基烷烃液体的黏度

单位：μPa·s

名 称	温度/℃									
	−80	−60	−40	−20	0	20	40	60	80	100
硝基甲烷				1.140	0.840	0.648	0.516	0.423	0.354	0.302
硝基乙烷	4.270	2.570	1.690	1.190	0.879	0.677	0.539	0.442	0.370	0.316
名 称	温度/℃									
	120	140	160	180	200	220	240	260	280	300
硝基甲烷	0.262	0.231	0.205	0.188	0.162	0.139	0.117	0.098	0.080	0.064
硝基乙烷	0.274	0.241	0.214	0.190	0.164	0.141	0.119	0.100	0.082	0.066

表3.4.15 卤烷烃液体的黏度（摄氏温度为变量）

单位：μPa·s

名 称	温度/℃								
	−20	0	10	20	30	40	50	70	100
一氯甲烷			202.3	183.4	166.1	151.8	140.0	120.2	89.6
二氯甲烷①	680	537	482	435	393	365			
三氯一氟甲烷	2150^{-70}	1250^{-50}	880^{-35}						
氯丙烷		433	390	352	318	291			
异氯丙烷		402	359	322	292				
2-氯丙烷		408	365	329	299				
2-甲基氯丙烷		588	520	462	414	373	339	309^{60}	
异碘丙烷			732^{15}		620				
2-碘丙烷		884	768	697	630	568	516	468	400^{80}
2-甲基碘丙烷		1166	1006	875	778	697	625	515	395
三溴甲烷			2265	2027	1741				
1,2-二溴乙烷		1077	989	790	687	652	565	479	
溴丙烷		645	576	517	467	425	389	328	
异溴丙烷		605	539	482	433	392	359		
2-甲基溴丙烷		828	727	643	574	518	471	396	326^{90}

① 温度为−70、−50、−35℃时，其值分别为1370、1040、800μPa·s。

注：其他液体：四氯乙烷1844^{15}，氯丁烷469^{15}（单位：μPa·s）。

表3.4.16 卤烷烃液体的黏度（开氏温度为变量）

单位：μPa·s

名 称	温度/℃													
	−140	−120	−100	−80	−60	−40	−20	0	20	40	60	80	100	120
一氟甲烷	0.549	0.361	0.262	0.203	0.165	0.139	0.117	0.090	0.067	0.047				
三氯甲烷					1.780	1.240	0.908	0.698	0.556	0.456	0.383	0.328	0.286	0.253
四氯甲烷							1.950	1.350	0.978	0.741	0.580	0.467	0.384	0.323

续表

名称	温度/℃													
	-140	-120	-100	-80	-60	-40	-20	0	20	40	60	80	100	120
一氯乙烷		2.590	1.480	0.955	0.667	0.495	0.385	0.311	0.259	0.220	0.191	0.157	0.133	0.111
1,1-二氯乙烷				2.700	1.680	1.130	0.813	0.613	0.480	0.388	0.321	0.272	0.235	0.205
1,2-二氯乙烷							1.600	1.130	0.838	0.645	0.512	0.418	0.348	0.295
1,1,1-三氯乙烷							1.670	1.150	0.837	0.634	0.496	0.399	0.329	0.276
1,1,2-三氯乙烷							2.160	1.540	1.150	0.888	0.710	0.581	0.487	0.415
1,1,2,2-四氯乙烷						5.690	3.570	2.400	1.700	1.260	0.968	0.766	0.621	0.515
五氯乙烷							6.090	3.770	2.490	1.740	1.270	0.955	0.743	0.593
六氯乙烷									3.210	2.290	1.700	1.300	1.030	0.831
1-氯丙烷		5.090	2.670	1.600	1.050	0.747	0.559	0.436	0.352	0.292	0.248	0.214	0.188	0.153
1,4-二氯丁烷							2.020	1.410	1.030	0.787	0.620	0.502	0.416	0.351
溴甲烷				0.996	0.720	0.550	0.439	0.362	0.306	0.265	0.233	0.273	0.231	0.193
二溴甲烷						2.420	1.730	1.300	1.020	0.820	0.678	0.573	0.494	0.431
溴乙烷		5.590	2.880	1.730	1.150	0.814	0.610	0.477	0.385	0.320	0.272	0.235	0.207	0.222
1,1-二溴乙烷									1.110	0.859	0.685	0.561	0.469	0.399
2-溴丙烷				2.340	1.520	1.070	0.789	0.611	0.489	0.404	0.340	0.293	0.256	0.227
二氟一氯溴甲烷①	9.740	4.400	2.390	1.470	0.992	0.716	0.544	0.431	0.352	0.295	0.211	0.175	0.143	0.114
三氟溴甲烷	2.860	1.440	0.853	0.562	0.400	0.302	0.238	0.182	0.142	0.108	0.079			
碘甲烷					1.350	0.990	0.761	0.609	0.502	0.424	0.366	0.321	0.285	0.256
碘乙烷			4.350	2.630	1.750	1.250	0.936	0.734	0.595	0.495	0.421	0.365	0.321	0.286
碘丙烷			7.060	4.000	2.520	1.720	1.240	0.944	0.744	0.604	0.504	0.428	0.371	0.326
二苯甲烷										3.020	2.110	1.540	1.160	0.900

名称	温度/℃													
	140	160	180	200	220	240	260	280	300	320	340	360	380	400
三氯甲烷	0.217	0.187	0.160	0.135	0.112	0.091	0.073							
四氯甲烷	0.276	0.205	0.178	0.153	0.130	0.109	0.090	0.073						
氯乙烷	0.091	0.073	0.057											
1,1-二氯乙烷	0.179	0.153	0.129	0.106	0.087	0.069								
1,2-二氯乙烷	0.255	0.205	0.177	0.151	0.127	0.105	0.086	0.068						
1,1,1-三氯乙烷	0.236	0.181	0.157	0.134	0.113	0.094	0.077							
1,1,2-三氯乙烷	0.359	0.315	0.280	0.178	0.155	0.134	0.115	0.097	0.081	0.067				
1,1,2,2-四氯乙烷	0.435	0.373	0.324	0.285	0.214	0.188	0.165	0.143	0.122	0.103	0.086	0.071		
五氯乙烷	0.483	0.402	0.339	0.291	0.252	0.213	0.188	0.165	0.143	0.123	0.105	0.088	0.073	
六氯乙烷	0.686	0.577	0.492	0.426	0.373	0.329	0.221	0.198	0.175	0.154	0.135	0.117	0.100	0.085
1-氯丙烷	0.130	0.109	0.090	0.073	0.058									
1,4-二氯丁烷	0.301	0.262	0.231	0.205	0.182	0.160	0.139	0.120	0.102	0.086	0.071	0.057		
溴甲烷	0.158	0.127	0.099											
二溴甲烷	0.382	0.342	0.342	0.294	0.250	0.210	0.174	0.141	0.111					
溴乙烷	0.189	0.159	0.131	0.106	0.084									
1,1-二溴乙烷	0.345	0.303	0.268	0.240	0.217	0.266	0.236	0.207	0.181	0.156	0.134	0.113	0.094	
2-溴丙烷	0.219	0.188	0.160	0.134	0.110	0.089								
碘甲烷	0.265	0.229	0.195	0.165	0.137	0.111								
碘乙烷	0.258	0.256	0.223	0.192	0.163	0.137	0.113	0.092						
碘丙烷	0.290	0.260	0.252	0.221	0.191	0.164	0.139	0.116	0.096					
二苯甲烷②	0.716	0.581	0.481	0.404	0.345	0.297	0.260	0.229	0.203	0.197	0.175	0.154	0.135	0.117

① 温度为 140℃时，其值为 0.089μPa·s。

② 温度为 420、440、460、480℃时，其值分别为 0.101、0.085、0.071、0.059μPa·s。

N 算图 3.19
液态氯甲烷在压力下的黏度（第 698 页左）

N 算图 3.20
液态致冷剂的黏度（第 698 页右）

表3.4.17 液态致冷剂的黏度 单位：mPa·s

名 称	温度/℃									
	−180	−160	−140	−120	−100	−80	−60	−40	−20	0
R-11					3.470	2.050	1.340	0.940	0.698	0.541
R-12			2.190	1.320	0.896	0.659	0.514	0.418	0.351	0.302
R-13	6.750	2.360	1.130	0.657	0.433	0.311	0.237	0.172	0.132	0.098
R-14	5.380	1.830	0.864	0.495						
R-21									0.444	0.346
R-22			1.440	0.940	0.676	0.520	0.420	0.352	0.304	0.268
R-23			0.932	0.581	0.404	0.302	0.239			
R-30						1.840	1.230	0.881	0.666	0.524
R-40						1.010	0.627	0.423	0.303	0.228
R-113									1.340	0.949
R-114						1.960	1.250	0.863	0.631	0.483
R-116					0.729	0.491	0.356			
名 称	温度/℃									
	20	40	60	80	100	120	140	160	180	200
R-11	0.435	0.359	0.303	0.261	0.239	0.212	0.181	0.145	0.101	
R-12	0.265	0.238								
R-13	0.069									
R-21	0.278	0.230	0.195	0.188	0.158	0.130	0.105	0.083		
R-22	0.240	0.219								
R-30①	0.426	0.356	0.304	0.264	0.233	0.193	0.166	0.141	0.118	0.097
R-40	0.178	0.144	0.141	0.117	0.094	0.075	0.057			
R-113	0.707	0.546	0.435	0.356	0.307	0.260	0.223	0.188	0.148	0.099
R-114	0.383	0.313	0.241	0.202	0.172	0.134	0.070			

① 220℃时的黏度为 0.079mPa·s。

3.4.4 烷烃在压力下的黏度

表3.4.18 甲烷气体的黏度 单位：μPa·s

温度/℃	压强/MPa								
	0.1	1	2	4	6	8	10	15	20
−15	9.8	9.9	10.1	10.7	11.5	12.4	13.8	18.2	22.4
0	10.3	10.4	10.6	11.2	11.8	12.6	13.7	17.2	20.8
25	11.1	11.2	11.4	11.8	12.4	13.1	13.9	16.4	19.2
50	11.8	11.9	12.1	12.5	12.9	13.5	14.2	16.0	18.2
75	12.6	12.7	12.8	13.1	13.5	13.9	14.5	15.9	17.8
100	13.3	13.4	13.5	13.8	14.2	14.5	15.0	16.3	17.8
150	14.7	14.8	14.9	15.1	15.3	15.6	15.8	16.7	18.0
200	16.0	16.1	16.2	16.3	16.5	16.8	17.0	17.8	18.7
250	17.2	17.3	17.4	17.5	17.7	17.9	18.1	18.7	19.5

续表

温度/℃	压强/MPa							
	25	30	35	40	50	60	70	80
−15	26.0	28.9	32.0	34.7	39.3	43.5	47.4	51.2
0	24.0	27.0	29.1	32.0	36.7	40.7	44.4	47.8
25	21.7	24.4	26.9	29.2	33.3	37.1	40.6	43.8
50	20.4	22.8	25.1	27.3	31.3	34.6	37.7	40.7
75	19.9	21.8	23.8	25.7	29.4	32.1	35.2	38.3
100	19.5	21.3	23.0	24.7	28.0	31.0	33.8	36.3
150	19.3	20.8	22.2	23.6	26.2	28.7	31.1	33.5
200	19.7	20.7	21.7	22.8	24.9	26.9	28.9	30.9
250	20.2	21.1	21.9	22.9	24.6	26.4	28.1	29.8

表3.4.19 乙烷气体的黏度

单位：μPa·s

压强/MPa	温度/℃							
	25	50	75	100	125	150	200	250
0.1	9.4	10.1	10.8	11.5	12.2	12.8	14.1	15.4
2.0	10.1	10.7	11.4	12.0	12.6	13.3	14.5	15.7
3.5	11.5	11.6	12.1	12.6	13.1	13.7	14.9	16.0
4.0	12.4	12.1	12.4	12.8	13.3	13.9	15.0	16.1
4.5		12.6	12.7	13.1	13.6	14.1	15.1	16.2
5		13.4	13.2	13.4	13.8	14.3	15.3	16.4
6		16.3	14.3	14.1	14.4	14.7	15.6	16.6
8		26.2	18.0	16.2	15.8	15.8	16.4	17.3
10		31.8	23.1	19.1	17.7	17.2	17.4	18.0
15		41.2	32.9	27.2	23.7	21.8	20.3	20.1
20		48.5	40.2	34.0	29.7	26.8	23.8	22.7
30		60.3	51.8	45.1	40.0	36.1	31.0	28.4
40		70.2	61.6	54.5	48.9	44.3	38.0	34.1
50		78.9	70.2	62.9	56.9	51.9	44.6	39.8
60		86.7	78.0	70.5	64.2	58.9	50.8	45.3
70		93.9	85.1	77.5	71.0	65.5	56.8	50.6
80		100.5	91.7	84.0	77.4	71.7	62.5	55.7

表3.4.20 丙烷气体的黏度

单位：μPa·s

压强/MPa	温度/℃							
	25	50	75	100	125	150	200	250
0.1	8.3	8.8	9.4	10.1	10.7	11.3	12.5	13.6
2.0	94.9			10.7	11.2	11.9	12.6	13.9
3.5	97.8	74.6		14.2	12.4	13.5	12.2	14.2
4.0	98.8	75.6		15.8	13.0	13.9	12.6	14.4
4.5	100.0	77.0		24.1	14.0	14.1	13.6	14.6
5	101.2	78.3	69.3	32.7	15.7	14.3	14.4	14.8
6	103.6	81.5	61.7	41.9	22.3	16.3	15.7	15.4
8	107.2	85.1	65.3	49.2	33.1	22.8	18.1	16.9
10	110.6	88.9	69.5	54.6	40.8	29.5	21.5	18.9
15	118.4	96.6	79.6	64.7	60.9	44.3	30.0	24.8

续表

压强/MPa	温度/℃							
	25	50	75	100	125	150	200	250
20	125.7	103.8	83.7	71.8	54.4	51.7	40.3	30.1
30	138.8	116.7	98.4	84.4	72.3	65.1	51.6	40.2
40	151.4	129.0	110.7	96.1	85.9	76.4	61.7	49.9
50	164.0	141.1	121.9	107.5	96.0	86.7	70.9	58.63
60	176.2	153.0	132.9	118.1	106.2	96.1	79.1	65.5
70	188.7	164.8	143.2	127.9	115.2	104.7	86.9	72.0
80	201.2	175.7	153.6	137.5	124.0	113.1	94.6	78.6

注：横线上方为气体，下方为液体。

表3.4.21　丁烷气体的黏度　单位：μPa·s

压强/MPa	温度/℃							
	35	40	50	60	70	80	90	100
0.1	7.77	7.90	8.15	8.41	8.66	8.91	9.15	9.38
0.2	7.92	8.05	8.30	8.54	8.78	9.03	9.27	9.52
0.4		8.32	8.49	8.69	8.92	9.17	9.42	9.68
0.6				8.90	9.11	9.36	9.61	9.86
0.8						9.81	9.98	10.17
1.0							11.04	11.11
1.5	153.2	145.3	130.7	117.4	104.9	93.03	81.18	12.29
2	153.8	146.0	131.5	118.2	105.8	93.91	82.16	
4	157.1	149.4	134.9	121.6	109.2	97.41	85.92	
6	159.9	152.2	137.7	124.5	112.1	100.5	89.21	
8	162.0	154.3	140.0	126.9	114.7	103.2	92.14	
10	164.8	156.8	142.2	129.2	117.3	106.1	94.93	
14	168.3	160.3	145.6	132.4	120.3	109.2	98.70	
饱和蒸气	8.135	8.554	9.166	9.652	10.22	11.09	12.46	15.24
饱和液体	151.6	143.5	128.8	115.7	103.7	92.25	80.85	

注：横线上方为气态，下方为液态。

算图 3.21

根据可溶液体含量求其混合物的黏度（第 699 页左）

算图 3.22

根据分散相体积分数和连续相黏度求部分互溶液体混合物的运动黏度（第 699 页右）

算图 3.23

根据分散相体积分数和分散相、连续相的黏度求不可溶液体混合物的黏度（第 700 页左）

算图 3.24

根据分散相体积分数和分散相、连续相的黏度求乳浊液的运动黏度（第 700 页右）

算图 3.25

根据分散固体体积分数和液体黏度求固体悬浮液的黏度（第 701 页左）

算图 3.26

分散物系液体无内循环时的黏度（第 701 页右）

算图 3.27

分散物系液体自由循环时的黏度（第 702 页左）

算图 3.28

根据沸点前的密度和黏度求沸点后某一温度的黏度（第 702 页右）

算图 3.29

根据某温度下的黏度求另一温度下的黏度（第 703 页左）

算图 3.30

根据工作温度、工作压强和临界温度、临界压强求高压下饱和液体的黏度（第 703 页右）

N 算图 3.31
根据对比温度、对比压强和临界黏度
求有机液体的黏度（第 704 页左）

N 算图 3.32
根据分子量、密度和黏度结构常数
求有机液体的黏度（第 704 页右）

3.5 表面张力

3.5.1 链烷烃的表面张力

表3.5.1 甲烷−癸烷的表面张力　　单位：mN/m

温度/℃	−180	−160	−140	−120	−100	−80	−60	−40	−20	0	20	40	60
甲烷	17.99	13.66	9.540	5.705	2.278	0.816^{-90}							
乙烷	31.62	28.08	24.61	21.22	17.92	14.72	11.63	8.679	5.883	3.299	1.034	0.137^{30}	
丙烷	35.32	32.27	29.28	26.34	23.45	20.62	17.85	15.15	12.53	9.999	7.571	5.268	
丁烷				29.83	27.22	24.62	22.12	19.64	17.21	14.84	12.53	10.29	3.124
异丁烷			30.43	27.80	25.20	22.65	20.14	17.69	15.29	12.96	10.69	8.498	8.124
戊烷				32.26	29.83	27.43	25.06	22.74	20.45	18.20	16.00	13.85	6.399
异戊烷			33.56	31.12	28.70	26.32	23.98	21.67	19.40	17.18	15.00	12.87	11.76
新戊烷										14.07	12.00	9.979	10.80
己烷							26.56	24.37	22.22	20.10	18.02	15.99	8.028
己烷①						28.79				20.60	18.50	16.37	14.00
异己烷			34.84	32.56	30.80	28.07	25.87	23.71	21.57	19.47	17.40	15.38	14.24
新己烷										18.20	16.20	14.30	13.40
庚烷						30.58	28.44	26.33	24.25	22.20	20.18	18.20	16.26
辛烷								27.40	25.42	23.46	21.54	19.64	17.78
壬烷								28.10	26.25	24.41	22.60	20.81	19.05
癸烷									27.02	25.22	23.44	21.69	19.96

温度/℃	80	100	120	140	160	180	200	220	240	260	280	300	320
丙烷	1.213	0.404^{90}											
丁烷	6.054	4.097	2.288	0.706	0.083^{150}								
异丁烷	4.410	2.563	0.926	0.247^{130}									
戊烷	9.719	7.752	5.866	4.076	2.412	0.928	0.302^{190}						
异戊烷	8.800	6.869	5.026	3.290	1.699	0.3465							
新戊烷	6.153	7.370	2.702	1.197	0.017								
己烷	12.06	10.18	8.355	6.603	4.933	3.360	1.914	0.654	0.148^{230}				
己烷①	12.19	10.30	8.47	6.61	4.70	3.00	1.56	0.60					
异戊烷	11.47	9.587	7.767	6.016	4.347	2.780	1.352	0.169					
庚烷	14.36	12.51	10.70	8.952	7.260	5.638	4.097	2.656	1.349	0.259			
辛烷	15.95	14.16	12.41	10.71	9.052	7.448	5.905	4.432	3.045	1.766	0.644	0.184^{290}	
壬烷	17.32	15.61	13.93	12.29	10.68	7.114	7.590	6.115	4.698	3.350	2.088	0.946	0.036
癸烷②	18.25	16.58	14.93	13.32	11.75	10.21	8.708	7.256	5.854	4.512	3.239	2.053	0.983

① 界面为空气（其余烷的界面为自身蒸气）。

② 温度为 330、340℃时，其值分别为 0.512、0.116mN/m。

表3.5.2 十一烷–二十烷的表面张力 单位：mN/m

温度/℃	0	20	40	60	80	100
十一烷	26.00	24.80	23.00	21.21	19.46	17.60
十二烷	27.20	25.43	23.69	21.91	20.17	18.50
十三烷	27.90	26.13	24.39	22.61	20.87	19.20
十四烷	27.6^{10}②	26.70	24.94	23.25	21.45	19.80
十五烷	28.0^{10}②	27.20	25.43	23.79	22.08	20.40
十六烷①		27.60	27.03	26.60	26.28	26.00
十七烷		27.60	26.26	24.70	23.03	21.40
十八烷		28.48	26.74	25.07	23.43	21.80
十九烷		28.70	26.90	25.30	23.83	22.50
二十烷		29.00	27.20	25.70	24.35	23.00

① 温度为120、140、160、180、200、220、240、260、280℃时，其值分别为25.71、25.34、24.82、24.06、23.00、22.00、21.16、20.70、20.90mN/m。

② 上角数字为与其对应的温度（℃）。

算图3.33 甲烷～二十烷的表面张力（第705页左）

算图3.34 非链烷烃的表面张力（第705页右）

算图3.35 根据有机液体的黏度求表面张力（第706页左）

算图3.36 根据临界温度和某一温度的表面张力求另一温度的表面张力（Ⅰ）（第706页右）

算图3.37 根据对比温度和某一温度的表面张力求另一温度的表面张力（Ⅱ）（第707页左）

算图3.38 根据分子量和气液密度差求非极性溶液的表面张力（第707页右）

算图3.39 根据分子量、等张比容和气液密度差求纯液体的表面张力（第708页左）

3.5.2 甲基烷烃的表面张力

表3.5.3 甲基烷烃的表面张力 单位：mN/m

温度/℃	−100	−80	−60	−40	−20	0	20	40	60	80
2,2-二甲基丁烷		26.77	24.61	22.49	20.39	18.33	16.31	14.33	12.39	10.51
3-甲基戊烷	31.31	29.01	26.75	24.52	22.33	20.18	18.06	16.00	13.98	12.01
2-甲基己烷	31.44	29.34	27.26	25.21	23.19	21.20	19.24	17.31	15.41	13.56
2-甲基庚烷	32.32	30.32	28.34	26.39	24.46	22.56	20.68	18.83	17.02	15.23
2,2,4-三甲基戊烷	30.01	28.08	26.17	27428	22.42	20.58	18.77	16.99	15.24	13.52
温度/℃	100	120	140	160	180	200	220	240	260	280
2,2-二甲基丁烷	8.676	6.967	5.212	3.604	2.110	0.783	0.228^{210}			
3-甲基戊烷	10.10	8.247	6.472	4.783	3.196	1.745	0.499	0.032^{230}		
2-甲基己烷	11.74	9.971	8.253	6.593	5.000	3.488	2.080	0.823	0.288^{250}	
2-甲基庚烷	13.74	11.76	10.08	8.455	6.876	5.356	3.906	2.541	1.292	0.237
2,2,4-三甲基戊烷	11.84	10.19	8.592	7.040	53543	4.111	2.759	1.512	0.428	0.017^{270}

注：右上角的数字为与其相对应的温度（℃）。

3.5.3 其他烷烃的表面张力

表3.5.4 卤烷烃的表面张力 单位：mN/m

名称	温度/℃													
	−140	−120	−100	−80	−60	−40	−20	0	20	40	60	80	100	120
氟甲烷	29.44	25.85	22.32	18.86	15.47	12.16	8.959	5.888	3.000	0.449				
三氯甲烷					38.40	35.56	32.77	30.01	27.30	24.62	22.00	19.43	16.91	14.46
四氯甲烷							30.57	28.12	25.72	23.35	21.02	18.74	16.51	14.34
氯乙烷		39.94	36.84	33.79	30.78	27.81	24.90	22.05	19.25	16.52	13.87	11.29	8.814	6.448
1,1-二氯乙烷				38.17	35.41	32.69	30.00	27.35	24.75	22.19	19.68	17.22	14.82	12.48
1,2-二氯乙烷							38.41	35.44	32.50	29.61	26.77	23.98	21.24	18.56
1,1,1-三氯乙烷							30.17	27.75	25.36	23.01	20.70	18.43	16.21	14.04
1,1,2-三氯乙烷							40.07	37.33	34.62	31.95	29.31	26.72	24.17	21.66
1,1,2,2-四氯乙烷						43.02	40.51	38.02	35.56	33.13	30.73	28.36	26.02	23.72
五氯乙烷							39.06	36.77	34.51	32.27	30.06	27.87	25.72	23.59
六氯乙烷									34.36	32.33	30.32	28.33	26.37	24.42
1-氯丙烷		40.46	37.70	34.98	32.29	29.64	27.02	24.45	21.92	19.44	17.01	14.64	12.33	10.09
1,4-二氯丁烷							40.55	38.06	35.59	33.15	30.74	28.36	26.01	23.70
溴甲烷				39.69	36.20	32.77	29.39	26.08	22.84	19.67	16.59	13.60	10.71	7.955
二溴甲烷						51.18	47.69	44.25	40.84	37.49	34.18	30.92	27.73	24.59
溴乙烷			41.63	38.63	35.67	32.74	29.86	27.02	24.23	21.50	18.82	16.21	13.66	11.19
1,1-二溴乙烷									31.97	29.87	27.80	25.75	23.73	21.73
2-溴丙烷				36.25	33.70	31.18	28.70	26.25	23.83	21.46	19.13	16.85	14.61	12.44
二氟-氯溴甲烷	35.57	32.63	29.74	26.90	24.11	21.39	18.72	16.12	13.60	11.15	8.805	6.567	4.460	2.525
三氟溴甲烷	26.96	23.86	20.83	17.88	15.00	12.21	9.527	6.963	4.550	2.340	0.463			
碘甲烷					45.04	41.63	38.27	34.95	31.69	28.48	25.33	22.25	19.23	16.29
碘乙烷			45.35	42.55	39.79	37.05	34.35	31.69	29.06	26.47	23.93	21.42	18.97	16.57
碘丙烷			44.13	41.62	39.13	36.67	34.23	31.83	29.45	27.11	24.79	22.52	20.28	18.08

名称	温度/℃													
	140	160	180	200	220	240	260	280	300	320	340	360	380	400
三氯甲烷	12.07	9.758	7.535	5.417	3.432	1.627	0.151							
四氯甲烷	12.22	10.17	8.189	6.293	4.497	2.825	1.321	0.117						
氯乙烷	4.220	2.178	0.442											
1,1-二氯乙烷	10.21	8.028	5.938	3.965	2.148	0.575								
1,2-二氯乙烷	15.94	13.39	10.92	8.542	6.269	4.127	2.162	0.481						
1,1,1-三氯乙烷	11.92	9.864	7.877	5.971	4.162	2.478	0.975							
1,1,2-三氯乙烷	19.19	16.78	14.43	12.14	9.915	7.774	5.728	3.799	2.024	0.497				
1,1,2,2-四氯乙烷	21.45	19.22	17.04	14.90	12.81	10.77	8.800	6.900	5.084	3.372	1.797	0.441		
五氯乙烷	21.49	19.43	17.41	15.42	13.47	11.57	9.724	7.932	6.205	4.556	3.002	1.575	0.354	
六氯乙烷	22.51	20.62	18.76	16.93	15.13	13.37	11.65	9.964	8.327	6.743	5.218	3.765	2.402	1.160
1-氯丙烷	7.930	5.865	3.917	2.122	0.568									
1,4-二氯丁烷	21.43	19.19	17.00	14.85	12.76	10.72	8.741	6.836	5.017	3.303	1.730	0.385		
溴甲烷	5.348	2.943	0.849											
二溴甲烷	21.52	18.52	15.59	12.76	10.03	7.419	4.955	2.684	0.718					
溴乙烷	8.807	6.529	4.378	2.394	0.671									
1,1-二溴乙烷	19.77	17.84	15.94	14.08	12.26	10.48	8.753	7.081	5.472	3.940	2.502	1.195	0.122	
2-溴丙烷	10.32	8.277	6.313	4.448	2.706	1.142								
二氟-氯溴甲烷	0.842													
碘甲烷	13.44	10.69	8.048	5.547	3.225	1.167								
碘乙烷	14.22	11.94	9.726	7.595	5.561	3.645	1.888	0.393						
碘丙烷	15.93	13.82	11.77	9.772	7.842	5.989	4.228	2.583	1.104					

表3.5.5 环烷烃的表面张力

单位：mN/m

名称	温度/℃											
	−120	−100	−80	−60	−40	−20	0	10	20	30	40	50
环丙烷	36.85	33.27	29.75	26.29	22.91	19.62	16.41	14.84	13.30	11.79	10.31	8.869
环丁烷			32.69	29.77	26.90	24.08	21.31	19.95	18.60	17.27	15.96	14.66
环戊烷			34.91	32.25	29.63	27.05	24.51	23.26	22.02	20.79	19.58	18.38
环己烷								26.39	25.22	24.06	22.91	21.77
甲基环戊烷	38.53	36.11	33.71	31.35	29.01	26.70	24.42	23.30	22.18	21.08	19.98	18.89
甲基环己烷	38.62	36.38	34.16	31.97	29.81	27.68	25.57	24.53	23.49	22.49	21.45	20.44
乙基环戊烷	39.00	36.76	34.55	32.36	30.19	28.05	25.93	24.89	23.85	22.82	21.79	20.78
乙基环己烷		37.15	35.11	33.10	31.10	29.13	27.17	26.21	25.24	24.29	23.34	22.40
丙基环戊烷		36.76	34.72	32.69	30.69	28.71	26.76	25.79	24.82	23.86	22.91	21.97
丙基环己烷			35.91	33.98	32.08	30.19	28.32	27.40	26.48	25.56	24.65	23.75
环氧乙烷		44.30	40.97	37.64	34.32	30.99	27.66	26.00	24.33	22.68	20.55	19.44
环氧丙烷		42.38	39.11	35.89	32.71	29.59	26.51	25.00	23.50	22.02	20.55	19.10
1,2-环氧丁烷	42.30	39.54	36.82	34.13	31.48	28.87	26.30	25.04	23.78	22.54	21.31	20.09
3-氯-1,2-环氧丙烷					45.60	42.72	39.87	38.46	37.05	35.66	34.27	32.90
1,4-二氧杂环己烷									32.67	31.35	30.03	28.72

名称	温度/℃											
	60	80	100	120	140	160	180	200	220	240	260	280
环丙烷	7.463	4.786	2.346	0.317								
环丁烷	13.38	10.89	8.488	6.196	4.040	2.065	0.393					
环戊烷	17.20	14.87	12.61	10.42	8.310	6.295	4.392	2.631	1.071			
环己烷	20.64	18.41	16.23	14.09	12.01	9.983	8.024	6.143	4.354	2.682	1.174	0.005
甲基环戊烷	17.82	15.70	13.62	11.60	9.636	7.736	5.911	4.176	2.557	1.099		
甲基环己烷	19.45	17.48	15.54	13.66	11.82	10.02	8.291	6.621	5.024	3.516	2.119	0.879
乙基环戊烷	19.77	17.78	15.82	13.91	12.04	10.21	8.443	6.733	5.092	3.536	2.088	0.799
乙基环己烷①	21.46	19.61	17.78	15.99	14.23	12.51	10.82	9.179	7.584	6.043	4.567	3.165
丙基环戊烷②	21.03	19.17	17.35	15.55	13.79	12.07	10.39	8.749	7.159	5.627	4.162	2.780
丙基环己烷③	22.85	21.07	19.31	17.581	15.88	14.21	12.57	10.97	9.401	7.878	6.402	4.981
环氧乙烷	17.86	14.75	11.76	8.882	6.157	3.623	1.369					
环氧丙烷	17.67	14.87	12.15	9.526	7.021	4.660	2.487	0.617				
1,2-环氧丁烷	18.88	16.51	14.21	11.96	9.798	7.715	5.730	3.865	2.154	0.674		
3-氯-1,2-环氧丙烷④	31.53	28.82	26.16	23.54	20.97	18.45	15.99	13.59	11.25	9.001	6.838	4.784
1,4-二氧杂环己烷	27.42	24.85	22.32	19.84	17.41	15.04	12.73	10.48	8.317	6.241	4.276	2.456

① 温度为300、320℃时，其值分别为1.863、0.704mN/m。
② 温度为300、320℃时，其值分别为1.506、0.403mN/m。
③ 温度为300、320℃时，其值分别为3.626、2.351mN/m。
④ 温度为300、310、320、330℃时，其值分别为2.871、1.983、1.150、0.4268mN/m。

表3.5.6 二甲基环烷烃的表面张力

单位：mN/m

名称	温度/℃								
	0	10	20	30	40	50	60	80	100
顺-1,2-二甲基环己烷	27.8	26.8	25.7	24.7	23.6	22.5	21.4	19.3	17.2
反-1,2-二甲基环己烷	26.0	25.0	24.1	23.1	22.2	21.2	20.2	18.3	16.4
顺-1,3-二甲基环己烷	25.1	24.1	23.1	22.1	21.2	20.2	19.3	17.3	15.4
反-1,3-二甲基环己烷	26.7	25.7	24.7	23.7	22.7	21.7	20.7	18.7	16.7
顺-1,4-二甲基环己烷	26.4	25.5	24.5	23.5	22.5	21.5	20.5	18.5	16.7
反-1,4-二甲基环己烷	25.1	24.0	23.0	22.0	21.0	20.0	19.0	16.9	14.9

表3.5.7 致冷剂的表面张力

单位：mN/m

名称	温度/℃									
	−180	−160	−140	−120	−100	−80	−60	−40	−20	0
R-11					34.57	31.80	29.08	26.39	23.76	21.16
R-12			32.31	29.25	26.25	23.30	20.42	17.60	14.86	12.19
R-13	33.03	29.28	25.59	22.00	18.50	15.11	11.84	8.718	5.773	3.066
R-14	21.58	17.72	14.01	10.47	7.143	4.080	1.407			
R-21									24.51	21.58
R-22			35.52	31.87	28.31	24.82	21.41	18.11	14.91	11.83
R-23			28.63	24.47	20.42	16.52	12.78	9.233	5.920	2.923
R-30						44.31	40.98	37.69	34.45	31.26
R-40						32.45	29.05	25.72	22.45	19.25
R-113									22.02	19.74
R-114						23.36	20.85	18.40	16.01	13.68
R-116					21.67	17.39	13.29	9.393	5.751	2.473
名称	温度/℃									
	20	40	60	80	100	120	140	160	180	200
R-11	18.63	16.14	13.72	11.37	9.101	6.920	4.850	2.920	1.191	
R-12	9.626	7.168	4.844	2.697	0.821					
R-13	0.739									
R-21	18.71	15.91	13.19	10.57	8.044	5.649	3.416	1.413		
R-22	8.892	6.122	3.568	1.324						
R-23	0.456									
R-30	28.12	25.04	22.02	19.07	16.19	13.40	10.70	8.111	5.653	3.366
R-40	16.12	13.09	10.15	7.346	4.691	2.253	0.212			
R-113	17.51	15.33	13.21	11.14	9.145	7.224	5.392	3.669	2.084	0.705
R-114	11.42	9.242	7.152	5.169	3.317	1.641	0.261			

注：其他致冷剂表面张力为：致冷剂 R-13B_1 4^{25}，致冷剂 R-112 23^{30}，致冷剂 R-114B_2 18^{25}，致冷剂 R-115 5^{25}，致冷剂 R-502 8^{25}（右上角的数字为与其相对应的温度）。

表3.5.8 其他烷烃的表面张力

单位：mN/m

名称	温度/℃											
	−60	−40	−20	0	20	40	60	80	100	120	140	160
二苯甲烷						36.49	34.54	32.60	30.69	28.79	26.92	25.08
三苯甲烷									34.70	32.75	30.78	28.82
硝基甲烷			44.08	40.72	37.36	34.01	30.65	27.56	24.77	22.03	19.35	16.72
硝基乙烷	43.35	40.63	37.94	35.27	32.65	30.05	27.49	24.98	22.50	20.07	17.68	15.35
名称	温度/℃											
	180	200	220	240	260	280	300	320	340	360	380	400
二苯甲烷	23.25	21.46	19.69	17.94	16.23	14.55	12.91	11.30	9.734	8.212	6.740	5.324
三苯甲烷	26.82	26.70	25.20	23.58	21.98	20.38	18.90	17.60				
硝基甲烷	14.17	11.69	9.294	6.999	4.824	2.804	1.015					
硝基乙烷	13.08	10.87	8.735	6.683	4.732	2.909	1.266					

注：二苯甲烷温度为 420、440、460、480℃时，分别为 3.975、2.704、1.536、0.519mN/m。

3.6　溶解度

3.6.1　烷烃在水中的溶解度

表 3.6.1　乙烷在水中的溶解度

温度 /℃	α /（mL/L）	$q\times10^3$ /（g/100g）	温度 /℃	α /（mL/L）	$q\times10^3$ /（g/100g）	温度 /℃	α /（mL/L）	$q\times10^3$ /（g/100g）
0	98.74	13.17	14	56.94	7.53	28	37.99	4.93
1	94.76	12.63	15	55.04	7.27	29	37.09	4.80
2	90.93	12.12	16	53.26	7.03	30	36.24	4.68
3	87.25	11.62	17	51.59	6.80	31	32.30	4.12
4	83.72	11.14	18	50.03	6.59	32	29.15	3.66
5	80.33	10.69	19	48.58	6.39	33	26.60	3.27
6	77.09	10.25	20	47.24	6.20	34	24.59	2.94
7	74.00	9.83	21	45.89	6.02	35	21.77	2.39
8	71.06	9.43	22	44.59	5.84	36	19.48	1.85
9	68.26	9.06	23	43.35	5.67	37	18.26	1.34
10	65.61	8.70	24	42.17	5.51	38	17.60	0.80
11	63.28	8.38	25	41.04	5.35	39	17.20	0
12	61.06	8.08	26	39.97	5.20			
13	58.94	7.80	27	38.95	5.06			

注：α 为实验测量溶解于 1L 水中的气体标准状态体积（mL/L）。q 为当气体压强与水蒸气压强之和为 101.3kPa 时，溶解于 100kg 水中的气体质量（g）。

算图 3.40
甲烷在水中的溶解度
（第 708 页右）

算图 3.41
丙烷在水中的溶解度
（第 709 页左）

算图 3.42
烷烃等在水中的溶解度
（第 709 页右）

3.6.2　烷烃在有机溶剂中的溶解度

表 3.6.2　乙烷在有机溶剂中的溶解度

溶剂	温度 /℃	β/（mL/mL）	溶剂	温度 /℃	β/（mL/mL）	溶剂	温度 /℃	β/（mL/mL）
丙酮	0	4.202	苯	10	4.885	四氯化碳	0	7.648
	10	3.761		20	4.360		10	6.604
	20	3.389		30	3.921		20	5.716
	30	3.067		40	3.552		30	5.016
	40	2.790		50	3.255		40	4.446
乙醇	25	2.87	甲醇	25.0	2.34	二硫化碳	25	1.26
	30	2.22		30.1	1.88			
	40	2.07		42.5	1.73			

注：β 为 Ostwald 溶解度系数，即气体分压为 101.325kPa、温度为 t℃时，1mL 溶剂溶解气体的体积（mL）。

算图 3.43
甲烷在液氨中的溶解度（第 710 页左）

3.6.3 水在烷烃中的溶解度

算图 3.44
水在烷烃中的溶解度（Ⅰ）
（第 710 页右）

算图 3.45
水在烷烃中的溶解度（Ⅱ）
（第 711 页左）

算图 3.46
水在环烷烃中的溶解度
（第 711 页右）

3.6.4 烷烃和其他溶剂的互溶度

算图 3.47
烷烃和无水氟化氢的互溶度（第 712 页左）

算图 3.48
水和烷烃的互溶度（第 712 页右）

3.7 热导率

3.7.1 气态烷烃的热导率

表3.7.1 甲烷-癸烷气体的热导率　　单位：mW/(m·K)

温度/K	100	150	200	250	300	350	400	450	500	550
甲　烷	9.043	14.36	20.22	26.59	33.45	40.82	48.57	56.94	65.73	74.94
乙　烷	3.425	6.783	11.14	16.33	14.74	28.85	35.88	43.54	51.08	59.03
丙　烷	2.269	5.066	8.834	13.48	18.92	24.95	31.53	38.48	45.64	53.17
丁　烷		5.066	8.415	12.48	17.25	22.57	28.43	34.71	41.32	48.15
异丁烷		4.689	7.871	11.89	16.66	22.19	28.51	35.59	43.54	51.92
戊　烷		3.730	6.490	10.01	14.28	19.30	25.00	31.44	38.60	46.47
异戊烷		3.923	6.824	10.55	15.07	20.35	26.38	33.20	40.74	48.99
新戊烷					15.20	20.47	26.50	33.28	40.82	48.99
己　烷			5.610	8.792	12.73	17.29	22.61	28.55	35.21	42.71
异己烷			6.908	10.63	14.99	19.89	25.20	30.94	36.97	43.12
庚　烷			4.815	9.630	13.90	17.92	22.73	27.88	33.37	39.06
辛　烷				8.541	11.85	15.58	19.76	24.41	29.48	34.92
壬　烷				7.620	10.72	14.28	18.21	22.52	27.13	32.03
癸　烷				8.206	11.51	15.28	19.43	23.86	28.60	33.49

温度/K	600	650	700	750	800	850	900	950	1000
甲　烷	84.57	94.62	105.5	116.4	127.7	139.0	151.1	163.7	176.3
乙　烷	67.41	75.78	84.15	92.53	101.3	109.7	118.1	126.4	134.8
丙　烷	61.13	68.66	76.62	84.57	92.11	100.1	107.6	115.1	122.7
丁　烷	55.27	62.80	69.92	77.46	84.57	92.11	99.23	106.3	113.0
异丁烷	61.13	71.18	82.06	93.37	105.5	118.1	131.9	145.7	160.4
戊　烷	54.85	64.06	74.11	84.57	95.88	108.0	120.6	133.6	147.4
异戊烷	58.20	67.83	78.29	89.60	101.3	113.9	127.3	141.1	155.8
新戊烷	58.20	67.83	77.87	89.18	100.9	113.5	126.4	140.3	154.5
己　烷	50.66	59.03	68.24	78.29	88.76	100.1	111.8	124.4	137.3
异己烷	49.82	56.10	62.80	69.50	75.78	82.48	88.76	95.04	101.3
庚　烷	44.80	51.08	56.52	63.22	69.50	75.36	81.64	87.50	93.37
辛　烷	40.78	46.89	53.59	60.71	68.24	76.20	84.15	92.53	101.7
壬　烷	37.14	42.29	47.73	53.17	58.62	64.06	69.59	74.94	79.97
癸　烷	38.60	43.96	48.99	54.43	59.87	65.31	70.76	76.20	81.22

算图 3.49
气态烷烃的热导率（Ⅰ）
（第 713 页左）

算图 3.50
气态烷烃的热导率（Ⅱ）
（第 713 页右）

算图 3.51
甲烷、丙烷及其混合物的热导率
（第 714 页左）

表3.7.2 甲基烷烃气体的热导率

单位：mW/(m·K)

名称	温度/K								
	200	250	300	350	400	450	500	550	600
3-甲基戊烷	6.150	9.707	14.02	19.12	24.98	31.63	39.04	47.28	56.07
2-甲基己烷	6.109	9.749	13.97	18.70	23.89	29.37	35.10	41.00	46.86
2-甲基庚烷	6.109	9.121	12.64	16.61	21.09	26.02	31.42	37.24	43.51
2.2-二甲基丁烷	6.276	9.832	14.18	19.29	25.19	31.84	39.25	47.28	56.48
2,2,4-三甲基戊烷	6.402	9.749	13.72	18.16	23.05	28.33	33.89	39.66	45.61

名称	温度/K							
	650	700	750	800	850	900	950	1000
3-甲基戊烷	65.69	76.15	87.03	98.74	111.3	124.3	138.1	152.7
2-甲基己烷	53.14	58.99	65.27	71.13	77.40	83.26	89.12	94.56
2-甲基庚烷	50.21	57.32	64.85	72.80	81.17	89.96	98.74	108.4
2.2-二甲基丁烷	65.69	76.15	87.45	99.16	111.3	124.7	138.5	152.7
2,2,4-三甲基戊烷	51.88	57.74	64.02	70.29	76.57	82.84	88.70	94.56

表3.7.3 卤烷烃气体的热导率（摄氏温度）

单位：mW/(m·K)

名称	温度/℃					
	0	20	50	100	150	200
一氯甲烷	9.0653	10.460	12.552	16.155	19.874	24.058
二氯甲烷	6.6247	7.3220	8.4842	10.750	13.133	15.690
三氯甲烷	6.5084	7.0314	8.0193	9.9951	11.855	13.947
四氯甲烷①	5.8	6.4	7.2	8.7	10.1	11.5
一氯乙烷	9.4721	10.750	12.784	16.387	20.339	24.755
一碘甲烷	4.65	5.23	6.16	7.56		
一溴甲烷	6.2760	7.0895	8.3680	10.576	11.855	13.947
二氟二氯甲烷	8.30	9.14	11.26	13.84	61.75	

① 温度为300、400、500、600℃时，其值分别为14.6、17.8、21.2和24.5mW/(m·K)。

表3.7.4 氯烷烃气体的热导率（开氏温度）

单位：mW/(m·K)

名称	温度/K								
	150	200	250	300	350	400	450	500	550
三氯甲烷			5.941	7.699	9.581	11.51	13.47	15.48	17.41
四氯甲烷			5.732	7.280	8.912	10.54	12.22	13.01	15.48
一氯乙烷	4.017	6.234	8.870	11.84	15.19	18.83	22.76	26.94	31.34
1,1-二氯乙烷		4.895	7.113	9.665	12.59	15.82	19.29	23.05	27.03
1,2-二氯乙烷			4.184	5.816	7.657	9.707	11.97	14.43	17.15
1,1,1-三氯乙烷			4.435	6.109	8.075	10.25	12.64	15.23	18.07
1,1,2-三氯乙烷			4.979	6.862	8.996	11.38	14.02	16.86	19.87
1,1,2,2-四氯乙烷			3.469	4.812	6.318	8.033	9.916	11.97	14.18
五氯乙烷			4.686	6.234	7.908	9.665	11.46	13.31	15.19
六氯乙烷				5.816	7.322	8.954	10.59	12.30	13.97
1-氯丙烷	2.372	3.966	5.899	8.159	10.75	13.68	16.86	20.38	24.14
1,4-二氯丁烷			5.021	6.987	9.288	11.84	14.64	17.74	21.05

续表

名　称	温度/K								
	600	650	700	750	800	850	900	950	1000
三氯甲烷	19.37	21.30	23.14	24.98	26.74	28.49	30.21	31.88	33.60
四氯甲烷	17.03	18.58	20.04	21.46	22.84	24.18	25.52	26.82	28.16
一氯乙烷	35.94	40.71	45.61	50.63	55.65	61.09	66.11	71.13	76.57
1,1-二氯乙烷	31.25	35.65	40.25	44.77	49.79	54.81	59.83	64.85	69.87
1,2-二氯乙烷	20.00	23.10	26.36	29.83	33.47	37.28	41.30	45.61	49.79
1,1,1-三氯乙烷	21.09	24.35	27.78	31.42	35.27	39.33	43.51	48.12	52.72
1,1,2-三氯乙烷	23.14	26.53	30.08	33.81	37.61	41.59	45.61	49.79	53.97
1,1,2,2-四氯乙烷	16.57	19.12	21.80	24.69	27.70	30.84	34.14	37.61	41.21
五氯乙烷	17.03	18.83	20.63	22.34	24.02	25.61	27.11	28.58	29.96
六氯乙烷	15.61	17.24	18.83	20.33	21.76	23.14	24.43	25.69	26.82
1-氯丙烷	28.20	32.55	37.15	41.84	47.28	52.72	58.16	64.02	70.29
1,4-二氯丁烷	24.56	28.28	32.17	36.23	40.50	44.77	49.37	53.97	58.58

表3.7.5　环烷烃气体的热导率

单位：mW/(m·K)

名　称	温度/K																	
	150	200	250	300	350	400	450	500	550	600	650	700	750	800	850	900	950	1000
环丙烷	6.69	10.50	15.10	20.46	26.57	33.43	41.05	49.37	58.58	68.20	78.66	89.96	102.1	114.6	128.0	142.3	156.9	172.4
环丁烷		5.146	9.330	14.35	20.17	26.53	33.35	40.54	48.12	55.65	63.18	71.13	78.66	86.19	94.14	101.7	109.2	116.7
环戊烷		6.862	10.17	14.06	18.62	23.77	29.54	35.90	42.68	50.63	58.58	67.36	76.57	86.61	97.07	108.4	120.1	132.2
环己烷				12.55	16.69	21.42	26.74	32.64	39.08	46.02	53.56	61.92	70.71	79.91	89.54	100.0	110.9	122.2
甲基环戊烷	2.34	5.104	8.745	13.14	18.20	23.81	29.87	36.36	43.10	50.21	57.32	64.43	71.96	79.08	86.61	93.72	100.8	107.9
甲基环己烷	2.21	4.853	8.368	12.59	17.45	22.84	28.74	35.02	41.59	48.53	55.23	62.34	69.45	76.57	83.68	90.79	97.91	104.6
乙基环戊烷	2.31	4.937	8.326	12.47	17.15	22.43	28.07	34.14	40.46	46.86	53.56	60.67	67.36	74.06	81.17	87.86	94.56	101.3
乙基环己烷		4.812	8.075	12.05	16.61	21.71	27.20	33.10	39.25	45.61	52.30	58.99	65.69	72.38	79.08	85.35	92.05	98.74
丙基环戊烷		4.812	8.033	11.88	16.32	21.21	26.53	32.17	38.12	44.35	50.63	56.90	63.60	69.87	76.15	82.84	89.12	95.40
丙基环己烷		4.770	7.908	11.67	15.98	20.75	25.94	31.46	37.24	43.10	49.37	55.65	61.92	68.20	74.48	80.75	87.03	92.88

表3.7.6　其他烷烃气体的热导率

单位：mW/(m·K)

名　称	温度/K								
	150	200	250	300	350	400	450	500	550
一氟甲烷	7.071	10.46	14.23	18.41	22.84	27.53	32.43	37.45	42.68
一溴甲烷			6.025	8.368	11.00	13.97	17.24	20.79	24.64
二溴甲烷			4.184	5.565	7.071	8.703	10.50	12.38	14.43
一溴乙烷		4.602	6.736	9.205	11.92	14.81	17.91	21.17	24.48
1,1-二溴乙烷				6.234	8.033	9.958	12.01	14.10	16.28
2-溴丙烷		4.686	7.029	9.707	12.72	15.98	19.46	23.10	26.86
二氟-氯溴甲烷	2.293	3.837	5.732	7.908	10.42	13.22	16.32	19.71	23.35
三氟溴甲烷	2.510	4.184	6.234	8.661	11.38	14.48	17.87	21.55	25.56
碘甲烷			3.920	5.439	7.155	9.079	11.21	13.51	16.02
碘乙烷		3.506	4.853	6.402	8.075	9.874	11.76	13.77	15.86
碘丙烷		3.577	5.063	6.694	8.494	10.46	12.55	14.77	17.07
二苯甲烷				7.782	10.67	13.89	17.36	21.05	24.94
环氧乙烷		6.276	9.037	12.22	15.77	19.79	24.14	28.87	33.97
环氧丙烷		6.402	9.791	13.77	18.20	23.10	28.33	33.89	39.71
3-氯-1,2-环氧丙烷			3.389	4.686	6.234	7.950	9.832	11.92	14.18
1,2-环氧丁烷	2.284	4.728	7.991	12.01	16.78	22.30	28.49	35.35	42.68

续表

名称	温度/K								
	150	200	250	300	350	400	450	500	550
1,4-二氧杂环己烷				9.749	13.72	18.37	23.60	29.41	35.82
硝基甲烷			8.619	11.92	15.73	19.96	24.64	29.75	35.27
硝基乙烷		5.774	8.577	11.88	15.65	19.87	24.52	29.58	35.10
名称	**温度/K**								
	600	**650**	**700**	**750**	**800**	**850**	**900**	**950**	**1000**
一氟甲烷	47.70	53.14	58.58	64.02	69.45	74.89	79.91	85.35	90.79
一溴甲烷	28.83	33.22	37.95	43.10	48.12	53.56	59.41	65.27	71.55
二溴甲烷	16.57	18.79	21.09	23.47	25.94	28.49	31.05	33.68	36.32
一溴乙烷	27.87	31.30	34.77	38.24	41.67	45.19	48.53	51.88	55.23
1,1-二溴乙烷	18.49	20.71	22.93	25.15	27.32	29.50	31.59	33.68	35.73
2-溴丙烷	30.71	34.60	38.53	42.68	46.44	50.21	53.97	57.74	61.50
二氟-氯溴甲烷	27.28	31.46	35.94	40.67	45.61	50.63	56.48	61.92	67.78
三氟溴甲烷	29.87	34.43	39.33	44.35	49.79	55.65	61.50	67.78	74.48
碘甲烷	18.74	21.59	24.69	27.91	31.30	34.89	38.66	42.68	46.44
碘乙烷	18.03	20.25	22.43	24.60	26.74	28.83	30.92	32.97	34.98
碘丙烷	19.46	21.92	24.35	26.82	29.25	31.63	33.97	36.28	38.58
二苯甲烷	28.91	33.01	37.15	41.34	45.61	49.79	53.97	57.74	61.92
环氧乙烷	39.41	45.19	51.04	57.32	64.02	71.13	78.24	85.35	92.88
环氧丙烷	45.61	51.46	57.32	63.18	68.62	74.48	79.91	85.35	90.79
3-氯-1,2-环氧丙烷	16.61	19.20	21.92	24.85	27.91	31.09	34.43	37.91	41.51
1,2-环氧丁烷	51.04	59.83	69.04	79.08	89.12	100.0	111.7	123.4	135.6
1,4-二氧杂环己烷	42.68	50.21	58.16	66.53	75.73	84.94	94.98	105.0	115.9
硝基甲烷	41.17	47.70	54.39	61.50	69.04	76.57	84.94	93.72	102.5
硝基乙烷	41.00	47.28	53.97	61.09	68.62	76.15	84.52	93.30	102.1

表3.7.7 致冷剂气体的热导率　　单位：mW/(m·K)

名称	温度/℃										
	0	10	20	30	40	50	60	70	80	90	100
R-11①	7.67	8.14	8.60	9.06	9.53	10.00	10.46	10.92	11.39	11.86	12.32
R-12②	9.65	10.00	10.46	10.81	11.27	11.62	12.09				
R-22③	10.23	10.81	11.27	11.74	12.20	12.67	13.13	13.60	14.18		
R-40	9.18	9.88	10.58	11.16	11.86	12.55	13.25	14.06	14.88	15.57	16.27
R-113④	7.44	7.90	8.37	8.95	9.30	9.76	10.23	10.75	11.22	11.74	12.20

① 温度为 110、120、130、140℃时，其值分别为 12.79、13.25、13.71、14.18mW/(m·K)。
② 温度为–30、–20、–10℃时，其值分别为、8.37、8.83、9.18mW/(m·K)。
③ 温度为–30、–20、–10℃时，其值分别为 8.83、9.30、9.76mW/(m·K)。
④ 温度为 110℃时，其值为 12.55mW/(m·K)。

N 算图 3.52
一些致冷剂气体的热导率
（第 714 页右）

3.7.2 液态烷烃的热导率

表3.7.8 链烷烃液体的热导率　　单位：mW/(m·K)

名称	温度/℃							
	−160	−140	−120	−100	−80	−60	−40	−20
甲烷	182.0	151.0	125.9	91.21	70.71^{-90}			
乙烷	233.5	197.5	171.1	150.6	134.3	120.9	109.6	100.8
丙烷	266.9	227.6	196.6	171.5	151.0	133.9	119.7	108.4
丁烷			220.1	195.4	174.5	156.9	141.8	129.3
异丁烷		209.6	184.9	164.4	147.3	132.6	120.1	109.6

续表

名称	温度/℃							
	−160	−140	−120	−100	−80	−60	−40	−20
戊烷			210.0	188.3	171.1	157.3	145.6	135.1
异戊烷		212.1	191.2	174.0	159.4	146.4	134.7	124.7
新戊烷								100.0^{-10}
己烷				185.4^{-90}	177.4	163.2	151.5	141.0
异己烷		222.1	196.2	177.4	162.3	149.8	139.3	130.1
庚烷				192.5	184.1	169.5	153.7	146.8
辛烷						166.5^{-50}	160.7	150.2
壬烷						146.8^{-50}	144.8	140.2
癸烷								155.2

名称	温度/℃							
	0	20	40	60	80	100	120	140
乙烷	96.23							
丙烷	98.74	91.21	85.35	79.50	71.96	66.48^{90}	$55.32^{96.8}$	
丁烷	118.0	108.4	100.0	92.88	86.61	80.33	73.64	63.60
异丁烷	100.4	92.47	85.35	79.50	74.06	68.20	60.25	
戊烷	125.9	117.6	109.6	102.5	95.81	89.12	83.26	77.40
异戊烷	115.5	107.1	100.0	93.30	87.03	81.59	76.15	70.71
新戊烷	96.65	90.79	84.52	79.08	73.64	68.62	64.02	62.76^{130}
己烷	131.8	123.4	115.9	108.8	102.1	95.81	89.54	83.68
异己烷	122.2	114.6	107.5	100.8	94.56	88.70	83.26	77.40
环己烷	127.0^{10}	124.0	120.0	116.0	112.0			
庚烷	137.6	129.3	121.3	114.2	107.5	101.2	95.40	89.54
辛烷	141.0	132.6	125.1	118.0	111.3	105.0	99.16	93.30
壬烷	135.6	131.0	126.4	121.3	116.3	111.3	105.8	100.4
癸烷	146.0	137.6	130.1	123.0	116.3	110.4	104.6	99.16
十二烷	136.0	131.9	128.5	125.5	122.3	119.0	115.5	111.8

名称	温度/℃							
	160	180	200	220	240	260	280	300
戊烷	73.22	72.80^{170}						
异戊烷	63.60	59.00^{170}						
己烷	77.82	72.80	68.62					
异己烷	71.96	67.36	65.27	68.20^{210}				
庚烷	83.68	78.24	72.80	67.78	64.85			
辛烷	87.86	82.42	76.98	71.96	66.94	62.76	61.50^{270}	
壬烷	94.98	89.12	82.84	76.15	69.45	61.50	53.14	43.10
癸烷	93.72	88.28	83.26	78.24	73.22	68.62	63.60	59.41
十二烷	108.1	104.4	101.0					

注：右上角的数字为与其相对应的温度（℃）。

N 算图 3.53
液态烷烃的热导率（Ⅰ）
（第 715 页左）

N 算图 3.54
液态烷烃的热导率（Ⅱ）
（第 715 页右）

N 算图 3.55
液态烷烃的热导率（含气体）
（第 716 页左）

表3.7.9 环烷烃液体的热导率

单位：mW/(m·℃)

名称	温度/℃										
	−140	−120	−100	−80	−60	−40	−20	0	20	40	60
环丙烷		205.4	184.1	165.3	149.4	135.6	124.3	114.2	106.7	100.4	95.40
环丁烷				171.5	160.2	149.4	139.7	130.5	122.2	115.1	108.4
环戊烷				167.4	158.6	149.8	141.8	134.3	126.8	120.1	113.8
环己烷									137.7	131.4	125.5
甲基环戊烷	197.5	179.5	166.5	156.5	147.7	140.2	133.9	127.6	121.8	116.3	110.9

续表

名 称	温度/℃										
	−140	−120	−100	−80	−60	−40	−20	0	20	40	60
甲基环己烷		188.7	174.9	164.4	155.2	147.7	141.0	135.1	129.7	124.7	119.7
乙基环戊烷		176.6	163.6	153.1	144.8	137.7	131.0	125.1	119.7	114.2	109.2
乙基环己烷			163.2	157.3	151.9	146.4	140.6	135.1	129.7	124.7	119.2
丙基环戊烷			157.3	153.6	149.4	144.8	140.6	136.0	131.4	126.8	122.2
丙基环己烷				147.3	143.5	139.7	136.0	132.2	128.0	123.8	119.7
名 称	温度/℃										
	80	100	120	140	160	180	200	220	240	260	280
环丙烷	90.79	85.35									
环丁烷	102.5	97.49	92.47	87.03	80.33						
环戊烷	107.9	102.5	97.49	92.88	88.28	83.68	77.82	69.45			
环己烷	119.7	113.8	108.8	103.8	98.74	94.14	89.12	84.10	77.82	69.45	
甲基环戊烷	105.4	100.4	95.40	90.37	85.35	80.33	76.15	72.38			
甲基环己烷	115.1	110.5	105.9	101.3	96.65	92.05	87.45	83.26	79.08	76.15	
乙基环戊烷	104.2	99.58	94.56	89.96	85.35	80.75	76.15	71.96	67.78	64.43	
乙基环己烷①	114.2	109.2	104.6	100.0	95.40	90.79	86.61	82.01	77.82	73.22	68.20
丙基环戊烷②	117.2	112.1	107.1	101.7	96.23	90.79	84.52	78.24	71.55	64.43	56.48
丙基环己烷③	115.5	111.3	106.7	102.1	97.49	92.47	87.45	82.42	76.99	71.13	64.85

① 温度为300、350℃时，其值分别为61.92、53.56mW/(m·℃)。
② 温度为300、320℃时，其值分别为47.28、35.73mW/(m·℃)。
③ 温度为300、320、340、360℃时，其值分别为58.16、50.63、42.26、30.59mW/(m·℃)。

表3.7.10 氯烷烃液体的热导率

单位：mW/(m·℃)

名 称	温度/℃													
	−140	−120	−100	−80	−60	−40	−20	0	20	40	60	80	100	120
一氯甲烷							195	179	163					
二氯甲烷							162	158	155					
三氯甲烷					128.0	125.9	123.0	120.1	116.7	113.8	110.5	107.5	104.6	102.1
四氯甲烷							114.6	111.7	108.8	105.9	102.5	99.58	96.65	93.72
氯乙烷		259.4	229.3	203.8	182.4	164.0	148.1	134.7	123.0	112.5	104.2	97.07	90.79	85.35
1,1-二氯乙烷				139.3	138.9	137.7	136.0	134.3	132.2	129.7	127.2	124.7	122.6	120.5
1,2-二氯乙烷							145.6	143.9	142.3	140.6	138.5	136.8	134.3	132.2
1,1,1-三氯乙烷							101.3	100.0	98.74	97.07	95.40	93.72	92.05	90.37
1,1,2-三氯乙烷							120.9	120.5	120.1	118.8	117.6	115.9	114.2	112.5
1,1,2,2-四氯乙烷						106.7	106.7	106.7	106.3	105.4	104.6	103.3	101.7	100.4
五氯乙烷							105.9	102.9	100.0	97.07	93.72	90.79	87.45	84.52
六氯乙烷									94.98	92.47	89.96	87.03	84.52	81.59
1-氯丙烷		249.8	224.7	203.8	185.8	169.9	156.1	143.5	132.6	122.6	113.8	106.3	99.16	92.88
1,4-二氯丁烷							132.2	132.6	132.6	132.6	131.8	131.4	130.1	128.9
名 称	温度/℃													
	140	160	180	200	220	240	260	280	300	320	340	360	380	400
三氯甲烷	99.58	97.91	96.23	94.14	91.63	87.03								
四氯甲烷	91.21	89.12	87.03	84.94	82.84	79.91	74.89							
氯乙烷	80.33	74.06												
1,1-二氯乙烷	118.4	116.3	114.2	111.7	106.7									
1,2-二氯乙烷	129.7	127.2	124.3	121.8	119.7									
1,1,1-三氯乙烷	88.70	87.45	85.77	84.10	82.01	78.66	72.38							
1,1,2-三氯乙烷	110.5	108.8	107.1	105.4	103.8	101.7	99.58	96.23	90.79					
1,1,2,2-四氯乙烷	98.74	97.07	95.40	93.72	92.05	90.37	88.70	86.61	84.10	81.17	76.15			

续表

名称	温度/℃													
	140	160	180	200	220	240	260	280	300	320	340	360	380	400
五氯乙烷	81.17	77.40	74.06	70.29	66.53	62.76	58.58	54.39	49.79	44.77	39.20	32.84	24.56	
六氯乙烷	78.66	75.73	72.80	69.45	66.53	63.18	59.83	56.07	52.30	48.53	44.35	39.75	34.69	28.79
1-氯丙烷	87.45	82.01	76.57	70.29										
1,4-二氯丁烷	127.6	125.9	124.3	122.6	120.5	118.4	115.9	113.4	109.6	105.0	97.49			

注：一氯甲烷、二氯甲烷见致冷剂 R-40、致冷剂 R-30 中的有关数据。

表3.7.11 其他卤烷烃液体的热导率

单位：mW/(m·℃)

名称	温度/℃													
	−140	−120	−100	−80	−60	−40	−20	0	20	40	60	80	100	120
氟甲烷	315.5	257.7	213.0	178.7	152.7	133.9	120.5	112.1	104.6					
溴甲烷				161.9	156.9	151.5	146.0	140.6	136.0	131.4	128.0	125.5	123.8	123.0
二溴甲烷						107.9	106.3	104.6	102.5	100.4	98.32	95.81	93.72	91.63
溴乙烷			141.8	136.8	131.8	126.8	121.8	116.3	110.9	105.4	99.58	93.30	87.03	80.33
1,1-二溴乙烷									86.19	85.35	84.52	83.26	82.42	81.17
2-溴丙烷				109.2	110.0	110.5	110.5	109.6	108.8	107.9	106.7	105.4	104.2	102.9
二氟一氯溴甲烷	120.1	115.5	110.9	105.9	100.8	95.81	90.37	84.94	79.08	72.80	66.53	59.41	51.88	43.10
三氟溴甲烷	118.8	112.1	105.4	98.74	91.21	83.68	75.73	66.94	56.90	45.61	30.75			
碘甲烷					114.6	110.5	106.3	102.1	97.91	93.30	88.70	83.68	79.08	73.64
碘乙烷			121.3	118.0	114.2	110.9	107.1	102.9	99.16	94.98	91.21	86.61	82.42	77.82
碘丙烷			120.9	117.6	114.2	110.9	107.5	104.2	100.4	96.65	92.88	89.12	85.35	81.17
二苯甲烷										121.8	118.8	115.9	113.0	109.6
环氧乙烷			213.8	205.9	197.5	189.1	180.3	171.1	161.9	152.3	141.8	131.4	120.1	107.9
环氧丙烷			196.6	189.5	182.4	174.9	166.9	159.0	151.0	142.7	133.9	124.3	114.6	104.6
3-氯-1,2-环氧丙烷						152.7	148.1	143.5	138.9	134.3	129.3	124.3	119.2	113.8
1,2-环氧丁烷	192.9	187.4	181.6	175.7	169.9	164.0	157.7	151.5	144.8	138.1	131.4	123.8	116.7	108.8
1,4-二氧杂环己烷									139.7	134.3	129.3	123.8	118.0	112.1
硝基甲烷							234.7	229.7	225.1	220.1	215.1	210.0	204.6	199.2
硝基乙烷				216.7	213.0	209.2	205.4	201.3	197.1	192.9	188.7	184.1	179.5	174.5

名称	温度/℃													
	140	160	180	200	220	240	260	280	300	320	340	360	380	400
溴甲烷	122.6	120.5	110.9											
二溴甲烷	89.54	87.86	86.61	84.94	83.68	82.01	79.91	76.15						
溴乙烷	73.22	65.69	57.32	47.70	35.40									
1,1-二溴乙烷	79.91	78.66	76.99	76.15	74.89	74.48	72.38	71.13	70.29	68.62	66.53	62.34		
2-溴丙烷	101.7	100.4	98.74	96.65	93.30	86.61								
二氟一氯溴甲烷	32.43													
碘甲烷	68.20	62.34	56.48	49.37	41.84	32.43								
碘乙烷	73.22	68.20	62.76	57.32	51.46	44.77	36.99	26.86						
碘丙烷	76.99	72.38	67.78	63.18	58.16	52.72	46.86	40.21	32.30					
二苯甲烷①	106.3	103.3	100.0	96.65	93.30	89.54	85.77	82.42	78.24	74.48	70.29	66.11	61.50	56.48
环氧乙烷	94.98	79.91	61.50											
环氧丙烷	93.30	81.17	66.94	48.53										
3-氯-1,2-环氧丙烷	108.4	102.5	96.65	90.79	84.52	77.40	70.29	62.34	53.56	42.68				
1,2-环氧丁烷	100.8	92.05	82.84	72.38	60.67	46.02	0.00	0.00						
1,4-二氧杂环己烷	106.3	100.0	93.72	86.61	79.50	71.96	63.18	53.56	41.63					
硝基甲烷	193.3	187.0	180.3	173.6	165.7	157.3	147.7	136.0	119.7					
硝基乙烷	169.5	164.0	158.6	152.3	146.0	138.9	130.5	120.9	108.4					

① 温度为420、440、460、480、490℃时，其值分别为51.46、45.61、39.20、31.25、25.65mW/(m·℃)。

表3.7.12 致冷剂液体的热导率 单位：mW/(m·℃)

名称	温度/℃									
	-180	-160	-140	-120	-100	-80	-60	-40	-20	0
R-11					125.52	120.92	115.90	111.29	105.86	100.83
R-12			133.05	129.29	124.68	120.08	115.06	110.00	105.44	101.67
R-13	152.30	143.93	135.56	126.36	117.15	107.11	96.65	85.354	73.220	58.576
R-14	152.72	140.16	126.36	111.71	95.813	77.822	55.28			
R-21				145.18	142.26	138.49	134.72	130.12	125.94	121.34
R-22		166.94	140.1	134.4	128.6	122.6	116.5	110.1	103.6	96.9
R-23			166.10	154.81	143.09	131.00	117.57	103.34	87.446	69.454
R-30						159.41	156.48	152.72	148.53	144.35
R-40						243.09	213.00	187.86	167.36	150.63
R-113									96.23	92.05
R-114						107.95	102.51	97.07	91.63	85.77
R-116					104.18	94.98	84.94	73.64	61.50	46.86

名称	温度/℃									
	20	40	60	80	100	120	140	160	180	200
R-11	95.40	89.54	83.68	77.40	71.128	64.02	56.48	47.70	37.32	
R-12	98.32	95.81	93.72	91.21	83.68					
R-13	40.00									
R-21	117.15	113.39	110.46	107.95	106.27	104.6	102.51	96.65		
R-22	89.7	82.0	73.62	64.2	52.1					
R-30	140.16	136.0	132.21	128.45	125.52	123.43	121.75	120.50	119.24	117.15
R-40	137.25	126.36	118.41	112.13	106.27	99.16				
R-113	87.45	82.42	77.40	72.38	66.94	61.09	54.81	48.12	40.38	30.79
R-114	79.50	72.80	66.11	58.58	50.21	40.58	27.49			

N 算图 3.56

一些液态致冷剂的热导率（Ⅰ）（第 716 页右）

N 算图 3.57

一些液态致冷剂的热导率（Ⅱ）（第 717 页左）

3.7.3 烷烃在压力下的热导率

表3.7.13 气态甲烷的热导率 单位：10^{-4}W/(m·K)

温度/℃	压强/MPa										
	常压	5	10	15	20	25	30	35	40	45	50
0	307	333	422	531	624	688	730	760	787	806	814
100	465	471	498	563	625	673	707	731	753	778	818

表3.7.14 丙烷的热导率 单位：mW/(m·K)

压强/MPa	温度/℃					压强/MPa	温度/℃				
	50	70	90	105	140		50	70	90	105	140
0.1	21.50	22.84	25.93	27.54	31.84	7	83.77	80.83	71.00	62.39	49.42
1.0	21.95	23.89	26.78	27.88	32.65	8	84.40	81.98	72.91	65.43	54.55
1.5	22.52	24.68	27.54	28.33	33.22	9	86.36	83.29	74.20	67.73	58.22
2	80.58	26.04	28.71	29.01	33.79	10	88.41	84.73	75.34	69.56	60.94
3	85.22	74.91	33.21	31.47	35.15	15	96.51	91.06	81.31	76.17	69.99
4	86.96	77.81	65.57	35.06	36.98	20	102.0	96.26	87.36	81.81	76.88
5	88.39	78.90	66.75	49.34	39.34	25	106.6	101.0	93.40	87.27	82.33
6	86.35	79.88	68.73	57.04	43.15	30	111.2	105.5	98.64	92.90	87.54

注：横线上方为液体，下方为气体。

表3.7.15　液态己烷的热导率　　单位：mW/(m·K)

温度/℃	压强/MPa				温度/℃	压强/MPa			
	0.1	2	10	50		0.1	2	10	50
0	134.6	136.0	140.0	156.8	200	31.96	80.09	91.29	116.9
20	128.5	130.3	134.3	151.6	220	34.52	38.72	88.38	114.5
40	122.8	124.5	124.9	146.4	240	37.19	40.51	85.21	112.8
60	117.2	116.5	123.3	145.8	260	39.75	42.76	82.27	111.5
80	111.3	113.6	118.3	137.1	280	42.42	45.01	79.44	110.1
100	104.4	108.2	113.0	132.8	300	45.09	47.38	77.20	108.9
120	97.60	102.8	108.1	128.9	320	47.77	49.96	75.70	
140	91.21	97.73	103.5	125.5	340	50.56	52.72	74.83	
160	84.80	92.38	99.02	122.3	360	53.58	55.60	74.44	
180	79.35	86.69	94.86	119.2					

表3.7.16　液态庚烷的热导率　　单位：mW/(m·K)

温度/℃	压强/MPa				温度/℃	压强/MPa			
	0.1	2	5	10		0.1	2	5	10
0	139.8	141.0	142.3	144.4	140	22.78	105.3	107.4	110.9
20	134.1	135.5	136.9	139.1	180	27.08	95.77	98.79	102.9
40	128.7	130.2	131.5	133.8	220	31.73	84.85	90.46	95.52
60	123.2	124.9	126.1	128.7	260	36.49	40.19	81.96	88.37
80	118.1	119.7	121.4	124.0	300	41.61	44.58	69.18	83.12
100	18.71	115.0	116.7	119.6	360	48.93	51.10	60.82	78.94

表3.7.17　液态辛烷的热导率　　单位：mW/(m·K)

温度/℃	压强/MPa				温度/℃	压强/MPa			
	0.1	2	5	10		0.1	2	5	10
0	143.8	144.8	146.1	148	140	21.04	111	113.2	116.7
20	138.3	139.5	140.8	142.7	180	25.1	102.1	105.1	109.1
40	133.1	134.4	135.5	137.6	220	29.4	92.86	96.95	102.4
60	128.1	129.5	130.8	132.9	260	33.82	81.49	88.51	95.77
80	123.2	124.7	126.2	128.5	300	38.47	43	78.79	88.97
100	118.4	120.1	121.7	124.4	360	45.56	47.46	63.32	81.79

3.8 蒸气压

3.8.1 链烷烃的蒸气压

表3.8.1　甲烷-癸烷的蒸气压　　单位：kPa

名　称	温度/℃									
	−100	−80	−60	−40	−20	0	20	40	60	80
甲烷①	2622	3657^{-90}								
乙烷②	52.43	157.7	381.9	785.1	1434	2402	3779	4658^{30}		
丙烷	2.878	12.98	42.50	110.8	244.8	476.3	840.9	1377	2128	3146
丁烷	0.164	1.121	4.985	16.77	45.21	103.2	208.1	380.2	642.0	1018
异丁烷		2.267	9.301	28.77	72.49	156.6	302.4	532.3	871.4	1348
戊烷				2.712	9.028	24.45	56.58	115.8	214.2	366.5
异戊烷				4.288	13.43	34.57	76.64	151.2	273.5	458.7
新戊烷						70.92	145.8	269.6	460.4	737.0
己烷		0.007	0.075	0.475	1.863	6.042	16.16	37.26	76.36	142.4

续表

名 称	温度/℃									
	−100	−80	−60	−40	−20	0	20	40	60	80
异己烷					2.934	8.968	22.86	50.66	100.4	182.1
庚烷			0.006	0.060	0.335	1.522	4.740	12.36	28.07	57.08
辛烷					0.105	0.381	1.395	4.147	10.49	23.34
壬烷					0.016	0.094	0.375	1.406	3.978	9.707
癸烷					0.009^{-10}	0.023	0.117	0.450	1.511	4.065
名 称	**100**	**120**	**140**	**160**	**180**	**200**	**220**	**240**	**260**	**280**
丙烷	3776^{90}	$4255^{96.8}$								
丁烷	1536	2227	3130	3678^{150}						
异丁烷	1992	2843	3363^{130}							
戊烷	588.7	899.0	1319	1876	2606	3050^{190}				
异戊烷	725.0	1091	1580	2216	3033					
新戊烷	1120	1632	2303	3169						
己烷	244.5	396.1	610.1	901.0	1286	1783	241.7	2794^{230}		
异己烷	307.2	489.2	742.3	1083	1528	2101	2830			
庚烷	106.1	183.2	297.0	459.5	682.3	978.7	1364	1857	2479	
辛烷	46.83	86.35	148.5	239.5	370.0	549.2	788.3	1100	1500	2004
壬烷	21.05	41.45	75.41	128.4	206.5	318.0	471.2	675.9	9435	1287
癸烷③	9.561	20.17	38.92	69.73	117.4	187.5	284.6	419.0	598.1	831.7

① 温度为−180、−160℃时，其值分别为15.93、114.2kPa。
② 温度为−180、−160℃时，其值分别为1.855、12.61kPa。
③ 温度为330、340℃时，其值分别为1734、1984kPa。
注：右上角数字分别为与其相对应的温度（℃）。

表3.8.2 十一烷～二十烷的蒸气压　　单位：kPa

名 称	温度/℃											
	50	100	150	200	220	240	260	280	300	350	400	
十一烷	0.310	4.380	28.16	111.9	182.7	283.0	418.4	593.9	814.6	1596	2762	
十二烷	0.111	2.018	15.24	67.63	110.6	172.6	258.7	375.0	528.3	1127	2148	
十三烷	0.100	0.946	8.367	41.32	72.73	112.3	160.8	224.0	310.5	714.0	1617	
十四烷		0.560	4.227	25.46	44.62	73.85	116.7	177.3	260.5	604.6	1127	
十五烷			1.640	15.78	28.78	49.06	79.48	123.5	185.2	448.8	942.3	
十六烷				8.272	16.66	32.63	56.17	87.28	126.0			
十七烷			1.249^{160}	4.958	11.29	21.68	37.67	61.43	95.75	251.4	565.5	1317^{462}
十八烷			1.753^{180}	2.901	7.045	14.50	26.24	43.88	69.69	190.8	446.5	1317^{477}
十九烷				2.538	5.262	10.03	18.03	1.00	50.79	144.8	346.0	1216^{487}
二十烷				1.537	3.407	6.805	12.67	22.28	37.22	111.2	271.0	1114^{502}

N 算图3.58 烷烃的蒸气压（Ⅰ）（第717页右）　N 算图3.59 烷烃的蒸气压（Ⅱ）（第718页左）　N 算图3.60 烷烃的蒸气压（Ⅲ）（第718页右）

3.8.2 甲基烷烃的蒸气压

表3.8.3 甲基烷烃的蒸气压　　单位：kPa

名 称	温度/℃							
	−20	0	20	40	60	80	100	120
3-甲基戊烷	2.572	7.946	20.45	45.70	91.28	166.6	283.3	453.6
2-甲基己烷		2.345	6.926	17.28	37.86	74.69	135.3	227.6
2-甲基庚烷			2.063	5.841	14.20	30.58	59.72	107.6
2,2-二甲基丁烷	5.189	14.64	34.96	73.38	139.0	242.3	395.0	610.3
2,2,4-三甲基戊烷		1.732	5.151	12.96	28.60	56.79	103.5	176.0

续表

名　称	温度/℃							
	140	160	180	200	220	240	260	280
3-甲基戊烷	691.6	1012	1434	1975	2662	3069^{230}		
2-甲基己烷	363.2	553.3	810.6	1149	1587	2142	2472^{250}	
2-甲基庚烷	181.5	289.2	437.3	645.4	916.5	1266	1713	2276
2,2-二甲基丁烷	903.0	1291	1796	2447	2839			
2,2,4-三甲基戊烷	281.3	428.7	628.0	890.3	1230	1664	2214	2541^{270}

3.8.3 环烷烃的蒸气压

表3.8.4 环烷烃液体的蒸气压 单位：kPa

名　称	温度/℃									
	−60	−40	−20	0	20	40	60	80	100	120
环丙烷①	26.48	73.69	171.2	348.1	636.7	1072	1691	2534	3650	
环丁烷	2.468	8.982	25.88	62.59	132.2	255.3	449.6	737.8	1144	1716
环戊烷	0.092	1.371	4.931	14.21	34.62	73.96	142.3	253.0	419.2	671.1
环己烷				3.441	10.34	24.63	51.91	99.12	174.7	293.5
甲基环戊烷	0.100	0.492	1.703	5.503	14.69	33.85	69.39	129.5	224.1	394.0
甲基环己烷				1.615	4.828	12.20	27.04	53.91	98.64	175.3
乙基环戊烷				1.341	4.135	10.73	24.29	49.33	91.72	173.2
乙基环己烷				0.208	1.125	3.722	9.226	20.22	40.12	77.30
丙基环戊烷②						3.634	9.137	20.26	40.56	78.50
丙基环己烷						1.317	3.626	8.671	18.52	38.00
环氧乙烷	2.184	8.562	26.30	67.23	149.1	289.3	521.9	874.4	1380	2073
环氧丙烷		2.189	8.280	24.26	58.87	123.8	233.2	414.6	681.9	1062
1,2-环氧丁烷		0.619	2.428	7.574	19.78	44.92	91.14	168.9	290.4	469.5
名　称	温度/℃									
	140	160	180	200	220	240	260	280	300	320
环丁烷	2416	3343	4521							
环戊烷	980.1	1408	1959	2655	3523	4596				
环己烷	451.0	673.8	969.1	1350	1830	2428	3162	4061		
甲基环戊烷	562.4	831.1	1184	1638	2211	2923				
甲基环己烷	271.3	415.9	611.7	868.7	1198	1611	2122	2749		
乙基环戊烷	258.2	399.8	593.4	849.5	1180	1599	2121	2765		
乙基环己烷	125.3	199.2	303.6	444.7	629.7	866.4	1163	1530	1978	2520
丙基环戊烷②	128.5	204.9	313.4	460.8	655.0	904.3	1218	1608	2085	2668
丙基环己烷	65.00	109.9	176.1	260.7	378.9	533.2	730.0	976.2	1280	1649
环氧乙烷	2994	4187	5708							
环氧丙烷	1582	2271	3164	4309						
1,2-环氧丁烷	721.3	1062	1509	2082	2806	3707				

① 温度为−100、−80℃时，其值分别为1.478、7.440kPa。

② 温度为340、360℃时，其值分别为2094、2630kPa。

表3.8.5 二甲基环烷烃液体的蒸气压 单位：kPa

名　称	温度/℃									
	−30	0	30	60	80	100	120	140	160	180
1,1-二甲基环戊烷	0.025^{-60}	2.803	12.64	41.39	80.05	142.6	237.5	374.0	561.4	
顺-1,2-二甲基环戊烷	0.033^{-50}	1.628	7.991	27.90	55.88	102.7	175.6	282，8	433.4	
反-1,2-二甲基环戊烷	0.019^{-60}	2.307	10.75	36.08	70.74	127.6	214.7	341.2	516.5	
顺-1,3-二甲基环戊烷	0.019^{-60}	2.333	10.84	36.29	71.18	128.1	218.1	339.1	525.4	
反-1,3-二甲基环戊烷	0.021^{-60}	2.443	11.26	37.49	73.20	131.5	220.6	349.6	527.9	
1,1-二甲基环己烷	0.077	0.610	3.891	14.65	30.55	58.21	102.5	169.6	266.2	399.2

续表

名称	温度/℃									
	-30	0	30	60	80	100	120	140	160	180
顺-1,2二甲基环己烷	0.040	0.211	2.513	10.13	21.89	42.96	77.80	131.8	211.1	322.4
反-1,2二甲基环己烷	0.063	0.443	3.336	12.81	27.02	51.94	92.42	154.2	243.8	368.3
顺-1,3二甲基环己烷	0.070	0.510	3.698	14.13	29.71	56.97	101.1	168.2	265.2	399.6
反-1,3二甲基环己烷	0.052	0.354	3.044	12.02	25.71	50.00	89.78	150.9	240.0	364.2
顺-1,4二甲基环己烷	0.054	0.369	3.098	12.16	25.93	50.29	90.12	151.2	240.3	364.2
反-1,4二甲基环己烷	0.077	0.717	3.892	14.68	30.67	58.39	103.1	170.8	268.2	402.7

3.8.4 卤烷烃的蒸气压

表3.8.6 一氟甲烷烃液体的蒸气压　　单位：kPa

温度/℃	-80	-60	-40	-20	0	20	40
蒸气压	92.35	253.4	576.7	1144	2047	3394	5325

表3.8.7 四氟乙烷（HFC-134a）的蒸气压

温度/℃	蒸气压/kPa	温度/℃	蒸气压/kPa	温度/℃	蒸气压/kPa	温度/℃	蒸气压/kPa	温度/℃	蒸气压/kPa
-30	84.74	-15	164.13	0	292.82	15	488.29	31	792.43
-29	88.82	-14	171.00	1	303.57	16	504.16	32	815.29
-28	93.05	-13	178.08	2	314.62	17	520.43	33	838.63
-27	97.44	-12	185.10	3	325.98	18	537.08	34	862.18
-26	101.99	-11	192.95	4	337.65	19	554.14	35	886.83
-25	106.71	-10	200.73	5	349.64	20	571.61	36	911.69
-24	111.60	-9	208.76	6	361.95	21	589.49	37	937.08
-23	116.67	-8	217.04	7	374.59	22	607.79	38	962.99
-22	121.93	-7	225.57	8	387.57	23	626.51	39	989.43
-21	127.36	-6	234.36	9	100.89	24	615.67	40	1016.11
-20	132.99	-5	243.42	10	414.55	25	665.27	41	1043.95
-19	138.81	-4	252.74	11	428.57	26	685.31	42	1072.04
-18	144.83	-3	262.33	12	442.95	28	726.76	43	1100.69
-17	151.05	-2	272.21	13	457.68	29	748.17	44	1129.91
-16	157.49	-1	282.37	14	472.80	30	770.07		

N 算图 3.61

全氟戊烷的蒸气压（第719页左）

表3.8.8 氯烷烃液体的蒸气压　　单位：kPa

名称	温度/℃											
	-80	-60	-40	-20	0	20	40	60	80	100	120	140
一氟甲烷	92.35	253.4	576.7	1144	2047	3394	5325					
二氯甲烷				6.15	17.48	40.29	95.0	185.0				
三氯甲烷						21.13	48.05	97.57	180.7	310.5	501.4	769.5
四氯甲烷				1.355	4.474	12.15	28.44	59.15	111.8	195.5	318.3	492.5
氯乙烷		2.149	8.228	24.58	61.04	131.5	260.3	460.9	760.4	1184	1760	2518
1,1-二氯乙烷				3.031	9.442	24.49	55.10	110.8	204.0	348.2	559.1	854.2
1,2-二氯乙烷				0.000	2.804	8.264	20.67	45.40	89.89	163.5	284.9	459.1
1,1,1-三氯乙烷				1.573	5.052	13.52	31.28	64.52	121.3	210.7	343.7	532.0
1,1,2-三氯乙烷				0.171	0.731	2.452	6.810	16.32	34.77	67.33	120.5	202.2

续表

名　称	温度/℃											
	−80	−60	−40	−20	0	20	40	60	80	100	120	140
1,1,2,2-四氯乙烷						0.647	1.991	5.237	12.12	25.27	48.28	85.78
五氯乙烷							1.255	3.396	8.053	17.13	33.35	60.18
六氯乙烷								1.411	3.552	7.963	16.20	30.43
1-氯丙烷			1.451	5.277	15.34	37.59	80.68	155.9	278.2	463.1	727.9	1091
1,4-二氯丁烷							1.328	3.643	87.45	18.82	36.97	67.35
名　称	160	180	200	220	240	260	280	300	320	340	360	380
三氯甲烷	1133	1611	2228	3012	4001	5243						
四氯甲烷	729.8	1043	1447	1959	2599	3394	4379					
氯乙烷	3496	4740										
1,1-二氯乙烷	1252	1778	2456	3323	4422							
1,2-二氯乙烷	704.3	1038	1477	2047	2773	3690	4842					
1,1，1-三氯乙烷	787.5	1124	1553	2093	2761	3580						
1,1，2-三氯乙烷	315.2	474.9	688.5	966.1	1319	1758	2298	2956	3751			
1,1，2,2-四氯乙烷	143.4	227.4	345.0	503.9	712.4	979.4	1314	1729	2234	2845	3581	
五氯乙烷	101.9	163.6	250.9	369.7	526.8	729.0	983.8	1299	1684	2149	2706	3371
六氯乙烷	53.35	88.3	139.0	209.8	305.4	430.4	590.1	789.8	1036	1333	1691	2118
1-氯丙烷	1575	2201	2997	3998								
1,4-二氯丁烷	115.1	186.2	287.7	427.1	612.8	854.0	1160	1543	2016	2593	3293	

算图 3.62
氯甲烷和氯乙烷的蒸气压
（第 719 页右）

算图 3.63
其他氯代烷烃的蒸气压
（第 720 页左）

算图 3.64
溴代烷烃和碘代烷烃的蒸气压
（第 720 页右）

表3.8.9　溴、碘烷烃液体的蒸气压　　单位：kPa

名　称	温度/℃											
	−80	−60	−40	−20	0	20	40	60	80	100	120	140
溴甲烷		3.563	12.88	36.77	88.06	184.2	360.4	646.1	1077	1695	2546	3687
二溴甲烷					1.065	3.648	10.42	25.72	56.40	112.3	206.3	354.4
溴乙烷			2.264	7.807	21.74	51.44	107.2	202.1	369.2	612.0	959.2	1437
1,1-二溴乙烷						1.096	3.275	8.394	19.00	38.80	72.81	127.3
2-溴丙烷				2.656	8.378	22.09	50.53	103.1	192.2	332.0	539.0	830.8
二氟一氯溴甲烷	1.372	6.001	19.75	52.52	118.7	236.3	426.5	713.0	1123	1686	2442	3444
三氟溴甲烷	30.66	90.92	220.0	457.6	849.5	1447	2308	3510				
碘甲烷			1.921	6.633	18.57	44.29	93.17	177.3	320.6	532.8	836.5	1254
碘乙烷				1.505	4.946	13.54	32.02	67.29	128.5	226.5	374.2	585.5
碘丙烷					1.233	3.879	10.30	23.89	49.63	94.18	165.9	274.3
名　称	160	180	200	220	240	260	280	300	320	340	360	380
溴甲烷	5192	7153										
二溴甲烷	575.3	890.6	1324	1902	2654	3613	4820	6325				
溴乙烷	2074	2907	3980	5353								
1,1-二溴乙烷	209.5	328.0	491.6	709.9	993.0	1352	1795	2339	2994	3777	4709	5813
2-溴丙烷	1226	1746	2413	3254	4299							
碘甲烷	1809	2530	3450	4609	6060							
碘乙烷	876.0	1263	1764	2403	3207	4209	5452					
碘丙烷	430.4	645.9	933.6	1307	1780	2371	3096	3983				

3.8.5　致冷剂的蒸气压

表3.8.10　致冷剂的蒸气压　　单位：kPa

名　称	温度/℃									
	−160	−140	−120	−100	−80	−60	−40	−20	0	20
R−11						1.2926	5.1365	15.825	40.318	88.796
R−12				1.2200	6.2481	22.70	64.148	150.46	306.71	561.64
R−13		0.9739	6.4146	33.700	109.32	279.65	602.57	1144.9	1983.9	3216.0
R−14	4.9777	39.481	173.35	504.00	1186.5	2398.3				
R−21						2.6518	9.8467	28.948	71.221	152.69
R−22				1.8500	10.158	37.521	105.54	243.38	493.65	903.00
R−23			6.3300	32.109	113.07	309.00	702.79	1397.2	2517.9	4225.2
R−30							1.8042	6.5910	19.248	47.400
R−40					4.0094	15.994	48.620	121.13	259.39	494.26
R−113								5.0574	14.791	36.372
R−114						3.7192	13.192	37.145	87.666	180.56
R−116				26.561	92.260	245.25	531.55	1029.4	1816.7	
R−142						7.380	24.42	65.12	147.4	294.2

名　称	温度/℃									
	40	60	80	100	120	140	160	180	200	220
R−11	174.48	313.29	524.05	825.79	1239.2	1786.3	2494.6	3394.3		
R−12	947.89	1503.6	2276.7	3333.5						
R−13	3860									
R−21	293.53	517.46	850.52	1321.2	1959.6	2802.6	3892.9			
R−22	1524.9	2419.6	3660.8							
R−30	102.21	198.34	348.55	577.14	903.21	1348.6	1937.3	2695.2	3653.7	4850.4
R−40	861.36	1399.2	2154.1	3179.5	4544.4	6345.9				
R−113	78.177	151.06	265.06	437.21	682.62	1018.3	1464.1	2042.7	2780.3	
R−114	334.87	572.18	917.39	1400.3	2061.9	2953.6				
R−142	532.4	892.5	1408	2120	3075					

N 算图 3.65、3.66
致冷剂的蒸气压
（第 721 页）

N 算图 3.67
氯硅烷和苯硅烷的蒸气压
（第 722 页左）

N 算图 3.68
硝基烷烃和氨基烷烃的蒸气压
（第 722 页右）

N 算图 3.69
硼烷和硅烷的蒸气压
（第 723 页左）

表3.8.11　其他烷烃的蒸气压　　单位：kPa

名　称	温度/℃								
	−35	0	10	20	40	60	80	100	120
二苯甲烷		0.0002	0.0006	0.0015	0.0083	0.0358	0.1277	0.3892	1.0389
硝基甲烷				2.9680	8.5255	21.145	46.527	92.796	170.63
硝基乙烷				1.6976	5.1122	13.196	30.039	61.670	116.23
1,4-二噁烷	0.1002	1.2701	2.3043	3.9909	10.615	24.684	51.443	97.992	

名　称	温度/℃								
	140	160	180	200	220	240	260	280	300
二苯甲烷	2.4795	5.3796	10.758	20.056	35.197	58.616	93.279		
硝基甲烷	293.22	476.19	737.35	1096.7	1576.2	2200.0	2994.6	3989.3	5216.2
硝基乙烷	204.02	337.42	530.79	800.34	1164.1	1642.1	2256.0	3030.2	3991.52

3.9 比热容

3.9.1 气态烷烃在常压下的比热容

表3.9.1 甲烷–癸烷气体的定压比热容 单位：J/(mol·K)

名 称	温度/K							
	250	300	350	400	450	500	550	600
甲 烷		35.66	38.48	41.29	44.09	46.89	49.66	52.38
乙 烷	45.72	52.84	59.62	66.11	72.31	78.21	83.82	89.18
丙 烷	62.93	74.23	84.91	94.96	104.4	113.3	121.6	129.4
丁 烷	85.33	98.81	111.7	124.1	135.9	147.1	157.7	167.8
异丁烷	83.69	98.18	111.9	124.8	137.0	148.4	159.2	169.2
戊 烷	102.9	120.8	137.6	153.4	168.3	182.2	195.2	207.3
异戊烷	100.9	119.4	136.8	153.1	168.4	182.7	196.1	208.5
新戊烷	102.7	122.3	140.5	157.5	173.2	187.9	201.4	214.0
己 烷	122.6	143.9	163.9	182.6	200.3	216.7	232.1	246.5
异己烷	123.0	145.0	165.6	184.8	202.7	219.4	234.9	249.3
庚 烷	142.3	166.9	190.1	211.8	232.2	251.2	269.0	285.7
辛 烷	161.9	189.9	216.2	241.0	264.1	285.7	305.9	324.7
壬 烷	193.0	222.7	250.6	276.8	301.5	324.6	346.2	366.5
癸 烷	201.0	235.8	268.5	299.1	327.7	354.5	379.4	402.7

名 称	温度/K							
	650	700	750	800	850	900	950	1000
甲 烷	55.10	57.74	60.29	62.80	65.27	67.62	69.88	72.05
乙 烷	94.24	99.06	103.6	107.9	112.0	115.8	119.4	122.8
丙 烷	136.7	143.4	149.8	155.7	161.2	166.3	171.1	175.6
丁 烷	177.2	186.1	194.4	202.1	209.3	215.8	221.8	227.1
异丁烷	178.7	187.4	195.5	203.1	210.1	216.5	222.3	227.7
戊 烷	218.7	229.3	239.1	248.3	256.8	264.6	272.0	278.7
异戊烷	220.2	231.0	241.0	250.4	259.0	267.1	274.5	281.4
新戊烷	225.5	236.2	246.0	255.0	263.3	270.9	277.9	284.3
己 烷	259.9	272.4	284.0	294.8	304.8	314.1	322.7	330.6
异己烷	262.6	275.0	286.4	296.9	306.6	315.6	323.8	331.4
庚 烷	301.2	315.6	328.9	341.3	352.9	363.5	373.4	382.5
辛 烷	342.3	358.6	373.7	387.7	400.7	412.7	423.9	434.1
壬 烷	385.4	403.1	419.5	434.8	449.0	462.1	474.3	485.7
癸 烷	424.3	444.4	463.0	480.3	496.2	511.0	524.6	537.3

算图 3.70
根据对比温度求烷烃的比热容（第 723 页右）

算图 3.71、3.72
理想烷烃气体的比热容（第 724 页）

算图 3.73
理想烷基环戊烷气体的比热容
（第 725 页左）

算图 3.74
理想烷基环己烷气体的比热容
（第 725 页右）

算图 3.75
理想氨基烷烃气体的比热容
（第 726 页左）

表3.9.2 甲烷、乙烷、丙烷气体的定容比热容 单位：kJ/(kg·℃)

温度/℃	0	100	200	300	400	500	600
甲烷	1.647	1.930	2.289	2.657	3.011	3.338	3.635
乙烷	1.371	1.791	2.214	2.593	2.938	3.242	3.511
丙烷	1.550	2.017	2.458	2.835	3.161	3.449	3.698

温度/℃	700	800	900	1000	1100	1200
甲烷	3.903	4.141	4.354	4.543	4.708	4.849
乙烷	3.746	3.939	4.112	4.272	4.416	4.548
丙烷	3.916	4.093	4.250	4.395	4.527	4.645

表3.9.3 氯烷烃气体的定压比热容 单位：J/(mol·K)

名称	温度/K									
	50	100	150	200	250	300	350	400	450	500
三氯甲烷	33.02	41.16	48.48	55.06	60.88	66.03	70.59	74.53	78.00	80.97
四氯甲烷	50.41	59.03	66.65	73.31	79.13	84.15	88.43	92.03	95.00	97.47
氯乙烷			34.59	44.67	53.97	62.59	70.51	77.83	84.53	90.69
1,1-二氯乙烷	25.45	37.44	48.53	58.70	68.04	76.62	84.41	91.52	98.01	103.9
1,2-二氯乙烷	38.54	47.56	56.06	64.06	71.59	78.67	85.29	91.48	97.26	102.7
1,1,1-三氯乙烷	31.23	44.72	57.15	68.58	79.09	88.63	97.34	105.3	112.3	118.7
1,1,2-三氯乙烷	37.91	49.53	60.29	70.25	75.15	85.29	94.37	102.5	109.7	116.1
1,1,2,2-四氯乙烷	37.29	51.50	64.52	76.45	87.29	97.09	106.0	113.9	121.0	127.3
五氯乙烷	42.91	59.29	74.19	87.71	99.90	110.8	120.5	129.2	136.7	143.3
六氯乙烷				98.98	112.5	124.5	135.1	144.4	152.4	159.3
1-氯丙烷			45.64	59.75	72.77	84.87	96.00	106.3	115.8	124.6
1,4-二氯丁烷	50.53	67.78	84.03	99.31	113.7	127.2	139.8	151.6	162.7	173.0

名称	温度/K									
	550	600	650	700	750	800	850	900	950	1000
三氯甲烷	83.53	85.70	87.59	89.18	90.52	91.73	92.82	93.83	94.79	95.79
四氯甲烷	99.44	101.0	102.3	103.2	104.0	104.6	105.2	105.7	106.3	107.1
氯乙烷	96.38	101.6	106.3	110.8	114.8	118.6	122.1	125.4	128.6	131.6
1,1-二氯乙烷	109.2	114.0	118.4	122.3	125.9	129.2	132.2	135.0	137.6	140.1
1,2-二氯乙烷	107.7	112.4	116.7	120.7	124.4	127.9	131.0	134.0	136.7	139.1
1,1,1-三氯乙烷	124.4	129.5	134.0	137.9	141.3	144.4	146.9	149.1	151.1	152.7
1,1,2-三氯乙烷	121.8	126.9	131.3	135.1	138.6	141.6	144.4	146.9	149.3	151.6
1,1,2,2-四氯乙烷	132.8	137.7	141.9	145.5	148.6	151.2	153.4	155.2	156.7	157.9
五氯乙烷	149.0	153.8	157.8	161.1	163.9	166.0	167.6	168.9	169.7	170.3
六氯乙烷	165.1	169.9	173.8	176.8	179.2	180.8	181.9	182.5	182.8	182.6
1-氯丙烷	132.6	140.0	146.8	153.1	158.9	164.3	169.4	174.1	178.6	182.9
1,4-二氯丁烷	182.5	191.5	199.7	207.4	214.4	221.0	227.0	232.6	237.7	242.4

注：一氯甲烷、二氯甲烷见致冷剂R-40、致冷剂R-30有关数据。

表3.9.4 其他卤烷烃气体的定压比热容 单位：J/(mol·K)

名称	温度/K									
	50	100	150	200	250	300	350	400	450	500
氟甲烷	13.68	18.59	23.31	27.84	32.18	36.34	40.32	44.13	47.77	51.20
溴甲烷	19.75	24.81	29.61	34.17	38.49	42.58	46.43	50.07	53.51	56.73
二溴甲烷				47.23	51.87	56.14	60.12	63.72	67.07	70.09
溴乙烷	18.03	28.70	38.69	48.02	56.73	64.85	72.43	79.47	85.96	91.98
1,1-二溴乙烷	23.49	35.15	45.93	55.85	64.98	73.35	80.97	87.88	94.16	99.81
2-溴丙烷	18.51	34.10	48.73	62.43	75.24	87.17	98.31	108.6	118.2	127.1
二氟-氯溴甲烷	23.71	34.40	44.13	52.92	60.88	67.99	74.36	79.97	84.87	89.18

续表

名　称	温度 /K									
	50	100	150	200	250	300	350	400	450	500
三氟溴甲烷	17.18	28.15	38.16	47.27	55.52	62.93	69.54	75.45	80.64	85.20
碘甲烷	17.50	23.69	29.42	34.70	39.57	44.05	48.15	51.96	55.39	58.57
碘乙烷	27.59	36.78	45.47	53.67	61.38	68.66	75.49	81.89	87.88	93.53
碘丙烷	33.59	46.89	59.45	71.30	82.44	92.91	102.7	112.0	120.6	128.7

名　称	温度 /K									
	550	600	650	700	750	800	850	900	950	1000
氟甲烷	54.51	57.65	60.62	63.43	66.11	68.62	70.97	73.23	75.32	77.25
溴甲烷	59.75	62.59	65.27	67.78	70.09	72.26	74.27	76.16	77.92	79.55
二溴甲烷	72.85	75.36	77.62	79.67	81.56	83.19	84.70	86.04	87.25	88.38
溴乙烷	97.59	102.7	107.5	111.9	116.0	119.7	123.2	126.4	129.5	132.3
1,1-二溴乙烷	104.9	109.4	113.4	116.9	120.1	122.8	125.1	127.2	129.0	130.5
2-溴丙烷	135.3	142.9	149.8	156.3	162.1	167.5	172.5	176.9	181.1	184.9
二氟-氯溴甲烷	92.82	95.96	98.56	100.7	102.5	103.8	104.8	105.5	106.1	106.3
三氟溴甲烷	89.14	92.53	95.42	97.80	99.77	101.4	102.6	103.5	104.3	104.7
碘甲烷	61.50	64.18	66.70	69.00	71.13	73.14	75.07	76.91	78.67	80.47
碘乙烷	98.77	103.7	108.2	112.5	116.4	120.1	123.5	126.7	129.6	132.3
碘丙烷	136.3	143.3	149.8	155.9	161.6	166.8	171.7	176.1	180.3	184.1

表3.9.5　致冷剂气体的定压比热容　　单位：J/(mol·K)

名称	温度 /K									
	50	100	150	200	250	300	350	400	450	500
R-11	48.78	55.89	62.38	68.24	73.52	78.25	82.44	86.16	89.43	92.24
R-12	40.14	47.94	55.10	61.55	67.41	72.68	77.37	81.52	85.20	88.43
R-13			48.11	55.10	61.42	67.16	72.31	76.91	80.97	84.53
R-14	23.71	32.66	40.86	48.36	55.18	61.34	66.91	71.89	76.33	80.26
R-21	31.28	38.31	44.80	50.74	56.23	61.17	65.69	69.79	73.52	76.83
R-22	25.10	32.34	39.05	45.22	50.91	56.14	60.92	65.27	69.21	72.81
R-23				35.60	42.20	48.32	53.88	58.99	63.64	67.83
R-30					46.05	51.08	55.60	59.75	63.47	66.82
R-40	18.85	23.61	28.22	32.62	36.84	40.87	44.72	48.40	51.87	55.18
R-113	74.90	87.50	99.06	109.5	118.9	127.4	135.1	141.8	147.8	153.0
R-114	55.27	70.30	84.03	96.46	107.7	117.7	126.7	134.6	141.6	147.6
R-116	43.42	58.62	72.52	85.16	96.59	106.9	116.2	124.4	131.7	138.2

名称	温度 /K									
	550	600	650	700	750	800	850	900	950	1000
R-11	94.66	96.76	98.47	99.90	101.0	101.9	102.7	103.2	103.5	103.8
R-12	91.23	93.62	95.63	97.34	98.72	99.86	100.8	101.5	102.0	102.4
R-13	87.67	90.39	92.70	94.66	96.30	97.68	98.77	99.65	100.4	100.9
R-14	83.74	86.75	89.39	91.61	93.53	95.12	96.42	97.55	98.43	99.14
R-21	79.76	82.40	84.70	86.75	88.55	90.10	91.44	92.57	93.57	94.45
R-22	75.99	78.88	81.48	83.74	85.79	87.55	89.10	90.48	91.69	92.74
R-23	71.64	75.07	78.13	80.85	83.19	85.41	87.25	88.93	90.35	91.61
R-30	69.84	72.56	74.99	77.20	79.21	81.01	82.69	84.24	85.70	87.13
R-40	58.32	61.25	64.06	66.70	69.12	71.43	73.56	75.53	77.33	78.96
R-113	157.5	161.4	164.7	167.4	169.7	171.5	173.0	174.1	175.0	175.6
R-114	152.9	157.3	161.1	164.2	166.7	168.7	170.2	171.4	172.2	172.8
R-116	143.7	148.6	152.7	156.2	159.1	161.5	163.4	164.9	166.1	167.1

3.9.2 液态烷烃在常压下的比热容

表3.9.6 甲烷–癸烷液态烷烃的比热容 单位：kJ/(kg·℃)

名称	温度/℃										
	−160	−140	−120	−100	−80	−60	−40	−20	0	20	40
甲烷	3.468	3.745	4.220	4.632	5.496^{-90}	6.290^{-84}					
乙烷	2.474	2.463	2.441	2.411	2.425	2.480	2.617	2.886	3.343	3.663^{10}	
丙烷	1.943	1.972	2.003	2.045	2.101	2.165	2.251	2.346	2.466	2.635	2.875
丁烷			1.985	2.016	2.047	2.072	2.094	2.116	2.299	2.378	2.518
异丁烷		1.757	1.815	1.886	1.950	2.016	2.106	2.202	2.344	2.460	2.607
戊烷			1.953	1.968	1.992	2.026	2.079	2.146	2.235	2.339	2.432
异戊烷		1.750	1.795	1.842	1.894	1.952	2.018	2.091	2.174	2.264	2.386
新戊烷								2.135^{-10}	2.182	2.281	2.385
己烷				1.977^{-90}	1.984	2.010	2.055	2.111	2.178	2.249	2.364
异己烷		1.732	1.771	1.815	1.863	1.921	1.988	2.062	2.141	2.228	2.338
庚烷					2.020	2.020	2.051	2.100	2.160	2.227	2.302
辛烷						2.021^{-50}	2.031	2.080	2.140	2.205	2.270
壬烷							2.050	2.080	2.130	2.200	2.270
癸烷								2.080	2.140	2.191	2.261

名称	温度/℃										
	60	80	100	120	140	160	180	200	220	240	260
丙烷	3.210	3.667									
丁烷	2.610	2.884	3.075	3.359	3.723						
异丁烷	2.796	3.044	3.191^{90}								
戊烷	2.535	2.650	2.784	2.946	3.140	3.373					
异戊烷	2.499	2.622	2.759	2.931	3.175	3.364^{150}					
新戊烷	2.499	2.677	2.866	3.097	3.384						
己烷	2.457	2.554	2.658	2.778	2.910	3.062	3.241	3.340^{190}			
异己烷	2.439	2.541	2.649	2.766	2.898	3.064	3.310				
庚烷	2.390	2.470	2.571	2.670	2.781	2.891	3.010	3.141	3.301	3.561	
辛烷	2.340	2.427	2.512	2.601	2.691	2.784	2.883	2.991	3.121	3.293	3.584
癸烷①	2.293	2.374	2.456	2.537	2.619	2.700	2.784	2.868	2.958	3.054	3.164

① 温度为280、300℃时，其值分别为3.301、3.505kJ/(kg·℃)。

注：右上角的数字为与其相对应的温度（℃）。

N 算图 3.76
一些烷烃和卤烷烃的比热容
（第726页右）

3.9.3 烷烃在压力下的比热容

表3.9.7 气态甲烷的定压比热容 单位：kJ/(kg·K)

温度/℃	压强/MPa							
	0	2.5	5	10	20	30	50	70
50	2.295	2.406	2.562	2.851				
100	2.451	2.528	2.610	2.776	3.222	3.510		
150	2.626	2.679	2.741	2.853	3.058	3.186		
200	2.805	2.846	2.888	2.971	3.116	3.221	3.307	
300	3.177	3.203	3.227	3.277	3.364	3.431	3.538	
400	3.532	3.550	3.567	3.600	3.658	3.708	3.775	3.824
500	3.859	3.873	3.885	3.906	3.951	3.989	4.035	4.079
600	4.156	4.170	4.178	4.199	4.224	4.252	4.296	4.319
700	4.425	4.434	4.438	4.454	4.480	4.504	4.538	4.558

表3.9.8　气态乙烷的比热容

单位：J/(mol·K)

T/K	压强/MPa						T/K	压强/MPa					
	0.1		1.0		10			0.1		1.0		10	
	c_p	c_v	c_p	c_v	c_p	c_v		c_p	c_v	c_p	c_v	c_p	c_v
95	2.285	1.570	2.285	1.573	2.278	1.576	300	1.766	1.480	1.902	1.513	3.415	1.689
100	2.305	1.566	2.305	1.570	2.298	1.576	325	1.866	1.583	1.965	1.606	4.293	1.819
125	2.321	1.497	2.321	1.497	2.305	1.513	350	1.969	1.686	2.045	1.706	4.992	1.955
150	2.341	1.443	2.338	1.443	2.315	1.460	375	2.075	1.796	2.135	1.809	3.848	1.995
175	2.398	1.420	2.394	1.420	2.355	1.440	400	2.182	1.902	2.231	1.912	3.222	2.042
200	1.457	1.147	2.491	1.427	2.428	1.447	450	2.394	2.115	2.428	2.122	2.910	2.188
225	1.513	1.214	2.667	1.457	2.541	1.473	500	2.597	2.318	2.624	2.325	2.927	2.368
250	1.586	1.294	1.912	1.383	2.710	1.523	600	2.970	2.690	2.986	2.694	3.149	2.720
275	1.669	1.383	1.869	1.437	2.973	1.593							

表3.9.9　丙烷的定压比热容

单位：kJ/(kg·℃)

温度/K	压强/MPa											
	0.05	0.1	0.2	0.3	0.4	0.5	0.6	0.7	0.8	0.9	1.0	1.5
230	1.357	2.248	2.248	2.248	2.248	2.248	2.248	2.248	2.248	2.248	2.248	2.248
240	1.403	1.424	2.261	2.261	2.261	2.261	2.261	2.261	2.261	2.261	2.261	2.261
250	1.444	1.461	1.528	2.269	2.269	2.269	2.269	2.269	2.269	2.269	2.269	2.269
260	1.491	1.507	1.549	1.662	2.286	2.286	2.286	2.286	2.286	2.286	2.286	2.286
270	1.537	1.557	1.595	1.671	1.821	2.336	2.336	2.324	2.324	2.324	2.324	2.324
280	1.574	1.595	1.624	1.679	1.767	1.880	2.420	2.412	2.403	2.403	2.403	2.391
290	1.624	1.633	1.662	1.700	1.746	1.821	1.938	2.098	2.533	2.525	2.516	2.508
300	1.671	1.679	1.708	1.738	1.767	1.805	1.859	1.976	2.194	2.575	2.667	2.638
310	1.708	1.729	1.746	1.775	1.805	1.834	1.871	1.918	1.985	2.060	2.165	2.809
320	1.754	1.775	1.796	1.813	1.834	1.859	1.888	1.926	1.976	2.022	2.089	3.228
330	1.805	1.813	1.834	1.851	1.871	1.888	1.909	1.938	1.964	2.001	2.039	2.495
340	1.851	1.859	1.880	1.888	1.909	1.926	1.938	1.955	1.976	1.993	2.022	2.261
350	1.897	1.909	1.918	1.926	1.947	1.955	1.976	1.985	2.001	2.014	2.031	2.165
360	1.947	1.947	1.955	1.964	1.985	1.993	2.014	2.022	2.031	2.039	2.060	2.144
370	1.993	1.993	2.001	2.014	2.022	2.039	2.052	2.060	2.068	2.072	2.089	2.156
380	2.039	2.039	2.052	2.060	2.068	2.081	2.089	2.098	2.106	2.119	2.127	2.186
390	2.089	2.089	2.098	2.106	2.119	2.119	2.127	2.135	2.144	2.156	2.165	2.211
400	1.135	2.135	2.144	2.156	2.165	2.165	2.173	2.186	2.194	2.202	2.202	2.248
420	2.223	2.232	2.240	2.248	2.261	2.261	2.269	2.269	2.278	2.278	2.294	2.328
440	2.315	2.324	2.324	2.336	2.336	2.345	2.353	2.353	2.366	2.366	2.374	2.403
460	2.412	2.420	2.420	2.428	2.428	2.441	2.444	2.445	2.449	2.453	2.458	2.479
480	2.495	2.508	2.508	2.516	2.516	2.525	2.525	2.533	2.553	2.546	2.546	2.562
500	2.583	2.583	2.592	2.592	2.600	2.600	2.600	2.613	2.613	2.621	2.621	2.638
520	2.667	2.667	2.675	2.675	2.688	2.688	2.688	2.696	2.696	2.705	2.705	2.717
540	2.734	2.734	2.742	2.742	2.742	2.742	2.755	2.755	2.755	2.763	2.763	2.780
560	2.801	2.801	2.809	2.809	2.809	2.809	2.818	2.818	2.818	2.830	2.830	2.839
580	2.855	2.855	2.855	2.868	2.868	2.868	2.868	2.868	2.876	2.876	2.876	2.885
600	2.914	2.914	2.914	2.922	2.922	2.922	2.922	2.922	2.935	2.935	2.935	2.943

续表

温度 /K	压强 /MPa											
	2.0	2.5	3.0	4	6	8	10	20	30	40	50	60
230	2.248	2.240	2.232	2.223	2.211							
240	2.261	2.248	2.240	2.223	2.211							
250	2.269	2.261	2.248	2.232	2.223							
260	2.286	2.278	2.269	2.248	2.240							
270	2.315	2.307	2.299	2.278	2.269							
280	2.382	2.366	2.345	2.328	2.315	2.307	2.299					
290	2.487	2.470	2.441	2.412	2.391	2.382	2.374					
300	2.621	2.592	2.562	2.525	2.487	2.479	2.470					
310	2.780	2.755	2.726	2.675	2.583	2.583	2.575	2.487	2.412	2.353	2.315	2.286
320	2.989	2.952	2.922	2.855	2.763	2.717	2.688	2.546	2.441	2.403	2.366	2.336
330	3.266	3.199	3.153	3.065	2.952	2.868	2.801	2.600	2.508	2.449	2.412	2.382
340	3.094	3.676	3.571	3.416	3.190	3.040	2.922	2.667	2.554	2.495	2.458	2.428
350	2.441	3.115	4.271	3.923	3.492	3.211	3.056	2.726	2.600	2.533	2.495	2.470
360	2.269	2.621	3.609	5.171	3.768	3.408	3.199	2.793	2.659	2.583	2.546	2.516
370	2.269	2.470	2.876	6.113	3.990	3.609	3.341	2.860	2.705	2.629	2.592	2.562
380	2.269	2.391	2.562	3.797	4.070	3.856	3.483	2.914	2.742	2.667	2.629	2.600
390	2.278	2.374	2.508	3.019	4.070	4.141	3.638	2.973	2.793	2.717	2.675	2.650
400	2.299	2.366	2.458	2.818	3.923	4.061	3.789	3.027	2.839	2.763	2.726	2.696
420	2.366	2.412	2.479	2.688	3.534	3.684	3.923	3.132	2.922	2.847	2.809	2.780
440	2.428	2.470	2.525	2.667	3.048	3.408	3.856	3.236	3.010	2.935	2.897	2.868
460	2.508	2.546	2.583	2.675	2.922	3.257	3.663	3.324	3.094	3.019	2.981	2.952
480	2.583	2.613	2.638	2.705	2.885	3.182	3.492	3.391	3.182	3.094	3.056	3.027
500	2.734	2.675	2.696	2.755	2.885	3.115	3.362	3.416	3.249	3.245	3.123	3.094
520	2.793	2.742	2.763	2.801	2.906	3.094	3.257	3.416				
540	2.793	2.801	2.818	2.860	2.935	3.077	3.199	3.408				
560	2.847	2.868	2.876	2.906	2.960	3.065	3.161	3.379				
580	2.897	2.906	2.914	2.943	2.989	3.065	3.144	3.362				
600	2.952	2.960	2.973	2.989	3.027	3.077	3.144	3.341				

注：横线下边为气态，上边为液态。

表3.9.10 丙烷的定容比热容

单位：kJ/(kg·K)

温度 /K	压强 /MPa												
	0.01	0.05	0.1	0.2	0.3	0.4	0.5	0.6	0.7	0.8	0.9	1.0	1.5
230	1.139	1.147	2.022	2.014	2.014	2.001	2.001	1.993	1.993	1.985	1.985	1.980	1.934
240	1.185	1.193	1.206	1.955	1.955	1.947	1.947	1.938	1.938	1.926	1.926	1.922	1.876
250	1.235	1.243	1.252	1.273	1.897	1.888	1.888	1.880	1.880	1.871	1.871	1.863	1.830
260	1.281	1.290	1.302	1.319	1.344	1.842	1.842	1.834	1.834	1.821	1.821	1.817	1.779
270	1.327	1.327	1.340	1.357	1.386	1.424	1.805	1.796	1.796	1.784	1.784	1.779	1.742
280	1.377	1.377	1.386	1.407	1.424	1.453	1.486	1.754	1.754	1.746	1.746	1.742	1.712
290	1.424	1.424	1.432	1.444	1.461	1.482	1.507	1.532	1.562	1.708	1.708	1.708	1.691
300	1.470	1.470	1.470	1.491	1.499	1.507	1.537	1.557	1.574	1.559	1.629	1.691	1.671
310	1.520	1.520	1.520	1.528	1.537	1.549	1.566	1.587	1.595	1.608	1.637	1.666	1.654
320	1.566	1.566	1.566	1.574	1.574	1.587	1.604	1.612	1.624	1.633	1.658	1.679	1.767
330	1.612	1.612	1.612	1.624	1.624	1.633	1.633	1.641	1.654	1.662	1.675	1.696	1.775
340	1.662	1.662	1.662	1.662	1.662	1.671	1.671	1.679	1.691	1.700	1.708	1.725	1.792

续表

温度/K	压强/MPa												
	0.01	0.05	0.1	0.2	0.3	0.4	0.5	0.6	0.7	0.8	0.9	1.0	1.5
350	1.708	1.708	1.708	1.708	1.708	1.717	1.717	1.729	1.738	1.738	1.746	1.754	1.800
360	1.754	1.754	1.754	1.754	1.754	1.767	1.767	1.775	1.775	1.775	1.784	1.796	1.834
370	1.805	1.805	1.805	1.805	1.805	1.813	1.813	1.813	1.821	1.821	1.834	1.834	1.863
380	1.851	1.851	1.851	1.851	1.851	1.851	1.851	1.859	1.859	1.859	1.871	1.880	1.892
390	1.897	1.897	1.897	1.897	1.897	1.897	1.897	1.897	1.909	1.909	1.918	1.918	1.934
400	1.947	1.947	1.947	1.947	1.947	1.947	1.947	1.974	1.955	1.955	1.964	1.964	1.972
420	2.039	2.039	2.039	2.039	2.039	2.039	2.039	2.039	2.039	2.039	2.052	2.052	2.056
440	2.135	2.135	2.135	2.135	2.135	2.135	2.135	2.135	2.135	2.135	2.135	2.135	2.156
460	2.232	2.232	2.232	2.232	2.232	2.232	2.232	2.232	2.232	2.232	2.232	2.232	2.236
480	2.315	2.232	2.232	2.232	2.232	2.232	2.232	2.227	2.311	2.319	2.315	2.315	2.315
500	2.403	2.403	2.403	2.403	2.403	2.403	2.403	2.403	2.403	2.403	2.403	2.403	2.403
520	2.479	2.479	2.479	2.479	2.479	2.479	2.479	2.479	2.479	2.479	2.479	2.479	2.479
540	2.554	2.554	2.554	2.554	2.554	2.554	2.554	2.554	2.554	2.554	2.554	2.554	2.554
560	2.621	2.621	2.621	2.621	2.621	2.621	2.621	2.621	2.621	2.621	2.621	2.621	2.621
580	2.675	2.675	2.675	2.675	2.675	2.675	2.675	2.675	2.675	2.675	2.675	2.675	2.675
600	2.726	2.726	2.726	2.726	2.726	2.726	2.726	2.726	2.726	2.726	2.734	2.734	2.730

温度/K	压强/MPa											
	2.0	2.5	3.0	4.0	6.0	8.0	10	20	30	40	50	60
230	1.901	1.871	1.846	1.796	1.717							
240	1.851	1.821	1.796	1.750	1.671							
250	1.809	1.775	1.750	1.700	1.637							
260	1.758	1.729	1.704	1.650	1.608							
270	1.721	1.691	1.671	1.633	1.595							
280	1.696	1.662	1.654	1.629	1.587	1.511	1.453	1.398				
290	1.671	1.654	1.641	1.612	1.587	1.532	1.491	1.457				
300	1.654	1.641	1.633	1.612	1.595	1.562	1.537	1.524				
310	1.641	1.641	1.641	1.633	1.624	1.604	1.604	1.591	1.549	1.528	1.528	1.528
320	1.641	1.641	1.654	1.570	1.654	1.687	1.683	1.683	1.624	1.595	1.595	1.595
330	1.641	1.654	1.671	1.700	1.746	1.775	1.800	1.763	1.700	1.671	1.662	1.662
340	1.830	1.671	1.696	1.750	1.838	1.897	1.926	1.842	1.775	1.738	1.729	1.729
350	1.855	1.922	1.738	1.892	1.955	2.018	2.056	1.909	1.842	1.809	1.796	1.796
360	1.867	1.913	1.959	2.022	2.093	2.127	2.160	2.001	1.905	1.863	1.851	1.851
370	1.888	1.913	1.951	2.018	2.131	2.206	2.257	2.064	1.959	1.922	1.909	1.909
380	1.918	1.938	1.959	2.018	2.148	2.282	2.336	2.127	2.022	1.980	1.964	1.964
390	1.947	1.964	1.985	2.026	2.194	2.361	2.412	2.177	2.081	2.026	2.014	2.014
400	1.985	1.993	2.001	2.035	2.190	2.361	2.474	2.236	2.123	2.072	2.052	2.060
420	2.068	2.068	2.081	2.106	2.169	2.332	2.500	2.324	2.211	2.169	2.152	2.156
440	2.156	2.156	2.165	2.186	2.227	2.349	2.441	2.391	2.286	2.248	2.240	2.240
460	2.240	2.240	2.248	2.261	2.294	2.349	2.416	2.453	2.336	2.307	2.307	2.307
480	2.328	2.328	2.328	2.345	2.374	2.407	2.453	2.487	2.403	2.374	2.366	2.353
500	2.412	2.412	2.412	2.420	2.449	2.470	2.504	2.525	2.449	2.420	2.412	2.403
520	2.487	2.487	2.487	2.495	2.516	2.533	2.558	2.554				
540	2.562	2.562	2.562	2.562	2.583	2.592	2.608	2.583				
560	2.629	2.629	2.629	2.629	2.638	2.646	2.659	2.604				
580	2.688	2.688	2.688	2.688	2.696	2.696	2.696	2.613				
600	2.734	2.734	2.742	2.742	2.742	2.742	2.734	2.629				

注：横线上方为液态，下方为气态。

3.9.4 饱和烷烃液体的比热容

表3.9.11 饱和丁烷液体的定压比热容 单位：kJ/(kg·K)

T/K	140	160	180	200	220	240	260
p/bar	1.7×10^{-6}	3.5×10^{-5}	3.37×10^{-3}	1.94×10^{-2}	7.81×10^{-2}	0.2408	0.61
c_p	1.953	1.985	2.018	2.055	2.101	2.158	2.231
T/K	280	300	320	340	360	380	400
p/bar	1.3297	2.5811	4.5731	7.5354	11.72	17.4	24.92
c_p	2.323	2.437	2.577	2.746	2.947	3.20	3.50

表3.9.12 饱和三氯甲烷的定压比热容 单位：kJ/(kg·K)

T_{sat}/K	334.5	360	380	400	420	440	460	480	505	536.4
p_{sat}/kPa	101.3	221	374	599	914	1321	1893	2598	3725	5470
液体	1.00	1.03	1.07	1.11	1.15	1.21	1.32	1.43	1.59	
气体	0.6	0.63	0.66	0.69	0.73	0.79	0.87	1	1.28	

表3.9.13 饱和四氯甲烷的定压比热容 单位：kJ/(kg·K)

T_{sat}/K	349.9	370	390	410	430	450	470	495	525	556.35
p_{sat}/kPa	101.3	184	307	473	701	1020	1390	2020	3160	4560
液体	0.92	0.94	0.97	1.01	1.60	1.14	1.24	1.36	1.57	
气体	0.58	0.6	0.62	0.65	0.68	0.73	0.8	0.91	1.3	

附：饱和四氯甲烷的摩尔比热容 单位：J/(mol·K)

t/℃	−22.9	−20	−10	0	10	20	30	40
p_{sat}/bar	0.0109	0.0134	0.02t53	0.0447	0.0753	0.1215	0.189	0.2845
c_{sat}	130	130	131	131	131.3	131.7	132	132.3
c_p	130	130	131	131	131.3	131.7	132	132.3
c_v	90	90	90	90.5	90.7	91	91.2	91.4
t/℃	50	60	70	76.72	80	100	200	283.2
p_{sat}/bar	0.416	0.591	0.822	1.013	1.118	1.945	14.57	45.6
c_{sat}	132.6	133	133	134	134	135	—	∞
c_p	132.7	133	133	134	134	135	—	∞
c_v	91.5	92	92	92	93	93	—	∞

表3.9.14 饱和R-12的比热容 单位：kJ/(kg·K)

t/℃	−90	−85	−80	−75	−70	−65	−60
p/MPa	0.0028	0.0042	0.0062	0.0088	0.0123	0.0168	0.0226
液体	−1.208	−0.1854	−0.163	−0.1411	−0.1197	−0.0987	−0.0782
气体	0.8268	0.8116	0.7979	0.7855	0.7744	0.7643	0.7552
t/℃	−55	−50	−45	−40	−35	−30	−25
p/MPa	0.03	0.0391	0.0504	0.0642	0.0807	0.1004	0.1237
液体	−0.0581	−0.0384	−0.019	0	0.0187	0.0371	0.0552
气体	0.747	0.7396	0.7329	0.726	0.7214	0.7165	0.7121
t/℃	−20	−15	−10	−5	0	5	10
p/MPa	0.1509	0.1826	0.2191	0.261	0.3086	0.3626	0.4233
液体	0.073	0.0906	0.1079	0.125	0.1118	0.1585	0.175
气体	0.7082	0.7046	0.7014	0.6986	0.696	0.6937	0.6916

续表

t/℃	15	20	25	30	35	40	45
p/MPa	0.4914	0.5673	0.6516	0.7449	0.8477	0.9607	1.0843
液体	0.1914	0.2076	0.2237	0.2397	0.2557	0.2716	0.2871
气体	0.6837	0.6879	0.6863	0.6848	0.6834	0.682	0.6806
t/℃	50	55	60	65	70	75	80
p/MPa	1.2193	1.3663	1.5259	1.6988	1.8818	2.0874	2.3046
液体	0.3034	0.3794	0.3305	0.3518	0.3683	0.3851	0.4023
气体	0.6792	0.6777	0.676	0.6712	0.6721	0.6697	0.6667
t/℃	85	90	95	100	105	110	112
p/MPa	2.538	2.7885	3.0069	3.344	3.6309	3.9784	4.1155
液体	0.4201	0.4385	0.4579	0.4788	0.5023	0.5322	0.5651
气体	0.6631	0.6085	0.6526	0.6444	0.6319	0.6064	0.5655

表3.9.15 饱和R-22的定压比热容 单位：kJ/(kg·K)

t/K	150	160	170	180	190	200	210	220
p/MPa	0.0017	0.0054	0.015	0.0369	0.0821	0.1662	0.3116	0.547
c_p	1.059	1.058	1.057	1.058	1.06	1.065	1.071	1.08
t/K	230	240	250	260	270	280	290	300
p/MPa	0.9076	1.4346	2.174	3.177	4.497	6.192	8.324	10.956
c_p	1.091	1.105	1.122	1.143	1.169	1.193	1.22	1.257
t/K	310	320	330	340	350	360	369.3	
p/MPa	14.17	18.02	22.61	28.03	34.41	41.86	49.89	
c_p	1.305	1.372	1.46	1.573	1.718	1.897	∞	

3.9.5 烷烃聚合物的比热容

表3.9.16 聚环氧乙烷的比定压热容 单位：kJ/(kg·K)

T/K	数均分子量 $[M]_v=19\times10^3$	黏均分子量 $[M]_n^{①}=3.1\times10^3$	黏均分子量 $[M]_n^{②}=0.67\times10^3$	T/K	数均分子量 $[M]_v=19\times10^3$	黏均分子量 $[M]_n^{①}=3.1\times10^3$	黏均分子量 $[M]_n^{②}=0.67\times10^3$
90	0.564	0.577	0.59	240	1.104	1.108	1.283
100	0.610	0.628	0.636	250	1.163	1.151	1.359
110	0.652	0.664	0.679	260	1.233	1.212	1.476
120	0.690	0.705	0.721	270	1.300	1.278	1.616
130	0.729	0.739	0.761	280	1.371	1.285	1.823
140	0.761	0.774	0.796	290	1.440	1.490	5.998
150	0.794	0.805	0.831	300	1.510	1.544	熔断
160	0.829	0.833	0.862	310	1.582	1.592	2.061
170	0.858	0.870	0.899	320	1.647	1.732	2.078
180	0.887	0.903	0.938	330	1.719	熔断	2.081
190	0.916	0.929	0.986	336.16	1.760	熔断	
200	0.950	0.954	1.042	336.16	2.040	熔断	
210	0.978	0.992	1.102	340	2.044	2.051	2.088
220	1.011	1.020	1.16	350	2.060	2.069	2.101
230	1.054	1.057	1.216	360	2.071	2.071	

① 甲基化的。

② 部分甲基化的。

表3.9.17 聚氧杂环丁烷的比定压热容 单位：kJ/(kg·K)

T/K	结晶度 0	结晶度 0.7	结晶度 1.0	T/K	结晶度 0	结晶度 0.7	结晶度 1.0
13	0.0876	0.0419[13.6]	0.0319	160	0.9101	0.8752	0.855
15	0.0902	0.0528	0.0489	170	0.9590	0.9133	0.890
20	0.1084	0.0920	0.8490	180	1.0148	0.9588	0.931
25	0.1508	0.1317	0.1236	190	1.1057	0.9924	0.959
30	0.1917	0.1702	0.1621	200	1.8555	1.1503	1.025
35	0.2349	0.2104	0.201	210		1.2987	1.174
40	0.2739	0.2510	0.238	220		1.3791	1.277
50	0.3518	0.3306	0.312	230		1.4640	0.855
60	0.4160	0.3860	0.380	240		1.5466	0.890
70	0.4720	0.4580	0.445	250		1.6565	0.931
80	0.5282	0.5152	0.507	260		1.7953	
90	0.5831	0.5678	0.563	270		1.9311	
100	0.6360	0.6340	0.655	280		2.6488	
110	0.6827	0.6635	0.655	290		3.9040	
120	0.7321	0.7115	0.699	300		熔断	
130	0.7775	0.7536	0.743	310		1.8276	
140	0.8202	0.7941	0.784	320		2.0274	
150	0.8668	0.8379	0.820	330		2.0468	

表3.9.18 一些聚烷烃类的比定压热容 单位：kJ/(kg·K)

T/K	聚乙烯基苄基二甲硅烷	聚乙烯基三甲基硅烷	T/K	聚乙烯基苄基二甲硅烷	聚乙烯基三甲基硅烷	T/K	聚乙烯基苄基二甲硅烷	聚乙烯基三甲基硅烷
5	0.0073		110	0.691	0.925	220	1.212	1.434
10	0.0512		120	0.740	0.995	230	1.262	1.472
20	0.1348		130	0.785	1.060	240	1.320	1.513
30	0.1855		140	0.833	1.120	250	1.379	1.558
40	0.2791		150	0.880	1.172	260	1.453	1.602
50	0.344	0.466	160	0.930	1.214	270	1.555	1.650
60	0.421	0.541	170	0.975	1.255	280	1.700	1.703
70	0.479	0.620	180	1.022	1.293	290	1.814	1.750
80	0.533	0.700	190	1.070	1.329	300	1.927	1.795
90	0.590	0.777	200	1.111	1.362	310	1.965	
100	0.640	0.849	210	1.160	1.397	320	2.022	

表3.9.19 其他聚烷烃类的比定压热容 单位：kJ/(kg·K)

T/K	聚二甲基硅氧烷	聚二乙基硅氧烷	聚1,3-二氧杂环庚烷	聚1,3-二噁戊烷	聚3,3-双(氯甲基)-氧杂环丁烷	T/K	聚二甲基硅氧烷	聚二乙基硅氧烷	聚1,3-二氧杂环庚烷	聚1,3-二噁戊烷	聚3,3-双(氯甲基)-氧杂环丁烷
20	0.119		0.072	0.071	0.1016	110		0.817	0.639	0.597	0.4961
30	0.2022				0.1718	120	0.820	0.870	0.686	0.635	0.5261
40	0.282		0.243	0.237	0.2273	130		1.000	0.732	0.672	0.5542
50	0.3598				0.2756	140	0.905	1.151	0.777	0.709	0.5810
60	0.4553		0.381	0.367	0.3194	150		1.178	0.820	0.744	0.6063
70					0.3589	160	0.990	1.212	0.861	0.781	0.6317
80	0.5988	0.658	0.496	0.467	0.3960	170		1.250	0.905	0.818	0.6562
90		0.712	0.544	0.513	0.4309	180	1.080	1.298	0.95	0.857	0.6818
100	0.719	0.760	0.592	0.556	0.4643	190	1.128	1.348	1.070	0.898	0.7070

续表

T/K	聚二甲基硅氧烷	聚二乙基硅氧烷	聚1,3-二氧杂环庚烷	聚1,3-二噁戊烷	聚3,3-双(氯甲基)-氧杂环丁烷	T/K	聚二甲基硅氧烷	聚二乙基硅氧烷	聚1,3-二氧杂环庚烷	聚1,3-二噁戊烷	聚3,3-双(氯甲基)-氧杂环丁烷
200	1.171	1.412	1.291	0.950	0.7342	296			1.664[①]		
210	1.219	1.419	1.401	1.110	0.7602	296			1.898[①]		
220	1.264	1.440	1.434	1.200	0.7863	300		1.606	1.905	1.532	1.160
230	1.310	1.463	1.464	1.285	0.8133	310	1.606		1.923	1.56	1.182
240	1.352	1.488	1.494	1.361	0.8359	320			1.940	1.588	
250		1.550	1.525	1.395	0.8608	325				1.602[①]	
260			1.555	1.420	0.8866	325				1.874[①]	
270	1.542		1.585	1.447	0.9347	330	1.643		1.958		
280		1.566	1.616	1.475	1.037	340			1.975	1.896	
290	1.573	1.587	1.646	1.504	1.115	350	1.684		1.993	1.911	

① 为熔点数据。

表3.9.20　三噁烷与2%环氧乙烷的无规共聚物的比定压热容　单位：kJ/(kg·K)

T/K	c_p	T/K	c_p	T/K	c_p	T/K	c_p	T/K	c_p
10	0.0134	90	0.5105	170	0.7805	250	1.094	330	1.571
20	0.0847	100	0.5461	180	0.8141	260	1.144	340	1.643
30	0.1749	110	0.5809	190	0.8493	270	1.196	350	1.720
40	0.2601	120	0.6152	200	0.8846	280	1.250	360	1.708
50	0.3320	130	0.6483	210	0.9230	290	1.308	370	1.875
60	0.3890	140	0.6815	220	0.9629	300	1.309	380	1.983
70	0.4334	150	0.7139	230	1.005	310	1.411	450	2.020
80	0.4723	160	0.7472	240	1.049	320	1.400		

3.9.6　烷烃在饱和线上的比热容

表3.9.21　甲烷～丁烷在饱和线上的比热容　单位：kJ/(kg·K)

甲烷	T_{sat}/K	111.42	120	130	140	150	160	170	180	185	190
	p_{sat}/kPa	101	192	367	638	1033	1588	2338	3288	3854	4552
	液体	3.43	3.53	3.63	3.77	3.94	4.12	5.16	7.45	11.3	70.5
	气体	2.07	2.11	2.19	2.33	2.53	2.90	3.62	5.95	6.33	277.5
乙烷	T_{sat}/K	184.52	200	210	230	240	260	270	280	290	300
	p_{sat}/kPa	101	217	334	700	968	1712	2208	2801	3510	4365
	液体	2.42	2.48	2.54	2.66	2.70	3.00	3.18	3.42	3.80	—
	气体	1.40	1.48	1.54	1.70	1.79	2.13	2.42	2.94	3.31	9.51
丙烷	T_{sat}/K	231.1	248.06	259.83	275.24	291.83	317.42	330.7	351.23	359.61	367.18
	p_{sat}/kPa	101	203	304	507	810	1520	2026	3039	3545	4052
	液体	2.24	2.32	2.38	2.47	2.58	2.78	3.27	4.27	6.62	—
	气体	1.37	1.51	1.65	1.88	2.27	2.37	4.14	6.16	7.01	11.42
丁烷	T_{sat}/K	273.15	289	305	321	337	353	369	385	405	425.15
	p_{sat}/kPa	103	184	304	469	706	1023	1526	1925	2739	3797
	液体	2.34	2.47	2.59	2.68	2.8	2.95	3.11	3.36	3.80	
	气体	1.67	1.76	1.88	2.00	2.15	2.33	2.62	3.03	4.76	

表3.9.22 戊烷和己烷在饱和线上的比热容 单位：kJ/(kg·K)

戊烷	T_{sat}/K	309.2	335	350	365	380	395	410	425	440	469.6
	p_{sat}/kPa	101.3	227	341	492	688	935	1249	1634	2103	3370
	液体	2.34	2.52	2.62	2.72	2.82	2.94	3.06	3.2	3.44	
	气体	1.79	1.96	2.05	2.16	2.28	2.48	2.66	2.96	3.37	
异戊烷	T_{sat}/K	301	325	340	355	370	385	400	415	430	460.4
	p_{sat}/kPa	101.3	217	328	476	667	913	1222	1603	2070	3380
	液体	2.29	2.43	2.53	2.62	2.71	2.8	2.91	3.05	3.24	
	气体	1.72	1.86	1.96	2.08	2.2	2.34	2.54	2.81	3.28	
新戊烷	T_{sat}/K	282.65	305	320	335	350	365	380	395	410	433.78
	p_{sat}/kPa	101.3	215	362	482	676	945	1280	1700	2200	3196
	液体	2.14	2.27	2.37	2.48	2.63	2.77	2.96	3.2	3.59	
	气体	1.65	1.8	1.91	2.03	2.16	2.32	2.53	2.85	3.51	
己烷	T_{sat}/K	341.88	370	385	400	415	430	445	460	475	507.44
	p_{sat}/kPa	101.3	228	331	465	683	854	1124	1457	1859	3031
	液体	2.39	2.58	2.68	2.78	2.89	3.00	3.12	3.26	3.46	
	气体	1.91	2.07	2.18	2.28	2.39	2.51	2.66	2.92	3.32	

表3.9.23 饱和庚烷～癸烷的定压比热容 单位：kJ/(kg·K)

庚烷	T_{sat}/K	371.6	380	400	420	440	460	480	500	520	540.6
	p_{sat}/kPa	101.3	130	219	349	529	721	1094	1513	2046	2736
	液体	2.57	2.61	2.72	2.82	2.93	3.03	3.19	3.39	3.85	
	气体	1.98	2.01	2.15	2.26	2.41	2.51	2.72	3.05	3.60	
辛烷	T_{sat}/K	398.8	415	435	455	475	495	515	535	555	568.8
	p_{sat}/kPa	101.3	156	252	386	569	809	1127	1535	2052	2486
	液体	2.5	2.61	2.74	2.89	3.03	3.18	3.36	3.6	4.23	
	气体	2.11	2.19	2.3	2.42	2.56	2.73	2.96	3.3	4.8	
壬烷	T_{sat}/K	423.97	435	455	475	495	515	535	555	575	594.63
	p_{sat}/kPa	101.3	134	214	338	496	717	965	1320	1750	2289
	液体	2.72	2.77	2.87	2.97	3.1	3.23	3.38	3.59	4.00	
	气体	2.24	2.30	2.4	2.51	2.63	2.77	2.95	3.25	4.05	
癸烷	T_{sat}/K	447.3	460	480	500	520	540	560	580	600	617.6
	p_{sat}/kPa	101.3	141	227	329	479	675	927	1250	1650	2096
	液体	2.79	2.85	2.94	3.06	3.16	3.29	3.44	3.65	4.06	
	气体	2.33	2.39	2.49	2.59	2.71	2.85	3.03	3.33	4.20	

表3.9.24 饱和环戊烷和环己烷的定压比热容 单位：kJ/(kg·K)

环戊烷	T_{sat}/K	322.4	350	370	390	410	430	450	470	490	511.8
	p_{sat}/kPa	101.3	239	406	642	948	1309	1861	2742	3562	4508
	液体	1.92	2.05	2.12	2.22	2.37	2.53	2.73	3.04	3.78	
	气体	1.34	1.47	1.61	1.79	1.S3	2.11	2.4	2.81	3.91	
环己烷	T_{sat}/K	353.87	360	385	410	435	460	485	510	535	554.15
	p_{sat}/kPa	101.3	124	234	414	689	1069	1586	2275	3723	4075
	液体	1.84	1.86	1.93	1.99	2.07	2.13	2.23	2.49	2.82	
	气体	1.6	1.64	1.79	1.95	2.15	2.36	2.57	3.11	7.05	

3.10 比焓

3.10.1 气态烷烃在常压下的比焓

表3.10.1 气态甲烷～己烷的比焓　　单位：kJ/mol

名 称	温度/K							
	273	291	298	300	400	500	600	700
甲烷	0	0.631	0.880	0.951	4.744	9.106	14.06	19.6
乙烷	0	0.871	1.279	1.384	7.310	14.49	22.89	32.36
丙烷	0	1.265	1.773	1.920	10.30	20.70	32.80	46.45
丁烷	0	1.711	2.396	2.595	13.78	27.63	43.39	61.23
异丁烷	0	1.660	2.330	2.525	13.63	27.34	43.34	61.26
戊烷	0	2.127	2.978	3.225	17.12	34.04	53.67	75.66
己烷	0	2.547	3.566	3.861	20.48	40.65	64.05	90.18

名 称	温度/K							
	800	900	1000	1100	1200	1300	1400	1500
甲烷①	25.79	32.23	39.23	46.60	54.34	62.43	70.76	79.30
乙烷	42.75	53.97	65.86	78.46	91.57	105.2	119.3	133.8
丙烷	61.38	77.46	94.50	112.4	131.1	150.4	170.3	190.7
丁烷	80.65	101.4	123.5	146.7	170.8	195.9	221.5	247.8
异丁烷	80.82	101.8	124.1	147.3	171.5	196.6	147.0	248.7
戊烷	99.56	125.2	152.3	180.8	210.4	241.0	272.6	304.8
己烷	118.6	149.0	181.2	214.9	250.0	286.3	323.7	336.7

① 温度为 1600、1800、2000、2200、2500K 时，其值分别为 88.09、106.1、124.8、143.9、173.2kJ/mol。

3.10.2 气态烷烃在压力下的比焓

表3.10.2 甲烷气体在压力下的比焓　　单位：kJ/kg

p/bar	T/K								
	100	150	200	250	300	350	400	450	500
1	246.4	879.0	984.3	1090.4	1199.8	1314.8	1437.4	1568.8	1708.9
5	247.0	865.0	976.1	1084.7	1195.5	1311.5	1434.7	1566.6	1706.9
10	247.8	843.6	965.5	1077.9	1190.6	1307.9	1432.0	1564.1	1705.3
20	249.4	429.8	941.9	1063.6	1180.7	1300.6	1426.5	1560.3	1702.11
40	252.5	430.8	879.3	1032.9	1160.5	1286.0	1415.7	1552.1	1696.0
60	255.7	432.2	734.0	999.8	1140.0	1271.7	1405.1	1544.2	1690.0
80	258.9	433.8	660.5	964.4	1119.7	1257.7	1394.9	1536.6	1684.4
100	262.1	435.5	644.5	928.5	1099.6	1244.2	1385.2	1529.4	1679.0
150	270.2	440.7	630.2	860.0	1054.1	1213.1	1362.8	1513.0	1667.0
200	278.3	446.5	626.5	825.0	1019.8	1187.2	1343.8	1498.9	1656.9
300	294.7	459.6	629.2	804.4	982.9	1153.6	1316.8	1478.5	1642.2
400		473.8	637.7	802.4	970.1	1137.8	1303.0	1467.7	1634.7
500		488.8	648.9	807.7	969.0	1132.8	1997.8	1464.2	1633.2

表3.10.3　乙烷气体在压力下的比焓　　单位：kJ/kg

p/bar	T/K										
	100	150	200	250	300	350	400	450	500	600	700
1	198.9	313.8	909.3	984.7	1068	1161	1265	1380	1505	1783	2097
5	199.4	314.3	434.5	973.3	1060	1156	1261	1376	1502	1781	2096
10	200.0	314.9	435.0	956.5	1050	1148	1255	1372	1498	1777	2094
20	201.3	316.1	435.9	569.8	1026	1132	1243	1362	1491	1774	2090
40	203.9	318.5	437.9	569.9	947.9	1096	1219	1344	1476	1764	2083
60	206.5	321.0	439.8	570.3	738.1	1051	1192	1325	1461	1754	2077
80	209.1	323.4	441.9	570.9	728.1	993.8	1164	1306	1447	1745	2070
100	211.7	325.8	443.9	571.8	722.7	924.4	1135	1286	1432	1736	2064
150	218.1	332.0	449.2	574.6	716.4	887.4	1075	1242	1399	1715	2050
200	224.6	338.2	454.7	578.2	714.8	870.5	1042	1210	1327	1697	2038
300	237.6	350.6	465.9	586.8	715.9	860.9	1015	1176	1339	1671	2019
400	250.6	363.2	477.6	596.6	723.7	861.6	1008	1163	1323	1657	2008
500	263.5	375.8	489.5	607.1	732.0	866.5	1009	1160	1317	1650	2003

表3.10.4　丙烷气体在压力下的比焓　　单位：kJ/kg

p/MPa	T_{sat}/K	温度 /K							
		250	300	350	400	450	500	550	600
0.05	216.4	523.7	603.2	693.6	795.3	908.0	1031	1164	1306
0.10	231.3	521.0	601.5	692.5	794.5	907.4	1031	1164	1306
0.2	247.9	515.7	598.3	690.3	792.9	906.2	1030	1163	1306
0.4	267.9		591.4	685.8	789.7	903.8	1028	1162	1304
1.0	300.3			671.2	779.6	896.3	1022	1157	1300
2.0	330.4			641.6	761.1	883.1	1012	1149	1294
4.0	366.5				714.2	853.8	990.9	1133	1281
7.0					591.7	800.9	956.6	1107	1261
10					544.1	747.0	921.8	1083	1242
20					517.9	678.8	849.7	1021	1192

表3.10.5　丁烷气体在压力下比焓　　单位：kJ/kg

p/bar	T/K									
	150	200	250	300	350	400	450	500	600	700
1	29.6	129.8	236.6	718.9	810.7	913.1	1026	1149	1423	1730
5	30.0	130.2	237.0	352.9	798.5	904.3	1019.3	1143.7	1420	1728
10	30.6	130.8	237.4	353.3	482.7	891.9	1010.3	1136.8	1415	1725
20	31.7	131.8	238.4	354.0	482.6	860.0	990.1	1122.0	1406	1718
30	32.8	130.2	239.3	354.7	482.6	637.3	965.5	1105.9	1396	1711
40	33.9	134.0	240.3	355.4	482.7	633.6	932.2	1088.1	1387	1705
50	35.0	135.0	241.3	356.2	428.8	631.0	877.0	1068.2	1377	1699
60	36.2	136.1	242.3	356.9	483.1	629.1	825.1	1046.4	1367	1692
80	38.4	138.3	244.2	358.5	483.7	626.5	798.1	1001.5	1347	1680
100	40.6	140.4	246.2	360.1	484.5	624.9	787.9	971.3	1329	1668
200	51.9	151.3	257.9	368.8	490.3	624.4	773.3	933.7	1270	1623
300	63.2	162.2	266.7	378.3	498	629.2	773.4	928.4	1255	1603
400	74.5	173.3	277.4	388.2	506.8	636.2	778.0	930.2	1203	1600
500	85.8	184.4	288.1	398.4	516.3	644.5	784.8	935.3	1256	1599

表3.10.6　气态R-12在压力下的比焓　　单位：kJ/kg

t/℃	p/MPa										
	0.05	0.10	0.15	0.20	0.25	0.30	0.40	0.50	0.60	0.70	0.8
−20	181.04	179.86	0.00								
−10	186.76	185.71	184.62								
0	192.57	191.63	190.66	189.67	188.64	187.58					
10	198.47	197.63	196.76	195.88	194.97	194.03					
20	204.47	203.71	202.93	202.14	201.32	200.19	198.76	196.04			
30	210.56	209.87	209.16	208.45	207.72	206.97	205.43	203.81	202.12		
40	216.73	216.10	215.46	214.81	214.15	213.48	212.10	210.66	209.10	207.08	205.92
50	223.00	222.42	221.84	221.24	220.64	220.03	218.78	217.48	216.14	214.74	213.29
60	229.34	228.82	228.28	227.74	227.18	226.63	225.49	224.32	223.10	221.85	220.56
70	235.77	235.29	234.79	234.29	233.78	233.27	232.23	231.16	230.06	228.93	227.77
80	242.28	241.83	241.37	240.91	240.44	239.97	239.01	238.03	237.03	236.00	234.94
90	248.87	248.45	248.02	247.59	247.16	246.72	240.84	244.93	244.01	243.07	242.10
100				254.34	253.94	253.53	252.71	251.87	251.02	250.15	244.26
110				261.15	260.77	260.39	259.62	258.85	258.05	257.25	256.43
120							266.59	265.86	263.12	264.37	263.61
130							273.61	272.92	272.23	271.53	270.82
140										278.72	278.06
150										280.95	285.32

t/℃	p/MPa										
	0.9	1.0	1.2	1.4	1.6	1.8	2.0	2.5	3.0	3.5	4.0
40	204.17										
50	211.77	210.16	206.66								
60	219.21	217.81	214.81	211.46	216.65	213.05					
70	226.16	225.32	222.69	219.82	225.18	222.20					
80	233.86	232.74	230.40	227.89	233.39	230.84	218.86				
90	241.11	240.10	238.00	230.77	241.40	239.16	228.06	219.56			
100	248.36	247.43	245.52	243.51	249.26	247.26	236.76	229.80	220.53		
110	255.59	254.74	252.99	251.17	257.03	255.23	245.15	239.27	232.07	222.12	
120	262.84	262.05	260.44	218.77	264.74	263.09	253.34	248.19	242.21	234.88	224.86
130	270.10	269.37	267.87	266.33	272.41	270.89	261.38	256.79	251.63	245.66	238.44
140	277.38	276.70	275.31	273.88	280.04	278.64	269.33	260.18	260.62	255.52	249.70
150	284.69	284.05	282.74	281.41	287.67	286.36	277.20	273.41	269.32	264.85	259.90
160		291.42	290.20	288.95	295.29	294.07	280.03	281.54	277.82	273.82	269.49
170					302.91	301.77	292.82	289.59	286.17	282.55	278.68
180							300.20	297.58	294.42	291.10	287.60
190								305.54	302.60	299.53	296.33
200								313.47	310.72	307.86	304.91

表3.10.7　丙烷在压力下的比焓　　单位：kJ/kg

T/K	p/MPa												
	0.01	0.05	0.1	0.2	0.3	0.4	0.5	0.6	0.7	0.8	0.9	1.0	1.5
230	851.3	848.9	418.9	419.0	419.1	419.2	419.3	419.4	419.5	419.6	419.7	419.8	420.3
240	864.6	862.6	860.0	441.3	441.4	441.5	441.6	441.7	441.8	441.9	442.0	442.1	442.5
250	878.5	876.7	874.4	869.8	464.1	464.2	464.3	464.4	464.5	464.6	464.7	464.8	465.2
260	892.8	891.3	889.3	885.1	880.6	487.1	487.2	487.3	487.4	487.5	487.6	487.7	488.1
270	907.5	906.2	904.5	900.8	896.7	891.9	510.5	510.5	510.7	510.7	510.8	510.8	511.2
280	923.0	921.8	920.3	917.0	913.4	909.2	904.5	534.2	534.3	534.3	534.4	534.5	534.8
290	939.0	937.8	936.3	933.3	930.1	926.5	922.7	918.5	913.1	558.9	559.2	559.0	559.1
300	955.2	954.1	952.7	950.0	947.1	943.9	940.6	937.0	933.0	928.4	923.1	584.5	584.1
310	972.0	971.0	969.7	967.2	964.5	961.7	958.9	955.9	953.0	948.6	944.5	939.9	611.2
320	989.2	988.3	987.1	984.7	982.3	979.8	977.2	974.6	971.6	968.5	965.1	961.5	937.6

续表

T/K	p/MPa												
	0.01	0.05	0.1	0.2	0.3	0.4	0.5	0.6	0.7	0.8	0.9	1.0	1.5
330	1006.9	1006.0	1005.0	1002.7	1000.5	998.2	996.0	993.7	991.1	988.5	985.6	982.6	965.5
340	1025.1	1024.3	1023.4	1021.3	1019.2	1017.1	1015.0	1012.9	1010.6	1008.3	1005.9	1003.5	989.9
350	1043.8	1043.1	1042.1	1040.2	1038.2	1036.3	1034.3	1032.3	1030.3	1028.2	1026.2	1024.1	1012.1
360	1063.1	1062.3	1061.4	1059.6	1057.8	1055.9	1054.0	1052.1	1050.3	1048.4	1046.4	1044.5	1033.8
370	1082.7	1082.0	1081.1	1079.4	1077.7	1075.9	1074.1	1072.3	1070.5	1068.7	1066.9	1065.1	1055.2
380	1102.9	1102.1	1101.3	1099.7	1098.1	1096.4	1094.7	1093.0	1091.3	1089.6	1087.9	1086.1	1076.9
390	1123.5	1122.8	1122.0	1120.4	1118.8	1117.2	1115.6	1114.0	1112.3	1110.8	1109.1	1107.5	1099.1
400	1144.5	1143.9	1143.1	1141.6	1140.1	1138.5	1137.0	1135.4	1133.9	1132.4	1130.9	1129.3	1121.2
420	1188.1	1187.6	1186.9	1185.6	1184.2	1182.7	1181.3	1179.9	1178.5	1177.0	1175.6	1174.2	1166.9
440	1233.6	1233.1	1232.5	1231.3	1230.0	1228.7	1227.4	1226.0	1224.7	1223.4	1222.0	1220.7	1214.0
460	1280.9	1280.5	1279.9	1278.8	1277.7	1276.4	1275.2	1274.1	1272.8	1271.6	1270.4	1269.1	1262.9
480	1330.1	1329.6	1329.1	1328.0	1326.9	1325.8	1324.7	1323.5	1322.5	1321.4	1320.2	1319.1	1313.3
500	1381.1	1380.6	1380.1	1379.1	1378.0	1377.1	1376.0	1375.0	1373.9	1372.9	1371.9	1370.8	1365.4
520	1433.7	1433.3	1432.7	1431.8	1430.8	1429.9	1428.9	1428.0	1427.0	1426.1	1425.1	1424.1	1419.2
540	1487.6	1487.3	1486.9	1486.0	1485.1	1484.3	1483.3	1482.5	1481.5	1480.7	1479.7	1478.9	1474.2
560	1543.0	1542.7	1542.2	1541.5	1540.7	1539.8	1539.0	1538.1	1537.3	1536.4	1535.7	1534.8	1530.4
580	1599.7	1599.4	1598.9	1598.1	1597.4	1596.6	1595.9	1595.0	1594.2	1593.3	1592.6	1591.9	1587.9
600	1657.4	1657.1	1656.7	1656.0	1655.3	1654.5	1653.8	1653.0	1652.3	1651.5	1650.7	1650.1	1646.3

T/K	p/MPa											
	2.0	2.5	3.0	4.0	6.0	8.0	10	20	30	40	50	60
230	420.7	421.2	421.7	422.7	424.8							
240	443.0	443.5	444.0	444.9	447.0							
250	465.7	466.0	466.5	467.5	469.3							
260	488.4	488.9	489.3	490.1	491.9							
270	511.6	512.0	512.3	513.0	514.4							
280	535.1	535.3	535.6	536.2	537.1	538.1	539.1	546.5				
290	559.2	559.3	559.4	559.8	560.6	561.4	562.1	569.4				
300	584.4	584.4	584.4	584.5	585.0	585.6	586.0	593.1				
310	611.0	610.8	610.7	610.5	610.5	610.7	611.0	617.6	628.1	639.0	650.3	661.8
320	639.4	639.0	638.7	638.2	637.4	637.1	637.2	642.8	652.6	662.9	673.8	684.9
330	670.3	669.5	668.8	667.7	665.9	665.0	664.7	668.8	677.6	687.3	697.6	708.4
340	972.3	703.6	702.3	700.2	696.5	694.6	693.3	695.2	703.1	712.1	721.9	732.4
350	998.4	976.1	740.8	736.2	729.6	725.8	723.4	722.4	729.1	737.4	746.7	757.0
360	1022.1	1006.0	983.7	777.9	766.0	758.9	754.7	750.1	755.5	763.0	772.0	781.8
370	1044.6	1032.1	1016.6	955.4	808.2	794.0	787.2	778.4	782.4	789.1	797.6	807.2
380	1067.2	1056.0	1042.8	1005.5	857.4	831.3	821.5	807.3	809.8	815.6	823.7	832.9
390	1089.9	1079.6	1067.8	1035.9	923.5	871.2	857.1	836.7	837.6	842.6	850.2	859.1
400	1112.6	1103.1	1092.4	1066.9	984.7	914.0	894.2	866.7	865.9	869.9	877.2	885.8
420	1159.2	1150.9	1142.0	1121.8	1072.2	1009.1	971.8	928.3	923.7	926.0	932.4	940.6
440	1207.1	1199.9	1192.2	1175.4	1137.3	1093.7	1049.8	992.1	983.2	983.9	989.4	997.0
460	1256.5	1250.1	1243.3	1228.8	1197.0	1161.5	1124.9	1057.7	1044.4	1043.4	1048.1	1055.2
480	1307.4	1301.4	1295.4	1282.6	1255.2	1225.9	1197.0	1124.7	1107.2	1104.6	1108.5	1115.0
500	1359.9	1354.4	1348.9	1337.6	1313.5	1289.1	1265.9	1192.7	1171.3	1167.3	1170.5	1176.5
520	1414.1	1409.1	1404.0	1393.6	1372.1	1351.2	1331.9	1261.1				
540	1469.5	1464.8	1460.1	1450.6	1431.1	1412.91	1396.0	1329.7				
560	1526.1	1521.7	1517.3	1508.3	1490.5	1474.3	1458.9	1397.7				
580	1583.8	1579.6	1575.5	1567.2	1550.7	1535.9	1521.8	1465.1				
600	1642.5	1638.7	1634.8	1627.0	1611.7	1597.8	1584.7	1532.2				

注：横线上方为液态，下方为气态。

算图 3.77 纯气态烷烃的比焓（第 727 页左）

算图 3.78 纯液态烷烃的比焓（第 727 页右）

3.10.3 烷烃在饱和线上的比焓

表3.10.8 饱和甲烷和乙烷的比焓 单位：kJ/kg

甲烷	T_{sat}/K	111.42	120	130	140	150	160	170	180	185	190
	p_{sat}/kPa	101	192	367	638	1033	1588	2338	3288	3854	4552
	液体	716.3	747.0	781.1	821.9	860.0	901.4	948.4	1011.1	1057.0	1133.4
	气体	1228.1	1241.8	1255.7	1267.2	1274.9	1277.6	1273.3	1258.9	1245.0	1203.2
乙烷	T_{sat}/K	184.52	200	210	230	240	260	270	280	290	300
	p_{sat}/kPa	101	217	334	700	968	1712	2208	2801	3510	4365
	液体	399.52	437.50	462.53	415.34	541.41	598.79	629.79	663.10	700.28	753.08
	气体	889.19	903.74	912.82	929.18	935.72	943.27	943.23	941.14	930.10	892.31

表3.10.9 饱和乙烷气体在压力下的比焓 单位：kJ/kg

p/MPa	T_{sat}/K	T/K							
		300	340	380	420	460	500	540	580
0.07	177.8	764.36	838.62	919.15	1006.1	1099.6	1199.5	1305.7	1418.3
0.10	184.3	763.73	838.14	918.77	1005.8	1099.3	1199.2	1305.6	1418.1
0.40	214.3	757.62	833.52	915.14	1002.9	1096.9	1197.2	1303.8	1416.6
0.70	229.8	751.24	828.77	911.44	999.88	1094.4	1195.1	1302.0	1415.1
1.0	240.9	744.60	823.91	907.68	996.87	1091.9	1193.05	1300.3	1413.6
2.0	265.8	720.03	806.77	894.73	986.63	1083.6	1186.1	1294.4	1408.5
4.0	295.5	644.02	766.56	866.58	965.16	1066.4	1172.0	1282.5	1398.4
7.0			678.32	817.80	930.66	1039.9	1150.6	1264.9	1383.5
10			589.90	764.34	894.94	1013.3	1129.7	1247.8	1369.2
20			532.36	668.78	808.21	941.97	1071.5	1199.8	1329.2
30			526.36	646.92	774.99	905.97	1037.4	1169.4	1302.8

表3.10.10 饱和正丁烷和异丁烷的比焓 单位：kJ/kg

（1）饱和正丁烷的比焓

T_{sat}/K	140	160	180	200	220	240	260
p_{sat}/kPa	1.7×10^{-6}	3.5×10^{-5}	3.37×10^{-3}	1.94×10^{-2}	7.81×10^{-2}	0.2408	0.61
液体	9.95	49.1	88.97	129.71	171.49	214.5	258.92
气体	499.96	523.13	547.48	572.93	599.42	626.83	654.97
T_{sat}/K	280	300	320	340	360	380	400
p_{sat}/kPa	1.3297	2.5811	4.5731	7.5354	11.72	17.4	24.92
液体	309.94	352.77	402.71	455.25	511.22	571.94	639.85
气体	683.6	712.36	740.84	768.49	794.6	817.86	834.95

（2）饱和异丁烷的比焓

T_{sat}/K	113.6	120	140	160	180	200	220	240
p_{sat}/kPa	1.90×10^{-7}	9.30×10^{-7}	0.000048	0.00082	0.007	0.0369	0.1374	0.3989
液体	0	11	46	82.1	119.5	158.5	199	241.4
气体	485.3	491.1	510.1	530.8	533	576.7	601.5	627.4
T_{sat}/K	260	280	300	320	340	360	380	400
p_{sat}/kPa	0.96	2.002	3.7365	6.392	10.21	15.46	22.48	31.86
液体	285.8	332.3	381.1	432.4	486.9	545.6	610.6	689.6
气体	654.9	681.3	708.4	734.8	760	782.7	799.8	799.6

表3.10.11 饱和戊烷的比焓

单位：kJ/kg

正戊烷	T_{sat}/K	309.2	335	350	365	380	395	410	425	440	469.6
	p_{sat}/kPa	101.3	227	341	492	688	935	1249	1634	2103	3370
	液体	319.8	383.8	423.3	458.2	504.7	546.6	588.5	637.3	686.2	846.7
	气体	678	721.1	744.3	767.6	790.8	814.1	837.4	855.9	876.9	846.7
异戊烷	T_{sat}/K	301	325	340	355	370	385	400	415	430	460.4
	p_{sat}/kPa	101.3	217	328	476	667	913	1222	1603	2070	3380
	液体	290.8	348.9	383.8	423.3	465.2	504.7	546.6	588.5	639.7	790.8
	气体	632.7	669.9	693.1	716.4	739.7	765.3	783.9	807.1	825.7	790.8
新戊烷	T_{sat}/K	282.65	305	320	335	350	365	380	395	410	433.78
	p_{sat}/kPa	101.3	215	362	482	676	945	1280	1700	2200	3196
	液体	−111	−50	−25	13	51	91	128	175	221	329
	气体	204	237	260	282	305	327	347	366	379	329

表3.10.12 饱和己烷、庚烷和辛烷的比焓

单位：kJ/kg

正己烷	T_{sat}/K	341.88	370	385	400	415	430	445	460	475	507.44
	p_{sat}/kPa	101.3	228	331	465	683	854	1124	1457	1859	3031
	液体	395.4	465.2	507.1	546.6	586.2	632.7	676.9	725.7	774.6	930.4
	气体	728.0	776.9	802.5	830.4	856.0	879.2	907.1	930.4	953.7	930.4
正庚烷	T_{sat}/K	371.6	380	400	420	440	460	480	500	520	540.6
	p_{sat}/kPa	101.3	130	219	349	529	721	1094	1513	2046	2736
	液体	453.6	474.5	530.3	586.2	639.7	702.5	760.6	825.7	895.5	1004.8
	气体	765.3	786.2	823.4	860.6	897.8	937.4	972.3	1009.5	1035.1	1004.8
正辛烷	T_{sat}/K	398.8	415	435	455	475	495	515	535	555	568.8
	p_{sat}/kPa	101.3	156	252	386	569	809	1127	1535	2052	2486
	液体	514.1	558.2	609.4	667.6	725.7	786.2	851.3	921.1	990.9	1088.6
	气体	814.1	844.3	883.9	923.4	965.3	1004.8	1046.7	1081.6	1109.5	1088.6

表3.10.13 饱和正壬烷和正癸烷的比焓

单位：kJ/kg

正壬烷	T_{sat}/K	423.97	435	455	475	495	515	535	555	575	594.63
	p_{sat}/kPa	101.3	134	214	338	496	717	965	1320	1750	2289
	液体	195	226	282	340	402	464	529	594	664	754
	气体	490	513	555	598	640	683	724	762	792	754
正癸烷	T_{sat}/K	447.31	460	480	500	520	540	560	580	600	617.6
	p_{sat}/kPa	101.3	141	227	329	479	675	927	1250	1650	2096
	液体	542	569	613	658	702	746	789	829	859	824
	气体	277	270	256	242	226	208	186	156	116	824

表3.10.14 饱和环戊烷和环己烷的比焓

单位：kJ/kg

环戊烷	T_{sat}/K	322.4	350	370	390	410	430	450	470	490	511.8
	p_{sat}/kPa	101.3	239	406	642	948	1309	1861	2742	3562	4508
	液体	−288.7	−217.3	−179.4	−155.3	−92.8	−44.2	−3.8	62.2	127.4	−288.7
	气体	104.9	138.6	163.9	189.6	215.4	940.5	264.1	284.1	294.9	104.9
环己烷	T_{sat}/K	353.87	360	385	410	435	460	485	510	535	554.15
	p_{sat}/kPa	101.3	124	234	414	689	1069	1586	2275	3723	4075
	液体	314	325.6	379.1	434.9	500.1	558.2	628.0	707.1	790.8	895.5
	气体	674.2	681.34	717.2	751.9	791.5	820.44	859.8	902.1	933.0	895.5

表3.10.15　饱和氯甲烷的比焓　　单位：kJ/kg

三氯甲烷	T_{sat}/K	334.5	360	380	400	420	440	460	480	505	536.4
	p_{sat}/kPa	101.3	221	374	599	914	1321	1893	2598	3725	5470
	液体	−108	−79	−61	−41	−17	4	27	45	67	136
	气体	141	154	164	173	181	188	194	197	197	136
四氯甲烷	T_{sat}/K	349.9	370	390	410	430	450	470	495	525	556.35
	p_{sat}/kPa	101.3	184	307	473	701	1020	1390	2020	3160	4560
	液体	−36	−17	−1	16	38	53	72	92	123	177
	气体	159	169	179	188	197	205	212	218	221	177

表3.10.16　饱和R-12的比焓　　单位：kJ/kg

T_{sat}/K	−90	−85	−80	−75	−70	−65	−60
p_{sat}/kPa	0.0028	0.0042	0.0062	0.0088	0.0123	0.0168	0.0226
液体	−43.243	−38.968	−34.688	−30.401	−26.103	−21.793	−17.169
气体	146.375	148.64	150.924	153.224	155.536	157.857	160.184
T_{sat}/K	−55	−50	−45	−40	−35	−30	−25
p_{sat}/kPa	0.03	0.0391	0.0504	0.0642	0.0807	0.1004	0.1237
液体	−13.129	−8.772	−4.396	0	4.416	8.854	13.315
气体	162.512	164.84	167.163	169.479	171.784	174.076	176.352
T_{sat}/K	−20	−15	−10	−5	0	5	10
p_{sat}/kPa	0.1509	0.1826	0.2191	0.261	0.3086	0.3626	0.4233
液体	17.8	22.312	26.851	31.42	36.022	40.659	40.337
气体	178.61	180.84	183.058	185.243	187.397	189.518	191.602
T_{sat}/K	15	20	25	30	35	40	45
p_{sat}/kPa	0.4914	0.5673	0.6516	0.7449	0.8477	0.9607	1.0843
液体	50.058	54.828	59.653	64.539	69.491	74.527	79.647
气体	193.644	195.641	197.086	199.475	201.299	203.051	204.722
T_{sat}/K	50	55	60	65	70	75	80
p_{sat}/kPa	1.2193	1.3663	1.5259	1.6988	1.8818	2.0874	2.3046
液体	84.868	90.201	95.665	101.279	107.067	113.058	119.291
气体	206.298	207.766	209.109	210.303	211.321	212.125	212.66
T_{sat}/K	85	90	95	100	105	110	112
p_{sat}/kPa	2.538	2.7885	3.0069	3.344	3.6309	3.9784	4.1155
液体	125.818	132.708	140.068	148.076	157.085	168.059	174.92
气体	212.865	212.614	211.726	209.843	206.099	196.484	175.071

表3.10.17　饱和R-21的比焓　　单位：kJ/kg

T_{sat}/K	250	260	270	280	290	300	310	320	330	340
p_{sat}/kPa	0.2415	0.3953	0.62	0.9364	1.3682	1.9417	2.6849	3.6279	4.8022	6.2409
液体	16.6	26.5	36.6	46.7	57.1	67.7	78.4	89.5	100.7	112.3
气体	274.8	279.9	284.9	290	295	300	304.8	309.5	314.1	318.4
T_{sat}/K	350	360	370	380	390	400	410	420	430	440
p_{sat}/kPa	7.978	10.049	12.489	15.337	18.63	22.41	26.72	31.6	37.1	43.26
液体	124.1	136.2	148.6	161.2	173.9	186.4	198.3	208.7	216.4	221.1
气体	322.4	326.1	329.3	331.9	333.8	334.8	334.7	333.7	332.4	332.3

表3.10.18 饱和R-22的比焓 单位：kJ/kg

T_{sat}/K	150	160	170	180	190	200	210	220
p_{sat}/kPa	0.0017	0.0054	0.015	0.0369	0.0821	0.1662	0.3116	0.547
液体	268.2	278.2	288.3	298.7	308.6	318.8	329.1	339.7
气体	547.3	552.1	557	561.9	566.8	571.6	576.5	581.2
T_{sat}/K	230	240	250	260	270	280	290	300
p_{sat}/kPa	0.9076	1.4346	2.174	3.177	4.497	6.192	8.324	10.956
液体	350.6	361.7	373	384.5	396.3	408.2	420.4	432.7
气体	585.9	590.5	594.9	599	603	606.6	610	612.8
T_{sat}/K	310	320	330	340	350	360	369.3	
p_{sat}/kPa	14.17	18.02	22.61	28.03	34.41	41.86	49.89	
液体	445.5	458.6	472.4	487.2	503.7	523.7	570	
气体	615.1	616.7	617.3	616.5	613.3	605.5	570	

3.11 比熵

3.11.1 液态烷烃在常压下的比熵

表3.11.1 饱和甲烷的比熵 单位：kJ/(kg·K)

T/K	90.7	95	100	105	110	115	120	125	130	135	140
p/bar	0.117	0.198	0.345	0.565	0.884	1.325	1.919	2.693	3.681	4.912	6.422
s_l	4.231	4.406	4.556	4.719	4.882	5.03	5.188	5.332	5.476	5.614	5.751
s_g	10.225	10.034	9.862	9.71	9.558	9.436	9.314	9.062	8.81	8.871	8.932
T/K	145	150	155	160	165	170	175	180	185	190	190.6
p/bar	8.246	10.41	12.97	15.94	19.39	23.81	27.81	32.86	38.59	45.2	45.99
s_l	5.885	6.019	6.151	6.283	6.417	6.551	6.697	6.843	7.017	7.293	7.516
s_g	8.891	8.849	8.725	8.601	8.513	8.424	8.315	8.205	8.049	7.762	7.516

表3.11.2 液态乙烷的比熵 单位：kJ/(kg·℃)

温度/℃	−100	−95	−90	−85	−80	−75	−70	−65	−60	−55	−50
s	3.005	3.068	3.129	3.191	3.253	3.314	3.375	3.435	3.498	3.556	3.614
温度/℃	−45	−40	−35	−30	−25	−20	−15	−10	−5	0	5
s	3.672	3.729	3.785	3.841	3.898	3.956	4.013	4.071	4.129	4.187	4.248
温度/℃	10	15	20	22	24	26	28	30	31	32	32.3
s	4.312	4.379	4.453	4.485	4.518	4.557	4.600	4.656	4.698	4.776	4.851

3.11.2 气态烷烃在压力下的比熵

表3.11.3 甲烷气体在压力下的比熵 单位：kJ/(kg·K)

p /bar	T/K								
	100	150	200	250	300	350	400	450	500
1	4.555	10.15	10.76	11.23	11.63	11.98	12.31	12.62	12.91
5	4.553	9.256	9.896	10.38	10.79	11.14	11.47	11.78	12.07
10	4.549	8.797	9.501	10.00	10.41	10.78	11.11	11.42	11.72
20	4.542	6.003	9.059	9.603	10.03	10.40	10.74	11.05	11.35

续表

p /bar	T/K								
	100	150	200	250	300	350	400	450	500
40	4.528	5.973	8.465	9.155	9.621	10.008	10.354	10.67	10.98
60	4.515	5.946	7.623	8.847	9.359	9.765	10.121	10.44	10.76
80	4.502	5.920	7.209	8.590	9.158	9.584	9.951	10.28	10.60
100	4.489	5.897	7.090	8.364	8.991	9.437	9.814	10.15	10.47
150	4.458	5.843	6.930	7.953	8.664	9.155	9.555	9.907	10.23
200	4.429	5.796	6.829	7.719	8.426	8.944	9.362	9.727	10.06
300	4.373	5.714	6.69	7.471	8.122	8.649	9.085	9.465	9.811
400		5.645	6.588	7.323	7.935	8.451	8.893	9.28	9.633
500		5.584	6.507	7.215	7.802	8.307	8.748	9.139	9.496

表3.11.4　乙烷气体在压力下的比熵

单位：kJ/(kg·K)

p /bar	T/K										
	100	150	200	250	300	350	400	450	500	600	700
1	2.790	3.722	6.993	7.330	7.634	7.921	8.198	8.467	8.730	9.237	9.720
5	2.789	3.720	4.411	6.858	7.175	7.468	7.748	8.020	8.284	8.793	9.227
10	2.788	3.719	4.408	6.618	6.959	7.262	7.547	7.821	8.087	8.598	9.088
20	2.785	3.715	4.404	4.999	6.71	7.038	7.334	7.614	7.884	8.399	8.886
40	2.78	3.709	4.394	4.982	6.309	6.770	7.097	7.391	7.670	8.194	8.686
60	2.775	3.702	4.385	4.966	5.574	6.557	6.934	7.247	7.535	8.068	8.564
80	2.769	3.696	4.377	4.951	5.522	6.345	6.800	7.135	7.432	7.975	8.476
100	2764	3.690	4.368	4.938	5.486	6.166	6.682	7.040	7.348	7.900	8.406
150	2.752	3.674	4.348	4.907	5.423	5.955	6.457	6.851	7.182	7.758	8.274
200	2.738	3.660	4.329	4.880	5.377	5.863	6.320	6.717	7.059	7.651	8.176
300	2715	3.632	4.294	4.833	5.309	5.757	6.168	6.547	6.891	7.496	8.032
400	2.692	3.605	4.262	4.793	5.257	5.688	6.080	6.443	6.780	7.388	7.930
500	2.670	3.580	4.234	4.758	5.213	5.634	6.015	6.369	6.000	7.306	7.851

表3.11.5　饱和乙烷气体在压力下的比熵

单位：kJ/(kg·K)

p/MPa	T_{sat}/K	T/K							
		300	340	380	420	460	500	540	580
0.07	177.8	4.0686	4.3007	4.5245	4.7419	4.9543	5.1625	5.3669	5.5679
0.10	184.3	3.9648	4.1974	4.4214	4.6390	4.8516	5.0598	5.2643	5.4653
0.40	214.3	3.5706	3.8079	4.0347	5.2541	4.4677	4.6768	4.8818	5.0833
0.70	229.8	3.4008	3.6433	3.8730	4.0942	4.3090	4.5189	4.7245	4.9264
1.0	240.9	3.2865	3.5345	3.7673	3.9904	4.2064	4.4171	4.6234	4.8257
2.0	265.8	3.0353	3.3067	3.5512	3.7811	4.0015	4.2151	4.4233	4.6271
4.0	295.5	2.6418	3.0271	3.3054	3.5520	3.7823	4.0022	4.2148	4.4218
7.0			2.6637	3.0531	3.3357	3.5841	3.8149	4.0347	4.2466
10			2.3579	2.8446	3.1719	3.4411	3.6837	3.9109	4.1279
20			2.0966	2.4756	2.8246	3.1289	3.3989	3.5458	3.8769
30			2.0017	2.3367	2.6570	2.9549	3.2290	3.4829	3.7211

表3.11.6　丙烷气体在压力下的比熵

单位：kJ/(kg·K)

p/MPa	T_{sat}/K	T/K							
		250	300	350	400	450	500	550	600
0.05	216.4	2.411	2.700	2.978	3.250	3.515	3.774	4.028	4.275
0.10	231.3	2.270	2.563	2.843	3.115	3.381	3.640	3.894	4.141
0.2	247.9	2.126	2.427	2.710	2.984	3.250	3.511	3.765	4.012

续表

p/MPa	T_{sat}/K	T/K							
		250	300	350	400	450	500	550	600
0.4	267.9		2.279	2.570	2.847	3.116	3.377	3.632	3.880
1.0	300.3			2.370	2.656	2.931	3.196	3.453	3.702
2.0	330.4			2.172	2.492	2.779	3.050	3.011	3.564
4.0	366.5				2.270	2.599	2.888	3.158	3.416
7.0					1.906	2.402	2.730	3.018	3.286
10					1.762	2.240	2.609	2.915	3.193
20					1.631	2.010	2.370	2.698	2.995

表3.11.7 丁烷气体在压力下比熵

单位：kJ/(kg·K)

p/bar	T/K									
	150	200	250	300	350	400	450	500	600	700
1	2.512	3.088	3.564	5.334	5.616	5.889	6.155	6.414	6.913	7.386
5	2.511	3.088	3.563	3.985	5.363	5.645	5.916	6.178	6.680	7.155
10	2.510	3.087	3.562	3.983	4.382	5.524	5.803	6.069	6.575	7.052
20	2.509	3.085	3.560	3.980	4.376	5.364	5.670	5.948	6.464	6.945
30	2.507	3.082	3.557	3.976	4.370	4.783	5.57	5.866	6.394	6.88
40	2.505	3.080	3.555	3.973	4.365	4.768	5.468	5.797	6.341	6.832
50	2.503	3.078	3.552	3.970	4.360	4.755	5.329	5.734	6.297	6.792
60	2.501	3.076	3.550	3.967	4.355	4.745	5.204	5.673	6.258	6.759
80	2.498	3.072	3.545	3.960	4.346	4.727	5.13	5.559	6.191	6.704
100	2.495	3.069	3.54	3.954	4.337	4.712	5.095	5.310	6.134	6.658
200	2.478	3.049	3.518	3.927	4.301	4.660	5.010	5.348	5.960	6.849
300	2.462	3032	3.498	3.903	4.273	4.623	4.962	5.288	5.884	6.419
400	2.447	3.015	3.479	3.882	4.248	4.593	4.927	5.247	5.836	6.366
500	2.432	2.999	3.461	3.863	4.226	4.569	4.898	5.215	5.799	6.328

表3.11.8 气态R-12在压力下的比熵

单位：kJ/(kg·K)

t/℃	p/MPa										
	0.05	0.10	0.15	0.20	0.25	0.30	0.40	0.50	0.60	0.70	0.80
−20	0.7912	0.7401									
−10	0.8133	0.7628	0.7318								
0	0.8350	0.7849	0.7543	0.7320	0.7139	0.6984					
10	0.8562	0.8064	0.7763	0.7543	0.7366	0.7216					
20	0.8770	0.8275	0.7977	0.7760	0.7587	0.7440	0.7199	0.6999			
30	0.8974	0.8482	0.8186	0.7972	0.7801	0.7608	0.7423	0.7230	0.7063		
40	0.9175	0.8684	0.8390	0.8178	0.8010	0.7869	0.7639	0.7452	0.7291	0.7148	0.7016
50	0.9372	0.8883	0.8591	0.8381	0.8214	0.8075	0.7849	0.7667	0.7511	0.7373	0.7246
60	0.9560	0.9078	0.8787	0.8078	0.8413	0.8276	0.8004	0.7875	0.7723	0.7590	0.7469
70	0.9750	0.9269	0.8980	0.3772	0.8608	0.8473	0.8203	0.8077	0.7929	0.7799	0.7682
80	0.9042	0.9457	0.9169	0.8962	0.8800	0.8665	0.8448	0.8275	0.8120	0.8002	0.7888
90	1.0126	0.9642	0.9354	0.9149	0.8987	0.8853	0.8638	0.8467	0.8324	0.8199	0.8088
100				0.9332	0.9171	0.9038	0.8825	0.8656	0.8514	0.8392	0.8283
110				0.9512	0.9352	0.9220	0.9008	0.8840	0.8700	0.8579	0.8472
120							0.9187	0.9021	0.8882	0.8763	0.8657
130							0.9364	0.9198	0.9061	0.8943	0.8838
140										0.9119	0.9016
150										0.9292	0.9189

续表

t/℃	p/MPa										
	0.9	1.0	1.2	1.4	1.6	1.8	2.0	2.5	3.0	3.5	4.0
40	0.6982										
50	0.7131	0.7021	0.6812								
60	0.7358	0.7254	0.7060	0.6876							
70	0.7575	0.7476	0.7293	0.7123	0.6959	0.6794					
80	0.7785	0.7689	0.7514	0.7355	0.7204	0.7057	0.6909				
90	0.7987	0.7895	0.7727	0.7575	0.7133	0.7298	0.7166	0.6823			
100	0.8184	0.8094	0.7931	0.7781	0.7651	0.7524	0.7402	0.7103	0.6770		
110	0.8376	0.8287	0.8129	0.7988	0.7859	0.7739	0.7624	0.7352	0.7075	0.6750	
120	0.8562	0.8475	0.8320	0.8183	0.8059	0.7944	0.7835	0.7582	0.7336	0.7078	0.6771
130	0.8745	0.8659	0.8507	0.8373	0.8253	0.8141	0.8037	0.7798	0.7573	0.7349	0.7111
140	0.8923	0.8839	0.8689	0.8558	0.8440	0.8332	0.8232	0.8003	0.7793	0.7591	0.7386
150	0.9098	0.9015	0.8867	0.8738	0.8620	0.8518	0.8420	0.8200	0.8001	0.7814	0.7630
160		0.9187	0.9041	0.8914	0.8801	0.8098	0.8603	0.8390	0.8200	0.8023	0.7854
170					0.8975	0.8874	0.8781	0.8574	0.8391	0.8222	0.8063
180					0.9145	0.9046	0.8935	0.8752	0.8570	0.8413	0.8262
190								0.8926	0.8753	0.8597	0.8453
200								0.9095	0.8927	0.8775	0.8636

表3.11.9 饱和R-21的比熵

单位：kJ/(kg·K)

T_{sat}/K	250	260	270	280	290	300	310	320	330	340
p_{sat}/kPa	0.2415	0.3953	0.62	0.9364	1.3682	1.9417	2.6849	3.6279	4.8022	6.2409
液体	0.0687	0.1076	0.1454	0.1824	0.2186	0.2543	0.2894	0.3242	0.3586	0.3927
气体	1.1015	1.082	1.0653	1.0511	1.0389	1.0286	1.0196	1.0119	1.0051	0.9989
T_{sat}/K	350	360	370	380	390	400	410	420	430	440
p_{sat}/kPa	7.978	10.049	12.489	15.337	18.63	22.41	26.72	31.6	37.1	43.26
液体	0.4266	0.4602	0.4935	0.5264	0.5587	0.5896	0.618	0.6418	0.6587	0.6682
气体	0.9932	0.9877	0.982	0.9758	0.9688	0.9605	0.9506	0.9394	0.9286	0.9208

表3.11.10 饱和R-22的比熵

单位：kJ/(kg·K)

T_{sat}/K	150	160	170	180	190	200	210	220
p_{sat}/kPa	0.0017	0.0054	0.015	0.0369	0.0821	0.1662	0.3116	0.547
液体	3.355	3.43	3.494	3.551	3.605	3.657	3.707	3.756
气体	5.215	5.141	5.075	5.013	4.963	4.921	4.885	4.854
T_{sat}/K	230	240	250	260	270	280	290	300
p_{sat}/kPa	0.9076	1.4346	2.174	3.177	4.497	6.192	8.324	10.956
液体	3.804	3.852	3.898	3.942	3.986	4.029	4.071	4.113
气体	4.828	4.805	4.785	4.768	4.752	4.738	4.725	4.713
T_{sat}/K	310	320	330	340	350	360	369.3	
p_{sat}/kPa	14.17	18.02	22.61	28.03	34.41	41.86	49.89	
液体	4.153	4.194	4.235	4.278	4.324	4.378	4.501	
气体	4.701	4.688	4.674	4.658	4.637	4.605	4.501	

3.11.3 液态烷烃在压力下的比熵

表3.11.11 液态甲烷在压力下的比熵 单位：J/(mol·K)

T/K		100	150	200	250	300	350	400	450	500	600
p/MPa	0.1	73.0	162.7	172.5	180.1	186.4	192.1	197.4	202.3	207.1	216.0
	1.0	72.9	140.9	152.3	160.4	167.0	172.8	178.1	183.1	187.8	196.8
	10	72.0	94.4	113.6	134.1	144.2	151.3	157.3	162.7	167.7	177.0

表3.11.12 液态乙烷在压力下的比熵 单位：J/(mol·K)

T/K		100	150	200	250	300	350	400	450	500	600
p/MPa	0.1	83.8	112.1	210.1	220.3	229.4	238.1	246.4	254.5	262.4	277.6
	1.0	83.7	112.0	132.7	198.7	209.0	218.1	226.7	234.9	242.9	258.3
	10	83.0	111.1	131.5	148.6	165.0	184.8	200.8	211.5	220.7	237.3

表3.11.13 液态丙烷在压力下的比熵 单位：kJ/(kg·K)

T/K	p/MPa										
	0.1	0.5	0.7	1.0	1.5	2	4	10	20	40	60
240	5.773	3.960	3.959	3.959	3.958	3.956	3.952				
260	5.891	4.141	4.140	4.140	4.138	4.136	4.128				
280	6.006	5.659	4.313	4.312	4.309	4.306	4.294	4.266	4.227		
300	6.118	5.785	5.703	4.487	4.484	4.480	4.464	4.430	4.389		
320	6.228	5.901	5.825	5.740	5.603	4.660	4.639	4.596	4.549	4.492	4.444
340	6.338	6.016	5.943	5.862	5.758	5.660	4.825	4.765	4.709	4.641	4.589
360	6.446	6.128	6.058	5.979	5.883	5.803	5.048	4.940	4.866	4.786	4.731
380	6.554	6.238	6.170	6.093	6.000	5.926	5.666	5.121	5.019	4.912	4.868
400	6.662	6.348	6.280	6.204	6.113	6.043	5.827	5.308	5.172	5.069	5.004
420	6.768	6.456	6.388	6.313	6.225	6.157	5.960	5.497	5.322	5.205	5.138
440	6.874	6.562	6.496	6.422	6.335	6.269	6.085	5.678	5.471	5.340	5.269
460	6.979	6.668	6.602	6.528	6.444	6.379	6.203	5.845	5.617	5.472	5.436
480	7.083	6.772	6.706	6.633	6.550	6.487	6.318	5.998	5.760	5.602	5.525
500	7.187	6.876	6.810	6.738	6.655	6.593	6.430	6.139	5.898	5.731	5.651
520	7.290	6.979	6.913	6.841	6.760	6.699	6.539	6.269	6.032		
540	7.391	7.091	7.016	6.944	6.863	6.802	6.646	6.390	6.161		
560	7.492	7.183	7.118	7.046	6.966	6.905	6.750	6.505	6.284		
580	7.592	7.276	7.218	7.147	7.067	7.007	6.853	6.615	6.403		
600	7.692	7.383	7.319	7.248	7.168	7.107	6.953	6.722	6.516		

表3.11.14 饱和丁烷的比熵 单位：kJ/(kg·K)

T_{sat}/K	140	160	180	200	220	240	260
p_{sat}/kPa	1.7×10^{-6}	3.5×10^{-5}	3.37×10^{-3}	1.94×10^{-2}	7.81×10^{-2}	0.2408	0.61
液体	2.3778	2.6389	2.8738	3.0887	3.2879	3.4749	3.6523
气体	5.8779	5.6016	5.4211	5.3048	5.2331	5.1929	5.1755
T_{sat}/K	280	300	320	340	360	380	400
p_{sat}/kPa	1.3297	2.5811	4.5731	7.5354	11.72	17.4	24.92
液体	3.822	3.986	4.1458	4.3035	4.4613	4.6225	4.7922
气体	5.1744	5.1846	5.2025	5.2248	5.2485	5.2696	5.28

表3.11.15　饱和正庚烷的比熵　　单位：kJ/(kg·K)

T_{sat}/K	200	220	240	250	260	270	280	290	300	310
p_{sat}/kPa	0.00002	0.00019	0.00133	0.00303	0.00635	0.01316	0.02347	0.03997	0.06674	0.107
液体	2.441	2.636	2.814	2.899	2.981	3.061	3.14	3.217	3.293	3.367
气体	4.457	4.442	4.443	4.447	4.453	4.46	4.471	4.485	4.501	4.517
T_{sat}/K	320	330	340	350	360	370	380	390	400	
p_{sat}/kPa	0.1656	0.2461	0.3614	0.513	0.712	0.967	1.289	1.689	2.18	
液体	3.441	3.513	3.584	3.655	3.725	3.794	3.864	3.932	4.000	
气体	4.537	4.557	4.579	4.604	4.629	4.656	4.684	4.711	4.74.0	

表3.11.16　饱和正辛烷的比熵　　单位：kJ/(kg·K)

T_{sat}/K	240	260	280	300	320	340	360	380	400
p_{sat}/kPa	0.00022	0.0014	0.0061	0.0207	0.0575	0.1384	0.3	0.5856	1.0507
液体	2.698	2.865	3.023	3.175	3.325	3.471	3.611	3.747	3.881
气体	4.207	4.259	4.312	4.366	4.419	4.461	4.509	4.562	4.617
T_{sat}/K	420	440	460	480	500	520	540	560	
p_{sat}/kPa	1.758	2.797	4.245	6.201	8.785	12.15	16.46	21.98	
液体	4.01	4.137	4.264	4.388	4.508	4.629	4.749	4.88	
气体	4.677	4.74	4.802	4.864	4.924	4.98	5.028	5.048	

表3.11.17　饱和正壬烷的比熵　　单位：kJ/(kg·K)

T_{sat}/K	220	240	260	280	300	320	340	360	380	400
p_{sat}/kPa	2.70×10^{-6}	3.74×10^{-5}	2.97×10^{-4}	1.61×10^{-3}	6.40×10^{-3}	0.0203	0.0547	0.1279	0.2678	0.513
液体	2.427	2.607	2.774	2.932	3.083	3.229	3.37	3.511	3.65	3.788
气体	—	—	4.21	4.243	4.282	4.324	4.368	4.419	4.476	4.536
T_{sat}/K	420	440	460	480	500	520	540	560	580	594.6
p_{sat}/kPa	0.911	1.521	2.401	3.639	5.309	7.437	10.2	13.76	18.02	22.9
液体	3.927	4.053	4.186	4.316	4.444	4.569	4.691	4.811	4.927	5.032
气体	4.601	4.66	4.727	4.794	4.857	4.921	3.98	5.029	5.056	5.032

表3.11.18　饱和正癸烷的比熵　　单位：kJ/(kg·K)

T_{sat}/K	260	280	300	320	340	360	380	400	420	440
p_{sat}/kPa	0.00006	0.00042	0.00197	0.0072	0.02155	0.05522	0.1248	0.2549	0.4789	0.8387
液体	2.699	2.856	3.007	3.153	3.303	3.443	3.581	3.712	3.842	3.968
气体	4.12	4.158	4.2	4.246	4.296	4.35	4.408	4.469	4.534	4.602
T_{sat}/K	447.3	460	480	500	520	540	560	580	600	617.5r
p_{sat}/kPa	1.0133	1.3852	2.1745	3.269	4.733	6.633	9.062	12.16	16.12	20.97
液体	4.014	4.089	4.213	4.335	4.456	4.573	4.698	4.802	4.913	5.073
气体	4.627	4.67	4.739	4.808	4.879	4.949	5.011	5.06	5.098	5.073

算图 3.79
甲烷的比焓和比熵
（第 728 页左）

算图 3.80
乙烷的比焓和比熵
（第 728 页右）

算图 3.81
丙烷的比焓和比熵
（第 729 页左）

算图 3.82
丁烷的比焓和比熵（第 729 页右）

算图 3.83
轻质碳氢化合物的比焓（第 730 页左）

3.12 其他

3.12.1 熔化热

表3.12.1 链烷烃的熔化热 单位：kJ/kmol

物料名	熔化热	物料名	熔化热	物料名	熔化热	物料名	熔化热
甲烷	941.4	辛烷	20740	十六烷	53358	二十五烷	57739
乙烷	2859	壬烷	15470	十八烷	61706	二十六烷	60700
丙烷	3524	癸烷	28710	十九烷	45810	二十七烷	60417
丁烷	4661	十一烷	22180	二十烷	69870	二十八烷	64643
异丁烷	4540	十二烷	36840	二十一烷	47698	二十九烷	66107
戊烷	8402	十三烷	28500	二十二烷	48953	三十烷	68827
己烷	13080	十四烷	45070	二十三烷	53974	三十二烷	76567
庚烷	14050	十五烷	34590	二十四烷	54894	三十六烷	88826

3.12.2 汽化热

表3.12.2 甲烷-癸烷的汽化热 单位：kJ/mol

温度/℃	−180	−160	−140	−120	−100	−80	−60	−40	−20	0
甲 烷	8.667	8.165	7.620	6.825	5.443					
乙 烷	16.85	16.61	16.20	15.66	14.97	14.25	13.34	12.24	10.91	9.154
丙 烷	23.82	23.24	22.61	21.94	21.27	20.47	19.64	18.67	17.67	16.54
丁 烷				27.22	26.55	25.83	25.04	24.20	23.32	22.40
戊 烷				32.37	31.74	31.03	30.31	29.56	28.68	27.76
己 烷						36.58	35.89	35.09	34.18	33.18
庚 烷						41.58	40.66	39.71	38.72	37.69
辛 烷								45.31	44.38	43.35
壬 烷								50.31	49.36	48.30
癸 烷									52.29	51.20
温度/℃	20	40	60	80	100	120	140	160	180	200
乙 烷	6.422	$0^{32.3}$								
丙 烷	15.24	13.61	11.39	8.248						
丁 烷	21.35	20.14	18.67	16.96	14.91	12.14	8.210			
戊 烷	26.71	25.62	24.23	22.83	21.28	19.50	17.40	14.77	10.96	5.366^{194}
己 烷	32.06	30.84	29.50	28.03	26.43	24.67	22.72	20.53	18.00	14.93
庚 烷	36.60	35.46	34.26	32.98	31.60	30.13	28.52	26.75	24.75	22.45
辛 烷	42.21	40.97	39.63	38.18	36.62	34.94	33.12	31.65	29.81	27.76
壬 烷	47.15	45.88	44.52	43.05	41.47	39.78	37.97	36.18	34.43	32.52
癸 烷	50.06	48.88	47.65	46.36	45.01	43.60	42.10	40.50	38.79	36.95

表3.12.3 氯烷烃的汽化热 单位：kJ/mol

名 称	温度/℃													
	−140	−120	−100	−80	−60	−40	−20	0	20	40	60	80	100	120
三氯甲烷					34.54	33.98	33.34	32.59	31.75	30.82	29.79	28.65	27.41	26.04
四氯甲烷							34.66	33.78	32.87	31.91	30.90	29.83	28.69	27.48
氯乙烷		30.51	29.75	28.95	28.12	27.24	26.32	25.34	24.29	23.15	21.92	20.56	19.03	17.26

续表

名　称	温度/℃													
	−140	−120	−100	−80	−60	−40	−20	0	20	40	60	80	100	120
1,1-二氯乙烷				35.14	34.33	33.48	32.59	31.66	30.69	29.66	28.57	27.40	26.14	24.77
1,2-二氯乙烷							37.41	36.65	35.80	34.85	33.80	32.66	31.41	30.08
1,1,1-三氯乙烷							33.67	32.80	31.89	30.93	29.93	28.86	27.72	26.50
1,1,2-三氯乙烷							39.41	38.74	37.99	37.15	36.23	35.23	34.13	32.95
1,1,2,2-四氯乙烷						45.87	45.02	44.13	43.22	42.27	41.29	40.27	39.20	38.08
五氯乙烷							45.95	45.09	44.21	43.29	42.34	41.35	40.33	39.26
六氯乙烷							47.55	47.00	46.38	45.67	44.89	44.04	43.11	42.12
1-氯丙烷		34.74	33.98	33.19	32.37	31.52	30.62	29.68	28.68	27.62	26.49	25.28	23.96	22.50
1,4-二氯丁烷							47.57	46.63	45.66	44.66	43.62	42.53	41.40	40.21

名　称	温度/℃													
	140	160	180	200	220	240	260	280	300	320	340	360	380	400
三氯甲烷	24.52	22.84	20.95	18.77	16.17	12.78	6.435							
四氯甲烷	26.16	24.73	23.14	21.34	19.26	16.70	13.23	6.326						
氯乙烷	15.12	12.30	7.486											
1,1-二氯乙烷	23.27	21.58	19.64	17.30	14.27	9.420								
1,2-二氯乙烷	28.56	26.93	25.12	23.11	20.82	18.12	14.70	9.311						
1,1,1-三氯乙烷	25.18	23.73	22.12	20.28	18.11	15.40	11.48							
1,1,2-三氯乙烷	31.66	30.27	28.75	27.10	25.28	23.26	20.97	18.29	14.92	9.726				
1,1,2,2-四氯乙烷	36.90	35.66	34.34	32.92	31.40	29.75	27.93	25.88	23.52	20.68	16.97	10.90		
五氯乙烷	38.13	36.95	35.70	34.37	32.95	31.42	29.76	27.93	25.87	23.48	20.62	16.86	10.59	
六氯乙烷	41.04	39.89	38.66	37.34	35.93	34.43	32.81	31.07	29.17	27.10	24.81	22.20	19.12	15.16
1-氯丙烷	20.87	18.99	16.73	13.80	9.106									
1,4-二氯丁烷	38.97	37.65	36.25	34.75	33.13	31.38	29.43	27.26	24.74	21.70	17.71	11.02		

注：一氯甲烷、二氯甲烷的汽化热见致冷剂 R-40、致冷剂 R-30。

表3.12.4　其他卤烷烃的汽化热

单位：kJ/mol

名　称	温度/℃													
	−140	−120	−100	−80	−60	−40	−20	0	20	40	60	80	100	120
氟甲烷	19.28	18.69	17.95	17.05	15.99	14.738	13.25	11.44	9.073	4.957				
溴甲烷				27.54	26.76	25.94	25.07	24.15	23.17	22.11	20.96	19.70	18.28	16.66
二溴甲烷						44.16	43.20	42.20	41.15	40.06	38.92	37.72	36.46	35.12
溴乙烷			31.12	30.75	30.27	29.69	29.02	28.24	27.38	26.42	25.35	24.17	22.86	21.40
1,1-二溴乙烷									41.19	40.33	39.44	38.50	37.53	36.51
2-溴丙烷				33.52	33.06	32.52	31.88	31.15	30.32	29.40	28.39	27.28	26.05	24.70
二氟-氯溴甲烷	26.91	26.58	26.13	25.56	24.86	24.07	23.16	22.12	20.97	17.99	18.19	16.50	14.53	12.08
三氟溴甲烷	21.35	20.78	20.06	19.20	18.20	17.04	15.69	14.11	12.22	9.810	5.954			
碘甲烷					30.54	30.07	29.52	28.88	28.14	27.32	26.41	25.39	24.27	23.03
碘乙烷			35.16	34.88	34.52	34.05	33.49	32.85	32.12	31.30	30.40	29.41	28.32	27.12
碘丙烷			40.72	40.44	40.06	39.57	38.99	38.32	37.56	36.72	35.78	34.76	33.65	32.44

名　称	温度/℃													
	140	160	180	200	220	240	260	280	300	320	340	360	380	400
溴甲烷	14.71	12.19	8.240											
二溴甲烷	33.68	32.13	30.45	28.60	26.52	24.13	21.26	17.55	11.58					
溴乙烷	19.77	17.89	15.69	12.93	8.792									

续表

名 称	温度/℃													
	140	160	180	200	220	240	260	280	300	320	340	360	380	400
1,1-二溴乙烷	35.45	34.33	33.14	31.88	30.53	29.07	27.48	25.72	23.74	21.42	18.59	14.76	7.26	
2-溴丙烷	23.21	21.55	19.68	17.51	14.88	11.35								
二氟-氯溴甲烷	8.616													
碘甲烷	21.64	20.09	18.31	16.24	13.66	10.01								
碘乙烷	25.81	24.37	22.77	20.97	18.92	16.49	13.39	8.415						
碘丙烷	31.12	29.68	28.12	26.41	24.51	22.38	19.92	16.97	13.01					

表3.12.5 致冷剂的汽化热 单位：kJ/mol

名 称	温度/℃									
	−180	−160	−140	−120	−100	−80	−60	−40	−20	0
R-11					30.56	29.78	28.95	28.09	27.18	26.22
R-12			24.80	24.04	23.24	22.39	21.48	20.51	19.45	18.29
R-13	19.88	19.14	18.35	17.50	16.58	15.57	14.42	13.11	11.53	9.462
R-14	14.14	13.48	12.61	11.51	10.15	8.411	5.962			
R-21				29.60	29.20	28.67	28.02	27.27	26.40	25.43
R-22		24.32	23.99	23.50	22.88	22.11	21.21	20.16	18.97	17.60
R-23			19.85	19.05	18.09	16.94	15.59	13.99	12.06	9.56
R-30						33.47	32.66	31.82	30.94	30.02
R-40						23.88	23.05	22.17	21.23	20.21
R-113									31.25	30.22
R-114						27.61	26.75	25.75	24.67	23.51
R-116					17.51	16.28	14.83	13.13	11.05	8.307

名 称	温度/℃									
	20	40	60	80	100	120	140	160	180	200
R-11	25.19	24.09	22.90	21.60	20.14	18.49	16.55	14.12	10.68	
R-12	16.99	15.49	13.70	11.41	7.871					
R-13	6.075									
R-21	24.32	23.09	21.72	20.17	18.41	16.36	13.87	10.50		
R-22	16.02	14.16	11.87	8.70						
R-23	5.439									
R-30	29.04	28.00	26.90	25.72	24.43	23.03	21.46	19.68	17.58	14.94
R-40	19.10	17.88	16.49	14.87	12.89	10.21	4.832			
R-113	29.13	27.97	26.72	25.36	23.87	22.20	20.30	18.04	15.17	10.89
R-114	22.24	20.84	19.27	17.44	15.22	12.27	6.992			

N 算图3.84（第730页右）
一些烷烃的汽化热（Ⅰ）

N 算图3.85（第731页左）
一些烷烃的汽化热（Ⅱ）

N 算图3.86（第731页右）
烷烃常压沸点时的汽化热

N 算图3.87（第732页左）
一些氯代烷烃的汽化热

N 算图3.88（第732页右）
溴代烷烃和碘代烷烃的汽化热

N 算图3.89（第733页左）
氯硅烷和苯硅烷的汽化热

N 算图3.90（第733页右）
一些硼烷和硅烷的汽化热

N 算图3.91（第734页左）
一些致冷剂的汽化热

N 算图3.92（第734页右）
非极性液体的汽化热

N 算图3.93（第735页左）
烃类任意温度下的汽化热

N 算图3.94（第735页右）
根据烃类分子量求汽化热

N 算图3.95（第736页左）
根据对比温度和压强求汽化热

算图 3.96（第 736 页右）
根据液体的临界值求汽化热

算图 3.97（第 737 页左）
根据临界蒸气压和沸点求汽化热

算图 3.98（第 737 页右）
根据气液密度差求汽化热

3.12.3 临界值

（1）临界温度

算图 3.99（第 738 页左）
三元烷混合液的临界温度（Ⅰ）

算图 3.100（第 738 页右）
三元烷混合液的临界温度（Ⅱ）

算图 3.101（第 739 页左）
三元烷混合液的临界温度（Ⅲ）

算图 3.102（第 739 页右）
甲、戊、庚烷混合液体的临界温度

算图 3.103（第 740 页左）
根据烃类的沸点和密度求临界温度

算图 3.104（第 740 页右）
根据烃类的平均沸点和密度求其混合液体的临界温度（$\rho < 600\text{kg/m}^3$）

算图 3.105（第 741 页左）
根据烃类的平均沸点和密度求其混合液体的临界温度（$\rho > 600\text{kg/m}^3$）

（2）临界压强

算图 3.106（第 741 页右）
乙、戊、庚烷混合液体的临界压强

算图 3.107（第 742 页左）
烃类混合液的假临界压强

算图 3.108（第 742 页右）
烃类混合液的真临界压强

算图 3.109（第 743 页左）
根据烃类的分子量求临界压强

算图 3.110（第 743 页右）
根据分子量及结构求临界压强

算图 3.111（第 744 页左）
根据分子量、密度和临界温度求临界压强

算图 3.112（第 744 页右）
根据分子折射度和等张比容求临界压强

算图 3.113（第 745 页左）
根据范德瓦尔常数 a、b 求脂肪烃的临界温度和临界压强

算图 3.114（第 745 页右）
根据烃类的标准沸点、临界温度求临界压强

算图 3.115（第 746 页左）
根据烃类的分子量求临界体积

算图 3.116（第 746 页右）
根据分子折射度和等张比容求临界体积

（3）临界体积

算图 3.117（第 748 页左）
根据临界温度和等张比容求临界体积

算图 3.118（第 748 页右）
根据密度、分子量和表面张力求临界体积和等张比容

算图 3.119（第 749 页左）
根据卤代烃的分子量求临界值

3.12.4 压缩因子

算图 3.120（第 749 页右）
甲烷的压缩因子

算图 3.121（第 750 页左）
乙烷的压缩因子

算图 3.122（第 750 页右）
丙烷的压缩因子

算图 3.123
丁烷和异丁烷的压缩因子
（第 751 页左）

算图 3.124
新戊烷的压缩因子
（第 751 页右）

算图 3.125
氯甲烷的压缩因子
（第 752 页左）

3.12.5 气液平衡

表 3.12.6 氯仿-苯气液平衡组成与温度的关系（101.3kPa）

氯仿摩尔分数 /%		温度 /℃	氯仿摩尔分数 /%		温度 /℃	氯仿摩尔分数 /%		温度 /℃
液相	气相		液相	气相		液相	气相	
10	13.6	79.9	40	53.0	77.2	70	83.0	72.8
20	27.2	79.0	50	65.0	76.0	80	90.0	70.5
30	40.6	78.1	60	75.0	74.6	90	96.1	67.0

表 3.12.7 环己烷-苯气液平衡组成与温度的关系（101.3kPa）

苯摩尔分数 /%		温度 /℃	苯摩尔分数 /%		温度 /℃	苯摩尔分数 /%		温度 /℃
液相	气相		液相	气相		液相	气相	
10.1	13.1	79.5	42.8	44.5	77.5	75.9	72.8	77.9
17.1	21.1	78.9	52.5	52.9	77.4	81.0	77.7	78.2
25.6	29.3	78.4	57.1	56.4	77.4	86.3	83.4	78.0
34.3	37.6	77.8	66.0	645	77.6	94.5	92.6	79.3

算图 3.126
烷烃的气液平衡常数（Ⅰ）（第 752 页右）

算图 3.127
烷烃的气液平衡常数（Ⅱ）（第 753 页左）

算图 3.128
烷烃的气液平衡常数（Ⅲ）（第 753 页右）

算图 3.129
烷烃的气液平衡常数略值（Ⅰ）（第 754 页左）

算图 3.130
烷烃的气液平衡常数略值（Ⅱ）（第 754 页右）

算图 3.131
烷烃的气液平衡常数略值（Ⅲ）（第 755 页左）

算图 3.132
氢-甲烷系统中甲烷的气液平衡常数（第 755 页右）

3.12.6 普朗特数

算图 3.133
烷烃等气体的普朗特数
（第 756 页左）

算图 3.134、3.135
饱和烷烃液体的普朗特数
（第 756 页右、第 757 页左）

算图 3.136
饱和致冷剂液体的普朗特数
（第 757 页右）

3.13 危险品特性

表 3.13.1 烷烃的危险品特性

名 称	CAS 号	危险品编号	饱和蒸气压[①] /kPa	燃烧性	闪点 /℃	自燃温度 /℃	建规火险分级	爆炸下/上限（体积分数）/%	灭火方法	危险品类别	风险性代号	安全代号
甲烷	74-82-8	21007	53.32（−168.8）	易	−188	538	甲	5.3/15	W，P，R	2.1		
乙烷	74-84-0	21009	53.32（−99.7）	易	＜−50	472	甲	3.0/16.0	W，P，R	2.1		
丙烷	74-98-6	21011	53.32（−55.6）	易	−104	450	甲	2.1/9.5	QQ，W，P，R	2.1		
丁烷	106-97-8	21012	106.39（0）	易	−60	287	甲	1.5/8.5	QD，P，R	2.1		
异丁烷	75-28-5	21012	160.09（0）	易	−82.8	460	甲	1.8/8.5	W，P，R	2.1		
戊烷	109-66-0	31002	53.35（18.5）	易	−40	260	甲	1.7/9.8	P，R，G，T，Sw	3.1	R12；R51/53；R65；R66；R67	S16；S29；S33；S61；S62；S9
新戊烷	463-82-1	21013	146.63（−）	易	＜−7	550	甲	1.7/7.5	1，P，R，G，T，Sw	2.1		
己烷	110-54-3	31005	13.33（15.8）	易	−25.5	244	甲	1.2/6.9	P，R，G，T，Sw	3.1	R11；R38；R48/20；R51/53；R62；R65；R67	S16；S29；S33；S36/37；S61；S62；S9
庚烷	142-82-5	32006	5.33（22.3）	易	−4	204	甲	1.1/6.7	P，R，G，T，Sw	3.2	R11；R38；R50/53；R65；R67	S16；S29；S33；S60；S61；S62；S9
正辛烷	111-65-9	32008	1.33（19.2）	易	12	210	甲	0.8/4.7	P，R，G，T，Sw	3.2	R11；R38；R50/53；R65；R67	S16；S29；S33；S60；S61；S62；S9
壬烷	111-84-2	33505	1.33（39）	易	31	205	乙	0.7/5.6	1，P，R，G，T，Sw	3.3	R10；R51/53	S16；S61
癸烷	124-18-5	33506	0.13（16.5）	易	46	205	乙	0.6/5.5	P，R，G，1，T，Sw	3.3	R10；R65；R66	S16；S23；S62
十八烷	593-45-3		0.13（119）	可	165	−	丙	−	P，R，G，T		R36/37/38	S26；S36
一氟二氯甲烷	75-43-4	22044	202.65（28.4）	不	※	※	戊	※		2.2	R59	S59
一氯二氟乙烷	75-68-3	21033		易	−	633	甲	8.5/14	QQ，R，P	2.1	R12；R59	S38；S59
一氯二氟甲烷	75-45-6	22039	13.33（−76.4）	不	※	※	戊	※		2.2	R36/R37/R38	S38
一氯三氟乙烷	75-88-7	22041		不	※	※		※	QQ，W，R，P	2.2		
一氯五氟乙烷	76-15-3	22043	226.88（25）	不	※	※		※	QQ，W	2.2	R36/R37/R38	S38
一溴一氯二氟甲烷	353-59-3			不	※	※		※	QQ，W			
一溴三氟乙烷	421-06-7			不	※	※		※	W，P，R，G，T			
乙氧基三甲基硅烷	1825-62-3	32186	13.33（22.1）	易	−1.1	−	甲	−	P，R，G，T	3.2	R11；R36/37/38	S16；S26；S33；S37/39；S9
乙基二氯硅烷	1789-58-8	43050	−	易	−1（O.C）	−	甲	−	G，R，T，JS，JP	4.3	R11-14/15-34-37	S16−26−36/37/39−43−45

续表

名称	CAS号	危险品编号	饱和蒸气压[1]/kPa	燃烧性	闪点/℃	自燃温度/℃	建规火险分级	爆炸下/上限(体积分数)/%	灭火方法	危险品类别	风险性代号	安全代号
乙基三乙氧基硅烷	1978-7-9	33635		易	–	–	乙	–	P, R, G, T	3.3		
乙基三氯硅烷	115-21-9	32186	5.32(28)	易	–10	–	甲	–	G, R, T, JS	3.2		
乙基环己烷	1678-91-7	33508		易	35	238	乙	0.9/6.6	P, R, G, T, Sw	3.3	R11; R65	S9; S16; S29; S33; S62
乙基环戊烷	1640-89-7	32011		易	＜21	260	甲	1.1/6.7	P, R, G, T, Sw	3.2		
乙烯三乙氧基硅烷	78-08-0	33635		易	34	–	乙	–	P, R, G, T	3.3	R10; R36/37	S26; S36
乙烯三氯硅烷	75-94-5	32186		易	–9	–	甲	–	1, T, G, R, JS	3.2	R11; R14; R20; R34	S16; S26; S29; S30; S8
乙硼烷(二硼烷)	19287-45-7	21049	29.86(–112)	易	–90	38～52	甲	0.8/9.8	R, JP, JS	2.1	R12; R23/24/25; R36/37/38	S9; S16; S36/37/39; S45
叔丁基三氯硅烷	18171-74-9	81133	–	易	40	–	乙	–	P, R, G, T	8.1		
正丁基环己烷	1678-93-9	33510		易	41	–	乙	–	P, R, G, T	3.3		
正丁基环戊烷	2040-95-1	33509		易	–	250	乙	–	P, R, G, T	3.3		
1,1-二(2-甲氧基乙氧基)乙烷	10143-67-6			易	–	–	乙	–	W, P, R, G, T			
二乙氧基二甲基硅烷	78-62-6	32186	1.33(13.3)	易	11	–	甲	–	1, T, G, R, JS	3.2	R11; R36/38	S16; S26; S36
1,3-二甲氧基丁烷	10143-66-5			易	–	–	乙	–	W, P, R, G, T			
2,2-二甲氧基丙烷	77-76-9	32094	8.00(15.8)	易	4.4	–	甲	6.0/31.0	P, R, G, T, Sw	3.2	R11; R36/37/38	S16; S26; S33; S37/39; S9
二甲氧基甲烷	109-87-5	31031	43.99(20)	易	–17	235	甲	1.6/17.6	P, R, G, T, Sw	3.1	R11; R36/37/38	S16; S26; S37/39
2,2-二甲氧基丙烷	77-76-9	32094	13.3(26)	易	–11	–	甲	6.0/31	R, G, T, KP	3.2	R11; R36/37/38	S16; S26; S33; S37/39; S9
2,2-二甲基丁烷	75-83-2	31005	40(23.4)	易	–47.8	405	甲	1.2/7.0	P, R, G, T, 1, Sw	3.1	R11; R38; R51/53; R65; R67	S16; S29; S33; S61; S62; S9
2,2-二甲基己烷	590-73-8	32009		易	–3	–	甲	–	P, R, G, T	3.2		
2,3-二甲基己烷	584-94-1	32009		易	5.3	438	甲	–	P, R, G, T	3.2		
2,4-二甲基己烷	589-43-5	32009		易	10	–	甲	–	P, R, G, T	3.2		
2,5-二甲基己烷	592-13-2	32009		易	26	–	甲	–	P, R, G, T, 1, Sw	3.2		
2,2-二甲基戊烷	590-35-2	32007	99.04(78)	易	15	–	甲	1.1/6.7	P, R, G, T, Sw	3.2	R11; R38; R50/53; R65	S16; S29; S33; S60; S61; S62; S9
2,3-二甲基戊烷	565-59-3	32007	5.33(13.9)	易	＜–7	335	甲	1.1/6.7	P, R, G, T, Sw	3.2		
2,4-二甲基戊烷	108-08-7	32007	1.09(21)	易	–12	335	甲	1.6/6.7	P, R, G, T, Sw	3.2		
3,3-二甲基戊烷	562-49-2	32007		易	–6	–	甲	–	P, R, G, T, Sw	3.2		
1,1-二甲基环己烷	590-66-9	32012	1.33(10.2)	易	7	–	甲	–	P, R, G, T, Sw	3.2		

续表

名称	CAS 号	危险品编号	饱和蒸气压[①] /kPa	燃烧性	闪点 /℃	自燃温度 /℃	建规火险分级	爆炸下/上限(体积分数)/%	灭火方法	危险品类别	风险性代号	安全代号
1,2-二甲基环戊烷	2452-99-5	32011		易	21	–	甲	–	P, R, G, T	3.2		
1,2-二苯乙烷	103-29-7			可	128.8	480	丙	–	水, KP, G, W			S24/25
二苯二氯硅烷	1980-10-4	81133	0.27(125)	可	142	–	丙	–	G, P, R, T	8.1		
二苯甲烷	101-81-5			可	＞110	–	丙	–	W, P, R, G, T			S24/25
1,1-二氟乙烷	75-37-6	21028	531.96(21.1)	易	–	–	甲	3.7/18.0	W, R	2.1	R11	S16; S33; S36; S38
1,1-二氟氯乙烷	75-68-3	21033		易	–	633	甲	8.5/14	QQ, W	2.1	R12; R59	S38; S59
1,6-己二烷	124-09-4	82031	2.00(90)	可	81	–	丙	0.7/6.3	W, P, R, G, T	8.2	R21/22; R34; R37	S22; S26; S36/37/39; S45
1,2-丙二烷	78-90-0	82030	1.87(20)	易	33	360	乙	1.9/11.1	P, R, G, T, Sw	8.2	R10; R21/22; R35	S26; S37/39; S45
1,3-丙二烷	109-76-2	82030	＜1.07(20)	易	48	350	乙	2.8/15.2	P, R, G, T, Sw	8.2	R10; R22; R24; R35	S16; S25; S36/37/39; S45
1,5-二氨基戊烷	462-94-2	61730	–	可	62	–	丙	–	W, P, R, G, T	6.1	R34	S25; S36/37/39; S45
1,1-二氯-1-硝基乙烷	594-72-9	61579	–	可	76	–	丙	–	W, P, R, T	6.1		
1,1-二氯乙烷	1300-21-6	32035	15.33(10)	易	–10	–	甲	5.6/16	W, G, P, R, T	3.2	R11; R22; R36/37/38; R45	S45; S53
1,2-二氯乙烷	107-06-2	32035	13.33(29.4)	易	13	413	甲	6.2/16	W, G, P, R, T	3.2	R11; R22; R36/37/38; R45	S45; S53
1,4-二氯丁烷	110-56-5	33525	0.53(20)	易	52	–	乙	–	W, G, P, R, T	3.3	R10; R36/37/38	S26; S36
二氯二氟乙烷	1649-08-7			不	※	※		※	K, 水			
二氯二氟甲烷	75-71-8	22045	505.62(16.1)	不	※	※	戊	※	K	2.2	R20; R59;	S23; S24/25; S59; S61
1,4-二氯丁烷	110-56-5	33525	0.53(20)	易	52	–	乙	–	W, G, P, R, T	3.3	R10; R36/37/38	S26; S36
1,2-二氯丙烷	78-87-5	32036	5.33(19.4)	易	15	555	甲	3.4/14.5	W, P, R, G, T	3.2	R11; R20/22	S16; S24
1,3-二氯丙烷	142-28-9	33525	5.32(20)	易	32	–	乙	–	W, P, R, G, T	3.3	R11; R20/22	S16; S24
二氯四氟乙烷	76-14-2	22046	182(20)	不	※	※		※	QQ, W	2.2		
1,5-二氯戊烷	628-76-2	33525		易	＜27	–	乙	–	P, R, G, T		R10; R36/37/38	S16; S24/25
二氯甲烷	75-09-2	61552	30.55(10)	可	–	615		15.5/66.4	W, P, R, T	6.1	R40	S23; S24/25; S36/37
二氯硅烷	4109-96-0	23042	167.16(20)	易	–	58	甲	4.1/99	QD, R	2.3		
1,5-二氰戊烷	646-20-8	61630	1.87(175)	可	＞110	–	丙	–	W, P, R, G, T	6.1	R20/21/22	S24/25
1,6-二氰基己烷	629-40-3	61630	2.0(185)	可	＞110	–	丙	–	W, P, R, G, T	6.1	R23/24/25	S23
1,3-二硝基丙烷	6125-21-9	33523		易	–	–	甲	–	R, 1, T	3.3		
1,2-二溴-3-氯丙烷	1996-12-8		0.12(21)	可	77	–	丙	–	P, R, G, T	6.1		

续表

名　称	CAS 号	危险品编号	饱和蒸气压[①] /kPa	燃烧性	闪点 /℃	自燃温度 /℃	建规火险分级	爆炸下/上限（体积分数）/%	灭火方法	危险品类别	风险性代号	安全代号
1,2-二溴乙烷	106-93-4	61565	2.32（30）	不	※	※		※	W，P，R，T，	6.1	R23/24/25；R36/37/38；R45；R51/53	S45；S53；S61
二溴二氟甲烷	75-61-6	61577	83.07（21.1）	不	※	※	戊	※	K	6.1	R36/37/38	S26；S37/39
1,2-二溴丙烷	78-75-1	61567	1.33（35.7）	易	54	–	乙	–	W，P，R，T	6.1	R10；R20/21/22；R36/37/38	S16；S26；S36/37/39
二溴甲烷	74-95-3	61561	4.65（20）	不	※	※		※	W，P，R，T，	6.1	R20；R52/53	S24；S61
二碘甲烷	75-11-6	61569	–	可	110	–	丙	–	W，P，R，T，	6.1	R36/37/38	S26；S37/39
八氟环丁烷	115-25-3	22036		不	※	※		※	QQ，W	2.2		S23；S38
十硼烷（十硼氢）	17702-41-9	41056	2.54（100）	易	80	–	甲	–	R，T，JS，JP	4.1		
三（羟甲基）硝基甲烷	126-11-4			可	–	–	乙	–	W，P，R，G，T		R22；R36/37/38	S26；S36
1,1,3-三乙氧基己烷	101-33-7			可	99	–	丙	–	W，P，R，G，T			
1,3,3-三乙氧基丙烷	7789-92-6	33597		易	53	–	乙	–	W，P，R，G，T	3.3		
三乙氧基甲基硅烷	2031-67-6	61866	1.47（20）	易	23	–	甲	–	P，R，G，T	6.1	R10	S16
2,2,5-三甲基己烷	3522-94-9	32010	1.72（21）	易	12.8	–	甲	–	P，R，G，T，Sw	3.2		
2,2,4-三甲基戊烷	540-84-1	32009		易	–7	–	甲	1.0/6.0	P，R，G，T，1，Sw	3.2	R11；R38；R50/53；R65；R67	S16；S29；S33；S60；S61；S62；S9
2,2,3-三甲基戊烷	564-02-3	32009	4（23.69）	易	–3	–	甲	1.0/–	P，R，G，T，1，Sw	3.2		
2,3,4-三甲基戊烷	565-75-3	32009		易	5	–	甲	–	P，R，G，T，1，Sw	3.2	R11；R38；R50/53；R65	S16；S29；S33；S60；S61；S62；S9
三甲基氯硅烷	75-77-4	32186	13.33（25）	易	–28	–	甲	1.8/–	R，G，T，JS	3.2	R11；R14；R21；R34	S16；S26；S36/37/39；S45
三苯基氯硅烷	76-86-8	81133		可	–	–	丙	–	P，R，G，T	8.1	R34	S24/25
1,1,1-三氟乙烷	420-46-2	21029		易	–	–	甲	9.5/19	QQ，W	2.1	R11	S16；S33
三氟三氯乙烷	76-13-1	61573	33.06（20）	不	※	※		※	P，R，G，T	6.1	R52/53；R59	S59；S61
三氟甲烷（氟仿）	75-46-7	22032	2504（20）	不	※	※	戊	※	K，QD	2.2		S36
三氟溴甲烷	75-63-8	22049	–	不	※	※	戊	※	K，QD	2.2		
三氧杂环己烷	110-88-3	41532	1.73（25）	易	45	414	甲	3.6/28.7	W，P，R，G，T	4.1	R11；R37；R63	S36/37；S46
1,1,1-三羟甲基丙烷	77-99-6			可	172	–	丙	–	W，P，R，G，T			S24/25
1,1,1-三氯乙烷	71-55-6	61555	13.33（20）	可	–	–		10.0/15.5	P，R，T，W	6.1	R19；R20；R40；R59；R66	S16；S24/25；S46；S59；S61；S9
1,1,2-三氯乙烷	79-00-5	61555	5.33（35.2）	可	–	–		8.4/13.3	P，R，T，W	6.1	R20/21/22；R40；R66	S36/37；S46；S9

续表

名 称	CAS 号	危险品编号	饱和蒸气压[①] /kPa	燃烧性	闪点 /℃	自燃温度 /℃	建规火险分级	爆炸下/上限（体积分数）/%	灭火方法	危险品类别	风险性代号	安全代号
1,1,2-三氯三氟乙烷	76-13-1	61573	37.86（20）	不燃	※	※		※	K	6.1	R20/21/22; R40; R66	S36/37; S46; S9
1,2,3-三氯丙烷	96-18-4	61559	0.33（45）	可	82	303	丙	3.2/12.6	W, P, R, T	6.1	R20/21/22; R45; R60	S45; S53
三氯甲烷（氯仿）	67-66-3	61553	13.33（10.4）	不	※	※		※	W, R, T	6.1	R22; R38; R40; R48/20/22	S36/37
三氯氟甲烷	75-69-4	22047	202.65（44.1）	不	※	※	戊	※	K, QD	2.2	R20; R59	S23; S24/25; S59; S61
三氯硅烷（硅仿）	10025-78-2	43049	53.33（14.5）	易	–13.9	–	甲	–	R, T, G, JS, JP	4.3	R12; R14; R17; R20/22; R29; R35	S16; S26; S36/37/39; S43A; S45; S7/9
三溴甲烷（溴仿）	75-25-2	61562	2.67（48）	不	※	※		※	W, P, R, T	6.1	R22; R23; R36/38; R51/53	S28A; S45; S61
三碘甲烷（碘仿）	75-47-8	61570	–	不	※	※	–	※	K	6.1	R20/21/22; R36/37/38	S22; S26; S36/37/39
1,6-己二胺烷	124-09-4	82031	2.00（90）	可	81	–	丙	0.7/6.3	W, P, R, G, T	8.2	R21/22; R34; R37	S22; S26; S36/37/39; S45
2,2,4,4,6-五甲基庚烷	62199-62-6	33507		易	43	–	乙	–	P, R, G, T, Sw	3.3		
五氟丙烷	76-19-7	22035		不	※	※		※	QQ, W	2.2		S23; S38
五氯乙烷	76-01-7	61557	0.47（20）	不	※	※		※	W, P, R, T	6.1	R40; R48/23; R51/53	S23; S36/37; S45; S61
五硼烷（戊硼烷）	19624-22-7	42031	13.33（9.6）	易	30	–	甲	–	R, G, T, JS, JP	4.2		
六甲基氧二硅烷	107-46-0	32187		易	–1.1	–	甲	–	P, R, G, T, 1	3.2	R11	S16
六氟乙烷	76-16-4	22034		不	※	※		※	QQ, W	2.2		
六氯乙烷	67-72-1	61558	0.13（32.7）	不	※	※		※	W, P, R, T	6.1	R36/37/38; R40; R51/53	S26; S36/37/39; S45; S61
六氯环己烷	58-89-9	61127	0.004（20）	可	–	–	丙	–	水, R, T	6.1	R20/21; R25; R48/22; R50/53; R64	S36/37; S45; S60; S61
2,2-双（4'-羟基苯基）丙烷	1980-5-7			可	–	570	丙	20/–	W, P, R, G, T			
丙基环戊烷	2030-96-2			易	–	–	甲	–	P, R, G, T, Sw			
四甲氧基硅烷	681-84-5	32188	–	易	18	–	甲	–	JS, P, R, G, T,	3.2	R10; R26; R37/38; R41	S16; S26; S28A; S36/37/39; S45
四甲基硅烷	75-76-3	31049	74.65（20）	易	–27	450	甲	–	P, R, G, T	3.1	R12	S16; S33; S9
四氟甲烷	75-73-0	22033	13.33（–150.7）	不	※	※	戊	※	K	2.2		S38
偏四氯乙烷	630-20-6	61556	0.80（25）	不	※	※		※	1, P, R, G, T	6.1		
1,1,2,2-四氯乙烷	79-34-5	61556	1.33（32）	可	–	–		–	P, R, T, W	6.1	R26/27; R51/53	S38; S45; S61
四氯甲烷	56-23-5	61554	13.33（23）	不	※	※		※	K	6.1	R23/24/25; R40; R48/23; R52/53; R59	S23; S36/37; S45; S59; S61

续表

名 称	CAS号	危险品编号	饱和蒸气压[①] /kPa	燃烧性	闪点 /℃	自燃温度 /℃	建规火险分级	爆炸下 / 上限（体积分数）/%	灭火方法	危险品类别	风险性代号	安全代号
四硝基甲烷	509-14-8	51079	1.33（22.7）	可	＜110	–	甲	–	W，R	5.1		
戊基三氯硅烷	107-72-2	81133		易	30	–	乙	–	P，R，G，T	8.1	R14；R34	S26；S36/37/39；S45
2-甲基-3-乙基戊烷	609-26-7	32009		易	–	–	乙	–	P，R，G，T，Sw	3.2		
甲基三氯硅烷	75-79-6	32186	20.0（25）	易	–9	＞404	甲	7.6/20.0	R，G，T，JS	3.2	R11；R14；R36/37/38	S26；S39
2-甲基戊烷	107-83-5	31005	53.32（41.6）	易	＜–20	300	甲	1.2/7.0	P，R，G，T，Sw	3.1	R11；R38；R51/53；R65	S16；S29；S33；S61；S62；S9
3-甲基己烷	598-34-4	32007		易	–4	280	甲	1/7	P，R，G，T，Sw	3.2	R11；R38；R50/53；R65	S16；S29；S33；S60；S61；S62；S9
3-甲基戊烷	96-14-0	32005	13.33（10.5）	易	–6.6	306	甲	1.0/7.0	P，R，G，T，Sw	3.2	R11	S16；S29；S33；S9
甲基环己烷	108-87-2	32012	5.33（22）	易	–4	250	甲	1.2/6.7	P，R，G，T，Sw	3.2	R11；R38；R51/53；R65；R67	S16；S33；S61；S62；S9
甲基环戊烷	96-37-7	32011	13.33（17.9）	易	–18	258	甲	1.0/8.4	P，R，G，T，Sw	3.2		
甲基苯基二乙氧基硅烷	775-56-4			可	–	–	乙	–	W，P，R，G，T		R36/37/38	S26
甲基苯基二氯硅烷	149-74-6	81133		易	38	–	乙	–	P，R，G，T	8.1	R34	S26；S36/37/39；S45
甲基氯硅烷	993-00-0	21051		易	13	–	甲	–	QQ，T，G	2.1		
甲硅烷	7803-62-5	21050	–	易	＜–50	–	甲	–	R，	2.1	R12；R17；R20	S9；S16；S33；S36/37/39
环己三氯硅烷	98-12-4	81133		可	85	–	丙	–	P，R，G，T	8.1	R41；R43	S24；S26；S37/39
环己烷	110-82-7	31004	13.33（60.8）	易	–16.5	245	甲	1.2/8.4	P，R，G，T，Sw	3.1	R11；R38；R50/53；R65；R67	S16；S25；S33；S60；S61；S62；S9
环丙烷	75-19-4	21014		易	–	500	甲	2.4/10.4	P，R，1，QQ	2.1		
环戊烷	287-92-3	31003	53.32（31）	易	–25	361	甲	1.4/8.0	P，R，G，T，Sw	3.1	R11；R52/53	S9；S16；S29；S33；S61
环辛烷	292-64-8	33504	93.31（140）	易	30	–	乙	–	P，R，G，T	3.3		
环庚烷	291-64-5	32013		易	6	–	甲	–	P，R，G，T，Sw	3.2	R11	S16；S29；S33；S9
1,2-环氧-3-异丙氧基丙烷			1.25（25）	易	–	–	甲	–	W，P，R，G，T			
1,2-环氧-4-乙烯基环己烷			0.27（20）	易	58	–	乙	–	W，P，R，G，T			
环氧乙烷	75-21-8	21039	145.91（20）	易	＜–17.8	429	甲	3.0/100	W，P，R	2.1		
1,2-环氧丁烷	106-88-7	32097	18.67（20）	易	–14	321	甲	2.3/11.8	P，R，G，T，Sw	3.2		
1,2-环氧丙烷	75-56-9	31032	75.85（25）	易	–37	420	甲	2.8/37.0	P，R，G，T，Sw	3.1	R12；R20/21/22；R36/37/38；R45；R46	S45；S53

续表

名称	CAS号	危险品编号	饱和蒸气压[①] /kPa	燃烧性	闪点 /℃	自燃温度/℃	建规火险分级	爆炸下/上限(体积分数)/%	灭火方法	危险品类别	风险性代号	安全代号
环氧氯丙烷	106-89-8		1.8(20)	易	34	–	乙	3.8/21	P, R, G, T	6.1	R10; R23/24/25; R34; R43; R45	S45; S53
环氧溴丙烷	3132-64-7	61053		易	56	–	乙	–	P, R, G, T	6.1	R23/24/25; R34	S26; S36/37/39; S45
苯基三氯硅烷	98-13-5	81133	0.13(33)	可	91(O.C)	–	丙	–	P, R, G, T, JS	8.1	R21; R34	S26; S36/37/39; S45
氟乙烷	353-36-6	21027		易	–	–	甲	5/10	W, QQ	2.1		
氟甲烷	593-53-3	21026		易	–	–	甲	–	W, QQ	2.1		
1-氟辛烷	463-11-6			可	–	–	丙	–	P, R, G, T			
重氮甲烷	334-88-3	11020	–	可	–	–	爆炸品	–	W, G, R	1		
1-氨基丁烷	109-73-9	32172	14.00(32.3)	易	–12	310	甲	1.7/10	P, R, T, G, Sw	3.2	R11; R20/21/22; R35	S16; S26; S29; S3; S36/37/39; S45
1-氨基戊烷	110-58-7	32175	4.56(26)	易	–1	–	甲	2.2/22.0	P, R, G, T, Sw	3.2	R11; R20/21/22; R34	S16; S26; S36/37/39; S45
氨基辛烷	693-16-3			易	50	–	乙	–	P, R, G, T		R20/21/22; R35; R50	S26; S29; S36/37/39; S45; S61
氰化三氯甲烷	545-06-2	61634	7.73(20)	可	–	–		–	1, R, T, G, JSJ	6.1	R23/24/25; R51/53	S45; S61
萘烷，十氢萘	91-17-8	33550	0.13(22.5)	易	54	255	乙	0.7/5.4	G, P, R, T, Sw	3.3	R20; R36/37/38	S26; S36
3-氯-1,2-环氧丙烷	106-89-8		1.8(20)	易	34	–	乙	3.8/21	P, R, G, T	6.1	R10; R23/24/25; R34; R43; R45	S45; S53
1-氯-1-硝基乙烷	598-92-5		1.57(20)	易	56	–	乙	–	W, P, R, G, T			
2-氯丁烷	78-86-4	32033	–	易	<0	–	甲	1.8/10.1	G, T, R, P, Sw	3.2	R11	S16; S29; S9
氯三氟乙烷	75-88-7	22041		不					W, QQ	2.2		
氯三氟甲烷	75-72-9	22040	2030(12)	不	※	※		※	W, QQ	2.2		S23–S36/S37/S39
1-氯己烷	544-10-5	33526	–	易	35	–	乙	–	G, T, R, P, Sw	3.3	R10; R20/21; R37	S16; S23
氯五氟乙烷	76-15-3	22043	266.4(25)	不	※	※		※	W, QQ	2.2	R36/R37/R38	S38
氯化环戊烷	930-28-9	32037		易	15	–	甲	–	P, R, G, T	3.2	R11; R38	S16; S33; S37; S9
1-氯丙烷	540-54-5	31019	40.00(25.5)	易	<–20	520	甲	2.6/11.1	G, T, R, P, Sw	3.1	R11; R20/21/22	S29; S9
2-氯丙烷	75-29-6	31020	40.00(25.6)	易	–32	590	甲	2.8/10.7	G, T, R, P, Sw	3.1	R11; R20/21/22	S29; S9
氯代正丁烷	109-63-3	32033	10.57(20)	易	–12	240	甲	1.8/10.1	G, T, R, P, Sw	3.2	R11	S16; S29; S9
氯代异丁烷	513-36-0	32033		易	21	–	甲	–	P, R, G, T	3.2	R11	S16; S29; S33; S9
氯四氟乙烷	63938-10-3	22042		不	※	※		※	W, QQ	2.2		

续表

名称	CAS号	危险品编号	饱和蒸气压[1]/kPa	燃烧性	闪点/℃	自燃温度/℃	建规火险分级	爆炸下/上限(体积分数)/%	灭火方法	危险品类别	风险性代号	安全代号
氯甲烷	74-87-3	23040	506.62(22)	易	<-50	632	甲	7.3/19.0	W, P, R	2.3		
氯异丁烷	513-36-0	32033	13.33(16)	易	<0	–	甲	2.0/8.8	G, T, R, P, Sw	3.2	R11	S16; S29; S33; S9
异氰基乙烷	624-79-3			易	–	–	甲	–	P, R, G, T			
1-硝基-1-氯丙烷	600-25-9	61578		可	62(O.C)	–		–	P, R, G, T	6.1		
2-硝基-2-氯丙烷	594-71-8	61578		易	57(O.C)	–	乙	–	P, R, G, T	6.1		
硝基乙烷	79-24-3	33521	2.08(20)	易	28	414.5	乙	3.4/–	KP, R, T	3.3	R10; R20/22	S25; S41; S9
1-硝基丁烷	627-05-4	33524	–	易	44	–	乙	–	P, R, T, G	3.3		
硝基三氯甲烷	1976-6-2	61051	5.33(33.8)	不	※	※	–	※	W, P, R, T	6.1	R22; R26; R36/37/38	S36/37; S38; S45
1-硝基丙烷	108-03-2	33522	1.00(20)	易	36	420	乙	2.2/–	W, P, R, T, G	3.3	R10; R20/21/22	S9
2-硝基丙烷	79-46-9	33522	1.33(15.8)	易	24	425	甲	2.2/11.0	W, P, R, T	3.3	R10; R20/22; R45	S45; S53
硝基甲烷	75-52-5	33520	3.71(20)	易	35	415	乙	7.1/63.0	W, P, R, T, G	3.3	R10; R22; R5	S41
1-溴-2-甲基丙烷	78-77-3	32043		易	18	–	甲	–	P, R, G, T	3.2	R11; R36/37/38	S16; S26; S37/39
溴乙烷	74-96-4	61564	53.32(21)	易	-23	511	甲	6.7/11.3	W, P, R, T, 1	6.1	R11; R20/22; R40	S36/37
溴己烷	111-25-1	33527	–	易	47	–	乙	–	W, P, R, T, G	3.3	R10; R36/37/38	S16
溴代异丙烷	75-26-3	32042	31.50(20)	易	19	–	甲	–	W, P, R, G, T	3.2	R11; R48/20; R60; R66	S16; S45; S53
1-溴戊烷	110-53-2	33531	98.65(130)	易	32	–	乙	–	P, R, G, 1, T	3.3	R10; R22; R36/37/38; R51/53	S16; S26; S29; S37/39; S61
1-溴正丁烷	109-65-9	32043	5.33(25)	易	23	265	甲	2.8/6.6[2]	P, R, G, T	3.2	R10; R36/37/38	S16; S26; S37/39
溴甲烷	74-83-9	23041	243.18(25)	易	-40	536	甲	10.0/16.0	W, P, R	2.3	R23/25; R36/37/38; R48/20; R50; R59; R68	S15; S27; S36/39; S38; S45; S59; S61
1-碘-2-甲基丙烷	513-38-2	32048		易	<10	–	甲	–	P, R, G, T	3.2	R11; R20; R36/37/38	S16; S33; S9
碘乙烷	75-03-6	61571	13.33(18.0)	可	–	–	–	–	P, G, T	6.1	R10; R20; R36/37/38	S16; S26; S37/39
碘代正丁烷	542-69-8	33533	–	易	31	–	乙	–	P, R, G, T	3.3	R10; R20	S16; S36
碘代叔丁烷	558-17-8	32048		易	7	–	甲	–	P, R, G, T	3.2	R11–36/R37/R38	S16–S26–S36
碘代正戊烷	628-17-1	33534	–	易	43	–	乙	–	P, R, G, T	3.3	R10; R36/37/38	S26; S36
碘甲烷	74-88-4	61568	53.32(25.3)	可	–	–	–	–	W, P, R, T	6.1	R11; R21; R23/25; R37/38; R40	S16; S24; S36/37; S38; S45; S9

① 本列括号内为相应的温度值，单位是℃。

② -100℃时。

第4章
烯　烃

目　录

4.1 一般特性

4.1.1 链烯烃和二烯烃的一般特性

表 4.1.1 链烯烃和二烯烃的一般特性

名称	分子式	分子量	密度 d_4^{20} /(g/cm³)	颜色	形态	性状	溶解性能					正常熔点 t_m /℃	正常沸点 t_b /℃	临界温度 T_c /K	临界压力 p_c /MPa	临界体积 V_c /(cm³/mol)	临界压缩因子 Z_c	偏心因子 ω	偶极矩 /D	折射率 n^{20}
							水	乙醇	乙醚	苯	其他									
乙烯	C_2H_4	28.05	0.568^{-104}	无	气	易燃	+	+	+	+	+丙酮	−169.1	−103.8	282.3	5.041	131.1	0.2815	0.085	0.0	1.363^{-100}
丙烯	C_3H_6	42.08	0.505^{25}	无	气		+	+			+乙酸	−185.3	−47.6	364.9	4.60	184.6	0.2798	0.142	0.4	1.357^{-70}
1-丁烯	C_4H_8	56.11	0.588^{25}	无	气	窒息	−	++	++	+		−185.3	−6.3	419.5	4.02	240.8	0.2775	0.187	0.34	1.3962
2-丁烯	C_4H_8	56.11	0.6210	无	气		÷					−140	1	435.6	4.024	234	0.271	0.210	顺0.3/反0	1.3853
异丁烯	C_4H_8	56.11	0.589^{25}	无	气	窒息	−	+	+	+	+H_2SO_4、石油醚	−140.7	−7.0	417.9	4.00	238.8	0.2749	0.189	0.5	1.3926^{25}
顺-2-丁烯	C_4H_8	56.11	0.616^{25}	无	气	窒息	−	++	++	+		−138.9	3.72	435.5	4.21	233.8	0.272	0.203	0.3	1.3931^{-25}
反-2-丁烯	C_4H_8	56.11	0.599^{25}	无	气		−	++		+		−105.5	0.88	428.6	4.10	237.7	0.2735	0.218	0.0	1.3848^{-25}
1-戊烯	C_5H_{10}	70.13	0.6405	无	液		−	∞	∞			−165.1	30.0	464.8	3.56	298.4	0.275	0.233	0.4	1.3715
2-戊烯(顺)	C_5H_{10}	70.13	0.6556	无	液	挥发	÷÷	∞	∞			−151.4	36.9	475	3.69	295.5	0.275	0.241		1.3830
2-戊烯(反)	C_5H_{10}	70.13	0.6431^{25}	无	液	挥发	÷÷	∞	∞			−140.2	36.3	475	3.65	295.5	0.275	0.237		1.3793
1-己烯	C_6H_{12}	84.16	0.6685^{25}	无	液	挥发	−	+	∞	+	+石油醚、氯仿	−139.8	63.4	504.0	3.21	355.1	0.272	0.280	0.4	1.385^{25}
2-己烯(顺)	C_6H_{12}	84.16	0.669	无	液		−	+	+	+	+氯仿	−141.15	69	518.2	3.282	351	0.27	0.272		1.396
2-己烯(反)	C_6H_{12}	84.16	0.6733^{25}	无	液		−	+	∞			−133.1	67.85	509.0	3.272	351.0	0.270	0.242		1.3936
3-己烯(顺)	C_6H_{12}	84.16	0.6778	无	液		−	+	+	+	+氯仿	−138.7	66.4	510.2	3.28	350.0	0.270	0.225	0.3	1.3947
3-己烯(反)	C_6H_{12}	84.16	0.6772	无	液		−	+	+	+	+氯仿	−113.7	67.06	507.4	3.25	350.0	0.260	0.227	0.0	1.3943
1-庚烯	C_7H_{14}	98.19	0.6970	无	液		−	+	+		+石油系溶剂、丙酮	−118.8	94	537.3	2.92	409	0.267	0.331	0.3	1.3998
2-庚烯(顺)	C_7H_{14}	98.19	0.708	无	液	挥发						−109.2	98.5	549	2.84	424	0.264	0.294		1.407
2-庚烯(反)	C_7H_{14}	98.19	0.7012	无	液							−109.5	98	542.8	2.58	484	0.26	0.337		1.4045
3-庚烯(顺)	C_7H_{14}	98.19	0.7030	无	液							−136.6	96							1.4059
3-庚烯(反)	C_7H_{14}	98.19	0.6981	无	液							−136.6	96	538.6						1.4043
1-辛烯	C_8H_{16}	112.21	0.7149	无	液		−	∞	∞			−101.7	121.3	567.0	2.68	468	0.266	0.375	0.3	1.4087

续表

名称	分子式	分子量	密度 d_4^{20} /(g/cm³)	颜色	形态	性状	溶解性能					正常熔点 t_m /℃	正常沸点 t_b /℃	临界温度 T_c /K	临界压力 p_c /MPa	临界体积 V_c /(cm³/mol)	临界压缩因子 Z_c	偏心因子 ω	偶极矩 /D	折射率 n^{20}
							水	乙醇	乙醚	苯	其他									
2-辛烯(顺)	C_8H_{16}	112.22	0.7243	无	液		−	+	+	+	+丙酮、氯仿	−100.7	125.6							1.4150
2-辛烯(反)	C_8H_{16}	112.22	0.7199	无	液		−	+	+	+	+丙酮、氯仿	−100.2	122.0	580.0	2.77			0.350		1.4132
3-辛烯(顺)	C_8H_{16}	112.22	0.7159	无	液							−126.0	122.9	569	2.59	461	0.252			1.4135
3-辛烯(反)	C_8H_{16}	112.22	0.7152	无	液							−110.0	123.3.	574	2.58	480	0.26			1.4126
4-辛烯(顺)	C_8H_{16}	112.22	0.7212	无	液							−118.7	122.5	568	2.59	461	0.253			1.4148
4-辛烯(反)	C_8H_{16}	112.22	0.7141	无	液							−93.8	122.3	573	2.58	480	0.26			1.4114
1-壬烯	C_9H_{18}	126.24	0.7253^{25}	无	液		−	+				−81.24	146.9	594.0	2.34	526	0.280	0.430		1.4257
1-癸烯	$C_{10}H_{20}$	140.27	0.7408	无	液		−	∞	∞			−66.21	171	617	2.22	584	0.253	0.465		1.4215
2-癸烯(顺)	$C_{10}H_{20}$	140.27	0.75	无	液							−56.13	69	621	2.18	571	0.241			1.427
2-癸烯(反)	$C_{10}H_{20}$	140.27		无	液									619	2.18	571	0.242			
1-十一烯	$C_{11}H_{22}$	154.29	0.7503	无	液		−	∞	∞			−49.12	192.7	637.0	1.99	632.5	0.24	0.518		1.4261
1-十二烯	$C_{12}H_{24}$	168.32	0.7584	无	液		−	+	+		+石油醚、煤焦油溶剂	−35.19	213.4	658	1.93	688.5	0.233	0.564		1.4300
1-十三烯	$C_{13}H_{26}$	182.35	0.7658	无	液		−	+	++	+		−23.07	232.8	674.0	1.70	744.5	0.226	0.598		1.4340
1-十四烯	$C_{14}H_{28}$	196.37	0.7745^{25}	无	液		−	+	++			−12.88	251.1	689	1.56	800.5	0.220	0.644		1.4351
1-十五烯	$C_{15}H_{30}$	210.40	0.7764	无	液							−1.4	268.2	704	1.45	856.5	0.214	0.682		1.4389
1-十六烯	$C_{16}H_{32}$	224.42	0.7811	无	液		−	+	+		+石油醚	4.2	285	717	1.33	912.5	0.208	0.721		1.4412
1-十七烯	$C_{17}H_{34}$	238.45	0.7852	无	液		−		+++	+		11.5	300	732.4	1.26	990.5	0.205	0.689		1.4432
1-十八烯	$C_{18}H_{36}$	252.48	0.7891	无	液							17.5	17915	739.0	1.13	1024.5	0.197	0.807		1.4448
1-十九烯	$C_{19}H_{38}$	266.51	0.7925	无	液							23	181	760	1.28	1100	0.223	0.832		1.445
1-二十烯	$C_{20}H_{40}$	280.53	0.7882		固		−			+	+石油醚	28.5	341	765.4	1.04	1164.5	0.190	0.770		1.4440
丙二烯	C_3H_4	40.064	0.584^{25}	无	气	易燃	−	+	+	+	+石油醚	−136.4	−34.8	394	5.25	162.0	0.271	0.160	0.2	1.4168
1,2-丁二烯	C_4H_6	54.09	0.6760	无	液	易燃	−	∞	∞	++		−136.2	11.0	443.7	4.49	219.0	0.267	0.255	0.4	1.4205
1,3-丁二烯	C_4H_6	54.09	0.6149^{25}	无	气	麻醉	0.13^{15}	15^{15}	∞	+	++丙酮、乙酸、酯	−108.9	−4.6	425	4.32	221	0.270	0.193	0.0	1.4292^{-25}
1,2-戊二烯	C_5H_8	68.12	0.6926	无	液							−137.3	44	503.0	4.07	276	0.269	0.173		1.4209
1-顺-3-戊二烯	C_5H_8	68.12	0.6910	无	液							−140.8	44.0	496	3.99	275.0	0.266	0.175		1.4363

续表

名 称	分子式	分子量	密度 d_4^{20} /(g/cm³)	颜色	形态	性状	溶解性能					正常熔点 t_m /℃	正常沸点 t_b /℃	临界温度 T_c /K	临界压力 p_c /MPa	临界体积 V_c /(cm³/mol)	临界压缩因子 Z_c	偏心因子 ω	偶极矩 /D	折射率 n^{20}
							水	乙醇	乙醚	苯	其他									
1-反-3-戊二烯	C_5H_8	68.12	0.6710[25]	无	液							-87.5	42.0	494.3	3.89	276.5	0.262	0.216	0.7	1.4301
1,4-戊二烯	C_5H_8	68.12	0.6608	无	液		–					-148.3	25.9	478	3.79	276	0.263	0.127	0.4	1.3888
2,3-戊二烯	C_5H_8	68.12	0.6950	无	液							-125.6	48.2	505.8	4.14	275.5	0.271	0.204		1.4284
1,2-己二烯	C_6H_{10}	82.15	0.7149	无	液		–						76	526	3.350	331	0.254	0.276		1.4282
1,4-己二烯	C_6H_{10}	82.15	0.695[25]	无	液	易燃	–					-138.7	65	510	3.350	331	0.262	0.280		1.4104
1,5-己二烯	C_6H_{10}	82.15	0.6878[25]	无	液		–	+	+	+	+氯仿	-140.7	59.2	508	3.444	328	0.269	0.226		1.4560

4.1.2 甲基、乙基烯烃的一般特性

表 4.1.2 甲基、乙基烯烃的一般特性

名称	分子式	分子量	密度 d_4^{20} /(g/cm³)	颜色	形态	性状	溶解性能					正常熔点 t_m /℃	正常沸点 t_b /℃	临界温度 T_c /K	临界压力 p_c /MPa	临界体积 V_c /(cm³/mol)	临界压缩因子 Z_c	偏心因子 ω	偶极矩 /D	折射率 n^{20}
							水	乙醇	乙醚	苯	其他									
2-甲基-1-丁烯	C_5H_{10}	70.13	0.6504	无	液	刺激	–	+	+	+	+多数有机溶剂	-137.5	31.1	465	3.45	297.5	0.279	0.229	0.5	1.3378
2-甲基-2-丁烯	C_5H_{10}	70.13	0.6623	无	液	挥发	–	+	+	+	+多数有机溶剂	-133.7	38.5	470	3.42	296.5	0.274	0.277		1.3874
3-甲基-1-丁烯	C_5H_{10}	70.13	0.6213[25]	无	液	稳定						-168.4	20.1	467.0	3.53	304.9	0.277	0.229		1.3643
2-甲基-1-戊烯	C_6H_{12}	84.16	0.6799	无	液	易燃		–	+			-135.7	62.1	521.0	3.28	353.5	0.275	0.267		1.3920
2-甲基-2-戊烯	C_6H_{12}	84.16	0.6863	无	液	易燃	–	+	+			-135.0	67.3	495	3.29	354	0.283	0.239		1.4004
3-甲基-1-戊烯	C_6H_{12}	84.16	0.6675	无	液	易燃	–	+				-154.5	54	495.3	3.29	346.5	0.277	0.262		1.3841
3-甲基-顺-2-戊烯	C_6H_{12}	84.16	0.6886[25]	无	液	易燃	–	+		+	+氯仿	-135.1	70.4	518.0	3.28	351.0	0.270	0.269		1.4016
3-甲基-反-2-戊烯	C_6H_{12}	84.16	0.6930[25]	无	液	易燃	–	+		+	+氯仿	-138.5	67.67	521.0	3.29	350.0	0.270	0.207		1.4045
4-甲基-1-戊烯	C_6H_{12}	84.16	0.6642	无	液	易燃	–	+	+			-153.9	54	495	3.29	354	0.283	0.329		1.3828
4-甲基-顺-2-戊烯	C_6H_{12}	84.16	0.6690	无	液	易燃	–	+	+		+丙酮	-134.8	56.4	490.0	3.04	360.0	0.270	0.290		1.3800
4-甲基-反-2-戊烯	C_6H_{12}	84.16	0.6686	无	液	易燃	–	+	+		+丙酮	-140.8	58.58	493.0	3.04	360.0	0.270	0.290		1.3889
2-甲基-1-己烯	C_7H_{14}	98.19	0.7000	无	液							-102.8	92	538	2.87	398	0.255	0.309		1.4035

续表

名称	分子式	分子量	密度 d_4^{20} /(g/cm³)	颜色	形态	性状	溶解性能					正常熔点 t_m /℃	正常沸点 t_b /℃	临界温度 T_c /K	临界压力 p_c /MPa	临界体积 V_c /(cm³/mol)	临界压缩因子 Z_c	偏心因子 ω	偶极矩 /D	折射率 n^{20}
							水	乙醇	乙醚	苯	其他									
3-甲基-1-己烯	C_7H_{14}	98.19	0.6871	无	液							−128.15	83.9	528	2.95	398	0.267	0.306		1.3965
4-甲基-1-己烯	C_7H_{14}	98.19	0.6942	无	液	稳定						−141.5	86.7	534	3.04	398	0.273	0.302		1.4000
5-甲基-1-己烯	C_7H_{14}	98.19	0.6877^{25}	无	液							−124.4	85	528.7						1.396
2-甲基-1-庚烯	C_8H_{16}	112.21	0.713	无	液	易燃	−	+	+		+丙酮、石油醚	−87.38	118.5	567	2.6	453	0.25	0.355		1.411
2-甲基-1,3-丁二烯	C_5H_8	68.12	0.679	无	液	易燃	−	+	+		+多数有机溶剂	−146.1	34.0	484.0	3.85	276.0	0.264	0.164	0.3	1.4219
3-甲基-1,2-丁二烯	C_5H_8	68.12	0.6806^{25}	无	液	易燃		+	+		+丙酮	−113.6	40.8	496.0	4.11	267.0	0.266	0.160		1.4203
2-甲基-1,3-戊二烯	C_5H_8	68.12	0.681	无	液	易燃	−					−146.0	34	484	3.850	276.0	0.264	0.164	0.3	1.422
4-甲基-1,3-戊二烯	C_6H_{10}	82.15	0.7181									−94.9	75.6	525.9	3.382	321.6	0.249	0.286		1.4532
α-甲基苯乙烯	C_9H_{10}	118.18	0.9106	无	液	易聚合	−	∞	∞			−23.2	165.4	654.0	3.40	413.5	0.260	0.331		1.5386
2-甲基苯乙烯	C_9H_{10}	118.18	0.9077^{25}	无	油							−68.5	169.8	662.7	3.37	412.5	0.252	0.325		1.5437
3-甲基苯乙烯	C_9H_{10}	118.18	0.9076^{25}	无	液		−	∞	∞			−86.3	164.0	658.2	3.37	412.5	0.254	0.325		1.5411
4-甲基苯乙烯	C_9H_{10}	118.18	0.9173^{25}	无	液							−34.1	172.8	659.7	3.37	412.5	0.253	0.325		1.5420
2,3-二甲基-1-丁烯	C_6H_{12}	84.16	0.6803				−	∞	∞		∞ CS_2	−157.3	55.59	497.7	3.24	343.0	0.27	0.221		1.3995
2,3-二甲基-2-丁烯	C_6H_{12}	84.16	0.7080								+丙酮	−74.19	73.3	521.0	3.36	351.0	0.270	0.239		1.4122
2,3-二甲基-1,3-丁二烯	C_6H_{10}	82.15	0.7222^{25}	无	液	易燃	−				+氯仿	−76.0	69	513.2	3.215	320.9	0.242	0.273	0	1.4394
3,3-二甲基-1-丁烯	C_6H_{12}	84.16	0.6529	无	液		−	∞	∞	+	+氯仿	−115.2	41.24	477.4	3.25	340.0	0.270	0.156		1.3763
2,4-二甲基-1-戊烯	C_7H_{14}	98.19	0.6943	无	液		−	∞	∞	+	+氯仿	−124.1	81.6	516						1.3995
4,4-二甲基-1-戊烯	C_7H_{14}	98.19	0.6827	无	液		−	∞	∞	+	+氯仿、丙酮	−136.6	72.5							1.392
2,2-二甲基-顺-3-己烯	C_8H_{16}	112.21	0.7086^{25}	无	液							−137.4	105.4							1.4110
2,5-二甲基-反-3-己烯	C_8H_{16}	112.21	0.700	无	液							−95.2	101.4^{54}							1.418
2,5-二甲基-1,5-己二烯	C_8H_{14}	110.20	0.742	无	液							−75	114	567	2.740	445	0.259	0.324		1.429
2,5-二甲基-2,4-己二烯	C_8H_{14}	110.20	0.773	无	液		−				+烃类	12	133	597	2.740	425	0.235	0.322		1.476
2,3,3-三甲基-1-丁烯	C_7H_{14}	98.19	0.7050	无	液		−		+	+	+甲醇	−111	77.8	541.8	2.89	400.0	0.26	0.192		1.402
2,4,4-三甲基-1-戊烯	C_8H_{16}	112.21	0.7150	无	液		−		+	+	+氯仿	−93.5	101.4	550	2.680	436	0.256	0.301		1.411
2,4,4-三甲基-2-戊烯	C_8H_{16}	112.21	0.7218	无	液				+	+		−106.4	104.9	555	2.680	436	0.253	0.297		1.416
2-乙基-1-丁烯	C_6H_{12}	84.16	0.6894	无	液		−	+	+		+石油、煤焦油	−132.0	64.7	510.4	3.28	353.5	0.273	0.267		1.3969

4.1.3 环烯烃的一般特性

表 4.1.3 环烯烃的一般特性

名称	分子式	分子量	密度 d_4^{20} /(g/cm³)	颜色	形态	性状	溶解性能					正常熔点 t_m /℃	正常沸点 t_b /℃	临界温度 T_c /K	临界压力 p_c /MPa	临界体积 V_c /(cm³/mol)	临界压缩因子 Z_c	偏心因子 ω	偶极矩 /D	折射率 n^{20}
							水	乙醇	乙醚	苯	其他									
环丁烯	C_4H_6	54.09	0.7330	无	气		–	+			+有机溶剂	–119.4	2.5	447.96	5.074	209.9	0.286	0.1494		1.4740
环戊烯	C_5H_8	68.12	0.7720	无	液	挥发	–	+	+	+	+丙酮、氯仿	–135.02	44.2	506.5	4.80	245	0.279	0.195	0.9	1.4225
环己烯	C_6H_{10}	82.15	0.8110	无	液	挥发	÷÷	++	++	++	①	–103.5	82.9	560.5	4.45	286	0.274	0.214	0.6	1.4465
环庚烯	C_7H_{12}	96.17	0.8228	无	油		–	+	+			–55.3	115	324.8	4.010	336	0.271			1.458
顺-环辛烯	C_8H_{14}	110.19	0.8472	无	液	易燃	–	+	+			–1.3	145	358.8	3.680	387	0.271			1.470
1-甲基环戊烯	C_6H_{10}	82.15	0.7748^{25}	无	液	易燃	–	+	+			–126.6	75	542.0	3.79	311.2	0.273	0.219		1.4322
3-甲基环戊烯	C_6H_{10}	82.15	0.7572^{25}										65	535.7	4.02	298.5	0.269	0.221		1.4216
4-甲基环戊烯	C_6H_{10}	82.15	0.7634^{25}									–160.8	68	543.8	4.02	298.5	0.265	0.221		1.4209
1-乙基环戊烯	C_7H_{12}	96.17	0.7936^{25}	无	液	易燃						–118.8	106.2	571.7	3.415	357.2	0.257	0.284		1.4412
1-甲基环己烯	C_7H_{12}	96.17	0.8102	无	液	易燃						–120.4	110.3	591.3	3.459	352.2	0.248	0.204		1.450
3-甲基环己烯	C_7H_{12}	96.17	0.7990	无	液		–	+	+	+		–123	103	575.9	3.545	361.7	0.268	0.232		1.4414
4-甲基环己烯	C_7H_{12}	96.17	0.7991	无	液		–	+	+	+	②	–119	103	576.3	3.547	361.7	0.268	0.233		1.4414
1-乙基环己烯	C_8H_{14}	110.20	0.8176^{25}									–109.9	136	610.0	3.197	403.4	0.254	0.312		1.4567
2-乙基环己烯	C_8H_{14}	110.20	0.8140										134	559.1	3.272	413.0	0.271	0.340		1.4151
环戊二烯	C_5H_6	66.10	0.877	无	液	萜烯味	–	+	+	+	+多数有机溶剂	–85.0	41.5	233.8	5.150	225	0.275			1.5429
双环戊二烯	$C_{10}H_{12}$	132.20	0.979	无	晶	易燃	–	+	+			31.5	170//	387	3.059	–	0.255	0.288		1.511
1,3-环戊二烯	C_5H_6	66.10	0.8021	无	液	毒	–	∞	∞	∞	③	–96.54	41	504.6	5.16		0.286	0.196		1.4440
1,3-环己二烯	C_6H_8	80.13	0.8405	无	液	挥发	–	+	++			–89	80.3					0.231		1.4755
1,4-环己二烯	C_6H_8	80.13	0.8471	无	液	挥发	–	∞	∞	+		–49	89.5	295.8	4.730	277	0.277	0.205		1.4725
甲基环戊二烯	C_6H_8	80.13	0.941	无	液		–	++	++	++	++丙酮、氯仿	–51	73	541	4.43	279	0.275	0.238		1.4520
4-乙烯基环己烯	C_8H_{12}	108.18	0.8299	无	晶	有毒	–	+	+			–108.9	130	599	3.430	379	0.261	0.329		1.4639
1,5-环辛二烯	C_8H_{12}	108.18	0.88		液	易燃	–				–CCl_4	–69	149.5	337	3.830	366	0.276	0.286		1.493
1,3,5-环庚三烯	C_7H_8	92.14	0.8875^{19}	暗黄	液			+	+	++	++氯仿	–75.18	116.3							1.5343

续表

名称	分子式	分子量	密度 d_4^{20} /(g/cm³)	颜色	形态	性状	溶解性能					正常熔点 t_m /℃	正常沸点 t_b /℃	临界温度 T_c /K	临界压力 p_c /MPa	临界体积 V_c /(cm³/mol)	临界压缩因子 Z_c	偏心因子 ω	偶极矩 /D	折射率 n^{20}
							水	乙醇	乙醚	苯	其他									
1,5,9-环十二烷三烯	$C_{12}H_{18}$	162.27	0.89	淡黄	液	可燃	−			+	+氯仿	34	237.5	471.8	2.990	563	0.272	0.403		1.5082
1,3,5,7-环辛四烯	C_8H_8	104.15	0.9206	淡黄	液		−	+	+	+	+丙酮	−4.7	140.5	642.6	4.14	345.5	0.268	0.244	0.07	1.5381

① 易溶于 CCl_4、石油醚、丙酮。
② 溶于丙酮、氯仿、石油醚。
③ 溶于 CS_2、乙酸、苯胺；以任何比例溶于 CCl_4。

4.1.4 含卤和芳烃烯烃的一般特性

表 4.1.4 含卤和芳烃烯烃的一般特性

名称	分子式	分子量	密度 d_4^{20} /(g/cm³)	颜色	形态	性状	溶解性能					正常熔点 t_m /℃	正常沸点 t_b /℃	临界温度 T_c /K	临界压力 p_c /MPa	临界体积 V_c /(cm³/mol)	临界压缩因子 Z_c	偏心因子 ω	偶极矩 /D	折射率 n^{20}
							水	乙醇	乙醚	苯	其他									
氟乙烯	C_2H_3F	46.04	0.707	无	气	无臭	−	+	+			−160.5	−72	328.5	5.20	144	0.282	0.189	1.4	1.34
1,1-二氟乙烯	$C_2H_2F_2$	64.03	0.617^{24}	无	气	毒	−	++	++			−144	−85.5	303.0	4.45	156	0.276	0.139	1.4	1.3225
1-氯-2,1-二氟乙烯	C_2HClF_2	98.48	1.194									−138.5	−18.5	197.0	400.6	4.458	0.264	0.219		
2-氯-1,1-二氟乙烯	C_2HClF_2	98.48	1.3±0.1	无	气							−139	−18	400.55	4.458	197	0.264	0.212		1.345
2-氯-1,2-二氟乙烯	C_2HClF_2	98.48	1.494									−138.5	−18.8	400	4.46	197	0.264	0.219		1.3777
三氟乙烯	C_2HF_3	82.02	1.265									−78	−51	544.2	5.015					1.3130
四氟乙烯	C_2F_4	100.02	1.519^{-76}	无	气		÷÷	÷	+		+有机溶剂	−131.1	−76	307.0	3.94	172	0.266	0.226		1.2420
1,1,1,2-四氟乙烯	C_2F_4	100.02	1.519									−142.5	−76.3	306.5	3.92	201	0.262	0.327		
六氟丙烯	C_3F_6	150.02	1.58	无	气	无臭		÷	÷			−156.5	−29.6	385.2	3.25	268	0.254	0.205		1.583^{-40}
氯乙烯	C_2H_3Cl	62.50	0.9106	无	气	醚味	÷	+	+		+多数有机溶剂	−153.8	−13.8	429	5.3	181	0.269	0.101	1.5	1.3700
1,1-二氯乙烯	$C_2H_2Cl_2$	96.94	1.213	无	液	挥发	÷÷	+	+	+	①	−122.5	31.6	489	4.68	219.0	0.250	0.179		1.4249
顺-1,2-二氯乙烯	$C_2H_2Cl_2$	96.94	1.2837	无	液	毒	÷	∞	∞		+一般有机溶剂	−80.0	60	515.5	5.87	536	0.249	0.238	1.8	1.4490
反-1,2-二氯乙烯	$C_2H_2Cl_2$	96.94	1.2565	无	液	毒	÷	∞	∞		+一般有机溶剂	−49.8	47.64	535.8	4.58	515.5	0.258	0.232	0.0	1.4454
三氯乙烯	C_2HCl_3	131.39	1.4642	无	液	麻醉	÷÷	∞	∞		②	−84.7	86.8	544.2	5.02	256.0	0.265	0.213	0.9	1.4773
四氯乙烯	C_2Cl_4	165.83	1.6230	无	液	不燃	÷÷	∞	∞	∞	∞氯仿	−22.2	121.2	620.2	4.76	611	0.250	0.250	0.0	1.5059

续表

名称	分子式	分子量	密度 d_4^{20} /(g/cm³)	颜色	形态	性状	溶解性能					正常熔点 t_m /℃	正常沸点 t_b /℃	临界温度 T_c /K	临界压力 p_c /MPa	临界体积 V_c /(cm³/mol)	临界压缩因子 Z_c	偏心因子 ω	偶极矩 /D	折射率 n^{20}
							水	乙醇	乙醚	苯	其他									
顺-1-氯丙烯	C_3H_5Cl	76.52	0.9347	无	液	易燃	–	∞	∞		∞氯仿、石油醚	-134.8	32	480.8	4.254	241.5	0.257	0.106	1.69	1.3973
反-1-氯丙烯	C_3H_5Cl	76.52	0.9349	无	液	易燃	–	∞	∞		∞氯仿、石油醚	-99	37	495.9	4.604	235.7	0.263	0.179	1.97	1.4054
2-氯丙烯	C_3H_5Cl	76.52	0.9017	无	液	易燃	–	+	+		+多数有机溶剂	-137.4	23	478	4.710	234	0.277	0.151		1.395
3-氯丙烯(烯丙基氯)	C_3H_5Cl	76.52	0.9376	无	液	易燃	–	∞	∞		∞氯仿、石油醚	-136	44.8	514	4.76	234.0	0.260	0.130	2.0	1.4157
全氯丙烯	C_3Cl_6	248.75	1.7632	淡黄	液							-72.9	209.5	725.6	3.686	468.5	0.286	0.316	0.46	1.5091
一氯二氟乙烯	$C_2H_2ClF_2$	99.49	1.54^{-60}									-158.1	-28.3	379	4.02	212	0.270	0.264		
一氯三氟乙烯	C_2ClF_3	116.47	1.20	无	气	醚味			+			-157.5	-26.2	379	4.053	212	0.272	0.264		
2,3-二氯-1-丙烯	$C_3H_4Cl_2$	111.00	1.211	微黄	液	有毒	–	++	+	+	+氯仿	10	93.0	578	4.380	277	0.252	0.195		1.461
1,2,3-三氯丙烯	$C_3H_3Cl_3$	145.42	1.412	微黄	油		–	+	+	+	+氯仿	-30	142	658.1	4.211	319.4	0.246	0.161		1.5030
1,4-二氰基-2-丁烯	$C_6H_6N_2$	106.13	0.9964									74–79	120^{90Pa}	755	2.950	426	0.2	0.667		1.5400
2-氯-1,3-丁二烯	C_4H_5Cl	88.54	0.956	无	液	易燃	÷	+	+		+多数有机溶剂	-130	59.4	534.8	4.26	260.0	0.253			1.4583
顺-1,4-二氯-2-丁烯	$C_4H_6Cl_2$	125.01	1.188^{25}	淡黄	液	易燃	÷			+	+酒精	-48	1520	640	3.780	343	0.244	0.330		1.489
反-1,4-二氯-2-丁烯	$C_4H_6Cl_2$	125.01	1.183^{25}	淡黄	液	易燃					+氯仿、乙酸乙酯	1–3	75^{5kPa}	646	3.780	346	0.244	0.328		1.488
3,4-二氯-1-丁烯	$C_4H_6Cl_2$	125.01	1.15^{25}	无	液	易燃	÷÷	+	+	++	++氯仿,+甲醇	-61	123	589	3.850	33	0.259	0.296		1.4658
一氯丁二烯	C_4H_5Cl	88.54	0.96									-130	59.4	525	4.260	273	0.266	0.197		1.4600
六氯丁二烯	C_4Cl_6	260.76	1.556^{25}	无	液	腐蚀	–					-21	215	719.9	3.460	517.5	0.299	0.376	0.2	1.5542
六氯-1,3-丁二烯	C_4Cl_6	260.76	1.68	微黄	液	可燃	–	+	+			-19	215	738	2.840	55	0.255	0.168		1.555
2-乙基-1-戊烯	C_7Cl_{14}	98.19	0.7040									-105.2	94	543	2.950	398	0.26			1.4020
3-乙基-1-戊烯	C_7Cl_{14}	98.19	0.703	无	液		–	+	+		③		84.11	530	3.030	398	0.274	0.302	0	1.398
2-乙基-1-己烯	C_8H_{16}	112.21	0.73	无	液	易燃	–	+	+		③	-103	120	569	2.670	453	0.256			1.4145
2,4-二苯基-4-甲基戊烯	$C_{18}H_{20}$	236.35	0.99	微黄	液		÷÷			+	+甲苯、丙酮		161^{660Pa}	835	2.000	839	0.242			1.569
六氯环戊二烯	C_5Cl_6	272.77	1.7019^{25}	黄	油	刺激	–				+CCl_4等	-9	239	746	3.010	526	0.255	0.383		1.5658
溴乙烯	C_2H_3Br	106.95	1.4933	无	气	易液化	–	∞	∞	∞	∞丙酮、氯仿	-139.5	15.8	470.1	6.63	161.5	0.274	0.241		1.4380
苯乙烯	C_8H_8	104.15	0.9016^{25}	无	液	易燃	÷÷	∞	∞	∞	④	-30.65	145.3	636	3.69	369.7	0.264	0.257	0.1	1.544^{25}
4-叔丁基苯乙烯	$C_{12}H_{16}$	160.25	0.875^{25}	微黄	液	刺激	–				+甲醇	-38	91.5	709	2.480	594	0.25	0.422		1.52
4-异丁基苯乙烯	$C_{12}H_{16}$	160.25	0.882										227	735	2.380	621	0.242	0.463		1.5218
对异丙烯基苯乙烯	$C_{12}H_{16}$	160.25	0.882										227	741	2.780	531	0.24	0.407		
1,1-二苯乙烯	$C_{14}H_{12}$	180.24	1.0232	黄	液		–		+		+甲醇、氯仿	8.2	277							1.608

续表

名称	分子式	分子量	密度 d_4^{20} /(g/cm³)	颜色	形态	性状	溶解性能					正常熔点 t_m /℃	正常沸点 t_b /℃	临界温度 T_c /K	临界压力 p_c /MPa	临界体积 V_c /(cm³/mol)	临界压缩因子 Z_c	偏心因子 ω	偶极矩 /D	折射率 n^{20}
							水	乙醇	乙醚	苯	其他									
顺-1,2-二苯乙烯	$C_{14}H_{12}$	180.24	1.01	黄	油		–	÷	÷	++			83^{53Pa}	784	2.740	596	0.251	0.476		1.622
反-1,2-二苯乙烯	$C_{14}H_{12}$	180.24	0.9725	无	单		–	÷	÷	++		124	306	820	2.740	607	0.244	0.4876		1.6230
三苯乙烯	$C_{20}H_{16}$	256.34	1.0373		片		–	+	++		+甲醇	70	220	908	2.100	86	0.239	0.600		1.6292
1,1,2,2-四苯乙烯	$C_{26}H_{20}$	332.44	1.1550									223	400	996	1.710	1.02	0.211	0.728		1.4800
4-羟基苯乙烯	C_8H_8O	120.15	1.04	微黄	固	晶粉						73	228.8	736	4.520	374	0.276	0.509		1.4440

① 常加 0.02% 对甲氧基酚作阻聚剂；溶于丙酮、氯仿。
② 溶于多数油类、丙酮；以任何比例溶于氯仿。
③ 溶于丙酮、石油烃和焦油溶剂。
④ 溶于 CS_2、甲醇、丙酮；可以任何比例溶于石油醚。

4.1.5 其他烯烃的一般特性

表 4.1.5 其他烯烃的一般特性

名称	分子式	分子量	密度 d_4^{20} /(g/cm³)	颜色	形态	性状	溶解性能					正常熔点 t_m /℃	正常沸点 t_b /℃	临界温度 T_c /K	临界压力 p_c /MPa	临界体积 V_c /(cm³/mol)	临界压缩因子 Z_c	偏心因子 ω	偶极矩 /D	折射率 n^{20}
							水	乙醇	乙醚	苯	其他									
双戊烯	$C_{10}H_{16}$	136.23	0.8411	无	液	柠檬味	–	∞				–74.0	178	653.0						1.4730
α-水芹烯	$C_{10}H_{16}$	136.23	0.8525	微黄	油	辛辣							171.5	649	2.820	489	0.256	0.381		1.469
β-水芹烯	$C_{10}H_{16}$	136.23												648	2.820	487	0.255	0.377		1.4795
2-降冰片烯	C_7H_{10}	94.15	0.955									45	96	583	3.930	337	0.273	0.159		1.4770
莰烯	$C_{10}H_{16}$	136.23	0.8500	无	立		–	÷	+		①	48–52	159.5	638	2.75	499	0.259			1.4551
α-蒎烯	$C_{10}H_{16}$	136.23	0.858	无	液		–	+	+		②	–55	155.5	644	2.760	454	0.234	0.221		1.465
β-蒎烯	$C_{10}H_{16}$	136.23	0.858	无	液		÷÷	+	∞	+	③	–55	155.5	643	2.760	494	0.255	0.325		1.478
苎烯（d-柠檬烯）	$C_{10}H_{16}$	136.23	0.860	白	粉	柠檬味	–	∞				37±1	158	653	2.820	47	0.244	0.381		

① 溶于环己烷、环己烯、二氧六环和氯仿。
② 溶于冰乙酸、氯仿；易溶于松香。
③ 溶于丙酮、氯仿；易溶于松香；可以任何比例溶于无水乙醇。

4.2 密度

4.2.1 烯烃气体在压力下的比容

表4.2.1 乙烯气体在压力下的比容 单位：dm^3/kg

p/bar	T/K							
	110	125	150	175	200	225	250	275
1	1.545	1.592	1.681	503.6	581.4	658.0	733.7	809.1
5	1.544	1.591	1.680	1.785	1.917	124.0	140.7	156.9
10	1.543	1.591	1.679	1.783	1.914	56.43	66.72	75.25
20	1.542	1.589	1.676	1.780	1.908	2.084	28.10	34.05
30	1.541	1.588	1.674	1.776	1.903	2.072	2.347	19.78
40	1.540	1.587	1.672	1.773	1.897	2.062	2.318	11.63
50	1.539	1.585	1.670	1.770	1.892	2.052	2.293	2.846
60	1.538	1.584	1.668	1.767	1.887	2.043	2.270	2.723
80	1.535	1.581	1.664	1.761	1.877	2.025	2.232	2.585
100	1.533	1.579	1.660	1.754	1.867	2.009	2.199	2.495
150	1.528	1.571	1.650	1.740	1.846	1.973	2.136	2.356
200	1.522	1.565	1.641	1.727	1.826	1.943	2.086	2.268
250	1.517	1.559	1.633	1.715	1.809	1.918	2.046	2.203
300	1.512	1.552	1.625	1.704	1.793	1.895	2.012	2.151
400	1.503	1.542	1.609	1.683	1.765	1.855	1.957	2.072
500	1.499	1.531	1.596	1.665	1.740	1.823	1.913	2.010

p/bar	T/K						
	300	325	350	375	400	425	450
1	884.2	959.1	1034	1108	1183	1258	1332
5	172.8	188.4	203.9	219.3	234.6	249.9	265.0
10	83.80	92.07	100.2	108.1	116.0	123.8	131.6
20	39.14	43.79	48.23	52.57	56.75	60.88	64.91
30	24.04	27.63	30.90	34.00	37.00	39.90	42.70
40	16.30	19.47	22.20	24.73	27.10	29.38	31.60
50	11.40	14.51	16.97	19.16	21.19	23.11	24.95
60	7.757	11.16	13.47	15.46	17.25	18.92	20.52
80	3.672	6.864	9.136	10.85	12.37	13.74	15.02
100	3.094	4.698	6.596	8.163	9.492	10.68	11.77
150	2.684	3.223	4.040	4.983	5.914	6.765	7.578
200	2.508	2.840	3.292	3.838	4.445	5.058	5.664
250	2.397	2.644	3.024	3.327	3.743	4.190	4.648
300	2.317	2.517	2.578	3.037	3.351	3.690	4.042
400	2.203	2.352	2.522	2.711	2.919	3.413	3.382
500	2.122	2.245	2.379	2.524	2.678	2.847	3.022

表4.2.2 丙烯气体在压力下的比容 单位：m^3/kg

p/MPa	T/K							
	260	300	340	380	420	460	500	540
0.07	0.7229	0.8385	0.9533	1.068	1.181	1.295	1.409	1.522
0.10	0.4960	0.5767	0.6566	0.7359	0.8150	0.8937	0.9724	1.051
0.20	0.2456	0.2880	0.3295	0.3703	0.4109	0.4512	0.4913	0.5314
0.40		0.1396	0.1614	0.1826	0.2034	0.2240	0.2444	0.2646

续表

p/MPa	T/K							
	260	300	340	380	420	460	500	540
0.70		0.07576	0.08933	0.1021	0.1145	0.1266	0.1385	0.1503
1.0		0.04991	0.06039	0.06989	0.07891	0.08764	0.09619	0.1046
2.0			0.02608	0.03212	0.03734	0.04219	0.04681	0.05129
4.0				0.01256	0.01241	0.01944	0.02216	0.02467
7.0				0.00314	0.00716	0.00970	0.01164	0.01334
10				0.00263	0.00399	0.00596	0.00756	0.00891

4.2.2 烯烃液体的密度

表4.2.3 烯烃和二烯烃液体的密度 单位：g/cm^3

名称	温度/℃										
	−180	−160	−140	−120	−100	−80	−60	−40	−20	0	20
乙烯		0.643	0.618	0.592	0.565	0.535	0.502	0.464	0.417	0.346	
丙烯	0.751	0.733	0.713	0.691	0.669	0.646	0.623	0.600	0.574	0.547	0.517
1-丁烯	0.792	0.775	0.758	0.740	0.722	0.703	0.683	0.663	0.642	0.619	0.595
异丁烯			0.758	0.740	0.722	0.703	0.683	0.663	0.641	0.618	0.594
顺-2-丁烯				0.765	0.747	0.728	0.709	0.689	0.668	0.646	0.623
反-2-丁烯					0.728	0.709	0.690	0.670	0.649	0.627	0.604
1-戊烯		0.808	0.793	0.776	0.758	0.739	0.720	0.700	0.681	0.661	0.641
顺-2-戊烯			0.798	0.782	0.765	0.748	0.731	0.713	0.695	0.676	0.656
反-2-戊烯			0.789	0.773	0.757	0.740	0.723	0.705	0.687	0.668	0.648
1-己烯				0.798	0.782	0.765	0.747	0.729	0.711	0.693	0.674
1-庚烯					0.798	0.783	0.767	0.751	0.735	0.718	0.701
1-辛烯					0.812	0.797	0.782	0.767	0.752	0.736	0.719
丙二烯				0.758	0.738	0.717	0.695	0.673	0.648	0.622	0.594
1,2-丁二烯				0.796	0.778	0.759	0.739	0.719	0.697	0.675	0.652
1,3-丁二烯					0.751	0.731	0.711	0.690	0.668	0.645	0.621
1,2-戊二烯				0.817	0.800	0.783	0.765	0.747	0.729	0.711	0.692
1,4-戊二烯			0.803	0.787	0.771	0.753	0.735	0.717	0.698	0.680	0.661
2,3-戊二烯				0.813	0.797	0.781	0.765	0.748	0.731	0.713	0.695
名称	温度/℃										
	40	60	80	100	120	140	160	180	200	220	240
丙烯	0.478	0.435	0.371								
1-丁烯	0.569	0.541	0.510	0.473	0.427	0.351					
异丁烯	0.568	0.540	0.508	0.471	0.423	0.341					
顺-2-丁烯	0.598	0.572	0.543	0.510	0.472	0.422	0.324				
反-2-丁烯	0.580	0.553	0.523	0.489	0.448	0.392					
1-戊烯	0.619	0.597	0.573	0.547	0.514	0.480	0.440	0.377			
顺-2-戊烯	0.635	0.613	0.589	0.564	0.536	0.504	0.468	0.420	0.329		
反-2-戊烯	0.627	0.606	0.582	0.557	0.529	0.498	0.461	0.413	0.315		
1-己烯	0.655	0.635	0.615	0.593	0.570	0.542	0.512	0.479	0.439	0.376	
1-庚烯①	0.683	0.665	0.645	0.625	0.604	0.581	0.556	0.529	0.499	0.463	0.418
1-辛烯②	0.702	0.685	0.667	0.648	0.629	0.608	0.586	0.563	0.537	0.509	0.476

续表

名称	温度/℃									
	40	60	80	100	120	140	160	180	200	220	240
丙二烯	0.563	0.528	0.485	0.428							
1,2-丁二烯	0.627	0.601	0.572	0.540	0.503	0.458	0.390				
1,3-丁二烯	0.595	0.567	0.536	0.500	0.456	0.392					
1,2-戊二烯	0.673	0.654	0.633	0.611	0.587	0.559	0.528	0.494	0.453	0.385	
1,4-戊二烯	0.641	0.620	0.598	0.574	0.545	0.513	0.479	0.434	0.350		
2,3-戊二烯	0.676	0.655	0.634	0.612	0.587	0.561	0.532	0.498	0.456	0.393	

① 温度为260℃时，其值为0.335 g/cm³。
② 温度为260、280℃时，其值分别为0.437、0.380 g/cm³。

表4.2.4 甲基烯烃和环烯烃液体的密度

单位：g/cm^3

名称	温度/℃									
	-140	-120	-100	-80	-60	-40	-20	0	20	40
2-甲基-1-丁烯		0.781	0.764	0.747	0.729	0.710	0.691	0.671	0.651	0.629
2-甲基-2-丁烯		0.800	0.781	0.762	0.742	0.723	0.703	0.683	0.662	0.641
3-甲基-1-丁烯	0.783	0.766	0.747	0.728	0.708	0.689	0.669	0.648	0.627	0.605
2,3-二甲基-1-丁烯	0.807	0.792	0.777	0.762	0.747	0.730	0.714	0.696	0.678	0.659
2,3-二甲基-2-丁烯					0.777	0.760	0.743	0.726	0.708	0.689
2-甲基-1-戊烯		0.800	0.784	0.767	0.750	0.733	0.715	0.698	0.680	0.661
2-甲基-2-戊烯		0.806	0.790	0.774	0.757	0.739	0.722	0.704	0.686	0.668
4-甲基-1-戊烯		0.794	0.776	0.758	0.740	0.721	0.702	0.683	0.664	0.644
4-甲基-顺-2-戊烯		0.799	0.782	0.764	0.745	0.727	0.708	0.689	0.669	0.649
4-甲基-反-2-戊烯	0.812	0.797	0.780	0.762	0.744	0.725	0.707	0.688	0.669	0.649
2-甲基-1,3-丁二烯	0.826	0.811	0.794	0.776	0.757	0.738	0.719	0.700	0.681	0.661
3-甲基-1,2-丁二烯			0.795	0.777	0.759	0.741	0.723	0.704	0.685	0.666
1-顺-3-戊二烯				0.763	0.747	0.730	0.712	0.694	0.676	0.656
1-反-3-戊二烯	0.826	0.811	0.795	0.779	0.763	0.745	0.728	0.710	0.691	0.671
环戊烯		0.904	0.886	0.869	0.850	0.832	0.813	0.793	0.772	0.751
环己烯			0.919	0.902	0.884	0.866	0.848	0.829	0.811	0.792
1,3-环戊二烯				0.903	0.884	0.865	0.845	0.824	0.802	0.780
双环戊二烯										0.902
1,5-环辛二烯										0.866

名称	温度/℃									
	60	80	100	120	140	160	180	200	220	240
2-甲基-1-丁烯	0.605	0.581	0.554	0.524	0.489	0.447	0.385			
2-甲基-2-丁烯	0.618	0.594	0.569	0.536	0.503	0.464	0.409			
3-甲基-1-丁烯	0.582	0.556	0.525	0.492	0.453	0.400				
2,3-二甲基-1-丁烯	0.640	0.619	0.596	0.572	0.545	0.515	0.480	0.435	0.364	
2,3-二甲基-2-丁烯	0.670	0.650	0.629	0.606	0.582	0.555	0.525	0.491	0.449	0.386
2-甲基-1-戊烯	0.642	0.623	0.602	0.580	0.555	0.524	0.493	0.457	0.406	
2-甲基-2-戊烯	0.649	0.629	0.608	0.585	0.561	0.535	0.505	0.470	0.425	0.347
4-甲基-1-戊烯	0.623	0.601	0.578	0.552	0.521	0.488	0.450	0.394		
4-甲基-顺-2-戊烯	0.629	0.607	0.584	0.558	0.527	0.494	0.457	0.403		
4-甲基-反-2-戊烯	0.629	0.607	0.584	0.560	0.529	0.497	0.461	0.411		
2-甲基-1,3-丁二烯	0.640	0.617	0.593	0.566	0.533	0.499	0.458	0.392		
3-甲基-1,2-丁二烯	0.646	0.625	0.602	0.578	0.548	0.516	0.480	0.433	0.337	

续表

名　称	温度/℃									
	60	80	100	120	140	160	180	200	220	240
1-顺-3-戊二烯	0.636	0.614	0.591	0.567	0.539	0.509	0.472	0.425	0.336	
1-反-3-戊二烯	0.651	0.629	0.606	0.581	0.553	0.523	0.487	0.441	0.364	
环戊烯	0.728	0.705	0.680	0.653	0.623	0.591	0.554	0.508	0.442	
环己烯①	0.773	0.753	0.733	0.712	0.690	0.666	0.639	0.608	0.575	0.539
1,3-环戊二烯	0.757	0.732	0.706	0.678	0.647	0.613	0.573	0.525	0.453	
双环戊二烯②	0.885	0.868	0.851	0.833	0.814	0.794	0.774	0.753	0.731	0.708
1,5-环辛二烯③	0.848	0.829	0.810	0.790	0.769	0.747	0.724	0.700	0.674	0.645

① 温度为 260、280℃时，其值分别为 0.492、0.410g/cm^3。
② 温度为 260、280、300、320、340、360、380℃时，其值分别为 0.683、0.656、0.627、0.594、0.556、0.506、0.423g/cm^3。
③ 温度为 260、280、300、320℃时，其值分别为 0.614、0.578、0.535、0.476g/cm^3。

表4.2.5　卤代烯烃液体的密度

单位：g/cm^3

名　称	温度/℃										
	−140	−120	−100	−80	−60	−40	−20	0	20	40	60
氯乙烯	1.146	1.120	1.094	1.066	1.038	1.009	0.978	0.946	0.912	0.876	0.836
偏二氯乙烯		1.442	1.413	1.382	1.350	1.317	1.285	1.252	1.218	1.184	1.148
三氯乙烯				1.613	1.585	1.555	1.526	1.495	1.464	1.431	1.398
全氯乙烯							1.687	1.655	1.623	1.590	1.557
顺-1,2-二氯乙烯					1.398	1.371	1.342	1.314	1.284	1.253	1.221
反-1,2-二氯乙烯						1.351	1.319	1.287	1.255	1.221	1.187
2-氯-1,3-丁二烯									0.955	0.931	0.906
氟乙烯	0.990	0.955	0.919	0.883	0.845	0.805	0.760	0.704	0.641	0.554	
偏二氟乙烯	1.263	1.215	1.165	1.111	1.053	0.988	0.914	0.823	0.686		
四氟乙烯	1.739	1.674	1.605	1.532	1.453	1.365	1.266	1.145	0.976		
溴乙烯		1.821	1.780	1.738	1.694	1.650	1.606	1.561	1.515	1.468	1.417
苯乙烯							0.938	0.922	0.906	0.890	0.873
α-甲基苯乙烯							0.943	0.927	0.911	0.894	0.877

名　称	温度/℃										
	80	100	120	140	160	180	200	220	240	260	280
氯乙烯	0.793	0.743	0.683	0.601							
偏二氯乙烯	1.110	1.070	1.027	0.972	0.915	0.851	0.765	0.578			
三氯乙烯	1.363	1.327	1.289	1.250	1.208	1.163	1.114	1.060	0.998	0.924	0.823
全氯乙烯①	1.524	1.491	1.456	1.420	1.383	1.345	1.304	1.261	1.206	1.151	1.092
顺-1,2-二氯乙烯	1.188	1.153	1.116	1.077	1.035	0.989	0.938	0.879	0.805	0.696	
反-1,2-二氯乙烯	1.151	1.114	1.074	1.031	0.976	0.920	0.857	0.773	0.602		
2-氯-1,3-丁二烯	0.880	0.852	0.822	0.790	0.755	0.715	0.669	0.612	0.528		
溴乙烯	1.364	1.307	1.236	1.160	1.075	0.960					
苯乙烯②	0.856	0.838	0.820	0.801	0.781	0.761	0.739	0.717	0.693	0.667	0.639
α-甲基苯乙烯③	0.860	0.842	0.823	0.804	0.785	0.764	0.743	0.720	0.696	0.671	0.643

① 温度为 300、320、340℃时，其值分别为 1.025、0.937、0.783g/cm^3。
② 温度为 300、320、340、360℃时，其值分别为 0.608、0.572、0.528、0.465g/cm^3。
③ 温度为 300、320、340、360、380℃时，其值分别为 0.613、0.578、0.537、0.483、0.36g/cm^3。

算图 4.1
丙烯液体的密度（第 758 页左）

算图 4.2
烯烃液体的密度（第 758 页右）

4.2.3 饱和烯烃的密度

表4.2.6 烯烃在饱和线上的密度　　单位：kg/m^3

乙烯	T_{sat}/K	169.43	183	193	203	213	223	233	243	263	308.7
	p_{sat}/kPa	101.3	213	341	518	755	1063	1453	1938	3240	6240
	液体	567.9	547.9	532.9	517.2	500.6	482.8	463.4	441.6	385.6	231
	气体	2.09	4.24	6.6	9.81	14.01	19.47	26.58	36.12	69.58	231
丙烯	T_{sat}/K	225.5	240	255	270	285	300	315	330	345	365
	p_{sat}/kPa	101.3	187	333	530	820	1210	1710	2410	3190	4610
	液体	611	587	575	556	535	509	481	443	390	233
	气体	2.15	3.93	6.68	10.7	16.4	24.4	35.6	51.7	77.2	233
1,2-丁二烯	T_{sat}/K	284	300	315	330	345	360	375	390	400	443.7
	p_{sat}/kPa	101.3	180	265	445	661	945	1310	1770	2140	4500
	液体	651	643	625	605	585	563	537	507	485	246.8
	气体	2.32	4.04	6.43	9.8	14.4	20.7	29.2	40.7	50.8	246.8
1,3-丁二烯	T_{sat}/K	268.69	285	300	315	330	350	370	390	410	425.15
	p_{sat}/kPa	101.3	184	298	458	676	1080	1630	2370	3350	4330
	液体	650	631	612	593	572	541	507	464	405	245
	气体	2.53	4.41	6.97	10.5	15.5	26.7	38.7	53.5	101	245

4.3 三相点和共沸点

4.3.1 烯烃的三相点

表 4.3.1 链烯烃的三相点

物料名	三相点温度/K	三相点压力/mPa	物料名	三相点温度/K	三相点压力/mPa	物料名	三相点温度/K	三相点压力/mPa
乙烯	104	125988	反-3-己烯	159.73	67.463	1-癸烯	206.89	17.515
丙烯	87.89	0. 9332	1-庚烯	154.27	1.26432	顺-2-癸烯	207	11.971
1-丁烯	87.8	0.00072	顺-2-庚烯	164.0	15.691	反-2-癸烯	220	83.140
异丁烯	132.81	644.93	反-2-庚烯	163.67	9.0539	1-十一烯	223.99	20.5686
顺-2-丁烯	134.26	272.058	顺-3-庚烯	136.51	0.00904	1-十二烯	237.93	60.141
反-2-丁烯	167.62	74482.8	1-辛烯	171.45	2.54607	1-十三烯	250.08	41.952
1-戊烯	108.02	0.01094	顺-2-辛烯	172.95	4.52827	1-十四烯	260.3	36.356
顺-2-戊烯	121.75	0. 34818	反-2辛烯	185.45	60.88	1-十五烯	269.42	30.439
反-2-戊烯	132.89	5.74117	顺-3-辛烯	147.15	0.0188	1-十六烯	277.51	24.487
1-己烯	133.39	0. 59233	反-3-辛烯	163.15	1.0217	1-十七烯	295.13	46.556
顺-2-己烯	132	0. 20069	顺-4-辛烯	154.45	0. 3097	1-十八烯	290.76	9.0497
反-2-己烯	140.17	0. 82622	反-4-辛烯	179.37	19.000	1-十九烯	296.55	4.7582
顺-3-己烯	135.33	0. 34321	1-壬烯	191.91	10.143	1-二十烯	301.76	3.1322

表 4.3.2 二烯烃的三相点

物料名	三相点温度 /K	三相点压力 /mPa	物料名	三相点温度 /K	三相点压力 /mPa
1,2-丁二烯	136.95	447.2	顺-1,3-戊二烯	132.35	2.07011
1,3-丁二烯	164.25	69199	1-反-3-戊二烯	185.71	28004.1
1,2-己二烯	145	1.98154	1,4-戊二烯	124.86	3.29116
1,4-己二烯	134.45	0.34283	2,3-戊二烯	147.5	30.8693
1,5-己二烯	132.47	1.25346	环戊二烯	188.15	105620
顺，反-2,4-己二烯	177.05	382.461	1,3-环己二烯	161	30.3542
反，反-2,4-己二烯	228.25	124025	1,4-环己二烯	223.95	59331.8
丙二烯	136.87	18249.7	1,5-环辛二烯	203.98	93.6312
1,2-戊二烯	135.89	4.38051	双环戊二烯	305.15	566190

表 4.3.3 甲基烯烃的三相点

物料名	三相点温度 /K	三相点压力 /mPa	物料名	三相点温度 /K	三相点压力 /mPa
α-甲基苯乙烯	249.95	9230.8	1-甲基环戊烯	146.62	3.97867
邻甲基苯乙烯	204.58	15.325	4-甲基环戊烯	112.3	0.000715
间甲基苯乙烯	186.81	1.19155	2-甲基-1-己烯	170.28	56.9462
对甲基苯乙烯	239.02	1508.44	3-甲基-1-己烯	145	0.323622
2-甲基-1-丁烯	135.58	19.678	4-甲基-1-己烯	131.7	0.019967
2-甲基-2-丁烯	139.39	19.37	2-甲基-1-庚烯	185.78	113.669
3-甲基-1-丁烯	104.66	0.014468	2,5-二甲基-1,5-己二烯	198.32	772.111
2-甲基-1,3-丁二烯	127.27	2.47682	2,5-二甲基-2,4-己二烯	286.8	534968
3-甲基-1,2-丁二烯	159.53	727.764	2,3-二甲基-1,3-丁二烯	197.15	15792.4
2-甲基-1-戊烯	137.42	0.870702	2,3-二甲基-1-丁烯	115.89	0.008227
2-甲基-2-戊烯	138.07	0.603754	2,3-二甲基-2-丁烯	198.92	13384.8
3-甲基-1-戊烯	120.2	0.023431	3,3-二甲基-1-丁烯	157.95	694.129
3-甲基-顺-2-戊烯	138.31	0.829972	2,3-二甲基-1-己烯	172	14.3568
3-甲基-反-2-戊烯	134.70	0.155502	2,3,3-三甲基-1-丁烯	163.3	86.0726
4-甲基-1-戊烯	119.51	0.016007	2,4,4-三甲基-1-戊烯	179.7	157.498
4-甲基-顺-2-戊烯	138.3	2.15772	2,4,4-三甲基-2-戊烯	166.84	8.82088
4-甲基-反-2-戊烯	132.35	0.344783			

表 4.3.4 卤烯烃的三相点

物料名	三相点温度 /K	三相点压力 /mPa	物料名	三相点温度 /K	三相点压力 /mPa
一氯三氟乙烯	115	104.78	四氟乙烯	142	1160550
1,1-二氯乙烯	150.59	224.19	1,1,1,2-四氟乙烯	172.15	573303
顺-1,2-二氯乙烯	193.15	14322.5	四氯乙烯	250.8	116621
反-1,2-二氯乙烯	223.35	603226	六氟丙烯	116.65	87.1201
2,3-二氯丙烯	183.15	112.364	氟乙烯	112.65	5239.07
顺-1,4-二氯-2-丁烯	223.15	872.694	氯乙烯	119.36	19.1781
反-1,4-二氯-2-丁烯	275.65	99779	氯丁二烯	143.15	8.0731
3,4-二氯-1-丁烯	212	1235.04	氯丙烯	138.65	13.4009
三氯乙烯	188.4	1978.68	2-氯丙烯	135.75	129.068
六氯-1,3-丁二烯	252.15	417.158	2-氯-1,1-二氟乙烯	134.65	2675.7
六氯环戊二烯	283.65	3668.38	溴乙烯	135.35	268.632

表 4.3.5 其他烯烃的三相点

物料名	三相点温度 /K	三相点压力 /mPa	物料名	三相点温度 /K	三相点压力 /mPa
2-乙基-1-丁烯	141.61	3.48495	环己烯	196.67	103.772
2-乙基-1-戊烯	168	25.4029	环庚烯	217.15	9020.71
3-乙基-1-戊烯	145.67	0.83538	环辛烯	214.15	1095.31
2-乙基-1-己烯	190	219.57	1,5,9-环十二烷三烯	256.35	988.286
乙烯基环己烯	164	0.33162	2-降冰片烯	319.4	20037500
乙烯基降冰片烯	193.15	123.028	4-羟基苯乙烯	346.65	203873
三苯乙烯	342.15	110.829	1,3-联苯基三氮烯	371.65	10108.7
1,1,2,2-四苯乙烯	496.15	55935.8	1,4-氰基-2-丁烯	349	24535.6
5-亚乙基-2-降冰片烯	193	129.781	碳酸乙烯	309.55	8010.04
苯乙烯	242.54	10613.2	α-蒎烯	209.15	128.545
顺-2,2-苯丁烯	249.65	1357.25	β-蒎烯	211.61	114.827
环戊烯	138.13	12.812			

4.3.2 烯烃的沸点

表4.3.6 几种烯烃在压力下的沸点　　单位：℃

名称	压强 /kPa									
	1	2	4	7	10	20	40	60	80	101.3
三氯乙烯					25.5	36.5	46	66	77	87.2
苯乙烯	$33^{1.3}$	43	56	67.8	74.5	91.2	112.5	126	137	145.2

N 算图 4.3
根据分子折射度和等张比容求物料的标准沸点（第 759 页左）

N 算图 4.4
根据分子量和结构特性值求物料的标准沸点（第 759 页右）

N 算图 4.5
烃类混合液体的平均沸点（第 760 页左）

N 算图 4.6
液体沸点与压强的关系（Ⅰ）（第 760 页右）

N 算图 4.7
液体沸点与压强的关系（Ⅱ）（第 761 页左）

N 算图 4.8
液体沸点与压强的关系（Ⅲ）（第 761 页右）

4.3.3 烯烃二元共沸物的共沸点

表 4.3.7 含 1,3-丁二烯的二元共沸物及共沸点

第一组分质量分数 /%	45	58.7	94.8	77.0
第二组分（余量）	氨	甲胺	乙醛	2-丁烯
共沸点 /℃	−37	−9.2	−5.0	−5.53

表 4.3.8 烯烃和水二元共沸物的共沸点

水质量分数 /%	烯烃（余量）	共沸点 /℃	水质量分数 /%	烯烃（余量）	共沸点 /℃
8.3	氯化乙烯	72	12.0	氯化丙烯	78

表 4.3.9 含异戊二烯二元共沸物的共沸点

第一组分质量分数 /%	94.8	97	72.5	＞65	40	50	＞76
第二组分（余量）	甲醇	乙醇	戊烷	溴乙烷	环氧丙烷	甲酸甲酯	甲酸乙酯
共沸点 /℃	29.57	32.65	33.6	32	31.6	22.5	＜32.5

第一组分质量分数 /%	80	52	97.5	70	65	＜93	
第二组分（余量）	丙酮	乙醚	乙腈	缩甲醛	二甲硫醚	二硫化碳	
共沸点 /℃	30.5	33.2	33.5～33.6	32.8	32.5	＜34.15	

表 4.3.10 含 1,2-二氯乙烯的二元共沸物的共沸点

第二组分（余量）	顺式异构体		反式异构体	
	质量分数 /%	共沸点 /℃	质量分数 /%	共沸点 /℃
水	96.65	55.3	98.1	45.3
乙醇	90.2	57.7	94.0	46.5
甲醇	87	51.5		

表 4.3.11 含三氯乙烯二元共沸物的共沸点

第一组分质量分数 /%	62	72.5	83	70	97	85	≈67	91	92.5	97.5
第二组分（余量）	甲醇	乙醇	丙醇	异丙醇	丁醇	2-丁醇	叔丁醇	异丁醇	叔戊醇	2-氯乙醇
共沸点 /℃	59.3	70.9	81.75	75.5	86.65	84.2	75.8	85.4	86.67	86.5

第一组分质量分数 /%	94.6	75	96.2	20	90	18	78	53.5	80
第二组分（余量）	水	甲酸	乙酸	甲酸丙酯	碳酸二甲酯	1,2-二氯乙烷	一溴二氯甲烷	二乙氧基甲烷	硝基甲烷
共沸点 /℃	73.6	74.1	86.5	79.5	85.95	82.9	86.7	89.2	81.4

表 4.3.12 含三氯乙烯三元共沸物的共沸点

第二组分（余量）	含量 /%	第三组分	含量 /%	共沸点 /℃	第二组分（余量）	含量 /%	第三组分	含量 /%	共沸点 /℃
乙醇	16.1	水	5.5	67	烯丙醇	8.75	水	6.55	71.6
丙醇	12	水	7	71.55	乙腈	20.5	水	6.4	67.5

表 4.3.13 含四氯乙烯二元共沸物的共沸点

第一组分质量分数 /%	61.5	91.5	98.8s	≈97	50	61.5	91.5	98.8	≈97	84.2
第二组分（余量）	乙酸	丙酸	丁酸	异丁酸	甲酸	乙酸	丙酸	丁酸	异丁酸	水
共沸点 /℃	107.3	110.1	121	120.5	88.15	107.3	110.1	121	120.5	87.7
第一组分质量分数 /%	36.5	≈37	52	30	71	43	60	85	27	81
第二组分（余量）	甲醇	乙醇	丙醇	异丙醇	丁醇	2-丁醇	异丁醇	戊醇	叔戊醇	异戊醇
共沸点 /℃	63.75	76.7	94.05	81.7	108.95	97	103.05	117	101.4	116.2
第一组分质量分数 /%	66	72	87	94	75.7	92	55	86	79	57
第二组分（余量）	2-戊醇	1-氯-2-丙醇	2-氯-1-丙醇	乙二醇	2-氯乙醇	环戊醇	3-己酮	环戊酮	乙酸丁酯	丁酸乙酯
共沸点 /℃	113.2	113	115	119.1	110.0	118.8	118.15	120.1	120.7	119.5

第一组分质量分数 /%	97.4	80.5	51.5	74	75.5	83.5	57	48.5
第二组分（余量）	乙酰胺	吡咯	吡啶	碳酸二乙酯	乙二醇一甲醚	乙二醇一乙醚	1,1,2-二氯乙烷	3-氯-1,2-环氧丙烷
共沸点 /℃	120.45	113.35	112.85	118.55	109.7	116.25	112	110.12

表 4.3.14　含萜二烯二元共沸物的共沸点

第一组分质量分数/%	44	0.8	20	26.5	50	≈94	58	89	≈99	77
第二组分（余量）	丁酸	甲醇	1-己醇	环己醇	1-庚醇	1-辛醇	2-辛醇	苯甲醇	丙三醇	乙二醇
共沸点/℃	160.9	64.6	157.2	159.3	171.7	177.5	174.8	176.4	177.7	166.3

第一组分质量分数/%	47	＜56	40	57	35	67	77	32
第二组分（余量）	2-丁氧基乙醇	2,3-二氯-1-丙醇	2-甲基环己醇	苯甲醛	糠醛	2-(2-甲氧乙氧基）乙醇	2-(2-乙氧基）乙醇	2-正丙氯基乙醇
共沸点/℃	164	169	165.3	171.2	156	168.5	173	148.5

第一组分质量分数/%	＞12	＜80	63	61	＞65	45	＞63	40
第二组分（余量）	乳酸乙酯	1,2-二氯苯	乙醇胺	苯胺	二(2-氯乙基）醚	甲基己基甲酮	1,2-二乙酰氧基乙烷	对异丙基苯甲烷
共沸点/℃	＜153.0	177.5	153	171.3	＜176.8	170	＜173.5	175.8

表 4.3.15　含 α-蒎烯二元共沸物的共沸点

第一组分质量分数/%	甲醇	丙醇	异丙醇	丁醇	异丁醇	异戊醇	己醇	环己醇	乙二醇	甲酸
第二组分（余量）	5	1～2	5	12	＞1	20	60	64.5	81.5	1.5
共沸点/℃	64.5	97.1	107.9	117.4	107.95	130	150.8	149.9	149.5	118.2
第一组分质量分数/%	乙酸	丙酸	丁酸	异丁酸	异戊酸	二丙基酮	环己酮	苯甲醛	苯甲醚	苯酚
第二组分（余量）	17	41.5	70	35	89	20	60	90	44	81
共沸点/℃	117.2	136.2	150.3	146.7	154.2	142.5	149.8	155	150.45	152.8

第一组分质量分数/%	溴仿	溴苯	糠醛	乙酸戊酯	乙酸异戊酯	乙酰乙酸甲酯	乙酰乙酸乙酯
第二组分（余量）	30	50	62	20	2.5	64	78
共沸点/℃	146	153.4	143.4	148	142.05	150.5	103.35
第一组分质量分数/%	丙酸丁酯	乳酸甲酯	乳酸乙酯	1,3-二氯-1-丙醇	2,3-二氯-1-丙醇	丙酸异戊酯	丙二酸二甲酯
第二组分（余量）	15	23	50.2	63.5	80	75	78
共沸点/℃	145.8	138	143.1	150.4	153	154	151.5
第一组分质量分数/%	丁酸甲酯	丁酸异丁酯	丁二酸二甲酯	草酸二甲酯	草酸二乙酯	溴代乙酸乙酯	1,2,3-三氯丙烷
第二组分（余量）	10	＞50	＞90	61	80	54	15
共沸点/℃	144.2	＜153.0	155.5	144.1	154.8	152	150

4.4 黏度

4.4.1 烯烃气体的黏度

表4.4.1　烯烃气体的黏度　　单位：μPa·s

名称	温度/K									
	100	150	200	250	300	350	400	450	500	550
乙烯		5.254	6.986	8.674	10.30	11.87	13.36	14.78	16.13	17.42
丙烯	2.900	4.252	5.684	7.153	8.622	10.06	11.46	12.80	14.08	15.32
1-丁烯	2.638	3.969	5.299	6.620	7.924	9.206	10.46	11.68	12.87	14.02
异丁烯		4.139	5.526	6.903	8.263	9.600	10.91	12.18	13.42	14.62
顺-2-丁烯		3.762	4.984	6.255	7.549	8.842	10.12	11.36	12.57	13.74
反-2-丁烯			4.995	6.271	7.569	8.864	10.14	11.38	12.59	13.75
1-戊烯		3.619	4.834	6.043	7.242	8.426	9.589	10.73	11.84	12.92

续表

名称	温度/K									
	100	150	200	250	300	350	400	450	500	550
顺-2-戊烯		3.576	4.776	5.972	7.159	8.332	9.485	10.62	11.72	12.80
反-2-戊烯		3.576	4.776	5.972	7.159	8.331	9.484	10.62	11.72	12.80
1-己烯		2.791	4.235	5.564	6.816	8.013	9.167	10.29	11.37	12.44
1-庚烯			4.323	5.361	6.392	7.418	8.438	9.453	10.47	11.48
1-辛烯			4.142	5.137	6.125	7.107	8.084	9.058	10.02	10.99
丙二烯		4.252	5.662	7.119	8.590	10.05	11.47	12.84	14.17	15.44
1,2-丁二烯		3.783	5.003	6.274	7.571	8.871	10.16	11.41	12.64	13.82
1,3-丁二烯			5.132	6.445	7.778	9.108	10.42	11.69	12.92	14.11
1,2-戊二烯		3.465	4.553	5.689	6.857	8.040	9.220	10.39	11.53	12.64
1,4-戊二烯		3.494	4.609	5.773	6.964	8.163	9.353	10.52	11.66	12.77
2,3-戊二烯		3.175	4.173	5.214	6.285	7.369	8.451	9.519	10.57	11.59

名称	温度/K								
	600	650	700	750	800	850	900	950	1000
乙烯	18.66	19.84	20.98	22.08	23.14	24.17	25.18	26.15	27.10
丙烯	16.50	17.65	18.75	19.82	20.86	21.87	22.86	23.82	24.76
1-丁烯	15.14	16.21	17.26	18.27	19.25	20.20	21.12	22.02	22.89
异丁烯	15.78	16.90	17.99	19.04	20.06	21.05	22.01	22.94	23.85
顺-2-丁烯	14.87	15.96	17.01	18.03	19.03	19.99	20.93	21.85	22.75
反-2-丁烯	14.88	15.96	17.01	18.03	19.02	19.98	20.92	21.83	22.73
1-戊烯	13.98	15.00	15.99	16.96	17.89	18.80	19.69	20.55	21.39
顺-2-戊烯	13.85	14.87	15.86	16.83	17.76	18.67	19.56	20.42	21.26
反-2-戊烯	13.85	14.87	15.86	16.82	17.76	18.67	19.55	20.41	21.25
1-己烯	13.48	14.50	15.50	16.49	17.46	18.42	19.37	20.31	21.23
1-庚烯	12.49	13.44	14.36	15.23	16.08	16.90	17.69	18.46	19.21
1-辛烯	11.97	12.91	13.81	14.68	15.51	16.32	17.10	17.86	18.59
丙二烯	16.67	17.85	19.00	20.11	21.19	22.24	23.26	24.25	25.22
1,2-丁二烯	14.97	16.07	17.15	18.19	19.20	20.18	21.14	22.07	22.98
1,3-丁二烯	15.26	16.37	17.45	18.49	19.50	20.48	21.44	22.37	23.29
1,2-戊二烯	13.73	14.78	15.80	16.79	17.75	18.69	19.60	20.49	21.36
1,4-戊二烯	13.84	14.88	15.89	16.86	17.81	18.73	19.63	20.51	21.36
2,3-戊二烯	12.58	13.54	14.48	15.39	16.27	17.13	17.96	18.78	19.58

表4.4.2 卤代烯烃气体的黏度 单位：μPa·s

名称	温度/K								
	150	200	250	300	350	400	450	500	550
氯乙烯	4.603	6.679	8.601	10.42	12.16	13.85	15.48	17.07	18.63
偏二氯乙烯	5.059	6.759	8.453	10.14	11.80	13.44	15.06	16.63	18.18
三氯乙烯		6.546	8.045	9.613	11.22	12.83	14.43	16.01	17.57
全氯乙烯			7.729	9.205	10.72	12.26	13.80	15.33	16.84
顺-1,2-二氯乙烯		5.810	7.724	9.525	11.24	12.90	14.50	16.06	17.59
反-1,2-二氯乙烯			8.004	9.825	11.56	13.24	14.87	16.45	17.99
2-氯-1,3-丁二烯				7.998	9.423	10.80	12.13	13.42	14.68
氟乙烯	5.851	7.796	9.709	11.58	13.38	15.13	16.80	18.41	19.95
偏二氟乙烯	6.634	8.830	10.98	13.07	15.08	17.01	18.85	20.61	22.30
四氟乙烯	7.121	9.480	11.79	14.04	16.20	18.28	20.27	22.17	23.99
溴乙烯	6.038	8.066	10.09	12.09	14.07	16.01	17.92	19.79	21.61
苯乙烯			5.431	6.455	7.513	8.588	9.667	10.74	11.81
α-甲基苯乙烯			5.142	6.109	7.108	8.124	9.144	10.16	11.17

续表

名称	温度/K								
	600	650	700	750	800	850	900	950	1000
氯乙烯	20.15	21.64	23.11	24.56	25.98	27.39	28.78	30.15	21.50
偏二氯乙烯	19.68	21.15	22.57	23.96	25.30	26.62	27.89	29.14	30.35
三氯乙烯	19.09	20.58	22.04	23.46	24.85	26.21	27.54	28.84	30.11
全氯乙烯	18.33	19.78	21.21	22.61	23.98	25.32	26.63	27.91	29.17
顺-1,2-二氯乙烯	19.08	20.54	21.98	23.39	24.78	26.16	27.51	28.85	30.18
反-1,2-二氯乙烯	19.50	20.98	22.44	23.88	25.29	26.68	28.06	29.41	30.76
2-氯-1,3-丁二烯	15.92	17.14	18.33	19.50	20.66	21.80	22.92	24.04	25.13
氟乙烯	21.42	22.84	24.21	25.53	26.81	28.04	29.24	30.41	31.55
偏二氟乙烯	23.91	25.46	26.95	28.39	29.78	31.12	32.43	33.70	34.95
四氟乙烯	25.73	27.40	29.01	30.56	32.06	33.51	34.93	36.30	37.64
溴乙烯	23.38	25.10	26.77	28.39	29.97	31.50	32.99	34.44	35.85
苯乙烯	12.86	13.89	14.90	15.89	16.87	17.82	18.75	19.66	20.56
α-甲基苯乙烯	12.16	13.14	14.10	15.05	15.97	16.87	17.76	18.63	19.48

表4.4.3 其他烯烃气体的黏度

单位：μPa·s

名称	温度/K								
	150	200	250	300	350	400	450	500	550
2-甲基-1-丁烯	3.744	5.001	6.253	7.494	8.719	9.923	11.10	12.25	13.38
2-甲基-2-丁烯	3.698	4.940	6.177	7.403	8.615	9.806	10.97	12.11	13.23
3-甲基-1-丁烯	3.180	4.667	6.042	7.341	8.586	9.786	10.95	12.09	13.19
2,3-二甲基-1-丁烯	2.847	4.312	5.660	6.931	8.146	9.317	10.45	11.56	12.64
2,3-二甲基-2-丁烯		4.610	5.718	6.817	7.911	8.999	10.08	11.16	12.25
2-甲基-1-戊烯	3.444	4.601	5.755	6.903	8.040	9.161	10.27	11.35	12.41
2-甲基-2-戊烯	3.408	4.553	5.696	6.833	7.959	9.071	10.17	11.24	12.29
4-甲基-1-戊烯	3.449	4.608	5.763	6.909	8.043	9.160	10.26	11.33	12.38
4-甲基-顺-2-戊烯	3.414	4.560	5.703	6.838	7.961	9.067	10.15	11.22	12.25
4-甲基-反-2-戊烯	3.413	4.560	5.703	6.839	7.962	9.068	10.16	11.22	12.26
2-甲基-1,3-丁二烯	3.077	4.608	6.019	7.352	8.626	9.854	11.05	12.21	13.34
3-甲基-1,2-丁二烯		5.047	6.259	7.463	8.661	9.852	11.04	12.22	13.41
1-顺-3-戊二烯		4.564	5.707	6.880	8.066	9.249	10.42	11.56	12.67
1-反-3-戊二烯	3.461	4.550	5.687	6.855	8.037	9.216	10.38	11.52	12.63
环戊烯	4.133	5.455	6.766	8.068	9.362	10.65	11.93	13.21	14.49
环己烯		5.010	6.214	7.409	8.597	9.780	10.96	12.13	13.30
1,3-环戊二烯		5.671	7.034	8.387	9.733	11.07	12.40	13.73	15.07
双环戊二烯					7.170	8.156	9.137	10.12	11.09
1,5-环辛烯				7.097	8.235	9.367	10.50	11.62	12.74

名称	温度/K								
	600	650	700	750	800	850	900	950	1000
2-甲基-1-丁烯	14.47	15.53	16.56	17.56	18.53	19.47	20.39	21.28	22.15
2-甲基-2-丁烯	14.31	15.36	16.38	17.37	18.33	19.27	20.18	21.07	21.93
3-甲基-1-丁烯	14.28	15.35	16.39	17.42	18.44	19.44	20.43	21.41	22.37
2,3-二甲基-1-丁烯	13.69	14.73	15.75	16.75	17.74	18.71	19.67	20.62	21.56
2,3-二甲基-2-丁烯	13.31	14.31	15.27	16.20	17.09	17.95	18.79	19.60	20.39
2-甲基-1-戊烯	13.44	14.45	15.43	16.39	17.32	18.22	19.10	19.96	20.80
2-甲基-2-戊烯	13.32	14.32	15.29	16.25	17.17	18.07	18.95	19.81	20.64
4-甲基-1-戊烯	13.40	14.39	15.36	16.30	17.21	18.10	18.97	19.81	20.63
4-甲基-顺-2-戊烯	13.27	14.25	15.21	16.14	17.05	17.93	18.78	19.62	20.43
4-甲基-反-2-戊烯	13.27	14.26	15.22	16.15	17.06	17.95	18.80	19.64	20.46
2-甲基-1,3-丁二烯	14.45	15.54	16.61	17.66	18.70	19.72	20.73	21.73	22.71

续表

名称	温度/K								
	600	650	700	750	800	850	900	950	1000
3-甲基-1,2-丁二烯	14.53	15.60	16.62	17.60	18.55	19.47	20.36	21.22	22.07
1-顺-3-戊二烯	13.75	14.80	15.82	16.81	17.77	18.70	19.61	20.50	21.36
1-反-3-戊二烯	13.71	14.76	15.78	16.77	17.72	18.66	19.57	20.46	21.32
环戊烯	15.72	16.89	18.01	19.08	20.12	21.12	22.09	23.03	23.95
环己烯	14.48	15.61	16.70	17.74	18.74	19.71	20.65	21.56	22.44
1,3-环戊二烯	16.34	17.55	18.72	19.83	20.91	21.94	22.95	23.93	24.88
双环戊二烯	12.06	13.03	14.01	14.96	15.87	16.75	17.60	18.43	19.23
1,5-环辛烯	13.85	14.98	16.07	17.11	18.12	19.09	20.03	20.94	21.82

表4.4.4 含乙烯气体混合物的黏度　　单位：μPa·s

混合气体	温度/℃	乙烯的容积浓度/%					
		0	20	40	60	80	100
乙烯-氨	20	9.807	10.130	10.227	10.238	10.189	10.071
	100	12.778	13.004	13.082	12.984	12.807	12.553
乙烯-氧	20	20.172	17.750	15.485	13.435	11.621	10.071
	100	24.311	21.477	18.907	16.563	14.484	12.553
乙烯-丙烷	20	8.002	8.208	8.404	8.679	8.865	10.071
	100	10.071	10.297	10.621	10.836	11.131	12.553

4.4.2 烯烃气体在压力下的黏度

表4.4.5 乙烯气体在压力下的黏度　　单位：μPa·s

压力/atm	温度/℃				压力/atm	温度/℃			
	24	50	100	150		24	50	100	150
1	10.23	11.08	12.60	14.05	150	48.85	36.40	23.80	21.50
25	10.96	11.75	12.90	14.70	200	55.24	43.80	30.27	26.00
50	14.10	13.10	13.95	15.60	300	65.20	53.80	40.95	34.15
60	18.13	14.00	—	16.00	400	73.23	61.80	48.63	41.50
70	28.20	15.60	15.00	16.40	500	80.90	68.90	55.40	47.70
80	33.57	17.60	15.75	16.85	600	88.20	75.60	61.47	53.30
90	36.67	20.04	—	17.30	700	94.40	81.40	67.13	58.60
100	39.06	24.20	17.31	17.80	800	99.56	86.70	72.55	63.60
125	44.20	30.10	20.40	19.50					

表4.4.6 丙烯烃气体在压力下的黏度　　单位：μPa·s

压力/atm	温度/℃						
	18	53	85	100	150	200	250
1	83.9	94.2	103.2	107.5	121.2	134.0	116.8
25				119.0	131.2	142.3	153
50				280.5	155	154.7	166
75				497	240	185.3	182
100				550	340	229.4	206
125				603	410	278.2	235
150				647	460	326.0	263.5

N 算图 4.9
液体烯烃的黏度（第 762 页左）

N 算图 4.10
液体烯烃黏度的压力修正（第 762 页右）

4.4.3　烯烃液体的黏度

表4.4.7　烯烃液体的黏度　　　单位：mPa·s

名　称	温度/℃											
	−180	−160	−140	−120	−100	−80	−60	−40	−20	0	20	30
乙烯		0.508	0.307	0.212	0.159	0.127	0.106	0.080	0.060	0.043		
丙烯	8.560	1.960	0.910	0.540	0.370	0.271	0.210	0.167	0.136	0.109	0.086	0.076
1-丁烯	11.60	3.780	1.730	0.968	0.620	0.436	0.327	0.258	0.211	0.178	0.154	0.144
异丁烯			1.220	0.727	0.489	0.357	0.276	0.224	0.187	0.161	0.141	0.133
顺-2-丁烯				1.290	0.860	0.622	0.478	0.385	0.320	0.274	0.239	0.225
反-2-丁烯					0.896	0.620	0.460	0.359	0.291	0.244	0.209	0.195
1-戊烯		8.490	3.440	1.760	1.050	0.701	0.504	0.383	0.304	0.250	0.211	0.195
顺-2-戊烯			3.660	1.860	1.100	0.731	0.523	0.396	0.314	0.257	0.216	0.200
反-2-戊烯			3.620	1.840	1.100	0.726	0.519	0.394	0.312	0.255	0.215	0.199
1-己烯				3.360	1.810	1.100	0.740	0.531	0.402	0.317	0.258	0.235
1-庚烯①					2.560	1.540	1.020	0.726	0.545	0.426	0.345	0.313
1-辛烯②					6.080	3.180	1.880	1.210	0.839	0.613	0.470	0.425
丙二烯				0.619	0.470	0.378	0.316	0.273	0.241	0.217	0.198	0.132
1,2-丁二烯				1.300	0.780	0.520	0.374	0.285	0.226	0.186	0.157	0.145
1,3-丁二烯					0.782	0.517	0.369	0.280	0.221	0.181	0.152	0.141
1,2-戊二烯				1.360	0.858	0.595	0.443	0.346	0.282	0.236	0.203	0.189
1,4-戊二烯			2.470	1.360	0.858	0.595	0.443	0.346	0.282	0.236	0.203	0.189
2,3-戊二烯				1.360	0.858	0.595	0.443	0.346	0.282	0.236	0.203	0.189
异戊二烯										0.267	0.224	0.207
1-顺-3-戊二烯						0.679	0.496	0.382	0.307	0.254	0.216	0.201
1-反-3-戊二烯			3.170	1.670	1.020	0.692	0.504	0.388	0.311	0.258	0.219	0.204
1,5-己二烯										0.343	0.275	0.254

名　称	温度/℃											
	40	50	60	80	100	120	140	160	180	200	220	240
丙烯	0.066	0.055	0.046	0.031								
1-丁烯	0.135	0.123	0.112	0.092	0.075	0.059	0.045					
异丁烯	0.126	0.121	0.111	0.091	0.073	0.058	0.044					
顺-2-丁烯	0.212	0.201	0.130	0.109	0.090	0.072	0.057	0.043				
反-2-丁烯	0.183	0.172	0.124	0.103	0.084	0.066	0.052					
1-戊烯	0.181	0.170	0.159	0.142	0.130	0.108	0.087	0.069	0.053			
顺-2-戊烯	0.186	0.174	0.163	0.145	0.125	0.105	0.087	0.071	0.056	0.044		
反-2-戊烯	0.185	0.173	0.162	0.144	0.125	0.105	0.087	0.070	0.056	0.043		
1-己烯	0.216	0.199	0.184	0.160	0.141	0.131	0.111	0.092	0.076	0.061	0.047	
1-庚烯①	0.286	0.263	0.243	0.211	0.185	0.165	0.141	0.120	0.102	0.084	0.069	0.055
1-辛烯②	0.383	0.347	0.317	0.271	0.235	0.201	0.171	0.152	0.130	0.111	0.093	0.076
丙二烯	0.119	0.107	0.096	0.076	0.058	0.043						
1,2-丁二烯	0.135	0.126	0.119	0.124	0.102	0.082	0.065	0.050				
1,3-丁二烯	0.131	0.132	0.121	0.100	0.081	0.065	0.050					
1,2-戊二烯	0.178	0.167	0.158	0.142	0.130	0.125	0.107	0.091	0.076	0.062	0.050	
1,4-戊二烯	0.178	0.167	0.158	0.142	0.113	0.097	0.082	0.069	0.057	0.046		
2,3-戊二烯	0.178	0.167	0.158	0.142	0.130	0.114	0.098	0.083	0.070	0.058	0.046	
1-顺-3-戊二烯	0.188	0.176	0.166	0.148	0.135	0.119	0.101	0.085	0.071	0.057	0.046	
1-反-3-戊二烯	0.190	0.178	0.168	0.150	0.136	0.122	0.104	0.088	0.073	0.059	0.047	
1,5-己二烯	0.237	0.219	0.196									

① 温度为 260℃时，其值为 0.043mPa·s。
② 温度为 260、280℃时，其值分别为 0.061、0.048mPa·s。

表4.4.8 甲基和环烯烃液体的黏度

单位：mPa·s

名称	温度/℃										
	−160	−140	−120	−100	−80	−60	−40	−20	0	20	40
2-甲基-1-丁烯			3.170	1.670	1.010	0.665	0.472	0.354	0.277	0.224	0.186
2-甲基-2-丁烯			2.080	1.190	0.763	0.532	0.394	0.307	0.247	0.205	0.175
3-甲基-1-丁烯	11.20	4.240	2.070	1.190	0.770	0.540	0.402	0.314	0.254	0.212	0.181
2,3-二甲基-1-丁烯		7.100	3.240	1.780	1.100	0.747	0.541	0.413	0.328	0.268	0.225
2,3-二甲基-2-丁烯						0.747	0.541	0.413	0.328	0.268	0.225
2-甲基-1-戊烯			3.450	1.850	1.130	0.754	0.541	0.408	0.321	0.261	0.218
2-甲基-2-戊烯			3.450	1.850	1.130	0.754	0.541	0.408	0.321	0.261	0.218
4-甲基-1-戊烯		7.770	3.450	1.850	1.130	0.754	0.541	0.408	0.321	0.261	0.218
4-甲基-顺-2-戊烯			3.360	1.810	1.100	0.740	0.531	0.402	0.317	0.258	0.216
4-甲基-反-2-戊烯		7.530	3.360	1.810	1.100	0.740	0.531	0.402	0.317	0.258	0.216
2-甲基-1,3-丁二烯		4.640	2.210	1.250	0.795	0.551	0.406	0.314	0.253	0.209	0.177
3-甲基-1,2-丁二烯				0.959	0.647	0.470	0.361	0.288	0.238	0.202	0.175
环戊烯			5.970	3.000	1.740	1.110	0.771	0.566	0.434	0.346	0.283
环己烯				10.30	5.110	2.900	1.810	1.220	0.870	0.650	0.504

名称	温度/℃										
	60	80	100	120	140	160	180	200	220	240
2-甲基-1-丁烯	0.158	0.137	0.112	0.093	0.076	0.061	0.048			
2-甲基-2-丁烯	0.152	0.134	0.120	0.100	0.082	0.065	0.051			
3-甲基-1-丁烯	0.157	0.122	0.102	0.083	0.067	0.052				
2,3-二甲基-1-丁烯	0.193	0.169	0.150	0.124	0.105	0.088	0.073	0.059	0.047	
2,3-二甲基-2-丁烯	0.193	0.169	0.150	0.134	0.128	0.109	0.092	0.076	0.062	0.049
2-甲基-1-戊烯	0.186	0.162	0.143	0.127	0.109	0.093	0.077	0.064	0.051	
2-甲基-2-戊烯	0.186	0.162	0.143	0.128	0.118	0.101	0.085	0.070	0.057	0.045
4-甲基-1-戊烯	0.186	0.162	0.144	0.121	0.101	0.082	0.066	0.051		
4-甲基-顺-2-戊烯	0.184	0.160	0.139	0.118	0.098	0.080	0.065	0.051		
4-甲基-反-2-戊烯	0.184	0.160	0.141	0.120	0.100	0.083	0.067	0.052		
2-甲基-1,3-丁二烯	0.153	0.135	0.125	0.107	0.090	0.075	0.061	0.049		
3-甲基-1,2-丁二烯	0.154	0.138	0.125	0.120	0.102	0.086	0.072	0.058	0.047	
环戊烯	0.238	0.204	0.177	0.146	0.124	0.105	0.088	0.072	0.057	
环己烯①	0.403	0.331	0.277	0.236	0.205	0.151	0.131	0.113	0.096	0.080

①温度为260、280℃时，其值分别为0.066、0.054mPa·s。

表4.4.9 卤代烯烃液体的黏度

单位：mPa·s

名称	温度/℃											
	−140	−120	−100	−80	−60	−40	−20	0	20	30	40	50
氯乙烯	2.640	1.410	0.874	0.597	0.438	0.339	0.273	0.227	0.194	0.180	0.168	0.158
偏二氯乙烯		2.790	1.700	1.150	0.832	0.638	0.511	0.422	0.358	0.332	0.310	0.291
三氯乙烯				2.200	1.510	1.110	0.853	0.682	0.563	0.516	0.475	0.441
全氯乙烯							1.440	1.110	0.883	0.798	0.725	0.663
顺-1,2-二氯乙烯					1.380	0.980	0.736	0.576	0.466	0.424	0.388	0.356
反-1,2-二氯乙烯						0.844	0.635	0.498	0.404	0.368	0.336	0.310
2-氯-1,3-丁二烯									0.386	0.350	0.319	0.293
氟乙烯	0.231	0.210	0.196	0.185	0.177	0.170	0.133	0.105	0.081	0.070	0.060	0.050
偏二氟乙烯	3.260	2.640	2.250	1.980	1.780	1.450	1.120	0.084	0.060			
四氯乙烯								1140	891	800	724	660
溴丙烯								625.8	503.7	457.8	419.2	386.0
氯丙烯								412.7	337.4	307.4	282.5	
碘丙烯								935.8	733.8	658.7	597.2	546.7
四氟乙烯	1.290	0.780	0.532	0.392	0.306	0.183	0.141	0.104	0.074	0.061		

续表

名 称	温度/℃										
	−140	−120	−100	−80	−60	−40	−20	0	20	30	40	50
溴乙烯		3.660	2.140	1.400	0.993	0.746	0.587	0.478	0.400	0.369	0.343	0.319
苯乙烯							1.510	1.060	0.781	0.681	0.599	0.531
α-甲基苯乙烯							1.230	0.974	0.795	0.725	0.665	0.014

名 称	温度/℃											
	60	80	100	120	140	160	180	200	220	240	260	280
氯乙烯	0.150	0.126	0.104	0.085	0.067							
偏二氯乙烯	0.273	0.244	0.221	0.167	0.142	0.119	0.099	0.080	0.064			
三氯乙烯	0.410	0.360	0.320	0.288	0.262	0.240	0.193	0.167	0.143	0.121	0.10	0.08
全氯乙烯①	0.610	0.523	0.456	0.403	0.361	0.326	0.297	0.224	0.198	0.173	0.15	0.13
顺-1,2-二氯乙烯	0.329	0.285	0.251	0.224	0.201	0.180	0.155	0.132	0.111	0.092	0.08	
反-1,2-二氯乙烯	0.286	0.248	0.219	0.203	0.175	0.149	0.125	0.103	0.084	0.067		
2-氯-1,3-丁二烯	0.270	0.233	0.204	0.181	0.145	0.125	0.106	0.089	0.073	0.059		
四氯乙烯	605	512	441									
溴丙烯	356.3	327.9^{70}										
碘丙烯	504.5	434.4	365.2									
溴乙烯	0.299	0.265	0.234	0.197	0.163	0.132	0.105	0.081				
苯乙烯②	0.475	0.386	0.321	0.272	0.234	0.204	0.180	0.161	0.167	0.148	0.13	0.11
α-甲基苯乙烯③	0.569	0.495	0.438	0.392	0.354	0.323	0.297	0.276	0.257	0.163	0.14	0.12

① 温度为300、320、340℃时，其值分别为0.110、0.092、0.076mPa·s。
② 温度为300、320、340、360℃时，其值分别为0.098、0.084、0.071、0.059mPa·s。
③ 温度为300、320、340、360、380℃时，其值分别0.105、0.089、0.074、0.061、0.049mPa·s。

4.5 表面张力

4.5.1 单烯烃和二烯烃的表面张力

表4.5.1 单烯烃和二烯烃的表面张力 单位：mN/m

名 称	温度/℃										
	−180	−160	−140	−120	−100	−80	−60	−40	−20	0	20
乙烯		25.93	22.23	18.65	15.18	11.86	8.695	5.731	3.029	0.739	
丙烯	37.43	34.15	30.92	27.74	24.63	21.57	18.59	15.69	12.87	10.16	7.558
1-丁烯	40.04	37.11	34.22	31.38	28.57	25.81	23.10	20.44	17.84	15.30	12.83
异丁烯			34.20	31.34	28.52	25.75	23.02	20.35	17.74	15.19	12.70
顺-2-丁烯				33.40	30.54	27.72	24.95	22.23	19.58	16.99	14.47
反-2-丁烯					29.09	26.38	23.71	21.10	18.53	16.03	13.59
1-戊烯		37.86	35.29	32.75	30.25	27.77	25.34	22.94	20.58	18.27	16.01
顺-2-戊烯			37.01	34.43	31.89	29.38	26.91	24.47	22.07	19.72	17.41
反-2-戊烯			36.05	33.53	31.05	28.60	26.18	23.80	21.46	19.16	16.91
1-已烯				34.30	31.92	29.58	27.27	25.00	22.76	20.56	18.41
1-庚烯					32.86	30.67	28.50	26.37	24.26	22.19	20.16
1-辛烯					33.61	31.57	29.55	27.55	25.58	23.64	21.72
丙二烯				33.40	30.03	26.73	23.50	20.35	17.29	14.32	11.46
1,2-丁二烯				37.28	34.17	31.11	28.10	25.15	22.26	19.44	16.69
1,3-丁二烯					29.94	27.06	24.23	21.47	18.77	16.14	13.58
1,2-戊二烯				36.26	33.75	31.26	28.82	26.41	24.04	21.71	19.42
1,4-戊二烯			33.43	31.07	28.75	26.47	24.21	22.00	19.82	17.69	15.61
2,3-戊二烯				32.87	30.60	28.35	26.14	23.96	21.82	19.72	17.65

续表

名 称	温度/℃										
	40	60	80	100	120	140	160	180	200	220	240
丙烯	5.101	2.832	0.851								
1-丁烯	10.43	8.124	5.923	3.853	1.958	0.358					
异丁烯	10.30	7.988	5.783	3.711	1.823	0.251					
顺-2-丁烯	12.02	9.668	7.413	5.277	3.291	1.509	0.098				
反-2-丁烯	11.22	8.928	6.733	4.653	2.721	1.005					
1-戊烯	13.80	11.64	9.552	7.536	5.608	3.785	2.101	0.631			
顺-2-戊烯	15.15	12.95	10.81	8.736	6.742	4.843	3.062	1.445	0.125		
反-2-戊烯	14.71	12.55	10.46	8.441	6.496	4.644	2.910	1.340	0.075		
1-己烯	16.29	14.23	12.22	10.27	8.387	6.576	4.852	3.235	1.756	0.489	
1-庚烯①	18.16	16.20	14.28	12.41	10.58	8.816	7.112	5.479	3.931	2.489	1.189
1-辛烯②	19.83	17.96	16.13	14.33	12.57	10.86	9.180	7.554	5.985	4.482	3.060
丙二烯	8.722	6.137	3.739	1.602							
1,2-丁二烯	14.02	11.44	8.963	6.606	4.394	2.372	0.644				
1,3-丁二烯	11.11	8.736	6.475	4.350	2.403	0.725					
1,2-戊二烯	17.19	15.00	12.87	10.81	8.812	6.896	5.072	3.362	1.801	0.470	
1,4-戊二烯	13.57	11.59	9.665	7.810	6.032	4.346	2.773	1.352	0.189		
2,3-戊二烯	15.63	13.66	11.73	9.866	8.060	6.326	4.674	3.124	1.705	0.487	

① 温度为 260、280℃时，其值均为 0.136mN/m。
② 温度为 260、280℃时，其值分别为 1.742、0.582mN/m。

4.5.2 单烯烃和环烯烃的表面张力

表4.5.2 甲基和环烯烃的表面张力　　单位：mN/m

名 称	温度/℃										
	−160	−140	−120	−100	−80	−60	−40	−20	0	20	40
2-甲基-1-丁烯			33.75	31.17	28.62	26.12	23.65	21.23	18.85	16.52	14.24
2-甲基-2-丁烯			35.14	32.50	29.89	27.32	24.79	22.30	19.86	17.46	15.12
3-甲基-1-丁烯	36.60	33.97	31.37	28.80	26.28	23.80	21.37	18.99	16.66	14.39	12.18
2,3-二甲基-1-丁烯		34.99	32.68	30.40	28.15	25.93	23.75	21.60	19.49	17.42	15.40
2,3-二甲基-2-丁烯						29.19	26.91	24.67	22.46	20.29	18.17
2-甲基-1-戊烯			32.20	30.02	27.86	25.74	23.65	21.59	19.56	17.57	15.63
2-甲基-2-戊烯			34.26	31.98	29.73	27.51	25.32	23.17	21.05	18.97	16.93
4-甲基-1-戊烯		36.74	34.23	31.75	29.30	26.90	24.53	22.20	19.91	17.68	15.49
4-甲基-顺-2-戊烯			32.84	30.48	28.14	25.84	23.58	21.36	19.18	17.04	14.95
4-甲基-反-2-戊烯		35.49	33.10	30.74	28.40	26.11	23.85	21.62	19.44	17.30	15.21
2-甲基-1,3-丁二烯		37.63	35.07	32.55	30.05	27.59	25.16	22.78	20.43	18.13	15.88
3-甲基-1,2-丁二烯				33.78	31.24	28.74	26.28	23.85	21.48	19.15	16.87
1-顺-3-戊二烯					30.70	28.24	25.83	23.44	21.11	18.82	16.58
1-反-3-戊二烯		38.76	36.19	33.65	31.14	28.67	26.24	23.85	21.50	19.19	16.94
环戊烯			41.67	38.81	35.98	33.19	30.44	27.74	25.08	22.48	19.92
环己烯				41.83	39.25	36.70	34.18	31.69	29.22	26.80	24.42
1,3-环戊二烯					37.73	34.79	31.89	29.04	26.24	23.50	20.81
双环戊二烯											25.41
1,5-环辛二烯											26.27

续表

名称	温度/℃									
	60	80	100	120	140	160	180	200	220	240
2-甲基-1-丁烯	12.02	9.870	7.795	5.808	3.931	2.195	0.677			
2-甲基-2-丁烯	12.84	10.63	8.486	6.432	4.483	2.669	1.050			
3-甲基-1-丁烯	10.05	7.989	6.024	4.171	2.460	0.951				
2,3-二甲基-1-丁烯	13.42	11.49	9.625	7.821	6.089	4.443	2.902	1.502	0.325	
2,3-二甲基-2-丁烯	16.08	14.05	12.07	10.15	8.286	6.499	4.799	3.203	1.743	0.491
2-甲基-1-戊烯	13.72	11.87	10.06	8.313	6.630	5.022	3.503	2.097	0.852	
2-甲基-2-戊烯	14.93	12.98	11.09	9.247	7.472	5.771	4.158	2.653	1.293	0.181
4-甲基-1-戊烯	13.36	11.29	9.281	7.352	5.512	3.778	1.451			
4-甲基-顺-2-戊烯	12.91	10.93	9.014	7.168	5.405	3.743	2.207	0.853		
4-甲基-反-2-戊烯	13.17	11.19	9.269	7.417	5.647	3.973	2.420	1.037		
2-甲基-1,3-丁二烯	13.68	11.53	9.453	7.448	5.530	3.718	2.046	0.590		
3-甲基-1,2-丁二烯	14.64	12.48	10.38	8.355	6.417	4.582	2.873	1.337	0.111	
1-顺-3-戊二烯	14.39	12.26	10.20	8.212	6.307	4.503	2.823	1.314	0.109	
1-反-3-戊二烯	14.74	12.59	10.52	8.510	6.588	4.763	3.059	1.517	0.245	
环戊烯	17.43	15.00	12.64	10.36	8.163	6.072	4.106	2.301	0.737	
环己烯①	22.06	19.75	17.49	15.27	13.11	11.00	8.958	6.992	5.115	3.348
1,3-环戊二烯	18.18	15.63	13.14	10.74	8.433	6.236	4.173	2.285	0.662	
双环戊二烯②	23.63	21.88	20.15	18.44	16.77	15.13	13.51	11.93	10.39	8.893
1,5-环辛二烯③	24.13	22.02	19.94	17.90	15.91	13.96	12.05	10.21	8.415	6.692

① 温度为260、280℃时，其值为1.728、0.351mN/m。
② 温度为260、280、300、320、340、360、380℃，其值分别为7.438、6.033、4.384、3.404、2.207、1.121、0.215mN/m。
③ 温度为260、280、300、320℃时，其值为5.047、3.494、2.061、0.797mN/m。

4.5.3 卤代烯烃的表面张力

表4.5.3 卤代烯烃的表面张力 单位：mN/m

名称	温度/℃										
	−140	−120	−100	−80	−60	−40	−20	0	20	40	60
氯乙烯	44.14	40.35	36.64	33.02	29.47	26.02	22.67	19.43	16.30	13.30	10.44
偏二氯乙烯		44.83	41.52	38.27	35.07	31.94	28.87	25.87	22.94	20.09	17.32
三氯乙烯				42.68	39.94	37.23	34.55	31.92	29.32	26.76	24.25
全氯乙烯							37.47	34.90	32.37	29.88	27.43
顺-1,2-二氯乙烯					40.99	37.98	35.02	32.10	29.23	26.41	23.64
反-1,2-二氯乙烯						34.92	31.92	28.98	26.09	23.26	20.49
2-氯-1,3-丁二烯									22.15	18.84	17.58
氟乙烯	30.08	26.34	22.70	19.17	15.75	12.46	9.317	6.362	3.643	1.269	
偏二氟乙烯	24.74	21.22	17.81	14.51	11.34	8.329	5.505	2.929	0.740		
四氟乙烯	24.70	21.26	17.92	14.69	11.58	8.622	5.937	3.281	1.063		
溴乙烯		44.83	41.52	38.27	35.07	31.94	28.87	25.87	22.94	20.09	17.32
苯乙烯							35.50	33.31	31.15	29.01	26.90
α-甲基苯乙烯							36.94	34.74	32.56	30.41	28.28
氧化乙烯							30.8	27.6	24.3		
甲氧基苯丙烯								37.6^{10}	36.5		

续表

名 称	温度/℃										
	80	100	120	140	160	180	200	220	240	260	280
氯乙烯	7.746	5.248	2.994	1.080							
偏二氯乙烯	14.65	12.07	9.614	7.282	5.102	3.108	1.365	0.065			
三氯乙烯	21.78	19.36	17.00	14.70	12.46	10.29	8.197	6.202	4.318	2.575	1.033
全氯乙烯①	25.03	22.68	20.37	18.12	15.93	13.80	11.74	9.754	7.849	6.037	4.335
顺-1,2-二氯乙烯	20.93	18.29	15.71	13.20	10.78	8.458	6.245	4.168	2.268	0.639	
反-1,2-二氯乙烯	17.79	15.16	12.61	10.15	7.797	5.567	3.490	1.625	0.135		
2-氯-1,3-丁二烯	15.37	13.21	11.12	9.097	7.152	5.300	3.561	1.967	0.593		
溴乙烯	14.65	12.07	9.614	7.282	5.102	3.108	1.365	0.065			
苯乙烯②	24.82	22.78	20.76	18.78	16.84	14.94	13.08	11.26	9.502	7.798	6.160
α-甲基苯乙烯③	26.18	24.11	22.06	20.05	18.07	16.13	14.22	12.36	10.54	8.770	7.601

① 温度为300、320、340℃时，其值分别为2.765、1.369、0.247mN/m。
② 温度为300、320、340、360℃时，其值分别为4.599、3.129、1.778、0.601mN/m。
③ 温度为300、320、340、360、380℃时，其值分别为5.418、3.855、2.393、1.072、0.028mN/m。

算图 4.11
一些烯烃的表面张力（Ⅰ）（第763页左）

算图 4.12
一些烯烃的表面张力（Ⅱ）（第763页右）

4.6 热导率

4.6.1 烯烃气体的热导率

表4.6.1 单烯烃和二烯烃气体的热导率 单位：mW/(m·K)

名 称	温度/K								
	150	200	250	300	350	400	450	500	550
乙烯	6.987	11.42	16.65	22.55	29.00	35.82	43.10	50.21	57.74
丙烯	5.439	9.079	13.51	18.54	24.18	30.25	36.65	43.51	50.21
1-丁烯	4.310	7.196	10.75	14.90	19.58	24.85	30.71	37.03	43.93
异丁烯	5.690	9.163	13.35	18.16	23.47	29.29	35.44	41.84	48.53
顺-2-丁烯	3.510	6.276	9.958	14.56	20.04	25.52	31.34	37.53	43.93
反-2-丁烯	0.000	7.196	10.75	14.90	19.58	24.85	31.97	39.04	45.61
1-戊烯	2.975	4.979	7.406	10.25	13.51	17.15	21.17	25.56	30.29
顺-2-戊烯	3.498	6.360	9.958	14.18	18.91	24.18	29.79	35.69	41.84
反-2-戊烯	4.226	7.196	10.84	15.06	19.79	24.98	30.54	36.36	42.26
1-己烯	3.255	5.523	8.242	11.42	14.98	18.87	23.01	27.36	31.88
1-庚烯		7.280	9.205	12.72	16.74	21.25	26.23	31.67	37.57
1-辛烯		5.858	8.703	12.09	15.90	20.21	24.94	31.30	37.66
丙二烯	5.063	8.284	12.34	17.36	23.30	29.29	35.23	41.30	47.28
1,2-丁二烯	4.310	7.196	10.75	14.90	19.58	24.85	30.71	37.03	43.10
1,3-丁二烯		7.908	11.76	16.28	21.46	27.24	33.60	40.58	47.28
1,2-戊二烯	2.527	4.895	8.117	12.18	17.11	23.05	29.46	35.90	41.84
1,4-戊二烯	2.707	5.188	8.577	12.80	18.03	24.23	30.88	37.57	43.51
2,3-戊二烯	2.301	4.435	7.364	11.05	15.52	20.88	27.07	33.22	38.74

续表

名 称	温度/K								
	600	650	700	750	800	850	900	950	1000
乙烯	65.27	72.80	80.33	87.86	94.98	102.5	109.6	117.2	123.8
丙烯	57.32	64.43	71.55	78.66	85.77	92.88	100.0	107.1	113.8
1-丁烯	51.46	58.99	66.53	73.64	80.33	87.03	93.72	100.4	107.1
异丁烯	55.65	62.76	69.87	76.99	84.10	91.21	97.91	105.0	111.7
顺-2-丁烯	50.63	57.32	64.43	71.13	78.24	84.94	9.20	9.87	10.50
反-2-丁烯	51.88	58.58	65.27	72.38	79.08	85.77	92.88	99.16	105.9
1-戊烯	35.40	40.79	46.44	52.72	58.99	66.11	72.80	80.33	88.28
顺-2-戊烯	48.12	54.81	61.09	67.78	74.06	80.75	87.03	93.30	99.58
反-2-戊烯	48.53	54.81	61.50	67.78	74.48	80.75	87.03	93.30	99.58
1-已烯	36.53	41.21	46.02	50.63	55.65	60.25	64.85	69.45	74.06
1-庚烯	43.93	50.63	57.74	65.27	73.22	81.59	90.37	99.58	109.2
1-辛烯	46.02	55.65	65.69	77.40	89.96	103.3	118.0	133.9	150.6
丙二烯	53.56	59.41	65.69	71.55	77.40	83.26	88.70	94.56	100.0
1,2-丁二烯	49.37	55.65	61.50	67.36	73.22	79.08	84.94	90.37	96.23
1,3-丁二烯	53.56	59.83	66.53	72.80	79.08	85.35	91.21	97.07	102.9
1,2-戊二烯	47.70	53.97	59.83	65.69	71.55	77.40	82.84	88.28	93.72
1,4-戊二烯	49.79	56.07	61.92	68.20	74.48	80.33	86.61	92.47	98.32
2,3-戊二烯	44.35	49.79	55.23	60.67	66.11	71.13	76.15	81.17	86.19

表4.6.2 甲基和环烯烃气体的热导率 单位：mW/(m·K)

名 称	温度/K								
	150	200	250	300	350	400	450	500	550
2-甲基-1-丁烯	4.092	6.653	9.749	13.26	17.20	21.46	26.02	30.79	35.73
2-甲基-2-丁烯	2.661	5.146	8.535	12.84	18.07	24.31	31.63	40.00	49.37
3-甲基-1-丁烯	4.602	7.280	10.46	14.10	18.07	22.38	26.90	31.63	36.53
2,3-二甲基-1-丁烯	3.933	6.485	9.540	13.05	16.95	21.13	25.56	30.21	34.94
2,3-二甲基-2-丁烯		5.858	8.368	11.59	15.19	19.16	23.39	27.91	32.59
2-甲基-1-戊烯	3.636	6.025	8.912	12.22	15.94	19.96	24.23	28.74	33.39
2-甲基-2-戊烯	2.971	5.188	7.950	11.17	14.81	18.74	22.97	27.41	32.05
4-甲基-1-戊烯	3.280	5.607	8.494	11.80	15.48	19.54	23.85	28.37	33.05
4-甲基-顺-2-戊烯	3.356	5.648	8.494	11.72	15.36	19.33	23.51	27.95	32.51
4-甲基-反-2-戊烯	3.803	6.192	9.079	12.38	16.02	20.00	24.23	28.62	33.14
2-甲基-1,3-丁二烯	3.971	6.653	9.874	13.68	18.03	22.89	28.24	34.10	40.42
3-甲基-1,2-丁二烯		5.146	8.494	12.76	17.99	24.18	30.25	36.28	42.26
1-顺-3-戊二烯			8.452	12.09	16.23	20.88	25.90	31.30	37.03	43.10
1-反-3-戊二烯	3.494	6.234	9.665	13.68	18.20	23.18	28.53	34.14	40.00
环戊烯	2.669	5.272	8.703	12.89	17.82	23.51	29.92	36.99	44.77
环已烯		4.393	7.908	12.09	16.86	22.13	27.82	33.76	39.96
1,3-环戊二烯		5.314	8.577	12.64	17.36	22.76	28.87	35.56	43.10
双环戊二烯					13.85	19.54	25.77	32.43	39.41
1,5-环辛二烯				9.121	13.22	17.99	23.39	29.50	36.19

名 称	温度/K								
	600	650	700	750	800	850	900	950	1000
2-甲基-1-丁烯	40.79	46.02	51.04	56.48	61.50	66.53	71.96	76.99	81.59
2-甲基-2-丁烯	60.25	71.96	84.94	99.58	115.1	132.2	151.0	170.7	192.5
3-甲基-1-丁烯	41.55	46.44	51.88	56.90	61.92	66.94	71.96	76.99	81.59
2,3-二甲基-1-丁烯	39.83	44.77	49.79	54.81	59.83	64.43	69.45	74.48	79.50
2,3-二甲基-2-丁烯	37.45	42.26	47.28	52.30	57.74	62.76	67.78	72.38	76.57

续表

名称	温度/K								
	600	650	700	750	800	850	900	950	1000
2-甲基-1-戊烯	38.20	43.10	48.12	52.72	57.74	62.76	67.78	72.38	76.99
2-甲基-2-戊烯	36.78	41.63	46.44	51.46	56.48	61.09	66.11	70.71	75.31
4-甲基-1-戊烯	37.82	42.68	47.70	52.30	57.32	62.34	66.94	71.55	76.57
4-甲基-顺-2-戊烯	37.20	41.84	46.86	51.46	56.48	61.09	65.69	70.29	74.89
4-甲基-反-2-戊烯	37.78	42.68	47.28	51.88	56.90	61.50	66.11	71.13	75.73
2-甲基-1,3-丁二烯	47.28	54.39	62.34	70.29	79.08	87.86	97.49	107.1	117.6
3-甲基-1,2-丁二烯	48.12	54.39	60.25	66.11	71.96	77.82	83.68	89.54	94.98
1-顺-3-戊二烯	48.95	55.23	61.50	67.78	74.06	80.33	86.61	92.47	97.91
1-反-3-戊二烯	46.02	52.30	58.58	64.85	71.13	76.99	83.26	89.54	95.40
环戊烯	53.14	61.92	71.55	81.59	92.05	103.3	114.6	126.8	138.9
环已烯	46.44	52.72	58.99	65.69	71.96	78.24	84.52	91.21	97.49
1,3-环戊二烯	50.63	59.41	68.20	77.82	87.86	98.32	109.2	120.5	132.2
双环戊二烯	46.44	53.97	61.50	68.62	76.15	83.26	90.79	97.49	104.6
1,5-环辛二烯	43.51	51.46	59.83	68.62	78.24	88.28	98.74	109.6	121.3

表4.6.3 卤代烯烃气体的热导率

单位：mW/（m·K）

名称	温度/K								
	150	200	250	300	350	400	450	500	550
氯乙烯	2.259	3.778	5.607	7.782	10.25	13.01	16.07	19.41	23.01
偏二氯乙烯	3.519	5.356	7.406	9.707	12.18	14.77	17.45	20.21	23.01
三氯乙烯		4.393	6.025	7.824	9.749	11.72	13.72	15.73	17.78
全氯乙烯			5.481	6.987	8.577	10.21	11.88	13.56	15.19
顺-1,2-二氯乙烯		3.092	4.602	6.360	8.410	10.67	13.14	15.86	18.83
反-1,2-二氯乙烯			5.021	6.945	9.163	11.63	14.35	17.28	20.50
2-氯-1,3-丁二烯				9.958	12.76	15.73	18.91	22.22	25.56
氟乙烯	5.732	8.368	11.30	14.48	17.91	21.51	25.27	29.20	33.18
偏二氟乙烯	4.728	7.531	10.71	14.23	17.95	21.80	25.69	29.58	33.43
四氟乙烯	4.853	8.075	12.05	16.69	21.97	27.87	34.39	41.55	49.37
溴乙烯	2.577	3.937	5.523	7.238	9.121	11.17	13.26	15.44	17.66
苯乙烯			6.694	9.414	12.59	16.19	20.25	24.73	29.66
α-甲基苯乙烯			7.489	10.67	14.27	18.24	22.47	26.94	31.63

名称	温度/K								
	600	650	700	750	800	850	900	950	1000
氯乙烯	26.86	31.00	35.40	40.04	44.77	50.21	55.65	61.09	66.94
偏二氯乙烯	25.82	28.62	31.38	34.06	36.74	39.33	41.84	44.35	46.86
三氯乙烯	19.79	21.76	23.72	25.65	27.53	29.37	31.21	33.05	34.89
全氯乙烯	16.82	18.41	19.96	21.51	22.97	24.39	25.82	27.24	28.62
顺-1,2-二氯乙烯	21.97	25.36	28.95	32.76	36.74	40.96	45.19	49.79	54.81
反-1,2-二氯乙烯	23.97	27.66	31.55	35.69	40.04	44.77	49.37	54.39	59.83
2-氯-1,3-丁二烯	29.00	32.43	35.90	39.33	42.68	46.02	49.37	52.72	55.65
氟乙烯	37.20	41.21	45.19	49.37	53.14	56.90	60.25	63.60	66.94
偏二氟乙烯	37.24	40.92	44.35	48.12	51.46	54.81	58.16	61.09	64.43
四氟乙烯	57.32	66.53	75.73	85.77	96.23	107.1	118.8	130.5	143.1
溴乙烯	19.92	22.18	24.39	28.74	28.87	31.05	33.18	35.31	37.36
苯乙烯	35.06	40.88	47.28	53.97	61.09	68.20	76.57	84.94	93.72
α-甲基苯乙烯	36.44	41.34	46.44	51.46	56.07	61.09	66.11	71.13	76.15

表4.6.4　乙烯气体在压力下的热导率　　单位：mW/(m·K)

压力/atm	温度/℃		压力/atm	温度/℃		压力/atm	温度/℃	
	41	67.4		41	67.4		41	67.4
1	22.21	25.59	90	58.85	44.31	180	89.55	70.94
10	23.03	26.28	100	64.55	47.92	190	92.69	76.76
20	24.19	26.98	110	68.50	51.64	200	95.71	79.20
30	25.70	27.91	120	71.76	55.48	210	98.97	81.18
40	27.45	29.31	130	74.90	59.08	220		83.15
50	30.24	31.05	140	77.80	62.57	230		85.13
60	34.19	33.61	150	80.83	65.83	240		86.99
70	39.66	36.98	160	83.74	68.97			
80	50.36	40.71	170	86.53	71.87			

4.6.2　烯烃液体的热导率

N 算图 4.13
一些烯烃气体的热导率（第764页左）

表4.6.5　烯烃和二烯烃液体的热导率　　单位：mW/(m·℃)

名　称	温度/℃										
	−180	−160	−140	−120	−100	−80	−60	−40	−20	0	20
乙烯		266.5	210.9	169.5	138.5	116.3	101.7	92.88	88.28		
丙烯	359.0	294.6	247.3	210.5	181.6	157.7	138.1	122.2	109.6	99.58	91.63
1-丁烯	328.9	279.5	242.7	213.4	190.0	169.9	152.7	138.1	125.5	114.6	105.4
异丁烯			251.0	218.0	191.2	169.5	151.0	135.6	122.2	110.9	101.7
顺-2-丁烯				220.9	196.2	175.3	157.7	143.1	130.1	118.8	109.2
反-2-丁烯					202.1	179.9	162.3	147.3	134.7	123.8	113.8
1-戊烯		282.4	249.4	223.0	201.7	183.3	167.4	153.6	141.4	130.5	120.5
顺-2-戊烯			228.0	206.3	187.9	172.0	158.2	146.0	135.1	125.5	116.7
反-2-戊烯			248.5	222.2	200.4	182.0	166.1	152.3	140.2	129.3	119.7
1-己烯				216.7	197.9	182.0	167.8	155.6	144.3	134.3	125.5
1-庚烯					197.9	183.7	170.7	159.4	149.4	139.7	131.4
1-辛烯					215.5	195.0	178.2	164.8	153.1	143.5	134.7
丙二烯				220.9	210.9	200.0	189.1	177.8	165.7	153.6	140.2
1,2-丁二烯				207.1	199.2	190.8	182.4	173.6	164.8	155.2	145.6
1,3-丁二烯					193.7	184.9	176.1	167.4	157.7	148.1	137.7
1,2-戊二烯				188.7	182.4	176.1	169.9	163.6	156.9	149.8	143.1
1,4-戊二烯			190.8	184.5	178.2	171.5	164.8	158.2	151.0	143.5	136.0
2,3-戊二烯				190.0	184.1	177.8	171.5	164.8	158.2	151.5	144.3
1-顺-3-戊二烯						176.1	169.9	163.2	156.5	149.4	142.3
1-反-3-戊二烯			195.4	189.1	182.8	176.6	170.3	163.6	156.9	149.8	142.7

名　称	温度/℃										
	40	60	80	100	120	140	160	180	200	220	240
丙烯	85.77	79.91	70.71								
1-丁烯	97.49	90.79	84.94	79.08	72.38						
异丁烯	93.30	86.19	80.33	74.48	67.78						
顺-2-丁烯	100.8	94.14	87.86	82.42	76.99	69.87					
反-2-丁烯	105.0	97.07	89.96	83.68	79.91						
1-戊烯	111.7	104.2	97.07	90.79	84.52	78.24	71.13	59.83			

续表

名 称	温度/℃										
	40	60	80	100	120	140	160	180	200	220	240
顺-2-戊烯	108.8	101.7	94.98	89.12	83.68	78.24	72.80	65.27			
反-2-戊烯	110.9	102.9	96.23	89.96	84.10	78.66	72.38	64.85			
1-己烯	117.2	109.2	102.5	95.81	89.96	84.52	78.66	72.80	66.11	55.23	
1-庚烯	123.0	115.9	108.8	102.5	96.23	90.79	84.94	79.50	74.06	67.78	60.25
1-辛烯①	127.2	120.1	113.4	107.5	101.7	96.23	90.79	85.77	81.17	76.57	72.38
丙二烯	125.9	110.9	93.72	73.22	42.68						
1,2-丁二烯	135.6	125.1	113.8	101.7	88.28	72.80	53.14				
1,3-丁二烯	126.8	115.5	103.3	89.54	74.48	54.81					
1,2-戊二烯	135.6	128.0	120.1	112.1	103.3	94.14	84.52	73.64	61.09	45.19	
1,4-戊二烯	128.4	120.1	111.7	102.9	93.30	82.84	71.13	57.74	39.54		
2,3-戊二烯	136.8	129.3	121.3	113.4	104.6	95.40	85.77	74.89	62.34	46.44	
1-顺-3-戊二烯	134.7	126.8	118.8	110.5	101.3	92.05	81.59	69.87	56.48	37.11	
1-反-3-戊二烯	135.6	127.6	119.7	111.3	102.5	93.30	82.84	71.55	58.58	40.84	

① 温度为 260、280℃时，其值分别为 70.74、80.33mW/(m·℃)。

表4.6.6 甲基和环烯烃液体的热导率

单位：mW/(m·℃)

名 称	温度/℃										
	−160	−140	−120	−100	−80	−60	−40	−20	0	20	40
2-甲基-1-丁烯			218.8	196.2	177.4	161.1	147.3	134.7	123.0	114.2	105.9
2-甲基-2-丁烯			221.8	198.7	179.9	163.6	149.4	136.8	125.9	116.3	107.5
3-甲基-1-丁烯	292.0	253.1	223.0	198.7	178.7	161.1	146.4	133.5	122.2	112.1	103.3
2,3-二甲基-1-丁烯		228.0	205.4	186.6	170.7	156.9	144.8	133.9	124.3	115.85	107.5
2,3-二甲基-2-丁烯						156.9	145.2	135.1	125.5	117.2	109.6
2-甲基-1-戊烯			222.6	202.5	185.4	170.7	157.7	146.0	135.6	126.4	117.6
2-甲基-2-戊烯			192.9	177.8	164.4	152.7	142.3	132.6	124.3	116.3	108.8
4-甲基-1-戊烯		209.2	190.0	173.6	159.8	147.7	136.8	127.2	118.4	110.0	102.9
4-甲基-顺-2-戊烯			213.0	194.1	178.2	164.4	151.9	141.0	131.0	121.8	113.8
4-甲基-反-2-戊烯		255.6	229.3	207.9	190.0	174.1	160.2	148.1	137.2	127.2	118.4
2-甲基-1,3-丁二烯		193.7	187.4	181.2	174.5	167.8	161.1	154.0	146.9	139.3	131.4
3-甲基-1,2-丁二烯				182.0	175.7	169.0	120.9	155.6	149.0	141.4	134.3
环戊烯			187.4	181.6	175.3	169.0	162.8	156.1	152.7	146.0	135.6
环己烯				172.0	166.9	161.9	156.5	151.5	146.0	140.2	134.7
1,3-环戊二烯					177.0	170.3	164.0	157.3	150.6	143.5	136.4
双环戊二烯											121.8
1,5-环辛二烯											126.8

名 称	温度/℃									
	60	80	100	120	140	160	180	200	220	240
2-甲基-1-丁烯	98.32	91.21	85.35	79.50	73.64	67.36	57.32			
2-甲基-2-丁烯	100.0	93.30	87.03	81.17	75.73	69.45	60.67			
3-甲基-1-丁烯	95.40	88.28	82.01	76.15	69.45	60.67				
2,3-二甲基-1-丁烯	100.0	93.30	87.45	81.59	76.15	70.71	65.27	58.58		
2,3-二甲基-2-丁烯	102.5	96.23	90.37	84.94	79.91	74.89	70.29	65.27	58.99	49.79
2-甲基-1-戊烯	109.6	102.5	96.23	89.96	84.52	79.08	73.64	67.36	58.99	
2-甲基-2-戊烯	102.1	95.81	90.37	84.94	79.91	74.89	70.29	64.85	58.16	

续表

名 称	温度/℃									
	60	80	100	120	140	160	180	200	220	240
4-甲基-1-戊烯	96.23	89.96	84.10	78.66	73.64	68.20	61.92	53.56		
4-甲基-顺-2-戊烯	106.3	99.16	92.88	87.03	81.17	75.31	68.62	59.41		
4-甲基-反-2-戊烯	110.0	102.5	95.81	89.54	83.26	76.99	70.29	61.92		
2-甲基-1,3-丁二烯	123.8	115.1	106.3	96.65	86.61	75.31	62.76	46.44		
3-甲基-1,2-丁二烯	126.4	118.4	110.0	101.3	91.63	81.17	69.87	56.48	36.99	
环戊烯	128.0	120.1	112.1	103.8	94.98	84.94	74.48	62.34	47.28	
环己烯①	128.9	122.6	116.7	110.0	103.3	96.23	89.12	81.17	72.38	63.18
1,3-环戊二烯	128.9	120.9	112.5	104.2	94.98	85.35	74.48	61.92	46.44	
双环戊二烯②	118.0	114.2	110.0	105.9	101.7	97.49	92.88	88.28	83.68	78.66
1,5-环辛二烯③	122.2	117.2	112.5	107.5	102.5	97.07	91.21	85.77	79.50	73.22

① 温度为260、280℃时，其值分别为52、30、37、82mW/(m·K)。

② 温度为260、280、300、320、340、360、380℃时，其值分别为73.64、68.20、62.34、56.07、48.95、40.88、30.17mW/(m·K)。

③ 温度为260、280、300、320、330℃时其值为分别为66.11、58.58、50.21、39.87、33.10mW/(m·K)。

表4.6.7 卤代烯烃液体的热导率 单位：mW/(m·℃)

名 称	温度/℃										
	−140	−120	−100	−80	−60	−40	−20	0	20	40	60
氯乙烯	188.7	181.6	174.1	166.5	159.0	151.0	142.7	133.9	124.7	115.5	105.4
偏二氯乙烯		154.0	149.0	143.5	138.5	133.1	127.2	121.8	115.5	109.6	103.3
三氯乙烯				131.8	128.0	123.8	120.1	115.9	111.3	107.1	102.5
全氯乙烯							111.3	107.5	104.2	100.8	97.07
顺-1,2-二氯乙烯					143.1	138.1	133.5	128.4	123.0	118.0	112.5
反-1,2-二氯乙烯						136.8	131.4	125.9	120.1	114.6	108.4
2-氯-1,3-丁二烯									129.3	123.4	117.2
氟乙烯	204.6	192.9	180.7	167.8	154.4	140.2	125.1	108.4	89.12	66.11	
偏二氟乙烯	170.7	159.4	147.7	135.6	122.2	108.4	92.47	74.48	51.46		
四氟乙烯	141.4	132.2	122.6	112.5	102.1	90.79	78.24	64.02	46.44		
溴乙烯		143.9	138.9	133.5	128.4	123.0	117.2	111.3	105.4	99.16	92.88
苯乙烯							144.8	140.6	136.4	132.2	127.6
α-甲基苯乙烯							141.0	137.2	133.5	129.3	125.1

名 称	温度/℃										
	80	100	120	140	160	180	200	220	240	260	280
氯乙烯	94.56	82.84	69.45	53.56							
偏二氯乙烯	96.65	89.54	82.42	74.48	66.11	56.48	45.61	29.00			
三氯乙烯	97.91	93.30	88.28	83.26	77.82	72.38	66.53	60.25	53.14	45.61	36.23
全氯乙烯①	93.72	89.96	86.19	82.01	77.82	73.64	69.45	64.43	59.83	54.39	48.95
顺-1,2-二氯乙烯	106.7	100.8	94.98	88.70	82.01	74.89	66.94	58.58	48.95	36.94	
反-1,2-二氯乙烯	102.1	95.81	89.12	82.01	74.48	66.11	56.90	46.02	30.38		
2-氯-1,3-丁二烯	110.9	104.2	97.07	89.96	82.01	73.64	64.43	53.97	40.84		
溴乙烯	86.19	79.08	71.13	62.76	53.56	42.26	26.02				
苯乙烯②	123.4	118.8	114.2	109.6	104.6	99.58	94.14	88.70	83.26	77.40	71.13
α-甲基苯乙烯③	120.9	116.3	112.1	107.5	102.9	97.91	92.88	87.86	82.42	76.99	70.71

① 温度为300、320、340℃时，其值分别为42.68、35.56、26.02mW/(m·K)。

② 温度为300、320、340、360℃时，其值分别为64.02、56.90、48.53、37.91mW/(m·K)。

③ 温度为300、320、340、360、380℃时，其值分别为64.43、57.74、49.79、40.67、26.44mW/(m·K)。

算图 4.14
一些烯烃液体的热导率
（第 764 页右）

算图 4.15
有机液体的热导率
（第 765 页左）

算图 4.16
根据分子量和摩尔体积求有机液体的热导率（第 765 页右）

算图 4.17
根据分子量、比热容、汽化热和摩尔体积求有机液体的热导率
（第 766 页左）

算图 4.18
根据分子量、标准沸点和临界温度求液体任意温度时的热导率
（第 766 页右）

算图 4.19
根据比热容、黏度和普朗特数求热导率
（第 767 页左）

算图 4.20
根据分子量、密度和比热容求液体的热导率（Ⅰ）（第 767 页右）

算图 4.21
根据分子量、密度和比热容求液体的热导率（Ⅱ）（第 768 页左）

4.6.3 聚合物的热导率

表4.6.8 乙烯类聚合物的热导率　　单位：W/(m·K)

T/K	聚甲基丙烯酸甲酯	聚苯乙烯	聚对氯苯乙烯	聚乙烯基咔唑	T/K	聚甲基丙烯酸甲酯	聚苯乙烯	聚对氯苯乙烯	聚乙烯基咔唑
280	0.147				400	0.167	0.155	0.140	0.149
290	0.148	0.132	0.111	0.124	410	0.168	0.160	0.141	0.153
300	0.149	0.132	0.112	0.126	420		–	0.142	0.156
310	0.150	0.133	0.114	0.127	430		–	0.143	0.160
320	0.152	0.134	0.116	0.129	440		–		0.163
330	0.153	0.135	0.118	0.130	450		–		0.167
340	0.155	0.136	0.120	0.132	460		–		0.170
350	0.157	0.138	0.121	0.134	470		0.160		0.172
360	0.160	0.141	0.126	0.136	490		0.172		
370	0.163	0.145	0.130	0.139	510		0.176		
380	0.166	0.148	0.134	0.143	530		0.180		
390	0.166	0.151	0.139	0.146	550		0.184		

表4.6.9 高密度聚乙烯的热导率　　单位：W/(m·K)

T/K	密度/(g/cm³)			T/K	密度/(g/cm³)			T/K	密度/(g/cm³)		
	0.951	0.962	0.982		951	0.962	0.982		0.951	0.962	0.982
90	0.500	0.710	1.170	200	0.495	0.577	0.800	310	0.392	0.430	0.573
100	0.503	0.700	1.120	210	0.488	0.550	0.760	320	0.380	0.416	0.556
110	0.505	0.690	1.090	220	0.482	0.530	0.730	330	0.370	0.400	0.504
120	0.507	0.680	1.055	230	0.474	0.537	0.705	340	0.357	0.390	0.525
130	0.509	0.667	1.030	240	0.466	0.525	0.686	350	0.346	0.375	0.508
140	0.509	0.655	0.998	250	0.457	0.510	0.670	360	0.335	0.363	0.490
150	0.509	0.642	0.960	260	0.448	0.496	0.655	370	0.322	0.350	0.475
160	0.508	0.630	0.920	270	0.437	0.484	0.640	380	0.310	–	0.455
170	0.506	0.615	0.880	280	0.427	0.470	0.624	390	0.295	–	0.425
180	0.503	0.600	0.855	290	0.416	0.457	0.606	410	0.255	0.255	0.255
190	0.500	0.590	0.835	300	0.405	0.445	0.590	＞430	0.255①	0.255②	0.255③

① 至 470K。
② 至 520K。
③ 至 490K。

表4.6.10 聚丙烯的热导率 单位：W/(m·K)

T/K	无规立构	全同立构	全同立构①	T/K	无规立构	全同立构	全同立构①	T/K	无规立构	全同立构	全同立构①
90	0.118		0.105	230	0.180	0.157	0.230	370	0.172	0.218	0.230
100	0.124		0.163	240	0.181	0.160	0.233	380	0.171	0.227	0.227
110	0.130	0.113	0.171	250	0.182	0.164	0.235	390	0.170	0.245	–
120	0.137	0.116	0.177	260	0.183	0.166	0.238	400	0.170		0.216
130	0.144	0.120	0.183	270	0.180	0.168	0.24	410	0.169		–
140	0.150	0.125	0.189	280	0.179	0.171	0.241	420	0.168		0.195
150	0.155	0.128	0.195	290	0.178	0.175	0.242	430	0.162		–
160	0.160	0.131	0.200	300	0.177	0.177	0.241	440	0.158		0.162
170	0.165	0.135	0.205	310	0.177	0.181	0.241	450	0.15		0.163
180	0.169	0.139	0.210	320	0.176	0.185	0.240	460	0.152		0.165
190	0.172	0.142	0.214	330	0.175	0.189	0.238	470	0.149		0.167
200	0.175	0.146	0.219	340	0.174	0.195	0.236	480			0.169
210	0.176	0.150	0.223	350	0.174	0.199	0.234	500			0.171
220	0.178	0.154	0.227	360	0.173	0.206	0.232	520			0.177

① $\rho = 0.911 g/cm^3$。

表4.6.11 硬质聚氯乙烯的热导率 单位：W/(m·K)

T/K	λ	T/K	λ	T/K	λ	T/K	λ	T/K	λ
100	0.128	150	0.140	200	0.151	250	0.163	300	0.170
110	0.130	160	0.142	210	0.153	260	0.165	310	0.171
120	0.132	170	0.144	220	0.156	270	0.167	320	0.171
130	0.135	180	0.146	230	0.158	280	0.168	330	0.172
140	0.137	190	0.149	240	0.161	290	0.169	340	0.172

表4.6.12 顺-1,4-聚甲基丁二烯的热导率 单位：W/(m·K)

T/K	λ	T/K	λ	T/K	λ	T/K	λ	T/K	λ
100	0.153	150	0.159	200	0.165	250	0.149	300	0.143
110	0.155	160	0.160	210	0.159	260	0.148	310	0.142
120	0.156	170	0.161	220	0.155	270	0.147	320	0.142
130	0.157	180	0.162	230	0.153	280	0.145	330	0.141
140	0.158	190	0.162	240	0.151	290	0.144	340	0.141

表4.6.13 聚四氟乙烯(ρ=2168kg/m^3)的热导率 单位：W/(m·K)

T/K	λ	T/K	λ	T/K	λ	T/K	λ	T/K	λ
90	0.230	150	0.242	210	0.256	270	0.257	330	0.245
100	0.232	160	0.244	220	0.257	280	0.253	340	0.248
110	0.235	170	0.247	230	0.259	290	0.240	350	0.250
120	0.237	180	0.250	240	0.260	300	0.241	360	0.250
130	0.240	190	0.252	250	0.260	310	0.241	＞370	0.251
140	0.241	200	0.255	260	0.259	320	0.243	(至450)	0.251

4.7 蒸气压

4.7.1 烯烃和二烯烃的蒸气压

表4.7.1 烯烃和二烯烃的蒸气压　　单位：kPa

名称	温度/℃								
	-100	-80	-60	-40	-20	0	20	40	60
乙烯①	125.38	339.54	753.85	1453.0	2529.0	4098.5			
丙烯	4.0211	17.534	55.800	142.00	307.31	588.29	1025.4	1660.7	2545.2
1-丁烯		1.4825	6.5182	21.312	56.181	126.00	254.73	458.79	765.71
异丁烯		1.5711	6.8762	22.400	58.867	131.69	260.81	469.23	782.53
顺-2-丁烯			3.7144	13.200	37.132	87.724	181.28	335.08	572.48
反-2-丁烯			4.5359	15.500	42.381	97.972	199.08	371.55	634.90
1-戊烯				3.7321	11.959	31.392	70.766	141.63	268.20
顺-2-戊烯				2.4788	8.4412	23.241	54.437	112.43	209.43
反-2-戊烯				2.5900	8.7257	23.864	55.669	114.70	213.59
己烯					2.4524	7.6840	19.994	45.050	90.601
1-庚烯						1.9420	5.8615	14.918	33.212
1-辛烯							1.7482	5.0432	12.455
丙二烯		7.8018	29.665	80.10	172.59	364.66	670.26	1131.8	1789.3
1,2-丁二烯			2.5514	9.3662	27.209	66.281	141.00	274.59	485.54
1,3-丁二烯			5.9150	19.735	52.833	119.93	240.24	435.19	729.43
1,2-戊二烯				1.9064	6.4216	17.663	41.521	86.218	162.12
1-顺-3-戊二烯				1.9076	6.6741	18.810	44.966	94.549	179.54
1-反-3-戊二烯		0.070	0.4426	1.9480	6.5680	18.086	42.546	88.436	166.47
1,4-戊二烯				4.3987	14.000	36.492	81.659	162.27	277.83
2,3-戊二烯		0.0659	0.4085	1.7722	5.9036	16.090	37.520	77.392	144.69

名称	温度/℃								
	80	100	120	140	160	180	200	220	240
丙烯	3738.8	4599②							
1-丁烯	1202.7	1799.5	2592.9	3627.4					
异丁烯	1228.0	1838.0	2647.6	3706.4					
顺-2-丁烯	917.19	1397.2	2046.7	2909.0	4046.9				
反-2-丁烯	1017.3	1547.2	2258.5	3193.7					
1-戊烯	463.35	751.32	1157.1	1707.3	2435.8	3383.2			
顺-2-戊烯	361.12	584.00	896.62	1319.2	1873.4	2588.8	3499.7		
反-2-戊烯	367.91	594.67	912.53	1341.5	1905.9	2633.4	3560.5		
1-己烯	166.30	284.00	456.36	698.12	1025.4	1455.0	2009.2	2714.4	
1-庚烯③	66.436	121.83	207.51	333.25	509.46	748.38	1063.9	1475.2	2003.1
1-辛烯④	27.185	53.700	97.742	166.22	267.59	411.27	607.84	869.06	1208.8
丙二烯	2690.1	3892.9							
1,2-丁二烯	800.06	1247.3	1861.3	2688.1	3784.4				
1,3-丁二烯	1151.0	1732.6	2516.9	3557.5					

续表

名称	温度/℃								
	80	100	120	140	160	180	200	220	240
1,2-戊二烯	281.27	456.87	703.19	1034.5	1468.1	2020.4	2714.4	3575.7	
1-顺-3-戊二烯	305.69	494.76	759.00	1114.5	1578.6	2170.3	2915.1	3842.2	
1-反-3-戊二烯	289.00	469.94	724.06	1066.9	1515.8	2089.3	2810.7	3710.5	
1,4-戊二烯	454.44	701.67	1033.5	1466.1	2014.3	2701.3	3553.4		
2,3-戊二烯	249.66	403.78	618.89	907.46	1282.7	1760.0	2357.8	3097.5	

① 温度为2、4、5、6、7、8、9、9.5、9.9℃时，其值分别为4427、4629、4733、4838、4945、5055、5165、5221、5266kPa。
② 对应于91.9℃。
③ 温度为260℃时，其值为2678.0kPa。
④ 温度为260、280℃时，其值分别为1642.4、2189.6kPa。

4.7.2 甲基烯烃和环烯烃的蒸气压

表4.7.2 甲基烯烃和环烯烃的蒸气压 单位：kPa

名称	温度/℃									
	−80	−60	−40	−20	0	20	40	60	80	100
2-甲基-1-丁烯			3.4047	11.112	29.600	67.521	136.47	248.85	421.81	672.69
2-甲基-2-丁烯			2.3000	7.8594	21.744	51.212	106.37	200.00	351.39	574.91
3-甲基-1-丁烯		1.6574	6.3365	18.915	46.944	101.12	195.00	348.65	577.24	902.29
2,3-二甲基-1-丁烯				3.6964	10.973	27.358	59.556	116.43	206.09	341.66
2,3-二甲基-2-丁烯				1.4429	4.8317	13.287	31.372	65.672	124.79	216.00
2-甲基-1-戊烯	0.0255	0.1794	0.8616	3.1170	9.0990	22.494	85.214	94.941	169.92	283.60
2-甲基-2-戊烯				1.9411	6.2941	16.848	38.888	79.826	149.13	250.57
4-甲基-1-戊烯	0.0314	0.2187	1.0638	3.8973	11.500	28.705	62.760	123.41	222.81	375.00
4-甲基-顺-2-戊烯				3.4787	10.477	26.386	57.856	113.68	205.38	345.82
4-甲基-反-2-戊烯				3.0764	9.4153	24.042	53.354	106.00	192.44	324.84
2-甲基-1,3-丁二烯			2.9714	9.8100	26.396	60.755	123.78	223.92	377.73	599.00
3-甲基-1,2-丁二烯			1.9300	6.8218	19.378	46.607	98.468	187.70	317.00	512.40
环戊烯			1.7646	6.1661	17.388	41.635	87.739	167.00	0.3851	479.77
环己烯		0.0322	0.2120	0.9619	3.3274	9.3846	22.609	48.108	92.658	164.55
1,3-环戊二烯	0.0653	0.4306	1.9650	6.8227	19.251	46.214	97.707	186.64	328.09	539.35
双环戊二烯							1.0648	2.8782	6.8200	14.500
1,5-环辛二烯							4.7345	11.500	24.855	48.828

名称	温度/℃									
	120	140	160	180	200	220	240	260	280	300
2-甲基-1-丁烯	1020.3	1487.4	2096.4	2881.6						
2-甲基-2-丁烯	891.86	1324.3	1899.8	2648.6						
3-甲基-1-丁烯	1346.6	1936.3	2702.3							
2,3-二甲基-1-丁烯	535.19	800.46	1152.0	1607.0	2184.5	2910.0				
2,3-二甲基-2-丁烯	352.61	546.34	810.6	1160.1	1611.0	2183.5	2901.9			
2-甲基-1-戊烯	446.94	671.48	969.78	1355.7	1845.1	2458.1				
2-甲基-2-戊烯	401.44	611.90	895.0	1264.5	1737.7	2333.5	3077.2			
4-甲基-1-戊烯	596.00	903.21	1316.2	1859.3	2559.4					
4-甲基-顺-2-戊烯	549.68	833.09	1213.8	1714.4	2359.8					
4-甲基-反-2-戊烯	516.65	783.24	1142.9	1619.1	2240.2					
2-甲基-1,3-丁二烯	903.31	1307.0	1828.9	2489.5	3318.3					

续表

名　称	温度/℃									
	120	140	160	180	200	220	240	260	280	300
3-甲基-1,2-丁二烯	785.26	1152.0	1630.3	2239.2	3005.2	4035.7				
环戊烯	744.63	1105.4	1582.6	2202.8	2994.1	4000.3				
环己烯	274.00	431.44	648.48	937.35	1311.1	1784.3	2372.0	3096.4	3980.0	
1,3-环戊二烯	838.66	1245.2	1781.2	2469.2	3337.6	4421.8				
双环戊二烯①	28.199	50.855	86.105	138.20	211.76	312.0	444.41	614.84	829.54	1095.3
1,5-环辛二烯②	88.608	150.46	241.66	370.14	544.52	774.22	1068.9	1439.8	1898.8	2461.1

① 温度为 320、340、360、380℃时，其值分别为 1419.5、1811.6、2281.8、2844.1kPa。
② 温度为 320、330℃时，其值分别为 3144.1、3537.4kPa。

4.7.3　卤代烯烃的蒸气压

表4.7.3　卤代烯烃的蒸气压　　单位：kPa

名　称	温度/℃										
	−140	−120	−100	−80	−60	−40	−20	0	20	40	60
氯乙烯				2.508	10.32	31.54	77.90	164.4	329.5	585.2	964.3
偏二氯乙烯					0.801	3.360	10.89	29.02	66.42	134.9	248.8
三氯乙烯								2.723	7.808	19.15	41.51
全氯乙烯									1.869	5.267	12.81
顺-1,2-二氯乙烯							2.617	8.198	21.47	48.89	99.25
反-1,2-二氯乙烯						1.306	4.796	14.18	35.39	77.33	151.9
2-氯-1,3-丁二烯							3.220	9.583	24.05	52.81	104.1
氟乙烯		3.512	18.38	66.16	183.2	419.6	835.6	1498	2482	3881	
偏二氟乙烯	1.171	8.730	39.31	126.2	320.2	685.2	1294.9	2231	3601		
四氟乙烯		3.901	21.65	79.48	220.6	492.0	973.0	1742	2897		
溴乙烯					1.478	6.135	19.75	52.35	119.5	242.0	445.8
苯乙烯										1.934	5.208

名　称	温度/℃										
	80	100	120	140	160	180	200	220	240	260	280
氯乙烯	1496	2214	3153	4359							
偏二氯乙烯	424.6	680.1	1034	1507	2119	2895	3866	5072			
三氯乙烯	81.41	147.2	247.3	394.2	599.0	874.7	1236	1699	2284	3015	3923
全氯乙烯①	27.69	54.36	98.61	167.4	264.2	402.2	588.4	832.1	1143	1532	2010
顺-1,2-二氯乙烯	184.0	316.3	511.2	784.5	1153	1634	2247	3015	3963	5123	
反-1,2-二氯乙烯	273.6	459.1	726.7	1096	1588	2226	3036	4050	5309		
2-氯-1,3-丁二烯	188.0	316.2	501.5	757.2	1097	1538	2097	2794	3655		
溴乙烯	761.0	1220	1858	2716	3838	5278					
苯乙烯②	12.23	25.72	49.42	88.11	147.6	229.3	345.5	501.4	704.6	963.3	1286
α-甲基苯乙烯③		13.86	27.67	51.11	88.38	144.5	225.3	337.4	487.6	683.5	933.7

① 温度为 300、320、340℃时，其值为 2590.8、3292.0、4133.0kPa。
② 温度为 300、320、340、360℃时，其值为 1681.9、2163.2、2741.8、3434.9kPa。
③ 温度为 300、320、340、360、380℃时，其值为 1247.3、1634.3、2107.5、2680.0、3372.0kPa。

N 算图 4.22、4.23、4.24
一些烯烃的蒸气压
（第 768 页右，第 769 页）

N 算图 4.25
氯化烯烃的蒸气压
（第 770 页左）

N 算图 4.26
氧化丙烯和丙氧基甘油混合物的
蒸气压（第 770 页右）

4.7.4 烯烃在压力下的蒸气压

表 4.7.4 烯烃在压力下的蒸气压（$p \leqslant 101.3kPa$）

名称	分子式	0.1	0.2	0.4	0.7	1.0	2	4	7	10	20	40	70	101.3	熔点/℃
		相应于上述蒸气压强(kPa)的温度/℃													
乙烯	C_2H_4	−169.3	−166.3	−162.1	−158.0	−155.5	−150.4	−144.5	−139.1	−135.4	−127.9	−118.3	−109.8	−103.7	−169
丙烯	C_3H_6	−133.1	−129.6	−124.9	−120.2	−115.9	−108.3	−100.5	−93.5	−88.7	−78.8	−66.5	−55.5	−47.7	−185
丙二烯	C_3H_4	−122.1	−117.9	−112.6	−107.6	−104.1	−97.1	−89.2	−81.4	−76.5	−66.9	−54.3	−43.0	−35.0	−136
1-丁烯	C_4H_8	−106.8	−101.4	−94.9	−88.9	−85.0	−77.1	−68.0	−59.7	−54.1	−42.5	−28.2	−15.4	−6.3	−130
顺-2-丁烯	C_4H_8	−98.3	−93.0	−86.6	−80.7	−76.8	−68.7	−59.4	−51.0	−45.1	−33.2	−18.6	−5.5	3.7	−138.9
反-2-丁烯	C_4H_8	−101.4	−96.0	−89.5	−83.6	−79.7	−71.6	−62.3	−53.9	−48.0	−36.1	−21.5	−8.3	0.9	−105.4
异丁烯	C_4H_8	−105.8	−103.4	−99.8	−95.6	−88.2	−77.4	−68.4	−60.2	−54.5	−42.9	−28.7	−15.9	−6.9	−140.3
1,2-丁二烯	C_4H_6	−91.1	−85.4	−78.5	−72.2	−67.9	−59.3	−49.3	−40.2	−34.0	−21.1	−5.3	8.7	18.5	
1,3-丁二烯	C_4H_6	−104.7	−99.5	−93.0	−87.1	−83.2	−75.1	−65.9	−57.6	−52.0	−40.3	−25.9	−13.2	−4.5	−108.9
三异丁烯	$C_{12}H_{24}$	14.2	24.1	35.2	44.8	51.1	63.9	79.2	92.9	102.0	120.8	143.0	163.8	179.0	
四异丁烯	$C_{16}H_{32}$	59.3	70.8	83.6	94.6	102.2	117.4	134.3	148.7	158.6	179.7	203.9	225.2	240.0	
1-戊烯	C_5H_{10}	−82.7	−76.6	−69.3	−62.8	−58.3	−50.0	−39.6	−29.9	−23.5	−10.3	5.6	19.9	30.1	
1,3-戊二烯	C_5H_8	−74.2	−67.8	−60.1	−53.3	−48.8	−39.5	−28.7	−19.3	−12.7	0.9	17.3	31.9	42.1	
1,4-戊二烯	C_5H_8	−85.8	−79.6	−72.3	−65.7	−61.1	−52.1	−42.0	−32.8	−26.4	−13.5	1.6	15.6	26.1	
异戊间二烯	C_5H_8	−82.1	−75.9	−68.5	−61.8	−57.2	−48.1	−37.7	−28.3	−21.8	−8.3	8.0	22.5	32.6	−146.7
1-己烯	C_6H_{12}	−60.2	−53.1	−44.8	−37.4	−32.4	−22.2	−10.7	−0.3	6.8	21.4	38.9	54.7	66.0	−98.5
2-庚烯	C_7H_{14}	−38.9	−30.8	−21.6	−13.5	−8.1	2.9	15.4	26.7	34.4	50.4	69.5	86.6	98.5	
1-癸烯	$C_{10}H_{20}$	10.9	20.7	31.6	41.1	47.9	61.5	76.3	89.6	98.7	117.3	139.4	158.7	172.0	
1-十二烯	$C_{12}H_{24}$	43.2	53.5	64.9	74.9	81.9	95.8	111.3	124.7	134.0	152.9	175.3	194.8	208.0	−31.5
1-十六烯	$C_{16}H_{32}$	97.0	108.7	121.6	132.6	140.0	154.9	171.2	186.4	196.6	216.9	239.9	260.0	274.0	4
3-乙基苯乙烯	$C_{10}H_{12}$	24.3	34.5	45.9	55.8	62.6	76.3	91.8	105.7	115.0	134.4	157.1	177.3	191.5	
4-乙基苯乙烯	$C_{10}H_{12}$	22.0	32.2	43.6	53.6	60.5	74.3	89.9	103.7	113.2	132.5	155.0	175.0	189.0	
2,4-二甲基苯乙烯	$C_{10}H_{12}$	30.1	40.7	52.5	62.8	69.8	84.1	100.1	114.1	123.8	143.5	166.9	187.7	202.0	
2,5-二甲基苯乙烯	$C_{10}H_{12}$	25.0	35.3	46.8	56.7	63.4	77.3	92.9	106.7	116.3	135.9	158.6	178.8	193.0	
2,5-二乙基苯乙烯	$C_{12}H_{16}$	45.4	56.4	68.7	79.3	86.5	101.4	118.0	132.7	14 2.5	163.0	187.2	208.4	223.0	
1,1-二苯基乙烯	$C_{14}H_{12}$	82.4	95.0	108.8	120.6	128.4	144.3	162.3	178.8	189.5	211.8	238.1	261.1	277.0	

续表

名称	分子式	0.1	0.2	0.4	0.7	1.0	2	4	7	10	20	40	70	101.3	熔点/℃
		相应于上述蒸气压强（kPa）的温度/℃													
反-二苯基乙烯	$C_{14}H_{12}$	108.2	120.9	134.9	146.8	154.5	171.5	190.4	206.9	218.0	240.6	266.8	290.1	306.5	24
1,1-二氯乙烯	$C_2H_2Cl_2$	−79.5	−73.4	−66.1	−59.5	−55.0	−46.1	−36.1	−26.8	−20.6	−7.8	7.7	21.8	31.7	−122.5
顺-1,2-二氯乙烯	$C_2H_2Cl_2$	−61.0	−54.1	−45.9	−38.6	−34.0	−24.3	−13.3	−3.4	3.4	17.3	33.7	48.4	59.0	−80.5
反-1,2-二氯乙烯	$C_2H_2Cl_2$	−67.9	−61.3	−53.6	−46.6	−42.0	−32.6	−22.2	−12.8	−6.2	7.3	23.5	37.8	47.8	−50.0
1,2-二氯-1,2-二氟乙烯	$C_2Cl_2F_2$	−84.1	−78.4	−71.4	−65.1	−60.9	−52.5	−43.0	−34.4	−28.5	−16.4	−1.7	11.5	20.9	−112
2,3-二氯苯乙烯	$C_8H_6Cl_2$	56.6	67.8	80.3	91.0	98.4	113.4	130.0	144.8	154.8	175.5	199.4	220.4	235.0	
2,4-二氯苯乙烯	$C_8H_6Cl_2$	49.2	60.2	72.5	83.2	90.9	105.3	121.4	135.9	145.5	165.8	189.5	210.4	225.0	
2,5-二氯苯乙烯	$C_8H_6Cl_2$	51.2	62.2	74.3	84.8	92.1	106.9	123.4	137.9	147.5	167.8	191.8	212.7	227.0	
2,6-二氯苯乙烯	$C_8H_6Cl_2$	43.6	54.3	66.2	76.6	83.9	98.6	114.8	129.2	139.1	159.1	182.8	203.3	217.0	
3,4-二氯苯乙烯	$C_8H_6Cl_2$	52.9	64.0	76.3	86.9	94.2	109.1	125.8	140.5	150.0	170.8	195.2	215.8	230.0	
3,5-二氯苯乙烯	$C_8H_6Cl_2$	49.2	60.2	72.5	83.2	90.8	105.2	121.4	135.9	145.5	165.8	189.5	210.4	225.0	
2,3-二溴丙烯	$C_3H_4Br_2$	−9.5	−0.5	9.7	18.7	24.8	37.2	51.1	63.5	72.0	89.3	110.1	128.5	141.2	
二聚戊烯	$C_{10}H_{16}$	10.1	20.2	31.4	41.2	48.0	61.7	77.0	90.7	100.1	118.9	140.7	160.5	174.6	
2,4,5-三甲基苯乙烯	$C_{11}H_{14}$	43.7	54.9	67.2	77.9	85.3	100.2	116.5	131.3	141.3	161.7	185.5	206.5	221.2	
2,4,6-三甲基苯乙烯	$C_{11}H_{14}$	33.3	44.1	56.2	66.6	73.7	88.0	104.2	118.3	128.1	148.1	171.6	192.6	207.0	
三氟氯乙烯	C_2ClF_3	−117.6	−113.1	−107.4	−102.1	−16.9	−91.9	−83.8	−76.4	−71.4	−60.9	−47.7	−36.0	−27.9	−157.5
三氯乙烯	C_2HCl_3	−46.8	−39.0	−30.1	−22.2	−32.4	−6.2	6.0	16.8	24.5	40.1	58.6	75.2	86.7	−73
双环戊二烯	$C_{10}H_8$				35.0	41.8	55.5	70.7	84.2	93.5	112.5	134.4	153.5	166.6	32.9
甲氯乙烯	C_2Cl_4	−23.9	−15.3	−5.5	3.1	8.9	20.6	33.8	45.7	54.0	71.1	91.1	108.6	120.8	−19.0
2-甲基丙烯	C_4H_8	−105.8	−103.4	−99.8	−95.6	−88.2	−77.4	−68.4	−60.2	−54.5	−42.9	−28.7	−15.9	−6.9	−140.3
2-甲基丁烯	C_5H_{10}	−91.2	−85.5	−78.6	−72.3	−68.0	−59.2	−49.1	−40.0	−33.7	−20.7	−4.8	9.8	20.2	−135
2-甲基-2-丁烯	C_5H_{10}	−77.9	−71.3	−63.4	−56.5	−51.9	−42.5	−31.9	−22.3	−15.7	−2.2	14.2	28.6	38.5	−133
2-甲基苯乙烯	C_9H_{10}	3.4	13.6	25.0	34.8	41.5	55.2	70.6	84.3	93.9	112.7	133.7	152.3	165.4	−23.2
4-甲基苯乙烯	C_9H_{10}	12.2	22.1	33.2	42.8	49.5	62.9	77.8	91.2	100.4	119.4	141.4	161.1	175.0	
2-甲基-2-庚烯	C_8H_{16}	−19.4	−10.9	−1.1	7.4	13.0	24.7	37.8	49.4	57.5	74.0	93.4	110.6	122.5	
4-异丙基苯乙烯	$C_{11}H_{14}$	30.6	41.2	52.9	63.2	70.1	84.4	100.4	114.5	124.2	144.1	167.5	188.2	202.5	
3-亚甲基-7-甲基-1,6-辛二烯	$C_6H_5NO_3$	10.7	20.4	30.3	40.8	47.5	60.8	75.5	88.8	98.0	116.7	138.5	157.9	171.5	
苯乙烯	C_8H_8	−10.7	−1.2	9.5	18.8	25.3	38.4	52.9	65.8	74.5	92.3	113.2	131.9	145.2	−30.6
环丁烯	C_4H_6	−101.1	−95.6	−89.0	−82.9	−78.9	−70.7	−61.2	−52.6	−46.7	−34.4	−19.2	−6.2	2.4	

续表

名称	分子式	0.1	0.2	0.4	0.7	1.0	2	4	7	10	20	40	70	101.3	熔点/℃
		相应于上述蒸气压强（kPa）的温度/℃													
氟乙烯	C_2H_3F	−150.5	−147.0	−142.2	−137.7	−134.8	−128.7	−121.7	−115.1	−110.5	−100.9	−89.2	−79.2	−72.2	−160.5
莰烯	$C_{10}H_{16}$						54.4	68.8	81.4	90.1	108.3	129.4	147.7	160.5	50
1,8-萜二烯（右旋）	$C_{10}H_{16}$	10.1	20.2	31.4	41.2	48.0	61.7	77.0	90.7	100.1	119.1	141.4	161.2	175.0	−96.9
α-菲兰烯	$C_{10}H_{16}$	16.2	26.0	36.9	46.5	52.7	65.8	80.7	93.9	102.8	121.3	142.6	161.6	175.0	
氯乙烯	C_2H_3Cl	−107.4	−102.4	−96.1	−90.4	−86.8	−79.5	−71.1	−63.5	−58.1	−47.2	−34.0	−22.2	−13.8	−153.7
1-氯丙烯	C_3H_5Cl	−83.7	−77.3	−69.7	−62.8	−58.2	−48.7	−38.0	−28.1	−21.2	−6.5	10.6	25.9	37.0	−99.0
3-氯丙烯	C_3H_5Cl	−72.4	−66.0	−58.3	−51.5	−46.9	−37.5	−26.6	−16.9	−10.4	3.2	19.9	34.6	44.6	−136.4
3-氯苯乙烯	C_8H_7Cl	21.5	31.4	42.5	52.2	59.2	73.4	89.1	103.2	112.8	132.5	155.4	175.8	190.0	
4-氯苯乙烯	C_8H_7Cl	24.1	34.2	45.5	55.3	61.9	75.5	90.8	104.5	113.9	133.6	156.2	176.4	191.0	−15.0
α-蒎烯	$C_{10}H_{16}$	−4.8	5.0	15.9	25.4	31.8	45.1	59.8	73.0	82.1	100.9	122.6	141.7	155.0	−55
β-蒎烯	$C_{10}H_{16}$	0.4	10.2	21.2	30.8	37.0	51.0	65.3	77.5	86.3	104.8	126.5	145.3	158.3	
溴乙烯	C_2H_3Br	−97.7	−91.5	−84.0	−77.3	−72.7	−63.4	−53.1	−44.0	−37.6	−24.3	−8.3	5.9	15.8	−138
顺-1-溴-1-丁烯	C_4H_7Br	−46.9	−39.3	−30.4	−22.6	−17.3	−6.6	5.6	16.6	24.1	39.7	58.4	74.8	86.2	
反-1-溴-1-丁烯	C_4H_7Br	−41.4	−33.5	−24.4	−16.4	−11.0	0.0	12.4	23.8	31.5	47.4	66.5	83.2	94.7	−100.3
2-溴-1-丁烯	C_4H_7Br	−50.1	−42.7	−34.0	−26.4	−21.2	−10.6	1.4	12.2	19.7	35.0	53.5	69.8	81.0	−133.4
顺-2-溴-2-丁烯	C_4H_7Br	−42.0	−34.2	−25.2	−17.2	−11.8	−0.8	11.7	22.9	30.6	46.4	65.4	82.2	93.9	−111.2
反-2-溴-2-丁烯	C_4H_7Br	−47.9	−40.2	−31.3	−23.5	−18.3	−7.6	4.6	15.5	23.1	38.6	57.4	74.1	85.5	−114.6

表 4.7.5　烯烃的蒸气压（$p \geqslant 101.3$kPa）

名称	分子式	101.3	200	400	700	1000	1500	2000	2500	3000	3500	4000	5000	临界值	
		相应于上述蒸气压强（kPa）的温度/℃												t_c/℃	p_c/MPa
乙烯	C_2H_4	−103.7	−90.8	−76.2	−62.6	−53.1	−39.4	−29.5	−21.4	−14.7	−8.0	−2.1	8.3	9.6	5.14
丙烯	C_3H_6	−47.7	−31.4	−11.7	6.7	19.3	36.6	48.9	60.1	69.3	77.4	84.3		91.4	4.60
丙二烯	C_3H_4	−35.0	−18.4	1.2	19.8	32.7	50.9	63.9	75.4	84.8	94.3	102.7	117.2	120.7	5.25
顺-1,2-二氯乙烯	C_2H_2Cl	59.0	82.0	109.7	134.7	151.7	175.9	193.2	208.3	220.6	232.8	243.5	259.1	271.0	5.86
反-1,2-二氯乙烯	C_2H_2Cl	47.8	69.7	95.2	118.8	135.1	157.4	173.3	187.4	199.0	209.7	219.1	235.5	243.3	5.52
1,3-丁二烯	C_4H_6	−4.5	15.3	38.8	60.5	75.5	97.5	113.3	127.4	139.0	148.7	157.2		161.8	4.32
三氟氯乙烯	C_2ClF_3	−27.9	−11.1	8.6	26.9	39.5	57.6	70.5	81.9	91.2				107.0	3.95

4.8 比热容

4.8.1 烯烃气体的比热容

表4.8.1 单烯烃和二烯烃气体的比热容 单位：J/(mol·K)

名称	温度/K									
	50	100	150	200	250	300	350	400	450	500
乙烯	11.43	18.63	25.46	31.90	38.02	43.75	49.15	54.22	58.95	63.43
丙烯	15.16	26.04	36.34	46.14	55.43	64.23	72.52	80.39	87.76	94.75
1-丁烯					73.56	86.25	98.14	109.3	119.7	129.4
异丁烯	29.80	43.00	55.68	67.83	79.47	90.60	101.2	111.3	121.0	130.1
顺-2-丁烯					67.91	79.88	91.31	102.2	112.7	122.6
反-2-丁烯	23.90	38.07	51.54	64.39	76.58	88.13	99.06	109.4	119.2	128.5
1-戊烯					94.33	110.2	125.0	139.0	152.0	164.2
顺-2-戊烯		34.35	53.13	70.88	87.67	102.4	118.0	132.6	146.3	159.1
反-2-戊烯	29.90	48.19	65.52	82.02	97.59	109.0	123.5	137.2	150.1	162.1
己烯					113.8	133.0	151.1	168.1	183.9	198.7
1-庚烯				109.2	133.3	156.0	177.3	197.2	215.9	233.2
1-辛烯				125.2	153.0	179.1	203.5	226.4	247.8	267.8
丙二烯				44.97	52.38	59.33	65.82	71.89	77.50	82.73
1,2-丁二烯	24.46	37.00	48.86	60.04	70.59	80.51	89.85	98.64	106.8	114.5
1,3-丁二烯					70.13	81.52	92.03	101.7	110.5	118.7
1,2-戊二烯					92.40	106.1	118.9	130.9	142.0	152.4
1-顺-3-戊二烯					96.42	108.4	119.8	130.9	141.5	151.5
1-反-3-戊二烯				61.17	76.41	90.69	104.1	116.7	128.5	139.5
1,4-戊二烯					91.82	105.7	118.6	130.7	141.9	152.2
2,3-戊二烯		34.90	54.14	72.01	88.59	103.9	118.0	131.0	142.9	153.8

名称	温度/K									
	550	600	650	700	750	800	850	900	950	1000
乙烯	67.57	71.51	75.15	78.54	81.68	84.62	87.38	89.89	92.28	94.45
丙烯	101.3	107.4	113.2	118.6	123.7	128.4	132.8	136.9	140.7	144.3
1-丁烯	138.5	146.9	154.7	162.0	168.8	175.1	180.8	186.2	191.2	195.8
异丁烯	138.8	147.0	154.7	162.0	168.8	175.2	181.2	186.6	191.8	196.4
顺-2-丁烯	132.0	140.9	149.2	157.1	164.4	171.2	177.6	183.3	188.6	193.4
反-2-丁烯	137.2	145.4	153.1	160.4	167.1	173.5	179.4	185.0	190.2	195.0
1-戊烯	175.7	186.3	196.2	205.4	214.0	221.9	229.2	235.9	242.2	247.9
顺-2-戊烯	171.0	182.1	192.4	202.0	210.9	219.1	226.8	233.8	240.3	246.4
反-2-戊烯	173.4	184.0	193.8	203.1	211.7	219.7	227.1	234.0	240.4	246.4
己烯	212.5	225.4	237.3	248.4	258.7	268.2	277.0	285.1	292.5	299.4
1-庚烯	249.4	264.5	278.5	291.5	303.5	314.6	324.9	334.4	343.2	351.3
1-辛烯	286.4	303.7	319.7	334.6	348.4	361.1	372.8	383.7	393.7	402.9
丙二烯	87.55	92.03	96.17	100.0	103.5	106.7	109.7	112.5	115.0	117.3
1,2-丁二烯	121.7	128.4	134.7	140.5	145.9	150.9	155.6	159.9	163.9	167.6
1,3-丁二烯	126.1	132.8	139.0	144.7	149.8	154.5	158.7	162.6	166.2	169.5
1,2-戊二烯	162.0	170.9	179.1	186.7	193.7	200.1	206.1	211.6	216.6	221.3
1-顺-3-戊二烯	161.1	170.1	178.6	186.5	193.8	200.6	206.7	212.2	217.0	221.1
1-反-3-戊二烯	149.8	159.4	168.3	176.6	184.3	191.4	198.0	204.1	209.7	214.9
1,4-戊二烯	161.8	170.7	178.9	186.5	193.4	199.8	205.7	211.1	216.1	220.7
2,3-戊二烯	163.7	172.8	181.1	188.6	195.4	201.6	207.1	212.2	216.8	221.1

算图 4.27
烯烃气体的比热容（第 771 页左）

算图 4.28
理想烯烃气体的比热容（Ⅰ）（第 771 页右）

算图 4.29
理想烯烃气体的比热容（Ⅱ）（第 772 页左）

算图 4.30
理想烯烃气体的比热容（Ⅲ）（第 772 页右）

表4.8.2 甲基和环烯烃气体的比热容 单位：J/(mol·K)

名 称	温度 /K									
	50	100	150	200	250	300	350	400	450	500
2-甲基-1-丁烯	25.99	45.85	64.56	82.23	98.81	113.9	128.1	141.4	154.1	165.9
2-甲基-2-丁烯					92.44	106.8	120.7	133.9	146.6	158.6
3-甲基-1-丁烯				91.82	107.1	121.5	135.0	147.8	159.8	171.1
2,3-二甲基-1-丁烯					125.2	144.2	161.8	178.1	193.2	207.2
2,3-二甲基-2-丁烯					109.7	128.2	145.6	162.2	177.8	192.5
2-甲基-1-戊烯	31.99	55.94	78.54	99.86	119.9	138.7	156.4	173.0	188.4	202.9
2-甲基-2-戊烯					107.3	127.4	146.2	163.7	179.9	195.1
4-甲基-1-戊烯			69.71	92.28	113.5	133.3	151.9	169.3	185.4	200.5
4-甲基-顺-2-戊烯					114.8	134.0	152.1	169.0	184.8	199.5
4-甲基-反-2-戊烯			123.8			142.1	159.3	175.3	190.3	204.3
2-甲基-1,3-丁二烯					91.90	106.8	120.5	133.0	144.4	154.9
3-甲基-1,2-丁二烯					92.95	106.0	118.2	129.7	140.5	150.5
环戊烯			22.33	41.22	58.99	75.66	91.3	105.9	119.6	132.3
环己烯				56.06	81.39	104.6	125.9	145.3	163.0	179.2
1,3-环戊二烯				24.87	41.47	56.98	71.47	84.91	97.43	109.1
双环戊二烯					63.14	103.1	139.8	173.5	204.2	232.2

名 称	温度 /K									
	550	600	650	700	750	800	850	900	950	1000
2-甲基-1-丁烯	177.1	187.5	197.3	206.4	214.9	222.8	230.1	236.8	243.1	248.8
2-甲基-2-丁烯	170.1	180.9	191.1	200.7	209.7	218.1	225.8	232.9	239.4	245.2
3-甲基-1-丁烯	181.6	191.5	200.8	209.4	217.5	225.0	231.9	238.4	244.5	250.1
2,3-二甲基-1-丁烯	220.1	232.0	243.1	253.3	262.8	271.7	280.0	287.8	295.2	302.2
2,3-二甲基-2-丁烯	206.3	219.3	231.5	242.9	253.5	263.3	272.4	280.8	288.5	295.5
2-甲基-1-戊烯	216.4	229.0	240.7	251.5	261.5	270.9	279.5	287.5	294.9	301.7
2-甲基-2-戊烯	209.2	222.3	234.5	245.7	256.1	265.7	274.7	282.9	290.6	297.7
4-甲基-1-戊烯	214.5	227.5	239.5	250.7	260.9	270.4	279.1	287.2	294.6	301.4
4-甲基-顺-2-戊烯	213.1	225.9	237.7	248.6	258.8	268.1	276.8	284.8	292.2	299.0
4-甲基-反-2-戊烯	217.3	229.4	240.7	251.2	261.0	270.0	278.5	286.3	293.7	300.6
2-甲基-1,3-丁二烯	164.4	173.1	181.0	188.3	194.9	201.0	206.6	211.8	216.7	221.4
3-甲基-1,2-丁二烯	159.9	168.6	176.8	184.3	191.4	197.9	203.9	209.5	214.7	219.5
环戊烯	144.2	155.2	165.4	174.9	183.6	191.7	199.1	205.9	212.2	218.0
环己烯	193.8	207.1	219.1	230.1	240.1	249.2	257.6	265.4	272.6	279.6
1,3-环戊二烯	119.8	129.7	138.9	147.3	155.0	162.1	168.6	174.5	179.9	184.9
双环戊二烯	257.6	280.6	301.3	319.9	336.5	351.4	364.7	376.5	387.0	396.4

表4.8.3　卤代烯烃气体的比热容

单位：J/(mol·K)

名　称	温度/K									
	50	100	150	200	250	300	350	400	450	500
氯乙烯					47.56	54.01	59.87	65.19	70.05	74.48
偏二氯乙烯				55.18	61.59	67.49	72.93	77.87	82.40	86.50
三氯乙烯	41.06	50.91	59.75	67.66	74.69	80.93	86.46	91.27	95.46	99.10
全氯乙烯	62.09	70.13	77.46	84.11	90.14	95.54	100.4	104.7	108.5	111.8
顺-1,2-二氯乙烯				43.84	50.45	56.56	62.26	67.57	72.43	76.95
反-1,2-二氯乙烯				54.97	60.37	65.44	70.17	74.57	78.63	82.44
2-氯-1,3-丁二烯					79.47	90.31	100.3	109.6	118.2	126.0
氟乙烯					41.95	47.77	53.26	58.41	63.22	67.74
偏二氟乙烯		25.49	35.26	44.13	52.17	59.41	65.94	71.76	76.95	81.60
四氟乙烯	35.96	45.13	53.59	61.42	68.58	75.15	81.14	86.58	91.52	95.96
溴乙烯	20.70	28.21	35.25	41.85	48.02	53.80	59.16	64.14	68.79	73.06
苯乙烯					102.1	123.0	142.3	160.1	176.5	191.5
α-甲基苯乙烯					122.5	146.1	167.9	188.1	206.7	223.8

名　称	温度/K									
	550	600	650	700	750	800	850	900	950	1000
氯乙烯	78.50	82.10	85.41	88.38	91.10	93.62	95.92	98.05	100.1	102.0
偏二氯乙烯	90.18	93.53	96.55	99.27	101.7	103.8	105.8	107.4	108.9	110.3
三氯乙烯	102.2	105.0	107.3	109.3	111.1	112.7	114.1	115.5	116.9	118.4
全氯乙烯	114.7	117.1	119.2	121.0	122.4	123.6	124.5	125.1	125.6	126.0
顺-1,2-二氯乙烯	81.14	84.95	88.43	91.65	94.54	97.22	99.65	101.8	103.8	105.6
反-1,2-二氯乙烯	85.96	89.22	92.19	94.96	97.51	99.81	101.9	103.9	105.7	107.3
2-氯-1,3-丁二烯	133.3	139.9	146.0	151.5	156.6	161.1	165.3	169.1	172.6	175.7
氟乙烯	71.97	75.91	79.59	83.02	86.16	89.10	91.82	94.37	96.67	98.81
偏二氟乙烯	85.70	89.35	92.57	95.42	97.97	100.2	102.3	104.3	106.1	107.8
四氟乙烯	99.94	103.5	106.6	109.4	111.7	113.8	115.6	117.1	118.4	119.5
溴乙烯	77.04	80.72	84.11	87.21	90.06	92.70	95.12	97.30	99.35	101.2
苯乙烯	205.3	217.9	229.4	239.8	249.3	257.9	265.6	272.6	278.9	284.7
α-甲基苯乙烯	239.6	254.1	267.4	279.5	290.6	300.9	310.2	318.8	326.7	334.1

表4.8.4　乙烯气体的比热容

温度/℃	定压比热容			定容比热容		
	比热容 c_p /[kJ/(kg·K)]	摩尔比热容 c_{mp} /[kJ/(kmol·K)]	容积比热容 c_p' /[kJ/(m³·K)]	比热容 c_v /[kJ/(kg·K)]	摩尔比热容 c_{mv} /[kJ/(kmol·K)]	容积比热容 c_v' /[kJ/(m³·K)]
0	1.4595	40.947	1.8267	1.1627	32.615	1.4549
100	1.8267	51.246	2.2864	1.5299	42.915	1.9146
200	2.1759	61.044	2.7235	1.8790	52.712	2.3517
300	2.4777	69.501	3.1007	2.1805	61.169	2.7290
400	2.7357	76.744	3.4240	2.4388	68.412	3.0522
500	2.9580	82.982	3.7020	2.6611	74.651	3.3306
600	3.1535	88.467	3.9469	2.8567	80.135	3.5751
700	3.3252	93.282	4.1617	3.0283	84.950	3.7899
800	3.4730	97.427	4.3467	3.1761	89.095	3.9749
900	3.6044	101.11	4.5109	3.3076	92.779	4.1391
1000	3.7208	104.38	4.6566	3.4240	96.045	4.2848
1100	3.8209	107.18	4.7817	3.5236	98.850	4.4100
1200	3.9088	109.65	4.8919	3.6120	101.321	4.5201

表 4.8.5 乙烯气体的平均比热容（0 ~ t℃）

温度 t /℃	平均定压比热容			平均定容比热容		
	比热容 c_p /[kJ/(kg·K)]	摩尔比热容 c_{mp} /[kJ/(kmol·K)]	容积比热容 c_v' /[kJ/(m³·K)]	比热容 c_v /[kJ/(kg·K)]	摩尔比热容 c_{mv} /[kJ/(kmol·K)]	容积比热容 c_v' /[kJ/(m³·K)]
0	1.460	40.947	1.827	1.163	32.615	1.455
100	1.648	46.222	2.062	1.351	37.891	1.690
200	1.824	51.163	2.283	1.527	42.831	1.911
300	1.994	55.936	2.495	1.697	47604	2.124
400	2.146	60.206	2.686	1.849	51.833	2.314
600	2.288	64.184	2.863	1.991	55.852	2.492
600	2.418	67.826	3.026	2.121	59.494	2.654
700	2.533	71.050	3.170	2.236	62.718	2.798
600	2.643	74.148	3.308	2.346	65.816	2.936
900	2.742	76.912	3.432	2.445	68.580	3.060
1000	2.834	79.507	3.547	2.537	71.176	3.175
1100	2.921	81.936	3.655	2.624	73.604	3.284
1200	2.999	84.113	3.753	2.701	75.781	3.381

表 4.8.6 丙烯气体的比热容

温度 /℃	定压比热容			定容比热容		
	比热容 c_p /[kJ/(kg·K)]	摩尔比热容 c_{mp} /[kJ/(kmol·K)]	容积比热容 c_p' /[kJ/(m³·K)]	比热容 c_v /[kJ/(kg·K)]	摩尔比热容 c_{mv} /[kJ/(kmol·K)]	容积比热容 c_v' /[kJ/(m³·K)]
0	1.426	59.997	2.6766	1.2280	51.665	2.3048
100	1.7999	75.739	3.3792	1.6019	67.407	3.0074
200	2.1600	90.895	4.0553	1.9619	82.564	3.6835
300	2.4765	104.21	4.6190	2.2785	95,878	4.2777
400	2.7532	115.85	5.1686	2.5552	107.52	4.7968
500	2.9919	125.81	6.6166	2.7939	117.58	5.2448
600	3.2000	134.65	6.0072	3.0019	126.32	5.6354
700	3.3821	142.31	6.3482	3.1841	133.98	5.9771
800	3.5404	148.97	6.6461	3.3423	140.64	6.2743
900	3.6777	154.74	6.9636	3.4796	146.41	6.5318
1000	3.7978	159.81	7.1297	3.5998	151.48	6.7579
1100	3.9025	154.21	7.3256	3.7045	155.88	6.9543
1200	3.9921	167.97	7.4940	3.7941	159.64	7.1222

4.8.2 烯烃气体在压力下的比热容

表4.8.7 乙烯气体在压力下的比热容　　单位：kJ/(kg·℃)

压强 /kPa	温度 /℃						
	0	25	50	75	100	125	150
0	1.461	1.539	1.621	1.706	1.793	1.881	1.969
100	1.472	1.549	1.629	1.713	1.798	1.886	1.974
300	1.495	1.568	1.645	1.727	1.810	1.896	1.985
500	1.521	1.588	1.662	1.740	1.821	1.906	1.995
700	1.550	1.609	1.679	1.754	1.833	1.917	2.005
1000	1.594	1.644	1.707	1.776	1.851	1.933	2.021

续表

压强 /kPa	温度 /℃						
	0	25	50	75	100	125	150
2000	1.820	1.800	1.819	1.859	1.914	1.988	2.074
3000		2.034	1.964	1.960	1.985	2.045	2.130
4000		2.480	2.169	2.079	2.066	2.106	2.190
5000		—	2.461	2.228	2.156	2.175	2.24
6000		—	2.95	2.417	2.260	2.247	2.29
7000		—	3.8	2.640	2.378	2.324	2.35
8000		5.4	4.3	2.921	2.508	2.406	2.41
9000		4.7	4.6	3.23	2.648	2.494	2.46
10000		4.1	4.6	3.52	2.798	2.590	2.52
12000		3.43	4.1	3.704	3.047	2.760	2.63
14000		3.13	3.71	3.630	3.212	2.889	2.73
16000		2.92	3.43	3.469	3.240	2.976	2.82
18000		2.78	3.23	3.308	3.196	3.010	2.88
20000		2.70	3.071	3.172	3.129	3.010	2.92
30000		2.45	2.726	2.796	2.829	2.854	2.89
40000		2.34	2.585	2.639	2.674	2.718	2.78
50000		2.26	2.505	2.553	2.587	2.636	2.71
60000		2.22	2.456	2.499	2.530	2.579	2.66
70000		2.18	2.424	2.463	2.491	2.538	2.62
80000		2.16	2.401	2.437	2.463	2.507	2.59
90000		2.14	2.883	2.418	2.442	2.483	2.56

表4.8.8　丙烯气体在压力下的比热容

单位：kJ/（kg·℃）

压强 /kPa	温度 /℃						
	0	25	50	75	100	125	150
0	1.167	1.244	1.327	1.412	1.499	1.587	1.675
100	1.168	1.245	1.328	1.413	1.500	1.588	1.676
300	1.171	1.248	1.331	1.416	1.502	1.591	1.680
500	1.174	1.251	1.334	1.419	1.505	1.594	1.684
700	1.178	1.255	1.338	1.422	1.508	1.598	1.688
1000	1.185	1.261	1.344	1.427	1.512	1.603	1.695
2000	1.216	1.286	1.367	1.446	1.527	1.618	1.716
3000	1.266	1.320	1.394	1.468	1.542	1.634	1.739
4000	1.354	1.367	1.423	1.489	1.557	1.648	1.761
5000		1..438	1.458	1.511	1.571	1.661	1.779
6000		1.530	1.500	1.534	1.585	1.672	1.792
7000		1.559	1.543	1.557	1.598	1.681	1.803
8000		—	1.582	1.579	1.610	1.689	1.812
9000		—	1.601	1.600	1.621	1.696	1.818
10000		1.39	1.603	1.615	1.632	1.702	1.822
12000		1.36	1.582	1.630	1.650	1.713	1.823
14000		1.35	1.565	1.628	1.660	1.721	1.828
16000		1.344	1.554	1.622	1.622	1.726	1.829
18000		1.342	1.548	1.617	1.663	1.729	1.829
20000		1.341	1.545	1.615	1.663	1.731	1.830
30000		1.339	1.544	1.615	1.663	1.733	1.83
40000		1.344	1.553	1.624	1.670	1.738	1.84

续表

压强 /kPa	温度 /℃						
	0	25	50	75	100	125	150
50000		1.362	1.566	1.636	1.679	1.745	1.85
60000		1.378	1.580	1.649	1.688	1.752	1.86
70000		1.389	1.593	1.662	1.698	1.761	1.87
80000		1.397	1.605	1.674	1.707	1.769	1.88
90000		1.404	1.615	1.686	1.716	1.777	1.89

4.8.3 烯烃液体的比热容

表4.8.9 单烯烃和二烯烃液体的比热容 单位：J/（mol·℃）

名 称	温度 /℃										
	−180	−160	−140	−120	−100	−80	−60	−40	−20	0	20
乙烯		68.79	67.89	67.34	67.30	69.61	75.11	83.45			
丙烯		89.00	87.78	87.37	87.76	88.68	90.48	94.04	99.03	104.8	112.0
1-丁烯	108.8	106.7	105.9	106.2	107.2	109.3	112.0	115.3	119.2	137.1	144.9
异丁烯				107.7	109.2	111.6	114.6	117.6	121.0	128.8	135.2
顺-2-丁烯				111.4	110.6	110.9	111.8	113.7	116.4	120.0	124.6
反-2-丁烯						112.1	114.4	117.4	120.7	129.4	134.4
1-戊烯		129.2	128.8	129.0	130.6	132.7	135.5	139.2	143.4	148.3	154.0
顺-2-戊烯			133.1	131.2	130.6	132.4	134.1	136.9	140.8	145.3	150.5
反-2-戊烯				129.2	131.2	133.8	137.0	140.8	145.2	150.2	155.5
1-己烯				154.6	155.6	157.7	160.9	165.0	170.0	174.5	181.8
1-庚烯					182.0	183.9	187.2	191.6	197.0	203.2	210.1
1-辛烯						212.7	215.1	219.4	225.1	231.9	239.5
丙二烯				77.33	80.52	83.03	85.55	88.07	91.42	95.11	99.47
1,2-丁二烯				96.48	99.88	103.0	106.4	109.8	112.8	115.5	119.6
1,3-丁二烯					103.6	104.6	106.6	109.3	112.8	117.0	123.4
1,2-戊二烯				116.5	119.1	122.3	126.0	131.3	136.6	141.9	147.4
1,4-戊二烯			127.3	126.6	126.9	128.1	130.7	133.4	137.2	142.1	145.4
2,3-戊二烯								132.3	136.7	141.1	145.4
1-顺-3-戊二烯						135.8	139.1	142.2	145.2	148.2	151.4
1-反-3-戊二烯											132.7

名 称	温度 /℃										
	40	60	80	100	120	140	160	180	200	220	240
丙烯	122.7										
1-丁烯	154.8	169.8	201.3								
异丁烯	141.4	148.8	158.5	173.7							
顺-2-丁烯	130.5	137.2	145.2	156.0	173.2						
反-2-丁烯	140.1	146.7	155.0	166.7							
1-戊烯	163.3	170.3	178.0	186.8	197.6	213.2					
顺-2-戊烯	155.1	162.2	169.7	178.0	187.8	200.4					
反-2-戊烯	161.2	167.9	175.1	183.1	192.5	204.9					
1-己烯	189.1	196.8	204.5	212.7	221.5	231.5	243.8	261.2			
1-庚烯	216.9	225.1	233.4	242.0	250.9	260.2	270.4	282.2	297.2	320.0	
1-辛烯	248.0	254.8	264.0	273.2	282.5	292.1	302.1	312.9	324.8	339.3	359.1
丙二烯	105.0	111.7	121.6	138.4							
1,2-丁二烯	113.2	131.4	137.7	146.1	157.9	178.5	215.1				

续表

名称	温度/℃										
	40	60	80	100	120	140	160	180	200	220	240
1,3-丁二烯	130.1	137.0	146.1	158.1	173.6						
1,2-戊二烯	152.9	158.6	164.6	171.0	178.1	186.3	196.7	212.2			
1,4-戊二烯	148.2	154.5	161.3	168.7	177.3	188.3	205.2				
2,3-戊二烯	149.9	154.6	159.9	166.0	173.2	181.8	192.1	204.8	220.2		
1-顺-3-戊二烯	154.9	158.8	163.6	169.3	176.3	185.1	196.0	209.5			
1-反-3-戊二烯	138.5	144.5	150.8	157.5	164.9	173.7					

表4.8.10 乙烯液体在压力下的比热容

单位：J/(mol·℃)

压力/atm	温度/℃					
	25	50	75	100	125	150
0	64.35	68.16	71.93	75.70	79.51	83.32
1	65.10	68.75	72.39	76.03	79.76	83.48
10	77.25	76.79	78.13	80.30	82.94	85.83
30				101.3	95.04	93.37
50				123.5	128.5	108.4
100				137.7	161.6	165.4
200				115.1	118.1	121.8
300				109.3	111.0	112.6
400				106.3	107.2	108.4
600				103.4	103.8	104.7
800				101.7	102.2	103.0
1000				100.9	101.3	101.7
1200				100.5	100.5	100.9
2000				100.5	99.60	100.1
2500					99.65	99.65

表4.8.11 甲基和环烯烃液体的比热容

单位：J/(mol·℃)

名称	温度/℃										
	−160	−140	−120	−100	−80	−60	−40	−20	0	20	40
2-甲基-1-丁烯			133.4	134.1	135.9	138.0	141.9	145.9	150.7	158.0	165.9
2-甲基-2-丁烯			132.3	132.7	134.0	136.1	138.9	142.6	146.7	151.6	162.2
3-甲基-1-丁烯	131.9	132.5	134.2	136.8	140.2	144.9	150.2	155.7	161.4	167.4	173.8
2,3-二甲基-1-丁烯		140.1	144.1	148.8	154.1	159.9	166.7	173.9	181.1	188.4	195.8
2,3-二甲基-2-丁烯						153.2	159.8	166.1	172.3	178.4	184.6
2-甲基-1-戊烯			139.1	143.6	148.6	154.2	160.2	167.8	175.0	182.2	189.5
2-甲基-2-戊烯			126.6	131.5	137.0	143.0	149.4	157.0	164.5	172.1	179.8
4-甲基-1-戊烯		137.2	140.6	144.9	149.9	155.7	161.5	168.6	175.9	183.3	191.0
4-甲基-顺-2-戊烯			142.8	146.8	151.6	157.1	163.2	169.6	176.6	183.8	191.2
4-甲基-反-2-戊烯		151.5	154.2	157.7	162.1	167.2	172.3	178.7	185.4	192.2	199.2
2-甲基-1,3-丁二烯			123.6	124.4	126.5	129.7	134.2	139.0	145.0	151.2	153.6
3-甲基-1,2-丁二烯				125.6	127.7	131.7	135.4	139.0	142.4	145.8	149.4
环戊烯								105.8	112.2	118.7	125.2
环己烯									139.1	147.8	156.4
1,3-环戊二烯					77.43	82.69	87.65	92.40	97.03	101.7	106.5
双环戊二烯①											168.6

续表

名称	温度/℃									
	60	80	100	120	140	160	180	200	220	240
2-甲基-1-丁烯	172.7	180.1	188.5	199.0	213.9					
2-甲基-2-丁烯	168.6	175.6	183.6	193.4	206.9	230.4				
3-甲基-1-丁烯	180.7	188.6	198.0	211.0						
2,3-二甲基-1-丁烯	203.3	211.1	219.2	228.0	238.0	250.4				
2,3-二甲基-2-丁烯	191.0	197.8	205.1	213.4	222.7	233.4	245.8	260.5		
2-甲基-1-戊烯	197.0	204.6	212.6	221.1	230.5	241.6				
2-甲基-2-戊烯	187.6	195.5	203.6	212.2	221.6	232.4	245.9			
4-甲基-1-戊烯	198.8	207.0	215.8	225.7	237.3	253.2				
4-甲基-顺-2-戊烯	198.9	206.9	215.4	224.9	236.3	251.4				
4-甲基-反-2-戊烯	206.4	214.0	222.1	231.1	241.7	255.8	278.7			
2-甲基-1,3-丁二烯	159.9	166.6	173.9	182.2	192.5	207.4				
3-甲基-1,2-丁二烯	153.3	157.9	163.2	169.6	177.5	187.3	199.4			
1-顺-3-戊二烯	158.8	163.6	169.3	176.3	185.1	196.0	209.5			
1-反-3-戊二烯	144.5	150.8	157.5	164.9	173.7					
环戊烯	132.0	138.9	146.3	154.2	163.2	174.3				
环己烯	164.8	173.3	181.7	190.1	198.8	207.8	217.4	228.4	242.1	
1,3-环戊二烯	111.6	117.3	123.8	131.3	140.4	151.2	164.3			
双环戊二烯①	182.3	195.6	208.4	220.9	233.2	245.3	257.4	269.5	281.9	294.6

① 温度为260、280、300、320℃时，其值分别为307.8、321.7、336.5、352.4J/(mol·℃)。

表4.8.12 卤代烯烃液体的比热容 单位：J/(mol·℃)

名称	温度/℃										
	−140	−120	−100	−80	−60	−40	−20	0	20	40	60
氯乙烯	73.73	75.36	77.37	79.72	82.27	84.99	87.96	89.89	91.52	94.24	98.52
偏二氯乙烯			100.9	101.2	102.6	103.9	105.3	107.5	109.7	111.2	112.7
三氯乙烯				123.7	123.4	123.7	124.4	125.5	126.9	128.7	130.8
全氯乙烯							145.0	146.2	147.2	148.1	149.0
顺-1,2-二氯乙烯					99.56	100.7	101.6	102.5	103.2	104.1	105.2
反-1,2-二氯乙烯						111.6	112.1	112.6	113.1	113.9	115.0
2-氯-1,3-丁二烯			117.6	121.3	124.6	127.7	130.5	133.3	135.9	138.7	141.7
氟乙烯	78.63	78.42	78.08	78.04	78.75	81.01	85.66	93.87	107.1		
偏二氟乙烯	74.78	76.37	79.26	83.32	88.68	95.92					
四氟乙烯	100.3	102.0	104.5	107.6	111.7	117.1	125.3	141.3			
溴乙烯		94.04	95.54	96.72	97.68	98.52	99.31	100.2	101.4	103.1	105.5
苯乙烯									169.8	177.1	184.2
α-甲基苯乙烯							190.2	197.7	205.2	212.7	220.3

名称	温度/℃										
	80	100	120	140	160	180	200	220	240	260	280
氯乙烯	104.8	113.8									
偏二氯乙烯	114.9	118.2	122.8	129.1	137.6	148.7					
三氯乙烯	133.1	135.9	138.8	141.6	144.9	148.8	153.9	160.9			
全氯乙烯	149.8	150.6	151.7	153.0	154.7	157.0	159.9	163.7	168.6	174.8	182.5
顺-1,2-二氯乙烯	106.6	108.5	111.1	114.6	119.2	125.3	133.1				
反-1,2-二氯乙烯	116.6	119.1	122.6	127.4	133.8	142.4					
2-氯-1,3-丁二烯	145.2	149.2	154.1	160.1	167.5	176.6	188.0				
溴乙烯	109.1	114.0	120.9	130.0							
苯乙烯①	191.3	198.4	205.4	212.4	219.3	226.3	233.5	240.9	248.7	257.3	267.2
α-甲基苯乙烯②	227.8	235.4	242.9	250.4	257.9	265.4	273.1	281.0	289.3	298.2	308.4

① 温度为300℃时，其值为279.6J/(mol·℃)。

② 温度为300、320℃时，其值为320.7、337.5J/(mol·℃)。

4.8.4 饱和烯烃的比热容

表4.8.13 饱和烯烃的定压比热容 单位：kJ/(kg·K)

乙烯	T_{sat}/K	169.43	183	193	203	213	223	233	243	263	308.7
	P_{sat}/kPa	101.3	213	341	518	755	1063	1453	1938	3240	6240
	液体	2.32	2.46	2.54	2.61	2.67	2.73	2.80	2.93	3.89	
	气体	1.31	1.35	1.4	1.47	1.56	1.67	1.82	2.02	2.91	
丙烯	T_{sat}/K	225.45	240	255	270	285	300	315	330	345	365
	P_{sat}/kPa	101.3	187	333	530	820	1210	1710	2410	3190	4610
	液体	2.39	2.45	2.55	2.64	2.72	2.85	3.1	3.4	3.77	
	气体	1.31	1.4	1.49	1.62	1.78	1.96	2.23	2.62	3.71	
1,2-丁二烯	T_{sat}/K	284	300	315	330	345	360	375	390	400	443.7
	P_{sat}/kPa	101.3	180	265	445	661	945	1310	1770	2140	4500
	液体	2.20	2.24	2.30	2.41	2.49	2.60	2.72	2.87	3.01	
	气体	1.48	1.56	1.65	1.75	1.87	2.01	2.18	2.43	2.68	
1,3-丁二烯	T_{sat}/K	268.69	285	300	315	330	350	370	390	410	425.15
	P_{sat}/kPa	101.3	184	298	458	676	1080	1630	2370	3350	4330
	液体	2.14	2.22	2.29	2.37	2.47	2.63	2.81	3.03	3.28	
	气体	1.42	1.53	1.63	1.74	1.87	2.07	2.35	2.92	4.54	

表4.8.14 烯烃理想气体的比热容 单位：kJ/(kg·℃)

温度/℃	乙烯	丙烯	丙二烯	2-甲基丙烯	1-丁烯	1,2-丁二烯	1,3-丁二烯
0	0.189	0.274	0.240	0.239	0.036	0.258	−0.272
100	0.726	0.745	0.744	0.769	0.628	0.742	0.470
200	1.201	1.186	1.174	1.245	1.151	1.17	1.071
300	1.621	1.593	1.539	1.670	1.611	1.55	1.554
400	1.990	1.965	1.849	2.048	2.013	1.88	1.942
500	2.313	2.301	2.112	2.382	2.364	2.17	2.253
600	2.594	2.600	2.334	2.677	2.667	2.42	2.504
700	2.839	2.862	2.523	2.935	2.930	2.63	2.710
800	3.051	3.412	2.684	3.160	3.156	2.82	2.881
900	3.234	3.967	2.822	3.357	3.351	2.98	3.027
1000	3.394	3.637	2.943	3.527	3.520	3.12	3.154
1100	3.533	3.161	3.049	3.674	3.666	3.24	3.268
1200	3.656	3.277	3.143	3.802	3.794	3.34	3.368
温度/℃	顺-2-丁烯	反-2-丁烯	1-戊烯	环戊烯	1-己烯	1-庚烯	1-辛烯
0	−0.072	0.249	0.083	−0.171	0.093	0.080	0.061
100	0.499	0.754	0.669	0.287	0.679	0.674	0.665
200	1.015	1.214	1.188	0.748	1.199	1.200	1.199
300	1.478	1.632	1.645	1.195	1.658	1.665	1.670
400	1.891	2.008	2.047	1.615	2.062	2.073	2.082
500	2.255	2.344	2.397	1.996	2.416	2.430	2.441
600	2.574	2.642	2.702	2.333	2.724	2.740	2.752
700	2.851	2.905	2.966	2.622	2.991	3.008	3.021
800	3.090	3.135	3.194	2.862	3.222	3.239	3.252
900	3.295	3.336	3.391	3.059	3.420	3.438	3.450
1000	3.471	3.508	3.561	3.218	3.591	3.608	3.620
1100	3.624	3.657	3.708	3.350	3.737	3.753	3.766
1200	3.758	3.786	3.836	3.468	3.863	3.879	3.892

4.8.5 烯烃聚合物的比热容

N 算图 4.31
根据密度和温度求液烃的常压比热容（第773页左）

表4.8.15 高密度聚乙烯的比热容　　单位：kJ/(kg·K)

T/K	理想无定形样品	理想结晶样品	结晶度0.78	结晶度0.79	结晶度0.81	标准的，结晶度		
						0.71	0.88	0.96
5	0.0036	0.0010				0.0017	0.0013	0.0011
10	0.0244	0.0076	0.0101	0.0087		0.0124	0.0094	0.0084
15	0.0572	0.0244				0.0338	0.0279	0.0259
20	0.0963	0.0519	0.0668	0.0621		0.0645	0.0567	0.0566
25	0.1383	0.0879				0.1025	0.0932	0.0903
30	0.1821	0.1299	0.1470	0.1462		0.1451	0.1354	0.1325
35	0.2263	0.1760				0.1903	0.1811	0.1786
40	0.2705	0.2237	0.2385	0.2371		0.2375	0.2289	0.2263
45	0.3140	0.2725				0.2844	0.2764	0.2744
50	0.3563	0.3196	0.3329	0.3328		0.3308	0.3237	0.3220
60	0.4370	0.4008	0.4183	0.4192		0.4170	0.4123	0.4111
70	0.5102	0.4895	0.4921	0.4939		0.4952	0.4916	0.4909
80	0.5760	0.5607	0.5606	0.5610		0.5650	0.5622	0.5612
90	0.6385	0.6230	0.6254	0.6240	0.635	0.6269	0.6250	0.6226
100	0.6950	0.6798	0.6828	0.6820	0.698	0.6837	0.6810	0.681
110	0.750	0.731	0.7347	0.7356	0.747	0.738	0.733	0.732
120	0.811	0.777	0.7868	0.7876	0.803	0.785	0.782	0.778
130	0.877	0.822	0.8390	0.8394	0.849	0.836	0.828	0.824
140	0.955	0.862	0.8918	0.8905	0.895	0.888	0.874	0.865
150	1.042	0.902	0.9434	0.9423	0.936	0.940	0.918	0.908
160	1.127	0.940	0.9941	0.9952	0.977	0.994	0.964	0.946
170	1.207	0.981	1.046	1.046	1.020	1.042	1.009	0.989
180	1.278	1.020	1.099	1.096	1.061	1.093	1.053	1.031
190	1.342	1.062	1.149	1.145	1.108	1.141	1.097	1.070
200	1.410	1.103	1.199	1.195	1.158	1.190	1.142	1.114
210	1.477	1.149	1.253	1.247	1.200	1.240	1.190	1.159
220	1.550	1.193	1.312	1.300	1.246	1.292	1.240	1.205
230	1.636	1.240	1.375	1.355	1.299	1.351	1.289	1.252
240	1.738	1.288	1.442	1.415	1.354	1.417	1.342	1.304
250	1.854	1.338	1.511	1.484	1.410	1.483	1.400	1.359
260	1.977	1.390	1.584	1.560	1.460	1.554	1.460	1.412
270	2.082	1.449	1.660	1.636	1.525	1.627	1.523	1.469
280	2.208	1.504	1135	1.713	1.593	1.702	1.590	1.528
290	2.310	1.564	1.812	1.791	1.665	1.775	1.654	1.590
300	2.420	1.625	1.888	1.869	1.742	1.849	1.724	1.653
310	2.537	1.690	1.966	1.950	1.825	1.926	1.794	1.720
320	2.660	1.753			1.926	2.008	1.865	1.787
330	2.816	1.870			2.025	2.101	1.940	1.855
340	3.006	1.890			2.124	2.207	2.022	1.930
350	3.237	1.966			2.241	2.330	2.120	2.020
360	3.520	2.064			2.393	2.476	2.233	2.120

表4.8.16　低密度聚乙烯的比热容

单位：kJ/(kg·K)

T/K	结晶度 0.58	结晶度 0.59	标准的，结晶度		T/K	结晶度 0.58	结晶度 0.59	标准的，结晶度	
			0.52	0.54				0.52	0.54
5			0.0026	0.0025	170	1.069	1.002	1.064	1.060
10			0.0170	0.0166	180	1.125	1.053	1.121	1.113
15			0.0429	0.0422	190	1.181	1.080	1.179	1.170
20			0.0779	0.0761	200	1.242	1.158	1.238	1.229
25			0.1175	0.1158	210	1.310	1.225	1.318	1.290
30			0.1595	0.1588	220	1.389	1.297	1.372	1.361
35			0.2050	0.2042	230	1.479	1.380	1.451	1.439
40			0.2508	0.2504	240	1.582	1.464	1.549	1.520
45			0.2968	0.2956	250	1.693	1.553	1.653	1.634
50			0.3405	0.3408	260	1.810	1.647	1.761	1.750
60			0.4240	0.4242	270	1.932	1.746	1.867	1.850
70			0.5002	0.5002	280	2.063	1.852	1.965	1.951
80			0.5695	0.5700	290	2.198	1.960	2.064	2.060
90			0.6318	0.6325	300	2.342	2.075	2.079	2.184
100	0.6840	0.668	0.6890	0.6890	310		2.209	3.302	2.326
110	0.7410	0.727	0.745	0.743	320		2.359	2.450	2.470
120	0.7955	0.774	0.797	0.797	330		2.543	2.b39	2.597
130	0.8511	0.819	0.849	0.849	340		2.800	2.880	2.712
140	0.9055	0.870	0.902	0.900	350		3.162	3.189	2.840
150	0.9591	0.906	0.955	0.953	360		3.796	3.590	3.058
160	1.014	0.953	1.010	1.007					

表4.8.17　聚丙烯的比热容

单位：kJ/(kg·K)

T/K	无规立构，结晶度 0.03	无规立构结晶度 0.16	全同立构结晶度 0.48	全同立构结晶度 0.65	间同立构理想结晶	T/K	无规立构，结晶度 0.03	无规立构结晶度 0.16	全同立构结晶度 0.48	全同立构结晶度 0.65	间同立构理想结晶
10		0.0243	0.0175			270	1.947	1.952	1.535	1.542	1.520
20		0.1180	0.0975			280	2.009	2.004	1.646	1.595	1.568
30		0.2003	0.1813			290	2.062	2.068	1.752	1.642	1.615
40		0.2798	0.2568			300	2.149	2.145	1.851	1.685	1.663
50		0.3564	0.3275			310	2.182	2.229	1.931	1.861	1.711
60		0.4267	0.3935			320	2.174			1.885	1.758
70		0.4929	0.4565			330	2.252			1.925	1.806
80		0.5566	0.5190			340	2.306			1.970	1.853
90		0.6182	0.5797	0.580		350	2.368			2.061	1.901
100	0.658	0.6778	0.6397	0.644		360	2.402			2.118	1.949
110	0.731	0.7349	0.6972	0.702		370	2.457			2.227	1.996
120	0.773	0.7909	0.7520	0.752		380	2.511			2.328	2.044
130	0.834	0.8451	0.8044	0.805		390	2.554			2.425	2.091
140	0.887	0.8974	0.8541	0.843		400	2.590			2.539	2.139
150	0.925	0.9477	0.9029	0.915		410	2.634			2.699	2.187
160	0.959	0.9965	0.9507	0.955		420	2.706			2.996	2.234
170	1.003	1.044	0.9993	1.018		425	2.795			3.310	2.258
180	1.061	1.091	1.046	1.046	1.099	425	2.795			3.310	2.554②
190	1.109	1.137	1.093	1.085	1.146	430	2.909			3.916①	2.576②
200	1.124	1184	1.140	1.155	1.192	440	3.103			10.98①	2.622②
210	1.182	1.231	1.188	1.198	1.236	450	2.714			2.872	2.667②
220	1.270	1.279	1.237	1.264	1.280	460	2.718			2.761	2.712②
230	1.263	1.327	1.287	1.305	1.322	470	2.760			2.850	
240	1.308	1.385	1.338	1.349	1.377	480	2.839			2.887	
250	1.411	1.708	1.392	1.385	142b	490				2.889	
260	1.691	1.901	1.452	1.453	1.473	500				2.964	

① 为熔融间断时的数据。

② 为融体的数据。

表4.8.18　一些聚烯烃类的比定压热容　　　单位：kJ/(kg·K)

T/K	聚1-丁烯全同立构①	聚异丁烯	聚1,4-丁二烯		聚1,4-甲基丁二烯(顺)	聚4-甲基-1-戊烯②	聚1-己烯
			(顺)	(反)			
10	0.0171	0.0181	0.0218	0.0148	0.0352		
20	0.0965	0.0832	0.1206	0.0891	0.1219		
30	0.1817	0.1398	0.2179	0.1794	0.2095		0.195
40	0.2649	0.1918	0.2985	0.266	0.2875		0.283
50	0.3433	0.2400	0.3693	0.3465	0.3578		0.363
60	0.4147	0.2990	0.4286	0.4171	0.4244		0.438
70	0.4813	0.3586	0.4837	0.4787	0.486		0.508
80	0.5470	0.4217	0.5374	0.5362	0.545	0.562	0.575
90	0.6113	0.4868	0.5892	0.5919	0.6019	0.617	0.680
100	0.6734	0.552	0.6402	0.6467	0.655	0.683	0.704
110	0.7335	0.617	0.6904	0.6999	0.707	0.741	0.767
120	0.7904	0.681	0.7404	0.7525	0.758	0.792	0.855
130	0.8640		0.7916	0.8047	0.807	0.843	0.889
140	0.8996	0.806	0.8434	0.8553	0.855	0.896	0.950
150	0.9513		0.8967	0.9057	0.902	0.947	1.008
160	1.002	0.925	0.997	0.956	0.948	0.994	1.074
170	1.053		1.289	1.008	0.995	1.043	1.131
180	1.106	1.035	1.364	1.07	1.040	1.090	1.204
190	1.161		1.402	1.157	1.093	1.139	1.264
200	1.219	1.420	1.472	1.272	1.160	1.185	1.352
210	1.281		1.562	1.372	1.631	1.234	
220	1.349	1.622	1.679	1.456	1.660	1.283	
230	1.437		1.826	1.543	1.687	1.332	
240	1.540	1.705	2.126	1.638	1.716	1.387	
250	1.629		2.693	1.745	1.745	1.438	1.886

T/K	聚1-丁烯全同立构①	聚异丁烯	聚1,4-丁二烯		聚1,4-甲基丁二烯(顺)	聚4-甲基-1-戊烯②
			(顺)	(反)		
260	1.703	1.789	1.745	1.859	1.779	1.493
270	1.777		1.771	1.982	1.813	1.547
280	1.854	1.87	1.803	2.113	1.846	1.603
290	1.933		1.832	2.253	1.88	1.670
300	2.016	1.958	1.859	2.458	1.917	1.757
310	2.101		1.882	3.370	1.953	1.897
320		2.048		2.232③	1.988	1.959
330	(	2.212^{340}		2.294③		2.010
340	熔	2.23^{360}		2.505③	2.051	2.065
350	断	2.321^{380}		2.726③		2.128
360	无				2.130	2.191
370	数					2.236
380	据				2.200	2.293
390	)					2.348
400					2.272	2.400
410	2.100					2.459
420	2.152				2.340	2.516
430	2.200					2.584
440	2.242					2.638
450	2.296					2.695
460	2.333					2.755
470	2.377					2.815
480	2.423					2.892
490	2.470					3.012
500	2.503					3.228

① 结晶度 0.44。
② 结晶度 0.29。
③ 晶体中螺环构象链的数据。

4.9 比焓

4.9.1 气态烯烃的比焓

表4.9.1 单烯烃气体的比焓 单位：kJ/mol

名　称	温度 /K							
	291	298	300	400	500	600	700	800
乙烯	0.754	1.055	1.126	6.012	11.90	18.66	26.18	34.35
丙烯	1.105	1.549	1.666	8.889	17.58	27.74	39.08	51.41
1-丁烯	1.538	2.156	2.315	12.46	24.78	38.94	54.68	71.80
异丁烯	1.539	2.156	2.324	12.38	24.48	38.45	53.93	70.84
顺-2-丁烯	1.356	1.897	2.022	11.08	22.36	35.64	50.58	67.03
反-2-丁烯	1.102	2.127	2.265	12.12	24.01	37.69	53.05	69.75

名　称	温度 /K						
	900	1000	1100	1200	1300	1400	1500
乙烯	43.08	52.29	61.96	72.01	82.4	93.03	104.0
丙烯	64.69	78.80	93.53	108.9	124.8	141.1	157.8
1-丁烯	90.06	109.4	129.6	150.6	172.2	194.4	217.2
异丁烯	88.89	108.0	123.9	149.0	170.5	188.5	215.3
顺-2-丁烯	84.74	103.5	123.3	143.9	165.3	187.3	209.8
反-2-丁烯	87.71	106.8	126.7	147.5	168.9	191.0	213.6

注：计算基准为 273K 时 h=0。

表4.9.2 乙烯气体在压力下的比焓 单位：kJ/kg

p/bar	T/K						
	110	125	150	175	200	225	250
1	−309.4	−271.4	−210.8	324.8	357.0	389.9	424.0
5	−308.9	−271.0	−210.4	−150.8	−89.3	378.4	415.0
10	−308.3	−270.4	−209.8	−150.3	89.0	361.2	402.2.
20	−307.1	−269.2	−208.7	−149.4	−88.2	−23.0	370.3
30	−305.9	−268.0	−207.6	−148.4	−87.5	−22.8	50.5
40	−304.7	−266.8	−206.5	−147.4	−86.7	−22.5	49.1
50	−303.5	−265.7	−205.4	−146.4	−85.9	−22.2	48.1
60	−302.3	−264.5	−204.2	−145.4	−85.1	−21.8	47.4
80	−299.8	−262.1	−202.0	−143.4	−83.5	20.9	46.5
100	−297.4	−259.7	−199.7	−141.2	−81.8	−19.9	46.1
150	−291.3	−253.7	−194.0	−136.0	−77.3	−16.7	46.6
200	−285.3	−247.7	−188.3	−130.7	−72.5	−13.0	18.6
250	−279.2	−241.7	−182.5	−125.2	−67.6	−8.9.	51.4
300	−273.0	−235.7	−174.5	−119.6	−62.5	−4.4	54.9
400	−206.8	−223.6	−164.8	−108.3	−51.9	5.1	63.0
500	−246.9	−211.4	−152.9	−96.8	−40.9	15.3	72.3

p/bar	T/K							
	275	300	325	350	375	400	425	450
1	459.7	497.3	536.9	578.8	622.8	668.9	717.2	767.9
5	452.3	491.0	531.5	574.1	618.6	665.2	713.9	764.9
10	442.3	482.8	542.5	568.0	613.3	660.5	709.7	761.1
20	419.7	465.0	509.8	555.5	602.4	650.9	701.2	753.5
30	390.7	444.7	493.8	542.3	591.2	641.2	692.6	745.9

续表

p/bar	T/K							
	275	300	325	350	375	400	425	450
40	344.7	420.6	476.3	528.3	579.5	631.2	688.9	738.2
50	139.8	390.4	456.9	513.4	567.5	621.1	675.1	730.5
60	132.3	347.8	435.1	497.7	555.2	610.9	666.3	722.9
80	124.1	238.7	382.8	463.5	529.4	590.1	648.5	707.6
100	119.6	210.2	330.2	427.5	503.1	569.3	630.9	692.7
150	114.4	188.8	272.7	361.4	445.5	521.6	592.1	658.1
200	113.2	181.7	255.0	332.4	410.6	487.0	560.1	629.5
250	113.9	179.2	247.7	319.1	392.1	465.5	538.2	608.5
300	115.9	179.1	244.6	312.6	382.2	452.9	524.1	593.9
400	122.1	182.7	244.9	308.8	374.3	441.3	509.8	578.3
500	130.1	189.1	250.7	312.8	376.1	440.4	505.8	572.0

表4.9.3 丙烯气体在压力下的比焓 单位：kJ/kg

p/MPa	T/K							
	260	300	340	380	420	460	500	540
0.07	545.62	604.29	668.72	738.90	815.18	897.33	985.06	1078.0
0.10	544.60	603.51	668.01	738.40	814.77	896.98	984.75	1077.7
0.20	541.28	601.00	666.04	736.81	813.45	895.87	983.80	1076.9
0.40		595.69	661.96	733.55	810.77	893.61	981.87	1075.2
0.70		587.03	655.54	728.51	806.67	890.19	978.96	1072.7
1.0		577.25	648.73	723.31	802.50	886.73	976.03	1070.2
2.0			621.71	704.43	787.93	874.92	966.15	1061.8
4.0				654.01	754.88	849.80	945.84	1044.8
7.0				490.13	689.17	807.70	914.06	1019.1
10				463.63	618.60	762.41	881.75	993.83

表4.9.4 烯烃气体在理想状态下的比焓 单位：kJ/kg

温度/℃	乙烯	丙烯	丙二烯	2-甲基丙烯	1-丁烯	1,2-丁二烯	1,3-丁二烯
0	122.9	61.76	59.88	38.16	75.78	44.84	88.65
100	169.2	94.17	95.57	89.03	109.5	95.31	99.80
200	266.0	172.1	177.9	190.2	199.0	191.4	177.9
300	407.6	292.6	299.9	336.4	337.6	327.6	310.0
400	588.5	452.0	455.6	522.6	519.3	499.3	485.5
500	804.0	646.9	639.9	744.4	738.5	701.8	695.7
600	1050	873.4	848.3	997.7	990.3	931.2	934.0
700	1322	1128	1077	1278	1270	1184	1195
800	1616	1407	1324	1583	1575	1457	1457
900	1931	1707	1585	1910	1901	1747	1770
1000	2262	2026	1859	2254	2244	2052	2079
1100	2609	2360	2145	2614	2604	2370	2401
1200	2968	2708	2440	2988	2977	2699	2732
温度/℃	顺-2-丁烯	反-2-丁烯	1-戊烯	环戊烯	1-已烯	1-庚烯	1-辛烯
0	99.51	51.72	70.62	80.16	64.61	63.33	63.58
100	121.3	102.3	108.8	85.84	103.8	101.6	100.5
200	197.4	201.0	202.2	137.6	198.2	195.9	194.3
300	322.5	343.7	344.3	235.0	341.5	339.6	338.2

续表

温度/℃	顺-2-丁烯	反-2-丁烯	1-戊烯	环戊烯	1-己烯	1-庚烯	1-辛烯
400	491.3	526.0	529.4	375.8	528.0	526.9	526.3
500	699.0	743.8	751.9	556.6	752.2	752.5	752.8
600	940.7	993.4	1007	773.5	1010	1011	1013
700	1212	1271	1291	1022	1296	1299	1302
800	1510	1573	1599	1296	1607	1612	1616
900	1829	1897	1929	1593	1939	1946	1951
1000	2167	2239	2276	1907	2290	2298	2305
1100	2522	2598	2640	2235	2656	2666	2674
1200	2891	2970	3017	2576	3036	3048	3057

注：计算基准为温度 0K 时，$h=0$。

4.9.2 液态烯烃的比焓

表4.9.5 烯烃液体的汽化焓（Ⅰ） 单位：kJ/mol

名称	温度/℃										
	−180	−160	−140	−120	−100	−80	−60	−40	−20	0	20
乙烯		15.772	15.047	14.256	13.385	12.405	11.279	9.927	8.164	5.296	
丙烯	23.664	22.994	22.290	21.549	207.623	19.921	19.016	18.032	16.952	15.742	14.356
1-丁烯	29.161	28.474	27.763	27.022	26.242	25.422	24.555	23.634	22.650	21.587	20.432
异丁烯			26.900	26.532	26.029	25.410	24.669	23.810	22.839	21.738	20.503
顺-2-丁烯				28.081	27.620	27.038	26.343	25.531	24.610	23.567	22.404
反-2-丁烯					26.996	26.389	25.669	24.836	23.890	22.822	21.625
1-戊烯		31.794	31.640	31.330	30.882	30.317	29.634	28.843	27.947	26.938	25.816
顺-2-戊烯			34.298	33.536	32.741	31.912	31.045	30.136	29.182	28.173	27.097
反-2-戊烯			32.728	32.439	32.012	31.464	30.798	30.028	29.148	28.165	27.068
己烯				36.412	35.990	35.441	34.775	34.001	33.122	32.138	31.049
1-庚烯					41.349	40.482	39.586	38.648	37.677	36.660	35.592
1-辛烯					46.063	45.171	44.246	43.292	42.299	41.265	40.189
丙二烯				22.948	22.479	21.888	21.185	20.360	19.410	18.321	17.082
1,2-丁二烯				29.446	28.985	28.399	27.696	26.879	25.950	24.903	23.731
1,3-丁二烯					26.888	26.067	25.200	24.279	23.295	22.240	21.093
1,2-戊二烯				33.373	33.063	32.632	32.088	31.443	30.702	29.856	28.910
1,4-戊二烯			30.241	30.036	29.705	29.257	28.700	28.043	27.290	26.431	25.468
2,3-戊二烯				31.221	30.919	30.513	29.998	29.391	28.692	27.901	27.017

名称	温度/℃										
	40	60	80	100	120	140	160	180	200	220	240
丙烯	12.698	10.567	7.264								
1-丁烯	19.155	17.718	16.052	13.578	10.881	6.502					
异丁烯	19.108	17.526	15.705	13.528	10.722	5.908					
顺-2-丁烯	21.097	19.632	17.965	16.044	13.737	10.726	4.890				
反-2-丁烯	20.281	18.769	17.049	15.035	12.573	9.161					
1-戊烯	24.572	23.199	21.671	19.963	18.020	15.751	12.950	8.880			
顺-2-戊烯	25.945	24.698	23.341	21.838	20.134	18.154	15.726	12.422	5.690		
反-2-戊烯	25.853	24.514	23.027	21.378	19.519	17.388	14.842	11.522			
己烯	29.852	28.541	27.105	25.531	23.798	21.872	19.695	17.162	14.038	9.470	
1-庚烯①	34.470	33.281	32.021	30.668	29.207	27.616	25.853	23.865	21.554	18.732	14.934

续表

名 称	温度/℃										
	40	60	80	100	120	140	160	180	200	220	240
1-辛烯②	39.059	37.874	36.622	35.295	33.880	32.360	30.710	28.893	26.867	24.547	21.788
丙二烯	15.646	13.963	11.907	9.140							
1,2-丁二烯	22.429	20.967	19.322	17.446	15.236	12.485	8.399				
1,3-丁二烯	19.833	18.418	16.797	14.863	12.380	8.545					
1,2-戊二烯	27.863	26.703	25.422	24.011	22.441	20.683	18.677	16.320	13.368	8.905	
1,4-戊二烯	24.401	23.212	21.888	20.411	18.740	29.383	16.822	11.581	6.473		
2,3-戊二烯	26.034	24.953	23.760	22.441	20.984	19.351	17.497	15.324	12.623	8.650	

① 温度为 260 ℃时，其值分别为 7674kJ/mol。
② 温度为 260、280℃时，其值为 18405、12987kJ/mol。

表4.9.6 烯烃液体的汽化焓（Ⅱ）

单位：kJ/mol

名 称	温度/℃										
	−160	−140	−120	−100	−80	−60	−40	−20	0	20	40
2-甲基-1-丁烯			31.82	31.37	30.79	30.09	29.29	28.37	27.34	26.20	24.94
2-甲基-2-丁烯			34.15	33.32	32.46	31.56	30.62	29.62	28.57	27.44	26.23
3-甲基-1-丁烯	30.36	30.17	29.84	29.37	28.77	28.06	27.25	26.32	25.28	24.12	22.83
2,3-二甲基-1-丁烯		34.77	34.52	34.14	33.64	33.02	32.30	31.47	30.55	29.52	28.39
2,3-二甲基-2-丁烯						36.58	35.68	34.74	33.75	32.72	31.62
2-甲基-1-戊烯			34.00	33.65	33.19	32.62	31.95	31.18	30.32	29.36	28.30
2-甲基-2-戊烯			36.67	36.32	35.83	35.24	34.53	33.72	32.82	31.82	30.71
4-甲基-1-戊烯		36.23	35.90	35.43	34.83	34.12	33.28	32.34	31.29	30.13	28.85
4-甲基-顺-2-戊烯			35.73	35.26	34.66	33.95	33.12	32.18	31.14	29.99	28.72
4-甲基-反-2-戊烯		36.58	36.26	35.80	35.20	34.49	33.66	32.72	31.68	30.53	29.26
2-甲基-1,3-丁二烯		30.39	30.18	29.84	29.40	28.84	28.19	27.44	26.59	25.64	24.59
3-甲基-1,2-丁二烯				31.09	30.66	30.12	29.49	28.76	27.94	27.02	25.99
1-顺-3-戊二烯					32.07	31.51	30.84	30.07	29.21	28.24	27.16
1-反-3-戊二烯		33.80	33.60	33.27	32.81	32.25	31.58	30.81	29.93	28.96	27.87
环戊烯			34.16	33.42	32.65	31.85	31.02	30.14	29.25	28.26	27.23
环己烯				38.74	37.98	37.19	36.37	35.52	34.64	33.71	32.74
1,3-环戊二烯					34.21	33.67	33.02	32.26	31.40	30.44	29.37
双环戊二烯											45.82
1,5-环辛烯											38.79

名 称	温度/℃									
	60	80	100	120	140	160	180	200	220	240
2-甲基-1-丁烯	23.54	21.99	20.26	18.29	15.99	13.16	9.06			
2-甲基-2-丁烯	24.92	23.49	21.89	20.08	17.93	15.24	11.36			
3-甲基-1-丁烯	21.40	19.80	17.98	15.88	13.33	9.86				
2,3-二甲基-1-丁烯	27.14	25.77	24.27	26.79	20.75	18.64	16.16	13.04	8.189	
2,3-二甲基-2-丁烯	30.46	29.22	27.89	26.44	24.85	23.06	21.01	18.55	15.38	10.40
2-甲基-1-戊烯	27.14	25.86	24.46	22.93	21.22	19.30	17.10	14.44	10.88	
2-甲基-2-戊烯	29.49	28.16	26.70	25.10	23.33	21.35	19.10	16.44	13.05	7.252
4-甲基-1-戊烯	27.44	25.90	24.21	22.32	20.20	17.75	14.78	10.71		
4-甲基-顺-2-戊烯	27.33	25.81	24.13	22.27	20.18	17.78	14.89	10.99		
4-甲基-反-2-戊烯	27.87	26.34	24.67	22.82	20.75	18.37	15.54	11.82		
2-甲基-1,3-丁二烯	23.42	22.13	20.70	19.09	17.25	15.10	12.41	8.432		
3-甲基-1,2-丁二烯	24.86	23.60	22.22	20.67	18.94	16.94	14.54	11.42	5.510	

续表

名称	温度/℃									
	60	80	100	120	140	160	180	200	220	240
1-顺-3-戊二烯	25.98	24.66	23.21	21.59	19.77	17.67	15.17	11.91	5.740	
1-反-3-戊二烯	26.67	25.36	23.89	22.27	20.45	18.36	15.88	12.72	7.461	
环戊烯	26.13	24.96	23.68	22.27	20.70	18.90	16.76	14.02	9.860	
环己烯①	31.72	30.65	29.50	28.28	26.96	25.52	23.94	22.16	20.09	17.60
1,3-环戊二烯	28.18	26.86	25.41	23.79	21.97	19.90	17.47	14.44	9.965	
双环戊二烯②	44.90	43.88	42.79	41.61	40.35	39.01	37.54	35.98	34.31	32.50
1,5-环辛烯③	37.85	36.82	35.70	34.48	33.18	31.76	30.23	28.57	26.75	24.74

① 温度为260、280℃时，其值分别为14.32、8.717kJ/mol。
② 温度为260、280、300、320、340、360、380℃时，其值分别为30.55、28.41、26.04、23.38、20.25、16.31、9.977kJ/mol。
③ 温度为260、280、300、320℃时，其值分别为22.49、19.90、16.76、12.49kJ/mol。

表4.9.7 卤代烯烃液体的汽化焓

单位：kJ/mol

名称	温度/℃										
	−140	−120	−100	−80	−60	−40	−20	0	20	40	60
氯乙烯	25.43	24.78	24.09	23.37	22.61	21.80	20.94	20.02	19.02	17.92	16.70
偏二氯乙烯		32.63	31.90	31.15	30.35	29.53	28.66	27.75	26.78	25.75	24.65
三氯乙烯				39.10	38.31	37.49	36.64	35.76	34.84	33.88	32.87
全氯乙烯							40.91	40.30	39.59	38.80	37.94
顺-1,2-二氯乙烯					35.86	35.03	34.16	33.26	32.32	31.33	30.28
反-1,2-二氯乙烯						32.71	32.01	31.21	30.32	29.32	28.21
2-氯-1,3-丁二烯			34.78	34.02	33.23	32.43	31.57	30.68	29.74	28.75	27.70
氟乙烯	19.60	19.06	18.36	17.53	16.54	15.38	14.01	12.38	10.34	7.457	
偏二氟乙烯	18.12	17.46	16.64	15.65	14.49	13.11	11.44	9.316	6.096		
四氟乙烯	19.82	19.08	18.17	17.10	15.83	14.35	12.58	10.38	7.256		
溴乙烯		31.95	31.18	30.39	29.56	28.68	27.76	26.78	25.75	24.63	23.42
苯乙烯							44.42	43.80	43.10	42.32	41.46
α-甲基苯乙烯							48.11	47.41	46.62	45.75	44.79

名称	温度/℃										
	80	100	120	140	160	180	200	220	240	260	280
氯乙烯	15.31	13.67	11.60	8.621							
偏二氯乙烯	23.46	22.16	20.72	19.09	17.19	14.85	11.64				
三氯乙烯	31.80	30.67	29.47	28.18	26.79	25.26	23.56	21.62	19.34	16.50	12.45
全氯乙烯①	36.98	35.94	34.82	33.60	32.28	30.85	29.30	27.60	25.73	23.65	21.29
顺-1,2-二氯乙烯	29.17	27.98	26.71	25.32	23.79	22.08	20.12	17.76	14.73	9.956	
反-1,2-二氯乙烯	27.00	25.65	24.17	22.51	20.64	18.48	15.90	12.53	6.067		
2-氯-1,3-丁二烯	26.58	25.38	24.07	22.62	21.01	19.17	16.96	14.13	9.751		
溴乙烯	22.11	20.65	18.99	17.04	14.63	11.27					
苯乙烯②	40.52	39.49	38.38	37.18	35.89	34.51	33.01	31.39	29.64	27.72	25.60
α-甲基苯乙烯③	43.74	42.61	41.40	40.10	38.70	37.20	35.60	33.87	32.01	29.99	27.77

① 温度为300、320、340℃时，其值为18.50、14.96、9.194kJ/mol。
② 温度为300、320、340、360℃时，其值为23.22、20.45、17.07、12.28kJ/mol。
③ 温度为300、320、340、360℃时，其值为25.31、22.51、19.18、14.82kJ/mol。

N 算图4.32

一些烯烃的汽化热（第773页右）

4.9.3 烯烃在饱和线上的比焓

表4.9.9 饱和烯烃的比焓 单位：kJ/kg

乙烯	T_{sat}/K	169.43	183	193	203	213	223	233	243	263	308.7
	P_{sat}/kPa	101.3	213	341	518	755	1063	1453	1938	3240	6240
	液体	−662.49	−624.5	−600.49	−578.48	−552.5	−526.51	−498.48	−468.5	−396.51	104.7
	气体	−179.97	−163.61	−155.64	−151.12	−145.06	−141.54	−140.04	−140.71	−152.62	104.7
丙烯	T_{sat}/K	225.45	240	255	270	285	300	315	330	345	365
	P_{sat}/kPa	101.3	187	333	530	820	1210	1710	2410	3190	4610
	液体	−309	−273.7	−237.3	−199.8	−161.2	−121.3	−79.8	−36.2	10.40	119.5
	气体	130.2	150	164.8	182.3	196.3	212	229.7	220.2	210.5	119.5
1,2-丁二烯	T_{sat}/K	284	300	315	330	345	360	375	390	400	443.7
	P_{sat}/kPa	101.3	180	265	445	661	945	1310	1770	2140	4500
	液体	−197	−166	−131	−94	−57	−19	19	61	88	255
	气体	237	257	275	293	311	327	341	354	359	255
1,3-丁二烯	T_{sat}/K	268.69	285	300	315	330	350	370	390	410	425.15
	P_{sat}/kPa	101.3	184	298	458	676	1080	1630	2370	3350	4330
	液体	493.3	529,0	563	598.4	635	686.5	741.5	800.1	867.5	
	气体	908.7	928.4	946.4	964.4	981.7	1003.8	1023.2	1038.3	1041.4	

算图 4.33 乙烯的焓和熵（第 774 页左） 算图 4.34 丙烯的焓和熵（Ⅰ）（第 774 页右） 算图 4.35 丙烯的焓和熵（Ⅱ）（第 775 页左）

4.10 比熵

4.10.1 烯烃气体的比熵

表 4.10.1 乙烯气体在常压下的比熵

温度/℃	比熵 s /[kJ/(kg·K)]	摩尔熵 s_m /[kJ/(kmol·K)]	容积熵 s' /[kJ/(m_n^3·K)]	温度/℃	比熵 s /[kJ/(kg·K)]	摩尔熵 s_m /[kJ/(kmol·K)]	容积熵 s' /[kJ/(m_n^3·K)]
0	0.000	0.000	0.000	700	2.964	83.234	3.710
100	0.515	14.444	0.641	800	3.299	92.570	4.128
200	0.984	27.675	1.231	900	3.613	101.40	4.522
300	1.428	40.110	1.788	1000	3.915	109.82	4.899
400	1.846	51.874	2.311	1100	4.199	117.82	5.254
500	2.244	62.969	2.805	1200	4.472	125.48	5.598
600	2.613	73.353	3.270				

表 4.10.2 丙烯气体在常压下的比熵

温度/℃	比熵 s /[kJ/(kg·K)]	摩尔熵 s_m /[kJ/(kmol·K)]	容积熵 s' /[kJ/(m_n^3·K)]	温度/℃	比熵 s /[kJ/(kg·K)]	摩尔熵 s_m /[kJ/(kmol·K)]	容积熵 s' /[kJ/(m_n^3·K)]
0	0.0000	0.000	0.0000	700	2.9684	124.81	5.5643
100	0.5066	21.102	0.9420	800	3.3076	139.04	6.2007
200	0.9713	40.821	1.8213	900	3.6258	152.52	6.8036
300	1.4151	59.453	2.6502	1000	3.8895	165.42	7.3771
400	1.8338	77.163	3.4415	1100	4.2245	177.88	7.9256
500	2.2316	93.868	4.1868	1200	4.5008	189.37	8.4448
600	2.6126	109.78	4.8944				

4.10.2 烯烃气体在压力下的比熵

表4.10.3 乙烯气体在压力下的比熵　　单位：kJ/(kg·K)

p/bar	T/K						
	110	125	150	175	200	225	250
1	−1.858	−1.534	−1.091	2.091	2.264	2.419	2.562
5	−1.859	−1.535	−1.093	−0.726	−0.397	1.907	2.061
10	−1.860	−1.537−	−1.095	−0.728	−0.400	1.646	1.820
20	−1.863	−1.540	−1.098	−0.733	−0.406	−0.099	1.520
30	−1.866	−1.543	−1.102	−0.737	−0.412	−0.107	0.201
40	−1.539	−1.585	−1.670	−0.741	−0.418	−0.115	0.186
50	−1.872	−1.550	−1.110	−0.746	−0.423	−0.123	0.173
60	−1.875	−1.553	−1.113	−0.750	−0.428	−0.130	0.161
80	−1.881	−1.559	−1.120	−0.759	−0.439	−0.145	0.139
100	−1.887	−1.565	−1.127	−0.767	0.449	0.158	0.120
150	−1.901	−1.580	−1.145	−0.787	−0.473	−0.188	0.008
200	−1.914	−1.595	−1.161	−0.806	−0.495	−0.215	0.005
250	−1.928	−1.610	−1.177	−0.824	−0.516	−0.240	0.015
300	−1.942	−1.623	−1.192	−0.841	−0.536	−0.262	−0.012
400	1.968	−1.650	−1.221	−0.873	−0.572	−0.303	−0.059
500	−1.978	−1.676	−1.249	−0.906	−0.605	−0.339	−0.099

p/bar	T/K							
	275	300	325	350	375	400	425	450
1	2.698	2.829	2.956	3.079	3.201	3.320	3.437	3.553
5	2.203	2.338	2.467	2.593	2.716	2.836	2.954	3.071
10	1.973	2.113	2.247	2.375	2.500	2.622	2.742	2.859
20	1.708	1.866	2.009	2.144	2.274	2.399	2.521	2.640
30	1.508	1.694	1.853	1.996	2.131	2.261	2.387	2.508
40	1.284	1.550	1.728	1.882	2.023	2.157	2.286	2.409
50	0.521	1.404	1.617	1.784	1.933	2.072	2.207	2.330
60	0.484	1.230	1.510	1.696	1.854	1.999	2.135	2.263
80	0.434	0.832	1.295	1.534	1.717	1.874	2.016	2.151
100	0.400	0.715	1.098	1.387	1.596	1.768	1.918	2.059
150	0.337	0.596	0.864	1.126	1.359	1.556	1.722	1.878
200	0.291	0.529	0.763	0.992	1.208	1.406	1.580	1.742
250	0.253	0.480	0.698	0.910	1.111	1.301	1.476	1.636
300	0.220	0.440	0.670	0.850	1.043	1.226	1.398	1.558
400	0.166	0.377	0.576	0.764	0.946	1.119	1.285	1.442
500	0.121	0.326	0.523	0.707	0.882	1.048	1.206	1.318

表4.10.4 丙烯气体在压力下的比熵　　单位：kJ/(kg·K)

p/MPa	T/K							
	260	300	340	380	420	460	500	540
0.07	2.4924	2.7021	2.9032	3.0984	3.2892	3.4759	3.6587	3.8375
0.10	2.4167	2.6273	2.8289	3.0245	3.2154	3.4023	3.5852	3.7640
0.20	2.2738	2.4873	2.6906	2.8872	3.0789	3.2662	3.4495	3.6285
0.40		2.3383	2.5454	2.7444	2.9375	3.1258	3.3097	3.4893
0.70		2.2075	2.4218	2.6246	2.8200	3.0099	3.1949	3.3752
1.0		2.1136	2.3372	2.5445	2.7425	2.9340	3.1201	3.3012
2.0			2.1417	2.3718	2.5807	2.7784	2.9686	3.1525
4.0				2.1325	2.3852	2.6011	2.8013	2.9915
7.0				1.6498	2.1504	2.4205	2.6422	2.8443
10				1.5578	1.9449	2.2726	2.5216	2.7372

4.10.3　饱和烯烃的比熵

表4.10.5　乙烯在饱和线上的比熵　　单位：kJ/（kg·℃）

温度/℃	−120	−100	−80	−60	−40	−20	0	2
液态	2.614	2.901	3.18	3.426	3.66	3.901	4.187	4.226
气态	5.891	5.643	5.456	5.313	5.189	5.064	4.889	4.863
温度/℃	4	5	6	7	8	9	9.5	9.9
液态	4.272	4.298	4.326	4.359	4.397	4.453	4.49	4.569
气态	4.83	4.811	4.788	4.761	4.726	4.675	4.635	4.569

表4.10.6　饱和丙烯的比熵　　单位：kJ/（kg·K）

T/K	p/bar	气体	液体	T/K	p/bar	气体	液体
90	2.05×10^{-8}	4.424	−1.867	230	1.2401	1.857	−0.03
100	4.81×10^{-7}	3.897	−1.659	240	1.8775	1.825	0.064
110	6.08×10^{-6}	3.488	−1.49	250	2.7401	1.197	0.157
120	4.88×10^{-5}	3.158	−1.335	260	3.8737	1.774	0.247
130	2.77×10^{-4}	2.895	−1.187	270	5.3269	1.753	0.336
140	1.20×10^{-3}	2.681	−1.046	280	7.1499	1.735	a.425
150	4.17×10^{-3}	2.506	−0.912	290	9.3954	1.719	0.512
160	0.0122	2.363	−0.784	300	12.12	1.704	0.6.00
170	0.0309	2.245	−0.663	310	15.38	1.688	0.688
180	0.0697	2.147	−0.047	32a	19.23	1.672	0.776
190	0.1425	2.066	−0.436	330	23.75	1.652	0.867
200	0.2686	1.999	−0.329	340	29.01	1.627	0.961
210	0.4727	1.943	−0.226	350	35.12	1.592	1.062
220	0.7849	1.896	−0.127	360	42.20	1.527	1.188
225.5	1.0133	1.874	−0.073	365.6	46.65	1.374	1.374

4.10.4　烯烃的绝对熵

表4.10.7　链烯烃在25℃时的绝对熵　　单位：kJ/（kmol·K）

物料名	绝对熵	物料名	绝对熵	物料名	绝对熵	物料名	绝对熵
乙烯	219.2	顺-2-己烯	386.5	反-2-辛烯	462	1-十二烯	621.7
丙烯	266.6	反-2-己烯	380.6	顺-3-辛烯	463.7	1-十三烯	667
1-丁烯	307.8	顺-3-己烯	379.6	反-3-辛烯	464	1-十四烯	706
异丁烯	293.1	反-3-己烯	374.8	顺-4-辛烯	458	1-十五烯	745.3
顺-2-丁烯	301.2	1-庚烯	425.5	反-4-辛烯	458	1-十六烯	781.9
反-2-丁烯	296.5	顺-2-庚烯	423	1-壬烯	504	1-十七烯	820.2
1-戊烯	347.0	反-2-庚烯	423	1-癸烯	543.2	1-十八烯	863
顺-2-戊烯	346.3	顺-3-庚烯	424	顺-2-癸烯	541	1-十九烯	902.3
反-2-戊烯	343.1	1-辛烯	464.7	反-2-癸烯	541	1-二十烯	941.5
1-己烯	383.9	顺-2-辛烯	462.1	1-十一烯	582.5		

表4.10.8　其他烯烃在25℃时的绝对熵　　单位：kJ/（kmol·K）

物料名	绝对熵	物料名	绝对熵	物料名	绝对熵
一氯三氟乙烯	322.1	六氯环戊二烯	456	4-甲基环戊烯	329
一溴三氟乙烯	335	四氟乙烯	299.9	1-甲基-4-乙烯基环己烯	402.3
2-乙基-1-戊烯	420	1,1,1,2-四氟乙烯	316.2	2-甲基-1-己烯	418.4
3-乙基-1-戊烯	415	1,1,2,2-四氟乙烯	320.2	3-甲基-1-己烯	420.8
2-乙基-1-己烯	459	四氯乙烯	340.8	4-甲基-1-己烯	421
2-乙基-1-丁烯	376.9	1,2-己二烯	372.5	2-甲基-1-庚烯	457.8
乙烯基环己烯	378	1,4-己二烯	374.7	甲基环戊二烯	317

续表

物料名	绝对熵	物料名	绝对熵	物料名	绝对熵
乙烯基降冰片烯	374.8	1,5-己二烯	374	甲基降冰片烯	344.5
2,3-二甲基-1-丁烯	372.7	顺，反-2,4-己二烯	356	苯乙烯	345.1
2,3-二甲基-2-丁烯	364.6	反，反-2,4-己二烯	356	2-苯丁烯-1	416
3,3-二甲基-1-丁烯	341.9	α-水芹烯	429	顺-2-苯丁烯-2	411
2,3-二甲基-1-己烯	452.4	β-水芹烯	422	反-2-苯丁烯-2	411
2,5-二甲基-1,5-己二烯	437.2	1,1,2,2-四苯乙烯	693	α-松油烯	434.5
2,5-二甲基-2,4-己二烯	413.8	丙二烯	243.9	γ-松油烯	457
2,3-二甲基-1,3-丁二烯	355	对异丙烯基苯乙烯	436.7	异松油烯	443
顺－二苯乙烯	453.3	1,2-戊二烯	334.8	1,3-环己二烯	303.4
反－二苯乙烯	459	顺-1,3-戊二烯	322.8	1,4-环己二烯	285.7
2,4-二苯基-4-甲基戊烯	591	1-反-3-戊二烯	315.6	环戊烯	291.3
1,1-二氟乙烯	266.1	1,4-戊二烯	334	环己烯	310.5
1,1-二氯乙烯	287.9	2,3-戊二烯	329.1	环庚烯	332.0
顺-1,2-二氯乙烯	289.5	α-甲基苯乙烯	372.5	环辛烯	351.2
反-1,2-二氯乙烯	289.9	间甲基苯乙烯	389.5	环戊二烯	274.2
2,3-二氯丙烯	336	邻甲基苯乙烯	383.7	1,5-环辛二烯	350.5
反-1,3-二氯-2-丁烯	353	对甲基苯乙烯	383.67	双环戊二烯	240
顺-1,4-二氯-2-丁烯	377.3	2-甲基-1-丁烯	339.5	氟乙烯	252.6
反-1,4-二氯-2-丁烯	383	2-甲基-2-丁烯	338.6	2-降冰片烯	314
3,4-二氯-1-丁烯	371	3-甲基-1-丁烯	333.9	4-羟基苯乙烯	375.8
D-二聚戊烯（D-柠檬烯）	441	2-甲基-1,3-丁二烯	315.6	1,3-联苯基三氮烯	495
1,2-丁二烯	293	3-甲基-1,2-丁二烯	321.5	氯乙烯	273.5
1,3-丁二烯	278.9	2-甲基-1-戊烯	374	氯丁二烯	320.6
对叔丁基苯乙烯	462.6	2-甲基-2-戊烯	364	氯丙烯	307
4-异丁基苯乙烯	489.4	3-甲基-1-戊烯	376.8	2-氯丙烯	296.4
2,3,3-三甲基-1-丁烯	380.4	3-甲基-顺-2-戊烯	378.4	2-氯-1,1-二氟乙烯	302.9
2,4,4-三甲基-1-戊烯	406	3-甲基-反-2-戊烯	381.8	1,4-氰基-2-丁烯	394
2,4,4-三甲基-2-戊烯	409	4-甲基-1-戊烯	368	溴乙烯	275.4
三苯乙烯	582	4-甲基-顺-2-戊烯	373.3	碳酸乙烯	260
六氟丙烯	483	4-甲基-反-2-戊烯	368.3	α-蒎烯	473
三氯乙烯	325.1	1-甲基环戊烯	326.4	β-蒎烯	404
六氯-1,3-丁二烯	472.1	3-甲基环戊烯	330.5		

4.11 其他

4.11.1 乙烯的物理性质

算图 4.36
气态乙烯的物理性质（第 775 页右）

算图 4.37
液态乙烯的物理性质（第 776 页左）

4.11.2 烯烃气体在水中的溶解度

表 4.11.1 乙烯气体在水中的溶解度

状态	温度/℃						
	0	5	10	15	20	25	30
α	22.6	19.1	16.2	13.9	12.2	10.8	9.8
β	0.0281	0.0237	0.0200	0.0171	0.0149	0.0131	0.0118

注：α—在气体分压为 101.3kPa 时，水中所能溶解的气体体积百分数（已折合成标准状态）。
β—在气体总压（气体及水汽）为 101.3 kPa 时，水中所能溶解的气体质量百分数。

算图 4.38
水在烯烃中的溶解度（第 776 页右）

算图 4.39
1-丁烯在水中的溶解度（第 777 页左）

4.11.3　烯烃的普朗特数

算图 4.40
饱和烯烃的普朗特数（第 777 页右）

4.11.4　烯烃的压缩因子

算图 4.41
乙烯的压缩因子（第 778 页左）

算图 4.42
丙烯、丁烯和丁二烯的压缩因子（第 778 页右）

表 4.11.2　丙烯压缩因子

压力/atm	温度/℃									
	30	50	75	100	125	150	175	200	225	250
5	0.9252	0.9399	0.9525	0.9641	0.9704	0.9760	0.9806	0.984	0.9866	0.9889
10	0.8437	0.8760	0.9025	0.9255	0.9399	0.9516	0.9608	0.9680	0.9732	0.9775
15		0.8036	0.8520	0.8850	0.9089	0.9267	0.9410	0.9517	0.9599	0.9662
20		0.7091	0.7943	0.8400	0.8762	0.9014	0.9207	0.9367	0.9463	0.9547
25			0.7246	0.7945	0.8430	0.8753	0.9003	0.9200	0.9332	0.9449
30			0.6360	0.7464	0.8072	0.8487	0.8794	0.9031	0.9201	0.9330
35				0.6895	0.7694	0.8215	0.8582	0.8858	0.9070	0.9223
40				0.6230	0.7305	0.7934	0.8372	0.8690	0.8938	0.9127
45				0.5420	0.6894	0.7650	0.8160	0.8526	0.8809	0.9025
50				0.4130	0.6437	0.7355	0.7950	0.8365	0.8682	0.8923
55				0.2685	0.5949	0.7056	0.7739	0.8204	0.8558	0.8825
60				0.2580	0.5429	0.6752	0.7525	0.8046	0.8434	0.8728
65				0.2626	0.4900	0.6443	0.7312	0.7891	0.8315	0.8634
70				0.2711	0.4415	0.6143	0.7103	0.7742	0.8196	0.8541
75				0.2818	0.4094	0.5860	0.6903	0.7591	0.8081	0.8453
80				0.2944	0.3910	0.5596	0.6711	0.7442	0.7971	0.8365
85				0.3074	0.3850	0.5370	0.6532	0.7307	0.7868	0.8283
90				0.3203	0.3856	0.5185	0.6370	0.7179	0.7769	0.8205
95				0.3331	0.3890	0.5053	0.6227	0.7063	0.7679	0.8131
100				0.3460	0.3940	0.4971	0.6100	0.6955	0.7595	0.8061
110				0.3715	0.4119	0.4911	0.5917	0.6780	0.7446	0.7948
120				0.3969	0.4315	0.4948	0.5823	0.6645	0.7328	0.7855
130				0.4229	0.4522	0.5062	0.5808	0.6569	0.7247	0.7780
140				0.4492	0.4743	0.5205	0.5851	0.6550	0.7199	0.7727
150				0.4754	0.4976	0.5369	0.5931	0.6569	0.7182	0.7702
160				0.5013	0.5209	0.5552	0.6042	0.6613	0.7197	0.7702
170				0.5270	0.5441	0.5740	0.6177	0.6689	0.7234	0.7718
180				0.5523	0.5672	0.5936	0.6327	0.6791	0.7286	0.7754
190				0.5783	0.5904	0.6141	0.6485	0.6909	0.7365	0.7805
200				0.6045	0.6140	0.6345	0.6652	0.7035	0.7463	0.7878
210				0.6300	0.6376	0.6556	0.6831	0.7165	0.7570	0.7962
215				0.6429	0.6491	0.6664	0.6929	0.7233	0.7626	0.8007

4.12 危险品特性

表 4.12.1 烯烃的危险品特性

名称	CAS 号	危险品编号	饱和蒸气压① /kPa	燃烧性	闪点 /℃	自燃温度 /℃	建规火险分级	爆炸下/上限（体积分数）/%	灭火方法	危险品类别	风险性代号	安全代号
乙烯	74-85-1	21016	4083.40(0)	易	−136	425	甲	2.7/36.0	W, P, R	2.1	R12; R67	S9; S16; S33; S46
丙烯	115-07-1	21018	602.88(0)	易	−108	455	甲	1.0/15.0	QQ, W, P, R	2.1	R12	S9
1-丁烯	106-98-9	21019	189.48(10)	易	−80	385	甲	1.6/10	QDW, P, R	2.1	R12	S16; S33; S9
异丁烯	115-11-7	21020	131.52(0)	易	−77	465	甲	1.8/8.8	W, P, R	2.1	R12	S9; S16; S33
1-戊烯	109-67-1	31006	53.32(12.8)	易	−28	275	甲	1.6/8.7	P, R, G, T, Sw	3.1		
2-戊烯	109-68-2	31006	—	易	−45	—	甲	1.4/–	P, R, G, T, Sw	3.1		
1-己烯	592-41-6	31009	41.32(38)	易	−20	253	甲	1.2/–	P, R, G, T, Sw	3.1	R11; R51/53; R65; R67	S16; S29; S33; S57; S62; S9
1-庚烯	592-76-7	32015	7.52(25)	易	<0	260	甲	—	P, R, G, T, Sw	3.2	R11; R36/37/38; R65	S16; S26; S36; S62
2-庚烯	6443-92-1	32015		易	−2	—	甲	—	P, R, G, T, Sw	3.2		
3-庚烯	7642-10-6	32015		易	−6.7	—	甲	—	P, R, G, T, Sw	3.2		
1-辛烯	111-66-0	32016	4.83(38)	易	21(O.C)	230	甲	0.7/3.9	P, R, G, T, Sw	3.2	R11; R65	S16; S33; S62; S9
2-辛烯	111-67-1	32016		易	—	—	甲	—	P, R, G, T, Sw	3.2		
1-壬烯	124-11-8	33514	—	易	26(O.C)	—	甲	0.8/–	P, R, G, T, Sw	3.3	R10; R36/37/38; R65	S26; S36; S62
1-癸烯	872-05-9	33515	0.13(95.7)	易	47	235	乙	0.7/–	P, R, G, 1, T, Sw	3.3	R10; R38; R65	S16; S37; S62
十八烯	112-88-9		2.0(179)	可	148	-	丙	—	P, R, G, T		R65	S42
乙氧基乙烯	109-92-2	31029	57.05(20)	易	−45	200	甲	1.7/28.0	P, G, T, R, Sw	3.1	R12; R19; R36/37/38	S16; S23; S26; S3/7; S33; S36
4-乙烯-1-环己烯	100-40-3	32023	3.44(38)	易	16	—	甲	—	P, R, G, T	3.2	R11; R38; R40; R52/53	S16; S36/37; S45; S61
4-乙烯-1-环己烯	100-40-3	32023	3.44(38)	易	16	—	甲	—	P, R, G, T	3.2	R11; R38; R40; R52/53	S16; S36/37; S45; S61
乙烯-2-氯乙烯	110-75-8	32091	98.64(109)	易	16	—	甲	—	P, R, G, T	3.2		
1,3-丁二烯（联乙烯）	106-99-0	21022	245.27(21)	易	−78	415	甲	1.4/16.3	QD, W, P, R	2.1	R12; R45	S45; S53
3,3-二乙氧基丙烯	3054-95-3	32095	—	易	4	—	甲	—	P, R, G, T, Sw	3.2	R11; R36	S9; S16; S26; S33

续表

名　称	CAS号	危险品编号	饱和蒸气压[1]/kPa	燃烧性	闪点/℃	自燃温度/℃	建规火险分级	爆炸下/上限(体积分数)/%	灭火方法	危险品类别	风险性代号	安全代号
2,5-二甲基-2,4-己二烯	764-13-6	33516		易	<29	—	甲	—	P, R, G, T	3.3	R10; R20/21/22; R36/37/38	S16; S26; S36/37/39
2,6-二甲基-3-庚烯	2738-18-3	32019	3.79(38)	易	15.4	—	甲	—	P, R, G, T	3.2		
2,4-二甲基苯乙烯	2234-20-0	61696	1.47(70)	可	67	—	丙	—	P, R, G, T	6.1		
二环庚二烯	121-46-0	31016		易	-11	—	甲	—	P, R, G, T	3.1	R11	S16; S23
1,1-二氟乙烯	75-38-7	21031		易	—	—	甲	5.5/21.3	QQ, W	2.1	R12	S16; S33; S9
二氧化乙烯基环己烯	4223-10-3		0.013(20)	可	91	—		—	W, P, R, G, T		R23/R24/R25-R68/R20/R21/R22-R68	S23-S24-S45
二氧化丁二烯	298-18-0		0.52(20)	易	45	—	乙	—	W, P, R, G, T			
二氧化二戊烯	1996-8-2		0.0027(20)	易	—	—	乙	—	W, P, R, G, T			
二氧化二聚环戊二烯	81-21-0			可	—	—	乙	—	W, P, R, G, T		R22; R36	S26
1,3-二氯-2-丁烯	926-57-8	33529	—	易	27	—	甲	—	W, G, P, R, T	3.3		
1,4-二氯-2-丁烯	764-41-0	33529	1.33(20)	易	27	—	甲	—	W, G, P, R, T	3.3	R45; R24/25; R26; R34; R50/53	S53; S26; S28; S36/37/39; S45; S60; S61
1,1-二氯乙烯	75-35-4	32040	65.98(20)	易	-28	530	甲	6.5/15.0	W, G, P, R, T	3.2	R12; R20; R40	S16; S29; S7
1,2-二氯乙烯(顺)	540-59-0	32040	14.7(10)	易	6	460	甲	9.7/12.8	W, G, P, R, T	3.2		
1,2-二氯丙烯		33528	—	易	—	—	乙	—	W, G, P, R, T	3.3		
1,3-二氯丙烯	542-75-6	33528	3.73(25)	易	35	—	乙	5.3/14.5	W, G, P, R, T	3.3	R10; R20/21; R25; R36/37/38; R43; R50/53	S36/37; S45; S60; S61
二聚环戊二烯	77-73-6	33517	1.33(47.6)	易	26	503	甲	1.0/10	P, R, G, T	3.3	R11; R20/22; R36/37/38; R51/53	S36/37; S61
八氟-2-丁烯	360-89-4	22038		不	※	※		※	QQ, W	2.2		
八氟异丁烯	382-21-8	22038		不	※	※		※	QQ	2.2		
八氯莰烯	8001-35-2	61877	0.027(25)	可	—	—		—	W, P, R, G, T	6.1		
三氟氯乙烯	79-38-9	21034	—	易	-27.8	—	甲	8.4/38.7	QD, W	2.1		
六氟-2,3-二氯-2-丁烯	303-04-8		101.08(66)	不	※	※		※	S, P, R, G, T			
六氟丙烯	116-15-4	22037	788.16(27)	不	※	※		※	K, QD, W	2.2	R20; R37	S41
六氯环戊二烯	77-47-4	61055	0.012(25)	可	—	—	丙	—	W, P, R, T	6.1		

续表

名　称	CAS 号	危险品编号	饱和蒸气压[①] /kPa	燃烧性	闪点 /℃	自燃温度 /℃	建规火险分级	爆炸下/上限(体积分数)/%	灭火方法	危险品类别	风险性代号	安全代号
丙二烯	463-49-0	21021	905.77(21)	易	−136.6	—	甲	2.1/13.0	QQ, P, R	2.1		
异丙基丁烯	563-45-1	32014	—	易	−20	365	甲	1.5/9.1	P, R, G, T, Sw	3.2	R12; R36/37/38; R65	S16; S26; S62
四氟乙烯	116-14-3	21032	—	可	—	187.8		—	W	2.1		
四氯乙烯	127-18-4	61580	2.11(20)	不	※	※		※	P, R, G, T, W	6.1	R40; R51/53	S23; S36/37; S61
四氯丙烯	10436-39-2	61580		可	—	—		—	1, T, P, G, R	6.1		
1,3-戊二烯	504-60-9	21023	53.32(24.7)	易	−29	—	甲	—	P, R, Sw	2.1		
1,4-戊二烯	591-93-5	21023	53.23(8.3)	易	＜4	—	甲	—	P, R, Sw	2.1	R11	S16
异戊二烯	78-75-9	31012	53.32(15.4)	易	−54	220	甲	1.0/10.0	P, R, G, T, Sw	3.1	R12; R45; R52/53; R68	S45; S53; S61
双戊烯	138-86-3	33639	0.13(14)	易	45	237	乙	0.7/6.1	P, R, G, T, Sw	3.3		
1-甲氧基-1,3-丁二烯	3036-66-6			易	−5	—	甲	—	W, P, R, G, T			
2-甲基-1-戊烯	763-29-1	31010	43.46(37.3)	易	−20	300	甲	—	P, R, G, T, Sw	3.1		
4-甲基-1-戊烯	691-37-2	31010	56.52(38)	易	−31	300	甲	—	P, R, G, T	3.1		
2-甲基-2-丁烯	513-35-9	31007	53.32(21.6)	易	−45	—	甲	—	P, R, G, T, Sw	3.1	R12; R22; R51/53; R65	S16; S33; S61; S9
2-甲基-2-戊烯	625-27-4	31010	43.46(38)	易	−23	—	甲	—	P, R, G, T	3.1		
3-甲基-2-戊烯	922-61-2	31010		易	−6	—	甲	—	P, R, G, T	3.1		
4-甲基-2-戊烯	691-38-3	31010		易	−33	—	甲	—	P, R, G, T	3.1		
2-甲基丁烯	563-46-2	31007	—	易	−34	—	甲	—	P, R, G, T, Sw	3.1		
4-甲基苯乙烯	622-97-9	33542	1.76(60)	易	60	575	乙	1.9/6.1	P, R, G, T, Sw	3.3	R10	S16
甲基苯乙烯	98-83-9	33544	0.27(20)	易	54	494	乙	1.9/6.1	P, R, G, T	3.3	R10; R36/37; R51/53	S61
1,3-环己二烯	592-57-4	32024	—	易	26.7	—	甲	—	P, R, G, T, Sw	3.2	R11; R37	S16; S33; S9
1,4-环己二烯	628-41-1	32024	—	易	−6.7	—	甲	—	P, R, G, T, Sw	3.2	R45; R46; R11; R48/20/21/22	S53; S45
环己烯	110-83-8	32022	21.33(38)	易	＜−20	244	甲	1.2/–	P, R, G, T, Sw	3.2	R11; R21/22; R65	S16; S36/37
1,3-环戊二烯	542-92-7	32021	—	易	—	640	甲	—	P, R, G, T, Sw	3.2		
环戊烯	142-29-0	31008	10.13(−10)	易	−30	395	甲	—	P, R, G, T, Sw	3.1	R11; R21/22; R52/53; R65; R67	S16; S36/37; S61
1,3-环辛二烯	3806-59-5	33519		易	24	—	甲	—	P, R, G, T	3.3		

续表

名　称	CAS号	危险品编号	饱和蒸气压[①] /kPa	燃烧性	闪点 /℃	自燃温度 /℃	建规火险分级	爆炸下/上限(体积分数)/%	灭火方法	危险品类别	风险性代号	安全代号
1,5-环辛二烯	111-78-4	33519	0.88(25)	易	31	222.8	乙	—	P, R, G, T	3.3		
环辛四烯	629-20-9	32028	1.05(25)	易	22	—	甲	—	P, R, G, T	3.2	R10	S16
环辛烯	931-8-4	32027	2.40; 10.40(反)	易	25	—	甲	—	P, R, G, T	3.2	R10	S29; S33
环庚烯	628-92-2	32025		易	-6	—	甲	—	P, R, G, T, Sw	3.2		
苯乙烯	100-42-5	33541	1.33(30.8)	易	34.4	490	乙	1.1/6.1	P, R, G, T, Sw	3.3	R10; R20; R36/38	S23
氟乙烯	75-02-5	21030		易	-	460	甲	2.6/21.7	W, QQ	2.1		
莰烯	79-92-5	41537	5.32(75.7)	易	34	—	乙	—	W, P, R, T, G	4.1	R10	S16
萜品油烯	586-62-9	33641		易	37	—	乙	—	P, R, G, T	3.3		S22; S24/25
2-氯-1,3-丁二烯	126-99-8	31013	—	易	-20	—	甲	4.0/20.0	G, T, R, P, Sw	3.1		S24/25
3-氯-1-丁烯	563-52-0	32038	—	易	-20	—	甲	—	P, R, G, T	3.2	R11; R22; R36/37/38	S16; S26; S37/39
1-氯-2-甲基-2-丙烯	563-47-3	32039	12.6(20)	易	-12	—	甲	3.2/	P, R, G, T	3.2	R11; R20/22; R34; R43; R51/53	S16; S26; S29; S36/37/39; S45; S61; S9
氯乙烯	75-01-4	21037	346.53(25)	易	-78(O.C)	415	甲	3.6/31.0	W, P, R	2.1		
2-氯丙烯	557-98-2	31021	—	易	-34	—	甲	4.5/16.0	P, R, G, T	3.1		
3-氯丙烯	107-05-1	31021	48.89(25)	易	-32	485	甲	2.9/11.2	P, R, G, T	3.1	R11; R20/21/22; R36/37/38; R40; R48/20; R50; R68	S16; S25; S26; S36/37; S46; S61
对氯苯乙烯	1073-67-2		0.091(20)	易	60	—	乙	—	W, P, R, G, T		R36/37/38	S26; S37/39
α-蒎烯	7785-20-4	33642	1.33(37.3)	易	33	255	乙	—	G, T, R, P, Sw	3.3	R10; R36/37/38; R51/53; R65	S16; S23; S26; S29; S37/39; S61
β-蒎烯	18172-67-3	33642	1.33(42.3)	易	32	255	乙	—	G, T, R, P, Sw	3.3	R10; R36/37/38	S26; S36
溴乙烯	593-60-2	21308	53.32(-1.1)	易	-	—	甲	6.0/15.0	W, P, R, G	2.1	R45; R12	S53; S45
3-碘丙烯	556-56-9	32049		易	18	—	甲	—	W, P, R, G, T	3.2		

① 括号内数字为蒸气压对应的温度值，单位为℃。

第 5 章 炔 烃

目录

5.1 一般特性

表 5.1.1 炔烃的一般特性

名称	分子式	分子量	密度 d_4^{20} /(g/cm³)	颜色	形态	性状	溶解性能					正常熔点 t_m /℃	正常沸点 t_b /℃	临界温度 T_c /K	临界压力 p_c /MPa	临界密度 ρ_c /(kg/m³)	临界体积 V_c /(cm³/mol)	临界压缩因子 Z_c	偏心因子 ω	折射率 n^{20}
							水	乙醇	乙醚	苯	其他									
乙炔(电石气)	C_2H_2	26.04	0.377^{25}	无	气	易燃	+	++			+丙酮、CS_2	$-81.5t_p$	−84.7sub	308.3	6.138	112.2	0.2687	0.187	0.0	1.00051
丙炔(甲基乙炔)	C_3H_4	40.06	0.60721	无	气	易燃	÷÷	++	++			−103.0	−23.2	402.4	5.63	163.5	0.275	0.216	0.75	1.3863^{-40}
1-丁炔	C_4H_6	54.09	0.6783^{0}	无	气	易燃	−	+	+			−125.7	8.1	440	4.60	208	0.262	0.247	0.8	1.3962
2-丁炔	C_4H_6	54.09	0.6910	无	气	易燃	−	+	+			−32.2	27.1	488.7	5.085	221.0	0.277	0.124	0.8	1.3921
丁二炔	C_4H_2	50.06	0.7364^{0}	无	气	窒息	−	+	++			−35	10	478.1	5.863	183.5	0.271	0.1004		1.4189
1-戊炔	C_5H_8	68.12	0.6901	无	气	挥发	−	+	++			−106.2	39.9	493.5	4.05	278.0	0.275	0.164	0.9	1.3852
2-戊炔	C_5H_8	68.12	0.7058^{25}	无	气	易燃	−	++	++		+丙酮	−109.3	56	522.0	4.23	277.5	0.270	0.186		1.4039
1-己炔	C_6H_{10}	82.14	0.7155^{25}	水白	气	异味	−	+	+	+		−132.1	71.2	529.0	3.69	333.5	0.280	0.249	0.88	1.3989
2-己炔	C_6H_{10}	82.14	0.7315	无	液	易燃	−	∞	∞	+		−89.6	84.5	551.3	3.932	320.2	0.275	0.248		1.4138
3-己炔	C_6H_{10}	82.14	0.2731	无	液	易燃	−					−103	81	548.5	3.927	320.2	0.277	0.2474		1.4115
1-庚炔	C_7H_{12}	96.17	0.7328	无	气	挥发	−	∞	∞			−80.9	99.8	559.7	3.30	389.5	0.276	0.293	0.87	1.4087
1-辛炔	C_8H_{14}	110.20	0.7461	无	液	易燃	−	+	+			−79.4	126.2	586.9	2.96	445.5	0.270	0.338		1.4159
1-壬炔	C_9H_{16}	124.22	0.7658	无	液	易燃	−					−50	150.8	627.1	2.763	479.1	0.254	0.278		1.4217
1-癸炔	$C_{10}H_{18}$	138.25	0.7655	无	液	易燃	−	+	+			−44	174	632.5	2.43	557.5	0.257	0.426		1.4265
十一炔	$C_{11}H_{20}$	152.28	0.7728	无	气		−	+	+			−25	196	651.0	2.21	6132.5	0.251	0.470		1.4306
3-甲基-1-丁炔	C_5H_8	68.12	0.6660	无	液	易燃	−	+	+			−89.7	28	476.0	4.21	271.5	0.289	0.176		1.3723
2-甲基-1-丁烯-3-炔	C_5H_6	66.10	0.695^{25}	微黄	液	易燃	÷	∞		∞	∞丙酮、CCl_4	−113	32	228	4.153		0.249	0.083		1.4140
3,3-二甲基-1-丁炔	C_6H_{10}	82.14	0.667^{25}	微黄	液	催泪	÷					−78	37-8	218.6	3525		0.274			1.374
乙烯基乙炔	C_4H_4	52.08	0.7094^{0}	无	气	麻醉	÷			+		−45.6	5.1	455.0	4.96	202.0	0.260	0.092		1.4161
二乙烯基乙炔	C_6H_6	78.12	0.776	无	液		−			+	(＞105℃时分解爆炸)	−87.8	83.5	284.5	3.839		0.243			1.5047
1-戊烯-3-炔	$C_{13}H_{12}O_2$	216.23	1.1652	白-浅棕	晶	粉					+酒精	143	316.6	520	4.400	256	0.261	0.2523		1.5090
1-戊烯-4-炔	C_5H_6	66.10	0.78		液							−113	42–43	503	4.400	256	0.269	0.1786		1.4125
二苯乙炔	$C_{14}H_{10}$	178.23	1.1±0.1		单斜		−		++		+水*	59–61	300±11	832	2.900	611	0.256	0.3836		1.623
苯乙炔	C_8H_6	102.13	0.9300	无	液		−	∞	∞	+丙酮	∞其他有机溶剂	−44.8	143	655.4	4.40	337.5	0.273	0.239	0.73	1.5470
氯丙炔	C_3H_3Cl	74.51	1.030^{25}	微黄	液		−	∞	∞		①	−78	58	541	5.300	211	0.249	0.1500		1.4349

①不溶于甘油，可混溶于四氯化碳、乙酸乙酯、乙二醇。

注：t_p 表示软化，sub 表示分解。

5.2 密度

5.2.1 乙炔气体的密度

表5.2.1 乙炔气体的密度 单位：g/cm³

温度/K	压强/kPa								
	10	50	100	200	300	500	1000	5000	10000
160	0.01966	0.10040	0.2061						
180	0.01746	0.08843	0.1802						
200	0.01570	0.07927	0.1605	0.3301					
220	0.01426	0.07176	0.1450	0.2957	0.4526	0.7893			
240	0.01304	0.06569	0.1324	0.2685	0.4089	0.7038	1.546		
260	0.01206	0.06056	0.1218	0.2463	0.3737	0.6380	1.365		
280	0.01120	00.5616	0.1128	0.2277	0.3445	0.5850	1.230		
300	0.01045	0.05239	0.1051	0.2118	0.3199	0.5410	1.124	10.54	
310	0.01011	0.05068	0.1016	0.2045	0.3089	0.5217	1.080	8.401	47.12
320	0.0980	0.04908	0.0984	0.1979	0.2986	0.5038	1.039	7.377	37.10

5.2.2 炔烃液体的密度

表5.2.2 炔烃液体的密度 单位：g/cm³

名 称	温度/℃								
	−100	−80	−60	−40	−20	0	20	40	60
乙 炔①		0.6167	0.5856	0.5514	0.5125	0.4659	0.4016	0.3475^{30}	
丙 炔	0.7583	0.7369	0.7147	0.6915	0.6671	0.6412	0.6135	0.5833	0.5497
1-丁炔	0.7629	0.7462	0.7291	0.7112	0.6927	0.6734	0.653	0.6315	0.6086
2-丁炔					0.7286	0.71	0.6906	0.6703	0.649
1-戊炔					0.7317	0.7129	0.6937	0.6738	0.6533
2-戊炔	0.8052	0.7873	0.769	0.7504	0.7449	0.7278	0.71	0.6916	0.6724
乙烯基乙炔	0.8088	0.7935	0.7777	0.7615	0.7322	0.71	0.6862	0.6615	0.6354
二乙烯基乙炔①					0.8461	0.8317	0.8162	0.7996	0.7818
3-甲基-1-丁炔				0.7535	0.7031	0.6845	0.665	0.6446	0.6231
3,3-二甲基-1-丁炔		0.7554	0.7385	0.7211	0.7033	0.6855	0.667	0.6477	0.6274
2-甲基-1-丁烯-3-炔			0.7371	0.7205	0	0	0.7812	0.7585	0.7351

名 称	温度/℃								
	80	100	120	140	160	180	200	220	240
丙 炔	0.5109	0.4628	0.3893	0.3206^{128}					
1-丁炔	0.5839	0.5568	0.5263	0.4909	0.4466	0.3795	0.2907^{190}		
2-丁炔	0.6264	0.6022	0.5759	0.5467	0.5134	0.4729	0.4163	0.3682^{210}	
1-戊炔	0.6315	0.6084	0.5836	0.5519	0.5191	0.4819	0.431	0.2896	
2-戊炔	0.6523	0.6311	0.6085	0.5842	0.5576	0.5279	0.4931	0.4494	0.3801
乙烯基乙炔	0.6068	0.576	0.5407	0.4997	0.4459	0.3000			
二乙烯基乙炔①	0.7628	0.7423	0.7207	0.6972	0.6721	0.6442	6.133	0.5781	0.5370
3-甲基-1-丁炔	0.6002	0.5755	0.5484	0.5181	0.4826	0.4374	0.3616	0.4618	0.4112
3,3-二甲基-1-丁炔	0.6059	0.5829	0.558	0.5305	0.4993	0.4618	0.4112	0.3008^{218}	
2-甲基-1-丁烯-3-炔	0.7101	0.6832	0.6549	0.623	0.5875	0.5467	0.4948	0.4100	

① 温度为 260、280℃时，其值分别为 479.8、367.3kg/m³。

5.2.3 乙炔在饱和线上的密度

表 5.2.3 乙炔在饱和线上的密度

压强/kPa	128.4	200	300	500	700	1000	1500	2000
温度/℃	192.4	200.6	209.1	221.2	230.0	240.3	252.8	262.5
液态/(g/cm^3)	0.6090	0.6052	0.5935	0.5735	0.5578	0.5387	0.5120	0.4900
气态/(mg/cm^3)	2.163	3.281	4.762	7.809	10.86	15.5	23.48	31.95
压强/kPa	2500	3000	3500	4000	5000	6000	6245	
温度/℃	271.1	278.4	284.4	289.8	299.4	307.3	308.7	
液态/(g/cm^3)	0.4703	0.4505	0.4335	0.4161	0.3726	0.3194	0.2301	
气态/(mg/cm^3)	40.99	50.89	61.84	73.92	106.2	143.7	229.9	

5.3 三相点

表 5.3.1 炔烃的三相点

名称	三相点温度/K	三相点压力/mPa	名称	三相点温度/K	三相点压力/mPa	名称	三相点温度/K	三相点压力/mPa
乙炔	192.4	127445	1-己炔	141.25	0.39157×10^{-3}	二苯乙炔	335.65	13.0923
1-丁炔	147.43	1.17966	2-己炔	183.65	0.54026	甲基乙炔	170.45	414.934
2-丁炔	240.91	6121.21	3-己炔	170.05	0.2195	2-甲基-1-丁烯基-3-炔	160.15	2.92287
1-戊炔	167.45	2.39903	1-庚炔	192.22	0.814972	3-甲基-1-丁炔	183.45	43.5509
2-戊炔	163.83	0.204622	1-辛炔	193.55	0.103931	苯乙炔	228.3	5.47072

5.4 黏度

5.4.1 炔烃气体的黏度

表5.4.1 炔烃气体的黏度 单位：μPa·s

名 称	温度/K								
	200	250	300	350	400	450	500	550	600
乙 炔	6.884	8.641	10.34	11.96	13.49	14.95	16.34	17.66	18.94
丙 炔	5.929	7.404	8.859	10.28	11.68	13.03	14.34	15.61	16.84
1-丁炔	4.930	6.182	7.461	8.742	10.01	11.25	12.45	13.62	14.75
2-丁炔		6.181	7.554	8.867	10.13	11.36	12.56	13.72	14.87
1-戊炔	4.624	5.805	7.000	8.206	9.409	10.59	11.75	12.88	13.98
2-戊炔	4.636	5.794	6.985	8.189	9.391	10.58	11.74	12.87	13.97
乙烯基乙炔		6.412	7.738	9.066	10.38	11.66	12.91	14.11	15.28
二乙烯基乙炔		5.609	6.688	7.761	8.828	9.891	10.95	12.00	13.77
3-甲基-1-丁炔	4.781	5.986	7.221	8.464	9.700	10.91	12.10	13.25	14.36
3,3-二甲基-1-丁炔	4.668	5.840	7.042	8.256	9.464	10.65	11.82	12.95	14.05
2-甲基-1-丁烯-3-炔		5.722	6.900	8.089	9.274	10.44	11.58	12.70	13.78

续表

名　称	温度 /K							
	650	700	750	800	850	900	950	1000
乙　炔		21.35	22.50	23.62	24.70	25.75	26.78	27.78
丙　炔	18.03	19.17	20.28	21.36	22.40	23.41	24.39	25.35
1-丁炔	15.84	16.90	17.93	18.92	19.89	20.83	21.76	22.65
2-丁炔	15.99	17.09	18.17	19.24	20.30	21.34	22.36	23.38
1-戊炔	15.04	16.08	17.08	18.05	19.00	19.92	20.82	21.70
2-戊炔	15.04	16.08	17.08	18.06	19.01	19.93	20.84	21.72
乙烯基乙炔	16.41	17.50	18.56	19.59	20.59	21.56	22.51	23.44
二乙烯基乙炔	14.09	15.07	16.00	16.91	17.78	18.62	19.44	20.24
3-甲基-1-丁炔	15.45	16.49	17.51	18.50	19.46	20.39	21.30	22.20
3,3-二甲基-1-丁炔	15.11	16.15	17.15	18.12	19.07	19.99	20.89	21.77
2-甲基-1-丁烯-3-炔	14.83	15.84	16.83	17.19	18.72	19.63	20.51	21.38

表5.4.2　乙炔气体在压力下的黏度　　单位：μPa·s

温度 /℃	压强 /MPa									
	0.10	1.0	2.0	3.0	4.0	5.0	6.0	7.0	8.0	9.0
20	10.3	10.5	11.4	12.6						
60	11.5	11.9	12.5	13.1	13.8	14.5	15.6	17.4	19.6	
100	12.8	12.9	13.3	13.8	14.4	15.0	15.7	16.5	17.6	19.2
150	14.2	14.4	14.8	15.2	15.6	16.0	16.5	17.2	18.2	19.6
200	15.5	15.6	16.0	16.4	16.9	17.4	18.0	18.7	19.3	
250	17.2	17.4	17.7	18.0						

5.4.2　炔烃液体的黏度

表5.4.3　炔烃液体的黏度　　单位：mPa·s

名　称	温度 /℃							
	−100	−80	−60	−40	−20	0	20	40
乙　炔		0.193	0.162	0.140	0.096	0.072	0.052	0.043^{30}
丙　炔	0.594	0.425	0.324	0.258	0.214	0.182	0.158	0.130
2-丁炔					0.342	0.287	0.247	0.217
名　称	温度 /℃							
	60	80	100	120	140	160	180	200
丙　炔	0.107	0.085	0.066	0.050				
2-丁炔	0.193	0.174	0.132	0.114	0.097	0.082	0.068	0.055

5.5　表面张力

表5.5.1　炔烃液体的表面张力　　单位：mN/m

名　称	温度 /℃							
	−100	−80	−60	−40	−20	0	20	40
乙　炔		18.92	15.05	11.34	7.82	4.56	1.66	0.46^{30}
丙　炔	29.42	26.37	23.37	20.44	17.58	14.79	12.09	9.48
1-丁炔	33.36	30.63	27.93	25.28	22.67	20.11	17.60	15.15
2-丁炔					26.02	23.35	20.72	18.16
1-戊炔	33.49	30.95	28.45	25.99	23.57	21.19	18.87	16.59

续表

名 称	温度/℃							
	−100	−80	−60	−40	−20	0	20	40
2-戊炔		28.62	26.36	24.14	21.96	19.51	17.71	15.65
乙烯基乙炔				24.72	22.03	19.39	16.82	14.32
二乙烯基乙炔		34.65	32.34	30.06	27.81	25.59	23.41	21.27
3-甲基-1-丁炔		28.13	25.75	23.40	21.10	18.84	16.63	14.47
3,3-二甲基-1-丁炔			24.20	22.09	20.02	17.99	16.00	14.05
2-甲基-1-丁烯-3-炔				24.14	21.96	19.81	17.71	15.65

名 称	温度/℃								
	60	80	100	120	140	160	180	200	220
丙 炔	6.99	4.64	2.48	0.62					
1-丁炔	12.77	10.46	8.23	6.10	4.09	2.23	0.62	0.016	
2-丁炔	15.66	13.24	10.89	8.63	6.47	4.44	2.57	0.93	0.262
1-戊炔	14.37	12.21	10.11	8.10	6.17	4.34	2.65	1.14	0.004
2-戊炔	13.64	11.68	9.78	7.95	6.19	4.52	2.95	1.53	0.33
乙烯基乙炔	11.89	9.56	7.32	5.20	3.23	1.47	0.08		
二乙烯基乙炔	19.16	17.10	15.08	13.10	11.18	9.32	7.52	5.80	4.17
3-甲基-1-丁炔	12.37	10.33	8.36	6.48	4.69	3.02	1.50	0.25	
3,3-二甲基-1-丁炔	12.16	10.31	8.52	6.80	5.15	3.60	2.16	0.88	0.35^{210}
2-甲基-1-丁烯-3-炔	13.64	11.68	9.78	7.95	6.19	4.52	2.95	1.53	0.33

5.6 溶解度

5.6.1 乙炔在水中的溶解度

表5.6.1 乙炔在水中的溶解度 单位：g/kg水

温度/℃	0	1	2	3	4	5	6	7	8	9	10
α/%	173	168	163	158	153	149	145	141	137	134	131
β/%	0.200	—	—	—	—	0.171	—	—	—	—	0.150
温度/℃	15	20	25	30	40	50	60	70	80	90	
α/%	115	103	93	84	65	50	37	25	15	5	
β/%	0.131	0.117	0.105	0.094	—	—	—	—	—	—	

注：α—在气体分压为101.3kPa时，水中所能溶解的气体体积分数（已折合成标准状态）；
β—在气体总压（气体及水汽）为101.3kPa时，水中所能溶解的气体质量分数。

表5.6.2 压力下乙炔在水中的溶解度 单位：g/kg水

温度/℃	压强/kPa							
	100	500	1000	1500	2000	2500	3000	4000
1	1.94	9.30	压强大于700kPa时生成水合物					
10	1.54	7.30	14.5	20.1	压强大于2000kPa时生成水合物			
20	1.28	5.75	11.3	16.4	21		24.8	28.4
30	0.995	4.64	9.38	13.8	17.7	21.3	24.7	30.5

5.6.2 乙炔在其他溶剂中的溶解度

表5.6.3 乙炔在甲醇水溶液中的溶解度　　单位：乙炔/溶剂（体积）

水在溶液中的含量（质量分数）%	温度/℃	密度/(g/mL)	乙炔的分压强/kPa				
			20	40	60	80	100
0.05	-10	0.8196	5.8	11.6	16.6	21.9	27.7
	-25	0.8330	9.5	19.1	27.9	36.8	45.6
	-40	0.8471	16.9	32.2	47.8	62.3	76.9
	-70		70.8	123.6	176.0	226.4	274.0
4.4	-10	0.8303	5.2	9.9	14.7	19.9	25.1
	-25	0.8432	7.6	14.9	22.2	29.7	37.6
	-40	0.8547	13.0	26.1	39.0	51.4	63.2
	-55	0.8682	27.7	52.0	75.7	98.8	121.5
9.5	-10	0.8477	4.1	8.3	12.8	16.8	20.4
	-25	0.8597	6.6	13.2	19.2	25.5	22.7
	-40	0.8710	10.7	21.0	30.5	40.4	49.5
	-55	0.8838	22.5	42.7	62.8	82.8	102.7

表5.6.4 乙炔在丙酮中的溶解度　　单位：g/kg丙酮

（1）

温度/℃	总压/kPa								
	100	200	300	500	1000	1500	2000	2500	3000
0	57.3	108.2	156.2	238.5	514.8	900.2			
5	48.1	94.2	135.5	205.8	438.7	742.1	1132.8		
10	40.6	81.9	120.6	180.3	376.3	626.9	938.8		
15	33.5	71.0	105.9	159.5	328.9	537.7	795.7	1122.1	
20	27.4	61.5	93.1	141.0	286.8	464.8	676.7	940.7	1268.5
25	22.0	52.7	81.2	125.4	254.5	406.8	586.6	806.1	1075.6
30	17.5	45.0	71.1	111.9	226.1	358.7	512.2	696.7	920.6
40	10.1	32.4	53.2	91.3	182.5	284.7	401.5	536.5	695.4
50		22.2	40.8	74.2	148.5	230.6	322.0	424.8	543.8

（2）

温度/℃	乙炔分压强/kPa						
	1	2	5	10	20	50	100
-80	28.7	49.5	115.5				
-70	15.8	31.6	71.2	123	203		
-60	8.88	17.8	43.5	78.3	134		
-50	5.43	10.6	25.8	49.4	88.6	178	
-40	3.16	6.32	15.9	31.1	58.6	124	208
-30	1.97	3.95	10.1	20.0	38.7	87.0	151
-20	1.28	2.57	6.51	13.3	26.4	61.1	111
-10	0.888	1.78	4.44	8.98	17.9	43.4	82.1
0	0.591	1.28	3.26	6.42	12.8	32.2	61.3
10	0.493	0.987	2.37	4.74	9.50	23.8	46.3
20	0.356	0.691	1.78	3.56	7.09	17.9	35.6
30	0.276	0.592	1.38	2.76	5.56	13.7	27.4

表5.6.5 乙炔在二甲基甲酰胺中的溶解度 单位：g/kg溶剂

温度/℃	乙炔分压强/kPa									
	10	20	50	100	500	1000	1500	2000	2500	3000
−60	105	163	279	438						
−40	48.5	83.2	152	235						
−20	21.8	39.6	82.2	137						
0	9.28	18.5	42.7	76.5	258	515	761			
5	7.80	15.4	36.0	65.9	224	441	648			
10	6.42	12.7	30.5	56.7	194	385	576	722		
15	5.43	10.8	26.0	48.9	171	336	503	647	739	
20	4.64	9.08	22.1	42.2	152	297	447	586	697	
25	3.95	7.70	19.0	36.8	136	265	399	529	647	734
30	3.26	6.52	16.3	32.1	124	237	357	479	595	694
40	2.47	4.94	12.1	24.1	103	194	291	393	497	599
50	1.88	3.75	9.38	18.6	84.8	162	242	326	415	507
60					73.2	136	205	277	354	435

表5.6.6 乙炔在二甲基甲酰胺混合物中的溶解度 单位：g/kg溶剂

第二组分	溶剂中的质量分数/%					
	10	20	30	50	70	90
丙酮	43.3	43.2	42.7	41.3	39.2	36.8
二氧杂环己烷	42	39.5	37	32.5	28	23.5

注：环境温度20℃，环境压强101.3kPa。

表5.6.7 乙炔在一些酸和盐溶液中的溶解度 单位：g/kg溶液

名 称	H_2SO_4	H_2SO_4	H_2SO_4	KBr	KCl	KNO_3	K_2SO_4	LiCl	NaCl	$NaNO_3$	NH_4Cl	$ZnCl_2$
浓度/(mol/L)	1.46	5.43	8.47	4.34	3.74	3.03	0.55	3.24	4.84	4.55	4.92	6.00
溶解度	0.561	0.452	0.333	0.430	0.416	0.640	0.758	0.539	0.319	0.434	0.722	0.207

注：环境温度25℃。

5.7 热导率

5.7.1 炔烃气体的热导率

表5.7.1 炔烃气体的热导率 单位：mW/(m·K)

名 称	温度/K								
	200	250	300	350	400	450	500	550	600
乙 炔	13.05	17.49	22.34	27.53	33.05	38.79	44.77	50.63	56.90
丙 炔	9.832	13.97	18.62	23.64	29.00	34.60	40.38	46.44	52.30
1-丁炔	8.326	12.09	16.44	21.17	26.32	31.80	37.49	43.51	49.37
2-丁炔		11.46	15.48	20.00	24.85	30.04	35.52	41.21	46.86
1-戊炔	7.866	11.42	15.48	20.00	24.85	30.04	35.44	41.05	46.86
2-戊炔	7.531	11.17	15.40	20.21	25.56	31.46	37.82	44.77	51.88
乙烯基乙炔		12.13	16.44	21.30	26.57	32.38	38.62	45.19	52.30
二乙烯基乙炔		9.665	13.43	17.74	22.59	27.91	33.72	39.92	46.44
3-甲基-1-丁炔	8.117	12.01	16.57	21.76	27.57	33.89	40.71	48.12	55.65
3,3-二甲基-1-丁炔	7.950	11.92	16.57	21.92	27.91	34.48	41.59	49.37	57.32
2-甲基-1-丁烯-3-炔		11.00	15.15	19.87	25.10	30.88	36.86	43.93	50.63

续表

名称	温度/K							
	650	700	750	800	850	900	950	1000
乙炔	63.18	69.45	75.73	82.01	87.86	93.72	57.32	104.6
丙炔	58.16	64.02	70.29	76.15	82.01	87.86	93.30	99.16
1-丁炔	55.23	61.50	67.36	73.64	79.50	85.35	91.21	97.07
2-丁炔	53.14	58.99	65.27	71.55	77.40	83.68	89.54	95.81
1-戊炔	52.72	58.58	64.43	70.29	6.15	82.01	87.45	93.30
2-戊炔	59.41	67.36	75.73	84.10	92.88	101.7	110.9	120.1
乙烯基乙炔	59.41	66.94	74.89	82.84	90.79	99.16	107.5	115.9
二乙烯基乙炔	53.56	61.09	68.62	76.57	84.94	93.30	102.1	110.9
3-甲基-1-丁炔	64.02	72.38	81.17	89.96	99.58	108.8	118.4	128.0
3,3-二甲基-1-丁炔	65.69	74.48	83.68	93.30	103.3	113.0	123.4	133.5
2-甲基-1-丁烯-3-炔	58.16	66.11	74.06	82.42	90.79	99.58	108.4	117.6

5.7.2 炔烃液体的热导率

表5.7.2 炔烃液体的热导率　　单位：mW/(m·K)

名称	温度/℃							
	−100	−80	−60	−40	−20	0	20	40
乙炔		114.6	108.8	102.5	95.0	86.6	74.5	64.4[30]
丙炔	216.7	206.3	195.4	184.1	172.8	160.2	147.3	133.9
1-丁炔	192.9	185.4	177.8	169.9	161.9	153.6	145.2	136.0
2-丁炔					169.0	161.1	153.1	144.8
1-戊炔	182.4	175.7	169.5	162.8	155.6	148.5	141.4	133.9
2-戊炔		171.5	165.3	159.0	152.3	145.6	138.9	131.8
乙烯基乙炔				172.4	164.0	155.2	146.0	136.8
二乙烯基乙炔		172.8	167.4	161.9	156.5	150.6	144.8	138.9
3-甲基-1-丁炔		171.5	164.8	158.2	151.0	143.9	136.4	128.4
3,3-二甲基-1-丁炔			153.6	147.3	141.0	134.7	128.0	120.9
2-甲基-1-丁烯-3-炔				161.5	154.8	147.7	141.0	133.5
名称	温度/℃							
	60	80	100	120	140	160	180	200
丙炔	118.8	102.5	84.1	59.8				
1-丁炔	126.8	116.7	106.3	95.0	82.8	68.6	50.2	
2-丁炔	136.0	127.2	117.6	107.5	96.7	84.9	71.5	55.2
1-戊炔	125.9	118.0	109.6	100.4	90.8	80.3	68.6	54.4
2-戊炔	124.3	116.7	108.4	100.0	91.2	81.2	70.7	58.2
乙烯基乙炔	126.8	116.3	105.0	92.9	79.5	63.2	39.6	
二乙烯基乙炔①	133.1	126.8	120.1	113.4	106.3	99.2	91.2	82.8
3-甲基-1-丁炔	120.5	112.1	102.9	93.7	83.3	72.0	58.6	40.8
3,3-二甲基-1-丁炔	113.8	106.7	98.7	90.4	81.6	72.0	61.1	48.1
2-甲基-1-丁烯-3-炔	126.4	118.4	110.0	101.7	92.5	82.4	71.5	59.0

① 温度为220、240、260、280℃时，其值分别为74.1、64.0、52.3、36.4mW/(m·K)。

N 算图5.1

炔烃气体和液体的热导率（第779页左）

5.8　蒸气压

5.8.1　温度为变量

表 5.8.1　炔烃的蒸气压(温度为变量)　　单位：kPa

名　称	温度/℃						
	−40	−20	0	20	40	60	80
乙炔	759.2	1486	2635	4347	5470[30]		
丙炔			254.3	494.0	875.6	1444	2246
1-丁炔	9.654	29.20	73.01	157.9	280.3	475.0	754.0
2-丁炔		12.40	33.60	77.90	159.9	284.0	477.7
1-戊炔	1.801	6.591	19.20	47.02	100.7	194.1	323.4
2-戊炔			11.52	27.93	59.51	114.4	202.1
乙烯基乙炔	10.99	33.17	82.62	177.81	318.2	542.5	866.0
二乙烯基乙炔					21.54	45.46	87.12
3-甲基-1-丁炔		15.05	37.52	81.23	157.3	278.8	459.7
3,3-二甲基-1-丁炔			24.90	55.17	108.9	196.1	327.9
2-甲基-1-丁烯-3-炔		11.43	28.84	63.07	123.1	219.5	363.6
名　称	温度/℃						
	100	120	140	160	180	200	220
丙炔	3342	4802					
1-丁炔	1135	1636	2277	3085	4087		
2-丁炔	555.6	1137	1641	2289	3109	4130	
1-戊炔	522.4	800.2	1173	1660	2281	3063	4039
2-戊炔	333.4	519.8	773.2	1106	1533	2068	2731
乙烯基乙炔	1311	1900	2660	3626	4837		
二乙烯基乙炔①	154.0	255.3	400.3	599.5	863.8	1204	1636
3-甲基-1-丁炔	715.0	1060	1511	2088	2811	3712	
3,3-二甲基-1-丁炔	515.8	772.0	1109	1541	2083	2756	
2-甲基-1-丁烯-3-炔	567.3	842.4	1201	1657	2224	2920	3770

① 温度为240、260、280℃时，其值分别为2170、2829、3633kPa。

5.8.2　压力为变量

表 5.8.2　炔烃的蒸气压（压力为变量）

（1）$p \leqslant 101.3$kPa

名　称	分子式	0.1	0.2	0.4	0.7	1.0	2	4
		相应于上述蒸气压强(kPa)的温度/℃						
乙　炔	C_2H_2	−143.9	−140.9	−136.7	−132.8	−103.4	−125.5	−119.8
乙基乙炔	C_4H_6	−94.5	−89.0	−82.3	−76.2	−72.2	−64.0	−54.7
乙烯基乙炔	C_4H_4	−95.2	−89.8	−83.2	−77.3	−73.4	−65.4	−56.3
二甲烯基乙炔	C_4H_6	−74.9	−69.7	−63.3	−57.5	−53.8	−46.3	−38.1
二乙烯基乙炔	C_6H_6	−48.0	−40.4	−31.6	−23.8	−18.5	−7.9	4.1
1,3-丁二炔	C_4H_2	−84.3	−79.3	−73.2	−67.6	−64.2	−57.4	−49.8
丙炔(甲基乙炔)	C_3H_4	−112.6	−108.1	−102.4	−97.1	−93.6	−86.6	−78.5

续表

名　称	分子式	7	10	20	40	70	101.3	熔点 /℃
		相应于上述蒸气压强（kPa）的温度 /℃						
乙　炔	C_2H_2	−114.6	−111.2	−104.5	−95.9	−88.8	−84.0	−81.5
乙基乙炔	C_4H_6	−46.1	−40.2	−28.1	−13.5	−0.5	8.7	−130
乙烯基乙炔	C_4H_4	−47.9	−42.2	−30.5	−16.4	−3.8	5.3	
二甲烯基乙炔	C_4H_6	−30.3	−24.4	−11.7	3.6	17.4	27.2	−32.5
二乙烯基乙炔	C_6H_6	14.9	22.6	38.2	56.3	72.5	84.0	
1,3-丁二炔	C_4H_2	−43.1	−38.4	−27.3	−12.7	0.4	9.7	−34.9
丙炔（甲基乙炔）	C_3H_4	−71.1	−66.0	−55.6	−42.9	−31.5	−23.3	−102.7

（2）$p \geqslant 101.3$kPa

名　称	分子式	101.3	200	400	700	1000	1500	2000	2500
		相应于上述蒸气压强（kPa）的温度 /℃							
乙　炔	C_2H_2	−84.0	−71.6	−55.7	−42.0	−33.0	−19.8	−10.4	−2.3
甲基乙炔	C_3H_4	−23.3	−7.1	12.6	30.8	43.3	60.9	73.4	84.4

名　称	分子式	3000	3500	4000	5000	6000	临界值	
		相应于上述蒸气压强（kPa）的温度 /℃					t_c/℃	p_c/MPa
乙　炔	C_2H_2	4.3	10.7	16.3	26.2	34.2	36.0	6.26
甲基乙炔	C_3H_4	93.4	102.6	110.7	124.2		128.0	5.35

5.9 比热容

5.9.1 炔烃气体的比热容

表5.9.1 常压下炔烃气体的比热容　　单位：J/（mol·K）

名　称	温度 /K							
	250	300	350	400	450	500	550	600
乙炔	42.87	45.43	47.81	50.03	52.08	53.97	55.68	57.32
丙炔	54.47	60.96	66.99	72.56	77.79	82.61	87.13	91.27
1-丁炔	72.01	81.89	91.15	99.77	107.9	115.4	122.5	129.0
2-丁炔	69.04	78.21	86.92	95.21	103.0	110.4	117.5	124.1
1-戊炔	94.54	107.3	119.3	130.5	141.1	150.9	160.1	168.7
2-戊炔	87.38	99.19	110.8	122.3	133.3	143.6	153.1	162.0
乙烯基乙炔		73.60	81.64	88.93	95.54	101.5	107.1	111.8
3-甲基-1-丁炔	69.04	78.21	86.92	95.21	103.0	110.4	117.5	124.1
3,3-二甲基-1-丁炔	91.15	105.2	118.2	130.2	141.2	151.6	161.2	170.0

名　称	温度 /K							
	650	700	750	800	850	900	950	1000
乙炔	58.78	60.16	61.46	62.63	63.72	64.77	65.73	66.65
丙炔	95.17	98.77	102.1	105.3	108.2	111.0	113.5	116.0
1-丁炔	135.1	140.7	146.0	150.8	155.3	159.5	163.3	166.9
2-丁炔	130.3	136.2	141.8	147.0	151.8	156.4	160.6	164.6

续表

名 称	温度/K							
	650	700	750	800	850	900	950	1000
1-戊炔	176.7	184.1	191.0	197.5	203.4	209.0	214.1	218.8
2-戊炔	170.5	178.4	185.5	192.2	198.6	204.7	210.3	215.2
乙烯基乙炔	116.2	120.2	123.9	127.2	130.4	133.3	136.2	138.9
3-甲基-1-丁炔	130.3	136.2	141.8	147.0	151.8	156.4	160.6	164.6
3,3-二甲基-1-丁炔	177.9	185.1	191.9	198.5	204.4	209.8	214.7	219.4

表 5.9.2 常压下乙炔气体的定压和定容比热容

温度/℃	定压比热容			定容比热容		
	比热容 c_p /[kJ/(kg·K)]	摩尔比热容 c_{mp} /[kJ/(kmol·K)]	容积比热容 c'_p /[kJ/(m³·K)]	比热容 c_v /[kJ/(kg·K)]	摩尔比热容 c_{mv} /[kJ/(kmol·K)]	容积比热容 c'_v /[kJ/(m³·K)]
0	1.6097	41.910	1.8698	1.2895	33.578	1.4980
100	1.8702	48.692	2.1725	1.5504	40.361	1.8007
200	2.0439	53.214	2.3729	1.7237	44.882	2.0025
300	2.1741	56.606	2.5255	1.8539	48.274	2.1537
400	2.2818	59.411	2.6507	1.9419	51.079	2.2789
500	2.3763	61.868	2.7602	2.0569	53.553	2.3892
600	2.4612	64.079	2.8588	2.1418	55.764	2.4878
700	2.5390	66.105	2.9492	2.2196	57.790	2.5782
800	2.6089	67.952	3.0316	2.2906	59.637	2.6606
900	2.6746	69.635	3.1067	2.3552	61.320	2.7357
1000	2.7331	71.159	3.1747	2.4137	62.844	2.8037
1100	2.7860	72.536	3.2361	2.4667	64.221	2.8652
1200	2.9333	73.767	3.2910	2.5139	65.452	2.9201

表 5.9.3 常压下乙炔气体的平均比热容

温度 t /℃	平均定压比热容			平均定容比热容		
	比热容 c_p /[kJ/(kg·K)]	摩尔比热容 c_{mp} /[kJ/(kmol·K)]	容积比热容 c'_p /[kJ/(m³·K)]	比热容 c_v /[kJ/(kg·K)]	摩尔比热容 c_{mv} /[kJ/(kmol·K)]	容积比热容 c'_v /[kJ/(m³·K)]
0	1.610	41.910	1.870	1.296	33.578	1.498
0～100	1.762	45.871	2.046	1.442	37.556	1.676
0～200	1.863	48517	2.164	1.544	40.202	1.794
0～300	1.946	50.677	2.261	1.627	42.362	1.899
0～400	2.018	52.536	2.344	1.698	44.221	1.973
0～600	2.080	54.160	2.416	1.761	45.845	2.045
0～600	2.437	55.639	2.482	1.818	47.323	2.111
0～700	2.189	56.999	2.543	1.870	48.684	2.172
0～600	2.238	58.268	2.600	1.919	49.953	2.229
0～900	2.283	59.444	2.652	1.064	51.129	2.281
0～1000	3.325	60.537	2.701	2.006	52.222	2.330
0～1100	2.365	61.571	2.747	2.045	53.256	2.376
0～1200	2.402	62542	2.790	2.083	54.227	2.419

N 算图 5.2
理想炔烃气体的比热容（第 779 页右）

表5.9.4　压力下乙炔气体的定压比热容　　单位：J/(mol·℃)

温度 /℃	压强 /kPa									
	100	1000	2000	3000	4000	5000	6000	8000	10000	13000
60	46.67	51.85	57.60	65.02	72.82	83.31	99.00	144.3	160.1	166.4
80	48.06	51.61	55.58	60.09	65.85	71.60	79.29	95.49	115.7	123.7
100	49.32	51.55	54.35	57.65	60.94	65.02	69.56	79.42	90.52	104.3
150	51.83	52.78	53.89	55.17	56.45	58.08	59.74	63.42	67.56	73.42
200	53.88	54.21	55.20	55.79	56.40	57.09	58.49	60.28	61.79	62.96
250	55.56	55.81	56.10	56.42	56.83	57.25	57.70	58.77	59.81	61.43

表5.9.5　压力下乙炔气体的定容比热容　　单位：kJ/(kg·℃)

温度 /K	压强 /kPa								
	10	30	50	100	300	500	1000	2000	4000
160	1.3494	1.3620	1.3779	1.4147					
180	1.4156	1.4269	1.4361	1.4629					
200	1.4750	1.4846	1.4909	1.5110	1.6027	1.6998			
220	1.5311	1.5391	1.5441	1.5596	1.6232	1.6915	1.9464		
240	1.5860	1.5922	1.5973	1.6065	1.6538	1.7074	1.8711	2.5904	
260	1.6391	1.6437	1.6471	1.6546	1.6919	1.7308	1.8506	2.2127	
280	1.6890	1.6936	1.6969	1.7032	1.7224	1.7626	1.8560	2.0746	
300	1.7128	1.7178	1.7212	1.7275	1.7530	1.7815	1.8606	2.0599	2.8541
320	1.7371	1.7417	1.7518	1.7518	1.7756	1.7995	1.8702	2.0390	2.6502

5.9.2　炔烃液体的比热容

表5.9.6　液态炔烃的比热容　　单位：kJ/(kg·℃)

名　称	温度 /℃													
	−100	−80	−60	−40	−20	0	20	40	60	80	100	120	140	160
乙　炔		2.303	2.420	2.692	2.880	3.182	3.726							
丙　炔	1.926	1.968	2.031	2.093	2.160	2.240	2.332	2.449	2.608	2.931				
1-丁炔	2.128	2.152	2.196	2.254	2.339	2.408								
2-丁炔					2.097	2.127	2.160	2.200	2.251	2.316	2.403	2.516	2.665	2.857
1-戊炔	1.876	1.935	1.990	2.041	2.090	2.139	2.189	2.244	2.305	2.377	2.463	2.569	2.701	2.864
乙烯基乙炔				1.985	2.009	2.036	2.071	2.117	2.182	2.273	2.398	2.568	2.795	

表5.9.7　乙炔在饱和线上的比热容　　单位：kJ/(kg·K)

T_{sat}/K	192.2	200	210	230	240	250	270	280	290	308.7
p_{sat}/kPa	128	189	304	689	986	1370	2450	3190	4080	6240
液体	3.09	3.12	3.15	3.27	3.35	3.46	3.87	4.25	5.14	
气体	1.47	1.51	1.59	1.8	1.93	2.14	2.64	2.93	3.39	

5.9.3 聚合物的比热容

表5.9.8 单晶聚丁二炔①的定压比热容 单位：kJ/（kg·K）

T/K	c_p	T/K	c_p	T/K	c_p	T/K	c_p
3	0.50×10^{-3}	35	0.173	170	0.592	310	1.008
4	1.22×10^{-3}	40	0.200	180	0.621	320	1.037
5	2.41×10^{-3}	50	0.236	190	0.652	330	1.066
6	4.20×10^{-3}	60	0.266	200	0.681	340	1.096
7	6.73×10^{-3}	70	0.295	210	0.711	350	1.126
8	9.85×10^{-3}	80	0.324	220	0.740	360	1.156
9	0.0138	90	0.354	230	0.770	370	1.185
10	0.0180	100	0.393	240	0.800	380	1.214
12	0.0270	110	0.414	250	0.829	390	1.247
15	0.0417	120	0.442	260	0.859	400	1.277
17	0.0521	130	0.471	270	0.890	410	1.306
20	0.0690	140	0.501	280	0.919		
25	0.103	150	0.530	290	0.950		
30	0.140	160	0.561	300	0.978		

① 是2,4-己二炔-1,6-二醇双对甲苯磺酸盐的固相聚合产物。

5.10 比焓

5.10.1 乙炔的比焓

表5.10.1 常压下乙炔的比焓

温度/℃	比焓 h /（kJ/kg）	摩尔焓 h_m /（kJ/kmol）	容积焓 h′ /（kJ/m_n^3）	温度/℃	比焓 h /（kJ/kg）	摩尔焓 h_m /（kJ/kmol）	容积焓 h′ /（kJ/m_n^3）
100	176.18	4587.1	204.65	700	1532.4	39899	1780.1
200	372.69	97033	432.9	800	1790.4	46616	2079.6
300	583.93	15203	678.26	900	2054.8	53499	2386.9
400	807.13	21014	937.51	1000	2325.1	60537	2700.8
500	1040.1	27080	1208.1	1100	26013	67730	3021.6
600	1282.2	33383	1489.3	1200	2882.6	75053	3348.3

注：计算基准：0℃时为0。

表5.10.2 乙炔在压力下的比焓 单位：kJ/mol

（1）

温度/K	压强/kPa									
	10	50	100	200	500	1000	2000	4000	6000	10000
180	5.322	5.260	5.181							
200	6.042	5.992	5.930	5.798						
220	6.795	6.754	6.700	6.597	6.255					
240	7.578	7.545	7.500	7.413	7.135	6.604				
260	8.390	8.362	8.324	8.250	8.019	7.598	6.672			
273.2	8.939	8.910	8.877	8.811	8.603	8.237	7.374			

续表

温度/K	压强/kPa									
	10	50	100	200	500	1000	2000	4000	6000	10000
280	9.228	9.203	9.170	9.108	8.915	8.565	7.777			
290	9.659	9.634	9.605	9.547	9.365	9.047	8.344	6.222		
300	10.094	10.074	10.045	9.991	9.824	9.527	8.891	7.199		
310	10.538	10.518	10.439	10.439	10.281	10.015	9.432	7.994	5.330	0.880
320	10.986	10.966	10.945	10.896	10.748	10.501	9.962	8.705	6.926	1.323

（2）

温度/K	压强/kPa									
	100	500	1000	2000	4000	6000	8000	10000	12000	14000
340	11.878	11.742	11.568	11.270	10.331	9.297	7.869	6.395	5.292	4.529
360	12.829	12.709	12.605	12.383	11.572	10.705	10.000	8.862	7.507	6.837
380	13.813	13.734	13.671	13.496	12.811	12.108	11.466	10.674	9.685	9.017
400	14.809	14.742	14.701	14.543	14.050	13.516	12.916	12.257	11.583	10.906
420	15.814	15.768	15.743	15.593	15.189	14.740	14.218	13.660	13.109	12.582
440	16.852	16.823	16.806	16.669	16.318	15.939	15.483	14.992	14.495	14.021
460	17.903	17.882	17.874	17.785	17.434	17.067	16.677	16.244	15.810	15.345
480	18.975	18.958	18.950	18.877	18.544	18.217	17.836	17.450	17.074	16.660
500	20.063	20.051	20.047	19.978	19.653	19.337	19.034	18.649	18.288	17.922
520	21.152	21.143	21.139	21.063	20.798	20.481	20.196	19.868	19.536	19.158
540	22.240	22.232	22.228	22.200	21.931	21.667	21.390	21.049	20.723	20.377

表5.10.3 乙炔在饱和线上的比焓 单位：kJ/kg

T_{sat}/K	192.2	200	210	230	240	250	270	280	290	308.7
p_{sat}/kPa	128	189	304	689	986	1370	2450	3190	4080	6240
液体	−369.5	−351.8	−331.6	−271.6	−236.1	−202.0	−136.2	−100.5	−66.2	104.7
气体	214.8	222.9	230.9	248.6	254.4	257.6	257.0	252.8	238.8	104.7

5.10.2 其他炔烃的比焓

表5.10.4 其他炔烃的比焓 单位：kJ/mol

物料名	25℃时理想气体标准生成焓	25℃时标准燃烧焓	常规沸点下的汽化焓	熔化焓	物料名	25℃时理想气体标准生成焓	25℃时标准燃烧焓	常规沸点下的汽化焓	熔化焓
1-丁炔	165.2	−2464.7	24.802	6.029	1-庚炔	103.0	−4271.7	32.725	7.860
2-丁炔	145.7	−2418.9	26.479	9.234	1-辛炔	82.3	−4881.5	35.511	7.910
1-戊炔	144.4	−3051.0	27.316	—	乙烯基乙炔	304.6	−2362.0	24.347	—
2-戊炔	128.9	−3029.1	28.262	6.700	二苯乙炔	4.900	−7031.0	50.945	21.40
1-戊烯-3-炔	249.0	−2910.0	27.880	—	甲基乙炔	184.9	−1848.7	22.079	5.350
1-戊烯-4-炔	269.0	−2930.0	26.285	—	3-甲基-1-丁炔	138.0	−3046.0	26.020	—
1-己炔	123.7	−3661.0	30.446	—	2-甲基-1-丁烯基-3-炔	260.0	−2930.0	25.084	—
2-己炔	105.0	−3640.0	30.911	—	苯乙炔	327.3	−4154.6	35.731	—
3-己炔	106.0	−3640.0	30.369	—	氯丙炔	159.0	−1670.0	27.932	—

5.11 比熵

表 5.11.1 常压下乙炔的比熵

温度 /℃	比熵 s /[kJ/(kg·K)]	摩尔熵 s_m /[kJ/(kmol·K)]	容积熵 s' /[kJ/(m_n^3·K)]	温度 /℃	比熵 s /[kJ/(kg·K)]	摩尔熵 s_m /[kJ/(kmol·K)]	容积熵 s' /[kJ/(m_n^3·K)]
0	0.0000	0.000	0.0000	700	2.6624	69.312	3.0924
100	0.5443	14.168	0.6322	800	2.9144	75.877	3.3850
200	1.0099	26.293	1.1731	900	3.1501	82.015	3.6588
300	1.4147	36.835	1.6433	1000	3.3716	87.776	3.9159
400	1.7735	46.176	2.0599	1100	3.5801	93.211	4.1583
500	2.0963	54.579	2.4350	1200	3.7782	98.360	4.3882
600	2.3911	62.249	2.7771				

注：计算基准：t=0℃，s=0。

表5.11.2 压力下乙炔的比熵 单位：J/(mol·K)

（1）180～320K

温度 /K	压强 /kPa									
	10	50	100	200	500	1000	2000	4000	6000	10000
180	200.2	186.7	108.5							
200	204.0	190.6	184.5	178.7						
220	207.6	194.2	188.2	182.3	167.0					
240	211.0	197.6	191.7	185.8	174.1	167.5				
260	214.3	200.9	195.0	189.2	178.4	172.7	163.2			
273.2	216.3	202.9	197.0	191.3	180.6	175.0	166.3			
280	217.4	204.0	198.1	192.3	181.7	176.3	167.7			
290	218.9	205.5	199.6	193.9	183.6	178.2	170.7	158.5		
300	218.4	207.0	201.1	195.3	185.8	179.8	172.6	161.8		
310	221.8	208.5	202.6	196.9	186.7	181.6	174.8	165.8	155.3	134.1
320	223.5	167.9	202.7	201.8	147.5	202.2	176.5	168.0	160.4	141.2

（2）340～540K

温度 /K	压强 /kPa									
	100	500	1000	2000	4000	6000	8000	10000	12000	14000
340	206.7	193.1	186.9	180.6	172.1	166.8	160.5	155.9	152.4	149.6
360	209.4	195.9	189.8	184.0	176.0	171.2	167.0	162.7	159.0	156.0
380	212.2	198.7	192.6	186.9	179.7	175.5	171.2	167.7	164.8	162.4
400	214.8	201.3	195.3	189.8	182.4	178.3	175.2	171.9	169.0	166.6
420	217.1	203.8	197.9	192.4	185.3	181.4	178.2	175.3	172.7	170.5
440	219.7	206.3	200.3	194.7	187.8	184.2	181.3	178.4	176.0	174.0
460	222.0	208.6	202.7	197.1	190.3	186.7	184.1	181.2	178.9	176.9
480	224.3	210.9	205.0	197.3	192.6	189.2	186.4	183.7	181.5	179.6
500	226.5	213.1	207.2	201.7	195.0	191.4	188.7	186.1	184.0	182.2
520	228.7	215.3	209.4	203.9	197.2	193.7	191.0	188.5	186.6	184.8
540	230.8	217.4	211.4	206.0	199.5	195.5	193.2	190.7	186.7	187.1

表5.11.3　饱和线上乙炔的比熵　　单位：kJ/（kg·℃）

形　态	压强 /kPa						
	128.4	200	300	500	700	1000	1500
液　态	4.129	4.295	4.458	4.683	4.835	4.989	5.133
气　态	7.461	7.371	7.288	7.187	7.124	7.045	6.957

形　态	压强 /kPa							
	2000	2500	3000	3500	4000	5000	6000	6245
液　态	5.229	5.324	5.411	5.49	5.572	5.734	5.909	6.163
气　态	6.886	6.832	6.779	6.725	6.671	6.544	6.415	6.163

5.12　其他

5.12.1　炔烃的汽化焓

表5.12.1　炔烃的汽化焓　　单位：kJ/kg

名　称	温度 /℃							
	−100	−80	−60	−40	−20	0	20	40
乙炔	—	643.2	599	546.4	483.4	404.6	293.3	199.4^{30}
丙炔	631.6	615.5	596.3	574	548.4	519.5	486.6	448.9
1-丁炔	550.2	535.6	520.4	504.4	487.6	469.7	450.6	430
2-丁炔	—	—	—	—	532	516.7	499.5	480.4
1-戊炔	489.3	482.4	473.8	463.6	451.9	438.7	423.9	407.6
2-戊炔	516	510.1	502.6	493.5	483	471	457.5	442.7
乙烯基乙炔	—	—	—	507.6	492.4	475.0	455.4	433.4
二乙烯基乙炔	—	464.5	458.7	451.7	443.6	434.0	423.8	412.2
3-甲基-1-丁炔	—	439.5	431.6	421.8	410.5	397.7	383.4	367.4
3,3-二甲基-1-丁炔	—	—	340.9	333.6	325.2	315.6	304.9	293.1
2-甲基-1-丁烯-3-炔	420.8	415.7	409.2	401.4	392.3	381.9	370.1	357.0

名　称	温度 /℃							
	60	80	100	120	140	160	180	200
丙炔	405.6	353.9	288.7	188.7				
1-丁炔	407.6	382.9	355.4	323.5	285.5	236.4	158.7	
2-丁炔	459	435.3	408.8	379.1	345.3	305.7	257.1	188.8
1-戊炔	389.4	369.4	347.1	322.4	294.5	262.2	223.4	171.9
2-戊炔①	426.2	408.1	388.2	366.3	341.9	314.6	283.5	246.8
乙烯基乙炔	408.8	381.1	349.5	312.7	268.4	209.8	168.0^{170}	
二乙烯基乙炔②	399.5	385.6	370.4	353.8	335.7	315.9	293.9	269.4
3-甲基-1-丁炔	349.7	329.9	307.9	283.0	254.5	220.5	177.0	104.6
3,3-二甲基-1-丁炔	280.0	265.5	249.4	231.4	211.1	187.5	159.0	120.6
2-甲基-1-丁烯-3-炔	342.5	326.4	308.5	288.4	265.9	240.0	209.3	170.2

① 温度为 220、240℃时，其值分别为 260.4、127.3kJ/kg。
② 温度为 220、240、260、280℃ 时，其值分别为 241.4、208.2、165.6、91.1kJ/kg。

5.12.2　压缩因子

算图 5.3

丙炔的压缩因子（第 780 页左）

5.13 危险品特性

表 5.13.1 炔烃的危险品特性

名称	CAS 号	危险品编号	饱和蒸气压/kPa	燃烧性	闪点/℃	自燃温度/℃	建规火险分级	爆炸下/上限（体积分数）/%	灭火方法	危险品类别	风险性代号	安全代号
乙炔	74-86-2	21024	4053（16.8℃）	易	<−50	305	甲	2.1/80.0	W, P, R	2.1		
1-己炔	693-02-7	32029	–	易	<10	–	甲	–	P, G, R, T, Sw	3.2	R11; R36/37/38; R65	S16; S26; S33; S36; S62; S9
2-己炔	764-35-2	32029		易	<−10	–	甲	–	P, R, G, T, Sw	3.2		
3-己炔	928-49-4	32029		易	–	–	甲	–	P, R, G, T, Sw	3.2		
1-庚炔	628-71-7	32030	–	易	−10	–	甲	–	P, R, G, T, Sw	3.2	R11; R36/37/38; R65	S16; S26; S33; S36; S62; S9
1-辛炔	629-05-0	32031	–	易	16	–	甲	–	P, R, G, T, Sw	3.2	R11; R65	S16; S62
2-辛炔	2809-67-8	32031		易	–	–	甲	–	P, R, G, T, Sw	3.2	R10; R36/37/38; R65	S26; S36; S62
3-辛炔	15232-76-5	32031		易	–	–	甲	–	P, R, G, T, Sw	3.2		
4-辛炔	1942-45-6	32031		易	20	–	甲	–	P, R, G, T, Sw	3.2		
乙烯基乙炔	689-97-4	21060		易	<−5	–	甲	2/100	QQ, W, P, R	2.1		
二氯乙炔	7572-29-4			可	–	–		–	W, P, R, G, T			
丁二炔	460-12-8			易	–	–	甲	1.5/100	QQ, P, R			
1,1,2,2-四氯化乙炔	79-34-5	61556	1.33（32℃）	可	–	–		–	P, R, T, W	6.1	R26/27; R51/53	S38; S45; S61
1,1,2,2-四溴化乙炔	79-27-6	61566	2.00（119℃）	不	※	※		※	K	6.1	R26; R36; R52/53	S1/2; S24; S27; S45; S61
3-甲基丁炔	589-23-2			易	–	–	甲	–	P, R, G, T, Sw			
1,6-庚二炔	2396-63-6			易	–	–	甲	–	W, P, R, G, T			
3-溴-1-丙炔	106-96-7	32046		易	18	–	甲	–	P, R, G, T	3.2	R11; R25; R36/37/38; R63	S16; S26; S28A; S37/39; S45

第 6 章
芳 烃

目 录

6.1 一般特性

6.1.1 链苯类

表6.1.1 链苯类的一般特性

名称	分子式	分子量	密度d_4^{20}/(g/cm³)	颜色	形态	性状	溶解性能					正常熔点t_m/℃	正常沸点t_b/℃	临界温度T_c/K	临界压力p_c/MPa	临界体积V_c/(cm³/mol)	临界压缩因子Z_c	偏心因子ω	偶极矩/D	折射率n^{20}
							水	乙醇	乙醚	苯	其他									
苯(安息油)	C_6H_6	78.11	0.8765	无	液	芳香	÷	∞纯	∞		∞ CS_2、CCl_4、丙酮	5.54	80.08	562.0	4.895	256	0.268	0.211	0.0	1.5011
甲苯(苯基甲烷)	C_7H_8	92.14	0.8623^{25}	无	液	挥发	÷	∞纯	∞	∞	①	−95.0	110.6	591.8	4.108	316	0.264	0.264	0.4	1.494^{25}
乙苯	C_8H_{10}	106.16	0.8626^{25}	无	液	芳香	÷÷	∞	∞	∞	②	−94.95	136.2	617.2	3.609	374	0.263	0.304	0.4	1.4959
丙苯(1-苯基丙烷)	C_9H_{12}	120.19	0.8593^{25}	无	液	芳香	−	++	++		$-NH_3$; $+SO_2$	−99.52	159.2	638.4	3.200	440	0.265	0.346	0.4	1.4895^{25}
异丙苯[(1-甲基乙基)苯]	C_9H_{12}	120.19	0.8640^{25}	无	液	麻醉	−	∞	∞	∞	$+CCl_4$; ∞丙酮	−96.01	152.4	631.0	3.209	434.7	0.263	0.338	0.4	1.4915
丁苯(正丁基苯)	$C_{10}H_{14}$	134.22	0.8601	无	液		−	∞	∞	∞		−87.81	183.3	660.5	2.89	497	0.262	0.392	0.4	1.4898
异丁苯[(2-甲基丙基)苯]	$C_{10}H_{14}$	134.22	0.8532	无	液		−	+	+			−51.6	172.7	650	3.05	480	0.280	0.381	0.3	1.4866
仲丁苯[(1-甲基丙基)苯]	$C_{10}H_{14}$	134.22	0.8621	无	液		−	∞	∞	∞		−75.5	173.3	652.5	3.025	490	0.255	0.274	0.4	1.4902
叔丁苯[(1,1-二甲基乙基)苯]	$C_{10}H_{14}$	134.22	0.8665	无	液		−	∞	∞	∞		−57.84	169.1	647.5	2.90	485	0.261	0.266	0.5	1.4927
戊苯(正苯基戊烷)	$C_{11}H_{16}$	148.25	0.8585	无	液		−	∞	∞	∞	∞ 丙酮	−78.2	203	679.9	2.604	550	0.253	0.4378		1.490
己苯	$C_{12}H_{18}$	168.27	0.8575	无	液	有毒	−					−63.4	226	697.5	2.38	620.0	0.260	0.4790		1.4864
庚苯(1-苯基庚烷)	$C_{13}H_{20}$	176.30	0.8567	无	液	有毒						−48	240	713.5	2.20	660	0.250	0.5272		1.4865
辛苯	$C_{14}H_{22}$	190.32	0.8562	无	液							−36	264	728.0	2.04	720	0.250	0.5670		1.4845
壬苯	$C_{14}H_{24}$	204.35	0.8584	无	液							−24	280.5	741.0	1.90	790	0.250	0.6331		1.4816
癸苯(1-苯基癸烷)	$C_{16}H_{26}$	218.38	0.8555	无	液							−14.4	293	753.0	1.78	850	0.25	0.675		1.4832
十一烷基苯	$C_{17}H_{28}$	232.41	0.855^{25}	无	液							−5	316	764	1.672	868	0.228	0.7287		1.4828
十二烷基苯	$C_{18}H_{30}$	246.43	0.850	无	液							−7	297±6	780	1.56	923	0.222	0.7333		1.482±1
十三烷基苯	$C_{19}H_{32}$	262.77	0.850	无	液								341.2	790	1.48	978	0.22	0.7799		
十四烷基苯	$C_{20}H_{34}$	274.48	0.8549	无	液							16	359	792.0	1.42	1110	0.240	0.869		1.4818
十五烷基苯	$C_{21}H_{36}$	288.51	0.8548	无	液							22	373	800.0	1.35	1140	0.230	0.914		1.4815
十六烷基苯	$C_{22}H_{38}$	302.54	0.8547	无	液							27	385	808.0	1.29	1200	0.230	0.964		1.4813
十八烷基苯	$C_{24}H_{42}$	330.60	0.8589	无	液								400	834	1.16	1250	0.209	0.9505		

① 溶于CS_2、冰乙酸、丙酮、氯仿和粗汽油。

② 不溶于液氨，溶于CS_2，能以任何比例溶于丙酮和氯仿。

6.1.2 甲基、乙基苯类

表6.1.2 甲基、乙基苯类的一般特性

名称	分子式	分子量	密度d_4^{20}/(g/cm³)	颜色	形态	性状	溶解性能					正常熔点t_m/℃	正常沸点t_b/℃	临界温度T_c/K	临界压力p_c/MPa	临界体积V_c/(cm³/mol)	临界压缩因子Z_c	偏心因子ω	偶极矩/D	折射率n^{20}
							水	乙醇	乙醚	苯	其他									
1-甲基-2-乙基苯	C_9H_{12}	120.19	0.8807		液							−80.8	165	651.0	3.04	460.0	0.260	0.294	0.56	1.5046
1-甲基-3-乙基苯	C_9H_{12}	120.19	0.8645		液							−95.6	161.3	637.0	2.84	490.0	0.260	0.360	0.33	1.4966
1-甲基-4-乙基苯	C_9H_{12}	120.19	0.8614		液							−62.4	162	640.2	3.23	470.0	0.260	0.322	0.0	1.4959
1-甲基-2-乙烯基苯	C_9H_{10}	118.18	0.9077^{25}		液							−68.5	170							1.544
1-甲基-3-乙烯基苯	C_9H_{10}	118.18	0.9076^{25}		液							−86.3	170							
1-甲基-4-乙烯基苯	C_9H_{10}	118.18	0.9173^{25}		液							−37.8	172							
1-甲基-2-丙基苯	$C_{10}H_{14}$	134.22	0.8697^{25}		液							−60.3	185	661.5	2.893	482.3	0.254	0.403		1.4996
1-甲基-3-丙基苯	$C_{10}H_{14}$	134.22	0.8569^{25}		液							−82.5	182	657.2	2.890	482.3	0.255	0.402		1.4935
1-甲基-4-丙基苯	$C_{10}H_{14}$	134.22	0.8544^{25}		液							−63.6	183.4	659.3	2.892	482.3	0.254	0.403		1.4922
1-甲基-2-异丙基苯	$C_{10}H_{14}$	134.22	0.8766		液							−71.5	178							1.49
1-甲基-3-异丙基苯	$C_{10}H_{14}$	134.22	0.8610		液							−63.8	175							1.49
1-甲基-4-异丙基苯	$C_{10}H_{14}$	134.22	0.8573		液							−68.1	177	652	2.8			0.372		
2-乙基甲苯	C_9H_{12}	120.19	0.887	易燃	液		−	∞	∞			−17	164.5	651.2	3.039	460	0.26			1.505
3-乙基甲苯	C_9H_{12}	120.19	0.865	无	液		−	∞	∞			−96	158.5	637.2	2.836	490	0.26			1.496
4-乙基甲苯	C_9H_{12}	120.19	0.86	淡黄	液	易燃	−	∞	∞			−62	162	640.2	2.938	470	0.26			1.494
2-乙基间二甲苯	$C_{10}H_{14}$	134.22			液								190	671	3.02	482	0.261			
2-乙基对二甲苯	$C_{10}H_{14}$	134.22	0.867		液							−54	186.8	663	2.88	482	0.252			1.498
4-乙基邻二甲苯	$C_{10}H_{14}$	134.22	0.867	微黄	液	易燃	÷					−67	190	667	2.88	490	0.254	0.4114		1.498
4-乙基间二甲苯	$C_{10}H_{14}$	134.22	0.876		液			+	+		+丙酮	−62.9	186	665	2.88	482	0.251	0.4140		1.504
5-乙基间二甲苯	$C_{10}H_{14}$	134.22	0.87		液							−84	184	655	2.75	482	0.243	0.4169		1.498
1,2-二甲苯(邻二甲苯)	C_8H_{10}	106.16	0.8755^{25}	无	液	燃毒	−	++	∞	∞	①	−25.16	144.4	630.3	3.732	370	0.263	0.313	0.5	1.5018^{25}
1,3-二甲苯(间二甲苯)	C_8H_{10}	106.16	0.8598^{25}	无	液	燃毒	−	++	∞	∞	∞石油醚、丙酮	−47.85	139.1	617.0	3.541	375	0.259	0.326	0.3	1.4944^{25}
1,4-二甲苯(对二甲苯)	C_8H_{10}	106.16	0.8565^{25}	无	液	燃毒	−	+	++	∞	∞石油醚、丙酮	13.3	138.3	616.2	3.511	378	0.259	0.326	0.1	1.4929^{25}
1,2-二甲基-3-乙苯	$C_{10}H_{14}$	134.22	0.89	微黄	液	易燃						−50	194	680	2.88	507	0.258			1.511±2
1,2-二甲基-3-乙苯	$C_{10}H_{14}$	134.22	0.8881^{25}		液							−49.5	194	670.7	0.2859	477.5	0.245	0.4253		1.5117
1,2-二甲基-4-乙苯	$C_{10}H_{14}$	134.22	0.8706^{25}		液							−66.9	189	664.3	0.2855	477.5	0.247	0.4247		1.5031
1,3-二甲基-2-乙苯	$C_{10}H_{14}$	134.22	0.8864^{25}		液							−16.3	190	665.1	0.2855	477.5	0.247	0.4247		1.5107
1,3-二甲基-4-乙苯	$C_{10}H_{14}$	134.22	0.8763		液							−62.9	188	662.5	0.2854	477.5	0.247	0.4245		1.5038

续表

名称	分子式	分子量	密度d_4^{20}/(g/cm³)	颜色	形态	性状	溶解性能					正常熔点t_m/℃	正常沸点t_b/℃	临界温度T_c/K	临界压力p_c/MPa	临界体积V_c/(cm³/mol)	临界压缩因子Z_c	偏心因子ω	偶极矩/D	折射率n^{20}
							水	乙醇	乙醚	苯	其他									
1,3-二甲基-5-乙苯	$C_{10}H_{14}$	134.22	0.8608^{25}		液							−84.3	184	655.8	0.2849	477.5	0.250	0.4238	0.0	1.4980
1,4-二甲基-2-乙苯	$C_{10}H_{14}$	134.22	0.8732^{25}		液							−53.7	186	660.5	0.2852	477.5	0.248	0.4242		1.5043
1,2-二乙苯	$C_{10}H_{14}$	134.22	0.8800	无	液		−	+	+	+	+丙酮	−31.4	183.4	669.6	2.99	487.5	0.256	0.354	0.59	1.5035
1,3-二乙苯	$C_{10}H_{14}$	134.22	0.8602	无	液		−	+	+	+	+丙酮	−83.9	181.1	663.6	2.93	487.5	0.257	0.359	0.36	1.4955
1,4-二乙苯	$C_{10}H_{14}$	134.22	0.8620	无	液		−	+	+	+	+丙酮	−43.3	184	657.9	2.80	480.5	0.250	0.404	0.1	1.4967
1,2-二异丙苯	$C_{12}H_{18}$	168.27	0.8701		液		−	∞	∞			−57	204.7							
1,3-二异丙苯	$C_{12}H_{18}$	168.27	0.8559		液		−	∞	∞			−63	203	668.8	2.44	569.8	0.250	0.4697		1.4883
1,4-二异丙苯	$C_{12}H_{18}$	168.27	0.8568		液							−17.0	210.3	675.0	2.33	617.0	0.256	0.4709		1.4898
1,2,3-三甲苯(邻三甲苯)	C_9H_{12}	120.19	0.8944	无	液	芳香	−	∞	∞	∞	∞酮、石油醚、CCl_4	−25.32	176.0	664.5	3.454	435.0	0.260	0.366		1.5139
1,2,4-三甲苯(偏三甲苯)	C_9H_{12}	120.19	0.8758	无	液	芳香	−	+	+	+	$+SO_2$	−43.8	169.4	649.1	3.232	435.0	0.256	0.379	0.3	1.5048
1,3,5-三甲苯(均三甲苯)	C_9H_{12}	120.19	0.8615^{25}	无	液	芳香	−	+	∞	+	$+SO_2$	−44.69	164.7	637.3	3.127	430.0	0.262	0.398	0.1	1.4994
1,2,4-三乙苯	$C_{12}H_{18}$	168.27	0.8738		液		−	+纯	+				217.0	684.4	2.38	620.0	0.260	0.480		1.4864
1,3,5-三乙苯	$C_{12}H_{18}$	168.27	0.8631		液		−	+纯	+			−66.5	215.9	679.0	2.34	599.5	0.246	0.479		1.5024
1,2,3,4-四甲苯(连四甲苯)	$C_{10}H_{24}$	134.22	0.9052		液							−6.7	205	695.1	2.84	487.5	0.237	0.368		1.5203
1,2,3,5-四甲苯(偏四甲苯)	$C_{10}H_{14}$	134.22	0.8903	无	液				++		+酒精	−23.8	198	679.0	2.87	487.5	0.241	0.412		1.5130
1,2,4,5-四甲苯(均四甲苯)	$C_{10}H_{14}$	134.22	0.8380^{81}	白	晶	樟脑味	−	+	+	+		79.2	197	676	2.90	487.5	0.241	0.435		1.479^{81}
1,2,3,4-四乙苯	$C_{14}H_{22}$	190.32	0.8875		液							11.8	252	708.2	1.93	711.5	0.233	0.562		1.5125
1,2,3,5-四乙苯	$C_{14}H_{22}$	190.32	0.862		液								248.8	708	2.07	703	0.247			
1,2,4,5-四乙苯	$C_{14}H_{22}$	190.32	0.8788		液							10.0	250	706.9	1.93	711.5	0.234	0.562		1.5054
五甲苯	$C_{11}H_{16}$	148.25	0.9170	白	粉		−	+		++		54.5	232	691.2	2.674	520.8	0.242	0.669		1.5270
五乙苯	$C_{16}H_{26}$	218.38	0.897^{19}		液		−	+	+			<−20	277	723.6	1.62	823.5	0.222	0.637		1.5127
六甲苯	$C_{12}H_{18}$	168.27	1.063^{25}	无	片		−	÷÷	++	++	+热醇	165.5	263.4	758.0	2.24	599.5	0.216	0.396		1.501
六乙苯	$C_{18}H_{30}$	246.44	0.831^{130}		棱		−	÷÷	+	++		129	298	734.8	1.38	935.5	0.212	0.698		1.474^{130}
过氧化二异丙苯	$C_{12}H_{20}O_2$	196.29	1.56	黄白	粉		−	+	+	+	+乙酸、石油醚	38−41	229.7	884	2.18	873	0.259	0.4497		
过氧化羟基异丙苯	$C_9H_{12}O_2$	152.19	1.1±0.1	微黄	液	刺激	÷	++			++丙酮	−30	225	605	3.34	419	0.278	0.9950		1.515

① 混溶于石油醚、CCl_4、丙酮。

6.1.3 含卤苯类

表6.1.3 含卤苯类的一般特性

名称	分子式	分子量	密度d_4^{20} /(g/cm³)	颜色	形态	性状	溶解性能					正常熔点t_m /℃	正常沸点t_b /℃	临界温度T_c /K	临界压力p_c /MPa	临界体积V_c /(cm³/mol)	临界压缩因子Z_c	偏心因子ω	偶极矩 /D	折射率n^{20}
							水	乙醇	乙醚	苯	其他									
氟苯	C_6H_5F	96.10	1.0225	无	液		–	∞	∞			–42.18	84.7	560.1	4.55	268	0.262	0.247	1.4	1.4684^{30}
1,2-二氟苯(邻二氟苯)	$C_6H_4F_2$	114.09	1.1599^{18}	无	液	刺激	–	+				–47.1	93.9	566.0	4.07	299.5	0.264	0.320		1.4451^{18}
1,3-二氟苯(间二氟苯)	$C_6H_4F_2$	114.09	1.1572	无	液	刺激	–	+				–69.11	83.0	548.4	4.07	293	0.265	0.320		1.4370
1,4-二氟苯(对二氟苯)	$C_6H_4F_2$	114.09	1.1572	无	液	辛辣	–	+				–23.5	88.9	556.7	4.40	299	0.266	0.299		1.4422
1,3,5-三氟苯	$C_6H_3F_3$	132.08	1.277^{25}	无	液							–5.5	77.0	530.9						1.4140
三氟甲苯	$C_7H_5F_3$	146.11	1.1884	无	油	芳香	//	++	++	++	++CCl_4、庚烷、丙酮	–28.99	102.0	562.6	3.56	362.5	0.276	0.327	2.60	1.4146
对氯三氟甲苯	$C_7H_4ClF_3$	180.55	1.334	无	液	芳香	–		+			–34	139.3	601	3.01	399	0.24	0.3715		1.4469
1,3,5-三氟-2,4,6-三氯苯	$C_6Cl_3F_3$	253.42			液								199	684.8	3.27	448	0.257	0.427		
1,2,3,4-四氟苯	$C_6H_2F_4$	150.08	1.4310	无	液	透明						–42	94.3	550.8	3.791	313.0	0.259	0.344		1.4054
1,2,3,5-四氟苯	$C_6H_2F_4$	150.08	1.319^{25}	无	液	透明						–48	84.4	535.2	3.747	323.8	0.273	0.346		1.4035
1,2,4,5-四氟苯	$C_6H_2F_4$	150.08	1.4255	无	液	透明						4.5	90.2	543.4	3.801	323.8	0.272	0.355		1.4075
五氟苯	C_6HF_5	168.06	1.514^{25}	无	液	透明						–47.4	85.74	530.9	3.531	334.2	0.267	0.373		1.3905
2,3,4,5,6-五氟甲苯	$C_7H_3F_5$	182.09	1.440	无	液	透明						–29.79	117	566.5	3.13	384	0.255	0.415		1.4016^{25}
六氟苯(全氟苯)	C_6F_6	186.06	1.6175	无	液							5.10	80.2	516.7	3.28	337	0.257	0.543		1.569^{23}
全氟甲苯	C_7F_8	236.06	1.6616^{25}	无	液	麻醉	–					–65.48	103.6	534.4	2.70	428	0.259	0.475		1.3670
二氯甲苯	$C_7H_6Cl_2$	161.03	1.260^{25}	无	油	刺激	–	∞	∞		+稀碱液	–17	205							1.5502
2,4-二氯甲苯	$C_7H_6Cl_2$	161.03	1.2476	无	液		–	+	+		+丙酮	–13.5	201	705	3.59	404	0.247	0.3590		1.5511
2,4-二氯三氟甲苯	$C_6H_3CF_3Cl_2$	215.0	1.484	无	液							–26	117.5	646	2.81	443	0.232	0.4344		1.481
三氯甲苯	$C_7H_5Cl_3$	195.47	1.3723	微黄	液	刺激	–	+	+	+		–4.42	221	737	3.34	447	0.244	0.2599		1.5580
氯苯	C_6H_5Cl	112.56	1.1058	无	液		÷	∞	∞	∞		–45.2	131.6	633	4.53	308	0.265	0.251	1.6	1.5241
1,2-二氯苯(邻二氯苯)	$C_6H_4Cl_2$	147.00	1.3059	无	液		–	∞	∞	∞		–17.0	180.2	729	4.10	360.0	0.244	0.272	2.3	1.5515
1,3-二氯苯(间二氯苯)	$C_6H_4Cl_2$	147.00	1.2884	无	液		–	+	+			–24.8	172	685.7	4.15	361.5	0.266	0.322	1.4	1.5459
1,4-二氯苯(对二氯苯)	$C_6H_4Cl_2$	147.00	1.2475^{55}	无	液		–	+*纯	++	+		53.1	173.9	680.9	4.15	361.5	0.265	0.322	0.0	1.5285
1,2,3-三氯苯	$C_6H_3Cl_3$	181.45	1.4533^{25}	无	晶		–	÷				51.3	218.5	732.8	3.839	359.4	0.226	0.364		1.5693

续表

名　称	分子式	分子量	密度d_4^{20}/(g/cm³)	颜色	形态	性状	溶解性能					正常熔点t_m/℃	正常沸点t_b/℃	临界温度T_c/K	临界压力p_c/MPa	临界体积V_c/(cm³/mol)	临界压缩因子Z_c	偏心因子ω	偶极矩/D	折射率n^{20}
							水	乙醇	乙醚	苯	其他									
1,2,4-三氯苯	$C_6H_3Cl_3$	181.45	1.459^{25}	无	晶		–	÷				6.92	213.5	726.4	3.833	359.4	0.228	0.356		1.5717
1,3,5-三氯苯	$C_6H_3Cl_3$	181.45	1.373^{70}	无	针	异味	–	÷	++	++		62.8	208	718.8	3.827	359.4	0.230	0.363		1.5693
1,2,3,4-四氯苯	$C_6H_2Cl_4$	215.89	1.530^{50}	白	晶		÷	+	++			47.5	254	550.8	3.791	385.2	0.214	0.344	1.92	1.5348
1,2,3,5-四氯苯	$C_6H_2Cl_4$	215.89	1.529^{60}	无	液	有毒	–			+	+CS_2	54.5	246	535.2	3.747	385.2	0.217	0.346	0.65	1.5348
1,2,4,5-四氯苯	$C_6H_2Cl_4$	215.89	1.858^{22}	无	片					+		139.5	244.5	543.3	3.801	385.2	0.218	0.355	0.73	1.5348
五氯苯	C_6HCl_5	250.34	1.8342^{16}		针		–	+*	++			86	277	790.7	3.329	410.9	0.208	0.485	0.88	1.5522
五氟氯苯	C_6ClF_5	202.51	1.568^{25}	无	液								117.96	570.8	3.23	376	0.246	0.400		1.4256
六氯苯	C_6Cl_6	284.78	2.044^{23}		单斜		–	÷÷*	+*	+		230	325	825	2.85	526	0.219	0.4971		1.5691
溴苯	C_6H_5Br	157.01	1.4950	无	液		–	+	+			–30.74	155.9	670	4.519	324	0.263	0.251	1.5	1.5597
邻二溴苯	$C_6H_4Br_2$	235.91	1.9843	无	液		–	+	+			7.1	2256							1.6155
间二溴苯	$C_6H_4Br_2$	235.91	1.9523	无	液		–	+	+			–7	218	761	4.66	372	0.274	0.2932		1.6083^{17}
对二溴苯	$C_6H_4Br_2$	235.91	2.261^{17}		片		–	+	++	+	+氯仿	87.43	218.5							1.5742
邻氟甲苯	C_7H_7F	110.13	1.0041^{13}	无	液		–	∞	∞			–62	115							1.4704
间氟甲苯	C_7H_7F	110.13	0.9974	无	液		–	∞	∞			–87	115							1.4691
对氟甲苯	C_7H_7F	110.13	0.9975	无	液	苦味	–	∞	∞			–56	116.6	590.5	3.82	337.5	0.262	0.3179		1.4699
邻氯甲苯	C_7H_7Cl	126.59	1.0825	无	液		–	+	∞	∞	∞氯仿	–35.8	159.0	683.6	3.33	354	0.213	0.111		1.5268
间氯甲苯	C_7H_7Cl	126.59	1.0750	无	液		–	+	∞	∞	∞氯仿	–47.8	161.8	686.9	3.33		0.212	0.112		1.5214^{19}
对氯甲苯	C_7H_7Cl	126.59	1.0697	无	液		–	+	∞	∞	∞氯仿	7.5	162.4	687.9	3.33	360	0.212	0.111		1.5150
邻溴甲苯	C_7H_7Br	171.04	1.4232	无	液		–	+	∞	∞		–27.8	181.7							1.5565
间溴甲苯	C_7H_7Br	171.04	1.4099	无	液		–	+	∞	∞		–39.8	183.7							1.5510
对溴甲苯	C_7H_7Br	171.04	1.396^{35}	无	晶		–	+	∞			28.5	184.3							1.5477
碘苯	C_6H_5I	204.10	1.8308	无	液		–	+	∞			–31.3	188.4	721	4.519	351.0	0.265	0.247	1.4	1.6200

6.1.4 含氮苯类

表6.1.4 含氮苯类的一般特性

名称	分子式	分子量	密度d_4^{20}/(g/cm³)	颜色	形态	性状	溶解性能					正常熔点t_m/℃	正常沸点t_b/℃	临界温度T_c/K	临界压力p_c/MPa	临界体积V_c/(cm³/mol)	临界压缩因子Z_c	偏心因子ω	偶极矩/D	折射率n^{20}
							水	乙醇	乙醚	苯	其他									
硝基苯	$C_6H_5NO_2$	123.11	1.2037	黄	液		÷					5.65	210.7	719.0	4.340	349.0	0.253	0.446	3.93	1.5657[17]
邻二硝基苯	$C_6H_4N_2O_4$	168.11	1.312[120]	淡黄	晶	易燃	÷	+	+	+		116.5	318	831.4	3.85	434	0.240	0.6688		1.612
间二硝基苯	$C_6H_4N_2O_4$	168.11	1.575[18]	无	固		÷	+	+	+		90.3	291	804.7	3.85	434	0.248	0.6673		1.612
对二硝基苯	$C_6H_4N_2O_4$	168.11	1.625[18]	黄	晶	挥发	÷	+	+	+		173.5	297	803.3	3.85	434	0.249	0.6618		1.612
1-氯-2,4-二硝基苯	$C_6H_3ClN_2O_4$	202.55	1.619	黄	晶			+*	+	+		53	315	813.8	3.49	478	0.247	0.7319		1.5857[60]
3-硝基三氟甲苯	$C_7H_4F_3NO_2$	191.11	1.436[25]	微黄	液							−5	202.5	667	2.80	460	0.232			
4-氯-3-硝基三氟甲苯	$C_7H_3ClF_3NO_2$	225.55	1.511	黄	液	透明						−2	222	686	2.74	490	0.235	0.6038		1.4890
2,5-二氯硝基苯	$C_6H_3Cl_2NO_2$	192.00	1.439[75]	黄褐	晶粉		−	+	+	+	+氯仿、二硫化碳	56	267	773.7	3.596		0.250			
1,2-二氯-4-硝基苯	$C_6H_3Cl_2NO_2$	192.00	1.48									38–43	255	758	3.6	436	0.249	0.5385		1.5929
2-硝基甲苯(邻硝基甲苯)	$C_7H_7O_2N$	137.14	1.1611	黄	油	毒	÷÷	∞	∞	∞	①	−3.6	220.9	720	3.8	441	0.28	0.4878		1.553
3-硝基甲苯(间硝基甲苯)	$C_7H_7O_2N$	137.14	1.1581	淡黄	液	毒	÷÷	+	∞	+		15.9	232.1	734	3.8	441	0.275	0.4920		1.541
4-硝基甲苯(对硝基甲苯)	$C_7H_9O_2N$	137.14	1.1038[75]	淡黄	斜	毒	÷÷	+	++	+	+吡啶、氯仿、丙酮	51.7	238.7	743	3.207	441	0.229	0.4252		1.5450
2-硝基乙基苯	$C_8H_7O_2N$	151.16	1.126[24]	黄	液	透明						−23	250	720	3.35					1.541[19]
邻氰甲苯	C_7H_8N	117.15	0.995	淡蓝	液	透明						−13.5	205.0	709.0	3.95					1.5279
间氰甲苯	C_7H_8N	117.15	1.0316		液							−23	213.0	710.0	3.75					1.5252
对氰甲苯	C_7H_8N	117.15	0.9762	淡黄	针		−	++	++			29.5	217.0	723.0	3.55					1.5295
2,4-二硝基甲苯	$C_7H_6O_4N_2$	182.13	1.3208[71]	黄	针	毒	÷÷	÷	+	+	+CS_2；++吡啶	69.6	300 //	814	3.4	487	0.245	0.7126		1.5466
2,5-二硝基甲苯	$C_7H_6O_4N_2$	182.13	1.282[111]	黄	晶	毒		++		++	++CS_2	52.5	316.8	814	3.4	472	0.237	0.7123		1.4420
2,6-二硝基甲苯	$C_7H_6O_4N_2$	182.13	1.2833[111]	黄	正	毒	−	+	+			63.8	285	770	3.4	455	0.242	0.7142		1.4790
3,4-二硝基甲苯	$C_7H_6O_4N_2$	182.13	1.2594[111]	黄	针		−	∞*			+CS_2	58.3	336.8	842	3.4	487	0.237	0.7092		1.4790
3,5-二硝基甲苯	$C_7H_6O_4N_2$	182.13	1.2772[111]		棱	致癌	÷	+*	+			82.7	325	814	3.4	473	0.238	0.7023		1.598
1,3,5-三硝基苯	$C_6H_3O_6N_3$	213.10	1.4775[152]	淡黄	棱	刺激	÷	÷	+		②	122.9	315	846	3.39	479	0.231	0.8623		
2,4,6-三硝基甲苯	$C_7H_5O_6N_3$	227.13	1.654[25]	淡黄	晶	有毒	÷	÷	÷	++	++氯仿、甲苯、丙酮	80.9	350	828	3.04	572	0.253	0.8972		
邻硝基氯苯	$C_6H_4ClNO_2$	157.56	1.368[242]	黄	晶	有毒	−	+		+		32.1	245.5	756.2	3.972	432	0.251	0.488		1.58
间硝基氯苯	$C_6H_4ClNO_2$	157.56	1.343[50]	淡黄	晶	有毒	−				+多数有机溶剂	44.4	235.5	741.7	3.972	432	0.256	0.488		1.5374[80]
对硝基氯苯	$C_6H_4ClNO_2$	157.56	1.2979[90]	淡黄	棱晶		−	÷	÷		÷CS_2	82	242	759.8	4.409	367.7	0.257	0.470	2.6	1.5376[100]

① 微溶于液氨，溶于 SO_2、氯仿和石油醚。

② 溶于甲苯、丙酮、氯仿，易溶于稀亚硫酸钠。

6.1.5 其他苯类

表6.1.5 其他苯类的一般特性

名称	分子式	分子量	密度 d_4^{20} /(g/cm³)	颜色	形态	性状	溶解性能					正常熔点 t_m /℃	正常沸点 t_b /℃	临界温度 T_c /K	临界压力 p_c /MPa	临界体积 V_c /(cm³/mol)	临界压缩因子 Z_c	偏心因子 ω	偶极矩 /D	折射率 n^{20}
							水	乙醇	乙醚	苯	其他									
丙烯基苯	C_9H_{10}	118.18	0.8920	无	液		–	+	+			–40	158					0.3411		
异丙烯基苯	C_9H_{10}	118.18	0.9106	黄	液	臭味	÷	∞	∞		+多数有机溶剂	–22.36	165.4							
顺-1-丙烯基苯	C_9H_{10}	118.18	0.9088		液							–61.7	169	664.6	3.46	411.5	0.258	0.316		1.5420
反-1-丙烯基苯	C_9H_{10}	118.18	0.9023^{25}		液							–29.6	179	664.6	3.46	411.5	0.258	0.316		1.5506
反偶氮苯	$C_{12}H_{10}N_2$	182.22	1.203									67.88	300.0							
邻三联苯	$C_{18}H_{14}$	230.30	1.0556									58	332	891.2	3.9	769	0.405	0.5513		1.601
间三联苯	$C_{18}H_{14}$	230.30	1.23										362.5	924.8	3.505	784	0.358	0.6509		
对三联苯	$C_{18}H_{14}$	230.30	1.23		晶	可燃					+多数有机溶剂	213.8	376	908	2.99	729	0.289	0.6426		1.602
4-氨基联苯	$C_{12}H_{11}N$	169.22	1.1154	棕褐	粉	致癌	÷	+	+		+氯仿	52–4	191^2	867	3.29	572	0.261	0.5419		
4-氨基偶氮苯	$C_{12}H_{11}N_3$	197.24	1.2828	黄	晶	可燃	÷*	+*	+	+	+氯仿	124	＞360	877	2.9	642	0.255	0.6345		1.611
氢化偶氮苯	$C_{12}H_{12}N_2$	184.24	1.16									131 //	229.3	939	3.09	599	0.237	0.6718		1.7
环己基苯	$C_{12}H_{16}$	160.26	0.9427	无	油	可燃	–	++			–甘油	7.02	239					0.3783		1.526
联苯(苯基苯)	$C_{12}H_{10}$	154.21	1.0400	无	单		–	+			+甲醇	68.93	255.2	773	3.38	497	0.262	0.366		1.571
邻三联苯(1,2-二苯基苯)	$C_{18}H_{14}$	230.30		无	晶							56.2	332	857	2.99	731	0.307	0.467		1.601
间三联苯(1,3-二苯基苯)	$C_{18}H_{14}$	230.30	1.199	无	晶	粉	÷		+	+	+甲苯、酒精	87	363	883	2.48	724	0.245	0.558		1.5681
对三联苯(1,4-二苯基苯)	$C_{18}H_{14}$	230.30		无	晶		–					213.9	376	908	2.99	729	0.289	0.528	0.7	1.5500
苯酰氯(苯甲酰氯)	C_7H_5OCl	140.57	1.2120	黄	液				++		++CS_2	–0.5	201							1.553
苯酐	$C_8H_{14}O_3$	148.12	1.484	白	针		–	+	+	+	+热水	130.8	286.8	810	4.762	368	0.260		5.3	1.646

6.1.6 萘类

表6.1.6 萘类的一般特性

名称	分子式	分子量	密度 d_4^{20} /(g/cm³)	颜色	形态	性状	溶解性能					正常熔点 t_m /℃	正常沸点 t_b /℃	临界温度 T_c /K	临界压力 p_c /MPa	临界体积 V_c /(cm³/mol)	临界压缩因子 Z_c	偏心因子 ω	偶极矩 /D	折射率 n^{20}
							水	乙醇	乙醚	苯	其他									
1-甲基萘	$C_{11}H_{10}$	142.20	1.0202	无	油	可燃	–	+	+		+多数有机溶剂	–30.43	244.4	772	3.60	462.0	0.234	0.348	0.5	1.6170
2-甲基萘	$C_{11}H_{10}$	142.20	1.0058	白	晶	可燃	–	+	+		+多数有机溶剂	34.6	241.1	761	3.48	462.0	0.260	0.382	0.4	1.6015

续表

名称	分子式	分子量	密度 d_4^{20} /(g/cm³)	颜色	形态	性状	溶解性能					正常熔点 t_m /℃	正常沸点 t_b /℃	临界温度 T_c /K	临界压力 p_c /MPa	临界体积 V_c /(cm³/mol)	临界压缩因子 Z_c	偏心因子 ω	偶极矩 /D	折射率 n^{20}
							水	乙醇	乙醚	苯	其他									
1-乙基萘	$C_{12}H_{12}$	156.23	1.0082	淡棕	液		–	∞	∞			–13.9	258	774.9	3.14	521.5	0.253	0.395		1.6062
2-乙基萘	$C_{12}H_{12}$	156.23	0.9922	无	液							–7.4	259	774.9	3.14	521.5	0.254	0.392		1.5999
1-丙基萘	$C_{13}H_{14}$	170.25	0.9897		液							–16	268.0	771.5	2.76	577.5	0.248	0.488		1.5923
2-丙基萘	$C_{13}H_{14}$	170.25	0.9770		液							–3	273.5	772.4	2.76	577.5	0.248	0.488		1.5872
1-丁基萘	$C_{14}H_{16}$	184.28	0.9738		液							–19.8	289.3	781.5	2.50	633.5	0.244	0.533		1.5819
2-丁基萘	$C_{14}H_{16}$	184.28	0.9673		液							–2.5	292.0	781.0	2.50	633.5	0.244	0.533		1.5777
1-戊基萘	$C_{15}H_{18}$	198.30	0.9656		液							–22	307	793.3	2.27	689.5	0.238	0.575		1.5725
2-戊基萘	$C_{15}H_{18}$	198.30	0.9561		液							–4	310	797.5	2.27	689.5	0.236	0.575		1.5694
1-己基萘	$C_{16}H_{20}$	212.34	0.954		液								323.3	1086.2	2.25	741	0.247			1.562
1-壬基萘	$C_{19}H_{26}$	254.41			液							11	365.8	1122.2	1.68	1000	0.238	0.6168		1.5455
1,2-二甲基萘	$C_{12}H_{12}$	156.23	1.0179	深棕	液							–3.0	267	775.3	3.01	521.5	0.243	0.443		1.6166
1,3-二甲基萘	$C_{12}H_{12}$	156.23	1.0144	淡黄	液					+	+热乙醇	–6	263	773.8	3.01	521.5	0.244	0.443		1.6140
1,4-二甲基萘	$C_{12}H_{12}$	156.23	1.0165	无	液		–	÷	+			7.6	268	776.8	3.01	521.5	0.243	0.443		1.6127
1,5-二甲基萘	$C_{12}H_{12}$	156.23	1.0464	无	晶							8.2	265	773.5	3.01	521.5	0.244	0.443		1.604
1,6-二甲基萘	$C_{12}H_{12}$	156.23	1.0021		液							–16.9	264	770.6	3.01	521.5	0.245	0.443		1.6166
1,7-二甲基萘	$C_{12}H_{12}$	156.23	1.0115		液							–13.9	26+3	770.6	3.01	521.5	0.245	0.443		1.6083
1,8-二甲基萘	$C_{12}H_{12}$	156.23	1.003	浅褐	晶							63.16	276							1.5956
2,3-二甲基萘	$C_{12}H_{12}$	156.23	1.003	棕灰	片							104.3	267	777.8	3.01	521.5	0.242	0.443		1.5060
2,6-二甲基萘	$C_{12}H_{12}$	156.23	1.003	类白	晶	粉	–	÷				110.1	253	769.2	3.01	521.5	0.245	0.443	0.14	1.6088
2,7-二甲基萘	$C_{12}H_{12}$	156.23	1.003	棕灰	晶							96	262.4	775	3.23	601	0.300	0.420	0.41	1.5956
2,6-二乙基萘	$C_{14}H_{16}$	184.28	0.9844									49–53	288.2	1080.2	2.58	630	0.242			1.5855
顺-十氢萘	$C_{10}H_{18}$	138.25	0.8965		液							–42.9	195.8	703.6	3.20	477.5	0.250	0.294	0.0	1.4810
反-十氢萘	$C_{10}H_{18}$	138.25	0.8659[25]		液							–30.35	187.3	687	2.08	477.5	0.254	0.270	0.0	1.4695
1,2,3,4-四氢萘	$C_{10}H_{12}$	132.20	0.9645[25]		液							–35.76	207.2	720	3.65	408	0.249	0.328		1.5413
1-苯基萘	$C_{16}H_{12}$	204.27	1.085		蜡		++	++		++		45	324.5	1099.2	2.54	671	0.248			1.664
萘	$C_{10}H_8$	128.17	1.0253	无	板		÷÷	+	++	+	$+CCl_4$、CS_2	80.22	218.0	748.4	4.05	407	0.265	0.302	0.0	1.5898[25]
全氟萘	$C_{10}F_8$	272.09	1.73									87.5	209	673.1						1.472
1-氯萘	$C_{10}H_7Cl$	162.62	1.194[25]	无	液		–	+		∞	∞	–20	112[660Pa]	1058.2	3.4	434	0.226			1.632
1-溴萘	$C_{10}H_7Br$	207.07	1.481	无	油		–	∞纯	∞	∞		–1	282.7	1097.2	3.7	453	0.245			1.663
稠二萘	$C_{18}H_{12}$	228.29	1.274	无	正	易燃	–		÷÷		+酒精0.1[16]	254	448[0]	1252.2	2.39	749	0.22			

6.2　密度

6.2.1　液态芳烃

表6.2.1　液态芳烃的密度　　单位：kg/m³

名　称	温度/℃											
	−80	−60	−40	−20	0	20	40	60	80	100	120	140
苯						877.4	857.3	836.6	815.0	792.5	768.9	744.1
甲苯	958.0	940.6	922.6	904.2	885.6	867.0	848.2	829.3	810.0	790.3	770.0	748.8
邻二甲苯				917.4	901.2	884.7	867.7	850.3	832.5	814.0	795.0	775.3
间二甲苯			918.9	902.6	886.0	869.0	851.6	833.7	815.2	796.2	776.6	756.1
对二甲苯						864.2	846.8	828.9	810.6	791.6	772.0	751.6
1,2,3-三甲苯				925.3	910.0	894.4	878.4	862.1	845.4	828.3	810.7	792.5
1,2,4-三甲苯			922.6	907.3	891.7	875.8	859.6	842.9	825.9	808.3	790.3	771.6
1,3,5-三甲苯			915.0	899.3	883.4	867.1	850.4	833.4	815.8	797.8	779.2	759.9
乙苯	953.9	937.6	920.6	903.2	885.5	867.7	849.8	831.8	813.6	795.2	776.2	756.7
丙苯	943.3	928.1	911.9	895.3	878.4	861.3	844.2	827.0	809.6	792.1	774.3	755.9
异丙苯	939.8	924.8	909.6	894.1	878.3	862.1	845.6	828.6	811.2	793.2	774.7	755.4
丁苯	937.9	923.7	909.2	894.4	879.4	864.0	848.4	832.4	816.0	799.2	781.8	764.0
异丁苯			902.8	886.5	870.0	853.3	836.5	819.6	802.7	785.6	768.3	750.6
仲丁苯		923.6	908.9	893.5	877.8	862.0	846.0	829.9	813.8	797.6	781.1	764.3
叔丁苯			913.9	898.4	882.5	866.4	850.3	834.1	817.7	801.3	784.6	767.6
联苯									984.4	968.6	952.8	936.9

名　称	温度/℃											
	160	180	200	220	240	260	280	300	320	340	360	380
苯	717.6	689.2	658.1	623.3	582.8	532.3	453.7					
甲苯	726.5	703.1	678.3	646.6	614.8	580.5	539.5	481.3	290.0			
邻二甲苯	754.8	733.3	710.7	686.8	661.1	633.3	602.5	567.2	524.7	466.2	289.3	
间二甲苯	734.8	712.4	688.8	663.6	636.4	606.5	572.8	533.1	481.8	388.3		
对二甲苯	730.3	708.0	684.3	659.2	632.0	602.1	568.4	528.5	476.7	378.5		
1,2,3-三甲苯	773.7	754.2	733.9	712.6	690.1	666.2	640.5	612.6	581.3	545.2	500.4	433.8
1,2,4-三甲苯	752.3	732.1	711.1	688.9	665.4	640.2	612.8	582.5	547.7	505.6	447.0	382.6[372]
1,3,5-三甲苯	739.0	719.1	697.2	674.1	649.4	622.8	593.6	560.6	521.9	471.8	381.7	
乙苯	736.4	715.1	692.7	669.1	639.1	608.9	576.8	539.4	489.3	392.4		
丙苯	737.0	717.3	696.7	675.1	651.6	622.9	594.2	563.4	527.6	480.1	393.0	
异丙苯	735.4	714.5	692.5	669.2	644.3	617.2	587.3	553.1	512.1	456.2	363.9[356]	
丁苯	745.5	726.3	706.3	685.3	663.1	639.5	614.1	586.3	555.1	537.7	518.6	472.4
异丁苯	732.3	713.4	693.7	673.1	651.5	625.4	597.7	569.1	537.5	499.0	443.6	338.1[376]
仲丁苯	747.0	729.1	710.5	691.1	670.7	648.8	621.6	594.4	565.6	532.8	490.9	424.6
叔丁苯	750.0	731.9	712.9	693.1	672.4	649.1	621.7	594.0	564.4	529.9	484.7	406.2
联苯	921.0	904.9	888.6	8720	855.0	837.6	819.6	800.9	781.6	761.5	740.1	713.6

表6.2.2　其他液态芳烃的密度　　单位：kg/m³

名　称	温度/℃													
	−20	0	20	40	60	80	100	120	140	160	180	200	220	240
氟苯	1072	1049	1025	1001	976.8	951.9	926.1	899.1	870.7	840.6	806.6	766.5	725.3	679.0
碘苯	1890	1861	1831	1801	1770	1740	1709	1679	1647	1616	1584	1551	1516	1481
溴苯	1542	1517	1492	1467	1441	1414	1386	1358	1329	1299	1268	1235	1201	1165
氯苯		1129	1107	1085	1064	1042	1019	996.4	972.9	948.5	923.0	896.3	868.3	835.9
邻二氯苯		1326	1306	1284	1263	1241	1218	1195	1172	1147	1122	1096	1068	1040
间二氯苯	1330	1309	1288	1267	1245	1223	1200	1176	1152	1127	1101	1074	1046	1017

续表

名　称	温度/℃													
	-20	0	20	40	60	80	100	120	140	160	180	200	220	240
对二氯苯					1245	1223	1200	1176	1152	1127	1101	1074	1046	1017
邻氯甲苯	1119	1100	1082	1063	1045	1026	1007	988.1	968.7	948.8	928.3	907.0	884.7	861.4
间氯甲苯	1108	1090	1072	1054	1035	1017	998.3	979.5	960.4	940.9	920.8	899.9	878.1	855.2
对氯甲苯			1069	1052	1033	1015	996.3	977.7	958.6	939.2	919.2	898.4	876.7	854.0
硝基苯			1203	1184	1164	1144	1124	1102	1081	1059	1036	1012	988.1	962.8
邻二硝基苯								1312	1298	1283	1267	1250	1233	1213
间二硝基苯							1234	1216	1198	1179	1161	1142	1122	1101
对二硝基苯											1160	1141	1120	1099
2,5-二氯硝基苯					1456	1433	1410	1386	1362	1337	1312	1286	1259	1232
邻硝基氯苯				1349	1328	1307	1285	1263	1240	1217	1193	1168	1143	1117
间硝基氯苯					1328	1306	1284	1261	1237	1213	1188	1163	1137	1109
对硝基氯苯							1288	1265	1242	1219	1194	1170	1144	1117
单异丙基联苯①			969	962	953	943	932	920	907	893	877	861	844	827
萘							963.4	942.7	930.6	913.6	896.1	878.1	859.6	840.4
1,2,3,4-四氢化萘						923.5	907.4	890.9	874.0	856.7	838.8	820.4	801.2	781.4

名　称	温度/℃													
	260	280	300	320	340	360	380	400	420	440	460	480	500	520
氟苯	619.1	514.7												
碘苯	1444	1405	1365	1315	1263	1210	1152	1084	995.2	844.9				
溴苯	1127	1087	1042	992.9	936.6	868.4	774.4	528.0						
氯苯	799.0	761.3	720.2	670.7	600.9	418.0								
邻二氯苯	1010	978.3	944.4	907.8	867.6	822.0	768.2	698.4	571.4					
间二氯苯	986.0	953.0	917.4	878.6	835.2	784.8	722.1	628.1						
对二氯苯	986.2	953.3	917.9	879.2	836.0	786.1	724.3	633.1						
邻氯甲苯	836.9	809.1	776.6	743.9	708.7	668.2	615.9							
间氯甲苯	831.3	804.8	772.8	740.7	706.6	667.8	618.8							
对氯甲苯	830.2	804.2	772.3	740.3	706.5	668.1	620.0							
硝基苯	936.4	908.7	879.4	848.1	814.4	777.4	735.7	686.7	623.9	515.5				
邻二硝基苯	1193	1173	1151	1128	1103	1078	1051	1020	989.1	955.2	916.6	876.8	825.7	762.0
间二硝基苯	1079	1057	1034	1010	984.5	957.9	929.0	898.5	865.8	8300	789.8	743.2	682.7	591.9
对二硝基苯	1077	1055	1031	1007	981.8	954.9	925.9	895.3	862.3	826.4	785.9	739.0	678.0	583.5
2,5-二氯硝基苯	1203	1174	1143	1111	1077	1042	1004	962.4	917.0	865.3	803.7	721.8	520.3	
邻硝基氯苯	1090	1062	1033	1002	969.2	934.5	896.9	855.5	808.7	753.4	681.2	542.9		
间硝基氯苯	1081	1052	1021	988.5	953.8	916.5	875.7	829.9	776.6	709.6	604.3			
对硝基氯苯	1090	1061	1031	999.8	966.4	930.6	891.8	848.8	799.7	740.5	659.7	445.6		
单异丙基联苯①	809	791	772	753	734	714	694	687.4	660.4	631.2	597.8	556.1	495.0	
萘	820.5	799.7	778.0	755.0	730.6	704.4	675.9	644.1	607.6	563.0	500.0	445.5^{470}		
1,2,3,4-四氢化萘	760.6	738.8	715.7	691.1	664.6	635.4	602.5	563.9	514.4	430.8				

① 温度为 400、420、440、460、480、500℃时，其值为分别为 687.4、660.4、631.2、597.8、556.1、495.0kg/m³。

N 算图 6.1

甲苯–氯仿混合液的密度（第 780 页右）

6.2.2 饱和芳烃

表6.2.3 饱和线上苯的密度

单位：kg/m³

T_{sat}/K	353.3	375	400	425	450	475	500	525	550	562.6
p_{sat}/kPa	101.3	191	354	607	975	1484	2166	3050	4218	4921
液体	823	798	767	735	699	660	615	559	475	304
气体	2.74	4.9	8.87	14.8	23.6	36.1	54.2	82.0	133	304

表6.2.4 饱和线上甲苯的密度

单位：kg/m³

T_{sat}/K	383.78	400	425	450	475	500	525	550	575	594
p_{sat}/kPa	101.3	158	285	487	776	1230	1820	2570	3450	4050
液体	778	760	733	702	670	632	590	541	469	290
气体	2.91	4.42	7.88	13.2	20.9	32.2	48.8	74.3	120.8	290

表6.2.5 饱和线上乙苯的密度

单位：kg/m³

T_{sat}/K	409.3	433	453	473	493	513	553	573	593	613
p_{sat}/kPa	101.3	189	297	447	645	903	1640	2150	2770	3450
液体	751	727	705	682	657	630	563	529	478	388
气体	3.26	5.76	8.88	13.2	19.0	26.9	52.1	72.9	106	189

表6.2.6 饱和线上二甲苯的密度

邻二甲苯	T_{sat}/K	417.56	430	455	480	505	530	555	580	605	630.4
	p_{sat}/kPa	101.3	142	249	422	655	995	1420	2040	2750	3729
	液体/(g/cm³)	0.764	0.751	0.725	0.696	0.666	0.632	0.594	0.549	0.489	0.288
	气体/(kg/m³)	3.17	4.31	7.54	12.5	19.6	30.0	45.1	67.8	107	288
间二甲苯	T_{sat}/K	412	430	455	480	505	530	555	580	605	617
	p_{sat}/kPa	101.3	162	281	472	741	1121	1601	2264	3052	3543
	液体/(g/cm³)	0.752	0.731	0.700	0.673	0.642	0.604	0.570	0.505	0.396	0.283
	气体/(kg/m³)	3.22	4.98	8.69	14.3	22.6	34.6	52.6	81.3	140	283
对二甲苯	T_{sat}/K	412	430	455	480	505	530	555	580	605	618
	p_{sat}/kPa	101.3	161	287	476	752	1120	1590	2270	3100	3510
	液体/(g/cm³)	0.753	0.734	0.706	0.676	0.643	0.607	0.565	0.513	0.432	0.280
	气体/(kg/m³)	3.23	5.08	8.83	14.5	22.8	34.9	59.9	81.8	142	280

表6.2.7 饱和线上萘的密度

温度/℃	220	240	260	280	286	320
液体/(g/cm³)	0.873	0.858	0.842	0.827	0.812^{300}	0.794
气体/(kg/m³)	3.3	4.7	7.0	11.3	12.9^{300}	17.0

6.3 三相点和沸点

6.3.1 三相点

表6.3.1 一些苯类的三相点

物料名	三相点温度/K	三相点压力/Pa	三相点的液相和固相恒压热容差/[J/(kmol·K)]	物料名	三相点温度/K	三相点压力/Pa	三相点的液相和固相恒压热容差/[J/(kmol·K)]
苯	278.7	4764.2	1337.33	正壬苯	249.0	0.000660	7921.47
甲苯	178.2	0.048	45026.8	正十一烷苯	268.0	0.000856	31826.8
乙苯	178.2	0.004	48790.1	十二烷苯	275.9	0.001373	33119.7
正丙苯	173.6	0.0001814	59402.7	十三烷苯	283.2	0.000987	43143.8
异丙苯	177.1	0.0004713	18826.5	十四烷苯	289.2	0.000981	41015.1
正丁苯	185.3	0.000	53619	十六烷苯	300.2	0.000617	54933.2
异丁苯	221.7	0.289	−12718.1	十八烷苯	309.7	0.000336	72150.6
叔丁苯	215.3	0.091	35773.7				

表6.3.2 其他苯的三相点

物料名	三相点温度/K	三相点压力/Pa	三相点的液相和固相恒压热容差/[J/(kmol·K)]	物料名	三相点温度/K	三相点压力/Pa	三相点的液相和固相恒压热容差/[J/(kmol·K)]
邻二乙苯	241.9	1.041	4051.51	间二甲苯	225.3	3.180	38741.3
1,2-二甲基-3-乙苯	223.6	0.047	1849.08	对二甲苯	286.4	575.5	19660.5
二乙基对二甲苯	219.5	0.075	2428.16	对二异丙苯	256.1	0.698	2599.07
二乙基间二甲苯	256.9	2.815	24060.6	二氨基甲苯	371.3	77.22	85974.5
间二氯苯	248.4	6.408	47021	1,2-二氯-4-硝基苯	315.7	6.719	47946.9
对二氯苯	326.1	1225.0	18004	2,4-二氯甲苯	259.7	2.388	−47987.6
2,4-二硝基甲苯	342.7	7.872	4598.9	2,4-二氯三氟甲苯	247.6	1.929	27834.9
2,5-二硝基甲苯	323.5	3.042	29745	邻二氯苯	256.2	6.489	41552.8
2,6-二硝基甲苯	337.9	24.957	33636	反-1-丙烯基苯	243.8	1.991	14595.4
3,4-二硝基甲苯	331.5	2.664	31826	1-甲基-4-异丙苯	205.3	0.010	18892.7
3,5-二硝基甲苯	365.7	35.47	43072	过氧化二异丙苯	311.2	2053.8	79190
邻二硝基苯	390.1	108.4	20317	过氧化羟基异丙苯	264.3	0.002	−46710.4
间二硝基苯	363.2	30.154	41055	环己苯	280.1	1.318	34722.4
对二硝基苯	446.6	3045.0	7574	氟苯	230.9	151.4	16820.7
间二溴苯	266.3	2.330	23768	氢化偶氮苯	400.5	2.881	81109.1
1,2,4-三甲苯	229.3	0.693	40380.2	对氨基偶氮苯	401.0	23.96	102015
1,3,5-三甲苯	228.4	0.742	36930.9	对氨基联苯	326.0	0.917	87866.9
三氟甲苯	244.1	132.0	4800.4	1-氯-2,4-二硝基苯	326.6	0.274	70331.2
三氯甲苯	268.4	6.467	13656.4	4-氯-3-硝基三氟甲苯	270.6	0.743	21800
1,2,4-三氯苯	290.2	33.094	39115.7	氯苯	228.0	8.446	22512.3
1,3,5-三氯苯	336.7	651.78	20635.6	对氯三氟甲苯	240.0	12.15	−21703.2
1,3,5-三硝基苯	398.4	8.503	80085	对氯甲苯	280.7	109.6	17177.5
邻三联苯	329.4	0.414	90130.8	硝基苯	278.9	6.698	32578.5
间三联苯	360.0	1.159	107463	邻硝基甲苯	270.0	1.729	25934.1
对三联苯	485.0	788.84	34822.2	间硝基甲苯	289.2	6.843	27542.1
1,2,3,5-四乙苯	252.2	0.008	−10558.8	对硝基甲苯	324.8	40.48	40304.4
1,2,3,4-四甲苯	266.9	2.988	8418.05	邻硝基氯苯	306.2	16.235	33077.2
1,2,3,5-四甲苯	249.5	0.886	33687.9	间硝基氯苯	317.7	52.215	35031.7

续表

物料名	三相点温度/K	三相点压力/Pa	三相点的液相和固相恒压热容差/[J/(kmol·K)]	物料名	三相点温度/K	三相点压力/Pa	三相点的液相和固相恒压热容差/[J/(kmol·K)]
1,2,4,5-四甲苯	352.4	1784.7	18899	对硝基氯苯	356.7	243.79	50200.3
五甲苯	327.5	113.12	31600.3	联苯	342.2	94.18	37626.4
六氟苯	278.3	3931.0	23706.8	溴苯	242.4	7.836	13999
六氯苯	501.7	10201	79776.8	对溴甲苯	300.0	203.9	38974.7
邻二甲苯	248.0	21.84	24432	碘苯	241.8	1.175	35323.4

表6.3.3 萘的三相点

物料名	三相点温度/K	三相点压力/Pa	三相点的液相和固相恒压热容差/[J/(kmol·K)]	物料名	三相点温度/K	三相点压力/Pa	三相点的液相和固相恒压热容差/[J/(kmol·K)]
1-乙基萘	259.3	0.064	11109	1-正己基萘	255.2	0.000145	31774.1
2-乙基萘	265.8	0.172	32885	1-正丙基萘	264.6	0.054	30944.2
1-丁基萘	253.4	0.002	13365.3	1-正苯基萘	248.8	0.000	4635.11
2,6-二甲基萘	383.3	783.0	28100.8	1-甲基萘	242.7	0.043	48929.7
2,7-二甲基萘	368.8	375.1	31500.8	2-甲基萘	307.7	18.690	21073.3
2,6-二乙基萘	322.2	3.012	16532.8	1-苯基萘	318.2	0.282	86199.7
顺-十氢化萘	230.2	0.158	43337.1	1-氯萘	269.2	0.123	42352.3
反-十氢化萘	242.8	1.459	32774.8	1-溴萘	279.4	0.217	45064
1-正壬基萘	284.2	0.001	41903	稠二萘	531.2	1028.1	248113
1,2,3,4-四氢化萘	237.4	0.133	39419.4				

6.3.2 沸点

表6.3.4 芳烃低压时的沸点

名称	1	2	4	7	10	20	40	60	80	101.3
	与上列压强(kPa)相对应的沸点/℃									
三氯甲苯		$111^{3.1}$	121	83	92	160	185	200	210	220.6
氮杂苯	11	17	26.6	38	48	70	83.2	90	95.6	115.3
氮苯	$22^{1.3}$	28	42	55	61.5	77.8	97.8	111.5	122.5	132
对硝基甲苯	100	115	130	145	155	177	201	216.5	230	238
联二苯	$117^{1.3}$	131.5	152.5	167	177	197.5	220	235	247	255.9
氮杂萘	106.5	114	127.5	147.5	152.5	175	200	215	227.5	237.7

注：右上角数字为相应的压力值。

6.3.3 二元共沸物的共沸点

表6.3.5 第一组分为苯的二元共沸物及其共沸点

第一组分质量分数/%	8.83	60.9	67.6	83.1	66.7	83.6	63.4	90.7	85
第二组分(余量)	水	甲醇	乙醇	丙醇	异丙醇	2-丁醇	叔丁醇	异丁醇	1-戊醇
共沸点/℃	69.25	57.5	68.21	77.12	71.92	78.5	73.95	79.81	80
第一组分质量分数/%	82.64	69	98	66	53	16.9	37.8	56	64.8
第二组分(余量)	烯丙醇	甲酸	乙酸	乙腈	丙烯腈	丙酮	丁酮	甲乙酮	硝基甲苯
共沸点/℃	76.75	71.05	79.6	73.7	73.3	77.12	78.4	78.83	79.2

续表

第一组分质量分数/%	53	94	48	4.7	99.3	2.3	9.4	46.3	78.8
第二组分（余量）	甲酸丙酯	乙酸乙酯	丙酸甲酯	己烷	庚烷	异辛烷	甲基环戊烷	2,2-二甲基戊烷	2,3-二甲基戊烷
共沸点/℃	78.5	76.96	79.45	68.5	80.1	81.8	71.7	75.85	79.4

第一组分质量分数/%	48.3	50.5	97.7	49.7	97.7	86	49.2	64.7
第二组分（余量）	2.4-二甲基戊烷	2,2,3-三甲基丁烷	2,2,4-三甲基丁烷	2,2,3-三甲基戊烷	2,2,4-三甲基戊烷	硝基甲烷	环己烷	环己烯
共沸点/℃	75.2	75.6	80.1	76.6	80.1	79.2	77.4	78.9

表6.3.6 第一组分为甲苯的二元共沸物及其共沸点

第一组分质量分数/%	86.5（81.4）	31	32	47.5（57）	42	73.0（67）	45	56
第二组分（余量）	水	甲醇	乙醇	丙醇	异丙醇	丁醇	2-丁醇	异丁醇
共沸点/℃	84.1	63.8	76.7	92.6	80.6	105.7	96.3	100.9
第一组分质量分数/%	44	93.5	72	65	86	44	75	71.5
第二组分（余量）	特丁醇	乙二醇	2-戊醇	3-戊醇	异戊醇	叔戊醇	2-氯乙醇	氯丙醇
共沸点/℃	100	110.2	107	106	109.95	100.0	106.9	109.2
第一组分质量分数/%	50	97	93.5	72	50	66	20	82
第二组分（余量）	烯丙醇	甲基异丁酮	氯丙酮	乳酸甲酯	甲酸	乙酸	二恶烷	2-甲基庚烷
共沸点/℃	92.4	110.7	110.2	110.4	85.8	104.95	101.8	110.3

第一组分质量分数/%	7.5	35	60	16	96	39	39
第二组分（余量）	乙基环己烷	2,5-二甲基己烷	2,3,4-三甲基戊烷	1,1,3-三甲基环戊烷	顺-1,3-二甲基环己烷	顺-反-顺-1,2,3-三甲基环戊烷	顺-反-顺-1,2,4-三甲基环戊烷
共沸点/℃	103	107	109.5	103.8	110.6	108.0	107.0

表6.3.7 第一组分为乙苯的二元共沸物及其共沸点

第一组分质量分数/%	33	20	86.5	32	34	72	97	88	92
第二组分（余量）	丁醇	异丁醇	乙二醇	甲酸	乙酸	丙酸	丁酸	异丁酸	乙酰胺
共沸点/℃	114.8	107.2	133	94.0	114.7	131.1	135.9	134.3	135.6

第一组分质量分数/%	65	65	50.7	10	96.1	23	52.1	37.5
第二组分（余量）	乳酸甲酯	乙酰丙酮	异戊烷	二溴乙烷	1,2-二溴丙烷	碳酸二乙酯	丙酸异丁酯	氯代乙酸甲酯
共沸点/℃	129.4	135	125.9	131.1	136	124	133	127.2

表6.3.8 第一组分为二甲苯的二元共沸物及其共沸点

（1）邻二甲苯

第一组分质量分数/%	24.1	14.5	3.4	21.8	77	26.2	84.5	94.7
第二组分（余量）	水	甲醇	丙醇	丁醇	乙二醇	2-戊醇	1-己醇	环己醇
共沸点/℃	92	92.8	98.08	116.5	135.8	118.3	139.05	139.1
第一组分质量分数/%	90.7	72.5	13.2	17.7	48.1	93	82.6	92.2
第二组分（余量）	4-庚醇	2-氨基乙醇	甲酸	乙酸	丙酸	丁酸	异丁酸	氯乙酸
共沸点/℃	139	133	95.7	115.35	135.4	138.5	136.9	139.05

第一组分质量分数/%	34.2	86.6	59.8	83.6	97	＞91.9
第二组分（余量）	乙二醇甲醚	氯乙酸乙酯	3-庚酮	乙酰胺	丙酰胺	糠醛
共沸点/℃	119.5	143.5	142.2	138.4	144.0	＜144.1

（2）间二甲苯

第一组分质量分数/%	24.3	14.5	3.4	77	21.8	13.0	26.2
第二组分(余量)	水	甲醇	丙醇	乙二醇	丁醇	异丁醇	2-戊醇
共沸点/℃	92	92.8	98.08	135.8	116.5	107.7	118.3

第一组分质量分数/%	46.7	84.5	94.7	90.7	29.8	17.7	64.5
第二组分(余量)	异戊醇	1-已醇	环已醇	4-庚醇	甲 酸	乙酸	丙酸
共沸点/℃	127.0	139.05	139.1	139	94.2	115.35	132.7

第一组分质量分数/%	93	82.6	92.2	72.5	86.6	34.2	83.6
第二组分(余量)	丁酸	异丁酸	氯乙酸	2-氨基乙醇	氯乙酸乙酯	乙二醇一甲醚	乙酰胺
共沸点/℃	138.5	136.9	139.05	133	143.5	119.5	138.4

（3）对二甲苯

第一组分质量分数/%	17	77.5	97.0	24.8	12.5	53.5	39.2	86.5
第二组分(余量)	甲醇	乙二醇	丙醇	丁醇	异丁醇	1-戊醇	2-氯乙醇	乙酰胺
共沸点/℃	94.5	135.2	20.2	116.2	107.6	131.3	124.5	137.8

第一组分质量分数/%	17	18.8	57.5	93.5	83.7	95.3	15.3	72.4
第二组分(余量)	甲酸	乙酸	丙酸	丁酸	异丁酸	氯乙酸	氯代乙酸甲酯	氯代乙酸乙酯
共沸点/℃	94.5	115.2	132.5	137.8	136.4	138.35	128.3	137.0

表6.3.9　第一组分为异丙苯的二元共沸物及其共沸点

第一组分质量分数/%	56.2	29.6	35	80	82	20.5	40.9	65	72	65.9
第二组分(余量)	水	乙酸	丙酸	丁酸	乙二醇	1-丁醇	2-氯乙醇	1-已醇	环已醇	乙醇胺
共沸点/℃	95	116.8	139.0	149.5	147.0	117.09	123.31	149.5	150.0	142.5

第一组分质量分数/%	38	54	26.6	50	88	33	6	30	80
第二组分(余量)	乳酸甲酯	乳酸乙酯	1,3-二氯丙醇	2-丙氧基乙醇	2-甲基环已醇	2-乙氧基乙醇	3-甲基-1-丁醇	2-氯乙酸	α-蒎烯
共沸点/℃	137.8	144.5	＜152.5	147.0	151.7	133.2	131.6	125.4	1651.8

表6.3.10　第一组分为对甲基异丙苯的二元共沸物及其共沸点

第一组分质量分数/%	74.5	29	56	52	32	72	43	63	65	66
第二组分(余量)	乙二醇	环已醇	辛醇	二氯丙苯	糠醛	苯甲醛	丁酸	异戊酸	氯乙酸	苯酚
共沸点/℃	163.2	159.0	174	165.0	157.8	171.0	160.5	170.8	166	170

第一组分质量分数/%	70	81	75	50	40	60	20	85	＞55
第二组分(余量)	苯胺	乙酰胺	α-苎烯	邻氯苯酚	乳酸丙酯	丙二酸二甲酯	草酸二甲酯	草酸二乙酯	乙酰乙酸乙酯
共沸点/℃	170	170.5	174.5	173.5	167	169.0	175.3	175.3	170.5

表6.3.11　第一组分为氯苯的二元共沸物及其共沸点

（1）氯苯

第一组分质量分数/%	17	44	37	65	94.4	45	41.5	82	97.2
第二组分(余量)	丙 醇	丁 醇	异丁醇	异戊醇	乙二醇	甲 酸	乙 酸	丙 酸	丁 酸
共沸点/℃	96.9	115.3	107.1	124.3	130.1	95	114.7	128.9	131.8

第一组分质量分数/%	85	15	58	97	71.6	76	40	45
第二组分(余量)	丙酮酸	烯丙醇	2-氯乙醇	乙酰胺	水	丙酸异丁酯	氯代乙酸甲酯	1,2-二溴乙烷
共沸点/℃	128.6	96.2	119.95	131.85	90.2	131.2	126	129.75

（2）邻二氯苯

第一组分质量分数/%	35	78	92	72	70	85	65	80	>48	22
第二组分（余量）	丁酸	戊酸	己酸	氯代乙酸	苯胺	邻甲酚	苯酚	乙二醇	苯甲醛	糠醛
共沸点/℃	163	175.8	179	170.8	177.4	179.1	173.7	165.8	<178.5	161

（3）1,3,5-三氯苯

第一组分质量分数/%	57	5	40	60	60	65	65	50
第二组分（余量）	己 酸	苯 酚	间甲酚	对甲酚	对甲苯胺	*N*-乙基苯胺	薄荷酮	樟 脑
共沸点/℃	204	181.3	200.5	200.2	199	203	209.5	210.5

表6.3.12　第一组分为氯甲苯的二元共沸物及其共沸点

（1）邻氯甲苯

第一组分质量分数/%	28	32	73	74	35	36.6	65	87
第二组分（余量）	甲酸	丙酸	丁酸	乙醇胺	乳酸乙酯	*α*-蒎烯	糠醛	乙二醇
共沸点/℃	98.5	140.2	154.5	146.5	151	154.5	155	152.5
第一组分质量分数/%	15	40	63	85		88	10	
第二组分（余量）	2-氯乙醇	2-丙氧基乙醇	环己醇	1,3-二氯-2-丙醇	2-甲基环己醇	2-丁氧基乙醇	1-乙氧基-2-乙酰氯基乙烷	
共沸点/℃	128	149.5	155.2	157.8	158.4	158.5	156.6	

（2）对氯甲苯

第一组分质量分数/%	27	23	68	＞46	86	≈92	55	60.8
第二组分（余量）	甲酸	丙酸	丁酸	1-己醇	乙二醇	1-庚醇	环己醇	水
共沸点/℃	99.1	140.8	156.8	＜154.0	154.8	161.9	156.5	89.16

第一组分质量分数/%	72	28	＜20	58	30	78	≈75
第二组分（余量）	乙醇胺	乳酸乙酯	*α*-蒎烯	糠醛	2-丙氯基乙醇	1,3-二氯-2-丙醇	2-甲基环己醇
共沸点/℃	148.3	152	＜155.5	157.2	149.7	160.0	161.1

表6.3.13　第一组分为溴苯的二元共沸物及其共沸点

第一组分质量分数/%	甲酸	乙酸	丙酸	丁酸	乙二醇	1-己醇	环己醇	2-氯乙醇	莰烯
第二组分（余量）	32	5	37.5	82	88	66	69	32	56
共沸点/℃	98.1	118	140.2	152.2	150.2	151.6	153.6	127.5	155.0

第一组分质量分数/%	*α*-蒎烯	糠醛	乳酸甲酯	乳酸乙酯	乙醇胺	异戊酸丙酯	3-甲基-1-丁醇	2-乙氧基乙醇
第二组分（余量）	50	77	78	47	≈78	57	15	14
共沸点/℃	153.4	153.3	141.5	150.1	145	154.5	131.7	135.2

第一组分质量分数/%	1,3-二氯-2-丙醇	2-丙氧基乙醇	2-丁氧基乙醇	1,2,3-三氯丙烷	1-乙氧基-2-乙酰氧基乙烷
第二组分（余量）	约91	≈52	93.5	70	63
共沸点/℃	155.5	148.2	155.9	155.6	155.5

表6.3.14　第一组分为其他苯的二元共沸物及其共沸点

第一组分	硝基苯					
质量分数/%	12	76	97	81	7	35
第二组分（余量）	水	乙酰胺	*N*, *N*-二甲基苯胺	苯甲酸乙酯	马来酸二甲酯	樟脑
共沸点/℃	98.6	210.95	210.72	210.6	203.9	208.4

第一组分	硝基苯				联苯		氮苯
质量分数/%	41	38	92	42.0	36.0	45.0	71.6
第二组分（余量）	乙二醇	苄醇	2-苯基乙醇	苯甲醇	乙二醇	甘 油	水
共沸点/℃	185.9	204.2	210.6	204.0	192.0	243.8	90.2

表6.3.15 第一组分为萘的二元共沸物及其共沸点

第一组分质量分数/%	49	40	35	25.5	45	70	88.5
第二组分（余量）	乙二醇	苄醇	莰醇	薄荷醇	α-萜品醇	香茅醛	邻苯二酚
共沸点/℃	183.9	204.1	213	215.2	212	217	217.5
第一组分质量分数/%	63.5	97.2	40	88.8	95	28	72.8
第二组分（余量）	4-氯苯酚	间甲苯酚	2-硝基苯酚	1,3,5-三甲苯	苯甲酸	乙酸苄酯	乙酰胺
共沸点/℃	216.3	202.1	215.8	217.5	217.7	214.6	199.6

6.3.4 三元共沸物的共沸点

表6.3.16 含芳烃三元共沸物的共沸点

第一组分	第二组分	质量分数/%	第三组分	质量分数/%	共沸点/℃
苯	水	7.4	乙醇	18.5	64.9
	丙醇	9	水	8.6	68.2
	异丙醇	18.7	水	7.5	66.5
	2-丁醇	5.82	水	8.63	69.0
	叔丁醇	21.4	水	8.1	67.3
	烯丙醇	9.16	水	7.6	68.2
	己醇	7.5	水	1.3	69.2

第一组分	第二组分	质量分数/%	第三组分	质量分数/%	共沸点/℃
苯	乙腈	23.3	水	8.2	66.0
	甲乙酮（丁酮）	17.5	水	8.9	68.9
乙苯	乙二醇甲醚	7.4	水	25.4	90.1
氯苯	水	20.2	氯化氢	5.3	96.9
	水	11.0	溴化氢	10.4	105
氯代甲苯	苯甲醛	31	孟烯	36	163

6.4 黏度

6.4.1 气态芳烃

表6.4.1 气态苯烃的黏度　　单位：μPa·s

名称	温度/℃							
	−50	0	50	100	150	200	250	300
苯	5.857	7.118	8.372	9.619	10.86	12.10	13.33	14.56
甲苯	5.335	6.488	7.631	8.767	9.899	11.03	12.15	13.27
邻二甲苯	5.004	6.082	7.155	8.221	9.281	10.34	11.39	12.44
间二甲苯	4.428	5.750	7.004	8.204	9.361	10.48	11.58	12.64
对二甲苯	4.429	5.730	6.975	8.170	9.322	10.44	11.53	12.59
1,2,3-三甲苯	4.462	5.466	6.471	7.471	8.464	9.449	10.42	11.38
1,2,4-三甲苯	4.459	5.468	6.471	7.470	8.462	9.444	10.42	11.37
1,3,5-三甲苯	4.462	5.468	6.471	7.469	8.459	9.440	10.41	11.36
乙苯	4.448	5.777	7.037	8.243	9.405	10.53	11.63	12.70
丙苯	4.121	5.384	6.579	7.722	8.824	9.892	10.93	11.95
异丙苯	4.226	5.511	6.727	7.889	9.010	10.10	11.16	12.19
丁苯	4.257	5.218	6.177	7.131	8.079	9.018	9.947	10.86
异丁苯	4.343	5.326	6.303	7.276	8.242	9.199	10.14	11.08
仲丁苯	4.346	5.324	6.303	7.277	8.244	9.203	10.15	11.09
叔丁苯	4.464	5.473	6.478	7.479	8.473	9.458	10.43	11.39
联苯	4.759	5.649	6.586	7.559	8.558	9.569	10.59	11.60

续表

名称	温度/℃							
	350	400	450	500	550	600	650	700
苯	15.79	16.96	18.08	19.16	20.20	21.21	22.18	23.13
甲苯	14.39	15.50	16.55	17.56	18.53	19.47	20.38	21.27
邻二甲苯	13.49	14.54	15.56	16.54	17.49	18.40	19.28	20.14
间二甲苯	13.69	14.72	15.72	16.72	17.69	18.66	19.61	20.55
对二甲苯	13.63	14.65	15.66	16.64	17.62	18.58	19.53	20.46
1,2,3-三甲苯	12.33	13.26	14.18	15.08	15.96	16.82	17.67	18.50
1,2,4-三甲苯	12.32	13.24	14.15	15.05	15.92	16.78	17.62	18.44
1,3,5-三甲苯	12.30	13.23	14.13	15.02	15.89	16.74	17.58	18.39
乙苯	13.75	14.79	15.80	16.80	17.78	18.75	19.71	20.65
丙苯	12.94	13.92	14.88	15.82	16.75	17.67	18.58	19.47
异丙苯	13.20	14.20	15.17	16.13	17.08	18.01	18.94	19.85
丁苯	11.77	12.66	13.53	14.39	15.23	16.05	16.86	17.65
异丁苯	12.00	12.90	13.79	14.66	15.51	16.35	17.17	17.97
仲丁苯	12.01	12.92	13.81	14.69	15.55	16.39	17.21	18.02
叔丁苯	12.34	13.27	14.19	15.09	15.97	16.83	17.68	18.50
联苯	12.61	13.61	14.60	15.58	16.54	17.49	18.42	19.33

表6.4.2 其他气态苯烃的黏度

单位：μPa·s

名称	温度/℃							
	-50	0	50	100	150	200	250	300
氟苯	5.909	7.241	8.563	9.875	11.17	12.45	13.71	14.94
碘苯	6.765	8.222	9.672	11.11	12.55	13.98	15.40	16.82
溴苯	6.173	7.563	8.953	10.34	11.71	13.08	14.42	15.76
氯苯	5.095	6.645	8.113	9.517	10.87	12.18	13.46	14.71
邻二氯苯	5.390	6.602	7.815	9.025	10.23	11.42	12.60	13.77
间二氯苯	5.383	6.602	7.815	9.025	10.23	11.42	12.60	13.76
对二氯苯	5.361	6.592	7.814	9.025	10.23	11.42	12.60	13.75
邻氯甲苯	5.102	6.251	7.401	8.546	9.683	10.81	11.93	13.03
间氯甲苯	5.100	6.250	7.401	8.546	9.684	10.81	11.93	13.04
对氯甲苯	5.090	6.249	7.401	8.546	9.684	10.81	11.93	13.04
硝基苯	5.040	6.180	7.318	8.452	9.580	10.70	11.81	12.91
邻二硝基苯	4.551	5.574	6.598	7.623	8.646	9.665	10.68	11.68
间二硝基苯	4.684	5.769	6.847	7.918	8.981	10.04	11.09	12.13
对二硝基苯	4.817	5.848	6.893	7.945	9.001	10.06	11.11	12.16
二氯硝基苯	5.033	6.184	7.329	8.468	9.602	10.73	11.85	12.96
邻硝基氯苯	5.030	6.157	7.287	8.416	9.542	10.66	11.77	12.87
间硝基氯苯	5.136	6.295	7.454	8.609	9.757	10.90	12.04	13.16
对硝基氯苯	5.059	6.203	7.347	8.487	9.623	10.75	11.87	12.98

名称	温度/℃							
	350	400	450	500	550	600	650	700
氟苯	16.15	17.33	18.48	19.61	20.71	21.78	22.83	23.85
碘苯	18.23	19.64	21.06	22.47	23.85	25.17	26.45	27.70
溴苯	17.07	18.36	19.63	20.88	22.10	23.30	24.48	25.63
氯苯	15.93	17.13	18.31	19.47	20.61	21.74	22.85	23.95
邻二氯苯	14.93	16.06	17.18	18.28	19.36	20.43	21.47	22.49

续表

名 称	温度/℃							
	350	400	450	500	550	600	650	700
间二氯苯	14.91	16.05	17.16	18.26	19.33	20.39	21.42	22.43
对二氯苯	14.97	16.11	17.15	18.26	19.33	20.39	21.42	22.44
邻氯甲苯	14.12	15.19	16.25	17.29	18.30	19.30	20.28	21.24
间氯甲苯	14.13	15.20	16.25	17.29	18.31	19.31	20.29	21.25
对氯甲苯	14.13	15.20	16.26	17.29	18.31	19.31	20.30	21.26
硝基苯	13.99	15.07	16.12	17.16	18.18	19.18	20.17	21.13
邻二硝基苯	12.68	13.67	14.65	15.62	16.57	17.51	18.44	19.35
间二硝基苯	13.16	14.19	15.20	16.19	17.18	18.15	19.10	20.04
对二硝基苯	13.19	14.21	15.23	16.22	17.21	18.18	19.14	20.08
二氯硝基苯	14.06	15.15	16.22	17.28	18.32	19.34	20.36	21.35
邻硝基氯苯	13.96	15.04	16.10	17.15	18.18	19.19	20.19	21.17
间硝基氯苯	14.27	15.37	16.45	17.52	18.57	19.60	20.61	21.61
对硝基氯苯	14.08	15.16	16.23	17.28	18.31	19.38	20.12	20.66

表6.4.3 气态萘烃的黏度 单位：μPa·s

名 称	温度/K							
	250	300	350	400	450	500	550	600
萘				8.459	9.511	10.55	11.59	12.62
1,2,3,4-四氢化萘	4.991	5.995	6.998	7.996	8.988	9.972	10.94	11.91
名 称	温度/K							
	650	700	750	800	850	900	950	1000
萘	13.63	14.63	15.61	16.58	17.54	18.48	19.40	20.30
1,2,3,4-四氢化萘	12.86	13.80	14.72	15.63	16.52	17.40	18.26	19.10

6.4.2 液态芳烃

表6.4.4 液态苯烃的黏度 单位：mPa·s

名 称	温度/℃											
	−80	−60	−40	−20	0	20	40	60	80	100	120	140
苯					0.742^{10}	0.638	0.485	0.381	0.308	0.255	0.215	0.184
甲苯	3.88	2.30	1.49	1.04	0.758	0.580	0.459	0.373	0.311	0.264	0.228	0.200
邻二甲苯				1.63	1.11	0.809	0.625	0.501	0.412	0.345	0.294	0.254
间二甲苯			1.59	1.10	0.806	0.615	0.491	0.404	0.339	0.289	0.249	0.217
对二甲苯						0.642	0.506	0.410	0.340	0.288	0.248	0.217
1,2,4-三甲苯			5.55	2.87	1.64	1.01	0.660	0.455	0.327	0.243	0.187	0.147
1,3,5-三甲苯			5.91	3.15	1.84	1.15	0.769	0.539	0.393	0.296	0.230	0.183
乙苯	4.55	2.68	1.73	1.20	0.874	0.666	0.525	0.426	0.354	0.300	0.259	0.226
丙苯	7.32	4.06	2.49	1.65	1.16	0.857	0.658	0.521	0.424	0.353	0.299	0.257
异丙苯	6.39	3.58	2.22	1.48	1.05	0.780	0.601	0.479	0.391	0.326	0.277	0.240
丁苯	13.4	6.56	3.64	2.22	1.46	1.03	0.779	0.612	0.496	0.410	0.350	0.300
异丁苯			3.33	2.11	1.43	1.02	0.761	0.588	0.467	0.381	0.317	0.269
仲丁苯		5.81	3.38	2.15	1.46	1.04	0.778	0.602	0.479	0.391	0.325	0.276
联苯									1.24	0.957	0.760	0.617
萘										0.776	0.637	0.533
1,2,3,4-四氢化萘				5.34	3.32	2.20	1.54	1.12	0.848	0.661	0.527	0.431

续表

名称	温度/℃											
	160	180	200	220	240	260	280	300	320	340	360	380
苯	0.161	0.140	0.120	0.103	0.086	0.071	0.058					
甲苯	0.177	0.164	0.144	0.124	0.106	0.090	0.075	0.061	0.055^{310}			
邻二甲苯	0.224	0.199	0.179	0.160	0.139	0.121	0.103	0.087	0.073	0.059	0.053^{350}	
间二甲苯	0.192	0.171	0.167	0.146	0.126	0.108	0.091	0.076	0.062	0.050		
对二甲苯	0.192	0.172	0.165	0.144	0.124	0.106	0.090	0.075	0.061	0.049		
1,2,4-三甲苯	0.118	0.097	0.081	0.068	0.156	0.136	0.117	0.100	0.084	0.069	0.056	
1,3,5-三甲苯	0.148	0.123	0.103	0.167	0.146	0.126	0.107	0.090	0.075	0.061	0.048	
乙苯	0.200	0.179	0.165	0.145	0.126	0.108	0.091	0.076	0.063	0.051		
丙苯	0.225	0.199	0.177	0.164	0.143	0.124	0.106	0.090	0.075	0.062	0.050	
异丙苯	0.210	0.186	0.166	0.157	0.137	0.118	0.101	0.085	0.071	0.058	0.052^{350}	
丁苯	0.262	0.232	0.207	0.187	0.164	0.143	0.124	0.106	0.090	0.075	0.062	0.050
异丁苯	0.231	0.202	0.178	0.158	0.165	0.143	0.124	0.105	0.088	0.073	0.059	0.053^{370}
仲丁苯	0.237	0.207	0.183	0.163	0.153	0.135	0.119	0.103	0.089	0.076	0.064	0.053
联　苯①	0.511	0.430	0.368	0.318	0.278	0.246	0.219	0.197	0.178	0.202	0.181	0.161
萘②	0.453	0.391	0.341	0.301	0.269	0.242	0.219	0.191	0.171	0.153	0.135	0.119
1,2,3,4-四氯化萘③	0.359	0.303	0.260	0.226	0.198	0.176	0.178	0.159	0.140	0.123	0.107	0.092

① 温度为400、420、440、460、480、500、510℃时，其值分别为0.13、0.125、0.109、0.094、0.080、0.067和0.061mPa·s。
② 温度为400、420、440、460、470℃时，其值分别为0.103、0.0891、0.0760、0.0640和0.0585mPa·s；临界值为0.034mPa·s。
③ 温度为400、420、440℃时，其值分别为0.0787、0.0662、0.0548mPa·s。

表6.4.5　其他液态苯烃的黏度

单位：mPa·s

名称	温度/℃													
	−20	0	20	40	60	80	100	120	140	160	180	200	220	240
氟苯	1.04	0.764	0.584	0.461	0.375	0.312	0.265	0.229	0.200	0.173	0.150	0.128	0.109	0.091
碘苯	3.09	2.19	1.62	1.25	0.993	0.811	0.676	0.574	0.496	0.434	0.384	0.343	0.310	0.282
溴苯	2.12	1.51	1.13	0.876	0.700	0.574	0.480	0.409	0.355	0.311	0.276	0.248	0.224	0.222
氯苯	1.44	1.05	0.804	0.635	0.515	0.428	0.363	0.313	0.274	0.243	0.217	0.196	0.179	0.157
邻二氯苯		1.96	1.42	1.08	0.844	0.680	0.560	0.471	0.402	0.349	0.306	0.272	0.244	0.220
间二氯苯	2.29	1.66	1.26	0.987	0.797	0.660	0.557	0.479	0.417	0.368	0.329	0.296	0.269	0.247
对二氯苯					0.742	0.634	0.551	0.486	0.433	0.391	0.356	0.326	0.301	0.280
邻氯甲苯	2.07	1.36	0.943	0.686	0.519	0.405	0.325	0.266	0.222	0.189	0.163	0.142	0.125	0.112
间氯甲苯	2.52	1.67	1.17	0.862	0.657	0.517	0.417	0.344	0.289	0.246	0.213	0.187	0.166	0.148
对氯甲苯			0.870	0.690	0.563	0.470	0.400	0.346	0.304	0.270	0.242	0.219	0.200	0.184
硝基苯		2.910^{3}	2.030	1.46	1.11	0.870	0.700	0.576	0.483	0.411	0.355	0.311	0.275	0.246
邻二硝基苯								1.57	1.21	0.952	0.766	0.627	0.522	0.441
间二硝基苯							1.75	1.32	1.02	0.812	0.658	0.542	0.454	0.386
对二硝基苯											0.653	0.538	0.451	0.383
邻硝基氯苯			2.55	1.74	1.24	0.917	0.699	0.547	0.438	0.358	0.297	0.250	0.214	0.185
间硝基氯苯					1.62	1.23	0.970	0.782	0.643	0.539	0.458	0.395	0.345	0.304
对硝基氯苯							0.860	0.675	0.543	0.445	0.372	0.315	0.271	0.235
乙烯苯		1.047	0.749	0.565	0.453		0.309							
三氯甲苯		3.070^{10}	2.550^{17}											
单异丙基联苯			14.10	6.290	3.470	2.220	1.570	0.930	0.628	0.690	0.616	0.456	0.375	0.330
邻硝基甲苯		3.830	2.370	1.630	1.210									
间硝基甲苯			2.330	1.600	1.180									
对硝基甲苯					1.200									

续表

名 称	温度/℃													
	260	280	300	320	340	360	380	400	420	440	460	480	500	520
氟苯	0.074	0.060												
碘苯	0.258	0.246	0.221	0.197	0.171	0.153	0.133	0.115	0.098	0.082				
溴苯	0.197	0.174	0.152	0.132	0.113	0.096	0.080							
氯苯	0.137	0.118	0.101	0.085	0.071									
邻二氯苯	0.204	0.182	0.161	0.142	0.123	0.106	0.091	0.077	0.064					
间二氯苯	0.183	0.163	0.143	0.125	0.108	0.093	0.078	0.066						
对二氯苯	0.189	0.168	0.148	0.129	0.111	0.095	0.081	0.067						
邻氯甲苯	0.135	0.121	0.108	0.096	0.085	0.074	0.064							
间氯甲苯	0.136	0.123	0.110	0.098	0.086	0.076	0.066							
对氯甲苯	0.137	0.123	0.110	0.098	0.087	0.076	0.066							
硝基苯	0.221	0.416	0.368	0.322	0.280	0.241	0.205	0.172	0.142	0.115				
邻二硝基苯	0.377	0.326	0.285	0.251	0.224	0.280	0.250	0.222	0.195	0.170	0.147	0.125	0.105	0.087
间二硝基苯	0.332	0.288	0.253	0.224	0.283	0.251	0.222	0.194	0.168	0.144	0.122	0.102	0.083	0.066
对二硝基苯	0.329	0.286	0.251	0.223	0.279	0.248	0.219	0.192	0.166	0.142	0.120	0.100	0.082	0.065
邻硝基氯苯	0.162	0.143	0.223	0.197	0.173	0.150	0.129	0.110	0.092	0.076	0.061			
间硝基氯苯	0.271	0.243	0.235	0.208	0.183	0.159	0.137	0.116	0.098	0.081	0.065			
对硝基氯苯	0.207	0.183	0.245	0.217	0.192	0.167	0.145	0.124	0.105	0.088	0.072			
单异丙基联苯	0.289	0.254	0.224	0.198	0.175	0.155	0.138	0.124						

N 算图 6.2

苯与四氯化碳混合物的黏度（第781页左）

N 算图 6.3

苯及其化合物的黏度（第781页右）

6.5 表面张力

表6.5.1 芳烃的表面张力　　单位：mN/m

名 称	温度/℃											
	−60	−40	−20	0	20	40	60	80	100	120	140	160
苯				31.60	28.80	26.25	23.74	21.27	18.85	16.49	14.17	11.92
甲苯	38.14	35.70	33.28	30.89	28.54	26.22	23.94	21.69	19.49	17.34	15.23	13.17
邻二甲苯			34.70	32.50	30.33	28.18	26.06	23.97	21.91	19.88	17.88	15.93
间二甲苯		35.84	33.57	31.33	29.12	26.94	24.78	22.67	20.58	18.54	16.54	14.57
对二甲苯				29.9^5	28.07	26.00	23.95	21.94	19.95	18.00	16.08	14.20
1,2,3-三甲苯			32.16	30.29	28.45	26.62	24.81	23.02	21.26	19.52	17.81	16.12
1,2,4-三甲苯		35.68	33.63	31.61	29.60	27.61	25.65	23.72	21.81	19.92	18.07	16.25
1,3,5-三甲苯		34.86	32.80	30.76	28.74	26.75	24.78	22.84	20.92	19.04	17.18	15.36
乙苯	38.19	35.93	33.69	31.49	29.30	27.14	25.01	22.92	20.85	18.81	16.82	14.86
丙苯	37.41	35.27	33.15	31.06	29.00	26.96	24.94	22.96	21.01	19.09	17.20	15.35
异丙苯	36.47	34.39	32.33	30.28	28.26	26.27	24.30	22.35	20.43	18.55	16.69	14.87
丁苯	36.69	34.73	32.79	30.87	28.97	27.08	25.22	23.38	21.57	19.78	18.02	16.28
异丁苯		32.91	31.02	29.16	27.31	25.48	23.68	21.90	20.14	18.41	16.70	15.03
仲丁苯	35.79	33.90	32.02	30.16	28.31	26.49	24.69	22.91	21.16	19.42	17.72	16.04
叔丁苯		33.44	31.57	29.72	27.88	26.07	24.28	22.51	20.76	19.03	17.34	15.67

续表

名称	温度/℃											
	180	200	220	240	260	280	300	320	340	360	380	E_K①
苯	9.737	7.634	5.623	3.727	1.984	0.485						2.22
甲苯	11.17	9.231	7.365	5.582	3.898	2.339	0.958					2.2
邻二甲苯	14.01	12.13	10.30	8.525	6.809	5.162	3.600	2.145	0.846			
间二甲苯	12.66	10.80	8.992	7.250	5.582	4.000	2.526	1.199	0.128			2.25
对二甲苯	12.35	10.56	8.813	7.122	5.497	3.948	2.497	1.178	0.102			
1,2,3-三甲苯	14.46	12.84	11.24	9.686	8.171	6.701	5.283	3.927	2.645	1.462	0.431	
1,2,4-三甲苯	14.46	12.71	10.99	9.323	7.701	6.136	4.634	3.210	1.887	0.710	0.216^{370}	2.2
1,3,5-三甲苯	13.57	11.82	10.12	8.455	6.848	5.302	3.828	2.444	1.184	0.142		
乙苯	12.94	11.07	9.251	7.490	5.796	4.181	2.665	1.286	0.148			
丙苯	13.54	11.78	10.06	8.392	6.783	5.241	3.779	2.414	1.181	0.170		
异丙苯	13.08	11.34	9.639	7.984	6.386	4.853	3.397	2.041	0.827			
丁苯	14.58	12.91	11.27	9.676	8.122	6.616	5.165	3.780	2.476	1.280	0.263	
异丁苯	13.38	11.77	10.19	8.653	7.161	5.718	4.334	3.021	1.799	0.707	0.244^{370}	
仲丁苯	14.38	12.76	11.18	9.628	8.119	6.655	5.243	3.893	2.617	1.440	0.415	
叔丁苯	14.02	12.41	10.84	9.301	7.804	6.353	4.956	3.623	2.367	1.217	0.241	
联苯②	24.66	22.91	21.18	19.48	17.79	16.14	14.51	12.92	11.35	9.821	8.330	

① E_K—Eŏtvŏs 常数；

② 温度为 400、420、440、460、480、500℃时，其值分别为 6.883、5.484、4.144、2.872、1.690、0.639mN/m。

表6.5.2 其他芳烃的表面张力（Ⅰ）

单位：mN/m

名称	温度/℃													
	−20	0	20	40	60	80	100	120	140	160	180	200	220	240
氟苯	32.16	29.67	27.20	24.77	22.39	20.04	17.74	15.49	13.29	11.15	9.073	7.076	5.170	3.376
碘苯	43.46	41.20	38.97	36.75	34.56	32.40	30.26	28.15	26.06	24.01	21.99	20.00	18.05	16.13
溴苯	40.43	38.07	35.74	33.44	31.16	28.92	26.70	24.52	22.37	20.26	18.19	16.17	14.18	12.25
氯苯	36.31	32.80	30.49	28.21	25.96	23.75	21.57	19.42	17.32	15.25	13.23	11.26	9.350	7.501
邻二氯苯		38.82	36.64	34.47	32.33	30.21	28.11	26.05	24.00	21.99	20.01	18.06	16.14	14.26
间二氯苯	40.51	38.26	36.04	33.84	31.66	29.51	27.38	25.28	23.21	21.17	19.17	17.19	15.26	13.36
对二氯苯					30.76	28.68	26.62	24.58	22.58	20.60	18.65	16.74	14.86	13.03
邻氯甲苯	37.49	35.41	33.35	31.31	29.30	27.30	25.33	23.38	21.46	19.57	17.71	15.88	14.09	12.33
间氯甲苯	36.49	34.13	31.82	29.56	27.35	25.19	23.08	21.03	19.04	17.10	15.23	13.42	11.68	10.01
对氯甲苯			32.27	29.96	27.71	25.50	23.35	21.26	19.23	17.26	15.36	13.52	11.76	10.07
硝基苯			45.32	42.73	40.17	37.63	35.13	32.66	30.22	27.82	25.46	23.13	20.85	18.61
邻二硝基苯								38.76	36.99	35.21	33.44	31.65	29.88	28.11
间二硝基苯							41.60	39.69	37.78	35.87	33.96	32.05	30.14	28.23
对二硝基苯											34.01	32.40	30.79	29.17
2,5-二氯硝基苯					41.67	39.36	37.09	34.84	32.61	30.42	28.25	26.11	24.00	21.92
邻硝基氯苯				43.33	41.00	38.68	36.39	34.12	31.88	29.66	27.47	25.31	23.18	21.08
间硝基氯苯					40.67	38.25	35.85	33.49	31.16	28.85	26.58	24.35	22.15	20.00
对硝基氯苯							36.05	33.77	31.52	29.29	27.09	24.92	22.78	20.68
萘							31.77	29.56	27.34	25.13	22.91	20.70	18.91	17.14
1,2,3,4-四氢化萘	37.46	35.55	33.64	31.73	29.83	27.92	26.08	24.28	22.50	20.75	19.02	17.32	15.64	14.00

续表

名称	温度/℃													
	260	280	300	320	340	360	380	400	420	440	460	480	500	E_K①
氟苯	1.733	0.338												
碘苯	14.26	12.42	10.64	8.911	7.240	5.637	4.113	2.687	1.391	0.301				2.18
溴苯	10.37	8.552	6.801	5.128	3.551	2.094	0.809							2.19
氯苯	5.725	4.037	2.462	1.045										2.21
邻二氯苯	12.42	10.63	8.885	7.195	5.570	4.021	2.567	1.243	0.148					
间二氯苯	11.51	9.703	7.954	6.267	4.653	3.128	1.721	0.496						
对二氯苯	11.23	9.481	7.785	6.148	4.581	3.100	1.731	0.534						
邻氯甲苯	10.62	8.946	7.326	5.764	4.270	2.859	1.559							
间氯甲苯	8.422	6.916	5.500	4.184	2.980	1.905	0.986							
对氯甲苯	8.468	6.949	5.524	4.201	2.994	1.918	1.001							
硝基苯	16.42	14.28	12.20	10.18	8.228	6.361	4.589	2.935	1.440	0.213				
邻二硝基苯	26.33	24.56	22.78	21.00	19.23	17.45	15.68	13.90	12.12	10.35	8.572	6.796	5.020	
间二硝基苯	26.32	24.41	22.50	20.59	18.68	16.77	14.86	12.95	11.04	9.130	7.220	5.310	3.400	
对二硝基苯	27.56	25.94	24.33	22.72	21.10	19.49	17.87	16.26	14.65	13.03	11.42	9.804	8.190	
2,5-二氯硝基苯	19.89	17.88	15.92	14.00	12.13	10.31	8.545	6.845	5.219	3.681	2.254	0.981	0.010	
邻硝基氯苯	19.02	16.99	15.00	13.05	11.16	9.312	7.526	5.808	4.172	2.638	1.245	0.108		
间硝基氯苯	17.87	15.80	13.78	11.81	9.893	8.045	6.271	4.585	3.007	1.570	0.358			
对硝基氯苯	18.61	16.57	14.58	12.63	10.73	8.891	7.109	5.399	3.775	2.263	0.910			
萘	15.41	13.71	12.04	10.41	8.822	7.280	5.791	4.364	3.011	1.755	0.641	0.068^{470}		
1,2,3,4-四氢化萘	12.38	10.80	9.260	7.759	6.306	4.907	3.571	2.316	1.168	0.201				

① E_K—Eŏtvŏs 常数。

表6.5.3 其他芳烃的表面张力（Ⅱ）

单位：mN/m

名称	温度/℃							E_k
	0	20	40	60	80	100		
乙烯苯		32.0						
对异丙基甲苯	29.5^{5}	28.1				20.7		2.3
对溴甲苯			32.3	30.1	28.0	26	20^{164}	
对氯甲苯		32.6	30.3	28.0	25.9	23.8	19.1^{151}	
对氯溴苯				34	32	30	20^{194}	
硝基苯	46.4	43.9				34.4		2.2
碘　苯	40.3^{15}	39.7				30.6		2.18
吡　啶	40.8	38.2				26.4		2.3
喹　啉		45.0				35.8	25.1^{200}	2.4

注：右上角数字为与相对应的温度（℃）。

N 算图6.4
芳烃的表面张力（第782页左）

表6.5.4 芳烃与有机溶剂混合物的表面张力

单位：mN/m

溶质	溶剂	温度/℃	溶质的质量分数/%								
			10	20	30	40	50	60	70	80	90
苯	乙酸	35			26.04	25.62	25.48	25.39	25.26	25.19	25.42
	萘			31.7	30.7	29.2	27.8	26.7	25.5	23.4	
	四氯化碳	79.5	23.16	23.44	23.61	23.84	24.14	24.40	24.39		
硝基苯	环己烷	15								37.70	33.0
萘	苯	79.5		23.4	25.5	26.7	27.8	29.2	30.7	31.7	
	硝基苯酚	121	29.9	29.3	31.9	33.5	33.7	35.6	45.0		

6.6 溶解度

表6.6.1 苯类在水中的溶解度 单位：%(质量分数)

温度/℃	0	10	20	25	30	40	50	60	70	80	90	100
苯	0.153	0.163	0.175	0.186	0.19	0.206	0.225	0.25	0.277	0.326	0.396	$0.507^{107.4}$
甲苯①					0.057		0.068		0.083			0.11
硝基苯	0.1675	0.1697^{6}			0.2055		0.2633	0.311				
三硝基甲苯	0.010	0.011	0.013	0.015	0.0175	0.0285	0.0475	0.0675	0.0875	0.1075	0.1275	0.1475
24-二硝基氯苯		0.0008^{15}					0.042					0.16
对硝基氯苯			0.0028^{17}				0.0125					0.0153

① 温度为150、200、250、300℃时，其值分别为0.2%、0.7%、2.8%、13.0%。

表6.6.2 对二甲苯在溶剂中的溶解度 单位：%(质量分数)

名称	2,3,5,6-四氯对二甲苯	α,α'-二氯对二甲苯		
	25℃	25℃	50℃	75℃
丙酮	0	22.5	44.6	—
苯	4	19.8	37.8	64.3
四氯化碳	1	4.5	14.5	45.5
环己酮	0	27.4	43.2	66.5
乙醚	0	11.3	—	—
对二氧杂环己烷		21.1	39.7	64.0
乙酸乙酯	0	18.2	34.5	63.0
乙二酯	0	0	0	0
正庚烷	0	2.0	5.3	16.6
甲醇	0	3.2	10.0	—
四氢呋喃		30.6	46.5	—
水	0	0	0	0

表6.6.3 六氯二甲苯在溶剂中的溶解度 单位：%(质量分数)

名称	α,α'-六氯间二甲苯	α,α'-六氯对二甲苯	α,α',2,3,5,6-六氯对二甲苯		
	25℃	25℃	25℃	50℃	75℃
丙酮	82	26	4	6	—
苯	58	38	12	19	35
四氯化碳	50	22	2	5	9
环己酮	75	32	6	13	24
对二氧杂环己烷	66	—	5	12	23
乙酸乙酯	84	27	2	6	14
乙醚	80	33	2	—	—
乙二酯	0	0	0	0	0
正庚烷	54	16	2	3	6
甲醇	31	3	0	0	0
四氢呋喃	88	—	11	18	—
水	0	0	0	0	0

表6.6.4 苯类在脂肪胺中的溶解度(20～30℃)

名称	乙醇	乙醚	甲胺	二乙胺	三乙胺	二丙胺	丁胺	二丁胺	三丁胺	异戊胺	苯甲胺	氨(−33℃)
乙酰苯	∞	–	–	∞	–	–	∞	–	∞	–	–	s
二甲氨基偶氮苯	x	–	–	s,x	ss,x	ss,x	s,x	s	ss	s	s	–
2,4-二硝基甲苯	ss	–	vs	s,x	–	–	s,x	ss,x	ss,x	–	–	ss
间二硝基苯	ss,x	–	vs	9.3	ss	–	s	ss	ss,x	s	s	–
4,4′-二硝基联苯	ss	vs	–	ss	ss	–	ss,x	ss,x	ss,x	ss,x	ss,x	–
对二氯苯	es	vs	–	53	es,x	–	es	–	vs$^+$,x	es,x	es	ss
对二溴苯	s	–	–	40	vs$^+$,x	–	vs,x	vs	s,x	vs	vs$^+$	ss
六乙基苯	s	vs	–	–	–	–	ss,x	–	–	ss,x	–	–
苄叉乙酰苯	ss	vs	–	vs	–	–	es	–	ss,x	–	–	–
苯	∞	∞	–	∞	–	–	∞	∞	∞	–	∞	s
萘	ss	vs	–	27	s,x	–	vs,x	s	s,x	vs	s,x	ss
重氮氨基苯	s	vs	–	vs	–	–	–	–	–	es	–	vs
氧化偶氮苯	s	s	–	es	–	–	–	–	–	es	–	s
偶氮苯	ss	s	vs	vs	vs,x	–	vs	vs	s	vs	s	s
联苯	ss	s	–	41	s	–	vs	s	s,x	vs	vs	ss
硝基苯	∞	∞	∞	–	–	–	∞	–	∞	–	–	vs
间硝基甲苯	∞	∞	vs	–	–	–	–	–	–	–	–	–
对硝基甲苯	s	s	–	vs$^+$,x	–	–	–	–	s,x	vs,x	–	–
对硝基溴苯	ss	–	–	ss	ss	ss,x	s,x	ss	ss,x	s	s,x	–
对氯二苯	s	s	–	vs$^+$	vs$^+$,x	–	vs	vs	s,x	vs	vs	–
1-溴萘	∞	∞	–	∞	–	–	–	–	∞	–	–	–
对溴化硝基苯	s	s	–	s	–	–	–	–	–	–	–	–
邻溴甲苯	s	–	–	∞	–	–	–	∞	–	∞	∞	–
对溴甲苯	s	s	–	es	–	–	–	–	–	–	–	–

注：ins—不溶解或极轻微溶解；vs—易溶解，40～70g/100mL；ss—轻微溶解，＜10g/100mL；vs$^+$—很易溶解，70～100g/100mL；s—适度溶解，10～40g/100mL；es—极易溶解，＞100g/100mL；∞—成任何比例混溶；x—更易溶解于冷却时为晶体的热胺中；表中数字单位为g/100mL。

表6.6.5 几种气体在二甲苯中的溶解度

气体	温度/℃	压力/kPa	溶解度/(mL/mL)
氢	−20	13.33	0.013
		101.33	0.099
	0	13.33	0.009
		101.33	0.075
	20	13.33	0.009
		101.33	0.075
	40	13.33	0.01
		101.33	0.085
氧	16	101.33	0.179
甲烷	−20	13.33	0.1
		101.33	0.74
	0	13.33	0.085
		101.33	0.66
甲烷	20	13.33	0.07
		101.33	0.565
	40	13.33	0.055
		101.33	0.41
乙烯	−20	13.33	1.35
		101.33	9.1
	0	13.33	0.55
		101.33	5.95
	20	13.33	0.45
		101.33	3.8
	40	13.33	0.4
		101.33	3.03

算图6.5 水在芳烃中的溶解度（第782页右）

算图6.6 苯类在水中的溶解度（常压）（第783页左）

算图6.7 苯类在水中的溶解度（加压）（第783页右）

算图6.8 萘在八种溶剂中的溶解度（第784页左）

6.7 热导率

6.7.1 气态芳烃

表6.7.1 气态芳烃的热导率（Ⅰ） 单位：mW/(m·K)

名称	温度/℃															
	−50	0	50	100	150	200	250	300	350	400	450	500	550	600	650	700
苯	6.87	9.90	13.37	17.31	21.80	26.78	32.24	38.18	44.75	51.78	59.01	66.98	75.35	84.04	93.52	103.29
甲苯	5.85	8.93	12.49	16.50	20.89	25.59	30.55	35.69	41.00	46.43	51.87	57.30	62.79	68.02	73.14	78.62
邻二甲苯	5.64	8.24	11.30	14.81	18.81	23.29	28.22	33.65	39.40	45.67	52.60	59.90	67.62	75.76	84.32	93.30
间二甲苯	5.64	8.24	11.30	14.81	18.81	23.29	28.22	33.65	39.40	45.67	52.60	59.89	67.67	75.57	83.96	93.52
对二甲苯	5.64	8.24	11.30	14.81	18.81	23.29	28.22	33.65	39.40	45.67	52.60	59.90	67.62	75.76	84.32	93.30
1,2,3-三甲苯	5.98	8.73	11.95	15.54	19.44	23.64	28.10	32.74	37.53	42.46	47.50	52.52	57.54	62.56	67.58	72.60
1,2,4-三甲苯	5.95	8.74	11.94	15.48	19.36	23.52	27.91	32.51	37.26	42.11	47.07	52.10	57.11	62.17	67.02	71.61
1-3,5-三甲苯	5.72	8.43	11.68	15.31	19.25	23.50	27.97	32.63	37.46	42.44	47.50	52.52	57.54	62.56	67.59	72.50
乙苯	5.72	8.40	11.55	15.14	19.22	23.80	28.88	34.39	40.44	46.97	53.85	61.11	69.07	77.47	86.11	95.56
丙苯	5.28	7.77	10.69	14.11	17.98	22.29	27.06	32.30	37.98	44.17	50.74	57.62	64.89	72.79	81.43	90.26
异丙苯	5.34	7.75	10.72	14.13	17.98	22.29	27.07	32.28	37.93	44.15	50.75	57.57	65.11	73.12	81.16	89.88
丁苯	5.76	8.47	11.72	15.35	19.32	23.56	28.03	32.71	37.48	42.43	47.54	52.33	57.08	62.15	67.17	72.08
仲丁苯	5.36	8.28	11.73	15.57	19.73	24.16	28.81	33.60	38.51	43.40	48.32	53.36	58.37	63.40	68.42	73.44
叔丁苯	5.36	8.50	12.16	16.23	20.64	25.30	30.18	35.18	40.42	44.95	49.89	56.89	62.13	66.10	71.44	76.42
联苯	4.68	6.52	8.89	11.75	15.04	18.73	22.81	27.30	32.16	37.39	43.13	49.33	55.55	62.16	69.55	77.23

表6.7.2 气态芳烃的热导率（Ⅱ） 单位：mW/(m·K)

名称	温度/℃															
	250	300	350	400	450	500	550	600	650	700	750	800	850	900	950	1000
氟苯	9.163	12.80	17.07	21.92	27.41	33.43	40.08	47.28	55.23	63.60	72.38	82.01	92.05	102.5	113.8	125.5
碘苯	4.226	6.025	8.075	10.25	12.55	14.98	17.49	20.04	22.64	25.27	27.95	30.63	33.26	35.86	38.41	40.96
溴苯	7.991	11.42	15.44	20.04	25.23	31.00	37.36	44.35	51.88	59.83	68.62	77.82	87.86	97.91	108.8	120.5
氯苯	7.824	11.00	14.77	19.04	23.81	29.16	35.02	41.38	48.12	55.65	63.60	71.96	81.17	90.37	100.4	110.9
邻二氯苯		7.615	10.04	12.64	15.40	18.28	21.21	24.18	27.20	30.21	33.18	36.11	39.04	41.84	44.77	47.70
间二氯苯	5.439	7.657	10.08	12.68	15.44	18.33	21.25	24.23	27.24	30.21	33.18	36.11	39.04	41.84	44.77	47.70
对二氯苯			10.08	12.68	15.44	18.28	21.21	24.23	27.20	30.17	33.14	36.07	38.99	41.84	44.77	47.70
氯化钾苯	6.109	8.786	11.84	15.27	19.04	23.05	27.32	31.80	36.48	41.34	46.44	51.46	56.48	61.92	67.36	72.80
硝基苯		8.242	11.13	14.27	17.61	21.17	24.89	28.66	32.64	36.61	40.71	44.77	48.53	52.72	56.48	60.25
邻二硝基苯				11.55	14.18	16.95	19.87	22.84	25.90	29.00	32.09	35.23	38.37	41.51	44.77	47.70
间二硝基苯				11.97	14.73	17.61	20.59	23.68	26.86	30.08	33.30	36.57	39.83	43.10	46.02	49.37
对二硝基苯					14.73	17.66	20.63	23.77	26.90	30.12	33.39	36.61	39.92	43.10	46.44	49.37
2,5-二氯硝基苯			8.326	10.46	12.72	15.10	17.61	20.17	22.76	25.40	28.03	30.75	33.39	35.98	38.53	40.96
邻硝基氯苯			9.372	11.88	14.56	17.41	20.33	23.39	26.48	29.62	32.80	36.07	39.25	42.26	45.19	48.12
间硝基氯苯			9.581	12.13	14.90	17.78	20.79	23.89	27.07	30.29	33.56	36.86	40.08	43.10	46.44	49.37
对硝基氯苯				11.97	14.69	17.53	20.50	23.56	26.69	29.87	33.10	35.98	39.54	42.68	45.61	48.53
萘				15.48	19.37	23.39	27.61	31.92	36.28	40.67	45.19	49.37	53.97	58.16	62.76	66.94
1,2,3,4-四氢化萘	7.615	10.75	14.35	18.12	22.47	26.90	31.55	36.36	41.25	46.44	51.46	56.48	61.50	66.11	71.13	76.15

6.7.2 液态芳烃

表6.7.3 液态芳烃的热导率 单位：mW/(m·K)

名 称	温度/℃											
	-80	-60	-40	-20	0	20	40	60	80	100	120	140
苯						146.0	138.5	131.8	125.5	119.2	113.0	107.5
甲苯	196.2	182.0	169.9	159.8	150.6	142.7	135.1	128.4	121.8	115.9	110.0	104.6
邻二甲苯				145.2	141.0	136.8	132.2	127.6	123.0	118.4	113.4	108.4
间二甲苯			149.4	145.2	140.6	136.4	131.8	127.2	122.2	117.2	112.1	107.1
对二甲苯						136.4	131.8	126.8	122.2	117.2	112.1	106.7
1,2,3-三甲苯				141.8	138.1	134.3	130.1	126.4	122.2	118.0	113.4	109.2
1,2,4-三甲苯			158.6	149.8	141.8	134.3	127.6	120.9	115.1	109.2	103.8	98.3
1-3,5-三甲苯			149.0	141.4	134.3	127.6	120.9	115.1	109.6	104.2	99.2	94.1
乙苯	180.3	168.6	158.6	149.8	142.3	135.1	128.9	122.6	116.7	111.3	105.9	100.8
丙苯	151.9	148.1	144.3	140.2	136.4	132.2	128.0	123.8	119.2	114.6	110.0	105.4
异丙苯	170.3	161.9	154.4	147.3	140.2	133.9	127.6	121.3	115.9	110.5	105.0	100.0
丁苯	181.6	172.4	163.6	156.1	148.5	141.8	135.1	128.9	123.0	117.6	112.1	106.7
异丁苯			139.3	135.6	131.8	127.6	123.8	119.7	115.9	110.7	107.1	102.9
仲丁苯		140.6	137.2	133.5	130.1	126.4	122.6	118.8	114.6	110.9	106.7	102.5
叔丁苯			136.4	132.6	129.3	125.5	121.8	118.0	113.8	110.0	105.9	101.7
联苯									136.8	133.9	131.4	128.4
单异丙基联苯						127.3	124.1	120.9	118.6	116.2	114.4	117.1
名 称	温度/℃											
	160	180	200	220	240	260	280	300	320	340	360	380
苯	101.7	96.2	91.2	86.6	82.8							
甲苯	99.2	93.7	88.7	83.7	79.1	74.9	72.0					
邻二甲苯	103.3	97.9	92.0	86.6	80.3	74.1	66.9	59.4	51.0	40.6		
间二甲苯	101.7	95.8	90.0	84.1	77.4	70.7	63.2	54.8	45.2			
对二甲苯	101.3	95.8	90.0	83.7	77.4	70.3	62.8	54.4	44.4	30.4		
1,2,3-三甲苯	104.6	100	95.0	90.0	84.9	79.5	73.6	67.4	61.1	53.6	45.6	35.0
1,2,4-三甲苯	93.7	89.1	84.5	80.3	76.1	72.0	67.8	63.6	59.0	53.6	46.0	
1-3,5-三甲苯	89.5	85.4	80.8	77.0	72.8	68.6	64.4	60.2	55.2	49.0	37.7	
乙苯	95.8	91.2	86.2	81.6	77.0	72.4	68.2	64.9				
丙苯	100.4	95.4	90.4	84.9	79.1	73.2	66.9	59.8	52.3	43.1	30.9	
异丙苯	95.0	90.4	85.8	81.6	77.0	72.8	68.2	63.2	57.7	50.2	0.0	
丁苯	101.7	97.1	92.5	87.9	83.3	79.1	74.5	70.3	65.3	60.2	53.6	
异丁苯	98.3	93.7	88.7	83.7	78.7	73.2	67.4	61.1	54.0	46.4	37.1	
仲丁苯	98.3	93.7	89.1	84.5	79.5	74.5	69.0	63.2	57.3	50.2	42.7	32.8
叔丁苯	97.5	92.9	88.3	83.7	78.7	73.2	67.8	61.9	55.6	49.0	40.8	30.1
联苯	125.5	122.6	119.7	117.2	114.2	111.3	108.4	105.4	102.9			
单异丙基联苯	118.3	114.5	111.6	109.2	100.0	97.4	94.1	90.6	87.2	84.1	81.4	79.0

表6.7.4 其他液态芳烃的热导率 单位：mW/(m·K)

名 称	温度/℃													
	-20	0	20	40	60	80	100	120	140	160	180	200	220	240
氟苯	140.6	135.6	130.5	125.1	119.7	114.2	108.4	102.5	96.23	89.54	82.84	75.31	67.36	58.58
碘苯	105.9	103.3	100.8	98.32	95.81	92.88	90.37	87.45	84.52	81.59	78.66	75.31	72.38	69.04
溴苯	118.0	115.1	111.7	108.4	105.0	101.7	98.32	94.56	91.21	87.45	83.68	79.50	75.31	71.13
氯苯	136.8	132.6	128.4	124.3	120.1	115.9	111.3	106.7	102.1	97.49	92.47	87.03	81.59	76.15

续表

名　称	温度/℃													
	−20	0	20	40	60	80	100	120	140	160	180	200	220	240
邻二氯苯		122.2	119.2	113.8	112.5	109.2	105.9	102.1	98.74	94.98	91.21	87.45	83.26	79.08
间二氯苯	125.1	121.8	118.4	115.1	111.7	108.4	104.6	101.3	97.49	93.72	89.54	85.77	81.59	77.40
对二氯苯					112.1	108.4	105.0	101.3	97.49	93.72	89.96	85.77	81.59	77.40
邻氯甲苯	131.0	127.6	124.3	120.5	117.2	113.4	109.6	105.9	102.1	97.91	94.14	89.96	85.35	80.75
间氯甲苯	131.4	128.0	124.3	120.9	117.6	113.8	110.0	106.3	102.5	98.32	94.56	90.37	85.77	81.59
对氯甲苯			124.7	120.9	117.6	113.8	110.0	106.3	102.5	98.74	94.56	90.37	86.19	81.59
硝基苯			136.4	132.6	129.3	125.5	121.8	118.0	114.2	110.0	105.9	101.7	97.49	93.30
邻二硝基苯								116.7	113.8	110.9	107.9	104.6	101.7	98.32
间二硝基苯							118.0	115.1	111.7	108.8	105.4	102.5	99.16	95.81
对二硝基苯											105.4	102.1	98.74	95.40
2,5-二氯硝基苯					111.3	108.4	105.4	102.9	100.0	96.65	93.72	90.79	87.45	84.10
邻硝基氯苯				122.2	119.2	115.9	113.0	109.6	106.3	102.9	99.58	96.23	92.47	89.12
间硝基氯苯					118.0	115.1	111.7	108.4	105.0	101.7	98.32	94.56	90.79	87.03
对硝基氯苯							112.5	109.2	105.9	102.5	99.16	95.81	92.05	88.28
萘											148.5	148.4	148.1	147.7
1,2,3,4-四氢化萘	234.7	223.8	213.4	203.8	194.6	186.2	177.8	169.9	162.3	154.8	148.1	141.4	134.7	128.9

名　称	温度/℃													
	260	280	300	320	340	360	380	400	420	440	460	480	500	520
氟苯	48.53	34.94												
碘苯	65.69	62.34	58.58	54.81	51.04	46.86	42.26	37.03	31.17	23.56				
溴苯	66.94	62.34	57.32	51.88	46.02	39.66	31.76							
氯苯	69.87	63.60	56.48	48.53	39.25									
邻二氯苯	74.89	70.29	65.69	60.67	55.65	49.79	43.51	36.11	25.73					
间二氯苯	72.80	68.20	63.18	58.16	52.30	46.02	39.16	30.21						
对二氯苯	73.22	68.20	63.60	58.16	52.72	46.44	39.58	30.75						
邻氯甲苯	76.15	71.13	66.11	60.67	54.81	48.12	40.84							
间氯甲苯	76.99	71.96	66.94	61.50	55.65	49.37	42.26							
对氯甲苯	76.99	72.38	66.94	61.92	56.07	49.79	42.26							
硝基苯	88.70	83.68	78.66	73.64	68.20	62.34	56.07	49.37	41.05	29.96				
邻二硝基苯	95.40	92.05	88.70	84.94	81.59	77.82	74.06	69.87	65.69	61.50	56.90	51.88	46.44	40.46
间二硝基苯	92.47	88.70	85.35	81.59	77.82	73.64	69.45	65.27	60.67	56.07	50.63	45.19	38.58	30.38
对二硝基苯	92.05	88.70	84.94	81.17	77.40	73.64	69.45	64.85	60.67	55.65	50.63	44.77	38.12	29.66
2,5-二氯硝基苯	80.75	77.40	74.06	70.29	66.53	62.34	58.58	53.97	49.37	44.35	38.53	31.76	20.92	
邻硝基氯苯	85.35	81.59	77.40	73.22	69.04	64.43	59.83	54.39	48.95	42.68	35.56	25.19		
间硝基氯苯	83.26	79.08	75.31	70.71	66.11	61.50	56.48	51.04	44.77	37.95	28.87			
对硝基氯苯	84.52	80.75	76.57	72.38	67.78	63.18	58.58	53.14	47.70	41.13	33.35			
萘	103.4	100.0	97.6	94.1	91.8	88.3	86.0	82.5						
1,2,3,4-四氢化萘	122.6	116.7	110.9	105.4	99.58	93.72	87.45	80.33	71.55	66.11^{430}				

N 算图 6.9

苯类液体的热导率（第 784 页右）

表6.7.5 苯-乙醇溶液混合物的热导率 单位：W/(m·K)

温度/℃	苯的质量分数/%							
	6	10	20	30	40	50	60	75
0	0.1685	0.1677	0.1650	0.1620	0.1592	0.1568	0.1546	0.1511
15	0.1650	0.1634	0.1604	0.1581	0.1557	0.1530	0.1500	0.1464
30	0.1603	0.1596	0.1569	0.1538	0.1510	0.1486	0.1464	0.1418
50	0.1557	0.1548	0.1522	0.1493	0.1464	0.1435	0.1406	0.1360
70	0.1511	0.1497	0.1464	0.1434	0.1406	0.1377	0.1348	0.1302
90	0.1464	0.1449	0.1418	0.1390	0.1360	0.1326	0.1290	0.1244
100	0.1441	0.1430	0.1395	0.1358	0.1325	0.1296	0.1267	0.1209

表6.7.6 苯和一些物料混合物的热导率 单位：W/(m·K)

溶液名称	温度/℃	第一组分的质量分数/%					
		0	20	40	60	80	100
苯-甲醇	15	0.1464	0.1511	0.1615	0.1732	0.1860	0.2046
苯-甲酸甲酯	15	0.1464	0.1511	0.1569	0.1662	0.1790	0.1929
苯-甲苯	30	0.1441	0.1395	0.1371	0.1360	0.1336	0.1336
苯-四氯化碳	30	0.1441	0.1313	0.1209	0.1116	0.1058	0.1023
苯-三氯甲烷	15	0.1464	0.1395	0.1290	0.1232	0.1220	0.1209
甲苯-甲酸甲酯	15	0.1371	0.1406	0.1464	0.1522	0.1592	0.1685
氯苯-甲酸甲酯	15	0.1209	0.1290	0.1406	0.1557	0.1720	0.1929
氯苯-甲醇	15	0.1290	0.1360	0.1476	0.1627	0.1813	0.2045
氯苯-四氯化碳	15	0 .1267	0.1185	0.1116	0.1069	0.1034	0.1023

6.8 蒸气压

6.8.1 苯烃的蒸气压（温度为自变量）

表6.8.1 苯烃的蒸气压 单位：kPa

名称	温度/℃										
	−20	0	20	40	60	80	100	120	140	160	180
苯	0.770	3.370	10.03	24.37	52.19	101.0	180.0	300.3	480.2	712.6	1031
甲苯		1.657^{10}	2.911	7.887	18.52	38.82	74.17	131.3	218.1	308.5	520.3
乙苯	0.020^{-30}	0.253	0.943	2.865	7.394	16.77	34.25	64.21	112.1	184.4	288.6
丙苯				1.891^{50}	3.118	7.633	16.63	32.94	60.30	103.4	167.6
异丙苯	0.019	0.108	0.445	1.467	4.041	9.671	14.32	40.26	72.64	122.9	196.9
丁苯		0.019	0.096		1.965^{50}	3.163	7.452	15.78	30.60	55.15	93.44
异丁苯					1.894	4.830	10.89	22.21	41.69	73.04	120.7
仲丁苯					1.846	4.718	10.66	21.79	40.99	71.96	119.2
叔丁苯					2.148	5.435	12.17	24.66	46.02	80.19	131.9
邻二甲苯	0.032	0.167	0.652	2.046	5.441	12.66	26.47	50.64	90.04	150.5	239.3

续表

名 称	温度/℃										
	-20	0	20	40	60	80	100	120	140	160	180
间二甲苯	0.051	0.216	0.894	2.542	6.588	15.10	31.15	58.94	103.8	172.1	271.7
对二甲苯			0.866	2.646	6.858	15.62	32.06	60.37	105.9	174.9	275.6
1,2,3-三甲苯					1.576	4.106	9.441	19.61	37.43	66.60	111.6
1,2,4-三甲苯					2.044	5.207	11.75	24.01	45.20	79.44	131.8
1,3,5-三甲苯				1.421^{50}	2.381	6.011	13.47	27.34	51.20	89.58	148.0
联苯								1.504	3.456	7.246	14.06
单异丙基联苯							0.200	0.495	1.175	2.550	5.256
萘							2.466	5.610	11.59	22.10	39.38
1,2,3,4-四氢化萘							3.521	7.777	15.68	29.31	51.35

名 称	温度/℃										
	200	220	240	260	280	300	320	340	360	380	400
苯	1444	1966	2617	3417	4393						
甲苯	755.3	1062	1452	1940	2543	3280	3707^{310}				
乙苯	432.8	626.1	878.0	1199	1601	2098	2706	3445			
丙苯	259.4	386.0	554.7	774.4	1055	1404	1838	2367	3012		
异丙苯	301.4	443.3	629.1	870.6	1176	1557	2025	2595	2926^{350}		
丁苯	150.2	230.7	341.4	489.2	681.3	926.5	1234	1614	2081	2648	
异丁苯	189.8	294.0	431.9	614.9	851.8	1153	1529	1994	2564	2894^{370}	
仲丁苯	187.7	273.3	392.7	547.8	744.6	989.5	1291	1655	2095	2621	
叔丁苯	200.8	296.8	424.1	588.5	796.0	1054	1369	1750	2208	2756	
邻二甲苯	363.8	532.3	754.1	1039	1398	1844	2390	3054			
间二甲苯	410.4	597.5	842.6	1157	1552	2043	2646	3382			
对二甲苯	415.2	603.2	849.2	1164	1559	2049	2651	3384			
1,2,3-三甲苯	177.9	272.7	401.8	573.2	795.1	1077	1428	1862	2392	3034	
1,2,4-三甲苯	208.3	315.5	461.2	653.3	901.1	1215	1605	2086	2674	3015^{370}	
1,3,5-三甲苯	233.1	352.2	513.5	726.2	1000	1347	1781	2316	2973		
联苯①	25.55	43.88	71.74	112.4	169.8	248.1	345.8	476.0	640.5	844.9	1095
单异丙基联苯	10.26	18.94	33.19	55.00	89.44	137.5	209.3	304.1	435.4	608.0	825.7
萘②	49.71	106.1	162.9	289.2	344.4	478.4	648.6	860.9	1122	1440	1822
1,2,3,4-四氢化萘③	85.17	134.7	203.0	296.9	420.9	580.6	782.4	1032	1339	1709	2153

① 温度为420、440、460、480、500℃时，其值分别为1398、1760、2191、2700、3300kPa。
② 温度为420、440、460、470℃时，其值分别为2280、2826、3476、3845kPa。
③ 温度为420、440℃时，其值为2681、3310kPa。

表6.8.2 其他苯烃的蒸气压

单位：kPa

名 称	温度/℃											
	40	60	80	100	120	140	160	180	200	220	240	260
氟苯①	19.83	43.32	85.69	156.3	263.3	420.8	641.0	937.8	1326	1822	2445	3218
碘苯			2.865	6.683	14.07	27.17	48.89	82.79	132.6	202.7	298.2	424.8

续表

名　称	温度/℃											
	40	60	80	100	120	140	160	180	200	220	240	260
溴苯	1.328	3.673	8.807	18.83	36.68	66.12	111.8	178.9	277.9	410.9	587.0	814.1
氯苯	3.520	8.850	19.66	39.48	73.02	126.1	206.0	320.5	477.8	687.1	958.0	1301
邻二氯苯		1.445	3.726	8.516	17.62	33.60	59.77	100.3	160.0	242.6	355.9	505.2
间二氯苯		1.909	4.757	10.61	21.60	40.71	71.90	120.1	191.4	282.1	408.2	572.7
对二氯苯		1.806	4.607	10.41	21.29	40.12	70.57	117.1	185.0	277.1	403.1	568.1
邻氯甲苯	1.107	3.085	7.505	16.33	32.42	59.54	102.5	166.8	259.2	386.6	556.8	778.2
间氯甲苯	1.657	2.853	6.986	15.30	30.47	56.22	97.09	158.6	247.0	369.3	533.1	746.6
对氯甲苯		2.792	6.843	14.99	29.93	55.31	95.60	156.3	243.6	364.6	526.6	737.9
硝基苯			0.903	2.406	5.702	12.25	24.20	44.57	77.24	127.1	200.0	302.4
邻二硝基苯								1.475	3.268	6.701	12.85	23.25
间二硝基苯							1.109	2.592	5.557	11.07	20.68	36.57
对二硝基苯								2.803	5.970	11.81	21.96	38.62
2,5-二氯硝基苯						1.933	4.345	8.974	17.23	31.08	53.10	86.54
邻硝基氯苯					1.699	3.983	8.506	16.78	30.92	53.75	88.84	140.5
间硝基氯苯				0.938	2.389	5.470	11.45	22.15	40.16	68.81	112.2	175.5
对硝基氯苯					1.931	4.487	9.506	18.62	34.11	58.97	96.96	152.7
乙烯苯	1.970	5.152	12.02	25.41	49.10	88.15						

名　称	温度/℃											
	280	300	320	340	360	380	400	420	440	460	480	500
碘苯	588.0	794.5	1051	1366	1746	2204	2751	3403	4176			
溴苯	1101	1456	1888	2411	3037	3782						
氯苯	1726	2248	2880	3642								
邻二氯苯	697.2	939.0	1238	1602	2042	2568	3193	3932				
间二氯苯	782.1	1043	1364	1754	2222	2779	3440					
对二氯苯	779.0	1043	1369	1766	2242	2812	3490					
邻氯甲苯	1060	1412	1846	2373	3012	3780						
间氯甲苯	1018	1358	1778	2279	2906	3649						
对氯甲苯	1007	1344	1760	2265	2877	3612						
硝基苯	442.1	627.5	867.7	1173	1555	2027	2602	3301	4143			
邻二硝基苯	39.98	69.80	103.9	158.5	234.6	337.7	474.5	652.2	879.2	1165	1520	1958
间二硝基苯	61.59	99.34	154.4	232.0	338.5	481.3	668.6	909.9	1216	1600	2075	2658
对二硝基苯	64.73	104.0	161.0	241.0	350.6	496.9	688.3	934.4	1246	1635	2117	2708
2,5-二氯硝基苯	135.3	204.1	298.2	423.6	587.2	796.4	1060	1386	1787	2275	2865	3575
邻硝基氯苯	213.7	314.5	449.4	625.5	851.1	1135	1487	1920	2445	3080	3842	
间硝基氯苯	264.2	385.1	545.6	753.8	1019	1351	1762	2264	2875	3611		
对硝基氯苯	231.4	339.2	483.2	670.7	910.1	1212	1584	2041	2596	3267		

① 温度为0、20℃时，其值为0.171、0.639kPa。

6.8.2 芳烃的蒸气压（压力为自变量）

表6.8.3 芳烃蒸气压（不大于大气压）

名称	分子式	0.1	0.2	0.4	0.7	1.0	2	4	7	10	20	40	70	101.3	熔点/℃
		相应于上述蒸气压 (kPa) 的温度/℃													
苯	C_6H_6	−39.0	−32.9	−25.6	−19.1	−15.1	−6.8	2.8	12.3	19.6	34.5	52.5	68.7	80.1	5.5
甲苯	C_7H_8	−29.9	−21.6	−12.1	−3.7	1.7	12.9	25.6	37.0	44.9	61.2	80.7	98.2	110.6	−95.0
乙苯	C_8H_{10}	−13.2	−4.3	5.8	14.6	20.7	32.8	46.3	58.3	66.7	84.0	104.5	123.1	136.2	−94.9
丙苯	C_9H_{12}	2.6	12.1	22.8	32.1	38.2	50.7	64.9	77.5	86.2	104.4	126.0	145.5	159.2	−99.5
异丙苯	C_9H_{12}	−0.6	8.4	18.6	27.5	33.3	45.5	59.4	71.8	80.5	98.3	119.6	138.8	152.4	−96.0
丁苯	$C_{10}H_{14}$	18.8	28.8	39.9	49.6	56.3	69.9	85.1	98.7	108.0	127.3	149.4	169.1	183.1	−88
异丁苯	$C_{10}H_{14}$	10.2	20.3	31.5	41.3	48.0	61.5	76.3	89.5	98.8	117.8	139.8	159.2	172.8	−51.5
仲丁苯	$C_{10}H_{14}$	14.8	24.6	35.5	45.0	51.5	64.5	79.1	92.3	101.4	119.8	140.9	159.9	173.5	−75.5
叔丁苯	$C_{10}H_{14}$	9.2	19.1	30.2	39.8	46.2	59.3	73.9	86.9	95.9	114.4	136.1	155.2	168.5	−58
仲戊苯	$C_{11}H_{16}$	25.0	35.3	46.7	56.6	63.4	77.2	92.7	106.5	115.9	135.4	158.0	178.4	193.0	
庚苯	$C_{13}H_{20}$	59.3	71.2	84.3	95.6	103.4	118.9	135.9	150.7	161.0	182.7	207.1	228.7	244.0	
2-乙基甲苯	C_9H_{12}	5.7	15.3	26.1	35.6	42.1	55.1	69.5	82.3	91.2	109.7	131.6	151.3	165.1	
3-乙基甲苯	C_9H_{12}	3.5	13.0	23.7	33.1	39.4	52.1	66.4	79.2	88.1	106.4	128.0	147.6	161.3	−95.5
4-乙基甲苯	C_9H_{12}	3.9	13.4	24.1	33.5	39.6	52.4	66.7	79.5	88.4	106.9	127.5	147.1	162.0	
2-乙基-1,4-二甲苯	$C_{10}H_{14}$	21.8	31.8	43.1	52.9	59.8	73.4	88.7	102.3	111.7	130.8	153.1	173.0	186.9	
4-乙基-1,3-二甲苯	$C_{10}H_{14}$	22.3	32.5	43.9	53.8	60.6	74.2	89.7	103.5	112.9	132.3	154.5	174.4	188.4	
5-乙基-1,3-二甲苯	$C_{10}H_{14}$	18.1	28.3	39.7	49.6	56.4	70.0	85.3	99.1	108.4	127.7	149.9	169.6	183.7	
3-乙基异丙基苯	$C_{11}H_{16}$	24.2	34.7	46.3	56.3	63.1	77.0	92.5	106.3	115.9	135.6	158.2	178.5	193.0	
4-乙基异丙基苯	$C_{11}H_{16}$	27.5	37.8	49.3	59.3	66.2	80.1	95.8	109.8	119.2	138.5	161.5	181.8	195.8	
乙氧基苯	$C_8H_{10}O$	14.3	24.1	35.0	44.5	50.9	64.0	79.2	92.0	100.6	118.8	140.2	159.0	172.0	−30.2
3,5-二乙基甲苯	$C_{11}H_{16}$	29.9	40.4	52.2	62.4	69.4	83.5	99.4	113.7	123.3	142.8	166.0	186.6	200.7	
邻二乙基苯	$C_{10}H_{14}$	18.4	28.5	39.7	49.5	56.3	69.9	85.2	98.8	108.0	127.2	149.2	169.2	183.5	−31.4
间二乙基苯	$C_{10}H_{14}$	16.8	26.8	37.9	47.6	54.3	67.9	83.2	96.8	106.2	125.3	147.2	167.0	181.1	−83.9
对二乙基苯	$C_{10}H_{14}$	16.8	26.9	38.1	47.9	54.6	68.2	83.7	97.4	106.9	126.5	149.0	169.3	183.8	−43.2
1,3-二乙烯基苯	$C_{10}H_{10}$	28.6	39.1	50.7	60.9	67.9	82.0	97.9	112.0	121.6	141.5	164.8	185.3	199.5	−66.9
1,2-二异丙基苯	$C_{12}H_{18}$	35.8	46.5	58.4	68.7	75.8	90.1	106.3	120.4	130.1	150.0	173.6	194.6	209.0	

续表

名称	分子式	0.1	0.2	0.4	0.7	1.0	2	4	7	10	20	40	70	101.3	熔点/℃
		相应于上述蒸气压(kPa)的温度/℃													
1,3-二异丙基苯	$C_{12}H_{18}$	30.6	41.2	52.9	63.2	70.1	84.4	100.4	114.3	123.9	143.8	167.2	187.7	202.0	−105
邻二甲苯	C_8H_{10}	−7.3	1.8	12.0	20.9	27.0	39.2	52.9	65.2	73.8	91.4	112.3	131.1	144.4	−25.2
间二甲苯	C_8H_{10}	−10.3	−1.4	8.7	17.5	23.3	35.3	48.8	60.9	69.3	86.7	107.4	126.0	139.1	−47.9
对二甲苯	C_8H_{10}	−11.5	−2.7	7.4	16.2	22.2	34.3	47.9	60.0	68.4	85.8	106.6	125.2	138.3	13.3
2,4-二氨基甲苯	$C_7H_{10}N_2$	101.8	113.7	126.9	138.1	145.5	160.7	177.7	192.2	202.4	223.0	245.9	266.0	280.0	99
α,α-二氯甲苯	$C_7H_6Cl_2$	31.1	42.1	54.3	64.9	72.4	87.3	104.1	119.2	129.4	150.4	175.6	198.2	214.0	−16.1
1,2-二氯-3-乙苯	$C_8H_8Cl_2$	41.6	52.8	65.2	76.0	83.6	98.8	115.8	130.8	141.0	161.8	186.1	207.4	222.1	−40.8
1,2-二氯-4-乙苯	$C_8H_8Cl_2$	42.4	54.1	67.0	78.2	85.8	101.9	119.5	134.7	144.8	165.6	190.5	212.1	226.6	−76.4
1,4-二氯-2-乙苯	$C_8H_8Cl_2$	34.0	45.4	58.0	69.0	76.7	92.4	109.9	124.9	135.1	156.0	180.5	201.8	216.3	−61.2
邻二氯苯	$C_6H_4Cl_2$	16.2	26.1	37.2	46.8	53.5	67.0	82.2	95.7	104.9	123.9	146.0	165.4	179.0	−17.6
间二氯苯	$C_6H_4Cl_2$	8.1	18.4	29.9	39.8	46.4	59.8	74.8	88.3	97.3	116.2	138.9	159.0	173.0	−24.2
对二氯苯	$C_6H_4Cl_2$						62.6	77.7	91.3	100.5	119.0	140.6	160.1	173.9	53
3,4-二氯-α,α,α-三氟甲苯	$C_2H_3Cl_2F_3$	6.9	17.4	29.0	39.2	46.2	60.5	76.5	90.9	100.7	119.8	141.1	159.8	172.8	−12.1
1,2-二氯四乙基苯	$C_{14}H_{20}Cl_2$	100.5	113.4	127.6	139.8	148.0	164.7	183.4	200.2	211.3	234.3	261.0	285.0	302.0	
1.4-二氯四乙基苯	$C_{14}H_{20}Cl_2$	86.4	99.9	114.6	127.3	136.3	154.0	173.8	191.2	202.4	226.5	254.0	278.6	296.5	
1,2-二溴乙基苯	$C_{18}H_{39}N$	127.7	141.5	156.5	169.4	178.4	196.9	217.2	234.9	246.7	271.3	300.2	325.1	342.0	
对二溴代苯	$C_6H_4Br_2$	58.5	65.1	72.9	79.8	84.0	96.5	113.1	127.5	137.6	158.4	182.0	203.4	218.6	87.5
1,2,3-三甲基苯	C_9H_{12}	12.9	22.9	34.0	43.7	50.3	63.6	78.4	91.5	100.7	119.6	142.0	162.0	176.1	−25.5
1,2,4-三甲基苯	C_9H_{12}	10	19.3	29.9	39.1	45.4	58.3	72.9	85.8	94.8	113.4	135.5	155.3	169.2	−44.1
1,3,5-三甲基苯	C_9H_{12}	5.9	15.4	26.1	35.5	41.9	54.9	69.2	82.1	91.0	109.4	131.2	150.9	164.7	−44.8
1,2,4-三乙基苯	$C_{12}H_{18}$	41.8	52.6	64.7	75.1	82.4	97.1	113.8	128.2	138.1	158.4	182.7	203.8	218.0	
1,3,4-三乙基苯	$C_{12}H_{18}$	43.7	54.5	66.5	76.9	84.1	98.8	115.0	129.3	139.2	158.8	182.4	203.3	217.5	
1,2,4-三甲基-5-乙基苯	$C_{11}H_{16}$	39.6	50.1	61.9	72.0	78.8	92.9	102.8	119.1	131.9	151.0	174.0	194.3	208.1	
1,3,5-三甲基-2-乙基苯	$C_{11}H_{16}$	34.6	45.4	57.5	67.9	74.7	89.1	105.5	119.8	129.5	148.9	172.6	193.7	208.0	
1,2,3-三氯苯	$C_6H_3Cl_3$	35.4	47.1	59.9	71.0	78.9	94.6	111.7	127.2	137.3	158.0	182.5	203.9	218.5	52.5
1,2,4-三氯苯	$C_6H_3Cl_3$	34.0	45.2	57.5	68.2	75.5	90.3	106.9	121.6	131.5	151.9	176.5	198.2	213.0	17
1,3,5-三氯苯	$C_6H_3Cl_3$	–	–	–	64.7	71.9	86.7	103.1	117.7	127.5	147.7	172.0	193.6	208.4	63.5
α,α,α-三氟甲苯	$C_7H_5F_3$	−35.1	−27.0	−17.8	−9.6	−4.2	6.8	19.5	30.8	38.4	54.4	73.4	90.4	102.2	−29.3
α,α,α-三氯甲苯	$C_7H_5Cl_3$	41.6	52.3	64.2	74.6	81.6	95.9	112.1	126.1	135.8	155.8	178.9	199.3	213.5	−21.2

续表

名　称	分子式	0.1	0.2	0.4	0.7	1.0	2	4	7	10	20	40	70	101.3	熔点/℃
		相应于上述蒸气压(kPa)的温度/℃													
1,2,3,4-四甲基苯	$C_{10}H_{14}$	38.7	48.7	59.8	69.5	76.2	89.5	104.4	117.9	127.4	146.4	169.4	190.1	204.4	−6.2
1,2,3,5-四甲基苯	$C_{10}H_{14}$	36.9	46.5	57.2	66.5	72.6	85.0	99.1	111.7	120.5	139.9	163.3	183.8	197.9	−24
1,2,4,5-四甲基苯	$C_{10}H_{14}$	42.2	49.5	58.1	65.6	70.4	81.9	96.9	110.8	120.1	139.6	162.2	182.0	195.9	79.5
1,2,3,4-四乙基苯	$C_{14}H_{22}$	61.1	72.9	85.9	97.2	105.0	120.5	137.7	152.6	163.1	185.2	210.4	232.5	248.0	11.6
1,2,3,4-四氯苯	$C_6H_2Cl_4$	63.7	75.8	89.1	100.6	108.2	123.9	141.1	155.9	166.4	187.7	213.6	237.4	254.0	46.5
1,2,3,5-四氯苯	$C_6H_2Cl_4$	53.5	65.5	78.6	90.0	97.6	113.8	131.8	147.6	158.5	182.0	208.6	230.8	246.0	54.5
1,2,4,5-四氯苯	$C_6H_2Cl_4$	–	–	–	–	–	–	–	153.4	164.1	185.7	209.8	230.7	245.0	139
1,2,3,5-四氢-4-乙基苯	$C_8H_6Cl_4$	71.9	84.8	98.9	111.0	119.2	135.9	153.9	170.3	181.8	204.5	231.0	254.2	270.0	
3,4,5,6-四氯-1,2-二甲基苯	$C_8H_6Cl_4$	89.7	101.6	114.7	126.0	133.8	149.0	166.1	181.5	191.7	212.7	237.3	258.8	273.5	
五乙基苯	$C_{16}H_{26}$	80.7	94.1	108.6	121.0	129.0	145.0	163.2	179.7	190.6	213.1	238.9	261.4	277.0	
五乙基氯苯	$C_{16}H_{25}Cl$	84.8	98.0	112.5	124.9	133.5	150.4	169.3	186.3	197.9	220.0	245.5	268.8	285.0	
五氯乙基苯	$C_8H_5Cl_5$	91.0	104.2	118.7	131.2	140.3	158.0	177.2	194.3	205.9	230.1	257.4	281.7	299.0	
五氯苯	C_6HCl_5	93.8	105.9	119.2	130.6	138.0	153.0	170.2	185.8	196.3	217.1	240.9	261.7	276.0	85.5
六乙基苯	$C_{18}H_{30}$				135.3	143.5	160.2	178.9	195.3	206.3	230.0	256.9	280.9	298.3	130
六氯苯	C_6Cl_6	109.0	122.7	137.6	150.4	159.1	177.2	197.0	214.2	225.7	248.0	272.6	294.3	309.4	230
对甲氧基丙烯基苯	$C_{10}H_{12}O$	48.5	59.0	70.7	80.9	87.8	101.8	117.3	131.2	140.5	159.3	181.8	201.6	215.0	
甲氧基苯	C_7H_8O	1.8	11.1	21.6	30.8	36.9	49.7	63.9	76.5	85.2	103.3	124.4	142.8	155.5	−37.3
甲基异丙基苯	$C_{10}H_{14}$	13.3	23.5	34.9	44.7	51.4	64.8	79.8	93.3	102.6	121.9	143.8	163.4	177.2	−68.2
丙烯基苯	C_9H_{10}	13.6	23.6	34.9	44.6	51.3	65.0	80.4	94.0	103.4	122.6	144.8	164.8	179.0	−30.1
氟苯	C_6H_5F	−46.3	−38.7	−29.9	−22.2	−16.9	−6.3	5.6	16.4	23.8	39.2	57.5	73.6	84.7	−42.1
2-氟代甲苯	C_7H_7F	−27.3	−19.2	−9.8	−1.5	4.1	15.7	28.6	40.2	48.3	64.7	84.1	101.6	114.0	−80
3-氟代甲苯	C_7H_7F	−25.5	−17.3	−7.9	0.4	6.1	17.8	30.8	42.4	50.4	67.0	86.6	103.9	116.0	−110.8
4-氟代甲苯	C_7H_7F	−24.9	−16.7	−7.3	1.0	6.8	18.4	31.5	43.1	51.1	67.6	87.3	104.8	117.0	
1-羟-2-甲氧基-5-烯丙基苯	$C_{10}H_{12}O_2$	79.1	90.6	103.3	114.2	121.1	136.0	152.3	166.6	176.7	197.0	219.8	239.9	254.0	
4-烯丙基邻二甲氧基苯	$C_{11}H_{14}O_2$	80.6	91.8	104.1	114.7	121.4	135.7	151.3	165.4	175.3	194.6	216.5	235.2	248.0	
联(二)苯	$C_{12}H_{10}$	65.8	78.0	91.3	102.8	110.5	126.6	144.3	160.5	171.5	193.4	218.4	240.0	254.9	69.5
硝基苯	$C_6H_5NO_2$	40.3	50.8	62.4	72.4	79.2	92.8	108.1	121.9	131.5	151.4	175.1	196.1	210.6	5.7
邻硝基甲苯	$C_7H_7NO_2$	45.6	56.8	69.3	80.0	87.5	102.5	118.8	133.4	143.2	163.5	187.2	207.9	222.3	−4.1
间硝基甲苯	$C_7H_7NO_2$	45.5	57.5	70.6	82.0	89.6	105.3	122.7	138.1	148.3	169.6	195.3	217.2	231.9	15.5

续表

名称	分子式	0.1	0.2	0.4	0.7	1.0	2	4	7	10	20	40	70	101.3	熔点/℃
		相应于上述蒸气压(kPa)的温度/℃													
对硝基甲苯	$C_7H_7NO_2$	48.9	61.1	74.5	86.0	93.9	110.1	127.8	143.5	154.0	175.9	201.3	223.2	238.3	51.9
4-硝基-1,3-二甲苯	$C_8H_9NO_2$	61.1	72.5	85.1	95.9	103.5	118.7	135.4	149.8	159.7	181.1	206.3	228.5	244.0	2
氯苯	C_6H_5Cl	−16.4	−7.6	2.5	11.3	17.2	29.4	43.1	55.0	63.2	80.6	101.0	119.2	132.2	−45.2
2-氯甲苯	C_7H_7Cl	1.7	11.3	22.0	31.4	37.8	50.7	65.1	78.1	86.9	105.6	127.4	146.3	159.3	
3-氯甲苯	C_7H_7Cl	1.0	10.7	21.6	31.1	37.7	51.0	65.9	79.3	88.4	107.2	129.6	149.1	162.3	
α-氯甲苯	C_7H_7Cl	18.2	28.0	39.0	48.6	55.2	68.6	83.6	96.8	106.0	124.8	146.3	165.6	179.4	−39
4-氯甲苯	C_7H_7Cl	1.7	11.4	22.3	31.8	38.3	51.5	66.4	79.6	88.6	107.6	129.9	149.1	162.3	7.3
2-氯乙苯	C_8H_9Cl	13.4	23.2	34.2	43.8	50.5	63.9	79.0	92.5	101.8	120.8	142.6	162.8	177.6	−80.2
3-氯乙苯	C_8H_9Cl	14.6	24.8	36.2	46.0	52.6	66.3	81.9	95.7	105.2	124.4	146.7	166.8	181.1	−53.3
4-氯乙苯	C_8H_9Cl	15.1	25.6	37.2	47.3	54.2	68.6	84.4	98.1	107.6	127.3	149.8	170.0	184.3	−62.6
1-氯-2-乙氧基本	C_8H_9ClO	41.8	52.1	63.6	73.7	80.6	94.8	110.4	124.0	133.4	152.6	175.2	194.8	208.0	
$\alpha,\alpha,\alpha,\alpha$-四氯甲苯	$C_7H_4Cl_4$	63.9	76.8	90.8	102.8	111.0	127.9	146.4	163.1	174.8	197.5	222.1	245.1	262.1	28.7
2-氯-α,α,α三氟甲苯	$C_7H_4ClF_3$	−3.6	5.7	16.3	25.5	31.8	44.5	59.0	71.8	80.5	99.0	120.5	139.2	152.2	−6.0
邻氯甲苯	$C_{12}H_9Cl$	86.4	94.0	102.7	111.5	124.2	143.9	161.5	177.6	188.1	209.2	233.3	253.7	267.5	34
对氯甲苯	$C_{12}H_9Cl$	91.2	104.3	118.6	130.8	139.1	156.0	175.0	191.5	202.7	226.3	252.9	276.3	292.9	75.5
异氰化苯	C_7H_5N	8.3	17.8	28.5	37.8	44.2	57.2	71.5	84.3	93.2	111.6	132.9	151.7	165.0	
2-异氰基甲苯	C_8H_7N	21.4	31.2	42.2	51.8	58.4	71.8	86.8	100.2	109.5	128.5	150.2	169.7	183.5	
偶氮苯	$C_{12}H_{10}N_2$	98.5	111.1	124.9	136.7	144.7	160.8	179.2	195.4	206.4	229.0	254.8	277.3	293.0	68
碘苯	C_6H_5I	20.2	30.3	41.6	51.4	58.2	71.9	87.1	101.0	110.3	129.9	153.4	174.2	188.6	−28.5
2-碘甲苯	C_7H_7I	32.9	43.9	56.2	66.8	73.8	88.5	104.8	119.6	129.6	149.9	174.5	196.2	211.0	
(2-溴乙基)-苯	C_8H_9Br	43.8	54.6	66.7	77.1	84.4	99.0	115.4	129.8	139.6	159.8	183.5	204.4	219.0	
对溴乙苯	C_8H_9Br	29.0	33.0	38.1	44.6	60.7	83.0	100.3	116.4	126.8	146.8	170.9	192.0	206.0	−45.0
溴苯	C_6H_5Br	−0.7	8.7	19.3	28.6	34.7	47.6	61.9	74.5	83.2	101.1	122.6	142.2	156.2	−30.7
2-溴甲苯	C_7H_7Br	20.7	30.3	41.1	50.5	56.9	69.8	84.2	96.5	104.7	123.6	147.0	167.5	181.8	−28
3-溴甲苯	C_7H_7Br	9.2	23.4	38.8	51.6	58.3	71.8	86.7	100.2	109.6	128.6	150.4	169.9	183.7	39.8
4-溴甲苯	C_7H_7Br	4.5	19.2	35.1	48.4	55.3	68.9	84.3	98.3	108.0	127.7	150.2	170.3	184.5	28.5
α-溴甲苯	C_7H_7Br	28.1	38.6	50.3	60.5	67.5	81.6	97.4	111.5	121.3	141.1	164.6	184.9	198.5	−4
4-溴联苯	$C_{12}H_9Br$	92.4	106.5	121.8	134.8	143.4	161.3	181.5	199.5	211.6	236.2	265.0	291.2	310.0	90.5
2-溴-1,4-二甲苯	C_8H_9Br	33.4	43.9	55.7	65.9	72.9	87.2	103.1	117.5	127.3	146.8	170.3	191.7	206.7	9.5
1,4-溴氯代苯	C_6H_4BrCl	27.9	38.4	50.2	60.3	67.0	81.0	96.6	110.7	120.1	139.6	162.5	182.7	196.9	

表6.8.4　芳烃蒸气压(不低于大气压)

名　称	分子式	101.3	200	400	700	1000	1500	2000	2500	3000	3500	4000	5000	6000	临界值	
		相应于上述蒸气压(kPa)的温度/℃													t_c/℃	p_c/MPa
苯	C_6H_6	80.1	103.7	132.5	159.4	178.1	203.0	220.7	236.0	248.6	260.7	271.3	289.3	…	290.5	5.08
甲苯	C_7H_8	110.6	136.4	167.3	195.6	215.1	242.2	261.6	278.2	291.8	305.7	317.8	…	…	320.6	4.21
乙苯	C_8H_{10}	136.2	163.4	196.2	225.6	245.6	273.6	293.6	311.1	325.5	…	…	…	…	346.4	3.86
氟苯	C_6H_5F	84.7	109.8	138.6	165.3	183.7	208.9	226.8	242.8	256.1	267.9	278.3	…	…	286.5	4.53
氯苯	C_6H_5Cl	132.2	160.1	193.5	223.8	244.5	272.2	291.9	309.2	323.4	336.9	348.7	…	…	359.2	4.52
碘苯	C_6H_5I	188.6	219.9	257.1	291.3	314.8	347.3	370.5	389.4	404.9	421.3	435.8	…	…	448.0	4.53
溴苯	C_6H_5Br	156.2	186.1	220.6	252.1	273.7	304.2	326.0	344.0	358.8	373.4	386.3	…	…	397.0	4.52
1-乙基萘	$C_{12}H_{12}$	65.2	77.4	90.8	102.4	110.2	126.3	143.9	159.6	170.6	193.4	219.4	242.2	258.1	−27	
顺-十氢化萘	$C_{10}H_{18}$	18.4	29.0	40.7	51.0	58.2	72.8	89.4	103.9	114.1	135.2	159.2	180.2	194.6	−43.3	
反-十氢化萘	$C_{10}H_{18}$	−5.6	6.6	20.0	31.7	40.1	57.3	76.6	93.7	105.0	126.2	149.7	171.2	186.7	−30.7	
1,2,3,4-四氢化萘	$C_{10}H_{12}$	33.9	44.4	56.0	66.2	73.1	87.2	102.9	117.2	126.9	147.1	171.1	192.4	207.2	−31.0	
2-异丙基萘	$C_{13}H_{14}$	71.1	83.5	97.2	108.9	116.8	132.8	150.6	166.8	178.0	200.8	226.9	250.0	266.0		
萘	$C_{10}H_8$	49.5	57.5	66.7	74.9	80.8	94.6	111.4	126.1	136.4	157.5	182.1	203.5	217.9	80.2	
α-氯萘	$C_{10}H_7Cl$	77.1	86.2	96.5	105.7	112.7	127.3	144.8	161.0	171.6	193.3	219.3	242.7	259.3	−20	
1-溴萘	$C_{19}H_7Br$	79.1	92.1	106.3	118.5	126.7	142.8	161.3	178.6	189.7	212.7	240.0	264.1	281.1	5.5	

N 算图6.10
芳烃的蒸气压（Ⅰ）
（第785页左）

N 算图6.11
芳烃的蒸气压（Ⅱ）
（第785页右）

N 算图6.12
氯苯的蒸气压
（第786页左）

N 算图6.13
其他苯烃的蒸气压
（第786页右）

6.9 比热容

6.9.1 气态苯的比热容

表6.9.1 气态苯的比热容 单位：J/(mol·K)

名称	温度/℃							
	-50	0	50	100	150	200	250	300
苯	57.4	72.7	89.7	104.8	118.1	130.5	141.8	152.3
甲苯	75.2	93.3	113.3	131.0	146.6	161.4	175.1	187.7
邻二甲苯	100.7	122.8	143.3	162.5	180.5	197.1	212.6	226.9
间二甲苯	93.6	116.6	138.0	158.0	176.6	193.8	209.8	224.6
对二甲苯	93.7	116.1	137.2	156.9	175.3	192.4	208.4	223.2
1,2,3-三甲苯	118.5	142.6	165.2	186.5	206.5	225.2	242.8	259.2
1,2,4-三甲苯	118.9	142.6	164.9	185.9	205.7	224.2	241.5	257.7
1,3,5-三甲苯	112.9	138.0	161.7	183.8	204.6	224.0	242.1	259.0
乙苯	92.2	116.7	139.5	160.5	179.8	197.5	213.7	228.6
丙苯	114.0	141.0	166.1	189.5	211.3	231.3	249.8	266.9
异丙苯	111.6	139.5	165.2	189.0	211.1	231.4	250.1	267.2
丁苯	133.0	162.6	190.3	216.2	240.4	263.0	284.0	303.4
仲丁苯	122.0	155.5	186.4	214.7	240.6	264.2	285.7	305.4
叔丁苯	119.1	155.5	188.0	217.9	245.1	269.5	291.5	311.5
联苯	108.6	144.5	177.1	206.7	233.3	257.4	278.9	298.3

名称	温度/℃							
	350	400	450	500	550	600	650	700
苯	161.8	170.4	178.3	185.4	191.9	197.7	203.0	207.7
甲苯	199.5	210.3	220.1	229.2	237.5	245.0	251.7	257.7
邻二甲苯	240.2	252.4	263.7	274.2	283.6	292.3	300.3	307.6
间二甲苯	238.2	250.7	262.3	272.8	282.5	291.4	299.5	306.9
对二甲苯	236.8	249.5	261.1	271.8	281.6	290.6	298.8	306.2
1,2,3-三甲苯	274.6	288.9	302.2	314.5	325.9	336.5	346.3	355.4
1,2,4-三甲苯	272.8	286.8	299.9	312.0	323.3	333.7	343.3	352.2
1,3,5-三甲苯	274.6	289.2	302.7	315.1	326.7	337.2	347.0	356.0
乙苯	242.2	254.6	265.9	276.2	285.6	294.2	302.1	309.3
丙苯	282.7	297.1	310.3	322.4	333.4	343.5	352.7	361.1
异丙苯	283.0	297.3	310.5	322.5	333.4	343.4	352.6	361.0
丁苯	321.4	338.0	353.2	367.2	380.0	391.6	402.2	411.7
仲丁苯	323.2	339.5	354.4	367.9	380.4	391.9	402.7	412.7
叔丁苯	329.4	345.6	360.3	373.8	386.1	397.5	408.3	418.6
联苯	315.6	331.1	345.0	357.4	368.7	379.0	388.5	397.5

表6.9.2 其他气态苯的比热容 单位：J/(mol·K)

名称	温度/℃							
	-50	0	50	100	150	200	250	300
氟苯	67.2	85.7	102.7	118.1	132.0	144.5	155.9	166.0
碘苯	74.0	92.0	108.3	123.0	136.3	148.3	159.0	168.7
溴苯	71.5	89.3	105.5	120.3	133.7	145.8	156.7	166.6
氯苯	70.8	89.1	105.6	120.6	134.2	146.4	157.3	167.2
邻二氯苯	87.6	105.2	121.3	135.7	148.6	160.3	170.6	179.9
间二氯苯	88.1	105.7	121.6	136.0	149.0	160.5	170.9	180.1
对二氯苯	88.0	105.7	121.8	136.2	149.1	160.8	171.1	180.3

续表

名称	温度/℃							
	-50	0	50	100	150	200	250	300
邻氯化甲苯	87.8	108.8	128.6	147.4	165.2	182.1	198.1	213.3
硝基苯	78.5	98.7	117.3	134.5	150.2	164.7	178.0	190.1
二硝基苯	100.9	124.2	145.6	165.3	183.4	200.0	215.0	228.7
二氯硝基苯	101.4	120.9	138.8	155.3	170.4	184.2	196.8	208.3
硝基氯苯	90.0	109.8	128.1	144.9	160.3	174.5	187.4	199.1
名称	温度/℃							
	350	400	450	500	550	600	650	700
氟苯	175.1	183.3	190.6	197.2	203.1	208.4	213.4	217.9
碘苯	177.3	185.0	191.8	198.1	203.7	208.9	213.6	218.2
溴苯	175.5	183.4	190.6	197.0	202.7	207.9	212.7	217.1
氯苯	175.9	183.8	190.8	197.1	202.8	208.0	212.8	217.3
邻二氯苯	188.1	195.4	201.8	207.6	212.8	217.5	221.7	225.8
间二氯苯	188.3	195.5	202.0	207.7	212.9	217.5	221.8	225.8
对二氯苯	188.5	195.8	202.2	207.9	213.1	217.7	221.9	225.9
邻氯化甲苯	227.8	241.5	254.6	267.2	279.1	290.7	301.8	312.6
硝基苯	201.0	210.9	219.9	228.0	235.2	241.8	247.6	252.8
二硝基苯	241.1	252.2	262.3	271.2	279.2	286.4	292.7	298.3
二氯硝基苯	218.6	227.9	236.3	243.8	250.4	256.4	261.6	266.3
硝基氯苯	209.8	219.4	228.1	235.9	242.9	249.1	254.6	259.6

算图 6.14
苯及其化合物的比热容（第 787 页左）

6.9.2 气态萘的比热容

表6.9.3 气态萘的比热容 单位：J/(mol·K)

名称	温度/℃							
	250	300	350	400	450	500	550	600
萘	103.3	129.6	153.5	175.2	194.9	212.6	228.6	242.9
1,2,3,4-四氢化萘	150.1	177.3	202.5	225.9	247.6	267.7	286.2	303.2
名称	温度/℃							
	650	700	750	800	850	900	950	1000
萘	255.8	267.4	277.8	287.1	295.6	303.3	310.5	317.3
1,2,3,4-四氢化萘	318.8	333.1	346.2	358.2	369.1	379.0	388.0	396.2

表6.9.4 苯蒸气的常压比热容

温度/℃	定压比热容			定容比热容		
	比热容 c_v /[kJ/(kg·K)]	摩尔比热容 c_{mv} /[kJ/(kmol·K)]	容积比热容 c_v' /[kJ/(m_n^3·K)]	比热容 c_v /[kJ/(kg·K)]	摩尔比热容 c_{mv} /[kJ/(kmol·K)]	容积比热容 c_v' /[kJ/(m_n^3·K)]
0	0.9433	73.688	3.2875	0.8365	65.356	2.9157
100	1.3352	104.29	4.6528	1.2284	95.961	4.2810
200	1.6760	130.92	5.8410	1.5696	122.59	5.4692
300	1.9565	152.82	6.8178	1.8497	144.49	6.4460
400	2.1826	170.49	7.8069	2.0758	162.16	7.2344
500	2.3693	185.06	8.2560	2.2625	176.72	7.8842
600	2.5242	197.16	8.7960	2.4175	188.82	8.4243
700	2.6553	207.41	9.25S7	2.5489	199.08	8.8819
800	2.7571	216.12	9.6422	2.6603	207.79	9.2704
900	2.8613	223.49	9.9709	2.7545	215.16	9.5901
1000	2.9429	229.85	10.255	2.8361	221.52	9.8829
1100	3.0128	235.34	10.499	2.9065	227.01	10.128
1200	3.0731	240.03	10.709	2.9663	231.70	10.337

6.9.3 液态芳烃的比热容

表6.9.5 液态芳烃的比热容 单位：kJ/(kg·℃)

名称	温度/℃										
	-80	-60	-40	-20	0	20	40	60	80	100	120
苯					1.570①	1.716	1.767	1.828	1.881	1.953	2.047
甲苯	1.476	1.487	1.534	1.582	1.630	1.681	1.757	1.834	1.902	1.970	2.073
邻二甲苯				1.636	1.679	1.726	1.836	1.903	1.970	2.037	2.104
间二甲苯			1.546	1.569	1.649	1.699	1.795	1.865	1.935	2.005	2.076
对二甲苯						1.698	1.758	1.821	1.889	1.962	2.036
1,2,3-三甲苯				1.679	1.733	1.788	1.847	1.910	1.973	2.036	2.100
1,2,4-三甲苯			1.618	1.665	1.701	1.773	1.849	1.911	1.973	2.036	2.099
1,3,5-三甲苯			1.552	1.605	1.665	1.727	1.832	1.897	1.964	2.030	2.097
乙苯	1.500	1.532	1.573	1.622	1.677	1.738	1.783	1.859	1.934	2.008	208.3
丙苯			1.540	1.611	1.683	1.756	1.828	1.900	1.972	2.044	2.115
异丙苯						1.769	1.834	1.910	1.982	2.030	2.107
丁苯	1.553	1.585	1.628	1.679	1.735	1.798	1.865	1.933	2.001	2.070	212.9
异丁苯			1.287	1.310	1.331	1.349	1.365	1.379	1.390	1.397	1.403
仲丁苯		1.311	1.398	1.484	1.570	1.655	1.738	1.820	1.900	1.979	2.057
叔丁苯			1.373	1.468	1.561	1.653	1.742	1.830	1.915	1.999	2.080

名称	温度/℃										
	140	160	180	200	220	240	260	280	300	320	340
苯	2.143	2.242	2.346	2.450	2.561						
甲苯	2.149	222.9	2.313	2.407	2.517	2.658					
邻二甲苯	2.172	2.241	2.311	2.383	2.460	2.543	2.638	2.755	2.919		
间二甲苯	2.147	2.219	2.294	2.371	2.454	2.546	2.655	2.800	2.898[290]		
对二甲苯	2.111	2.187	2.264	2.343	2.429	2.524	2.632	2.752	2.886		
1,2,3-三甲苯	2.163	2.227	2.292	2.358	2.425	2.495	2.570	2.652	2.748	2.870	3.050
1,2,4-三甲苯	2.162	2.226	2.291	2.358	2.426	2.499	2.579	2.670	2.783	2.942	3.059[330]
1,3,5-三甲苯	2.164	2.231	2.300	2.371	2.445	2.524	2.612	2.717	2.854	3.071	
乙苯	2.157	2.232	2.309	2.388	2.472	2.565	2.675	2.818			
丙苯	2.186	2.258	2.330	2.403	2.479	2.559	2.648	2.697[270]			
异丙苯	21.80	2.253	2.327	2.402	2.480	2.564	2.657	2.770	2.922		
丁苯	2.198	2.266	2.336	2.406	2.476	2.550	2.627	2.712	2.810	2.935	3.122
异丁苯	1.405										
仲丁苯	2.133	2.208	2.282	2.355	2.430	2.505	2.583	2.667	2.761	2.877	
叔丁苯	2.160	2.238	2.315	2.392	2.468	2.545	2.626	2.712	2.810	2.933	

① 固态。

表6.9.6 其他液态芳烃的比热容 单位：J/(mol·℃)

名称	温度/℃												
	-20	0	20	40	60	80	100	120	140	160	180	200	220
氟苯	140.6	144.4	146.8	148.7	153.9	160.6	167.1	173.6	180.3	187.4	195.3	204.6	216.8
碘苯	155.5	157.3	158.6	159.7	161.7	166.9	172.1	179.3	182.3	187.2	192.2	197.0	201.9
溴苯	147.8	153.5	155.2	157.5	158.7	164.0	169.3	174.8	180.4	185.7	191.0	196.4	201.8
氯苯	146.2	148.8	150.0	152.4	154.8	160.4	166.1	172.0	178.0	183.5	189.2	195.1	201.2

续表

名　称	温度/℃												
	−20	0	20	40	60	80	100	120	140	160	180	200	220
邻二氯苯	164.2	169.9	175.4	180.5	185.4	190.1	194.6	199.1	203.5	208.0	212.6	217.4	222.6
间二氯苯	157.7	163.7	169.4	174.7	179.7	184.6	189.2	193.7	198.1	202.6	207.1	211.9	216.9
对二氯苯					180.7	185.6	190.2	194.8	199.3	203.8	208.4	213.2	218.3
邻氯甲苯	151.4	158.2	164.7	171.0	177.1	183.0	188.8	194.6	200.4	206.2	212.2	218.5	225.1
间氯甲苯	151.6	158.3	164.9	171.2	177.3	183.2	189.0	194.8	200.6	206.4	212.4	218.6	225.2
对氯甲苯	164.9	171.2	177.3	183.2	189.0	194.8	200.5	206.4	212.3	218.5	225.0	232.0	239.6
硝基苯			178.5	183.7	189.1	194.5	199.9	205.3	210.8	216.2	221.6	227.1	232.7
邻二硝基苯								268.5	269.0	271.9	277.0	282.1	287.1
间二硝基苯							256.2	261.3	266.4	271.6	276.7	281.9	287.0
对二硝基苯													286.3
2,5-二氯硝基苯					221.9	226.3	230.9	235.4	240.1	244.7	249.3	254.0	258.7
邻硝基氯苯				207.4	209.4	214.3	215.7	220.6	225.6	230.6	235.5	240.6	245.6
间硝基氯苯					208.7	213.7	215.1	220.1	225.2	230.2	235.3	240.4	245.5
对硝基氯苯				204.4	209.1	212.3	215.5	220.4	225.5	230.4	235.5	240.5	245.6
联苯						1.792	1.854	1.915	1.977	2.040	2.101	2.164	2.225
单异丙基联苯			1.725	1.809	1.867	1.934	2.001	2.068	2.135	2.202	2.271	2.345	
萘							218.8	222.6	234.4	242.2	249.9	257.6	263.1
1,2,3,4-四氢化萘	219.3	227.4	235.7	244.1	251.6	260.4	269.1	277.8	268.3	294.7	303.0	311.3	319.5

名　称	温度/℃												
	240	260	280	300	320	340	360	380	400	420	440	460	480
碘苯	206.9	211.9	217.3	222.9	229.1	236.5	245.6						
溴苯	207.7	213.9	220.9	229.1	239.9								
氯苯	207.8	215.2	224.2	236.1									
邻二氯苯	228.3	234.5	241.5	249.3	258.2	268.3	279.9						
间二氯苯	222.4	228.3	235.0	242.5	251.1	260.8	272.0						
对二氯苯	223.7	229.7	236.4	244.0	252.5	262.2	273.3						
邻氯甲苯	232.2	239.9	248.3	257.6	268.0	279.6	292.8						
间氯甲苯	232.2	239.8	248.1	257.2	267.5	278.9	291.8						
对氯甲苯	247.8	256.9	267.1	278.4	291.2								
硝基苯	238.4	244.2	250.3	256.9	264.1	272.7	283.4	300.7	324.2				
邻二硝基苯	292.1	296.3	302.2	307.2	312.3	317.6	323.0	328.7	334.9	341.9	350	360.1	373.9
间二硝基苯	292.2	297.3	302.6	307.9	313.3	319.0	324.9	331.4	338.8	347.5	358.5	374.0	399.3
对二硝基苯	291.4	296.6	301.9	307.2	312.7	318.4	324.4	331.0	338.4	347.2	358.4	374.3	400.6
2,5-二氯硝基苯	263.3	268.1	273.0	278.0	283.3	289.0	295.2	302.5	311.3	323.1	341.0		
邻硝基氯苯	250.6	255.8	261.0	266.5	272.4	278.7	286.0	294.6	305.9	322.3			
间硝基氯苯	250.7	256.0	261.5	267.3	273.5	280.1	288.7	299.0	313.5	337.4			
对硝基氯苯	250.7	255.9	261.2	266.8	272.8	279.3	286.9	296.1	308.4	327.0			
联苯	2.287	2.349	2.411	2.474	2.535	2.579	2.660	2.721	2.783				
单异丙基联苯	2.500		2.667		2.851		3.056						
萘	270.1	277.2	284.2	291.4	298.8	306.7	315.4	325.7	339.0	347.6^{410}			
1,2,34-四氢化萘	327.8	336.1	344.7	353.5	363.0	373.6	386.2	402.8					

表6.9.7 饱和苯类的比热容 单位：kJ/(kg·K)

甲苯	T_{sat}/K	383.78	400	425	450	475	500	525	550	575	594
	p_{sat}/kPa	101.3	158	285	487	776	1230	1820	2570	3450	4050
	液体	1.81	1.88	1.96	2.07	2.21	2.38	2.59	2.86	3.34	
	气体	1.13	1.18	1.25	1.33	1.42	1.54	1.71	2.04	3.33	
邻二甲苯	T_{sat}/K	417.56	430	455	480	505	530	555	580	605	630.4
	p_{sat}/kPa	101.3	142	249	422	655	995	1420	2040	2750	3729
	液体	2.16	2.2	2.3	2.4	2.52	2.65	2.81	3.02	3.44	
	气体	1.71	1.76	1.86	1.97	2.08	2.22	2.4	2.7	3.49	
间二甲苯	T_{sat}/K	412	430	455	480	505	530	555	580	605	617
	p_{sat}/kPa	101.3	162	281	472	741	1121	1601	2264	3052	3543
	液体	2.13	2.19	2.29	2.4	2.54	2.69	2.87	3.16	3.86	
	气体	1.66	1.73	1.84	1.95	2.08	2.24	2.47	2.91	5.27	
对二甲苯	T_{sat}/K	412	430	455	480	505	530	555	580	605	618
	p_{sat}/kPa	101.3	161	287	476	752	1120	1590	2270	3100	3510
	液体	2.11	2.18	2.27	2.39	2.52	2.67	2.86	3.15	3.88	
	气体	1.64	1.72	1.83	1.94	2.07	2.23	2.46	2.92	5.51	

6.9.4 固态芳烃的比热容

表6.9.8 固态芳烃的比热容 单位：kJ/(kg·K)

名称	温度/℃	数值或计算式	名称	温度/℃	数值或计算式
苯	0.167^{-250},0.380^{-225},0.519^{-200},0.712^{-150},0.950^{-100},1.252^{-50},1.570^{0}（上角为温度）		三硝基甲苯 三硝基二甲苯	0.712^{-100},1.059^{-50},1.30^{20}（上角为温度） $1.009^{-185\sim23}$,$1.771^{20\sim50}$（上角为温度）	
邻二碘苯	−50～15	$0.456+0.00109t$	邻二氯苯	−48	0.775
间二碘苯	−52～−42	$0.418+0.00109t$	间二氯苯	−52	0.779
对二碘苯	−50～80	$0.423+0.00109t$	对二氯苯	−50～53	$0.917+0.00879t$
邻溴碘苯	−50～0	$0.598+1.047t$	邻二溴苯	−36	1.038
间溴碘苯	−75～−15	0.598	间二溴苯	−25	0.561
对溴碘苯	−40～50	$0.486+1.290t$	对二溴苯	−50～50	$0.917+0.00880t$
邻二硝基苯	−160～熔点	$1.055+0.00348t$	偶氮苯	28	1.382
间二硝基苯	−160～熔点	$1.038+0.00322t$	联苯	40	1.612
对二硝基苯	−119～熔点	$1.084+0.00239t$	碘苯	40	0.799
邻氯溴苯	−34	0.802	萘	−130熔点	$1.176+0.00465t$
间氯溴苯	−52	0.628	硝基萘	0～55	$0.988+0.00900t$
对氯溴苯	−40	0.628	溴萘	41	1.089

6.10 比焓

6.10.1 苯类的焓

表6.10.1 苯类的几种焓 单位：kJ/mol

物料名	25℃时理想气体标准生成焓	25℃时标准燃烧焓	常规沸点下的汽化焓	熔化焓	物料名	25℃时理想气体标准生成焓	25℃时标准燃烧焓	常规沸点下的汽化焓	熔化焓
苯	82.88	−3136	30.80	9.866	1,2,3-三乙苯	−72.16	−6768	44.68	15.4
甲苯	50.17	−3734	33.36	6.636	1,2,4-三乙苯	−74.54	−6764	43.91	14.8
邻二甲苯	19.08	−4333	36.75	13.60	正丙苯	7.90	−4954	38.08	9.268
间二甲苯	17.32	−4332	36.20	11.57	异丙苯	4.00	−4951	37.25	7.326
对二甲苯	18.03	−4333	35.92	17.11	间二异丙苯	−77.6	−6770	41.62	—
4-乙基间二甲苯	−30.80	−5544	40.95	12.93	对二异丙苯	−77.6	−6770	42.92	—
4-乙基邻二甲苯	−32.09	−5542	41.70	12.05	异丁苯	−21.55	−5558	39.17	12.5
5-乙基间二甲苯	−35.40	−5540	40.73	8.954	正丁苯	−13.14	−5564	40.52	11.22
二乙基间二甲苯	−26.23	−5548	41.80	14.71	仲丁苯	−16.90	−5561	39.40	9.83
二乙基对二甲苯	−32.18	−5543	40.80	15.19	叔丁苯	−21.63	−5557	38.24	8.393
1,3,5-三甲苯	−15.9	−4929	39.19	9.514	正戊苯	−33.81	−6174	42.49	15.24
1,2,3-三甲苯	−9.50	−4934	40.17	8.180	己苯	−54.48	−6784	44.53	18.4
1,2,4-三甲苯	−13.8	−4931	39.37	13.19	庚苯	−75.15	−7393	45.73	21.8
1,2,3,4-四甲苯	−33.05	−5538	43.18	11.23	正辛苯	−95.82	−8003	47.90	26.0
1,2,3,5-四甲苯	−40.54	−5532	42.61	10.72	正壬苯	−116.5	−8613	50.53	28.87
1,2,4,5-四甲苯	−47.1	−5506	42.33	21.0	正五癸苯	−240.5	−12000	61.78	51.5
1,2,3,5-四乙苯	−125.4	−7973	49.62	20.8	正十一烷苯	−157.8	−9832	52.55	36.0
五甲苯	−67.62	−6075	46.01	12.34	十二烷苯	−178.5	−10000	55.31	40.2
六甲苯	−77.4	−6737	50.47	20.64	十三烷苯	−199.2	−11000	57.84	43.9
乙苯	29.92	−4345	35.64	9.180	十四烷苯	−219.8	−12000	59.93	47.7
邻二乙苯	−15.73	−5559	40.25	16.78	十六烷苯	−261.2	−13000	63.62	55.2
间二乙苯	−24.7	−5554	39.99	10.97	十八烷苯	−302.5	−14000	65.01	60.9
1,4-二乙苯	−22.0	−5555	40.56	10.60					

表6.10.2 其他苯类的几种焓 单位：kJ/mol

物料名	25℃时理想气体标准生成焓	25℃时标准燃烧焓	常规沸点下的汽化焓	熔化焓	物料名	25℃时理想气体标准生成焓	25℃时标准燃烧焓	常规沸点下的汽化焓	熔化焓
硝基苯	67.5	−2978.2	44.08	11.6	对硝基甲苯	31	−3553	46.43	16.68
2,4-二硝基甲苯	33.2	−3416	55.89	21.49	间硝基氯苯	37.2	−2820	48.10	20.78
2,5-二硝基甲苯	51.7	−3446	55.98	20.3	邻硝基氯苯	37.2	−2820	48.36	19.2
2,6-二硝基甲苯	47.2	−3429	54.01	21.2	对硝基氯苯	37.2	−2820	50.97	14.10
3,4-二硝基甲苯	74.3	−3466	56.87	20.8	1-氯-2,4-二硝基苯	35.1	−2760	63.77	20.5
3,5-二硝基甲苯	49.6	−3437	58.37	22.9	1,2-二氯-4-硝基苯	14.6	−2740	52.78	19.8
邻二硝基苯	92.2	−2843	55.52	22.84	氟苯	−116.566	−2814.51	31.38	11.30
间二硝基苯	53.8	−2813.5	55.39	17.36	三氟甲苯	−581	−2740.5	32.76	13.78
对二硝基苯	57.6	−2806.2	54.75	28.12	六氟苯	−956	−1369.45	31.69	11.59
1,3,5-三硝基苯	62.4	−2686.7	63.66	15	氯苯	51.09	−2976	35.40	9.556
2,4,6-三硝基甲苯	43.4	−3295.9	60.84	23.43	邻氯甲苯	18.2	−3570	38.35	8.37
3-硝基三氟甲苯	−602	−2580	45.28	0	对氯甲苯	26.9	−3570	38.95	12.98
间硝基甲苯	25.8	−3569.6	47.08	14.06	邻二氯苯	30.2	−2826	39.94	12.66
邻硝基甲苯	47.1	−3591.4	46.52	11.48	间二氯苯	25.7	−2825	38.99	12.59

续表

物料名	25℃时理想气体标准生成焓	25℃时标准燃烧焓	常规沸点下的汽化焓	熔化焓	物料名	25℃时理想气体标准生成焓	25℃时标准燃烧焓	常规沸点下的汽化焓	熔化焓
对二氯苯	22.50	−2802	39.73	18.2	1-甲基-3-异丙苯	−30.9	−5549	39.27	13.7
1,2,4-三氯苯	−11.76	−2656	44.11	15.56	1-甲基-2-异丙苯	−26.4	−5555	39.56	10.0
1,3,5-三氯苯	−6.90	−2667	43.17	18.8	1-甲基-4-异丙苯	−29.0	−5550	39.55	9.66
2,4-二氯甲苯	−13.6	−3410	43.18	—	1-甲基-2-正丙苯	−21.66	−5555	40.62	14.8
2,4-二氯三氟甲苯	−651.5	−2415	41.11	—	1-甲基-3-正丙苯	−24.14	−5552	40.48	10.6
三氯甲苯	−12.3	−3290	41.06	—	1-甲基-4-正丙苯	−23.14	−5553	40.49	11.51
六氯苯	−35.5	−2200	60.83	25.52	1-乙基-2-异丙苯	−47.22	−6164	41.52	11.9
对氯三氟甲苯	−620	−2570	36.54	9.620	环己苯	−16.7	−6578	46.65	15.27
溴苯	105.0	−3019	37.76	10.627	间二乙烯苯	212.0	−5300	41.95	—
间二溴苯	125.5	−2886	43.89	13.22	顺-1-丙烯基苯	121.3	−4823	40.11	—
对溴甲苯	80.4	−3620	40.61	14.932	反-1-丙烯基苯	117.2	−4819	40.13	—
碘苯	164.9	−3050	40.73	9.749	二氨基甲苯	58.37	−4022	58.0	19.87
1,2-二甲基-3-乙苯	−25.65	−5547	41.64	13.64	联苯	178.49	−6248	48.66	18.58
对叔丁基乙苯	−75.91	−6767	42.91	11.90	间三联苯	276.6	−9053	63.20	24
1-甲基-3-乙苯	−1.80	−4944	38.46	7.610	邻三联苯	276.6	−9053	58.43	17.19
1-甲基-2-乙苯	1.30	−4946	38.82	9.962	对三联苯	276.6	−8935	66.11	33.7
1-甲基-4-乙苯	−3.20	−4943	38.52	13.36	对氨基联苯	174	−6133	59.06	19.9
过氧化二异丙苯	−79.4	−9630	51.26	20.40	对氨基偶氮苯	330	−6380	63.80	—
过氧化羟基异丙苯	−78.4	−4844	69.90	—	氢化偶氮苯	319	−6395	70.30	17.63

6.10.2　萘类的焓

表6.10.3　萘类的几种焓　　单位：kJ/mol

物料名	25℃时理想气体标准生成焓	25℃时标准燃烧焓	常规沸点下的汽化焓	熔化焓	物料名	25℃时理想气体标准生成焓	25℃时标准燃烧焓	常规沸点下的汽化焓	熔化焓
萘	150.6	−4981	43.17	18.98	乙酸萘	259.6	−5876	49.98	6.94
1-溴萘	182.0	−4882	50.80	—	2,6-二甲基萘	78.24	−6167.6	48.75	22.3
1-氯萘	119.8	−4836	49.36	—	2,7-二甲基萘	79.9	−6167.9	49.22	23.35
1,2,3,4-四氢化萘	26.61	−5358	42.37	12.45	1-正丙基萘	74.68	−6819.9	49.08	17.58
顺-十氢化萘	−169.2	−5892	39.87	9.489	1-丁基萘	53.05	−7425	52.56	25.1
反-十氢化萘	−182.2	−5881	39.12	14.41	1-正苯基萘	35.02	−8033	54.12	23.4
1-甲基萘	116.9	−5596	46.53	6.945	1 -苯基萘	247	−7920	57.48	—
2-甲基萘	116.1	−5583	46.02	12.12	1-正己基萘	14.4	−8648	56.55	—
1-乙基萘	96.9	−6171	48.75	16.3	1-正己基-1,2,3,4-四氢化萘	−102.9	−9010	53.50	—
2-乙基萘	95.90	−6207	47.83	14.7	1-正壬基萘	−47.5	−11000	58.37	—
2,6-二乙基萘	43.1	−7417	53.21	20.3	稠二萘	269.8	−8679.6	68.97	26.2

6.10.3　芳烃的汽化焓

表6.10.4　芳烃的汽化焓　　单位：kJ/kg

名　称	温度/℃											
	−80	−60	−40	−20	0	20	40	60	80	100	120	140
苯						431.1	420.0	407.7	394.1	379.3	363.2	345.5
甲苯	445.4	440.8	437.7	432.6	422.9	412.7	402.1	391.0	379.4	367.1	354.2	340.3
邻二甲苯				428.6	419.9	411.0	401.6	391.9	381.9	371.3	360.2	348.4

续表

名 称	温度/℃											
	−80	−60	−40	−20	0	20	40	60	80	100	120	140
间二甲苯			428.7	422.4	415.2	407.1	398.2	388.4	377.9	366.4	354.0	340.8
对二甲苯						402.6	393.0	383.1	372.7	361.8	350.3	338.2
1,2,3-三甲苯				425.0	417.1	409.0	400.6	391.9	382.9	373.4	363.6	353.3
1,2,4-三甲苯			424.8	417.0	409.0	400.7	392.1	383.2	373.9	364.2	354.1	343.4
1,3,5-三甲苯			423.6	415.6	407.3	398.8	389.9	380.7	371.1	361.1	350.6	339.6
乙苯	442.0	434.1	425.9	417.4	408.7	399.6	390.1	380.3	370.0	359.3	347.9	335.9
丙苯	417.2	413.2	408.6	403.0	396.5	389.4	381.4	372.7	363.3	353.1	342.2	330.5
异丙苯	406.7	402.9	398.1	392.5	386.1	378.9	371.0	362.4	353.0	342.8	331.9	320.2
丁苯	409.4	402.7	395.9	388.8	381.5	374.0	366.3	358.2	349.8	341.1	332.0	322.5
异丁苯			368.9	363.9	358.3	351.9	344.9	337.3	329.0	320.1	310.5	300.3
仲丁苯		365.4	361.7	357.4	352.4	346.7	340.4	333.6	326.1	318.0	309.3	300.0
叔丁苯			356.8	352.4	347.5	341.8	335.8	328.7	321.3	313.2	304.5	295.2
联苯									441.0	434.2	426.9	419.0

名 称	温度/℃											
	160	180	200	220	240	260	280	300	320	340	360	380
苯	326.0	304.6	280.6	253.3	221.2	180.8	118.2					
甲苯	325.5	309.4	291.9	272.4	250.1	224.1	191.6	145.6	69.4^{318}			
邻二甲苯	336.1	322.8	308.7	293.3	276.4	257.7	236.3	211.1	179.6	134.3	70.5^{354}	
间二甲苯	326.4	311.0	294.3	276.2	256.3	234.2	209.2	179.6	141.8	74.2		
对二甲苯	325.3	311.5	296.6	280.3	262.2	241.9	218.1	189.1	149.6	70.0		
1,2,3-三甲苯	342.5	331.1	318.9	306.0	292.1	277.0	260.3	241.7	220.3	194.7	161.8	110.4
1,2,4-三甲苯	332.2	320.3	307.6	294.0	279.3	263.1	245.1	224.5	200.2	169.5	124.9	138.7^{370}
1,3,5-三甲苯	327.8	315.4	302.1	287.8	272.1	254.7	235.1	212.4	184.6	147.2	75.9	
乙苯	323.2	309.5	294.8	278.7	260.9	240.8	217.5	188.9	150.4	75.8		
丙苯	317.9	304.4	289.9	274.2	257.3	238.8	218.3	195.2	168.1	133.7	75.7	
异丙苯	307.5	294.0	279.5	263.7	246.6	227.8	206.9	182.9	154.2	115.8	86.2^{350}	
丁苯	312.4	301.8	290.6	278.5	265.5	251.4	235.8	218.3	198.0	173.5	141.2	86.3
异丁苯	289.3	277.6	265.1	251.7	237.2	221.5	204.2	185.1	163.2	136.9	101.5	73.6
仲丁苯	290.0	279.3	267.8	255.5	242.3	228.0	212.5	195.3	176.1	153.8	126.3	85.9
叔丁苯	285.2	274.5	263.0	250.8	237.5	223.2	207.5	190.1	170.6	147.7	118.9	72.6
联苯①	410.6	349.6	341.3	322.5	323.2	313.3	302.9	291.8	280.0	267.5	254.1	239.7

① 温度为 400、420、440、460、480℃时，其值分别 224.1、207.0、187.9、166.0、139.6kJ/kg。

表6.10.5 其他芳烃的汽化焓

单位：kJ/mol

名 称	温度/℃													
	−20	0	20	40	60	80	100	120	140	160	180	200	220	240
氟苯	36.55	35.64	34.69	33.69	32.64	31.53	30.35	29.09	27.73	26.25	24.61	22.78	20.65	18.08
碘苯	50.19	49.37	48.54	47.68	46.78	45.86	44.91	43.92	42.90	41.83	40.72	39.55	38.32	37.02
溴苯	46.54	45.69	44.81	43.90	42.96	41.99	40.98	39.92	38.81	37.65	36.42	35.12	33.74	32.26
氯苯	42.03	41.42	40.73	39.95	39.10	38.17	37.15	36.04	34.85	33.56	32.17	30.66	29.03	27.24
邻二氯苯		48.86	47.98	47.08	46.14	45.18	44.17	43.13	42.04	40.91	39.72	38.46	37.14	35.73
间二氯苯	48.28	47.42	46.54	45.64	44.70	43.73	42.71	41.66	40.57	39.41	38.20	36.93	35.58	34.13
对二氯苯					44.92	43.98	42.97	41.91	40.82	39.66	38.45	37.17	35.80	34.37
邻氯化甲苯	40.45	39.74	45.99	45.02	44.02	42.98	41.89	40.75	39.57	38.31	36.99	35.58	34.06	32.43
间氯化甲苯	40.74	40.03	39.28	38.53	44.31	43.27	42.19	41.06	39.88	38.63	37.31	35.91	34.42	32.80
对氯化甲苯			46.36	45.40	44.40	43.36	42.28	41.15	39.97	38.72	37.40	36.01	34.52	32.90
硝基苯			50.98	50.24	49.42	48.52	47.55	46.51	45.38	44.19	42.91	41.55	40.11	38.57
邻二硝基苯								80.95	79.52	77.99	76.38	74.68	72.90	71.01
间二硝基苯							79.56	78.15	76.64	75.04	73.34	71.55	69.67	67.68
对二硝基苯											72.51	70.74	68.87	66.91

续表

名　称	温度/℃													
	−20	0	20	40	60	80	100	120	140	160	180	200	220	240
2,5-二氯硝基苯					68.47	67.38	66.21	64.95	63.60	62.17	60.65	59.05	57.35	55.56
邻硝基氯苯				64.72	63.77	62.73	61.60	60.39	59.09	57.71	56.24	54.69	53.03	51.29
间硝基氯苯					62.25	61.18	60.02	58.77	57.45	56.03	54.52	52.92	51.23	49.43
对硝基氯苯				64.16	63.20	62.14	61.01	59.78	58.47	57.08	55.60	54.03	52.36	50.59
萘							49.86	48.84	47.79	46.70	45.57	44.39	43.15	41.85
1,2,3,4-四氢化萘	51.09	50.25	49.40	48.51	47.60	46.66	45.69	44.68	43.63	42.54	41.39	40.20	38.94	37.61

名　称	温度/℃													
	260	280	300	320	340	360	380	400	420	440	460	480	500	520
氟苯	14.68	8.830												
碘苯	35.65	34.17	32.59	30.86	28.95	26.81	24.33	21.34	17.43	10.84				
溴苯	30.65	28.88	26.92	24.69	22.05	18.74	13.97							
氯苯	25.26	23.05	20.52	17.46	13.37	5.443								
邻二氯苯	34.22	32.60	30.82	28.86	26.64	24.06	20.92	16.68	8.616					
间二氯苯	32.57	30.88	29.01	26.93	24.53	21.66	17.96	12.14						
对二氯苯	32.81	31.12	29.25	27.17	24.78	21.93	18.26	12.61						
邻氯化甲苯	30.65	28.68	26.45	23.85	20.67	16.35								
间氯化甲苯	31.04	29.09	26.91	24.37	21.30	17.22								
对氯化甲苯	31.15	29.22	25.78	24.52	21.47	17.46								
硝基苯	36.93	35.17	33.29	31.25	29.02	26.57	23.79	20.54	16.41	9.437				
邻二硝基苯	69.04	66.96	64.77	62.48	60.07	57.52	54.83	51.97	48.93	45.65	42.09	38.16	33.71	28.43
间二硝基苯	65.60	63.40	61.09	58.66	56.09	53.36	50.47	47.37	44.03	40.38	36.33	31.68	26.03	17.89
对二硝基苯	64.84	62.66	60.37	57.95	55.40	52.69	49.81	46.73	43.40	39.77	35.72	31.07	25.36	16.95
2,5-二氯硝基苯	53.67	51.67	49.55	47.30	44.91	42.35	39.60	36.60	33.29	29.54	25.12	19.34	7.683	
邻硝基氯苯	49.44	47.73	45.38	43.16	40.77	38.20	35.40	32.31	28.81	24.70	19.42	9.575		
间硝基氯苯	47.52	45.49	43.33	41.01	38.52	35.81	32.83	29.50	25.62	20.81	13.42			
对硝基氯苯	48.72	46.73	44.62	42.36	39.94	37.32	34.46	31.28	27.66	23.33	17.51			
萘	40.48	39.03	37.48	35.81	34.01	32.02	29.81	27.29	24.31	20.54	15.00	10.06^{470}		
1,2,3,4-四氢化萘	36.19	34.68	33.05	31.27	29.31	27.09	24.53	21.42	17.27	9.893				

6.10.4　芳烃在饱和线上的比焓

表6.10.6　苯类在饱和线上的比焓　　单位：kJ/kg

甲苯	T_{sat}/K	383.78	400	425	450	475	500	525	550	575	594
	p_{sat}/kPa	101.3	158	285	487	776	1230	1820	2570	3450	4050
	液体	695	725	762	797	832	866	901	932	948	899
	气体	336	381	432	488	551	604	667	734	808	899
邻二甲苯	T_{sat}/K	417.56	430	455	480	505	530	555	580	605	630.4
	p_{sat}/kPa	101.3	142	249	422	655	995	1420	2040	2750	3729
	液体	6.5	30.4	83.2	145.0	201.7	263.7	331.0	400.6	476.9	581.2
	气体	349.9	369.5	409.8	450.5	491.4	531.7	570.5	605.8	631.8	581.2
间二甲苯	T_{sat}/K	412	430	455	480	505	530	555	580	605	617
	p_{sat}/kPa	101.3	162	281	472	741	1121	1601	2264	3052	3543
	液体	−34.6	−1.2	50.2	114.7	172.6	233.9	299.2	371.4	460.6	516.7
	气体	310.8	337.9	376.8	416.1	455.2	493.5	529.5	559.8	571.1	516.7
对二甲苯	T_{sat}/K	412	430	455	480	505	530	555	580	605	618
	p_{sat}/kPa	101.3	161	287	476	752	1120	1590	2270	3100	3510
	液体	−35.7	−2.4	49.7	113.8	171.4	232.3	297.2	368.9	466.7	514
	气体	309.7	337.7	376.3	415.2	454.0	491.9	527.5	557.3	567.2	514

表6.10.7　联苯和萘在饱和线上的比焓　　单位：kJ/kg

温度/℃		220	240	260	280	300	320	340	350
联苯	气体			712.6	749.9	793.4	837.4	883.5	908.6
	液体			398.2	456.0	512.9	571.5	630.1	659.5
萘	气体	684.11	749.69	813.86	874.72	933.22	986.53		
	液体	330.26	394.42	459.06	524.64	591.17	658.63		

表6.10.8　苯蒸气在常压下的比焓

温度/℃	比焓 h/(kJ/kg)	摩尔焓 h_m/(kJ/kmol)	容积焓 h'/(kJ/m_n^3)	温度/℃	比焓 h/(kJ/kg)	摩尔焓 h_m/(kJ/kmol)	容积焓 h'/(kJ/m_n^3)
0	0.00	0.0	0.0	700	1386.7	108313	4831.6
100	114.55.	8947.2	399.2	800	1658.0	129498	5777.8
200	265.12	20708	924.0	900	1939.3	151478	6757.5
300	447.57	34968	1560.0	1000	2229.9	174171	7770.2
400	654.82	51163	2282.6	1100	2528.0	197449	8809.0
500	882.58	68915	3075.2	1200	2830.7	221105	9864.1
600	1127.9	88090	3930.6				

6.11　比熵

6.11.1　苯的比熵

表6.11.1　链苯烃的比熵(25℃)　　单位：kJ/(K·kmol)

名称	比熵	名称	比熵	名称	比熵	名称	比熵
苯	269.3	正丁苯	439.49	己苯	518.3	十二烷苯	753.8
甲苯	321.0	异丁苯	433.7	庚苯	557.6	十三烷苯	793.0
乙苯	360.6	仲丁苯	427.6	正辛苯	596.8	十四烷苯	832.3
正丙苯	400.1	叔丁苯	395.9	正壬苯	636.0	十六烷苯	910.8
异丙苯	386.0	正戊苯	479.1	十一苯	714.6	十八烷苯	989.3

表6.11.2　其他苯的比熵(25℃)　　单位：kJ/(K·kmol)

名　称	比熵	名　称	比熵	名　称	比熵	名　称	比熵
邻二甲苯	353.8	对二异丙苯	488.0	氟苯	302.6	1-甲基-2-乙苯	399.2
间二甲苯	358.5	正五癸苯	871.5	三氟甲苯	372.6	1-甲基-4-乙苯	398.9
对二甲苯	352.2	硝基苯	342.1	六氟苯	382.2	过氧化二异丙苯	665.0
4-乙基间二甲苯	436.6	2,4-二硝基甲苯	414.0	氯苯	314.0	过氧化羟基异丙苯	455.0
4-乙基邻二甲苯	436.6	2,5-二硝基甲苯	414.0	邻氯甲苯	348.0	1-甲基-3-异丙苯	431.5
5-乙基间二甲苯	426.1	2,6-二硝基甲苯	414.0	对氯甲苯	342.0	1-甲基-2-异丙苯	426.7
二乙基间二甲苯	421.0	3,4-二硝基甲苯	414.0	邻二氯苯	341.8	1-甲基-4-异丙苯	426.3
二乙基对二甲苯	436.6	3,5-二硝基甲苯	414.0	间二氯苯	343.5	1-甲基-2-正丙苯	432.1
1,3,5-三甲苯	385.6	邻二硝基苯	406.0	对二氯苯	336.7	1-甲基-3-正丙苯	436.8
1,2,3-三甲苯	380.5	间二硝基苯	406.0	1,2,4-三氯苯	380.9	1-甲基-4-正丙苯	430.4
1,2,4-三甲苯	396.1	对二硝基苯	394.0	1,3,5-三氯苯	362.7	1-乙基-2-异丙苯	452.9
1,2,3,4-四甲苯	416.5	1,3,5-三硝基苯	443.5	2,4-二氯甲苯	379.0	环己苯	422.4

续表

名称	比熵	名称	比熵	名称	比熵	名称	比熵
1,2,3,5 -四甲苯	422.5	2,4,6-三硝基甲苯	460.7	2,4-二氯三氟甲苯	439.6	间二乙烯苯	412.0
1,2,4,5 -四甲苯	418.5	3-硝基三氟甲苯	433.0	三氯甲苯	401.0	顺-1-丙烯基苯	383.7
1,2,3,5-四乙苯	577.3	间硝基甲苯	380.8	六氯苯	436.6	反-1-丙烯基苯	380.3
五甲苯	452.9	邻硝基甲苯	380.8	对氯三氟甲苯	403.0	二氨基甲苯	397.6
六甲苯	468.6	对硝基甲苯	380.8	溴苯	324.4	联苯	393.7
邻二乙苯	434.8	间硝基氯苯	373.0	间二溴苯	366.9	间三联苯	526.3
间二乙苯	439.5	邻硝基氯苯	370.8	对溴甲苯	364.0	邻三联苯	526.3
1，4 -二乙苯	433.1	对硝基氯苯	367.0	碘苯	334.1	对三联苯	522.9
1,2,3-三乙苯	500.5	4-氯-3-硝基三氟甲苯	464.0	1,2-二甲基-3-乙苯	421.0	对氨基联苯	434.0
1,2,4-三乙苯	507.3	1-氯-2,4-二硝基苯	436.0	对叔丁基乙苯	478.0	对氨基偶氮苯	503.0
间二异丙苯	499.0	1,2-二氯-4-硝基苯	405.0	1-甲基-3-乙苯	404.2	氢化偶氮苯	452.0

注：计算基准：0K 时 s=0。

表6.11.3 苯蒸气在常压下的比熵

温度 /℃	比熵 s /[kJ/(kg·K)]	摩尔熵 s_m /[kJ/(kmol·K)]	容积熵 s' /[kJ/(m_n^3·K)]	温度 /℃	比熵 s /[kJ/(kg·K)]	摩尔熵 s_m /[kJ/(kmol·K)]	容积熵 s' /[kJ/(m_n^3·K)]
0	0.0000	0.000	0.0000	700	2.2860	178.57	7.9633
100	0.3559	27.633	1.2300	800	2.5498	199.29	8.8886
200	0.7118	55.517	2.4744	900	2.8010	218.84	9.7594
300	1.0593	82.731	3.6886	1000	3.0396	237.43	10.593
400	1.3942	108.73	4.8480	1100	3.2657	255.02	11.376
500	1.7082	133.39	5.9494	1200	3.4792	271.72	12.121
600	2.0055	156.59	6.9856				

表6.11.4 苯在压力下的比熵

单位：J/(mol·℃)

温度 /℃	压强 /kPa					
	80	100	200	400	1000	2000
500	413.6	396.5	389.5	387.3	316.2	362.0
600	436.9	420.0	413.0	411.1	339.5	391.6
700	458.7	441.7	434.7	432.9	361.6	413.4
800	479.6	462.7	455.6	453.4	381.9	434.9
900	499.2	481.9	474.9	472.4	400.2	455.2
1000	517.3	500.3	492.9	491.1	420.7	472.0
温度 /℃	压强 /kPa					
	4000	7000	10000	13000	16000	20000
300	306.8	281.2	278.0	276.8	275.4	274.1
400	336.9	329.6	321.1	315.5	312.2	309.0
500	363.1	356.6	351.8	348.0	345.7	341.0
600	387.0	381.8	377.2	374.0	371.3	368.1
700	409.5	404.3	400.1	397.2	395.2	392.6
800	430.1	425.5	421.7	419.2	416.8	414.1
900	449.8	444.8	441.4	439.3	437.3	435.1
1000	468.7	463.7	461.0	439.8	453.2	459.8

6.11.2 萘的比熵

表6.11.5 萘的比熵(25℃) 单位：kJ/(K·kmol)

名称	比熵	名称	比熵	名称	比熵	名称	比熵
萘	333.2	1-甲基萘	377.4	2,6-二甲基萘	413.7	1-正己基萘	578.5
1-溴萘	386.0	2-甲基萘	380.0	2,7-二甲基萘	413.7	1-正壬基萘	697.0
1-氯萘	375.0	1-乙基萘	420.9	1-正丙基萘	458.4	稠二萘	440.0
1,2,3,4-四氢萘	369.6	2-乙基萘	420.7	1-丁基萘	497.2	1-正己基-1,2,3,4-四氢化萘	594.0
顺-十氢萘	377.7	2,6-二乙基萘	491.9	1-正苯基萘	536.6		
反-十氢萘	374.6	乙酸萘	361.8	1-苯基萘	459.0		

注：计算基准：0K 时 s=0。

6.12 相变热

表6.12.1 苯的相变热 单位：kJ/mol

名称	熔化热		汽化热	沸点汽化热		名称	熔化热		汽化热	沸点汽化热	
	温度/K	$\Delta_m H$	$\Delta_v H_{298}$	温度/K	$\Delta_v H_b$		温度/K	$\Delta_m H$	$\Delta_v H_{298}$	温度/K	$\Delta_v H_b$
苯	278.7	9.866	33.83	353.0	30.72	对二甲苯	286.3	17.11	412.3	411.5	35.67
甲苯	178.2	6.61	38.01	383.8	33.18	1,2-二乙苯			52.8	456.6	40,24
乙苯	178.2	9.16	42.24	409.3	35.57	1,3-二乙苯			52.5	454.3	40.33
丙苯	173.6	9.27	46.22	432.4	38.36	1,4-二乙苯			52.5	456.9	40.58
异丙苯	177.1	7.326	45.13	425.6	38.07	1,2,3-三甲苯	247.8	8.180	49.05	449.3	39.85
丁苯	185.3	11.22	50.8	456.4	38.87	1,2,4-三甲苯	229.3	13.19	47.93	442.5	39.09
仲丁苯			48.1	446.5	39.12	1,3,5-三甲苯	128.4	9.515	47.50	437.9	39.31
异丁苯			48.1	445.9	38.73	1,2,3,4-四甲苯	265.4	11.23	52.6	478.3	45.02
叔丁苯	215.3	8.4	47.71	442.3	38.44	1,2,3,5-四甲苯	248.6	12.93	52.0	471.2	42.61
戊苯			55.1	478.6	42.27	1,2,4,5-四甲苯	352.4	20.88		470.0	42.48
己苯			60.2	499.3	44.95	1,3-二异丙苯			56.2	476.3	41.62
邻二甲苯	247.8	13.60	43.43	417.6	36.24	1,4-二异丙苯			56.5	483.7	42.92
间二甲苯	225.3	11.59	42.65	412.3	35.66						

表6.12.2 其他苯的相变热 单位：kJ/mol

名　称	熔化热		汽化热	沸点汽化热		名　称	熔化热		汽化热	沸点汽化热	
	温度/K	$\Delta_m H$	$\Delta_v H_{298}$	温度/K	$\Delta_v H_b$		温度/K	$\Delta_m H$	$\Delta_v H_{298}$	温度/K	$\Delta_v H_b$
1-甲基-2-乙基苯	193.3	9.96	46.9	438.3	38.07	环己基苯	280.5	15.3	59.94		
1-甲基-3-乙基苯	177.6	7.6	46.6	434.5	37.93	联苯	342..3	19.7	65.0		
1-甲基-4-乙基苯	210.8	12.7	46.5	435.2	38.17	对三联苯	482.4	35.3		649.2	63.43
1-甲基-2-丙基苯	212.85	14.77	52.7			氟苯	231.0	11.30		357.9	31.19
1-甲基-2-丙基苯	190.57	10.57	52.1			1,2-二氟苯	226.0	11.05	36.18	367.1	32.21
1-甲基-4-乙基苯	209.46	11.49	51.9			1,3-二氟苯	204.0	8.58	34.59	355.7	31.10
1-甲基-2-异丙基苯			50.6	451.3	39.38	1,4-二氟苯			35.54	362.0	31.77
1-甲基-3-异丙基苯			50.0	448.2	39.10	六氟苯	278.4	11.59	35.71	353.3	31.66
1-甲基-4-异丙基苯	205.22	9.66	49.2	450.3	39.75	三氟甲基苯	244.0	13.77	37.60	375.2	32.63
1,2-二甲基-3-乙苯	223.7	13.64	54.9	467.1	41.64	2,3,4,5,6-五氟甲苯	243.7	13.28	41.12	390.6	14.75
1,2-二甲基-4-乙苯	206.2	12.06	53.9	462.9	41.70	全氟甲苯	207.0	11.49	40.5		

续表

名称	熔化热		汽化热	沸点汽化热		名称	熔化热		汽化热	沸点汽化热	
	温度/K	$\Delta_m H$	$\Delta_v H_{298}$	温度/K	$\Delta_v H_b$		温度/K	$\Delta_m H$	$\Delta_v H_{298}$	温度/K	$\Delta_v H_b$
1,3-二甲基-2-乙苯			53.9	463.2	41.79	氯苯	227.9	9.56	40.97	404.9	35.19
1,3-二甲基-4-乙苯	210.3	12.93	53.3	461.6	40.95	1,2-二氯苯	255.9	12.4	48.5	453.6	39.94
1,3-二甲基-5-乙苯			52.4	456.9	40.73	1,3-二氯苯	248.3	12.6	47.0	447.2	39.73
1,4-二甲基-2-乙苯			52.6	460.0	40.80	1,4-二氯苯	326.1	18.19	54.8	363.7	32.63
顺-1-丙烯基苯				443.2	38.74	六氯苯	702.0	25.2	74.4	582.6	60.83
反-1-丙烯基苯				443.2	38.74	氯甲基苯	230.0	8.74	50.1	452.6	40.58
异烯丙基苯	250.8	11.92	48.6	438.7	38.54	溴苯	242.4	10.7	44.8		
1-甲基-2-乙烯基苯				443.0	40.06	氯五氟苯	257.5	8.36	41.07	391.2	34.86
1-甲基-3-乙烯基苯				444，8	39.42	1,3,5-三氯三氟苯	335.0	19.84	53.8		
1-甲基-4-乙烯基苯				445.9	39，46						

表6.12.3 萘的相变热

单位：kJ/mol

名称	熔化热		汽化热	沸点汽化热		名称	熔化热		汽化热	沸点汽化热	
	温度/K	$\Delta_m H$	$\Delta_v H_{298}$	温度/K	$\Delta_v H_b$		温度/K	$\Delta_m H$	$\Delta_v H_{298}$	温度/K	$\Delta_v H_b$
萘	353.5	19.1		491.1	43.42	1-乙基萘	259.3	16.32		531.5	48.01
1,2,3,4-四氢萘	237.4	12.45		480.8	42.35	1,8-二甲基萘	338.2	18.53			
顺-十氢萘	230.3	9.489		469.0	39.80	2,3-二甲基萘	377.2	23.97		541.2	50.18
反-十氢萘	242.8	14.41		460.5	38.62	2,6-二甲基萘	385.2	25.3		535.2	48.75
1-甲基萘	242.7	6.945	60.4	517.8	45.82	2,7-二甲基萘	370.2	22.2		536.2	48.82
2-甲基萘	307.7	12.12		514.2	46.28						

算图 6.15
一些苯烃的汽化热
（第 787 页右）

算图 6.16
一些氯代苯的汽化热
（第 788 页左）

算图 6.17
一些卤芳烃的汽化热
（第 788 页右）

算图 6.18
一些物料的汽化热（Ⅰ）
（第 789 页左）

算图 6.19
一些物料的汽化热（Ⅱ）
（第 789 页右）

算图 6.20
含氮化合物的汽化热
（第 790 页左）

算图 6.21
非极性液体的汽化热
（第 790 页右）

算图 6.22
根据温度和对比压强求物料的汽化热（第 791 页）

算图 6.23
温度对汽化热的影响（Ⅰ）
（第 795 页左）

算图 6.24
温度对汽化热的影响（Ⅱ）
（第 795 页右）

算图 6.25
根据烃类的分子量求汽化热
（第 796 页左）

算图 6.26
烃类任意温度下的汽化热
（第 796 页右）

算图 6.27
根据对比温度和压强求物料的汽化热（Ⅰ）
（第 797 页左）

算图 6.28
根据对比温度和压强求物料的汽化热（Ⅱ）
（第 797 页右）

算图 6.29
根据气液密度差求物料的汽化热
（第 798 页左）

算图 6.30
根据液体的临界温度等参数求物料的汽化热
（第 798 页右）

算图 6.31
根据临界蒸气压和沸点求物料的汽化热
（第 799 页左）

算图 6.32
物料正常沸点下的汽化热
（第 799 页右）

6.13 气液平衡

表6.13.1 苯-甲苯气液平衡组成与温度的关系(101.3kPa)

苯(摩尔分数)/%		温度/℃	苯(摩尔分数)/%		温度/℃	苯(摩尔分数)/%		温度/℃
液相	气相		液相	气相		液相	气相	
0.0	0.0	110.6	39.7	61.8	95.2	80.3	91.4	84.4
8.8	21.2	106.1	48.9	71.0	92.1	90.3	95.7	82.3
20.0	37.0	102.2	59.2	78.9	89.4	95.0	97.9	81.2
30.0	50.0	98.6	70.0	85.3	86.8	100.0	100.0	80.2

表6.13.2 苯-氯仿气液平衡组成与温度的关系(101.3kPa)

氯仿(摩尔分数)/%		温度/℃	氯仿(摩尔分数)/%		温度/℃	氯仿(摩尔分数)/%		温度/℃
液相	气相		液相	气相		液相	气相	
10	13.6	79.9	40	53.0	77.2	70	83.0	72.8
20	27.2	79.0	50	65.0	76.0	80	90.0	70.5
30	40.6	78.1	60	75.0	74.6	90	96.1	67.0

表6.13.3 苯-乙醛气液平衡组成与温度的关系(101.3kPa)

乙醛(摩尔分数)/%		温度/℃	乙醛(摩尔分数)/%		温度/℃	乙醛(摩尔分数)/%		温度/℃
液相	气相		液相	气相		液相	气相	
0.0	0.0	80.1	30.0	76.7	49.4	80.0	94.4	37.7
2.0	9.0	76.4	40.0	81.6	46.2	90.0	96.8	36.0
5.0	31.3	71.0	50.0	85.4	44.0	100.0	100.0	20.8
10.0	52.2	63.0	60.0	88.7	42.0			
20.0	69.4	54.2	70.0	91.6	39.8			

表6.13.4 苯-环己烷气液平衡组成与温度的关系(101.3kPa)

苯(摩尔分数)/%		温度/℃	苯(摩尔分数)/%		温度/℃	苯(摩尔分数)/%		温度/℃
液相	气相		液相	气相		液相	气相	
10.1	13.1	79.5	42.8	44.5	77.5	75.9	72.8	77.9
17.1	21.1	78.9	52.5	52.9	77.4	81.0	77.7	78.2
25.6	29.3	78.4	57.1	56.4	77.4	86.3	83.4	78.0
34.3	37.6	77.8	66.0	645	77.6	94.5	92.6	79.3

表6.13.5 甲苯-乙醛气液平衡组成与温度的关系(101.3kPa)

乙醛(摩尔分数)/%		温度/℃	乙醛(摩尔分数)/%		温度/℃	乙醛(摩尔分数)/%		温度/℃
液相	气相		液相	气相		液相	气相	
0.0	0.0	110.8	20.0	78.3	88.0	70.0	98.5	42.0
2.0	40.5	109.0	30.0	83.7	77.0	80.0	99.0	34.0
3.0	48.5	108.0	40.0	88.2	67.5	90.0	99.9	26.0
5.0	57.3	106.0	50.0	92.1.	58.0.	100.0	100.0	20.8
10.0	68.8	102.0	60.0	95.5	49.8			

表6.13.6 甲苯-乙酸气液平衡组成与温度的关系(101.3kPa)

甲苯(摩尔分数)/%		温度/℃	甲苯(摩尔分数)/%		温度/℃	甲苯(摩尔分数)/%		温度/℃
液相	气相		液相	气相		液相	气相	
0.0	0.0	118.0	40.0	54.1	101.7	85.0	75.8	101.4
5.0	15.5	111.3	50.0	57.0	100.8	90.0	81.0	102.6
10.0	25.5	108.9	60.0	61.5	100.6	95.0	88.5	104.9
20.0	37.2	105.6	70.0	66.0	100.6	100.0	100.0	110.8
30.0	46.0	103.3	80.0	71.8	100.9			

表6.13.7 间二甲苯-乙酸气液平衡组成与温度的关系(26.7kPa)

乙酸(摩尔分数/%)		温度/℃	乙酸(摩尔分数/%)		温度/℃	乙酸(摩尔分数/%)		温度/℃
液相	气相		液相	气相		液相	气相	
1.1	3.85	77.7	28.0	39.1	71.7	64.2	73.4	68.1
5.0	11.1	75.9	38.9	49.9	70.6	74.2	81.6	67.7
7.8	15.3	75.3	46.7	57.3	69.8	842	38.8	67.2
14.8	24.6	73.6	54.3	64.7	69.2	90.1	92.9	67.0
16.8	27.2	73.2	56.0	66.2	69.0	95.5	96.9	66.5

6.14 其他

6.14.1 芳烃的物理性质

算图 6.33
气态苯的物理性质
（第 800 页左）

算图 6.34
液态苯的物理性质
（第 800 页右）

算图 6.35
甲苯的物理性质（Ⅰ）
（第 801 页左）

算图 6.36
甲苯的物理性质（Ⅱ）
（第 801 页右）

算图 6.37
液态邻二甲苯的物理性质
（第 802 页左）

算图 6.38
液态间二甲苯的物理性质
（第 802 页右）

算图 6.39
液态对二甲苯的物理性质
（第 803 页左）

算图 6.40
液态异丙苯的物理性质
（第 803 页右）

算图 6.41
萘的物理性质
（第 804 页左）

6.14.2 芳烃的普朗特数

算图 6.42
苯及其化合物的普朗特数（第 804 页右）

6.14.3 压缩因子

算图 6.43
根据沸点和分子量求临界压缩因子
（第 805 页左）

算图 6.44
根据沸点和临界温度、压强求临界压缩因子
（第 805 页右）

算图 6.45
根据气体的对比压强、对比温度求压缩因子
（第 806 页左）

算图 6.46
根据对比压强、对比温度求压缩因子
（第 806 页右）

6.15 危险品特性

表6.15.1 芳烃的危险品特性

名称	CAS 号	危险品编号	饱和蒸气压[①] /kPa	燃烧性	闪点 /℃	自燃温度 /℃	建规火险分级	爆炸下/上限（体积分数）/%	灭火方法	危险品类别	风险性代号	安全代号
甲苯	108-88-3	32052	4.89(30)	易	4	535	甲	1.2/7.0	P, R, G, T, Sw	3.2	R11; R38; R48/20; R63; R65; R67	S36/37; S46; S62
乙苯	100-41-4	32053	1.33(25.9)	易	15	432	甲	1.0/6.7	G, P, R, T, Sw	3.2	R11; R20	S16; S24/25; S29
丙苯	103-65-1	33538	1.33(43.4)	易	30	450	乙	0.8/6.0	P, R, G, T, Sw	3.3	R10; R37; R51/53; R65	S24; S37; S61; S62
异丙苯	98-82-8	33538	2.48(50)	易	31	420	乙	0.7/6.0	P, R, G, T, Sw	3.3	R10; R37; R51/53; R65	S24; S37; S61; S62
丁苯	104-51-8	33540	0.13(22.7)	易	59	410	乙	0.7/6.9	P, R, G, T, Sw	3.3	R10	S16
异丁苯	135-98-8	33540	0.13(18.6)	易	45	427	乙	0.8/6.0	P, R, G, T, Sw	3.3	R10	S23; S24/25
仲丁苯	135-98-8	33540	0.23(25)	易	45	418	乙	0.8/6.9	P, R, G, T	3.3	R10	S23; S24/25
叔丁苯	98-06-6	33540	0.13(13)	易	34	445	乙	0.7/6.9	P, R, G, T, Sw	3.3	R10 ; R20; R38	S23; S24/25
一氯五氟化苯	344-07-0			可	—	—		—	W, P, R, G, T			
1,2-二乙基苯	135-01-3	33537	1.33(62.8)	易	57	395	乙	—	P, R, G, T, Sw	3.3	R10; R36/37/38	S26; S36
1,3-二乙基苯	141-93-5	33537	1.33(61.4)	易	56	450	乙	—	P, R, G, T, Sw	3.3	R10; R36/37/38	S16; S26; S36
1,4-二乙基苯	105-05-5	33537	1.33(62.8)	易	56	430	乙	0.8/—	P, R, G, T, Sw	3.3		S24/25
二乙烯苯	1321-74-0		0.13(32.7)	可	74	470	丙	0.7/6.5	W, P, R, G, T			
二戊基苯	635-89-2		2.67(150)	可	107	—	丙	—	P, R, G, T			
1,2-二甲苯	95-47-6	33535	1.33(32)	易	30	463	甲	1.0/7.0	P, R, G, T, Sw	3.3	R10; R20/21; R38	S25
1,3-二甲苯	108-38-3	33535	1.33(28.3)	易	25	525	甲	1.1/7.0	P, R, G, T, Sw	3.3	R10; R20/21; R36/38	S25
1,4-二甲苯	106-42-3	33535	1.18(25)	易	25	525	甲	1.1/7.0	P, R, G, T, Sw	3.3	R10; R20/21; R38	S25
1,4-二甲氧基苯	151-10-0		0.93(85)	可	—	423	丙	—	W, P, R, G, T		R36/37/38	S24/25
对二甲基氨基偶氮苯	60-11-7			可	—	—	丙	—	W, P, R, G, T			
2,5-二甲基氮杂苯	589-93-5	33015	—	易	47	—	乙	—	P, R, G, T	3.3		
2,3-二甲基硝基苯	83-41-0	61675	—	可	107	—	丙	—	W, P, R, G, T	6.1	R23/24/25; R36/37/38	S26; S36/37/39; S45
2,4-二甲基硝基苯	89-87-2	61675	—	可	107	—	丙	—	W, P, R, G, T	6.1	R20/21/22	S36/37
2,5-二甲基硝基苯	89-58-7	61675	—	可	—	—	丙	—	W, P, R, G, T	6.1		
2,6-二甲基硝基苯	81-20-9	61675	—	可	87	—	丙	—	W, P, R, G, T	6.1	R20/21; R51/53	S36/37; S61
3,4-二甲基硝基苯	99-51-4	61675	2.67(143)	可	110	—	丙	—	W, P, R, G, T	6.1		
3,5-二甲基硝基苯	1999-12-7	61675	98.5(273)	可	—	—	丙	—	W, P, R, G, T	6.1		
二亚硝基苯	150-12-4	13005		易	—	—	爆炸品	—	W, P, R	1		

续表

名　称	CAS号	危险品编号	饱和蒸气压[①]/kPa	燃烧性	闪点/℃	自燃温度/℃	建规火险分级	爆炸下/上限(体积分数)/%	灭火方法	危险品类别	风险性代号	安全代号
对二异丙基苯	100-18-5			可	76	—	丙	—	W, P, R, G, T			
1,2-二氟苯	367-11-3	32055	—	易	2	—	甲	—	G, P, R, T	3.2	R11; R20	S16; S29; S33; S7
1,3-二氟苯	372-18-9	32055	—	易	2	—	甲	—	G, P, R, T	3.2	R11; R20	S16; S29; S33; S7
1,4-二氟苯	540-36-3	32055	—	易	2	—	甲	—	G, P, R, T	3.2	R11; R20	S16; S29; S33; S7
2,4-二氨基甲苯	95-80-7	61800	0.13(106.5)	可	—	—	丙	—	W, G, P, R, T,	6.1	R21; R25; R36; R43; R45; R51/53	S45; S53; S61
2,5-二氨基甲苯	95-70-5	61800	—	可	—	—	丙	—	W, G, P, R, T,	6.1		
4,4′-二氨基联苯	92-87-5	61803	98.64(128.7)	可	—	—	丙	—	W, G, P, R, T,	6.1	R45; R22; R50/53	S53; S45; S60; S61
1,3-二黄酰肼苯		41037		易	—	—	甲	—	P, R, G, T	4.1		
2,5-二氯甲苯	19398-61-9	61660	102.64(200)	可	79	—	丙	—	W, P, R, G, T	6.1		
2,4-二氯甲苯	95-73-8	61660	—	可	79	＞500	丙	1.9/4.5	W, P, R, G, T	6.1	R36/37/38	S24/25
2,5-二氯甲苯	398-61-9	61660	102.64(200)	可	79	—	丙	—	W, P, R, G, T	6.1	R36/37/38	S24/25
2,6-二氯甲苯	118-69-4	61660	—	可	82	—	丙	—	W, P, R, G, T	6.1	R22; R23; R36/37/38; R40; R41	S24/25; S26; S36/37/39; S45
3,4-二氯甲苯	95-75-0	61660	—	可	85	—	丙	—	W, P, R, G, T	6.1	R22; R36/37/38	S24/25
1,2-二氯苯	95-50-1	61657	2.4(86)	可	65	647	丙	2.2/9.2	W, P, R, G, T	6.1	R22; R36/37/38; R50/53	S23; S60; S61
1,3-二氯苯	541-73-1	61657	0.13(12.1)	可	63	—	丙	—	W, P, R, G, T	6.1	R22; R51/53	S61
1,4-二氯苯	106-46-7	61657	1.33(54.8)	可	65	—	丙	—	W, P, R, G, T	6.1	R36; R40; R50/53	S36/37; S46; S60; S61
二氯氧化二苯	28675-08-3		1.1(168.2)	可	—	—	丙	—	W, P, R, G, T			
3,4-二氯硝基苯	99-54-7	61679	—	可	123	—	丙	—	W, P, R, T, G	6.1	R22; R36; R51/53	S26; S39; S61
2,4-二硝基-1-氟苯	70-34-8	61677	2.67(137)	可	>110	—	乙	—	W, P, R, G, T	6.1	R22; R23/24/25; R33; R34; R40; R42/43	S22; S26; S28A; S36/37/39; S45
1,2-二硝基-4-溴化苯	610-38-8	61689		可	—	—	乙	—	W, P, R, G, T	6.1		
1,3-二硝基-4-溴化苯	584-48-5	61689		可	—	—	乙	—	W, P, R, G, T	6.1		
2,4-二硝基甲苯	121-14-2	61674	13.33(157.7)	易	207	360	甲	—	W, P, R, T	6.1	R23/24/25; R45; R48/22; R51/53; R62; R68	S45; S53; S61
2,6-二硝基甲苯	606-20-2	61674	—	易	—	—	甲	—	W, P, R, T	6.1	R45; R23/24/25; R48/22; R52/53; R62; R68	S53; S456; S61
1,2-二硝基苯	528-29-0	61057	—	易	150	—	甲	—	W, P, R, T	6.1	R26/27/28; R33; R50/53	S28A; S36/37; S45; S60; S61

续表

名　称	CAS 号	危险品编号	饱和蒸气压①/kPa	燃烧性	闪点/℃	自燃温度/℃	建规火险分级	爆炸下 / 上限（体积分数）/%	灭火方法	危险品类别	风险性代号	安全代号
1,3-二硝基苯	99-65-0	61057	—	易	—	—	甲	—	W，P，R，T	6.1	R26/27/28；R33；R50/53	S28A；S36/37；S45；S60；S61
1,4-二硝基苯	100-25-4	61057	—	易	—	—	甲	—	W，P，R，T	6.1		
2,4-二硝基氯苯	97-00-7	61681	—	可	194	—		2.0/22.0	W，G，P，R，T	6.1	R23/24/25；R33；R50/53	S28A；S36/37；S45；S60；S61
对叔丁基甲苯	98-51-1	61695	0.087（25）	易	54	—	乙	—	W，P，R，G，T	6.1	R10；R22；R23；R36/37/38	S16；S26；S28A；S36/37/39；S45
1,2,3-三甲基苯	526-73-8	33536	—	易	48	470	乙	—	P，R，G，T，Sw	3.3	R10；R37	S16；S26；S37/39
1,2,4-三甲基苯	95-63-6	33536	1.33（51.6）	易	44	485	乙	0.9/7.0	P，R，G，T，Sw	3.3	R10；R20；R36/37/38；R51/53	S26；S61
1,3,5-三甲基苯	108-67-8	33536	1.33（48.2）	易	44	531	乙	—	P，R，G，T，Sw		R10；R37；R51/53	S61
1,2,3-三氯苯	87-61-6	61658	0.13（40）	可	—	—	丙	—	P，R，T，W，G	6.1	R22；R38	S36/37
1,2,4-三氯苯	120-82-1	61658	0.13（38.4）	可	110	—	丙	—	P，R，T，W，G	6.1	R22；R38；R50/53	S23；S37/39；S60；S61
1,3,5-三氯苯	108-70-3	61658	1.33（78）	可	126	—	丙	—	P，R，T，W，G	6.1	R22；R38	S36/37
2,4,6-三硝基甲苯	118-96-7	11035	0.01（82）	可	—	—	爆炸品	—	W，JS	1		
1,3,5-三硝基苯	99-35-4	11054	0.27（175）	可	—	—	爆炸品	—	W，JS	1		
2,4,6-三硝基氯苯	88-88-0	11056	0.2（150）	可	—	—	爆炸品	—	W，JS	1		
五氯硝基苯	82-68-8	61680	—	可	—	—	丙	—	W，P，R，T，G	6.1	R43；R50/53	S13；S24；S37；S60；S61
五氯联苯	25429-29-2			可	195	—	丙	—	W，P，R，G，T			
六甲基苯	87-85-4			可	—	—	丙	—	W，P，R，G，T			S24/25
六氟化苯	392-56-3			易	10	—	甲	—	P，R，G，T		R11；R36/37/38	S16；S26；S33；S37/39
六氢化甲苯	108-87-2	32012	5.33/22	易	-4	250	甲	1.2/6.7	P，R，G，T，Sw	3.2	R11；R38；R51/53；R65；R67	S16；S33；S61；S62；S9
六氯苯	118-74-1	61876	0.13（114.4）	可	242	—	丙	—	W，P，R，G，T	6.1	R45；R48/25；R50/53	S45；S53；S60；S61
六氯氧化二苯			1.1（230～260）	可	—	—	丙	—	W，P，R，G，T			
1,2,4,5-四甲苯	95-93-2	41517	13.33（128.1）	可	73	—	乙	—	W，R，G，T	4.1	R11	S16
1,2,3,4-四氯苯	634-66-2	61659	101.44（254）	可	110	—	丙	—	P，R，G，T，W	6.1	R22	
1,2,3,5-四氯苯	634-90-2	61659	—	可	110	—	丙	—	P，R，G，T，W	6.1	R22	S22；S24/25
1,2,4,5-四氯苯	95-94-3	61659	＜0.013（25）	可	110	—	丙	—	P，R，G，T，W	6.1	R22；R36/37/38	S26；S36
对甲基异丙基苯	99-87-6	33539	1.2（25）	易	47	436	乙	0.7/5.6	W，P，R，G，T	3.3	R10；R36/37/38	S26；S36
对异丙基甲苯	99-87-6	33539	0.13（17.3）	易	47	436	乙	0.7/5.6	W，P，R，G，T	3.3	R10；R36/37/38	S26；S36

续表

名称	CAS号	危险品编号	饱和蒸气压[①]/kPa	燃烧性	闪点/℃	自燃温度/℃	建规火险分级	爆炸下/上限（体积分数）/%	灭火方法	危险品类别	风险性代号	安全代号
环己基苯	827-52-1			可	99	—	丙	—	P，R，G，T		R22；R36/38；R50/53	S26；S60；S61
苯	71-43-2	32050	13.33（26.1）	易	−11	560	甲	1.2/8.0	P，R，G，T，Sw	3.2	R45；R46；R11；R36/38；R48/23/24/25；R65	S53；S45
苯氟仿	98-08-8	32057	1.47（0）	易	12	—	甲	—	W，P，R，G，T	3.2	R11；R51/53	S16；S23；S61
1-苯基丙烷	103-65-7	33538	1.33（43.4）	易	30	450	乙	0.8/6.0	P，R，G，T，Sw	3.3		
2-氟甲苯	95-52-3	32056	1.33（8.9）	易	12	—	甲	—	P，R，G，T	3.2	R11；R36/37/38	S16；S26；S37/39
3-氟甲苯	352-70-5	32056	1.33（11.0）	易	9	—	甲	—	P，R，G，T	3.2	R11；R36/37/38	S16；S26；S37/39
4-氟甲苯	352-32-9	32056	1.33（11.8）	易	<23	—	甲	—	P，R，G，T	3.2	R11；R36/37/38	S16；S26；S37/39
氟苯	462-06-6	32054	19.92（39.4）	易	−15	—	甲	—	P，R，G，T	3.2	R11；R36/37/38	S16；S26；S29；S33；S36；S7
重氮氨基苯	136-35-6	41053		易	—	—	甲	—	W，P，R，T	4.1		
过氧化氢二异丙苯		52021		易	—	—	甲	—	W，P，R，1，T	5.2		
过氧化氢羟基异丙苯	80-15-9	52021	1.07（100）	易	56	—	甲	—	W，P，R，G，T	5.2	R21/22；R23；R34；R48/20/22；R51/53；R7	S14A；S3/7；S36/37/39；S45；S61
间氨基硝基苯	99-09-2	61777	0.13（119）	可	—	—	丙	—	W，P，R，G，T	6.1	R23/24/25；R33；R52/53	S28A；S36/37；S45；S61
2-氨基联苯	90-41-5	61802	—	可	>110	—	丙	—	W，P，R，T，G	6.1	R22；R40；R52/53	S36/37；S61
4-氨基联苯	92-67-1	61802	2.0（191）	可	>110	—	丙	—	W，P，R，T，G	6.1	R45；R22	S53；S45
2-羟基-4-亚硝基甲苯	6971-38-6	61718		可	—	—	乙	—	W，P，R，G，T	6.1		
4-巯基甲苯	106-45-6	83014	—	可	68	—	乙	—	P，R，T，W	8.3	R20/21/22；R36/37/38	S26；S36/37/39
4-氯-1,2-二硝基苯	610-40-2			可	>110	—	丙	—	W，P，R，G，T		R23/24/25；R33；R50/53	S28A；S36/37；S45；S60；S61
邻氯三氟甲苯	88-16-4	61668		易	58	—	乙	—	W，P，R，G，T	6.1	R10；R22；R36/37/38	S16；S26；S36/37/39
2-氯甲苯	95-49-8	33548	1.33（43）	易	43～47	—	乙	1.0/12.6	W，P，R，T，G	3.3	R20；R51/53	S24/25；S61
3-氯甲苯	108-41-8	33548	0.13（4.8）	易	50	—	乙	—	W，P，R，T，G	3.3	R20；R51/53	S24/25；S61
4-氯甲苯	106-43-4	33548	1.33（45）	易	49	—	乙	—	W，P，R，T，G	3.3	R20；R51/53	S24/25；S61
氯苯	108-90-7	33546	1.33（20）	易	28	590	甲	1.3/9.6	W，P，R，T，G	3.3	R10；R20；R51/53	S24/25；S61
异氰酸对硝基苯	100-28-7	61653	1.47（137～138）	可	—	—	丙	—	P，R，G，T，JSJ	6.1	R20/21/22；R36/37/38	S26；S36/37/39
2-硝基乙苯	无	61676	2.93（116）	可	—	—	丙	—	W，P，R，T，G	6.1	R36/37/38	S26；S36
4-硝基乙苯	无	61676	3.06（135）	可	112	—	丙	—	W，P，R，T，G	6.1		
2-硝基甲苯	88-72-2	61058	0.13（50）	可	106	305	—	2.2/—	W，P，R，T	6.1	R22；R45；R46；R51/53；R62	S45；S53；S61

续表

名　　称	CAS 号	危险品编号	饱和蒸气压[1] /kPa	燃烧性	闪点 /℃	自燃温度 /℃	建规火险分级	爆炸下 / 上限（体积分数）/%	灭火方法	危险品类别	风险性代号	安全代号
3-硝基甲苯	99-08-1	61058	0.13（50.2）	可	101	—	—	—	W，P，R，T	6.1	R23/24/25；R33；R51/53	S28A；S37；S45；S61
4-硝基甲苯	99-99-0	61058	0.13（53.7）	可	106	390	—	—	W，P，R，T	6.1	R23/24/25；R33；R51/53	S28A；S37；S45；S61
硝基苯	98-95-3	61056	0.13（44.4）	可	87.8	482	丙	1.8/—	W，P，R，T	6.1	R23/24/25；R40；R48/23/24；R51/53；R62	S28A；S36/37；S45；S61
2-硝基氯苯	88-73-3	61678	1.07（119）	可	127	—	丙	1.4/8.7	W，P，R，T，G	6.1	R22；R24；R52/53	S28A；S36/37/39；S38；S45；S60
3-硝基氯苯	121-73-3	61678	—	可	103	—	丙	—	W，P，R，T，G	6.1	R23/24/25	S28A；S36/37/39；S38；S45
2-硝基溴苯	577-19-5	61688	100.77（258）	可	>110	—	丙	—	W，P，R，T，G	6.1	R20/21/22；R36/37/38	S22；S26；S36/37/39
3-硝基溴苯	585-79-5	61688	—	可	>110	—	丙	—	W，P，R，T，G	6.1	R23/24/25；R33	S28A；S37；S45
4-硝基溴苯	586-78-7	61688	—	可	—	—	丙	—	W，P，R，T，G	6.1	R20/21/22；R36/37/38	S22；S26；S36/37/39
2-硝基碘苯	609-73-4	61691	97.18（288）	可	>110	—	丙	—	W，P，R，T，G	6.1	R20/21/22；R33；R36	S26；S36/37/39
联三苯	92-94-4			可	191	—	丙	—	1，P，R，T		R36/37/38	S26
联苯	92-52-4		0.66（101.8）	易	113	540	丙	②	1，P，G，R，T		R36/37/38；R50/53	S23；S60；S61
3-溴-1,2-二甲苯	576-23-8	61670		可	80	—	丙	—	W，P，R，G，T	6.1	R36/37/38	S24/25
4-溴-1,2-二甲苯	583-71-1	61670		可	80	—	丙	—	W，P，R，G，T	6.1	R22；R36/37/38；R50/53	S24/25；S60；S61
2-溴甲苯	95-46-5	61669	1.33（59.1）	可	78	—	丙	—	W，P，R，T	6.1	R22；R36/37/38	S26；S37/39
溴苯	108-86-1	33547	1.33（40）	易	51	565	乙	0.5/2.8	W，P，R，T，G	3.3	R10；R38；R51/53	S61
1,5-二硝基萘	605-71-0	41016	—	易	—	—	甲	—	W，G，P，R，T	4.1	R36/37/38；R52/53；R68	S26；S29；S36/37/39；S61
十氢萘；萘烷	91-17-8	33550	0.13（22.5）	易	54	255	乙	0.7/5.4	G，P，R，T，Sw	3.3	R20；R36/37/38	S26；S36
六氯-六氢-二甲撑萘	309-00-2	61127	—	可	65	—		—	W，P，R，T	6.1		
四氢化萘	119-64-2			可	71	—	丙	0.8/5.0	W，P，R，G，T		R19；R36/38；R51/53	S26；S28A；S61
1,2,3,4-四氯化萘	1335-88-2	61827	—	可	—	—	丙	—	P，R，T，W	6.1		
1-甲基萘	90-12-0	41512	—	可	82	529	乙	—	R，W，T，Sw	4.1	R22；R51/53	S61
2-甲基萘	91-57-6	41512	—	可	97	—	乙	—	R，W，T，Sw	4.1	R22；R51/53	S61
萘	91-20-3	41511	0.13（52.6）	可	78.9	526	乙	0.9/5.9	W，R，T	4.1	R22；R40；R50/53	S36/37；S46；S60；S61
1-硝基萘	86-57-7	41513	—	可	—	—	乙	—	W，G，T，R	4.1	R25；R40	S28A；S45
2-硝基萘	581-89-5	41513	—	可	—	—	乙	—	W，G，T，R	4.1	R45；R51/53	S45；S53；S61
1-氯化萘	90-13-1	61666	0.13（80.6）	可	121	557	丙	—	W，P，R，T，G	6.1	R22；R36/37/38；R51/53	S26；S29；S37/39；S61
萘酐	81-84-5	41514	—	可	—	—	乙	—	W，G，R，T	4.1		

① 括号内数字为蒸气压对应的温度（℃）。
② 0.6（111℃）/5.8（155℃）。

第 7 章
醇　类

目录

7.1 一般特性

7.1.1 脂肪醇的一般特性

表7.1.1 脂肪醇的一般特性

名称	分子式	分子量	密度d_4^{20}/(g/cm³)	颜色	形态	性状	溶解性能					正常熔点t_m/℃	正常沸点t_b/℃	临界温度T_c/K	临界压力p_c/MPa	临界体积V_c/(cm³/mol)	临界压缩因子Z_c	偏心因子ω	偶极矩/D	折射率n^{20}
							水	乙醇	乙醚	苯	其他									
甲醇	CH_4O	32.04	0.7914	无	液	燃毒	∞	∞	∞	∞	①	−97.5	64.5	512.9	8.094	117	0.222	0.566	1.7	1.3288
乙醇（酒精）	C_2H_6O	46.07	0.7893	无	液	易燃	∞	∞	∞	∞	∞丙酮、氯仿	−114.14	78.24	513.9	6.168	168	0.243	0.637		1.3614
1-丙醇（正丙醇）	C_3H_8O	60.10	0.7997^{25}	无	液	麻醉	∞	∞	∞	++		−124.39	97.04	536.4	5.179	218	0.253	0.628	1.7	1.3850
2-丙醇（异丙醇）	C_3H_8O	60.10	0.7809^{25}	无	液	麻醉	∞	∞	∞		②	−87.91	82.21	508.3	4.764	222	0.250	0.669	1.7	1.3776
1-丁醇（正丁醇）	$C_4H_{10}O$	74.12	0.8095	无	液	麻醉	9^{15}	∞	∞	+	++丙酮	−88.60	117.6	563.4	4.425	274	0.259	0.595	1.8	1.3988
2-丁醇（仲丁醇）	$C_4H_{10}O$	74.12	0.8063	无	液	很香	12.5^{20}	∞	∞			−115	98.0	532.0	4.226	269	0.257	0.571	1.7	1.3978
异丁醇	$C_4H_{10}O$	74.12	0.8018	无	液	刺激	10^{15}	∞	∞			−102.0	107.8	547.8	4.295	274	0.258	0.589	1.7	1.3955
叔丁醇	$C_4H_{10}O$	74.12	0.7887	无	液	怪味	∞	∞	∞			25.81	82.3	506.2	3.972	275	0.259	0.616	1.7	1.3878
1-戊醇	$C_5H_{12}O$	88.15	0.8144	无	液	麻醉	2.7^{22}	∞	∞		∞丙酮	−77.58	137.6	586.2	3.849	0.326	0.258	0.594	1.7	1.4101
2-戊醇	$C_5H_{12}O$	88.15	0.8094	无	油	麻醉	÷	∞	∞			−73	119.1	560.3	3.675	329	0.259	0.675		1.4053
3-戊醇	$C_5H_{12}O$	88.15	0.8203	无	油	麻醉	5.5^{30}	∞	∞		+丙酮	−69.9	123	559.6	3.715	325	0.259	0.578		1.4104
异戊醇	$C_5H_{12}O$	88.15	0.809^{25}	无	液	蒸气毒	2.7^{22}	∞	∞	∞	③	−117	131.5	571.2	4.66		0.26			1.407
1-己醇	$C_6H_{14}O$	102.17	0.8136	无	液	果香	0.6^{20}	∞	∞	∞	+丙酮、氯仿	−46.4	156.9	610.3	3.417	387	0.261	0.580	1.8	1.4178
2-己醇	$C_6H_{14}O$	102.17	0.8159	无	油		÷	∞	∞				138	585.9	3.31	384	0.261	0.566		1.4144
3-己醇	$C_6H_{14}O$	102.17	0.8182	无	油		÷	∞	∞				143	582.4	3.36	383	0.266	0.602		1.4167
1-庚醇	$C_7H_{16}O$	116.20	0.8219	无	液	花香	÷÷	∞	∞			−33.2	178	632.61	3.060	435	0.253	0.587	1.7	1.4249
2-庚醇	$C_7H_{16}O$	116.20	0.8167	无	液		÷						159	608.3	3.021	442	0.264	0.763	1.7	1.4210
3-庚醇	$C_7H_{16}O$	116.20	0.8227	无	液	可燃	÷					−70	163	605.4	3.031	434.0	0.261	0.589	1.7	1.4201
4-庚醇	$C_7H_{16}O$	116.20	0.8183	无	液		÷÷	+	+			−41.2	161	602.6	3.029	432.0	0.261	0.617	1.7	1.4205
异庚醇	$C_7H_{16}O$	116.20	0.823^{25}	无	液	芳香	÷÷	∞	∞					652.5	3.03	432	0.26	0.7807		
1-辛醇	$C_8H_{18}O$	130.23	0.8262^{25}	无	液	芳香	−	∞	∞		∞氯仿	−14.7	194.7	652.5	2.777	497	0.254	0.594	2.0	1.4295
2-辛醇	$C_8H_{18}O$	130.23	0.8193	无	油		−	∞	∞			−31.6	179	629.6	2.754	519	0.273	0.506	1.6	1.4203

续表

名称	分子式	分子量	密度d_4^{20}/(g/cm³)	颜色	形态	性状	溶解性能					正常熔点t_m/℃	正常沸点t_b/℃	临界温度T_c/K	临界压力p_c/MPa	临界体积V_c/(cm³/mol)	临界压缩因子Z_c	偏心因子ω	偶极矩/D	折射率n^{20}
							水	乙醇	乙醚	苯	其他									
3-辛醇	$C_8H_{18}O$	130.23	0.8258	无	液	草药味	–	+			+多数非挥发油	–45	184	628.5		515				1.437
4-辛醇	$C_8H_{18}O$	130.23	0.8186	无	液	易燃	0.1^{20}	+	+		+多数有机溶剂	–40.7	176.3	625.1		515				1.426
1-壬醇	$C_9H_{20}O$	144.26	0.8280	无	油	花香	–	∞	∞		∞氯仿	–5.0	213.7	670.7	2.528	572	0.260	0.594	1.7	1.4333
2-壬醇	$C_9H_{20}O$	144.26	0.8471	无	油		–	+	+			–35	193.5	649.6	2.53	575.0	0.269	0.890		1.4353
3-壬醇	$C_9H_{20}O$	144.26	0.83	微黄	液		–				+酒精		195	648		577				1.43
4-壬醇	$C_9H_{20}O$	144.26	0.82		液	有毒						6.15	193.5	645.1		575				1.4300
1-癸醇	$C_{10}H_{22}O$	158.28	0.8297	无	油	花香	÷÷	∞	∞	∞	∞丙酮、氯仿	7	230	687.3	2.315	649	0.263	0.613	1.8	1.4372
2-癸醇	$C_{10}H_{22}O$	158.28	0.827	无	液	易燃						–5	211	668.6		646				
3-癸醇	$C_{10}H_{22}O$	158.28	0.83	无	液	刺激							213	666.1		643				
4-癸醇	$C_{10}H_{22}O$	158.28	0.826	无	液							–11.4	215	663.7		643				
5-癸醇	$C_{10}H_{22}O$	158.28	0.83	无	液	易燃						9	80	663.2		646				
异癸醇	$C_{10}H_{22}O$	158.28	0.8250	无	液							–1.2	211	703.6		591	0.252	0.9130		1.433^{25}
1-十一醇	$C_{11}H_{24}O$	172.31	0.8298	无	液	柠檬香	<0.02	+	++			16.6	246	703.6	2.147	718	0.264	0.587		1.4392
1-十二醇	$C_{12}H_{26}O$	186.33	0.8309^{24}	淡黄	叶	特香	–	+				24.2	264.1	719.4	1.994	718	0.240	0.639	1.6	1.4428
1-十三醇	$C_{13}H_{28}O$	200.36	0.8223^{31}	白	晶		–	+	+			31.7	287	732	1.79	782.5	0.241	0.627		1.4433
1-十四醇	$C_{14}H_{30}O$	214.39	0.8236^{38}	无	晶		<0.02	÷	+			37.7	295.8	743	1.67	838.5	0.245	1.006		1.4454
1-十五醇	$C_{15}H_{32}O$	228.41	0.8347^{25}	无	晶		–					43.8	318	757	1.60	894.5	0.226	1.015		1.4507
1-十六醇	$C_{16}H_{34}O$	242.44	0.8187^{50}	白	叶	香味	–	102	+	+	++甲醇，氯仿	49.30	325	770	1.46	950.5	0.210	1.018		1.428^{79}
1-十七醇	$C_{17}H_{36}O$	256.47	0.8475	白	片			+	+			53.8	333	736	1.41	1006.5	0.216	1.105		1.4324
1-十八醇	$C_{18}H_{38}O$	270.49	0.8124^{59}	白	蜡	香味	–	+	+	+	④	58.0	351	790	1.28	1062.5	0.209	1.144	1.7	1.4331
1-二十醇	$C_{20}H_{42}O$	298.55	0.8405	白	蜡		÷÷	÷		+*	⑤	65.4	356	770	1.20	1174.5	0.197	1.052		1.4350

① 溶于氯仿和多种无机盐溶液；无限溶于丙酮。
② 溶于丙酮；不溶于盐溶液；无限溶于氯仿。
③ 易溶于丙酮；无限溶于氯仿、冰乙酸、石油醚和油类。
④ 不与碱起反应；溶于氯仿。
⑤ 溶于丙酮、热石油醚。

7.1.2 二醇的一般特性

表7.1.2 二醇的一般特性

名称	分子式	分子量	密度d_4^{20}/(g/cm³)	颜色	形态	性状	溶解性能					正常熔点t_m/℃	正常沸点t_b/℃	临界温度T_c/K	临界压力p_c/MPa	临界体积V_c/(cm³/mol)	临界压缩因子Z_c	偏心因子ω	偶极矩/D	折射率n^{20}
							水	乙醇	乙醚	苯	其他									
1,2-乙二醇	$C_2H_6O_2$	62.07	1.1135	无	稠	稍甜	∞	∞	+	−	①	−13	197.5	720	8			1.137		1.431
1,2-丙二醇	$C_3H_8O_2$	76.10	1.0361	无	油	微辣	∞	∞	+	+	∞丙酮、氯仿	−60	187.3	676.4	5.941	247	0.261	1.107	3.6	1.4324
1,3-丙二醇	$C_3H_8O_2$	76.10	1.0538	微黄	油	味甜	∞	∞	+	−	−氯仿	−27.6	214.7	718.2	6.55	231.1	0.298	1.152	3.46	1.4398
1,2-丁二醇	$C_4H_{10}O_2$	90.12	1.0024		液		+	+	−		+丙酮	−59	196.4	680	5.21	303	0.279	0.882		1.4378
1,3-丁二醇	$C_4H_{10}O_2$	90.12	1.0053	无	油	低毒	+	+	÷	−	②	−77	208.2	676	5.18	305	0.282	1.146		1.4401
1,4-丁二醇	$C_4H_{10}O_2$	90.12	1.0171	无	稠	吸湿	∞	+	÷	+丙酮	稀硝酸	20.43	229.5	723.8	5.52	283.6	0.237	1.189	3.86	1.4460
2,3-丁二醇	$C_4H_{10}O_2$	90.12	1.0033		晶		∞	∞	+			7.6	178							1.4310
1,5-戊二醇	$C_5H_{12}O_2$	104.15	0.9914	无	稠	味苦	∞	∞	1125	−	③	−20	241	700.0	4.132	336.2	0.239	0.921	3.64	1.4494
1,6-己二醇	$C_6H_{14}O_2$	118.18	0.9601	无	针	略甜香	+	+	÷*	−	+低级脂肪烃	41.5	208	703.6	3.664	388.7	0.242	0.8586	2.50	1.45825
1,10-癸二醇	$C_{10}H_{22}O_2$	174.28	0.924	白	针		−	++	+		−石油醚	72.4	192^{20}							1.458
二乙基二醇	$C_4H_{10}O_3$	106.12	1.118^{25}	无	稠	甜苦	∞			−	−甲苯、CCl_4	−10	245	681.2	3.586	0.316	0.26			1.447
二丙基二醇	$C_6H_{14}O_3$	134.17	1.02									−40	230.5±1	651.2	4.781		0.277			1.441
二甘醇（二乙二醇）	$C_4H_{10}O_3$	106.12	1.120^{15}	无	液	黏稠	∞			−	−甲苯、CCl_4	−10.4	245.8	750	4.7	292.3	0.228	0.9431	2.69	1.4472
三甘醇（三乙二醇）	$C_6H_{14}O_4$	150.17	1.1274^{15}	无	液	黏稠	∞	∞	÷	∞	−石油醚	−9.4	288.6	780	3.3	406.1	0.226	0.8559	2.99	1.4531
四甘醇（四乙二醇）	$C_8H_{18}O_5$	198.23	1.128^{15}	无	液	黏稠	∞				④	−4.1	328	800	3.2	519.9	0.216	0.6917	3.25	1.4577

① 溶于甘油、吡啶和醛；无限溶于丙酮。
② 溶于丙酮、邻苯二甲酸二丁酯、蓖麻油，几乎不溶于脂肪族烃、甲苯、四氯化碳、乙醇胺类、矿物油、亚麻子油。
③ 不溶于二氯甲烷、石油醚；混溶于甲醇、乙酸乙酯、丙酮。
④ 能溶解硝化纤维素、橡胶等。

7.1.3 甲基、乙基醇的一般特性

表7.1.3 甲基、乙基醇的一般特性

名称	分子式	分子量	密度d_4^{20}/(g/cm³)	颜色	形态	性状	溶解性能					正常熔点t_m/℃	正常沸点t_b/℃	临界温度T_c/K	临界压力p_c/MPa	临界体积V_c/(cm³/mol)	临界压缩因子Z_c	偏心因子ω	偶极矩/D	折射率n^{20}
							水	乙醇	乙醚	苯	其他									
2-甲基-1-丁醇	$C_5H_{12}O$	88.15	0.8152^{25}	无	液		+	∞	∞		+丙酮		129.0	604.4	3.45	320.9	0.252	0.678		1.4092
2-甲基-2-丁醇	$C_5H_{12}O$	88.15	0.8096	无	液		+	∞	∞	∞	∞氯仿、甘油和油类	−8.7	102.4	543.7	3.71	317.6	0.261	0.483	1.8	1.4052
3-甲基-2-丁醇	$C_5H_{12}O$	88.15	0.818^{25}	无	液	果香	+	∞	∞				113.5	556.1	3.87			0.351		1.409

续表

名称	分子式	分子量	密度d_4^{20}/(g/cm³)	颜色	形态	性状	溶解性能					正常熔点t_m/℃	正常沸点t_b/℃	临界温度T_c/K	临界压力p_c/MPa	临界体积V_c/(cm³/mol)	临界压缩因子Z_c	偏心因子ω	偶极矩/D	折射率n^{20}
							水	乙醇	乙醚	苯	其他									
2-甲基-2-乙基-1-丁醇	$C_7H_{16}O$	116.20	0.8288										155.8	600.5	3.05	422.7	0.258	0.6062		1.422
3-甲基-2-乙基-1-丁醇	$C_7H_{16}O$	116.20	0.8377										161.8	608.6	3.03	419.4	0.251	0.5939		1.418
3-甲基-1-丁醇	$C_5H_{12}O$	88.15	0.8104	无	液	异味	÷	∞	∞			−117.2	130.8	577.2	3.93	320.9	0.249	0.556	1.78	1.4053
3-甲基-2-丁醇	$C_5H_{12}O$	88.15	0.8180	无	液		+	∞	∞				113.7	556.1	3.87	314.3	0.253	0.351		1.4089
2-甲基-1-戊醇	$C_6H_{14}O$	102.18	0.8263	无	液		÷	∞	∞		∞酮		157	604.4	3.45	373.5	0.25	0.726		1.4182
4-甲基-1-戊醇	$C_6H_{14}O$	102.18	0.8131	无	液		+						151	603.5						1.414
2-甲基-2-戊醇	$C_6H_{14}O$	102.18	0.8350^{16}	无	液	醇味	÷	∞	∞		与水部分互溶	−103	121	559.5	3.34	370.2	0.265	0.552		1.4100
2-甲基-3-戊醇	$C_6H_{14}O$	102.18	0.8243	无	液		−	∞	∞				127.9	576.0	3.46	366.9	0.258	0.598		1.4175
3-甲基-1-戊醇	$C_6H_{14}O$	102.18	0.824	无	液		−						153	599.0	3.351	373.5	0.251	0.6066		1.4112^{23}
3-甲基-2-戊醇	$C_6H_{14}O$	102.18	0.8307	无	液								134.3	576.6	3.319	366.9	0.254	0.567		1.4182
3-甲基-3-戊醇	$C_6H_{14}O$	102.18	0.8286	无	液		−	∞	∞			−23.6	129	575.6	3.52	370.2	0.265	0.5425		1.4186
4-甲基-2-戊醇	$C_6H_{14}O$	102.18	0.8075	无	液		÷				∞多种有机溶剂	−90	132.0	574.4						1.415
2-乙基-1-戊醇	$C_7H_{16}O$	116.20	0.8330	无	液								165.8	611.4	3.041	426.0	0.255	0.6251		1.42
3-乙基-1-戊醇	$C_7H_{16}O$	116.20	0.8300	无	液								165.8	611.4	3.047	426.0	0.255	0.6231		1.4200
3-乙基-2-戊醇	$C_7H_{16}O$	116.20	0.8389	无	液								151.8	594.6	3.019	419.4	0.256	0.5921		1.4260
3-乙基-3-戊醇	$C_7H_{16}O$	116.20	0.8407^{22}	无	液		÷	+				−12.5	142.0	581.7	3.035	422.7	0.265	0.5831	1.14	1.4294
4-甲基-1-戊醇	$C_6H_{14}O$	102.18	0.8131	无	液								151.9	603.5	3.350	373.5	0.249	0.5522		1.4134^{25}
4-甲基-2-戊醇	$C_6H_{14}O$	102.18	0.8075	无	液							−90	131.6	574.4	3.316	366.9	0.255	0.5821		1.4100
2-甲基-1-己醇	$C_7H_{16}O$	116.20	0.8260	无	液								164	608.2	3.039	426.0	0.256	0.6514		1.4226
2-甲基-2-己醇	$C_7H_{16}O$	116.20	0.8119	无	液								143	581.69	3.035	422.7	0.265	0.5915		1.4175
2-甲基-3-己醇	$C_7H_{16}O$	116.20	0.8407	无	液								143	587.6	3.013	419.4	0.259	0.6461		1.4149
3-甲基-1-己醇	$C_7H_{16}O$	116.20	0.8258	无	液								169	619.8	3.048	426.0	0.252	0.6537		1.4245
3-甲基-2-己醇	$C_7H_{16}O$	116.20	0.8820	无	液								151	594.6	3.019	419.4	0.256	0.5921		1.4198
3-甲基-3-己醇	$C_7H_{16}O$	116.20	0.8233	无	液								143	581.6	3.035	422.7	0.265	0.5893		1.4231
4-甲基-1-己醇	$C_7H_{16}O$	116.20	0.8239	无	液								173	621.2	3.049	426.0	0.252	0.5932		1.4230
4-甲基-2-己醇	$C_7H_{16}O$	116.20	0.8210	无	液								150.8	593.2	3.018	419.4	0.257	0.5920		1.418
4-甲基-3-己醇	$C_7H_{16}O$	116.20	0.8324	无	液								148.8	590.4	3.015	419.4	0.258	0.5915		1.4200
5-甲基-3-己醇	$C_7H_{16}O$	116.20	0.8330	无	液								148	589.0	3.014	419.4	0.258	0.6550		1.4128

续表

名称	分子式	分子量	密度d_4^{20}/(g/cm³)	颜色	形态	性状	溶解性能					正常熔点t_m/℃	正常沸点t_b/℃	临界温度T_c/K	临界压力p_c/MPa	临界体积V_c/(cm³/mol)	临界压缩因子Z_c	偏心因子ω	偶极矩/D	折射率n^{20}
							水	乙醇	乙醚	苯	其他									
5-甲基-1-己醇	$C_7H_{16}O$	116.20	0.8192	无	液								169	619.8	3.048	426.0	0.252	0.6242		1.4175
5-甲基-2-己醇	$C_7H_{16}O$	116.20	0.8140	无	液								151	593.2	3.018	419.4	0.257	0.6653		1.4180
5-甲基-3-己醇	$C_7H_{16}O$	116.20	0.8330	无	液								148	589.0	3.014	419.4	0.258	0.6560		1.4128
4-甲基-3-庚醇	$C_8H_{18}O$	130.23	0.827^{25}	无	液							–123	157	623.5						1.420
5-甲基-3-庚醇	C_8H_{180}	130.23	0.8425^{25}	无	液							–91.2	154	621.1						1.4260
2-乙基-1-丁醇	$C_6H_{14}O$	102.18	0.8326	无	液		÷	∞	∞			<–15	155	580.2	3.951	380	0.260			1.422
2-乙基-1-己醇	$C_8H_{18}O$	130.23	0.831925	无	液	可燃	÷				∞多数有机溶剂	–70	186.2	640.6	2.80	478.6	0.252	0.558	1.76	1.4300
2,2-二甲基-1-丙醇	$C_5H_{12}O$	88.15	0.812	无	固							55	112	554.8	3.75	317.6	0.258	0.534		1.407
2,2-二甲基-1-丁醇	$C_6H_{14}O$	102.18	0.8232									<–15	136.5	580.6	3.357	370.2	0.257	0.5682		1.4208
2,3-二甲基-2-丁醇	$C_6H_{14}O$	102.18	0.8236	无	油	樟脑味	÷÷	∞	∞			–10.5	118.7	558.1	3.324	363.6	0.260	0.5308		1.417
2,3-二甲基-3-戊醇	$C_7H_{16}O$	116.20	0.8330	无	液		–	∞	∞	+	+氯仿	<–30	139.7	579.6	3.025	416.1	0.261	0.5533		1.4287
3,3-二甲基-2-丁醇	$C_6H_{14}O$	102.18	0.812^{25}				+					–5.6	120.4	560.1	3.326	363.6	0.260	0.535		1.4148
2,2-二甲基-1-戊醇	$C_7H_{16}O$	116.20	0.8300	无	液								152.8	596.3	3.041	422.7	0.260	0.5935		
2,2-二甲基-3-戊醇	$C_7H_{16}O$	116.20	0.8253	无	液							–2.5	135.0	575.4	3.020	416.1	0.263	0.5524		1.4223
2,3-二甲基-1-戊醇	$C_7H_{16}O$	116.20	0.8380	无	液								163.8	611.0	3.033	419.4	0.250	0.6794		1.418
2,3-二甲基-2-戊醇	$C_7H_{16}O$	116.20	0.8320	无	液								139.7	580.7	3.026	416.1	0.261	0.5533		
2,4-二甲基-1-戊醇	$C_7H_{16}O$	116.20	0.8197	无	液								159.0	604.4	3.028	419.4	0.253	0.5934		1.4270
2,4-二甲基-2-戊醇	$C_7H_{16}O$	116.20	0.8203	无	液		–	∞	∞		+多数有机溶剂	<–20	133.1	578.2	3.017	416.1	0.264	0.5554		1.4172
2,4-二甲基-3-戊醇	$C_7H_{16}O$	116.20	0.8288	无	液		÷÷	∞	∞			<–70	138.7	579.3	2.998	412.8	0.257	0.5560		1.4250
3,3-二甲基-1-戊醇	$C_7H_{16}O$	116.20	0.8327	无	液								164.8	613.1	3.061	422.7	0.254	0.6165		
3,3-二甲基-2-戊醇	$C_7H_{16}O$	116.20	0.8288	无	液								146.8	590.9	3.035	416.1	0.257	0.5587		1.419
3,4-二甲基-1-戊醇	$C_7H_{16}O$	116.20	0.8318	无	液								164.8	612.8	3.034	419.4	0.250	0.6640		
4,4-二甲基-1-戊醇	$C_7H_{16}O$	116.20	0.8156	无	液								159.8	606.1	3.056	422.7	0.256	0.5949		
2,2,3-三甲基-1-丁醇	$C_7H_{16}O$	116.20	0.8470										156.8	604.9	3.046	416.1	0.252	0.5639		
2,3,3-三甲基-1-丁醇	$C_7H_{16}O$	116.20	0.8280										159.8	609.1	3.050	416.1	0.251	0.5646		
2,3,3-三甲基-2-丁醇	$C_7H_{16}O$	116.20	0.838^{25}									17	131.0	571.8	3.036	412.8	0.264	0.5286		1.4233^{22}
1-丙烯-3-醇（烯丙醇）	C_3H_6O	58.08	0.8540									–129	96.9	547.1	5.64	203.5	0.240	0.554		1.4135

7.1.4 环醇的一般特性

表7.1.4 环醇的一般特性

名称	分子式	分子量	密度d_4^{20}/(g/cm³)	颜色	形态	性状	溶解性能					正常熔点t_m/℃	正常沸点t_b/℃	临界温度T_c/K	临界压力p_c/MPa	临界体积V_c/(cm³/mol)	临界压缩因子Z_c	偏心因子ω	偶极矩/D	折射率n^{20}
							水	乙醇	乙醚	苯	其他									
环戊醇	$C_5H_{10}O$	86.13	0.9488	无	稠	好闻	÷	+	∞		∞酮	−17.5	140.4	4.9		619.5				
环己醇	$C_6H_{12}O$	100.16	0.9624	无	液	樟脑味	÷	+	+	+	①	26	160.9	4.401	3.586	647.1	0.273	0.514	1.72	1.4530
环庚醇	$C_7H_{14}O$	114.19	0.9554	无	液	易燃						7.15	185							1.4071
环辛醇	$C_8H_{16}O$	128.21	0.9740	无	液	易燃						25.1	99.0^{16}							1.4871
1-甲基环己醇	$C_7H_{14}O$	114.19	0.9194	无	稠	芳香	÷	∞	∞			26.2	155					0.2213		1.4595
1-甲基环戊醇	$C_6H_{12}O$	100.16	0.9044^{21}		晶							35.4	136							1.4429
顺-2-甲基环己醇	$C_7H_{14}O$	114.19	0.9360		液							7	165					0.6805		1.4640
反-2-甲基环己醇	$C_7H_{14}O$	114.19	0.9247	无	液		÷	+纯	+			−2.0	167.5					0.6790		1.4616
顺-3-甲基环己醇	$C_7H_{14}O$	114.19	0.9155	无	液	薄荷味		∞	∞	∞		−5.5	168					0.6943		1.4752
反-3-甲基环己醇	$C_7H_{14}O$	114.19	0.9214^{30}	无	液	薄荷味		∞	∞	∞		−0.5	167					0.6806		1.4580
顺-4-甲基环己醇	$C_7H_{14}O$	114.19	0.9170	无	液	易燃		∞	∞	∞		−9.2	174					0.6880		1.4614
反-4-甲基环己醇	$C_7H_{14}O$	114.19	0.9118^{21}	无	液	易燃		∞	∞	∞			175					0.6940		1.4561

① 溶于乙酸乙酯、CS_2、油类等。

7.1.5 含卤醇和含硫醇的一般特性

表7.1.5 含卤醇和含硫醇的一般特性

名称	分子式	分子量	密度d_4^{20}/(g/cm³)	颜色	形态	性状	溶解性能					正常熔点t_m/℃	正常沸点t_b/℃	临界温度T_c/K	临界压力p_c/MPa	临界体积V_c/(cm³/mol)	临界压缩因子Z_c	偏心因子ω	偶极矩/D	折射率n^{20}
							水	乙醇	乙醚	苯	其他									
2-氟乙醇	C_2H_5OF	64.06	1.1040	无	液							−26.4	85							1.3647
2,2,2-三氟乙醇	$C_2H_3OF_3$	100.04	1.3842	无	液		<1.3	+				−44	73.8	499.3	4.861	201.7	0.215	0.577		1.291^{22}
2-氯乙醇	C_2H_5OCl	80.51	1.2019	无	液	毒	∞	∞	∞		∞丙酮	−68	126	584.2	4.498		0.264	0.6578		1.4419
2-氯-1-丙醇	C_3H_7OCl	94.54	1.103	无	液						∞多数有机溶剂		133.5							1.439
1,3-二氯-2-丙醇	$C_3H_6OCl_2$	128.98	1.3506^{17}	无	液	氯仿味	−	+	+		+多数有机溶剂		171	635.2	4.498		0.270			1.483

续表

名称	分子式	分子量	密度d_4^{20}/(g/cm³)	颜色	形态	性状	溶解性能					正常熔点t_m/℃	正常沸点t_b/℃	临界温度T_c/K	临界压力p_c/MPa	临界体积V_c/(cm³/mol)	临界压缩因子Z_c	偏心因子ω	偶极矩/D	折射率n^{20}
							水	乙醇	乙醚	苯	其他									
2,3-二氯-1-丙醇	$C_3H_6Cl_2O$	128.98	1.3±0.1	无	液	有毒							184	646.2	3.596		0.265			1.462
甲硫醇	CH_4S	48.11	0.8665		气	易燃	÷	++	++		++石油醚	−122.98	6.0	470	7.23	147	0.272	0.146	1.3	1.4020
乙硫醇	C_2H_6S	62.13	0.8315^{25}	无	液	易燃	1.5^{20}	+	+		+碱液	−147.89	35.0	499	5.49	207	0.274	0.192		1.4306
1-丙硫醇	C_3H_8S	76.16	0.8411	无	液	臭味	÷÷	+	+			−113.12	67.7	536.0	4.52	257.5	0.278	0.218	1.55	1.4380
2-丙硫醇（异丙硫醇）	C_3H_8S	76.16	0.8143	无	液	恶臭	÷÷	∞	∞			−130.50	52.6	512.0	4.35	251.5	0.284	0.223	1.64	1.4255
1-丁硫醇	$C_4H_{10}S$	90.19	0.8416	无	液	毒	÷	++	++			−115.66	98.4	570	4.0	324	0.273	0.278	1.54	1.4440
2-丁硫醇（仲丁硫醇）	$C_4H_{10}S$	90.19	0.8295	无	液		÷÷	+	+			−165	85.0	551.0	3.85	307.5	0.284	0.257	1.65	1.4366
叔丁硫醇	$C_4H_{10}S$	90.19	0.7943^{25}	无	液	易燃	÷	+++	+++		+++硫化氢	1.27	64.2	521.0	3.70	302.5	0.295	0.230	1.67	1.4232
异丁硫醇	$C_4H_{10}S$	90.19	0.8357	无	液		÷÷	+	+			−144.84	88.5	557.0	3.90	307.5	0.281	0.258	1.53	1.4387
1-戊硫醇	$C_5H_{12}S$	104.21	0.8500	无	液	讨厌味	−	∞	∞			−75.6	126.6	601.3	3.75	369.5	0.277	0.333	1.54	1.4469
1-己硫醇	$C_6H_{14}S$	118.24	0.8424	无	液	异臭	−	∞	∞			−81	152.7	622.0	3.02	425.5	0.273	0.373	1.55	1.4496
辛硫醇	$C_8H_{18}S$	146.29	0.8433	水白	液			+				−49.2	199.1	665.0	2.50	537.5	0.262	0.462		1.4540
壬硫醇	$C_9H_{20}S$	160.32	0.842^{25}	无	液							−20.1	220	686.4	2.46	593.5	0.255	0.512		1.4548
十一硫醇	$C_{11}H_{24}S$	188.37	0.8448	无	液							−1.5	257.4	716.5	2.05	705.5	0.242	0.596		1.4585
十二硫醇	$C_{12}H_{26}S$	202.40	0.8440	微灰	液		−	+	+	+	+汽油、丙酮	−6.7	277.0	733.7	1.81	751.5	0.236	0.636		1.4589
十四硫醇	$C_{14}H_{30}S$	230.45	0.8641	无	液	恶臭						7.0	310	735.8	1.60	873.5	0.223	0.707		1.4597
十六硫醇	$C_{16}H_{34}S$	258.51	0.8420	淡黄	液		−					19	1250.5	774.7	1.38	985.5	0.211	0.763		1.462
十八硫醇	$C_{18}H_{38}S$	286.56	0.8475	类白	粉		−					30	20711	795.4	1.20	1098	0.200	0.798		1.4645
2-甲基-2-丁硫醇	$C_5H_{12}S$	104.21	0.8120	无	液	强刺激	−						99.1	566.0	3.27	358.5	0.288	0.243		1.4385
3-甲基-1-丁硫醇	$C_5H_{12}S$	104.21	0.8350	水白	液	刺激	−	+					116	594.7	3.58	350.7	0.254	0.269		1.4412
3-甲基-2-丁硫醇	$C_5H_{12}S$	104.21	0.8406	无	液	恶臭	−					−127.1	109.8	586.4	3.567	350.7	0.256	0.232		1.444
2,2-二甲基-1-丙硫醇	$C_5H_{12}S$	104.21	0.8298									−71	103.7	578.9	3.589	347.4	0.259	0.229		
苄硫醇	C_7H_8S	124.20	1.0580	水白	液	刺激	−	+			+CS_2	−30	194.5	715.6	4.486	417.0	0.314	0.306	1.38	1.5151
环戊硫醇	$C_5H_{10}S$	102.20	0.9550	无	液		÷				+酒精和油		132.2							1.4902
环己硫醇	$C_6H_{12}S$	116.22	0.9782	无	液	蒜味	−						158.8	684	4.258	401	0.272	0.299	1.64	1.4921
苯硫醇	C_6H_6S	110.18	1.0775	无	液	窒息	−	∞	∞	∞	∞CS_2	−14.87	169.1					0.2628		1.6625

7.1.6 其他醇的一般特性

表7.1.6 其他醇的一般特性

名称	分子式	分子量	密度d_4^{20} /(g/cm³)	颜色	形态	性状	溶解性能					正常熔点 t_m /℃	正常沸点 t_b /℃	临界温度 T_c /K	临界压力 p_c /MPa	临界体积 V_c /(cm³/mol)	临界压缩因子 Z_c	偏心因子 ω	偶极矩 /D	折射率 n^{20}
							水	乙醇	乙醚	苯	其他									
二甲基氨基乙醇	$C_4H_{11}ON$	89.14	0.8806	无	液	氨味	∞		∞		∞芳烃	–59	134							1.4300
4-甲氧基乙醇	$C_3H_8O_2$	76.09	0.9647	棕灰	片							–85.1	124. 3	597.6	5.28	263	0.279	0.731		1.4013
2,2-甲氧基乙氧基乙醇	$C_5H_{12}O_3$	120.15	1.0350										193	672.0	3.67					1.4264
2-丙氧基乙醇	$C_5H_{12}O_2$	104.17	0.909^{25}		液	挥发	∞				∞多数有机溶剂	–73±2	151	615	3.65	364	0–260	0.783		
4-丙氧基乙醇	$C_5H_{12}O_2$	104.15	0.9112										152	615	3.65	364	0.260			1.413
2-丁氧基乙醇	$C_6H_{14}O_2$	118.18	0.90	无	液	醚味	+	+	+	+		–74.8	170.2	634	3.27	424	0.263	0.817		1.416
4-丁氧基乙醇	$C_6H_{14}O_2$	118.18	0.9015									–74.8	171	634	3.27	424	0.263	0.817		1.4198
1-丁氧基-2-丙醇	$C_7H_{16}O_2$	132.20	0.88	无	液		+							624.9	2.739					1.4174
2,3-环氧-1-丙醇	$C_3H_6O_2$	74.08	1.1143^{25}	无	液	略黏	∞	∞	∞	∞	①		$66^{2.5}$							1.4311
四氢糠醇	$C_5H_{10}O_2$	102.13	1.0524	无	液	吸湿	+	∞	∞	∞	∞丙酮	<–80	176.3	647.0	4.789	294.2	0.262	0.639	2.12	1.4520
丙三醇(甘油)	$C_3H_8O_3$	92.09	1.2613	无	液	黏稠	∞	∞	÷÷	–	②	18.2	289	850	7.5	255.0	0.28	1.320	3.0	1.4746
丙炔醇	C_3H_4O	56.06	0.9478	无	液	香叶味	+	+	+			–51.8	113.6	602.2	6.952	172.6	0.240	0.3919	1.78	1.4322
丙烯醇	C_3H_6O	58.08	0.8540	无	液	芥子味	∞	∞	∞		∞石油醚、氯仿	–129	97.4	547.1	5.64	203.5	0.240	0.554		1.4135
双丙酮醇	$C_6H_{12}O_2$	116.16	0.9387	无	液	愉悦香	∞	∞	∞	∞		–44	167.9	606.2	3.60		0.271	0.784		1.4213
季戊四醇	$C_5H_{12}O_4$	136.15	1.399	无	粉	升华	+	÷	–	–	–氯仿、石油醚	258	262	900.2	5.713	0.381	0.239			
苯甲醇(苄醇)	C_7H_8O	108.14	1.0419^{24}	无	液	芳香	+	++	++	++		–15.5	205.3	715	4.3	338.1	0.245	0.691	1.7	1.5396
1-苯基乙醇	$C_8H_{10}O$	122.17	1.01325	淡黄	液	有害	+					15	205	700	3.8					1.526
2-苯基乙醇	$C_8H_{10}O$	122.17	1.0202	无	液	玫瑰香	÷	+	+		+甘油，÷矿物油	–27	218.8	723.5	3.99	390.7	0.267	0.743	1.55	1.5325
1-苯基-1-丙醇	$9H_{12}O$	136.19	0.993	无	油	微芳香		∞	∞	∞	∞甲醇、甲苯		219±1	685	3.49	440	0.273			1.5196
1-苯基-2-丙醇	$9H_{12}O$	136.19	0.973^{25}	无	油						③	135.5	220±1	630	3.49	440	0.272			1.522
2-苯基-1-丙醇	$9H_{12}O$	136.19	0.9759^{25}	无	液		–					–37	110.5	678	3.49	440	0.27			1.526
1-氨基-2-丙醇	C_3H_9ON	75.19	0.9611	无	液		+	+				1.7	141	623.0	5.20	278	0.309			1.4479
3-氨基-1-丙醇	C_3H_9ON	75.19	0.987	无	液	黏稠	+					10–12	185±1	677	5.5	245	0.25			
3-氯基-1-丙醇	C_3H_9ON	75.11	0.9824^{26}	无-黄	液		+	+	+			12.1	185							1.445
2-巯基乙醇	C_2H_6OS	78.13	1.1143	水白	液	硫醇味	∞	∞	∞	∞			150.0							1.479
糠醇	$C_5H_6O_2$	98.10	1.1296	无	液	苦辣	+	+	+	+	+氯仿	–14.5	168	643.5	4.794	275.2	0.274	0.594	1.92	1.4869

① 能与低碳醇、酯、酮、甲苯、苯乙烯、氯苯、氯甲烷、氯仿、三氯乙烯、二甲基甲酰胺、二甲亚砜及乙腈完全互溶；部分溶于二甲苯、四氯乙烯、1,1,1-三氯乙烷，几乎不溶于脂肪族和脂环族烃类。

② 不溶于 CS_2、CCl_4、氯仿和石油醚。

③ 溶于氯仿；微溶于乙酸乙酯、甲醇。

7.2 密度

7.2.1 液态醇类的密度

表7.2.1 液态醇类的密度　　单位：g/cm^3

名称	温度/℃											
	-100	-80	-60	-40	-20	0	20	40	60	80	100	120
甲醇		899.4	881.8	863.6	844.8	825.2	804.8	783.5	761.1	737.4	712.0	684.7
乙醇	919.5	902.6	885.1	867.1	848.4	829.1	808.9	787.9	765.7	742.3	717.4	690.6
1-丙醇	914.1	898.0	881.5	864.5	847.0	828.9	810.1	790.6	770.2	748.7	726.1	702.0
异丙醇		890.2	872.6	854.4	835.5	815.9	795.5	774.1	751.6	727.7	702.2	674.6
丁醇		916.1	899.2	880.8	863.0	844.2	825.2	806.2	786.6	766.1	744.6	721.9
仲丁醇	922.3	906.1	889.4	872.3	854.6	836.3	817.3	797.5	776.9	755.2	732.3	707.9
叔丁醇							783.6^{30}	771.9	748.5	723.4	697.1	668.5
异丁醇	899.1	883.7	867.8	851.5	834.7	817.4	799.4	780.9	761.5	741.3	720.0	697.5
1-戊醇			889.0	872.8	856.2	839.2	821.8	804.0	785.5	766.5	746.8	726.3
异戊醇			874.3	858.7	842.8	826.4	809.5	792.1	774.0	755.2	735.5	714.9
1-己醇				868.9	854.5	839.7	824.5	808.9	792.7	775.0	758.6	740.4
1-庚醇					853.3	838.8	823.1	806.8	790.7	774.4	757.7	739.7
1-辛醇						841.2	826.0	810.4	794.5	778.2	761.4	744.2

名称	温度/℃											
	140	160	180	200	220	240	260	280	300	320	340	360
甲醇	654.9	621.6	583.4	537.1	474.2	310.0						
乙醇	661.4	629.0	592.0	547.8	489.5	376.8						
1-丙醇	676.2	648.0	616.8	581.2	538.8	483.0	378.0					
异丙醇	644.4	610.6	571.3	523.1	454.4	394.9^{230}						
丁醇	698.3	672.9	645.9	616.5	583.7	545.6	497.9	423.6				
仲丁醇	681.7	653.2	621.5	585.3	542.1	485.0	373.2					
叔丁醇	638.0	603.7	564.6	516.9	446.7	349.1^{230}						
异丁醇	673.4	647.5	619.0	587.2	550.3	504.9	439.8	381.7^{270}				
1-戊醇	704.9	682.4	658.5	632.9	605.0	574.2	538.9	495.9	435.7	383.6^{310}		
异戊醇	693.1	669.9	644.9	617.6	587.2	552.3	509.8	451.4	310.0			
1-己醇	721.4	701.4	680.2	657.6	633.1	606.3	576.3	541.7	499.3	440.1	328.0	
1-庚醇	721.4	702.8	683.2	662.0	640.3	616.5	590.7	562.2	530.0	491.8	439.3	240.0
1-辛醇	726.5	708.2	689.1	669.3	648.5	626.6	603.2	578.0	550.4	519.4	483.0	436.5

表7.2.2 其他液态醇类的密度　　单位：g/cm^3

名称	温度/℃												
	-100	-80	-60	-40	-20	0	20	40	60	80	100	120	140
2-乙基-1-丁醇	919.4	940.7	889.6	874.1	858.4	842.0	825.3	808.0	790.1	771.5	752.1	731.8	710.1
乙二醇					1148^{-10}	1138	1117	1096	1074	1053	1031	100.8	984.1
1,2-丙二醇			1108^{-50}	1099	1079	1060	1040	1019	997.8	977.0	955.1	932.8	909.2
丙三醇①							1261	1242	1222	1201	1180	1159	1138

续表

名称	温度/℃												
	−100	−80	−60	−40	−20	0	20	40	60	80	100	120	140
丙烯醇	976.5	957.1	937.3	917.1	896.4	875.1	853.3	831.8	810.2	786.5	763.1	738.4	711.8
1,4-丁二醇							1010^{30}	998.2	975.0	951.3	927.1	902.4	877.1
二甘醇						1178	1160	1139	1119	1098	1077	1056	1034
二丙二醇						1032^{10}	1023	1004	984.3	864.8	945.4	924.6	903.3
三甘醇			1198	1181	1165	1147	1128	1111	1092	1072	1053	1034	1015
1,3-二氯-2-丙醇					1405^{-10}	1393	1367	1340	1314	1287	1259	1229	1199
2,3-二氯-1-丙醇						1375^{10}	1362	1336	1310	1284	1257	1230	1200
双丙酮醇				995.8	977.1	958.5	939.2	919.6	900.0	880.2	858.8	836.4	814.3
苯甲醇					1073^{-10}	1064	1047	1082	1009	990.6	971.6	952.6	932.2
2-氯乙醇			1306	1280	1256	1231	1204	1178	1152	1124	1094	1064	1032
名称	温度/℃												
	160	180	200	220	240	260	280	300	320	340	360	380	400
2-乙基-1-丁醇	687.8	663.5	637.1	608.0	575.2	536.3	486.5	404.2					
乙二醇	959.6	933.9	906.6	878.9	848.7	817.6	782.1	743.7	699.6	644.2	561.5	417.8^{370}	
1,2-丙二醇	884.1	858.6	831.4	803.0	774.2	740.9	704.6	663.3	611.5	534.9	403.4^{350}		
丙三醇	1116	1093	1069	1045	1020	993.7	966.5	937.5	908.5	876.2	841.2	801.6	757.0
丙烯醇	683.1	651.8	617.2	577.5	528.6	455.5	332.8^{270}						
1,4-丁二醇	851.0	824.2	796.5	767.8	737.7	706.1	672.5	636.4	596.8	552.1	498.7	425.7	365.0^{390}
二甘醇	1011	987.1	962.1	936.7	909.1	880.9	850.7	818.1	782.3	742.2	695.7	635.7	538.2
二丙二醇	881.1	857.9	833.8	808.5	781.8	754.8	724.2	690.7	652.5	606.5	542.9	492.5^{370}	
三甘醇	994.2	972.4	950.5	927.5	904.1	878.1	852.6	824.5	794.3	761.6	725.6	684.7	633.8
1,3-二氯-2-丙醇	1169	1136	1101	1066	1028	987.1	942.2	890.5	830.0	748.9	514.4		
2,3-二氯-1-丙醇	1170	1139	1106	1072	1036	997.2	954.2	907.2	853.4	786.1	688.5	532.8^{370}	
双丙酮醇	790.5	764.9	738.7	711.3	680.8	647.1	608.1	559.8	489.9	383.0^{330}			
苯甲醇	910.7	889.2	866.7	843.2	818.5	792.5	766.4	737.1	705.0	668.6	626.2	570.3	435.1
季戊四醇②						1057^{270}	1046	1029	1012	993.8	975.1	955.6	935.3
2-氯乙醇	999.1	963.5	926.0	885.0	839.3	786.4	720.3	620.8	433.2^{310}				

① 温度为15、20、25、30℃时，其值分别为999.1、1000.6、999.5、995.7 g/cm³。

② 温度为420、440、460、480、500、520、540、560、580、600、620 ℃时，其值分别为914.0、891.6、867.8、842.5、815.2、785.5、752.5、714.8、670.1、612.2和515.5 g/cm³。

N 算图7.1、7.2 醇类蒸气的密度（第807页）

N 算图7.3 醇类液体的密度（第808页左）

7.2.2 甲醇在压力下的密度

表7.2.3 甲醇在压力下的比容　　单位：cm³/g

p/bar	T/K								
	200	250	300	350	400	450	500	550	600
0.1	0.001137	0.001203	7.630	8.942	10.23	11.56	12.84	14.15	15.45
0.5	0.001137	0.001202	0.001274	1.764	2.033	2.296	2.558	2.818	3.078
1.0	0.001370	0.001202	0.001274	0.856	0.9958	1.1283	1.2843	1.3870	1.5157

续表

p/bar	T/K								
	200	250	300	350	400	450	500	550	600
10	0.001136	0.001201	0.001272	0.001357	0.001474	0.1068	0.1236	0.1381	0.1519
15	0.001136	0.001201	0.001272	0.001356	0.001473	0.0673	0.0806	0.0911	0.1007
20	0.001135	0.001200	0.001271	0.001355	0.001469	0.0466	0.0589	0.0675	0.0751
30	0.001134	0.001199	0.001269	0.001355	0.001465	0.001659	0.0367	0.0436	0.0492
40	0.001133	0.001198	0.001268	0.001350	0.001461	0.001649	0.0251	0.0314	0.0361
50	0.001133	0.001197	0.001266	0.001348	0.001457	0.001637	0.0176	0.0239	0.0282
60	0.001131	0.001196	0.001265	0.001346	0.001453	0.001628	0.0120	0.0188	0.0228
80	0.001130	0.001194	0.001263	0.001343	0.001448	0.001614	0.002084	0.01359	0.0174
100	0.001128	0.001191	0.001259	0.001337	0.001439	0.001595	0.001952	0	0.01188
150	0.001125	0.001186	0.001252	0.001328	0.001423	0.001562	0.001825		0.006513
200	0.001121	0.001182	0.001246	0.001317	0.001408	0.001535	0.001751	0.002314	0.004091
300	0.001113	0.001172	0.001234	0.001302	0.001384	0.001492	0.001656	0.001957	0.002600
400	0.001107	0.001164	0.001223	0.001288	0.001363	0.001459	0.001593	0.001808	0.002182
500	0.001101	0.001156	0.001213	0.001274	0.001345	0.001431	0.001546	0.001716	0.001980

注：横线上方为气体，下方为液体。

7.2.3 饱和线上的醇的密度

表7.2.4 甲醇和乙醇在饱和线上的密度　　单位：g/cm^3

（1）甲醇

T_{sat}/K p_{sat}/kPa	337.85 101.3	353.2 178.4	373.2 349.4	393.2 633.3	413.2 1076	433.2 1736	453.2 2678	473.2 3970	493.2 5675	511.7 7775
液体 气体	751 1.222	735.5 2.084	714 3.984	690 7.142	664 12.16	634 19.94	598 31.86	553 50.75	490 86.35	363.5 178.9

（2）乙醇

T_{sat}/K p_{sat}/kPa	351.45 101.3	373 226	393 429	413 753	433 1256	453 1960	473 2940	483 3560	503 5100	513 6020
液体 气体	757 1.435	733.7 3.175	709 5.841	680.3 10.25	648.5 17.15	610.5 27.65	564 44,40	537.6 56.85	466.2 101.1	420.3 160.2

表7.2.5 正丙醇和异丙醇在饱和线上的密度　　单位：g/cm^3

（1）正丙醇

T_{sat}/K p_{sat}/kPa	373.2 109.4	393.2 218.5	413.2 399.2	433.2 683.6	453.2 1089	473.2 1662	493.2 2426	513.2 3402	523.2 3998	533.1 4689
液体 气体	732.5 2.26	711 4.43	687.5 8.05	660 13.8	628.5 22.5	592 35.3	548.5 55.6	492 90.4	452.5 118	390.5 161

（2）异丙醇

T_{sat}/K p_{sat}/kPa	355.65 101.3	373 200	390 380	408 580	425 925	443 1425	459 2025	478 3039	498 4052	508 5369
液体 气体	732.3 2.06	712.7 4.15	683 7.73	660 14.3	630.1 21	597.4 32.78	566 46.4	514.8 72.3	460.5 108.4	288 252

表7.2.6 正丁醇和叔丁醇在饱和线上的密度 单位：g/cm^3

（1）正丁醇

T_{sat}/K	390.65	410.2	429.2	446.5	469.5	485.2	508.3	530.2	545.5	558.9
p_{sat}/kPa	101.3	182	327	482	759	1190	1830	2530	3210	4030
液体	712	688	664	640	606	581	538	487	440	364
气体	2.3	4.1	7.9	12.5	23.8	27.8	48.2	74.0	102.3	240.2

（2）叔丁醇

T_{sat}/K	355.6	375	390	405	420	435	450	465	480	506.2
p_{sat}/kPa	101.3	207	322	483	779	1010	1516	1896	2619	3970
液体	710	688	670	647	621	596	567	533	487	270
气体	2.64	5.12	8.11	12.4	18.5	27.1	39.1	56.4	82.3	270

N 算图 7.4
甘油及其饱和蒸气、水溶液的密度
（第 808 页右）

7.2.4 醇水溶液的密度

表7.2.7 甲醇水溶液的密度 单位：g/cm^3

浓度		d_4^{15}	d_{15}^{15}	浓度		d_4^{15}	d_{15}^{15}
质量分数/%	体积分数/%			质量分数/%	体积分数/%		
0	0	0.99913	1.00000	52	59.759	0.91451	0.91530
2	2.502	0.99543	0.99629	54	61.781	0.91044	0.91123
4	4.986	0.99198	0.99284	56	63.778	0.90631	0.90709
6	7.454	0.98864	0.98950	58	65.750	0.90210	0.90268
8	9.906	0.98547	0.98632	60	67.693	0.89781	0.89859
10	12.345	0.98241	0.98326	62	69.607	0.89341	0.89418
12	14.779	0.97945	0.98030	64	71.490	0.88890	0.88967
14	17.181	0.97660	0.97745	66	73.344	0.88433	0.88510
16	19.579	0.99377	0.97461	68	75.172	0.87971	0.88047
18	21.963	0.97096	0.97180	70	76.976	0.87507	0.87583
20	24.322	0.96814	0.96898	72	78.746	0.87033	0.87108
22	26.688	0.96533	0.96614	74	80.480	0.86546	0.86621
24	29.029	0.96251	0.96334	76	82.182	0.86051	0.86125
26	31.354	0.95963	0.96046	78	83.855	0.85551	0.85625
28	33.662	0.95663	0.95751	80	85.499	0.85048	0.85122
30	35.952	0.95366	0.95199	82	87.110	0.84536	0.84609
32	38.224	0.95056	0.95138	84	88.677	0.84009	0.84082
34	40.476	0.94734	0.94816	86	90.212	0.83475	0.83457
36	42.708	0.94404	0.94486	88	91.716	0.82937	0.83009
38	44.919	0.94067	0.94148	90	93.118	0.82396	0.82467
40	47.109	0.93720	0.93801	92	94.627	0.81849	0.81920
42	49.277	0.93365	0.93446	94	96.017	0.81285	0.81365
44	51.422	0.93001	0.93081	96	97.370	0.80713	0.80783
46	53.544	0.92627	0.92707	98	98.696	0.80143	0.80212
48	55.639	0.92242	0.92322	100	100.00	0.79577	0.79646
50	57.712	0.91352	0.91931				

表7.2.8　乙醇水溶液的密度　　单位：g/cm^3

浓度（质量分数）/%	温度/℃				浓度（质量分数）/%	温度/℃			
	10	20	30	40		10	20	30	40
2	0.99602	0.99453	0.99194	0.98846	52	0.91723	0.90936	0.90125	0.89288
4	0.99258	0.99103	0.98839	0.98485	54	0.91279	0.90485	0.89667	0.88823
6	0.98946	0.98780	0.98507	0.98142	56	0.90831	0.90031	0.89206	0.88356
8	0.98660	0.98478	0.98189	0.97808	58	0.90381	0.89574	0.88744	0.87888
10	0.98393	0.98187	0.97875	0.97475	60	0.89927	0.89113	0.88278	0.87417
12	0.98145	0.97910	0.97573	0.97150	62	0.89468	0.88650	0.87809	0.86943
14	0.97911	0.97643	0.97278	0.96829	64	0.89006	0.88183	0.87337	0.86466
16	0.97692	0.97387	0.96990	0.96512	66	0.88541	0.87713	0.86863	0.85987
18	0.97473	0.97129	0.96697	0.96189	68	0.88074	0.87241	0.86387	0.85407
20	0.97252	0.96864	0.96395	0.95856	70	0.87602	0.86766	0.85908	0.85025
22	0.97024	0.96592	0.96087	0.95516	72	0.87127	0.86287	0.85426	0.84540
24	0.96787	0.96312	0.95769	0.95168	74	0.86648	0.85806	0.84941	0.84053
26	0.96539	0.96020	0.95442	0.94810	76	0.86168	0.85322	0.84455	0.83564
28	0.95268	0.95710	0.95098	0.94438	78	0.85685	0.84835	0.83966	0.83074
30	0.95977	0.95382	0.94741	0.94055	80	0.85197	0.84344	0.83473	0.82578
32	0.95665	0.95038	0.94370	0.93662	82	0.84702	0.83848	0.82974	0.82079
34	0.95334	0.94679	0.93986	0.93257	84	0.84203	0.83348	0.82473	0.81576
36	0.94986	0.94306	0.93591	0.92843	86	0.83697	0.82840	0.81965	0.81067
38	0.94620	0.93919	0.93186	0.92422	88	0.83181	0.82323	0.81448	0.80552
40	0.94238	0.93518	0.92770	0.91992	90	0.82654	0.81797	0.80922	0.80028
42	0.93842	0.93107	0.92344	0.91554	92	0.82114	0.81257	0.80384	0.79491
44	0.93433	0.92685	0.91910	0.91108	94	0.81561	0.80705	0.89835	0.78947
46	0.93017	0.92257	0.91472	0.90660	96	0.80991	0.80138	0.79271	0.78388
48	0.92593	0.91823	0.91028	0.90207	98	0.80399	0.79547	0.78684	0.77806
50	0.92126	0.91384	0.90580	0.89750	100	0.79784	0.78934	0.78075	0.77203

表7.2.9　丙醇水溶液的密度　　单位：g/cm^3

浓度（质量分数）/%	温度/℃			浓度（质量分数）/%	温度/℃		
	0	15	30		0	15	30
0	0.9999	0.9991	0.9957	28	0.9664	0.9576	0.9481
2	0.9967	0.9960	0.9924	30	0.9627	0.9535	0.9439
4	0. 9939	0.9929	0.9893	32	0.9589	0.9495	0.9396
6	0.9914	0.9902	0.9862	34	0.9550	0.9454	0.9354
8	0.9894	0.9877	0.9834	36	0.9511	0.9413	0.9312
10	0.9874	0.9852	0.9804	38	0.9471	0.9372	0.9269
12	0.9857	0.9828	0.9775	40	0.9430	0.9331	0.9226
14	0.9841	0.9806	0.9746	42	0.9391	0.9290	0.9184
16	0.9825	0.9780	0.9714	44	0.9352	0.9248	0.9143
18	0.9808	0.9752	0.9680	46	0.9311	0.9207	0.9100
20	0.9789	0.9723	0.9643	48	0.9272	0.9165	0.9057
22	0.9763	0.9688	0.9602	50	0.9232	0.9124	0.9015
24	0.9733	0.9651	0.9563	52	0.9192	0.9084	0.8973

续表

浓度（质量分数）/%	温度/℃			浓度（质量分数）/%	温度/℃		
	0	15	30		0	15	30
54	0.9153	0.9044	0.8931	80	0.8634	0.8516	0.8394
56	0.9112	0.9003	0.8890	82	0.8594	0.8475	0.8352
58	0.9073	0.8963	0.8849	84	0.8554	0.8434	0.8311
60	0.9033	0.8922	0.8807	86	0.8513	0.8393	0.8269
62	0.8994	0.8882	0.8766	88	0.8471	0.8351	0.8227
64	0.8954	0.8841	0.8724	90	0.8429	0.8308	0.8185
66	0.8913	0.8800	0.8682	92	0.8387	0.8266	0.8142
68	0.8874	0.8759	0.8641	94	0.8342	0.8221	0.8098
70	0.8835	0.8719	0.8600	96	0.8296	0.8176	0.8054
72	0.8795	0.8680	0.8559	98	0.8248	0.8128	0.8008
74	0.8756	0.8639	0.8518	100	0.8194	0.8077	0.7958
78	0.8675	0.8556	0.8435				

表7.2.10 异丙醇水溶液的密度

单位：g/cm^3

浓度（质量分数）/%	温度/℃				浓度（质量分数）/%	温度/℃			
	0	15	20	30		0	15	20	30
0	0.9999	0.9991	0.9982	0.9957	52	0.9178	0.9058	0.9020	0.8943
2	0.9962	0.9954	0.9944	0.9921	54	0.9132	0.9011	0.8971	0.8895
4	0.9930	0.9920	0.9909	0.9887	56	0.9086	0.8964	0.8921	0.8847
6	0.9902	0.9890	0.9877	0.9855	58	0.9040	0.8917	0.8874	0.8800
8	0.9878	0.9862	0.9847	0.9824	60	0.8994	0.8869	0.8825	0.8752
10	0.9856	0.9836	0.9820	0.9794	62	0.8947	0.8821	0.8776	0.8704
12	0.9838	0.9812	0.9797	0.9764	64	0.8901	0.8775	0.8727	0.8656
14	0.9821	0.9788	0.9776	0.9735	66	0.8854	0.8728	0.8679	0.8607
16	0.9806	0.9765	0.9754	0.9705	68	0.8807	0.8682	0.8632	0.8559
18	0.9792	0.9741	0.9731	0.9675	70	0.8761	0.8635	0.8584	0.8511
20	0.9777	0.9716	0.9703	0.9642	72	0.8714	0.8588	0.8537	0.8464
22	0.9759	0.9689	0.9669	0.9606	74	0.8668	0.8541	0.8489	0.8416
24	0.9739	0.9659	0.9634	0.9569	76	0.8621	0.8493	0.8439	0.8368
26	0.9714	0.9624	0.9597	0.9529	78	0.8575	0.8446	0.8391	0.8321
28	0.9684	0.9586	0.9558	0.9488	80	0.8528	0.8398	0.8342	0.8273
30	0.9652	0.9550	0.9520	0.9446	82	0.8479	0.8350	0.8292	0.8224
32	0.9615	0.9510	0.9481	0.9405	84	0.8432	0.8302	0.8243	0.8175
34	0.9577	0.9468	0.9440	0.9361	86	0.8384	0.8254	0.8194	0.8127
36	0.9536	0.9424	0.9399	0.9315	88	0.8336	0.8205	0.8145	0.8078
38	0.9493	0.9379	0.9355	0.9269	90	0.8287	0.8155	0.8096	0.8029
40	0.9450	0.9333	0.9310	0.9224	92	0.8237	0.8104	0.8047	0.7979
42	0.9406	0.9288	0.9264	0.9177	94	0.8186	0.8052	0.7998	0.7929
44	0.9361	0.9243	0.9215	0.9130	96	0.8133	0.7999	0.7949	0.7878
46	0.9315	0.9197	0.9165	0.9082	98	0.8078	0.7945	0.7901	0.7826
48	0.9270	0.9150	0.9117	0.9036	100	0.8016	0.7891	0.7854	0.7770
50	0.9224	0.9104	0.9069	0.8990					

表7.2.11　甘油水溶液的密度

单位：g/cm^3

浓度（质量分数）/%	温度/℃				浓度（质量分数）/%	温度/℃			
	15	20	25	30		15	20	25	30
2	1.00395	1.00300	1.00180	1.00035	52	1.13425	1.13180	1.12920	1.12650
4	1.00875	1.00780	1.00655	1.00505	54	1.13980	1.13730	1.13465	1.13195
7	1.01600	1.01495	1.01360	1.01205	57	1.14815	1.14555	1.14285	1.14010
9	1.02085	1.01970	1.01835	1.01670	59	1.15370	1.15105	1.14835	1.14555
11	1.02575	1.02455	1.02315	1.02150	61	1.15925	1.15655	1.15380	1.15100
12	1.02830	1.02705	1.02560	1.02395	62	1.16200	1.15930	1.15655	1.15375
14	1.03330	1.03200	1.03055	1.02885	64	1.16755	1.16475	1.16200	1.15925
16	1.03835	1.03695	1.03545	1.03370	66	1.17305	1.17025	1.16745	1.16470
18	1.04335	1.04195	1.04035	1.03860	68	1.17860	1.17575	1.17295	1.17020
20	1.04840	1.04690	1.04525	1.04350	70	1.18415	1.18125	1.17840	1.17565
22	1.05365	1.05205	1.05035	1.04850	72	1.18965	1.18670	1.18380	1.18100
24	1.05885	1.05720	1.05545	1.05350	74	1.19510	1.19215	1.18925	1.18635
26	1.06410	1.06240	1.06055	1.05855	76	1.20060	1.19760	1.19465	1.19170
28	1.06935	1.06755	1.06560	1.06355	78	1.20610	1.20305	1.20005	1.19705
30	1.07455	1.07270	1.07070	1.06855	80	1.21160	1.20850	1.20545	1.20240
32	1.07995	1.07800	1.07600	1.07380	82	1.21690	1.21380	1.21075	1.20770
34	1.08530	1.08335	1.08125	1.07905	84	1.22220	1.21915	1.21605	1.21300
36	1.09070	1.08865	1.08655	1.08430	86	1.22750	1.22445	1.22135	1.21830
38	1.09605	1.09400	1.09180	1.08955	88	1.23280	1.22975	1.22665	1.22360
40	1.10145	1.09930	1.09710	1.09475	90	1.23810	1.23510	1.23200	1.22890
42	1.10690	1.10470	1.10240	1.10005	92	1.24340	1.24035	1.23725	1.23410
44	1.11235	1.11010	1.10775	1.10530	94	1.24865	1.24560	1.24250	1.23930
46	1.11780	1.11550	1.11310	1.11055	96	1.25385	1.25080	1.24770	1.24450
48	1.12325	1.12090	1.11840	1.11580	98	1.25900	1.25590	1.25290	1.24975
50	1.12870	1.12630	1.12375	1.12110	100	1.26415	1.26108	1.25802	1.25495

表7.2.12　乙二醇水溶液的密度

单位：g/cm^3

温度/℃	浓度（质量分数）/%										
	0	10	20	30	40	50	60	70	80	90	100
−40							1.108	1.122	1.134		
−30						1.086	1.103	1.118	1.129		
−20					1.067	1.083	1.098	1.112	1.123	1.132	
−10				1.048	1.064	1.079	1.094	1.106	1.117	1.126	1.134
0		1.015	1.030	1.045	1.061	1.075	1.088	1.100	1.110	1.120	1.127
10	1.000	1.013	1.027	1.042	1.056	1.070	1.083	1.094	1.105	1.113	1.120
20	0.998	1.011	1.024	1.038	1.052	1.065	1.077	1.088	1.098	1.106	1.114
30	0.996	1.008	1.021	1.034	1.047	1.059	1.071	1.082	1.090	1.098	1.107
40	0.992	1.004	1.017	1.029	1.041	1.053	1.065	1.074	1.084	1.093	1.099
50	0.988	0.999	1.011	1.023	1.035	1.046	1.057	1.067	1.077	1.085	1.092
60	0.983	0.994	1.006	1.018	1.029	1.040	1.051	1.060	1.068	1.078	1.085
70	0.978	0.989	1.000	1.012	1.023	1.033	1.044	1.053	1.062	1.070	1.078
80	0.972	0.983	0.994	1.005	1.016	1.026	1.036	1.046	1.055	1.063	1.070
90	0.966	0.976	0.986	0.997	1.008	1.018	1.029	1.038	1.046	1.055	1.062
100	0.958	0.969	0.979	0.990	1.000	1.010	1.020	1.030	1.039	1.047	1.055
110	0.951	0.961	0.972	0.982	0.992	1.003	1.012	1.022	1.031	1.039	1.047
120	0.943	0.953	0.964	0.974	0.984	0.994	1.004	1.013	1.022	1.031	1.039
130	0.935	0.945	0.955	0.965	0.975	0.985	0.995	1.005	1.014	1.022	1.031

续表

温度/℃	浓度(质量分数)/%										
	0	10	20	30	40	50	60	70	80	90	100
140	0.926	0.936	0.946	0.956	0.966	0.976	0.986	0.996	1.005	1.014	1.022
150	0.917	0.927	0.937	0.947	0.957	0.967	0.977	0.987	0.996	1.005	1.013
160	0.907	0.917	0.928	0.938	0.948	0.958	0.968	0.977	0.987	0.996	1.005
170	0.897	0.907	0.918	0.928	0.938	0.948	0.958	0.968	0.977	0.986	0.995
180	0.887	0.897	0.906	0.916	0.926	0.936	0.946	0.957	0.969	0.978	0.987

N 算图 7.5
甲醇和乙醇水溶液的密度
（第 809 页左）

N 算图 7.6
醇类水溶液的密度（温度恒定）
（第 809 页右）

N 算图 7.7
乙醇水溶液中乙醇的体积
（第 810 页左）

N 算图 7.8
乙二醇水溶液的密度（第 810 页右）

N 算图 7.9
二甘醇和三甘醇水溶液的密度（第 811 页左）

7.3 相变点

7.3.1 醇类常规沸点及其液相摩尔体积

表7.3.1 醇类的常规沸点及其液相摩尔体积

物料名	常规沸点/K	液相摩尔体积/(m^3/kmol)	物料名	常规沸点/K	液相摩尔体积/(m^3/kmol)	物料名	常规沸点/K	液相摩尔体积/(m^3/kmol)
甲醇	337.85	0.0427452	2-己醇	413.04	0.145237	1-十二醇	536.95	0.290116
乙醇	351.44	0.0626953	1-庚醇	449.45	0.168135	1-十三醇	553.6	0.315729
1-丙醇	370.35	0.0820719	2-庚醇	432.35	0.167645	1-十四醇	568.8	0.345698
异丙醇	355.41	0.0831081	异庚醇	445.15	0.177352	1-十五醇	583.4	0.371805
正丁醇	390.81	0.102648	1-辛醇	468.35	0.191326	1-十六醇	597.23	0.401165
异丁醇	380.81	0.102557	2-辛醇	452.95	0.190661	1-十七醇	610.5	0.435788
叔丁醇	355.57	0.103672	1-壬醇	486.25	0.212133	1-十八醇	624	0.461795
1-戊醇	410.95	0.123542	2-壬醇	471.65	0.216165	1-十九醇	634.6	0.49332
2-戊醇	392.15	0.123156	1-癸醇	504.07	0.239413			
3-戊醇	388.45	0.121251	异癸醇	493	0.241022			
1-己醇	430.55	0.144323	1-十一醇	518.15	0.262997			

表7.3.2 其他醇类的常规沸点及其液相摩尔体积

物料名	常规沸点/K	液相摩尔体积/(m^3/kmol)	物料名	常规沸点/K	液相摩尔体积/(m^3/kmol)	物料名	常规沸点/K	液相摩尔体积/(m^3/kmol)
1,2-乙二硫醇	419.2	0.0959149	2,2-二甲基丙醇	386.25	0.13166	叔十二烷基硫醇	515.65	0.302112
乙二醇	470.45	0.0638792	2,6-二甲基-4-庚醇	451	0.217252	三乙二醇	561.5	0.166554
2-乙基己醇	457.75	0.187986	二甲基苯基甲醇	475.15	0.16566	三丙二醇	540.35	0.243053
2-乙基-1-丁醇	419.65	0.142725	二硝基乙二醇	472.15	0.126718	三丙酮醇	486	0.259764
2-乙氧基乙醇	408.15	0.110011	2-丁氧基乙醇	444.47	0.155592	2,2,4-三甲基-1,3-戊二醇	505.15	0.204832
乙硫基乙醇	456.65	0.126096	2-丁醛-1,4-二醇	511.15	0.0948708	己二醇	470.65	0.151973
2,2-二乙氧基乙醇	475.05	0.167438	顺-2-丁烯-1,4-二醇	508.15	0.105838	1,6-己二醇	525.99	0.158905
1,2-二丁醇	469.57	0.106354	反-2-丁烯-1,4-二醇	499	0.10577	反-3-己烯醇	368.82	0.156264
1,3-二丁醇	481.38	0.106222	正丁基硫醇	371.61	0.117946	2-己氧基乙醇	481.45	0.207401
1,4-二丁醇	501.15	0.10478	仲丁基硫醇	358.13	0.118337	2-己氧基乙氧基乙醇	532.25	0.266715
2,3-二丁醇	453.85	0.109958	叔丁基硫醇	337.37	0.120084	正己硫醇	425.81	0.163068

续表

物料名	常规沸点/K	液相摩尔体积/（m^3/kmol）	物料名	常规沸点/K	液相摩尔体积/（m^3/kmol）	物料名	常规沸点/K	液相摩尔体积/（m^3/kmol）
二甘醇	517.95	0.114015	异丁基硫醇	361.64	0.118047	山梨醇	704	0.165391
二丙二醇	504.95	0.168563	十一烷基硫醇	530.55	0.281808	正壬基硫醇	492.95	0.235552
叔壬基硫醇	469.15	0.217989	正十二烷基硫醇	547.75	0.319791	2-苯乙醇	492.05	0.143891
过氧化二叔丁基醇	384.15	0.207924	2-甲氧基-1-丙醇	402.65	0.107442	1-苯基-1-丙醇	492.15	0.167939
过氧化苯乙醇	536	0.163046	2-甲氧基乙醇	397.5	0.0881627	2-苯基-1-丙醇	497.65	0.169601
双丙酮醇	441.05	0.146591	2-甲氧基-2-乙氧基乙醇	466.75	0.142396	1-苯基-2-丙醇	493.15	0.170241
1,2-丙二醇	460.75	0.0859524	2-甲基-1-丁醇	401.85	0.12195	苯基硫醇	442.29	0.119089
1,3-丙二醇	487.55	0.0828376	2-甲基-2-丁醇	375.15	0.12147	季戊四醇	631	0.173816
丙三醇	561	0.08685	3-甲基-1-丁醇	404.35	0.122461	6-氨基已醇	496.15	0.180213
丙烯醇	370.23	0.0751801	3-甲基-2-丁醇	384.65	0.120986	1-氨基-2-丙醇	432.61	0.0907618
丙烯醛氰醇	461	0.101861	1-甲基环已醇	441.15	0.141418	3-氨基-1-丙醇	460.65	0.0925908
丙酮氰醇	444	0.11057	顺-2-甲基环已醇	438.15	0.143481	β-胆固醇	771	0.522501
正丙硫醇	340.87	0.0966054	反-2-甲基环已醇	440.15	0.144044	硫代二甘醇	555.15	0.128675
异丙硫醇	325.71	0.0979303	顺-3-甲基环已醇	446.15	0.147822	正庚基硫醇	450.094	0.186886
1-戊硫醇	399.79	0.141234	反-3-甲基环已醇	447.15	0.144587	正辛基硫醇	472.19	0.210864
1,5-戊二醇	512.15	0.124634	顺-4-甲基环已醇	444.15	0.14739	叔辛基硫醇	428.65	0.202251
2,4-戊二醇	474.15	0.134538	反-4-甲基环已醇	444.15	0.147606	正癸硫醇	512.35	0.256364
四乙二醇	602.7	0.226202	苄醇	477.85	0.121782	β-羟基乙硫醇	430.9	0.0793932
四氢糠醇	450.8	0.112408	苄基硫醇	472.03	0	2-氯乙醇	401.75	0.0749282
α-甲基苯基甲醇	477.15	0.145501	炔丙醇	386.75	0.0665977	新戊二醇	477.15	0.120904
对甲基苯甲醇	490.15	0.142734	环已基硫醇	431.953	0.141222	L-薄荷醇	489.55	0.212233
2-甲基-1-戊醇	421.15	0.143114	环已醇	434	0.122191	糠醇	443.15	0.100489
4-甲基-2-戊醇	404.85	0.145367	1,4-环已基二甲醇	556.15	0.183753			
2-甲基-1,3-丙二醇	487.15	0.110113	2,3-环氧-1-丙醇	433.65	0.078656			

7.3.2 醇类在压力下的沸点

表7.3.3 醇类溶液在压力下的沸点

名　称	0.2	1	2	4	7	10	20	40	60	80	101.3
	与上列压强（kPa）相对应的沸点/℃										
乙二醇		80.0	96.8	113.1	124.0	132.0	149.9	169.9	181.5	190.1	197.9
乙酰丙醇				115.2	128.1	136.9	155.2	176.5	190.0	200.9	$208^{97.3}$
二苯甲醇			174	190	201.5	210	229	250	262	270	301
十六烷醇	146	172	190	203	217	230	271	292	314	330	344
1,2-丁二醇	78.5	93	101	110	117.5	124	136	155	170	182	190.5
1-壬醇	$87^{0.3}$	105	118	130	142	150	166	185	197	205	213.5
2-甲基-2-戊醇				52.5	60.5	66.5	80	95	106	114	121
1,2-丙二醇		$86^{1.6}$	90	102.5	104	122.5	139	158.5	171	180.5	188.5
丙三醇		162	176	192.5	205.5	215.5	236.5	258.5	272.5	282.5	290
丙炔醇			26.5	38.6	44.2	47	63	81.2	94.6	106	114.5
辛　醇			96	108.5	120	127.5	145	165	177	186	195
γ-苯基丙醇		$98^{1.3}$	110	128.5	143.5	153.5	175	200	215.5	228	237.4
环已醇						97	113.5	132	144	153.5	161.1
环戊醇				55	64.6	71.5	88	107.5	121	132	140.8
癸　醇		108.5	130	138	150	158.5	175.5	195	207	216.5	229

注：丙醇、异丙醇、丙烯醇在常压下的沸点分别为97.2、82.4和97℃。

7.3.3 醇类水溶液的沸点

表7.3.4 甲醇水溶液的沸点

质量分数/%	0	10	20	30	40	50	60	70	80	90	100
体积分数/%	0	12.35	24.33	35.95	47.11	57.71	67.69	76.98	85.50	93.19	100
沸点/℃	100	91.8	86.3	82.2	79.0	76.4	74.2	72.0	69.7	67.2	64.6
闪点(闭杯)/℃	—	54.4	41.7	34.4	28.9	24.4	20.6	17.2	14.4	11.7	9.4

表7.3.5 乙醇水溶液的沸点

质量分数/%	0	5	10	15	20	15	30	40	50	60	70	80	90	95	95.6	100
t_b/℃	100	95.1	91.5	89.1	87.2	85.7	84.5	83.1	81.9	81.1	80.2	79.3	78.6	78.2	78.15	78.3

表7.3.6 乙二醇水溶液的沸点

浓度		沸点/℃	浓度		沸点/℃	浓度		沸点/℃
质量分数/%	体积分数/%		质量分数/%	体积分数/%		质量分数/%	体积分数/%	
0	0.0	100.0	68	66.3	113.3	88	87.3	132.8
10	9.1	101.1	70	68.4	114.4	89	88.4	135.0
20	18.4	102.2	72	70.5	115.6	90	89.4	137.2
25	23.2	102.8	74	72.6	117.2	91	90.5	140.0
30	28.0	103.3	76	74.7	118.3	92	91.5	142.8
35	32.0	103.9	78	76.8	120.0	93	92.6	145.6
40	37.8	105.0	80	78.9	122.2	94	93.6	149.4
45	42.8	106.1	81	79.9	123.3	95	94.7	153.9
50	47.8	107.2	82	81.0	124.4	96	95.8	159.4
55	52.9	108.3	83	82.0	125.6	97	96.8	165.6
60	58.0	110.0	84	83.1	126.7	98	97.9	173.9
62	60.1	111.1	85	84.1	127.8	99	98.9	183.9
64	62.2	111.7	86	85.2	129.4	100	100	197.8
66	64.2	112.8	87	86.2	131.1			

7.3.4 含醇二元共沸物的共沸点

N 算图 7.10
甘油水溶液的沸点（第 811 页右）

表7.3.7 第一组分为水的含醇的二元共沸物及其共沸点

质量分数/%	4.5	28.3	12.1	38	32.1	11.7	33.2	55	38.5	27.5	49.6
第二组分(余量)	乙醇	丙醇	异丙醇	丁醇	仲丁醇	叔丁醇	异丁醇	戊醇	仲戊醇	叔戊醇	异戊醇
共沸点/℃	78.15	87.7	80.4	92.4	88.5	79.9	90.0	96.0	92.5	87.4	95.2
质量分数/%	36	58	75	79	83	90	91	80	55	27.7	8.2
第二组分(余量)	3-戊醇	环戊醇	己醇	环己醇	庚醇	辛醇	苯甲醇	糠醇	丙炔醇	丙烯醇	甲醛缩二甲醇
共沸点/℃	91.7	96.0	97.8	97.9	98.7	99.4	99.9	98.5	97.0	88.9	41.9

表7.3.8 第一组分为甲醇的二元共沸物及其共沸点

质量分数/%	16	50.2	33	17.16	45	80	47.5
第二组分(余量)	甲酸乙酯	甲酸丙酯	甲酸异丙酯	乙酸甲酯	乙酸乙酯	乙酸异丙酯	丙酸甲酯
共沸点/℃	51.0	61.9	57.2	53.85	69.7	64.5	62.5
质量分数/%	75	54	57	32	70	7.3	65
第二组分(余量)	异丁酸甲酯	丙烯酸甲酯	硝酸乙酯	硼酸甲酯	碳酸二甲酯	二氯甲烷	二乙氧基甲烷
共沸点/℃	64.0	62.5	61.8	54.6	62.7	37.8	63.2

续表

质量分数/%	11.5	33.5	32.0	13	20.6	21.7	97
第二组分（余量）	1,1-二氯乙烷	1,2-二氯乙烷	均二氯乙烷	三氯甲烷	四氯甲烷	1,1,1-三氯乙烷	1,1,2-三氯乙烷
共沸点/℃	59.0	60.8	61.0	53.5	55.7	56.0	64.5
质量分数/%	82	10	6	53	21	42	23
第二组分（余量）	1,1-二溴乙烷	1-氯丙烷	2-氯丙烷	1,2-二氯丙烷	2,2-二氯丙烷	1-溴-2-甲基丙烷	1-氯-2-甲基丙烷
共沸点/℃	64.2	40.6	33.4	62.9	55.5	61.6	53.1
质量分数/%	10	24	57	20	53	60	32
第二组分（余量）	2-氯-2-甲基丙烷	2-溴-2-甲基丙烷	1-氯-3-甲基丁烷	2,3-二甲基丁烷	2,2,4-三甲基戊烷	2,5-二甲基己烷	甲基环戊烷
共沸点/℃	43.8	55.6	62.0	45.0	59.4	61.0	51.3
质量分数/%	54	6.5	17	50	38	9	18
第二组分（余量）	甲基环己烷	碘甲烷	碘乙烷	1-碘丙烷	2-碘丙烷	正戊烷	己烷
共沸点/℃	59.2	38.0	55.0	63.1	61.0	32.8	50.6
质量分数/%	14	34.99	51.5	72	9.5	6.0	28.5
第二组分（余量）	环戊烷	环己烷	庚烷	辛烷	1-氯丙烷	2-氯丙烷	1-氯丁烷
共沸点/℃	38.8	53.86	59.1	63.0	40.5	33.4	57.2
质量分数/%	20	5	21	15.5	15	59	41.5
第二组分（余量）	2-氯丁烷	溴乙烷	1-溴丙烷	2-溴丙烷	异溴丙烷	1-溴丁烷	2-溴丁烷
共沸点/℃	52.7	35	54.5	49.0	48.6	63.7	61.5
质量分数/%	41.7	6.5	38.0	91.0	70	12.1	35.4
第二组分（余量）	溴代异丁烷	碘代甲烷	2-碘丙烷	硝基甲烷	丙酮	丁酮	丁基甲基醚
共沸点/℃	61.3	38.0	61.0	64.6	55.5	63.5	56.3
质量分数/%	56	24	72	12	15.0	72.0	35
第二组分（余量）	乙基丁基醚	乙基丙基醚	丙醚	甲基丙基醚	二甲硫醚	二丙基醚	氯甲基甲醚
共沸点/℃	62.6	55.5	63.8	38.0	34.0	63.8	56.0
质量分数/%	40	19	61.3	14	21	13	62
第二组分（余量）	异丁醛	乙腈	丙烯腈	二硫化碳	二乙烯硫	二甲硫	二乙硫
共沸点/℃	62.7	63.5	61.4	37.7	47.0	34.5	61.2
质量分数/%	7	22.3	90.7	38	63.5	3	10
第二组分（余量）	呋喃	2-甲基呋喃	α-蒎烯	三氯乙烯	四氯乙烯	2-氯丙烯	3-氯丙烯
共沸点/℃	30.5	51.5	64.6	59.3	63.8	22.0	39.9
质量分数/%	11	20.5	62	32	9.5	6	38
第二组分（余量）	2-溴丙烯	3-溴丙烯	3-碘丙烯	氯化乙烯	丙基氯	异丙基氯	异丙基碘
共沸点/℃	42.7	54.0	63.5	61.0	40.5	33.4	61.0
质量分数/%	27	41.7	39.5	69	32	24.2	55
第二组分（余量）	丁基氯	异丁基氯	苯	甲苯	氟化苯	二甲基乙缩醛	噻吩
共沸点/℃	57.0	61.3	58.3	63.8	59.7	57.5	59.6
质量分数/%	3	12	15	7	38.8	42.5	13
第二组分（余量）	3-甲基-1-丁烯	顺-1-溴丙烯	反-1-溴丙烯	2-甲基-2-丁烯	1,3-环己二烯	1,4-环己二烯	顺-1,2-二氯乙烯
共沸点/℃	19.8	48	50.8	31.8	56.4	58.0	51.5
质量分数/%	25	90	50	50	15	7.9	15
第二组分（余量）	1,2-二氯-1-丙烯	1,2-二甲氧基乙烯	2,3-二氯-1,3-丁二烯	叔戊基甲基醚	甲基叔丁基醚	甲醛缩二甲醇	二甲基硫醚
共沸点/℃	56.5	63.5	61.5	62.3	51.6	41.8	34

表7.3.9 第一组分为乙醇的二元共沸物及其共沸点

质量分数/%	38.0	67.0	3.0	30.8	85	57	33.0
第二组分(余量)	甲酸丙酯	甲酸异丁酯	乙酸甲酯	乙酸乙酯	乙酸丙酯	乙酸异丙酯	丙酸甲酯
共沸点/℃	71.8	77.0	56.9	71.8	78.2	76.8	72.0
质量分数/%	75.0	42.4	83	44	25	45	75.0
第二组分(余量)	丙酸乙酯	丙烯酸甲酯	丁酸甲酯	硝酸乙酯	硼酸甲酯	碳酸二甲酯	丙烯酸乙酯
共沸点/℃	78.0	73.5	78	71.9	63.0	73.5	78.0
质量分数/%	44	40	8.8	75.0	79.0	79.0	67.6
第二组分(余量)	(二)丙醚	甲乙酮	2-戊酮	乙丙醚	叔丁乙醚	叔戊乙醚	苯
共沸点/℃	74.5	74.8	77.7	61.2	66.6	66.6	68.3
质量分数/%	68	25	5.0	21	49.0	78.0	40
第二组分(余量)	甲苯	氟化苯	正戊烷	己烷	正庚烷	正辛烷	异辛烷
共沸点/℃	76.7	70.0	34.3	58.6	70.9	77.0	71.8
质量分数/%	30.5	7.5	6.0	2.8	20.3	15.8	3.5
第二组分(余量)	环己烷	环 戊 烷	1-氯丙烷	2-氯丙烷	1-氯丁烷	2-氯丁烷	2-甲基丁烷
共沸点/℃	64.9	44.7	46.7	36.6	65.7	61.2	26.8
质量分数/%	37	52.8	14.5	7.0	15.8	15.74	10.1
第二组分(余量)	均二氯乙烷	1,1-二氯丙烷	2,2-二氯丙烷	三氯甲烷	四氯甲烷	1-溴丙烷	2-溴丙烷
共沸点/℃	70.5	74.7	63.2	59.4	64.9	62.65	55.02
质量分数/%	43.0	31.0	3.2	44.0	24.91	70	59
第二组分(余量)	溴代正丁烷	溴代异丁烷	碘代甲烷	1-碘丙烷	2-碘丙烷	2-碘丁烷	二甲基己烷
共沸点/℃	75.0	72.5	41.2	75.4	70.6	77.2	73.6
质量分数/%	15	82	70	42	41	16.3	41
第二组分(余量)	2-溴-2-甲基丙烷	1-溴-3-甲基丁烷	1-碘-甲基丙烷	二乙氧基甲烷	1-氯-3-甲基丁烷	1-氯-2-甲基丁烷	1-溴-1-甲基丙烷
共沸点/℃	63.8	77.3	77.0	74.2	74.8	61.5	71.4
质量分数/%	6	2.8	20.3	5.0	20.5	10.5	43
第二组分(余量)	丙基氯	异丙基氯	丁基氯	烯丙基氯	丙基溴	异丙基溴	丁基溴
共沸点/℃	45.0	35.6	65.7	44	62.8	55.6	75.0
质量分数/%	31	44	27	27	3.0	26.5	34
第二组分(余量)	异丁基溴	丙基碘	异丙基碘	三氯乙烯	异戊间二烯	甲基环戊烯	环己烯
共沸点/℃	72.5	75.4	71.5	70.9	32.7	61.8	66.7
质量分数/%	37	81	4	5	14.8	20.2	11.5
第二组分(余量)	氯乙烯	过氯乙烯	反-1-氯丙烯	3-氯丙烯	顺-1-氯-1-丁烯	反-1-氯-1-丁烯	2-氯-1-丁烯
共沸点/℃	70.5	78.0	36.7	44.0	57.0	61.2	53.6
质量分数/%	9	11	22.2	42	34	77.5	35.7
第二组分(余量)	顺-1-溴丙烯	反-1-溴丙烯	2-溴-1-丙烯	3-碘丙烯	1,3-环己二烯	顺-1-溴-1-丁烯	反-1-溴-1-丁烯
共沸点/℃	56.4	58.7	67.4	75.4	60.7	69.6	72.8

质量分数/%	15.4	6	33.7	56	19	76.0	9.0	45
第二组分(余量)	顺-2-氯-2-丁烯	2-溴丙烯	顺-2-溴-2-丁烯	二乙基硫	丙二醇	乙缩醛	二硫化碳	噻吩
共沸点/℃	56.8	46.2	72.3	72.6	63.5	78.0	42.4	70.0

表7.3.10 第一组分为正丙醇的二元共沸物及其共沸点

质量分数/%	71.7	9.8	64	40	40	49	5.4
第二组分(余量)	水	甲酸丙酯	甲酸丁酯	甲酸异丁酯	乙酸丙酯	丙酸乙酯	丙烯酸甲酯
共沸点/℃	87.7	80.6	95.5	93.2	94.2	93.4	70.9
质量分数/%	48.5	26	37	25	68	63	30
第二组分(余量)	丁酸甲酯	异丁酸甲酯	乙 缩 醛	2,3-丁二酮	2-戊酮	3-戊 酮	(二)丙醚
共沸点/℃	94.4	89.5	92.4	85.0	89.5	96.0	85.7

续表

质量分数/%	11.5	4	19	18	9	9	66
第二组分(余量)	四氯甲烷	己烷	均二氯乙烷	1-氯丁烷	2-氯丁烷	溴丙烷	1-碘丁烷
共沸点/℃	73.1	65.7	80.7	74.8	67.2	69.7	96.2
质量分数/%	53	69	10.5	55	19	68	63
第二组分(余量)	2-碘丁烷	1-溴丁烷	2-溴丁烷	二噁烷	氯乙烯	2-戊烯	3-戊烯
共沸点/℃	94.2	89.5	85.5	95.3	80.7	96.0	96.0
质量分数/%	98.5	16.9	52.5	83	18	28	25
第二组分(余量)	α-蒎烯	苯	甲苯	氯苯	氟苯	二乙硫	联乙酰
共沸点/℃	97.1	77.1	92.4	96.9	80.2	85.5	85.0
质量分数/%	70	63	35	11	22	31	45
第二组分(余量)	异丁腈	乙醛缩二乙醇	3-甲基-2-丁醇	二乙氧基甲烷	1-氯-2-甲基丁烷	1-氯-3-甲基丁烷	1-碘-2-甲基丙烷
共沸点/℃	95.0	92.4	93.5	86.2	67.7	89.4	93.0

表7.3.11　第一组分为异丙醇的二元共沸物及其共沸点

质量分数/%	36.44	26	51.0	48.04	22.4	38	48.0
第二组分(余量)	甲酸丙酯	乙酸乙酯	乙酸正丙酯	乙酸异丙酯	乙酸乙烯酯	丙酸甲酯	丙酸乙酯
共沸点/℃	75.01	74.0	94.7	78.55	70.9	76.4	93.4
质量分数/%	46.5	49.0	65	10	30.0	15.2	52
第二组分(余量)	丙烯酸甲酯	丁酸甲酯	异丁酸甲酯	乙 丙 醚	正丙醚	异丙醚	二丙醚
共沸点/℃	76.0	94.4	81.2	62.0	85.7	66.2	78.2
质量分数/%	32	32	33.3	79.0	30	83.0	43
第二组分(余量)	2-丁酮	甲乙酮	苯	甲苯	氟苯	氯苯	噻吩
共沸点/℃	77.9	77.5	71.9	81.3	74.5	96.9	76.0
质量分数/%	6.0	22.0	46.23	84	2.8	26.79	82
第二组分(余量)	戊烷	己烷	庚烷	辛烷	1-氯丙烷	1-氯丁烷	2-氯丁烷
共沸点/℃	35.5	62.0	75.48	81.8	46.4	70.66	64.0
质量分数/%	23	81	66	15.0	43.5	95.8	69.0
第二组分(余量)	氯代正丁烷	氯代异丁烷	2-溴丁烷	碘乙烷	二氯乙烷	三氯甲烷	四氯甲烷
共沸点/℃	70.8	63.8	77.5	67.1	74.7	60.8	67.65
质量分数/%	18.0	9.0	12.0	85	42.0	32.0	33
第二组分(余量)	20.5	2-溴丙烷	碘乙烷	1-碘丙烷	2-碘丙烷	环己烷	66.8
共沸点/℃	1-溴丙烷	57.8	67.1	79.8	76.0	68.6	甲基环己烷
质量分数/%	30	87.8	52	8.0	97.2	63.3	12
第二组分(余量)	甲基环戊烷	水	二乙基硫	二硫化碳	丙基氯	丙基溴	异丙基溴
共沸点/℃	77.3	79.5	78.0	44.6	46.4	66.8	57.8
质量分数/%	20	42	32	44	60	27	54.5
第二组分(余量)	烯丙基溴	丙 基 碘	异丙基碘	丙烯腈	丁胺	环己烯	二异丁烯
共沸点/℃	66.5	79.8	76.0	71.7	84.7	70.5	77.8
质量分数/%	36	39.2	28	81	43.5	71.9	83.98
第二组分(余量)	1,3-环己二烯	二氯乙烯	三氯乙烯	四氯乙烯	氯乙烯	丁基异丙基醚	乙缩醛
共沸点/℃	70.4	72.7	74.0	81.7	57.8	79.0	81.87

质量分数/%	52	9	78	62	43	70
第二组分(余量)	二乙氧基甲烷	2,3-二甲基丁烷	1,3-二甲基环己烷	2,5-二甲基己烷	1-氯-3-甲基丁烷	1-碘-2-甲基丙烷
共沸点/℃	79.6	53.8	81.0	79.0	79.2	81.5

表7.3.12 第一组分为正丁醇的二元共沸物及其共沸点

质量分数/%	23.7	69	47.0	50	64.0	64	17
第二组分(余量)	甲酸丁酯	甲酸异戊酯	乙酸丁酯	乙酸异丁酯	丁酸乙酯	丁酸丁酯	异丁酸乙酯
共沸点/℃	105.8	115.9	117.2	114.5	115.7	115.7	109.2
质量分数/%	40	52	63	50	2.5	7.0	30.0
第二组分(余量)	异戊酸甲酯	硼酸乙酯	碳酸二乙酯	四氯甲烷	溴代异丁烷	碘代异丁烷	3
共沸点/℃	116.3	113.0	116.5	76.6	90.2	110.5	己烷
质量分数/%	18.0	辛烷	4	14	8	13	52
第二组分(余量)	庚烷	110.2	环己烷	甲基环己烷	甲基环戊烷	乙缩醛	三聚乙醛
共沸点/℃	67.0	93.3	79.8	95.3	71.8	101.0	115.8
质量分数/%	27.0	75	80	68	56.0	81.8	80
第二组分(余量)	甲苯	邻二甲苯	间二甲苯	对二甲苯	氯苯	2-己酮	3-己酮
共沸点/℃	105.6	116.8	116.0	115.7	115.3	116.5	117.2
质量分数/%	30	88	82.5	48	54	32	79
第二组分(余量)	4-甲基-2-己酮	丁醚	二丁醚	异丁醚	异丁酸异丙醚	四氯乙烯	苯乙烯
共沸点/℃	114.4	117.3	117.6	113.5	115.5	110.0	116.5
质量分数/%	98	88	5	45	30	7	71
第二组分(余量)	莰烯	2-蒎烯	环己烯	二异丙基硫	异丁基碘	异丁基溴	吡啶
共沸点/℃	117.8	117.4	82.0	1120	110.5	90.2	118.7

质量分数/%	43	28	88	22	68.5	92.2
第二组分(余量)	1,3-二甲基环己烷	2,5-二甲基己烷	1-氯-3-甲基丁烷	1-碘-3-甲基丁烷	1-溴-3-甲基丁烷	丁基乙烯基醚
共沸点/℃	108.5	101.9	12	78	31.5	7.8

表7.3.13 第一组分为异丁醇的二元共沸物及其共沸点

质量分数/%	40	12	25	17	56.98/92	13	25
第二组分(余量)	甲酸丁酯	甲酸异丁酯	乙酸甲酯	乙酸丙酯	乙酸异丁酯	丙酸乙酯	丁酸甲酯
共沸点/℃	103.0	97.4	101.3	101.1	105.4/107.6	98.9	101.3
质量分数/%	52	90	9.3	44.5	87	63	10
第二组分(余量)	异丁酸乙酯	异戊酸甲酯	苯	甲苯	间二甲苯	氯苯	丙醚
共沸点/℃	105.5	107.5	79.9	100.9	107.7	107.1	89.5
质量分数/%	2.5	14.0	27.0	32.0	5.0	6.5	4.0
第二组分(余量)	己烷	环己烷	庚烷	甲基环己烷	甲基环戊烷	均二氯乙烷	氯代正丁烷
共沸点/℃	68.3	78.1	90.8	92.6	71.0	83.5	77.7
质量分数/%	22.0	21.0	12.0	36.0	63.6	22	20
第二组分(余量)	氯代异戊烷	溴代正丁烷	溴代异丁烷	碘代异丁烷	1-溴-3-甲基丁烷	1-氯-3-甲基丁烷	乙缩醛
共沸点/℃	94.5	95.0	88.8	104.0	103.4	94.5	98.2
质量分数/%	36	21	14.2	12	19	20	32
第二组分(余量)	异丁基碘	丁基溴	环己烯	1,3-环己二烯	2-戊酮	3-戊酮	频哪酮
共沸点/℃	104.0	95.0	80.5	79.4	101.8	101.7	105.5

质量分数/%	91	4.0	12	22	73	56	27	6.2
第二组分(余量)	4-甲基-2-戊酮	丁基氯	异丁基溴	异戊基氯	二异丙基硫	1,2-二甲基环己烷	2,2,4-三甲基戊烷	异丁基乙烯基醚
共沸点/℃	107.9	77.7	88.8	94.5	105.8	102.2	92.0	82.7

表7.3.14 第一组分为仲丁醇的二元共沸物及其共沸点

质量分数/%	15.4	55	32	22	58	84	68	40
第二组分(余量)	苯	甲苯	二乙基硫	丙醚	3-戊酮	频哪酮	甲酸丁酯	甲酸异丁酯
共沸点/℃	78.6	95.3	89.0	87.0	98.0	99.1	98.0	94.7

续表

质量分数/%	52	86.3	47	59	23	8	21	38
第二组分（余量）	乙酸丙酯	乙酸仲丁酯	丙酸乙酯	丁酸甲酯	异丁酸甲酯	己烷	环己烷	庚烷
共沸点/℃	96.5	99.6	95.7	97.7	92.0	67.2	78.7	89.0

质量分数/%	41	11.5	29	54	39	7
第二组分（余量）	甲基环己烷	甲基环戊烷	1-氯-3-甲基丁烷	2,5-二甲基己烷	叔戊基乙基醚	叔戊基甲基醚
共沸点/℃	89.9	69.7	91.5	93.0	94.5	86.0

表7.3.15　第一组分为叔丁醇的二元共沸物及其共沸点

质量分数/%	36.6	31	6	24	37	7	22	62
第二组分（余量）	苯	氟苯	二硫化碳	四氯化碳	环己烷	环戊烷	己烷	庚烷
共沸点/℃	74.0	76.0	45.7	29.5	71.3	48.2	63.7	78.0
质量分数/%	66	26	17	67	25	62	70	40
第二组分（余量）	甲基环己烷	甲基环戊烷	氯代异丁烷	二异丁醇	乙酸乙酯	硝酸乙酸	二乙基硫	环己烯
共沸点/℃	78.8	66.6	65.5	81.5	76.0	78.0	79.8	73.2
质量分数/%	38.5	30	6	13	90	77	59	35
第二组分（余量）	1,3-环己二烯	甲基环戊烯	1,1-二氯乙烷	2,3-二甲基丁烷	1,3-二甲基环乙烷	2,5-二甲基己烷	1-氯-3-甲基丁烷	二溴-二氯甲烷
共沸点/℃	73.4	69.5	57.1	55.3	82.2	81.5	81.2	79.0

表7.3.16　第一组分为戊醇的二元共沸物及其共沸点

质量分数/%	52.0	43.0	35	3	20	23	35
第二组分（余量）	正戊醇		第二正戊醇				
	丁醚	甲酸戊酯	甲苯	环己烷	庚烷	甲基环己烷	4-甲基-2-戊酮
共沸点/℃	134	130.4	106.0	80.0	96.0	97.4	115.0

表7.3.17　第一组分为仲戊醇的二元共沸物及其共沸点

质量分数/%	28	67	70	55	15	56
第二组分（余量）	甲苯	乙苯	间二甲苯	氯苯	庚烷	辛烷
共沸点/℃	107.0	118.0	118.3	118.2	96.0	114.8
质量分数/%	32	47	20	41	18	38
第二组分（余量）	乙酸异丁酯	丁酸乙酯	异戊酸甲酯	异丁醚	甲基环己烷	1,3-二甲基环己烷
共沸点/℃	116.5	118.5	115.8	115.0	98.6	113.0

表7.3.18　第一组分为叔戊醇的二元共沸物及其共沸点

质量分数/%	15	56	20	17	15	4	26.5
第二组分（余量）	苯	甲苯	二丙醚	环己烯	1,3-环己二烯	己烷	庚烷
共沸点/℃	80.0	100.5	88.8	80.8	79.7	68.3	92.2
质量分数/%	75	16	5	40	50	68	6
第二组分（余量）	辛烷	环己烷	甲基环戊烷	甲基环己烷	2,5-二甲基己烷	1,3-二甲基环己烷	1,2-二氯乙烷
共沸点/℃	101.1	78.5	71.5	92.0	97.0	101.1	83
质量分数/%	8	57.8	70	70		4.5	50
第二组分（余量）	一溴二氯甲烷	硝基甲烷	硝基乙烷	3-氯-1,2-环氧丙烷		四氯化碳	3-戊酮
共沸点/℃	88.8	89.4	98.7	100.1		102.2	98.3
质量分数/%	42	38	43	18	26.7	7.5	72.5
第二组分（余量）	乙酸丙酯	丙酸乙酯	丁酸甲酯	异丁基溴	异戊基氯	三氯乙烯	水
共沸点/℃	99.5	98	99	87.5	95.85	86.67	87.35

表7.3.19 第一组分为异戊醇的二元共沸物及其共沸点

质量分数/%	14.0	48	53.3	85	15	93	65
第二组分(余量)	甲苯	二甲苯	间二甲苯	氯苯	溴苯	庚烷	辛烷
共沸点/℃	110.0	125.5	127.0	124.3	131.7	97.7	120.0

质量分数/%	87	21.0	54.0	20.02	35	78	6
第二组分(余量)	甲基环己烷	溴代异戊烷	碘代异戊烷	三聚乙醛	丁醚	异丁醚	枯烯
共沸点/℃	98.2	116.8	129.2	122.51	129.8	119.8	131.6

质量分数/%	76	26	49.92	64.03	82.5	28	47
第二组分(余量)	莰烯	α-蒎烯	甲酸异戊酯	乙酸异戊酯	乙酸丁酯	丙酸异丁酯	异丁酯丙酯
共沸点/℃	130.9	137.7	133.07	129.50	125.9	131.2	130.2

质量分数/%	21	79	46	76	95	85	73	88
第二组分(余量)	二丙基硫	异戊基溴	异戊基碘	异丙叉丙酮	2,2,4-三甲基戊烷	2,5-二甲基己烷	1,3-甲基环己烷	异戊基乙烯基醚
共沸点/℃	130.5	116.8	129.2	129.2	99.0	107.6	116.6	112.1

表7.3.20 第一组分为己醇的二元共沸物及其共沸点

质量分数/%	18	15	13	68	55	45	40
第二组分(余量)	邻二甲苯	间二甲苯	对二甲苯	1,2,4-三甲苯	1,3,5-三甲苯	丙苯	异丙苯
共沸点/℃	143.6	138.3	137.0	156.3	153.5	152.5	149.5

质量分数/%	44	54	19	34	89	36.5	81
第二组分(余量)	邻氯甲苯	对氯甲苯	对二氯苯	溴苯	异戊醚	苯甲醚	苯乙醚
共沸点/℃	153.5	154.0	157.8	151.6	157.0	151.0	157.7

质量分数/%	73	23	35	48	40	60	40
第二组分(余量)	苄甲醚	苯乙烯	枯烯	莰烯	α-蒎烯	丙酸异戊酯	丁酸异丁酯
共沸点/℃	156.7	144.0	149.5	150.8	150.8	156.7	155.0

质量分数/%	18	47	46	6	14	25
第二组分(余量)	乳酸乙酯	2,7-二甲基辛烷	五氯乙烷	环己酮	溴仿	水
共沸点/℃	153.6	152.5	155.75	155.7	147.7	97.8

表7.3.21 第一组分为环己醇的二元共沸物及其共沸点

质量分数/%	60	86	95/14	73.83	33.5	40	62	45
第二组分(余量)	丙苯	邻二甲苯	间二甲苯	对二氯苯	溴苯	1,2,4-三甲苯	邻氯甲苯	对氯甲苯
共沸点/℃	153.8	143.0	138.9/143	160.18	153.6	158.0	155.6	156.5

质量分数/%	22/78	70	28/72	62	92	38	85	35
第二组分(余量)	异戊醚	苯甲醚	苯乙醚	甲基苄基醚	对甲基苯甲醚	苄基甲基醚	氯乙缩醛	α-水芹烯
共沸点/℃	158.8	152.5	159.2	159	160.5	159.0	155.6	158.0

质量分数/%	72	59	21.77	83	87	78	约62	90
第二组分(余量)	枯烯	莰烯	苯乙烯	γ-萜品烯	萜品油烯	百里烯	d-孟烯	异戊基碘
共沸点/℃	150.0	151.9	143.22	160.3	160.5	159.8	约157.5	147.0

质量分数/%	55/45	15	5	36	34.78	33	66	90
第二组分(余量)	糠醛	氯代乙缩醛	溴仿	五氯乙烷	1,3-二溴丙烷	1,2,3-三氯丙烷	溴代己烷	碘代异戊烷
共沸点/℃	155.6	155.6	149.5	157.9	152.49	154.9	153.7	147.0

质量分数/%	35	22	25	8	28	37	80	83
第二组分(余量)	α-萜烯	百里烯	茚	桉树脑	伞花烃	丙酸异戊酯	丁酸异丁酯	异戊酸丙酯
共沸点/℃	158.3	159.8	160.0	160.6	159.5	157.7	156.0	155.1

质量分数/%	59	33.22	53	≈5	13	64	≈20
第二组分(余量)	草酸二甲酯	溴代乙酸乙酯	氯代乙酸丙酯	乳酸乙酯	苯酚	己腈	水
共沸点/℃	155.6	165.04	159	153.75	183	158	≈97.8

表7.3.22　第一组分为2-甲基环己醇的二元共沸物及其共沸点

质量分数/%	80	88	30	52	40	75	80	48
第二组分（余量）	水	异丙苯	丁基苯	1,2,4-三甲基苯	二戊烯	莰烯	α-蒎烯	α-萜品烯
共沸点/℃	98.4	151.7	168	164	165.3	155.5	152.8	163.7

质量分数/%	50	32	30	40	54	29	167.5
第二组分（余量）	苯乙醚	伞花烃	桉树脑	二异戊醚	甲基苄基醚	对甲基苯甲醚	异戊酸异丁酯
共沸点/℃	165.7	166.5	167.2	166.2	165	167.5	38

表7.3.23　第一组分为庚醇的二元共沸物及其共沸点

质量分数/%	50	10	40	28	37	52	20
第二组分（余量）	二戊烯	莰烯	α-萜品烯	苯乙醚	异戊醚	对甲基苯甲醚	甲基苄甲醚
共沸点/℃	171.7	159.3	169.7	169.0	170.4	173.0	167.0

质量分数/%	47	8	47	28	45	70	17
第二组分（余量）	甲基异丙基苯	异戊酸异丁酯	伞花烃	苯酚	桉树脑	苯胺	水
共沸点/℃	172.5	171.0	127.5	185	173.5	174.8	98.7

表7.3.24　第一组分为正辛醇的二元共沸物及其共沸点

质量分数/%	10	63.5	7	8	10	12	62	38	87
第二组分（余量）	水	乙二醇	百里烯	α-苎烯	γ-萜品烯	茚	邻甲酚	间甲酚	苯酚
共沸点/℃	99.4	184.4	179.6	177.5	182.5	182.4	196.9	203.3	195.4

质量分数/%	90	67	67	57	20	49.5	83	20	15
第二组分（余量）	二氯甲基苯	苯胺	对甲苯胺	N-甲基苯胺	N,N-二甲基邻甲苯胺	N,N-二甲基苯胺	N,N-二乙基苯胺	碳酸二异丁酯	异戊酸异戊酯
共沸点/℃	194.5	183.95	194.4	193	184.8	191.8	194.7	189.5	192.6

质量分数/%	50	68	97	64	47	87.5	80	80	30
第二组分（余量）	丁二酸二甲酯	顺丁烯二酸二甲酯	甲酸苄酯	苯甲酸甲酯	乙酸苯酯	苯乙酮	佛尔酮	对二甲基苯对醌	甲基异丙基醚
共沸点/℃	192.5	193.55	190	194.4	192.4	194.9	193.5	193.5	191.9

表7.3.25　第一组分为仲辛醇的二元共沸物及其共沸点

质量分数/%	27	88	50	52	44	45	27	52
第二组分（余量）	水	乙二醇	丁苯	邻溴甲苯	枯烯	α-苎烯	α-萜品烯	百里烯
共沸点/℃	98	175	178.2	177	174.0	174.5	171.8	176.0

质量分数/%	57	86	17	60	64	70	72	11
第二组分（余量）	萜品油烯	戊醚	异戊醚	对甲基苯甲醚	苯胺	N,N-二甲基邻甲苯胺	丁酸异戊酯	异戊酸丁酯
共沸点/℃	179.0	179.8	172.7	176.3	179	179	180.3	177.4

质量分数/%	14	21	50	26.5	89	75	30	60
第二组分（余量）	草酸二甲酯	邻甲酚	苯酚	桉树脑	苄腈	苯甲醛	苄基氯	茚
共沸点/℃	163.8	191.4	184.5	175.9	180.05	174	176.5	176.0

表7.3.26　第一组分为癸醇的二元共沸物及其共沸点

质量分数/%	32.5	51	30	2	15	40
第二组分（余量）	乙二醇	乙酰胺	丙酰胺	对二溴苯	邻硝基甲苯	间硝基甲苯
共沸点/℃	194.6	211.1	215.9	220.2	221	228.5

质量分数/%	70	52	6	25	19	40
第二组分（余量）	对硝基甲苯	水杨酸乙酯	邻甲基苯甲酸乙酯	苯甲酸丙酯	香芹酮	百里酚
共沸点/℃	231.8	230.5	228.6	230.7	230.8	234.5

表 7.3.27 第一组分为乙二醇的二元共沸物及其共沸点

质量分数 /%	6.5	15.0	13.0	59.0	94.4	64.0	51.0
第二组分（余量）	甲苯	间二甲苯	1,3,5-三甲苯	硝基苯	氯苯	联苯	萘
共沸点 /℃	110.2	135.6	156.0	185.9	130.1	192.0	183.9
质量分数 /%	24.0	33.5	4.0	41.34/52	3.0	46.5	27
第二组分（余量）	苯胺	二甲基苯胺	溴乙烯	苯乙酮	乙酸异戊酯	苯甲酸乙酯	邻甲苯酚
共沸点 /℃	180.6	175.9	129.8	183.9/185.7	142.0	186.1	189.6
质量分数 /%	4.0	10.0	60.0	10.5	56.0	69.0	30.0
第二组分（余量）	1,2-二溴乙烷	二丁基醚	二苯醚	苯甲醚	苯甲醇	*β*-苯乙醇	苄基氯
共沸点 /℃	129.8	140.0	193.1	150.5	193.1	194.4	167.0

表7.3.28 第一组分为二甘醇的二元共沸物及其共沸点

质量分数 /%	61	92	84.5	70	63	16.6	57	54
第二组分（余量）	2-甲基萘	双(2-氯乙基)醚	二己醚	水杨酸乙酯	苯甲酸异丁酯	三甘醇一乙醚	三甘醇一乙醚	邻苯二酚
共沸点 /℃	225.45	174.6.	$129.9^{6.67}$	225.15	228.65	$135^{0.4}$	$87^{0.27}$	259.5
质量分数 /%	59	68	66	90	82.5	75	65	71
第二组分（余量）	邻氯硝基苯	间氯硝基苯	对氯硝基苯	硝基苯	邻硝基甲苯	间硝基甲苯	对硝基甲苯	喹啉
共沸点 /℃	233	228.2	229.5	210	218.2	224.2	228.75	233.6

表7.3.29 第一组分为丙三醇的二元共沸物及其共沸点

质量分数 /%	55	4.9	15.2	9.8	10	7.5	22.0	8	17.0
第二组分（余量）	联苯	异丙苯	1,3,5-三乙基苯	对二溴苯	萘	*α*-蒎烯	二苯醚	苯甲酸丙酯	苯甲酸丁酯
共沸点 /℃	243.8	150.28	197.60	211.3	215.2	149.94	246.3	228.8	243

表7.3.30 第一组分为丙烯醇的二元共沸物及其共沸点

质量分数 /%	82.6	50	17.5	55	70	70	95.5	80
第二组分（余量）	苯	甲苯	氯苯	二乙硫	丙醚	烯丙醚	己烷	环己烷
共沸点 /℃	76.8	91.5	96.5	85.1	85.7	89.8	65.5	74.0
质量分数 /%	85	63	91	82.0	70	32	78.3	82
第二组分（余量）	1-氯丁烷	庚烷	1-溴丙烷	均二氯乙烷	1-溴丁烷	辛烷	环己烯	氯乙烯
共沸点 /℃	74.5	84.5	69.4	79.9	89.5	93.4	76.3	79.9
质量分数 /%	46	49	72	48	48	77	30	28
第二组分（余量）	丙酸乙酯	丁酸甲酯	异丁酸甲酯	乙酸丙酯	甲酸异丁酯	碳酸二甲酯	2-戊酮	3-戊酮
共沸点 /℃	93.2	94.7	89.8	94.6	93.0	86.4	96.0	96.0

质量分数 /%	26	89	93	71	58	64	72
第二组分（余量）	丙酮	二乙氧基甲烷	1-氯-2-甲丙烷	1-氯-3-甲丁烷	甲基环己烷	3-甲基-2-丁烷	烯丙基碘
共沸点 /℃	96.7	87.0	67.0	88.3	85.0	93.5	89.4

表7.3.31 第一组分为烯丙醇的二元共沸物及其共沸点

质量分数 /%	97.7	98.5	≈63	32	19.37	92	85
第二组分（余量）	水	己烷	庚烷	辛烷	环己烷	溴丙烷	氯丁烷
共沸点 /℃	88.9	65.2	84.4	93.4	73.35	69.3	74.5
质量分数 /%	70	20	58	10.91	18	93	89
第二组分（余量）	溴丁烷	环己烷	甲基环己烷	1,2-二氯乙烷	二氯甲烷	1-氯-2-甲基丙烷	二乙氧基甲烷
共沸点 /℃	89.5	74	85.8	82.17	79.9	67	＜87.0

质量分数 /%	43	71	22	16.9	51.1	85
第二组分（余量）	硝基甲烷	1-氯-3-甲基丁烷	3-氯-1,2-环氧丙烷	苯	甲苯	氯苯
共沸点 /℃	89.3	88.3	95.8	76.9	92.2	96.2

续表

质量分数/%	26	85	55	78.3	＞95	48
第二组分（余量）	1-丙醇	三氯乙烯	四氯乙烯	环己烯	甲酸丙酯	甲酸异丁酯
共沸点/℃	96.7	81	93.2	76.3	＜80.8	93
质量分数/%	46.7	46	47.14	72	77	70
第二组分（余量）	乙酸丙酯	丙酸乙酯	丁酸甲酯	异丁酸甲酯	碳酸二甲酯	丙基醚
共沸点/℃	94.9	93.2	94.79	89.8	86.4	85.7
质量分数/%	55	30	28	93.5	88.5	28.0
第二组分（余量）	二乙基硫	丁酮	2-戊酮	二硫化碳	四氯化碳	烯丙基碘
共沸点/℃	85.1	96	96	45.3	72.3	89.4

表7.3.32 第一组分为苯甲醇的二元共沸物及其共沸点

质量分数/%	9	12	46.5	50	28	93.5	70	50	＜82
第二组分（余量）	水	六氯乙烷	乙二醇	乙基苯胺	二乙苯胺	二甲苯胺	甲基苯胺	间甲苯胺	辛酸乙酯
共沸点/℃	99.9	182	193.35	202.8	204.2	193.9	195.8	203.1	＜204.8
质量分数/%	约50	47	7	58	6.5	72	50	56	85.8
第二组分（余量）	二异戊氧基甲烷	*N*-甲基苯胺	*N*,*N*-二甲基邻甲苯胺	*N*,*N*-二甲基对甲苯胺	*N*,*N*-二甲基苯胺	*N*,*N*-二乙基苯胺	*N*-乙基苯胺	香茅醛	莰醇
共沸点/℃	198.7	190.8	185.2	202.8	193.9	204.2	202.8	202.9	205.1
质量分数/%	62	39	30	14	11	15	61	＜50	60
第二组分（余量）	间甲酚	间甲苯酚	对甲酚	百里烯	*α*-萜二烯	萜品油烯	乙基异冰片醚	乙基莰基醚	萘
共沸点/℃	207.1	207.1	206.8	179.0	176.4	182	201.0	＜203	204.1

质量分数/%	57.7	61	65.5	7.0	13.36	6.5	57	50
第二组分（余量）	硝基苯	对硝基苯	对二溴苯	邻溴甲苯	碘苯	邻二甲氧基苯	1,3,5-三乙基苯	邻二甲氧基苯
共沸点/℃	203.5	184.5	204.2	181.2	185.8	202.5	203.2	202.5

表7.3.33 第一组分为糠醇的二元共沸物及其共沸点

质量分数/%	70	90	54	50	18	30	70	40
第二组分（余量）	苯 酚	苯甲醚	苯乙醚	二异戊醚	乙酸-1,3-丁二醇甲醚①	对二氯苯	丁酸丁酯	2-丁氧基乙醇②
共沸点/℃	187.0	153.3	165.0	165.7	168.5	172.5	164.0	167.5

① 1, 3-丁二醇甲醚乙酸酯。

② 乙二醇一丁醚。

表7.3.34 第一组分为甲醛缩二乙醇的二元共沸物及其共沸点

质量分数/%	90	35	58	86	48	89	96	78	17	47	58
第二组分（余量）	水	甲醇	乙醇	丙醇	2-丙醇	烯丙醇	庚烷	1.2-二氯乙烷	环己烷	三氯乙烯	乙酸异丙酯
共沸点/℃	75.2	63.2	74.2	86.7	79.6	87	87.8	89	81.1	89.3	87.6

表7.3.35 第一组分为1-氯-2-丙醇的二元共沸物及其共沸点

质量分数/%	45.8	83	＞38	72	≈75	≈70	85	15	25	45	＜19
第二组分（余量）	水	庚烷	1,2-二溴己烷	四氯乙烯	乙酸丁酯	甲酸异戊酯	甲苯	邻二甲苯	间二甲苯	氯苯	3-甲基-1-丁醇
共沸点/℃	95.4	96.5	＜124.8	113	125.5	123	109	125.5	124.5	122.2	127.3

表7.3.36 第一组分为2-氯乙醇的二元共沸物及其共沸点

质量分数/%	第二组分（余量）	共沸点/℃	质量分数/%	第二组分（余量）	共沸点/℃
42.3	水	97.8	73	甲苯	106.9
40.7	水	51.1（13.3kPa）	32	二丁醚	123
39.8	水	37.1（6.67kPa）	8.2	二氯乙醚	128.2

表7.3.37 第一组分为1,3-二氯-2-丙醇的二元共沸物及其共沸点

质量分数/%	63.5	38	30	40	62	43	37	85
第二组分(余量)	α-蒎烯	γ-萜品烯	萜品油烯	百里烯	莰烯	d-苎烯	α-水芹烯	苯乙烯
共沸点/℃	150.4	166.8	168	166.5	152.8	165.75	163	142
质量分数/%	＜15	35	61	52	85	＜30	50	33.5
第二组分(余量)	苯甲醛	甲基庚烯酮	环己酮	二异戊醚	草酸二甲酯	草酸二乙酯	乳酸乙酯	莳
共沸点/℃	＜174	178.5	160	165.9	163.3	＜173.5	143	173.5
质量分数/%	10	91	30	55	39	32	43	85
第二组分(余量)	丁酸异戊酚	溴苯	碘苯	对二氨苯	邻溴甲苯	对溴甲苯	α-氯甲苯	邻氯甲苯
共沸点/℃	174.9	155.5	173	168.2	170.5	172.8	168.9	158

质量分数/%	78	77.5	62	45	63	50
第二组分(余量)	对氯甲苯	五氯乙烷	2,7-二甲基辛烷	对异丙基苯甲烷	1,2,4-三甲基苯	1,3,5-三甲基苯
共沸点/℃	160	159.7	155	165.5	164.4	156

表7.3.38 第一组分为2,3-二氯-1-丙醇的二元共沸物及其共沸点

质量分数/%	＜56	63	63	58	60	65
第二组分(余量)	二戊烯	α-蒎烯	二异戊醚	对异丙基苯甲烷	1,2-二氯苯	2-辛醇
共沸点/℃	169.0	151.5	167.5	172.5	174.2	179.4

7.3.5 含醇三元共沸物的共沸点

表7.3.39 含水的醇类三元共沸物及其共沸点

共沸物组成(质量分数)/%			共沸点/℃	共沸物组成(质量分数)/%			共沸点/℃
第一组分	第二组分	第三组分		第一组分	第二组分	第三组分	
水	**乙醇**	(余量)		**水**	**丙醇**	(余量)	
7.8	9.0	乙酸乙酯	70.3	7.6	10.1	苯	67.0
17.5	61.7	氯乙酸乙酯	81.4	8.6	9.0	苯	68.5
12.1	18.4	甲醛缩二乙醇	73.2	5	11	四氢化碳	65.4
11.4	27.6	乙醛缩二乙醇	77.8	8.5	10.0	环己烷	66.6
7.0	17.0	环己醇	62.1	8	44.8	二丙氧基甲烷	86.4
5.0	9.0	碘乙醇	61.0	17.6	22.9	乙氧基丙氧基甲烷	83.8
7.4	18.5	苯	69.5	17.5	26.6	硝基甲烷	82.3
11.4	27.6	乙缩醛	77.8	9	11.5	环己烯	63.2
5.0	17.0	均二氯乙烷	66.7	9	12	1,3-环己二烯	67.8
3.5	4.0	氯仿	55.5	7	12	三氯乙烯	71.6
4.3	9.7	四氯化碳	61.8	8	20	3-碘丙烯	78.2
7.4	22.6	一溴二氯甲烷	72.0	20	20	二乙基甲酮	81.2
8	27	1-溴-2-甲基丙烷	69.5	20	20	3-戊酮	81.2
3	6	顺-1-溴丙烷	54.0	27.4	51.6	乙醛二丙基乙缩醛	87.6
4	88.5	反-1-溴丙烷	54.5	13	5	甲酸甲酯	70.8
5	12	1-溴丙烷	60.0	21	19.5	乙酸甲酯	82.2
1	4	2-溴丙烷	43.3	25.3	58.2	氯代乙酸丙酯	88.6
12.8	17.7	二甲氧基甲烷	73.2	11.7	20.2	丙醚	74.8
4.5	13.0	1-氯-2-甲基丙烷	58.6	8.0	44.8	甲醛缩二丙醇	86.4
1.6	95	二硫化碳	41.3	27.4	51.6	乙醛缩二丙醇	87.6
9	13	三乙胺	74.7	**水**	**丁醇**	(余量)	
5.0	9	氯化乙烯	66.7	21.3	10	甲酸丁酯	83.6
5.5	16.1	三氯乙烯	67.0	37.3	27.4	乙酸丁酯	89.4
2.8	6.7	顺-1,2-二氯乙烯	53.8	41.8	50.3	氯代乙酸丁酯	93.1
1.1	4.4	反-1,2-二氯乙烯	44.4	3.1	11.9	四氯化碳	64.7
7	19	环己烯	64.1	29.3	43.0	丁醚	91.0

续表

共沸物组成(质量分数)/%			共沸点/℃	共沸物组成(质量分数)/%			共沸点/℃
第一组分	第二组分	第三组分		第一组分	第二组分	第三组分	
水	**异丙醇**	(余量)		**水**	**异丁醇**	(余量)	
7.5	18.7	苯	66.5	30.4	6.7	甲酸异丁酯	80.2
13.1	38.2	甲苯	76.3	30.4	23.1	乙酸异丁酯	86.8
7.5	18.5	环己烷	64.8	33.6	53.1	氯代乙酸异丁酯	90.2
6	62	硝基甲烷	78.0	**水**	**叔丁醇**	(余量)	
7.7	19	二氯乙烷	69.7	8.1	21.4	苯	67.3
7.5	21.5	环己烯	61.1	3.1	11.9	四氯化碳	64.7
10	80.7	二异丁烯	72.3	**水**	**戊醇**	(余 量)	
10.4	21.9	乙丁醚	73.4	37.6	21.2	甲酸戊酯	91.4
4.7	7.3	异丙醚	61.6	56.2	33.3	乙酸戊酯	94.8
11	13	乙酸异丙酯	75.5	**水**	**丙烯醇**	(余量)	
水	**异戊醇**	(余量)		5.0	5.0	己烷	59.7
32.4	19.6	甲酸异戊酯	89.8	8.0	11.0	环己烷	66.2
44.8	31.8	乙酸异戊酯	93.6	8.6	9.2	苯	68.2
46.2	47.3	氯代乙酸异戊酯	95.4	5.0	11.0	四氯化碳	65.2

表7.3.40 第一组分为甲醇的三元共沸物及其共沸点

第二组分	质量分数/%	第三组分	质量分数/%	共沸点/℃	第二组分	质量分数/%	第三组分	质量分数/%	共沸点/℃
水	5.3	氯乙酸甲酯	13.5	67.9	丙酮	43.5	环己烷	40.5	51.1
二硫化碳	≈40	溴乙烷	≈50	33.92	丙酮	5.8	乙酸甲酯	76.8	53.7
二硫化碳	55	甲缩醛	38	35.55	乙酸甲酯	48.6	环己烷	33.6	50.8
氯仿	47	丙酮	30	57.5	乙酸甲酯	27	己烷	59	45
溴乙烷	55	2-甲基-2-丁烯	30	31.4	乙酸甲酯	57.2	二硫化碳	46.5	37.0

表7.3.41 第一组分为乙醇的三元共沸物及其共沸点

第二组分	质量分数/%	第三组分	质量分数/%	共沸点/℃	第二组分	质量分数/%	第三组分	质量分数/%	共沸点/℃
水	4.5	四氯化碳	85.5	62	水	17.5	氯代乙酸乙酯	20.8	81.35
	7.5	一溴二氯甲烷	＞70	72.0		9.0	乙酸乙酯	82.6	70.23
	3.5	氯仿	92.5	55.4		10.1	丙烯酸乙酯	41.6	77.1
	12.8	二乙氧基甲烷	69.5	73.2		9.8	乙酸异丁酯	70.8	74.8
	7.2	1,2-二氯乙烷	77.1	67.8		5.1	乙烯基丙基醚	73.7	57
	5	1,2-二氯乙烷	78	66.7		8	乙烯基异丁基醚	70	60
	7	环己烷	76	62.1		6.8	1-丁烯基乙基醚	78.9	61.4
	≈5	碘乙烷	≈86	61		4.0	二异丙基醚	89.5	61.0
	5	溴丙烷	83	60		6.3	甲基丁基醚	85.1	62
	5.5	三氯乙烯	78.4	67		9	丁醛	80	67.2
	1.1	反-1,2-二氯乙烯	94.5	44.4		11.4	乙缩醛	61.0	77.8
	3	顺-1-溴丙烯	91	54		4.8	丁烯醛	7.3	78.2
	4	反-1-溴丙烯	7.5	54.5		7.5	丁胺	50.0	81.8
	1	2-溴丙烯	95	43.3		9	三乙胺	78	74.7
	7	环己烯	73	64.05		8.7	乙腈	71.0	69.5
	7	1,3-环己二烯	73	63.6		11	丁酮	75	73.2
	7.4	苯	74.1	64.86		≈8	异丁基溴	≈65	69.5
	12	甲苯	51	74.4		4.5	异丁基氯	82.5	58.62

表7.3.42 第一组分为丙醇的三元共沸物及其共沸点

第二组分	质量分数/%	第三组分	质量分数/%	共沸点/℃	第二组分	质量分数/%	第三组分	质量分数/%	共沸点/℃
水	7.6	苯	82.3	67.0	水	8.5	环己烷	81.5	66.6
	9	1,3-环己二烯	79	67.8		9	环己烯	79.5	63.2
	5	四氯化碳	84	65.4		21	乙酸丙酯	59.5	82.2
	8	3-碘丙烯	72	78.2		25.3	氯代乙酸丙酯	16.5	88.6
	7	三氯乙烯	81	71.6		13	甲酸丙酯	82.0	70.8
	27.1	乙醛缩二丙醇	21	87.6		17.5	硝基甲烷	65.9	82.3
	11.7	丙醚	68.1	74.8		8	二丙氧基甲烷	47.2	86.4
	20	3-戊酮	60	81.2		17.6	乙氧基丙氧基甲烷	59.5	83.8

表7.3.43 第一组分为异丙醇的三元共沸物及其共沸点

第二组分	质量分数/%	第三组分	质量分数/%	共沸点/℃	第二组分	质量分数/%	第三组分	质量分数/%	共沸点/℃
水	6	硝基甲烷	32	78	水	8.2	苯	72.0	65.7
	7.5	环己烯	71	66.1		10.4	丁基丁基醚	67.7	73.4
	7.5	环己烷	74	64.3		5	二异丙醚	91	61.8
	11	丁酮	88	73.4		13.1	甲苯	48.7	76.3
	12.5	丁胺	47	83		9.3	二异丁烯	59.1	72.3
	11	乙酸异丙酯	76	75.5					

表7.3.44 第一组分为丁醇的三元共沸物及其共沸点

第二组分	质量分数/%	第三组分	质量分数/%	共沸点/℃	第二组分	质量分数/%	第三组分	质量分数/%	共沸点/℃
水	21.3	甲酸丁酯	68.7	83.6	水	50	丙烯酸甲酯	12.4	92
	41.8	氯代乙酸丁酯	7.9	93.1	水	60	辛烷	25.4	86.1
	29.3	二丁醚	27.7	91.0	水	41.4	庚烷	51.0	78.1
	10	乙烯基丁基醚	88	77.4	水	69.9	壬烷	11.8	90.0
	29	乙酸丁酯	63	90.7	吡啶	20.7	甲苯	67.4	108.7
	19.2	已烷	77.9	61.5	苯	48	环已烷	48.0	77.42

表7.3.45 第一组分为叔丁醇和异丁醇的三元共沸物及其共沸点

（1）第一组分 叔丁醇

第二组分	质量分数/%	第三组分	质量分数/%	共沸点/℃	第二组分	质量分数/%	第三组分	质量分数/%	共沸点/℃
水	8.1	苯	70.5	67.3	水	8.0	环已烷	71.0	65.0

（2）第一组分 异丁醇

第二组分	质量分数/%	第三组分	质量分数/%	共沸点/℃	第二组分	质量分数/%	第三组分	质量分数/%	共沸点/℃
水	30.4	己酸异丁酯	46.5	86.8	水	4.5	叔丁基氯	91.2	61.6
	17.3	甲酸异丁酯	76	80.2		29.3	二丁基醚	65.8	91.0
	33.6	氯代乙酸丁酯	13.3	90.2					

表7.3.46 第一组分为异戊醇和烯丙醇的三元共沸物及其共沸点

（1）第一组分 异戊醇

第二组分	质量分数/%	第三组分	质量分数/%	共沸点/℃
水	32.4	甲酸异戊酯	48	89.8
	44.8	乙酸异戊酯	24	93.6
	46.2	氯代乙酸异戊酯	6.5	95.4

（2）第一组分　烯丙醇

第二组分	质量分数 /%	第三组分	质量分数 /%	共沸点 /℃
水	5	己烷	90	59.7
	4.1	四氯化碳	90.4	65.4
	8	环己烷	81	66.2
	8.6	苯	82.2	68.2
	6.5	三氯乙烯	84.7	71.6

7.3.6　醇类水溶液的冰点

表7.3.47　甲醇水溶液的冰点

（1）体积分数为变量

浓度		密度 /(kg/m³)	冰点 /℃	浓度		密度 /(kg/m³)	冰点 /℃
体积分数 /%	质量分数 /%			体积分数 /%	质量分数 /%		
5	3.9	993	−2.2	30	24.9	963	−20.0
10	8.1	986	−5.0	35	29.2	956	−25.0
15	12.2	980	−8.3	40	33.6	949	−30.0
20	16.4	974	−11.7	45	38.0	942	−35.6
25	20.6	968	−15.6				

（2）质量分数为变量

浓度		冰点 /℃	浓度		冰点 /℃
质量分数 /%	体积分数 /%		质量分数 /%	体积分数 /%	
10	12.35	−5.7	60	67.69	−74.0
20	24.33	−14.5	70	76.98	−104.5
30	35.95	−25.9	80	85.50	−115.0
40	47.11	−39.5	90	93.19	−113.0
50	57.71	−54.3	100	100.00	−97.0

算图 7.11

甲醇和乙醇混合水溶液的冰点（第 812 页左）

表7.3.48　乙二醇水溶液的冰点

浓度		冰点 /℃	浓度		冰点 /℃	浓度		冰点 /℃
质量分数 /%	体积分数 /%		质量分数 /%	体积分数 /%		质量分数 /%	体积分数 /%	
0	0.0	0.0	28	26.0	−13	56	53.9	−44
2	1.8	−0.6	30	28.0	−15	58	56.0	−48
4	3.6	−1.3	32	29.9	−17	60		−50
6	5.4	−2.0	34	31.9	−18	80	78.9	−47
8	7.2	−2.7	36	33.8	−20	82	81.0	−43
10	9.1	−3.5	38	35.8	−22	84	83.1	−40
12	10.9	−4.4	40	37.8	−24	86	85.2	−36
14	12.8	−5.3	42	39.8	−26	88	87.3	−33
16	14.6	−6.3	44	41.8	−28	90	89.4	−29
18	16.5	−7.3	46	43.8	−31	92	91.5	−26
20	18.4	−8	48	45.8	−33	94	93.6	−23
22	20.3	−9	50	47.8	−36	96	95.8	−19
24	22.2	−11	52	49.8	−38	98	97.9	−16
26	24.1	−12	54	51.9	−41	100	100.0	−13

表7.3.49 乙醇、甘油和百适通水溶液的冰点

浓度（质量分数）/%	乙醇水溶液 体积分数/%	乙醇水溶液 密度/(g/cm³)	乙醇水溶液 冰点/℃	甘油水溶液 冰点①/℃	百适通水溶液② 体积分数/%	百适通水溶液② 密度/(g/cm³)	百适通水溶液② 冰点/℃
5	6.25	0.9894	−2.1	−0.85			
10	12.43	0.9819	−4.4	−1.6	9.2	1.013	−3.6
15	18.51	0.9752	−6.3	−3.1	13.8	1.019	−5.6
20	24.46	0.9686	−10.3	−4.9	18.3	1.026	−7.9
25	30.43	0.9617	−14.6	−7.2	23.0	1.033	−10.7
30	36.21	0.9538	−19.0	−9.5	28.0	1.040	−14.0
40	47.38	0.9352	−29.5	−14.5	37.8	1.053	−22.3
50	57.44	0.9138	−36.3	−23.0	47.8	1.067	−33.8
60	67.47	0.8911	−44.1	−35.1	58.1	1.079	−39.3
70	76.69	0.8677	−50.8	−41.0			
80				−23.0			
90				−1.6			
100				−17.9			

① 浓度为66.7%时，其冰点为−46.5℃。
② 美国的一种防冻剂，含乙二醇97%。

表7.3.50 其他醇水溶液的冰点 单位：℃

浓度（质量分数）/%	1,2-丙二醇	1,3-丙二醇	1,2-丁二醇	1,3-丁二醇	左旋2,3-丁二醇	1,4-丁二醇	1,2-戊二醇	1,5-戊二醇
10	−3.12	−2.86	−2.60	−2.34	−3.1	−2.30	−2.3	−2.3
20	−7.6	−6.5	−6.0	−5.2	−7.1	−5.48	−4.8	−4.9
30	−14.0	−11.8	−11.0	−10.5	−12.4	−10.0	−6.8	−8.4
40	−22.7	−18.8	−16.5	−16.8	−19.4	−14.8	−8.4	−11.3
50	−34.5	−27.7	−22.4	−25.2	−29.6	−22.0	−10.2	−15.3
60	−48.2	−40.0	−29.0	−35.3	−40.4	−31.3	−12.6	−21.0

7.3.7 醇类的三相点

表7.3.51 醇类的三相点

物料名	三相点温度/K	三相点压力/Pa	固液相恒压热容差/[J/(K·kmol)]	物料名	三相点温度/K	三相点压力/Pa	固液相恒压热容差/[J/(K·kmol)]
甲醇	175.47	0.111264	6320.7	2-辛醇	241.55	0.0317319	48698
乙醇	159.05	0.00049564	22510	1-十一醇	288.45	0.128893	59971.2
1-丙醇	146.95	3.69121×10^{-7}	27932	十二醇	296.95	0.101105	79142.5
异丙醇	185.28	0.0363946	9714.3	正十二烷醇	338.55	0.0104478	260961
正丁醇	184.51	0.00032012	37272.4	1-十三醇	303.75	0.0945842	94568
异丁醇	165.15	2.46096×10^{-6}	35286.2	1-十四烷醇	310.65	0.0799976	46460
1-戊醇	195.56	0.00034525	36968.8	1-十五醇	317.05	0.0623079	107441
1-己醇	228.55	0.0295499	47616	1-十六烷醇	322.35	0.0445059	84953
2-己醇	223	0.113877	900.62	十七醇	327.05	0.0397681	198369
1-庚醇	239.15	0.0117728	62642.9	1-十八醇	331.05	0.0246914	183374
2-庚醇	243	0.308675	15455	十九醇	334.85	0.0196411	242550
1-辛醇	257.65	0.0855645	54250.6				

表7.3.52　其他醇的三相点

物料名	三相点温度/K	三相点压力/Pa	固液相恒压热容差/[J/(K·kmol)]	物料名	三相点温度/K	三相点压力/Pa	固液相恒压热容差/[J/(K·kmol)]
对甲基苯甲醇	332.65	107.543	83299.7	2,4-戊二醇	325.65	97.4255	124192
二甲基苯基甲醇	309.15	68.7538	11181	新戊二醇	403.3	5267.28	57792
2,2-二甲基丙醇	327.15	7669.14	64444.8	1,6-己二醇	315.15	2.599	50109.8
2,2,4-三甲基-1,3-戊二醇	324.9	14.8438	62508.8	2-丁醛-1,4-二醇	331	3.22917	84108.1
2-己氧基乙醇	228.05	0.0102427	33141.6	顺-2-丁烯-1,4-二醇	284.15	0.168657	8207.52
2-2-己氧基乙氧基乙醇	239.55	8.79173×10^{-5}	61019.4	反-2-丁烯-1,4-二醇	300.45	0.310227	51956.4
1-氨基-2-丙醇	274.89	22.6125	26478.2	二甘醇	262.7	0.0031971	71642.4
3-氨基-1-丙醇	284.15	2.48973	25690.2	硫代二甘醇	262.95	0.0087356	55171.7
2-苯基-1-丙醇	257	0.018824	26107.5	2-苯乙醇	246.15	0.059125	55563.1
2,3-环氧-1-丙醇	228.15	0.21135	61169.2	*β*-胆固醇	421.65	0.751534	218841
炔丙醇	221.35	3.6053	62872.2	山梨醇	364.65	4.2144×10^{-7}	72211.7
二丁醇	158.45	3.16526×10^{-6}	36995.3	苄醇	257.85	0.178847	50521.8
1,4-二丁醇	293.05	0.437872	12287.7	糠醇	258.52	2.2305	70531.1
2,3-二丁醇	280.75	4.84525	45975	正丙硫醇	159.95	0.0651025	47366.4
2-甲基-2-丁醇	264.35	161.196	16041.7	异丙硫醇	142.61	0.0097309	30382
1-甲基环己醇	299.15	257.083	7722.7	正丁基硫醇	157.46	0.0023532	60494.7
顺-2-甲基环己醇	280.15	45.5623	48846.7	仲丁基硫醇	133.02	3.3990×10^{-5}	69473.6
反-2-甲基环己醇	269.15	16.2406	43746.5	异丁基硫醇	128.31	4.7502×10^{-6}	61635.8
顺-3-甲基环己醇	267.65	3.20454	44844.5	1-戊硫醇	197.45	0.201264	44478.1
反-3-甲基环己醇	272.65	5.5178	45491.6	正己硫醇	192.62	0.013096	65963.6
顺-4-甲基环己醇	263.95	2.99051	42469	正庚基硫醇	229.92	0.305132	45742.4
反-4-甲基环己醇	265	2.5708	43636.5	正辛基硫醇	223.95	0.0304534	58423.5
环己醇	296.6	76.4997	53510	正壬基硫醇	253.05	0.289902	43377.6
1,4-环己基二甲醇	320.65	0.672171	-42352	叔壬基硫醇	230	0.0999196	34997.8
6-氨基己醇	331	17.9618	58454.5	正癸硫醇	247.56	0.0259035	46849.1
过氧化二叔丁基醇	233.15	29.7946	16212.8	十一烷基硫醇	270.15	0.074354	47898.3
乙二醇	260.15	0.21922	26347.1	1,2-乙二硫醇	231.95	4.11987	13169.4
三乙二醇	265.95	0.0003273	84912.7	正十二硫醇	265.15	0.010637	45671.1
四乙二醇	268.15	1.3835×10^{-5}	80333.4	环己基硫醇	189.64	0.008238	59575.1
1,2-丙二醇	213.15	9.2894×10^{-5}	52615	苯基硫醇	258.27	7.67992	30154.1
1,3-丙二醇	246.45	0.015337	38872.1	苄基硫醇	243.95	0.298363	35943.8
丙三醇	291.33	0.0095222	80895.4	双丙酮醇	229.15	0.301061	174.623
二丙二醇	233	0.0034429	55313.5	三丙酮醇	330.4	15.2628	99438
三丙二醇	228.15	2.0477×10^{-5}	37526.6	丙酮氰醇	253.15	0.421377	39892.4
1,5-戊二醇	257.15	0.00396416	29484.7				

7.4　黏度

7.4.1　气态醇的黏度

表7.4.1　气态醇的黏度　　单位：μPa·s

名称	温度/K								
	200	250	300	350	400	450	500	550	600
甲醇	6.449	8.093	9.785	11.50	13.22	14.92	16.58	18.22	19.81
乙醇	5.736	7.169	8.645	10.14	11.65	13.14	14.60	16.04	17.44
1-丙醇	5.192	6.445	7.742	9.070	10.41	11.76	13.10	14.42	15.72

续表

名称	温度/K								
	200	250	300	350	400	450	500	550	600
异丙醇	5.244	6.496	7.793	9.123	10.47	11.83	13.18	14.52	15.84
丁醇	4.798	6.004	7.206	8.399	9.580	10.75	11.90	13.02	14.13
仲丁醇	4.967	6.215	7.456	8.688	9.905	11.10	12.28	13.44	14.57
叔丁醇			7.816	9.102	10.37	11.62	12.84	14.04	15.20
异丁醇	4.966	6.214	7.457	8.690	9.910	11.11	12.30	13.46	14.59
1-戊醇	4.441	5.559	6.673	7.780	8.878	9.963	11.03	12.08	13.12
异戊醇		5.723	6.870	8.008	9.136	10.25	11.35	12.42	13.48
1-己醇		5.049	6.300	7.491	8.637	9.745	10.82	11.87	12.90
1-庚醇		4.798	6.013	7.169	8.280	9.355	10.40	11.42	12.42
1-辛醇			5.583	6.513	7.439	8.356	9.265	10.12	11.05

名称	温度/K								
	650	700	750	800	850	900	950	1000	临界值
甲醇	21.36	22.86	24.32	25.74	27.12	28.47	29.79	31.08	37.5
乙醇	18.80	20.12	21.41	22.66	23.88	25.06	26.26	27.36	33.4
1-丙醇	16.99	18.23	19.44	20.63	21.78	22.90	24.05	25.08	29.8
异丙醇	17.14	18.41	19.65	20.86	22.04	23.20	24.33	25.43	29.7
丁醇	15.21	16.27	17.30	18.31	19.30	20.26	21.19	22.11	
仲丁醇	15.67	16.75	17.80	18.83	19.82	20.80	21.75	22.67	
叔丁醇	16.34	17.45	18.53	19.58	20.60	21.59	22.56	23.50	
异丁醇	15.70	16.79	17.85	18.88	19.89	20.87	21.83	22.77	
1-戊醇	14.13	15.12	16.09	17.04	17.97	18.87	19.76	20.62	
异戊醇	14.52	15.53	16.52	17.49	18.43	19.35	20.25	21.13	
1-己醇	13.91	14.90	15.88	16.84	17.78	18.72	19.64	20.55	
1-庚醇	13.39	14.35	15.30	16.23	17.14	18.05	18.94	19.82	
1-辛醇	11.92	12.77	13.61	14.44	15.25	16.04	16.81	17.57	

表7.4.2 其他气态醇类的黏度

单位：μPa·s

名 称	温度/K								
	150	200	250	300	350	400	450	500	550
2-乙基-1-丁醇		3.995	5.374	6.668	7.902	9.090	10.24	11.36	12.45
乙二醇				8.319	9.705	11.08	12.45	13.80	15.13
1,2-丙二醇			6.492	7.796	9.093	10.38	11.66	12.92	14.16
丙三醇				7.402	8.640	9.873	11.10	12.31	13.52
丙烯醇	3.031	4.739	6.302	7.773	9.177	10.53	11.84	13.11	14.36
1,4-丁二醇				6.920	8.075	9.223	10.36	11.49	12.60
二甘醇				6.753	8.099	9.391	10.64	11.85	13.04
二丙二醇				6.504	7.771	8.989	10.17	11.31	12.43
三甘醇		3.433	4.864	6.195	7.458	8.669	9.839	10.98	12.08
1,3-二氯-2-丙醇				7.922	9.241	10.55	11.85	13.13	14.40
2,3-二氯-1-丙醇				7.921	9.241	10.55	11.85	13.14	14.41
双丙酮醇			5.432	6.773	8.050	9.278	10.47	11.62	12.75
苯甲醇				6.668	7.780	8.887	9.980	11.07	12.15
2-氯乙醇			7.358	8.832	10.30	11.75	13.19	14.60	15.99

续表

名　称	温度 /K								
	600	650	700	750	800	850	900	950	1000
2-乙基-1-丁醇	13.52	14.56	15.59	16.60	17.60	18.58	19.55	20.51	21.46
乙二醇	16.44	17.74	19.00	20.25	21.47	22.67	23.84	24.98	26.11
1,2-丙二醇	15.38	16.59	17.77	18.92	20.06	21.16	22.25	23.31	24.35
丙三醇	14.71	15.89	17.05	18.19	19.31	20.42	21.50	22.57	23.62
丙烯醇	15.57	16.77	17.94	19.10	20.23	21.35	22.46	23.56	24.64
1,4-丁二醇	13.70	14.79	15.85	16.90	17.92	18.93	19.92	20.88	21.83
二甘醇	14.19	15.32	16.44	17.53	18.61	19.67	20.72	21.75	22.78
二丙二醇	13.52	14.59	15.64	16.67	17.69	18.69	19.68	20.66	21.62
三甘醇	13.16	14.23	15.27	16.29	17.30	18.29	19.27	20.24	21.20
1,3-二氯-2-丙醇	15.65	16.87	18.08	19.26	20.41	21.55	22.66	23.74	24.80
2,3-二氯-1-丙醇	15.66	16.89	18.10	19.29	20.45	21.59	22.70	23.80	24.87
双丙酮醇	13.85	14.94	16.00	17.04	18.07	19.09	20.09	21.08	22.05
苯甲醇	13.21	14.26	15.29	16.30	17.29	18.27	19.22	20.16	21.08
2-氯乙醇	17.36	18.70	20.01	21.30	22.55	23.77	24.97	26.14	27.28

表7.4.3　甲醇气体在压力下的黏度　　单位：μPa·s

压强 /MPa	温度 /℃				压强 /MPa	温度 /℃				压强 /MPa	温度 /℃			
	150	200	250	270		150	200	250	270		150	200	250	270
2.5			17.6	18.2	15	163.2	103.7	61.0	46.5	60	213.6	151.5	111.3	99.6
5.0	148.3	87.6	17.9	18.5	20	170.0	110.8	71.0	58.0	70	223.6	160.0	118.6	106.6
7.5	152.4	91.7	19.7	19.1	30	182.0	122.8	84.3	72.3	80	232.9	168.5	126.0	113.4
10.0	156.2	95.8	36.8	22.0	40	193.1	133.3	94.3	82.7					
12.5	159.4	99.9	52.0	34.0	50	203.3	142.8	103.7	91.7					

7.4.2　液态醇的黏度

表7.4.4　液态醇类的黏度　　单位：mPa·s

名　称	温度 /℃										
	−100	−80	−60	−40	−20	0	20	40	60	80	100
甲醇		5.55	2.98	1.78	1.16	0.799	0.580	0.439	0.344	0.277	0.228
乙醇	48.2	18.7	8.70	4.60	2.69	1.70	1.15	0.814	0.601	0.495	0.361
1-丙醇	390	105	36.4	15.1	7.17	3.81	2.20	1.37	0.899	0.619	0.444
异丙醇		238	66.6	23.2	9.51	4.45	2.31	1.31	0.789	0.505	0.339
丁醇		163	54.1	21.7	10.1	5.23	2.97	1.81	1.17	0.797	0.565
仲丁醇	182	68.5	31.0	16.0	9.22	5.75	3.82	2.45	1.52	0.992	0.680
叔丁醇								2.14	1.09	0.597	0.350
异丁醇		526	138	45.3	17.8	7.99	4.01	2.20	1.29	0.809	0.532
1-戊醇			128	44.1	18.0	8.35	4.31	2.42	1.45	0.927	0.620
异戊醇			204	68.4	23.7	10.3	4.97	2.64	1.52	0.925	0.596
1-己醇				58.7	23.1	10.5	5.27	2.90	1.71	1.07	0.709
1-庚醇					33.7	14.3	6.81	3.57	2.02	1.22	0.780
1-辛醇						19.6	8.80	4.36	2.36	1.36	0.837
乙二醇						57.0	19.9	9.13	4.95	3.02	1.99
丙三醇	$6710k^{-42}$	$2050k^{-36}$	$262k^{-25}$	$134k^{-20}$	$35.5k^{-10.8}$	12100	1480	629^{30}	180^{50}		
（旋光）异戊醇						11.1	5.10	2.45	1.20	0.69	0.61
（非旋光）异戊醇						8.60	4.36	2.18	1.16	0.70	0.63
十六醇								13.4^{50}			

续表

名　称	温度/℃										
	120	140	160	180	200	220	240	260	280	300	320
甲醇	0.196	0.163	0.133	0.107	0.083	0.062					
乙醇	0.216	0.180	0.147	0.117	0.091	0.068	0.048				
1-丙醇	0.330	0.250	0.188	0.148	0.112	0.088	0.066	0.048			
异丙醇	0.282	0.214	0.167	0.130	0.101	0.072					
丁醇	0.415	0.314	0.198	0.167	0.139	0.114	0.091	0.070	0.053		
仲丁醇	0.484	0.190	0.159	0.131	0.106	0.083	0.063	0.046			
叔丁醇	0.185	0.152	0.123	0.097	0.074	0.054					
异丁醇	0.365	0.260	0.177	0.147	0.120	0.096	0.075	0.056		（临界值0.0319）	
1-戊醇	0.432	0.312	0.232	0.192	0.164	0.137	0.113	0.091	0.072	0.054	
异戊醇	0.401	0.281	0.203	0.178	0.149	0.123	0.099	0.078	0.059		
1-己醇	0.487	0.348	0.256	0.193	0.181	0.155	0.131	0.101	0.089	0.071	0.055
1-庚醇	0.521	0.362	0.260	0.192	0.146	0.187	0.160	0.135	0.113	0.092	0.074
1-辛醇	0.540	0.363	0.254	0.183	0.135	0.103	0.080	0.063	0.051	0.041	0.034

N　算图7.12

醇类液体的黏度（第812页右）

表7.4.5　其他液态醇类的黏度　　单位：mPa·s

名　称	温度/℃												
	−100	−80	−60	−40	−20	0	20	40	60	80	100	120	140
2-乙基-1-丁醇			204	70.2	28.6	13.3	6.86	3.85	2.32	1.48	0.987	0.688	0.496
乙二醇						53.5	22.1	10.2	5.20	2.85	1.67	1.03	0.666
1,2-丙二醇					550^{-10}	243	56.0	15.6	5.05	1.86	0.762	0.342	0.166
丙三醇					3.56		61230	284	81.3	31.9	14.8	5.96	2.32
丙烯醇	100	33.6	13.8	6.62		2.10	1.33	0.894	0.630	0.462	0.350	0.273	0.218
1,4-丁二醇							53.630	33.6	14.6	6.95	3.58	1.97	1.15
二甘醇						115	38.6	18.4	10.3	6.13	3.86	2.55	1.75
三甘醇				984-30	491	143	49.0	19.3	8.5	4.11	2.15	1.20	0.708
1,3-二氯-2-丙醇						11.8	6.53	3.89	2.46	1.64	1.14	0.825	0.615
2,3-二氯-1-丙醇						13.5	7.38	4.36	2.74	1.82	1.26	0.908	0.674
苯甲醇					13.7^{-10}	9.93	5.58	3.38	2.17	1.47	1.03	0.754	0.568
2-氯乙醇			56.5	23.4	11.2	5.94	3.44	2.13	1.40	0.968	0.695	0.516	0.394
薄荷醇								6.81	5.85	2.10	1.03		

名　称	温度/℃												
	160	180	200	220	240	260	280	300	320	340	360	380	400
2-乙基-1-丁醇	0.369	0.282	0.220	0.175	0.142	0.117	0.098	0.083					
乙二醇	0.449	0.313	0.225	0.374	0.317	0.265	0.216	0.173	0.134	0.099	0.069		
1,2-丙二醇	0.086	0.047	0.027	0.310	0.258	0.211	0.168	0.129	0.095	0.066			
丙三醇	0.983	0.450	0.220	0.114	0.062	0.036	0.548	0.469	0.395	0.328	0.265	0.209	0.158
丙烯醇	0.185	0.154	0.125	0.100	0.078	0.058	0.049^{270}						
1,4-丁二醇	0.706	0.452	0.301	0.207	0.335	0.284	0.238	0.196	0.157	0.122	0.091	0.064	0.052^{390}
二甘醇	1.250	0.916	0.690	0.532	0.418	0.346	0.292	0.242	0.197	0.155	0.118	0.086	0.057
三甘醇	0.439	0.284	0.190	0.132	0.094	0.069	0.377	0.319	0.266	0.217	0.173	0.133	0.097
1,3-二氯-2-丙醇	0.472	0.370	0.296	0.272	0.232	0.196	0.163	0.132	0.105	0.081	0.060		
2,3-二氯-1-丙醇	0.515	0.402	0.321	0.284	0.245	0.208	0.175	0.145	0.117	0.092	0.070		
苯甲醇	0.439	0.347	0.280	0.230	0.191	0.238	0.205	0.174	0.146	0.120	0.096	0.075	0.057
2-氯乙醇	0.308	0.253	0.214	0.178	0.145	0.116	0.090	0.067	0.057^{310}				

注：其他醇的黏度：二乙基甲醇 7.34^{15}、三乙基甲醇 0.675^{20}、环己醇 68.20^{20}、12.1^{50} mPa·s。

7.4.3 醇类水溶液的黏度

表7.4.6 甲醇水溶液的黏度　　单位：mPa·s

温度/℃		0	10	20	30	50	温度/℃		25	35	45	55
体积分数/%	0	1.79	1.31	1.00	0.80	0.55	质量分数/%	0	0.89	0.72	0.59	0.51
	10	2.59	1.78	1.32	1.03	0.82		10	1.18	0.92	0.74	0.62
	20	3.23	2.17	1.58	1.21	1.06		20	1.41	1.09	0.86	0.71
	30	3.61	2.46	1.76	1.32	1.27		30	1.55	1.19	0.94	0.77
	40	3.65	2.54	1.84	1.37	1.39		40	1.58	1.23	0.97	0.79
	50	3.35	2.89	1.76	1.34	1.32		50	1.57	1.22	0.97	0.79
	60	2.89	2.11	1.60	1.24	1.20		60	1.40	1.09	0.88	0.72
	70	2.37	1.79	1.39	1.09	1.07		70	1.22	0.96	0.78	0.64
	80	1.76	1.42	1.14	0.92	0.90		80	1.01	0.81	0.67	0.56
	90	1.19	1.00	0.86	0.72	0.72		90	0.79	0.65	0.55	0.46
	100	8.2	0.68	0.58	0.51	0.51		100	0.55	0.48	0.41	0.36

表7.4.7 乙醇水溶液的黏度　　单位：mPa·s

浓度	质量分数/%	10	20	30	40	50	60	70	80	90	100
	体积分数/%	12.36	24.09	35.23	45.83	55.93	65.56	74.80	83.59	92.01	100
温度/℃	0	3.311	5.319	6.94	7.14	6.58	5.75	4.762	3.690	2.732	1.773
	5	2.577	4.065	5.29	5.59	5.26	4.63	3.906	3.125	2.309	1.623
	10	2.179	3.165	4.05	4.39	4.18	3.77	3.268	2.710	2.101	1.466
	15	1.792	2.618	3.26	3.53	3.44	3.14	2.770	2.309	1.802	1.332
	20	1.538	2.183	2.71	2.91	2.87	2.67	2.370	2.008	1.610	1.200
	25	1.323	1.185	2.18	2.35	2.40	2.24	2.037	1.748	1.424	1.096
	30	1.160	1.553	1.87	2.02	2.02	1.93	1.767	1.531	1.279	1.003
	35	1.006	1.332	1.58	1.72	1.72	1.66	1.529	1.355	1.147	0.914
	40	0.907	1.160	1.368	1.482	1.499	1.447	1.344	1.203	1.035	0.834
	45	0.812	1.015	1.189	1.289	1.294	1.271	1.189	1.081	0.939	0.764
	50	0.734	0.907	1.050	1.132	1.155	1.127	1.062	0.968	0.848	0.702
	55	0.663	0.814	0.929	0.998	1.020	0.997	0.943	0.867	0.764	0.644
	60	0.609	0.736	0.834	0.893	0.913	0.902	0.856	0.789	0.704	0.592
	65	0.554	0.666	0.752	0.802	0.818	0.806	0.766	0.711	0.641	0.551
	70	0.514	0.608	0.683	0.727	0.740	0.729	0.695	0.650	0.589	0.504
	75	0.476	0.559	0.624	0.663	0.672	0.663	0.636	0.600	0.546	0.471
	80	0.430	0.505	0.567	0.601	0.612	0.604				

算图 7.13
甲醇水溶液的黏度（第 813 页左）

算图 7.14
乙醇水溶液的黏度（第813页右）

算图 7.15
乙二醇水溶液的黏度（第 814 页左）

算图 7.16
甘油及其水溶液的黏度（第814页右）

表7.4.8 丙醇水溶液的黏度

单位：mPa·s

温度/℃	浓度/%									
	10	20	30	40	50	60	70	80	90	100
20	1.59	2.14	2.62	2.79	2.96	3.14	3.00	2.79	2.53	2.20
30	1.17	1.54	1.85	2.00	2.15	2.30	2.21	2.09	1.93	1.72

表7.4.9 乙二醇水溶液的黏度

单位：mPa·s

温度/℃	15 ℃时的密度/(kg/m^3)								
	1005	1010	1015	1020	1025	1030	1035	1040	1045
−15							7.060	8.238	
−10						5.100	5.688	6.670	
−5				3.432	3.825	4.250	4.640	5.450	
0	1.961	2.256	2.550	2.844	3.138	3.530	3.923	4.413	4.900
10	1.373	1.569	1.863	2.059	2.256	2.550	2.780	3.110	3.430
20	1.079	1.177	1.373	1.471	1.667	1.765	1.961	2.157	2.452
50	0.588	0.686	0.686	0.785	0.785	0.883	0.883	0.980	1.079

表7.4.10 甘油水溶液的黏度

单位：mPa·s

浓度(质量分数)/%	温度/℃										
	0	10	20	30	40	50	60	70	80	90	100
0	1.792	1.308	1.005	0.800	0.6560	0.5494	0.4688	0.4061	0.3565	0.3156	0.2838
10	2.44	1.74	1.311	1.024	0.826	0.680	0.575	0.500	0.438	0.389	0.355
20	3.44	2.41	1.769	1.360	1.07	0.879	0.731	0.635	0.557	0.490	0.441
30	5.14	3.49	2.501	1.876	1.46	1.16	0.956	0.816	0.690	0.610	0.550
40	8.25	5.37	3.760	2.731	2.07	1.62	1.30	1.09	0.918	0.763	0.688
50	14.6	9.01	6.050	4.247	3.10	2.37	1.86	1.53	1.25	1.05	0.910
60	29.9	17.4	10.96	7.312	5.08	3.76	2.85	2.29	1.84	1.52	1.28
65	45.7	25.3	15.54	10.02	6.80	4.89	3.66	2.91	2.28	1.86	1.55
67	55.5	29.9	17.96	11.45	7.73	5.50	4.09	3.23	2.50	2.03	1.68
70	76.0	38.8	22.94	14.32	9.40	6.61	4.86	3.78	2.90	2.34	1.93
75	132	65.2	36.46	21.68	13.6	9.25	6.61	5.01	3.80	3.00	2.43
80	255	116	62.00	34.92	20.8	13.6	9.42	6.94	5.13	4.03	3.18
85	540	223	112.9	60.05	33.5	21.2	14.2	10.0	7.28	5.52	4.24
90	1310	498	234.6	115.3	60.0	35.5	22.5	15.5	11.0	7.93	6.00
91	1590	592	278.4	134.4	68.1	39.8	25.1	17.1	11.9	8.62	6.40
92	1950	729	328.4	156.5	78.3	44.8	28.0	19.0	13.1	9.46	6.82
93	2400	860	387.7	182.8	89.0	51.5	31.6	21.2	14.4	10.3	7.54
94	2930	1040	457.7	212.0	105	58.4	35.4	23.6	15.8	11.2	8.19
95	3690	1270	545	248.8	121	67.0	39.9	26.4	17.5	12.4	9.08
96	4600	1580	661	296.7	142	77.8	45.4	29.7	19.6	13.6	10.1
97	5770	1950	805	354.0	166	88.9	51.9	33.6	21.9	15.1	10.9
98	7370	2460	974	424.0	196	104	59.8	38.5	24.8	17.0	12.2
99	9420	3090	1337	564	235	122	69.1	43.6	27.8	19.0	13.3
100	12070	3900	1499	624	284	142	81.3	50.6	31.9	21.3	14.8

7.5 表面张力

7.5.1 醇类的表面张力

表7.5.1 一些醇的表面张力 单位：mN/m

名称	温度/℃										
	−100	−80	−60	−40	−20	0	20	40	60	80	100
甲醇		34.63	32.04	29.49	26.98	24.50	22.07	19.67	17.33	15.04	12.80
乙醇	35.25	33.43	31.60	29.75	27.88	26.00	24.11	22.19	20.25	18.28	16.29
1-丙醇	35.70	33.94	32.17	30.39	28.60	26.79	24.97	23.13	21.27	19.40	17.50
异丙醇		29.21	27.63	26.06	24.48	22.90	21.32	19.74	18.17	16.59	15.01
丁醇		34.37	32.57	30.77	28.98	27.18	25.38	23.59	21.79	19.99	18.20
仲丁醇	33.17	31.42	29.66	27.89	26.12	24.35	22.57	20.78	18.99	17.19	15.38
叔丁醇								17.73	16.07	14.39	12.69
异丁醇	32.48	30.89	29.30	27.71	26.12	24.53	22.94	21.35	19.76	18.17	16.58
1-戊醇			32.78	31.04	29.29	27.54	25.79	24.04	22.30	20.55	18.80
异戊醇			34.75	32.43	30.14	27.88	25.65	23.45	21.29	19.16	17.07
1-己醇				31.01	29.41	27.81	26.21	24.61	23.00	21.40	19.80
1-庚醇					29.76	27.89	26.04	24.22	22.41	20.63	18.88
1-辛醇						29.21	27.40	25.61	23.83	22.09	20.36
名称	温度/℃										
	120	140	160	180	200	220	240	260	280	300	320
甲醇	10.63	8.534	6.518	4.602	2.813	1.023	0.505^{230}				
乙醇	14.26	12.19	10.08	7.901	5.640	3.247	0.538				
1-丙醇	15.54	13.62	11.64	9.607	7.524	5.368	3.099	0.566			
异丙醇	13.43	11.85	10.28	8.698	7.120	5.542	4.753^{230}				
丁醇	16.40	14.60	12.81	11.01	9.214	7.417	5.621	3.824	2.028		
仲丁醇	13.57	11.74	9.898	8.043	6.107	4.271	2.335	0.312			
叔丁醇	10.96	9.194	7.394	5.543	3.619	1.565	0.418^{230}				
异丁醇	14.99	13.40	11.81	10.22	8.630	7.040	5.450	3.860	0.306^{270}		
1-戊醇	17.05	15.30	13.56	11.81	10.06	9.312	6.564	4.816	3.068	1.320	
异戊醇	15.02	13.02	11.07	9.174	7.341	5.582	3.912	2.355	0.961	0.363^{290}	
1-己醇	18.20	16.60	14.99	13.39	11.79	10.19	8.586	6.984	5.382	3.780	2.178
1-庚醇①	17.15	15.45	13.78	12.14	10.54	8.981	7.464	5.997	4.588	3.249	1.997
1-辛醇②	18.66	16.98	15.33	13.71	12.12	10.57	9.049	7.573	6.143	4.767	3.455

① 温度为340℃时，其值为0.869mN/m。

② 温度为340、360℃时，其值为2.222、0.159mN/m。

表7.5.2 其他醇的表面张力 单位：mN/m

名称	温度/℃												
	−100	−80	−60	−40	−20	0	20	40	60	80	100	120	140
乙二醇					59.48^{-10}	57.62	53.92	50.27	46.66	43.09	39.57	36.11	32.70
1,2-丙二醇			93.30^{-50}	90.47	84.86	79.32	73.85	68.45	63.12	57.88	52.72	47.65	42.68
丙三醇							74.90	70.77	66.67	62.62	58.62	54.65	50.74
丙烯醇	36.55	34.75	32.94	31.14	29.33	27.53	25.73	23.92	22.12	20.81	18.51	16.71	14.90
1,4-丁二醇							30.15^{30}	29.16	27.20	25.27	23.36	21.47	19.61
二甘醇						51.89	48.85	45.84	42.87	39.93	37.03	34.16	31.33

续表

名称	温度/℃												
	-100	-80	-60	-40	-20	0	20	40	60	80	100	120	140
二丙二醇						31.83^{10}	30.79	28.74	26.71	24.71	22.73	20.78	18.87
三甘醇		53.49^{-70}	52.61	50.85	49.09	47.33	45.57	43.81	42.05	40.29	38.53	36.77	35.01
2-乙基-1-丁醇	37.77	35.56	33.36	31.19	29.05	26.93	24.84	22.78	20.74	18.75	16.78	14.86	12.97
1,3-二氯-2-丙醇					33.84^{-10}	32.76	30.60	28.46	26.35	24.27	22.22	20.20	18.22
2,3-二氯-1-丙醇					33.95^{-10}	32.89	30.78	28.70	26.65	24.62	22.62	20.64	18.70
双丙酮醇				38.26	35.81	33.39	31.00	28.64	26.31	24.01	21.75	19.53	17.35
苯甲醇					35.40^{-10}	34.38	32.35	30.34	28.35	26.38	24.44	22.52	20.63
2-氯乙醇			52.06	48.71	45.40	42.13	38.90	35.71	32.58	29.49	26.45	23.47	20.55
乙硫醇					24.0^{10}	25.4	22.5						

名称	温度/℃												
	160	180	200	220	240	260	280	300	320	340	360	380	400
乙二醇	29.34	26.05	22.83	19.68	16.62	13.65	10.78	8.030	5.434	3.035	0.935	0.109^{370}	
1,2-丙二醇	37.81	33.06	28.42	23.92	19.57	15.39	11.40	7.661	4.232	1.276	0.143^{350}		
丙三醇	46.87	43.06	39.30	35.61	31.97	28.40	24.91	21.49	18.17	14.94	11.83	8.845	6.023
丙烯醇	13.10	11.29	9.490	7.686	5.882	4.078	3.176^{270}						
1,4-丁二醇	17.78	15.98	14.22	12.49	10.80	9.151	7.551	6.007	4.526	3.123	1.820	0.664	0.183^{390}
二甘醇	28.55	25.81	23.12	20.48	17.89	15.37	12.91	10.53	8.234	6.043	3.979	2.084	0.463^{0}
二丙二醇	16.98	15.13	13.31	11.54	9.810	8.129	6.505	4.947	3.467	2.087	0.851	0.322^{370}	
三甘醇	33.25	31.49	29.73	27.97	26.21	24.45	22.69	20.93	19.17	17.41	15.63	13.89	12.13
2-乙基-1-丁醇	11.13	9.337	7.602	5.930	4.335	2.833	1.465	0.288					
1,3-二氯-2-丙醇	16.26	14.35	12.48	10.66	8.881	7.164	5.513	3.942	2.470	1.137	0.064		
2,3-二氯-1-丙醇	16.79	14.92	13.08	11.29	9.542	7.847	6.211	4.645	3.163	1.792	0.586	0.101^{370}	
双丙酮醇	15.22	13.13	11.10	9.129	7.226	5.404	3.680	2.084	0.682	0.117^{330}			
苯甲醇	18.77	16.94	15.14	13.38	11.65	9.970	8.332	6.747	5.221	3.768	2.403	1.161	0.135
2-氯乙醇	17.70	14.93	12.24	9.641	7.158	4.812	2.648	0.764					

N 算图 7.17
醇类的表面张力
（第 815 页左）

7.5.2 醇类水溶液的表面张力

表7.5.3 醇类水溶液的表面张力 单位：mN/m

名称	温度/℃	浓度（质量分数）/%										
		0.25	0.5	1	2	5	10	20	40	60	80	100
甲醇	20					62.7	59.0	50.4	38.2	33.0	27.3	22.6
	30			68.4	66.2	61.7	57.3	46.0	36.1	32.3	26.5	21.6
	50					57.0	55.0	47.2	35.5	30.8	25.0	19.5
乙醇	20							35.9	31.9	27.6	24.9	23.0^{96}
	25				62.8	55.3	47.3	37.9	29.6	25.1	23.6	22.0
	40					54.9	48.2	38.1	30.3	26.2	23.4	21.4^{96}
	50					53.4	46.8	36.9	29.6	25.5	22.6	20.4^{96}
异丁醇	15	65.6	60.3	52.9	45.2	33.4	27.0					22.9
异戊醇	15	56.9	49.3	41.2	32.2							23.0
甘油	18					72.9	72.8	72.4	70.8	68.8	66.4	63.4

N 算图 7.18
乙醇水溶液的表面张力（第 815 页右）

表7.5.4 其他醇水溶液的表面张力 单位：mN/m

（1）丁醇和辛醇

名称	温度/℃	浓度（质量分数）/%												
		0.025	0.05	0.1	0.2	0.5	1.0	2	4	6	8	10	15	22
丁醇①	20	72.8	72.4	71.0	67.0	56.1	59.7	43.8	36.4	28.2		26.5		
辛醇	20						72.8	71.8	67.0	64.6	56.9	51.1	50.2	41.6

（2）丙醇、异丙醇和乙二醇

名称	温度/℃	浓度（质量分数）/%												
		0.03	0.04	0.05	0.06	0.08	0.10	0.15	0.2	0.3	0.4	0.5	0.7	1.0
丙醇②	15	70.9	70.1	69.3	68.7	67.8	67.1	65.4	63.0	54.9	53.4	51.9	48.7	43.6
异丙醇	15	70.9	70.1	69.4	68.8	67.5	66.4	64.1	62.1	58.7	55.8	53.7	48.6	46.6
乙二醇	15						73.4	73.2	73.1	72.9	72.6	72.4	71.9	70.9

① 质量分数 =80%、90%、98% 时，其值分别为 23.8、23.6 和 21.9 mN/m。
② 质量分数 =50%、80%、90% 时，其值分别为 24.2、23.7 和 23.4 mN/m。

7.5.3 醇在其他介质中的表面张力

表7.5.5 乙醇在乙腈中的表面张力（20℃） 单位：mN/m

质量分数/%	20	30	40	50	60	70	80	90
σ	26.47	25.10	24.56	24.36	24.17	23.82	23.33	22.86

表7.5.6 醇类在水和汞中的表面张力 单位：mN/m

水中（18℃）				汞中（20℃）		
异丁醇	异戊醇	辛 醇	苯甲醇	乙 醇	丙 醇	异丁醇
2.1	5.0	80.5[20]	4.8[23]	264	368	343

7.6 溶解度

7.6.1 醇类在水和脂肪胺中的溶解度

表7.6.1 丁醇在水中的溶解度 单位：g/100g水

温度/℃	溶解度	温度/℃	溶解度	温度/℃	溶解度	温度/℃	溶解度
0	11.67	30	7.643	60	6.781	90	8.460
10	9.890	40	7.009	70	7.009	100	9.951
20	8.578	50	6.781	80	7.527	110	12.233

表7.6.2 其他醇在水中的溶解度 单位：g/100g水

名 称	分子式	温度/℃					
		10	15	20	25	35	100
季戊四醇	$C_5H_{12}O_4$		5.6		7.1	19.3	76.6
环己醇	$C_6H_{12}O$	4.2	5.7	3.6			
1-庚醇	$C_7H_{16}O$		0.09[18]		0.18		0.28

表7.6.3 醇类在脂肪胺中的溶解度(20～30℃)

名 称	乙醇	乙醚	甲胺	二乙胺	三乙胺	三丙胺	丁胺	二丁胺	三丁胺	异戊胺	苯甲胺	氨(–33℃)
甲醇	∞	∞	∞	—	—	—	∞	—	∞	—	—	—
乙醇	∞	∞	—	—	—	—	—	∞	—	—	∞	—
乙二醇	∞	ss	—	∞	—	∞	—	—	—	∞	—	—
二甲基乙基甲醇	s	s	—	∞	—	—	—	∞	—	∞	∞	—
二氯乙醇	∞	∞	—	∞	—	—	—	—	—	—	—	—
2,3-二溴丙醇	vs	∞	—	—	—	—	—	—	—	—	—	—
正丁醇	∞	—	—	∞	—	—	—	—	∞	∞	∞	∞
叔丁醇	—	—	∞	—	—	—	—	—	—	—	—	—
异戊醇	∞	∞	—	∞	—	—	∞	—	—	—	∞	—
甘油	∞	ins	vs	—	—	—	—	—	—	—	—	—
甘露醇	ss	ins	—	ss	ins	—	ss	ins	ins	ssn	ins	ins
苄醇	∞	∞	—	∞	—	—	—	—	∞	—	—	∞
环己醇	s	s	—	∞	—	—	—	—	—	—	—	—
胆甾醇	ss,x	s	—	—	—	vs^+	—	—	—	vs^+	—	ins
烯丙醇	∞	∞	—	∞	—	—	—	—	—	—	—	—
鲸蜡醇	s	s	—	—	—	—	es	—	s	—	—	ins
d-薄荷醇	vs	vs	—	es	es	es	es	es	es	es	es	es

注：ins—不溶解或极轻微溶解；vs—易溶解，40～70g/100mL；ss—轻微溶解，＜10g/100mL；vs^+—很易溶解，70～100g/100mL；s—适度溶解，10～40g/100mL；es—极易溶解，＞100g/100mL；∞—成任何比例混溶。

7.6.2 各种物料在醇类中的溶解度

表7.6.4 有机物在醇类中的溶解度　　单位：g/100mL溶剂

名 称	乙二醇	二甘醇	三甘醇	丙二醇	名 称	乙二醇	二甘醇	三甘醇	丙二醇
丙 酮	∞	∞	∞	+	含水羊毛脂	÷	÷	÷	÷
苯	6.0	45.5	∞	23.8	猪 油	–	–	–	–
甲 苯	3.1	20.7	33.0	14.0	亚麻子油	–	–	–	÷
氯代苯	6.0	112.0	+	29.0	橄榄油	–	–	–	–
邻二氯苯	4.7	93.6	+	24.1	液状石蜡	–	–	–	–
邻苯二甲酸二丁酯	0.5	11.8	19.8	8.8	松子油	∞	+	+	∞
硬脂酸乙二醇酯	÷	÷÷	÷÷	÷÷	豆 油	÷÷	–	–	–
二氯乙醚	11.8	+	+	144	鲸蜡油	÷÷	–	–	–
乙 醚	8.9	19.5	20.4	∞	塔尔油	1.1	3.1	10.1	9.9
一乙醇胺	∞	+	+	∞	桐 油	–	–	–	–
二乙醇胺	∞	+	+	∞	土耳其红油	3.3	6.3	12.3	3.7
尿 素	44.0	24.0	31.0	26.0	动物胶(干)	÷÷	÷÷	÷÷	÷÷
庚 烷	÷÷	÷	÷÷	+	硝化纤维素	–	+	+	–
四氯化碳	6.6	35.5	40.6	30.5	乙酸纤维素	–		+	–
甲基橙	1.8	4.2	–	0.6	糊 精	÷	÷	+	÷
甲 醇	∞	∞	∞	+	10%糊精水溶液	+	+	–	∞
苯 酚	∞	+	+	∞	达马胶	÷	÷	÷	÷
四氯乙烯	–	12.0	17.7	11.7	栲 胶	÷	÷	÷	–
蓖麻油	–	0.1	0.3	0.8	树 脂	÷	<2.0	5.0	÷
椰子油	–	–	–	–	橡 胶	–	–	–	–
棉籽油	–	–	–	–	虫 胶	÷÷	÷÷	÷÷	÷÷

注：1. ∞—完全溶解；+—溶解；÷—微溶；–—不溶解。
2. 温度为25℃。

表7.6.5　烃类在甲醇中的溶解度　　单位：g/100mL

烃类	温度/℃							
	5	10	15	20	25	30	35	40
戊烷	62	81	∞	∞	∞	∞	∞	∞
己烷	32.4	37	42.7	49.5	60.4	83.0	∞	∞
庚烷	18.1	20	22.5	25.4	28.7	32.7	37.8	45
辛烷	12.2	13.6	15.2	16.7	18.4	20.6	23.0	26
异辛垸	24.9	27	31.4	35.3	40.2	46.0	56.0	76
壬烷	8.4	9.5	10.5	11.6	12.9	14.2	15.1	17
癸烷	6.2	6.8	7.1	8.1	8.9	9.8	10.9	12
3-甲基戊烷	38.9	40	53	65	91	∞	∞	∞
2,2-二甲基丁烷	59	80	∞	∞	∞	∞	∞	∞
2,3-二甲基丁烷	49.5	59.3	76	170	∞	∞	∞	∞
3-甲基庚烷	13.4	17	19	21.2	24.2	27.1	31.4	36.5
2,2,5-三甲基己烷	16.2	17.9	20	22.1	24.7	28	31.6	36
环戊烷	6.8	8.6	14	∞	∞	∞	∞	∞
环己烷			34.4	38.1	43.5	50.3	60	74
甲基环戊烷	38	41.5	50	59.5	74	110	∞	∞
甲基环己烷	26.9	29.8	33.2	37.2	42.2	48.8	57.5	70.9

表7.6.6　其他有机物在醇类中的溶解度　　单位：%

物质	四甘醇	一水缩二丙二醇	二水缩三丙二醇	物质	四甘醇	一水缩二丙二醇	二水缩三丙二醇
苯	∞	∞	∞	棉籽油	＜1	–	＜1
甲苯	89	∞	∞	含水羊毛脂	＜1	＜0.5	＜1
一氯化苯	∞	∞	∞	猪油	＜1	–	＜1
邻二氯化苯	∞	∞	∞	亚麻子油	＜1	1.4	2.5
四氯化碳	62	∞	∞	奥气油	＜1	＜1	＜1
邻苯二甲酸二丁酯	∞	∞	//	橄榄油	＜1	0.7	1.5
二氯乙醚	∞	∞	∞	松子油	∞	∞	∞
一乙醇胺	∞	∞	∞	豆油	＜1	–	＜1
二乙醇胺	∞	∞	∞	鲸蜡油	＜1	–	＜1
尿素	28	12	10	塔尔油	＜1	∞	∞
甲醇	∞	∞	∞	桐油	＜1	–	＜1
乙醇	∞	∞	∞	土耳其红油	＜1①	3①	4①
甲基异丁基甲醇	∞	∞	∞	液状石蜡	＜1	＜1	＜1
乙醚	20	∞	∞	动物胶(干)	＜1	＜0.5	＜1
苯乙烯	∞	∞	∞	糊精	＜1	＜1	＜1
过氯乙烯	19.0	∞	∞	达马胶	＜1	＜0.5	＜1
苯酚	∞	∞	∞	栲胶	＞10②	＜0.5	＞16②
蓖麻油	＜1	∞	∞	苏丹Ⅲ	＜1	＜0.5	＜1
椰子油	＜1	–	3	虫胶	＜1	＜0.5	＜1

① 从此浓度到100%生成稳定的乳浊液。

② 超过16%变得搅拌太黏。

注：∞—完全溶解；–—不溶解；//—分解。

表7.6.7 无机物在甲醇中的溶解度

名 称	分子式	在下列温度(℃)时每100克甲醇中的最大溶解克数							
		0	10	20	30	40	50	60	70
溴化钙	$CaBr_2$	50.4		56.2				97.8	
氯化钙	$CaCl_2$	21.8		29.2		38.5			
硝酸钙	$Ca(NO_3)_2$		134			144			
溴化钴·6水	$CoBr_2\cdot 6H_2O$			43		125		153	
氯化钴	$CoCl_2$			38.5		58.2			
氯化铜	$CuCl_2$	56.5		58.6		61.8		66.4	
溴化汞	$HgBr_2$		53.5	65.3		76.0		85.1	
氯化汞	$HgCl_2$	25.2		51.5		142		167	6.51^{66}
碘化汞	HgI_2			3.16					
碘化钾	KI		13.6	15.1		18.1	18.9		
氯化锂	LiCl	45.2	44.2	43.8		44.1		44.6	
溴化镁	$MgBr_2$	26.3		27.9		29.7		31.4	
氯化镁	$MgCl_2$	15.5		16.0		17.8		20.4	
碘化镁	MgI_2	41.5		45.1		48.6		52.2	
硝酸镁·6水	$Mg(NO_3)_2\cdot 6H_2O$		15.7	17.3		23.3		35.0	
溴化钠	NaBr	17.3	17.0	16.8		16.1		15.3	
碘化钠	NaI		65.0	75.0	79.5	80.7	80.4	79.4	
硫酸钠	Na_2SO_4			2.46		2.32	1.84		
氖	Ne(气)		4.13^{15}		4.44^{25}	(mL)			
硫酸镍	$NiSO_4$		0.06^{15}		0.11^{35}			0.22^{55}	
硫酸镍·7水	$NiSO_4\cdot 7H_2O$			20					
氧	O_2(气)		28.0	23.7	21.9^{25}	(mL)			
溴化锶	$SrBr_2$			119				136	
硫酸锌	$ZnSO_4$		0.49^{15}			0.41^{35}			
硫酸锌·7水	$ZnSO_4\cdot 7H_2O$			5.9					
硫酸二氧铀	UO_2SO_4			0.73					

表7.6.8 无机物在乙醇中的溶解度

名 称	分子式	在下列温度(℃)时每100克乙醇中的最大溶解克数								
		0	10	20	30	40	50	60	70	80
溴化钙	$CaBr_2$	46.7	48.0	53.5	55.5	60.1	65.6	76.0	93.8	103.1
氯化钙	$CaCl_2$	18.3		25.8		35.3				
硝酸钙	$Ca(NO_3)_2$			51.4		62.9				
溴化钴·6水	$CoBr\cdot 6H_2O$		70.6	77.1		95.6		121		
氯化钴	$CoCl_2$	44.9		54.4		67.4				
氯化铜	$CuCl_2$	43.3		50.0		58.3		70.8		
溴化汞	$HgBr_2$	27.3		28.6		34.0		42.3		
氯化汞	$HgCl_2$	42.5		74.1		55.3				
碘化钾	KI	1.5			1.88^{25}					

续表

名 称	分子式	在下列温度（℃）时每100克乙醇中的最大溶解克数								
		0	10	20	30	40	50	60	70	80
溴化锂	LiBr	32.6	36.0		72.1^{25}	73.0		82.8		
氯化锂	LiCl	14.4	16.8	24.3		25.4		23.5		
溴化镁	$MgBr_2$	7.4		15.1		23.6				
氯化镁	$MgCl_2$	3.6	4.3	5.6		10.0		15.9		
碘化镁	MgI_2	12.4		20.1		28.7		38.3		
硝酸镁·6水	$Mg(NO_3)_2·6H_2O$	1.5		3.1		10.9		24.2		
硫酸镁	$MgSO_4$		0.025^{15}				0.016^{55}			
硫酸亚锰	$MnSO_4$	12	13.3	14.7	16.3	18.0	20.0	22.5	(单位mg)	
溴化钠	NaBr	2.45	2.38	2.32	2.29	2.28	2.26		2.35	
硫酸钠	Na_2SO_4			0.44		0.48				
氖	Ne（气）		3.81^{15}		4.17^{25}	（单位mL）				
硫酸镍	$NiSO_4$		0.017^{15}				0.025^{55}			
硫酸镍·7水	$NiSO_4·7H_2O$			2.2						
溴化锶	$SrBr_2$			63.9				75.5		
硫酸锌	$ZnSO_4$		0.038^{15}			0.029^{35}				

7.6.3 异丙醚与水、异丙醇的互溶组成及溶液密度

表7.6.9 异丙醚与水、异丙醇的互溶组成及溶液密度(25℃)

异丙醚	水	异丙醇	密度/(g/cm³)	异丙醚	水	异丙醇	密度/(g/cm³)
99.5	0.5	–	0.7210	70.3	5.2	24.5	0.7547
93.4	1.1	5.5	0.7274	68.7	5.8	25.5	0.7564
89.0	1.5	9.5	0.7326	65.3	6.7	28.0	0.7605
84.4	2.2	13.4	0.7380	64.0	7.1	28.9	0.7620
79.9	3.2	16.9	0.7427	61.5	7.8	30.7	0.7641
74.4	4.6	21.0	0.7490	58.3	8.9	32.8	0.7698
72.8	4.7	22.5	0.7509	56.4	9.6	34.0	0.7726
50.8	11.6	37.6	0.7812	10.6	52.1	37.3	0.8982
47.6	13.0	39.4	0.7864	8.6	55.6	35.8	0.9084
42.6	15.5	41.9	0.7958	6.6	60.2	33.2	0.9200
38.6	17.8	43.6	0.8029	5.9	61.8	32.3	0.9245
35.7	19.7	44.6	0.8091	5.2	63.6	31.2	0.9293
31.5	23.0	45.5	0.8189	4.7	65.0	30.3	0.9334
28.3	26.0	45.7	0.8275	3.4	69.6	27.0	0.9437
24.8	29.7	45.5	0.8379	2.2	74.8	23.0	0.9568

7.7 热导率

7.7.1 气态醇类的热导率

表7.7.1 气态醇类的热导率

单位：mW/(m·K)

名称	温度/K																
	200	250	300	350	400	450	500	550	600	650	700	750	800	850	900	950	1000
甲醇	5.146	7.657	10.59	13.93	17.70	21.84	26.36	31.25	36.53	42.26	48.12	54.39	61.09	68.20	75.31	82.84	90.79
乙醇	7.991	11.30	15.15	19.50	24.39	29.79	35.73	42.26	49.37	56.48	64.85	73.22	82.42	92.05	102.1	113.0	123.8
1-丙醇	6.820	9.749	13.22	17.20	21.67	26.65	32.13	38.12	44.77	51.46	58.99	66.94	75.73	84.52	94.14	104.2	114.6
异丙醇	7.113	10.21	13.85	18.03	22.76	28.03	33.85	40.17	46.86	54.39	62.34	71.13	79.91	89.54	99.58	118.8	121.3
丁醇	6.192	8.996	12.30	16.11	20.46	25.31	30.63	36.48	42.68	49.79	56.90	64.85	73.22	82.42	91.63	101.7	112.1
仲丁醇	6.318	9.205	12.64	16.57	21.00	25.98	31.46	37.49	43.93	51.04	58.58	66.53	75.31	84.52	94.14	104.2	115.1
叔丁醇			14.43	19.00	24.14	29.96	36.36	43.51	51.04	59.41	68.20	77.82	87.86	98.32	109.6	121.8	134.3
异丁醇	6.402	9.540	13.22	17.41	22.09	27.24	32.89	38.99	45.61	52.72	59.83	67.78	76.15	84.94	94.14	103.3	113.4
1-戊醇	5.858	8.619	11.88	15.69	20.00	24.85	30.21	36.11	42.68	49.37	56.90	64.85	73.22	82.42	92.05	102.1	112.5
异戊醇		8.912	12.30	16.23	20.71	25.69	31.25	37.32	43.93	51.04	58.99	66.94	75.73	84.94	94.98	105.4	116.3
1-己醇		7.489	10.38	13.68	17.36	21.42	25.86	30.67	35.82	413.7	47.28	53.14	59.83	66.53	74.06	81.17	89.12
1-庚醇		6.694	9.288	12.26	15.56	19.16	23.14	27.45	32.05	36.99	42.26	47.70	53.56	59.83	66.11	72.80	79.91
1-辛醇			9.832	13.10	16.82	21.00	25.65	30.75	36.36	42.26	48.95	56.07	63.18	71.13	79.50	88.28	97.91

表7.7.2 其他气态醇类的热导率

单位：mW/(m·K)

名称	温度/K																	
	150	200	250	300	350	400	450	500	550	600	650	700	750	800	850	900	950	1000
2-乙基-1-丁醇		5.439	8.033	11.13	14.69	18.79	23.35	28.41	33.97	40.04	46.44	53.56	61.09	69.04	77.82	86.61	96.23	106.3
乙二醇				11.09	14.60	18.54	22.84	27.57	32.72	38.20	43.93	50.21	56.90	64.02	71.13	78.66	87.03	94.98
1,2-丙二醇			9.665	13.35	17.61	22.34	27.57	33.30	39.46	46.02	53.14	60.67	68.62	76.99	85.77	94.98	104.6	114.6
丙三醇				9.540	12.55	15.94	19.71	23.77	28.20	32.93	37.99	43.51	48.95	55.23	61.50	67.78	74.89	82.01
丙烯醇	4.583	8.284	12.05	16.69	21.97	27.91	34.43	41.55	49.37	57.74	66.53	75.73	85.77	96.23	107.1	118.8	131.0	143.5
1,4-丁二醇				10.50	13.77	17.49	21.67	26.32	31.38	36.86	42.68	49.37	56.07	63.18	71.13	79.08	87.86	96.65
二甘醇				9.623	12.64	16.07	19.83	23.93	28.37	33.14	38.24	43.51	49.37	55.23	61.92	68.20	75.31	82.42
二丙二醇				9.707	12.76	16.19	20.00	24.10	28.58	33.39	38.53	43.93	49.79	55.65	62.34	69.04	75.73	83.26

续表

名称	温度/K																	
	150	200	250	300	350	400	450	500	550	600	650	700	750	800	850	900	950	1000
三甘醇		3.958	5.899	8.159	10.75	13.60	16.82	20.33	24.10	28.16	32.47	37.07	41.84	46.86	52.30	58.16	64.02	70.29
1,3-二氯-2-丙醇				8.368	11.00	13.97	17.28	20.92	24.94	29.29	34.02	39.04	44.35	50.21	56.48	62.76	69.45	76.57
2,3-二氯-1-丙醇				8.117	10.63	13.51	16.69	20.21	24.10	28.28	32.80	37.70	43.10	48.53	54.39	60.67	66.94	74.06
双丙酮醇			8.828	12.30	16.36	20.96	26.15	31.88	38.20	45.19	52.72	60.67	69.04	78.24	88.28	98.32	109.2	120.9
苯甲醇				11.80	15.65	20.00	24.89	30.33	36.32	42.68	49.79	57.32	65.69	74.06	83.26	92.88	103.3	114.2
2-氯乙醇			8.033	10.88	14.10	17.74	21.80	26.28	31.13	36.40	42.26	48.12	54.81	61.50	69.04	76.57	84.94	93.30

7.7.2 液态醇类的热导率

表7.7.3 液态醇类的热导率

单位：mW/(m·K)

名称	温度/℃																					
	−100	−80	−60	−40	−20	0	20	40	60	80	100	120	140	160	180	200	220	240	260	280	300	320
甲醇		269.2	259.6	250.0	240.3	230.3	219.8	208.9	198.0	186.3	174.2	161.6	148.6	134.0	118.5	101.3	80.39					
乙醇	209.3	204.7	200.1	195.5	190.5	185.5	180.5	175.0	169.6	163.7	157.4	151.1	144.0	136.5	127.7	117.6	104.7	80.39				
1-丙醇	216.0	209.3	202.6	195.5	188.4	181.3	173.8	166.2	158.3	149.9	141.5	132.7	123.1	113.5	103.0	91.69	79.13	64.48	43.54			
异丙醇		179.6	175.4	171.2	166.6	162.4	157.4	152.8	147.8	142.4	136.9	130.6	124.3	117.2	108.9	99.23	85.83					
丁醇		192.6	186.7	180.9	174.6	168.3	162.0	155.7	149.1	141.9	134.8	127.7	119.7	111.8	103.4	94.62	838.2	74.11	61.96	46.05		
仲丁醇	195.9	190.1	183.8	177.5	170.8	164.5	157.4	150.7	143.2	136.1	128.1	120.2	111.8	102.6	93.37	82.90	71.59	57.78	38.35			
叔丁醇								145.7	137.7	129.4	120.6	111.8	102.2	91.69	80.39	67.41	51.08					
异丁醇	197.2	191.3	185.5	179.2	172.9	166.2	162.0	152.8	146.1	139.0	131.5	123.5	115.6	107.2	97.97	92.53	77.87	65.73	51.08			
1-戊醇			175.4	170.4	165.0	159.5	153.7	148.2	142.4	136.1	129.8	123.5	116.8	110.1	103.0	95.46	87.50	78.71	69.50	58.62	45.22	
2-戊醇						166	164				154											
异戊醇			174.6	169.1	163.7	157.8	152.4	146.1	140.3	134.0	127.3	120.6	113.9	106.3	98.81	90.85	82.06	72.85	62.38	49.40		
1-己醇				161.2	156.6	151.6	147.0	141.9	136.5	131.0	125.6	120.2	114.3	108.4	102.2	95.88	88.76	81.64	74.11	65.73	56.10	44.80
正己醇						163	160.5		157^{75}		154											
正庚醇						166	164	161.5	157^{75}		156											
1-庚醇					189.2	175.4	163.3	152.8	143.6	135.7	128.1	121.0	114.7	108.9	103.0	97.55	92.53	87.50	83.32	79.13	75.78	74.11
1-辛醇						162.9	152.4	143.6	135.7	128.5	121.8	115.6	109.7	104.7	99.23	94.62	89.60	85.41	80.81	76.62	72.43	69.08
壬醇							169				160											

表7.7.4 其他液态醇类的热导率

单位：mW/(m·K)

名称	温度/℃																							
	-60	-40	-20	0	20	40	60	80	100	120	140	160	180	200	220	240	260	280	300	320	340	360	380	400
2-乙基-1-丁醇	214.4	199.7	186.7	175.0	164.1	154.1	144.4	136.1	127.7	120.2	113.0	105.9	99.23	92.95	86.25	79.55	72.43	63.64						
乙二醇				254.1	256.7	259.6	262.1	265.0	267.5	270.5	273.0	275.5	278.0	280.9	283.9									
1,2-丙二醇	223.6	228.6	232.8	235.7	237.8	239.1	239.5	239.1	237.8	236.1	233.6	230.3	226.9	222.3	217.3	211.0	203.9	194.7	183.0	166.2	138.2			
丙三醇					287.2	289.7	292.7	295.2	297.7	298.1	302.7	305.6	308.6	310.7	313.6	316.5	318.6							
丙烯醇	203.5	196.8	189.7	182.1	175.4	167.9	159.9	152.0	143.6	135.2	126.0	116.8	106.8	95.98	84.15	70.76	53.59							
1,4-丁二醇						179.2	178.8	177.9	176.7	175.0	173.3	170.8	167.9	165.0	161.6	157.4	153.2	148.2	142.4	135.2	126.4	114.7	97.13	
二甘醇				209.3	210.2	210.2	209.8	208.9	207.2	205.6	203.1	200.1	196.8	193.4	189.2	184.2	179.2	173.3	166.6	158.7	149.5	137.7	121.8	
三甘醇	263.3	257.9	252.5	247	241.6	235.7	230.3	224.4	218.6	212.7	206.8	200.5	194.3	188.0	181.3	174.6	167.5	160.4	152.4	144.4	136.1	126.4	116.4	103.8
1,3-二氯-2-丙醇				137.7	133.6	129.4	125.2	120.6	116.0	111.4	106.3	101.3	96.30	90.85	85.41	79.55	73.27	66.57	59.45	51.50	42.29	28.22		
2,3-二氯-1-丙醇				138.2	134.0	129.8	125.6	121.4	116.8	112.2	107.6	103.0	97.97	92.53	87.50	81.64	75.78	69.50	62.80	55.68	47.31	36.72		
双丙酮醇		157.0	152.4	147.8	142.8	137.7	132.7	127.3	122.3	116.4	111.0	105.1	98.81	92.53	85.83	78.71	70.76	62.38	52.75	40.86				
苯甲醇				154.5	149.9	145.7	141.5	136.9	132.3	127.7	122.7	118.1	113.0	107.6	102.2	96.72	90.85	84.99	78.29	71.59	64.06	56.10	46.47	32.82
2-氯乙醇	179.6	174.2	168.3	162.9	157.0	151.1	145.3	139.0	132.7	126.0	119.3	112.2	104.7	97.13	88.76	79.97	69.92	58.62	44.38					

N 算图 7.19
一些醇类气体的热导率
（第 816 页左）

N 算图 7.20
醇类液体的热导率（Ⅰ）
（第 816 页右）

N 算图 7.21
醇类液体的热导率（Ⅱ）
（第 817 页左）

7.7.3 醇类水溶液的热导率

表7.7.5 醇类水溶液的热导率　　单位：mW/(m·K)

（1）甲醇水溶液

浓度/%	温度/℃ -40	-20	0	20	40	60	浓度/%	温度/℃ -40	-20	0	20	40	60
0			565	599	628	652	60	300	303	307	310	314	316
20			465	485	504	524	80	253	251	249	246	244	242
40	357	367	377	387	397	407	100	223	216	209	202	195	188

（2）乙醇水溶液

浓度/%	温度/℃ -40	-20	0	20	40	60	-80	浓度/%	温度/℃ -40	-20	0	20	40	60	-80
0			565	598	628	652	669	60	266	270	273	275	279	282	285
20			451	471	489	504	516	80	216	214	213	212	209	208	206
40		343	352	364	373	381	386	100	182	178	172	167	161	157	152

（3）甘油水溶液

浓度/%	温度/℃ -20	0	20	40	60	80	100	浓度/%	温度/℃ -20	0	20	40	60	80	100
0		565	598	628	652	669	680	60	364	375	387	399	410	420	
20		496	522	546	568	585		80	318	324	330	336	342	348	353
40		434	452	471	488	502		100			282	285	287	290	293

（4）乙二醇水溶液（Ⅰ）

浓度/%	温度/℃ -40	-20	0	20	40	60	80	100	浓度/%	温度/℃ -40	-20	0	20	40	60	80	100
0			565	598	628	652	669	680	60	328	337	346	356	365	374	384	390
20			485	508	531	550	567	576	80	284	288	293	297	302	307	311	316
40		393	408	423	438	453	468	476	100			252	254	257	259	261	264

（5）乙二醇水溶液（Ⅱ）

温度/℃	15℃时的密度/(kg/m³) 1005	1010	1015	1020	1025	1030	1035	1040	1045	温度/℃	15℃时的密度/(kg/m³) 1005	1010	1015	1020	1025	1030	1035	1040	1045
-15							470	460		10	570	560	540	520	510	490	485	470	460
-10						490	480	460		20	580	570	550	530	520	500	490	480	460
-5				500	490	490	480	460		50	620	590	580	560	550	520	510	500	480
0	560	550	530	510	500	490	480	460	460										

算图7.22
甲醇、乙醇水溶液的热导率
（第817页右）

算图7.23
丙醇水溶液的热导率
（第818页左）

算图7.24
丙二醇水溶液的热导率
（第818页右）

算图7.25
甘油水溶液的热导率
（第819页左）

算图 7.26
乙二醇水溶液的热导率和比热容
（第 819 页右）

算图 7.27
二甘醇水溶液的热导率
（第 820 页左）

算图 7.28
三甘醇水溶液的热导率
（第 820 页右）

7.7.4 醇类混合溶液的热导率

表7.7.6 甲醇和无机物混合溶液的热导率　　单位：W/(m·K)

温度/℃	氢氧化钠(质量分数)/%			
	0	5	10	15
15	0.2117	0.2284	0.2394	0.2464
25	0.2104	0.2307	0.2371	0.2429

温度/℃	氢氧化钠(质量分数)/%			
	0	5	10	15
40	0.2034	0.2202	0.2330	0.2412
60	0.1976	0.2156	0.2290	0.2382

温度/℃	碘化钠(质量分数)/%			
	0	10	15	20
25	0.2092	0.2092	0.2092	0.2092
40	0.2034	0.2057	0.2069	0.2080
60	0.1993	0.2022	0.2051	0.2063

温度/℃	碘化钾(质量分数)/%			
	0	5	10	12
25	0.2098	0.2075	0.2057	0.2034
40	0.2040	0.2028	0.2022	0.2011
60	0.1993	0.1987	0.1987	0.1987

温度/℃	氯化钙(质量分数)/%			
	0	10	15	20
25	0.2092	0.2162	0.2214	0.2255
40	0.2034	0.2115	0.2179	0.2231
60	0.1993	0.2069	0.2144	0.2196

温度/℃	三氯化锑(质量分数)/%					
	0	20	40	60	80	90
25	0.208	0.205	0.200	0.195	0.183	0.177
40	0.205	0.202	0.199	0.192	0.182	0.175
60	0.200	0.199	0.197	0.191	0.181	0.174

温度/℃	溴化钠(质量分数)/%			
	0	5	10	15
25	0.2092	0.2088	0.2086	0.2080
40	0.2034	0.2042	0.2028	0.2022
52	0.2011	0.2007	0.2005	0.1999

温度/℃	硝酸铵(质量分数)/%			
	0	5	10	15
25	0.2098	0.2168	0.2231	0.2301
40	0.2040	0.2115	0.2191	0.2231
60	0.1993	0.2075	0.2173	0.2260

表7.7.7 醇类和有机物混合溶液的热导率(15℃)　　单位：W/(m·K)

溶液名称	温度/℃					
	0	20	40	60	80	100
甲　醇-甲酸甲酯	0.2045	0.2000	0.1964	0.1952	0.1941	0.1929
甲　醇-氯　苯	0.2045	0.1813	0.1627	0.1476	0.1360	0.1290
甲　醇-四氯化碳	0.2045	0.1720	0.1476	0.1278	0.1139	0.1069
乙　醇-三氯甲烷	0.1383	0.1290	0.1209	0.1150	0.1162	0.1209
异丁醇-甲酸甲酯	0.1336	0.1371	0.1453	0.1569	0.1720	0.1929
异丁醇-四氯化碳	0.1336	0.1220	0.1150	0.1081	0.1034	0.1069

7.8 蒸气压

7.8.1 醇类的蒸气压

表7.8.1 醇类的蒸气压(温度为变量，I) 单位：kPa

名　称	温度/℃								
	0	20	40	60	80	100	120	140	160
甲　醇	7.014	12.97	35.70	84.60	181.0	353.6	641.9	1093	1765
乙　醇	1.589	5.870	17.89	46.80	108.2	223.6	423.9	747.4	1240
1-丙醇		1.941	6.954	20.36	50.93	112.4	224.2	407.0	693.9
异丙醇		4.418	14.24	38.82	92.58	198.0	368.7	650.8	1078
丁　醇		0.557	2.359	7.846	21.66	51.73	109.9	210.2	372.1
仲丁醇		1.718	6.267	18.53	46.56	102.8	202.4	365.3	614.3
叔丁醇		7.675^{30}	13.82	38.64	92.06	193.6	353.8	612.9	996.2
异丁醇		0.951	3.858	12.31	32.68	75.21	154.0	285.8	492.1
1-戊醇			0.971	3.473	10.12	25.13	55.01	108.1	191.4
异戊醇			1.316	4.778	13.95	34.49	74.79	147.4	268.5
1-己醇			0.349	1.328	4.161	11.18	26.50	56.73	111.2
1-庚醇					1.779	5.467	14.00	31.14	61.94
1-辛醇				0.399^{70}	0.786	2.569	6.971	16.58	34.71

名　称	温度/℃								
	180	200	220	240	260	280	300	320	340
甲　醇	272.4	4048	582.7	6920^{230}					
乙　醇	195.5	2952	4298	6069					
1-丙醇	1116	1708	250.9	3557	4895				
异丙醇	169.3	2543	3677	4369^{230}					
丁　醇	616.1	964.6	1440	2066	2864	3855			
仲丁醇	973.9	1469	2126	2969	4025				
叔丁醇	1536	2263	3214	3784^{230}					
异丁醇	796.1	1222	1794	2538	3476	4026^{270}			
1-戊醇	320.2	510.3	780.8	1154	1655	2316	3173	3690^{310}	
异戊醇	455.0	725.1	1097	1590	2222	3006	3461^{290}		
1-己醇	200.2	335.0	527.6	789.2	1131	1560	2087	2717	3072^{330}
1-庚醇	112.5	192.7	312.3	483.7	720.8	1040	1464	2017	2732
1-辛醇	65.32	115.3	182.9	280.2	413.4	590.6	821.5	1117	1493

表7.8.2 醇类的蒸气压(温度为变量，Ⅱ) 单位：kPa

名 称	温度/℃									
	20	40	60	80	100	120	140	160	180	200
2-乙基-1-丁醇		0.971	3.030	8.149	19.39	41.70	82.36	151.5	262.4	431.6
乙二醇					2.169	5.649	13.32	28.84	58.09	109.8
1,2-丙二醇					1.889	8.031	18.62	39.81	79.26	148.5
丙三醇					—	—	—	—	2.426	5.741
丙烯醇	2250	7.754	21.86	52.74	112.7	218.0	385.1	646.9	1033	1584
1,4-丁二醇							1.696	4.642	11.43	25.71
二甘醇						1.389^{130}	2.302	5.737	12.80	26.08
二丙二醇						0.818	2.426	6.405	15.31	33.58
三甘醇						—	—	0.933^{170}	1.558	4.016
1,3-二氯-2-丙醇				0.735	2.896	9.187	24.47	56.63	116.7	218.7
2,3-二氯-1-丙醇				0.513	2.116	6.960	19.09	45.23	95.07	181.0
双丙酮醇			1.050	3.138	8.183	19.06	40.40	79.08	144.7	249.9
苯甲醇						5.701	12.77	26.13	49.61	88.34
季戊四醇		0.937	3.681	11.68	31.25	—	—			
2-氯乙醇						72.84	151.6	287.7	505.1	831.0
桉树醇	0.133^{15}	0.653	1.760	4.559	8.931	19.80	38.39	66.65	101.3^{176}	

名 称	温度/℃									
	220	240	260	280	300	320	340	360	380	400
2-乙基-1-丁醇	679.7	1031	1515	2169	3037					
乙二醇	196.6	394.0	683.7	1136	1815	2908	4222	6196	7446^{370}	
1,2-丙二醇	289.3	511.0	860.9	1393	2176	3298	4874	5874^{350}		
丙三醇	12.32	24.36	44.94	78.13	129.1	266.3	476.4	818.2	1355	2175
丙烯醇	2344	3367	4720							
1,4-丁二醇	53.49	104.0	191.0	333.4	556.7	894.6	1390	2099	3090	4450^{390}
二甘醇	49.17	86.88	145.3	231.6	471.9	770.0	1214	1858	2770	4040
二丙二醇	68.48	131.1	237.4	410.0	679.3	1086	1682	2536	3086^{370}	
三甘醇	9.462	20.62	41.98	80.55	146.8	255.4	427.0	6889	1078	1641
1,3-二氯-2-丙醇	378.5	613.0	938.6	1370	1923	2605	3429	4400		
2,3-二氯-1-丙醇	317.5	520.0	803.6	1182	1669	2274	3006	3870		
双丙酮醇	410.8	647.4	984.0	1450	2081	2920	3436^{330}			
苯甲醇	148.9	239.3	394.4	602.0	889.8	1278	1794	2464	3325	4419
季戊四醇①					1.671	3.676	7.605	14.88	27.75	49.51
2-氯乙醇	1294	1924	2748	3797	5096					

① 温度为420、440、460、480、500、520、540、560、580、600、620 ℃时，其值分别为84.91、140.6、225.4、351.2、533.2、791.0、1149、1637、2294、3168、4313 kPa。

表7.8.3 醇的蒸气压(压强为变量)

(1) $p \leqslant 101.3$kPa

名称	分子式	0.1	0.2	0.4	0.7	1.0	2	4	7	10	20	40	70	101.3	熔点/℃
		相应于上述蒸气压强(kPa)的温度/℃													
甲醇	CH_4O	-46.5	-39.8	-31.8	-24.8	-20.2	-10.7	-0.2	9.3	15.6	28.2	43.1	56.0	64.7	-97.8
乙醇	C_2H_6O	-33.9	-26.9	-18.7	-11.4	-6.5	3.2	13.8	23.2	29.4	41.8	56.7	69.6	78.4	-112
正丙醇	C_3H_8O	-17.8	-10.5	-1.9	5.6	10.5	20.4	31.2	40.7	47.1	60.0	75.2	88.5	97.8	-127
异丙醇	C_3H_8O	-28.7	-21.8	-13.7	-6.4	-1.7	7.9	18.6	27.8	33.9	46.4	61.2	73.8	82.5	-85.8
正丁醇	$C_4H_{10}O$	-4.2	3.6	12.7	20.6	25.8	36.3	47.9	57.5	64.1	77.4	93.5	107.7	117.5	-79.9
异丁醇	$C_4H_{10}O$	-11.9	-4.3	4.5	12.2	17.3	27.5	38.6	48.7	55.5	68.9	84.5	98.2	108.0	-108
仲丁醇	$C_4H_{10}O$	-14.9	-7.8	0.4	7.8	12.7	22.5	33.0	42.4	48.6	61.2	76.8	90.3	99.5	-114.7
叔丁醇	$C_4H_{10}O$	-22.7	-16.5	-9.1	-2.5	1.8	10.2	19.7	28.4	34.3	46.3	61.2	74.1	82.9	25.3
正戊醇	$C_5H_{12}O$	10.6	18.4	27.4	35.3	40.5	50.8	62.3	72.5	79.5	94.3	111.9	127.2	137.8	
2-戊醇	$C_5H_{12}O$	-1.4	6.2	15.0	22.7	27.8	37.8	48.7	58.6	65.0	78.5	94.9	109.5	119.7	
异戊醇	$C_5H_{12}O$	7.1	14.8	23.7	31.5	36.5	46.7	57.9	68.0	74.7	88.5	105.8	120.7	130.6	-117.2
叔戊醇	$C_5H_{12}O$	-15.7	-8.3	0.2	7.8	12.9	23.0	33.7	43.1	49.6	62.7	78.6	92.3	101.7	-11.9
1-己醇	$C_6H_{14}O$	21.1	29.6	39.4	47.9	53.4	64.8	77.5	88.8	96.2	111.6	129.9	145.9	157.0	-51.6
2-己醇	$C_6H_{14}O$	11.8	19.2	27.8	35.4	40.6	50.9	62.3	72.8	80.4	95.9	113.8	129.3	139.9	
3-己醇	$C_6H_{14}O$	-0.8	7.8	17.7	26.4	31.9	43.4	56.1	67.4	75.1	90.5	108.7	124.6	135.5	
1-庚醇	$C_7H_{16}O$	39.3	47.4	56.8	64.9	70.2	80.7	93.4	104.8	112.5	128.5	147.2	164.0	175.8	34.6
正辛醇	$C_8H_{18}O$	50.8	59.2	68.8	77.2	83.2	95.2	108.7	120.5	128.3	144.0	164.3	182.7	195.2	-15.4
仲辛醇	$C_8H_{18}O$	29.2	38.6	49.1	58.4	64.7	77.3	91.3	103.8	112.3	129.4	148.9	166.2	178.5	-38.6
1-壬醇	$C_9H_{20}O$	55.5	65.7	77.1	87.0	93.9	107.5	122.1	135.2	143.9	161.5	182.6	201.0	213.5	-5
癸　醇	$C_{10}H_{22}O$	65.3	76.0	87.9	98.2	105.3	119.3	134.7	148.2	157.5	176.7	198.9	218.0	231.0	7
2-十一烷醇	$C_{11}H_{24}O$	66.9	77.6	89.5	99.9	106.9	120.9	136.4	149.9	159.1	178.2	200.1	219.0	232.0	
十二烷醇	$C_{12}H_{26}O$	86.6	97.9	110.3	121.1	128.5	143.2	159.5	173.8	183.5	203.3	225.8	245.4	259.0	24
正十六烷醇	$C_{16}H_{34}O$	117.1	131.2	146.4	159.6	169.5	189.0	210.1	229.0	241.4	267.4	298.7	325.8	344.0	49.3
1-十八烷醇	$C_{18}H_{38}0$	144.8	158.7	173.8	186.7	195.0	212.0	231.3	248.2	259.5	282.5	308.7	332.5	349.5	58.5
1,2-乙二醇	$C_2H_6O_2$	49.0	59.2	70.6	80.5	86.8	99.6	113.5	125.9	134.4	150.6	169.7	186.3	197.3	-15.6
1,2-丙二醇	$C_3H_8O_2$	41.8	51.4	62.2	71.6	77.9	90.4	104.5	116.5	124.7	141.4	160.0	176.4	188.2	
1,3-丙二醇	$C_3H_8O_2$	55.2	65.9	77.8	88.0	94.8	108.8	124.0	137.3	146.0	163.7	184.6	202.3	214.2	
1,3-丁二醇	$C_4H_{10}O_2$	14.9	33.1	52.5	68.7	77.7	93.4	109.6	123.7	133.0	151.8	173.8	193.2	206.5	77
2,3-丁二醇	$C_4H_{10}O_2$	40.4	49.7	60.1	69.1	75.2	87.5	101.2	113.0	120.8	137.2	155.9	171.4	182.0	22.5
乙醛缩二乙醇	$C_6H_{14}O_2$	-25.9	-18.3	-9.5	-1.7	3.5	14.3	26.2	36.7	43.8	58.6	76.2	91.5	102.2	

续表

名 称	分子式	0.1	0.2	0.4	0.7	1.0	2	4	7	10	20	40	70	101.3	熔点/℃
		相应于上述蒸气压强(kPa)的温度/℃													
乙醛缩二-2-氯乙醇	$C_6H_{12}Cl_2O_2$	52.1	62.6	74.4	84.6	91.6	105.6	120.7	134.1	143.1	160.9	181.4	199.7	212.6	
二甘醇	$C_4H_{10}O_3$	87.6	98.4	110.5	120.9	127.9	141.6	156.9	170.3	179.4	197.9	217.9	234.1	244.8	
三甘醇	$C_6H_{14}O_3$	109.4	121.1	133.9	144.9	152.1	166.9	183.5	197.6	206.7	225.7	247.2	265.6	278.3	
二苯甲醇	$C_{13}H_{12}O$	104.5	118.3	133.3	146.1	154.8	172.6	191.5	207.6	218.3	239.7	264.5	286.2	301.0	68.5
三丙二醇	$C_9H_{20}O_4$	91.5	103.0	115.7	126.6	134.2	149.0	165.7	180.5	190.4	210.4	233.8	253.8	267.2	
四乙二醇	$C_8H_{18}O_5$	149.4	160.9	173.6	184.5	191.3	205.5	220.9	234.1	242.6	259.8	279.4	296.2	307.8	
1,2-二苯-2-氧代乙醇	$C_{14}H_{12}O_2$	130.2	143.8	158.6	171.4	180.5	198.7	218.5	236.6	248.3	272.4	300.9	325.8	343.0	132
二氢化香茅醇	$C_{10}H_{22}O$	64.6	73.5	83.6	92.4	98.1	109.5	121.8	133.2	140.2	153.3	169.4	183.7	193.5	
1,3-二氯-2-丙醇	$C_3H_6Cl_2O$	24.5	33.6	43.9	53.0	59.3	72.0	86.2	98.5	107.1	124.6	144.6	162.1	174.3	
2,3-二溴丙醇	$C_3H_6Br_2O$	52.9	63.4	75.2	85.4	92.3	106.7	122.4	136.1	145.2	164.2	186.3	205.6	219.0	
二缩三乙二醇-2-氯乙基醚	$C_8H_{17}ClO_4$	105.2	117.6	131.1	142.7	150.0	165.3	182.2	196.5	206.2	226.5	248.7	267.9	281.5	
1,2,3-丁三醇-2-丁基-2-乙基	$C_4H_{10}O_3$	97.4	109.1	121.9	132.9	140.0	154.3	170.4	184.2	193.8	212.9	234.1	252.0	264.0	
2-甲基-1-戊醇	$C_6H_{14}O$	12.2	20.6	30.2	38.7	44.6	56.1	68.7	80.0	87.6	103.2	121.6	137.3	147.9	
2-甲基-2-戊醇	$C_6H_{14}O$	−7.5	0.4	9.4	17.5	22.9	33.7	45.5	55.8	62.8	77.4	94.8	110.3	121.2	−103
2-甲基-4-戊醇	$C_6H_{14}O$	−3.5	4.8	14.4	22.8	28.5	39.9	52.3	63.6	71.3	86.9	105.3	121.0	131.7	
6-甲基-3-庚烯-2-醇	$C_8H_{16}O$	38.2	47.0	57.0	65.7	71.6	83.6	96.5	108.1	115.9	131.5	149.0	164.4	175.5	
6-甲基-5-庚烯-2-醇	$C_8H_{16}O$	38.4	47.5	57.8	66.7	72.7	84.7	97.8	109.4	117.1	132.3	149.2	163.9	174.3	
α-甲基苯甲醇	$C_8H_{10}O$	45.1	55.1	66.3	76.0	82.5	95.8	110.7	123.7	132.5	150.2	171.2	190.4	204.0	
2-甲氧基乙醇	$C_3H_8O_2$	−16.9	−8.0	2.1	10.9	16.9	28.7	41.6	53.1	61.0	77.1	95.9	112.6	124.4	
1-丙烯-3-醇	C_3H_6O	−22.8	−15.4	−6.8	0.8	6.0	16.6	27.9	37.5	44.0	57.5	73.2	87.0	96.6	−129
甲硫醇	CH_4S	−92.7	−87.3	−80.8	−74.8	−70.9	−62.9	−53.8	−45.6	−40.0	−28.4	−14.3	−1.9	6.8	−121
乙硫醇	C_2H_6S	−79.0	−72.8	−65.3	−58.6	−54.1	−45.1	−34.9	−25.3	−18.8	−5.5	10.5	24.8	35.0	−121
丙硫醇	C_3H_8S	−58.7	−51.5	−43.1	−35.7	−30.6	−20.4	−8.9	1.5	8.8	23.8	41.4	56.7	67.4	−112
丙三醇	$C_3H_8O_3$	121.2	132.1	144.2	154.6	161.4	175.5	190.8	204.2	212.8	230.7	253.0	274.2	290.0	17.9
2,3,4-戊三醇	$C_5H_{12}O_3$	149.7	163.1	177.8	190.3	198.0	213.4	231.1	245.9	255.3	274.8	297.2	315.4	327.2	
苯甲醇	C_7H_8O	54.7	63.2	73.0	81.5	87.5	99.8	113.4	125.7	134.2	151.4	173.0	192.0	204.7	−15.3
苯乙醇	$C_8H_{10}O$	54.1	64.7	76.5	86.8	94.0	108.2	123.4	137.2	146.3	165.3	187.7	206.6	219.5	
苯胺叉二乙醇	$C_{10}H_{15}NO_2$	139.7	153.1	167.8	180.3	188.7	205.6	224.3	240.8	251.5	273.6	299.7	322.3	337.8	
2-苯氧基乙醇	$C_8H_{10}O_2$	73.7	84.7	96.9	107.5	114.9	129.4	144.9	159.1	168.5	187.8	210.8	231.1	245.3	11.6
3-苯基-1-丙醇	$C_9H_{12}O$	70.6	81.2	93.0	103.3	110.2	124.4	140.1	153.2	162.2	181.5	203.3	222.0	235.0	
3-苯基-2-丙烯-1-醇	$C_9H_{10}O$	68.1	79.6	92.4	103.5	111.3	126.6	143.2	157.9	168.4	189.7	213.8	235.2	250.0	33

续表

名称	分子式	0.1	0.2	0.4	0.7	1.0	2	4	7	10	20	40	70	101.3	熔点/℃
		相应于上述蒸气压强（kPa）的温度/℃													
环己醇	$C_6H_{12}O$	17.7	26.3	36.1	44.7	50.8	63.0	76.5	88.4	96.5	113.2	132.7	149.5	161.0	23.9
环己基乙醇	$C_8H_{16}O$	46.4	56.7	68.1	78.0	84.5	97.7	112.6	126.0	134.9	152.8	174.0	192.6	205.4	
枯烯醇	$C_{10}H_{14}O$	69.7	81.1	93.7	104.6	111.9	126.7	142.9	157.5	167.5	187.9	211.3	232.1	246.6	
香茅醇（右旋）	$C_{10}H_{20}O$	62.3	72.8	84.4	94.4	101.2	115.0	130.1	143.4	152.2	170.5	191.7	209.5	221.5	
硫二甘醇	$C_3H_5N_3O_9$	120.7	136.6	153.7	168.4	179.1	200.4	224.0	245.2	—	—	—	—	—	11
硝化甘油	$C_{10}H_{20}O$	51.9	62.4	74.0	84.0	90.5	103.9	118.9	132.3	141.4	159.5	180.6	199.2	212.0	42.5
α-蓋醇	$C_{10}H_{18}O$	48.7	59.3	71.0	81.3	88.3	102.9	118.7	132.4	141.8	161.4	184.2	203.9	217.5	35
α-萜品醇	$C_{10}H_{18}0$	42.2	51.5	61.9	71.0	77.0	89.5	103.9	116.6	125.0	141.7	163.1	184.8	201.0	35
牻牛儿醇	$C_{10}H_{18}O$	65.1	75.7	87.4	97.6	104.3	118.6	134.5	147.8	157.0	176.2	198.1	217.0	230.0	
2-氯乙醇	C_2H_5ClO	-7.3	1.3	11.1	19.7	25.4	36.9	49.8	60.9	68.4	83.8	101.9	117.8	128.8	−69
2-(2-氯乙氧基)乙醇	$C_4H_9ClO_2$	49.3	58.9	69.7	79.1	85.4	98.0	111.9	124.0	132.2	148.9	168.0	184.6	196.0	
4-氯苯乙醇	C_8H_9ClO	79.4	91.1	104.1	115.2	122.7	137.9	154.4	169.2	179.4	199.9	223.8	244.8	259.3	
1-溴-2-丁醇	C_4H_9BrO	20.6	28.7	37.9	46.0	51.3	62.0	73.8	84.0	91.1	105.1	121.1	135.2	145.0	
糠醇	$C_5H_6O_2$	28.3	37.4	47.7	56.7	62.8	75.1	89.0	100.8	108.7	125.0	143.5	159.3	170.0	

（2）$p \geqslant 101.3$kPa

名称	分子式	101.3	200	400	700	1000	1500	2000	2500	3000	3500	4000	5000	6000	临界值	
		相应于上述蒸气压强（kPa）的温度/℃													t_c/℃	p_c/MPa
甲醇	CH_4O	64.7	84.0	105.2	124.4	137.5	154.9	167.2	177.5	185.9	194.8	202.7	213.4	223.3	240.0	7.97
乙醇	C_2H_6O	78.4	97.5	118.7	138.0	151.3	169.5	182.4	193.4	202.4	210.4	217.3	229.3	241.1	243.5	6.39
丙醇	C_3H_8O	97.8	117.0	140.8	162.1	176.5	196.1	210.2	221.9	231.6	241.0	249.2			263.7	5.05
异丙醇	C_3H_8O	82.5	101.3	122.8	142.1	155.2	172.9	185.4	195.9	204.4	212.5	219.5	231.3		235.0	5.37
丁醇	$C_4H_{10}O$	117.5	139.7	164.1	186.7	202.4	222.3	236.4	248.4	258.3	267.8	276.2			287.0	4.90
异丁醇	$C_4H_{10}O$	108.0	127.3	148.8	168.2	181.5	199.3	211.9	222.6	231.4	241.3	250.1			265.0	4.86
仲丁醇	$C_4H_{10}O$	99.5	118.2	140.0	158.9	171.5	190.1	203.4	217.5	229.2	240.3	250.1			265.0	4.86
叔丁醇	$C_4H_{10}O$	82.9	102.0	122.8	141.3	153.7	171.4	183.9	196.2	206.3	214.6	221.8			235.0	4.96
甲硫醇	CH_4S	6.8	26.1	48.2	68.7	82.9	102.7	116.9	129.2	139.3	148.6	156.7	171.2	184.1	196.8	7.23
乙硫醇	C_2H_6S	35.0	56.5	81.9	105.3	121.3	143.2	158.8	172.4	183.5	194.3	203.8	219.1		225.5	5.49

算图 7.29
醇类的蒸气压（Ⅰ）
（第 821 页左）

算图 7.30
醇类的蒸气压（Ⅱ）
（第 821 页右）

算图 7.31
异辛醇类的蒸气压
（第 822 页左）

算图 7.32
湿二甘醇的蒸气压
（第 822 页右）

7.8.2　醇类水溶液的蒸气压

表7.8.4　甲醇水溶液的蒸气压　　单位：kPa

浓度（质量分数）/%	温度/℃ 20	60	100	140	浓度（质量分数）/%	温度/℃ 20	60	100	140	浓度（质量分数）/%	温度/℃ 20	60	100	140
0	2.333	19.86	101.3	360.0	40	6.199	46.66	213.3	693.3	80	10.07	67.06	292.0	929.3
10	3.733	27.46	137.3	485.3	50	69.33	52.00	232.0	749.3	90	11.60	74.26	317.3	1007
20	4.733	34.40	168.0	573.3	60	7.866	56.93	250.6	805.3	100	13.20	82.66	346.6	1087
30	5.533	40.93	193.3	637.3	70	9.133	61.59	269.3	862.6					

表7.8.5　乙二醇水溶液的蒸气压　　单位：kPa

浓度	质量分数/%	70	75	80	85	90	95	97	100
	体积分数/%	68.4	73.6	78.9	84.1	89.4	94.7	96.8	100
温度/℃	65	14.63	13.30	11.41	9.42	7.32	3.97	2.78	0.26
	70	19.10	17.23	14.41	11.80	9.33	5.29	3.16	0.40
	75	23.25	20.58	18.02	14.75	10.92	6.39	4.51	0.49
	80	28.40	25.65	22.07	18.28	13.77	8.12	5.23	0.71
	85	34.58	31.61	27.04	22.27	16.81	9.95	6.08	0.98
	90	42.32	38.30	33.27	27.17	20.45	12.1	7.69	1.18
	95	51.22	46.16	40.27	33.02	24.85	14.55	9.57	1.55
	100	61.01	55.26	48.11	39.43	29.38	17.30	11.51	2.22
	105	73.12	66.10	57.65	47.14	35.17	21.09	14.12	2.81
	110	86.88	78.60	68.26	56.54	42.06	24.82	17.24	3.45
	115	102.9	92.76	80.55	67.04	50.06	29.74	20.29	4.67
	120	120.5	109.1	95.10	78.55	59.19	35.21	24.51	5.94
	125	141.3	127.8	111.4	92.21	69.38	41.76	288.3	7.13
	130	164.6	148.5	129.7	107.7	81.12	48.92	33.86	8.73
	135	191.2	172.2	150.5	125.1	94.49	57.33	40.22	10.93
	140	221.1	199.3	174.6	145.1	109.9	67.29	47.33	13.77
	145	254.3	229.8	201.5	167.7	127.3	78.22	55.15	16.83
	150	292.1	263.7	231.0	192.6	146.5	90.43	64.12	20.16
	155	333.8	301.6	264.6	220.5	168.0	104.4	74.32	24.66
	160	380.6	344.1	302.0	252.4	192.4	120.0	86.19	29.65
	165	431.8	391.0	343.4	286.9	219.5	137.2	99.13	35.18
	170	489.0	442.8	389.1	325.3	249.4	157.2	114.2	41.79
	175	552.3	500.2	439.8	368.1	282.5	179.4	131.0	49.60
	180	620.4	563.5	495.8	415.7	319.4	202.2	147.8	58.44

算图 7.33
乙醇水溶液的蒸气压
（第 823 页左）

算图 7.34
甘油水溶液的水蒸气分压
（第 823 页右）

7.9 比热容

7.9.1 气态醇的比热容

表7.9.1 气态醇类的比热容 单位：J/(mol·K)

名 称	温度/K								
	200	250	300	350	400	450	500	550	600
甲 醇		40.06	44.00	47.94	51.83	55.73	60.37	63.22	66.86
乙 醇	48.48	57.32	65.73	73.73	81.31	88.47	95.25	101.6	107.2
1-丙醇	61.88	74.69	86.71	97.97	108.6	118.4	127.7	136.4	144.5
异丙醇		82.10	92.24	102.3	112.2	121.8	131.1	140.0	148.6
丁 醇	78.29	94.50	109.8	124.1	137.6	150.3	162.1	173.2	183.5
仲丁醇	81.73	98.10	113.5	127.9	141.4	154.0	165.8	176.8	187.0
叔丁醇	68.83	90.98	110.7	128.2	143.6	157.3	169.4	180.1	189.7
异丁醇	75.11	92.61	109.0	124.2	138.3	151.5	163.7	175.0	185.4
1-戊醇	94.62	114.3	132.8	150.3	166.7	182.1	196.5	210.0	222.6
异戊醇	90.81	112.0	131.8	150.3	167.4	183.4	198.2	211.8	224.5
1-己醇		134.1	155.9	176.4	195.9	213.9	230.9	246.8	261.6
1-庚醇	127.2	153.8	178.9	202.5	224.7	245.6	265.2	283.5	300.6
1-辛醇		173.6	201.9	228.6	253.7	277.3	299.4	320.1	339.5

名 称	温度/K							
	650	700	750	800	850	900	950	1000
甲 醇	70.34	73.69	76.87	79.84	82.61	85.16	87.42	89.43
乙 醇	113.1	118.2	123.0	127.3	131.2	134.7	137.8	140.6
1-丙醇	152.0	159.1	165.6	171.7	177.4	182.8	187.8	192.4
异丙醇	156.6	164.0	170.7	176.8	182.0	186.4	189.9	192.4
丁 醇	193.1	202.1	210.4	218.2	225.4	232.1	238.2	244.0
仲丁醇	196.4	205.2	213.3	220.8	227.7	234.0	239.9	245.2
叔丁醇	198.5	206.5	214.0	221.3	228.5	235.9	243.7	252.2
异丁醇	195.1	204.0	212.3	219.9	226.9	233.5	239.5	245.1
1-戊醇	234.3	245.3	255.4	264.8	273.4	281.5	288.8	295.6
异戊醇	236.2	247.0	256.9	266.1	274.6	282.5	289.7	296.5
1-己醇	275.4	288.3	300.2	311.2	321.4	330.8	339.3	347.2
1-庚醇	316.5	331.3	344.9	357.6	369.2	379.9	389.6	398.5
1-辛醇	357.4	374.1	389.6	403.8	416.9	428.9	739.9	449.8

表7.9.2 其他气态醇的比热容 单位：J/（mol·K）

名称	温度/K								
	200	250	300	350	400	450	500	550	600
乙二醇		88.89	97.51	105.5	113.0	119.9	126.2	132.0	137.3
1,2-丙二醇		88.68	102.6	115.3	127.2	138.0	147.9	157.0	165.3
丙三醇		101.2	115.8	129.2	141.6	152.9	163.3	172.8	181.5
丙烯醇	54.14	65.69	76.45	86.42	95.63	104.2	112.1	119.3	126.0
1,4-丁二醇		137.9	151.0	163.4	175.1	186.2	196.7	206.5	215.8
二甘醇	136.5	150.7	164.2	177.0	189.2	200.8	211.7	222.1	231.9
二丙二醇	157.6	181.5	203.7	224.5	243.8	261.6	278.1	293.3	307.2
三甘醇	184.3	205.6	225.9	245.2	263.4	280.8	297.1	312.6	327.1
2-乙基-1-丁醇		149.8	171.0	190.9	209.5	226.9	243.2	258.4	272.5
1,3-二氯-2-丙醇		112.6	124.1	134.7	144.5	153.6	162.0	169.7	176.7
2,3-二氯-1-丙醇		112.6	124.1	134.7	144.5	153.6	162.0	169.7	176.7
双丙酮醇		146.4	164.8	182.4	198.2	212.1	224.4	235.0	244.0
苯甲醇	89.39	109.9	128.9	146.6	163.1	178.3	192.4	205.4	217.3
2-氯乙醇		83.69	90.52	97.05	103.2	108.9	114.4	119.6	124.4

名称	温度/K							
	650	700	750	800	850	900	950	1000
乙二醇	142.1	146.5	150.4	153.9	157.1	159.9	162.3	164.4
1,2-丙二醇	173.0	180.1	186.6	192.6	198.2	203.5	208.4	213.2
丙三醇	189.5	196.7	203.5	209.6	215.4	220.7	225.8	230.5
丙烯醇	132.2	137.8	143.0	147.8	152.2	156.3	160.1	163.6
1,4-丁二醇	224.5	232.7	240.4	247.5	254.2	260.5	266.3	271.7
二甘醇	241.1	249.7	257.8	265.4	272.5	279.1	285.2	290.8
二丙二醇	320.0	331.6	342.1	351.6	360.1	367.7	374.4	380.3
三甘醇	340.8	353.6	365.5	376.7	387.1	396.7	405.5	413.6
2-乙基-1-丁醇	285.7	297.9	309.2	319.7	329.4	338.4	346.7	354.4
1,3-二氯-2-丙醇	183.2	189.1	194.5	199.4	203.8	207.8	211.5	214.8
2,3-二氯-1-丙醇	183.2	189.1	194.5	199.4	203.8	207.8	211.5	214.8
双丙酮醇	251.5	257.5	262.1	265.5	267.6	268.5	268.3	267.0
苯甲醇	228.3	238.4	247.6	255.9	263.6	270.6	276.9	282.6
2-氯乙醇	128.9	133.2	137.2	140.9	144.3	147.6	150.6	153.4

7.9.2 液态醇的比热容

表7.9.3 液态醇的比热容（Ⅰ）

单位：J/(mol·℃)

名称	温度/℃																					
	−100	−80	−60	−40	−20	0	20	40	60	80	100	120	140	160	180	200	220	240	260	280	300	320
甲醇		69.71	70.38	71.59	73.44	75.19	79.26	83.32	88.30	94.29	101.3											
乙醇	86.58	88.59	90.02	93.11	97.34	102.8	109.4	117.5	127.1	138.5	151.5	160.8	165.7	174.6	189.3	220.4						
1-丙醇	108.6	111.0	115.8	121.5	127.3	133.1	141.5	149.8	161.8	173.8	177.8	182.4	187.7	194.3	202.8	215.2	237.0					
异丙醇		110.3	114.6	120.1	127.7	137.7	151.1	167.6	186.7	200.8	213.4	225.0	236.3	247.4	257.7	267.2						
丁醇		136.6	140.6	145.7	152.7	161.8	173.8	188.5	193.7	198.3	203.2	208.4	214.1	220.4	227.8	236.8	249.0	268.4				
仲丁醇	147.5	155.2	162.6	169.7	176.6	183.3	194.1	196.5	203.3	210.4	218.0	226.3	235.5	246.0	258.0	271.8	287.8					
叔丁醇											226.6	237.3	249.3	263.0	278.7	296.9						
异丁醇	128.1	131.7	136.4	142.6	151.1	162.4	174.7	194.5	213.7													
1-戊醇			167.1	172.8	180.4	190.8	204.5	221.1	214.4	258.4	275.5											
异戊醇			174.3	183.5	192.4	201.1	209.5	217.7	225.9	234.2	242.7	251.5	260.8	270.8	281.7	293.8	307.4	322.6				
1-己醇				180.1	187.4	202.4	216.9	237.4	250.0	257.7	265.9	274.7	283.9	293.7	304.4	316.1	329.7	346.0	367.3	399.0		
1-庚醇					253.9	260.4	267.2	275.0	283.1	291.7	300.6	310.0	319.9	330.3	341.3	353.3	366.4	381.3	399.1	422.1	455.5	
1-辛醇						271.9	280.3	289.1	298.2	307.7	317.4	327.5	337.9	348.5	359.6	371.1	383.3	396.4	411.0	427.8	448.6	477.3

表7.9.4 液态醇的比热容（Ⅱ）

单位：J/(mol·℃)

名称	温度/℃																					
	−60	−40	−20	0	20	40	60	80	100	120	140	160	180	200	220	240	260	280	300	320	340	360
2-乙基-1-丁醇	217.7	228.1	238.2	248.1	257.7	267.1	276.4	285.8	295.3	305.1	315.4	326.3	338.0	350.8	364.8	380.4	397.8					
乙二醇				141.3	146.9	152.6	158.0	163.6	169.4	175.2	181.7	188.6	196.1									
1,2-丙二醇						236.3	237.0	238.1	239.7	241.7	244.2	247.1	250.5	254.7	259.7	266.2	274.9	288.0	310.2			
丙三醇					216.5	225.7	235.8	245.9	257.0	267.1	277.2	287.4	297.5	307.6	318.7	331.6						
丙烯醇	133.6	138.8	143.8	148.6	153.4	158.1	163.0	168.2	173.8	180.1	187.2	195.5	205.1	216.4	229.7	245.4						
1,4-丁二醇								297.1	297.9	299.2	300.9	303.0	305.6	308.7	312.3	316.6	322.0	328.7	337.9	351.2	373.4	
二甘醇							325.0	324.7	325.0	325.8	327.2	328.9	331.2	333.9	337.2	341.1	346.0	352.0	359.8	370.8	387.5	417.5
二丙二醇			309.3	322.8	336.0	348.9	361.5	372.8	376.2	380.0	384.3	388.9	394.0	399.5	405.8	412.9	421.4	432.0	446.7			
三甘醇			340.9	354.3	367.4	380.3	393.0	405.5	417.8	425.3	427.8	430.7	434.2	438.0	442.3	447.2	452.7	459.0	466.4	475.5	487.3	503.9
1,3-二氯-2-丙醇			197.6	203.4	208.9	214.3	219.6	224.8	230.1	235.4	241.0	246.9	253.2	260.0	267.6	276.1	285.7	296.5	308.8	322.8		
2,3-二氯-1-丙醇			195.9	201.5	206.9	212.2	217.3	222.4	227.4	232.5	237.8	243.4	249.3	255.7	262.7	270.6	279.3	289.3	300.5	313.3	327.8	
双丙酮醇		225.8	235.6	245.1	254.1	262.8	271.4	279.8	288.1	296.4	304.9	313.8	323.1	333.1	344.0	355.9	369.1	383.8	400.4			
苯甲醇						219.7	227.8	235.6	243.3	250.9	258.5	266.1	273.9	282.0	290.4	299.4	308.9	319.2	330.5	342.8	356.4	371.4
季戊四醇①																		460.6	462.6	464.9	467.3	470.1
2-氯乙醇	158.3	162.2	165.9	169.5	173.0	176.5	180.1	183.8	187.8	192.2	197.1	202.8	209.3	217.0	226.1	236.8	249.3	264.0				

① 温度为380、400、420、440、460、480、500、520、540、560℃时，其值分别为473.1、476.5、480.4、485.0、490.3、496.8、505.1、516.0、531.8、556.5J/(mol·℃)。

N 算图 7.35

醇类的比热容（第 824 页左）

7.9.3 醇类在饱和线上的比热容

表7.9.5 醇类在饱和线上的比热容　　单位：kJ/(kg·K)

甲醇	T_{sat}/K	337.85	353.2	373.2	393.2	413.2	433.2	453.2	473.2	493.2	511.7
	p_{sat}/kPa	101.3	178.4	349.4	633.3	1076	1736	2678	3970	5675	7775
	液体	2.88	3.03	3.26	3.52	3.80	4.11	4.45	4.81	5.40	
	气体	1.55	1.61	1.69	1.83	1.99	2.20	2.56	3.65		
乙醇	T_{sat}/K	351.45	373	393	413	433	453	473	483	503	513
	p_{sat}/kPa	101.3	226	429	753	1256	1960	2940	3560	5100	6020
	液体	3.00	3.30	3.61	3.96	4.65	5.51	6.16	6.61		
	气体	1.83	1.92	2.02	2.11	2.31	2.80	3.18	3.78	6.55	
正丙醇	T_{sat}/K	373.2	393.2	413.2	433.2	453.2	473.2	493.2	513.2	523.2	533.1
	p_{sat}/kPa	109.4	218.5	399.2	683.6	1089	1662	2426	3402	3998	4689
	液体	3.21	3.47	3.86	4.36	5.02	5.90	6.78	7.79		
	气体	1.65	1.82	1.93	2.05	2.20	2.36	2.97	3.94		
异丙醇	T_{sat}/K	355.65	373	390	408	425	443	459	478	498	508
	p_{sat}/kPa	101.3	200	380	580	925	1425	2025	3039	4052	5369
	液体	3.37	3.55	3.71	3.88	4.04	4.20	4.34	4.49		
	气体	1.63	1.71	1.80	1.94	2.15	2.37	2.83	3.97		
正丁醇	T_{sat}/K	390.65	410.2	429.2	446.5	469.5	485.2	508.3	530.2	545.5	558.9
	p_{sat}/kPa	101.3	182	327	482	759	1190	1830	2530	3210	4030
	液体	3.2	3.54	3.95	4.42	5.15	5.74	6.71	7.76		
	气体	1.87	1.95	2.03	2.14	2.24	2.37	2.69	3.05	3.97	
叔丁醇	T_{sat}/K	355.6	375	390	405	420	435	450	465	480	506.2
	p_{sat}/kPa	101.3	207	322	483	779	1010	1516	1896	2619	3970
	液体	2.9	3.06	3.19	3.34	3.47	3.62	3.79	4.01	4.38	
	气体	1.81	192	2.02	2.13	2.26	2.42	2.64	3.00	3.73	

7.9.4 醇类水溶液的比热容

表7.9.6 甲醇水溶液的比热容　　单位：kJ/(kg·℃)

浓度（质量分数）/%	温度/℃				浓度（质量分数）/%	温度/℃			
	30	50	80	100		30	50	80	100
0	4.145	4.162	4.187	4.204	60	3.437	3.638	3.940	4.145
10	4.250	4.279	4.321	4.350	70	3.199	3.433	3.789	4.024
20	4.187	4.245	4.333	4.392	80	3.040	3.308	3.710	3.982
30	4.078	4.174	4.317	4.413	90	2.784	3.086	3.542	3.843
40	3.965	4.099	4.296	4.425	100	2.621	2.956	3.458	3.714
50	3.718	3.885	4.137	4.304					

表7.9.7　乙二醇水溶液的比热容　　单位：kJ/(kg·K)

温度/℃	浓度(体积分数)/%								
	10	20	30	40	50	60	70	80	90
−35					3.068	2.844	2.612	2.370	
−30					3.088	2.866	2.636	2.397	
−25					3.107	2.888	2.660	2.423	2.177
−20				3.334	3.126	2.909	2.685	2.450	2.206
−15				3.351	3.145	2.931	2.709	2.477	2.235
−10			3.560	3.367	3.165	2.953	2.733	2.503	2.264
−5		3.757	3.574	3.384	3.184	2.975	2.757	2.530	2.293
0	3.937	3.769	3.589	3.401	3.203	2.997	2.782	2.556	2.322
5	3.946	3.78	3.603	3.418	3.223	3.018	2.806	2.583	2.351
10	3.954	3.792	3.617	3.435	3.242	3.040	2.830	2.610	2.38
15	3.963	3.803	3.631	3.451	3.261	3.062	2.854	2.636	2.409
20	3.972	3.815	3.645	3.468	3.281	3.084	2.878	2.663	2.438
25	3.981	3.826	3.660	3.485	3.300	3.106	2.903	2.690	2.467
30	3.989	3.838	3.674	3.502	3.319	3.127	2.927	2.716	2.496
35	3.998	3.849	3.688	3.518	3.339	3.149	2.951	2.743	2.525
40	4.007	3.861	3.702	3.535	3.358	3.171	2.975	2.770	2.554
45	4.015	3.872	3.716	3.552	3.377	3.193	3.000	2.796	2.583
50	4.024	3.884	3.730	3.569	3.396	3.215	3.024	2.823	2.612
55	4.033	3.895	3.745	3.585	3.416	3.236	3.048	2.850	2.641
60	4.042	3.907	3.759	3.602	3.435	3.258	3.072	2.876	2.670
65	4.050	3.918	3.773	3.619	3.454	3.280	3.097	2.903	2.699
70	4.059	3.930	3.787	3.636	3.474	3.302	3.121	2.929	2.728
75	4.068	3.941	3.801	3.653	3.493	3.324	3.145	2.956	2.757
80	4.077	3.953	3.816	3.669	3.512	3.345	3.169	2.983	2.786
85	4.085	3.964	3.830	3.686	3.532	3.367	3.193	3.009	2.815
90	4.094	3.976	3.844	3.703	3.551	3.389	3.218	3.036	2.844
95	4.103	3.987	3.858	3.720	3.570	3.411	3.242	3.063	2.873
100	4.112	3.999	3.872	3.736	3.590	3.433	3.266	3.089	2.902
105	4.12	4.010	3.886	3.753	3.609	3.454	3.290	3.116	2.931
110	4.129	4.022	3.901	3.770	3.628	3.476	3.315	3.143	2.960
115	4.138	4.033	3.915	3.787	3.647	3.498	3.339	3.169	2.989
120	4.147	4.045	3.929	3.804	3.667	3.520	3.363	3.196	3.018
125	4.155	4.056	3.913	3.820	3.686	3.542	3.387	3.223	3.047

7.9.5　乙醇在压力下的比热容

表7.9.8　乙醇在压力下的比热容　　单位：kJ/(kg·℃)

温度/℃	压强/MPa								
	8	10	12	14	16	18	20	22	24
190	4.424	4.328	4.441	4.412	4.359	4.326	4.284	4.255	4.220
200	4.729	4.643	4.565	4.497	4.439	4.389	4.347	4.313	4.275
210	4.919	4.796	4.690	4.593	4.521	4.465	4.412	4.368	4.328
220	5.190	4.976	4.840	4.713	4.612	4.550	4.503	4.432	4.375
230	5.664	5.261	5.040	4.864	4.731	4.635	4.558	4.494	4.441
240	6.733	5.706	5.304	5.048	4.863	4.737	4.643	4.562	4.497
250	6.624	6.557	5.696	5.261	5.040	4.858	4.734	4.634	4.554

续表

温　度 /℃	压强 /MPa								
	8	10	12	14	16	18	20	22	24
260	9.804	8.902	6.393	5.533	5.279	5.007	4.839	4.714	4.615
270	8.395	9.812	7.445	6.093	5.533	5.183	4.962	4.798	4.673
280	6.627	9.241	8.680	6.877	5.775	5.400	5.093	4.891	4.737
290	4.280	6.817	8.608	7.450	6.127	5.588	5.240	4.986	4.799
300	3.813	5.457	7.130	7.253	6.480	5.750	5.374	5.076	4.868
310	3.692	4.673	5.851	6.599	6.440	5.869	5.468	5.143	4.929
320	3.544	4.204	5.050	5.818	6.031	5.802	5.478	5.167	4.948
330	3.396	3.875	4.509	5.152	5.526	5.559	5.373	5.140	4.942
340	3.305	3.683	4.162	4.673	5.059	5.225	5.191	5.054	4.897
350	3.223	3.530	3.913	4.312	4.665	4.885	4.942	4.901	4.805
360	3.167	3.413	3.717	4.055	4.357	4.568	4.679	4.710	4.669
370	3.118	3.320	3.565	3.852	4.119	4.319	4.420	4.430	4.475

7.10　焓和比焓

7.10.1　乙醇在水中的溶解焓

表7.10.1　乙醇在水中的溶解焓　　单位：J/mol

浓度（摩尔分数）/%	5	10	20	30	40	50	60	70	80	90	95
0.0℃	87.92	176.3	409.9	590.3	824.4	1251	1901	3039	5430	9860	12544
17.3℃	41.87	92.11	251.2	423.3	668.6	948.3	1508	2479	4270	7804	9822
42.1℃	2.889	6.322	23.00	74.94	167.0	343.3	649.4	1210	2357	4530	6238

7.10.2　甲醇在压力下的比焓

表7.10.2　甲醇在压力下的比焓　　单位：kJ/kg

p/bar	T/K								
	200	250	300	350	400	450	500	550	600
0.1	57.5	169.5	1.156.7	1529.5	1607.5	1691.5	1781.7	1878.1	1980.2
0.5	57.5	169.9	290.5	1522.7	1603.0	1687.9	1778.9	1575.3	1977.4
1.0	57.6	169.9	291.5	1514.0	1598.7	1685.1	1795.4	1873.5	1975.8
10	58.4	170.7	291.2	427.4	578.8	1638.1	17.51.5	1858.1	1965.2
15	58.8	171.1	291.6	427.7	578.9	1601.9	1735.6	1849.4	1960.2
20	59.2	171.6	292.0	428.1	579.0	1565.3	1717.7	1840.0	1954.8
30	60.1	172.4	292.9	428.8	579.4	751.3	1675.4	1818.7	1942.7
40	61.0	173.3	293.7	429.5	579.8	750.4	1623.0	1794.2	1928.8
50	61.9	174.2	294.5	430.2	580.2	749.7	1556.4	1766.7	1913.4
60	62.8	175.0	295.3	430.9	580.6	749.1	1461.8	1736.1	1896.6
80	64.1	176.3	296.6	431.9	581.2	748.3	982.1	1683.9	1869.1
100	66.3	178.5	298.6	433.8	582.4	747.5	964.8	1572.9	1818.8
150	70.7	182.8	302.8	437.4	584.9	746.8	948.4	1248.8	1704.3
200	75.1	187.2	307.0	441.2	587.8	747.0	939.9	1223.5	1583.5

续表

p/bar	T/K								
	200	250	300	350	400	450	500	550	600
300	83.9	195.9	315.4	448.9	593.8	749.4	932.0	1173.4	1443.5
400	92.7	204.7	324.0	456.9	600.5	753.4	929.6	1154.4	1388.1
500	101.5	213.4	332.6	465.1	607.7	758.4	930.4	1145.6	1360.6

注：横线上方为气体，下方为液体。

7.10.3　饱和醇的比焓

表7.10.3　饱和甲醇的比焓　　单位：kJ/kg

p/bar	T/K	液体	气体	p/bar	T/K	液体	气体
4×10^{-6t}	175.6	0	1303.1	8	401.3	582.7	1518.0
0.1	288.4	261.0	1440.3	10	409.8	610.3	1516.1
0.2	301.7	293.9	1455.4	15	426.3	665.8	1507.9
0.5	320.7	345	1476.2	20	438.9	710.5	1553.8
1.013	337.7	391.7	1492.1	25	449.3	749.0	1486.4
1.5	348.0	421.0	1500.3	30	458.2	783.8	1474.7
2.0	356.0	444.2	1505.8	40	472.9	845.7	1450.1
2.5	362.5	463.6	1509.8	50	484.9	905.2	1423.2
3	368.0	479.8	1512.4	60	495.1	963.3	1391.8
4	377.1	507.8	1315.9	80	508.1	1065.3	1318.7
5	384.5	529.7	1517.4	80.95^c	512.6	1186.8	1186.8
6	390.8	549.6	1518.4				

注：t—三相点；c—临界点。

表7.10.4　其他饱和醇的比焓　　单位：kJ/kg

乙醇	T_{sat}/K	351.45	373	393	413	433	453	473	483	503	513
	p_{sat}/kPa	101.3	226	429	753	1256	1960	2940	3560	5100	6020
	液体	202.5	271.7	340.0	413.2	491.5	576.5	670.7	722.2	837.4	909.8
	气体	1165.5	1198.7	1225.5	1247.2	1264.4	1275.3	1269	1259	1224.6	1190.3
正丙醇	T_{sat}/K	373.2	393.2	413.2	433.2	453.2	473.2	493.2	513.2	523.2	533.1
	p_{sat}/kPa	109.4	218.5	399.2	683.6	1089	1662	2426	3402	3998	4689
	液体	0	65	139	222	315	433	548	691		
	气体	687	710	733	766	802	860	904			
异丙醇	T_{sat}/K	355.65	373	390	408	425	443	459	478	498	508
	p_{sat}/kPa	101.3	200	380	580	925	1425	2025	3039	4052	5369
	液体	0	60.1	121.8	190.2	257.6	331.8	400.1	484		
	气体	677.8	688	736.8	767.9	796.1	822.9	841.7	851.5		
正丁醇	T_{sat}/K	390.65	410.2	429.2	446.5	469.5	485.2	508.3	530.2	545.5	558.9
	p_{sat}/kPa	101.3	182	327	482	759	1190	1830	2530	3210	4030
	液体	0	64.8	135	206.8	315.3	399.6	541.9	700.2		
	气体	591.3	629.8	672.3	716.5	784.1	836.8	924.4	1015.3		
叔丁醇	T_{sat}/K	355.6	375	390	405	420	435	450	465	480	506.2
	p_{sat}/kPa	101.3	207	322	483	779	1010	1516	1896	2619	3970
	液体	−182	−130.7	−78.4	−35.2	15	63.3	117.4	171.2	238.1	351.6
	气体	324.6	355	378	400.2	421.1	440.1	456.5	468.5	472.6	351.6

7.10.4　醇类的汽化焓

表7.10.5　醇类的汽化焓　　　　单位：kJ/mol

名　称	温度/℃										
	−100	−80	−60	−40	−20	0	20	40	60	80	100
甲醇		43.63	42.87	41.99	40.97	39.83	38.57	37.18	35.65	33.98	32.15
乙醇	50.66	49.90	48.99	47.93	46.73	45.39	43.91	42.30	40.53	38.61	36.51
1-丙醇	55.85	55.09	54.15	53.07	51.84	50.47	48.96	47.32	45.53	43.71	41.48
异丙醇		53.03	51.96	50.73	49.34	47.80	46.12	44.28	42.29	40.11	37.75
丁醇		57.73	56.87	55.85	54.70	53.42	52.00	50.45	48.77	46.95	44.99
仲丁醇	55.15	54.37	53.43	52.34	51.10	49.73	48.23	46.59	44.80	42.87	40.77
叔丁醇								43.51	41.51	39.34	36.98
异丁醇	57.00	55.84	54.64	53.39	52.09	50.74	49.32	47.83	46.25	44.59	42.81
1-戊醇			58.93	57.73	56.48	55.18	53.83	52.42	50.95	49.40	47.76
异戊醇			59.90	58.62	57.29	55.91	54.47	52.97	51.39	49.72	47.96
1-己醇				65.37	64.25	62.99	61.60	60.08	58.44	56.67	54.77
1-庚醇					64.89	63.72	62.43	61.01	59.48	57.84	56.07
1-辛醇						66.06	64.75	63.40	61.99	60.54	59.01

名　称	温度/℃										
	120	140	160	180	200	220	240	260	280	300	320
甲醇	30.14	27.91	25.40	22.52	19.08	14.52					
乙醇	34.21	31.69	28.88	25.69	21.93	17.11	8.302	0^{243}			
1-丙醇	39.20	36.71	33.99	30.96	27.53	23.51	18.39	9.303			
异丙醇	35.17	32.32	29.14	25.51	21.14	15.19					
丁醇	42.88	40.59	38.11	35.41	32.43	29.08	25.22	20.47	13.44		
仲丁醇	38.50	36.03	33.32	30.31	26.91	22.91	17.81	8.453			
叔丁醇	34.39	31.55	28.36	24.71	20.29	14.12					
异丁醇	40.90	38.83	36.55	34.02	31.12	27.68	23.32	16.86			
1-戊醇	46.03	44.17	42.18	40.02	37.65	34.99	31.95	28.33	23.70	16.67	
异戊醇	46.08	44.07	41.88	39.49	36.83	33.80	30.28	25.79	19.46		
1-己醇	52.73	50.55	48.21	45.70	43.01	40.08	36.88	33.33	29.30	24.48	18.04
1-庚醇	54.18	52.16	50.02	49.81	45.26	42.62	39.77	36.66	33.23	29.35	24.77
1-辛醇	57.43	55.76	54.01	52.15	50.18	48.07	45.80	43.31	40.57	37.47	33.88

表7.10.6　其他醇类的汽化焓　　　　单位：kJ/mol

名　称	温度/℃											
	−60	−40	−20	0	20	40	60	80	100	120	140	160
2-乙基-1-丁醇	62.34	61.22	59.95	58.55	57.01	55.35	51.62	49.56	47.34	44.97	42.42	39.68
乙二醇				69.76	68.34	66.85	65.31	63.71	62.04	60.28	58.44	56.50
1,2-丙二醇	76.43	75.02	73.56	72.05	70.48	68.86	67.17	65.41	63.56	61.62	59.57	57.39
丙三醇					88.17	86.61	85.02	83.37	81.66	79.89	78.06	76.15
丙烯醇	50.88	49.94	48.86	47.66	46.33	44.87	43.28	41.55	39.68	37.64	35.43	33.01
1,4-丁二醇						96.92	94.60	92.12	89.48	86.68	83.72	80.59
二甘醇				80.91	79.40	77.84	76.22	74.55	72.81	71.00	69.11	67.13
二丙二醇			100.7	98.77	96.78	94.71	92.57	90.34	88.01	85.59	83.03	80.34
三甘醇	121.2	119.4	117.5	115.5	113.5	111.4	109.3	107.1	104.8	102.4	99.93	97.35
1,3-二氯-2-丙醇			66.51	65.33	64.02	62.60	61.05	59.39	57.60	55.68	53.65	51.46
2,3-二氯-1-丙醇			66.54	65.43	64.18	62.83	61.35	59.76	58.05	56.23	54.28	52.20
双丙酮醇		68.08	66.80	65.39	63.84	62.16	60.34	58.40	56.32	54.10	51.73	49.19
苯甲醇				59.99	58.85	57.69	56.48	55.22	53.92	52.56	51.14	49.65
2-氯乙醇	54.30	53.45	52.47	51.37	50.15	48.82	47.37	45.80	44.11	42.28	40.32	38.20

续表

名 称	温度/℃											
	180	200	220	240	260	280	300	320	340	360	380	400
2-乙基-1-丁醇	36.69	33.42	29.76	25.54	20.32	12.25						
乙二醇	54.43	52.23	49.86	46.91	44.46	41.30	37.66	33.33	27.76	19.16		
1,2-丙二醇	55.07	52.27	49.86	46.88	43.54	39.71	35.14	29.27	20.20			
丙三醇	74.15	72.07	69.87	67.56	65.10	62.49	59.67	56.61	53.25	49.50	45.19	40.07
丙烯醇	30.33	27.32	23.84	19.58	13.47							
1,4-丁二醇	77.28	73.78	70.08	66.14	61.94	57.43	52.54	47.16	41.09	33.91	24.29	
二甘醇	65.04	62.84	60.50	58.00	55.30	52.37	49.14	45.50	41.30	36.23	29.57	18.39
二丙二醇	77.49	74.46	71.20	67.67	63.81	59.51	54.62	48.86	41.68	31.44		
三甘醇	94.65	91.82	88.83	85.67	82.29	78.67	74.75	70.45	65.66	60.20	53.77	45.70
1,3-二氯-2-丙醇	49.14	46.65	43.97	41.09	37.94	34.47	30.56	25.96	20.06	8.374		
2,3-二氯-1-丙醇	49.99	47.62	45.08	42.35	39.39	36.14	32.54	28.40	23.40	16.37		
双丙酮醇	46.49	43.58	40.43	37.00	33.19	28.85	23.63	16.39				
苯甲醇	48.08	46.42	44.66	42.77	40.73	38.51	36.05	33.27	30.04	26.09	20.76	10.73
季戊四醇①						130.9	128.1	125.1	121.9	118.7	115.3	111.7
2-氯乙醇	35.91	33.40	30.64	27.55	23.98	19.60	13.23					

① 温度为420、440、460、480、500、520、540、560、580、600、620℃时，其值分别为107.9、103.8、99.52、94.87、89.80、84.20、77.91、70.62、61.81、50.17、30.06 kJ/mol。

N 算图7.36
一些醇类液体的汽化热（Ⅰ）（第824页右）

N 算图7.37
一些醇类液体的汽化热（Ⅱ）（第825页左）

7.10.5 醇类的几种焓

表7.10.7 醇类的几种焓　　单位：kJ/mol

物料名	25℃时理想气体标准生成焓	298.2K下标准燃烧焓	熔化焓	常规沸点下的汽化焓	物料名	25℃时理想气体标准生成焓	298.2K下标准燃烧焓	熔化焓	常规沸点下的汽化焓
甲醇	−200.9	−638.2	3.215	35.14	2-辛醇	−376	−4880	17.3	44.86
乙醇	−234.9	−1235	4.931	38.94	1-壬醇	−381.2	−5500.7	28.8	48.55
1-丙醇	−255.2	−1843.81	5.372	41.66	2-壬醇	−398	−5490	19.3	46.23
异丙醇	−272.7	−1830	5.41	39.38	1-癸醇	−396.7	−6115.9	37.656	49.68
正丁醇	−274.6	−2456.01	9.372	43.08	异癸醇	−409	−6110	17.3	53.28
异丁醇	−283.2	−2449	6.322	41.86	1-十一醇	−418.4	−6726.1	27.11	51.84
叔丁醇	−312.4	−2423.9	6.703	39.02	十二醇	−436.7	−7338	31.38	51.12
1-戊醇	−298.7	−3060.51	9.79	44.19	正十二烷醇	−605.2	−12000	99.2	55.22
2-戊醇	−313.8	−3051.5	8.48	42.61	1-十三醇	−460.4	−7901.4	23.3	51.48
3-戊醇	−316.7	−3048.34	9.08	41.60	1-十四烷醇	−475.9	−8491.4	25.1	52.16
1-己醇	−316.5	−3676.6	15.4	45.83	1-十五醇	−501.8	−9114.2	30.35	52.94
2-己醇	−333.5	−3666	10.3	42.82	1-十六烷醇	−522.5	−9724	33.6	53.90
1-庚醇	−336.4	−4286	18.18	47.27	十七醇	−543.1	−10000	55.6	53.55
2-庚醇	−355	−4330	14.5	42.50	1-十八醇	−563.8	−11000	48.95	53.19
异庚醇	−342	−4290	—	48.07	十九醇	−584.5	−12000	63.2	53.77
1-辛醇	−355.5	−4898.3	22.5	47.44					

表7.10.8 其他醇类的几种焓（Ⅰ） 单位：kJ/mol

物料名	25℃时理想气体标准生成焓	298.2K下标准燃烧焓	熔化焓	常规沸点下的汽化焓	物料名	25℃时理想气体标准生成焓	298.2K下标准燃烧焓	熔化焓	常规沸点下的汽化焓
己二醇	−534.8	−3451	14.8	57.53	2-甲氧基-1-丙醇	−404.3	−2334	–	40.30
1,6-己二醇	−459.4	−3464	25.5	60.11	2-甲氧基-2-乙氧基乙醇	−530	−2830	18.7	47.89
2,2-己氧基乙氧基乙醇	−651.5	−5852	28.4	61.90	2-甲氧基乙醇	−370.6	−1732	8.33	38.83
2-己氧基乙醇	−484.2	−4764	23.5	49.13	2-甲基-1-戊醇	−322.9	−3670	–	43.99
反-3-己烯醇	−73.9	−4340	10.5	31.49	4-甲基-2-戊醇	−344.9	−3659	–	41.09
正己硫醇	−129.2	−4176	18.01	37.43	2-甲基-1,3-丙二醇	−434.9	−2277	9.46	55.35
双丙酮醇	−542.9	−3219	6.04	44.44	2-甲基-1-丁醇	−302.1	−3062	8.27	44.36
正壬基硫醇	−190.8	−6006	33	44.86	3-甲基-1-丁醇	−302.1	−3062	6.61	44.13
叔壬基硫醇	−213	−5990	21.6	41.80	1,2-乙二硫醇	−9.7	−2050	16.4	37.97
1,2-丙二醇	−421.5	−1648	7.57	54.48	乙二醇	−392.2	−1052.7	9.958	53.17
1,3-丙二醇	−408	−1667	7.1	58.21	2-乙氧基乙醇	−400	−2335	12.7	39.57
丙三醇	−577.9	−1477	18.28	65.71	2-乙基-1-丁醇	−326.1	−3671.4	8.22	43.20
丙烯醇	−124.5	−1732	5.12	39.95	2-乙基己醇	−365.3	−4892.1	–	46.40
异丙硫醇	−75.9	−2340	5.736	28.02	乙硫基乙醇	−234	−2790	9.24	47.56
正丙硫醇	−67.5	−2346	5.477	29.59	2-丁氧基乙醇	−441	−3560	18.7	43.34
丙酮氰醇	−133	−2239	9.47	50.13	正丁基硫醇	−87.8	−2955	10.46	32.18
四乙二醇	−883	−4343.1	36.6	65.93	仲丁基硫醇	−96.6	−2949	6.477	30.67
四氢糠醇	−369.2	−2741	–	45.23	叔丁基硫醇	−109.3	−2940	2.482	28.52
1,5-戊二醇	−449.1	−2887	15.73	64.09	异丁基硫醇	−96.9	−2949	4.982	31.09
2,4-戊二醇	−482.3	−2873	11.2	55.95	顺-2-丁烯-1,4-二醇	−296.2	−2170	14.5	61.80
新戊二醇	−464	−2868	4.44	59.56	反-2-丁烯-1,4-二醇	−301	−2154	14.5	66.32
1-戊硫醇	−109.8	−3564	17.53	35.03	2-丁醛-1,4-二醇	−118	−2090	17.1	68.48
正癸硫醇	−210.9	−6616	31	46.66	2,2-二乙氧基乙醇	−565	−3430	18.3	48.17

表7.10.9 其他醇类的几种焓（Ⅱ） 单位：kJ/mol

物料名	25℃时理想气体标准生成焓	298.2K下标准燃烧焓	熔化焓	常规沸点下的汽化焓	物料名	25℃时理想气体标准生成焓	298.2K下标准燃烧焓	熔化焓	常规沸点下的汽化焓
二丁醇	−292.9	−2441	5.971	40.97	对甲基苯甲醇	−133.2	−4156	11.3	52.35
1,2-二丁醇	−445.8	−2268	9.72	52.75	α-甲基苯基甲醇	−138.7	−4160	9.93	49.10
1,3-二丁醇	−433.2	−2282	8.32	54.38	过氧化苯乙醇	−67.09	−4208	–	60.39
1,4-二丁醇	−426.7	−2280	16.3	62.90	苄基硫醇	93.3	−4060	14.6	43.30
2,3-二丁醇	−482.3	−2237	11.3	55.19	苄醇	−94.87	−3561	8.972	48.98
二丙二醇	−628	−3340	22.7	62.21	正辛基硫醇	−170.1	−5396	24	42.13
二甘醇	−546.4	−2155	13.48	56.96	叔辛基硫醇	−202.4	−5376	11.3	35.50
2,6-二甲基-4-庚醇	−410	−5490	–	45.66	季戊四醇	−776.7	−2498	7.11	107.13
2,2-二甲基丙醇	−319.1	−3099	12.5	41.35	正庚基硫醇	−149.5	−4786	25.38	40.10
二甲基苯基甲醇	−178.3	−4748	8.97	48.22	炔丙醇	42.2	−1657	–	42.33
二硝基乙二醇	−165.6	−1034	19.1	52.71	环己六醇（肌醇）	−1130	−2507	–	–
十一烷基硫醇	−232.5	−7225	39.9	49.27	1,4-环己基二甲醇	−469.7	−4497	20.3	66.96
正十二硫醇	−253.2	−7835	39	50.39	环己基硫醇	−96.02	−3968	10	37.31
叔十二硫醇	−273.4	−7824	–	47.59	环己醇	−286.2	−3464	1.783	45.45
三乙二醇	−725.1	−3250	18.2	56.59	2,3-环氧-1-丙醇	−245.3	−1608	14.3	46.14
三丙二醇	−829.7	−5038	–	62.25	2-苯乙醇	−121	−4180	9.65	50.95
三丙酮醇	−575.2	−5036	28.5	62.72	1-苯基-1-丙醇	−159.4	−4773	–	49.42
2,2,4-三甲基-1,3-戊二醇	−412.8	−4650	8.63	55.51	2-苯基-1-丙醇	−148.6	−4770	7.23	54.34
山梨醇	−1140	−2915	32	120.9	1-苯基-2-丙醇	−159	−4772	–	49.70

续表

物料名	25℃时理想气体标准生成焓	298.2K下标准燃烧焓	熔化焓	常规沸点下的汽化焓	物料名	25℃时理想气体标准生成焓	298.2K下标准燃烧焓	熔化焓	常规沸点下的汽化焓
3-甲基-2-丁醇	−314.2	−3052	–	41.36	苯基硫醇	111.5	−3447	11.45	39.57
1-甲基环己醇	−332	−4058	7.06	39.29	β-胆固醇	−585.2	−17000	39.1	76.40
顺-2-甲基环己醇	−327	−4057	9.64	46.30	3-氨基-1-丙醇	−221	−1980	15.9	55.19
反-2-甲基环己醇	−352.6	−4032	12.5	46.46	1-氨基-2-丙醇	−239	−1970	12.31	47.89
顺-3-甲基环己醇	−350.9	−4031	12	48.15	2-氯乙醇	−262	−1080	–	41.66
反-3-甲基环己醇	−329.1	−4053	12	47.78	硫代二甘醇	−384	−2610	15.3	66.69
顺-4-甲基环己醇	−347.5	−4034	10.6	47.26	L-薄荷醇	−407.5	−5874	12.2	49.63
反-4-甲基环己醇	−367.2	−4014	11.2	47.91	糠醇	−211.8	−2417	13.13	48.72

7.11 熵和比熵

7.11.1 甲醇在压力下的比熵

表7.11.1 甲醇在压力下的比熵 单位：kJ / (kg·K)

p/bar	T/K								
	200	250	300	350	400	450	500	550	600
0.1	3.096	3.597	8.081	8.305	8.514	8.711	8.901	9.085	9.263
0.5	3.096	3.597	4.038	7.877	8.091	8.291	8.482	8.666	8.844
1.0	3.096	3.597	4.038	7.675	7.902	8.105	8.117	5.482	8.660
10	3.095	3.596	4.036	4.451	4.857	7.427	7.667	7.870	8.056
15	3.094	3.595	4.035	4.450	4.856	7.253	7.536	7.752	7.946
20	3.094	3.595	4.035	4.449	4.854	7.087	7.431	7.664	7.864
30	3.092	3.593	4.036	4.447	4.851	5.264	7.253	7.526	7.743
40	3.091	3.592	4.032	4.445	4.849	5.258	7.088	7.414	7.650
50	3.090	3.591	4.030	4.443	4.846	5.579	6.912	7.314	7.570
60	3.089	3.589	4.029	4.442	4.843	5.248	6.692	7.220	7.500
80	3.087	3.587	4.027	4.439	4.839	5.241	5.718	7.081	7.405
100	3.084	3.584	4.023	4.435	4.833	5.230	5.673	6.829	7.261
150	3.078	3.578	4.016	4.426	4.822	5.211	5.622	6.302	6.997
200	3.071	3.571	4.009	4.418	4.811	5.194	5.587	6.125	6.752
300	3.060	3.559	3.996	4.403	4.791	5.166	5.537	5.996	6.466
400	3.048	3.548	3.983	4.388	4.774	5.142	5.500	5.926	6.335
500	3.337	3.536	3.971	4.375	4.757	5.121	5.470	5.880	6.254

注：横线上方为气体，下方为液体。

7.11.2 饱和醇的比熵

表7.11.2 饱和甲醇的比熵 单位：kJ/ (kg·K)

p/bar	T/K	液体	气体	p/bar	T/K	液体	气体
4×10^{-6t}	175.6	2.8114	10.2328	8	401.3	4.8678	7.1988
0.1	288.4	3.9383	8.0281	10	409.8	4.9366	7.1471
0.2	301.7	4.0493	7.9032	15	426.3	5.0708	7.0461
0.5	320.7	4.2117	7.7386	20	438.9	5.1744	6.9677

续表

p/bar	T/K	液体	气体	p/bar	T/K	液体	气体
1.013	337.7	4.3516	7.6104	25	449.3	5.2605	6.9017
1.5	348.0	4.4361	7.5379	30	458.2	5.3355	6.8435
2.0	356.0	4.5014	7.4836	40	472.9	5.465	6.7409
2.5	362.5	4.5536	7.4398	50	484.9	5.5793	6.6475
3	368.0	4.5992	7.4051	60	495.1	5.6889	6.5543
4	377.1	4.6728	7.3474	80	508.1	5.8803	6.3791
5	384.5	4.7307	7.2992	80.95[c]	512.6	6.0979	6.0979
6	390.8	4.7836	7.2624				

表7.11.3 饱和乙醇的比焓　　单位：kJ/kg

T_{sat}/K	351.45	373	393	413	433	453	473	483	503	513
p_{sat}/kPa	101.3	226	429	753	1256	1960	2940	3560	5100	6020
液体	202.5	271.7	340	413.2	491.5	576.5	670.7	722.2	837.4	909.8
气体	1165.5	1198.7	1225.5	1247.2	1264.4	1275.3	1269	1259	1224.6	1190.3

7.11.3 醇类的绝对熵

表7.11.4 醇类的绝对熵(25℃)　　单位：J/(kmol·K)

物料名	绝对熵	物料名	绝对熵	物料名	绝对熵	物料名	绝对熵
甲醇	239880	2-戊醇	396400	2-辛醇	515000	1-十三醇	714700
乙醇	280640	3-戊醇	381999	1-壬醇	557700	1-十四醇	753900
1-丙醇	322470	1-己醇	440100	2-壬醇	548000	1-十五醇	793200
异丙醇	309200	2-己醇	436000	1-癸醇	597000	1-十六醇	832400
正丁醇	361480	1-庚醇	479190	异癸醇	585000	十七醇	871700
异丁醇	348000	2-庚醇	475000	十一醇	636200	1-十八醇	910900
叔丁醇	326300	异庚醇	467000	十二醇	675210	十九醇	950200
1-戊醇	402501	1-辛醇	518500	正十二醇	989400		

表7.11.5 其他醇类的绝对熵　　单位：J/(mol·K)

物料名	绝对熵	物料名	绝对熵	物料名	绝对熵
1,2-乙二硫醇	345.0	正丁基硫醇	375.2	2,2-二乙氧基乙醇	517.0
乙二醇	304.9	仲丁基硫醇	366.7	二丁醇	364.7
2-乙氧基乙醇	399.0	叔丁基硫醇	337.9	1,2-二丁醇	406.5
2-乙基-1-丁醇	427.1	异丁基硫醇	362.8	1,3-二丁醇	406.5
2-乙基己醇	497.0	顺-2-丁烯-1,4-二醇	383.4	1,4-二丁醇	381.0
乙硫基乙醇	418.0	反-2-丁烯-1,4-二醇	378.3	2,3-二丁醇	399.0
2-丁氧基乙醇	478.0	2-丁醛-1,4-二醇	364.9	二丙二醇	511.0
二甘醇	440.0	丙酮氰醇	336.0	苄基硫醇	360.7
2,6-二甲基-4-庚醇	520.0	四乙二醇	650.1	苄醇	365.5
2,2-二甲基丙醇	365.6	四氢糠醇	374.0	正辛基硫醇	533.1
二甲基苯基甲醇	420.7	1,5-戊二醇	433.0	叔辛基硫醇	466.9
十一烷基硫醇	650.9	2,4-戊二醇	426.8	季戊四醇	437.2
正十二硫醇	690.1	新戊二醇	405.2	正庚基硫醇	493.9
叔十二硫醇	652.5	1-戊硫醇	415.4	炔丙醇	293.0
三乙二醇	556.5	2-甲氧基-1-丙醇	389.1	环己六醇（肌醇）	433.0
三丙二醇	673.4	2-甲氧基-2-乙氧基乙醇	476.0	1,4-环己基二甲醇	457.5

续表

物料名	绝对熵	物料名	绝对熵	物料名	绝对熵
三丙酮醇	418.5	2-甲氧基乙醇	358.0	环己基硫醇	364.6
2,2,4-三甲基-1，3戊二醇	361.6	2-甲基-1-戊醇	433.0	环己醇	327.7
山梨醇	645.0	4-甲基-2-戊醇	424.6	2,3-环氧-1-丙醇	321.5
己二醇	408.6	2-甲基-1,3-丙二醇	392.9	2-苯乙醇	405.0
1,6-己二醇	480.7	2-甲基-1-丁醇	393.5	1-苯基-1-丙醇	442.2
2,2-己氧基乙氧基乙醇	672.1	3-甲基-1-丁醇	387.7	2-苯基-1-丙醇	441.1
2-己氧基乙醇	556.0	2-甲基-2-丁醇	362.8	1-苯基-2-丙醇	441.8
反-3-己烯醇	424.0	3-甲基-2-丁醇	385.2	苯基硫醇	336.9
正己硫醇	454.6	1-甲基环己醇	375.0	正癸硫醇	611.6
双丙酮醇	438.5	顺-2-甲基环己醇	385.3	*β*-胆固醇	487.9
正壬基硫醇	572.4	反-2-甲基环己醇	385.3	3-氨基-1-丙醇	367.0
叔壬基硫醇	553.5	顺-3-甲基环己醇	385.3	1-氨基-2-丙醇	365.0
1,2-丙二醇	352.0	反-3-甲基环己醇	385.3	6-氨基己醇	486.0
1,3-丙二醇	357.5	顺-4-甲基环己醇	380.0	*β*-羟基乙硫醇	326.0
丙三醇	408.3	反-4-甲基环己醇	380.0	2-氯乙醇	321.0
丙烯醇	307.6	对甲基苯甲醇	408.9	硫代二甘醇	451.0
丙烯醛氰醇	353.3	*α*-甲基苯基甲醇	402.7	L-薄荷醇	426.0
异丙硫醇	324.3	过氧化二叔丁基醇	495.0	糠醇	358.0
正丙硫醇	336.5	过氧化苯乙醇	437.0		

7.12 气液平衡

表7.12.1 甲醇-水气液平衡组成与温度、压力关系

甲醇(摩尔分数)/%		温度	压力	甲醇(摩尔分数)/%		温度	压力
液相	液相	/℃	/kPa	气相	气相	/℃	/kPa
4.78	32.52		9.08	75.8	25.59		31.54
9.25	51.43		10.74	82.03	45.62		37.72
13.35	62.79		13.01	86.54	62.14		40.84
15.23	70.83		13.78	90.07	61.64	49.76	43.20
18.09	80.37		14.64	94.06	64.86		46.44
20.32	90.07		15.78	96.27	67.34		49.79
25.57	94.61		17.60	97.36	72.63		52.13
28.66	100.0	39.76	18.42	100.0	73.83		53.93
37.16	5.31		20.70	28.34	80.53	92.9	
43.62	7.67		22.31	40.01	82.38	90.3	
50.33	9.26		23.38	43.53	84.57	88.9	
59.33	13.15		25.09	54.55	86.19	85.0	
67.13	20.83		26.99	62.73	88.35	81.6	
80.02	28.18		29.74	67.75	95.36	78.0	
92.7	33.33		32.57	69.18	97.61	76.7	101.3
100.0	46.20		34.63	77.56	100.0	73.8	
4.86	52.92		15.93	79.71	27.41	72.7	
12.18	59.37		20.93	81.83	47.41	71.3	
14.78	68.49	49.76	22.62	84.92	52.2	70.0	
21.31	85.62		26.13	89.62	69.94	68.0	
26.93	87.41		29.02	91.94	71.06	66.9	

表7.12.2 甲醇-乙二醇气液平衡组成与温度的关系(101.3kPa)

甲醇(摩尔分数)/%		温度/℃	甲醇(摩尔分数)/%		温度/℃
液相	气相		液相	气相	
0.0	0.0	199.0	14.2	96.0	110.0
1.0	15.2	188.6	18.5	98.5	101.0
1.5	36.8	180.3	25.0	99.5	89.2
2.7	54.0	171.1	36.0	99.0.	77.5
3.2	61.0	166.0	59.0	99.8	68.0
7.5	84.5	147.2	75.4	99.9	65.5
10.0	92.2	131.5	100.0	100.0	64.1

表7.12.3 甲醇-苯气液平衡组成与温度、压力关系

甲醇(摩尔分数)/%		温度/℃	压力/kPa	甲醇(摩尔分数)/%		温度/℃	压力/kPa
液相	气相			液相	气相		
50	58.6	58	101.3	14.1	50.7	40	46.52
15.1	51.6	60		22.7	52.4		47.53
9.8	47.2	62		30.4	53.7		48.32
5.3	38.2	66		46.8	54.3		48.73
3.1	28.5.	70		64.3	56.6		48.81
1.6	18.2	74		70.2	58.0		48.32
4.05	35.18	55	65.79	75.0	57.6		47.65
6.38	42.1		72.75	83.4	64.1.		46.02
7.71	44.62		75.33	87.8	67.0		44.52
22.98	54.22		86.36	89.6	72.3		43.32
59.88	60.56		90.41	91.5	75.3		42.99
				100	100		35.12

表7.12.4 乙醇-水气液平衡组成与温度关系(标准大气压)

乙醇(摩尔分数)/%		温度/℃	乙醇(摩尔分数)/%		温度/℃	乙醇(摩尔分数)/%		温度/℃
液相	气相		液相	气相		液相	气相	
0	0	100	23.37	54.45	82.7	57.32	68.41	79.3
1.90	17.00	95.5	26.08	55.80	82.3	67.63	73.85	78.74
7.21	38.91	89.0	32.73	59.26	81.5	74.72	78.15	78.41
9.66	43.75	86.7	39.65	61.22	80.7	89.43	89.43	78.15
12.38	47.04	85.3	50.79	65.64	79.8			
16.61	50.89	84.1	51.98	65.99	79.7			

表7.12.5 乙醇-乙醛气液平衡组成与温度的关系(52.9kPa)

乙醛(摩尔分数)/%		温度/℃	乙醛(摩尔分数)/%		温度/℃	乙醛(摩尔分数)/%		温度/℃
液相	气相		液相	气相		液相	气相	
0.0	0.0	62.8	35	83.3	36.8	80	—	11.5
15	50.8	51.3	45	93.6	30.5	100	100	5.8
25	71.0	43.5	60	—	21.2			

表7.12.6 乙二醇-水气液平衡组成与温度、压力关系

水(摩尔分数)/%		温度/℃	压力/kPa	水(摩尔分数)/%		温度/℃	压力/kPa
液相	气相			液相	气相		
0.0	0.0	179.5	57.3	0.0	0.0	190	80.4
2.0	51.7	162.5		2.0	36.5	178.2	
6.0	68.3	151.0		6.0	64.7	164.7	

续表

水(摩尔分数)/% 液相	气相	温度/℃	压力/kPa	水(摩尔分数)/% 液相	气相	温度/℃	压力/kPa
10	78.0	142.2		10	76.7	154.8	
20	88.0	129.5		20	87.8	140	
30	93.5	119.0		30	93.2	128.8	80.4
40	96.2	110.8		40	95.8	120.3	
50	97.6	101.0		50	97.4	113.5,	
60	98.6	98.8	57.3	60	98.3	108.2	
70	99.3	94.3					
80	99.5	90.5					
90	99.8	87.0					
100	100.0	85.0					

7.13 其他物性

7.13.1 甘油水溶液的折射率

表7.13.1 甘油水溶液的折射率(20℃)

质量分数/%	n_D^{20}	质量分数/%	n_D^{20}	质量分数/%	n_D^{20}	质量分数/%	n_D^{20}
0	1.33303	26	1.36536	52	1.40107	78	1.43982
2	1.33530	28	1.36802	54	1.40405	80	1.44290
4	1.33762	30	1.37070	56	1.40703	82	1.44612
6	1.33999	32	1.37338	58	1.41001	84	1.44930
8	1.34238	34	1.37606	60	1.41299	86	1.45237
10	1.34481	36	1.37874	62	1.41597	88	1.45539
12	1.34729	38	1.38143	64	1.41895	90	1.45839
14	1.34980	40	1.38413	66	1.42193	92	1.46139
16	1.35233	42	1.38683	68	1.42491	94	1.46443
18	1.35499	44	1.38953	70	1.42789	96	1.46752
20	1.35749	46	1.39227	72	1.43087	98	1.47071
22	1.36010	48	1.39513	74	1.43385	100	1.47399
24	1.36272	50	1.39809	76	1.43683		

7.13.2 普朗特数

算图 7.38
醇类液体的普朗特数
（第 825 页右）

表7.13.2 乙二醇水溶液的普朗特数

温度/℃	15℃时的密度/(kg/m³) 1005	1010	1015	1020	1025	1030	1035	1040	1045
−15							55	65	
−10						39.4	44	52	
−5				26.6	30.0	—	—	—	
0	14.4	16.7	18.9	21.6	24.5	27.4	31.0	34.5	37.7
10	9.9	11.4	13.8	15.4	17.0	19.6	—	—	—
20	7.7	8.4	10.1	10.8	12.5	13.7	15.2	16.8	19.2
50	4.0	4.8	4.9	5.6	5.7	6.6	6.7	7.5	8.4

7.13.3 甲醇的物理性质

算图 7.39
液态甲醇的物理性质
（第 826 页左）

算图 7.40
气态甲醇的物理性质
（第 826 页右）

7.14 危险品特性

表7.14.1 醇类的危险品特性

名称	CAS号	危险品编号	饱和蒸气压[①] /kPa	燃烧性	闪点 /℃	自燃温度 /℃	建规火险分级	爆炸下/上限(体积分数)/%	灭火方法	危险品类别	风险性代号	安全代号
甲醇	67-56-1	32058	13.33(21.2)	易	11	385	甲	5.5/44.0	P, R, G, T, Sw	3.2	R11; R23/24/25; R39/23/24/25	S16; S36/37; S45; S7
乙醇	64-17-5	32061	533(19)	易	12	363	甲	3.3/19.0	P, R, G, T, Sw	3.2	R11	S16; S7
丙醇	71-23-8	32064	1.33(14.7)	易	15	392	甲	2.0/13.7	P, R, G, T, Sw	3.2	R11; R41; R67	S16; S24; S26; S39; S7
异丙醇	67-63-0	32064	4.40(20)	易	12	399	甲	2.0/12.7	P, R, G, T, Sw	3.2	R11; R36; R67	S16; S24/25; S26; S7
丁醇	71-36-3	33552	0.82(25)	易	35	340	乙	1.4/11.2	1, P, R, T, G, Sw	3.3	R10; R22; R37/38; R41; R67	S13; S26; S37/39; S46; S7/9
异丁醇	78-83-1	33552	1.33(21.7)	易	27	415	甲	1.7/10.6	R, R, G, 1, T, Sw	3.3	R10; R37/38; R41; R67	S13; S26; S37/39; S46; S7/9
叔丁醇	75-65-0	无	5.33(24.5)	易	11	470	甲	2.3/8.0	P, R, G, 1, T, Sw	3.3	R11; R20	S16; S9
仲丁醇	78-92-2	33552	1.33(20)	易	24	390	甲	1.7/9.8	1, P, R, T, G, Sw	3.3	R10; R36/37; R67	S13; S24/25; S26; S46; S7/9
1-戊醇	71-41-0	33553	1.33(44.9)	易	33	300	乙	1.2/10.0	1, P, R, G, T, Sw	3.3	R10; R20; R37; R66	S46
2-戊醇	6032-29-7	33553	0.53(20)	易	34	340	乙	1.2/9.0	1, P, R, G, T, Sw	3.3	R10; R20; R37; R66	S46
异戊醇	123-51-3	33553	0.27(20)	易	43	340	乙	1.2/9.0	R, R, G, 1, T, Sw	3.3	R10; R20/22	S16
1-己醇	111-27-3	33554	0.13(24.4)	易	60	290	乙	1.3/–	P, R, G, T, Sw	3.3	R22	S24/25
2-己醇	626-93-7	33554	0.13(14.6)	易	58	—	乙	—	P, R, G, T, Sw	3.3	R10	S16
1-庚醇	111-70-6		0.13(42.4)	可	77	—	丙	—	W, P, R, G, T		R20/21/22; R36	S26; S36/37/39
2-庚醇	542-49-7		0.13(14.6)	易	41	—	乙	—	W, P, R, G, T		R21; R36	S26; S36/37/39
3-庚醇	589-82-2			易	60	—	乙	—	W, P, R, G, T			
辛醇	111-87-5		0.13(54)	可	81	—	丙	—	W, P, R, G, T		R36/38	S26; S37/39
异辛醇	104-76-7			可	77	—	丙	—	W, P, R, G, T		R36/37/38	S26; S36
仲辛醇	6169-06-8		0.13(32.8)	可	71	—	丙	—	W, P, R, G, T		R36/37/38	S26; S36
1-壬醇	143-08-8		0.04(20)	可	73.9	—	丙	—	W, P, R, G, T		R20; R51/53	S29; S61
正癸醇	112-30-1		0.13(69.5)	可	82	—	丙	—	W, P, R, G, T		R20; R36/38; R51/53	S26; S29; S37/39; S61
乙二醇	107-21-1		6.21(20)	可	110	—	丙	3.2/15.3	W, P, R, G, T		R22	
1-乙氧基-2-丙醇	1569-02-4	33569	0.96(25)	易	43	—	乙	—	W, P, R, G, T	3.3	R10; R67	S24
2-乙基-1,3-己二醇	94-96-2		<0.0013(20)	可	126.7	—	丙	—	W, P, R, G, T		R41	S25; S26; S39; S46

续表

名称	CAS 号	危险品编号	饱和蒸气压[①] /kPa	燃烧性	闪点 /℃	自燃温度 /℃	建规火险分级	爆炸下/上限(体积分数)/%	灭火方法	危险品类别	风险性代号	安全代号
乙烯甲醇(丙烯醇)	107-18-6	32065	2.26(20)	易	21	378	甲	2.5/18	P, R, G, T	3.2	R10; R23/24/25; R36/37/38; R50	S36/37/39; S38; S45; S61
乙硫醇	75-08-1	31034	53.32(17.7)	易	–45	295	甲	2.8/18.0	G, P, R, T, 1	3.1	R11; R20; R50/53	S16; S25; S60; S61
3-乙酰-1-丙醇	1071-73-4	33562	97.31(208)	可	93.3	—	丙	—	W, P, R, G, T	3.3	R36/37/38	S26; S37/39
1,4-丁二醇	110-63-4			可	>110	370		—	W, P, R, G, T		R22	
1,3-丁二醇	107-88-0		0.008(20)	可	121	393.9	丙	1.9/–	W, P, R, G, T			S24/25
2,3-丁二醇	513-85-9		0.02(20)	可	85	402.2	丙	—	W, P, R, G, T			S24/25
1,4-丁炔二醇	110-65-6	61582	13.33(194)	易	152	248	甲	—	水, P, R, G, T		R21; R23/25; R34; R43; R48/22	S25; S26; S36/37/39; S45; S46
2-丁烯醇(巴豆醇)	6117-91-5	33558	—	易	27	349	甲	4.2/36.3	1, P, R, T, G, Sw	3.3	R10; R21/22	S36/37
仲丁硫醇	513-53-1	31036	—	易	–23	—	甲	—	P, R, G, 1, T	3.1	R11; R36/37/38	S16; S26; S36
异丁硫醇	513-44-0	32116	16.53(37.8)	易	–9.4	—	甲	—	P, R, G, T, Sw	3.2		
叔丁硫醇	75-66-1	31036	—	易	–24	—	甲	—	P, R, 1, G, T	3.1	R11; R36; R43; R65	S16; S26; S36/37; S38
2-丁硫醇	513-53-1	31036		易	–23	—	甲	—	R, G, T	3.1	R11; R36/37/38	S16; S26; S36
二乙二醇	111-46-6		0.13(91.8)	可	124	228	丙	—	W, P, R, G, T		R22	S46
二丁氨基乙醇	102-81-8	61588		可	93	—	丙	—	P, R, G, T	6.1		
二丙二醇	110-98-5		0.13(74)	可	118	310	丙	2.9/12.7	W, P, R, G, T			
1,3-二氯-2-丙醇	96-23-1	615858	0.13(28)	可	73.9	—	丙	—	W, P, R, G, T	6.1	R21; R25; R45	S45; S53
十二硫醇	112-55-0	61591	2.00(142)	可	87	—	丙	※/※	G, P, R, T,	6.1	R36/37/38	S26; S37/39
三丙二醇	24800-44-0		0.13(96)	可	140	—	丙	—	W, P, R, G, T			
2,2,4-三甲基-1,3-戊二醇	144-19-4			可	113	—	丙	—	W, P, R, G, T		R36/37/38	S26; S37/39
3,3,5-三甲基己醇	3452-97-9			可	93	—	丙	—	W, P, R, G, T		R36; R51/53	S26; S61
2,2,2-三氟乙醇	75-89-8	33564	9.33(25)	易	29	—	乙	5.5/42	P, R, G, T	3,3	R10; R20/21/22; R38; R41; R62	S16; S36/37/39; S45
1,2,6-己三醇	106-69-4		0.67(178)	可	190.6	—	丙	—	W, P, R, G, T			S24/25
己炔醇	105-31-7		1.73(25)	易	—	—	乙	—	P, R, G, T		R10; R25; R27	S28; S36/37; S45
月桂基硫醇	112-55-0	61591	0.67(90)	可	82	230	丙	—	水, R, G, T	6.1	R36/37/38	S26; S37/39
1,2-丙二醇	57-55-6		0.02(25)	可	99	371	丙	2.6/12.6	W, P, R, G, T			S24/25
1,3-丙二醇	504-63-2		0.13(60)	可	79	400	丙	—	W, P, R, G, T			S24/25
丙烯醇	107-18-6	32065	1.33(10.5)	易	21	375	甲	2.5/18.0	G, T, R, P, Sw	3.2	R10; R23/24/25; R36/37/38; R50	S36/37/39; S38; S45; S61

续表

名称	CAS号	危险品编号	饱和蒸气压[①]/kPa	燃烧性	闪点/℃	自燃温度/℃	建规火险分级	爆炸下/上限(体积分数)/%	灭火方法	危险品类别	风险性代号	安全代号
异丙硫醇	75-33-2	31035	60.65(38.8)	易	−34	—	甲	2.1/13.7	P, R, G, 1, T	3.1	R11; R36/38	S16; S26; S33; S37/39; S9
1,5-戊二醇	111-29-5		<0.0013(20)	可	129	335	丙	—	W, P, R, G, T			S24/25
1-戊硫醇	110-66-7	32117	1.84(25)	易	18 (O.C)	—	甲	—	P, R, G, T, Sw	3.2	R11; R20/22; R36/37/38	S16; S24/25; S26; S37/39
异戊硫醇	541-31-1	32117	—	易	18 (O.C)	—	甲	—	P, R, G, T, Sw	3.2	R11; R20/21/22; R36/37/38	S16; S26; S36/37/39
丙烯醛缩二乙醇	3054-95-3	32095	—	易	4	—	甲	—	P, R, G, T, Sw	3.2	R11; R36	S9; S16; S26; S33
正丙硫醇	107-03-9	31035	16.26(20)	易	−20.6	—	甲	—	1, P, R, G, T,	3.1	R11; R21/22; R36/37/38; R50	S16; S26; S29; S36/37/39; S57
2-甲氧基乙醇	109-86-4	33569	0.83(20)	易	39	285	乙	2.3/24.5	G, P, R, T	3.3	R10; R20/21/22; R60; R61	S45; S53
2-甲氨基乙醇	109-83-1		0.09(28)	可	73	350	丙	1.5/19.8	P, R, G, T		R21/22; R34	S26; S36/37/39; S45
3-甲基-1-戊炔-3-醇	77-75-8	33560		易	26	—	乙	—	P, R, G, T	3.3	R10; R22; R51/53	S61
2-甲基-2-丁硫醇	1679-09-0	32117		易	−1	—	甲	—	W, P, R, G, T	3.2		
2-甲基-3-丁炔-2-醇	115-19-5	33560	1.6(20)	易	25	—	甲	—	P, R, G, T	3.3	R10; R22; R41	S16; S26; S39
甲基异丁基甲醇	108-11-2	33554	0.37(70)	易	41	—	乙	1.0/5.5	KP, P, R, G, W	3.3	R10; R37	S24/25
2-甲基-2,4-戊二醇	107-41-5		0.007(20)	可	121	—	丙	—	W, P, R, G, T		R36/38	S26; S36
甲基戊酮醇	123-42-2	32077	<0.13(20)	易	9	603	甲	1.8/6.9	W, P, R, G, T	3.2	R36	S24/25
4-甲基环己醇	589-91-3	33557		易	<61	—	乙	—	W, P, R, G, T	3.3		S24/25
2-甲基环己醇	583-59-5	33557		易	—	—	乙	—	W, P, R, G, T	3.3	R20	S24/25
3-甲基环己醇	591-23-1	33557		易	<61	—	乙	—	W, P, R, G, T	3.3		S24/25
甲硫醇	74-93-1	21047	53.32(−7.9)	易	−17.8	—	甲	3.9/21.8	G, R, JSJ	2.1		
2-异丙氧基乙醇	109-59-1	33569	0.80(20)	易	33 (O.C)	—	乙	—	G, P, R, T, 1	3.3	R20/21; R36	S24/25
呋喃甲醇	98-00-0	61590	0.13(31.8)	可	65	490	丙	1.8/16.3	W, P, R, G, T	6.1	R21/22; R23; R36/37; R40; R48/20	S36/37; S45; S63
苄硫醇	100-53-8	61591	—	可	70	—	丙	—	W, P, R, G, T	6.1	R22; R23; R50/53	S23; S60; S61
正辛硫醇	111-88-6	61591	0.21/(37.7)	可	68	—	丙	—	P, R, G, T	6.1	R20; R36/37; R43; R50/53; R65; R67; S26	S29; S36/37/39; S45; S57
季戊四醇	115-77-5		4.0(276)	可	—	450(粉云)	丙	30(g/m^3)/—	W, P, R, G, T			

续表

名　称	CAS 号	危险品编号	饱和蒸气压[1]/kPa	燃烧性	闪点/℃	自燃温度/℃	建规火险分级	爆炸下/上限(体积分数)/%	灭火方法	危险品类别	风险性代号	安全代号
庚硫醇	1639-09-4	61591		易	41	—	乙	—	P, R, G, T	6.1	R10	S23
炔丙醇	107-19-7	33559	1.55(20)	易	36 (O.C)	—	乙	—	P, R, G, T, Sw	3.3	R10; R23/24/25; R34; R43; R51/53	S26; S28A; S36; S45; S61
环己基硫醇	1569-69-3	33563		易	43	—	乙	—	P, R, G, T	3.3	R10; R20/22; R36/37/38; R51/53	S16; S26; S37/39; S57
环己醇	108-93-0		0.13(21)	可	67	300	丙	—	W, P, R, G, T		R20/22; R37/38	S24/25
环戊醇	96-41-3	33556		易	51	—	乙	—	W, P, R, G, T	3.3	R10	S16
2,3-环氧-1-丙醇	556-52-5		0.12(25)	可	81	—	乙	—	W, P, R, G, T		R21/22; R23; R36/37/38; R45; R60; R68	S45; S53
苯乙二醇	93-56-1			可	—	—	丙	—	W, P, R, G, T			S24/25
β-苯乙醇	60-12-8		0.13(58)	可	102	—	丙	—	W, P, R, G, T		R21/22; R36/38	S26; S36/37/39
苯甲醇	100-51-6		0.13(58)	可	100	436	丙	—	W, P, R, G, T		R20/22	S26
2-苯氧基乙醇	122-99-6		5.20(20)	可	121	—	丙	—	W, P, R, G, T		R22; R36	S26
2-苯基乙硫醇	4410-99-5	61591		可	71	—	丙	—	W, P, R, G, T	6.1		
苯基硫醇	108-98-5	61090	1.33(46.4)	易	51	—	乙	—	W, P, R, T	6.1	R10; R24/25; R26; R36/37/38	S16; S26; S28A; S36/37/39; S45
4-氟丁醇	61599-24-4		2.0(57.5)	可	—	—	丙	—	W, P, R, G, T			
3-氟丙基硫醇		61591		易	—	—	甲	—	P, R, G, T	6.1		
2-莰醇(龙脑)	507-70-0	41535		易	65	—	乙	—	W, P, R, G,	4.1	R11; R22	
桉叶油醇	470-82-6	33644		易	50	—	乙	—	P, R, G, T	3.3	R10; R37/38; R41	S26; S39
过氧化叔丁醇	75-91-2	52017	2.27(35～37)	易	26.7	—	甲	—	水, P, R, T	5.2	R10; R20/21/22; R34; R43; R52/53; R7	S14A; S16; S17; S24; S3/7; S36/37/39; S45; S61
2-氨基丁醇	5856-63-3			可	82	—	丙	—	P, R, G, T		R22; R34; R37	S26; S36/37/39; S45
烯丙基硫醇	870-23-5	32118	—	易	21	—	甲	—	G, T, R, Sw	3.2	R11	S16; S33; S9
2-氯乙醇	107-07-3	61583	1.33(30.3)	易	60	425	乙	4.9/15.9	P, R, T	6.1	R26/27/28	S28A; S45; S7/9
2-氯-1-丙醇	78-89-7	61584	—	易	44	—	乙	—	P, R, T	6.1		
3-氯-1-丙醇	627-30-5	61584	—	可	73	—	丙	—	P, R, T	6.1	R22; R36/37/38	S36/37/39
1-氯-2-丙醇	127-00-4	61584	0.65(20)	易	51.7	—	乙	—	P, R, G, T	6.1		
1-硫代丁醇	109-79-5	32116	—	易	0	—	甲	—	P, R, G, T, Sw	3.2	R11; R21/22	S16; S33; S36/37; S9
2-溴乙醇	540-51-2	61587	2.67(57)	易	40	—	乙	—	W, P, G, T	6.1	R10; R26/27/28; R36/37/38; R40	S16; S28A; S36/37/39; S45
糠硫醇	98-02-2	61591		易	45	—	乙	—	W, P, R, T	6.1	R10	S16

① 括号内数字为饱和蒸气压对应的温度（℃）。

第 8 章
酚　类

目 录

8.1 一般特性

表8.1.1 烷基酚类的一般特性

名称	分子式	分子量	密度d_4^{20}/(g/cm³)	颜色	形态	性状	溶解性能					正常熔点t_m/℃	正常沸点t_b/℃	临界温度T_c/K	临界压力p_c/MPa	临界体积V_c/(cm³/mol)	临界压缩因子Z_c	偏心因子ω	偶极矩/D	折射率n^{20}
							水	乙醇	乙醚	苯	其他									
2-甲酚(邻甲酚)	C_7H_8O	108.14	1.0327^{35}	无	晶	芳香	2.5	∞^{30}	∞^{20}	∞^{30}	①	31.0	191.0	697.6	4.17	282.0	0.244	0.434	0.434	1.5386
3-甲酚(间甲酚)	C_7H_8O	108.14	1.0339	无	液	芳香	1.8^{20}	∞	∞	∞	②	12.2	202.2	705.8	4.36	312.5	0.240	0.449	0.449	1.5401
4-甲酚(对甲酚)	C_7H_8O	108.14	1.0185^{40}	无	棱	芳香	2.1^{20}	∞^{36}	∞^{36}	∞^{36}	③	34.77	201.9	704.6	4.07	277.0	0.244	0.513	0.513	1.5312
2-乙酚(邻乙酚)	$C_8H_{10}O$	122.16	1.0146^{25}	无	液	可燃	÷÷	∞	∞	+		18	204.5	703.0	3.248	357.1	0.198	0.440		1.536
3-乙酚(间乙酚)	$C_8H_{10}O$	122.16	1.0283	无	液	有毒	÷÷	∞	∞		÷氯仿	0	218.4	716.4	3.256	357.1	0.195	0.487		1.536
4-乙酚(对乙酚)	$C_8H_{10}O$	122.16	1.0±0.1	黄	针	有毒	÷÷	1200^{25}	710^{25}	+	$+CS_2$	45.0	218.0	716.4	3.262	357.1	0.196	0.483		1.5239
2-异丙酚	$C_9H_{12}O$	136.19	1.012	无	液	可燃	−	+			+甲苯	17	213.8							1.526
3-异丙酚	$C_9H_{12}O$	136.19	1.0±0.1	白	晶	可燃	÷					25.7	230							1.526
4-异丙酚	$C_9H_{12}O$	136.19	0.990	白	晶	可燃	÷	++	++			62	228.0							1.526
2-叔丁酚	$C_{10}H_{14}O$	150.22	0.9783	无-淡黄	油	光敏感	÷	+	+			−5.6	224.3							1.523
3-叔丁酚	$C_{10}H_{14}O$	150.22	0.971	灰白	粉							47	240							1.513
4-叔丁酚	$C_{10}H_{14}O$	150.22	0.908^{80}	无	液	恶臭	+					100	244				0.5094			1.513
4-正丁基苯酚	$C_{10}H_{14}O$	150.22	0.976^{22}	无	液	有毒	−					22	248	738.0	3.199	466.9	0.243	0.5486		1.5165
4-仲丁基苯酚	$C_{10}H_{14}O$	150.22	0.9860	类白	固		−				+甲醇	61.5	241	730.8	3.201	458.7	0.242	0.5388		1.5182
4-叔丁基苯酚	$C_{10}H_{14}O$	150.22	0.908^{80}									98	237	739.8	3.402	459.3	0.254	0.4761	1.68	1.4787
4-异丁基苯酚	$C_{10}H_{14}O$	150.22	0.9778									51.5	237	726.7	3.182	460.7	0.243	0.5121		1.5319
壬基酚	$C_{15}H_{24}O$	220.35	0.945	淡黄	黏稠		−	+			④	−8	295±5	770	2070	0.757	0.245	0.8795		1.513±1
2,3-二甲酚	$C_8H_{10}O$	122.16	1.164^{25}	白	针	可燃	+	+				72.7	217.0	722.8	4.3	360	0.280			1.542
2,4-二甲酚	$C_8H_{10}O$	122.16	0.9650	无	针	有毒	+	+				24.5	210.9	707.6	4.36	390	0.287			1.538
2,5-二甲酚	$C_8H_{10}O$	122.16	0.971	白	针	可燃		+	++			74.9	211.1	723	4.3	350	0.280			1.582
2,6-二甲酚	$C_8H_{10}O$	122.16	1.135	无	叶/针	有毒	+*	+	+	+	+氯仿、NaOH	45.4	201.0	701.2	4.3	390	0.288			1.5371
3,4-二甲酚	$C_8H_{10}O$	122.16	0.9830	白	针	有毒	÷	+	+			65.1	227.3	729.8	4.3	350	0.277			1.5442
3,5-二甲酚	$C_8H_{10}O$	122.16	0.9680	白	晶		÷	+				63.4	221.7	715.6	4.3	480	0.283			1.5146

续表

名称	分子式	分子量	密度d_4^{20}/(g/cm³)	颜色	形态	性状	溶解性能					正常熔点t_m/℃	正常沸点t_b/℃	临界温度T_c/K	临界压力p_c/MPa	临界体积V_c/(cm³/mol)	临界压缩因子Z_c	偏心因子ω	偶极矩/D	折射率n^{20}
							水	乙醇	乙醚	苯	其他									
二壬基酚	$C_{24}H_{42}O$	346.59	0.901										453.2	902	1.24	1.23	0.203	1.1246		1.638
香芹酚	$C_{10}H_{14}O$	206.32	0.9772	无-黄	液		−					2.5	241.5							1.496
百里酚	$C_{10}H_{14}O$	206.32	0.925^{80}	无	晶	麝草香	÷	++	++		⑤	51.5	232.5			698				1.523
2-叔丁基-4-甲酚	$C_{11}H_{16}O$	164.25	0.9247^{75}	棕灰	晶		−		+	+	+丙酮	52.3	236							1.4963^{75}
2-叔丁基-5-甲酚	$C_{11}H_{16}O$	164.25	0.922^{80}				−		+	+	+丙酮	46.5	127^{11}							1.52
4-叔丁基-2-甲酚	$C_{11}H_{16}O$	164.25	0.965		固	碎片						27.5	256					0.7344		1.5417
2,4-二叔丁基酚	$C_{14}H_{22}O$	206.32	0.887	淡黄	油		−	+			+甲苯	58	262							1.5080
2,6-二叔丁基对甲酚	$C_{15}H_{24}O$	220.35	0.894^{25}	白	晶		−	+		+	+甲醇、石油醚	71	265					0.6788		1.486^{75}
喹啉酚(8-羟基喹啉)	C_9H_7ON	167.12	1.034	浅黄	固	无异味	−	+	+	+	+丙酮、氯仿	74	267							1.4500

① 溶于 NaOH，易溶于 CCl_4、丙酮。
② 溶于 NaOH、氯仿，混溶于 CCl_4。
③ 溶于 NaOH，混溶于 CCl_4、氯仿。
④ 溶于丙酮、三氯甲烷、四氯化碳；略溶于石油醚。
⑤ 溶于冰醋酸和液体石蜡，易溶于氯仿、橄榄油

表8.1.2 含芳烃酚的一般特性

名称	分子式	分子量	密度d_4^{20}/(g/cm³)	颜色	形态	性状	溶解性能					正常熔点t_m/℃	正常沸点t_b/℃	临界温度T_c/K	临界压力p_c/MPa	临界体积V_c/(cm³/mol)	临界压缩因子Z_c	偏心因子ω	偶极矩/D	折射率n^{20}
							水	乙醇	乙醚	苯	其他									
苯酚(石炭酸)	C_6H_6O	94.11	1.0545^{45}	白	晶	可燃	÷	∞	∞		∞氯仿、甘油	40.89	181.8	694.2	5.93	229.3	0.244	0.426	1.6	1.541^{41}
2-甲氧基苯酚	$C_7H_8O_2$	124.14	1.1287^{21}		棱		1.7^{15}	++	++			32	205	697	4730	353	0.288	0.5707		1.5429
3-甲氧基苯酚	$C_7H_8O_2$	124.14	1.131^{25}	无-淡黄	液	苯酚味	÷	∞	∞			<−17	114.0^5	761	4970	342	0.269			1.5510
4-甲氧基苯酚	$C_7H_8O_2$	124.14	1.550	粉红	叶		40^{25}	++	++	++	++丙酮、乙酸乙酯	55–57	243					0.5361		1.535
苯硫酚	C_6H_6S	110.18	1.0775	无	液		÷÷	++	∞			−14.9	169.1	685.0	4.60	317.5	0.281	0.294	1.18	1.5893
1,2-苯二酚	$C_6H_6O_2$	110.11	1.344	无	针	升华	45.1	++	++	+	+氯仿、碱液	104.6	246	766.0	7.316	242.7	0.279	0.647	2.64	1.604^{25}
1,3-苯二酚	$C_6H_6O_2$	110.11	1.278	无	正	异味	147^{12}	++	++	−	+氯仿、CCl_4	109.8	280	836	7.383	242.7	0.625	0.657	2.09	1.578^{25}
1,4-苯二酚	$C_6H_6O_2$	110.11	1.330	白	晶	可燃	6^{15}	++	++			172.4	288	823	7.450	300	0.327			1.632^{25}
1,2,3-苯三酚	$C_6H_6O_3$	126.11	1.453	浅褐	晶		+					133.5	309	830	8.810	318	0.406	0.9452		1.38

续表

名　称	分子式	分子量	密度d_4^{20} /(g/cm³)	颜色	形态	性状	溶解性能					正常熔点 t_m /℃	正常沸点 t_b /℃	临界温度 T_c /K	临界压力 p_c /MPa	临界体积 V_c /(cm³/mol)	临界压缩因子 Z_c	偏心因子 ω	偶极矩 /D	折射率 n^{20}
							水	乙醇	乙醚	苯	其他									
对叔辛基酚	$C_{14}H_{22}O$	206.32	0.889^{120}	白	晶	片状	−	+	+	+	+多数有机溶剂	83.8	276	765	2.280	704	0.252	0.6326		
双酚A	$C_{15}H_{16}O_2$	228.29	1.20	白	片	酚味		+			÷CCl_4，+碱液	160	220^4	575.8	2.930	677	0.281	0.9455		
2-异丙基苯酚	$C_9H_{12}O$	136.19	1.012	浅黄	液		−					15.5	213.5	700.2	3.526	406.2	0.246	0.4803		1.5315
3-异丙基苯酚	$C_9H_{12}O$	136.19	1.080	白	晶	明火燃	÷					26.0	228	721.1	3.543	406.2	0.240	0.5056		1.5261
4-异丙基苯酚	$C_9H_{12}O$	136.19	0.990	白	针		÷	+	+			62.3	230	721.5	3.543	406.2	0.240	0.4953		1.5228
1-萘酚(α-萘酚)	$C_{10}H_8O$	144.17	1.0989^{99}	无/黄	单斜	苯酚味	÷*	++	++	+	+碱液、氯仿	95.1	288							1.6224
2-萘酚(β-萘酚)	$C_{10}H_8O$	144.17	1.28	白-淡红	单斜	苯酚味	0.1	++	++		+热水、氯仿	122	286	845.8	4.288	403.3	0.246	0.4166	1.54	1.677

表8.1.3　含卤酚的一般特性

名　称	分子式	分子量	密度d_4^{20} /(g/cm³)	颜色	形态	性状	溶解性能					正常熔点 t_m /℃	正常沸点 t_b /℃	临界温度 T_c /K	临界压力 p_c /MPa	临界体积 V_c /(cm³/mol)	临界压缩因子 Z_c	偏心因子 ω	偶极矩 /D	折射率 n^{20}
							水	乙醇	乙醚	苯	其他									
五氟酚	C_6HOF_5	184.06	1.757^{25}	浅褐	固	片状		+	+	+	+多数有机溶剂	32.80	145.1	609.0	4.00	314.3	0.248	0.502		1.4263
五氯酚	C_6HOCl_5	266.34	1.978^{22}	白	单斜	苯酚味	÷÷	++	148^{25}	+	①	189.5	310 //							
2-氯酚(邻氯酚)	C_6H_5OCl	128.56	1.2634	无	液	异味	2.85	+			+碱液	9.4	174.9	675	5.00	0.325	0.29	0.4372		1.5524
3-氯酚(间氯酚)	C_6H_5OCl	128.56	1.245^{45}	白	针	苯酚味	2.6	+	+			32.6	214	729	5.32	0.32	0.281	0.4856		1.5565^{40}
4-氯酚(对氯酚)	C_6H_5OCl	128.56	1.2651^{40}	白	针	异味	2.71	++	++			42.8	220	738	5.32	0.325	0.282	0.4849		1.5579^{40}
2,3-二氯酚	$C_6H_4OCl_2$	163.00	1.40^{25}	白	晶			+	+		+热V32	56.8	214							1.4430
2,4-二氯酚	$C_6H_4OCl_2$	163.00	1.38	无	晶	有毒	÷	+	+	+	+CCl_4	43	210							1.4430
2,5-二氯酚	$C_6H_4OCl_2$	163.00	1.3446	白	棱		÷	++	++	+	+石油醚	57.8	222							1.4430
2,6-二氯酚	$C_6H_4OCl_2$	163.00	1.6530	无	针	有毒	+	++	++			66.6	226							1.4430
3,4-二氯酚	$C_6H_4OCl_2$	163.00	1.6530		针	毒燃		+	+	+		67.8	253							1.4430
3,5-二氯酚	$C_6H_4OCl_2$	163.00	1.3446	无	晶	有毒	÷	++	++		++石油醚	67.8	233							1.4430

① 溶于稀碱液、丙酮、卡必醇、溶纤剂等，微溶于烃类。

8.2 密度

表8.2.1 酚类液体的密度 单位：g/cm³

名称	温度/℃											
	20	40	60	80	100	120	140	160	180	200	220	240
苯酚			1.0420	1.0230	1.0030	0.9831	0.9625	0.9414	0.9200	0.8969	0.8733	0.8487
对苯二酚									1.1070	1.0890	1.0700	1.0510
邻甲酚		1.0280	1.0140	0.9987	0.9831	0.9665	0.9491	0.9300	0.9108	0.8907	0.8700	0.8471
间甲酚	1.0350	1.0180	1.0000	0.9824	0.9641	0.9455	0.9263	0.9066	0.8863	0.8653	0.8435	0.8208
对甲酚		1.0190	1.0010	0.9830	0.9653	0.9475	0.9291	0.9100	0.8900	0.8694	0.8482	0.8258
2,3-二甲酚				0.9591	0.9419	0.9244	0.9064	0.8879	0.8690	0.8494	0.8292	0.8081
2,4-二甲酚		1.0030	0.9857	0.9680	0.9500	0.9312	0.9121	0.8926	0.8724	0.8515	0.8300	0.8074
2,5-二甲酚				0.9659	0.9491	0.9320	0.9151	0.8970	0.8787	0.8592	0.8400	0.8192
2,6-二甲酚			0.9879	0.9700	0.9517	0.9330	0.9138	0.8941	0.8737	0.8527	0.8308	0.808
3,4-二甲酚				0.9863	0.9692	0.9520	0.9350	0.9170	0.8981	0.8787	0.8600	0.8391
3,5-二甲酚				0.9694	0.9524	0.9350	0.9178	0.8992	0.8800	0.8609	0.8400	0.8193
名称	温度/℃											
	260	280	280	300	320	340	360	380	400	420	440	460
苯酚	0.8229	0.7956	0.7956	0.7664	0.7348	0.7000	0.6600	0.6134	0.5512			
对苯二酚①	1.0300	1.0100	1.0100	0.9891	0.9673	0.9440	0.9208	0.8971	0.8727	0.8461	0.8166	0.7842
邻甲酚	0.8229	0.7975	0.7975	0.7700	0.7389	0.7051	0.6678	0.6218	0.5591	0.4179		
间甲酚	0.7971	0.7720	0.7720	0.7454	0.7168	0.6857	0.6510	0.6110	0.5618	0.4900		
对甲酚	0.8027	0.7782	0.7782	0.7535	0.7263	0.6966	0.6627	0.6247	0.5764	0.5034		
2,3-二甲酚	0.7862	0.7633	0.7633	0.7390	0.7132	0.6855	0.6552	0.6213	0.5819	0.5326	0.4570	
2,4-二甲酚	0.7838	0.7590	0.7590	0.7327	0.7045	0.6738	0.6400	0.6007	0.5530	0.4855		
2,5-二甲酚	0.7979	0.7756	0.7756	0.7525	0.7292	0.7028	0.6743	0.6422	0.6056	0.5593	0.4864	
2,6-二甲酚	0.7840	0.7588	0.7588	0.7319	0.7030	0.6713	0.6358	0.5944	0.5423	0.4594		
3,4-二甲酚	0.8176	0.7955	0.7955	0.7719	0.7483	0.7224	0.6938	0.6619	0.6266	0.5827	0.5212	
3,5-二甲酚	0.7968	0.7740	0.7740	0.7506	0.7256	0.6975	0.6674	0.6336	0.5932	0.5393	0.3842	

① 温度为480、500、520、540℃时，其值分别为0.750、0.710、0.657、0.576g/cm³。

8.3 相变点

8.3.1 酚类的常规沸点

表8.3.1 酚类的常规沸点

物料名	沸点/K	液相摩尔体积/(m³/kmol)	物料名	沸点/K	液相摩尔体积/(m³/kmol)
双酚A	633.7	0.25916	邻乙基苯酚	477.7	—
苯酚	454.99	0.101609	间乙基苯酚	491.6	—
邻氯苯酚	447.53	0.11875	对乙基苯酚	491.14	0.1455
间氯苯酚	487	0.122054	对叔辛基酚	563.6	0.27572

续表

物料名	沸点 /K	液相摩尔体积 /（m^3/kmol）	物料名	沸点 /K	液相摩尔体积 /（m^3/kmol）
对氯苯酚	493.11	0.120054	壬基酚	590.76	0.304339
邻甲氧基苯酚	478.15	0.13094	间甲酚	475.425	0.122705
对甲氧基苯酚	517.85	0.131323	邻甲酚	464.154	0.120923
2,3-二甲基苯酚	490.07	0.147873	对甲酚	475.133	0.122479
2,4-二甲基苯酚	484.13	0.141561	2,6-二叔丁基对甲酚	541.15	0.29707
2,5-二甲基苯酚	484.33	0.142809	邻苯二酚	518.65	0.108591
2,6-二甲基苯酚	474.22	0.158446	间苯二酚	549.65	0.106853
3,4-二甲基苯酚	500.15	0.141117	对苯二酚	559.15	0.133935
3,5-二甲基苯酚	494.89	0.144429	对叔丁基邻苯二酚	558	0.196391
对叔丁基苯酚	512.88	0.188894	1,2,3-苯三酚	581.85	0.167962
二壬基苯酚	735	0.45858			

8.3.2 酚类在压力下的沸点

表8.3.2 酚类在压力下的沸点

名称	0.3	1	2	4	7	10	20	40	60	80	101.3
	与上列压强（kPa）相对应的沸点 /℃										
对甲酚		85.7[1.3]	93	108	122	131	151	172	186	196	202.5
间甲酚		86.0[1.3]	93.5	108	121.5	130	150	171.5	185	195	202.8
百里酚	92	92	117	131	145	154.5	175	198	212.5	224	233.5

8.3.3 酚类的共沸点

表8.3.3 第一组分为苯酚的二元混合物的共沸点

质量分数 /%	25	21	≈4	46	3	≈12	40	43
第二组分（余量）	1,2,4-三甲苯	1,3,5-三甲苯	丙苯	丁苯	邻氯甲苯	对氯甲苯	邻溴甲苯	间溴甲苯
共沸点 /℃	166.0	163.5	158	175	159	161.5	174.35	175.7
质量分数 /%	44	45	46	36	40	19	19	22
第二组分（余量）	对溴甲苯	萜品烯	萜品油烯	α-萜品烯	γ-萜品烯	α-萜二烯	α-蒎烯	莰烯
共沸点 /℃	175.7	171.5	172.8	166.7	172.25	169	152.8	156.1
质量分数 /%	72	7.8	67	68	18	80		25
第二组分（余量）	环己酮	苯乙酮	甲基庚基甲酮	2-辛酮	佛尔酮	2,6-二甲基-4-庚酮		葑酮
共沸点 /℃	184.5	202	184.6	184.5	198.6	183.4		196.2
质量分数 /%	72	13	50	87	80	71	80	51
第二组分（余量）	庚醇	辛醇	仲辛醇	环己醇	2-甲基己醇	频哪醇	苄腈	苯甲醛
共沸点 /℃	185	195.4	184.5	183	183.1	183.3	192	185.6
质量分数 /%	78	15	63	≈3	35	6	45	42
第二组分（余量）	二戊醚	二异戊醚	己二醇一丁醚	对甲基苯甲醚	癸烷	2,7-二甲基辛烷	苄胺	苯胺
共沸点 /℃	180.2	172.2	186.4	177.02	168	159.5	196.8	186.2

续表

质量分数/%	69.5	≈12	41	72	23
第二组分（余量）	*N*，*N*-二甲基邻甲苯胺	乙酸苯酯	乙二酸二乙酯	1-乙氧基乙酸乙酯	反丁烯二酸二甲酯
共沸点/℃	180.6	196.6	189	184.9	194.8

质量分数/%	≈58	70	92	40	≈78	73	≈46	12
第二组分（余量）	丁酸异戊酯	异戊酸丁酯	异戊酸异丁酯	乙二醇二乙酸酯	乳酸丙酯	乳酸异丙酯	乳酸异丁酯	乳酸异戊酯
共沸点/℃	185	184	182.8	189	≈186.5	184.8	189	≈203.5

质量分数/%	26	55	40	26
第二组分（余量）	碳酸二异丁酯	1,3-丁二醇甲醚乙酸酯	乙二醇二乙酸酯	碳酸二异丁酯
共沸点/℃	192.1	187	189	192.1

质量分数/%	55	72.5	45	72	12	76	67.5
第二组分（余量）	1,3-丁二醇甲醚乙酸酯	2,6-二甲基吡啶	苊	桉树脑	庚酶乙酚	3-皮考啉	4-皮考啉
共沸点/℃	187	185	173.2	182.85	190	185.5	190

表8.3.4 第一组分为邻甲酚的二元混合物的共沸点

质量分数/%	25	16	28	34	73	76	85
第二组分（余量）	*α*-萜二烯	*α*-萜品烯	萜品烯	萜品油烯	*γ*-萜品烯	2-辛酮	甲基戊酮
共沸点/℃	175.3	172	177.8	179.5	176.6	192	191.9
质量分数/%	35	43	26	≈83	60	33	33
第二组分（余量）	佛尔酮	葑酮	苯己酮	丁酸异戊酯	戊酸乙酯	异戊酸异戊酯	癸酸甲酯
共沸点/℃	201.3	199.6	203.7	191.6	193.7	195.45	105.8
质量分数/%	21	36	69	18	49	38	92
第二组分（余量）	苯甲酸甲酯	乙酸苯酯	乳酸异丁酯	乳酸异戊酯	碳酸二异丁酯	辛醇	*α*-辛醇
共沸点/℃	200.3	198.5	193.3	204.2	194.3	196.9	191.4

质量分数/%	68	≈10	5	9	29	15
第二组分（余量）	异冰片基甲醚	*N*-甲基苯胺	*N*，*N*-二甲基邻甲苯胺	苊	二丁硫	樟脑
共沸点/℃	189.7	196.7	185.3	182.9	183.8	209.8

表8.3.5 第一组分为间甲酚的二元混合物的共沸点

质量分数/%	62	30	46	63	70	50	12	约9
第二组分（余量）	辛醇	香茅醇	甲酸苄酯	苯甲酸甲酯	乙酸苯酯	乳酸异戊酯	乙酸苄酯	苯甲酸乙酯
共沸点/℃	203.3	211	207.1	204.5	204.4	207.5	215.5	212.8
质量分数/%	61.5	53	62	47.2	17	55	2.8	36.5
第二组分（余量）	邻甲苯胺	间甲苯胺	对甲苯胺	苯乙酮	苯丙酮	佛尔酮	萘	樟脑
共沸点/℃	203.65	205.5	2041.3	208.4	218.6	206.5	202.08	213.4

表8.3.6 第一组分为对甲酚的二元混合物的共沸点

质量分数/%	4	13	16	42	40	68	48	25
第二组分（余量）	*α*-萜二烯	*γ*-萜品烯	萜品油烯	甲酸苄酯	苯甲酸甲酯	乙酸苯酯	乳酸异戊酯	辛酸乙酯
共沸点/℃	177.6	181.8	183	207	204.4	204.3	207.25	209.5

质量分数/%	82	≈96	70	97	≈10	46.5
第二组分（余量）	1,3-丁二醇甲醚乙酸酯	1,3,5-三乙基苯	冰片基氯	蒲勒酮	冰片	苯乙酮
共沸点/℃	203.3	201.5	200.5	224.2	213.6	208.4

质量分数/%	16.2	55	72	30.5	57	47	57	70
第二组分（余量）	苯丙酮	佛尔酮	葑酮	樟脑	邻甲苯胺	间甲苯胺	对甲苯胺	辛醇
共沸点/℃	218.5	206	205.5	213.5	203.5	204.9	204	202.2

8.3.4 酚类的三相点

表8.3.7 酚类的三相点

物料名	三相点温度/K	三相点压力/Pa	三相点的液相和固相恒压热容差/[J/(K·kmol)]	物料名	三相点温度/K	三相点压力/Pa	三相点的液相和固相恒压热容差/[J/(K·kmol)]
双酚A	430.15	7.72382	236485	3,5-二甲基苯酚	336.591	119.714	75110
苯酚	314.06	187.979	63569.5	对叔丁基苯酚	371.95	496.328	123419
邻氯苯酚	282	124.332	54552	对叔辛基酚	358.55	33.4159	86312.4
间氯苯酚	306	70.7711	20294	间甲酚	285.39	5.86242	70641.6
对氯苯酚	316	89.9515	27274.8	邻甲酚	304.19	65.3261	75510.7
邻甲氧基苯酚	304.65	25.422	58992.8	对甲酚	307.93	34.4658	72703.6
对甲氧基苯酚	328.65	11.4875	65372.7	2,6-二叔丁基对甲酚	342.9	51.758	149562
对乙基苯酚	318.23	46.0569	53097.1	邻苯二酚	377.6	674.63	2003.12
2,3-二甲基苯酚	345.71	362.024	68426.4	间苯二酚	382	92.8216	49308.1
2,4-二甲基苯酚	297.68	13.653	43205.4	对苯二酚	444.65	2229.65	45530.7
2,5-二甲基苯酚	347.99	561.21	59389	对叔丁基邻苯二酚	330.15	1.67548	69178.5
2,6-二甲基苯酚	318.76	165.332	45582.7	1,2,3-苯三酚	406.15	160.52	41506.8
3,4-二甲基苯酚	338.25	115.403	72231.7				

8.4 黏度

8.4.1 酚类气体的黏度

表8.4.1 酚类气体的黏度　　单位：μPa·s

名称	温度/℃														
	300	350	400	450	500	550	600	650	700	750	800	850	900	950	1000
苯　酚		9.082	10.33	11.57	12.81	14.05	15.28	16.51	17.73	18.97	20.16	21.30	22.41	23.49	24.53
对苯二酚				11.76	13.01	14.27	15.52	16.76	18.01	19.25	20.48	21.73	22.97	24.16	25.32
邻甲酚		8.458	9.621	10.78	11.93	13.08	14.23	15.37	16.51	17.67	18.78	19.85	20.88	21.88	22.86
间甲酚	6.759	7.843	8.922	10.00	11.07	12.13	13.20	14.25	15.31	16.38	17.42	18.42	19.38	20.32	21.23
对甲酚		8.520	9.692	18.06	12.02	13.18	14.33	15.48	16.63	17.80	18.92	20.00	21.05	22.07	23.05
2,3-二甲酚		7.799	8.872	9.940	11.00	12.06	13.12	14.17	15.23	16.29	17.33	18.34	19.31	20.25	21.17
2,4-二甲酚	6.885	7.989	9.088	10.18	11.27	12.36	13.44	14.52	15.60	16.69	17.74	18.76	19.75	20.70	21.63
2,5-二甲酚		7.797	8.869	9.937	11.00	12.06	13.12	14.17	15.22	16.28	17.33	18.33	19.30	20.25	21.16
2,6-二甲酚		8.072	9.182	10.29	11.39	12.49	13.58	14.67	15.76	16.86	17.92	18.95	19.94	20.90	21.83
3,4-二甲酚		7.715	8.776	9.832	10.88	11.93	12.98	14.02	15.06	16.11	17.15	18.15	19.11	20.05	20.96
3,5-二甲酚		7.888	8.973	10.05	11.13	12.20	13.27	14.34	15.40	16.48	17.53	18.54	19.52	20.46	21.38

8.4.2　酚类液体的黏度

表8.4.2　酚类液体的黏度（Ⅰ）　　单位：mPa·s

名　称	温度/℃										
	20	40	60	80	100	120	140	160	180	200	220
苯　酚	12.6	3.86	2.630	1.590	1.010	0.675	0.468	0.336	0.248	0.188	0.146
邻甲酚	9.8	5.040	2.560	1.410	0.823	0.509	0.329	0.222			
间甲酚	18.80	7.690	3.500	1.740	0.931	0.532	0.320	0.202			
对甲酚	20.2	8.550	3.820	1.870	0.986	0.556	0.331	0.207	0.135		
名　称	温度/℃										
	240	260	280	300	320	340	360	380	400	420	
苯　酚	0.115	0.242	0.213	0.186	0.161	0.138	0.116	0.097	0.079	0.063	

表8.4.3　酚类液体的黏度（Ⅱ）　　单位：mPa·s

名称	温度/℃						名称	温度/℃		
	0	20	25	40	45	50		25	45	50
丁香酚	29.9	9.22	6.93	4.22			间氯酚	11.55	4.72	
异丁香酚			26.72				对氯酚		6.02	4.99
邻氯酚			4.11		2.25	2.02	邻硝基苯酚		2.34	

8.5　表面张力

8.5.1　酚类的表面张力

表8.5.1　酚类的表面张力　　单位：mN/m

名　称	温度/℃										
	20	40	60	80	100	120	140	160	180	200	220
苯　酚	40.9	39.0	37.81	35.31	32.84	30.40	27.99	25.62	23.28	20.98	18.72
对苯二酚									29.67	27.76	25.86
邻甲酚		35.39	33.36	31.34	29.32	27.30	25.28	23.25	21.23	19.16	17.13
间甲酚	36.15	34.31	32.46	30.61	28.76	26.92	25.07	23.22	21.37	19.36	17.38
对甲酚		34.88	33.02	31.17	29.32	27.47	25.61	23.76	21.91	19.84	17.80
2,3-二甲酚				33.08	30.95	28.83	26.75	24.69	22.66	20.65	18.68
2,4-二甲酚		31.10	29.36	27.62	25.88	24.15	22.41	20.67	18.88	17.11	15.37
2,5-二甲酚				29.92	28.22	26.52	24.82	23.12	21.22	19.35	17.50
2,6-二甲酚			33.89	31.69	29.52	27.37	25.25	23.16	21.10	19.08	17.09
3,4-二甲酚				28.22	26.43	24.66	22.92	21.19	19.49	17.81	16.16
3,5-二甲酚				27.64	26.02	24.41	22.80	21.18	19.39	17.63	15.90
对氯甲酚	36.7	34.2	32.1	30.4	29.3						
硫　酚	39.8				31.3^{90}						
邻甲氧基酚	38.6	36.2	33.9	31.7	29.6	27.0	25.6	24.2	22.8	21.4	

续表

名　称	温度/℃										
	240	260	280	300	320	340	360	380	400	420	440
苯　酚	16.51	14.35	12.24	10.18	8.199	6.291	4.477	2.779	1.245	0.0322	
对苯二酚①	23.99	22.15	20.33	18.53	16.77	15.03	13.33	11.66	10.04	8.452	6.915
邻甲酚	15.14	13.19	11.29	9.441	7.650	5.927	4.284	2.742	1.337	0.171	
间甲酚	15.43	13.53	11.67	9.861	8.105	6.409	4.786	3.251	1.831	5.852	
对甲酚	15.80	13.84	11.92	10.06	8.250	6.506	4.838	3.261	1.805	0.535	
2,3-二甲酚	16.75	14.85	12.99	11.17	9.407	7.693	6.041	4.461	2.971	1.599	0.414
2,4-二甲酚	13.67	12.00	10.37	8.777	7.234	5.744	4.317	2.965	1.711	0.602	
2,5-二甲酚	15.69	13.91	12.17	10.47	8.819	7.214	5.668	4.189	2.793	1.508	0.397
2,6-二甲酚	15.14	13.22	11.36	9.543	7.783	6.087	4.467	2.941	1.540	0.343	
3,4-二甲酚	14.53	12.94	11.37	9.846	8.357	6.911	5.514	4.174	2.903	1.721	0.666
3,5-二甲酚	14.20	12.53	10.90	9.313	7.767	6.270	4.831	3.460	2.176	1.012	0.069

① 温度为460、480、500、520、540℃时，其值分别为5.434、4.018、2.681、1.450、0.3849mN/m。

算图 8.1

酚类的表面张力（第 827 页左）

8.5.2 酚类水溶液的表面张力

表8.5.2 苯酚水溶液的表面张力(20℃)

浓度(质量分数)/%	0.025	0.05	0.1	0.2	0.5	1.0	1.5	2	3	4	5	5.6
苯　酚	72.6	72.2	71.5	70.5	65.9	60.5	56.7	53.4	49.3	45.2	42.6	42.3

表8.5.3 苯二酚水溶液的表面张力(20℃)

浓度(质量分数)/%	0.03	0.05	0.1	0.2	0.4	0.7	1.0	1.5	2	3	4	6
邻苯二酚	72.1	71.7	70.3	66.8	62.4	58.7	55.7	53.7	51.6			
间苯二酚	72.1	71.0	70.6	69.0	66.8	64.7	62.9	61.1	58.9	58.6	57.9	57.1
对苯二酚			71.7	70.4	67.3	63.0	60.0	56.1	53.8			

8.5.3 硝基苯酚在萘中的表面张力

表8.5.4 硝基苯酚在萘中的表面张力(121℃)　　单位：mN/m

浓度(质量分数)/%	30	40	50	60	70	80	90
σ	45.0	35.5	33.7	33.5	31.9	29.3	29.9

8.6 溶解度

表8.6.1 酚在水中的溶解度　　单位：g/100g水

名　称	温度/℃										
	0	10	20	30	40	50	60	70	80	90	100
对甲酚			1.8	2.1	2.4	2.8	3.2	3.6	4.0		5.3
间甲酚	0.5	1.4	2.1	2.7	3.3	3.8	4.2	4.6	5.0		5.8

续表

名称	温度/℃										
	0	10	20	30	40	50	60	70	80	90	100
邻氨基酚	1.73		2.06		2.42		2.76		3.10	4.8	7.6
间氨基酚			2.67	3.59	6.19	10.0	21.6	85.2	292	589	800
对氨基酚①	1.11						3.31	5.41	8.2	15.6	40.6
邻硝基酚					0.33	0.39	0.47	0.56	0.69	0.86	1.09
间硝基酚					3.11	3.82	4.76	6.16	8.58	13.12	$69.3^{98.7}$
对硝基酚					3.39	4.41	5.85	8.11	12.17	26.9	$49.7^{92.8}$
α-萘酚	0.036^{7}	0.042	0.065	0.089	0.137	0.204	0.303	0.457	0.549^{75}		

名称	温度/℃										
	110	120	130	140	150	160	170	180	190	200	
邻氨基酚	13.8	31.0	122	336	711	1138	1565				
邻硝基酚	1.39	1.62	1.95	2.38	2.99	3.90				12.23	
2,4-二硝基酚	2.02	2.67	3.37	4.38	6.18	7.98	9.79	13.9	633^{187}		

① 温度为110、120、130、140、150和186℃时，其值分别为149、283、427、570、714g/100g水和∞。

表8.6.2 酚类在脂肪胺中的溶解度(20～30℃)

名称	乙醇	乙醚	甲胺	二乙胺	三乙胺	二丙胺	丁胺	二丁胺	三丁胺	异戊胺	苯甲胺	氨(−33℃)
2,4-二硝基酚	ss	vs	–	ss	–	–	sx	ss,n	–	vs	–	vs
邻甲氧基苯酚	∞	∞	–	∞	–	–	–	–	–	–	–	–
苯酚	∞	∞	vs	es	–	–	–	–	–	es	–	vs
间苯二酚	es	vs	vs	s	–	–	vs	–	–	–	–	es
苯三酚	vs⁺	vs⁺	vs	ss,m	ss	–	s	s	ss	s	s,m	es
1-萘酚	vs	vs	vs	–	–	–	–	–	–	–	–	–
2-萘酚	vs	vs	vs	es	vs⁺	–	es	es	vs	es	es	ss
间氨基苯酚	s	s	–	vs⁺	ss	–	s	s	ss	vs	s	–
邻氨基苯酚	ss	ss	–	vs	ins	s	vs⁺	sx	ss,n	s	s	vs
间硝基酚	vs	vs	vs	–	–	–	–	–	–	–	–	–
对硝基酚	vs	s	–	13	ss	ss,x	vs	ss	ss,m	vs	s	s

注：ins—不溶解或极轻微溶解；vs—易溶解，40～70g/100mL；ss—轻微溶解，＜10g/100mL；vs⁺—很易溶解，70～100g/100mL；s—适度溶解，10～40g/100mL；es—极易溶解，＞100g/100mL；∞—成任何比例混溶；n—不能溶解到明显地超过在热溶剂中溶解的程度；x—更易溶解于冷却时为晶体的加热的胺中；m—更易溶解于加热的胺中（在某些情况下是由于化学反应）。

8.7 热导率

8.7.1 酚类气体的热导率

表8.7.1 酚类气体的热导率　　单位：mW/(m·K)

名称	温度/K														
	300	350	400	450	500	550	600	650	700	750	800	850	900	950	1000
苯酚		11.72	14.94	18.33	21.88	25.52	29.25	32.97	36.74	40.46	44.35	47.70	51.46	55.23	58.99
对苯二酚				16.57	19.58	22.68	25.94	29.20	32.55	35.94	39.33	42.68	46.02	49.37	52.72
邻甲酚		11.42	14.48	17.70	21.05	24.52	28.07	31.67	35.31	38.99	42.68	46.44	50.21	53.97	58.16
间甲酚	8.242	11.05	14.10	17.36	20.75	24.27	27.87	31.51	35.19	38.87	42.68	46.44	50.21	53.97	57.74

续表

名　称	温度/K														
	300	350	400	450	500	550	600	650	700	750	800	850	900	950	1000
对甲酚		11.05	14.10	17.32	20.71	24.18	27.78	31.38	35.06	38.79	42.68	46.02	50.21	53.97	57.74
2,3-二甲酚		10.59	13.39	16.40	19.58	22.89	26.32	29.83	33.43	37.07	40.71	44.35	48.12	51.46	55.23
2,4-二甲酚	8.075	10.59	13.39	16.40	19.54	22.89	26.32	29.83	33.39	36.99	40.63	44.35	47.70	51.46	54.81
2,5-二甲酚		10.59	13.39	16.40	19.58	22.89	26.32	29.83	33.43	37.07	40.71	44.35	48.12	51.46	55.23
2,6-二甲酚		10.59	13.39	16.40	19.54	22.89	26.28	29.79	33.39	36.99	40.58	44.35	47.70	51.46	54.81
3,4-二甲酚		10.59	13.39	16.40	19.58	22.89	26.32	29.87	33.47	37.07	40.71	44.35	48.12	51.46	55.23
3,5-二甲酚		10.59	13.39	16.40	19.58	22.89	26.32	29.83	33.43	37.03	40.67	44.35	48.12	51.46	55.23

8.7.2　酚类液体的热导率

表8.7.2　酚类液体热导率　　单位：mW/(m·K)

名　称	温度/℃									
	80	100	120	140	160	180	200	220	240	260
苯　酚			166.52	166.52	166.10	165.26	164.00	162.75	161.08	159.00
对苯二酚								142.25	142.25	141.83
邻甲酚			148.53	148.53	148.11	147.69	146.44	145.18	143.51	141.83
间甲酚				141.41	141.0	141.00	140.16	138.90	137.65	136.39
对甲酚			143.92	143.92	143.92	143.51	142.67	141.83	140.16	138.49
2,3-二甲酚	127.19	123.42	119.66	115.89	111.71	107.94	103.76	99.160	94.976	90.374
2,4-二甲酚	126.77	126.77	126.35	125.93	125.52	124.68	123.42	122.17	120.49	118.40
2,5-二甲酚			123.42	123.42	123.42	123.0	122.17	121.33	120.08	118.40
2,6-二甲酚	129.70	129.70	129.70	129.70	128.86	128.00	127.19	125.93	124.26	122.17
3,4-二甲酚		128.44	128.00	128.0	127.61	126.77	125.93	124.68	123.00	121.33
3,5-二甲酚	126.77	126.77	126.35	125.93	125.10	124.26	123.00	121.75	120.08	118.00

名　称	温度/℃									
	280	300	320	340	360	380	400	420	440	460
苯　酚	156.90	154.00	150.62	146.85	141.41	133.88	121.75			
对苯二酚①	141.41	140.58	139.32	138.07	136.39	134.30	131.79	129.28	126.35	123.00
邻甲酚	139.32	136.81	133.88	130.12	125.10	118.82	108.36			
间甲酚	134.30	132.21	129.28	126.35	122.17	116.73	108.78	94.558		
对甲酚	136.81	134.30	131.37	128.00	123.42	117.57	109.20	94.140		
2,3-二甲酚	85.353	80.751	75.312	69.872	64.433	58.157	51.044	43.513	33.220	
2,4-二甲酚	116.31	113.80	111.29	108.36	105.43	102.50				
2,5-二甲酚	116.73	114.64	112.54	110.00	107.11	104.18	102.08			
2,6-二甲酚	120.08	117.57	114.64	111.71	108.78	106.27				
3,4-二甲酚	119.66	117.15	114.64	112.13	109.20	105.85	103.34	102.08		
3,5-二甲酚	115.89	113.38	110.87	107.52	104.60	101.67	100.0			

① 温度为480、500、520、540℃时，其值分别为119.24、114.64、109.20、99.58mW/(m·K)。

8.8 蒸气压

表8.8.1 酚类的蒸气压($p \leqslant 101.3$kPa)

名称	0.1	0.2	0.4	0.7	1.0	2	4	7	10	20	40	70	101.3	熔点/℃
	相应于上述蒸气压(kPa)的温度/℃													
2-乙基苯酚	42.1	52.6	64.2	74.3	81.2	95.0	110.5	124.1	133.5	152.4	174.5	194.1	207.5	−45
3-乙基苯酚	56.0	66.3	77.7	87.6	94.4	108.1	123.0	136.1	144.6	162.6	183.9	201.9	214.0	−4
4-乙基苯酚	55.2	65.7	77.3	87.4	94.3	108.4	123.9	137.8	146.7	165.4	187.6	206.4	219.0	46.5
2,3-二甲基苯酚	51.8	62.5	74.4	84.7	91.7	105.5	121.5	135.6	144.6	163.4	186.0	205.1	218.0	75
2,4-二甲基苯酚	47.9	57.9	69.1	78.8	85.6	98.8	114.1	127.4	135.7	152.8	174.3	195.6	211.5	25.5
2,5-二甲基苯酚	47.9	57.9	69.1	78.8	85.6	98.8	114.1	127.4	135.7	152.8	174.3	195.6	211.5	74.5
3,4-二甲基苯酚	62.1	72.7	84.4	94.7	101.7	115.6	130.8	144.2	153.2	172.0	193.9	212.6	225.2	62.5
3,5-二甲基苯酚	57.9	68.4	80.0	90.0	96.7	110.4	125.9	139.6	148.5	166.8	188.3	206.8	219.5	68
4,6-二甲基间苯二酚	44.8	55.5	67.4	77.7	84.7	99.0	115.0	129.2	138.9	158.3	181.5	201.6	215.0	
2,4-二叔丁基苯酚	79.8	91.8	105.0	116.3	123.7	138.9	156.1	171.5	181.5	202.2	226.3	246.9	260.8	
2,6-二叔丁基-4-甲基苯酚	81.2	93.0	106.0	117.1	124.7	139.9	156.4	171.1	181.2	202.3	226.8	248.0	262.5	
4,6-二叔丁基-2-甲基苯酚	81.4	93.5	106.8	118.3	125.9	141.6	159.2	174.7	185.1	206.7	232.2	254.2	269.3	
4,6-二叔丁基-3-甲基苯酚	98.9	111.1	124.6	136.1	143.7	159.5	177.1	192.0	202.1	222.9	246.6	267.5	282.0	
2,6-二叔丁基-4-乙基苯酚	84.1	96.7	110.6	122.4	130.3	146.5	164.0	179.5	189.6	209.9	233.5	254.2	268.6	
4,6-二叔丁基-4-乙基苯酚	106.7	118.8	132.1	143.5	151.1	166.6	184.1	199.9	209.8	230.9	254.6	275.2	290.0	
2,4-二氯苯酚	49.0	59.3	70.8	80.8	87.2	100.9	116.3	129.7	138.5	156.2	177.7	196.8	210.0	45.0
2,6-二氯苯酚	55.3	66.1	78.1	88.4	95.2	109.0	124.3	137.9	146.9	165.8	188.0	207.0	220.0	
丁子香酚	73.9	85.4	98.1	109.1	116.6	131.7	148.1	163.0	173.3	194.4	218.0	238.8	253.5	
异丁子香酚	81.6	93.5	106.7	118.0	125.8	141.6	158.9	174.0	184.6	206.6	231.4	252.8	267.5	−10
2-仲丁基苯酚	53.1	64.1	76.3	86.9	94.5	109.3	125.6	139.9	149.3	169.4	193.3	213.9	228.0	
4-仲丁基苯酚	67.0	78.2	90.7	101.4	108.7	123.4	139.9	154.1	163.7	184.2	207.4	227.8	242.1	
4-异丁基苯酚	67.8	78.9	91.2	101.8	109.2	123.7	139.6	153.3	162.7	182.4	204.8	224.0	237.0	
2-叔丁基苯酚	52.5	63.1	74.8	85.1	92.1	106.3	121.9	135.9	145.4	164.4	186.5	205.9	219.5	
4-叔丁基苯酚	65.6	76.9	89.3	100.1	107.7	122.6	138.6	152.2	161.7	181.7	204.2	224.0	238.0	99
2-叔丁基-4-甲基苯酚	65.8	76.6	88.5	98.9	106.0	120.4	136.4	150.0	159.0	178.2	200.3	219.4	232.6	

续表

名称	0.1	0.2	0.4	0.7	1.0	2	4	7	10	20	40	70	101.3	熔点/℃
	相应于上述蒸气压（kPa）的温度/℃													
4-叔丁基-2-甲基苯酚	69.8	81.2	93.8	104.6	111.9	126.9	143.2	157.6	167.5	187.8	211.3	232.3	247.0	
2-叔丁基-4-乙基苯酚	71.8	83.3	96.1	107.1	114.7	129.9	146.4	161.2	170.8	190.5	213.5	233.8	247.8	
4-叔丁基-2,5-二甲基苯酚	83.4	95.7	109.	120.8	128.5	143.9	161.4	176.3	186.2	207.2	230.9	251.	265.3	
4-叔丁基-2,6-二甲基苯酚	69.5	81.0	93.8	104.9	112.5	127.9	144.5	159.4	168.5	186.7	208.3	226.9	239.8	
6-叔丁基-2,4-二甲基苯酚	65.8	77.3	90.1	101.1	108.7	123.9	140.6	154.5	163.7	182.9	204.6	223.5	236.5	
6-叔丁基-3,4-二甲基苯酚	79.4	90.9	103.6	114.4	121.2	135.9	152.2	166.1	175.6	195.0	217.0	236.2	249.5	
2,4,6-三叔丁基苯酚	90.5	102.5	115.7	127.1	135.2	150.9	168.8	184.0	194.1	215.6	240.0	261.3	276.3	
2,4,5-三氯苯酚	67.4	79.1	92.0	103.1	110.8	126.6	143.6	158.4	168.8	190.7	215.6	237.0	251.8	62
2,4,6-三氯苯酚	72.0	83.4	96.0	106.8	114.1	128.8	144.8	159.3	169.3	189.2	212.2	232.3	246.0	68.5
2,3,4,6-四氯苯酚	95.4	107.1	120.1	131.3	138.9	154.0	171.0	185.9	196.1	217.1	240.3	260.6	275.0	69.5
五氯苯酚							202.7	218.9	230.0	251.6	274.9	295.1	309.3	188.5
邻甲酚	34.4	44.2	55.2	64.8	71.2	84.3	98.9	111.8	120.2	137.7	158.9	177.7	190.8	30.8
间甲酚	48.5	57.6	67.8	76.7	82.7	95.3	109.3	122.1	130.6	148.3	169.5	188.9	202.8	10.9
对甲酚	49.6	58.4	68.4	77.3	83.4	96.1	110.7	123.4	132.2	149.1	169.7	188.7	201.8	35.5
5-甲基-2-异丙基苯酚	60.0	71.0	83.2	93.7	101.1	115.8	132.1	146.0	155.6	175.6	198.9	218.6	231.8	51.5
2-甲基-5-异丙基苯酚	65.7	76.7	88.8	99.3	106.9	121.3	137.4	151.5	161.1	181.3	203.9	223.4	237.0	0.5
邻甲氧基苯酚	48.4	58.6	70.0	79.9	86.5	99.7	114.5	127.4	136.2	153.9	174.7	192.8	205.0	28.3
4,4'-异丙叉双酚	188.2	200.4	213.7	225.3	233.7	248.9	265.1	279.1	288.6	308.0	329.6	347.9	360.5	
2-异丙基苯酚	52.5	63.0	74.6	84.6	91.3	105.1	120.3	133.8	142.7	160.9	182.8	201.7	214.5	15.5
3-异丙基苯酚	57.7	68.6	80.7	91.2	98.2	112.8	128.8	142.7	152.0	172.0	195.0	214.6	228.0	26
4-异丙基苯酚	62.9	73.5	85.3	95.5	102.3	116.5	132.4	145.9	155.1	174.4	196.4	215.3	228.2	61
叔戊基对苯酚				110.8	118.8	134.8	152.2	168.1	179.3	202.0	228.0	250.5	266.0	93
地奥酚	62.4	73.4	85.7	96.3	103.2	117.3	133.5	147.5	157.1	176.7	199.3	218.8	232.0	
苯酚	36.9	45.2	54.8	63.2	68.9	80.4	93.7	105.2	113.6	130.7	150.8	169.1	181.9	40.6
间苯二酚	103.9	115.4	128.0	138.9	146.1	106.9	177.5	191.8	201.4	221.1	243.5	263.0	276.5	110.7
邻苯二酚				104.9	112.2	127.0	143.1	157.6	167.5	187.7	211.1	231.5	245.5	105
对苯二酚	129.5	137.2	146.1	153.9	159.1	169.5	184.2	198.9	208.4	228.1	251.8	272.4	286.2	170.3
1,2,3-苯三酚				152.7	160.9	177.5	195.8	211.8	222.7	224.6	270.1	293.0	309.0	133

续表

名称	0.1	0.2	0.4	0.7	1.0	2	4	7	10	20	40	70	101.3	熔点/℃
	相应于上述蒸气压（kPa）的温度/℃													
苯硫酚	14.9	24.4	35.1	44.5	50.7	63.5	77.6	90.2	99.0	116.8	137.5	155.5	168.0	
邻苯基苯酚	95.2	107.5	121.0	132.5	139.9	155.7	172.7	187.8	197.7	217.8	241.4	261.4	275.0	56.5
对苯基苯酚						186.0	204.4	220.8	231.6	252.9	275.7	294.8	308.0	164.5
2-环己烷基-4,6-二硝基苯酚	128.4	139.6	152.0	162.7	169.9	184.4	199.7	212.4	221.2	239.5	260.5	278.8	291.5	
1-萘酚	89.2	101.4	114.9	126.6	135.0	150.9	169.0	185.5	196.5	218.8	244.4	266.9	282.5	96
2-萘酚				129.7	138.3	154.5	172.8	189.3	200.2	223.0	249.1	272.0	288.0	122.5
邻氯苯酚	8.2	18.2	29.3	39.0	45.6	59.3	74.7	82.2	97.6	116.9	139.6	160.1	174.5	7
间氯苯酚	40.0	50.7	62.6	72.9	80.1	94.7	110.6	125.2	134.8	154.8	178.3	199.2	214.0	32.5
对氯苯酚	45.5	56.5	68.6	79.1	86.2	101.0	117.4	132.0	141.7	161.9	185.5	206.0	220.0	42
2-氯-3-苯基苯酚	112.7	126.1	140.8	153.3	162.2	179.2	198.2	215.1	226.7	250.2	277.2	301.1	317.5	6
2-氯-6-苯基苯酚	114.5	127.8	142.3	154.8	163.5	181.4	200.0	215.6	227.0	250.4	277.4	301.0	317.0	
2-硝基苯酚	45.2	55.7	67.5	77.7	84.6	98.9	114.7	128.6	138.1	157.8	180.8	200.8	214.5	45
2-溴-4,6-二氯酚	79.2	91.5	105.0	116.6	124.3	140.2	157.7	173.2	183.9	205.8	230.9	252.8	268.0	68
3-溴-2,4,6-三氯苯酚	107.2	120.4	134.9	147.3	156.0	173.6	192.1	208.4	219.6	242.2	267.1	289.6	305.8	
2-溴-4-苯基苯酚	94.5	108.4	123.6	136.5	145.1	163.2	184.1	202.2	214.2	239.0	267.6	293.1	311.0	95

表8.8.2 苯酚的蒸气压（$p \geqslant 101.3$kPa）

名称	101.3	200	400	700	1000	1500	2000	2500	3000	3500	4000	5000	6000	临界值	
	相应于上述蒸气压（kPa）的温度/℃													t_c/℃	p_c/MPa
苯酚	181.9	207.9	237.8	264.8	283.1	309.2	327.9	343.9	357.1	369.8	381.0	399.0	417.4	419.0	6.13

算图 8.2

酚类的蒸气压（第 827 页右）

表8.8.3 酚类液体的蒸气压(温度为自变量) 单位：kPa

名称	温度/℃											
	80	100	120	140	160	180	200	220	240	260	280	300
苯酚	2.0127	5.4651	12.957	27.527	53.443	96.274	162.86	261.92	403.88	600.24	864.0	1208.8
对苯二酚								14.226	27.763	50.824	88.010	145.19
邻甲酚		4.1943	10.055	21.50	418.49	75.428	127.44	205.18	316.74	471.05	678.37	950.0
间甲酚		2.6642	6.5265	14.383	29.030	54.40	95.733	156.34	244.49	367.91	535.60	757.30
对甲酚		2.450	6.2907	14.253	29.174	54.914	96.383	159.89	253.92	387.56	571.27	817.28
2,3-二甲酚					19.422	36.910	65.452	109.45	174.17	266.28	392.33	560.22
2,4-二甲酚				11.185	22.924	43.274	76.259	126.78	202.44	309.54	457.17	655.06
2,5-二甲酚				11.249	22.963	43.213	75.957	125.23	195.65	293.74	426.07	599.94
2,6-二甲酚				16.792	32.443	58.344	98.755	160.70	250.07	374.49	542.89	764.69
3,4-二甲酚					13.338	26.580	49.049	84.850	138.94	216.63	325.75	474.20
3,5-二甲酚				7.3123	15.729	30.954	56.547	97.022	159.38	250.0	376.72	548.77

名称	温度/℃											
	320	340	360	380	400	420	440	460	480	500	520	540
苯酚	1651.5	2209.8	2903.9	3756.1	4795.7	6057.2						
对苯二酚	229.39	349.16	514.32	736.12	1027.4	1403.3	1879.5	2478.4	3222.1	4139.1	5266.8	6648.9
邻甲酚	1297.9	1737.7	2282.8	2952.6	3769.2	4758.2						
间甲酚	1043.6	1407.4	1862.3	2423.6	3109.6	3943.5						
对甲酚	1138.8	1551.2	2071.0	2718.5	3516.9	4494.7						
2,3-二甲酚	778.68	1057.8	1408.4	1844.1	2381.1	3039.7	3846.2					
2,4-二甲酚	914.05	1246.2	1665.7	2188.6	2833.0	3621.3						
2,5-二甲酚	823.56	1106.4	1458.0	1891.7	2421.6	3068.1	3851.3					
2,6-二甲酚	1050.7	1412.4	1864.3	2420.6	3100.5	3926.3						
3,4-二甲酚	671.27	926.92	1252.3	1660.7	2167.3	2788.4	3545.3					
3,5-二甲酚	776.35	1071.0	1447.9	1922.1	2515.8	3254.5	4169.5					

8.9 比热容

8.9.1 酚类气体的比热容

表8.9.1 酚类气体的比热容 单位：J/(mol·K)

名称	温度/K															
	250	300	350	400	450	500	550	600	650	700	750	800	850	900	950	1000
苯酚	85.96	104.3	121.0	136.0	149.6	161.7	172.6	182.3	191.0	198.8	205.7	212.0	217.7	222.9	227.8	232.4
对苯二酚	112.2	127.4	141.7	155.0	167.3	178.7	189.2	198.9	207.8	216.0	223.5	230.4	236.6	242.3	247.4	252.1
邻甲酚	109.1	130.3	149.4	166.7	182.3	196.4	209.1	220.6	231.0	240.6	249.4	257.7	265.5	273.1	280.6	288.1
间甲酚	102.2	124.3	144.3	162.4	178.7	193.4	206.7	218.7	229.5	239.3	248.3	256.7	264.4	271.8	279.1	286.3
对甲酚	102.8	124.5	144.2	162.0	178.2	192.8	205.9	217.9	228.7	238.6	247.6	256.0	263.9	271.4	278.7	285.9
2,3-二甲酚	127.5	149.1	169.4	188.3	206.0	222.4	237.7	251.8	264.9	277.0	288.2	298.5	307.9	316.6	324.5	331.8

N 算图 8.3

理想烷基酚气体的比热容（第 828 页左）

8.9.2 酚类液体的比热容

表8.9.2 酚类液体的比热容 单位：J/(mol·℃)

名称	温度/℃									
	20	40	60	80	100	120	140	160	180	200	220
苯酚[①]	190.0	195.6	201.2	206.7	212.5	218.1	223.7	212.85	218.59	224.49	230.60
对苯二酚											255.18
邻甲酚		203.77	211.22	218.38	225.29	232.0	238.52	245.0	251.50	258.11	264.94
间甲酚	190.0	198.24	206.07	213.56	220.81	227.80	234.62	241.36	248.06	254.85	261.80
对甲酚					225.87	233.0	240.07	247.06	254.0	261.0	268.20
2,3-二甲酚				239.94	247.48	254.89	262.17	269.37	276.62	283.90	291.35
2,4-二甲酚		234.33	240.40	246.81	253.46	260.41	266.0	273.52	281.05	288.72	296.59
2,5-二甲酚				235.63	242.91	250.07	257.11	264.10	271.09	278.12	285.33
2,6-二甲酚			231.69	239.44	247.0	254.38	261.71	269.08	276.45	284.0	291.73
3,4-二甲酚				243.58	251.4	259.0	266.44	273.81	281.18	288.63	296.17
3,5-二甲酚				247.06	255.0	262.84	270.55	278.21	285.91	293.70	301.65

名称	温度/℃									
	240	260	280	300	320	340	360	380	400	420
苯酚	237.05	244.0	251.50	259.79	269.0	279.17	290.68	303.58		
对苯二酚[②]	258.74	262.34	266.07	269.88	273.90	278.08	282.56	287.50	293.0	299.48
邻甲酚	272.05	279.63	287.75	296.55	306.26	317.0	328.91	342.22		
间甲酚	269.0	276.53	284.61	293.28	302.74	313.13	324.60	337.37		
对甲酚	275.65	283.53	291.90	300.90	310.70	321.46	333.31	346.45		
2,3-二甲酚	299.0	307.0	315.47	324.43	334.06	344.48	355.87	368.35	382.08	
2,4-二甲酚	304.75	313.34	322.38	332.13	342.64	354.07	366.63	380.41		
2,5-二甲酚	292.74	300.48	308.65	317.35	326.73	336.91	348.0	360.23	373.71	
2,6-二甲酚	299.85	308.39	317.48	327.28	337.91	349.55	362.32	376.47		
3,4-二甲酚	304.0	312.0	320.45	329.41	339.0	349.30	360.48	372.66	386.06	
3,5-二甲酚	309.86	318.44	327.53	337.16	347.54	358.76	371.0	384.39	399.12	

① 20～140℃和 160～380℃的数据分别来自不同资料。

② 温度为 440、460、480、500℃时，其值分别为 307.39、317.86、333.10、359.05J/(mol·℃)。

8.9.3 固态酚的比热容

表8.9.3 固态酚的比热容 单位：kJ/（kg·℃）

名称	温度/℃	数值或计算式	名称	温度/℃	数值或计算式
邻苯二酚	−163～熔点	1.164+0.00410t	间苯二酚	−160～熔点	1.126+0.00494t
对苯二酚	−250，−240	0.105^{-250},0.159^{-240}	溴酚	32	1.10
	−220，−200	0.255^{-220},0.339^{-200}	α-萘酚	50～熔点	1.004+0.00615t
	−150～熔点	1.122+0.00389t	β-萘酚	61～熔点	1.006+0.00536t

8.10 比焓

8.10.1 酚类的焓

表8.10.1 酚类的比焓 单位：kJ/mol

物料名	25℃时理想气体标准生成焓	熔化焓	25℃时标准燃烧焓	常规沸点下的汽化焓	物料名	25℃时理想气体标准生成焓	熔化焓	25℃时标准燃烧焓	常规沸点下的汽化焓
苯酚	−96.40	11.51	−2921	46.48	间乙基苯酚	−146.6	—	—	50.83
邻氯苯酚	−123.0	13.50	−2790	40.12	对乙基苯酚	−144.0	11.89	−4133	50.338
间氯苯酚	−140.2	13.60	−2760	45.86	对叔辛基酚	−288.4	28.60	−7776	54.43
对氯苯酚	−128.1	14.70	−2780	47.04	壬基酚	−291.0	—	−8420	61.37
邻甲氧基苯酚	−249.0	12.50	−3408	50.33	邻甲酚	−128.6	15.82	−3528	46.29
对甲氧基苯酚	−249.0	16.20	−3400	53.59	间甲酚	−132.3	10.71	−3528	48.22
2,3-二甲基苯酚	−157.2	21.02	−4116	48.896	对甲酚	−125.4	12.71	−3523	48.35
2,4-二甲基苯酚	−162.9	12.84	−4128	48.16	2,6-二叔丁基对甲酚	−319.1	19.83	−8400	51.00
2,5-二甲基苯酚	−161.6	23.38	−4110.6	48.59	邻苯二酚	−272.0	22.76	−2733	55.24
2,6-二甲基苯酚	−161.8	18.90	−4119.8	45.42	间苯二酚	−274.7	21.00	−2719	64.26
3,4-二甲基苯酚	−156.6	18.13	−4114.9	51.83	对苯二酚	−277.0	27.11	−2720	63.90
3,5-二甲基苯酚	−161.5	18.00	−4112.8	49.78	对叔丁基邻苯二酚	−374.7	12.50	−5154	61.12
对叔丁基苯酚	−192.1	14.52	−5360	50.72	1,2,3-苯三酚	−434.2	18.55	−2536	69.35
二壬基苯酚	−487.0	0	−14000	76.68	双酚A	−191.8	29.29	−7465	79.88
邻乙基苯酚	−145.8	—	—	48.11					

8.10.2 酚类的汽化焓

表8.10.2 酚类的汽化焓 单位：kJ/mol

名称	温度/℃											
	20	40	60	80	100	120	140	160	180	200	220	240
苯酚			53.26	52.00	50.96	49.75	48.48	47.16	45.77	44.30	42.76	37.34
对苯二酚									73.45	71.93	70.36	68.74

续表

名称	温度/℃											
	20	40	60	80	100	120	140	160	180	200	220	240
邻甲酚		54.52	53.44	52.32	51.16	49.96	48.70	47.39	46.01	44.56	43.03	41.40
间甲酚	59.03	57.93	56.81	55.65	54.44	53.19	51.89	50.53	49.11	47.61	46.03	44.36
对甲酚		58.00	56.87	55.70	54.50	53.24	51.93	50.56	49.13	47.63	46.04	44.36
2,3-二甲酚				56.28	55.12	53.91	52.66	51.36	50.00	48.58	47.08	45.50
2,4-二甲酚		58.33	57.20	56.03	54.83	53.57	52.27	50.91	49.48	47.99	46.41	44.74
2,5-二甲酚				55.26	54.12	52.94	51.71	50.43	49.10	47.70	46.23	44.68
2,6-二甲酚			53.20	52.09	50.95	49.76	48.52	47.23	45.88	44.45	42.94	41.35
3,4-二甲酚				59.96	58.75	57.49	56.19	54.83	53.41	51.93	50.38	48.73
3,5-二甲酚				59.49	58.24	56.95	55.59	54.19	52.71	51.17	49.54	47.82

名称	温度/℃										
	260	280	300	320	340	360	380	400	420	440	460
苯酚	39.34	37.43	35.35	33.03	30.41	27.35	23.56	18.34			
对苯二酚①	67.04	65.26	63.40	61.45	59.39	57.20	54.87	52.35	49.61	46.60	43.22
邻甲酚	39.65	37.77	35.72	33.45	30.89	27.91	24.28	19.40	10.24		
间甲酚	42.57	40.65	38.56	36.27	33.71	30.77	27.27	22.80	15.98		
对甲酚	42.56	40.62	38.52	36.21	33.62	30.65	27.10	22.53	15.42		
2,3-二甲酚	43.8	42.02	40.09	37.99	35.68	33.08	30.10	26.51	21.85	14.34	
2,4-二甲酚	42.95	41.04	38.96	36.67	34.13	31.21	27.76	23.38	16.88		
2,5-二甲酚	43.03	41.27	26.82	37.32	35.05	32.51	29.58	26.06	21.50	14.19	
2,6-二甲酚	39.64	37.79	35.79	33.58	31.09	28.22	24.76	20.21	12.57		
3,4-二甲酚	47.00	45.14	43.15	41.00	38.64	36.01	33.01	29.47	25.03	18.62	
3,5-二甲酚	45.99	44.03	41.92	39.60	37.05	34.15	30.77	26.62	20.96	91.36	

① 温度为480、500、520、540℃时，其值分别为39.33、34.67、28.61、18.93kJ/mol。

N 算图 8.4

一些酚类的汽化热（第828页右）

8.10.3 酚类蒸气的比焓

表8.10.3 酚类蒸气的比焓 单位：kJ/kg

温度/℃	40	60	80	100	120	140	160	180	200
酚	610	640	682	712	748	783	817	850	885
邻甲酚	556	590	630	663	700	736	775	805	845
对甲酚	576	612	650	684	720	755	790	825	860

温度/℃	220	240	260	280	300	320	340	360
酚	917	950	985	1005	1023	1047	1060	1066
邻甲酚	880	914	952	978	1000	1032		
间甲酚	893	930	960	990	1012	1052		
对甲酚		930	965					

8.10.4 液态酚的比焓

表8.10.4 液态酚的比焓 单位：kJ/kg

温度/℃	20	40	60	80	100	120	140	160	180
酚	40	84	130	170	216	250	300	348	400
邻甲酚	42	83	121	167	218	262	312	356	406
间甲酚、对甲酚	42	83	122	168	220	265	315	360	410
温度/℃	200	220	240	260	280	300	320	340	360
酚	440	500	550	610	670	724	784	834	900
邻甲酚	456	510	563	610	670	726	793	843	
间甲酚、对甲酚	460	515	568	616	675	732	800	850	

注：计算基准：0℃为0kJ/kg。

8.11 其他

8.11.1 绝对熵

表8.11.1 酚类的绝对熵（25℃） 单位：J/(K·kmol)

物料名	绝对熵	物料名	绝对熵	物料名	绝对熵
苯酚	314810	2,6-二甲基苯酚	389720	对甲酚	350750
邻/间氯苯酚	351000	3,4-二甲基苯酚	391160	2,6-二叔丁基对甲酚	573900
对氯苯酚	345000	3,5-二甲基苯酚	391690	邻苯二酚	345000
邻甲氧基苯酚	350400	对叔丁基苯酚	437900	间苯二酚	318000
对甲氧基苯酚	325800	二壬基苯酚	1019000	对苯二酚	344170
对乙基苯酚	390540	对叔辛基酚	560900	对叔丁基邻苯二酚	462800
2,3-二甲基苯酚	390080	壬基酚	673000	1,2,3-苯三酚	372500
2,4-二甲基苯酚	397720	邻甲酚	352590	双酚A	544000
2,5-二甲基苯酚	395760	间甲酚	356040		

8.11.2 酚类的物理性质

算图 8.5
苯酚的物理性质（第 829 页左）

算图 8.6
液态邻甲酚的物理性质（第 829 页右）

算图 8.7
液态间甲酚的物理性质（第 830 页左）

算图 8.8
液态对甲酚的物理性质（第 830 页右）

8.12 危险品特性

表8.12.1 酚类的危险品特性

名称	CAS 号	危险品编号	饱和蒸气压[①] /kPa	燃烧性	闪点/℃	自燃温度/℃	建规火险分级	爆炸下/上限(体积分数)/%	灭火方法	危险品类别	风险性代号	安全代号
对叔丁基邻苯二酚	98-29-3			可	151	—	丙	—	W, P, R, G, T		R21；R34；R43	S24；S26；S36/37/39；S45
对叔丁基酚	98-54-4	61701		可	97	—	丙	—	W, P, R, G, T	6.1	R37/38；R41；R51/53	S26；S39；S61
2,4-二亚硝基间二苯酚	118-02-5	41526		易	—	115	甲	—	W, P, R, G, T	4.1		
2,6-二叔丁基对甲酚	128-37-0		0.0013(20)	可	126.7	470	丙	—	W, P, R, G, T		R22；R36/37/38	S26；S37/39
2,4-二氯酚	120-83-2	61704	0.13(53)	可	113	—	丙	—	W, P, R, G, T	6.1	R22；R24；R34；R51/53	S26；S36/37/39；S45；S61
2,6-二氯酚	87-65-0	61704	0.53(80)	可	—	—	丙	—	W, P, R, G, T	6.1		
2,3-二氰基对苯二酚	4733-50-0	61643	—	可	—	—		—	W, G, P, R, T, JSJ	6.1		
1,5-二硝基甲酚	605-71-0	41016	—	易	—	—	甲	—	W, G, P, R, T	4.1	R36/37/38；R52/53；R68	S26；S29；S36/37/39；S61
二硝基仲丁基苯酚	88-85-7	61893		易	2	—	乙	—	P, R, G, T	6.1	R36/38	S26；S37/39
2,4-二硝基间苯二酚	519-44-8	11053		易	—	—	爆炸品	—	W, P, R	1		
2,4-二硝基苯酚	51-28-5	41010	—	易	—	—	甲	—	G, P, R, T	4.1	R23/24/25；R33；R50	S28A；S37；S45；S61
二硝基重氮酚	87-31-0	11021		易	—	—	爆炸品	—	S, JT	1		
2,4-二硝基萘酚	605-69-6	61719		可	—	—	乙	—	W, P, R, G, T	6.1	R23/24/25	S45
2,4,6-三硝基苯酚	88-89-1	11057	—	可	150	—	爆炸品	—	W, JT	1	R1；R4；R11；R23/24/25	S25；S36/37；S45
2,4,6-三溴酚	118-79-6			可	—	—		—	W, P, R, G, T		R20/22；R36/37/38；R51/53	S26；S37/39；S61
五氯苯酚	87-86-5	61876	5.32(211.2)	不	※	※		※	W, P, R, T	6.1	R24/25；R26；R36/37/38；R40；R50/53	S22；S36/37；S45；S52；S60；S61
对异丙基苯酚	99-89-8	83507	0.13(67)	可	—	—	丙	—	P, R, G, T	8.3	R22；R34；R43；R52/53	S26；S36/37/39；S45；S61
邻异丙基苯酚	88-69-7	83507	0.13(56.6)	可	88	—	丙	—	P, R, G, T	8.3	R34	S26；S36/37/39；S45
间异丙基苯酚	618-45-1	83507		可	97	—	丙	—	P, R, G, T	8.3		
间甲苯硫酚	108-40-7	83014		可	72	—	丙	—	W, P, R, G, T	8.3	R20/21/22；R36/37/38	S26；S36/37/39
对甲苯硫酚	106-45-6	83014	—	可	68	—	乙	—	P, R, T, W	8.3	R20/21/22；R36/37/38	S26；S36/37/39
邻甲苯硫酚	137-06-4	83014	—	可	63	—	乙	—	W, P, R, T	8.3	R20/21/22；R36/37/38	S26；S36/37/39
对甲氧基苯酚	150-76-5		<0.0013(20)	可	>110	420	丙	—	P, R, G, T		R22；R36；R43	S24/25；S26；S37/39；S46
邻甲氧基苯酚	90-05-1		0.014(25)	可	82.2	—	丙	—	W, P, R, G, T		R22；R36/38	S26

续表

名　称	CAS 号	危险品编号	饱和蒸气压①/kPa	燃烧性	闪点/℃	自燃温度/℃	建规火险分级	爆炸下/上限(体积分数)/%	灭火方法	危险品类别	风险性代号	安全代号
4-甲基苯硫酚	106-45-6	83014	—	可	68	—	乙	—	P, R, T, W	8.3	R20/21/22; R36/37/38	S26; S36/37/39
2-甲酚	95-48-7	61073	0.13(38.2)	可	81	598	丙	1.4(148℃)/—	W, P, R, T	6.1	R24/25; R34	S36/37/39; S45
3-甲酚	108-39-4	61073	0.13(52)	可	86	558	丙	1.1/1.3	W, P, R, T	6.1	R24/25; R34	S36/37/39; S45
4-甲酚	106-44-5	61073	0.13(53)	可	94.4	559	丙	1.1(150℃)/—	W, P, R, T	6.1	R24/25; R34	S36/37/39; S45
对苄氧基苯酚	103-16-2			可	—	—	丙	—	W, P, R, G, T, JT		R36; R43	S24/25; S26; S37
对苯二酚	123-31-9	61725	0.13(132.4)	可	165	499	丙	—	W, P, R, G, T	6.1	R22; R40; R41; R43; R50; R68	S26; S36/37/39; S61
邻苯二酚	120-80-9	61725	1.33(118.3)	可	127	—	丙	1.9/—	W, P, R, G, T	6.1	R21/22; R36/38	S22; S26; S37
间苯二酚	108-46-3	61725	0.13(108.4)	可	127	608	丙	—	W, P, R, G, T	6.1	R22; R36/38; R50	S26; S61
间苯三酚	6099-90-7	61727	—	可	—	—	丙	—	W, P, R, G, T	6.1	R36/37/38	S26; S37/39
邻苯基苯酚	90-43-7		0.93(140)	可	123	—	丙	—	W, P, R, G, T		R36/37/38; R50	S22; S61
苯硫酚	108-98-5	61090	1.33(46.4)	易	51	—	乙	—	W, P, R, T	6.1	R10; R24/25; R26; R36/37/38	S16; S26; S28A; S36/37/39; S45
苯酚	108-95-2	61067	0.13(40.1)	可	79	715	丙	1.7/8.6	W, P, R, T	6.1	R23/24/25; R34; R40; R48/20/21/22	S28A; S36/37; S45
2-氨基苯酚	95-55-6	61720	—	可	—	—	丙	—	W, P, R, T, G	6.1	R20/22; R68	S28A; S36/37
3-氨基苯酚	591-27-5	61720	1.47(164)	可	—	—	丙	—	W, P, R, T, G	6.1	R20/22; R51/53	S28; S61
4-氨基苯酚	123-30-8	61720	0.4(150)	可	—	—	丙	—	W, P, R, T, G	6.1	R20/22; R50/53; R68	S28A; S36/37; S60; S61
α-萘酚	90-15-3		0.13(94)	可	—	541.7	丙	0.8/5.0	P, R, G, T		R21/22; R37/38; R41	S2; S22; S26; S37/39
β-萘酚	135-19-3			可	—	—	丙	—	P, R, G, T		R20/22; R50	S24/25; S61
4-氯-2-硝基苯酚	89-64-5	61716	—	可	—	—	丙	—	W, P, R, T, G	6.1	R20/21/22; R36/37/38	S26; S36/37/39
对氯酚	106-48-9	61703	0.13(49.8)	可	115	—	丙	—	W, P, R, G, T	6.1	R20/21/22; R51/53	S28A; S61
邻氯酚	95-57-8	61703	0.13(12.1)	可	63.9	—	丙	—	W, P, R, G, T	6.1	R20/21/22; R51/53	S28A; S61
间氯酚	108-43-0	61703	0.13(44.2)	可	>110	—	丙	—	W, P, R, G, T	6.1	R20/21/22; R51/53	S28A; S61
2-硝基-4-甲苯酚	119-33-5	61717	2.93(125)	可	108	—	丙	—	W, P, R, T, G	6.1	R36/37/38	S28A; S45
对硝基苯酚	100-02-7	61712	0.92(16)	易	—	283	乙	—	W, P, R, G, T	6.1	R20/21/22; R33	S28A
邻硝基苯酚	88-75-7	61712	0.13(49.3)	易	—	—	乙	—	W, P, R, G, T	6.1	R20/21/22; R33	S36/37; S45
间硝基苯酚	554-84-7	61712	9.33(194)	易	—	—	乙	—	W, P, R, G, T	6.1	R20/21/22; R33; R36/37/38	S22; S26; S36/37/39; S45
2-溴苯酚	95-56-7	61710	1.73(87.3)	易	42	—	乙	—	P, R, G, T	6.1	R10; R22; R36/37/38	S16; S26; S37/39
4-溴苯酚	106-41-2	61710	1.47(118.2)	可	—	—	—	—	W, P, R, T	6.1	R22; R36/37/38	S26; S37/39

① 括号内的数字为饱和蒸气压对应的温度（℃）。

第9章
醚　类

目 录

9.1 一般特性

9.1.1 醚类的一般特性

表9.1.1 醚类的一般特性

名称	分子式	分子量	密度d_4^{20} /(g/cm³)	颜色	形态	性状	溶解性能					正常熔点t_m /℃	正常沸点t_b /℃	临界温度T_c /K	临界压力p_c /MPa	临界体积V_c /(cm³/mol)	临界压缩因子Z_c	偏心因子ω	偶极矩 /D	折射率n^{20}
							水	乙醇	乙醚	苯	其他									
甲醚(二甲醚)	C_2H_6O	46.07	0.667	无	气	可燃	++	+	+	÷	+丙酮、氯仿	-141.49	24.8	400.3	5.34	166	0.267	0.204	1.3	1.3018
乙醚(二乙醚)	$C_4H_{10}O$	74.12	0.7138	无	液	麻醉	÷	∞	∞		①	-116.2	34.4	466.7	3.644	281	0.264	0.285	1.15	1.3526
丙醚(二丙醚)	$C_6H_{14}O$	102.18	0.7466	无	液	易燃		∞	∞			-114.8	90.1	530.6	3.028	389.5	0.270	0.370	1.21	1.3809
异丙醚(二异丙醚)	$C_6H_{14}O$	102.18	0.7192^{25}	无	液	麻醉	÷÷	∞	∞		②	-85.37	68.4	500.3	2.832	386	0.263	0.338	1.13	1.3658^{25}
丁醚(二丁醚)	$C_8H_{18}O$	130.23	0.7684	水白	液	醚味	÷÷	∞	∞			-96	141.6	584	2.30	501.5	0.259	0.467	1.17	1.3992
仲丁醚(二仲丁醚)	$C_8H_{18}O$	130.23	0.756^{25}	无	液	高毒	–	∞	∞			-100	121.9	562.0	2.540	489.5	0.266	0.410		1.394
叔丁醚(二叔丁醚)	$C_8H_{18}O$	130.23	0.7658	无	液	易燃						-78.2	107.1	550.0	2.45	479.5	0.268	0.331		1.3949
异丁醚(二异丁醚)	$C_5H_{18}O$	130.23	0.761^{25}	无	液	易燃	–	∞	∞			-100	122.7	562	2.530	487	0.264			1.3749
戊醚	$C_{10}H_{22}O$	158.28	0.7833	无	液	易燃	–	∞	∞			-69	190.0	627	2.00	593	0.252	0.595		1.4119
异戊醚	$C_{10}H_{22}O$	158.28	0.7777	无	液	果香	–	∞	∞		∞氯仿		172.5	614	2.15					1.4085
己醚	$C_{12}H_{26}O$	186.33	0.7936	无	液	稳定	÷÷	∞	∞				226	657	1.82	720	0.24	0.7		1.4204

① 易溶于苯、丙酮和粗汽油；极易溶于氯仿。

② 混溶于氯仿、乙醇胺及多元醇。

9.1.2 甲基、乙基醚的一般特性

表9.1.2 甲基、乙基醚的一般特性

名称	分子式	分子量	密度d_4^{20} /(g/cm³)	颜色	形态	性状	溶解性能					正常熔点t_m /℃	正常沸点t_b /℃	临界温度T_c /K	临界压力p_c /MPa	临界体积V_c /(cm³/mol)	临界压缩因子Z_c	偏心因子ω	偶极矩 /D	折射率n^{20}
							水	乙醇	乙醚	苯	其他									
甲基乙基醚	C_3H_8O	60.10	0.7251^{0}	无	气	稳定	+	∞	∞			-113	6	437.9	4.38	222	0.267	0.219		1.3441
甲基丙基醚	$C_4H_{10}O$	74.12	0.7356^{13}	无	液		÷	∞	∞		∞多数有机溶剂		38.5	476.2	3.801	274.0	0.263	0.271	1.2	1.3579^{25}
甲基异丙基醚	$C_4H_{10}O$	74.12	0.7237^{15}	无	液	麻醉							30.8	464.4	3.762	277.0	0.270	0.279		1.3576
甲基丁基醚	$C_5H_{12}O$	88.15	0.7392^{25}	无	液		–	∞	∞		∞多数有机溶剂	-115.7	70.1	512.7	3.37	329	0.260	0.316	1.3	1.3736

续表

名称	分子式	分子量	密度d_4^{20}/(g/cm³)	颜色	形态	性状	溶解性能					正常熔点t_m/℃	正常沸点t_b/℃	临界温度T_c/K	临界压力p_c/MPa	临界体积V_c/(cm³/mol)	临界压缩因子Z_c	偏心因子ω	偶极矩/D	折射率n^{20}
							水	乙醇	乙醚	苯	其他									
甲基仲丁基醚	$C_5H_{12}O$	88.15	0.7415	无	液		∞	∞纯	∞		①		59.1	497.4	3.315	321.0	0.575	0.2973		1.368[25]
甲基叔丁基醚	$C_5H_{12}O$	88.15	0.7353[25]	无	液		−				+汽油	−108.6	55.1	497.1	3.430	321	0.266	0.267		1.369
甲基异丁基醚	$C_5H_{12}O$	88.15	0.7311	无	液	香气	−	∞	∞				58.6	495.9	3.314	321.0	0.258	0.2972		
甲基正戊基醚	$C_6H_{14}O$	102.18	0.759[22]	无	液								99.0	546.5	3.042	391.0	0.262	0.347		1.386[22]
甲基叔戊基醚	$C_6H_{14}O$	102.18	0.7660[25]	淡黄	液		−	+		+	+CS_2、脂肪		86.4	535	3.20	374	0.269	0.301		1.886
甲基异戊基醚	$C_6H_{14}O$	102.18	0.7517	无	液								91.0	533.2	3.028	373.6	0.255	0.345		1.3830
六甲基二甲硅醚	$C_4H_{18}OSi_2$	162.38	0.7638	无	液	潮解	−	+	+	+	+多数有机溶剂	−66	99	534.1	1.91	573.0	0.280			1.3774
甲基乙烯基醚	C_3H_6O	58.08	0.7725[25]	无	气	香味	÷					−122	6							
甲基烯丙基醚	C_4H_8O	72.11	0.8100	无	液		÷	∞	∞		∞多数有机溶剂	−119	44.7	488.3	4.073	250.3	0.251	0.287		1.3802
乙二醇二甲醚	$C_6H_{14}O_3$	138.17	0.9434	无	液	醚味	∞	∞			+烃类	−68	162	617						1.4097
乙二醇二乙醚	$C_6H_{14}O_2$	112.18	0.8484	无	液		+	++	++		++氯仿		119.4							1.3860
乙基丙基醚	$C_5H_{12}O$	88.15	0.7386	无	液	挥发	÷÷	∞	∞		∞苯、氯仿	−127.5	63	500.2	3.370	339	0.275	0.346	1.16	1.3695
乙基异丙基醚	$C_5H_{12}O$	88.15	0.720[25]	无	液								54.1	448.4	3.305	321.0	0.261	0.296		1.3698[25]
乙基正丁基醚	$C_6H_{14}O$	102.18	0.7495	无	液		−	+	+			−124	89	531.0	3.040	390.0	0.270	0.400	1.2	1.3818
乙基仲丁基醚	$C_6H_{14}O$	102.18	0.7503	无	液		−	∞	∞				81.0	520.6	3.015	373.6	0.260	0.343		1.3802
乙基叔丁基醚	$C_6H_{14}O$	102.18	0.736[25]	无	液							−94.0	72.7	509.4	2.934	395	0.274	0.306		1.3756
乙基异丁基醚	$C_6H_{14}O$	102.18	0.751	无	液		−	∞	∞				81.0	520.5	3.014	373.6	0.260	0.343		1.3739
乙烯基甲醚	C_3H_6O	58.08	0.75	无	液	易燃	÷					−121.6	6	437	4.670	210	0.27			0.2416
乙基乙烯基醚	C_4H_8O	72.11	0.7589	无	液		÷			+	+丙酮、CCl_4	−115.8	36	475.2	4.070	263	0.268	0.266	1.3	1.3767
乙基丙烯基醚	$C_5H_{10}O$	86.13	0.7651	无	液		+						66.5	518.0	3.35					1.3881
乙基叔戊基醚	$C_7H_{16}O$	116.20	0.7606[25]	无	液								101.5	546	2.935	463	0.299			1.3915
乙二醇单甲醚	$C_3H_8O_2$	76.09	0.9665	无	液	微香	∞	∞	∞		②	−85.1	124.5	597.6	5.285	263	0.280	0.731		1.4028
丙二醇单甲醚	$C_4H_{10}O_2$	90.12	0.92	无	液	醚味	∞					−96	120	553	4.340	294	0.278			1.4060
1,2-丙二醇醚	$C_6H_{14}O_3$	134.18	1.0206	无	液		−	+	+	+			230.5	705.2	3.38		0.277	1.47		
丁基乙烯基醚	$C_6H_{12}O$	100.16	0.776	无	液		÷					−92	93.6	536	3.120	364	0.255	0.380		1.4
异丁基乙烯基醚	$C_6H_{12}O$	100.16	0.7645	无	液		÷	+	+			−112	83							

① 微溶于氯仿、甲醇；混溶于丙酮混溶。
② 混溶于丙酮、乙二醇和甘油。

9.1.3 芳烃醚类的一般特性

表9.1.3 芳烃醚类的一般特性

名称	分子式	分子量	密度d_4^{20} /(g/cm³)	颜色	形态	性状	溶解性能					正常熔点t_m /℃	正常沸点t_b /℃	临界温度T_c /K	临界压力p_c /MPa	临界体积V_c /(cm³/mol)	临界压缩因子Z_c	偏心因子ω	偶极矩 /D	折射率n^{20}
							水	乙醇	乙醚	苯	其他									
苯甲醚	C_7H_8O	108.14	0.9940	稻黄	液		1.6g/L					−37.3	153.6	646.5	4.24	341	0.269	0.369	1.2	1.5174
苯乙醚	$C_8H_{10}O$	122.16	0.9651	无	油	异臭	−	+	+			−29.6	169.8	647	3.4	390	0.249	0.415		1.5076
1-甲基苯甲醚	$C_8H_{10}O$	122.16	0.985^{25}	无	液	花香	−	+	+		−甘油	−34.1	173	662.0						
2-甲基苯甲醚	$C_8H_{10}O$	122.16	0.969^{25}	无	液		−	+	+			−55.5	177	665.3						1.561
3-甲基苯甲醚	$C_8H_{10}O$	122.16	0.969^{25}	无	液							−31.6	175.5	666						
苯基乙烯基醚	C_8H_8O	120.15	0.9770	无	液		−	+	+				155.5							
对氨基苯乙醚	$C_8H_{11}ON$	137.18	1.0652^{16}	无	油		−	+	+	+	+氯仿和无机酸	−4.7	254	754	3.570	446	0.254			
二苯醚	$C_{12}H_{10}O$	170.21	1.0661^{30}	无	正		÷÷	÷	∞	+	+乙酸	26.87	258.0	767	3.06	529	0.265	0.44	1.1	1.579^{25}
苄乙醚	$C_9H_{12}O$	136.19	0.9478	无	油	芳香		∞	∞				186							1.4955
苄醚(二苄醚)	$C_{14}H_{14}O$	198.26	1.0428	无	液		−	+++			+多数有机溶剂	19	298	777	2.560	634	0.251			1.569
氯甲基甲醚	C_2H_5ClO	80.51	1.105	微黄	液	刺激		+	+		+多数有机溶剂	−103.5	59.5	520.1	5.03		0.255	0.276		1.397

9.1.4 醇醚的一般特性

表9.1.4 醇醚的一般特性

名称	分子式	分子量	密度d_4^{20} /(g/cm³)	颜色	形态	性状	溶解性能					正常熔点t_m /℃	正常沸点t_b /℃	临界温度T_c /K	临界压力p_c /MPa	临界体积V_c /(cm³/mol)	临界压缩因子Z_c	偏心因子ω	偶极矩 /D	折射率n^{20}
							水	乙醇	乙醚	苯	其他									
乙二醇单乙醚	$C_4H_{10}O_2$	90.12	0.9297	无	液	微香	∞	∞			∞丙酮、乙二醇	−70	135	579.2	4.145	283.7	0.244	0.6510	2.12	1.4080
乙二醇单异丙醚	$C_5H_{12}O_2$	104.15	0.9030	无	液	异味	+				∞多数有机溶剂		145	584.5	3.628	329.0	0.246	0.633		1.4095
乙二醇单丁醚	$C_6H_{14}O_2$	118.17	0.902^{25}	无	液	微香	∞					−70	171	641.2	2.480	549	0.255			1.419
二乙二醇单甲醚	$C_5H_{12}O_3$	120.15	1.035	无	液	略苦	∞	∞	∞	∞	∞丙酮、氯仿	−70	194	672	3.67		0.298	0.870		1.444
二乙二醇单乙醚	$C_6H_{14}O_3$	134.18	0.9885	无	液	苦味	∞	∞	∞	∞	∞丙酮、氯仿		202	670	3.17			0.901		1.4273
二乙二醇单丙醚	$C_7H_{16}O_3$	148.20	0.965	无	液		∞	∞		∞	∞汞、酮类	−53.3	214.8	680	3.00	489	0.259			
二乙二醇单丁醚	$C_8H_{18}O_3$	162.23	0.9553	无	液	易燃	∞	+纯	++	+	+丙酮等	−68	232	692	2.79	537	0.26	0.937		1.4258
二乙二醇二甲醚	$C_6H_{14}O_3$	134.17	0.9434	无	液		+	∞	∞		∞烃类	−64.0	162	617	2.860	422	0.239	0.5775		1.4087
二乙二醇二乙醚	$C_8H_{18}O_3$	162.23	0.9063	无	液		+					−44.3	185	624	2.370	558	0.255	0.6807		1.4115

续表

名称	分子式	分子量	密度d_4^{20} /(g/cm³)	颜色	形态	性状	溶解性能					正常熔点 t_m /℃	正常沸点 t_b /℃	临界温度 T_c /K	临界压力 p_c /MPa	临界体积 V_c /(cm³/mol)	临界压缩因子 Z_c	偏心因子 ω	偶极矩 /D	折射率 n^{20}
							水	乙醇	乙醚	苯	其他									
二乙烯基醚	C_4H_6O	70.09	0.773	无	液	挥发	÷	+	+		+丙酮、氯仿	−101	28	463	4.250	250	0.276			1.393
二丙二醇单甲醚	$C_7H_{16}O_3$	134.18	0.958	无	液	黏稠	∞	∞	∞	∞		−80	155.6	612	2.900	466	0.266	0.8803		1.4220
二辛醚	$C_{16}H_{34}O$	242.44	0.806	微黄	液		+					−7	287	707	1.440	910	0.223			
三乙二醇单乙醚	$C_8H_{18}O_4$	178.23	1.020		液		∞	∞	∞	∞			253±6	679	2.480	567	0.249	1.0589		
三乙二醇单丁醚	$C_{10}H_{22}O_4$	206.28	1.0021		液		++					−47.4	//	695	2.110	684	0.25	1.1376		1.441
三乙二醇二甲醚	$C_8H_{18}O_4$	178.23	0.986	无	液		∞				∞烃类	−45	216	651	2.310	548	0.234	0.7915		1.423
三丙二醇单甲醚	$C_{10}H_{22}O_4$	206.28	0.968	无	液	醚味	+					−79	100^{266Pa}	657	2.180	652	0.26	1.1254		1.43
四乙二醇二甲醚	$C_{10}H_{22}O_5$	222.28	1.0114	无	液		∞						274	705	1.940	674	0.223	0.9652		
乙烯基甲醚	C_3H_6O	58.08	0.744	无	液	易燃	÷					−122	6	436.2	4.76	205	0.27			1.3947
乙烯基乙醚	C_4H_8O	72.11	0.753	无	液		÷			+	+丙酮、CCl_4	−116	33	475.2	4.072	260	0.268			1.376

9.1.5 含硫醚的一般特性

表9.1.5 含硫醚类的一般特性

名称	分子式	分子量	密度d_4^{20} /(g/cm³)	颜色	形态	性状	溶解性能					正常熔点 t_m /℃	正常沸点 t_b /℃	临界温度 T_c /K	临界压力 p_c /MPa	临界体积 V_c /(cm³/mol)	临界压缩因子 Z_c	偏心因子 ω	偶极矩 /D	折射率 n^{20}
							水	乙醇	乙醚	苯	其他									
二甲硫醚	C_2H_6S	62.13	0.8483	无	液	异味	−	+	+		+多数有机溶剂	−98.26	37.32	503	5.53	203.7	0.269	0.189	1.5	1.4438
二乙硫醚	$C_4H_{10}S$	90.19	0.8362	无	液		÷	+	+			−103.9	92.1	557.8	3.90	317.6	0.267	0.294	1.6	1.440
二丙硫醚	$C_6H_{14}S$	118.24	0.814^{17}	淡黄	液	异味	−	+	+			−102.68	142.8							
二异丙硫醚	$C_6H_{14}S$	118.24	0.8142	无	液							−78.03	120.0							1.4379
二丁硫醚	$C_8H_{18}S$	146.00	0.8386	无	液							−74.97	168	650	2.48	537.5	0.260	0.394	1.58	1.4530
二戊硫醚	$C_{10}H_{22}S$	174.35	0.8407									−51.3	$86^{3.7}$							
二甲二硫醚	$C_2H_6S_2$	94.20	1.0625	无-浅黄	液	不透明	−	∞	∞		∞乙酸	−84.67	109.72	607.8	5.07	255.5	0.268	0.238	1.97	1.5289
二乙硫醚	$C_4H_{10}S$	90.19	0.8362	无	液		÷	+	+			−103.9	92.1	557.8	3.90	317.6	0.272	0.292	1.8	1.4430
二乙二硫醚	$C_4H_{10}S_2$	122.25	0.9931	淡黄	液		−	+	+			−101.5	154.0	642						1.506
二丙二硫醚	$C_6H_{14}S_2$	150.32	0.9599									−85.4	196	673.0	2.75	479.5	0.277	0.370		1.4981

续表

名称	分子式	分子量	密度d_4^{20} /(g/cm³)	颜色	形态	性状	溶解性能 水	乙醇	乙醚	苯	其他	正常熔点 t_m /℃	正常沸点 t_b /℃	临界温度 T_c /K	临界压力 p_c /MPa	临界体积 V_c /(cm³/mol)	临界压缩因子 Z_c	偏心因子 ω	偶极矩 /D	折射率 n^{20}
二丁二硫醚	$C_8H_{18}S_2$	146.29	0.938										236							1.496
二苯硫醚	$C_{12}H_{10}S$	186.27	1.1136	无	液		÷	+	+			-25.9	296	841.5	3.741	631.3	0.338	0.396	1.55	1.6334
甲乙硫醚	C_3H_8S	76.16	0.8422		油		÷	+	+			-105.89	66.6	533	4.25	257.5	0.262	0.216		1.4404
甲丙硫醚	$C_4H_{10}S$	118.24	0.8424									-112.96	95.5	588.0	3.17	425.5	0.278	0.376		1.4506
甲异丙硫醚	$C_4H_{10}S$	90.19	0.8291									-101.47	84.7							
甲丁硫醚	$C_5H_{12}S$	104.21	0.8426									-97.81	123.4							
甲戊硫醚	$C_6H_{14}S$	118.24	0.8431									-94	148							
苯乙硫醚	$C_8H_{10}S$	138.23	1.0211									-35.2	205	717.7	3.91	496.6	0.307	0.347		1.5670
甲硫醚	C_2H_6S	62.13	0.85	淡黄	油	恶臭	-	+	+			-98	38	503.2	5.53	201	0.266			
乙硫醚	$C_4H_{10}S$	90.19	0.837^{25}	无	油	大蒜味	÷	+	+			-100	91±1	557.2	3.96		0.272			1.442
乙丙硫醚	$C_5H_{12}S$	104.21	0.8370	无	液			+				-117.03	118.5							1.4430
乙丁硫醚	$C_6H_{14}S$	118.24	0.8376									-95.1	144.2	609.0	3.00	425.5	0.265	0.374		1.4492
丙硫醚	$C_6H_{14}S$	118.24	0.814^{17}	淡黄	液		-	+	+			-102.5	142.9	609.7	3.17	425.5	0.266	0.376		1.4487
戊硫醚	$C_{10}H_{22}S$	174.35	0.8407	无	液							-51.3	229	401.0	2.14	649.5	0.239	0.551		1.4561

9.1.6 其他醚类的一般特性

表9.1.6 其他醚类的一般特性

名称	分子式	分子量	密度d_4^{20} /(g/cm³)	颜色	形态	性状	溶解性能 水	乙醇	乙醚	苯	其他	正常熔点 t_m /℃	正常沸点 t_b /℃	临界温度 T_c /K	临界压力 p_c /MPa	临界体积 V_c /(cm³/mol)	临界压缩因子 Z_c	偏心因子 ω	偶极矩 /D	折射率 n^{20}
五氟二甲醚	C_2HF_5O	136.02												353.9	3.326	192	0.217			
邻硝基苯甲醚	$C_7H_7NO_3$	153.14	9.5	微黄	液		-	+	+		+多数有机溶剂	277	1.2540	782	3.760	422	0.244			1.5620
双(2-氯异丙基)醚	$C_6H_{12}Cl_2O$	171.06										187	1.103							1.4505
邻氨基苯乙醚	$C_8H_{11}NO$	137.18	<21	无	液	油	-	+	+		+稀酸	232.5		731.0	5.00					1.5560
对氨基苯乙醚	$C_8H_{11}NO$	137.18	1.2	无	液	油	-	+				254	1.0652							1.5528

9.2 密度

9.2.1 醚类蒸气的密度

表9.2.1　乙醚蒸气的比容和密度

温度/℃	−20	−15	−10	−5	0	5	10	15	20	25	30	35	40
比容/(cm^3/g)	2.505	2.190	1.861	1.578	1.276	1.036	0.8244	0.6497	0.5139	0.4144	0.3430	0.2961	0.2729
密度/(g/cm^3)	0.3992	0.4566	0.5373	0.6337	0.7838	0.9655	1.213	1.539	1.946	2.413	2.915	3.377	3.664

表9.2.2　二甲醚蒸气的密度

温度/℃	−20	−10	0	10	20	30	40	50	60	70	80	90	100	110	120
密度/(g/cm^3)	2.7	3.9	5.5	7.6	10.4	14.2	18.8	24.1	30.6	38.5	48.4	62.3	81.0	106	146

9.2.2 液态醚类的密度

表9.2.3　液态醚类的密度　　单位：g/cm^3

名　称	温度/℃											
	−100	−80	−60	−40	−20	0	20	40	60	80	100	120
甲醚	819.0	795.8	771.7	746.5	720.0	691.9	661.6	628.7	591.8	549.0	495.1	407.8
乙醚	842.9	822.0	800.7	779.3	757.7	735.8	713.3	689.9	665.3	638.9	610.8	574.6
丙醚	857.4	840.5	823.1	805.3	787.0	768.2	748.8	728.7	707.9	686.1	663.1	638.9
异丙醚		820.0	801.5	782.6	763.0	743.4	723.5	702.3	680.1	656.6	631.4	605.0
丁醚		848.6	833.7	817.3	801.8	785.2	768.2	751.2	734.3	716.3	697.0	677.6
戊醚			842.3	828.2	812.7	798.3	782.9	767.0	751.4	735.6	719.0	702.1

名　称	温度/℃											
	140	160	180	200	220	240	260	280	300	320	340	360
乙醚	537.4	493.6	428.4	364.3^{190}								
丙醚	612.9	584.7	553.5	517.8	474.5	413.3	358.9^{250}					
异丙醚	576.6	544.2	506.8	459.2	379.9							
丁醚	657.1	635.1	612.3	588.0	561.1	530.7	495.7	450.5	375.8			
戊醚	684.1	665.2	646.2	625.3	603.2	579.2	553.3	524.4	491.1	448.6	382.4	

表9.2.4　其他液态醚类的密度　　单位：g/cm^3

名　称	温度/℃											
	−100	−80	−60	−40	−20	0	20	40	60	80	100	120
甲乙醚	839.1	816.5	793.8	770.8	747.6	723.7	698.8	672.4	644.2	612.5	573.7	532.5
乙二醇甲醚		1072	1052	1030	1010	988.0	965.8	943.6	920.8	896.7	871.9	845.4
二乙二醇甲醚				1088	1066	1044	1021	997.5	973.7	949.8	924.4	898.7
二苯醚							1066^{30}	1058	1043	1027	1010	993.5
乙丙醚	846.1	828.3	810.1	791.4	772.2	752.3	731.7	710.2	687.7	664.1	638.9	611.9
甲基乙烯基醚	903.0	879.9	855.3	830.4	805.5	778.4	750.0	720.0	687.8	652.7	613.5	567.7

续表

名　称	温度/℃											
	−100	−80	−60	−40	−20	0	20	40	60	80	100	120
乙基乙烯基醚	883.4	862.6	842.1	820.4	798.4	776.5	752.7	728.5	702.3	674.5	644.7	613.0
苯甲醚					1033	1015	996.3	977.1	957.8	938.4	918.9	898.0
苯乙醚					1000	982.8	965.1	946.9	928.3	909.2	889.5	869.3
氯甲醚	1233	1207	1180	1153	1126	1098	1070	1042	1013	982.2	950.2	916.4
名　称	温度/℃											
	140	160	180	200	220	240	260	280	300	320	340	360
甲乙醚	480.5	382.8										
乙二醇甲醚	818.4	788.4	756.4	721.8	683.3	638.7	583.6	500.1	340.9^{290}			
二乙二醇甲醚	872.2	844.7	816.2	786.3	754.9	721.4	685.4	645.9	601.3	548.3	477.1	422.2^{350}
二苯醚①	976.7	960.0	942.6	924.2	905.5	886.7	866.8	846.4	824.1	802.0	778.2	752.7
乙丙醚	582.4	549.4	511.1	462.9	385.6							
甲基乙烯基醚	508.6	372.6										
乙基乙烯基醚	576.8	534.1	477.7	325.3								
苯甲醚	876.0	854.1	830.9	806.6	780.8	753.5	724.4	692.0	656.2	614.7	561.1	474.4
苯乙醚	848.4	826.8	804.3	780.7	755.9	729.5	701.3	670.6	636.5	597.3	549.4	481.3
氯甲醚	880.4	835.0	788.1	736.3	670.2	555.3						

① 温度为 380、400、420、440、460、480、490℃时，其值分别为 725.5、695.7、662.3、624.1、575.9、504.3、385.5 g/cm³。

9.2.3 导热姆的密度

表9.2.5　饱和导热姆的密度和比容

温度/℃		20	30	40	50	60	70	80	90	100	110	120	130	140
密度/(g/cm³)	液态	1062	1054	1046	1037	1029	1021	1013	1004	996	987	979	970	962
	气态				0.0025	0.0045	0.0079	0.0133	0.0282	0.0347	0.0537	0.0812	0.1195	0.1727
比容/(cm³/g)	液态	0.9416	0.9488	0.9560	0.9643	0.9718	0.9794	0.9872	0.9960	1.004	1.013	1.021	1.031	1.040
	气态				400	222	127	75.2	35.5	28.8	18.6	12.3	8.368	5.790
温度/℃		150	160	170	180	190	200	210	220	230	240	250	260	270
密度/(g/cm³)	液态	953	945	936	927	918	909	901	892	882	873	864	855	846
	气态	0.2450	0.3406	0.4655	0.6301	0.8339	1.097	1.418	1.815	2.301	2.882	3.581	4.400	5.381
比容/(cm³/g)	液态	1.049	1.058	1.068	1.079	1.089	1.100	1.110	1.121	1.134	1.145	1.157	1.170	1.182
	气态	4.082	2.936	2.148	1.587	1.199	0.912	0.705	0.551	0.435	0.347	0.279	0.227	0.186
温度/℃		280	290	300	310	320	330	340	350	360	370	380	390	400
密度/(g/cm³)	液态	836	827	818	808	798	787	779	769	759	748	738	727	717
	气态	6.517	7.846	9.339	11.10	13.16	15.39	17.98	20.88	24.23	27.92	32.19	36.95	42.35
比容/(cm³/g)	液态	1.196	1.209	1.222	1.238	1.253	1.271	1.284	1.300	1.318	1.337	1.355	1.376	1.395
	气态	0.153	0.127	0.107	0.0901	0.0760	0.0650	0.0556	0.0479	0.0413	0.0358	0.0311	0.0271	0.0236

注：导热姆是一种强极性化合物，为 26.5% 的联苯 $(C_6H_5)_2$ 和 73.5% 的联苯醚 $(C_6H_5)_2O$ 的共溶点混合物。

表9.2.6　饱和导热姆在饱和线上的密度　　单位：g/cm^3

A型	T_{sat}/K	530.25	555	580	605	630	655	680	700	730	770.15
	p_{sat}/kPa	101.3	170.4	270	411	600	848	1170	1470	2040	3134
	液体	851.9	826	799	770	740	706	670	637	573	315.5
	气体	3.96	6.47	10	15.2	22	31.8	40.1	60.1	100	315.5
J型	T_{sat}/K	454.26	480	500	520	540	560	580	600	620	656.1
	p_{sat}/kPa	101.3	187	279	351	536	804	1070	1460	1870	2837
	液体	729.3	705.3	683.5	660.9	636.6	609.5	580.8	545.4	505.3	273.8
	气体	3.75	6.7	9.79	14.2	20.3	28.7	39.5	63.9	96.4	273.8

9.3　相变点

9.3.1　醚类的常规沸点

表9.3.1　醚类的常规沸点

物料名	常规沸点/K	液相摩尔体积/（m^3/kmol）	物料名	常规沸点/K	液相摩尔体积/（m^3/kmol）	物料名	常规沸点/K	液相摩尔体积/（m^3/kmol）
乙二醇单丙基醚	424.5	0.131809	乙基正己基醚	417.15	0.198071	乙酸二乙二醇单甲基醚	482.45	0.242902
乙二醇-2-乙基己基醚	501.15	0.252969	乙基叔戊基醚	374.57	0.169554	二乙醚	307.58	0.106367
乙基丁基醚	365.35	0.150866	乙烯基甲醚	278.65	0.07544	二正丙醚	363.23	0.150538
乙基异丙基醚	326.15	0.128915	乙烯基乙醚	308.7	0.0976008	二异丙醚	341.45	0.151659
乙基丙基醚	337.01	0.129455	乙酸乙二醇单丁基醚	465.15	0.209256	二正戊醚	459.9	0.248055
二壬基醚	591	0.470644	二乙二醇单丁基醚	504.15	0.21239	二乙基硫醚	431.15	0.149768
二乙二醇二甲基醚	435.65	0.17217	二乙二醇丙基醚	487.99	0.190506	二丙二醇单甲基醚	461.45	0.192049
二乙二醇二乙基醚	462.15	0.22046	二乙烯醚	301.45	0.0964046	二仲丁基醚	394.2	0.195388

表9.3.2　其他醚类的常规沸点

物料名	常规沸点/K	液相摩尔体积/（m^3/kmol）	物料名	常规沸点/K	液相摩尔体积/（m^3/kmol）	物料名	常规沸点/K	液相摩尔体积/（m^3/kmol）
二异丁基醚	395.76	0.198186	甲基异丙基醚	303.92	0.104747	丙二醇-1-叔丁基醚	417.15	0.179255
二丙二醇叔丁基醚	515	0.257293	甲基正丙基醚	312.2	0.104506	丙二醇-2-叔丁基醚	425.15	0.180483
二苯基醚	531.46	0.198843	甲基-*N*-丁基醚	343.35	0.12752	丁基乙烯基醚	366.97	0.142832
二苄醚	561.45	0.243528	甲基仲丁基乙醚	332.15	0.125558	叔丁基乙基醚	345.95	0.149589
二辛烷醚	559.65	0.405247	甲基叔丁基乙醚	328.35	0.125523	双氰乙基醚	579	0.157265
二巯基乙醚	490.15	0.144653	甲基异丁基乙醚	331.7	0.127422	苄基甲基醚	458.15	0.16884
丁醚	413.44	0.198965	甲基正戊基醚	372	0.150005	苯乙醚	443.15	0.149857
三乙二醇乙基醚	529.15	0.229733	甲基叔戊基醚	359.51	0.145013	对氨基苯乙醚	527	0.166317
三乙二醇二甲基醚	489.15	0.243201	甲基苯基醚	426.73	0.125308	邻硝基苯甲醚	546.15	0.154984
三丙二醇单甲基醚	515.55	0.277692	甲硫醚	310.48	0.074986	对氯甲醚	378	0.097019
四乙二醇二甲基醚	548.95	0.304334	丙二醇单甲基醚	393.25	0.113686	氯甲基甲醚	332.65	0.080865
甲醚	248.31	0.063045	异丙基丁基醚	382.3	0.175865			
甲乙硫醚	339.8	0.096371	异丙基异丁基醚	371.2	0.176176			

9.3.2 含醚二元共沸物的共沸点

表9.3.3 第一组分为乙醚、丙醚和异丙醚的二元共沸物的共沸点

（1）第一组分 乙醚

质量分数/%	98.7	70	88	70	48	85	44	70	99	40	52
第二组分（余量）	水	庚烷	2-甲基丁烷	二氯乙烷	2-甲基-1,3-丁二烯	2-甲基-2-丁烯	甲酸甲酯	戊烷	二硫化碳	氟化氢	三氯化硼
共沸点/℃	34.15	33.4	37.2	40.8	33.2	34.2	28.25	33.4	34.5	74	125

（2）第一组分 丙醚

质量分数/%	56	70	55	78	88	80	<50	65
第二组分（余量）	乙醇	丙醇	异丙醇	仲丁醇	异丁醇	叔戊醇	乙酸异丙酯	异丙基碘
共沸点/℃	74.5	85.7	77.9	87.4	89.5	88.8	<89.5	89.0

（3）第一组分 异丙醚

质量分数/%	95.5	40	>80	53	64	39	83.7	35	<96
第二组分（余量）	水	2,2-二氯丙烷	甲基环戊烷	己烷	氯仿	丙酮	异丙醇	1-丙硫醇	丙腈
共沸点/℃	62.2	74	<68.0	67.5	70.5	54.2	66.2	66	<67.0

表9.3.4 第一组分为丁醚、戊醚和异戊醚的二元共沸物的共沸点

（1）第一组分 丁醚

质量分数/%	67	30	55	90	12	56.8	<89	90	48	55
第二组分（余量）	水	1,1,2,2-四氯乙烷	2,2-二氯乙醇	乙二醇	丁醇	2-氯乙醇	糠醛	乙酰胺	戊醇	乙酸异戊酯
共沸点/℃	92.9	148.0	136	140	122.2	123	<138.5	<142	134	141.4

（2）第一组分 戊醚

质量分数/%	35	<17	32	74	14	33	>50	45	>40	>12
第二组分（余量）	水	糠醛	苯甲醛	乙二醇	2-辛醇	2-丁氧基乙醇	乙醇胺	苯胺	1,2-二乙酰氧基乙烷	二(2-氯乙基)醚
共沸点/℃	98.1	<158.5	175.2	168.8	179.8	169	<160.0	177.5	<179.0	<176.0

（3）第一组分 异戊醚

质量分数/%	46	81	<15	52	22	>50	40	50	80
第二组分（余量）	水	乙二醇	2,2-二氯乙醇	1,3-二氯-2-丙醇	环己醇	2-氨基乙醇	甲基环己醇	糠醇	乙酰胺
共沸点/℃	97.4	162.8	<145.5	165.9	158.8	<160.0	166.2	165.7	178
质量分数/%	72	35	70	84	45	63.5	45	61	35
第二组分（余量）	苯胺	丁酸	异戊酸	氯化乙酸	二氯甲烷	对二氯苯	糠醛	二氯乙醚	苯乙醚
共沸点/℃	169.6	160	169	171.95	166.5	172.4	153.9	169.35	169.2

质量分数/%	46	70.5	70	20	<78	46	10
第二组分（余量）	乙二醇一丁醚	对甲基苯甲醚	乙酰乙酸乙酯	乙酸己酯	丙二酸二甲酯	草酸二甲酯	异戊酸异丁酯
共沸点/℃	164.9	172	169.5	171.2	171.3	154.8	170.95

表9.3.5　第一组分为乙二醇一乙醚和乙二醇一丙醚的二元共沸物的共沸点

（1）第一组分　乙二醇一乙醚

第一组分/%	第二组分（其余）	共沸点/℃（压力/kPa）	第一组分/%	第二组分（其余）	共沸点/℃（压力/kPa）
85	水	66.4（26.66）	50	甲苯	110
76		82.1（53.33）	86	庚烷	96.5
73		98.2（98.66）	50	二丁醚	127
71.2		99.4（101.3）	64.3	乙酸丁酯	125.8
72	乙苯	53.9（5.67）	30	乙酸异戊酯	133.8
52		127.8（101.3）	49	间二甲苯	128.8
58	苯乙烯	59.8（5.67）			

（2）第一组分　乙二醇一丙醚

质量分数/%	28	68	5	37	48	20	86
第二组分（余量）	水	二戊烯	四氯乙烯	苯乙烯	α-蒎烯	辛烷	糠醛
共沸点/℃	98.8	148.5	120.6	140.5	142	122.8	101.1
质量分数/%	18	50	≈48	35	25.5	24	60
第二组分（余量）	乙苯	异丙苯	溴苯	邻二甲苯	间二甲苯	对二甲苯	2-氯甲苯
共沸点/℃	134.5	147	148.2	140.3	137	136.3	149.5
质量分数/%	70	37	77	≈20	95	87.5	
第二组分（余量）	4-氯甲苯	二丁基醚	二异戊基醚	丙酸丁酯	乳酸乙酯	1-氧基-2-乙酰氧基乙醇	
共沸点/℃	149.7	138.5	150.1	<145.0	151.3	151.3	

表9.3.6　第一组分为乙丁醚和乙二醇一丁醚的二元共沸物的共沸点

（1）第一组分　乙丁醚

第二组分	质量分数/%	共沸点/℃	第二组分	质量分数/%	共沸点/℃	第二组分	质量分数/%	共沸点/℃
甲醇	56	62.6	乙醇	49.3	73.8	水	12.1	76.6

（2）第一组分　乙二醇一丁醚

第一组分质量分数/%	37	15	54
第二组分（余量）	苯酚	邻甲酚	二异戊基醚
共沸点/℃	186.35	191.5	161.95

表9.3.7　第一组分为苯甲醚和苯乙醚的二元共沸物的共沸点

（1）第一组分　苯甲醚

质量分数/%	59.5	89.5	2.5	74.5	90	87	<40	95	68
第二组分	水	乙二醇	2-氯乙醇	2-氨基乙醇	糠醇	丙酸	三氯乙酸乙酯	氨基甲酸乙酯	异硫氰酸烯丙基酯
共沸点/℃	95.9	150.5	128.6	145.8	153.5	141.2	149	153.5	151.5

（2）第一组分　苯乙醚

质量分数/%	41	35	81	89.2	62	63	76	70	78
第二组分	水	丁酸	乙二醇	乙酰胺	2-碘代乙醇	1,3-二氯-2-丙醇	乙酰乙酸乙酯	2-氨基乙醇	氨基甲酸乙酯
共沸点/℃	97.3	162.4	161.5	168.3	166	168.8	169.8	151	166.2

表9.3.8　第一组分为对甲氧基甲苯和乙基苄基醚的二元共沸物的共沸点

（1）第一组分　对甲氧基甲苯

质量分数/%	77.2	79	41	68	29	>97	95
第二组分	乙二醇	仲辛醇	1,3-二氯-2-丙醇	2,3-二氯-1-丙醇	2-甲基环已醇	苯酚	邻二氯苯
共沸点/℃	166.6	176.3	173.1	175.5	167.5	177	179.6

续表

质量分数/%	89	58	40	63	29.5	11	35
第二组分	乙酰胺	异戊酸丁酯	丙二酸二甲酯	氨基甲酸乙酯	二异戊醚	糠醛	桉树脑
共沸点/℃	174.2	176.4	＜174.8	154.5	172.5	161.35	175.4

（2）第一组分　乙基苄基醚

质量分数/%	63	＞53	66	78	55	83	92	＜20
第二组分	丙二酸二甲酯	硫酸二甲酯	氨基甲酸乙酯	乙二醇	2-氨基乙醇	乙酰胺	丙酰胺	吡唑
共沸点/℃	178	＜182.8	175	169	159.8	179	182.5	＜184.2

表9.3.9　第一组分为双(2-氯乙基)醚等的二元共沸物的共沸点

（1）第一组分　双（2-氯乙基）醚

质量分数/%	＜11	60	28	＞63	＜140	25	80	75	88
第二组分(余量)	甲基异丙苯	邻二氯苯	对二氯苯	邻溴甲苯	2-甲基环己醇	乙二醇一乙醚	异戊酸丁酯	氨基甲酸乙酯	硫酸丁酯
共沸点/℃	＜176.4	176.5	173.45	＜177.9	＜167.5	170.85	170	171	178.4

质量分数/%	79	＞22	50	＜62	13.7	39	97	＞60	＞14	43
第二组分(余量)	乙二醇	己醇	庚醇	仲辛醇	2-氯乙醇	二异戊醚	乙酰胺	苯酚	邻氯苯酚	桉树脑
共沸点/℃	171.05	＜157.0	173.5	＜177.2	128.2	169.35	178.25	＜176.2	＜176.5	173.35

（2）其他含醚二元共沸物

质量分数/%	水/4	水/23	水/96.8	水/91	甲醇/15.0	甲醇/72.0	乙醇/44.0
第二组分(余量)	乙丙醚	异丁醚	二苯醚	间苯二酚二乙醚	二甲硫醚	二丙醚	二丙醚
共沸点/℃	59.5	88.6	99.3	99.7	34.0	63.8	74.5

质量分数/%	丙醇/30.0	异丙醇/14.0	戊醇/52.0	乙二醇/10.0	乙二醇/60.0	甘油/22.0	异丙醇/10.0
第二组分(余量)	二丙醚	二异丙醚	二丁醚	二丁醚	二苯醚	二苯醚	乙丙醚
共沸点/℃	90.4	66.2	134.0	140.0	193.1	246.3	62.0

9.3.3　醚类的三元共沸物的共沸点

表9.3.10　醚类的三元共沸物的共沸点

第一组分	第二组分	含量/%	第三组分	含量/%	共沸点/℃
乙醚	甲酸甲酯	40	戊烷	52	20.4
	水	1.6	二硫化碳	93.4	41.3
丙醚	水	11.7	丙酮	20.2	74.8

9.3.4　三相点

表9.3.11　醚类的三相点

物料名	三相点温度/K	三相点压力/Pa	三相点的液相和固相恒压热容差/[J/(K·kmol)]	物料名	三相点温度/K	三相点压力/Pa	三相点的液相和固相恒压热容差/[J/(K·kmol)]
乙基丙基醚	145.65	0.0007393	62022	四乙二醇二甲基醚	243.45	0.0003138	26120
乙酸乙二醇单丁基醚	209.65	0.0074387	40759.7	甲乙硫醚	167.23	0.224563	42471.8
二乙二醇二甲基醚	209.11	0.0100822	101995	甲基正丙基醚	133.97	0.0048875	52387.9
二乙二醇二乙基醚	228.85	0.0760297	26482.3	甲基异丙基醚	127.93	0.0024971	47362.2
二乙二醇丙基醚	220.15	0.0004086	1349200000	甲基-*N*-丁基醚	157.48	0.0194303	57391.4

续表

物料名	三相点温度/K	三相点压力/Pa	三相点的液相和固相恒压热容差/[J/(K·kmol)]	物料名	三相点温度/K	三相点压力/Pa	三相点的液相和固相恒压热容差/[J/(K·kmol)]
二乙醚	156.85	0.395447	44447.4	甲基叔丁基乙醚	164.55	0.535656	19225.4
二正丙醚	149.95	0.0007626	74950.6	甲基苯基醚	235.65	2.44662	38847.1
二异丙醚	187.65	6.8582	40465.9	甲硫醚	174.88	7.86415	29072.4
二苯基醚	300.03	7.08738	50329.5	双氰乙基醚	246.85	1.004×10^{-5}	7228.47
二苄醚	276.75	0.012879	29227	苄基甲基醚	275.65	23.102	20112
二辛烷醚	265.55	0.0009015	34665.4	苯乙醚	243.63	1.7769	40976.4
三乙二醇丁基醚	264	0.004516	88337.6	对氨基苯乙醚	277	0.189174	11241.2
三乙二醇乙基醚	254.45	0.010752	79314.8	邻硝基苯甲醚	283.6	0.100056	37723.7
三乙二醇二甲基醚	229.35	0.0008067	128251	对氯甲醚	231.65	32.9431	12436.7
三丙二醇单甲基醚	231.15	0.0001115	46816.2				

9.4 黏度

9.4.1 气态醚类的黏度

表9.4.1 气态醚类的黏度 单位：μPa·s

名称	温度/K								
	150	200	250	300	350	400	450	500	550
甲醚	4.622	6.063	7.570	9.122	10.70	12.28	13.84	15.38	16.89
乙醚		4.957	6.220	7.508	8.796	10.07	11.31	12.51	13.68
丙醚	3.531	4.661	5.781	6.894	7.999	9.099	10.19	11.29	12.38
异丙醚		4.829	5.989	7.141	8.286	9.426	10.56	11.69	12.83
丁醚		4.231	5.248	6.257	7.261	8.260	9.254	10.24	11.23
戊醚			4.690	5.592	6.489	7.381	8.270	9.155	10.04
名称	温度/K								
	600	650	700	750	800	850	900	950	1000
甲醚	18.36	19.79	21.18	22.53	23.84	25.12	26.37	27.58	28.77
乙醚	14.80	15.89	16.94	17.96	18.96	19.92	20.86	21.77	22.67
丙醚	13.46	14.48	15.46	16.39	17.30	18.17	19.17	19.84	20.64
异丙醚	13.91	14.93	15.92	16.86	17.77	18.65	19.51	20.34	21.15
丁醚	12.22	13.20	14.14	15.03	15.89	16.73	17.53	18.32	19.08
戊醚	10.92	11.80	12.67	13.50	14.30	15.08	15.82	16.55	17.25

表9.4.2 其他气态醚类的黏度 单位：μPa·s

名称	温度/K								
	150	200	250	300	350	400	450	500	550
甲乙醚	4.326	5.710	7.082	8.445	9.799	11.15	12.50	13.82	15.07
乙二醇甲醚		5.264	6.529	7.785	9.033	10.28	11.51	12.74	13.97
二乙二醇甲醚			6.460	7.702	8.938	10.17	11.39	12.61	13.82
二苯醚				6.028	6.994	7.956	8.914	9.868	10.82
乙丙醚	3.682	4.860	6.028	7.187	8.340	9.487	10.63	11.77	12.91
甲基乙烯基醚		5.945	7.373	8.791	10.20	11.60	13.01	14.39	15.69
乙基乙烯基醚		5.417	6.719	8.011	9.296	10.57	11.85	13.13	14.37

续表

名称	温度/K								
	150	200	250	300	350	400	450	500	550
苯甲醚			5.959	7.105	8.244	9.378	10.51	11.63	12.75
苯乙醚			5.492	6.548	7.598	8.644	9.684	10.72	11.75
氯甲醚		5.945	7.374	8.792	10.20	11.60	13.00	14.39	15.80
名称	温度/K								
	600	650	700	750	800	850	900	950	1000
甲乙醚	16.26	17.39	18.48	19.52	20.53	21.51	22.46	23.38	24.28
乙二醇甲醚	15.21	16.41	17.55	18.65	19.71	20.73	21.72	22.68	23.61
二乙二醇甲醚	15.04	16.26	17.46	18.61	19.72	20.79	21.83	22.84	23.81
二苯醚	11.77	12.71	13.65	14.59	15.55	16.48	17.38	18.25	19.10
乙丙醚	14.00	15.03	16.02	16.97	17.89	18.78	19.64	20.47	21.29
甲基乙烯基醚	16.92	18.10	19.23	20.31	21.36	22.37	23.36	24.32	25.25
乙基乙烯基醚	15.55	16.67	17.74	18.78	19.77	20.73	21.67	22.58	23.46
苯甲醚	13.87	14.99	16.11	17.18	18.22	19.21	20.18	21.11	22.02
苯乙醚	12.78	13.81	14.85	15.84	16.80	17.72	18.62	19.48	20.32
氯甲醚	17.15	18.45	19.68	20.87	22.02	23.12	24.19	25.23	26.25

9.4.2 液态醚类的黏度

表9.4.3 液态醚类的黏度　　单位：mPa·s

名称	温度/℃											
	−100	−80	−60	−40	−20	0	20	40	60	80	100	120
甲醚	0.710	0.483	0.354	0.273	0.220	0.182	0.155	0.131	0.107	0.086	0.067	0.050
乙醚	1.54	0.945	0.636	0.459	0.348	0.275	0.225	0.188	0.161	0.140	0.125	0.104
丙醚	4.41	2.44	1.51	1.01	0.725	0.544	0.425	0.343	0.283	0.239	0.206	0.180
异丙醚		1.81	1.14	0.780	0.566	0.431	0.340	0.277	0.231	0.197	0.170	0.138
丁醚		5.84	3.25	2.00	1.32	0.933	0.690	0.530	0.420	0.342	0.285	0.241
戊醚			7.21	3.98	2.41	1.57	1.09	0.789	0.595	0.463	0.370	0.302
名称	温度/℃											
	140	160	180	200	220	240	260	280	300	320	340	360
乙醚	0.084	0.067	0.052	0.045^{190}								
丙醚	0.148	0.124	0.103	0.084	0.067	0.052	0.045^{250}					
异丙醚	0.115	0.095	0.077	0.061	0.046							
丁醚	0.208	0.182	0.161	0.137	0.115	0.095	0.076	0.060	0.046			
戊醚	0.252	0.214	0.184	0.160	0.156	0.133	0.112	0.093	0.075	0.059	0.045	

表9.4.4 其他液态醚类的黏度　　单位：mPa·s

名称	温度/℃											
	−100	−80	−60	−40	−20	0	20	40	60	80	100	120
甲乙醚	0.966	0.635	0.452	0.341	0.269	0.220	0.185	0.159	0.145	0.121	0.099	0.080
乙二醇甲醚		47.3	15.1	5.89	2.66	1.85	0.752	0.451	0.288	0.193	0.135	0.098
二乙二醇甲醚				63.3	28.1	14.0	7.69	4.56	2.88	1.91	1.33	0.958
二苯醚							5.74^{30}	4.35	2.62	1.67	1.12	0.782
乙丙醚	2.50	1.49	0.981	0.693	0.517	0.402	0.324	0.269	0.227	0.196	0.172	0.138
甲基乙烯基醚	1.20	0.775	0.543	0.404	0.315	0.255	0.212	0.181	0.151	0.126	0.103	0.082

续表

名 称	温度/℃											
	-100	-80	-60	-40	-20	0	20	40	60	80	100	120
乙基乙烯基醚	1.48	0.913	0.617	0.446	0.340	0.269	0.220	0.185	0.158	0.138	0.140	0.117
苯甲醚					2.21	1.49	1.06	0.788	0.607	0.481	0.391	0.325
苯乙醚					3.59	2.20	1.44	0.994	0.718	0.548	0.416	0.330
氯甲醚	2.39	1.45	0.967	0.691	0.521	0.409	0.332	0.277	0.236	0.205	0.181	0.161
苄醚						10.5	5.33	3.21				

名 称	温度/℃											
	140	160	180	200	220	240	260	280	300	320	340	360
甲乙醚	0.063	0.048										
乙二醇甲醚	0.074	0.242	0.203	0.168	0.136	0.107	0.081	0.059	0.049^{290}			
二乙二醇甲醚	0.713	0.543	0.427	0.341	0.289	0.243	0.201	0.163	0.129	0.098	0.072	0.060^{350}
二苯醚①	0.565	0.421	0.322	0.252	0.201	0.163	0.134	0.112	0.095	0.200	0.178	0.157
乙丙醚	0.116	0.096	0.078	0.061	0.047							
甲基乙烯基醚	0.064	0.048										
乙基乙烯基醚	0.096	0.078	0.061	0.047								
苯甲醚	0.275	0.236	0.205	0.181	0.192	0.168	0.145	0.125	0.106	0.088	0.072	0.058
苯乙醚	0.268	0.221	0.186	0.159	0.191	0.167	0.145	0.124	0.105	0.088	0.072	0.058
氯甲醚	0.162	0.137	0.114	0.094	0.076	0.059						

① 温度为380、400、420、440、460、480、490℃时，其值分别为0.138、0.120、0.103、0.087、0.073、0.060、0.054 mPa·s。

表9.4.5 液态导热姆的黏度 单位：mPa·s

温度/℃	20	40	60	80	100	120	140	160	180	200
导热姆	0.430	0.252	0.173	0.128	0.091	0.078	0.063	0.053	0.045	0.039
温度/℃	220	240	260	280	300	320	340	360	380	400
导热姆	0.034	0.030	0.026	0.023	0.021	0.018	0.017	0.016	0.015	0.014

表9.4.6 其他醚的黏度 单位：mPa·s

温度/℃	0	15	20	30	40	60	88
甲硫醚	0.361	0.315	0.302		0.257		
乙硫醚	0.563		0.451	0.404		0.299	0.249
邻氨基苯乙醚	16.5		6.08	4.22			
间氨基苯乙醚				12.9			
对氨基苯乙醚			12.9	8.30			

9.5 表面张力

9.5.1 醚类的表面张力

表9.5.1 醚类的表面张力 单位：mN/m

名 称	温度/℃											
	-100	-80	-60	-40	-20	0	20	40	60	80	100	120
甲 醚	30.23	27.06	23.95	20.91	17.93	15.04	12.24	9.546	6.972	4.549	2.330	0.449
乙 醚	32.36	29.69	27.06	24.47	21.94	19.45	17.02	14.66	12.36	10.13	7.996	5.958
丙 醚	33.56	31.30	29.06	26.86	24.68	22.54	20.48	18.36	16.32	14.33	12.38	10.48

续表

名称	温度/℃											
	-100	-80	-60	-40	-20	0	20	40	60	80	100	120
异丙醚		28.87	26.59	24.34	22.13	19.96	17.83	15.74	13.71	11.73	9.805	7.950
丁　醚		32.78	30.76	28.76	26.78	24.83	22.90	21.00	19.13	17.28	15.47	13.70
戊　醚			32.05	30.18	28.33	26.51	24.70	22.91	21.15	19.41	17.70	16.02

名称	温度/℃											
	140	160	180	200	220	240	260	280	300	320	340	360
乙　醚	4.041	2.281	0.751	0.144^{190}								
丙　醚	8.634	6.854	5.149	3.534	2.037	0.713	0.168^{250}					
异丙醚	6.170	4.480	2.900	1.467	0.274							
丁　醚	11.96	10.26	8.609	7.009	5.468	3.996	2.612	1.343	0.266			
戊　醚	14.36	12.73	11.14	9.589	8.076	6.609	5.195	3.842	2.566	1.390	0.373	

表9.5.2　其他醚类的表面张力

单位：mN/m

名称	温度/℃											
	-100	-80	-60	-40	-20	0	20	40	60	80	100	120
甲乙醚	33.00	29.98	27.01	24.10	21.25	18.47	15.77	13.14	10.61	8.189	5.889	3.745
乙二醇甲醚		45.91	42.96	40.04	37.15	34.31	31.50	28.73	26.00	23.33	20.70	18.13
二乙二醇甲醚				36.67	34.47	32.30	30.14	28.01	25.91	23.83	21.79	19.77
二苯醚							37.89^{30}	36.89	34.91	32.95	31.01	29.09
乙丙醚	34.43	31.92	29.44	27.00	24.60	22.23	19.91	17.63	15.39	13.21	11.09	9.037
甲基乙烯基醚	35.01	31.79	28.62	25.51	22.48	19.51	16.63	13.83	11.13	8.551	6.105	3.828
乙基乙烯基醚	35.10	32.28	29.50	26.78	24.10	21.47	18.90	16.39	13.94	11.59	9.314	7.133
苯甲醚					40.68	38.18	35.70	33.26	30.84	28.45	26.10	23.78
苯乙醚					37.54	35.23	32.94	30.68	28.45	26.25	24.08	21.95
氯甲醚	44.59	41.47	38.39	35.35	32.36	29.43	26.54	23.71	20.94	18.24	15.60	13.04

名称	温度/℃											
	140	160	180	200	220	240	260	280	300	320	340	360
甲乙醚	1.810	0.233										
乙二醇甲醚	15.61	13.16	10.79	8.502	6.313	4.244	2.335	0.674	0.038^{290}			
二乙二醇甲醚	17.79	15.85	13.94	12.08	10.27	8.503	6.798	5.163	3.610	2.164	0.870	0.318^{350}
二苯醚①	27.20	25.32	23.48	21.66	19.87	18.10	16.37	14.67	13.00	11.37	9.789	8.249
乙丙醚	7.057	5.167	3.386	1.754	0.365							
甲基乙烯基醚	1.782	0.148										
乙基乙烯基醚	5.069	3.149	1.429	0.076								
苯甲醚	21.50	19.25	17.05	14.90	12.80	10.75	8.769	6.858	5.033	3.314	1.735	0.386
苯乙醚	19.86	17.80	15.79	13.83	11.91	10.05	8.246	6.514	4.862	3.308	1.880	0.635
氯甲醚	10.58	8.212	5.965	3.864	1.959	0.371						

① 温度为380、400、420、440、460、480、490℃时，其值分别为6.759、5.327、3.962、2.679、1.501、0.481、0.080 mN/m。

算图9.1

醚类的表面张力（第831页左）

9.5.2 乙醚-丙酮溶液的表面张力

表9.5.3 乙醚-丙酮溶液的表面张力(30℃)

乙醚浓度(质量分数)/%	10	20	30	40	50	60	70	80
σ/(mN/m)	21.1	20.0	19.6	19.1	18.3	17.4	17.0	16.8

9.6 溶解度

表9.6.1 一些物料在醚中的溶解情况

物质	典型醚作溶剂						物质	典型醚作溶剂					
	乙醚	异丙醚	丁醚	二氧六环	二氯乙醚	二氯异丙醚		乙醚	异丙醚	丁醚	二氧六环	二氯乙醚	二氯异丙醚
硝酸纤维素(干)	+乙	+乙	–	+乙	+乙	–	烃类	+	+	+	+	+	+
醋酸纤维素	–	–	–	+	+乙	–	粗亚麻子油	+	+	+	+	+	+
加洛巴蜡		÷		$+^*$	$+^*$		虫胶	–	–	$\div^*$	+	–	$\div^*$
石蜡		+		$+^*$	+		贝壳松脂胶	–	–	+	+	–	$+^*$
蜂蜡		$+^*$		$+^*$	$+^*$	+	酯胶	+	+	+	+	+	+
松香	+	+		+	–	+	未硫化橡胶	+	+	$+_*$	÷	–	$\div_*$
脱蜡达马树脂	+	÷	+	+	–	+							

注:+—可溶;÷—微溶;–—不溶;+乙—溶于乙醇;$+^*$—可溶于热;$\div^*$—微溶于热;$+_*$—溶于但倾向于胶凝;$\div_*$—微溶但倾向于胶凝。

表9.6.2 甲醚在有机溶剂中的溶解度 单位:%(摩尔分数)

压强/kPa	1.5	15	30	50	70	100	120	150
四氯甲烷		0	2.698	5.324	10.00	15.54	19.15	24.57
苯		0.414	2.933	6.377	9.815	15.02	18.54	23.68
丙酮			0	3.166	6.489	11.56	14.90	20.15
氯苯	0	6.048	6.356	8.531	12.20	17.50	20.88	25.95
乙酸甲酯			0.250	3.595	6.996	12.22	15.70	22.45

9.7 热导率

9.7.1 气态醚类的热导率

表9.7.1 气态醚类的热导率 单位:mW/(m·K)

名称	温度/K								
	150	200	250	300	350	400	450	500	550
甲醚	5.690	9.540	14.18	19.62	25.86	32.84	40.50	48.95	58.16
乙醚		7.824	11.42	15.56	20.17	25.23	30.67	36.40	42.26
丙醚	4.226	6.904	10.13	13.85	18.03	22.59	27.45	32.59	37.95
异丙醚		6.778	10.17	14.10	18.54	23.35	28.49	33.93	39.58
丁醚		5.732	8.619	12.01	15.82	19.96	24.43	29.20	34.14
戊醚			8.326	11.42	14.94	18.74	22.89	27.24	31.80

续表

名称	温度/K								
	600	650	700	750	800	850	900	950	1000
甲　醚	67.78	78.24	89.12	100.8	113.4	126.4	139.7	154.0	168.6
乙　醚	48.53	54.81	60.67	67.36	74.06	80.33	86.61	92.47	98.32
丙　醚	43.51	48.95	54.81	60.67	66.53	72.38	77.82	83.68	89.12
异丙醚	45.19	51.46	57.32	63.18	69.45	75.31	81.17	87.03	92.88
丁　醚	39.25	44.35	49.79	55.23	60.67	65.69	71.13	76.57	81.59
戊　醚	36.48	41.34	46.44	51.04	56.07	61.09	66.11	71.13	76.15

表9.7.2　其他气态醚类的热导率　　单位：mW/(m·K)

名称	温度/K								
	150	200	250	300	350	400	450	500	550
甲乙醚	5.481	8.745	12.64	17.11	22.09	27.49	33.26	39.33	45.61
乙二醇甲醚		6.276	9.456	13.31	17.82	23.01	28.91	35.48	42.68
二乙二醇甲醚			7.950	11.38	15.48	20.21	25.61	31.63	38.33
二苯醚				7.573	10.33	13.43	16.78	20.33	24.02
乙丙醚	4.561	7.406	10.79	14.77	19.16	23.93	29.08	34.48	40.12
甲基乙烯基醚		8.368	12.09	16.36	21.09	26.19	31.63	37.36	43.10
乙基乙烯基醚		7.740	11.25	15.31	19.79	24.69	29.92	35.44	41.13
苯甲醚			6.485	9.247	12.43	16.15	20.33	25.02	30.21
苯乙醚			6.067	8.661	11.76	15.40	19.37	23.93	28.95
氯甲醚		7.448	11.13	15.40	20.29	25.73	31.76	38.33	45.61
名称	温度/K								
	600	650	700	750	800	850	900	950	1000
甲乙醚	52.30	58.58	65.27	71.96	79.08	85.77	92.47	98.74	105.4
乙二醇甲醚	50.63	59.41	68.62	78.66	89.54	101.3	113.4	126.4	140.2
二乙二醇甲醚	45.61	53.56	62.34	71.96	82.01	92.47	104.2	116.3	128.9
二苯醚	27.87	31.80	35.77	39.75	43.93	47.70	51.88	55.65	59.41
乙丙醚	46.02	51.88	57.74	64.02	69.87	76.15	82.01	87.86	93.72
甲基乙烯基醚	49.37	55.65	61.92	68.20	74.48	80.33	86.61	92.88	98.74
乙基乙烯基醚	46.86	53.14	58.99	64.85	71.13	76.99	83.26	89.12	94.56
苯甲醚	35.90	42.26	48.95	56.07	64.02	71.96	80.75	90.37	96.23
苯乙醚	34.48	40.50	46.86	53.97	61.50	69.45	78.24	87.45	97.07
氯甲醚	53.18	61.09	69.87	79.08	88.70	98.74	109.6	120.5	132.2

9.7.2　液态醚类的热导率

表9.7.3　液态醚类的热导率　　单位：mW/(m·K)

名称	温度/℃											
	−120	−100	−80	−60	−40	−20	0	20	40	60	80	100
甲　醚	237.2	205.9	181.6	162.3	146.0	132.6	120.9	110.5	101.3	93.72	87.86	
乙　醚		156.9	153.6	149.8	146.0	141.8	138.1	133.5	129.3	124.3	119.2	113.8
丙　醚	169.5	164.4	159.0	153.6	148.1	142.7	137.2	131.4	125.1	118.8	112.5	105.9
异丙醚			133.9	123.4	114.6	106.3	99.16	92.47	86.19	80.75	75.31	70.71
丁　醚			151.9	147.7	143.1	138.5	133.9	129.3	124.3	119.2	113.8	108.8
戊　醚				142.3	138.5	134.3	130.5	126.4	122.2	118.0	113.4	108.8

续表

名称	温度/℃											
	120	140	160	180	200	220	240	260	280	300	320	340
乙醚	107.5	100.4	92.05	79.50								
丙醚	98.74	91.63	83.68	75.31	66.11	55.65	43.10					
异丙醚	66.11	61.50	57.32	52.30	46.86							
丁醚	103.3	97.49	91.63	85.35	78.66	71.96	64.43	56.07	46.44	33.72		
戊醚	104.2	99.58	94.56	89.54	84.10	78.66	72.80	66.94	60.25	52.72	44.35	33.51

表9.7.4 其他液态醚类的热导率 单位：mW/(m·℃)

名称	温度/℃											
	−120	−100	−80	−60	−40	−20	0	20	40	60	80	100
甲乙醚	230.5	203.3	180.7	161.9	145.6	131.8	119.7	109.2	100.4	92.88	86.19	80.33
乙二醇甲醚			193.3	187.4	181.6	175.7	169.5	163.2	156.5	149.8	142.7	135.6
二乙二醇甲醚					160.2	155.6	151.0	146.4	141.8	136.8	131.8	126.8
乙丙醚	206.7	186.6	169.5	155.2	142.7	131.4	121.8	113.0	104.6	97.49	90.79	84.94
甲基乙烯基醚	323.4	284.1	251.5	224.3	201.3	181.6	164.4	150.2	137.7	127.2	118.4	110.5
乙基乙烯基醚		210.5	189.1	171.1	155.6	141.8	130.1	119.7	110.5	102.1	94.98	88.28
苯甲醚						182.4	172.8	163.6	155.2	147.3	139.7	133.1
苯乙醚						159.0	151.0	143.1	136.0	127.6	123.0	117.2
氯甲醚		155.2	154.0	152.3	150.6	148.1	145.6	142.7	139.7	136.8	133.9	131.4
联苯醚										138.1	135.8	132.5
石油醚								131^{30}	130	128	126	124

名称	温度/℃											
	120	140	160	180	200	220	240	260	280	300	320	340
甲乙醚	74.48	67.36										
乙二醇甲醚	128.4	120.5	112.5	104.2	95.40	85.77	74.89	62.76	47.70			
二乙二醇甲醚	121.8	116.3	110.9	105.0	99.16	92.88	86.19	79.50	71.96	64.02	54.81	43.93
乙丙醚	79.08	74.06	68.62	63.18	56.48							
甲基乙烯基醚	102.5	92.47										
乙基乙烯基醚	82.42	76.99	70.71	63.18								
苯甲醚	126.4	120.1	113.8	108.4	102.9	97.91	92.88	87.86	82.84	77.82	71.96	64.85
苯乙醚	111.3	105.9	100.8	95.81	90.79	86.19	82.01	77.40	73.22	68.62	63.18	57.32
氯甲醚	128.9	126.8	124.7	122.2	118.8	112.5						
联苯醚	128.6	124.6	121.2	118.4	116.1	113.9	110.5					

注：乙二醚的热导率：0℃，13.84 mW/(m·K)；20℃，15.24 mW/(m·K)；50℃，17.45 mW/(m·K)；100℃，21.28 mW/(m·K)。

表9.7.5 液态导热姆的热导率 单位：mW/(m·K)

名称	温度/℃											
	20	40	60	80	100	120	140	160	180	200	220	240
热导率	138.3	134.9	132.7	129.9	126.7	123.8	121.2	118.2	115.1	111.6	109.2	105.8

名称	温度/℃											
	260	280	300	320	340	360	380	400	420	440	460	
热导率	146.9	145.6	143.9	142.3	140.2	137.2	134.3	130.1	124.7	116.7	103.8	

9.8 蒸气压

表9.8.1 醚类的蒸气压（压强为自变量）

（1）$p \leqslant 101.3$kPa

名　称	0.1	0.2	0.4	0.7	1.0	2	4	7	10	20	40	70	101.3	熔　点 /℃
	相应于上述蒸气压（kPa）的温度/℃													
乙基甲基醚	-93.0	-87.6	-81.1	-75.1	-71.2	-63.2	-54.0	-45.8	-40.1	-28.3	-14.2	-1.5	7.5	
乙基丙基醚	-66.9	-59.9	-51.7	-44.4	-39.3	-29.1	-17.6	-7.1	0.2	15.5	33.5	49.9	61.7	
2-乙基苯甲醚	25.8	35.8	47.0	56.7	63.4	76.8	91.7	105.1	114.3	132.9	154.5	173.7	187.1	
3-乙基苯甲醚	29.7	39.9	51.3	61.2	68.1	81.9	97.4	111.5	121.0	140.2	162.7	182.7	196.5	
4-乙基苯甲醚	29.5	39.7	51.1	61.1	68.0	81.9	97.4	111.4	120.6	139.6	162.2	182.4	196.5	
4-乙基苯乙醚	44.4	54.9	66.5	76.6	83.6	97.4	112.6	126.0	135.3	154.0	175.9	195.0	208.0	
2-乙烯基苯甲醚	38.0	48.0	59.1	68.8	80.8	88.5	103.1	116.1	124.8	142.2	162.8	181.2	194.0	
3-乙烯基苯甲醚	39.5	49.6	60.9	70.7	77.4	90.8	105.6	118.6	127.5	145.2	166.3	184.8	197.5	
4-乙烯基苯甲醚	41.2	51.5	62.9	72.9	79.8	93.6	108.8	122.3	131.5	150.0	172.0	191.3	204.5	
4-乙烯基苯乙醚	59.9	70.5	82.3	92.6	99.6	113.7	129.1	142.6	151.8	170.6	192.8	212.0	225.0	
乙醚	-76.6	-70.4	-63.0	-56.4	-51.9	-43.0	-32.8	-24.2	-17.8	-4.5	10.9	24.8	34.6	-116.3
二乙二醇基乙基醚	41.3	51.5	62.9	72.9	79.9	93.8	109.3	123.0	132.2	150.2	171.0	189.3	201.9	
二正丁基硫醚	17.1	28.8	41.7	52.7	60.1	74.2	89.0	102.1	110.9	128.9	149.8	168.6	182.0	-79.7
二甲醚	-117.5	-112.5	-106.3	-100.6	-96.7	-89.1	-80.5	-72.8	-67.5	-56.8	-43.7	-32.0	-23.7	-138.5
二甲基硫醚	-77.9	-71.7	-64.2	-57.5	-53.0	-44.0	-33.6	-24.2	-17.8	-4.5	11.5	25.8	36.0	-83.2
二乙基硫醚	-42.6	-34.8	-25.9	-18.0	-12.6	-1.8	10.3	21.0	28.4	43.5	61.6	77.3	88.0	-99.5
二丙二醇醚	69.5	80.4	92.5	103.0	110.2	124.5	140.1	153.0	161.9	180.6	201.5	219.3	231.8	
二丙二醇基丁基醚	60.6	71.1	82.7	92.9	100.0	113.9	129.1	142.5	151.7	170.6	193.4	213.4	227.0	
二丙二醇异丙基醚	42.0	52.3	63.7	73.6	80.4	94.2	109.7	123.1	132.2	150.8	173.0	192.4	205.6	
二正丙基醚	-46.3	-38.5	-29.6	-21.7	-16.4	-5.4	7.1	18.3	26.1	42.1	61.0	77.8	89.5	-122
二异丙基醚	-59.7	-52.6	-44.2	-36.8	-31.7	-21.6	-10.2	0.3	7.4	22.2	40.1	56.2	67.5	-60
二甘醇二甲醚	9.4	18.7	29.2	38.4	44.7	57.1	70.9	83.2	91.9	109.3	129.5	147.3	159.8	
二甘醇二乙醚	66.2	76.0	86.9	96.5	102.6	114.7	128.7	142.0	151.5	171.3	194.6	215.9	231.2	
二异戊基硫醚	38.4	50.1	62.9	73.9	81.3	95.9	112.2	126.6	136.5	156.6	180.3	201.4	216.0	
二异戊醚	14.8	24.6	35.5	45.1	51.5	64.5	79.2	92.3	101.4	119.9	141.0	159.9	173.4	
二苄醚	91.9	104.2	117.7	129.3	137.3	153.0	171.0	187.1	197.7	219.2	243.9	265.7	281.0	
二苯醚	61.2	73.6	87.1	98.8	107.1	123.3	141.4	157.6	168.8	192.1	218.8	242.3	258.5	27

续表

名称	0.1	0.2	0.4	0.7	1.0	2	4	7	10	20	40	70	101.3	熔点/℃
	相应于上述蒸气压(kPa)的温度/℃													
二苯基二硫醚	126.6	139.3	153.1	165.0	173.2	189.5	206.8	222.0	232.3	252.8	275.7	295.9	310.0	61
二苯基硫醚	91.0	103.9	118.0	130.0	138.2	154.5	173.6	190.4	201.7	225.4	252.2	275.8	292.5	
二氯二异丙基醚	25.8	35.6	46.5	56.0	62.6	75.9	90.4	103.2	112.0	130.0	150.7	169.3	182.7	
二(2-氯乙基)醚	19.7	29.5	40.5	50.1	56.5	69.7	84.5	97.7	106.7	124.9	146.0	165.0	178.5	
二(2-溴乙基)醚	43.6	54.2	65.9	76.1	82.8	96.8	112.5	126.1	135.6	155.3	178.0	198.2	212.5	
三丙二醇基丁基醚	96.9	108.6	121.5	132.6	140.4	155.2	171.7	186.3	195.9	215.1	237.1	256.3	269.5	
三丙二醇基异丙基醚	77.8	89.5	102.3	113.4	120.9	136.4	153.5	168.8	179.1	199.6	222.7	242.7	256.6	
四丙二醇基异丙基醚	111.8	124.0	137.3	148.8	156.5	172.3	189.7	204.8	214.8	235.0	258.1	278.4	292.7	
甲丙醚	−74.6	−68.2	−60.6	−53.8	−49.3	−40.0	−29.5	−20.2	−13.8	−0.9	15.2	29.3	39.1	
对丙烯基茴香醚	58.2	69.4	81.8	92.5	99.8	114.7	131.4	145.8	155.6	176.0	199.9	220.8	235.3	22.5
苄基乙基醚	22.2	32.1	43.2	52.8	59.4	73.0	88.2	101.7	110.9	130.0	151.9	171.3	185.0	
苯基苄基醚	90.4	103.0	116.9	128.8	137.0	153.3	171.5	188.0	199.4	222.2	248.3	271.1	287.0	
烯丙基正丙基醚	−41.9	−34.3	−25.4	−17.6	−12.4	−1.6	10.5	21.7	29.2	44.6	63.1	79.3	90.5	
烯丙基异丙基醚	−46.6	−39.0	−30.2	−22.5	−17.3	−6.9	5.0	15.6	22.7	37.0	54.0	69.0	79.5	
2-氯乙基-2-氯正丙基醚	25.8	36.0	47.4	57.4	64.2	78.2	94.0	107.9	117.3	136.7	159.5	179.9	194.1	
2-氯乙基-2-氯异丙基醚	21.0	30.6	41.4	50.9	57.5	70.8	85.5	98.5	107.6	126.4	147.4	166.3	180.0	
2-氯乙基-α-甲基苄基醚	57.9	69.1	81.6	92.3	99.7	114.7	131.6	146.1	156.0	176.4	200.1	220.9	235.0	
2-溴乙基-2-氯乙基醚	32.5	42.7	54.1	64.0	70.7	84.3	99.4	112.7	121.8	140.6	162.5	182.1	195.8	
4-溴苯甲醚	44.4	55.6	68.0	78.7	85.9	110.7	117.3	131.9	141.7	162.3	186.7	208.1	223.0	12.5

(2)$p > 101.3$kPa

名称	101.3	200	400	700	1000	1500	2000	2500	3000	3500	4000	5000	临界值	
	相应于上述蒸气压(kPa)的温度/℃												t_c/℃	p_c/MPa
乙硫醚	88.0	111.9	143.0	170.8	189.5	215.0	233.2	249.0	262.1	—	—	—	283.8	3.96
乙醚	34.6	55.9	81.2	104.9	121.4	143.0	158.3	171.6	182.5	—	—	—	193.8	3.60
乙基丙基醚	61.7	85.2	113.4	138.6	155.6	179.4	196.4	210.6	222.2	—	—	—	227.4	3.25
二甲基硫醚	36.0	57.7	83.4	107.3	123.9	146.8	163.1	176.6	187.7	198.6	208.1	223.6	229.9	5.53
二甲醚	−23.7	−6.4	13.8	32.3	45.0	62.6	75.1	86.2	95.4	103.9	111.4	124.4	126.9	5.27
甲乙醚	7.5	26.5	48.7	69.3	83.5	97.6	107.6	125.3	140.3	150.5	159.2	—	164.7	4.40

表9.8.2 醚类的蒸气压(温度为自变量) 单位：kPa

名称	温度/℃										
	−60	−40	−20	0	20	40	60	80	100	120	140
甲醚	16.22	49.48	124.9	267.6	512.9	898.5	1467	2264	3345	4779	
乙醚	0.548	2.544	8.822	24.68	59.06	122.6	229.8	397.3	643.7	990.4	1464
丙醚			0.601	2.188	6.506	16.49	36.82	74.12	137.0	236.3	384.3
异丙醚	0.107	0.533	1.712	5.678	15.54	36.66	76.82	146.3	251.1	410.2	636.7
丁醚						2.053	5.573	13.17	27.84	53.67	95.95
戊醚							0.887	2.445	5.941	13.00	26.03
甲乙醚	0.999	6.742	26.45	73.86	164.3	308.2	541.2	887.5	1377	2043	2928
乙二醇甲醚					0.608	2.202	6.677	17.51	40.81	86.20	167.6
二乙二醇甲醚								0.675	2.110	5.764	14.05
二苯醚								0.266^{70}	0.800	1.733	4.266
乙丙醚			2.101	7.004	18.96	43.77	89.33	165.2	288.8	469.2	72.49
甲基乙烯基醚	6.767	18.64	42.95	86.53	157.0	339.6	594.4	971.9	1506	2240	3226
乙基乙烯基醚		2.502	8.646	24.06	56.81	118.0	221.7	388.7	635.4	984.8	1461
乙基苄基醚					0.1733^{30}	0.640^{50}	1.200	2.666	7.731	13.73	26.66
苯甲醚							3.346	8.379	18.60	37.38	69.31
苯乙醚									15.57^{110}	22.38	43.33
氯甲醚		0.649	2.605	8.289	22.01	50.71	104.2	195.3	339.2	553.6	857.5

名称	温度/℃										
	160	180	200	220	240	260	280	300	320	340	360
乙醚	2095	2928	3438^{190}								
丙醚	595.3	885.5	1273	1780	2433	2824^{250}					
异丙醚	947.3	1361	1901	2596							
丁醚	161.0	256.1	407.3	608.2	879.3	1237	1701	2294			
戊醚	48.48	84.74	140.4	222.2	337.9	497.0	710.0	989.5	1350	1811	2087^{350}
甲乙醚	4082										
乙二醇甲醚	304.3	521.0	848.7	1326	1999	2924	4172	4943^{290}			
二乙二醇甲醚	31.16	63.72	121.6	218.5	373.2	609.8	958.9	1456	2158	3115	3708^{350}
二苯醚①	6.474	12.80	23.57	40.86	67.30	106.0	160.5	234.9	332.8	461.1	624.4
乙丙醚	107.4	153.8	213.9	291.2							
甲基乙烯基醚	4541										
乙基乙烯基醚	2092	2911	3962								
乙基苄基醚	52.00	101.3^{185}									
苯甲醚	120.0	197.0	308.6	463.8	672.8	947.3	1300	1743	2294	2972	3800
苯乙醚	77.83	131.3	209.7	321.4	474.7	679.0	9448	1284	1710	2239	2889
氯甲醚	1272	1821	2530	3433	4567						

① 温度为380、400、420、440、460、480℃时，其值分别为829.0、1082、1390、1763、2209、2744 kPa。

表9.8.3 液态导热姆的蒸气压 单位：kPa

温度/℃	60	80	100	120	140	160	180	200	220
蒸气压	0.083	0.257	0.695	1.687	3.736	7.630	14.55	26.09	44.22
温度/℃	240	260	280	300	320	340	360	380	400
蒸气压	72.28	112.8	169.7	247.1	350.1	483.5	651.2	859.1	1111

N 算图 9.2

醚类的蒸气压（第831页右）

9.9 比热容

9.9.1 气态醚类的比热容

表9.9.1　气态醚类的定压比热容　　单位：J/(mol·K)

名称	温度/K									
	50	100	150	200	250	300	350	400	450	500
甲醚	25.83	34.42	42.71	50.70	58.49	65.98	73.19	80.14	86.83	93.24
乙醚	37.97	53.97	69.46	84.36	98.77	112.6	125.9	138.6	150.7	162.3
丙醚	49.82	74.90	98.60	121.2	142.7	163.0	182.3	200.5	217.8	234.0
异丙醚			88.63	112.8	135.7	157.3	177.6	196.8	214.7	231.6
丁醚				144.9	175.0	203.4	230.0	255.0	278.5	300.4
戊醚				191.7	226.9	260.1	291.4	321.0	348.8	374.8
名称	550	600	650	700	750	800	850	900	950	1000
甲醚	99.35	105.2	110.8	116.1	121.1	125.8	130.3	134.4	138.2	141.8
乙醚	173.3	183.6	193.4	202.2	211.1	219.1	226.3	233.0	239.0	244.4
丙醚	249.3	263.7	277.2	289.8	301.6	312.5	322.8	332.3	341.1	349.2
异丙醚	247.4	262.1	275.9	288.7	300.6	311.6	321.9	331.3	340.1	348.2
丁醚	321.0	340.2	358.0	374.6	390.0	404.3	417.5	429.6	440.9	451.3
戊醚	399.3	422.2	443.5	463.5	482.1	499.4	515.4	530.2	543.9	556.6

表9.9.2　其他气态醚类的定压比热容　　单位：J/(mol·K)

名称	温度/K									
	50	100	150	200	250	300	350	400	450	500
甲乙醚	31.82	44.51	56.69	68.37	79.55	90.27	100.5	110.3	119.6	128.5
乙二醇甲醚	57.90	70.30	82.23	93.62	104.6	115.1	125.1	134.6	143.8	151.5
二乙二醇甲醚	81.85	102.6	122.4	141.4	159.5	176.8	193.3	208.9	223.8	237.9
二苯醚				102.5	136.7	168.6	198.1	225.3	250.5	273.6
乙丙醚	43.84	64.73	84.62	103.6	121.6	138.8	155.0	170.4	185.1	198.8
甲基乙烯基醚	27.09	38.10	48.61	58.66	68.29	77.41	86.16	94.45	102.3	109.8
乙基乙烯基醚			62.59	76.28	89.30	101.7	113.4	125.4	135.1	145.0
苯甲醚			54.22	76.62	97.64	117.3	135.7	152.7	168.7	183.4
苯乙醚			68.20	94.24	118.7	141.6	162.9	182.8	201.4	218.6
氯甲醚	38.14	47.02	55.48	63.64	71.43	78.88	86.04	92.82	99.27	105.4
名称	550	600	650	700	750	800	850	900	950	1000
甲乙醚	136.9	144.9	152.4	159.5	166.2	172.5	178.4	183.9	189.0	193.7
乙二醇甲醚	160.7	168.5	175.9	182.9	189.5	195.6	201.3	206.7	211.7	216.3
二乙二醇甲醚	251.2	263.8	275.7	286.8	297.2	306.9	315.9	324.3	332.0	339.1
二苯醚	294.8	314.2	331.9	348.0	362.6	375.7	387.6	398.2	407.8	416.4
乙丙醚	211.8	224.1	235.5	246.4	256.4	265.9	274.7	283.2	290.4	297.3
甲基乙烯基醚	116.9	123.5	129.7	135.7	141.2	146.3	151.1	155.5	159.6	163.4
乙基乙烯基醚	154.3	163.1	171.4	179.1	186.3	193.0	199.2	205.0	210.3	215.2
苯甲醚	197.1	209.8	221.4	232.1	241.9	250.8	259.0	266.4	273.1	279.2
苯乙醚	234.6	249.4	263.0	275.5	287.0	297.5	307.1	315.9	323.8	331.0
氯甲醚	111.2	116.7	121.9	126.8	131.4	135.7	139.6	143.3	146.7	149.8

9.9.2 液态醚类的比热容

表9.9.3 液态醚类的比热容 单位：J/(mol·℃)

名称	温度/℃											
	-120	-100	-80	-60	-40	-20	0	20	40	60	80	100
甲醚	98.39	98.64	99.27	100.1	101.1	104.5	108.2	112.8	118.5	126.3	138.9	149.5
乙醚		149.3	153.9	157.3	161.0	164.7	168.4	170.8	172.4	173.9	180.8	188.8
丙醚					200.5	207.0	213.7	220.6	227.7	235.0	242.6	250.5
异丙醚						194.6	202.3	210.1	218.2	226.4	235.0	244.0
丁醚			233.9	241.0	248.7	257.2	266.1	275.6	282.9	289.9	299.4	309.0
戊醚				303.7	312.6	322.1	327.2	337.4	347.9	358.4	369.1	379.8
名称	温度/℃											
	120	140	160	180	200	220	240	260	280	300	320	340
乙醚	198.8	213.1	239.4	331.5								
丙醚	258.8	267.9	278.2	290.8	308.4							
异丙醚	253.8	265.0	278.9	299.1								
丁醚	318.7	328.7	338.9	349.8	361.5	375.0	391.9	416.7				
戊醚	390.6	401.5	412.5	423.7	435.3	447.4	460.4	475.2	493.3	519.1		

表9.9.4 其他液态醚类的比热容 单位：J/(mol·℃)

名称	温度/℃											
	-120	-100	-80	-60	-40	-20	0	20	40	60	80	100
甲乙醚	114.5	115.3	117.1	119.8	124.1	128.1	132.5	137.2	142.5	148.5	155.9	165.8
乙二醇甲醚			206.5	204.1	202.8	202.5	202.9	203.9	205.4	207.4	209.8	212.6
二乙二醇甲醚					291.2	291.0	291.8	293.5	295.8	298.6	301.9	305.6
二苯醚									274.4	283.3	292.4	301.5
乙丙醚	159.9	162.3	165.7	169.2	173.5	179.2	185.1	191.3	197.7	204.3	211.3	218.9
甲基乙烯基醚	108.1	108.2	109.3	111.6	114.6	117.9	121.6	125.8	130.4	135.9	142.8	152.4
乙基乙烯基醚		129.1	131.4	133.8	137.2	141.4	145.9	150.6	155.7	161.1	167.1	174.0
苯甲醚								178.8	184.8	189.3	195.6	201.9
苯乙醚								205.5	212.6	219.8	227.0	234.3
氯甲醚		123.1	122.4	122.4	123.2	124.6	126.5	129.0	131.6	134.5	137.7	141.4
名称	温度/℃											
	120	140	160	180	200	220	240	260	280	300	320	340
甲乙醚	180.5											
乙二醇甲醚	216.0	219.8	224.5	230.4	238.0	249.0	267.3					
二乙二醇甲醚	309.7	314.1	319.0	324.3	330.1	336.8	344.6	354.2	367.1	386.9	424.4	
二苯醚	310.5	319.7	328.8	337.5	346.4	355.3	364.2	373.0	381.8	391.2	402.9	415.7
乙丙醚	227.2	236.9	249.3	267.8								
甲基乙烯基醚	168.6											
乙基乙烯基醚	182.5	194.0	213.0									
苯甲醚	208.3	214.7	221.2	227.9	234.8	242.0	249.9	258.7	269.3	283.3	305.3	
苯乙醚	241.6	248.9	256.3	263.9	271.6	279.6	289.7	297.5	308.4	322.1	342.0	
氯甲醚	145.7	150.8	157.4	166.8	182.7							

表9.9.5　液态导热姆的比热容　　单位：kJ/(kg·℃)

温度/℃	20	40	60	80	100	120	140	160	180
c_p	1.549	1.654	1.742	1.813	1.872	1.922	1.964	2.001	2.035
温度/℃	200	220	240	260	280	300	320	340	
c_p	2.068	2.102	2.135	2.177	2.219	2.265	2.315	2.374	

表9.9.6　饱和线上导热姆的比热容　　单位：kJ/(kg·K)

导热姆-A	T_{sat}/K	530.25	555	580	605	630	655	680	700	730	770.15
	p_{sat}/kPa	101.3	170.4	270	411	600	848	1170	1470	2040	3134
	液体	2.24	2.32	2.4	2.47	2.53	2.59	2.69	2.83	3.26	
	气体	1.83	1.91	1.97	2.03	2.1	2.16	2.24	2.34	2.54	
导热姆-J	T_{sat}/K	454.26	480	500	520	540	560	580	600	620	656.1
	p_{sat}/kPa	101.3	187	279	351	536	804	1070	1460	1870	2837
	液体	2.4	2.01	2.58	2.66	2.75	2.84	2.95	3.08	3.25	
	气体	1.91	2.00	2.06	2.12	2.17	2.24	2.29	2.34	2.39	

N　算图 9.3

二乙二醇醚和三乙二醇醚水溶液的比热容（第 832 页左）

9.10　比焓

9.10.1　醚类的焓

表9.10.1　醚类的焓　　单位：kJ/mol

物料名	熔化焓	标准生成焓	标准燃烧焓	常规沸点下的汽化焓	物料名	熔化焓	标准生成焓	标准燃烧焓	常规沸点下的汽化焓
		25℃时					25℃时		
乙二醇单丙基醚	11.4	−421	−2950	42.90	二乙二醇单丁基醚	20.3	−606	−4650	50.19
乙二醇-2-乙基己基醚	—	−532.4	−5997	52.89	二乙二醇丙基醚	21.8	−585	−4041	47.87
乙基丁基醚	12.5	−292.4	−3725	31.61	二乙烯醚	7.950	−14	−2260	26.76
乙基异丙基醚	7	−285.8	−3103	28.28	二乙醚	7.19	−252.1	−2504	26.78
乙基丙基醚	8.395	−272.2	−3120	27.58	二乙基硫醚	—	−551.9	−2480	39.76
乙基正己基醚	16.8	−333.7	−4943	38.21	二丙二醇单甲基醚	12.1	−607.2	−4028	46.57
乙基叔戊基醚	12	−332.4	−4320	32.05	二仲丁基醚	—	−360.9	−4923	34.30
乙烯基甲醚	5.99	−108	−1774	24.47	二叔丁基醚	8.38	−362	−4925	32.19
乙烯基乙醚	7.84	−140.8	−2373	26.94	二异丁基醚	12.5	−347.1	−4937	34.24
乙酸乙二醇单丁基醚	20.3	−652	−4372	41.25	二壬基醚	—	−539	−11000	—
乙酸二乙二醇单甲基醚	—	−818	−4839	47.05	二丙二醇叔丁基醚	—	−719.1	−5794	57.22
二正丙醚	10.77	−292.9	−3725	31.72	二苯基醚	17.22	52	−5894	47.39
二异丙醚	11.05	−319.2	−3703	29.13	二苄醚	20.21	19.3	−7145	53.70
二正戊醚	25.8	−374	−6170	41.67	二辛烷醚	47.6	−498	−9820	56.72
二乙二醇二甲基醚	17.80	−511	−3491	42.18	二巯基乙醚	17.2	−173	−3145	46.20
二乙二醇二乙基醚	27.1	−580	−4690	44.76	丁醚	16.6	−333.4	−4947	36.45

表9.10.2 其他醚类的焓 单位：kJ/mol

物料名	熔化焓	标准生成焓	标准燃烧焓	常规沸点下的汽化焓	物料名	熔化焓	标准生成焓	标准燃烧焓	常规沸点下的汽化焓
		25℃时					25℃时		
四乙二醇二甲基醚	25.4	−884	−5640	57.85	丙二醇单甲基醚	11.1	−403.9	−2335	39.54
甲醚	4.937	−184.1	−1328	21.32	异丙基丁基醚	12.2	−326.9	−4324	33.16
甲乙醚	7.98	−216.4	−1931	24.02	异丙基异丁基醚	12.1	−334.1	−4319	31.80
甲乙硫醚	9.761	−59.6	−2354	29.53	丙二醇-1-叔丁基醚	—	−553.9	−4079	44.68
甲基异丙基醚	5.85	−252	−2531.1	26.50	丙二醇-2-叔丁基醚	—	−515.9	−4115	45.54
甲基正丙基醚	7.67	−238.2	−2517	26.75	丁基乙烯基醚	13.8	−183	−3591	32.90
甲基-*N*-丁基醚	10.85	−258.1	−3128	29.55	叔丁基乙基醚	9.53	−313.9	−3707	29.74
甲基仲丁基乙醚	—	−275	−3110	28.17	双氰乙基醚	17.2	20.4	−3260	61.41
甲基叔丁基乙醚	7.6	−283.5	−3105	27.93	苄基甲基醚	15.4	−115	−4830	41.67
甲基异丁基乙醚	—	−266	−3122	28.09	苯乙醚	10	−101.6	−4205	41.04
甲基正戊基醚	10.7	−278	−3740	32.02	对氨基苯乙醚	—	−103	−4310	53.09
甲基叔戊基醚	—	−305.4	−3712	30.68	邻硝基苯甲醚	—	−84.5	−3440	55.48
甲基苯基醚	9.6	−67.9	−3607	39.26	对氯甲醚	—	−241	−990	34.86
甲硫醚	7.985	−37.24	−1744	27.16	氯甲基甲醚	10.6	−204	−1156	30.06

9.10.2 醚类的汽化焓

表9.10.3 醚类的汽化焓 单位：kJ/mol

名 称	温度/℃											
	−120	−100	−80	−60	−40	−20	0	20	40	60	80	100
甲醚	25.05	24.54	23.91	23.15	22.27	21.26	20.12	18.82	17.33	15.60	13.54	10.90
乙醚		33.12	32.50	31.76	30.91	29.94	28.86	27.66	26.33	24.87	23.24	21.42
丙醚	44.55	44.06	43.42	42.62	41.75	40.75	39.62	38.38	37.03	35.55	33.95	32.22
异丙醚			37.72	36.96	36.08	35.09	33.99	32.77	31.45	29.99	28.41	26.67
丁醚			51.36	50.35	49.30	48.22	47.09	45.91	44.69	43.40	42.04	40.62
戊醚				61.70	60.55	59.36	58.14	56.87	55.55	54.18	52.75	51.25

名 称	温度/℃											
	120	140	160	180	200	220	240	260	280	300	320	340
甲醚	6.628											
乙醚	19.37	16.99	14.06	9.956	6.234^{190}							
丙醚	30.33	28.26	25.98	23.42	20.49	16.93	12.00	7.624^{250}				
异丙醚	24.76	22.64	20.24	17.44	13.93	8.390						
丁醚	39.10	37.47	35.72	33.81	31.70	29.33	26.59	23.27	18.89	11.32		
戊醚	49.67	48.01	46.24	44.35	42.32	40.11	37.67	34.94	31.80	28.03	23.15	14.10

表9.10.4 其他醚类的汽化焓 单位：kJ/mol

名 称	温度/℃											
	−120	−100	−80	−60	−40	−20	0	20	40	60	80	100
甲乙醚	30.86	30.02	29.15	28.24	27.26	26.23	25.13	23.94	22.64	21.20	19.58	17.77
乙二醇甲醚			53.35	52.25	51.11	49.93	48.91	47.42	46.07	44.66	43.17	41.58
二乙二醇甲醚					65.03	63.79	62.50	61.16	59.78	58.43	56.84	55.27
二苯醚①									60.31	59.30	58.26	57.18
乙丙醚	39.61	39.13	38.51	37.76	36.89	35.91	34.81	34.35	32.26	30.80	29.21	27.46

续表

名　称	温度/℃											
	−120	−100	−80	−60	−40	−20	0	20	40	60	80	100
甲基乙烯基醚	30.47	29.64	28.77	27.86	26.90	25.87	24.77	23.58	22.28	20.85	19.22	17.33
乙基乙烯基醚		33.15	32.31	31.43	30.51	29.53	28.51	27.41	26.24	24.97	23.59	22.06
苯甲醚						46.04	45.14	44.20	43.23	42.22	41.17	40.08
苯乙醚						52.39	51.38	50.33	49.25	48.12	46.94	45.72
氯甲醚		37.67	36.84	35.98	35.08	34.14	33.16	32.13	31.03	29.87	28.63	27.29

名　称	温度/℃											
	120	140	160	180	200	220	240	260	280	300	320	340
甲乙醚	15.40	12.33	6.594									
乙二醇甲醚	39.89	38.07	36.09	33.92	31.48	28.68	25.32	21.00	14.19			
二乙二醇甲醚	53.62	51.87	50.03	48.07	45.97	43.69	41.19	38.41	35.24	31.52	26.87	20.22
二苯醚①	56.07	54.92	53.73	52.50	51.22	49.87	48.47	47.00	45.44	43.79	42.03	40.13
乙丙醚	25.53	23.37	20.94	18.10	14.53	8.968						
甲基乙烯基醚	15.01	11.86	5.434									
乙基乙烯基醚	20.32	18.29	15.80	12.38	4.781							
苯甲醚	38.92	37.71	36.44	35.08	33.63	32.07	30.37	28.49	26.38	23.94	21.01	17.15
苯乙醚	44.44	43.09	41.67	40.16	38.56	36.83	34.96	32.90	30.60	27.97	24.84	20.88
氯甲醚	25.84	24.23	22.42	20.29	17.79	14.45	8.692					

① 温度为 360、380、400、420、440、460、480、490℃，其值分别为 38.08、35.82、33.29、30.40、26.95、22.55、15.86 和 9.014 kJ/mol。

表9.10.5　饱和导热姆的汽化焓　　单位：kJ/kg

温度/℃	20	30	40	50	60	70	80	90	100	110	120	130	140
ΔH	370.1	366.8	363.4	360.5	357.6	354.2	350.9	347.9	344.6	341.2	338.3	334.9	331.6
温度/℃	150	160	170	180	190	200	210	220	230	240	250	260	270
ΔH	328.2	325.3	322.0	318.2	314.8	311.1	307.3	303.5	299.8	295.6	291.4	287.2	282.6
温度/℃	280	290	300	310	320	330	340	350	360	370	380	390	400
ΔH	278.4	273.4	268.8	263.8	258.3	252.9	247.0	240.7	234.0	227.3	219.8	211.9	203.5

N　算图 9.4
一些醚类的汽化热（第 832 页右）

9.10.3　醚类的比焓

表9.10.6　甲醚的比焓　　单位：kJ/kg

温度/℃	−40	−30	−20	−10	0	10	20	30	40
液体	324.8	347.8	371.1	394.5	418.7	442.9	467.9	492.4	517.6
蒸气	811.0	821.7	832.2	842.5	852.6	862.3	871.6	880.2	888.1

表9.10.7　乙醚的比焓　　单位：kJ/kg

温度/℃	−20	−15	−10	−5	0	5	10	15	20	25	30	35	40
液体	−47.74	−34.81	−22.52	−11.64	0	10.61	22.24	32.61	43.79	57.03	68.89	78.70	90.03
蒸气	350.5	361.9	373.2	383.2	392.3	401.8	411.8	420.2	428.8	439.5	448.9	455.7	461.5

表9.10.8　导热姆在饱和线上的比焓　　单位：kJ/kg

形态	温度/℃												
	20	30	40	50	60	70	80	90	100	110	120	130	140
液体	0.0	16.3	33.1	49.8	66.6	84.2	101.7	119.3	137.3	155.7	174.2	193.0	212.3
气体	370.1	383.1	396.5	410.3	424.1	438.4	452.6	467.2	481.9	497.0	512.5	528.0	543.9
形态	温度/℃												
	150	160	170	180	190	200	210	220	230	240	250	260	270
液体	231.5	250.8	270.9	291.0	311.1	331.6	352.1	373.5	394.4	416.2	437.9	459.7	481.9
气体	559.8	576.1	592.9	609.2	625.9	642.7	659.4	677.0	694.2	711.8	.7293	746.9	764.5
形态	温度/℃												
	280	290	300	310	320	330	340	350	360	370	380	390	400
液体	504.5	527.1	550.1	573.6	597.0	620.5	644.3	668.6	693.3	718.0	742.7	767.9	793.4
气体	782.9	800.5	818.9	837.4	855.4	873.4	891.4	909.4	927.4	945.4	962.5	979.7	996.9

9.11　比熵

9.11.1　醚类的绝对熵

表9.11.1　醚类的绝对熵(25℃)　　单位：kJ/(K·kmol)

名称	绝对熵	名称	绝对熵	名称	绝对熵
甲醚	266.7	二乙醚	342.3	甲基仲丁基乙醚	384.0
二正丙醚	422.5	二丙二醇单甲基醚	550.1	甲基叔丁基乙醚	357.8
二异丙醚	398.9	二仲丁基醚	501.0	甲基异丁基乙醚	381.0
二正戊醚	585.0	二叔丁基醚	425.0	甲基正戊基醚	432.0
丁醚	501.4	二异丁基醚	482.5	甲基叔戊基醚	408.0
乙二醇单丙基醚	438.0	二壬基醚	901.0	甲基苯基醚	361.0
乙二醇-2-乙基已基醚	624.3	二丙二醇叔丁基醚	625.2	甲硫醚	285.9
乙基丁基醚	429.0	二苯基醚	413.0	丙二醇单甲基醚	394.9
乙基异丙基醚	380.0	二苄醚	524.0	异丙基丁基醚	450.2
乙基丙基醚	388.1	二辛烷醚	822.0	异丙基异丁基醚	443.2
乙基正已基醚	507.6	二巯基乙醚	463.0	丙二醇-1-叔丁基醚	481.9
乙基叔戊基醚	439.2	三乙二醇丁基醚	714.5	丙二醇-2-叔丁基醚	481.6
乙烯基甲醚	308.0	三乙二醇乙基醚	635.7	丁基乙烯基醚	428.0
乙烯基乙醚	349.0	三乙二醇二甲基醚	622.0	叔丁基乙基醚	406.3
乙酸乙二醇单丁基醚	572.9	三丙二醇单甲基醚	699.5	双氰乙基醚	419.0
乙酸二乙二醇单甲基醚	643.5	四乙二醇二甲基醚	730.0	苄基甲基醚	439.0
二乙二醇二甲基醚	503.0	甲乙醚	308.8	苯乙醚	402.0
二乙二醇二乙基醚	585.0	甲乙硫醚	333.2	对氨基苯乙醚	437.0
二乙二醇单丁基醚	596.0	甲基异丙基醚	341.6	邻硝基苯甲醚	401.0
二乙二醇丙基醚	556.8	甲基正丙基醚	352.0	对氯甲醚	360.0
二乙烯醚	334.0	甲基-*N*-丁基醚	390.1	氯甲基甲醚	298.0

9.11.2　甲醚的比熵

表9.11.2　甲醚的比熵　　单位：kJ/(kg·K)

温度/℃	−40	−30	−20	−10	0	10	20	30	40
液体	3.184	3.911	4.006	4.098	4.187	4.273	4.358	4.440	4.520
蒸气	5.899	5.860	5.827	5.799	5.775	5.754	5.736	5.719	5.702

9.12 危险品特性

表9.12.1 醚类的危险品特性

名称	CAS号	危险品编号	饱和蒸气压①/kPa	燃烧性	闪点/℃	自燃温度/℃	建规火险分级	爆炸下/上限(体积分数)/%	灭火方法	危险品类别	风险性代号	安全代号
甲醚	115-10-6	21040	533.2(20)	易	−41	350	甲	3.4/27.0	W, P, R	2.1	R12	S9; S16; S33
乙醚	60-29-7	31026	58.92(20)	易	−45	160	甲	1.9/36.0	P, R, G, T, Sw	3.1	R12; R19; R22; R66; R67	S16; S29; S33; S9
丙醚	111-47-7	31027	7.33(20)	易	−21	88	甲	1.3/7.0	P, R, G, T, Sw	3.1	R10; R36	S16; S26; S39
异丙醚	108-20-3	31027	16.00(20)	易	−12	442	甲	1.0/21.0	P, R, G, T, Sw	3.1	R11; R19; R66; R67	S16; S29; S33; S9
丁醚	142-96-1	33565	1.93(29.7)	易	25	194.4	甲	1.5/7.6	P, R, G, T	3.3	R10; R36/37/38; R52/53	S61
异戊醚	544-01-4	33566	1.33(60)	易	45	—	乙	—	G, P, R, T, Sw	3.3	R10	S16
乙烯基乙醚	109-92-2	31029	57.05(20)	易	−45	200	甲	1.7/28.0	P, G, T, R, Sw	3.1	R12; R19; R36/37/38	S16; S23; S26; S3/7; S33; S36
一氯化苯醚	55398-86-2		1.1(153)	可	—	—	丙	—	W, P, R, G, T			
乙二醇乙醚	110-80-5	33569	0.51(20)	易	43	235	乙	1.7/15.6	G, P, R, T	3.3	R10; R20/21/22; R60; R61	S45; S53
乙二醇丁醚	11-76-2	61592	40.00(140)	可	71(O.C)	244	丙	②	G, P, R, T	6.1	R20/21/22; R36/38	S36/37; S46
乙二醇二乙醚	629-14-1	33569	1.25(20)	易	35	205	乙	—	G, P, R, T, 1	3.3	R10; R37/38; R41	S16; S26; S36
乙二醇二甲醚	110-71-4	32093	6.40(20)	易	1(O.C)	202	甲	—	G, R, T, KP, Sw	3.2	R11; R19; R20; R60; R61	S45; S53
乙二醇甲醚	109-86-4	33569	0.83(20)	易	39	285	乙	2.3/24.5	G, P, R, T	3.3	R10; R20/21/22; R60; R61	S45; S53
乙二醇异丙醚	109-59-1	33569	0.80(20)	易	33(O.C)	—	乙	—	G, P, R, T, 1	3.3	R20/21; R36	S24/25
乙丙醚	628-32-0	31028	13.33(7)	易	<−20	—	甲	1.7/9.0	G, P, R, T, Sw	3.1		
乙基烯丙基醚	557-31-3	32086	—	易	−11	—	甲	—	P, KP, R, G, T, Sw	3.2		
乙烯基乙醚	109-92-2	31029	57.05(20)	易	−45	200	甲	1.7/28.0	P, G, T, R, Sw	3.1	R12; R19; R36/37/38	S16; S23; S26; S3/7; S33; S36
乙烯基正丁基醚	111-34-2	32087	5.60(20)	易	−9.4	255	甲	—	P, G, T, R, Sw	3.2	R11; R19	S16; S33; S9
乙烯基甲基醚	107-25-5	21042	174.38(20)	易	—	—	甲	2.6/39.0	W, P, R	2.1		
乙酸乙二醇乙醚	111-15-9	33570	0.16(20)	易	47	380	乙	1.7/6.7	W, P, R, T, G	3.3	R10; R20/21/22; R60; R61	S45; S53
乙酸乙二醇甲醚	110-49-6	33570	0.27(20)	易	44	285	乙	1.6/8.2	W, P, R, T, G	3.3	R20/21/22; R60; R61	S45; S53
丁二酸单乙基醚			0.40(25)	可	—	—	丙	—	W, P, R, G, T			
丁二酸单甲基醚			0.73(25)	可	—	—	丙	—	W, P, R, G, T			

续表

名称	CAS号	危险品编号	饱和蒸气压[①] /kPa	燃烧性	闪点 /℃	自燃温度 /℃	建规火险分级	爆炸下/上限（体积分数）/%	灭火方法	危险品类别	风险性代号	安全代号
二乙二醇二乙烯基醚	764-99-8		—	易	—	—	乙	—	W, P, R, G, T		R36/38	S26; S36
二乙二醇单乙基醚	111-90-0		0.017（25）	可	94	—	丙	—	W, P, R, G, T		R20; R36	S26; S39
二乙二醇单甲基醚	111-77-3		0.027（20）	可	83	221	丙	1.38/22.7	W, P, R, G, T		R63	S36/37
二乙烯醚	109-93-3	31030	57.32（20）	易	-30	360	甲	1.7/27	P, R, G, 1, T	3.2		
二乙硫醚	352-93-2	32115	7.78（25）	易	-9.4	—	甲	—	P, R, G, T	3.2	R11	S16
二丙二醇甲醚	34590-94-8		0.05（25）	可	74	—	丙	—	W, P, R, G, T			S23; S24/25
二丙硫醚	111-47-7	33568	1.33（32.3）	易	28	—	甲	—	P, R, G, T	3.3	R10; R36	S16; S26; S39
二甲硫醚	75-18-3	31033	64.64（25）	易	-36	206	甲	2.2/16.7	G, P, R, T	3.1	R11; R22; R36	S9; S16; S26; S33
二苯醚	101-84-8		0.0013（20）	可	115	620	丙	0.8/1.5	S, P, R, G		R36/37/38; R51/53	S26; S37/39; S57; S60
二烯丙基硫醚	592-88-1	61595		易	46	—	乙	—	W, P, R, G, T	6.1	R10; R36/37/38	S16; S23; S37/39
二烯丙基醚	557-40-4	32088	—	易	-7（O.C）	—	甲	—	G, P, R, T, Sw	3.2	R11; R20/21/22; R36/37/38	S16; S26; S33; S36/37/39; S9
二氯乙醚	111-44-4	61594	0.10（20）	易	55	369	乙	—	R, G, T, S	6.1	R10; R26/27/28; R40	S27; S28A; S36/37; S45; S7/9
二氯二乙硫醚	505-60-2	61595	0.01（30）	可	105	—		—	W, P, R, T	6.1		
4,4'-二氯二丁基醚	6334-96-9		1.73（128～130）	可	—	—		—	P, R, G, T			
1,1-二氯甲醚	542-88-1	61086	—	可	—	—		—	W, P, R, G, T	6.1	R10; R23/24; R33	S16; S24/25; S36/37/39; S45
二氯异丙基醚	108-60-1	61087	0.01（20）	可	85	—	丙	—	W, P, R, G, T	6.1		
2,4-二硝基苯甲醚	119-27-7	41013	—	易	-	—	甲	—	G, P, R, T	4.1		
三乙二醇乙醚	112-50-5		0.0013（20）	可	135	—	丙	—	W, P, R, G, T			
2,4,6-三硝基苯甲醚	606-35-9	11062	—	可	—	—	爆炸品	—	W, JT	1		
六甲基二硅醚	107-46-0	32187	—	易	-1.1	—	甲	—	P, R, G, T, 1	3.2	R11	S16
丙二醇乙醚	1569-02-4	33569	0.96（25）	易	43	—	乙	—	W, P, R, G, T	3.3	R10; R67	S24
甲乙醚	540-67-0	21041	53.32（-7.8）	易	-37	190	甲	2.0/10.1	P, R, G,	2.1		
甲基丙基醚	557-17-5	31028	69.8（28）	易	<-20	—	甲	—	1, P, R, G, T	3.1		
甲基正丁基醚	628-28-4	32083	—	易	-10	—	甲	—	P, R, G, T, Sw	3.2		
甲基异丙基醚	598-53-8		85（26）	易	—	—	甲	—	P, R, G, T			
甲基异丙烯基醚	116-11-0		—	易	-29	—	甲	—	P, R, G, T		R12; R19; R22	S16; S18; S33; S9
甲基叔丁基醚	1634-04-4	32084	31.9（20）	易	-10	—	甲	1.6/15.1	P, R, G, T, Sw	3.2	R11; R38	S16; S24; S9

续表

名　　称	CAS 号	危险品编号	饱和蒸气压[①] /kPa	燃烧性	闪点 /℃	自燃温度 /℃	建规火险分级	爆炸下/上限（体积分数）/%	灭火方法	危险品类别	风险性代号	安全代号
甲硫醚	75-18-3	31033	52.9（20）	易	<–17.7	206	甲	2.2/19.7	1, T, P, G, R	3.1	R11；R22；R36	S9；S16；S26；S33
石油醚	8030-30-6	32002	53.32（20）	易	<–20	280	甲	1.1/8.7	P, R, G, T, Sw	3.2		
2,3-环氧丙基丁醚	2426-08-6		—	易	55	—	乙	—	W, P, R, G, T		R10；R20/22；R37；R40；R43；R52/53；R68	S24/25；S36/37；S61
苯乙醚	103-73-1		0.23（25）	易	57	–	乙	—	W, P, R, G			S24/25
间苯二甲醚	151-10-0		0.93（85）	可	—	423	丙	—	W, P, R, G, T		R36/37/38	S24/25
间苯二酚二缩水甘油醚	101-90-6		1.60（208～210）	可	—	—		—	W, P, R, G, T			
苯甲醚	100-66-3	33567	1.33（42.2）	易	41	475	乙	0.3/6.3	P, R, G, T, KP, Sw	3.3	R10；R20；R38	S16；S26；S37/39
苯缩水甘油醚	122-60-1		0.0013（20）	可	—	—		—	W, P, R, G, T		R20；R37/38；R43；R45；R52/53；R68	S45；S53；S61
烯丙基乙烯基醚	3917-15-5		—	易	<–55.6	–	甲	—	W, KP, R, G			
烯丙基缩水甘油醚	106-92-3	33572	0.37（20）	易	57	—	乙	—	W, P, R, G, T	3.3	R10；R20/22；R37/38；R40；R41；R43；R52/53；R62；R68	S24/25；S26；S36/37/39；S61
2-氯-1,1,2-三氟乙基甲醚	425-87-6		—	可	—	—	丙	—	W, P, R, G, T			
2-氯乙基乙烯醚	110-75-8	32091	—	易	26.7	—	甲	—	KP, R, G, T	3.2		
氯甲基乙醚	3188-13-4	32090	—	易	–6	—	甲	—	R, G, 1, T	3.2	R11；R20/21/22；R40	S16；S29；S36/37；S45；S9
氯甲基甲醚	107-30-2	32089	34.66（20）	易	15.5	—	甲	—	R, G, 1, T	3.2	R45；R11；R20/21/22	S53；S45
2-硝基苯乙醚	610-67-3	61698	—	可	—	—	丙	—	W, P, R, T, G	6.1		
4-硝基苯乙醚		61698	—	可	—	—	丙	—	W, P, R, T, G	6.1		
2-硝基苯甲醚	91-23-6	61697	0.53（144）	可	>112	—	丙	—	W, P, R, T, G	6.1	R22；R45	S45；S53
3-硝基苯甲醚	555-03-3	61697	—	可	>110	—	丙	—	W, P, R, T, G	6.1	R22	S24/25
4-硝基苯甲醚	100-17-4	61697	—	可	>110	—	丙	—	W, P, R, T, G	6.1	R68	S36/37
2-溴乙基乙醚	592-55-2	32092	99.98（149）	易	–18～23	—	甲	—	R, G, 1, T	3.2	R10；R36/37/38	S16；S26；S37/39
对溴苯甲醚	102-92-7	61699	—	可	94	—	丙	—	W, P, R, G, T	6.1		S24/25

① 括号内的数字为饱和蒸气压对应的温度（℃）。

② 1.1（170℃）/10.6（180℃）。

第 10 章
酮　　类

目 录

10.1　一般特性

10.1.1　酮类的一般特性

表10.1.1　酮类的一般特性

名称	分子式	相对分子质量	密度d_4^{20}/(g/cm³)	颜色	形态	性状	溶解性能					正常熔点t_m/℃	正常沸点t_b/℃	临界温度T_c/K	临界压力p_c/MPa	临界体积V_c/(cm³/mol)	临界压缩因子Z_c	偏心因子ω	偶极矩/D	折射率n^{20}
							水	乙醇	乙醚	苯	其他									
2-丙酮(二甲基酮)	C_3H_6O	58.08	0.7845^{25}	无	液	麻醉	∞	∞	∞	∞	∞吡啶、氯仿	-94.9	56.08	508.1	4.700	213	0.237	0.306	2.9	1.3588
2-丁酮(甲基乙基酮)	C_4H_8O	72.11	0.7999^{25}	无	液	刺激	25	+	+	+	+油类、氯仿	-86.67	79.6	536.7	4.207	267	0.252	0.324	2.76	1.3788
2-戊酮(甲基丙基酮)	$C_5H_{10}O$	86.13	0.809	无	液	刺激	÷÷	∞	∞			-76.83	102.2	561.1	3.683	321	0.253	0.346	2.5	1.3895
3-戊酮(二乙基酮)	$C_5H_{10}O$	86.13	0.8098^{25}	无	液	丙酮味	÷	∞	∞			-38.98	101.9	561.4	3.729	331	0.264	0.350	2.7	1.3905^{25}
2-己酮(甲基丁基酮)	$C_6H_{12}O$	100.16	0.8113	无	液		+	+	+			-55.45	127.6	587.1	3.30	377	0.255	0.397	2.69	1.4007
3-己酮(乙基丙基酮)	$C_6H_{12}O$	100.16	0.8118	无	液		÷÷	++	∞			-55.4	123.5	583.0	3.320	378	0.259	0.376		1.4004
2-庚酮(甲基戊基酮)	$C_7H_{14}O$	114.19	0.8111	无	液	果香	÷÷	+	+			-34.7	151.0	611.4	2.97	436	0.256	0.413	2.61	1.4088
3-庚酮(丁乙酮)	$C_7H_{14}O$	114.19	0.8183	无	液		-	+				-37.2	146	606.6	2.92	433	0.251	0.4076	2.81	1.4057
4-庚酮(二丙基酮)	$C_7H_{14}O$	114.19	0.8174	无	液	刺激	÷÷	∞	∞			-32.1	144	602.0	2.920	434	0.253	0.4120	2.74	1.4069
2-辛酮(甲己酮)	$C_8H_{16}O$	128.21	0.820	无	液	樟脑味	-	∞	∞			-20.31	173	632.7	2.79	497	0.245	0.477	2.72	1.4151
3-辛酮(乙基戊基酮)	$C_8H_{16}O$	128.21	0.822^{25}	无	液							-23	166	627.7		497				1.415
4-辛酮(丁基丙基酮)	$C_8H_{16}O$	128.21	0.8146^{25}	无	液							-32.2	166	623.8		497				1.4135±15
2-壬酮(甲基庚基酮)	$C_9H_{18}O$	142.24	0.8208	无	液	樟脑味	-	∞	∞			-7.4	194	652.2	2.48	560	0.256	0.5108		1.4210
3-壬酮(乙基己基酮)	$C_9H_{18}O$	142.24	0.8241	无	液	易燃						-8	190	648.1		560				1.417
4-壬酮(戊基丙基酮)	$C_9H_{18}O$	142.24	0.819	无	液	有害						-18.5	187	643.7		560				1.421
5-壬酮(二丁基酮)	$C_9H_{18}O$	142.24	0.8217	无	液		÷÷	+	++		①	-3.84	188.4	641.4	2.32	560	0.244	0.5705	2.69	1.4195
2-癸酮(甲基辛基酮)	$C_{10}H_{20}O$	232.36	0.8248		液		-	+	+			14	211	671.8		625				1.425
3-癸酮(乙基庚基酮)	$C_{10}H_{20}O$	232.36	0.825^{25}	淡黄	液	易燃						-3.5	204.5							1.4240
4-癸酮(丙基己基酮)	$C_{10}H_{20}O$	232.36	0.82	微黄	液							-9	206.5							1.424
5-癸酮	$C_{10}H_{20}O$	232.36	0.8284									-9.3	204	661		628				1.4244
2-十一酮(甲基壬基酮)	$C_{11}H_{22}O$	170.29	0.8250	无	油		-	+	+			16	233.1	688		692				1.425
6-十一酮(二戊基酮)	$C_{11}H_{22}O$	170.29	0.8308	微黄	液	刺激	-	++	++			14	227.4	678		692				1.4270
2-十二酮(甲基癸基酮)	$C_{12}H_{24}O$	184.32	0.8198	微黄	油		-	+	+	+	+丙酮、氯仿	21	247	702		752				1.430

① 溶于丙酮；易溶于 CS_2、氯仿。

10.1.2 甲基酮和含苯酮的一般特性

表10.1.2 甲基、乙基酮和含苯酮的一般特性

名称	分子式	相对分子质量	密度 d_4^{20} /（g/cm³）	颜色	形态	性状	溶解性能					正常熔点 t_m /℃	正常沸点 t_b /℃	临界温度 T_c /K	临界压力 p_c /MPa	临界体积 V_c /（cm³/mol）	临界压缩因子 Z_c	偏心因子 ω	偶极矩 /D	折射率 n^{20}
							水	乙醇	乙醚	苯	其他									
3-乙基-2-戊酮	$C_7H_{14}O$	114.19	0.8118	无	液							–46.2	137.8	595.9	3.007	402.0	0.244	0.4011		1.401
2-甲基-3-戊酮	$C_6H_{12}O$	100.16	0.814[18]	无	液	有害	÷	++		++	∞丙酮		118	571.9	3.298	349.4	0.242	0.3516		1.3975
2-甲基-3-己酮	$C_7H_{14}O$	114.19	0.8091	无	液							–46.2	135	588.7	3.001	402.0	0.246	0.4003		1.4042
2-甲基-3-庚酮	$C_8H_{16}O$	128.21	0.8163	无	液							–32.2	158	614.9						1.411
3-甲基-2-丁酮	$C_5H_{10}O$	86.13	0.8051	无	液		÷÷	∞	∞		+多数有机溶剂	–93.13	94.2	553.0	3.80	308	0.255	0.350		1.3882
3-甲基-2-戊酮	$C_6H_{12}O$	100.16	0.8130	无	液	香味	–	∞	∞	∞		–106	117	576.3	3.302	349.4	0.241	0.3576		1.4002
3-甲基-2-己酮	$C_7H_{14}O$	114.19	0.825[25]	无	液							–46.2	143.5	598.8	3.010	402.0	0.243	0.4015		1.4035
4-甲基-2-戊酮	$C_6H_{12}O$	100.16	0.7965[25]	无	液	酮香						–84.5	115.7	574.6	3.270	370.6	0.255	0.385	2.8	1.3962
4-甲基-2-己酮	$C_7H_{14}O$	114.19	0.8130				–	∞	∞			–46.2	144.5	597.4	3.008	402.0	0.243	0.4013		1.408[24]
4-甲基-3-己酮	$C_7H_{14}O$	114.19	0.8162										134.5	593.0	3.005	402.0	0.245	0.4009		1.4069
5-甲基-2-己酮	$C_7H_{14}O$	114.19	0.8880				÷÷	∞	∞			–74	144	605.8	3.015	402.0	0.241	0.4022		1.4062
5-甲基-3-己酮	$C_7H_{14}O$	114.19	0.8090				–	∞	∞				135	593.0	3.005	402.0	0.245	0.4009		1.4047
1-甲基-3-戊烯-2-酮	$C_6H_{10}O$	98.14	0.8653									–52.8	129.7	605	4.00	353	0.281	0.327	3.0	1.4440
N-甲基-2-吡咯烷酮	C_5H_9ON	99.13	1.0230[25]									–24.0	204.2	721.8	4.781	311.0	0.247			1.4684
甲基乙烯基甲酮	C_4H_6O	70.09	0.864	无	液	毒燃	++	++	++		①		81.4	547.5	4.511	226.1	0.2862	0.224	3.00	1.4081
甲基丙基甲酮	$C_5H_{10}O$	86.13	0.809	无	液		÷÷	∞	∞			–76.9	102.2	562.5	3.694	301.2	0.238	0.346	2.5	1.3895
甲基异丙基甲酮	$C_5H_{10}O$	86.13	0.8051	无	液		÷÷	∞	∞			–93.1	94.33	553.4	3.85	310.0	0.259	0.331	2.8	1.3880
甲基异丁基甲酮	$C_6H_{12}O$	100.16	0.801	无	液		÷				++多数有机溶剂	–84.2	116.4	575.5	3.396	371	0.260	0.400	2.8	1.392
2-甲基环戊酮	$C_6H_{10}O$	88.14	0.9139	无	液		+					–75	140	631						1.443
2,2-二甲基-3-戊酮	$C_7H_{14}O$	114.19	0.8125[25]		液							–45	125.6	581.9	3.012	398.7	0.248	0.3635		1.4064
2,4-二甲基-3-戊酮	$C_7H_{14}O$	114.19	0.8108	无	液		÷÷	∞	∞	+		–68.4	125.2	580.7	2.985	395.3	0.244	0.357	2.73	1.3999
2,6-二甲基-4-庚酮	$C_9H_{18}O$	114.19	0.8062									–46.0	157	624.8	2.568	500.5	0.247	0.4475	2.66	1.412[21]
3,3-二甲基-2-丁酮	$C_6H_{12}O$	100.19	0.7229[25]	无	液	薄荷味	÷	+	+		++丙酮	–51.40	106.1	570.9	3.43	382	0.276	0.3186	2.8	1.3952
3,3-二甲基-2-戊酮	$C_7H_{14}O$	114.19	0.8090									–46.2	130.6	590.2	3.019	398.7	0.245	0.364		1.4080
3,4-二甲基-2-戊酮	$C_7H_{14}O$	114.19	0.8190										131.8	591.6	2.994	395.3	0.241	0.365		
4,4-二甲基-2-戊酮	$C_7H_{14}O$	114.19	0.809[25]									–64	126	581.9	3.012	398.7	0.248	0.364		1.4036
甲基苯基酮（苯乙酮）	C_8H_8O	120.15	1.0281	无-淡黄	固	果香	–	-甘油			++多数有机溶剂	19.4	202.1	709.6	4.01	388	0.264	0.429	3.0	1.512
1-苯基-1-丙酮	$C_9H_{10}O$	134.18	1.0096	无-淡黄	液	毒	–		∞	∞	②	18.6	217.4							1.507

续表

名称	分子式	相对分子质量	密度d_4^{20}/(g/cm³)	颜色	形态	性状	溶解性能					正常熔点t_m/℃	正常沸点t_b/℃	临界温度T_c/K	临界压力p_c/MPa	临界体积V_c/(cm³/mol)	临界压缩因子Z_c	偏心因子ω	偶极矩/D	折射率n^{20}
							水	乙醇	乙醚	苯	其他									
二苯甲酮	$C_{13}H_{10}O$	182.22	1.111[18]	白-浅黄	固	晶粉	–		+	+	③	49	305.9	830	3.35	568	0.276	0.349	2.9	1.608[19]
二苯基乙二酮	$C_{14}H_{10}O_2$	210.23	1.084[102]	黄	固	晶						94.84	332							1.594
苯甲酮	$C_{16}H_{16}O_2$	240.30	1.0752									62.25	343.0	830	3.352	5677	0.276			1.6000

① 易溶于甲醇、丙酮、冰醋酸，微溶于烃类。
② 能与甲醇、无水乙醇、甲苯混溶；不溶于甘油、乙二醇、丙二醇。
③ 不溶于甘油；微溶于丙二醇，溶于酒精、丙酮、氯仿。

10.1.3 其他酮的一般特性

表10.1.3 其他酮的一般特性

名称	分子式	相对分子质量	密度d_4^{20}/(g/cm³)	颜色	形态	性状	溶解性能					正常熔点t_m/℃	正常沸点t_b/℃	临界温度T_c/K	临界压力p_c/MPa	临界体积V_c/(cm³/mol)	临界压缩因子Z_c	偏心因子ω	偶极矩/D	折射率n^{20}
							水	乙醇	乙醚	苯	其他									
乙烯酮(烯酮)	C_2H_2O	42.04	0.6600	无	气		//	//	+		+丙酮	–151	–49.7	380.2	6.483	145	0.30			1.3040
二乙烯酮	$C_4H_4O_2$	84.08	0.959	无	液	刺激	+	+	+	+		–7.0	106.6	616	5.960	234	0.272		1.39	1.439
2,3-丁二酮	$C_4H_6O_2$	86.09	0.9808[18]	微绿，黄	液	刺激	+	+	+			–1.2	87.5							1.394
2,4-戊二酮	$C_5H_8O_2$	100.12	0.9721[25]	无	液	酯味	+	∞	∞		∞氯仿	–18.3	140.7	606.9	3.988	228.0	0.288	0.4387	3.03	1.4492
六氟丙酮	C_3OF_6	166.02	1.32	无	气		∞				+卤代烃	–125.5	–27.4	357.1	2.832	317	0.364	0.364		1.247
六氟乙酰丙酮	$C_5H_2O_2F_6$	208.06	1.4985	浅黄	液	发烟							54.15	485.1	2.767			0.278		1.3333
2-吡咯烷酮	C_4H_7ON	85.11	1.120	无	晶		∞	∞	∞	∞	①	25	251	799.9	5.662	245.5	0.209	0.3604	3.1	1.4806
佛尔酮	$C_9H_{14}O$	138.21	0.8850	黄	液		–	+	+			25.8	197	715	3.330	456	0.255			1.497
环戊酮	C_5H_8O	84.12	0.9487		油		++					–51.70	130.5	624	4.60	268.0	0.260	0.35	3.0	1.4366
环己酮	$C_6H_{10}O$	88.14	0.9478	无	油		+	+	+			–27.93	155.4	665	4.6	312.5	0.248	0.450	3.1	1.4507
2-环己基环己酮	$C_{12}H_{20}O$	180.29	0.97	无	液							–32	269	756	2.740	595	0.259			1.489
香草乙酮	$C_9H_{10}O_3$	166.17	1.158	黄	固	刺激						113±1		786	3.650	467	0.261			1.5101
羟基丙酮	$C_3H_6O_2$	74.08	1.082[25]	淡黄	液							–17	145.5	596	5.740	228	0.264			1.425
2-羟基苯乙酮	$C_8H_8O_2$	136.15	1.0963	灰白	粉							87.5	126[1.6kPa]	707	4.450	394	0.298			1.5470
4-羟基苯乙酮	$C_8H_8O_2$	136.15	1.1±0.1	浅褐	晶	块状					+甲醇	313	350	860	4.450	394	0.245			1.552

① 微溶于石油醚；无限溶于 CS_2、乙酸乙酯和氯仿。

10.2 密度

10.2.1 酮类的密度

表10.2.1 液态酮类的密度　　　单位：kg/m^3

名称	温度/℃									
	−80	−60	−40	−20	0	20	40	60	80	100
二乙基酮				852.7	833.5	814.2	794.8	775.0	754.8	734.0
甲基乙基酮	904.8	885.3	865.4	845.3	825.1	804.8	784.2	763.2	741.5	718.8
甲基正丙基酮		876.6	859.6	842.3	824.5	806.2	787.3	767.8	747.6	726.6
甲基异丙基酮	892.6	875.5	858.1	840.2	821.9	803.0	783.5	763.4	742.5	720.6
甲基异丁基酮	886.6	870.2	853.4	836.3	818.7	800.7	782.1	763.0	743.2	722.6
甲基吡咯烷酮				1057	1043	1029	1014	999.9	983.6	967.8
丙酮	891.6	872.5	852.9	832.8	812.0	790.5	768.1	744.7	720.2	694.2
苯基乙基酮						1028	1011	992.9	975.1	957.2
环已酮				983.3	965.3	947.0	928.3	908.9	889.1	868.7
名称	温度/℃									
	120	140	160	180	200	220	240	260	280	300
二乙基酮	712.2	689.3	665.2	638.2	606.2	573.4	536.8	490.0	410.8	
甲基乙基酮	694.9	669.7	641.3	607.6	572.9	533.4	480.6	370.1		
甲基正丙基酮	704.6	681.4	656.8	630.4	601.6	569.6	532.6	486.8	418.7	337.1^{290}
甲基异丙基酮	697.7	673.5	647.6	619.7	588.9	554.0	512.5	457.4	311.8	
甲基异丁基酮	701.1	678.5	654.6	629.0	601.4	570.9	536.2	494.6	438.2	394.5^{290}
甲基吡咯烷酮①	951.5	934.7	917.4	899.5	880.9	861.5	841.3	820.0	797.6	773.7
丙酮	666.3	636.1	602.7	564.4	518.0	453.1	396.9^{230}			
苯基乙基酮②	939.2	921.0	902.5	883.6	864.1	844.0	823.1	801.2	778.4	752.8
环已酮	847.7	825.9	803.2	779.5	754.6	728.2	700.0	669.3	635.4	596.6

① 温度为320、340、360、380、400、420、440℃时，其值分别为748.0、720.2、689.5、654.8、614.0、562.7、484.4kg/m^3。
② 温度为320、340、360、380、400、420、430℃时，其值分别为722.9、692.9、661.2、625.4、580.9、515.8、459.4kg/m^3。

算图 10.1
一些酮类液体的密度（第 833 页左）

算图 10.2
丁酮和苯混合液体的密度（第 833 页右）

10.2.2 丙酮水溶液的密度

表10.2.2 丙酮水溶液的密度(25℃)

浓度		密度 ρ_{25} /(kg/m^3)	浓度		密度 ρ_{25} /(kg/m^3)	浓度		密度 ρ_{25} /(kg/m^3)
质量分数/%	g/L		质量分数/%	g/L		质量分数/%	g/L	
5	49.5	990	40	374.8	937	75	642.0	856
10	98.3	983	45	417.2	927	80	674.4	843
15	146.4	976	50	458.0	916	85	705.5	830
20	193.8	969	55	497.2	904	90	734.4	816
25	240.3	961	60	535.8	893	95	761.9	802
30	286.2	954	65	572.7	881	100	786.0	786
35	330.8	945	70	608.3	869			

算图 10.3
丙酮水溶液的密度（第 834 页左）

10.3 相变点

10.3.1 酮类的沸点

表10.3.1 酮类的沸点

物料名	常规沸点/K	液相摩尔体积/(cm³/mol)	物料名	常规沸点/K	液相摩尔体积/(m³/kmol)	物料名	常规沸点/K	液相摩尔体积/(cm³/mol)
丙酮	329.44	77.466	二异丁基酮	441.41	209.88	*N*-甲基硫代吡咯烷酮	557	106.87
2-己酮	400.7	141.35	二异丙基酮	397.55	161.55	甲基异丙基酮	367.55	118.07
3-己酮	396.65	139.98	三丙酮醇	486	259.76	甲基-*N*-丙基酮	375.46	119.06
2-庚酮	424.18	165.13	六氟丙酮	245.88	108.16	甲基异丁基酮	389.15	141.45
3-庚酮	420.55	162.57	亚异丙基丙酮	402.95	131.00	甲基苯基酮	475.15	140.13
4-庚酮	417.15	163.99	甲基乙基酮	352.79	97.885	环戊酮	403.8	100.23
2-辛酮	446.15	189.17	2-环己基环己酮	537.15	231.06	环己酮	428.9	119.80
2-壬酮	467.15	212.21	3-甲基-2-戊酮	390.55	139.95	苯甲酮	579.24	208.50
5-壬酮	461.6	210.34	4-羟基苯乙酮	601.65	148.47	香草乙酮	570.65	184.76
2-吡咯烷酮	524.32	94.137	5-甲基-2-己酮	417.95	164.12	佛尔酮	488.35	180.38
乙烯酮	223.335	53.010	2,4-戊二酮	413.55	116.94	羟基丙酮	418.65	76.226
二乙烯酮	399.2	89.523	甲基异丙烯酮	371.15	109.53	2-羟基苯乙酮	494.7	147.11
二乙基酮	375.14	118.35	*N*-甲基-2-吡咯烷酮	477.42	114.28	3,3-二甲基酮-2-丁酮	379.45	138.82

10.3.2 二元共沸物的共沸点

表10.3.2 第一组分为甲乙酮和3-甲基-2-丁酮的二元共沸点

(1) 第一组分 甲乙酮

质量分数/%	62.5	40	30	25	27	15.3	71
第二组分(余量)	苯	乙醇	异丙醇	丙硫醇	叔丁醇	二硫化碳	四氯化碳
共沸点/℃	78.4	74.8	77.5	55.5	77.5	45.9	73.8
质量分数/%	60	60	82	45	48	80	55
第二组分(余量)	1.3-环己二烯	环己烷	乙酸乙酯	甲酸丙酯	丙酸甲酯	二乙硫	噻吩
共沸点/℃	73.0	72.0	77.0	79.5	79.3	77.5	76

(2) 第一组分 3-甲基-2-丁酮

质量分数/%	87	50	25	>12	50	70
第二组分(余量)	水	庚烷	溴丁烷	环己烷	溴二氯甲烷	丙烯醇
共沸点/℃	79	70	90	79	97	93

表10.3.3 第一组分为丙酮和丁酮的二元共沸点

(1) 第一组分 丙酮

质量分数/%	88	67	21.9	59	89.5	36	57	67.5	13	15
第二组分(余量)	甲醇	丙硫醇	戊烷	己烷	庚烷	环戊烷	甲基环烷	环己烷	碘甲烷	氯丙烷
共沸点/℃	56.4	54.5	31.86	49.8	55.85	41	50.3	53	41.5	45.8

续表

质量分数/%	99	50	65	30	20.5	38.21	20	80	88.5	33
第二组分(余量)	溴丙烷	2-溴丙烷	碘乙烷	1,1-二氯乙烷	氯仿	二乙胺	丙胺	异丁胺	四氯化碳	二硫化碳
共沸点/℃	56.33	54	55.5	57.55	64.5	51.39	48.53	56	56.28	39.25
质量分数/%	48.3	8	82.5	61	87	18.1	47	90	5.3	
第二组分(余量)	乙酸甲酯	亚硝酸丙酯	硼酸三甲酯	二异丙基醚	氯甲基甲基醚	1,3-戊二烯	1,5-已二烯	乙基丙基醚	2-甲基-1,3-丁二烯	
共沸点/℃	55.8	47.5	50.55	51.2	56.1	41.4	47.5	56.1	33.8	

(2) 第一组分　丁酮

质量分数/%	88.7	37.5	75	69	66	68	73	22	75	20
第二组分(余量)	水	苯	氟苯	甲醇	乙醇	异丙醇	叔丁醇	乙酸乙醇	丙硫醇	二乙硫
共沸点/℃	73.41	78.35	79.3	64.1	74.8	77.5	77.5	76.7	50.3	77.5
质量分数/%	55	32	29.5	40	38	<25	15	29	45	40
第二组分(余量)	甲酸丙酯	丙酸甲酯	己烷	环己烷	氯丁烷	碘甲烷	二硫化碳	四氯化碳	噻吩	1,3-环己二烯
共沸点/℃	79.45	79.23	64.3	72	77	71.5	45.85	73.8	76	73

表10.3.4　第一组分为2-戊酮和3-戊酮的二元共沸点

(1) 第一组分　2-戊酮

质量分数/%	80.4	68	8.33	44	40	35	38	52	34
第二组分(余量)	水	甲酸	乙醇	硝基甲烷	甲基环己烷	碘丙烷	乙酸丙酯	丁酸甲酯	烯丙基碘
共沸点/℃	83.8	105.3	77.7	99.15	100.6	100.8	101	102	100.9

(2) 第一组分　3-戊酮

质量分数/%	86	43	50	78	50	67	40	＞60
第二组分(余量)	水	丙醇	仲丁醇	异丁醇	叔戊醇	甲酸	乙酸丙酯	丁酸甲酯
共沸点/℃	82.9	91.9	98.5	10.95	98.5	105.4	100.75	＜101.9
质量分数/%	35	35	45	35	40	60	77	34
第二组分(余量)	庚烷	碘丙烷	硝基甲烷	溴丁烷	甲基环已烷	2,5-二甲基已烷	二氯乙醚	烯丙基碘
共沸点/℃	93.5	100.9	99.1	101.1	95	98	102.9	100.8

表10.3.5　第一组分为2-己酮和3-己酮的二元共沸点

(1) 第一组分　2-己酮

质量分数/%	84.3	35	18.2	25	30	12	＞44
第二组分(余量)	水	戊酸	丁醇	2-氯乙醇	碳酸二乙醇	乙酸丁酯	乙二醇一甲醚
共沸点/℃	86.4	120.7	161.5	129	125.4	124.9	＜121.5

(2) 第一组分　3-己酮

质量分数/%	20	＞57	45	50	74.35	40
第二组分(余量)	1-丁醇	2-甲氧基乙醇	四氯乙烯	甲酸异戊酯	乙酸丁酯	丙酸丙酯
共沸点/℃	117.2	＜119.5	118.2	123	123.34	122.5

表10.3.6　第一组分为4-庚酮和2-辛酮的二元共沸点

(1) 第一组分　4-庚酮

质量分数/%	—	42	10	25	47	53	—	80
第二组分(余量)	水	邻二甲苯	间二甲苯	乙酸异戊酯	丁酸丙酯	乳酸甲酯	1,1,2,2-四氯乙烷	α-蒎烯
共沸点/℃	94	142.4	139	141.7	143	142.7	＞148.5	142

（2）第一组分 2-辛酮

质量分数/%	80	75.58	≈33	175	55
第二组分（余量）	乙二醇	1,2-丙二醇	1,3-二氯-2-丙醇	对异丙基苯甲烷	二戊烯
共沸点/℃	168	161.67	179	172.5	170

表10.3.7 第一组分为4-甲基-2-戊酮和环己酮的二元共沸点

（1）第一组分 4-甲基-2-戊酮

质量分数/%	75.7	13	65	70	3	＜20	53	52	55	77
第二组分（余量）	水	庚烷	辛烷	丁醇	甲苯	甲基环己烷	1,3-二甲基环己烷	四氯乙烯	异戊酸甲酯	二异丙基硫
共沸点/℃	87.9	97.5	113.4	111.35	110.7	100.1	112	113.85	115.6	114.9

（2）第一组分 环己酮

质量分数/%	55	28	48	55	39	60	45	34
第二组分（余量）	四氯乙烷	五氯乙烷	溴仿	2,7-二甲基辛烷	1,2,3-三氯丙烷	丁酸异丁酯	异戊酸丙酯	乳酸乙酯
共沸点/℃	159	165.4	108.5	151.5	160	155.3	105.2	103.55

质量分数/%	＞62	28	40	65	94	57.5	65	25	38.4
第二组分（余量）	异丁酸	苯酚	α-蒎烯	β-蒎烯	己醇	莰烯	异丙苯	苯甲醚	水
共沸点/℃	＞159	184.5	149.8	152.2	150.65	100.55	152	152.5	95

表10.3.8 第一组分为苯乙酮和其他酮的二元共沸点

（1）第一组分 苯乙酮

质量分数/%	12.5	14	95	15	30
第二组分（余量）	辛酮	沉香醇	香茅醛	对乙基苯酚	2,4-二甲基苯酚
共沸点/℃	194.95	198.0	201.95	219.5	213.0

（2）第一组分 其他酮

第一组分/%	甲基异丁基酮	4-甲基-3-戊烯-2-酮	二乙基甲酮
水/%	24.3	34.8	33.0
共沸点/℃	87.9	91.8	105.4

10.3.3 三元共沸物的共沸点

表10.3.9 第一组分为丙酮和丁酮的三元共沸点

(1) 第一组分 丙酮

第二组分	质量分数/%	第三组分	质量分数/%	共沸点/℃	第二组分	质量分数/%	第三组分	质量分数/%	共沸点/℃
水	0.4	2-甲基-1,3-丁二烯	92	32.5	水	1.8	二异丙基醚	44.7	53.8
	—	2-甲基呋喃	—	55.5		3		48	70（204.8kPa）

(2) 第一组分 丁酮

第二组分（余量）	含量/%	第三组分	含量/%	共沸点/℃
水	8.9	苯	73.6	68.4
水	—	环己烷	60	63.6
水	3.0	四氯化碳	74.8	65.7

10.3.4 酮类的三相点

表10.3.10 酮类的三相点

物料名	三相点温度/K	三相点压力/Pa	液相和固相恒压热容差/[J/(K·kmol)]	物料名	三相点温度/K	三相点压力/Pa	液相和固相恒压热容差/[J/(K·kmol)]
丙酮	178.45	2.78509	22730.9	2,6-二甲基-2,5-异庚二烯-4-酮(佛尔酮)	265.05	4.55563	17580
2-己酮	217.35	1.44559	14596.7				
2-庚酮	238.15	3.54477	28523.3	二异丙基酮	204.81	0.82058	18682
3-庚酮	234.15	2.29921	31217	3,3-二甲基酮-2-丁酮	221.15	14.4334	28857
4-庚酮	240.65	7.95766	34306.5	三丙酮醇	330.4	15.2628	99438
2-辛酮	252.85	4.67726	50699.5	六氟丙酮	147.7	20.8518	64650
2-壬酮	265.65	4.72259	41402.5	亚异丙基丙酮	220.15	2.51009	30543
5-壬酮	267.25	5.84083	−11735.8	甲基苯基酮	292.805	35.885	48297.5
乙基异丙基酮	204.15	0.96969	25100.2	2,4-戊二酮(乙酰丙酮)	249.95	104.19	54491
香草乙酮	387.65	62.8426	99774	2-吡咯烷酮	297.15	1.1442	32193
甲基乙基酮	186.48	1.3904	46120	环戊酮	221.85	3.6956	-5814.9
3-甲基-2-戊酮	167.15	0.00489	17577.5	环己酮	242	6.9667	12083
甲基异丙烯酮	219.55	22.078	1439.11	苯甲酮	321.35	1.49019	61436
甲基异丙基酮	180.15	0.29536	22673.7	2-羟基苯乙酮	278.15	7.8968	29054
甲基-*N*-丙基酮	196.29	0.75235	41455.3	4-羟基苯乙酮	382.15	22.018	121841
甲基异丁基酮	189.15	0.06987	21285.9	羟基丙酮	256.15	17.893	751.47
二乙烯酮	266.65	182.867	12311				

10.4 黏度

10.4.1 气态酮类的黏度

表10.4.1 气态酮类的黏度　　单位：μPa·s

名　称	温度/K								
	200	250	300	350	400	450	500	550	600
二乙基酮		5.748	6.853	7.952	9.046	10.14	11.22	12.30	13.39
甲基乙基酮	4.713	5.897	7.075	8.243	9.398	10.54	11.65	12.75	13.82
甲基正丙基酮	4.728	5.864	6.993	8.114	9.230	10.34	11.45	12.55	13.66
甲基异丙基酮	4.799	5.952	7.097	8.236	9.369	10.50	11.62	12.74	13.87
甲基异丁基酮	4.480	5.557	6.626	7.689	8.746	9.799	10.85	11.89	12.95
甲基吡咯烷酮		5.442	6.489	7.530	8.566	9.597	10.62	11.65	12.67
丙酮	5.140	6.430	7.712	8.981	10.23	11.46	12.67	13.85	15.00
苯基乙基酮			6.139	7.123	8.103	9.078	10.05	11.02	11.98
环己酮				7.603	8.648	9.689	10.73	11.76	12.79

续表

名称	温度/K								
	650	700	750	800	850	900	950	1000	临界值
二乙基酮	14.44	15.45	16.41	17.34	18.23	19.10	19.94	20.76	
甲基乙基酮	14.87	15.89	16.89	17.86	18.81	19.73	20.63	2151	
甲基正丙基酮	14.74	15.77	16.75	17.70	18.62	19.51	20.37	21.21	
甲基异丙基酮	14.95	15.98	16.97	17.92	18.85	19.74	20.60	21.45	
甲基异丁基酮	13.97	14.95	15.89	16.80	17.67	18.52	19.34	20.14	
甲基吡咯烷酮	13.68	14.70	15.72	16.73	17.70	18.64	19.56	20.44	
丙酮	16.13	17.22	18.29	19.32	20.33	21.32	22.27	23.21	28.5
苯基乙基酮	12.94	13.90	14.88	15.82	16.73	17.61	18.46	19.29	
环己酮	13.83	14.85	15.83	16.77	17.68	18.56	19.42	20.25	

10.4.2 液态酮类的黏度

表10.4.2 液态酮类的黏度 单位：mPa·s

名称	温度/℃									
	−80	−60	−40	−20	0	20	40	60	80	100
二乙基酮				0.792	0.599	0.470	0.381	0.317	0.269	0.232
甲基乙基酮	2.29	1.44	0.985	0.714	0.543	0.428	0.348	0.291	0.247	0.214
甲基正丙基酮		1.80	1.21	0.863	0.648	0.506	0.407	0.337	0.285	0.245
甲基异丙基酮	2.92	1.75	1.15	0.805	0.594	0.457	0.364	0.297	0.249	0.212
甲基异丁基酮	3.87	2.27	1.47	1.01	0.738	0.562	0.443	0.359	0.298	0.253
丙酮	1.51	0.990	0.700	0.522	0.407	0.328	0.272	0.231	0.199	0.175
苯基乙基酮						1.82	1.27	0.918	0.691	0.536
环己酮				5.45	3.35	2.20	1.53	1.10	0.830	0.643

名称	温度/℃									
	120	140	160	180	200	220	240	260	280	300
二乙基酮	0.203	0.181	0.158	0.135	0.115	0.096	0.079	0.063	0.050	
甲基乙基酮	0.188	0.154	0.132	0.111	0.092	0.075	0.060	0.046		
甲基正丙基酮	0.214	0.189	0.165	0.142	0.120	0.101	0.083	0.067	0.053	0.047[290]
甲基异丙基酮	0.184	0.162	0.154	0.132	0.111	0.092	0.075	0.060	0.046	
甲基异丁基酮	0.218	0.190	0.169	0.146	0.124	0.104	0.086	0.070	0.056	0.049[290]
丙酮	0.165[110]									
苯基乙基酮①	0.426	0.347	0.287	0.242	0.207	0.179	0.157	0.139	0.167	0.148
环己酮	0.511	0.416	0.345	0.290	0.248	0.256	0.215	0.177	0.142	0.111

① 温度为320、340、360、380、400、420、440℃时，其值为分别为0.131、0.114、0.099、0.084、0.071、0.060、0.054mPa·s。

注：二苯甲酮在60、120℃时的值分别为4.53、1.38mPa·s；二丙基酮和3-戊酮在20℃的值分别为0.736和0.493mPa·s。

10.5 表面张力

10.5.1 液态酮类的表面张力

表10.5.1 液态酮类的表面张力 单位：mN/m

名称	温度/℃									
	−80	−60	−40	−20	0	20	40	60	80	100
二乙基酮				29.51	27.22	24.97	22.75	20.56	18.42	16.31
甲基乙基酮	37.91	35.27	32.67	30.09	27.55	25.05	22.59	20.18	17.81	15.50
甲基正丙基酮		33.95	31.64	29.36	27.11	24.89	22.70	20.55	18.43	16.36
甲基异丙基酮	36.52	34.10	31.71	29.35	27.02	24.72	22.46	20.23	18.05	15.91
甲基异丁基酮	34.56	32.37	30.22	28.08	25.98	23.90	21.85	19.84	17.85	15.91
甲基吡咯烷酮				50.43	47.83	45.25	42.70	40.17	37.67	35.21
丙酮	38.73	35.80	32.91	30.06	27.25	24.49	21.78	19.13	16.53	14.05
苯基乙基酮						39.37	37.11	34.87	32.66	30.47
环已酮				40.22	37.62	35.05	32.52	30.02	27.56	25.14

名称	温度/℃									
	120	140	160	180	200	220	240	260	280	300
二乙基酮	14.25	12.24	10.28	8.379	6.550	4.803	3.158	1.648	0.359	
甲基乙基酮	13.24	11.04	8.914	6.870	4.923	3.099	1.445	0.104		
甲基正丙基酮	14.32	12.34	10.40	8.528	6.719	4.988	3.354	1.845	0.532	0.030^{290}
甲基异丙基酮	13.81	11.77	9.786	7.866	6.022	4.268	2.629	1.151	0.005	
甲基异丁基酮	14.00	12.13	10.31	8.547	6.839	5.201	3.645	2.194	0.895	0.338^{290}
甲基吡咯烷酮①	32.77	30.37	28.00	25.66	23.37	21.11	18.90	16.74	14.62	12.56
丙酮	11.55	9.183	6.913	4.762	2.765	0.996	0.262^{230}			
苯基乙基酮②	28.31	26.17	24.07	21.99	19.94	17.93	15.96	14.02	12.13	10.29
环已酮	22.76	20.43	18.14	15.90	13.72	11.60	9.554	7.584	5.698	3.923

① 温度为320、340、360、380、400、420、440℃时，其值分别为10.56、8.621、6.762、4.993、3.332、1.813、0.511mN/m。
② 温度为320、340、360、380、400、420、430℃时，其值分别为8.504、6.776、5.120、3.549、2.089、0.789、0.243mN/m。

N 算图10.4
酮类的表面张力（第834页右）

10.5.2 丙酮水溶液的表面张力

表10.5.2 丙酮水溶液的表面张力 单位：mN/m

温度/℃	浓度(质量分数)/%							
	5	10	20	30	50	75	95	100
25	55.4	48.9	41.1	36.0	30.4	26.8	24.2	23.0

表10.5.3 丙酮和有机溶剂混合物的表面张力 单位：mN/m

溶剂	温度/℃	溶质的质量分数/%							
		20	30	40	50	60	70	80	90
乙酸	25	24.5	25.4	26.1	26.6	27.1	27.4		
乙醚	30	16.8	17.1	17.4	18.3	19.1	19.6	20.0	21.1

10.6 热导率

10.6.1 气态酮类的热导率

表10.6.1 气态酮类的热导率 单位：mW/(m·K)

名称	温度/K								
	200	250	300	350	400	450	500	550	600
二乙基酮		7.991	11.25	15.15	19.62	24.69	30.33	36.61	43.51
甲基乙基酮	5.523	8.201	11.46	15.27	19.62	24.56	30.04	36.11	42.68
甲基正丙基酮	5.314	8.075	11.42	15.40	19.92	25.06	30.79	37.15	43.93
甲基异丙基酮	5.523	8.410	11.92	16.02	20.75	26.11	32.09	38.74	46.02
甲基异丁基酮	5.021	7.489	10.33	13.64	17.28	21.34	25.77	30.54	35.69
甲基吡咯烷酮		9.037	12.22	15.73	19.58	23.68	28.03	32.55	37.24
丙酮	5.983	8.786	12.05	15.86	20.21	25.06	30.46	36.40	43.10
苯基乙基酮			6.611	8.954	11.63	14.69	18.12	21.92	26.07
环己酮				13.26	17.24	21.71	26.78	32.34	38.45

名称	温度/K							
	650	700	750	800	850	900	950	1000
二乙基酮	51.04	58.99	67.78	76.99	87.03	97.91	109.2	120.9
甲基乙基酮	49.79	57.74	66.11	75.31	84.94	94.98	105.9	117.2
甲基正丙基酮	51.88	59.83	68.62	78.24	88.28	99.16	110.5	122.6
甲基异丙基酮	53.97	62.34	71.96	81.59	92.47	103.8	115.5	128.0
甲基异丁基酮	41.17	46.86	53.14	59.83	66.53	73.64	81.17	88.70
甲基吡咯烷酮	42.26	46.86	52.30	57.32	62.34	66.94	71.96	76.57
丙酮	49.79	57.74	65.69	74.48	83.68	93.72	104.2	115.5
苯基乙基酮	30.59	35.52	40.79	46.44	52.72	58.99	65.69	72.80
环己酮	45.19	52.30	60.25	68.62	77.40	86.61	96.65	107.5

10.6.2 液态酮类的热导率

表10.6.2 液态酮类的热导率 单位：mW/(m·K)

名称	温度/℃									
	-80	-60	-40	-20	0	20	40	60	80	100
二乙基酮				155.2	149.8	143.9	138.1	132.2	125.9	119.7
甲基乙基酮	181.6	175.7	169.9	163.6	157.3	150.6	143.9	137.2	130.1	122.6
甲基正丙基酮		165.7	160.2	154.8	149.4	143.9	138.1	132.2	125.9	119.7
甲基异丙基酮	169.5	164	158.6	153.1	147.7	141.8	136	129.7	123.4	117.2
甲基异丁基酮	163.2	158.2	153.1	148.1	143.1	137.7	132.2	126.8	121.3	115.5
丙酮	196.2	189.1	182	174.9	167.4	159.4	151.5	143.5	134.7	125.9
苯基乙基酮①						129.3	125.9	122.2	118.8	115.1
环己酮				155.6	151	146	141.4	136.4	131.4	126.4

续表

名　称	温度/℃									
	120	140	160	180	200	220	240	260	280	300
二乙基酮	113	106.3	99.16	91.21	83.26	74.48	64.85	53.97	39.33	
甲基乙基酮	114.6	106.7	98.32	89.12	79.08	68.2	55.23	36.23		
甲基正丙基酮	113.4	106.7	99.58	92.05	84.1	75.73	66.11	55.65	41.84	
甲基异丙基酮	110.5	103.3	96.23	88.28	79.91	71.13	61.09	48.95	29.12	
甲基异丁基酮	109.2	102.9	96.23	89.54	82.42	74.48	65.69	56.48	44.77	
丙酮	116.7	106.7	95.81	84.1	71.13	54.81	43.51[230]			
苯基乙基酮	111.3	107.5	101.7	99.58	95.81	91.63	87.03	82.84	78.24	73.22
环己酮	121.3	115.9	110.5	104.6	98.32	92.47	85.77	78.66	71.13	63.18

① 温度为320、340、360、380、400、420、430℃时，其值分别为68.20、62.76、56.90、50.63、43.51、34.89、29.08mW/（m・K）。

N 算图10.5
丙酮水溶液的热导率
（第835页左）

10.6.3 酮类水溶液的热导率

表10.6.3 丙酮水溶液的热导率　　单位：mW/(m·K)

温度/℃		−40	−20	0	20	40	60
浓度/%	0			564.8	598.5	627.6	652.0
	20			444.0	463.7	481.2	495.1
	40			342.8	352.2	363.0	368.4
	60		261.5	262.7	265.0	266.1	267.3
	80	213.8	214.0	205.7	201.0	196.4	191.8
	100	183.8	176.6	169.7	161.5	153.4	146.4

表10.6.4 丙酮溶液混合物的热导率　　单位：mW/(m·K)

第二组分（余量）	温度/℃	丙酮的浓度（质量分数）/%					
		0	20	40	60	80	100
苯	15	165	159	155	151	149	147
异丁醇	15	165	156	148	141	136	134
甲酸甲酯	15	165	168	171	177	184	193
四氯化碳	15	165	146	131	188	112	107

表10.6.5 氯化锌、碘化镉、三氯化锑的丙酮溶液的热导率　　单位：mW/(m·K)

溶质名称	温度/℃	溶质的浓度（质量分数/%）						
		0	5	10	15	20	40	60
氯化锌	25	162	162	162	162	162		
	40	156	156	157	157	158		
	60	149	150	152	153	154		
碘化镉	25	162	160	158	156			
	40	155	153	151	149			
	60	144	142	141	139			
三氯化锑	25	162				156	154	148
	40	155				151	149	142
	60	144				142	141	138

10.7 溶解度

表10.7.1 一些物料在丙酮中的溶解度（Ⅰ）

（1）虫胶

类 型	沸点时可溶质量分数/%	类 型	沸点时可溶质量分数/%	类 型	沸点时可溶质量分数/%
特级橙虫胶	98.8	T.N.虫胶No.1	95.6	A.C.石榴虫胶	81.3
特级虫胶	92.8	T.N.虫胶No.2	98.8	废虫胶	63.0

（2）水胶

类 型	沸点时可溶质量分数/%	类 型	沸点时可溶质量分数/%	类 型	沸点时可溶质量分数/%
阿拉伯胶	11.9	远 志 胶	12.0	黄蓍胶（波斯）	8.0
印度胶	16.7		黄蓍胶（Allepa）	黄蓍胶（土耳其）	7.2

（3）丙酮不溶物

类 型	沸点时可溶质量分数/%	类 型	沸点时可溶质量分数/%	类 型	沸点时可溶质量分数/%
栲树脂（浅色）	91.1	栲树脂（灌木）	79.3	白树脂	溶解
栲树脂（褐色）	61.3	松 香	溶解	松焦油	溶解

N 算图 10.6

邻氧萘酮（香豆素）在甘油水溶液中的溶解度（第835页右）

表10.7.2 一些物料在丙酮中的溶解度（Ⅱ）

（1）脂肪、油和润滑脂

类 型	混溶性（25℃）	可溶质量分数/%（25℃）	丙酮沸点时可溶质量分数/%	类 型	混溶性（25℃）	可溶质量分数/%（25℃）	丙酮沸点时可溶质量分数/%
桐 油	∞			鱼油（青鱼，粗）	∞		
椰子油（精制和漂白）	∞			鱼油（氢化）		35.8	∞
玉米油（粗）	∞			鱼油（鲱鱼，粗）	m	99.8	∞
棉籽油	∞			润滑脂（褐色）	m	96.4	99.8
棉籽油（精制和漂白）	∞			润滑脂（废料）	m	99.6	99.7
棉籽油（氢化）	∞	100.0	∞	润滑脂（白色）	m	97.3	∞
棉籽油（硬脂精）	∞			亚麻子油（粗）	∞		

注：∞—可成任何比例混溶；m—25℃时部分溶解成任何比例混溶。

（2）沥青

类 型	沸点时可溶质量分数/%	类 型	沸点时可溶质量分数/%
黑沥青（脆沥青为1.6）	5.8	墨西哥石油沥青（水蒸气蒸馏，半软级）	44.2
沥青（吹制，产自中部大陆石油）	56.4	墨西哥石油沥青（水蒸气蒸馏，软级）	64.3
百慕大群岛沥青（精制）	62.4	石油沥青（水蒸气蒸馏，加利福尼亚，半软级）	81.0

续表

类　型	沸点时可溶质量分数/%	类　型	沸点时可溶质量分数/%
煤焦沥青（精制）	70.4	产自海湾的残油	61.0
脂肪酸沥青（软级）	62.4	产自中部大陆石油沥青的水蒸气蒸馏残油	97.2
脂肪酸沥青（半软级）	54.3	叙利亚沥青	5.9
硬沥青 Selex	25.0	特里尼达沥青（精制）	42.0

10.8 蒸气压

10.8.1 温度为自变量

表10.8.1 酮类的蒸气压　　单位：kPa

名　称	温度/℃							
	0	20	40	60	80	100	120	140
丙　酮	9.401	24.65	56.22	114.8	214.2	372.5	606.9	939.6
丁酮	3.24	9.49	23.63	51.95	102.69	186.05		
二乙基酮		3.738	10.04	23.54	495.3	953.0	170.2	284.5
甲基乙基酮	3.534	9.986	24.28	52.37	102.5	185.2	316.0	504.7
甲基正丙基酮		3.588	9.882	23.44	49.36	94.46	167.1	279.4
甲基异丙基酮	1.545	5.313	14.44	32.96	65.94	119.0	198.2	342.7
甲基异丁基酮		1.994	9.835	14.49	31.65	62.34	112.8	190.6
甲基吡咯烷酮					1.404	3.569	8.113	16.82
苯基乙基酮					1.813	4.360	9.434	18.69
环己酮				2.925	7.403	16.68	34.15	64.58

名　称	温度/℃							
	160	180	200	220	240	260	280	300
丙　酮	1394	1998	2780	3780	4378[230]			
二乙基酮	449.4	678.0	984.1	1384	1896	2545	3362	
甲基乙基酮	768.8	1126	1598	2212	3002	4011		
甲基正丙基酮	441.9	668.7	974.6	1377	1892	2546	3364	3846[290]
甲基异丙基酮	533.5	796.3	114.7	1602	2185	2920	3836	
甲基异丁基酮	309.4	477.0	706.9	1013	1411	1921	2563	2943[290]
甲基吡咯烷酮①	32.11	57.34	96.74	155.4	239.1	354.3	508.5	709.3
苯基乙基酮②	34.39	59.41	97.25	152.0	228.1	330.6	465.1	637.2
环己酮	114.1	190.1	301.8	459.4	674.6	960.2	1331	1804

① 温度为320、340、360、380、400、420、440、450℃时，其值为965.4、1285、1682、2163、2743、3438、4268、4740kPa。
② 温度为320、340、360、380、400、420、430℃时，其值为853.2、1120、1446、1838、2307、2867、3184kPa。

10.8.2 压力为自变量

表10.8.2 酮类的蒸气压

名称	0.1	0.2	0.4	0.7	1.0	2	4	7	10	20	40	70	101.3	熔点/℃
	相应于上述蒸气压(kPa)的温度/℃													
丙酮	−62.0	−55.1	−47.1	−39.9	−35.2	−25.6	−14.7	−4.9	1.7	15.5	32.0	46.5	56.5	−94.6
2-戊酮	13.5	10.5	8.7	8.6	13.6	23.6	34.5	44.3	51.0	64.1	79.7	93.6	103.3	−77.8
3-戊酮	−15.5	−8.1	0.5	8.1	13.0	23.0	34.0	43.8	50.4	63.6	79.3	93.1	102.7	−42
2-辛酮	20.0	29.4	39.9	49.2	55.5	68.2	82.8	95.5	104.1	121.6	142.0	160.1	172.9	−16
2-壬酮	28.1	38.4	49.9	59.8	66.6	80.5	96.1	109.9	119.2	138.6	161.2	181.1	195.0	−19
癸酮	40.1	50.7	62.5	72.8	79.8	94.0	109.7	123.8	133.5	153.4	176.4	196.8	211.0	3.5
2-十一烷酮	64.1	74.6	86.2	96.3	103.1	116.7	131.8	144.9	153.5	171.8	193.0	211.3	224.0	15
乙基-4-甲苯基酮	55.1	66.6	79.3	90.2	97.6	112.9	130.0	145.1	155.3	176.8	201.7	223.4	238.5	
3-乙酰基-6-甲基吡喃-2,4-二酮	87.1	98.8	111.8	123.0	130.8	146.0	162.9	177.5	188.0	209.4	233.6	254.7	269.0	
3,5-二甲基-1,2-吡喃酮	74.2	85.4	97.8	108.5	115.8	129.9	145.3	159.7	169.3	188.5	211.0	231.0	245.0	51.5
二正丙基甲酮	20.0	27.9	37.0	45.0	50.4	61.1	72.6	82.8	89.8	103.9	120.1	134.1	143.7	−32.6
2,6-二甲基-2,5-二庚烯-4-酮	38.1	48.1	59.4	69.1	75.8	89.3	104.2	117.6	126.4	144.4	165.8	184.4	197.2	28
二苄基甲酮	120.2	133.6	148.3	161.0	170.0	187.7	207.3	224.7	236.4	260.6	289.0	313.7	330.5	34.5
二苯甲酮	103.0	116.1	130.5	142.7	150.8	167.8	186.8	203.6	214.8	238.3	265.1	288.7	305.4	48.5
二苯乙二酮	122.6	137.2	152.9	166.4	175.4	194.1	214.9	233.2	245.4	271.0	301.0	328.0	347.0	95
二氢化香芹酮(左旋)	42.2	53.4	65.7	76.4	83.8	98.9	115.8	130.6	140.8	161.6	186.0	207.8	223.0	
1,4-二氧杂环己烷-2,6-二酮	—	—	—	103.9	110.8	125.1	141.1	154.5	164.3	184.4	207.0	226.6	240.0	97
异丁基苯基酮	54.0	65.0	77.3	87.9	95.2	109.9	126.2	140.5	150.0	169.9	193.7	214.1	228.0	
叔丁基苯基酮	53.6	64.3	76.2	86.5	93.3	107.5	123.1	136.9	146.1	165.3	187.8	207.0	220.0	
异丁基萘基酮	131.1	143.5	157.2	168.9	177.1	193.8	211.6	227.1	237.6	259.2	283.4	304.8	320.0	
2,3,5-三甲基苯乙酮	74.6	85.8	98.2	108.9	116.2	130.7	146.7	161.4	171.3	191.3	214.3	233.9	247.5	
2,2,4-三甲基-3-戊酮	11.7	19.6	28.6	36.6	41.9	52.5	64.1	74.3	81.3	95.1	111.2	125.2	135.0	
正己基苯基酮	95.4	107.1	120.1	131.3	139.0	154.1	170.9	185.7	195.6	215.4	238.1	257.9	271.3	
甲基乙基甲酮	−51.1	−43.7	−35.0	−27.4	−22.2	−11.6	0.2	10.9	18.3	33.7	51.9	68.1	79.6	−85.9
甲基异丙基酮	−22.5	−15.6	−7.6	−0.4	4.2	13.7	24.3	33.5	39.8	52.4	67.2	80.0	88.9	−92
甲基正丁基酮	4.7	12.5	21.5	29.4	34.5	44.9	56.4	66.7	73.7	87.3	103.6	117.8	127.5	−56.9

续表

名称	0.1	0.2	0.4	0.7	1.0	2	4	7	10	20	40	70	101.3	熔点/℃
	相应于上述蒸气压（kPa）的温度/℃													
甲基异丁基酮	−4.4	3.4	12.4	20.3	25.5	35.8	47.2	57.4	64.3	78.3	94.7	109.0	119.0	−84.7
甲基正戊基酮	15.8	24.9	35.3	44.3	50.4	62.1	75.0	86.5	93.8	108.4	125.6	140.2	150.2	
甲基正癸基酮	72.7	83.9	96.2	106.9	114.2	129.0	145.0	159.6	169.3	189.1	212.2	232.5	246.5	
甲基正十一基酮	82.2	93.9	106.8	117.9	125.5	140.7	157.7	172.5	182.6	203.7	227.7	248.4	262.5	28.5
甲基正十二基酮	94.6	106.5	119.7	131.0	138.9	154.2	171.5	187.1	197.3	218.0	242.4	263.6	278.0	
甲基正十四基酮	103.2	119.8	137.7	152.5	160.5	176.9	195.2	210.8	221.3	243.5	268.8	291.1	307.0	
甲基正十五基酮	124.7	137.2	150.8	162.7	171.0	188.3	206.3	222.1	232.9	254.9	280.5	303.3	319.5	
甲基-α-萘基酮	110.9	122.8	136.0	147.3	155.0	170.9	188.6	204.2	214.7	236.2	260.1	280.9	295.5	
甲基-β-萘基酮	115.3	127.8	141.5	153.3	161.6	178.1	195.7	210.6	220.8	241.6	265.3	286.3	301.0	55.5
4-甲基-3-戊烯-2-酮	−12.0	−3.5	6.3	14.8	20.9	32.5	45.4	57.0	65.0	81.6	101.1	118.2	130.0	−59
异丙基-β-萘基酮	128.3	140.8	154.6	166.4	174.3	190.1	207.6	222.8	233.2	254.0	277.7	298.5	313.0	
异佛尔酮	33.7	44.7	57.0	67.6	75.0	89.8	106.6	121.5	131.7	152.9	177.7	199.7	215.2	
苯乙酮	33.1	43.4	54.9	64.9	72.0	85.9	101.8	115.9	125.3	144.7	167.6	188.1	202.4	20.5
苯丙酮	45.8	56.5	68.4	78.8	86.1	100.7	116.8	131.0	140.8	160.5	183.7	204.1	218.0	21
苯并蒽酮	217.0	237.0	258.2	276.0	287.6	311.5	338.0	362.1	377.6	410.4				174
1-苯基-1,3-戊二酮	93.4	105.2	118.2	129.5	137.4	152.8	169.9	185.4	195.7	216.5	240.5	261.7	276.5	
4-苯基-3-丁烯-2-酮	77.1	88.9	101.9	113.2	120.9	136.5	153.4	168.4	178.7	200.4	224.8	246.1	261.0	41.5
苯基苄基甲酮	118.2	131.1	145.2	157.3	166.1	183.8	203.1	219.9	231.3	254.3	281.0	304.7	321.0	60
环己酮	−2.3	7.2	17.9	27.2	33.4	46.3	60.9	73.8	82.6	101.0	122.8	142.1	155.6	−45.0
香芹酮	53.1	64.1	76.4	87.0	94.3	109.1	125.4	139.7	149.2	169.3	193.1	213.5	227.5	
胡薄荷酮	54.8	63.9	74.2	83.2	89.0	101.0	114.9	126.9	135.3	153.4	178.0	202.8	221.0	
α-萘基乙基酮	119.2	131.4	144.9	156.5	164.4	180.5	198.5	214.0	224.4	245.4	269.4	290.9	306.0	
4-羟基-3-甲基-2-戊酮	41.0	50.3	60.9	70.0	75.9	88.1	101.7	113.9	122.0	138.2	157.1	173.6	185.0	
4-羟基-4-甲基-2-戊酮	18.4	27.7	38.3	47.5	53.6	66.0	80.0	92.4	100.8	118.1	138.4	156.0	167.9	−47
（右旋）葑酮	24.0	34.2	45.6	55.6	62.5	76.4	92.1	105.9	115.3	134.5	156.8	176.9	191.0	5
α-紫罗酮	75.1	86.4	98.9	109.7	116.9	131.9	148.1	162.3	172.3	192.7	215.3	235.5	250.0	
1-溴-2-丁酮	2.7	11.7	21.8	30.7	36.7	48.6	61.8	73.8	82.0	98.6	117.8	134.9	147.0	

表10.8.3 丙酮在中高压时的蒸气压

名 称	分子式	101.3	200	400	700	1000	1500	2000	2500	3000	3500	4000	临界值	
		相应于上述蒸气压强（kPa）的温度/℃											t_c/℃	p_c/MPa
丙 酮	C_3H_6O	56.5	78.5	104.1	127.7	143.9	165.2	180.3	193.4	204.2	209.7	214.1	235.0	4.76

算图 10.7
酮类的蒸气压（第 836 页左）

算图 10.8
丙酮水溶液的蒸气压（第 836 页右）

10.9 比热容

10.9.1 气态酮类的比热容

表10.9.1 气态酮类的比热容 单位：J/(mol·K)

名 称	温度/K									
	50	100	150	200	250	300	350	400	450	500
二乙基酮	49.24	67.53	84.91	101.4	117.1	132	146	159.3	171.8	183.5
甲基乙基酮		44.67	60.21	74.86	88.68	101.7	113.9	125.4	136.2	146.3
甲基正丙基酮					104.6	121.7	137.6	152.4	166.3	179.2
甲基异丙基酮	21.31	44.13	65.57	85.7	103.8	122.2	138.7	154	168.3	181.6
甲基异丁基酮		57.23	81.56	104.4	125.9	146	164.8	182.3	198.7	214.1
甲基吡咯烷酮	44.3	65.44	85.41	104.3	122	138.7	154.3	169	182.7	195.4
丙 酮					63.93	73.77	83.02	91.82	100.1	107.8
苯基乙基酮			71.72	100.7	127.8	153	176.3	198	218	236.5
环己酮				65.02	88.22	110.4	130	151.5	170.5	188.4

名 称	温度/K									
	550	600	650	700	750	800	850	900	950	1000
二乙基酮	194.6	205.1	214.8	224	232.5	240.5	248	254.9	261.3	267.2
甲基乙基酮	155.7	164.6	172.8	180.5	187.5	194.1	200.3	205.9	211.2	216.1
甲基正丙基酮	191.1	202.2	212.5	222.1	230.9	239.1	246.6	253.6	260.1	266.2
甲基异丙基酮	193.9	205.3	215.8	225.5	234.4	242.7	250.2	257.2	263.5	269.3
甲基异丁基酮	228.3	241.6	254	265.5	276.2	286.2	295.5	304.2	312.4	320
甲基吡咯烷酮	207.2	218.2	228.3	237.6	246.2	254.1	261.2	267.7	273.5	278.8
丙 酮	115.1	122	128.4	134.3	139.9	145	149.8	154.2	158.3	162
苯基乙基酮	253.5	269.2	283.4	296.4	308.3	319.2	329	337.9	346	353.4
环己酮	205.2	220.9	235.5	248.9	261.3	272.5	282.5	291.3	299	305.5

10.9.2 液态酮类的比热容

表10.9.2 液态酮类的比热容 单位：J/(mol·℃)

名称	温度/℃									
	-80	-60	-40	-20	0	20	40	60	80	100
二乙基酮				184.7	187.1	190.1	193.4	197.5	202.7	208.2
甲基乙基酮	149.1	150.1	151.6	153.4	155.4	158.1	161.1	164.5	169.4	174.5
甲基正丙基酮		173.0	174.6	176.9	179.7	183.3	187.4	192	196.9	200.6
甲基异丙基酮	163.9	165.3	167.7	170.8	174.5	178.8	183.5	189.5	195.7	202.1
甲基异丁基酮	174.3	179.5	185.3	191.4	197.8	204.3	210.9	217.7	224.6	231.6
甲基吡咯烷酮				193.8	197.5	201.6	205.9	210.5	215.3	220.3
丙酮	115.1	116.1	117.8	120.2	123.3	126.8	131.0	134.2	137.4	142.1
苯基乙基酮						210.9	218.6	226.5	234.5	242.5
环已酮				162.6	169	175.7	182.6	189.7	196.9	204.2

名称	温度/℃									
	120	140	160	180	200	220	240	260	280	300
二乙基酮	213.9	220.1	226.8	234.4	243.5	255.7	274.7			
甲基乙基酮	180.1	186.3	193.5	202.4	214.7	235.7				
甲基正丙基酮	206.9	213.5	220.6	228.6	237.9	250	267.9			
甲基异丙基酮	208.8	215.9	223.6	232.3	242.9	257.4	281.9			
甲基异丁基酮	238.8	246.3	254.1	262.7	272.5	284.4	300.8			
甲基吡咯烷酮①	225.5	230.9	236.5	242.2	248.2	254.4	260.9	267.8	275.1	283.2
丙酮	147.5	154	162.7	175.8	185.9[190]					
苯基乙基酮②	250.7	258.8	267.1	275.4	282.2	288.6	296.3	304.2	312.4	321
环已酮	211.6	219.2	226.9	234.9	243.2	252	261.5	272.6	286.3	305.5

① 温度为320、340、360、370℃时，其值分别为292.3、303.1、316.7、326.2J/(mol·℃)。
② 温度为320、340、360、380℃时，其值分别为330.5、341.4、355.0、374.6J/(mol·℃)。

10.10 焓和熵

10.10.1 酮类的焓

表10.10.1 酮类的焓 单位：kJ/mol

物料名	熔化焓	理想气体标准生成焓	标准燃烧焓	常规沸点下的汽化焓	物料名	熔化焓	理想气体标准生成焓	标准燃烧焓	常规沸点下的汽化焓
		25℃时					25℃时		
丙酮	5.774	-215.7	-1659	29.557	亚异丙基丙酮	—	-195.6	-3332	35.943
2-已酮	14.9	-279.8	-3490	36.301	2,4-戊二酮	14.497	-380	-2511	35.876
3-已酮	13.49	-277.6	-3492	35.635	甲基乙基酮	8.385	-239	-2268	31.553
2-庚酮	18.4	-300.5	-4099	38.351	2-甲基-3-戊酮	11.5	-286.1	-3486	35.013

续表

物料名	熔化焓	理想气体标准生成焓	标准燃烧焓	常规沸点下的汽化焓	物料名	熔化焓	理想气体标准生成焓	标准燃烧焓	常规沸点下的汽化焓
		25℃时					25℃时		
3-庚酮	18.1	−301	−4098	38.491	3-甲基-2-戊酮	9.42	−281	−3490	34.968
4-庚酮	18.6	−301.1	−4090	37.451	5-甲基-2-己酮	—	−304	−4100	38.431
2-辛酮	24.42	−321.6	−4698	40.735	甲基异丙烯酮	—	−180	−2720	32.655
2-壬酮	25.6	−340.7	−5321	43.210	甲基异丙基酮	9.343	−262.6	−2877	32.626
5-壬酮	24.93	−344.9	−5322	42.465	甲基-*N*-丙基酮	10.62	−259.2	−2880	33.454
乙烯酮	—	−47.5	−981	19.150	甲基异丁基酮	9.71	−286.4	−3476	34.559
二乙烯酮	14.43	−190.2	−1824	38.819	甲基苯基酮	10.3	−86.7	−3973	43.670
二乙基酮	11.59	−257.9	−2880	33.483	2-吡咯烷酮	13	−197.4	−2001	54.083
二异丙基酮	11.18	−311.4	−4095	35.522	2-环己基环己酮	—	−322.2	−6750	50.623
二异丁基酮	—	−357.6	−5310	39.572	香草乙酮	—	−418	−4245	63.465
六氟丙酮	8.38	−1460	279	21.744	2-羟基苯乙酮	15.4	−281	−3758	46.664
佛尔酮	—	−251	−4933	42.367	4-羟基苯乙酮	18.8	−269.0	−3751	62.202
环戊酮	7.74	−194.1	−2698	36.396	羟基丙酮	9.22	−366	−1490	42.832
环己酮	1.19	−226.1	−3299	38.016	频哪酮	11.33	−290.6	−3484	33.323
苯甲酮	16.90	56.8	−6288	54.291					

表10.10.2 丙酮和甲乙酮的焓

单位：kJ/kg

温度/℃		−60	−40	−20	0	20	40	60	80	100	120	140	160	180	200
液体	丙酮	−120	−100	−53	0	41	92	145	210	275	355	425	510	600	690
	甲乙酮	−100	−70	−32	0	40	88	133	182	230	275	327	380	435	486
蒸气	丙酮	490	514	536	565	592	630	663	705	745	785	840	870	915	955
	甲乙酮	366	398	432	472	505	547	585	620	655	676	690	710	724	737

表10.10.3 酮类的汽化焓

单位：kJ/mol

名称	温度/℃									
	−80	−60	−40	−20	0	20	40	60	80	100
二乙酮	0	0	0	40.77	39.76	38.7	37.59	36.42	35.19	33.88
甲基乙基酮	39.52	38.64	37.72	36.76	35.77	34.72	33.62	32.45	31.21	29.88
甲基正丙基酮	0	42.28	41.36	40.41	39.41	38.37	37.28	36.14	34.93	33.65
甲基异丙基酮	39.27	38.44	37.57	36.68	35.74	34.76	33.73	32.65	31.51	30.29
甲基异丁基酮	46.86	45.91	44.94	43.92	42.86	41.76	40.6	39.39	38.12	36.76
甲基吡咯烷酮①				68.17	67.48	66.68	65.78	64.78	51.72	50.65
丙酮	36.04	35.16	34.25	33.29	32.29	31.23	30.1	28.91	27.62	26.23
苯基乙基酮②						53.77	52.78	51.77	50.71	49.65
环己酮			50.87	50.37	49.35	48.29	47.19	46.05	44.85	43.61

续表

名称	温度/℃									
	120	140	160	180	200	220	240	260	280	300
二乙基酮	32.48	30.97	29.32	27.51	25.48	23.12	20.29	16.56	3.517	
甲基乙基酮	28.44	26.87	25.13	23.17	20.88	18.06	14.22	6.196		
甲基正丙基酮	32.28	30.81	29.21	27.45	25.47	23.21	20.49	16.99	11.48	
甲基异丙基酮	28.98	27.57	26.02	24.31	22.36	20.08	17.26	13.34	10.34	
甲基异丁基酮	35.32	33.78	32.10	30.27	28.24	25.91	23.18	19.77	14.92	10.96^{290}
甲基吡咯烷酮	49.55	48.4	47.21	45.97	44.66	43.29	41.85	40.31	38.67	36.91
丙　酮	24.70	22.99	21.04	18.73	15.80	11.49	8.48^{230}			
苯基乙基酮	48.50	47.32	46.1	44.82	43.47	42.05	40.54	38.94	37.21	35.34
环己酮	42.30	40.91	39.45	37.89	36.21	34.39	32.40	30.17	27.64	24.64

① 温度为320、340、360、380、400、420、430℃时，其值分别为34.99、32.88、30.52、27.80、24.55、20.35、13.75 kJ/mol。

② 温度为320、340、360、380、400、420、430℃时，其值分别为33.29、31.01、28.41、25.32、21.44、15.79、10.87 kJ/mol。

N 算图10.9
一些酮类的汽化热（第837页左）

10.10.2 酮类的绝对熵

表10.10.4 酮类的绝对熵(25℃)　　单位：J/(K·mol)

物料名	绝对熵	物料名	绝对熵	物料名	绝对熵	物料名	绝对熵
丙酮	295.4	乙基异丙基酮	406.9	3-甲基-2-戊酮	412	环戊酮	315.6
2-己酮	417.9	乙烯酮	247.5	5-甲基-2-己酮	446	环己酮	322
3-己酮	409.2	二乙烯酮	307.5	甲基异丙烯酮	360	2-环己基环己酮	451.6
2-庚酮	448.6	二乙基酮	370	*N*-甲基-2-吡咯烷酮	347.5	苯甲酮	440
3-庚酮	458	二异丁基酮	509	二异丙基酮	347.5	2-羟基苯乙酮	402.6
4-庚酮	452	二异丙基酮	427	甲基异丙基酮	369.9	4-羟基苯乙酮	403.6
2-辛酮	496.2	三丙酮醇	418.5	甲基-*N*-丙基酮	378.6	羟基丙酮	343
2-壬酮	535.6	六氟丙酮	394	甲基异丁基酮	412.9	香草乙酮	468
5-壬酮	530.7	亚异丙基丙酮	398.1	甲基苯基酮	384.5	佛尔酮	422
2,4-戊二酮	403	甲基乙基酮	339.4	2-吡咯烷酮	301.17	频哪酮	388

10.11 危险品特性

表10.11.1 酮类危险品特性

名 称	CAS号	危险品编号	饱和蒸气压①/kPa	燃烧性	闪点/℃	自燃温度/℃	建规火险分级	爆炸下/上限(体积分数)/%	灭火方法	危险品类别	风险性代号	安全代号
丙酮	67-64-1	31025	53.32(39.5)	易	−20	465	甲	2.5/13.0	P, R, G, T, Sw	3.1	R11; R36; R66; R67	S16; S26; S9
2-丁酮	78-93-3	32073	9.49(20)	易	−9	404	甲	1.7/11.4	P, R, G, T, Sw	3.2	R11; R36; R66; R67	S16; S9
2-戊酮	107-87-9	32074	3.59(20)	易	7	452	甲	1.5/8.2	P, R, G, T, Sw	3.2	R11; R22; R36/37/38	S16; S26; S37/39
3-戊酮	96-22-0	32074	1.67(20)	易	13(O.C)	450	甲	1.6/–	P, R, G, T, Sw	3.2	R11; R37; R66; R67	S16; S25; S33; S9
2-己酮	591-78-6	33582	1.33(38.8)	易	23	423	甲	1.2/8.0	P, R, G, T, Sw	3.3	R10; R48/23; R62; R67	S36/37; S45
3-己酮	589-38-8	33582	—	易	24	—	甲	～1.0/8.0	P, R, G, T, Sw	3.3	R11; R36/37/38	S16; S26; S37/39
2-酮	110-43-0	33583	1.33(55.5)	易	47	523	乙	—	P, R, G, T, Sw	3.3	R10; R20/22	S24/25
3-庚酮	106-35-4	33583	0.52(20)	易	46(O.C)	—	乙	—	P, R, G, T, Sw	3.3	R10; R20; R36	S24
4-庚酮	123-19-3	33583	0.69(20)	易	49	—	乙	—	R, G, T, KP	3.3	R10; R20	S24/25
仲辛酮	111-13-7			可	71	—	丙	—	KP, P, R, G, W		R10; R21	S16; S36/37
乙基异丙基甲酮	565-69-5	32075	99.31(114.5)	易	13	—	甲	—	P, R, G, T	3.2	R11	S9
乙酰丙酮	123-54-6	33587	0.93(20)	易	34	340	乙	1.7/11.4	P, R, G, T	3.3	R10; R22	S21; S23; S24/25
乙酰基乙烯酮	674-82-8	33589	1.05(20)	易	34	310	乙	—	P, R, G, T	3.3	R10; R20	S3
2,3-丁二酮	431-03-8	32091	—	易	6	—	甲	—	P, R, T, G, Sw	3.2	R11; R20/21/22; R36/38	S16; S26; S36/37/39
3-丁炔-2-酮	1423-60-5			易	−1	—	甲	—	P, R, G, T		R11; R28; R36/37/38	S16; S26; S28A; S36/37/39; S45
3-丁烯-2-酮	78-94-4	32078	41.23(55)	易	−6	—	甲	2.1/15.6	P, R, G, T	3.2	R11; R26/28; R34	S16; S36/37/39; S38;
5-二乙氨基-2-戊酮	105-14-6		2.0(83～85)	可	65	—	丙	—	W, P, R, G, T		R36/37/38	S26; S36/37/39
二异丁基甲酮	108-83-8	33585	0.23(20)	易	49	396	乙	0.8/7.1	G, P, R, T, Sw	3.3	R10; R37	S24
1,3-二氯丙酮	534-07-6	61602	0.93(55)	可	89	—	丙	—	W, P, R, G, T	6.1	R24; R26/28; R36/37/38; R68	S1; S26; S28A; S36/37/39; S45
二氯四氟丙酮	127-21-9	61082		不	※	※		※	S, R, T, P	6.1		
3,4-二溴丁酮	25109-57-3	61084		可	—	—	丙	—	W, P, R, G, T	6.1		
2,4'-二溴苯乙酮	99-73-0	61673		可	—	—	丙	—	W, P, R, G, T	6.1	R34	S26; S36/37/39; S45
1,1,3-三氯-1,3,3-三氟丙酮	79-52-7	61605		可	—	—	丙	—	P, R, G, T	6.1		
2,4,7-三硝基芴酮	129-79-3	11069		易	—	—	爆炸品	—	S, P, R, G	1		
2,5-己二酮	110-13-4		0.21(25)	可	78	920	丙	—	KP, R, G, W		R36/37/38	S26; S37/39
六氟丙酮	684-16-2	23032	—	不	※	※		※	K, QD, R	2.3	R60; R14; R23/24/25; R34; R63	S53; S26; S28; S36; S45; S7/9

续表

名称	CAS号	危险品编号	饱和蒸气压[①]/kPa	燃烧性	闪点/℃	自燃温度/℃	建规火险分级	爆炸下/上限(体积分数)/%	灭火方法	危险品类别	风险性代号	安全代号
4-甲氧基-4-甲基-2-戊酮	107-70-0	33591		易	48	—	乙	—	P, R, G, T	3.3		
2-甲基-1-丁烯-3-酮	814-78-8		5.6(25)	易	—	—	乙	—	P, R, G, T			
5-甲基-2-己酮	110-12-3	33583		易	41	—	乙	—	P, R, G, T	3.3		
3-甲基-2-戊酮	565-61-7	32075	101.04(118)	易	12	—	甲	—	P, R, G, T, Sw	3.2	R11	S16; S23; S33
2-甲基-3-戊酮	565-69-5	32075	99.31(114.5)	易	13	—	甲	—	P, R, G, T	3.2	R11	S9
5-甲基-3-庚酮	541-85-5		0.27(25)	易	58.9	—	乙	—	KP, R, G, W, T			
3-甲基丁酮	563-80-4	32074	1.33(8.3)	易	-7	—	甲	1.5/8.0	P, R, G, T, Sw	3.2	R11	S16; S33; S9
甲基己基甲酮	111-13-7			可	71	—	丙	—	KP, P, R, G, W		R10; R21	S16; S36/37
甲基异丁基甲酮	108-10-1	32075	2.13(20)	易	15.6	459	甲	1.35/7.5	KP, R, G, W	3.2	R11; R20; R36/37; R66	S16; S29; S9
甲基异丁烯甲酮	141-79-7	33588	1.3(25)	易	30.6	344	乙	—	KP, R, G, W	3.3	R10; R20/21/22	S25
甲基异戊基甲酮	110-12-3	33583	0.6(20)	易	43	—	乙	—	P, R, G, T	3.3	R10; R20/21/22	S25
甲基叔丁基(甲)酮	75-97-8	33582		易	23	—	甲	—	P, R, G, T	3.3	R11; R22	S16; S20/21
2-甲基环己酮	583-60-8	33586	1.33(55)	易	48	—	乙	—	1, P, R, G, T, Sw	3.3	R10; R20	S25
2-吡咯酮	616-45-5	61085	1.33(122)	可	129	145	—	—	W, P, R, T	6.1		S24/25
环己烯酮	930-68-7		0.24(3.5)	易	34	—	乙	—	W, P, R, G, T		R22; R23/24	S23; S36/37/39; S45
环己酮	108-94-1	33590	1.33(38.7)	易	43	420	乙	1.1/9.4	P, R, G, 1, T	3.3	R10; R20	S25
环戊酮	120-92-3	33590	—	易	26	—	甲	—	P, R, G, 1, T	3.3	R10; R36/38	S23
苯乙酮	98-86-2		0.133(15)	可	82	571	丙	—	P, R, G, T		R22; R36	S26
过氧化环己酮	78-18-2	52034		易	78	—	甲	—	W, R, T	5.2		
烯丙基丙酮	109-49-9	33588	—	易	23	—	甲	—	G, T, R, P, Sw	3.3	R10	S16
3-羟基-2-丁酮	513-86-0	33561		易	41.1	—	乙	—	W, P, R, G, T	3.3	R10; R36/38	S26; S36/37
4-羟基-4-甲基-2-戊酮	123-42-2	32077	0.13(20)	易	＜23	603	甲	1.8/6.9	P, R, G, T, Sw	3.2	R36	S24/25
3-氯-2-丁酮	4091-39-8			易	21	—	甲	—	W, P, R, G, T		R10; R20/21/22; R36/37/38	S16; S26; S36/37/39
氯丙酮	78-95-5	61601	1.33(20)	易	7.0	—	甲	—	W, P, R, G, T	6.1	R10; R24/25; R26; R36/37/38; R50/53	S16; S26; S28A; S36/37/39; S38; S45; S60; S61
3-硝基苯乙酮	121-89-1			可	—	—	丙	—	W, P, R, G, T		R24	S24/25
溴丙酮	598-31-2	61604	1.20(20)	易	21	—	甲	—	W, P, R, G, T	6.1		

① 括号内的数字为饱和蒸气压对应的温度（℃）。

第11章 醛类和醌类

目 录

11.1 一般特性

11.1.1 醛类的一般特性

表11.1.1 醛类的一般特性

名称	分子式	分子量	密度d_4^{20}/(g/cm³)	颜色	形态	性状	溶解性能					正常熔点t_m/℃	正常沸点t_b/℃	临界温度T_c/K	临界压力p_c/MPa	临界体积V_c/(cm³/mol)	临界压缩因子Z_c	偏心因子ω	偶极矩/D	折射率n^{20}
							水	乙醇	乙醚	苯	其他									
甲醛（蚁醛）	CH_2O	32.03	0.815^{-20}	无	气	有毒	++	++	++	+	①	−92	−19.1	402.7	6.59	99.5	0.197	0.253	2.3	
乙醛	C_2H_4O	44.05	0.7834^{18}	无	液	辛辣	∞	∞	∞	∞	②	−123.4	20.8	466	5.57	154	0.220	0.303	2.5	1.3316
丙醛（甲基乙醛）	C_3H_6O	58.08	0.8657^{25}	无	液	易燃	++	∞	∞		∞多数有机溶剂	−80	48.0	503.6	5.04	204	0.246	0.302	2.7	1.3636
丁醛（酪醛）	C_4H_8O	72.11	0.8016	无	液	窒息	+	∞	∞	++	∞甲苯；++丙酮	−96.86	74.8	522.3	4.41	258	0.262	0.345	2.6	1.3843
异丁醛（2-甲基丙醛）	C_4H_8O	72.11	0.7891	无	液	刺激	+	∞	∞	∞	∞氯仿	−72.1	64.1	544	4.15	274.0	0.27	0.370		1.3730
戊醛	$C_5H_{10}O$	86.13	0.8095	无	液	异香	+	+	+			−91.5	103	567	3.97	313	0.264	0.393	2.6	1.3944
己醛	$C_6H_{12}O$	100.16	0.8335	无	液	异香	÷	+	∞		∞氯仿	−58.2	129.6	592	3.46	378	0.266	0.439		1.4039
庚醛（水芹醛）	$C_7H_{14}O$	114.18	0.8132^{25}	无	液	果香	÷÷	∞	∞		+60%乙醇	−43.94	153	617	3.16	434	0.267	0.487		1.413
辛醛（羊脂醛）	$C_8H_{16}O$	128.21	0.8211	无	液		÷	∞	∞	−甘油	∞多数有机溶剂		174	639	2.96	488	0.272	0.547	2.27	1.4113
壬醛（天竺葵醛）	$C_9H_{18}O$	142.24	0.8264^{22}	无	液	玫瑰香	−	+			③	−19.3	191	640	2.48	556.5	0.262	0.540		1.4273
癸醛（十碳醛）	$C_{10}H_{20}O$	156.26	0.830^{15}	无	液	橙味	−	+	+		④	−4.0	208.5	674	2.60	599	0.278	0.634		1.4287
十一醛	$C_{11}H_{22}O$	170.29	0.8±0.1	无	油	玫瑰香	−	+	+		+油类；−甘油	−2	226±3	692	2.490	632	0.274	0.6205		1.426
十二醛	$C_{12}H_{24}O$	184.32	0.835^{15}	无	蜡	脂肪香	−	+	+			44.5	100^{25}	708	2.410	685	0.28	0.6750		1.435^{22}
十三醛	$C_{13}H_{26}O$	198.34	0.835^{25}		液	刺激						15	134±2	724	2.350	738	0.288	0.7161		1.437
乙二醛（草醛）	$C_2H_2O_2$	58.04	1.14	淡黄	液		+	++纯	++纯			15	50.4	436.7	6.279	181.5	0.314	0.4133		1.3826
2-乙基己醛	$C_8H_{16}O$	128.21	0.8540	淡黄	液	清香	÷				+多数有机溶剂	<−100	161	612.9	2.758	494.5	0.268	0.522	2.66	1.4142
2-乙基-2-己烯醛	$C_8H_{14}O$	126.20	0.8554	无	液	可燃							175	636.1	2.906	481.5	0.265	0.491		1.4490
乙基香草醛	$C_9H_{10}O_3$	166.17	1.186	淡黄	晶		÷	+	+			76-9	295.1	748	3.270	467	0.246	1.0728		1.573
乙缩醛	$C_6H_{14}O_2$	118.17	0.8254	无	液	易挥发	+	∞	∞			−100.1	102	540	3.22			0.4473		1.389
甲缩醛	$C_3H_8O_2$	76.09	0.8593	无	液	易燃	÷	∞	∞		∞多数有机溶剂	−105	42	497.2	4.285		0.255			1.3513
2-二甲基丁醛	$C_5H_{10}O$	86.13	0.8029	无	液	苹果香	−	+	+				92.5	543.7	3.829	326.5	0.277	0.3734		1.3869
3-二甲基丁醛	$C_5H_{10}O$	86.13	0.7977	无	液	苹果香	−	+	+			−51	92.5	544.7	3.829	326.5	0.276	0.3735	2.62	1.3902
2,2-二甲基丙醛	$C_5H_{10}O$	86.13	0.7923	无	液	极易燃						6	77.5	525.7	3.822	321.5	0.280	0.3088		1.3791
对二甲氨基苯甲醛	$C_9H_{11}NO$	149.19	1.1±0.1	灰白	晶	粉	÷	+	+		⑤	72-5	226.5	832	3.070	471	0.209	0.5272		1.596
反-2-丁烯醛	C_4H_6O	70.09	0.8516	无	液	窒息	÷	∞	∞	∞	∞多数有机溶剂	−76.6	102.2	572.2	4244		0.230			1.4366

续表

名称	分子式	分子量	密度d_4^{20}/(g/cm³)	颜色	形态	性状	溶解性能					正常熔点t_m/℃	正常沸点t_b/℃	临界温度T_c/K	临界压力p_c/MPa	临界体积V_c/(cm³/mol)	临界压缩因子Z_c	偏心因子ω	偶极矩/D	折射率n^{20}
							水	乙醇	乙醚	苯	其他									
丙烯醛	C_3H_4O	56.06	0.840	无	液	极易燃	+	+	+		+丙酮	-87.8	52.3	506.2	5.166	197	0.249	0.3198	2.9	
戊二醛(胶醛)	$C_5H_8O_2$	100.16	0.947	无	油	刺激	+*	+	+		+氯仿、冰乙酸	-5	189 //	660	3.590	347	0.227	0.5373		
水杨醛(2-羟基苯甲醛)	$C_7H_6O_2$	122.12	1.1674	无	液	焦灼味	÷	+	+			-7	208	683.1	5.619	302.5	0.299	0.640	3.0	1.5740
苯甲醛(安息香醛)	C_7H_6O	106.12	1.0401^25	无	液	苦杏仁味	+	∞	∞	∞	+氯仿	-57.12	178.7	695	4.650	324	0.261	0.3127	2.76	1.5463
对苯二甲醛	$C_8H_6O_2$	134.13	1.189	白	针		÷	++	+		+碱液	115±1	246.5	739	3.670	383	0.229	0.5832		1.622
羟基乙醛	$C_2H_4O_2$	60.05	1.366^100	无	液	稠厚	∞	∞	∞			97	131.3							1.4772
3-羟基丁醛	$C_4H_8O_2$	88.10	1.11	无	液	稠厚	∞	∞	∞			-88	79	620	4.590	278	0.248	0.7966		1.41
4-羟基丁醛	$C_4H_8O_2$	88.10	1.0±0.1										98.5^4.7	599	4.480	265	0.238	0.8404		1.4804
对羟基苯甲醛	$C_7H_6O_2$	122.12	1.226	红棕	粉		+					116±2	246.6	844	4.990	361	0.257	0.6172		1.618
4-羧基苯甲醛	$C_8H_5O_3$	149.12		白	粉						++酒精	248.5	332.6	966	3.820	393	0.187	0.8174		
一氯乙醛	C_2H_3ClO	78.50	1.19	无	油	刺激	+	+	+		+氯仿等有机溶剂	-16.3	85.5	555.8	5.305	213.5	0.245	0.3193	1.99	1.382
二氯乙醛	$C_2H_2Cl_2O$	112.94	1.4530	无	液	易聚合	+					-50.15	90.55	555	4.950	239	0.256	0.3437		1.382
三氯乙醛	C_2HOCl_3	147.39	1.512	无	油	易挥发	+	+	+		+氯仿	-57.5	98					0.3323		1.4557
三聚甲醛	$C_3H_6O_3$	90.08	1.17^65	白	晶	粉	+	+	+			60	116					0.3337		1.4168
三聚乙醛	$C_6H_{12}O_3$	132.16	0.9943	无	油	芳香	+	∞	∞		∞多数有机溶剂	12	124	534.4	4.037			0.4368		1.4049
2-甲基己醛	$C_7H_{14}O$	114.19	0.8225										142.4	592	2.850	439	0.254	0.4609		1.4121
3-甲基己醛	$C_7H_{14}O$	114.19	0.805										141.2	595	2.850	421	0.243	0.4570		
2-乙基己醛	$C_{10}H_{22}O_2$	174.28	0.854	淡黄	液	清香	÷	∞	∞		∞多数有机溶剂		163	607	2.580	491	0.251	0.5195		1.4180
甲基丙烯醛	C_4H_6O	70.09	0.840^25	淡黄	液	奇臭	÷	++	++			-81	68.4	580.3	4.559	258.5	0.244	0.302	2.70	1.4144
邻甲基苯甲醛	C_8H_8O	120.15	1.023	无	液		÷				+氯仿、甲醇	-35	201	694	3.670	386	0.246	0.4346		1.557
对甲基苯甲醛	C_8H_8O	120.15	1.023	无	液		÷	++	++			-6	204.5	698	3.670	416	0.263	0.4422		1.557
香草醛	$C_8H_8O_3$	152.15	1.231	白	针	粉	÷	++	++			81-84	282.6	777	4.010	415	0.258	0.7573		1.587
糠醛	$C_5H_4O_2$	96.08	1.1594	淡黄	液	杏仁味	÷	+	+	+	+热水	-38.1	161.7	657.0	5.512	252.0	0.254	0.444	3.6	1.5261

① 不溶于石油醚；溶于丙酮、氯仿。
② 与氯仿、汽油、甲苯、二甲苯和丙酮混溶。
③ 溶于甘油、矿物油；微溶于氯仿、乙酸乙酯。
④ 不溶于甘油；溶于脂肪油、挥发油、矿物油及 80% 醇。
⑤ 溶于氯仿、酸和多数有机溶剂。

11.1.2 醌类的一般特性

表11.1.2 醌类的一般特性

名称	结构式或分子式	分子量	颜色	晶形	特性或折射率	密度/(g/cm³)	熔点/℃	沸点/℃	每100克溶剂中的溶解度(克)或溶解情况			
									水	乙醇	乙醚	其他溶剂
1,4-二氨基蒽醌	$C_6H_4(CO)_2C_6H_2(NH_2)_2$	238.24	深紫	晶	金属光泽		268		+*	+		①
1,5-二氨基蒽醌	$H_2NC_6H_3(CO)_2C_6H_3NH_2$	238.24	深红	晶		1.456	319	↑	÷÷	÷	÷	②
1,4-二羟基蒽醌	$C_6H_4(CO)_2C_6H_2(OH)_2$	240.20	红、橙	晶		1.540	200-2	↑/	÷	+	+	+H_2SO_4、碱液、冰乙酸
1,5-二羟基蒽醌	$HOC_6H_3(CO)_2C_6H_3OH$	240.20	绿-黄	片			280	↑	÷÷	÷	+	③
1,8-二羟基蒽醌	$HOC_6H_3(CO)_2C_6H_3OH$	240.20	橙	针			191		−	÷÷	÷	+H_2SO_4、乙酸、碱液
1,5-二硝基蒽醌	$(NO_2C_6H_3)_2(CO)_2$	298.20	淡黄	针		1.631	384-5	↑	−	÷÷	÷÷	+二甲苯、热硝基苯
1,8-二硝基蒽醌	$(NO_2C_6H_3)_2(CO)_2$	298.20	深黄	棱		1.631	311-2			÷		+硫酸、乙酸酐
2,6-二氯苯醌	$Cl_2C_6H_2O_2$	176.99	黄	晶	随水气挥发		121		÷	+*		+氯仿
1,3-二氯蒽醌	$C_6H_4(CO)_2C_6H_2Cl_2$	277.10	黄	针			208.5		−	−		+乙酸、$C_6H_5NO_2$
1,4-二氯蒽醌	$C_6H_4(CO)_2C_6H_2Cl_2$	277.10	黄	针			187.5		−	÷÷	÷÷	+热苯
1,5-二氯蒽醌	$C_6H_3(CO)_2C_6H_3Cl_2$	277.10	黄	针		1.514	251		−	÷		④
1,6-二氯蒽醌	$C_6H_3(CO)_2C_6H_3Cl_2$	277.10	黄	针			203.5		−			
1,8-二氯蒽醌	$C_6H_3(CO)_2C_6H_3Cl_2$	277.10	淡黄	针			202.5		−	÷		+硝基苯、热甲苯、$C_6H_5NO_2$
2,3-二氯蒽醌	$C_6H_3(CO)_2C_6H_2Cl_2$	277.10	黄	针			269		−	÷		+热苯
2,6-二氯蒽醌	$C_6H_3(CO)_2C_6H_3Cl_2$	277.10	黄	针			282		−			
2,7-二氯蒽醌	$C_6H_3(CO)_2C_6H_3Cl_2$	277.10	黄	针			210.5		−			+$C_6H_5OCH_3$
四氯对苯醌	$C_6Cl_4O_2$	245.89	金黄	单/苯	升华	1970	290	↑ 80	−	÷*	−	÷CS_2、CCl_4、氯仿；+苯
1-甲基蒽醌	$C_{15}H_{10}O_2$	222.25	黄	针			171-2				÷	+乙酸、粗汽油；++苯
亚胺醌	$C_{16}H_{22}N_2O_6$	338.36	枣红	晶	片或针状		77-8		+	++	++	++氯仿，÷石油醚
百里氢醌	$C_{10}H_{14}O_2$	166.22		棱			140-3	290	+*	++	++	
百里香醌	$C_{10}H_{12}O_2$	164.21	黄	三			46-7	232	÷÷	+	+	
苊醌	$C_{10}H_6COCO$	182.17	黄	针			261-3	↑	−	÷		÷乙酸，+热甲醇；++

续表

名称	结构式或分子式	分子量	颜色	晶形	特性或折射率	密度/(g/cm³)	熔点/℃	沸点/℃	每100克溶剂中的溶解度(克)或溶解情况			
									水	乙醇	乙醚	其他溶剂
α,β-吲哚醌	$C_8H_5O_2N$	147.14	黄红-橙红	单斜	味苦		200-1		÷冷+热	+	+	+氢氧化钠(变黄)
邻苯醌	$C_6H_4O_2$	108.09	棕红	片	刺激			∥60-70	∥		÷	−石油醚；+苯；++丙酮
对苯醌	$C_6H_4O_2$	108.09	金黄	单	刺激	1318^{20}	115.7∥	↑	÷*	+	+	÷石油醚；+热石油
1-氨基蒽醌	$C_6H_4(CO)_2C_6H_3NH_2$	223.22	红	针			256	↑	−	++	++	⑤
2-氨基蒽醌	$C_6H_4(CO)_2C_6H_3NH_2$	223.22	红橙	针			302	↑	−	+	−	⑥
1-羟基蒽醌	$C_{14}H_8O_3$	224.23	橙红	针			194-5	↑	−	+	+	+碱液、苯
1,2-萘醌	$C_{10}H_6O_2$	158.15	金黄	针		1450	∥115		÷÷	+	+	⑦
1,4-萘醌	$C_{10}H_6O_2$	158.15	金黄	针	苯醌味	1442	125.6	↑ 100	÷÷	++*	+	⑧
2,6-萘醌	$C_{10}H_6O_2$	158.15	橙	棱			135			+	÷	⑨
菲醌	$C_6H_4(CO)_2C_6H_4$	208.20	橙红	针	升华	1405^4	206-7	↑ 360	÷÷	+*	÷	+冰乙酸、苯；×硫酸

① 溶于苯胺、吡啶和硝基苯；易溶于苯。
② 溶于热硝基苯；微溶于丙酮、氯仿。
③ 溶于 KOH、H_2SO_4；易溶于苯；不溶于 NaOH、硝酸钠。
④ 溶于甲苯、硝基苯、硫酸、苯甲醚、苯甲醇；微溶于乙酸、苯、甲苯。
⑤ 易溶于苯、热硝基苯、盐酸、氯仿和冰乙酸。
⑥ 溶于苯、丙酮、氯仿；不溶于碱液。
⑦ 溶于苯、硫酸和 5% 浓度的（$NaOH+NaHCO_3$）。
⑧ 溶于碱液；易溶于 CS_2、苯和氯仿；微溶于石油醚。
⑨ 微溶于苯；易溶于甲醇；在乙酸、吡啶中分解。

11.2 密度

11.2.1 液态醛类的密度

表11.2.1 液态醛类的密度 单位：g/cm³

名称	温度/℃										
	−100	−80	−60	−40	−20	0	20	40	60	80	100
甲醛	0.9244	0.8987	0.872	0.8442	0.815	0.7841	0.7512	0.7155	0.6761	0.6312	0.5769
乙醛	0.9191	0.8975	0.8753	0.8524	0.8286	0.8039	0.7781	0.7509	0.722	0.691	0.6572
丙醛			0.8835	0.8629	0.8417	0.8198	0.797	0.7733	0.7485	0.7222	0.6943
丁醛		0.8999	0.8813	0.8622	0.8427	0.8225	0.8017	0.7802	0.7577	0.7343	0.7096
甲缩醛	0.9906	0.9704	0.9496	0.9282	0.9062	0.8833	0.8597	0.835	0.8091	0.7817	0.7526
乙缩醛				0.8885	0.8681	0.8473	0.8265	0.8049	0.7825	0.7585	0.7336
三氯乙醛				0.1612	0.1579	0.1546	0.1512	0.1477	0.1441	0.1403	0.1364
三聚乙醛							0.1205	0.1179	0.1153	0.1125	0.1097
丙烯醛		0.9475	0.927	0.906	0.8844	0.862	0.8389	0.8148	0.7897	0.7633	0.7353
反-丁烯醛			0.9256	0.9081	0.8902	0.8718	0.8529	0.8335	0.8135	0.7927	0.7712

名称	温度/℃										
	120	140	160	180	200	220	240	260	280	300	300
甲醛	0.5015	436.9^{130}									
乙醛	0.6195	0.5758	0.5211	0.4351							
丙醛	0.6642	0.6312	0.5941	0.5503	0.4936	0.3864					
丁醛	0.6834	0.6554	0.6248	0.5908	0.5516	0.5032	0.4313	0.3456^{250}			
甲缩醛	0.7211	0.6866	0.6478	0.6021	0.5432	0.4367					
乙缩醛	0.7069	0.679	0.6501	0.6162	0.5785	0.5329	0.4667	0.3893^{250}			
三氯乙醛	0.1323	0.128	0.1234	0.1185	0.1131	0.1072	0.1003	0.9188	0.7952	664.9^{290}	
三聚乙醛	0.1068	0.1037	0.1004	0.9696	0.9338	0.8954	0.8525	0.8031	0.7446	0.6629	596.1^{310}
丙烯醛	0.7053	0.6727	0.6366	0.5951	0.5443	0.4715	0.4013^{230}				
反-丁烯醛	0.7487	0.725	0.70000	0.6732	0.6443	0.6123	0.576	0.5326	0.4743	430.2^{290}	0

11.2.2 甲醛水溶液的密度

表11.2.2 甲醛水溶液的密度（15℃） 单位：g/cm³

（质量分数）/%	ρ	（质量分数）/%	ρ	（质量分数）/%	ρ	（质量分数）/%	ρ
1	1.002	20	1.056	34	1.096	42	1.116
5	1.014	25	1.071	36	1.102	45	1.124
10	1.028	30	1.085	38	1.106	50	1.139
15	1.043	32	1.090	40	1.111		

N 算图 11.1
甲醛水溶液的密度（第 837 页右）

N 算图 11.2
商用甲醛水溶液的密度（第 838 页左）

表 11.2.3 工业甲醛溶液的密度和甲醛、甲醇含量

工业甲醛溶液在20℃时的密度/(g/cm³)	甲醛含量/%											
	31	32	33	34	35	36	37	38	39	40	41	42
	工业甲醛溶液中甲醇的含量（质量分数）/%											
1.041	22.0	23.1	24.2	25.2								
1.042	21.5	22.7	23.8	24.8	26.0							

续表

工业甲醛溶液在20℃时的密度/(g/cm³)	甲醛含量/%											
	31	32	33	34	35	36	37	38	39	40	41	42
	工业甲醛溶液中甲醇的含量(质量分数)/%											
1.043	21.1	22.3	23.4	24.4	25.6							
1.044	20.8	21.9	23.0	24.0	25.2							
1.045	20.4	21.5	22.6	23.7	24.8	25.9						
1.046	20.0	21.1	22.2	23.3	24.4	25.5						
1.047	19.6	20.7	21.8	22.9	24.0	25.1	26.2					
1.048	19.2	20.3	21.4	22.5	23.6	24.7	25.8					
1.049	18.8	19.8	21.0	22.1	23.2	24.3	25.4					
1.050	18.4	19.4	20.6	21.7	22.8	23.9	25.0	26.1				
1.051	18.0	19.0	20.2	21.3	22.4	23.5	24.6	25.7				
1.052	17.4	18.6	19.8	20.9	22.0	23.1	24.2	25.3				
1.053	17.0	18.2	19.4	20.5	21.6	22.7	23.8	24.9				
1.054	16.6	17.8	19.0	20.1	21.2	22.3	23.5	24.5				
1.055	16.3	17.4	18.6	19.7	20.8	21.9	23.1	24.1				
1.056	15.9	17.0	18.2	19.3	20.4	21.5	22.7	23.8				
1.057	15.5	16.6	17.7	18.9	20.0	21.1	22.3	23.4				
1.058	15.1	16.2	17.3	18.5	19.6	20.7	21.9	23.0				
1.059	14.7	15.8	16.9	18.1	19.2	20.3	21.5	22.6				
1.060	14.2	15.4	16.5	17.7	18.8	19.9	21.1	22.2				
1.061	13.7	15.0	16.1	17.3	18.4	19.5	20.7	21.8				
1.062	13.4	14.6	15.7	16.9	18.0	19.1	20.3	21.4				
1.063	13.0	14.2	15.3	16.5	17.6	18.7	19.9	21.0	22.0	23.2	24.2	25.3
1.064	12.6	13.7	14.9	16.1	17.2	18.3	19.5	20.6	21.6	22.8	23.8	24.9
1.065	12.2	13.3	14.5	15.7	16.8	17.9	19.1	20.2	21.2	22.4	23.4	24.5
1.066	11.8	12.9	14.1	15.3	16.4	17.5	18.7	19.8	20.8	22.0	23.0	24.1
1.067	11.4	12.5	13.6	14.9	16.0	17.1	18.3	19.4	20.4	21.6	22.6	23.7
1.068	11.0	12.1	13.2	14.4	15.6	16.7	17.9	19.0	20.0	21.2	22.2	23.3
1.069	10.4	11.7	12.8	14.0	15.2	16.3	17.5	18.6	19.6	20.8	21.8	23.0
1.070	10.0	11.3	12.4	13.6	14.8	15.9	17.1	18.2	19.2	20.4	21.4	22.6
1.071	9.7	10.9	12.0	13.2	14.4	15.5	16.7	17.8	18.8	20.0	21.0	22.1
1.072	9.3	10.4	11.6	12.8	14.0	15.1	16.3	17.4	18.4	19.6	20.6	21.8
1.073	8.9	10.0	11.2	12.4	13.6	14.7	15.9	17.0	18.1	19.2	20.2	21.4
1.074	8.5	9.6	10.8	12.0	13.2	14.3	15.5	16.6	17.7	18.8	19.8	21.0
1.075	8.1	9.2	10.4	11.6	12.8	13.9	15.1	16.2	17.3	18.4	19.4	20.6
1.076	7.7	8.8	10.0	11.2	12.4	13.5	14.7	15.8	16.9	18.0	19.0	20.2
1.077	7.3	8.4	9.6	10.8	12.0	13.1	14.3	15.4	16.5	17.6	18.7	19.8
1.078	6.7	8.0	9.2	10.4	11.6	12.7	13.9	15.0	16.1	17.2	18.3	19.4
1.079	6.3	7.6	8.8	10.0	11.1	12.3	13.5	14.6	15.7	16.8	18.0	19.0
1.080	5.9	7.2	8.4	9.6	10.7	11.9	13.1	14.2	15.4	16.4	17.6	18.6
1.081	5.5	6.8	8.0	9.2	10.3	11.5	12.7	13.8	15.0	16.0	17.2	18.2
1.082	5.1	6.4	7.6	8.7	9.9	11.1	12.3	13.4	14.6	15.6	16.8	17.9
1.083	4.7	6.0	7.2	8.3	9.5	10.7	11.9	13.0	14.2	15.2	16.4	17.5
1.084	4.3	5.6	6.8	7.9	9.1	10.3	11.5	12.6	13.8	14.9	16.0	17.1
1.085	4.0	5.2	6.4	7.5	8.7	9.9	11.1	12.2	13.4	14.5	15.6	16.7
1.086	3.6	4.8	6.0	7.1	8.3	9.5	10.7	11.8	13.0	14.1	15.2	16.3
1.087	3.2	4.4	5.6	6.7	7.9	9.1	10.3	11.4	12.6	13.7	14.8	15.9
1.088	2.8	4.0	5.2	6.3	7.5	8.7	9.9	11.0	12.2	13.3	14.4	15.6
1.089	2.4	3.5	4.7	5.9	7.1	8.3	9.5	10.6	11.8	12.9	14.0	15.2
1.090	2.0	3.1	4.3	5.5	6.7	7.9	9.1	10.2	11.4	12.5	13.6	14.8
1.091	1.5	2.7	3.9	5.1	6.3	7.5	8.7	9.8	11.0	12.1	13.2	14.4

续表

工业甲醛溶液在20℃时的密度/（g/cm³）	甲醛含量/%											
	31	32	33	34	35	36	37	38	39	40	41	42
	工业甲醛溶液中甲醇的含量（质量分数）/%											
1.092	1.0	2.3	3.5	4.7	5.9	7.1	8.3	9.4	10.5	11.7	12.8	14.0
1.093	0.6	1.9	3.1	4.3	5.6	6.7	7.9	9.0	10.1	11.3	12.4	13.6
1.094	0.2	1.5	2.7	3.9	5.2	6.3	7.5	8.6	9.7	10.9	12.0	13.2
1.095		1.1	2.3	3.5	4.7	5.9	7.1	8.2	9.3	10.4	11.6	12.8
1.096		0.7	1.9	3.1	4.3	5.5	6.7	7.8	8.9	10.0	11.2	12.4
1.097		0.3	1.5	2.7	3.9	5.1	6.3	7.4	8.5	9.6	10.8	12.0
1.098			1.1	2.3	3.5	4.7	5.9	7.0	8.1	9.2	10.4	11.6
1.099			0.7	1.9	3.1	4.3	5.5	6.7	7.7	8.8	10.0	11.2
1.100			0.3	1.5	2.7	3.9	5.1	6.3	7.4	8.4	9.6	10.8
1.101				1.1	2.3	3.5	4.7	5.9	7.0	8.1	9.2	10.4
1.102				0.7	1.9	3.1	4.3	5.5	6.7	7.8	8.8	10.0
1.103				0.3	1.5	2.7	3.9	5.1	6.2	7.3	8.4	9.6
1.104					1.1	2.3	3.5	4.7	5.8	7.0	8.0	9.2
1.105					0.7	1.9	3.1	4.3	5.4	6.6	7.7	8.8
1.106					0.3	1.5	2.7	3.9	5.0	6.2	7.3	8.4
1.107						1.1	2.3	3.5				
1.108						0.7	1.9	3.1				
1.109						0.3	1.5	2.7				
1.110							1.1	2.3				

注：用甲醇作阻聚剂时，按GB9009中5.1条之规定测定甲醛溶液的密度，由密度值及按4.2条之规定测得的甲醛，查本表可得甲醛溶液中甲醇的含量。

11.3 相变点

11.3.1 醛类的沸点

表11.3.1 醛类的沸点

物料名	常规沸点/K	液相摩尔体积/（cm³/mol）	物料名	常规沸点/K	液相摩尔体积/（cm³/mol）	物料名	常规沸点/K	液相摩尔体积/（cm³/mol）
甲醛	254.05	36.913	3-甲基己醛	417.46	163.05	邻甲基苯甲醛	474.15	140.18
乙醛	294	56.485	2-乙基己醛	433.8	186.55	对甲基苯甲醛	477.15	143.34
丙醛	321.15	76.023	氯乙醛	358	69.036	丙烯醛	325.84	69.765
正丁醛	347.95	96.727	三氯乙醛	370.85	107.69	反-丙烯醛	375.37	91.635
异丁醛	337.25	97.780	二氯乙醛	362	87.187	异丁烯醛	341.15	89.709
戊醛	376.15	118.69	3-羟基-2-甲基丙醛	440	107.22	安息香醛	451.9	118.58
1-己醛	401.45	140.01	羟基丁醛	444	91.035	对苯二甲醛	519.65	135.27
1-庚醛	425.95	163.45	4-羟基丁醛	432	97.827	对羟基苯甲醛	583.15	124.84
1-辛醛	447.15	183.82	乙二醛	323.55	53.709	邻羟基苯甲醛	469.65	124.02
1-壬醛	468.15	210.93	乙基香草醛	567	183.68	4-羧基苯甲醛	702	123.58
1-癸醛	488.15	230.55	乙缩醛	377.35	160.77	4-羟基-3-甲氧基苯甲醛（香草醛）	558	161.80
1-十一醛	506.15	262.70	对二甲氨基苯甲醛	588	178.37			
1-十二醛	523.15	289.33	三聚甲醛	387.65	81.832	糠醛	434.85	95.931
1-十三醛	540.15	317.42	三聚乙醛	397.15	152.38	醌	454	105.81
2-甲基己醛	415.15	166.17	戊二醛	461.15	120.85	蒽醌	653.05	211.18

11.3.2　醛类在压力下的沸点

表11.3.2　醛类在压力下的沸点

名　称	0.3	1	2	4	7	10	20	40	60	80	101.3
	与上列压强（kPa）相对应的沸点/℃										
丁二醛		54	64	76	93.7	97.5	113	135	148	160	169.5
壬醛		$81^{1.7}$	84	99	110	119	136	157	170	181	191
对甲氧基甲醛	86	117	135	150	165	174	195	215	230	241	249.5
肉桂醛			125	138	153	164	186	211	228	240	252
辛醛		$65^{1.5}$	70	82	93	101	118	138	150.5	160.5	168.5
庚醛		39	48	59.6	70	78	96	118	133.5	146	155
邻羟基苯甲醛			83.2	98	110	119.5	139	162	176.5	188.5	196.8
糠醛						$90^{8.7}$	93	110	130	143	161.7

11.3.3　醛类二元共沸物的共沸点

表11.3.3　第一组分为乙醛、丙醛和丁醛的二元共沸物共沸点

（1）第一组分　乙醛

质量分数/%	16.0	＜32	52.0	52	76.0
第二组分（余量）	丁烷	氯乙烷	2-甲基丁烷	1,3-丁二烯	乙醚
共沸点/℃	−7.0	＜9	≈17	50	20.5

（2）第一组分　丙醛

压力/atm	1	1	1	2	3	5	7
质量分数/%	98	95.7	99.8	97.6	96.8	95.0	93.1
第二组分（余量）	二硫化碳	亚硝酸正丙酯	水				
共沸点/℃	47.5	80	25	48	69	94	111

（3）第一组分　丁醛

质量分数/%	88	49	79.4
第二组分（余量）	水	甲醇	乙醇
共沸点/℃	68	62.6	70.7

表11.3.4　第一组分为甲缩醛和乙缩醛的二元共沸物共沸点

（1）第一组分　甲缩醛

质量分数/%	42.05	28（体积分数）	62	95	43	91.8	26（体积分数）	29（体积分数）
第二组分（余量）	水	戊烷	环戊烷	1-氯丙烷	碘甲烷	甲醇	1-戊烯	2-戊烯
共沸点/℃	98.6	31	40	42.1	39.35	11.85	29.8	34.9

质量分数/%	54	78	80	30（体积分数）	30	32	45
第二组分（余量）	二硫化碳	烯丙基氯	2,3-二甲基丁烷	2-甲基丁烷	2-甲基-1,3-丁二烯	2-甲基-2-丁烯	3-甲基-1,3-戊二烯
共沸点/℃	37.2	41.7	41.5	24.1	32.8	35.2	38

（2）第一组分　乙缩醛

质量分数/%	76	85.0	61	≈68	≈45	＜25	40	25	72
第二组分（余量）	乙醇	水	水（11.4）+乙醇（48.2）	乙酸丙酯	丁酸甲酯	二乙基甲酮	甲基环己烷	2,5-二甲基己烷	庚烷
共沸点/℃	78	82.5	77.8	101.3	102.0	101.8	99.65	103.0	97.75

表11.3.5 第一组分为苯甲醛和糠醛的二元共沸物共沸点

（1）第一组分 苯甲醛

质量分数/%	＜85	＜45	60	15.5	9	37.5
第二组分（余量）	乙二醇	庚醇	2-辛醇	莰醇	2-丁氧基乙醇	二异戊基醚
共沸点/℃	＜173.5	＜174.5	176.5	158.46	171	168.6

质量分数/%	68	23	46	43	＜52	15.5	54
第二组分（余量）	戊基醚	邻甲酚	苯酚	二戊烯	邻二氯苯	对二氯苯	氯苯
共沸点/℃	170.2	192	185.6	171.2	＜178.5	158.5	177.9

（2）第一组分 糠醛

质量分数/%	第二组分（余量）	共沸点/℃	质量分数/%	第二组分（余量）	共沸点/℃	质量分数/%	第二组分（余量）	共沸点/℃
35	水	97.9	45	15	对氯甲苯	157.8	苯乙烯	141
40	丙基苯	150.6	64.5	35	对二氯苯	160.3	*d*-苎烯	155.95
82	丁基苯	160.5	57.5	80	丁酸	159.4	萜品油烯	160.3
30	溴苯	153.3	22	97	苯甲醚	153.25	四氯乙烷	161.55
68	甲基异丙苯	157.8	83	50	苯乙醚	161	五氯乙烷	155.15
60	1,2,4-三甲苯	156	42	42	莰烯	146.65	2,7-二甲基辛烷	150
60	1,3,5-三甲苯	155.2	72	55	百里烯	158.5	环己醇	105.55
13	邻二甲苯	140.5	38	15	α-蒎烯	143.4	异戊基碘	146.1
5	对二甲苯	138	50	59	β-蒎烯	146.3	桉树脑	157.25
12	间二甲苯	138.4	63		α-萜品烯	154.5		
32	邻氯甲苯	155.2	72		γ-萜品烯	158		

11.3.4 三相点

表11.3.6 醛类的三相点

物料名	三相点温度/K	三相点压力/Pa	液相和固相恒压热容差/[J/(K·kmol)]	物料名	三相点温度/K	三相点压力/Pa	液相和固相恒压热容差/[J/(K·kmol)]
正丁醛	176.75	0.31699	43236	乙二醛	288.15	20816.7	46841.7
戊醛	182	0.05228	41382.3	乙基香草醛	350.65	1.58652	93834
1-己醛	217.15	1.24729	34246	对二甲氨基苯甲醛	348	22.4239	26942
1-庚醛	229.8	1.11773	40702.2	三聚甲醛	334.65	14428.7	28144
1-辛醛	246.0	0.41640	13698.1	三聚乙醛	285.75	663.948	19269
1-壬醛	255.15	0.34172	15378.6	邻甲基苯甲醛	235	0.196363	19505
1-癸醛	267.15	0.48648	23178.2	苯甲醛（安息香醛）	216.02	0.048388	44265
1-十一醛	273.15	0.14101	31745	对苯二甲醛	388.65	966.505	122772
1-十二醛	285.15	0.40447	40973.8	对羟基苯甲醛	390.15	106.713	68488
1-十三醛	288.15	0.12582	43614.1	邻羟基苯甲醛（水杨醛）	274.75	13.2397	62756
2-甲基己醛	230	2.1374	6626	4-羧基苯甲醛	520.15	442.754	130961
3-甲基己醛	230	3.82013	18529.6	香草醛	355	11.7917	79232
二氯乙醛	223	30.4712	18105.6	糠醛	236.65	1.54565	34653

11.4 黏度

11.4.1 气态醛类的黏度

表11.4.1 气态醛类的黏度　　单位：μPa·s

名称	温度/K								
	150	200	250	300	350	400	450	500	550
甲醛		6.272	8.036	9.707	11.31	12.86	14.36	15.82	17.25
乙醛	4.377	5.846	7.309	8.759	10.19	11.6	12.97	14.31	15.62
丙醛		5.240	6.554	7.859	9.151	10.42	11.67	12.90	14.09
丁醛		4.788	5.990	7.186	8.371	9.542	10.69	11.82	12.93
甲缩醛		5.582	6.982	8.372	9.748	11.10	12.44	13.74	15.02
乙缩醛		4.421	5.531	6.636	7.731	8.812	9.877	10.92	11.95
三氯乙醛			8.320	9.920	11.51	13.09	14.67	16.24	17.80
三聚乙醛				8.542	9.913	11.28	12.63	13.98	15.33
丙烯醛		5.583	6.983	8.375	9.753	11.11	12.45	13.76	15.04
反-丁烯醛		4.978	6.230	7.477	8.717	9.945	11.16	12.35	13.53
名称	温度/K								
	600	650	700	750	800	850	900	950	1000
甲醛	18.65	20.03	21.38	22.71	24.02	25.31	26.59	27.85	29.10
乙醛	16.89	18.13	19.33	20.49	21.62	22.72	23.79	24.82	25.84
丙醛	15.26	16.40	17.50	18.58	19.63	20.64	21.63	22.60	23.54
丁醛	14.02	15.07	16.10	17.11	18.09	19.04	19.97	20.88	21.76
甲缩醛	16.26	17.47	18.65	19.80	20.91	22.00	23.06	24.08	25.09
乙缩醛	16.95	13.93	14.88	15.81	16.72	17.60	18.46	19.30	20.11
三氯乙醛	19.39	20.91	22.37	23.77	25.12	26.42	27.68	28.91	30.10
三聚乙醛	16.68	18.03	19.32	20.55	21.74	22.88	24.00	25.07	26.12
丙烯醛	16.29	17.51	18.70	19.85	20.98	22.07	23.14	24.17	25.18
反-丁烯醛	14.68	15.81	16.91	17.99	19.04	20.07	21.07	22.05	23.01

11.4.2 液态醛类的黏度

表11.4.2 液态醛类的黏度　　单位：mPa·s

名称	温度/℃										
	−100	−80	−60	−40	−20	0	20	40	60	80	100
甲醛	0.761	0.510	0.369	0.292	0.240	0.203	0.176	0.139	0.113	0.090	0.070
乙醛	1.21	0.801	0.572	0.432	0.342	0.280	0.235	0.202	0.177	0.152	0.126
丙醛			1.01	0.748	0.581	0.468	0.388	0.330	0.286	0.252	0.225
丁醛		2.54	1.58	1.06	0.762	0.574	0.449	0.359	0.290	0.240	0.203
甲缩醛	2.58	1.52	0.994	0.698	0.518	0.402	0.323	0.267	0.225	0.194	0.170
乙缩醛			2.63	1.46	0.890	0.584	0.405	0.295	0.223	0.174	0.139
三氯乙醛				3.17	2.18	1.58	1.20	0.942	0.762	0.631	0.533
三聚乙醛							1.46	1.05	0.782	0.604	0.480
丙烯醛		1.67	1.08	0.754	0.557	0.430	0.344	0.283	0.239	0.205	0.179
丙乙醛						470^{10}	410	330			
水杨醛								167^{45}			
苯甲醛							1390^{25}				
糠醛						2480	1490^{25}				

续表

名称	温度/℃									
	120	140	160	180	200	220	240	260	280	300	310
甲醛	0.053	0.045[130]									
乙醛	0.104	0.083	0.065	0.049							
丙醛	0.139	0.116	0.096	0.077	0.061	0.047					
丁醛	0.174	0.144	0.122	0.101	0.082	0.066	0.051	0.045[250]			
甲缩醛	0.134	0.114	0.096	0.079	0.064	0.051					
乙缩醛	0.114	0.179	0.149	0.122	0.097	0.075	0.056	0.048[250]			
三氯乙醛	0.459	0.400	0.233	0.200	0.171	0.144	0.119	0.096	0.077	0.068	
三聚乙醛	0.390	0.324	0.273	0.221	0.191	0.162	0.137	0.113	0.092	0.073	0.064
丙烯醛	0.157	0.132	0.109	0.089	0.071	0.055	0.048[230]				

11.5 表面张力

表11.5.1 液态醛类的表面张力　　单位：mN/m

名称	温度/℃										
	−100	−80	−60	−40	−20	0	20	40	60	80	100
甲醛	33.05	29.70	26.42	23.20	20.06	16.99	14.02	11.15	8.393	5.785	3.363
乙醛	40.15	36.83	33.56	30.34	27.17	24.07	21.03	18.06	15.17	12.38	9.679
丙醛			38.28	35.06	31.88	28.76	25.69	22.68	19.75	16.87	14.08
丁醛		38.65	35.81	33.02	30.27	27.56	24.90	22.29	19.74	17.24	14.81
甲缩醛	36.88	34.16	31.48	28.84	26.24	23.68	21.17	18.70	16.29	13.94	11.65
乙缩醛			30.04	28.09	25.81	23.57	21.36	19.19	17.06	14.97	12.93
三氯乙醛				37.85	35.09	32.36	29.67	27.02	24.43	21.88	19.38
三聚乙醛							32.52	29.86	27.25	24.68	22.16
丙烯醛		39.52	36.51	33.54	30.61	27.73	24.90	22.12	19.40	16.74	14.15
反-丁烯醛			38.95	36.36	33.80	31.27	28.78	26.32	23.90	21.52	19.19
糠醛							43.5	46.9			

名称	温度/℃										
	120	140	160	180	200	220	240	260	280	300	310
甲醛	1.217	0.326[130]									
乙醛	7.103	4.677	2.449	0.545							
丙醛	11.38	8.785	6.310	3.990	1.883	0.163					
丁醛	12.45	10.17	7.975	5.888	3.930	2.139	0.603	0.032[250]			
甲缩醛	9.430	7.298	5.266	3.359	1.623	0.189					
乙缩醛	10.94	9.013	7.150	5.366	3.677	2.110	0.728	0.162[250]			
三氯乙醛	16.94	14.57	12.26	10.03	7.887	2.845	3.927	2.169	0.654		
三聚乙醛	19.69	17.27	14.92	12.63	10.41	8.282	6.246	4.325	2.550	0.986	0.332
丙烯醛	11.64	9.212	6.889	4.692	2.657	0.869	0.150[230]				
反-丁烯醛	16.90	14.66	12.47	10.35	8.301	6.332	4.461	2.714	1.145	0.467[290]	
糠醛			25.4								

N 算图 11.3

醛类的表面张力（第 838 页右）

11.6 热导率

11.6.1 气态醛类的热导率

表11.6.1 气态醛类的热导率 单位：mW/（m·K）

名称	温度/K								
	200	250	300	350	400	450	500	550	600
甲醛	6.109	9.121	12.59	16.61	21.09	26.02	31.42	37.24	43.51
乙醛	6.736	9.581	12.80	16.32	20.08	24.10	28.28	32.55	36.94
丙醛	6.234	8.996	12.09	15.52	19.25	23.18	27.28	31.55	35.90
丁醛	5.774	8.368	11.30	14.56	18.12	21.88	25.86	30.00	34.23
甲缩醛	6.862	10.38	14.60	19.54	25.27	31.71	38.91	46.86	55.65
乙缩醛	6.402	9.456	12.97	16.95	21.25	25.86	30.75	35.82	41.00
三氯乙醛		4.184	5.816	7.657	9.707	11.97	14.43	17.15	20.00
三聚乙醛			16.36	22.38	29.41	37.40	46.44	56.48	67.36
丙烯醛	5.899	8.535	11.59	15.15	19.16	23.64	28.62	34.10	39.87
反-丁烯醛	4.728	6.987	9.665	12.80	16.36	20.42	24.89	29.83	35.23

名称	温度/K							
	650	700	750	800	850	900	950	1000
甲醛	50.21	57.32	64.85	72.80	81.17	89.54	98.74	108.4
乙醛	41.38	46.02	50.21	54.81	59.41	63.60	68.20	72.38
丙醛	40.33	44.77	49.37	53.56	58.16	62.34	66.53	70.71
丁醛	38.49	42.68	47.28	51.46	55.65	60.25	64.43	68.20
甲缩醛	65.27	75.31	86.61	98.32	111.3	124.7	138.9	154.4
乙缩醛	46.44	51.88	57.32	62.76	67.78	73.22	78.66	83.68
三氯乙醛	23.10	26.36	29.83	33.47	37.28	41.30	45.61	49.79
三聚乙醛	79.50	92.47	106.7	121.8	137.7	154.8	173.2	192.5
丙烯醛	46.44	53.56	61.09	69.04	77.40	86.61	96.23	106.3
反-丁烯醛	41.13	47.28	54.39	61.50	69.45	77.82	86.61	95.81

11.6.2 液态醛类的热导率

表11.6.2 液态醛类的热导率 单位：mW/（m·K）

名称	温度/℃									
	−100	−80	−60	−40	−20	0	20	40	60	80
甲醛	435.1	368.6	318.0	279.1	248.5	224.3	205.0	189.5	177.8	171.5
乙醛	222.2	213.8	204.6	195.8	186.2	176.6	166.5	156.1	145.2	133.9
丙醛			187.0	179.5	172.0	164.4	156.5	148.1	139.7	131.0
丁醛		182.0	175.7	169.5	163.2	156.5	149.8	142.7	135.6	128.0
甲缩醛	172.4	166.5	160.2	154.0	147.7	141.0	134.3	127.2	120.1	112.5
乙缩醛			149.0	143.9	138.5	132.6	127.2	121.3	115.5	109.2
三氯乙醛				120.1	119.2	118.0	116.3	114.6	112.5	110.9
三聚乙醛							120.5	115.9	111.3	106.7
丙烯醛		300.8	271.1	245.6	223.4	203.8	186.6	172.0	158..6	147.3
反-丁烯醛			255.6	234.3	215.5	198.7	184.1	170.7	159.0	148.1

续表

名称	温度/℃									
	100	120	140	160	180	200	220	240	260	280
乙醛	121.3	108.4	93.72	76.99	54.81					
丙醛	121.8	111.7	101.3	89.96	76.99	62.34	40.88			
丁醛	120.5	112.1	103.8	94.56	84.94	74.06	61.92	46.44		
甲缩醛	104.6	96.23	87.03	77.40	66.53	53.97	36.40			
乙缩醛	102.5	95.81	88.70	81.17	72.80	64.02	53.97	41.51		
三氯乙醛	108.8	106.7	104.6	102.5	100.4	98.32	95.81	92.88	87.86	77.82
三聚乙醛	102.1	97.07	92.05	86.61	81.17	75.31	69.04	62.76	55.65	47.28
丙烯醛	136.8	128.0	120.1	113.0	105.9	97.07	84.10			
反-丁烯醛	138.5	129.7	121.8	114.6	107.9	101.7	95.81	89.54	82.42	72.80

11.7 蒸气压

11.7.1 温度变量

表11.7.1 醛类的蒸气压　　单位：kPa

名称	温度/℃										
	−80	−60	−40	−20	0	20	40	60	80	100	120
甲醛	2.561	11.23	36.77	97.36	226.5	458.4	840.8	1427	2276	3459	5060
乙醛		1.255	5.236	16.78	44.14	99.84	200.6	384.5	665.9	1082	1669
丙醛				4.454	13.53	34.38	76.07	150.8	278.8	475.2	763.4
丁醛				1.170	4.048	11.54	28.22	61.09	119.7	216.3	365.3
甲缩醛					17.38	43.22	93.42	179.6	312.6	509.4	786.4
乙缩醛					0.856	2.938	8.423	20.87	46.09	92.41	171.0
三氯乙醛					1.395	4.400	11.73	27.30	56.93	108.5	187.3
三聚乙醛						1.284	3.880	10.06	23.04	47.58	90.31
丙烯醛				3.893	11.69	29.38	64.38	126.5	227.7	419.7	684.2
反-丁烯醛					1.043	3.376	9.196	21.80	46.20	89.26	159.8

名称	温度/℃									
	140	160	180	200	220	240	260	280	300	310
甲醛	6051^{130}									
乙醛	2471	3533	4921							
丙醛	1168	1715	2437	3371	4567					
丁醛	583.4	889.3	1304	1852	2560	3464	4003^{250}			
甲缩醛	1161	1652	2281	3075	4067					
乙缩醛	296.3	485.7	760.0	1144	1667	2366	2797^{250}			
三氯乙醛	318.7	502.3	757.8	1101	1551	2128	2857	3766	4301^{290}	
三聚乙醛	1596	265.9	421.0	638.6	934.0	1324	1829	2472	3279	3755
丙烯醛	1060	1573	2256	3143	4279	4958^{230}				
反-丁烯醛	268.1	426.6	648.7	949.3	1345	1855	2499	3306	3780^{290}	

11.7.2 压力变量

表11.7.2 醛类的蒸气压

名称	0.1	0.2	0.4	0.7	1.0	2	4	7	10	20	40	70	101.3	熔点/℃
	相应于上述蒸气压(kPa)的温度/℃													
甲醛	—	—	—	—	—	-83.6	-74.9	-67.3	-62.1	-51.7	-38.9	-27.5	-19.5	-92
乙醛	-83.6	-77.9	-70.9	-64.6	-60.4	-52.0	-42.5	-34.0	-28.1	-16.2	—1.8	11.2	20.2	-123.5
庚醛	9.1	16.7	25.5	33.3	38.5	48.9	60.6	71.0	77.9	93.5	115.2	137.8	155.0	-42
辛醛	70.9	77.6	85.5	92.6	97.2	106.0	115.3	123.5	129.0	139.6	151.4	161.4	168.5	
壬醛	29.6	39.1	49.8	59.2	65.9	78.9	93.3	106.3	115.2	133.2	154.1	172.4	185.0	
癸醛	47.9	58.2	69.7	79.6	86.3	99.9	115.0	128.3	137.3	155.7	176.9	195.5	208.5	
十二醛	73.0	84.9	98.1	109.4	117.2	132.9	149.9	164.6	175.1	197.1	221.3	242.3	257.0	44.5
十四醛	93.9	106.8	120.9	133.1	141.3	158.3	177.2	193.8	204.9	228.7	256.0	280.4	297.8	23.5
十六醛	116.5	129.4	143.5	155.7	164.5	182.0	201.1	218.0	229.5	252.9	280.1	304.3	321.0	34
十八醛	134.6	148.2	163.0	175.7	184.6	202.4	221.8	239.3	250.6	273.6	301.3	325.8	342.5	63.5
乙酰丙醛	24.1	34.4	45.8	55.7	62.4	76.1	91.2	104.6	113.8	132.6	154.4	173.6	187.0	
2,4-二甲基苯甲醛	55.0	65.3	76.7	86.6	93.3	107.3	122.6	136.0	144.7	163.0	184.6	203.0	215.5	75
三氯乙醛	-40.9	-32.8	-23.5	-15.3	-9.8	1.6	14.2	25.7	33.5	49.5	68.8	85.9	97.7	-57
三溴乙醛	14.6	24.7	36.0	45.8	52.4	65.8	80.7	93.8	102.6	120.8	142.1	160.9	174.0	
水合三氯乙醛	-12.5	-5.3	3.1	10.6	15.4	24.7	34.7	43.6	49.5	61.6	75.7	87.9	96.2	51.7
水杨醛	29.0	39.3	50.9	61.0	67.9	82.0	97.8	111.7	121.2	140.5	163.4	183.2	196.5	-7
3,4-亚甲二氧基苯甲醛	82.4	94.2	107.2	118.3	125.7	140.9	157.8	172.8	182.9	203.9	228.0	248.7	263.0	37
对甲氧基苯甲醛	68.7	80.1	92.7	103.6	111.3	126.5	142.9	157.5	167.8	188.7	212.5	233.4	248.0	2.5
3-甲氧基-4-羟基苯甲醛	102.2	114.4	127.8	139.4	147.3	163.2	180.6	195.7	205.7	226.8	250.1	270.4	285.0	81.5
顺-2-甲基-2-丁烯醛	-28.4	-19.6	-9.6	-0.9	5.0	17.2	30.7	42.4	50.5	67.1	86.7	104.2	116.4	
丙烯醛	-67.0	-60.3	-52.5	-45.4	-40.8	-31.1	-20.3	-10.5	-3.6	10.3	26.9	41.9	52.5	-87.7
苯甲醛	22.7	31.7	41.9	50.8	56.9	69.1	83.2	96.0	104.7	122.7	144.3	164.5	179.0	-26
苯基乙二醛	—	—	—	75.8	82.3	94.9	108.8	120.8	128.9	145.5	164.8	181.8	193.5	73
3-苯基丙烯醛	71.6	83.1	95.8	106.7	113.9	128.7	144.8	159.4	169.3	189.3	212.3	232.2	246.0	-7.5
枯茗醛	53.6	64.9	77.4	88.2	95.7	110.8	127.4	141.9	151.6	172.3	196.3	217.2	232.0	
顺-α-柠檬醛	57.4	68.3	80.4	90.9	97.9	112.5	128.5	142.4	151.8	171.8	194.9	214.6	228.0	
(右旋)香茅醛	39.9	50.4	62.1	72.2	79.0	93.1	108.7	122.4	131.8	150.7	173.4	193.2	206.5	
4-羟基苯甲醛	116.3	128.8	142.4	154.3	162.7	179.2	197.4	213.2	224.0	246.1	271.4	294.0	310.0	115.5
2-硝基苯醛	80.9	93.3	107.0	118.7	126.7	142.6	160.4	176.3	187.0	209.1	235.2	257.9	273.5	40.9
3-硝基苯醛	91.4	103.6	116.9	128.4	136.2	151.8	169.3	185.1	195.5	216.8	241.3	263.0	278.3	58
糠醛	15.0	24.1	34.4	43.4	49.5	61.9	75.6	87.9	96.2	113.2	133.0	150.1	161.8	

11.8 比热容

算图 11.4
醛类的蒸气压
（第 839 页左）

11.8.1 气态醛类

表11.8.1 气态醛类的比热容 单位：J/(mol·K)

名 称	温度/K									
	50	100	150	200	250	300	350	400	450	500
甲 醛				30.80	32.87	35.01	37.20	39.41	41.63	43.84
乙 醛				42.54	48.57	54.51	60.21	66.03	71.51	76.66
丙 醛			50.33	60.16	69.63	78.75	87.55	95.92	103.9	111.5
丁 醛				76.58	90.18	103.1	115.2	126.7	137.4	147.5
甲缩醛	43.79	56.56	68.91	80.85	92.36	103.4	114.1	124.3	134.1	143.4
乙缩醛	48.82	76.24	102.3	127.0	150.4	172.5	193.5	213.2	231.8	249.2
三氯乙醛	41.05	52.46	63.05	72.93	82.02	90.35	98.01	105.0	111.3	116.9
三聚乙醛				87.34	113.3	137.4	159.7	180.3	199.3	216.8
丙烯醛			41.21	49.95	58.20	66.03	73.35	80.30	86.79	92.86
反-丁烯醛	33.72	45.80	57.48	68.71	79.51	89.85	99.73	109.1	118.1	126.6

名 称	温度/K									
	550	600	650	700	750	800	850	900	950	1000
甲 醛	46.05	48.19	50.28	52.29	54.22	56.06	57.74	59.28	60.66	61.88
乙 醛	81.48	85.96	90.18	94.12	97.85	101.3	104.5	107.6	110.4	113.1
丙 醛	118.8	125.6	132.0	137.9	143.4	148.5	153.1	157.2	160.8	164.0
丁 醛	156.9	165.7	173.9	181.5	188.6	195.1	201.2	206.7	211.8	216.4
甲缩醛	152.4	160.9	168.9	176.5	183.7	190.4	196.7	202.5	207.8	212.7
乙缩醛	265.6	280.9	295.2	308.5	320.9	332.4	343.0	352.7	361.7	369.9
三氯乙醛	121.9	126.3	130.1	133.4	136.1	138.2	139.9	141.1	141.8	142.1
三聚乙醛	232.7	247.4	260.7	272.9	283.9	293.9	303.0	311.1	318.6	325.3
丙烯醛	98.56	101.2	108.8	113.4	117.7	121.7	125.3	128.7	131.7	134.5
反-丁烯醛	134.6	142.2	149.2	155.8	161.9	167.4	172.4	176.9	181.0	184.4

算图 11.5
理想醛类气体的比热容（第 839 页右）

11.8.2 液态醛类

表11.8.2 液态醛类的比热容 单位：J/(mol·℃)

名 称	温度/℃									
	−100	−80	−60	−40	−20	0	20	40	60	80
甲 醛	88.43	87.80	87.09	86.62	86.58	87.34	89.26	92.91	98.85	107.7
乙 醛	97.93	99.90	101.7	103.3	105.0	106.9	109.1	112.0	115.8	120.9
丙 醛		117.9	119.8	122.3	125.0	128.0	131.3	134.9	138.9	143.2
丁 醛		143.8	145.7	148.4	151.7	155.7	158.4	162.8	167.4	172.4
甲缩醛	130.2	133.5	136.5	139.3	142.1	144.8	147.7	150.9	154.6	159.0

续表

名　称	温度/℃									
	−100	−80	−60	−40	−20	0	20	40	60	80
乙缩醛			224.6	229.9	233.7	237.6	244.3	251.3	258.5	266.1
三氯乙醛				141.0	143.8	146.3	148.8	151.3	153.7	156.4
三聚乙醛							200.0	208.8	217.5	226.0
丙烯醛		115.2	115.2	116.0	117.5	119.7	122.5	125.9	130.0	131.1
反-丁烯醛			138.9	140.0	141.7	144.0	146.9	152.2	155.7	159.6
糠　醛						144.1	150.6	156.9	163.3	169.8

名　称	温度/℃									
	100	120	140	160	180	200	220	240	260	280
甲　醛	120.5									
乙　醛	127.7	136.7	148.5	155.6^{150}						
丙　醛	148.2	154.1	161.6	172.3	190.6					
丁　醛	177.6	183.5	190.1	198.0	208.5	224.7	237.4^{210}			
甲缩醛	164.5	171.2	179.6	190.1	203.2	210.9^{190}				
乙缩醛	273.9	282.2	291.1	301.0	312.8	328.0	351.5			
三氯乙醛	159.4	162.9	167.0	172.0	178.0	185.3	194.4	205.3		
三聚乙醛	234.7	243.4	252.5	262.0	272.1	283.2	295.2	308.7	323.6	331.9^{270}
丙烯醛	133.7	138.4	144.3	152.6	165.8	176.5^{190}				
反-丁烯醛	163.7	168.1	173.1	178.7	185.6	194.6	208.0	218.0^{250}		
糠　醛	176.1	182.6	189.0	195.3	201.8					

11.8.3　聚合物的比热容

表11.8.3　聚甲醛的比热容　　单位：kJ/(kg·K)

T/K	c_p	T/K	c_p	T/K	c_p	T/K	c_p	T/K	c_p
10	0.0120	90	0.5208	170	0.7891	250	1.199	330	1.544
20	0.0806	100	0.5558	180	0.8325	260	1.242	340	1.626
30	0.1783	110	0.5882	190	0.8856	270	1.285	350	1.711
40	0.2608	120	0.6197	200	0.9598	280	1.330	360	1.793
50	0.3310	130	0.6530	210	1.025	290	1.377	370	1.880
60	0.3902	140	0.6892	220	1.069	300	1.425	380	1.982
70	0.4393	150	0.7227	230	1.112	310	1.442	450	2.020
80	0.4810	160	0.7547	240	1.156	320	1.460	460	2.022

表11.8.4　聚乙烯醇缩丁醛的比热容　　kJ/(kg·K)

T/K	c_p	T/K	c_p	T/K	c_p	T/K	c_p	T/K	c_p
210	0.902	250	1.128	290	1.344	340	2.19	380	2.282
220	0.96	260	1.177	300	1.400	350	2.212	390	2.31
230	1.018	270	1.239	310	1.46	360	2.238		
240	1.069	280	1.285	320	1.522	370	2.26		

11.9 焓和熵

11.9.1 醛类的焓

表11.9.1 醛类的焓 单位：kJ/mol

物料名	熔化焓	理想气体标准生成焓①	标准燃烧焓①	常规沸点的汽化焓	物料名	熔化焓	理想气体标准生成焓①	标准燃烧焓①	常规沸点的汽化焓
甲醛	7.05	−108.6	−526.8	23.06	4-羟基丁醛	—	−356.6	−2124	49.74
乙醛	3.22	−166.4	−1104	25.73	乙二醛	15.3	−212.0	−782.5	32.59
丙醛	8.58	−186.3	−1686	28.60	乙基香草醛	18.7	−404.0	−4250	69.05
正丁醛	11.1	−207.0	−2304	31.06	乙缩醛	10.9	−453.5	−3563	33.72
异丁醛	12.0	−215.8	−2291	31.23	3-羟基-2-甲基丙醛	—	−363.4	−2113	50.71
戊醛	15.0	−227.8	−2910	34.16	对二甲氨基苯甲醛	0	−27.90	−4730	53.47
1-己醛	18.9	−248.6	−3520	36.56	三聚甲醛	14.62	−465.9	−1384	37.48
1-庚醛	23.59	−269.4	−4136	39.26	三聚乙醛	13.844	−631.8	−3125	37.51
1-辛醛	26.13	−290.2	−4740	41.66	戊二醛	12.2	−307.7	−2569	46.04
1-壬醛	30.51	−310.9	−5350	43.67	邻甲基苯甲醛	11.6	−60.88	−4002	43.52
1-癸醛	34.5	−331.7	−5959	46.47	对甲基苯甲醛	—	−63.80	−3990	45.61
1-十一醛	38.33	−352.2	−6570	48.69	丙烯醛	10.2	−81.80	−1547	28.61
1-十二醛	42.21	−373.3	−7179	51.17	反-丙烯醛	8.86	−100.6	−2156	34.46
1-十三醛	46.1	−394.1	−7789	53.28	异丁烯醛	—	−113.0	−2150	29.75
2-甲基己醛	—	−271.0	−4130	38.32	苯甲醛	9.322	−36.80	−3393	41.47
3-甲基己醛	—	−271.0	−4130	37.53	对苯二甲醛	16.8	−157.3	−3629	53.06
2-乙基己醛	—	−299.6	−4734	40.65	对羟基苯甲醛	15.2	−213.0	−3317	61.36
氯乙醛	19.8	−195.0	−917.0	34.19	水杨醛	10.7	−214.95	−3200	45.56
二氯乙醛	14.0	−180.0	−811.0	34.15	4-羧基苯甲醛	—	-432.0	−3440	79.84
三氯乙醛	—	−197.0	−672.0	34.13	香草醛	15.6	−369.0	−3660	62.12
羟基丁醛	—	−375.0	−2114	49.78	糠醛	14.4	−151.0	−2256	41.66

① 25℃。

11.9.2 液态醛类的汽化焓

表11.9.2 液态醛类的汽化焓 单位：kJ/mol

名 称	温度/℃										
	−100	−80	−60	−40	−20	0	20	40	60	80	100
甲 醛	26.95	26.07	25.13	24.13	23.06	21.89	20.62	19.19	17.56	15.63	13.18
乙 醛	33.26	32.38	31.45	30.47	29.44	28.34	27.17	25.91	24.53	23.02	21.31
丙 醛		34.77	33.89	32.97	32.01	30.99	29.92	28.78	27.55	26.23	24.79
丁 醛		39.45	38.80	38.03	37.16	36.17	35.09	33.88	32.57	31.14	29.58
甲缩醛	34.32	33.85	33.26	32.57	31.77	30.86	29.84	28.72	27.47	26.10	24.58
乙缩醛			44.68	43.63	42.53	41.39	40.19	38.92	37.59	36.17	34.66
三氯乙醛				40.75	39.81	38.83	37.81	36.74	35.62	34.44	33.18
三聚乙醛							44.12	42.98	41.78	40.53	39.21

续表

名称	温度/℃										
	−100	−80	−60	−40	−20	0	20	40	60	80	100
丙烯醛		34.16	33.58	32.89	32.10	31.21	30.21	29.11	27.90	26.57	25.10
反-丁烯醛			43.30	42.38	41.42	40.43	39.39	38.31	37.17	35.97	34.70
糠　醛						53.61					47.37

名称	温度/℃									
	120	140	160	180	200	220	240	260	280	300
甲　醛	9.571	6.293^{130}								
乙　醛	19.35	16.97	13.85	8.616						
丙　醛	23.19	21.39	19.28	16.66	13.19	6.046				
丁　醛	27.86	25.98	23.89	21.52	18.77	15.38	10.40			
甲缩醛	22.88	20.97	18.78	16.17	12.79	6.711				
乙缩醛	33.02	31.24	29.27	27.04	24.46	21.32	17.13	9.508		
三氯乙醛	31.84	30.39	28.83	27.10	25.17	22.96	20.31	16.92	11.68	
三聚乙醛	37.82	36.33	34.73	33.00	31.10	28.99	26.58	23.73	20.18	15.04
丙烯醛	23.47	21.66	19.60	17.21	14.26	10.04	5.970^{230}			
反-丁烯醛	33.35	31.90	30.33	28.61	26.70	24.53	21.98	18.81	14.34	10.80^{290}
糠　醛					39.87					

11.9.3　糠醛的比焓

表11.9.3　糠醛的比焓　　单位：kJ/kg

温度/℃	0	20	40	60	80	100	120	140	160	180	200	220	240	260
液　体	0	30	60	91	125	166	208	225	277	325	368	418	460	500
蒸　气	555	574	592	614	634	656	683	712	740	762	785	806	830	848

11.9.4　醛类的绝对熵

表11.9.4　醛类的绝对熵（25℃）　　单位：kJ/（K·kmol）

物料名	绝对熵	物料名	绝对熵	物料名	绝对熵	物料名	绝对熵
甲醛	218.7	1-十一醛	618.4	4-羟基丁醛	388.4	反-丙烯醛	317.3
乙醛	264.2	1-十二醛	657.6	乙二醛	172	异丁烯醛	332
丙醛	304.4	1-十三醛	696.9	乙基香草醛	506	苯甲醛（安息香醛）	335.9
正丁醛	343.6	2-甲基己醛	450	乙缩醛	454	对苯二甲醛	413.2
异丁醛	331.2	3-甲基己醛	451	对二甲氨基苯甲醛	434	对羟基苯甲醛	388
戊醛	382.9	2-乙基己醛	495	三聚甲醛	284.9	邻羟基苯甲醛（水杨醛）	388
1-己醛	422.1	氯乙醛	304	三聚乙醛	337.5	4-羧基苯甲醛	442
1-庚醛	461.4	三氯乙醛	348	戊二醛	406.3	4-羟基-3-甲氧基苯甲醛	
1-辛醛	500.6	二氯乙醛	329	邻甲基苯甲醛	388	（香草醛）	465
1-壬醛	539.9	3-羟基-2-甲基丙醛	382.4	对甲基苯甲醛	389	糠醛	333.3
1-癸醛	579.1	羟基丁醛	386	丙烯醛	297		

11.10 其他

11.10.1 气液平衡

表11.10.1 乙醛-水气液平衡组成与温度的关系（101.3kPa）

乙醛(摩尔分数)/%			乙醛(摩尔分数)/%			乙醛(摩尔分数)/%		温度/℃
液相	气相		液相	气相		液相	气相	
0.0	0.0	100.0	4.0	75.0	63.0.	30.0	—	29.0
0.5	25.0	93.5	10.0	89.0	43.0	50.0	—	25.3
1.0	50.0	82.0	20.0	93.0	33.0	60.0	—	24.6
						70.0	—	23.8

表11.10.2 乙醛-乙酸气液平衡组成与温度的关系（101.3kPa）

乙醛(摩尔分数)/%			乙醛(摩尔分数)/%			乙醛(摩尔分数)/%		温度/℃
液相	气相		液相	气相		液相	气相	
2.2	20.2	107.8	7.7	49.6	90.5	28.4	87.3	55.0
3.1	27.8	104.0	10.0	56.8	85.8	35.8	92.6	46.1
4.6	33.1	101.2	12.5	65.5	79.2	36.4	96.4	38.2
6.0	43.3	94.8	21.8	84.3	60.8	57.5	98.3	32.6

表11.10.3 乙醛-苯气液平衡组成与温度的关系（101.3kPa）

乙醛(摩尔分数)/%		温度/℃	乙醛(摩尔分数)/%		温度/℃	乙醛(摩尔分数)/%		温度/℃
液相	气相		液相	气相		液相	气相	
0.0	0.0	80.1	30.0	76.7	49.4	80.0	94.4	37.7
2.0	9.0	76.4	40.0	81.6	46.2	90.0	96.8	36.0
5.0	31.3	71.0	50.0	85.4	44.0	100.0	100.0	20.8
10.0	52.2	63.0	60.0	88.7	42.0			
20.0	69.4	54.2	70.0	91.6	39.8			

表11.10.4 乙醛-甲苯气液平衡组成与温度的关系（101.3kPa）

乙醛(摩尔分数)/%		温度/℃	乙醛(摩尔分数)/%		温度/℃	乙醛(摩尔分数)/%		温度/℃
液相	气相		液相	气相		液相	气相	
0.0	0.0	110.8	20.0	78.3	88.0	70.0	98.5	42.0
2.0	40.5	109.0	30.0	83.7	77.0	80.0	99.0	34.0
3.0	48.5	108.0	40.0	88.2	67.5	90.0	99.9	26.0
5.0	57.3	106.0	50.0	92.1	58.0.	100.0	100.0	20.8
10.0	68.8	102.0	60.0	95.5	49.8			

表11.10.5 乙醛-乙醇气液平衡组成与温度的关系（52.9kPa）

乙醛(摩尔分数)/%		温度/℃	乙醛(摩尔分数)/%		温度/℃	乙醛(摩尔分数)/%		温度/℃
液相	气相		液相	气相		液相	气相	
0.0	0.0	62.8	35	83.3	36.8	80	—	11.5
15	50.8	51.3	45	93.6	30.5	100	100	5.8
25	71.0	43.5	60	—	21.2			

11.10.2 醛类汽化热

N 算图11.6

醛类的汽化热（第840页左）

11.11 危险品特性

表11.11.1 醛类的危险品特性

名称	CAS号	危险品编号	饱和蒸气压[①] /kPa	燃烧性	闪点 /℃	自燃温度 /℃	建规火险分级	爆炸下/上限(体积分数)/%	灭火方法	危险品类别	风险性代号	安全代号
甲醛	50-00-0	83012	13.33(−57.3)	易	50(37%)	430	甲	7.0/73.0	W, P, R, T	8.3	R23/24/25; R34; R40; R43	S26; S36/37/39; S45; S51
乙醛	75-07-0	31022	98.64(20)	易	−39	140	甲	4.0/57.0	P, R, G, T, Sw	3.1	R12; R36/37; R40	S16; S33; S36/37
丙醛	123-38-6	32067	34.4(20)	易	−30	190	甲	2.3/21.0	P, R, G, T, Sw	3.2	R11; R36/37/38	S16; S29; S9
丁醛	123-72-8	32068	12.20(20)	易	−22	190	甲	1.4/12.5	P, R, G, T, Sw	3.2	R11	S29; S33; S9
异丁醛	78-84-2	31023	15.3(20)	易	<−15	165	甲	1.0/12.0	P, R, G, T, Sw	3.1	R11; R22	S16; S29; S33; S9
戊醛	110-62-3	32069	3.5(20)	易	−8	385	甲	2.6/14.0	P, R, G, T, Sw	3.2	R11; R36/37/38	S16; S26; S37/39
异戊醛	590-86-3	32069	—	易	−4	—	甲	—	P, R, G, T, Sw	3.2	R11; R36/37/38	S16; S26; S37/39
己醛	66-25-1	33573	1.15(20)	易	32(O.C)	—	乙	—	P, R, G, T, Sw	3.3	R10	S16; S26; S37/39
正庚醛	111-71-7	33574	0.4(25)	易	35	—	乙	—	P, R, G, T, Sw	3.3	R10; R38	S16; S37
辛醛	124-13-0	33575	2.67(72)	易	51	—	乙	—	P, R, G, T, Sw	3.3	R10	S16
2-乙基丁醛	97-96-1	32070	1.83(20)	易	21.1	—	甲	1.2/7.7	R, G, T, KP, Sw	3.2	R11; R36/37/38	S16; S24/25
2-乙基己醛	123-05-7	33575	0.13(20)	易	44	375	乙	0.8/72	W, P, R, G, T	3.3		
乙基丙基醛	628-32-0	31028		易	<−20	—	甲	1.7/9.6	1, T, P, G, R	3.1		
丁二醛	638-37-9		0.13	易	—	—	乙	—	W, P, R, G, T			
丁烯缩醛	10602-34-3			易	—	—	乙	—	W, P, R, G, T			
异丁烯醛	78-85-3	32072	16.13(20)	易	−15	—	甲	2.1/15.5	P, R, G, T, Sw	3.2	R11; R24/25; R26; R34	S16; S26; S28A; S36/37/39; S45
2-丁烯醛(巴豆醛)	123-73-9	32071	4.00(20)	易	13	230	甲	2.1/15.5	P, R, T, G, Sw	3.2	R11; R24/25; R26; R37/38; R41; R48/22; R50; R68	S26; S28A; S36/37/39; S45; S61
二乙醇缩甲醛	462-95-3	31031	—	易	<−18	—	甲	—	P, R, G, T, Sw	3.1	R11; R36/37/38	S16; S26; S33; S37/39; S9
2,2-二甲基-4-戊烯醛	5497-67-6			易	18	—	甲	—	W, P, R, G, T		R11; R36/37/38	S16; S26; S33; S36
二甲基乙缩醛	534-15-6	31031	8.0(20)	易	−18～23	—	甲	—	G, P, R, KP, T, Sw	3.1	R11	S16; S33; S9
2,3-二甲基戊醛	32749-94-3	33574	—	易	58	—	乙	—	G, P, R, T, Sw	3.3		
对二甲基氨基苯甲醛	100-10-7			可	—	—	丙	—	W, P, R, G, T		R22; R52/53	S61

续表

名　　称	CAS 号	危险品编号	饱和蒸气压[①] /kPa	燃烧性	闪点 /℃	自燃温度 /℃	建规火险分级	爆炸下/上限(体积分数)/%	灭火方法	危险品类别	风险性代号	安全代号
二甲基氯乙缩醛	97-97-2	33579		易	28	232.2	乙	—	P, R, G, T	3.3	R10; R20/21/22	S16; S26; S28A
2,4-二羟基苯甲醛	95-01-2		2.93 (220～228)	可	—	—	丙	—	W, P, R, G, T		R22; R36/37/38	S26; S37/39
二氯乙醛	79-02-7	83009	6.67(20)	易	60	—	乙	—	W, P, R, T	8.3	R24/25; R26; R34; R40; R50	S26; S28; S36/37/39; S45; S61
二氯丙醛	10140-89-3			易	—	—	乙	—	W, P, R, G, T	3.3		
三氯乙醛	75-87-6	61079	4.67(20)	不燃					P, R, T, W	6.1	R22; R26; R36/37/38	S26; S28; S36/37/39; S45
三聚乙醛	123-63-7	33576	1.33(24)	易	27	235	甲	1.3/—	W, P, R, G, T	3.3	R11	S16; S29; S33; S9
己二醛	1072-21-5		1.2(92～94)	易	—	—	乙	—	W, P, R, G, T			
水杨醛	90-02-8	61599	0.13(33)	可	76	—	丙	—	W, P, R, T, G	6.1	R21/22; R36/38	S26; S36/37/39
对丙氧基苯醛	5736-85-6			可	＞110	—	丙	—	W, P, R, G, T		R22	S36/37
丙烯醛	107-02-8	31024	28.53(20)	易	–26	220	甲	2.8/31.0	P, R, G, T, Sw	3.1	R11; R24/25; R26; R34; R50	S23; S26; S28; S36/37/39; S45; S61
丙烯醛二乙缩醛	3054-95-3	32095	—	易	4	—	甲	—	P, R, G, T, Sw	3.2	R11; R36	S9; S16; S26; S33
1,2,5,6,-四氢化苯甲醛	100-50-5	33580	0.21(20)	易	54.4	—	乙	—	W, P, R, G, T	3.3	R21; R36/37/38	S26; S36; S45
对甲苯醛	104-87-0			可	80	—	丙	—	W, P, R, G, T		R22; R36/38	S26; S37/39
3-甲氧基丁醛	5281-76-5			易	60	—	乙	—	W, P, R, G			
对甲氧基苯甲醛	123-11-5		0.13(73)	可	108	—	丙	—	W, P, R, G, T		R22	
2-甲基-2-戊烯醛	623-36-9			易	31	—	乙	—	P, R, G, T			
2-甲基-3-乙基丙烯醛				易	—	—	甲	—	P, R, G, T			
2-甲基丁醛	96-17-3	32069	6.7(25)	易	4	—	甲	—	P, R, G, T	3.2	R11; R36	S16; S26; S39
3-甲基戊二醛	6280-15-5			可	—	—	乙	—	W, P, R, G, T			
甲缩醛	109-87-5	31031	43.99(20)	易	–17	235	甲	1.6/17.6	P, R, G, T, Sw	3.1	R11; R36/37/38	S16; S26; S37/39
多聚甲醛	30525-89-4	41533	0.19(25)	易	70	300	乙	7.0/73.0	W, P, R, G, T	4.1	R20/22; R36/37/38; R40; R43	S24; S26; S36/37/39; S45
呋喃甲醛	98-01-1	33581	0.33(25)	易	60	315	乙	2.1/19.3	W, P, R, G, T	3.3	R21; R23/25; R36/37; R40	S1/2; S26; S36/37/39; S45
2,3-环氧丙醛	765-34-4	33578	10.13(57～58)	易	—	—	甲	—	W, P, R, G, T	3.3		
苯乙醛	122-78-1		1.3(78)	可	67.8	—	丙	—	W, P, R, G, T		R22; R43	S24; S37
苯甲醛	100-52-7		0.13(26)	易	64	192	乙	—	W, P, R, G, T		R22	S24

续表

名称	CAS号	危险品编号	饱和蒸气压[①]/kPa	燃烧性	闪点/℃	自燃温度/℃	建规火险分级	爆炸下/上限(体积分数)/%	灭火方法	危险品类别	风险性代号	安全代号
氟乙醛	1544-46-3			易	—	—	甲	—	P, R, G, T			
4-氟丁醛	461-53-0		6.7(49)	易	—	—	甲	—	P, R, G, T			
对氨基苯甲醛	556-18-3			可	—	—	丙	—	W, P, R, G, T			
2-羟基-5-氯苯甲醛	635-93-8			可	—	—	丙	—	W, P, R, G, T		R36/37/38	S24/25
3-羟基丁醛	107-89-1	61598	—	可	65.6(O.C)	250	丙	—	W, P, R, T, G	6.1		
α-羟基己二醛	141-31-1		2.26(20)	易	—	—	乙	—	W, P, R, G, T			
对羟基苯甲醛	123-08-0			可	—	—	丙	—	W, P, R, G		R36/37/38	S24/25
氯乙缩醛	621-62-5		2.6(62)	易	29	—	乙	—	W, P, R, G, T		R10; R36/37/38	S16; S26; S28A
氯乙醛	107-20-0	61079	13.3(45)	可	87.8	—	丙	—	W, P, R, T	6.1	R24/25; R26; R34; R40; R50	S26; S28; S61S36/37/39; S45
对硝基苯甲醛	555-16-8			可	—	—	丙	—	W, P, R, G, T		R36/37/38	S24/25
间硝基苯甲醛	99-61-6			可	—	—	丙	—	W, P, R, G, T		R36/37/38	S24/25

① 括号内数字为饱和蒸气压对应的温度（℃）。

第 12 章
酯　类

目录

12.1 一般特性

12.1.1 常见酯类的一般特性

表12.1.1 常见酯类的一般特性

名称	分子式	分子量	密度d_4^{20}/(g/cm³)	颜色	形态	性状	溶解性能					正常熔点t_m/℃	正常沸点t_b/℃	临界温度T_c/K	临界压力p_c/MPa	临界体积V_c/(cm³/mol)	临界压缩因子Z_c	偏心因子ω	偶极矩/D	折射率n^{20}
							水	乙醇	乙醚	苯	其他									
甲酸甲酯	$C_2H_4O_2$	60.05	0.9713	无	液	易燃	30^{20}	∞	∞		∞甲醇	−99.7	31.6	486.7	6.00	172.0	0.255	0.257	1.8	1.3419
甲酸乙酯	$C_3H_6O_2$	74.08	0.9208	无	液	香味	11^{18}	∞	∞		++丙酮	−79.6	54.09	508.5	4.74	229.0	0.257	0.285	1.93	1.3609
甲酸丙酯	$C_4H_8O_2$	88.11	0.9073	无	液	果香	2.2^{22}	∞	∞			−92.9	80.6	538.0	4.06	285.0	0.259	0.314	1.9	1.3779
甲酸丁酯	$C_5H_{10}O_2$	102.13	0.8958	无	液	果香	÷÷	∞	∞		①	−90.0	106.1	559.8	3.59	340.0	0.254	0.3878		1.3887
甲酸戊酯	$C_6H_{12}O_2$	116.16	0.8853	无	液		÷÷	∞	∞			−73.5	130.4	576.0	3.46			0.538		1.3992
甲酸己酯	$C_7H_{14}O_2$	130.19	0.8813	微黄	液		−	∞	∞			−62.6	155.0	607	2.800	442	0.245	0.4830		1.4071
甲酸庚酯	$C_9H_{18}O_2$	144.21	0.894^0	无	液	玫瑰香	−	+	+		+醛等有机溶剂			628	2.54	494	0.24	0.5337		
甲酸辛酯	$C_9H_{18}O_2$	158.23	0.872^{12}	无	液	果香	−	+	+		②			645	2.33	547	0.238	0.5871		
甲酸壬酯	$C_{10}H_{20}O_2$	172.26	0.8771	无	液							−34.1	202.6	656	2.14	639	0.251	0.6504		1.4114
甲酸癸酯	$C_{11}H_{22}O_2$	186.29	0.8726	无	液							−29.1	220.8	672	1.99	697	0.248	0.7118		1.4271
甲酸异丙酯	$C_4H_8O_2$	88.11	0.8728	无	液	果香	2.1^{22}	∞	∞		++丙酮		68.0							
甲酸异丁酯	$C_5H_{10}O_2$	102.13	0.8776	无	液		1.1^{22}	∞	∞		++丙酮	−95.5	98.4	551	3.88	355	0.301	0.390	1.9	1.3857
甲酸叔丁酯	$C_5H_{10}O_2$	102.13	0.872	无	液								82	350.0	3.83					1.3790
甲酸异戊酯	$C_6H_{12}O_2$	116.16	0.882	无	液		0.3^{21}	∞	∞			93	126	576.2	3.442					1.397
乙酸甲酯	$C_3H_6O_2$	74.08	0.9342	无	液	麻醉	33^{22}	∞	∞	+苯	++丙酮、氯仿	−98.2	56.7	506.5	4.750	228	0.257	0.325	1.72	1.3614
乙酸乙酯	$C_4H_8O_2$	88.11	0.9003	无	液	可燃	8.5^{15}	∞	∞	+苯	+丙酮；∞氯仿	−83.8	77.1	523.3	3.87	286	0.255	0.366	1.88^{25}	1.3723
乙酸丙酯	$C_5H_{10}O_2$	102.13	0.8820^{25}	无	液	麻醉	1.6^{16}	∞	∞			−93	101.0	549.7	3.36	345	0.254	0.394	1.8	1.383^{25}
乙酸丁酯	$C_6H_{12}O_2$	116.16	0.8825	无	液	麻醉	0.5^{25}	∞	∞	+	+丙酮	−77.0	126.0	575.6	3.14	400	0.26	0.417	1.84^{22}	1.3941
乙酸异丙酯	$C_5H_{10}O_2$	102.13	0.8662^{25}	无	液	果香	3^{20}	∞	∞		+丙酮	−73.4	88.6	531.0	3.31	344	0.258	0.355		1.3773
乙酸异丁酯	$C_6H_{12}O_2$	116.16	0.8712	无	液	刺激	0.6^{25}	∞	∞		③	−97.1	116.9	561	2.99	401	0.257	0.454	1.8	1.3902

续表

名称	分子式	分子量	密度d_4^{20}/(g/cm³)	颜色	形态	性状	溶解性能					正常熔点t_m/℃	正常沸点t_b/℃	临界温度T_c/K	临界压力p_c/MPa	临界体积V_c/(cm³/mol)	临界压缩因子Z_c	偏心因子ω	偶极矩/D	折射率n^{20}
							水	乙醇	乙醚	苯	其他									
乙酸仲丁酯	$C_6H_{12}O_2$	116.16	0.8748	无	液	麻醉	–	∞	∞		+丙酮	−98.9	108	571.0	3.01	389	0.264	0.406		1.3888
乙酸叔丁酯	$C_6H_{12}O_2$	116.16	0.8665	无	液	麻醉	–	∞	∞				95.1	545	3.17	389	0.272			1.3855
乙酸戊酯	$C_7H_{14}O_2$	130.19	0.8756	无	液	刺激	÷÷	∞	∞			−70.9	149.4	599	2.73	470	0.258	0.490		1.4023
乙酸异戊酯	$C_7H_{14}O_2$	130.19	0.876^{15}	无	液	刺激	÷	∞	∞		④	−78.5	141.6	586.1	2.76			0.414	1.8	1.4000
乙酸己酯	$C_8H_{16}O_2$	144.21	0.8779^{15}	无	液	甜味	–	++	++	+		−80.9	171.1	618.4	2.54	494	0.244	0.5396		1.4092
乙酸庚酯	$C_9H_{18}O_2$	158.24	0.87	无	液							−50	192	637	2.33	547	0.241	0.5943		1.414
乙酸辛酯	$C_{10}H_{20}O$	172.27	0.8705	无	液		÷÷	+	+	+	+丙酮、氯仿	−38.5	210	659.0	2.15	600	0.238	0.6558		1.4150
乙酸壬酯	$C_{11}H_{22}O_2$	186.29	0.8785	无	液							−26	210	661	1.99	653	0.236	0.7036		1.4260
乙酸癸酯	$C_{12}H_{24}O_2$	200.32	0.863^{25}	无	液	玫瑰香	÷	+	+	+	+冰乙酸	−15.0	126.5	678	1.86	705	0.233			1.427
丙酸甲酯	$C_4H_8O_2$	88.11	0.9150	无	液	果香	÷÷	∞	∞			−87.5	78.6	530.7	4.00	282	0.256	0.353	1.7	1.377
丙酸乙酯	$C_5H_{10}O_2$	102.13	0.8843^{25}	无	液	芳香	÷	∞	∞		+丙酮	−73.6	98.9	546.7	3.45	342	0.260	0.394	1.8	1.3839
丙酸丙酯	$C_6H_{12}O_2$	116.16	0.8755^{25}	无	液	芳香	÷÷	∞	∞			−75.9	122.2	570	3.06			0.376	1.8	1.391^{25}
丙酸丁酯	$C_7H_{14}O_2$	130.18	0.8754	无	液	苹果香	÷÷	∞	∞			−89.5	145.1	594.5	2.906	447.1	0.261	0.472	1.8	1.4014
丙酸戊酯	$C_8H_{16}O_2$	144.21	0.876^{25}	无	液	苹果香	÷÷	∞	∞			−73.1	168.6							1.4096^{15}
丙酸异丙酯	$C_6H_{12}O_2$	116.16	0.8660	无	液		÷	∞	∞				109.5	558.3	3.145	387.9	0.263	0.3943		1.3872
丙酸异丁酯	$C_7H_{14}O_2$	130.18	0.8880	无	液	醚味	÷÷	∞	∞			−71.4	136	584				0.39		1.397
丙酸异戊酯	$C_8H_{16}O_2$	144.21	0.8697	无	液	易燃	÷÷	∞	∞				160.2	911.0	2.45					1.4069
丁酸甲酯	$C_5H_{10}O_2$	102.13	0.8984	无	液	刺激	÷	∞	∞			−85.8	101.9	554.5	3.47	340	0.256	0.381	1.7	1.3878
丁酸乙酯	$C_6H_{12}O_2$	116.16	0.8735^{25}	无	液	果香	÷	∞	∞			−97	121.1	568.8	3.1	415	0.263	0.461	1.8	1.390^{25}
丁酸丙酯	$C_7H_{14}O_2$	130.19	0.8730	无	液	果香	÷	∞	∞			−95.2	144	594	2.80	442	0.251	0.448	1.8	1.4001
丁酸丁酯	$C_8H_{16}O_2$	144.21	0.8700	无	液	果香	–	∞	∞			−91.5	166.0	616.2	2.69	499.7	0.262	0.5063		1.4075
丁酸异丁酯	$C_8H_{16}O_2$	144.21	0.8364^{18}	无	液		–	∞	∞				156.9	611.0	2.45	494	0.258			1.4032
丁酸戊酯	$C_9H_{18}O_2$	158.24	0.8775	无	液	果香	÷÷	∞	∞			−40	192.9	648.4	2.519	552.2	0.258	0.5365		1.4170
异丁酸甲酯	$C_5H_{10}O_2$	102.13	0.8906	无	液	果香	÷÷	∞	∞			−84.6	92	540.7	3.43	339	0.259	0.365	2.0	1.3840
异丁酸乙酯	$C_6H_{12}O_2$	116.16	0.868	无	液	果香	÷	∞	∞		∞多数有机溶剂	−97.8	111	554	3.1	415	0.279	0.426	2.1	1.387^{18}

续表

名 称	分子式	分子量	密度d_4^{20} /(g/cm^3)	颜色	形态	性状	溶解性能					正常熔点 t_m /℃	正常沸点 t_b /℃	临界温度 T_c /K	临界压力 p_c /MPa	临界体积 V_c /(cm^3/mol)	临界压缩因子 Z_c	偏心因子 ω	偶极矩 /D	折射率 n^{20}
							水	乙醇	乙醚	苯	其他									
异丁酸丙酯	$C_7H_{14}O_2$	130.19	0.8843^{0}	无	液		∸	+	+				134.5	589.2	2.84	442	0.256	0.4004		1.3955
异丁酸异丁酯	$C_8H_{16}O_2$	144.21	0.8542	无	液		−	∞	∞			−80.7	148.6	602.0	2.46			0.4026		1.3999
戊酸甲酯	$C_6H_{12}O_2$	116.16	0.8947	无	液	果香	∸	∞	∞				127.4	567.0	3.19	422	0.275			1.4003
戊酸乙酯	$C_7H_{14}O_2$	130.18	0.884	无	液	芳香	∸	∞	∞			−91.2	145.9	593.3						1.406
戊酸丁酯	$C_9H_{18}O_2$	158.24	0.868	无	液	花香	∸	∞	∞			−92.8	186.5	629	2.33	547	0.244	0.5955		1.412
异戊酸甲酯	$C_6H_{12}O_2$	116.16	0.8808	无	液		÷	+	+				116	568.1	3.154	387.9	0.259	0.3955		1.3927
异戊酸乙酯	$C_7H_{14}O_2$	130.18	0.879	无	液	苹果香	∸	∞	∞	∞		−99	135.1	588.0	2.84	442	0.257	0.4000		1.404
异戊酸异戊酯	$C_{10}H_{20}O_2$	172.26	0.854	无	液		∸	∞	∞			−58.2	192.5	637	2.20	600	0.249	0.5785		1.412
己酸甲酯	$C_7H_{14}O_2$	130.19	0.8846	无	液		−	∞	∞	+	+丙酮	−70	151	604.6	2.911	447.1	0.259	0.4726		1.4049
己酸乙酯	$C_8H_{16}O_2$	144.21	0.873	无	液		−	+	+		+氯仿等溶剂	−67.6	165	615.2						
庚酸甲酯	$C_8H_{16}O_2$	144.21	0.8815	无	液							−55.7	169.7	628.0	2.695	499.7	0.259	0.5073		1.4140
辛酸甲酯	$C_9H_{18}O_2$	158.24	0.8775	无	液							−36.9	194.1							
壬酸甲酯	$C_{10}H_{20}O_2$	127.27	0.880^{15}	无	液	果香	−	+	+				213	671.2	2.372	604.8	0.257	0.552		1.4214
壬酸乙酯	$C_{11}H_{22}O_2$	186.29	0.8657	无	液	果香	−	∞	∞		+丙酮	−36.7	227.0	674.0						1.4220
壬酸丁酯	$C_{13}H_{26}O_2$	214.34	0.869										258.6	674	1.74	810	0.252	0.7277		1.432
癸酸甲酯	$C_{11}H_{22}O_2$	186.29	0.8730	无	油		−	+	+	+		−12.8	233	681.1	2.241	657.4	0.260	0.570		1.4259
十二酸甲酯	$C_{13}H_{26}O_2$	214.35	0.870	无	液		−	∞	∞			5.2	261.5	712	1.74	758	0.223	0.6924		1.42
十三酸甲酯	$C_{14}H_{28}O_2$	228.37	0.864	无	液		−	++	+			5.5	131^{532Pa}	712.1						1.4319
十三酸乙酯	$C_{15}H_{30}O_2$	242.40	0.853^{25}									19	122^{300Pa}	754	1.81	758	0.219	0.9039		1.434
十四酸异丙酯	$C_{17}H_{34}O_2$	270.45	0.864	微黄	油		−				∞有机溶剂	<2	319.9	738	1.40	969	0.221	0.9364		1.436
十六酸甲酯	$C_{17}H_{34}O_2$	270.45	0.865	无	晶		−	++	+	++苯	++丙酮、氯仿	28	332.1	785	1.51	917	0.212	0.9827		1.441

① 溶于丙酮；混溶于油类、烃类。

② 溶于丙二醇、大多数非挥发油和矿物油，几乎不溶于水和甘油。

③ 易溶于碳氢化合物、丙酮。

④ 可与戊醇、乙酸乙酯、丙酮混溶。

12.1.2 无机酸酯的一般特性

表12.1.2 无机酸酯的一般特性

名称	分子式	分子量	密度d_4^{20}/(g/cm³)	颜色	形态	性状	溶解性能					正常熔点 t_m/℃	正常沸点 t_b/℃	临界温度 T_c/K	临界压力 p_c/MPa	临界体积 V_c/(cm³/mol)	临界压缩因子 Z_c	偏心因子 ω	偶极矩/D	折射率 n^{20}
							水	乙醇	乙醚	苯	其他									
硝酸甲酯	CH_3NO_3	77.04	1.2075	淡黄	油		÷	+	+			−82.9	65						3.12	
硝酸乙酯	$C_2H_5NO_3$	91.07	1.1084	无	油		÷	∞	∞			−94.51	89							
亚硝酸甲酯	CH_3NO_2	61.04	0.991^{15}		气			+	+			−16	−12							
亚硝酸乙酯	$C_2H_5NO_2$	75.07	0.899^{15}	淡黄	液	芳香	÷÷	∞	∞				17.5						2.38	
硫酸乙烯酯	$C_2H_4SO_4$	124.12	1.604	白	固		++					96-9	231.1							1.469
硫酸二甲酯	$C_2H_6SO_4$	126.13	1.3322	无	油	极毒	÷/	∞	+		①	−31.8	186	716	7.01	293	0.345	0.4392		1.5090
硫酸二乙酯	$C_4H_{10}SO_4$	154.18	1.172^{25}	无	油	毒	−/	+	∞		// 热水 热乙醇	−26.0	208	749	6.48	398	0.414	0.3865		1.3989
硫酸二丁酯	$C_8H_{18}SO_4$	210.29	1.062				−					−79.7	115.5	814	6.00	609	0.54	0.3651		1.421
硼酸三甲酯	$C_3H_9BO_3$	103.91	0.932	无	液		//		∞		②	−34	68-69							1.3572
硼酸三乙酯	$C_6H_{15}BO_3$	145.99	0.858^{25}	无	液		//					−84.5	117.5							1.374
硼酸三异丙酯	$C_9H_{21}BO_3$	188.07	0.814	无	液							−59	140							1.3755
硼酸三丁酯	$C_{12}H_{27}BO_3$	230.15	0.859	无	液		//	∞	∞		+CCl_4、甲醇、酯类	−70	230.6							1.409
硼酸三戊酯	$C_{15}H_{33}BO_3$	272.23	0.8577	无	液								275.3						0.84	1.4204
碳酸二甲酯	$C_3H_6O_3$	90.08	1.0636^{25}	无	液	香味	−	∞	∞			−1	90.11	557	4.80	252	0.261	0.3846		1.3687
碳酸二乙酯	$C_5H_{10}O_3$	118.13	0.9692^{25}	无	液	醚味	−	∞	∞		∞ 酯类、丙酮	−43	125.9	576.0	3.496	320.9	0.234	0.4849	1.0	1.3845
碳酸二丙酯	$C_7H_{14}O_3$	146.18	0.949	无	液		÷÷	++	++				168.2							1.408
碳酸丙烯酯	$C_4H_6O_3$	102.09	1.2047	无	液	易燃	+	∞	∞			−48.8	241.6	778	5.41	246	0.206	0.4498		1.4189
碳酸亚乙烯酯	$C_3H_4O_3$	86.04	1.3214^{39}	无	液							36.4	248	801.9	6.436			0.4144	4.51	1.4148^{50}
磷酸三甲酯	$C_3H_9PO_4$	140.08	1.2144	无	液	易燃	++	+	+	+		−46	197.2	729	8.37	277	0.383	0.4893		
磷酸三乙酯	$C_6H_{14}PO_4$	182.15	1.0695	无	液	易燃	++	∞	∞		∞ 冷水	−56.4	215.5	757	6.84	586	0.637	0.4145		1.4053
磷酸三丁酯	$C_{12}H_{27}PO_4$	266.31	0.986	无	液	刺激	÷÷	∞	∞	∞	+甲苯、CS_2	−79	288.3							1.43
磷酸三苯酯	$C_{18}H_{15}PO_4$	326.28	1.2055	无	液	燃毒	−	÷	++	+	+氯仿、丙酮	48-50	370	1060	16.2			0.7749		1.563
磷酸三甲苯酯	$C_{21}H_{21}PO_4$	368.36	1.143	无	油	芳香	−	+		+	+多数有机溶剂	<−40	$265^{1.33}$	1060	44.9			1.1169		1.555
异氰酸甲酯	C_2H_3NO	57.05	0.9588	无	液	催泪	+					−45	38.3	491	5.57	202	0.273	0.278		1.3419^{18}
N-异氰酸丁酯	C_5H_9NO	99.13	0.8825	无	液	刺激				+	+多数有机溶剂	85.5	115	568	3.44	360	0.262	0.4145		1.406
异氰酸苯酯	C_7H_5NO	119.20	1.1	无	液	燃毒			++			−30	166	653	4.06	370	0.277	0.4123		1.3825
异氰酸环己酯	$C_7H_{11}NO$	125.19	0.980	淡黄	液	有毒	÷					<−80	168.5	633	3.47	408	0.269	0.5247		1.522

① 溶于苯、丙酮、二氧六环；微溶于 CS_2、脂肪烃。

② 能混溶于四氢呋喃、己烷等。

12.1.3 有机酸酯的一般特性

表12.1.3 有机酸酯的一般特性

名称	分子式	分子量	密度d_4^{20} /(g/cm³)	颜色	形态	性状	溶解性能					正常熔点 t_m /℃	正常沸点 t_b /℃	临界温度 T_c /K	临界压力 p_c /MPa	临界体积 V_c /(cm³/mol)	临界压缩因子 Z_c	偏心因子 ω	偶极矩 /D	折射率 n^{20}
							水	乙醇	乙醚	苯	其他									
γ-丁内酯	$C_4H_6O_2$	86.09	1.1296	无	油	异味	∞	∞	∞	∞	∞丙酮	-43.36	204.6	731.0	5.131	243.9	0.205	0.333	4.13	1.4341
γ-己内酯	$C_6H_{10}O_2$	114.14	1.002	无	液	药草香	÷	+			+丙二醇等	-18	214.9	771	4.63	352	0.254	0.440		1.431
三乙酸甘油酯	$C_9H_{14}O_6$	218.20	1.161	无	油	无嗅	÷			∞	①	3	258	704	2.31	625	0.247	0.8389		1.434
马来酸二乙酯	$C_8H_{12}O_4$	172.18	1.0662	水白	液		−	+	+			-8.8	223							1.4416
马来酸二丁酯	$C_{12}H_{20}O_4$	228.28	0.988[25]	浅黄	油	透明	−	+			溶解力很强	-85	281	716	1.9	719	0.229	0.8994		1.445
水杨酸甲酯	$C_8H_8O_3$	152.15	1.181[25]	无	油		÷÷	∞	∞		②	-8.5	222.6	709	4.326	387.1	0.284	0.603	2.43	1.5350
水杨酸乙酯	$C_9H_{10}O_3$	166.17	1.1326	无	液		÷÷	∞	∞			45	150[10]			154				
水杨酸苯酯	$C_{13}H_{10}O_3$	214.23	1.2614[30]	白	正		÷÷	+	++	+	③	41.82	173[12]							
甲苯-2,4-二异氰酸酯	$C_9H_6N_2O_2$	174.16	1.2244	淡黄	液	透明			+		+丙酮	20.5	251	735.0	3.15					
甘油三乙酸酯	$C_9H_{14}O_6$	218.20	1.1583	无	油	苦味	+	∞	∞	+	④	-78	259	728.1	2.575	591.6	0.252	0.639		1.4301
β-丙内酯	$C_3H_4O_2$	72.06	1.1460	无	液		+	∞				-33.4	162	686	6.91	206	0.25	0.358		1.4105
γ-戊内酯	$C_5H_8O_2$	100.12	1.0525	无	液	易流动	∞	+	+		+酮、CCl_4	-31	207.5	727	4.84	279	0.223	0.403		1.432
苯甲酸甲酯	$C_8H_8O_2$	136.15	1.0837[25]	无	油	花香	÷÷	∞	∞		++甲醇	-12.35	199	702	4.02	396	0.273	0.415	1.9	1.5164
苯甲酸乙酯	$C_9H_{10}O_2$	150.10	1.042[25]	无	液	芳香	÷	∞	∞		⑤	-34	212	706.2	3.475	459.5	0.272	0.450	2.00	1.5007
苯甲酸丙酯	$C_{10}H_{12}O_2$	164.20	1.026[25]	无	液	花香	−	∞	∞			-51	228.5	710	2.85	502	0.242	0.5209		1.501
苯甲酸丁酯	$C_{11}H_{14}O_2$	178.22	1.000	无	油	果香	−	+	+			-22.4	250.3	723.0	2.6	561.0	0.25	0.5767		1.494[25]
苯甲酸苯酯	$C_{13}H_{10}O_2$	198.22	1.235	无	棱		−	÷	÷	+	⑥	63	314							1.5954
苯甲酸苄酯	$C_{14}H_{12}O_2$	212.24	1.112[25]	白	针		−	∞	∞		⑦	21	323.5	820	2.58	694	0.263	0.590		1.5680
对甲基苯甲酸甲酯	$C_9H_{10}O_2$	150.17	1.045									32-35	222.5	711.6	3.23	396	0.246	0.482		1.508
邻苯二甲酸二甲酯	$C_{10}H_{10}O_4$	194.18	1.1905	无	油		÷	∞	∞			5.5	283.7	772	2.77	531.6	0.265	0.614	2.8	1.5138
对苯二甲酸二甲酯	$C_{10}H_{10}O_4$	194.18	1.29	白	针		÷	+*	+		÷甲醇	140.6	288	775	2.78	529.5	0.230	0.637		1.4752
邻苯二甲酸二乙酯	$C_{12}H_{14}O_4$	222.00	1.232[14]	无	油	可燃	−	∞			⑧	-40.5	298	776	2.26			0.763		1.507
邻苯二甲酸二丙酯	$C_{14}H_{18}O_4$	250.29	1.078[25]								⑨	-31	317.5	768	1.99	789	0.246	0.8547		1.497
邻苯二甲酸二丁酯	$C_{16}H_{22}O_4$	278.35	1.0465	无	油	刺激	÷÷	∞	∞	∞	∞丙酮	-35	338	797	1.66	846	0.228	0.947		1.499

续表

名称	分子式	分子量	密度d_4^{20} /(g/cm³)	颜色	形态	性状	溶解性能					正常熔点t_m /℃	正常沸点t_b /℃	临界温度T_c /K	临界压力p_c /MPa	临界体积V_c /(cm³/mol)	临界压缩因子Z_c	偏心因子ω	偶极矩 /D	折射率n^{20}
							水	乙醇	乙醚	苯	其他									
邻苯二甲酸二异丁酯	$C_{16}H_{22}O_4$	278.35	1.040	淡黄	油	芳香	−				+CCl_4	−50	327	762	1.78	891	0.25	0.9158		1.4900
邻苯二甲酸二庚酯	$C_{22}H_{34}O_4$	362.50	0.988^{25}	无	油		−			+	⑩		$195^{5.3Pa}$	815	1.27	1160	0.217	1.1046		1.485
邻苯二甲酸二异辛酯	$C_{24}H_{38}O_4$	390.56	0.983^{25}	微黄	黏液		−				⑪	−4	435.7	851	1.18	1420	0.237	1.142		1.486
邻苯二甲酸二壬酯	$C_{26}H_{42}O_4$	418.61	0.97	无	稠						++氯仿		283	866	1.07	1370	0.204	0.996		1.4835
邻苯二甲酸二异癸酯	$C_{28}H_{46}O_4$	446.67	0.965	无	油	刺激	−	∞	∞	∞			420	908	1	1730	0.229	1.1400		1.487
邻苯二甲酸双(2-乙基己基)酯	$C_{24}H_{38}O_4$	390.56	0.981^{25}	无	液	无臭	−	+	+		+矿物油	−55	384	835	1.07			1.088		
油酸甲酯	$C_{19}H_{36}O_2$	296.49	0.8739	微黄	油		−	∞	∞		+矿物油	−19.7	218.5^{20}	764	1.28	1060	0.214	1.0494		1.4522
草酸二甲酯	$C_4H_6O_4$	118.09	1.1716^{60}	无	油	单斜	÷	+	+			51	163.4	639	4.06			0.558		1.39
草酸二乙酯	$C_6H_{10}O_4$	146.14	1.0785	无	油	芳香		∞	∞		∞乙酸乙酯等	−40.6	186	645.8	3.06	443	0.253	0.568		1.4101
氨基甲酸乙酯	$C_3H_7NO_2$	89.09	1.10	白	粉	硝石味	++	++	++	++	⑫	48-50	183	672.2	5.03		0.24			1.4144
羟基乙酸乙酯	$C_4H_8O_3$	104.10	1.1	无	液			++	++				160	599.2	4.356		0.27			1.41
氰乙酸甲酯	$C_4H_5NO_2$	99.09	1.123	淡黄	液		−	∞	∞			−13	205.5	690.7	3.81	221	0.209	0.5413		1.417
氰乙酸乙酯	$C_5H_7NO_2$	113.12	1.047	无	液		÷	∞	∞		÷碱液、氨水	−22	203.6	678.6	3.34	358	0.216	0.5584		1.412
氯乙酸甲酯	$C_3H_5ClO_2$	108.52	1.23825	无	液	香味	÷÷	∞	∞	∞		−33	130^{99Pa}	600	4.5	270	0.244			1.422
氯乙酸乙酯	$C_4H_7ClO_2$	122.55	1.14525	无	液	香味	−	∞	∞		//热水、碱液	−26	143	618	3.79	327	0.241	0.3932		1.421

① 溶于丙酮，与氯仿等多数有机溶剂混溶；不溶于矿物油。
② 溶于C_6H_6、氯仿；∞冰乙酸。
③ 溶于甲苯、乙酸、丙酮和油类，易溶于CCl_4、吡啶、氯仿、杏仁油和液体石蜡；微溶于甘油。
④ 溶于丙酮、氯仿；微溶于CS_2。
⑤ 溶于丙酮；无限溶于氯仿、石油醚；极微溶于热水。
⑥ 溶于甲醇、丙酮、石油醚、油类；无限溶于氯仿。
⑦ 易溶于乙酸、热乙醇和热乙醚。
⑧ 混溶于酮类、酯类、芳烃类等许多溶剂。
⑨ 溶于甲苯、汽油、煤油、矿物油。
⑩ 与各种纤维素和聚氯乙烯、聚苯乙烯、聚醋酸乙烯等树脂相溶。
⑪ 溶于脂肪烃、芳香烃和大多数有机溶剂；微溶于甘油、乙二醇和一些胺类。
⑫ 溶于甘油；易溶于吡啶、氯仿；微溶于粗汽油。

12.1.4 其他酯的一般特性

表12.1.4 其他酯的一般特性

名称	分子式	分子量	密度d_4^{20} /(g/cm³)	颜色	形态	性状	溶解性能					正常熔点t_m /℃	正常沸点t_b /℃	临界温度T_c /K	临界压力p_c /MPa	临界体积V_c /(cm³/mol)	临界压缩因子Z_c	偏心因子ω	偶极矩 /D	折射率n^{20}
							水	乙醇	乙醚	苯	其他									
乙二醇单丁醚乙酸酯	$C_8H_{15}O_3$	159.21	0.9490										191.1	640.7	2.694	549	0.278			1.4200
乙二醇二乙酸酯	$C_6H_{10}O_4$	146.14	1.1043	无	液	芳香	÷÷	∞	∞	∞苯	∞丙酮、氯仿	−31	190							1.4159
乙二酸二甲酯	$C_4H_6O_4$	118.09	1.163	无	晶	单斜		+	+		//热水	51-55	163.5	628	3.982					1.391
乙二酸二乙酯	$C_6H_{10}O_4$	146.14	1.079	无	油	芳香	÷÷	∞	∞		∞乙酸乙酯、丙酮	−41	190	653	3.09	416	0.237	0.5595		1.41
乙氧基乙酸乙酯	$C_6H_{12}O_3$	132.16	0.961	淡黄	液	易燃	−						158							
3-乙氧基丙酸乙酯	$C_7H_{14}O_3$	146.18	0.9702	无	液							−75	168	621.0	2.66	458	0.236	0.578		1.405
乙基丙烯酸乙酯	$C_6H_{10}O_2$	114.14	0.9135										117	567.5	3.226	369.2	0.252	0.413	2.15	1.4147
乙酰乙酸甲酯	$C_5H_8O_3$	116.12	1.0762	无	液	芳香	++	∞	∞			27.5	171.7							1.4184
乙酰乙酸乙酯	$C_6H_{10}O_3$	130.14	1.0368[10]	无	液	果香	+	∞	∞	∞	∞氯仿	−45	180	649.6	3.40	379.0	0.238	0.514	2.96	1.4171
乙酸环己酯	$C_8H_{14}O_2$	142.20	0.9680	淡黄	液	果香	−	∞	∞		∞烃类	−77	173	643.0	3.284	440.8	0.271	0.465	1.92	1.4420
乙酸(2-乙氧基乙基)酯	$C_6H_{12}O_3$	132.16	0.9740	无	液	清香						−61.7	156.6	608.0	3.17	443	0.278	0.534		
乙酸(2-乙基己基)酯	$C_{10}H_{20}O_2$	172.27	0.8718	无	液	甜味	+	∞	∞			−80	200	642	2.09	681	0.267	0.631		
乙酸(2-丁氧基乙基)酯	$C_8H_{16}O_3$	160.22	0.940	无	液	特臭	−		+烃类		+多数有机溶剂			640.7	2.694	549	0.278			
乙酸乙烯酯	$C_4H_6O_2$	86.09	0.9256[25]	无	液		÷	+	+	+	+丙酮、氯仿	−100.2	72.6	519.20	4.140	265.0	0.26	0.338	1.7	1.3926
乙酸丙烯酯	$C_5H_8O_2$	100.12	0.9275	无	液	刺激	÷	+	+	+	+丙酮		1.3.5							1.4049
乙酸异丙烯酯	$C_5H_8O_2$	100.12	0.9090	淡黄	液	果香	÷	∞	∞		∞酮、非挥发性油	−92.9	97.4							1.4033
乙酸烯丙酯	$C_5H_8O_2$	100.12	0.928[25]	无	液		÷	∞	∞			6	103.5	559	3.68	323	0.256	0.3879		1.404
乙酸苄酯	$C_9H_{10}O_2$	150.17	1.0550	无	液	茉莉香	−	+	+		−甘油	−51.3	213	709.4	3.274	457.6	0.254	0.4532		1.5232
乙酸苯酯	$C_8H_8O_2$	136.15	1.0780	无	液		÷	∞	∞		∞氯仿		195	685.7	3.59					
二乙二醇单乙醚乙酸酯	$C_8H_{16}O_4$	176.21	1.0096	无	液		∞	∞	∞		∞多数油类	−25	218	673.5	2.59			0.715		
二乙二醇单丁醚乙酸酯	$C_{10}H_{20}O_4$	204.26	0.977	无	液	易燃	+						681	3.15						
二甲基乙酸酯	$C_4H_6O_4$	118.09	1.1716[60]									54.8	163.5	628.0	3.98			0.556		1.379[82]
二甲基丙烯酸甲酯	$C_6H_{10}O_2$	114.14	0.873									41	136	577	3.25	375	0.254	0.3432		1.43
二丙烯酸乙二醇酯	$C_8H_{10}O_4$	170.16	1.094[25]	无	液								66-68	689	2.7	518	0.244	0.6618		1.453
丁二酸二甲酯	$C_6H_{10}O_4$	146.14	1.1198	无	液		÷÷	+	+		+丙酮	19	196.4	665.8	3.264	417.5	0.246	0.549		1.4197
丁二酸二乙酯	$C_8H_{14}O_4$	174.20	1.0402	无	液	异味	−	+	+			−21.6	217	667	2.53	567.4	0.259	0.737		1.4201
己二酸二甲酯	$C_8H_{14}O_4$	174.20	1.0600	无	液		−	+	+			8	109.5	690	2.50			0.8993		1.428
己二酸二己酯	$C_{18}H_{34}O_4$	314.46	0.945	无	液		−	+	+	+			351.3	767	1.32	1050	0.217	1.0935		1.447
己二酸二(2-乙基己)酯	$C_{22}H_{42}O_4$	370.57	0.925	无	油	异味	÷	+	+	+	+多数有机溶剂	−67	417	845	1.12	1260	0.201			1.447

续表

名称	分子式	分子量	密度 d_4^{20} /(g/cm³)	颜色	形态	性状	溶解性能					正常熔点 t_m /℃	正常沸点 t_b /℃	临界温度 T_c /K	临界压力 p_c /MPa	临界体积 V_c /(cm³/mol)	临界压缩因子 Z_c	偏心因子 ω	偶极矩 /D	折射率 n^{20}
							水	乙醇	乙醚	苯	其他									
顺-丁烯二酸二甲酯	$C_6H_8O_4$	144.13	1.1606	无	油	可燃	÷	++	++		+甲苯、氯仿	–19	202	677.5	3.494	393.0	0.244	0.577	2.48	1.4416
反-丁烯二酸二甲酯	$C_6H_8O_4$	144.13	1.3700	无	晶		÷	+	+		+氯仿	103.5	193	664.7	3.483	393.0	0.248	0.546	2.25	1.4062
顺-丁烯二酸二乙酯	$C_6H_8O_4$	144.13	1.0662	无	液		÷	+	+	//	//氯仿	–8.8	222	680	2.61	508	0.235	0.6658		1.441
顺-丁烯二酸二烯丙酯	$C_{10}H_{16}O_4$	200.23	1.031									–47	258.4	693	2.33	606	0.245	0.7886		1.448
3-丁烯酸乙酯	$C_6H_{10}O_2$	114.14	0.9122										119	572.3	3.31	369.6	0.257	0.4077		1.4105
异丁烯酸丙酯	$C_7H_{12}O_2$	128.17	0.9022										141	691	2.2	614	0.235			1.4190
反-2-丁烯酸甲酯	$C_5H_8O_2$	100.12	0.9444									–42	119							1.4242
反-2-丁烯酸乙酯	$C_6H_{10}O_2$	114.14	0.9175										140	599						
甲基丙烯酸甲酯	$C_5H_8O_2$	100.12	0.9377^{25}	无	液	强辣	÷	+			+多数有机溶剂	–47.55	100.6	540.3	3.87	323	0.243	0.317		1.4142
甲基丙烯酸乙酯	$C_6H_{10}O_2$	114.14	0.9135									–75	116	569.2	3.31		0.264	0.423		1.413
甲基丙烯酸丙酯	$C_7H_{12}O_2$	128.17	0.9022		液		–						140	599	2.91	428	0.25	0.3966		1.416
甲基丙烯酸烯丙酯	$C_7H_{10}O_2$	126.15	0.938^{25}	无	液							–65	$60\pm1^{5.7}$	600	3.02	415	0.251	0.3881		1.436
甲基丙烯酸正丁酯	$C_8H_{14}O_2$	142.20	0.8936	无	液	甜味	–	∞	∞		+多数有机溶剂		163.7	613.8	2.72	488	0.260	0.4702	2.15	1.4240
甲基丙烯酸异丁酯	$C_8H_{14}O_2$	142.20	0.8858	无	液	易燃	–	++	++				155	612	2.67	493	0.259	0.4205		1.4199
甲基丙烯酸-2-羟乙酯	$C_6H_{10}O_3$	130.14	1.051	无	液		+					–12	174.9	677	3.64	394	0.255	0.8387		1.441
甲酸乙烯酯	$C_3H_4O_2$	72.06	0.959	无	液							16.85	46-7	475.2	5.77	210	0.31	0.2849		1.387
甲酸苄酯	$C_8H_8O_2$	136.15	1.081	无	液	芳香	–	∞	∞		∞芳烃、氯代烃		203	698	3.59	397	0.246	0.420		1.5154
甲酸环己酯	$C_7H_{12}O_2$	128.17	1.0057	无	液		–					73.2	162.5	645	3.52	384	0.252	0.3679		1.4430
丙二酸二甲酯	$C_5H_8O_4$	132.12	1.5280	无	液	芳香	÷	∞	∞		∞油类	–61.9	181.4	647.0	3.60	377.0	0.252	0.517		1.4135
丙二酸二乙酯	$C_7H_{12}O_4$	160.17	1.0551	无	液	微芳香	–	+	+	+	+三氯丙烷	–50	200	653	2.78	469	0.24	0.6155		1.4139
丙二醇单甲基醚乙酯	$C_6H_{12}O_3$	132.16	0.970^{25}	无	液	易燃	∞	+	+	+		–87	145.5	597.9	3.009	421	0.255	0.4807		1.402
丙烯酸-2-乙基己酯	$C_{11}H_{20}O_2$	184.28	0.8859	无	液		–	+	+	+	+多数有机溶剂	–90	216	655	2.07	664	0.252	0.6730		1.434
丙烯酸-2-羟乙酯	$C_5H_8O_3$	116.12	1.1098	无	液	可燃	+	+	+	+	+普通溶剂	–60	158.6	662	3.98	359	0.26	0.8641		1.438
丙烯酸乙烯酯	$C_4H_6O_2$	98.10	0.9420	无	液	辛辣	+	+					91.5	519.1	3.958	270	0.248	0.3513		1.432
丙烯酸甲酯	$C_4H_6O_2$	86.09	0.9535	无	液			+	+			<–75	80.7	536.0	4.25	270.0	0.258	0.3475		1.4040
丙烯酸乙酯	$C_5H_8O_2$	100.12	0.9234	无	液	辛辣	+	+				–71.2	98.9	552.0	3.74	320.0	0.261	0.400		1.4068
丙酸乙烯酯	$C_5H_8O_2$	100.12	0.913	无	液		÷	∞					93	546	3.68	323	0.262	0.3802		1.402
丙烯酸丙酯	$C_6H_{10}O_2$	114.14	0.9140	无	液	刺激	–	+	+		+丙酮	37.2	43-4	569	3.25	376	0.258	0.4315		1.4123
丙烯酸异丙酯	$C_6H_{10}O_2$	114.14	0.893	无	液	可燃	∞	∞	∞		∞氯仿	37.2	51.5^{14}	560	3.31	376	0.267	0.4051		1.4078
丙烯酸丁酯	$C_7H_{12}O_2$	128.17	0.8898	无	液		–	+	+		+丙酮	–63.6	146.6	601.2	2.84	428.0	0.226	0.438		1.4185
丙烯酸异丁酯	$C_7H_{12}O_2$	128.17	0.8896	无	液	易挥发	÷	+				–61	137.0							
癸二酸二丁酯	$C_{18}H_{34}O_4$	314.46	0.94	淡黄	液		–	+			+丙酮等	205 //	178.5^{400Pa}	768	1.32	1050	0.217	1.1245		1.441

12.2 密度

表12.2.1 酯类液体的密度（Ⅰ） 单位：g/cm^3

名称	温度/℃									
	−80	−60	−40	−20	0	20	40	60	80	100
甲酸甲酯	1.107	1.082	1.057	1.031	1.003	0.975	0.945	0.914	0.881	0.845
甲酸乙酯		1.017	0.995	0.971	0.947	0.922	0.896	0.869	0.841	0.811
甲酸丙酯	1.011	0.991	0.970	0.949	0.928	0.906	0.883	0.859	0.834	0.808
甲酸戊酯		0.962	0.943	0.925	0.906	0.886	0.866	0.846	0.825	0.802
乙酸甲酯								1.049	1.028	1.007
乙酸乙酯	1.012	0.991	0.969	0.947	0.924	0.901	0.877	0.851	0.825	0.797
乙酸正丙酯	0.996	0.975	0.954	0.932	0.910	0.888	0.866	0.844	0.821	0.797
乙酸异丙酯		0.962	0.941	0.918	0.896	0.873	0.849	0.823	0.798	0.770
乙酸正丁酯		0.957	0.938	0.920	0.901	0.881	0.862	0.842	0.822	0.799
乙酸异丁酯	0.971	0.953	0.934	0.915	0.895	0.875	0.854	0.833	0.812	0.789
乙酸正戊酯	0.971	0.953	0.934	0.916	0.897	0.877	0.857	0.837	0.816	0.794
乙酸异戊酯		0.942	0.923	0.905	0.886	0.867	0.848	0.829	0.810	0.790
丙酸甲酯	1.060	1.035	1.010	0.985	0.959	0.934	0.908	0.880	0.852	0.822
丙酸乙酯		0.974	0.954	0.934	0.913	0.891	0.868	0.845	0.821	0.796
丙酸丙酯		0.956	0.938	0.919	0.900	0.881	0.861	0.841	0.820	0.798
丙酸异丁酯		0.941	0.924	0.906	0.888	0.870	0.851	0.831	0.811	0.791
丁酸甲酯	1.006	0.985	0.964	0.942	0.920	0.898	0.876	0.854	0.831	0.807
异丁酸甲酯	0.995	0.975	0.955	0.934	0.913	0.891	0.868	0.845	0.820	0.795
丁酸乙酯	0.983	0.963	0.942	0.921	0.900	0.879	0.858	0.836	0.814	0.791
异丁酸乙酯	0.975	0.954	0.933	0.912	0.890	0.869	0.847	0.825	0.803	0.780

名称	温度/℃										
	120	140	160	180	200	220	240	260	280	300	320
甲酸甲酯	0.807	0.764	0.715	0.656	0.572						
甲酸乙酯	0.778	0.743	0.705	0.660	0.607	0.531					
甲酸丙酯	0.781	0.751	0.720	0.685	0.647	0.601	0.543	0.441			
甲酸戊酯	0.780	0.756	0.730	0.703	0.676	0.644	0.608	0.567	0.513	0.373	
乙酸甲酯①	0.985	0.962	0.939	0.915	0.890	0.864	0.836	0.807	0.776	0.743	0.706
乙酸乙酯	0.767	0.735	0.701	0.662	0.617	0.562	0.479				
乙酸正丙酯	0.771	0.745	0.717	0.683	0.647	0.608	0.562	0.496			
乙酸异丙酯	0.741	0.710	0.677	0.638	0.594	0.536	0.394				
乙酸正丁酯	0.777	0.753	0.728	0.702	0.673	0.641	0.606	0.565	0.511	0.420	
乙酸异丁酯	0.764	0.739	0.712	0.684	0.653	0.618	0.578	0.527	0.444		
乙酸正戊酯	0.771	0.747	0.722	0.696	0.668	0.638	0.604	0.566	0.520	0.458	
乙酸异戊酯	0.770	0.749	0.727	0.704	0.680	0.650	0.619	0.586	0.548	0.499	0.412
丙酸甲酯	0.790	0.753	0.711	0.667	0.613	0.534					
丙酸乙酯	0.769	0.741	0.711	0.678	0.642	0.600	0.549	0.476			
丙酸丙酯	0.775	0.751	0.725	0.698	0.669	0.637	0.602	0.559	0.506	0.412	
丙酸异丁酯	0.769	0.747	0.723	0.698	0.671	0.642	0.610	0.574	0.531	0.472	
丁酸甲酯	0.782	0.756	0.729	0.696	0.660	0.623	0.579	0.520	0.383		
异丁酸甲酯	0.768	0.739	0.708	0.675	0.637	0.593	0.538	0.450			
丁酸乙酯	0.768	0.743	0.717	0.690	0.655	0.620	0.582	0.536	0.466		
异丁酸乙酯	0.755	0.730	0.703	0.671	0.636	0.599	0.556	0.497			

① 温度为340、360、380℃时，其值分别为0.664、0.614、0.546g/cm^3。

N 算图12.1

有机酸酯等液体的密度（第840页右）

表12.2.2 酯类液体的密度（Ⅱ） 单位：g/cm³

名称	温度/℃												
	-80	-60	-40	-20	0	20	40	60	80	100	120	140	160
乙二酸二甲酯								1.154	1.131	1.107	1.082	1.056	1.029
乙二酸二乙酯			1.144	1.123	1.101	1.078	1.055	1.032	1.008	0.983	0.957	0.931	0.904
乙酸乙烯酯	1.048	1.026	1.004	0.981	0.958	0.934	0.909	0.883	0.856	0.827	0.797	0.765	0.729
丙烯酸甲酯		1.041	1.020	0.997	0.974	0.951	0.927	0.901	0.875	0.848	0.819	0.787	0.754
丙烯酸乙酯		1.008	0.988	0.967	0.945	0.923	0.902	0.879	0.854	0.829	0.803	0.775	0.745
丙烯酸丁酯		0.978	0.958	0.938	0.918	0.898	0.878	0.858	0.837	0.816	0.794	0.772	0.749
甲基丙烯酸甲酯			1.004	0.984	0.964	0.943	0.921	0.898	0.875	0.851	0.825	0.799	0.770
甲基丙烯酸乙酯				0.957	0.935	0.913	0.892	0.870	0.847	0.824	0.800	0.775	0.749
氨基甲酸乙酯	1.025	1.004	0.983	0.961	0.939	0.916	0.891	0.867	0.840	0.813	0.784	0.753	0.720
氰乙酸甲酯					1.149	1.128	1.107	1.085	1.064	1.043	1.021	1.000	0.978
氰乙酸乙酯				1.102	1.082	1.061	1.041	1.020	0.999	0.979	0.958	0.936	0.915
羟基乙酸乙酯							0.996	0.974	0.952	0.928	0.904	0.879	0.853
苯甲酸甲酯					1.109	1.089	1.069	1.049	1.029	1.009	0.989	0.968	0.947
对甲基苯甲酸甲酯							1.056	1.038	1.019	1.001	0.981	0.962	0.941
对苯二甲酸二甲酯													1.065
邻苯二甲酸二丁酯				1.083	1.065	1.046	1.028	1.008	0.989	0.970	0.951	0.932	0.913

名称	温度/℃												
	180	200	220	240	260	280	300	320	340	360	380	400	420
乙二酸二甲酯	1.001	0.970	0.938	0.902	0.864	0.820	0.770	0.707	0.618				
乙二酸二乙酯	0.875	0.845	0.813	0.780	0.743	0.703	0.657	0.602	0.527				
乙酸乙烯酯	0.690	0.645	0.590	0.509									
丙烯酸甲酯	0.717	0.675	0.626	0.562	0.393								
丙烯酸乙酯	0.714	0.678	0.638	0.590	0.525								
丙烯酸丁酯	0.724	0.699	0.667	0.634	0.600	0.560	0.508	0.412					
甲基丙烯酸甲酯	0.740	0.707	0.670	0.627	0.575	0.498							
甲基丙烯酸乙酯	0.721	0.686	0.650	0.612	0.566	0.499							
氨基甲酸乙酯	0.683	0.640	0.590	0.521									
氰乙酸甲酯	0.955	0.932	0.907	0.882	0.856	0.829	0.794	0.760	0.724	0.684	0.636	0.567	
氰乙酸乙酯	0.892	0.869	0.846	0.821	0.795	0.765	0.732	0.698	0.662	0.620	0.564	0.464	
羟基乙酸乙酯	0.825	0.795	0.764	0.729	0.690	0.645	0.587	0.489					
苯甲酸甲酯	0.926	0.904	0.881	0.857	0.832	0.806	0.773	0.741	0.707	0.669	0.623	0.558	
对甲基苯甲酸甲酯	0.920	0.899	0.877	0.853	0.829	0.803	0.776	0.747	0.716	0.681	0.642	0.594	0.530
对苯二甲酸二甲酯①	1.043	1.022	1.000	0.978	0.955	0.931	0.906	0.881	0.853	0.821	0.788	0.754	0.718
邻苯二甲酸二丁酯②	0.894	0.874	0.855	0.835	0.814	0.793	0.772	0.750	0.727	0.700	0.672	0.644	0.614

① 温度为440、460、480℃时，其值为0.675、0.620、0.530g/cm³。

② 温度为440、460、480、500℃时，其值为0.581、0.543、0.490、0.381g/cm³。

12.3 相变点

12.3.1 酯类的常规沸点和液相摩尔体积

表12.3.1 酯类的常规沸点和液相摩尔体积

物料名	沸点/K	液相摩尔体积/(m³/kmol)	物料名	沸点/K	液相摩尔体积/(m³/kmol)	物料名	沸点/K	液相摩尔体积/(m³/kmol)
甲酸甲酯	304.9	0.06275	甲酸正丁酯	379.3	0.12797	甲酸叔丁酯	356.0	0.12829
甲酸乙酯	327.5	0.08446	甲酸异丁酯	371.2	0.12857	甲酸正戊酯	405.5	0.15336
甲酸正丙酯	354.0	0.10573	甲酸仲丁酯	366.6	0.12743	甲酸正己酯	428.7	0.17340

续表

物料名	沸点/K	液相摩尔体积/（m³/kmol）	物料名	沸点/K	液相摩尔体积/（m³/kmol）	物料名	沸点/K	液相摩尔体积/（m³/kmol）
甲酸正庚酯	451.3	0.19938	3,4-二氯苯基异氰酸酯	501.0	0.16067	甲基丙烯酸-2-乙酰乙酸乙酯	575.0	0.22721
甲酸正辛酯	472.0	0.22500	*N*-异氰酸丁酯	388.2	0.12533	甲基丙烯酸-2-羟乙酯	499.2	0.15292
甲酸正壬酯	487.0	0.24985	二异氰酸-1,5-萘酯	603.0	0.24921	甲基丙烯酸十六烷酯	641.0	0.51314
甲酸正癸酯	506.0	0.27353	二异氰酸二苯甲酯	609.0	0.27792	甲基丙烯酸正丙酯	414.0	0.16633
乙酸甲酯	330.1	0.08370	二异氰酸苯甲酯	524.2	0.18320	甲基丙烯酸甲酯	373.5	0.11839
乙酸乙酯	350.2	0.10632	异氰酸甲酯	312.0	0.06234	甲基丙烯酸异丁酯	428.2	0.18919
乙酸正丙酯	374.7	0.12860	异氰酸环己酯	442.2	0.13914	甲基丙烯酸烯丙酯	412.7	0.15700
乙酸异丙酯	361.7	0.12886	异氰酸苯酯	439.4	0.12869	邻苯二甲酸二丁酯	613.2	0.37129
乙酸正丁酯	399.2	0.15228	β-丙内酯	435.2	0.07243	邻苯二甲酸二壬酯	707.0	0.67924
乙酸异丁酯	389.8	0.15075	γ-丁内酯	477.2	0.08983	邻苯二甲酸二丙酯	590.7	0.31354
乙酸仲丁酯	385.2	0.15125	γ-戊内酯	480.7	0.11525	邻苯二甲酸二甲酯	556.9	0.21143
乙酸叔丁酯	369.2	0.14794	己内酯	514.0	0.12926	邻苯二甲酸二异丁酯	593.2	0.36202
乙酸正戊酯	421.2	0.17437	乙二酸二甲酯	436.6	0.12244	邻苯二甲酸二异辛酯	657.2	0.61633
乙酸异戊酯	415.2	0.17433	丙二酸二乙酯	472.1	0.18833	邻苯二甲酸二异癸酯	740.0	0.69383
乙酸正己酯	444.7	0.19954	丁二酸二乙酯	490.2	0.21236	邻苯二甲酸二庚酯	663.0	0.54713
乙酸正庚酯	465.6	0.22559	己二酸二正己酯	621.2	0.48493	间苯二甲酸二甲酯	555.2	0.19972
乙酸正辛酯	484.5	0.25015	癸二酸二丁酯	622.2	0.47491	乳酸乙酯	427.7	0.13904
乙酸正壬酯	497.1	0.27891	顺丁烯二酸二乙酯	498.2	0.22520	乳酸甲酯	418.0	0.11074
乙酸癸酯	517.2	0.30179	乙基-3-乙氧基丙酸酯	438.2	0.18740	油酸甲酯	617.0	0.48909
丙酸甲酯	352.6	0.10468	乙基-3-乙氧基丙酸酯	438.2	0.18740	苯甲酸乙酯	486.6	0.17641
丙酸乙酯	372.3	0.12821	乙酰乙酸乙酯	454.0	0.15289	苯甲酸丁酯	523.2	0.22480
丙酸正丙酯	395.7	0.15095	乙酰乙酸甲酯	444.9	0.12322	苯甲酸正丙酯	504.2	0.19914
丁酸乙酯	394.7	0.15089	乙酸-2-乙基己基酯	472.9	0.24462	苯甲酸甲酯	472.7	0.15166
异丁酸乙酯	383.0	0.15198	二乙酸乙二酯	463.7	0.16108	苯甲酸苄酯	596.4	0.24880
正丁酸正丙酯	416.5	0.17468	二乙酸亚乙酯	442.2	0.16147	草酸二乙酯	458.6	0.16724
异丁酸正丙酯	408.7	0.17526	二甲基丙烯酸甲酯	390.2	0.13979	顺丁烯二酸二丙酯	521.0	0.25316
正丁酸正丁酯	438.2	0.19715	二丙烯酸乙二醇酯	503.0	0.19637	顺丁烯二酸二甲酯	478.2	0.15344
异丁酸异丁酯	420.7	0.20213	十二酯	498.9	0.29915	顺丁烯二酸二烯丙酯	520.0	0.23523
异戊酸乙酯	407.5	0.17431	三乙酸甘油酯	532.2	0.24517	氯乙酸乙酯	417.4	0.12328
戊酸正丁酯	459.7	0.22322	己二酸二-2-乙基己酯	690.2	0.63864	氯乙酸甲酯	403.0	0.10143
异戊酸异戊酯	467.2	0.24086	马来酸二丁酯	553.2	0.30682	氯甲酸甲酯	344.0	0.08298
壬酸丁酯	520.0	0.32742	水杨酸甲酯	493.7	0.15560	氰乙酸乙酯	479.2	0.12990
十二酸甲酯	540.0	0.32710	丙二醇单甲基醚乙酸酯	419.0	0.15981	氰乙酸甲酯	478.2	0.11369
十三酸乙酯	585.3	0.32517	丙烯酸-2-乙基己基酯	489.2	0.26256	硫酸二乙酯	482.7	0.15937
十四酸异丙酯	588.0	0.44572	丙烯酸-2-羟乙酯	484.0	0.14213	硫酸二正丁酯	525.0	0.24854
十六酸甲酯	624.2	0.40500	丙烯酸乙烯酯	345.7	0.09955	硫酸二甲酯	462.2	0.11314
甲酸乙烯酯	320.0	0.07827	丙烯酸乙酯	372.7	0.12015	硬脂酸丁酯	623.2	0.59957
甲酸环己酯	435.7	0.15119	丙烯酸正丁酯	420.6	0.16991	碳酸二乙酯	400.0	0.13879
甲酸苄酯	476.2	0.15281	丙烯酸正丙酯	392.2	0.14394	碳酸二甲酯	363.4	0.09241
乙酸环己酯	447.2	0.17399	丙烯酸甲酯	353.4	0.09731	碳酸丙烯酯	514.9	0.10712
乙酸烯丙酯	377.2	0.12082	丙烯酸异丙酯	383.2	0.14431	磷酸三乙酯	488.2	0.20991
乙酸苄酯	487.2	0.17734	丙酸乙烯酯	368.2	0.12090	磷酸三甲酯	470.4	0.13639
2,2,5-三甲基己酯	397.2	0.20773	四硝酸四羟基甲酯	543.0	0.33613	磷酸三苯酯	686.7	—
2,4,4-三甲基己酯	403.8	0.20372	对苯二甲酸二甲酯	561.2	0.20748	磷酸邻三甲苯酯	683.2	—
2,2-乙氧基乙酸酯	490.6	0.21998	对苯二甲酸二异辛酯	698.0	0.58671			

12.3.2 在压力下的沸点

表12.3.2 酯类在压力下的沸点

名　　称		1	2	4	7	10	20	40	60	80	101.3
	与上列压强（kPa）相对应的沸点/℃										
乙酰乙酸酯		69.9	74.2	82.1	91.7	98.2	116.1	137.5	153.2	167.1	180.4
丁二酸二乙酯	$86^{0.8}$	89.5	105	119.5	132.5	142	161	183	199	208	217.7
己酸甲酯		$42^{1.3}$	52	63	73	80	97	117	130	140	149.5
壬酸乙酯	$76^{0.5}$	90	105	121	135	145	165	190	205	217	227.5
甲基丙烯酸甲酯	$-10^{0.67}$	−6	4	22.5	33	40	57	73	84	93.5	100.5
甲基氟代膦酸异丙酯		$48.5^{1.3}$	57	67.6	77.4	84.5	100.1	120	133	143.5	151.7
甲基氟代膦酸频哪酯	$43^{0.3}$	60	85	102	114	122	138.5	158	171	181	190
β-丙内酯	$38^{0.5}$	46.5	56.2	67.2	78	85.5	102.2	122.5	137	147.2	155
丙烯酸甲酯		−13	−12.2	−9.6	−3.7	0	15.6	46.4	65.8	74	80.5
邻苯二甲酸二乙酯	$158^{1.3}$	$172^{1.6}$	178	195	209	219	240	263	278	288	296.1
邻苯二甲酸二丁酯	$182^{0.7}$	196	216	235	250	271	284	307	320	331	340
黄原酸乙酯		70	86.5	102	115	123	142.5	165	180	190	199.5
重氮乙酸乙酯		$45^{1.6}$	58.5	61	72	81	97	115	126.2	136	143
异氰酸苯酯		$48^{1.3}$	57.5	70.5	83	92.5	112.5	133.5	147.5	158.5	165.6
亚硫酸二乙酯		$51^{1.7}$	57	69	80	88	106	127	140	152.5	161.3
醋酸乙酯											77.2
醋酸丁酯											126.5
磷酸三乙酯		$98.5^{1.2}$	102	108	124	133	153	177	190	205	216
磷酸三甲酯			$85^{3.2}$	92	106	115	135	158	173	185	194

12.3.3 二元共沸物的共沸点

（1）甲酸酯类

表12.3.3 第一组分为甲酸甲酯和甲酸乙酯的二元共沸物共沸点

1）第一组分　甲酸甲酯

质量分数/%	30	62	67	56	53	75	57	66
第二组分（余量）	乙硫醇	二甲硫	二硫化碳	乙醚	戊烷	环戊烷	2氯丙烷	溴乙烷
共沸点/℃	27	29	24.8	28.2	21.8	28	29	29.9

2）第一组分　甲酸乙酯

质量分数/%	第二组分（余量）	共沸点/℃	质量分数/%	第二组分（余量）	共沸点/℃	质量分数/%	第二组分（余量）	共沸点/℃
95	水	52.6	8	二氯甲烷	41	69	溴代异丙烷	53
84.0	甲 醇	51.0	13	氯仿	62.7	52	2,3-二甲基丁烷	45
30	戊烷	32.5	60	2-溴丙烷	52.5	37	二硫化碳	39.35
18	异戊烷	26.5	75	甲基环戊烷	51.2	52	三氟化硼	102
67	己烷	49.0	15	氯代异丙烷	46.2	35	异丁基氯	48.5
18	氯丙烷	46.4	35	2-氯-2-甲基丙烷	48.5	10	烯丙基氯	45

表12.3.4　第一组分为甲酸丙酯和甲酸异丙酯的二元共沸物共沸点

1）第一组分　甲酸丙酯

质量分数/%	96.4	49.8	≈59	90.2	60	47	≈20	71	20
第二组分（余量）	水	甲醇	乙醇	丙醇	叔丁醇	苯	乙烷	戊烷	己烷
共沸点/℃	71.9	61.9	71.75	80.6	78	78.5	63	78.2	63

质量分数/%	71	15	28	82	≈10	15	＜35	48	10
第二组分（余量）	庚烷	2,3-二甲基丁烷	2-溴-2-甲基丙烷	一溴二氯甲烷	1,1-二氯乙烷	2,3二甲基丁烷	甲基环戊烷	环己烷	碘己烷
共沸点/℃	78.2	56	71.8	90.9	84.05	56	＜67.5	75	72

质量分数/%	38	40	28	80	＜53	67	≈64	35	47
第二组分（余量）	氯丁烷	四氯化碳	2-溴-2-甲基丙烷	三氯乙烯	环己烯	乙腈	硝酸丙酯	亚硝酸丁酯	苯
共沸点/℃	76.1	74.6	71.8	79.5	＜75	76.5	75.85	76.8	78

2）第一组分　甲酸异丙酯

质量分数/%	97	67	48	＜86	18	＞57	55	48	10	40
第二组分（余量）	水	甲醇	己烷	氯仿	环戊烷	溴丙烷	甲基环戊烷	1-氯-2-甲基丙烷	二硫化碳	亚硝基异丁酯
共沸点/℃	65	57.2	57	70	＜47	＜67	＜61.5	65	43.5	65.5

表12.3.5　第一组分为甲酸丁酯和甲酸异丁酯的二元共沸物共沸点

1）第一组分　甲酸丁酯

质量分数/%	76.3	85	68.7	＞70	36	＞85	32	＜98.5
第二组分（余量）	丁醇	水	水（21.3）+丁醇（10.0）	甲苯	1-丙醇	1-丁醇	2-丁醇	3-戊醇
共沸点/℃	105.8	83.8	83.6	＜106.4	95.5	106	98	＜106.5

质量分数/%	35	35	60	35	35	40	＞40
第二组分（余量）	叔戊醇	2-甲基-2-丁醇	2-甲基-1-丙醇	甲基环戊烷	甲基环己烷	庚烷	硝基甲烷
共沸点/℃	101	101	103	96	96	90.7	98.7

2）第一组分　甲酸异丁酯

质量分数/%	91.8	＜7	28	57	60	＜81	56	68
第二组分（余量）	水	甲醇	乙醇	1-丙醇	2-丁醇	2-甲基-2-丁醇	甲基环己烷	硝基甲烷
共沸点/℃	80.4	＜64.6	76.7	91.5	94.7	＜97.0	92.5	94.5

质量分数/%	12（＜7）	＜50	＜19	＞10	＜60	87	63	55
第二组分（余量）	己烷	庚烷	环己烷	2-丙醇	烯丙醇	2-甲基-1-丙醇	25-二甲基己烷	氯代异戊烷
共沸点/℃	68.5	＜90.5	79.5	＜82.3	＜91.7	97.6	93.5	95.5

表12.3.6　第一组分为其他甲酸酯的二元共沸物共沸点

类　别	甲酸戊酯		甲酸苄酯		甲酸异戊酯				
质量分数/%	71.6	57	20	3	77.7	65	33	90	79
第二组分（余量）	水	戊醇	水	辛醇	水	异丁醚	丁醇	异戊醇	2-氯乙醇
共沸点/℃	91.6	130.4	99.2	195	89.7	121.5	116	123.7	123.2

类　别	甲酸异戊酯									
质量分数/%	60	≈70	＜95	82	＜57	≈5	35	56	50	≈92
第二组分（余量）	2-甲氧基乙醇	1-氯-2-丙醇	2-氯-1-丙醇	3-甲基-1-丁醇	辛烷	环氧氯丙烷	四氯乙烯	三聚乙醛	3-己酮	1,2-二溴乙烷
共沸点/℃	119.1	123	＜123.7	123.7	＜118.8	1162	118.2	123	123	123.7

（2）乙酸酯类

表12.3.7 第一组分为乙酸甲酯和乙酸乙酯的二元共沸物共沸点

1）第一组分 乙酸甲酯

质量分数/%	81.3	97	75	68	<90	50	52
第二组分（余量）	甲醇	乙醇	异丁醇	溴代异丙烷	己烷	2,3-二甲基丁烷	三氯化硼
共沸点/℃	53.8	56.9	101.3	56	<56.65	51.2	110
质量分数/%	23	30	97	52	50	<12	60
第二组分（余量）	氯仿	二硫化碳	水	丙酮	2-溴丙烷	2-二甲基-2-丁烯	1,5-己二烯
共沸点/℃	64.8	40.15	56.95	55.6	55.8	<36.9	54

2）第一组分 乙酸乙酯

质量分数/%	71*	97	75	73	<94	81.5*	43.1	30	56	38	38	≈20
第二组分（余量）	甲醇	乙醇	异丙醇	叔丁醇	庚烷	氯仿	四氯化碳	2-溴-2-甲基丙烷	环己烷	甲基环戊烷	甲基环己烷	溴丙烷
共沸点/℃	62.3	56.95	75.3	76	<76.9	77.8	74.8	71.5	71.6	67.2	67.2	70
质量分数/%	<35	24	12	77	71	<85	71	82	94	7.3	23	56
第二组分（余量）	氯丁烷	碘乙烷	一溴二氯甲烷	乙腈	丁腈	环己烯	硝酸丁酯	丁酮	苯	二硫化碳	二乙硫	三氟化硼
共沸点/℃	76	70.9	90.55	74.8	76.3	75.5	76.3	77	76.95	46.02	73	119

质量分数/%	96.4	93.72	91.53	0.06	53.9*	56.9*	60.0*	66.0*	70.9*	73.3*
第二组分（余量）（压力/kPa）	水（3.33）	水（33.33）	水（101.33）	水（192.18）	乙醇（101.39）	乙醇（77.09）	乙醇（56.40）	乙醇（29.20）	乙醇（15.63）	乙醇（10.32）
共沸点/℃	−1.9	42.55	70.38	89.08	71.8	61.4	16.2	40.6	27	18.7

注：标*的均为摩尔分数。

表12.3.8 第一组分为乙酸丙酯和乙酸异丙酯的二元共沸物共沸点

1）第一组分 乙酸丙酯

质量分数/%	77.5	15	50	83	48	58	47	49.45	68	97.5
第二组分（余量）	水	乙醇	丙醇	异丁醇	仲丁醇	叔戊醇	烯丙醇	三氯乙醛	二乙缩醛	丁酸甲酯
共沸点/℃	82.2	78.2	94.7	101	96.5	99.5	94.2	102.55	101.25	101.58

质量分数/%	38	48	63	70.5	<55	45	40	55	44	62	60
第二组分（余量）	庚烷	甲基环己烷	2,5-二甲基己烷	一溴二氯甲烷	碘丙烷	溴丁烷	氯代异戊烷	硝基甲烷	烯丙基碘	甲基丙基甲酮	二乙基甲酮
共沸点/℃	93.6	95.5	98	102.3	99	100	98.5	97.6	99.5	101	100.7

2）第一组分 乙酸异丙酯

质量分数/%	93.8	40	20	47	47.7	15	40	50
第二组分（余量）	水	异丙基碘	甲醇	乙醇	异丙醇	三氯乙醛	乙腈	二丙醚
共沸点/℃	77.4	86.5	64.5	76.8	80.1	98.2	79.5	88.1

质量分数/%	<9	66	25	78	<95	45	45
第二组分（余量）	己烷	庚烷	环己烷	甲基环己烷	2,5-二甲基己烷	溴代异丁烷	一溴二氯甲烷
共沸点/℃	<68.5	86.5	78.9	89	<89	89	96

表12.3.9 第一组分为乙酸丁酯和乙酸异丁酯的二元共沸物共沸点

1）第一组分 乙酸丁酯

质量分数/%	71.3	53	69	48	60	52	90	9
第二组分（余量）	水	丁醇	1-氯-2-丙醇	异丙醇	丙醇	甲基乙二醇	亚异丙基丙醇	三聚乙醛
共沸点/℃	90.2	117.2	125.5	80.1	94.2	119.45	125.95	124.25

续表

质量分数/%	68	90	52	52	62	<37	75
第二组分(余量)	2-己酮	乙二醇乙醚	乙二醇甲醚	辛烷	1,2,2-三氯丙烷	1,3-二甲基环己烷	碘丁烷
共沸点/℃	125.4	125.35	119.5	119	126.1	<118.0	124.4

2）第一组分 乙酸异丁酯

质量分数/%	80.5	<13	50	70	<50	<62	40
第二组分(余量)	水	庚烷	碘代异丁烷	溴代异戊烷	3-氯-1,2-环氧丙烷	1,3-二甲基环己烷	硝基乙烷
共沸点/℃	87.45	<98.2	116	117	<115.3	<114.0	112.5
质量分数/%	50	5	68	53	70	84	37
第二组分(余量)	丁醇	异丁醇	2-戊醇	四氯乙烯	氯代丙酮	乙二醇一甲醚	二异丙基硫
共沸点/℃	114.5	107.6	116.5	110	116.7	115.6	115.2

表 12.3.10 第一组分为乙酸仲丁酯的二元共沸物共沸点

质量分数/%	19.5	>70	30	50	>50	47	50	86.3	95	30	35
第二组分(余量)	水	辛烷	溴代异戊烷	碘代异丁烷	3-氯-1,2-环氧丙烷	四氯乙烯	丁醇	仲丁醇	异丁醇	氯代丙酮	三乙基硼
共沸点/℃	87.45	114	117	116	<115.3	115.5	114.5	99.6	107.6	116.7	116.85

表 12.3.11 第一组分为乙酸戊酯和乙酸异戊酯的二元共沸物共沸点

1）第一组分 乙酸戊酯

质量分数/%	59	10.5	>8	>62	94	60
第二组分(余量)	水	水(56.2)+1-戊醇(33.3)	1-甲氧基-2-乙酰氧乙烷	α-蒎烯	乙二醇	1,1,2,2-四氯乙烷
共沸点/℃	95.2	94.8	<144.5	<146.8	147.6	153.1

2）第一组分 乙酸异戊酯

质量分数/%	64.9	50	97.5	18	32	<9	85	<55	30	35
第二组分(余量)	水	间二甲苯	α-蒎烯	溴仿	1,1,2,2-甲氯乙烷	1,2-二溴丙烷	碘代异戊烷	二丁醚	乙二醇一乙醚	丙酮酸
共沸点/℃	94.05	136	142.05	150.2	150.1	<140.2	141.75	<141.2	133.8	135
质量分数/%	75	82	60	56	1.5	31.7	<52	97	80	
第二组分(余量)	二丙基甲酮	甲基异戊基甲酮	氯代乙酸乙酯	乳酸甲酯	异戊醇	异戊醇(99.7kPa)	环戊醇	乙二醇	乙二醇一乙醚乙酸酯	
共沸点/℃	141.7	141.8	141.7	138.5	131.3	131-132	<139.4	141.95	141.5	

表 12.3.12 第一组分为其他乙酸酯的二元共沸物共沸点

第一组分	乙酸苄酯						乙酸苯酯
质量分数/%	12.5	72	36	65	22	73	24.9
第二组分	水	萘	冰片	α-萜品醇	β-萜品醇	薄荷醇	水
共沸点/℃	99.6	214.6	212.8	214.5	210.2	213.5	98.9

（3）丙酸酯类

表 12.3.13 第一组分为丙酸甲酯和丙酸乙酯的二元共沸物共沸点

1）第一组分 丙酸甲酯

质量分数/%	96.1	52	64	97	65	63	64	40
第二组分(余量)	水	甲醇	乙醇	1-丙醇	2-丙醇	叔丁醇	2-甲基-2-丙醇	丁酮
共沸点/℃	71.4	62.4	72.2	80.8	76.4	77.6	77.6	79

续表

质量分数/%	22	<92	<20	12	50	35	28	52
第二组分（余量）	己烷	庚烷	四氯化碳	己烷	环己烷	1-氯丁烷	甲基环戊烷	苯
共沸点/℃	66.8	<79.6	76	67	70.2	77.5	69.5	79.4

2）第一组分　丙酸乙酯

质量分数/%	86.8	28	54	55	<57	62	70
第二组分（余量）	水	乙醇	1-丙醇	2-丁醇	烯丙醇	叔戊醇	2-甲基-2-丁醇
共沸点/℃	81	78	93.4	95.8	<93.1	98	98

质量分数/%	87	47	53	65	>50	55
第二组分（余量）	2-甲基-1-丙醇	庚烷	甲基环己烷	硝基甲烷	氯代异戊烷	1-氯-3-甲基丁烷
共沸点/℃	<98.9	93	94.8	96	<98	98.4

表 12.3.14　第一组分为其他丙酸酯的二元共沸物共沸点

第一组分	丙酸丙酯								丙酸异丁酯	丙酸异戊酯
质量分数/%	31.1	<12	53.8	62	<59	35	60	62.5	67.8	51.5
第二组分（余量）	水	3-氯-1,2-环氧丙烷	1-丁醇	2-甲氧基乙醇	辛烷	四氯乙烯	乙基正丙基甲酮	2-氯乙醇	水	水
共沸点/℃	82.43	<116.3	113.9	118.5	<118.8	119.8	112.5	117.90	92.8	96.6

（4）丁酸酯类

表 12.3.15　第一组分为丁酸乙酯和丁酸丁酯的二元共沸物共沸点

1）第一组分　丁酸乙酯

质量分数/%	75	<65	<42	<50	25	35	<27
第二组分（余量）	水	辛烷	碘代异丁烷	1,3-二甲基环己烷	3-氯-1,2-环氧丙烷	溴代异戊烷	硝基乙烷
共沸点/℃	88.2	<118.5	<119.5	116.7	115.7	119.8	113.7

质量分数/%	43	42	<53	20	68	47	35	<42
第二组分（余量）	四氯乙烯	丁醇	2-戊醇	二异丁基醚	乙二醇一甲醚	氯代丙酮	二乙基硼	二异丙基硫
共沸点/℃	119.3	115.9	<118.5	120.5	117.8	117.5	117.6	<120.0

2）第一组分　丁酸丁酯

质量分数/%	46	80	70	42	82	63	93
第二组分（余量）	水	乙二醇一丁醚	甲基苄基醚	草酸二甲酯	氨基甲酸乙酯	亚乙基二醇二乙酸酯	乙酰胺
共沸点/℃	97.2	165	166	160.5	164	163.5	164.7

质量分数/%	<74	<20	40	30	44.5	62	84	70
第二组分（余量）	α-蒎烯	β-蒎烯	α-萜品烯	莰烯	2-溴-1-碘乙烯	碘甲烷	乙二醇	糠醇
共沸点/℃	<155.0	160.6	<165.0	158	141.5	164	160.3	164

表 12.3.16　第一组分为丁酸酯和戊酸酯类的二元共沸物共沸点

第一组分及质量分数/%		第二组分（其余）	共沸点/℃
丁酸甲酯	88.5	水	82.7
	57	叔戊醇	99
	55	乙缩醛	102
	45	甲基环己烷	97.0
丁酸丙酯	63.6	水	94.1
丁酸异丁酯	54.0		96.3
丁酸异戊酯	36.5		98.1
异丁酸甲酯	93.2		77.7
异丁酸乙酯	84.8		85.2

第一组分及质量分数/%		第二组分（其余）	共沸点/℃
异丁酸丙酯	69.2	水	92.2
异丁酸异丁酯	60.6		95.5
异丁酸异戊酯	44.0		97.4
异戊酸甲酯	80.8		87.2
异戊酸乙酯	69.8		92.2
异戊酸丙酯	54.8		96.2
异戊酸异丁酯	44.2		97.4
异戊酸异戊酯	25.9		98.8

（5）乳酸酯类

表 12.3.17 第一组分为乳酸甲酯、乳酸乙酯和乳酸异戊酯的二元共沸物共沸点

1）第一组分 乳酸甲酯

质量分数 /%	第二组分（余量）	共沸点 /℃	质量分数 /%	第二组分（余量）	共沸点 /℃
30	辛烷	120.3	38	乙苯	129.0
＜17	2,5-二甲基己烷	＜108.5	73	丙苯	140.0
68	2,7-二甲基辛烷	137.8	62	异丙苯	137.8
＞20	碘丁烷	＜128.5	50	邻二甲苯	133.5
＞6	碘代异丁烷	＜120	42.5	间二甲苯	131.2
52	碘代异戊烷	139.0	42	对二甲苯	130.2
＜88	α-萜品烯	＜142.5	＜90	1,2,4-三甲基苯	＜143.0
63	α-蒎烯	135.5	80	1,3,5-三甲基苯	141.0
70	β-蒎稀	138.5	22	溴苯	141.5
67	莰烯	137.0	44	乙酸异戊酯	138.5
18	溴乙烯	130.0	60	丙酸丁酯	140.5
10	四氯乙烯	120.0	40	丙酸异丁酯	130.8
52	苯乙烯	134.0	45	丁酸丙酯	138.0
＜81	环戊醇	＜140.2	70	异丁酸异丁酯	141.5
42	二丁醚	137.0	58	戊酸乙酯	140.0
＜40	丙硫醚	138.0	55	乙酸-2-甲基乙酯	143.2
47	二丙基甲酮	142.7	51	氯代乙酸乙酯	140.4
70	己酸	141.7	68	硝酸异戊酯	141.2

2）第一组分 乳酸乙酯

质量分数 /%	第二组分（余量）	共沸点 /℃	质量分数 /%	第二组分（余量）	共沸点 /℃
65	五氯乙烷	03.45	58	丙基苯	147.0
＜25	碘代异戊烷	146.0	48	异丙基苯	143.5
60	2,7-甲基辛烷	146.0	65	邻氯甲苯	152.0
85	1,2,3-三氯丙烷	153.5	53	溴苯	149.7
66	环已酮	153.55	10	间二甲苯	137.0
95	环已醇	153.75	73	1,2,4-三甲基苯	152.4
56	苯甲醚	150.0	73	1,3,5-三甲基苯	150.05
55	莰烯	144.95	＜32	已酸甲酯	＜150.0
49.8	α-蒎烯	143.1	60	异戊酸丙酯	150.0
25	苯乙烯	140.5			

3）第一组分 乳酸异戊酯

第二组分	第二组分 /%	共沸点 /℃	第二组分	第二组分 /%	共沸点 /℃
邻甲酚	18	204.2	苄基溴	73	197.6
间甲酚	50	207.6	马来酸二甲酯	45	200
对甲酚	48	207.25	二甘醇	＞38	＜201
苯酚	12	203.5	苯乙酮	48	201.7
2,4-二甲基苯酚	＜30	1212.2	硝基环已烷	＞28	＜201
α,α-二氯甲苯	45	202.4	乙酰胺	＜28	＜196

（6）其他酯类

表12.3.18　第一组分为苯酸酯和乙二醇二乙酸酯的二元共沸物共沸点

1）第一组分　苯酸酯

第一组分	第二组分/%	共沸点/℃
苯甲酸甲酯	水/79.2	99.1
	辛醇/65	194.4
	沉香醇/58	197.8
苯甲酸丙酯	水/90.9	99.7
苯甲酸丁酯	水/94	99.9
苯甲酸异丁酯	水/92.6	99.8
苯甲酸异戊酯	水/95.6	99.9
苯乙酸乙酯	水/91.3	99.7

第二组分	第二组分/%	共沸点/℃
苯甲酸乙酯	环己烷/46	72.8
	甲基环己烷/62	67.2
	2-溴丙烷/50	55.8
	水/84	99.4
	莰醇/10	212.2
	甲 醇/18	54.0
	水/3.5	56.5
	乙 醇/3	56.95
	叔丁醇/27	76.0

2）第一组分　乙二醇二乙酸酯

质量分数/%	第二组分（余量）	共沸点/℃	质量分数/%	第二组分（余量）	共沸点/℃
15.4	水	99.7	—	1-辛醇	＜186.0
—	二异戊基醚	170.1	—	2-辛醇	179.2
＜60	二戊基醚	＜179.0	＞76	乙二醇	＜179.1
＜37	萜二烯	＜173.5	≈70	2-(2甲氧基乙氧基）乙醇	181.5

表12.3.19　第一组分为硝酸酯和碳酸酯的二元共沸物共沸点

第一组分	第二组分/%	共沸点/℃
硝酸乙酯	乙醇/44	71.9
	水/22	74.4
硝酸丙酯	水/20	84.8
硝酸异丁酯	水/25	89.0
碳酸二乙酯	水/30	91
	乙苯/23	124
	四氯乙烯/74	118.55

第一组分	第二组分/%	共沸点/℃
碳酸二乙酯	吡咯/49	131
	碘丁烷/30	124.5
	异丁基碘/80	118.2
	丁醇/61	116.4
	异戊醇/26.5	124.8
	2-己酮/30	125.4
	亚异丙基丙酮/90	125.8

表12.3.20　第一组分为其他酯类的二元共沸物共沸点

1）第一组分　其他酯类

第一组分	第二组分/%	共沸点/℃
己酸乙酯	水/54	97.2
肉桂酸甲酯	水/95.5	99.9
三甘醇	1-溴萘/67	273.4
	1-氯萘/95	261.5
	邻苯二甲酸二甲酯/67	277.0

第一组分	第二组分/%	共沸点/℃
水杨酸甲酯	苯乙醚/57	218.0
	马来酸二乙酯/40	221.95
	牻牛儿醇/3	222.2
	α-萜品醇/63	216.0
	薄荷醇/85	216.25

2）第一组分　乙酸-2-甲氯基乙酯

第一组分/%	第二组分（余量）	共沸点/℃	第一组分/%	第二组分（余量）	共沸点/℃
48.2	水	97.1	64	丙酸	146.0
62	氯代乙酸乙酯	144.9	18	苯酚	183.6

3）第一组分 乙酸-3-甲氧基丁酯

质量分数 /%	第二组分（余量）	共沸点 /℃	质量分数 /%	第二组分（余量）	共沸点 /℃
40	水	97.8	47	异戊酸异丁酯	170.35
65	α-萜品烯	168	≈10	己酸乙酯	167.4
78	戊二烯	169.6	≈47	乙二醇一丁醚	170.1
20	β-蒎烯	162.0	＞88	乙二醇	＜171.0
＞5	莰烯	＜159.45	45	苯酚	187.0
＞55	二异戊基醚	＜170.2	32	邻甲苯酚	194.1
22	苯乙醚	170.0	18	对甲苯酚	203.3
64	1,8-桉树脑	170.9	34	异戊酸	178.0
65	2-辛酮	171.3	49	乙酸己酯	170.7

4）第一组分 乙酸-2-乙氧基乙酯

质量分数 /%	第二组分（余量）	共沸点 /℃	质量分数 /%	第二组分（余量）	共沸点 /℃
45.5	水	97.0	18	丁酸	161.3
24	四氯己烷	158.2	28	苯酚	183.0
37	溴苯	155.5	9	邻甲苯酚	191.5

5）第一组分 乙酰乙酸乙酯

质量分数 /%	第二组分（余量）	共沸点 /℃	质量分数 /%	第二组分（余量）	共沸点 /℃
24	丙基苯	158.3	49	六氯乙烷	172.5
52	丁基苯	174.0	24	2,7-二甲基辛烷	156.0
42	邻二氯苯	175.5	23	异戊酸	176.1
29	对二氯苯	172.65	60	丁酸异戊酯	174.5
48	碘苯	178.0	20	异丁酸异戊酯	169.0
37	1,2,4-三甲基苯	165.2	25	异戊酸异丁酯	170.2
32	1,3,5-三甲基苯	162.5	23	异戊酸异戊酯	179.5
41	甲基异丙基苯	170.5	80	辛酸甲酯	180.0
30	莰烯	156.15	24	苯乙醚	169.8
43	d-苎烯	169.05	＜78	丁硫醚	＜178.5
22	α-蒎烯	153.35	10	异丁基硫醚	171.0
＜35	β-蒎烯	159.3	＞75	乙基苄基醚	175.5
≈40	α-水芹烯	165.0	70	二戊醚	174.5
40	α-萜品烯	166.6	40	二异戊醚	167.4
50	萜品烯	171.0	43	桉树脑	168.75
55	萜品油烯	172.2	68	茚	177.15

12.3.4 多元共沸物的共沸点

表12.3.21 第一组分为乙酸乙酯和乙酸丁酯的多元共沸物共沸点

第一组分 乙酸乙酯

元别	组成	含量（摩尔分数）/%	共沸点 /℃
三元	乙酸乙酯-环己烷-异丙醇	24.4：51.1：24.5	68.3（101.3kPa）
三元	乙酸乙醇-水-乙醇	77.6：10.3：12.1	88.96（192.8kPa）
三元	乙酸乙酯-水-乙醇	82.6：9.0：8.4	70.23（101.3kPa）
三元	乙酸乙酯-水-乙醇	92.0：4.0：4.0	–1.40（3.33kPa）
四元	乙酸乙酯-水-乙醇-巴豆醛	80.1：8.7：11.1：0.1	70（101.3kPa）

第一组分　乙酸丁酯

元别	组成	含量(摩尔分数)/%	共沸点/℃
三元	乙酸丁酯-水-丁醇	63∶29.0∶8.0	90.7
四元	乙酸丁酯-水-丁醇-乙醚	51∶30∶13∶6	90.6

12.3.5　酯类的三相点

表12.3.22　酯类的三相点

物料名	三相点温度/K	三相点压力/Pa	三相点的液相和固相恒压热容差/[J/(K·kmol)]	物料名	三相点温度/K	三相点压力/Pa	三相点的液相和固相恒压热容差/[J/(K·kmol)]
甲酸叔丁酯	256.0	1037	2186.6	异氰酸苯酯	243.2	4.32857	4415
乙酸苄酯	221.7	0.0039772	16763	异氰酸甲酯	256.2	7281.92	15827
乙酰乙酸乙酯	234.2	0.297946	58200	二异氰酸苯甲酯	287.0	0.739631	52230
β-丙内酯	239.8	1.98144	25336	二异氰酸-1,5-萘酯	403.7	67.2447	76172
γ-丁内酯	229.8	0.124839	11825	二异氰酸二苯甲酯	311.2	0.007538	8007
丁二酸二乙酯	252.4	0.029911	61640	3,4-二氯苯基异氰酸酯	316.2	74.2728	36680
γ-戊内酯	242.2	0.313324	14697	甲基丙烯酸-2-羟乙酯	261.2	0.607051	107691
己内酯	271.9	3.27642	4479.4	甲基丙烯酸十六烷酯	288.2	0.004737	67946
壬酸丁酯	235.2	0.0009497	38589	甲基丙烯酸异丁酯	225.0	0.756086	4080.2
二乙酸乙二酯	242.2	0.002029	27201	丙烯酸甲酯	196.3	4.06963	44591
二乙酸亚乙酯	292.0	91.703	11378	丙烯酸异丙酯	190.0	0.57112	23715
十二酯	230.2	0.001555	−15154	苯甲酸乙酯	238.5	0.16911	15370
十二酸甲酯	278.2	0.0611669	62932	苯甲酸甲酯	260.8	1.80846	27775
十三酸乙酯	315.0	0.0117796	31381	苯甲酸苄酯	292.6	0.004790	34548
十四酸异丙酯	268.2	0.0001360	58054	邻苯二甲酸二甲酯	274.2	0.0372404	82809
三乙酸甘油酯	277.3	0.028176	48884	对苯二甲酸二甲酯	413.8	1257.73	37075
水杨酸甲酯	265.2	0.044086	24927	四硝酸四羟基甲酯	413.7	339.478	53328
油酸甲酯	293.1	0.000398	73850	顺-丁烯二酸二乙酯	264.4	0.671271	12275
乳酸乙酯	247.2	13.419	69050				

12.4　黏度

12.4.1　气体的黏度

表12.4.1　酯类气体的黏度（Ⅰ）　　单位：μPa·s

名　称	温度/K							
	200	250	300	350	400	450	500	550
甲酸甲酯	5.898	7.711	9.422	11.06	12.64	14.17	15.65	17.11
甲酸乙酯	5.630	6.983	8.326	9.662	10.99	12.31	13.63	14.96
甲酸丙酯	5.194	6.443	7.682	8.914	10.14	11.36	12.58	13.80
甲酸戊酯	4.198	5.639	6.993	8.283	9.525	10.73	11.90	13.04
乙酸甲酯	5.609	6.957	8.295	9.625	10.95	12.27	13.58	14.90
乙酸乙酯	5.153	6.391	7.621	8.843	10.06	11.27	12.48	13.69
乙酸正丙酯	4.381	5.834	7.201	8.506	9.761	10.98	12.16	13.32
乙酸异丙酯	5.383	6.677	7.961	9.238	10.51	11.77	13.03	14.30
乙酸正丁酯	4.521	5.608	6.687	7.759	8.826	9.889	10.95	12.00

续表

名 称	温度/K							
	200	250	300	350	400	450	500	550
乙酸异丁酯	4.686	5.812	6.930	8.041	9.147	10.25	11.35	12.44
乙酸正戊酯	3.821	5.159	6.413	7.609	8.759	9.873	10.96	12.01
乙酸异戊酯	4.399	5.456	6.506	7.549	8.588	9.621	10.65	11.68
丙酸甲酯	5.224	6.479	7.725	8.964	10.20	11.43	12.65	13.88
丙酸乙酯	4.404	5.858	7.226	8.532	9.789	11.01	12.19	13.35
丙酸异丁酯		5.477	6.530	7.577	8.619	9.657	10.69	11.72
丁酸甲酯	4.384	5.848	7.224	8.536	9.800	11.03	12.22	13.38
异丁酸甲酯	4.971	6.165	7.351	8.530	9.704	10.87	12.04	13.20
丁酸乙酯	4.197	5.619	6.955	8.229	9.456	10.64	11.80	12.93
异丁酸乙酯	4.763	5.907	7.043	8.173	9.297	10.42	11.53	12.64

名 称	温度/K								
	600	650	700	750	800	850	900	950	1000
甲酸甲酯	18.53	19.93	21.30	22.66	23.99	25.30	26.60	27.88	29.14
甲酸乙酯	16.23	17.44	18.59	19.71	20.78	21.81	22.82	23.79	24.74
甲酸丙酯	15.00	16.15	17.25	18.31	19.33	20.31	21.26	22.19	23.09
甲酸戊酯	14.16	15.25	16.33	17.39	18.43	19.46	20.47	21.47	22.47
乙酸甲酯	16.16	17.37	18.52	19.62	20.69	21.72	22.72	23.69	24.63
乙酸乙酯	14.87	16.00	17.07	18.10	19.10	20.06	20.99	21.90	22.78
乙酸正丙酯	14.45	15.56	16.65	17.72	18.78	19.82	20.85	21.86	22.87
乙酸异丙酯	15.53	16.69	17.81	18.88	19.91	20.91	21.88	22.82	23.73
乙酸正丁酯	13.06	14.11	15.10	16.06	16.98	17.87	18.73	19.57	20.38
乙酸异丁酯	13.54	14.60	15.62	16.59	17.53	18.44	19.32	20.17	21.00
乙酸正戊酯	13.05	14.06	15.06	16.04	17.00	17.95	18.89	19.82	20.74
乙酸异戊酯	12.70	13.73	14.72	15.67	16.58	17.46	18.31	19.14	19.94
丙酸甲酯	15.08	16.23	17.33	18.38	19.40	20.38	21.33	22.26	23.16
丙酸乙酯	14.48	15.59	16.69	17.76	18.82	19.86	20.89	21.91	22.91
丙酸异丁酯	12.75	13.78	14.77	15.71	16.62	17.50	18.35	19.18	19.98
丁酸甲酯	14.52	15.63	16.73	17.81	18.87	19.92	20.95	21.98	22.99
异丁酸甲酯	14.36	15.46	16.52	17.53	18.51	19.45	20.37	21.25	22.12
丁酸乙酯	14.03	15.11	16.18	17.22	18.26	19.27	20.27	21.27	22.25
异丁酸乙酯	13.76	14.83	15.86	16.84	17.79	18.70	19.59	20.45	21.28

表12.4.2 酯类气体黏度（Ⅱ）

单位：μPa·s

名 称	温度/K							
	250	300	350	400	450	500	550	600
乙二酸二甲酯			8.544	9.719	10.89	12.05	13.22	14.37
乙二酸二乙酯	5.935	7.077	8.212	9.342	10.47	11.59	12.70	13.82
乙酸乙烯酯①	6.856	8.175	9.486	10.79	12.09	13.38	14.69	15.96
丙烯酸甲酯②	6.607	7.928	9.237	10.53	11.81	13.06	14.29	15.49
丙烯酸乙酯	6.092	7.287	8.504	9.724	10.94	12.13	13.30	14.45
丙烯酸丁酯	5.309	6.609	7.847	9.039	10.19	11.31	12.41	13.48
甲基丙烯酸甲酯	6.202	7.446	8.684	9.911	11.13	12.32	13.50	14.66
甲基丙烯酸乙酯	6.005	7.160	8.308	9.451	10.59	11.72	12.85	13.99
氨基甲酸乙酯			8.688	9.923	11.15	12.36	13.56	14.75
氰乙酸甲酯		6.446	7.522	8.593	9.657	10.71	11.75	12.78
氰乙酸乙酯		6.055	7.065	8.071	9.068	10.06	11.03	12.00
羟基乙酸乙酯			8.986	10.22	11.45	12.68	13.90	15.12
苯甲酸甲酯		6.682	7.753	8.819	9.881	10.94	11.99	13.04

续表

名　称	温度/K							
	250	300	350	400	450	500	550	600
对甲基苯甲酸甲酯			6.997	7.995	8.986	9.969	10.94	11.90
对苯二甲酸二甲酯					9.540	10.67	11.77	12.84
邻苯二甲酸二丁酯	4.274	5.096	5.914	6.727	7.537	8.343	9.147	9.949
名　称	温度/K							
	650	700	750	800	850	900	950	1000
乙二酸二甲酯	15.54	16.69	17.79	18.85	19.87	20.86	21.82	22.75
乙二酸二乙酯	14.94	16.04	17.10	18.12	19.10	20.05	20.98	21.87
乙酸乙烯酯①	17.16	18.32	19.43	20.50	21.53	22.53	23.51	24.45
丙烯酸甲酯②	16.66	17.81	18.93	20.02	21.08	22.11	23.12	24.11
丙烯酸乙酯	15.57	16.66	17.73	18.77	19.78	20.78	21.75	22.70
丙烯酸丁酯	14.53	15.56	16.57	17.57	18.56	19.53	20.49	21.44
甲基丙烯酸甲酯	15.80	16.92	18.01	19.08	20.12	21.14	22.14	23.12
甲基丙烯酸乙酯	15.10	16.15	17.17	18.15	19.09	20.00	20.89	21.75
氨基甲酸乙酯	15.91	17.06	18.19	19.29	20.38	21.44	22.49	23.51
氰乙酸甲酯	13.80	14.80	15.78	16.75	17.69	18.62	19.54	20.43
氰乙酸乙酯	12.95	13.88	14.80	15.71	16.69	17.46	18.31	19.14
羟基乙酸乙酯	16.35	17.52	18.62	19.74	20.79	21.80	22.78	23.74
苯甲酸甲酯	14.09	15.14	16.19	17.21	18.18	19.13	20.04	20.93
对甲基苯甲酸甲酯	12.85	13.79	14.71	15.62	16.51	17.38	18.24	19.08
对苯二甲酸二甲酯	13.89	14.92	15.94	16.94	17.92	18.89	19.85	20.79
邻苯二甲酸二丁酯	10.75	11.54	12.34	13.14	13.94	14.70	15.44	16.16

① 温度为200℃时，其值为5.528μPa·s。
② 温度为200℃时，其值为5.281μPa·s。

12.4.2　液体的黏度

表12.4.3　酯类液体黏度（Ⅰ）　　单位：mPa·s

名　称	温度/℃									
	−80	−60	−40	−20	0	20	40	60	80	100
甲酸甲酯	1.410	0.956	0.693	0.528	0.419	0.343	0.288	0.247	0.216	0.174
甲酸乙酯		1.190	0.848	0.639	0.502	0.408	0.340	0.276	0.229	0.191
甲酸丙酯	3.160	1.930	1.280	0.903	0.672	0.521	0.417	0.343	0.288	0.247
甲酸戊酯		3.710	2.280	1.520	1.070	0.790	0.608	0.482	0.393	0.327
乙酸甲酯①								2.270	1.460	0.981
乙酸乙酯	2.520	1.560	1.050	0.753	0.567	0.443	0.358	0.296	0.250	0.216
乙酸正丙酯	4.400	2.540	1.600	1.090	0.786	0.592	0.462	0.372	0.306	0.258
乙酸异丙酯		2.190	1.410	0.968	0.703	0.534	0.419	0.339	0.281	0.238
乙酸正丁酯		3.740	2.250	1.460	1.020	0.740	0.562	0.441	0.355	0.293
乙酸异丁酯	6.170	3.400	2.070	1.370	0.957	0.704	0.538	0.425	0.345	0.286
乙酸正戊酯	7.890	4.370	2.680	1.780	1.250	0.924	0.709	0.562	0.457	0.380
乙酸异戊酯		4.360	2.630	1.720	1.190	0.871	0.662	0.520	0.420	0.347
丙酸甲酯	1.960	1.240	0.849	0.617	0.470	0.371	0.303	0.253	0.215	0.187
丙酸乙酯		2.040	1.340	0.942	0.697	0.537	0.427	0.350	0.293	0.250
丙酸异丁酯		4.390	2.580	1.650	1.120	0.807	0.605	0.469	0.375	0.307
丁酸甲酯	4.030	2.370	1.520	1.050	0.763	0.579	0.456	0.369	0.307	0.259
异丁酸甲酯	3.230	1.960	1.290	0.911	0.676	0.523	0.418	0.343	0.288	0.246
丁酸乙酯	4.920	2.840	1.800	1.230	0.884	0.667	0.521	0.420	0.346	0.292
异丁酸乙酯	6.280	3.300	1.930	1.230	0.838	0.601	0.450	0.349	0.278	0.227

续表

名称	温度/℃										
	120	140	160	180	200	220	240	260	280	300	320
甲酸甲酯	0.148	0.124	0.102	0.082	0.064						
甲酸乙酯	0.162	0.137	0.114	0.093	0.077	0.061					
甲酸丙酯	0.215	0.168	0.144	0.122	0.101	0.083	0.066	0.052			
甲酸戊酯	0.277	0.239	0.209	0.187	0.158	0.132	0.108	0.086	0.067	0.050	
乙酸甲酯①	0.688	0.499	0.373	0.286	0.224	0.180	0.228	0.199	0.172	0.147	0.124
乙酸乙酯	0.189	0.154	0.130	0.108	0.088	0.070	0.054				
乙酸正丙酯	0.221	0.192	0.154	0.130	0.109	0.089	0.072	0.056			
乙酸异丙酯	0.206	0.173	0.142	0.114	0.090	0.068	0.049				
乙酸正丁酯	0.247	0.211	0.183	0.160	0.137	0.116	0.096	0.078	0.063	0.049	
乙酸异丁酯	0.242	0.208	0.173	0.147	0.124	0.102	0.083	0.066	0.050		
乙酸正戊酯	0.322	0.277	0.242	0.192	0.164	0.138	0.115	0.093	0.074	0.057	
乙酸异戊酯	0.292	0.250	0.217	0.191	0.154	0.132	0.112	0.094	0.077	0.062	0.049
丙酸甲酯	0.167	0.141	0.117	0.096	0.077	0.060					
丙酸乙酯	0.217	0.191	0.152	0.128	0.107	0.087	0.070	0.054			
丙酸异丁酯	0.256	0.217	0.188	0.168	0.146	0.125	0.106	0.087	0.071	0.057	
丁酸甲酯	0.223	0.195	0.162	0.138	0.116	0.096	0.078	0.062	0.047		
异丁酸甲酯	0.214	0.171	0.146	0.123	0.102	0.084	0.067	0.052			
丁酸乙酯	0.250	0.217	0.184	0.157	0.132	0.110	0.089	0.071	0.055		
异丁酸乙酯	0.190	0.161	0.164	0.139	0.116	0.095	0.076	0.060	0.045		

① 温度为340、360、380℃时，其值分别为0.103、0.084和0.067mPa·s。

表12.4.4 酯类液体的黏度（Ⅱ） 单位：mPa·s

名称	温度/℃												
	−80	−60	−40	−20	0	20	40	60	80	100	120	140	160
乙二酸二乙酯			1.260	0.626	0.343	0.204	0.130	0.087	0.061	0.045	0.034	0.026	0.021
乙酸乙烯酯	0.266	0.159	0.104	0.073	0.054	0.041	0.033	0.027	0.022	0.019	0.017	0.017	0.014
丙烯酸甲酯		0.148	0.101	0.074	0.056	0.044	0.036	0.030	0.026	0.022	0.020	0.019	0.016
丙烯酸乙酯		0.224	0.149	0.106	0.079	0.062	0.049	0.041	0.034	0.029	0.026	0.023	0.017
丙烯酸丁酯		0.397	0.236	0.153	0.105	0.076	0.058	0.045	0.036	0.030	0.025	0.021	0.019
甲基丙烯酸甲酯			0.122	0.086	0.063	0.049	0.039	0.032	0.027	0.023	0.020	0.017	0.016
甲基丙烯酸乙酯				0.110	0.078	0.059	0.046	0.037	0.030	0.025	0.022	0.019	0.019
氨基甲酸乙酯	0.258	0.160	0.108	0.078	0.059	0.046	0.037	0.031	0.026	0.023	0.020	0.016	0.014
氰乙酸甲酯					0.473	0.279	0.176	0.118	0.082	0.060	0.045	0.035	0.027
氯乙酸乙酯				1.040	0.517	0.282	0.166	0.105	0.069	0.048	0.035	0.026	0.020
羟基乙酸乙酯								0.326	0.179	0.105	0.065	0.042	0.028
苯甲酸甲酯					0.317	0.204	0.139	0.099	0.073	0.056	0.044	0.035	0.029
对甲基苯甲酸甲酯					0.000	0.000	0.154	0.108	0.079	0.059	0.046	0.037	0.030
对苯二甲酸二甲酯													0.086
邻苯二甲酸二丁酯				18.00	5.690	2.100	0.882	0.524	0.327	0.215	0.148	0.105	0.077
苯甲酸乙酯					2880^{10}	2240	1985^{25}						
三硝酸甘油酯					69200^{10}	36000	13600	6800					

名称	温度/℃												
	180	200	220	240	260	280	300	320	340	360	380	400	420
乙二酸二乙酯	0.017	0.014	0.023	0.019	0.016	0.013	0.011	0.008	0.006				
乙酸乙烯酯	0.012	0.010	0.008	0.006									
丙烯酸甲酯	0.014	0.011	0.009	0.007	0.005								
丙烯酸乙酯	0.014	0.012	0.010	0.008	0.006								
丙烯酸丁酯	0.016	0.016	0.014	0.012	0.010	0.008	0.006	0.005					

续表

名　称	温度/℃												
	180	200	220	240	260	280	300	320	340	360	380	400	420
甲基丙烯酸甲酯	0.014	0.015	0.013	0.011	0.010	0.008							
甲基丙烯酸乙酯	0.016	0.014	0.011	0.009	0.007	0.006							
氨基甲酸乙酯	0.012	0.010	0.008	0.006									
氰乙酸甲酯	0.022	0.018	0.015	0.013	0.019	0.017	0.014	0.012	0.010	0.009	0.007	0.006	
氰乙酸乙酯	0.015	0.012	0.010	0.008	0.018	0.016	0.013	0.011	0.009	0.008	0.006	0.005	
羟基乙酸乙酯	0.020	0.024	0.020	0.017	0.013	0.010	0.008	0.006					
苯甲酸甲酯	0.024	0.021	0.018	0.015	0.020	0.018	0.016	0.013	0.012	0.010	0.008	0.007	
对甲基苯甲酸甲酯	0.025	0.021	0.018	0.015	0.013	0.020	0.017	0.015	0.013	0.011	0.009	0.008	0.006
对苯二甲酸二甲酯①	0.071	0.060	0.051	0.044	0.038	0.033	0.030	0.022	0.019	0.017	0.015	0.012	0.011
邻苯二甲酸二丁酯②	0.058	0.045	0.036	0.029	0.023	0.019	0.016	0.025	0.022	0.019	0.016	0.014	0.012

① 温度为440、460、480℃时，其值分别为0.009、0.007、0.006mPa·s。

② 温度为440、460、480℃时，其值分别为0.009、0.007、0.006、0.004mPa·s。

N 算图 12.2 酯类液体的黏度（第 841 页左）

12.5 表面张力

12.5.1 液体表面张力

表12.5.1 酯类液体表面张力（Ⅰ） 单位：mN/m

名　称	温度/℃										
	−80	−60	−40	−20	0	20	40	60	80	100	120
甲酸甲酯	41.16	37.82	34.53	31.30	28.12	24.99	21.93	18.94	16.03	13.21	10.48
甲酸乙酯		34.62	31.83	29.07	26.36	23.69	21.07	18.51	16.00	13.56	11.19
甲酸丙酯	36.87	34.32	31.80	29.32	26.86	24.45	22.07	19.74	17.45	15.21	13.02
甲酸戊酯		35.42	33.10	30.79	28.52	26.28	24.06	21.88	19.74	17.64	15.57
乙酸甲酯①								27.87	25.91	23.97	22.06
乙酸乙酯	37.59	34.83	32.10	29.42	26.78	24.18	21.64	19.19	16.72	14.35	12.05
乙酸正丙酯	36.14	33.72	31.33	28.96	26.63	24.34	22.07	19.85	17.67	15.53	13.44
乙酸异丙酯		32.03	29.51	27.03	24.58	22.17	19.81	17.49	15.22	13.01	10.86
乙酸正丁酯		34.45	32.16	29.90	27.68	25.48	23.32	21.20	19.11	17.06	15.06
乙酸异丁酯	34.61	32.37	30.15	27.96	25.79	23.66	21.56	19.49	17.45	15.46	13.51
乙酸正戊酯	36.54	34.35	32.18	30.02	27.90	25.81	23.74	21.70	19.69	17.72	15.78
乙酸异戊酯		32.60	30.59	28.59	26.62	24.67	22.75	20.86	18.99	17.15	15.35
丙酸甲酯	40.27	37.16	34.09	31.07	28.10	25.19	22.34	19.55	16.83	14.19	11.64
丙酸乙酯		34.34	31.84	29.37	26.94	24.54	22.19	19.88	17.62	15.42	13.26
丙酸异丁酯		34.92	32.72	30.54	28.39	26.27	24.18	22.11	20.08	18.08	16.12
丁酸甲酯	37.15	34.70	32.27	29.87	27.51	25.18	22.88	20.63	18.41	16.24	14.11
异丁酸甲酯	35.62	33.17	30.76	28.37	26.02	23.71	21.43	19.19	16.99	14.84	12.74
丁酸乙酯	35.52	33.24	31.00	28.78	26.59	24.42	22.29	20.19	18.13	16.11	14.13
异丁酸乙酯	34.29	32.02	29.77	27.55	25.36	23.20	21.08	18.99	16.94	14.92	12.96

名　称	温度/℃										E_K②
	140	160	180	200	220	240	260	280	300	320	
甲酸甲酯	7.862	5.387	3.092	1.066							2.09
甲酸乙酯	8.896	6.701	4.621	2.690	0.978						2.10
甲酸丙酯	10.89	8.832	6.851	4.961	3.186	1.567	0.218				2.20
甲酸戊酯	13.55	11.58	9.667	7.813	6.030	4.331	2.739	1.293	0.112		—
乙酸甲酯①	20.18	18.32	16.50	14.71	12.95	11.24	9.562	7.936	6.363	4.854	2.20

续表

名 称	温度/℃										E_K②
	140	160	180	200	220	240	260	280	300	320	
乙酸乙酯	9.824	7.689	5.658	3.753	2.013	0.530					2.30
乙酸正丙酯	11.40	9.423	7.512	5.679	3.941	2.325	0.886				2.30
乙酸异丙酯	8.775	6.772	4.865	3.076	1.452	0.126					—
乙酸正丁酯	13.11	11.20	9.357	7.575	5.867	4.245	2.731	1.360	0.227		—
乙酸异丁酯	11.60	9.747	7.949	6.217	4.563	3.004	1.573	0.350			2.32
乙酸正戊酯	13.88	12.03	10.22	8.460	6.761	5.131	3.585	2.144	0.856		—
乙酸异戊酯	13.58	11.84	10.15	8.508	6.914	5.380	3.916	2.539	1.280	0.220	2.30
丙酸甲酯	9.188	6.849	4.649	2.627	0.870						2.20
丙酸乙酯	11.17	9.153	7.210	5.359	3.619	2.023	0.640				2.30
丙酸异丁酯	14.19	12.31	10.48	8.696	6.973	5.319	3.747	2.280	0.962		—
丁酸甲酯	12.04	10.02	8.070	6.196	4.413	2.745	1.237	0.039			2.30
异丁酸甲酯	10.70	8.720	6.814	4.992	3.277	1.704	0.363				2.30
丁酸乙酯	12.19	10.30	8.474	6.708	5.016	3.416	1.935	0.633			2.42
异丁酸乙酯	11.04	9.175	7.372	5.641	3.994	2.455	1.069				2.39

① 温度为340、360、380℃时，其值分别为3.419、2.081、0.878mN/m。
② E_K 为 Eötvös 常数。

表12.5.2 酯类液体表面张力（Ⅱ）

单位：mN/m

名 称	温度/℃												
	-80	-60	-40	-20	0	20	40	60	80	100	120	140	160
乙二酸二甲酯								25.48	23.42	21.39	19.40	17.43	15.51
乙二酸二乙酯			39.00	36.65	34.33	32.03	29.76	27.52	25.31	23.13	20.98	18.87	16.80
乙酸乙烯酯	36.53	33.91	31.32	28.76	26.24	23.76	21.33	18.94	16.59	14.31	12.08	9.917	7.832
丙烯酸甲酯		45.48	42.12	38.80	35.53	32.31	29.14	26.03	22.98	19.99	17.08	14.25	11.51
丙烯酸乙酯		37.66	35.65	33.65	31.65	29.65	27.65	25.64	23.64	21.64	19.64	17.64	15.63
丙烯酸丁酯		36.37	34.07	31.80	29.56	27.35	25.17	23.03	20.92	18.85	16.82	14.83	12.89
甲基丙烯酸甲酯			34.65	32.41	30.19	28.00	25.84	23.71	21.61	19.54	17.51	15.52	13.57
甲基丙烯酸乙酯				31.27	28.91	26.58	24.29	22.03	19.81	17.63	15.49	13.41	11.37
氨基甲酸乙酯	38.19	35.49	32.83	30.19	27.60	25.05	22.54	20.07	17.66	15.30	13.00	10.76	8.600
氰乙酸甲酯					42.86	40.41	37.98	35.58	33.20	30.86	28.54	26.25	24.00
氰乙酸乙酯				41.19	38.88	36.59	34.32	32.08	29.87	27.68	25.52	23.39	21.29
羟基乙酸乙酯								38.61	35.09	31.64	28.25	24.93	21.70
苯甲酸甲酯					40.10	37.78	35.48	33.20	30.95	28.74	26.55	24.40	22.28
苯甲酸乙酯					37.50	35.50			30.75				
对甲基苯甲酸甲酯							35.32	33.17	31.04	28.93	26.86	24.81	22.79
对苯二甲酸二甲酯													26.49
邻苯二甲酸二丁酯				36.75	35.07	33.40	31.74	30.10	28.48	26.86	25.27	23.69	22.13

名 称	温度/℃												
	180	200	220	240	260	280	300	320	340	360	380	400	420
乙二酸二甲酯	13.62	11.77	9.973	8.228	6.542	4.926	3.395	1.974	0.714				
乙二酸二乙酯	14.77	12.79	10.85	8.976	7.162	5.422	3.771	2.235	0.865				
乙酸乙烯酯	5.836	3.949	2.206	0.680									
丙烯酸甲酯	8.877	6.368	4.016	1.881	0.146								
丙烯酸乙酯	13.63	11.63	9.628	7.626	5.624								
丙烯酸丁酯	11.01	9.177	7.412	5.720	4.116	2.619	1.268	0.167					
甲基丙烯酸甲酯	11.66	9.810	8.013	6.281	4.626	3.066							
甲基丙烯酸乙酯	9.395	7.486	5.656	3.921	2.307	0.872							

续表

名称	温度/℃												
	180	200	220	240	260	280	300	320	340	360	380	400	420
氨基甲酸乙酯	6.527	4.559	2.727	1.089									
氰乙酸甲酯	21.78	19.60	17.45	15.36	13.30	11.30	9.360	7.480	5.681	3.970	2.377	0.953	
氰乙酸乙酯	19.22	17.19	15.21	13.26	11.36	9.511	7.721	5.998	4.355	2.810	1.400	0.218	
羟基乙酸乙酯	18.55	15.49	12.54	9.713	7.028	4.521	2.251	0.375					
苯甲酸甲酯	20.19	18.15	16.14	14.18	12.27	10.41	8.611	6.876	5.219	3.653	2.202	0.915	
对甲基苯甲酸甲酯	20.81	18.86	16.94	15.07	13.23	11.44	9.701	8.016	6.394	4.843	3.379	2.024	0.824
对苯二甲酸二甲酯①	24.53	22.61	20.71	18.84	17.01	15.21	13.45	11.73	10.06	8.434	6.865	5.358	3.926
邻苯二甲酸二丁酯②	20.58	19.06	17.55	16.07	14.61	13.17	11.76	10.38	9.026	7.706	6.423	5.181	3.987

① 温度为440、460、480℃时，其值分别为2.584、1.361、0.326mN/m。

② 温度为440、460、480、500℃时，其值分别为2.851、1.786、0.822、0.046mN/m。

N 算图12.3
酯类的表面张力
（第841页右）

12.5.2 水溶液的表面张力

表12.5.3 酯类水溶液的表面张力　　单位：mN/m

(1) 乙酸甲酯水溶液(25℃)

浓度(质量分数)/%	0.5	1.0	1.5	2.0	2.5	3.0	3.5	4.0
σ	67.21	64.47	61.83	59.44	57.43	55.95	55.13	55.11

(2) 丙酸甲酯水溶液

浓度/(mol/L)	0.008	0.010	0.015	0.03	0.05	0.07	0.10	0.15	0.2	0.3	0.4	0.5
σ	71.68	71.30	70.40	67.94	65.26	63.11	60.46	56.56	53.37	48.64	43.54	41.6

12.5.3 界面张力

表12.5.4 酯类的界面张力　　单位：mN/m

温度/℃	0	20	30	50	80	100	E_K
乙酰乙酸乙酯-空气	34.8	32.5			25.0^{90}		
硫酸二甲酯-空气		40.1^{18}	38.58	36.1	32.5	30.2	
硫酸二乙酯-空气	34.6^{13}	33.8	32.8	30.7	28.6^{70}		
异氰酸苯酯-空气或蒸气	42.5^{13}	41.6				32.4	2.4
甘油三软脂酸酯-空气				29.9	27.7	26.3	5.4
碳酸二乙酯-水		12.9					

注：E_K 为 Eötvös 常数。

12.6 溶解度

12.6.1 在水中的溶解度

表12.6.1 酯类在水中的溶解度

名称	温度/℃	在水中溶解度		水在溶剂中的溶解度		名称	温度/℃	在水中溶解度		水在溶剂中的溶解度	
		体积分数/%	质量分数/%	体积分数/%	质量分数/%			体积分数/%	质量分数/%	体积分数/%	质量分数/%
甲酸甲酯	20	30		24		乙酸甲酯	20		24		8
甲酸乙酯	20	10		17		乙酸乙酯	25			4	

续表

名称	温度/℃	在水中溶解度		水在溶剂中的溶解度		名称	温度/℃	在水中溶解度		水在溶剂中的溶解度	
		体积分数/%	质量分数/%	体积分数/%	质量分数/%			体积分数/%	质量分数/%	体积分数/%	质量分数/%
乙酸丙酯					3.2	异丁酸异丁酯	20		＜0.1		＜0.2
乙酸丁酯	25	0.5	0.78	1.6	2.88	草酸二乙酯	25			15	
乙酸异丁酯	25			2.0		草酸二丁酯	25			0.5	
乙酸戊酯	25	2.4		1.8		乳酸丁酯	25	3.4		13.0	
乙酸异戊酯	25			0.8		碳酸二乙酯	25		69	1.4	
丙酸丁酯	25			1.2		邻苯二甲酸二丁酯	20		＜0.01		0.46
丙酸戊酯	25			0.3							

表12.6.2 氨基甲酸乙酯在水中溶解度　　单位：g/100g水

温度/℃	0	5	10	15	20	25	30	35	40
s	17.5	20.0	30.2	75.0	155	245	312	365	370

12.6.2 在其他溶剂中的溶解度

表12.6.3 2,3,5,6-四氯对苯二酸二甲酯在各种溶剂中的近似溶解度

单位：%（质量分数）

溶剂	温度/℃			溶剂	温度/℃		
	25	50	75		25	50	75
丙酮	10	21	—	乙二醇	0	0	0
苯	16	30	48	正庚烷	1	2	5
四氯化碳	7	14	24	甲醇	0	1	—
环己酮	9	20	33	全氯乙烯	4	8	17
对二氧杂环己烷	11	30	46	四氢呋喃	18	31	—
醋酸乙酯	8	20	31	水	0	0	0
乙醚	6	—	—				

表12.6.4 酯类在脂肪胺中的溶解度（20～30℃）

名称	乙醇	乙醚	甲胺	二乙胺	三乙胺	丁胺	二丁胺	三丁胺	异戊胺	苯甲胺	氨(-33℃)
乙酰乙酸酯	∞	–	–	–	–	–	∞	–	–	–	∞
甲酸正丁酯	∞	∞	–	∞	–	–	∞	–	–	–	–
甲酸正戊基酯	∞	∞	∞	–	–	–	–	∞	–	–	–
丙二酸二乙酯	∞	∞	–	∞	–	–	∞	–	∞	–	–
草酸乙酯	s	–	–	∞	–	–	∞	–	–	ss，r	–
硫酸乙酯	–	–	–	r	–	–	r，s	–	–	–	–
硬脂酸正丁酯	–	–	–	∞	es	∞	∞	∞	∞	r，ss	–
碳酸乙酯	s	–	–	ss，r	–	∞	–	–	–	∞	s，r
氰基乙酸乙酯	∞	∞	–	∞	–	–	–	–	–	–	–
β-葡萄糖五乙酸酯	ss	ss	–	–	–	es	–	–	–	–	–

注：ss—轻微溶解，＜10g/100mL；s—适度溶解，10～40g/100mL；es—极易溶解，＞100g/100mL；∞—成任何比例混溶；r—溶质与溶剂起化学反应。

12.7 热导率

12.7.1 气体的热导率

表12.7.1 酯类气体热导率（Ⅰ） 单位：mW/(m·K)

名称	温度/K							
	200	250	300	350	400	450	500	550
甲酸甲酯	7.029	10.21	13.97	18.33	23.26	28.83	34.98	41.71
甲酸乙酯	6.109	9.079	12.55	16.57	21.00	25.94	31.30	37.11
甲酸丙酯	5.523	8.326	11.76	15.73	20.33	25.56	31.38	37.82
甲酸戊酯	5.104	7.866	11.25	15.27	19.92	25.19	31.09	37.61
乙酸甲酯	5.523	8.242	11.38	15.02	19.04	23.51	28.37	33.64
乙酸乙酯	5.439	8.117	11.21	14.81	18.79	23.18	27.99	33.18
乙酸正丙酯	4.770	7.238	10.25	13.81	17.91	22.55	27.74	33.47
乙酸异丙酯	6.527	9.707	13.47	17.74	22.51	27.78	33.51	39.75
乙酸正丁酯	4.310	6.611	9.414	12.76	16.57	20.92	25.82	31.21
乙酸异丁酯	4.770	7.322	10.50	14.18	18.49	23.39	28.87	34.94
乙酸正戊酯	4.310	6.694	9.581	13.05	17.03	21.55	26.65	32.26
乙酸异戊酯	4.180	6.485	9.330	12.68	16.57	20.96	25.90	31.38
丙酸甲酯	6.025	8.786	12.01	15.61	19.54	23.81	28.28	33.01
丙酸乙酯	5.816	8.535	11.67	15.23	19.12	23.26	27.70	32.30
丙酸异丁酯		8.201	11.25	14.69	18.45	22.47	26.78	31.25
丁酸甲酯	5.816	8.535	11.67	15.23	19.12	23.26	27.70	32.30
异丁酸甲酯	5.565	8.368	11.67	15.40	19.46	23.85	28.49	33.30
丁酸乙酯	5.607	8.284	11.34	14.81	18.58	22.64	26.94	31.42
异丁酸乙酯	4.561	6.987	9.958	13.43	17.49	22.05	27.20	32.84

名称	温度/K							
	650	700	750	800	850	900	950	1000
甲酸甲酯	54.39	60.25	66.11	71.55	77.40	82.84	88.28	94.14
甲酸乙酯	50.21	56.90	64.43	72.38	80.75	89.54	98.32	107.9
甲酸丙酯	52.72	60.67	69.87	79.50	89.54	100.4	112.1	124.3
甲酸戊酯	52.72	61.09	70.29	80.33	90.79	102.1	113.8	126.4
乙酸甲酯	45.19	51.88	58.58	65.69	73.22	81.17	89.12	97.91
乙酸乙酯	44.77	51.04	57.74	64.85	71.96	79.91	87.86	96.65
乙酸正丙酯	46.44	53.97	61.92	70.71	79.91	89.54	100.0	110.9
乙酸异丙酯	53.56	61.09	69.04	77.40	86.61	95.81	105.4	115.5
乙酸正丁酯	43.51	50.63	58.16	66.11	74.89	84.10	94.14	104.2
乙酸异丁酯	48.95	56.90	65.27	74.48	84.10	94.56	105.4	117.2
乙酸正戊酯	45.19	52.72	60.67	69.04	77.82	87.86	97.91	108.8
乙酸异戊酯	43.93	51.04	58.99	66.94	75.73	85.35	95.40	105.9
丙酸甲酯	42.68	47.70	52.72	57.74	62.76	67.36	71.96	76.57
丙酸乙酯	41.84	46.86	51.88	56.48	61.50	66.11	70.71	75.31
丙酸异丁酯	40.63	45.61	50.21	55.23	59.83	64.43	69.04	73.64
丁酸甲酯	41.84	46.86	51.88	56.48	61.50	66.11	70.71	75.31
异丁酸甲酯	43.51	48.53	53.56	58.58	63.60	68.20	73.22	77.40
丁酸乙酯	40.84	45.61	50.63	55.23	59.83	64.43	69.04	73.64
异丁酸乙酯	46.02	53.14	61.09	69.87	78.66	88.70	98.74	109.6

表12.7.2　酯类气体热导率（Ⅱ）　　单位：mW/（m·K）

名　称	温度/K							
	250	300	350	400	450	500	550	600
乙二酸二甲酯			11.55	14.48	17.61	20.92	24.43	28.03
乙二酸二乙酯	6.611	9.037	11.72	14.69	17.91	21.30	24.85	28.53
乙酸乙烯酯①	8.619	12.09	16.19	20.84	26.15	32.05	38.58	45.61
丙烯酸甲酯②	8.033	11.21	14.90	19.12	23.93	29.25	35.15	41.59
丙烯酸乙酯	7.448	10.50	14.10	18.24	22.93	28.20	33.97	40.33
丙烯酸丁酯	7.782	10.71	14.02	17.57	21.46	25.52	29.79	34.18
甲基丙烯酸甲酯	8.535	11.72	15.27	19.20	23.39	27.82	32.47	37.24
甲基丙烯酸乙酯	6.862	9.749	13.14	17.07	21.51	26.48	32.01	38.07
氨基甲酸乙酯			17.91	23.39	29.62	36.61	44.35	52.72
氰乙酸甲酯		7.029	9.414	12.13	15.23	18.70	22.51	26.69
氰乙酸乙酯		7.364	9.916	12.89	16.28	20.04	24.23	28.79
羟基乙酸乙酯			14.02	18.16	22.84	28.07	33.89	40.29
苯甲酸甲酯		8.326	11.34	14.81	18.79	23.22	28.12	33.56
对甲基苯甲酸甲酯			10.88	14.27	18.12	22.47	27.24	32.55
对苯二甲酸二甲酯					14.43	17.91	21.76	26.02
邻苯二甲酸二丁酯	3.686	5.439	7.531	10.00	12.80	15.94	19.46	23.35

名　称	温度/K							
	650	700	750	800	850	900	950	1000
乙二酸二甲酯	31.71	35.44	39.16	42.68	46.44	49.79	53.14	56.07
乙二酸二乙酯	32.30	36.11	39.92	43.51	47.28	51.04	54.39	57.74
乙酸乙烯酯	53.56	61.92	71.13	80.75	91.21	102.1	113.8	126.4
丙烯酸甲酯	48.53	56.07	64.43	73.22	82.42	92.47	102.9	113.8
丙烯酸乙酯	47.28	54.81	62.76	71.55	80.75	90.79	101.3	112.1
丙烯酸丁酯	38.66	43.10	47.70	52.30	56.90	61.09	65.69	69.45
甲基丙烯酸甲酯	42.26	46.86	51.88	56.90	61.50	66.11	70.71	74.89
甲基丙烯酸乙酯	44.77	51.88	59.41	67.78	76.57	86.19	95.81	106.7
氨基甲酸乙酯	61.92	71.96	82.84	94.56	107.1	120.1	134.3	149.0
氰乙酸甲酯	31.25	36.19	41.51	47.28	53.14	59.83	66.53	73.64
氰乙酸乙酯	33.76	39.16	45.19	51.04	57.74	64.85	72.38	80.33
羟基乙酸乙酯	47.28	54.81	62.76	71.55	80.75	90.79	101.3	112.1
苯甲酸甲酯	39.41	46.02	52.72	60.25	67.78	76.57	85.35	94.56
对甲基苯甲酸甲酯	38.28	44.35	51.46	58.58	66.11	74.48	83.26	92.47
对苯二甲酸二甲酯	30.67	35.69	41.13	46.86	53.14	59.83	66.94	74.06
邻苯二甲酸二丁酯	27.57	32.13	37.11	42.26	48.12	53.97	60.67	67.36

① 温度为200K时，其值为5.732mW/（m·K）。

② 温度为200K时，其值为5.397mW/（m·K）。

12.7.2　液体的热导率

表12.7.3　酯类液体热导率（Ⅰ）　　单位：mW/（m·℃）

名　称	温度/℃									
	−100	−80	−60	−40	−20	0	20	40	60	80
甲酸甲酯		283.3	255.2	231.0	210.0	191.6	175.3	161.1	149.0	138.1
甲酸乙酯			230.1	209.2	190.8	174.9	160.7	148.1	136.4	127.2
甲酸丙酯		220.9	201.7	184.9	170.3	157.3	145.6	135.1	125.9	117.2
甲酸戊酯			196.6	178.2	162.8	150.2	139.3	129.7	121.3	114.2
乙酸甲酯									148.5	143.5

续表

名　称	温度/℃									
	−100	−80	−60	−40	−20	0	20	40	60	80
乙酸乙酯		225.5	207.1	190.8	176.6	163.6	151.9	141.4	132.2	123.4
乙酸正丙酯		225.5	204.2	186.6	172.0	159.0	148.1	138.1	129.3	120.9
乙酸异丙酯			186.2	168.2	154.0	141.8	131.4	122.6	114.6	107.5
乙酸正丁酯			203.3	186.6	172.8	160.7	149.8	140.6	131.8	123.8
乙酸异丁酯		199.6	181.2	166.5	153.6	142.7	133.1	124.7	116.7	109.6
乙酸正戊酯	247.7	219.7	197.5	179.5	164.8	152.3	141.8	132.6	124.3	116.7
乙酸异戊酯			177.0	162.8	151.0	141.0	132.2	124.3	117.2	110.9
丙酸甲酯		246.4	223.0	202.9	185.4	170.3	156.9	145.2	134.7	125.5
丙酸乙酯			196.6	179.1	164.4	151.9	141.0	131.4	122.6	114.2
丙酸异丁酯			182.8	168.2	155.6	145.2	135.6	127.2	119.7	112.5
丁酸甲酯		226.4	204.2	186.2	171.1	158.2	146.9	136.8	127.6	119.7
异丁酸甲酯		187.4	173.2	160.7	149.4	139.3	130.1	121.8	114.2	107.1
丁酸乙酯		231.0	208.4	190.0	174.5	161.1	149.8	139.7	130.5	122.2
异丁酸乙酯		153.1	148.1	143.5	138.5	133.5	128.0	122.6	117.2	111.7

名　称	温度/℃									
	100	120	140	160	180	200	220	240	260	280
甲酸甲酯	128.9	120.9	113.8	106.7	98.74	86.61				
甲酸乙酯	118.8	110.9	104.2	97.49	90.79	83.68	72.80			
甲酸丙酯	109.6	102.9	96.65	90.79	84.94	79.50	73.64	66.11		
甲酸戊酯	107.1	100.8	95.40	89.96	84.94	80.33	75.73	72.38	70.71	
乙酸甲酯①	138.9	133.9	128.9	123.4	118.0	112.5	106.7	100.8	94.56	89.96
乙酸乙酯	115.5	108.4	101.3	94.98	88.70	82.01	74.06	61.92		
乙酸正丙酯	113.4	106.3	99.16	92.88	86.61	80.75	75.73	71.96		
乙酸异丙酯	100.8	94.98	89.54	84.52	80.75	78.66				
乙酸正丁酯	116.3	109.6	102.9	96.65	90.79	84.94	79.50	74.06	69.45	67.36
乙酸异丁酯	102.9	98.32	90.37	84.52	79.08	73.64	68.62	64.02	61.50	
乙酸正戊酯	110.0	103.8	97.91	92.47	87.45	82.42	77.82	73.64	70.29	69.04
乙酸异戊酯	105.0	99.58	94.56	89.54	84.94	80.33	75.73	71.96	68.20	65.27
丙酸甲酯	117.2	110.0	103.8	97.49	91.21	83.68	72.80			
丙酸乙酯	107.1	100.0	93.72	87.45	81.59	76.15	71.55	68.20		
丙酸异丁酯	106.3	100.0	94.14	88.70	83.26	78.24	73.22	68.20	64.02	59.83
丁酸甲酯	111.7	104.6	97.91	91.63	85.77	80.33	74.89	71.13		
异丁酸甲酯	100.4	94.56	89.12	83.68	78.66	73.22	67.78	60.67		
丁酸乙酯	114.2	107.1	100.0	93.72	87.45	81.59	76.15	71.13	67.36	
异丁酸乙酯	105.9	99.58	93.30	86.61	79.91	72.38	64.02	54.81	43.93	27.99

① 温度为300、320、340、360、380℃时，其值分别为81.17、74.06、65.69、56.90和46.02mW/(m·K)。

表12.7.4　酯类液体热导率（Ⅱ）

单位：mW/(m·K)

名　称	温度/℃												
	−80	−60	−40	−20	0	20	40	60	80	100	120	140	160
乙二酸二甲酯								127.2	122.6	117.6	113.0	107.9	102.5
乙二酸二乙酯			141.8	138.1	133.9	129.7	125.5	121.3	116.7	112.1	107.5	102.9	97.91
乙酸乙烯酯	211.3	187.9	169.5	154.4	141.8	131.4	122.2	114.2	106.7	100.4	94.56	89.12	84.52
丙烯酸甲酯		215.9	194.1	176.6	161.9	149.8	138.9	129.7	121.8	114.2	107.5	101.7	96.23
丙烯酸丁酯		198.3	180.7	166.1	154.0	143.1	133.9	125.9	118.4	111.7	105.9	100.0	94.56
甲基丙烯酸甲酯			167.8	155.2	144.3	134.3	125.5	117.6	110.0	102.9	97.07	91.21	85.77
甲基丙烯酸乙酯			178.2	167.4	157.7	149.0	141.0	133.5	126.8	120.5	114.2	108.8	102.9

续表

名称	温度/℃												
	-80	-60	-40	-20	0	20	40	60	80	100	120	140	160
氨基甲酸乙酯	230.5	207.1	187.9	172.0	158.6	146.4	136.0	126.8	118.0	110.0	102.9	96.23	89.54
氰乙酸甲酯					158.6	154.4	149.8	145.6	141.0	136.8	131.8	127.2	122.6
氰乙酸乙酯				154.8	150.6	146.4	142.3	138.1	133.9	129.3	124.7	120.1	115.5
羟基乙酸乙酯								137.2	131.4	125.9	120.1	113.8	107.5
苯甲酸甲酯					133.1	129.7	125.9	122.2	118.4	114.6	110.9	107.1	102.9
对甲基苯甲酸甲酯							124.3	120.9	117.2	113.8	110.0	106.3	102.5
对苯二甲酸二甲酯													120.5
邻苯二甲酸二丁酯				119.2	116.7	114.2	111.7	108.8	106.3	103.3	100.4	97.91	94.98

名称	温度/℃												
	180	200	220	240	260	280	300	320	340	360	380	400	420
乙二酸二甲酯	97.07	91.63	85.77	79.50	73.22	66.11	58.58	49.79	39.25				
乙二酸二乙酯	92.88	87.45	82.01	76.15	69.87	63.60	56.07	48.12	38.28				
乙酸乙烯酯	80.75	77.82											
丙烯酸甲酯	91.21	87.86	86.61										
丙烯酸丁酯	89.54	84.52	79.91	75.73	71.96	69.45							
甲基丙烯酸甲酯	80.75	76.15	71.13	66.11	60.25	51.04							
甲基丙烯酸乙酯	97.91	92.47	87.03	80.75	73.64	63.60							
氨基甲酸乙酯	83.68	78.66	75.31										
氰乙酸甲酯	117.6	112.1	107.1	101.7	95.81	89.96	83.68	76.99	70.29	62.34	53.56	43.10	
氰乙酸乙酯	110.5	105.4	100.0	94.98	89.12	83.26	76.99	70.29	63.18	55.23	46.02	33.30	
羟基乙酸乙酯	101.3	94.14	87.03	79.50	71.13	61.92	51.04	36.78					
苯甲酸甲酯	98.74	94.56	89.96	85.35	80.75	75.73	70.71	65.27	59.41	52.72	45.61	37.07	
对甲基苯甲酸甲酯	98.74	94.56	90.79	86.61	82.01	77.40	72.80	67.78	62.34	56.90	50.63	43.93	35.56
对苯二甲酸二甲酯①	120.9	120.9	120.5	120.1	119.2	118.0	116.7	115.1	113.0	110.5	107.5	104.2	99.58
邻苯二甲酸二丁酯②	92.05	88.70	85.77	82.42	79.50	76.15	72.38	69.04	65.27	61.50	57.32	53.14	48.53

① 温度为440、460℃时，其值分别为93.72、85.77mW/(m·K)。

② 温度为440、460、480、500℃时，其值分别为43.51、38.12、31.59、21.92mW/(m·K)。

12.7.3 聚酯类固体的热导率

表12.7.5 聚甲基丙烯酸甲酯的热导率 单位：W/(m·K)

T/K	λ	$\lambda_{//}$	$\lambda_{\perp}$	T/K	λ	$\lambda_{//}$	$\lambda_{\perp}$	T/K	λ	$\lambda_{//}$	$\lambda_{\perp}$
90	0.148	0.170	0.135	220	0.190	0.251	0.170	350	0.201		
100	0.153	0.183	0.139	230	0.192	0.255	0.172	360	0.200		
110	0.158	0.191	0.142	240	0.193	0.260	0.173	370	0.199		
120	0.162	0.199	0.145	250	0.195	0.264	0.174	380	0.199		
130	0.167	0.205	0.148	260	0.196	0.268	0.174	390	0.198		
140	0.170	0.211	0.152	270	0.198	0.271	0.175	400	0.196		
150	0.174	0.217	0.154	280	0.198	0.275	0.175	410	0.194		
160	0.176	0.222	0.157	290	0.200	0.278	0.176	420	0.192		
170	0.178	0.228	0.160	300	0.201	0.281	0.176	430	0.189		
180	0.181	0.233	0.162	310	0.202	0.286	0.176	440	0.186		
190	0.183	0.238	0.164	320	0.202			460	0.184		
200	0.185	0.242	0.166	330	0.202			480	0.182		
210	0.188	0.247	0.168	340	0.201			500	0.180		

注：$\lambda_{//}$和$\lambda_{\perp}$分别为平行和垂直于拉伸轴方向上的热导率。

表12.7.6 甲基丙烯酸甲酯和甲基丙烯酸的无规共聚物的定压比热容 单位：kJ/(kg·K)

T/K	甲基丙烯酸的摩尔分数					T/K	甲基丙烯酸的摩尔分数				
	0.114	0.170	0.225	0.537	0.80		0.114	0.170	0.225	0.537	0.80
80	0.467	0.468	0.466	0.431	0.448	200	0.951	0.951	0.951	0.914	0.941
100	0.578	0.574	0.570	0.520	0.542	220	1.017	1.017	1.016	0.985	1.012
120	0.655	0.655	0.656	0.606	0.621	240	1.076	1.076	1.080	1.051	1.083
140	0.735	0.736	0.737	0.687	0.702	260	1.140	1.150	1.149	1.125	1.150
160	0.816	0.815	0.816	0.760	0.786	280	1.217	1.219	1.221	1.193	1.220
180	0.885	0.883	0.885	0.836	0.866	298.15	1.292	1.282	1.288	1.260	1.292

表12.7.7 聚甲基丙烯酸乙酯的热导率 单位：W/(m·K)

T/K	λ	T/K	λ	T/K	λ	T/K	λ	T/K	λ
90	0.139	160	0.160	230	0.177	300	0.190	370	0.195
100	0.141	170	0.163	240	0.179	310	0.191	380	0.194
110	0.145	180	0.165	250	0.181	320	0.192	390	0.194
120	0.148	190	0.168	260	0.183	330	0.193	400	0.193
130	0.151	200	0.170	270	0.184	340	0.194	410	0.191
140	0.154	210	0.173	280	0.186	350	0.195	420	0.190
150	0.157	220	0.175	290	0.188	360	0.195		

表12.7.8 聚甲基丙烯酸丁酯的热导率 单位：W/(m·K)

T/K	λ	T/K	λ	T/K	λ	T/K	λ	T/K	λ
100	0.153	140	0.167	180	0.177	220	0.182	260	0.183
110	0.157	150	0.170	190	0.179	230	0.183	270	0.183
120	0.161	160	0.172	200	0.180	240	0.183	280	0.182
130	0.164	170	0.175	210	0.181	250	0.184	290	0.180

表12.7.9 聚酯型氨基甲酸酯弹性体(Vulkollan)的热导率 单位：W/(m·K)

T/K	λ	T/K	λ	T/K	λ	T/K	λ	T/K	λ
90	0.190	150	0.205	210	0.210	270	0.199	330	0.185
100	0.193	160	0.206	220	0.210	280	0.196	340	0.184
110	0.196	170	0.207	230	0.210	290	0.193	350	0.183
120	0.199	180	0.208	240	0.207	300	0.191		
130	0.201	190	0.209	250	0.204	310	0.189		
140	0.203	200	0.210	260	0.201	320	0.187		

12.8 蒸气压

12.8.1 温度为变量

表12.8.1 酯类液体的蒸气压 单位：kPa

名称	温度/℃								
	−40	−20	0	20	40	60	80	100	120
甲酸甲酯	2.456	8.937	25.99	63.73	136.9	261.7	462.5	764.0	1196
甲酸乙酯		2.899	9.572	25.88	60.02	123.4	230.3	390.1	630.4

续表

名称	温度/℃								
	−40	−20	0	20	40	60	80	100	120
甲酸丙酯				8.533	22.14	49.72	99.59	180.3	305.0
甲酸戊酯				0.817	2.631	7.199	17.28	37.22	73.31
乙酸甲酯							1.732	4.729	11.39
乙酸乙酯			3.379	10.10	25.44	56.04	111.0	201.5	342.0
乙酸正丙酯				3.317	9.434	22.97	49.46	96.41	173.3
乙酸异丙酯			1.659	5.416	14.87	35.60	76.14	148.5	268.6
乙酸正丁酯					3.505	9.325	21.61	44.84	85.03
乙酸异丁酯				1.702	5.129	13.10	29.37	59.27	109.7
乙酸正戊酯					1.243	3.586	9.000	20.16	41.09
乙酸异戊酯					2.233	5.855	13.54	28.20	86.89
丙酸甲酯		2.476	8.365	23.01	54.07	112.3	211.4	368.6	603.7
丙酸乙酯				3.779	10.58	25.42	54.09	104.4	185.9
丙酸丙酯				1.409	4.207	10.77	24.39	49.93	94.08
丙酸异丁酯				0.813	2.542	6.759	15.73	32.81	62.48
丁酸甲酯			1.012	3.381	9.414	22.64	48.29	93.43	166.8
异丁酸甲酯			1.75	5.491	14.5	33.31	68.35	127.9	221.9
丁酸乙酯				1.754	5.066	12.53	27.39	54.16	98.70
异丁酸乙酯			0.743	2.484	6.956	16.90	36.61	72.11	131.3

名称	温度/℃								
	140	160	180	200	220	240	260	280	300
甲酸甲酯	1783	2567	3583	4882					
甲酸乙酯	968.9	1428	2034	2816	3811				
甲酸丙酯	487.5	743.2	1089	1544	2130	2873	3804		
甲酸戊酯	134.0	230.0	374.3	582.2	871.8	1264	1782	2456	3323
乙酸甲酯①	24.71	49.04	90.28	155.8	254.7	397.5	596.2	864.6	1219
乙酸乙酯	548.4	839.1	1234	1758	2438	3307			
乙酸正丙酯	285.6	452.4	685.7	1001	1418	1957	2644		
乙酸异丙酯	456.0	734.3	1132	1682	2425	3413			
乙酸正丁酯	149.7	247.6	388.8	584.4	846.7	1190	1630	2191	2900
乙酸异丁酯	189.3	312.5	486.0	726.1	1049	1473	2020	2718	
乙酸正戊酯	77.38	136.4	227.1	360.5	549.5	808.9	1156	1612	2201
乙酸异戊酯	95.86	160.5	255.2	388.6	570.1	810.3	1121	1517	2012
丙酸甲酯	939.0	1399	2012	2811	3835				
丙酸乙酯	307.8	485.4	733.1	1067	1508	2076	2801		
丙酸丙酯	165.4	266.6	413.4	614.2	880.6	1226	1665	2220	2916
丙酸异丁酯	110.3	182.9	287.7	433.0	628.2	884.6	1215	1636	2168
丁酸甲酯	278.5	440.4	665.6	969.4	1370	1890	2558	3415	
异丁酸甲酯	361.7	560.4	832.6	1196	1672	2287	3077		
丁酸乙酯	168.0	285.6	449.2	677.8	987.6	1397	1929	2610	
异丁酸乙酯	224.1	362.0	558.4	828.4	1190	1662	2271		

① 温度为320、340、360、380℃时，其值分别为1677、2264、3005、3939kPa。

表12.8.2　其他酯类液体的蒸气压

单位：kPa

名　称	温度/℃										
	0	20	40	60	80	100	120	140	160	180	200
乙二酸二甲酯				1.77	4.82	11.20	24.24	48.13	88.81	154.7	253.3
乙二酸二乙酯					1.23	3.68	9.52	21.13	43.80	83.36	147.7
乙酸乙烯酯	4.20	12.23	30.11	65.10	126.9	227.3	374.9	601.0	916.7	1342	1910
丙烯酸甲酯	2.86	8.61	21.34	48.00	97.26	180.8	313.1	511.1	794.0	1184	1704
丙烯酸乙酯		4.11	11.10	25.93	53.98	102.4	180.0	294.8	468.5	712.6	1043
丙烯酸丁酯			1.56	4.31	10.10	21.90	43.35	79.55	136.9	223.3	347.8
甲基丙烯酸甲酯	1.33	4.16	10.65	24.54	50.56	95.08	165.8	271.5	422.3	629.0	904.3
甲基丙烯酸乙酯		1.83	5.27	12.72	28.14	56.44	104.4	180.5	295.0	459.3	687.0
氨基甲酸乙酯	2.90	8.87	22.74	50.82	101.8	186.7	307.2	493.1	754.4	1109	1581
氰乙酸甲酯					1.05	2.78	6.58	13.65	26.96	49.61	85.98
氰乙酸乙酯					0.99	2.64	6.29	13.12	26.04	48.15	83.81
羟基乙酸乙酯				1.44	4.28	10.79	25.08	53.05	103.7	189.5	326.9
苯甲酸甲酯					1.52	3.91	8.90	18.37	34.91	61.92	103.6
对甲基苯甲酸甲酯						1.68	4.03	8.77	16.98	31.57	55.21
对苯二甲酸二甲酯									2.69	5.76	11.07
邻苯二甲酸二丁酯											1.58

名　称	温度/℃										
	220	240	260	280	300	320	340	360	380	400	420
乙二酸二甲酯	398.2	602.1	880.3	1250	1734	2355	3141				
乙二酸二乙酯	246.5	391.4	595.8	876.5	1253	1753	2409				
乙酸乙烯酯	2624	3550									
丙烯酸甲酯	2384	3257	4364								
丙烯酸乙酯	1482	2049	2772								
丙烯酸丁酯	520.8	754.1	1061	1458	1964	2602					
甲基丙烯酸甲酯	1263	1722	2304	3035							
甲基丙烯酸乙酯	992.4	1394	1910	2567							
氨基甲酸乙酯	2197	2994									
氰乙酸甲酯	141.5	222.8	337.4	494.1	702.7	974.4	1322	1759	2303	2974	
氰乙酸乙酯	138.5	218.9	332.8	489.2	698.5	972.3	1324	1770	2327	3020	
羟基乙酸乙酯	537.3	846.6	1287	1898	2725	3830					
苯甲酸甲酯	164.9	251.3	363.9	521.4	726.8	989.5	1319	1727	2228	2838	3190^{410}
对甲基苯甲酸甲酯	91.59	145.1	221.1	325.4	464.7	646.4	878.7	1171	1534	1980	2524
对苯二甲酸二甲酯①	20.54	36.05	60.17	96.21	148.1	220.6	318.9	449.4	619.2	836.1	1109
邻苯二甲酸二丁酯②	3.56	7.39	14.22	25.71	44.01	71.85	112.5	170.1	248.8	352.1	494.8

① 温度为440、460、480℃时，其值分别为1449.4、1870.1、2385.0kPa。

② 温度为440、460、480、500℃时，其值分别为682.05、924.18、1233.7、1625.9kPa。

12.8.2 压力为变量

表12.8.3 酯类物料的蒸气压

（1）$p \leqslant 101.3\text{kPa}$

名 称	0.1	0.2	0.4	0.7	1.0	2	4	7	10	20	40	70	101.3	熔点
	相应于上述蒸气压（kPa）的温度/℃													/℃
乙二酸二甲酯	16.5	25.6	35.8	44.7	50.8	63.3	77.1	89.3	97.5	114.6	134.5	151.6	163.3	
乙二酸二正丙酯	49.4	59.7	71.1	81.1	88.0	102.0	117.4	130.9	140.1	158.7	180.5	199.9	213.5	
乙二酸二异丙酯	39.4	49.2	60.2	69.8	76.4	89.4	103.7	116.4	125.0	142.5	162.8	180.8	193.5	
乙二醇二乙酸酯	34.5	44.3	55.3	64.9	71.5	84.6	99.2	112.1	120.6	138.6	159.3	177.5	190.5	−31
乙二酯二氯乙酸酯	107.4	119.2	132.2	143.4	151.3	166.6	183.1	197.7	207.1	227.0	249.8	269.5	283.5	
α-乙基乙酰乙酸乙酯	36.5	46.8	58.2	68.1	74.7	88.1	103.2	116.7	125.9	144.1	165.8	184.9	198.0	
乙基丙二酸二乙酯	46.8	57.1	68.6	78.7	85.7	99.5	115.0	128.6	137.8	156.7	178.8	198.2	211.5	
乙酰乙酸乙酯	24.7	34.4	45.3	54.8	61.6	74.9	89.3	102.3	111.0	128.9	149.3	167.6	180.8	−45
乙酰丙酸甲酯	35.8	46.0	57.4	67.2	74.0	87.4	102.3	115.6	124.8	143.9	166.0	184.9	197.7	
乙酰丙酸乙酯	43.3	53.5	64.9	74.8	81.6	95.3	110.5	123.8	133.1	151.4	173.0	192.6	206.2	
乙酰丙酸正丙酯	55.7	65.9	77.3	87.2	94.1	107.7	122.8	136.6	146.0	165.6	188.2	207.6	221.2	
乙酰丙酸异丙酯	44.1	54.2	65.5	75.4	82.2	95.9	111.0	124.1	133.4	152.4	174.9	194.8	208.2	
乙酰丙酸异丁酯	61.0	71.3	82.9	93.0	100.0	113.8	129.0	142.9	152.3	171.8	195.2	215.6	229.9	
乙酰丙酸正戊酯	77.0	88.0	100.3	110.9	118.0	132.7	148.5	161.6	171.4	192.7	216.8	238.1	253.2	
乙酰丙酸异戊酯	71.3	82.3	94.4	104.9	112.5	127.4	143.9	158.5	168.4	188.3	212.0	233.2	247.9	
乙酰丙酸正己酯	85.4	97.1	109.9	120.9	128.4	143.3	159.9	174.8	184.9	205.5	230.0	251.7	266.8	
乙醇酸乙酯	10.7	20.0	30.4	39.5	45.4	57.8	71.6	84.0	92.4	109.3	129.1	146.4	158.2	
乙醇酸异丁酯	24.6	34.2	45.0	54.4	60.7	73.6	87.6	100.3	108.9	126.6	146.8	164.7	177.5	
N,*N*-二乙基氨羰基甲酸乙酯	71.4	83.1	96.1	107.3	115.1	130.6	146.9	161.7	171.8	192.5	216.2	237.1	252.0	
二甘醇双氯乙酸酯	143.4	155.8	169.3	181.0	189.0	204.8	221.4	235.5	244.5	262.4	282.9	300.6	313.0	
二苯基-2-甲苯基硫代磷酸酯	156.9	164.3	172.8	181.2	192.4	209.2	223.7	236.7	245.2	261.9	281.3	298.3	310.0	
二香芹基-(6-氯-2-联苯基)磷酸酯	199.6	211.3	224.3	235.4	243.0	257.7	273.3	286.8	296.4	315.0	333.9	349.9	361.0	
乙酸乙烯酯	−50.8	−43.5	−34.9	−27.4	−22.3	−12.1	−0.4	10	17.0	31.1	47.9	62.5	72.5	
乙酸丁子香酯	96.9	108.8	122.0	133.3	141.3	157.0	174.6	189.9	200.4	222.0	246.6	267.6	282.0	295
（右旋）乙酸冰片酯	42.6	53.7	66.0	76.6	84.0	98.9	115.8	131.3	141.4	161.8	186.4	208.1	223.0	29
乙酸甲酯	−59.7	−53.0	−45.1	−38.0	−33.4	−23.8	−13.1	−3.4	3.3	16.9	32.9	47.3	57.8	−98.7
乙酸乙酯	−46.2	−38.9	−30.4	−22.9	−17.8	−7.9	3.5	13.6	20.6	34.8	51.6	66.6	77.1	−82.4
乙酸正丙酯	−29.7	−21.8	12.8	−4.8	0.5	10.9	22.9	33.8	41.2	56.3	74.0	90.2	101.8	−92.5

续表

名称	0.1	0.2	0.4	0.7	1.0	2	4	7	10	20	40	70	101.3	熔点
	相应于上述蒸气压（kPa）的温度/℃													/℃
乙酸异丙酯	−41.2	−33.5	−24.6	−16.8	−11.06	−1.0	11.1	21.9	29.2	44.1	61.8	77.7	89.0	
乙酸异丁酯	−24.4	−16.0	−6.4	2.1	7.9	19.7	32.9	44.6	52.6	69.2	88.7	106.0	118.0	−98.9
乙酸异戊酯	−3.4	5.5	15.6	24.4	30.2	42.1	55.6	67.6	75.8	92.8	112.6	130.0	142.0	
乙酸2-苯氧基乙酯	77.9	89.9	103.1	114.4	121.8	137.2	154.3	169.7	180.1	201.1	224.7	245.3	259.7	−6.7
乙酸芳樟醇酯	51.4	61.7	73.3	83.4	90.2	104.5	120.3	134.2	143.6	163.4	186.2	206.1	220.0	
乙酸2-硝基苯酯	95.8	106.6	118.5	128.9	136.0	149.6	165.2	178.3	186.6	204.2	224.5	241.6	253.0	
乙酸2-(4-叔丁基苯氧基)乙酯	113.1	125.6	139.2	151.0	159.0	175.5	193.4	208.6	218.9	240.0	265.8	288.8	304.4	
2-氰基-2-乙基丁酸乙酯	38.0	48.2	59.6	69.5	76.3	89.8	104.7	117.8	126.4	143.6	164.1	182.4	195.2	
乙酸香茅酯	70.9	80.6	91.5	101.0	107.5	120.1	133.9	146.2	154.1	170.4	189.4	205.7	217.0	
乙酸苯酯	34.2	44.4	55.8	65.6	72.3	85.9	100.9	114.3	123.5	142.1	163.7	182.8	195.9	
乙酸苄酯	40.7	51.7	63.8	74.3	81.5	95.7	111.8	125.9	135.5	155.6	178.7	199.2	213.5	−51.5
乙酸盖酯	53.1	64.1	76.2	86.7	93.9	108.5	124.6	139.1	148.6	168.6	192.3	212.9	227.0	
乙酸牻牛儿醇酯	69.1	80.4	92.8	103.7	111.4	126.2	142.4	156.4	166.3	186.5	209.5	229.6	243.3	
二香芹基-(2-甲苯基)磷酸酯	175.8	187.0	199.5	210.1	216.4	230.2	244.9	256.9	265.1	281.7	301.1	318.2	330.0	
二氧丁二酸二乙酯	65.8	76.6	88.5	98.9	106.0	120.2	136.2	149.9	159.3	178.6	200.8	220.2	233.5	
二氯乙酸甲酯	−0.2	8.6	18.6	27.4	33.2	45.0	58.3	70.2	78.3	94.8	114.0	131.1	143.0	
二氯乙酸乙酯	6.0	15.3	25.7	34.8	41.0	53.5	67.4	79.9	88.6	106.3	126.8	144.4	156.5	
二氯乙酸异丁酯	24.8	34.6	45.5	55.1	61.8	75.1	89.8	102.8	111.9	130.1	150.9	169.6	183.0	
二氯磷酸-2-联苯酯	133.1	146.0	160.1	172.1	180.2	197.0	215.4	231.5	242.3	264.4	290.1	312.7	328.5	
二氯磷酸-4-叔丁苯酯	90.8	104.0	118.3	130.7	139.0	156.0	175.3	192.5	204.2	228.3	256.0	281.1	299.0	
二氯磷酸苯酯	62.3	73.6	86.0	96.8	104.0	118.8	135.5	149.7	159.4	179.8	202.9	224.0	239.5	
十二烷酸甲酯	83.2	94.9	107.8	118.9	126.7	141.9	158.4	172.7	182.4	—	—	—	—	5
十四烷酸甲酯	110.3	122.2	135.4	146.7	154.3	170.3	187.7	203.2	213.6	234.9	259.1	280.6	295.8	18.5
十六烷酸甲酯	129.3	142.0	155.9	167.9	176.8	194.2	—	—	—	—	—	—	—	30
丁二酸二乙酯	50.3	61.3	73.4	83.9	90.8	104.9	120.5	134.3	143.3	162.2	184.1	203.2	216.5	−20.8
异丁二酸二乙酯	35.8	46.1	57.6	67.5	74.3	88.1	103.6	117.5	126.8	145.7	167.8	187.5	201.3	
丁二酸二正丙酯	72.9	84.6	97.5	108.5	115.9	130.9	147.2	161.8	171.8	192.3	216.0	236.6	250.8	
丁酸冰片酯	69.5	80.9	93.5	104.3	111.7	126.7	143.1	157.7	167.7	188.0	211.7	232.5	247.0	
异丁酸冰片酯	65.5	77.0	89.7	100.7	107.9	122.9	139.5	153.7	163.5	184.1	207.7	228.5	243.0	
丁酸甲酯	−29.8	−21.9	−12.9	−4.9	0.4	11.3	23.7	34.3	41.5	56.5	74.8	91.0	102.3	
异丁酸甲酯	−37.1	−29.3	−20.3	−12.4	−7.3	3.2	15.2	25.8	33.1	48.0	65.7	81.5	92.6	−84.7
正丁酸乙酯	−21.6	−13.3	−3.7	4.7	10.4	22.1	35.2	46.8	54.8	71.4	91.1	108.7	121.0	−93.3

续表

名称	0.1	0.2	0.4	0.7	1.0	2	4	7	10	20	40	70	101.3	熔点
	相应于上述蒸气压(kPa)的温度/℃													/℃
异丁酸乙酯	−27.4	−19.3	−9.9	−1.7	3.7	15.0	27.7	39.0	46.7	62.7	81.6	98.3	110.0	−88.2
丁酸正丙酯	−5.0	3.9	14.0	22.8	28.9	41.1	54.9	66.9	75.2	92.4	112.6	130.4	142.7	−95.2
异丁酸正丙酯	−9.5	−0.9	8.9	17.5	23.3	35.0	48.0	59.6	67.3	83.4	103.1	121.1	133.9	
异丁酸异丙酯	−19.4	−11.2	−1.8	6.5	12.2	23.5	36.2	47.9	55.7	71.8	91.3	108.5	120.5	
丁酸异丁酯	0.9	10.5	21.3	30.8	36.9	49.8	64.6	77.6	86.4	104.6	126.2	144.5	156.9	
异丁酸异丁酯	0.6	9.6	19.8	28.7	34.8	46.7	60.5	72.5	80.7	97.7	117.5	135.1	147.5	−80.7
正丁酸异戊酯	17.4	27.2	38.3	47.9	54.4	67.7	82.8	96.1	105.1	123.9	145.6	165.0	178.6	
异丁酸异戊酯	11.1	20.7	31.5	40.9	47.3	60.4	74.9	87.9	96.8	115.0	136.5	155.5	168.8	
正丁酸牻牛儿醇酯	92.5	103.5	115.6	126.1	133.1	147.2	162.7	176.4	185.6	204.6	225.8	244.3	257.4	
异丁酸牻牛儿醇酯	86.6	97.6	109.9	120.4	127.2	141.2	156.7	170.2	179.5	198.3	219.3	237.8	251.0	
顺-丁烯二酸二甲酯	41.6	52.1	63.7	73.8	80.6	94.6	110.0	123.3	132.4	150.9	172.5	191.7	205.0	
顺-丁烯二酸二乙酯	53.0	63.9	76.0	86.5	93.8	108.5	124.4	138.4	147.8	167.8	191.3	211.4	225.0	
反-丁烯二酸二乙酯	49.0	59.8	71.7	82.1	89.3	103.5	119.3	133.6	143.1	162.4	185.5	205.2	218.5	0.6
三氯乙酸乙酯	17.1	26.5	37.0	46.3	52.4	64.8	78.7	91.0	99.6	117.2	137.1	154.7	167.0	
己二酸二乙酯	69.0	81.7	95.7	107.7	116.0	131.5	147.2	161.6	171.1	189.2	209.9	227.8	240.0	−21
异己内酯	34.1	44.9	56.9	67.3	74.3	88.8	104.8	119.1	128.8	148.3	171.5	192.5	207.0	
(左旋)异己氨酸乙酯	23.3	34.7	47.3	58.2	65.8	80.9	97.9	113.4	123.4	141.3	159.5	174.2	184.0	
己酸甲酯	1.3	10.8	21.5	30.7	36.8	49.3	63.3	76.0	84.3	101.2	121.0	138.2	150.0	
异己酸乙酯	7.4	16.8	27.3	36.6	42.7	55.5	69.6	82.2	90.8	108.7	129.8	148.0	160.4	
中糠酸二乙酯	58.6	69.4	81.5	91.9	99.2	113.6	129.7	143.9	153.4	173.2	195.9	215.4	229.0	
反中糠酸二甲酯	42.7	53.2	64.8	74.9	81.9	95.7	110.8	124.1	133.3	151.9	173.7	192.8	206.0	
水杨酸甲酯	49.9	60.5	72.2	82.5	89.4	103.4	118.9	132.7	142.0	162.2	186.7	208.2	223.2	−8.3
水杨酸乙酯	56.9	68.0	80.3	90.9	98.1	112.5	128.9	143.5	153.2	173.5	196.8	217.2	231.5	1.3
丁二酸丙二酯	65.7	75.0	85.6	94.8	101.2	113.8	127.3	139.2	147.0	162.8	181.5	197.3	208.0	38
丁二酸戊二酯	46.9	58.1	70.4	81.2	88.8	103.9	120.5	135.6	145.7	166.9	192.0	213.4	227.9	
N,*N*-二甲基氨基甲酸乙酯	22.9	32.2	42.6	51.8	57.9	70.3	84.2	96.5	104.7	121.5	141.1	158.2	170.0	
甲基丙烯酸甲酯	−33.4	−25.8	−17.1	−9.3	−3.8	6.4	18.9	31.0	39.5	55.4	73.6	89.9	101.0	
原甲酸三乙酯	2.1	11.0	21.1	29.9	35.6	47.6	61.1	72.7	80.7	97.5	117.0	134.1	146.0	
甲酸冰片酯	42.8	53.5	65.4	75.7	83.1	97.4	113.5	127.7	137.4	156.9	179.8	200.1	214.0	
甲酸牻牛儿醇酯	57.5	68.5	80.7	91.2	98.3	112.9	128.8	143.1	152.6	172.5	195.7	215.9	230.0	
甲酸甲酯	−76.5	−70.4	−63.1	−56.5	−52.3	−43.6	−33.7	−24.6	−18.5	−5.9	9.2	22.6	32.0	−99.8

续表

名　称	0.1	0.2	0.4	0.7	1.0	2	4	7	10	20	40	70	101.3	熔点
	相应于上述蒸气压(kPa)的温度/℃													/℃
甲酸乙酯	−63.0	−56.4	−48.6	−41.6	−37.0	−27.5	−16.7	−7.2	−0.6	12.9	29.5	44.2	54.3	−79
甲酸正丙酯	−45.8	−38.4	−29.7	−22.1	−17.0	−6.7	5.0	15.7	23.0	37.7	54.9	70.3	81.3	−92.9
甲酸异丙酯	−54.6	−47.6	−39.4	−32.1	−27.0	−17.0	−5.7	4.5	11.5	26.0	43.0	57.8	68.3	
甲酸正丁酯	−29.5	−21.4	−12.2	−4.0	1.4	12.6	25.4	36.6	44.2	59.9	78.1	94.4	106.0	
甲酸异丁酯	−35.7	−27.8	−18.8	−10.8	−5.4	5.6	18.1	29.2	36.7	52.1	70.6	86.9	98.2	−95.3
甲酸异戊酯	−20.8	−12.2	−2.5	6.1	12.0	24.2	37.6	49.7	58.1	74.8	94.1	111.2	123.3	
甲酸蓋酯	43.0	54.0	66.2	76.7	83.9	98.7	115.3	129.7	139.5	159.8	183.6	204.5	219.0	
丙二酸二甲酯	31.4	40.8	51.3	60.6	66.7	79.1	93.2	106.0	114.5	131.5	151.1	168.5	180.7	−62
丙二酸二乙酯	35.9	46.4	58.2	68.4	75.4	89.3	105.5	119.3	128.3	146.5	167.5	186.0	198.9	−49.8
丙烯酸2-乙基己酯	45.9	56.5	68.3	78.6	85.8	99.8	115.9	130.1	139.6	158.8	181.7	202.1	216.0	
丙烯酸甲酯	−46.5	−39.1	−30.6	−23.0	−71.9	−7.7	3.7	14.1	21.5	36.3	53.9	69.4	80.2	
丙烯酸乙酯	−32.4	−24.8	−15.9	−8.0	2.6	7.9	20.0	30.5	37.8	53.4	71.8	88.1	99.5	−71.2
丙烯酸正丁酯	−4.0	5.1	15.3	24.2	30.3	42.7	56.7	69.1	77.6	95.2	115.9	134.4	147.4	−64.6
丙烯酸正辛酯	54.1	65.4	77.8	88.6	95.9	110.7	127.6	141.8	151.0	170.4	193.6	213.6	227.0	
丙酸甲酯	−44.9	−37.3	−28.6	−20.9	−16.0	−6.0	5.4	15.7	22.7	36.9	54.0	69.2	79.8	−87.3
丙酸乙酯	−30.9	−23.3	−14.4	−6.6	−1.2	9.3	21.3	32.0	39.0	53.9	71.8	87.8	99.1	−72.6
丙酸丙酯	−17.4	−9.1	0.4	8.7	14.5	26.0	38.8	50.4	58.3	74.4	93.5	110.5	122.4	−76
丙酸异丁酯	−5.6	3.0	12.9	21.6	27.4	39.1	52.2	64.1	72.3	88.7	107.8	124.9	136.8	−71
丙酸异戊酯	4.8	14.4	25.1	34.5	40.9	53.8	68.5	81.5	90.1	108.1	129.1	147.4	160.2	
丙酸冰片酯	60.2	71.4	83.9	94.6	101.9	116.7	132.9	147.1	157.0	177.5	200.9	221.1	235.0	
戊二酸二乙酯	61.2	72.4	84.9	95.7	103.3	118.4	135.0	149.3	159.1	179.5	202.6	222.9	237.0	
γ-戊内酯	33.2	44.1	56.2	66.7	73.8	88.3	98.5	115.2	128.1	147.9	171.6	192.8	207.5	
异戊酸甲酯	−22.3	−14.1	−4.7	3.6	9.2	20.8	33.6	44.9	52.8	69.0	88.1	105.0	116.7	
异戊酸乙酯	−9.4	−0.8	9.1	17.7	23.6	35.6	48.8	60.6	68.7	85.4	105.1	122.4	134.3	−99.3
异戊酸丙酯	4.4	13.8	24.3	33.6	39.8	52.2	66.1	78.7	87.4	105.1	125.7	143.7	155.9	
异戊酸异丁酯	12.3	21.9	32.6	42.0	48.4	61.4	75.9	88.7	97.5	115.7	136.9	155.7	168.7	
异戊酸异戊酯	22.9	33.4	45.1	55.3	62.5	77.0	93.0	106.6	116.3	136.4	159.3	179.7	194.0	
肉桂酸苄酯	168.8	181.5	195.4	207.3	215.0	231.4	248.4	262.8	272.8	293.5	316.7	336.4	350.0	39
辛酸甲酯	30.1	40.6	52.4	62.5	69.2	82.7	97.9	111.5	120.4	138.8	160.4	179.6	193.0	−40
邻苯二甲酸二甲酯	95.5	107.7	121.2	132.8	140.8	156.7	174.4	189.8	200.5	222.3	246.9	268.6	283.7	
邻苯二甲酸二乙酯	103.9	116.3	130.0	141.7	149.5	165.8	183.8	199.7	210.3	232.2	256.8	278.5	294.0	

续表

名称	0.1	0.2	0.4	0.7	1.0	2	4	7	10	20	40	70	101.3	熔点
	相应于上述蒸气压（kPa）的温度/℃													/℃
邻苯二甲酸二丁酯	142.9	156.2	170.7	183.1	191.3	208.2	227.1	243.4	254.3	276.3	302.0	324.5	340.0	
3-苯基丙烯酸甲酯	72.7	84.6	97.8	109.1	116.6	132.5	149.9	165.5	176.4	198.7	224.0	246.7	263.0	33.4
反苯基丙烯酸乙酯	84.7	92.4	101.3	110.2	123.2	143.0	160.8	176.8	187.2	208.6	233.8	255.8	271.0	12
苯甲酸甲酯	35.3	44.9	55.7	65.2	17.8	85.3	100.6	113.7	122.8	141.9	164.5	185.0	199.5	−12.5
苯甲酸乙酯	39.8	50.6	62.5	72.9	80.0	94.5	110.6	124.9	134.7	154.8	178.1	198.8	213.4	−34.6
苯甲酸丙酯	50.2	61.5	73.9	84.7	91.9	107.0	123.9	139.0	149.0	169.7	194.3	215.9	231.0	−51.6
苯甲酸异丁酯	59.5	71.0	83.6	94.6	102.2	117.2	133.9	148.1	157.8	178.2	202.1	222.9	237.0	
苯甲酸异戊酯	67.0	79.7	93.6	105.6	114.3	131.7	150.0	166.6	177.6	199.5	224.7	246.7	262.0	
苯甲酸苯酯	101.4	115.0	129.9	142.6	150.8	168.5	188.5	206.0	217.7	242.1	270.8	296.2	314.0	70.5
苯甲酸萘酯	118.5	130.5	143.8	155.2	163.2	179.0	196.2	211.5	221.7	242.7	266.7	287.0	301.0	54.5
苯酰乙酸乙酯	103.3	114.4	126.7	137.3	144.3	159.5	175.0	188.1	197.1	215.0	235.5	253.1	265.0	
邻苯二乙酸酯	93.1	105.5	119.1	130.8	138.9	154.6	171.7	187.2	197.6	218.5	242.6	263.6	278.0	
（左旋）苹果酸二甲酯	71.1	82.1	94.3	104.9	112.2	126.9	142.7	156.5	166.3	186.5	209.4	229.1	242.6	
苹果酸二乙酯	76.2	87.7	100.4	111.4	118.9	134.1	150.3	164.8	175.0	195.4	219.0	239.4	253.4	
癸二酸二甲酯	98.4	112.5	127.8	140.9	149.2	167.2	187.0	203.6	213.9	234.7	258.9	279.5	293.5	38
癸二酸二乙酯	120.6	132.6	145.8	157.2	165.3	182.0	199.6	214.3	224.9	245.9	269.6	290.8	305.5	1.3
癸酸甲酯	59.2	70.7	83.4	94.4	101.8	116.3	131.8	144.9	153.7	172.3	193.6	211.6	224.0	−18
草酸二乙酯	43.8	53.1	63.5	72.5	78.6	90.9	104.3	116.2	124.1	139.8	158.1	174.3	185.7	−40.6
草酸二异丁酯	59.0	69.8	81.7	92.1	99.3	113.6	129.8	143.9	153.4	173.5	196.0	215.7	229.5	
草酸二异戊酯	80.7	92.6	105.7	117.0	124.8	140.4	157.6	172.8	183.1	204.5	229.1	250.4	265.0	
柠康酸二甲酯	46.7	57.2	68.9	79.1	86.0	99.9	115.3	128.9	137.9	156.5	178.3	197.3	210.5	
顺柠康酸二乙酯	55.5	66.5	78.7	89.2	96.7	111.4	127.8	142.2	151.7	172.0	196.0	216.4	230.3	
柠檬酸三甲酯	99.9	115.8	132.9	147.1	154.3	169.7	186.6	201.3	211.2	231.3	254.2	273.7	287.0	78.5
柠檬酸三乙酯	176.4	161.6	148.0	139.0	141.6	159.4	181.8	198.0	208.7	231.1	256.5	278.5	294.0	
对氨苯基砷酸二甲酯	11.4	20.7	31.2	40.4	46.5	59.0	73.0	85.2	93.5	111.0	131.3	148.7	160.5	
对氨苯基砷酸二乙酯	34.4	43.7	54.2	63.4	69.5	82.0	95.9	108.3	116.5	133.4	152.6	169.3	181.0	
氨基甲酸乙酯	—	—	—	66.5	72.6	85.0	98.9	111.3	119.3	135.7	155.3	172.3	184.0	49
氨基甲酸丙酯	48.7	58.3	69.0	78.4	84.7	97.2	111.1	123.1	131.2	147.5	166.8	183.6	195.0	
氨基甲酸异丁酯	—	—	—	84.5	90.9	103.9	118.4	131.0	139.6	157.0	177.1	194.5	206.5	65
邻氨基苯甲酸甲酯	72.8	85.0	98.4	110.0	117.7	133.8	151.6	167.5	178.4	201.2	227.2	250.2	266.5	24
氨基苯甲酸乙酯	104.3	113.4	123.6	132.5	138.6	150.1	162.7	174.0	181.4	196.2	212.8	227.0	237.0	52.5

续表

名称	0.1	0.2	0.4	0.7	1.0	2	4	7	10	20	40	70	101.3	熔点/℃
	相应于上述蒸气压（kPa）的温度/℃													
右旋酒石酸二甲酯	97.3	109.4	122.7	134.2	141.8	157.1	174.3	189.6	199.9	220.5	244.3	265.4	280.0	61.5
外消旋酒石酸二甲酯	95.6	107.8	121.2	132.8	140.8	156.7	174.2	189.6	200.2	221.8	246.5	267.6	282.0	89
右旋酒石酸二乙酯	97.3	109.3	122.6	134.0	141.6	157.0	174.2	189.7	199.8	220.3	244.2	265.3	280.0	17
外消旋酒石酸二乙酯	95.1	107.5	121.0	132.7	140.6	156.4	173.7	188.9	199.2	219.9	243.7	265.0	280.0	
右旋酒石酸正丙酯	110.7	123.2	136.9	148.7	156.7	172.9	191.1	207.3	217.9	239.5	264.5	287.0	303.0	
右旋酒石酸异丙酯	99.1	110.8	123.6	134.6	142.0	156.9	173.8	188.5	198.5	218.5	241.5	261.4	275.0	
右旋酒石酸二异丁酯	112.5	125.9	140.4	152.9	161.7	179.6	199.4	216.8	228.9	253.2	281.3	306.5	324.0	73.5
羟基酸甲酯	6.1	15.2	25.5	34.4	40.3	52.3	65.8	78.2	86.5	103.3	122.9	139.9	151.5	
氯二羟酸乙酯	−8.4	0.2	10.1	18.7	24.8	36.5	49.6	61.7	69.7	86.1	105.8	123.1	135.0	
氯二羟酸丙酯	6.5	14.9	24.5	33.0	38.7	50.1	62.7	73.9	81.4	96.8	114.9	134.2	150.0	
α-氯代丙酸乙酯	3.2	12.0	22.1	30.9	36.8	48.7	61.8	73.8	82.0	98.8	117.8	134.6	146.5	
氯乙酸甲酯	−6.0	2.1	11.5	19.7	25.2	36.2	48.5	59.7	67.1	82.4	101.1	118.1	130.3	−31.9
氯乙酸乙酯	−2.6	6.7	17.1	26.2	32.3	44.6	58.5	70.6	78.7	95.4	115.0	132.3	144.2	−26
氯乙酸异丙酯	0.3	9.4	19.8	28.9	35.0	47.7	62.0	74.4	82.9	100.1	119.5	136.5	148.6	
氯乙酸异丁酯	13.4	22.8	33.3	42.6	49.1	62.1	76.6	89.4	98.0	115.4	136.4	155.0	167.8	
氯乙酸2-氯乙酯	42.1	52.1	63.2	73.0	80.0	93.7	108.8	122.3	131.7	150.6	172.4	191.7	205.0	
氯磷酸二苯酯	115.3	130.8	147.5	161.9	172.9	194.3	217.3	238.3	252.8	284.2	321.1	354.3	378.0	
氰基乙酸乙酯	64.0	73.8	84.7	94.3	100.6	113.6	127.4	138.9	146.3	161.7	179.8	195.3	206.0	
异氰酸苯酯	6.9	16.5	27.3	36.8	43.1	56.2	70.8	83.9	92.8	111.4	133.1	152.2	165.6	
3-硝基苯甲酸乙酯	103.2	115.7	129.4	141.1	148.7	165.4	184.1	200.4	211.2	233.5	259.3	282.0	298.0	47
硝酸异戊酯	1.8	10.6	20.7	29.5	35.3	47.5	61.2	72.9	81.2	98.2	117.8	135.2	147.5	
硫代磷酸三酯	183.8	195.0	207.4	218.1	225.2	239.8	254.9	267.8	276.4	293.9	313.5	330.0	341.3	
硫氰酸甲酯	−17.5	−8.5	1.6	10.5	16.5	28.7	42.4	54.6	63.0	80.7	101.6	120.0	132.9	−51
异硫氰酸甲酯	−38.6	−28.5	−17.3	−7.4	−0.5	13.7	30.2	43.9	52.2	68.9	88.9	106.6	119.0	35.5
异硫氰酸乙酯	−16.7	−7.7	2.4	11.4	17.5	30.1	44.1	56.3	64.6	81.5	101.3	118.8	131.0	−5.9
异硫氰酸烯丙酯	−6.1	4.4	16.0	26.1	32.7	45.9	60.5	72.8	81.5	99.3	120.3	138.5	150.7	−80
异硫氰酸苄酯	75.2	86.1	98.2	108.7	115.8	130.2	145.8	159.7	169.4	188.6	210.6	229.8	243.0	
异硫氰酸苯酯	42.9	53.9	66.0	76.5	83.7	104.3	119.0	129.2	139.1	159.5	183.4	204.2	218.5	−21.0
硫酸二乙酯	43.0	53.3	64.8	74.9	81.8	95.6	110.8	124.6	134.2	153.2	175.5	195.5	209.5	−25.0
亚硫酸二乙酯	6.5	15.6	25.9	35.0	41.1	53.7	67.6	80.1	88.8	106.7	127.7	146.1	159.0	
α-溴异丁酸乙酯	6.9	16.5	27.2	36.6	42.7	55.6	70.1	83.0	91.9	110.4	131.8	150.5	163.6	

续表

名称	0.1	0.2	0.4	0.7	1.0	2	4	7	10	20	40	70	101.3	熔点
	相应于上述蒸气压(kPa)的温度/℃													/℃
碳酸二乙酯	−13.3	−5.0	4.6	13.0	18.8	30.4	43.3	54.6	62.6	78.5	97.3	114.1	125.8	−43
樟脑三酸三乙酯	—	—	—	151.2	159.2	175.8	193.7	209.2	219.6	240.6	265.0	286.4	301.0	135
磷酸三甲酯	21.9	32.5	44.3	54.6	61.8	76.2	92.4	106.2	115.6	135.3	157.8	178.2	192.7	
磷酸三苯酯	187.7	202.3	218.1	231.7	241.6	260.9	281.2	299.8	312.3	337.5	366.5	393.5	413.5	49.4
磷酸三甲苯酯	150.1	161.6	174.2	185.1	192.1	206.4	222.3	236.0	244.7	262.7	283.5	301.1	313.0	
磷酸三甲代烯丙酯	87.8	102.6	118.6	132.2	141.8	161.0	182.2	201.6	214.7	241.8	274.1	303.4	324.0	
磷酸三乙酯	35.4	46.2	58.3	68.7	76.0	90.8	107.7	122.3	132.5	153.5	176.8	197.0	211.0	
糠酸乙酯	33.7	43.7	54.9	64.6	71.4	85.0	100.3	113.7	122.6	140.9	162.7	181.8	195.0	34

(2) $p > 101.3\text{kPa}$

名称	101.3	200	400	700	1000	1500	2000	2500	3000	3500	4000	5000	临界值	
	相应于上述蒸气压强(kPa)的温度/℃												T_c/℃	P_c/MPa
甲酸甲酯	32.0	51.9	75.4	96.8	111.5	131.9	146.5	158.9	169.0	178.9	187.7	211.6	214.0	5.99
甲酸乙酯	54.3	75.9	101.6	125.3	141.6	163.6	179.3	193.0	204.2	214.8	224.1	—	235.3	4.74
甲酸正丙酯	81.3	104.2	132.3	158.1	175.8	199.7	216.7	231.8	244.1	—	—	—	264.8	4.00
甲酸异丁酯	98.2	121.7	148.5	174.0	191.8	216.0	233.2	248.0	260.1	—	—	—	278.0	3.85
乙二酸二甲酯	163.3	189.5	218.6	—	—	—	—	—	—	—	—	—	260.0	0.96
乙酸甲酯	57.8	79.4	104.4	127.6	143.6	165.0	180.3	193.4	204.2	214.8	224.1	—	233.7	4.69
乙酸乙酯	77.1	100.5	127.3	152.1	169.1	192.2	208.8	222.7	234.2	—	—	—	250.1	3.84
乙酸丙酯	101.8	126.7	155.7	181.9	199.9	224.5	242.0	256.4	268.2	—	—	—	276.2	3.36
丙酸甲酯	79.8	102.9	130.3	155.1	172.0	195.2	211.8	226.2	238.2	—	—	—	257.4	3.98
丙酸乙酯	99.1	123.7	152.7	179.1	197.1	221.7	239.2	252.7	263.7	—	—	—	272.8	3.36
丁酸甲酯	102.3	127.4	156.6	183.6	202.3	226.5	243.7	258.8	271.1	—	—	—	281.2	3.46
异丁酸甲酯	92.6	116.6	145.3	171.5	189.5	213.9	231.2	246.3	258.6	—	—	—	267.5	3.43
异丁酸乙酯	110.1	135.4	164.2	190.9	209.3	234.4	252.2	267.0	279.1	—	—	—	280.0	3.04

N 算图 12.4 脂肪酸甲酯的蒸气压（第 842 页左）

N 算图 12.5 脂肪酸乙酯的蒸气压（第 842 页右）

N 算图 12.6 脂肪酸丙酯、脂肪酸丁酯的蒸气压（第 843 页左）

N 算图 12.7 二元酸二乙酯的蒸气压（第 843 页右）

N 算图 12.8 氰酸酯和邻苯二甲酸酯的蒸气压（第 844 页左）

N 算图 12.9 其他酸酯的蒸气压（第 844 页右）

12.9 比热容

12.9.1 气体的比热容

表12.9.1 酯类气体的比热容（Ⅰ） 单位：J/(mol·K)

名称	温度/K								
	150	200	250	300	350	400	450	500	550
甲酸甲酯		48.11	57.65	66.44	74.48	81.89	88.68	94.83	100.4
甲酸乙酯		69.71	80.43	90.81	100.9	110.5	119.7	128.5	136.7
甲酸丙酯	61.88	75.61	88.76	101.4	113.3	124.7	135.5	145.6	155.1
甲酸戊酯		110.9	130.9	149.9	167.9	184.9	201.0	216.0	230.1
乙酸甲酯		59.95	70.42	80.81	91.06	101.3	111.5	121.6	131.8
乙酸乙酯		80.51	96.38	111.3	125.4	138.5	150.7	162.1	172.7
乙酸正丙酯			117.2	134.9	151.7	167.6	182.5	196.5	209.5
乙酸异丙酯		86.83	105.3	122.9	139.5	155.1	169.9	183.7	196.6
乙酸正丁酯		114.3	136.6	157.8	177.8	196.7	214.4	231.0	246.4
乙酸异丁酯		111.9	134.9	156.6	177.1	196.4	214.4	231.3	246.7
乙酸正戊酯			153.7	176.3	197.7	218.0	237.1	255.1	272.0
乙酸异戊酯		123.2	148.6	172.6	195.2	216.5	236.5	255.3	272.7
丙酸甲酯		77.12	90.56	103.5	115.8	127.7	138.9	149.5	159.5
丙酸乙酯			111.6	127.7	143.1	157.8	171.6	184.7	197.0
丙酸异丁酯		130.0	153.7	176.3	197.7	218.0	237.1	255.1	272.0
丁酸甲酯			111.6	127.7	143.1	157.8	171.6	184.7	197.0
异丁酸甲酯		88.01	106.5	124.0	140.6	156.3	171.0	184.8	197.7
丁酸乙酯			132.6	152.0	170.4	187.9	204.4	219.9	234.5

名称	温度/K								
	600	650	700	750	800	850	900	950	1000
甲酸甲酯	105.6	110.2	114.5	118.4	121.9	125.1	128.1	130.9	133.5
甲酸乙酯	144.4	151.6	158.1	163.9	169.0	173.3	176.9	183.8	181.5
甲酸丙酯	164.0	172.2	179.8	186.6	192.9	198.4	203.3	207.4	210.8
甲酸戊酯	243.2	255.4	266.6	276.9	286.3	294.7	302.2	308.8	314.5
乙酸甲酯	141.9	152.1	162.4	172.8	183.3	193.9	204.7	215.7	226.8
乙酸乙酯	182.4	191.3	199.5	207.0	213.7	219.7	225.1	229.7	233.8
乙酸正丙酯	221.6	232.8	242.9	252.1	260.2	267.3	273.4	278.5	282.5
乙酸异丙酯	208.6	219.7	229.9	239.2	247.6	255.1	261.8	267.6	272.6
乙酸正丁酯	260.8	273.9	285.9	296.8	306.5	315.1	322.5	328.7	333.9
乙酸异丁酯	261.4	274.6	286.7	297.6	307.3	315.9	323.3	329.6	334.8
乙酸正戊酯	287.8	302.5	316.1	328.7	340.2	350.7	360.1	368.5	375.8
乙酸异戊酯	289.0	304.0	317.9	330.6	342.1	352.6	361.9	370.2	377.4
丙酸甲酯	168.9	177.7	185.9	193.3	200.1	206.3	211.7	216.4	220.4
丙酸乙酯	208.6	219.3	229.3	238.5	246.9	254.4	261.2	267.1	272.2
丙酸异丁酯	287.8	302.5	316.1	328.7	340.2	350.7	360.1	368.5	375.8
丁酸甲酯	208.5	219.3	229.3	238.4	246.8	254.4	261.1	267.1	272.2
异丁酸甲酯	209.8	220.9	231.0	240.3	248.7	256.3	263.0	268.8	273.8
丁酸乙酯	248.2	260.9	272.7	283.6	293.5	302.5	310.6	317.8	324.1

表12.9.2 酯类气体的比热容（Ⅱ） 单位：J/(mol·K)

名称	温度/K							
	250	300	350	400	450	500	550	600
乙二酸二甲酯	93.37	105.6	117.5	129.0	140.0	150.4	160.3	169.5
乙二酸二乙酯①	135.4	154.2	172.1	189.2	205.4	220.8	235.3	248.7
乙酸乙烯酯②	79.26	90.64	101.5	111.8	121.6	130.8	139.5	147.6
丙烯酸甲酯	79.17	90.64	101.5	111.8	121.6	130.8	139.5	147.6
丙烯酸乙酯	100.3	114.9	128.8	141.9	154.4	166.0	177.0	187.2
丙烯酸丁酯	142.4	163.5	183.3	202.1	219.8	236.4	252.0	266.4
甲基丙烯酸甲酯	101.6	116.6	130.8	144.2	156.8	168.6	179.7	189.9
甲基丙烯酸乙酯③	122.7	140.9	158.1	174.3	189.5	203.8	217.1	229.5
氨基甲酸乙酯	94.24	105.6	116.5	127.0	137.1	146.6	155.6	164.0
氰乙酸甲酯	93.07	103.3	113.1	122.5	131.3	139.8	147.6	154.9
氰乙酸乙酯	114.3	127.7	140.6	152.9	164.6	175.6	186.0	195.7
羟基乙酸乙酯	115.6	128.3	140.4	152.1	163.1	173.5	183.4	192.6
苯甲酸甲酯	105.8	128.8	151.2	172.9	193.9	214.4	234.3	253.6
对甲基苯甲酸甲酯	128.0	152.8	176.0	197.8	218.1	237.1	254.6	270.9
对苯二甲酸二甲酯		179.2	205.0	229.3	252.0	273.2	292.9	311.0
邻苯二甲酸二丁酯④	278.1	324.8	368.7	409.9	448.4	484.4	517.9	548.8
名称	温度/K							
	650	700	750	800	850	900	950	1000
乙二酸二甲酯	178.0	185.8	192.8	199.0	204.2	208.6	211.9	214.2
乙二酸二乙酯	261.2	272.7	283.1	292.4	300.5	307.6	313.3	317.9
乙酸乙烯酯	155.1	162.0	168.3	173.9	178.9	183.3	187.0	190.0
丙烯酸甲酯	155.1	162.0	168.3	173.9	178.9	183.3	187.0	190.0
丙烯酸乙酯	196.7	205.4	213.4	220.6	227.1	232.8	237.7	241.9
丙烯酸丁酯	279.9	292.3	303.7	314.0	323.4	331.8	339.1	345.6
甲基丙烯酸甲酯	199.3	208.0	215.9	223.0	229.4	234.9	239.7	243.7
甲基丙烯酸乙酯	241.0	251.5	261.0	269.8	277.5	284.4	290.4	295.6
氨基甲酸乙酯	171.8	178.9	185.3	190.9	195.8	199.8	202.9	205.2
氰乙酸甲酯	161.6	167.7	173.2	178.0	182.1	185.4	188.0	189.8
氰乙酸乙酯	204.8	213.1	220.7	227.6	233.7	239.1	243.6	247.4
羟基乙酸乙酯	201.3	209.3	216.6	223.2	229.2	234.5	239.1	243.0
苯甲酸甲酯	272.5	290.9	308.9	326.4	343.6	360.4	377.0	393.2
对甲基苯甲酸甲酯	285.8	299.4	311.8	323.0	333.0	341.9	349.6	356.3
对苯二甲酸二甲酯	327.7	342.8	356.5	368.6	379.2	388.3	395.9	402.0
邻苯二甲酸二丁酯	577.4	603.4	627.2	649.0	668.2	685.4	700.0	713.0

① 温度为200K时，其值为116.0J/(mol·K)。
② 温度为200K时，其值为67.41J/(mol·K)。
③ 温度为200K时，其值为103.4J/(mol·K)。
④ 温度为200K时，其值为228.7J/(mol·K)。

12.9.2 液体的比热容

表12.9.3 酯类液体比热容（Ⅰ） 单位：J/(mol·℃)

名称	温度/℃									
	-100	-80	-60	-40	-20	0	20	40	60	80
甲酸甲酯		104.3	106.9	109.3	111.6	113.8	116.2	118.9	122.3	126.3
甲酸乙酯					137.5	140.4	143.6	146.9	150.7	155.1
甲酸丙酯				144.7	149.0	153.1	157.1	161.3	165.6	170.3

续表

名　称	温度/℃									
	−100	−80	−60	−40	−20	0	20	40	60	80
甲酸戊酯			207.5	211.1	213.5	216.2	221.5	227.1	232.9	238.9
乙酸甲酯①									188.1	190.7
乙酸乙酯			160.2	160.9	162.7	165.7	170.3	172.5	177.9	183.5
乙酸正丙酯		171.6	175.1	179.2	184.1	189.5	195.4	199.1	205.2	211.6
乙酸异丙酯			179.1	182.9	187.6	193.2	199.5	206.5	214.4	223.0
乙酸正丁酯			197.2	202.5	208.3	214.7	221.5	228.8	232.9	240.1
乙酸异丁酯		192.6	197.3	202.8	209.0	215.7	223.0	226.8	234.0	241.5
乙酸正戊酯	224.7	227.7	231.7	236.6	242.1	248.4	255.3	256.9	263.9	271.1
乙酸异戊酯					219.7	227.1	234.8	243.0	251.5	258.3
丙酸甲酯		120.5	123.9	127.2	130.3	133.6	137.0	140.6	144.7	149.6
丙酸乙酯			170.6	174.1	178.4	183.2	188.6	194.5	198.8	203.0
丙酸丙酯				188.5	195.6	202.5	209.2	215.7	222.2	228.7
丙酸异丁酯			211.0	216.9	223.2	230.1	235.4	242.9	250.5	258.3
丁酸甲酯							187.9	193.7	200.0	202.4
异丁酸甲酯					170.6	176.2	182.2	188.8	192.6	199.0
丁酸乙酯		195.9	199.4	203.7	208.7	214.3	220.5	227.3	231.7	235.9

名　称	温度/℃									
	100	120	140	160	180	200	220	240	260	280
甲酸甲酯	131.5	138.2	146.8	157.7						
甲酸乙酯	160.4	166.8	174.6	184.3	196.2					
甲酸丙酯	175.5	181.5	188.3	196.4	206.0	217.5	231.1			
甲酸戊酯	245.2	251.8	258.7	266.0	274.1	283.3	294.5	309.9	335.1	
乙酸甲酯①	193.6	196.6	199.9	203.4	207.0	211.0	215.3	220.1	225.5	231.8
乙酸乙酯	189.5	195.9	203.2	211.9	223.1	240.1				
乙酸正丙酯	218.1	225.0	232.4	240.4	249.7	261.2	277.4			
乙酸异丙酯	232.7	243.8	256.9	273.6						
乙酸正丁酯	247.5	255.0	262.8	271.0	279.7	289.4	300.8	315.6	338.5	
乙酸异丁酯	249.1	257.0	265.2	274.0	283.7	295.0	309.3	330.8		
乙酸正戊酯	278.4	286.0	293.8	302.0	310.7	320.2	331.1	344.5	363.0	
乙酸异戊酯	265.0	273.3	281.7	290.4	299.4	309.0	319.6	331.8	347.6	371.6
丙酸甲酯	155.3	162.3	170.8	181.2	194.0					
丙酸乙酯	209.1	215.5	222.5	230.3	239.4	251.1	268.2			
丙酸丙酯	235.5	242.5	250.0	258.1	267.1	277.1	288.5	301.4	316.3	
丙酸异丁酯	266.2	274.2	282.4	290.9	299.7	309.3	320.1	333.0	350.5	
丁酸甲酯	208.4	214.7	221.5	228.9	237.4	247.9	262.2	286.1		
异丁酸甲酯	205.6	212.6	220.2	228.6	238.6	251.4	271.0			
丁酸乙酯	242.7	249.7	257.2	265.1	273.9	284.2	297.1	315.8		

① 温度为 300、320、340℃时，其值分别为 239.7、250.3、266.6J/(mol·℃)。

表12.9.4　酯类液体比热容（Ⅱ）

单位：J/(mol·℃)

名　称	温度/℃											
	−40	−20	0	20	40	60	80	100	120	140	160	180
乙二酸二甲酯						190.0	195.1	200.3	205.7	211.3	217.4	223.9
乙二酸二乙酯				246.1	250.3	254.9	259.7	264.9	270.3	276.0	282.1	288.4
乙酸乙烯酯①	136.8	139.5	142.8	146.7	151.2	156.2	161.8	168.1	170.9	177.6	186.2	198.2
丙烯酸甲酯			167.3	171.6	175.9	181.1	186.7	193.0				
丙烯酸乙酯			190.9	195.4	200.4	205.8	211.9	218.4	225.7			
丙烯酸丁酯					241.0	243.7	250.5	257.4	264.6	271.9	279.5	287.5

续表

名称	温度/℃											
	-40	-20	0	20	40	60	80	100	120	140	160	180
甲基丙烯酸甲酯				169.1	174.4	179.1	184.5	190.1	195.9	202.1	208.7	216.2
甲基丙烯酸乙酯	186.6	191.6	197.0	202.6	208.4	214.4	220.5	226.9	233.5	240.4	247.9	256.1
氨基甲酸乙酯②	149.2	152.4	156.2	160.6	165.6	171.1	173.0	178.2	184.0	190.5	198.2	207.9
氰乙酸甲酯				180.5	182.0	183.8	186.0	188.3	190.9	193.6	196.6	199.7
氰乙酸乙酯					210.9	213.9	217.1	220.6	224.2	228.0	232.0	236.3
羟基乙酸乙酯					227.1	229.3	231.9	234.9	238.3	242.1	246.4	251.4
苯甲酸甲酯				198.5	205.4	212.7	217.5	225.1	232.9	240.8	248.8	256.9
对甲基苯甲酸甲酯					236.2	243.5	249.2	254.9	262.4	269.9	277.3	284.8
对苯二甲酸二甲酯											323.7	331.4
邻苯二甲酸二丁酯				449.7	462.3	475.1	488.1	501.1	514.1	527.3	540.3	553.3

名称	温度/℃											
	200	220	240	260	280	300	320	340	360	380	400	420
乙二酸二甲酯	231.1	239.1	248.0	258.2	269.7	282.7						
乙二酸二乙酯	295.2	302.7	311.1	321.3	334.3	353.7	389.8					
乙酸乙烯酯	219.0											
丙烯酸丁酯	296.3	306.0	317.7	333.1	357.7							
甲基丙烯酸甲酯	225.0	236.3	253.2									
甲基丙烯酸乙酯	265.5	277.4	294.2									
氨基甲酸乙酯	221.9											
氰乙酸甲酯	203.0	206.6	210.6	215.0	220.0	226.0	233.7	244.3	260.9			
氰乙酸乙酯	240.7	245.5	250.6	256.3	262.8	270.7	280.8	295.4	320.5			
羟基乙酸乙酯	257.2	264.3	273.7	287.5	311.4							
苯甲酸甲酯	265.3	273.8	282.7	291.9	301.8	312.6	324.9	339.9	360.4			
对甲基苯甲酸甲酯	292.4	299.9	307.6	315.5	323.7	332.4	341.9	353.0	366.8	386.4		
对苯二甲酸二甲酯	339.1	346.9	354.6	362.4	370.3	378.4	386.7	395.5	405.0	415.9	429.0	446.5
邻苯二甲酸二丁酯③	566.1	579.0	591.6	604.2	616.8	629.5	642.3	655.3	668.9	683.5	699.7	719.3

① 温度为-60℃时，其值分别为134.8J/(mol·℃)。
② 温度为440℃时，其值分别为745.5J/(mol·℃)。
③ 温度为-60℃时，其值分别为146.7J/(mol·℃)。

12.9.3 聚酯的比热容

表12.9.5 聚酯类的定压比热容 单位：kJ/(kg·K)

T/K	聚丙烯酸甲酯	聚丙烯酸乙酯	聚甲基丙烯酸乙酯	聚甲基丙烯酸甲酯①②	聚丙烯酸丁酯	聚甲基丙烯酸丁酯	T/K	聚丙烯酸甲酯	聚丙烯酸乙酯	聚甲基丙烯酸乙酯	聚甲基丙烯酸甲酯①②	聚丙烯酸丁酯	聚甲基丙烯酸丁酯
80	0.539	0.534	0.478	0.460		0.540	180	0.939	0.968	0.950	0.920	1.059	1.054
90	0.578	0.580	0.521	0.522	0.700	0.596	190	0.975	1.011	0.990	0.962	1.120	1.113
100	0.614	0.626	0. 576	0.585	0.750	0.648	200	1.010	1.043	1.033	1.003	1.210	1.187
110	0.665	0.677	0.634	0.627	0.798	0.702	210	1.043	1.081	1.074	1.045	1.422	1.240
120	0.704	0.720	0.680	0.669	0.840	0.759	220	1.076	1.118	1.114	1.088	1.688	1.295
130	0.743	0.765	0.730	0.710	0.877	0.810	230	1.110	1.153	1.158	1.109	1.705	1.351
140	0.784	0.808	0.778	0.752	0.906	0.869	240	1.142	1.230	1.205	1.130	1.720	1.466
150	0.821	0.850	0.823	0.792	0.939	0.924	250	1.173	1.380	1.249	1.170	1.741	1.465
160	0.866	0.889	0.865	0.831	0.972	0.970	260	1.209	1.700	1.294	1.211	1.760	1.523
170	0.901	0.930	0.903	0.876	1.010	1.011	270	1.242	1.724	1.342	1.255	1.777	1.590

续表

T/K	聚丙烯酸甲酯	聚丙烯酸乙酯	聚甲基丙烯酸乙酯	聚甲基丙烯酸甲酯①②	聚丙烯酸丁酯	聚甲基丙烯酸丁酯	T/K	聚丙烯酸甲酯	聚丙烯酸乙酯	聚甲基丙烯酸乙酯	聚甲基丙烯酸甲酯①②	聚丙烯酸丁酯	聚甲基丙烯酸丁酯
280	1.320	1.752	1.390	1.298	1.793	1.666	360	1.935	1.990	2.069	1.630	1.990	2.088
290	1.480	1.784	1.442	1.339	1.813	1.750	370	1.953	2.020	2.116	1.682	2.020	2.125
300	1.820	1.816	1.490	1.380	1.835	1.875	380	1.973	2.048	2.166	1.735	2.051	2.160
310	1.842	1.841	1.555	1.421	1.860	1.909	390	1.990	—	2.230	1.860	2.076	2.200
320	1.860	1.870	1.615	1.462	1.886	1.945	400	2.012	—	2.305	2.020	2.100	2.228
330	1.879	1.900	1.685	1.505	1.912	1.981	410	2.031	—	—	2.083	—	2.268
340	1.898	1.936	1.685	1.549	1.933	2.012	420	2.050	—	—	2.116	—	2.315
350	1.916	1.960	2.026	1.590	1.960	2.050							

① 无规立构。

② 温度为430、440、450、460、480、500、520、540、550时，其值分别为2.130、2.155、2.180、2.209、2.259、2.309、2.354、2.400、2.427kJ/(kg·K)。

表12.9.6 聚对苯二甲酸乙二醇酯(结晶度0.75)的比热容 单位：kJ/(kg·K)

T/K	c_p	T/K	c_p	T/K	c_p	T/K	c_p
260	0.960	320	1.193	420	1.635	480	1.870
270	1.002	330	1.222	430	1.673	熔断阶段	—
280	1.036	340	1.330	440	1.709	540	2.062
290	1.073	360	1.425	450	1.744	550	2.090
300	1.111	380	1.490	460	1.781	560	2.118
310	1.150	400	1.560	470	1.819	570	2.142

表12.9.7 聚对苯二甲酸丁二醇酯(结晶度0.37)的比热容 单位：kJ/(kg·K)

T/K	c_p	T/K	c_p	T/K	c_p	T/K	c_p
290	1.220	350	1.530	479	2.160	499	(7.14)
300	1.248	400	1.823	484	2.720	512	4.170
310	1.359	450	2.142	488	2.610	515	4.152
320	1.386	460	2.195	493	(5.14)		
330	1.577	469	2.201	496	(6.45)		
340	1.492	474	2.220	498	(6.95)		

注：() 内数字为熔融间断时的数据。

表12.9.8 基于双酚A的聚碳酸酯的比热容 单位：kJ/(kg·K)

T/K	c_p	T/K	c_p	T/K	c_p	T/K	c_p
10	0.0234	120	0.5038	230	0.9281	340	1.350
20	0.0998	130	0.5411	240	0.9636	350	1.392
30	0.1567	140	0.5796	250	0.9995	370	1.474
40	0.2063	150	0.6180	260	1.037	380	1.519
50	0.2507	160	0.6566	270	1.074	420	1.885
60	0.2899	170	0.6953	280	1.112	460	1.970
70	0.3249	180	0.7328	290	1.150	500	2.051
80	0.3594	190	0.7716	300	1.188	540	2.149
90	0.3950	200	0.8106	310	1.224		
100	0.4315	210	0.8501	320	1.267		
110	0.4673	220	0.8890	330	1.507		

表12.9.9 主链上带环状基团的聚酯类的定压比热容 单位：kJ/(kg·K)

T/K	结晶的β-聚丙内酯	结晶的ξ-聚己内酯	聚三癸内酯(结晶度0.75)	聚氰酸酯①的多环三聚产物	聚乙交酯(结晶度0.67)②	T/K	结晶的β-聚丙内酯	结晶的ξ-聚己内酯	聚三癸内酯(结晶度0.75)	聚氰酸酯①的多环三聚产物	聚乙交酯(结晶度0.67)②
10	0.0187	0.0212	0.033		0.0133	230	1.011	1.145	1.363	0.902	0.897
20	0.0785	0.0920	0.085		0.0377	240	1.045	1.186	1.429	0.940	0.924
30	0.1557	0.1814	0.165		0.075	250	1.082	1.222	1.491	0.979	0.951
40	0.2330	0.2643	0.255		0.133	260	1.117	1.264	1.502	1.019	0.977
50	0.2958	0.3333	0.335	0.230	0.197	270	1.15	1.304	1.608	1.058	1.015
60	0.3681	0.4013	0.420	0.265	0.275	280	1.183	1.343	1.670	1.096	1.058
70	0.4256	0.4652	0.486	0.301	0.340	290	1.219	1.384	1.731	1.125	1.114
80	0.477	0.5268	0.552	0.340	0.440	300	1.250	1.425	1.802	1.173	1.186
90	0.524	0.577	0.604	0.377	0.488	310	1.287	1.463	无	1.215	1.265
100	0.559	0.629	0.656	0.418	0.526	320	1.323	1.502	熔	1.255	1.354
110	0.593	0.672	0.703	0.451	0.563	330	1.361	1.544	融	1.297	1.460
120	0.63	0.717	0.750	0.488	0.597	340	1.399	1.586	间	1.359	1.490
130	0.666	0.755	0.797	0.527	0.630	342	—	1.594	断	—	—
140	0.700	0.790	0.849	0.563	0.660	342	—	1.835	时	—	—
150	0.735	0.823	0.892	0.599	0.692	350	1.441	1.856	据	1.465	1.520
160	0.77	0.868	0.943	0.635	0.723	360	1.878	—	数	1.517	1.542
170	0.808	0.909	0.986	0.672	0.75	370	1.900	—	2.137	1.530	1.563
180	0.839	0.946	1.038	0.705	0.777	380	2.040	—	2.145	1.560	1.584
190	0.872	0.985	1.090	0.745	0.800	390	2.079	—	2.151	1.585	1.602
200	0.911	1.027	1.146	0.784	0.829	400	2.138	—	—	1.611	1.621
210	0.942	1.069	1.212	0.822	0.851	410	—	—	—	1.638	1.643
220	0.979	1.104	1.278	0.862	0.873	420	—	—	—	1.659	1.664

① 2,2-双(4-氰酸苯基)丙烷。

② 温度为430、440、450、460、470、480、490、500*、500*、520、540、550时，其值分别为1.683、1.702、1.725、1.744、1.765、1.783、1.804、1.822、2.043、2.066、2.090、2.091kJ/(kg·K)（加*者为熔点）。

12.10 焓和熵

12.10.1 酯类的焓和熵

表12.10.1 甲酸酯类的焓和熵

物料名	熔化焓/(kJ/kmol)	25℃时理想气体标准生成焓/(kJ/kmol)	25℃时标准燃烧焓/(kJ/kmol)	常规沸点下的汽化焓/(kJ/kmol)	25℃时物质的绝对熵/[kJ/(K·kmol)]
甲酸甲酯	7531	−352400	−892400	28171	285.2
甲酸乙酯	9205	−388300	−1506960	29986	328.2
甲酸正丙酯	13200	−407600	−2041000	32264	367.8
甲酸正丁酯	13900	−427100	−2709900	34925	408.0
甲酸异丁酯	11200	−436300	−2700780	33979	406.6
甲酸仲丁酯	9600	−445400	−2694000	33073	404.6
甲酸叔丁酯	10100	−465100	−2677000	31043	371.7
甲酸正戊酯	—	−448200	−3314000	37729	447.3

续表

物料名	熔化焓 /（kJ/kmol）	25℃时理想气体标准生成焓 /（kJ/kmol）	25℃时标准燃烧焓 /（kJ/kmol）	常规沸点下的汽化焓 /（kJ/kmol）	25℃时物质的绝对熵 /[kJ/（K·kmol）]
甲酸正己酯	22100	−469000	−3929000	39948	486.4
甲酸正庚酯	26600	−489800	−4540000	41703	525.8
甲酸正辛酯	—	−510600	−5157000	43584	564.7
甲酸正壬酯	33400	−531300	−5764000	45942	603.9
甲酸正癸酯	34200	−552000	−6375000	48569	643.2

表12.10.2　乙酸酯类的焓和熵

物料名	熔化焓 /（kJ/kmol）	25℃时理想气体标准生成焓 /（kJ/kmol）	25℃时标准燃烧焓 /（kJ/kmol）	常规沸点下的汽化焓 /（kJ/kmol）	25℃时物质的绝对熵 /[kJ/（K·kmol）]
乙酸甲酯	7970	−411900	−1461000	30456	319.8
乙酸乙酯	10480	−444500	−2061000	32231	359.7
乙酸正丙酯	11200	−464800	−2672000	34101	402.3
乙酸异丙酯	8880	−481700	−2658000	32746	390.2
乙酸正丁酯	14400	−485600	−3280000	36494	442.5
乙酸异丁酯	12400	−494700	−3276000	35558	441
乙酸仲丁酯	12300	−503800	−3268000	34721	439.1
乙酸叔丁酯	12000	−523000	−3251000	33420	406.2
乙酸正戊酯	16500	−505500	−3894050	38485	481.8
乙酸异戊酯	11900	−511900	−3889000	36731	476.3
乙酸正己酯	16900	−526300	−4505000	41312	520.9
乙酸正庚酯	22400	−547100	−5115000	43807	560
乙酸正辛酯	25900	−567900	−5725000	45923	599.2
乙酸正壬酯	29800	−588600	−6335000	48374	638.4
乙酸癸酯	33600	−609300	−6945000	50117	677.6

表12.10.3　丙酸酯类的焓和熵

物料名	熔化焓 /（kJ/kmol）	25℃时理想气体标准生成焓 /（kJ/kmol）	25℃时标准燃烧焓 /（kJ/kmol）	常规沸点下的汽化焓 /（kJ/kmol）	25℃时物质的绝对熵 /[kJ/（K·kmol）]
丙酸甲酯	10100	−427500	−2078000	32499	359.6
丙酸乙酯	12300	−463600	−2674000	33692	402.5
丙酸正丙酯	15000	−483100	−3280000	35483	442
丁酸乙酯	12500	−485500	−3284000	36108	441.7
异丁酸乙酯	—	−499600	−3270000	34238	435.0
正丁酸正丙酯	17800	−505300	−3904800	37487	481.3
异丁酸正丙酯	—	−518100	−3885000	36470	475.0
正丁酸正丁酯	14930	−524900	−4507000	39943	521.5
异丁酸异丁酯	—	−547000	−4490000	37740	510.0
异戊酸乙酯	10800	−527000	−3876500	36981	482.0

续表

物料名	熔化焓 /(kJ/kmol)	25℃时理想气体标准生成焓 /(kJ/kmol)	25℃时标准燃烧焓 /(kJ/kmol)	常规沸点下的汽化焓 /(kJ/kmol)	25℃时物质的绝对熵 /[kJ/(K·kmol)]
戊酸正丁酯	17500	−560200	−5105000	43530	572.0
异戊酸异戊酯	15700	−587500	−5709000	43154	588.9
壬酸丁酯	31600	−627400	−7561000	47418	717.8
十二酸甲酯	43100	−612300	−7566800	50552	728.0
十三酸乙酯	33729	−660200	−7452600	60070	717.0
十四酸异丙酯	43900	−732800	−9984000	56247	878.9
十六酸甲酯	53711	−723000	−9274700	60653	833.0

表 12.10.4 其他酯类的焓和熵(Ⅰ)

物料名	熔化焓 /(kJ/kmol)	25℃时理想气体标准生成焓 /(kJ/kmol)	25℃时标准燃烧焓 /(kJ/kmol)	常规沸点下的汽化焓 /(kJ/kmol)	25℃时物质的绝对熵 /[kJ/(K·kmol)]
甲酸乙烯酯	—	−262000	−1370000	29896	305
甲酸环己酯	8310	−448300	−3710000	39185	410.9
甲酸苄酯	—	−249300	−3810000	44602	418.3
乙酸环己酯	11000	−503000	−4287000	40986	366.1
乙酸烯丙酯	—	−348900	−2548490	33531	405.0
乙酸苄酯	11800	−309156	−4381910	46051	459.0
2,2,5-三甲基己酯	6200	−253100	−5666400	33601	461.7
2,4,4-三甲基己酯	11300	−240300	−5679600	33894	468.4
2,2-乙氧基乙酸酯	25400	−776000	−4240000	47407	611.0
3,4-二氯苯基异氰酸酯	—	−2970	−3110000	42661	406.0
N-异氰酸丁酯	—	−126300	−2887000	36015	401.5
二异氰酸-1,5-萘酯	—	37660	−5383000	62419	645.3
二异氰酸二苯甲酯	—	—	−7056000	76886	761.9
二异氰酸苯甲酯	—	−60670	−4141000	52183	633.1
异氰酸甲酯	—	−62400	−1060000	29186	195.5
异氰酸环己酯	—	−146200	−3884000	43576	465.4
异氰酸苯酯	13470	−14540	−3298000	39728	352.7
β-丙内酯	9410	−282900	−1334400	39855	286.1
γ-丁内酯	9570	−379000	−1867900	45447	305.4
γ-戊内酯	—	−418000	−2492910	44475	350.0

表 12.10.5 其他酯类的焓和熵(Ⅱ)

物料名	熔化焓 /(kJ/kmol)	25℃时理想气体标准生成焓 /(kJ/kmol)	25℃时标准燃烧焓 /(kJ/kmol)	常规沸点下的汽化焓 /(kJ/kmol)	25℃时物质的绝对熵 /[kJ/(K·kmol)]
己内酯	—	−425900	−3093000	44209	362.1
丙二酸二乙酯	16200	−781000	−3362000	46465	554.0
丁二酸二乙酯	20600	−847300	−3928000	46984	587.0
己二酸二正己酯	45600	−1056000	−10030000	65089	980.8
癸二酸二丁酯	46400	−1056000	−10040000	66515	980.8
顺丁烯二酸二乙酯	—	−740000	−3800000	48344	582
乙基-3 -乙氧基丙酸酯	—	−633000	−3760000	42563	533

续表

物料名	熔化焓 /(kJ/kmol)	25℃时理想气体标准生成焓 /(kJ/kmol)	25℃时标准燃烧焓 /(kJ/kmol)	常规沸点下的汽化焓 /(kJ/kmol)	25℃时物质的绝对熵 /[kJ/(K·kmol)]
乙基-3-乙氧基丙酸酯	—	−633000	−3760000	42563	533
乙酰乙酸乙酯	—	−560000	−2960000	43609	484
乙酰乙酸甲酯	—	−589000	−2310000	43125	443
乙酸2-乙基己基酯	16100	−570000	−5725000	43306	605
二乙酸乙二酯	—	−807000	−2704740	45368	507
二乙酸亚乙酯	—	−812000	−2700000	42930	494
二甲基丙烯酸甲酯	—	−381000	−3150000	34376	442
二丙烯酸乙二醇酯	—	−602000	−3690000	49461	571
十二酯	30500	−415500	−7383830	48120	658.6
三乙酸甘油酯	—	−1252700	−3903000	56455	676.0
己二酸二-2-乙基己酯	10100	−1157000	−12460000	59030	1096
马来酸二丁酯	—	−688000	−6360000	58149	740.0
水杨酸甲酯	—	−464300	−3583800	52021	456.0

表 12.10.6 其他酯类的焓和熵（Ⅲ）

物料名	熔化焓 /(kJ/kmol)	25℃时理想气体标准生成焓 /(kJ/kmol)	25℃时标准燃烧焓 /(kJ/kmol)	常规沸点下的汽化焓 /(kJ/kmol)	25℃时物质的绝对熵 /[kJ/(K·kmol)]
丙二醇单甲基醚乙酯	—	−614800	−3149000	39687	488.3
丙烯酸-2-乙基己基酯	19800	−470000	−6221000	46382	643
丙烯酸-2-羟乙酯	17300	−493000	−2370000	53893	451
丙烯酸乙烯酯	5370	−314900	−1950000	31571	328
丙烯酸乙酯	—	−341000	−2555000	33936	407
丙烯酸正丁酯	—	−385000	−3770000	39106	485
丙烯酸正丙酯	—	−364000	−3160000	36535	446
丙烯酸甲酯	11130	−333000	−1930300	32142	366
丙烯酸异丙酯	11300	−371000	−3151000	34187	432.9
丙酸乙烯酯	11000	−347000	−2550000	33901	385
四硝酸四羟基甲酯	97900	−386700	−2348000	70021	—
对苯二甲酸二甲酯	31630	−644000	−4411500	52829	550
对苯二甲酸二异辛酯	—	−981400	−13060000	71553	1110
甲基丙烯酸-2-乙酰乙酸乙酯	—	−887500	−4657000	59048	690.1
甲基丙烯酸-2-羟乙酯	15200	−519300	−2994000	47723	486.6
甲基丙烯酸十六烷酯	—	−665000	−11700000	64135	994
甲基丙烯酸正丙酯	11700	−402000	−3760000	37092	481
甲基丙烯酸甲酯	14434.8	−360000	−2540000	33761	401
甲基丙烯酸异丁酯	—	−418300	−4376000	38186	509.7
甲基丙烯酸烯丙酯	—	−184000	−3730000	37859	437

表 12.10.7 其他酯类的焓和熵（Ⅳ）

物料名	熔化焓 /(kJ/kmol)	25℃时理想气体标准生成焓 /(kJ/kmol)	25℃时标准燃烧焓 /(kJ/kmol)	常规沸点下的汽化焓 /(kJ/kmol)	25℃时物质的绝对熵 /[kJ/(K·kmol)]
邻苯二甲酸二丁酯	—	−750900	−8114000	62436	749.1
邻苯二甲酸二壬酯	50800	−1016000	−14180000	64888	1188

续表

物料名	熔化焓 /(kJ/kmol)	25℃时理想气体标准生成焓 /(kJ/kmol)	25℃时标准燃烧焓 /(kJ/kmol)	常规沸点下的汽化焓 /(kJ/kmol)	25℃时物质的绝对熵 /[kJ/(K·kmol)]
邻苯二甲酸二丙酯	—	-719600	-6874000	59335	817
邻苯二甲酸二甲酯	16945	-605000	-4465910	55735	660
邻苯二甲酸二异丁酯	—	-778700	-8066000	61843	724
邻苯二甲酸二异辛酯	—	-966720	-12955500	66130	1010
邻苯二甲酸二异癸酯	—	-1060000	-15540000	73929	1222
邻苯二甲酸二庚酯	41800	-923800	-11730000	68516	1031
间苯二甲酸二甲酯	—	-665000	-4413600	49047	556
乳酸乙酯	—	-635000	-2481570	47155	456
乳酸甲酯	8990	-594302	-1898000	42953	414.5
油酸甲酯	—	-626000	-11100000	63625	956
苯甲酸乙酯	14200	-326000	-4410000	45093	455
苯甲酸丁酯	19700	-367000	-5590000	49047	539
苯甲酸正丙酯	15200	-338100	-5022300	46540	485.1
苯甲酸甲酯	9736	-287900	-3772000	43892	414
苯甲酸苄酯	18400	-191000	-6690000	56406	545
草酸二乙酯	14600	-747200	-2764100	43879	527
顺丁烯二酸二丙酯	—	-710000	-5080000	53587	664
顺丁烯二酸二甲酯	14640	-620800	-2647500	47099	499
顺丁烯二酸二烯丙酯	—	-517000	-4790000	54209	639

表 12.10.8 其他酯类的焓和熵（V）

物料名	熔化焓 /(kJ/kmol)	25℃时理想气体标准生成焓 /(kJ/kmol)	25℃时标准燃烧焓 /(kJ/kmol)	常规沸点下的汽化焓 /(kJ/kmol)	25℃时物质的绝对熵 /[kJ/(K·kmol)]
氯乙酸乙酯	15500	-462600	-1913000	39038	414
氯乙酸甲酯	11288.1	-449000	-1290000	39446	373
氯甲酸甲酯	—	-424000	-689000	33681	312
氰乙酸乙酯	13600	-316000	-2483000	55170	413
氰乙酸甲酯	16300	-237000	-1881000	48156	381
硫酸二乙酯	—	-756300	-2270000	47231	417
硫酸二正丁酯	—	-828850	-4716700	60765	574.7
硫酸二甲酯	—	-687000	-1070020	40132	335
硬脂酸丁酯	56900	-818600	-13158200	58351	1084
碳酸二乙酯	9510	-639100	-2495400	36969	404
碳酸二甲酯	12000	-570100	-1295000	33624	321.6
碳酸丙烯酯	9620	-582500	-1667800	49570	296.3
磷酸三乙酯	—	-1244700	-3848600	46783	—
磷酸三甲酯	—	—1080000	-2200000	48039	—
磷酸三苯酯	29610	-762000	-9058950	81586	—
磷酸邻三甲苯酯	23700	-851000	-11000000	86606	—

12.10.2 酯类的汽化焓

表12.10.9 酯类的汽化焓（Ⅰ） 单位：kJ/mol

名 称	温度/℃										
	-80	-60	-40	-20	0	20	40	60	80	100	120
甲酸甲酯	33.76	32.88	31.96	30.99	29.97	28.89	27.73	26.49	25.15	23.67	22.02
甲酸乙酯		36.22	35.28	34.29	33.26	32.17	31.02	29.78	28.46	27.03	25.45
甲酸丙酯	40.34	39.75	39.03	38.21	37.29	36.26	35.13	33.88	32.53	31.05	29.43
甲酸戊酯		52.57	51.47	50.321	49.13	47.88	46.59	45.23	43.79	42.27	40.66
乙酸甲酯								56.33	55.06	53.74	52.36
乙酸乙酯	41.08	40.13	39.14	38.10	37.02	35.88	34.68	33.40	32.04	30.57	28.97
乙酸正丙酯	44.69	43.74	42.74	41.71	40.63	39.50	38.31	37.06	35.74	34.33	32.81
乙酸异丙酯		42.56	41.48	40.36	39.18	37.94	36.62	35.22	33.73	32.11	30.35
乙酸正丁酯		47.00	46.02	45.00	43.95	42.84	41.69	40.49	39.22	37.88	36.45
乙酸异丁酯	47.81	46.82	45.79	44.72	43.61	42.45	41.23	39.95	38.60	37.16	35.62
乙酸正戊酯	56.65	55.56	54.44	53.28	52.07	50.82	49.50	48.14	46.70	45.18	43.58
乙酸异戊酯		49.60	48.62	47.60	46.55	45.46	44.32	43.13	41.88	40.57	39.18
丙酸甲酯	37.38	36.47	35.52	34.52	33.47	32.37	31.20	29.95	28.60	27.15	25.55
丙酸乙酯		43.68	42.68	41.63	40.54	39.40	38.20	36.94	35.60	34.16	32.62
丙酸丙酯		45.72	44.77	43.78	42.74	41.67	40.55	39.37	38.13	36.83	35.43
丙酸异丁酯		47.29	46.33	45.35	44.33	43.26	42.15	40.99	39.78	38.49	37.13
丁酸甲酯	44.41	43.47	42.50	41.49	40.43	39.33	38.17	36.95	35.66	34.29	32.82
异丁酸甲酯	43.15	42.20	41.22	40.19	39.12	38.00	36.82	35.57	34.24	32.82	31.30
丁酸乙酯	45.89	44.95	43.97	42.96	41.91	40.82	39.67	38.46	37.19	35.84	34.40
异丁酸乙酯	46.52	45.53	44.51	43.44	42.33	41.17	39.96	38.67	37.31	35.86	34.32

名 称	温度/℃										
	140	160	180	200	220	240	260	280	300	320	340
甲酸甲酯	20.13	17.89	15.04	10.79							
甲酸乙酯	23.69	21.69	19.32	16.32	11.92						
甲酸丙酯	27.67	25.72	23.54	21.06	18.13	14.40	8.014				
甲酸戊酯	38.93	37.06	35.03	32.77	30.22	27.24	23.60	18.64	8.541		
乙酸甲酯①	50.92	49.40	47.81	46.12	44.33	42.40	40.31	38.03	35.49	32.60	29.22
乙酸乙酯	27.21	25.24	22.97	20.25	16.73	11.09					
乙酸正丙酯	31.17	29.37	27.36	25.07	22.37	18.97	14.04				
乙酸异丙酯	28.39	26.18	23.60	20.44	16.15	7.398					
乙酸正丁酯	34.93	33.29	31.50	29.52	27.29	24.71	21.57	17.40	9.965		
乙酸异丁酯	33.97	32.17	30.18	27.94	25.36	22.25	18.16	11.30			
乙酸正戊酯	41.87	40.03	38.04	35.86	33.44	30.68	27.43	23.36	17.54		
乙酸异戊酯	37.71	36.14	34.44	32.58	30.53	28.23	25.56	22.31	18.00	10.31	
丙酸甲酯	23.76	21.71	19.28	16.19	11.54						
丙酸乙酯	30.95	29.12	27.06	24.71	21.90	18.33	12.89				
丙酸丙酯	33.94	32.34	30.58	28.65	26.46	23.92	20.83	16.70	9.048		
丙酸异丁酯	35.68	34.13	32.45	30.61	28.57	26.25	23.52	20.13	15.35		
丁酸甲酯	31.23	29.49	27.57	25.38	22.83	19.68	15.35				
异丁酸甲酯	39.63	27.80	25.74	23.35	20.48	16.70	10.31				
丁酸乙酯	32.85	31.16	29.31	27.24	24.88	22.06	18.45	12.98			
异丁酸乙酯	32.64	30.80	28.76	26.45	23.74	20.38	15.70				

① 温度为360、380℃时，其值分别为25004、19063kJ/mol。

表12.10.10　酯类的汽化焓（Ⅱ）　　单位：kJ/mol

名　称	温度/℃												
	-80	-60	-40	-20	0	20	40	60	80	100	120	140	160
乙二酸二甲酯								52.07	50.72	49.30	47.81	46.24	44.58
乙二酸二乙酯			67.11	65.82	64.49	63.11	61.68	60.18	58.63	57.00	55.30	53.50	51.59
乙酸乙烯酯	43.33	42.33	41.29	40.21	39.08	37.88	36.62	35.28	33.85	32.32	30.66	28.82	26.77
丙烯酸甲酯		40.96	39.99	38.98	37.92	36.81	35.64	34.41	33.09	31.69	30.17	28.50	26.67
丙烯酸乙酯		42.29	41.33	40.34	39.31	38.22	37.09	35.89	34.62	33.28	31.83	30.26	28.55
丙烯酸丁酯		52.11	51.08	50.01	48.90	47.75	46.55	45.30	43.98	42.60	41.14	39.58	37.92
甲基丙烯酸甲酯			44.31	43.29	42.22	41.11	39.96	38.74	37.45	36.08	34.62	33.06	31.35
甲基丙烯酸乙酯			45.70	44.66	43.58	42.45	41.26	40.03	38.72	37.33	35.86	34.27	32.55
氨基甲酸乙酯	41.44	40.50	39.52	38.51	37.44	36.32	35.14	33.89	32.56	31.13	29.59	27.89	26.01
氰乙酸甲酯					62.08	60.95	59.78	58.57	57.32	56.02	54.68	53.26	51.79
氰乙酸乙酯				64.57	63.41	62.22	60.99	59.72	58.40	57.02	55.60	54.10	52.54
羟基乙酸乙酯							60.68	59.05	57.34	55.54	53.65	51.63	49.47
苯甲酸甲酯					55.14	54.32	53.42	52.43	51.35	50.19	48.94	47.61	46.18
对甲基苯甲酸甲酯							59.13	58.00	56.83	55.62	54.37	53.06	51.69
对苯二甲酸二甲酯													65.71
邻苯二甲酸二丁酯				121.31	119.55	117.74	115.88	113.97	112.01	109.99	107.90	105.75	103.52
名　称	温度/℃												
	180	200	220	240	260	280	300	320	340	360	380	400	420
乙二酸二甲酯	42.81	40.90	38.83	36.56	34.03	31.14	27.71	23.38	16.98				
乙二酸二乙酯	49.56	47.37	45.00	42.41	39.52	36.23	32.35	27.474	20.44				
乙酸乙烯酯	24.41	21.60	18.00	12.42									
丙烯酸甲酯	24.58	22.16	19.19	15.15	6.858								
丙烯酸乙酯	26.64	24.48	21.93	18.77	14.31								
丙烯酸丁酯	36.12	34.16	31.99	29.55	26.71	23.26	18.62	10.03					
甲基丙烯酸甲酯	29.48	27.38	24.97	22.10	18.42	12.74							
甲基丙烯酸乙酯	30.66	28.56	26.16	23.32	19.75	14.54							
氨基甲酸乙酯	23.86	21.33	18.17	13.65									
氰乙酸甲酯	50.25	48.62	46.89	45.05	43.07	40.94	38.59	35.99	33.02	29.52	25.16	18.92	
氰乙酸乙酯	50.89	49.15	47.29	45.31	43.17	40.85	38.27	35.37	32.04	27.91	22.46	12.60	
羟基乙酸乙酯	47.14	44.61	41.80	38.64	34.98	30.55	24.64	14.11					
苯甲酸甲酯	44.66	43.04	41.32	39.48	37.50	35.38	33.08	30.57	27.78	24.61	20.82	15.79	
对甲基苯甲酸甲酯	50.27	48.78	47.20	45.53	43.75	41.84	39.78	37.52	35.01	32.15	28.79	24.61	18.68
对苯二甲酸二甲酯①	64.18	62.59	60.93	59.19	57.36	55.42	53.37	51.18	48.81	46.24	43.41	40.23	36.56
邻苯二甲酸二丁酯②	101.20	98.80	96.29	93.67	90.92	88.02	84.96	81.70	78.20	74.43	70.31	65.74	60.56

① 温度为440、460、480℃时，其值分别为32.14、26.38、16.94 kJ/mol。
② 温度为440、460、480℃时，其值分别为54.52、47.09、36.91kJ/mol。

N 算图12.10
一些脂肪酸甲酯的汽化热
（第845页左）

N 算图12.11
一些脂肪酸乙酯的汽化热
（第845页右）

N 算图12.12
脂肪酸丙酯、脂肪酸丁酯的汽化热
（第846页左）

N 算图12.13
一些氰酸酯的汽化热
（第846页右）

N 算图12.14
其他酸酯的汽化热
（第847页左）

12.11 危险品特性

表12.11.1 酯类的危险品特性

名称	CAS号	危险品编号	饱和蒸气压①/kPa	燃烧性	闪点/℃	自燃温度/℃	建规火险分级	爆炸下/上限(体积分数)/%	灭火方法	危险品类别	风险性代号	安全代号
甲酸甲酯	107-31-3	31037	53.32(16)	易	−32	449	甲	4.5/32.0	P, R, T, G, Sw	3.1	R12; R20/22; R36/37	S16; S24; S26; S33; S9
甲酸乙酯	109-94-4	31038	13.33(5.4)	易	−20	440	甲	2.7/16.0	P, R, T, G, Sw	3.1	R11; R20/22; R36/37	S16; S24; S26; S33; S9
甲酸正丙酯	110-74-7	32122	11.3(25)	易	−3	455	甲	2.7/13.5	P, R, G, T	3.2		
甲酸丁酯	592-84-7	32123	5.33(31.6)	易	18	320	甲	1.6/8.3	P, R, T, G, Sw	3.2	R11; R36/37	S16; S24; S33; S9
甲酸异丁酯	524-55-2	32123	4.35(20)	易	10	322	甲	1.7/8	P, R, G, T	3.2	R11; R36/37	S16; S24; S33; S9
甲酸正戊酯	638-49-3	33595	6.53(50)	易	26.7	379	甲	—	P, R, T, G, Sw	3.3		
甲酸异戊酯	110-45-2	33595	1.33(17)	易	—	—	乙	1.7/10.0	P, R, G, T	3.3	R10; R36/37	S2; S24
甲酸正己酯	629-33-4	33595		易	＜23	—	甲	—	P, R, G, T	3.3	R10	S23; S24/25
乙酸甲酯	79-20-9	32126	13.33(9.4)	易	−10	454	甲	3.1/16.0	P, R, T, G, Sw	3.2	R11; R36; R66; R67	S16; S26; S29; S33
乙酸乙酯	141-78-6	32127	13.33(27)	易	−4	426	甲	2.0/11.5	P, R, T, G, Sw	3.2	R11; R36; R66; R67	S16; S26; S33
乙酸丙酯	109-60-4	32128	5.33(28.8)	易	10	445	甲	1.7/8.0	P, R, T, G, Sw	3.2	R11; R36; R66; R67	S16; S26; S29; S33
乙酸异丙酯	108-21-4	32128	5.33(17.0)	易	2	460	甲	1.8/8.0	P, R, T, G, Sw	3.2	R11; R36/37/38	S16; S26; S36
乙酸丁酯	123-86-4	32130	2.00(25)	易	22	370	甲	1.2/7.5	P, R, T, G, Sw	3.2	R10; R66; R67	S25
乙酸异丁酯	110-19-0	32130	1.33(12.8)	易	18	420	甲	1.3/10.5	P, R, T, G, Sw	3.2	R11; R66	S16; S23; S25; S29; S33
乙酸仲丁酯	105-46-4	32130	2.00(25)	易	19	—	甲	1.5/15.0	P, R, T, G, Sw	3.2	R11; R66	S16; S23; S25; S29; S33
乙酸叔丁酯	540-88-5	32130	—	易	31	—	甲	1.7/—	P, R, T, G, Sw	3.2	R11; R66	S16; S23; S25; S29; S33
乙酸戊酯	628-63-7	33596	98.24(148)	易	25	360	甲	1.0/7.5	P, R, T, G, Sw	3.3	R10; R66	S23; S25
乙酸异戊酯	123-92-2	33596	0.7(25)	易	25	379	甲	1.0/7.5	P, R, T, G, Sw	3.3	R10; R66	S2; S23; S25
乙酸正己酯	142-92-7	33596	—	易	43	—	乙	—	P, R, T, G, Sw	3.3	R10	S16
乙酸仲己酯	108-84-9	33596	0.51(20)	易	45(O.C)	—	乙	—	P, R, T, G, Sw	3.3		
乙酸庚酯	112-06-1		1.6(73)	可	—	—	丙	—	P, R, G, T			
乙酸辛酯	112-14-1			可	86	—	丙	—	W, P, R, G, T			S24/25
乙酸壬酯	143-13-5			可	67.2	—	丙	—	P, R, G, T			
丙酸甲酯	554-12-1	32135	5.33(11)	易	2	469	甲	2.5/13.0	P, R, G, T	3.2	R11; R20	S16; S24; S29; S33
丙酸乙酯	105-37-3	32136	5.32(27)	易	12	440	甲	1.8/11.0	P, R, T, G, Sw	3.2	R11	S16; S23; S24; S29; S33
丙酸丁酯	590-01-2	33597		易	16	427	甲	—	W, P, R, G, T	3.3		
丙酸异丁酯	540-42-1	32138		易	—	—	甲	—	P, R, G, T	3.2	R10	S16
丙酸戊酯	624-54-4	33597	1.33(46.3)	易	41	377	乙	—	W, P, R, G, T	3.3		
丙酸异戊酯	105-68-0	33597	0.27(25)	易	41	—	乙	—	P, R, G, T	3.3		

续表

名称	CAS号	危险品编号	饱和蒸气压①/kPa	燃烧性	闪点/℃	自燃温度/℃	建规火险分级	爆炸下/上限(体积分数)/%	灭火方法	危险品类别	风险性代号	安全代号
丁酸甲酯	623-42-7	32140	5.33(29.6)	易	14	—	甲	—	P, R, T, G, Sw	3.3	R11; R20; R36/37/38	S16; S26
丁酸乙酯	105-54-4	33598	1.33(15.3)	易	24	463	甲	—	P, R, T, G, Sw	3.3	R10; R36/37/38	S16; S26; S36
异丁酸乙酯	97-62-1	32141	5.33(33.8)	易	<21	—	甲	—	P, R, T, G, Sw	3.2	R11; R36/37/38	S16; S26; S36/37/39
丁酸丙酯	105-66-8	33598	—	易	37	—	乙	—	P, R, T, G, Sw	3.3	R10; R36/37/38	S16; S26; S36
异丁酸正丙酯	644-49-5	33598		易	—	—	乙	—	P, R, G, T	3.3	R10	S16
丁酸丁酯	109-21-7	33598	1.73(55)	易	50	—	乙	—	P, R, T, G, Sw	3.3	R10	S2
丁酸戊酯	540-18-1	33598	—	易	57	582	乙	—	P, R, T, G, Sw	3.3	R36/37/38	S26; S36
正丁酸异丙酯	638-11-9	33598	0.80(20)	易	30	—	乙	—	P, R, G, T	3.3		
异丁酸异丁酯	97-85-8	33598	0.43(20)	易	37	432	乙	0.96/7.59	P, R, G, T	3.3	R10	S2
叔戊酸甲酯	598-98-1	32145		易	−1	—	甲	—	P, R, G, T	3.2	R11	S16; S33; S9
戊酸乙酯	539-82-2	33599	—	易	38	—	乙	—	P, R, G, T, Sw	3.3	R10	S2
异戊酸乙酯	108-64-5	33599	0.56(20)	易	26	—	甲	—	P, R, T, G, Sw	3.3	R10	S2
戊酸丁酯	591-68-4	33599		可	—	—	丙	—	P, R, G, T	3.3		
戊酸戊酯	2173-56-0	33599		可	—	—	丙	—	P, R, G, T	3.3		
正己酸甲酯	106-70-7	33600		易	43	—	乙	—	P, R, G, T	3.3	R10	S2
己酸乙酯	123-66-0	33600	—	易	49	—	乙	—	P, R, T, G, Sw	3.3	R10; R36/37/38	S16; S26; S36
壬酸乙酯	123-29-5			可	85	—	丙	—	P, R, G, T		R36/37/38	S26; S36
乙二醇乙醚乙酸酯	111-15-9	33570	0.16(20)	易	47	380	乙	1.7/6.7	W, P, R, T, G	3.3	R10; R20/21/22; R60; R61	S45; S53
乙二酸二乙酯	95-92-1	61621	1.33(84)	可	75	—	丙	—	G, P, R, T	6.1	R22; R36	S23
乙二酸二丁酯	2050-60-4	61621	—	可	104.4	—	丙	—	G, P, R, T	6.1	R20/21	S23
乙二酸二甲酯	553-90-2	61621	0.13(20)	可	75	—	—	—	G, P, R, T	6.1	R36/38	S24/25
乙二醇单乙酸酯	542-59-6			可	101.7	—	丁	—	水, P, R, G			
2-乙氧基乙酸乙酯	111-15-9	33570	0.16(20)	易	47	380	乙	1.7/6.7	W, P, R, T, G	3.3	R10; R20/21/22; R60; R61	S45; S53
乙基异氰酸酯	109-90-0	32164	1.73(22.8)	易	−6	—	甲	—	R, G, T	3.2	R11; R20/21; R25; R36/37/38; R42	S16; S26; S36/37/39; S45
乙酰乙酸乙酯	141-97-9		0.13(28.5)	可	84	295	丙	—	P, R, G, T			S24/25
乙酰乙酸丁酯	591-60-6		0.025(20)	可	85	—	丙	—	P, R, G, T			
乙酰乙酸甲酯	105-45-3		0.09(20)	可	67	280	丙	—	P, R, G, T		R36	S26
乙酸-2-乙基己酯	103-09-3		0.05(70)	可	87.7	—	丙	—	W, P, R, G, T			
乙酸-3-甲氧基丁酯	4435-53-4	33571	0.40(30)	可	60	—	丙	2.3/15	W, P, R, G, T	3.3		
乙酸乙烯酯	108-05-4	32131	13.3(21.5)	易	−8	2.6	甲	2.6/13.4	P, R, G, T	3.2	R11	S16; S23; S29; S33

续表

名　称	CAS号	危险品编号	饱和蒸气压[1]/kPa	燃烧性	闪点/℃	自燃温度/℃	建规火险分级	爆炸下/上限(体积分数)/%	灭火方法	危险品类别	风险性代号	安全代号
乙酸异丙烯酯	108-22-5	32132		易	18	431	甲	1.8/7/8	W, P, R, G, T	3.2	R11	S16
乙酸苄酯	140-11-4		0.13(45)	可	102	461	丙	—	W, P, R, G, T		R36/37/38	S26; S37/39
乙酸环己酯	622-45-7	33596	0.93(60)	易	57	335	乙	—	W, P, R, G, T	3.3		
乙酸苯酯	122-79-2			可	76	—	丙	—	W, P, R, G, T		R22	
乙酸烯丙酯	591-87-7	32133	—	易	−18～23	374	甲	—	P, R, T, G, Sw	3.2	R11; R21; R25	S16; S27; S45
丁二酸二乙酯	123-25-1		0.13(55)	可	90	—	丙	—	P, R, G, T			S24/25
丁二酸二丁酯	141-03-7			可	—	—	丙	—	W, P, R, G, T		R51/53	S61
丁二酸二丙酯	925-15-5			可	—	—	丙	—	P, R, G, T			
γ-丁内酯	96-48-0		2.0(20)	可	98	455	丙	1.4/16	W, P, R, G, T		R22; R36	S26; S39
丁基异氰酸酯	111-36-4	32164	1.41(20)	易	26	—	甲	—	R, T, G	3.2	R11; R21/22; R26; R34; R37; R42/43	S23; S26; S28; S36/37/39; S45
叔丁基过苯甲酸酯	614-45-9	52076	0.044(50)	易	93	—	甲	—	W, P, R, G, T	5.2	R2; R38; R7	S17; S37
丁烯酸甲酯	623-43-8	32148	—	易	4.4	—	甲	—	P, R, T, G, Sw	3.2	R11; R36/37/38	S16; S26; S36; S33; S9
丁酸乙烯酯	123-20-6	33589		易	20	—	甲	1.4/8.8	W, P, R, G, T	3.3		
丁酸烯丙酯	2051-78-7	33598	2.00(45)	易	41	—	乙	—	P, R, T, G, Sw	3.3		
二乙二醇单乙基醚乙酸酯	112-15-2		0.007(20)	可	110	—	丙	—	W, P, R, G, T		R19; R36/37	S26; S39
二乙二醇单丁基醚乙酸酯	124-17-4		＜0.0013(20)	可	115	299	丙	—	W, P, R, G, T		R19; R36/37	S26; S39
二乙二醇单甲基醚乙酸酯	629-38-9		0.016(20)	可	82	—	丙	—	W, P, R, G, T			
O,O'-二乙基氯硫代磷酸酯	2524-4-1		0.19(50)	可	110	—	丙	—	P, R, G, T			
二乙酰乙酸甲酯	4619-66-3			易	—	—	乙	—	W, P, R, G, T			
2,4-二异氰酸甲苯酯	584-84-9	61111	1.33(118)	可	121	—	丙	0.9/9.5	P, R, G, T, JSJ	6.1	R26; R36/37/38; R40; R42/43; R52/53	S23; S36/37; S45; S61
4,4'-二苯甲烷二异氰酸酯	101-68-8	61545	0.07(25)	可	—	—	丙	—	R, G, T	6.1	R20; R36/37/38; R42/43	S23; S36/37; S45
二氯乙酸甲酯	116-54-1	61612	—	可	80	—	丙	—	G, P, R, T	6.1	R36/37/38	S26; S37/39
二溴磷	300-76-5	61874	0.066(110)	可	—	—	丙	—	P, R, G, T	6.1		
三乙磷酸酯	78-40-0		0.13(49)	可	115	451.7	丙	1.7/10.0	W, P, R, G, T		R22	S25
三甲苯基磷酸酯	1330-78-5	61112	1.33(265)	可	＞110	385	丙	—	W, P, R, G, T	6.1	R39/23/24/25; R51/53	S20/21; S28A; S45; S61
三异丁酸甘油酯				可	—	—	丙	—	W, P, R, G, T			
己二酸二乙酯	141-28-6			可	—	—	丙	—	KP, R, G, T			S24/25

续表

名称	CAS号	危险品编号	饱和蒸气压①/kPa	燃烧性	闪点/℃	自燃温度/℃	建规火险分级	爆炸下/上限(体积分数)/%	灭火方法	危险品类别	风险性代号	安全代号
己二酸二丁酯	105-99-7			可	115	—	丙	—	KP, R, G, T			
己酸丙烯酯	123-68-2			可	—	—	丙	—	P, R, G, T		R22; R24; R51/53	S36/37; S45; S61
马来酸二丁酯	105-76-0		1.33(139)	可	140.6	—	丙	—	W, P, R, G, T		R43; R51/53	S24; S29; S37; S61
马来酸二正丙酯			0.8(114)	可	—	—	丙	—	W, P, R, G, T			
马来酸二甲酯	624-48-6		1.33(84)	可	91	—	丙	—	KP, R, G, T		R21/22	S23; S36/37
马来酸二烯丙酯	999-21-3		1.2(127)	可	>110	—	丙	—	W, P, R, G, T		R21/22; R36/38	S26; S36/37/39
六亚甲基二异氰酸酯	822-06-0	61111	0.67(112)	可	140	—	丙	—	R, G, T	6.1	R23; R36/37/38; R42/43	S26; S28A; S38; S45
壬二酸二-2-乙基己酯	103-24-2		0.67(237)	可	212	377	丙	0.4/—	KP, R, G, T			
壬二酸二乙酯	624-17-9			可	—	—	丙	—	P, R, G, T			
壬二酸二丁酯	2917-73-9			可	—	—	丙	—	KP, R, G, T			
月桂酸乙酯	106-33-2		3.33(163)	可	100	—	丙	—	P, R, G, T			S23; S24/25
水杨酸甲酯	119-36-8		133.32(540)	可	101	450	丙	—	W, P, R, T		R22; R36/38	S24/25
水杨酸异戊酯	87-20-7			可	270	—	丙	—	W, P, R, G, T		R51/53	S61
丙二酸二乙酯	105-53-3		1.33(81)	可	93.3	—	丙	—	P, R, G, T			S24/25
1,2-丙二醇碳酸酯	108-32-7		0.004(20)	可	135	—	丙	—	W, P, R, G, T		R36	
β-丙内酯	57-57-8			可	70	—	丙	—	W, P, R, G, T			
丙基异氰酸酯	110-78-1	32164	6.65(19)	易	26	—	甲	—	R, G, T	3.2	R11; R14; R22; R26; R34; R42	S16; S26; S36/37/39; S38; S45
丙烯酸-2,3-环氧丙酯	106-90-1	33601	0.27(57)	易	60.6	415	乙	—	P, R, G, T	3.3		
丙烯酸乙酯	140-88-5	32147	3.90(20)	易	9	350	甲	1.4/14.0	P, R, T, G, Sw	3.2	R11; R20/21/22; R36/37/38; R43	S16; S33; S36/37; S9
丙烯酸丁酯	141-32-2	33601	1.33(35.5)	易	37	275	乙	1.2/9.9	P, R, T, G, Sw	3.3	R10; R36/37/38; R43	S9
丙烯酸丁酯	106-63-8	33601	1.40(20)	易	30(O.C)	340	乙	1.8/8.0	P, R, T, G, Sw	3.3	R10; R20/21; R38; R43	S9; S24; S37
丙烯酸甲酯	96-33-3	32146	13.33(28)	易	−3(O.C)	468	甲	1.2/25.0	P, R, T, G, Sw	3.2	R11; R20/21/22; R36/37/38; R43	S25; S26; S33; S36/37; S43A; S9
丙酸乙烯酯	105-38-4		5.3(22)	易	—	—	甲	—	P, R, G, T		R11	S16; S23; S33
原丙酸三乙酯	115-80-0	33597		易	60	—	乙	—	P, R, G, T	3.3	R36/38	S26; S37/39
戊二酸二乙酯	818-38-2			可	96	—	丙	—	KP, R, G, W			
甲二醇乙醚乙酸酯	110-49-6	33570	0.27(20)	易	44	285	乙	1.6/8.2	W, P, R, T, G	3.3	R20/21/22; R60; R61	S45; S53
对甲苯磺酸甲酯	80-48-8		0.67(144)	可	>110	—	丙	—	W, P, R, G, T		R22; R36/37/38; R40; R43	S24; S26; S36/37/39; S45
2-甲氧基乙酸乙酯	110-49-6	33570	0.27(20)	易	44	285	乙	1.6/8.2	W, P, R, T, G	3.3	R20/21/22; R60; R61	S45; S53

续表

名　称	CAS号	危险品编号	饱和蒸气压[①] /kPa	燃烧性	闪点 /℃	自燃温度 /℃	建规火险分级	爆炸下/上限(体积分数)/%	灭火方法	危险品类别	风险性代号	安全代号
甲基丙烯酸乙酯	97-63-2	32149	2.0(20)	易	15	410	甲	1.8/—	W, P, R, G, T	3.2	R11; R36/37/38; R43	S16; S29; S33; S9
甲基丙烯酸正丁酯	97-88-1	33601	0.65(20)	易	41.1	259	乙	2/8	P, R, G, T	3.3	R10; R36/37/38; R43	
甲基丙烯酸甲酯	80-62-6	32149	5.33(25)	易	10	435	甲	2.12/12.5	W, P, R, G, T	3.2	R11; R37/38; R43	S24; S37; S46
甲基丙烯酸异丁酯	97-86-9	33601	2.67(60)	易	48	—	乙	—	W, P, R, G, T	3.3	R10; R36/37/38; R43; R50	S24; S37; S61
甲基异氰酸酯	624-83-9	32164	46.39(20)	易	-6	—	甲	—	R, G, T	3.2		
甲酸乙烯酯	692-45-5	33595		易	<0	—	甲	—	P, R, G, T	3.3		
甲酸甲基环己酯		33595		易	—	—	乙	—	W, P, R, G, T	3.3		
甲酸苄酯	104-57-4	33595	1.33(84)	易	42	—	乙	—	W, P, R, G, T	3.3	R21/22	S36/37
甲酸环己酯	4351-54-6	33595		易	51	—	乙	—	W, P, R, G, T	3.3		
甲酸烯丙酯	1838-59-1	32125	—	易	—	—	甲	—	P, R, T, G, Sw	3.2		
乳酸乙酯	687-47-8	33602	—	易	46	400	丙	1.5/11.4	W, P, R, G, T	3.3	R10; R37; R41	S24; S26; S39
乳酸甲酯	17392-83-5	33602	12(42)	易	49	385	乙	2.2/—	W, P, R, G, T	3.3	R10; R36/37	S24
对苯二甲酸二乙酯				可	117	—	丙	—	W, P, R, G, T, JT			
邻苯二甲酸二乙酯	84-66-0		0.13(100)	可	162	—	丙	0.75/—	W, P, R, G, T			
邻苯二甲酸二丁酯	84-74-2		0.15	可	157	402	丙	0.5/—	W, P, G, T		R61; R50; R62	S53; S45; S61
邻苯二甲酸二壬酯	84-76-4		0.13(205)	可	215.5	—	丙	—	W, P, R, G, T			S24/25
邻苯二甲酸二丙烯酯	131-17-9			可	110	—	丙	—	W, P, R, G, T		R22; R50/53	S24/25; S60; S61
对苯二甲酸二甲酯	120-61-6			可	146.6	518	丙	0.8/11.8	W, P, R, T			S24/25
邻苯二甲酸二甲酯	131-11-3		0.13(100.3)	可	146	555	丙	0.94/8.03	W, P, R, G, T			S24/25
邻苯二甲酸二异丙酯	605-45-8			可	—	—	丙	—	W, P, R, G, T			
邻苯二甲酸二异癸酯	26761-40-0		0.53(250-257)	可	232	—	丙	—	W, P, R, G, T			
苯甲酸乙酯	93-89-0		0.17(44)	可	84	—	丙	1.0/—	W, P, R, G, T			S24/25
苯甲酸丁酯	136-60-7		0.02(20)	可	106	—	丙	—	W, P, R, G, T		R22; R36/37/38	S26; S36
苯甲酸正己酯	6789-88-4			可	—	—	丙	—	W, P, R, G, T		R38	S36
苯甲酸甲酯	93-58-3	61624	0.13(39)	可	82	—	丙	—	W, P, R, G, T	6.1	R22	S36
苯甲酸异丙酯	939-48-0		0.02(20)	可	106.7	—	丙	—	KP, R, G, T			
苯甲酸苄酯	120-51-4		0.13(44)	可	298	—	丙	—	W, P, R, G, T		R22	S25
氟磷酸异丙酯	55-91-4	61114	0.13(20)	可	—	—	—	—	W, P, R, T	6.1		
癸二酸二乙酯	110-40-7			可	—	—	丙	—	W, P, R, G, T			S24/25

续表

名　称	CAS号	危险品编号	饱和蒸气压[①]/kPa	燃烧性	闪点/℃	自燃温度/℃	建规火险分级	爆炸下/上限(体积分数)/%	灭火方法	危险品类别	风险性代号	安全代号
癸二酸二丁酯	109-43-3		0.40(180)	可	178.3	—	丙	—	W, P, R, G, T		R36/37/38	S26; S36
癸二酸二壬酯	4121-16-8			可	—	—	丙	—	W, P, R, G, T			
癸二酸二丙酯	15419-91-7			可	—	—	丙	—	W, P, R, G, T			
癸二酸二甲酯	106-79-6		0.13(104.0)	可	145	—	丙	—	W, P, R, G, T			S24/25
癸二酸二辛酯	122-62-3		1.20(248)	可	210	—	丙	—	W, P, R, G, T			
重氮乙酸乙酯	623-73-4	33605		易	26	—	甲	—	P, R, G, T	3.3	R5; R10; R22; R40	S36/37
钛酸四乙酯	无	32158	0.67(134)	易	28	—	甲	—	P, R, G, T	3.2		
钛酸四正丙酯	3087-37-4	32158		易	42	—	乙	—	P, R, G, T, JT	3.2		
钛酸四异丙酯	546-68-9	32158	1.33(104)	易	12	—	甲	—	P, R, G, T	3.2	R10; R36	S16; S26; S36/37/39
原甲酸三乙酯	122-51-0	33595	1.33(40.5)	易	30	—	乙	—	P, R, G, T, JT	3.3	R10; R36/38	S16; S26; S37/39
过氧化二碳酸二异丙酯	105-64-6	52086	—	易	—	—	甲	—	W	5.2		
正硅酸乙酯	78-10-4	33609	0.13(20)	易	46	—	乙	—	P, R, G, T	3.3	R10; R20; R36/37	
正硅酸甲酯	681-84-5	32188	—	易	18	—	甲	—	JT, P, R, G, T,	3.2	R10; R26; R37/38; R41	S16; S26; S28A; S36/37/39; S45
2-羟基-2-甲基丙酸乙酯	80-55-7	33598		易	44	—	乙	—	W, P, R, G, T	3.3	R10; R36/38	S16; S26
3-羟基丁酸甲酯	3976-69-0		0.11(20)	可	71	—	丙	—	P, R, G, T			S23; S24/25
对羟基苯甲酸丙酯	94-13-3			可	—	—	丙	—	W, P, R, G, T			S24/25
对羟基苯甲酸甲酯	99-76-3			可	—	—	丙	—	P, R, G, T			S24/25
棕榈酸乙酯	628-97-7		1.33(185)	可	—	—	丙	—	P, R, G, T			S23; S24/25
氯乙酸乙酯	105-39-5	61102	1.33(38)	易	54	—	乙	—	P, R, T	6.1	R10; R23/24/25; R50	S16; S45; S61; S7/9
氯乙酸甲酯	96-34-4	61102	1.33(29)	易	51	465	乙	7.5/18.5	P, R, T	6.1	R10; R23/25; R37/38; R41	S26; S37/39; S45
2-氯丙酸乙酯	535-13-7	33604	0.13(6.6)	易	38	—	乙	—	P, R, G, T	3.3	R10; R36/37/38	S16; S26; S37/39
3-氯丙酸乙酯	623-71-2	33604		易	54	—	乙	—	P, R, G, T	3.3	R10; R36/37/38	S16; S26; S37/39
氯代甲酸三氯甲酯	503-38-8	61101	1.37(20)	不	※	※	—	※	W, P, R, T	6.1	R26/27/28; R34	S26; S28A; S36/37/39; S45
3-氯正丁酸乙酯	7425-48-1	61615		可	—	—	乙	—	P, R, G, T	6.1		
4-氯正丁酸乙酯	3153-36-4	61615		易	51	—	乙	—	P, R, G, T	6.1	R10; R36/37/38	S16; S26; S37/39
2-氯正丁酸乙酯	7425-45-8	61515		可	—	—	乙	—	P, R, G, T	6.1		
氯甲酸乙酯	541-41-3	32151	7.06(20)	易	16	500	甲	—	R, G, T	3.2	R11; R22; R26; R34	S9; S16; S26; S28; S36/37/39; S45
氯甲酸丁酯	592-34-7	61609	100.77(138)	易	25	—	甲	—	P, R, G, T, Sw	6.1	R10; R23; R34	S26; S36; S45

续表

名　称	CAS号	危险品编号	饱和蒸气压[1]/kPa	燃烧性	闪点/℃	自燃温度/℃	建规火险分级	爆炸下/上限(体积分数)/%	灭火方法	危险品类别	风险性代号	安全代号
氯甲酸丙酯	109-61-5	61101	3.47(20)	易	28	—	甲	—	G, T, R, JT	6.1	R10; R23; R34	S26; S36; S45
氯甲酸戊酯		61609	2.00(60-62)	易	—	—	乙	—	P, R, G, T, Sw	6.1		
氯甲酸甲酯	79-22-1	32150	16.93(20)	易	18～23	504	甲	—	R, G, T	3.2	R11; R21/22; R26; R34	S26; S28A; S36/37/39; S45; S46
氯甲酸异丁酯	543-27-1	61609	0.87(20)	易	27	—	乙	—	P, R, G, T, Sw	6.1	R10; R22; R23; R34	S26; S36/37/39; S45
氯甲酸异丙酯	108-23-6	32152	2.80(20)	易	-11	—	甲	4.0/15.0	R, G, T	3.2	R11; R34; R48/20; R63; R65; R67	S26; S36/37/39; S45; S62
氯甲酸苯酯	1885-14-9	61101	1.73(74)	可	75	—	丙	—	P, R, T	6.1	R22; R26; R29; R38; R41	S26; S28A; S36/37/39; S45
氯甲酸氯甲酯	22128-62-7	61101		可	—	—	丙	—	P, R, G, T	6.1	R23; R34	S26; S36/37/39; S45
氯磺酸乙酯	625-01-4			助	※	※	乙	※	G, T			
氯磺酸甲酯	812-01-1	61616		助	※	※	乙	※	G, T	6.1		
异氰乙酸乙酯	2999-46-4	61648	0.13(67.8)	可	84	—	丙	—	G, P, R, T, JSJ	6.1	R20/21/22	S36/37
氰乙酸乙酯	105-56-6	61646	2.00(99)	可	110	—	丙	—	G, P, R, T, JSJ	6.1	R36/38	S26; S37/39
氰乙酸丁酯	5459-58-5	61647	2.00(115)	可	87	—	丙	—	G, P, R, T, JSJ	6.1	R36/38	S26; S37/39
氰基乙酸甲酯	105-34-0			易	110	—	丙	—	W, P, R, G, T			S24/25
氰基甲酸乙酯	623-49-4			易	24	—	甲	—	P, R		R10; R23/24/25	S16; S24/25
氰基甲酸甲酯	17640-15-2			易	26	—	甲	—	P, R, G, T			
异氰酸-β-萘酯	2243-54-1	61653		可	—	—	丙	—	P, R, G, T, JSJ	6.1		
异氰酸十八酯	112-96-9	61653	0.67(172)	可	148	—	丙	—	P, R, G, T, JSJ	6.1	R20; R36/37/38; R42	S23; S26; S36/37/39; S45
异氰酸对溴苯酯	2493-02-9	61653	1.87(158)	可	109	—	丙	—	P, R, G, T, JSJ	6.1		
异氰酸苯酯	103-71-9	61109	0.13(10.6)	易	55	—	乙	—	G, P, R, T, JSJ	6.1	R22; R26; R36/37/38; R42	S26; S28A; S38; S45
硫特普(苏化203)	3689-24-5	61125		可	—	—	丙	—	P, R, G, T	6.1		
对硝基苯异氰酸酯	100-28-7	61653	1.47(137-138)	可	—	—	丙	—	P, R, G, T, JSJ	6.1	R20/21/22; R36/37/38	S26; S36/37/39
亚硝酸乙酯	109-95-5	31039		易	-35	—	甲	3.0/＞50	1, G, T, JT, JP	3.1	R11-20/21/22-2	S7-16-35
硝酸乙酯	625-58-1	32154		易	10	85	甲	3.8/—	P, R, G, T	3.2		
硝酸丙酯	627-13-4	32155	—	易	20	175	甲	2.0/100.0	P, R, T, G	3.2		
亚硝酸丙酯	543-67-9	32153		易	＜10	—	甲	—	P, R, G, T	3.2		
硝酸戊酯	1002-16-0	33606		易	51.7	—	乙	—	P, R, G, T	3.3		
亚硝酸正丁酯	544-16-1	32153	101.31(78)	易	-18～23	—	甲	—	P, R, G, T	3.2	R11; R23/25	S16; S24; S45
亚硝酸正戊酯	463-04-7	32153	—	易	10	205	甲	—	P, R, G, T	3.2		

续表

名称	CAS 号	危险品编号	饱和蒸气压[①] /kPa	燃烧性	闪点 /℃	自燃温度 /℃	建规火险分级	爆炸下/上限(体积分数)/%	灭火方法	危险品类别	风险性代号	安全代号
亚硝酸甲酯	624-91-9	21048		易	—	—	甲	—	QQ, P	2.1		
硝酸甲酯	589-58-3			易	—	—	甲	—	P, R, G, T			
亚硝酸异丁酯	542-56-3	32153		易	＜10	—	甲	—	P, R, G, T	3.2	R11; R20/22; R45; R68	S45; S53
亚硝酸异丙酯	541-42-4	32153		易	＜10	—	甲	—	1, P, R, G, T	3.2		
硝酸异丙酯	1712-64-7	32155		易	12	—	甲	12/100	P, R, G, T	3.2	R5; R8; R11; R20	S16; S17; S33; S7/9
亚硝酸异戊酯	110-46-3	32153		易	-3	—	甲	—	1, P, R, G, T	3.2	R11; R20/22	S16; S24; S46
异硫氰酸-1-萘酯	551-06-4	61656	—	可	—	—	—	—	G, P, R, T, JSJ	6.1	R23/24/25	S22; S24/25; S45
异硫氰酸乙酯	542-85-8	61656		易	32	—	乙	—	P, R, G, T	6.1	R10; R23/24/25; R34	S16; S26; S28A; S36/37/39; S45
硫氰酸乙酯	542-90-5	61655		易	42	—	乙	—	P, R, G, T	6.1	R10; R20/21/22	S16; S24/25
硫氰酸丁酯	628-83-1	61655	99.04(185)	易	60	—	乙	—	G, P, R, T, JSJ	6.1	R22; R32; R36	S26; S36/37/39
硫氰酸甲酯	556-64-9	61108	1.33(21.6)	易	38	—	乙	—	P, R, G, T	6.1		
异硫氰酸甲酯	556-61-6	32165	2.7(20)	易	32	—	乙	—	P, R, G, T	3.2	R23/25; R34; R43; R50/53	S36/37; S38; S45; S60; S61
硫氰酸异丙酯	625-59-2	61655	100.51(152)	易	—	—	—	—	G, P, R, T, JSJ	6.1		
异硫氰酸苯酯	103-72-0	61656	0.13(47.2)	可	87	—	丙	—	G, P, R, T, JSJ	6.1	R23/24/25; R34; R42/43; R63	S23; S26; S28A; S38; S36/37/39; S45
异硫氰酸烯丙酯	57-06-7	61656	1.33(38.3)	易	46	—	乙	—	G, P, R, T, JSJ	6.1	R10; R23/24/25; R36/37/38; R43; R50/53	S16; S24; S26; S28B; S36/37/39; S45; S60; S61
硫酸二乙酯	64-67-5	61625	0.13(47.0)	可	78	436	丙	4.1/—	P, R, T	6.1	R20/21/22; R34; R45; R46	S45; S53
硫酸二甲酯	77-78-1	61116	2.00(76)	可	83(O.C)	191	丙	—	W, P, R, T	6.1	R25; R26; R34; R43; R45; R68	S45; S53
硬脂酸乙酯	111-61-5		0.023(152)	可	—	—	丙	—	P, R, G, T			
硬脂酸丁酯	123-95-5		3.33(220-225)	可	185	—	丙	—	P, R, G, T		R36/37/38	S26; S36
硬脂酸甲酯	112-61-8			可	152.8	—	丙	—	P, R, G, T			S24/25
溴乙酸乙酯	105-36-2	61103	0.35(25)	易	47.8	—	乙	—	P, R, G, T	6.1	R26/27/28	S1/2; S7/9; S26; S45
溴乙酸正丙酯	35223-80-4	61617		可	82	—	丙	—	W, P, R, G, T	6.1	R34; R36/37	S25; S26; S36/37/39; S45
溴乙酸甲酯	96-32-2	61103	2.00(51)	可	62	—	丙	—	W, P, R, T	6.1	R23/24/25	S26; S28A; S45
溴乙酸异丁酯	59956-48-8	61617		可	—	—	丙	—	W, P, R, G, T	6.1		
溴乙酸叔丁酯	5292-43-3	61617	3.33(73-74)	易	49	—	乙	—	P, R, G, T	6.1	R10; R36/37/38	S16; S24/25
2-溴异丁酸乙酯	600-00-0	61619	1.47(65-67)	易	60	—	乙	—	W, P, R, G, T	6.1	R22; R36/37/38	S26; S37/39
硼酸三乙酯	150-46-9	32156	—	易	11	—	甲	—	R, G, T	3.2	R11	S16; S33; S9

续表

名　称	CAS 号	危险品编号	饱和蒸气压①/kPa	燃烧性	闪点/℃	自燃温度/℃	建规火险分级	爆炸下/上限（体积分数）/%	灭火方法	危险品类别	风险性代号	安全代号
硼酸三丙酯	688-71-1			可	68.3 (O.C)	—	丙	—	P, R, G, T			
硼酸三甲酯	121-43-7	32156		易	-8	—	甲	—	1, R, G, T, JT, JP	3.2	R11; R21	S16; S2; S23; S25
硼酸三异丙酯	5419-55-6	33607		易	28	—	乙	—	P, R, G, T	3.3	R11	S16; S33; S9
碳酸二乙酯	105-58-8	33608	1.33(23.8)	易	25	—	甲	—	P, R, G, T	3.3	R10	S16
碳酸二丙酯	623-96-1	33608	—	易	25	—	甲	—	P, R, G, T	3.3	R10; R20/21/22; R36/37/38	S26; S36/37/39; S45
碳酸二正丁酯	542-52-9			可	—	—	丙	—	P, R, G, T			
碳酸二甲酯	616-38-6	32157	6.27(20)	易	19	—	甲	—	P, R, G, T	3.2	R11	S16; S9
碳酸二异丁酯	539-92-4			可	—	—	丙	—	P, R, G, T			
碳酸二异丙酯	6482-34-4			可	—	—	丙	—	P, R, G, T			
醋酸-2-丁氧基乙酯	112-07-2		0.04(20)	可	87.8	—	丙	—	W, P, R, G, T		R20/21	S24
磷酸-2-乙基己基二苯酯	1241-94-7		0.067(190)	可	—	—	丙	—	W, P, R, G, T		R50/53	S60; S61
亚磷酸二丁酯	1809-19-4	33610	0.13(20)	易	49	—	乙	—	P, R, G, T	3.3	R21; R36/37/38	S26; S36/37/39
磷酸三(-2-乙基己基)酯	78-42-2		0.28	可	215.5	—	丙	—	P, R, G, T		R38	
磷酸三-2-氯乙酯	115-96-8		0.067(145)	可	216	601.6	丙	—	P, R, G, T		R22; R40; R51/53	S36/37; S61
亚磷酸三乙酯	122-52-1	33610	1.60(49)	易	54	—	乙	—	W, R, P, G, T	3.3	R10; R20/22	S16
亚磷酸三丁酯	102-85-2			可	121	—	丙	—	P, R, G, T		R21; R36/37/38	S26; S37/39
磷酸三丁酯	126-73-8		2.67(20)	可	146	410	丙	—	P, R, G, T		R22; R38; R40	S36/37; S46
磷酸三丙酯	513-08-6			可	＞110	—	丙	—	W, P, R, G, T		R36/38	S26; S36
磷酸三甲苯酯	1330-78-5	61112	1.33(265)	可	225	385	丙	—	W, P, R, T	6.1	R39/23/24/25; R51/53	S20/21; S28A; S45; S61
亚磷酸三甲酯	121-45-9	33610	—	易	27	—	甲	—	R, P, G, T	3.3	R10; R22; R36/37/38	S26
磷酸三甲酯	512-56-1			可	148.9	—	丙	—	W, P, R, G, T		R22; R40; R68	S36/37; S45
亚磷酸三异丙酯	116-17-6		0.27(20)	易	57	—	乙	—	P, R, G, T		R25; R38; R68	S36/37; S45
亚磷酸三苯酯	101-02-0			可	218	—	丙	—	P, R, G, T		R36/38; R50/53	S28A; S60; S61
磷酸三苯酯	115-86-6		0.01(20)	可	223	—	丙	—	W, P, R, G, T		R50/53	S60; S61
磷酸甲苯二苯酯	26444-49-5			可	233-237	—	丙	—	P, R, G, T			

① 括号内的数字为饱和蒸气压对应的温度（℃）。

第 13 章
胺　类

目录

13.1 一般特性

13.1.1 胺类的一般特性

表13.1.1 常见胺的一般特性（Ⅰ）

名称	分子式	分子量	密度 d_4^{20} /(g/cm³)	颜色	形态	性状	溶解性能					正常熔点 t_m /℃	正常沸点 t_b /℃	临界温度 T_c /K	临界压力 p_c /MPa	临界体积 V_c /(cm³/mol)	临界压缩因子 Z_c	偏心因子 ω	偶极矩 /D	折射率 n^{20}
							水	乙醇	乙醚	苯	其他									
甲胺	CH_5N	31.06	0.656^{25}	无	气	易燃	++	+				−93.42	−6.4	430.8	7.62	138	0.295	0.281	1.3	1.34
甲乙胺	C_3H_9N	59.11	0.688	无	液	易燃						−70.99	34.2	496.7	3.708					1.373
乙胺	C_2H_7N	45.08	0.683	无	液		∞	∞	∞			−81	17	456.2	5.622	178	0.264	0.284	1.3	1.384
1-丙胺(正丙胺)	C_3H_9N	59.11	0.7173	无	液		∞	∞	∞			−84.78	47.21	499	4.74	233	0.271	0.296	1.3	1.3870
2-丙胺(异丙胺)	C_3H_9N	59.11	0.6891	无	液	挥发	∞	∞	∞		++丙酮	−95.12	31.8	472.2	4.55	221	0.256	0.279		1.3742
丁胺	$C_4H_{11}N$	73.14	0.7414	无	液		∞	∞	∞		∞甘油	−49	77.0	531.9	4.20	288.5	0.277	0.330	1.3	1.4031
仲丁胺(2-丁胺)	$C_4H_{11}N$	73.14	0.7246	无	液	氨臭	+	+	+		+丙酮	−104.5	62.71	5143	5.0	282.5	0.283	0.368		1.3932
叔丁胺	$C_4H_{11}N$	73.14	0.6958	无	液	易燃	∞	∞			+有机溶剂	−66.92	44.02	483.7	3.85	293	0.280	0.275	1.31	1.3784
异丁胺	$C_4H_{11}N$	73.14	0.724^{25}	无	液		∞	∞	∞			−86	68.8	516.9	3.986	281.4	0.261	0.368	1.2	1.3988
戊胺(1-戊胺)	$C_5H_{13}N$	87.16	0.7544	无	液		+	+	+		+盐酸	−51	104.7	555	3580	365	0.283			1.411
己胺(1-氨基己烷)	$C_6H_{15}N$	101.19	0.7660	无	液		÷÷	∞	∞			−21	132	592.3	3.32	393.1	0.4327	0.259	1.46	1.4180
庚胺	$C_7H_{17}N$	115.22	0.7754	无	液		−	+	+			−23.0	153	613.0	2.26					1.4251
辛胺	$C_8H_{19}N$	129.24	0.7826	无	液		÷÷	++				0	178.6	641	2.62	517	0.268	0.568		1.4292
壬胺	$C_9H_{21}N$	143.27	0.7886	无	液							−1	202.2	658.0	2.28	577	0.253			1.4336
癸胺	$C_{10}H_{23}N$	157.30	0.787^{25}		晶		−					12-14	217±1	663	2.18	629	0.249			1.436
十一胺	$C_{11}H_{25}N$	171.32	0.7979	无	液		+*		−			17	242	694.0	2.06	682	0.243			1.4398
十二胺	$C_{12}H_{27}N$	185.35	0.8015	白	晶		+					28.3	259	710.0	1.99	735	0.239			1.4421
十四胺	$C_{14}H_{31}N$	213.40	0.8079	白	晶		−					83.1	291.2	738.0	1.86	840	0.232			1.4463
十五胺	$C_{15}H_{33}N$	227.43	0.8104		液							37.3	307.6	752.0	1.72					1.4480

表13.1.2 常见胺的一般特性（Ⅱ）

名称	分子式	分子量	密度 d_4^{20} /(g/cm³)	颜色	形态	性状	溶解性能					正常熔点 t_m /℃	正常沸点 t_b /℃	临界温度 T_c /K	临界压力 p_c /MPa	临界体积 V_c /(cm³/mol)	临界压缩因子 Z_c	偏心因子 ω	偶极矩 /D	折射率 n^{20}
							水	乙醇	乙醚	苯	其他									
二甲胺	C_2H_7N	45.08	0.6804^{0}	无	液		++	+	+			−93	7.3	437.2	5.340	182.5	0.256	0.294	1.03	1.350^{17}
二乙胺	$C_4H_{11}N$	73.14	0.7056	无	液		++	∞	∞			−50	55.4	499.7	3.754	301	0.270	0.304	1.1	1.3864
二正丙胺	$C_6H_{15}N$	101.19	0.7400	无	液		+					−63	107.5	555.8	3.63	402	0.276	0.465	1.0	1.4050
二异丙胺	$C_6H_{15}N$	101.19	0.7153	无	液		+	+				−61	84	523.1	3.02			0.388	1.0	1.3924
二亚乙基三胺	$C_4H_{13}N_3$	103.17	0.9569	无-黄	液	氨味	∞					−39	207	676	4.22	342	0.257			1.481^{25}
二丁胺	$C_8H_{19}N$	129.24	0.7670	无	液	氨味	÷	+	+			−61.8	162	607.5	3.11	512	0.263	0.560	1.1	1.4177
二异丁胺	$C_8H_{19}N$	129.24	0.7534	无	液	氨味	÷	+	+			−73.5	139.6	584.4	3.20	506.5	0.291	0.548		1.4090
二戊胺	$C_{10}H_{23}N$	157.30	0.767^{25}	无	液		÷÷	++	∞			−44	202.5	639	2.12	629	0.251			1.4258
二己胺	$C_{12}H_{27}N$	185.36	0.7889	淡黄	液	有毒						−13.0	236							1.433
三甲胺	C_3H_9N	59.11	0.627^{25}	无	气		++	+	+			−117.1	2.8	432.8	4.08	253	0.287	0.209	0.6	1.3631^{0}
三乙胺	$C_6H_{15}N$	101.19	0.7275	无	油		∞.	∞	∞			−114.7	88.8	535.6	3.03	394	0.268	0.316	0.9	1.4010
三丙胺	$C_9H_{21}N$	143.27	0.7558	无	液		÷÷	+	+			−100.5	153	637.9	2.399	569.3	0.272	0.462	0.58	1.4181
三丁胺	$C_{12}H_{27}N$	185.35	0.7770	无	液	氨味	−	+	+			−70	207	643.0	1.82				0.80	1.4299
三戊胺	$C_{15}H_{33}N$	227.43	0.782^{25}	浅黄	液		−	∞	∞		①	−61.2	82^{27Pa}	660	1.5	893	0.244			1.436
1,2-乙二胺	$C_2H_8N_2$	60.10	0.8979	浅黄	液	易燃	+	+	÷	−		11.14	116.9	613.1	6.707	206.0	0.26	0.479	1.9	1.4565
1,2-丙二胺	$C_3H_{10}N_2$	74.12	0.878^{15}	无	液			∞	∞			−37	119.5	594.7	4.899	250.5	0.248	0.410		1.4460
1,3-丙二胺	$C_3H_{10}N_2$	74.12	0.884^{25}	水白	液	氨味	++		+		+甲醚	−10.8	139.8	611.6	4.948	257.1	0.250	0.446	1.96	1.4600
1,2-丁二胺	$C_3H_{12}N_2$	88.15	0.8980										136.8	606.9	4.195	303.0	0.252	0.436		
1,6-己二胺	$C_6H_{16}N_2$	116.20	0.9024^{50}	白	片晶		÷	+	+	+		38.8	197	685	3.59	414.7	0.247	0.542	1.94	1.4498

① 不溶于甲醇，能与丙酮、乙酸乙酯、脂肪烃、芳香烃、固态油、矿物油、油酸、硬脂酸等混溶。

13.1.2 含氧胺的一般特性

表13.1.3 含氧胺的一般特性

名称	分子式	分子量	密度 d_4^{20} /(g/cm³)	颜色	形态	性状	溶解性能					正常熔点 t_m /℃	正常沸点 t_b /℃	临界温度 T_c /K	临界压力 p_c /MPa	临界体积 V_c /(cm³/mol)	临界压缩因子 Z_c	偏心因子 ω	偶极矩 /D	折射率 n^{20}
							水	乙醇	乙醚	苯	其他									
甲酰胺	CH_3ON	45.04	1.1334	无	油	吸湿	∞	+	−		−烃类，+甲醇	2.57	217	745.0	9.50	163	0.175			1.4472
乙酰胺	C_2H_5ON	59.07	0.9986^{85}	无	针		+	+	÷			80.16	222.0	760.8	6.60	215	0.197			1.4274
N-甲基甲酰胺	C_2H_5ON	59.07	1.011^{19}	无	液	氨味	∞	+				−2.5	186	721	5.62	215	0.202			1.4300

续表

名称	分子式	分子量	密度 d_4^{20} /(g/cm³)	颜色	形态	性状	溶解性能					正常熔点 t_m /℃	正常沸点 t_b /℃	临界温度 T_c /K	临界压力 p_c /MPa	临界体积 V_c /(cm³/mol)	临界压缩因子 Z_c	偏心因子 ω	偶极矩 /D	折射率 n^{20}
							水	乙醇	乙醚	苯	其他									
N-甲基乙酰胺	C_3H_7ON	73.09	0.9371^{25}	类白	晶		++		+	+	①	30.6	208	716.7	4.890	244.5	0.201	0.4341	4.2	1.4301
甲基乙醇胺	C_3H_9ON	75.11	0.937	无	液	特臭	++						158	630	5.22	253	0.252			1.4385
N-甲酰苯胺	C_7H_7ON	121.14	1.1186^{50}	浅棕	粉							48.0	271	787	4.11	382	0.24			1.5908
N-甲基二乙醇胺	$C_5H_{13}O_2N$	119.16	1.043^{25}	微黄	油	低毒	∞	∞	∞		∞丙酮	–21	247	675	3.88	368	0.254			1.4678
N,*N*-二甲基乙醇胺	$C_4H_{11}ON$	89.14	0.8866	无	液	氨味	∞		∞		∞芳烃	–65	130.7	571.8	4.14	3	0.261			1.460
乙醇胺	C_2H_7ON	61.08	1.0180	无	液	氨味	∞	∞		÷	∞氯仿、CCl_4	10.4	170.3	443.5	4.45	196.0	0.17		2.6	1.4541
ε-己内酰胺	$C_6H_{11}ON$	113.16	0.969	白	晶粉		++	++	++			69.16	270.8	806.0	4.770	402.0	0.286	0.477		1.446
丙烯酰胺	C_3H_5ON	71.08	0.961	白	晶	无味	+	+	+	–	+丙酮	85	192.6	627.2	4.89	260	0.209			1.433
2-甲基丙烯酰胺	C_4H_7ON	85.10	1.115	微黄	固		∞	+	÷			112.0	215							1.3992
N-叔丁基甲酰胺	$C_5H_{11}ON$	101.15	0.903^{25}	无	液	透明	∞					16	202	692	3.56	383	0.237			1.433
N,*N*-二甲基甲酰胺	C_3H_7ON	73.09	0.9445^{25}	无	液		∞				∞多数有机溶剂	–60.3	152.8	650.0	5.500	262.0			3.86	1.4305
N,*N*-二甲基乙酰胺	C_4H_9ON	87.12	0.9372^{25}	无	液	氨味	∞					–19	165.9	658.2	4.05	321	0.230			1.4341^{25}
N,*N*-二乙基甲酰胺	$C_5H_{11}ON$	101.15	0.9080^{19}	无	液		∞	++	++				177.5	660.0	5.00					1.4321^{25}
N,*N*-二乙基乙醇胺	$C_6H_{15}ON$	117.20	0.883	无	液	氨味	∞	+	+	+	+丙酮	–71	163	592	3.18	401	0.259			1.441
二乙醇胺	$C_4H_{11}O_2N$	105.14	1.0966	无	液	黏稠	++	++	÷÷	–		27.9	271.2	715.0	3.270	349.0	0.192	1.0463		1.4776
二异丙醇胺	$C_6H_{15}O_2N$	133.19	1.004	白	晶	可燃	∞					42-5	249.5	672	3.6	454	0.293			1.4625
二甘醇胺	$C_4H_{11}O_2N$	105.14	1.05	无	液	黏稠	∞	∞				–12.5	221±3	735	5.9	3392	0.327			1.460
三乙醇胺	$C_6H_{15}O_3N$	149.19	1.1242	无	液		++		÷		+氯仿	21.5	350	787.0	2.450	472.0	0.127	1.101		1.4852
苯甲酰胺	C_7H_7ON	121.14	1.341	白	固	粉末	÷					127.3	228	840.1	5.080	377.4	0.275	0.4694	3.7	
油酸酰胺	$C_{18}H_{35}ON$	281.48	0.879	白	片/粉		–	+	+		+酮类、酯类	72-5	433±24	804.2	1.326		0.217			
N-氨乙基-乙醇胺	$C_4H_{14}ON_2$	104.16	1.030	无-微黄	黏稠	氨臭	+	+	+		+芳烃	–38	243.7	698	4.46	328	0.252			1.4861
硬脂酰胺(十八酰胺)	$C_{18}H_{37}ON$	283.49	0.868	无	晶		–	+*	+*			100±4	408.2	799.2	1.29		0.217			1.457
N-乙酰苯胺	C_8H_9ON	135.16	1.21915		正		÷	+	+			114.3	304	825.0	3.73	430	0.234			1.5700
乙酰代乙酰苯胺	$C_{10}H_{11}NO_2$	177.20	1.26	白	晶			+	+		+氯仿	85	126	879	3.03	564	0.234			1.5168
4,4′-二硝基二苯胺	$C_{12}H_9N_3O_4$	259.22	1.3450	黄	晶			÷甲醇			÷二甲基亚砜	216±1	402.5	926	2.62	71	0.242			1.5700

续表

名称	分子式	分子量	密度 d_4^{20} /(g/cm³)	颜色	形态	性状	溶解性能					正常熔点 t_m /℃	正常沸点 t_b /℃	临界温度 T_c /K	临界压力 p_c /MPa	临界体积 V_c /(cm³/mol)	临界压缩因子 Z_c	偏心因子 ω	偶极矩 /D	折射率 n^{20}
							水	乙醇	乙醚	苯	其他									
4-硝基-4′,4″-二甲基三苯胺	$C_{20}H_{18}N_2O_2$	318.37	1.201	白	液		−					162-3	483	946	2	929	0.236			
邻甲氧基苯胺	C_7H_9ON	123.15	1.0923	浅黄	油	易燃	÷	+	+		+稀无机酸	6.2	224	728.0	5.85					1.574
邻硝基苯胺	$C_6H_6N_2O_2$	138.12	0.9015^{25}	黄	正		+*	++	++			71.0	284	831.4	3.85	406	0.240	0.678	4.24	1.634
间硝基苯胺	$C_6H_6N_2O_2$	138.12	0.9011^{25}	黄	正		÷	+	+			113.4	306 //	804.7	3.85	406	0.248	0.688	4.94	1.626
对硝基苯胺	$C_6H_6N_2O_2$	138.12	1.4240	黄	单斜		÷÷	+	+		÷热水	145.7	332	803.3	3.85	406	0.249	0.678	6.20	1.5401
邻硝基二苯胺	$C_{12}H_{10}N_2O_2$	214.22	1.36	橙红	晶	片状	−	+			÷甲醇、氯仿	74-6	346	835	2.87	623	0.258			1.6660
对硝基二苯胺	$C_{12}H_{10}N_2O_2$	214.22	1.28	褐			−					134±2	211^4	814	2.87	623	0.264			

① 不溶于轻石油，溶于酒精、丙酮、氯仿。

13.1.3 含芳烃胺的一般特性

表13.1.4 含芳烃胺的一般特性

名称	分子式	分子量	密度 d_4^{20} /(g/cm³)	颜色	形态	性状	溶解性能					熔点 t_m /℃	沸点 t_b /℃	临界温度 T_c/K	临界压力 p_c /MPa	临界体积 V_c /(cm³/mol)	临界压缩因子 Z_c	偏心因子 ω	偶极矩 /D	折射率 n^{20}
							水	乙醇	乙醚	苯	其他									
苯胺	C_6H_7N	93.13	1.0217	无	油		÷					−6.0	184.1	705	5.63	294	0.280	0.404	1.6	1.5863
二苯胺	$C_{12}H_{11}N$	169.22	1.158^{22}	无	单斜		−	+	+	+	+甲醇、乙酸、CS_2	53.2	305.1	699.2	5.308	539	0.243			1.634
联苯胺	$C_{12}H_{12}N_2$	184.24	1.25	白	晶		−	++	++		+热水	127.5	402	929	3.3	596	0.255			1.6266
2-乙基苯胺	$C_8H_{11}N$	121.18	0.9830^{22}	黄-橘红	液		−	+			+甲苯	−47	213	700						1.556
3-乙基苯胺	$C_8H_{11}N$	121.18	0.9896^{25}	深棕	液		−	∞	∞			−64	214.0	698.0	4.00				1.7	1.5555
4-乙基苯胺	$C_8H_{11}N$	121.18	0.9679	深棕	液		÷					−2.4	217.5	715.0	3.85					1.5554
N-乙基苯胺	$C_8H_{11}N$	121.18	0.9625	黄棕	油		−	∞	∞			−63.5	203.0	708.0	4.409	410.5	0.307	0.4886	1.32	1.5559
N-丁基苯胺	$C_{10}H_{15}N$	149.23	0.9323	琥珀	液	苯胺味	−	++	+			−14.4	243.5	721.0	2.83	518	0.250			1.5341
N,*N*-二甲苯胺	$C_8H_{11}N$	121.18	0.9557	黄	液		−	+	+		+氯仿	2.1	193	688	3.63	465	0.262	0.403	1.6	1.5582

续表

名称	分子式	分子量	密度 d_4^{20} /(g/cm³)	颜色	形态	性状	溶解性能					熔点 t_m /℃	沸点 t_b /℃	临界温度 T_c/K	临界压力 p_c /MPa	临界体积 V_c /(cm³/mol)	临界压缩因子 Z_c	偏心因子 ω	偶极矩/D	折射率 n^{20}
							水	乙醇	乙醚	苯	其他									
N,N-二甲基邻甲苯胺	$C_9H_{13}N$	135.21	0.9286	无	液							–60	194.1	668.0	3.12			0.484	0.9	1.5152
N,N-二甲基对甲苯胺	$C_9H_{13}N$	135.21	0.9366	淡黄	油		–				+某些有机溶剂		211	695.0	3.75					1.5366
2,6-二甲苯胺	$C_8H_{11}N$	121.18	0.9842	黄-红棕	液		+					11.2	215	722.0	4.20	261.7				1.5610
2,6-二乙苯胺	$C_{10}H_{15}N$	149.23	0.90625		油			+		+	+氯仿等	3-4	251	678	3.12	533	0.295			1.545
N,N-二乙苯胺	$C_{10}H_{15}N$	149.23	0.9307		油		÷	+	+			–38.8	216	697.8	2.76	556	0.248			1.5409
N,N′-二丙苯胺	$C_{12}H_{19}N$	177.29	0.92	微黄-黄	液							–45	112	713.2	2.30		0.246			1.5270
N,N-二苯基对苯二胺	$C_{18}H_{16}N_2$	260.33	1.2	银白	晶	片状	–	÷	+	+	①	144	250^{133Pa}	1017	2.31	817	0.223			1.6300
3,4-二氯苯胺	$C_6H_6Cl_2N$	162.02	1.34	褐	针		÷				+多数有机溶剂	69-71	272	800	4.11	409	0.253			1.6140
邻苯二胺	$C_6H_8N_2$	108.14	1.15	无	片/水		÷	++	++			101	257	781	5.18	315	0.251			1.66
间苯二胺	$C_6H_8N_2$	108.14	1.139	灰-白	正交		++	++	+	–	–甲苯，+丙酮	64-66	283±1	824	5.18	377	0.285			1.6339
对苯二胺	$C_6H_8N_2$	108.14	1.135	白	单斜		÷	+	+			140±2	267	796	5.18	317	0.248			1.6339
2-甲苯胺(2-氨基甲苯)	C_7H_9N	107.16	0.9984	无	液		÷				+稀酸	–14.41	200.0	717	4.7	286	0.236	0.442	1.6	1.5725
3-甲苯胺(3-氨基甲苯)	C_7H_9N	107.16	0.9889	无	液		÷					–30.8	203.3	709	4.58	343	0.240	0.413	1.5	1.56891
4-甲苯胺(4-氨基甲苯)	C_7H_9N	107.16	0.9619	白	片晶		÷	++	++		+稀酸、CS_2	43.3	201	667	2.38	346	0.230	0.476	1.6	1.5534
N-甲苯胺	C_7H_9N	107.16	0.9891	无-红棕	油		÷÷	+	+			–57	197	701	5.18	354.5	0.316	0.480	1.7	1.5684
对氨基二苯胺	$C_{12}H_{12}N_2$	184.24	1.09	无-灰	晶	片状	÷÷	+	+		+稀盐酸	69	354	867	3.19	596	0.264			1.6266
邻氯苯胺	C_6H_6ClN	127.57	1.213^{25}	琥珀	液	氨臭	–		+			–1.9	208.8	730.0	4.60	364	0.278		1.53	1.5895
间氯苯胺	C_6H_6ClN	127.57	1.2161	无	液		–	+	+		+酸溶液	–10.3	230.5	753.0	5.00	364	0.268		1.81	1.5941
对氯苯胺	C_6H_6ClN	127.57	1.4290^{19}	淡黄	正交		+*	+	+		+多数有机溶剂	70.5	232	756.0	4.45	364	0.267		1.53	1.5546^{87}
1-萘胺	$C_{10}H_9N$	143.18	1.0228	无	晶	恶臭	–	+	+			49.2	300.7	850	5.0	438				1.6140
2-萘胺	$C_{10}H_9N$	143.18	1.6414^{98}	微粉红	片	芳香		+	+	+	+热水	113	306.2	850	4.9	438				

① 微溶于汽油，溶于甲苯、丙酮、二二氯乙烷等。

13.1.4 其他胺类的一般特性

表13.1.5 其他胺类的一般特性

名称	分子式	分子量	密度 d_4^{20} /(g/cm³)	颜色	形态	性状	溶解性能					正常熔点 t_m /℃	正常沸点 t_b /℃	临界温度 T_c /K	临界压力 p_c /MPa	临界体积 V_c /(cm³/mol)	临界压缩因子 Z_c	偏心因子 ω	偶极矩 /D	折射率 n^{20}
							水	乙醇	乙醚	苯	其他									
亚乙基亚胺	C_2H_5N	43.07	0.830	无	油	氨味	∞				∞多数有机溶剂	−71.5	55.5	536.7	6.85	281		0.235		
二聚氰胺	$C_2H_4N_4$	84.09	1.4014		单		÷	÷	÷÷			209.5	229.8	834	5.34	329	0.253			1.626
三聚氰胺	$C_3H_6N_6$	126.12	1.573	白	单		−	÷	−	−	①	>300	224.2	1017	5.86	445	0.308			1.872
三亚乙基二胺	$C_6H_{12}N_2$	112.17	0.917	白	晶	易燃	+					158±2	311.3	655	3.91	382	0.274			1.48
三亚乙基四胺	$C_6H_{18}N_4$	146.23	0.982	浅黄	液	半黏	+	+	−			12	266.5	718	3.17	482	0.256			1.4971
三烯丙基胺	$C_9H_{15}N$	137.22	0.809	无	液		÷	+	+	+	+丙酮	−70	155.5	592	2.46	521	0.26			1.462
环乙胺	C_2H_5N	43.07	0.832^{25}									−77.9	56	524.0	9.95	142.5	0.215	0.435		1.5000
环丙胺	C_3H_7N	57.09	0.8240	微浅黄	液		∞					−10	50							1.420
环戊胺	$C_5H_{11}N$	85.15	0.8689		液		∞	∞				−82.7	108	577.6	4.673	287.9	0.280	0.3706		1.4728^{25}
环己胺	$C_6H_{13}N$	99.17	0.8191	无	液		+	+				−17.7	133.6	615	4.2	36	0.296			1.459
二环己胺	$C_{12}H_{23}N$	181.32	0.912	无	液	鱼腥味	÷	∞	∞	∞		−2	256	737	2.52	619	0.255			1.4842
N-甲基环己胺	$C_7H_{16}N$	114.21	0.868	无	液	苦味	÷	+		+		−8	146.5	622	3.49	393	0.265			1.4456
亚丙基胺	C_3H_7N	57.10	0.758									−88.2	53.3	540.0	4.83			0.327		1.4205
亚丙基亚胺	C_3H_5N	55.08	0.728									−65	25.9	529	5.42	208	0.256			1.394
二烯丙基胺	$C_6H_{11}N$	97.16	0.787^{25}	无	液		∞	+	+	+		−88	111.5	556	3.32	392	0.282			1.4387
四甲基乙二胺	$C_6H_{16}N_2$	116.20	0.8±0.1	无	液	易燃	∞	∞			∞多数有机溶剂	−55	121	569	2.82	443	0.264			1.438
六亚甲基二胺	$C_6H_{16}N_2$	116.20	0.883	白	晶	片状	++	÷	÷	÷		42-5	205	660	3.29	475	0.285			1.4498
六亚甲基四胺	$C_6H_{16}N_4$	144.19	1.27^{25}	白	晶	细粒	+	+	−		②	280	252.7	837	3.68	402	0.213			
六亚甲基亚胺	$C_6H_{12}N_4$	140.19	1.27^{25}	白	晶	氨味	+				−乙醚，+氯仿	280	252.7	624	4.27	361	0.297			
苄胺	C_7H_9N	107.15	0.9813	淡琥珀	液		∞	+	+			10	185	686.0	4.80	373	0.283			1.5401
乙基苄胺	$C_9H_{13}N$	135.21	0.910	淡黄	液		÷						192.5	456.2	5.62	207	0.307			1.511
二苄胺	$C_{14}H_{15}N$	197.28	1.026^{22}	无	油		−	+	+			−26	300 //	835.0	4.05					1.5781
脱氢松香胺	$C_{20}H_{31}N$	285.47	0.963	浅黄	固			+氯仿	+甲醇		+二甲基亚砜	44.5	417.9	863	1.7	1.02	0.242			1.546

① 微溶于乙二醇、甘油，不溶于四氯化碳。
② 溶于氯仿、四氯化碳，不溶于石油醚、芳烃。

13.2 密度

13.2.1 胺类液体的密度

表13.2.1 胺类液体的密度　　单位：g/cm³

名称	温度/℃												
	−100	−80	−60	−40	−20	0	20	40	60	80	100	120	140
甲胺		0.778	0.756	0.733	0.710	0.687	0.662	0.636	0.607	0.574	0.536	0.493	0.434
乙胺		0.789	0.769	0.749	0.728	0.706	0.683	0.658	0.633	0.605	0.574	0.540	0.499
丙胺		0.815	0.796	0.776	0.757	0.737	0.717	0.697	0.676	0.653	0.629	0.604	0.572
异丙胺		0.789	0.769	0.749	0.729	0.708	0.688	0.666	0.643	0.619	0.593	0.562	0.528
丁胺				0.798	0.778	0.759	0.739	0.719	0.699	0.678	0.656	0.632	0.607
异丁胺		0.825	0.808	0.791	0.773	0.755	0.736	0.716	0.696	0.674	0.651	0.627	0.601
乙二胺							0.896	0.876	0.855	0.834	0.813	0.791	0.768
己二胺									0.833	0.815	0.798	0.780	0.761
二甲胺①		0.769	0.747	0.725	0.703	0.680	0.656	0.631	0.604	0.574	0.537	0.498	0.449
二乙胺				0.766	0.747	0.727	0.707	0.687	0.665	0.643	0.619	0.594	0.562
二正丙胺			0.811	0.793	0.774	0.756	0.738	0.719	0.700	0.681	0.660	0.639	0.617
二异丙胺		0.809	0.790	0.772	0.753	0.734	0.715	0.696	0.676	0.656	0.634	0.612	0.588
二丁胺			0.830	0.814	0.799	0.783	0.767	0.751	0.734	0.717	0.700	0.681	0.662
三甲胺②	0.760	0.741	0.721	0.701	0.679	0.657	0.633	0.608	0.581	0.551	0.517	0.477	0.424
三乙胺	0.836	0.819	0.801	0.783	0.765	0.747	0.728	0.710	0.691	0.671	0.650	0.629	0.606
亚乙基亚胺			0.914	0.896	0.877	0.857	0.837	0.816	0.795	0.772	0.749	0.724	0.697
一乙醇胺							1.016	0.997	0.977	0.957	0.936	0.915	0.892
二乙醇胺								1.083	1.064	1.045	1.026	1.007	0.988
三乙醇胺								1.124	1.099	1.074	1.049	1.023	0.997

名称	温度/℃												
	160	180	200	220	240	260	280	300	320	340	360	380	400
乙胺	0.447	0.349											
丙胺	0.539	0.502	0.453	0.358									
异丙胺	0.490	0.441	0.342										
丁胺	0.577	0.545	0.510	0.468	0.401								
异丁胺	0.572	0.540	0.502	0.452	0.356								
乙二胺	0.745	0.720	0.694	0.661	0.628	0.592	0.551	0.493					
己二胺	0.742	0.723	0.702	0.681	0.658	0.634	0.609	0.581	0.550	0.515	0.472	0.411	
二乙胺	0.529	0.492	0.444	0.348									
二正丙胺	0.594	0.566	0.536	0.504	0.466	0.412							
二异丙胺	0.558	0.526	0.492	0.450	0.380								
二丁胺	0.642	0.621	0.597	0.573	0.546	0.515	0.480	0.432	0.309				
三乙胺	0.580	0.549	0.518	0.482	0.434	0.329							
亚乙基亚胺	0.669	0.637	0.601	0.559	0.505	0.404							
一乙醇胺	0.869	0.845	0.820	0.793	0.764	0.733	0.699	0.660	0.615	0.5543	0.393		
二乙醇胺③	0.968	0.947	0.925	0.903	0.879	0.854	0.829	0.801	0.772	0.739	0.703	0.662	0.611
三乙醇胺④	0.971	0.944	0.916	0.888	0.860	0.831	0.801	0.770	0.737	0.704	0.669	0.631	0.591

① 温度为160℃时，其值为0.356g/cm³。

② 温度为160℃时，其值为0.278g/cm³。

③ 温度为420℃时，其值为0.536g/cm³。

④ 温度为420、440、460、480℃时，其值分别为0.546、0.495、0.432、0.327g/cm³。

表13.2.2 苯胺和酰基胺液体的密度　　单位：g/cm³

名称	温度/℃													
	−20	0	20	40	60	80	100	120	140	160	180	200	220	240
苯胺		1.041	1.025	1.008	0.991	0.974	0.956	0.937	0.919	0.899	0.879	0.859	0.837	0.815
二苯胺					1.057	1.040	1.024	1.007	0.990	0.974	0.957	0.940	0.923	0.905
N,*N*-二甲基苯胺			0.956	0.940	0.923	0.906	0.889	0.872	0.854	0.836	0.816	0.796	0.775	0.753
N,*N*-二乙基苯胺	0.965	0.950	0.935	0.919	0.903	0.886	0.870	0.853	0.835	0.817	0.798	0.779	0.758	0.737
N,*N*-二丙基苯胺			0.910	0.895	0.880	0.864	0.848	0.831	0.814	0.797	0.779	0.760	0.741	0.721
苯甲胺	1.012	0.998	0.983	0.968	0.953	0.937	0.921	0.905	0.888	0.871	0.853	0.834	0.814	0.794
邻甲苯胺		1.015	0.999	0.982	0.965	0.947	0.929	0.910	0.891	0.872	0.852	0.831	0.809	0.786
间甲苯胺	1.020	1.005	0.989	0.973	0.957	0.940	0.923	0.905	0.887	0.869	0.850	0.830	0.809	0.788
对甲苯胺					0.954	0.934	0.914	0.893	0.871	0.849	0.826	0.802	0.777	0.751
邻硝基苯胺						1.109	1.093	1.078	1.062	1.046	1.029	1.012	0.994	0.976
间硝基苯胺								1.110	1.095	1.080	1.064	1.047	1.030	1.013
对硝基苯胺①										1.107	1.093	1.077	1.062	1.046
甲酰胺			1.133	1.117	1.099	1.082	1.064	1.046	1.028	1.009	0.989	0.969	0.949	0.927
乙酰胺							0.980	0.964	0.947	0.929	0.912	0.894	0.875	0.855
丙烯酰胺							0.923	0.902	0.880	0.857	0.833	0.807	0.780	0.751
N,*N*二甲基甲酰胺②	0.979	0.962	0.945	0.928	0.910	0.891	0.873	0.853	0.833	0.812	0.790	0.768	0.744	0.718
N,*N*-二甲基乙酰胺		0.959	0.941	0.923	0.905	0.887	0.868	0.850	0.831	0.811	0.791	0.770	0.748	0.725
己内酰胺						1.017	0.997	0.977	0.956	0.933	0.911	0.888	0.864	0.838
油酰胺						0.825	0.813	0.802	0.790	0.778	0.766	0.753	0.740	0.727
硬酰胺								0.788	0.776	0.764	0.752	0.740	0.727	0.713

名称	温度/℃													
	260	280	300	320	340	360	380	400	420	440	460	480	500	520
苯胺	0.791	0.766	0.739	0.711	0.679	0.644	0.602	0.548	0.458					
二苯胺	0.888	0.869	0.851	0.831	0.811	0.791	0.769	0.742	0.716	0.688	0.659	0.627	0.588	0.536
N,*N*-二甲基苯胺	0.730	0.706	0.680	0.652	0.620	0.584	0.539	0.475						
N,*N*-二乙基苯胺	0.715	0.692	0.667	0.640	0.611	0.577	0.538	0.488	0.399					
N,*N*-二丙基苯胺	0.701	0.679	0.656	0.631	0.604	0.575	0.541	0.502	0.448					
苯甲胺	0.773	0.750	0.726	0.700	0.671	0.639	0.601	0.553	0.476					
邻甲苯胺	0.762	0.737	0.710	0.681	0.649	0.612	0.569	0.511	0.381					
间甲苯胺	0.766	0.742	0.718	0.691	0.662	0.630	0.593	0.548	0.486					
对甲苯胺	0.723	0.694	0.661	0.626	0.585	0.535	0.465							
邻硝基苯胺	0.957	0.938	0.918	0.896	0.874	0.851	0.825	0.799	0.769	0.737	0.700	0.657	0.602	0.512
间硝基苯胺	0.995	0.977	0.958	0.938	0.917	0.895	0.872	0.848	0.822	0.793	0.762	0.728	0.687	0.639
对硝基苯胺①	1.029	1.012	0.995	0.977	0.958	0.939	0.918	0.897	0.874	0.850	0.825	0.797	0.767	0.733
甲酰胺	0.905	0.883	0.859	0.833	0.807	0.778	0.747	0.714	0.675	0.630	0.570	0.455		
乙酰胺	0.835	0.815	0.793	0.770	0.746	0.720	0.692	0.662	0.628	0.588	0.538	0.456		
丙烯酰胺	0.718	0.682	0.640	0.587	0.512									
N,*N*-二甲基甲酰胺②	0.691	0.661	0.628	0.590	0.544	0.477								
N,*N*-二甲基乙酰胺	0.699	0.669	0.638	0.605	0.567	0.516	0.422							
己内酰胺	0.811	0.784	0.753	0.719	0.682	0.637	0.575							
油酰胺	0.713	0.698	0.683	0.667	0.651	0.633	0.615	0.595	0.573	0.549	0.522	0.490	0.450	0.389
硬酰胺	0.699	0.685	0.670	0.654	0.637	0.620	0.601	0.581	0.559	0.535	0.507	0.474	0.432	0.358

① 温度为560、580、600℃时，其值为0.648、0.585、0.456g/cm³；

② 温度为−60℃时，其值为1.012g/cm³。

13.2.2 一些胺水溶液的密度

表13.2.3 乙醇胺及其水溶液的密度

单位：g/cm^3

乙醇胺	温度/℃	浓度（质量分数）% 20	40	60	80	100
一乙醇胺	20	1.005	1.020	1.028	1.027	1.019
	40	0.998	1.009	1.013	1.011	1.003
	60	0.987	0.996	0.999	0.995	0.986
	80	0.976	0.983	0.984	0.980	0.970
二乙醇胺	20	1.016	1.047	1.072	1.089	1.099
	40	1.009	1.036	1.060	1.075	1.084
	60	1.000	1.025	1.047	1.064	1.069
	80	0.988	1.013	1.034	1.050	1.055
三乙醇胺	20	1.029	1.060	1.092	1.114	1.124
	40	1.020	1.050	1.080	1.101	1.112
	60	1.011	1.038	1.066	1.087	1.099
	80	0.999	1.026	1.053	1.071	1.087

表13.2.4 含硫化氢及二氧化碳的一乙醇胺水溶液的密度

浓度（质量分数）/%	温度/℃ 10	15	20	25	30	35	40	45	50	55	60	65
15	1.006	1.005	1.004	1.003	1.002	1.000	0.998	0.996	0.995	0.993	0.990	0.988
	1.030	1.029	1.027	1.026	1.025	1.023	1.021	1.019	1.018	1.016	1.013	1.010
	1.054	1.053	1.051	1.050	1.049	1.047	1.045	1.043	1.041	1.039	1.036	1.032
	1.070	1.069	1.068	1.067	1.065	1.063	1.060	1.058	1.056	1.054	1.051	1.049
	1.040	1.038	1.036	1.035	1.034	1.032	1.030	1.028	1.025	1.023	1.021	1.019
	1.027	1.026	1.025	1.024	1.022	1.020	1.018	1.016	1.013	1.011	1.009	1.007
30	1.017	1.015	1.013	1.012	1.010	1.008	1.004	1.001	0.999	0.997	0.993	0.990
	1.102	1.100	1.098	1.095	1.092	1.090	1.088	1.085	1.082	1.080	1.077	1.074

N 算图 13.1
乙醇胺水溶液的密度
（第 847 页右）

N 算图 13.2
胺饱和蒸气的密度
（第 848 页左）

N 算图 13.3
尿素水溶液的密度
（第 848 页右）

13.2.3 尿素溶液和熔融尿素的密度

表13.2.5 尿素溶液和熔融尿素的密度

单位：g/cm^3

温度/℃	尿素浓度（质量分数）% 10	20	30	40	50	60	70	80	85	90	95	100[①]
0	1.0320	1.0589	1.0897	1.1220								1.1220
5	1.0300	1.0570	1.0875	1.1190								1.1283
10	1.0290	1.0556	1.0855	1.1150								1.1339
15	1.0270	1.0535	1.0830	1.1120								1.1390
20	1.0255	1.0520	1.0810	1.1085	1.1397							1.1439
25	1.0230	1.0500	1.0780	1.1060	1.1370							1.1485
30	1.0215	1.0481	1.0755	1.1035	1.1337							1.1530
35	1.0190	1.0460	1.0740	1.1015	1.1305	1.1575						1.1575
40	1.0173	1.0437	1.0720	1.0985	1.1281	1.1550						1.1620
45	1.0140	1.0410	1.0687	1.0960	1.1245	1.1530						1.1664
50	1.0127	1.0390	1.0670	1.0940	1.1222	1.1500						1.1708
55	1.0100	1.0360	1.0635	1.0900	1.1190	1.1475						1.1752
60	1.0078	1.0340	1.0616	1.0875	1.1162	1.1445	1.1745					1.1793
65	1.0050	1.0310	1.0580	1.0850	1.1125	1.1425	1.1710					1.1833
70	1.0030	1.0287	1.0557	1.0820	1.1103	1.1385	1.1683					1.1868
75	1.0000	1.0250	1.0525	1.0820	1.1070	1.1356	1.1650					1.1909

续表

温度/℃	尿素浓度（质量分数）%											
	10	20	30	40	50	60	70	80	85	90	95	100①
80	0.9980	1.0231	1.0498	1.0770	1.1044	1.1330	1.1621	1.1915				1.1944
85	0.9950	1.0200	1.0470	1.0750	1.1010	1.1300	1.1585	1.1885				1.1978
90	0.9924	1.0173	1.0438	1.0710	1.0985	1.1270	1.1560	1.1850				1.2010
95	0.9890	1.0145	1.0410	1.0680	1.0950	1.1245	1.1525	1.1820	1.1995			1.2042
100	0.9867	1.0114	1.0377	1.0650	1.0927	1.1210	1.1500	1.1790	1.1960			1.2074
105					1.0900	1.1180	1.1470	1.1750	1.1925	1.2095		1.2107
110						1.1140	1.1439	1.1720	1.1890	1.2050		1.2140
115							1.1405	1.1690	1.1860	1.2000		1.2173
120								1.1660	1.1810	1.1970	1.2190	1.2206
125									1.1770	1.1930	1.2140	1.2236
130										1.1890	1.2090	1.2260
135											1.2050	1.2255
140											1.2070	1.2210

① 100%浓度栏中，温度为–10、–5、145、150、155℃时，其密度分别为1.1059、1.1146、1.216、1.2130、1.2100g/cm³。
注：横线上面数字为该温度下尿素饱和溶液的密度。

13.3 相变点

13.3.1 熔点

表13.3.1 *N,N*-二甲苯基乙酰胺的熔点　　单位：℃

A,B-	2,3-①	2,4-	2,5-	2,6-	3,4-	3,5-
t	132-3	128-129	138-139	174-176	98-99	144.5

① 表示*N,N*-（2,3-二甲苯）基乙酰胺，其余类推。

13.3.2 沸点

表13.3.2 胺类的常规沸点及其液相摩尔体积（Ⅰ）

物料名	常规沸点/K	液相体积/（cm³/mol）	物料名	常规沸点/K	液相体积/（cm³/kmol）	物料名	常规沸点/K	液相体积/（cm³/kmol）
甲胺	266.8	44.71	二乙胺	328.6	44.71	二甲基甲酰胺	425.2	89.41
正丙胺	321	85.64	二丙胺	382	85.64	*N,N*-二甲基甲酰胺	439.2	108.7
正丁胺	350.6	106.5	二异丙胺	357.0	106.5	*ε*-己内酰胺	543.2	131.6
异丁胺	340.9	106.2	二丁胺	432	106.2	六甲基膦酸酰胺	506.2	—
异丙胺	304.9	87.39	二异丁胺	412.2	87.39	丙烯酰胺	514	88.82
仲丁胺	336.2	107.0	二戊胺	476.2	107.0	对乙酰氨基酚（扑热息痛）	530	202.7
叔丁胺	317.6	109.3	三甲胺	276.0	109.3			
正戊胺	377.6	128.5	三乙胺	361.9	128.5	2-甲基丙烯酰胺	488	112.6
正壬胺	475.4	225.2	三丙胺	429.6	225.2	*N*-甲基乙酰胺	478.2	91.54
正己胺	405.8	151.3	三丁胺	487.2	151.3	*N*-甲基甲酰胺	472.7	70.47
正辛胺	452.8	200.1	三戊胺	516.2	200.1	*N*-甲酰苯胺	544.2	138.5
正癸胺	493.6	247.0	乙二胺	390.4	247.0	甲酰胺	493	47.58
十一胺	514.8	271.3	1,2-丙二胺	392.4	271.3	叔丁基甲酰胺	475.2	136.3
十二胺	532.4	300.9	乙酰苯胺	577.0	156.8			
十四胺	564.5	352.8	乙酰代乙酰苯胺	648	208.9			

表 13.3.3　胺类的常规沸点及其液相摩尔体积（Ⅱ）

物料名	常规沸点 /K	液相体积 /（cm^3/mol）	物料名	常规沸点 /K	液相体积 /（cm^3/kmol）	物料名	常规沸点 /K	液相体积 /（cm^3/kmol）
乙腈胺	503	159.9	对苯二胺	540.0	115.58	三亚乙基二胺	447.2	150.2
乙苄胺	289.7	65.63	甲基苯胺	469.0	128.1	三亚乙基四胺	539.6	192.7
乙醇胺	443.2	68.67	邻甲基苯胺	473.5	127.9	二烯丙基胺	384.2	144.0
二甘醇胺	496.2	120.3	间甲基苯胺	476.5	129.5	三烯丙基胺	423.6	203.8
二甲基乙醇胺	407.2	117.1	邻乙基苯胺	482.6	151.0	亚丙基亚胺	334.0	74.9.0
二异丙醇胺	521.9	166.5	*N,N*-二甲基苯胺	466.7	149.8	四亚乙基戊胺	606.2	259.7
二乙醇胺	541.5	117.2	对氨基二苯胺	627.2	237.1	三乙醇胺	608.5	168.3
二乙基乙醇胺	436.2	159.6	邻硝基苯胺	558	164.1	甲基乙醇胺	431.2	94.0
对甲基苯胺	473.6	129.8	间硝基苯胺	579	160.0	甲基二乙醇胺	518	149.0
N-乙基苯胺	476.2	151.5	对硝基苯胺	609.2	156.2	*N*-氨乙基乙醇胺	517	128.8
2,6-二乙基苯胺	508.6	210.6	邻硝基二苯胺	616	247.7	二聚氰胺	581	123.6
N,N-二乙基苯胺	489.4	194.4	对硝基二苯胺	600	250.8	三聚氰胺	704	191.7
N-丁基苯胺	513.9	200.3	4,4-二硝基二苯胺	709	278.5	六亚甲基二胺	473	170.7
二苯胺	575.2	199.2	苯胺	457.2	106.3	六亚甲基四胺	554	129.5
N,N-二苯基对苯二胺	772.0	300.5	邻苯二胺	530.2	115.8	六亚甲基亚胺	411.2	128.3
			间苯二胺	560	118.9	四甲基乙二胺	394.2	171.4
邻氯苯胺	482.0	125.5	联苯胺	674.8	232.3	*N*-甲基环己胺	422	150.7
间氯苯胺	501.6	131.0	环己胺	407.6	130.1	苄胺	457.6	128.9
对氯苯胺	503.6	127.3	二环己胺	529	250.0	脱氢松香胺	660	400.5
3,4-二氯苯胺	545.0	144.9	二亚乙基三胺	480.2	131.7			

表 13.3.4　胺类在压力下的沸点

名　称		1	2	4	7	10	20	40	60	80	101.3
	与上列压力（kPa）相对应的沸点 /℃										
N,N-二乙基苯胺		$91.9^{1.3}$	99.6	114.2	127.5	132	152.2	181	197	208	216.3
N,N-二甲基苯胺		$77^{1.7}$	81.0	96.2	110.0	118.4	136.8	159.8	174	185	194.2
三乙醇胺	$99^{0.2}$	120	128	139	152	160	180	200	213	225	232
邻甲苯胺	$44^{0.13}$	75	88	100	112	119	140	163	179	190	200.2
间甲苯胺	$41^{0.13}$	76	90	104	117	125	146	169	184	195	203.4
对甲苯胺		$82.2^{1.3}$	88.5	100.5	112	119	140	163	179	190	200.6
邻甲氧基苯胺	$90^{0.5}$	99	110	125	139	149	169	192	206	216	225
N-甲基苯胺		73.8	86.0	98.5	111.5	120.1	140	165	177.0	188.0	195.7
N-甲酰苯胺			166	182.5	196	205	223	242	255	264	271
甲酰胺	$76.1^{0.2}$	103.5	117.5	130	141.5	150	166	185	197	205	210.7
苯胺		$68.3^{1.3}$	76	90.5	102.5	111.5	130	151	165	175.5	184.4
对硝基苯胺	$106^{0.004}$										331.7

注：右上角的数字为相应的压力（kPa）。

13.3.3　共沸点

表13.3.5　第一组分为甲胺、二甲胺和三甲胺的二元共沸物共沸点

（1）第一组分　甲胺

第二组分	三甲胺			丁二烯	1-丁烯	异丁烯	顺-2-丁烯	反-2-丁烯	1-丁烯-3-炔	丁烷	异丁烷
质量分数 /%	70	85①	90～92②	41.4	22.2	32	47.5	48	97.5	37.6	25.5
共沸点 /℃	−6.5	36	75	−9.5	−13	−14.3	−9.6	−10.4	−6.8	−14	−19.9

① 0.4MPa。

② 1.41MPa。

(2) 第一组分　二甲胺

第一组分 /%	第二组分（余量）	共沸点 /℃	第一组分 /%	第二组分（余量）	共沸点 /℃
12	丁烷	0.2	26	三甲胺	3

(3) 第一组分　三甲胺

第一组分胺 /%	第二组分（余量）	共沸点 /℃	第一组分 /%	第二组分（余量）	共沸点 /℃
75.5	甲酸	170	74	二甲胺	3
80	乙酸	154	47	三氟化硼	230
30	甲胺	–6.5	27	氨	–34

表 13.3.6　第一组分为乙胺、二乙胺和三乙胺的二元共沸物共沸点

第一组分 /%	第二组分（余量）	共沸点 /℃	第一组分 /%	第二组分 /%	共沸点 /℃
乙胺 54	异戊烯	15.4	三乙胺	水 35	92.8
二乙胺 62	2,3-二甲基丁烷	55.0		丁酮 75	70.0
	丙酮	51.55		乙酸 87.5	162

表 13.3.7　第一组分为异丁胺和二异丁胺的二元共沸物共沸点

(1) 第一组分　异丁胺

第一组分 /%	第二组分（余量）	共沸点 /℃	第一组分 /%	第二组分（余量）	共沸点 /℃
52	己烷	66.5	4	丙酮	56.0
59	甲基环己烷	67.6			

(2) 第一组分　二异丁胺

第一组分 /%	第二组分（余量）	共沸点 /℃	第一组分 /%	第二组分（余量）	共沸点 /℃
38	乙苯	135.5	70	甲基异戊基甲酮	136.3
51	间二甲苯	137.5	68	二丙酮	137.0
75	亚异丙基丙酮	128.5			

表 13.3.8　第一组分为苯胺和 *N*, *N*–二甲基苯胺的二元共沸物共沸点

(1) 第一组分　苯胺

第一组分 /%	第二组分（余量）	共沸点 /℃	第一组分 /%	第二组分（余量）	共沸点 /℃
46	丁基苯	177.8	22	庚醇	175.4
27	对甲基异丙苯	173.5	83	辛醇	183.95
35	邻溴甲苯	178.45	35	仲辛醇	179
39	间溴甲苯	179.9	≈40	草酸乙醇	≈181.5
40	对溴甲苯	180.2	45	频哪醇	172
13	莰烯	157.5	55	二戊醚	177.5
15	*α*-蒎烯	105.25	51	乙基苄基醚	179.8
8	邻甲苯酚	191.25	41.5	茚	179.7
44	苄胺	185.55			

(2) 第一组分　*N*,*N*-二甲基苯胺

第一组分 /%	第二组分（余量）	共沸点 /℃	第一组分 /%	第二组分（余量）	共沸点 /℃
27	*α*-萜二烯	174	＜55	1,2-丙二醇	＜177.0
≈35	萜品油烯	≈179	49.5	辛醇	191.75
＜27	二戊基醚	＜187.0	85	沉香醇	193.9
≈35	葑酮	191			

表 13.3.9　第一组分为乙酰胺的二元共沸物共沸点

第一组分 /%	第二组分（余量）	共沸点 /℃	第一组分 /%	第二组分（余量）	共沸点 /℃	第一组分 /%	第二组分（余量）	共沸点 /℃
12	苯乙烯	144	8.5	对氯甲苯	160	14	间甲苯胺	200.95
12	莰烯	155.5	17	对碘甲苯	195	12	对甲苯胺	198.7
13	*α*-蒎烯	152.5	32.5	邻硝基甲苯	206.45	14	*N*-甲基苯胺	193.8
16	*d*-萜二烯	169.2	42	间硝基甲苯	210.8	1	辛烷	125.6
2.6	四氯乙烯	120.45	48	对硝基甲苯	213.4	3	五氯乙烷	160.5
8	乙苯	135.6	27	萘	199.55	7.5	1,2,3-三氯丙烷	154.5
3	氯苯	131.85	56.5	1-溴代萘	217.35	6.5	苯甲醛	178.6
10	邻二氯苯	174	52.2	1-氯代萘	213.9	16.5	苯乙酮	197.45
10	对二氯苯	169.9	17.5	茚	177.2	31	丙基苯基甲酮	204
4.2	溴苯	154.85	11	苄基氯	173.7	12	佛尔酮	194.8
18	对二溴苯	199.35	11.8	丁酸异戊酯	174.75	42.5	香芹酮	210.65
13	碘苯	180	10.5	异戊酸异丁酯	169.3	10.8	苯乙醚	168.3
11	邻二甲苯	142.6	27.5	乙酸苄酯	204.8	55	邻氨基苯乙醚	216
10	间二甲苯	138.4	15	苯甲酸甲酯	193.8	35	2-苯基乙醇	214.05
8	对二甲苯	137.7	24	苯甲酸乙酯	200.8	70.5	百里酚	219.9
19	甲基异丙苯	170.5	38	苯甲酸丙酯	209	33	对氯酚	231.7
24	硝基苯	201.9	29	水杨酸甲酯	205.8	88	丁子香酚	220.8
11.5	邻溴甲苯	175	40.2	水杨酸乙酯	209.2	24.2	邻硝基酚	207.7
12	对溴甲苯	178	62	肉桂酸甲酯	219.1	32	黄樟脑	208.8
8	邻氯甲苯	107.8	12	邻甲苯胺	198.05			

13.3.4　三相点

表13.3.10　胺类的三相点

物料名	三相点温度 /K	三相点压力 /Pa	三相点的液相和固相恒压热容差 /[J/(K·mol)]	物料名	三相点温度 /K	三相点压力 /Pa	三相点的液相和固相恒压热容差 /[J/(K·mol)]
甲胺	179.7	176.7	36.113	乙酰胺	353.3	336.4	43.971
正丙胺	188.4	13.00	58495	*N*-甲酰苯胺	323.2	4.9598	64.692
正丁胺	224.1	77.95	23.618	*N*-甲基乙酰胺	301.2	28.618	2.8999
异丙胺	178.0	7.725	49.811	*N*-甲基甲酰胺	269.4	2.7242	17.502
叔丁胺	206.2	179.3	52.998	乙酰苯胺	387.7	118.3	46.153
正戊胺	218.2	8.296	21.702	丙烯酰胺	357.7	225.89	43.100
正壬胺	273.2	5.307	56.788	二甲基甲酰胺20	212.7	0.1953	113.04
正己胺	251.9	42.79	45.396	*N,N*-二甲基乙酰胺	253.2	7.6407	8.014
正辛胺	272.8	18.85	55.034	*ε*-己内酰胺	342.3	39.838	48.825
正癸胺	288.9	5.850	69.471	对羟基乙酰苯胺	440.7	4844.8	45.011
十一胺	288.3	1.6125	68.790	2-甲基丙烯酰胺	383.7	2825.1	17.172
十二胺	301.5	2.2256	78.925	乙醇胺	283.7	13.37	33.787
十四胺	311.3	0.6643	93.098	二乙醇胺	301.2	0.1020	76.729
乙二胺	284.3	677.51	62.027	甲基乙醇胺	268.7	11.109	8.7036
二甲胺	181.0	75.575	41.076	甲基二乙醇胺	252.2	0.00204	25.753
二乙胺	223.4	374.1	−6.3558	二乙基乙醇胺	253.0	4.852	−26.369
二苯胺	326.2	3.0355	41.963	二异丙醇胺	318.2	0.2179	51.381
三甲胺	156.1	9.9206	25.179	三乙醇胺	294.4	0.00029	96.440
乙酰代乙酰苯胺	358.2	0.1971	55.753	2,6-二乙基苯胺	276.7	0.5118	64.926
甲酰胺	275.6	1.0350	7.4537	*N,N*-二苯基对苯二胺	425.2	0.21786	134.21

续表

物料名	三相点温度/K	三相点压力/Pa	三相点的液相和固相恒压热容差/[J/(K·mol)]	物料名	三相点温度/K	三相点压力/Pa	三相点的液相和固相恒压热容差/[J/(K·mol)]
对硝基二苯胺	408.6	128.31	74.031	间硝基苯胺	387.2	99.941	38.472
对硝基苯胺	420.7	172.50	18.951	苯胺	267.1	7.1322	54.640
4,4-二硝基二苯胺	491.1	66.767	103.32	邻硝基二苯胺	348.2	2.1547	26.022
4,4-二硝基三苯胺	479.7	9.8030	175.64	联苯胺	402.2	2.5498	133.35
对甲基苯胺	316.9	138.83	2.4560	二聚氰胺	482.7	5054.9	42.710
对氨基二苯胺	339.2	0.17008	64.842	六亚甲基四胺	553.2	99745	13.202
邻甲基苯胺	256.8	0.59542	58.418	1,2-丙二胺	236.5	9.2639	67.896
间甲基苯胺	241.9	0.05658	34.900	邻苯二胺	377.0	338.44	96.241
邻氯苯胺	271.1	3.2562	35.927	间苯二胺	339.1	17.3059	57.979
间氯苯胺	262.8	0.25098	31.390	对苯二胺	413.0	1388.2	102.87
对氯苯胺	343.1	218.93	4.9340	乙基苄胺	192.2	151.8	47.972
3,4-二氯苯胺	344.7	35.344	49.655	苄胺	227.2	0.05656	41.100
邻硝基苯胺	344.7	17.230	57.834	脱氢松香胺	317.7	0.00617	43.168

13.4 黏度

13.4.1 气体的黏度

表13.4.1 胺类气体的黏度（Ⅰ） 单位：μPa·s

名称	温度/℃							
	200	250	300	350	400	450	500	550
甲胺	6.038	7.545	9.035	10.50	11.94	13.34	14.70	16.02
乙胺	5.408	6.759	8.095	9.411	10.70	11.96	13.19	14.38
丙胺	4.714	6.180	7.562	8.884	10.16	11.39	12.60	13.77
异丙胺	5.126	6.410	7.684	8.942	10.18	11.39	12.58	13.74
丁胺		5.691	6.828	7.954	9.066	10.16	11.24	12.29
异丁胺	4.701	5.881	7.054	8.217	9.364	10.49	11.60	12.68
二甲胺	5.233	6.753	8.191	9.568	10.90	12.19	13.44	14.67
三甲胺	5.446	6.755	8.054	9.346	10.63	11.92	13.18	14.36
二乙胺		6.047	7.210	8.367	9.517	10.66	11.81	12.95
三乙胺	4.592	5.695	6.791	7.880	8.964	10.04	11.12	12.20
二正丙胺		5.670	6.761	7.845	8.924	10.00	11.07	12.14
二异丙胺	4.520	5.654	6.783	7.901	9.006	10.09	11.16	12.21
二丁胺		4.775	5.943	7.055	8.125	9.161	10.17	11.15
乙二胺			7.474	8.870	10.21	11.51	12.78	14.01
亚乙基亚胺	5.158	6.398	7.628	8.852	10.07	11.28	12.49	13.70
己二胺				6.903	7.853	8.798	9.740	10.68
一乙醇胺			7.524	8.730	9.931	11.13	12.32	13.50
二乙醇胺			6.803	7.895	8.980	10.06	11.14	12.21
三乙醇胺			6.239	7.240	8.236	9.226	10.21	11.20

名称	温度/℃								
	600	650	700	750	800	850	900	950	1000
甲胺	17.30	18.55	19.75	20.91	22.04	23.14	24.20	25.24	26.25
乙胺	15.53	16.65	17.74	18.79	19.81	20.80	21.76	22.70	23.61

续表

名　　称	温度/℃								
	600	650	700	750	800	850	900	950	1000
丙胺	14.92	16.05	17.16	18.25	19.32	20.38	21.43	22.47	23.49
异丙胺	14.87	15.96	17.03	18.06	19.07	20.04	20.99	21.92	22.82
丁胺	13.32	14.32	15.30	16.26	17.19	18.09	18.97	19.83	20.67
异丁胺	13.74	14.78	15.78	16.76	17.72	18.65	19.55	20.44	21.30
二甲胺	15.87	17.05	18.21	19.36	20.48	21.59	22.69	23.77	24.84
三甲胺	15.49	16.56	17.59	18.59	19.54	20.47	21.37	22.24	23.10
二乙胺	14.04	15.07	16.06	17.01	17.93	18.81	19.67	20.51	21.32
三乙胺	13.26	14.28	15.25	16.18	17.07	17.94	18.78	19.60	20.39
二正丙胺	13.21	14.24	15.22	16.16	17.06	17.94	18.79	19.61	20.41
二异丙胺	13.23	14.22	15.20	16.14	17.06	17.96	18.84	19.69	20.52
二丁胺	12.11	13.06	13.98	14.89	15.79	16.67	17.55	18.41	19.26
乙二胺	15.22	16.40	17.56	18.71	19.83	20.94	22.04	23.12	24.19
亚乙基亚胺	14.90	16.04	17.13	18.18	19.19	20.16	21.11	22.02	22.92
己二胺	11.61	12.55	13.49	14.41	15.29	16.15	16.97	17.77	18.55
一乙醇胺	14.69	15.88	17.06	18.19	19.28	20.33	21.35	22.33	23.29
二乙醇胺	13.28	14.35	15.41	16.49	17.53	18.54	19.51	20.45	21.37
三乙醇胺	12.18	13.16	14.13	15.11	16.09	17.05	17.98	18.88	19.75

表13.4.2　胺类气体的黏度（Ⅱ）

单位：μPa·s

名　称	温度/℃							
	250	300	350	400	450	500	550	600
苯胺		7.017	8.142	9.262	10.38	11.49	12.59	13.70
二苯胺			6.618	7.566	8.511	9.450	10.38	11.31
N,*N*-二甲基苯胺		6.332	7.348	8.358	9.364	10.37	11.37	12.36
N,*N*-二乙基苯胺	4.823	5.750	6.673	7.590	8.504	9.414	10.32	11.23
N,*N*-二丙基苯胺	4.546	5.420	6.289	7.154	8.015	8.873	9.728	10.58
苯甲胺	5.731	6.884	8.034	9.179	10.32	11.44	12.56	13.66
邻甲苯胺		6.367	7.431	8.489	9.540	10.58	11.61	12.63
间甲苯胺	5.300	6.367	7.431	8.490	9.543	10.59	11.62	12.64
对甲苯胺			7.430	8.487	9.535	10.57	11.60	12.61
邻硝基苯胺			7.517	8.551	9.581	10.61	11.63	12.65
间硝基苯胺				8.197	9.184	10.17	11.15	12.12
对硝基苯胺					8.669	9.597	10.52	11.44
甲酰胺		5.773	6.699	7.620	8.537	9.451	10.36	11.27
乙酰胺				7.756	8.689	9.619	10.55	11.47
丙烯酰胺				8.667	9.710	10.75	11.79	12.82
N,*N*-二甲基甲酰胺	5.065	6.039	7.007	7.971	8.931	9.886	10.84	11.79
N,*N*-二甲基乙酰胺		6.070	7.044	8.012	8.977	9.937	10.90	11.85
己内酰胺			8.741	9.943	11.14	12.33	13.52	14.70
油酰胺			4.793	5.452	6.108	6.762	7.413	8.062
硬脂酰胺				5.400	6.050	6.698	7.343	7.986

名　称	温度/℃							
	650	700	750	800	850	900	950	1000
苯胺	14.80	15.90	17.01	18.08	19.11	20.11	21.07	22.01
二苯胺	12.23	13.13	14.03	14.92	15.79	16.65	17.50	18.33
N,*N*-二甲基苯胺	13.35	14.35	15.35	16.30	17.22	18.11	18.98	19.82

续表

名　称	温度/℃							
	650	700	750	800	850	900	950	1000
N,*N*-二乙基苯胺	12.13	13.03	13.94	14.81	15.66	16.47	17.26	18.03
N,*N*-二丙基苯胺	11.43	12.28	13.14	13.97	14.78	15.56	16.31	17.04
苯甲胺	14.75	15.82	16.87	17.91	18.93	19.92	20.90	21.86
邻甲苯胺	13.63	14.62	15.59	16.55	17.49	18.41	19.31	20.20
间甲苯胺	13.65	14.64	15.62	16.58	17.52	18.45	19.36	20.25
对甲苯胺	13.61	14.59	15.55	16.49	17.42	18.33	19.21	20.09
邻硝基苯胺	13.66	14.67	15.69	16.69	17.72	18.71	19.67	20.60
间硝基苯胺	13.10	14.07	15.04	16.00	16.98	17.95	18.89	19.80
对硝基苯胺	12.36	13.28	14.19	15.11	16.02	16.94	17.85	18.73
甲酰胺	12.17	13.08	13.98	14.89	15.78	16.63	17.46	18.27
乙酰胺	12.39	13.31	14.23	15.16	16.06	16.93	17.78	18.60
丙烯酰胺	13.86	14.88	15.86	16.81	17.72	18.60	19.45	20.28
N,*N*-二甲基甲酰胺	12.74	13.69	14.61	15.49	16.34	17.17	17.97	18.74
N,*N*-二甲基乙酰胺	12.80	13.76	14.70	15.59	16.45	17.29	18.10	18.89
己内酰胺	15.89	17.08	18.25	19.37	20.45	21.50	22.52	23.50
油酰胺	8.710	9.356	10.00	10.64	11.30	11.93	12.54	13.14
硬脂酰胺	8.627	9.267	9.905	10.54	11.19	11.81	12.42	13.01

13.4.2 液体的黏度

表13.4.3 胺类液体的黏度（Ⅰ） 单位：mPa·s

名　称	温度/℃												
	−100	−80	−60	−40	−20	0	20	40	60	80	100	120	140
甲胺		0.701	0.495	0.370	0.290	0.236	0.197	0.169	0.146	0.120	0.097	0.077	0.059
乙胺		0.985	0.673	0.491	0.376	0.300	0.247	0.208	0.149	0.123	0.100	0.080	0.062
丙胺		3.820	2.080	1.250	0.819	0.570	0.417	0.317	0.249	0.201	0.166	0.140	0.118
异丙胺		2.220	1.370	0.946	0.653	0.489	0.381	0.307	0.253	0.214	0.151	0.126	0.103
丁胺				1.300	0.898	0.656	0.500	0.395	0.320	0.266	0.226	0.195	0.153
异丁胺		6.210	3.180	1.830	1.150	0.770	0.546	0.404	0.310	0.246	0.199	0.167	0.142
二甲胺		1.050	0.663	0.452	0.327	0.248	0.196	0.159	0.153	0.126	0.102	0.081	0.062
三甲胺	1.310	0.797	0.533	0.382	0.289	0.227	0.185	0.154	0.128	0.107	0.088	0.071	0.055
二乙胺				0.924	0.639	0.466	0.355	0.280	0.227	0.188	0.160	0.131	0.110
三乙胺	5.670	2.840	1.620	1.020	0.686	0.491	0.368	0.286	0.229	0.188	0.158	0.135	0.147
二正丙胺			2.450	1.520	1.010	0.719	0.534	0.412	0.328	0.268	0.224	0.190	0.165
二丁胺			5.000	2.920	1.850	1.260	0.900	0.672	0.520	0.414	0.338	0.282	0.239
乙二胺							1.620	1.070	0.736	0.530	0.395	0.303	0.239
己二胺									1.190	0.890	0.688	0.547	0.444
一乙醇胺							31.80	13.80	6.660	3.480	1.950	1.160	0.724
二乙醇胺								191.0	61.30	22.40	9.120	4.070	1.960
三乙醇胺								206.0	67.70	25.30	10.50	4.770	2.340
名　称	温度/℃												
	160	180	200	220	240	260	280	300	320	340	360	380	400
乙胺	0.046												
丙胺	0.097	0.078	0.062	0.047									

续表

名称	温度/℃												
	160	180	200	220	240	260	280	300	320	340	360	380	400
异丙胺	0.083	0.065	0.050										
丁胺	0.128	0.106	0.086	0.068	0.053								
异丁胺	0.119	0.098	0.079	0.063	0.048								
二甲胺	0.046												
三甲胺	0.042												
二乙胺	0.091	0.073	0.058	0.045									
三乙胺	0.125	0.106	0.088	0.071	0.057	0.044							
二正丙胺	0.155	0.131	0.109	0.089	0.071	0.055							
二丁胺	0.206	0.186	0.159	0.135	0.112	0.092	0.073	0.057	0.043				
乙二胺	0.193	0.212	0.182	0.155	0.129	0.107	0.086	0.068	0.052				
己二胺	0.367	0.309	0.264	0.228	0.201	0.174	0.149	0.126	0.105	0.086	0.069	0.054	
一乙醇胺	0.473	0.321	0.225	0.265	0.225	0.189	0.156	0.126	0.099	0.076	0.055		
二乙醇胺①	1.010	0.554	0.319	0.192	0.120	0.078	0.337	0.287	0.240	0.197	0.158	0.123	0.091
三乙醇胺②	1.220	0.677	0.394	0.240	0.152	0.099	0.067	0.047	0.387	0.331	0.278	0.230	0.186

① 温度 420℃时，其值为 0.064mPa·s。
② 温度 420、440、460、480℃时，其值分别为 0.146、0.110、0.078、0.050mPa·s。

表13.4.4 胺类液体的黏度（Ⅱ）

单位：mPa·s

名称	温度/℃														
	−40	−20	0	20	40	60	80	100	120	140	160	180	200	220	240
苯胺			8.230	4.570	2.730	1.740	1.160	0.814	0.590	0.441	0.339	0.267	0.214	0.175	0.145
二苯胺						4.120	2.630	1.760	1.230	0.887	0.660	0.504	0.394	0.314	0.255
N,*N*-二甲苯胺				1.400	1.040	0.803	0.638	0.520	0.432	0.366	0.315	0.274	0.242	0.215	0.193
N,*N*-二乙苯胺		8.240	4.410	2.570	1.610	1.060	0.737	0.531	0.395	0.303	0.238	0.191	0.156	0.130	0.109
N,*N*-二丙苯胺				4.560	2.780	1.800	1.230	0.870	0.639	0.484	0.375	0.298	0.241	0.199	0.166
苯甲胺	15.00	7.320	3.980	2.350	1.490	0.992	0.694	0.504	0.378	0.292	0.230	0.186	0.153	0.127	0.108
邻甲苯胺			8.480	4.540	2.640	1.630	1.070	0.731	0.520	0.382	0.289	0.224	0.178	0.143	0.118
间甲苯胺		11.10	5.980	3.510	2.200	1.460	1.020	0.734	0.549	0.422	0.332	0.267	0.219	0.182	0.154
对甲苯胺						1.430	1.030	0.767	0.589	0.465	0.375	0.308	0.257	0.218	0.237
邻硝基苯胺							4.690	3.290	2.400	1.800	1.390	1.090	0.879	0.720	0.599
间硝基苯胺									3.000	2.230	1.700	1.330	1.060	0.862	0.712
甲酰胺				3.760	2.290	1.470	0.999	0.706	0.516	0.390	0.302	0.239	0.193	0.159	0.132
乙酰胺								1.430	1.060	0.811	0.636	0.510	0.416	0.345	0.291
N,*N*-二甲基甲酰胺	4.910	2.860	1.800	1.210	0.852	0.627	0.478	0.375	0.302	0.248	0.207	0.176	0.152	0.166	0.146
N,*N*-二甲基乙酰胺			1.660	1.150	0.828	0.622	0.483	0.385	0.314	0.262	0.222	0.190	0.166	0.146	0.161

名称	温度/℃														
	260	280	300	320	340	360	380	400	420	440	460	480	500	520	540
苯胺	0.214	0.189	0.166	0.145	0.125	0.107	0.090	0.074	0.061						
二苯胺	0.210	0.175	0.149	0.127	0.110	0.211	0.188	0.167	0.147	0.128	0.111	0.095	0.080	0.066	0.054
N,*N*-二甲苯胺	0.183	0.160	0.140	0.121	0.103	0.087	0.072	0.059							
N,*N*-二乙苯胺	0.182	0.161	0.141	0.122	0.104	0.088	0.074	0.060	0.049						
N,*N*-二丙苯胺	0.141	0.180	0.158	0.137	0.118	0.100	0.084	0.069	0.056	0.044					
苯甲胺	0.247	0.218	0.191	0.165	0.141	0.119	0.099	0.081	0.065						
邻甲苯胺	0.185	0.163	0.143	0.123	0.105	0.089	0.074	0.061	0.049						
间甲苯胺	0.132	0.184	0.162	0.142	0.123	0.105	0.089	0.074	0.061						
对甲苯胺	0.205	0.175	0.148	0.123	0.100	0.079	0.061								

续表

名 称	温度/℃														
	260	280	300	320	340	360	380	400	420	440	460	480	500	520	540
邻硝基苯胺	0.505	0.431	0.372	0.325	0.263	0.234	0.207	0.181	0.157	0.135	0.115	0.096	0.079	0.064	
间硝基苯胺	0.597	0.506	0.435	0.377	0.330	0.266	0.238	0.212	0.187	0.164	0.142	0.122	0.103	0.086	0.071
甲酰胺	0.112	0.096	0.083	0.178	0.158	0.139	0.121	0.105	0.090	0.076	0.063	0.052			
乙酰胺	0.248	0.214	0.187	0.187	0.166	0.147	0.128	0.111	0.095	0.081	0.068	0.056			
N,*N*-二甲基甲酰胺	0.127	0.110	0.094	0.079	0.065	0.053									
N,*N*-二甲基乙酰胺	0.141	0.122	0.105	0.089	0.074	0.061	0.049								

表13.4.5 其他胺的黏度 单位：mPa·s

温度/℃	20	温度/℃	20	25	30	40	50	80	温度/℃	120	130
三丁胺	1.41	甲苯胺		2.02	1.55		1.09		甲酰苯胺	1.65	
三戊胺	2.60	*N*-乙基苯胺	1.41	2.04			1.10		乙酰苯胺	2.22	1.90
三异戊胺	2.69	邻溴苯胺				3.19			烯丙胺		0.506
异戊胺	0.72^{25}	间溴苯胺	6.81			3.70		1.70	*N*-苄基苯胺	2.18^{33}	1.20
		对溴苯胺						1.81	*N*,*N*-二甲基-1-萘胺		0.868
									N,*N*-二甲基-2-萘胺		0.952

注：右上角的数字为与其相应的温度/℃。

13.4.3 水溶液的黏度

表13.4.6 乙醇胺水溶液的黏度

乙醇胺含量（质量分数）/%	温度/℃	黏度/(mPa·S)			乙醇胺含量（质量分数）/%	温度/℃	黏度/(mPa·S)		
		一乙醇胺	二乙醇胺	三乙醇胺			一乙醇胺	二乙醇胺	三乙醇胺
20	20	1.880	2.210	2.000	75	20	16.60	91.20	64.60
	50	0.940	1.080	0.988		50	5.39	20.70	14.80
	80	0.543	0.603	0.562		80	2.09	5.96	4.07
	100	0.389	0.417	0.407		100	1.25	3.28	2.15
50	20	6.170	12.50	8.510	100	20	31.30		795.00
	50	2.570	4.27	3.240		50	9.44	111.00	123.00
	80	1.200	1.78	1.450		80	3.48	22.40	25.30
	100	0.785	1.05	0.923		100	1.95	9.12	10.50

表13.4.7 尿素水溶液的黏度 单位：mPa·s

浓度（质量分数）/%	温度/℃														
	0	10	20	30	40	50	60	70	80	90	100	110	120	130	140
0	1.789	1.306	1.005	0.802	0.653	0.55	0.47	0.400	0.354	0.315	0.282				
10	1.83	1.39	1.08	0.88	0.72	0.61	0.53	0.46	0.395	0.355	0.32				
20	1.97	1.51	1.185	0.96	0.805	0.69	0.595	0.51	0.45	0.41	0.365				
30	2.18	1.70	1.325	1.08	0.905	0.78	0.67	0.59	0.52	0.47	0.42				
40	2.52	1.795	1.57	1.275	1.065	0.91	0.785	0.685	0.615	0.55	0.5				
50			1.93	1.55	1.29	1.09	0.94	0.83	0.74	0.67	0.595				
60					1.64	1.39	1.18	1.035	0.925	0.83	0.74	0.65			
70							1.62	1.375	1.2	1.065	0.95	0.855			
80									1.775	1.49	1.32	1.196	1.09		
85											1.685	1.485	1.355		
90												2.100	1.800	1.605	
95													2.580	2.135	1.875
100															2.330

13.5 表面张力

N 算图 13.4
尿素水溶液的黏度（第 849 页左）

表13.5.1 胺类液体的表面张力（Ⅰ） 单位：mN/m

名 称	温度/℃												
	−100	−80	−60	−40	−20	0	20	40	60	80	100	120	140
甲胺		34.77	31.80	28.82	25.85	22.87	19.89	16.92	13.94	10.97	7.990	5.014	2.038
乙胺		33.61	30.86	28.12	25.37	22.63	19.89	17.14	14.40	11.65	8.910	6.166	3.422
丙胺		36.17	33.33	30.53	27.77	25.06	22.40	19.79	17.23	14.74	12.32	9.969	7.711
异丙胺		27.69	25.74	23.80	21.85	19.91	17.97	16.02	14.08	12.13	10.19	8.247	6.303
丁胺				29.14	26.75	24.40	22.09	19.81	17.58	15.40	13.26	11.18	9.166
异丁胺		35.46	32.84	30.25	27.71	25.20	22.73	20.31	17.93	15.61	13.34	11.13	8.996
二甲胺		29.56	26.68	23.85	21.08	18.37	15.72	13.15	10.65	8.253	5.966	3.818	1.861
三甲胺	29.65	26.89	24.17	21.52	18.92	16.38	13.91	11.52	9.222	7.021	4.939	3.009	12.90
二乙胺				27.82	25.30	22.83	20.40	18.01	15.68	13.41	11.20	9.057	6.997
三乙胺	34.16	31.87	29.61	27.38	25.18	23.01	20.88	18.79	16.75	14.74	12.79	10.88	9.041
二正丙胺			31.56	29.32	27.12	24.94	22.80	20.68	18.61	16.57	14.57	12.62	10.72
二异丙胺		30.42	28.21	26.04	23.89	21.77	19.69	17.65	15.64	13.68	11.76	9.890	8.080
二丁胺			32.56	30.53	28.53	26.54	24.58	22.65	20.74	18.86	17.02	15.20	13.42
乙二胺							45.69	41.99	38.35	34.78	31.27	27.83	24.47
乙撑亚胺			47.24	43.69	40.20	36.76	33.38	30.06	26.81	23.62	20.51	17.49	14.56
己二胺									33.66	31.21	28.80	26.42	24.09
一乙醇胺							53.13	49.43	45.78	42.18	38.63	35.13	31.69
二乙醇胺								34.03	31.96	29.92	27.90	25.90	23.93
三乙醇胺								36.55	34.58	32.64	30.72	28.81	26.93

名 称	温度/℃												
	160	180	200	220	240	260	280	300	320	340	360	380	400
乙胺	0.678												
丙胺	5.559	3.540	1.703	0.188									
异丙胺	4.360	2.416	0.472										
丁胺	7.222	5.362	3.605	1.984	0.572								
异丁胺	6.943	4.987	3.154	1.488	0.129								
二甲胺	0.238												
二乙胺	5.036	3.195	1.523	0.150									
三乙胺	7.264	5.563	3.953	2.456	1.114	0.059							
二正丙胺	8.867	7.081	5.367	3.741	2.227								
二异丙胺	6.335	4.668	3.096	1.650	0.405								
二丁胺	11.68	9.984	8.334	6.734	5.197	3.733	2.361	1.114	0.097				
乙二胺	21.19	18.00	14.91	11.93	9.082	6.390	3.893	1.669					
乙撑亚胺	11.73	9.024	6.457	4.067	1.916	0.187							
己二胺	21.79	19.53	17.33	15.17	13.07	11.02	9.047	7.147	5.335	3.630	2.062	0.697	
一乙醇胺	28.31	25.00	21.76	18.59	15.52	12.54	9.680	6.953	4.397	2.075	0.180		
二乙醇胺①	21.99	20.07	18.19	16.33	14.51	12.73	10.99	9.294	7.648	6.060	4.638	3.098	1.764
三乙醇胺②	25.06	23.23	21.41	19.62	17.86	16.12	14.42	12.75	11.11	9.516	7.963	6.460	5.013

① 温度为 420℃时，其值为 0.590mN/m。

② 温度为 420、440、460、480℃时，其值分别为 3.633、2.337、1.154、0.167mN/m。

表13.5.2 胺类液体的表面张力（Ⅱ） 单位：mN/m

名 称	温度/℃														
	−40	−20	0	20	40	60	80	100	120	140	160	180	200	220	240
苯胺			47.54	44.88	42.24	39.63	37.04	34.49	31.97	29.47	27.02	24.60	22.22	19.88	17.59
二苯胺						37.69	35.83	33.98	32.16	30.34	28.55	26.78	25.02	23.28	21.57
N,*N*-二甲基苯胺				36.61	34.35	32.12	29.91	27.74	25.59	23.48	21.40	19.36	17.36	15.40	13.48

续表

名 称	温度/℃														
	−40	−20	0	20	40	60	80	100	120	140	160	180	200	220	240
N,*N*-二乙基苯胺		38.29	36.23	34.19	32.17	30.18	28.20	26.25	24.32	22.42	20.54	18.69	16.87	15.09	13.33
N,*N*-二丙基苯胺				32.52	30.67	28.84	27.03	25.24	23.47	21.72	19.99	18.29	16.62	14.97	13.35
苯甲胺	46.43	44.06	41.71	39.38	37.08	34.79	32.54	30.31	28.10	25.93	23.78	21.67	19.59	17.55	15.54
邻甲苯胺			43.20	40.75	38.32	35.92	33.55	31.20	28.88	26.59	24.34	22.12	19.94	17.79	15.69
间甲苯胺		42.84	40.59	38.37	36.17	33.99	31.83	29.70	27.59	25.51	23.45	21.43	19.43	17.48	15.55
对甲苯胺						34.67	32.20	29.75	27.34	24.96	22.62	20.33	18.07	15.85	13.69
邻硝基苯胺							49.90	47.20	44.52	41.87	39.24	36.66	34.10	31.58	29.09
间硝基苯胺									43.14	41.28	39.42	37.56	35.69	33.83	31.97
对硝基苯胺											45.86	44.01	42.17	40.32	38.48
甲酰胺				65.66	62.27	58.91	55.58	52.29	49.03	45.81	42.62	39.47	36.36	33.30	30.29
乙酰胺								39.43	37.23	35.04	32.86	30.68	28.52	26.38	24.25
N,*N*-二甲基甲酰胺	44.99	42.35	39.74	37.15	34.61	32.09	29.61	27.17	24.76	22.40	20.08	17.81	15.60	13.43	11.33
N,*N*-二甲基乙酰胺			34.86	32.70	30.56	28.45	26.36	24.30	22.27	20.27	18.30	16.36	14.47	12.61	10.80
己内酰胺							36.84	34.04	31.27	28.56	25.88	23.26	20.69	18.18	15.73
油酰胺							28.46	26.93	25.41	23.90	22.42	20.95	19.50	18.07	16.66

名 称	温度/℃														
	260	280	300	320	340	360	380	400	420	440	460	480	500	520	540
苯胺	15.34	13.15	11.02	8.96	6.97	5.07	3.29	1.66	0.29						
二苯胺	19.88	18.21	16.57	14.95	13.37	11.81	10.29	8.80	7.35	5.96	4.61	3.33	2.12	1.03	0.12
N,*N*-二甲基苯胺	11.61	9.80	8.04	6.35	4.74	3.23	1.83	0.62							
N,*N*-二乙基苯胺	11.62	9.95	8.32	6.74	5.23	3.78	2.43	0.12	0.16						
N,*N*-二丙基苯胺	11.76	10.21	8.70	7.23	5.81	4.45	3.15	1.94	0.84	0.00					
苯甲胺	13.58	11.66	9.80	7.99	6.25	4.59	3.02	1.58	0.35						
邻甲苯胺	13.63	11.63	9.68	7.79	5.98	4.25	2.64	1.18	0.03						
间甲苯胺	13.67	11.83	10.03	8.29	6.60	4.99	3.46	2.04	0.77						
对甲苯胺	11.59	9.55	7.57	5.68	3.89	2.24	0.77								
邻硝基苯胺	26.64	24.23	21.87	19.55	17.28	15.06	12.90	10.81	8.79	6.84	5.00	3.27	1.70	0.38	
间硝基苯胺	30.11	28.25	26.39	24.52	22.66	20.80	18.94	17.08	15.22	13.35	11.49	9.63	7.77	5.91	4.05
对硝基苯胺①	36.63	34.79	32.94	31.10	29.25	27.41	25.57	23.72	21.88	20.03	18.18	16.34	14.49	12.65	10.80
甲酰胺	27.32	24.40	21.55	18.75	16.02	13.37	10.80	8.34	5.99	3.78	1.78	0.15			
乙酰胺	22.13	20.02	17.94	15.87	13.83	11.81	9.81	7.85	5.93	4.05	2.24	0.55			
N,*N*-二甲基甲酰胺	9.30	7.35	5.49	3.73	2.12	0.72									
N,*N*-二甲基乙酰胺	9.04	7.33	5.69	4.12	2.65	1.31	0.19								
己内酰胺	13.35	11.04	8.82	6.69	4.68	2.82	1.17								
油酰胺	15.27	13.91	12.56	11.25	9.96	8.70	7.47	6.28	5.13	4.02	2.97	1.98	1.08	0.30	

① 对硝基苯胺 560、580、600℃时，其值为 8.960、7.115、5.270mN/m。

N 算图 13.5

胺类的表面张力（第 849 页右）

表13.5.3 丙胺水溶液的表面张力（15℃） 单位：mN/m

浓度(质量分数)/%	0.03	0.05	0.07	0.1	0.15	0.2	0.3	0.4	0.5	0.6	0.8	1.0
σ	70.46	69.26	67.91	65.78	62.61	60.49	59.47	59.16	53.0	51.8	49.5	46.7

表 13.5.4　乙醇胺及其水溶液的表面张力

浓度（质量分数）/%	温度/℃	表面张力/（mN/m）	浓度/（mol/L）	温度/℃	表面张力/（mN/m）
100	25	48.30			
	30	47.79	0.0010	50	71.37
	40	46.59	0.0195		71.37
	50	45.59	0.0300		71.35
	60	44.41	0.0600		71.26
	70	43.29	0.1000		71.10
	80	42.18			

表13.5.5　尿素水溶液的表面张力　　单位：mN/m

温度/℃	浓度（质量分数）/%					
	0.03	0.06	0.6	6	12	22.5
35	73.03	73.63	74.03	75.25	78.12	81.35
40	71.80	72.34	72.73	74.04	76.77	79.84
50	69.54	70.00	70.38	71.85	74.34	77.11
60	67.58	67.93	68.43	70.02	72.27	74.77
70	65.89	66.17	66.89	68.52	70.57	72.82
80	64.47	64.70	65.73	67.35	69.22	71.27
90	63.34	63.51	64.96	66.53	68.23	70.10

13.6　溶解度

13.6.1　在水中的溶解度

表13.6.1　胺类在水中的溶解度　　单位：g/100g 水

名　称	温度/℃									
	0	10	20	30	40	50	60	70	80	100
甲胺	972	1147	1082	959^{25}						
乙酰胺	42.05	51.51	68.92	91.20	124.7	177.8	284.6			
乙酰基苯胺	0.360	0.441	0.561	0.639	0.974	1.326	1.857	2.676	3.5	18
对乙氧基-*N*-乙酰基苯胺		0.0614	0.7	11^{25}						
苯胺①		$3.75^{13.8}$		3.84		4.38		5.26	6.05	7.77
邻甲苯胺②	1.71		1.72							
对甲苯胺			24.38^{22}	36.80	66.27	91.57	114.0	143.3^{69}		
邻硝基苯胺				1.25^{25}						
间硝基苯胺			1.14	$1.205^{24.2}$	$1.422^{27.3}$					
对硝基苯胺			0.785							
碳酰二胺	67	84	105	135	165	205	246	307	400	733
磺胺			0.53		1.42^{37}	2.63		7.58^{75}		19.2^{99}

注：右上角数字为与其相对应的温度（℃）。

① 温度为 110、120、130、140、150、160、163℃时，其值分别为 8.70、10.01、12.61、15.61、20.63、28.21、35.32g/100g 水。

② 温度为 150、185、198、216℃时，其值分别为 5.99、14.23、19.72、100.4g/100g 水。

表13.6.2　尿素在水中的溶解度

单位	温度/℃							
	65	70	75	80	85	90	95	100
%（质量分数）	74.2	75.8	77.6	79.5	81.5	83.6	85.7	87.9
g/100g 水	286	313	347	390	441	505	603	736
mol/L	0.4598	0.4809	0.5077	0.5390	0.5720	0.6063	0.6436	0.6842

续表

单位	温度/℃						
	105	110	115	120	125	130	132.6
%（质量分数）	89.9	91.8	93.7	95.8	97.4	99.2	100.0
g/100g水	868	1127	1494	2223	3599	7050[①]	
mol/L	0.7231	0.7733	0.8207	0.8826	0.9193	0.9743	1.0000

① 温度为128.7℃。

13.6.2 在溶剂中的溶解度

表13.6.3 甲胺在有机液体中的溶解度（常压，20℃） 单位：mL气体/mL液体

溶剂	一甲胺	二甲胺	三甲胺	溶剂	一甲胺	二甲胺	三甲胺
一乙醇胺	216	379	48	甲醇	654	992	573
二乙醇胺	313	497	74	乙醇	440	727	600
苯胺	271	520	300	正丙醇	339	600	439
甲基苯胺	197	406	223	正丁醇	303	504	379
二甲基苯胺	64	230	149	异丁醇	298	598	405
二甲基环已胺	67	187	187	乙二醇	630	860	369
二甲基甲酰胺	132	298	78	三甘醇	316	488	164
邻甲苯胺	88	430	242	丙二醇	480	722	307
乙基苯胺	113	324	228	二丙酮醇	420	457	345
二乙基苯胺	60	180	134	苯甲醇	314	528	322
邻二氯苯	64	252	240	甲基环已醇	219	439	256
甲基异丙基苯	48	182	177	糠醇	413	679	410
硝基苯	88	226	154	二苄醚	115	154	120
邻硝基甲苯	86	221	149	苯甲醚	89	252	185
四氢化萘	40	170	151	二甘醇单乙基醚	336	588	216
十氢化萘	24	116	156	雪松烯	34	106	86
α-氯化萘	52	174	130	蒎烯	34	156	176
吗啉	255	580	138	喹啉	92	212	255

13.6.3 在脂肪中的溶解度

表13.6.4 胺类在脂肪中的溶解情况（20～30℃）

名称	乙醇	乙醚	甲胺	二乙胺	三乙胺	二丙胺	丁胺	二丁胺	三丁胺	异戊胺	苯甲胺	氨（-33℃）
乙酰胺	s	—	vs	ss，x	ins	—	s	ins	ins	s	s	vs
乙酰替苯胺	vs	ss	—	—	ss，x	—	vs	ss	ss，x	s	s	—
对乙酰苯二胺	—	—	—	ins	—	—	ss，x	ss，x	—	ss，x	—	—
对甲基-*N*-乙酰基苯胺	ss	s	—	ss	—	—	—	—	—	ss，x	—	ss
二甲氨基苯胺	s	∞	—	∞	—	—	—	—	—	—	—	ss
二苯胺	vs	vs	—	es	vs	es	es	vs	sx	es	es	—
二苯基苯酰胺	—	—	—	ss	—	—	—	—	—	ss，x	—	—
2,2-二萘胺	ss	—	—	ss，x	ss，x	ss，x	s，x	ss，x	ssx	s	ss	—
邻二茴香胺	s	vs	—	ss	ins	—	s，x	ss	ins	s	s	—

续表

名　称	乙醇	乙醚	甲胺	二乙胺	三乙胺	二丙胺	丁胺	二丁胺	三丁胺	异戊胺	苯甲胺	氨（−33℃）
二氯胺-T	—	—	—	vs，r	s，r	—	vs，r	ss，r	r	vs，r	vs$^+$，r	r
六亚甲基四胺	ss	ins	—	ss，n	—	—	ss，n	—	—	—	—	—
苯邻二酰亚胺	s	ss	—	s	ss	ss	s	s，x	ss，m	vs	s	vs
苯偶氮基-1-萘胺	—	—	—	—	—	—	—	—	ss，x	s	—	—
苯酰胺	s	vs，s	—	ss	ins	s	s	ss	ins	s	s	vs
间苯二胺	vs	vs	—	—	—	—	s，x	—	—	s，x	—	vs
N-草酰基苯胺	ss	ss	—	0.5	—	—	—	—	—	—	—	—
玫苯胺	s	ins	vs	ins	ins	—	ss	ins	ins	ss	ss	s
脱水甲醛合苯胺	ss	ss	—	ss，n	ss，x	ins	ss	ss	ss，x	ss，x	ss，x	—
联苯胺	s	ss	—	ss，n	ss	—	s	ss，x	ins	s，x	s	—
3-硝基-4-甲苯胺	vs	—	—	s，x	—	—	vs，x	—	ss，x	—	—	s
对硝基*N*-乙酰基苯胺	s	ss	—	ss	—	—	—	—	—	—	—	—
邻硝基苯胺	s	ss	—	s，x	ss，x	—	s	ss	ss，x	s	s	s
2,4-硝基苯胺	ss	—	vs	—	—	—	—	—	—	—	—	—
邻硝基苯磺酰胺	—	—	vs	—	—	—	—	—	—	—	—	—
邻溴乙酰苯胺	—	—	vs	—	—	—	—	—	—	—	—	—
对溴苯胺	vs	vs	—	es，x	vs$^+$	es，x	vs$^+$	vs	ss，x	vs	vs$^+$	—
邻磺酰苯酰亚胺（糖精）	ss	ins	r	—	—	—	—	s	—	ss	—	—

注：ins—不溶解或极轻微溶解；vs—易溶解，40～70g/100mL；ss—轻微溶解，< 10g/100mL；vs$^+$—很易溶解，70～100g/100mL；s—适度溶解，10～40g/100mL；es—极易溶解，> 100g/100mL；∞—成任何比例混溶；n—不能溶解到明显地超过在热溶剂中溶解的程度；r—溶质与溶剂起化学反应；m—更易溶解于加热的胺中（在某些情况下是由于化学反应），x—更易溶解于冷却时为晶体的加热的胺中。

13.6.4　无机盐在甲胺中的溶解度

表13.6.5　无机盐在甲胺中的溶解度

盐	一甲胺	二甲胺	三甲胺	盐	一甲胺	二甲胺	三甲胺	盐	一甲胺	二甲胺	三甲胺
AgCl	+++	+++	−，○	$CdBr_2$		+，○		KCN		÷	
$AgNO_3$	+++	+++		$Cd(CN)_2$		+		KI		÷	−
$AgSO_3$	÷			CdI_2		+++	+	KNO_3	÷		
$AgSO_4$	○，−			$Cr_2(SO_4)_3$	−			K_2PtCl_4		÷	
$BaBr_2$		÷		CuCl	⊗			K_2PtCl_4	÷		
BaI_2	+++，○	+++，○	÷，○	$CuAsO_3$	÷			KSCN	+++		
$Ba(NO_3)_2$	÷	÷	÷	CuS	÷		−	LiCl	+++	+	
$Ba(SCN)_2$	+++	+	−	CuSCN	+++			$Mg(NO_3)_2$		÷，○	
$BiBr_3$		+++		$CuSO_4$	−			NaBr		÷	
$BiCl_3$	+，○			FeI_2		+		$NaClO_3$	+	÷	
BiI_3	+++，○	+++	÷	$Fe_2(SO_4)_3$	−，○			$NaNO_3$	+++	÷	÷
Bi_2S_3	÷			$Hg(CN)_2$	+++	+++		$NiSO_4$	−		
Br_2[①]	+++	+++，⊗		HgI_2	+++	+++	+	P（红）	÷		−
CaC_2	−			$Hg(SCN)_2$	÷		÷	P（黄）[③]	+		
CaI_2		+++		I_2[②]	+++	+++	÷	$PbBr_2$		+	
$Ca(NO_3)_2$	+	−	−	$KAg(CN)_2$		÷		PbI_2[④]	÷，○	÷，○	÷，○

续表

盐	一甲胺	二甲胺	三甲胺	盐	一甲胺	二甲胺	三甲胺	盐	一甲胺	二甲胺	三甲胺
$Pb(SCN)_2$	+++，○		+	SnI_4	−，○	+		$UrO_2(C_2H_3O_2)_2$⑤	÷		
PtI_2		÷		SrI_2		+++，○		$UrO_2(NO_3)_2$			−
S	+++		÷	$Sr(NO_3)_2$	+++			ZnS	−		
SbI_3		+++	−	$TINO_3$	+++	+	÷				

注：符号说明：+++—极易溶解；+—适度溶解；÷—轻微溶解；-—不溶解；○—形成一种胺盐；⊗—显著反应。

① 溴与二甲胺反应，放出热量形成一种极易溶解的结晶化合物，与甲胺反应更激烈除形成一种可溶解的结晶产物之外还形成一种黑色的残渣。

② 碘非常容易溶解于一甲胺和二甲胺中，但不易溶解于三甲胺中；放置在深色的溶液中逐渐褪色；碘仅微溶于三甲胺，但是几星期之后从此溶液中分离出无色的结晶。

③ 黄磷易溶于一甲胺中生成几乎是无色的溶液，但是放置后分离出红色的仅轻微溶解的生成物。

④ PbI_2，当与胺接触时变白，极缓慢地加热试管，原来的黄色复现表明结晶的胺已经除去，当冷却时 PbI_2 再度变白。

⑤ $UrO_2(C_2H_3O_2)_2$ 的溶液，放置数日后成胶状。

13.7 热导率

13.7.1 气体的热导率

表13.7.1 胺类气体的热导率（Ⅰ） 单位：mW/(m·K)

名 称	温度/℃								
	200	250	300	350	400	450	500	550	600
甲胺	9.288	12.76	16.82	21.59	27.03	33.26	40.38	48.53	57.32
乙胺	7.531	11.25	15.56	20.50	26.02	32.13	38.79	46.02	53.56
丙胺	7.950	11.84	16.32	21.34	26.82	32.64	38.79	45.19	51.88
异丙胺	6.862	10.25	14.18	18.66	23.68	29.25	35.31	41.84	48.95
丁胺		8.828	12.13	15.86	19.92	24.31	28.95	33.81	38.91
异丁胺	6.443	9.456	12.97	16.86	21.09	25.61	30.38	35.27	40.33
二甲胺	8.201	12.09	16.57	21.59	27.03	32.80	38.87	45.19	51.46
三甲胺	7.782	11.59	16.02	21.09	26.78	33.05	39.92	47.28	55.23
二乙胺		10.67	14.77	19.41	24.64	30.42	36.74	43.51	51.04
三乙胺	6.318	9.414	13.05	17.15	21.80	26.90	32.47	38.49	44.77
二正丙胺		10.25	14.23	18.66	23.56	28.79	34.31	40.04	46.02
二异丙胺	5.899	8.786	12.18	16.07	20.38	25.15	30.33	35.98	41.84
二丁胺		7.238	9.958	13.05	16.40	20.04	23.85	27.82	31.92
乙二胺			12.01	15.82	20.04	24.77	29.87	35.44	41.38
亚乙基亚胺	5.481	8.954	13.01	17.61	22.68	28.16	33.93	40.00	46.44
己二胺				10.96	14.39	18.41	23.01	28.28	34.23
一乙醇胺			10.92	14.39	18.45	23.14	28.53	34.60	41.42
二乙醇胺			8.452	11.34	14.77	18.79	23.35	28.58	34.48
三乙醇胺			6.778	9.205	12.05	15.36	19.20	23.51	28.45

名 称	温度/℃							
	650	700	750	800	850	900	950	1000
甲胺	67.36	78.66	90.79	104.2	119.2	135.6	153.1	172.0
乙胺	61.92	70.71	79.91	89.96	100.0	107.1	122.2	133.9
丙胺	58.58	65.27	71.96	78.66	85.35	92.05	98.74	105.4
异丙胺	56.48	64.43	72.80	81.59	91.21	100.8	110.9	121.8

续表

名　称	温度/℃							
	650	700	750	800	850	900	950	1000
丁胺	44.35	49.37	55.23	60.67	66.53	72.38	78.24	84.10
异丁胺	45.61	50.63	55.65	60.67	65.69	70.71	75.31	79.91
二甲胺	58.16	64.43	71.13	77.82	84.10	90.79	97.07	103.3
三甲胺	63.60	72.80	82.42	92.47	102.9	114.2	125.5	137.7
二乙胺	58.58	66.94	75.73	84.94	94.98	105.0	115.5	126.8
三乙胺	51.88	58.99	66.94	75.31	83.68	92.88	102.1	112.1
二正丙胺	51.88	58.16	64.43	70.71	76.57	82.84	88.70	94.98
二异丙胺	48.53	55.23	62.76	70.29	78.24	86.61	95.40	104.6
二丁胺	36.11	40.38	44.77	48.95	53.14	57.74	61.92	66.11
乙二胺	47.70	54.39	61.50	69.04	76.99	85.35	94.14	102.9
亚乙基亚胺	52.30	58.58	64.85	71.13	76.99	82.84	88.70	94.56
己二胺	40.92	48.53	56.48	65.69	75.73	86.61	98.32	110.9
一乙醇胺	48.95	57.32	66.94	76.99	88.28	100.4	113.8	128.0
二乙醇胺	41.05	48.53	56.48	65.27	74.89	85.77	97.07	109.6
三乙醇胺	33.93	40.00	46.86	53.97	62.34	71.13	80.75	90.79

表13.7.2　胺类气体的热导率（Ⅱ）

单位：mW/(m·K)

名　称	温度/℃							
	250	300	350	400	450	500	550	600
苯胺		8.828	11.84	15.10	18.58	22.22	25.94	29.75
二苯胺			8.494	11.05	13.81	16.78	19.92	23.14
N,*N*-二甲基苯胺		8.033	10.84	13.85	17.15	20.63	24.27	28.03
N,*N*-二乙基苯胺	5.481	7.824	10.42	13.26	16.36	19.62	23.05	26.61
N,*N*-二丙基苯胺	5.439	7.657	10.21	12.97	15.94	19.12	22.43	25.86
苯甲胺	5.816	8.410	11.38	14.64	18.16	21.88	25.73	29.75
邻甲苯胺		8.242	10.96	13.93	17.15	20.59	24.14	27.82
间甲苯胺	5.858	8.242	10.96	13.93	17.15	20.59	24.14	27.82
对甲苯胺			10.96	13.93	17.15	20.54	24.10	27.78
邻硝基苯胺			8.870	11.17	13.64	16.28	19.00	21.84
间硝基苯胺				10.71	13.10	15.61	18.24	20.92
对硝基苯胺					12.34	14.73	17.20	19.75
甲酰胺		8.577	10.59	12.80	15.10	17.57	20.17	22.84
乙酰胺				18.03	21.63	25.44	29.37	33.43
丙烯酰胺				16.57	19.92	23.43	27.11	30.92
N,*N*-二甲基甲酰胺	6.945	9.665	12.84	16.40	20.46	24.89	29.75	35.06
N,*N*-二甲基乙酰胺		8.870	11.55	14.48	17.61	20.96	24.43	27.99
己内酰胺			14.94	18.62	22.55	26.74	31.05	35.56
油酰胺			11.46	15.19	19.54	24.52	30.21	36.57
硬脂酰胺				10.54	12.84	15.27	17.87	20.50

名　称	温度/℃							
	650	700	750	800	850	900	950	1000
苯胺	33.60	37.49	41.34	45.19	48.95	52.72	56.48	60.67
二苯胺	26.44	29.83	33.26	36.74	40.21	43.51	47.28	50.63
N,*N*-二甲基苯胺	31.88	35.86	39.92	43.93	47.70	51.46	55.23	58.99
N,*N*-二乙基苯胺	30.29	34.02	37.87	41.63	45.19	48.95	52.72	56.07
N,*N*-二丙基苯胺	29.37	33.01	36.74	40.42	43.93	47.70	51.04	54.81
苯甲胺	33.85	37.99	42.26	46.44	50.63	54.81	58.58	62.76

续表

名 称	温度/℃							
	650	700	750	800	850	900	950	1000
邻甲苯胺	31.59	35.40	39.20	43.10	46.86	50.63	53.97	57.74
间甲苯胺	31.59	35.44	39.25	43.10	46.86	50.63	54.39	57.74
对甲苯胺	31.51	35.31	39.08	42.68	46.44	50.21	53.97	57.32
邻硝基苯胺	24.73	27.66	30.59	33.56	36.53	39.41	42.26	44.77
间硝基苯胺	23.68	26.48	29.33	32.17	34.98	37.82	40.50	43.10
对硝基苯胺	22.34	25.02	27.70	30.33	33.01	35.69	38.28	40.79
甲酰胺	25.61	28.41	31.21	34.02	36.69	39.20	41.46	43.51
乙酰胺	37.53	41.71	46.02	50.21	54.39	58.16	62.34	65.69
丙烯酰胺	34.81	38.79	42.68	46.86	51.04	54.81	58.99	62.76
N,N-二甲基甲酰胺	40.84	46.86	53.56	60.25	67.36	74.89	82.84	90.79
N,N-二甲基乙酰胺	31.71	35.52	39.33	43.10	46.86	50.63	53.97	57.32
己内酰胺	40.17	44.77	49.79	54.39	58.99	63.60	67.78	72.38
油酰胺	43.51	51.46	60.25	69.87	79.91	91.21	103.3	116.3
硬脂酰胺	23.22	26.02	28.83	31.67	34.52	37.32	40.17	43.10

13.7.2 液体的热导率

表13.7.3 胺类液体的热导率（Ⅰ） 单位：mW/(m·℃)

名 称	温度/℃												
	-100	-80	-60	-40	-20	0	20	40	60	80	100	120	140
甲胺		302.1	266.9	237.2	212.1	191.2	173.6	159.4	147.7	138.1	129.7	121.3	109.2
乙胺		233.9	210.5	190.4	172.8	157.7	144.3	133.1	123.4	114.6	107.1	100.4	93.30
丙胺		229.7	209.2	191.6	176.1	162.3	149.8	138.9	128.9	120.1	112.1	105.0	98.32
异丙胺		195.4	178.7	164.0	151.0	138.1	128.9	119.7	111.3	103.8	97.07	90.79	84.94
丁胺				187.9	172.8	159.8	148.5	138.1	128.9	120.5	112.5	105.0	97.91
异丁胺		205.9	189.1	174.5	161.5	149.8	139.3	129.7	121.3	113.4	105.9	99.16	93.72
二甲胺		207.5	198.3	188.7	178.7	168.2	157.3	146.0	133.9	121.3	107.5	92.05	74.06
三甲胺	187.9	179.9	171.5	163.2	154.4	145.2	135.6	125.5	114.6	103.3	91.21	77.40	60.67
二乙胺				163.6	156.9	149.8	142.7	135.1	127.2	119.2	110.9	101.7	92.47
三乙胺	164.0	158.6	153.6	148.1	142.7	137.2	131.4	125.5	119.7	113.4	107.1	100.0	93.30
二正丙胺			158.6	153.6	148.1	142.7	136.8	131.0	125.1	119.2	113.0	106.3	99.58
二异丙胺		158.2	152.7	147.3	141.8	136.0	130.1	123.8	117.6	111.3	104.2	97.07	89.54
二丁胺			151.9	147.7	143.1	138.5	133.5	128.9	123.8	118.8	113.8	108.4	102.9
乙二胺							233.0	215.1	199.6	186.2	174.1	163.6	154.0
亚乙基亚胺			213.8	206.7	199.2	191.2	183.3	175.3	166.9	158.2	149.4	139.7	130.1
己二胺									149.4	141.4	133.9	126.8	120.1
一乙醇胺							191.2	184.9	178.7	172.4	165.7	159.0	152.3
二乙醇胺								168.2	163.6	159.0	154.0	149.0	143.9
三乙醇胺								157.3	153.6	149.4	145.6	141.4	137.2
名 称	温度/℃												
	160	180	200	220	240	260	280	300	320	340	360	380	400
乙胺	84.52												
丙胺	92.05	84.94	76.15										
异丙胺	78.66	70.29											
丁胺	91.63	85.35	79.91	76.99									
异丁胺	87.03	81.17	74.48	66.11									
二甲胺	49.37												

续表

名　称	温度/℃												
	160	180	200	220	240	260	280	300	320	340	360	380	400
三甲胺	36.53												
二乙胺	82.01	70.71	56.90	37.82									
三乙胺	85.77	77.82	69.04	59.41	47.70	30.96							
二正丙胺	92.05	84.52	76.57	67.36	57.32	45.19							
二异丙胺	81.59	73.22	63.60	52.72	38.74								
二丁胺	97.07	91.21	84.94	78.24	71.13	63.60	54.81	44.77	30.46				
乙二胺	145.2	136.8	129.7	123.0	117.6	113.8							
亚乙基亚胺	119.7	108.8	96.65	83.68	67.78	45.61							
己二胺	113.8	107.9	102.5	97.07	91.63	86.61	81.59	76.15	71.13	65.27	58.16	48.95	
一乙醇胺	145.2	137.7	130.1	122.2	113.8	105.0	95.81	85.77	74.48	61.09	41.84		
二乙醇胺①	138.5	133.5	127.6	122.2	116.3	110.5	104.2	97.49	90.79	83.26	75.31	66.94	57.32
三乙醇胺②	133.1	128.4	124.3	119.7	114.6	110.0	105.0	100.0	94.56	89.12	83.26	77.40	70.71

① 温度为420℃时，其值为45.19mW/(m·℃)。

② 温度为420、460、480℃时，其值分别为63.60、56.07、46.86、34.27mW/(m·℃)。

表13.7.4　胺类液体的热导率（Ⅱ）

单位：mW/(m·K)

名　称	温度/℃														
	-40	-20	0	20	40	60	80	100	120	140	160	180	200	220	240
苯胺			154.8	150.6	146.4	142.3	138.1	133.9	129.3	124.7	120.1	115.5	110.5	105.4	100.4
二苯胺						122.2	119.2	116.7	113.8	110.9	107.9	104.6	101.7	98.74	95.40
N,*N*-二甲基苯胺				136.4	132.6	128.4	124.7	120.5	116.3	112.1	107.9	103.3	98.74	94.14	89.12
N,*N*-二乙基苯胺		134.7	131.4	128.0	124.7	120.9	117.6	113.8	110.0	106.3	102.1	97.91	93.72	89.54	85.35
N,*N*-二丙基苯胺				123.8	120.5	117.2	113.8	110.5	106.7	103.3	99.58	95.81	92.05	88.28	84.10
苯甲胺	155.2	151.5	147.7	143.9	139.7	136.0	131.8	127.6	123.4	119.2	115.1	110.5	105.9	100.8	96.23
邻甲苯胺			186.2	177.0	168.6	160.7	152.7	145.6	138.9	132.2	125.9	120.1	114.6	109.2	103.8
间甲苯胺		196.2	186.2	177.4	168.6	160.7	153.1	146.0	139.3	133.1	126.8	120.9	115.5	110.0	105.0
对甲苯胺						141.8	136.8	132.2	127.6	122.6	117.6	112.1	106.7	101.3	95.40
邻硝基苯胺							129.3	126.4	123.0	119.7	116.3	113.0	111.3	105.9	102.5
间硝基苯胺									125.1	121.8	118.8	115.9	112.5	109.2	105.9
对硝基苯胺①											122.6	119.2	116.3	113.4	110.0
甲酰胺				315.9	313.4	310.9	307.5	304.2	300.8	297.1	292.9	289.1	284.9	281.2	277.0
乙酰胺								213.8	212.5	210.9	209.2	207.5	205.0	202.9	200.8
丙烯酰胺								359.4	349.8	340.2	330.5	320.1	308.8	297.5	284.9
N,*N*-二甲基甲酰胺②	180.7	175.7	170.7	165.7	160.7	155.2	149.8	144.3	138.9	133.1	127.2	120.9	114.6	107.9	101.3
N,*N*-二甲基乙酰胺			159.4	154.8	150.2	145.6	140.6	135.6	130.5	125.5	120.1	114.6	108.8	102.9	96.65
己内酰胺							126.4	122.2	117.6	113.0	108.4	103.8	99.16	93.72	88.70
油酰胺							101.7	100.4	98.74	97.49	95.81	94.56	92.88	91.21	89.54
硬脂酰胺									103.3	101.7	100.0	98.32	97.07	95.40	93.30

名　称	温度/℃														
	260	280	300	320	340	360	380	400	420	440	460	480	500	520	540
苯胺	94.98	89.54	83.68	77.40	70.71	63.60	55.65	46.86	34.18						
二苯胺	92.05	88.70	85.35	81.59	78.24	74.48	70.29	66.53	61.92	57.74	52.72	47.70	41.80	35.02	25.56
N,*N*-二甲基苯胺	84.10	78.66	73.22	67.36	61.09	53.97	46.02	36.44							
N,*N*-二乙基苯胺	80.75	75.73	70.71	65.69	59.83	53.56	46.86	39.04	28.07						
N,*N*-二丙基苯胺	79.91	75.31	70.71	66.11	61.09	55.65	49.79	43.10	35.19	23.60					
苯甲胺	90.79	85.77	79.91	74.06	68.20	61.50	53.97	45.19	34.06						
邻甲苯胺	98.74	94.14	89.12	84.52	79.50	74.06	67.78	59.41							
间甲苯胺	100.0	95.40	90.79	86.19	81.17	76.57	71.13	64.85	55.65						

续表

名称	温度/℃														
	260	280	300	320	340	360	380	400	420	440	460	480	500	520	540
对甲苯胺	89.54	83.26	76.15	69.04	61.09	52.30	41.05								
邻硝基苯胺	98.74	94.98	90.79	87.03	82.84	78.66	74.06	69.45	64.43	59.41	53.56	47.28	40.17	30.75	0.00
间硝基苯胺	102.1	98.74	94.98	91.21	87.45	83.68	79.50	75.31	70.71	66.11	61.09	55.65	50.21	43.51	35.86
对硝基苯胺①	106.7	103.8	100.4	96.65	93.30	89.54	85.77	82.01	78.24	74.06	69.87	65.27	60.67	55.65	50.21
甲酰胺	273.2	269.9	266.5	263.2	259.8	256.5	252.7	247.7	241.4	231.8	215.1				
乙酰胺	198.3	195.8	193.3	190.8	187.9	184.9	181.6	177.4	172.4	164.8	153.6				
丙烯酰胺	271.5	256.5	239.7	218.8	190.0										
N,*N*-二甲基甲酰胺②	93.72	86.19	77.82	69.04	58.58	46.02									
N,*N*-二甲基乙酰胺	90.37	83.26	76.15	68.20	59.41	49.37	35.44								
己内酰胺	83.26	77.40	71.55	64.85	57.74	49.79	40.42								
油酰胺	87.86	86.19	84.52	82.42	80.33	78.24	76.15	73.64	71.13	68.62	65.27	61.92	57.32	50.21	
硬脂酰胺	91.63	89.96	87.86	85.77	83.68	81.59	79.08	76.57	74.06	71.13	67.78	63.60	58.58	0.00	

① 温度为560、580、600℃时，其值分别为43.93、36.86、26.28mW/(m·K)。
② 温度为−60℃时，其值为185.4mW/(m·K)。

13.7.3 水溶液的热导率

表13.7.5 一乙醇胺水溶液的热导率 单位：W/(m·K)

浓度/%	温度/℃						
	20	30	40	50	60	70	80
8	0.544	0.556	0.567	0.579	0.590	0.601	0.610
18	0.490	0.501	0.513	0.522	0.532	0.542	0.549

表13.7.6 尿素水溶液的热导率 单位：W/(m·K)

温度/℃	浓度(质量分数)/%					温度/℃	浓度(质量分数)/%					
	0	20	40	60	80		40	60	80	90	95	100
20	0.599	0.558	0.523			100	0.595	0.550	0.502			
30	0.614	0.572	0.536			105	0.599	0.553	0.501	0.483		
40	0.626	0.586	0.547	0.517		110		0.554	0.499	0.480		
50	0.639	0.597	0.557	0.523		115			0.496	0.477		
60	0.651	0.606	0.566	0.529		120			0.493	0.471	0.457	
70	0.660	0.611	0.573	0.535		125				0.466	0.451	
80	0.668	0.622	0.580	0.540	0.503	130				0.459	0.443	
90	0.675	0.629	0.587	0.545	0.503	135					0.451	0.421
100	0.681	0.636	0.595	0.550	0.502	140					0.428	0.413

13.7.4 尼龙610的热导率

表13.7.7 尼龙610(聚癸二酰己二胺)的热导率 单位：W/(m·K)

T/K	密度/(kg/m³)		*T*/K	密度/(kg/m³)		*T*/K	密度/(kg/m³)		*T*/K	密度/(kg/m³)	
	1093.9	1096.6		1093.9	1096.6		1093.9	1096.6		1093.9	1096.6
90	0.300	0.309	130	0.311	0.323	170	0.32	0.333	210	0.325	0.339
100	0.303	0.312	140	0.314	0.325	180	0.321	0.335	220	0.325	0.34
110	0.306	0.316	150	0.316	0.328	190	0.323	0.337	230	0.325	0.34
120	0.309	0.320	160	0.318	0.331	200	0.324	0.338	240	0.325	0.339

续表

T/K	密度/(kg/m³) 1093.9	密度/(kg/m³) 1096.6	T/K	密度/(kg/m³) 1093.9	密度/(kg/m³) 1096.6	T/K	密度/(kg/m³) 1093.9	密度/(kg/m³) 1096.6	T/K	密度/(kg/m³) 1093.9	密度/(kg/m³) 1096.6
250	0.324	0.338	300	0.318	0.327	350	0.306		490	0.108	
260	0.324	0.337	310	0.316	0.324	360	0.304		510	0.11	
270	0.323	0.335	320	0.314	0.320	370	0.300				
280	0.322	0.333	330	0.312		460	0.105				
290	0.320	0.330	340	0.309		470	0.106				

注：尼龙 610 的湿含量：密度 1093.9kg/m³ 者为 1.1%（体积分数）；密度为 1096.6kg/m³ 者为 3.7%（体积分数）。

13.8 蒸气压

13.8.1 温度为变量

表13.8.1 胺类液体的蒸气压（Ⅰ） 单位：kPa

名称	温度/℃											
	−60	−40	−20	0	20	40	60	80	100	120	140	160
甲胺	4.307	17.07	52.68	134.8	298.5	571.0	1013	1673	2604	3879	5587	
乙胺		5.059	17.46	48.86	116.4	239.1	444.7	762.5	1225	1867	2734	3877
丙胺			4.359	13.32	33.88	74.82	147.8	272.5	465.0	747.6	1144	1682
异丙胺		2.634	9.253	26.20	62.91	132.9	253.5	451.5	747.0	1169	1751	2528
丁胺				3.175	9.545	24.29	54.19	108.8	200.4	348.9	567.9	877.5
异丁胺			1.492	5.288	15.13	36.78	78.62	151.7	269.5	449.8	710.4	1073
二甲胺	2.715	10.35	30.89	76.67	165.3	326.6	594.6	1001	1585	2391	3478	4926
三甲胺	3.373	12.65	37.04	90.27	191.2	344.2	588.5	943.0	1435	2093	2956	4070
二乙胺			2.900	9.431	25.20	57.90	118.1	215.6	366.5	586.4	893.6	1310
三乙胺					7.097	17.62	38.44	75.64	136.8	231.0	373.4	571.0
二正丙胺						7.006	17.38	38.18	75.96	139.3	238.7	384.9
二异丙胺			0.863	2.996	8.568	21.02	45.61	89.58	162.1	274.4	438.9	670.3
二丁胺							2.410	6.279	14.45	30.05	57.47	102.4
乙二胺								27.96	58.32	111.0	195.9	340.9
乙撑亚胺		0.671	2.738	8.819	23.66	54.94	113.7	214.0	373.2	610.7	947.9	1407
己二胺									2.668	6.416	13.97	27.98
一乙醇胺								2.273	6.475	16.09	35.75	72.44
二乙醇胺①												1.258

名称	温度/℃											
	180	200	220	240	260	280	300	320	340	360	380	400
乙胺	5375											
丙胺	2391	3309	4482									
异丙胺	3543	4851										
丁胺	1298	1859	2589	3532								
异丁胺	1561	2203	3030	4083								
二乙胺	1861	2584	3521									
三乙胺	839.1	1193	1650	2231	2963							
二正丙胺	595.2	885.3	1275	1785	2444							
二异丙胺	984.4	1399	1938	2627								
二丁胺	172.1	279.2	431.2	642.4	927.9	1306	1798	2430				
乙二胺	557.0	865.9	1291	1858	2597	3547	4758					
乙胺	2015	2798	3786	5019	6544							
己二胺	52.16	91.51	152.3	242.4	371.0	548.8	788.2	1103	1513	2034	2691	

续表

名 称	温度/℃											
	180	200	220	240	260	280	300	320	340	360	380	400
一乙醇胺	135.9	238.8	424.0	691.1	1082	1636	2400	3432	4802	6594		
二乙醇胺①	3.411	8.377	18.89	39.55	77.67	144.2	254.8	431.2	702.8	1107	1696	2531
三乙醇胺②			1.149	2.965	7.038	15.52	32.09	62.67	116.4	206.7	352.9	581.8

① 温度为420℃时，其值为3694kPa。
② 温度为420、440、460、480℃时，其值为929.6、1445、2193、3256kPa。

表13.8.2 胺类液体的蒸气压（Ⅱ）

单位：kPa

名 称	温度/℃												
	40	60	80	100	120	140	160	180	200	220	240	260	280
苯胺			2.418	6.058	13.53	27.50	51.65	90.78	150.8	238.7	362.1	531.6	756.3
二苯胺							1.546	3.377	6.820	12.87	22.90	38.71	62.52
N,*N*-二甲基苯胺				4.961	10.87	21.83	40.74	71.44	118.8	188.5	284.2	415.1	588.0
N,*N*-二乙基苯胺			0.947	2.428	5.565	11.60	22.35	40.24	68.33	110.4	170.9	254.9	368.0
N,*N*-二丙基苯胺						4.604	9.525	18.28	32.87	55.93	90.71	141.0	211.7
苯甲胺		0.555	1.655	4.250	9.672	19.94	37.85	67.09	112.2	184.5	289.2	436.0	635.9
邻甲苯胺									100.7	163.2	250.3	371.0	532.0
间甲苯胺									93.13	151.4	234.6	350.0	504.6
对甲苯胺									99.92	161.3	276.0	430.9	649.2
邻硝基苯胺						0.839	2.053	4.573	9.499	18.02	32.53	55.70	91.12
间硝基苯胺								2.353	5.035	10.01	18.66	32.92	55.30
对硝基苯胺①									2.020	4.238	8.296	15.29	26.78
甲酰胺			0.680	1.927	4.817	10.84	22.31	42.67	76.26	129.1	208.3	322.3	480.8
乙酰胺				1.373	3.483	7.941	16.54	31.91	57.64	98.41	160.0	249.2	374.0
丙烯酰胺				8.991	20.75	43.58	84.57	153.4	262.9	428.8	670.5	1011	1477
N,*N*-二甲基甲酰胺	1.253	3.534	8.688	19.09	38.19	70.68	122.5	200.7	313.5	470.2	680.8	956.3	1309
N,*N*-二甲基乙酰胺		2.134	5.455	12.39	25.54	48.50	86.00	143.8	228.8	348.8	512.2	728.8	1009
己内酰胺								1.385	3.002	6.033	11.35	20.18	34.13
油酰胺					1.728	3.449	6.375	11.06	18.16	28.40	42.64	61.74	86.64
硬脂酰胺					2.029	3.981	7.255	12.41	20.12	31.14	46.28	66.42	92.46

名 称	温度/℃												
	300	320	340	360	380	400	420	440	460	480	500	520	540
苯胺	1048	1417	1878	2445	3136	3973	4979						
二苯胺	97.07	145.6	211.8	299.8	414.4	560.7	744.4	971.9	1250	1588	1994	2479	3058
N,*N*-二甲基苯胺	811.0	1093	1447	1886	2425	3085							
N,*N*-二乙基苯胺	516.5	707.3	948.3	1248	1617	2067	2613						
N,*N*-二丙基苯胺	307.5	434.7	599.7	810.2	1075	1403	1809						
苯甲胺	900.7	1244	1680	2227	2904	3734	4744						
邻甲苯胺	741.7	1010	1348	1768	2288	2927	3713						
间甲苯胺	706.2	963.5	1286	1684	2171	2764	3481						
对甲苯胺	948.2	1349	1875	2553	3421								
邻硝基苯胺	143.2	217.1	319.1	456.2	636.3	868.6	1163	1531	1986	2542	3218	4034	
间硝基苯胺	89.00	137.9	206.7	300.8	426.4	590.3	800.5	1066	1395	1802	2296	2895	3614
对硝基苯胺①	44.55	71.32	110.1	164.6	238.9	338.1	467.7	633.9	843.4	1104	1425	1815	2285
甲酰胺	694.6	975.7	1337	1793	2360	3054	3897	4910	6122	7567			
乙酰胺	543.3	766.9	1056	1422	1879	2439	3121	3943	4926	6101			
丙烯酰胺	2101	2921	3985										
N,*N*-二甲基甲酰胺	1752	2300	2973	3792									
N,*N*-二甲基乙酰胺	1364	1808	2354	3022	3832								
己内酰胺	55.23	85.98	129.4	188.8	268.0								
油酰胺	118.2	157.7	205.7	263.3	331.7	411.8	504.7	611.8	734.6	874.7	1035	1217	
硬脂酰胺	125.3	165.9	215.1	273.9	343.2	424.0	517.7	625.1	748.0	888.0	1048	1229	

① 温度为560、580、600℃时，其值分别为2848、3520、4319kPa。

13.8.2 压力为变量

表 13.8.3 胺类液体的蒸气压（$p \leqslant 101.3$kPa）

名 称	0.1	0.2	0.4	0.7	1.0	2	4	7	10	20	40	70	101.3	熔点/℃
	相应于上述蒸气压（kPa）的温度/℃													
甲胺	−97.5	−92.6	−86.5	−80.9	−77.1	−69.9	−61.2	−53.6	−48.5	−38.1	−25.5	−14.2	−6.3	−93.5
乙胺	−84.2	−78.8	−72.0	−65.9	−62.0	−53.4	−44.0	−36.0	−30.3	−18.6	−4.4	8.0	16.6	−80.6
丙胺	−66.7	−60.3	−52.6	−45.8	−41.2	−32.0	−21.2	−11.8	−5.3	8.0	24.2	38.5	48.5	−83.0
异丁胺	−52.5	−45.7	−37.6	−30.4	−25.3	−15.4	−4.1	5.8	12.7	25.5	42.4	58.1	68.6	−85.0
十二烷胺	78.5	89.6	102.0	112.8	121.0	135.2	150.2	164.0	173.7	193.3	215.4	234.6	248.0	
十四烷胺	24.4	34.5	45.9	55.8	62.6	76.1	91.8	105.7	115.0	134.4	157.1	177.3	191.5	
十六烷胺	118.4	131.7	146.4	159.0	168.3	186.8	206.8	224.0	235.7	260.2	288.2	312.8	330.0	
1,2-乙二胺	−13.9	−6.1	3.1	11.2	16.7	27.5	39.9	50.7	57.1	72.3	91.0	106.5	117.2	8.5
二甲胺	−89.6	−84.3	−77.7	−71.8	−68.0	−60.3	−51.2	−43.2	−37.7	−26.5	−13.1	−1.2	7.4	−96.0
二乙胺					33.0	−27.6	−16.6	−6.9	−0.1	13.8	30.4	45.2	55.5	−38.9
二异丁胺	−8.4	0.3	10.3	19.2	25.3	37.6	51.4	63.5	71.8	89.0	109.0	126.9	139.5	−70.0
邻乙氧基苯胺	63.0	73.5	85.3	95.6	102.6	116.7	132.6	146.0	155.3	174.5	197.0	215.7	228.0	
N-乙基二苯基胺	93.5	105.8	119.5	131.2	139.2	155.1	173.4	189.4	200.2	222.4	247.6	270.1	286.0	
乙基十六烷基胺	127.8	141.5	156.5	169.4	178.4	196.7	217.2	234.9	246.7	271.3	300.2	325.1	342.0	
4-乙基苯胺	47.9	58.6	70.5	80.9	87.9	102.0	118.2	132.1	141.5	161.0	183.9	203.8	217.4	−4.0
N-乙基苯胺	34.4	45.0	56.9	67.3	74.5	88.9	105.5	119.7	129.1	147.8	170.4	190.4	204.0	−63.5
甲酰胺	66.8	76.5	87.5	97.1	103.8	116.4	130.7	143.4	151.1	167.0	185.5	200.5	210.5	
乙酰胺	61.1	71.3	82.8	92.8	99.4	113.1	128.6	142.0	150.6	168.9	190.5	209.1	222.0	81.0
丙酰胺	61.3	71.1	82.2	91.9	99.0	112.5	127.6	140.7	148.9	165.6	185.3	201.9	213.0	79.0
N-乙酰基苯胺	109.1	121.7	135.7	147.6	155.4	171.8	190.9	207.3	218.0	239.8	265.5	288.2	303.8	113.5
2-乙醇基苯胺	99.5	111.1	124.1	135.5	143.1	158.8	175.6	190.1	200.3	220.8	244.1	264.9	279.6	
N-二乙基苯胺	45.5	56.3	68.4	78.9	85.9	100.2	116.2	129.9	139.2	158.5	181.9	202.0	215.5	−34.4
二乙酰基胺	66.4	75.8	86.5	95.8	102.4	115.8	131.1	144.3	153.0	171.4	192.7	210.7	223.0	78.5
2,4-二甲代苯胺	48.6	59.0	70.6	80.6	87.3	100.8	116.5	129.9	138.9	157.3	178.7	197.9	211.5	
2,6-二甲代苯胺	39.8	50.7	62.9	73.5	80.8	95.5	112.3	127.3	137.3	157.9	182.5	203.8	217.9	
N,*N*-二甲基-2-甲苯胺	25.2	34.7	45.5	54.9	61.0	73.7	88.3	101.3	110.3	128.9	151.4	171.2	184.8	−61.0
N,*N*-二甲基-4-甲苯胺	46.7	55.7	66.0	75.1	81.4	93.8	108.9	122.6	132.0	151.8	175.0	195.4	209.5	
N,*N*-二甲基苯胺	25.6	35.8	47.2	57.2	64.1	78.0	94.0	108.0	117.5	136.9	159.3	179.1	193.1	2.5
二亚硝基甲基胺	−0.3	8.9	19.4	28.6	34.7	47.3	61.6	74.1	82.7	100.8	122.0	140.3	153.0	
苄胺	25.3	35.0	46.0	55.6	62.2	75.3	90.3	103.5	112.4	130.7	152.0	170.9	184.5	
二苄胺	113.6	125.7	139.2	150.8	158.8	174.6	192.1	207.8	218.3	239.5	263.6	285.0	300.0	−26.0
苯胺	31.6	40.1	50.0	58.6	64.4	76.1	90.0	102.4	111.6	130.7	152.4	171.2	184.4	−6.2
二苯胺	103.2	116.2	130.5	142.7	150.5	167.0	185.8	202.3	213.4	236.2	262.6	285.7	302.0	52.9
十六烷基二乙基胺	134.3	148.4	163.8	177.0	186.3	204.7	225.5	243.6	255.4	280.5	310.9	337.3	355.0	

续表

名称	0.1	0.2	0.4	0.7	1.0	2	4	7	10	20	40	70	101.3	熔点/℃
	相应于上述蒸气压(kPa)的温度/℃													
丁二酰亚胺	110.9	121.6	133.7	144.1	151.1	166.3	183.9	198.9	208.8	229.6	253.2	273.5	287.5	125.5
三甲胺	−99.0	−93.7	−87.2	−81.2	−77.3	−69.3	−59.9	−51.4	−45.6	−33.5	−19.0	−6.2	2.9	−117.1
2,4,5-三甲基苯胺	64.4	74.8	86.6	96.7	103.4	116.9	132.5	145.8	154.5	172.9	194.3	216.6	234.5	67.0
三异丁胺	28.7	38.1	48.8	58.2	64.5	76.8	91.1	103.7	112.2	129.4	149.1	166.6	179.0	−22.0
2,4,6-三氯苯胺	130.6	139.5	149.6	158.6	164.7	176.7	189.7	201.1	208.4	222.5	239.0	252.8	262.0	78.0
邻甲苯胺	40.4	49.9	60.7	70.1	76.2	88.7	103.2	116.1	125.1	143.7	166.1	186.0	199.7	−16.3
间甲苯胺	37.1	47.3	58.8	68.9	76.0	89.9	105.9	119.9	128.9	147.9	170.6	190.0	203.3	−31.5
对甲苯胺	38.2	48.1	59.3	69.1	76.0	89.3	104.4	117.7	126.3	144.6	166.9	186.7	200.4	44.5
邻甲氧基苯胺	57.1	67.3	78.8	88.9	95.8	109.4	124.8	138.3	147.3	166.0	187.7	206.1	218.5	5.2
N-甲基苯胺	32.1	42.3	53.7	63.6	70.4	83.9	99.0	112.1	121.4	140.2	162.1	181.8	195.5	−57.0
N-甲基-*N*-乙酰基苯胺	—	—	—	104.7	112.3	127.6	144.5	159.8	170.5	192.0	216.5	238.1	253.0	102.0
N-甲基二苯胺	99.0	110.7	123.7	135.0	143.0	158.4	175.9	191.2	201.3	222.4	246.5	267.4	282.0	−7.6
对异丙苯胺	55.9	66.6	78.7	89.1	96.2	110.6	126.8	140.9	150.2	169.9	193.1	213.1	227.0	
间苯二胺	95.0	107.2	120.6	132.2	140.2	156.3	174.1	189.7	200.5	222.4	247.7	270.0	285.5	62.8
1-萘胺	99.1	112.2	126.5	138.7	146.9	163.7	182.6	199.3	210.4	233.6	260.4	284.1	300.8	50.0
2-萘胺	102.8	116.0	130.3	142.6	150.5	167.4	186.8	203.5	214.7	238.2	265.4	289.4	306.1	111.5
莰基胺	41.0	52.0	64.3	74.6	79.5	91.3	105.7	118.4	127.0	144.4	164.7	182.6	195.0	
2-硝基苯胺	99.1	111.5	125.0	136.6	144.1	160.0	177.8	193.4	203.9	225.6	249.7	270.2	284.5	71.5
3-硝基苯胺	114.3	126.9	140.7	152.6	160.8	177.7	195.8	212.0	222.8	244.7	269.4	290.8	305.7	114.0
4-硝基苯胺	136.9	150.8	165.8	178.7	187.2	204.9	224.9	241.6	252.4	274.1	299.0	320.9	336.0	146.5
邻氯苯胺	42.5	52.4	63.5	73.1	79.4	92.7	108.2	121.9	131.2	150.5	173.4	194.1	208.8	0
间氯苯胺	59.6	69.6	80.9	90.6	96.7	110.1	126.0	140.1	149.7	169.6	193.0	213.9	228.5	−10.4
对氯苯胺	55.0	66.0	78.2	88.8	96.0	110.8	127.3	141.7	151.5	172.0	196.0	216.5	230.5	70.5

表 13.8.4 胺类液体的蒸气压（$p>101.3$kPa）

名称	101.3	200	400	700	1000	1500	2000	2500	3000	3500	4000	5000	6000	临界值	
	相应于上述蒸气压(kPa)的温度/℃													T_c/℃	p_c/MPa
甲胺	−6.3	10.1	29.3	47.0	59.1	75.5	87.3	97.4	105.7	113.9	121.1	133.0	143.8	156.9	7.46
乙胺	16.6	35.7	57.7	77.7	91.3	110.0	123.4	135.4	145.3	154.3	162.2	175.2	—	183.2	5.62
丙胺	48.5	69.7	94.3	117.1	132.8	154.1	169.3	182.6	193.5	204.2	213.6	—	—	223.8	4.74
二甲胺	7.4	25.0	46.5	66.1	79.5	98.0	111.1	122.3	131.5	140.8	149.0	161.9	—	164.5	5.28
二乙胺	55.5	77.7	103.9	128.1	144.7	167.5	183.8	197.7	209.2	—	—	—	—	223.3	3.71
苯胺	184.4	212.7	244.0	272.5	292.0	320.6	341.1	359.4	374.4	387.5	398.9	421.1	—	426.0	5.31

算图 13.6
胺类的蒸气压
（第 850 页左）

算图 13.7
正烷基伯胺类的蒸气压
（第 850 页右）

算图 13.8
乙醇胺水溶液的蒸气压
（第 851 页左）

算图 13.9
尿素水溶液的蒸气压
（第 851 页右）

算图 13.10
乙醇胺-硫化氢系统中硫化氢的蒸气压（第 852 页左）

算图 13.11
苯胺和硝基苯混合物的蒸气压（第 852 页右）

13.9 比热容

算图 13.12
胺类气体的比热容（第 853 页左）

13.9.1 气体的比热容

表13.9.1 胺类气体的比热容（Ⅰ） 单位：J/(mol·K)

名称	温度/℃								
	150	200	250	300	350	400	450	500	550
甲胺		37.92	43.88	49.61	55.10	60.33	65.36	70.09	74.65
乙胺			63.18	73.02	82.23	90.85	98.93	106.5	113.5
丙胺		69.67	83.32	96.21	108.4	119.8	130.5	140.6	150.0
异丙胺		65.40	80.55	94.62	107.6	119.7	130.8	141.1	150.6
丁胺		85.58	103.1	119.7	135.5	150.5	164.7	178.2	191.1
异丁胺		89.85	107.4	124.0	139.7	154.4	168.2	181.2	193.2
二甲胺		48.61	59.29	69.38	78.88	87.88	96.34	104.3	111.7
三甲胺	46.52	62.72	77.96	92.24	105.6	118.1	129.8	140.7	150.8
二乙胺		82.19	99.69	116.3	131.9	146.6	160.5	173.5	185.7
三乙胺		108.0	134.7	159.6	182.9	204.5	224.6	243.2	260.4
二正丙胺	93.45	119.3	143.7	166.6	188.2	208.5	227.4	245.2	261.8
二异丙胺	76.28	105.8	133.4	159.2	183.2	205.5	226.2	245.4	263.1
二丁胺		154.5	185.8	215.2	242.8	268.6	292.9	315.6	336.7
乙二胺		84.41	95.12	105.5	115.6	125.1	134.2	142.9	151.0
亚乙基亚胺		31.88	42.79	52.88	62.17	70.76	78.63	85.83	92.44
己二胺		155.1	179.8	203.4	226.0	247.5	268.0	287.5	306.0
一乙醇胺		86.58	95.46	104.0	112.2	120.0	127.5	134.6	141.3
二乙醇胺		134.6	151.6	167.7	182.8	197.0	210.3	222.8	234.4
三乙醇胺		192.0	216.6	239.7	261.4	281.6	300.6	318.2	334.7

名称	温度/℃								
	600	650	700	750	800	850	900	950	1000
甲胺	78.92	83.02	86.88	90.52	93.95	97.18	100.2	103.0	105.6
乙胺	120.0	126.1	131.8	137.1	142.0	146.6	150.9	154.9	158.6
丙胺	158.8	167.0	174.6	181.7	188.3	194.4	200.1	205.4	210.2
异丙胺	159.3	167.5	175.0	182.0	188.4	194.6	200.3	205.7	211.0
丁胺	203.4	215.2	226.5	237.4	248.0	258.3	268.3	278.2	287.9
异丁胺	204.4	214.7	224.2	232.9	240.8	247.9	254.3	259.9	264.8
二甲胺	118.7	125.3	131.4	137.1	142.4	147.2	151.8	156.0	159.9
三甲胺	160.2	168.9	176.9	184.4	191.2	197.5	203.2	208.5	213.3
二乙胺	197.1	207.7	217.7	226.9	235.4	243.3	250.5	257.2	263.2
三乙胺	276.4	291.1	304.7	317.2	328.8	339.5	349.4	358.6	367.1
二正丙胺	277.2	291.7	305.1	317.5	329.1	339.8	349.7	358.9	367.4
二异丙胺	279.5	294.6	308.4	321.2	332.9	343.5	353.3	362.2	370.4
二丁胺	356.5	374.8	391.9	407.8	422.5	436.1	448.7	460.3	471.1
乙二胺	158.6	165.6	172.0	177.8	182.9	187.3	191.0	194.0	196.2
亚乙基亚胺	98.52	104.0	109.1	113.7	117.9	121.8	125.4	128.6	131.7
己二胺	323.6	340.3	356.2	371.2	385.3	398.7	411.2	423.0	434.1
一乙醇胺	147.5	153.4	158.9	163.9	168.5	172.6	176.3	179.4	182.1
二乙醇胺	245.3	255.4	264.9	273.6	281.8	289.3	296.3	302.8	308.8
三乙醇胺	349.9	364.1	377.2	389.3	400.5	410.9	420.4	429.1	437.1

表13.9.2 胺类气体的比热容（Ⅱ） 单位：J/(mol·K)

名 称	温度/℃							
	250	300	350	400	450	500	550	600
苯胺	89.60	109.2	127.1	143.2	157.8	170.8	182.5	193.1
二苯胺	139.2	174.2	206.7	236.8	264.6	290.4	314.1	335.9
N,*N*-二甲基苯胺	117.4	143.7	168.1	190.7	211.5	230.7	248.3	264.5
N,*N*-二乙基苯胺	159.5	192.3	222.7	250.9	277.0	301.1	323.3	343.7
N,*N*-二丙基苯胺	201.6	240.8	277.2	311.1	342.5	371.5	398.3	423.0
苯甲胺	98.60	120.8	141.5	160.6	178.2	194.5	211.6	223.2
邻甲苯胺	107.9	128.5	147.8	165.8	182.5	198.1	212.5	225.8
间甲苯胺	107.8	128.4	147.7	165.7	182.5	198.1	212.5	225.8
对甲苯胺	107.9	128.5	147.8	165.8	182.5	198.1	212.5	225.8
邻硝基苯胺	112.6	133.3	152.4	170.2	186.6	201.8	215.6	228.2
间硝基苯胺	112.6	133.3	152.4	170.2	186.6	201.8	215.6	228.2
对硝基苯胺	112.6	133.3	152.4	170.2	186.6	201.8	215.6	228.2
甲酰胺		56.61	60.92	65.23	69.42	73.48	77.37	81.01
乙酰胺		79.51	87.34	94.75	101.7	108.3	114.5	120.2
N,*N*-二甲基甲酰胺	81.22	94.16	106.3	117.8	128.6	138.7	148.0	156.8
N,*N*-二甲基乙酰胺	100.2	117.0	132.7	147.3	160.8	173.4	185.0	195.7
己内酰胺	141.0	162.7	182.9	201.6	219.0	235.0	249.8	263.4
硬脂酰胺	408.1	467.8	523.9	576.4	625.5	671.4	714.2	754.0

名 称	温度/℃							
	650	700	750	800	850	900	950	1000
苯胺	202.5	210.9	218.5	225.4	231.7	237.4	242.8	248.0
二苯胺	356.0	374.3	391.2	406.7	420.9	434.0	446.1	457.2
N,*N*-二甲基苯胺	279.3	292.7	305.0	316.1	326.2	335.3	343.5	351.0
N,*N*-二乙基苯胺	362.5	379.6	395.2	409.5	422.4	434.3	445.0	454.7
N,*N*-二丙基苯胺	445.6	466.5	485.5	502.9	518.7	533.2	546.4	558.4
苯甲胺	235.8	247.3	257.7	267.2	275.9	283.7	290.8	297.3
邻甲苯胺	238.0	249.1	259.2	268.2	276.4	283.6	289.9	295.4
间甲苯胺	237.9	249.0	259.1	268.2	276.3	283.5	289.9	295.3
对甲苯胺	238.0	249.1	259.2	268.2	276.4	283.6	289.9	295.4
邻硝基苯胺	239.7	250.0	259.2	267.4	274.6	280.8	286.2	290.7
间硝基苯胺	239.7	250.0	259.2	267.4	274.6	280.8	286.2	290.7
对硝基苯胺	239.7	250.0	259.2	267.4	274.6	280.8	286.2	290.7
甲酰胺	84.45	87.50	90.23	92.57	94.45	95.84	96.67	96.92
乙酰胺	125.5	130.3	134.7	138.7	142.2	145.2	147.8	149.9
N,*N*-二甲基甲酰胺	164.8	172.1	178.9	184.9	190.4	195.2	199.4	203.0
N,*N*-二甲基乙酰胺	205.6	214.6	222.9	230.6	237.6	243.9	249.8	255.1
己内酰胺	275.9	287.3	297.8	307.4	316.1	324.0	331.2	337.8
硬脂酰胺	790.8	824.9	856.4	885.3	911.9	936.2	958.4	978.6

13.9.2 液体的比热容

表13.9.3 胺类液体的比热容（Ⅰ） 单位：J/(mol·℃)

名 称	温度/℃											
	−100	−80	−60	−40	−20	0	20	40	60	80	100	120
甲胺		100.1	100.8	101.4	102.7	106.1	110.5	115.3	119.6			
乙胺		109.9	112.9	115.7	118.6	121.6	125.0	129.1	134.2	140.6	148.8	159.3
丙胺		130.3	132.8	136.0	139.9	144.3	149.3	154.9	159.3	163.5	169.6	176.5

续表

名　称	温度/℃											
	-100	-80	-60	-40	-20	0	20	40	60	80	100	120
异丙胺				130.6	135.4	140.7	146.5	152.9	160.1	168.0	177.3	188.7
丁胺				164.8	169.5	174.9	180.8	187.3	194.4	202.0	210.4	219.8
异丁胺		155.0	158.6	163.0	168.1	173.7	179.7	186.4	193.5	201.2	209.6	219.1
二甲胺		124.4	130.2	133.7	135.1	136.4	139.7	145.4	151.9	158.6		
三甲胺	116.1	117.8	119.9	122.7	126.9	131.3	136.1	142.9	150.5	159.5	171.3	
二乙胺				152.2	158.0	163.6	169.3	175.2	181.6	188.6	196.6	205.8
三乙胺								217.6	227.2	237.1	247.4	258.3
二正丙胺			205.1	211.2	218.0	225.4	233.3	241.7	250.5	256.1	261.2	269.6
二异丙胺				188.0	196.8	206.0	215.6	225.5	235.9	246.7	251.5	261.6
二丁胺			262.3	269.8	278.1	287.0	296.4	306.3	316.6	318.7	328.3	337.9
乙二胺							174.7	178.7	182.8	186.9	191.3	196.0
亚乙基亚胺					95.3	97.9	100.4	102.9	105.6	108.6	112.6	118.0
己二胺									306.7	314.3	322.4	330.9
一乙醇胺							205.0	204.8	205.1	205.8	206.9	208.3
二乙醇胺								329.4	329.2	329.7	330.7	332.2
三乙醇胺								449.1	449.0	449.8	451.3	453.3

名　称	温度/℃											
	140	160	180	200	220	240	260	280	300	320	340	360
乙胺	172.8											
丙胺	185.0	196.5	215.3									
异丙胺	204.5											
丁胺	230.6	243.7										
异丁胺	229.9	243.4										
二乙胺	216.6	229.5	244.9									
三乙胺	269.8	282.4	290.4	298.9	318.1							
二正丙胺	278.5	288.1	298.9	311.8	329.5							
二异丙胺	272.5	284.6	299.4	320.1								
二丁胺	347.8	357.8	368.3	379.4	391.7	406.0	424.6					
乙二胺	201.2	207.0	213.5	221.1	229.9	240.1	252.0					
亚乙基亚胺	124.1	131.3	140.6	153.6								
己二胺	335.7	336.4	344.1	352.0	360.2	368.9	378.2	388.6	400.8	416.3	438.9	
一乙醇胺	210.2	212.4	215.0	218.2	222.1	227.0	233.4	242.5	256.7	283.6		
二乙醇胺	334.1	336.5	339.1	342.2	345.6	349.6	354.0	359.3	365.6	373.5	384.1	399.5
三乙醇胺①	455.8	458.7	462.1	465.7	469.7	474.1	478.8	483.9	489.6	495.9	503.3	512.1

① 温度为380、400℃时，其值分别为523.3、538.5J/(mol·℃)。

表13.9.4　胺类液体的比热容（Ⅱ）

单位：J/(mol·℃)

名　称	温度/℃												
	-20	0	20	40	60	80	100	120	140	160	180	200	220
苯胺		187.1	190.3	194.2	197.3	201.2	204.7	208.6	213.3	218.8	223.0	227.1	233.2
二苯胺									318.3	329.6	340.6	351.4	361.9

续表

名称	温度/℃												
	−20	0	20	40	60	80	100	120	140	160	180	200	220
N,*N*-二甲基苯胺			210.0	218.0	226.2	234.6	243.1	251.8	260.5	269.4	278.5	286.3	295.1
N,*N*-二乙基苯胺			256.4	268.8	280.8	292.4	303.8	314.8	325.6	336.3	347.0	357.6	368.4
N,*N*-二丙基苯胺				325.8	340.6	355.0	369.1	382.7	396.1	409.3	422.2	435.1	448.1
苯甲胺	186.5	187.9	194.0	200.2	206.5	212.9	219.3	225.7	232.1	238.6	245.1	251.6	258.2
邻甲苯胺				204.9	210.9	217.3	223.8	230.6	235.0	239.2	245.6	252.0	258.5
间甲苯胺							221.1	227.9	234.7	241.4	248.2	255.0	262.1
对甲苯胺								251.8	260.0	268.3	276.8	285.6	294.8
邻硝基苯胺									254.7	261.7	268.6	275.4	282.1
间硝基苯胺											268.2	274.8	281.4
对硝基苯胺												274.2	280.6
甲酰胺			123.3	124.8	126.3	127.7	129.1	130.5	132.0	133.6	135.2	137.0	139.0
乙酰胺							157.8	160.5	163.1	165.8	168.5	171.4	174.4
丙烯酰胺							160.1	159.6	159.3	159.1	159.3	159.8	160.9
N,*N*-二甲基甲酰胺①	155.1	159.8	164.9	170.2	175.8	181.7	187.8	194.1	200.7	207.5	214.7	222.2	230.1
N,*N*-二甲基乙酰胺	168.3	172.9	177.7	182.7	187.7	192.9	198.1	203.3	208.6	214.0	219.6	225.3	231.3
己内酰胺						261.1	266.7	272.3	277.9	283.4	289.0	294.5	299.9
油酰胺						751.8	796.8	842.8	889.6	937.3	985.9	1035	1086
硬脂酰胺								606.7	626.9	646.7	666.1	685.0	703.5

名称	温度/℃												
	240	260	280	300	320	340	360	380	400	420	440	460	480
苯胺	239.6	246.5	253.9	262.0	271.0	280.9	292.1	304.6					
二苯胺	372.3	382.6	392.8	403.1	413.4	423.9	434.6	445.7	457.2	469.1	481.7	494.9	509.2
N,*N*-二甲基苯胺	304.3	314.1	324.4	335.4	347.4	360.4	374.8						
N,*N*-二乙基苯胺	379.4	390.8	402.6	415.1	428.3	442.4	457.7						
N,*N*-二丙基苯胺	461.1	474.3	487.8	501.9	516.4	531.7	547.9	565.2	583.6				
苯甲胺	265.0	272.0	279.5	287.6	296.9	308.2	323.5	348.0					
邻甲苯胺	265.2	272.3	279.8	288.1	297.7	309.8	326.9						
间甲苯胺	269.5	277.2	285.5	294.4	304.0	314.6	326.3	339.2	353.4				
对甲苯胺	304.6	315.0	326.3	338.6	352.1	366.9	383.3						
邻硝基苯胺	288.8	295.5	302.4	309.4	316.7	324.3	332.3	340.8	349.8	359.6	370.1	381.5	394.0
间硝基苯胺②	287.9	294.4	300.9	307.5	314.2	321.2	328.4	336.0	344.0	352.5	361.6	371.4	382.0
对硝基苯胺③	287.0	293.2	299.4	305.5	311.7	318.0	324.5	331.1	338.0	345.2	352.9	360.9	369.6
甲酰胺	141.3	143.9	147.0	150.5	154.7	159.5	165.1	171.6	179.2				
乙酰胺	177.6	181.1	185.0	189.3	194.1	199.6	205.8	212.9	220.9	230.1	240.5		
丙烯酰胺	162.9	166.6	173.4	187.0									
N,*N*-二甲基甲酰胺	238.9	248.5	259.9	274.1	294.5								
N,*N*-二甲基乙酰胺	237.7	244.8	253.1	263.3	277.5								
己内酰胺	305.3	310.7	316.1	321.3	326.5	331.8	337.0	342.4					
油酰胺	1137	1189	1243	1297	1353	1409	1467	1526	1587	1650			
硬脂酰胺	721.6	739.3	756.7	773.8	788.5	807.3	823.9	840.6	857.7	875.6	895.3		

① 温度为 −60、−40℃时，其值分别为 147.0、150.8J/(mol·℃)。
② 温度为 500、520℃时，其值分别为 393.5、406.0J/(mol·℃)。
③ 温度为 500、520、540、560℃时，其值分别为 378.9、388.8、399.6、411.3J/(mol·℃)。

表13.9.5　饱和苯胺的比热容　单位：kJ/(kg·K)

T_{sat}/K	457.5	500	525	550	575	600	625	650	675	699
p_{sat}/kPa	101.3	276	456	716	1080	1560	2200	3010	1050	5300
液体	2.37	2.52	2.61	2.71	2.84	2.97	3.13	3.36	3.84	
气体	1.74	1.89	1.99	2.09	2.2	2.35	2.55	2.9	3.95	

表13.9.6　尿素的比热容　单位：J/(mol·K)

温度/K	c_p	温度/K	c_p	温度/K	c_p	温度/K	c_p	温度/K	c_p
20	5.066	60	28.43	100	41.32	180	61.80	260	82.86
25	8.332	65	30.48	110	43.79	190	64.31	270	85.58
30	11.68	70	32.36	120	46.35	200	67.07	280	88.30
35	14.99	75	34.08	130	48.86	210	69.67	290	90.94
40	18.09	80	35.76	140	51.41	220	72.26	298.16	93.20
45	21.02	85	37.30	150	53.93	230	74.82	300	93.20
50	23.66	90	38.73	160	56.56	240	77.41	310	96.38
55	26.13	95	40.07	170	59.16	250	80.14	320	99.52

13.9.3　水溶液的比热容

表13.9.7　乙醇胺水溶液的比热容　单位：kJ/(kg·℃)

温度/℃	10	30	50	70	90	110	130
15%一乙醇胺	0.950	0.980	0.992	1.013	1.015	1.017	
30%一乙醇胺	0.904	0.932	0.946	0.963	0.967	0.963	
15%二乙醇胺		3.412	3.412	3.446	3.454	3.462	3.471
30%二乙醇胺		3.211	3.211	3.253	3.274	3.316	3.354

表13.9.8　尿素水溶液的比热容　单位：kJ/(kg·℃)

温度/℃	尿素浓度(质量分数)/%								
	0.5	1	2	3	4	5	6	8	10
2	4.169	4.152	4.117	4.085	4.054	4.022	3.991	3.930	3.874
5	4.171	4.154	4.121	4.089	4.057	4.027	4.000	3.943	3.888
10	4.171	4.156	4.126	4.097	4.066	4.035	4.008	3.954	3.900
20	4.173	4.159	4.130	4.102	4.075	4.051	4.025	3.972	3.920
30	4.174	4.160	4.136	4.110	4.081	4.055	4.034	3.988	3.933
40	4.175	4.161	4.137	4.110	4.086	4.065	4.042	3.991	3.940

温度/℃	尿素浓度(质量分数)/%								
	12	15	20	25	30	35	40	45	50
2	3.826	3.749	3.615	3.505	3.394	$3.333^{32.6}$			
5	3.839	3.762	3.629	3.517	3.407	3.299	$3.228^{38.7}$		
10	3.851	3.778	3.651	3.537	3.429	3.320	$3.249^{38.7}$		
20	3.872	3.800	3.679	3.567	3.459	3.355	3.253	3.157	
30	3.888	3.819	3.697	3.590	3.484	3.381	3.282	3.182	3.087
40	3.897	3.827	3.709	3.608	3.501	3.399	3.304	3.203	3.110

13.9.4 聚胺类的比热容

表13.9.9 聚胺类的比热容 单位：kJ/（kg·K）

T/K	聚二苯胺	聚氨基酰亚胺	T/K	聚二苯胺	聚氨基酰亚胺	T/K	聚二苯胺	聚氨基酰亚胺	T/K	聚二苯胺	聚氨基酰亚胺
50	0.057	0.280	160	0.155	0.473	270	0.262	0.699	380	0.431	1.535
60	0.069	0.309	170	0.164	0.488	280	0.271	0.770	390	0.443	1.588
70	0.078	0.333	180	0.172	0.503	290	0.282	0.866	400	0.456	1.638
80	0.089	0.360	190	0.181	0.629	300	0.296	0.960	410	0.462	
90	0.098	0.380	200	0.193	0.52	310	0.315	1.050	420	0.469	
100	0.105	0.403	210	0.201	0.540	320	0.334	1.128	430	0.475	
110	0.114	0.415	220	0.212	0.560	330	0.353	1.208	440	0.482	
120	0.124	0.420	230	0.222	0.580	340	0.370	1.28	450	0.486	
130	0.131	0.412	240	0.233	0.600	350	0.385	1.35	460	0.494	
140	0.14	0.436	250	0.242	0.622	360	0.401	1.417	480	0.500	
150	0.143	0.45	260	0.252	0.652	370	0.416	1.480	500	0.505	

表13.9.10 聚酰亚胺的比热容 单位：kJ/（kg·℃）

温度 /K	20	40	60	80	100	120	140
c_p	0.196	0.200	0.325	0.415	0.548	0.604	0.666
温度 /K	160	180	200	220	240	260	267
c_p	0.760	0.802	0.900	1.020	1.077	1.195	1.312

表13.9.11 尼龙6（聚己内酰胺）和尼龙7（聚庚酰胺）的比热容 单位：kJ/（kg·℃）

T/K	聚己内酰胺	聚庚酰胺	T/K	聚己内酰胺	聚庚酰胺	T/K	聚己内酰胺	聚庚酰胺	T/K	聚己内酰胺
80	0.497	0.523	180	0.942	1.039	300	1.512	1.855	420	2.269
90	0.552	0.576	200	1.030	1.164	320	1.639	2.140	440	2.392
100	0.600	0.629	220	1.120	1.290	340	1.771	2.425	460	2.522
120	0.685	0.728	240	1.211	1.411	360	1.890	—	500	2.720
140	0.770	0.829	260	1.303	1.550	380	2.020	—	520	2.750
160	0.857	0.930	280	1.399	1.691	400	2.140	—	540	2.767

表13.9.12 聚丙烯砜、聚1-丁烯砜和聚1-己烯砜的比热容 单位：kJ/（kg·℃）

T/K	聚丙烯砜	聚 1-丁烯砜	聚 1-己烯砜	T/K	聚丙烯砜	聚 1-丁烯砜	聚 1-己烯砜	T/K	聚丙烯砜	聚 1-丁烯砜	聚 1-己烯砜
10	0.0158		0.0186	120	0.5666	0.5812	0.6599	230	0.954	0.9989	1.125
20	0.077		0.0903	130	0.6052	0.625	0.7081	240	0.9818	1.034	1.166
30	0.1319		0.1551	140	0.6422	0.6679	0.7538	250	1.012	1.067	1.208
40	0.1893		0.2225	150	0.6776	0.7100	0.7982	260	1.040	1.101	1.250
50	0.2459		0.2876	160	0.7118	0.7491	0.8402	270	1.067	1.134	1.292
60	0.2980		0.3454	170	0.7458	0.7873	0.8796	273.15	1.076	1.143	1.306
70	0.3477		0.4005	180	0.7810	0.8240	0.9194	280	1.098	1.165	1.335
80	0.3963		0.4542	190	0.8155	0.8594	0.9587	290	1.130	1.195	1.377
90	0.4444		0.5065	200	0.8506	0.8942	0.9982	298.15	1.159	1.219	1.413
100	0.4870	0.4912	0.5591	210	0.8858	0.9288	1.039	300	1.165	1.205	1.420
110	0.5272	0.5368	0.6102	220	0.9198	0.9636	1.081	310	—	—	1.464

13.10 焓和熵

13.10.1 胺类的焓和熵

表13.10.1 胺类的焓和熵（Ⅰ）

物料名	熔化焓	25℃时理想气体标准生成焓	25℃时标准燃烧焓	常规沸点下的汽化焓	25℃时的绝对熵 /[kJ/(K·kmol)]
	/(kJ/mol)				
正甲胺	6.134	−22.97	−975.1	26.09	243.3
正丙胺	15.16	−70.50	−2165	29.52	324.2
正丁胺	14.80	−92.00	−2776	32.19	363
异丁胺	9.990	−98.80	−27712	30.73	351
异丙胺	7.325	−83.80	−2157	28.08	312.4
仲丁胺	8.930	−104. 2	−2766	30.01	351.0
叔丁胺	0.882	−119.9	−2753	27.61	337.9
正戊胺	17.60	−113.0	−3387	34.64	402
正壬胺	34.30	−195.2	−5830	44.45	561.1
正己胺	21.20	−133.3	−3998	37.24	443.2
正辛胺	28.60	−174.6	−5219	42.10	521.8
正癸胺	33.80	−215.8	−6441	46.76	600.4
十一胺	42.30	−236.4	−7052	48.14	639.7
十二胺	43.50	−257.0	−7618	50.85	679
十四胺	51.00	−298.2	−8833	55.06	757.6

表 13.10.2 胺类的焓和熵（Ⅱ）

物料名	熔化焓	25℃时理想气体标准生成焓	25℃时标准燃烧焓	常规沸点下的汽化焓	25℃时的绝对熵 /[kJ/(K·kmol)]
	/(kJ/mol)				
二乙胺	−71.42	−2800	29.07	−71.42	352.2
二丙胺	−116	−4019	35.15	−116	429
二异丙胺	−143.8	−3990	30.35	−143.8	412
二丁胺	−156.6	−5240	39.72	−156.6	508
二异丁胺	−179.2	−5227	36.71	−179.2	485
二戊胺	−200	−6450	46.48	−200	592
三甲胺	−24.31	−2245	23.09	−24.31	287
三乙胺	−95.8	−4040	30.86	−95.8	405.4
三丙胺	−161	−5874	36.20	−161	530
三丁胺	−217.8	−7690	46.61	−217.8	657
三戊胺	−294	−9530	51.04	−294	769

表 13.10.3 胺类的焓和熵（Ⅲ）

物料名	熔化焓	25℃时理想气体标准生成焓	25℃时标准燃烧焓	常规沸点下的汽化焓	25℃时的绝对熵 /[kJ/(K·kmol)]
	/(kJ/mol)				
苯胺	10.54	87.1	−3239	44.25	319.8
N-乙基苯胺	9.620	63.90	−4482	45.56	352
乙酰代乙酰苯胺	28.30	−274.0	−4990	70.37	478.7

续表

物料名	熔化焓	25℃时理想气体标准生成焓	25℃时标准燃烧焓	常规沸点下的汽化焓	25℃时的绝对熵
	/(kJ/mol)				/[kJ/(K·kmol)]
乙酰苯胺	21.65	−128.5	−4026	58.05	369
2,6-二乙基苯胺	−20.50	−5650	54.06	−20.5	473
N,N-二乙基苯胺	40.20	−4724	45.41	40.2	386.6
N,N-二苯基对苯二胺	321	−9340	80.46	321	526
邻苯二胺	18.84	91.2	−3330	55.27	354.2
间苯二胺	15.57	91.2	−3320	55.98	354.2
对苯二胺	17.97	91.2	−3330	56.78	349
二苯胺	219.3	−6182	54.80	219.3	402
甲基苯胺	9.52	88	−3875	45.34	341
对甲基苯胺	18.9	55.3	−3830	45.70	347
N-丁基苯胺	—	—	48.94	—	—
N,N-二甲基苯胺	100.5	−4512	42.70	100.5	366
4,4-二硝基二苯胺	174.5	−5985	81.85	174.5	551.8
4,4-二硝基三苯基胺	298	−8820	84.12	298	632
3,4-二氯苯胺	32.6	−3000	53.54	32.6	377
N-甲酰苯胺	15.6	−63.12	−3450	55.56	329
对氨基二苯胺	—	206	−6286	65.89	449
对羟基乙酰苯胺(扑热息痛)	27.7	−286.9	−3840	60.27	405.2
对氯苯胺	19.84	57.3	−3060	48.71	356
对硝基苯胺	21.09	59.5	−3050	67.37	376.8
对硝基二苯胺	17.2	188. 4	−6022	62.27	488.9
邻乙基苯胺	12.2	33.3	−4450	46.55	402
邻甲基苯胺	11.66	53.2	−3838	45.08	355.8
邻氯苯胺	11.88	57.3	−3086	46.50	356
间氯苯胺	10.15	57.3	−3079	46.14	356
邻硝基二苯胺	—	188	−6120	63.54	489
邻硝基苯胺	16.11	63.8	−3060	60.57	383
间甲基苯胺	3.89	54.6	−3840	46.11	352.4
间硝基苯胺	23.68	58.5	−3060	62.72	383
联苯胺	36.5	211	−6244	72.36	475.4

表 13.10.4 胺类的焓和熵(Ⅳ)

物料名	熔化焓	25℃时理想气体标准生成焓	25℃时标准燃烧焓	常规沸点下的汽化焓	25℃时的绝对熵
	/(kJ/mol)				/[kJ/(K·kmol)]
甲酰胺	7.98	−192.2	−502.1	51.15	248.6
乙酰胺	15.71	−238.3	−1074	52.19	272.2
二甲基甲酰胺	−191.7	−1789	39.54	−191.7	326
N,N-二甲基乙酰胺	−225	−2380	40.64	−225	351
ε-己内酰胺	−246.2	−3362	53.61	−246.2	352
六甲基膦酸酰胺	−477.4	−4920	56.61	−477.4	—
二亚乙基三胺	−5.860	−3080	48.23	−5.86	444
三亚乙基二胺	88	−3760	43.45	88	358
三亚乙基四胺	3.35	−4450	63.18	3.35	564
三烯丙基胺	219.5	−5533	38.78	219.5	501.7
二烯丙基胺	133.5	−3782	36.03	133.5	417.1
丙烯酰胺	−130.2	−1573	53.73	−130.2	301.1

续表

物料名	熔化焓	25℃时理想气体标准生成焓	25℃时标准燃烧焓	常规沸点下的汽化焓	25℃时的绝对熵
	/(kJ/mol)				/[kJ/(K·kmol)]
2-甲基丙烯酰胺	24	−185	−1850	48.77	361
N-甲基乙酰胺	16.3	−240	−1710	47.88	320
N-甲基甲酰胺	14.3	−184	−1150	47.18	281
乙醇胺	20.50	−206.7	−1363	49.77	320
二甲基乙醇胺	−202	−2650	44.80	−202	384
二乙醇胺	−408.5	−2410	64.61	−408.47	429
二甘醇胺	−365	−2470	53.97	−365	446
二乙基乙醇胺	18.40	−257.5	−3866	43.05	459.8
二异丙醇胺	−454	−3720	71.06	−454	513
三乙醇胺	−561.5	−3511	72.73	−561.5	538
甲基乙醇胺	8.76	−198	−2010	46.36	344
甲基二乙醇胺	—	−380	−3060	63.06	469
N-氨乙基乙醇胺	—	−191	−2740	65.29	447

表13.10.5　胺类的焓和熵（V）

物料名	熔化焓	25℃时理想气体标准生成焓	25℃时标准燃烧焓	常规沸点下的汽化焓	25℃时的绝对熵
	/(kJ/mol)				/[kJ/(K·kmol)]
N-甲基环己胺	11.6	−103	−4420	38.63	377
2,4,6-三硝基苯甲基硝胺	162.8	−3386	81.35	162.8	—
二聚氰胺	11.9	−1295.7	65.47	11.9	—
三聚氰胺	−51.80	−1840	80.27	−51.8	—
六亚甲基二胺	−98.80	−4197	45.36	−98.8	474
六亚甲基四胺	199	−3936	49.03	199	297.1
六亚甲基亚胺	−60.12	−3820	37.58	−60.12	344
亚丙基亚胺	88.8	−2080	30.33	88.8	286
四亚乙基戊胺	12.60	−5830	74.94	12.6	683
四甲基乙二胺	−19.72	−4234	34.95	−19.72	424.5
苄胺	13.4	62.23	−3863	43.82	358
叔丁基甲酰胺	—	−284	−2960	45.31	374
羟胺	16.5	−114	−249	—	—
脱氢松香胺	—	−123	−1550	63.98	525

13.10.2　胺类的汽化焓

表13.10.6　胺类的汽化焓（Ⅰ）　　单位：kJ/mol

名　称	温度/℃											
	−80	−60	−40	−20	0	20	40	60	80	100	120	140
甲胺	29.90	28.92	27.89	26.80	25.62	24.34	22.94	21.38	19.60	17.51	14.88	11.10
乙胺	32.77	32.03	31.17	30.18	29.07	27.82	26.44	24.90	23.17	21.22	18.96	16.27
丙胺	35.91	35.25	34.49	33.61	32.62	31.51	30.29	28.95	27.47	25.84	24.02	21.99
异丙胺	32.91	32.02	31.08	30.10	29.05	27.94	26.75	25.47	24.07	22.52	20.77	18.72
丁胺			38.99	37.96	36.88	35.75	34.56	33.29	31.94	30.48	28.90	27.15
异丁胺	38.95	38.02	37.06	36.06	35.00	33.89	32.72	31.47	30.13	28.69	27.11	25.36
二甲胺	31.25	30.26	29.22	28.11	26.93	25.65	24.26	22.71	20.98	18.95	16.49	13.18

续表

名 称	温度/℃											
	−80	−60	−40	−20	0	20	40	60	80	100	120	140
三甲胺	27.94	27.21	26.36	25.38	24.29	23.06	21.69	20.14	18.39	16.36	13.90	10.64
二乙胺			32.96	32.00	30.99	29.92	28.78	27.56	26.24	24.80	23.21	21.42
三乙胺	40.60	39.69	38.75	37.76	36.74	35.66	34.52	33.32	32.04	30.67	29.20	27.57
二正丙胺		48.08	47.00	45.86	44.68	43.44	42.14	40.77	39.31	37.76	36.10	34.30
二异丙胺	44.69	43.65	42.57	41.44	40.26	39.01	37.69	36.30	34.80	33.20	31.45	29.52
二丁胺		54.76	53.67	52.54	51.37	50.15	48.88	47.56	46.17	44.70	43.15	41.51
乙二胺						48.50	47.26	45.96	44.60	43.17	41.65	40.04
亚乙基亚胺		36.84	36.27	35.59	34.82	33.94	32.96	31.88	30.69	29.38	27.93	26.33
己二胺								59.93	58.55	57.12	55.63	54.08
一乙醇胺						63.62	62.24	60.74	59.13	57.38	55.52	53.53
二乙醇胺①							90.41	88.66	86.84	84.97	83.02	80.99
三乙醇胺②							101.61	99.88	98.09	96.24	94.34	92.36

名 称	温度/℃											
	160	180	200	220	240	260	280	300	320	340	360	380
乙胺	12.75	6.121										
丙胺	19.66	16.89	13.33	6.967								
异丙胺	16.22	12.81	5.870									
丁胺	25.20	22.96	20.27	16.81	11.36							
异丁胺	23.39	21.08	18.26	14.43	6.611							
二甲胺	6.954											
二乙胺	19.33	16.77	13.31	6.486								
三乙胺	25.78	23.75	21.38	18.47	14.47							
二正丙胺	32.33	30.13	27.63	24.68	20.97	15.64						
二异丙胺	27.36	24.86	21.86	17.95	11.52							
二丁胺	39.74	37.84	35.76	33.45	30.84	27.81	24.09	19.03	8.717			
乙二胺	38.31	36.43	34.39	32.11	29.53	26.50	22.76	17.52				
乙撑亚胺	24.54	22.53	20.22	17.46	13.84	7.159						
己二胺	52.44	50.71	48.87	46.92	44.82	42.54	40.03	37.23	34.03	30.23	25.40	18.17
一乙醇胺	51.40	49.12	46.68	44.06	41.22	38.13	34.71	30.86	26.33	20.55	9.826	
二乙醇胺①	78.88	76.66	74.33	71.88	69.28	66.50	63.51	60.27	56.71	52.73	48.18	42.76
三乙醇胺②	90.32	88.20	85.98	83.66	81.24	78.69	75.99	73.12	70.05	66.74	63.12	59.13

① 温度为400、420℃时，其值分别为35.87、25.49kJ/mol。

② 温度为400、420、440、460、480℃时，其值分别为54.63、49.40、43.04、34.54、18.95kJ/mol。

表13.10.7 胺类的汽化焓（Ⅱ）

单位：kJ/mol

名 称	温度/℃														
	−40	−20	0	20	40	60	80	100	120	140	160	180	200	220	240
苯胺			51.79	50.86	49.91	48.92	47.90	46.85	45.75	44.60	43.40	42.15	40.83	39.44	37.95
二苯胺						72.14	71.00	69.84	68.64	67.41	66.14	64.82	63.46	62.05	60.59
N,*N*-二甲基苯胺				53.71	52.67	51.59	50.48	49.32	48.12	46.87	45.55	44.17	42.71	41.17	39.52
N,*N*-二乙基苯胺		58.83	57.83	56.79	55.72	54.62	53.47	52.29	51.05	49.77	48.43	47.03	45.54	43.98	42.32
N,*N*-二丙基苯胺			65.15	64.02	62.86	61.66	60.43	59.15	57.82	56.43	54.99	53.48	51.90	50.23	48.47
苯甲胺	61.54	60.54	59.52	58.46	57.36	56.24	55.07	53.86	52.60	51.30	49.93	48.50	46.99	45.40	43.71
邻甲苯胺			57.79	56.74	55.66	54.55	53.39	52.20	50.95	49.66	48.30	46.88	45.38	43.79	42.10

续表

名称	温度/℃														
	-40	-20	0	20	40	60	80	100	120	140	160	180	200	220	240
间甲苯胺		58.75	57.76	56.76	55.71	54.64	53.53	52.38	51.19	49.95	48.66	47.30	45.88	44.38	42.79
对甲苯胺						55.00	53.74	52.43	51.06	49.63	48.12	46.54	44.85	43.06	41.13
邻硝基苯胺							73.83	72.57	71.28	69.95	68.58	67.16	65.69	64.15	62.56
间硝基苯胺									74.95	73.65	72.31	70.93	69.50	68.02	66.49
对硝基苯胺①											77.62	76.29	74.91	73.50	72.03
甲酰胺				61.17	60.17	59.13	58.07	56.97	55.84	54.66	53.45	52.18	50.86	49.48	48.04
乙酰胺								64.57	63.30	61.99	60.62	59.21	57.73	56.20	54.58
丙烯酰胺								54.37	52.72	50.98	49.14	47.17	45.06	42.77	40.25
N,N-二甲基甲酰胺②	53.34	52.36	51.35	50.30	49.22	48.09	46.91	45.69	44.41	43.06	41.65	40.14	38.53	36.81	34.94
N,N-二甲基乙酰胺		54.64	53.62	52.55	51.45	50.31	49.13	47.89	46.60	45.25	43.83	42.32	40.72	39.01	37.17
己内酰胺							75.74	74.67	73.58	72.45	71.30	70.12	68.90	67.64	66.34
油酰胺							45.04	44.28	43.49	42.69	41.86	40.99	40.10	39.18	38.21
硬脂酰胺									42.20	41.40	40.59	39.74	38.86	37.95	37.00

名称	温度/℃														
	260	280	300	320	340	360	380	400	420	440	460	480	500	520	540
苯胺	36.37	34.65	32.79	30.73	28.41	25.72	22.45	18.11	10.38						
二苯胺	59.06	57.46	55.79	54.03	52.16	50.18	48.06	45.77	43.28	40.51	37.38	33.75	29.32	23.33	11.77
N,N-二甲基苯胺	37.75	35.83	33.72	31.36	28.67	25.47	21.40	15.31							
N,N-二乙基苯胺	40.54	38.62	36.52	34.20	31.58	28.55	24.85	19.89	10.64						
N,N-二丙基苯胺	46.59	44.57	42.40	40.01	37.36	34.36	30.84	26.48	20.39						
苯甲胺	41.90	39.96	37.84	35.50	32.87	29.84	26.17	21.36	13.29						
邻甲苯胺	40.29	38.33	36.20	33.82	31.13	27.98	24.10	18.73							
间甲苯胺	41.10	39.28	37.31	35.14	32.73	29.98	26.73	22.64	16.67						
对甲苯胺	39.04	36.74	34.17	31.23	27.75	23.31	16.68								
邻硝基苯胺	60.90	59.15	57.32	55.38	53.32	51.12	48.76	46.18	43.33	4014	36.45	32.00	26.18	16.50	
间硝基苯胺	64.89	63.23	61.49	59.66	57.73	55.69	53.52	51.19	48.67	45.91	42.84	39.36	35.26	30.17	22.98
对硝基苯胺①	70.51	68.94	67.30	65.60	63.81	61.94	59.97	57.89	55.67	53.30	50.73	47.93	44.82	41.31	37.21
甲酰胺	46.51	44.90	43.19	41.35	39.37	37.21	34.81	32.10	28.95	25.08	19.83	9.131			
乙酰胺	52.88	51.09	49.19	47.15	44.96	42.57	39.93	36.97	33.55	29.42	23.99	14.82			
丙烯酰胺	37.43	34.22	30.40	25.54	18.27										
N,N-二甲基甲酰胺②	32.88	30.58	27.95	24.83	20.86	14.92									
N,N-二甲基乙酰胺	35.15	32.92	30.41	27.50	23.94	19.19	10.40								
己内酰胺	65.01	63.62	62.18	60.68	59.12	57.49	55.77								
油酰胺	37.20	36.15	35.04	33.87	32.63	31.30	29.87	28.32	26.61	24.70	22.50	19.87	16.48	1113	
硬脂酰胺	36.01	34.96	33.87	32.71	31.48	30.17	28.75	27.20	25.49	23.57	21.34	18.63	15.03	8.608	

① 温度为 560、580、600℃时，其值为 32.18、25.30、10.71kJ/mol。

② 温度为 -60℃时，其值为 54.29kJ/mol。

表13.10.8 饱和苯胺的比焓

单位：kJ/kg

T_{sat}/K	457.5	500	525	550	575	600	625	650	675	699
p_{sat}/kPa	101.3	276	456	716	1080	1560	2200	3010	1050	5300
液体	-114	-10	53	137	184	254	323	396	473	584
气体	357	427	468	509	549	589	623	653	669	584

N 算图 13.13

一些胺类的汽化热（第 853 页右）

N 算图 13.14

胺类液体的普朗特数（第 854 页左）

13.11 危险品特性

表13.11.1 胺类的危险品特性

名 称	CAS 号	危险品编号	饱和蒸气压[①] /kPa	燃烧性	闪点 /℃	自燃温度 /℃	建规火险分级	爆炸下/上限(体积分数)/%	灭火方法	危险品类别	风险性代号	安全代号
甲胺(无水)	74-89-5	21043	202.65(25)	易	–	430	甲	4.9/20.8	W, P, R, G	2.1	R12; R20; R37/38; R41	S16; S26; S29
乙胺	75-04-7	21046	53.32(20)	易	<–17.8	385	甲	3.5/14.0	W, P, R, G	2.1	R12; R36/37	S16; S26; S29
丙胺	107-10-8	31047	33.06(20)	易	–37	318	甲	2.0/10.4	P, R, G, T, Sw	3.1	R11; R20/21/22; R34	S16; S26; S36/37/39; S45
异丙胺	75-31-0	31047	29.73(4.5)	易	–32	400	甲	2.0/10.4	P, R, G, T, Sw	3.1	R12; R36/37/38	S16; S26; S29
丁胺	109-73-9	32172	14.00(32.3)	易	–12	310	甲	1.7/10	P, R, G, T, Sw	3.2	R11; R20/21/22; R35	S16; S26; S29; S3; S36/37/39; S45
仲丁胺	13952-84-6	32172	22.88(25)	易	–9	—	甲	—	P, R, G, T, Sw	3.2	R11; R20/22; R35; R50	S16; S26; S28A; S36/37/39; S45; S61; S9
叔丁胺	75-64-9	32172	45.32(25)	易	–8.8	380	甲	1.7/8.9	P, R, G, T, Sw	3.2	R11; R20; R25; R35	S16; S26; S28A; S36/37/39
异丁胺	78-81-9	32172	13.33(18.8)	易	–9	378	甲	3.4/9.0	P, R, G, T, Sw	3.2	R11; R22; R35	S26; S36/37/39; S45
正戊胺	110-58-7	32175	4.56(26)	易	–1	—	甲	2.2/22.0	P, R, G, T, Sw	3.2	R11; R20/21/22; R34	S16; S26; S36/37/39; S45
异戊胺	107-85-7	32175	—	易	18.3	—	甲	—	P, R, G, T, Sw	3.2	R11; R34	S16; S24/25
正己胺	111-26-2	33620	—	易	29(O.C)	—	乙	—	P, R, G, T, Sw	3.3	R10; R20/21/22; R35	S16; S26; S36/37/39; S45
正庚胺	111-68-2	61728		易	35	—	乙	—	P, R, G, T, Sw	6.1	R10; R34	S16; S26; S36/37/39; S45
辛胺	111-86-4			可	62	—	丙	—	P, R, G, T		R20/21/22; R35; R50	S26; S29; S36/37/39; S45; S61
叔辛胺	107-45-9	33621	1.33(25)	易	32	—	乙	—	W, R, G, KP	3.3	R10; R22; R34	S16; S26; S36/37/39; S45
壬胺	112-20-9			可	62	—	丙	—	P, R, G, T		R34	S26; S36/37/39; S45
1,2-乙二胺	107-15-3	82028	1.43(20)	易	43	385	乙	2.7/16.6	W, R, T, G	8.2	R10; R21/22; R34; R42/43	S23; S26; S36/37/39; S45
乙醛肟	107-29-9	33628	—	易	40	—	乙	4.2/52.0	W, P, R, T, G	3.3	R10; R20/21/22	S16; S24/25
2-乙基丁胺	617-79-8	32200		易	13	—	甲	—	P, R, G, T, Sw	3.2		
N-乙基二异丙胺	7087-68-5	32177	4.13(37.7)	易	10	—	甲	—	P, R, G, T	3.2	R11; R22; R34; R52/53	S16; S26; S36/37/39; S45; S61
2-乙基己胺	104-75-6	82511	0.16(20)	易	52	295	乙	1.1/—	W, P, R, T	8.2	R10; R21/22; R23; R34	S16; S26; S36/37/39; S45
2-乙基苯胺	578-54-1	61754	—	可	91	—	丙	—	W, P, R, T	6.1	R23/24/25; R33	S28A; S36/37; S45
N-乙基苯胺	103-69-5	61756	0.13(38.5)	可	85	—	丙	1.6/9.5	G, P, R, T, W	6.1	R23/24/25; R33	S28A; S37; S45
乙酰苯胺	103-84-4	61758	0.13(114)	可	174	540	丙	—	S, P, R, G, T	6.1	R22; R36/37/38	S22; S26; S36
乙酰胺	60-35-5		0.13(65)	可	—	—	丙	—	W, P, R, G, T		R40	S36/37
亚乙基亚胺	151-56-4	62077	21.33(20)	易	–11	320	甲	3.6/46	P, R, G, T	6.1		

续表

名　称	CAS号	危险品编号	饱和蒸气压[①]/kPa	燃烧性	闪点/℃	自燃温度/℃	建规火险分级	爆炸下/上限（体积分数）/%	灭火方法	危险品类别	风险性代号	安全代号
1,4-丁二胺	110-60-1	61729	—	易	51	—	乙	0.9/9.1	W，P，R，T，G	6.1	R20/21/22；R34	S26；S36/37/39；S45
丁二酰亚胺	123-56-8			可	—	—		—	W，P，R，G，T			S24/25
丁酰胺	541-35-5			可	—	—	丙	—	W，P，R，G，T			S24/25
二乙三胺	111-40-0	82025	0.03（20）	可	94	398	丙	—	W，P，R，T，G	8.2	R21/22；R34；R43	S26；S36/37/39；S45
二乙胺	109-89-7	31046	53.32（38）	易	−23	312	甲	1.7/10.1	P，R，G，T，Sw	3.1	R11；R20/21/22；R35	S16；S26；S29；S3；S36/37/39；S45
N,N-二乙基乙二胺	100-36-7	82024		易	46.1	—	乙	—	W，P，R，G，T	8.2	R10；R21；R35	S16；S25；S36/37/39；S45
N,N-二乙基乙醇胺	100-37-8	33626	10.66（100）	易	46～54	—	乙	—	P，R，G，T	3.3	R10；R20/21/22；R34	S25；S26；S36/37/39；S45
N,N-二乙基对甲基苯胺	613-48-9	61756		可	—	—	丙	—	P，R，G，T	6.1		
二乙基甲酰胺	617-84-5			易	60	—	乙	—	W，P，R，G，T		R36/37/38	S26；S36/37/39
N,N-二乙基间甲苯酰胺	134-62-3		2.53（160）	可	＞110	—	丙	—	W，P，R，G，T		R22；R36/38；R52/53	S61
N,N-二乙基苯胺	91-66-7	61756	0.31（65）	可	88	332	丙	—	W，P，R，G，T	6.1	R23/24/25；R33；R51/53	S28A；S37；S45；S61
二乙醇胺	111-42-2	82507	0.67（138）	可	137	662	丙	1.6/—	W，P，R，G，T	8.2	R22；R38；R41；R48/22	S26；S36/37/39；S46
二丁胺	111-92-2	82027	0.27（20）	易	41	—	乙	1.1/—	W，P，R，G，T	8.2	R10；R20/21/22	S23；S26；S28A；S36/37/39；S45
二戊胺	2050-92-2	61733	0.67（55）	易	51	—	乙	—	P，R，G，T	6.1	R23/24/25；R34	S26；S27；S36/37/39；S45
二正丙胺	142-84-7	32170	2.68（25）	易	17（O.C）	299	甲	—	P，R，KP，T，Sw	3.2	R11；R20/21/22；R35	S16；S26；S36/37/39；S45
二正庚胺	2470-68-0			可	—	—	丙	—	W，P，R，G，T			
2,3-二甲苯胺	87-59-2	61753	—	可	96	—	丙	—	W，P，R，G，T	6.1	R23/24/25；R33；R51/53	S28A；S36/37；S45；S61
2,4-二甲苯胺	95-68-1	61753	0.05（38）	可	90	460	丙	1.1/7.0	W，P，R，G，T	6.1	R23/24/25；R33；R51/53	S28A；S36/37；S45；S61
2,5-二甲苯胺	95-78-3	61753	1.33（97）	可	93	—	丙	—	W，P，R，G，T	6.1	R23/24/25；R33；R51/53	S28A；S36/37；S45；S61
2,6-二甲苯胺	87-62-7	61753	—	可	91	—	丙	—	W，P，R，G，T	6.1	R20/21/22；R37/38；R40；R51/53	S23；S25；S36/37；S61
N,N-二甲苯胺	121-69-7	61756	0.13（29.5）	可	62.8	317	丙	1.0/7.0	W，P，R，G，T	6.1	R23/24/25；R40；R51/53	S28A；S36/37；S45；S61
二甲胺（无水）	124-40-3	21044	202.65（10）	易	−17.8	400	甲	2.8/14.4	W，P，R	2.1	R12；R20；R37/38；R41	S16；S26；S29
N,N-二甲基-1,3-丙二胺	190-55-7	33623	1.33（30）	易	38	—	乙	—	R，P，G，T，KP	3.3		
N,N-二甲基乙醇胺	108-01-0	33624	0.53（20）	易	40	295	乙	1.9/10.0	R，G，T，KP	3.3	R10；R20/21/22；R34	S25；S26；S36/37/39；S45
1,3-二甲基丁胺	108-09-8	32176		易	12	—	甲	—	P，R，G，T	3.2	R11；R20/21/22；R34	S16；S26；S36/37/39；S45
N,N-二甲基丙烯酰胺	2680-03-7		0.27（46）	可	71	—	丙	—	W，P，R，G，T		R21/22；R36	S26；S36
N,N-二甲基丙醇胺	3179-63-3	33625		易	32	—	乙	—	R，G，T，KP	3.3	R10；R22；R34	S16；S26；S36/37/39；S45
N,N-二甲基对亚硝基苯胺	138-89-6	42033		易	—	—	乙	—	W，P，R，G，T	4.2	R23/24/25；R33；R8	S28A；S37；S45
N,N-二甲基甲酰胺	68-102-2	33627	3.46（60）	易	58	445	乙	2.2/15.2	P，R，G，T	3.3		

续表

名 称	CAS 号	危险品编号	饱和蒸气压[①] /kPa	燃烧性	闪点 /℃	自燃温度 /℃	建规火险分级	爆炸下/上限(体积分数)/%	灭火方法	危险品类别	风险性代号	安全代号
二甲基亚硝胺	62-75-9	61735	0.67(20)	易	61	—	乙	—	KP, R, T, G	6.1		
N,*N*-二甲基异丙醇胺	108-16-7	33625		易	35	—	乙	—	R, G, T, KP	3.3	R10; R22; R34	S23; S26; S36; S45
N,*N*-二甲基环己胺	98-94-2	82022	—	易	43	—	乙	—	KP, G, R, T	8.2	R10; R22; R23/24; R34	S16; S26; S28A; S36/37/39; S45
3,3′-二甲基联苯胺	119-93-7	61805		可	—	—	丙	—	S, R, P, T	6.1	R22; R45; R51/53; R68	S45; S53; S61
N,*N*-二亚硝基五亚甲基四胺	101-25-7	41021		易	—	—	甲	—	S, T, JSJ	4.1		
二异丁胺	110-96-3	33619	1.33(30.6)	易	29	—	乙	—	G, P, R, T, Sw	3.3	R10; R22; R34	S16; S25; S36/37/39; S45
二异丙胺	108-18-9	32170	6.67(20)	易	−1	315	甲	1.1/7.1	P, R, KP, T, Sw	3.2	R11; R20/22; R34	S16; S26; S36/37/39; S45
二异丙醇胺	110-97-4	82508	0.003(42)	可	126.7	—	丙	—	W, G, P, R, T	8.2	R36	S26
二异戊胺	544-00-3			易	58	—	乙	—	P, R, G, T			
二环己胺	101-83-7	82512	1.60(37.7)	可	96	＜230	丙	—	W, P, R, T	8.2	R22; R34; R50/53	S26; S36/37/39; S45; S60; S61
二苯胺	122-39-4			可	153	630	丙	—	P, R, G, T		R23/24/25; R33; R50/53	S28A; S36/37; S45; S60; S61
二烯丙胺	124-02-7	32179	2.40(20)	易	15	—	甲	—	P, R, G, T, Sw	3.2	R11; R20/22; R24; R34	S16; S26; S28A; S36/37/39; S45
2,3-二氯苯胺	608-27-5	61768	—	可	112	—	丙	—	W, P, R, G, T	6.1	R23/24/25; R33; R50/53	S28A; S36/37; S45; S60; S61
2,4-二氯苯胺	554-00-7	61768	—	可	＞110	—	丙	—	W, P, R, G, T	6.1	R23/24/25; R33; R50/53	S28A; S36/37; S45; S60; S61
2,5-二氯苯胺	95-82-9	61768	—	可	＞110	—	丙	—	W, P, R, G, T	6.1	R23/24/25; R33; R50/53	S28A; S36/37; S45; S60; S61
2,6-二氯苯胺	608-31-1	61768	—	可	＞110	—	丙	—	W, P, R, G, T	6.1	R23/24/25; R33; R50/53	S28A; S36/37; S45; S60; S61
3,4-二氯苯胺	95-76-1	61758	0.13(80.5)	可	166	265	丙	2.8/7.2	W, P, R, G, T	6.1	R23/24/25; R41; R43; R50/53	S26; S36/37/39; S45; S60; S61
2,4-二硝基二苯胺	961-68-2	61811	—	可	—	—	丙	—	W, G, P, R, T	6.1	R36/37/38	S26; S37/39
2,4-二硝基苯胺	97-02-9	61778	—	可	223.9 (O.C)	—	乙	—	W, G, P, R, T	6.1	R26/27/28; R33; R51/53	S28A; S36/37; S45; S61
2,6-二硝基苯胺	606-22-4	61778	—	可	—	—	乙	—	W, G, P, R, T	6.1	R26/27/28; R33; R44	S28A; S36/37; S45
3,5-二硝基苯胺	618-87-1	61778	—	可	—	—	乙	—	W, G, P, R, T	6.1		
八甲基焦磷酰胺	152-16-9	61126	—	可	—	—		—	P, R, T, W, JSJ	6.1		
三乙胺	121-44-8	32168	8.8(20)	易	小于0	249	甲	1.2/8.0	P, R, T, G, Sw	3.2	R11; R20/21/22; R35	S16; S26; S29; S3; S36/37/39; S45
三乙烯四胺	112-24-3	82026	—	可	143	337	丙	—	P, R, T, W, G	8.2	R21; R34; R43; R52/53	S26; S36/37/39; S45; S61
三乙醇胺	102-71-6		0.67(190)	可	185	—	丙	—	P, R, G, T		R36	S26; S39
三正丁胺	102-82-9	82510	0.32(55)	可	86	210	丙	1.4/6.0	P, R, T, G	8.2	R23/24/25; R38; R51/53	S28A; S36/37/39; S45; S61

续表

名　称	CAS 号	危险品编号	饱和蒸气压[①] /kPa	燃烧性	闪点 /℃	自燃温度 /℃	建规火险分级	爆炸下/上限（体积分数）/%	灭火方法	危险品类别	风险性代号	安全代号
三正丙胺	102-69-2	33618	0.39（20）	易	36	—	乙	—	P，R，T，G，Sw	3.3	R10；R21；R23/25；R34；R52/53	S16；S26；S36/37/39；S45
三甲胺（无水）	75-50-3	21045	—	易	−6.7	190	甲	2.0/11.6	QDP，R，T，G	2.1		
三异丙醇胺	122-20-3		3.07（190）	可	110	—	丙	—	P，R，G，T		R36；R52/53	S26；S61
三氟乙酰苯胺	404-24-0	61764		可	—	—	丙	—	P，R，G，T	6.1		S22；S24/25
三烯丙胺	102-70-5	33622		易	39.4	—	乙	—	P，R，G，T	3.3		
2,4,5-三氯苯胺	636-30-6	61769	—	可	—	—	丙	—	P，R，T，W，G	6.1	R23/24/25；R33；R50/53	S28A；S36/37；S45；S60；S61
2,4,6-三氯苯胺	634-93-5	61769	0.13（134）	可	—	—	丙	—	P，R，T，W，G	6.1	R23/24/25；R33；R50/53	S28；S36/37；S45；S60；S61
2,4,6-三硝基苯甲硝胺	479-45-8	11040		易	—	—	爆炸品	—	W，JT	1		
2,4,6-三硝基苯胺	489-98-5	11067	—	可	—	—	爆炸品	—	W，JT	1		
2,4,6-三溴苯胺	147-82-0	61776	—	可	—	—		—	W，P，R，T	6.1	R23/24/25；R33	S28A；S36/37；S45
三聚氰胺	108-78-1		6.66	助	※	※		※	W，P，R，G，T		R20/21；R44	S36/37
己内酰胺	105-60-2		0.67（122）	可	110	375	丙	1.4/8.0	W，P，R，G，T		R20/22；R36/37/38	S2
六甲基二硅烷胺	999-97-3	32185		易	25	—	甲	—	P，R，G，T	3.2	R11；R20/21/22；R34	S16；S26；S36/37/39；S45
六亚甲基四胺	100-97-0	41528	—	易	—	—	乙	—	W，P，R，T	4.1	R11；R42/43	S16；S22；S24；S37
N,*N′*-双水杨醛缩丙二胺	120-70-7			可	＞110	—	丙	—	W，P，R，G，T			
月桂酰胺	1120-16-7			可	—	—	丙	—	W，P，R，G，T			S22-S24/S25
水杨酰胺	65-45-2			可	—	—	丙	—	W，P，R，G，T		R22	S26-S36
1,2-丙二胺	78-90-0	82030	1.87（20）	易	33	360	乙	1.9/11.1	P，R，G，T，Sw	8.2	R10；R21/22；R35	S26；S37/39；S45
1,3-丙二胺	109-76-2	82030	＜1.07（20）	易	48	350	乙	2.8/15.2	P，R，G，T，Sw	8.2	R10；R22；R24；R35	S16；S25；S36/37/39；S45
丙烯酰胺	79-06-1	61740	0.21（84.5）	可	—	—		—	R，G，T	6.1	R22；R43；R45；R46；R48/20/21/22	S24；S53
丙酰胺	79-05-0			可	—	—	丙	—	W，P，R，G，T			S24/25
亚丙基亚胺	75-55-8			易	−15	—	甲	—	W，R，G，P	3.2	R45；R11；R26/27/28；R41；R51/53	S53；S45；S61
异丙醇胺	78-96-6		0.13（20）	可	73.9	—	丙	—	P，R，G，T		R34	S23；S26；S36；S45
四亚乙基五胺	112-57-2	82505	＜0.0013（20）	可	162.7	321	丙	—	P，R，G，T	8.2	R21/22；R34；R43；R51/53	S26；S36/37/39；S45；S61
四甲基乙二胺	110-18-9	32178		易	10	—	甲	—	P，R，G，T	3.2	R11；R20/22；R34	S16；S26；S36/37/39；S45
四氢糠胺	4795-29-3	33634		易	45	—	乙	—	KP，R，G，W	3.3	R10；R36/37/38	S16；S26；S37/39
1.5-戊二胺	462-94-2	61730	—	可	62	—	丙	—	W，P，R，G，T	6.1	R34	S25；S36/37/39；S45

续表

名称	CAS号	危险品编号	饱和蒸气压[①]/kPa	燃烧性	闪点/℃	自燃温度/℃	建规火险分级	爆炸下/上限（体积分数）/%	灭火方法	危险品类别	风险性代号	安全代号
甲苯-2,4-二胺	95-80-7	61800	0.13（106.5）	可	—	—	丙	—	W, G, P, R, T,	6.1	R21; R25; R36; R43; R45; R51/53	S45; S53; S61
甲苯-2,5-二胺	95-70-5	61800	—	可	—	—	丙	—	W, G, P, R, T,	6.1		
对甲氧基苯胺	104-94-9	61784	1.73	可	—	515	丙	—	P, R, G, T, W	6.1	R26/27/28; R33; R45; R50	S28A; S36/37; S45; S53; S61
邻甲氧基苯胺	90-04-0	61784	0.53（90）	可	98	—	丙	—	W, P, R, G, T	6.1	R23/24/25; R45; R68	S45; S53
间甲氧基苯胺	536-90-3	61784	—	可	＞112	—	丙	—	W, P, R, G, T	6.1	R26/27/28; R33; R51/53	S28B; S36/37; S45; S61
邻甲氧基联苯胺	119-90-4	61806	—	可	206	—	丙	—	W, P, R, G, T	6.1	R45; R22	S53; S45
N-甲基丁胺	110-68-9	32173		易	13	—	甲	—	P, R, G, T	3.2	R11; R21/22; R34	S16; S26; S36/37/39; S45
甲基丙烯酰胺	79-39-0			可	—	—	乙	—	W, P, R, G, T		R22; R36/37/38	S26; S36/37
N-甲基甲酰胺	123-39-7		—	易	22	—	甲	—	W, P, R, T, G	3.2	R21; R61	S45; S53
4-甲基-1,3-苯二胺	95-80-7	61800	0.13（106.5）	可	—	—	丙	—	W, G, P, R, T,	6.1	R21; R25; R36; R43; R45; R51/53	S45; S53; S61
2-甲基苯胺	95-53-4	61750	0.13（44）	可	85	481	丙	1.5/—	W, P, R, T, G	6.1	R23/25; R36; R45; R50	S45; S53; S61
3-甲基苯胺	108-44-1	61750	0.13（41）	可	85	481	丙	1.1/6.6	W, P, R, T, G	6.1	R23/24/25; R33; R50	S28A; S36/37; S45; S61
4-甲基苯胺	106-49-0	61750	0.13（42）	可	86	481	丙	1.1/6.6	W, P, R, T, G	6.1	R23/24/25; R36; R40; R43; R50	S28A; S36/37; S45; S61
N-甲基苯胺	100-61-8	61756	0.13（36.0）	可	78	—	丙	—	W, P, R, T, G	6.1	R23/24/25; R33; R50/53	S28A; S36/37; S45; S60; S61
N-甲基单乙醇胺	109-83-1		0.09（28）	可	73	350	丙	1.5/19.8	P, R, G, T		R21/22; R34	S26; S36/37/39; S45
甲酰胺	75-12-7		0.011（20）	可	154	500	丙	—	W, P, R, G, T		R61	S45; S53
苄胺	100-46-9	61759	1.60（90）	易	60	—	乙	—	W, P, R, G, T	6.1	R21/22; R34	S26; S36/37/39; S45
环三次甲基三硝胺	121-82-4	11041	—	可	—	—	爆炸品	—	W, JT	1		
环己胺	108-91-8	82021	1.17（25）	易	32（O.C）	293	乙	—	W, KP, G, R, T	8.2	R10; R21/22; R34	S1/2; S36/37/39; S45
环己亚胺	111-49-9	32182		易	138	—	甲	—	P, R, G, T	3.2	R11; R20; R28; R34	S1; S16; S28A; S36/37/39; S45
N-环己基-2-苯并噻唑次磺酰胺	95-33-0			可	—	—		—	W, P, R, G, T			
环戊胺	1003-03-8	32181	—	易	17	—	甲	—	P, R, G, T, Sw	3.2	R11; R20; R25; R34; R43	S16; S25; S36/37/39; S45
对苯二胺	106-50-3	61789	0.14（100）	可	68	—	丙	—	W, P, R, G, T	6.1	R23/24/25; R36; R43; R50/53	S28A; S36/37; S45; S60; S61
邻苯二胺	95-54-5	61789	0.33（100）	可	—	—	丙	—	W, P, R, G, T	6.1	R20/21; R36; R40; R43; R50/53; R68	S1/2; S28; S36/37; S45; S60; S61
间苯二胺	108-45-2	61789	0.08（100）	可	—	560	丙	—	W, P, R, G, T	6.1	R23/24/25; R36; R40; R43; R50/53	S28A; S36/37; S45; S60; S61

续表

名称	CAS号	危险品编号	饱和蒸气压[①] /kPa	燃烧性	闪点 /℃	自燃温度 /℃	建规火险分级	爆炸下/上限（体积分数）/%	灭火方法	危险品类别	风险性代号	安全代号
苯胺	62-53-3	61746	2.00（77）	可	70	—	丙	1.3/11.0	W, P, R, G, T	6.1	R23/24/25; R40; R41; R43; R48/23/24/25; R50; R68	S26; S27; S36/37/39; S45; S46; S61
N-苯基-1-萘胺	90-30-2			可	—	—	丙	—	W, P, R, G, T		R22; R36/37/38; R50/53	S26; S29; S37/39; S61
N-苯基-2-萘胺	135-88-6	61834	—	可	—	—	丙	—	W, P, R, T	6.1	R36/38; R40; R43; R51/53	S22; S24/25
α-苯基乙酰胺	103-81-1			可	—	—	丙	—	W, P, R, G, T			
苯基羟胺	100-65-2			可	—	—	丙	—	W, P, R, G, T			
苯酰胺	55-21-0			可	—	—	丙	—	W, P, R, G, T		R22	
苯磺酰胺	98-10-2			可	—	—	丙	—	W, P, R, G, T		R22	
2-氟乙酰胺	640-19-7	61135		可	—	—	丙	—	W, P, R, G, T			
4-氟苯胺	371-40-4	61762	—	可	73	—	丙	—	W, P, R, T	6.1	R22; R36/38	S26; S37/39
4-氨基-*N,N*-二甲基苯胺	99-98-9	61796	—	可	90	—	丙	—	W, P, R, T, G	6.1	R23/24/25; R36/37/38	S26; S36/37/39; S45
对氨基-*N,N*-二甲基苯胺	99-98-9	61796		可	90	—	丙	—	W, P, R, G, T	6.1	R23/24/25; R36/37/38	S26; S36/37/39; S45
邻氨基苯磺酰胺	3306-62-5			可	—	—	丙	—	W, P, R, G, T		R36/37/38	S22; S26; S36/37/39
盐酸苯胺	142-04-1	61747	—	可	193	—	丙	—	W, P, R, T, G	6.1	R23/24/25; R40; R41; R43; R48/23/24/25; R50; R68	S26; S27; S36/37/39; S45; S61
烯丙胺	107-11-9	31048	26.39（20）	易	−29	370	甲	2.2/22.0	G, T, R, P, Sw	3.1	R11; R23/24/25; R51/53	S16; S24/25; S45; S61; S9
N-羟甲基丙烯酰胺	924-42-5			可	—	—	丙	—	W, P, R, G, T			
α-萘胺	134-32-7	61830	0.13（104.3）	可	＞110	—	乙	—	W, P, R, T	6.1		
β-萘胺	91-59-8	61830	0.13（108.0）	可	—	—	乙	—	W, P, R, T	6.1	R45; R22; R51/53	S53; S45; S61
巯乙胺（半胱胺）	60-23-1			可	—	—	丙	—	W, P, R, G, T			
5-氯-2-甲基苯胺	95-79-4	61770	96.2（237）	可	160	—	—	—	W, P, R, T	6.1	R22; R36/37/38; R40	S26; S36/37/39; S45
2-氯-4-硝基苯胺	121-87-9	61772	—	可	—	—	—	—	W, P, R, T	6.1	R22; R36/37/38; R40	S26; S36/37/39; S45
邻氯苯胺	95-51-2	61766	0.13（46.3）	可	97	—	丙	2.4/14.2	W, P, R, G, T	6.1	R23/24/25; R33; R50/53	S28A; S36/37; S45; S60; S61
间氯苯胺	108-42-9	61766	0.13（63.5）	可	123	—	丙	—	W, P, R, G, T	6.1	R23/24/25; R33; R50/53	S28A; S36/37; S45; S60; S61
对氯苯胺	106-47-8	61766	0.13（59.3）	可	—	—	丙	—	W, P, R, G, T	6.1	R23/24/25; R43; R45; R50/53	S45; S53; S60; S61
氰化二乙胺	617-83-4	61637		可	69	—	丙	—	W, R, G, T, JSJ	6.1		
氰基乙酰胺	107-91-5			可	215	—	丙	—	P, R, G, T		R20/21/22	S28A
对硝基邻甲苯胺	99-52-5	61779		可	—	—	丙	—	水, T, R, P	6.1	R23/24/25; R33; R51/53	S28A; S36/37; S45; S61

续表

名称	CAS号	危险品编号	饱和蒸气压[①] /kPa	燃烧性	闪点 /℃	自燃温度 /℃	建规火险分级	爆炸下/上限(体积分数)/%	灭火方法	危险品类别	风险性代号	安全代号
对硝基苯甲酰胺	619-80-7	61743	—	可	—	—	丙	—	W, P, R, G, T	6.1	R22	
对硝基苯胺	100-01-6	61777	0.13(142.4)	可	165	—	丙	—	W, P, R, G, T	6.1	R23/24/25; R33; R52/53	S28A; S36/37; S45; S61
邻硝基苯胺	88-74-4	61777	0.13(104)	可	168	521	丙	—	W, P, R, G, T	6.1	R23/24/25; R33; R52/53	S28A; S36/37; S45; S61
3-硝基苯胺	1999-9-2	61777	0.13(119.3)	可	—	—	丙	—	W, P, R, G, T	6.1	R23/24/25; R33; R52/53	S28A; S36/37; S45; S61
4-硝基萘胺	776-34-1			可	—	—	丙	—	W, P, R, G, T		R36/37/38	S26; S36
硝酸羟胺		81005		助	※	※		※	W, P, R, T	8.1		
硫化二苯胺	92-84-2			可	177	—	丙	—	W, P, R, G, T		R36/38; R43; R51/53	S26; S29; S36/37/39; S61
对硫氰基苯胺	15191-25-0	61655		可	—	—	丙	—	W, P, R, G, T	6.1		
硫氰基苯胺	2987-46-4	61655		可	—	—	丙	—	P, R, G, T	6.1		
硫酸羟胺	10039-54-0	81508	—	助	※	※	—	※	W, P, R, T	8.1	R22; R36/38; R43; R48/22; R50	S22; S24; S37; S61
联苯胺	92-87-5	61803	98.64(128.7)	可	—	—	丙	—	W, G, P, R, T,	6.1	R45; R22; R50/53	S53; S45; S60; S61
联氨	302-01-2	33631	1.33	易	38	270	乙	2.9/98	W, P, R, G, T	3.3	R10; R23/24/25; R34; R43; R45; R50/53	S45; S53; S60; S61
磺酰胺	7803-58-9			可	—	—	丙	—	P, R, G, T		R36/37/38	S26; S37/39
磷胺	13173-21-6	61126	—	可	—	—		—	P, R, T	6.1		
糠胺	617-89-0	33633		易	37(O.C)	490.5	乙	—	P, R, G, T		R10; R20/21/22; R34	S16; S23; S26; S36/37/39; S45

① 括号内数值为饱和蒸气压对应的温度(℃)。

第 14 章
腈 类

目录

14.1 一般特性

表14.1.1 腈类的一般特性

名称	分子式	分子量	密度 d_4^{20} /(g/cm³)	颜色	形态	性状	溶解性能					正常熔点 t_m /℃	正常沸点 t_b /℃	临界温度 T_c /K	临界压力 p_c /MPa	临界体积 V_c /(cm³/mol)	临界压缩因子 Z_c	偏心因子 ω	偶极矩 /D	折射率 n^{20}
							水	乙醇	乙醚	苯	其他									
乙腈(甲基氰)	C_2H_3N	41.05	0.7857	无	液		+	∞	∞			−44	81.6	545.5	4.85	173	0.185	0.338	3.44	1.3442
丙腈(乙基氰)	C_3H_5N	55.08	0.7818	无	液	醚味	+	∞	∞		+多数有机溶剂	−92.78	97.14	561.3	4.26	246	0.225	0.325	3.7	1.3655
丁腈(丙基氰)	C_4H_7N	69.11	0.7936	无	液	刺激	+	+	+	+	+多数有机溶剂	−111.76	117.6	585.4	3.88	285.5	0.223	0.371	3.8	1.3842
异丁腈	C_4H_7N	69.11	0.7704	无	液	恶臭	÷	++	++		+多数有机溶剂	−71.5	102	566.0	3.822	0.277	0.347	0.338		1.3720
戊腈(丁基氰)	C_5H_9N	83.13	0.8008	无	液		−	∞	∞			−96.2	140	610.3	3.58	330.3	0.220	0.415	3.86	1.3971
己腈(戊基氰)	$C_6H_{11}N$	97.16	0.8051	无	液		−	++	++			−80.3	163.5	633.8	3.30	382.9	0.240	0.524	3.5	1.4068
癸腈	$C_{10}H_{19}N$	153.26	0.8199	无	液		−	++	++			−15	242±1	622.2	3.252					1.4300
乙二腈	C_2N_2	60.10	0.9537^{-21}	无	气	杏仁味	+	++	++			−27.83	−21.1	400.2	5.977		0.29	0.279		
乙烯基乙腈	C_4H_5N	67.09												585.2	3.950	265	0.22	0.39		
丙二腈(亚甲基二腈)	$C_3H_2N_2$	66.06	1.1910	无	晶		13	40	20			31.83	219	715	4.040	0.248	0.169	0.502		1.414634
丁二腈(琥珀腈)	$C_4H_4N_2$	80.09	0.9867^{60}	无	蜡		++	++	++		+氯仿	57.99	266	770.2	3.535	300	0.17	0.559		
戊二腈	$C_5H_6N_2$	94.12	0.9911^{15}	无	液		+	+	−			−28.9	286	782	3.150	0.352	0.171	0.603		1.4295
己二腈	$C_6H_8N_2$	108.14	0.9676	无	油		÷÷	+	÷÷			2.2	295	780.2	2.826	406	0.18	0.659		1.4380
丙烯腈	C_3H_3N	53.06	0.8007^{25}	无	液	桃仁味	÷	+	+	+	①	−83.51	77.2	540	4.66	210.0	0.210	0.350	3.5	1.3911
3-丁烯腈(烯丙基氰)	C_4H_5N	67.09	0.8341	无	液	异味	÷	∞	∞			−87	117	585	3.95	265.0	0.22	0.39	3.4	1.4060
反-2-丁烯腈(反巴豆腈)	C_4H_5N	67.09	0.8239									−51.5	120	589.6	4.060	252.5	0.209	0.370	4.53	1.4225
顺-丁烯二腈	$C_4H_2N_2$	78.07												704	3.730	0.287	0.183	0.558		
反-丁烯二腈	$C_4H_2N_2$	78.07	1.249	白	晶	针		+	+	+		94±1	186	657	3.730	0.287	0.196	0.557		1.492^{78kPa}
三氯乙腈	C_2Cl_3N	144.39	1.44^{25}	无	液		−					−42	83-84	311.1	3.618	202.0	0.283	0.237		
尼古丁腈(3-氰基吡啶)	$C_6H_4N_2$	104.11	1.16	白	晶	升华	÷	+	+	+	+氯仿、石油醚	49±2	170.5	703	4.120	0.344	0.242	0.422		1.5242
氨基乙腈	$C_2H_4N_2$	56.07	0.7789		液	油状							164±23	638	5440	0.229	0.235	0.466		1.4180

续表

名称	分子式	分子量	密度 d_4^{20} /(g/cm³)	颜色	形态	性状	溶解性能					正常熔点 t_m /℃	正常沸点 t_b /℃	临界温度 T_c /K	临界压力 p_c /MPa	临界体积 V_c /(cm³/mol)	临界压缩因子 Z_c	偏心因子 ω	偶极矩 /D	折射率 n^{20}
							水	乙醇	乙醚	苯	其他									
羟基乙腈	C_2H_3ON	57.05	1.088	无	液	油状		+	+			−78	205.5	664	5930	0.195	0.209	0.801		1.389
3-羟基丙腈	C_3H_5ON	71.08	1.0404	无	液		∞	∞	÷	−	②	−46	228 //	690	4890	0.243	0.207	0.826		1.4250
2,2-二羟基乙腈	$C_6H_8N_2$	108.14	0.95^{25}									−45	270±1	731	3.540	0.357	0.208	0.719		1.434
3-甲基丁腈	C_5H_9N	83.13	0.7914		液		−				与酸产生剧毒气体	−101	127.5	593.2	3.326	323.7	0.218	0.3782		1.3927
甲基戊二腈	$C_6H_8N_2$	108.14	0.95^{25}		液		+					−45	270	742	2.880	0.404	0.189	0.638		1.434
2-甲基丙烯腈	C_4H_5N	67.09	0.8001	无	液	燃/毒	−	+	+	+		−35.8	90.3	554.6	3.880	265	0.215			1.4007
苯甲腈(苯基氰)	C_7H_5N	103.12	1.0093^{15}	无	油	杏仁味	÷	++	++		+热水	−12.82	191	700	4.2	345.5	0.241	0.362	3.5	1.5289
苯乙腈	C_8H_7N	117.15	1.0202^{15}	淡黄	液	异味	−	∞	∞			−23.8	233.5	732	3.460	0.391	0.222	0.472		1.5230
2,2′,2″-次氨基三乙腈	$C_6H_6N_4$	134.14	1.2769									126	237.2	823	2.640	0.485	0.187	0.924		1.7000
2-羟基丙腈(乳腈)	C_3H_5ON	71.08	0.9877	无	液							−40.0	184	643	5.030	0.243	0.229	0.789		1.404
2-甲基-2-羟基丙腈	C_4H_7ON	85.10	0.932	淡黄	液		∞	++	++	++	−石油醚、CS_2	−19	95							1.3996
3-甲氧基丙腈	C_4H_7ON	85.0	0.9379	无	液		+	∞	∞		∞甲苯		165.4	638	3.630	0.324	0.222	0.460		

① 溶于多数有机溶剂；与强酸、强碱、胺类和溴起反应。

② 能与丙酮、氯仿、乙醚、丁酮混溶；不溶于石油醚、二硫化碳和四氯化碳。

14.2 密度

表14.2.1 腈类液体的密度 单位：g/cm³

名称	温度/℃												
	-80	-60	-40	-20	0	20	40	60	80	100	120	140	160
乙腈			0.836	0.819	0.801	0.782	0.763	0.743	0.722	0.701	0.678	0.654	0.628
丙腈	0.879	0.860	0.841	0.822	0.802	0.782	0.762	0.740	0.718	0.695	0.672	0.646	0.620
丁腈	0.881	0.864	0.846	0.828	0.810	0.791	0.772	0.752	0.732	0.711	0.689	0.667	0.643
异丁腈		0.841	0.824	0.806	0.788	0.770	0.752	0.733	0.715	0.695	0.675	0.654	0.632
丁二腈								0.986	0.970	0.955	0.938	0.922	0.905
己二腈						0.968	0.953	0.938	0.923	0.908	0.892	0.877	0.860
丙烯腈	0.906	0.886	0.866	0.846	0.826	0.806	0.785	0.764	0.742	0.719	0.695	0.670	0.642
甲基丙烯腈						0.799	0.780	0.760	0.740	0.719	0.696	0.673	0.647
苯甲腈					1.021	1.004	0.988	0.971	0.954	0.936	0.918	0.900	0.881

名称	温度/℃												
	180	200	220	240	260	280	300	320	340	360	380	400	420
乙腈	0.600	0.570	0.534	0.491	0.431								
丙腈	0.592	0.562	0.528	0.489	0.442	0.373							
丁腈	0.617	0.590	0.560	0.528	0.490	0.442	0.371						
异丁腈	0.608	0.578	0.547	0.514	0.474	0.411							
丁二腈①	0.887	0.870	0.851	0.832	0.813	0.792	0.772	0.750	0.726	0.702	0.675	0.647	0.615
己二腈②	0.844	0.827	0.810	0.792	0.773	0.754	0.735	0.714	0.692	0.670	0.645	0.619	0.591
丙烯腈	0.608	0.573	0.534	0.482	0.376								
甲基丙烯腈	0.620	0.590	0.556	0.516	0.463	0.349							
苯甲腈	0.861	0.841	0.819	0.797	0.774	0.749	0.723	0.695	0.664	0.629	0.588	0.536	0.448

① 温度为440、460、480℃时，其值分别为0.5792、0.535、0.4756g/cm³。

② 温度为440、460、480、500℃时，其值分别为0.5590、0.5218、0.4751、0.4011g/cm³。

14.3 相变点

14.3.1 腈类的常规沸点

表14.3.1 腈类的常规沸点及其液相摩尔体积

物料名	常规沸点/K	液相摩尔体积/(m³/kmol)	物料名	常规沸点/K	液相摩尔体积/(m³/kmol)	物料名	常规沸点/K	液相摩尔体积/(m³/kmol)
乙腈	354.75	0.05755	反-丁烯二腈	459.15	0.09253	顺-丙烯腈	380.6	0.09189
丙腈	370.5	0.07830	顺-1-丁二腈	577	0.14066	反-丙烯腈	394.38	0.09507
丁腈	390.75	0.09938	反-1-丁二腈	555	0.13958	甲基丙烯腈	363.45	0.09288
异丁腈	376.76	0.10094	戊二腈	559.15	0.12328	苯甲腈	464.15	0.12179
戊腈	414.45	0.12095	己二腈	568.15	0.14698	苯乙腈	506.65	0.14163
己腈	436.75	0.14379	甲基戊二腈	536.15	0.15399	氨基乙腈	425	0.07951
癸腈	516	0.24462	3-甲氧基丙腈	438.15	0.10740	羟基乙腈	467	0.06472
丙二腈	491.5	0.07689	三氰基吡啶(尼古丁腈)	474.15	0.11264	羟基丙腈	494.15	0.08204
丁二腈	540.15	0.09997	乳腈	457	0.08506	2,2-二羟基乙腈	527	0.12002
顺-丁烯二腈	492	0.08604	丙烯腈	350.5	0.07183	2,2′,2″-次氨基三乙腈	623	0.15827

14.3.2 二元共沸物的共沸点

表14.3.2 第一组分为乙腈的二元共沸物的共沸点

第二组分	水	苯	甲苯	三氯乙烯	甲醇	乙醇	丙醇	异丙醇	四氯化硅	四氯化碳
第一组分/%	76	72.75	81.35	74.6	63.55	72.55	＜81.0	74.5	49	65.1
共沸点/℃	85	38.4	85.3	29	19.5	44	＞78	52	9.4	17

第二组分	己烷	庚烷	环戊烷	环己烷	2,3-二甲基丁烷	2,5-二甲基己烷	氯乙烷	溴丙烷	氯代异丁烷
第一组分/%	54.3	69	＜44.5	62.5	48	＜75.5	67.2	63	62
共沸点/℃	26	62	＜11	43	13	＜84	33	22	20

第二组分	甲基环戊烷	甲基环己烷	一氯三甲硅烷	*N*-丙基甲酰胺	乙酸异丙酯	丙酸甲酯	乙酸乙酯	三氯乙腈	三氟化硼
第一组分/%	＜60.5	＜75.0	56	76.5	79.5	76.2	74.8	75.6	101
共沸点/℃	＞25	＞63	7.4	33	60	30	23	29	38

表14.3.3 第一组分为丙腈和苄腈的二元共沸物的共沸点

（1）第一组分 丙腈

第二组分	水	己烷	丙醇	二丙醚	乙酸丙酯	异丙基碘
第一组分/%	76	9	50	＞18	55	30
共沸点/℃	81.5	63.5	90.5	＜83.5	95.4	81.2

（2）第一组分 苄腈

第二组分	水	间溴甲苯	对溴甲苯	辛醇	异辛醇	戊醇	二戊醚	苯酚	邻甲酚
第一组分/%	16.7	11.5	15	30	88.5	16	42	80	49
共沸点/℃	98.9	183.8	184.3	189.2	180	171.4	180.5	192	195.95

第二组分	间甲酚	对甲酚	乙酸异戊酯	异戊酸异戊酯	氨基甲酸乙酯	乙基苄基醚	乙酸异戊酯	异戊酸异戊酯
第一组分/%	11	14	8	42	43	27	8	42
共沸点/℃	202.5	202.1	180.85	189	182.1	182.5	180.85	189

14.3.3 腈类的三相点

表14.3.4 腈类的三相点

物料名	三相点温度/K	三相点压力/Pa	液固相恒压热容差/[J/(K·kmol)]	物料名	三相点温度/K	三相点压力/Pa	液固相恒压热容差/[J/(K·kmol)]
乙腈	229.32	186.95	3781.5	三氰基吡啶（尼古丁腈）	323.15	225.257	38543
丙腈	180.26	0.16936	22574	乳腈	233	0.00910	29204
丙二腈	304.99	19.6852	14246	丙烯腈	189.63	3.68289	19320
丁二腈	331.16	12.091	4189.6	反-丙烯腈	222	6.95795	4379.6
顺-丁烯二腈	304.4	15.529	60416	甲基丙烯腈	237.35	268.868	37642
反-丁烯二腈	369.65	3972.5	76293	苯甲腈	260.4	3.08472	23559
顺-1-丁二腈	249	6.512E-05	17594	羟基丙腈	227.15	0.00666	81404
反-1-丁二腈	260.15	0.001876	36919	2,2-二羟基乙腈	349.15	44.6308	41883
戊二腈	244.21	0.002360	53639	2,2′,2″-次氨基三乙腈	399.15	11.0563	66809
甲基戊二腈	228.15	5.260E-05	15177				

14.4 黏度

14.4.1 腈类气体的黏度

表14.4.1 腈类气体的黏度 单位：μPa·s

名称	温度/K								
	200	250	300	350	400	450	500	550	600
乙腈		4.833	5.763	6.687	7.607	8.523	9.435	10.35	11.26
丙腈	3.968	4.921	5.867	6.809	7.745	8.677	9.606	10.53	11.47
丁腈	4.016	4.981	5.939	6.892	7.840	8.783	9.723	10.66	11.60
异丁腈		5.429	6.516	7.595	8.664	9.719	10.76	11.78	12.78
丁二腈				6.466	7.391	8.311	9.225	10.13	11.03
己二腈			5.096	5.949	6.800	7.647	8.489	9.325	10.15
丙烯腈	4.717	5.902	7.082	8.251	9.407	10.55	11.67	12.76	13.84
甲基丙烯腈		5.678	6.814	7.941	9.057	10.16	11.24	12.31	13.35
苯甲腈			6.040	7.049	8.053	9.051	10.04	11.02	11.99
名称	温度/K								
	650	700	750	800	850	900	950	1000	
乙腈	12.13	12.97	13.77	14.54	15.28	16.00	16.70	17.38	
丙腈	12.37	13.23	14.06	14.86	15.63	16.37	17.09	17.80	
丁腈	12.53	13.42	14.27	15.09	15.88	16.65	17.39	18.12	
异丁腈	13.76	14.72	15.65	16.57	17.46	18.33	19.18	20.01	
丁二腈	11.92	12.80	13.66	14.52	15.36	16.19	17.00	17.80	
己二腈	10.97	11.78	12.58	13.37	14.15	14.91	15.66	16.40	
丙烯腈	14.89	15.91	16.91	17.88	18.83	19.76	20.66	21.54	
甲基丙烯腈	14.37	15.36	16.33	17.28	18.21	19.11	19.99	20.85	
苯甲腈	12.94	13.88	14.80	15.71	16.60	17.48	18.34	19.18	

14.4.2 腈类液体的黏度

表14.4.2 腈类液体的黏度 单位：mPa·s

名称	温度/℃												
	−100	−80	−60	−40	−20	0	20	40	60	80	100	120	140
乙腈				0.742	0.559	0.440	0.357	0.298	0.254	0.220	0.194	0.173	0.156
丙腈		2.340	1.470	0.998	0.722	0.547	0.431	0.350	0.291	0.248	0.214	0.188	0.167
丁腈	8.210	4.210	2.440	1.560	1.070	0.772	0.584	0.458	0.369	0.306	0.258	0.221	0.193
异丁腈			2.120	1.360	0.935	0.680	0.516	0.406	0.329	0.273	0.231	0.198	0.173
丁二腈									2.590	1.850	1.370	1.050	0.824
丙烯腈		1.400	0.953	0.693	0.530	0.422	0.346	0.292	0.251	0.219	0.194	0.174	0.143
苯甲腈						1.920	1.380	1.040	0.805	0.644	0.527	0.440	0.374
名称	温度/℃												
	160	180	200	220	240	260	280	300	320	340	360	380	400
乙腈	0.118	0.100	0.084	0.070	0.057	0.045							
丙腈	0.135	0.116	0.099	0.084	0.069	0.056	0.045						
丁腈	0.170	0.141	0.121	0.103	0.086	0.071	0.057	0.045					
异丁腈	0.144	0.124	0.106	0.089	0.074	0.060	0.047						

续表

名称	温度/℃												
	160	180	200	220	240	260	280	300	320	340	360	380	400
丁二腈①	0.661	0.541	0.450	0.380	0.325	0.282	0.246	0.218	0.164	0.145	0.128	0.111	0.096
丙烯腈	0.122	0.103	0.085	0.069	0.055	0.042							
苯甲腈②	0.323	0.282	0.249	0.223	0.201	0.189	0.168	0.148	0.129	0.112	0.095	0.081	0.067

① 温度为 420、440、460、480℃时，其值分别为 0.0821、0.0692、0.0574、0.0467mPa·s。

② 温度为 420℃时，其值为 0.0549mPa·s。

N 算图 14.1
一些腈类的表面张力
（第 854 页右）

14.5 表面张力

表14.5.1 腈类液体的表面张力 单位：mN/m

名称	温度/℃												
	−80	−60	−40	−20	0	20	40	60	80	100	120	140	160
乙腈			38.03	35.10	32.22	29.38	26.58	23.85	21.16	18.54	15.99	13.50	11.10
丙烯腈	42.08	39.10	36.16	33.27	30.42	27.61	24.86	22.17	19.53	16.95	14.44	12.02	9.672
丙腈	39.82	37.26	34.72	32.22	29.76	27.32	24.92	22.56	20.24	17.96	15.73	13.55	11.43
丁二腈								46.79	44.63	42.47	40.32	38.15	36.00
甲基丙烯腈					27.56	25.19	22.85	20.56	18.31	16.12	13.97	11.89	9.865
丁腈	39.20	36.79	34.41	32.06	29.73	27.44	25.36	23.29	21.21	19.08	16.91	14.79	12.71
异丁腈		33.95	31.65	29.38	27.14	24.93	22.75	20.61	18.50	16.43	14.40	12.42	10.49
己二腈						47.02	44.72	42.44	40.17	37.93	35.71	33.51	31.34
苯甲腈					41.55	39.22	36.92	34.64	32.38	30.15	27.94	25.77	23.62

名称	温度/℃												
	180	200	220	240	260	280	300	320	340	360	380	400	420
乙腈	8.788	6.583	4.506	2.593	0.921								
丙烯腈	7.429	5.304	3.326	1.548	0.128								
丙腈	9.373	7.388	5.489	3.695	2.039	0.5965							
丁二腈①	33.84	31.68	29.52	27.36	25.21	23.05	20.89	18.73	16.57	14.42	12.26	10.10	7.942
甲基丙烯腈	7.916	6.052	4.288	2.649	1.182	0.042							
丁腈	10.69	8.736	6.849	5.047	3.347	1.783	0.438						
异丁腈	8.623	6.818	5.090	3.455	1.943	0.617							
己二腈②	29.19	27.07	24.97	22.91	20.87	18.87	16.90	14.97	13.08	11.23	9.437	7.697	6.02
苯甲腈	21.51	19.43	17.39	15.38	13.42	11.51	9.646	7.842	6.105	4.447	2.888	1.462	0.259

① 温度为 440、460、480℃时，其值分别为 5.784、3.626、1.468mN/m。

② 温度为 440、460、480、500℃时，其值分别为 4.418、2.909、1.523、0.339mN/m。

表14.5.2 乙腈水溶液的表面张力（20℃）

质量分数/%	1	4	10	20	40	60	80
σ	69.40	61.46	50.11	39.21	31.39	30.01	29.05

表14.5.3 乙腈在乙醇中的表面张力（20℃） 单位：mN/m

质量分数/%	10	20	30	40	50	60	70	80
σ	22.86	23.33	23.82	24.17	24.36	24.56	25.10	26.47

14.6 溶解度

表14.6.1 物料在乙腈中的溶解度 单位：g/100mL

化合物	溶解度	化合物	溶解度	化合物	溶解度
甲酸	M	季戊四醇	不溶	蓖麻油	6.4
乙酸	M	甲醛	M	磷酸二丁酯	M
丁烯酸	50	乙醛	M	硬脂酸二甘醇酯	M
吡啶	M	二正丁胺	M	正丁基醚	M
硝基苯	M	三乙醇胺	不溶	二氯乙醚	M
苯胺	M	乙酸酐	M	丙酮	M
乙酰丙酸	M	二甲苯	M	甲基异丁基甲酮	M
油酸	6.0	苯磺酸	不溶	硝基甲烷	M
甲醇	M	苯酚	3.3	硝基乙烷	M
纤维素溶剂	M	乙酰氯	M	硝基丙烷	M

注：M—在室温下可和其他物料等质量混溶。

14.7 热导率

14.7.1 腈类气体的热导率

表14.7.1 腈类气体的热导率 单位：mW/(m·K)

名称	温度/K								
	200	250	300	350	400	450	500	550	600
乙腈		8.452	11.00	13.72	16.69	19.79	23.01	26.40	29.83
丙腈	5.397	7.657	10.21	13.05	16.11	19.33	22.76	26.32	29.96
丁腈	5.063	7.322	9.832	12.68	15.73	19.00	22.43	26.02	29.71
异丁腈		7.406	10.13	13.10	16.32	19.79	23.43	27.20	31.05
丁二腈				9.707	11.84	14.10	16.48	18.95	21.51
己二腈			7.531	9.623	11.84	14.23	16.74	19.37	22.09
丙烯腈	5.272	7.489	9.916	12.59	15.48	18.45	21.55	24.73	27.91
甲基丙烯腈		7.531	10.04	12.76	15.73	18.87	22.18	25.56	29.04
苯甲腈			7.029	9.330	11.80	14.48	17.24	20.08	22.97

名称	温度/K							
	650	700	750	800	850	900	950	1000
乙腈	33.35	36.90	40.46	43.93	47.70	51.04	54.81	58.16
丙腈	33.64	37.40	41.21	45.19	48.95	52.30	56.07	59.83
丁腈	33.43	37.24	41.05	44.77	48.53	52.30	56.07	59.83
异丁腈	34.94	38.91	42.68	46.86	50.63	54.39	58.16	61.92
丁二腈	24.06	26.69	29.33	31.92	34.52	37.03	39.50	41.84
己二腈	24.85	27.66	30.50	33.30	36.11	38.91	41.63	44.35
丙烯腈	31.13	34.35	37.57	40.79	43.93	47.28	50.21	53.14
甲基丙烯腈	32.59	36.15	39.66	43.10	46.86	50.21	53.56	56.48
苯甲腈	25.94	28.87	31.84	34.77	37.70	40.58	43.51	46.44

14.7.2 腈类液体的热导率

表14.7.2 腈类液体的热导率　　单位：mW/(m·K)

名称	温度/℃												
	-80	-60	-40	-20	0	20	40	60	80	100	120	140	160
乙腈			223.4	215.5	207.5	199.2	190.8	182.0	173.2	164.0	154.4	144.3	133.5
丙腈	210.5	204.2	197.9	191.2	184.5	177.4	170.3	163.2	155.6	147.7	139.7	131.4	122.6
丁腈	194.1	188.7	182.8	177.0	171.1	164.9	158.6	152.3	146.0	139.3	132.2	125.1	117.6
异丁腈		185.4	179.5	173.2	167.4	161.1	154.8	148.1	141.4	134.3	127.2	119.7	111.7
丁二腈								172.8	168.6	164.0	159.4	154.8	150.2
己二腈						164.0	160.2	156.5	152.7	148.5	144.8	140.6	136.4
丙烯腈	249.8	225.5	204.6	186.6	170.7	156.5	144.3	133.1	123.4	114.6	107.1	100.4	94.14
甲基丙烯腈					165.3	159.0	152.3	145.6	138.5	131.4	123.8	115.9	107.9
苯甲腈					149.0	145.2	141.4	137.2	133.1	128.9	124.7	120.5	115.9
名称	温度/℃												
	180	200	220	240	260	280	300	320	340	360	380	400	420
乙腈	122.1	110.5	97.07	82.42	64.02								
丙腈	113.4	103.8	93.30	81.59	68.62	51.88							
丁腈	109.6	101.3	92.47	83.26	72.80	60.67	45.20						
异丁腈	103.3	94.56	84.93	74.89	62.76	48.12							
丁二腈①	145.6	140.6	135.6	130.5	125.1	120.9	114.2	108.8	102.5	96.23	89.96	82.84	75.73
己二腈②	132.2	128.0	123.8	119.2	114.6	110.0	105.0	100.0	94.56	89.54	83.68	77.82	71.55
丙烯腈	88.70	83.26	77.40	69.87									
甲基丙烯腈	99.16	89.96	79.91	68.62	55.65	35.44							
苯甲腈	111.3	106.7	101.7	96.65	91.63	86.19	80.75	74.48	68.20	61.50	53.97	44.77	33.10

① 温度为440、460、480℃时，其值分别为67.36、58.16、47.28mW/(m·K)。
② 温度为440、460、480、500℃时，其值分别为64.43、56.90、48.12、36.69mW/(m·K)。

14.8 蒸气压

14.8.1 温度为变量

表14.8.1 腈类的蒸气压　　单位：kPa

名称	温度/℃												
	0	20	40	60	80	100	120	140	160	180	200	220	240
乙二腈	238.8	480.0	873.4	1472	2342	2349	5261						
乙腈	3.074	9.032	22.54	49.45	97.84	177.9	302.4	488.7	752.1	1111	1586	2199	2978
丙腈	1.571	4.882	12.72	28.89	58.76	109.3	188.9	313.8	493.8	742.0	1073	1503	2051
丁腈	0.569	1.978	5.662	13.92	30.32	59.86	109.0	185.7	302.3	468.9	698.4	1005	1405
异丁腈	1.136	3.605	9.655	22.57	47.23	90.26	160.0	266.5	421.0	636.1	926.1	1306	1794
丁二腈①							0.758	1.892	4.3	8.856	17.06	30.88	52.92
己二腈								0.677	1.650	3.662	7.504	14.35	25.85
丙烯腈	3.966	11.17	26.87	57.07	109.7	194.4	338.7	547.4	840.3	1237	1759	2432	3291
甲基丙烯腈	2.279	6.681	16.72	36.88	73.42	134.4	229.2	369.1	566.1	833.4	11865	1638	2210
苯甲腈				0.812	2.244	5.451	11.91	23.80	44.15	76.80	126.6	198.9	300.2
名称	温度/℃												
	260	280	300	320	340	360	380	400	420	440	460	480	500
乙腈	3955												
丙腈	2742	3606											

续表

名　称	温度/℃												
	260	280	300	320	340	360	380	400	420	440	460	480	500
丁　腈	1916	2560	33649										
异丁腈	2411	31836											
丁二腈	86.48	135.6	205.0	300.1	427.3	593.5	806.4	1075	1409	1820	2321	2928	
己二腈①	44.21	72.23	113.4	171.8	252.6	361.1	504.0	688.6	923.2	1218	1583	2032	2582
丙烯腈	4382												
甲基丙烯腈	2924	3809											
苯甲腈	437.6	618.6	851.6	1146	1511	1959	2502	3155	3940				

① 温度为–20℃时，其蒸气压为 104.4kPa。

N 算图 14.2
腈类的蒸气压（第 855 页左）

14.8.2 压力为变量

表 14.8.2 腈类的蒸气压

名　称	0.1	0.2	0.4	0.7	1.0	2	4
	相应于上述蒸气压（kPa）的温度/℃						
乙　腈	–49.8	–42.4	–33.7	–26.0	–20.8	–10.2	1.8
丙　腈	–38.0	–30.1	–21.0	–13.0	–7.6	3.4	15.9
丁　腈	–23.1	–14.9	–5.5	2.8	8.5	20.1	32.5
戊　腈	–9.5	–0.4	9.9	18.8	24.9	37.3	51.2
己　腈	5.5	15.1	25.9	35.4	42.0	55.3	70.0
庚　腈	17.0	27.3	38.7	48.7	55.7	69.7	85.2
辛　腈	39.4	48.7	59.2	68.4	74.9	88.2	103.4
十六腈	129.0	142.4	156.9	169.4	178.3	196.1	215.1
丙烯腈	–53.8	–46.4	–37.7	–30.1	–24.8	–14.2	–2.1
甲基丙烯腈	–47.5	–39.7	–30.6	–22.6	–17.2	–6.0	6.6
α-乙基丙烯腈	–32.2	–23.8	–14.2	–5.7	0.1	11.9	25.4
α，α-二氯苯乙腈	51.8	62.6	74.5	84.9	92.1	106.8	122.7
3-丁烯腈	–22.8	–14.4	–4.8	3.6	9.3	20.9	33.8
顺-巴豆腈	–32.1	–24.0	–14.6	–6.4	–0.8	10.8	23.8
反-巴豆腈	–22.8	–14.2	–4.4	4.2	10.0	22.0	35.4
2-甲基-2-丁烯-1-腈	–11.3	–2.7	7.1	15.8	22.4	35.1	49.1
顺-2-甲基-2-丁烯腈	–28.8	–20.2	–10.3	–1.7	4.2	16.3	30.0
戊二腈	86.3	99.0	112.8	124.8	133.0	149.2	167.5
苯乙腈	55.6	66.8	79.2	89.9	97.3	112.3	128.7
α-羟基丁腈	37.4	46.8	57.3	66.5	72.6	84.9	98.4
3-羟基丙腈	54.3	65.5	78.0	88.7	95.9	110.8	126.8

名　称	7	10	20	40	70	101.3	熔点/℃
	相应于上述蒸气压（kPa）的温度/℃						
乙　腈	12.7	20.3	35.8	54.2	70.5	81.8	–41
丙　腈	26.9	34.5	50.2	69.1	85.7	97.1	–91.9
丁　腈	43.9	51.9	68.4	88.0	105.4	117.5	
戊　腈	63.4	71.5	88.8	109.5	127.9	140.8	
己　腈	83.0	92.0	110.4	131.7	150.4	163.7	
庚　腈	99.1	108.5	128.0	150.2	170.2	184.6	
辛　腈	117.2	126.6	145.7	168.9	189.9	204.5	
十六腈	231.9	242.6	265.5	292.6	316.0	332.0	31
丙烯腈	8.7	16.1	31.1	49.7	66.7	78.5	–82
甲基丙烯腈	18.1	25.9	41.9	61.4	78.6	90.3	
α-乙基丙烯腈	37.2	45.5	62.9	83.2	101.2	114.0	

续表

名　称	7	10	20	40	70	101.3	熔点/℃
	相应于上述蒸气压（kPa）的温度/℃						
α,α-二氯苯乙腈	136.9	146.4	166.2	189.3	209.5	223.5	
3-丁烯腈	45.4	53.3	69.6	89.2	106.7	119.0	
顺-巴豆腈	35.2	43.1	59.6	79.2	96.3	108.0	
反-巴豆腈	47.4	55.6	72.5	92.5	110.3	122.8	
2-甲基-2-丁烯-1-腈	61.6	70.1	87.5	108.3	127.0	140.0	
顺-2-甲基-2-丁烯腈	42.4	50.8	68.7	90.1	109.0	122.0	
戊二腈	184.7	196.0	218.8	245.5	269.4	286.2	
苯乙腈	143.5	153.4	173.9	197.9	218.9	233.5	−23.8
α-羟基丁腈	110.4	118.3	133.9	151.9	167.7	178.8	
3-羟基丙腈	140.7	149.8	168.5	190.4	208.7	221.0	

14.9 比热容

表14.9.1　腈类气体的定压比热容　　单位：J/(mol·K)

名　称	温度/K									
	50	100	150	200	250	300	350	400	450	500
乙二腈	40.36	44.42	48.06	51.41	54.43	57.15	59.62	61.80	63.76	65.52
乙　腈				42.62	47.65	52.42	56.98	61.34	65.52	69.46
丙　腈			46.68	56.06	64.98	73.39	81.35	88.89	95.96	102.6
丁　腈				73.02	85.58	97.47	108.6	119.2	129.0	138.3
异丁腈					84.20	96.84	108.8	120.0	130.4	140.1
丁二腈					92.19	101.2	109.7	117.9	125.5	132.7
己二腈					134.3	149.7	164.3	178.1	191.0	203.1
丙烯腈				48.94	56.81	64.06	70.76	76.91	82.52	87.71
甲基丙烯腈					78.71	88.47	97.64	106.3	114.4	122.0
苯甲腈				71.93	91.65	109.7	126.1	141.0	154.5	166.7

名称	温度/K									
	550	600	650	700	750	800	850	900	950	1000
乙二腈	67.07	68.50	69.75	70.88	71.93	72.93	73.81	74.73	75.61	76.49
乙　腈	73.23	76.79	80.14	83.32	86.29	89.05	91.65	94.08	96.34	98.39
丙　腈	108.9	114.8	120.3	125.4	130.2	134.7	138.8	142.7	146.2	149.6
丁　腈	147.0	155.0	162.6	169.6	176.1	182.1	187.7	192.8	197.5	201.8
异丁腈	149.2	157.5	165.3	172.4	178.9	184.8	190.2	195.0	199.3	203.1
丁二腈	139.4	145.7	151.5	156.8	161.6	165.9	169.7	173.0	175.8	178.0
己二腈	214.4	225.0	234.7	243.7	251.9	259.3	266.0	271.9	277.2	281.7
丙烯腈	92.40	96.76	100.7	104.3	107.6	110.7	113.5	116.1	118.6	120.9
甲基丙烯腈	129.1	135.7	141.8	147.5	152.7	157.4	161.7	165.5	169.0	172.0
苯甲腈	177.6	187.5	196.4	204.4	211.6	218.0	224.0	229.4	233.6	239.1

表14.9.2　腈类液体的比热容　　单位：J/(mol·K)

名　称	温度/℃													
	−100	−80	−60	−40	−20	0	20	40	60	80	100	120	140	160
乙二腈					106.5	108.1	110.5	114.1	120.0	130.9				
乙　腈				105.0	105.3	106.0	106.9	108.1	109.6	111.3	113.4	115.9	119.0	122.8
丙　腈		119.3	120.1	121.5	123.2	125.2	127.5	130.0	132.7	135.7	138.8	142.3	146.2	150.6

续表

名 称	温度/℃													
	−100	−80	−60	−40	−20	0	20	40	60	80	100	120	140	160
丁 腈	142.2	143.1	144.8	147.1	149.8	152.8	156.1	159.6	163.2	167.1	171.2	175.5	180.0	185.1
异丁腈			138.2	141.3	144.6	148.3	152.1	156.2	160.4	164.8	169.4	174.2	179.4	185.1
丁二腈									188.1	189.2	190.5	192.0	193.8	195.6
己二腈							246.8	249.0	251.6	254.5	257.6	261.0	264.4	268.1
丙烯腈		114.4	114.8	115.6	116.9	118.4	120.3	122.4	124.7	127.3	130.3	133.6	137.7	142.7
甲基丙烯腈						136.3	139.3	142.5	145.9	149.6	153.4	157.5	162.2	167.4
苯甲腈								175.8	181.0	186.3	191.5	196.7	201.8	207.0

名 称	温度/℃													
	180	200	220	240	260	280	300	320	340	360	380	400	420	440
乙 腈	128.0	135.6	148.0											
丙 腈	156.0	162.7	172.2											
丁 腈	190.7	197.2	205.4	216.5	234.6									
异丁腈	191.7	199.6	210.1	226.0										
丁二腈	197.7	199.8	202.2	204.7	207.3	210.2	213.4	216.9	221.0	225.8	231.8	239.7	250.9	
丙烯腈	149.6	159.9	178.8											
己二腈	271.8	275.7	279.6	283.7	287.9	292.3	296.9	301.9	307.2	313.1	320.0	328.3	339.2	355.0
甲基丙烯腈	173.7	181.8	193.6											
苯甲腈	212.1	217.3	222.5	227.8	233.5	239.5	246.2	254.0	263.9	277.6				

表14.9.3 聚丙烯腈的比热容 单位：kJ/（kg·K）

T/K	c_P	T/K	c_P	T/K	c_P	T/K	c_P
10	0.0022	90	0.525	170	0.814	250	1.112
20	0.0363	100	0.577	180	0.852	260	1.144
30	0.0930	110	0.627	190	0.884	270	1.175
40	0.180	120	0.669	200	0.923	280	1.214
50	0.259	130	0.708	210	0.963	290	1.255
60	0.347	140	0.733	220	1.002	300	1.294
70	0.406	150	0.759	230	1.042		
80	0.464	162.8	0.797	240	1.073		

14.10 焓和熵

表14.10.1 腈类的焓和熵

物料名	熔化焓	25℃时理想气体标准生成焓	25℃时标准燃烧焓	常规沸点下的汽化焓	25℃时物质的绝对熵 /［kJ/（K·kmol）］
	kJ/mol				
乙腈	8.167	74.04	−1190	30.20	243.3
丙腈	5.029	51.80	−1801	31.55	286.1
丁腈	5.021	34.06	−2415	34.54	325.4
异丁腈	10.3	25.39	−2408	33.92	313.3
戊腈	4.728	11.46	−3023	37.32	366.1
己腈	16.62	−9.25	−3637	38.03	405.8
丙二腈	10.79	265.5	−1609	49.11	287
丁二腈	3.703	209.7	−2197	54.56	327
顺-丁烯二腈	17.7	340.2	−2128	49.50	316.1

续表

物料名	熔化焓	25℃时理想气体标准生成焓	25℃时标准燃烧焓	常规沸点下的汽化焓	25℃时物质的绝对熵 /[kJ/(K·kmol)]
	kJ/mol				
反-丁烯二腈	21.5	340.2	−2084	46.47	300.3
顺-1-丁二腈	20.9	271	−3276	59.19	380
反-1-丁二腈	21.9	267	−3290	55.99	374
戊二腈	12.58	170	−2800	51.87	368.6
己二腈	23	149.5	−3414	55.97	408.6
甲基戊二腈	—	142.0	−3400	54.38	390
3-甲氧基丙腈	15.9	−79.0	−2290	41.20	364
三氰基吡啶(尼古丁腈)	11.7	277.9	−3138	45.51	401.8
乳腈	12.8	−63.9	−1650	52.82	408
丙烯腈	6.23	183.7	−1690	31.06	275.3
顺-丙烯腈	9.7	134.1	−2283	33.74	394.7
反-丙烯腈	9.82	140.7	−2279	35.57	298.4
甲基丙烯腈	—	98.03	−2243	30.65	223.8
苯甲腈	10.88	215.7	−3524	41.61	321
苯乙腈	—	216.1	−4153	47.85	362.5
氨基乙腈	—	117.0	−1336	43.40	283.1
羟基乙腈	—	−69.89	−1008	56.21	280.4
羟基丙腈	7.55	−98.3	−1629	53.84	331
2,2-二羟基乙腈	21.9	252.4	−2362	56.88	355.2
2,2′,2″-次氨基三乙腈	25.0	384.0	−3409	69.79	420

表14.10.2 腈类液体的汽化焓

单位：kJ/mol

名称	温度/℃														
	−80	−60	−40	−20	0	20	40	60	80	100	120	140	160	180	200
乙二腈				23.61	22.35	20.96	19.39	17.58	15.38	12.48	74.82				
乙腈			37.71	36.79	35.84	34.84	33.79	32.68	31.50	30.25	28.90	27.44	25.84	24.05	22.01
丙腈	41.18	40.34	39.46	38.55	37.60	36.61	35.58	34.49	33.34	32.11	30.81	29.41	27.88	26.21	24.33
丁腈	46.67	45.75	44.81	43.83	42.81	41.75	40.64	39.48	38.26	36.97	35.60	34.14	32.56	30.85	28.96
异丁腈		42.67	41.74	40.78	39.78	38.74	37.65	36.50	35.30	34.01	32.64	31.17	29.57	27.80	25.84
丁二腈								61.78	60.70	59.59	58.45	57.26	56.04	54.77	53.45
己二腈						78.51	77.29	76.03	74.74	7341	72.04	70.62	69.16	67.64	66.06
丙烯腈	41.11	40.20	39.25	38.26	37.22	36.13	34.98	33.77	32.48	31.10	29.61	27.98	26.18	24.14	21.76
甲基丙烯腈					39.70	38.70	37.59	36.38	35.06	33.62	32.06	30.35	28.48	26.42	24.11
苯甲腈					57.44	56.41	55.35	54.26	53.13	51.96	50.74	49.47	48.14	46.75	45.29

名称	温度/℃														
	220	240	260	280	300	320	340	360	380	400	420	440	460	480	500
乙腈	19.58	16.52	12.00												
丙腈	22.18	19.60	16.28	11.10											
丁腈	26.85	24.40	21.47	17.64	11.39										
异丁腈	23.58	20.90	17.46	12.21											
丁二腈	52.06	50.62	49.10	47.51	45.81	44.01	42.07	39.98	37.68	35.12	31.36	28.76	24.44	18.22	
己二腈	64.42	62.70	60.90	59.01	57.01	54.89	52.62	50.18	47.52	44.58	41.28	37.47	32.87	26.83	16.69
丙烯腈	18.85	14.89	6.82												
甲基丙烯腈	21.47	18.33	14.22												
苯甲腈	43.75	42.11	40.35	38.46	36.39	34.11	31.55	28.58	24.97	20.19	11.79				

N 算图14.3
一些腈类的汽化热（第855页右）

14.11 危险品特性

表14.11.1 腈类的危险品特性

名 称	CAS 号	危险品编号	饱和蒸气压①/kPa	燃烧性	闪点℃	自燃温度/℃	建规火险分级	爆炸下/上限(体积分数)/%	灭火方法	危险品类别	风险性代号	安全代号
乙腈	75-05-8	32159	13.33(27)	易	2	524	甲	3.0/16.0	P, R, T, 1, Sw	3.2	R11; R20/21/22; R36	S16; S36/37
丙腈	107-12-0	32160	5.95(25)	易	2	—	甲	3.1/—	1, P, G, T, Sw	3.2	R11; R23/24/25	S16; S27; S45
丁腈	109-74-0	32161	3.07(25)	易	21	501	甲	1.6/—	P, R, T, G, Sw	3.2	R11; R23/24/25	S45
异丁腈	78-82-0	32161	—	易	8	482	甲	—	P, R, G, T, Sw	3.2	R11; R23/24/25	S16; S23; S24/25
戊腈	110-59-8	61629	1.33(30)	易	40	—	乙	—	P, R, G, T, JSJ	6.1	R10; R25	S16; S45
异戊腈	625-28-5	61629	—	易	25	—	甲	—	G, P, R, T, JSJ	6.1	R10; R22; R36/37/38	S26; S36
己腈	628-73-9	61629	1.33(47.5)	易	43	—	乙	—	P, R, G, T, JSJ	6.1	R10; R22; R36/37/38	S36/37
辛腈	124-12-9	61629		可	73	—	丙	—	P, R, G, T	6.1		
丁二腈	110-61-2	61630	0.27(100)	可	110	—		—	W, P, R, T, G, JSJ	6.1	R20/21/22; R36/38	S22; S26; S36/37/39
3-丁烯腈	109-75-1	61104	—	易	35	—	乙	—	P, R, T, JSJ	6.1	R10; R21; R23/25; R36/38	S26; S36/37/39; S45
2-丁烯腈	4786-20-3	61104		易	20	—	甲	—	W, P, T, JSJ	6.1		
3,4-二甲氧基苯乙腈	93-17-4			可	—	—	丙	—	W, P, R, G, T		R22; R23/24/25	S22; S36/37; S45
N,*N*-二甲基氨基乙腈	926-64-7	33630	101.1(137)	易	<23	—	甲	—	W, KP, R, G	3.3	R10; R23/25; R27; R36	S16; S26; S28A; S36/37/39; S38
3,6-二羟基邻苯二甲腈	4733-50-0	61643	—	可	—	—		—	W, G, P, R, T, JSJ	6.1	R20/21/22; R36/37/38	S26; S36/37/39
二氯乙腈	3018-12-0	61634	—	可	—	—		—	G, P, R, T	6.1	R10; R22; R34	S16; S25; S36/37/39; S45
3,5-二溴-4-羟基苯腈	1689-84-5			可	—	—	丙	—	W, P, R, G, T			
十八烷腈	638-65-3			可	—	—	丙	—	W, P, R, G, T			
三氯乙腈	545-06-2	61634	7.73(20)	可	—	—		—	1, R, T, G, JSJ	6.1	R23/24/25; R51/53	S45; S61
己二腈	111-69-3	61630	—	可	93(O.C)	550	丙	1.7/5.0	G, P, R, T	6.1	R23/25; R36/38	S26; S39; S45
丙二腈	109-77-3	61630	2.67(109)	可	112	—		—	W, P, R, G, T, JSJ	6.1	R23/24/25; R50/53	S23; S27; S45; S60; S61
丙烯腈	107-13-1	32162	13.33(22.8)	易	-5	480	甲	2.8/28.0	P, R, G, T, Sw	3.2		
戊二腈	544-13-8	61630	2.93(160.4)	可	110	—	丙	—	W, P, R, G, T, JSJ	6.1	R20/21/22; R36/38	S26; S36/37/39
β-甲氧基丙腈	110-67-8		1.33(55)	易	61	—	乙	—	W, P, R, G, T		R36/37/38	S26; S37/39
2-甲基丙烯腈	126-98-7	32163	5.33(12.8)	易	12.8	—	甲	—	1, P, R, T, Sw	3.2		

续表

名　称	CAS 号	危险品编号	饱和蒸气压[①] /kPa	燃烧性	闪点 ℃	自燃温度 /℃	建规火险分级	爆炸下/上限（体积分数）/%	灭火方法	危险品类别	风险性代号	安全代号
4-甲基戊腈	542-54-1	61629	101.44（156）	易	—	—		—	P, R, G, T, JSJ	6.1		
2-甲基苯甲腈	529-19-1	61639		可	84	—	丙	—	P, R, G, T	6.1	R38; R52/53	S37; S61
辛二腈	629-40-3	61630	2.0（185）	可	＞110	—	丙	—	W, P, R, G, T	6.1	R23/24/25	S23
乳腈	78-97-7		1.33（74）	可	76	—	丙	—	W, P, R, G, T			
苯乙腈	140-29-4	61641	0.13（60）	可	101	—	丙	—	P, R, G, T, JSJ	6.1	R23/24/25	S23; S45
苯甲腈	100-47-0	61638	0.31（28.2）	可	71	—	丙	—	P, R, T, JSJ	6.1	R21/22	S23
β-氨基乙腈	540-61-4			可	—	—	丙	—	W, P, R, G, T			
3-氨基丙腈	151-18-8		0.27（38～40）	可	—	—	丙	—	W, P, R, G, T		R20/21/22	S36/37
2,2′-偶氮二异丁腈	78-67-1	41040		易	—	—	甲	—	水, P, R, G, T	4.1	R2; R11; R20/22; R52/53	S39; S41; S47; S61
3-羟基丙腈	109-78-4		2.67（117）	可	＞110	—	丙	—	R, G, T, JS			S24/25
2-羟基异丁腈	75-86-5	61088	3.07（82）	可	63	687.8	丙	—	W, P, R, G, T	6.1	R26/27/28; R50	S27; S45; S60; S61; S7/9
氯乙腈	107-14-2	61634	1.06（20）	易	47	—	乙	1/—	G, R, T	6.1	R23/24/25; R51/53	S45; S61
1-氯丙烯腈	920-37-6		6.09	易	6	—	甲	—	W, P, R, G, T		R11; R23/24; R28; R36/37/38; R40	S1; S16; S26; S28A; S36/37/39; S45
3-氯丙腈	542-76-7	61105	0.80（50）	可	75.6	—	丙	—	W, G, P, R, T, JSJ	6.1	R23; R28	S36/37/39; S45
4-硝基苯乙腈	555-21-5	61642	1.60（196）	可	—	—	—	—	W, P, R, T, JSJ	6.1	R20/21/22	S36/37
溴化氰	506-68-3	61001	13.33（23）	不	※	※		※	P, R, G, T	6.1	R26/27/28; R34; R40; R50/53	S53; S28; S36/37/39; S45; S60; S61
β-溴丙腈	2417-90-5	61635	3.33（92）	可	97	—	丙	—	W, P, R, G, T	6.1	R25; R38	S28A; S37; S45
2-溴苯乙腈	19472-74-3	61106	1.73（140）	可	110	—	丙	—	P, R, G, T	6.1	R20/21/22; R36/37/38	S26; S36/37/39

① 括号内数值为饱和蒸气压对应的温度（℃）。

第 15 章 油类和燃料

目 录

15.1 一般特性

15.1.1 食用油的一般特性

表15.1.1 食用油的一般特性

名称	颜色	形态	特性	密度/(kg/m³)	凝点	沸点	每100g溶剂中的溶解度(g)或溶解状况				折射率
					/℃		水	乙醇	氯仿	其他溶剂	
小茴香油	无-淡黄	液	甘甜，五香香味	951～975	＞3	227	÷	+		+乙醚	1.528～1.538
芝麻油	淡黄	液	芝麻香	920～926	≤45	215		÷	+	+乙醚、氯仿和轻质矿物油	1.472
花生油	黄色-淡褐	液	香气	916～925[15]			–	+	+	+乙醚、氯仿	
花椒油	发绿微黄	油	辛香和类似芳樟醇香	851.6		340	–	+			
芹菜籽油	无-棕黄	液	透彻、持久的辛香香气	875～908			–	+10%	–甘油	÷丙二醇	
核桃油	无-淡黄绿	液	口感清淡 无异味	919～929				+	+	+氯仿、二硫化碳	
桃仁油	淡黄-红	液	味似杏仁油	915				+	+	+氯仿、二硫化碳	
菜籽油	淡黄	油	芥子香气 可燃	913～916	–10	＞200	–		+	$+CS_2$	
棉籽油	黄或红棕	液	无味或具有淡坚果味	913～930[15]	4～6		–	÷95%	∞	①	1.471

① 混溶于 CS_2、乙醚、己烷和石油醚。

15.1.2 工业用油的一般特性

表15.1.2 工业用油的一般特性

名称	颜色	形态	特性	密度/(kg/m³)	凝点	沸点	每100g溶剂中的溶解度(g)或溶解状况				折射率
					/℃		水	乙醇	氯仿	其他溶剂	
丁香油	淡黄	液	强芳香、挥发、刺激	1038～1060		≈250	÷÷		+	+冰乙酸	1.530[20]
土荆芥油	无-淡黄	油	特殊刺激气味	965～990[15]				20△		△–70%乙醇中	1.474～1.479[20]
冬青油	无-黄	液	较强烟味样芬芳香气	1180～1193	8.2			+			1.535～1.536
半干性油	黄-红棕	液						÷	+	+二硫化碳、乙醚	0.920～0.926[15]
玉树油	无-淡黄	液	樟脑气味	915～932[15]			–	+		+乙醚、动植物油	1.4660～1.4720
甲基硅油Ⅰ	无	油	透明、黏稠、可燃	1020～1180[25]	–50		–				1.40～1.41
甲基硅油Ⅱ	无	油		1010～1080[25]	–45		–				1.460～1.475[25]

续表

名称	颜色	形态	特性	密度 /(kg/m³)	凝点	沸点	每100g溶剂中的溶解度(g)或溶解状况				折射率
					/℃		水	乙醇	氯仿	其他溶剂	
白兰叶油	浅黄	液	白兰花气息	875				+70%			1.4758
白柠檬油	浅黄-绿黄	液	澄清、强烈柠檬香气	874～882^{25}							1.460～1.482
白菖蒲油	暗黄	液	稠	940～980			∞邻苯二甲酸二乙酯和苯甲酸苄酯				1.510～1.516
白蜡	白-黄白	固	无臭、无味、有光泽、质脆	970	80-3		−	+		溶于苯，乙醚	
白矿油	无	油	无味、无荧光、透明				−				
去蜡油		液	可燃	890～920	<−7		−				
石油(原油)	黄/褐/黑	液	黏稠易燃	740～1030	−50～30	−1～565	−	+苯	+乙醚	+三氯甲烷、CCl_4	
石脑油	无-浅黄	液	易燃异味	630～760			−			+多数有机溶剂	
轻石脑油	无	液	透明极易燃，特殊气味	650～750			−		+苯	+甲苯、二甲苯	
导热油	无-淡黄	液	透明，可燃	860～890	12	256	−				
芳樟油	淡黄	油	青滋香	860～865			−			①	
苏子油	淡黄	液	特殊气味，为干性油	941.7		138	−		+	+二硫化碳	
姜　油	淡黄	液	液五香辛香，带生姜辣味	877～888^{15}			−	+7倍95%		−甘油、乙二醇	1.488～1.494
姜黄油	橘黄	液	药草气息	900～950^{15}							1.500～1.530
柏木油	微黄	液	芳香	938～948^{20}			−	+			1.495～1.510^{20}
柠檬香油	黄绿	液	清新香气和香柠檬果香	876～884				+			1.4640～1.470
迷迭香油	无-淡黄	液	清凉气味和樟脑气息	895～916^{20}							1.467～1.474
香柠檬薄荷油	无	油	薰衣草-香柠檬香气	891^{15}				+			1.4590
香桃木油	无-微黄	油	液芳香、强右旋光、挥发	895				++			1.465^{20}
香紫苏油	淡黄-橙黄	油	琥珀香	895～930							1.464～1.475
唇形花油	淡黄	液		870～910^{15}			÷÷	++			
圆柚油	绿黄	液	甘甜、柔和的柑橘香气	852～860							1.470～1.479
印度玫瑰香油	淡黄绿	液	蜜甜香	885～900				+			1.472-1.478
亚麻子油	黄	稠	微香	931～938^{15}	−25～−16						
松节油	无-淡黄	液	油松香气味、微辛辣、苦味易燃	900	−60～−50	149-180	−	+	∞	②	1.4655
松焦油	褐-黑	黏液	刺鼻味可燃	990～1050	25	200-220					
桂皮油	黄、红褐	液	辛香和辣香，久存色暗	1052～1070			÷	+等量醇和冰乙酸混合物			1.600～1.644

续表

名称	颜色	形态	特性	密度 /(kg/m³)	凝点	沸点	每100g溶剂中的溶解度(g)或溶解状况				折射率
					/℃		水	乙醇	氯仿	其他溶剂	
桂油	淡黄	液	清新五香味	957～988				+			1.5075～1.5170
桂叶油	淡黄	液	桂肉及丁香香气	$1044～1065^{15}$				+			1.531～1.540
重油	黑褐	液	黏稠易燃	992							
桉叶油	无-淡黄	液	类樟脑味 辛辣	$905～925^{25}$	≮−15.4		−	+		∞酒精、油类	1.458～1.470
桉树油	无-黄	液	香茅油的青滋草香	918～928	15.4	175	−	+		+酒精、油和脂肪	1.458～1.465
橘叶油	无-淡黄	液	柑橘香	$978～1044^{20}$				+			1.525～1.547
橘皮油	黄-红褐	液	浅蓝荧光，橘香	850～855							1.473～1.477
酒花油	绿-褐	油	有特殊香气，渗透强	8550～8800				+	+	+乙醚	
棕榈仁油	白	半固	果味香气	930^{15}		24～30			+	+乙醚	
棕榈油	深黄	固	固有气味 口感良好	923^{15}		27～50					
康乃馨油	黄	液	温甜的鲜花独特的香气	9726～1038							1.4908
甜杏仁油	无-淡黄	液	油无气味，无味，味温和	$910～915^{25}$			−	÷	+	+石油醚、苯	$1.459～1.465^{40}$
甜橙油	黄	液	液橙果味	$842～850^{20}$				+			1.470～1.476
硅酮油	无	稠		965～970		300		++	∞	++芳烃和卤代烃类	1.404^{25}
椒样薄荷油	黄或淡黄	液	薄荷香	$903～912^{20}$				+5倍体积			1.460～1.464
琥珀油	无或褐	油	有香气	848～898							1.465～1.482
蓖麻油	淡黄	稠	微有特殊气味	943～963				∞纯	∞	∞甲醇、冰乙酸	$1.470～1.473^{25}$
蒽油	米色-淡绿	晶	可燃	1044～1150	40～60	250～400	÷	+		+乙醚	
润滑油	浅黄-深黄	稠	蒸气可燃	850～890			−		+	+氯仿、甘油等	
樟脑油	无	油	气味强烈	870～1040				−	+		$1.465～1.481^{20}$
橄榄油	淡黄	油	微特殊气味，味美	$907～13^{25}$			−	÷	∞	∞CS_2	$1.445～1.466^{25}$
橙皮油	黄-深橙	油	橙香味	$840～4^{25}$			÷	∞纯		+冰乙酸；∞CS_2	$1.440～1.472^{20}$
薄荷油	淡黄	油	液浓薄荷香气，微苦	$880～910^{20}$				+			1.458～1.464
聚二甲基硅油	无	油	透明黏稠可燃	910～1000	−50		−		+	+苯、CCl_4	
樟脑油	白	块	樟木味	877		160～185	÷	+	+	+CS_2、乙醚、油类	1.4663

① 溶于大多数非挥发性油和丙二醇；可溶解于矿物油中；不溶于甘油。
② 混溶于苯、乙醚、乙酸、CS_2、石油醚和油类；能溶解石蜡和树胶。

15.1.3 燃料油的一般特性

表15.1.3 燃料油的一般特性

名称	颜色	形态	特性	密度/(kg/m³)	凝点/℃	沸点/℃	每100g溶剂中的溶解度(g)或溶解状况 水	乙醇	氯仿	其他溶剂	折射率
石油(原油)	黄/褐/黑	液	黏稠易燃	740～1030	−50～30	−1～565	−	+苯	+乙醚	+三氯甲烷、CCl_4	
白矿油	无	油	无味、无荧光、透明	877							
白柴油	无-淡黄	油	芳香、樟脑味	915～932[15]				+		①	1.466～1.472
车用柴油	淡黄	液	可燃	820～860	−50～−10						
车用汽油	无-淡黄	液	极易燃	700～770	<−60	40～205	−	+酒精	+乙醚	②	1.4135
车用无铅汽油	无-浅黄	液	易挥发	700～780						②	
重油	黑褐	液	黏稠易燃	992							
煤油	淡黄	油	挥发、易燃	780～800		175～325	−	++	++	++多数有机溶剂	1.45～1.46

① 溶于甲酸苄酯、苯二甲酸、二乙酯和苯加不挥发油；微溶于矿物油；不溶于甘油。
② 与硝酸、浓硫酸、高锰酸钾、重铬酸盐等强氧化剂发生剧烈反应，甚至燃烧爆炸。

15.2 密度

15.2.1 T-1煤油的密度

表15.2.1 T-1煤油的密度 单位：g/cm³

温度/℃	20	30	40	50	60	70	80	90	100	110	120	130	140
ρ	0.819	0.814	0.808	0.801	0.795	0.788	0.781	0.774	0.766	0.759	0.751	0.744	0.736
温度/℃	150	160	170	180	190	200	210	220	230	240	250	260	270
ρ	0.728	0.720	0.711	0.705	0.694	0.685	0.676	0.668	0.658	0.649	0.638	0.628	0.618

注：含碳量86.42%，含氢量13.58%，理论空气量14.67kg。

15.2.2 汽油的密度

表15.2.2 汽油的密度 单位：g/cm³

温度/℃	20	30	40	50	60	70	80	90	100	110
ρ	0.751	0.743	0.735	0.721	0.717	0.708	0.699	0.690	0.681	0.671
温度/℃	120	130	140	150	160	170	180	190	200	
ρ	0.660	0.650	0.639	0.628	0.617	0.605	0.594	0.582	0.570	

15.2.3 油类的密度和体胀系数

表15.2.3 油类的密度和体胀系数（0~20℃，101.3kPa） 单位：1/1000℃

石油产品名称	在下列温度（℃）时的密度/(kg/m³)								体胀系数
	0	20	40	60	80	100	120	140	
石油		770							0.92～1.0
汽油(重)		750							1.2
汽油(轻)		700							1.2
航空汽油		893	881	868	856	844	832	819	—
锭子油		871	858	845	832	820	807		0.74
变压器油		866	852	842	830	818			0.69
气缸油	890								—
液体石蜡		810							0.75
润滑油	899	888	876	864	852	840	829		0.70
30#透平油		899	886	873	861	848			—
柴油		868							—

表 15.2.4 重油的密度和发热量

相对密度		高位发热量	低位发热量	相对密度		高位发热量	低位发热量
相对密度指数	相对密度 d_4^{20}	/(kJ/kg)		相对密度指数	相对密度 d_4^{20}	/(kJ/kg)	
0	1.076	41742	39649	16	0.9448	43836	41366
1	1.0679	41910	39775	17	0.4492	43920	41449
2	1.0599	42035	39900	18	0.9428	44045	41533
3	1.052	42203	40026	19	0.9365	44129	41617
4	1.0443	42329	40151	20	0.9302	44254	41701
5	1.0366	42454	40277	21	0.9241	44338	41784
6	1.0291	42622	40403	22	0.918	44464	41868
7	1.0217	42747	40486	23	0.912	44548	41952
8	1.0143	42873	40570	24	0.906	44631	42035
9	1.0071	42998	40696	25	0.9002	44715	42077
10	0.9967	43124	40779	26	0.8944	44841	42161
11	0.9897	43250	40905	27	0.8887	44924	42245
12	0.9828	43375	40989	28.8	0.883	45008	42287
13	0.9757	43501	41073	29	0.9775	45092	42370
14	0.9691	43585	41198	30	0.8721	45176	42454
15	0..9625	43710	41282				

N 算图 15.1
石油产品的密度
（第 856 页左）

N 算图 15.2
石油馏分的密度
（第 856 页右）

N 算图 15.3
直馏和饱和烃石油液化气的密度
（第 857 页左）

N 算图 15.4
燃油在标准状态下的相对密度指数
（第 857 页右）

N 算图 15.5
沥青的 API 密度校正
（第 858 页左）

N 算图 15.6
油类的 API 密度校正
（第 858 页右）

表 15.2.5 煤气的密度和成分

名称		密度 /(kg/m³)	成分							
			O_2	H_2	N_2	CO	CO_2	H_2S	CH_4	非饱和烃
高炉煤气		1.296		2.7	58.5	28.0	10.2	0.3	0.3	
发生炉	块 煤	1.130	0.2	14.0	50.6	25.0	6.5	1.2	2.2	0.3
	粉 煤	1.217	0.2	7.1	62.2	21.7	6.9	0.4	1.1	0.4
煤 气	粉泥煤	1.188	0.2	10.9	56.2	20.3	9.8		1.9	0.7
地下气	石 煤	1.191	0.2	11.1	57.6	18.4	10.3	0.6	1.8	
化煤气	普通煤	1.146		14.5	63.6	10.0	9.5	0.6	1.8	
焦 炉	净 化	0.483	0.8	57.5	7.8	6.8	2.3	0.4	22.5	1.9
煤 气	非净化	0.507	0.8	57.0	7.7	6.8	2.3	0.4	22.3	2.7

名 称	焦炉煤气	产品煤气	水煤气	碳化水煤气	合成煤气
反应物系①	高温分解	空气＋蒸汽	蒸汽（循环空气）	蒸汽＋油（循环空气）	高压＋氧蒸汽
一氧化碳	6.8	27.0	42.8	33.4	15.8
氢气	47.3	14.0	49.9	34.6	40.6
甲烷	33.9	3.0	0.5	10.4	10.9
二氧化碳	2.2	4.5	3.0	3.9	31.3
氮气	6.0	50.9	3.3	7.9	
其他②	3.8	0.5	0.5	9.8	2.4
燃烧值/(MJ/m³)	22.0	5.5	11.5	20.0	10.8

① 表中数值随煤的类型和操作方法有变化。

② 包括除甲烷之外的碳氢气、硫化氢和少量其他杂质。

表 15.2.6 煤气的组成和热值

（1）

名 称	低热值 (kJ/m³)	气化剂	组成 /%						主要用途
			H_2	CO	CO_2	N_2	CH_4	O_2	
空气煤气	3770～4600	空气	2.6	10.0	14.7	72.0	0.5	0.2	燃 料
混合煤气	5020～5230	空气、水蒸气	13.5	27.5	5.5	52.8	0.5	0.2	燃 料
水 煤 气	10050～11300	水 蒸 气	48.4	38.5	6.0	6.4	0.5	0.2	燃 料
半水煤气	8800～9630	空气、水蒸气	40.0	30.7	8.0	20.6	0.5	0.2	原料气

（2）

煤气种类	低热值 /(kJ/kg)		干煤气成分（体积分数）/%								水 分（湿煤气，体积分数）/%
	湿煤气	干煤气	CO	CO_2	H_2	CH_4	C_mH_n	H_2S	O_2	N_2	
高炉煤气	3726	3810	27.2	12.3	2.5	0.3	—			57.7	2.3
高炉焦炉混合煤气	4480	4605	26	11.7	5.7	1.7	0.1			54.8	2.3
	4899	5024	25.3	11.4	7.4	2.5	0.2		0.1	53.1	2.3
	5736	5862	24	10.7	10.8	4.1	0.3		0.1	50	2.3
	6531	6699	22.8	10.1	14.2	5.6	0.4		0.2	46.7	2.3
	7369	7536	21.5	9.4	17.6	7.2	0.5		0.2	43.6	2.3
	8164	8374	20.2	8.8	20.9	8.7	0.7		0.3	40.4	2·3
	9002	9211	18.9	8.2	24.3	10.3	0.8		0.3	37.2	2.3
	9818	10048	17.6	7.5	27.7	11.9	0.9		0.4	34	2.3
	10634	10886	16.3	6.9	31.1	13.4	1.1		0.4	30.8	2.3
	11451	11723	15	6.3	34.5	14.9	1.2		0.5	27.6	2.3
	12267	12560	13.8	5.6	37.9	16.4	1.3		0.5	24.5	2.3
焦炉煤气	16915	17291	6.5	2	57	25.2	2		0.8	6.5	2.3
发生炉煤气（阳泉无烟煤制）	4857	5066	24.2	5.86	14.6	1.25			0.3	53.8	4.2
发生炉煤气（焦作无烟煤制）	4982	5234	25.9	6.63	15.3	0.8		0.04	0.1	51.2	4.2

续表

煤气种类	低热值/(kJ/kg)		干煤气成分(体积分数)/%								水分(湿煤气，体积分数)/%
	湿煤气	干煤气	CO	CO_2	H_2	CH_4	C_mH_n	H_2S	O_2	N_2	
发生炉燃气(淮南气煤制)	5401	5610	28.5	3.8	11.3	1.7	0.3		0.2	54.2	4.2
发生炉燃气(铜川瘦煤制)	5589	5841	26.7	3.25	15.4	1.2	0.3	0.85	0.2	52.1	4.2
发生炉燃气(黄丹煤制)	5736	5987	29.3	2.24	12.5	2.2	0.2	0.06	0.1	53.4	4.2
发生炉煤气(抚顺煤制)	5924	6176	31.25	2.35	11.2	1.78	0.6		0.2	52.6	4.2
发生炉煤气(大同煤制)	6071	6322	31.6	2.4	13.3	1.8	0.4		0.2	50.3	4.2
转炉煤气	7285	7578	58.8	19.3	1.5				0.4	20	4.2

表 15.2.7 天然气的密度和组成

代号	密度/(kg/m³)	组成(体积分数)/%								
		N_2	CO_2	H_2S	CH_4	C_2H_6	C_3H_6	C_4H_{10}	C_5H_{12}	高碳氢化合物
天然气Ⅰ	0.884	14.5	0.2	1.0	76.7	4.5	1.7	0.8	0.6	
天然气Ⅱ	0.765	3.3	0.2	微量	94.0	1.2	0.7	0.4	0.2	
天然气Ⅲ	0.730	1.2	0.1	微量	97.9	0.5	0.2	0.1		
天然气Ⅳ		2.2			93.1	2.6	1.0	0.4		0.7

15.3 组成和沸点

15.3.1 天然油脂的组成

表15.3.1 常用天然油脂的组成

分类		饱和酸/%														单个不饱和酸/%			
名称		丁酸	乙酸	辛酸	癸酸	月桂酸	肉豆蔻酸	十五烷酸	棕榈酸	十七烷酸	硬脂酸	二羟基硬脂酸	花生酸	廿二烷酸	廿四烷酸	月桂烯酸	肉豆蔻脑酸	棕榈油酸	油酸
脂肪酸数据	碳原子数	4	6	8	10	12	14	15	16	17	18	18	20	22	24	12	14	16	18
	双键数	0	0	0	0	0	0	0	0	0	0	0	0	0	0	1	1	1	1
	分子量	88	116	144	172	200	228	242	256	270	284	316	312	340	368	198	226	254	282
	中和价	636	483	389	325	280	245	231	218	207	197	177	179	164	152	282	247	220	198
	碘价	0	0	0	0	0	0	0	0	0	0	0	0	0	0	128	112	99	89
	沸点(660Pa)/℃	50	86	114	137	158	178	187	197	206	214		233	247	255				209
	熔点/℃	−8	−3	17	32	44	54	52	63	61	70	141	75	80	84			0.5	13
植物类油脂	蓖麻油								1.5		0.5	0.5	0.5						5.0
	椰子油		0.5	7.0	6.0	48	19		9.0		3.0								6.0
	玉米油								12		2.0		0.5						25
	棉子油						1.0		23		2.5							0.5	16
	亚麻子油								6.0		3.5								20
	芥子油(蒙大拿)								3.0		6.5		0.5					0.5	22
	橄榄油								13		2.5							1.0	74
	棕榈油						1.0		43		4.5								40
	棕榈仁油			3.5	3.5	48	16		8.5		2.5								14
	花生油(西南部)								11		2.5		1.0	3.0	1.0				50

续表

分类	名称	饱和酸/%														单个不饱和酸/%			
		丁醇	乙酸	辛酸	癸酸	月桂酸	肉豆蔻酸	十五烷酸	棕榈酸	十七烷酸	硬脂酸	二羟基硬脂酸	花生酸	廿二烷酸	廿四烷酸	月桂烯酸	肉豆蔻脑酸	棕榈油酸	油酸
植物类油脂	花生油（西海岸）								12		3.0		1.5	3.5	1.5				38
	紫苏子油								8.0										16
	茶子油（高芥酸）								4.0		0.5					0.5			12
	菜子油（蒙大拿）								3.0		1.5			0.5					32
	米糠油						0.5		17		2.5		0.5		1.0				45
	红花油								6.5		2.5								11
	芝麻油								9.0		6.0								41
	豆油								11		4.0								21
	葵花子油						0.5		6.5		4.0								17
	桐油								4.0		1.0								8.5
	中国柏油					2	4		66		1								27
动物类油脂	巴巴苏油			6.0	5.5	45	16		7.0		3.0								14
	乳脂	3	1	1.5	3.0	3.5	12	1.0	28		13						1.5	3.0	28
	鲱鱼油						7.0		12		0.5							10	8.0
	猪油						1.5		25	0.5	13							3.0	45
	鲱油						9.0	0.5	19	0.5	5.5						0.5	16	24
	牛脚油						1.0		20		4.5		0.5			0.5	0.5	6.0	56
	奥气油								6.0		5.0	2.0							6.0
	沙丁油						6.0		11		2.5							12	11
	鲸体油					1.0	5.0		6.5								4.0	26	37
	鲸脑油				3.0	16	14		8.0		2.0					4.0	14	15	17
	塔尔油（蒸馏脂肪酸）								1.0		1.5							0.5	50
	脂油						3.5	0.5	25	2.5	19		0.5				1.0	4.0	41
	鲸油						8.0		17		2.0			12			2.0	13	
	牛脂						2		32		15								48
	羊脂						1		21		30								43
	鱼肝油						3		10								1	15	

分类	名称	多个不饱和酸/%																碘价/(g碘/100g油)	皂化价/(mgKOH/g油)	脂酸冻点/℃
		蓖麻酸	廿碳烯酸	芥酸	廿四碳烯酸	亚油酸	亚麻酸	巴西果油酸	桐酸	廿碳多烯酸	廿二碳多烯酸	廿四碳多烯酸	混合酸	混合酸	混合酸	混合酸	混合酸			
脂肪酸数据	碳原子数	18	20	22	24	18	18	18	18	20	22	24	18	18	20	22	24			
	双键数	1	1	1	1	2	3	3	3	2.5	2.5	2.5	3	3～6	3～9	2～9	1			
	分子量	298	310	338	366	280	278	292	278				292							
	中和价	187	180	165	153	200	201	191	201				192							
	碘价	85	81	74	69	181	273	260	273											
	熔点/℃	5		35		−5	<−10	74					74							

续表

分类		多个不饱和酸/%																		
	名称	蓖麻酸	廿碳烯酸	芥酸	廿四碳烯酸	亚油酸	亚麻酸	巴西果油酸	桐酸	廿碳多烯酸	廿二碳多烯酸	廿四碳多烯酸	混合酸	混合酸	混合酸	混合酸	混合酸	碘价/(g碘/100g油)	皂化价/(mgKOH/g油)	脂酸冻点/℃
植物类油脂	蓖麻油	87				4.0	0.5											81～91	177～187	1～3
	椰子油					1.5												8～12	250～260	20～24
	玉米油					60	0.5											118～128	186～194	14～20
	棉子油					57												103～113	189～199	30～37
	亚麻子油					14	56											180～195	188～196	19～21
	芥子油(蒙大拿)		1.1	18		22	15											114～128	176～184	6～10
	橄榄油					9.0	0.5											79～89	188～196	17～26
	棕榈油					11												45～55	195～205	40～47
	棕榈仁油					2.0												14～24	245～255	20～28
	花生油(西南部)					30	1.0											93～98	188～196	28～34
	花生油(西海岸)					38	1.5											96～101	188～196	26～32
	紫苏籽油					14	62											193～208	188～197	12～19
	茶子油(高芥酸)			51		14	16											97～104	169～179	11～15
	菜籽油(蒙大拿)		10.5	23		19	10											104～110	170～180	11～15
	米糠油					32	1.0											92～109	184～195	26～28
	红花油					79	0.5											138～145	186～195	15～18
	芝麻油					43	0.5											108～113	188～196	20～25
	豆油					55	8.5											125～135	188～196	20～22
	葵花子油					72												128～138	186～196	16～20
	桐油					3.5	3.0		80									160～175	189～195	34～42
动物类油脂	巴巴苏油		1.0			1.5												12～18	247～251	22～26
	乳脂					1.0												25～42	210～235	33～38
	鲱鱼油		25	24		13				25	24			21	28	23		125～145	180～193	23～27
	猪油					10	1.0											58～68	192～202	34～43
	鲱油		15	9.0	0.5	24				15	9.0	0.5						140～180	188～196	31～33
	牛脚油		0.5	0.5		9.5					0.5							65～75	190～199	20～30
	奥气油	2.0				5.0		76										140～160	188～196	17～21
	沙丁油		25	19		11				25	19			24	26	19		160～190	188～196	28～32
	鲸体油		19	1.0														76～88	122～130	8～14
	鲸脑油		7.0											17	7			55～70	140～144	12～18
	塔尔油(蒸馏脂肪酸)					46												128～133	186～196	1～8
	脂油					2.5												40～50	192～202	40～46
	鲸油		12			39				12	6.5			39	12	6		110～140	185～195	22～24
	牛脂					3														
	羊脂					5														
	鱼肝油													25	32	14				

注：1. 梧桐子油含硬脂酸微量；棕榈酸 19.6%；油酸 33.9%；亚麻子油酸 41.8%；次亚麻子油酸 4.7%；

2. 蚕蛹油是含硬脂酸、十八碳三烯酸、豆蔻酸和油酸的甘油酯。蛋黄是含油酸、硬脂酸和棕榈酸的甘油酯，还含有少量卵磷脂。

15.3.2　天然油脂的物理性质

表 15.3.2　常用天然油脂的物理性质

类别	名称	颜色	形态	相对密度 d_{15}^{15}	碘值①	皂化值	不皂化物/%	油脂的凝固点/℃	脂肪酸凝固点/℃	折射率（25℃）
植物油脂	蓖麻油	浅黄	液	0.950～0.974	81～91	176～187	0.3～1.0	−18～−10	2～4	1.473～1.477
	中国柏油	白	固	0.918～0.922	20～29	200～209	0.5～1.5	25～35	45～53	1.477^{40}～1.458
	棉籽油	淡黄	液	0.913～0.930	99～113	189～198	0.6～1.6	3～6	30～37	1.463～1.472
	椰子油		固	0.920～0.938	7～12	250～264	0.2～0.5	19～23	20～24	1.454^{40}～1.458
	亚麻子油	淡黄	液	0.931～0.938	170～204	185～198	0.5～1.7	−27～−16	19～21	1.4835^{15}
	橄榄油	黄	液	0.914～0.919	80～88	188～196	0.5～1.8	−6～10	17～26	1.466～1.467
	棕榈油	白	固	0.930	44～58	191～205	0.2～1.0	31～39	40～47	1.449～1.454
	花生油	黄	液	0.916～0.929	84～100	188～195	0.2～1.0	0～3	26～32	1.407～1.470
	米糠油	黄	液	0.913～0.928	92～109	183～194	3.0～1.0	−10～−5	26～28	
	豆油	黄	液	0.922～0.928	120～141	189～195	0.2～1.5	−18～−8	20～24	1.472～1.476
	茶油	淡黄	液	0.917～0.927	80～90	188～196	0.2～1.5	−12～−5	13～18	1.468～1.470
	菜籽油	黄	液	0.913～0918	97～108	170～180	1.48	−12～−10	11～14	1.470～1.474
	芝麻油	黄	液	0.914～0.916	103～112	188～195	0.9～1.3	0～6	24	1.470～1.472
	核桃油	黄	液	0.925～0.927	143～151	192～198		−27～−15	14.3	1.477
	玉米油	黄	液	0.920～0.928	103～130	187～193	1.5～2.8	−25～−10	14～16	1.473
	葵花子油	黄	液	0.924～0.926	129～136	188～193	0.31	−17	18～20	1.466～1.720
	桐油	黄	液	0.925～0.945	140～152	189～195	0.4～1.1	2～3	31～38	1.515～1.520
动物油脂	鱼肝油	黄	液	0.910～0.930	140～170	180～190	0.5～1.7	0～−10	18～24	1.4825
	鲱鱼油		液	0.920～0.939	123～146	179～194	2.0～3.0	−3～3	23～30	1.467～1.473
	沙丁鱼油		液	0.920～0.934	170～193	186～193	0.5～2.0	0～5	27～34	1.476～1.485
	鲸油		液	0.917～0.926	100～140	185～198	1.0～4.0		20～24	1.468～1472
	鲸脑油		液	0.871～0.884	60～76	140～144	39～43	19～30	11～12	
	奶油（脂）		固	0.936～0.943	26～45	210～233	0.3～0.1	22～32.	33～38	
	猪油（脂）		固	0.934～0.938	46～70	190～203	0.2～0.8	−3～2	32～42	
	猪油（35℃）		液		61～79	192～200	0.2～08	30～38	27～34	
	牛脂	淡黄	固	0.937～0.953	40～48	190～199	0.2～0.7	32～45	40～47	
	羊脂	白	固	0.937～0.961	35～46	192～197	0.2～0.7	21～22	43～48	
	骨脂			0.914～0.916	43～56	190～196	0.5～1.8	6～10	39～43	
	蚕蛹油		液	0.918～0.925	129～138	190～195	1.6～2.6	8～10		
	蛋黄	黄	粉	0.914～0.917	64～82	184～198	0.2～4.2	38～40		
	羊毛脂			0.970～0.973	17～29	82～130	39～44			

① 通常将碘值小于 90 的称为不干性油，大于 170 的称为干性油，介于其间的称为半干性油。

15.3.3　石蜡的沸点

表15.3.3　石蜡的沸点

碳原子数	5	6	7	8	9	10	11	12	13	14
沸点/℃	36	69	98	126	151	174	196	216	235	253
碳原子数	15	16	17	18	19	20	21	22	23	24
沸点/℃	271	287	302	317	331	344	356	369	380	391
碳原子数	25	26	27	28	29	30	31	32	33	34
沸点/℃	402	412	422	432	441	450	459	468	476	483
碳原子数	35	36	37	38	39	40	41	42	43	44
沸点/℃	491	498	505	512	518	525	531	537	543	548

N 算图 15.7

植物油的表面张力（第 859 页左）

15.4 黏度

15.4.1 煤油的黏度

表15.4.1 煤油的黏度　　单位：mPa·s

温度 t/℃	−50	−40	−30	−20	−10	0	5	10
η	11.5	9.04	7.26	3.62	2.75	2.15	1.92	1.73
温度 t/℃	20	40	60	80	100	120	140	160
η	1.49	1.08	0.832	0.664	0.545	0.457	0.300	0.345
温度 t/℃	180	200	220	240	260	280	300	
η	0.302	0.267	0.239	0.215	0.195	0.177	0.162	

15.4.2 汽油的黏度

表15.4.2 汽油的黏度　　单位：mPa·s

温度 t/℃	−50	−45	−40	−35	−30	−25	−20	−15	−10	−5
η	1.74	1.57	1.43	1.31	1.19	1.09	1.01	0.916	0.849	0.789
温度 t/℃	0	5	10	20	40	60	80	100	120	140
η	0.749	0.701	0.656	0.539	0.411	0.328	0.269	0.225	0.191	0.165
温度 t/℃	160	180	200	220	240	260	280	300		
η	0.145	0.126	0.111	0.099	0.089	0.081	0.073	0.067		

15.4.3 矿物油的黏度

表15.4.3 矿物油类的动力黏度和运动黏度

种类	黏度	温度/℃									
		0	10	20	30	40	50	60	80	100	120
润滑油	η/(mPa·s)	3844	2430	1390	668	212	122	74.3	31.7	16.4	10.3
锭子油	η/(mPa·s)			13.0	9.41	6.80	4.99	3.84	2.83	2.49	1.54
30#透平油	η/(mPa·s)		307	145	74.0	43.3	27.3	17.9	9.2	5.1	
变压器油	η/(mPa·s)			31.6	20.7	14.2	10.7	7.3	4.3	3.1	
轻机油	η/(mPa·s)			98.0	62.2	26.3				4.9	
重油	ν/($10^{-6}m^2/s$)			555	315	74.6					

算图15.8
油类的黏度-密度常数（第859页右）

算图15.9
矿物油的黏度（第860页左）

算图15.10
一些低黏度油的黏度（第860页右）

算图15.11
原油的运动黏度
（第861页左）

算图15.12
油的运动黏度和压力的关系
（第861页右）

算图15.13
石油馏分在压力下的黏度
（第862页左）

15.4.4 煤气和天然气的黏度

表15.4.4 煤气和天然气的黏度　　单位：μPa·s

名称		温度/℃										
		0	100	200	300	400	500	600	700	800	900	1000
高炉煤气		16.47	20.69	24.61	28.24	31.67	35.01	38.24	41.28	44.42	47.46	50.41
发生炉	块煤	16.28	20.30	24.12	27.65	31.09	34.32	37.36	40.30	43.24	46.19	49.13
	粉煤	16.28	20.40	24.12	27.65	31.09	34.32	37.36	40.40	43.34	46.29	49.23

续表

名称		温度/℃										
		0	100	200	300	400	500	600	700	800	900	1000
煤气	粉泥煤	16.77	21.08	25.01	28.73	32.36	35.79	39.03	42.27	45.40	48.54	51.58
地下气化煤气	石煤	16.37	20.59	24.42	27.95	31.38	34.72	37.95	40.89	43.84	46.88	50.01
	普通煤	16.37	20.49	24.32	27.85	31.28	34.52	37.66	40.79	43.74	46.68	49.42
焦炉煤气	净化	12.45	15.49	18.38	21.08	23.63	26.08	28.44	30.69	32.95	35.11	37.17
	非净化	12.45	15.49	18.38	21.08	23.63	26.08	28.44	30.69	32.95	35.11	37.17
天然气Ⅰ		10.79	13.73	16.48	19.12	21.57	24.12	26.48	28.83	30.99	33.24	35.40
天然气Ⅱ		10.40	13.14	15.79	18.24	20.79	23.24	25.50	27.65	29.91	32.07	34.13
天然气Ⅲ		10.40	13.14	15.79	18.24	20.79	23.24	25.50	27.65	29.91	32.07	34.13

15.5 溶解度

表15.5.1 脂和油在脂肪胺中的溶解度（20～30℃）

名称	乙醇	乙醚	二乙胺	三乙胺	三丙胺	丁胺	二丁胺	三丁胺	异戊胺	苯甲胺	氨(-33℃)
羊毛脂	—	—	es	es	—	es	es	es	es	es	—
琼脂	—	—	—	—	—	—	—	—	ins，n	—	ins
乙酸苄酯	∞	∞	∞	—	—	—	∞	—	—	∞	s
石蜡	—	—	ss	s，x	—	s	s，m	s，x	s	ss，x	ins
石蜡油	—	—	∞	—	—	∞	—	∞	—	—	—
粗亚麻子油	—	—	∞	∞	—	∞	∞	∞	∞	∞	—
椰子油	—	—	—	∞	∞	—	∞	∞	s	∞	—
橄榄油	—	—	∞	∞	—	∞	∞	∞	∞	∞	—

注：ins—不溶解或极轻微溶解；ss—轻微溶解，＜10g/100mL；s—适度溶解，10～40g/100mL；es—极易溶解，＞100g/100mL；∞—成任何比例混溶；n—不能溶解到明显地超过在热溶剂中溶解的程度；m—更易溶解于加热的胺中（在某些情况下是由于化学反应）。

N 算图 15.14
水在油类中的溶解度
（第 862 页右）

N 算图 15.15
气体在石油中的溶解度
（第 863 页左）

N 算图 15.16
石蜡在石油中的溶解度
（第 863 页右）

15.6 热导率

15.6.1 油类的热导率

表15.6.1 重油的热导率 单位：W/(m·K)

重油相对密度 $d_{15.6}^{15.6}$	在下列温度(℃)时的热导率							
	0	20	40	60	80	100	120	140
1.0000	0.117	0.116	0.115	0.114	0.113	0.112	0.109	0.108
0.9670	0.122	0.121	0.120	0.117	0.116	0.115	0.114	0.113
0.9340	0.127	0.124	0.123	0.122	0.121	0.120	0.117	0.116
0.9124	0.130	0.129	0.131	0.127	0.124	0.123	0.122	0.119
0.8762	0.135	0.134	0.134	0.130	0.129	0.128	0.126	0.124

表15.6.2　煤油的热导率　　单位：W/(m·K)

温度/℃	-50	0	5	100	150	200	250	300
λ	0.1270	0.1192	0.1114	0.1042	0.0965	0.0891	0.0816	0.0738

表15.6.3　其他油类的热导率　　单位：W/(m·K)

温度/℃	0	20	30	40	50	60	70	80	100	120	140	200
石　油	0.156	0.151	0.149	0.147	0.145	0.143	0.141	0.139	0.134			
煤　油		0.150	0.148	0.147	0.145	0.143	0.142	0.140				
汽　油	0.145	0.131	0.124	0.117	0.110							
航空汽油		0.145	0.144	0.143	0.142	0.141	0.140	0.139	0.137	0.136	0.134	
30#透平油	0.129^{10}①	0.129	0.128	0.127		0.126	0.125	0.124	0.123			
锭子油	0.144	0.144		0.143		0.142		0.141	0.139	0.138		
气缸油	0.155		0.153		0.151		0.150		0.149			0.142
煤　油			0.150					0.141^{75}				
变压器油		0.124		0.123		0.122	0.121	0.120	0.119			
润滑油	0.148	0.147	0.145	0.144	0.142	0.141	0.139	0.138	0.136	0.135		
石蜡油		0.124		0.123			0.121		0.119			
凡士林油	0.150	0.145	0.143	0.140	0.138	0.135	0.133	0.130	0.125	0.120		
蓖麻油	0.180	0.178	0.177	0.176	0.175	0.174	0.173	0.172	0.170	0.168		
石　蜡②	0.126	0.126	0.126	0.126	0.136	0.126	0.126	0.126	0.126	0.126	0.125	0.124
沥　青②		0.139										

① 右上角的数值表示与该值相对应的温度。
② 系石油的副产品，一并列入。

算图 15.17
液态石油产品的热导率（Ⅰ）（第 864 页左）

算图 15.18
液态石油产品的热导率（Ⅱ）（第 864 页右）

15.6.2　油类蒸气的热导率

表15.6.4　煤油蒸气的热导率　　单位：W/(m·K)

温度 t/℃	200	225	250	275	300	325
λ	276	313	347	381	415	449

表15.6.5　汽油蒸气的热导率　　单位：W/(m·K)

温度 t/℃	150	180	200	230	240
λ	0.0266	0.0284	0.0306	0.0286	0.0364

15.6.3　天然气的热导率

表15.6.6　天然气Ⅳ的热导率　　单位：mW/(m·K)

温度/℃	压强/MPa												
	0.1	1	2	3	4	5	6	7	8	9	10	12	15
-80	20.57	21.74	24.06	27.17	36.59	75.19	78.19	82.56	85.52	88.15	89.90	92.56	95.20
-60	22.66	23.62	25.30	27.57	30.64	35.49	42.74	53.57	61.86	67.44	71.79	78.70	83.36

续表

温度/℃	压强/MPa												
	0.1	1	2	3	4	5	6	7	8	9	10	12	15
−40	24.64	25.59	26.91	28.70	30.74	33.28	36.72	41.22	46.40	51.81	56.52	63.82	72.40
−20	26.73	27.57	28.76	30.19	31.85	33.68	36.06	38.51	41.79	45.24	48.80	55.60	63.73
0	29.06	29.77	30.84	32.03	33.34	34.94	36.92	38.62	40.93	43.48	46.50	51.79	58.85
20	31.27	31.98	32.93	34.00	35.19	36.53	38.18	39.60	41.32	43.38	45.65	49.71	56.24
40	33.71	34.30	35.25	36.20	37.29	38.59	39.79	41.22	42.65	44.21	45.72	47.87	54.88
60	36.38	36.86	37.80	38.64	39.72	40.78	41.85	43.06	44.37	45.67	46.98	50.00	54.29
80	39.17	39.65	40.48	41.31	42.26	43.20	44.18	45.36	46.41	47.51	48.85	51.28	54.85
100	42.19	42.67	43.38	44.21	45.05	46.00	46.95	47.89	48.85	49.93	50.99	53.13	56.61
120	45.56	46.03	46.63	47.34	48.07	49.01	49.85	50.79	51.64	52.70	53.49	55.60	58.46

15.6.4 煤和焦炭的热导率

表15.6.7 煤和焦炭的热导率

（1）褐煤（密度1335kg/m³）

堆积密度/(kg/m³)	含水量(质量分数)/%	λ[W/(m·K)]		堆积密度/(kg/m³)	含水量(质量分数)/%	λ[W/(m·K)]	
		5～15℃	5～25℃			5～15℃	5～25℃
650	0	0.105		920	8.0	0.130	0.130
712	0	0.117			15.9	0.139	0.139
775	0	0.124			36.0	0.219	0.239
830	0	0.137		638	50.0	0.289	0.360
870	0	0.153			70.0	0.450	0.509
920	0	0.175			81.8	0.559	0.700

（2）石煤（密度1345kg/m³）

堆积密度/(kg/m³)	含水量(质量分数)/%	λ[W/(m·K)]		堆积密度/(kg/m³)	含水量(质量分数)/%	λ[W/(m·K)]	
		5～15℃	5～25℃			5～15℃	5～25℃
750	0	0.105		910	0	0.135	
770	0	0.107			5.0	0.130	0.150
800	0	0.113			11.1	0.160	0.200
830	0	0.120		820	17.7	0.180	0.270
850	0	0.123			25.0	0.210	0.389
875	0	0.128			47.6	0.437	1.209

（3）褐煤（堆积密度550～650kg/m³）

温度/℃	900	1220	1500	1850	2350
λ[W/(m·K)]	0.134	0.192	0.221	0.231	0.238

（4）其他煤

种类	密度/(kg/m³)	温度/℃	λ[W/(m·K)]	种类	密度/(kg/m³)	温度/℃	λ[W/(m·K)]
无定形煤		20	0.198	非结焦煤	1280	30	0.212
无烟煤	1370	30	0.238	一般煤	1400	20	0.186
烟煤	1260	30	0.217				

（5）焦炭

种类	密度	温度/℃	λ[W/(m·K)]	种类	密度	温度/℃	λ[W/(m·K)]
一般焦炭	1400	100	3.196	冲天炉焦炭	950	30	1.209
高炉焦炭	925	30	0.970	煤气焦炭	930	30	0.721

15.7 蒸气压

表15.7.1 T-1煤油的饱和蒸气压　　单位：kPa

温度/℃	20	30	40	50	60	70	80	90	100
p	4.666	7.465	11.20	15.60	21.33	27.99	35.99	44.39	54.12
温度/℃	110	120	130	140	150	160	170	180	190
p	64.65	76.25	89.31	103.6	120.8	138.6	186.4	213.3	246.7

注：含碳量86.42%，含氢量13.58%，理论空气量14.67kg。

表15.7.2 汽油的饱和蒸气压　　单位：kPa

温度/℃	20	30	40	50	60
p	10.66	10.34	19.73	27.46	38.12
温度/℃	70	80	90	100	110
P	53.85	75.45	100.6	129.7	164.0

算图15.19 汽油的蒸气压（第865页左）

算图15.20 石蜡和石油混合物的蒸气压（第865页右）

算图15.21 天然石油和石油液化气的蒸气压（第866页左）

算图15.22 润滑油的蒸气压和燃点（第866页右）

15.8 比热容

15.8.1 油类的比热容

表15.8.1 T-1煤油的比热容　　单位：kJ/(kg·K)

温度/℃	20	30	40	50	60	70	80	90	100	110	120	130	140
c_p	2.00	2.04	2.09	2.14	2.18	2.23	2.28	2.33	2.38	2.43	2.48	2.53	2.58
温度/℃	150	160	170	180	190	200	210	220	230	240	250	260	270
c_p	2.63	2.68	2.73	2.79	2.84	2.89	2.94	3.00	3.05	3.11	3.16	3.21	3.26

表15.8.2 汽油的比热容　　单位：kJ/(kg·K)

温度/℃	130	140	150	160	170	180
c_p	2.28	2.31	2.34	2.36	2.39	2.41
温度/℃	190	200	210	220	230	240
c_p	2.43	2.46	2.48	2.51	2.53	2.56

表15.8.3 其他油类的比热容　　单位：kJ/(kg·℃)

名称	温度/℃							
	0	20	40	60	80	100	120	140
石油		1.884						2.428^{200}
原油		0.879						
汽油	1.800		1.842^{50}					

续表

名　称	温度/℃							
	0	20	40	60	80	100	120	140
航空汽油		1.838	1.922	2.006	2.089	2.177	2.269	2.361
变压器油		1.892	1.993	2.094	2.198	2.294		
锭 子 油		1.851	1.934	2.018	2.102	2.186	2.269	
石 蜡 油		2.135						
润 滑 油	1.796	1.870	1.955	2.040	2.131	2.220	2.307	
30#透平油	1.800^{10}	1.834	1.905	1.976	2.047	2.119		

注：右上角的数字为与其相对应的温度值（℃）。

算图 15.23
石油的比热容（第 867 页左）

算图 15.24
石油混合液体的比热容（第 867 页右）

算图 15.25
石油馏分液体的比热容（第 868 页左）

15.8.2　油类蒸气的比热容

表15.8.4　煤油蒸气的比热容　　单位：W/(kg·K)

温度/℃	150	160	170	180	190	200	210	220	230	240	250	260	270
c_p	2.37	2.39	2.41	2.43	2.45	2.47	2.49	2.51	2.53	2.55	2.57	2.6	2.62

表15.8.5　汽油蒸气的比热容　　单位：kJ/(kg·K)

温度/℃	130	140	150	160	170	180
c_p	3.28	2.31	2.34	2.36	2.39	2.42
温度/℃	190	200	210	220	230	240
c_p	2.43	2.46	2.48	2.51	2.53	2.56

15.8.3　煤和焦炭的比热容

算图 15.26
石油蒸气在常压下的比热容（第 868 页右）

表15.8.6　煤的比热容　　单位：kJ/(kg·℃)

名　称	一般煤	烟煤	无烟煤	褐煤
c_p	1.306	1.26～1.51	1.09～1.17	1.67～2.72

表15.8.7　焦炭的比热容　　单位：kJ/(kg·℃)

名　称	高炉焦炭	冲天炉焦炭	烟气焦炭	一般焦炭			
温度/℃	100	100	100	0	20	100	1000
c_p	0.862	0.854	0.842	0.837	0.837	0.921	1.465

15.9　其他物性

15.9.1　煤气和天然气的普朗特数

表15.9.1　煤气和天然气的普朗特数

名　称		温度/℃										
		0	100	200	300	400	500	600	700	800	900	1000
高炉煤气		0.682	0.672	0.668	0.665	0.668	0.673	0.678	0.682	0.686	0.690	0.693
发生炉	块　煤	0.539	0.528	0.525	0.524	0.529	0.534	0.539	0.542	0.545	0.548	0.551
	粉　煤	0.630	0.619	0.614	0.615	0.621	0.626	0.630	0.636	0.640	0.645	0.649

续表

名称		温度/℃										
		0	100	200	300	400	500	600	700	800	900	1000
煤气	粉泥煤	0.608	0.603	0.600	0.601	0.608	0.616	0.623	0.628	0.632	0.636	0.638
地下气化煤气	石煤	0.590	0.583	0.576	0.573	0.579	0.585	0.589	0.593	0.595	0.600	0.604
	普通煤	0.565	0.555	0.550	0.550	0.553	0.555	0.557	0.560	0.564	0.568	0.573
焦炉煤气	净化	0.425	0.430	0.440	0.454	0.465	0.475	0.483	0.493	0.500	0.507	0.514
	非净化	0.420	0.429	0.440	0.455	0.467	0.477	0.486	0.495	0.503	0.510	0.517
天然气Ⅰ		0.709	0.708	0.738	0.768	0.792	0.816	0.832	0.842	0.849	0.856	0.863
天然气Ⅱ		0.735	0.734	0.763	0.797	0.836	0.862	0.886	0.904	0.917	0.925	0.928
天然气Ⅲ		0.735	0.734	0.763	0.797	0.836	0.862	0.886	0.904	0.917	0.925	0.928

算图 15.27

石油馏分的普朗特数（第 869 页左）

算图 15.28

饱和油的普朗特数（第 869 页右）

15.9.2 天然气的压缩系数

表15.9.2 天然气的压缩系数

对比压力 p_r	对比温度 T_r												
	1.10	1.20	1.30	1.40	1.50	1.60	1.80	2.00	2.20	2.40	2.60	2.80	3.00
0.2	0.948	0.959	0.969	0.973	0.979	0.984	0.990	0.993	0.995	0.998	0.999	1.000	1.001
0.3	0.920	0.938	0.951	0.962	0.969	0.976	0.985	0.990	0.994	0.997	0.999	1.000	1.001
0.4	0.889	0.916	0.934	0.949	0.959	0.968	0.980	0.987	0.992	0.996	0.998	1.000	1.002
0.5	0.855	0.894	0.918	0.937	0.949	0.960	0.976	0.983	0.990	0.994	0.998	1.000	1.002
0.6	0.822	0.872	0.900	0.923	0.939	0.952	0.971	0.981	0.988	0.993	0.997	1.000	1.003
0.7	0.785	0.850	0.885	0.911	0.930	0.945	0.967	0.978	0.986	0.992	0.997	1.001	1.004
0.8	0.748	0.827	0.870	0.899	0.920	0.938	0.962	0.975	0.984	0.991	0.997	1.001	1.005
0.9	0.710	0.802	0.852	0.887	0.911	0.931	0.958	0.972	0.983	0.990	0.996	1.001	1.006
1.0	0.670	0.780	0.838	0.875	0.901	0.923	0.953	0.970	0.981	0.989	0.996	1.001	1.007
1.1	0.624	0.755	0.820	0.862	0.893	0.917	0.949	0.967	0.979	0.983	0.996	1.002	1.008
1.2	0.580	0.731	0.804	0.850	0.884	0.909	0.945	0.964	0.978	0.987	0.996	1.002	1.008
1.3	0.530	0.707	0.789	0.839	0.876	0.901	0.941	0.962	0.977	0.987	0.996	1.002	1.009
1.4	0.480	0.682	0.772	0.828	0.868	0.895	0.938	0.960	0.975	0.986	0.996	1.002	1.010
1.5	0.425	0.657	0.757	0.817	0.859	0.889	0.934	0.957	0.974	0.985	0.995	1.003	1.010
1.6	0.393	0.634	0.742	0.805	0.851	0.882	0.930	0.954	0.972	0.984	0.995	1.003	1.011
1.7	0.378	0.612	0.728	0.795	0.843	0.877	0.927	0.952	0.971	0.983	0.995	1.004	1.012
1.8	0.372	0.592	0.712	0.784	0.837	0.871	0.923	0.950	0.970	0.983	0.995	1.004	1.012
1.9	0.369	0.572	0.699	0.774	0.830	0.866	0.921	0.948	0.969	0.982	0.995	1.005	1.013
2.0	0.370	0.555	0.687	0.767	0.824	0.861	0.918	0.947	0.968	0.982	0.995	1.006	1.014
2.1	0.372	0.539	0.674	0.757	0.818	0.856	0.915	0.945	0.967	0.981	0.995	1.007	1.015
2.2	0.376	0.528	0.663	0.748	0.811	0.851	0.912	0.944	0.966	0.981	0.995	1.007	1.016
2.3	0.380	0.522	0.652	0.741	0.805	0.848	0.909	0.942	0.965	0.980	0.995	1.008	1.017
2.4	0.387	0.520	0.645	0.733	0.800	0.843	0.907	0.941	0.964	0.980	0.995	1.008	1.018
2.5	0.394	0.519	0.638	0.728	0.796	0.840	0.904	0.941	0.963	0.980	0.995	1.009	1.019
2.6	0.402	0.520	0.633	0.722	0.791	0.837	0.902	0.940	0.963	0.980	0.995	1.009	1.029
2.7	0.410	0.522	0.629	0.718	0.787	0.833	0.900	0.939	0.962	0.980	0.996	1.010	1.021
2.8	0.419	0.526	0.627	0.713	0.783	0.830	0.899	0.938	0.962	0.980	0.996	1.019	1.022

续表

对比压力 p_r	对比温度 T_r												
	1.10	1.20	1.30	1.40	1.50	1.60	1.80	2.00	2.20	2.40	2.60	2.80	3.00
2.9	0.429	0.530	0.625	0.710	0.779	0.828	0.897	0.938	0.962	0.980	0.997	1.011	1.023
3.0	0.44	0.534	0.624	0.707	0.777	0.825	0.896	0.938	0.962	0.981	0.997	1.012	1.024
3.1	0.452	0.540	0.625	0.705	0.775	0.822	0.895	0.937	0.962	0.981	0.998	1.013	1.025
3.2	0.463	0.546	0.626	0.703	0.773	0.821	0.894	0.937	0.962	0.982	0.998	1.014	1.026
3.3	0.475	0.551	0.628	0.702	0.772	0.819	0.893	0.937	0.962	0.982	0.999	1.015	1.021
3.4	0.488	0.559	0.631	0.703	0.771	0.818	0.892	0.937	0.963	0.983	1.000	1.016	1.028
3.5	0.500	0.566	0.633	0.704	0.771	0.817	0.891	0.937	0.963	0.984	1.000	1.017	1.039
3.6	0.511	0.572	0.637	0.706	0.771	0.816	0.890	0.937	0.964	0.985	1.001	1.018	1.031
3.7	0.523	0.582	0.641	0.708	0.772	0.816	0.890	0.937	0.965	0.986	1.002	1.019	1.032
3.8	0.535	0.590	0.644	0.710	0.773	0.816	0.891	0.937	0.966	0.987	1.003	1.020	1.033
3.9	0.547	0.599	0.649	0.713	0.774	0.817	0.891	0.938	0.967	0.989	1.005	1.022	1.034
4.0	0.558	0.608	0.653	0.716	0.776	0.818	0.892	0.939	0.968	0.99	1.007	1.023	1.035
4.2	0.581	0.624	0.665	0.722	0.781	0.822	0.895	0.941	0.971	0.994	1.011	1.026	1.031
4.3	0.593	0.632	0.671	0.726	0.784	0.824	0.897	0.942	0.973	0.996	1.013	1.027	1.038
4.4	0.604	0.641	0.678	0.730	0.787	0.826	0.898	0.943	0.974	0.998	1.014	1.029	1.040
4.5	0.616	0.650	0.683	0.734	0.790	0.829	0.900	0.944	0.977	1.000	1.016	1.030	1.041
4.6	0.627	0.659	0.691	0.738	0.794	0.832	0.902	0.946	0.978	1.002	1.018	1.032	1.043
4.7	0.639	0.668	0.698	0.743	0.798	0.835	0.904	0.948	0.981	1.004	1.020	1.034	1.044
4.8	0.650	0.677	0.705	0.749	0.802	0.838	0.907	0.950	0.983	1.007	1.022	1.036	1.046
4.9	0.661	0.686	0.712	0.753	0.306	0.842	0.910	0.952	0.985	1.009	1.024	1.038	1.048
5.0	0.672	0.694	0.720	0.760	0.810	0.846	0.912	0.954	0.988	1.011	1.027	1.039	1.049
5.1	0.683	0.703	0.727	0.766	0.814	0.850	0.916	0.957	0.990	1.013	1.029	1.041	1.051
5.2	0.695	0.713	0.735	0.772	0.820	0.853	0.919	0.960	0.992	1.016	1.031	1.043	1.052
5.3	0.706	0.722	0.743	0.778	0.825	0.858	0.921	0.963	0.995	1.018	1.033	1.045	1.053
5.4	0.718	0.731	0.751	0.785	0.830	0.862	0.925	0.966	0.998	1.021	1.035	1.047	1.055
5.5	0.729	0.740	0.759	0.792	0.835	0.868	0.928	0.969	1.000	1.023	1.038	1.049	1.057
5.6	0.740	0.750	0.768	0.799	0.840	0.872	0.931	0.972	1.003	1.026	1.040	1.051	1.058
5.7	0.751	0.760	0.777	0.806	0.846	0.877	0.935	0.976	1.006	1.028	1.042	1.053	1.060
5.8	0.762	0.769	0.785	0.813	0.851	0.882	0.939	0.979	1.008	1.031	1.045	1.055	1.062
5.9	0.774	0.779	0.794	0.821	0.857	0.887	0.942	0.982	1.011	1.033	1.048	1.057	1.064
6.0	0.785	0.790	0.803	0.828	0.863	0.892	0.946	0.986	1.013	1.036	1.050	1.059	1.066
6.1	0.796	0.800	0.812	0.835	0.868	0.897	0.950	0.989	1.017	1.038	1.052	1.061	1.068

15.9.3　综合算图

算图 15.29 石油组分的比焓（第 870 页左）

算图 15.30 石油油类物料的临界温度（第 870 页右）

算图 15.31 润滑油的平均分子量（第 871 页左）

算图 15.32 汽油辛烷值的估算（第 871 页右）

算图 15.33 二元油类混合物的闪点（Ⅰ）（第 872 页左）

算图 15.34 二元油类混合物的闪点（Ⅱ）（第 872 页右）

算图 15.35 燃料的闪点（第 873 页左）

算图 15.36 渣油和沥青的针入度和运动黏度（第 873 页右）

算图 15.37 石油馏分的特性系数（第 874 页左）

算图 15.38 石油馏分的物理性质（第 874 页右）

算图 15.39 石油馏分的临界压力（第 875 页左）

算图 15.40 原油的真实蒸气压（第 875 页右）

算图 15.41 汽油和其他油品的真实蒸气压（第 876 页左）

15.10 危险品特性

表15.10.1 油类和燃料危险品特性

名 称	CAS号	危险品编号	饱和蒸气压/kPa	燃烧性	闪点/℃	自燃温度/℃	建规火险分级	爆炸下/上限（体积分数）/%	灭火方法	危险品类别	风险性代号	安全代号
天然气		21007		易	—	482-632	甲	5/14	QQ，W，P，R	2.1		
液化石油气	68476-85-7	21053		易	–74	426-573	甲	5/33	W，P，R，QQ	2.1		
汽油	8006-61-9	31001		易	–50	415-530	甲	1.3/6.0	P，R，G，JS	3.1		
柴油				易	38	257	乙	—	1，P，R，G，T	3.3		
煤油	8008-20-6	33501	—	易	43～72	210	乙	0.7/5.0	G，T，R，P，Sw	3.3		S23；S36/37；S62
石油脑（原油）	8030-30-6	32004	—	易	＜–18	350	甲	1.1/8.7	P，R，G，T，Sw	3.2		
石油焦油		32192		可	—	—		—	W，P，R，G，T	3.2		
松节油	8006-64-2	33638	2.67（51.4℃）	易	35	253	乙	0.8/—	P，R，G，T，Sw	3.3	R10；R20/21/22；R36/38；R43；R51/53；R65	S36/37；S46；S61；S62
煤焦油	65996-93-2	32192	—	易	＜23	—	甲	—	W，P，R，T，G	3.2		
迷迭香油	80000-25-7	33644		易	—	—	乙	—	P，R，G，T	3.3		
沥青	8052-42-4			可	204.4	485		30（g/m3）/—	W，P，R，G，T			
石蜡	8002-74-1			可	199	245	丙	—	1，P，R，T			

第16章
其他有机物料

目录

16.1　一般特性

16.1.1　肼和肟的一般特性

表16.1.1　肼和肟的一般特性

名称	分子式	分子量	密度 d_4^{20} /(g/cm³)	颜色	形态	性状	溶解性能					正常熔点 t_m /℃	正常沸点 t_b /℃	临界温度 T_c /K	临界压力 p_c /MPa	临界体积 V_c /(cm³/mol)	临界压缩因子 Z_c	偏心因子 ω	偶极矩 /D	折射率 n^{20}
							水	乙醇	乙醚	苯	其他									
乙肼	$C_2H_8N_2$	60.10	0.811									115±5	101							1.4276
二乙肼	$C_4H_{12}N_2$	88.15	0.797	无	液	吸湿	++	+	+				85.6							1.4204
1,1-二甲基肼	$C_2H_8N_2$	60.10	0.791^{22}	无	棱		−	++	++			−57.20	63.9	523	5.4	218.5	0.271	0.315		1.4075^{22}
1,2-二甲基肼	$C_2H_8N_2$	60.10	0.8274									−8.9	81	536.2	5.221	217.5	0.524	0.413	1.36	1.4209
甲肼	CH_6N_2	46.07	0.8793		液	吸湿	+	∞	∞		−石油醚	−52.3	83	567	8.04	271.0	0.462	0.425	1.69	1.4325
苯肼	$C_6H_8N_2$	108.14	1.0986	浅黄	油		÷	∞	∞	∞	∞氯仿	20.6	244	750	5.20	418	0.324	0.575	1.72	1.608^{10}
四氟肼	F_4N_2	104.01	1.5^{-100}	无	气	剧毒						−163	−73	309.4	3.71	213	0.307	0.223		
甲醛肟	CH_3NO	45.04	1.1133	无	液		++						84							1.4400
乙醛肟	C_2H_5NO	59.07	0.965	无	针		++	∞				47	115							1.4257
丙酮肟	C_3H_7NO	73.09	0.9258		棱		++	++	+		+石油醚	60.5	136.3							1.4287
环己酮肟	$C_6H_{11}NO$	113.16	1.0125	白	棱		+	+	+		+甲醇	90	206	715	4.69	369	0.291	0.462		1.4860

16.1.2　砜类的一般特性

表16.1.2　砜类的一般特性

名称	分子式	分子量	密度 d_4^{20} /(g/cm³)	颜色	形态	性状	溶解性能					正常熔点 t_m /℃	正常沸点 t_b /℃	临界温度 T_c /K	临界压力 p_c /MPa	临界体积 V_c /(cm³/mol)	临界压缩因子 Z_c	偏心因子 ω	偶极矩 /D	折射率 n^{20}
							水	乙醇	乙醚	苯	其他									
二甲亚砜	C_2H_6OS	78.13	1.1010^{25}		油		++	++	++			18.52	191.9	720.0	5.70	227	0.212	0.281		1.4793
二甲砜	$C_2H_6O_2S$	94.13	1.1700^{110}	无	棱		−	++	++			108.83	238	648.8	6.472	208.5	0.250	0.3191	4.30	1.4226
二丙砜	$C_6H_{14}O_2S$	150.07	1.109	微黄	块							28	266	763	3.11	463	0.227	0.582		1.413
二丁砜	$C_8H_{18}O_2S$	178.29	0.9885^{47}		板		÷÷					44	291	767	2.54	569	0.227	0.688		

续表

名称	分子式	分子量	密度 d_4^{20} /(g/cm³)	颜色	形态	性状	溶解性能					正常熔点 t_m /℃	正常沸点 t_b /℃	临界温度 T_c /K	临界压力 p_c /MPa	临界体积 V_c /(cm³/mol)	临界压缩因子 Z_c	偏心因子 ω	偶极矩 /D	折射率 n^{20}
							水	乙醇	乙醚	苯	其他									
环丁砜	$C_4H_8O_2S$	120.17	1.2723[18]		液							28.45	286	855.0	5.030	300.0	0.212	0.3463		1.4833[18]
环丁烯砜	$C_4H_6O_2S$	118.15	1.3±0.1	无	晶		+	+	+	+		65-6	299	800	5.35	287	0.231	0.000		1.527
3-甲基环丁砜	$C_5H_{10}O_2S$	134.20	1.1143	微黄	液							1	277	817	4.24	353	0.22	0.419		1.466

16.1.3 醌类的一般特性

表16.1.3 醌类的一般特性

名称	结构式 分子式	分子量	颜色	形态	特性及折射率	密度 (g/cm³)	熔点 /℃	沸点 /℃	每100克溶剂中的溶解度(克)或溶解情况			
									水	乙醇	乙醚	其他溶剂
1,2-蒽醌	$C_{14}H_8O_2$	208.22	橙	针/乙醇			185-90 //		÷÷	3		+热氯仿; ++苯*、甲苯*
1,4-蒽醌	$C_{14}H_8O_2$	208.22	橙棕	针/乙醇	1.530		206-18 //		÷	÷	÷	÷丙酮、氯仿等，+浓硫酸
9,10-蒽醌	$C_{14}H_8O_2$	208.22	黄	正交	1.659	1.438	286	379-381	−	0.05[18]	÷÷	+热乙醇2.25
1,4-二羟基蒽醌	$C_{14}H_{10}O_2$	238122	红	晶	1.5430		194	↑	÷			+12倍的沸乙酸，+碱
1,5-二硝基蒽醌	$C_{14}H_6N_2O_2$	298.19	深红	晶	1.5910		319			÷	÷	÷苯、氯仿、丙酮，+热硝基苯
1,8-二硝基蒽醌	$C_{14}H_6N_2O_2$	298.19	深黄	棱	1.7140		311-2					÷普通有机溶剂
1,4-二氨基蒽醌	$C_{14}H_{10}N_2O_2$	238.22	深紫	晶	有金属光泽		268			÷	÷热乙酸	+苯、吡啶、硝基苯、苯胺
1,5-二氨基蒽醌	$C_{14}H_{10}N_2O_2$	238.22	深红	晶	1.757		319			÷	÷	÷氯仿、丙酮、苯
三氯苯醌	$C_6HCl_3O_2$	211.43	黄	叶			168-9	↑	−.		++	++热水
四氯对苯醌	$C_6Cl_4O_2$	245.88	黄	单斜/苯			291.8	↑ 80	−	−., ÷*	−.	÷四氯化碳
甲苯醌	$C_7H_6O_2$	122.12	黄	针	1.524		68-9	↑	÷÷.	++	++	
邻苯醌	$C_6H_4O_2$	108.10	红	棱			60-70 //			+醚	÷	+苯，++丙酮，−石油醚
对苯醌	$C_6H_4O_2$	108.10	黄	单斜/苯	1.543	1.318	112.9	↑	÷÷.	+	+	+石油醚
百里醌	$C_{10}H_{12}O_2$	164.20	黄	三斜	1.504		46-7	232	÷	+	+	
二氯萘醌	$C_{10}H_4Cl_2O_2$	227.03	亮黄	针	1.634		193		−	+丙酮	+苯	+硫酸，++二甲苯、邻二氯苯
1,2-萘醌	$C_{10}H_6O_2$	174.16	黄红	晶/苯			153-4	//	−	÷.	÷	+热乙酸
1,4-萘醌	$C_{10}H_6O_2$	174.16	红	晶/乙酸	1.617		191 //	↑	÷*	+	+	+氯仿、苯、冰乙酸
醌氢醌	$C_{12}H_{10}O_4$	218.21	红-棕	正交		1.401	171	↑ /	÷., ++*	+	+	+氨、氢氧化胺，//氯仿

16.1.4 五元单杂环化合物的一般特性

表16.1.4 五元单杂环化合物的一般特性

名称	分子式	分子量	密度 d_4^{20} /(g/cm³)	颜色	形态	性状	溶解性能					正常熔点 t_m /℃	正常沸点 t_b /℃	临界温度 T_c /K	临界压力 p_c /MPa	临界体积 V_c /(cm³/mol)	临界压缩因子 Z_c	偏心因子 ω	偶极矩 /D	折射率 n^{20}
							水	乙醇	乙醚	苯	其他									
吡咯	C_4H_5N	67.09	0.9698		液		+	+	+			−23.39	129.74	640	5.7	200.0	0.273	0.278	1.84	1.5085
1-甲基吡咯	C_5H_7N	81.12	0.9145^{15}	无	棱		−	++	++			−56.32	112.8	596.0	4.86	271.0				1.4875
2-甲基吡咯	C_5H_7N	81.12	0.9446^{15}									−35.6	147.6	654.0	5.08	266.0				1.5035^{16}
3-甲基吡咯	C_5H_7N	81.12	0.9±0.1		叶		÷÷	+	+	+	+氯仿	−48.4	142.9	647.0	5.08	266.0				1.4970
N-甲基吡咯	C_5H_7N	81.12	0.9145^{15}	黄褐	液	易燃	−	+	+	+	+酒精	−56.2	112.7	610	4.77	283	0.266	0.213		1.489
四氢吡咯	C_4H_9N	71.12	0.8586		液		∞	∞	∞		∞氯仿	−57.8	86.56	568.6	5.70	238.0	0.300	0.274	1.6	1.4431
N-甲基四氢吡咯	$C_5H_{12}N$	86.15	0.819	无	液	挥发	++	+	+			−90	80	550	4.2	300	0.276	0.226		1.4240
苯并吡咯(吲哚)	C_8H_7N	117.49	1.220^{25}		叶		+*	+*	+	+		52.3	254	794.0	4.8	356.0	0.282	0.376		
二苯并吡咯	$C_{12}H_9N$	167.21	1.10	无-白	晶	片状	−	÷	÷	÷	①	245	355	899	3.26	482	0.21	0.494		
呋喃	C_4H_4O	68.07	0.9514	无	液		−	+	+			−85.58	31.3	490.2	5.3	218	0.294	0.204	0.7	1.4214
2,3-二氢呋喃	C_4H_6O	70.09	0.927^{25}	无	棱		−	++	++				54.5	561.7	4.56	223	0.262	0.083		1.4293
2,5-二氢呋喃	C_4H_6O	70.09	0.927^{25}	微黄	液								66-7	542	5.5	206	0.251	0.220		1.4231
二苯并呋喃	$C_{12}H_8O$	168.20	1.0728	无	鳞	燃毒	−	+	+	÷*		86-7	287	824	3.64	495	0.260	0.275		
2-甲基呋喃	C_5H_6O	82.10	0.9132	无	液	醚臭	÷	∞	∞	∞		−91.2	63.9	528	4.7	247	0.264	0.270		1.4342
2-甲基四氢呋喃	$C_5H_{10}O$	58.12	0.8552	无	液	醚臭	+	++	++	++	++丙酮、氯仿		80	537	3.76	267	0.225	0.284		
2-甲基苯并呋喃	$C_5H_{10}O$	132.16	1.054	微黄	液		−	+	+			161	197.5	697	3.64	407	0.256	0.375		1.5495
四氢呋喃	C_4H_8O	72.11	0.8833^{25}	无	液		+	+	+			−108.4	66.0	540.5	5.19	224	0.259	0.226	1.75^{25}	1.405^{25}
全氟-2-丁基四氢呋喃	$C_8F_{16}O$	416.06											102.6	500.2	1.607	588.0				
噻吩	C_4H_4S	84.14	1.0649	无	棱		−	++	++	+	+硫酸	−38.12	84.1	580	5.70	219	0.259	0.193	0.55	1.5289
2-甲基噻吩	C_5H_6S	98.17	1.0193		油		÷					−63.3	112.5	610.0	4.85	275.5	0.265	0.238		1.5203
3-甲基噻吩	C_5H_6S	98.17	1.0218	微黄	液	易燃	−					−68.91	115.4	615.0	4.95	275.5	0.263	0.242		1.5204
苯并噻吩(硫茚)	C_8H_6S	134.20	1.1484^{32}	浅褐	片	恶臭						31.33	220.9	764	4.76	379	0.284	0.296		1.6374
二苯并噻吩	$C_{12}H_8S$	184.26		无-白	晶	针状	+	++	+	++		98.5	332.5	897	3.86	512	0.265	0.398		
四氯噻吩	C_4Cl_4S	221.92	1.7036^{30}		固							30.5	233.4							1.591
噻唑	C_3H_3NS	85.13	1.1998^{17}		液		−					−33.62	118	631	6.28	212.5	0.254	0.2268	1.65	1.5969
2-巯基苯并噻唑	$C_7H_5NS_2$	167.25	1.42	淡黄	粉	微臭	−	÷		÷	②	174±4		749	4.00	406	0.261	0.332		1.6100
噁唑	C_3H_3NO	69.06	1.050	淡黄	液	吡啶气味	÷∞	∞			∞酒精	−86	69.5	554	6.32	237	0.325	0.231		1.4285

① 溶于喹啉、吡啶和丙酮；微溶于冷苯、冰乙酸、氯仿、二硫化碳和汽油。

② 溶于丙醇、氯仿、氨水、氢氧化钠和碳酸钠等碱性溶液，不溶于汽油。

16.1.5 六元单杂环化合物的一般特性

表16.1.5 六元单杂环化合物的一般特性

名称	分子式	分子量	密度 d_4^{20} /(g/cm³)	颜色	形态	性状	溶解性能 水	乙醇	乙醚	苯	其他	正常熔点 t_m /℃	正常沸点 t_b /℃	临界温度 T_c /K	临界压力 p_c /MPa	临界体积 V_c /(cm³/mol)	临界压缩因子 Z_c	偏心因子 ω	偶极矩 /D	折射率 n^{20}
吡啶(氮苯)	C_5H_5N	79.10	0.9819	无	液		∞	∞	+			-41.63	115.2	620.0	5.64	247	0.270	0.239	2.3	1.5095
2-甲基吡啶	C_6H_7N	93.13	0.9443	无	油	刺激	∞	∞	+		+丙酮	-66.65	129.4	621	4.62	300	0.268	0.278	1.93	1.4957
3-甲基吡啶	C_6H_7N	93.13	0.9566	无	油	刺激	+	+	+		+多数有机溶剂	-18.1	144.1	644.6	4.68	300	0.262	0.271	2.40	1.5040
4-甲基吡啶	C_6H_7N	93.13	0.9548	无	液	易燃	+	+	+		+多数有机溶剂	3.68	145.3	646.0	4.67	300	0.262	0.302	2.60	1.5037
2,3-二甲基吡啶	C_7H_9N	107.16	0.932^{25}	微黄	液		+					-15	161.1	655.4	4.10	356.0			2.2	1.5057
2,4-二甲基吡啶	C_7H_9N	107.16	0.9309	无	液	胡椒味	+	+	+		∞多数有机溶剂	-64	158.4	647.0	3.95	361.0			2.3	1.5010
2,5-二甲基吡啶	C_7H_9N	107.16	0.9297	无	液		+	∞	∞		∞多数有机溶剂	-16	157.0	644.3	3.85	361.0			2.2	1.5006
2,6-二甲基吡啶	C_7H_9N	107.16	0.9226	无	油	特臭	÷*	+	+			-6.12	144.0	624.0	3.85	361	0.268	0.350	1.7	1.4953
3,4-二甲基吡啶	C_7H_9N	107.16	0.9281	微黄	液	易燃	÷	+	+		+丙酮、氯仿	-11	179.1	683.7	4.20	355.0			1.9	1.5096
3,5-二甲基吡啶	C_7H_9N	107.16	0.9419	无	油	异味	-	+	+			-6.6	171.8	667.7	4.05	361.0			2.6	1.5061
2-乙基吡啶	C_7H_9N	107.16	0.9502^{25}		液		÷	∞	++			-63.1	148.6	634.0	4.10					1.4964
4-乙基吡啶	C_7H_9N	107.16	0.9417	微黄	液	恶臭	÷	+	+		+吡啶、酸水溶液	-90.5	168.3	663.0	4.10					1.5009
3,4-二甲基吡啶	C_7H_9N	107.16	0.939	无	油	特臭	÷*	+	+			-6	140	621	4.6	335	0.298	0.299		1.504
2,4,6-三甲基吡啶	$C_8H_{11}N$	121.18	0.921	微黄	液	易燃		+	∞			-43	171	653	3.33	417	0.256	0.375		1.502
二苯并吡啶(吖啶)	$C_{13}H_9N$	179.22		无	晶	辛辣	÷*	++	++	++	++CS_2	110	342	905	3.64	543	0.263	0.440		
三氰基吡啶	$C_6H_4N_2$	104.11	1.16	白	晶	升华	÷	+	+	+	+氯仿、石油醚	48-51	207	703	4.12	344	0.242	0.421		
2-氯吡啶	C_5H_4ClN	113.55	1.205^{15}	无	液						+芳烃、卤代烃	-46	170.0	694.0	5.20					1.5320
吡喃	C_5H_6O	82.10	0.8416	无	油			+	+	+			80	568.6	4.696	264.4	0.263	0.160	0.7	1.4559
2,3-二氢吡喃	C_5H_8O	84.12		无	液									562	4.56	268	0.262			
3,4-二氢吡喃	C_5H_8O	84.12	0.921^{19}	无	液	易燃	+	+	÷氯仿		+多数有机溶剂		86	561.7	4.56	268.0	0.262	0.247	1.4	1.4402^{19}
四氢吡喃	$C_5H_{10}O$	86.13	0.8814	无	液	易燃		∞	∞	∞		-49.1	88.0	572	4.77	263	0.264	0.218	1.6	1.4200
二氧六环(二噁烷)	$C_4H_8O_2$	88.11	1.033	无	液		∞	∞	∞	∞		12	101	588	5.21	238	0.254	0.280		
喹啉	C_9H_7N	129.16	1.0977^{15}		液	吸湿	÷	∞	∞			-14.78	237.1	782	4.083	413.2	0.260	0.2838	2.20	1.6268
异喹啉	C_9H_7N	129.16	1.0910^{30}		板		÷				+酸	26.46	243.2	803	4.090	413.2	0.253	0.2288	2.73	1.6148
2-甲基喹啉	$C_{10}H_9N$	143.18	1.060^{25}	无	液	油状	÷	+	+		+丙酮、氯仿	-0.8	246.5	769	3.35	490	0.257	0.359		1.6116
4-甲基喹啉	$C_{10}H_9N$	143.18	1.0830	淡黄	液	油状	÷	+	+			9.5	262	797	4.65					1.6200
6-甲基喹啉	$C_{10}H_9N$	143.18	1.0654	无	液	油状	÷	+	+			-22	258.6	797	3.70					1.6157

续表

名称	分子式	分子量	密度 d_4^{20} /(g/cm³)	颜色	形态	性状	溶解性能					正常熔点 t_m /℃	正常沸点 t_b /℃	临界温度 T_c /K	临界压力 p_c /MPa	临界体积 V_c /(cm³/mol)	临界压缩因子 Z_c	偏心因子 ω	偶极矩 /D	折射率 n^{20}
							水	乙醇	乙醚	苯	其他									
8-甲基喹啉	$C_{10}H_9N$	143.18	1.0719	淡黄	液	油状	÷	+	+			−80	247.5	791.0	5.00					1.6164
8-羟基喹啉	C_9H_7NO	145.16	1.03	白	晶	升华	−	++	−	++	+氯仿、丙酮或稀酸	75-6	267	788	4.36	414	0.276	0.522		
吡唑	$C_3H_4N_2$	68.08	1.4088	白-黄	固		+					67-70	187	734	6.6	235	0.254	0.287		1.4203
吡嗪	$C_4H_4N_2$	80.09	1.055	无	晶		+	+	+			52-6	118.6	626	5.49	274	0.289	0.203		1.5235
二苯吡嗪	$C_{14}H_8N_2$	180.20		黄	针	升华	÷÷	++*	÷	+	++丙酮、氯仿	171	＞360							
四苯基吡嗪	$C_{28}H_{20}N_2$	384.44			针	升华		÷*	+	+*	×浓硫酸，+氯仿	246								
2-甲基吡嗪	$C_5H_6N_2$	94.11	1.029	无-淡黄	液		+	+	+			−29	136～137							
哌啶	$C_5H_{11}N$	85.15	0.8606	无	液	氨味	+	+	+	+	①	−11.02	106.2	549.1	4.914	295.3	0.294	0.251	1.18	1.4530
2,4,6-三甲基哌啶	$C_8H_{11}N$	121.18	0.917^{22}									−46	170.6	645.0	3.20					1.498
哒嗪	$C_4H_4N_2$	80.09	1.103^{25}				∞	++	++	∞	②			774	5.49	274	0.234	0.203		
哌嗪	$C_4H_{10}N_2$	86.14	1.1	白-微黄	液	可燃	+	+	−			106	145.5	638	5.53	310	0.323	0.414		1.446^{113}
氨基乙基哌嗪	$C_6H_{15}N_3$	129.20	0.985^{25}	无	液		+					−19	220	708	3.85	407	0.266	0.557		1.4983
N-羟乙基哌嗪	$C_6H_{14}N_2O$	130.19	1.061^{25}	无	液	油状	∞				÷氯仿、甲醇		246	711	4.03	386	0.263	0.833		1.506
吗啉	C_4H_9NO	87.12	1.0005	无	油		∞	∞	∞	∞	③	−4.8	128.2	618.0	5.47	253.0	0.27	0.37	1.5	1.4548
N-甲酰吗啉	$C_5H_9NO_2$	115.13	1.145	无	液	无毒	+			+		20-1	236.5							
嘧啶	$C_4H_4N_2$	80.09	1.1±0.1	白	固							19-22	122.4	638	5.49	274	0.284	0.211		1.503

① 溶于丙酮、氯仿，也能溶解于多种有机化合物。
② 不溶于石油醚，易溶于甲醇，与二甲基甲酰胺混溶。
③ 与丙酮、乙二醇、亚麻子油、松节油、蓖麻油混溶。

16.1.6　其他化合物的一般特性

表16.1.6　其他化合物的一般特性

名称	分子式	分子量	密度 d_4^{20} /(g/cm³)	颜色	形态	性状	溶解性能					正常熔点 t_m /℃	正常沸点 t_b /℃	临界温度 T_c /K	临界压力 p_c /MPa	临界体积 V_c /(cm³/mol)	临界压缩因子 Z_c	偏心因子 ω	偶极矩 /D	折射率 n^{20}
							水	乙醇	乙醚	苯	其他									
乙酰氟	C_2H_3FO	62.04	1.032^{25}	无	液		//	//	∞	+	÷CS_2；+乙酸，氯仿	−84	22							
乙酰氯	C_2H_3ClO	78.50	1.1051	无	液	发烟	//	//	∞	∞	∞丙酮、氯仿	−112.8	50.7	508.0	5.87	204.0	0.280	0.344	2.4	1.3886

续表

名称	分子式	分子量	密度 d_4^{20} /(g/cm³)	颜色	形态	性状	溶解性能 水	乙醇	乙醚	苯	其他	正常熔点 t_m /℃	正常沸点 t_b /℃	临界温度 T_c /K	临界压力 p_c /MPa	临界体积 V_c /(cm³/mol)	临界压缩因子 Z_c	偏心因子 ω	偶极矩 /D	折射率 n^{20}
乙基倍半氯化铝	$C_6H_{15}Al_2Cl_3$	247.50	1.092^{25}	无	液									747	6.96	428	0.480	0.434		
二乙基硫	$C_4H_{10}S$	90.19	0.84	无	油，液	蒜味	÷	+	+			−104	92-3	557.2	3.96	318	0.272	0.290		1.4402
二乙基二硫	$C_4H_{10}S_2$	122.25	1.0±0.1	无	液	油状	÷	++	++		++有机溶剂	97	154	642.2	3.87	358	0.260	0.347		1.506
二氯乙酰氯	C_2HCl_3O	147.39	1.531516	无	液	发烟	−		∞				108	585	4.61	283	0.268	0.309		1.4591
三甲基铝	C_3H_9Al	72.08	0.81	无	液		×					15	126	620	4.00	271	0.210	0.218		1.432^{12}
三乙基铝	$C_6H_{15}Al$	114.16	0.85	无	液	霉味	×			+	+饱和烃类	−50	129	678.2	8.93	230	0.364	0.842		$1.48^{6.5}$
三甲基镓	C_3H_9Ga	114.83	1.151	无	液						①	−15.8	55.7	510	4.04	211	0.201	0.208		
三苯基膦	$C_{18}H_{15}P$	262.29	1.132	白	晶	粉末	×	++		++	++三氯甲烷	79-81	377	1008	7.84	554	0.518	0.452		1.6358
三氯乙酰氯	C_2Cl_4O	181.83	1.7±0.1	微黄	液	发烟	−							604	4.32	340.8	0.293	0.282		1.470
四乙基铅	$C_8H_{20}Pb$	323.44	1.65325	无	油	臭味					②	−136	84.5^2	655	2.125	636	0.248	0.478		
1-甲基萘	$C_{10}H_{10}$	130.19	0.987		固							80	199	703	3.46	436	0.258	0.335		1.5587
2-甲基萘	$C_{10}H_{10}$	130.19	0.971	无-黄	液							3	206	711	3.46	436	0.255	0.351		1.572
布洛芬	$C_{13}H_{18}O_2$	206.28	1.036	灰白	晶粉	异臭	−	++	++		++氯仿、丙酮	77-8	157	765	2.98	668	0.313	1.010		1.550
过氧化苯甲酰	$C_{14}H_{10}O_4$	242.23	1.3±0.1	白	粉		−	÷		+	③	105	350	884	2.57	718	0.251	0.914		1.585
过氯酰氟	$ClFO_3$	102.45	1.434^{-20}	无	气	甜味						−146	46.8	368.5	5.37	161	0.282	0.173		
亚硝基氯	$NOCl_2$	65.5	1.25^{30}	红褐	液	特臭	//				+浓硫酸	−64.5	−5.5	440	9.12	139	0.346	0.318		
异丁基氯	C_4H_9Cl	92.57	0.881	无	液	易燃	−	∞	∞			68-9	−131-69	528	3.9	300	0.267	0.242		1.3984
苄基氯(氯化苄)	C_7H_7Cl	126.58	1.1004	无-黄	液	刺激	−	∞	+		∞氯仿	−45	179	684.2	3.92	360	0.252	0.322		1.5391
间氯苯甲酰氯	$C_7H_4Cl_2O$	175.01	1.367	深棕	液								224	724	3.68	406	0.248	0.454		1.568
间苯二甲酰氯	$C_8H_4Cl_2O_2$	203.02	$1.387^{46.9}$	微黄	固	晶				+	$+CCl_4$	41	276	768	3.33	471	0.246	0.646		1.571
叔丁基氯	C_4H_9Cl	92.57	1.842	无	液	易燃	÷					−26	51.5	507.2	3.95	295	0.280	0.191		1.3848
桉树脑	$C_{10}H_{18}O$	154.25	0.922	无	油			∞	∞		∞氯仿、甘油	1.5	175.5							1.4575
氰	C_2N_2	52.03	0.9537^{-21}	无	气	易燃	+	++	++			−27.83	−21.1	400	6.0	273.5	0.431	0.278	0.2	
氰化氢	CHN	27.03	0.6876	无	液	异味	+	+	+			−13.29	26	456.7	5.39	139.0	0.197	0.388	3.0	1.2614
硫酰氯(氧氯化硫)	SO_2Cl_2	134.97	1.67	无	液	臭味	×			+	+乙酸	−54.1	69.2	545	4.61	234	0.238	0.176		

续表

名称	分子式	分子量	密度 d_4^{20} /(g/cm³)	颜色	形态	性状	溶解性能					正常熔点 t_m /℃	正常沸点 t_b /℃	临界温度 T_c /K	临界压力 p_c /MPa	临界体积 V_c /(cm³/mol)	临界压缩因子 Z_c	偏心因子 ω	偶极矩 /D	折射率 n^{20}
							水	乙醇	乙醚	苯	其他									
硫脲	CH_4N_2S	76.12	1.41	白	晶	苦味	+*	+	÷			177	//	854	8.23	248	0.287	0.359		
氯乙酰氯	$C_2H_2Cl_2O$	112.94	1.4202	无	液	刺激	–		∞		+丙酮	–22	106	581	5.11	245	0.259	0.354		
氯化氰	CClN	61.47	1.186	无	棱	催泪	+	++	++			–6.5	13							
碳酰氟	CF_2O	66.01	1.139^{-114}	无	气							–111.2	–84.5	297	5.76	141	0.329	0.283		
碳酰氯(光气)	CCl_2O	98.92	1.3719^{25}	无	气	有毒	//	//*	++	+	④	–127.8	7.5	455.2	5.67	190.0	0.285	0.205	1.1	
芴	$C_{13}H_{10}$	166.22	1.2030	无	晶粉	可燃	–	+*	+	+	–氨水，$+SO_2$	115.5	294.5	870	4.7	400	0.26	0.349		1.6470
苊	$C_{12}H_{10}$	152.19	0.8987^{16}	微黄	晶	刺激	–	÷	+*	+*	⑤	95.5	278.5	803.2	3.1	553	0.257	0.381		1.6048
芘	$C_{16}H_{10}$	202.26	1.271^{23}	浅黄	棱	可燃	–	++	++	++	⑥	150.4	404	936	2.61	660	0.221	0.507		
茚	C_8H_8	116.16	0.996^{25}	无	油	透明	–	∞	∞	+	⑦	–5--3	182.6							1.5762
2,3-二氢化茚	C_9H_{10}	118.18	0.9639	无	液	易燃	–	+	+											
菲	$C_{14}H_{10}$	178.23	0.9800^4		板		–	+*	++	+		72.22	307	869	2.9	554	0.222	0.471		1.567
蒽	$C_{14}H_{10}$	178.23	1.280^{25}	无	单斜		–	+纯			+甲苯	–1.45	182.5	702.0	4.101	379.9	0.267	0.265	0.67	1.5768
对称八氢蒽	$C_{14}H_{18}$	186.29	0.9703^{80}	灰白	晶		–	+		++	++热乙醇、热乙酸	–51.4	178.0	684.9	3.95	387.4	0.269	0.308	0.53	1.5378
荧蒽	$C_{16}H_{10}$	202.26	1.252^0	黄绿	晶		–	+	+	+	+乙酸	215.8	339.9	905	2.61	655	0.227	0.588	0.0	1.5948
樟脑	$C_{10}H_{16}O$	152.23	0.99	白	固	樟木味	÷	+	+		⑧	180	204	709	2.99	505	0.256	0.319		
葡萄糖	$C_6H_{16}O_6$	180.16	1.54	白	晶	味甜	+	÷	–		–芳香烃	146 //		755	4.82	414	0.318	2.387		
蔗糖	$C_{12}H_{22}O_{11}$	342.30	1.8±0.1	白	晶	味甜	++	÷	–		–乙酸乙酯	186		1086	2.69	761	0.227	0.365		1.656

① 可任意溶解于乙烷、庚烷等脂肪族饱和碳氢化合物及甲苯、二甲基苯等芳香族碳氢化合物中。
② 不溶于水、稀酸、稀碱液；溶于多数有机溶剂。
③ 溶于丙酮、二硫化碳、氯仿等。
④ 溶于乙酸、氯仿；易溶于甲苯、二甲苯、氯苯、二氯苯、四氧化碳、煤油等多数有机溶剂。
⑤ 溶于氯仿、甲苯、冰乙酸、氯仿和石油醚。
⑥ 易溶于二硫化碳、甲苯、四氢呋喃等有机溶剂。
⑦ 溶于 CS_2、吡啶、丙酮、乙酸等大多数有机溶剂。
⑧ 溶于氯仿、二硫化碳、油类等多数有机溶剂。

16.2 密度

16.2.1 乙酰氯和碳酰氯液体的密度

表16.2.1 乙酰氯和碳酰氯液体的密度 单位：g/cm^3

名称	温度/K								
	−100	−80	−60	−40	−20	0	20	40	60
乙酰氯	1.274	1.248	1.221	1.193	1.165	1.135	1.105	1.073	1.041
碳酰氯	1.631	1.593	1.553	1.513	1.471	1.427	1.381	1.333	1.281
名称	温度/K								
	80	100	120	140	160	180	200	220	230
乙酰氯	1.006	0.969	0.930	0.888	0.841	0.787	0.722	0.631	0.552
碳酰氯	1.225	1.164	1.095	1.013	0.907	0.692			

16.2.2 蔗糖水溶液的密度

表16.2.2 蔗糖水溶液的浓度和密度

浓度		密度	浓度		密度	浓度		密度
（质量分数）/%	/（g/L）	/（g/cm^3）	（质量分数）/%	/（g/L）	/（g/cm^3）	（质量分数）/%	/（g/L）	/（g/cm^3）
2	20.12	1.0060	36	416.2	1.1562	70	943.0	1.3472
4	40.56	1.0139	38	443.2	1.1663	72	979.1	1.3598
6	61.31	1.0219	40	470.6	1.1764	74	1016	1.3725
8	82.39	1.0299	42	498.5	1.1868	76	1053	1.3854
10	103.8	1.0381	44	526.8	1.1972	78	1091	1.3985
12	125.6	1.0465	46	555.6	1.2079	80	1129	1.4117
14	147.7	1.0549	48	584.9	1.2186	82	1169	1.4251
16	170.2	1.0635	50	614.8	1.2296	84	1208	1.4386
18	193.0	1.0721	52	645.1	1.2406	86	1249	1.4522
20	216.2	1.0810	54	676.0	1.2519	88	1290	1.4660
22	239.8	1.0899	56	707.4	1.2632	90	1332	1.4800
24	263.8	1.0990	58	739.4	1.2748	92	1375	1.4941
26	288.1	1.1082	60	771.9	1.2865	94	1418	1.5083
28	312.9	1.1175	62	804.9	1.2983	96	1460	1.5227
30	338.1	1.1270	64	838.6	1.3103	98	1506	1.5372
32	363.7	1.1366	66	872.8	1.3224	100	1552	1.5518
34	389.7	1.1463	68	907.6	1.3347			

16.2.3 其他有机物料液体的密度

表16.2.3 其他有机物料液体的密度 单位：g/cm^3

名称	温度/K										
	−100	−80	−60	−40	−20	0	20	40	60	80	100
乙酰氯	1.274	1.248	1.221	1.193	1.165	1.135	1.105	1.073	1.041	1.006	0.969
碳酰氯	1.631	1.593	1.553	1.513	1.471	1.427	1.381	1.333	1.281	1.225	1.164
吡啶				1.042	1.022	1.003	0.983	0.963	0.943	0.923	0.903
六氢吡啶						0.880	0.861	0.843	0.824	0.805	0.786

续表

名称	温度/K										
	−100	−80	−60	−40	−20	0	20	40	60	80	100
呋喃		1.062	1.039	1.015	0.990	0.965	0.938	0.910	0.881	0.850	0.817
四氢呋喃	1.015	0.995	0.975	0.954	0.932	0.911	0.889	0.867	0.845	0.822	0.798
2-甲基呋喃		1.030	1.008	0.986	0.963	0.940	0.916	0.891	0.865	0.838	0.810
2-甲基四氢呋喃			0.935	0.915	0.894	0.873	0.851	0.830	0.808	0.785	0.762
噻吩					1.111	1.088	1.065	1.041	1.018	0.993	0.966
二甲基亚砜							1.098	1.080	1.062	1.043	1.024
苄基氯					1.135	1.117	1.099	1.080	1.062	1.042	1.022

名称	温度/K										
	120	140	160	180	200	220	240	260	280	300	320
乙酰氯	0.930	0.888	0.841	0.787	0.722	0.631	0.552^{230}				
碳酰氯	1.095	1.013	0.907	0.692							
吡啶①	0.882	0.860	0.837	0.814	0.789	0.763	0.730	0.696	0.661	0.620	0.566
六氢吡啶	0.766	0.745	0.723	0.700	0.676	0.645	0.614	0.580	0.541	0.486	0.353
呋喃	0.781	0.741	0.696	0.641	0.566						
四氢呋喃	0.772	0.746	0.717	0.680	0.643	0.601	0.548	0.456			
2-甲基呋喃	0.780	0.748	0.713	0.674	0.630	0.576	0.500				
2-甲基四氢呋喃	0.737	0.711	0.681	0.646	0.610	0.569	0.515	0.410			
噻吩	0.939	0.910	0.880	0.848	0.814	0.776	0.733	0.684	0.620	0.513	
二甲基亚砜②	1.005	0.986	0.966	0.944	0.923	0.901	0.877	0.853	0.827	0.801	0.772
苄基氯③	1.002	0.981	0.960	0.937	0.914	0.890	0.865	0.838	0.809	0.779	0.745

① 温度为340℃时，其值为0.472g/cm³。
② 温度为340、360、380、400、420℃时，其值分别为0.741、0.706、0.666、0.617、0.546g/cm³。
③ 温度为340、360、380、400℃时，其值分别为0.708、0.664、0.611、0.530g/cm³。

16.3 相变点

16.3.1 沸点和三相点

表16.3.1 杂环化合物的沸点和三相点

物料名	常规沸点/K	常规沸点下的液相摩尔体积/(m^3/kmol)	三相点温度/K	三相点压力/Pa	三相点的液相和固相恒压热容差/[J/(K·kmol)]
吡啶	388.4	0.08986	231.5	20.535	29495.4
三氰基吡啶（尼古丁腈）	474.2	0.11264	323.2	225.26	38543.3
甲酸-3-吡啶（烟酸）	526.0	0.13174	509.6	66174	101850
二甲基吡啶	402.6	0.11151	206.4	0.40801	39494.3
三甲基吡啶	417.3	0.11089	255.0	34.736	38909.7
四甲基吡啶	418.5	0.11154	276.8	186.50	4753.86
2,6-二甲基吡啶	417.2	0.13285	267	89.951	12643
2,4,6-三甲基吡啶	443.7	0.15337	229.0	0.6587	3177.12
N-甲基吡咯	385.9	0.10160	216.9	4.0618	36159.1
甲氧基二氢吡喃	400.8	0.12920	255	69.948	2622.1
呋喃	304.5	0.07381	187.5	50.026	28623
二苯并呋喃	558.3	0.18381	355.3	76.564	32258.1
2,3-二氢呋喃	327.7	0.07937	176	2.876	−16519.9
二苯并呋喃	558.3	0.18381	355.3	76.564	32258.1
四氢呋喃	339.1	0.08639	164.6	0.19554	25044.9

续表

物　料　名	常规沸点/K	常规沸点下的液相摩尔体积/(m^3/kmol)	三相点温度/K	三相点压力/Pa	三相点的液相和固相恒压热容差/[J/(K·kmol)]
吖啶	619.2	0.19809	383.2	37.208	44155.9
嘧啶	396.9	0.08351	294.9	1890.1	22143.9
哌嗪	419.2	0.13477	379.2	26372	43481.9
吗啉	401.2	0.09753	268.4	180.48	28847.1
喹啉	510.3	0.14168	258.4	0.25116	44640
二甲基喹啉(喹哪啶)	520.9	0.16622	272.2	0.53608	10412.5
8-羟基喹啉	540.0	0.14938	348	40.900	64007.2
2-甲基噻吩	385.7	0.10746	209.8	2.3586	34014.3
3-甲基噻吩	388.6	0.10697	204.2	1.0543	37282.5
二苯并噻吩	604.6	0.19525	371.8	34.445	35844.8
2-巯基苯并噻唑	496.2	0.15176	453.2	33679	97334.8
二苯并吡咯	627.9	0.15899	518.0	7420.5	151953
四氢吡咯	359.7	0.08895	215.3	16.760	56644.5
甲氧基二氢吡喃	400.8	0.12920	255	69.948	2622.1
哒嗪	481.2	0.08556	265.2	2.49753	16655.2
吲哚	526.2	0.12814	326.2	31.5246	44858.4

表 16.3.2　其他有机物料的沸点和三相点

物　料　名	常规沸点/K	常规沸点下的液相摩尔体积/(m^3/kmol)	三相点温度/K	三相点压力/Pa	三相点的液相和固相恒压热容差/[J/(K·kmol)]
乙基倍半氯化铝	482.2	0.24772	253.2	0.84322	54730
三甲基铝	400.3	0.10720	288.4	891.20	3453.27
三甲基镓	329.0	0.10411	257.4	3341.1	14660.7
四乙基铅	473.2	0.23292	139.4	1.2056E-11	50915.5
环己酮肟	481.2	0.15042	363.2	1330.9	34513.4
苊	550.5	0.17593	366.6	200.00	5606.3
芴	570.4	0.14819	387.9	275.76	645.954
芘	668.0	0.22992	423.8	70.0313	−18082.6
布洛芬	580.5	0.27783	348.6	3.0366	158065
1,2,3-三甲基茚	509.0	0.19410	344.6	317.49	43689.4
1-苯基茚	610.0	0.22943	310.6	0.04416	32482.6
三苯基氧化膦	0.0	0.00000	432.2	843.345	40476.7
三苯基膦	650.2	0.30844	354.4	0.39003	42221.9
二甲基亚砜	464.0	0.08467	291.7	50.229	22044.5
三甲基环丁砜	549.2	0.13994	273.6	0.08093	24704.9
二正丙基砜	543.0	0.18258	303	0.97528	21904.1
二正丁基砜	564.0	0.23069	318	0.88551	30029.2
环丁砜	560.5	0.11673	300.5	0.70446	26366.5
二乙基硫	365.3	0.11805	169.2	0.099321	53747.8
二乙基二硫	427.1	0.14235	171.6	0.00022	66513.1
甲基正丁基硫	396.6	0.14005	175.3	0.0046	183147
甲基叔丁基硫	372.0	0.13918	190.8	0.81834	33825.8
甲基叔戊基硫	423.0	0.16261	195	0.05470	36030.5
菲	610.0	0.19982	372.4	29.278	43005.1
蒽	615.2	0.20198	488.9	4950.9	2792.2
荧蒽	656.0	0.23505	383.3	15.702	33446.2
碳酰氟	188.6	0.06132	161.9	12526	29322.9
苄氯	452.6	0.13510	234.2	0.7177	−31923.4

续表

物 料 名	常规沸点 /K	常规沸点下的液相摩尔体积 /（m^3/kmol）	三相点温度 /K	三相点压力 /Pa	三相点的液相和固相恒压热容差 /[J/（K·kmol）]
间苯二甲酰氯	549.0	0.18216	317	1.6545	53543.1
间氯苯甲酰氯	498.0	0.14927	280	4.1646	29136
硫酰氯	342.6	0.08646	219	115.82	34360
氯乙酰氯	379.2	0.08884	251.2	135.93	17959.9
过氧化苯甲酰	669.0	0.28508	378	0.2435	42851.6
樟脑	480.6	0.18835	453.2	51396	71361.6
葡萄糖	617.0	0.20463	419.2	0.43350	126295

16.3.2 二元共沸物的共沸点

表16.3.3 含吡啶二元共沸物的共沸点

吡啶 /%	第二组分（余量）	共沸点 /℃	吡啶 /%	第二组分（余量）	共沸点 /℃
22	甲苯	110.15	＜40	2,5-二甲基己烷	＜105.5
13.1	苯酚	183.1	23.4	2,2,4-三甲基戊烷	95.7
＜14	庚烷	＜97.0	60	溴代异戊烷	114
＜90	辛烷	＜112.8	65	碘代异丁烷	114
29	丁醇	118.7	60	4-甲基-2-戊酮	114.9
40	3-戊醇	117.4	45	异戊酸甲酯	118
82	甲酸	148.8	＜72	二异丙基硫醚	＜114.5
65	乙酸	139.7	8	哌啶	106.1
68.5	丙酸	150.8			

表16.3.4 含2-甲基吡啶二元共沸物的共沸点

2-甲基吡啶 /%	第二组分（余量）	共沸点 /℃	2-甲基吡啶 /%	第二组分（余量）	共沸点 /℃
75	甲酸	155.8	52	水	92.8
60	乙酸	＜142			

表16.3.5 含喹啉二元共沸物的共沸点

喹啉 /%	第二组分	共沸点 /℃	喹啉 /%	第二组分	共沸点 /℃
6	对叔戊基酚	267.5	27	黄樟脑	235.15
48	香芹酚	244.3	22	间二乙氧基苯	235
55	百里酚	743.1	93	2-甲基萘	237.25

16.4 黏度

16.4.1 气体的黏度

表16.4.1 乙酰氯和碳酰氯气体的黏度　　单位：μPa·s

名 称	温度 /K								
	200	250	300	350	400	450	500	550	600
乙酰氯	6.689	8.296	9.891	11.48	13.06	14.63	16.19	17.77	19.28
碳酰氯	7.457	9.665	11.75	13.75	15.68	17.55	19.37	21.15	22.90

续表

名　称	温度 /K							
	650	700	750	800	850	900	950	1000
乙酰氯	20.72	22.09	23.41	24.68	25.91	27.10	28.26	29.39
碳酰氯	24.61	26.29	27.94	29.57	31.18	32.77	34.34	35.89

表16.4.2　噻吩、甲基噻吩、噻唑和吡啶气体的黏度　　单位：μPa·s

名　称	温度 /℃									
	0	25	50	75	100	150	200	250	300	400
噻吩	7.55	6.28	9.01	9.73	10.45	11.90	13.33	14.72	16.12	
甲基噻吩	6.90	7.56	8.24	8.88	9.54	10.85	12.18	13.49	14.78	
噻唑	9.10	9.72	10.34	10.98	11.60	12.85	14.10	15.35	16.58	
吡啶			8.30	8.92	9.55	10.84	12.08	13.354	14.62	17.20

表16.4.3　其他有机物料气体的黏度　　单位：μPa·s

名　称	温度 /K							
	200	250	300	350	400	450	500	550
吡　啶		6.465	7.708	8.944	10.18	11.40	12.62	13.84
六氢吡啶			7.505	8.709	9.906	11.10	12.29	13.47
呋　喃	6.209	7.701	9.183	10.66	12.12	13.58	15.04	16.49
四氢呋喃	5.505	6.828	8.141	9.447	10.75	12.04	13.33	14.62
2-甲基呋喃	5.671	7.034	8.387	9.732	1.107	1.240	1.373	1.507
2-甲基四氢呋喃	4.885	6.058	7.224	8.383	9.535	10.68	11.83	12.97
噻　吩		6.902	8.563	10.15	11.67	13.15	14.58	15.98
苄基氯		5.752	6.908	8.062	9.209	10.35	11.48	12.59

名　称	温度 /K								
	600	650	700	750	800	850	900	950	1000
吡　啶	15.05	16.27	17.46	18.61	19.71	20.77	21.80	22.80	23.76
六氢吡啶	14.66	15.84	16.98	18.06	19.11	20.12	21.10	22.05	22.97
呋　喃	17.86	19.17	20.42	21.62	22.78	23.90	24.99	26.05	27.08
四氢呋喃	15.90	17.12	18.29	19.42	20.50	21.54	22.55	23.53	24.49
2-甲基呋喃	1.637	1.761	1.880	1.994	2.104	2.210	2.313	2.413	2.511
2-甲基四氢呋喃	14.11	15.19	16.22	17.22	18.17	19.10	19.99	20.86	21.71
噻　吩	17.35	18.70	20.02	21.32	22.60	23.86	25.10	26.33	27.55
苄基氯	13.70	14.78	15.85	16.90	17.93	18.95	19.94	20.91	21.87

16.4.2　液体的黏度

表16.4.4　葡萄糖的黏度　　单位：Pa·s

温度 /℃	22	25	30	35	40	50	60	70	80	90	100
η	9.1×10^{12}	1.2×10^{12}	6.6×10^{10}	4.3×10^{9}	2.8×10^{8}	5.0×10^{6}	9.3×10^{4}	7.1×10^{3}	660	90	25

表16.4.5　蔗糖水溶液的黏度　　单位：mPa·s

温度 /℃	含糖量（质量分数）/%					温度 /℃	含糖量（质量分数）/%				
	20	30	40	50	60		20	30	40	50	60
0	3.80	7.00	14.8	45.0	238	15	2.27	3.92	7.47	19.6	74.6
5	3.15	5.62	11.6	34.4	156	20	1.96	3.28	6.20	15.4	56.5
10	2.65	4.78	9.79	26.4	110	25	1.70	2.70	5.19	12.7	43.9

续表

温度/℃	含糖量（质量分数）/%					温度/℃	含糖量（质量分数）/%				
	20	30	40	50	60		20	30	40	50	60
30	1.50	2.42	4.38	10.3	33.8	65	0.74	1.06	1.78	3.52	8.63
35	1.33	2.10	3.76	8.50	26.5	70	0.68	0.99	1.61	3.06	7.15
40	1.19	1.86	3.25	7.22	21.3	75	0.64	0.92	1.46	2.74	6.20
45	1.07	1.65	2.85	6.00	17.2	80	0.59	0.83	1.33	2.46	5.40
50	0.97	1.45	2.50	5.40	14.0	85	0.55	0.77	1.22	2.22	4.73
50	0.97	1.45	2.50	5.40	14.0	90			1.12	2.02	4.15
55	0.88	1.30	2.22	4.58	11.7	95			1.04	1.86	3.72
60	0.81	1.18	1.98	3.90	9.83	100			0.96	1.71	3.34

注：蔗糖在 109、124.6℃时，黏度分别为 2.8×10^6、1.9×10^5mPa·s。

表16.4.6　其他有机物料液体的黏度　　单位：mPa·s

名　称	温度/K										
	−100	−80	−60	−40	−20	0	20	40	60	80	100
吡　啶				3.200	2.000	1.340	0.952	0.705	0.541	0.428	0.347
六氢吡啶						2.310	1.480	1.010	0.715	0.529	0.404
呋　喃		1.850	1.200	0.835	0.616	0.475	0.380	0.313	0.263	0.226	0.171
四氢呋喃	5.100	2.860	1.790	1.210	0.873	0.660	0.519	0.420	0.349	0.296	0.256
2-甲基四氢呋喃			1.520	1.060	0.780	0.602	0.481	0.396	0.333	0.286	0.250
噻　吩					1.200	0.874	0.664	0.522	0.423	0.351	0.297
二甲基亚砜							2.200	1.510	1.090	0.810	0.623
苄基氯					3.030	2.000	1.400	1.030	0.779	0.611	0.492

名　称	温度/K										
	120	140	160	180	200	220	240	260	280	300	320
吡　啶①	0.287	0.242	0.208	0.180	0.184	0.162	0.142	0.123	0.105	0.089	0.074
六氢吡啶	0.317	0.254	0.208	0.174	0.152	0.132	0.113	0.096	0.080	0.066	0.053
呋　喃	0.146	0.123	0.102	0.084	0.067						
四氢呋喃	0.224	0.167	0.144	0.124	0.104	0.087	0.071	0.057			
2-甲基四氢呋喃	0.221	0.153	0.131	0.111	0.093	0.076	0.062	0.048			
噻　吩	0.255	0.223	0.197	0.174	0.152	0.131	0.112	0.094	0.078	0.064	
二甲基亚砜②	0.492	0.398	0.328	0.275	0.234	0.202	0.176	0.155	0.196	0.173	0.151
苄基氯③	0.405	0.339	0.289	0.250	0.219	0.194	0.173	0.181	0.160	0.140	0.122

① 温度为 340℃时，其值为 0.061mPa·s。
② 温度为 340、360、380、400、420℃时，其值为 0.131、0.112、0.094、0.079、0.064mPa·s。
③ 温度为 340、360、380、400℃时，其值为 0.104、0.089、0.074、0.061mPa·s。

算图 16.1
松香的黏度和熔点
（第 876 页右）

16.5　表面张力

表16.5.1　其他有机物料的表面张力　　单位：mN/m

名　称	温度/K										
	−100	−80	−60	−40	−20	0	20	40	60	80	100
乙酰氯	44.18	41.03	37.92	34.86	31.84	28.87	25.95	23.08	20.27	17.52	14.84
碳酰氯	39.00	35.65	32.35	29.11	25.94	22.84	19.81	16.86	14.01	11.25	8.619
吡　啶				45.61	42.74	39.91	37.12	34.36	31.64	28.97	26.33
六氢吡啶						32.83	30.39	27.98	25.61	23.27	20.97
呋　喃		39.44	36.28	33.16	30.09	27.07	24.10	21.19	18.35	15.59	12.90

续表

名　称	温度/K										
	−100	−80	−60	−40	−20	0	20	40	60	80	100
四氢呋喃	43.51	40.68	37.89	35.12	32.40	29.71	27.06	24.45	21.89	19.37	16.92
2-甲基呋喃		46.76	43.36	40.01	36.7	33.46	30.27	27.14	24.07	21.07	18.15
2-甲基四氢呋喃			32.99	30.52	28.09	25.69	23.33	21.01	18.74	16.52	14.36
噻　吩					37.70	34.89	32.13	29.40	26.73	24.10	21.52
二甲基亚砜							43.99	41.45	38.94	36.45	34.00
苄基氯					40.13	37.86	35.62	33.41	31.22	29.06	26.93

名　称	温度/K										
	120	140	160	180	200	220	240	260	280	300	320
乙酰氯	12.25	9.736	7.332	5.053	2.938	1.063	0.284^{230}				
碳酰氯	6.124	3.805	1.726	0.092							
吡　啶①	23.75	21.22	18.74	16.31	13.96	11.67	9.460	7.342	5.331	3.451	1.746
六氢吡啶	18.71	16.50	14.33	12.22	10.17	8.183	6.276	4.461	2.764	1.232	0.025
呋　喃	10.30	7.806	5.441	3.240	1.274						
四氢呋喃	14.51	12.18	9.915	7.735	5.653	3.694	1.900	0.376			
2-甲基呋喃	15.31	12.57	9.929	7.412	5.043	2.865	0.969				
2-甲基四氢呋喃	12.25	10.20	8.227	6.337	4.545	2.875	1.371	0.153			
噻　吩	19.00	16.53	14.14	11.81	9.564	7.441	5.367	3.458	1.729	0.297	
二甲基亚砜②	31.57	29.17	26.81	24.48	22.18	19.93	17.71	15.55	13.43	11.36	9.359
苄基氯③	24.83	22.76	20.72	18.72	16.76	14.84	12.96	11.14	9.360	7.644	5.996

① 温度为340℃时，其值为0.327 mN/m。
② 温度为340、360、380、400、420℃时，其值分别为7.425、5.572、3.818、2.191、0.760 mN/m。
③ 温度为340、360、380、400℃时，其值分别为4.427、2.955、1.608、0.453mN/m。

16.6 溶解度

表16.6.1 葡萄糖在水中的溶解度

温度/℃	相互溶解度(质量分数)/%		温度/℃	相互溶解度(质量分数)/%		温度/℃	相互溶解度(质量分数)/%	
	葡萄糖	水		葡萄糖	水		葡萄糖	水
−0.08	6.83	93.17	28.1	52.99	47.01	40.0	67.60	32.40
−0.212	16.65	83.35	30.0	54.64	45.36	45.0	69.69	30.31
−2.30	17.59	82.41	35.0	58.02	41.98	55.2	73.08	26.92
−5.30	31.75	68.25	40.4	62.13	37.87	64.8	76.36	23.64
−5.60	33.02	66.98	41.5	62.82	37.18	70.2	78.23	21.77
−0.50	35.20	64.80	45.0	65.71	34.29	80.5	81.49	18.51
15.0	44.96	55.04	50.0	70.90	29.10	90.5	84.90	15.10
23.0	49.37	50.63	28.0	67.00	33.00			

表16.6.2 乳糖在水中的溶解度

温度/℃	相互溶解度(质量分数)/%		温度/℃	相互溶解度(质量分数)/%		温度/℃	相互溶解度(质量分数)/%	
	乳糖	水		乳糖	水		乳糖	水
0	10.6	89.4	39	24.0	76.0	74	46.3	53.7
15	14.5	85.8	49	29.8	70.2	89	58.2	41.8
25	17.8	82.2	64	39.7	60.3			

表16.6.3　缩二脲在水中的溶解度

单位：g/100g 水

温度/℃	溶解度	温度/℃	溶解度
0	0.52	75	20.0
25	2.01	100	47.6
50	7.0	105.5	53.5

表16.6.4　二氧化碳在环丁砜水溶液中的溶解度（31℃）

单位：L CO_2/L 溶液

二氧化碳压强（绝压）/kPa	环丁砜水溶液浓度（质量分数）/%			二氧化碳压强（绝压）/kPa	环丁砜水溶液浓度（质量分数）/%		
	30%	60%	100%		30%	60%	100%
90	1.0	3.2	3.2	450	5.4	13.2	19.1
170	2.0	6.4	8.0	580	8.1	18.3	24.8
300	4.4	8.6	13.5				

表16.6.5　其他物料在中的溶解度

物料	溶解度（质量分数）/%								
	10	20	30	40	50	60	70	80	100
磺胺噻唑		0.037		0.088^{37}	0.168		0.530^{75}		1.20^{99}
磺胺脒		0.076		0.196^{37}	0.430		1.40^{75}		3.70^{99}
硫酸肼		2.794	3.746	3.987	6.538	8.322	10.465	12.580	
喹啉		$0.0627^{25.2}$	$0.0753^{30.3}$						
安替匹林	$81.5^{14.5}$	$99.6^{20.5}$	143.9	$174^{35.5}$	$222.6^{41.5}$	334.8^{55}	614.3^{72}		

表16.6.6　其他物料在脂肪胺中的溶解情况（20～30℃）

名　称	乙醇	乙醚	甲胺	二乙胺	三乙胺	二丙胺	丁胺	二丁胺	三丁胺	异戊胺	苯甲胺	氨（−33℃）
乙炔化四溴	s	∞	—	r	—	—	—	—	—	—	—	s
2,6-二甲基喹啉	vs	vs	—	vs	—	—	—	—	—	—	—	—
二对甲苯基汞	—	—	—	—	—	—	ss，x	—	ss，x	ss，x	—	—
二苯基汞	ss	—	—	ss	ins	ss	ss	ss	ins	ss	ins	—
二苯胍	—	—	—	ss	ins	—	vs	s	ss，x	vs	s	—
二苯甲酮肟	—	—	vs	—	—	—	—	—	—	—	—	—
二苯砜	ss	s	—	ss，x	ss，x	—	ss，x	ss	ss，x	ss，x	s，x	—
二苯脲（对称）	s	s	—	ss	ins	—	ss	ss	ss，x	s	ss，x	s
二羟基喹噁啉	—	—	—	—	—	—	ins，n	—	—	—	—	s
二氯棓因	—	—	s	—	—	—	—	—	—	—	—	s
丁二酮肟	vs	vs	—	ss，x	s	ss，x	vs	ss	ss，x	vs	s	—
正丁基氰	∞	s	—	∞	—	—	∞	—	—	∞	—	s
三苯甲基钾	r	s	—	—	—	—	s	—	—	—	—	—
内消旋甲基吖啶	ss	s	—	—	—	—	—	—	—	ss，x	—	—
内消旋甲基吖啶	vs	vs	—	—	—	—	—	—	—	es	—	—
牛乳糖	ss	—	vs	—	—	—	—	—	—	—	—	—
右旋-樟脑	es	vs	—	es	ins	—	es	vs	vs，x	es	es	vs
四号橙	—	—	—	ss	ins	—	ss	ss	ins	ss，n	ss	—
甲基橙	ss	ins	ss	ins	ins	ins	ss，n	ins	ins	ss	ss	—
甲碘化喹啉	—	—	—	—	—	—	vs，x	—	—	vs	—	vs
杂酚皂液	—	—	—	∞	—	—	—	—	—	—	—	—
血红朊	—	—	—	ins	—	—	ins，n	—	—	—	—	ss
冰　片	vs	vs	—	es	—	—	—	—	—	—	—	s
纤维素	ins	ins	—	ins	ins	—	ins	ins	ins	ins	ins	ins

续表

名　称	乙醇	乙醚	甲胺	二乙胺	三乙胺	二丙胺	丁胺	二丁胺	三丁胺	异戊胺	苯甲胺	氨(−33℃)
苊	ss，x	—	—	15	s，x	—	s，x	s	ss，x	s	s	ins
芴	s	vs	—	13	ss，x	s，x	s	s	ss，x	s	s	ins
辛可宁	ss	ss	—	—	—	—	—	ss，n	—	—	—	ins
吡　啶	∞	∞	∞	—	—	—	—	—	—	—	—	∞
吡　咯	vs	vs	—	∞	—	—	—	—	—	—	—	—
吲　哚	vs	vs	—	es	—	—	es	—	—	—	—	vs
阿拉伯树胶	—	—	—	ins，n	ins	—	ins	ins	ins	ss，n	ss	—
苯　肼	∞	∞	∞	—	—	—	—	—	—	—	—	—
苯胺蓝	—	—	—	ss	ins	—	ss	ins	ins	ss	ss	—
2-苯基喹啉	vs	vs	—	vs	—	—	vs	—	—	s	—	—
苯基对甲苯砜	—	—	—	6.3	ins	ins	ss	ss	ss，x	ss，x	ss	—
苯　脲	vs	vs	—	ss	ss	ss，n	s	ss	ss，x	vs	s	s
苯基葡萄糖脎	ss	—	—	—	—	—	s，x	—	—	vs	—	vs
苯基汞化溴	—	—	—	—	—	—	ss，x	—	—	ss，x	—	—
苯偶姻	s	—	—	—	—	—	vs	—	—	—	—	—
苯偶酰	vs	vs	vs	vs	ss	s，x	es	ss，x	ss	es	es	s
苯　醌	vs	vs	sr	vs，r	—	—	—	—	—	—	—	—
松　脂	vs	vs	—	s	s	—	vs	vs	ins	s	s	ins，r
夜光蓝	—	—	—	s	s	—	s	s	s	s	s	—
明　胶	—	—	—	ins	ins	—	ins，n	ins	ins	ins	ins	—
咖啡因	ss	ss	—	ss	—	—	ss，x	—	—	ss，x	—	ss
乳　糖	ss	ins	—	ss	ss	—	ss	ins	ins	es	ins	vs
茴香脑	∞	∞	—	∞	—	—	—	—	—	—	—	ss
茜　素	—	—	s	—	—	—	—	—	—	—	—	—
珐　琲	—	—	—	—	—	—	—	—	—	∞	—	ss
奎　宁	es	vs⁺	—	s	ss，m	s	vs	ss，m	ss	vs	s	ins
结晶紫	—	—	—	ins	ins	—	vs	ins	ins	s	s	s
氨基钾	r	ins	—	ins	—	—	ins，n	—	—	—	—	vs
菲	ss	s	—	s	—	—	—	—	—	—	vs	ins
萘酚黄	—	—	—	ins	ins	—	ss	ins	ins	ins	ins	—
荧光黄	vs	ss	—	ss	ins	—	s	ins	ins	s	s	s
硫酸肼	ins	—	—	ins	—	—	—	—	—	—	—	ins，r
对硝基苯胺红	—	—	—	ss	ss	—	s	ss，x	ss，x	s	s	—
对硝基苯肼	—	—	—	—	—	—	vs	—	ss，x	—	—	—
硝基脲	vs	vs	—	ins	—	—	—	—	—	—	—	vs
硝酸纤维素	—	—	—	s	ins	—	vs	ss	ins	vs	vs	s
硝酸胍	—	—	—	ss	—	—	—	—	—	—	—	vs
酚　酞	s	ss	vs	s	ss	—	s	ss	ss	s	s	—
喹　啉	s	—	—	∞	—	—	∞	∞	∞	—	∞	∞
异喹啉	∞	∞	—	∞	—	—	—	∞	—	∞	—	s
喹啉黄(水溶性的)	—	—	—	ins	ins	—	ss	ss	ins	ss，n	ss	—
喹哪啶	vs	vs	—	∞	—	—	∞	—	∞	∞	—	s
喹哪啶钾	r	vs	—	—	—	—	vs	—	—	—	—	es
4,4′-联吡啶	vs	—	—	—	—	—	vs，x	—	—	s，x	—	vs
棓　因	—	—	ss	—	—	—	—	—	—	—	—	—
氰化汞	s	—	vs	—	—	—	es	—	ss，n	—	—	vs
蒽	ss	ss	—	ss	ss，x	ss，x	ss，x	ss	ss，x	ss，x	ss，x	ins
酪　朊	—	—	—	ins	ins	—	ins	ins	ins	ins	ins	—
醋酸纤维素	—	—	—	ss	ins	ins	es	ins	ins	s	s	es
溴甲酚绿	—	—	—	ss	ins	—	s	ss，n	ins	s	s	—
溴樟脑	s	vs	—	vs⁺，x	s	—	vs⁺，x	vs⁺	ss，x	vs	vs	—
蜂　蜡	—	—	—	s	s	—	s	s	ss，m	s	ss，m	—

续表

名　称	乙醇	乙醚	甲胺	二乙胺	三乙胺	二丙胺	丁胺	二丁胺	三丁胺	异戊胺	苯甲胺	氨（-33℃）
葡萄糖	ss	ins	vs	ss	ins	ssn	vs+	ins	ins	s	s	vs
靛　红	s	ss	—	—	—	—	vs	—	—	—	—	s
靛　蓝	ins	ins	vs	ins	ins	—	ss	ss	ss	ins	ss	ss
曙　红	s	—	—	ss	ins	—	vs	ss	ins	vs	s	s

注：ins—不溶解或极轻微溶解；vs—易溶解，40～70g/100mL；ss—轻微溶解，< 10g/100mL；vs+—很易溶解，70～100g/100mL；s—适度溶解，10～40g/100mL；es—极易溶解，> 100g/100mL；∞—成任何比例混溶；n—不能溶解到明显地超过在热溶剂中溶解的程度；r—溶质与溶剂起化学反应；m—更易溶解于加热的胺中（在某些情况下是由于化学反应）；x—更易溶解于冷却时为晶体的热胺中。（表中数字的单位为 g/100mL）

N 算图 16.2

糖液温度和蔗糖的溶解度（第 877 页左）

16.7　热导率

16.7.1　气体的热导率

表16.7.1　乙酰氯和碳酰氯气体的热导率　　单位：mW/（m·K）

名　称	温度 /K								
	150	200	250	300	350	400	450	500	550
乙酰氯		32.12	47.70	66.11	87.45	110.9	136.8	164.8	195.4
碳酰氯	2.657	4.435	6.611	9.163	12.05	15.31	18.91	22.80	27.03
名　称	温度 /K								
	600	650	700	750	800	850	900	950	1000
乙酰氯	228.4	263.6	300.8	340.2	38.2	42.68	47.28	51.88	56.9
碳酰氯	31.59	36.44	41.59	46.86	52.72	58.99	65.27	71.96	78.66

表16.7.2　其他有机物料气体的热导率　　单位：mW/（m·K）

名　称	温度 /K								
	150	200	250	300	350	400	450	500	550
吡　啶			5.816	8.870	12.47	16.61	21.34	26.61	32.38
六氢吡啶				10.63	15.19	20.46	26.48	33.18	40.54
呋　喃		5.648	9.079	13.26	18.16	23.77	30.04	36.94	44.35
四氢呋喃		6.025	9.163	12.72	16.69	21.00	25.56	30.33	35.35
2-甲基呋喃		4.268	7.071	10.50	14.56	19.20	24.48	30.29	36.61
2-甲基四氢呋喃		4.853	7.448	10.50	13.89	17.61	21.63	25.86	30.29
噻　吩			7.029	10.25	13.89	17.78	21.92	26.23	30.63
苄基氯			6.402	9.037	12.13	15.69	19.66	24.10	28.95
名　称	温度 /K								
	600	650	700	750	800	850	900	950	1000
吡　啶	38.62	45.19	52.72	60.25	68.20	76.99	85.77	95.40	105.0
六氢吡啶	48.53	57.32	66.53	76.15	86.61	97.49	108.8	120.9	133.5
呋　喃	52.72	61.50	70.71	80.33	90.37	101.3	112.1	123.8	135.6
四氢呋喃	40.50	45.61	50.63	55.65	60.67	66.11	71.13	76.15	81.17
2-甲基呋喃	43.51	51.04	58.58	66.94	75.73	84.94	94.56	104.2	114.6
2-甲基四氢呋喃	34.43	39.41	43.93	48.53	52.72	56.90	61.50	65.27	69.45
噻　吩	35.10	39.54	43.93	48.53	52.72	57.32	61.50	65.69	69.87
苄基氯	34.31	40.04	46.44	52.72	59.83	67.36	75.31	83.68	92.47

16.7.2　液体的热导率

表16.7.3　乙酰氯和碳酰氯液体的热导率　　单位：mW/(m·℃)

名　称	温度/K							
	−100	−80	−60	−40	−20	0	20	40
乙酰氯	195.8	189.5	184.1	179.5	175.3	171.1	167.4	163.6
碳酰氯	163.2	158.6	153.1	147.7	141.8	136.4	131.0	126.4

名　称	温度/K						
	60	80	100	120	140	160	180
乙酰氯	159.8	155.6	151.9	148.1	144.3	141.0	139.7
碳酰氯	122.2	118.8	116.7	114.6	112.5	107.5	

表16.7.4　其他有机物料液体的热导率　　单位：mW/(m·℃)

名　称	温度/K										
	−100	−80	−60	−40	−20	0	20	40	60	80	100
吡　啶				163.6	159.0	154.0	149.0	143.9	138.9	133.9	128.4
六氢吡啶						148.1	143.1	138.1	132.6	127.2	121.8
呋　喃		183.3	169.0	156.5	144.8	134.7	125.1	116.7	109.2	102.5	96.65
四氢呋喃	258.2	238.5	220.9	205.4	191.2	178.2	166.5	155.6	145.6	136.4	128.0
2-甲基呋喃		155.6	145.2	135.6	127.2	119.2	111.7	105.0	98.74	92.88	87.45
2-甲基四氢呋喃			167.4	156.5	146.4	137.2	128.9	120.9	113.8	107.1	100.8
噻　吩					147.7	142.7	137.7	132.6	127.2	121.8	115.9
二甲基亚砜							165.3	160.7	156.1	151.5	146.9
苄基氯					136.8	133.1	129.7	125.9	122.2	118.4	114.6

名　称	温度/K										
	120	140	160	180	200	220	240	260	280	300	320
吡　啶①	123.0	117.2	111.3	105.4	99.16	92.47	85.35	77.82	69.87	61.09	50.63
六氢吡啶	115.9	109.6	103.8	97.07	90.37	83.26	75.73	67.36	57.74	46.86	29.54
呋　喃	91.21	86.19	81.59	76.15	68.20						
四氢呋喃	120.5	113.4	106.7	100.4	94.56	87.86	79.50				
2-甲基呋喃	82.84	78.24	73.64	69.45	64.85	58.99	51.04				
2-甲基四氢呋喃	94.98	89.54	84.52	79.50	74.48	68.62	61.50				
噻　吩	110.0	103.8	97.49	90.79	84.10	76.57	68.62	59.41	49.37	35.27	
二甲基亚砜②	142.3	137.2	132.2	127.2	122.2	116.7	111.3	105.4	99.58	93.30	86.61
苄基氯③	110.5	106.3	102.5	97.91	93.72	89.12	84.52	79.50	74.48	69.04	63.60

① 温度为340℃时，其值为37.03mW/(m·℃)。
② 二甲基亚砜温度为340、360、380、400、420℃时，其值为79.91、72.38、64.02、54.81、43.51mW/(m·℃)。
③ 温度为340、360、380℃时，其值为57.32、50.63、38.28、26.9mW/(m·℃)。

16.7.3　硅橡胶的热导率

表16.7.5　硅橡胶的热导率　　单位：W/(m·K)

T/K	λ	T/K	λ	T/K	λ	T/K	λ	T/K	λ
90	0.170	150	0.204	210	0.200	270	0.173	330	0.157
100	0.177	160	0.208	220	0.195	280	0.170	340	0.155
110	0.183	170	0.210	230	0.185	290	0.168	350	0.112
120	0.189	180	0.212	240	0.181	300	0.165	360	0.119
130	0.194	190	0.210	250	0.178	310	0.162		
140	0.199	200	0.206	260	0.175	320	0.160		

16.8 蒸气压

16.8.1 乙酰氯和碳酰氯的蒸气压

表16.8.1 乙酰氯和碳酰氯的蒸气压　　单位：kPa

名　称	温度/K							
	−40	−20	0	20	40	60	80	100
乙酰氯		3.867	12.07	31.10	69.17	137.1	262.4	457.1
碳酰氯	10.33	30.60	75.07	159.5	307.7	542.5	891.8	1385

名　称	温度/K							
	120	140	160	180	200	220	230	
乙酰氯	747.7	1161	1729	2484	3466	4726	5477	
碳酰氯	2054	2934	4071	5521				

16.8.2 其他有机物料的蒸气压

表16.8.2 其他有机物料的蒸气压（温度为变量）　　单位：kPa

名　称	温度/K									
	−40	−20	0	20	40	60	80	100	120	140
吡啶				2.0852	6.0117	14.833	32.338	63.798	116.0	197.0
六氢吡啶				2.9675	8.3251	20.068	42.883	83.134	148.81	249.32
呋喃	2.8154	9.8527	27.670	65.776	137.38	259.0	445.22	722.75	1112.5	1638.4
四氢呋喃			6.3978	17.283	40.214	83.154	156.38	272.86	446.13	691.84
2-甲基呋喃		0.6847	2.620	8.1285	21.379	49.233	101.83	192.92	339.64	562.75
2-甲基四氢呋喃		1.0858	3.6729	10.264	24.692	52.648	101.83	181.67	303.36	479.46
噻吩			2.9870	8.680	21.432	46.558	91.266	164.55	272.15	434.07
二甲基亚砜							1.8888	4.8319	11.044	22.980
苄基氯						1.4234	3.6981	8.5203	17.772	34.10

名　称	温度/K									
	160	180	200	220	240	260	280	300	320	340
吡啶	317.24	486.86	717.27	1021.3	1410.4	1899.8	2505.7	3244.4	4139.1	5216.2
六氢吡啶	390.81	589.50	854.87	1199.6	1637.4	2182.5	2856.3	3682.1	4692.3	
呋喃	2327.4	3210.9	4327.5							
四氢呋喃	1026.4	1468.1	2035.6	2751.9	3642.6	4742.0				
2-甲基呋喃	886.49	1338.5	1950.5	2761.1	3816.9					
2-甲基四氢呋喃	723.66	1050.7	1478.3	2024.4	2712.4	3570.6				
噻吩	659.42	961.87	1355.7	1855.2	2477.3	3242.4	4171.5	5297.2		
二甲基亚砜①	44.147	79.276	134.35	216.73	334.77	498.11	717.68	1005.2	1373.9	1837.0
苄基氯②	60.977	102.74	164.45	251.89	371.45	530.23	735.72	995.92	1320.2	1717.4

① 温度为360、380、400、420℃时，其值为2413、3118、3975、5010kPa。
② 温度为360、380、400℃时，其值为2200、2781、3477kPa。

N 算图16.3
石蜡混合物和二硫化碳的蒸气压（第877页右）

表16.8.3 其他有机物料的蒸气压（压力为变量）

名 称	分子式	0.1	0.2	0.4	0.7	1.0	2	4	7	10	20	40	70	101.3	熔点/℃
		相应于上述蒸气压（kPa）的温度/℃													
3-溴吡啶	C_5H_4BrN	13.1	22.7	33.4	42.8	49.5	62.8	77.3	90.3	99.6	118.4	140.2	159.7	173.4	
乙基三甲基锡	$Sn(CH_3)_3C_2H_5$	−33.2	−24.9	−15.3	−6.9	−1.1	10.5	23.6	35.1	43.0	59.1	78.7	96.4	108.8	
乙酰氯	C_2H_3OCl	−51.9	−46.7	−40.4	−34.6	−30.9	−23.4	−14.8	−6.9	−1.6	9.7	24.9	39.8	50.8	−112.0
二乙基锌	$Zn(C_2H_5)_2$	−25.6	−17.3	−7.7	0.7	6.6	18.5	31.7	43.7	51.9	68.6	88.4	105.9	118.0	−28
1,1-二苯基联氨	$C_{12}H_{12}N_2$	120.9	133.9	148.1	160.4	168.9	186.1	204.8	221.3	232.7	255.9	282.4	305.8	322.2	44
二氯苯胂	$C_6H_5AsCl_2$	55.8	70.9	87.3	101.0	109.2	125.5	143.0	158.7	169.6	191.9	217.5	240.3	256.5	
二烯丙基硫	$C_6H_{10}S$	−13.0	−4.0	6.2	15.2	21.3	33.8	47.6	60.1	68.5	85.9	106.8	125.4	138.6	−83
1,4-二羟基蒽醌	$C_{14}H_8O_4$	189.8	207.1	225.5	241.1	251.3	272.3	296.3	317.6	332.1	363.0	397.9	428.5	450.0	194
α,β-二溴顺丁烯二酐	$C_4H_2Br_2O_3$	45.8	56.6	68.5	78.9	86.0	100.1	115.9	129.9	139.4	158.6	181.5	201.6	215.0	
反-丁烯二酰氯	$C_4H_2Cl_2O_2$	11.6	20.4	30.4	39.3	46.1	59.0	72.9	85.4	93.7	111.1	131.2	148.3	160.0	
丁二酰氯	$C_4H_4Cl_2O_2$	35.2	45.1	56.2	65.8	72.4	85.6	100.4	113.5	122.3	140.3	160.9	179.3	192.5	17
异丁基氯①	C_4H_9Cl	−56.5	−49.4	−41.1	−33.7	−28.8	−18.7	−7.4	2.8	9.8	24.4	42.0	57.8	68.9	−131.2
异丁基氯①	C_4H_9Cl	−63.0	−55.6	−46.9	−39.2	−33.8	−23.0	−10.9	0.1	7.6	23.3	41.8	57.4	68.0	−131.3
叔丁基氯	C_4H_9Cl	—	—	—	—	—	—	—	−14.4	−7.4	7.1	24.6	40.2	51.0	−26.5
三乙基硼	$C_6H_{15}B$	—	—	—	—	—	−144.2	−135.8	−127.7	−121.7	−108.2	−89.8	−70.7	−56.2	
三乙基铊	$C_6H_{15}Tl$	5.0	15.9	28.0	38.5	45.7	60.6	77.5	91.8	102.4	125.1	151.6	175.4	192.1	−63.0
三氯乙酰溴	C_2BrCl_3O	−10.9	−1.8	8.5	17.5	23.9	36.3	50.3	63.1	71.8	89.6	110.7	129.7	143.0	
四乙基铅	$C_8H_{20}Pb$	34.7	44.3	55.0	64.3	20.0	82.0	95.8	108.1	116.5	133.4	153.1	170.6	183.0	−136
四甲基铅	$C_4H_{12}Pb$	−32.2	−23.9	−14.4	−6.1	−0.4	11.0	24.0	35.8	43.8	60.3	80.1	97.7	110.0	−27.5
四甲基锡	$C_4H_{12}Sn$	−54.1	−46.7	−38.0	−30.4	−25.1	−14.5	−2.4	8.5	16.1	31.7	50.2	66.6	78.0	
四甲基锗	$Gc(CH_3)_4$	−75.7	−69.0	−61.1	−54.0	−49.3	−39.7	−28.8	−19.1	−12.4	1.5	18.4	33.4	44.0	−88
四氯苯醌	$C_6Cl_4O_2$	68.2	74.9	82.8	89.8	94.1	102.3	111.5	119.6	124.8	134.8	146.2	155.9	162.6	290
4-甲苯肼	$C_7H_{10}N_2$	78.3	88.9	100.6	110.9	117.9	132.0	147.1	160.9	170.2	188.7	210.1	228.8	242.0	65.5
甲基丙酰基溴	C_4H_7BrO	9.9	19.3	29.9	39.2	45.3	58.0	72.5	85.2	93.9	111.7	132.4	150.5	163.0	
甲基吲哚	C_9H_9N	90.9	102.1	114.4	125.2	133.0	147.7	164.0	179.3	189.1	208.9	232.2	252.4	266.2	95
2-甲基苯并噻吩	C_8H_7NS	65.9	76.4	88.2	98.4	105.3	119.1	134.1	146.9	155.9	174.2	195.2	213.2	225.5	15.4
2-甲基苯氰	C_8H_7N	32.6	43.1	54.7	64.9	71.9	86.2	102.4	116.7	126.5	146.3	169.5	190.5	205.2	−13
4-甲基苯氰	C_8H_7N	38.2	49.3	61.6	72.2	79.6	94.6	105.7	122.8	136.1	157.1	181.8	203.2	217.6	29.5
2-甲基吡啶	C_6H_7N	−14.5	−5.6	4.5	13.3	19.3	31.5	44.9	56.5	64.4	80.7	99.8	116.9	128.8	−70
2-甲基喹啉	$C_{10}H_9N$	71.0	82.0	94.3	105.0	112.6	127.3	143.2	157.6	167.5	187.8	205.4	226.3	246.5	−1
丙基三甲基锡	$Sn(CH_3)_3C_3H_7$	−15.3	−6.8	2.9	11.4	17.0	28.4	41.9	54.0	62.4	79.4	100.1	118.8	131.7	
戊二酰氯	$C_5H_6Cl_2O_2$	51.9	62.6	74.5	84.9	91.9	105.8	121.1	135.0	144.2	162.9	185.3	204.3	217.0	

续表

名称	分子式	0.1	0.2	0.4	0.7	1.0	2	4	7	10	20	40	70	101.3	熔点/℃
		相应于上述蒸气压（kPa）的温度/℃													
吖啶	$C_{13}H_9N$	123.7	138.1	153.7	167.0	176.3	194.9	215.0	233.4	245.8	271.4	301.2	327.5	346.0	110.5
芴	$C_{13}H_{10}$	—	—	—	130.4	138.9	156.2	175.9	193.2	204.7	228.7	256.4	279.6	295.0	113
苊	$C_{12}H_{10}$	—	—	—	115.9	124.2	140.9	159.5	176.4	187.8	210.9	237.9	261.5	277.5	95
吡啶	C_5H_5N	−21.9	−14.0	−4.9	3.2	8.6	19.5	31.9	43.4	51.1	66.9	86.6	103.8	115.4	−42
邻苯二甲酰氯	$C_8H_4Cl_2O_2$	81.4	93.9	107.5	119.3	127.4	143.5	161.5	177.7	188.5	211.0	236.9	259.8	275.8	88.5
苯酞	$C_8H_6O_2$	90.5	103.1	116.9	128.8	137.0	153.6	172.2	188.9	200.2	223.3	250.0	273.6	290.0	73
苯肼	$C_6H_8N_2$	67.3	78.8	91.5	102.5	109.7	124.5	140.7	154.7	164.7	185.3	208.2	228.7	243.5	19.5
苯基乙酰氯	C_8H_7ClO	43.9	54.4	66.0	76.2	83.1	97.0	112.5	125.5	134.8	154.2	176.2	196.0	210.0	
苯基氰	C_7H_5N	24.2	34.5	46.1	56.2	63.2	77.0	92.3	105.9	115.3	134.6	156.8	176.6	190.6	−12.9
苯酰氰	C_8H_5NO	40.4	50.9	62.5	72.6	79.6	93.6	109.2	123.1	132.6	151.9	174.7	194.6	208.0	33.5
苯酰氯	C_7H_5ClO	28.1	38.4	49.9	60.0	67.0	81.0	96.5	110.6	120.0	139.6	162.6	182.9	197.2	−0.5
苯酰溴	C_7H_5BrO	42.7	53.7	65.8	76.3	83.6	98.4	114.9	129.3	139.2	159.3	183.0	204.0	218.5	0
苯磺酰氯	$C_6H_5ClO_2S$	61.2	73.1	86.2	97.5	105.4	121.5	139.3	154.2	164.8	187.2	212.7	235.5	251.5	14.5
茚	C_9H_8	12.2	22.9	34.8	45.2	52.4	67.0	93.1	97.0	106.4	125.9	148.1	167.7	181.6	−2
咔唑	$C_{12}H_9N$	—	—	—	—	—	—	—	—	255.0	280.1	309.8	336.3	354.8	244.8
柠康酐	$C_5H_4O_3$	43.0	53.6	65.4	75.7	82.9	97.1	112.9	127.2	137.0	156.3	179.3	199.7	213.5	
香豆素	$C_9H_6O_2$	101.1	113.5	127.1	138.8	146.7	162.6	180.5	196.2	207.0	229.2	253.9	275.7	291.0	70
哌啶	$C_5H_{11}N$	—	—	—	−6.3	−0.8	10.4	23.0	34.4	42.1	58.1	77.1	94.1	106.0	−9
庚酰氯	$C_7H_{13}ClO$	31.4	38.8	47.5	55.2	60.3	70.2	81.1	90.7	97.0	109.7	124.2	136.6	145.0	
氧硒化碳	COSe	−118.9	−113.9	−107.6	−101.9	−98.2	−90.4	−81.1	−72.7	−67.0	−55.7	−42.0	−30.0	−21.9	
黄樟脑	$C_{10}H_{10}O_2$	59.4	70.7	83.1	93.9	101.3	116.1	132.4	146.4	156.3	176.4	199.6	219.6	233.0	11.2
菲	$C_{14}H_{10}$	112.6	126.8	142.2	155.5	165.0	184.6	206.0	224.8	237.8	264.4	294.7	321.5	340.2	99.5
菸碱	$C_{10}H_{14}N_2$	57.2	68.9	81.7	92.8	100.6	116.4	133.9	150.1	160.7	182.7	208.5	231.3	247.3	
萜品油烯	$C_{10}H_{16}$	28.5	38.3	49.2	58.8	65.2	78.4	93.1	106.1	114.9	133.0	154.1	172.4	185.0	
硒吩	C_4H_4Se	−42.3	−33.7	−23.9	−15.3	−9.2	3.2	17.3	30.1	39.1	57.5	79.7	100	114.3	
2-氯吡啶	C_5H_4ClN	9.5	19.2	30.1	39.6	46.2	59.5	74.5	87.8	96.8	115.5	137.8	157.0	170.2	
喹啉	C_9H_7N	55.2	66.7	79.5	90.5	97.7	112.7	129.1	143.9	154.2	175.7	201.0	222.9	237.7	−15
异喹啉	C_9H_7N	59.1	70.4	82.8	93.7	101.3	116.6	133.6	148.1	158.3	179.7	203.8	225.3	240.5	24
蒽	$C_{14}H_{10}$	140.7	151.7	163.9	174.4	181.3	195.3	210.4	226.6	239.3	266.0	296.8	323.5	342.0	217.5
蒽醌	$C_{14}H_8O_2$	185.5	196.9	209.5	220.3	227.9	242.0	257.1	269.8	277.9	301.3	332.6	360.3	379.9	286
樟脑（右旋）	$C_{10}H_{16}O$	37.5	47.8	59.4	69.5	76.4	90.7	106.6	120.2	129.6	148.6	171.5	193.3	209.2	178.5
噻吩	C_4H_4S	−43.5	−36.2	−27.7	−20.2	−15.2	−5.0	6.7	17.1	24.1	38.9	56.6	72.9	84.4	−38.3

① 两组数据来自不同出处，大致吻合，供参考。

16.9 比热容

16.9.1 气体的比热容

表16.9.1 乙酰氯和碳酰氯气体的比热容　　单位：J/(mol·℃)

名称	温度/K									
	50	100	150	200	250	300	350	400	450	500
乙酰氯	33.33	41.16	48.53	55.48	61.96	68.06	73.77	79.09	84.07	88.68
碳酰氯	34.55	40.37	45.59	50.20	54.30	57.90	61.04	63.76	66.11	68.12
名称	550	600	650	700	750	800	850	900	950	1000
乙酰氯	92.99	96.97	100.7	104.1	107.3	110.2	112.8	115.3	117.6	119.7
碳酰氯	69.79	71.22	72.43	73.44	74.27	74.99	75.66	76.24	76.87	77.50

表16.9.2 其他有机物料气体的比热容　　单位：J/(mol·K)

名称	温度/K								
	150	200	250	300	350	400	450	500	550
吡啶			68.66	83.11	96.51	108.9	120.4	131.0	140.7
六氢吡啶			84.15	107.1	128.7	148.9	167.8	185.4	201.9
呋喃		37.93	52.59	65.90	78.00	88.89	98.77	107.6	115.5
四氢呋喃		68.79	86.42	102.5	117.2	130.6	142.8	153.9	164.0
2-甲基呋喃		46.43	62.93	78.21	92.40	105.5	117.6	128.8	139.0
2-甲基四氢呋喃	53.17	75.24	95.79	114.9	132.6	149.0	164.1	178.0	190.8
噻吩			59.79	73.23	85.37	96.25	106.0	114.8	122.5
苄基氯	54.81	77.04	97.76	117.0	134.9	151.4	166.6	180.6	193.5
名称	600	650	700	750	800	850	900	950	1000
吡啶	149.6	157.6	165.0	171.5	177.4	182.7	187.4	191.5	195.1
六氢吡啶	217.3	231.5	244.6	256.8	268.0	278.3	287.8	296.4	304.3
呋喃	122.5	128.9	134.5	139.5	144.1	148.1	151.9	155.3	158.5
四氢呋喃	173.3	181.8	189.7	197.0	203.9	210.5	216.8	223.1	229.4
2-甲基呋喃	148.3	156.9	164.7	171.7	178.1	184.0	189.2	194.0	198.3
2-甲基四氢呋喃	202.5	213.2	223.0	231.9	240.0	247.3	254.0	260.0	265.6
噻吩	129.5	135.6	141.1	146.1	150.5	154.6	158.4	162.0	165.5
苄基氯	205.2	216.0	225.8	234.7	242.8	250.1	256.7	220.8	268.1

16.9.2 液体的比热容

表16.9.3 乙酰氯和碳酰氯的比热容　　单位：J/(mol·℃)

名称	温度/K							
	−100	−80	−60	−40	−20	0	20	40
乙酰氯	119.5	118.9	118.9	119.5	120.5	121.8	123.4	125.4
碳酰氯	101.5	100.1	99.52	99.81	100.3	100.6	103.3	105.4

续表

名　　称	温度 /K						
	60	80	100	120	140	160	180
乙酰氯	127.6	130.3	133.5	137.5	142.6	150.0	162.0
碳酰氯	108.1	111.6	116.6	124.4			

表16.9.4　吡酮的比热容

单位：kJ/（kg·K）

T/K	c_p	T/K	c_p	T/K	c_p	T/K	c_p
50	0.186	140	0.350	230	0.420	320	0.783
60	0.211	150	0.353	240	0.442	330	0.850
70	0.233	160	0.355	250	0.479	340	0.916
80	0.254	170	0.359	260	0.501	350	1.000
90	0.275	180	0.362	270	0.540	360	1.069
100	0.292	190	0.369	280	0.580	370	1.147
110	0.311	200	0.377	290	0.622	380	1.240
120	0.328	210	0.385	300	0.677	390	1.330
130	0.340	220	0.400	310	0.726	400	1.430

表16.9.5　环丁砜的比热容

单位：kJ/（kg·K）

温度 /℃	20	30	40	50	60	70	80
工业级	1.528	1.546	1.598	1.639	1.665	1.704	1.754
提纯级	1.545	1.549	1.597	1.668	1.739	1.789	1.809

温度 /℃	90	100	110	120	130	140
工业级	1.792	1.830	1.882	1.949	2.002	2.025
提纯级	1.828	1.937	2.042	2.021	1.990	2.075

表16.9.6　其他有机物料液体的比热容

单位：J/（mol·℃）

名　称	温度 /K										
	−100	−80	−60	−40	−20	0	20	40	60	80	100
吡　啶				189.9	195.2	200.5	205.9	211.3	216.7	222.1	227.5
六氢吡啶						146.0	154.2	162.4	170.6	178.9	187.1
呋　喃		100.0	101.4	103.6	106.5	109.9	113.7	115.0	120.5	126.3	132.6
四氢呋喃	117.1	121.1	125.4	130.2	135.3	140.7	146.4	152.3	158.4	164.9	171.5
2-甲基呋喃		129.2	130.3	132.4	135.2	138.7	142.7	146.1	150.6	156.0	161.7
2-甲基四氢呋喃			139.4	145.0	151.1	157.6	164.4	171.6	179.0	185.9	192.5
噻　吩					113.6	117.7	121.5	125.1	128.7	132.3	136.0
苄基氯①					164.5	169.6	173.5	179.5	185.6	191.6	197.7

名　称	温度 /K										
	120	140	160	180	200	220	240	260	280	300	320
吡　啶	232.9	238.4	244.0	249.7	255.8	262.4	269.9	279.0	291.3		
六氢吡啶	195.4	203.9	212.4	221.4	230.9	241.3	253.6	269.7			
呋　喃	139.8	148.8									
四氢呋喃	178.0	184.8	192.4	201.3	213.0						
2-甲基呋喃	167.9	174.9	183.1	193.7	209.5						
2-甲基四氢呋喃	200.0	208.1	217.0	227.3	240.9						
噻　吩	140.0	144.5	149.6	155.5	162.4	170.7	180.6				
苄基氯①	203.6	209.7	215.7	221.7	227.8	234.1	240.5	247.3	254.6	262.9	272.8
乙酰氯	137.5	142.6	150.0	162.0							
碳酸氯	124.4										

① 温度为 340℃时，其值为 285.9。

16.9.3 聚合物的比热容

表16.9.7 聚四氢呋喃的比热容 单位：kJ/(kg·K)

T/K	结晶度		T/K	结晶度		T/K	结晶度		T/K	结晶度	
	0.69	0.70		0.69	0.70		0.69	0.70		0.69	0.70
20	0.079	0.091	130	0.828	0.802	210	1.245	1.376	290	1.778	2.411
40	0.270	0.251	140	0.876	0.845	220	1.363	1.444	300	1.815	2.711
60	0.425	0.412	150	0.920	0.891	230	1.437	1.503	310	1.868	2.282
80	0.551	0.552	160	0.965	0.939	240	1.512	1.607	320	2.107	2.020
90	0.611	0.607	170	1.011	0.990	250	1.589	1.699	330	2.137	2.060
100	0.670	0.655	180	1.080	1.064	260	1.647	1.820	340	2.156	
110	0.721	0.707	190	1.154	1.211	270	1.709	1.955	350	2.175	
120	0.774	0.756	200	1.228	1.304	280	1.725	2.136	360	2.194	

表16.9.8 聚苯并咪唑的定压比热容 单位：kJ/(kg·K)

T/K	c_p	T/K	c_p	T/K	c_p	T/K	c_p	T/K	c_p
50	0.040	140	0.124	230	0.206	340	0.362	430	0.484
60	0.052	150	0.131	240	0.217	350	0.378	440	0.493
70	0.064	160	0.140	260	0.237	360	0.397	450	0.501
80	0.073	170	0.149	280	0.257	370	0.414	460	0.507
90	0.083	180	0.157	290	0.267	380	0.43	480	0.514
100	0.091	190	0.168	300	0.279	390	0.443	500	0.525
110	0.101	200	0.175	310	0.302	400	0.454		
120	0.108	210	0.185	320	0.322	410	0.468		
130	0.115	220	0.196	330	0.343	420	0.475		

表16.9.9 酚醛树脂的比热容 单位：kJ/(kg·K)

T/K	c_p	T/K	c_p	T/K	c_p	T/K	c_p	T/K	c_p
6	0.0043	20.2	0.059	43.6	0.163	69.3	0.275	83.3	0.335
6.9	0.0062	23.7	0.075	48.3	0.191	71.1	0.278	85.9	0.345
8	0.0086	26.8	0.089	51.7	0.207	73.1	0.287	88.6	0.353
9.1	0.012	27.8	0.092	55.9	0.226	75.2	0.292	91.5	0.363
10.6	0.017	29.6	0.101	61.2	0.247	77.5	0.307	94.8	0.374
12.9	0.026	32.9	0.114	65.4	0.256	78.8	0.315	98.5	0.385
16.3	0.04	37.9	0.139	67.4	0.264	80.9	0.326		

16.10 焓和熵

16.10.1 杂环化合物的焓和熵

表16.10.1 杂环化合物的焓和熵

物料名	熔化焓	25℃时理想气体标准生成焓	25℃时标准燃烧焓	常规沸点下的汽化焓	25℃时物质的绝对熵
	/(kJ/mol)				/[kJ/(K·kmol)]
吡啶	10.04	58.1	−2672	35.29	282.8
三氰基吡啶(尼古丁腈)	9.535	26.27	−3138	45.51	401.8
甲酸-3-吡啶(烟酸，维生素B_5)	7.825	103.1	−3339	55.84	368.1

续表

物料名	熔化焓	25℃时理想气体标准生成焓	25℃时标准燃烧焓	常规沸点下的汽化焓	25℃时物质的绝对熵 /[kJ/(K·kmol)]
	/(kJ/mol)				
二甲基吡啶	—	−8.12	−3264	36.50	325.0
三甲基吡啶	12.6	−281.4	−3269	37.77	325.0
四甲基吡啶	3.803	−34.8	−3267	37.79	319.4
2,6-二甲基吡啶	19.29	55.28	−3856	37.86	356.0
2,4,6-三甲基吡啶	6.7	−72.25	−4450	40.21	385.6
N-甲基吡咯	6.22	−108.8	−2876	35.07	307.5
N-甲基四氢吡咯(尼古丁)	19.29	55.28	−3257	30.10	329
二苯并吡咯	9.0	156.6	−5935	58.87	245
四氢吡咯	13.0	−15.52	−2621	33.53	309.5
甲氧基二氢吡喃	10.04	58.1	−3248	36.94	—
呋喃	—	−8.25	−1996	27.17	267.1
二苯并呋喃	20.68	271	−5660	50.87	374.4
2,3-二氢呋喃	11.9	195.7	−2196	29.02	281.4
2,5-二氢呋喃	11.7	16.4	−2160	30.07	284.8
二苯并呋喃	—	25.1	−5660	50.87	374.4
四氢呋喃	—	−163.9	−2325	29.85	297.3
2-甲基苯并呋喃	—	25.1	−4450	42.56	302
吖啶	9.15	−142.7	−6383	57.62	393.6
嘧啶	10.66	200.5	−2204	43.79	281.5
哌嗪	13.54	208.4	−2738	41.87	321
N-氨乙基哌嗪	—	177	−4135	49.76	451
N-2-羟乙基哌嗪	22.1	21.5	−3825	51.07	342.9
N-氨乙基哌嗪	9.47	84.35	−4135	49.76	451
吗啉	10.54	83.43	−2673	38.07	232
喹啉	21.58	252.5	−4544	46.81	365.6
异喹啉	27.7	264.1	−4533	47.38	365.2
二甲基喹啉(喹哪啶)	29.43	209.6	−5232	47.71	350
8-羟基喹啉	8.58	−3.6	−4300	54.86	396
2-甲基噻吩	12.6	−281.4	−3035	34.18	320.6
3-甲基噻吩	12.8	181.2	−3073	34.53	321.3
二苯并噻吩	13.2	196.1	−6165	55.70	384.6
2-巯基苯并噻唑	10.7	278.4	−4117	45.17	410.1
吡唑	9.535	26.27	−1780	43.77	—
吡嗪	7.825	103.1	−2197	34.37	444.9
哒嗪	—	−8.12	−2282	43.71	281.5
吲哚	12.6	−281.4	−4081	49.90	328
噁唑	3.80	−34.8	−1495.2	30	270.7

16.10.2　其他有机物料的焓和熵

表 16.10.2　其他有机物料的焓和熵

物料名	熔化焓	25℃时理想气体标准生成焓	25℃时标准燃烧焓	常规沸点下的汽化焓	25℃时物质的绝对熵 /[kJ/(K·kmol)]
	/(kJ/mol)				
乙基倍半氯化铝	—	—	—	45.83	—
乙基叔丁基硫	7.07	−147.7	−4166	33.69	415.7
乙酰氯	—	−243.5	−876.0	29.11	295
二乙基硫	11.90	−83.56	−2961	31.79	368.1

续表

物料名	熔化焓	25℃时理想气体标准生成焓	25℃时标准燃烧焓	常规沸点下的汽化焓	25℃时物质的绝对熵 /[kJ/(K·kmol)]
	/(kJ/mol)				
二乙基二硫	9.406	−74.7	−3257	37.83	414.5
二甲基亚砜	13.93	−150.5	−1605	43.85	306.3
二正丙基砜	—	−468.3	−3800	54.10	470
二正丙基硫	12.14	−125.3	−4180	36.79	448.4
二正丙基硫	13.81	−117.3	−4477	42.24	490
二正丁基砜	—	−509.8	−5010	57.08	548
二氯乙酰氯	—	−240.3	−626.5	34.70	350
三氯乙酰氯	9.04	−239.8	−506.2	34.29	360
三乙基铝	—	−163.6	−4820	59.68	—
三甲基铝	87.91	−94.52	−2984	36.14	317.7
1,2,3-三甲基茚	21.3	51.7	−6470	45.55	416
三甲基环丁砜	—	−420	−2990	52.85	372
三甲基镓	9.25	−45.2	−2735	30.24	363
三苯基氧化膦	24.22	38.81	−9708	—	—
三苯基膦	19.69	320.2	−10032	67.93	—
四乙基铅	9.091	108.8	−5900	42.09	592.5
四氟肼	—	−8.37	8.37	14.78	301
布洛芬	25.61	−447.5	−6736	66.48	576
苊	21.46	155	−6001	50.90	368.9
芘	17.36	225	−7631	60.67	402
芴	19.58	186.9	−6425	53.12	381.5
菲	16.46	201.2	−6828	55.87	394.5
蒽	29.37	230.1	−6847	55.05	392.6
荧蒽	18.73	288.9	−7695	57.56	418.5
过氧化苯甲酰	19.3	−272	−6349	74.28	596
甲基正丁基硫	12.45	−102	−3572	34.97	411.8
甲基叔丁基硫	8.414	−121	−3558	31.59	414.3
甲基叔戊基硫	8.32	−137.4	−4171	35.76	422.9
1-甲基茚	—	191.2	−5280	41.90	354
2-甲基茚	—	115	−5210	43.18	361
1-苯基茚	13.5	246	−7530	58.01	584
甲基氟	4.95	−234.3	−521.9	17.38	222.7
甲基碘	—	13.0	−709.6	27.31	254
过氯酰氟	3.834	−23.8	23.8	19.32	278.9
苯肼	16.43	203.5	−3471	52.61	351
环丁烯砜	10.46	−256	−2303	37.66	343
环丁砜	1.373	−372.7	−2397	53.59	347.5
环己酮肟	—	−194	−3610	47.97	377
亚硝酰氯	5.983	51.76	−51.76	24.86	261.6
叔丁基氯	2.092	−184.8	−2448	27.57	317.5
异丁基氯	6.18	−161.5	−2469	29.39	343.7
苄氯	—	18.7	−3570	40.58	361
苄基二氯	—	13.0	−3440	41.70	386
间苯二甲酰氯	—	−302	−3330	56.88	464

续表

物料名	熔化焓	25℃时理想气体标准生成焓	25℃时标准燃烧焓	常规沸点下的汽化焓	25℃时物质的绝对熵
	/(kJ/mol)				/[kJ/(K·kmol)]
间氯苯甲酰氯	—	−131.4	−3049	46.66	400
硫杂丁环	8.247	60.6	−2228	32.54	285.1
硫酰氯	—	−364	97.26	29.98	311.8
硫脲	—	−25	−1086	54.82	303.1
葡萄糖	31.43	—	−2537	109.77	213
蔗糖	—	−3600	−5160	65.33	—
硼酸三丁基	—	−1147	—	37.08	—
氯乙酰氯	—	−245.6	−744.3	34.22	326
氯化亚砜	—	−212.5	−51.24	28.64	309.7
碳酰氟	6.708	−638.9	245	18.16	258.8
樟脑	6.82	−267.5	−5551	41.64	391

16.10.3 汽化焓

表16.10.3 乙酰氯和碳酰氯的汽化焓　　单位：kJ/kmol

名称	温度/K								
	−100	−80	−60	−40	−20	0	20	40	60
乙酰氯	34680	34240	33670	33000	32230	31360	30390	29310	28110
碳酰氯	29240	28440	27600	26720	25200	24810	23740	22600	21350

名称	温度/K								
	80	100	120	140	160	180	200	220	230
乙酰氯	26800	25360	23750	21970	19940	17590	14710	10680	7218
碳酰氯	11960	18390	16560	14300	11210				

表16.10.4 其他有机物料的汽化焓　　单位：kJ/kmol

名称	温度/K										
	−100	−80	−60	−40	−20	0	20	40	60	80	100
吡啶[①]				42638	41797	40926	40026	39088	38112	37095	36027
六氢吡啶						39833	38887	37899	36865	35780	34637
呋喃		32326	31493	30618	29705	28738	27717	26624	25456	24187	22797
四氢呋喃	37095	36320	35521	34692	33825	32921	31975	30978	29927	28809	27612
2-甲基呋喃		44162	43149	42098	41001	39850	38644	37367	36019	34575	33030
2-甲基四氢呋喃			37849	36957	36023	35052	34030	32954	31820	30610	29316
噻吩					36367	35517	34629	33700	32728	31702	30622
二甲基亚砜[②]							52561	51594	50593	49563	48492
苄基氯[③]					50350	49727	49019	48228	47353	46398	45360

名称	温度/K										
	120	140	160	180	200	220	240	260	280	300	320
吡啶[①]	34901	33716	32452	31104	29651	28068	26318	24350	22073	19318	15680
六氢吡啶	33427	32142	30760	29270	27641	25837	23789	21399	18451	14386	
呋喃	21252	19490	17413	14809	11070						
四氢呋喃	26322	24920	23367	21625	19607	17170	13950	8424			
2-甲基呋喃	31347	29500	27440	25083	22278	18719	13389				
2-甲基四氢呋喃	27918	26394	24706	22801	20586	17882	14231	7180			

续表

名 称	温度/K										
	120	140	160	180	200	220	240	260	280	300	320
噻 吩	29475	28244	26917	25472	23877	22081	20005	30040	14135	8252	
二甲基亚砜②	47382	46226	45021	43756	42433	41031	39549	37966	36266	34420	32393
苄基氯③	44246	43044	41759	40386	38912	37338	35646	33829	31862	29714	27348

① 温度为340℃时，其值为9395kJ/kmol。
② 二甲基亚砜温度为340、360、380、400、420℃时，其值为30128、27541、24463、20557、14704kJ/kmol。
③ 苄基氯温度为340、360、380、400℃时，其值为24685、21596、1777、12129kJ/kmol。

16.11 聚合物的折射率

表16.11.1 聚合物的折射率

聚合物	聚醛树脂	聚碳酸酯	聚 酯	尿 烷
n^{20}	1.48	1.57～1.59	1.53～1.58	1.50～1.60
聚合物	聚苯乙烯酯	聚乙酸乙烯酯	聚二甲基丙烯酸乙二醇酯	聚对苯二甲酸乙二醇酯
n^{20}	1.54～1.57	1.46～1.47	1.51	1.57～1.58
聚合物	聚甲基丙烯酸环己酯	聚邻苯二甲酸二烯丙酯	烯丙基二甘醇碳酸酯	聚α-氯丙烯酸甲酯
n^{20}	1.51	1.57	1.50	1.52
聚合物	聚甲基丙烯酸丙酯	聚甲基丙烯酸甲酯	聚甲基丙烯酸烯丙酯	聚 砜
n^{20}	1.48	1.49	1.52	1.63
聚合物	聚乙烯醇缩甲醛	苯酚甲醛	尿素甲醛	聚乙烯醇缩乙醛
n^{20}	1.60	1.50～1.70	1.54～1.58	1.48
聚合物	聚乙烯醇缩丁醛	乙基纤维素	乙酸纤维素	乙酸丁酸纤维素
n^{20}	1.49	1.47	1.46～1.50	1.46～1.49
聚合物	纤维素醋酯	硝酸纤维素	间苯二甲酸二烯丙酯	丙酸纤维素
n^{20}	1.47～1.50	1.49～1.51	1.57	1.46～1.49
聚合物	三氟氯乙烯	热塑苯乙烯丁二烯	聚丙烯	聚丁烯
n^{20}	1.42	1.52～1.55	1.49	1.50
聚合物	聚乙烯(中密度)	聚乙烯(低密度)	聚乙烯(高密度)	聚乙烯醇
n^{20}	1.52	1.51	1.54	1.49～1.53
聚合物	聚二氧化乙烯基环己烯	聚三氟乙烯	聚三氟氯乙烯	聚四氯乙烯
n^{20}	1.53	1.35～1.37	1.43	1.35
聚合物	聚苯乙烯	聚偏二氟乙烯	聚偏二氯乙烯	聚萘乙烯
n^{20}	1.57～1.60	1.42	1.60～1.63	1.68
聚合物	氟化乙烯丙烯	聚氯乙烯	苯氧聚合物	硅树脂聚合物
n^{20}	1.34	1.52～1.55	1.60	1.43
聚合物	苯乙烯丙烯腈共聚物	乙缩醛均聚物	甲基戊烯聚合物	异质同晶聚合物
n^{20}	1.56～1.57	1.48	1.485	1.49
聚合物	苯乙烯甲基丙烯酸酯共聚物	硅树脂聚合物	尼 龙	环氧树脂
n^{20}	1.53	1.43	1.52～1.53	1.55～1.65

16.12 危险品特性

表16.12.1 其他有机物料危险品特性

名称	CAS号	危险品编号	饱和蒸气压[①]/kPa	燃烧性	闪点/℃	自燃温度/℃	建规火险分级	爆炸下/上限(体积分数)/%	灭火方法	危险品类别	风险性代号	安全代号
一甲肼	60-34-4	32183	6.61(25)	易	−8	194	甲	2.5/98.0	P, R, G, T, Sw	3.2	R11; R23/24/25; R45	S16; S24/25; S45; S53
乙二酰氯	79-37-8	81116	20.0(20)	不	※	※		※	S, G, R, P, JS	8.1	R14; R23/24/25; R29; R34 R40	S26; S36/37/39; S45; S8
乙拌磷	298-04-4	61126	—	可	—	—		—	W, P, R, T	6.1		
乙炔银	13092-75-6			易	—	—	甲	—	S			
N-乙基六氢吡啶	766-09-6	32108	—	易	18.9	—	甲	—	G, P, R, T	3.2	R11; R20/22; R36/37/38	S26; S36/37/39
N-乙基吗啉	100-74-3	33617	2.13(20)	易	29	—	乙	—	G, P, R, T	3.3	R10; R21/22; R34	S16; S26; S36/37/39; S45
2-乙烯吡啶	100-69-6	61840	1.33(45)	易	32	—	乙	—	P, T, R	6.1	R10; R20; R25; R34; R42/43	S16; S23; S26; S28A; S36/37/39; S45
乙硫磷	563-12-2	61125		可	—	—	丙	—	P, G, T, JSJ	6.1		
乙酰甲胺磷	30560-19-1	61874		可	—	—	丙	—	W, P, R, G, T	6.1	R22	S2; S36
乙酰氯	75-36-5	32119	—	易	4	390	甲	—	R, G, T, JS, 1	3.2	R11; R14; R34	S1/2; S9; S16; S26; S45
乙酰溴	506-96-7	81110	—	易	1	—	甲	—	G, T, R, JS	8.1	R14; R34	S25; S36/37/39; S45; S9
乙酰碘	507-02-8	81114		可	—	—	丙	—	P, R, G, T, JS	8.1		
乙醛肟	107-29-9	33628	—	易	40	—	乙	4.2/52.0	W, P, R, T, G	3.3	R10; R20/21/22	S16; S24/25
丁二酰氯	543-20-4	81116	—	可	76	—	丙	—	P, R, T, G, JS	8.1		
正丁基氯	109-69-3	32033	10.57(20)	易	−6	460	甲	1.8/10.1	P, R, G, T	3.2	R11	S16; S29; S9
叔丁基氯	507-20-0	32033	53.32(32.6)	易	−18	—	甲	—	P, R, G, T, Sw	3.2	R11	S16; S33; S9
丁基锂	109-72-8	42021		易	−12	—	甲	—	JS, G, T		R11; R14/15; R17; R35; R48/20; R63; R65; R67	S16; S26; S36/37/39; S43B; S45; S46; S62; S6A
正丁酰氯	141-75-3	32121		易	21	—	甲	—	1, R, T, G, JS	3.2	R11; R34	S16; S23; S26; S36; S45
异丁酰氯	79-30-1	32121	—	易	1	—	甲	—	R, G, 1, T, JS	3.2	R11; R23; R35	S16; S26; S28A; S36/37/39; S45
丁醛肟	110-69-0	33629		易	58	—	乙	—	KP, R, G, T	3.3		
七氯化茚	76-44-8	61876	—	可	—	—		—	P, R, T, W	6.1		
N,N-二乙肼	1615-80-1	33632	—	易	—	—		—	P, R, T, G	3.3		
二乙基汞	627-44-1	61851	—	可	—	—		—	W, P, G, R, T	6.1		
O,O'-二乙基硫代磷酰氯	2524-4-1	81132	0.68(70)	可	110	—	丙	—	P, R, G, T, JS	8.1		

续表

名　　称	CAS号	危险品编号	饱和蒸气压①/kPa	燃烧性	闪点/℃	自燃温度/℃	建规火险分级	爆炸下/上限（体积分数）/%	灭火方法	危险品类别	风险性代号	安全代号
1,3-二乙基硫脲	105-55-5			可	—	—		—	W，P，R，T		R22；R40	S36/37；S45
二甲基二硫	624-92-0	32114	3.81(25)	易	24	—	甲	1.1/16.0	W，P，R，G，T	3.2	R11；R22；R26；R36/37/38；R51/53	S16；S26；S28A；S36/37/39；S38；S45；S61
二甲基亚砜	67-68-5		0.05（20）	可	95	215	丙	0.6/42	W，P，R，G，T		R36/37/38	S26；S37/39
2,6-二甲基吗啡啉	141-91-3	33617		易	44.4	—	乙	—	P，R，G，T	3.2	R10；R21；R41	S16；S26；S36/37/39；S45
2,4-二甲基吡啶	108-47-4	33615	4740（76.3）	易	37	—	乙	—	P，R，G，T，KP	3.3	R10；R20/21；R25；R36/37/38	S16；S26；S36/37/39；S45
2,5-二甲基吡啶	589-93-5	33015	—	易	47	—	乙	—	P，R，G，T	3.3	R10；R20/21/22；R36/37/38	S16；S26；S36/37/39；S45
2,6-二甲基吡啶	108-48-5	33615	8.88（79）	易	33	—	乙	—	R，G，T，KP	3.3	R10；R20/21/22	S16；S36/37
3,5-二甲基吡啶	591-22-0	33615	0.2（20）	易	2	—	乙	—	P，R，G，T	3.3	R10；R20/21/22	S16；S36/37
2,5-二甲基呋喃	625-86-5	32099		易	−1	—	甲	—	P，R，G，T，Sw	3.2	R11	S16
1,1-二甲基肼	57-14-7	32184	20.9（25）	易	−15	247.8	甲	2.0/95	S，R，G，T	3.2		
1,2-二甲基肼	540-73-8	32184		易	＜23	—	甲	—	S，R，G，T	3.2		
二甲基氨基甲酰氯	79-44-7	81119	—	可	68	—	丙	—	G，P，R，T，JS	8.1	R45；R22；R23；R36/37/38	S53；S45
二甲基氨基氰	1467-79-4		5.33（80）	易	—	—	乙	—	W，P，R，G，T			
N,*N*-二甲基硒脲	5117-16-8	61865		可	—	—	丙	—	P，R，G，T	6.1		
O,*O*′-二甲基硫代磷酰氯	2524-03-0	81131	0.32（40）	可	105	—	丙	—	G，P，R，T，JS	8.1	R21/22；R23；R34	S24/25
二甲硒	593-79-3			易	—	—	甲	—	P，R，G，T			
1,2-二苯肼	122-66-7	61819	—	可	—	—	丙	—	W，P，R，T	6.1	R45；R22；R50/53	S53；S45；S60；S61
二苯基二硒	1666-13-3	61865		可	—	—	丙	—	W，P，R，T	6.1	R23/25；R33；R50/53	S20/21；S28A；S45；S60；S61
二苯基汞	587-85-9	61851	1.40（204）	可	—	—		—	W，G，P，R，T	6.1		
1,3-二氧戊环	646-06-0	32096	9.33（20）	易		—	甲	—	P，1，G，T，Sw	3.2	R11	S16
二烯丙基代氰氨	538-08-9	61738		可	—	—	丙	—	水，R，G，T	6.1		
2,2-二氯乙酰氯	79-36-7	81118		可	66	—	丙	—	P，R，G，T，Sw	8.1	R35；R50	S26；S45；S61；S9
二氯代苯胩	622-44-6	61061		可	79	—	丙	—	P，R，G，T	6.1		
2,4-二氯苯甲酰氯	89-75-8	81122	1.00（111）	可	137	—	丙	—	W，P，G，T	8.1	R34	S26；S36/37/39；S45
二氰胺钠	1934-75-4			可	—	—		—	W，P，R，G，T		R22；R36/37/38	S26；S37/39
4,4-二硝基二苯基二氨基脲		61820		可	—	—	乙	—	W，P，R，G，T	6.1		
2,4-二硝基苯肼	119-26-6	41014	—	易	—	—	甲	—	G，P，R，T	4.1	R1；R11；R22；R40	S16；S36/37；S45；S48A

续表

名　称	CAS 号	危险品编号	饱和蒸气压[①]/kPa	燃烧性	闪点/℃	自燃温度/℃	建规火险分级	爆炸下/上限（体积分数）/%	灭火方法	危险品类别	风险性代号	安全代号
2,4-二硝基苯磺酰氯	1654-44-6	61687	—	可	—	—	丙	—	G, P, T	6.1		
2,4-二硝基氯化苄	610-57-1	41015		易	110	—	甲	—	P, R, G, T	4.1		
二嗪磷	333-41-5	61874		可	—	—	丙	—	P, R, G, T	6.1	R22; R50/53	S24/25; S60; S61
十二酰氯	112-16-3	81633	1.47（137）	可	＞112	—	丙	—	P, R, T	8.1	R14; R22; R29; R34S8; S26; S36/37/39; S45	
十八酰氯	112-76-5	81633	—	可	110	—	丙	—	P, R, T	8.1	R14; R34	S26; S36/37/39; S43; S45
三乙基铝	97-93-8	42022	0.53（83）	易	＜-52	＜-52	甲	—	G, T, JS, JP	4.2	R11; R14; R20/21/22; R34; R51/53; R65; R67	S16; S24/25; S36/37/39; S43A; S45; S6A
三乙基氯化锡	994-31-0			可	—	—	乙	—	W, P, R, G, T			
三乙基锑	617-85-6	42027		易	—	—	甲	—	G, T, JS, JP	4.2		
三丁基硼	122-56-5	42030	0.13（20）	易	-35	—	甲	—	R, G, T, JS, KP	4.2		
三丁基膦	998-40-3		6.67（150）	可	37	200	乙	—	P, R, G, T		R11; R17; R21/22; R34	S16; S26; S36/37/39
2,4,6-三甲基吡啶	108-75-8			可	57	—	乙	—	W, P, R, G, T		R10; R20/21/22; R36/37/38	S26; S36/37
三甲基硼	593-90-8	42028		易	—	—	甲	—	R, G, T, JS, KP	4.2		
三异丁基铝	100-99-2	42022	0.13（47）	易	＜0	＜4	甲	—	S, G, JS, JP	4.2	R11; R14; R34; R48/20; R63; R65; R67	S16; S36/37/39; S43A; S45; S46; S62; S6A
N-三苯甲基吗啉	1420-06-0	61904		可	—	—	丙	—	W, P, R, T	6.1		
三苯磷	603-35-0	61861	—	可	180	—		—	P, R, T, W	6.1	R22; R43; R53	S26; S36/37/39; S61
三氟乙酰氯	354-32-5	23037		不	※	※		※	QQ	2.3		
三氯甲基硫酰氯	594-42-3	61089	0.31（20）	不	※	※	※		P, R, G, T	6.1	R21; R25; R26; R34	S25; S28A; S36/37/39; S45
三氯杀螨砜	116-29-0	61876		可	—	—	丙	—	W, P, R, G, T	6.1	R22-R50/R53	S60-S61
三硫磷	786-19-6	61125		可	—	—	丙	—	P, R, G, T	6.1		
三硝基间苯二酚铅	63918-97-8	11022		易	—	—	甲	—	W, P, R, JS	1		
久效磷	6923-22-4	61875	—	可	—	—		—	W, P, R, T	6.1	R24; R26/28; R50/53	S1/2; S36/37; S45; S60; S61
己酰氯	142-61-0	81115	—	易	50	—	乙	—	P, T, G, R, JS	8.1	R10; R14; R22; R34	S26; S28B; S36/37/39; S45
五氯酚钠	131-52-2	61876		可	—	—		—	P, R, T,	6.1	R24/25; R26; R36/37/38; R40; R50/53	S22; S28; S36/37; S45; S52; S60; S61
2,4,6,4′,6′-六硝基二苯胺	131-73-7	11073	—	易	—	—	爆炸品	—	W, JS	1		
内吸磷	298-03-3	61125		可	—	—	丙	—	水, T, G, JSJ	6.1		

续表

名称	CAS号	危险品编号	饱和蒸气压①/kPa	燃烧性	闪点/℃	自燃温度/℃	建规火险分级	爆炸下/上限（体积分数）/%	灭火方法	危险品类别	风险性代号	安全代号
水合肼	10217-52-4	82020	0.67（25）	可	72.8	—		3.5/—	W，P，R，T	8.2	R23/24/25；R34；R43；R45；R50/53	S45；S53；S60；S61
丙基溴	106-94-5	33530	16.39（25）	易	26	490	甲	4.6/—	P，R，G，T	3.3	R11；R36/37/38；R48/20；R60；R63；R67	S45；S53
丙基碘	107-08-4	32047		易	＜22	—	甲	—	W，P，R，G，T	3.2	R10；R20；R36/37/38	S16；S26；S36/37
丙烯酰氯	814-68-6			易	16	—	甲	—	P，R，G，T		R11；R34	S16；S30；S45
丙酰氯	79-03-8	32120	—	易	12	—	甲	—	1，G，R，T，JS	3.2	R11；R14；R34	S16；S26；S45；S9
丙酰溴	598-22-1	81111	—	易	—	—	乙	—	G，T，R，JS	8.1	R10；R14；R34	S26；S36/37/39；S45
乐果（大灭松）	60-51-5	61875	—	可	—	—		—	P，R，T，W	6.1	R21/22	S2；S36/37
代森钠	142-59-6	61880		可	—	—		—	水，G，T	6.1		
代森铵	3566-10-7	61880		可	—	—		—	水，P，R，G，T	6.1		
代森锌	12122-67-7			可	—	—		—	P，R，G，T		R37；R43	S8；S24/25；S46
代森锰	12427-38-2	42503		易	—	—	乙	—	P，R，G，T	4.2		
四乙基铅	78-00-2	61097	0.13（38.4）	可	93.3	—	丙	—	W，P，R，T	6.1		
四甲铅	75-74-1	61097	3.33（20）	易	38	—	乙	—	水，P，R，G，T	6.1		
四甲基二硫代秋兰姆	137-26-8			可	—	—		—	W，P，R，T		R20/22；R36/38；R43；R48/22；R50/53	S26；S36/37；S60；S61
四甲基锡	594-27-4			易	-12	—	甲	—	W，P，R，G，T		R26/27/28；R50/53	S26；S27；S28；S45；S60；S61
四氟（代）肼	10036-47-2	23031		易	—	—	甲	—	QQ	2.3		
1,2,5,6-四氢吡啶	694-05-3	32105		易	16.1	—	甲	—	W，P，R，T	3.2		
四氢呋喃	109-99-9	31042	15.20（15）	易	-20	230	甲	1.5/12.4	P，R，G，T，Sw	3.1	R11；R19；R36/37	S16；S29；S33
四氢噻吩	110-01-0	32111	—	易	12.8	—	甲	—	P，R，G，T	3.2	R11；R20/21/22；R36/38；R52/53	S16；S23；S36/37；S61
对硫磷	56-38-2	61874	0.08（157）	可	—	—	—	—	W，P，T，NSJ	6.1	R24；R26/28；R48/25；R50/53	R24；R26/28；R48/25；R50/53
戊基氯	543-59-9	32034	4.14（25）	易	12	260	甲	1.4/8.6	P，R，G，T	3.2	R11；R20/21/22	S29；S9
异戊基氯		32034	—	易	＜21	—	甲	1.5/7.4	P，R，G，T，Sw	3.2		
灭多虫	16752-77-5	61888	—	可	—	—		—	W，P，R，T	6.1	R28；R50/53	S1/2；S22；S36/37；S60；S61
甲拌磷	298-02-2	61875	—	可	—	—		—	W，P，T，JSJ	6.1	R27/28；R50/53	S28；S36/37；S45；S60；S61
对甲苯磺酰基苯胺苯汞			—	可	—	—		—	W，P，R，G，T			

续表

名　　称	CAS 号	危险品编号	饱和蒸气压[①]/kPa	燃烧性	闪点/℃	自燃温度/℃	建规火险分级	爆炸下/上限（体积分数）/%	灭火方法	危险品类别	风险性代号	安全代号
4-甲苯磺酰氯	98-59-9	61687	0.13（88）	可	—	—	丙	—	P，R，G，T，JS	6.1	R29；R34	S26；S36/37/39；S45
甲氟磷	115-26-4	61125		可	—	—	丙	—	P，R，G，T	6.1		
2-甲氧基苯甲酰氯	21615-34-9	81123	1.07（128）	可	84	—	丙	—	P，G，T	8.1	R34	S26；S36/37/39；S45
3-甲氧基苯甲酰氯	1711-05-3	81123	2.00（124）	可	92	—	丙	—	P，G，T	8.1	R34；R36/37	S26；S36/37/39；S45
4-甲氧基苯甲酰氯	100-07-2	81123	1.87（145）	可	87	—	丙	—	P，G，T	8.1	R34	S26；S36/37/39；S45
对甲氧基氯苄	824-94-2		1.87（117）	可	109	—	丙	—	P，R，G，T		R34	S26；S36/37/39；S45
甲胺磷	10265-92-6	61125	0.00004（30）	可	—	—	丙	—	P，R，G，T	6.1	R24；R26/28；R50	S1/2；S28；S36/37；S45；S61
3-甲基六氢吡啶	626-56-2	32107		易	17	—	甲	—	W，P，R，G，T	3.2	R11；R36/37/38	S16；S23
4-甲基六氢吡啶	626-58-4	32107		易	7	—	甲	—	W，P，R，G，T	3.2	R11；R36/37/38	S16；S26；S36
2-甲基四氢呋喃	96-47-9	32100		易	−11	—	甲	—	P，R，G，T，Sw	3.2	R11；R19；R36/37	S16；S26；S33；S39
甲基对硫磷	298-00-0	61125	—	可	—	—		—	W，P，R，T，	6.1		
2-甲基吡啶	109-06-8	33614	1.33（24.4）	易	27	535	甲	1.3/8.7	P，R，G，T	3.3	R10；R20/21/22；R36/37	S26；S36
3-甲基吡啶	108-99-6	33614	12.87（81.3）	易	40	500	乙	1.4/—	P，R，G，T	3.3	R10；R22；R36/37/38	S26；S36
甲基汞	22967-92-6			可	—	—	丙	—	P，R，G，T			
2-甲基哌啶	109-05-7	32107	—	易	8	—	甲	—	P，R，G，T，Sw	3.2	R11；R22；R34	S16；S26；S36/37/39；S45
N-甲基哌啶	626-67-5	32107		易	3	—	甲	—	W，P，R，T	3.2	R11；R20/22；R34	S16；S26；S33；S36/37/39；S45；S9
对甲基氯化苄	104-82-5			可	75	—	丙	—	W，P，R，G，T，JS		R36/37/38	S26；S37/39
邻甲基氯化苄	552-45-4			可	73	—	丙	—	P，R，G，T，JS		R22；R36/37/38	S26；S37/39
间甲基氯化苄	620-19-9			可	75	—	丙	—	P，R，G，T，JS		R36/37/38	S26；S37/39
3-甲基噻吩（甲基硫茂）	616-44-4	32112	1.33（9.1）	易	11	—	甲	—	P，R，G，T	3.2	R11；R20/22；R36/37/38	S16；S26；S37/39
甲烷磺酰氯	124-63-0	81127	1.60（53）	可	110	—	丙	—	G，P，R，T	8.1	R22；R35	S25；S36/37/39；S45
甲醇钠（甲氧基钠）	124-41-4	82018	—	易	—	—	甲	—	P，T，JS，R	8.2	R11；R14；R23/24/25；R36/38；R39/23/24/25	S16；S36/37；S45；S7
亚硝酰氯	2696-92-6	23039	10.1（−50）	不	※	※		※	QQ	2.3		
吖啶	260-94-6	61846	1.33（184）	可	—	—	—	—	R，W，G，T	6.1	R22；R36/37/38	S26；S36/37/39；S45
杀虫脒	无	61876	—	可	—	—	—	—	R，P，G，T	6.1		
杀螟松	122-14-5	61875	0.01（140）	可	—	—	—	—	W，P，R，T	6.1	R22；R50/53	S2；S60；S61
百治磷	141-66-2	61874		可	—	—	丙	—	P，R，G，T	6.1		

续表

名　称	CAS号	危险品编号	饱和蒸气压①/kPa	燃烧性	闪点/℃	自燃温度/℃	建规火险分级	爆炸下/上限（体积分数）/%	灭火方法	危险品类别	风险性代号	安全代号
百草枯	4685-14-7	61896	—	可	—	—	—	—	W, P, R, T	6.1	R26/27/28	S1; S13; S45
西维因粉剂	63-25-2	61888	—	可	—	—	—	—	W, P, R, T	6.1		
过氧化（双）3,5,5-三甲基乙酰	3851-87-4	52042		易	—	—	甲	—	P, R, G, W	5.2		
过氧化二苯甲酰	94-36-0	52045	—	易	—	80	甲	—	W, T	5.2	R2; R36; R43	S14A; S3/7; S36/37/39
过氧化对氯苯甲酰	94-17-7	52047		易	—	—	甲	—	W, P, R, G, T	5.2		
吡咯	109-97-7	33613	—	易	39	—	乙	—	W, P, R, G, T	3.3	R10; R20; R25; R41	S16; S24; S26; S39; S45
吡啶	110-86-1	32104	1.33（13.2）	易	17	482	甲	1.7/12.4	W, P, R, G, T	3.2	R11; R20/21/22	S26; S28A
吩噻嗪	92-84-2			可	177	—	丙	—	W, P, R, G, T		R36/38; R43; R51/53	S26; S29; S36/37/39; S61
呋喃	110-00-9	31040	—	易	-35	390	甲	1.3/14.3	P, R, G, T, Sw	3.1	R12; R19; R20/22; R38; R45; R48/22; R52/53; R68	S45; S53; S61
呋喃丹	1563-66-2	61889	—	可	—	—	—	—	W, P, R, T	6.1	R26/28; R50/53	S1/2; S36/37; S45; S60; S61
呋喃甲酰氯	527-69-5	81120	1.33（66）	可	85	—	丙	—	P, R, T, G, JS	8.1	R34	S26; S36/37/39; S45
狄氏剂	60-57-1	61127	—	可	—	—	—	—	W, P, R, T	6.1		
芘	129-00-0			可	—	—	丙	—	1, P, R, G, T		R26; R36/37/38; R50/53	S22; S28A; S36/37; S45; S60; S61
苄基氯	100-44-7	61063	2.93（78）	可	67	585	丙	1.1/—	R, T, G, JS	6.1	R22; R23; R37/38; R41; R45; R48/22	S45; S53
苊	208-96-8	41515	1.33（131.2）	易	125	—	乙	—	W, P, R, G, T	4.1	R36/37/38	S26; S37/39
叔丁基碘	558-17-8	32048		易	7	—	甲	—	P, R, G, T	3.2	R11-36/R37/R38	S16-S26-S36
咔唑	86-74-8	41538	53.33（323）	可	—	—	—	—	W, P, R, G, T	4.1	R40; R50/53	S36/37; S60; S61
环丁砜	126-33-0			可	166	—	丙	—	W, P, R, G, T		R22	S25
环己基溴	108-85-0		1.87（165）	可	62	—	丙	—	W, P, R, G, T		R18; R20; R36/37/38	S26; S37/39
环戊基溴	137-43-9	33532		易	35	—	乙	—	P, R, G, T	3.3	R10	S16
环氧树脂	24969-06-0	32197		可	—	490（粉云）		12（g/m³）/—	W, P, R, G, T	3.2		
苯乙酰氯	103-80-0	81635	0.13（48）	可	102	—	丙	—	P, R, T	8.1	R34	S25; S36/37/39; S45
对苯二甲酰氯	100-20-9	81125	0.01(38)	可	180	—	丙	—	P, R, G, T, JS	8.1	R23; R34	S26; S28B; S36/37/39; S38; S45
邻苯二甲酰氯	88-95-9	81125	—	可	＞110	—	丙	—	P, R, G, T, JS	8.1	R34	S26

续表

名　　称	CAS号	危险品编号	饱和蒸气压[①]/kPa	燃烧性	闪点/℃	自燃温度/℃	建规火险分级	爆炸下/上限（体积分数）/%	灭火方法	危险品类别	风险性代号	安全代号
苯甲酰氯	98-88-4	81121	0.13（32.1）	可	68	—	丙	1.2/4.9	P, R, G, T, JS	8.1	R34	S26; S36/37/39; S45
苯并芘	50-32-8			可	—	—	丙	—	1, R, G, T		R45; R11; R38; R50/53; R65; R67	S53; S45; S61; S62
苯肼	100-63-0	61813	1.33（115）	可	70	615	丙	1.3/—	W, P, R, T	6.1	R23/24/25; R36/38; R43; R45; R48/23/24/25; R50; R68	S45; S53; S61
苯肼	931-54-4		0.1312	可	79	—	丙	—	W, P, R, G, T			
苯酚钠	139-02-6	83013	—	可	—	—	—	—	W, P, R, G, T	8.3		
苯硫代磷酰二氯	3497-00-5	81130		可	＞110	—	丙	—	P, R, G, T, JS	8.1		
苯硫磷	2104-64-5	61125	0.04（100）	可	—	—	丙	—	P, G, T, JSJ	6.1		
苯腈磷	13067-93-1		0.0000018（25）	可	—	—	丙	—	P, R, G, T			
苯磺酰肼	80-17-1	41036	—	易	—	—	乙	—	P, R, G, T	4.1	R11	S16
苯磺酰氯	98-09-9	81126	1.33（120）	可	＞110	—	丙	—	P, R, G, T	8.1	R22; R29; R34	S26; S36/37/39; S45
苯膦酰二氯	824-72-6	81128	2.00137	可	＞110	—	丙	—	P, R, G, T, JS	8.1	R14; R34; R37	S26; S36/37/39; S45; S8
保棉磷	86-50-0	61125	0.000051（20）	可	—	—	丙	—	P, G, T, JSJ	6.1		
哌啶	110-89-4	32106	5.33（29.2）	易	16	—	甲	—	P, R, G, T, Sw	3.2	R11; R23/24; R34	S16; S26; S27; S45
哌嗪	110-85-0	82518	30.3（111）	可	107（O.C）	—	丙	—	W, P, R, G, T	8.2	R34; R42/43; R52/53	S22; S26; S36/37/39; S45; S61
氟乐灵	1582-09-8	61892		可	—	—	丙	—	W, P, R, G, T	6.1	R36; R43; R50/53	S2; S24; S37; S60; S61
倍硫磷	55-38-9	61847	0.000004（20）	可	—	—	丙	—	W, P, R, G, T	6.1	R21/22; R23; R48/25; R50/53; R68	S36/37; S45; S60; S61
敌百虫	52-68-6	61874	13.33（100）	可	—	—	—	—	W, P, R, T	6.1	R22; R43; R50/53	S2; S24; S37; S60; S61
敌克松	140-56-7	61904		可	—	—		—	S, P, R, G, T	6.1		
敌敌畏	62-73-7	61875	0.02（20）	可	—	—	—	—	W, P, R, T	6.1	R24/25; R26; R43; R50	S1/2; S28; S36/37; S45; S61
氨基化钠	7782-92-5	无	—	易	—	—	甲	—	R, G, T, JP, JS		R14/15; R19; R34	S26; S36/37/39; S43D; S7/8
氨基化锂	7782-89-0	43042	—	易	—	—	甲	—	R, G, T, JP, JS	4.3	R14/15; R34	S43B; S7/8
2-氨基吡啶	504-29-0	61842	—	可	92	—	丙	—	P, R, T, G	6.1	R25; R36/37/38	S28B; S36/37/39; S38; S45
4-氨基吡啶	504-24-5	61842	1.73（180）	可	—	—	丙	—	P, R, T, G	6.1	R28; R36/37/38	S1; S28A; S37/39; S45

续表

名称	CAS 号	危险品编号	饱和蒸气压①/kPa	燃烧性	闪点/℃	自燃温度/℃	建规火险分级	爆炸下/上限(体积分数)/%	灭火方法	危险品类别	风险性代号	安全代号
2-氨基噻唑	96-50-4			可	—	—	丙	—	W, P, R, G, T		R22; R36/37	S26; S39
烯丙基溴	106-95-6	32045	—	易	-1	295	甲	4.3/7.3	W, P, R, T, G	3.2	R11; R23/25; R34; R50	S16; S36/37/39; S45; S61
菲	85-01-8			可	171	—	丙	—	1, P, R, G, T		R22; R40; R50/53	S29; S36/37; S61
1-萘氧二氯化膦	91270-74-5	81129	2.40(180)	可	—	—	丙	—	P, R, G, T	8.1	R22; R26; R36/37/38	S36/37; S38; S45
酚醛树脂	9003-36-4	32197		可	—	420(粉云)		20(g/m³)/—	W, P, R, G, T	3.2		
铬酰氯	14977-61-8	81038	2.66(20)	助	※	※	—	※	G, T, JS	8.1		
氯乙酰氯	79-40-9	81118	8.00(41.5)	不	※	※	—	※	G, T, R, P, JS	8.1	R14; R23/24/25; R35; R48/23; R50	S26; S36/37/39; S45; S61; S7/8; S9
氯丹	57-74-9	61877	0.27(175)	不	※	※	—	※	W, P, R, T	6.1		
氯化乙基汞	107-27-7	61129		不	※	※	丙	※	水, G, T	6.1		
氯化二乙基铝	96-10-6	42024		易	—	—	甲	—	G, T, JS	4.2	R11; R14; R17; R34; R48/20; R51/53; R62; R65	S16; S26; S36/37/39; S45; S61; S8
氯化甲基汞	115-09-3	61093		可	—	—	丙	—	W, P, R, G, T	6.1		
氯化苦	76-06-2	61051	2.25(20)	不	※	※		※	W, P, T, R	6.1	R22; R26; R36/37/38	S36/37; S38; S45
氯化癸二酰	111-19-3	81116	0.40(137～140)	可	＞110	—	丙	—	P, R, G, T, JS	8.1		
氯代环己烷	542-18-7	32001		易	28	—	乙	—	P, R, G, T	3.2	R10; R20; R36/37/38	S16; S26; S37/39
氯甲醛肟		61824		可	—	—	丙	—	P, R, G, T	6.1		
2-氯吡啶	109-09-1	61118	1.60(55)	可	65	—	丙	—	W, P, R, T	6.1	R23/24/25; R36/37/38	S26; S28A; S36/37/39; S45
4-氯苄基氯	104-83-6	61662	—	可	97	—	丙	—	G, T, R, JS	6.1	R20/21/22; R34; R51/53	S26; S29; S36/37/39; S45
3-氰基吡啶	100-54-9				84	—		—	W, P, R, G, T		R22; R36/37/38	S26; S36/37/39
氰基胍	461-58-5			可	—	—	丙	—	W, P, R, G, T		R20/21/22	S24/25
氰脲酰氯	108-77-0	81641	0.27(70)	可	—	—	丙	—	P, R, G, T	8.1	R14; R22; R26; R34; R43	S26; S28A; S36/37/39; S45; S46
硝化甘油	55-63-0	11033	0.01(60)	易	—	—	爆炸品	—	W, JSY	1		
硝化棉	9004-70-0	41031	—	易	12.8	170	甲	—	W, P, R, T	4.1	R11-36/R38-1-10-67-66-22-19-12	S23-S33-S29-S16-S9
硝基芘	602-87-9	41516		易	—	—	甲	—	W, P, R, G, T	4.1	R45	S45; S53
4-硝基苯甲酰氯	122-04-3	61686	2.00(154)	可	—	—	丙	—	G, T, R, P, JS	6.1	R34	S26; S36/37/39; S45
2-硝基苯肼	3034-19-3	61815	—	可	—	—	乙	—	W, P, T, R	6.1	R36/37/38; R5	S26; S37/39

续表

名　　称	CAS号	危险品编号	饱和蒸气压[①]/kPa	燃烧性	闪点/℃	自燃温度/℃	建规火险分级	爆炸下/上限（体积分数）/%	灭火方法	危险品类别	风险性代号	安全代号
3-硝基苯肼	619-27-2	61815	—	可	—	—	乙	—	W, P, T, R	6.1		
4-硝基苯肼	100-16-3	61815	—	可	—	—	乙	—	W, P, T, R	6.1	R36/37/38	S26; S37/39
硝基胍	556-88-7	11027	—	易	—	—	爆炸品	—	W, P,	1	R11; R36/37/38; R5	S16; S26; S37/39; S47
2-硝基氯化苄	612-23-7	61685	—	可	—	—	丙	—	W, P, R, T, G	6.1	R34	S26; S36/37/39; S45
3-硝基氯化苄	619-23-8	61685	4.00（180）	可	＞110	—	丙	—	P, R, T, G	6.1		
4-硝基氯化苄	100-14-1	61685	—	可	—	—	丙	—	P, R, T, G	6.1	R22; R34	S26; S36/37/39; S45
4-硝基溴化苄	100-11-8	61690	—	可	—	—	丙	—	G, T, R, P, JS	6.1	R34	S26; S36/37/39; S45
硫代呋喃	110-02-1	32110	5.33（12.5）	易	-9	395	甲	1.5/12.5	P, R, G, T	3.2	R11; R20/22; R36; R52/53	S16; S36/37/39; S61
硫代磷酰氯	3982-91-0	81064	2.93（25）	不	※	※	—	※	S, R, P, JS	8.1		
硫脲	62-56-6	61821	—	可	—	—	—	—	W, P, R, T	6.1	R22; R40; R51/53; R63	S36/37; S61
硫酸三乙基锡		61096		可	—	—		—	S, P, R, G, T	6.1		
溴化苄	100-39-0	61065	2.00（114）	可	86	—	丙	—	W, P, R, T	6.1	R36/37/38	S2; S39
2-溴丙烯基溴	513-31-5	32002	2.27（42）	可	81	—	丙	—	P, R, G, T	3.2	R36/37/38	S26; S37/39
2-溴丙酰溴	563-76-8	81113	1.33（48）	可	＞110	—	丙	—	R, G, T, JS	8.1	R22; R34	S26; S36/37/39; S45;
对溴苯肼	41931-18-4	61817		可	—	—	丙	—	W, P, R, G, T	6.1	R34	S28A
4-溴苯磺酰氯	98-58-8	61687	2.0（153）	可	—	—	丙	—	G, R, T	6.1	R34	S26; S36/37/39; S45
蒽	120-12-7	83018	0.13（145）	可	121	540	丙	—	W, P, R, T	8.3		S24/25
赛璐珞	无	41547	—	易	—	180	甲	—	W, P, R, G, T	4.1		
樟脑	76-22-2	41536	0.05（24）	可	65.6	466	乙	0.6/3.5	W, R, G, T	4.1	R11; R36/37/38	S16; S26; S37/39
稻瘟净	13286-32-3	61874	0.0013（20）	易	25-32	—	乙	—	P, R, G, T	6.1	R22; R51/53	S61
异稻瘟净	26087-47-8	61875	0.005（126）	可	—	—	—	—	P, R, G, T	6.1	R22; R51/53	S61
羰基氟	353-50-4	23035		不	※	※		※	QQ	2.3		
羰基镍	13463-39-3	61031	53.32（25.8）	易	＜4	—	甲	2.0/—	W, P, R, T	6.1		
噻唑	288-47-1			易	22	—	甲	—	P, R, G, T		R10; R22	S16
磺酰氯	7791-25-5	81035	13.33（17.8）	助	※	※	—	※	G, T, JS	8.1	R14; R34; R40	S26; S36/37; S45
磷酰氯	10025-87-3	81040	5.33（27.3）	助	※	※		※	G, T, JS	8.1	R14; R22; R26; R35; R48/23	S26; S36/37/39; S45; S7/8
磷酸乙基汞	2235-25-8	61129		可	—	—	丙	—	水, P, R, G, T	6.1		

① 括号中数字为饱和蒸气压对应的温度，℃。

算图

目 录

第 4 章

第 5 章

第 6 章

第 7 章

第 8 章

第 9 章

第 10 章

第 11 章

第 12 章

第 13 章

第 14 章

第 15 章

第 16 章

第1章

1.1 有机酸的密度（Ⅰ）

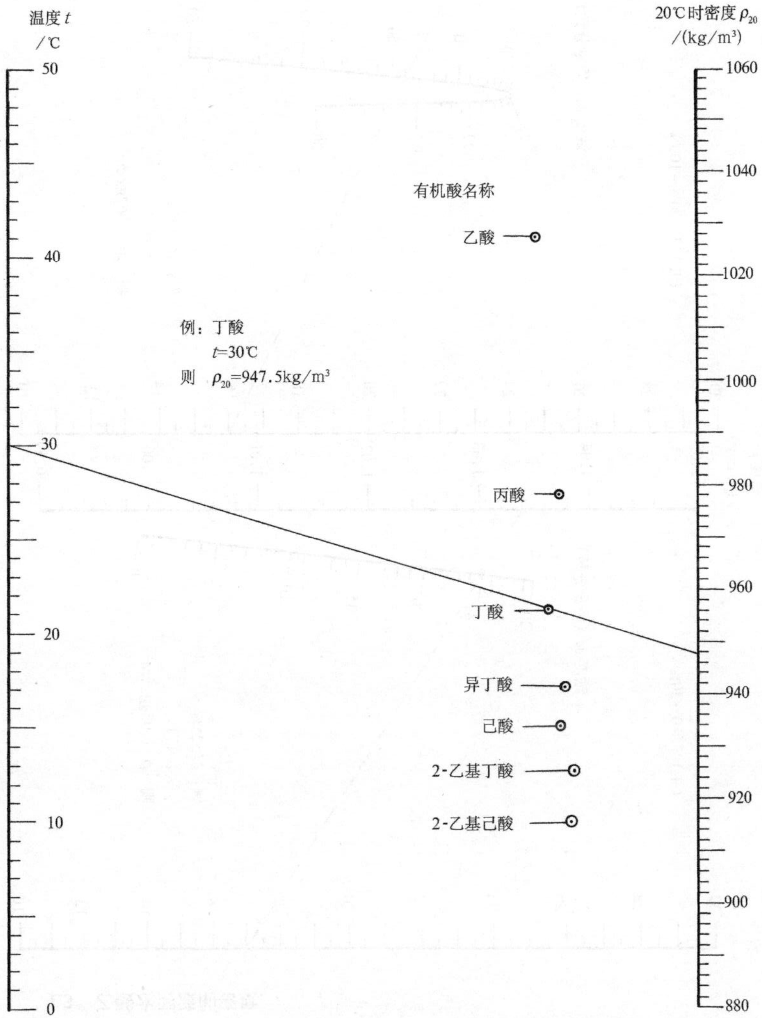

1.2 有机酸的密度（Ⅱ）

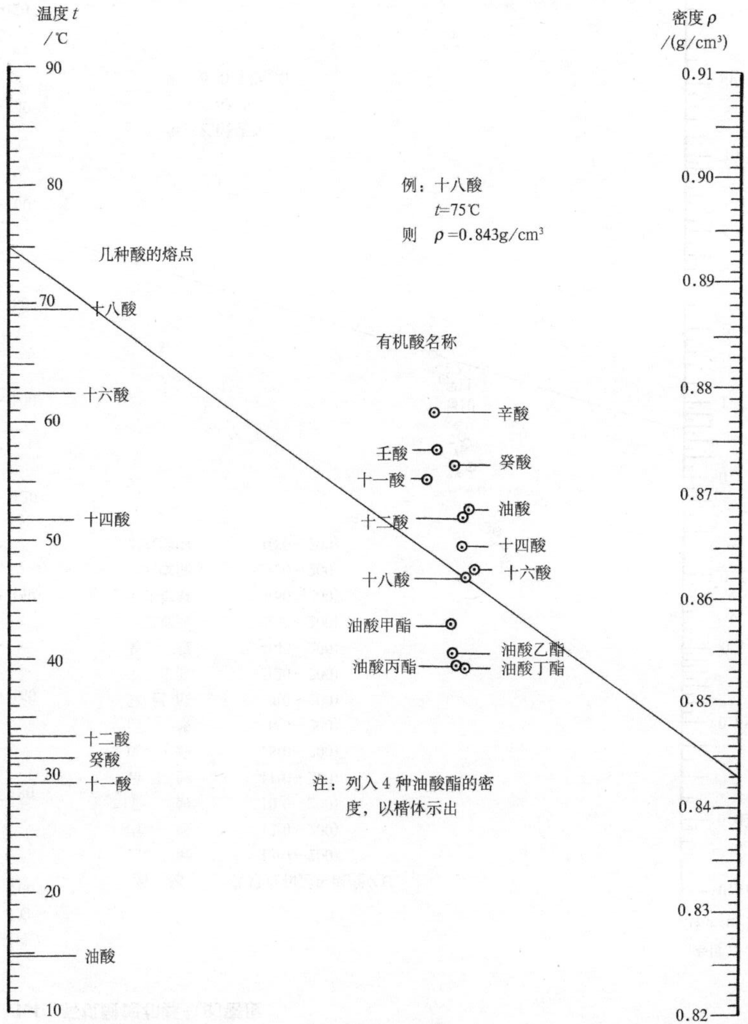

1.3 乙酸水溶液的密度

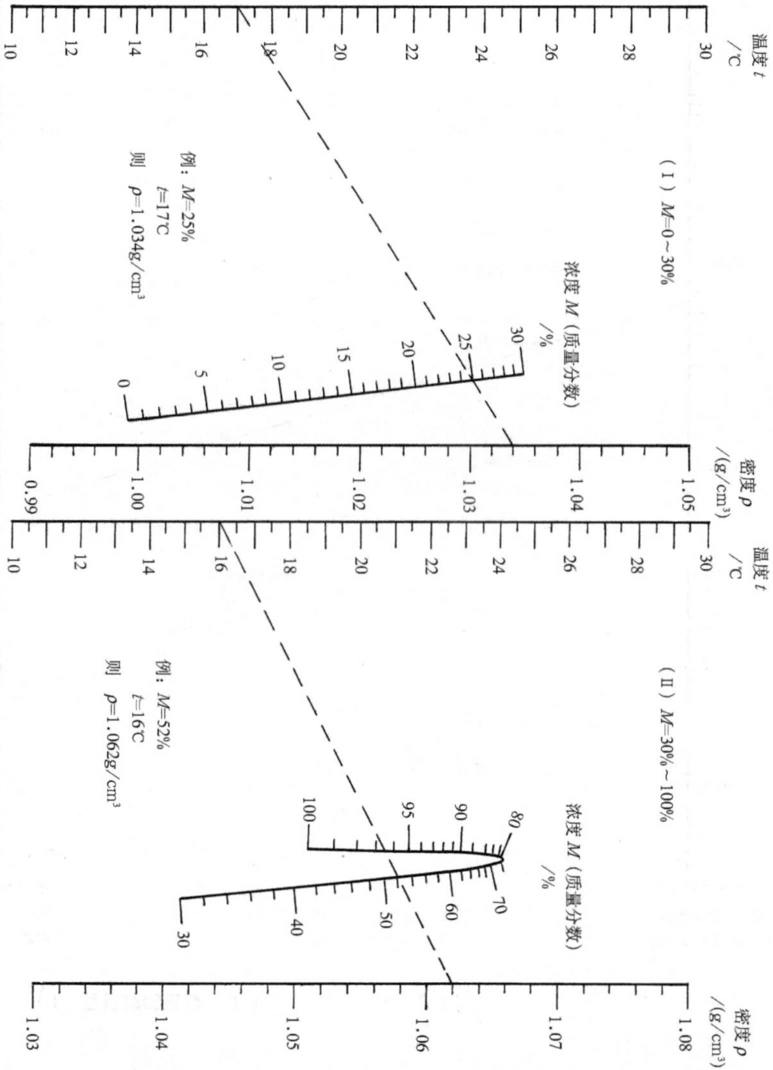

1.4 有机酸饱和蒸气的密度

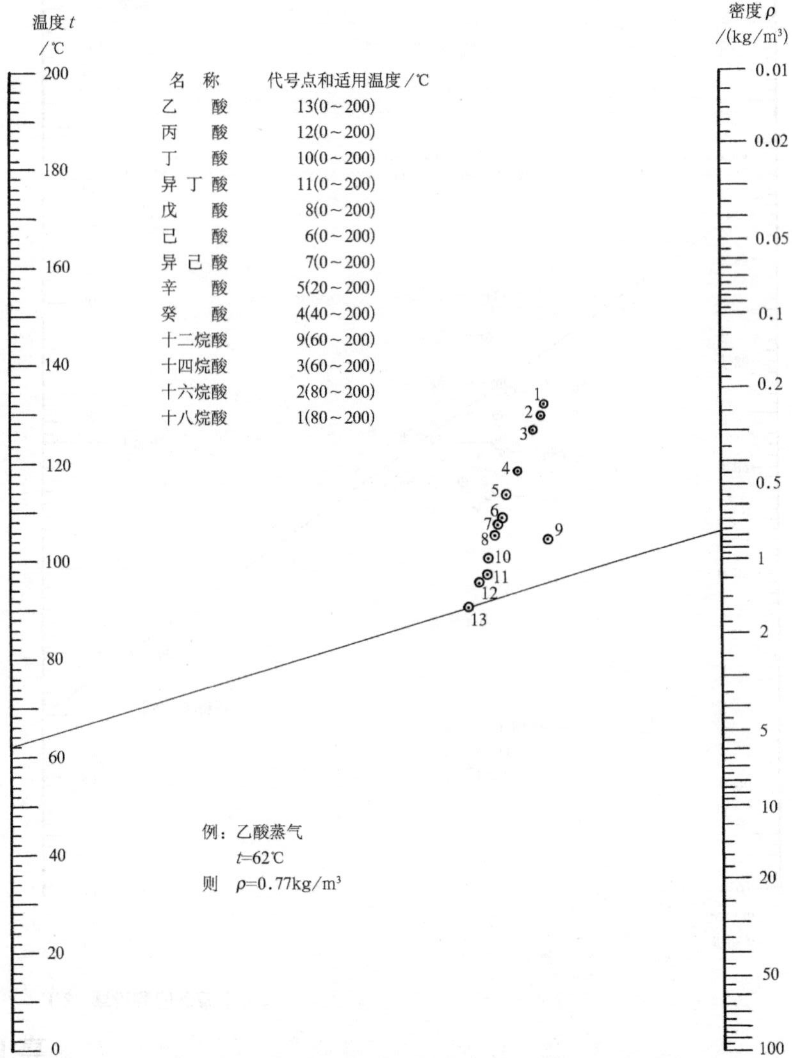

名称	代号点和适用温度/℃
乙酸	13(0～200)
丙酸	12(0～200)
丁酸	10(0～200)
异丁酸	11(0～200)
戊酸	8(0～200)
己酸	6(0～200)
异己酸	7(0～200)
辛酸	5(20～200)
癸酸	4(40～200)
十二烷酸	9(60～200)
十四烷酸	3(60～200)
十六烷酸	2(80～200)
十八烷酸	1(80～200)

1.5 含水脂肪酸的冰点

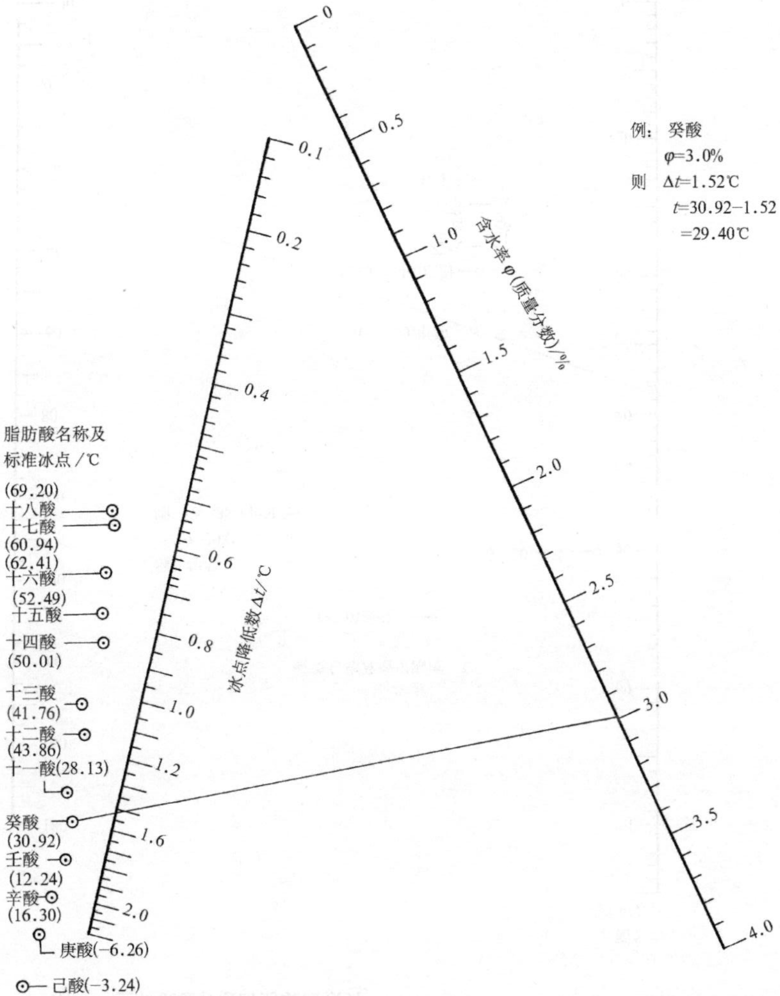

例：癸酸

φ=3.0%

则 Δt=1.52℃

t=30.92−1.52

=29.40℃

1.6 甲酸、乙酸、丙酸、丁酸、异丁酸和乳酸水溶液的黏度

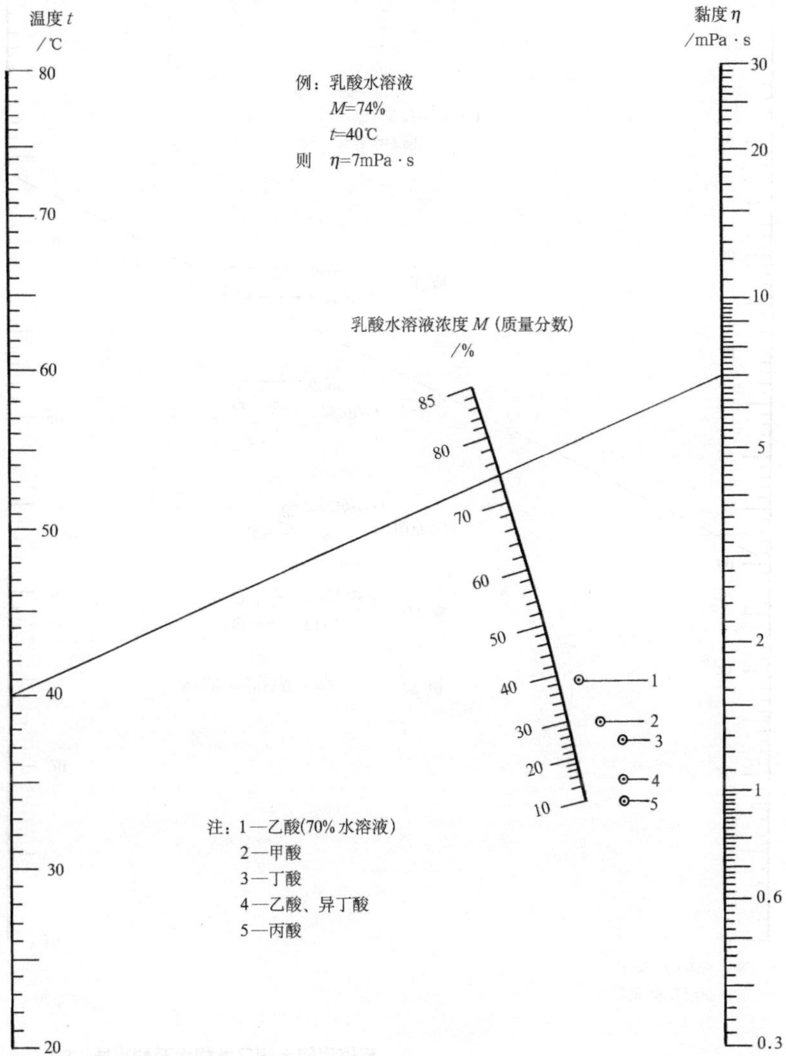

例：乳酸水溶液

M=74%

t=40℃

则 η=7mPa · s

注：1—乙酸(70% 水溶液)

2—甲酸

3—丁酸

4—乙酸、异丁酸

5—丙酸

1.7 一些有机酸和酸酐的表面张力

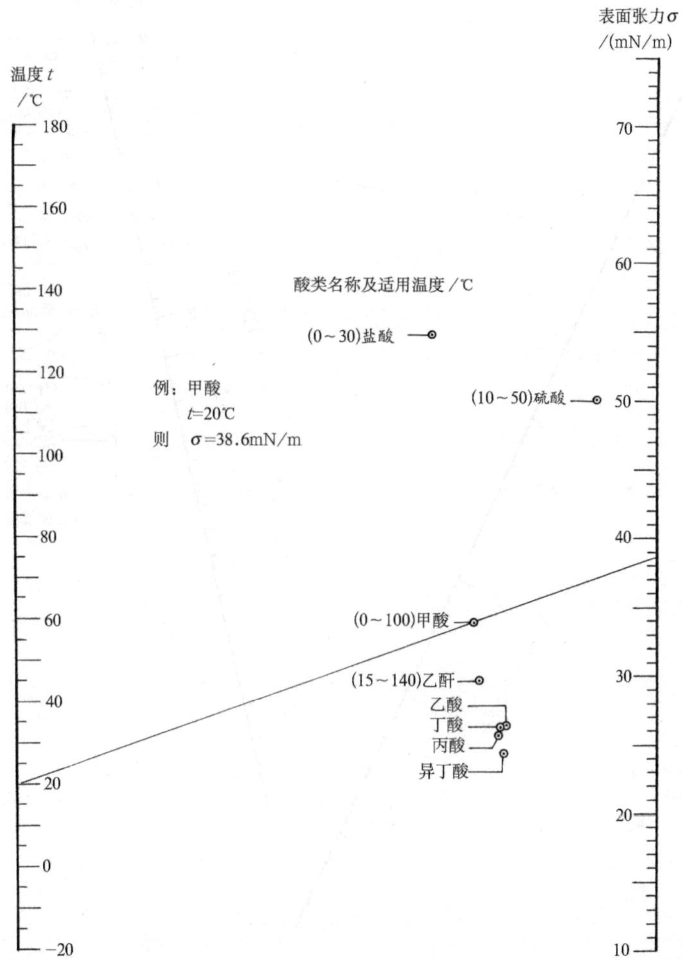

1.8 有机酸在甲醇和乙醇中的溶解度

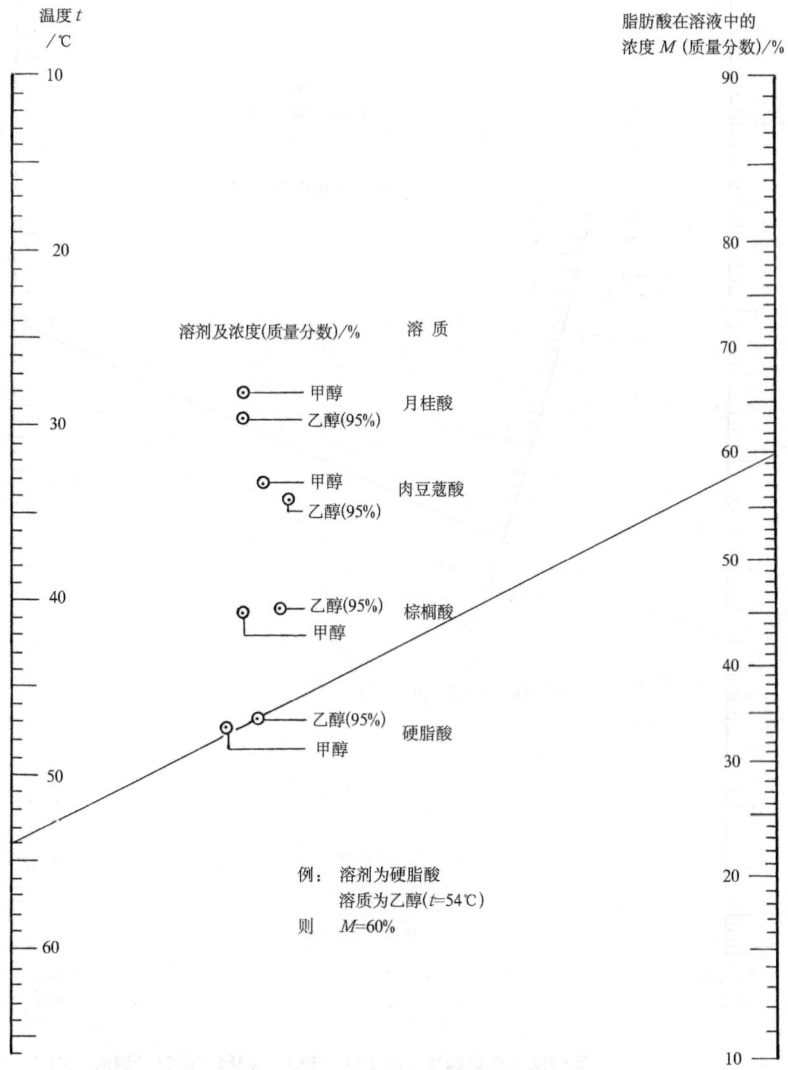

1.9 有机酸在苯中的溶解度

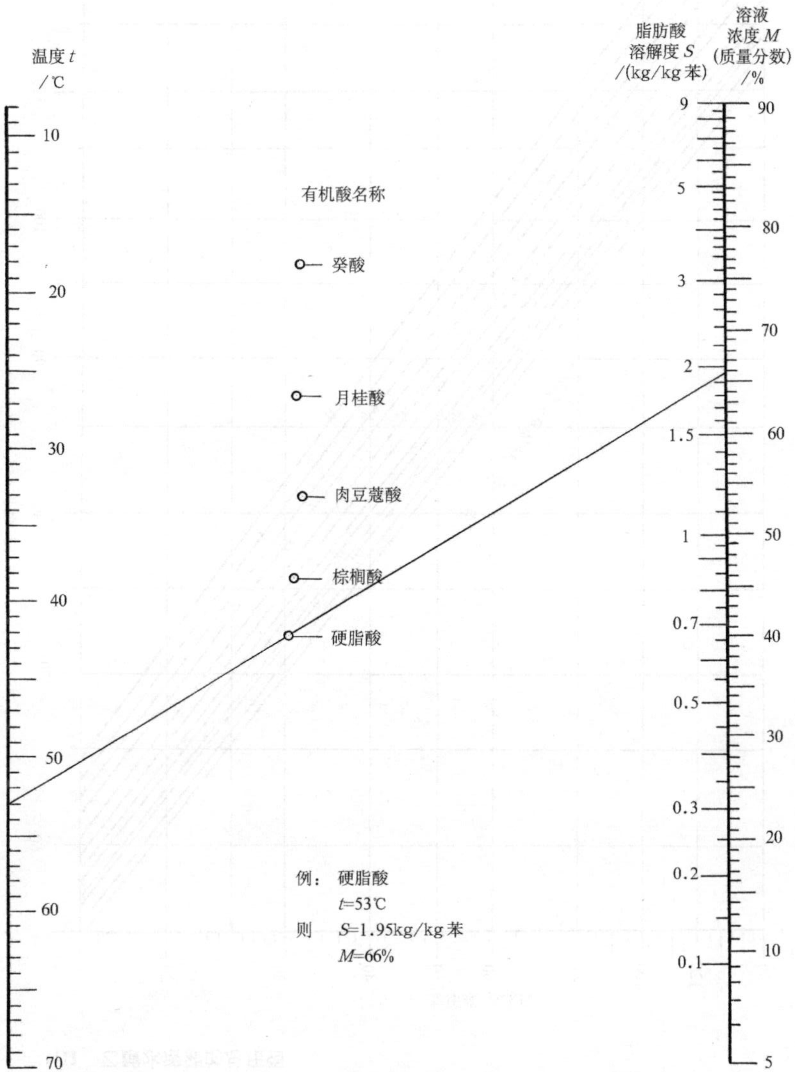

1.10 有机酸和酸酐的蒸气压

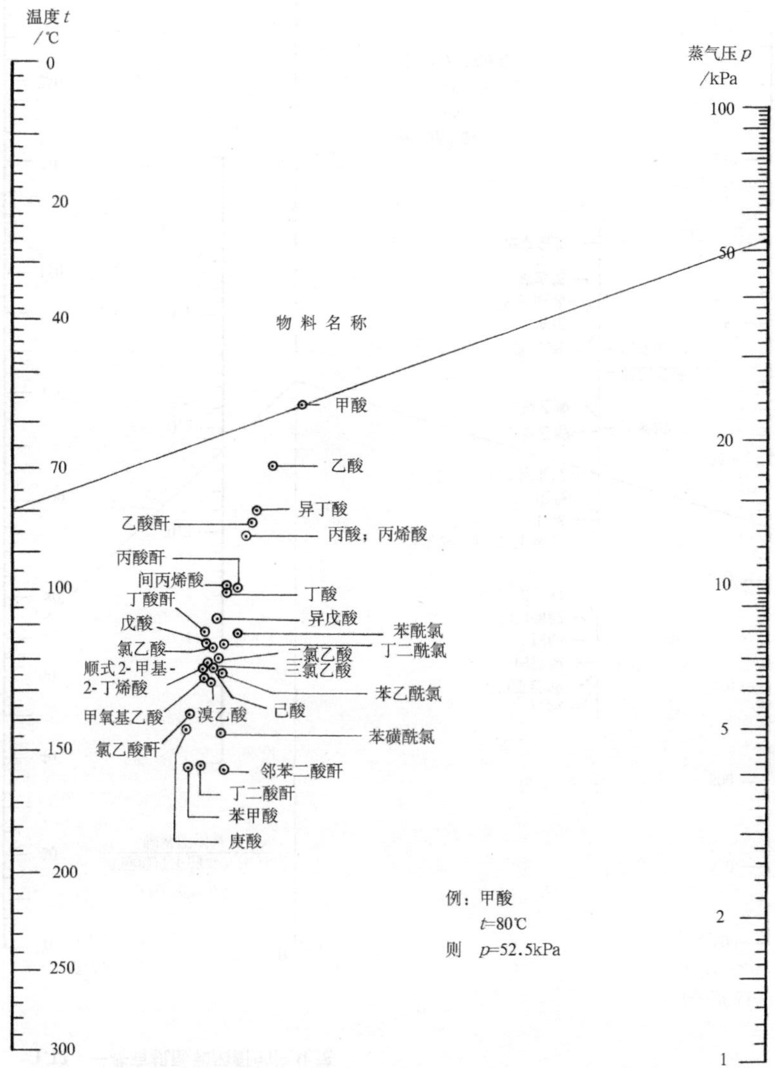

1.11 乙酸水溶液的总压强

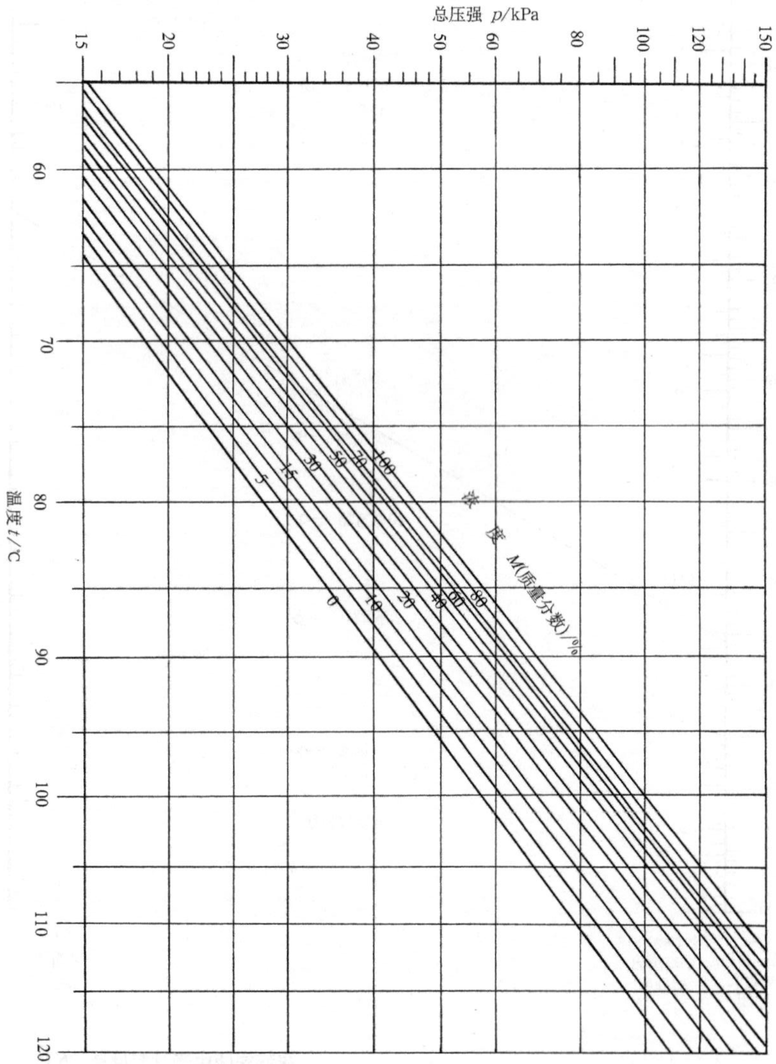

1.12 一些有机酸和酸酐的汽化热

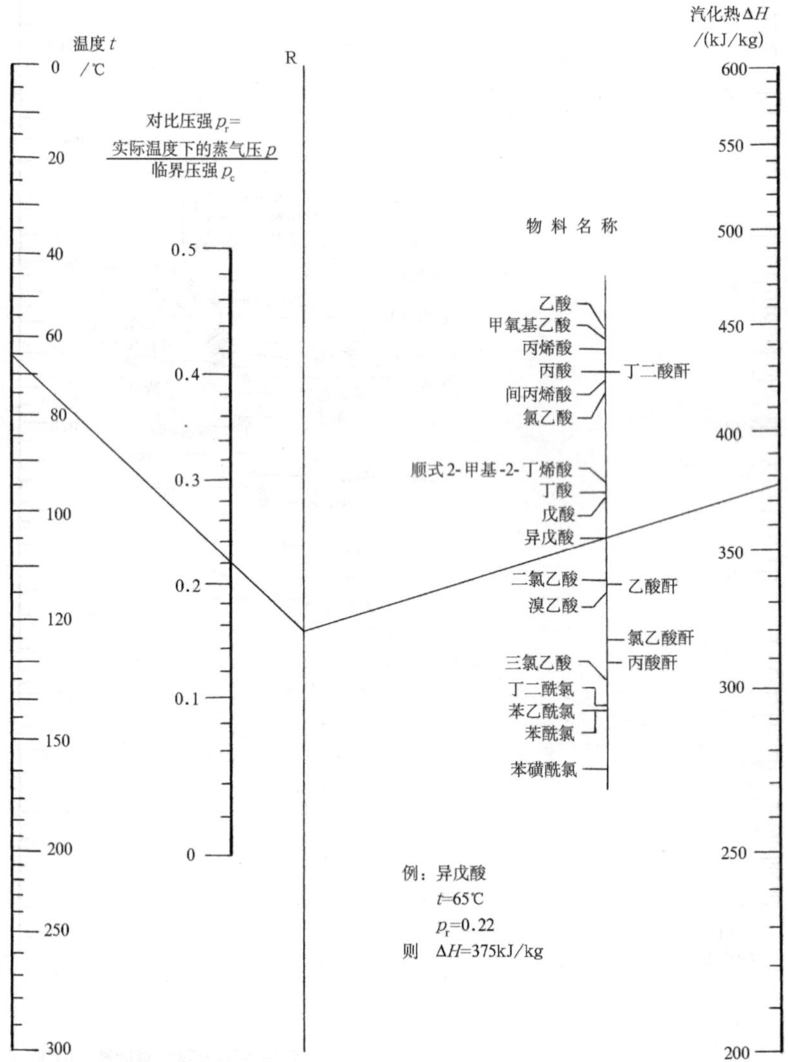

第3章

3.1 液态烷烃常压沸点时的密度

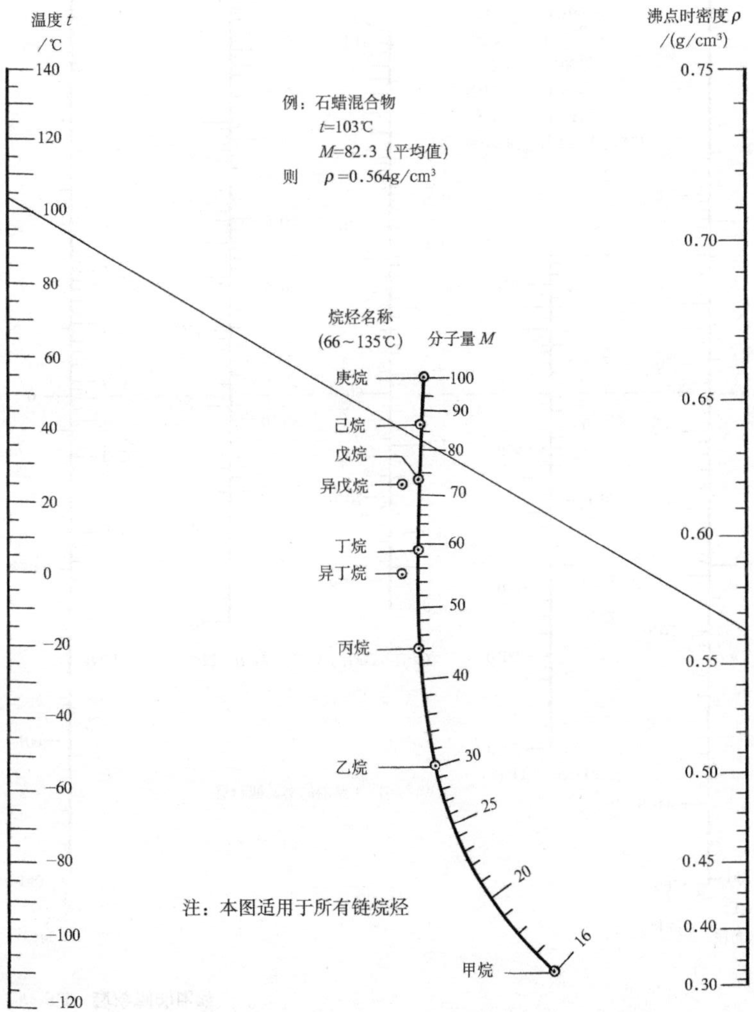

3.2 烷烃液体的摩尔体积

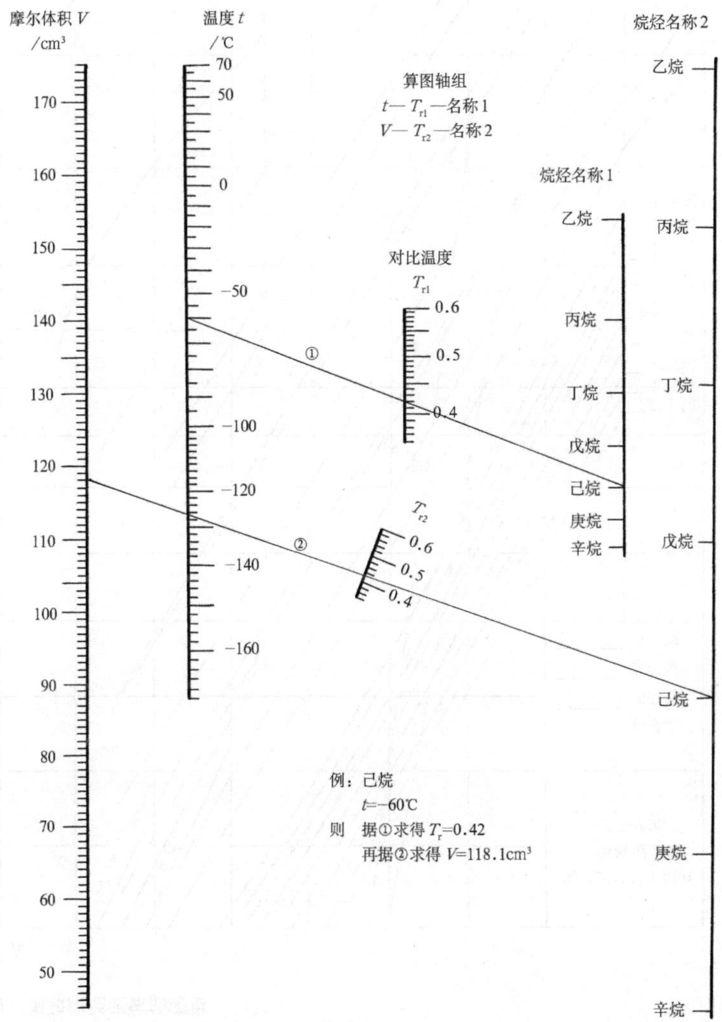

3.3 致冷剂的比容

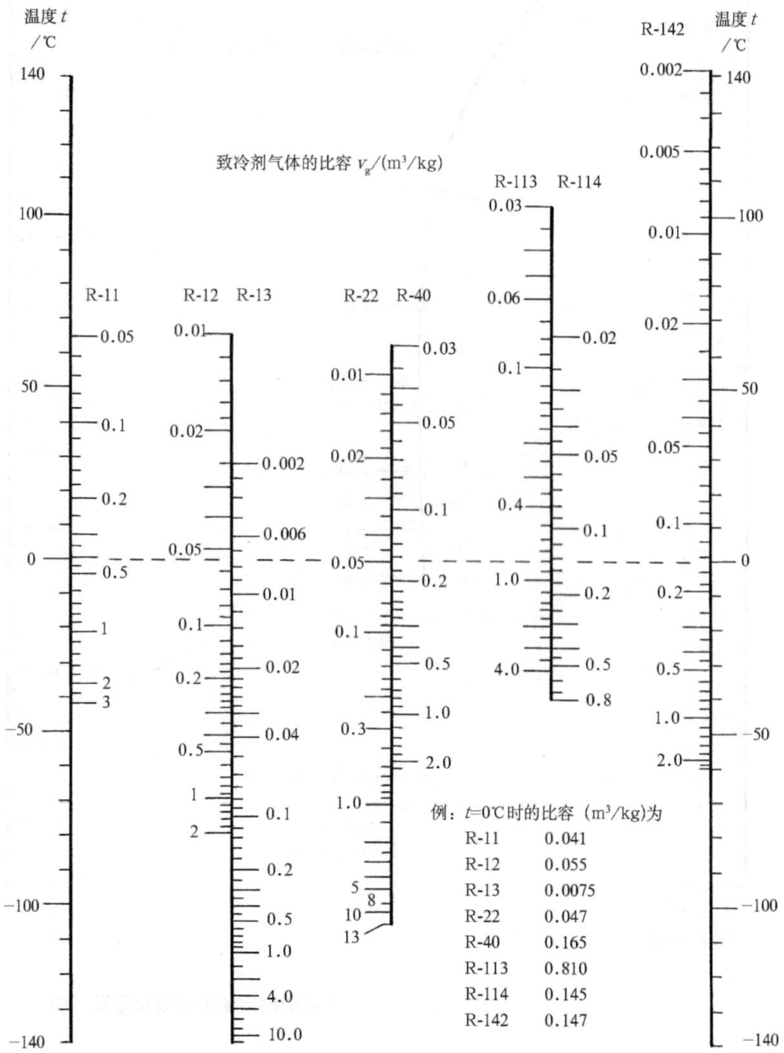

3.4 饱和烷烃液体的密度

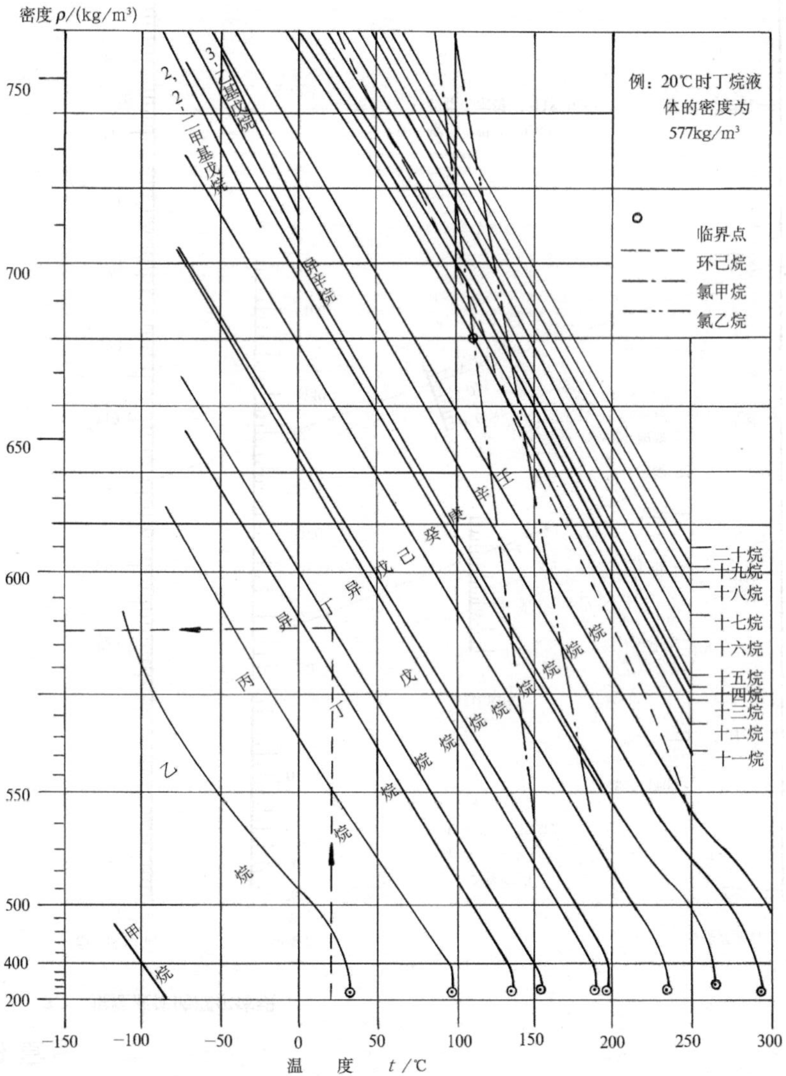

3.5 液态丙烷在压力下的密度

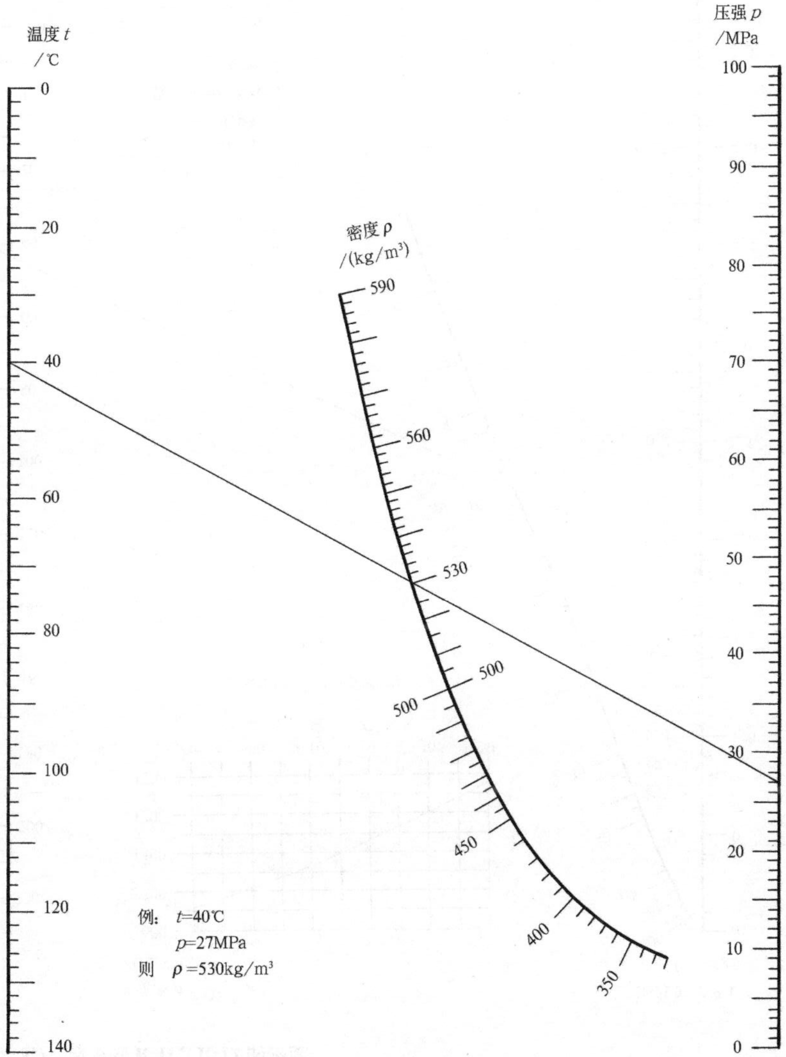

例：t=40℃

p=27MPa

则 ρ=530kg/m³

3.6 混合液体的平均密度

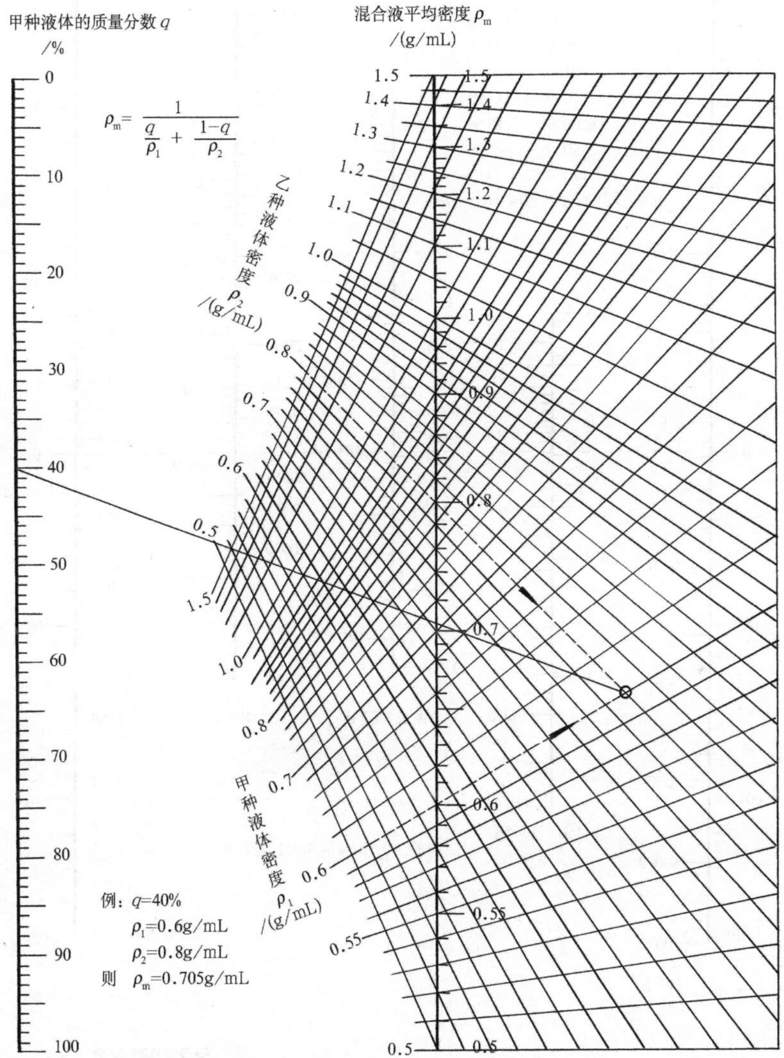

$$\rho_m=\frac{1}{\frac{q}{\rho_1}+\frac{1-q}{\rho_2}}$$

例：q=40%

ρ_1=0.6g/mL

ρ_2=0.8g/mL

则 ρ_m=0.705g/mL

3.7 致冷剂 R-11、R-12 的密度

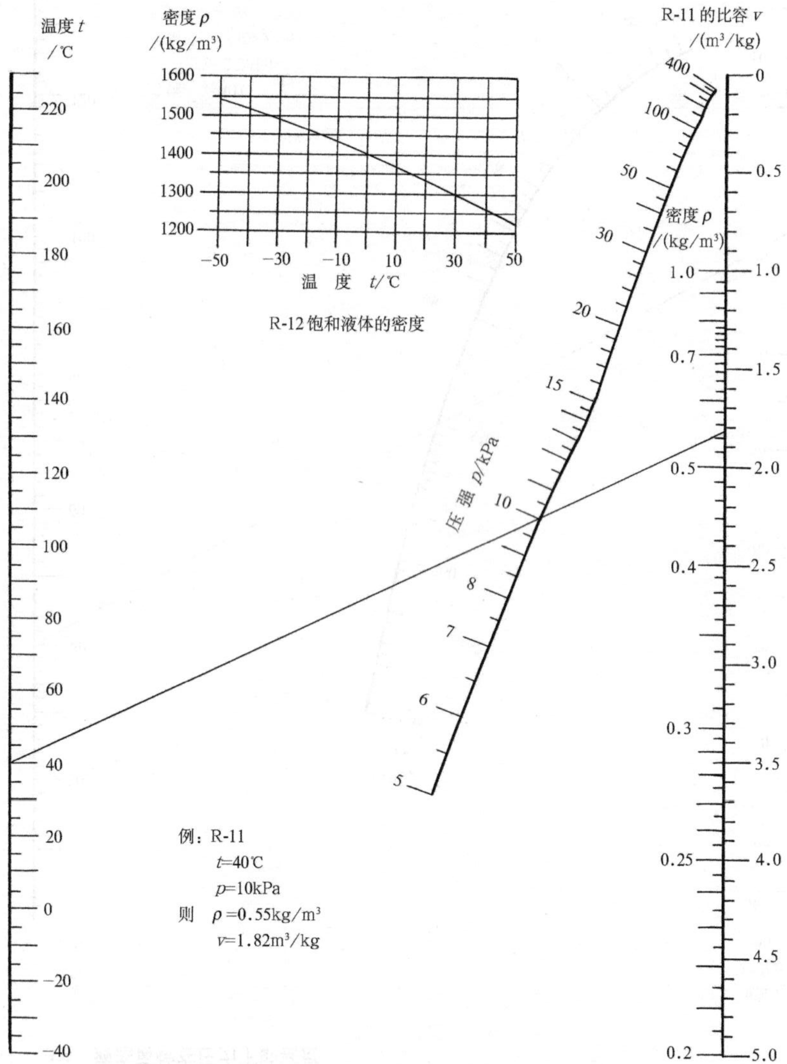

例：R-11
t=40℃
p=10kPa
则 ρ=0.55kg/m³
v=1.82m³/kg

3.8 致冷剂的比容

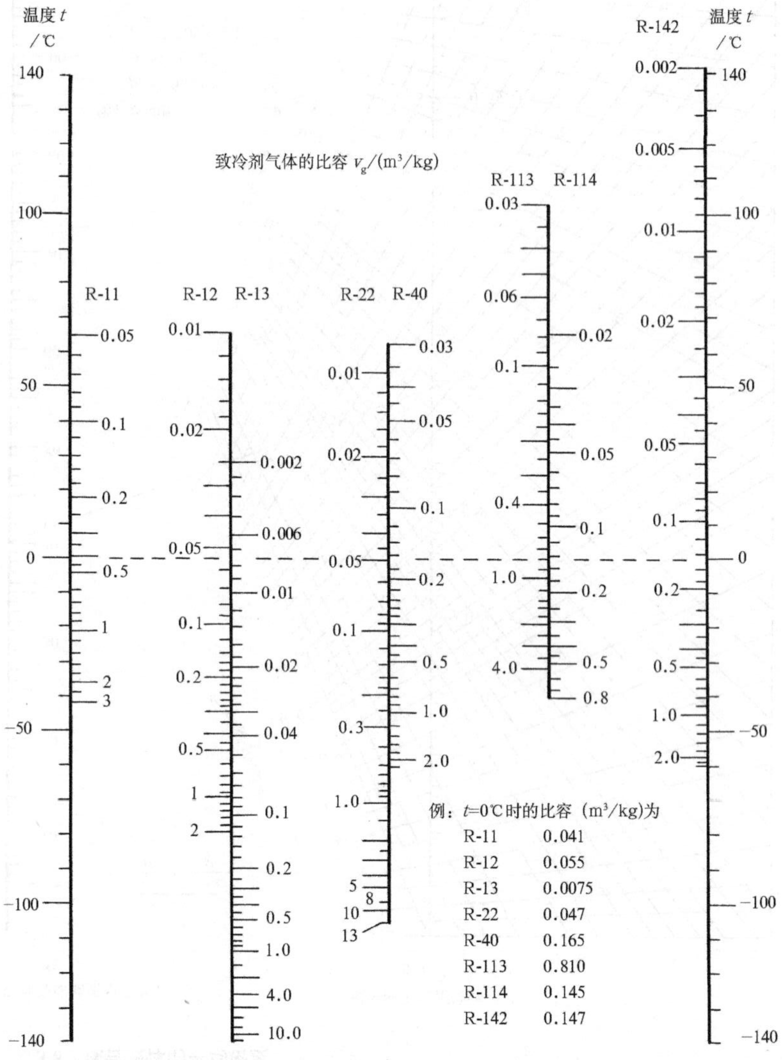

例：t=0℃时的比容（m³/kg）为

R-11	0.041
R-12	0.055
R-13	0.0075
R-22	0.047
R-40	0.165
R-113	0.810
R-114	0.145
R-142	0.147

3.9 根据烷烃临界温度求密度（Ⅰ）

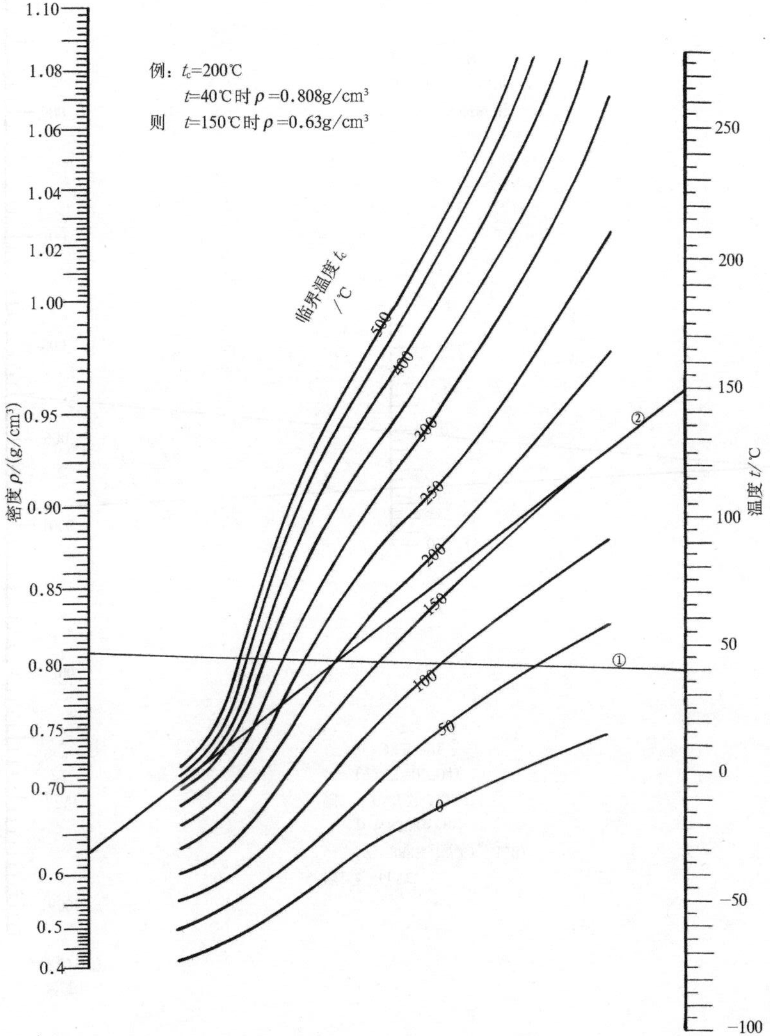

3.10 根据烷烃临界温度求密度（Ⅱ）

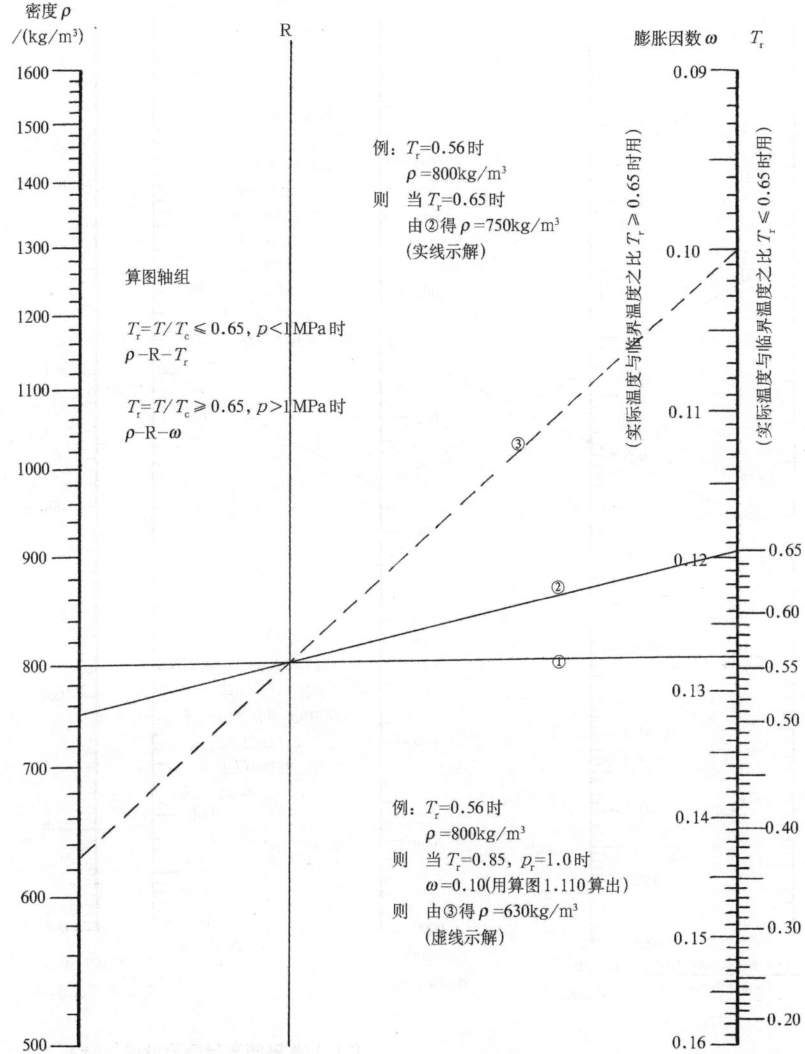

3.11 根据烷烃沸点求密度

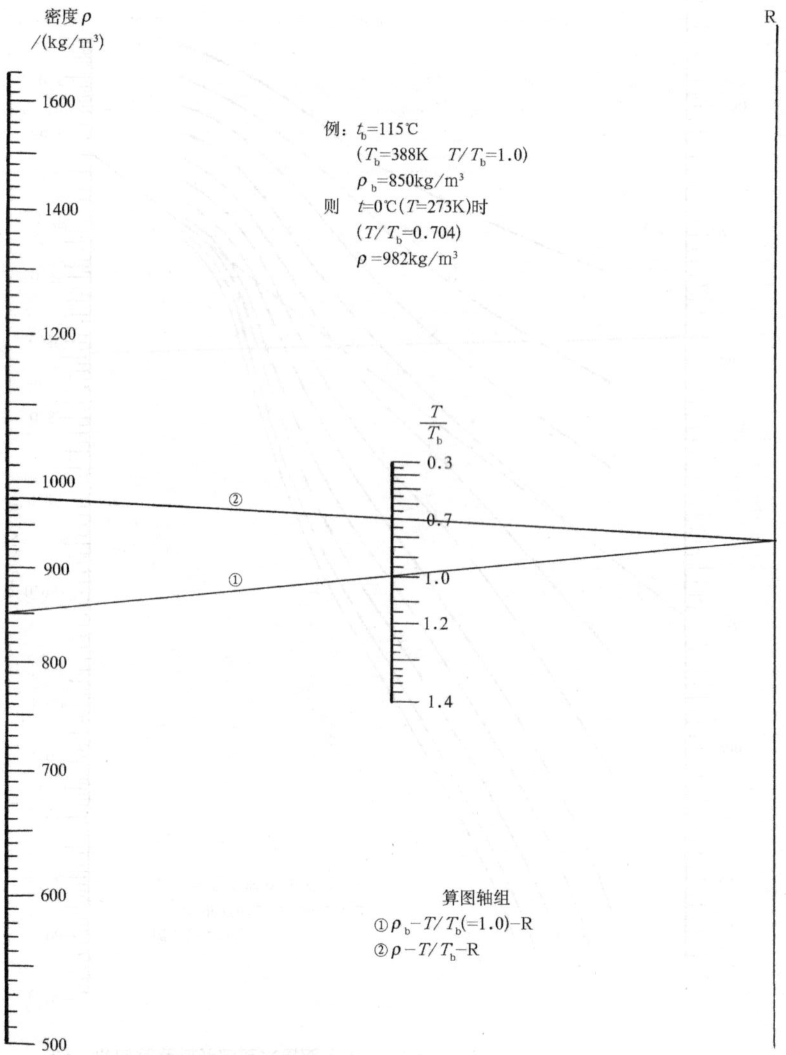

例：t_b=115℃

（T_b=388K　T/T_b=1.0）

ρ_b=850kg/m³

则　t=0℃（T=273K）时

（T/T_b=0.704）

ρ=982kg/m³

算图轴组

①ρ_b－T/T_b(=1.0)－R

②ρ－T/T_b－R

3.12 饱和烷烃密度的估算（Ⅰ）

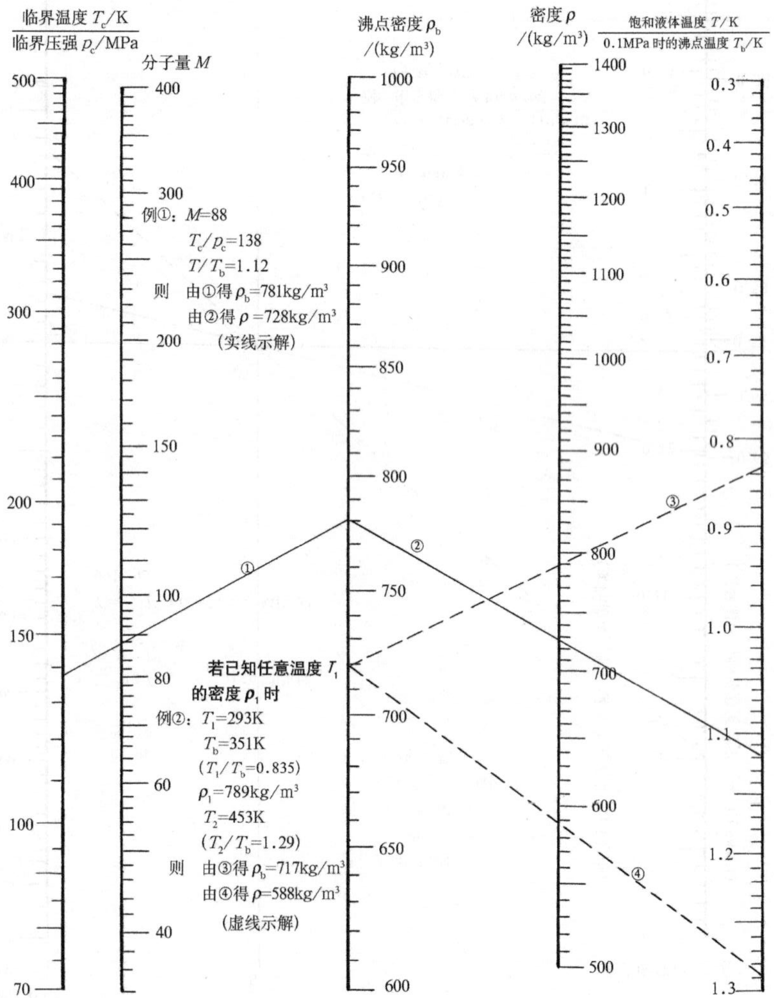

例①：M=88

T_c/p_c=138

T/T_b=1.12

则　由①得 ρ_b=781kg/m³

由②得 ρ=728kg/m³

（实线示解）

若已知任意温度 T_1 的密度 ρ_1 时

例②：T_1=293K

T_b=351K

（T_1/T_b=0.835）

ρ_1=789kg/m³

T_2=453K

（T_2/T_b=1.29）

则　由③得 ρ_b=717kg/m³

由④得 ρ=588kg/m³

（虚线示解）

注：1. 接近临界温度时，液体为水或氨等极性分子时不宜用本图计算。

2. 沸点密度 ρ_b 不明时，建议采用例 2 所示方法计算。

3.13　饱和烷烃密度的估算（Ⅱ）

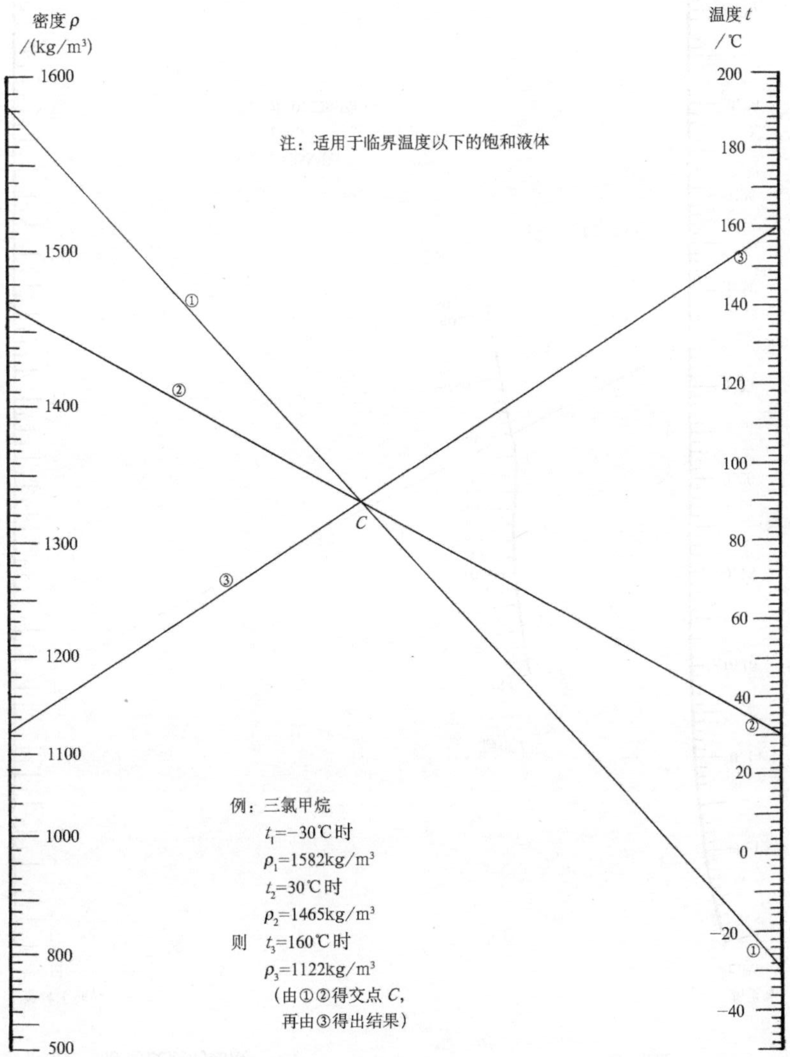

注：适用于临界温度以下的饱和液体

例：三氯甲烷

t_1=−30℃时

ρ_1=1582kg/m^3

t_2=30℃时

ρ_2=1465kg/m^3

则　t_3=160℃时

ρ_3=1122kg/m^3

（由①②得交点 C，再由③得出结果）

3.14　气态甲烷的黏度

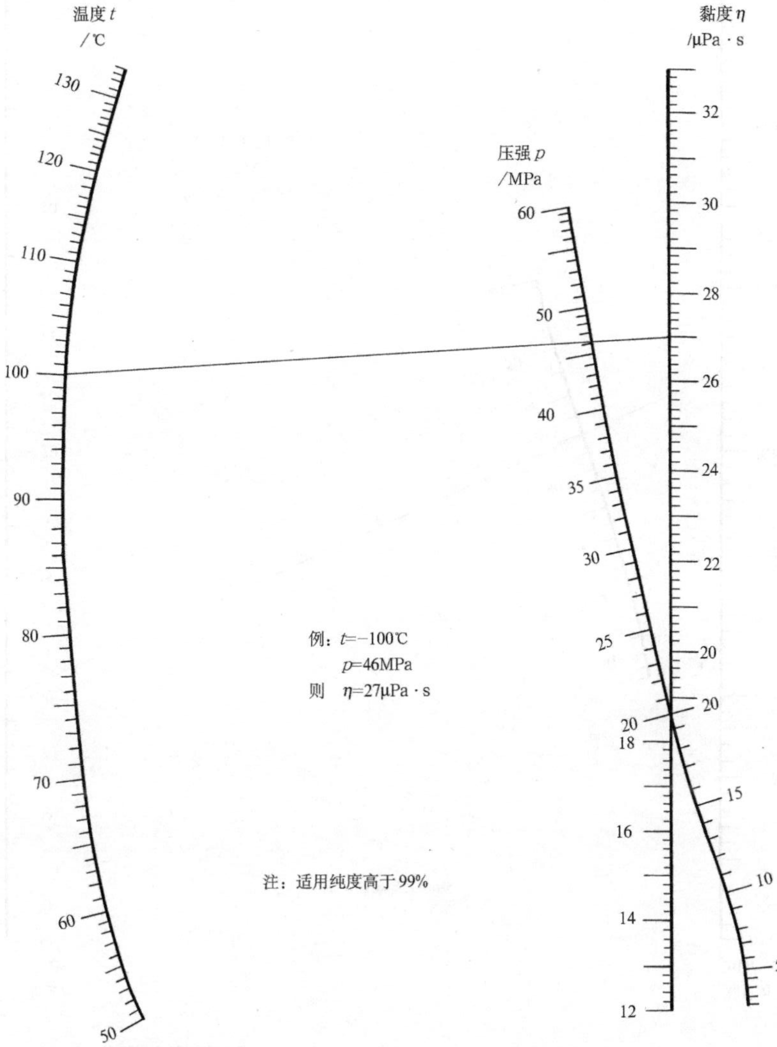

例：t=−100℃

p=46MPa

则　η=27μPa · s

注：适用纯度高于99%

3.15 液态戊烷的黏度

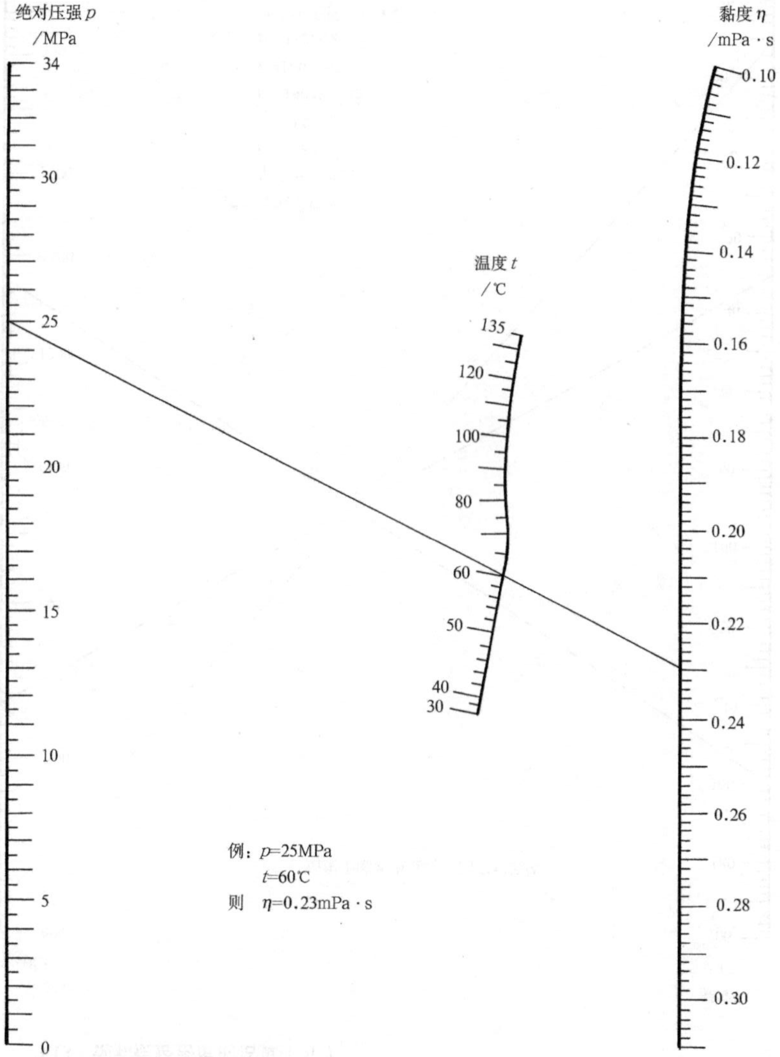

3.16 液态癸烷的黏度

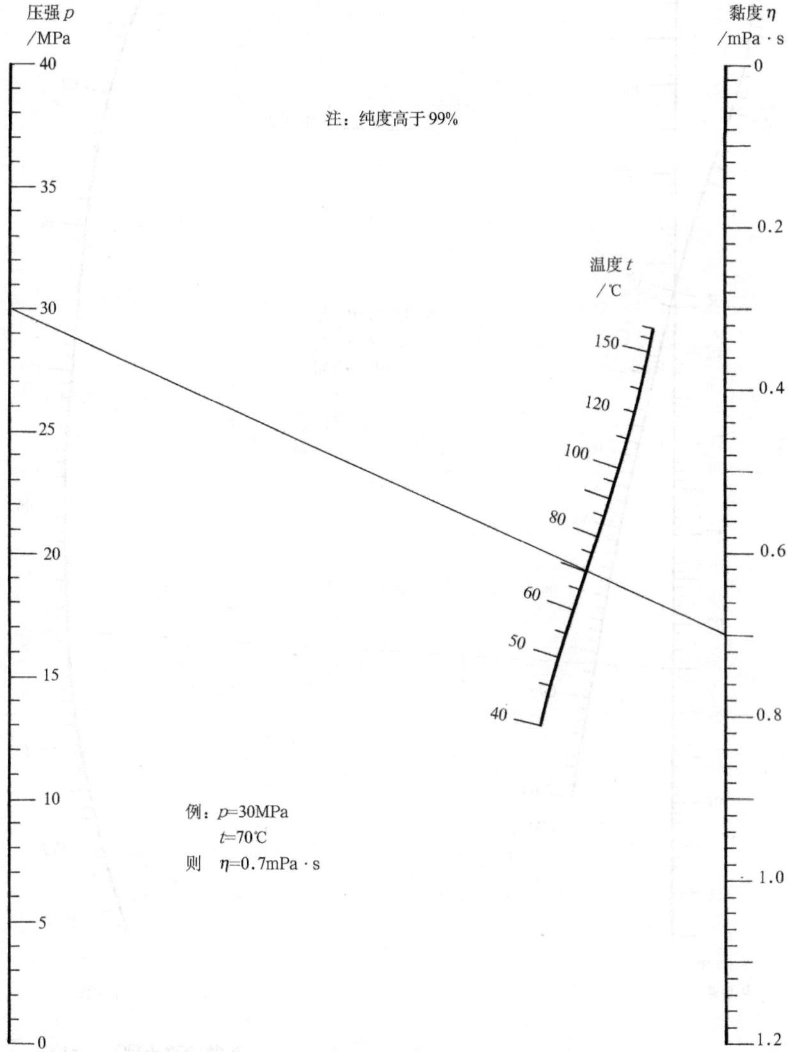

3.17 液态烷烃的黏度（Ⅰ）

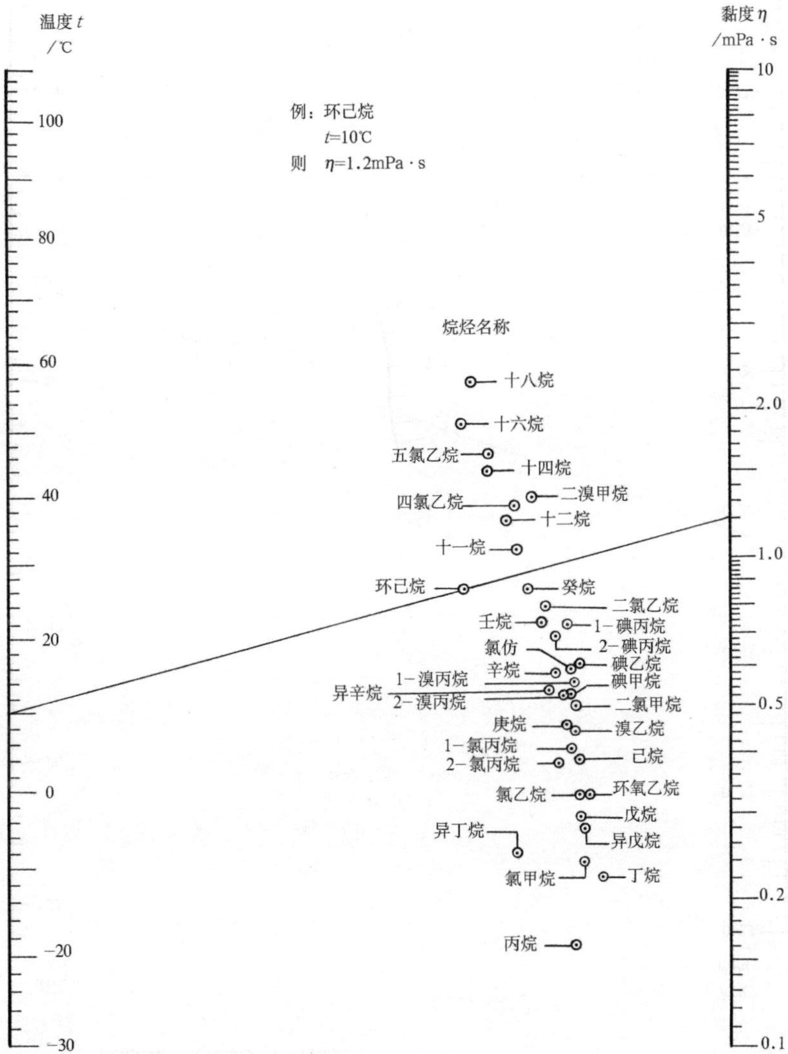

3.18 液态烷烃的黏度（Ⅱ）

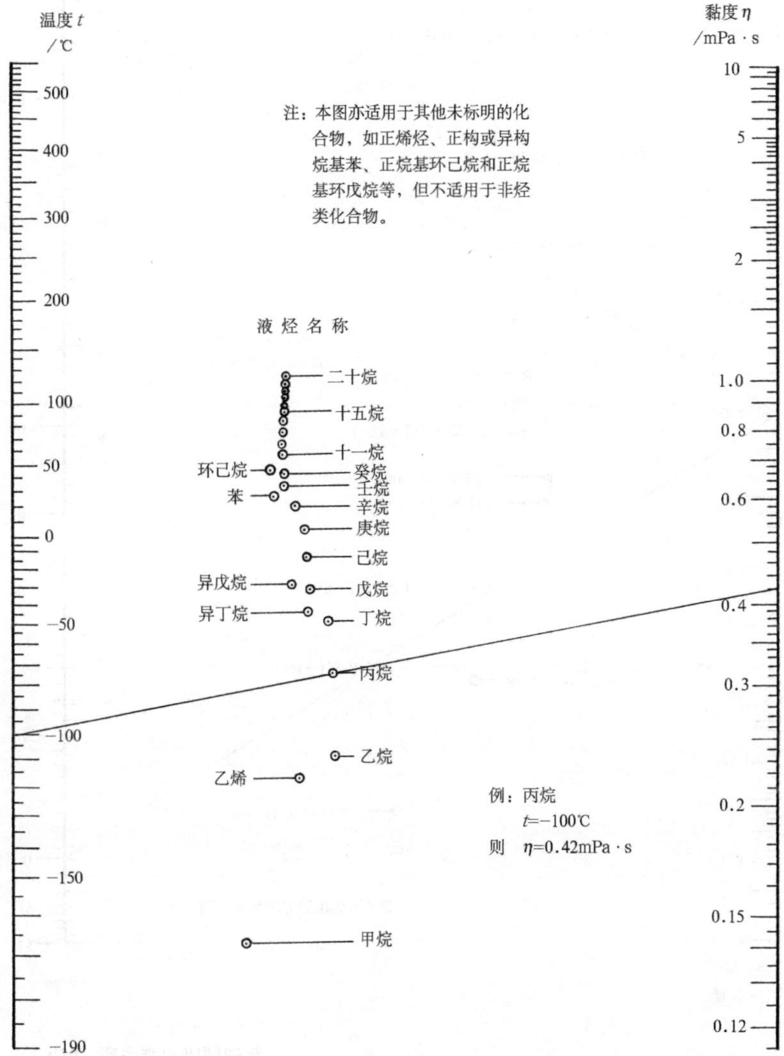

3.19 液态氯甲烷在压力下的黏度

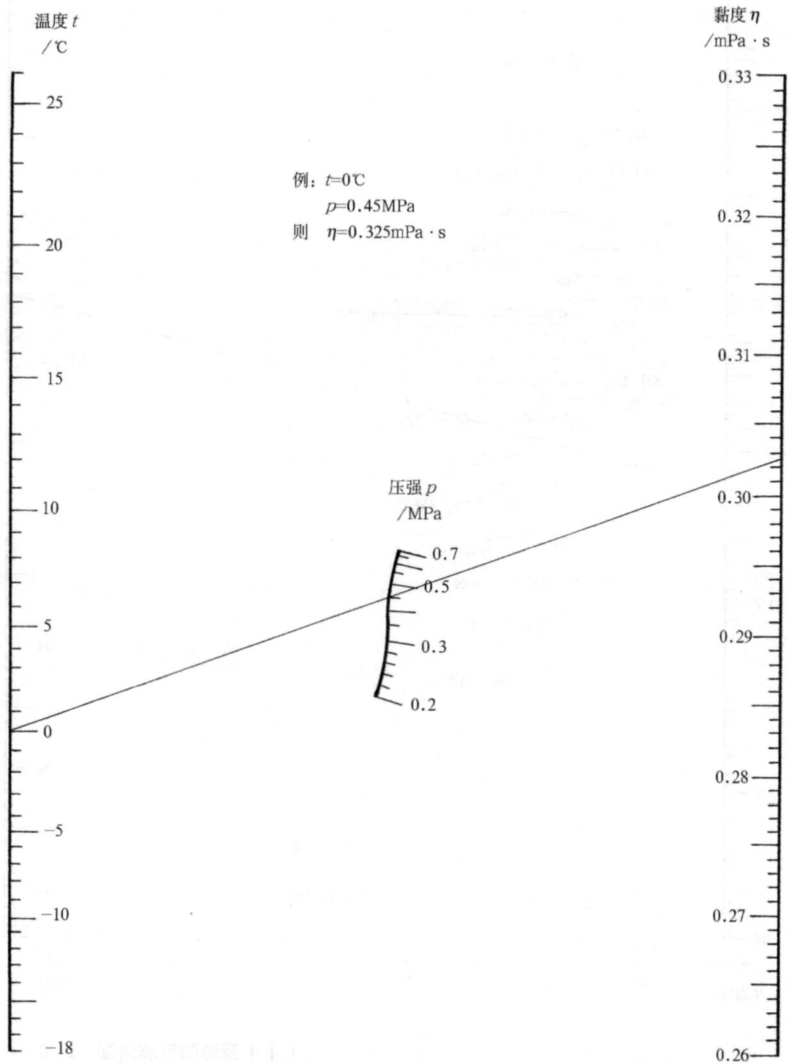

3.20 液态致冷剂的黏度

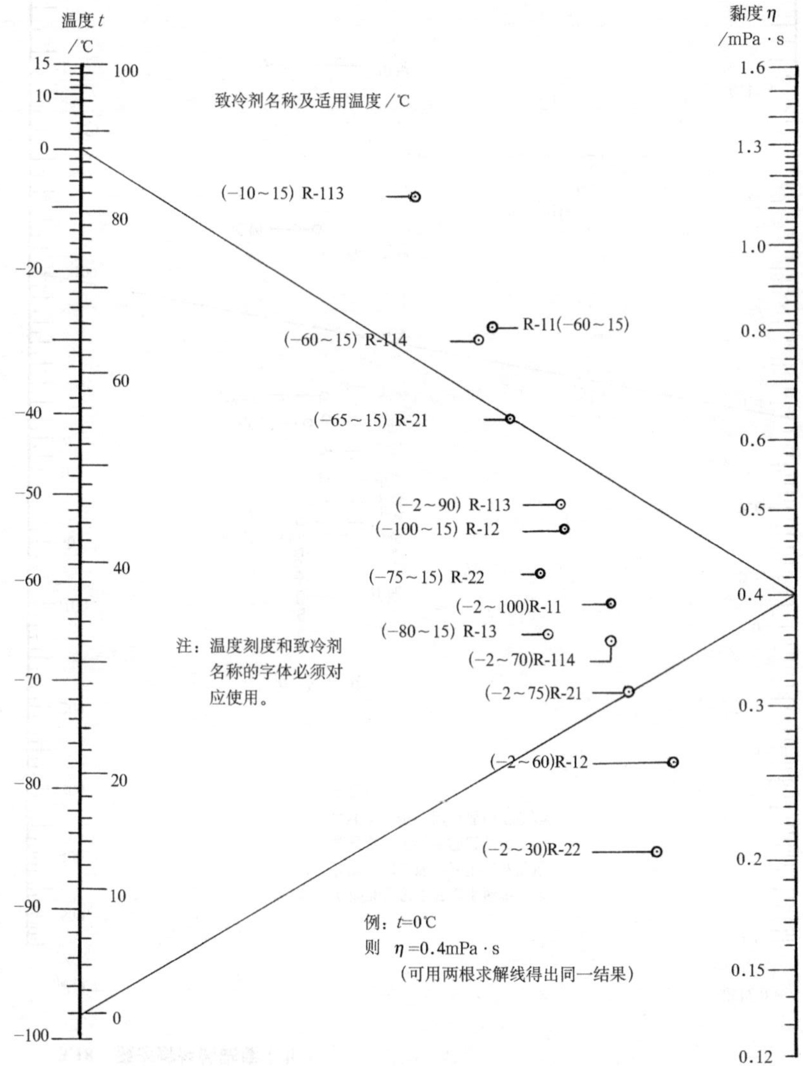

3.21 根据可溶液体含量求其混合物的黏度

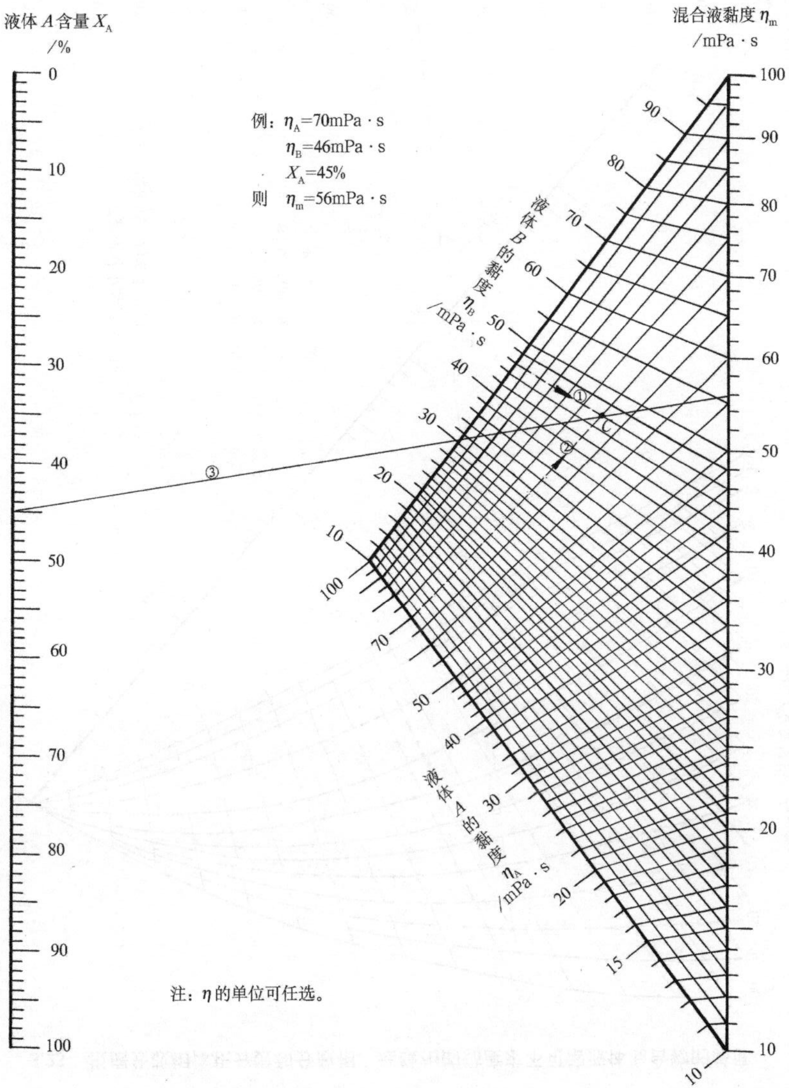

例：η_A=70mPa·s
η_B=46mPa·s
X_A=45%
则 η_m=56mPa·s

注：η的单位可任选。

3.22 根据分散相体积分数和连续相黏度求部分互溶液体混合物的运动黏度

$$\frac{\eta_m}{\eta_c}=1+2.5\phi_d\ \frac{0.4\eta_c+\eta_d}{\eta_c+\eta_d}$$

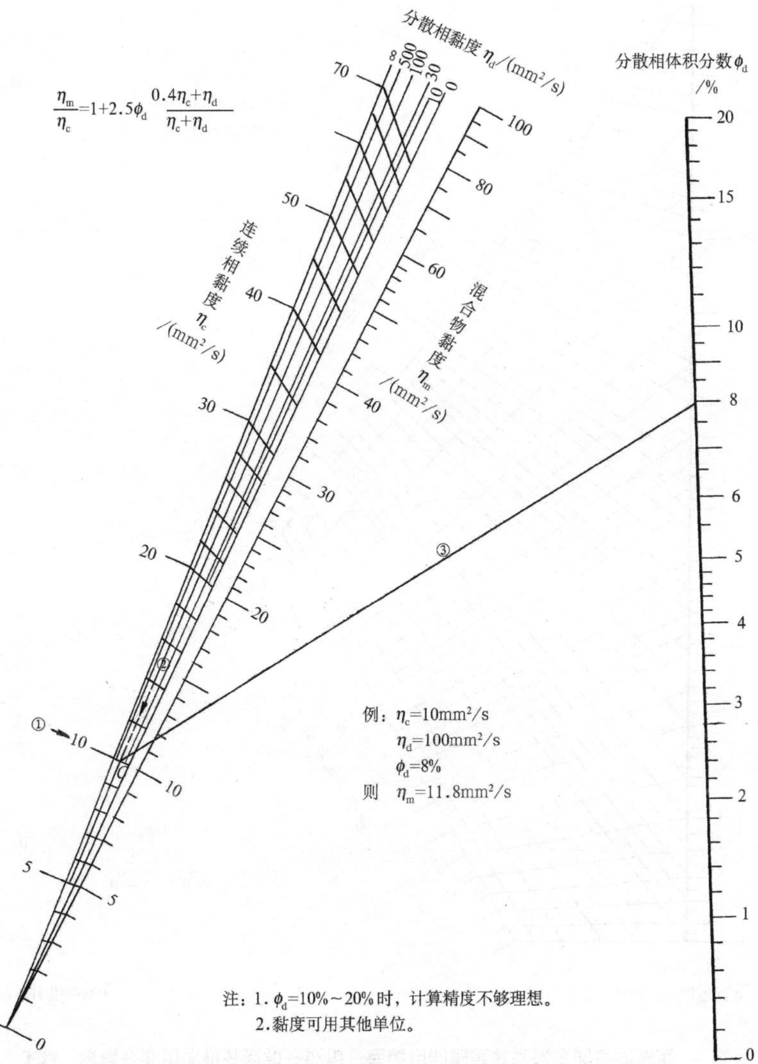

例：η_c=10mm²/s
η_d=100mm²/s
ϕ_d=8%
则 η_m=11.8mm²/s

注：1. ϕ_d=10%~20%时，计算精度不够理想。
2.黏度可用其他单位。

3.23 根据分散相体积分数和分散相、连续相的黏度求不可溶液体混合物的黏度

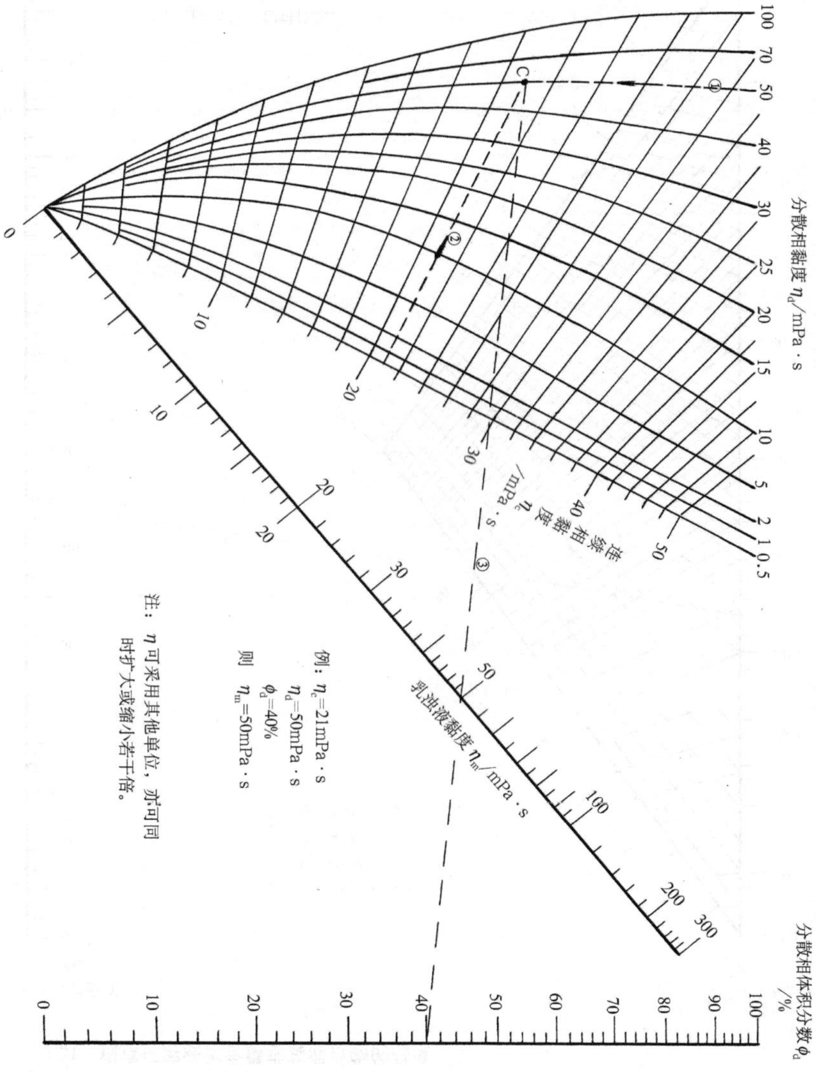

3.24 根据分散相体积分数和分散相、连续相的黏度求乳浊液的运动黏度

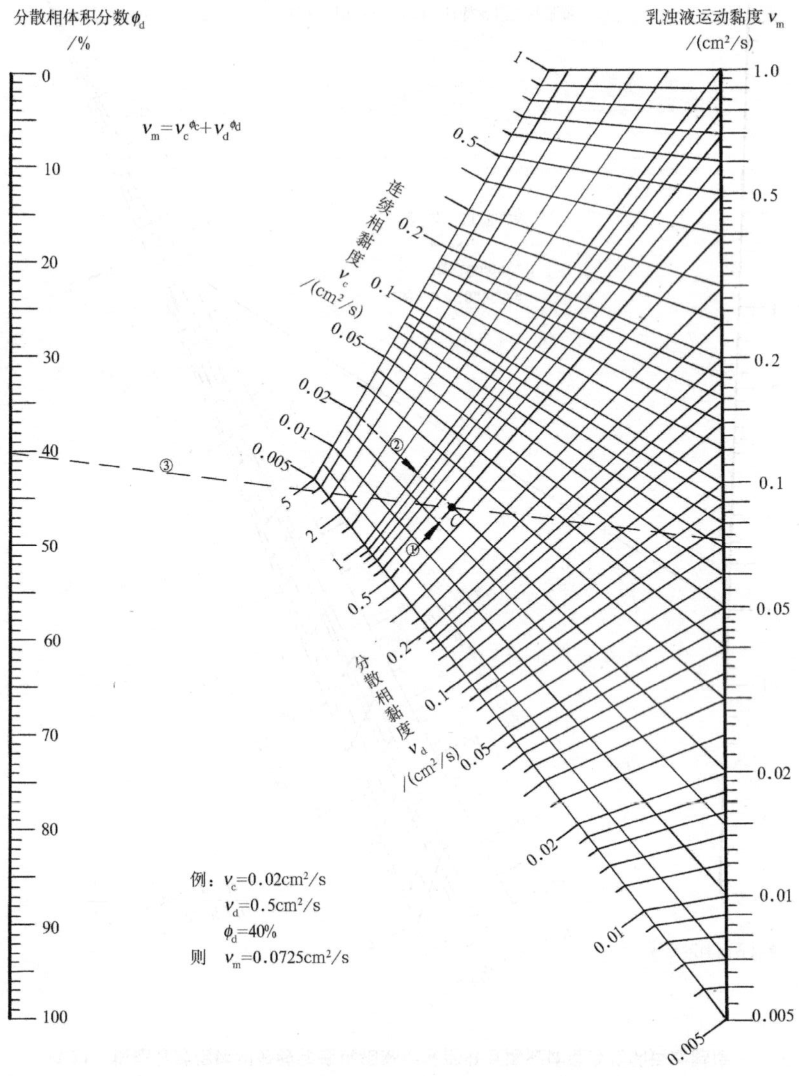

3.25 根据分散固体体积分数和液体黏度求固体悬浮液的黏度

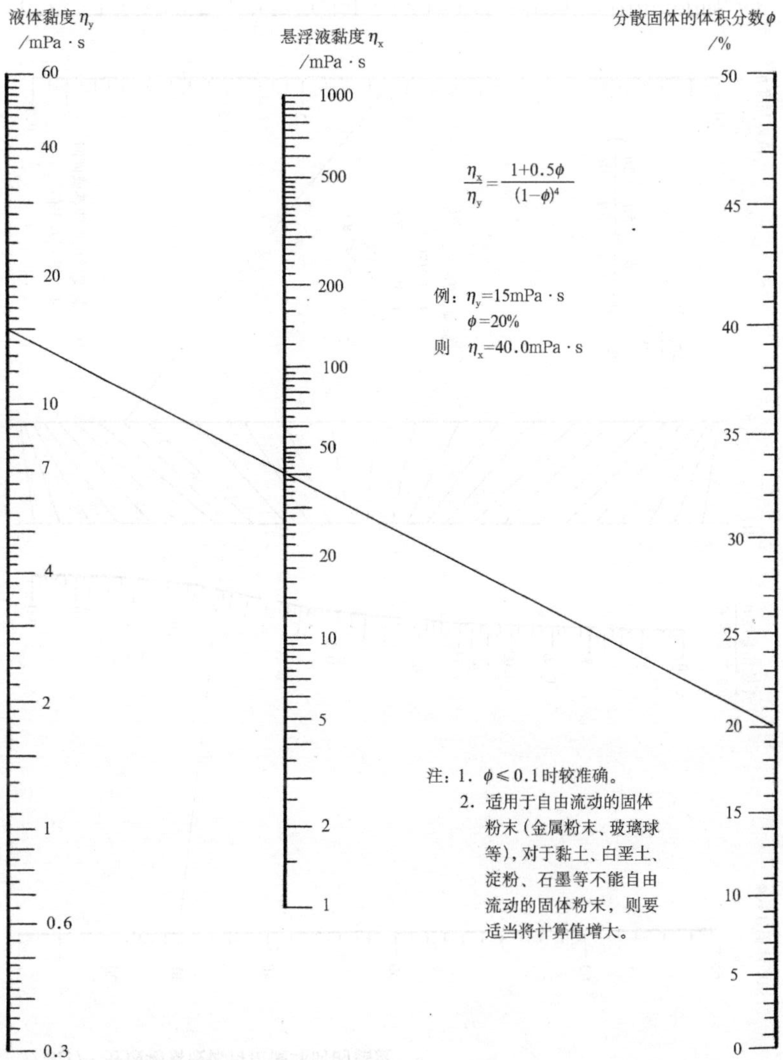

$$\frac{\eta_x}{\eta_y}=\frac{1+0.5\phi}{(1-\phi)^4}$$

例：η_y=15mPa · s

ϕ=20%

则 η_x=40.0mPa · s

注：1. $\phi \leqslant 0.1$时较准确。

2. 适用于自由流动的固体粉末（金属粉末、玻璃球等），对于黏土、白垩土、淀粉、石墨等不能自由流动的固体粉末，则要适当将计算值增大。

3.26 分散物系液体无内循环时的黏度

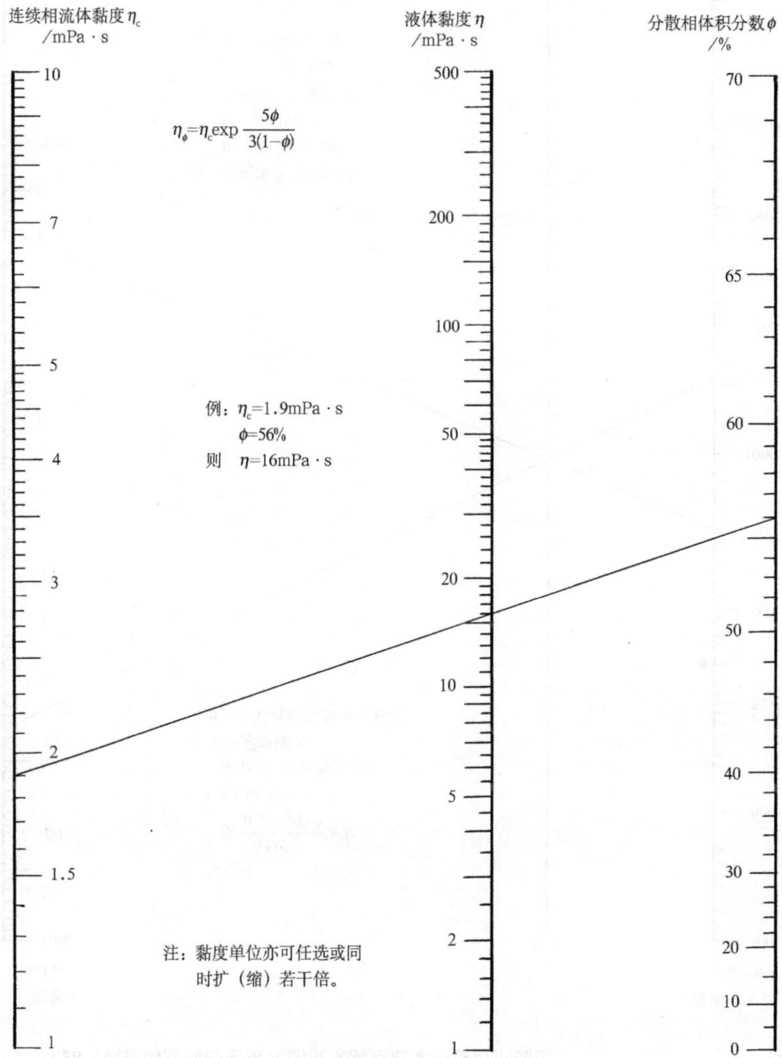

$$\eta_\phi=\eta_c \exp\frac{5\phi}{3(1-\phi)}$$

例：η_c=1.9mPa · s

ϕ=56%

则 η=16mPa · s

注：黏度单位亦可任选或同时扩（缩）若干倍。

3.27 分散物系液体自由循环时的黏度

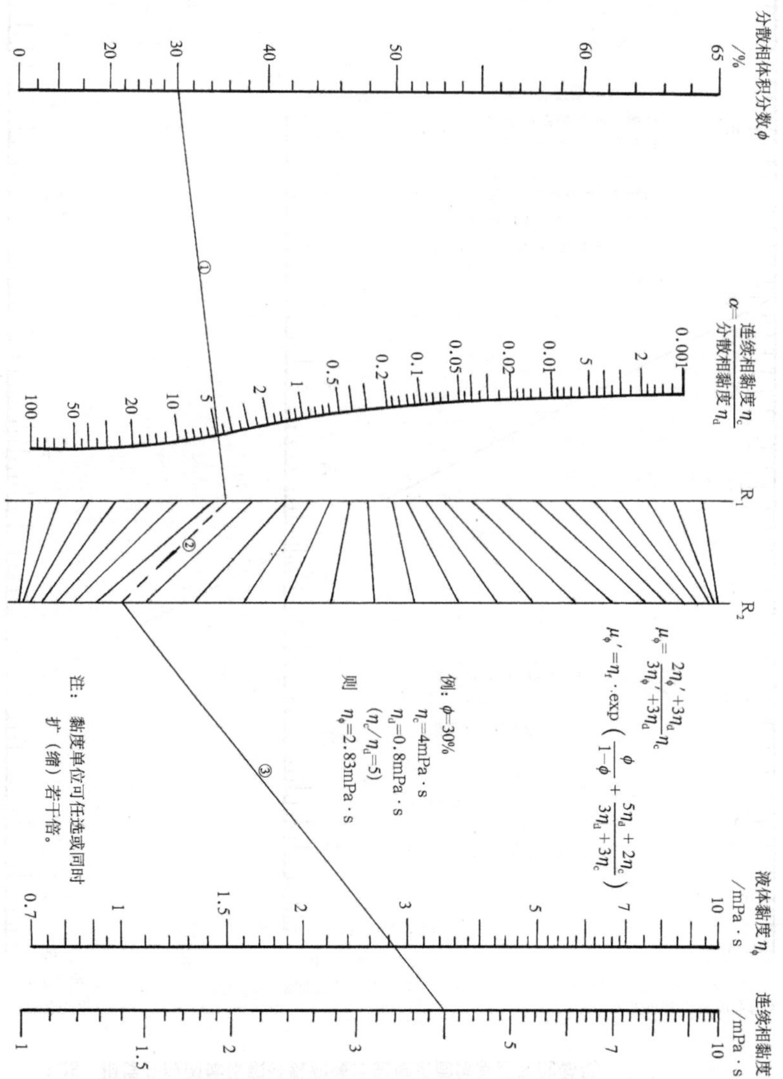

$$\mu_\phi=\frac{2\eta_\phi'+3\eta_d}{3\eta_\phi'+3\eta_d}\eta_c$$

$$\mu_\phi'=\eta_f\cdot\exp\left(\frac{\phi}{1-\phi}+\frac{5\eta_d+2\eta_c}{3\eta_d+3\eta_c}\right)$$

例：ϕ=30%

η_c=4mPa · s

η_d=0.8mPa · s

(η_c/η_d=5)

则 η_ϕ=2.83mPa · s

注：黏度单位可任选或同时扩（缩）若干倍。

3.28 根据沸点前的密度和黏度求沸点后某一温度的黏度

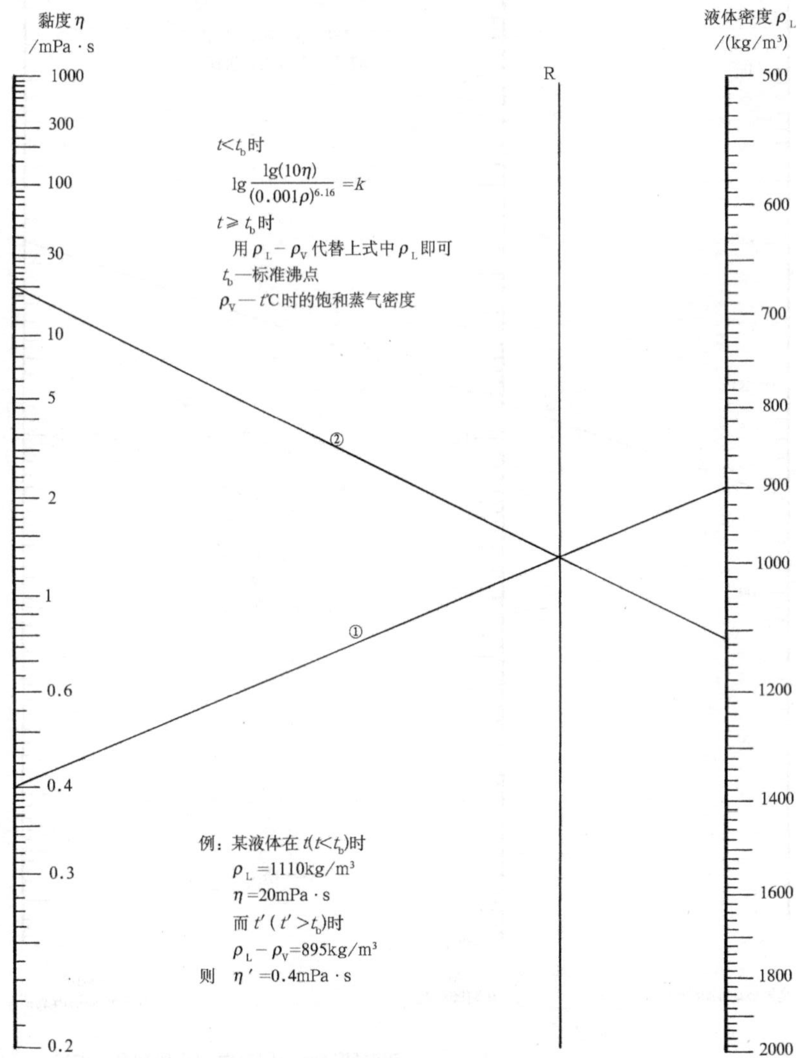

$t<t_b$时

$$\lg\frac{\lg(10\eta)}{(0.001\rho)^{6.16}}=k$$

$t\geqslant t_b$时

用$\rho_L-\rho_V$代替上式中ρ_L即可

t_b—标准沸点

ρ_V—t℃时的饱和蒸气密度

例：某液体在t($t<t_b$)时

ρ_L=1110kg/m³

η=20mPa · s

而t'($t'>t_b$)时

$\rho_L-\rho_V$=895kg/m³

则 η'=0.4mPa · s

3.29 根据某一温度下的黏度求另一温度下的黏度

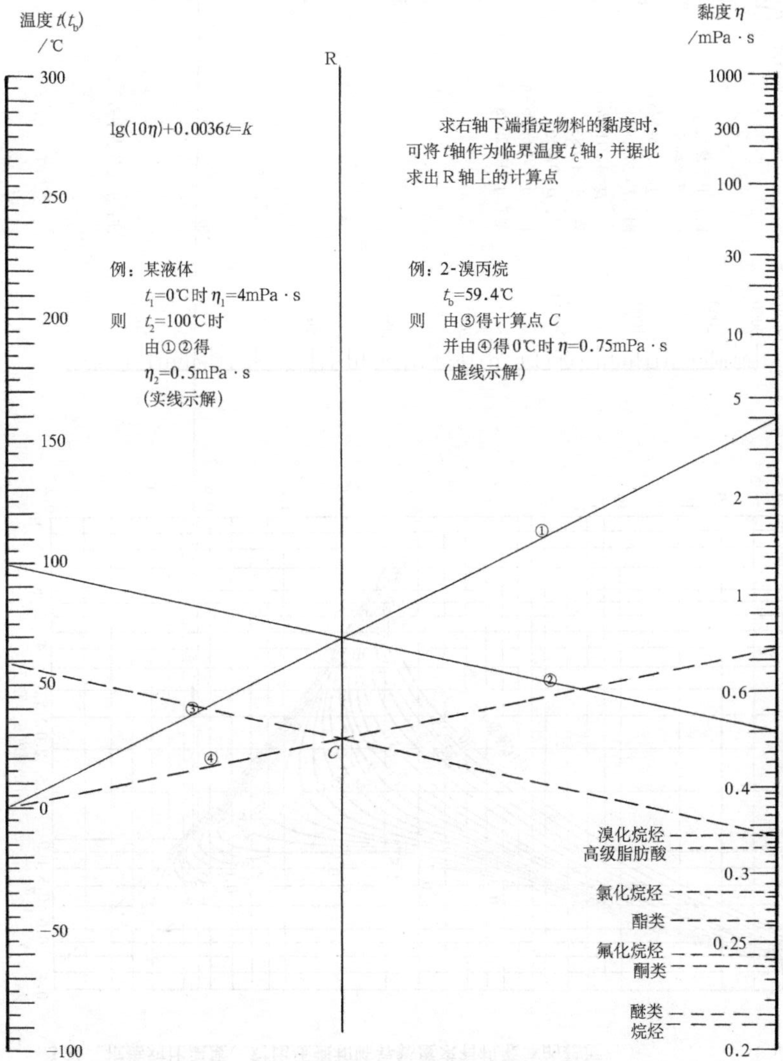

3.30 根据工作温度、工作压强和临界温度、临界压强求高压下饱和液体的黏度

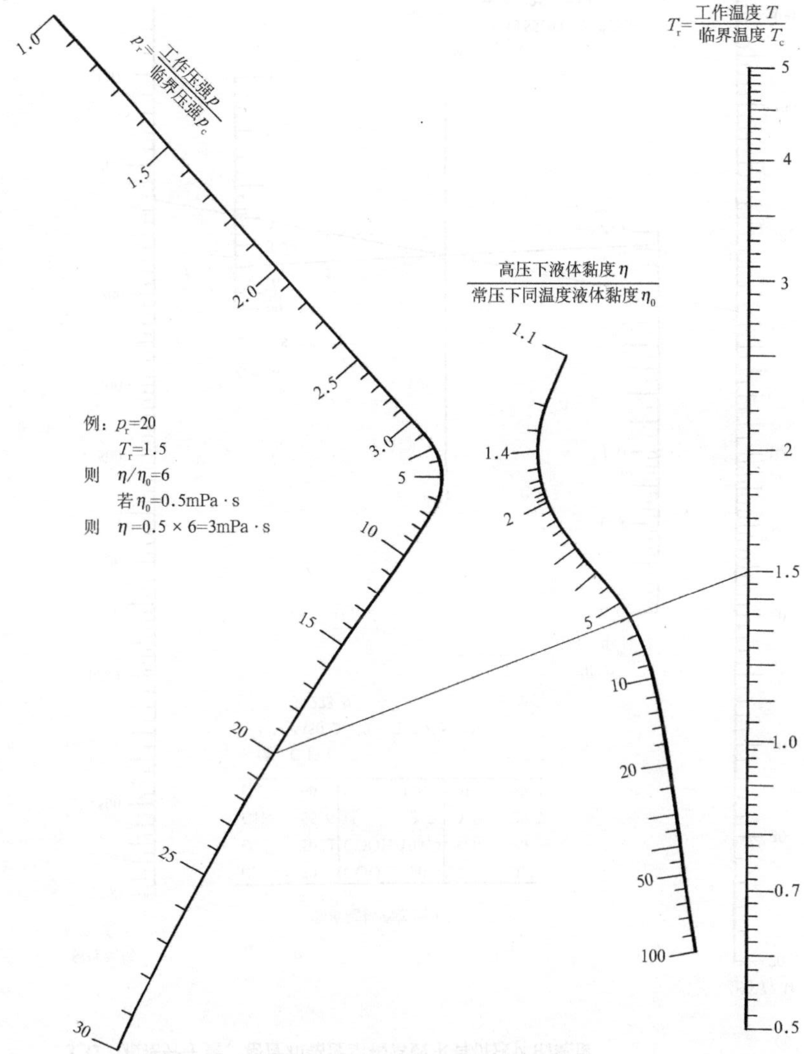

3.31 根据对比温度、对比压强和临界黏度求有机液体的黏度

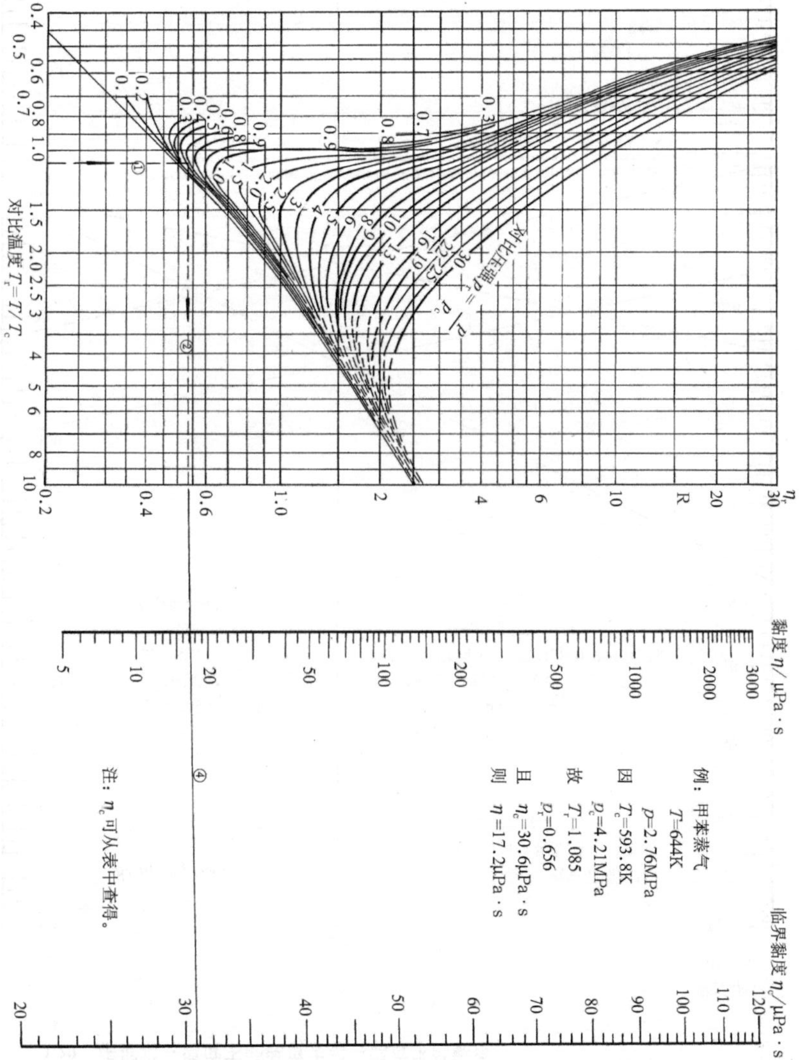

3.32 根据分子量、密度和黏度结构常数求有机液体的黏度

黏度结构常数因子

Br	79	COO	90	N	37
C	50.2	COOH	104.4	NO_2	80
CH_2	55.6	H	2.7	O	29.7
Cl	60	I	110	OH	57.1

例：C_2H_5I

I=50.2 × 2 + 2.7 × 5+110

=223.9

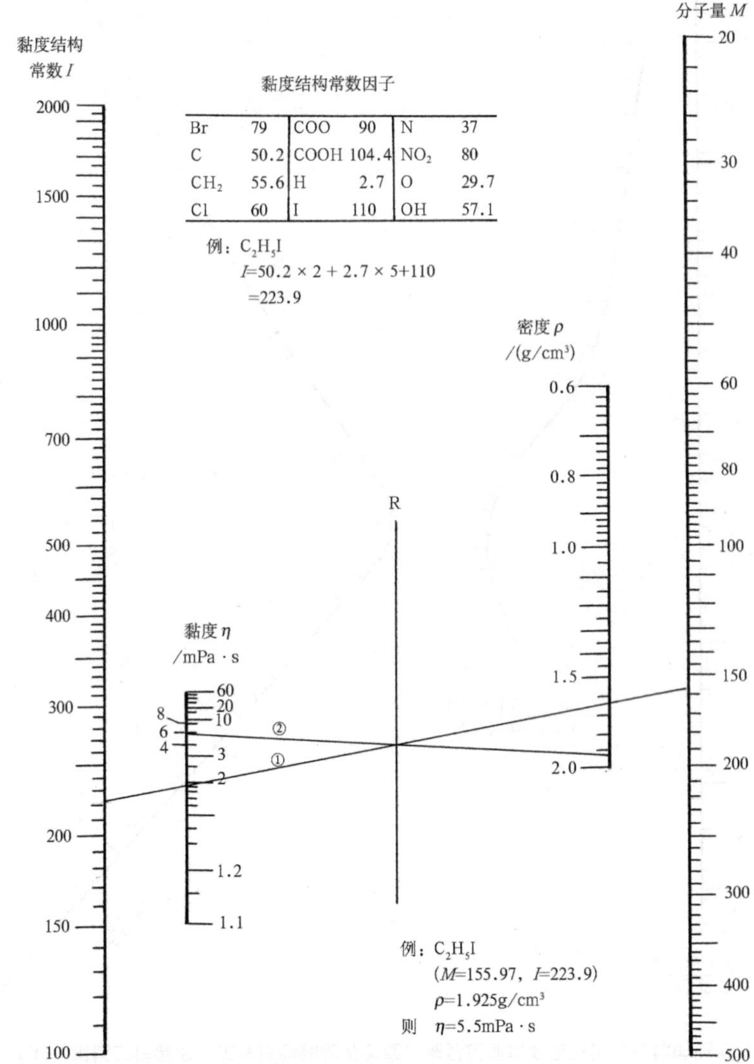

3.33 甲烷～二十烷的表面张力

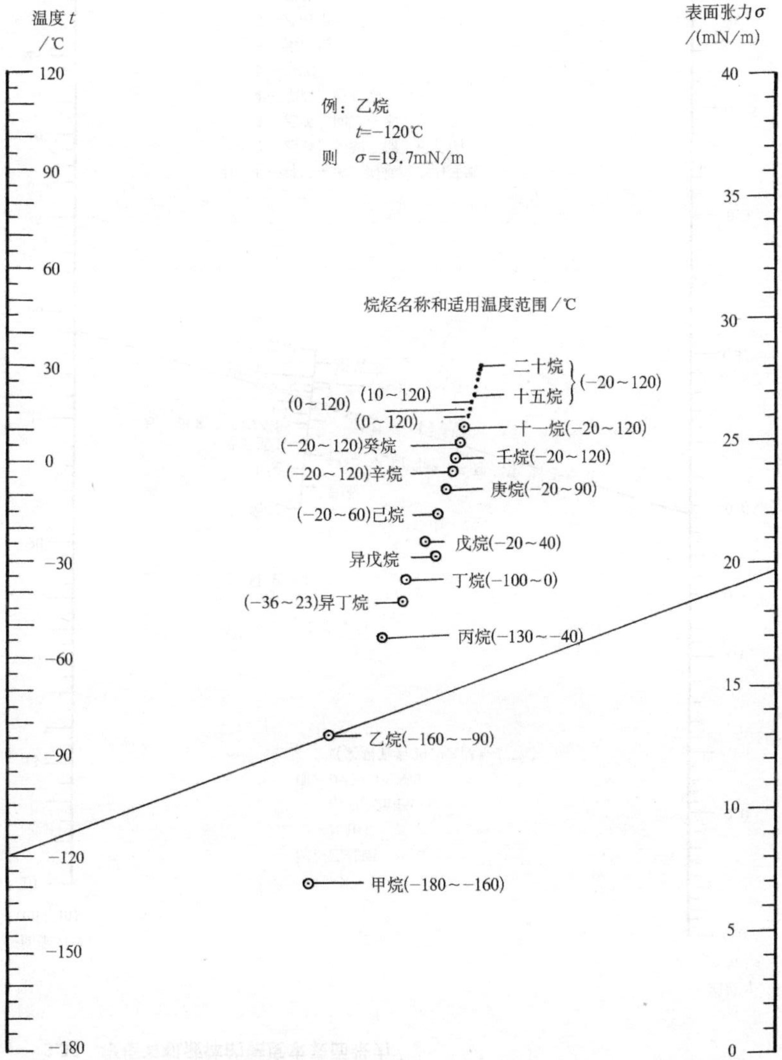

3.34 非链烷烃的表面张力

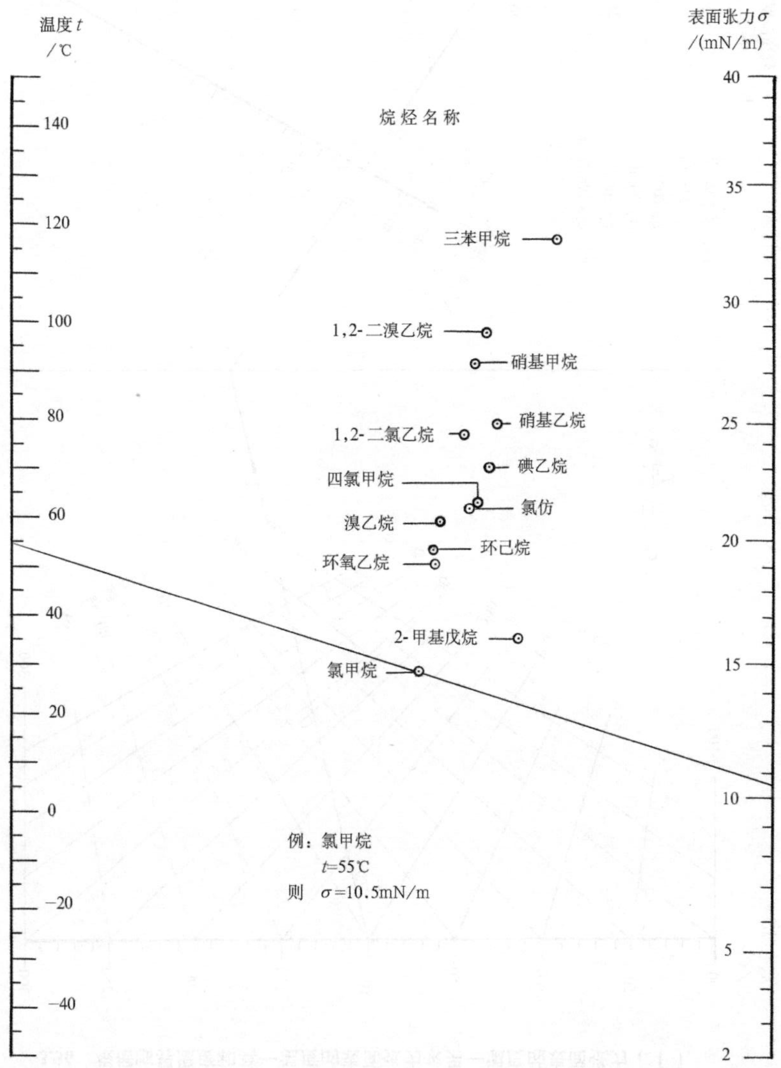

3.35 根据有机液体的黏度求表面张力

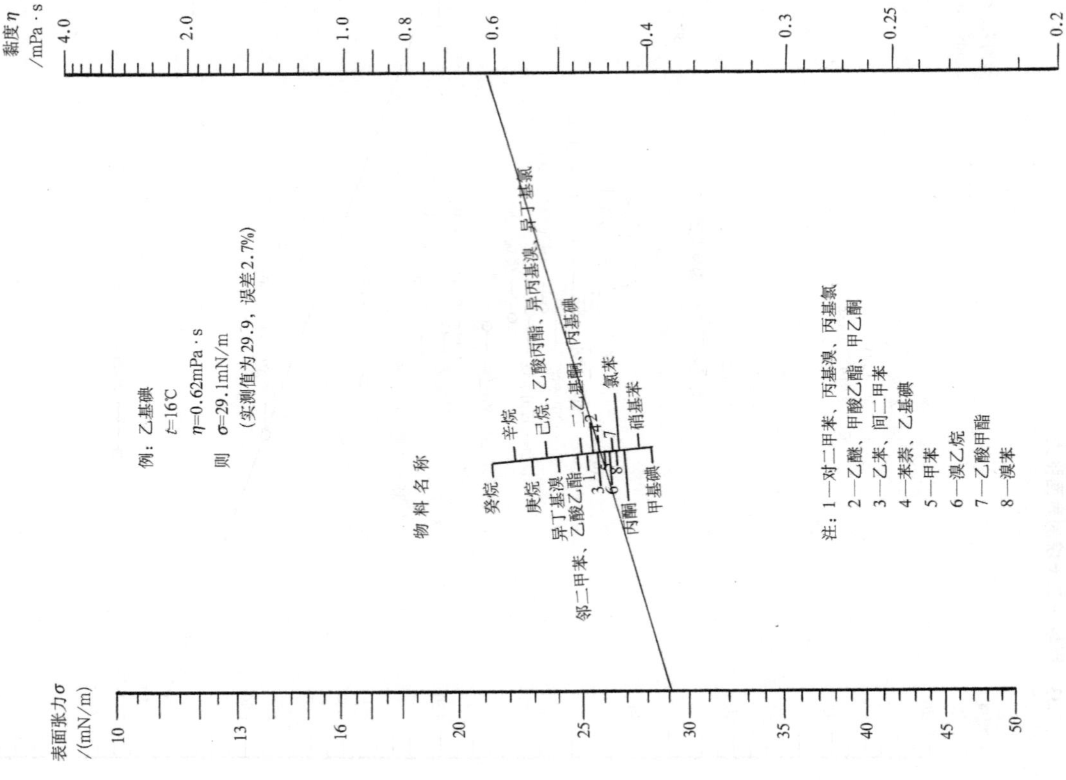

3.36 根据临界温度和某一温度的表面张力求另一温度的表面张力（Ⅰ）

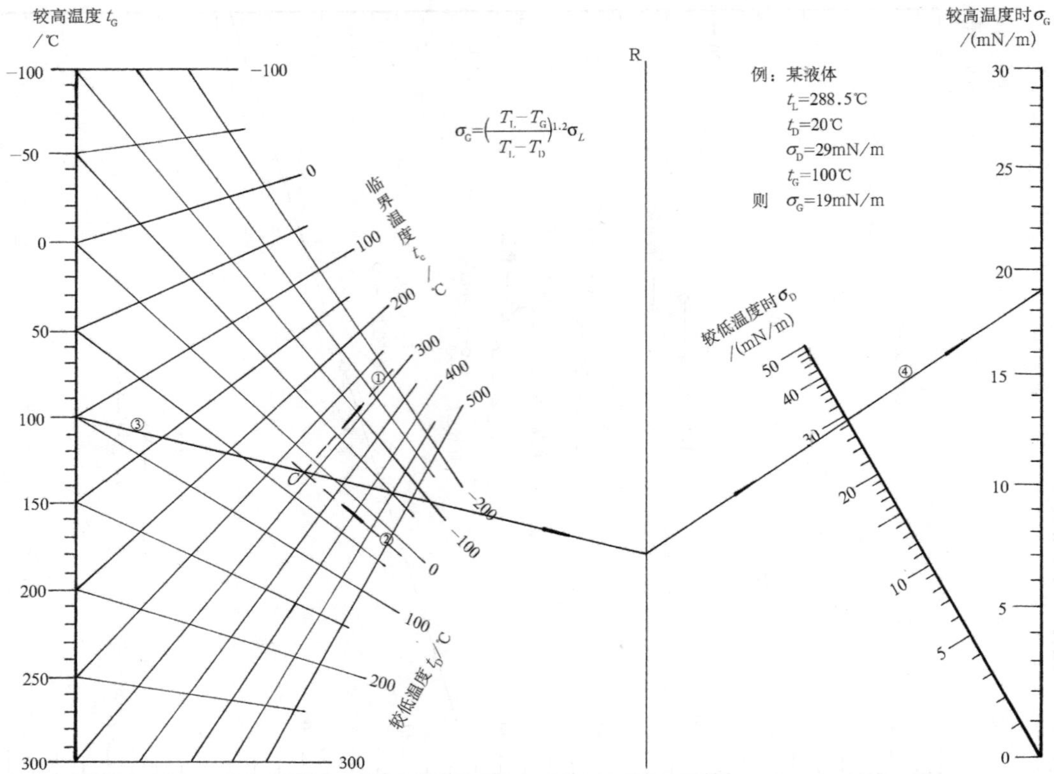

3.37 根据对比温度和某一温度的表面张力求另一温度的表面张力（Ⅱ）

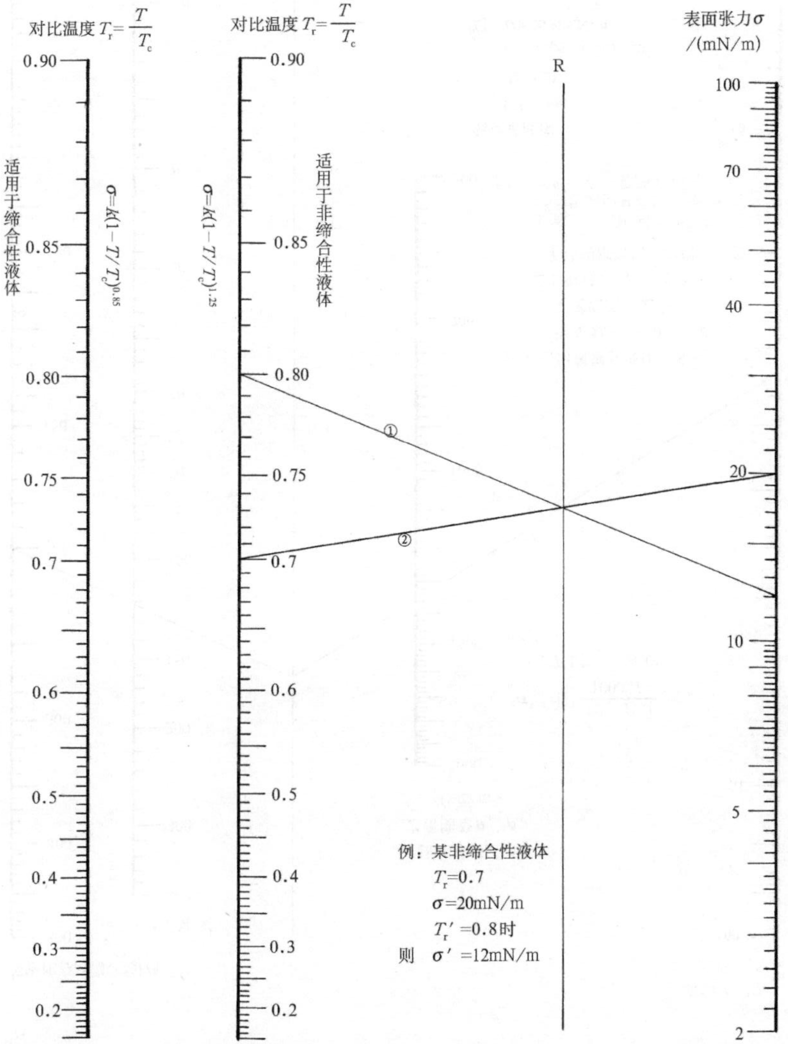

3.38 根据分子量和气液密度差求非极性溶液的表面张力

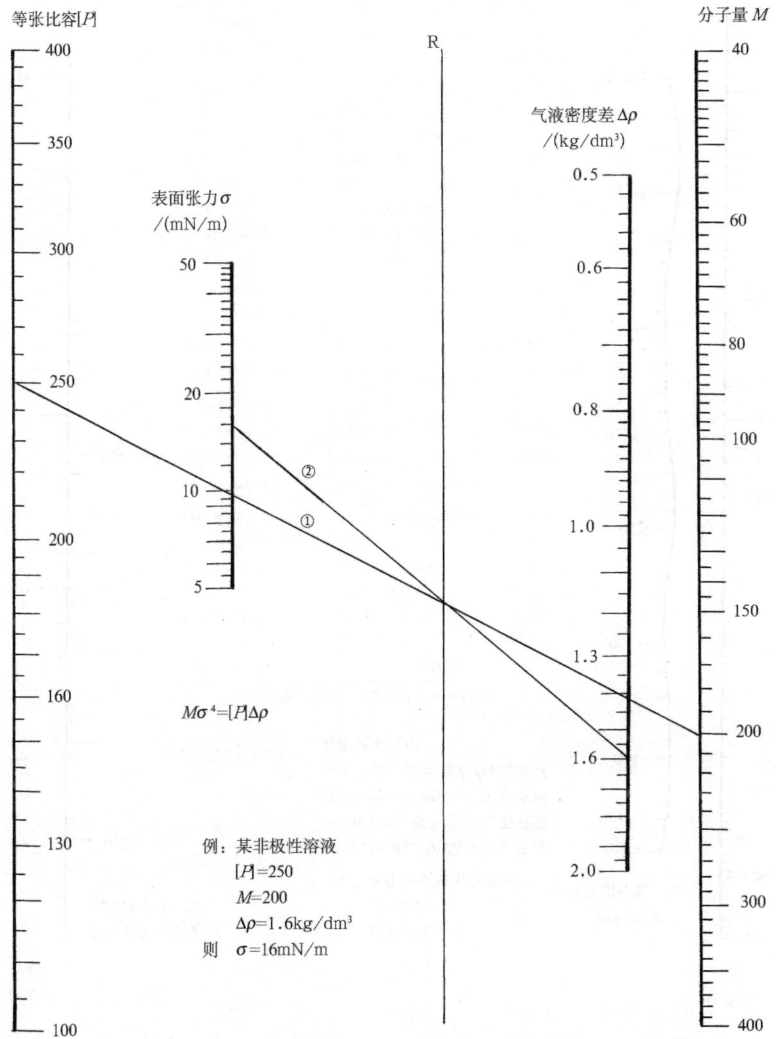

3.39 根据分子量、等张比容和气液密度差求纯液体的表面张力

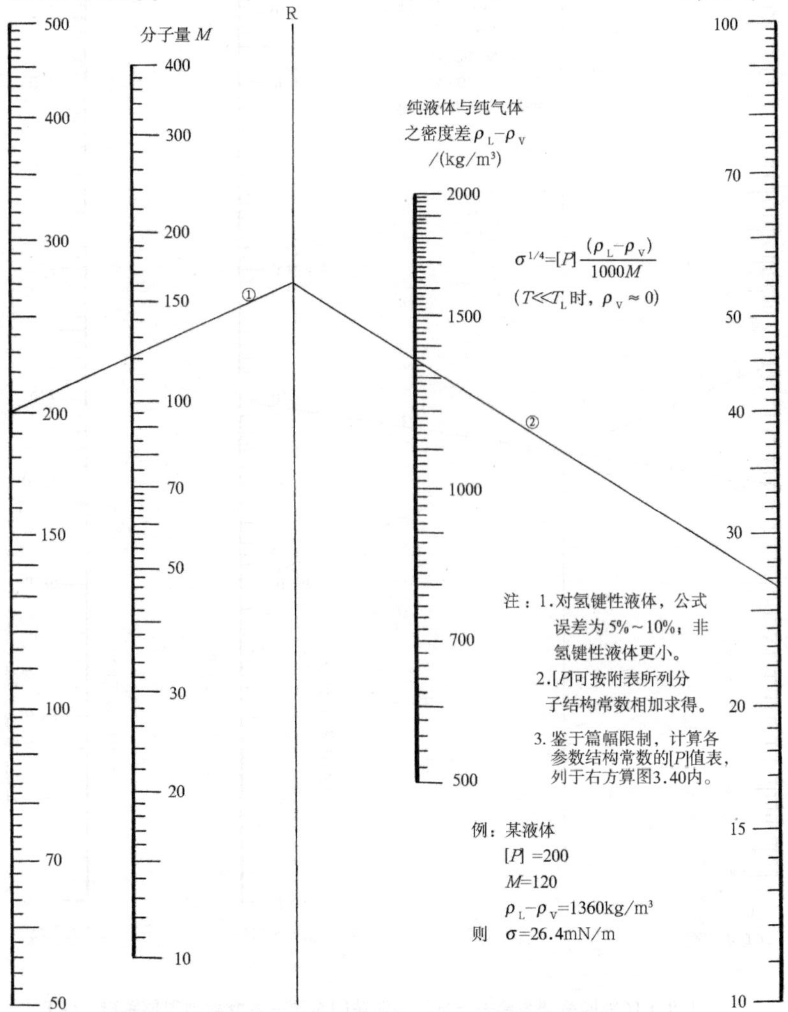

$$\sigma^{1/4}=[P]\frac{(\rho_L-\rho_V)}{1000M}$$

($T \ll T_L$时，$\rho_V \approx 0$)

注：1. 对氢键性液体，公式误差为5%～10%；非氢键性液体更小。

2. [P]可按附表所列分子结构常数相加求得。

3. 鉴于篇幅限制，计算各参数结构常数的[P]值表，列于右方算图3.40内。

例：某液体

[P] =200

M=120

$\rho_L-\rho_V$=1360kg/m³

则 σ=26.4mN/m

3.40 甲烷在水中的溶解度

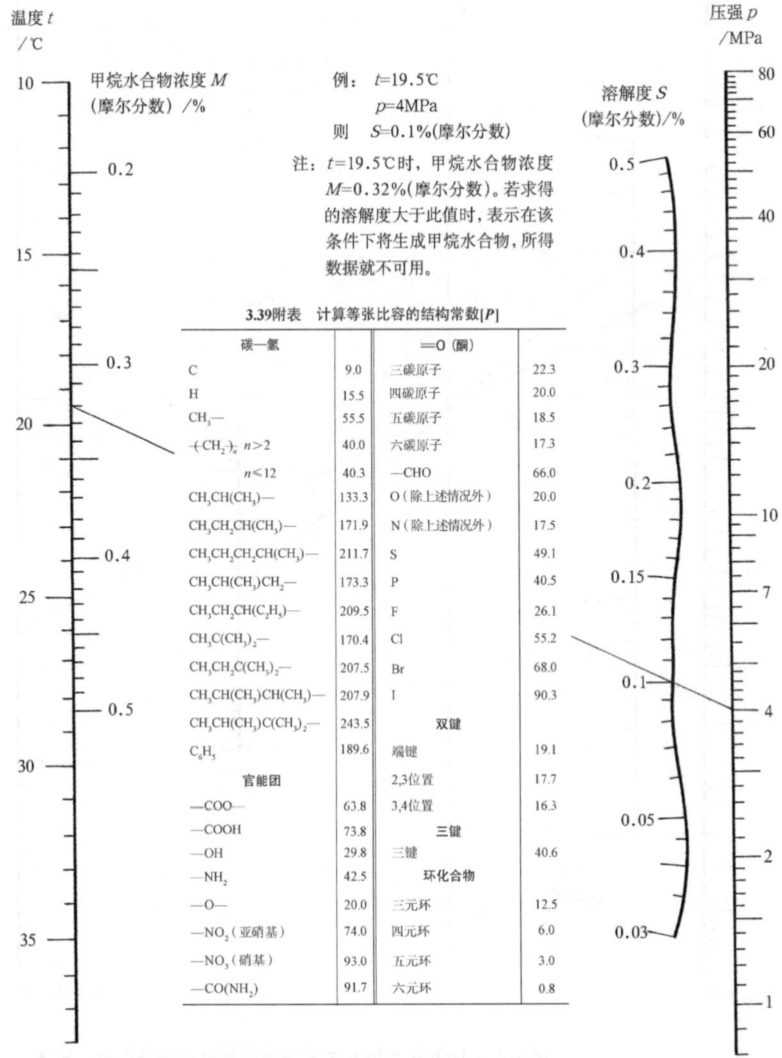

例：t=19.5℃

p=4MPa

则 S=0.1%(摩尔分数)

注：t=19.5℃时，甲烷水合物浓度M=0.32%(摩尔分数)。若求得的溶解度大于此值时，表示在该条件下将生成甲烷水合物，所得数据就不可用。

3.39附表 计算等张比容的结构常数[P]

碳—氢		═O (酮)	
C	9.0	三碳原子	22.3
H	15.5	四碳原子	20.0
CH_3—	55.5	五碳原子	18.5
$-(CH_2)_n$ n>2	40.0	六碳原子	17.3
n≤12	40.3	—CHO	66.0
$CH_3CH(CH_3)$—	133.3	O（除上述情况外）	20.0
$CH_3CH_2CH(CH_3)$—	171.9	N（除上述情况外）	17.5
$CH_3CH_2CH_2CH(CH_3)$—	211.7	S	49.1
$CH_3CH(CH_3)CH_2$—	173.3	P	40.5
$CH_3CH_2CH(C_2H_5)$—	209.5	F	26.1
$CH_3C(CH_3)_2$—	170.4	Cl	55.2
$CH_3CH_2C(CH_3)_2$—	207.5	Br	68.0
$CH_3CH(CH_3)CH(CH_3)$—	207.9	I	90.3
$CH_3CH(CH_3)C(CH_3)_2$—	243.5	**双键**	
C_6H_5	189.6	端键	19.1
官能团		2,3位置	17.7
—COO—	63.8	3,4位置	16.3
—COOH	73.8	**三键**	
—OH	29.8	三键	40.6
$—NH_2$	42.5	**环化合物**	
—O—	20.0	三元环	12.5
$—NO_2$（亚硝基）	74.0	四元环	6.0
$—NO_3$（硝基）	93.0	五元环	3.0
$—CO(NH_2)$	91.7	六元环	0.8

3.41 丙烷在水中的溶解度

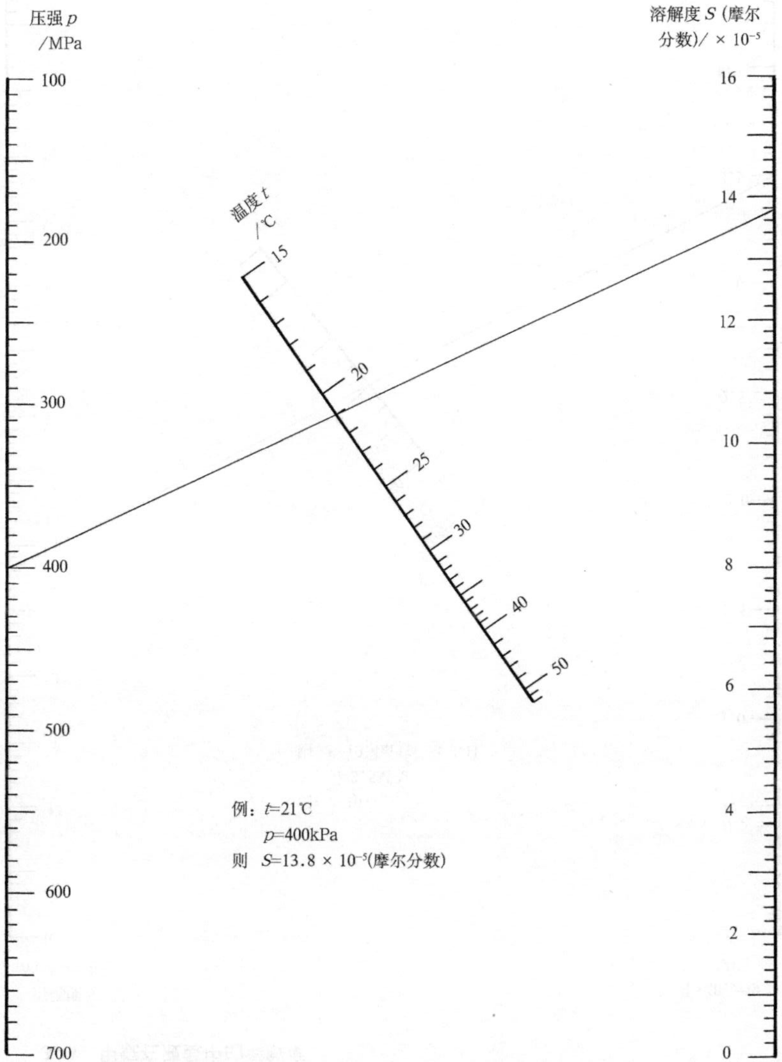

例：t=21℃
p=400kPa
则 S=13.8 × 10^{-5}(摩尔分数)

3.42 烷烃等在水中的溶解度

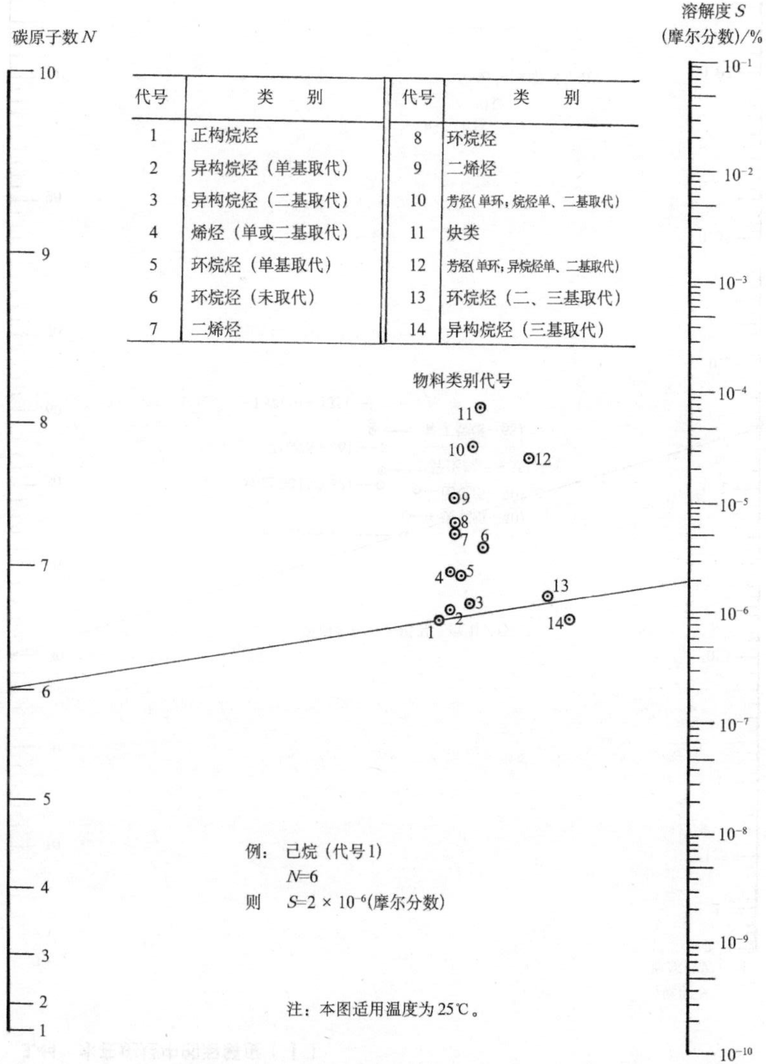

代号	类　别	代号	类　别
1	正构烷烃	8	环烷烃
2	异构烷烃（单基取代）	9	二烯烃
3	异构烷烃（二基取代）	10	芳烃(单环；烷烃单、二基取代)
4	烯烃（单或二基取代）	11	炔类
5	环烷烃（单基取代）	12	芳烃(单环；异烷烃单、二基取代)
6	环烷烃（未取代）	13	环烷烃（二、三基取代）
7	二烯烃	14	异构烷烃（三基取代）

例：己烷（代号1）
N=6
则　S=2 × 10^{-6}(摩尔分数)

注：本图适用温度为25℃。

3.43　甲烷在液氨中的溶解度

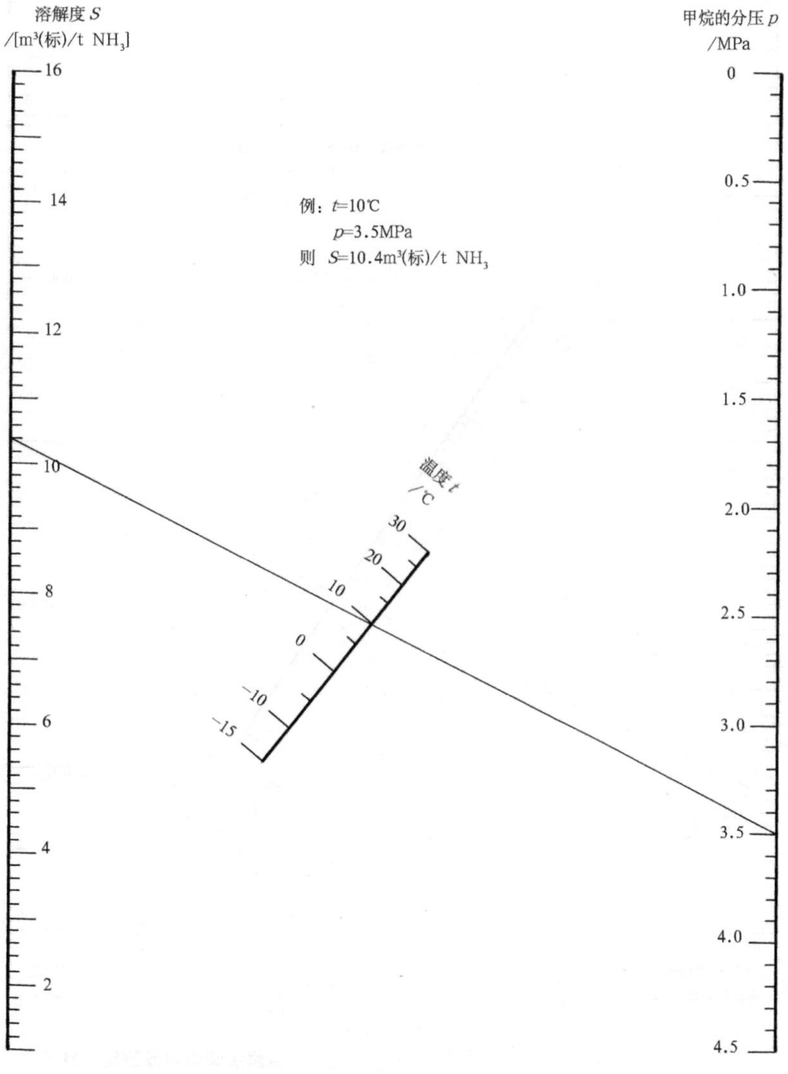

3.44　水在烷烃中的溶解度（Ⅰ）

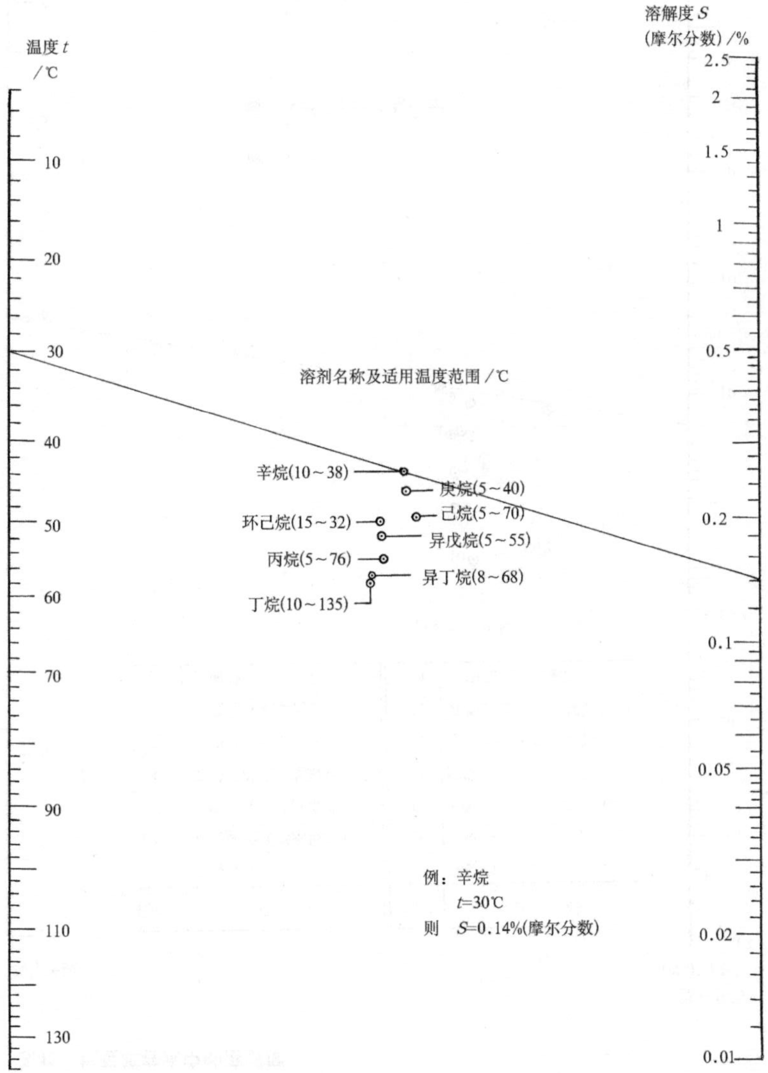

3.45 水在烷烃中的溶解度（Ⅱ）

例：−160℃时水在丁烷中的溶解度为0.5%（摩尔分数）
15℃时水在异丁烷中的溶解度为0.0135%（摩尔分数）

注：本算图仅适用于气相、液相烃和液相水三相平衡状态时。

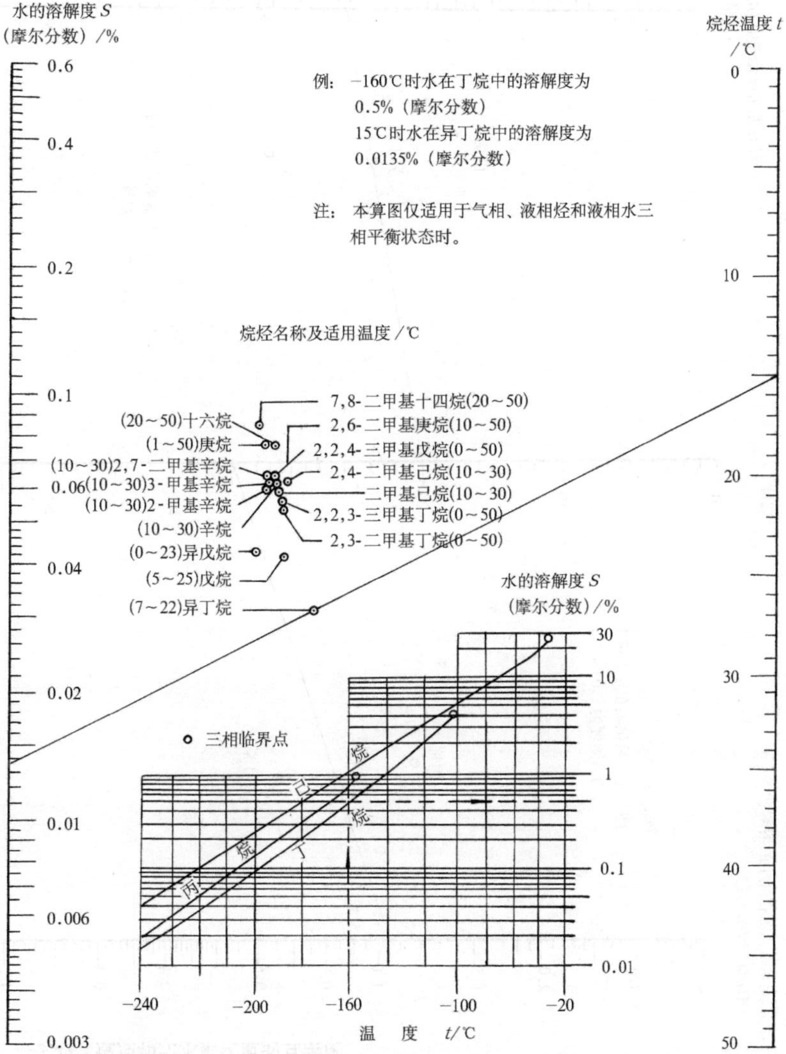

3.46 水在环烷烃中的溶解度

例：−60℃时水在环己烷中的溶解度为10%(摩尔分数)
20℃时水在甲基环己烷中的溶解度为0.048%（摩尔分数）

注：本算图仅适用于气相、液相烃和液相水三相平衡状态时。

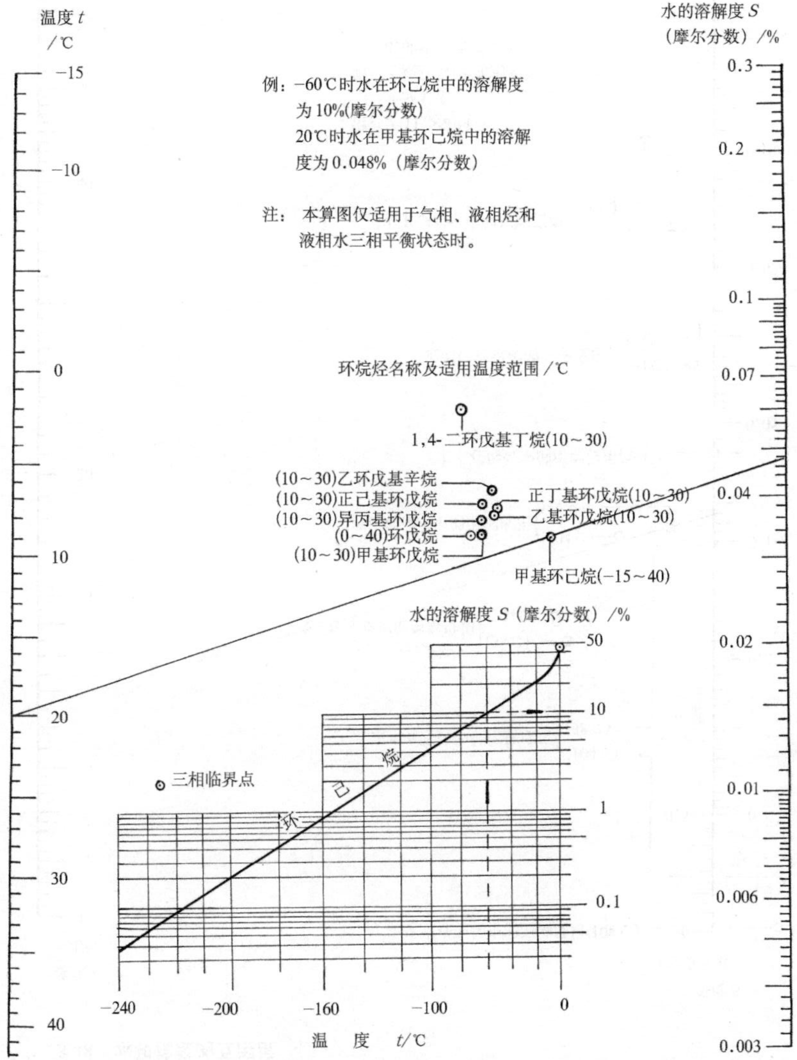

3.47 烷烃和无水氟化氢的互溶度

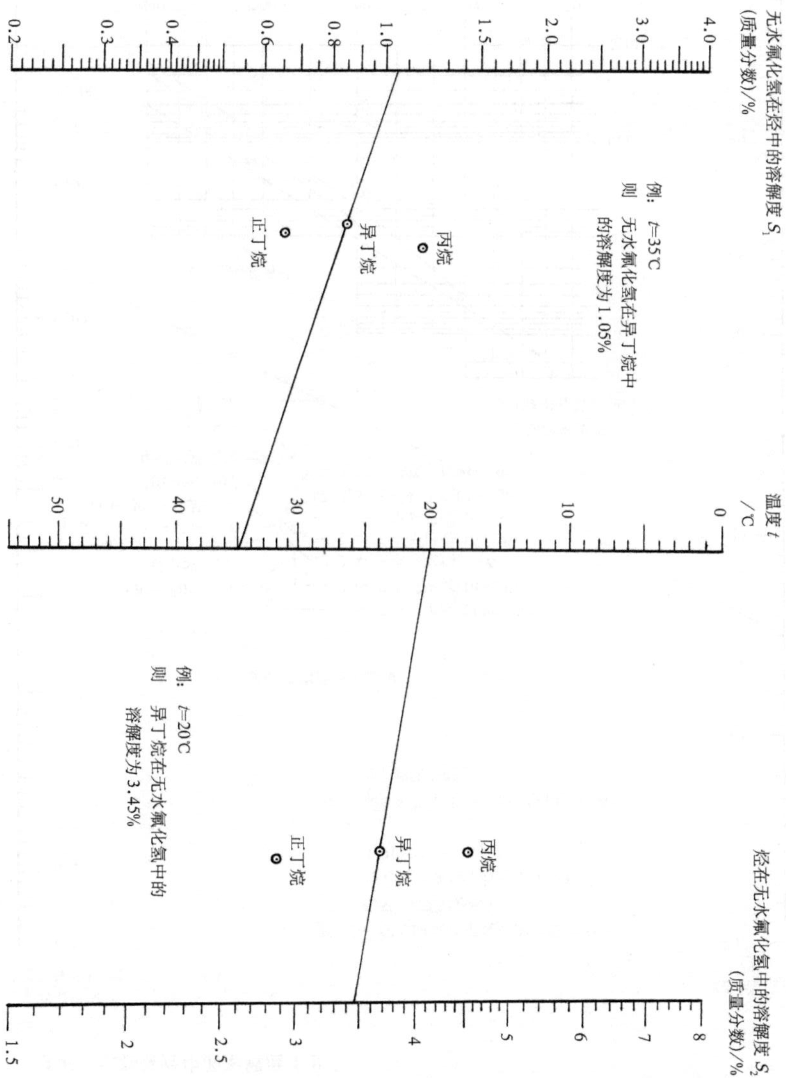

3.48 水和烷烃的互溶度

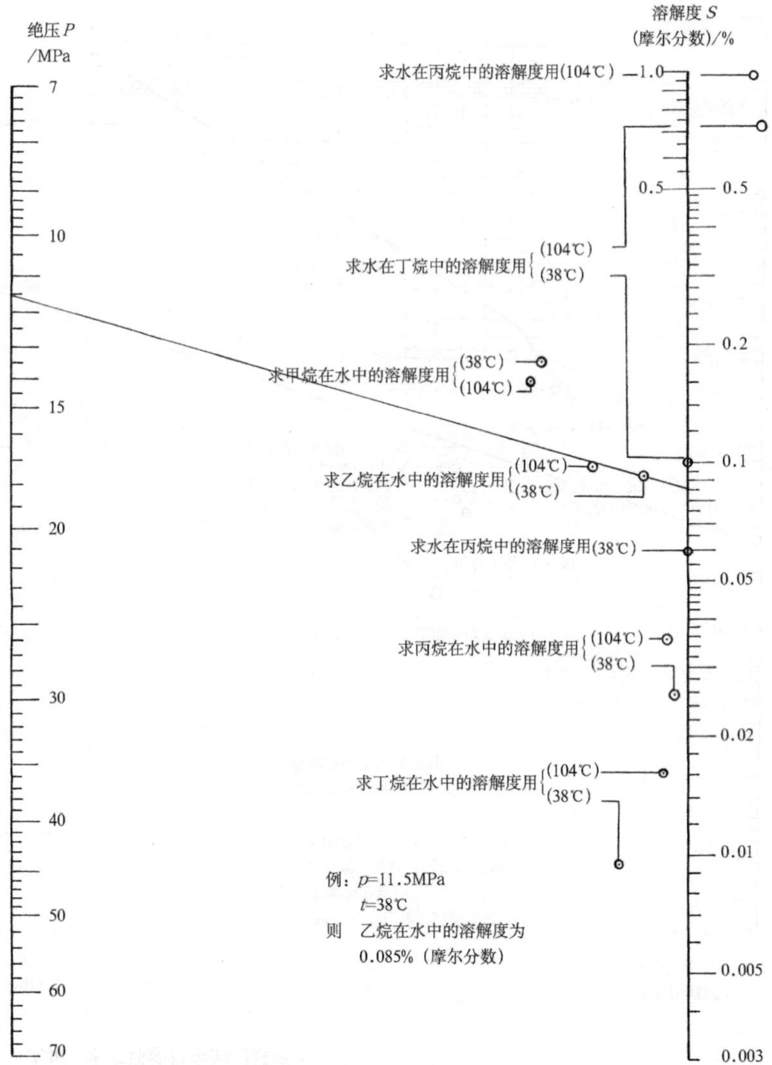

3.49 气态烷烃的热导率（Ⅰ）

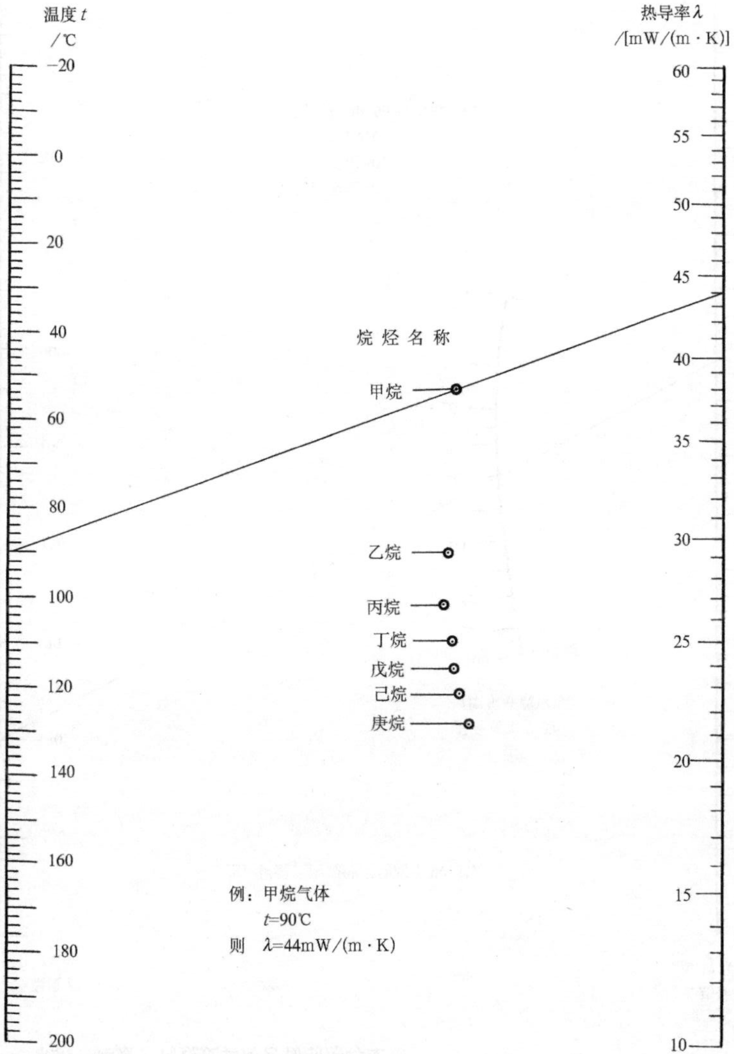

3.50 气态烷烃的热导率（Ⅱ）

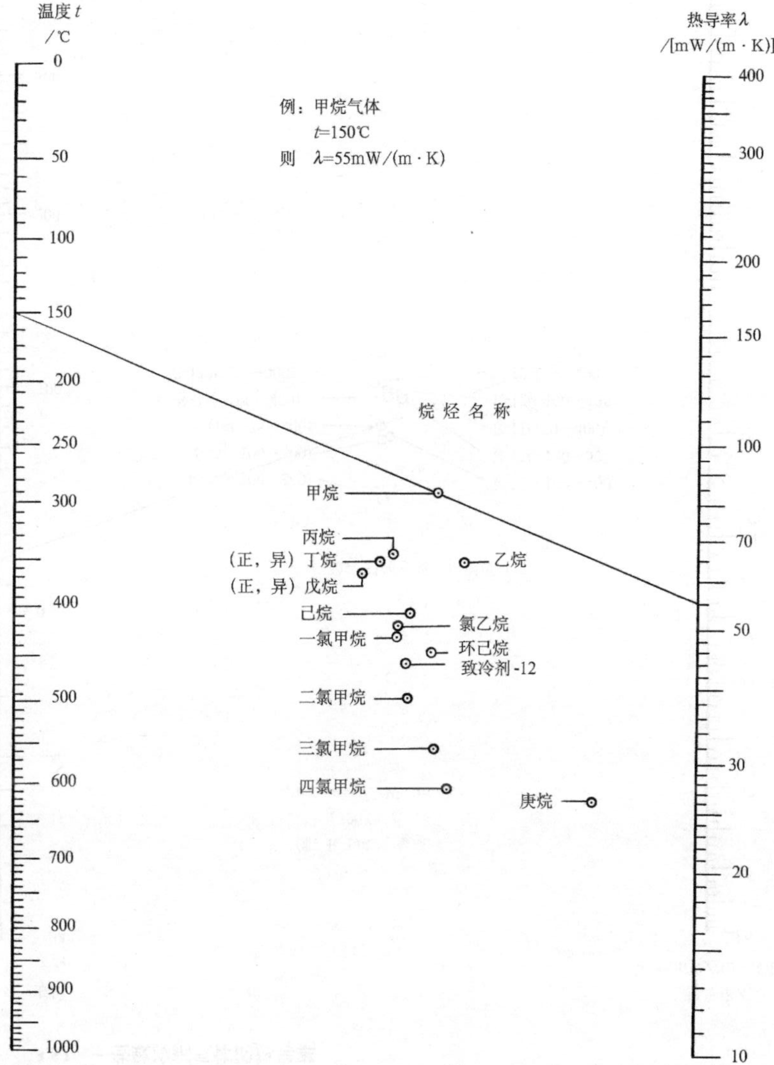

3.51 甲烷、丙烷及其混合物的热导率

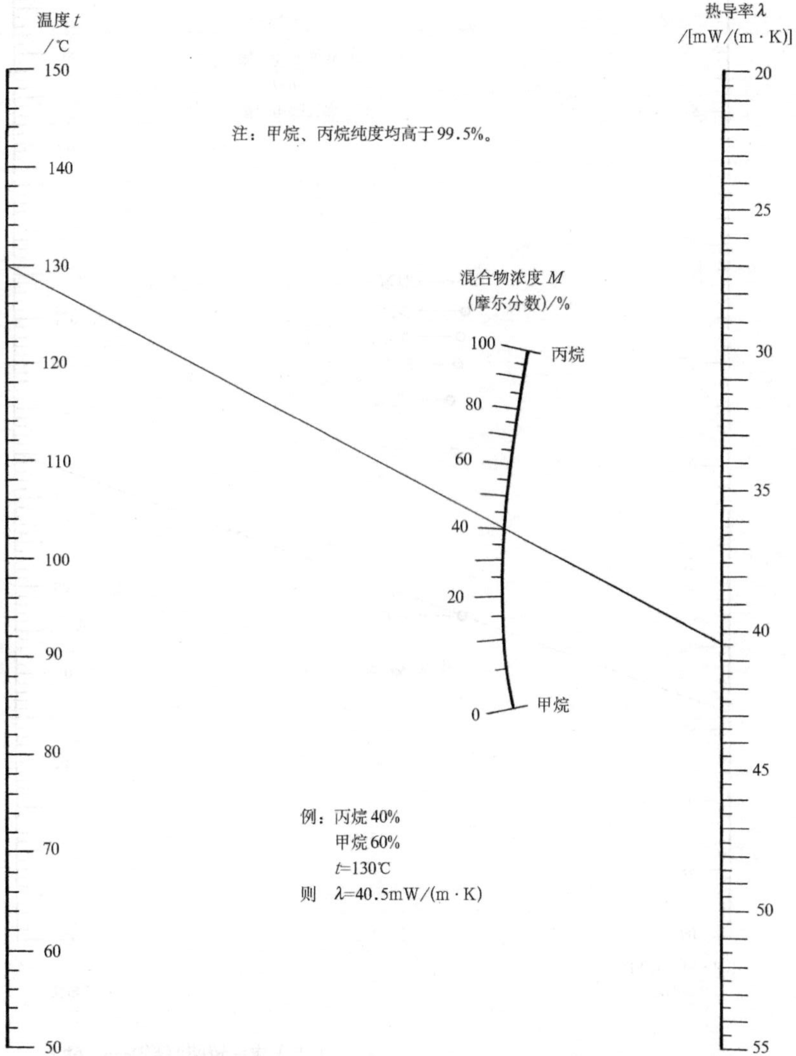

3.52 一些致冷剂气体的热导率

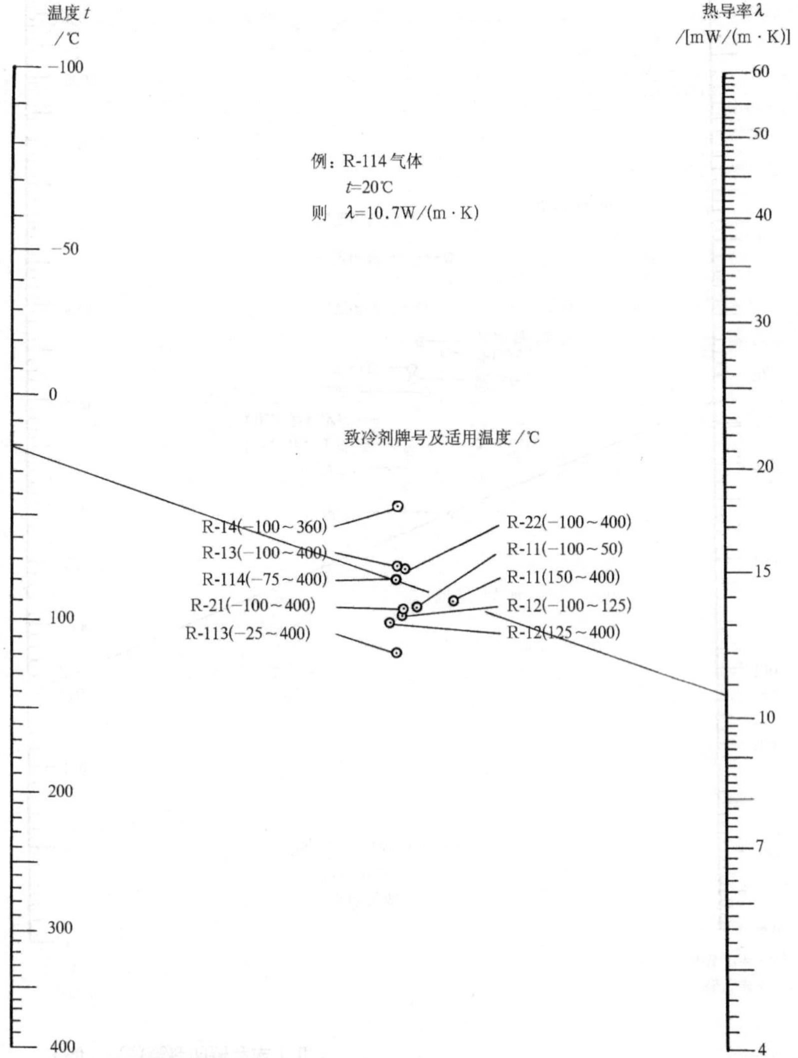

3.53 液态烷烃的热导率（Ⅰ）

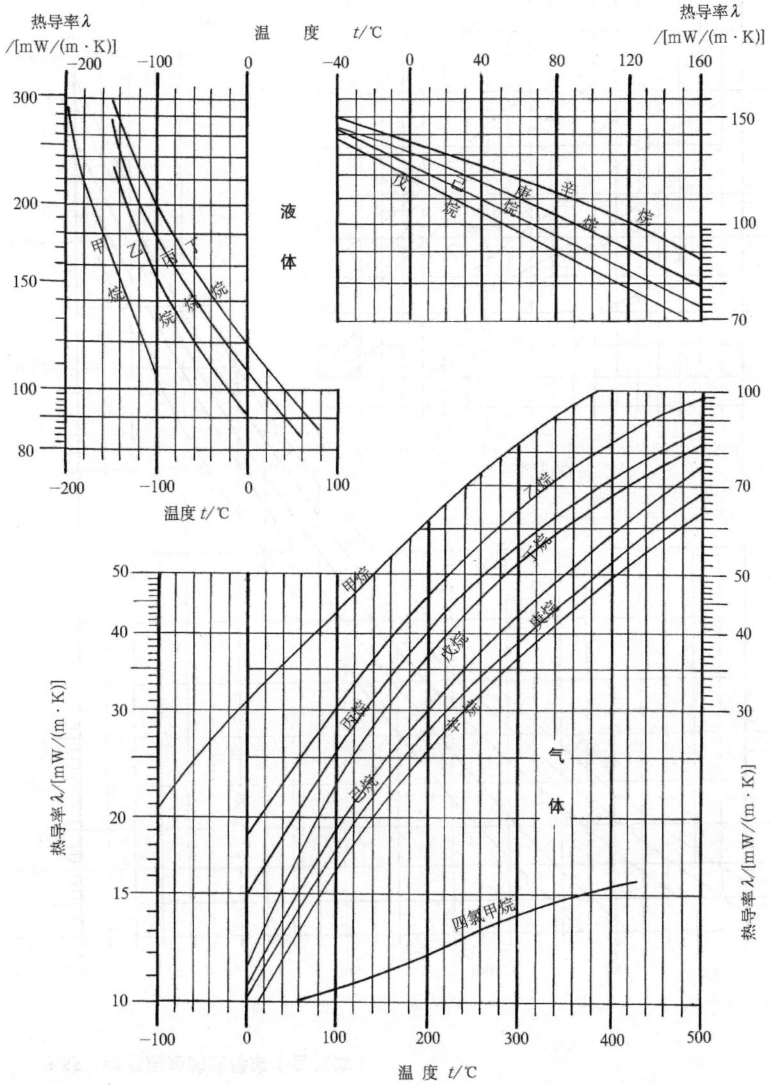

3.54 液态烷烃的热导率（Ⅱ）

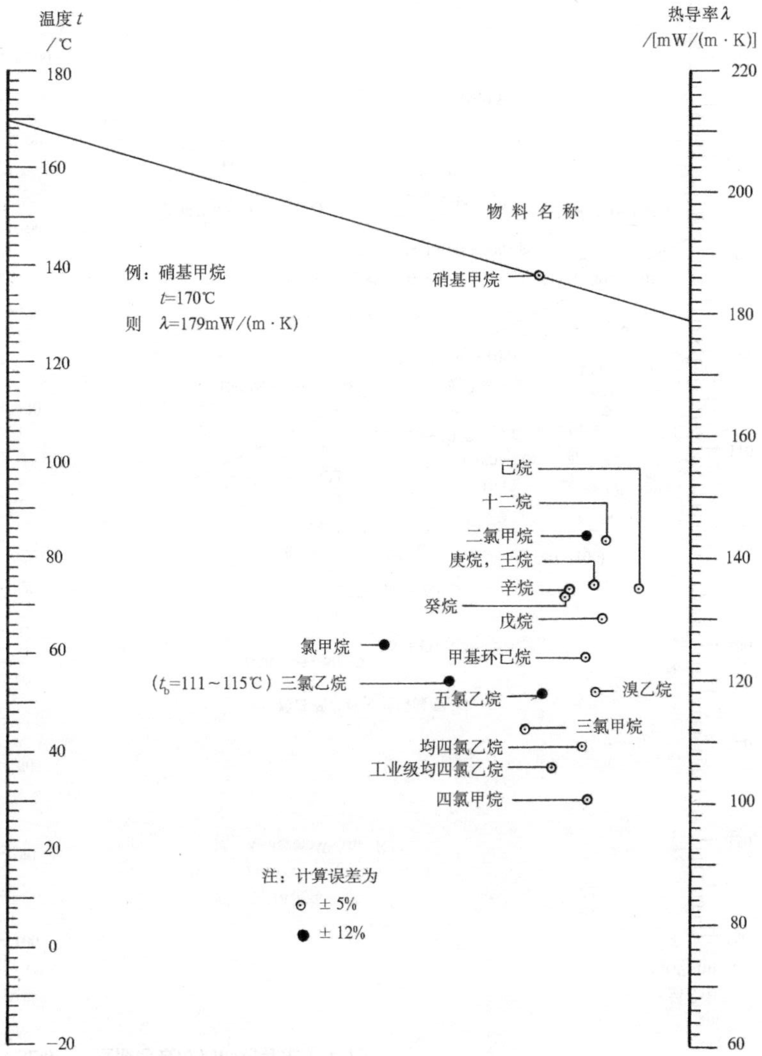

3.55 液态烷烃的热导率（含气体）

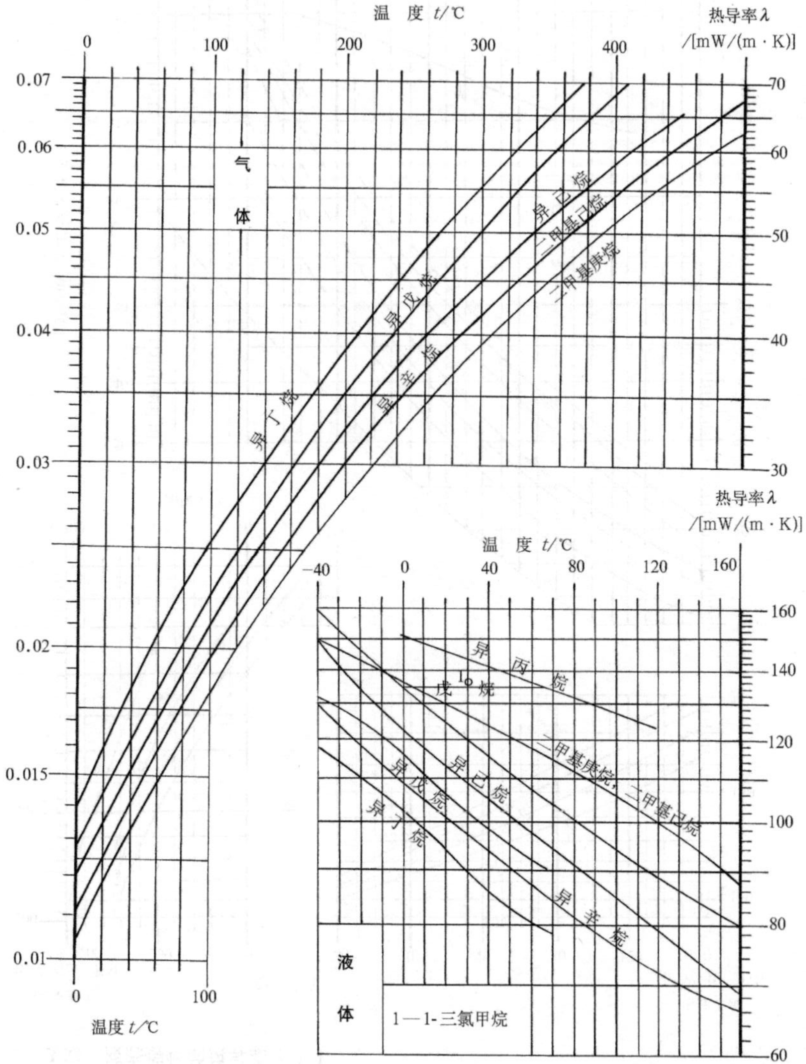

3.56 一些液态致冷剂的热导率（Ⅰ）

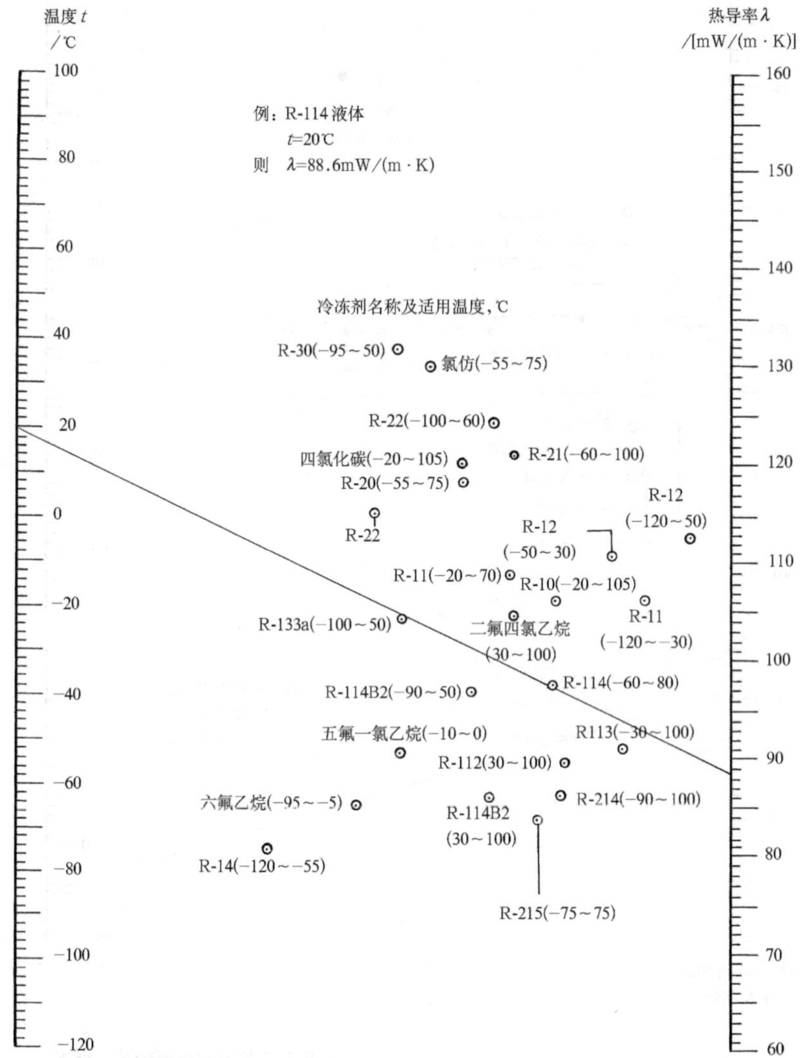

3.57 一些液态致冷剂的热导率（Ⅱ）

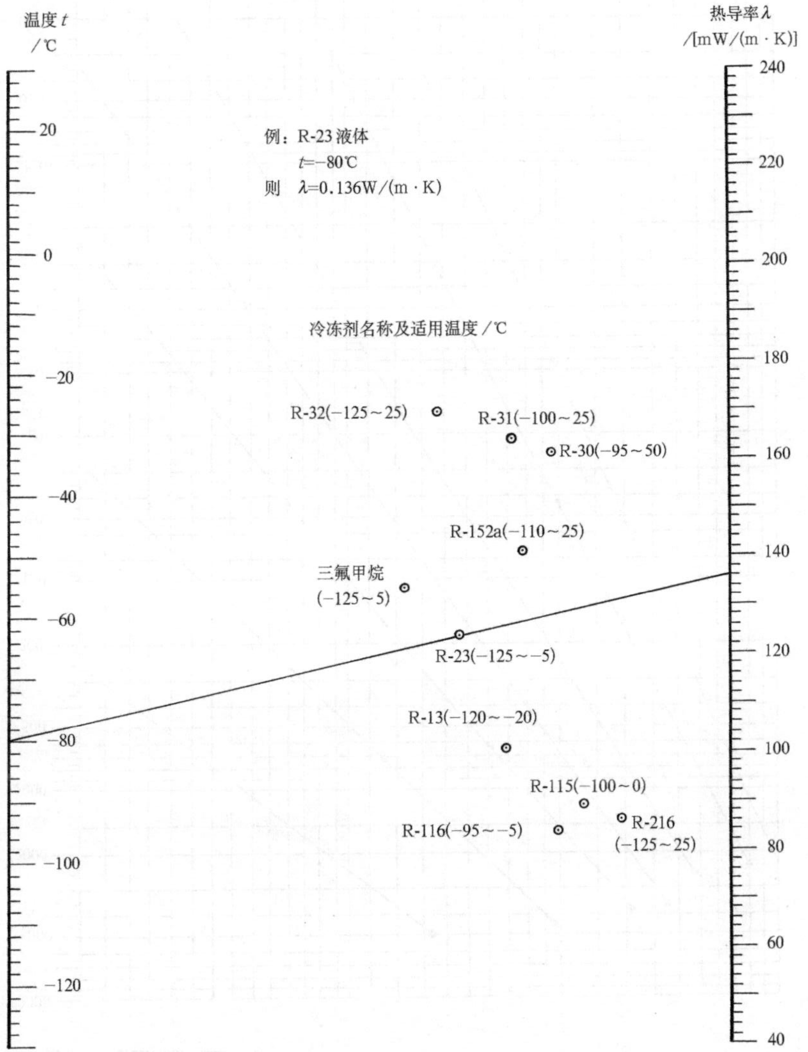

3.58 烷烃的蒸气压（Ⅰ）

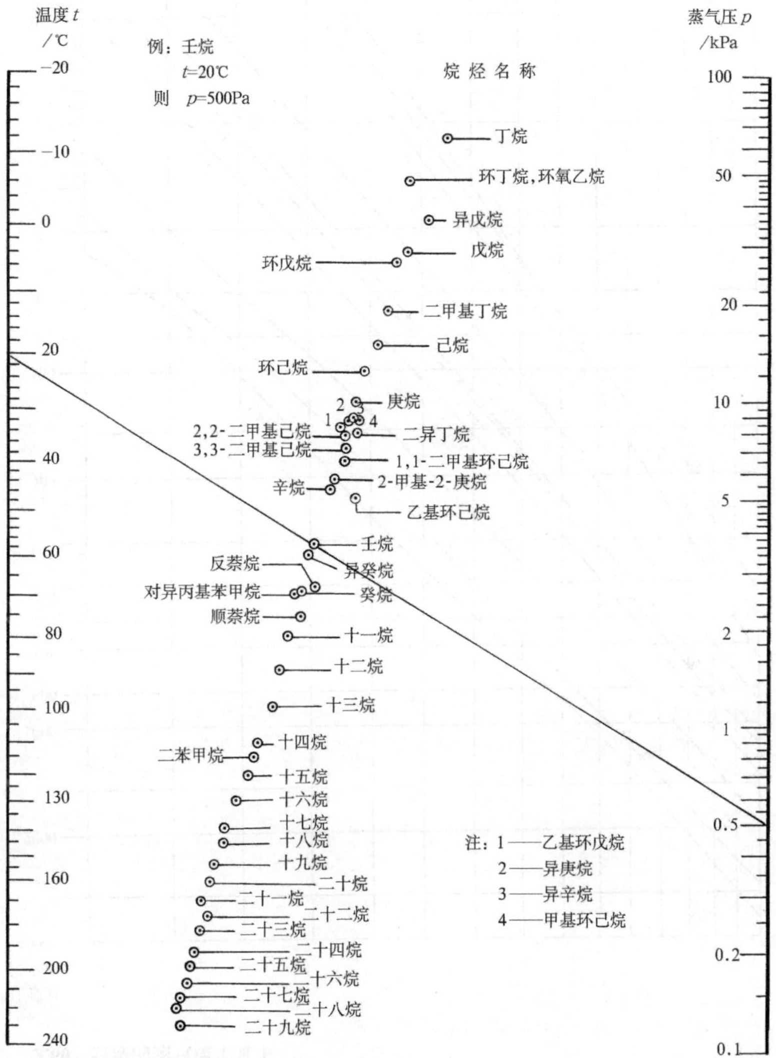

3.59 烷烃的蒸气压（Ⅱ）

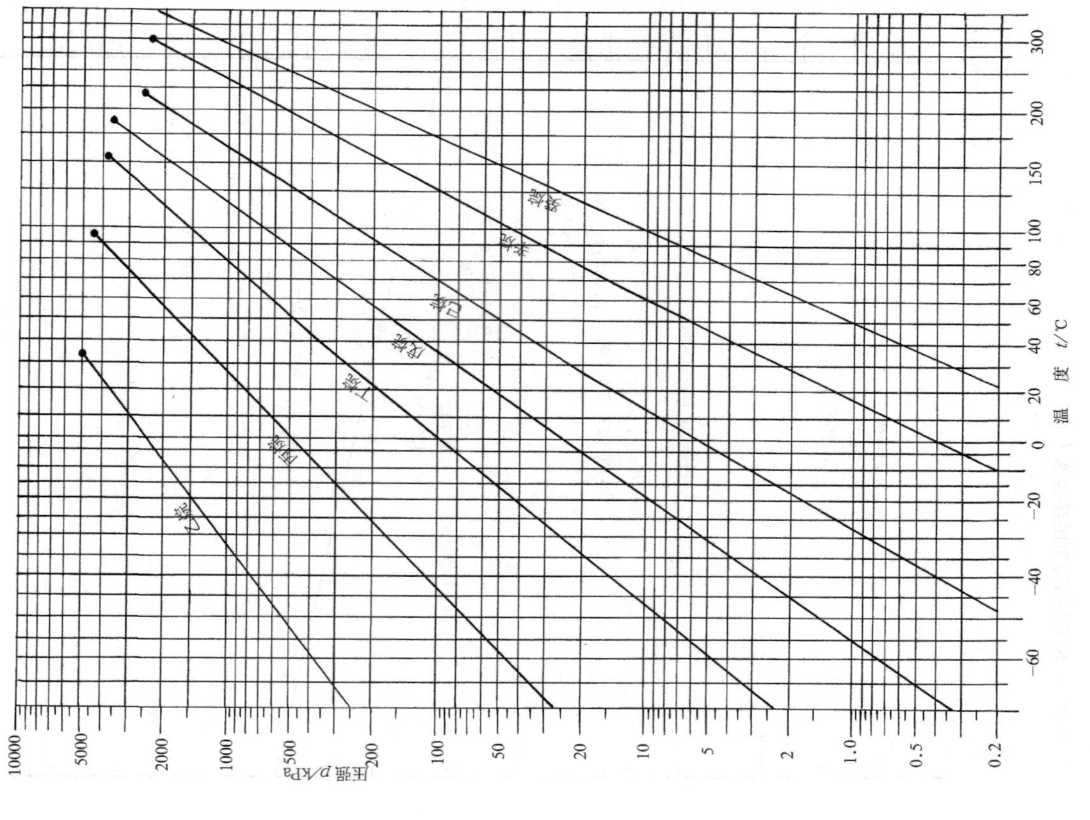

3.60 烷烃的蒸气压（Ⅲ）

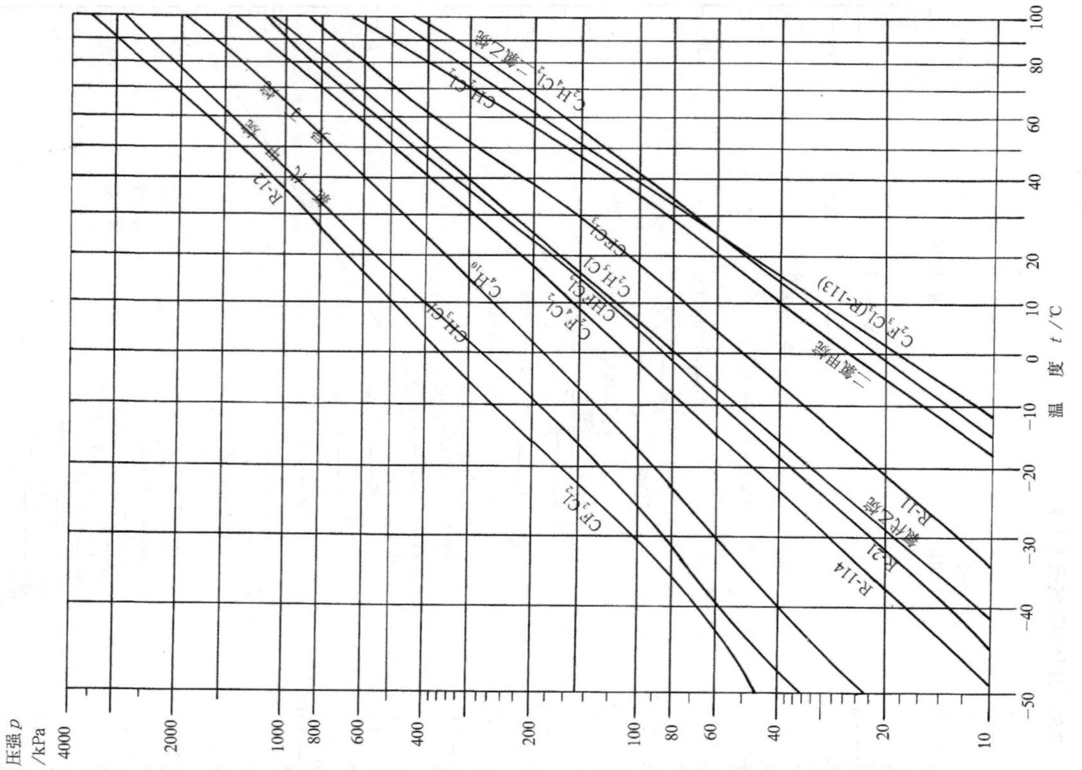

3.61 全氟戊烷的蒸气压

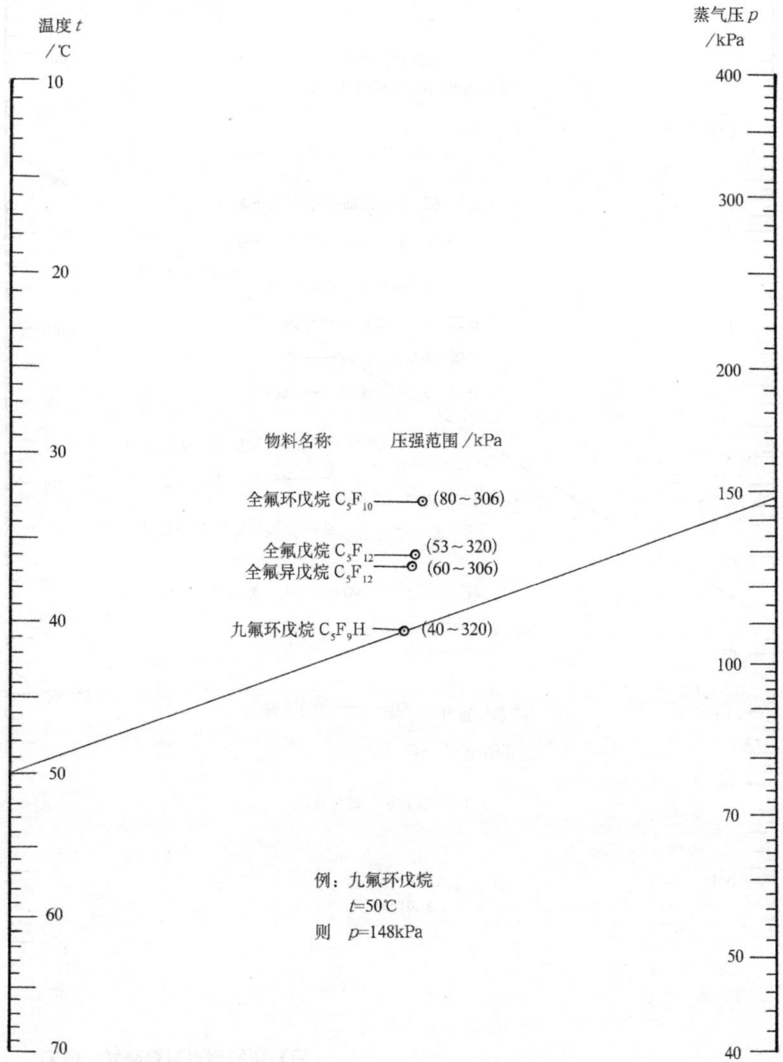

3.62 氯甲烷和氯乙烷的蒸气压

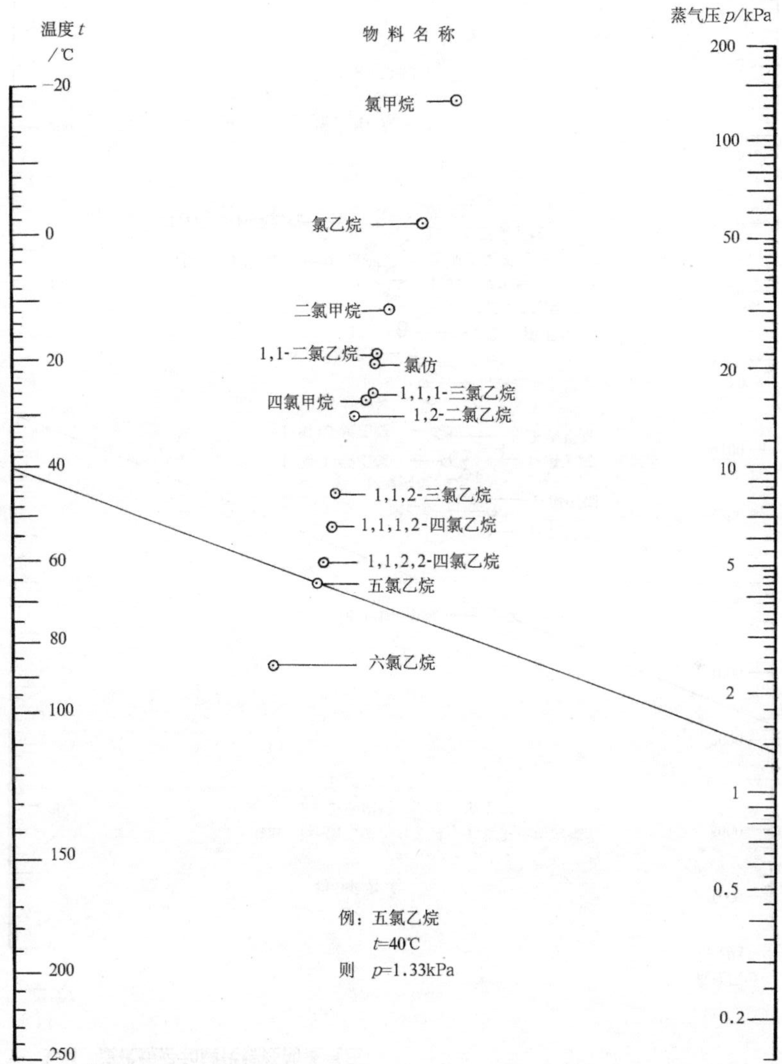

3.63 其他氯代烷烃的蒸气压

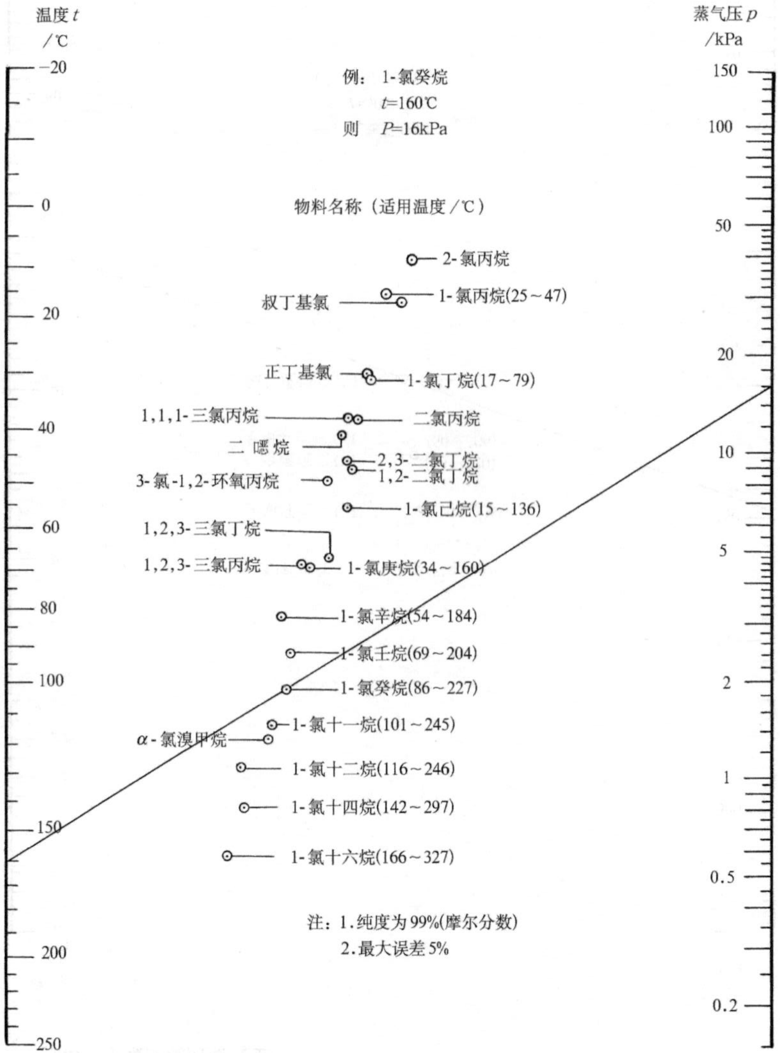

3.64 溴代烷烃和碘代烷烃的蒸气压

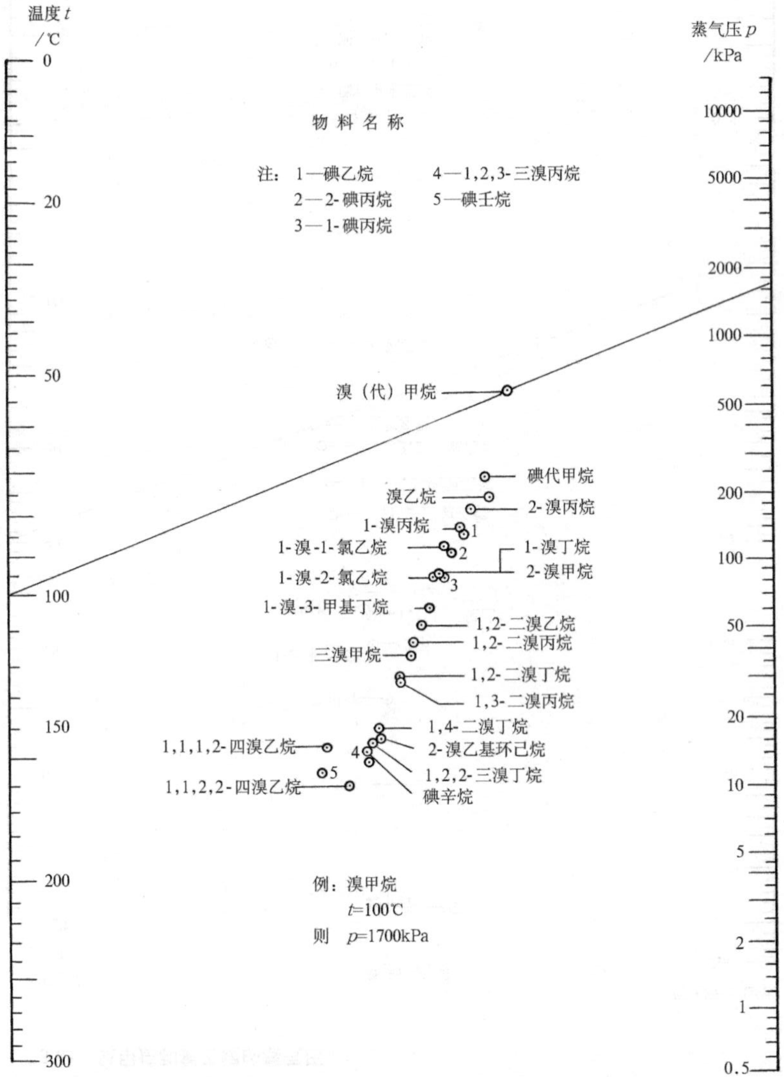

3.65 致冷剂的蒸气压（Ⅰ）

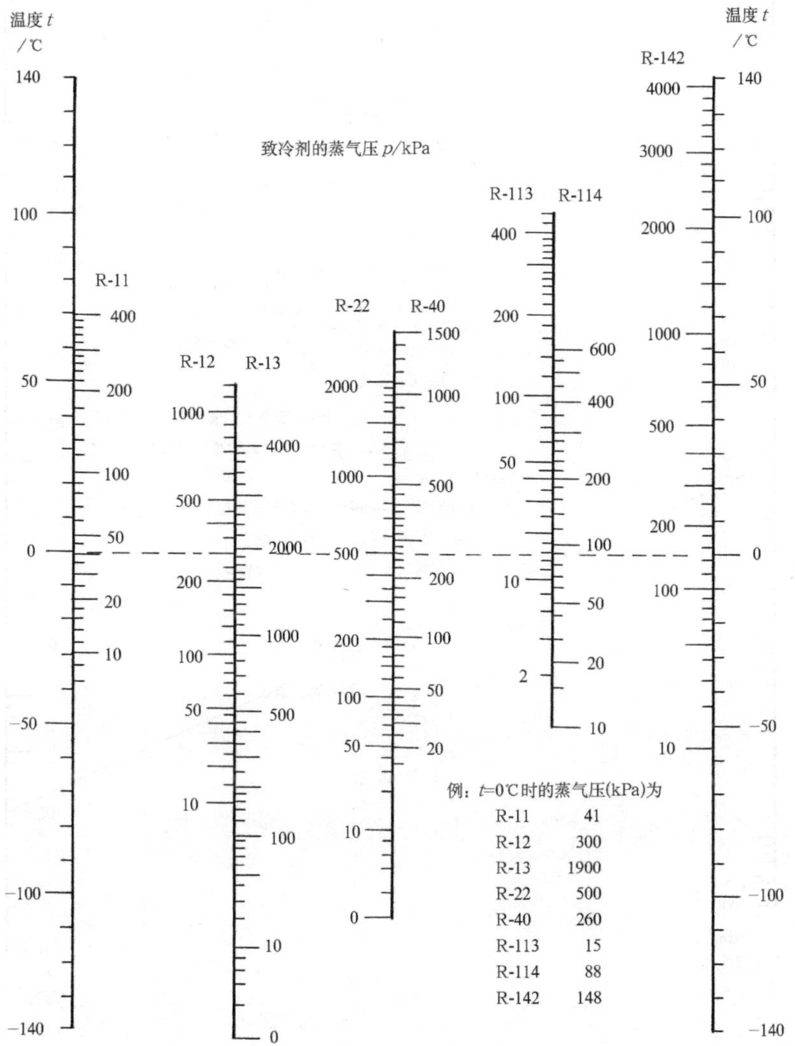

例：t=0℃时的蒸气压(kPa)为

R-11	41
R-12	300
R-13	1900
R-22	500
R-40	260
R-113	15
R-114	88
R-142	148

3.66 致冷剂的蒸气压（Ⅱ）

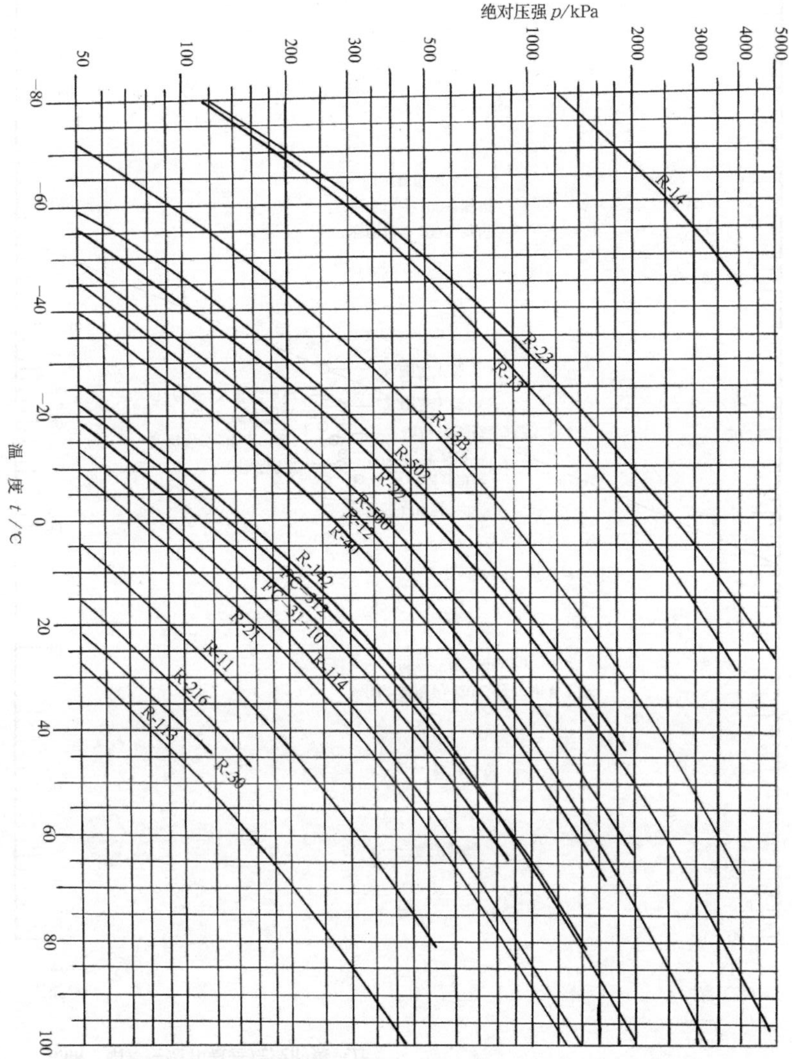

3.67 氯硅烷和苯硅烷的蒸气压

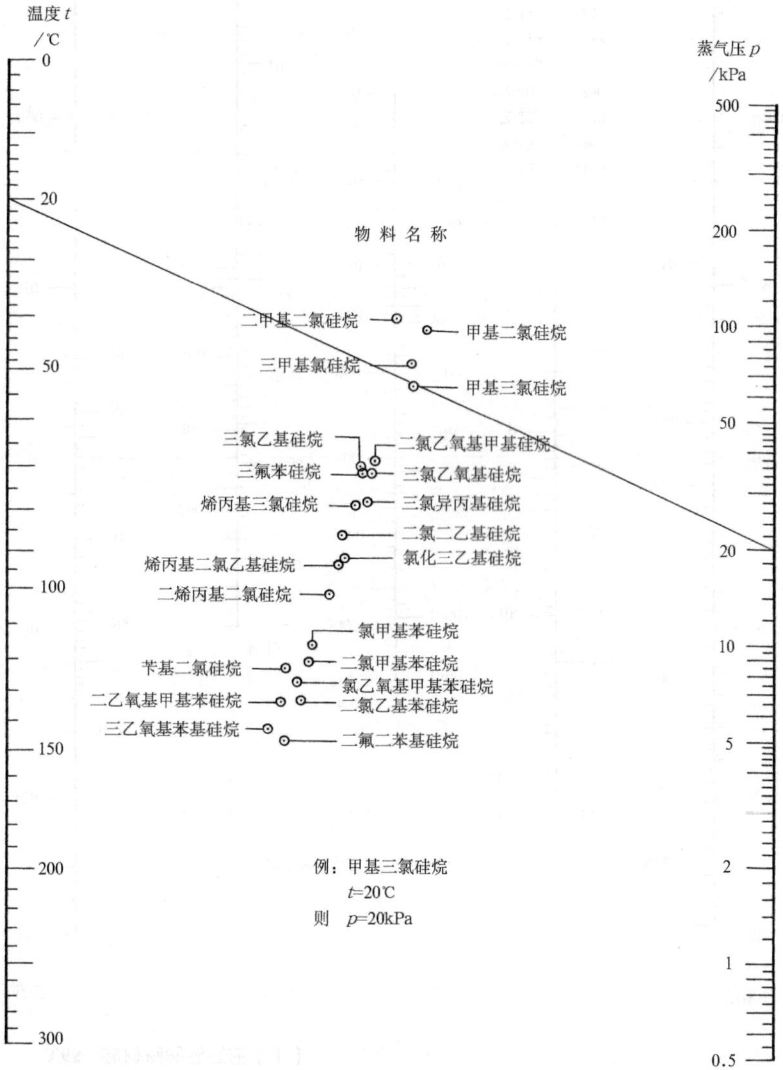

3.68 硝基烷烃和氨基烷烃的蒸气压

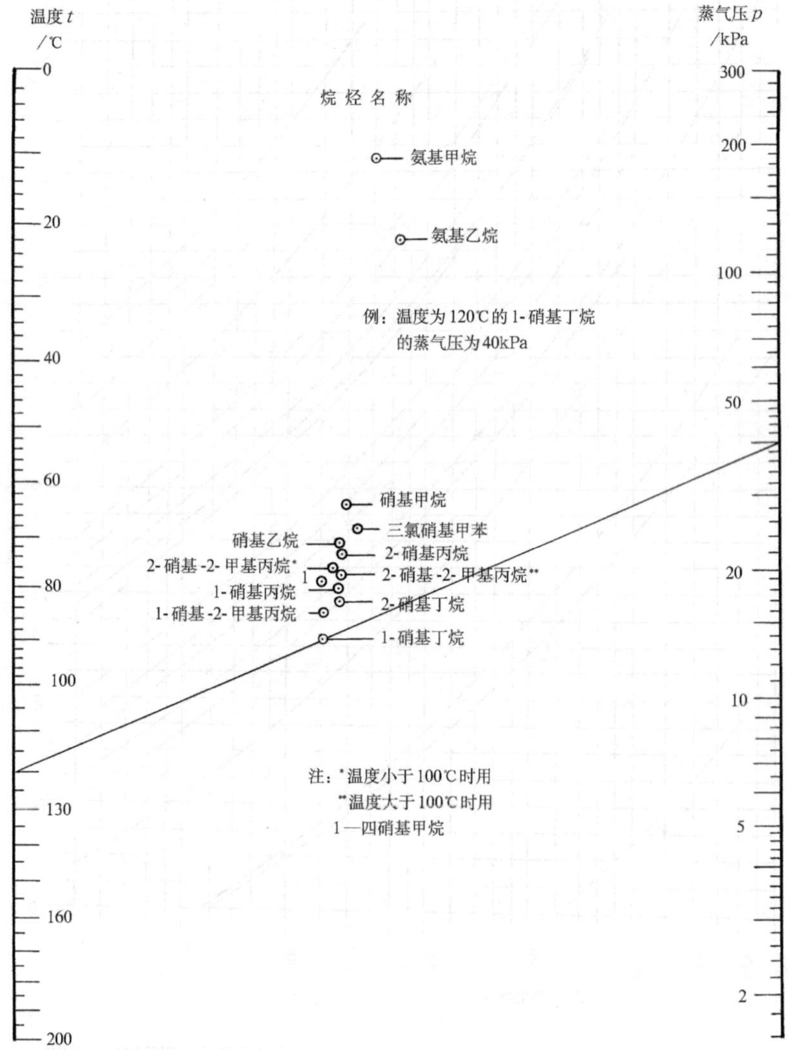

3.69 硼烷和硅烷的蒸气压

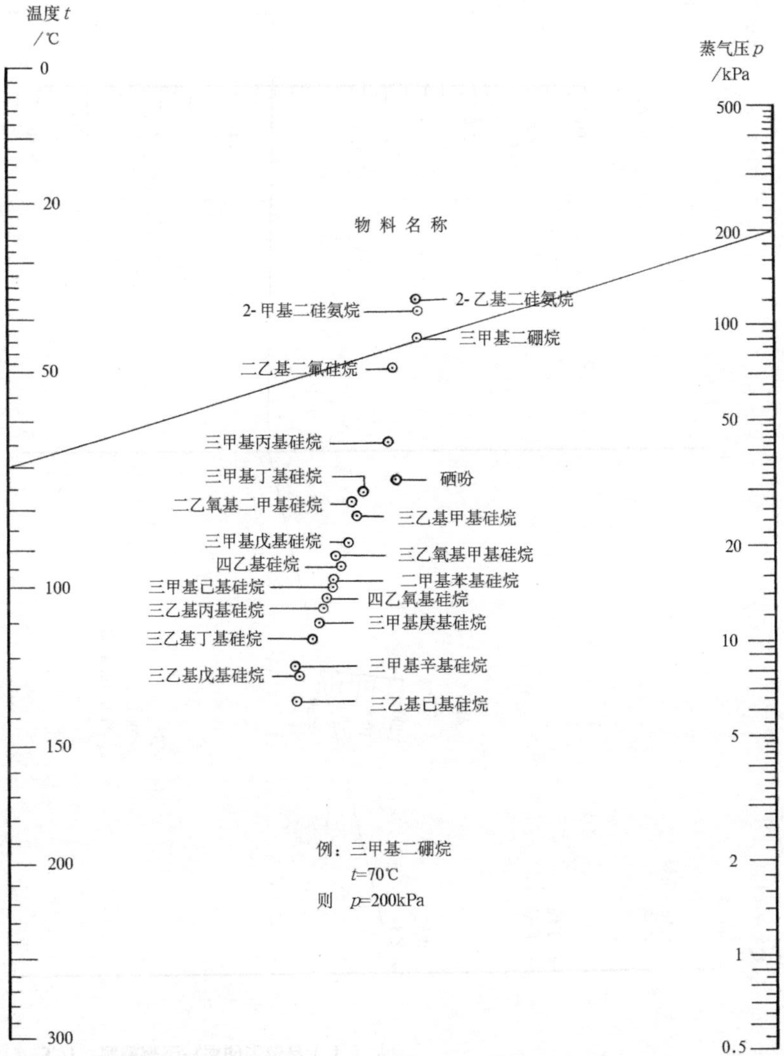

3.70 根据对比温度求烷烃的比热容

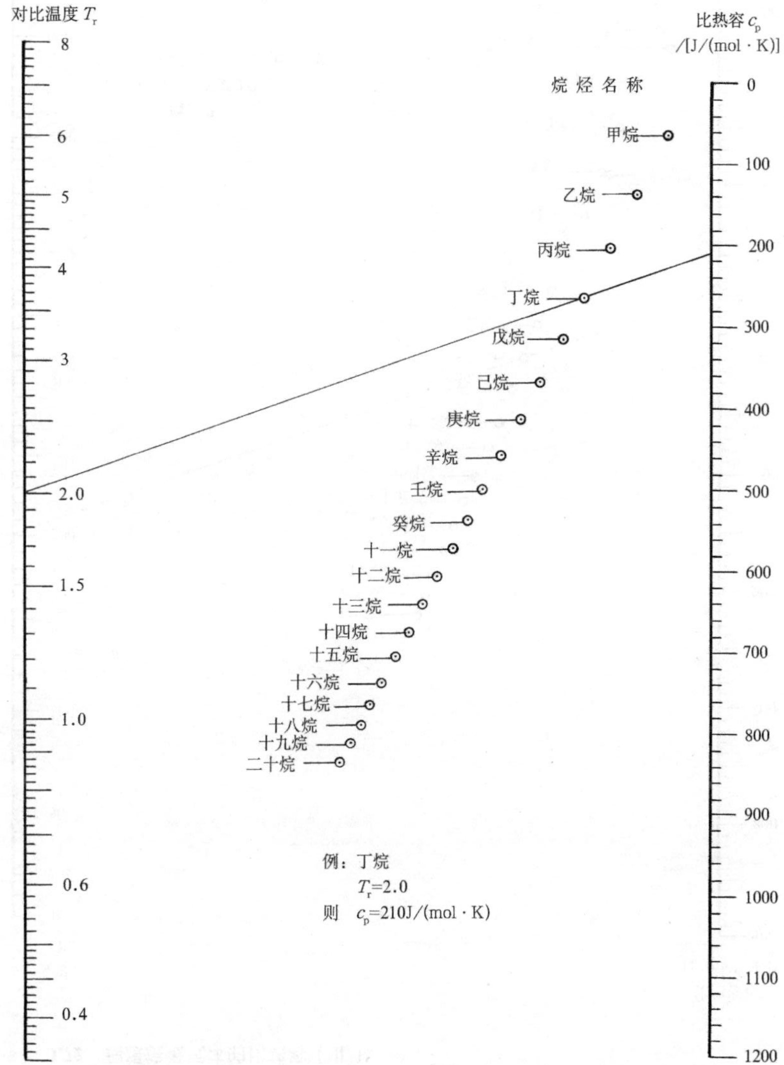

3.71 理想烷烃气体的比热容（Ⅰ）

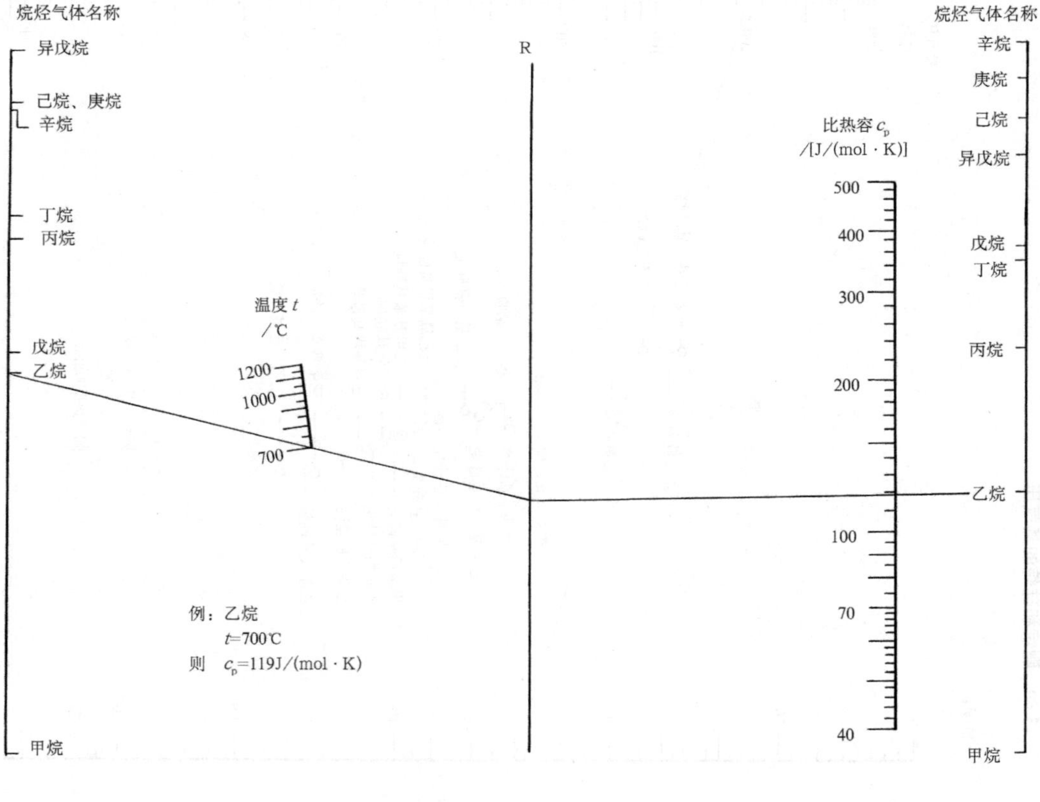

3.72 理想烷烃气体的比热容（Ⅱ）

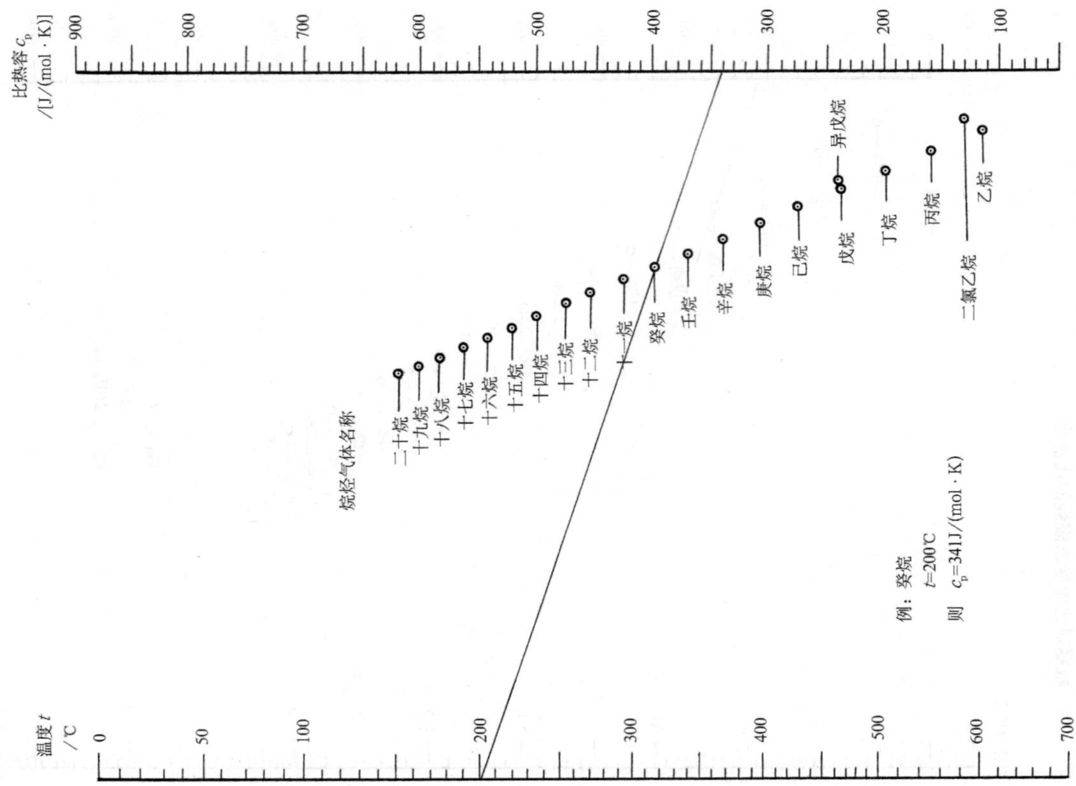

3.73 理想烷基环戊烷气体的比热容

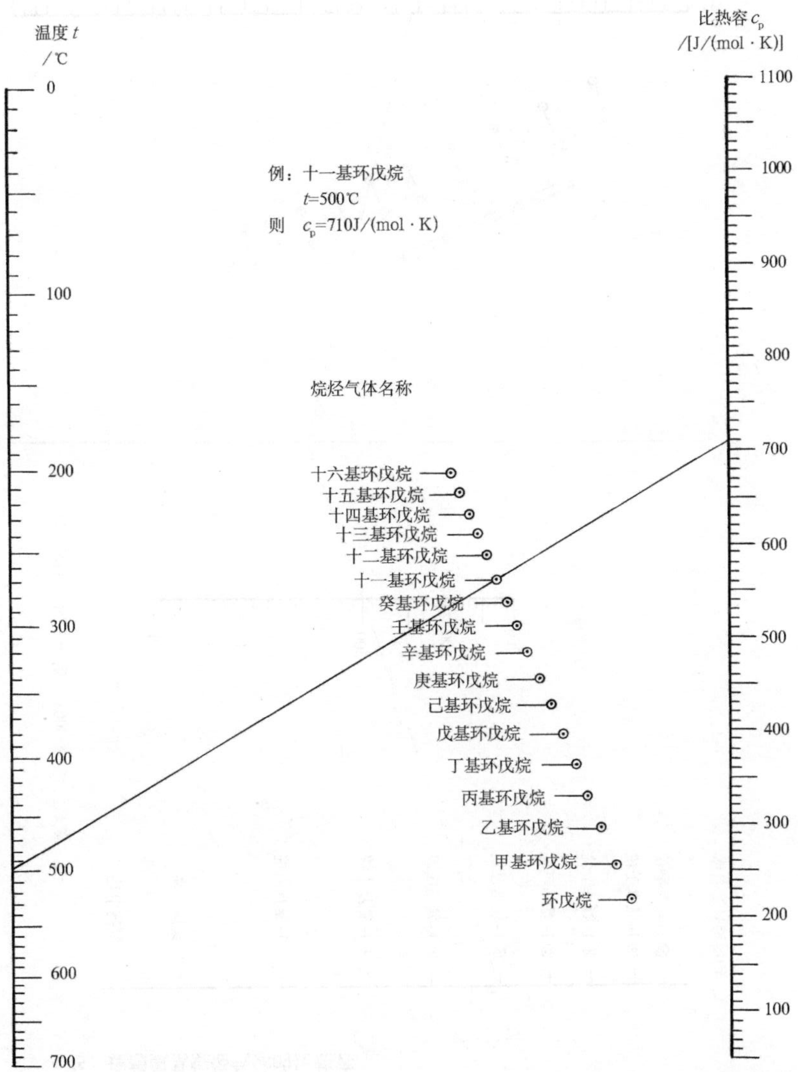

3.74 理想烷基环己烃气体的比热容

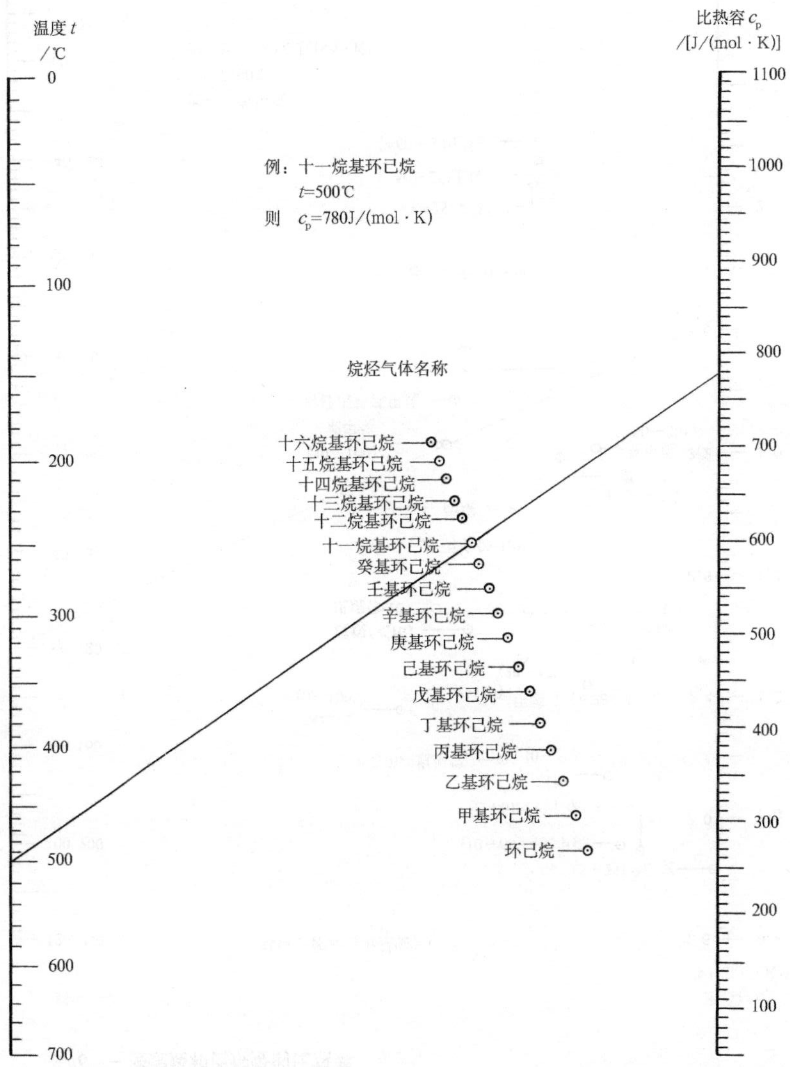

3.75 理想氨基烷烃气体的比热容

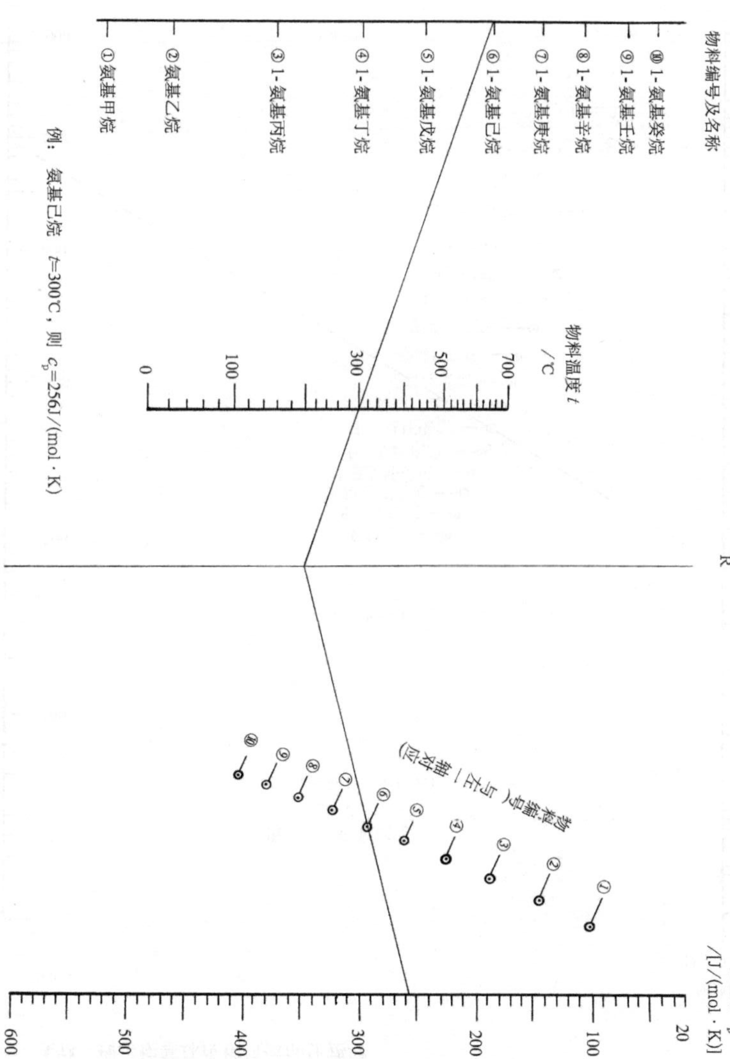

3.76 一些烷烃和卤烷烃的比热容

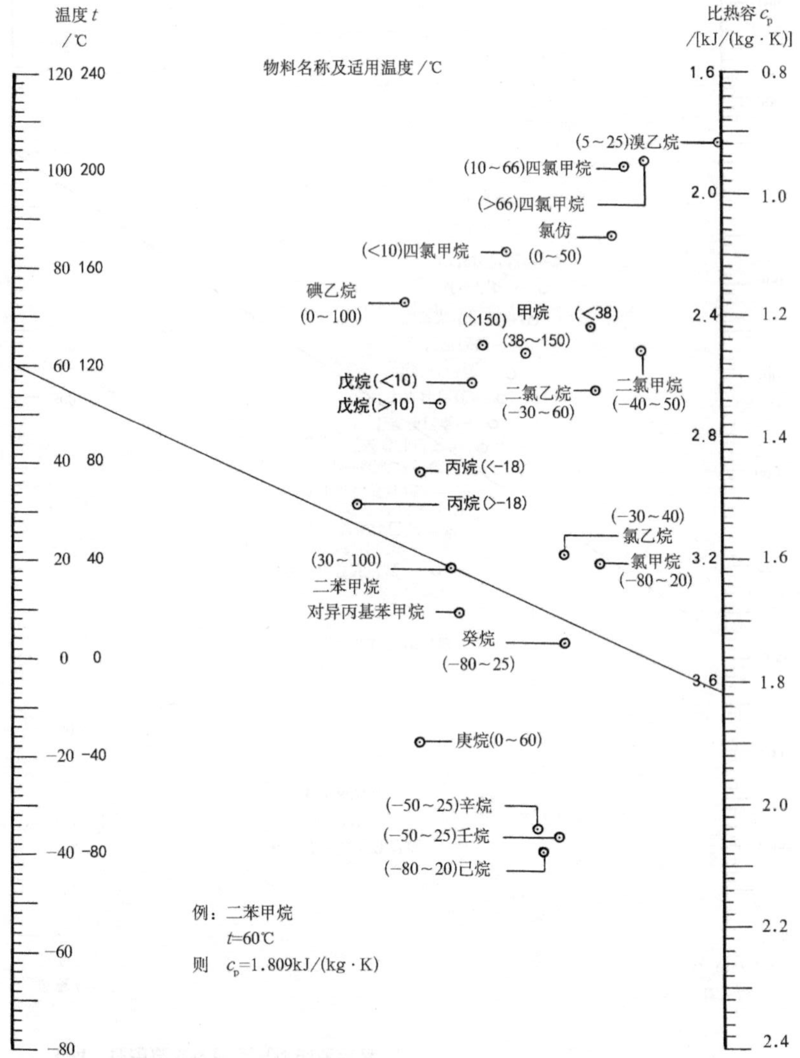

3.77 纯气态烷烃的比焓

例：t=220℃，p=3000kPa时
其比焓值分别为

甲烷	1300kJ/kg
乙烷	1154kJ/kg
丙烷	1076kJ/kg
正丁烷	1020kJ/kg
正戊烷	990kJ/kg
正己烷	954kJ/kg
正庚烷	934kJ/kg
正辛烷	912kJ/kg

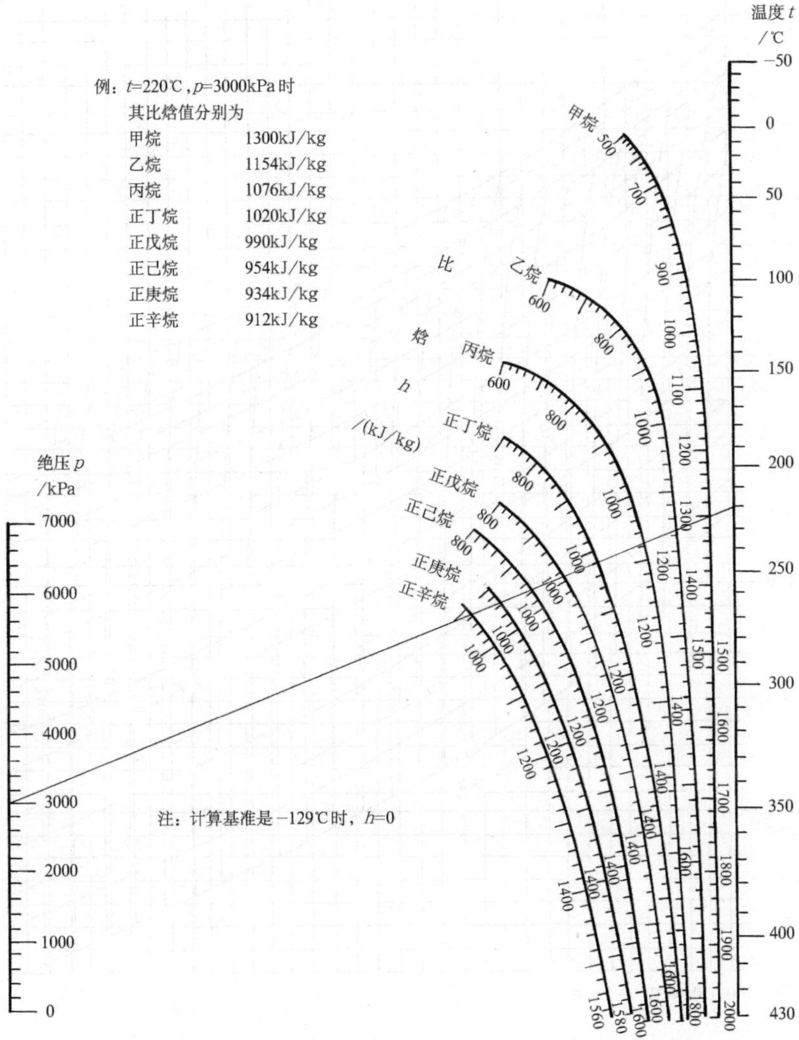

注：计算基准是−129℃时，h=0

3.78 纯液态烷烃的比焓

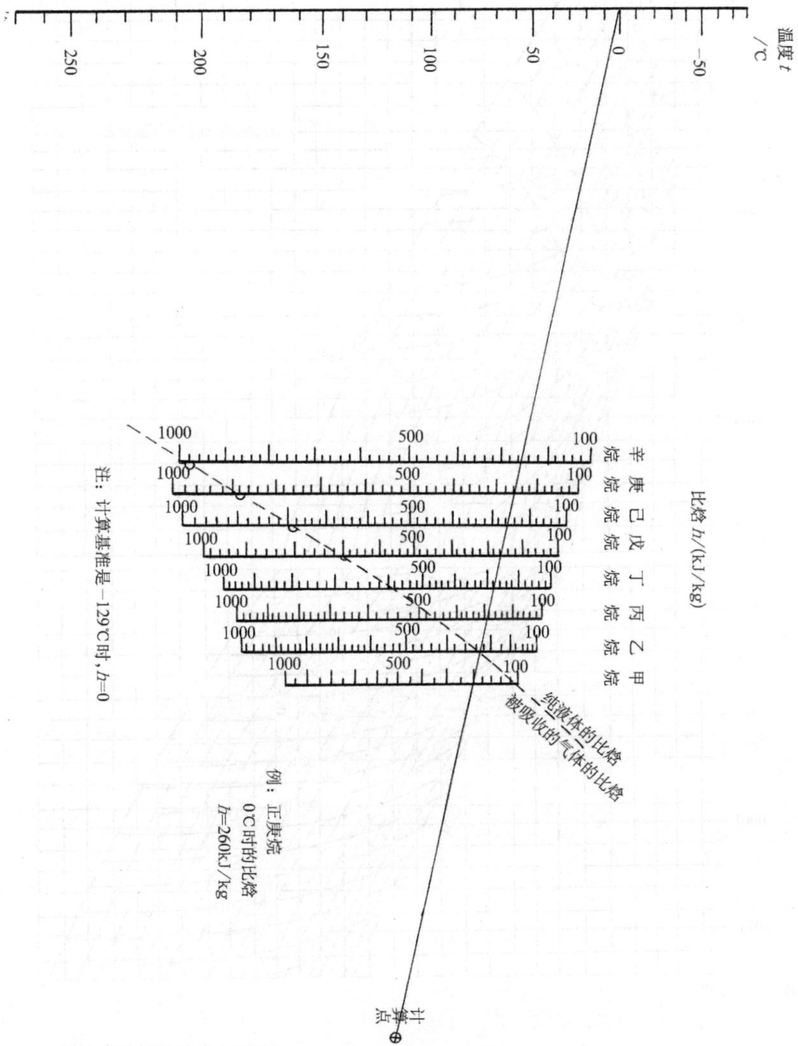

注：计算基准是−129℃时，h=0

例：正庚烷
0℃时的比焓
h=260kJ/kg

3.79 甲烷的比焓和比熵

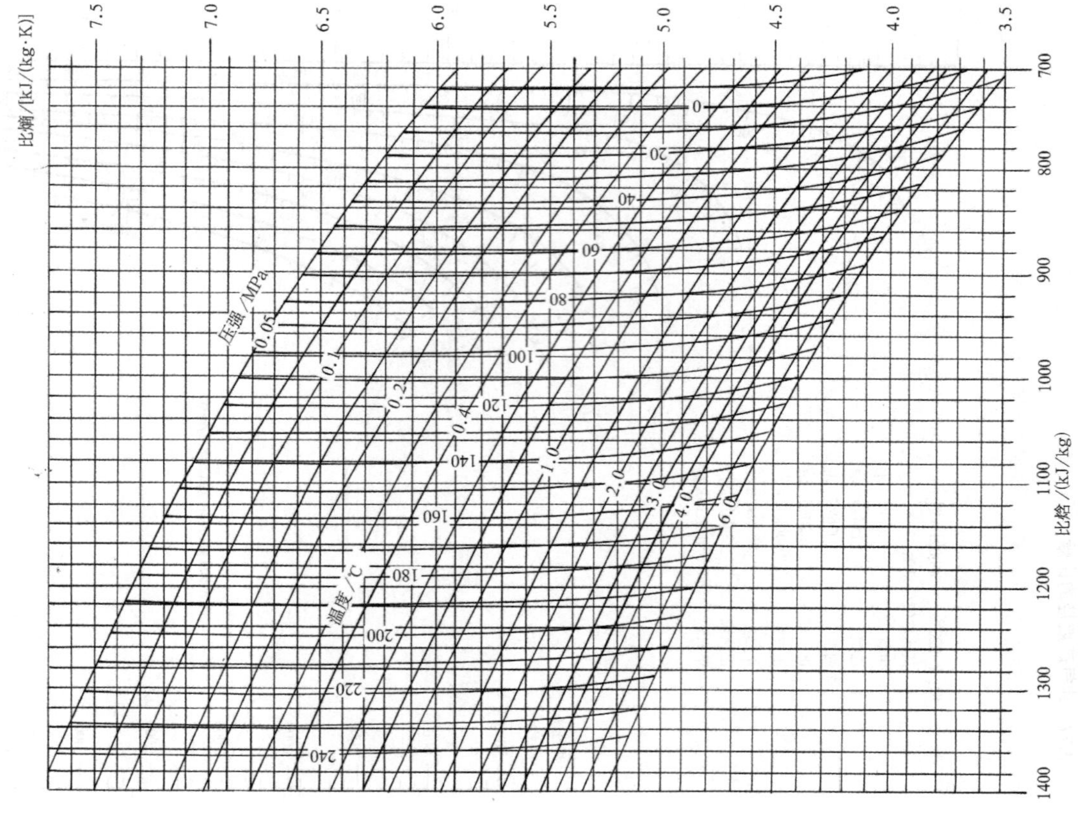

3.80 乙烷的比焓和比熵

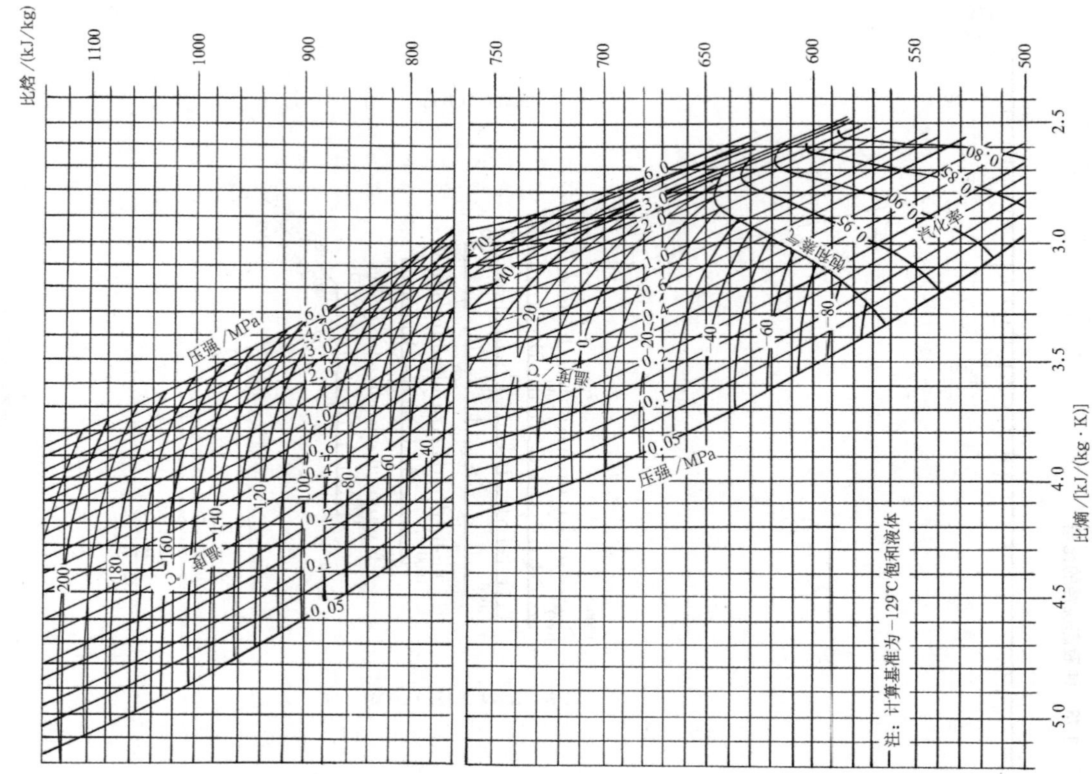

3.82 丁烷的比焓和比熵

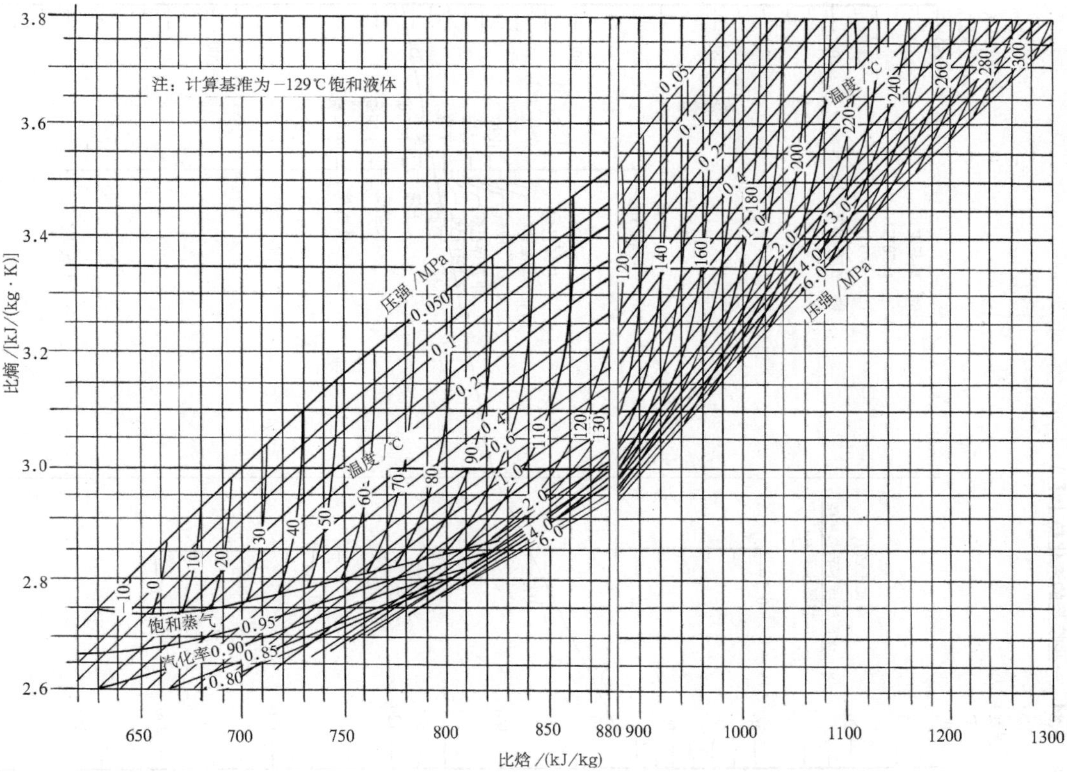

3.81 丙烷的比焓和比熵

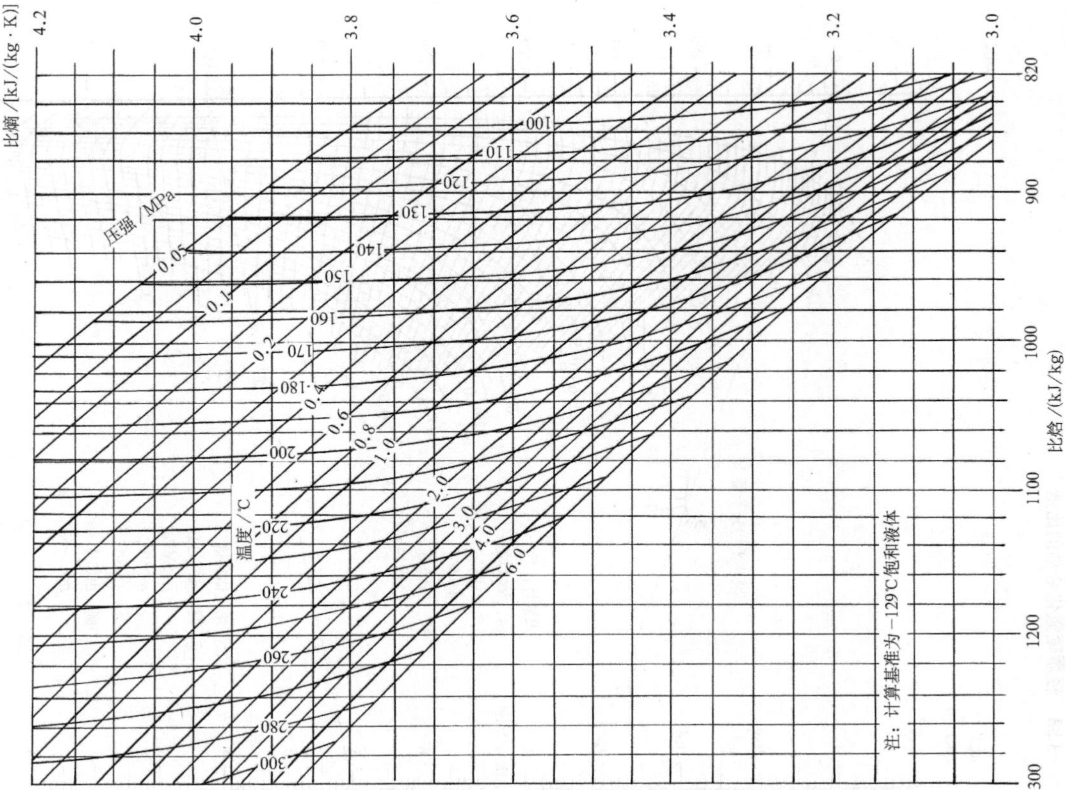

3.83 轻质碳氢化合物的比焓

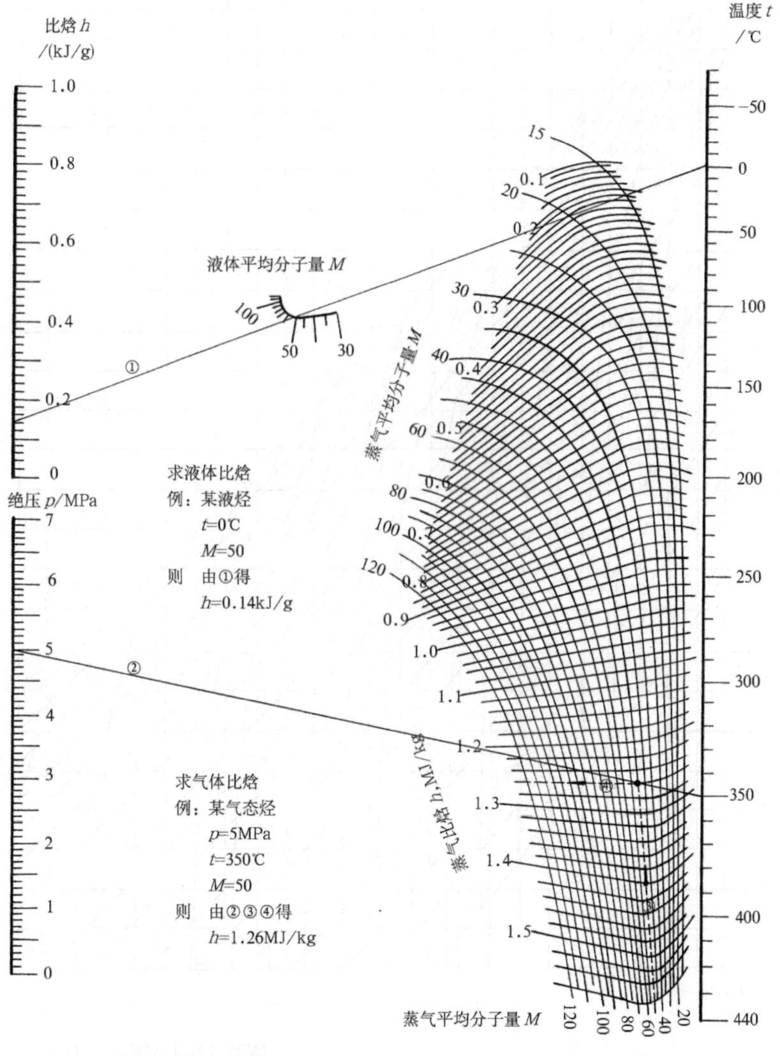

3.84 一些烷烃的汽化热（Ⅰ）

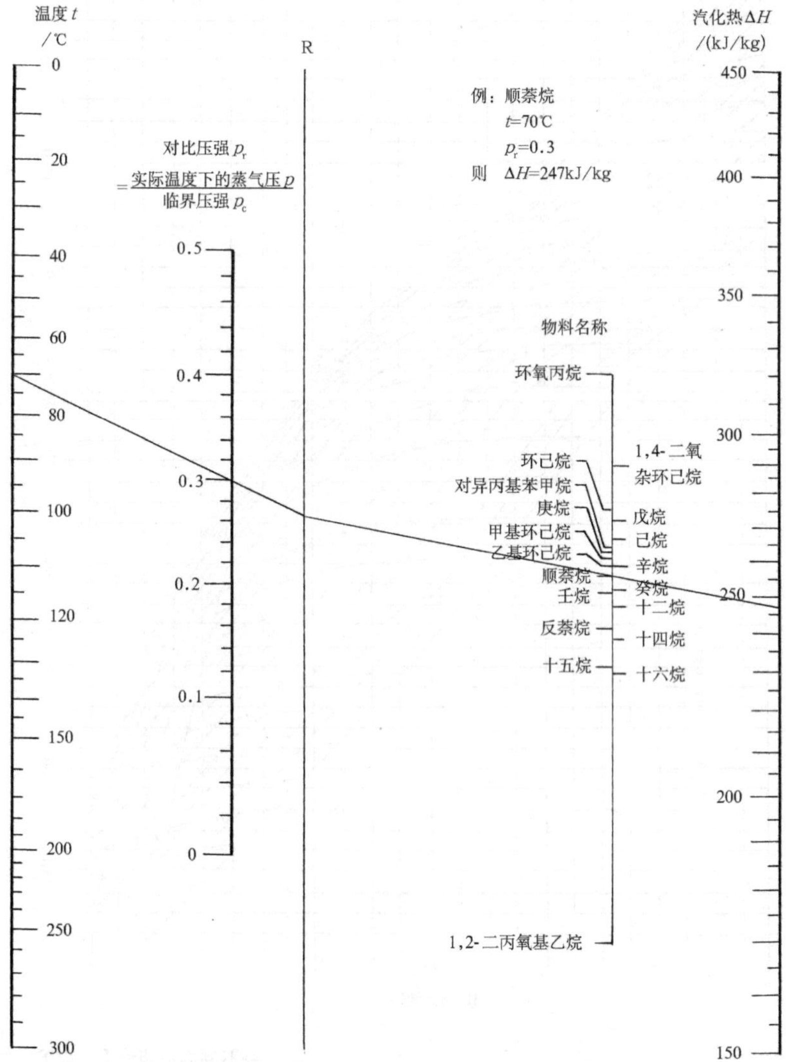

3.85　一些烷烃的汽化热（Ⅱ）

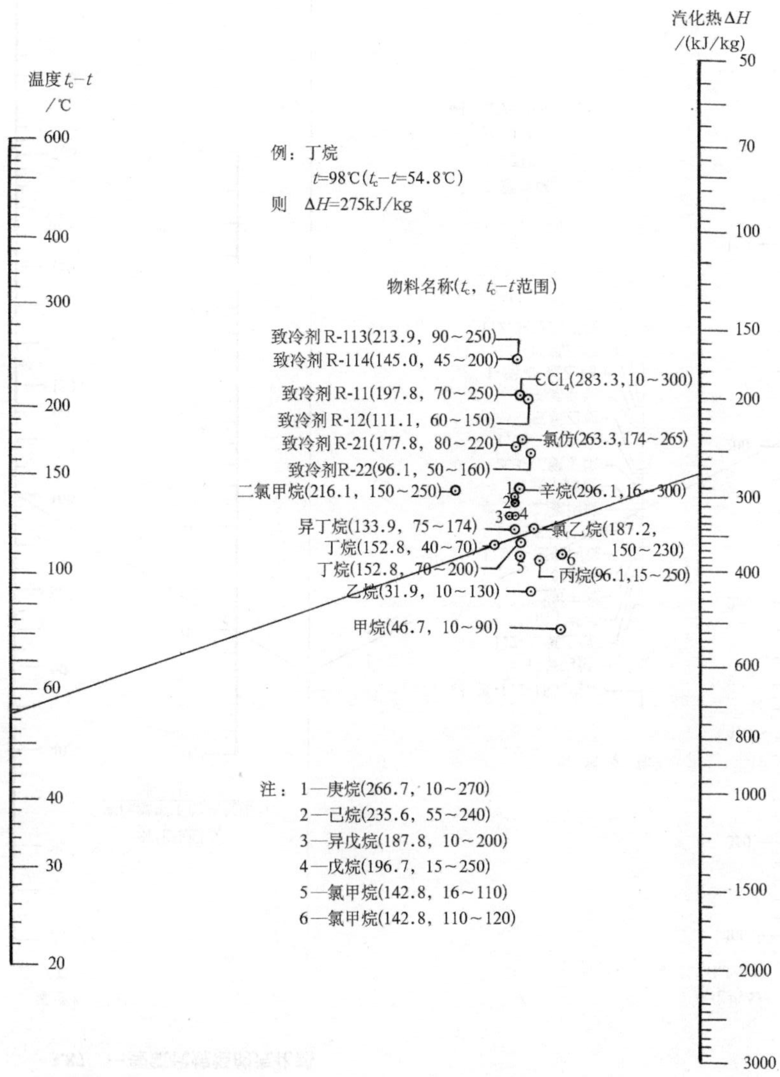

3.86　烷烃常压沸点时的汽化热

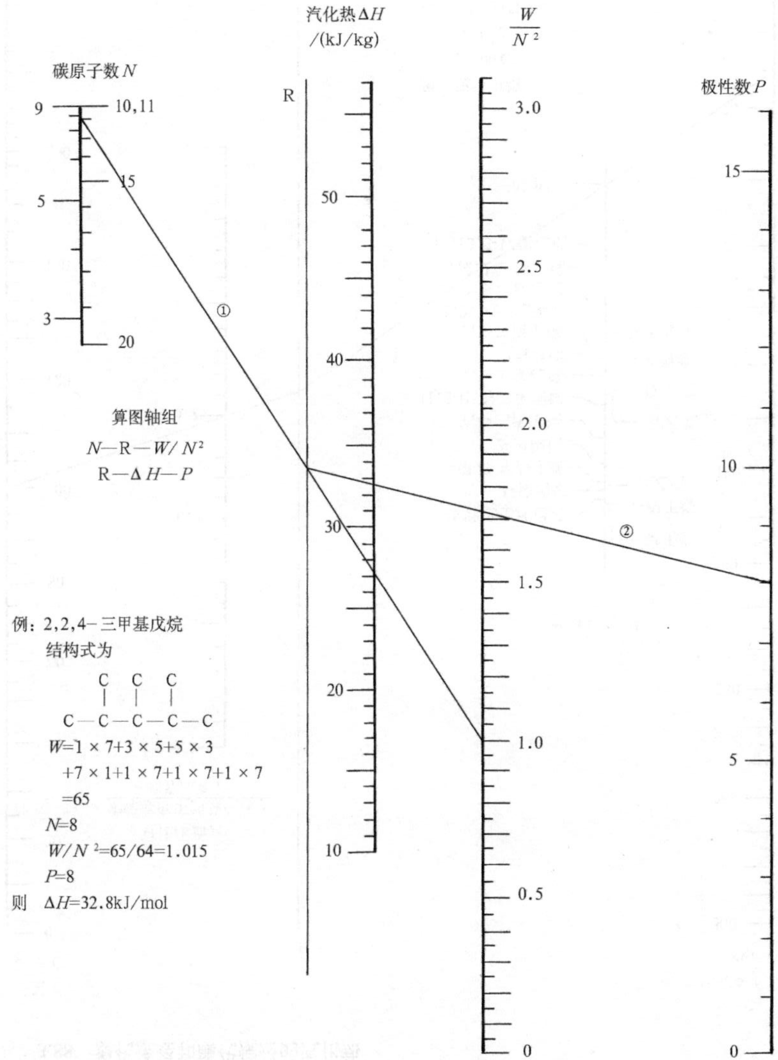

3.87 一些氯代烷烃的汽化热

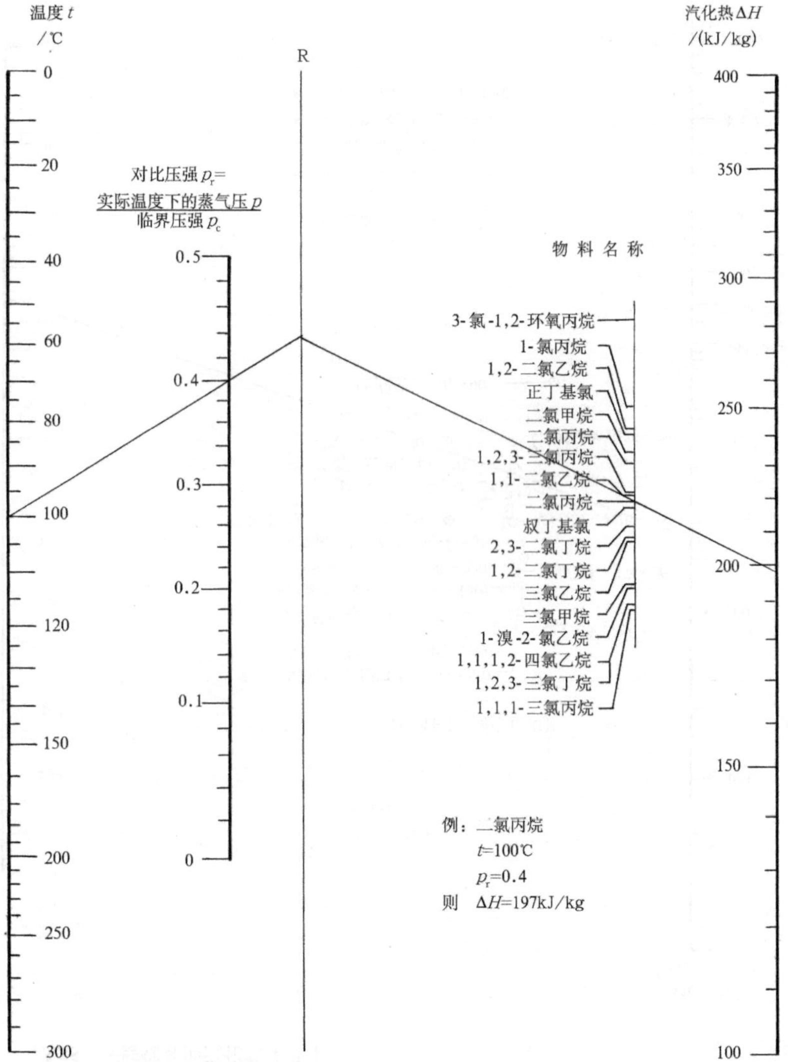

3.88 溴代烷烃和碘代烷烃的汽化热

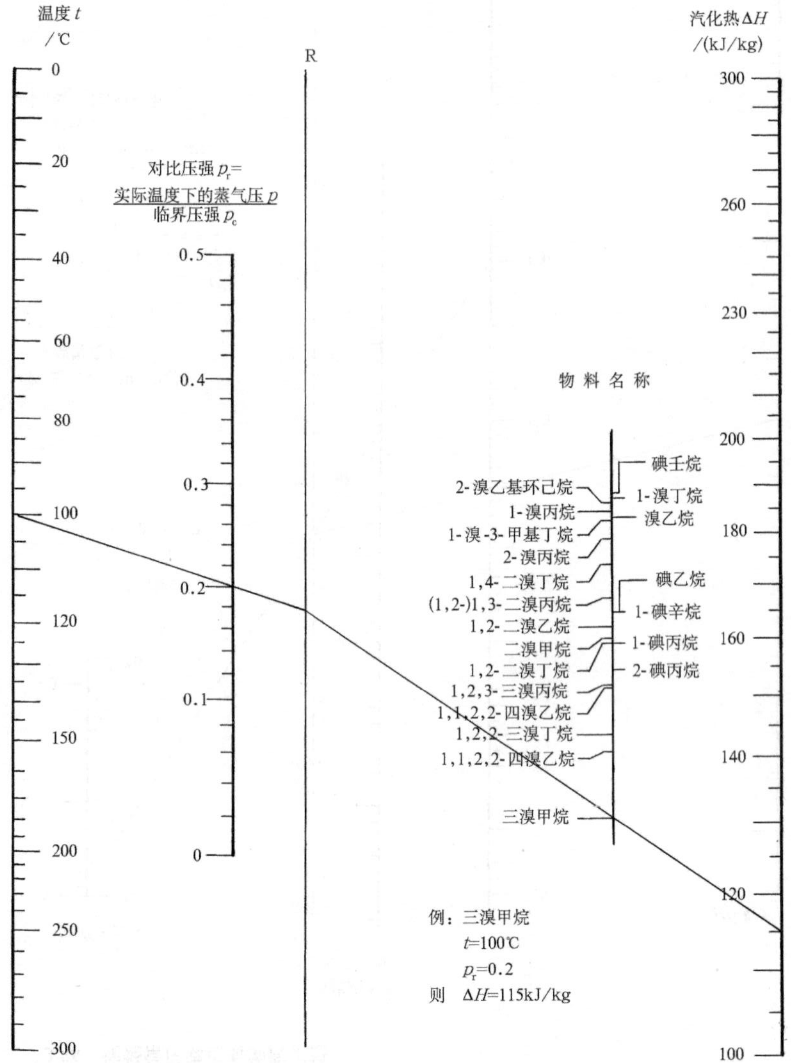

3.89 氯硅烷和苯硅烷的汽化热

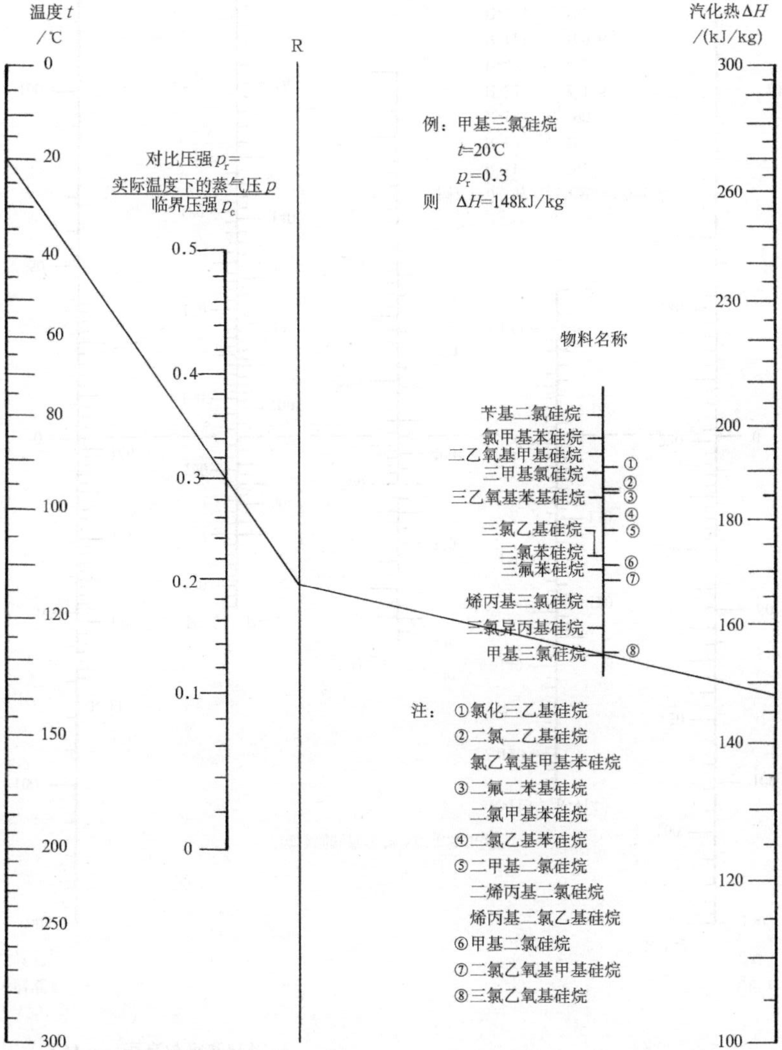

例：甲基三氯硅烷

t=20℃

p_r=0.3

则　ΔH=148kJ/kg

注：①氯化三乙基硅烷
②二氯二乙基硅烷
氯乙氧基甲基苯硅烷
③二氟二苯基硅烷
二氯甲基苯硅烷
④二氯乙基苯硅烷
⑤二甲基二氯硅烷
二烯丙基二氯硅烷
烯丙基二氯乙基硅烷
⑥甲基二氯硅烷
⑦二氯乙氧基甲基硅烷
⑧三氯乙氧基硅烷

3.90 一些硼烷和硅烷的汽化热

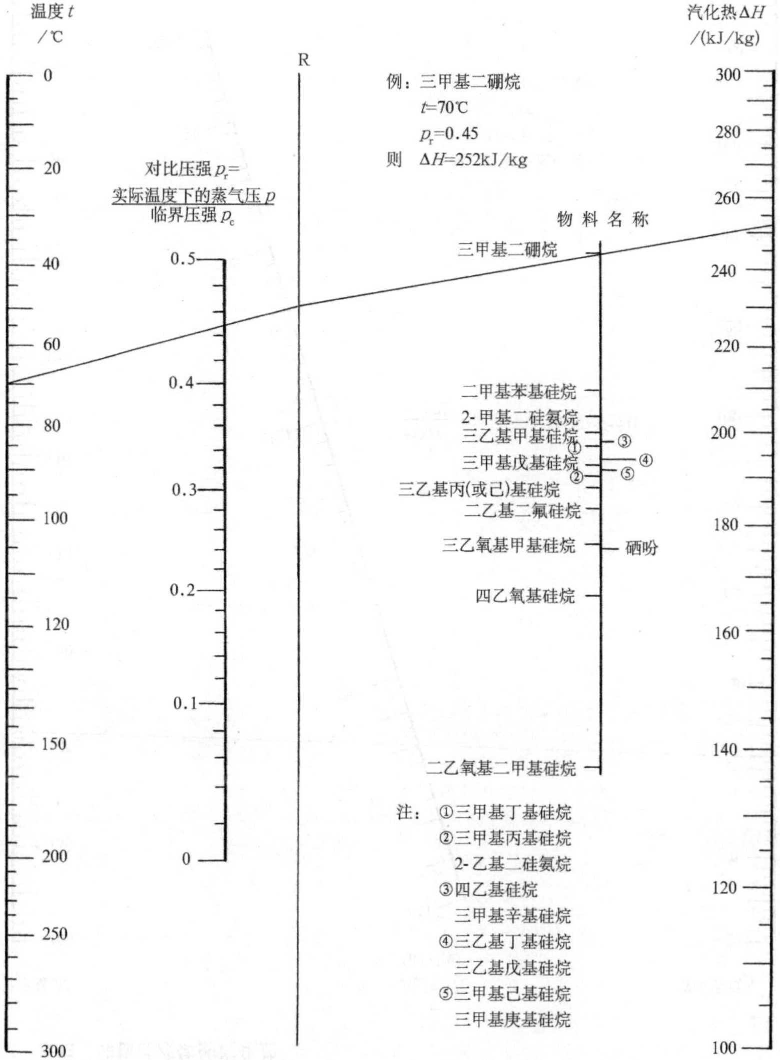

例：三甲基二硼烷

t=70℃

p_r=0.45

则　ΔH=252kJ/kg

注：①三甲基丁基硅烷
②三甲基丙基硅烷
2-乙基二硅氮烷
③四乙基硅烷
三甲基辛基硅烷
④三乙基丁基硅烷
三乙基戊基硅烷
⑤三甲基己基硅烷
三甲基庚基硅烷

3.91 一些致冷剂的汽化热

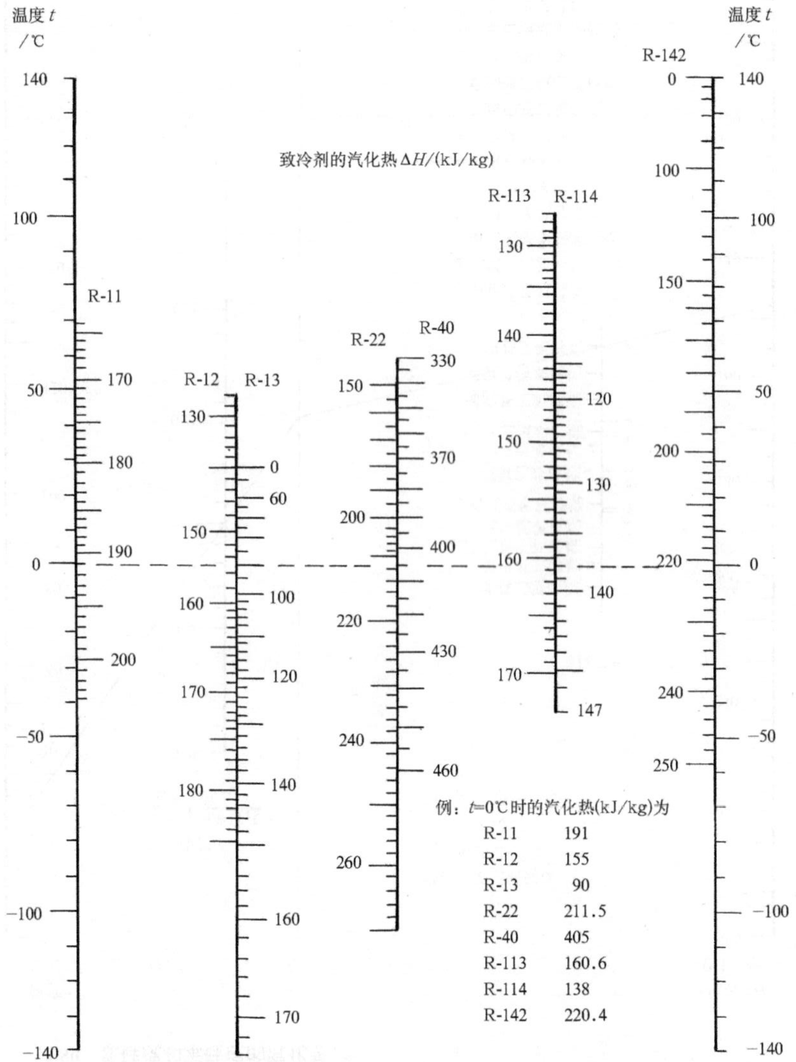

例：t=0℃时的汽化热(kJ/kg)为

R-11	191
R-12	155
R-13	90
R-22	211.5
R-40	405
R-113	160.6
R-114	138
R-142	220.4

3.92 非极性液体的汽化热

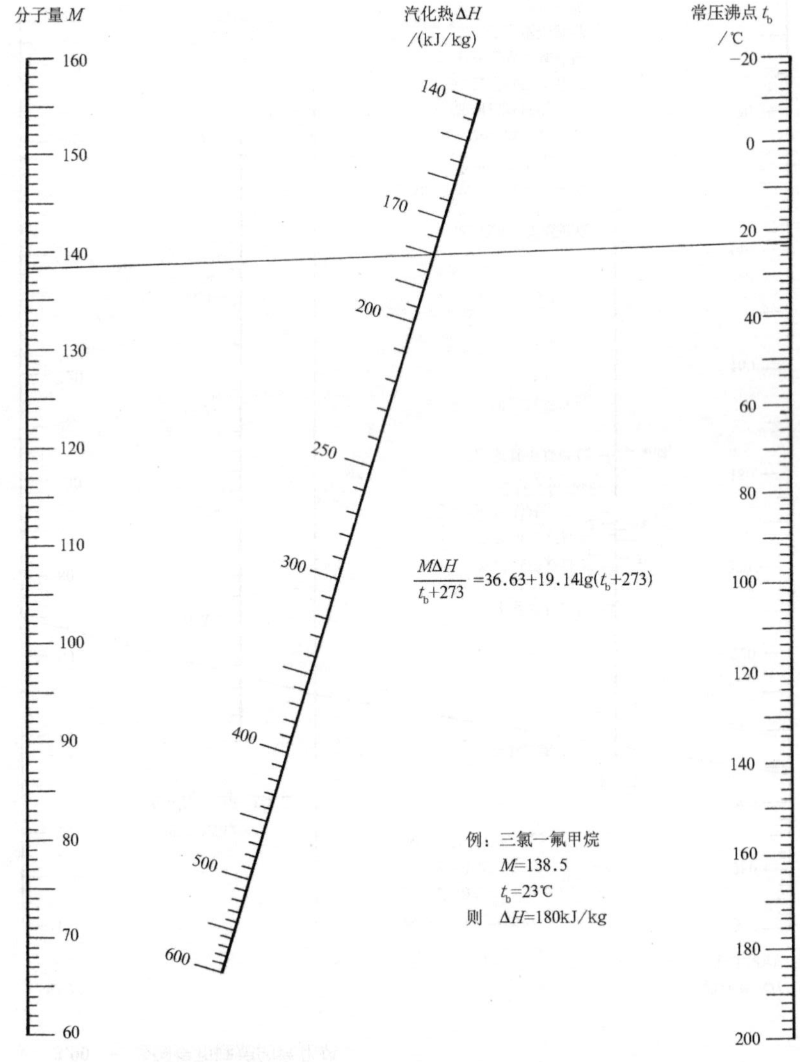

$$\frac{M\Delta H}{t_b+273}=36.63+19.14\lg(t_b+273)$$

例：三氯一氟甲烷

M=138.5

t_b=23℃

则 ΔH=180kJ/kg

3.93　烃类任意温度下的汽化热

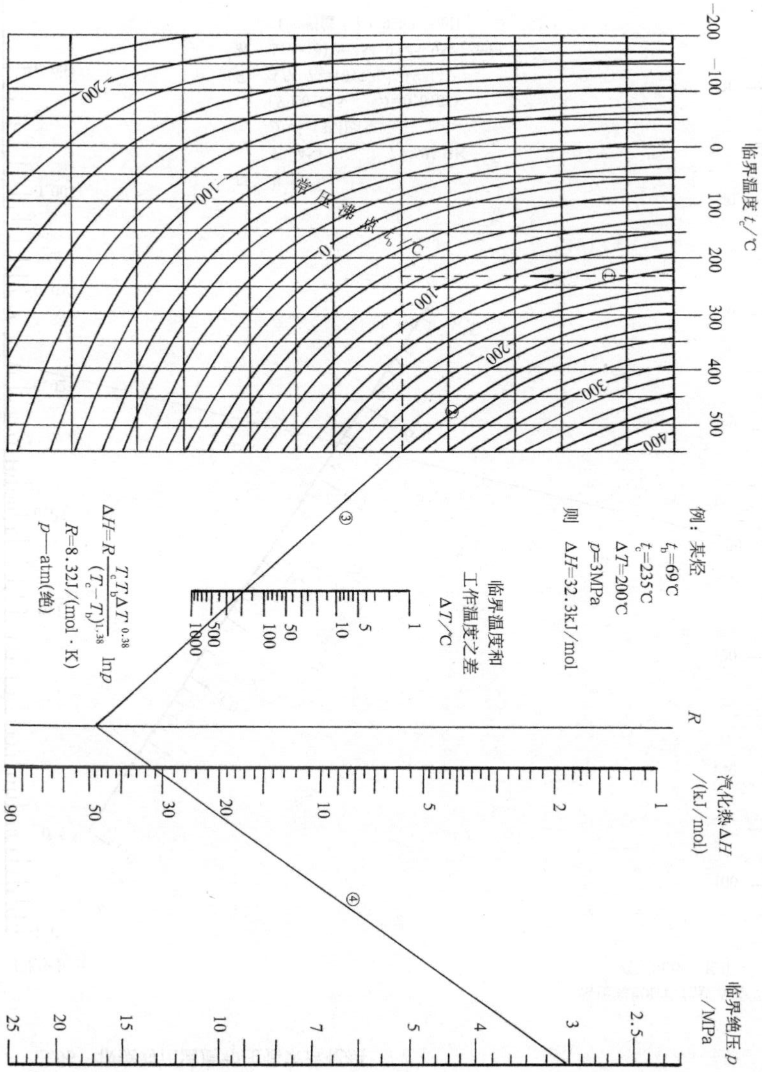

例：某烃

t_b=69℃

t_c=235℃

ΔT=200℃

p=3MPa

则　ΔH=32.3kJ/mol

$$\Delta H=R\frac{T_cT_b\Delta T^{0.38}}{(T_c-T_b)^{1.38}}\ln p$$

R=8.32J/(mol · K)

p—atm(绝)

3.94　根据烃类的分子量求汽化热

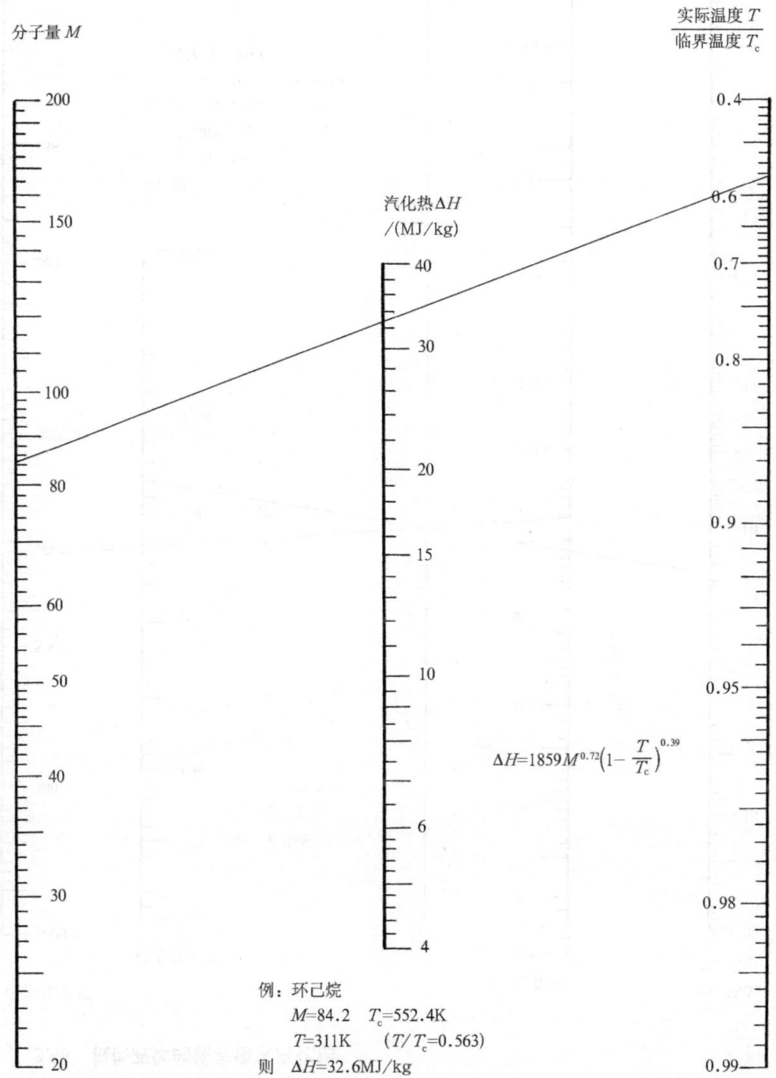

$$\Delta H=1859M^{0.72}\left(1-\frac{T}{T_c}\right)^{0.39}$$

例：环己烷

M=84.2　T_c=552.4K

T=311K　(T/T_c=0.563)

则　ΔH=32.6MJ/kg

3.95 根据对比温度和压强求汽化热

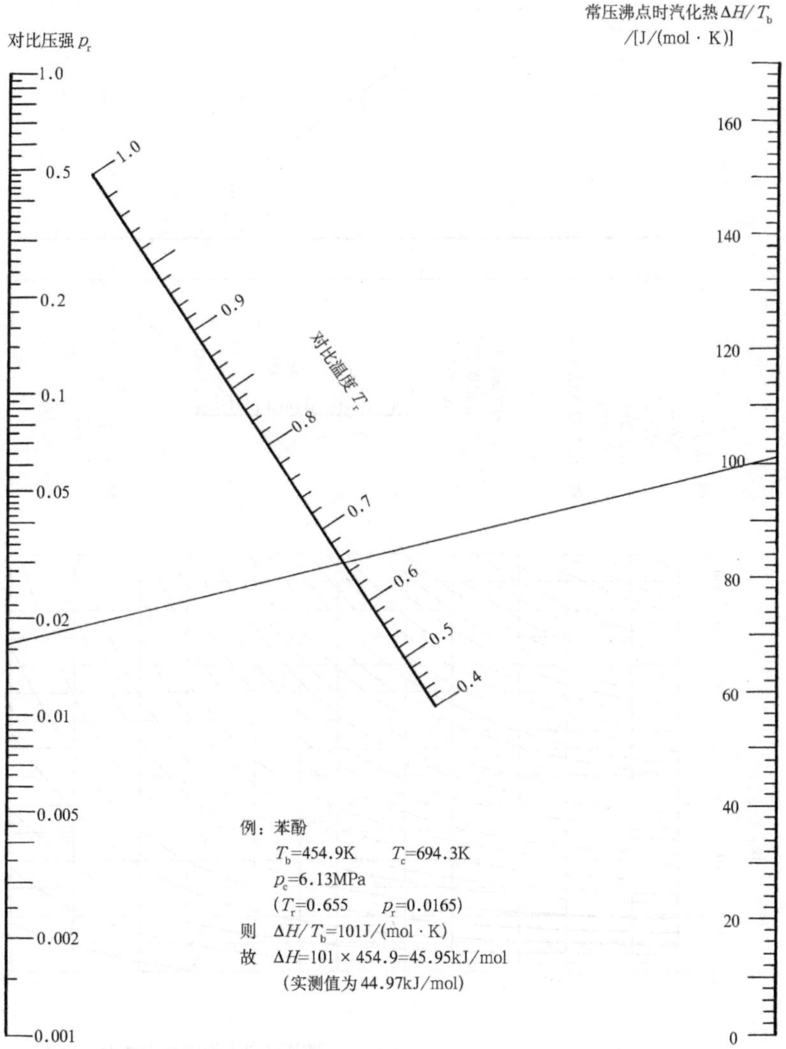

例：苯酚

T_b=454.9K　　T_c=694.3K

p_c=6.13MPa

(T_r=0.655　　p_r=0.0165)

则　$\Delta H/T_b$=101J/(mol · K)

故　ΔH=101 × 454.9=45.95kJ/mol

（实测值为44.97kJ/mol）

3.96 根据液体的临界值求汽化热

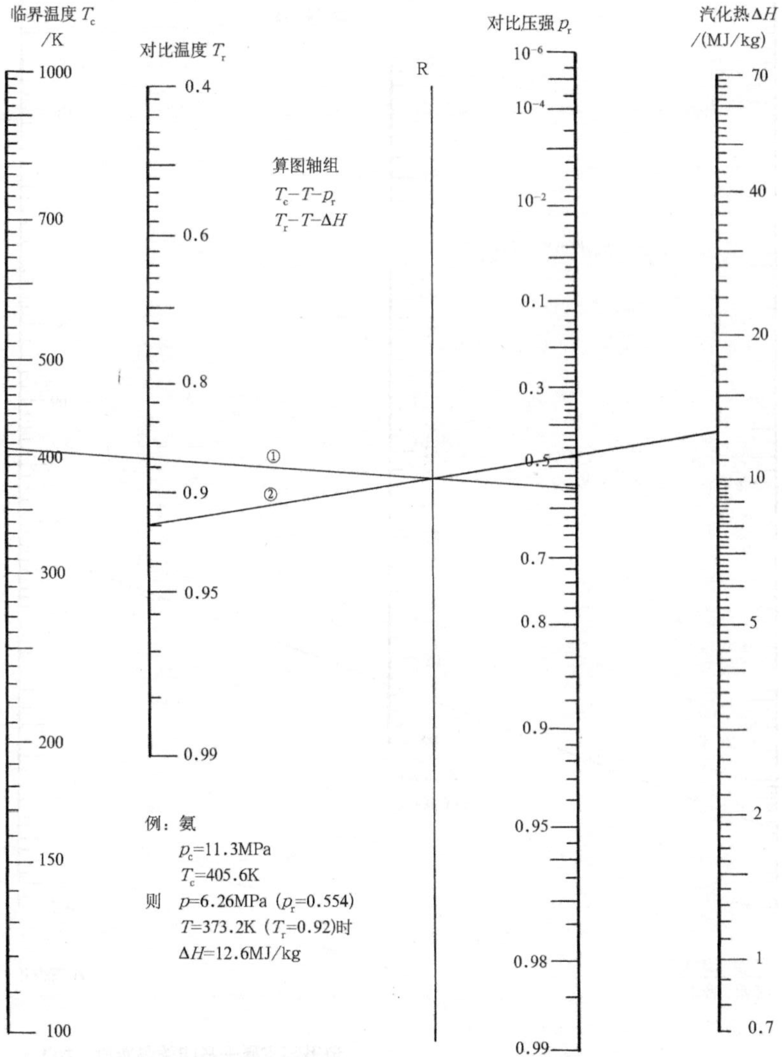

例：氨

p_c=11.3MPa

T_c=405.6K

则　p=6.26MPa (p_r=0.554)

T=373.2K (T_r=0.92)时

ΔH=12.6MJ/kg

3.97 根据临界蒸气压和沸点求汽化热

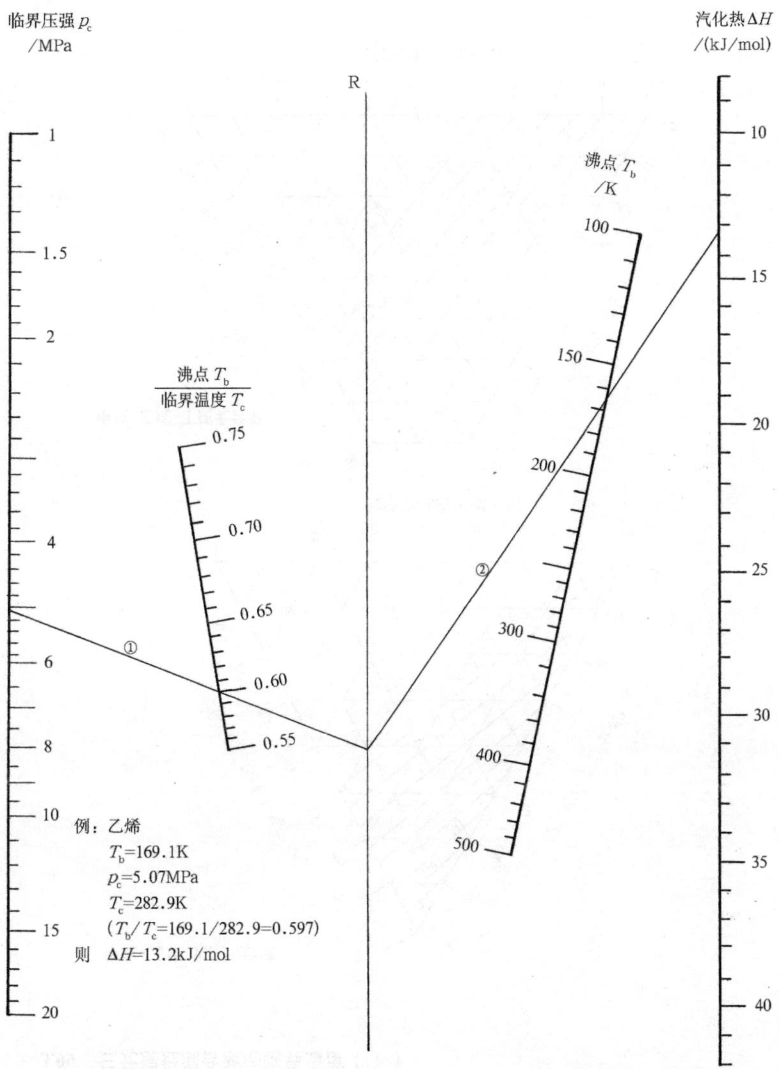

3.98 根据气液密度差求汽化热

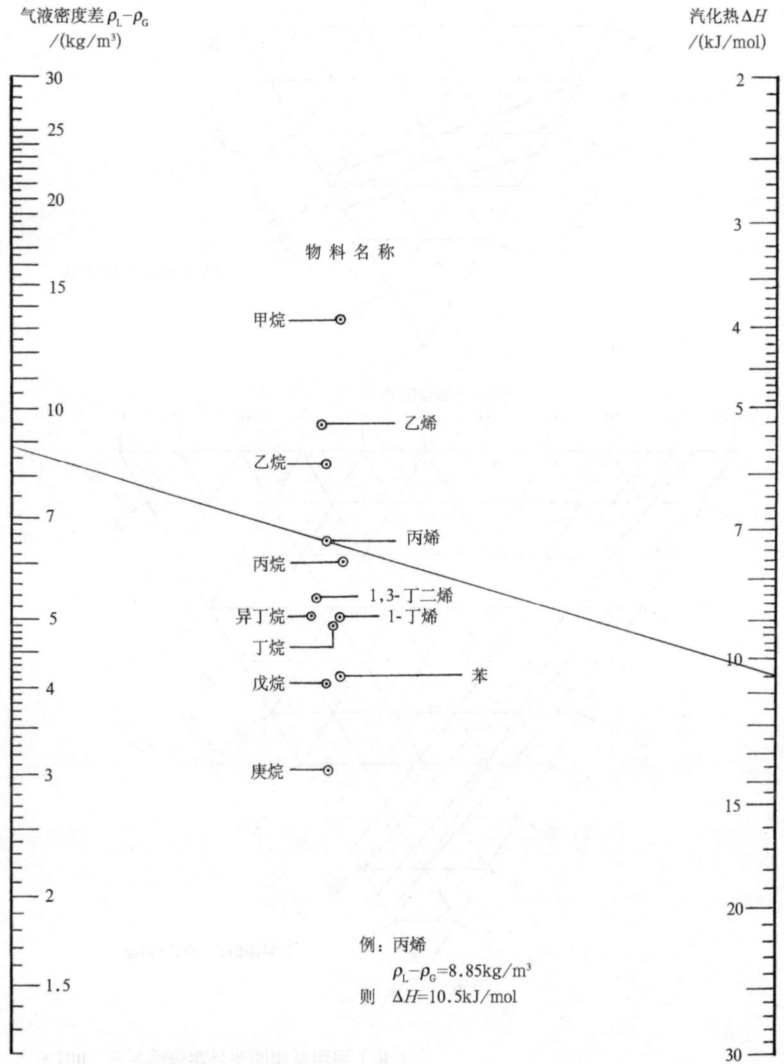

3.99 三元烷烃混合液的临界温度（Ⅰ）

甲烷-乙烷-丙烷混合液

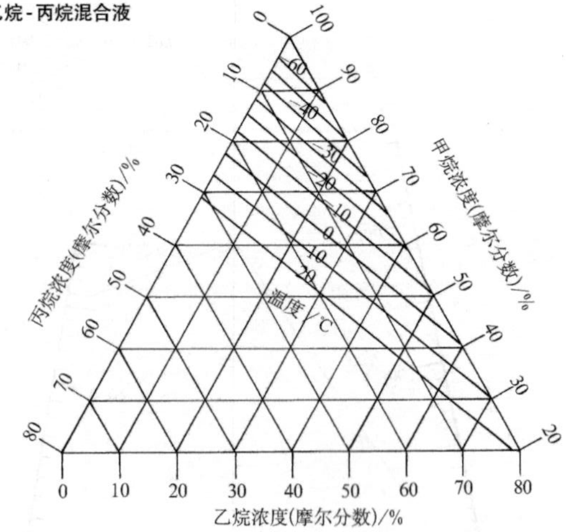

甲烷-乙烷-丁烷混合液

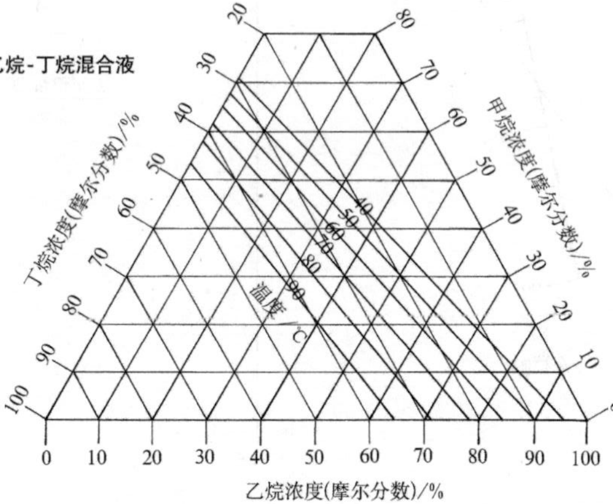

3.100 三元烷烃混合液的临界温度（Ⅱ）

甲烷-乙烷-戊烷混合液

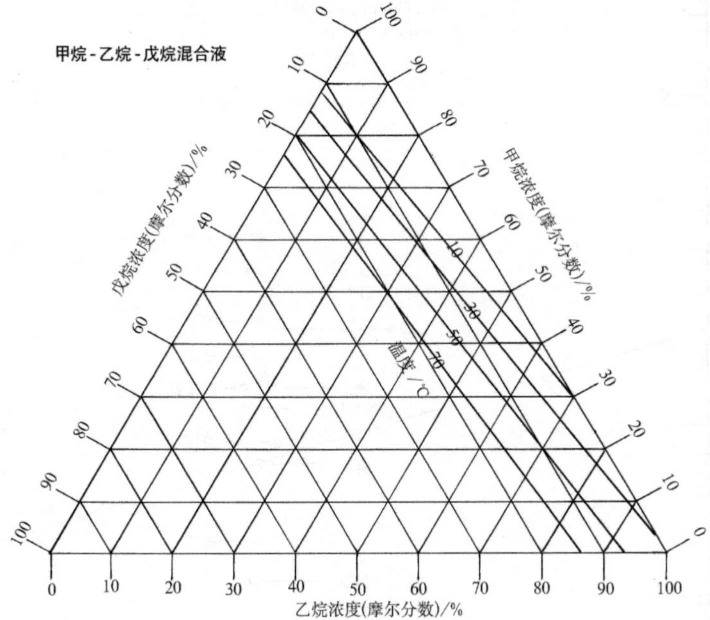

甲烷-丙烷-丁烷混合液

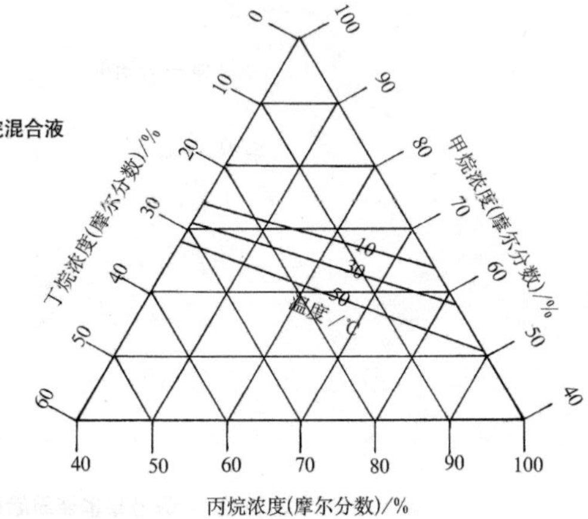

3.101 三元烷烃混合液的临界温度（Ⅲ）

甲烷-丁烷-癸烷混合液

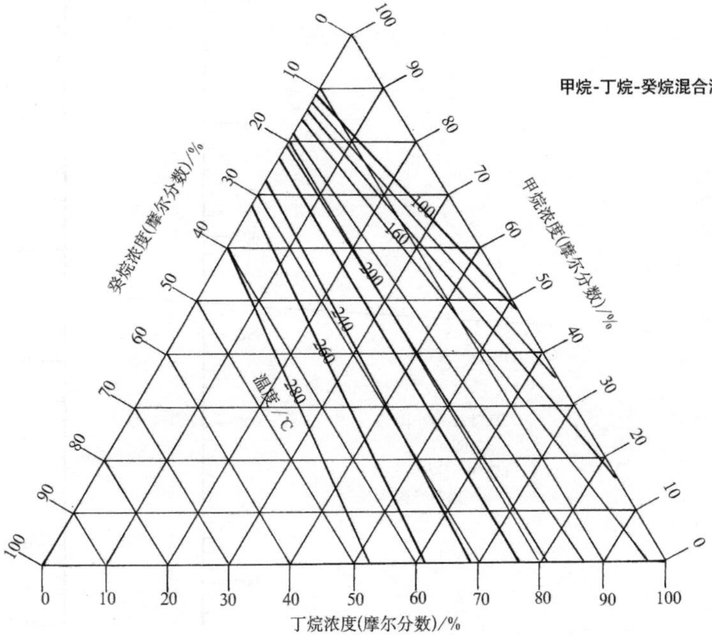

甲烷-丙烷-戊烷混合液

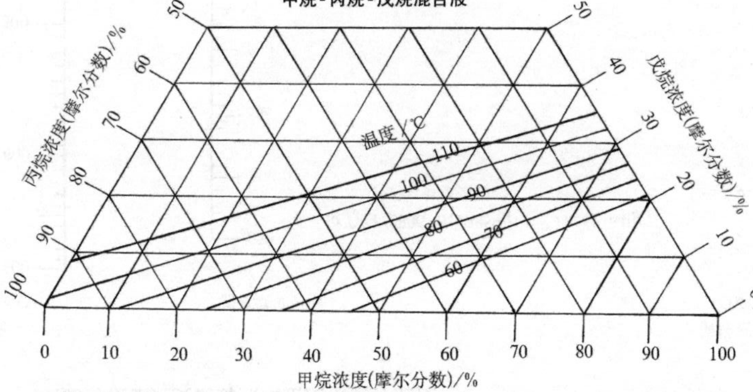

3.102 甲、戊、庚烷混合液体的临界温度

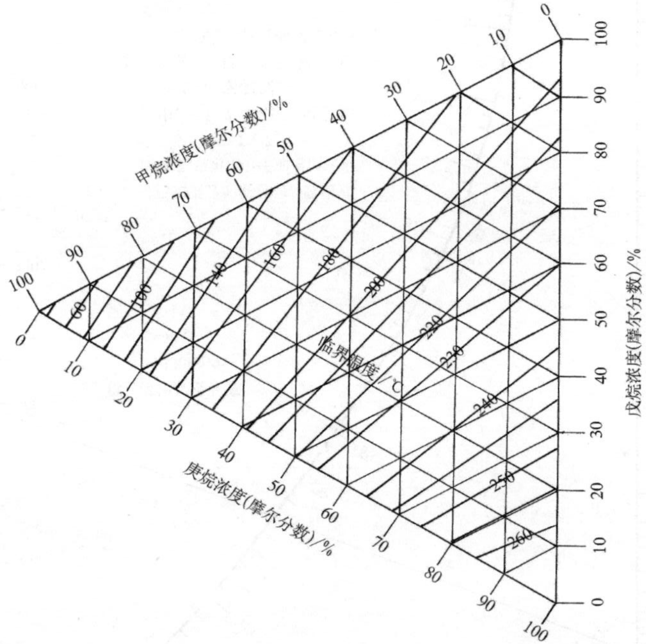

3.103 根据烃类的沸点和密度求临界温度

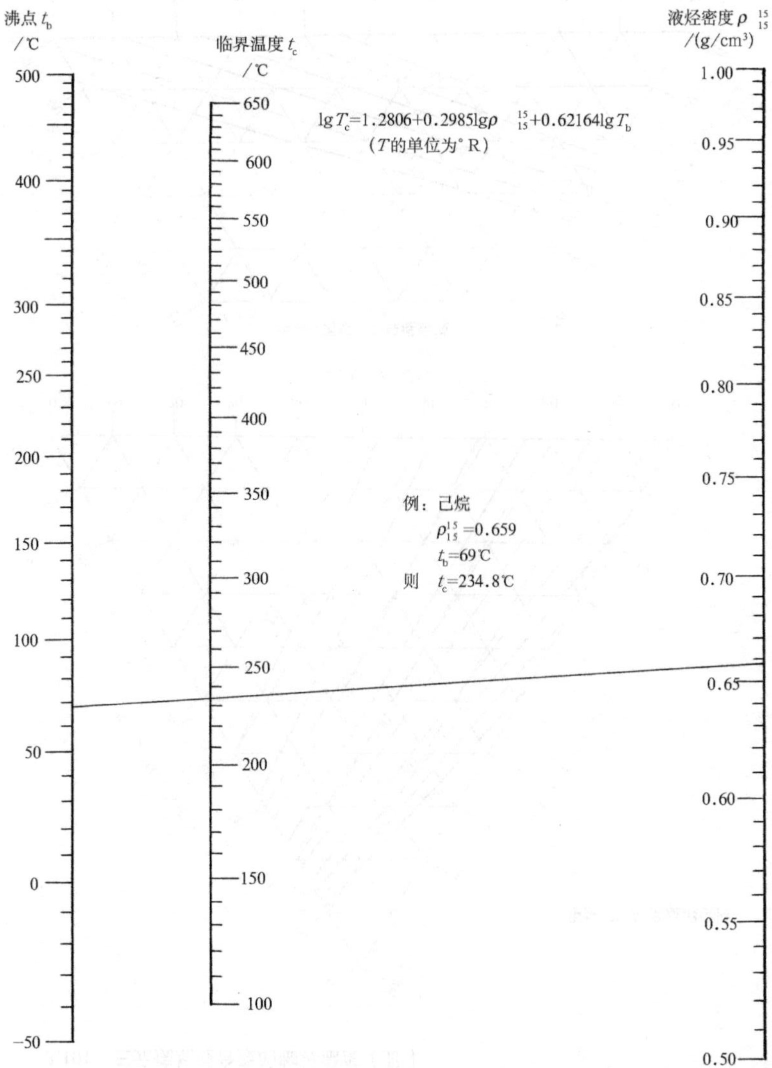

$$\lg T_c=1.2806+0.2985\lg\rho_{15}^{15}+0.62164\lg T_b$$

（T的单位为°R）

例：己烷

$\rho_{15}^{15}=0.659$

t_b=69℃

则 t_c=234.8℃

3.104 根据烃类的平均沸点和密度求其混合液体的临界温度（ρ<600kg/m³）

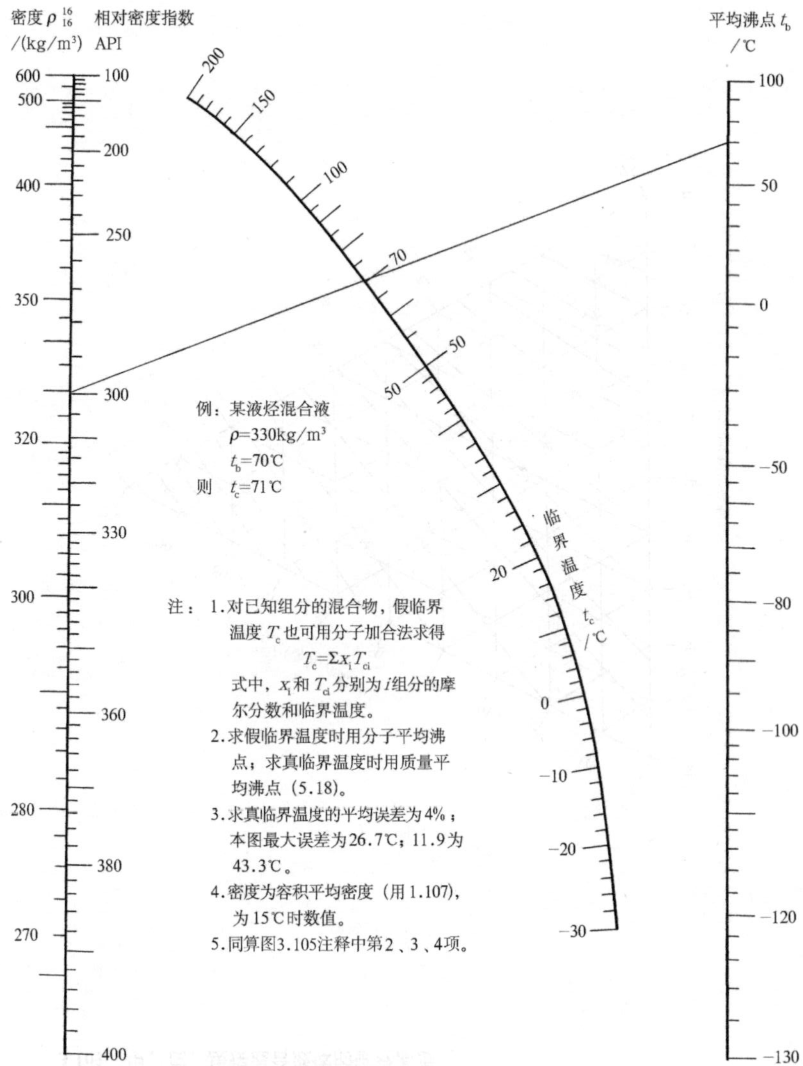

例：某液烃混合液

ρ=330kg/m³

t_b=70℃

则 t_c=71℃

注：

1. 对已知组分的混合物，假临界温度 T_c 也可用分子加合法求得
$$T_c=\Sigma x_i T_{ci}$$
式中，x_i和 T_{ci} 分别为 i 组分的摩尔分数和临界温度。
2. 求假临界温度时用分子平均沸点；求真临界温度时用质量平均沸点（5.18）。
3. 求真临界温度的平均误差为4%；本图最大误差为26.7℃；11.9为43.3℃。
4. 密度为容积平均密度（用1.107），为15℃时数值。
5. 同算图3.105注释中第2、3、4项。

3.105　根据烃类的平均沸点和密度求其混合液体的临界温度（ρ>600kg/m³）

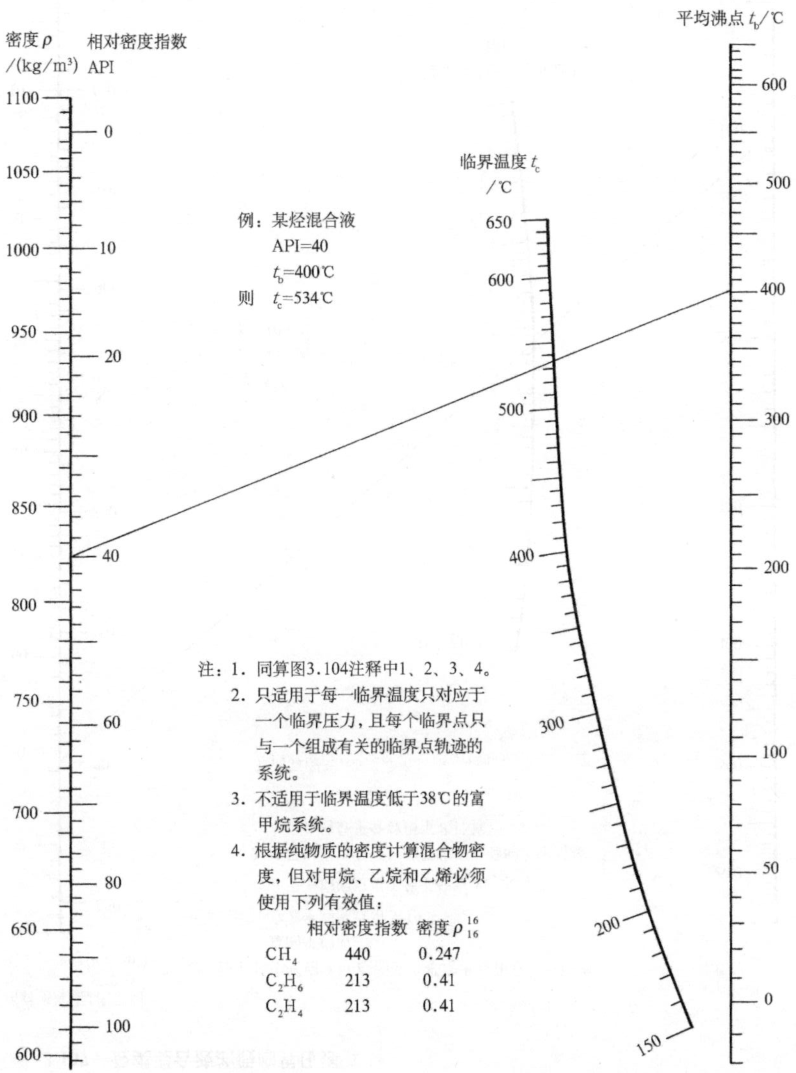

例：某烃混合液
API=40
t_b=400℃
则　t_c=534℃

注：1. 同算图3.104注释中1、2、3、4。
2. 只适用于每一临界温度只对应于一个临界压力，且每个临界点只与一个组成有关的临界点轨迹的系统。
3. 不适用于临界温度低于38℃的富甲烷系统。
4. 根据纯物质的密度计算混合物密度，但对甲烷、乙烷和乙烯必须使用下列有效值：

	相对密度指数	密度 ρ_{16}^{16}
CH_4	440	0.247
C_2H_6	213	0.41
C_2H_4	213	0.41

3.106　乙、戊、庚烷混合液体的临界压强

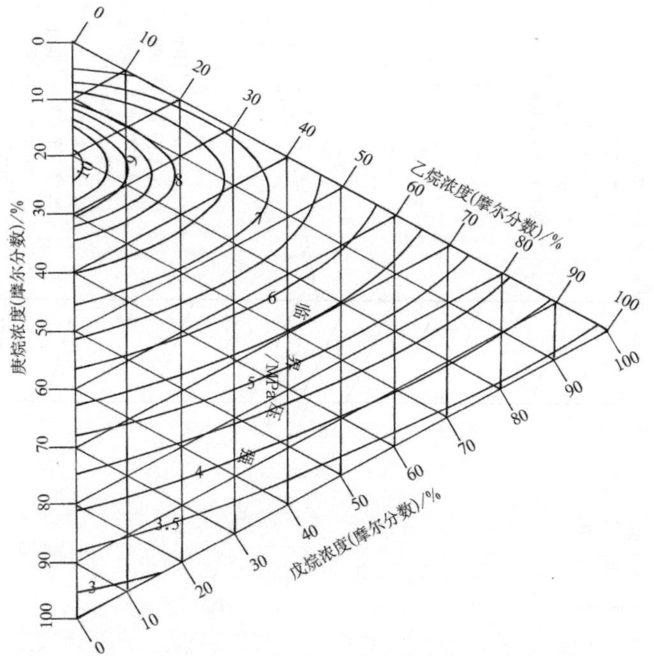

3.107 烃类混合液的假临界压强

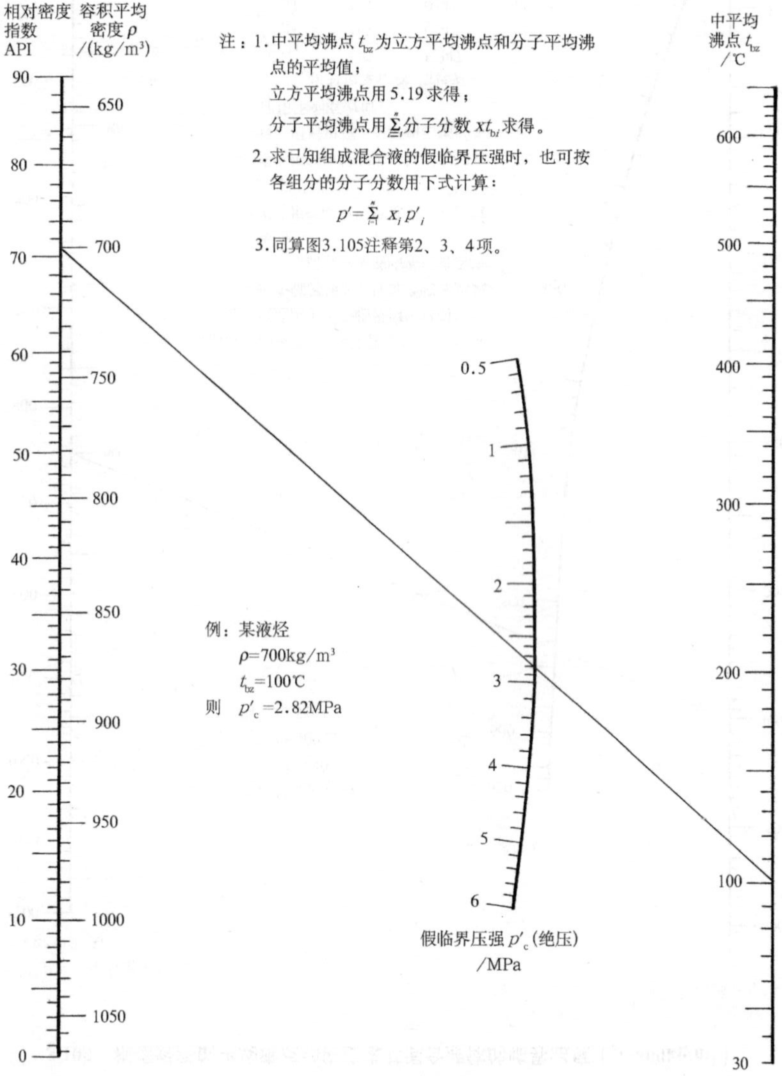

注：1. 中平均沸点 t_{bz} 为立方平均沸点和分子平均沸点的平均值；

立方平均沸点用5.19求得；

分子平均沸点用 $\sum_{i=1}^{n}$ 分子分数 xt_{bi} 求得。

2. 求已知组成混合液的假临界压强时，也可按各组分的分子分数用下式计算：

$$p' = \sum_{i=1}^{n} x_i p'_i$$

3. 同算图3.105注释第2、3、4项。

例：某液烃

ρ=700kg/m³

t_{bz}=100℃

则 p'_c=2.82MPa

3.108 烃类混合液的真临界压强

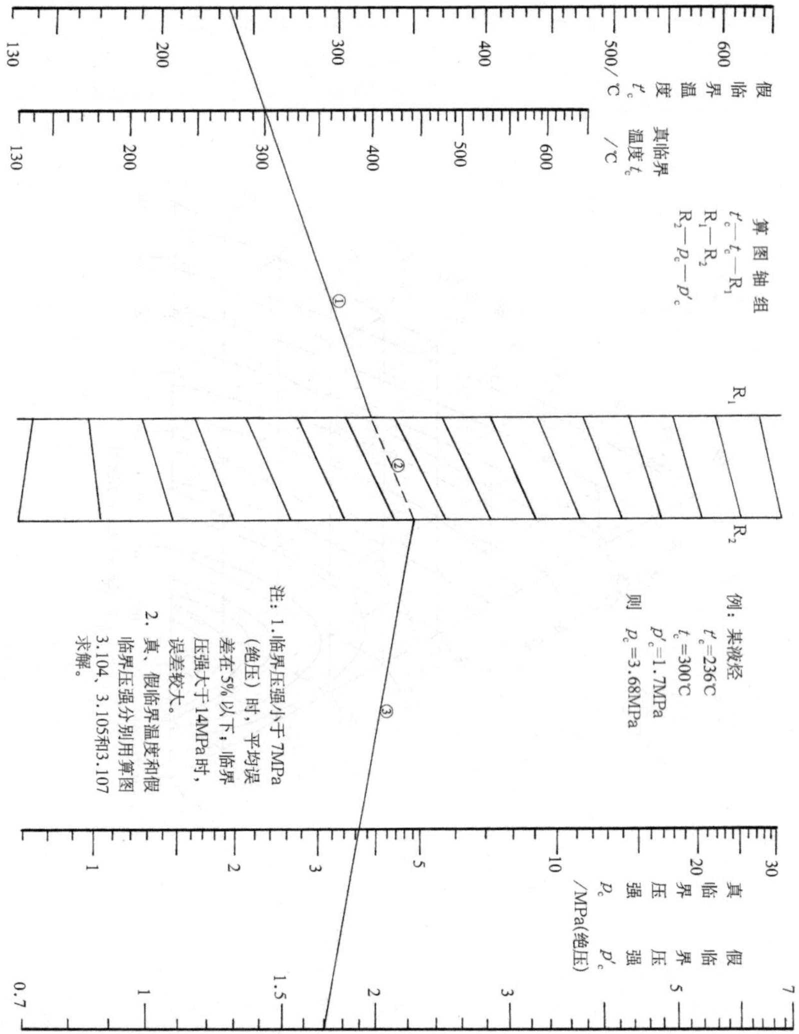

算图轴组

t'_c—t_c—R_1

R_1—R_2

R_2—p_c—p'_c

例：某液烃

t'_c=236℃

t_c=300℃

p'_c=1.7MPa

则 p_c=3.68MPa

注：1. 临界压强小于7MPa（绝压）时，平均误差在5%以下；临界压强大于14MPa时，误差较大。

2. 真、假临界温度和假临界压强分别用算图3.104、3.105和3.107求解。

3.109 根据烃类的分子量求临界压强

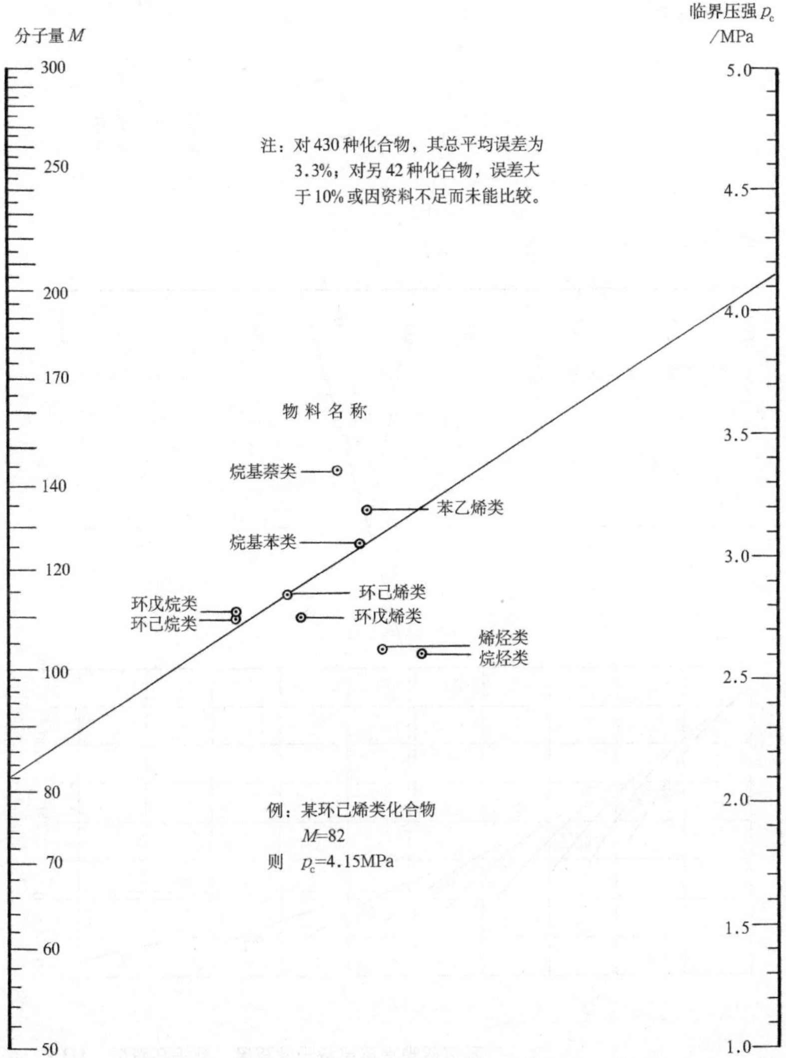

注：对430种化合物，其总平均误差为3.3%；对另42种化合物，误差大于10%或因资料不足而未能比较。

例：某环己烯类化合物

M=82

则 p_c=4.15MPa

3.110 根据分子量及结构求临界压强

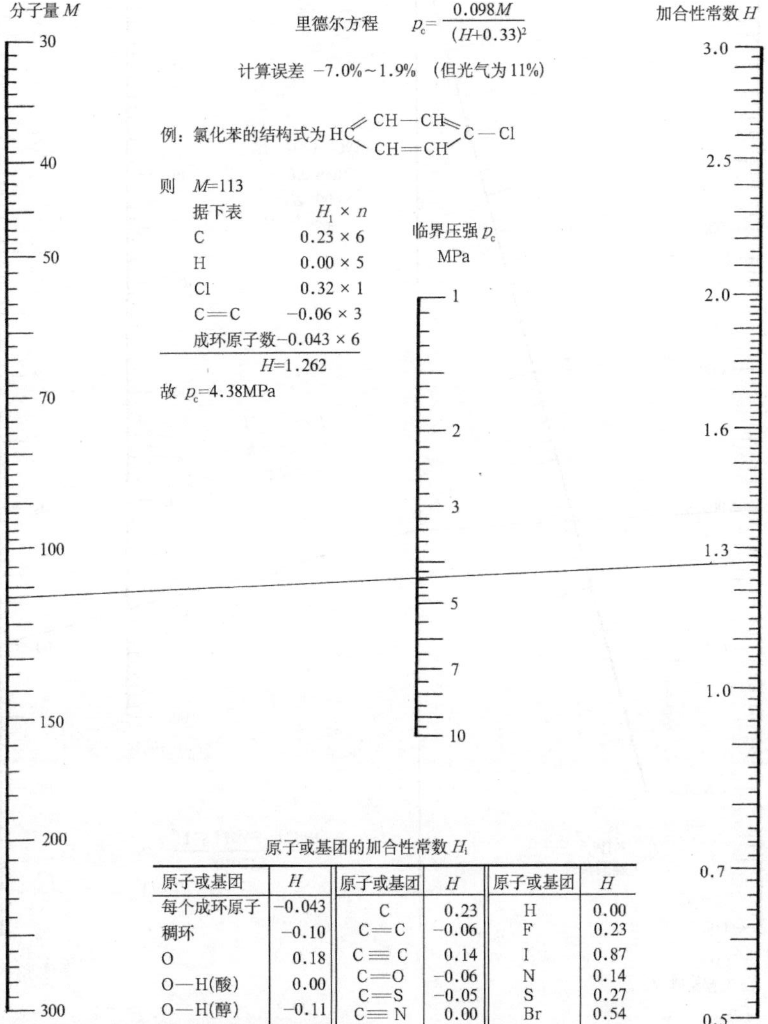

里德尔方程 $p_c=\dfrac{0.098M}{(H+0.33)^2}$

计算误差 −7.0%~1.9% （但光气为11%）

例：氯化苯的结构式为 HC(CH—CH)(CH═CH)C—Cl

则 M=113

据下表	$H_i \times n$
C	0.23 × 6
H	0.00 × 5
Cl	0.32 × 1
C═C	−0.06 × 3
成环原子数	−0.043 × 6
	H=1.262

故 p_c=4.38MPa

原子或基团的加合性常数 H_i

原子或基团	H	原子或基团	H	原子或基团	H
每个成环原子	−0.043	C	0.23	H	0.00
稠环	−0.10	C═C	−0.06	F	0.23
O	0.18	C≡C	0.14	I	0.87
O—H(酸)	0.00	C═O	−0.06	N	0.14
O—H(醇)	−0.11	C═S	−0.05	S	0.27
O—H(芳香醇)	−0.21	C≡N	0.00	Br	0.54
		N—H	−0.02	Cl	0.32

3.111　根据分子量、密度和临界温度求临界压强

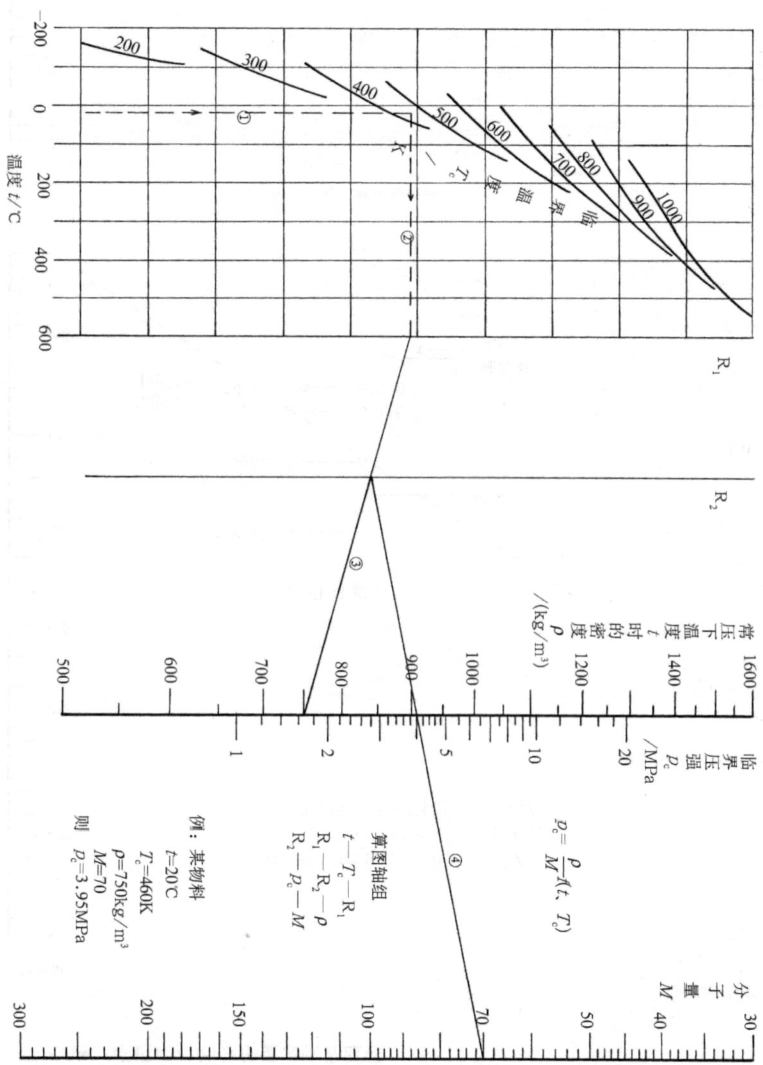

3.112　根据分子折射度和等张比容求临界压强

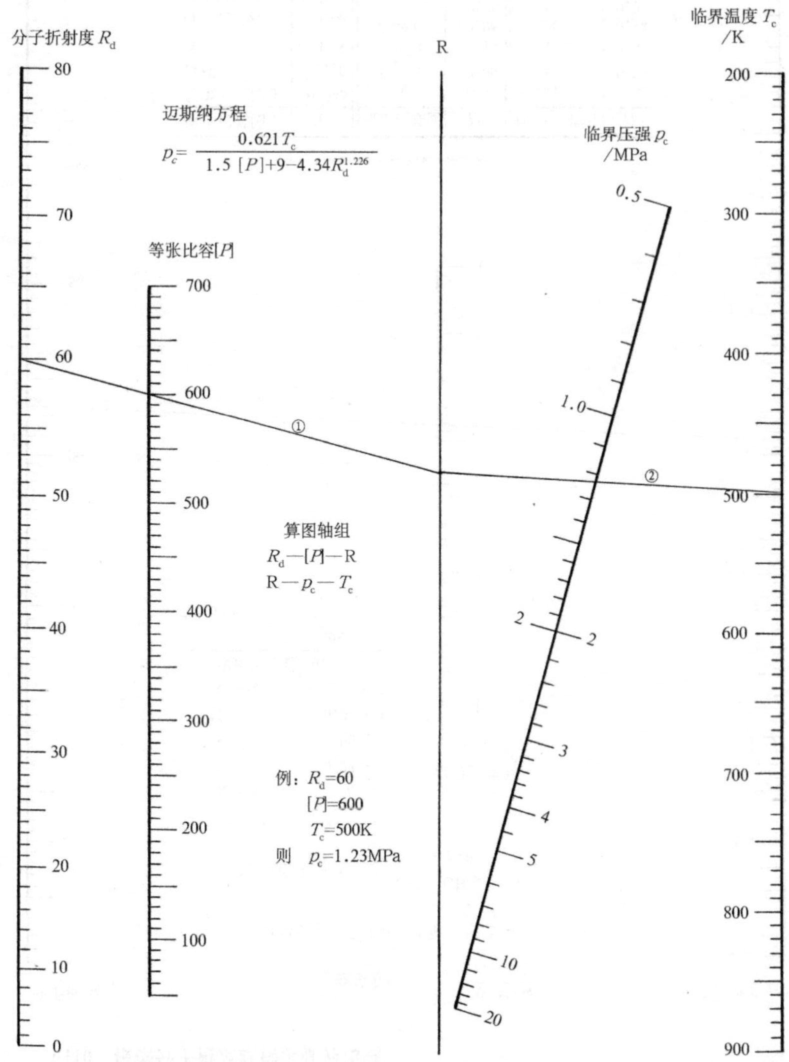

3.113　根据范德瓦尔常数 a、b 求脂肪烃的临界温度和临界压强

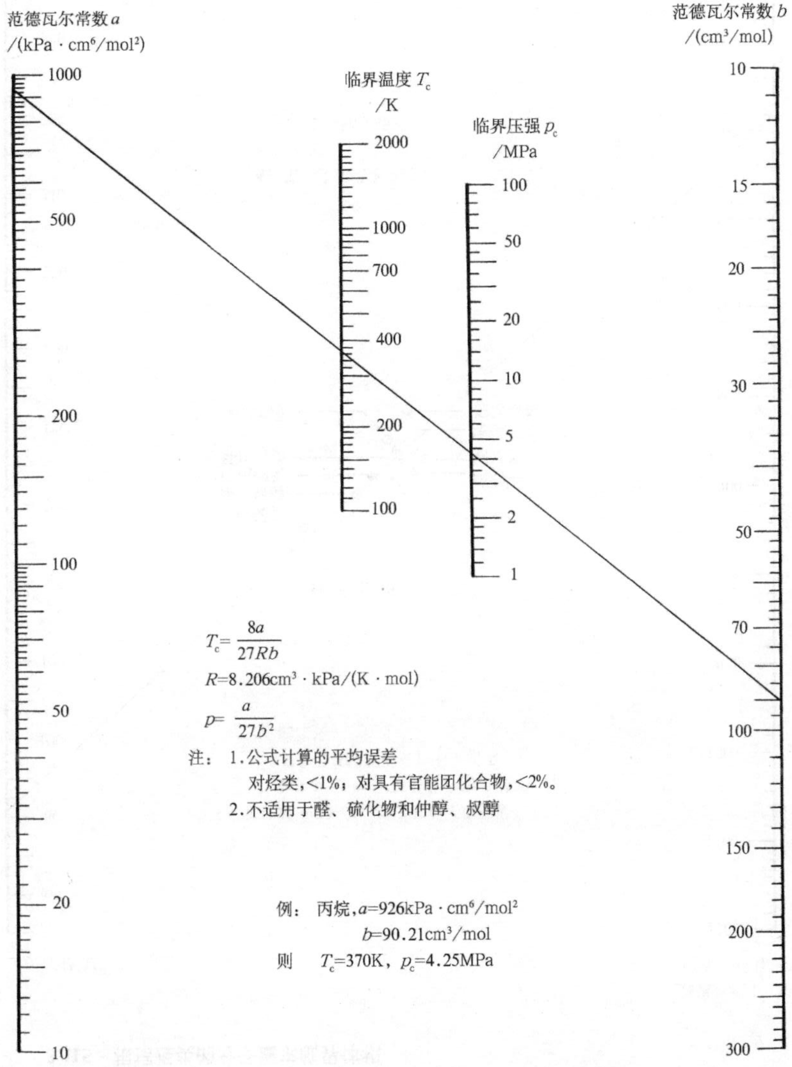

$$T_c=\frac{8a}{27Rb}$$

$R=8.206cm^3 \cdot kPa/(K \cdot mol)$

$$p=\frac{a}{27b^2}$$

注：1.公式计算的平均误差

对烃类，<1%；对具有官能团化合物，<2%。

2.不适用于醛、硫化物和仲醇、叔醇

例：丙烷，$a=926kPa \cdot cm^6/mol^2$

$b=90.21cm^3/mol$

则　$T_c=370K$，$p_c=4.25MPa$

3.114　根据烃类的标准沸点、临界温度求临界压强

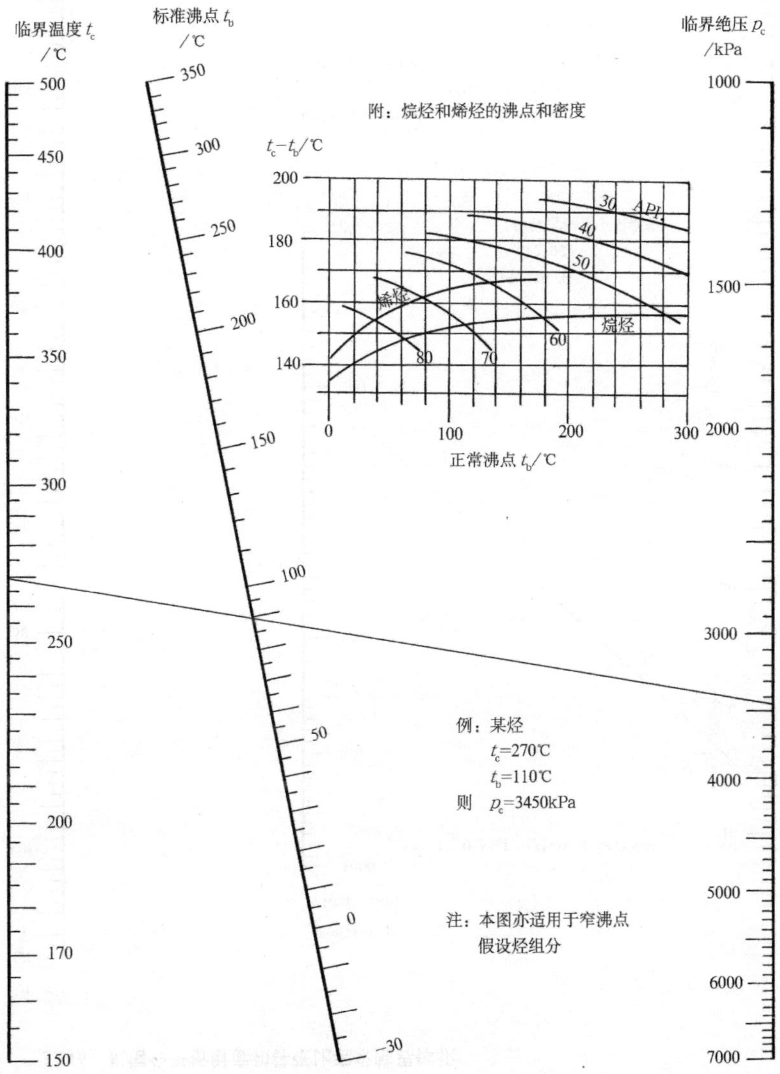

例：某烃

$t_c=270℃$

$t_b=110℃$

则　$p_c=3450kPa$

注：本图亦适用于窄沸点

假设烃组分

3.115 根据烃类的分子量求临界体积

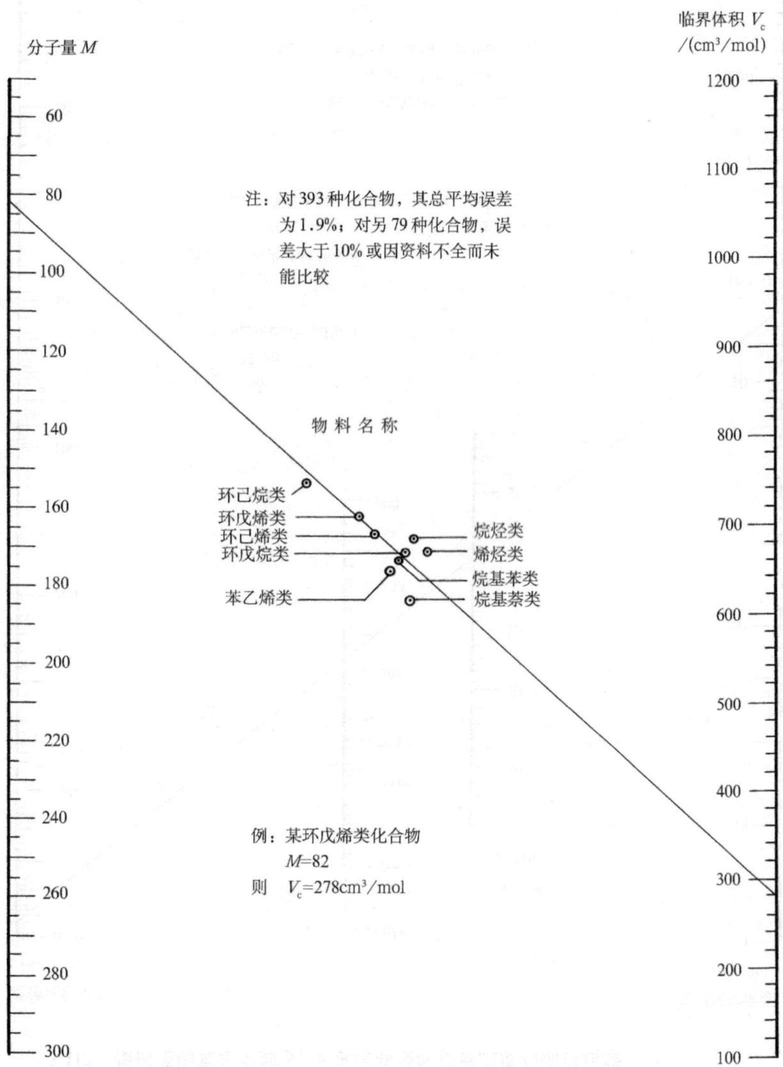

注：对 393 种化合物，其总平均误差为 1.9%；对另 79 种化合物，误差大于 10% 或因资料不全而未能比较

例：某环戊烯类化合物
M=82
则 V_c=278cm³/mol

3.116 根据分子折射度和等张比容求临界体积

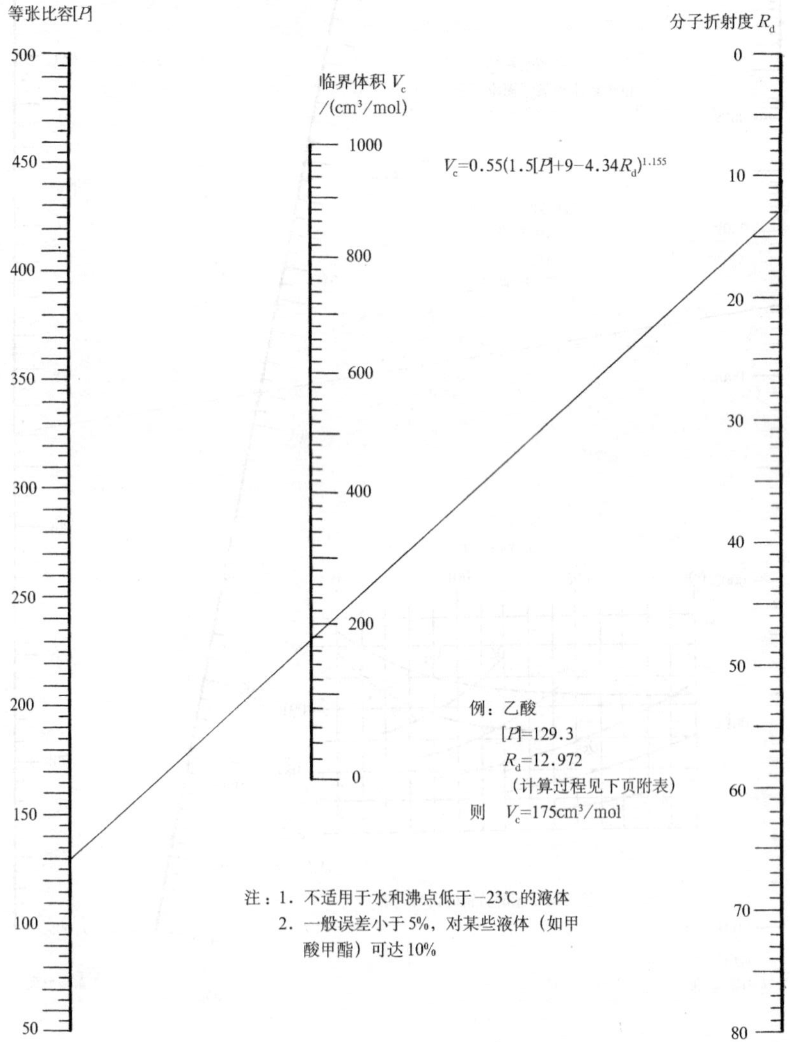

$V_c=0.55(1.5[P]+9-4.34R_d)^{1.155}$

例：乙酸
[P]=129.3
R_d=12.972
（计算过程见下页附表）
则 V_c=175cm³/mol

注：1. 不适用于水和沸点低于 −23℃ 的液体
2. 一般误差小于 5%，对某些液体（如甲酸甲酯）可达 10%

3.116 附表　计算分子折射度 R_d 和等张比容[P]用的原子及其结构特性值

原子及其结构	R_{di}	[P_i]	原子及其结构	R_{di}	[P_i]
Al		55	键的支化,每个支键②		-3.7
As		54	烯键　末位		19.1
Br	8.865	68	2,3 位		17.7
C	2.418	9	3,4 位		16.3
—CH_2—	4.618		酮类中羰键		
CH_2[在—$(CH_2)_n$—中]			碳原子数-3		22.3
$n<12$		40	-4		20.0
$n>12$		40.3①	-5		18.5
Cl	5.967	55.2	-6,-7		17.3
F	—	26.1	-8		15.1
H	1.100	15.5	-9		14.1
在 OH 中		10.5	-10		13.0
在 NH 中		12.5	-11		12.6
I	13.90	90.3	氢桥(包括邻位效应)		-14.4
N		17.5	闭合环　3 元环	0	12.5
N(伯胺)	2.322		4 元环	0	6.0
N(仲胺)	2.502		5 元环	0	3.0
N(叔胺)	2.840		6 元环	0	0.8
N(腈)	5.516		7 元环	0	4.0
O		19.8	仲-仲碳邻接		-1.6
O(羟基)	1.525		仲-叔碳邻接		-2.0
O(醚类)	1.643		叔-叔碳邻接		-4.5
O(羰基,包括双键)	2.211		在苯环中不同位置		
O_2(在酯中)		54.8	邻-间位		2.6
P		40.5	间-对位		0.4
S		49.1	邻-对位		2.9
Se		63	烷基　1-甲基乙基		133.3
Si		31	1-甲基丙基		171.9
Sn		64.5	1-甲基丁基		211.7
半极性键		0	2-甲基丙基		173.3
单键		0	1,1-二甲基乙基		170.4
单电键		-9.5	1-乙基丙基		209.5
双键	1.733		1,1-二甲基丙基		207.5
半极性双键	7.733		1,2-二甲基丙基		207.9
三键	2.398	40.6	1,1,2-三甲基丙基		243.5

① 基团数>20 时略增。

② 包括支链化的全部基团,其值从-2.1~-6.5 变化。

例题中乙酸等张比容[P]和分子折射度 R_d 的求法

乙酸分子结构：CH_3—C(=O)—OH

原　　子	q[P_i]	q[R_{di}]
C	2×9.0	2×2.418
H	3×15.5	
H(OH 中)	1×10.0	4×1.100
O(羟基中)		1×1.525
O(羟基中)		1×2.211
O_2(酯类中)	1×54.8	
Σ	[P]=129.3	R_d=12.972

3.117 根据临界温度和等张比容求临界体积

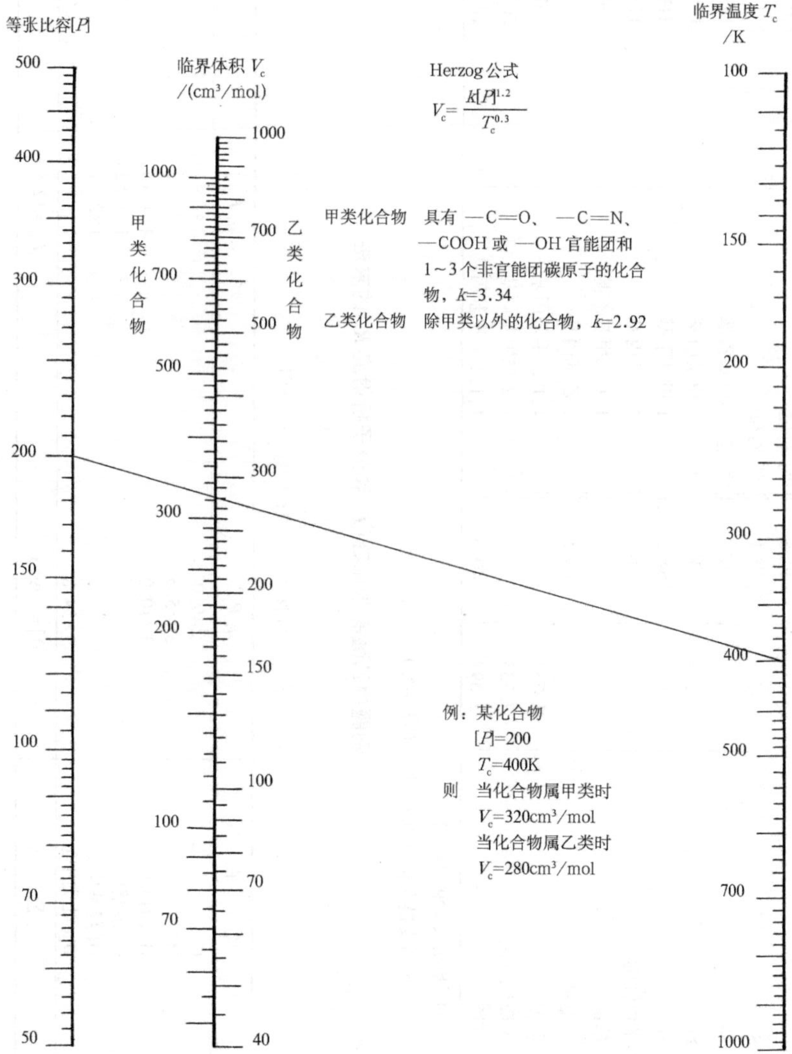

Herzog 公式

$$V_c=\frac{k[P]^{1.2}}{T_c^{0.3}}$$

甲类化合物　具有 —C═O、—C═N、—COOH 或 —OH 官能团和 1～3 个非官能团碳原子的化合物，$k=3.34$

乙类化合物　除甲类以外的化合物，$k=2.92$

例：某化合物

$[P]=200$

$T_c=400K$

则　当化合物属甲类时

$V_c=320cm^3/mol$

当化合物属乙类时

$V_c=280cm^3/mol$

3.118 根据密度、分子量和表面张力求临界体积和等张比容

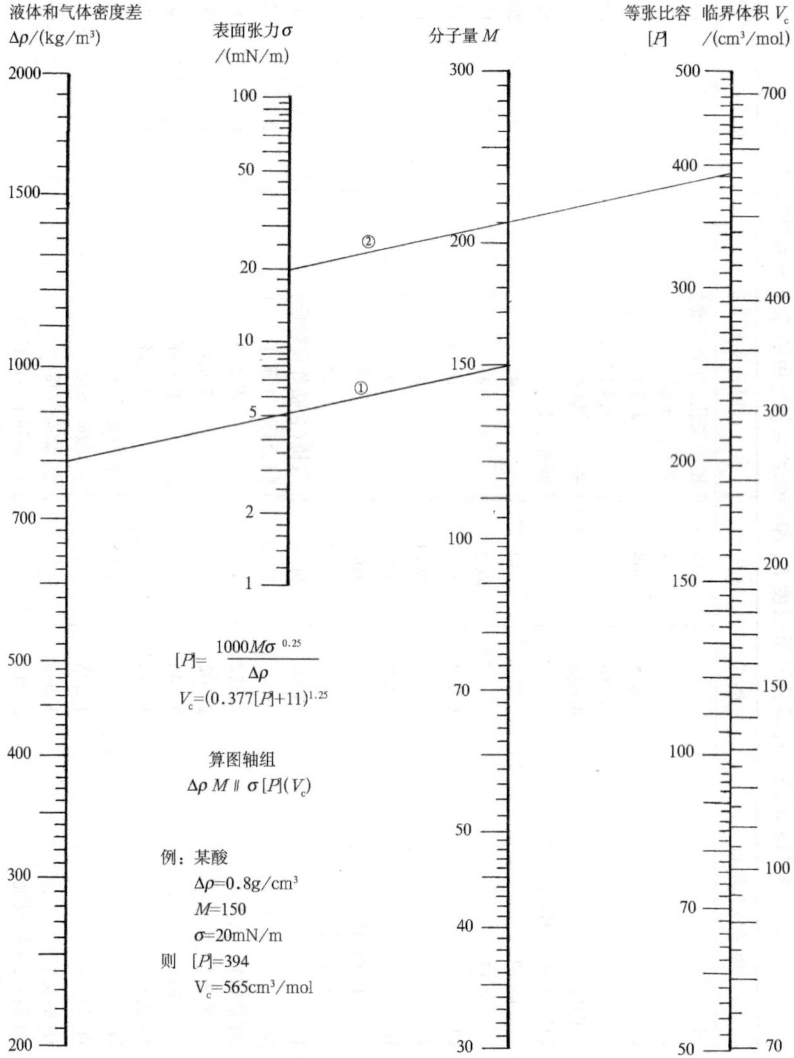

$$[P]=\frac{1000M\sigma^{0.25}}{\Delta\rho}$$

$$V_c=(0.377[P]+11)^{1.25}$$

算图轴组

$\Delta\rho\ M \parallel \sigma\ [P](V_c)$

例：某酸

$\Delta\rho=0.8g/cm^3$

$M=150$

$\sigma=20mN/m$

则　$[P]=394$

$V_c=565cm^3/mol$

3.119 根据卤代烃的分子量求临界值

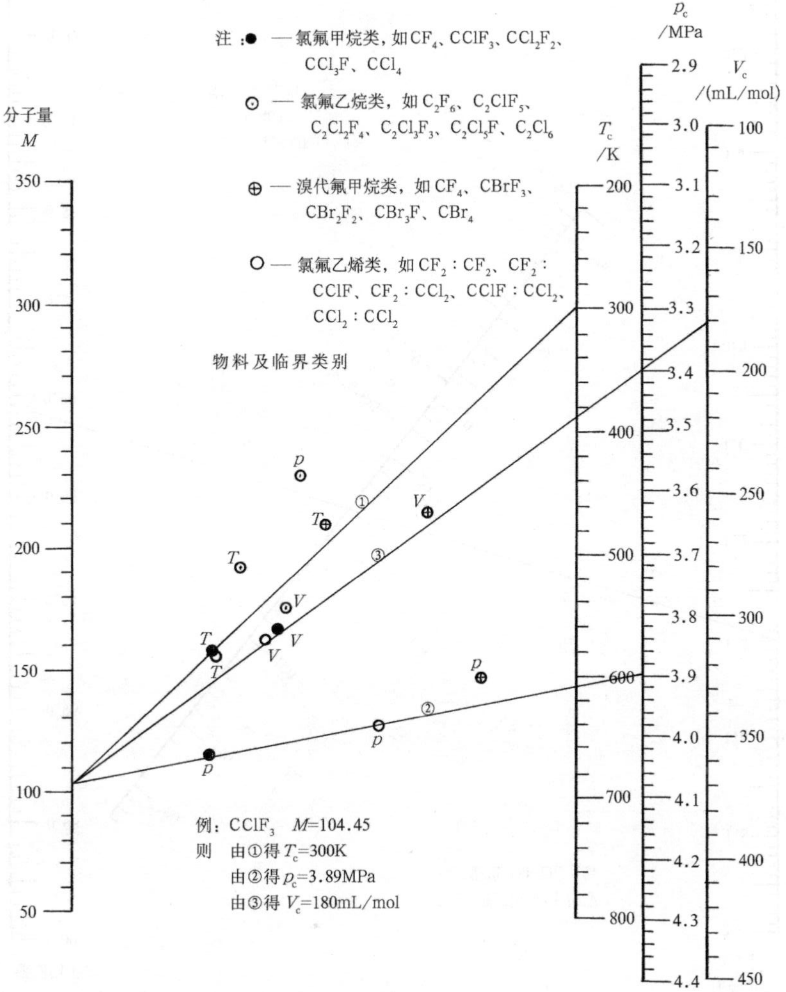

3.120 甲烷的压缩因子

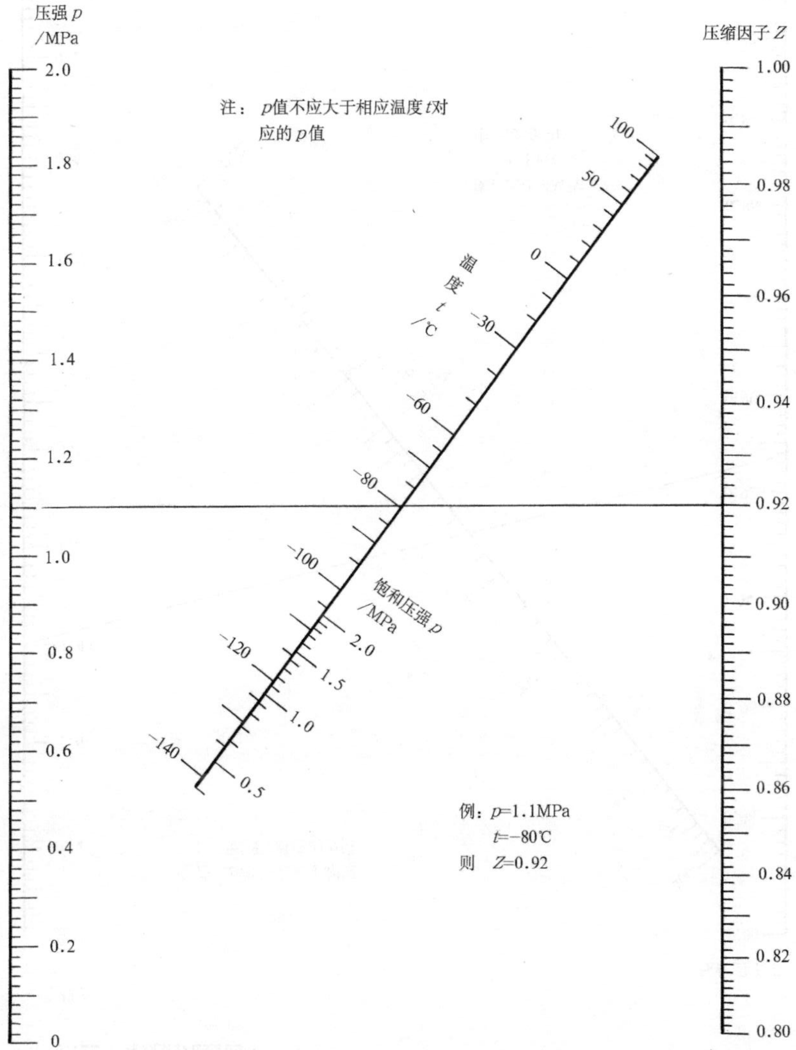

3.121 乙烷的压缩因子

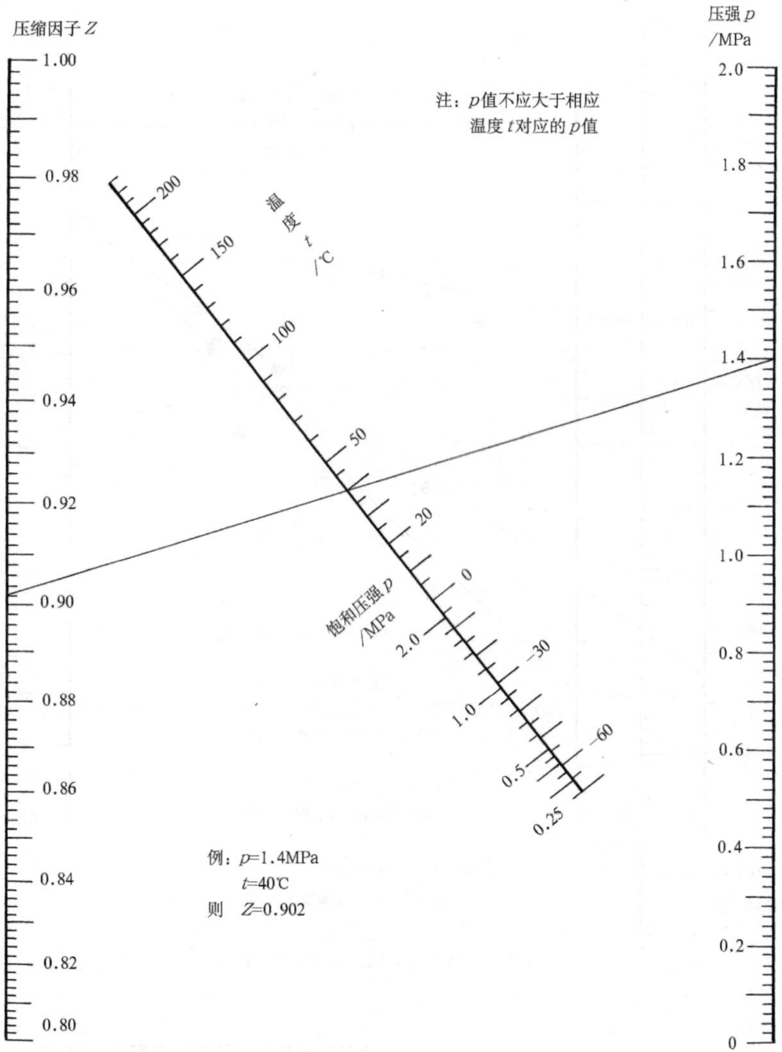

3.122 丙烷的压缩因子

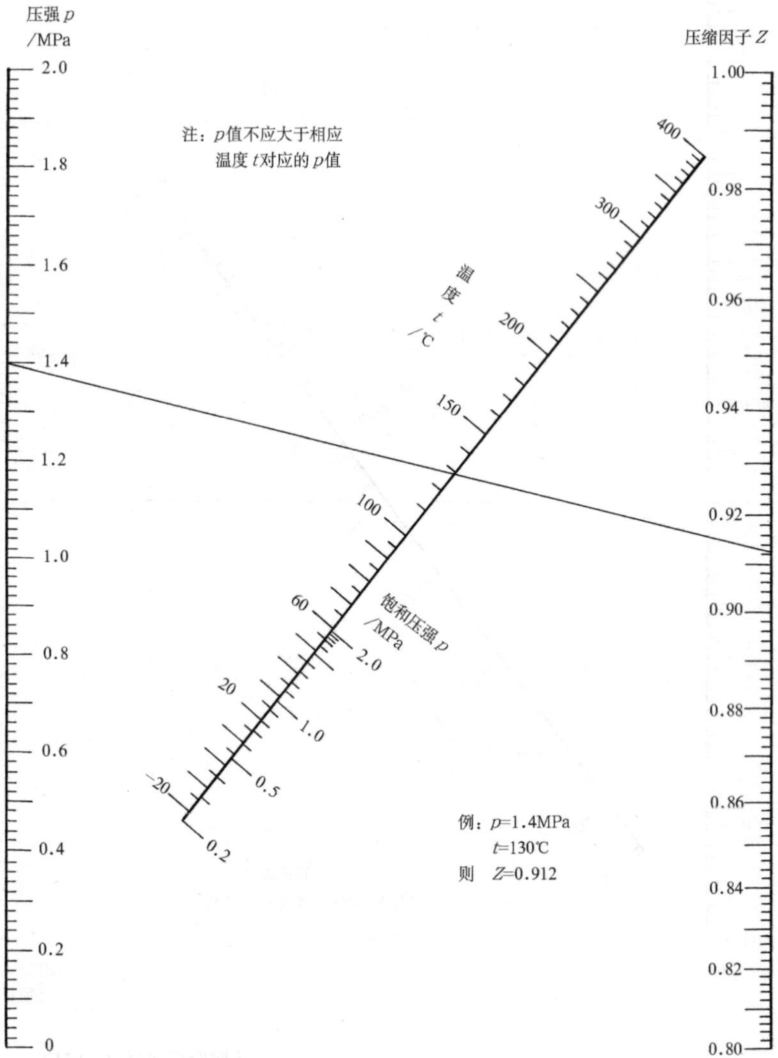

3.123 丁烷和异丁烷的压缩因子

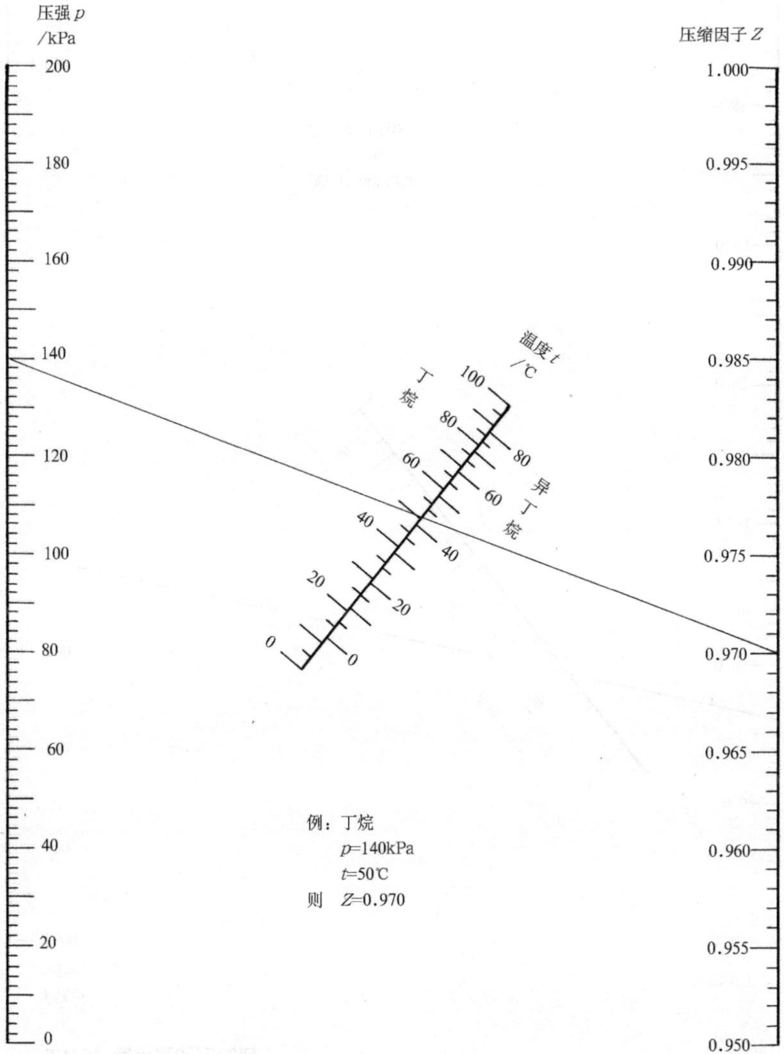

例：丁烷
p=140kPa
t=50℃
则 Z=0.970

3.124 新戊烷的压缩因子

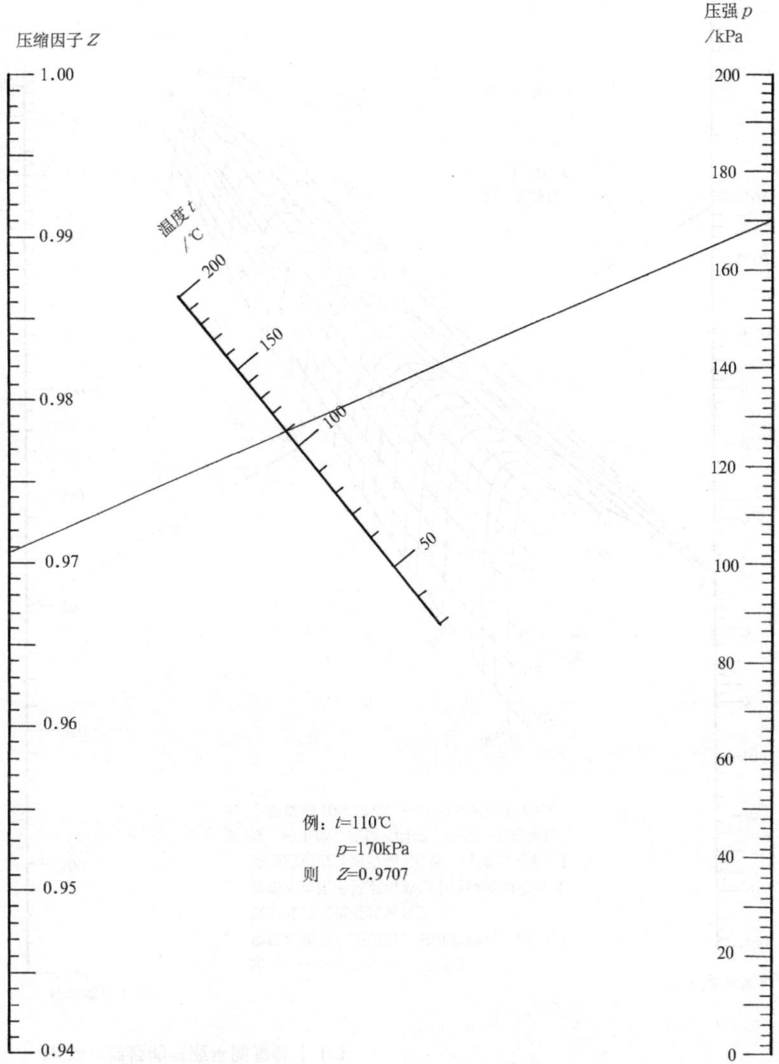

例：t=110℃
p=170kPa
则 Z=0.9707

3.125 氯甲烷的压缩因子

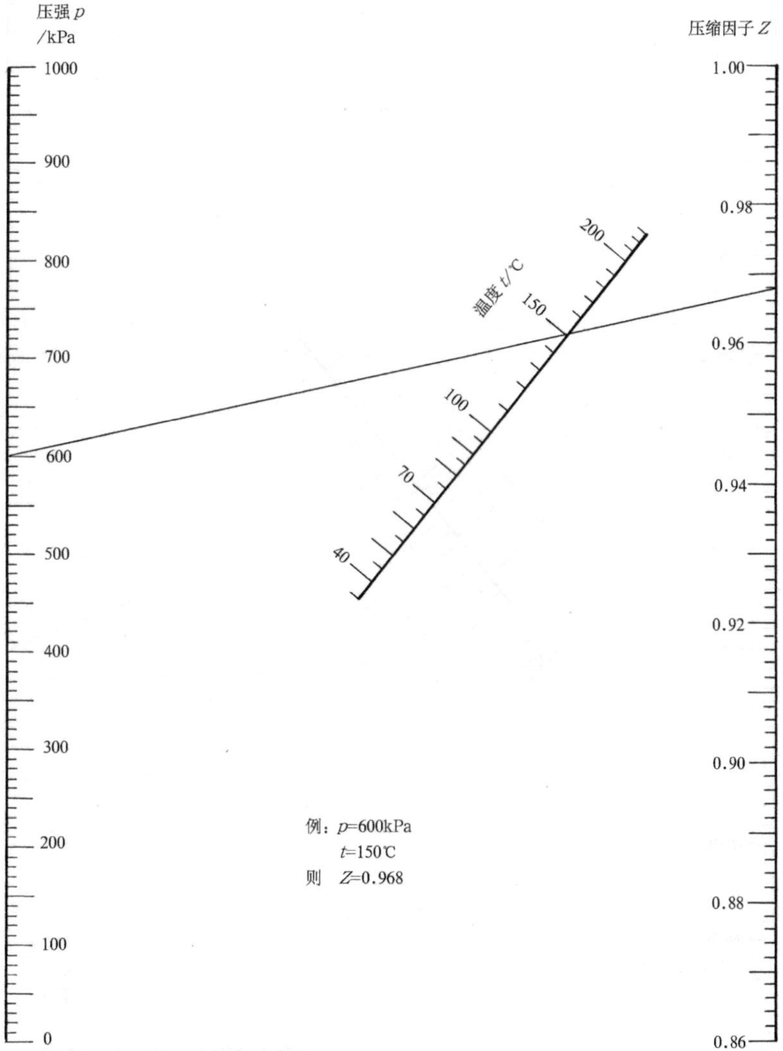

例：p=600kPa
t=150℃
则 Z=0.968

3.126 烷烃的气液平衡常数（Ⅰ）

注：1．此为 Hadden 法气-液平衡常数。
2．栅格压强是系统压力、温度和物料组成的函数，其求法见有关资料。
3．此图不适用于沸点相差极小的烃类和形成共沸物的组成（如乙烷－乙烯、丙烷－丙烯、丁烷－异丁烷、乙烷－丙烷、丙烷－丁烷等）。
4．一般误差 10% 左右，p<7MPa 时误差更小。

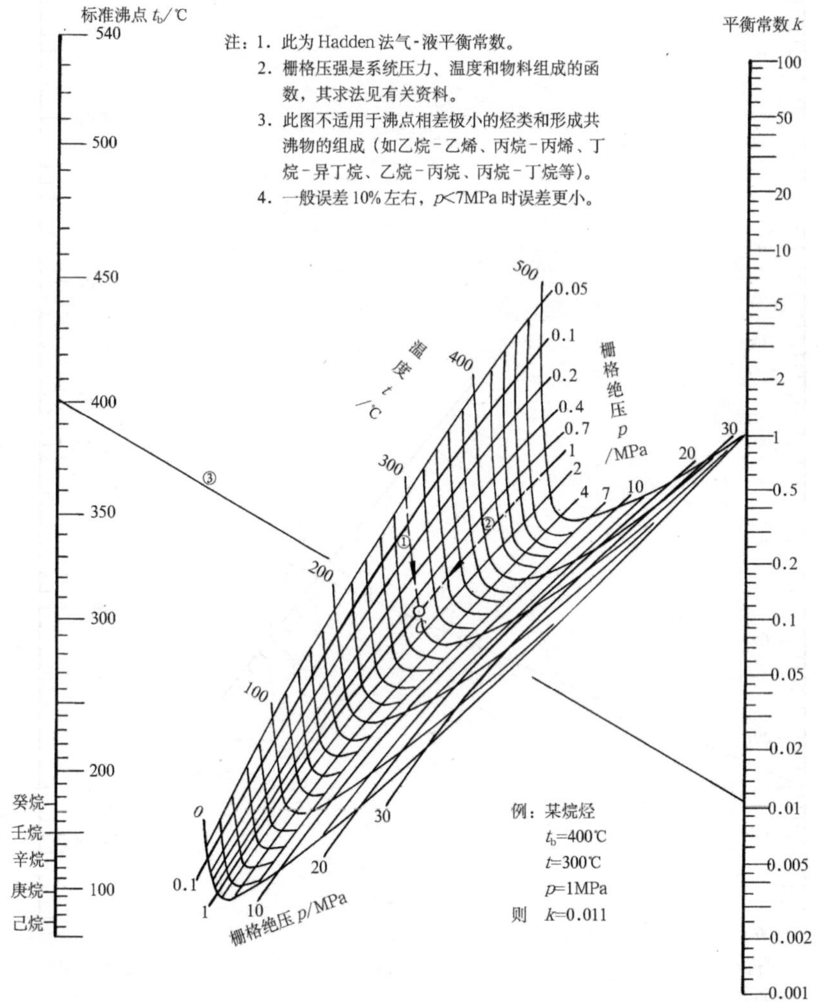

例：某烷烃
t_b=400℃
t=300℃
p=1MPa
则 k=0.011

3.127 烷烃的气液平衡常数（Ⅱ）

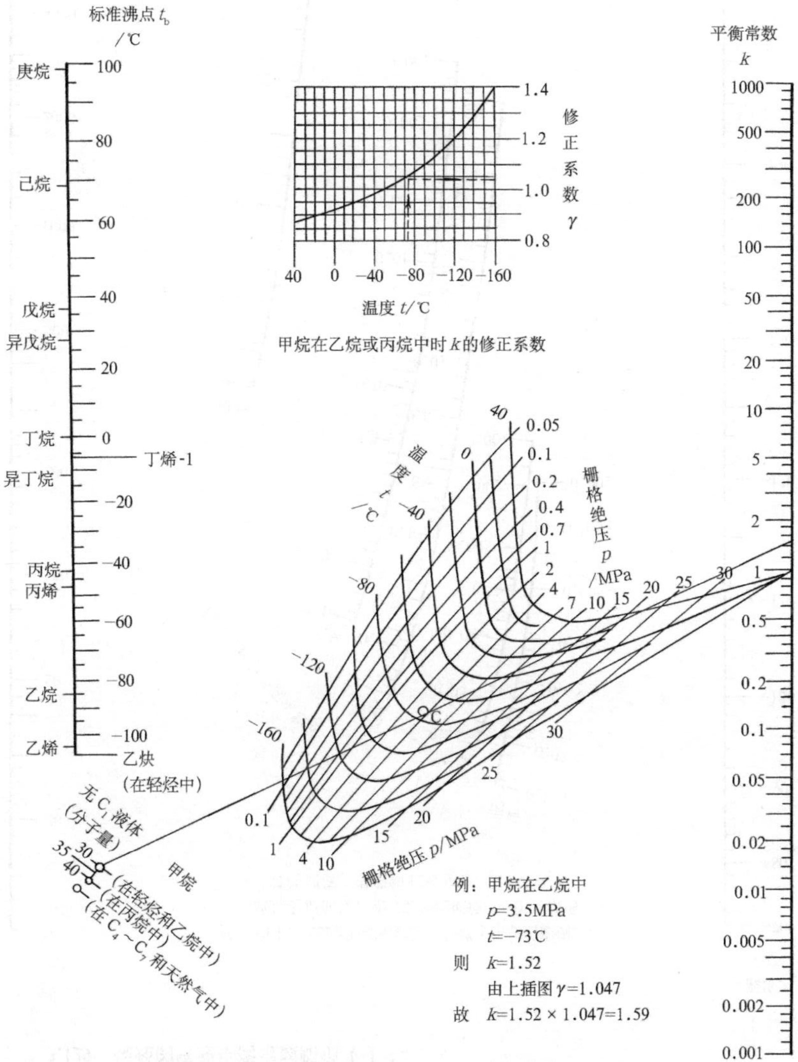

甲烷在乙烷或丙烷中时 k 的修正系数

例：甲烷在乙烷中

p=3.5MPa

t=−73℃

则 k=1.52

由上插图 γ=1.047

故 k=1.52 × 1.047=1.59

3.128 烷烃的气液平衡常数（Ⅲ）

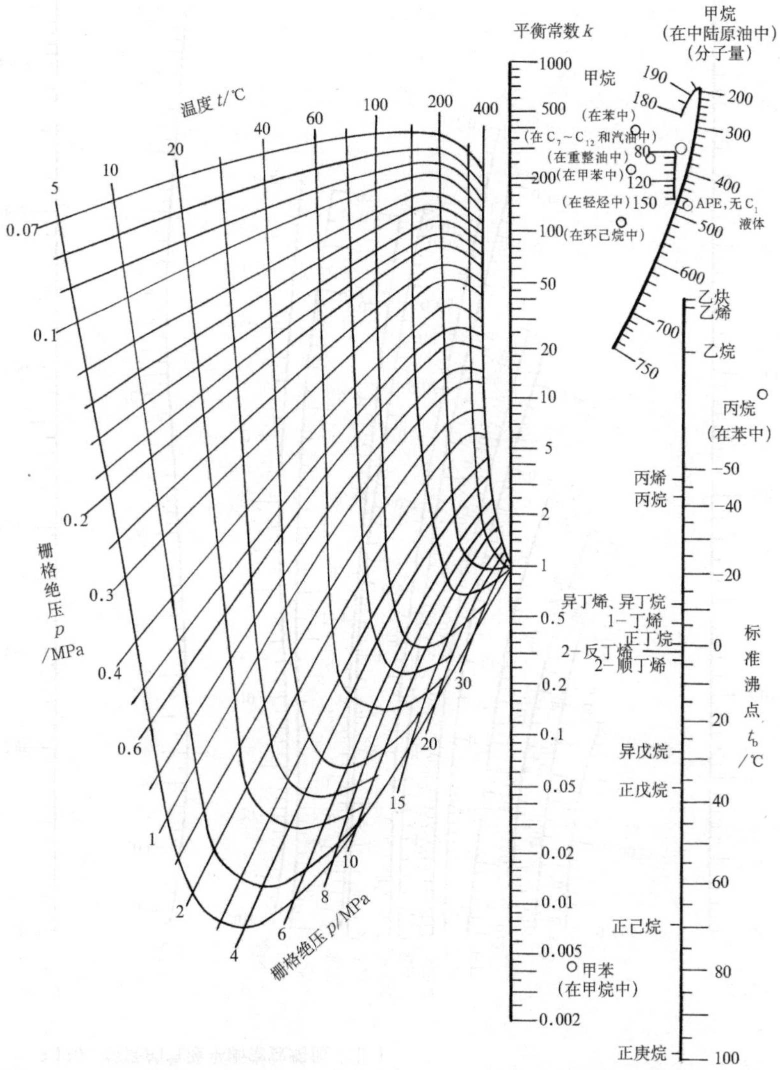

3.129 烷烃的气液平衡常数略值（Ⅰ）

注：由于Kellogg平衡常数算图忽略了组成的影响，故虽图形简便，但结果为近似值，可作为精确计算的初值。误差约12%左右。

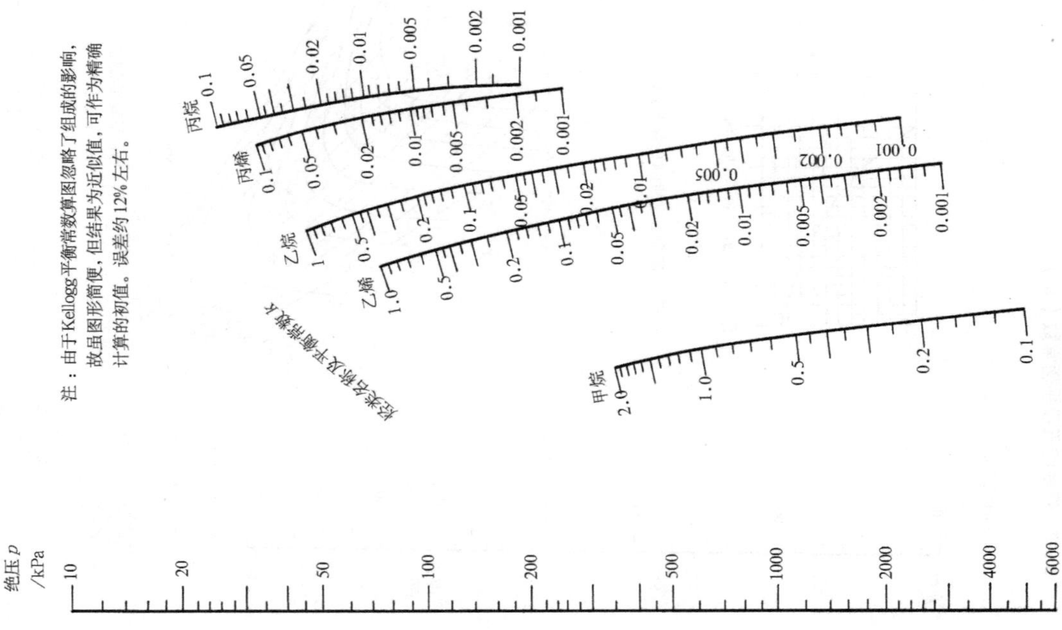

3.130 烷烃的气液平衡常数略值（Ⅱ）

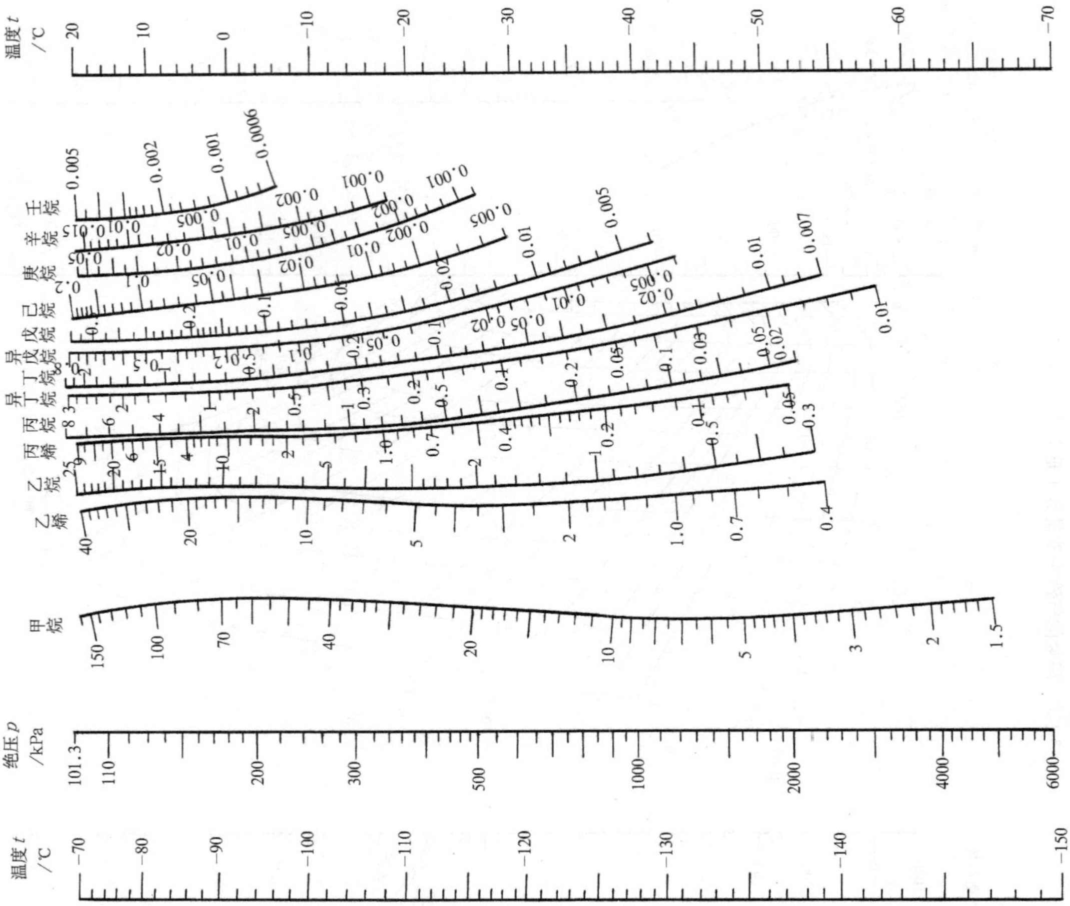

3.131 烷烃的气液平衡常数略值（Ⅲ）

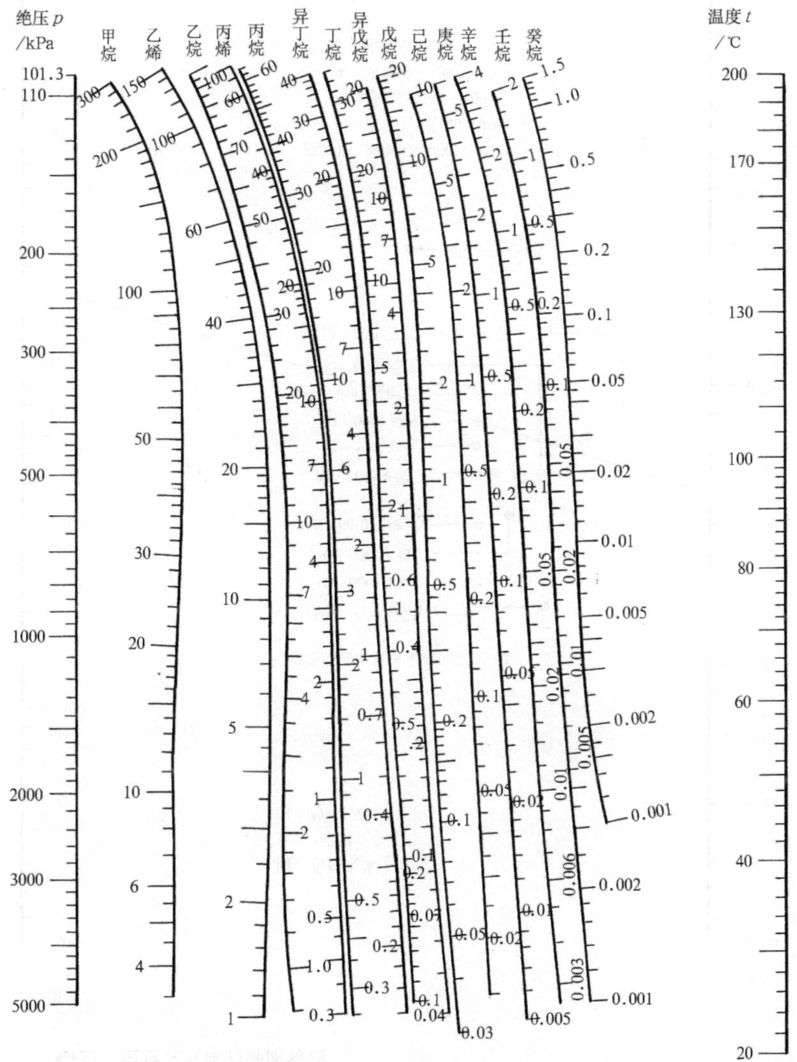

3.132 氢-甲烷系统中甲烷的气液平衡常数

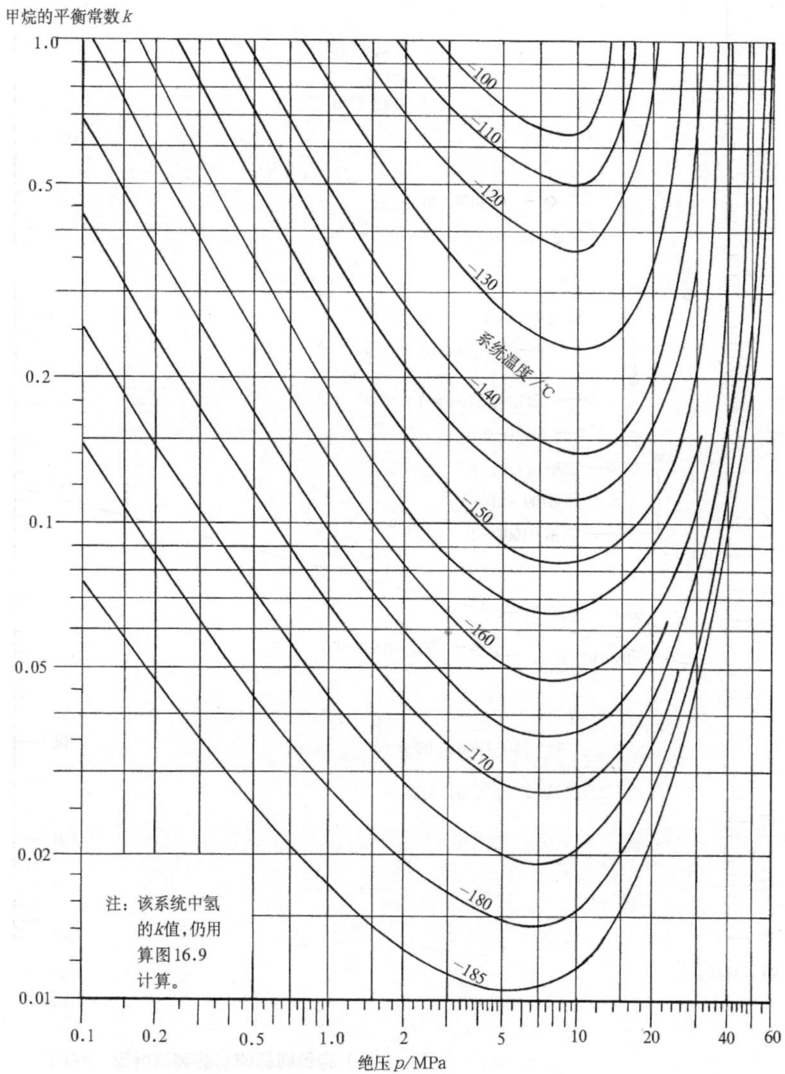

3.133 烷烃等气体的普朗特数

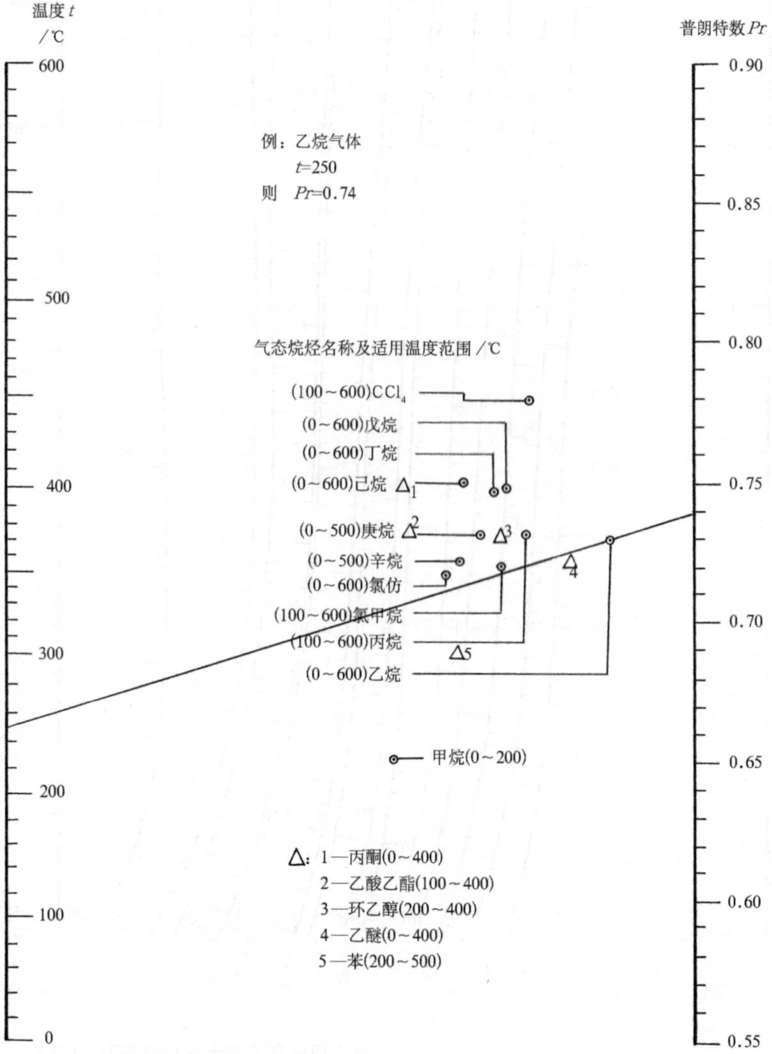

3.134 饱和烷烃液体的普朗特数（Ⅰ）

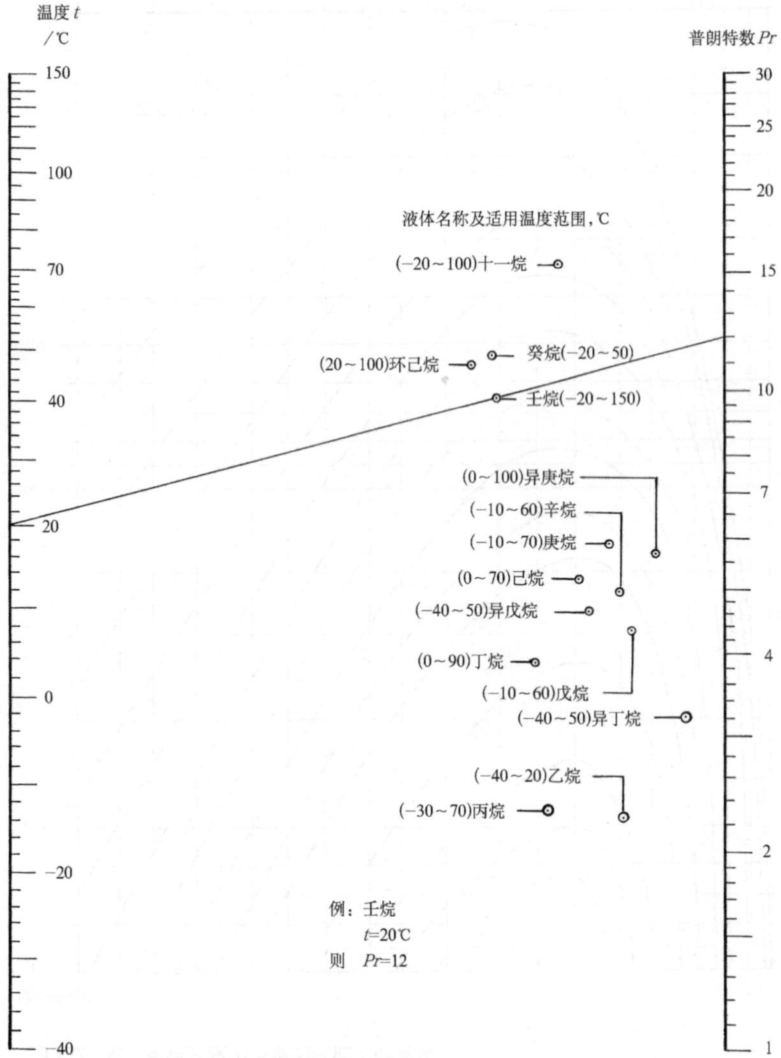

3.135 饱和烷烃液体的普朗特数（Ⅱ）

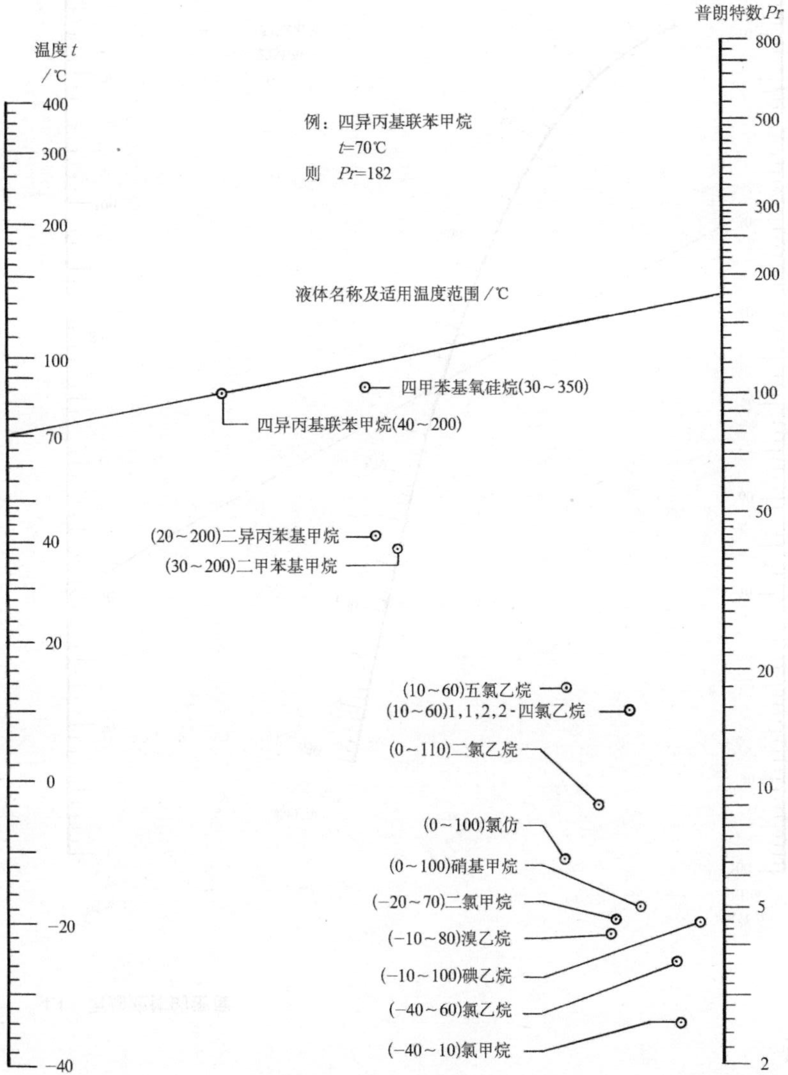

3.136 饱和致冷剂液体的普朗特数

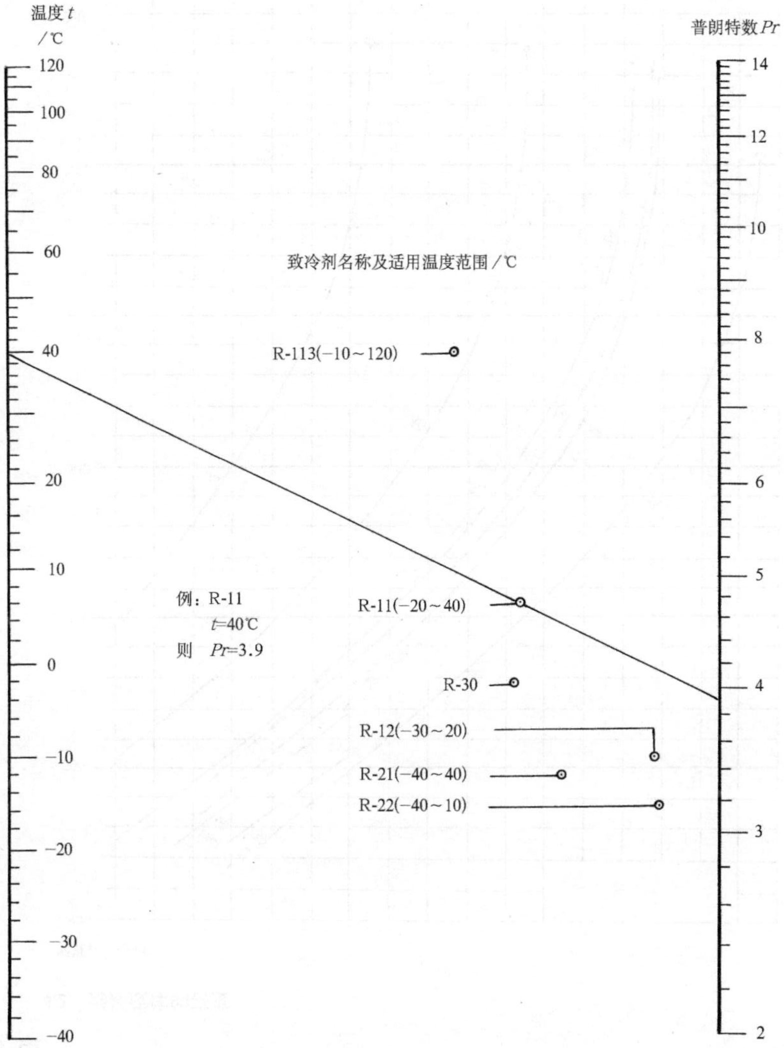

第 4 章

4.1 丙烯液体的密度

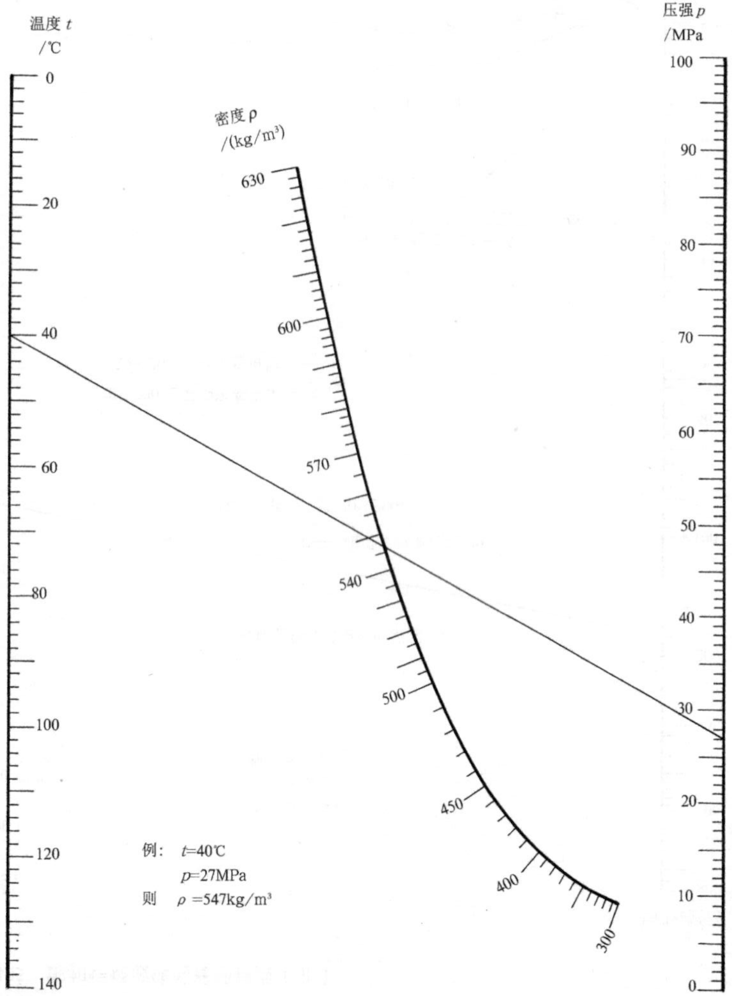

4.2 烯烃液体的密度

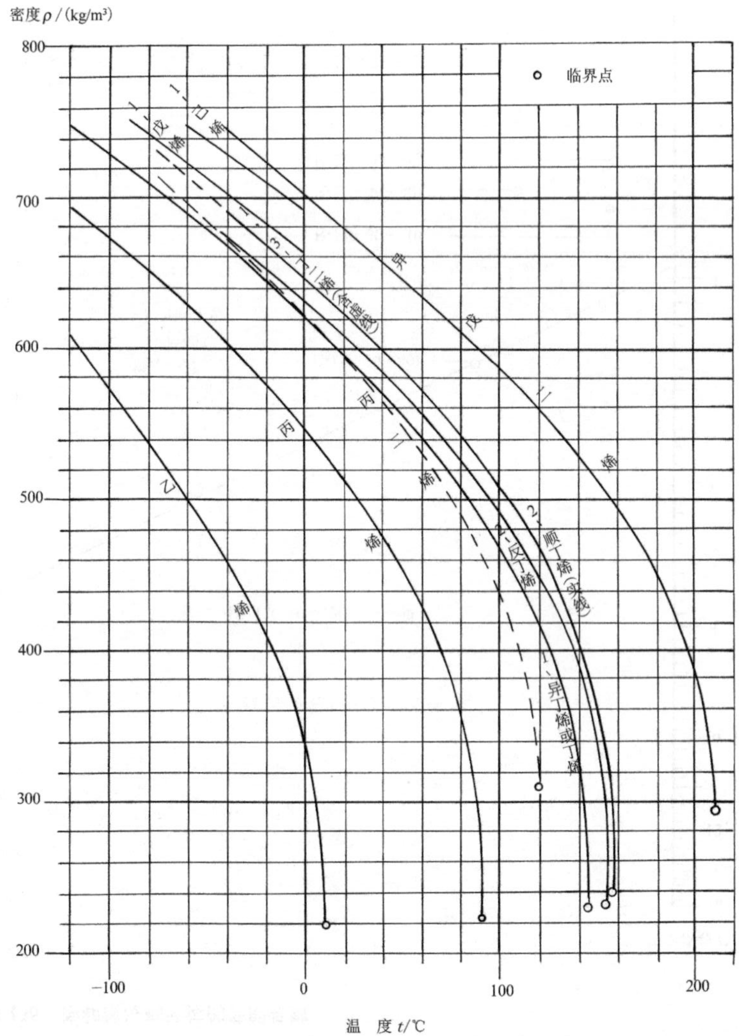

4.3 根据分子折射度和等张比容求物料的标准沸点

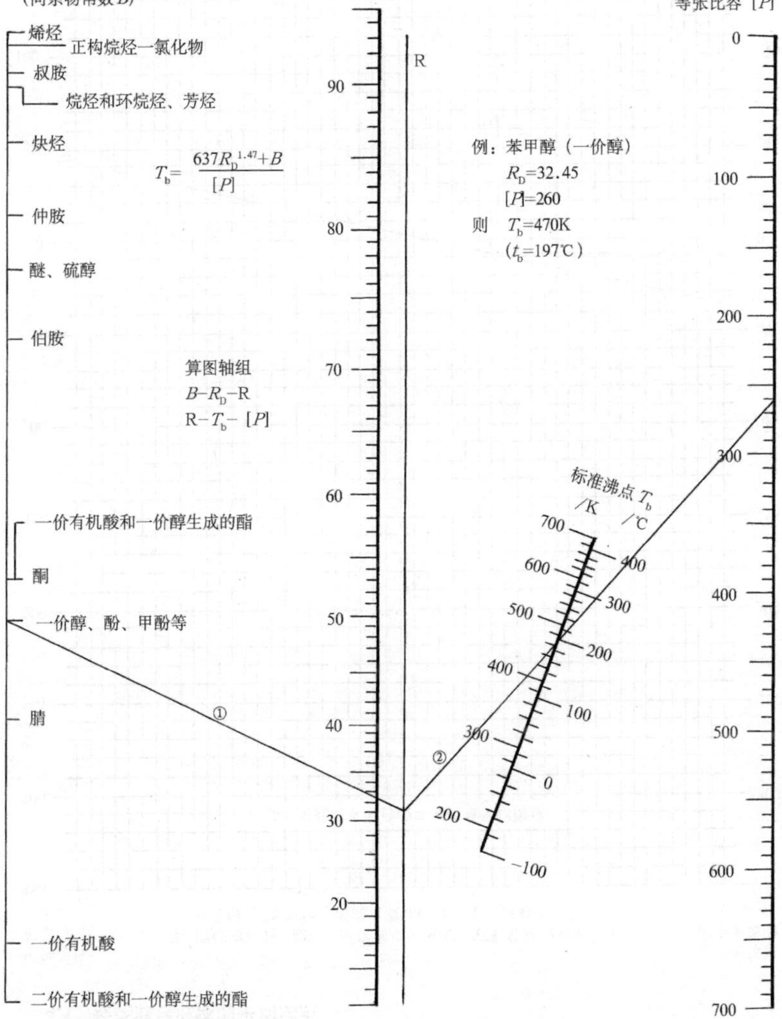

$$T_b=\frac{637R_D^{1.47}+B}{[P]}$$

算图轴组
$B-R_D-R$
$R-T_b-[P]$

例：苯甲醇（一价醇）
$R_D=32.45$
$[P]=260$
则 $T_b=470K$
($t_b=197℃$)

4.4 根据分子量和结构特性值求物料的标准沸点

伯氏方程： $\lg T_b=\frac{W-8\sqrt{M}}{M}$

出处：Purarelli C. Chemical Engineering, 1976, 8:127.

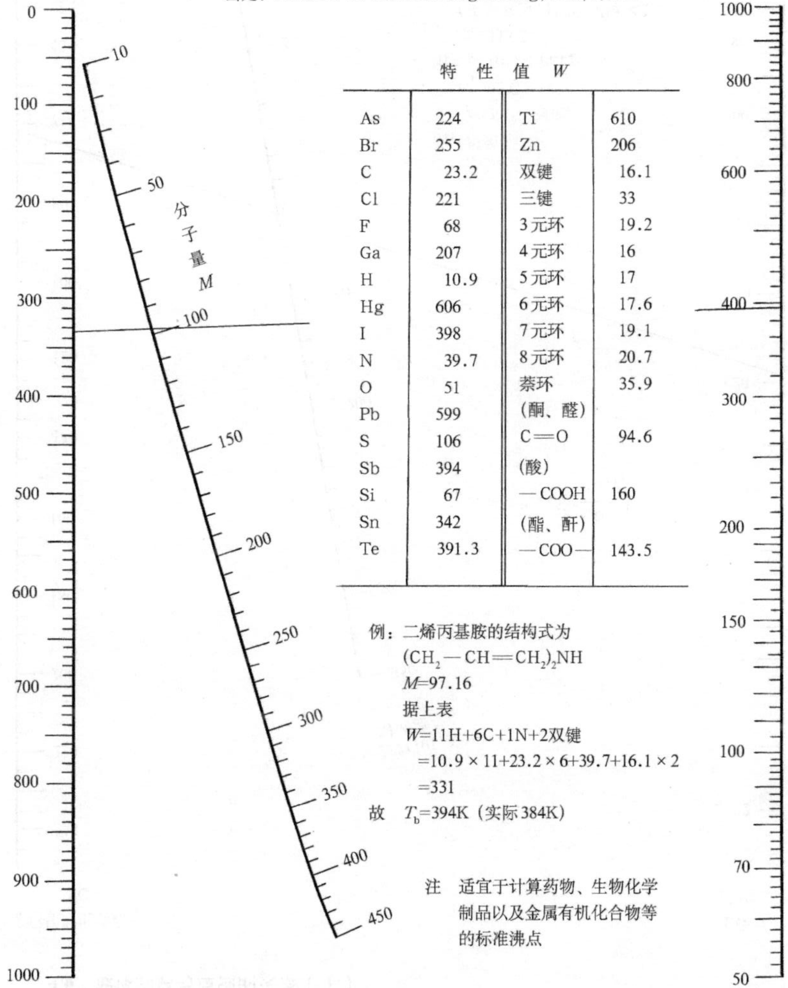

特性值 W			
As	224	Ti	610
Br	255	Zn	206
C	23.2	双键	16.1
Cl	221	三键	33
F	68	3元环	19.2
Ga	207	4元环	16
H	10.9	5元环	17
Hg	606	6元环	17.6
I	398	7元环	19.1
N	39.7	8元环	20.7
O	51	萘环	35.9
Pb	599	(酮、醛)	
S	106	C═O	94.6
Sb	394	(酸)	
Si	67	—COOH	160
Sn	342	(酯、酐)	
Te	391.3	—COO—	143.5

例：二烯丙基胺的结构式为
$(CH_2—CH═CH_2)_2NH$
$M=97.16$
据上表
$W=11H+6C+1N+2双键$
$=10.9\times11+23.2\times6+39.7+16.1\times2$
$=331$
故 $T_b=394K$（实际384K）

注 适宜于计算药物、生物化学制品以及金属有机化合物等的标准沸点

4.5 烃类混合液体的平均沸点

例：丙烷沸点为−42℃，戊烷沸点为36℃，它们分别占有的分子百分数为35和65，则混合液体的分子平均沸点为8.7℃

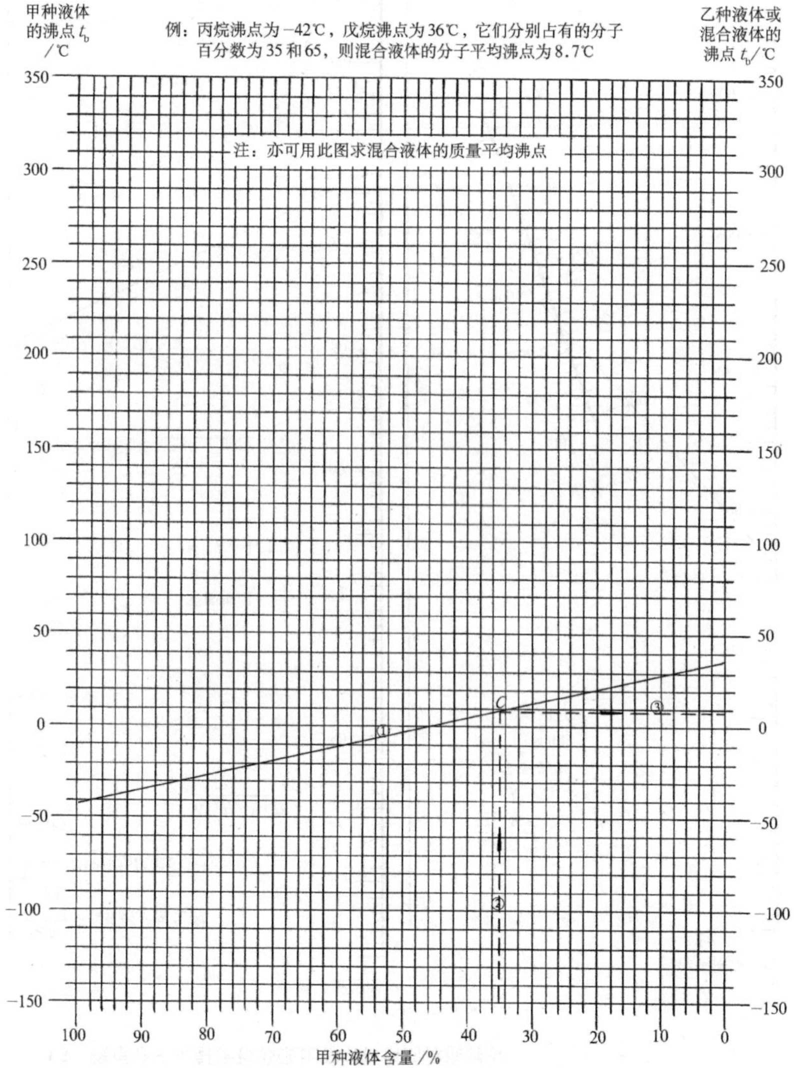

4.6 液体沸点与压强的关系（Ⅰ）

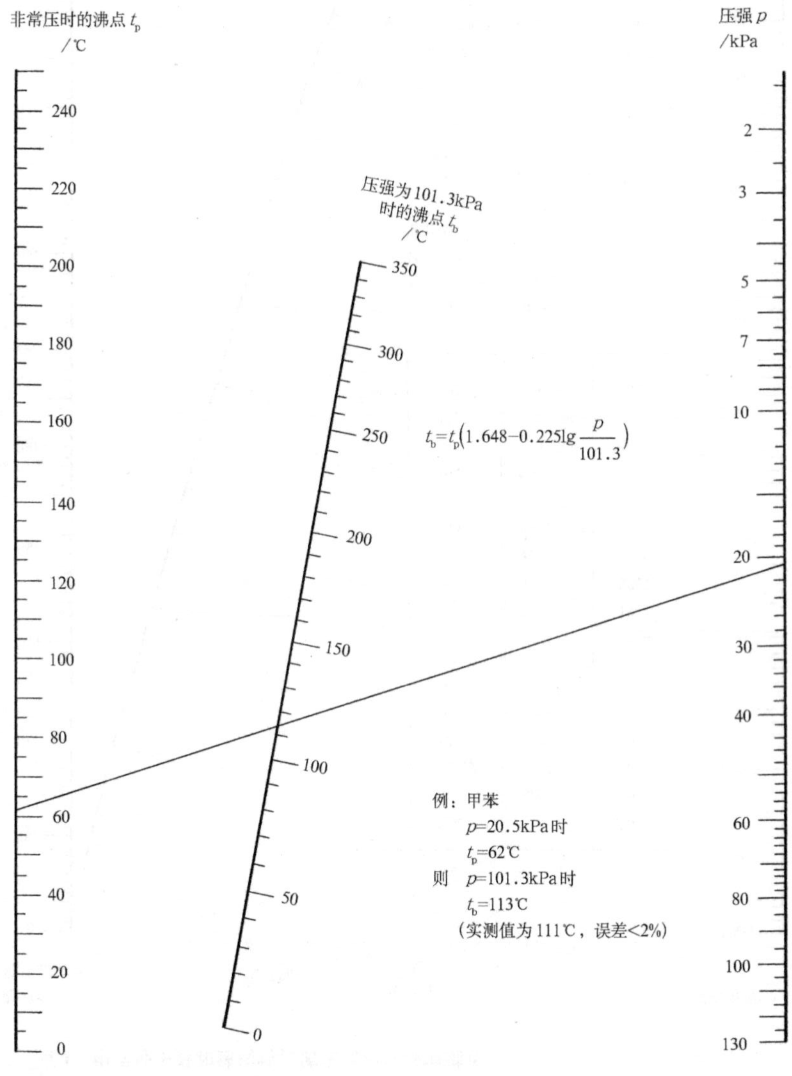

$$t_b=t_p\left(1.648-0.225\lg\frac{p}{101.3}\right)$$

例：甲苯

p=20.5kPa时

t_p=62℃

则 p=101.3kPa时

t_b=113℃

（实测值为111℃，误差<2%）

4.7 液体沸点与压强的关系（Ⅱ）

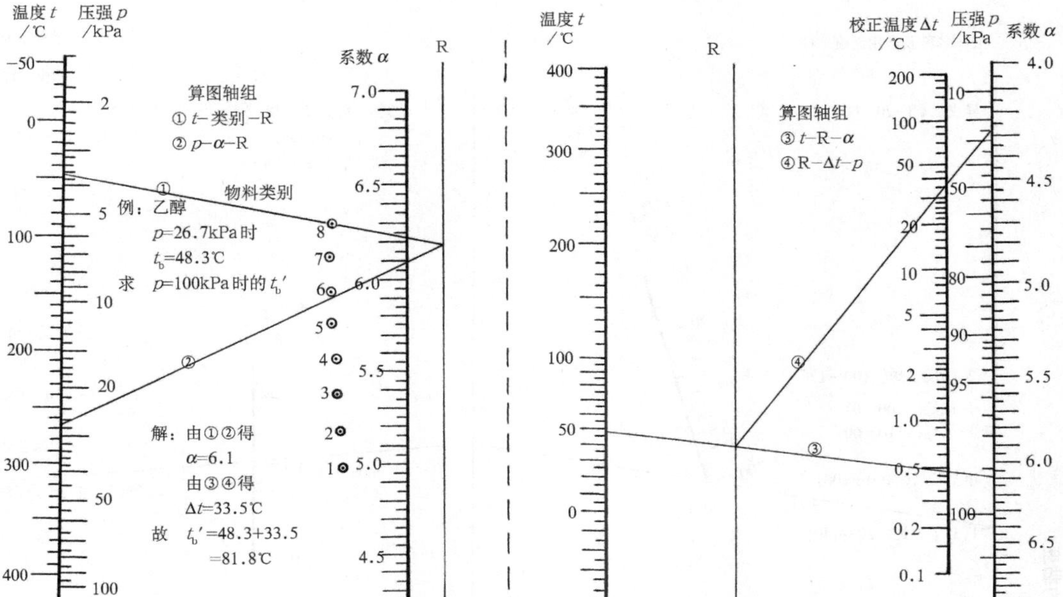

注：物料类别的划分如下。1：CO、1-己烯、三氯代乙烯、甲硅烷、甲烷、菲、蒽及蒽醌；2：乙硅烷、C_3O_2、二苯甲酮、二甲酮、丁酮、水杨酸甲酯、光气、苯、苯二甲酸酐、苯甲醛、氮杂萘、硫化物、硫化羰、硫硒化碳、硝基甲苯、硝基甲苯胺、苯腈、醚类、碳氢化合物及樟脑；3：乙醛、二甲醚、甲乙醚、甲酸、丙酮、四硝基甲烷、胺类、苯甲酸甲酯、环氧乙烷、氟甲烷、氯化氰、（间、对）氯苯胺、硝基苯、硝基甲烷、萘酚、氰化氢及酯类；4：乙二醇-1,2-二乙酸酯、乙胺、二甲胺、甲苯酚、甲酸甲酯、苯乙酮、草酸二甲酯、醋酸；5：甲胺、丙酸、苯甲醇、苯甲酸及苯酚；6：水、异丁酸及醋酸酐；7：乙二醇、丁酸、异己酸、甲醇、异戊醇、戊酸；8：乙醇、异丁醇、丙醇及戊醇。氯、碘、溴的衍生物与母物质同类别。

4.8 液体沸点与压强的关系（Ⅲ）

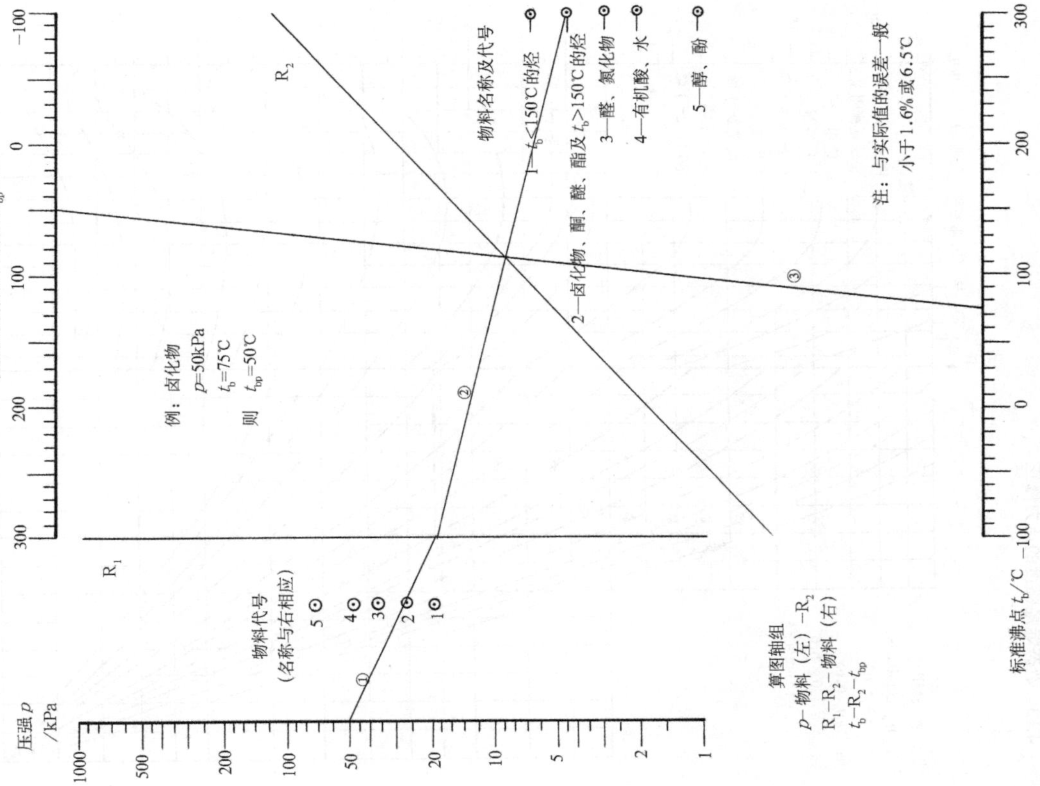

4.9 液态烯烃的黏度

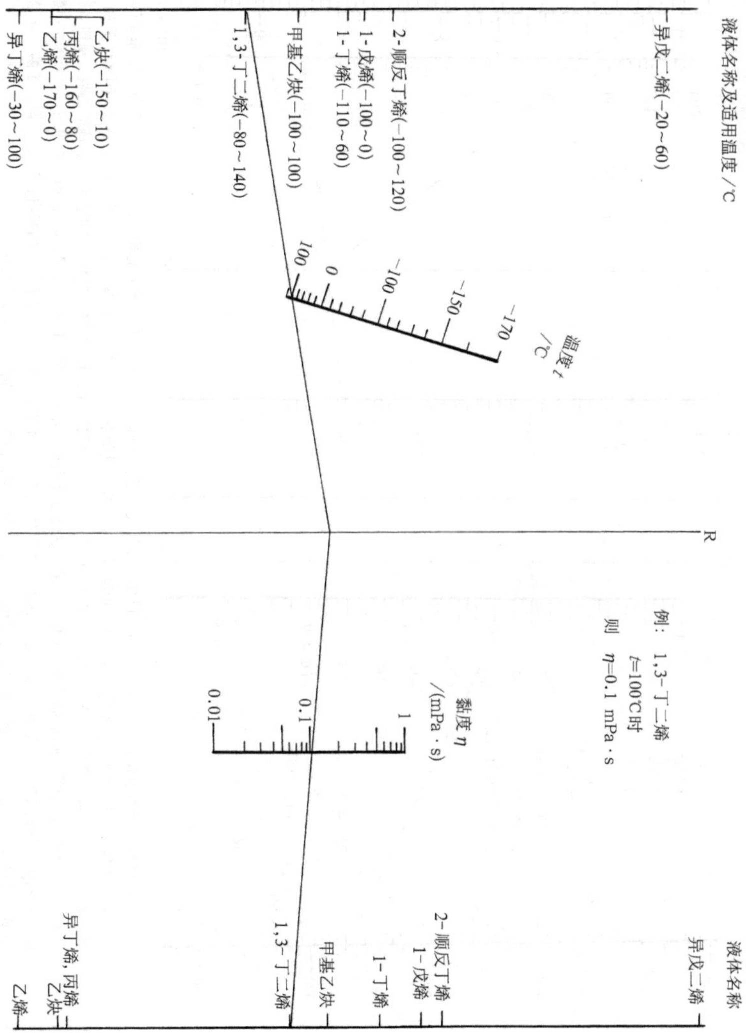

4.10 液态烯烃黏度的压力修正

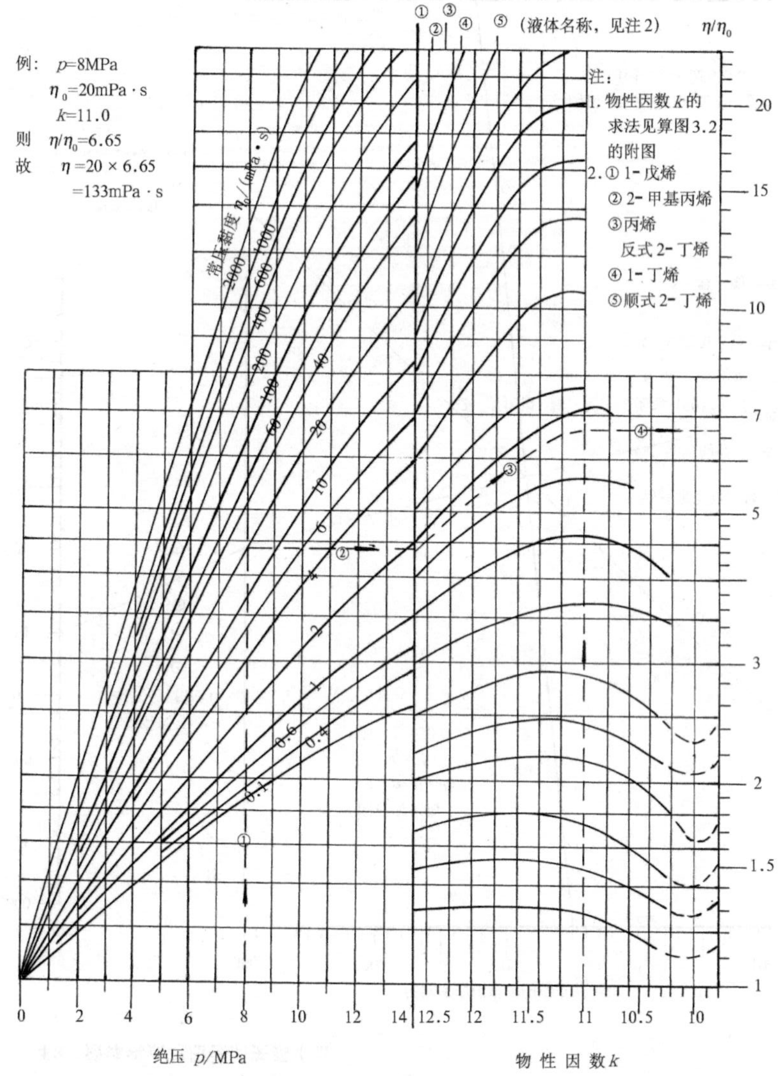

4.11 一些烯烃的表面张力（Ⅰ）

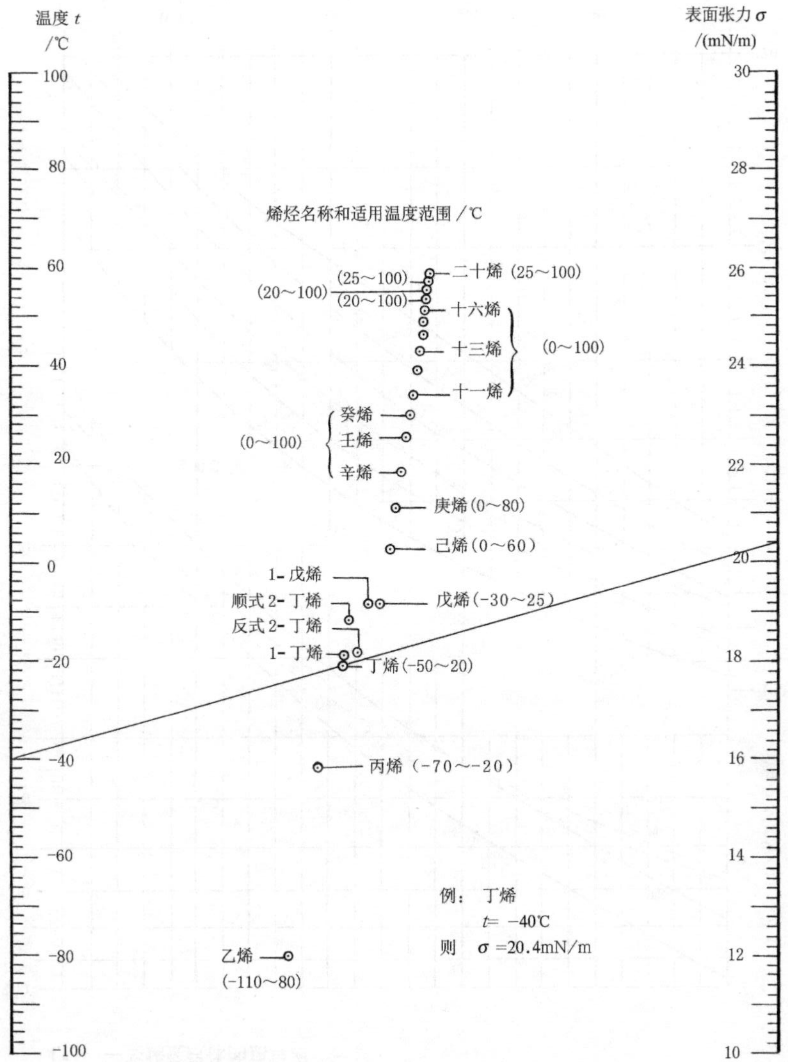

4.12 一些烯烃的表面张力（Ⅱ）

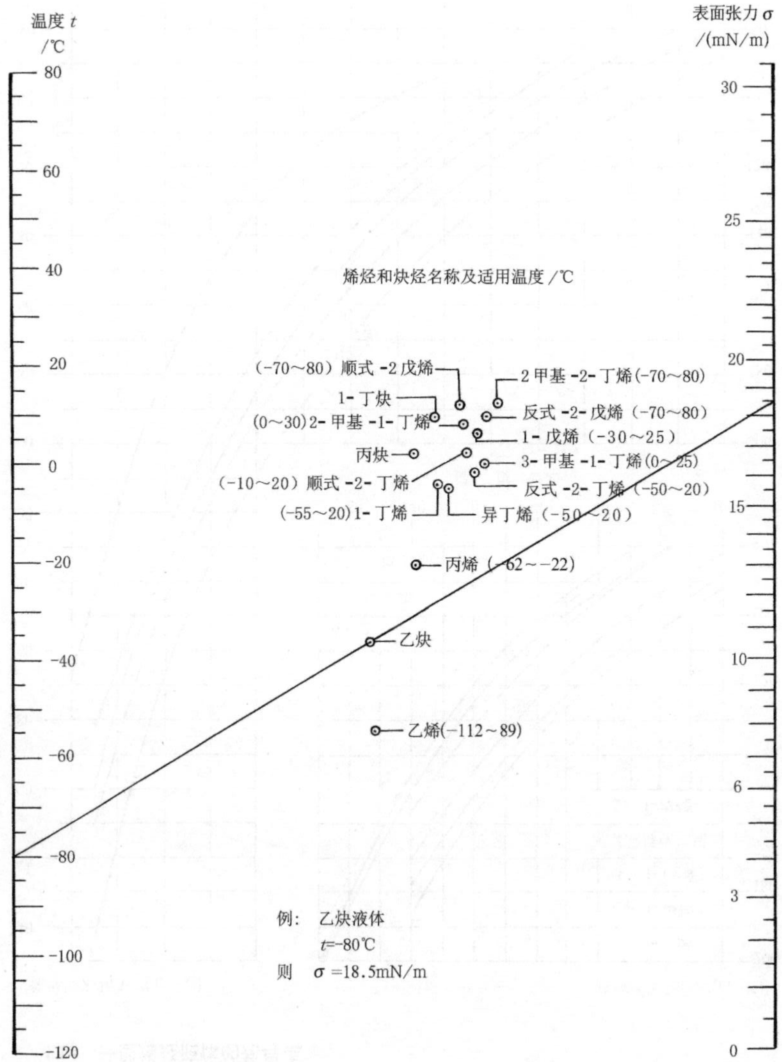

4.13 一些烯烃气体的热导率

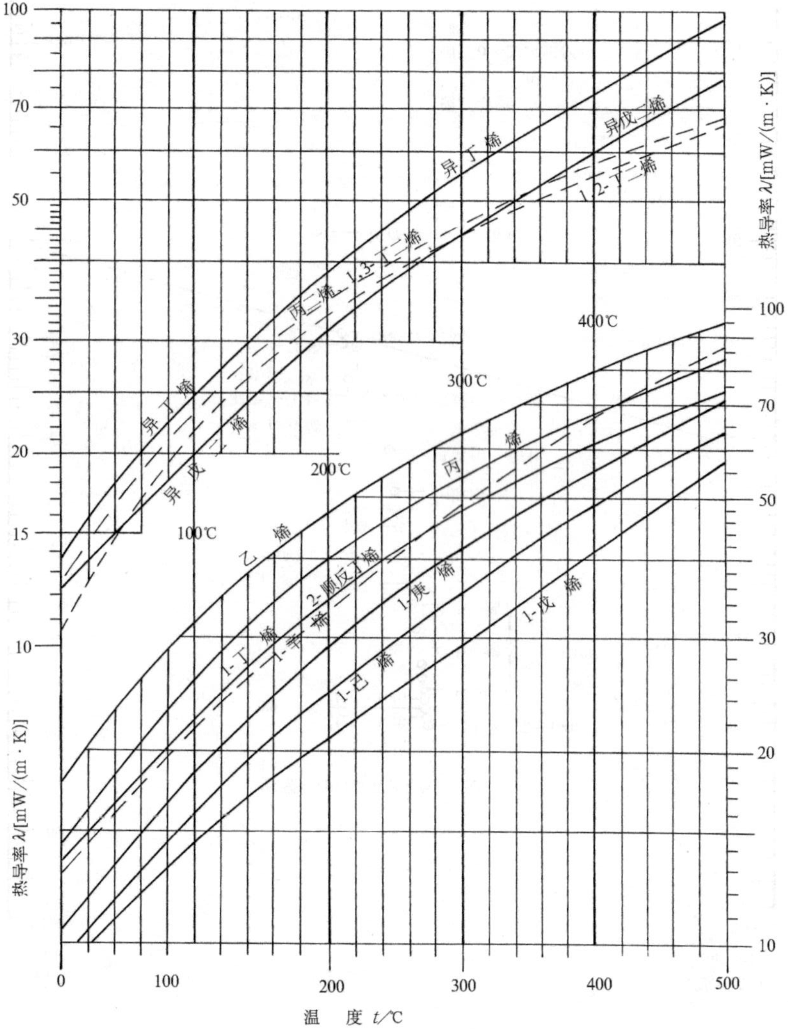

4.14 一些烯烃液体的热导率

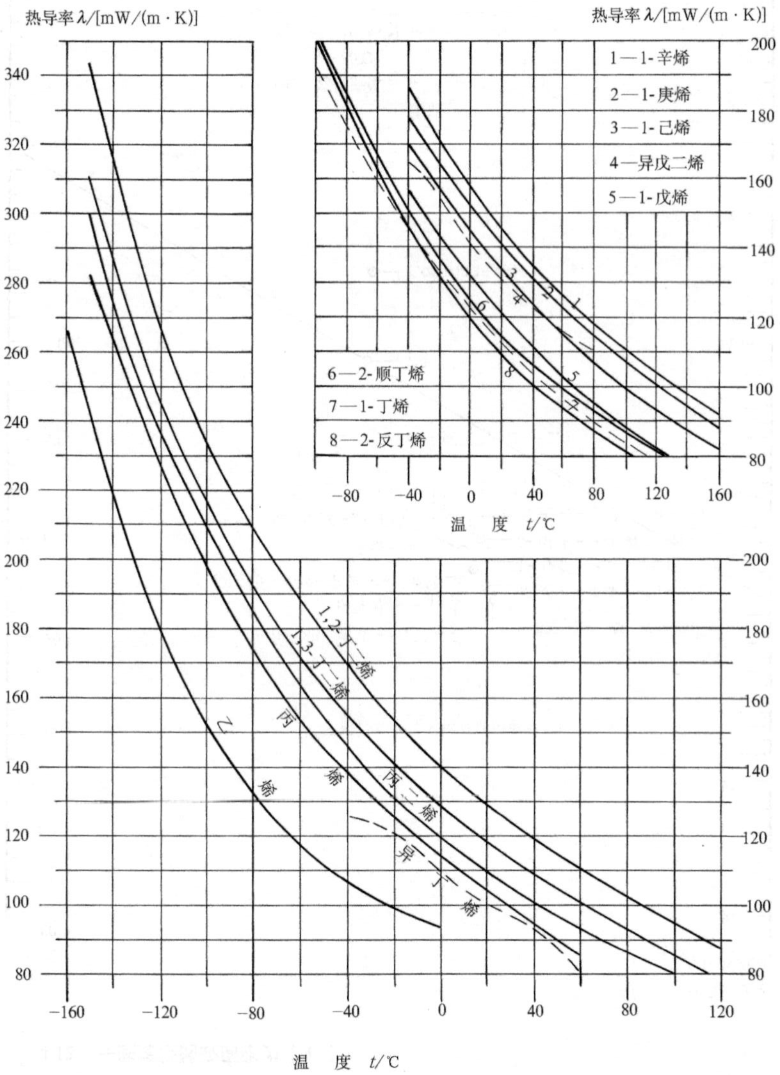

4.15 有机液体的热导率

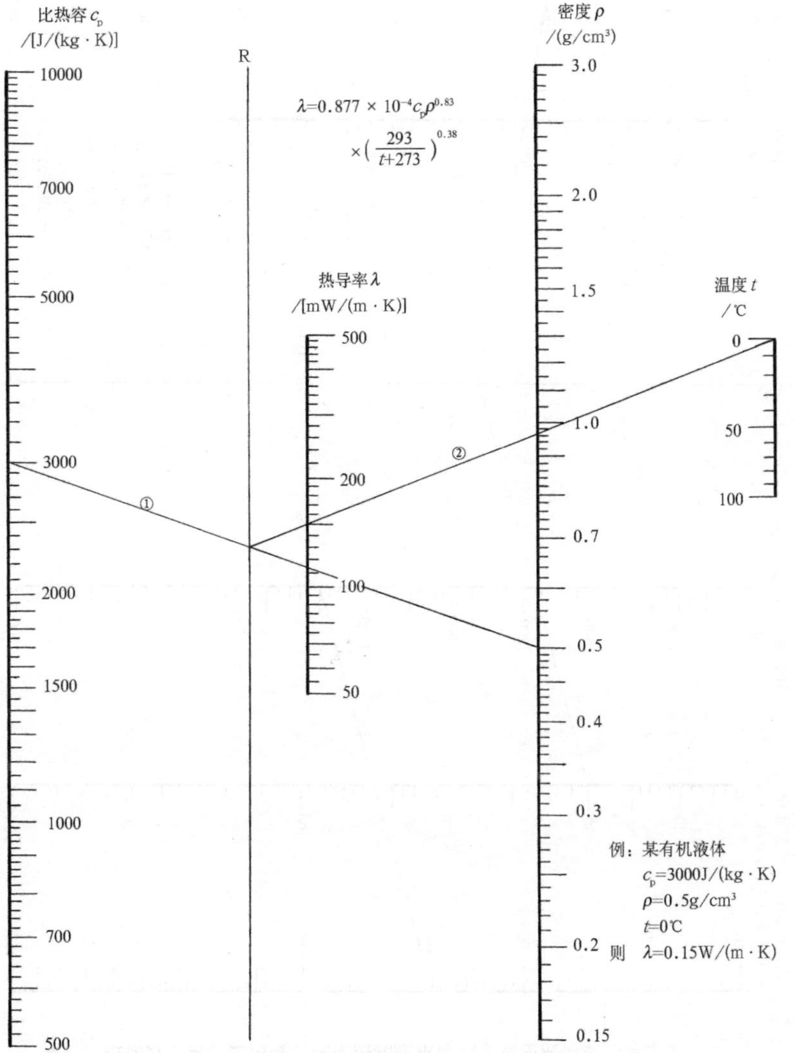

4.16 根据分子量和摩尔体积求有机液体的热导率

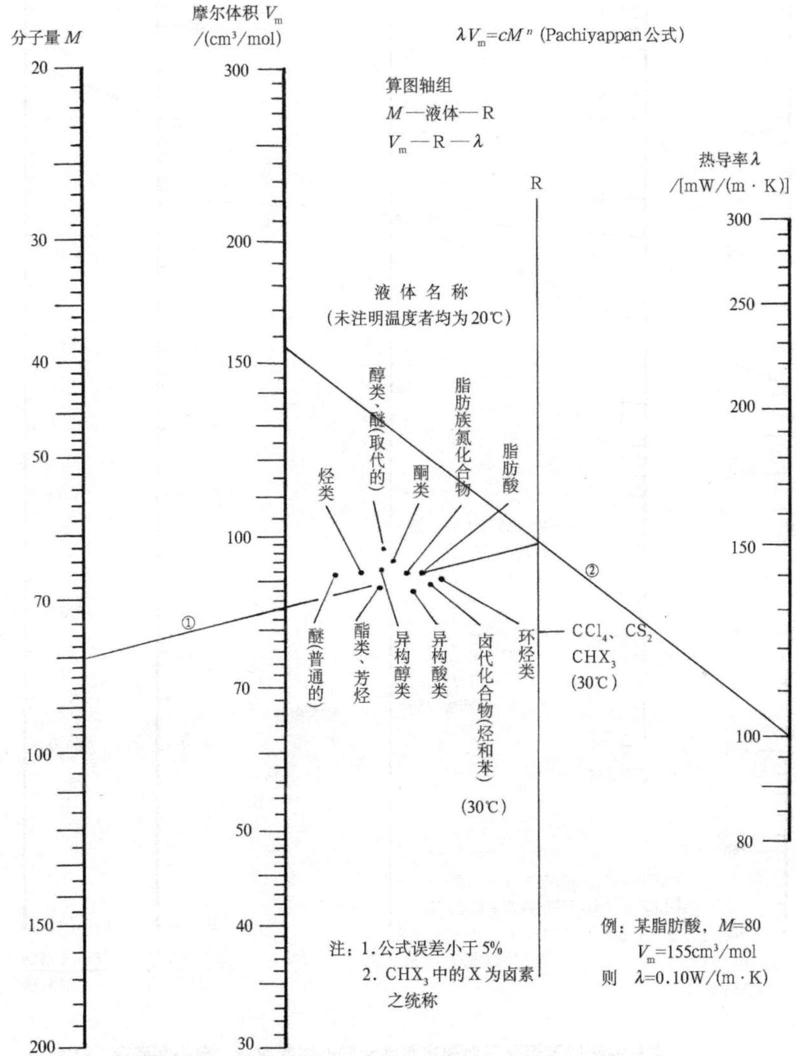

4.17 根据分子量、比热容、汽化热和摩尔体积求有机液体的热导率

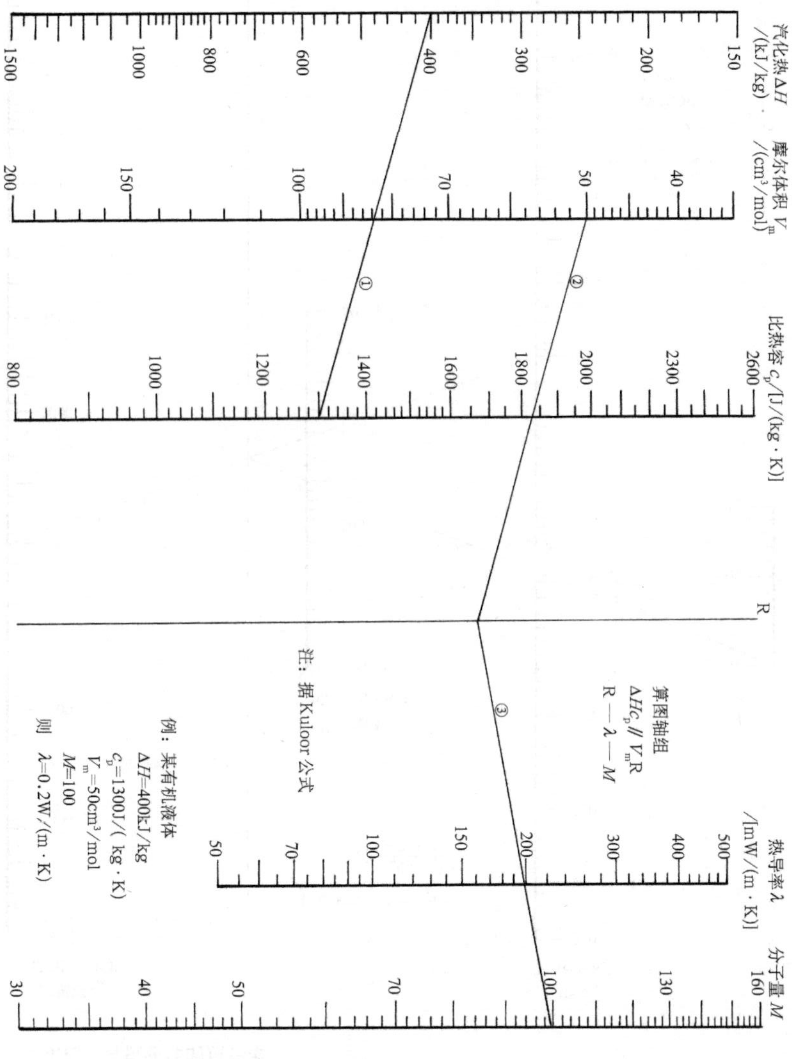

4.18 根据分子量、标准沸点和临界温度求液体任意温度时的热导率

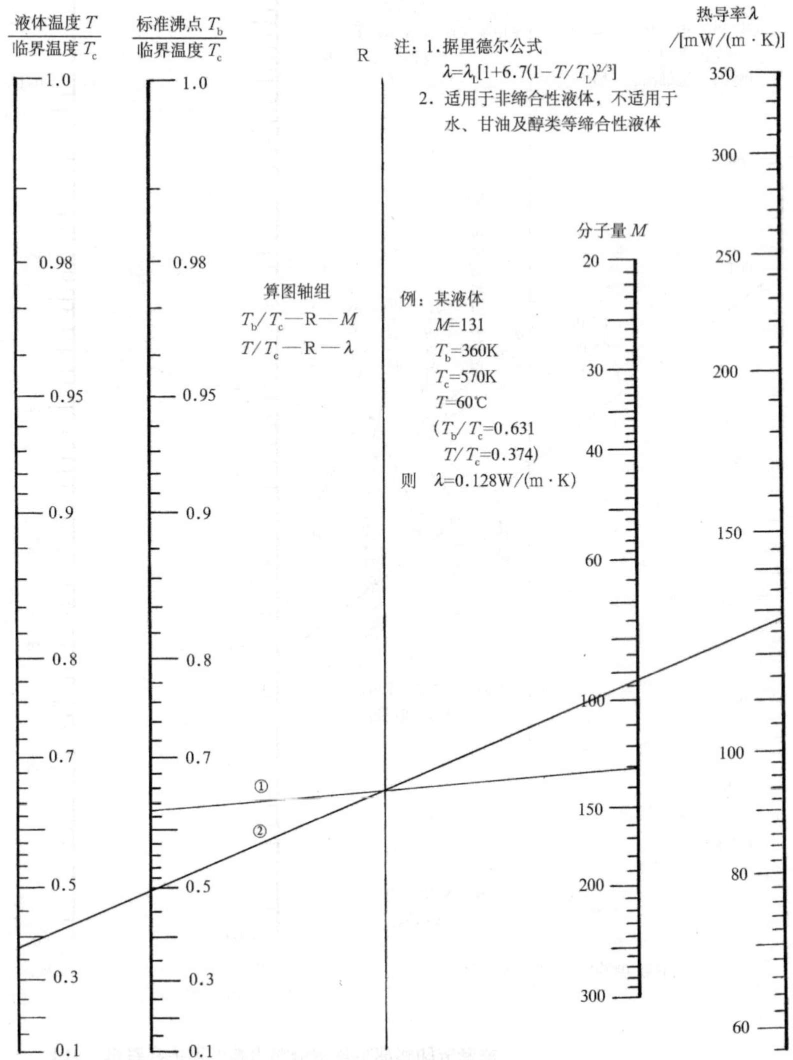

4.19 根据比热容、黏度和普朗特数求热导率

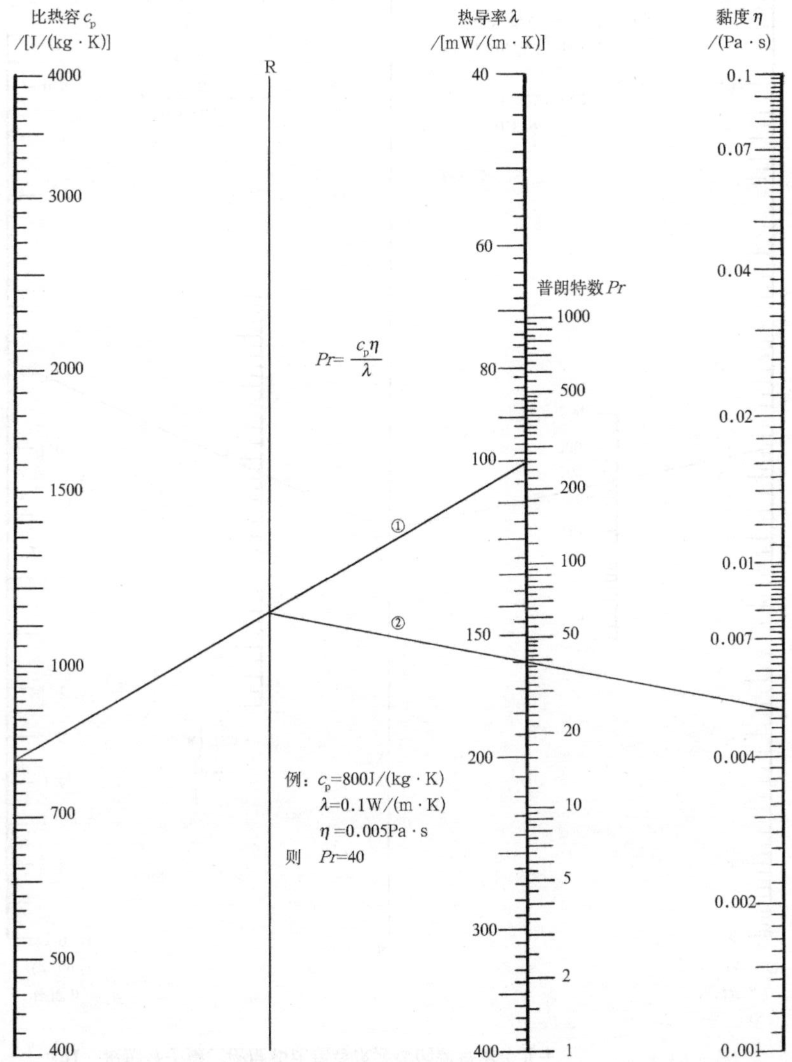

4.20 根据分子量、密度和比热容求液体的热导率（Ⅰ）

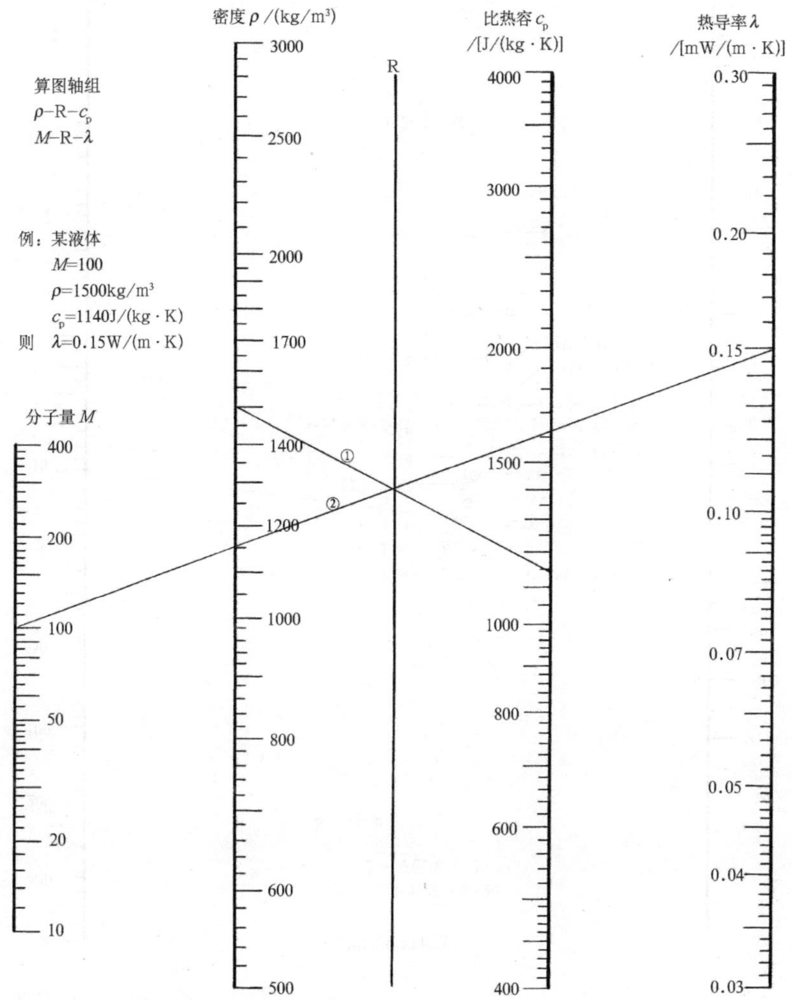

注：1.据Weber公式

2.适用于有机和无机液体，一般误差15%左右，但对60℃的乙醇可达36%

4.21 根据分子量、密度和比热容求液体的热导率（Ⅱ）

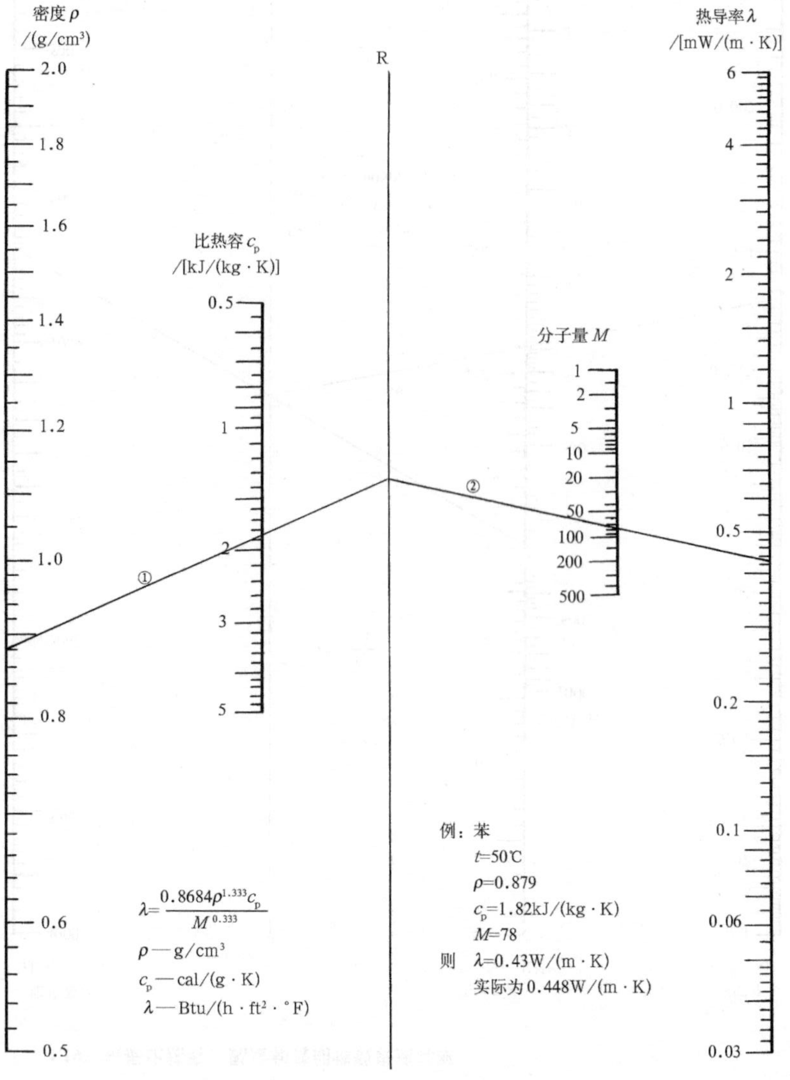

$$\lambda=\frac{0.8684\rho^{1.333}c_p}{M^{0.333}}$$

ρ—g/cm³

c_p—cal/(g·K)

λ—Btu/(h·ft²·°F)

例：苯

t=50℃

ρ=0.879

c_p=1.82kJ/(kg·K)

M=78

则 λ=0.43W/(m·K)

实际为0.448W/(m·K)

4.22 一些烯烃的蒸气压（Ⅰ，含炔烃）

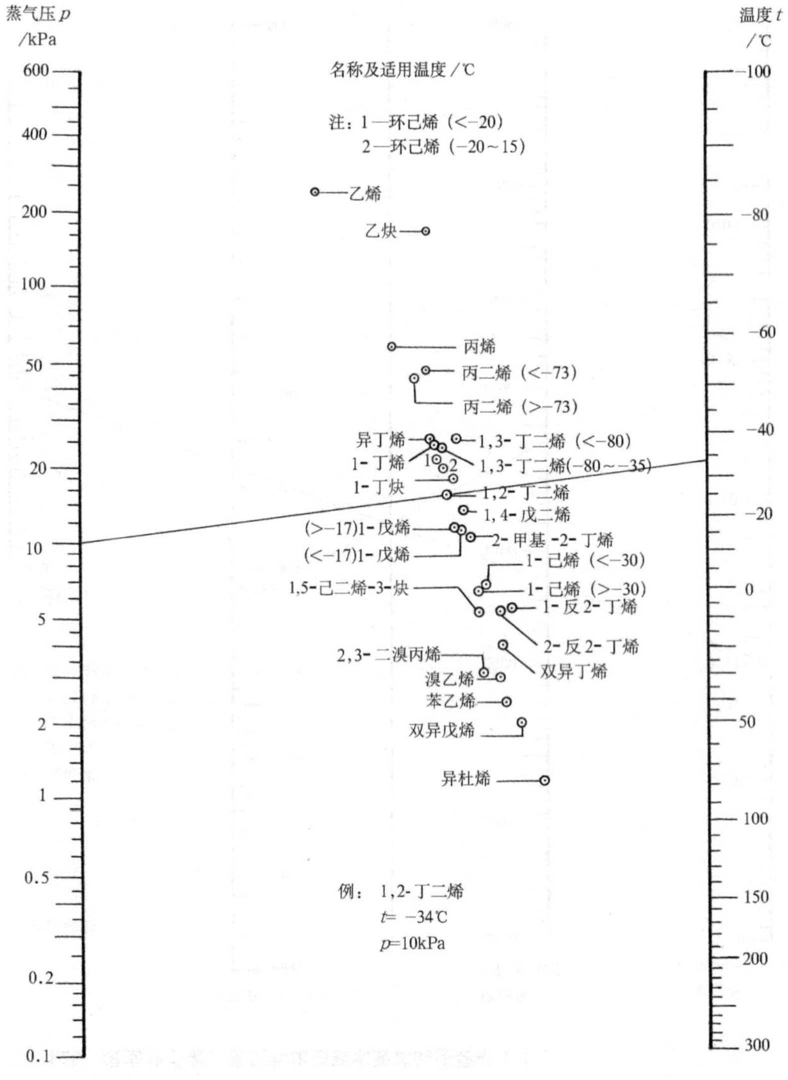

注：1—环己烯（<-20）
2—环己烯（-20～15）

例：1,2-丁二烯

t=-34℃

p=10kPa

4.23 一些烯烃的蒸气压（Ⅱ）

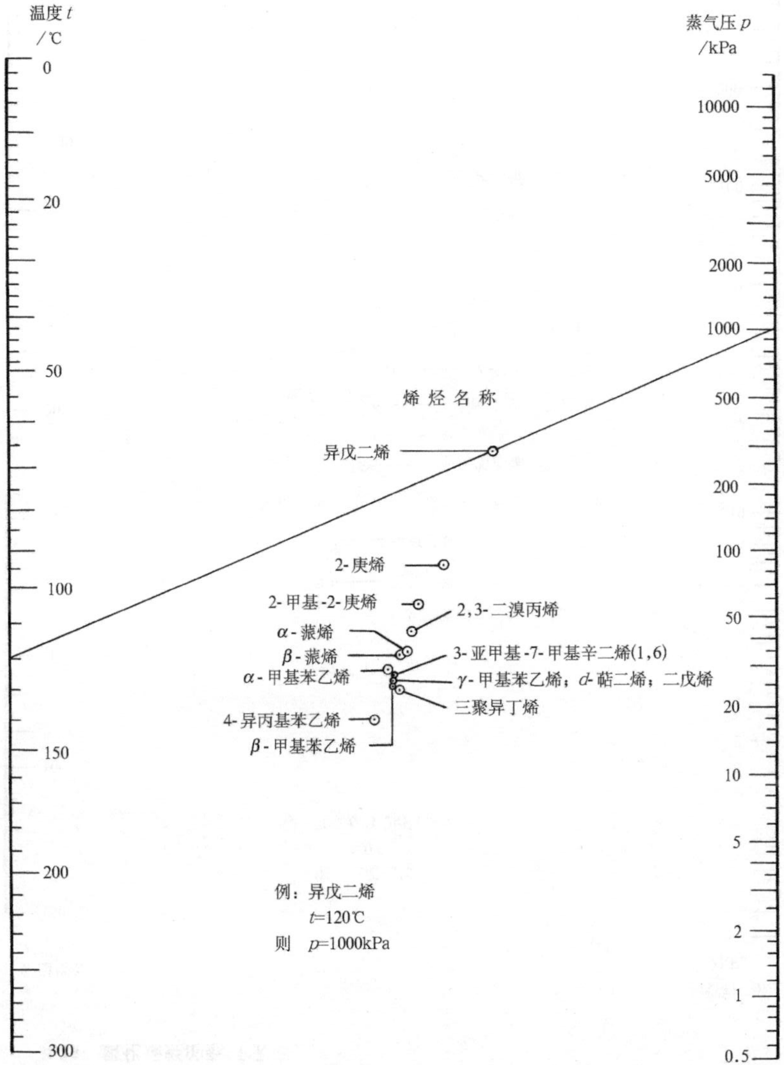

例：异戊二烯
t=120℃
则 p=1000kPa

4.24 一些烯烃的蒸气压（Ⅲ）

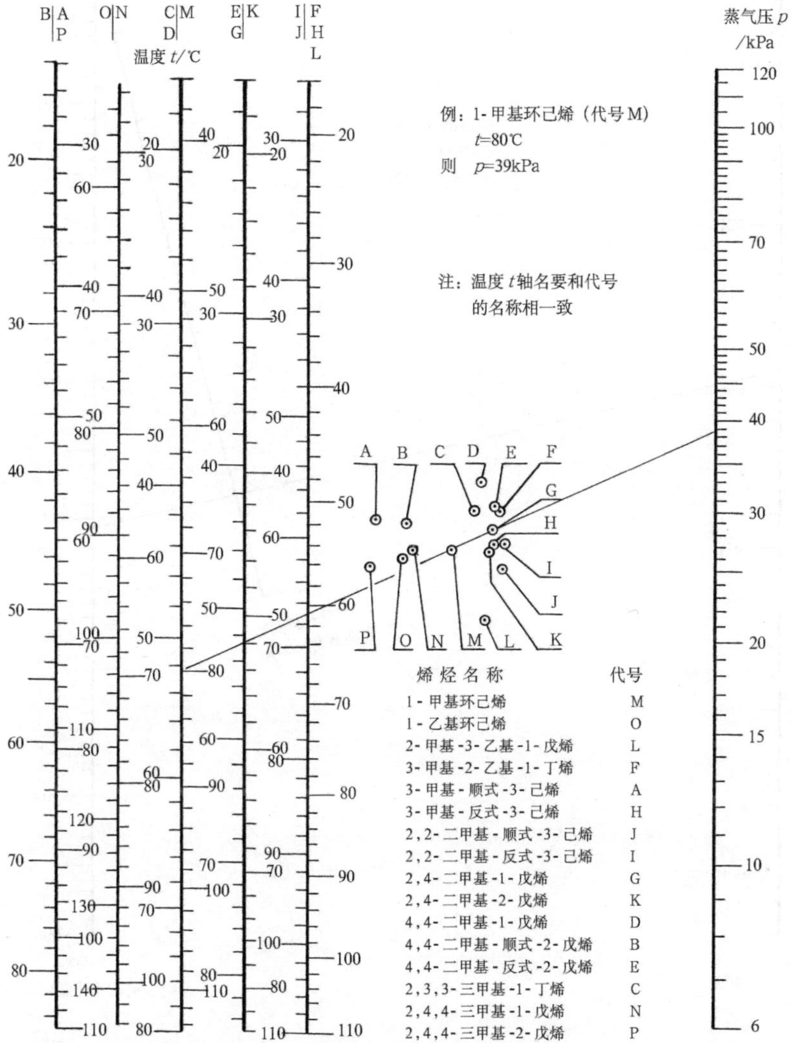

例：1-甲基环己烯（代号 M）
t=80℃
则 p=39kPa

注：温度 t 轴名要和代号的名称相一致

烯烃名称	代号
1-甲基环己烯	M
1-乙基环己烯	O
2-甲基-3-乙基-1-戊烯	L
3-甲基-2-乙基-1-丁烯	F
3-甲基-顺式-3-己烯	A
3-甲基-反式-3-己烯	H
2,2-二甲基-顺式-3-己烯	J
2,2-二甲基-反式-3-己烯	I
2,4-二甲基-1-戊烯	G
2,4-二甲基-2-戊烯	K
4,4-二甲基-1-戊烯	D
4,4-二甲基-顺式-2-戊烯	B
4,4-二甲基-反式-2-戊烯	E
2,3,3-三甲基-1-丁烯	C
2,4,4-三甲基-1-戊烯	N
2,4,4-三甲基-2-戊烯	P

4.25 氯化烯烃的蒸气压

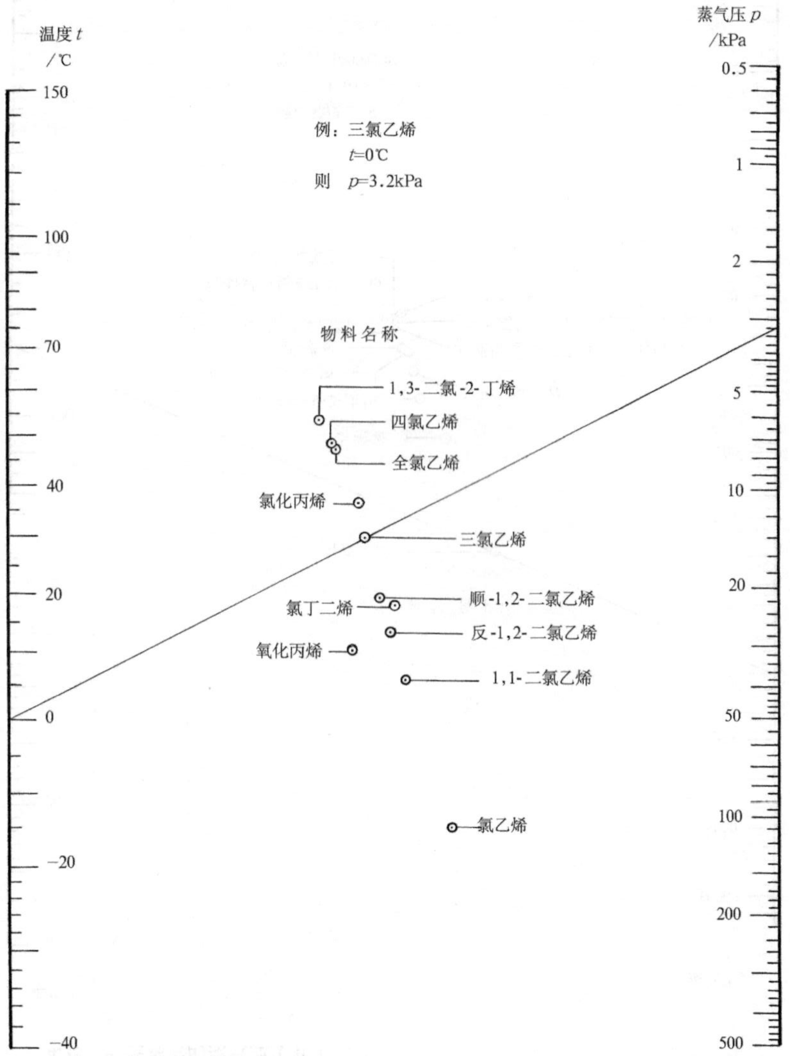

4.26 氧化丙烯和丙氧基甘油混合物的蒸气压

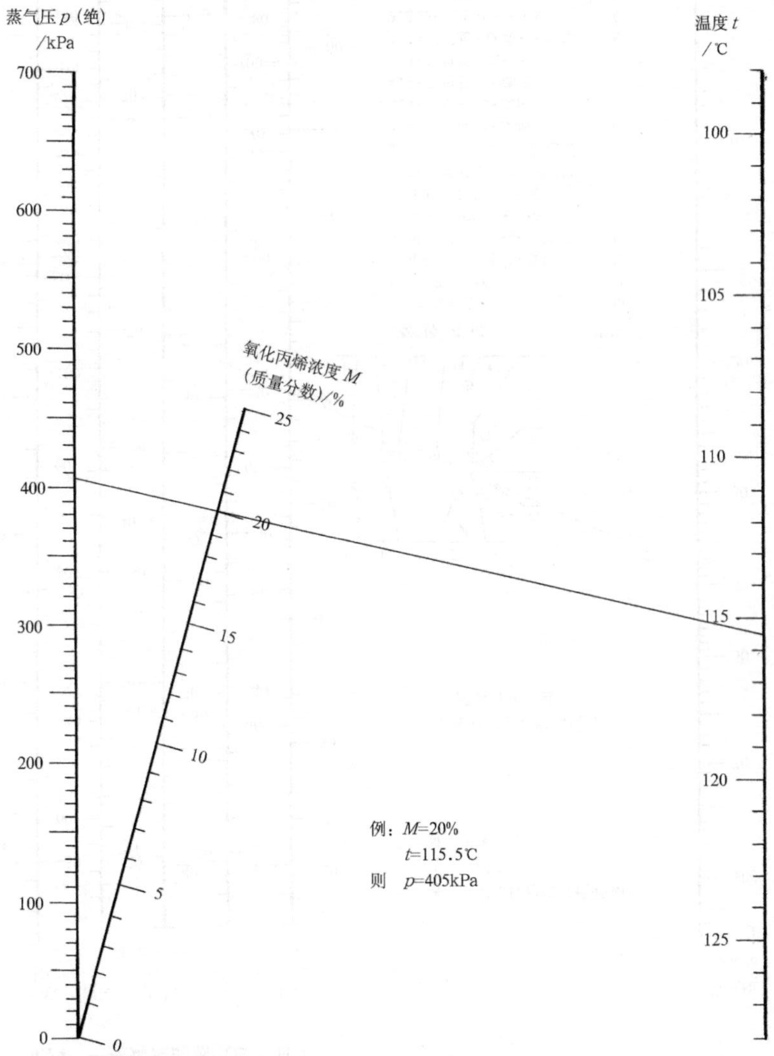

4.27 烯烃气体的比热容

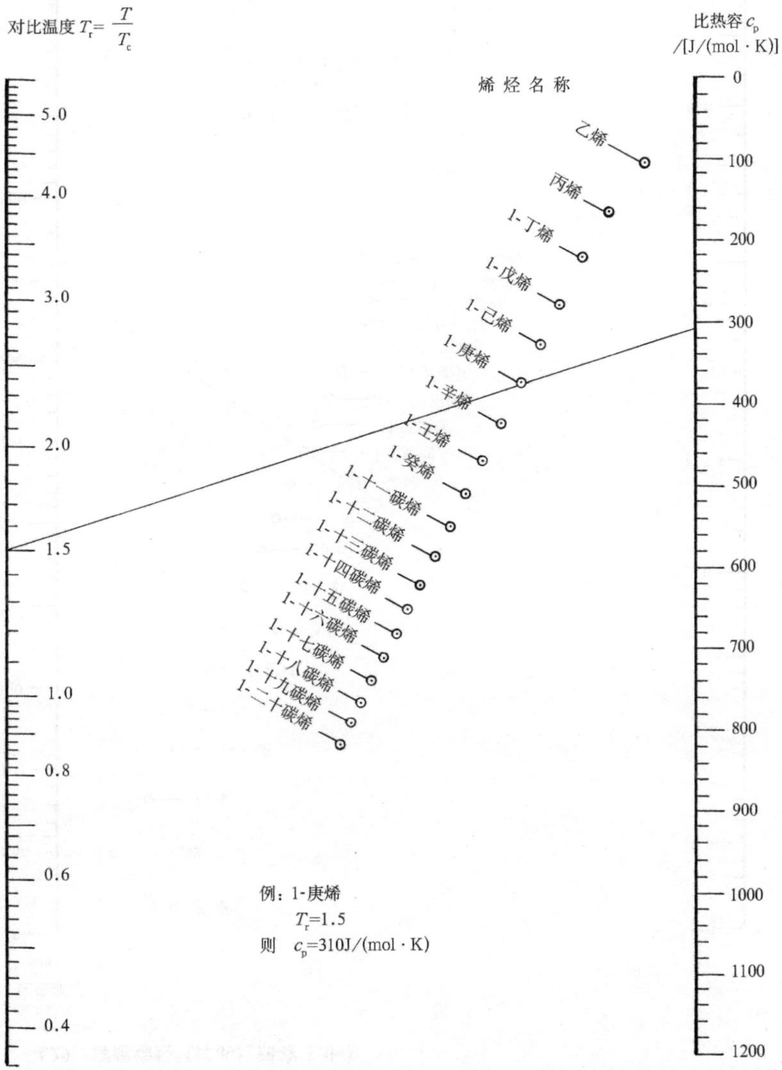

4.28 理想烯烃气体的比热容（Ⅰ）

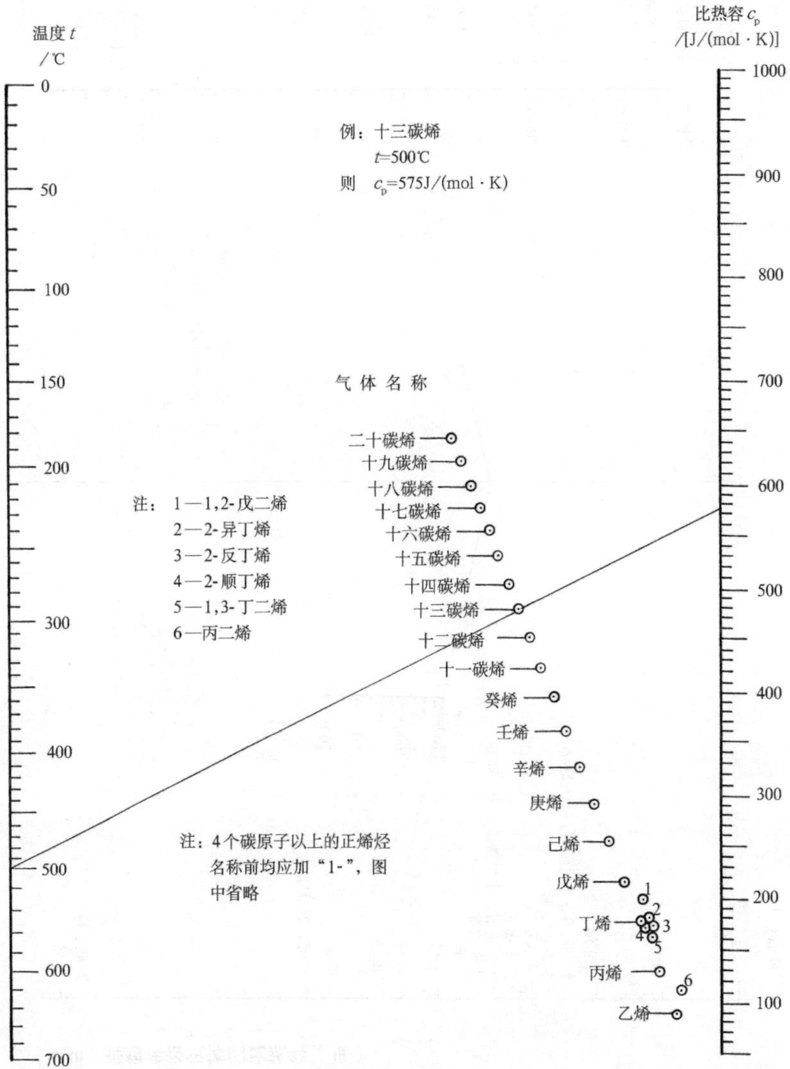

4.29 理想烯烃气体的比热容（Ⅱ）

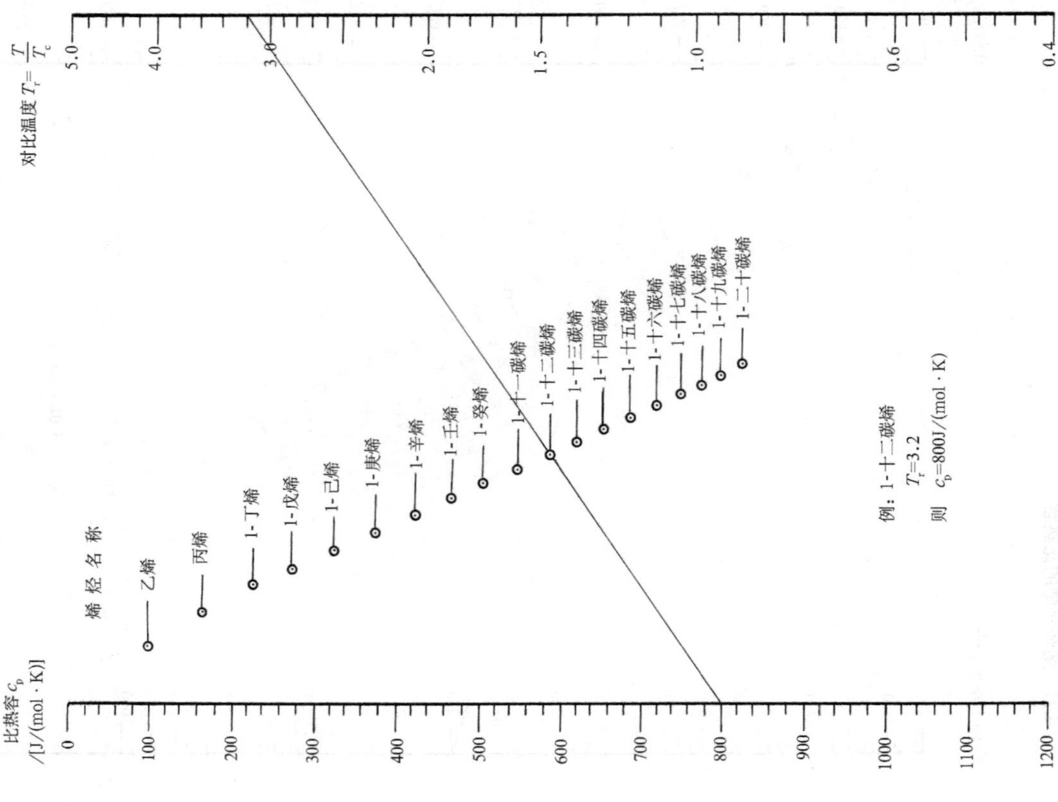

4.30 理想烯烃气体的比热容（Ⅲ）

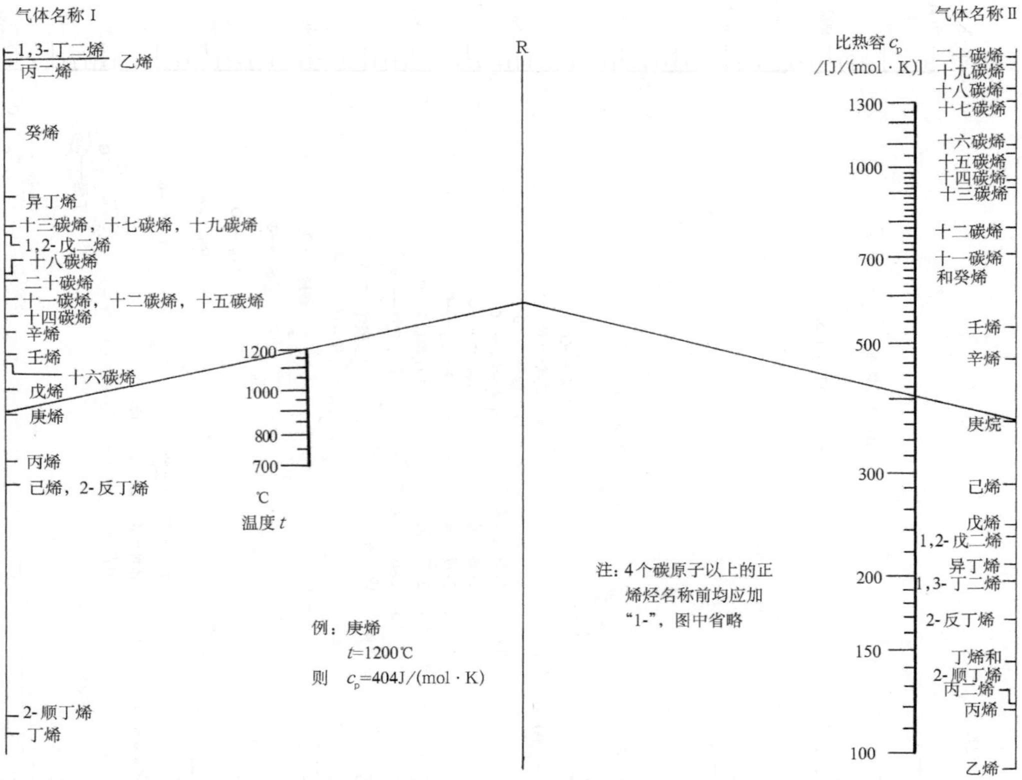

4.31 根据密度和温度求液烃的常压比热容

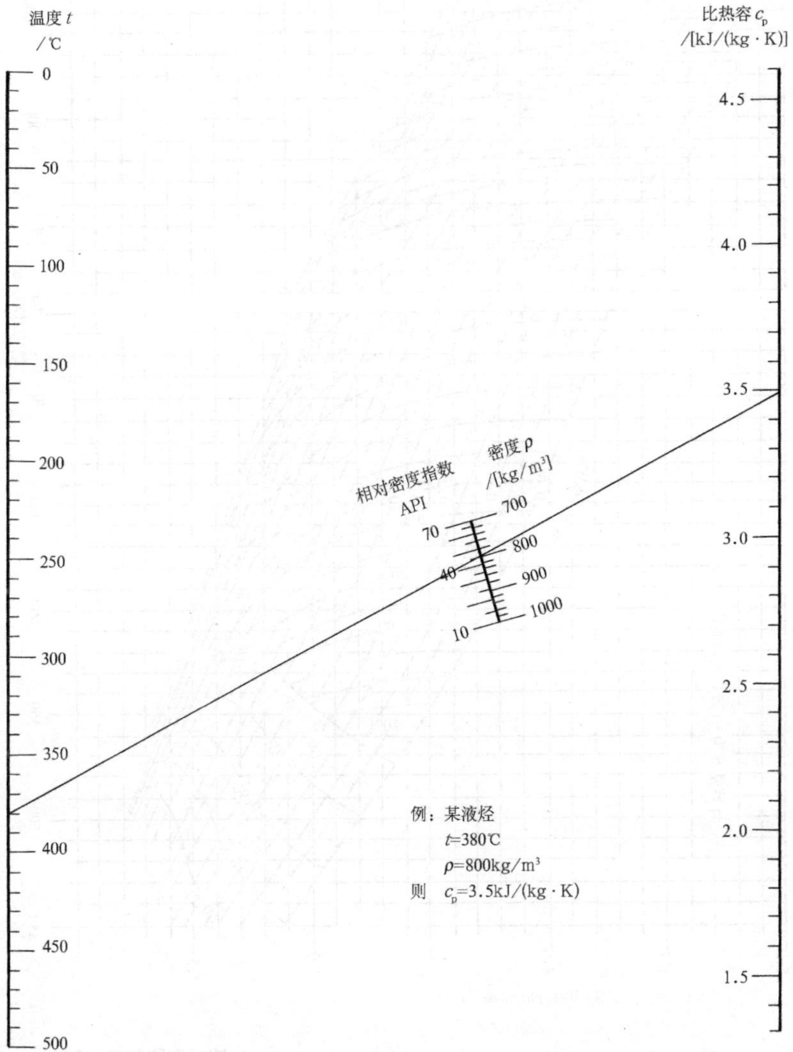

4.32 一些烯烃的汽化热

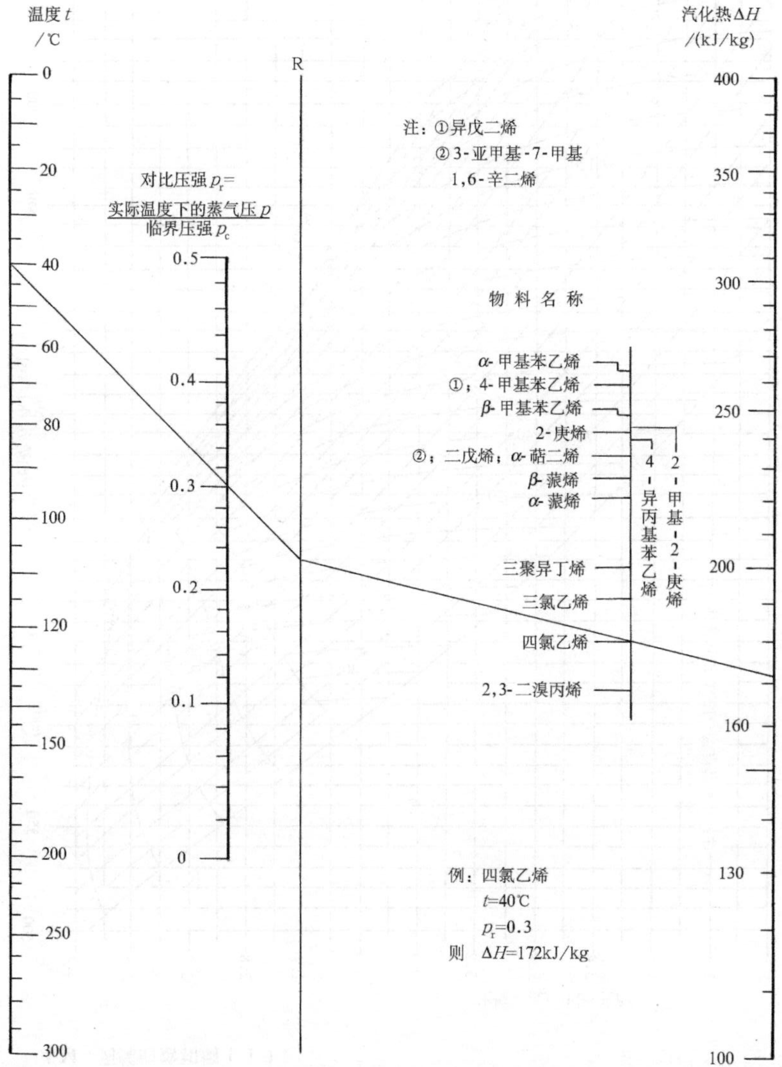

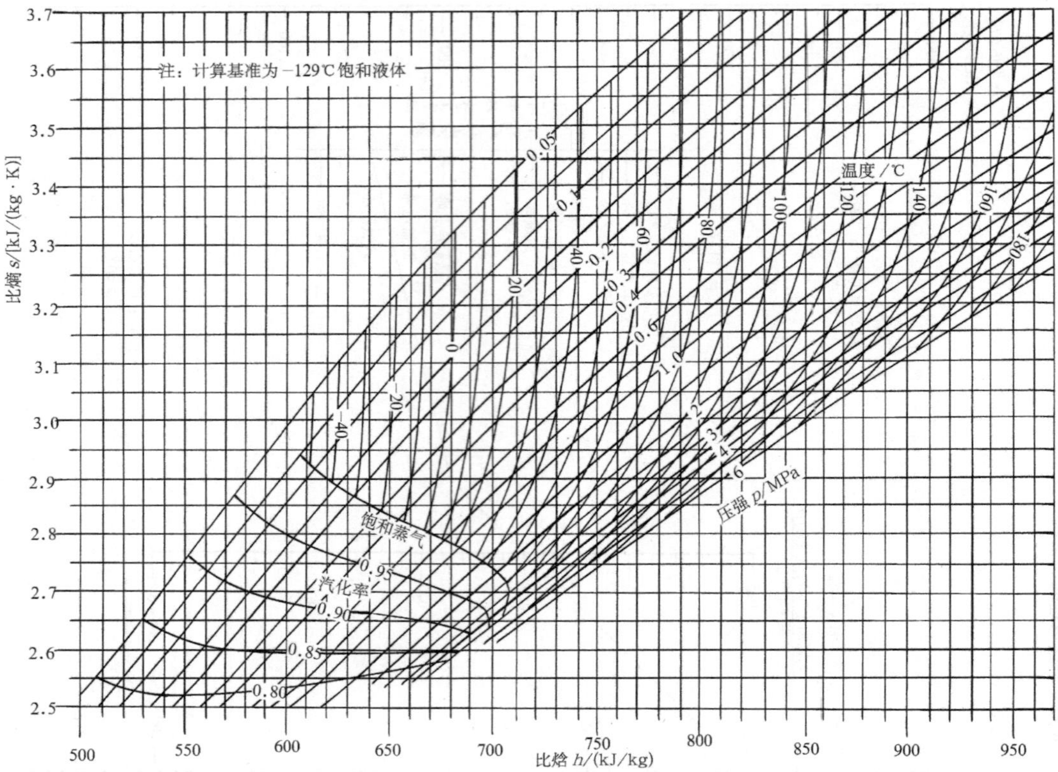

4.34 丙烯的焓和熵（Ⅰ）

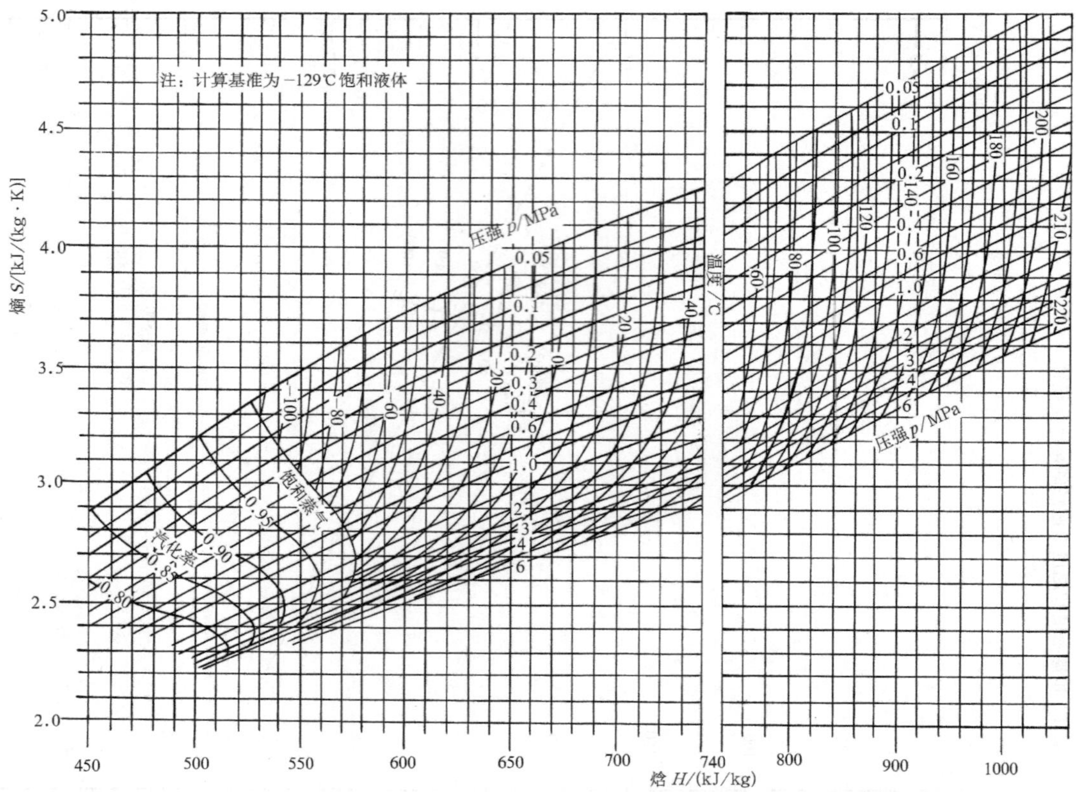

4.33 乙烯的焓和熵

4.35 丙烯的焓和熵（Ⅱ）

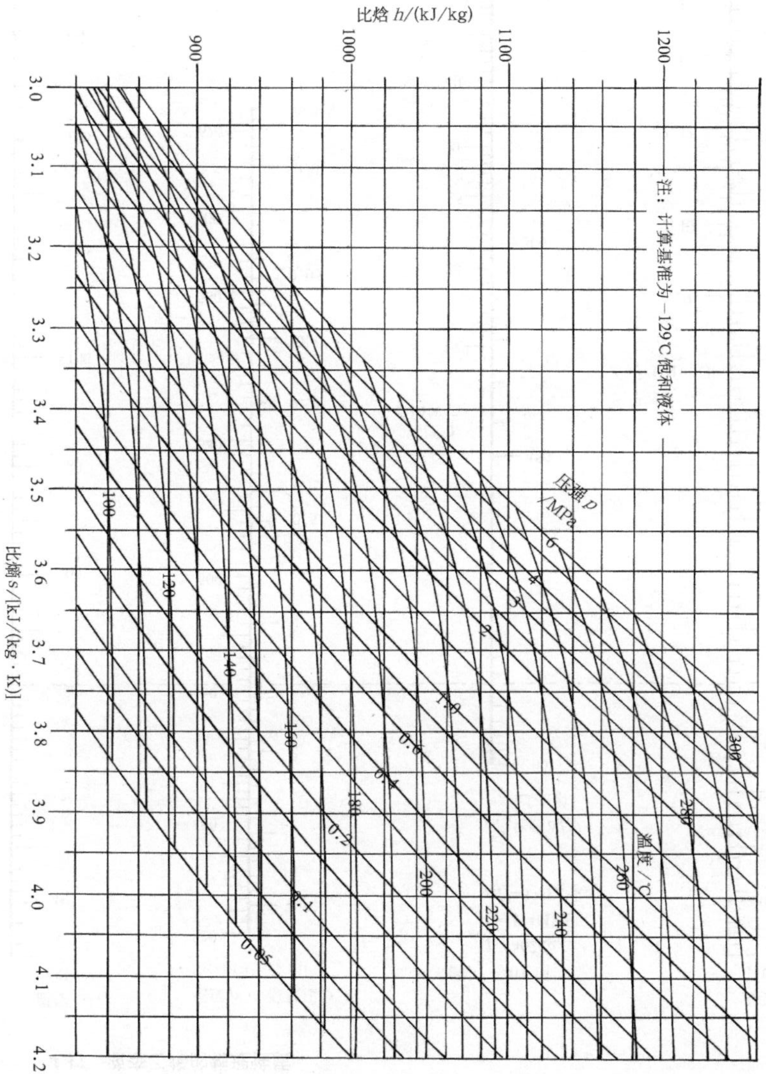

4.36 气态乙烯的物理性质

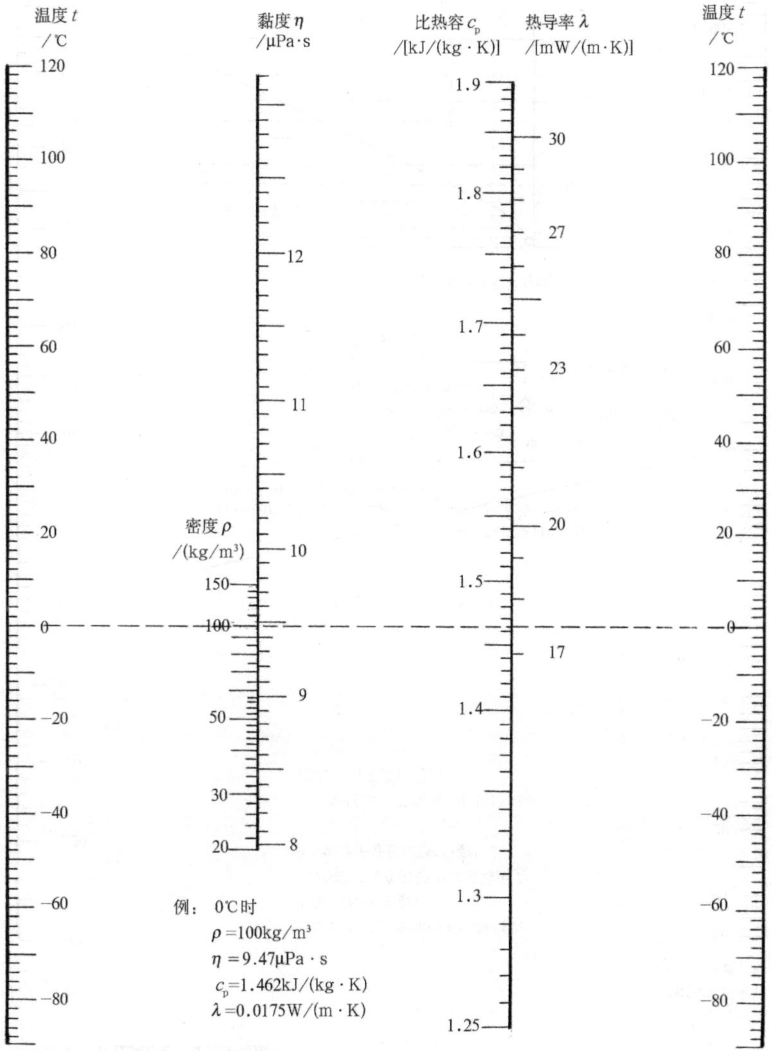

4.37 液态乙烯的物理性质

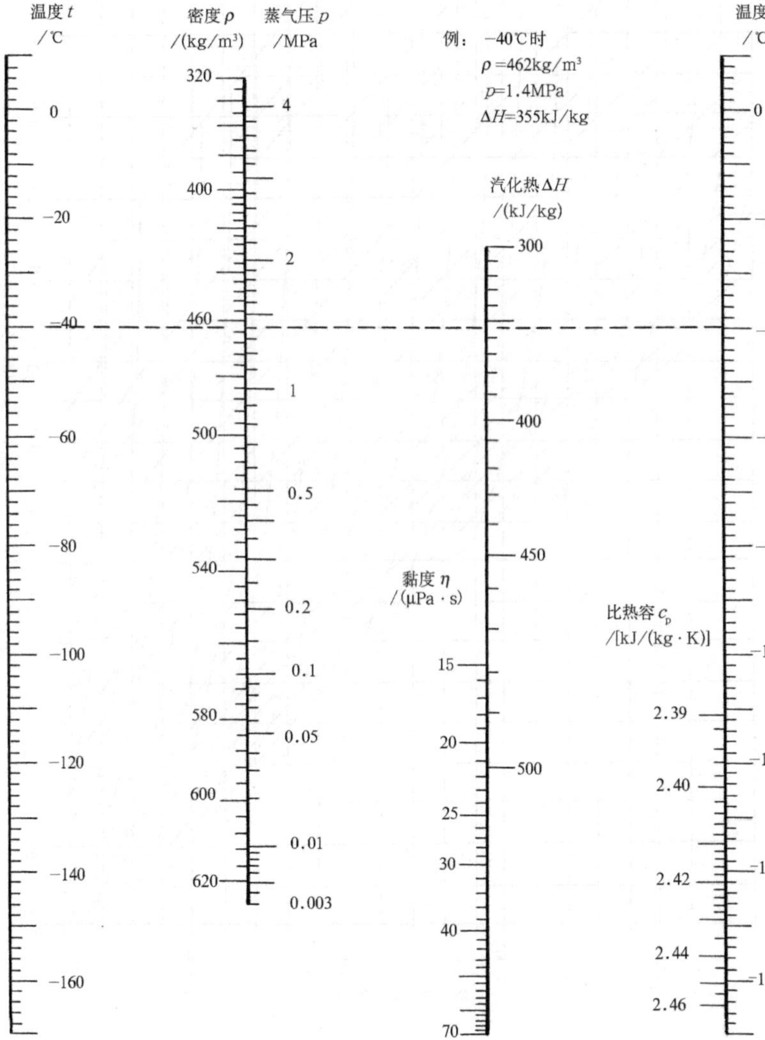

4.38 水在烯烃中的溶解度

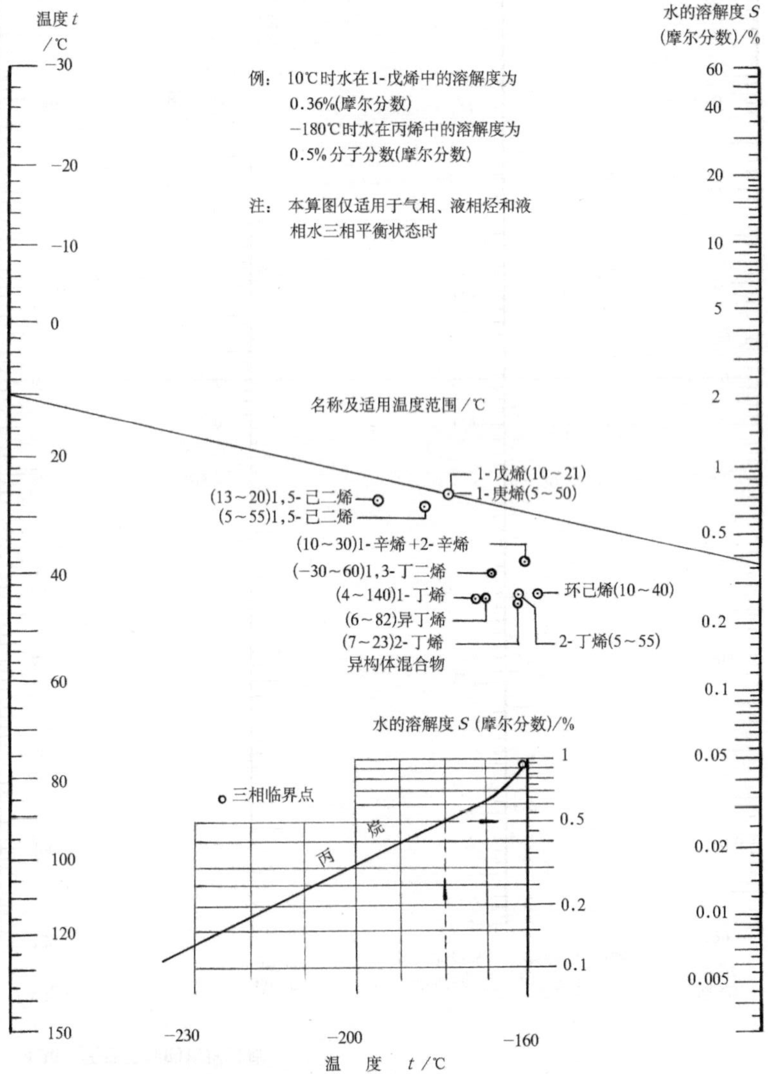

4.39 1-丁烯在水中的溶解度

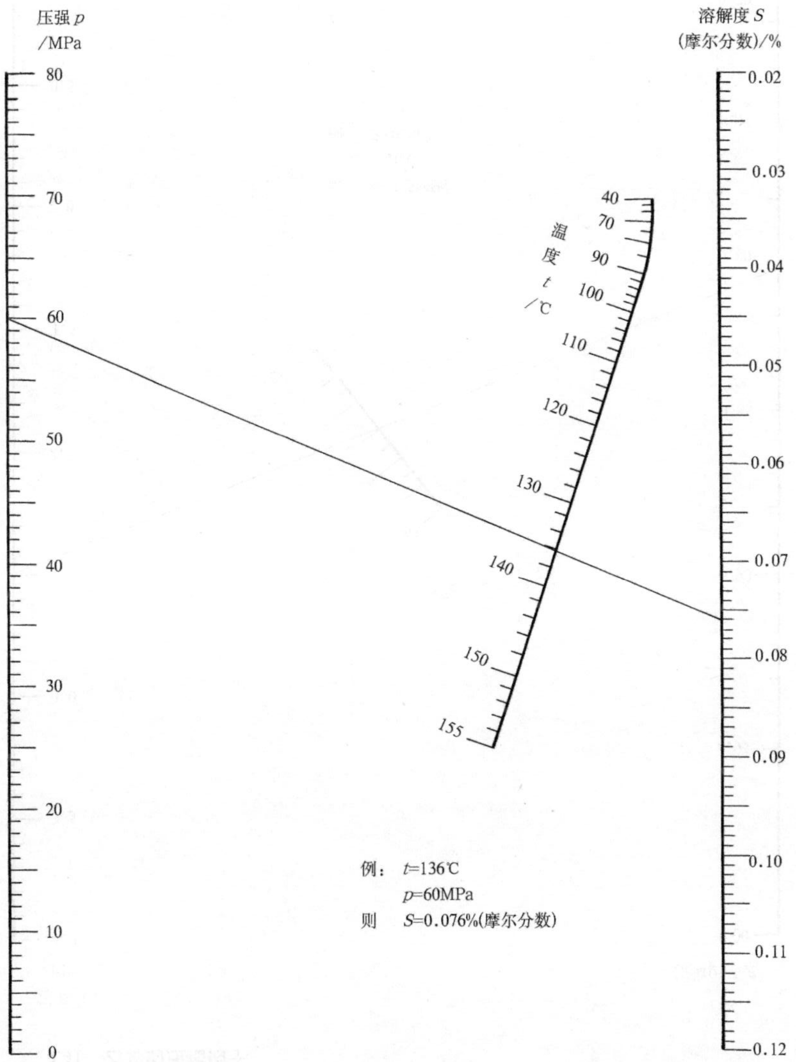

4.40 饱和烯烃的普朗特数

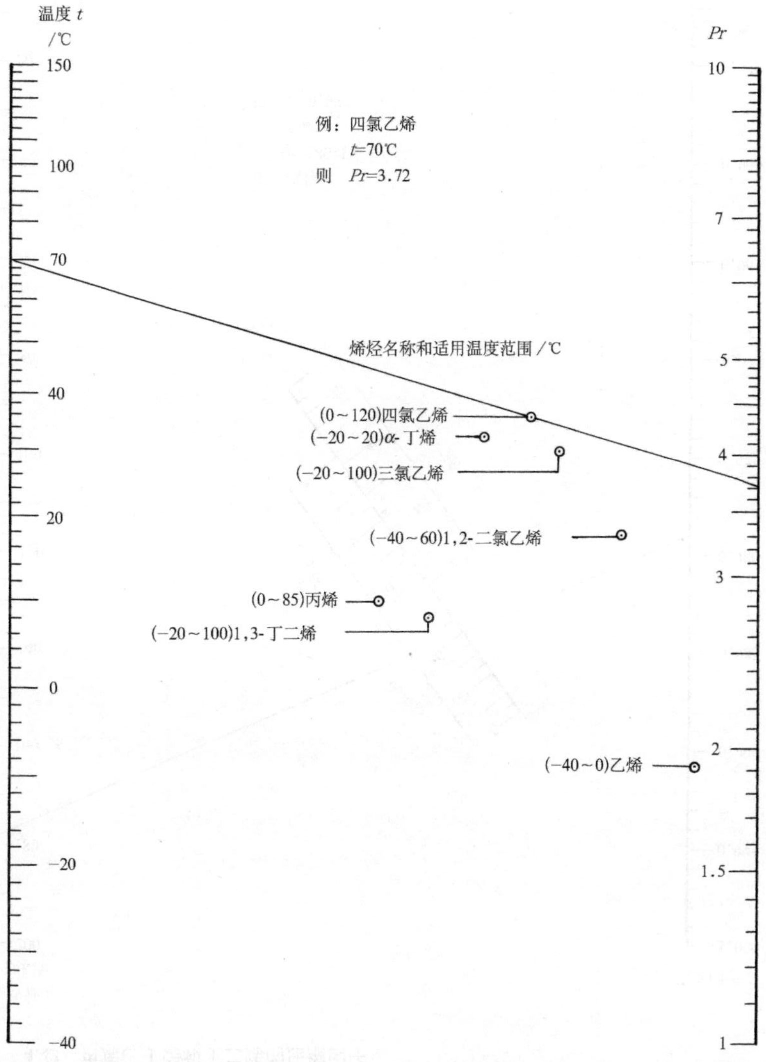

4.41 乙烯的压缩因子

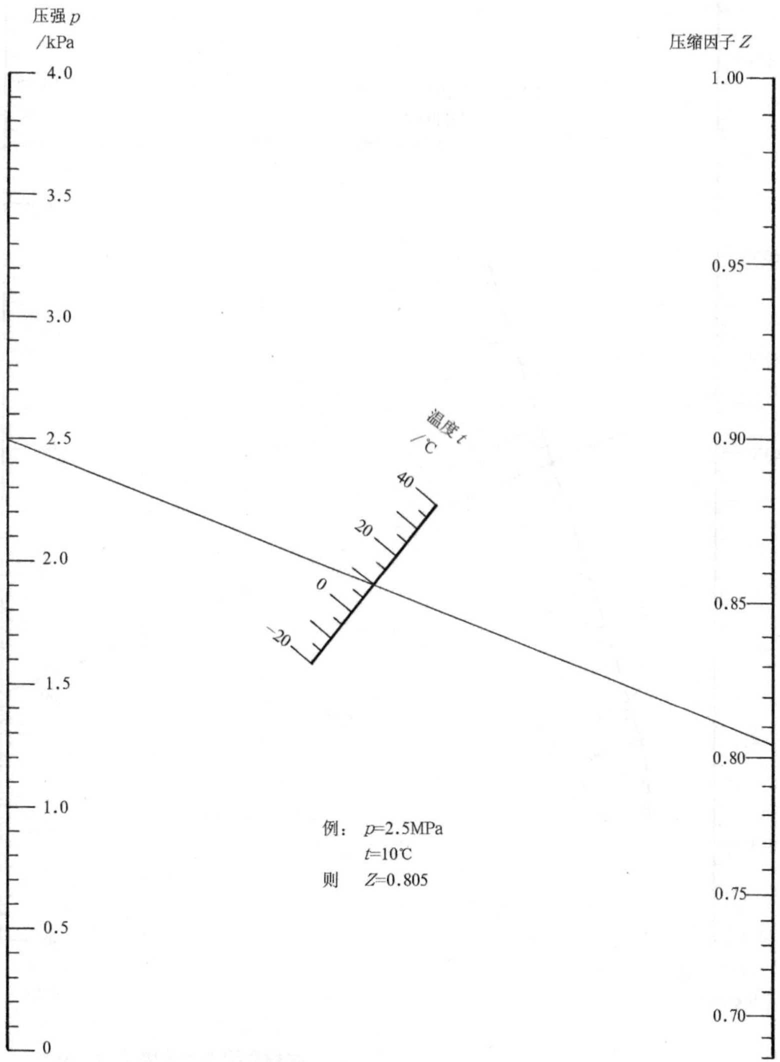

4.42 丙烯、丁烯和丁二烯的压缩因子

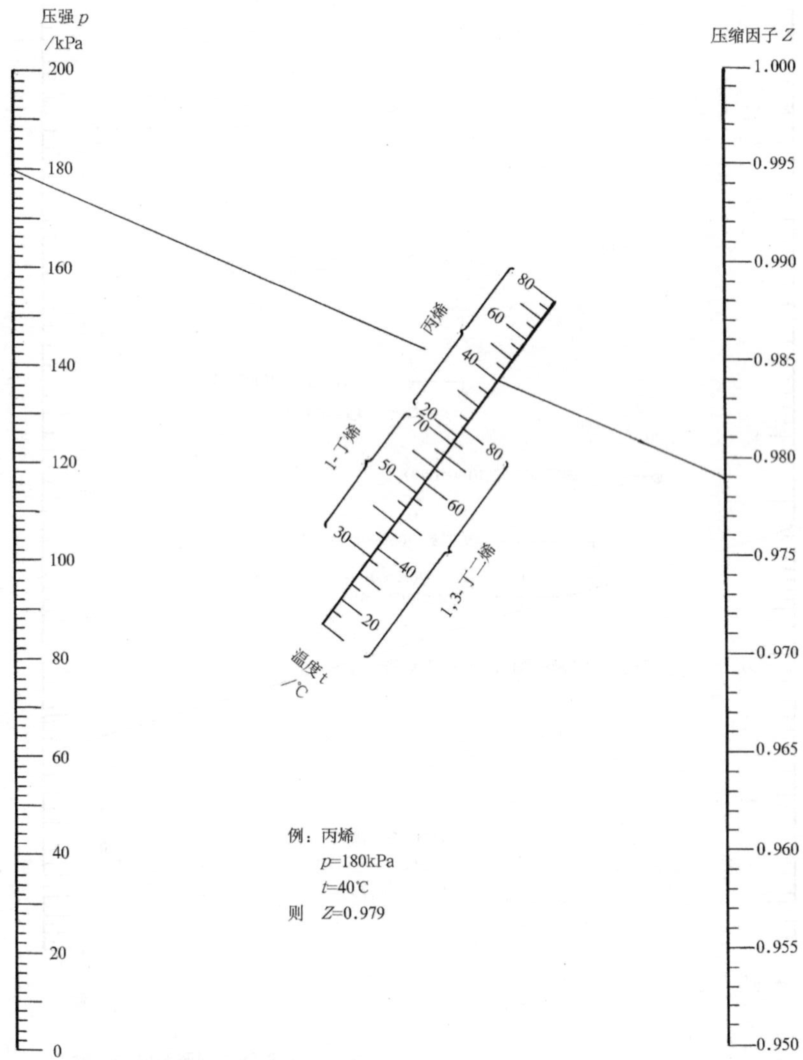

第5章

5.1 炔烃气体和液体的热导率

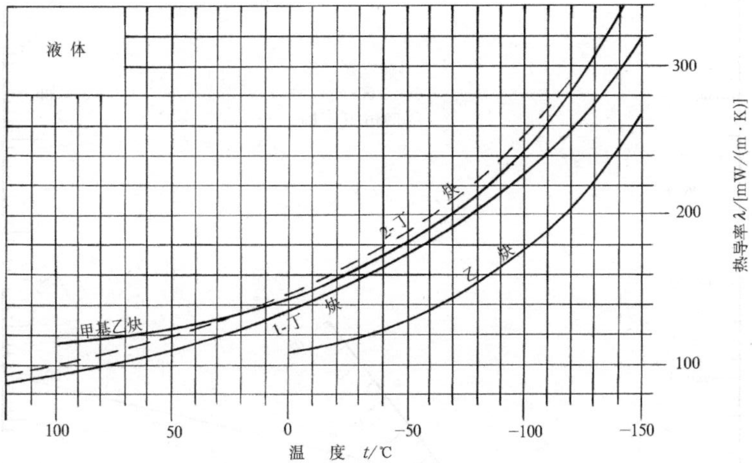

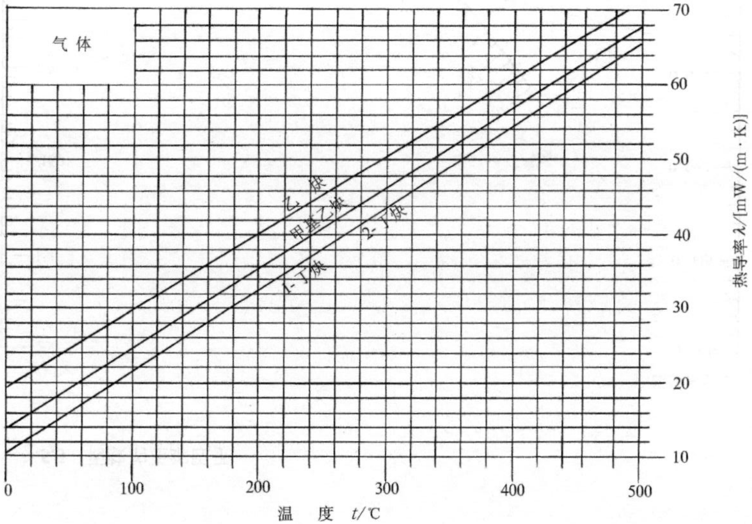

5.2 理想炔烃气体的比热容

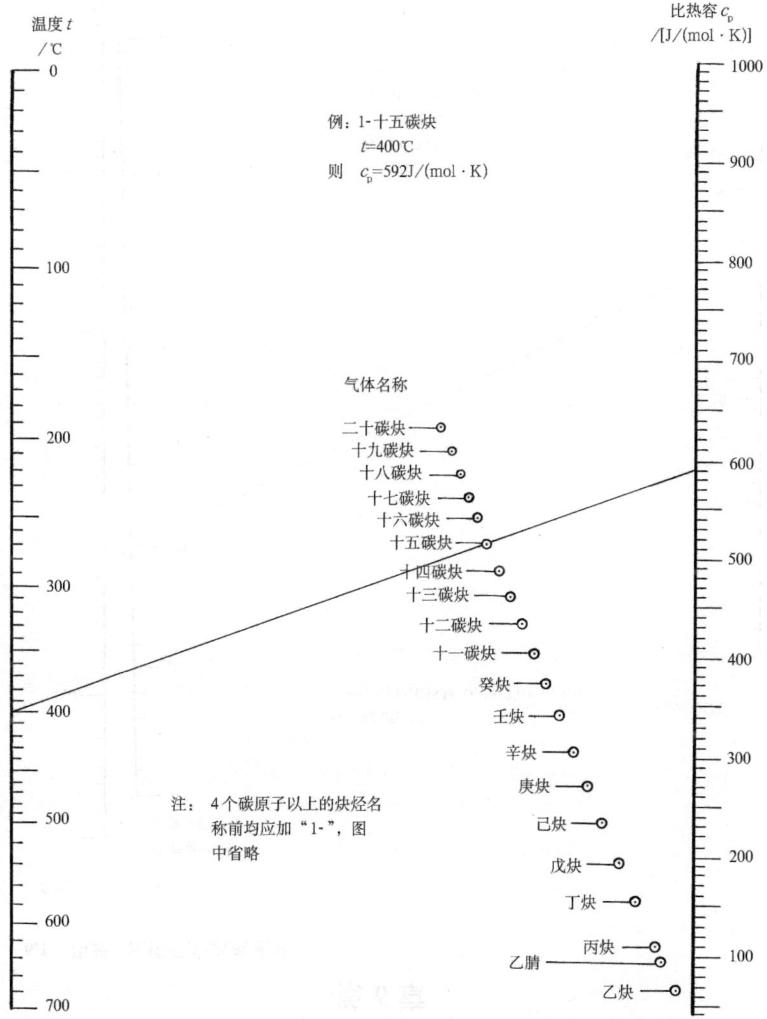

5.3 丙炔的压缩因子

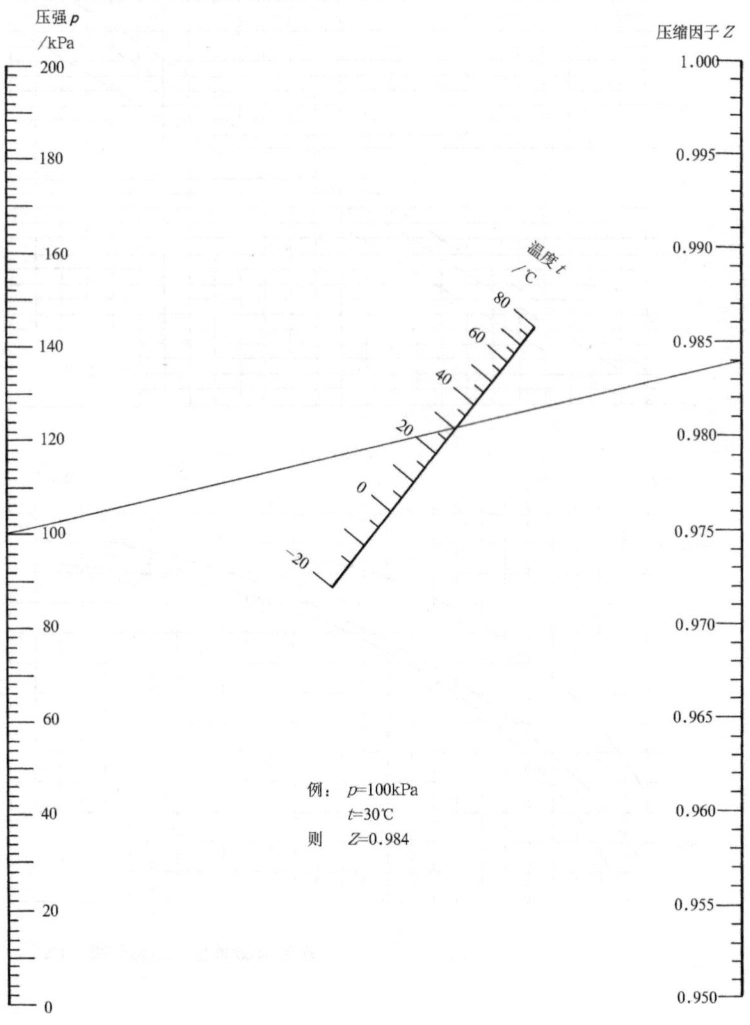

第 6 章

6.1 甲苯 - 氯仿混合液的密度

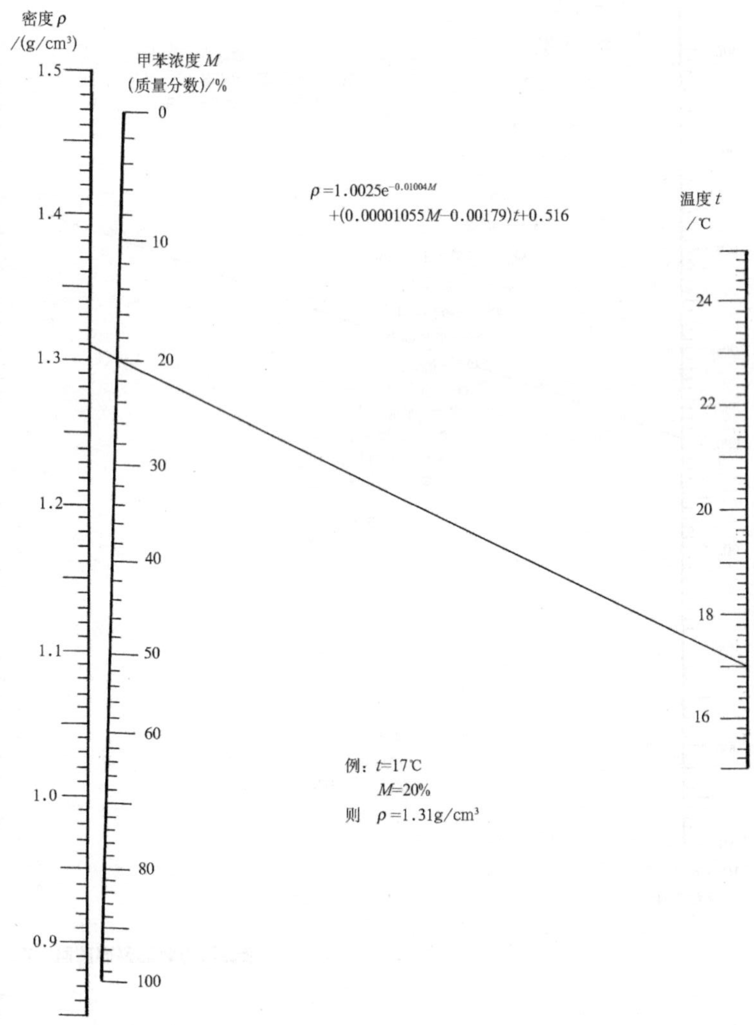

6.2 苯与四氯化碳混合物的黏度

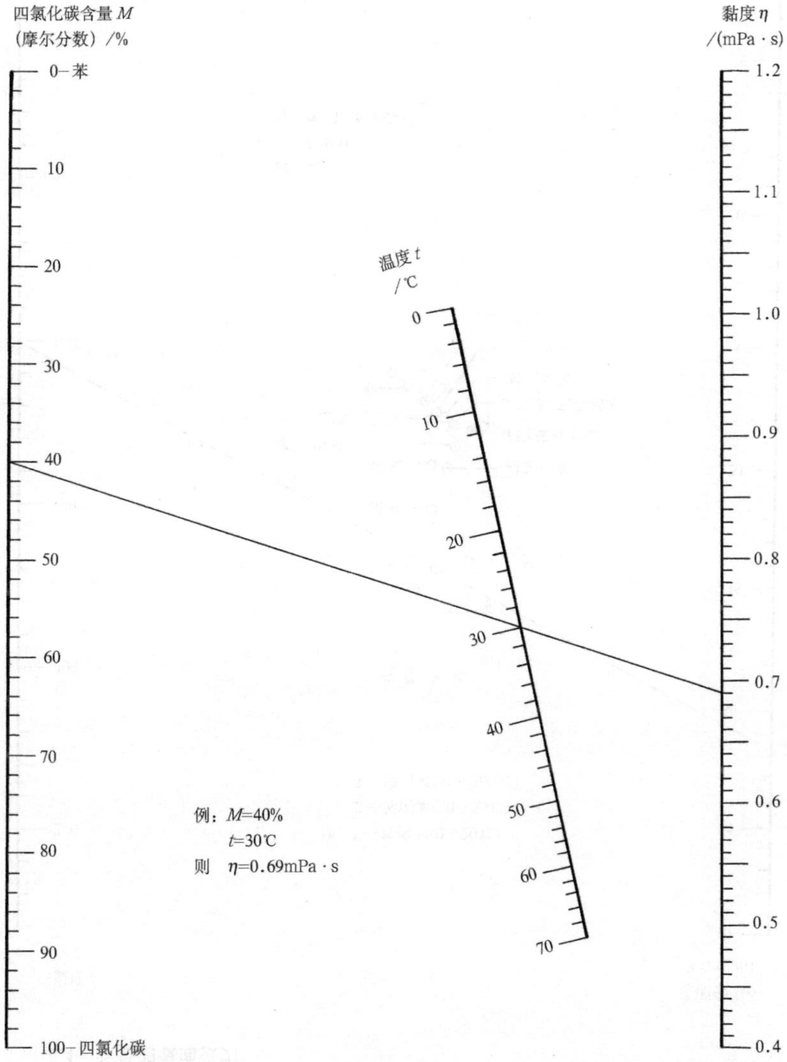

6.3 苯及其化合物的黏度

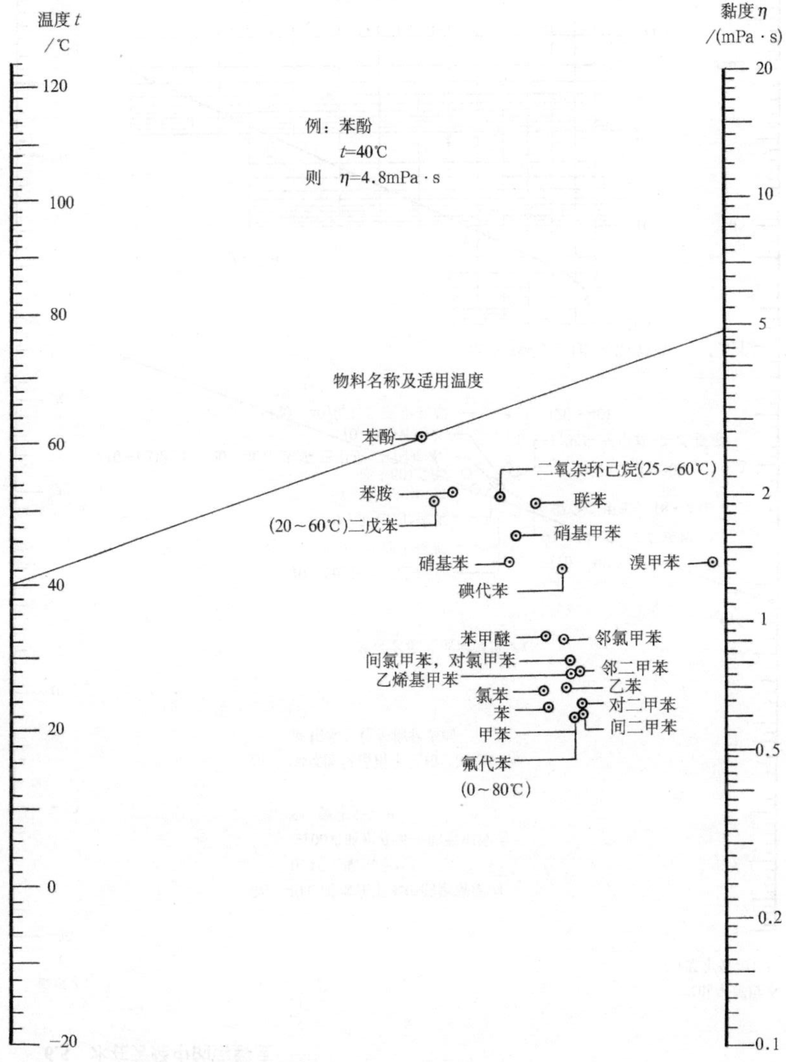

6.4 芳烃的表面张力

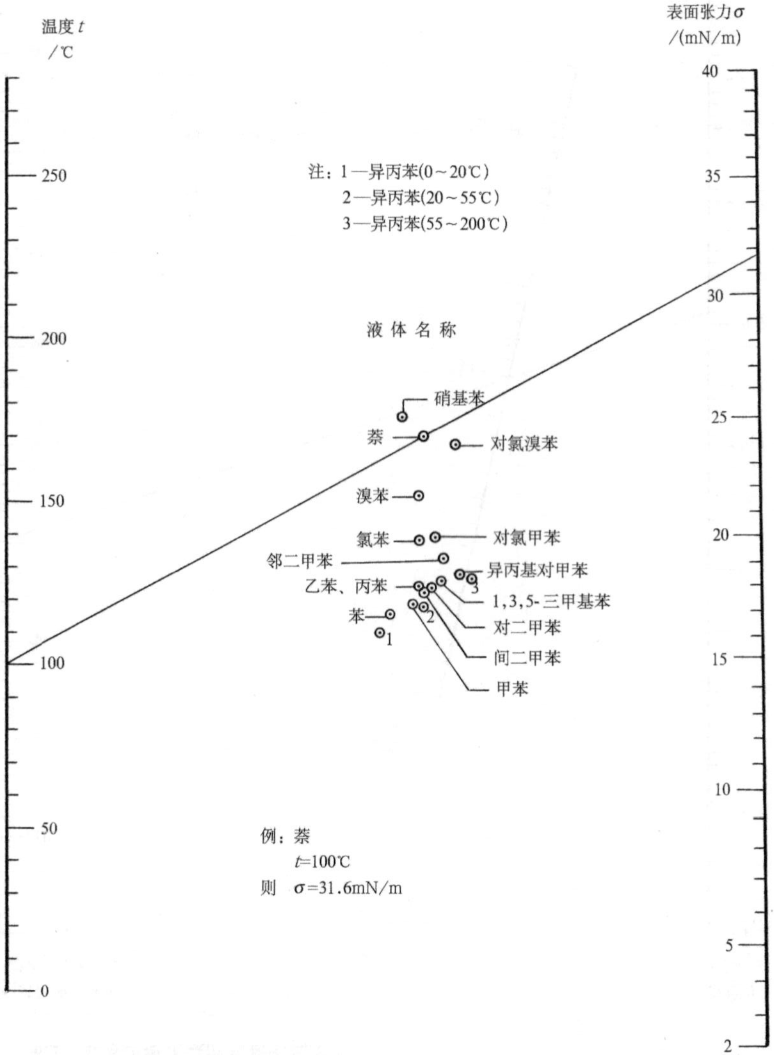

6.5 水在芳烃中的溶解度

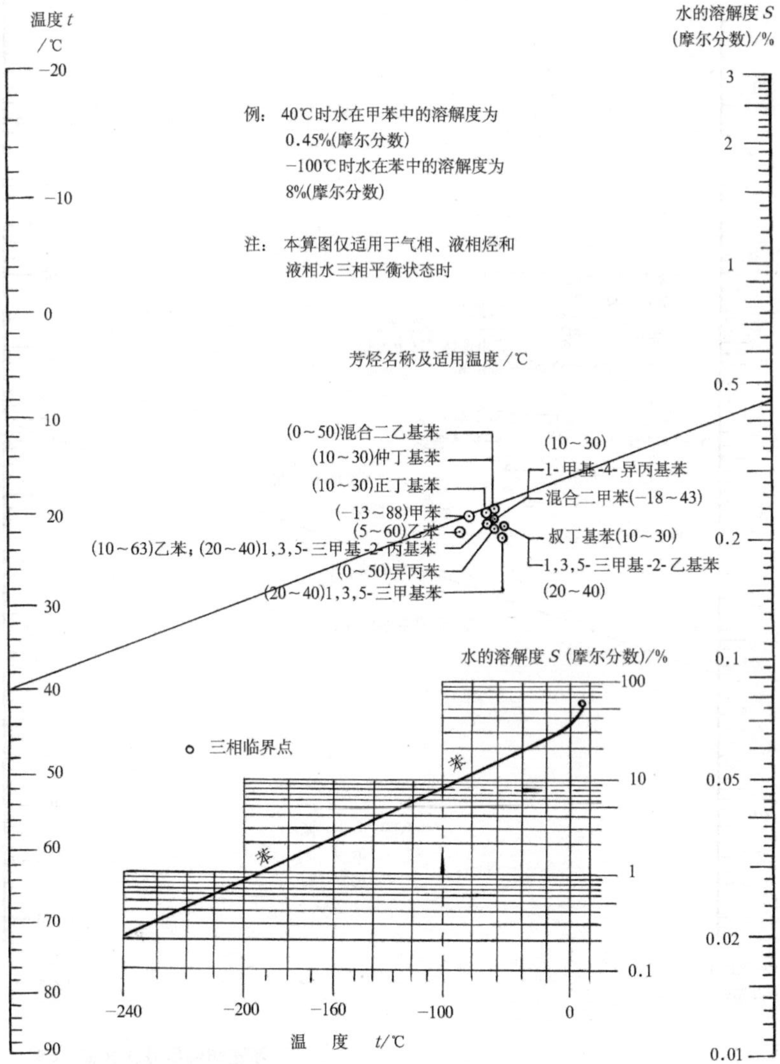

6.6 苯类在水中的溶解度（常压）

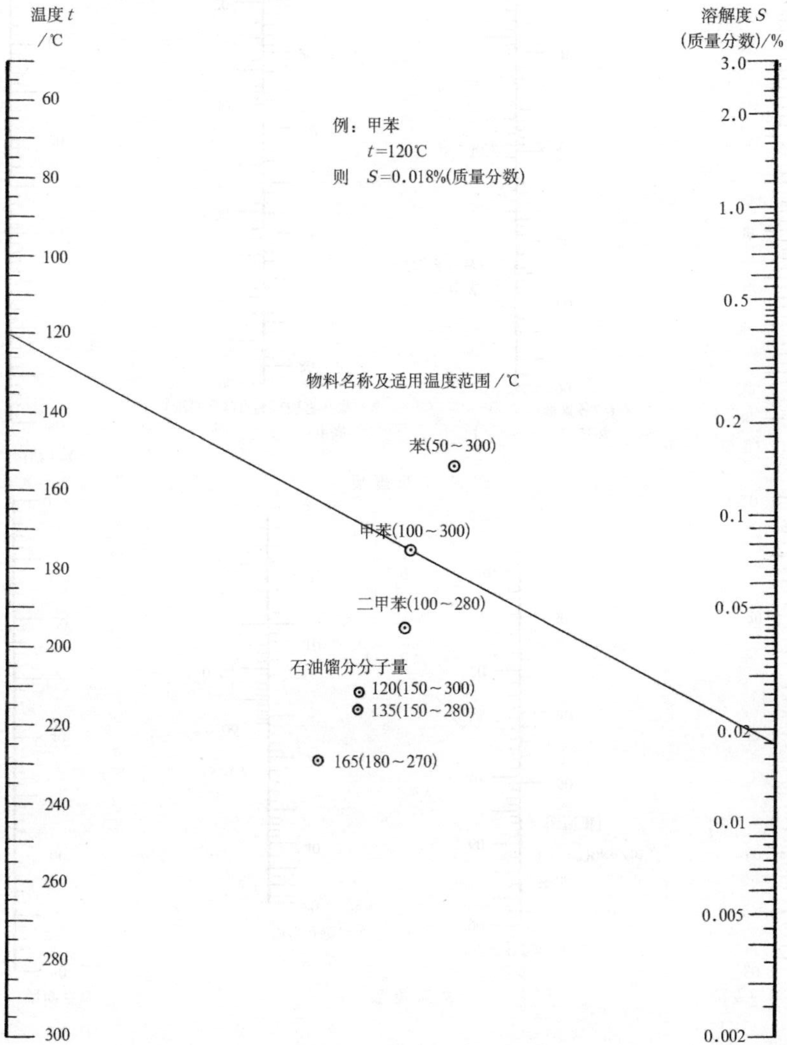

6.7 苯类在水中的溶解度（加压）

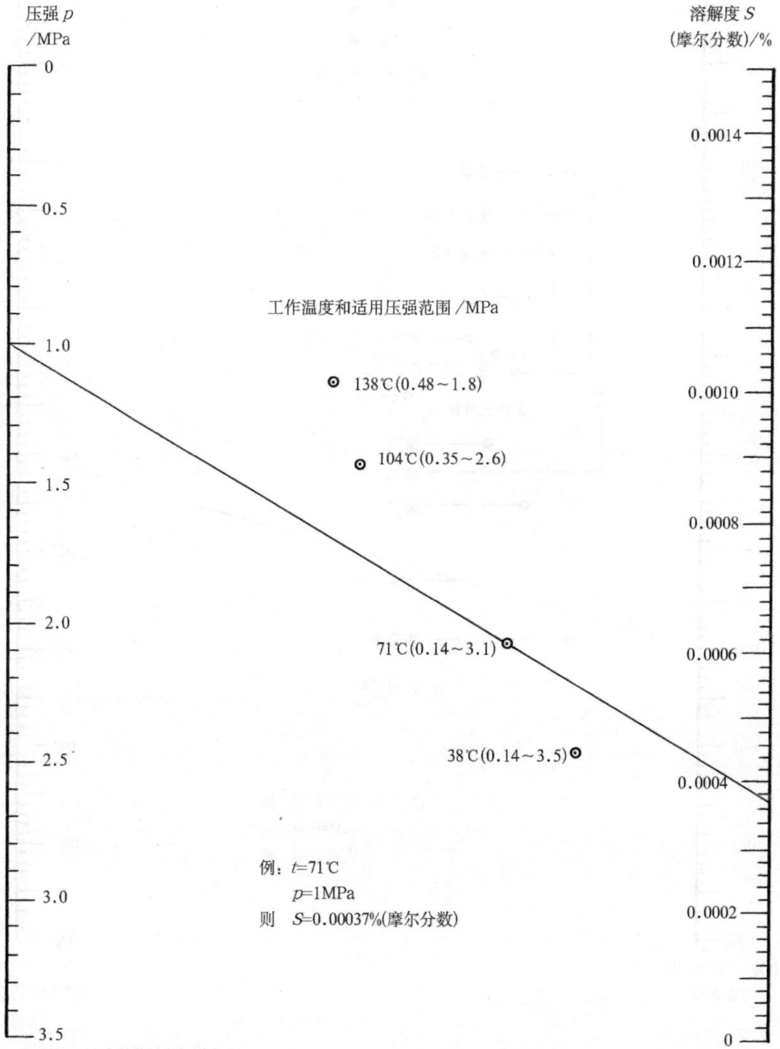

6.8 萘在八种溶剂中的溶解度

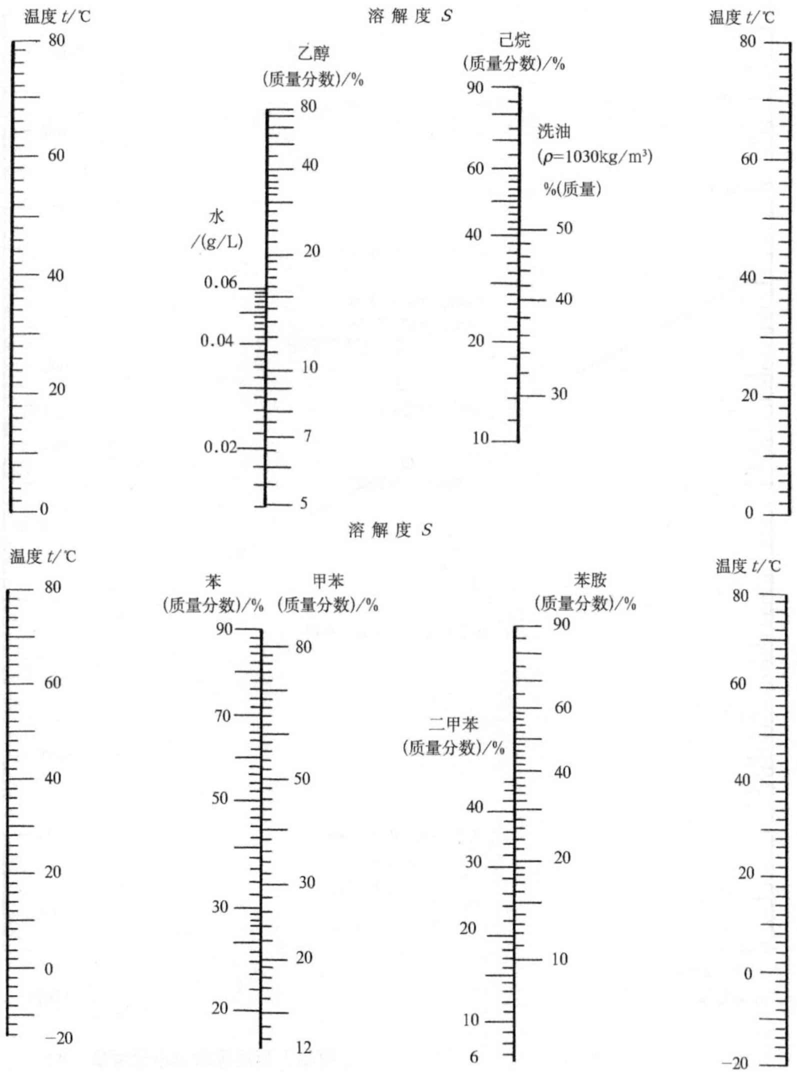

6.9 苯类液体的热导率

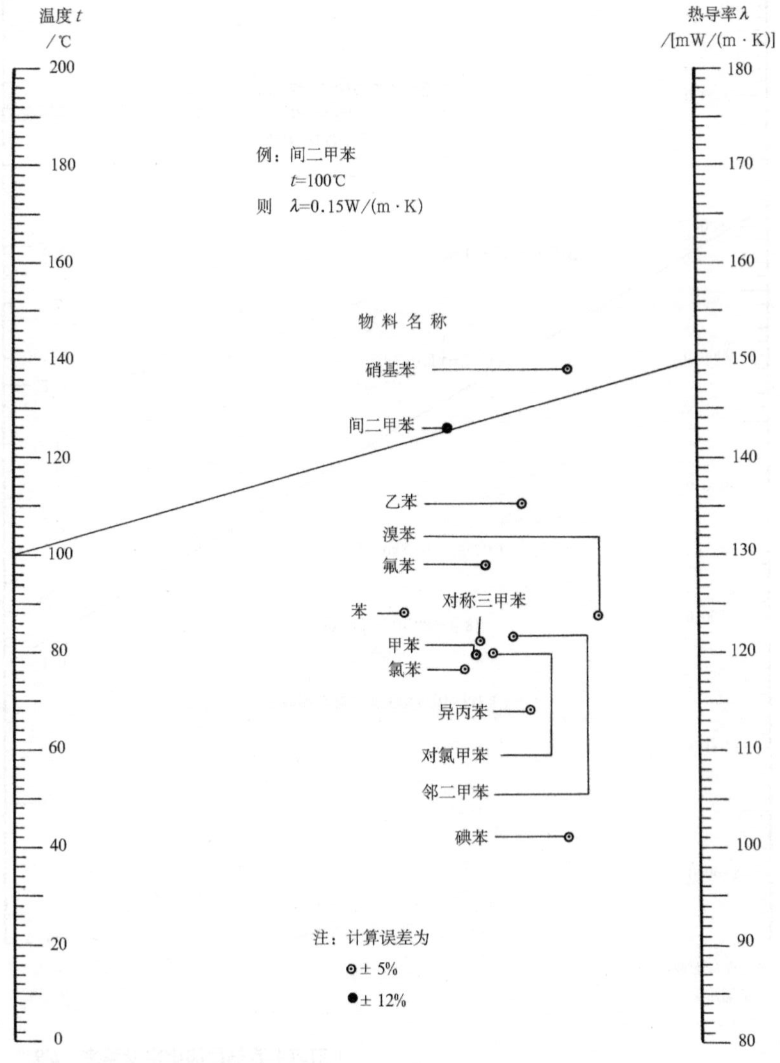

6.10 芳烃的蒸气压（Ⅰ）

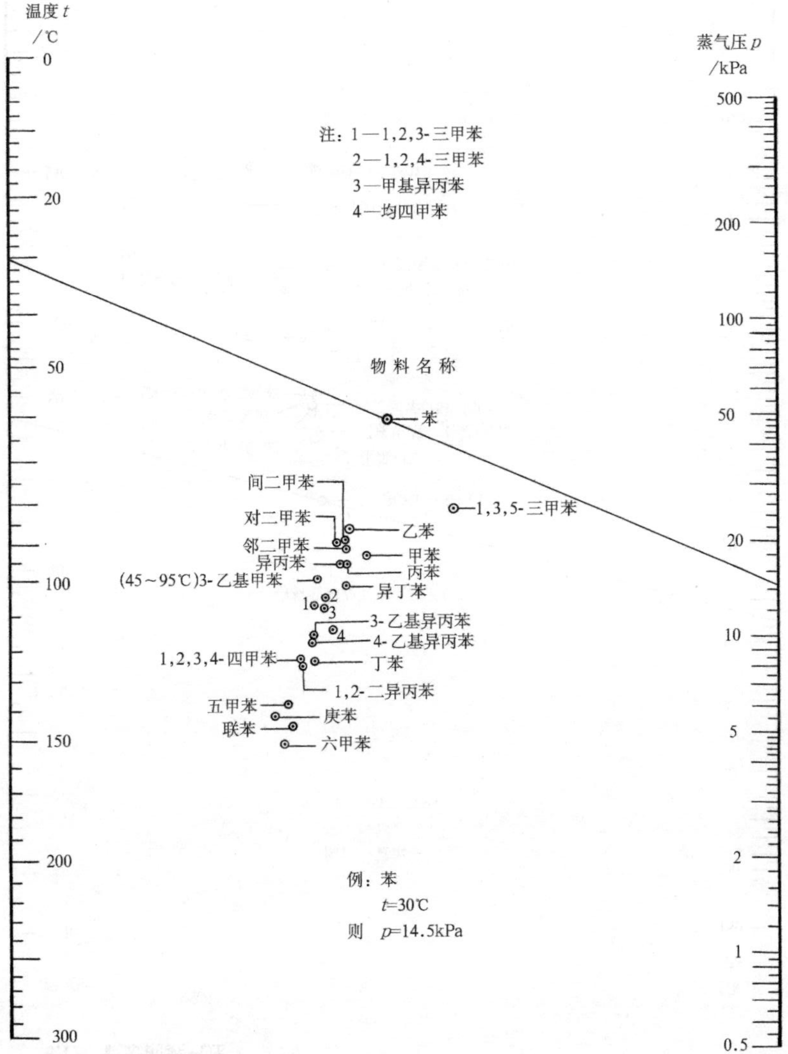

6.11 芳烃的蒸气压（Ⅱ）

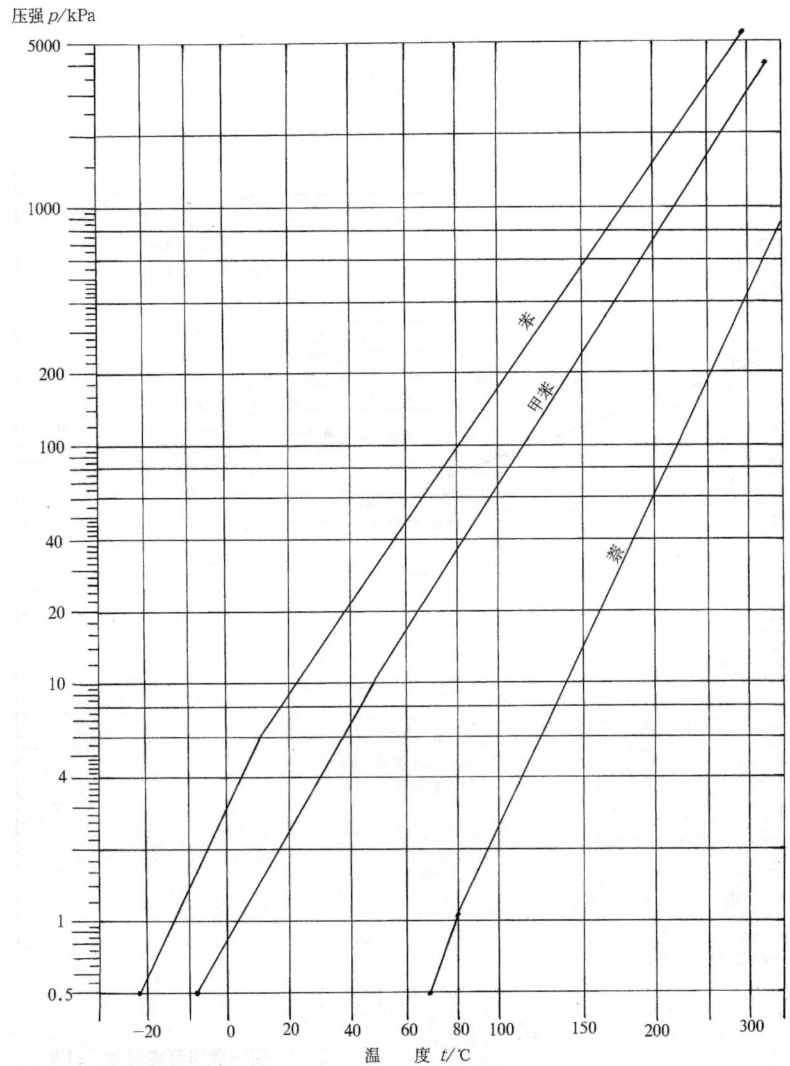

6.12 氯苯的蒸气压

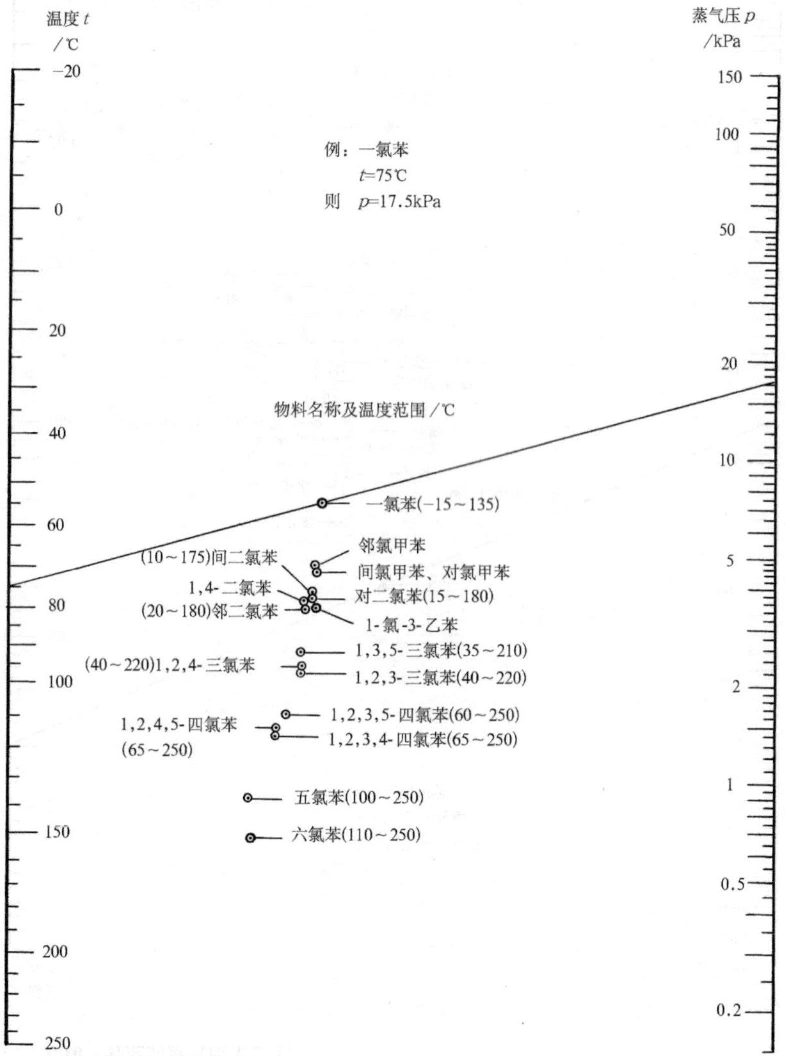

6.13 其他苯烃的蒸气压

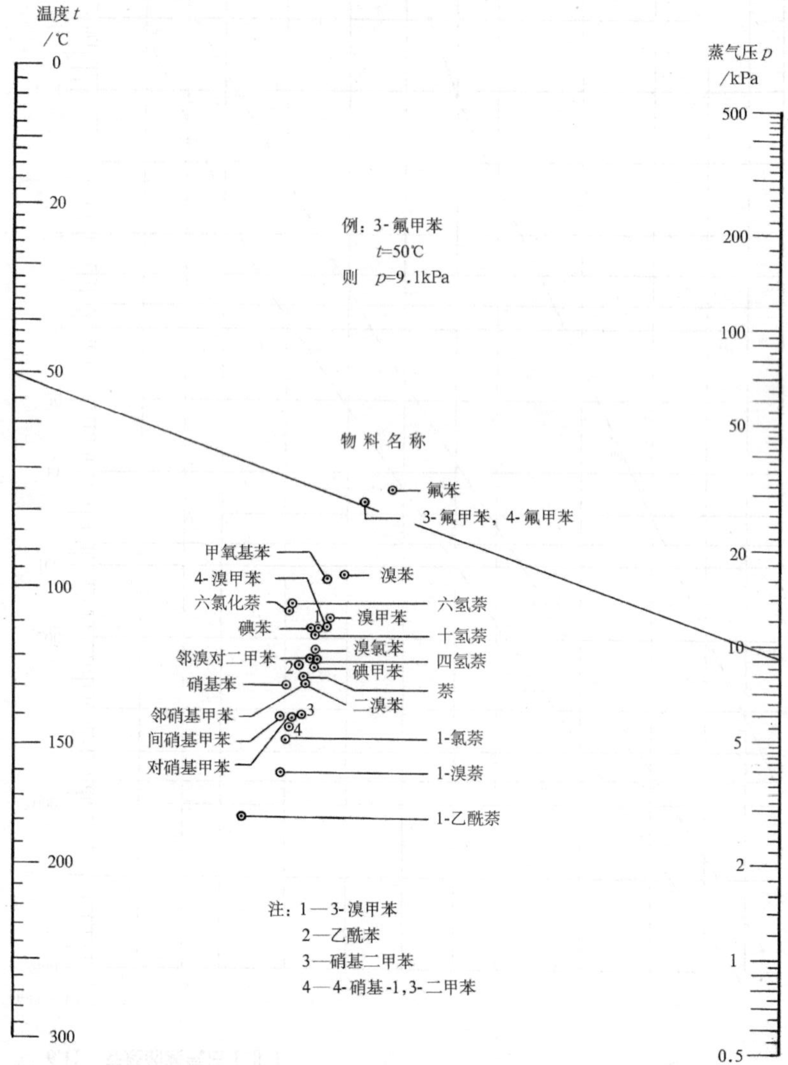

6.14 苯及其化合物的比热容

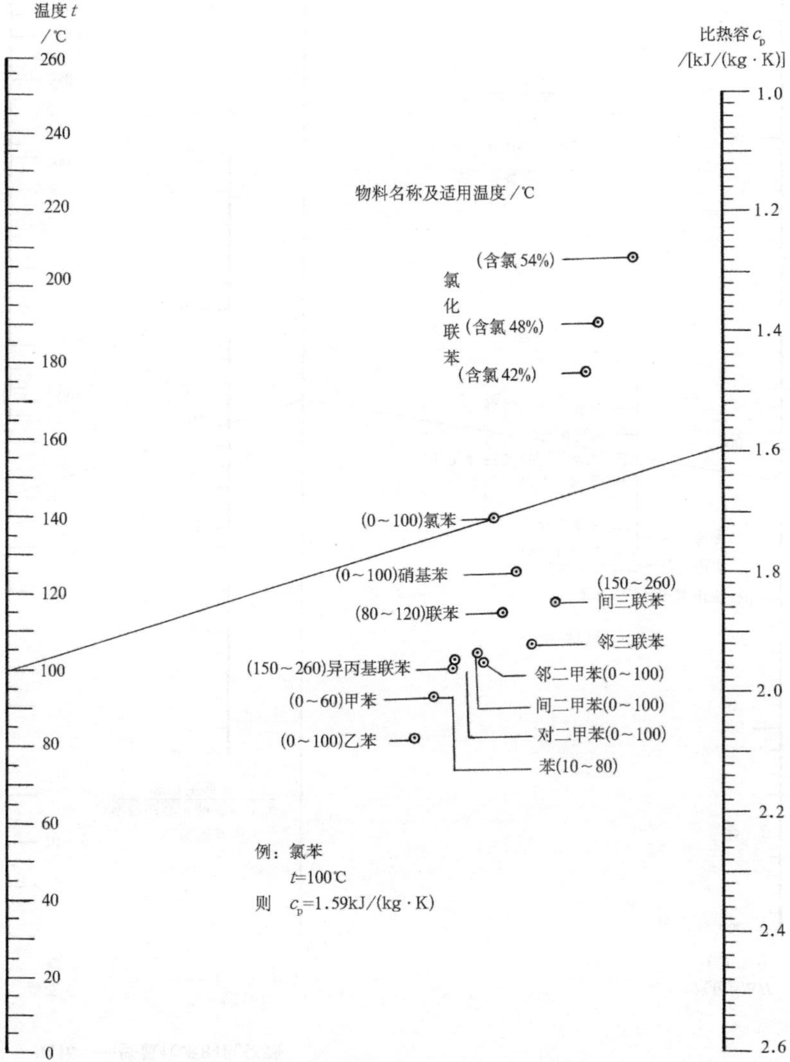

6.15 一些苯烃的汽化热

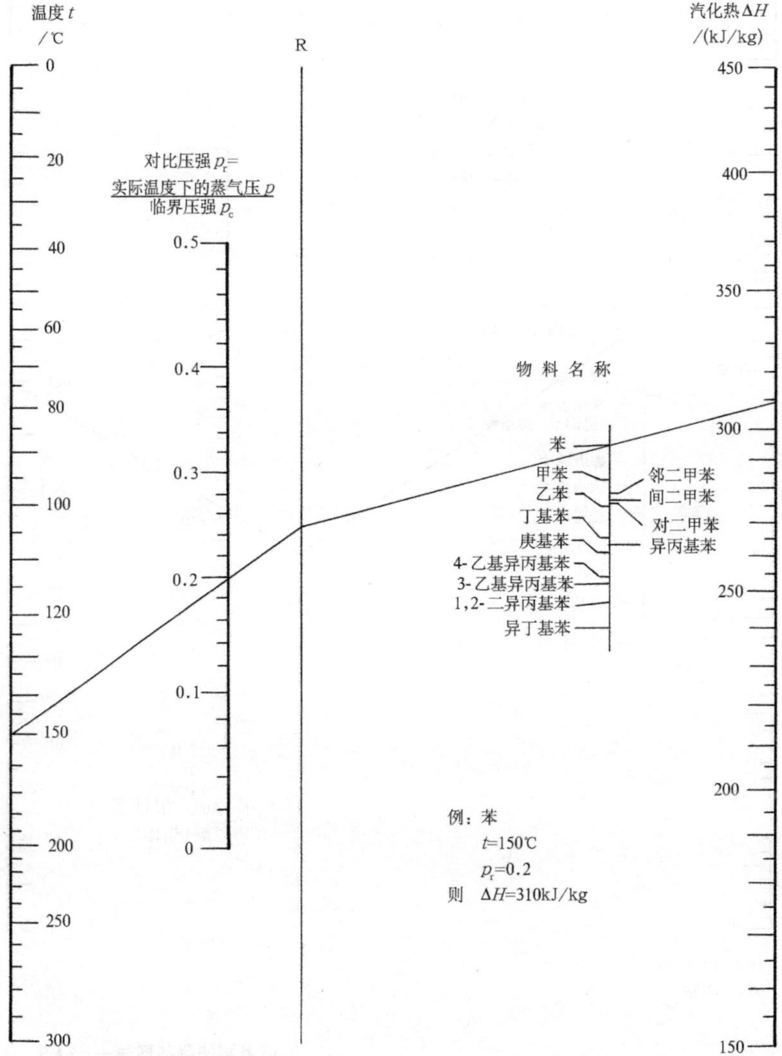

6.16　一些氯代苯的汽化热

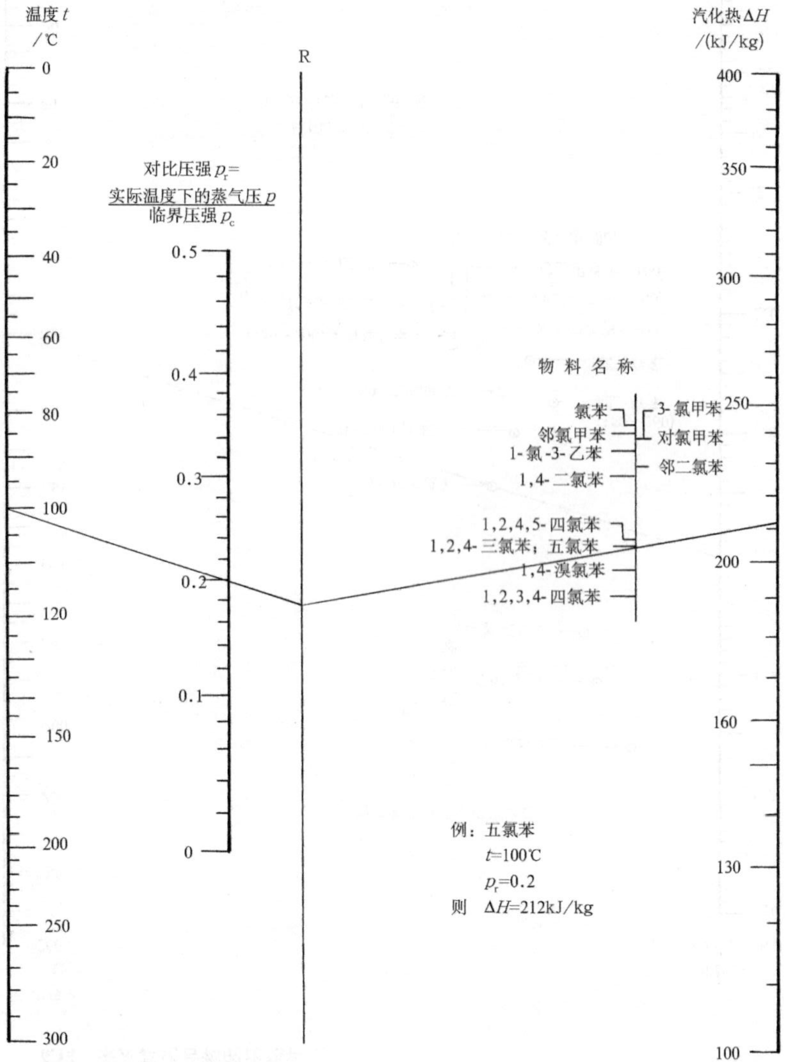

6.17　一些卤芳烃的汽化热

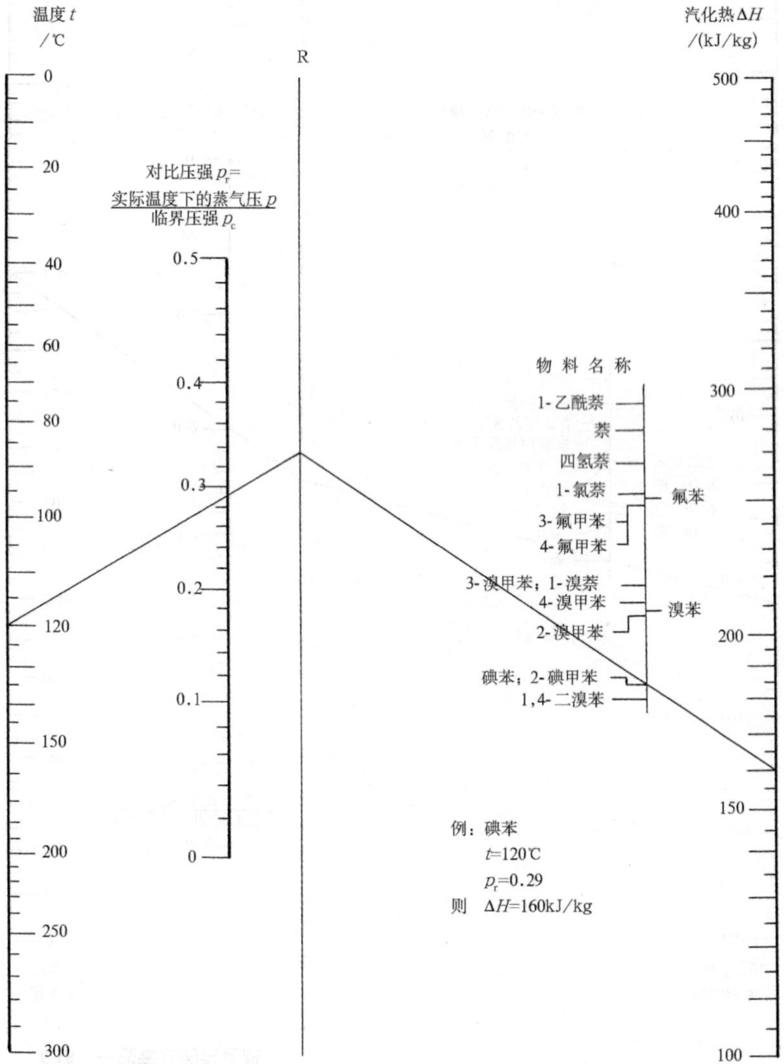

6.18 一些物料的汽化热（Ⅰ）

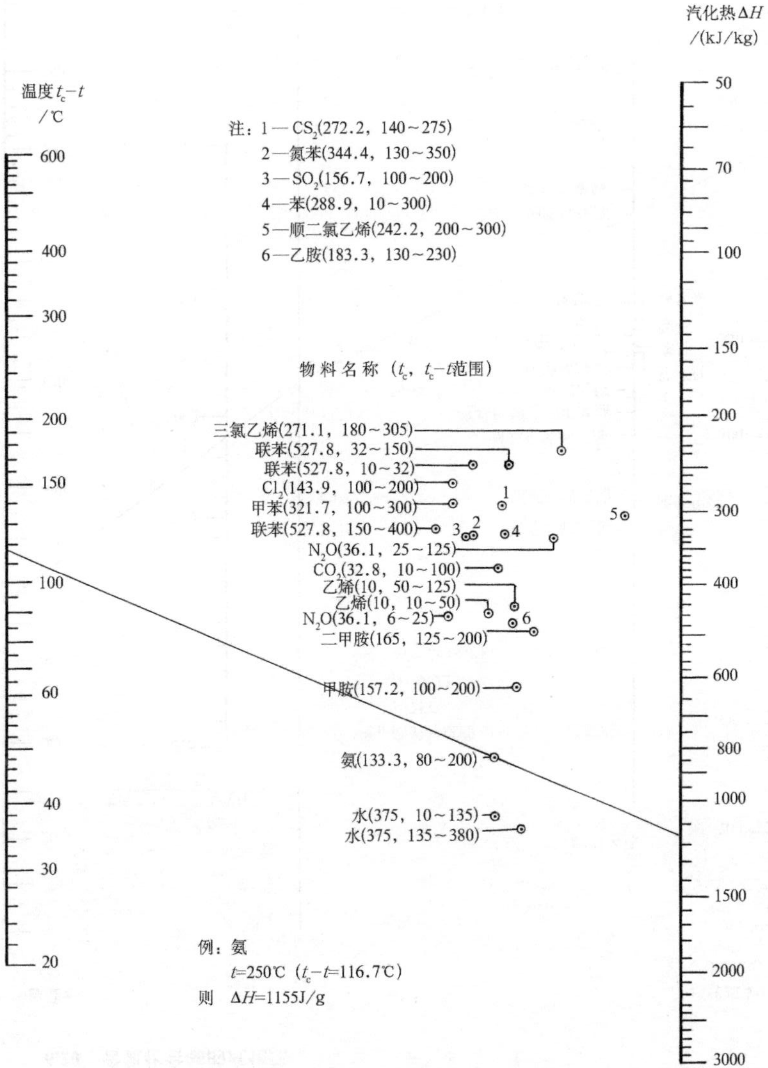

6.19 一些物料的汽化热（Ⅱ）

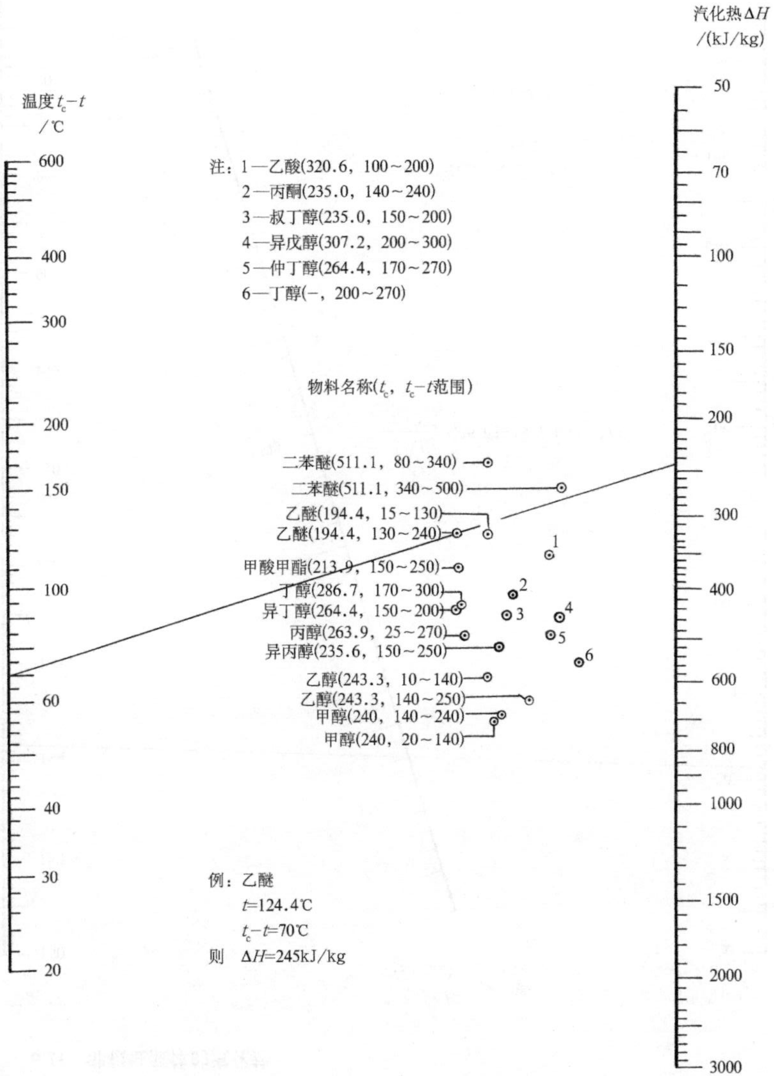

6.20 含氮化合物的汽化热

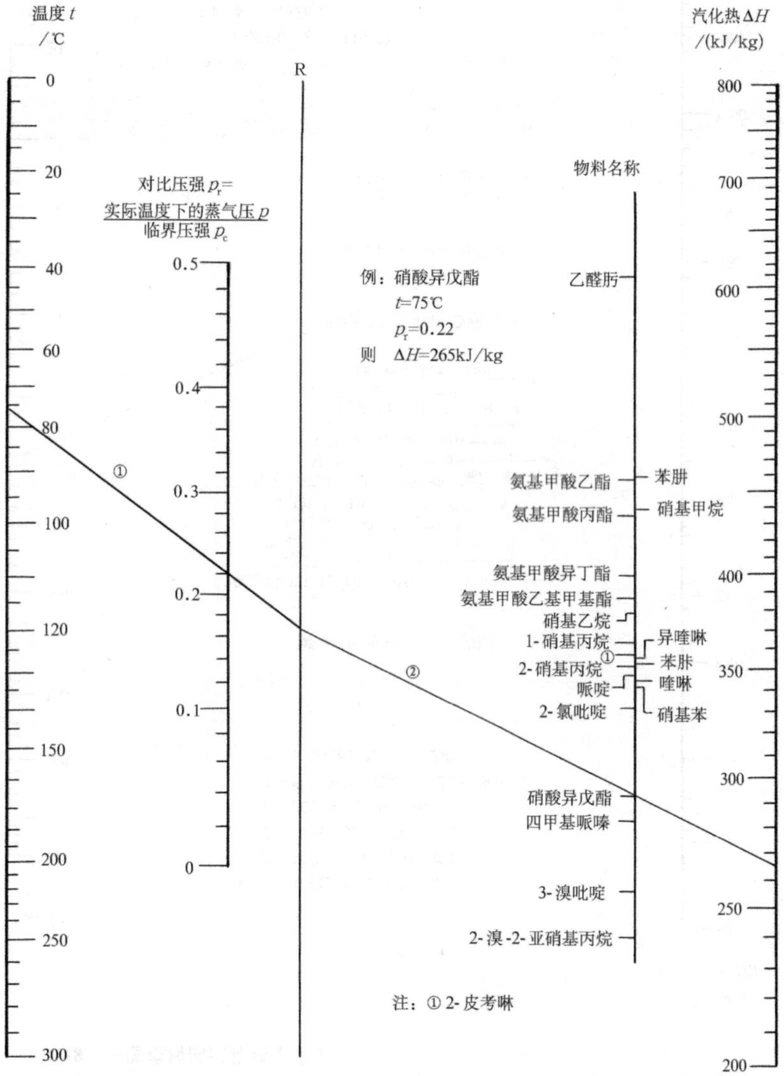

6.21 非极性液体的汽化热

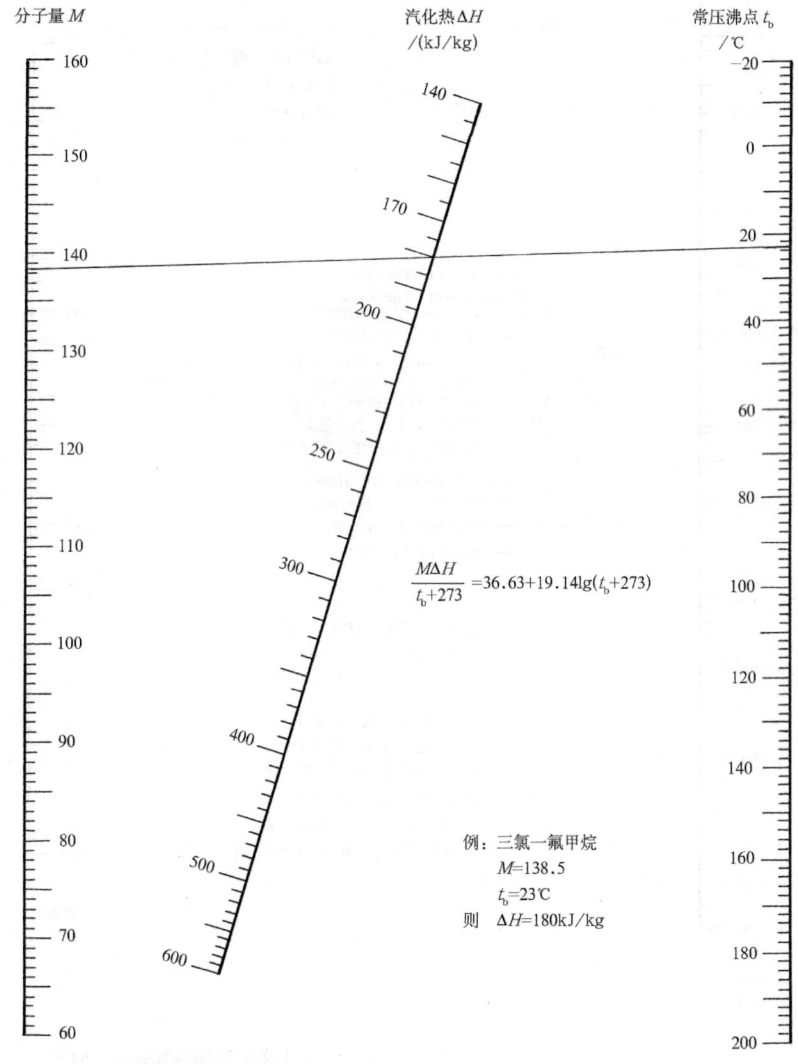

6.22 根据温度和对比压强求物料的汽化热

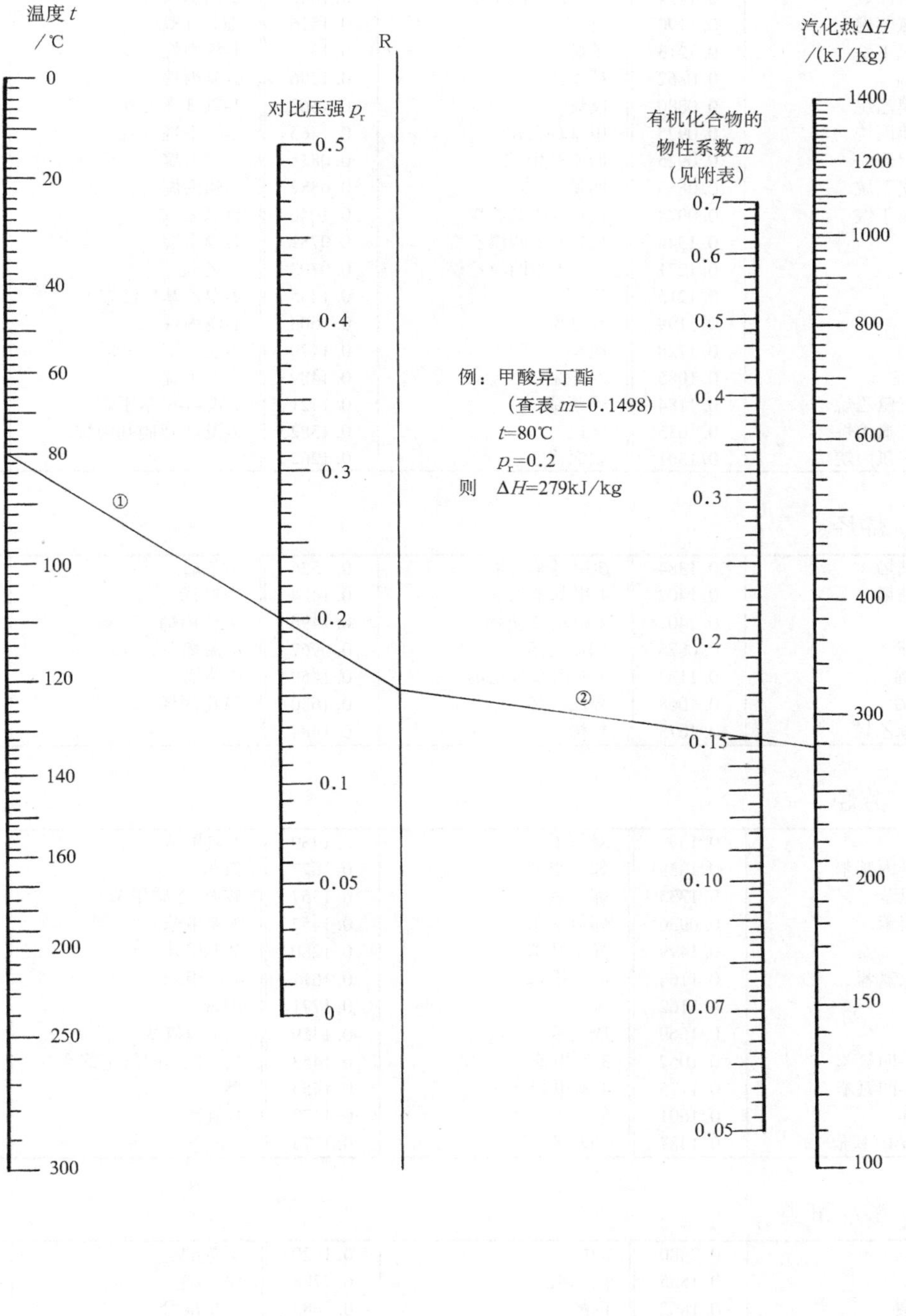

6.22附表　有机化合物的物性系数 *m* 值

一、烷烃

化合物	m	化合物	m	化合物	m
乙基环己烷	0.1444	三溴甲烷	0.0627	硝基甲烷	0.2570
1,2-二丙氧基乙烷	0.0759	1,2,3-三溴丙烷	0.0795	硝基乙烷	0.2088
1,1-二氯乙烷	0.1293	1,2,2-三溴丁烷	0.0731	1-硝基丙烷	0.1943
1,2-二氯乙烷	0.1474	1,2,3-三溴丁烷	0.1042	2-硝基丙烷	0.1853
1,2-二氯丁烷	0.1190	己烷	0.1516	氯代丁烷	0.1468
2,3-二氯丁烷	0.1213	壬烷	0.1377	1-氯丙烷	0.1545
二溴甲烷	0.0862	反萘烷	0.1296	2-氯丙烷	0.1384
1,2-二溴乙烷	0.0880	戊烷	0.1565	1-氯-3-苯乙烷	0.1397
1,2-二溴丙烷	0.0925	甲基环己烷	0.1465	1-碘壬烷	0.1103
1,3-二溴丙烷	0.0925	四硝基甲烷	0.0815	1-碘丙烷	0.0855
1,2-二溴丁烷	0.0853	四氯甲烷	0.0882	2-碘丙烷	0.0817
1,4-二溴丁烷	0.0974	1,1,2-四氯乙烷	0.1046	碘代乙烷	0.0899
十二烷	0.1344	1,1,1,2-四溴乙烷	0.0789	1-碘辛烷	0.0902
十四烷	0.1271	1,1,2,2-四溴乙烷	0.0703	溴乙烷	0.1059
十五烷	0.1215	辛烷	0.1445	2-溴乙基环己烷	0.1082
十六烷	0.1199	环己烷	0.1608	1-溴丙烷	0.1066
二锡烷	0.1728	庚烷	0.1479	2-溴丙烷	0.1016
三氯甲烷	0.1085	2-庚烷	0.1489	1-溴丁烷	0.1094
1,1,2-三氯乙烷	0.1184	顺萘烷	0.1421	1-溴-3-甲基丁烷	0.1054
1,1,1-三氯丙烷	0.1035	癸烷	0.1382	2-溴-2-亚硝基丙烷	0.1069
1,2,3-三氯丙烷	0.1301	叔氯代丁烷	0.1262		

二、烯烃

化合物	m	化合物	m	化合物	m
3-乙基枯烯	0.1384	*β*-甲基苯乙烯	0.1536	*d*-苧烯	0.1414
4-乙基枯烯	0.1402	4-甲基苯乙烯	0.1484	香叶烯	0.1419
二戊烯	0.1402	2-甲基-2-庚烯	0.1496	氧化丙烯	0.2024
二溴丙烯	0.0875	四氯乙烯	0.0967	*α*-蒎烯	0.1303
二异丁烯	0.1133	4-异丙基苯乙烯	0.1459	*β*-蒎烯	0.1352
三氯乙烯	0.1068	异戊二烯	0.1630	氯化丙烯	0.1271
α-甲基苯乙烯	0.1675	枯烯	0.1484		

三、芳烃

化合物	m	化合物	m	化合物	m
乙苯	0.1591	对氯甲苯	0.1439	3-氯甲苯	0.1439
1,2-二异丙基苯	0.1339	邻二甲苯	0.1627	氯苯	0.1485
1,4-二氯苯	0.1335	邻二氯苯	0.1357	碘苯(2-碘甲苯)	0.0961
1,4-二溴苯	0.0936	邻氯甲苯	0.1452	2-溴甲苯	0.1120
丁苯	0.1499	异丁基苯	0.1280	3-溴甲苯	0.1201
1,2,4-三氯苯	0.1164	间二甲苯	0.1611	4-溴甲苯	0.1152
五氯苯	0.1162	苯	0.1771	溴苯	0.1138
甲苯	0.1669	庚基苯	0.1459	1,4-溴氯苯	0.1104
1,2,3,4-四氯苯	0.1052	3-氟甲苯	0.1453	1,2,3,4-四氢化萘	0.1589
1,2,4,5-四氯苯	0.1175	4-氟甲苯	0.1453	萘	0.1706
对二甲苯	0.1601	氟苯	0.1472	1-氯萘	0.1479
对甲基异丙基苯	0.1487	硝基苯	0.1775	1-溴萘	0.1205

四、酸、酐类

化合物	m	化合物	m	化合物	m
乙酸	0.2880	丙酐	0.1620	顺芷酸	0.2207
乙酐	0.1855	丙烯酸	0.2788	溴乙酸	0.1819
二氯乙酸	0.1862	丙酸	0.2683	琥珀酰酐	0.2687
丁酸	0.2170	戊酸	0.2162	氯乙酰酐	0.1682
三氯乙酸	0.1563	异丁烯酸	0.2634	氯乙酸	0.2575
甲氧基乙酸	0.2841	异戊酸	0.2011		

五、酯类

1. 天干排序

甲酸甲酯	0.2002	乙酸苯酯	0.1654	异丁酸乙酯	0.1383
甲酸乙酯	0.1800	乙酸柠檬酯	0.1103	丁酸丙酯	0.0879
甲酸丙酯	0.1659	乙酸盖酯	0.0885	异丁酸丙酯	0.1064
甲酸正丁酯	0.1570	乙醇酸甲酯	0.1227	异丁酸异丙酯	0.1030
甲酸异丁酯	0.1498	乙醇酸乙酯	0.2532	丁酸异丁酯	0.1351
另甲酸丁酯	0.1510	乙醇酸仲丁酯	0.1664	异丁酸异丁酯	0.1315
甲酸异戊酯	0.1461	丙二醇二乙酯	0.1550	丁酸异戊酯	0.1476
甲酸冰片酯	0.0950	丙基甲氨酸酯	0.1124	异丁酸异戊酯	0.1235
甲酸盖酯	0.0887	丙烯酸甲酯	0.0976	丁酸冰片酯	0.1203
甲酸橙花酯	0.0992	丙烯酸乙酯	0.1681	异丁酸冰片酯	0.0863
乙二醇二乙酸酯	0.1560	丙烯酸丁酯	0.1556	异戊酸甲酯	0.1423
乙酰乙酸乙酯	0.1664	丙烯酸辛酯	0.1467	异戊酸乙酯	0.1106
乙酸甲酯	0.1745	丙酸甲酯	0.1143	异戊酸丙酯	0.1337
乙基甲基甲氨酸酯	0.2154	丙酸乙酯	0.0889	异戊酸异丁酯	0.1251
乙酸乙酯	0.1673	丙酸丙酯	0.1572	异戊酸异戊酯	0.1192
乙酸正丙酯	0.1563	丙酸异丁酯	0.1401	戊二酸二乙酯	0.1351
乙酸异丙酯	0.1461	异丙酸戊酯	0.1332	己酸甲酯	0.1203
乙酸异丁酯	0.1401	丙酸冰片酯	0.1126	异己酸乙酯	0.1349
乙酸异戊酯	0.1159	丁酸甲酯	0.1298	己二酸二乙酯	0.1476
乙酸里哪酯	0.0887	异丁酸甲酯	0.1509	辛酸甲酯	0.1385
乙酸苯甲酯	0.1514	丁酸乙酯	0.1274	癸二酸二甲酯	0.1043

2. 笔画排序

二氯乙酸甲酯	0.1340	苯甲酸甲酯	0.1580	原甲酸三乙酯	0.1081
二乙氰基乙酸酯	0.2651	苯甲酸乙酯	0.1481	*d*-酒石酸二甲酯	0.1816
二氯乙酸乙酯	0.1252	苯甲酸丙酯	0.1402	异氨基甲酸丁酯	0.2248
二氯乙酸异丁酯	0.1159	苯甲酸异丁酯	0.1394	硫氰酸甲酯	0.2250
三氯乙酸乙酯	0.1098	苯甲酸异戊酯	0.0969	异硫氰酸甲酯	0.2164
马来酸二甲酯	0.1258	柠檬酸二甲酯	0.1528	异硫氰酸乙酯	0.2036
l-马来酸二甲酯	0.1643	草酸二甲酯	0.1792	异硫氰酸烯丙酯	0.1873
马来酸二乙酯	0.1387	草酸二乙酯	0.1767	异硫氰酸苯酯	0.1667
水杨酸甲酯	0.1466	草酸二正丙酯	0.1360	异氰酸苯酯	0.1585
水杨酸乙酯	0.1471	草酸二异丙酯	0.1359	富马酸二乙酯	0.1387
反中康酸二甲酯	0.1491	草酸二异丁酯	0.1241	氨基甲酸乙酯	0.2725
亚硝酸异戊酯	0.1440	草酸二异戊酯	0.1903	氯乙酸异丙酯	0.1426
衣康酸二甲酯	0.1866	牻牛儿醇甲酸酯	0.1012	2-氯乙酸氯乙酯	0.1481
衣康酸二乙酯	0.1210	牻牛儿醇乙酸酯	0.1008	碳酸二乙酯	0.1507
肉桂酸甲酯	0.1540	牻牛儿醇正丁酸酯	0.1043		
邻苯二酸二甲酯	0.1479	牻牛儿醇异丁酸酯	0.1015		

六、胺和腈类

1,2-乙二胺	0.3052	2-甲苯胺	0.2068	乙腈	0.3323
乙胺	0.2373	甲酰胺	0.6700	3-丁烯腈	0.2416
4-乙基苯胺	0.1959	丙胺	0.2131	反巴豆腈	0.2416
乙酰胺	0.5526	苄胺	0.1981	甲基丙烯腈	0.2042
二乙基胺	0.1755	1,3-苯二胺	0.2983	丙烯腈	0.2480
二乙酰基胺	0.2654	苯胺	0.2267	丙腈	0.2712
2,4-二甲代苯胺	0.2011	枯胺	0.1801	苄腈	0.2023
2,6-二甲代苯胺	0.1817	2-氯苯胺	0.1734	苯乙腈	0.1209
二异丁胺	0.1375	3-氯苯胺	0.1874	顺巴豆腈	0.2299
三异丁胺	0.1222	4-氯苯胺	0.1889		
2,4,6-三氯苯胺	0.2202	2-硝基苯胺	0.2156		

七、酚类

3-乙基苯酚	0.2125	2-仲丁基苯酚	0.1591	2-萘酚	0.1900
4-乙基苯酚	0.2085	4-仲丁基苯酚	0.1717	酚	0.2406
4,6-二甲基间苯二酚	0.1685	4-异丁基苯酚	0.1788	焦儿萘酚	0.2375
2,4-二氯酚	0.1503	2-异丙基酚	0.1833	2-硝基酚	0.1669
2,6-二氯酚	0.1550	3-异丙基酚	0.1856	2-氯酚	0.1452
2,4,6-三氯酚	0.1349	4-异丙基酚	0.1939	3-氯酚	0.1714
2,5,4-三氯酚	0.1248	百里酚	0.1692		
2,3,4,6-四氯酚	0.1274	1-萘酚	0.1896		

八、醇类

乙　醇	0.3832	2-戊　醇	0.2305	庚　醇	0.2057
乙二醇	0.4280	3-戊　醇	0.2406	香茅醇	0.1722
二丙二醇	0.2081	甲　醇	0.4970	癸　醇	0.1667
2,3-二溴-1-丙醇	0.1128	甲基苯基甲醇	0.2039	叔丁醇	0.2491
1,3-丁二醇	0.2590	四甘醇	0.2146	叔戊醇	0.2187
丁　醇	0.2770	仲丁醇	0.2787	α-萜品醇	0.1544
三丙二醇	0.1527	肉桂醇	0.1893	氯乙醇	0.2379
己　醇	0.2202	异丁醇	0.2653	2-盂基-1-戊醇	0.2099
2-己醇	0.2047	异丙醇	0.3829	2-盂基-4-戊醇	0.2088
壬　醇	0.1787	异戊醇	0.2383	薄荷醇	0.1609
丙二醇	0.3955	环己基乙醇	0.1901	糠　醇	0.2438
丙　醇	0.4035	环己醇	0.2164		
戊　醇	0.2399	表氯乙醇	0.1841		

九、醛类

乙酰丙醛	0.2121	水杨醛	0.1767	茴香醛	0.1902
乙缩醛	0.1423	2-丙烯醛	0.2202	顺芷醛	0.1887
十二醛	0.1419	肉桂醛	0.2016	癸　醛	0.1571
三氯乙醛	0.0979	仲甲醛	0.1367	2-糠醛	0.1216
三氯乙醛合水	0.1279	辛酰甲醛	0.3076		
三溴乙醛	0.0727	苯甲醛	0.1884		

十、酮类

2-十二酮	0.1441	甲基戊酮	0.1802	4-庚酮	0.1839
2-壬酮	0.1487	异丙叉丙酮	0.1796	2-癸酮	0.1433
丙　酮	0.2259	异佛尔酮	0.1508	1-萘乙酮	0.1822
2-戊酮	0.2238	2-辛酮	0.1644	4-羟基-3-甲基-2-丁酮	0.2455
3-戊酮	0.2240	佛尔酮	0.1679	1-溴基-2-丁酮	0.1293
甲乙酮	0.1882	苯乙酮	0.1787		
3-甲基-2-丁酮	0.2203	环己酮	0.1814		

十一、醚类

乙丙醚	0.1342	二氯异丙醚	0.1264	茴香醚	0.1728
乙　醚	0.1602	二氯乙醚	0.1495	烯丙基正丙醚	0.1454
二乙二醇丁醚	0.1475	二氯二异丙醚	0.1266	烯丙基异丙醚	0.1484
二丙醚	0.1371	二-2-溴乙醚	0.0985	2-氯乙基-2-氯正丙醚	0.1318
二异丙醚	0.1245	甲丙醚	0.1610	2-氯乙基-2-氯异丙醚	0.1318
二异戊醚	0.1272	苯甲基乙基醚	0.1515	4-溴茴香醚	0.1196
二苯基醚	0.1383	苯甲基苯基醚	0.1481		

十二、其他

二乙基溶纤剂	0.1159	2-苄基氰	0.1814	哌　啶	0.1814
丁子香酚	0.1598	苯乙酰氯	0.1481	桉树脑	0.1232
2-甲基丙酰溴	0.1318	苯　肼	0.2731	琥珀酰氯	0.1490
2-皮考啉	0.1898	苯　胩	0.1861	喹　啉	0.1803
异丁子香酚	0.1641	苯酰氯	0.1484	2-氯吡啶	0.1706
异喹啉	0.1879	苯磺酰氯	0.1345	3-溴吡啶	0.1187

6.23 温度对汽化热的影响（Ⅰ）

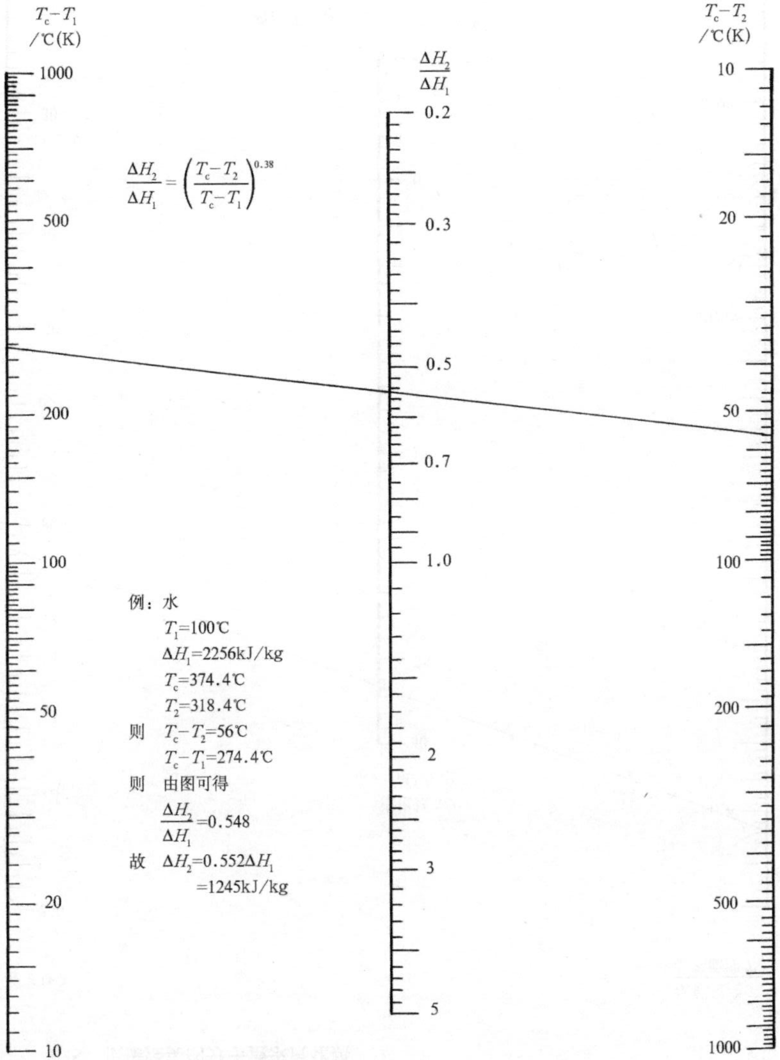

$$\frac{\Delta H_2}{\Delta H_1}=\left(\frac{T_c-T_2}{T_c-T_1}\right)^{0.38}$$

例：水

T_1=100℃

ΔH_1=2256kJ/kg

T_c=374.4℃

T_2=318.4℃

则 T_c-T_2=56℃

T_c-T_1=274.4℃

则 由图可得

$\frac{\Delta H_2}{\Delta H_1}$=0.548

故 $\Delta H_2=0.552\Delta H_1$

=1245kJ/kg

6.24 温度对汽化热的影响（Ⅱ）

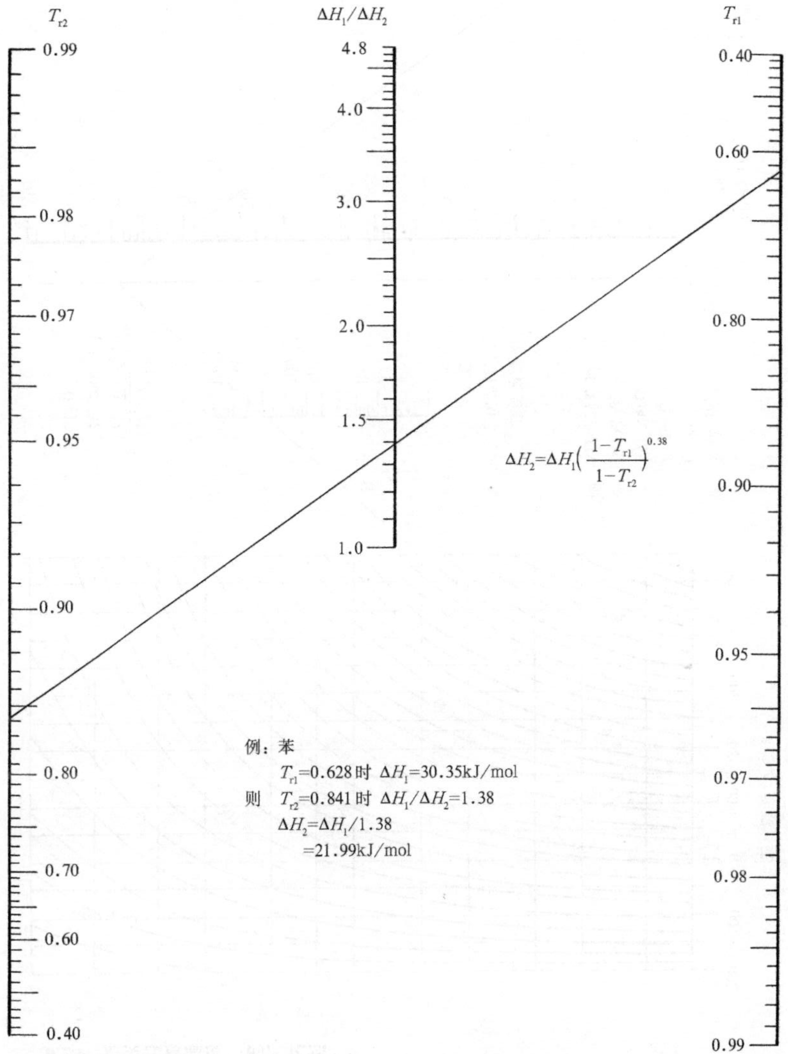

$$\Delta H_2=\Delta H_1\left(\frac{1-T_{r1}}{1-T_{r2}}\right)^{0.38}$$

例：苯

T_{r1}=0.628时 ΔH_1=30.35kJ/mol

则 T_{r2}=0.841时 $\Delta H_1/\Delta H_2$=1.38

$\Delta H_2=\Delta H_1/1.38$

=21.99kJ/mol

6.25 根据烃类的分子量求汽化热

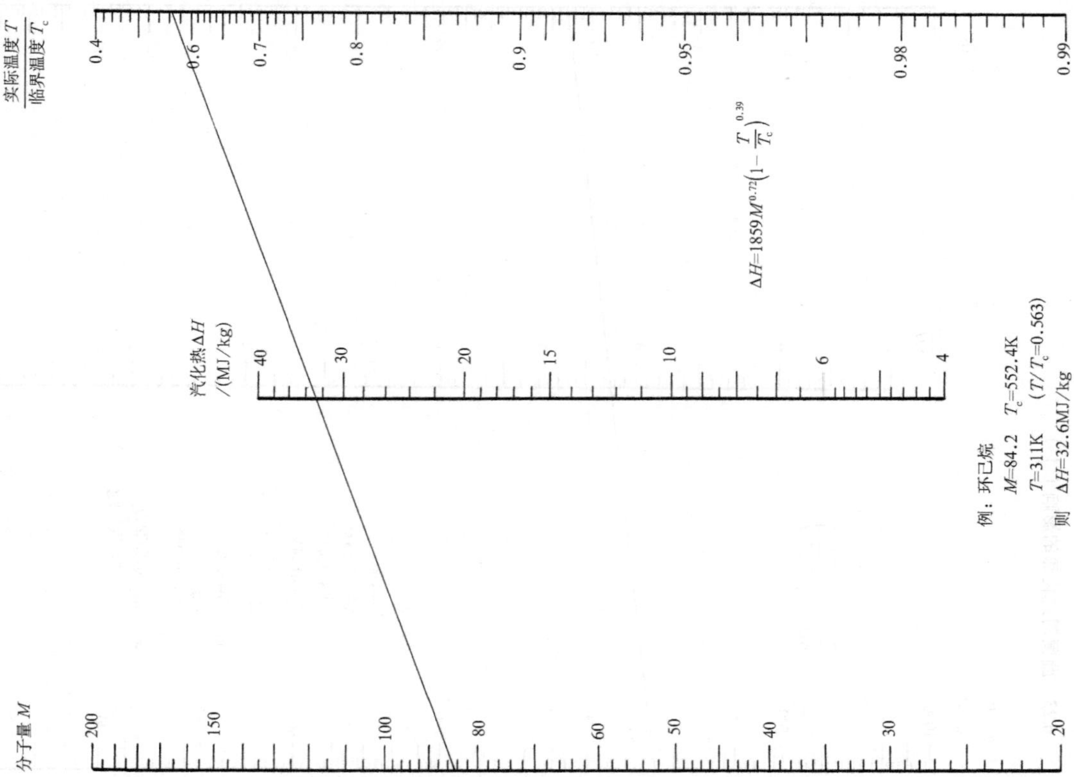

6.26 烃类任意温度下的汽化热

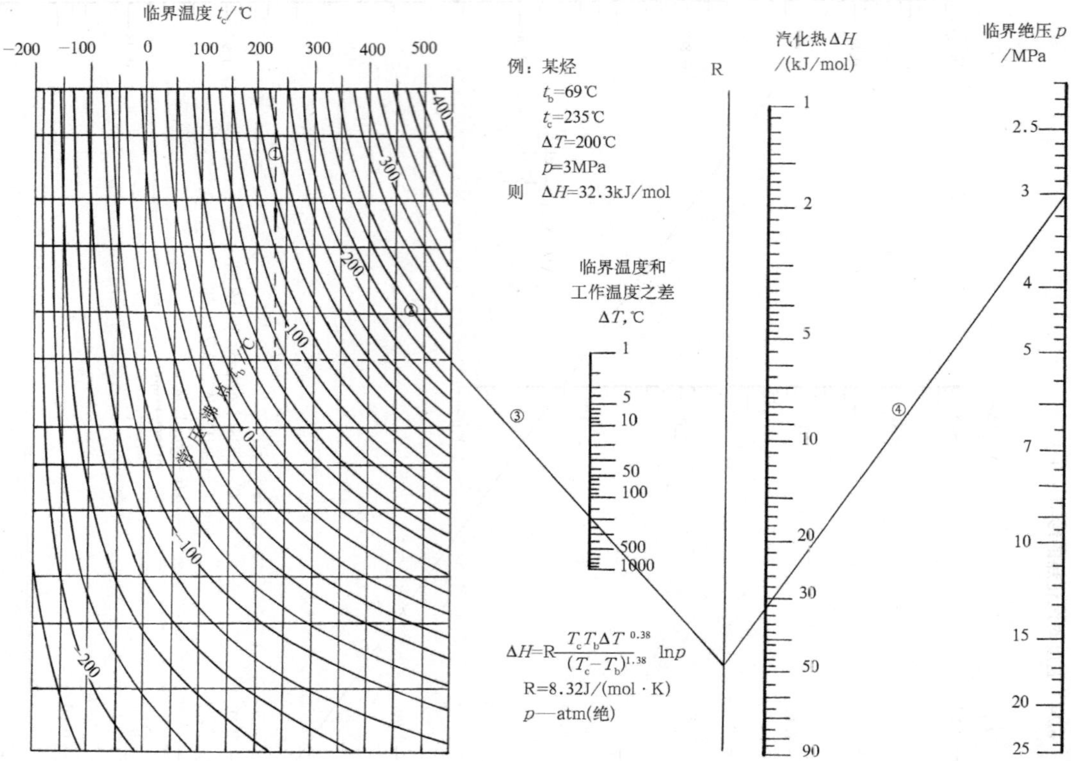

6.27　根据对比温度和压强求物料的汽化热（Ⅰ）

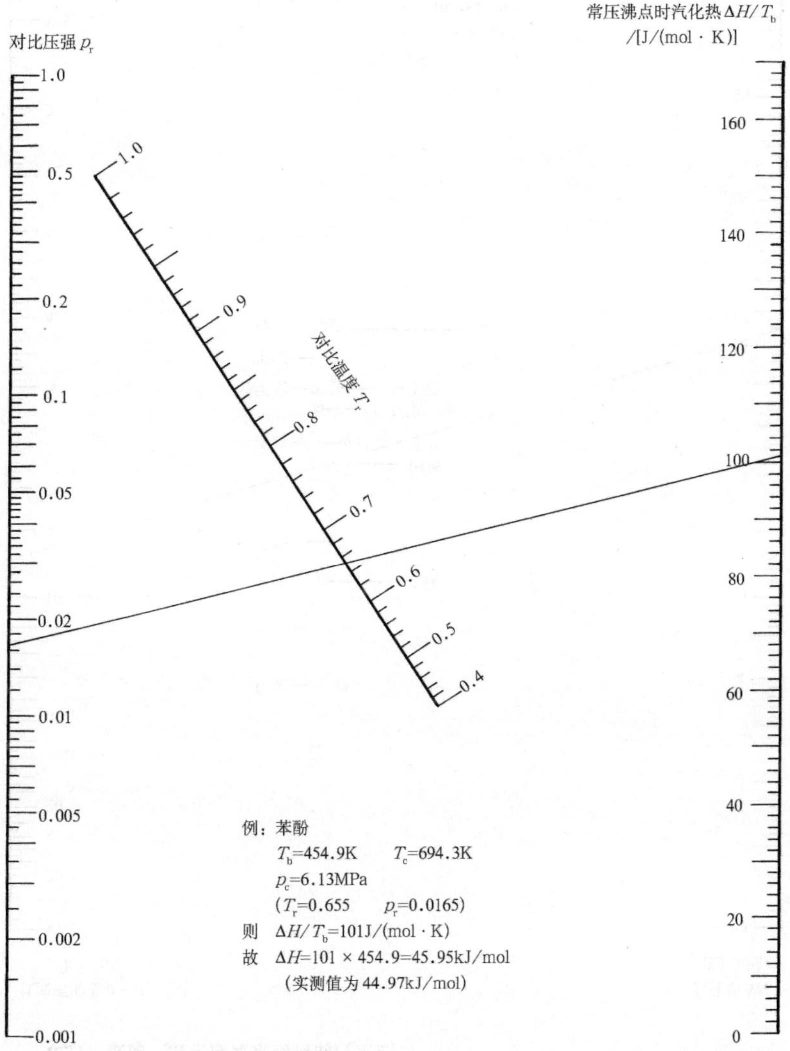

例：苯酚

T_b=454.9K　　T_c=694.3K

p_c=6.13MPa

（T_r=0.655　　p_r=0.0165）

则　$\Delta H/T_b$=101J/(mol · K)

故　ΔH=101 × 454.9=45.95kJ/mol

（实测值为44.97kJ/mol）

6.28　根据对比温度和压强求物料的汽化热（Ⅱ）

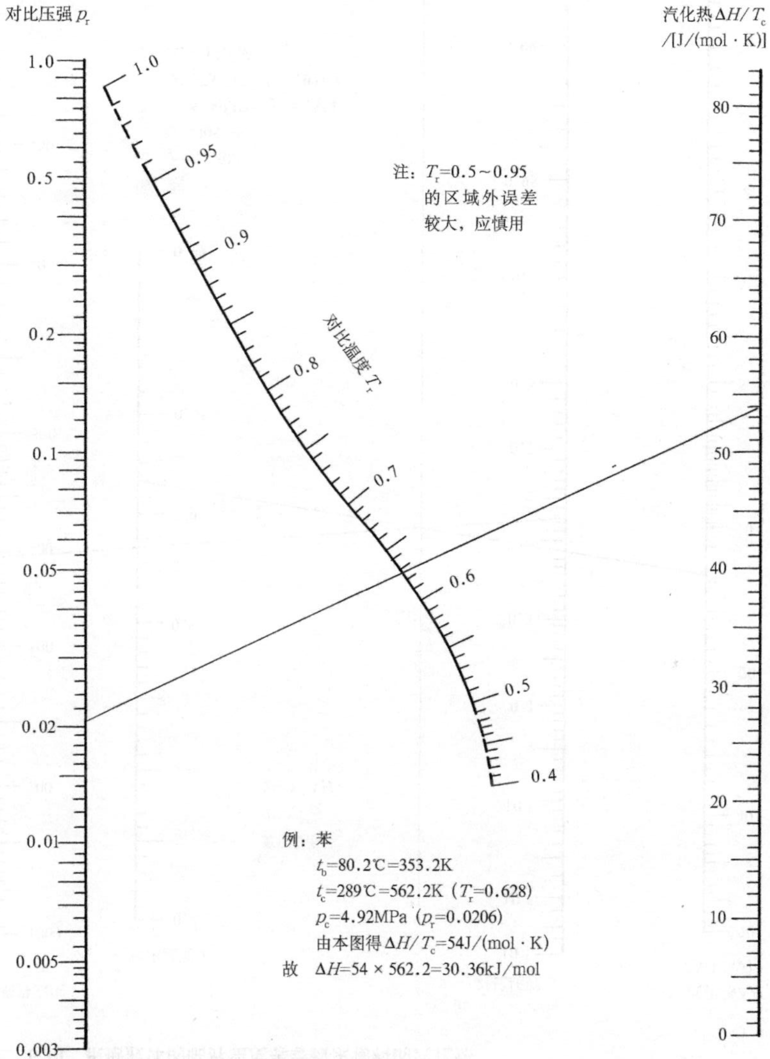

注：T_r=0.5～0.95的区域外误差较大，应慎用

例：苯

t_b=80.2℃=353.2K

t_c=289℃=562.2K（T_r=0.628）

p_c=4.92MPa（p_r=0.0206）

由本图得 $\Delta H/T_c$=54J/(mol · K)

故　ΔH=54 × 562.2=30.36kJ/mol

6.29 根据气液密度差求物料的汽化热

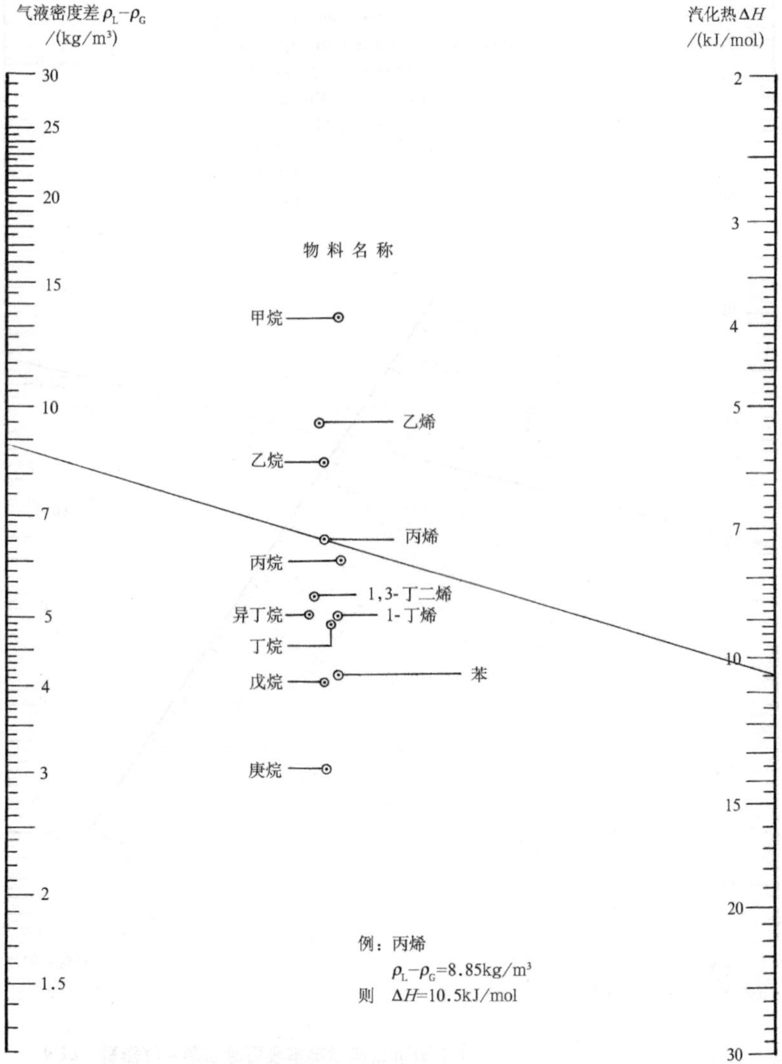

6.30 根据液体的临界温度等参数求物料的汽化热

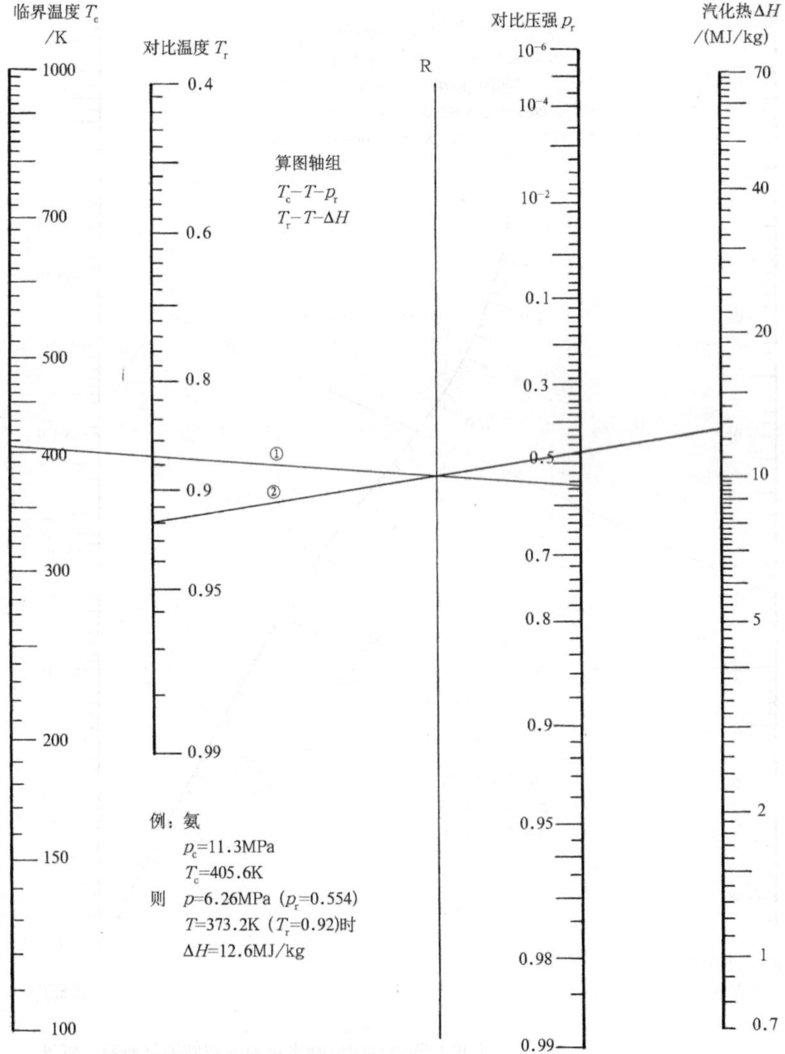

6.31 根据临界蒸气压和沸点求物料的汽化热

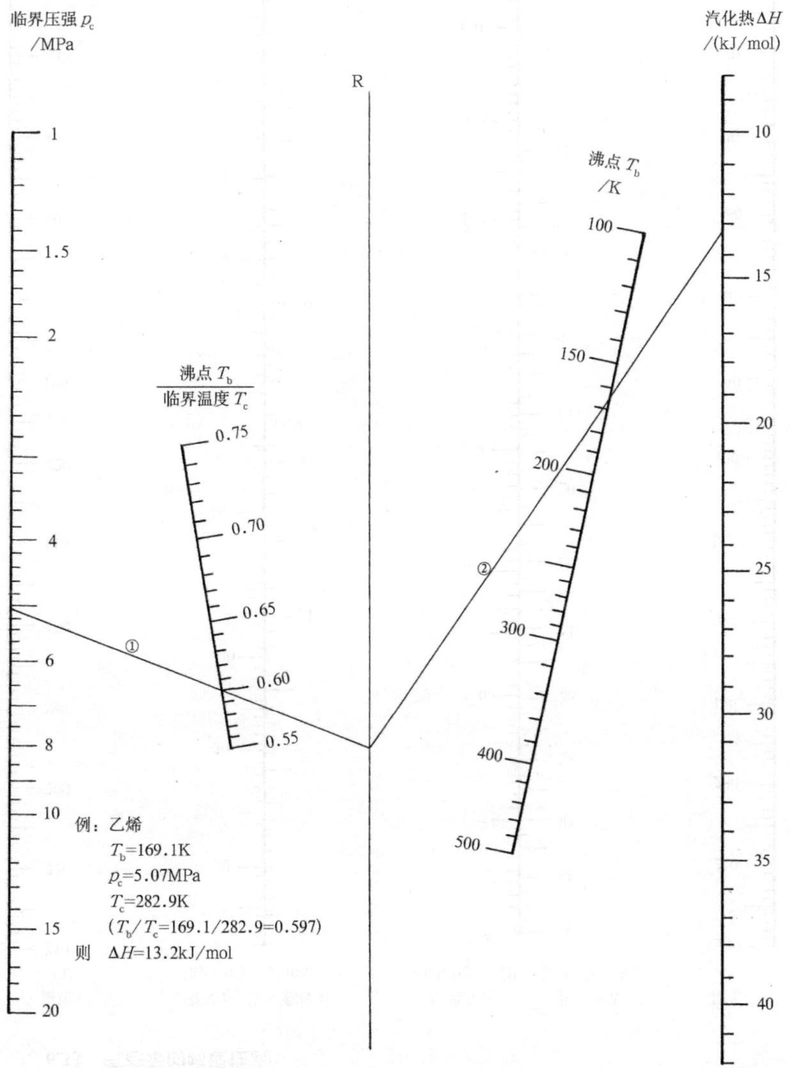

例：乙烯

T_b=169.1K

p_c=5.07MPa

T_c=282.9K

(T_b/T_c=169.1/282.9=0.597)

则 ΔH=13.2kJ/mol

6.32 物料正常沸点下的汽化热

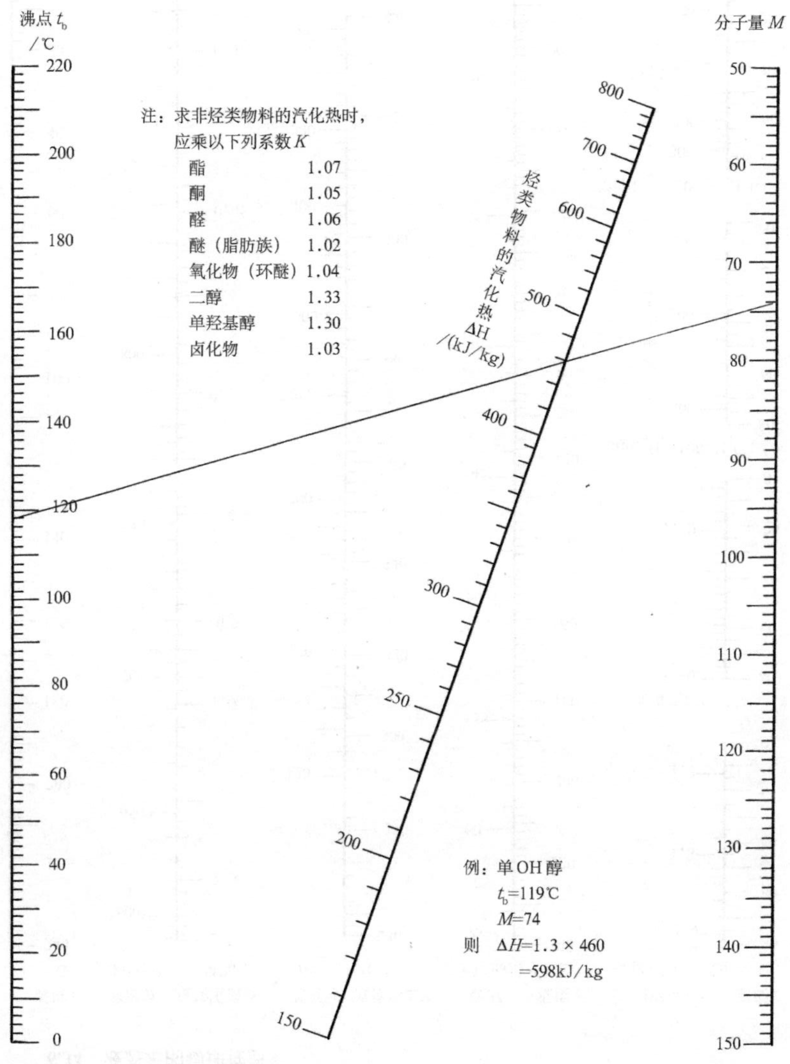

注：求非烃类物料的汽化热时，应乘以下列系数 K

酯	1.07
酮	1.05
醛	1.06
醚（脂肪族）	1.02
氧化物（环醚）	1.04
二醇	1.33
单羟基醇	1.30
卤化物	1.03

例：单OH醇

t_b=119℃

M=74

则 ΔH=1.3 × 460 =598kJ/kg

6.33 气态苯的物理性质

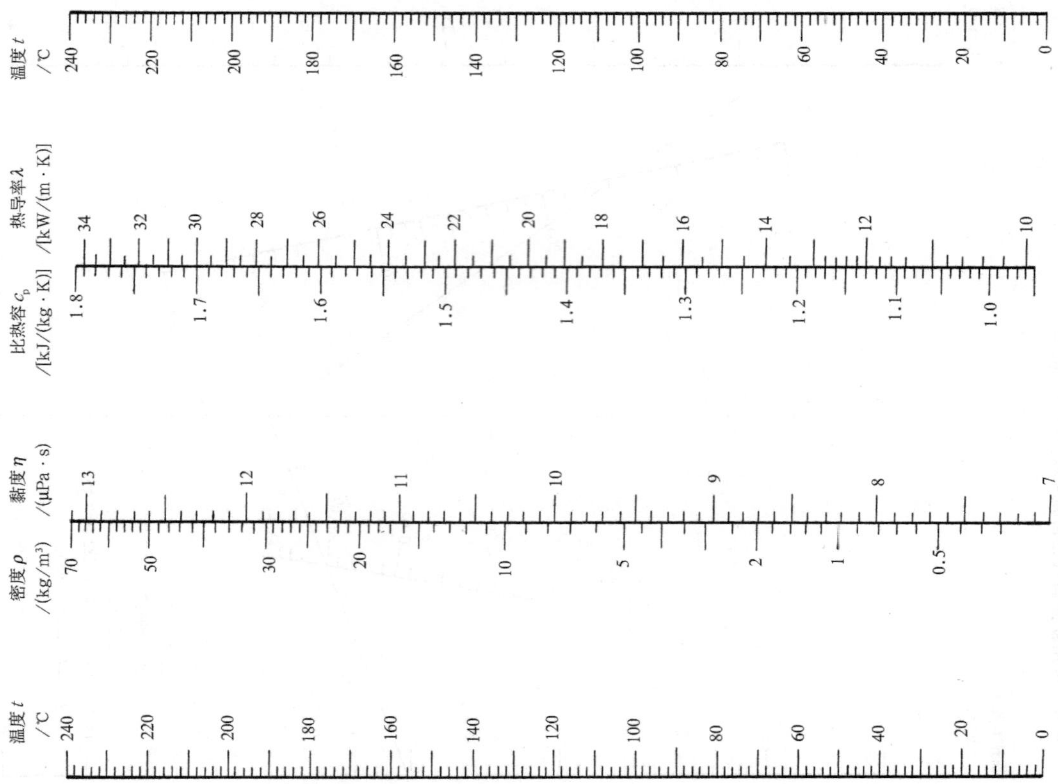

6.34 液态苯的物理性质

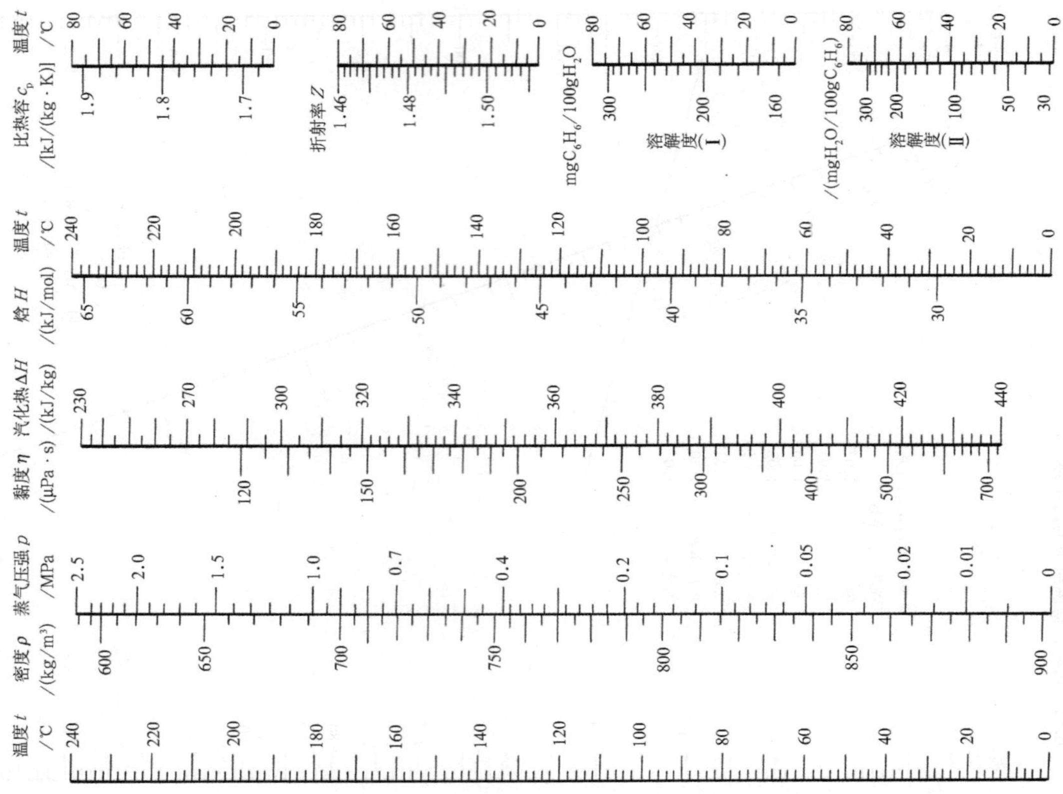

6.35 甲苯的物理性质（Ⅰ）

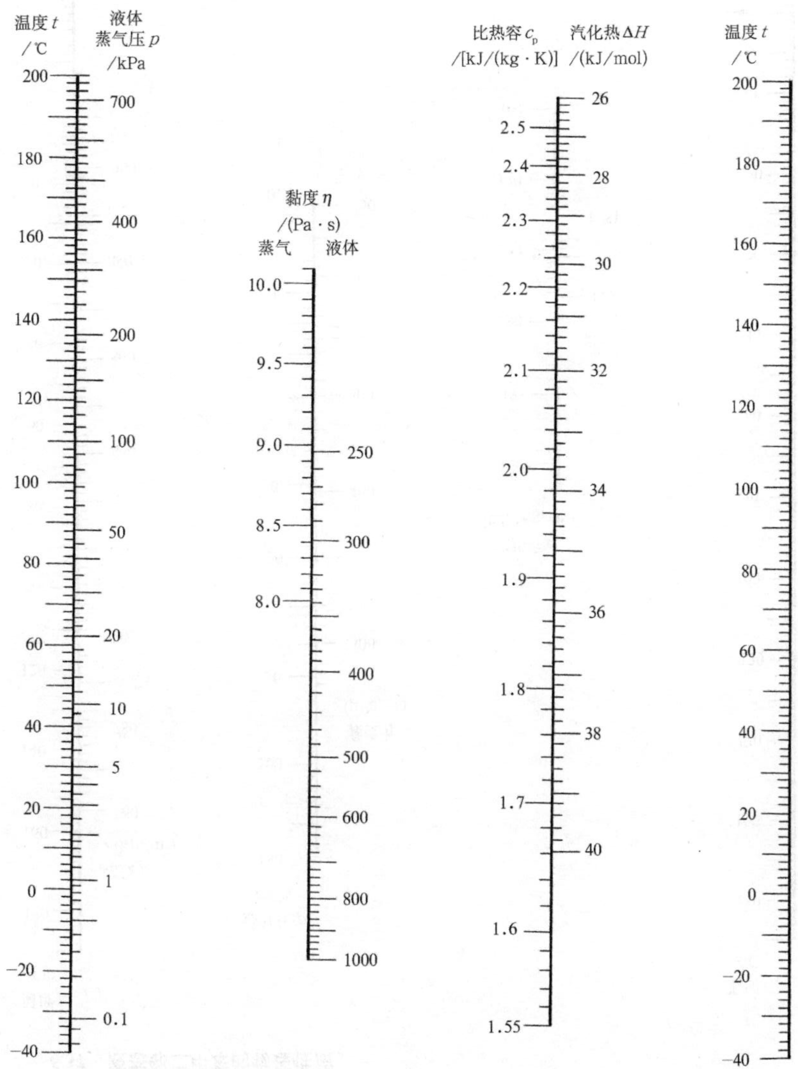

6.36 甲苯的物理性质（Ⅱ）

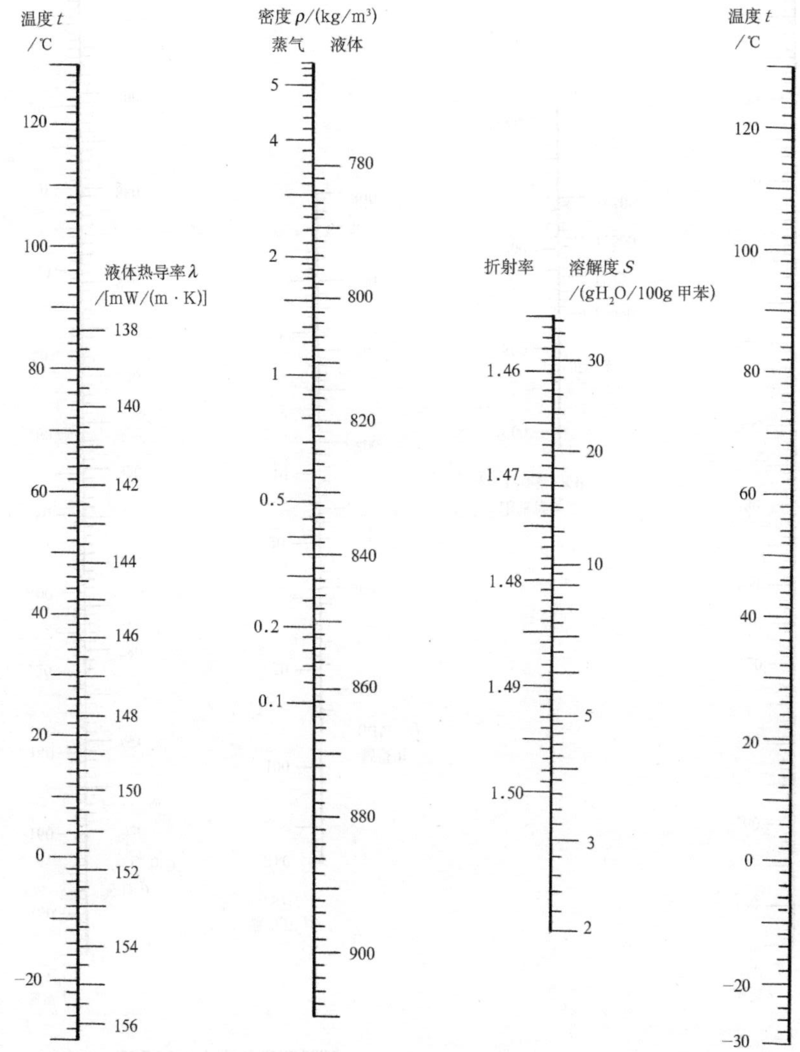

6.37 液态邻二甲苯的物理性质

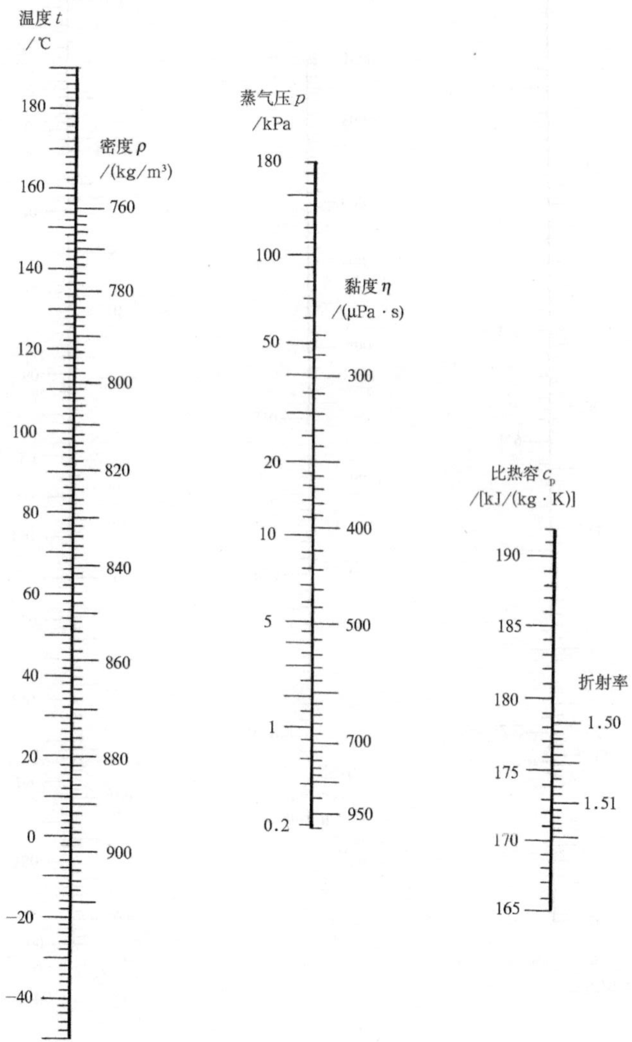

6.38 液态间二甲苯的物理性质

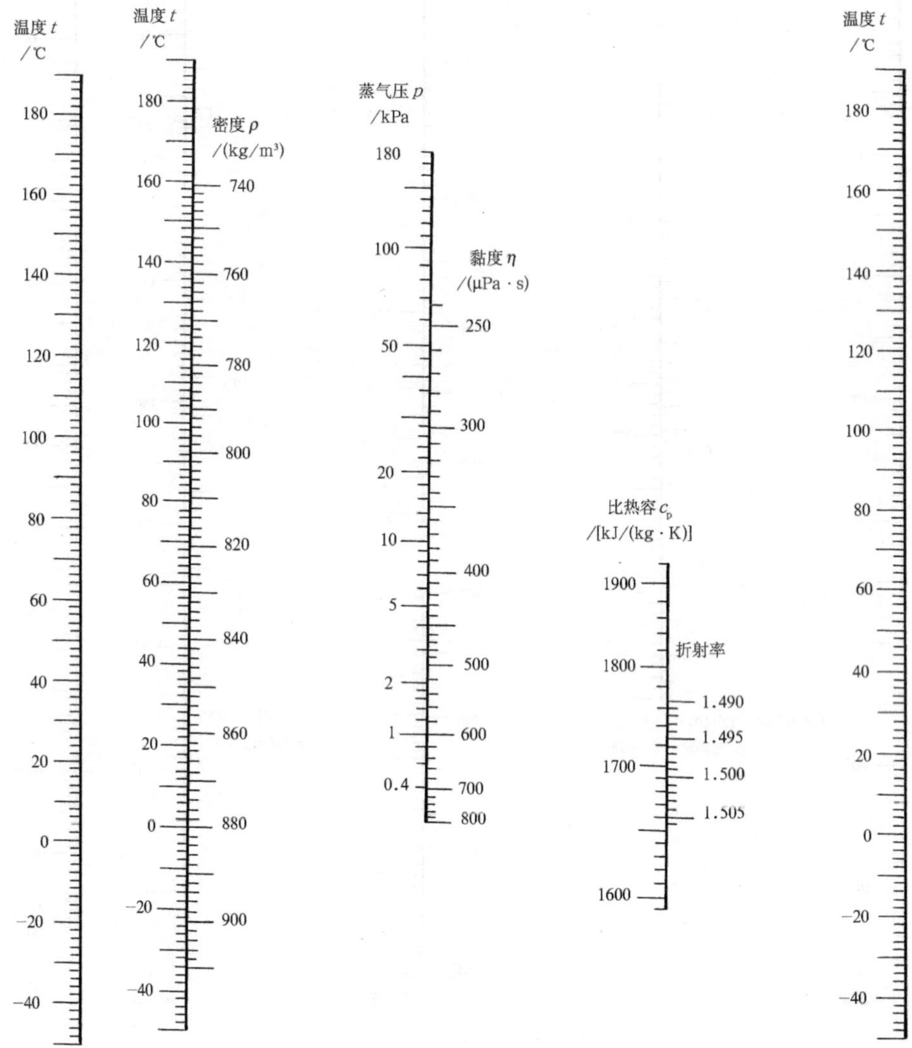

6.39 液态对二甲苯的物理性质

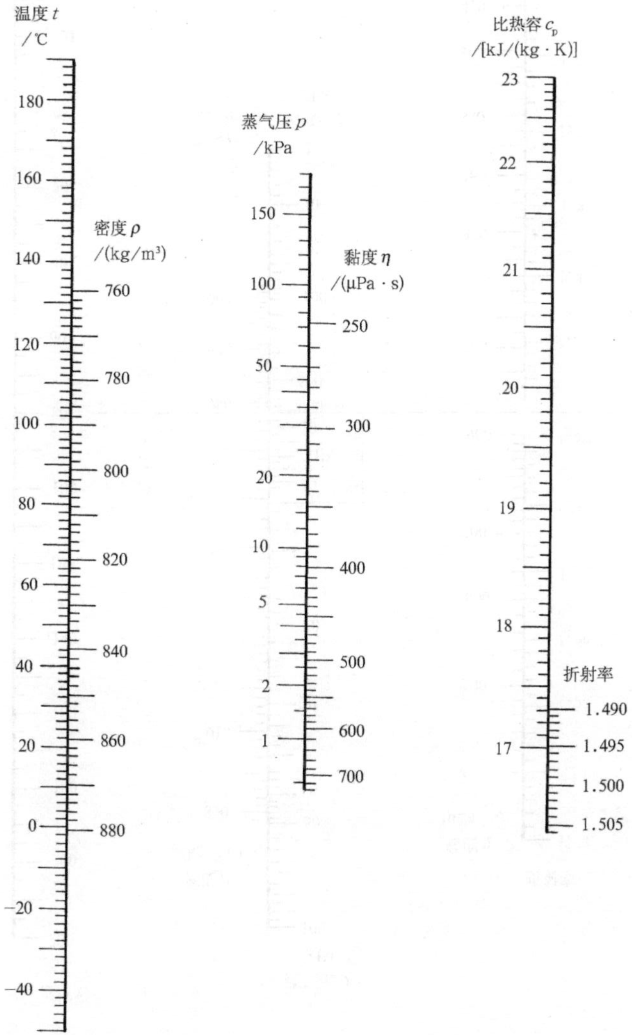

6.40 液态异丙苯的物理性质

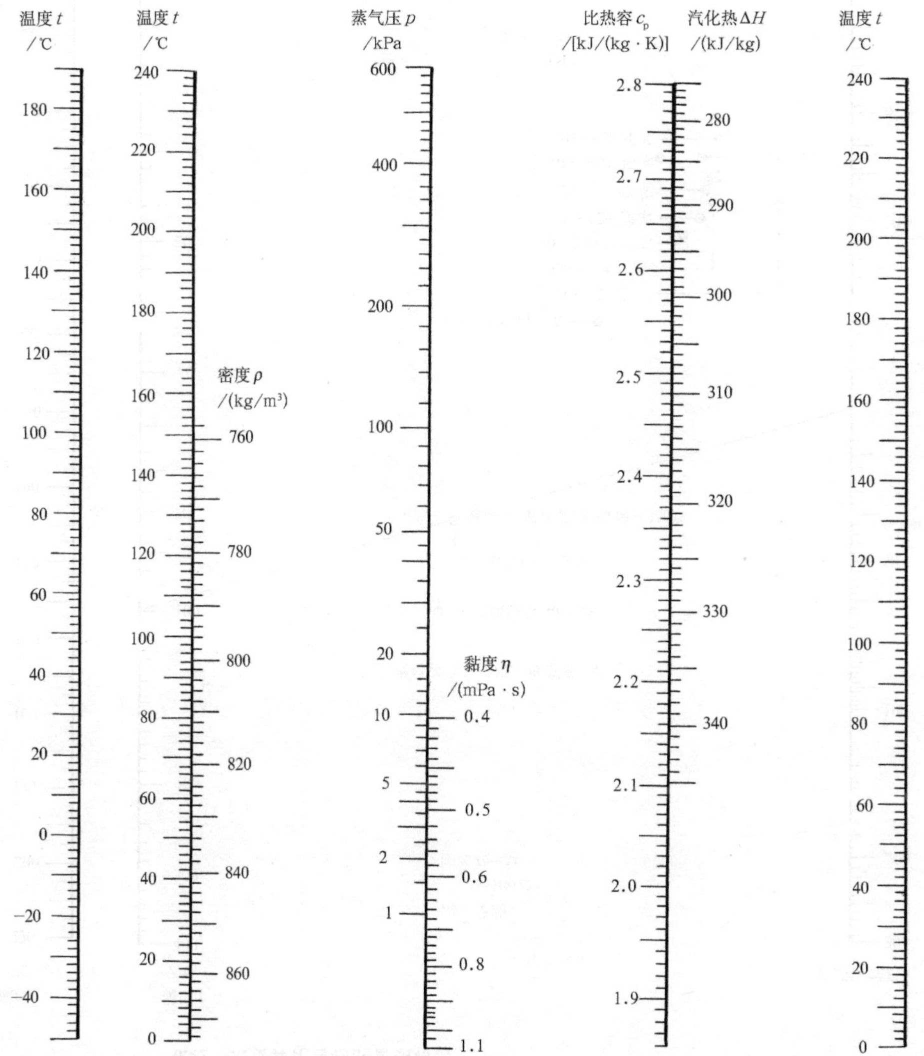

6.41 萘的物理性质

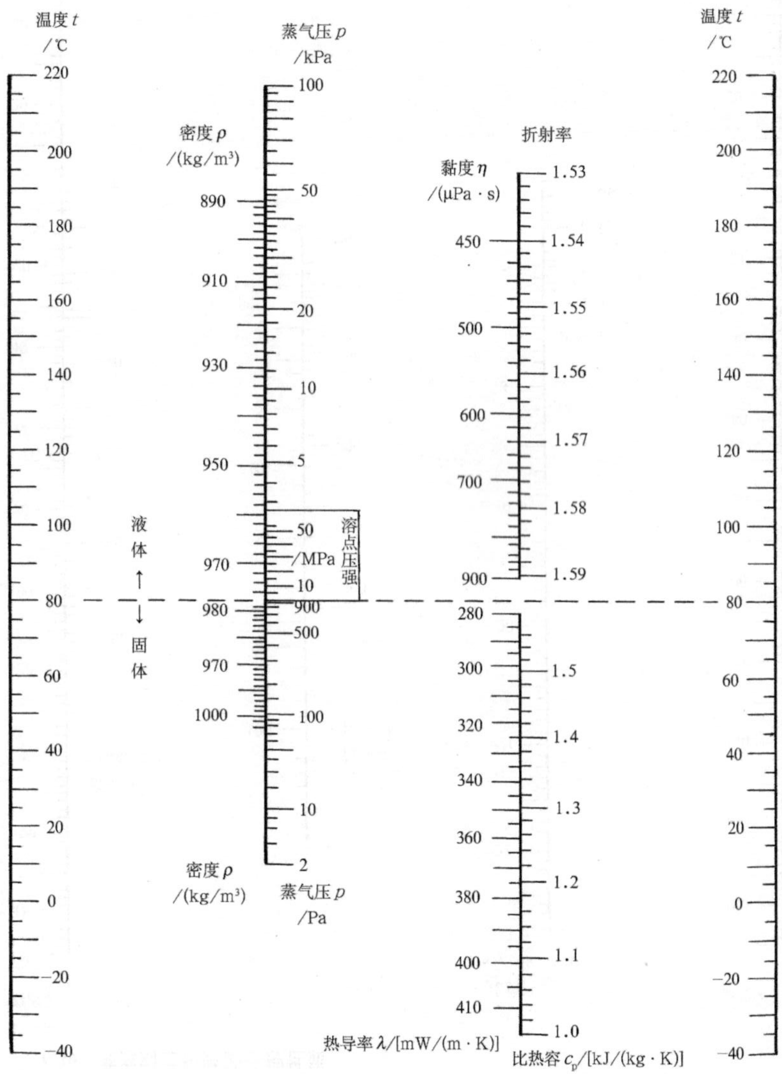

6.42 苯及其化合物的普朗特数

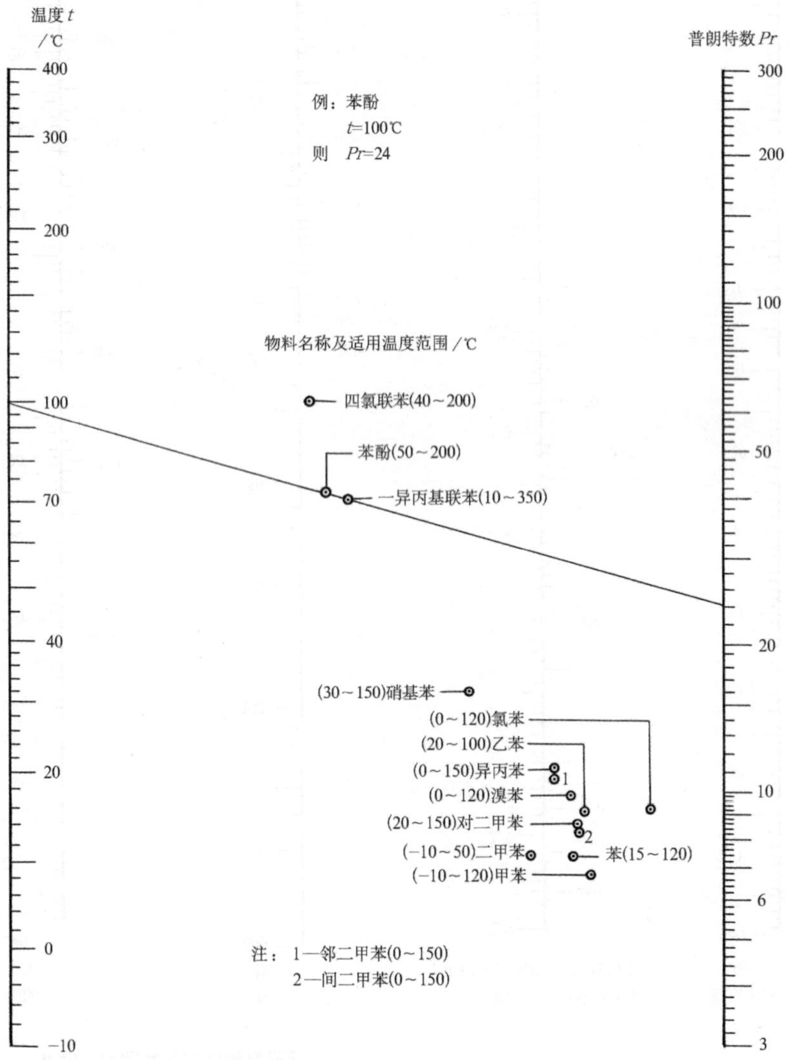

6.43 根据沸点和分子量求临界压缩因子

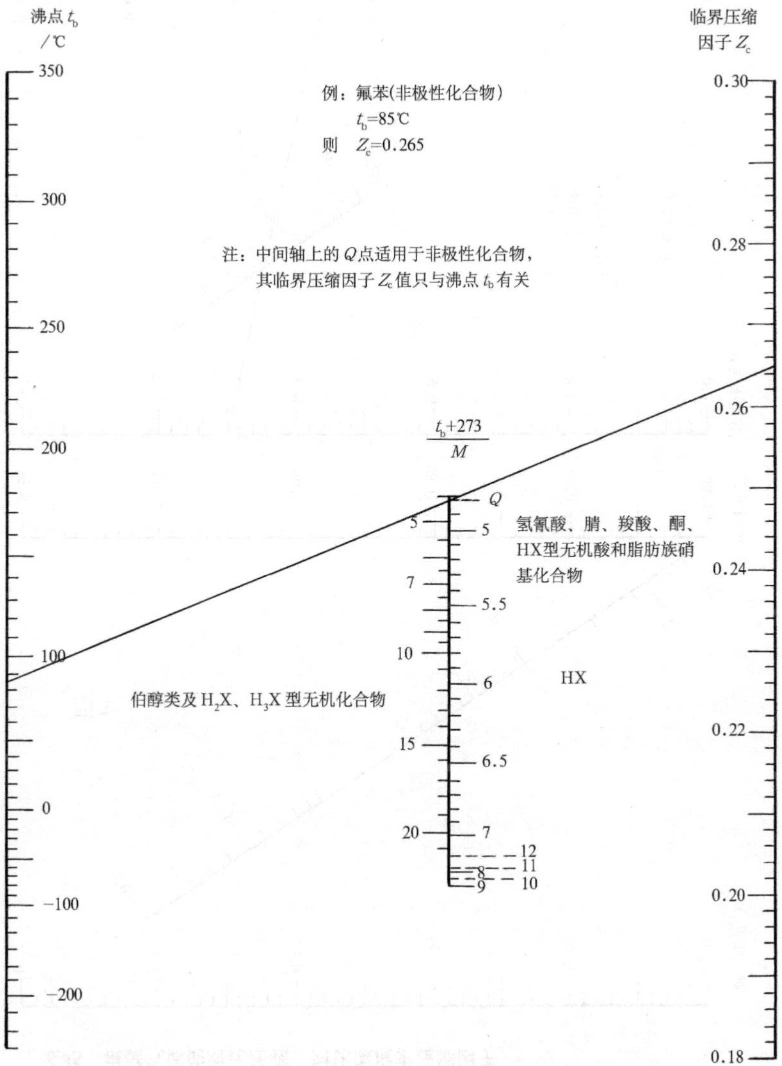

6.44 根据沸点和临界温度、压强求临界压缩因子

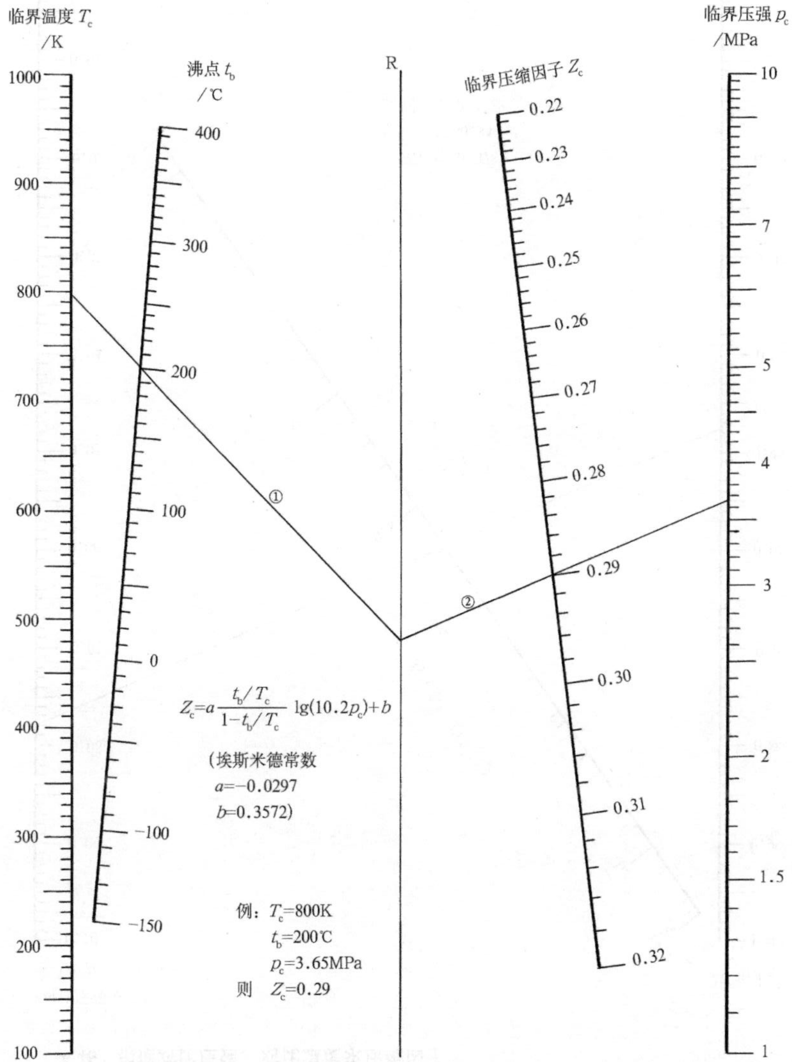

6.45　根据气体的对比压强、对比温度求压缩因子

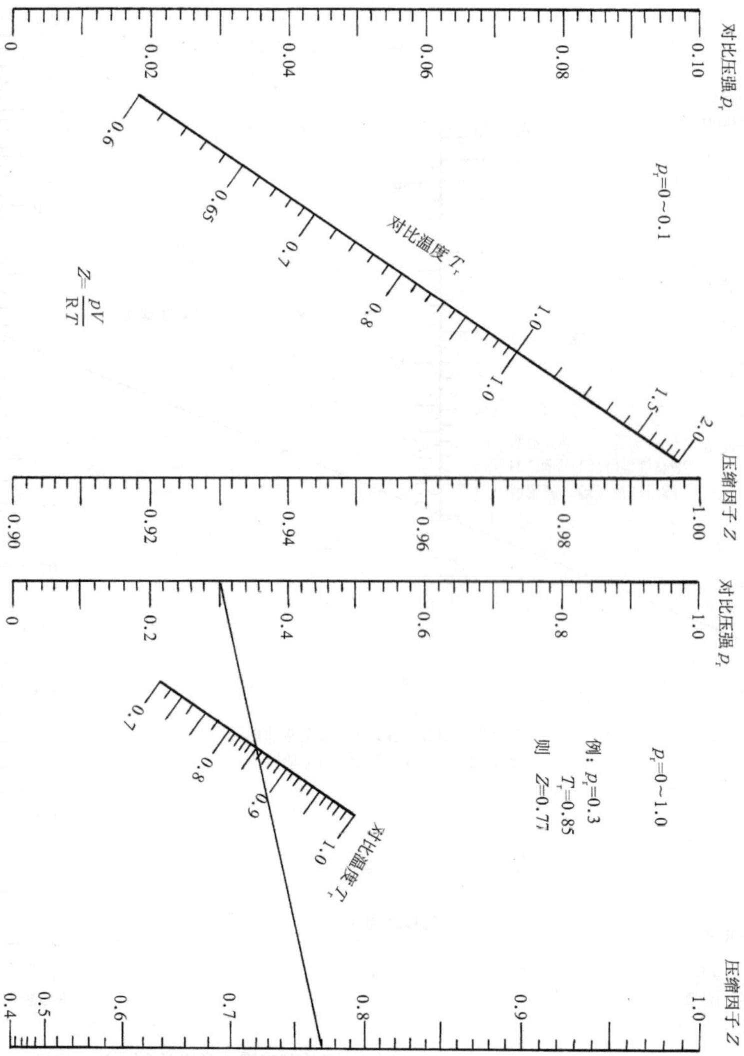

6.46　根据对比压强、对比温度求压缩因子

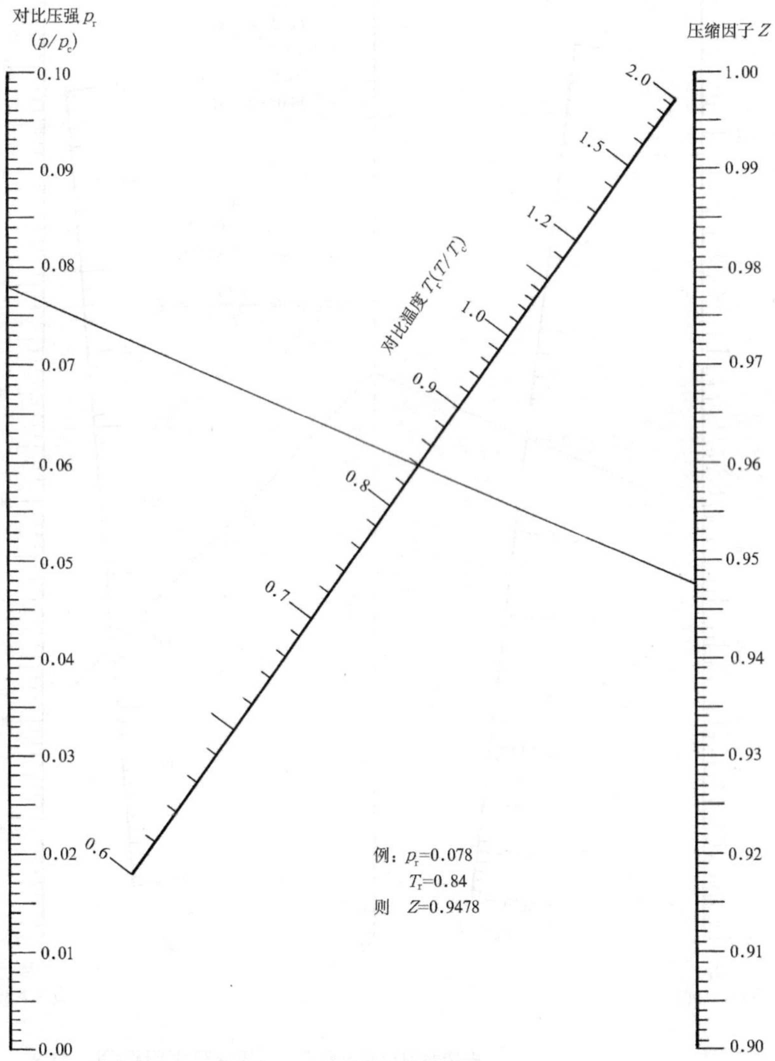

第 7 章

7.1 醇类蒸气的密度（Ⅰ）

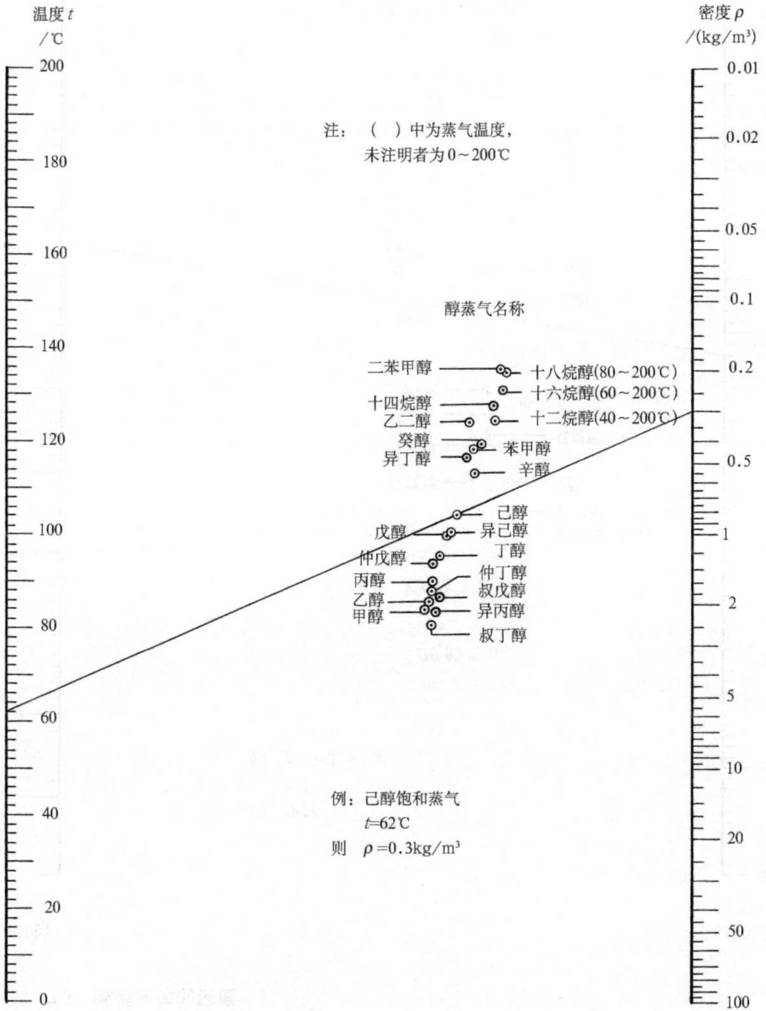

7.2 醇类蒸气的密度（Ⅱ）

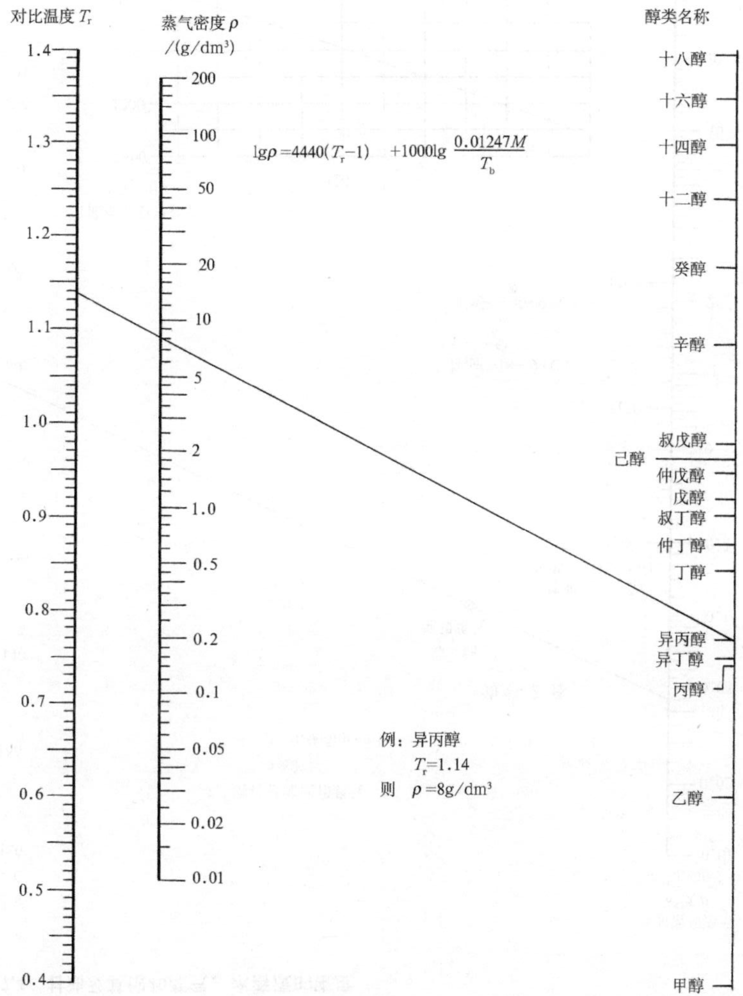

7.3 醇类液体的密度

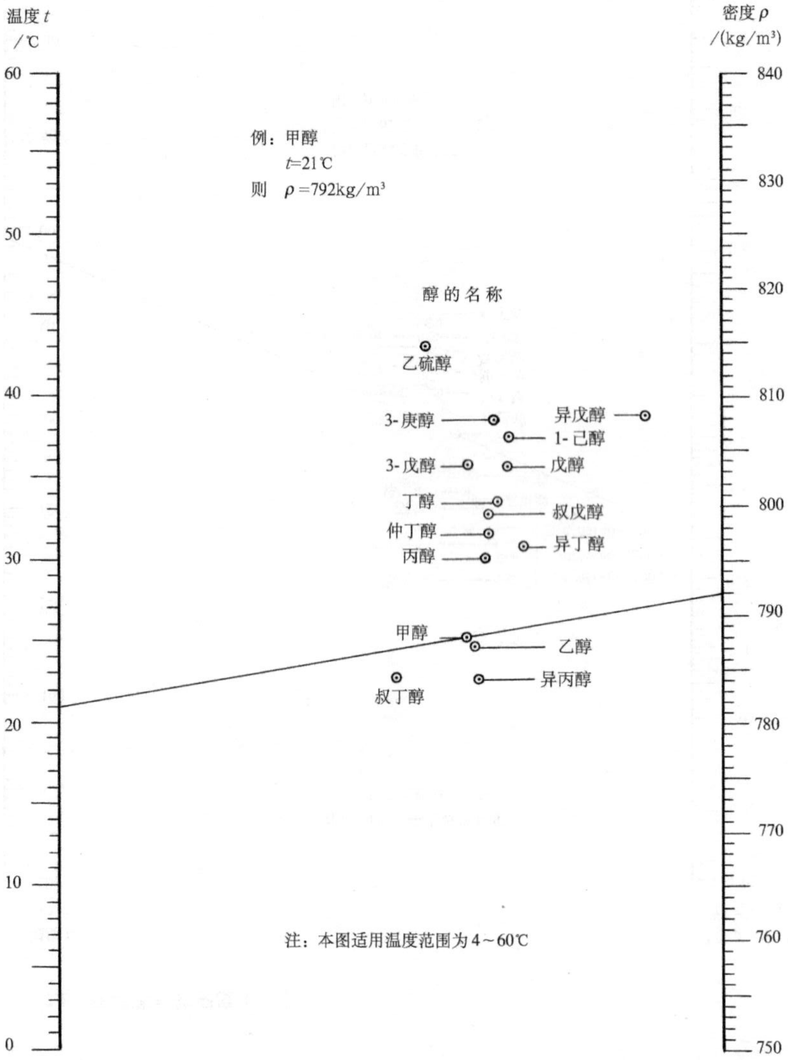

7.4 甘油及其饱和蒸气、水溶液的密度

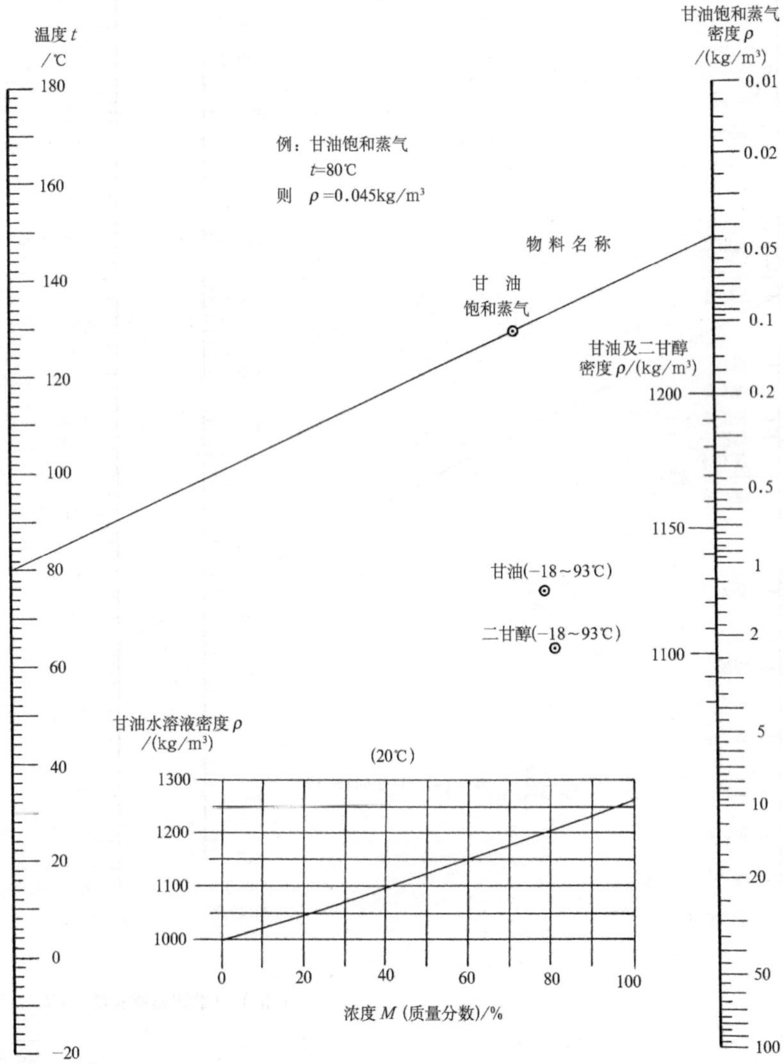

7.5 甲醇和乙醇水溶液的密度

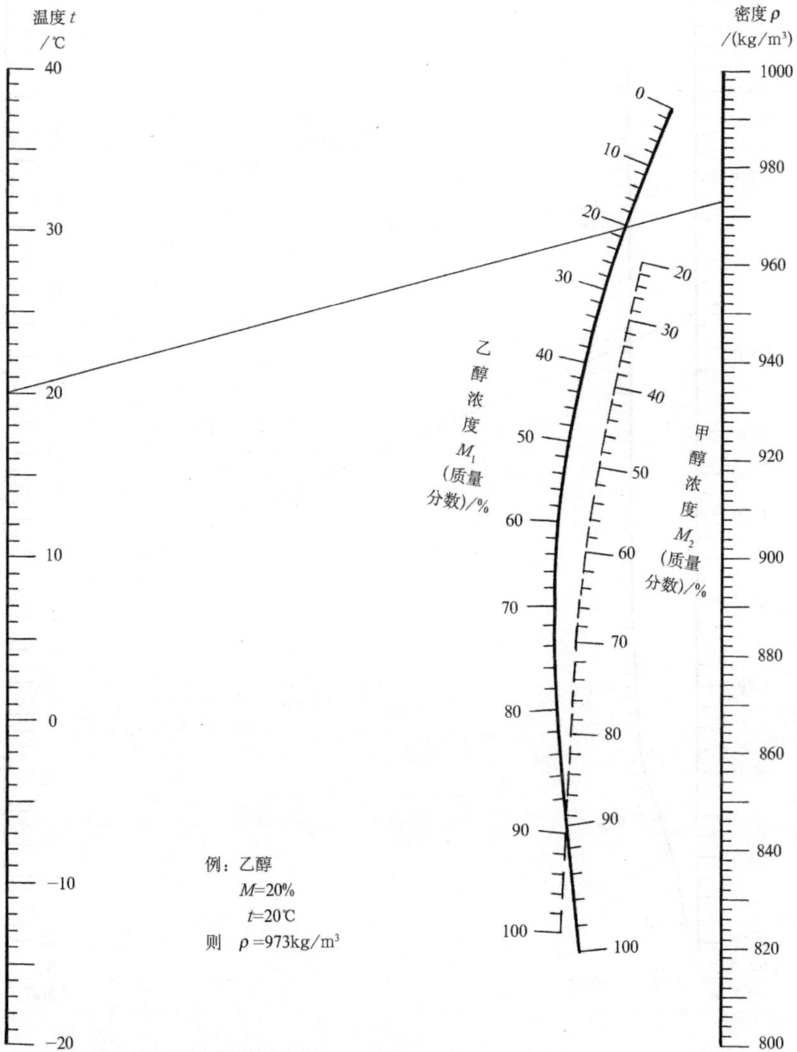

例：乙醇

M=20%

t=20℃

则 ρ=973kg/m³

7.6 醇类水溶液的密度（温度恒定）

品 名	温度/℃	代号	适用浓度/%
甲 醇	0	1	80～100
	15	7	
乙 醇	10	6	
	25	8	
	40	10	
丙 醇	15	9	
丁 醇	20	4	
异丁醇	0	2	86～95
	15	5	84～97
叔丁醇	20	3	80～100

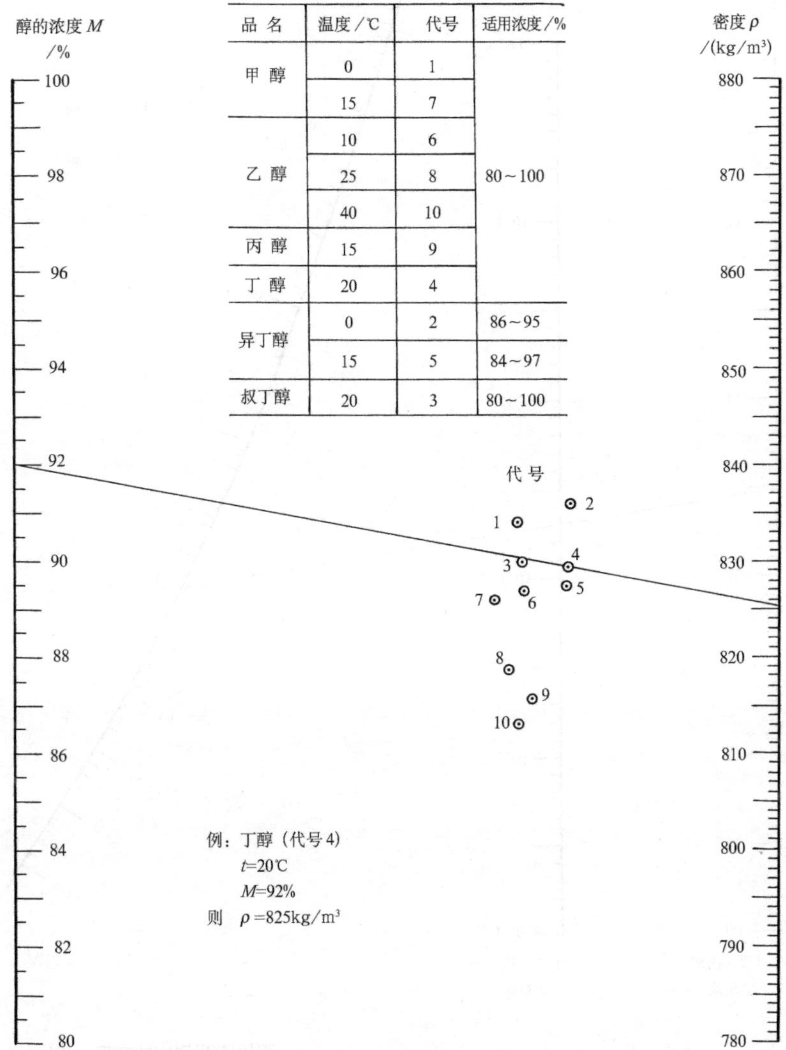

例：丁醇（代号4）

t=20℃

M=92%

则 ρ=825kg/m³

7.7 乙醇水溶液中乙醇的体积

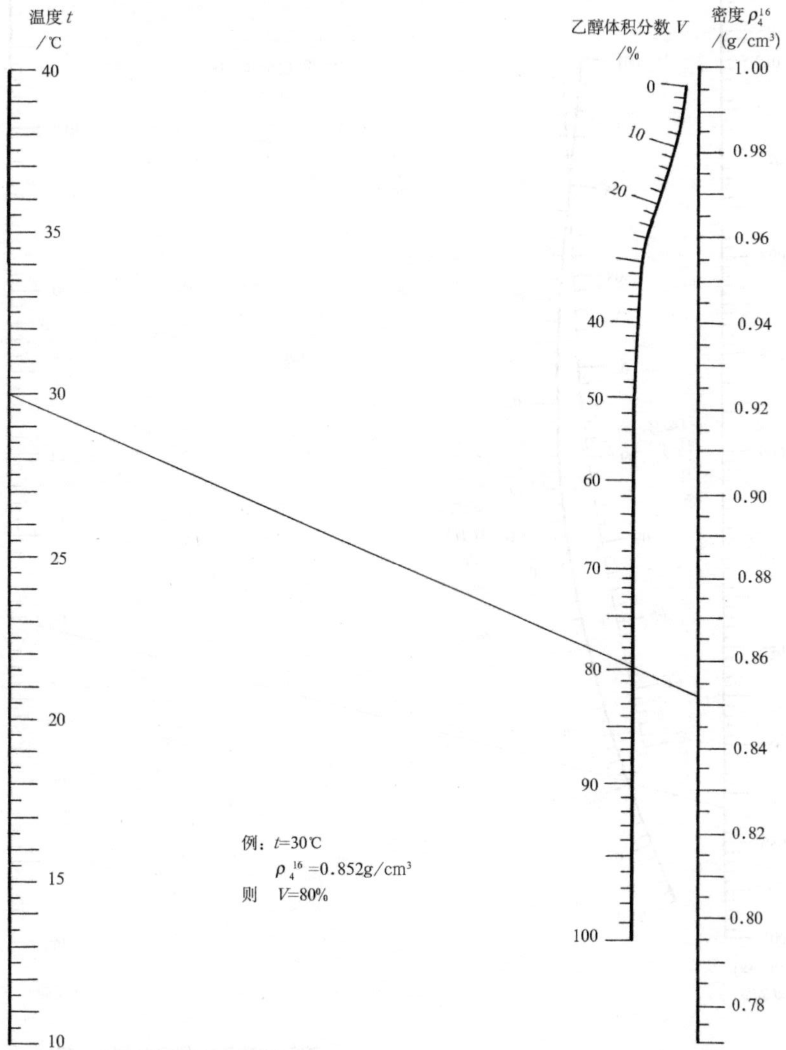

7.8 乙二醇水溶液的密度

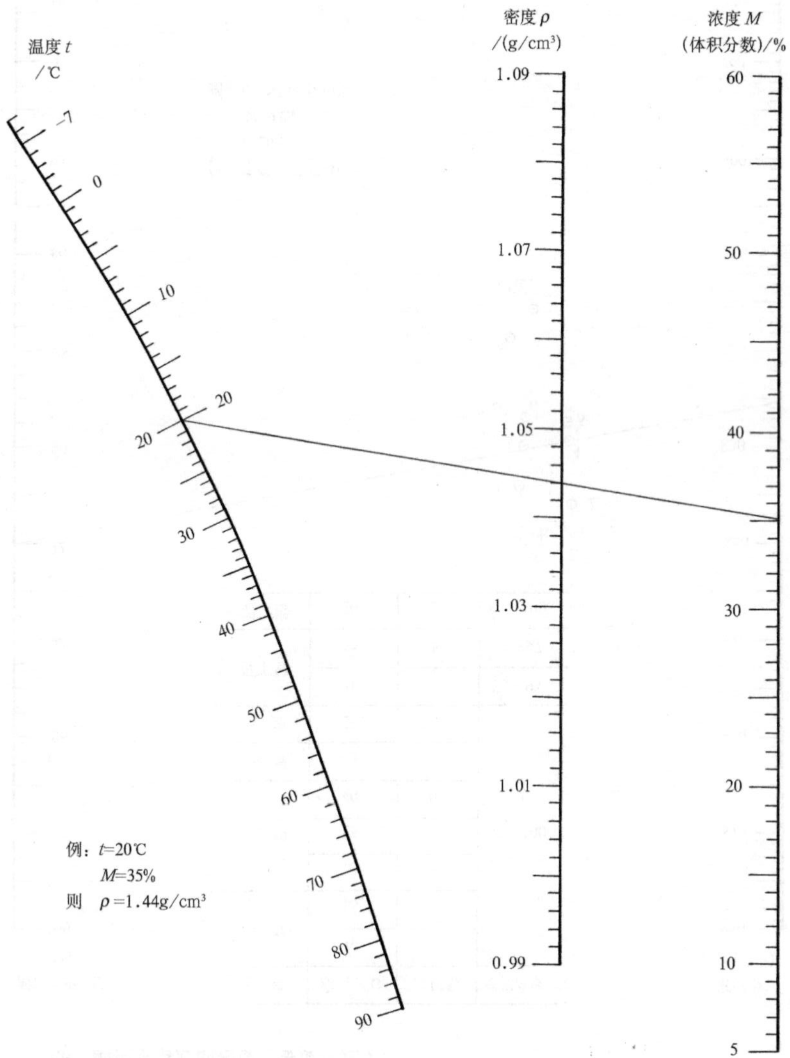

7.9 二甘醇和三甘醇水溶液的密度

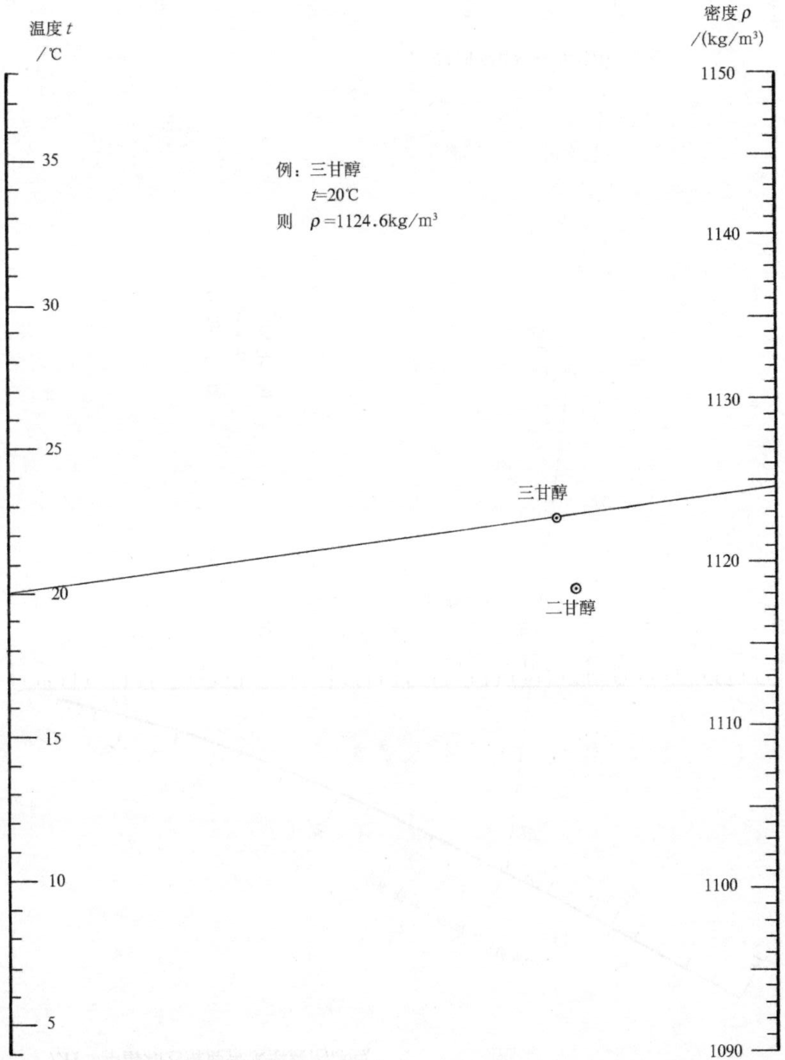

7.10 甘油水溶液的沸点

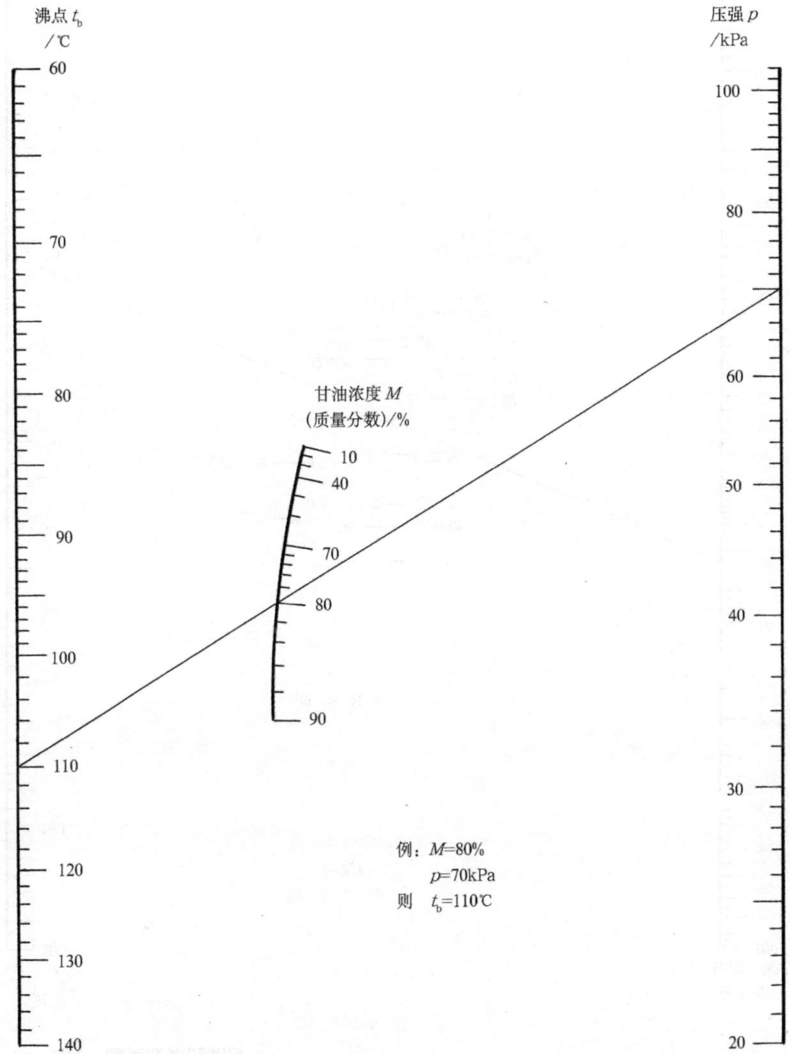

7.11 甲醇和乙醇混合水溶液的冰点

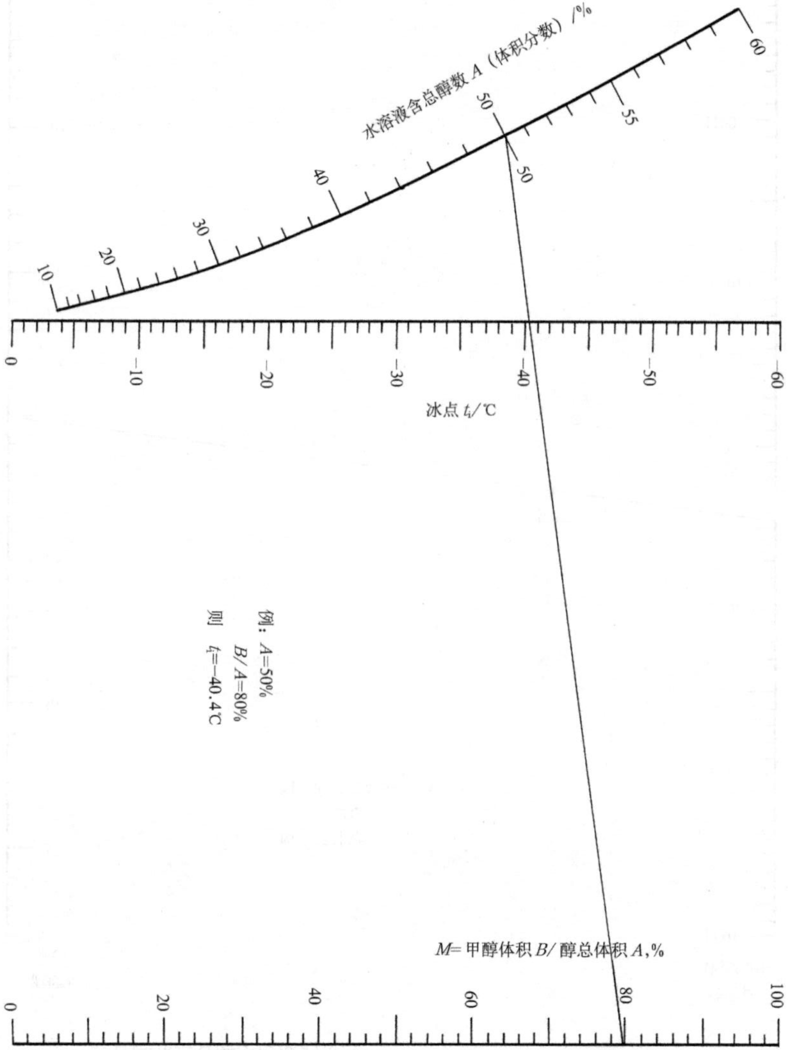

7.12 醇类液体的黏度

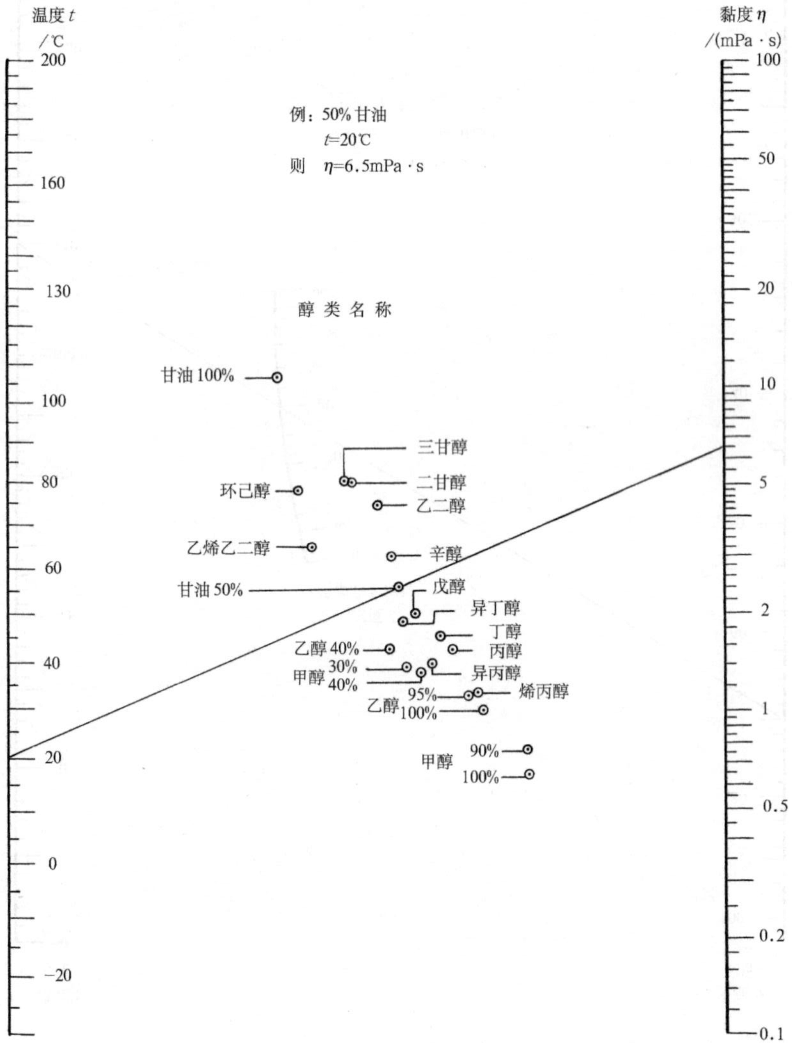

7.13 甲醇水溶液的黏度

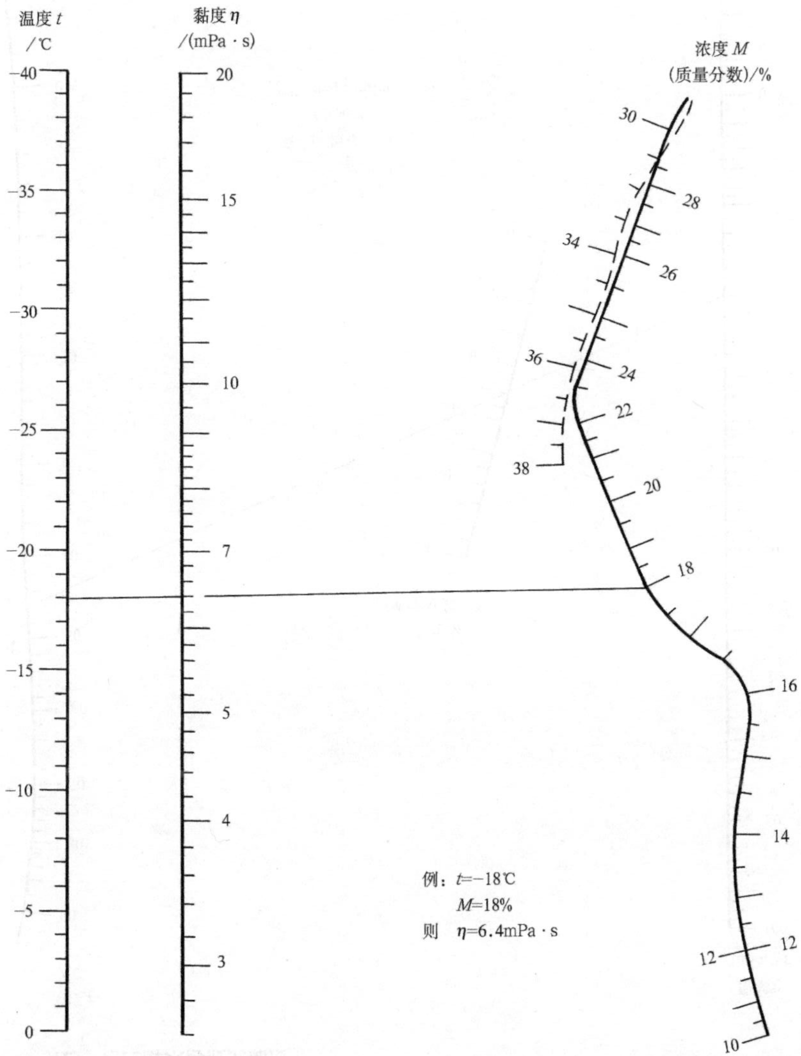

7.14 乙醇水溶液的黏度

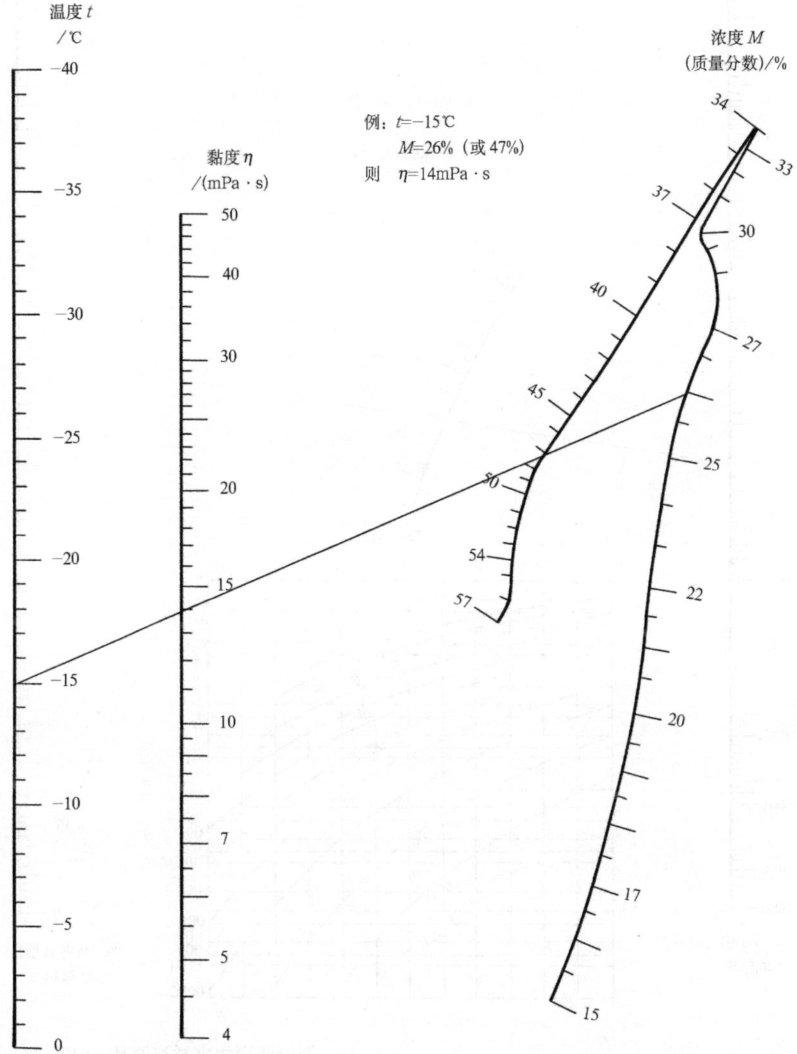

7.15 乙二醇水溶液的黏度

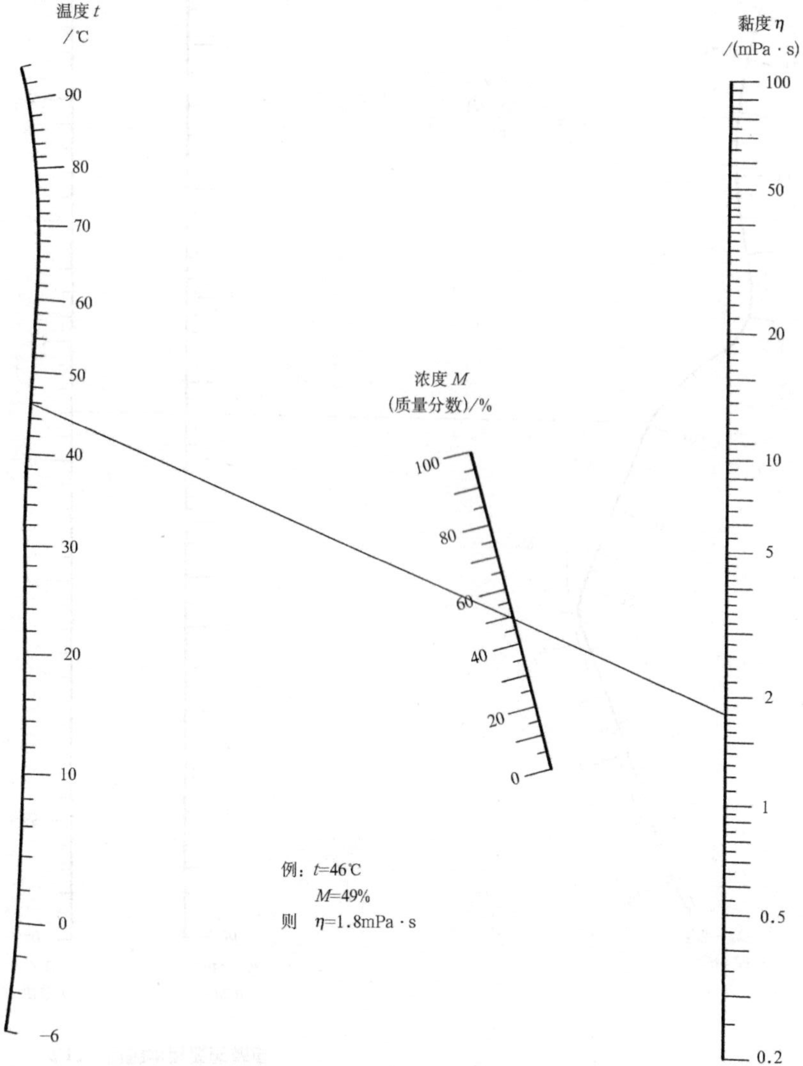

7.16 甘油及其水溶液的黏度

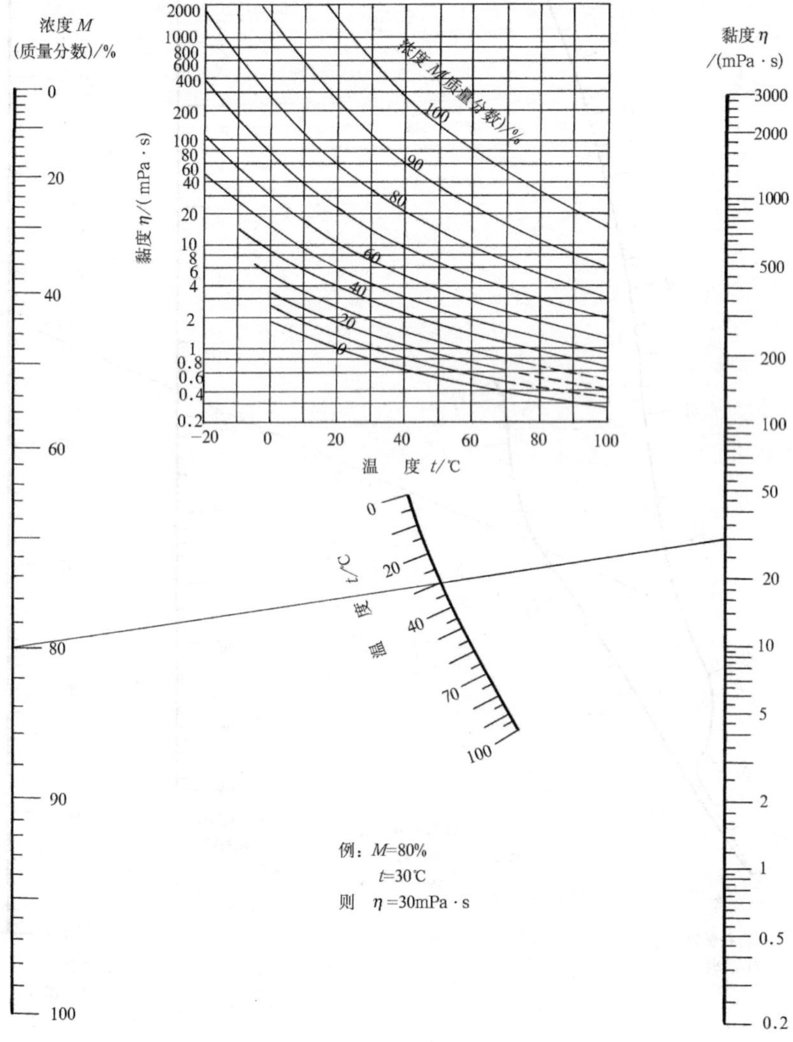

7.17 醇类的表面张力

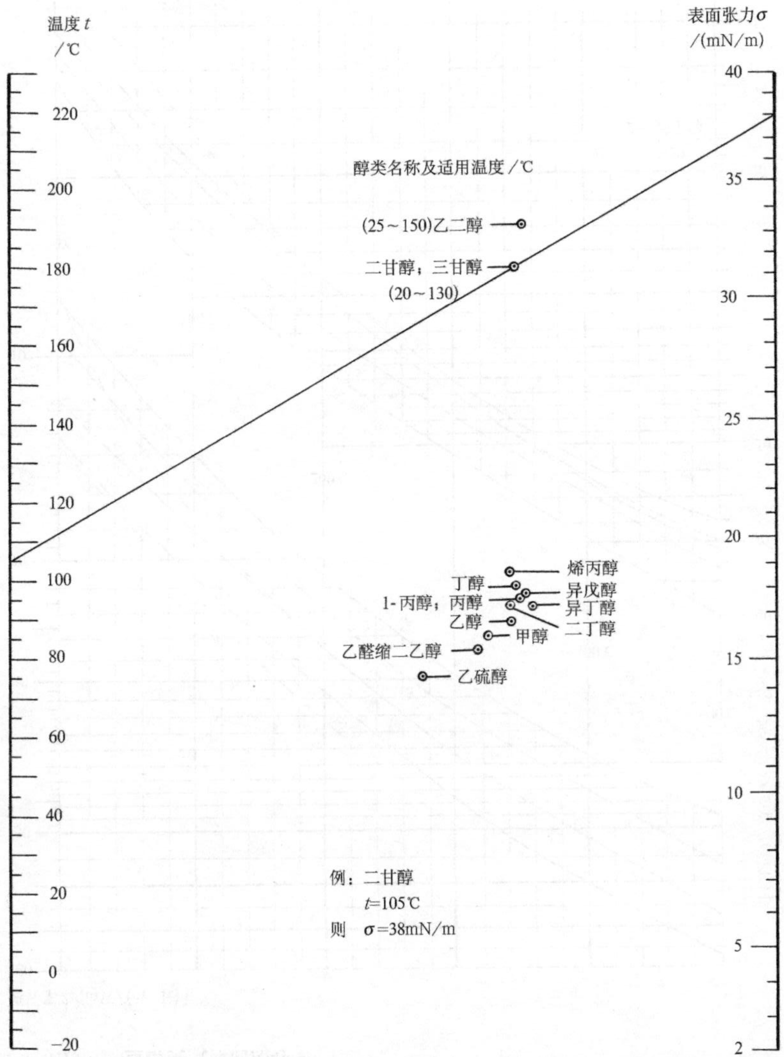

7.18 乙醇水溶液的表面张力

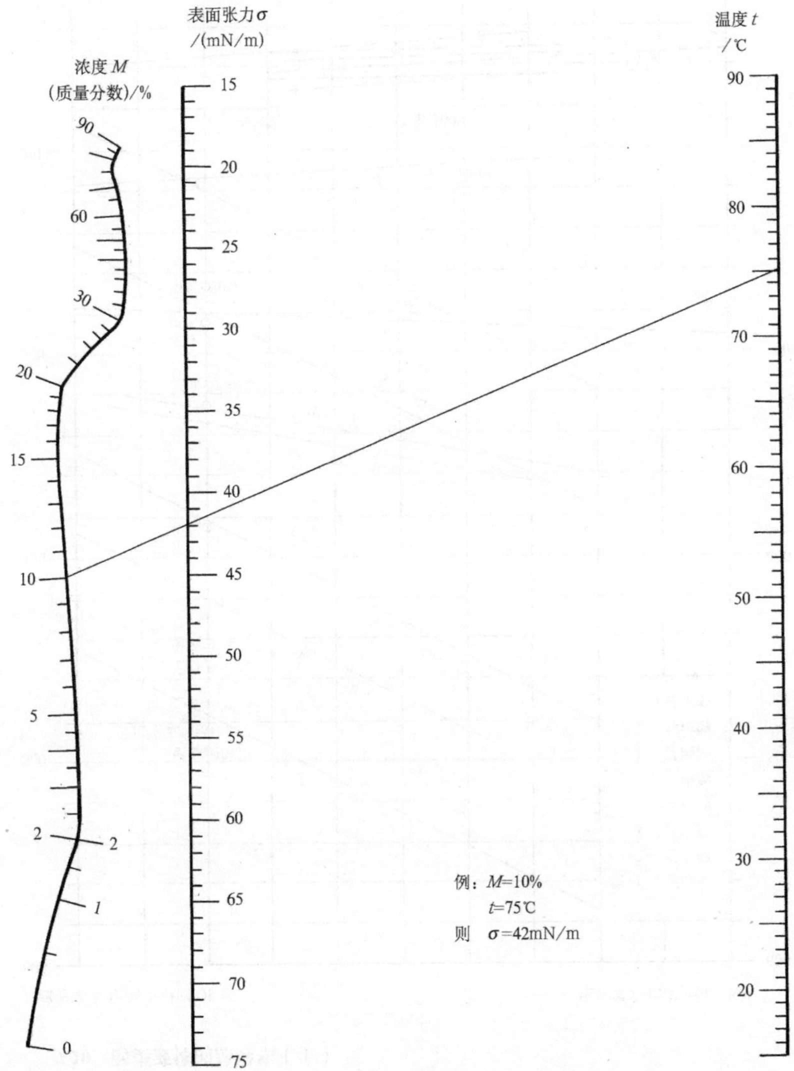

7.19 一些醇类气体的热导率

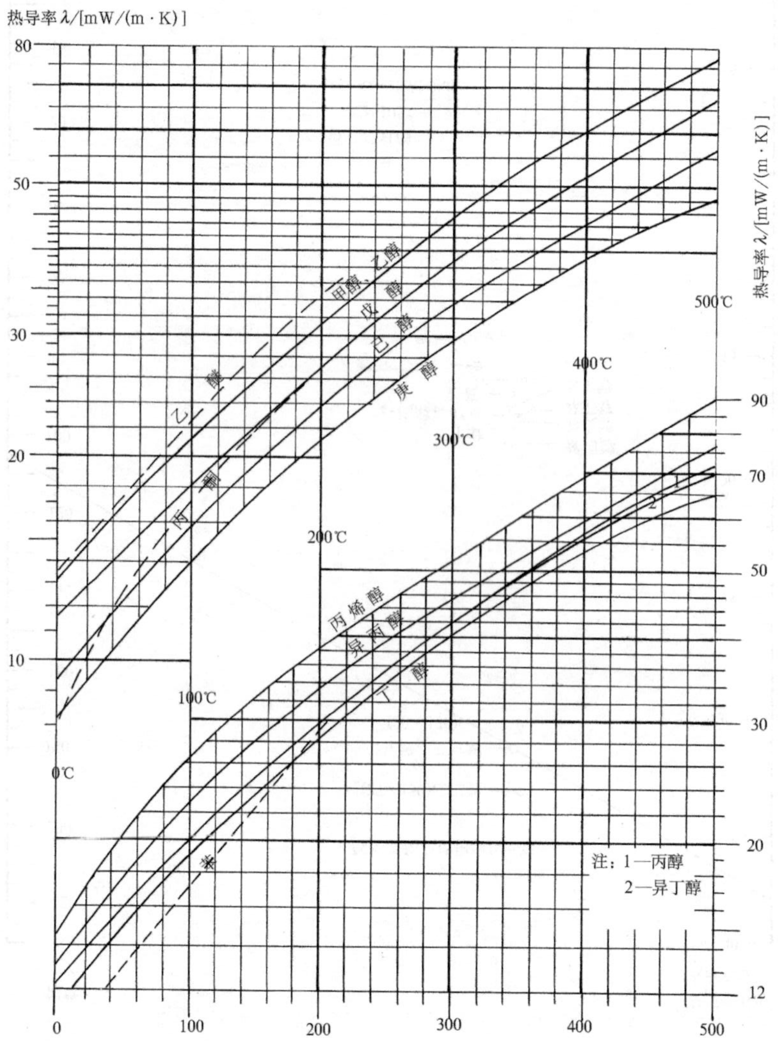

7.20 醇类液体的热导率（Ⅰ）

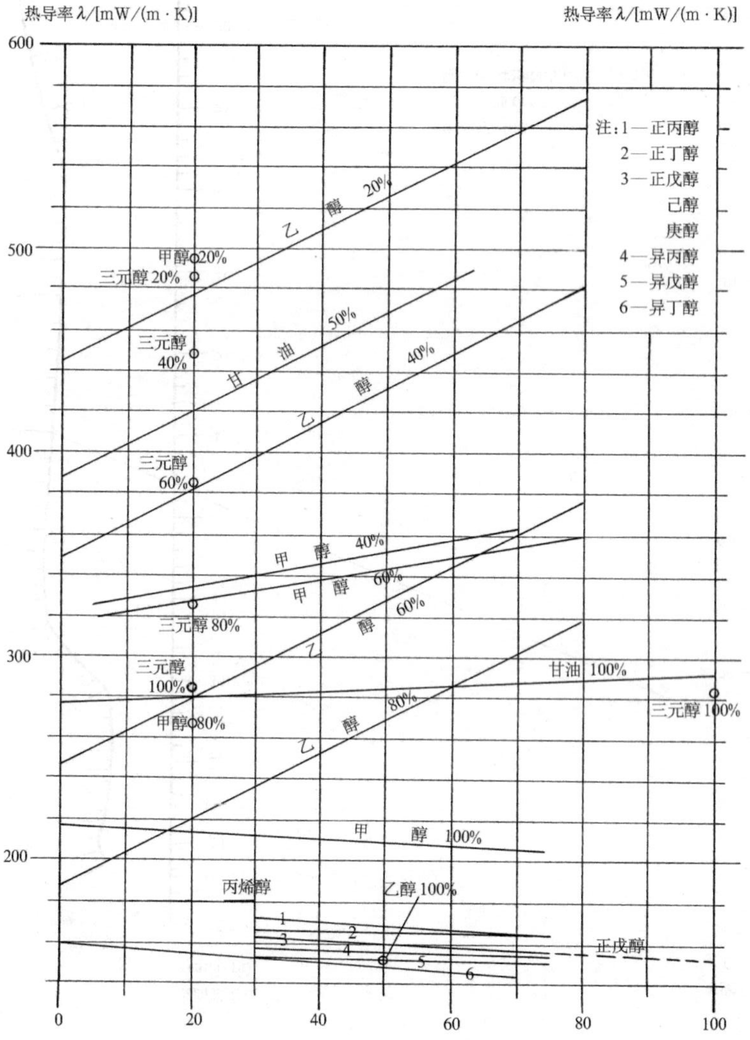

7.21 醇类液体的热导率（Ⅱ）

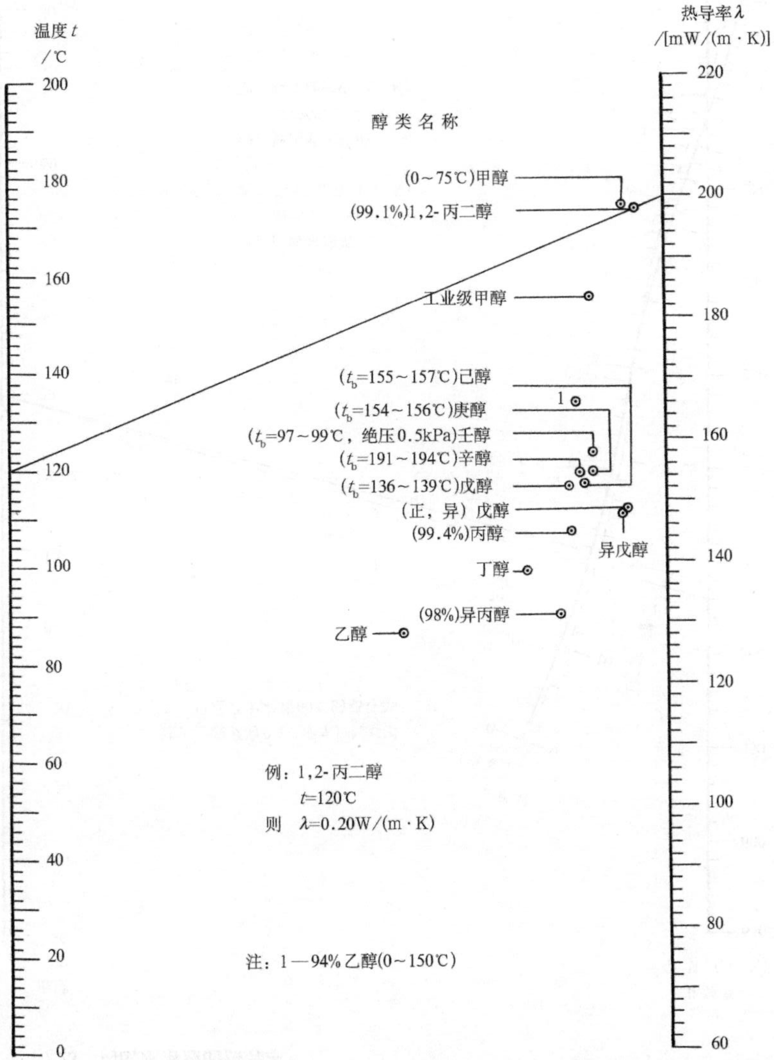

7.22 甲醇、乙醇水溶液的热导率

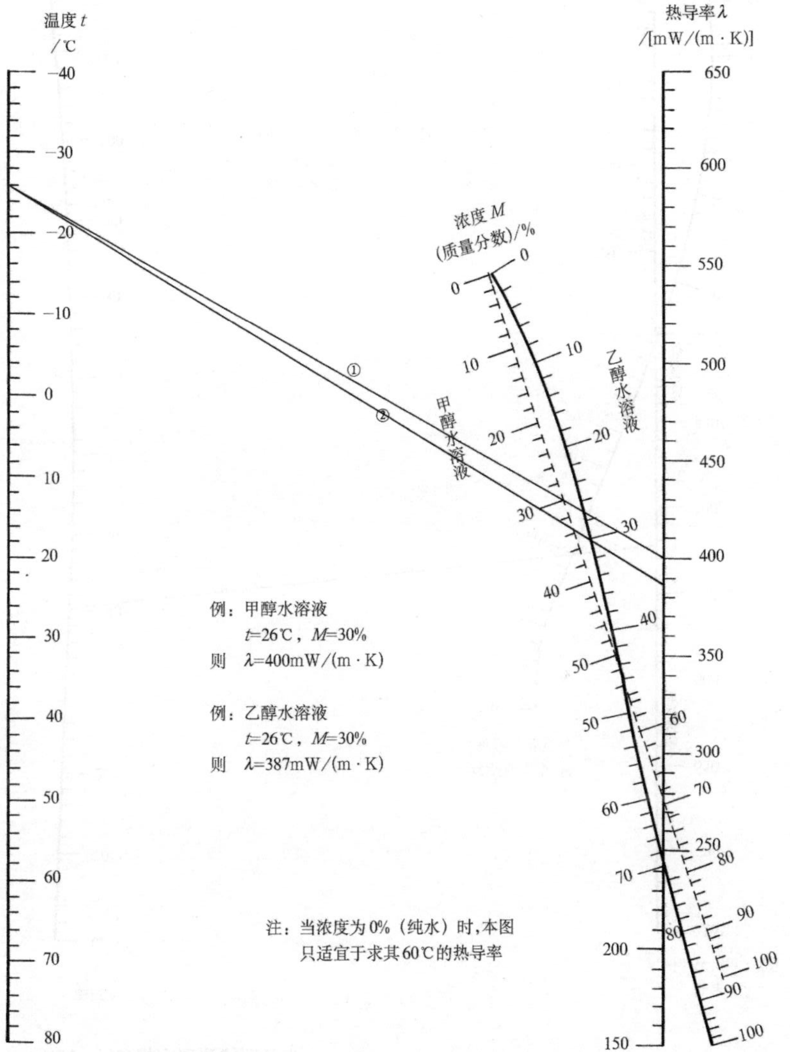

7.23 丙醇水溶液的热导率

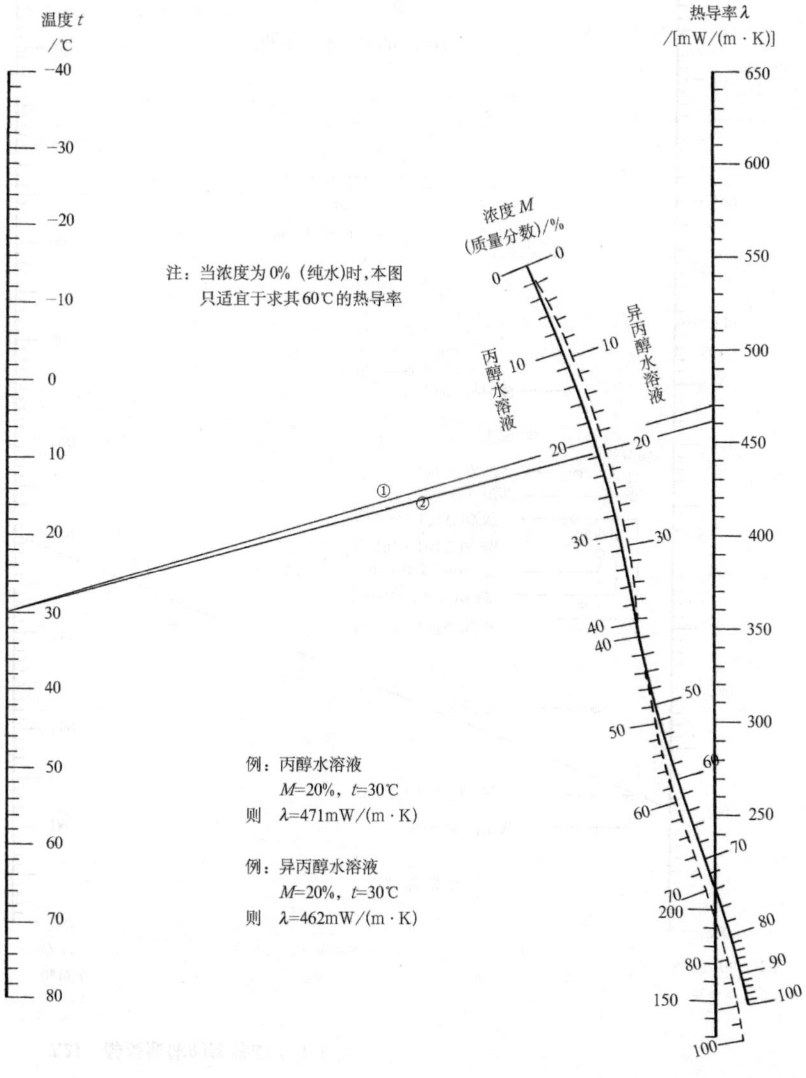

7.24 丙二醇水溶液的热导率

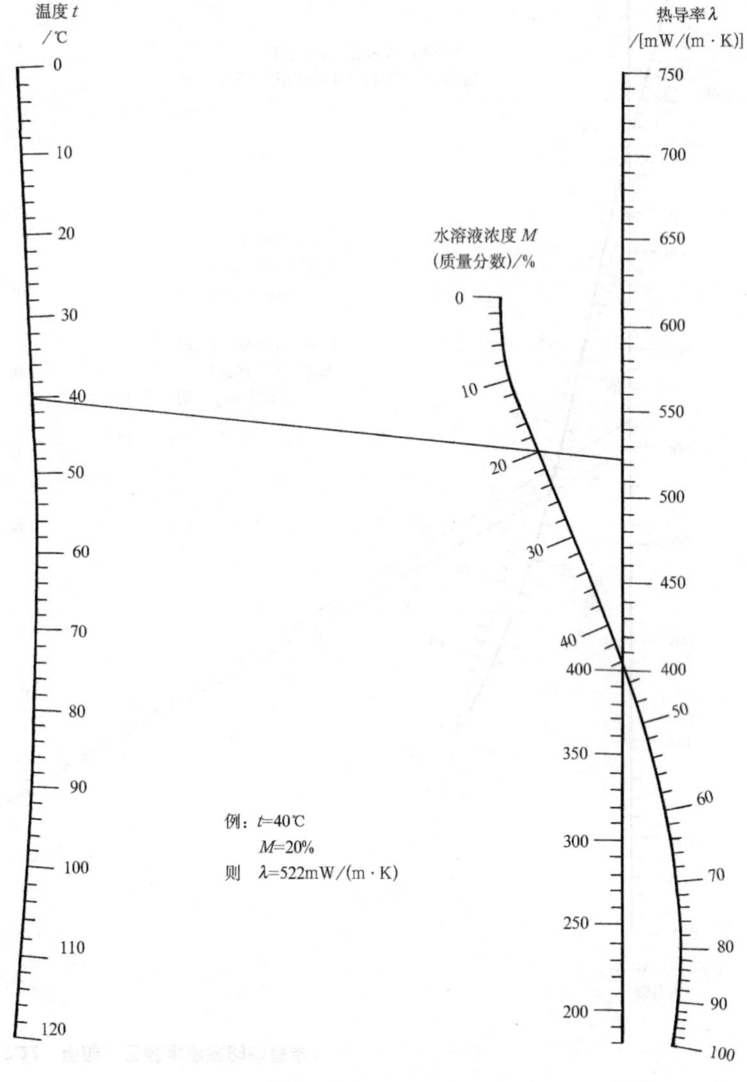

7.25 甘油水溶液的热导率

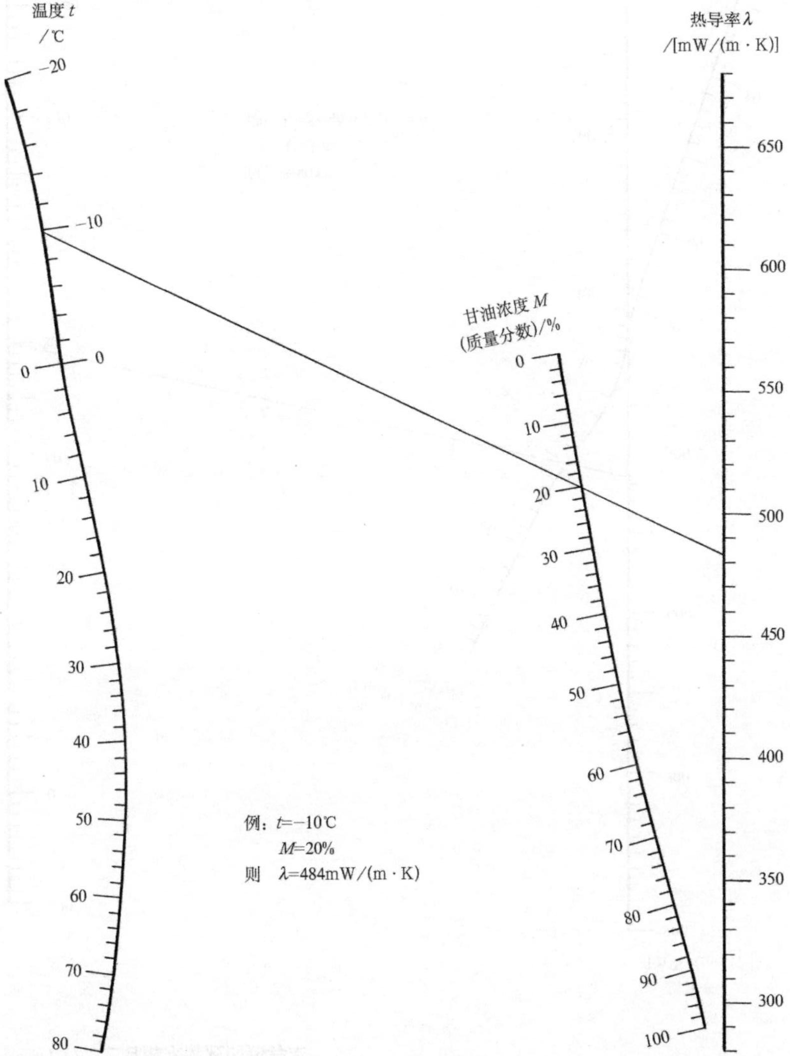

例：t=−10℃
M=20%
则 λ=484mW/(m · K)

7.26 乙二醇水溶液的比热容和热导率

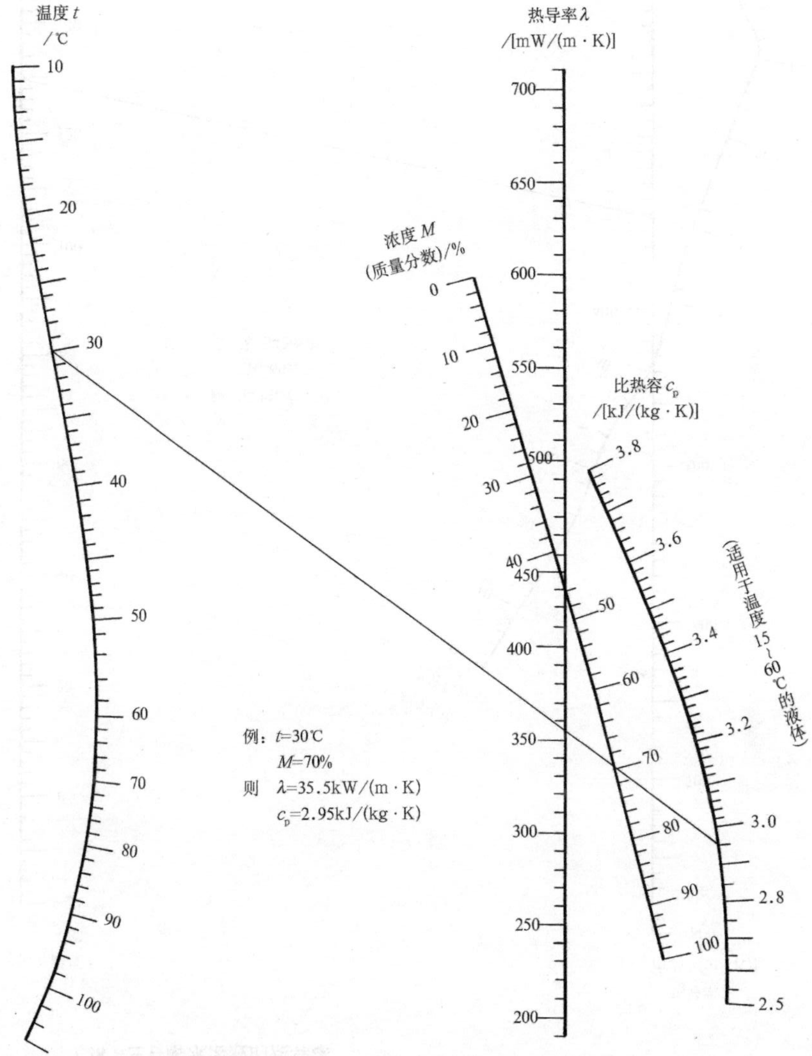

例：t=30℃
M=70%
则 λ=35.5kW/(m · K)
c_p=2.95kJ/(kg · K)

7.27 二甘醇水溶液的热导率

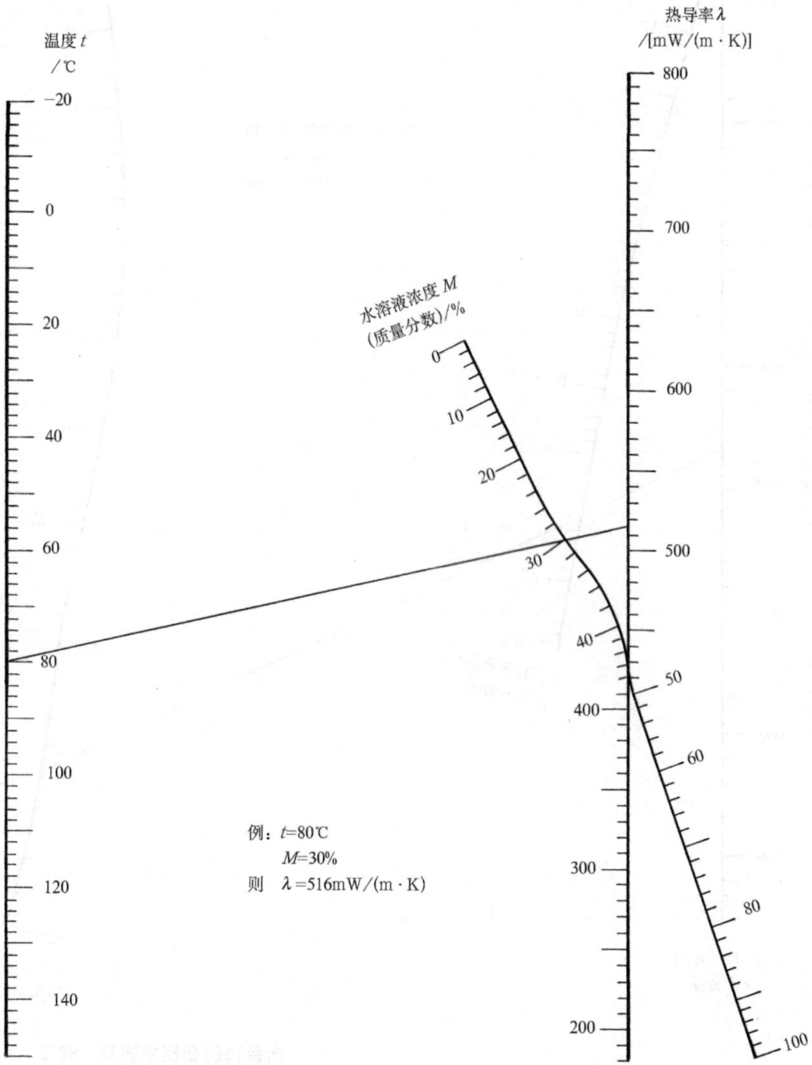

例：t=80℃
M=30%
则 λ=516mW/(m · K)

7.28 三甘醇水溶液的热导率

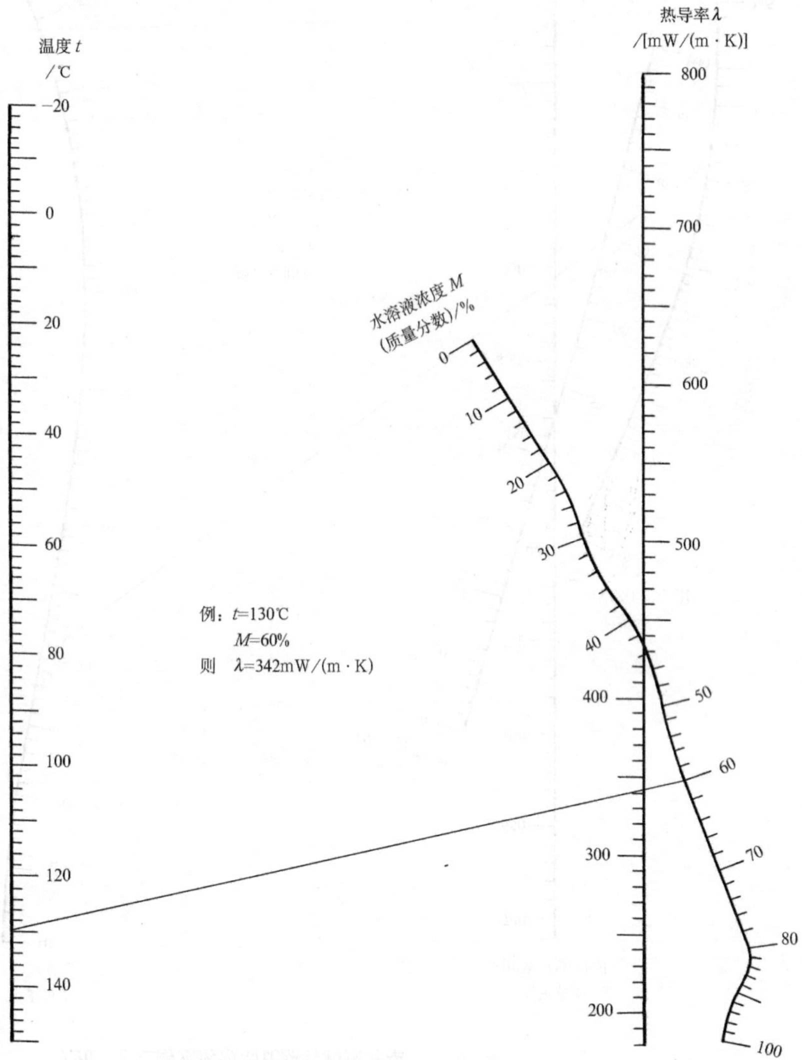

例：t=130℃
M=60%
则 λ=342mW/(m · K)

7.29 醇类的蒸气压（Ⅰ）

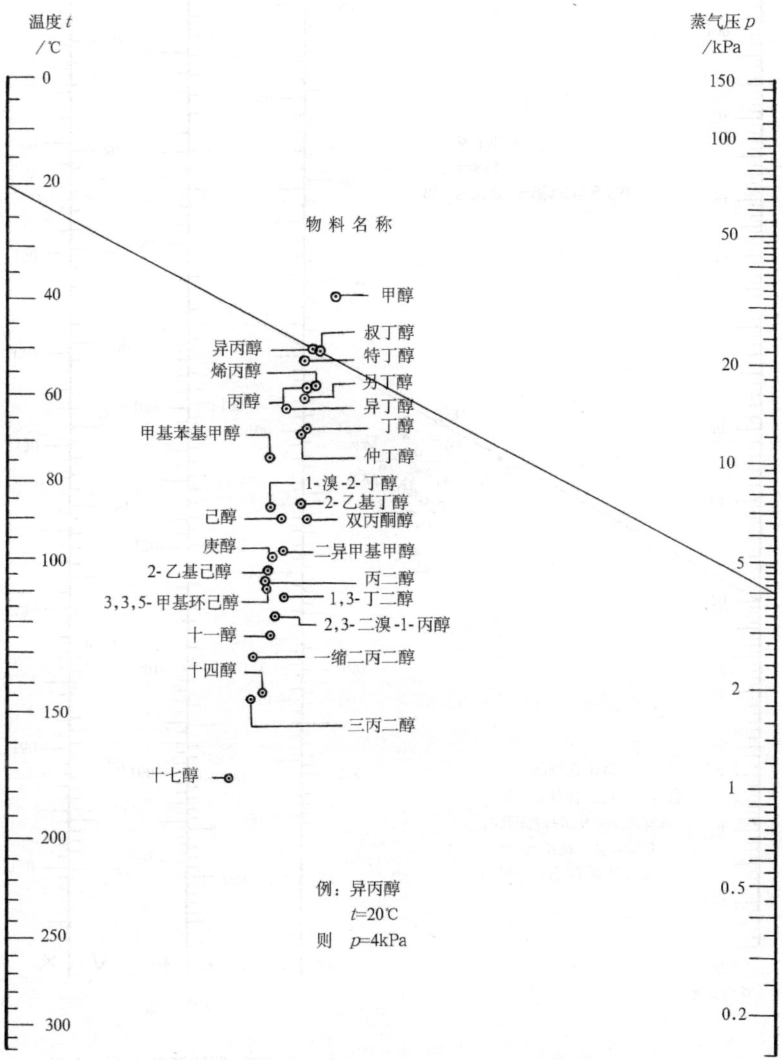

7.30 醇类的蒸气压（Ⅱ）

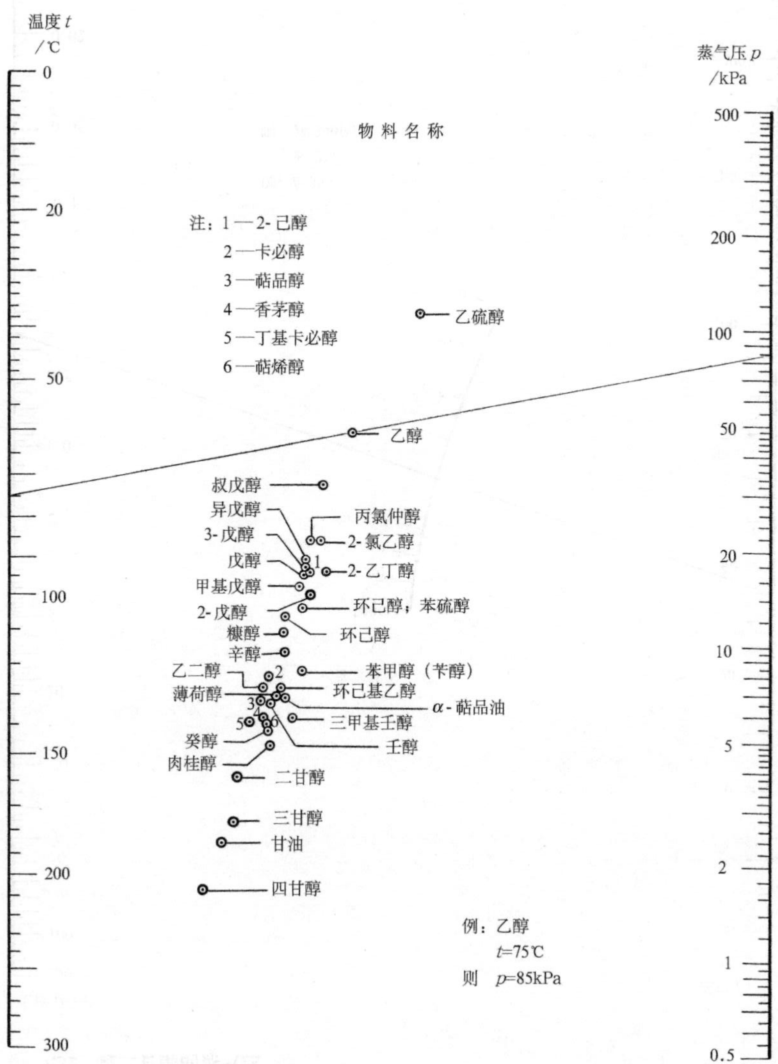

7.31 异辛醇类的蒸气压

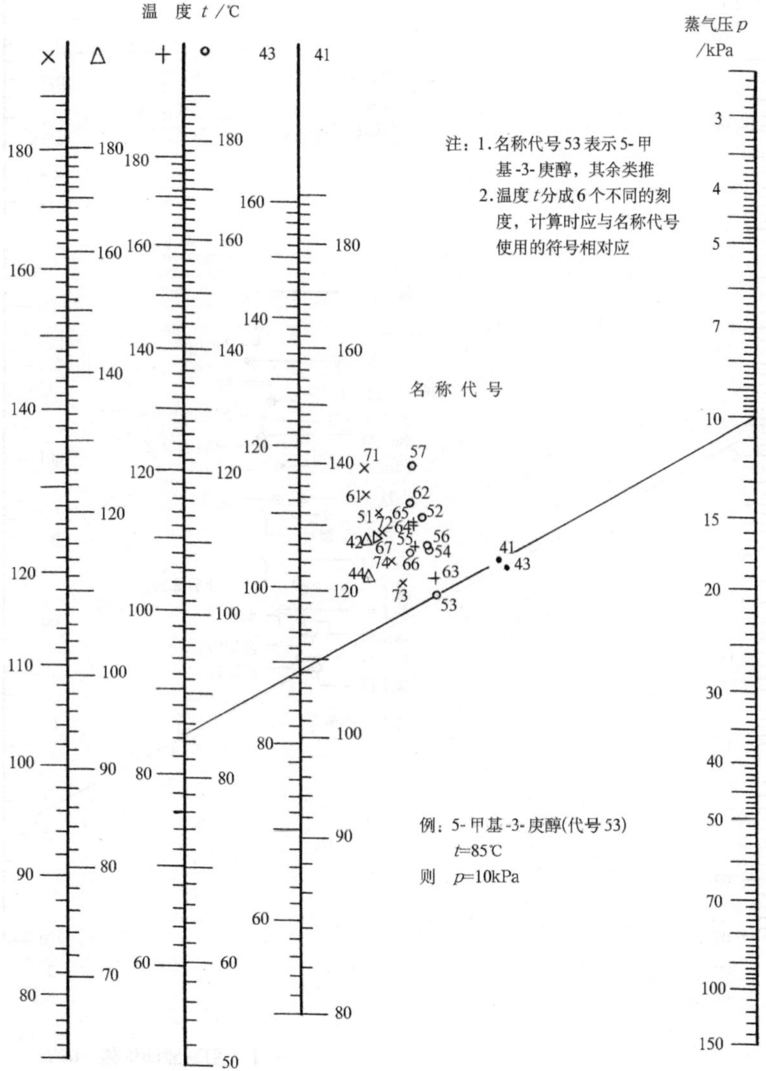

注：1.名称代号53表示5-甲基-3-庚醇，其余类推

2.温度 t 分成6个不同的刻度，计算时应与名称代号使用的符号相对应

例：5-甲基-3-庚醇(代号53)

t=85℃

则 p=10kPa

7.32 湿二甘醇的蒸气压

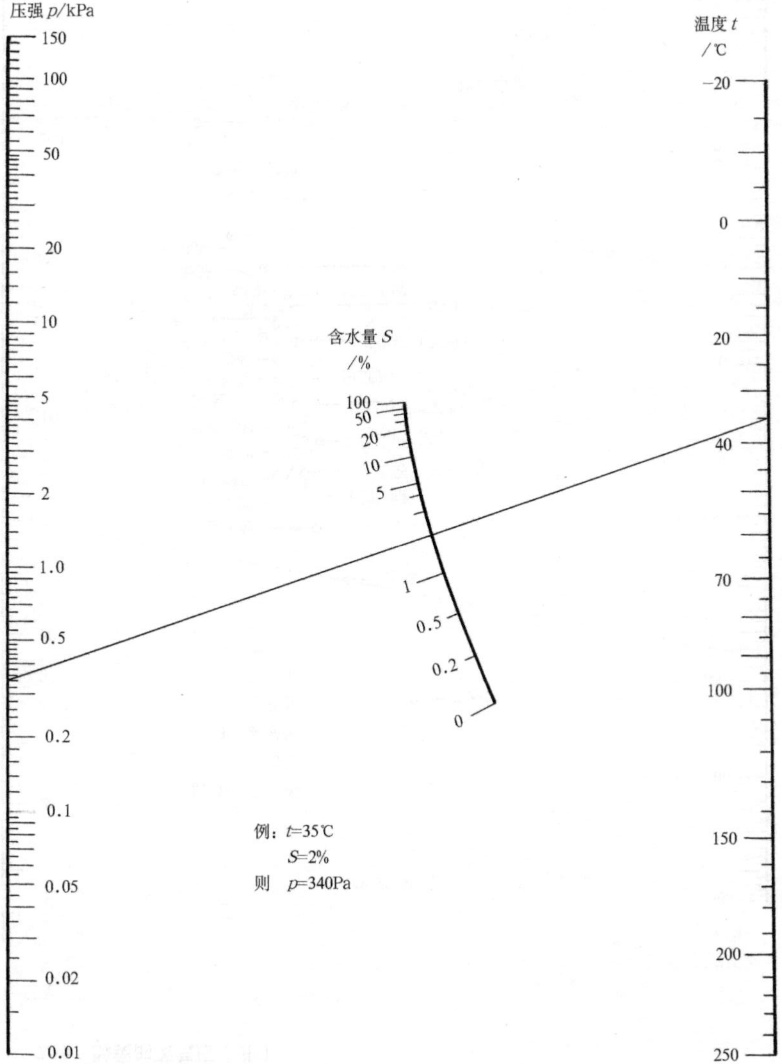

例：t=35℃

S=2%

则 p=340Pa

7.33 乙醇水溶液的蒸气压

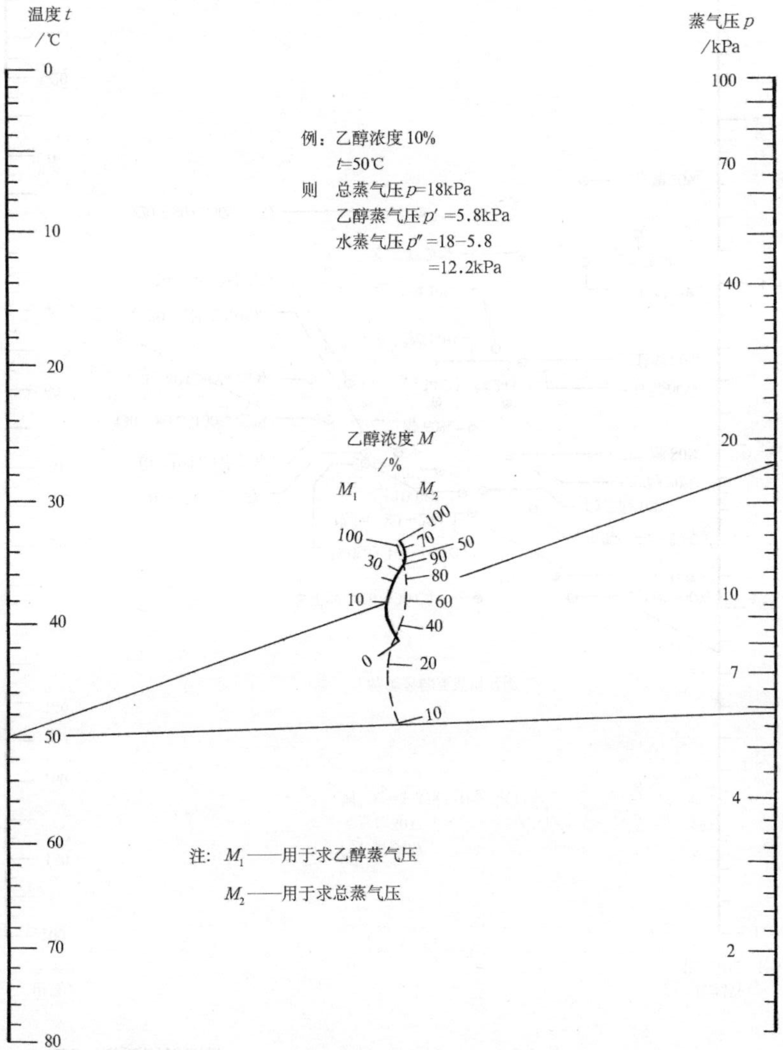

7.34 甘油水溶液的水蒸气分压

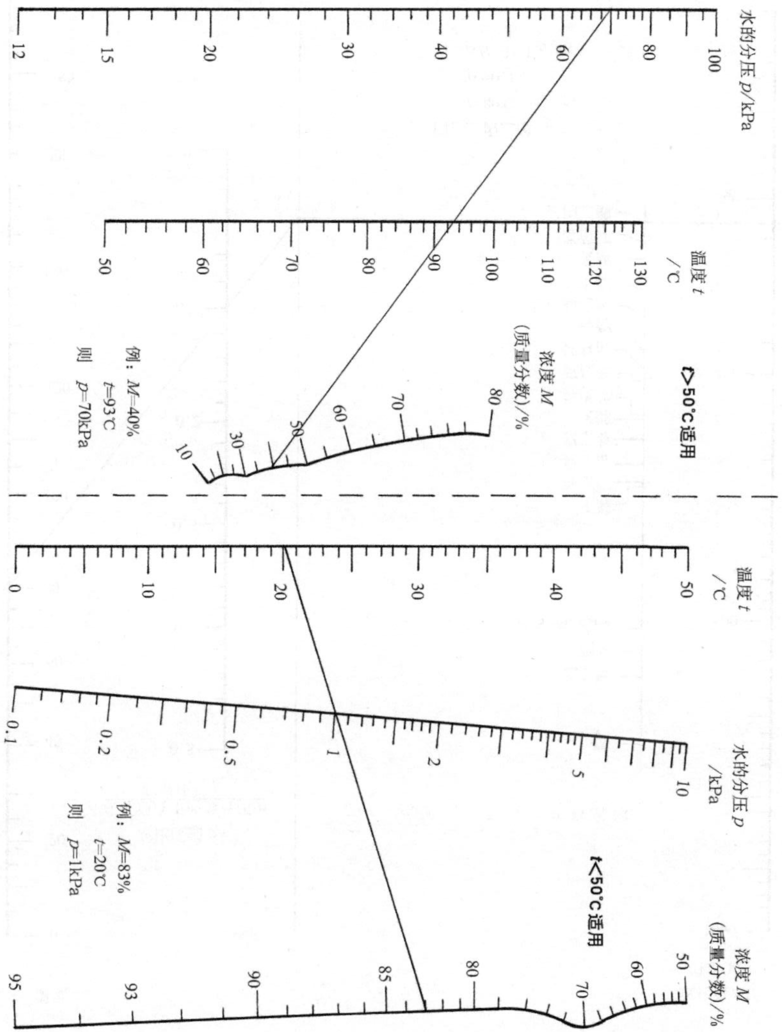

7.35 醇类的比热容

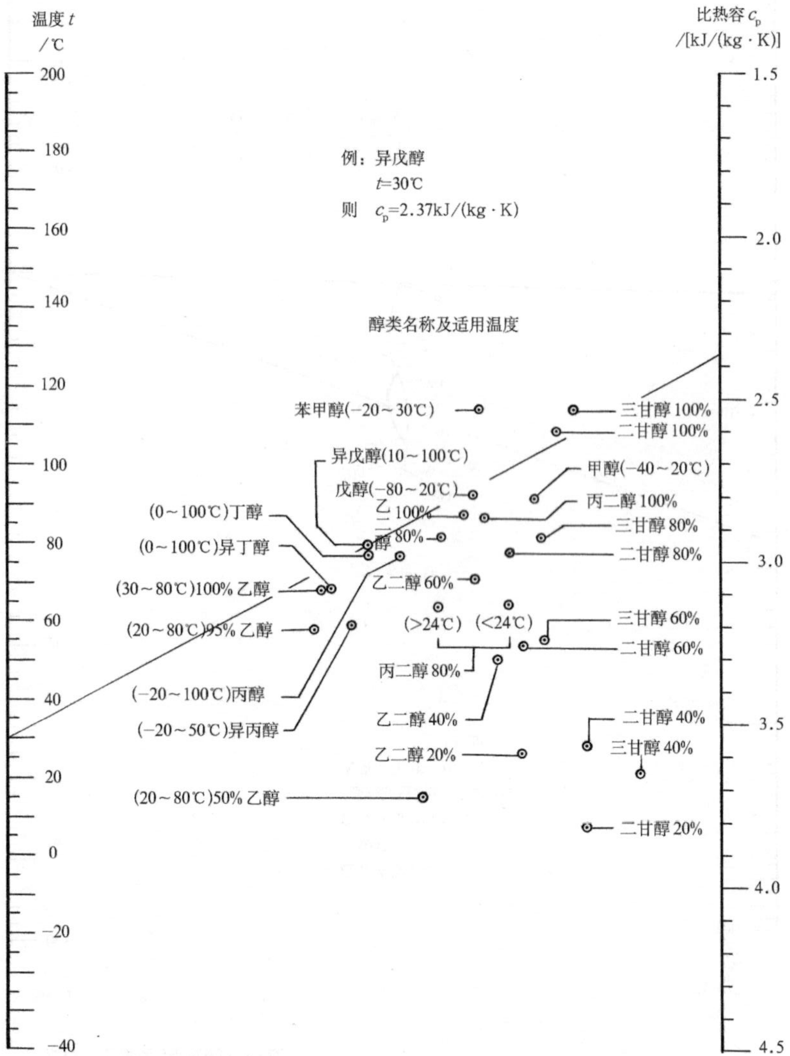

7.36 一些醇类液体的汽化热（Ⅰ）

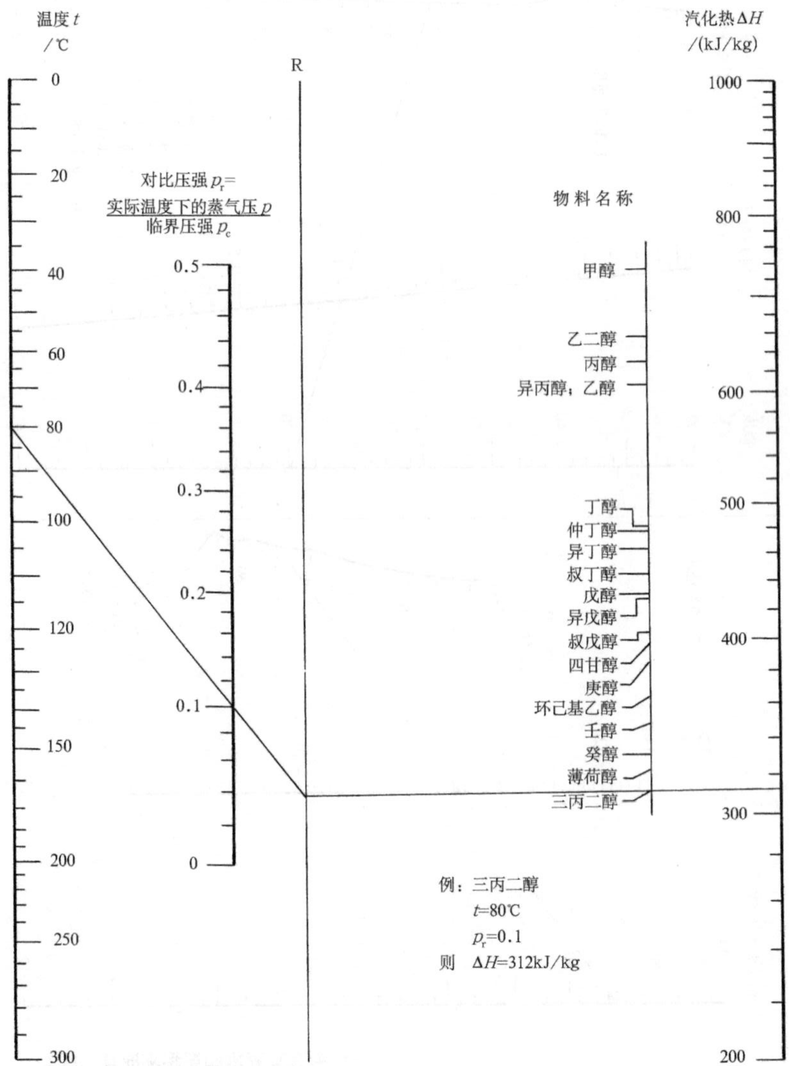

7.37 一些醇类液体的汽化热（Ⅱ）

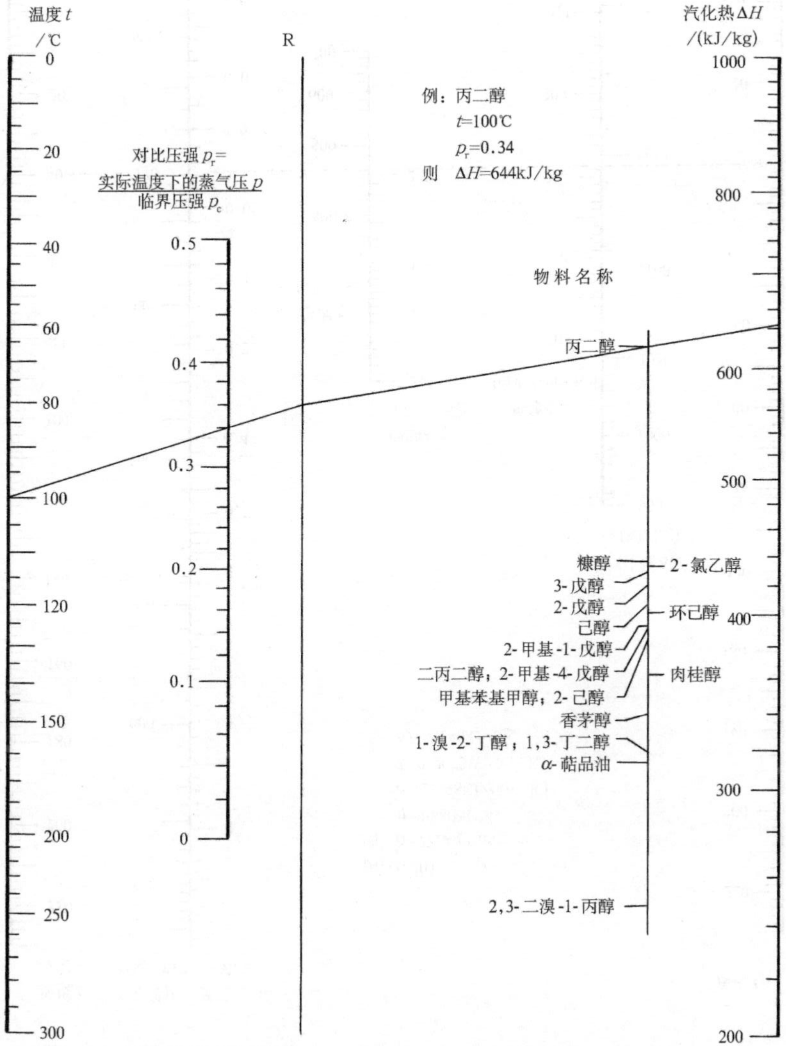

7.38 醇类液体的普朗特数

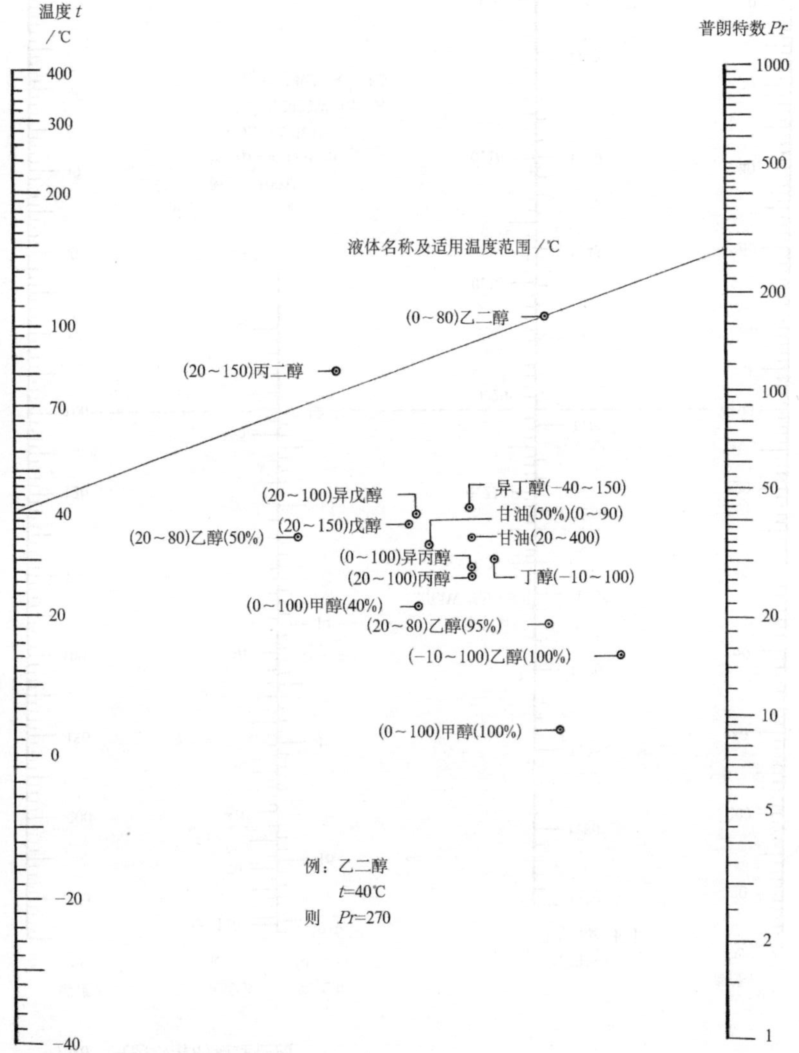

7.39 液态甲醇的物理性质

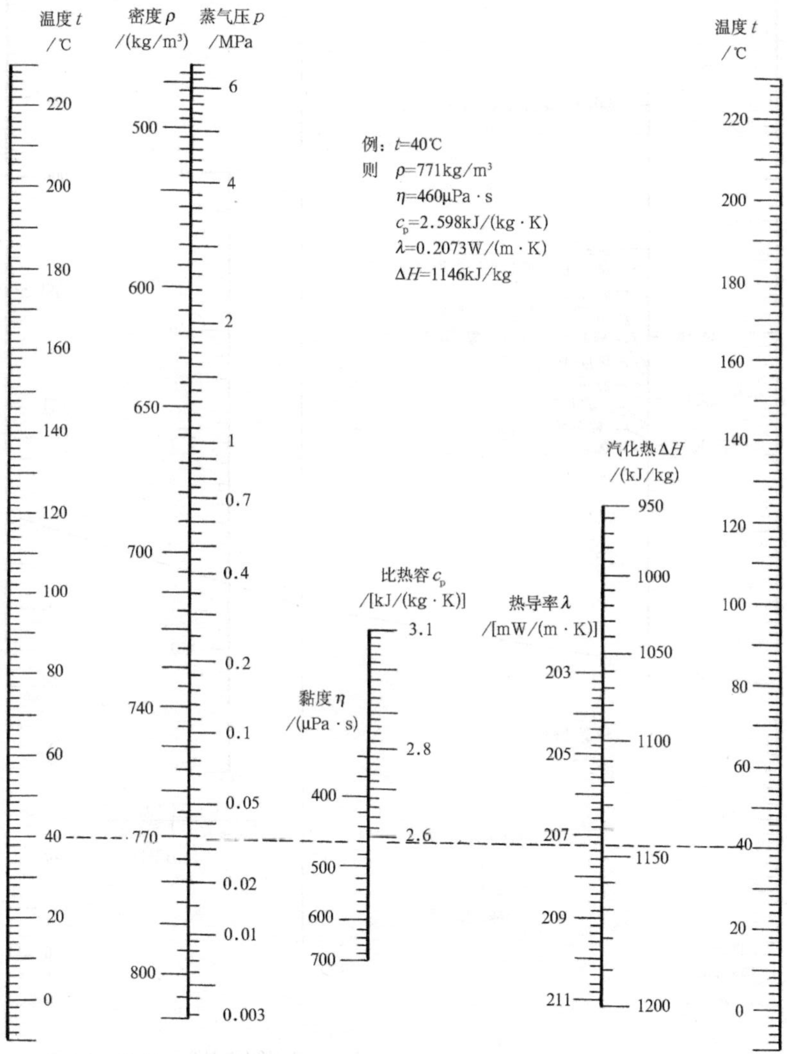

7.40 气态甲醇的物理性质

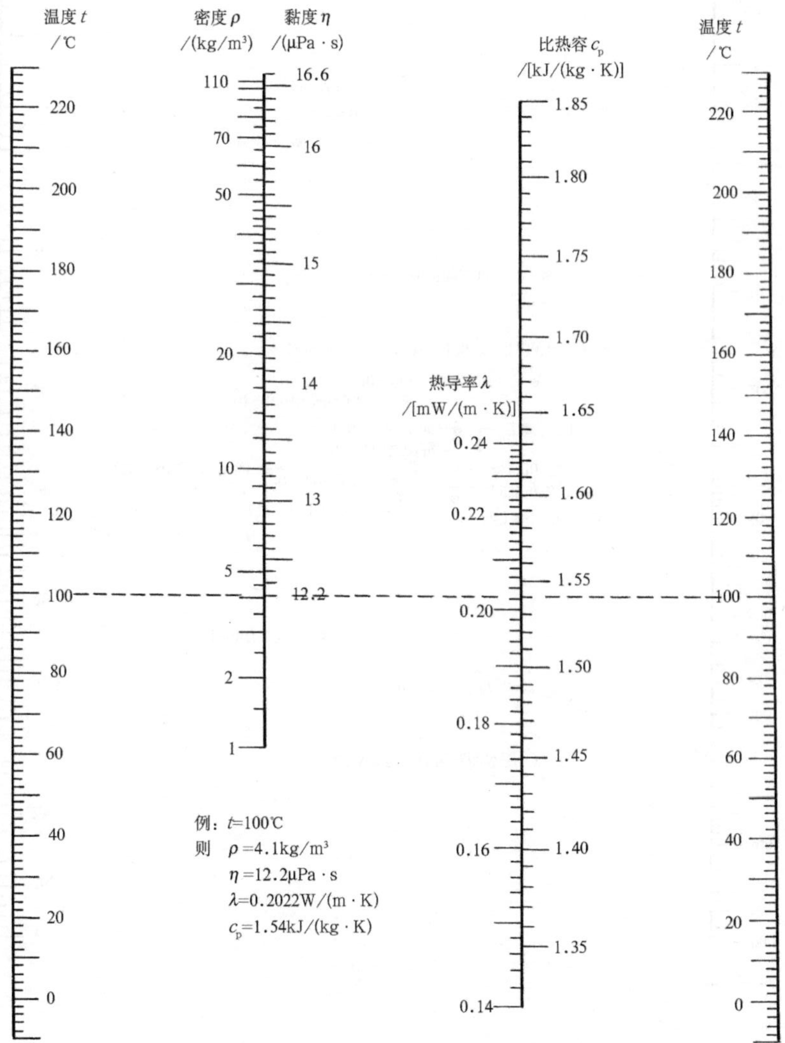

第 8 章

8.1 酚类的表面张力

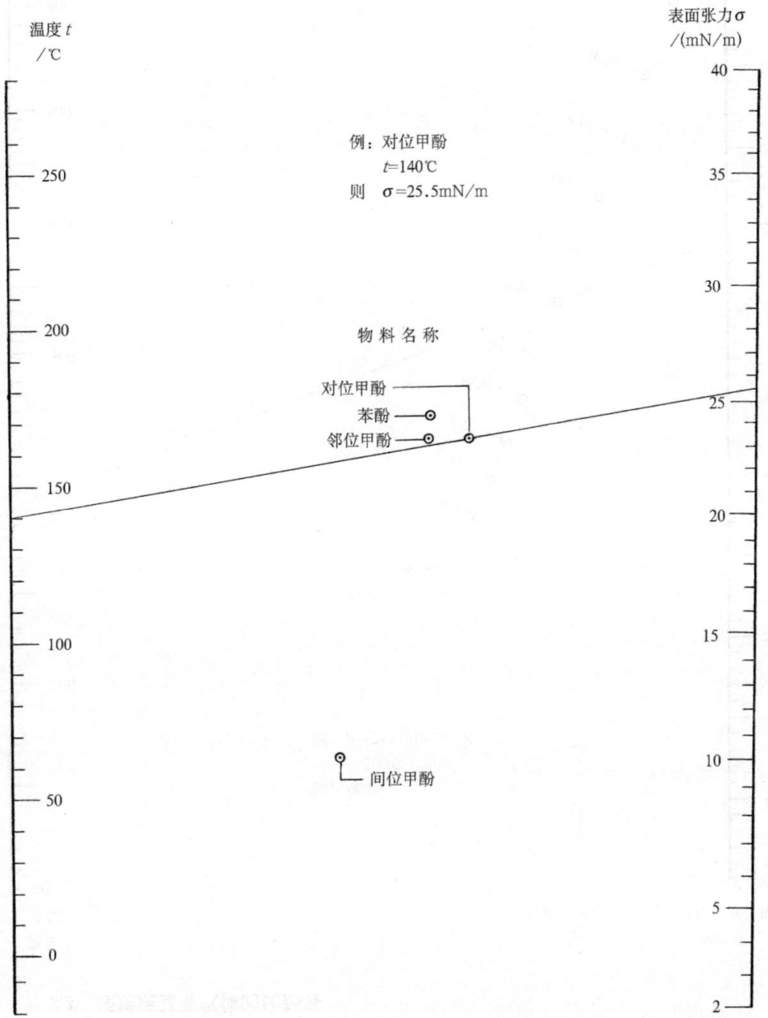

8.2 酚类的蒸气压

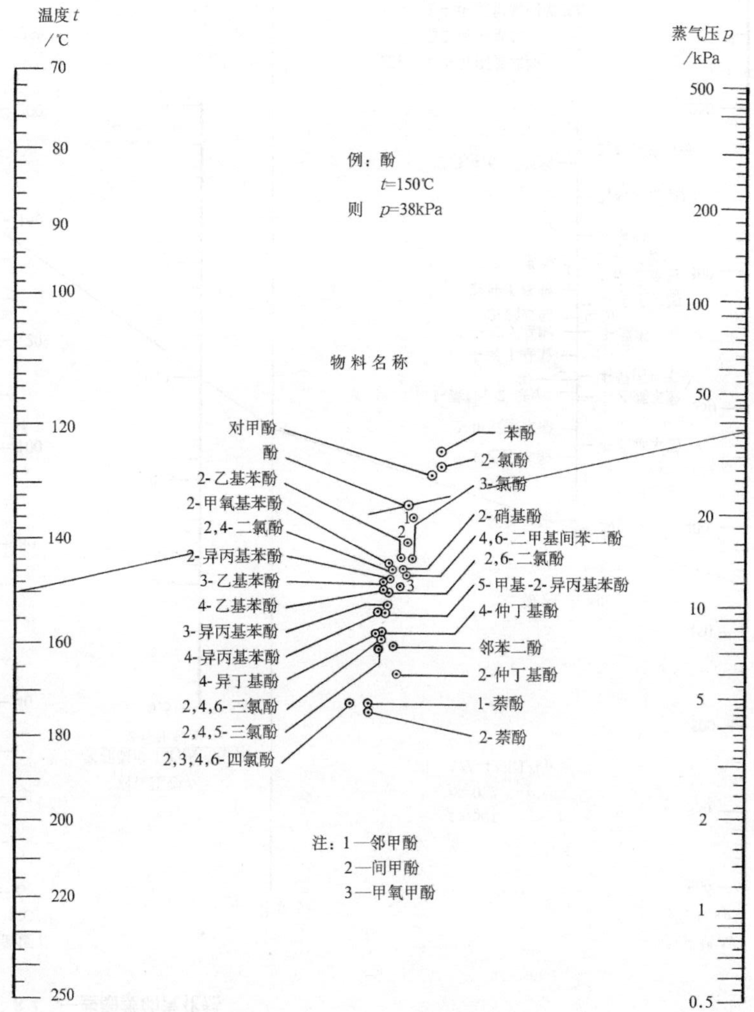

8.3 理想烷基酚气体的比热容

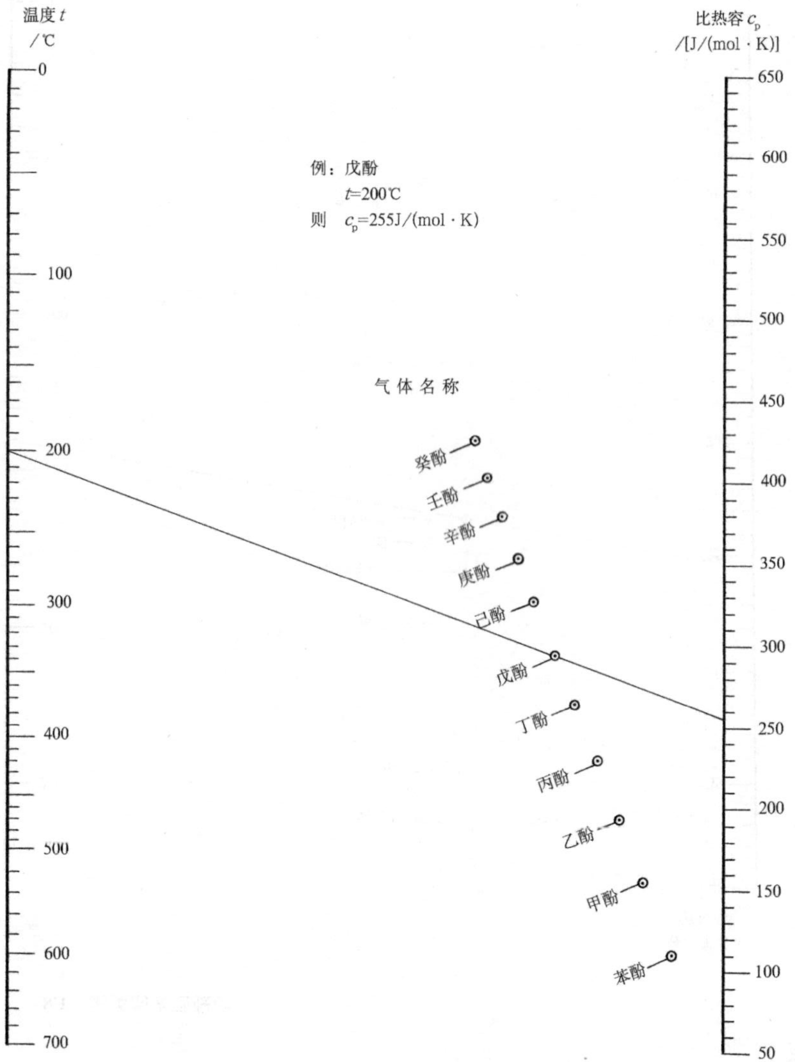

8.4 一些酚类的汽化热

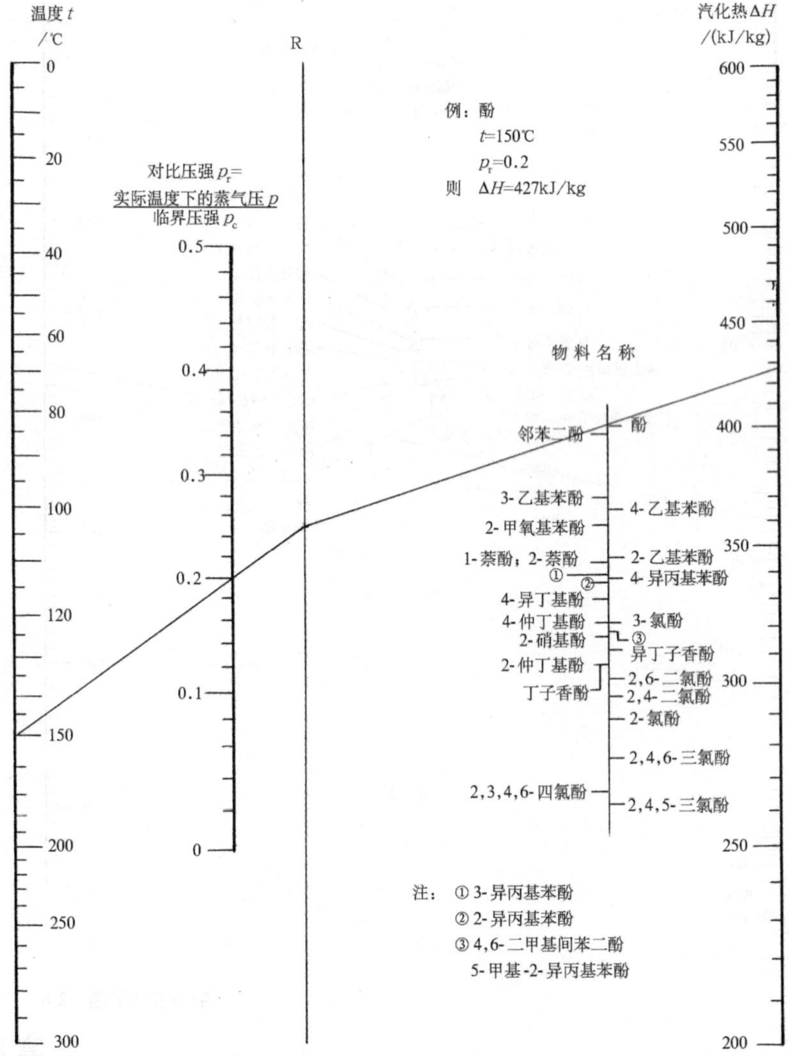

8.5 苯酚的物理性质

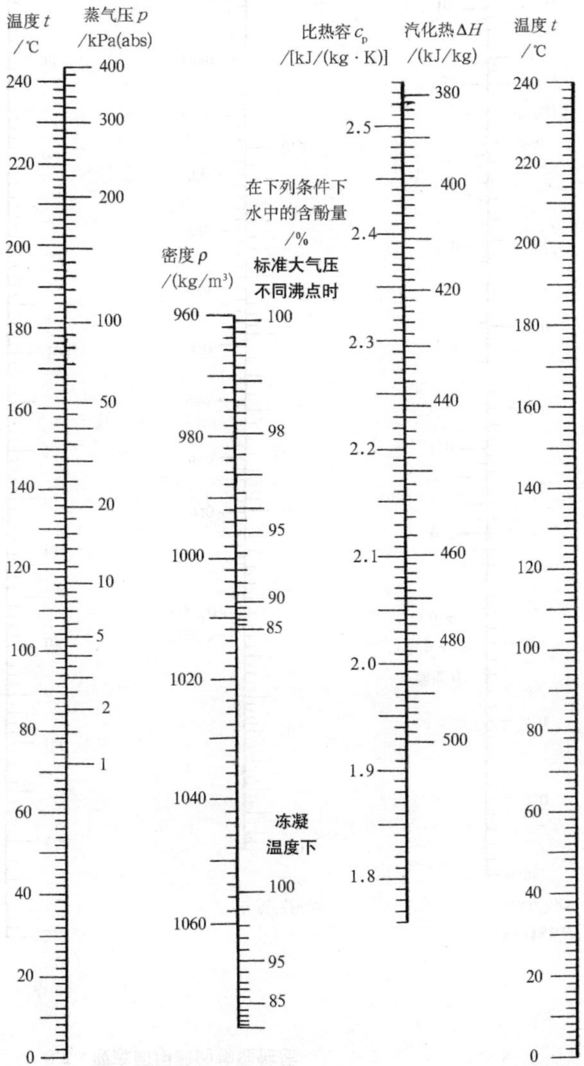

8.6 液态邻甲酚的物理性质

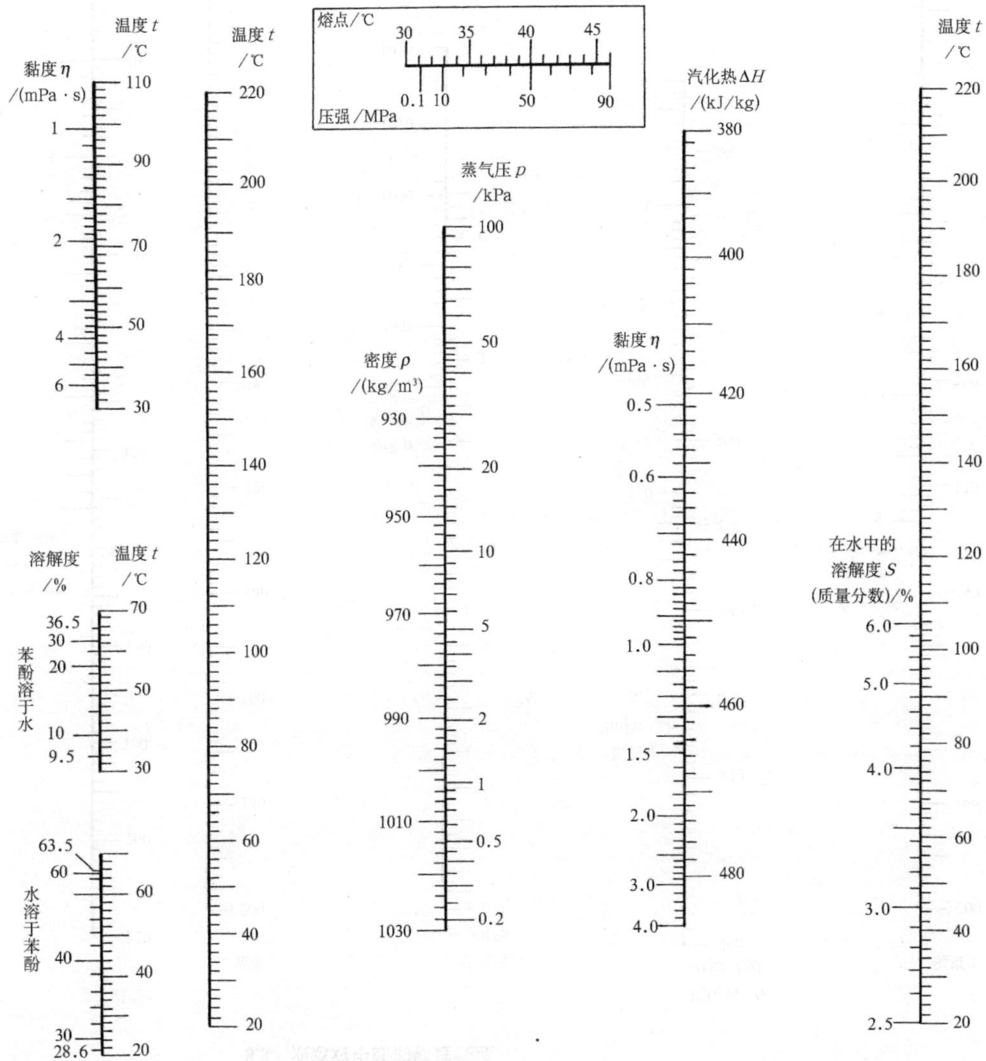

8.7 液态间甲酚的物理性质

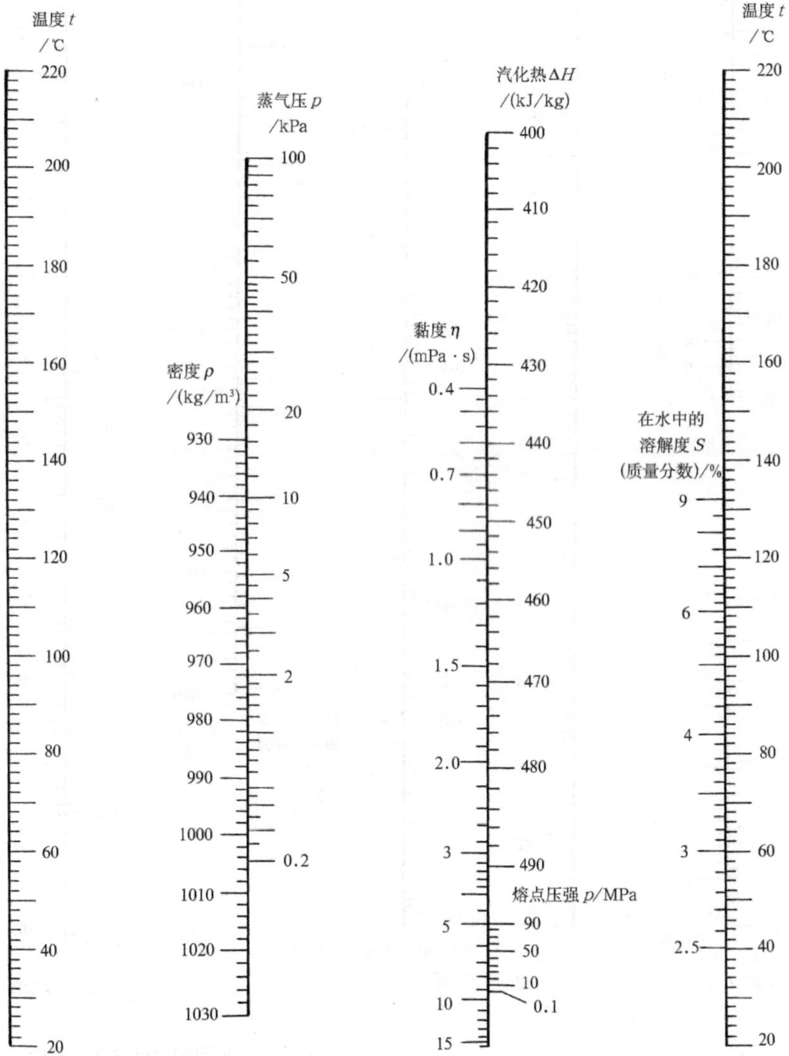

8.8 液态对甲酚的物理性质

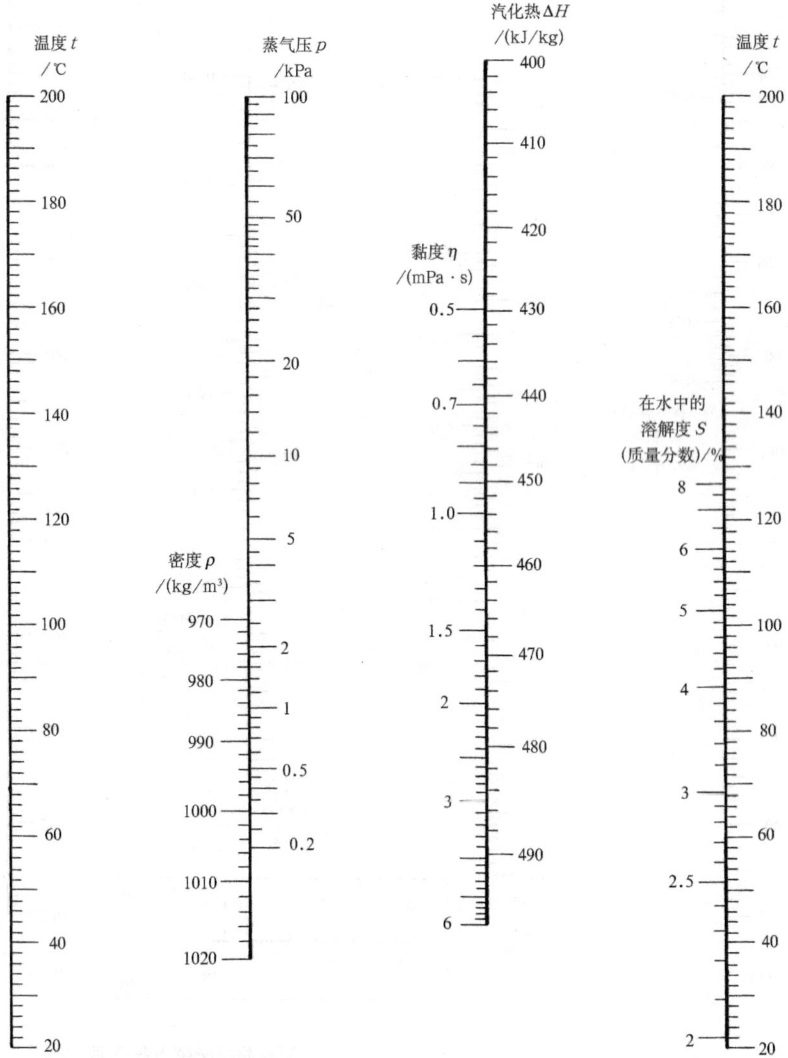

第9章

9.1 醚类的表面张力

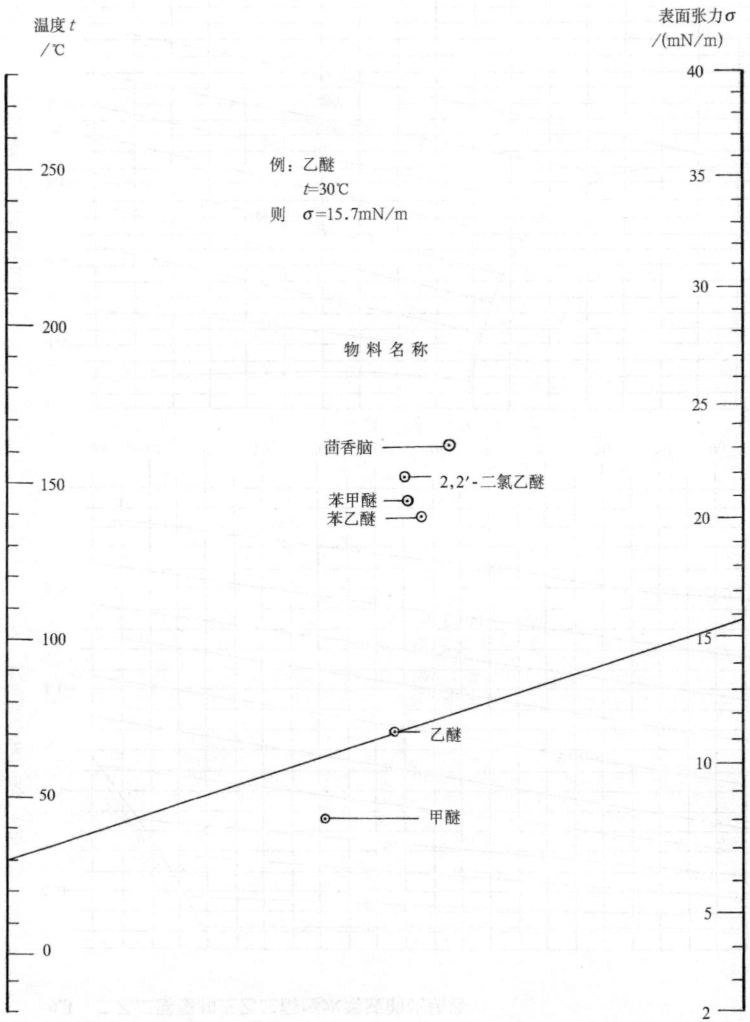

9.2 醚类的蒸气压

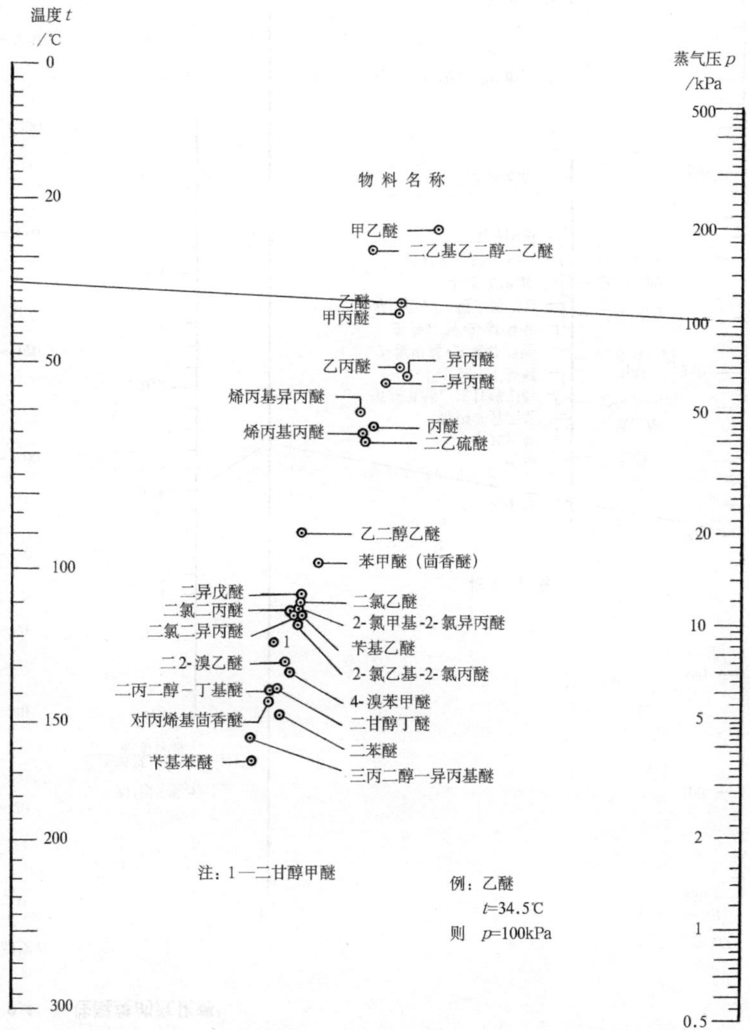

9.3 二乙二醇醚和三乙二醇醚水溶液的比热容

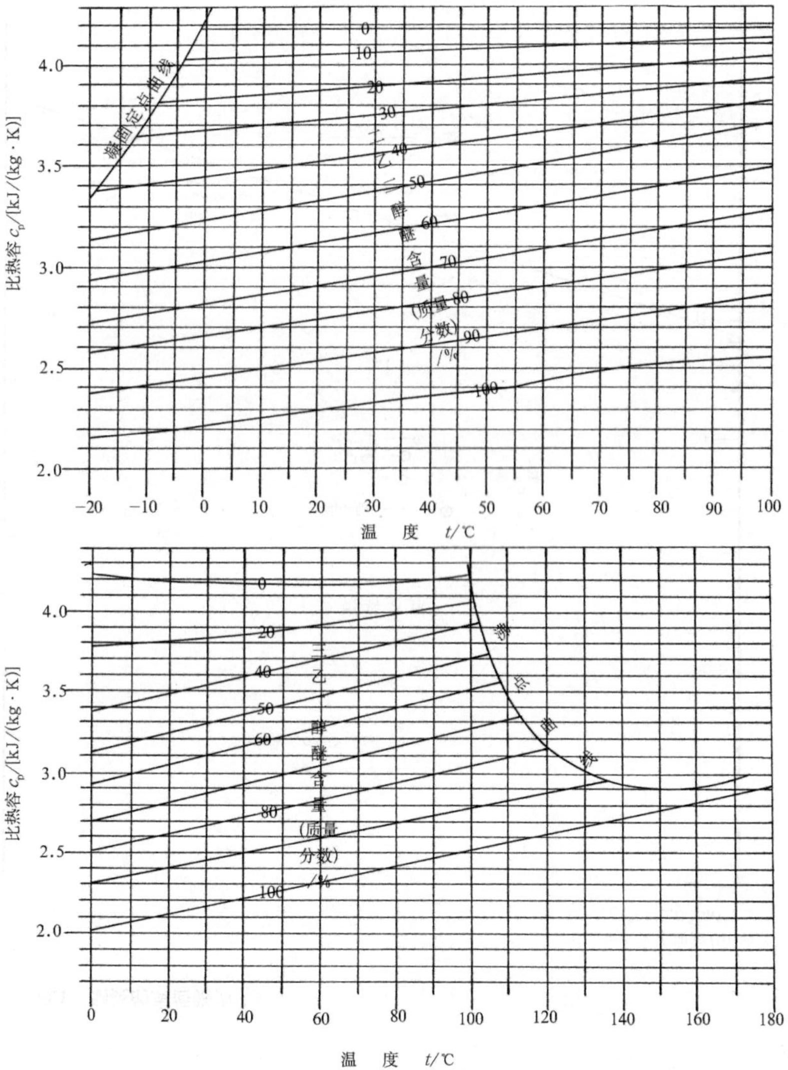

9.4 一些醚类的汽化热

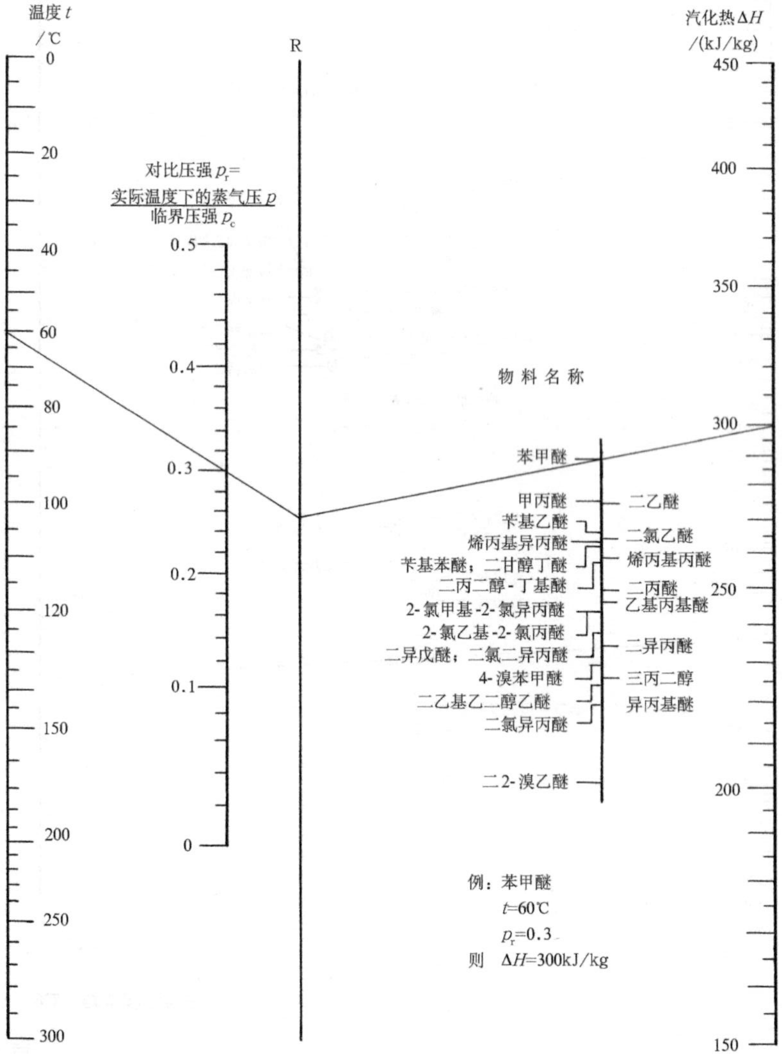

第 10 章

10.1 一些酮类液体的密度

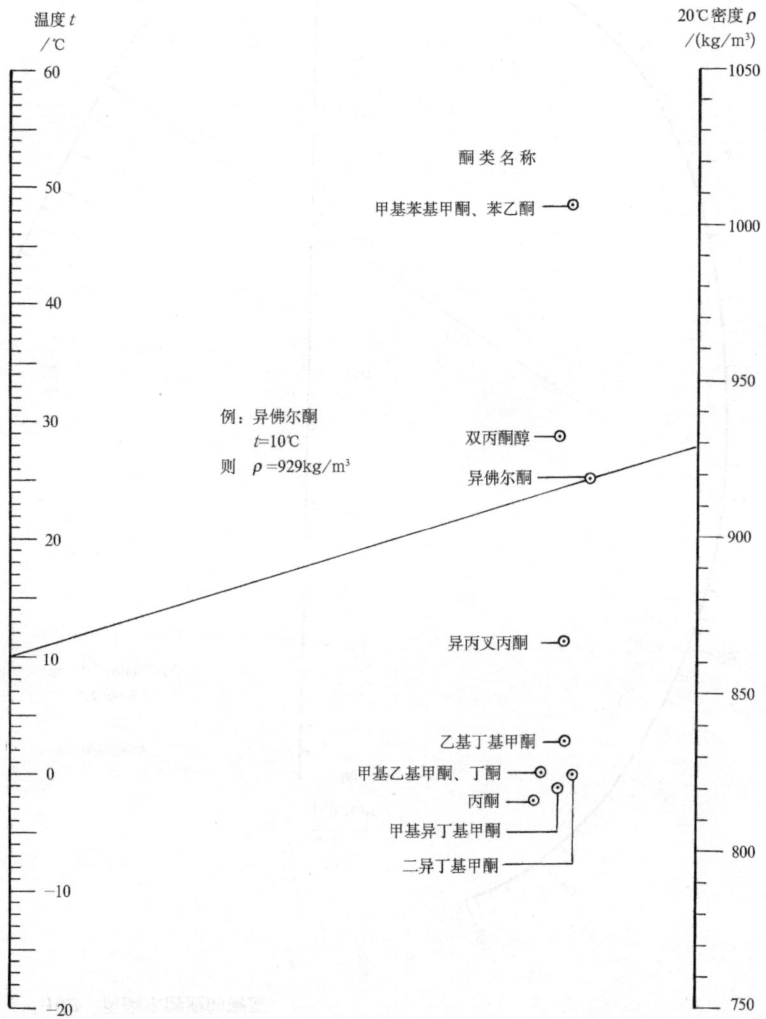

10.2 丁酮和苯混合液体的密度

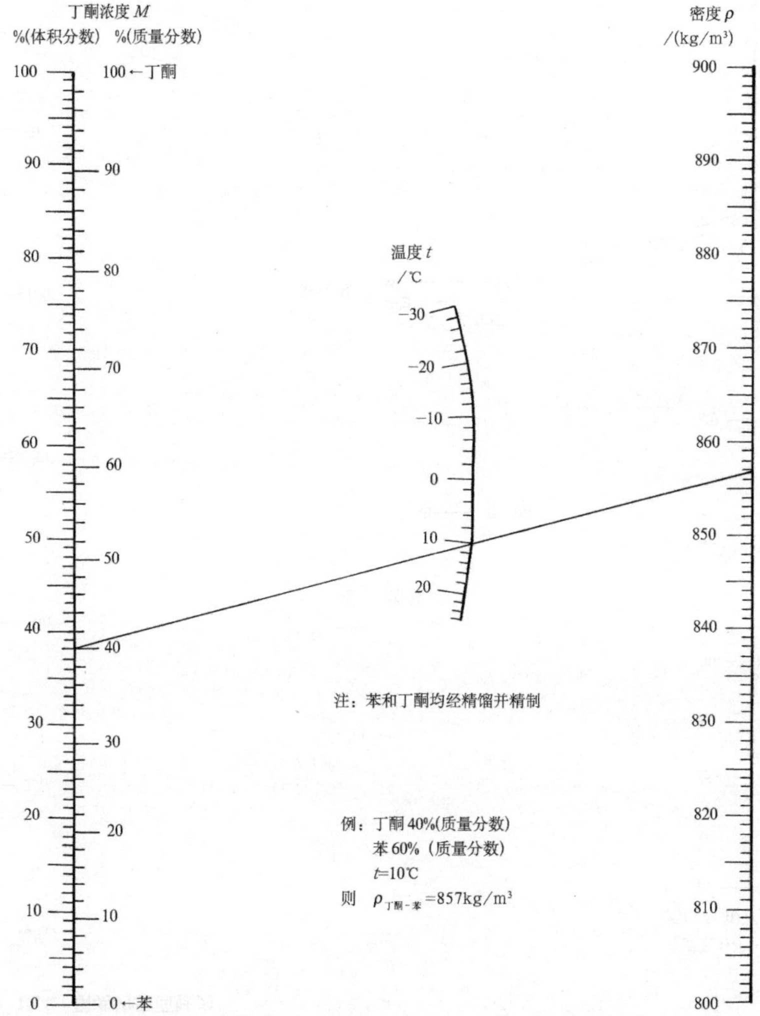

10.3 丙酮水溶液的密度

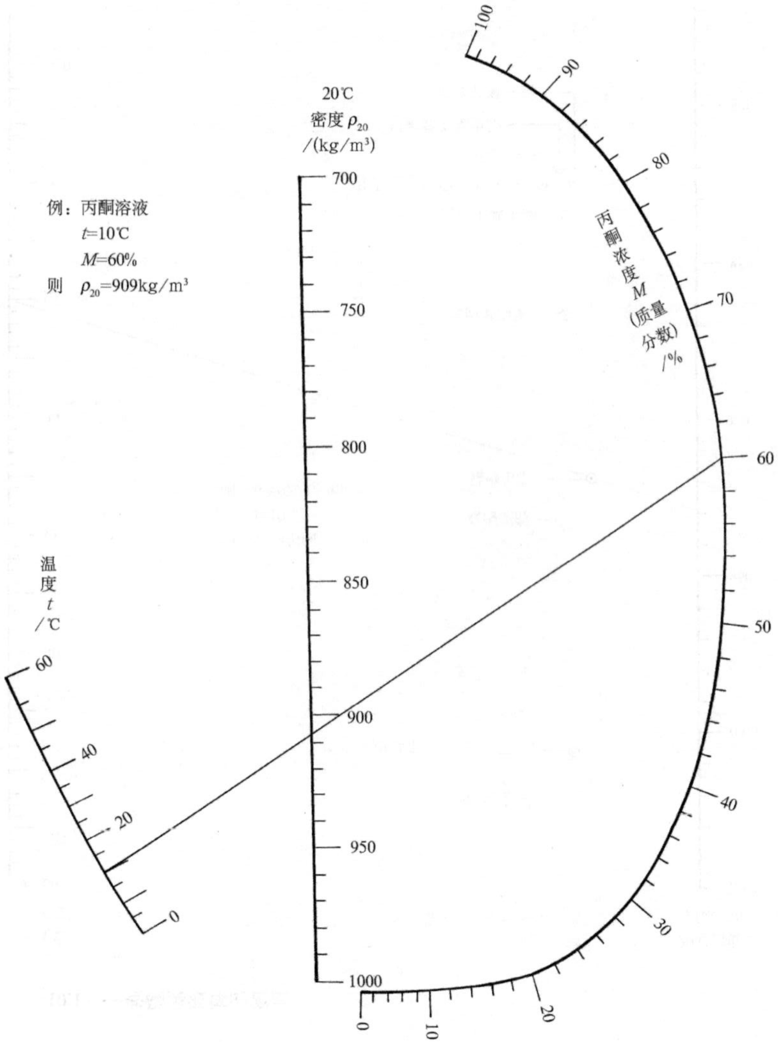

10.4 酮类的表面张力

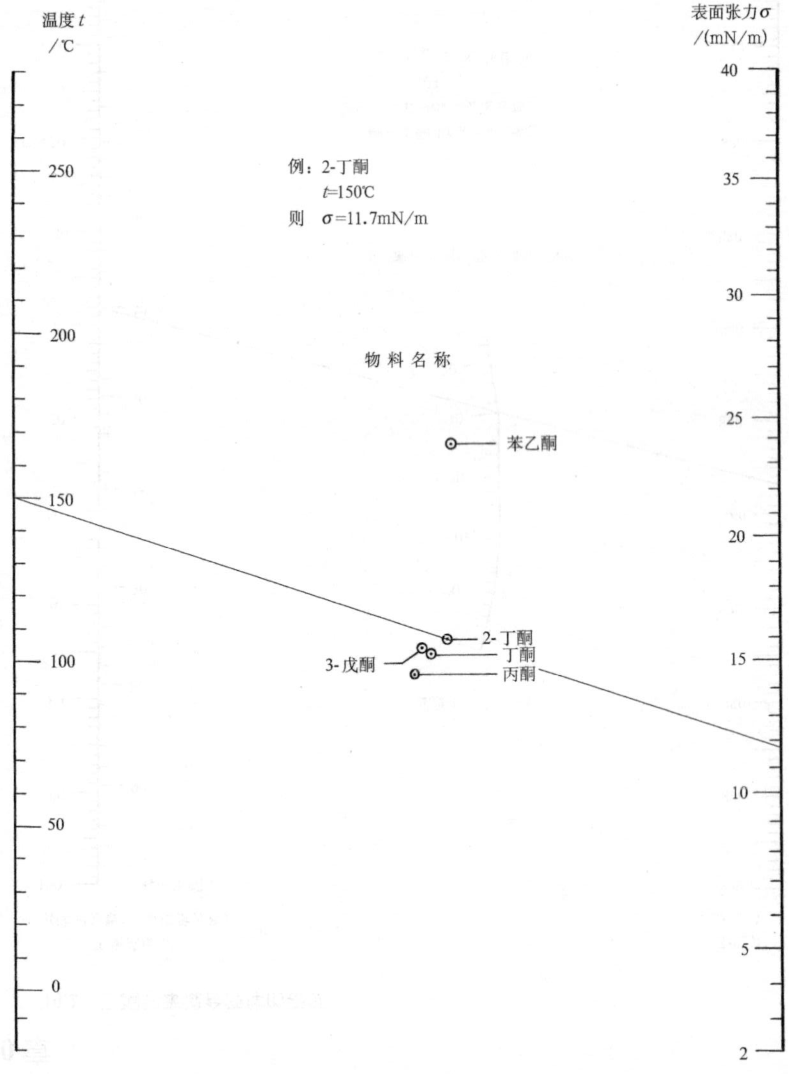

10.5 丙酮水溶液的热导率

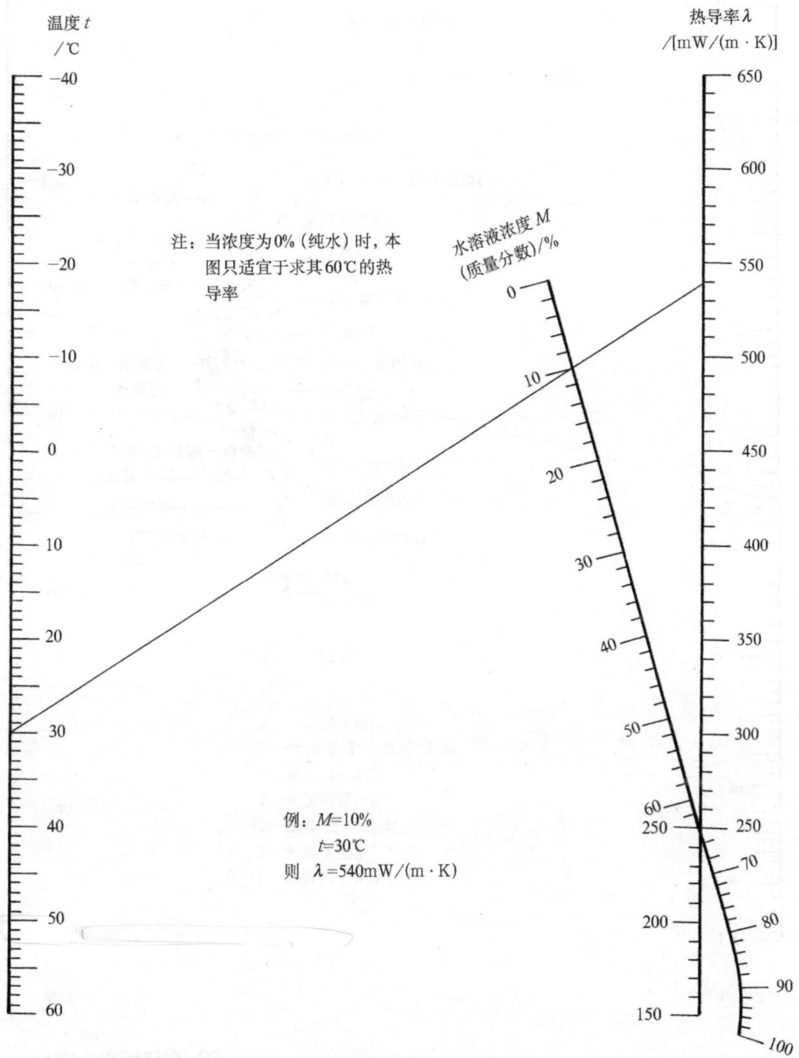

注：当浓度为0%（纯水）时，本图只适宜于求其60℃的热导率

例：M=10%
t=30℃
则 λ=540mW/(m · K)

10.6 邻氧萘酮（香豆素）在甘油水溶液中的溶解度

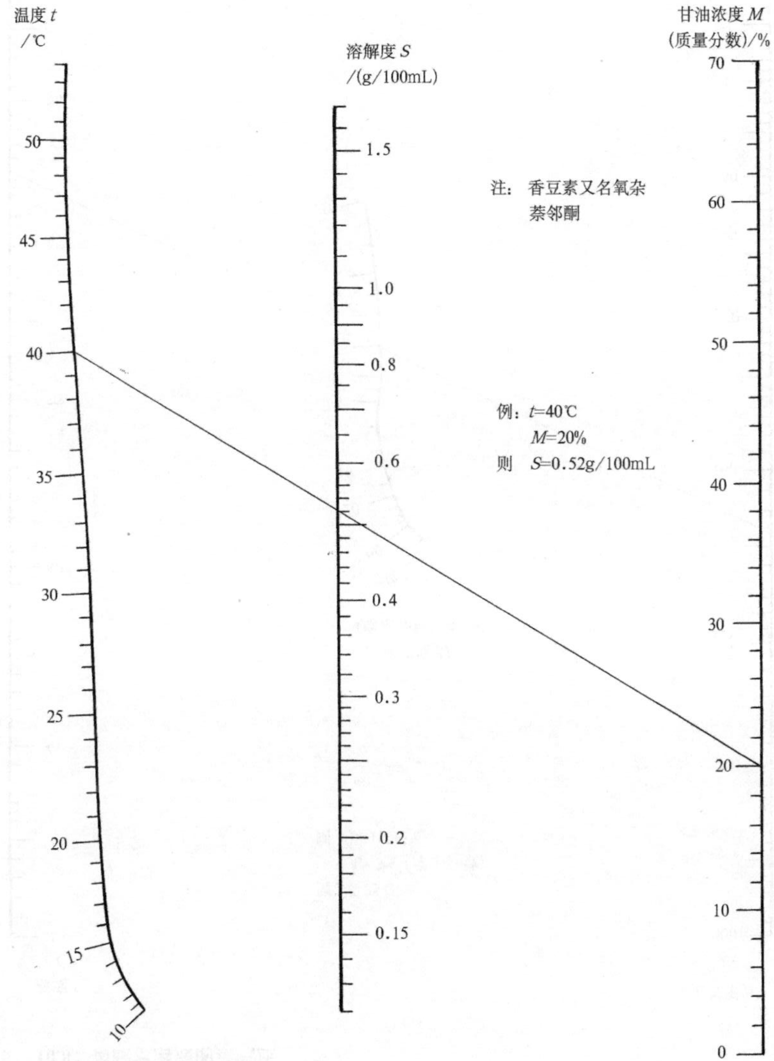

注：香豆素又名氧杂萘邻酮

例：t=40℃
M=20%
则 S=0.52g/100mL

10.7 酮类的蒸气压

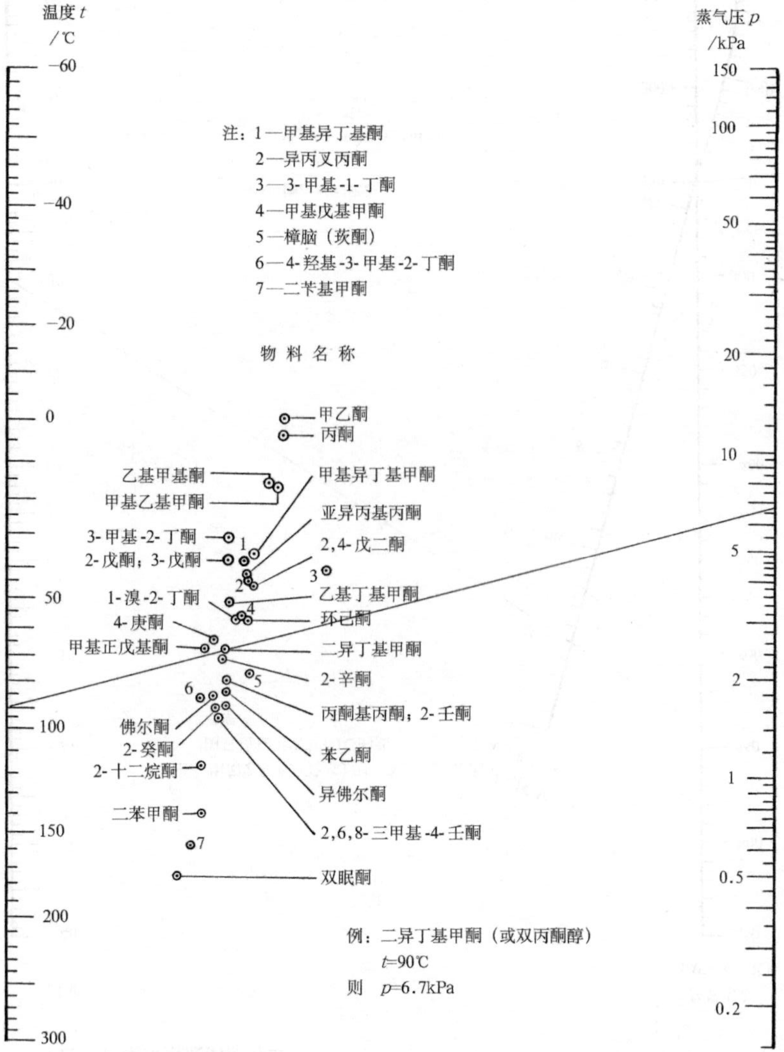

注：1—甲基异丁基酮
2—异丙叉丙酮
3—3- 甲基 -1- 丁酮
4—甲基戊基甲酮
5—樟脑（莰酮）
6—4- 羟基 -3- 甲基 -2- 丁酮
7—二苄基甲酮

例：二异丁基甲酮（或双丙酮醇）
t=90℃
则 p=6.7kPa

10.8 丙酮水溶液的蒸气压

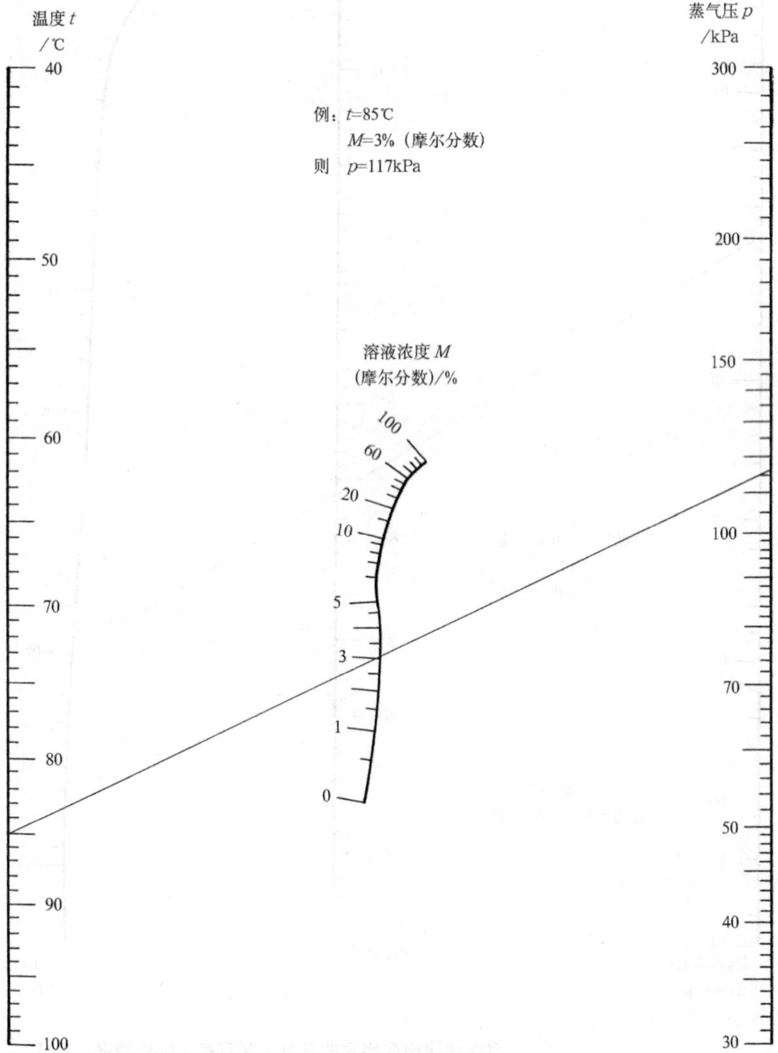

例：t=85℃
M=3%（摩尔分数）
则 p=117kPa

10.9 一些酮类的汽化热

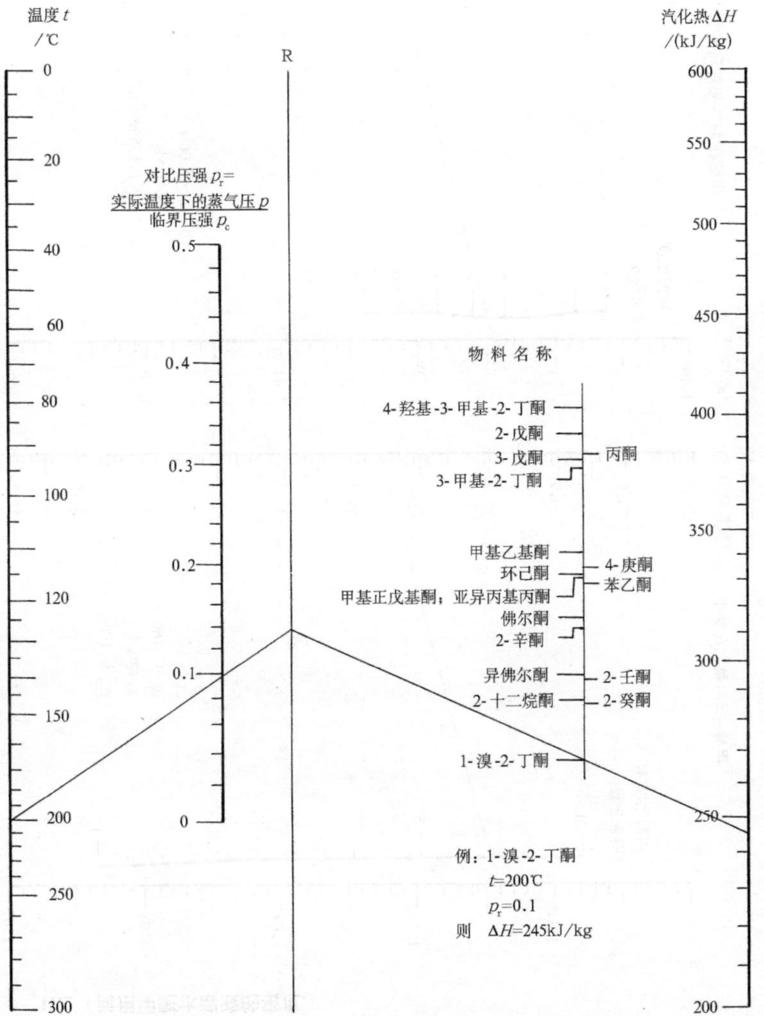

第 11 章

11.1 甲醛水溶液的密度

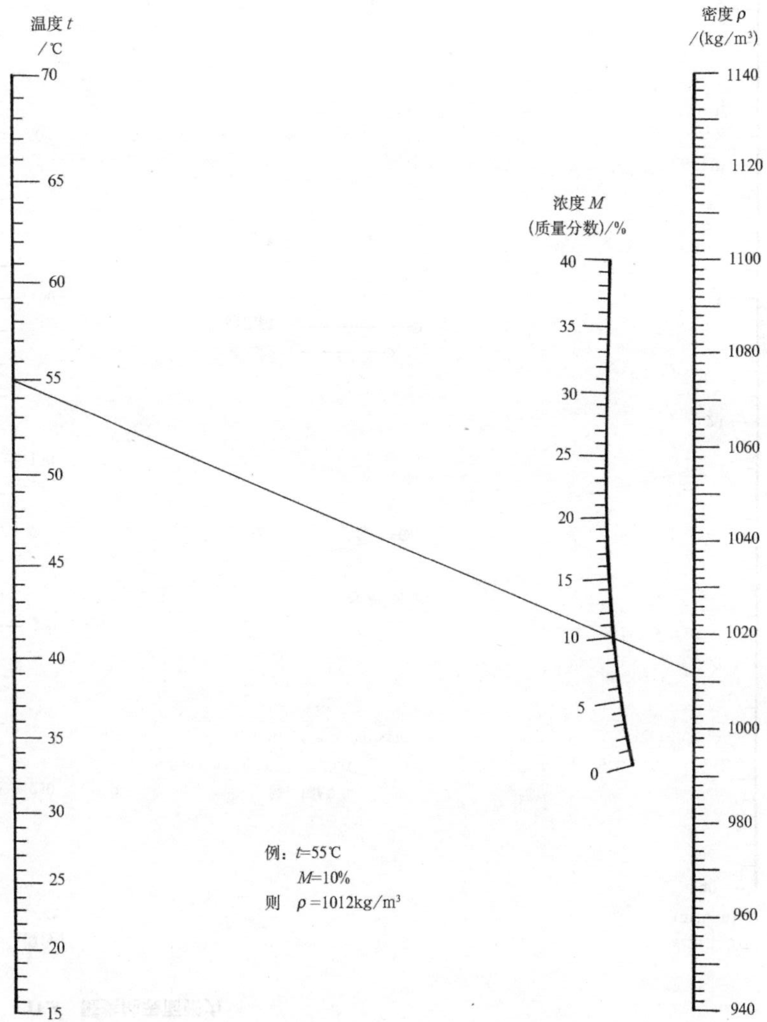

11.2 商用甲醛水溶液的密度

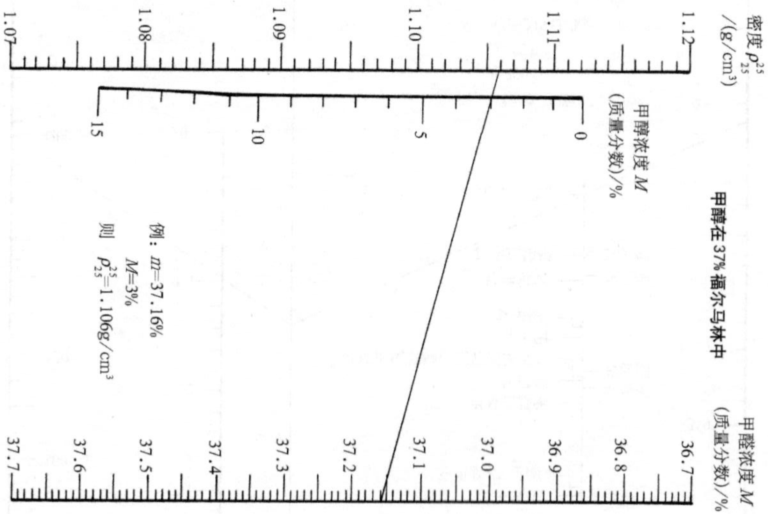

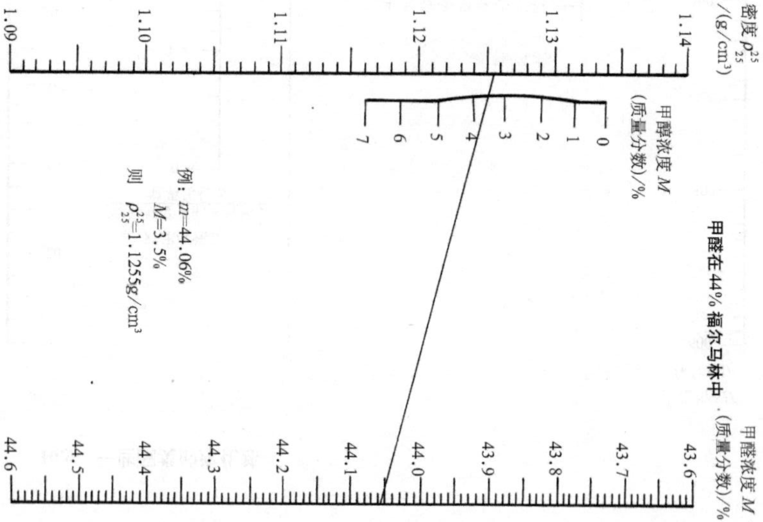

11.3 醛类的表面张力

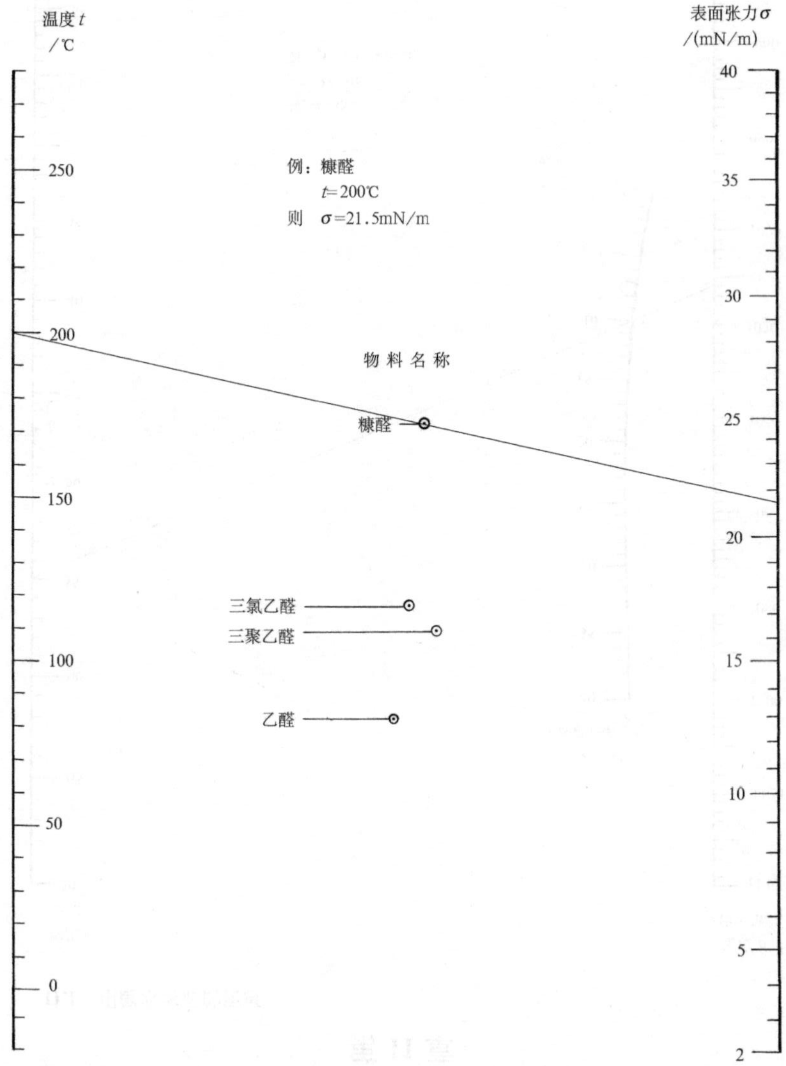

11.4 醛类的蒸气压

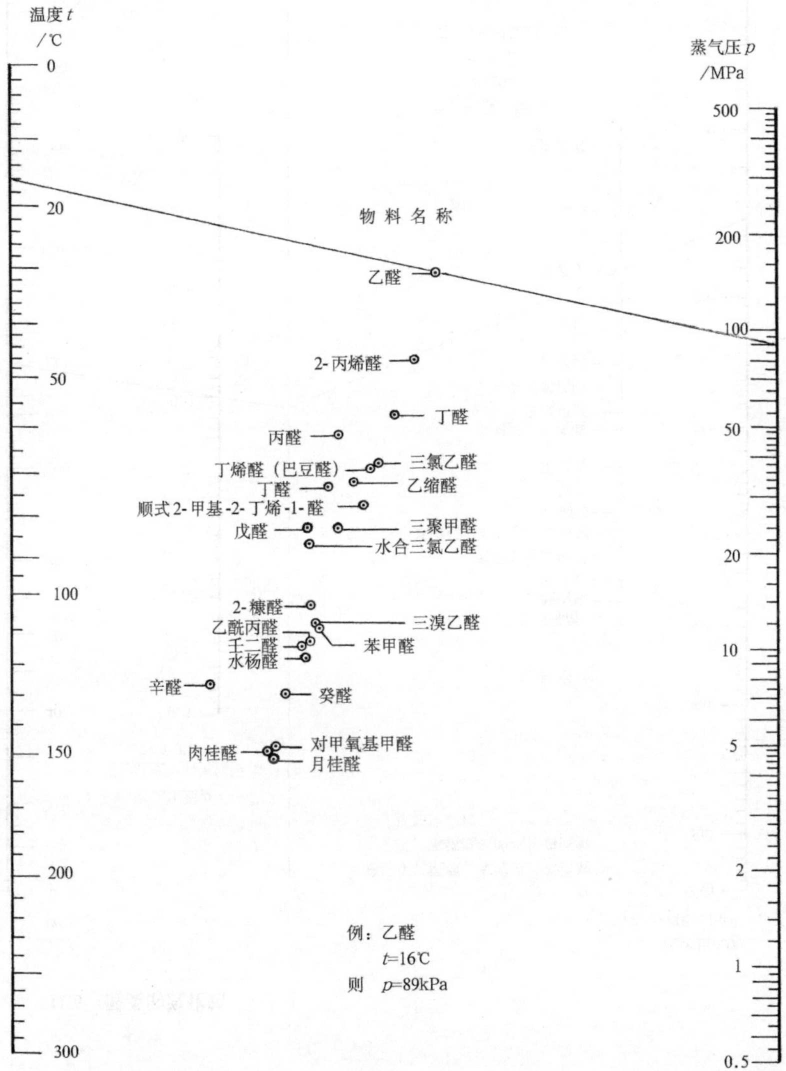

11.5 理想醛类气体的比热容

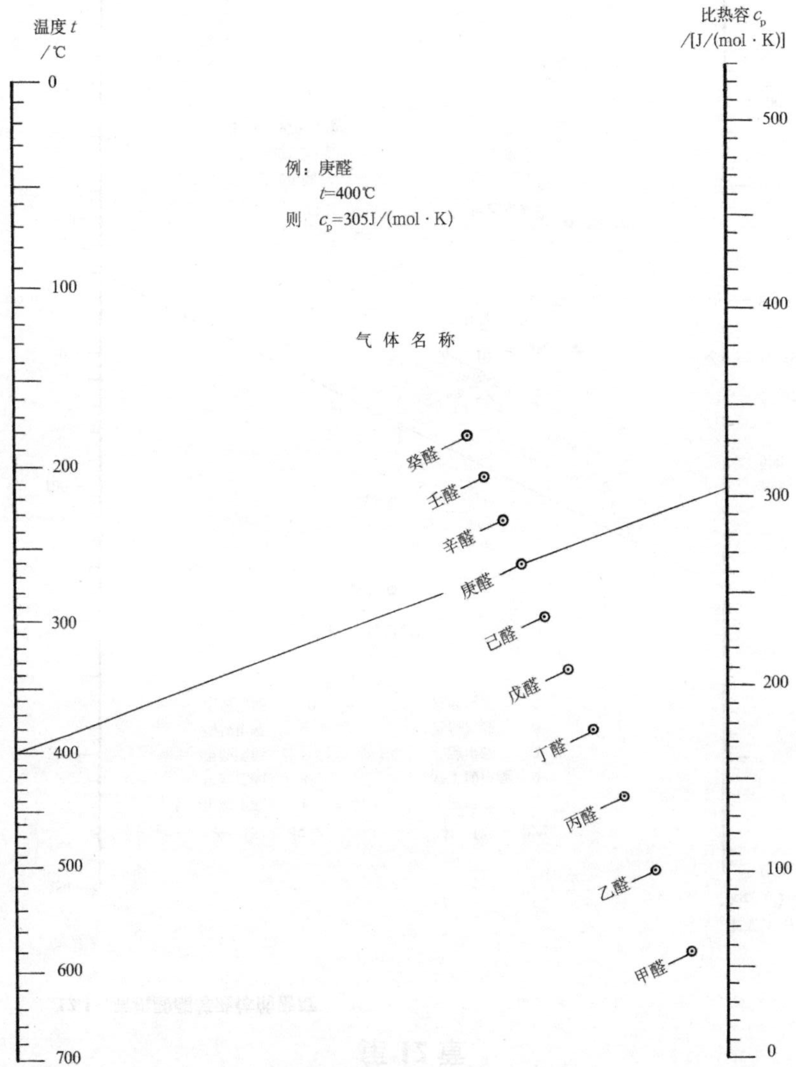

11.6 醛类的汽化热

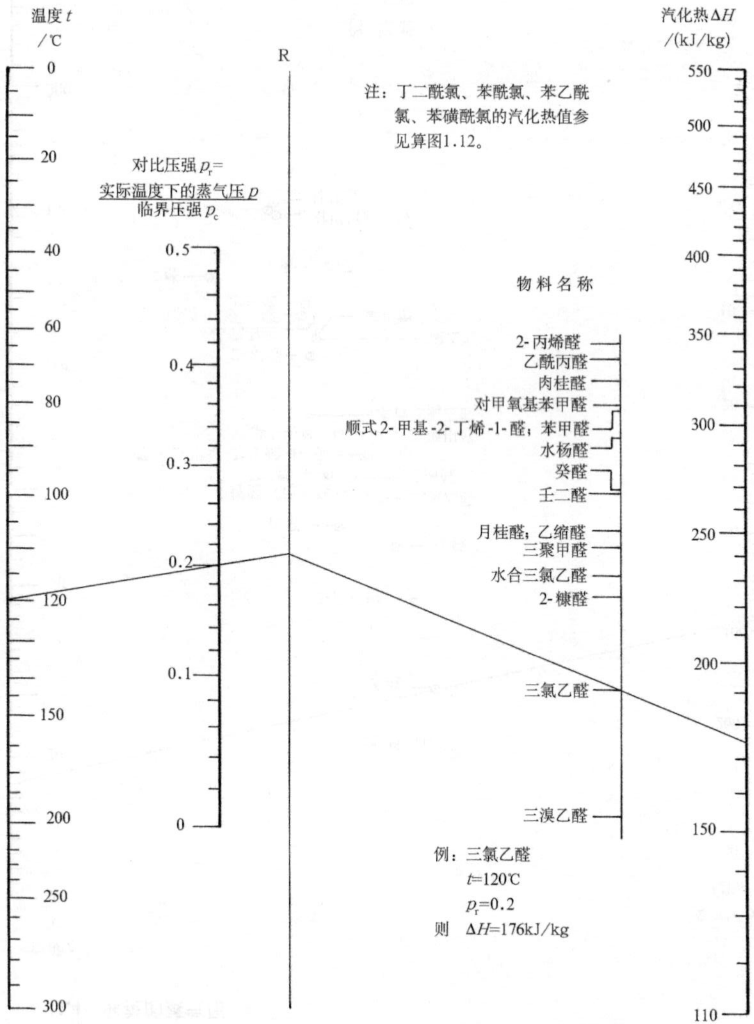

第 12 章

12.1 有机酸酯等液体的密度

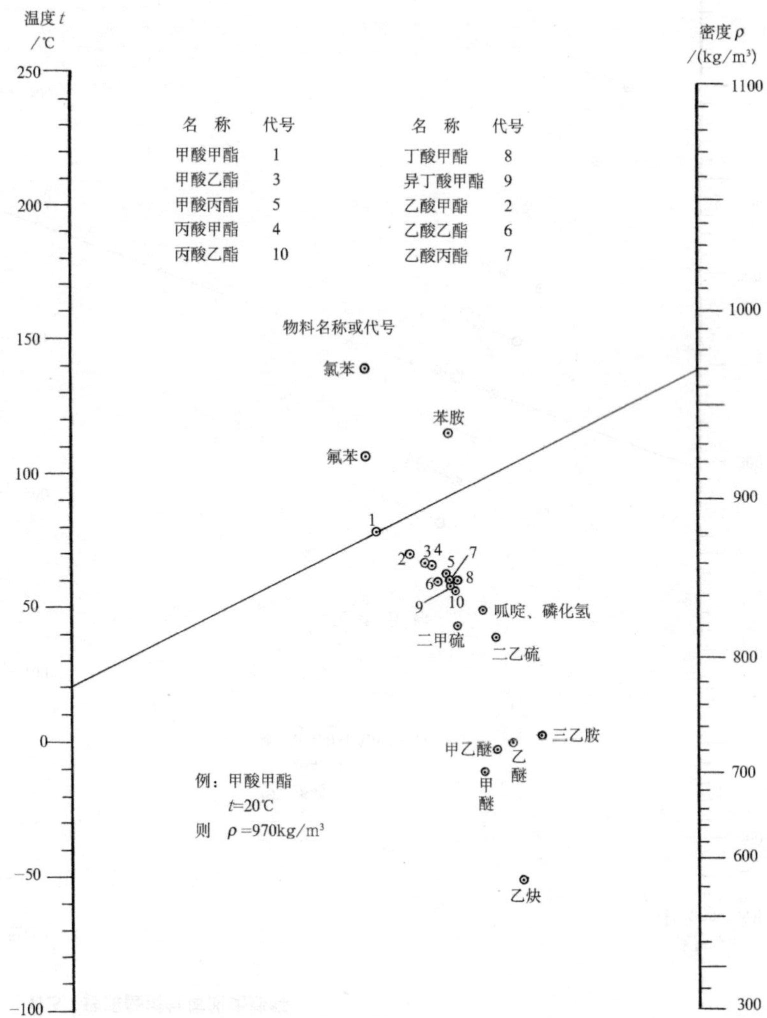

12.2 酯类液体的黏度

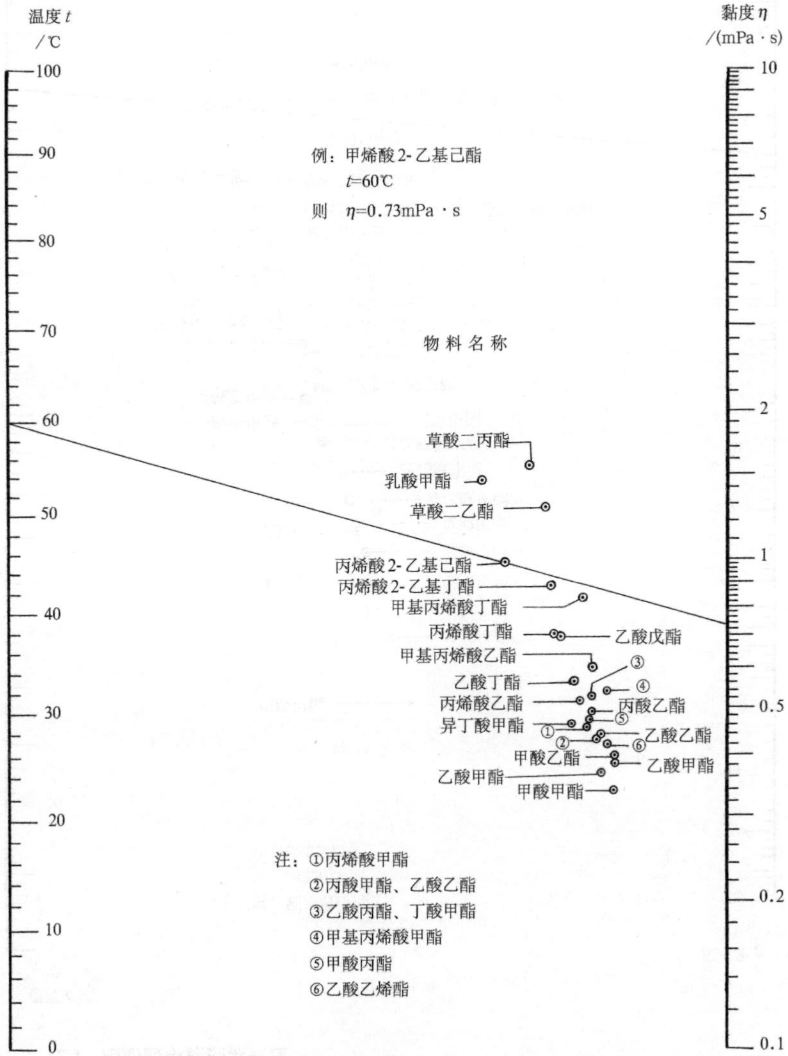

12.3 酯类的表面张力

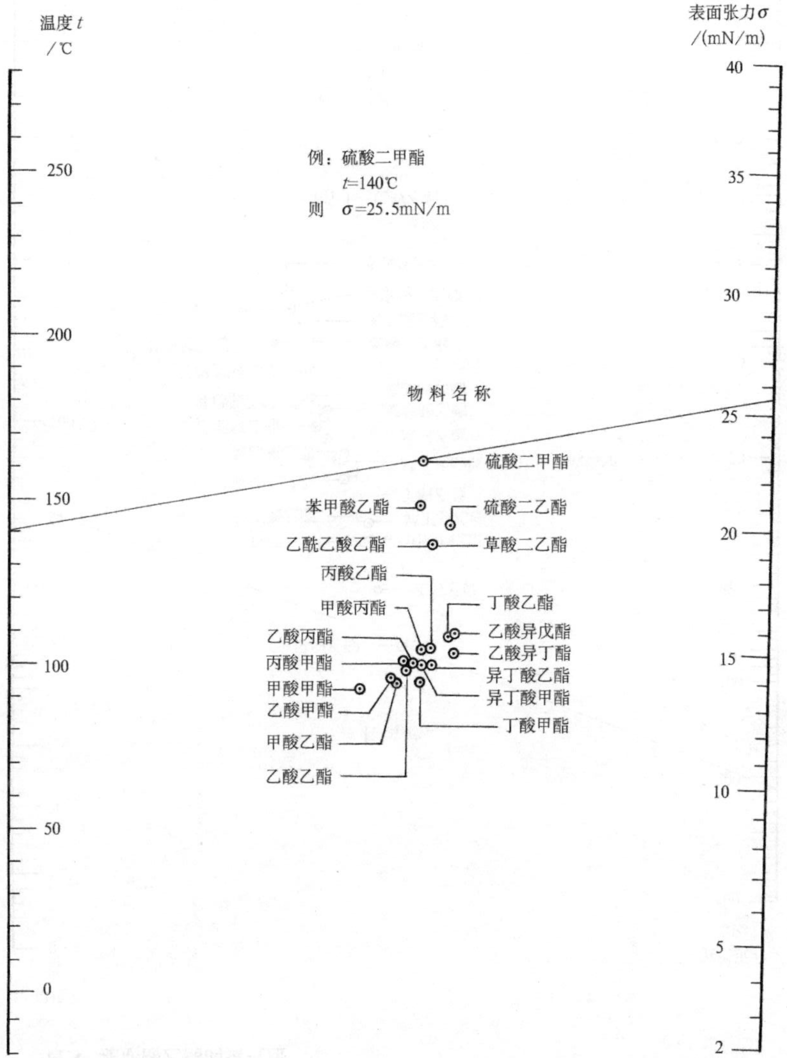

12.4 脂肪酸甲酯的蒸气压

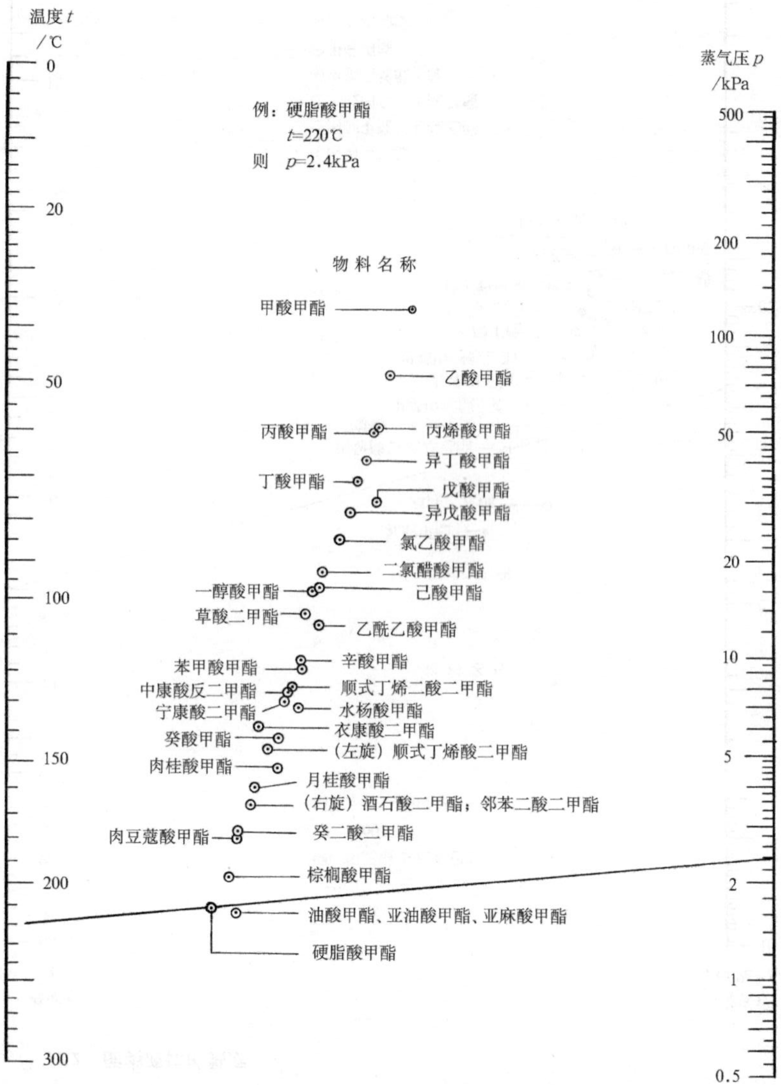

12.5 脂肪酸乙酯的蒸气压

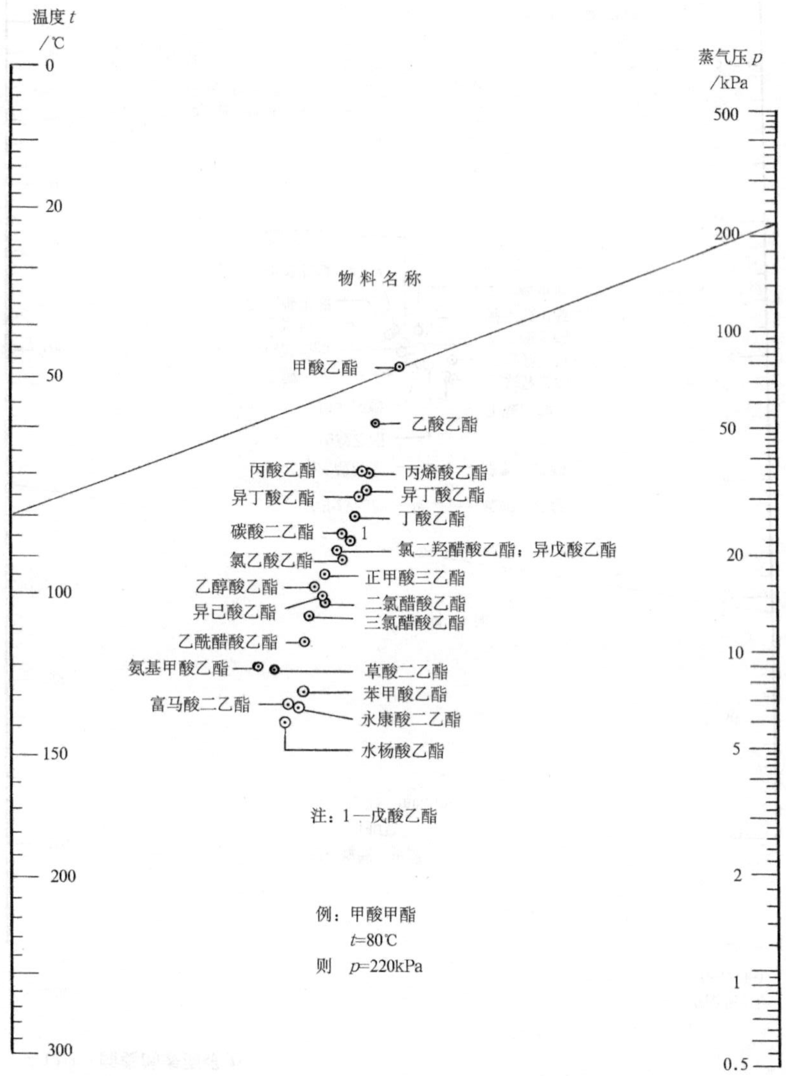

12.6 脂肪酸丙酯、脂肪酸丁酯的蒸气压

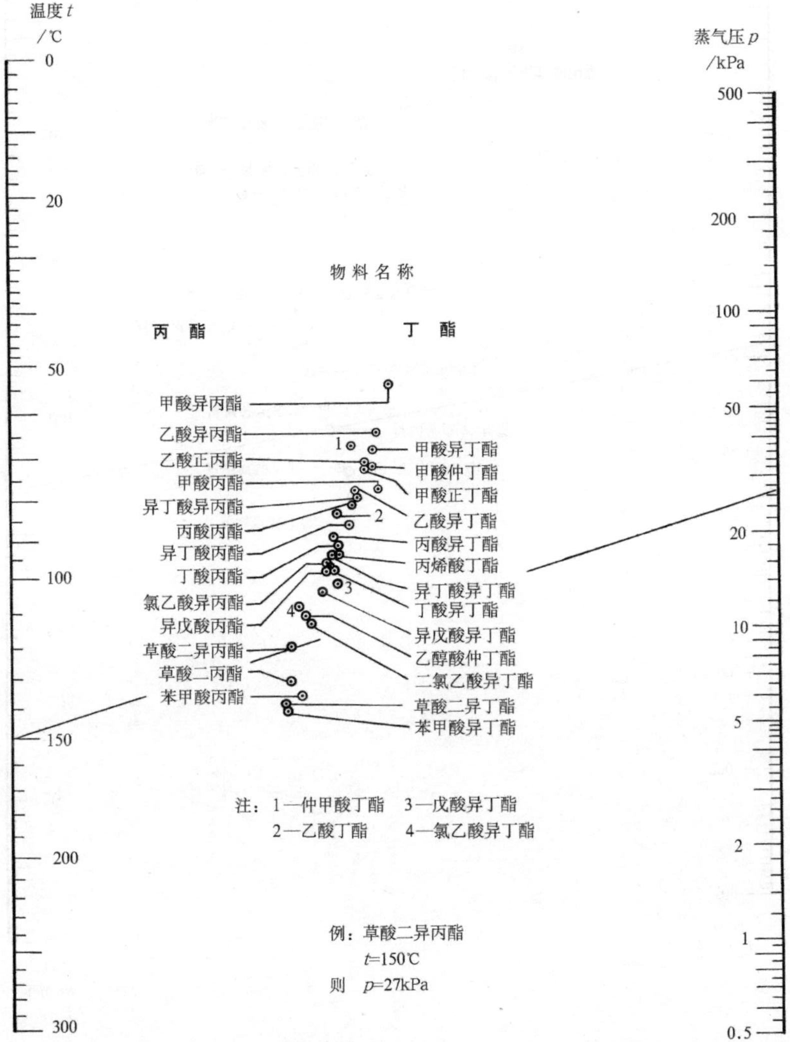

12.7 二元酸二乙酯的蒸气压

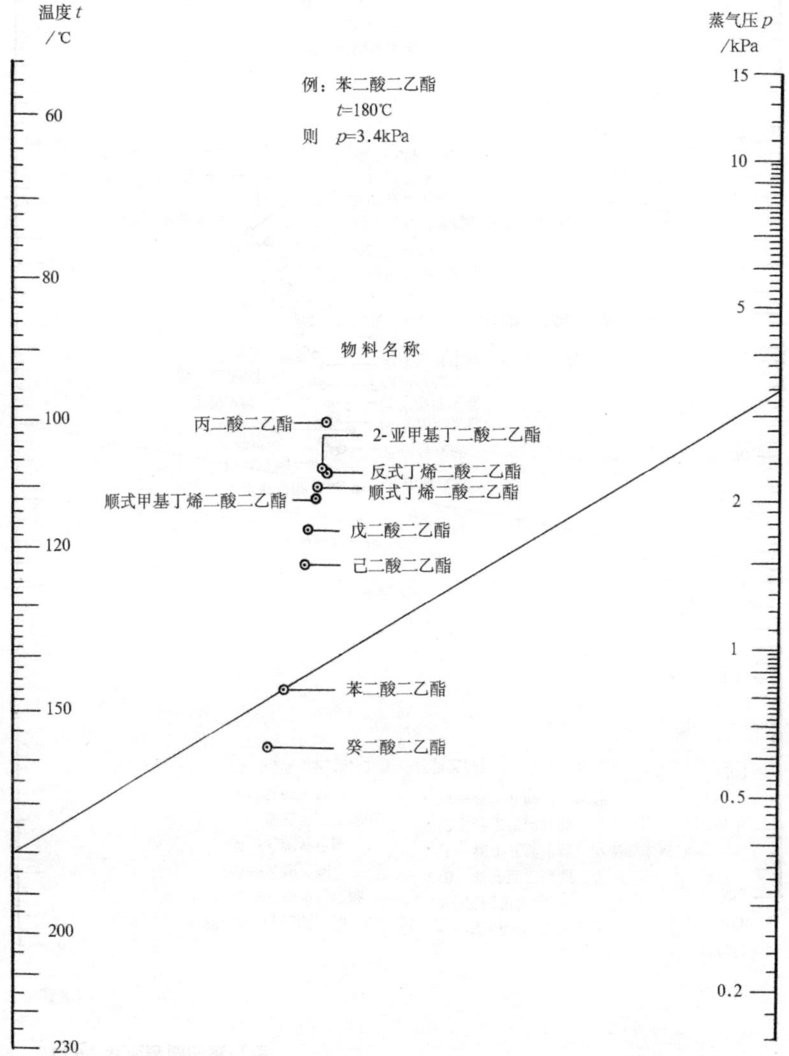

12.8 氰酸酯和邻苯二甲酸酯的蒸气压

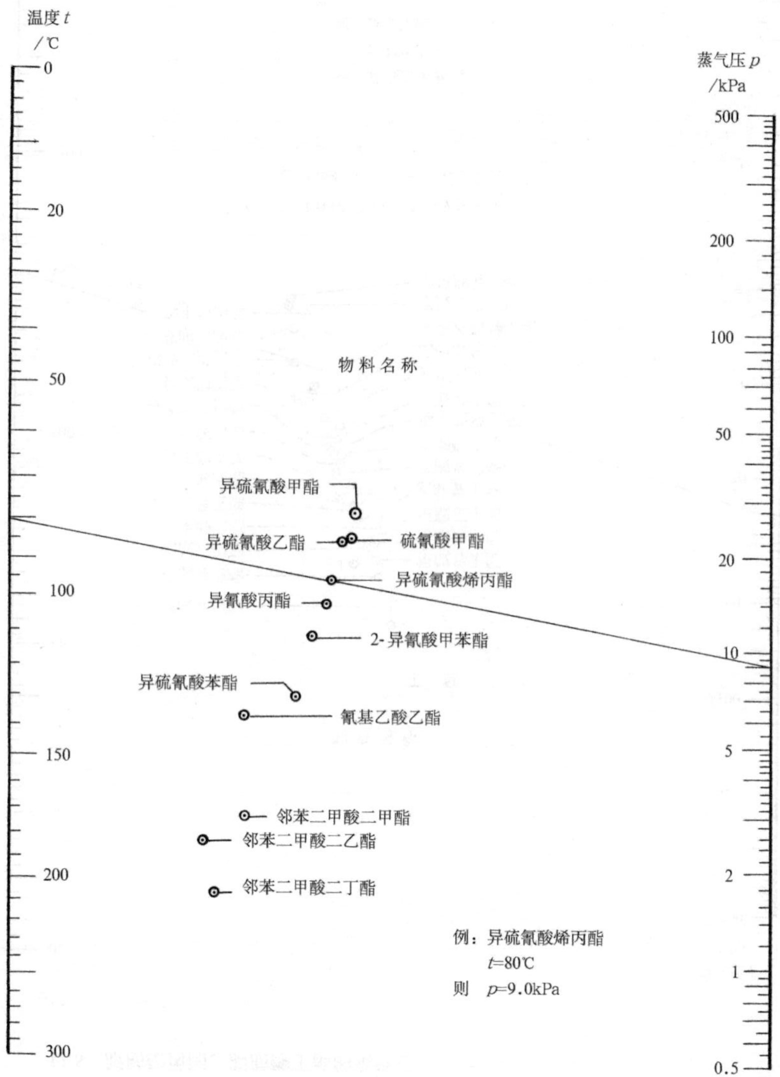

12.9 其他酸酯的蒸气压

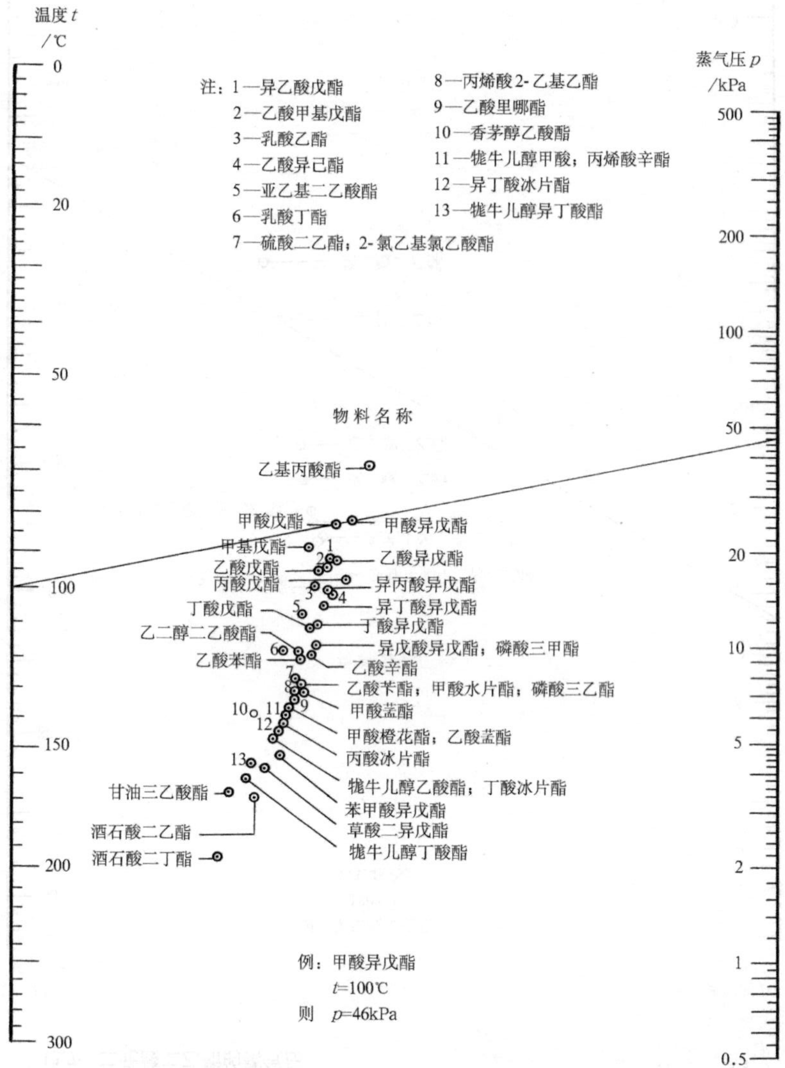

12.10 一些脂肪酸甲酯的汽化热

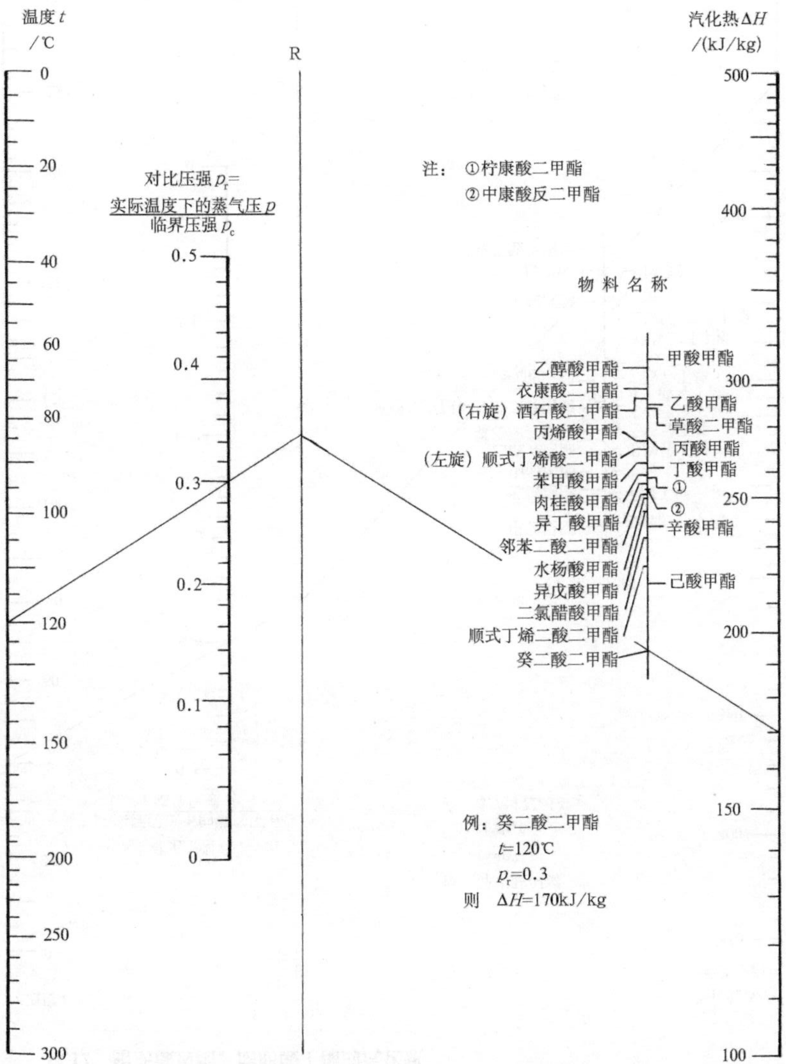

12.11 一些脂肪酸乙酯的汽化热

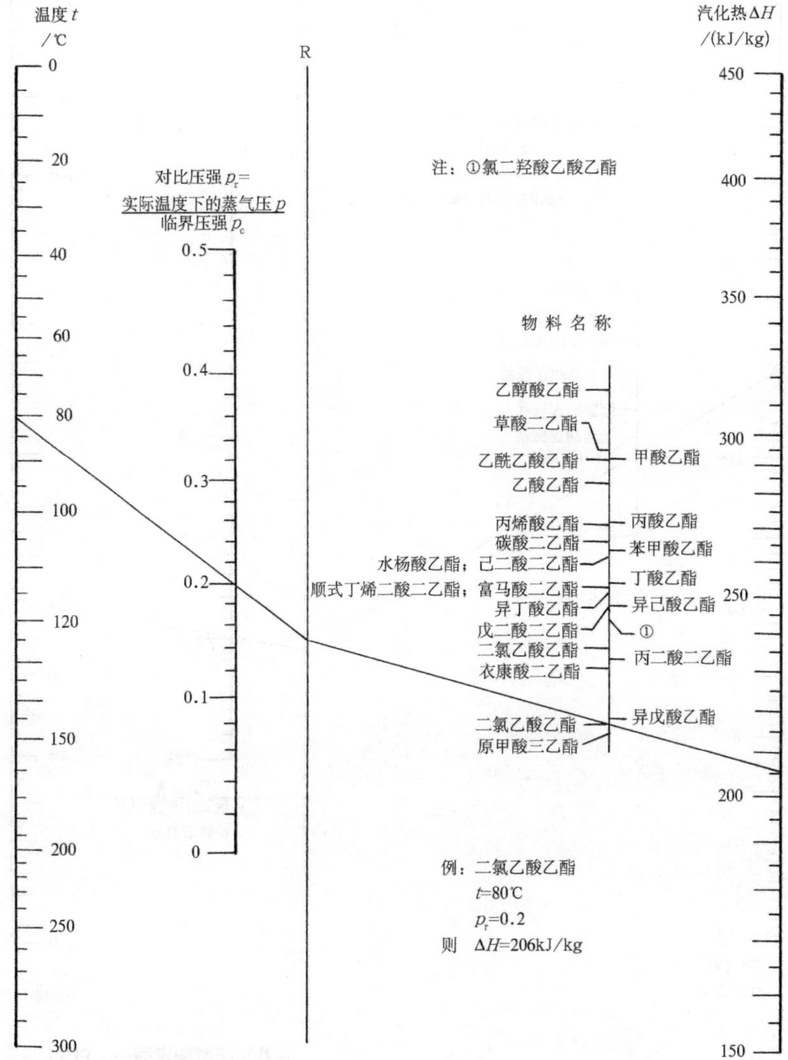

12.12 脂肪酸丙酯、脂肪酸丁酯的汽化热

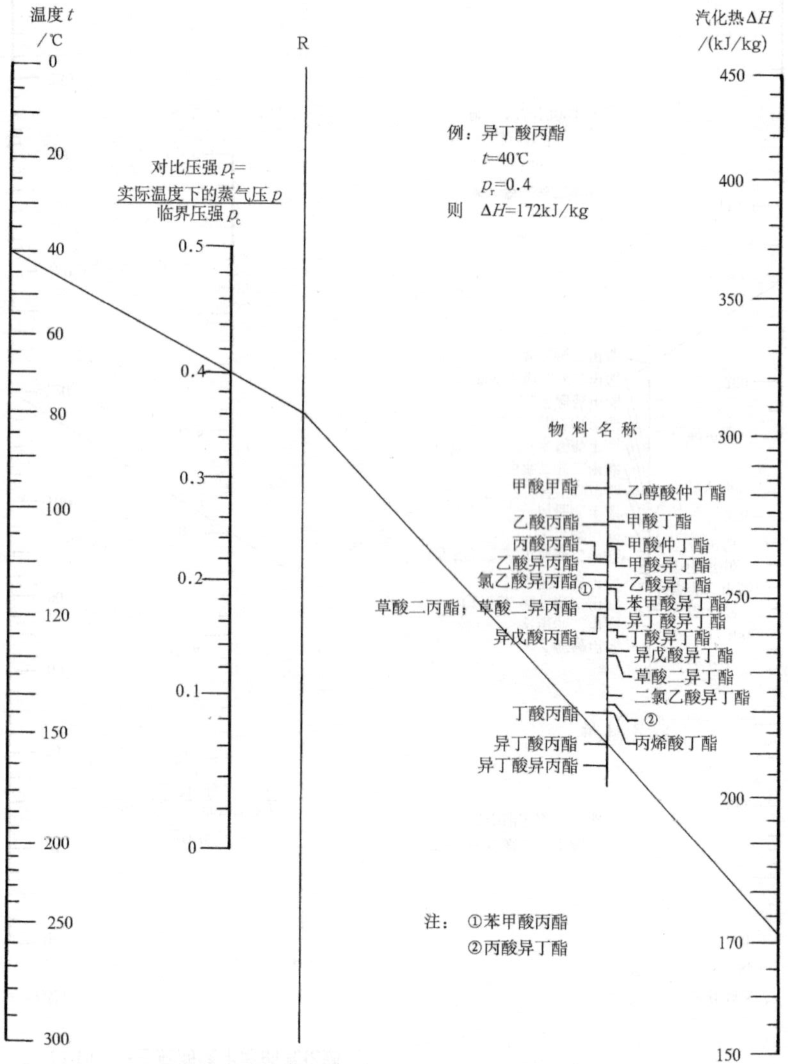

12.13 一些氰酸酯的汽化热

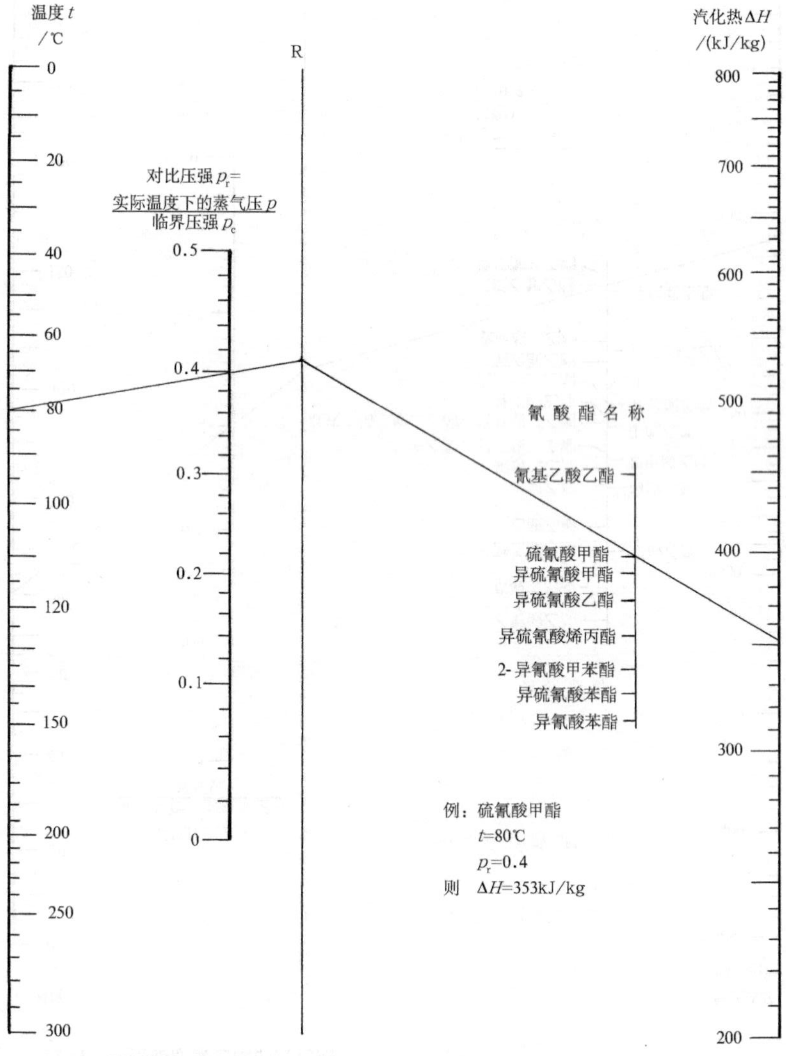

第 13 章

12.14 其他酸酯的汽化热

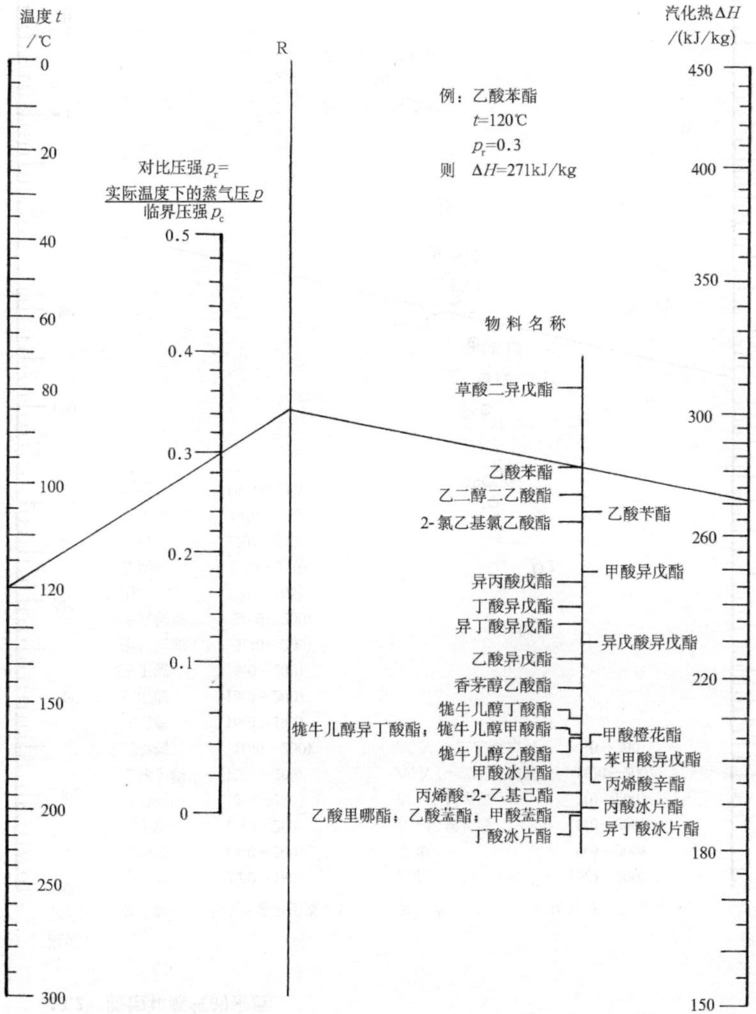

13.1 乙醇胺水溶液的密度

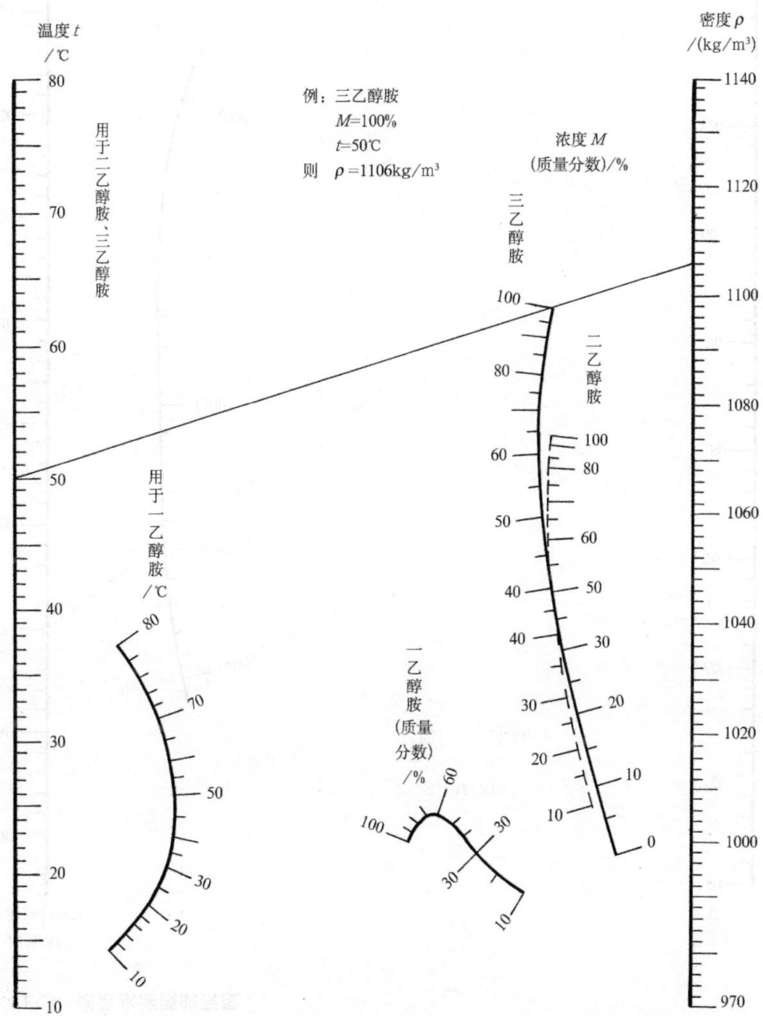

13.2 胺饱和蒸气的密度

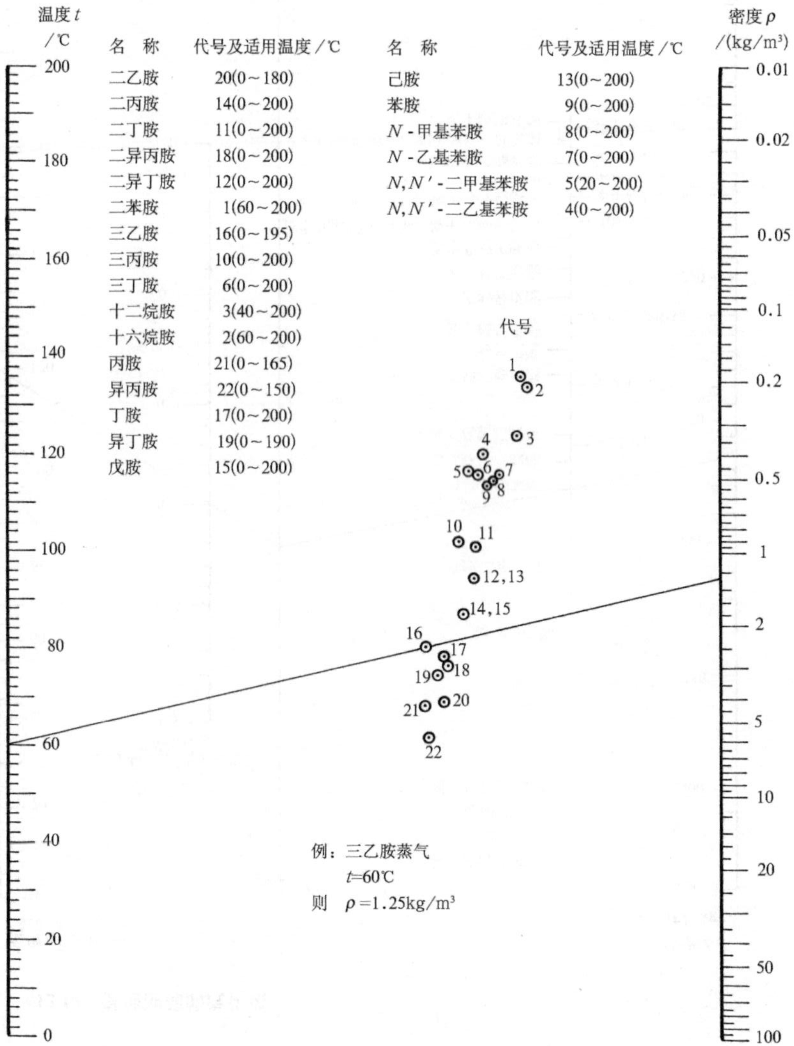

名 称	代号及适用温度/℃	名 称	代号及适用温度/℃
二乙胺	20(0～180)	己胺	13(0～200)
二丙胺	14(0～200)	苯胺	9(0～200)
二丁胺	11(0～200)	N-甲基苯胺	8(0～200)
二异丙胺	18(0～200)	N-乙基苯胺	7(0～200)
二异丁胺	12(0～200)	N,N′-二甲基苯胺	5(20～200)
二苯胺	1(60～200)	N,N′-二乙基苯胺	4(0～200)
三乙胺	16(0～195)		
三丙胺	10(0～200)		
三丁胺	6(0～200)		
十二烷胺	3(40～200)		
十六烷胺	2(60～200)		
丙胺	21(0～165)		
异丙胺	22(0～150)		
丁胺	17(0～200)		
异丁胺	19(0～190)		
戊胺	15(0～200)		

13.3 尿素水溶液的密度

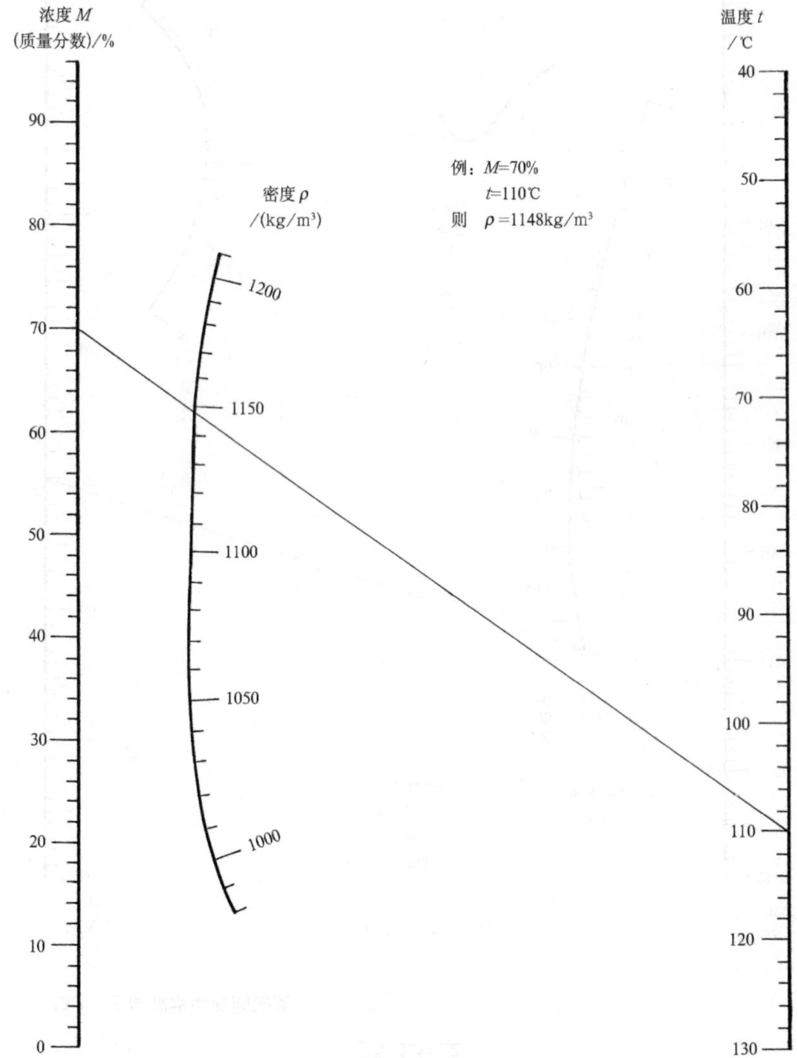

13.4 尿素水溶液的黏度

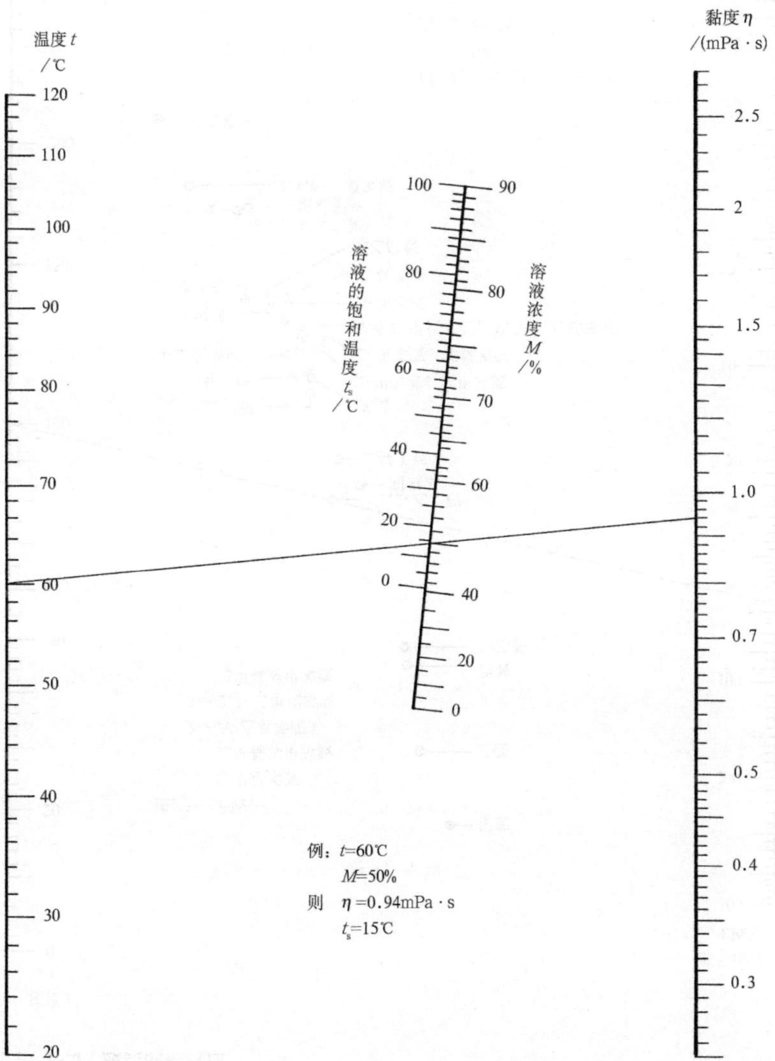

13.5 胺类的表面张力

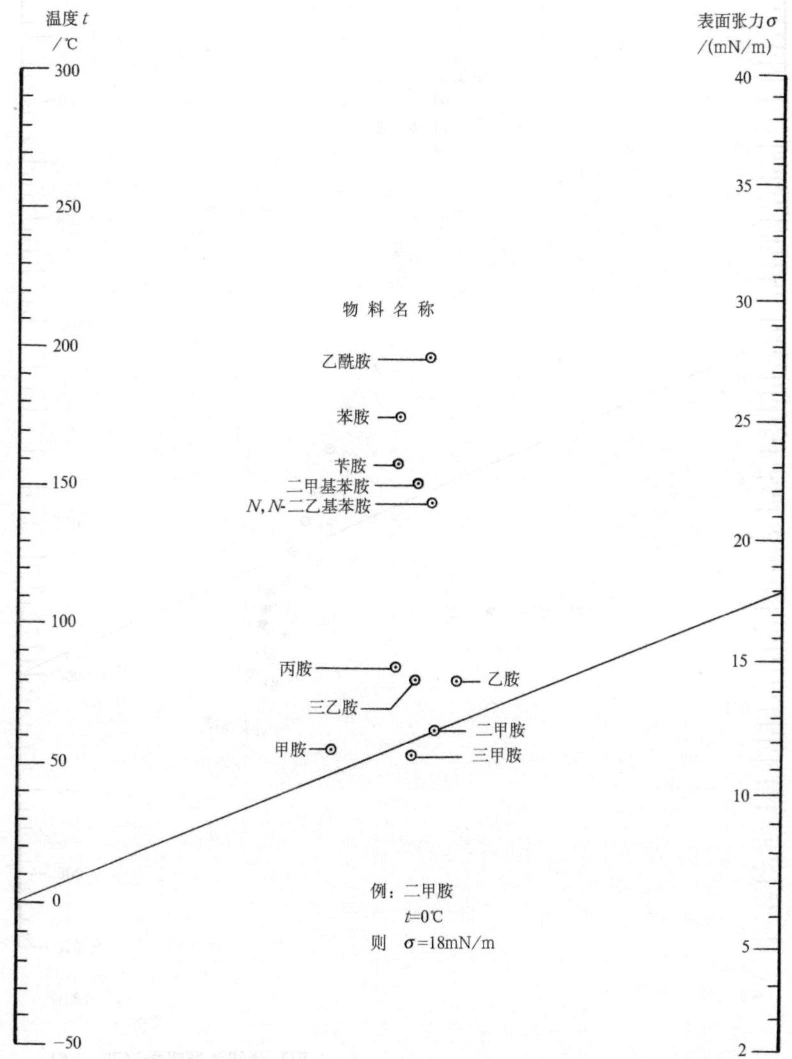

13.6 胺类的蒸气压

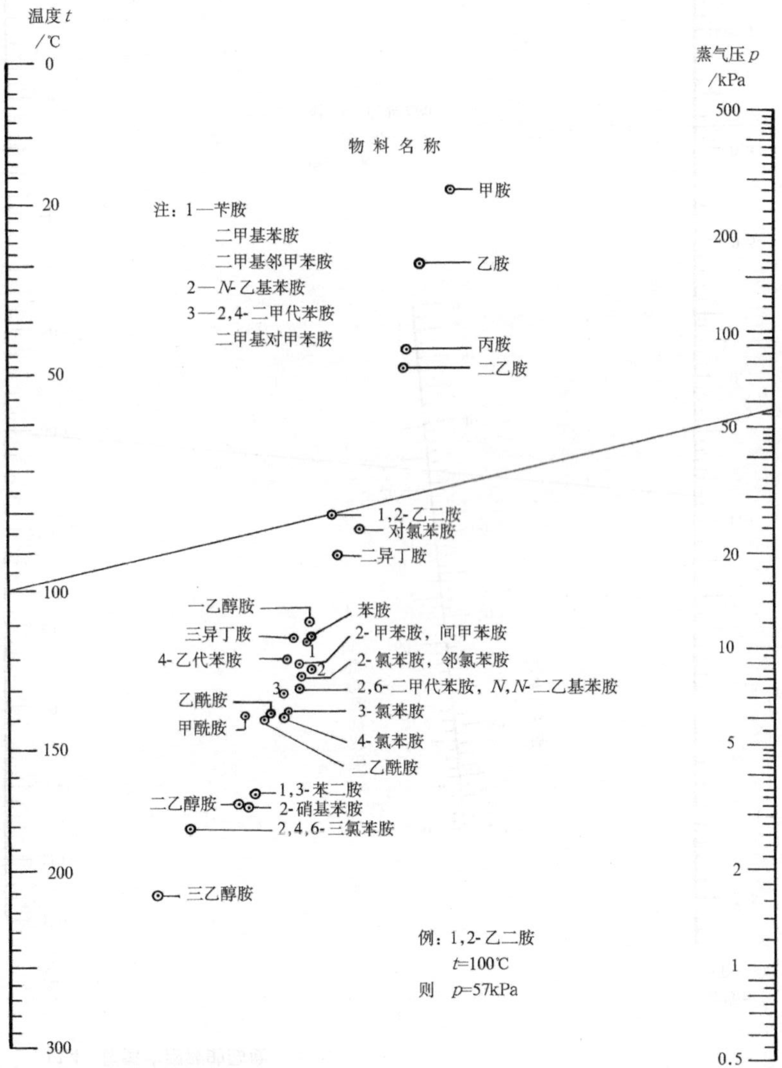

13.7 正烷基伯胺类的蒸气压

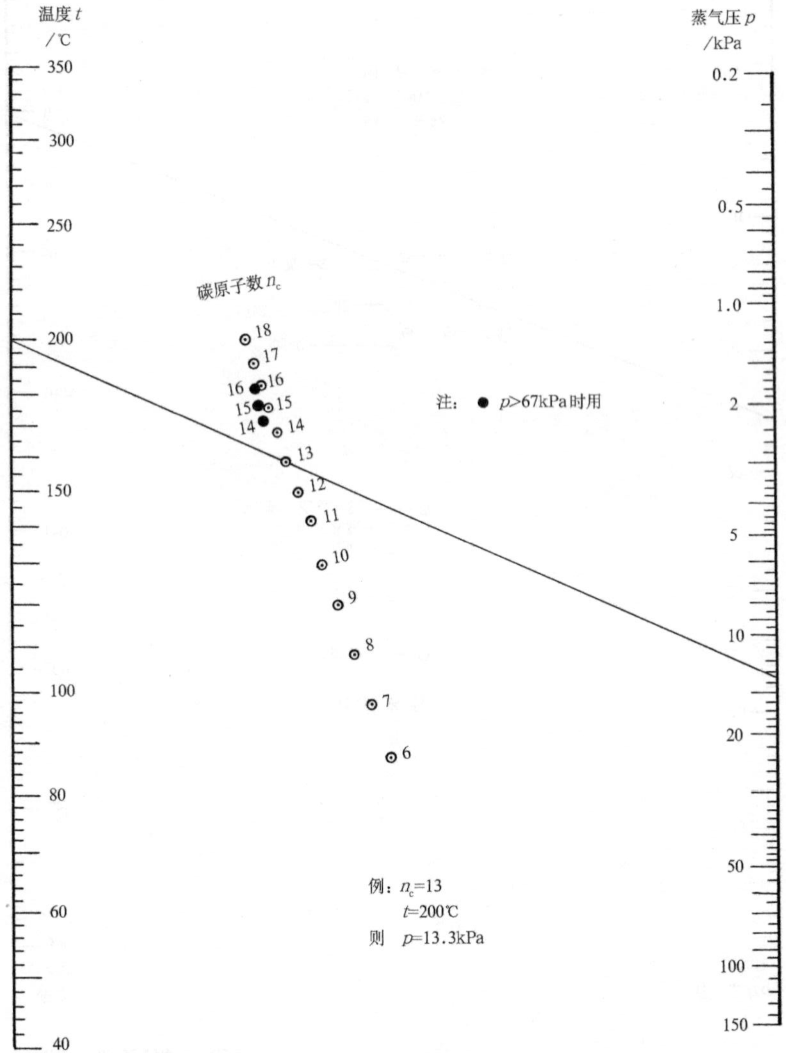

13.8 乙醇胺水溶液的蒸气压

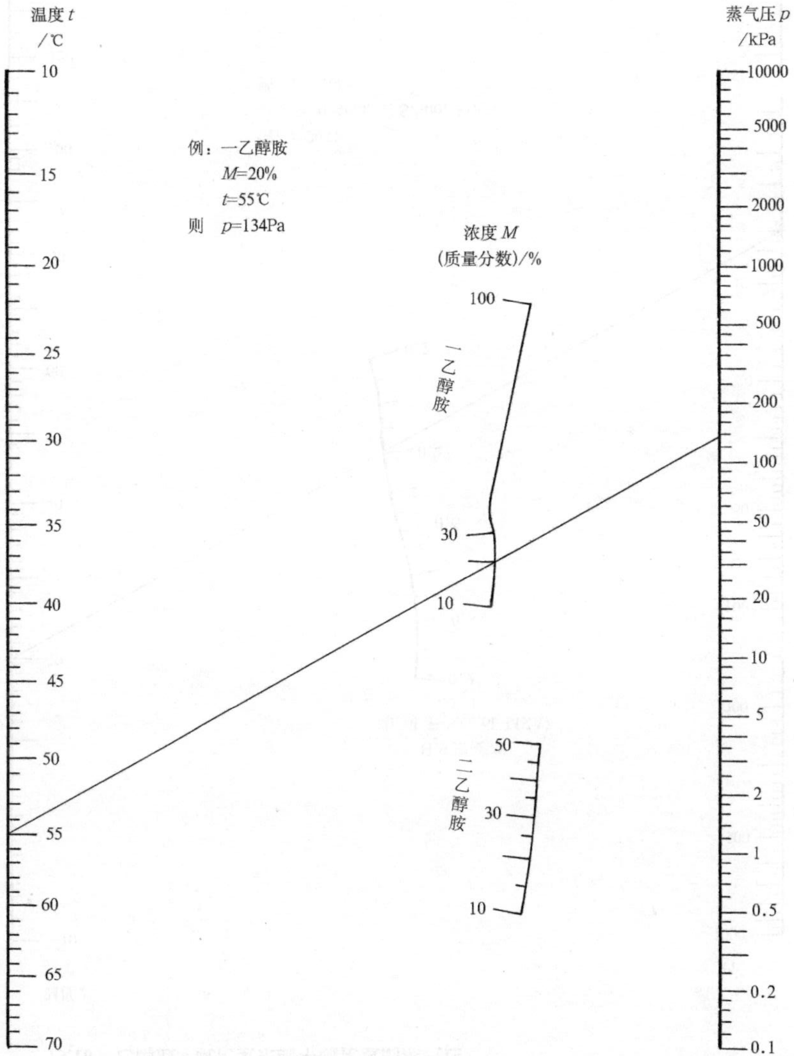

13.9 尿素水溶液的蒸气压

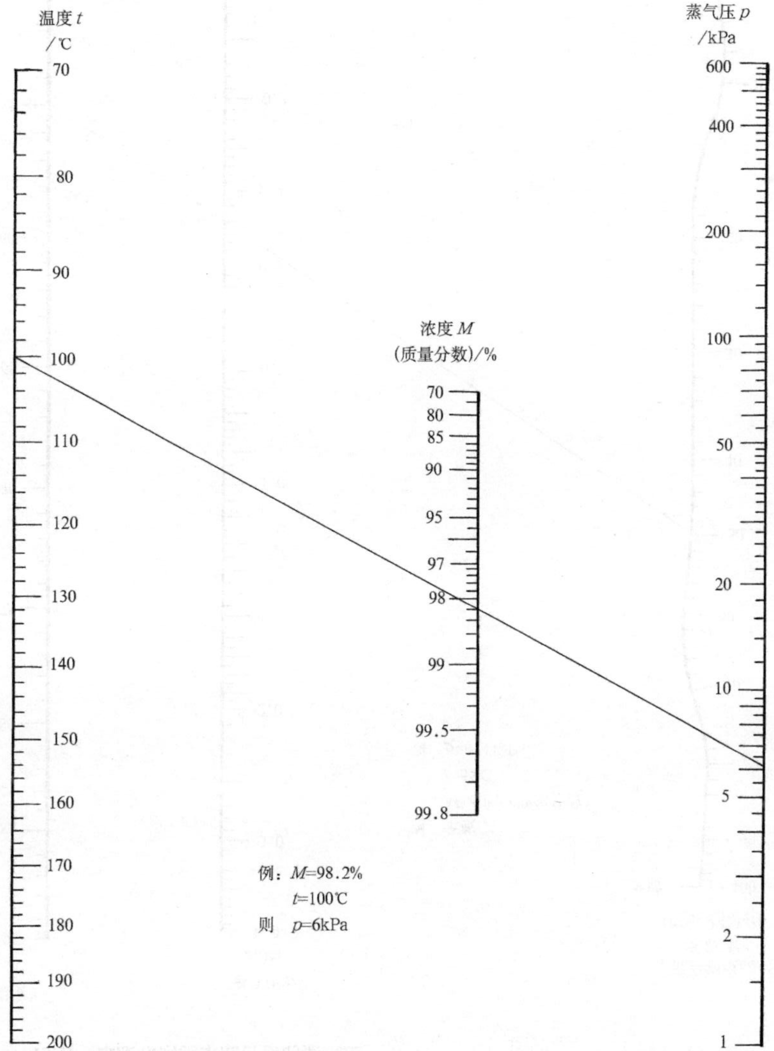

13.10 乙醇胺 - 硫化氢系统中硫化氢的蒸气压

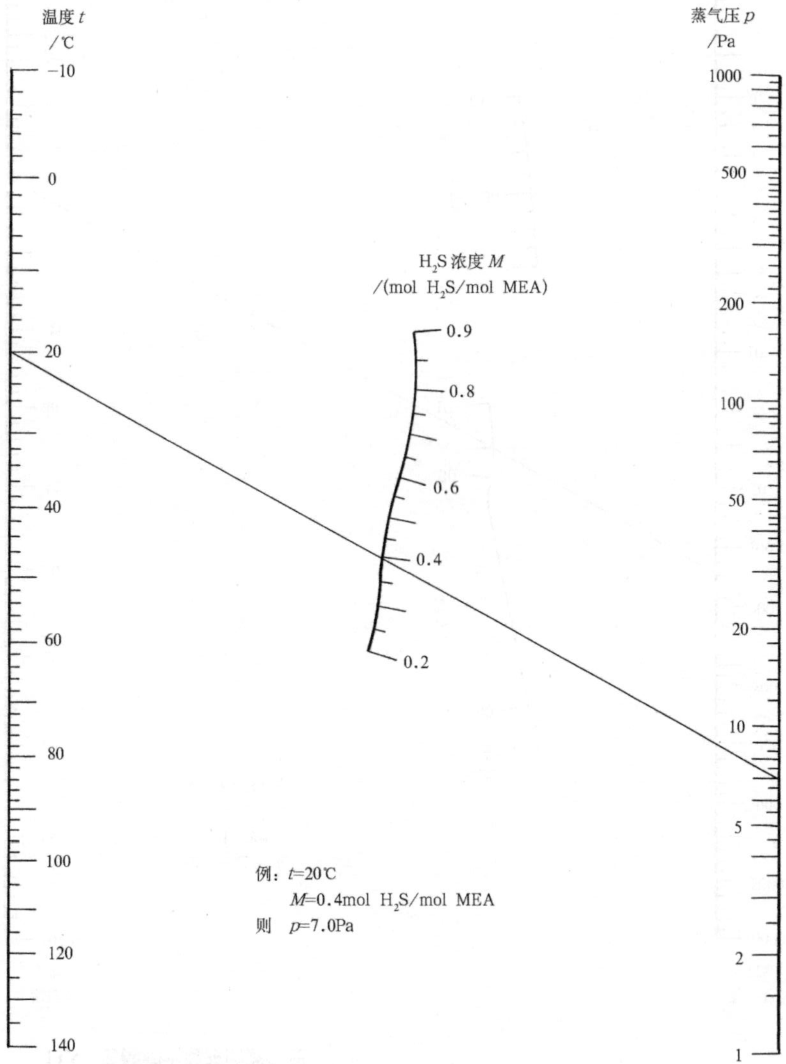

例：t=20℃
M=0.4mol H_2S/mol MEA
则 p=7.0Pa

13.11 苯胺和硝基苯混合物的蒸气压

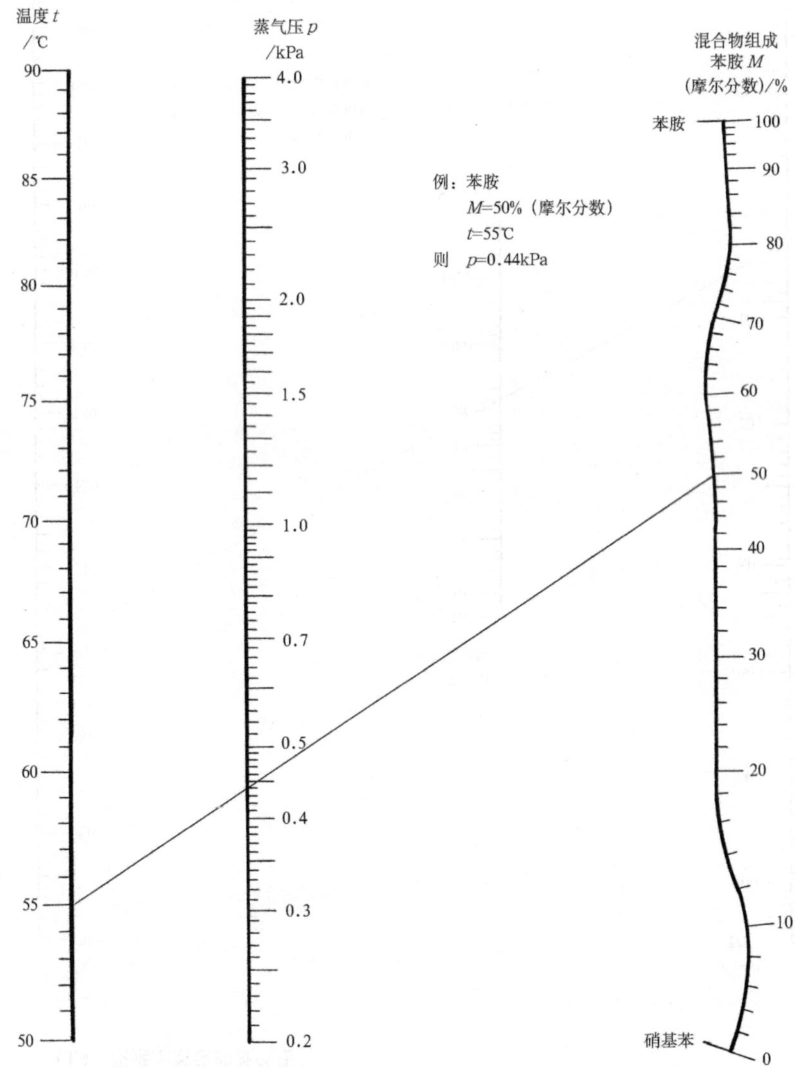

例：苯胺
M=50%（摩尔分数）
t=55℃
则 p=0.44kPa

13.12 胺类气体的比热容

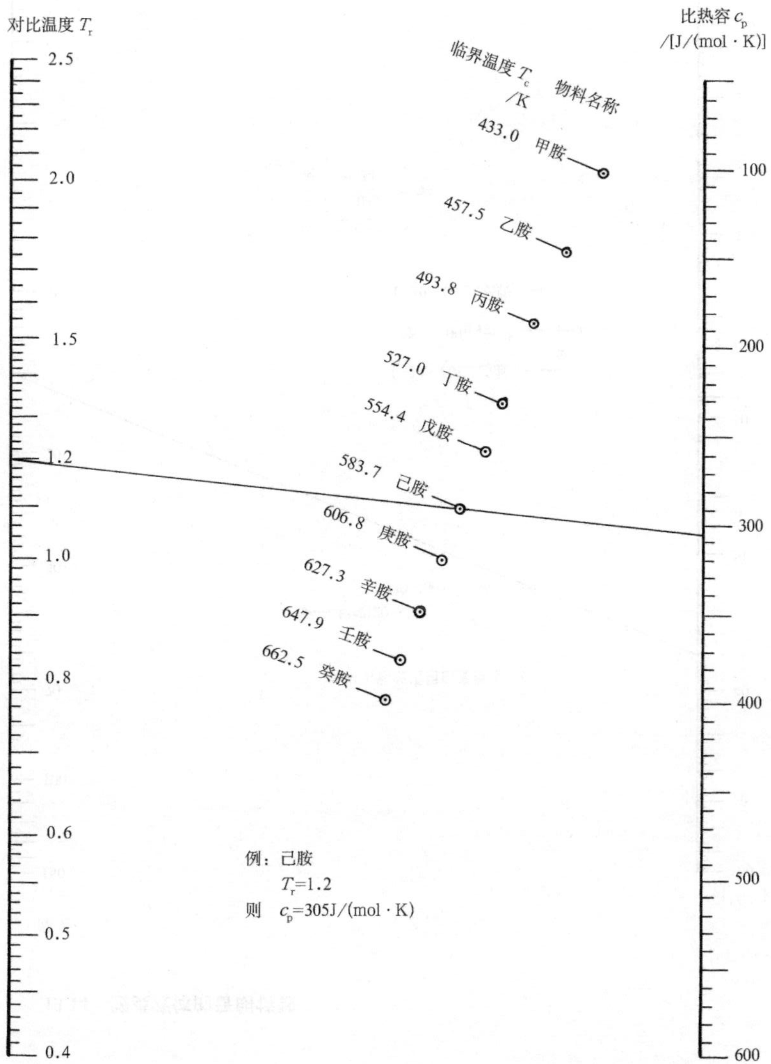

13.13 一些胺类的汽化热

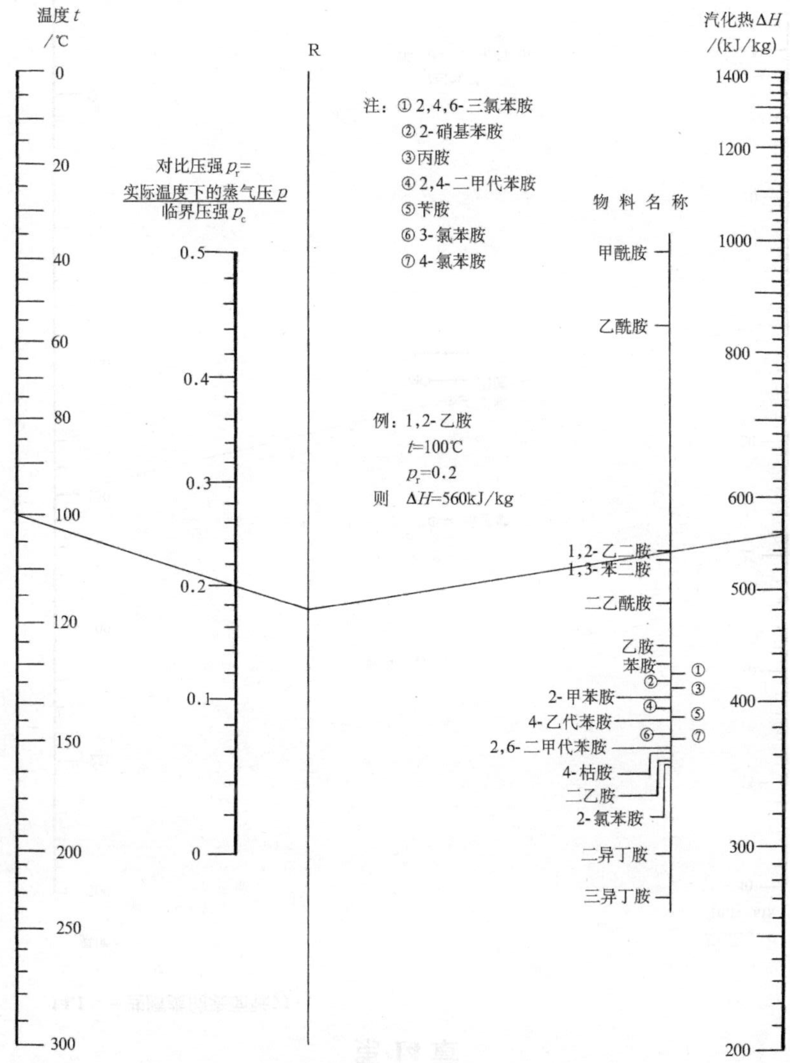

13.14 胺类液体的普朗特数

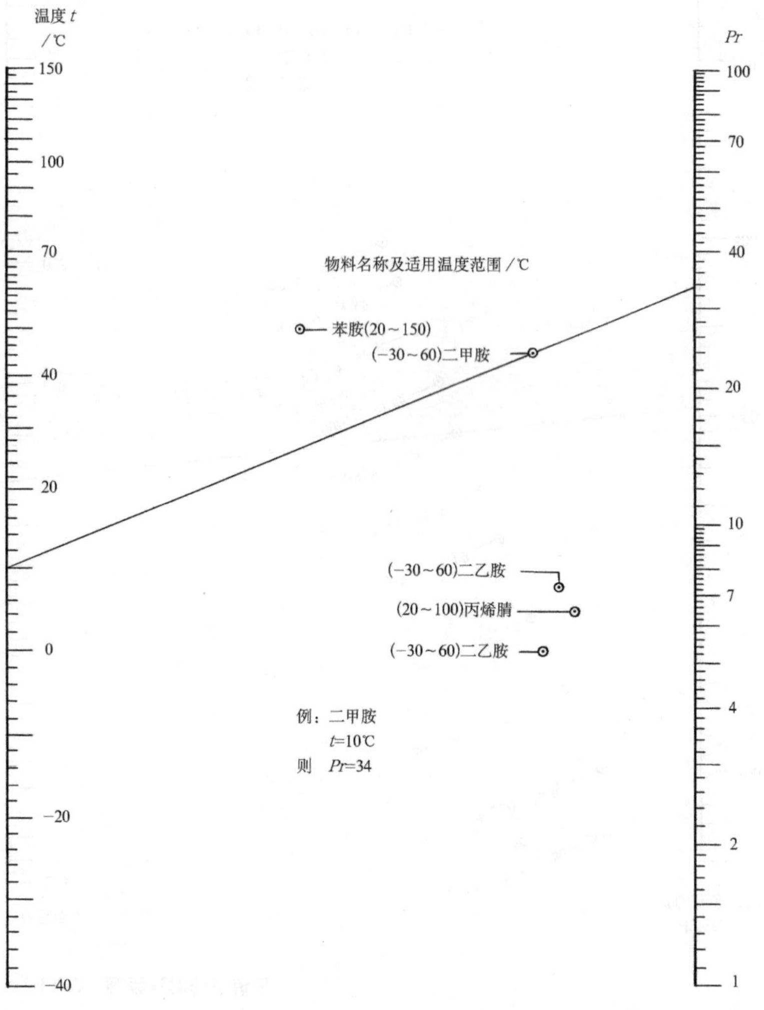

第 14 章

14.1 一些腈类的表面张力

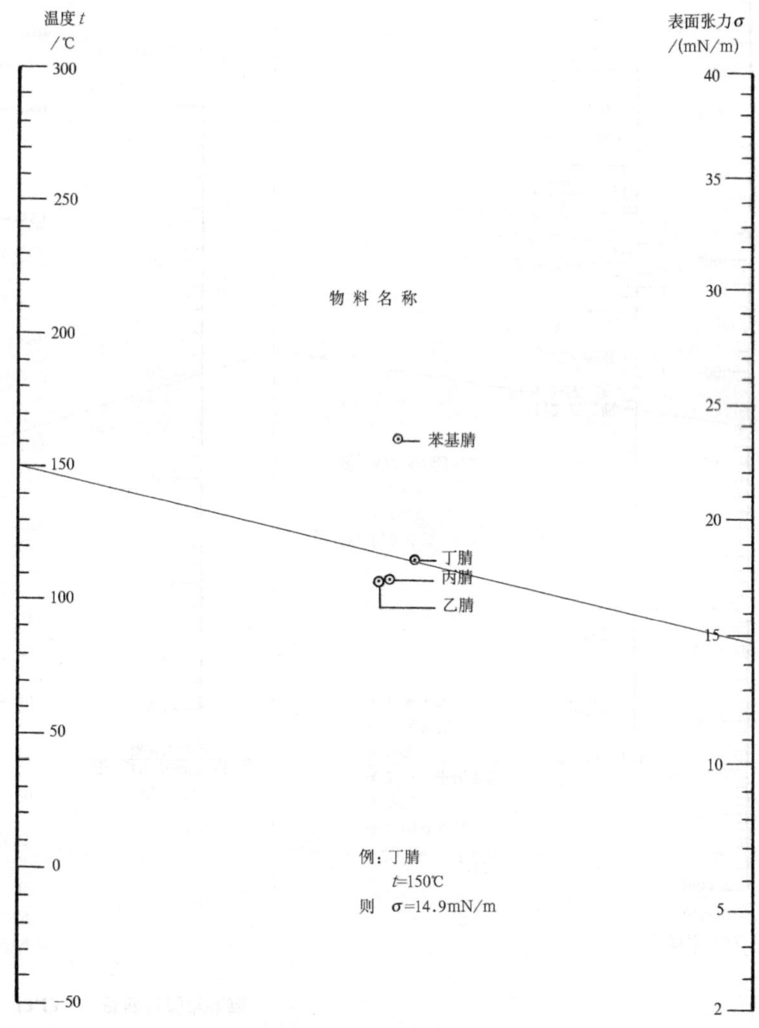

14.2 腈类的蒸气压

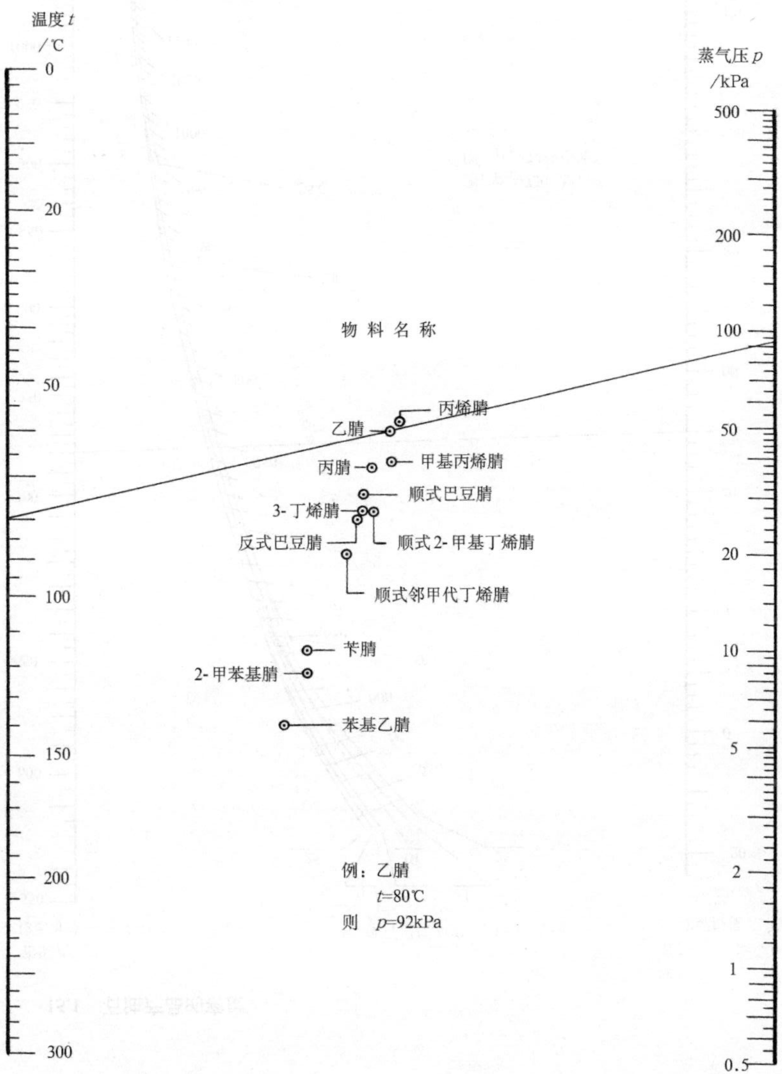

14.3 一些腈类的汽化热

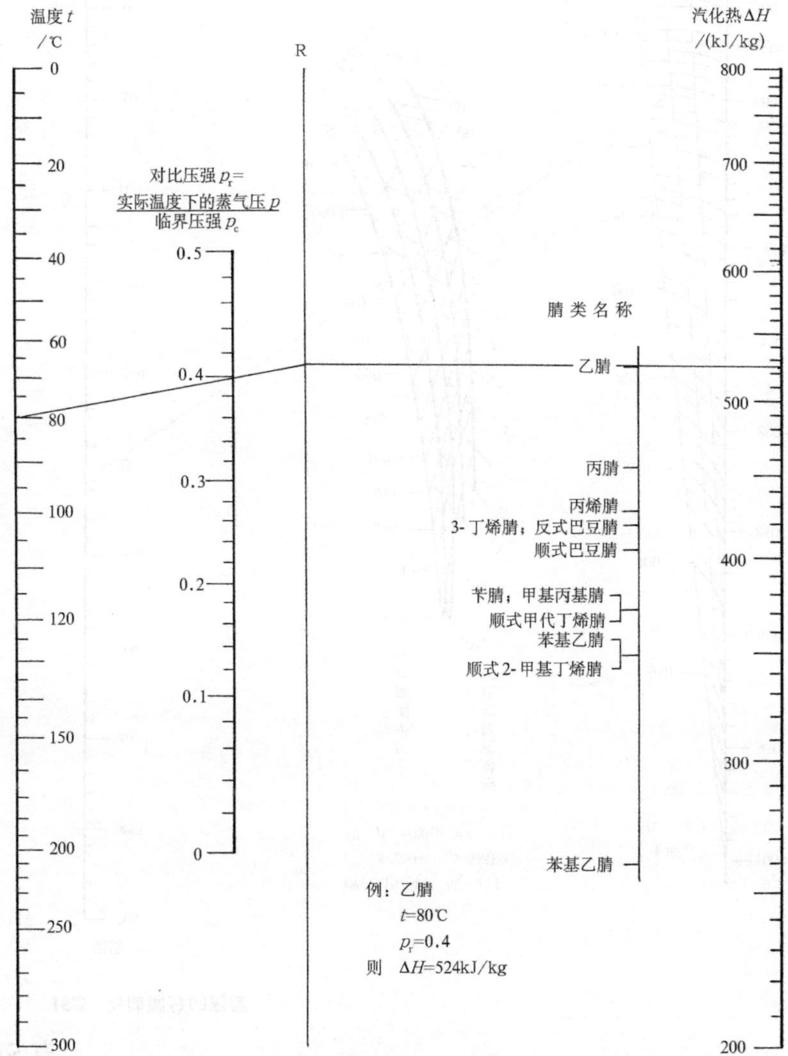

第 15 章

15.1 石油产品的密度

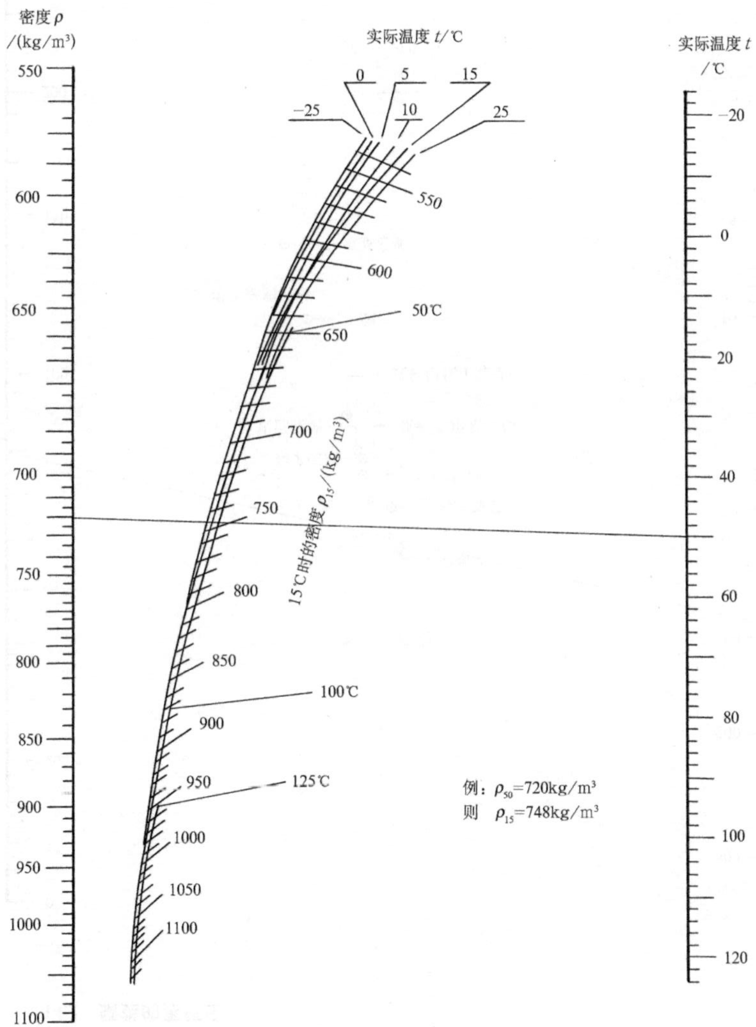

15.2 石油馏分的密度

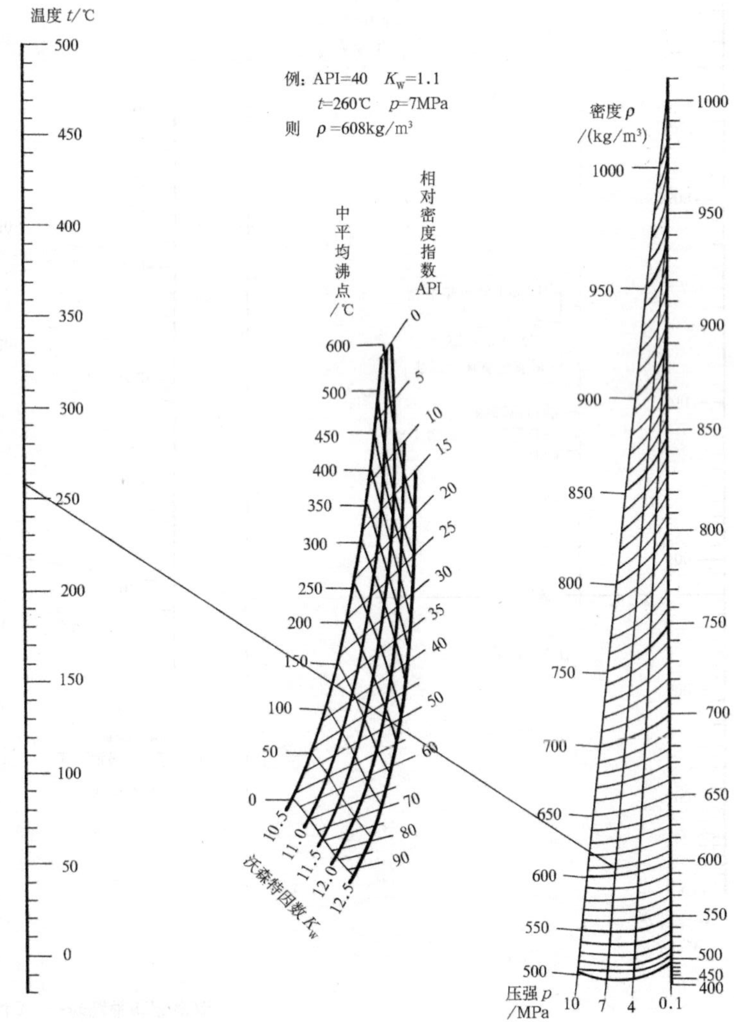

15.3 直馏和饱和烃石油液化气的密度

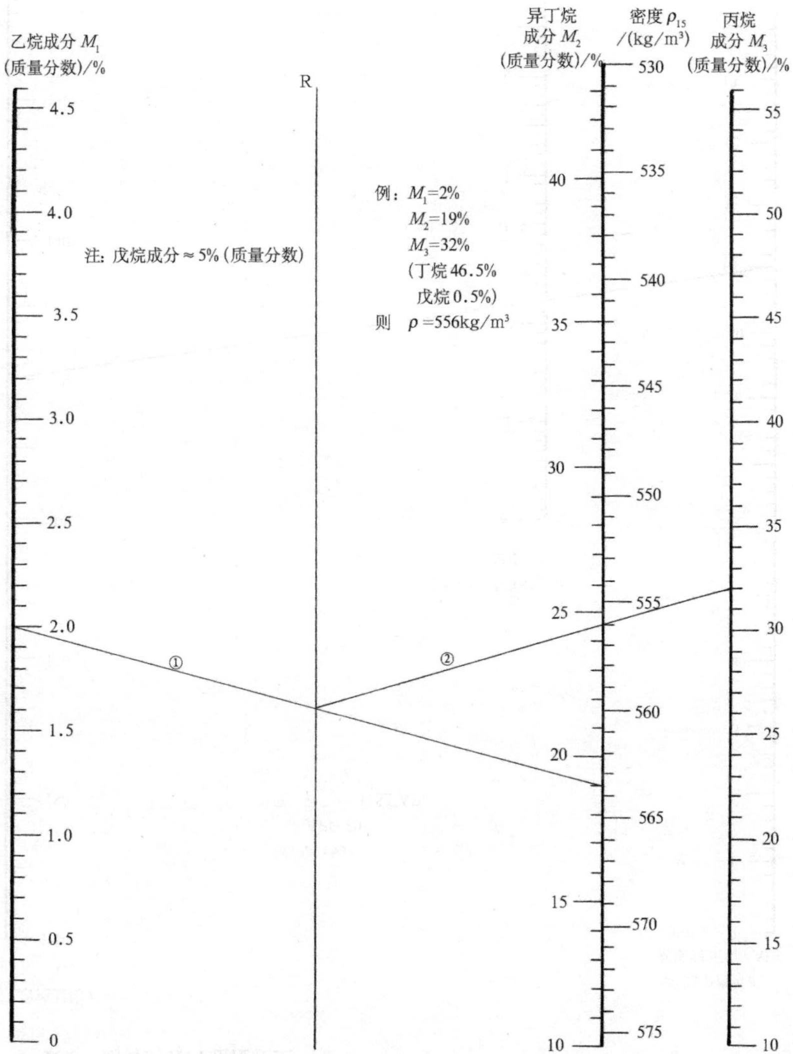

15.4 燃油在标准温度下的相对密度指数

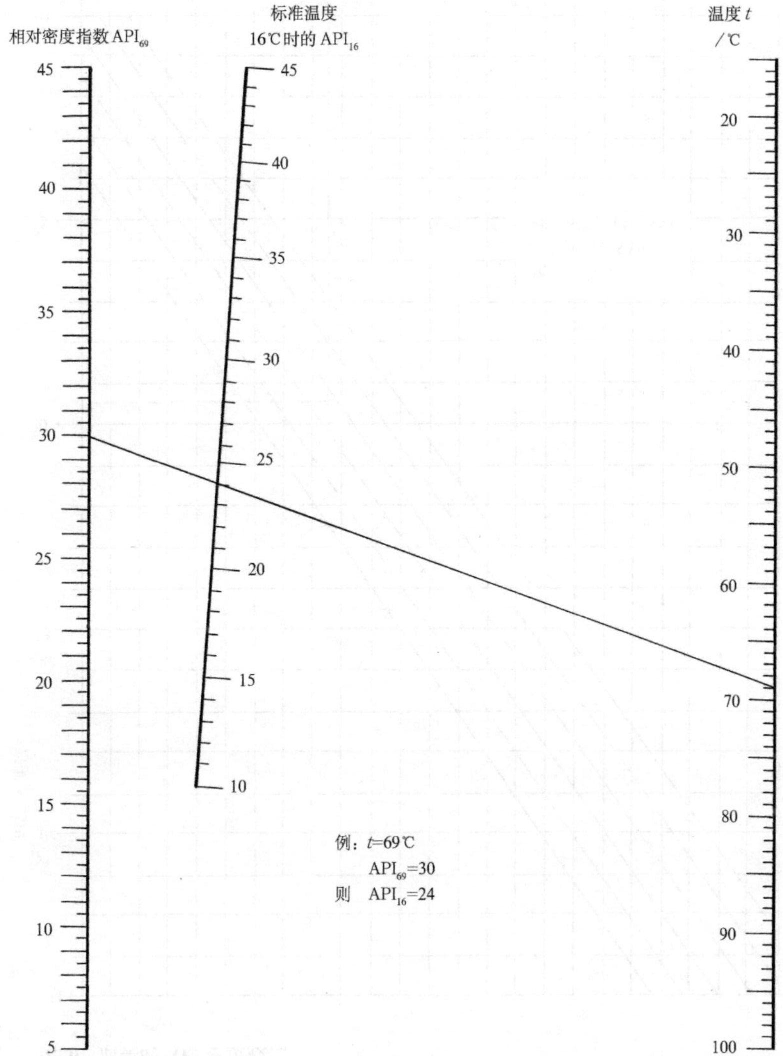

15.5 沥青的 API 密度校正

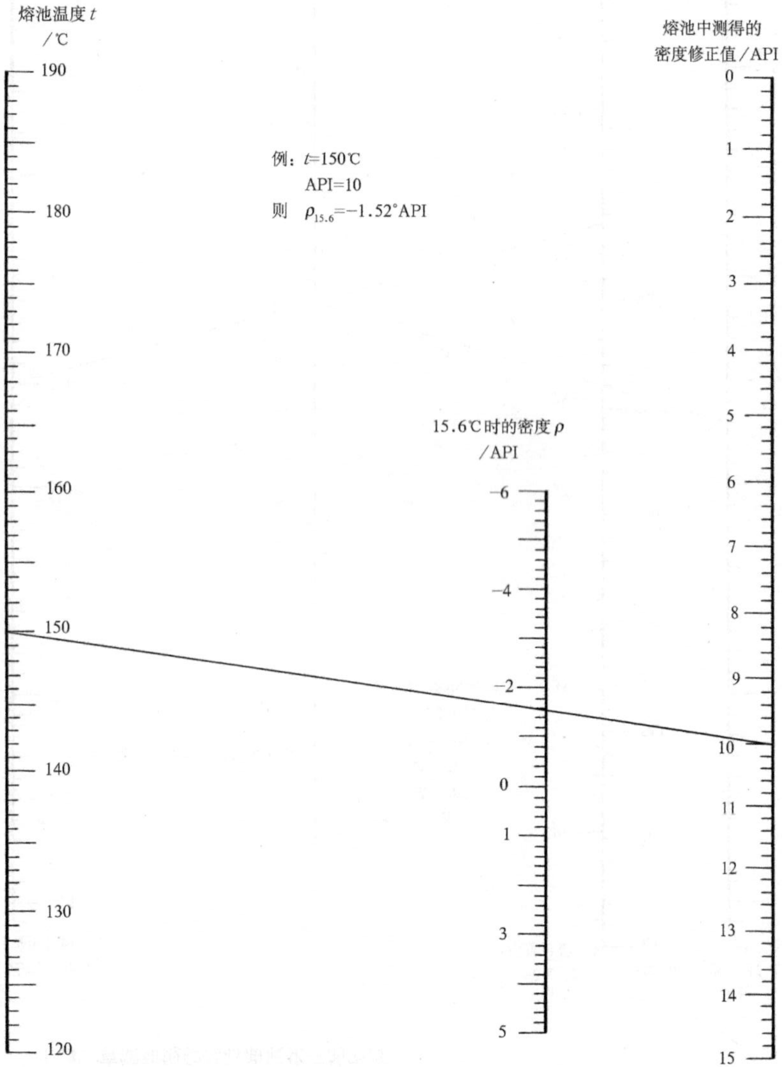

15.6 油类的 API 密度校正

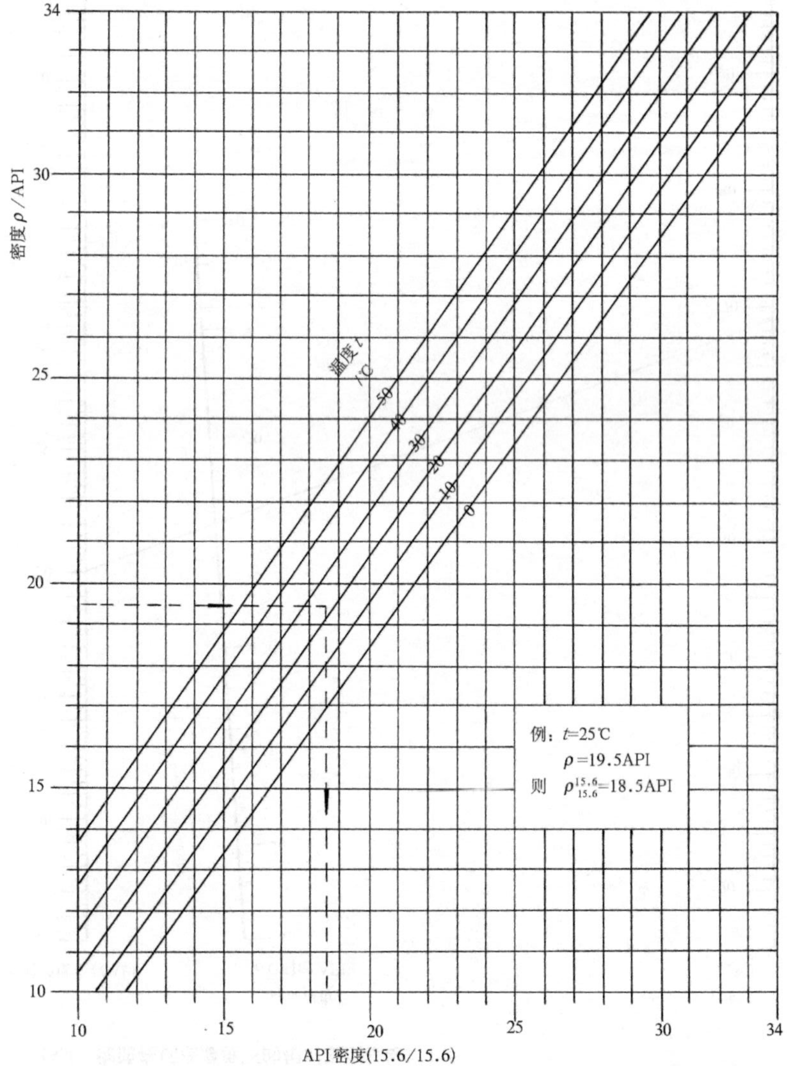

15.7 植物油的表面张力

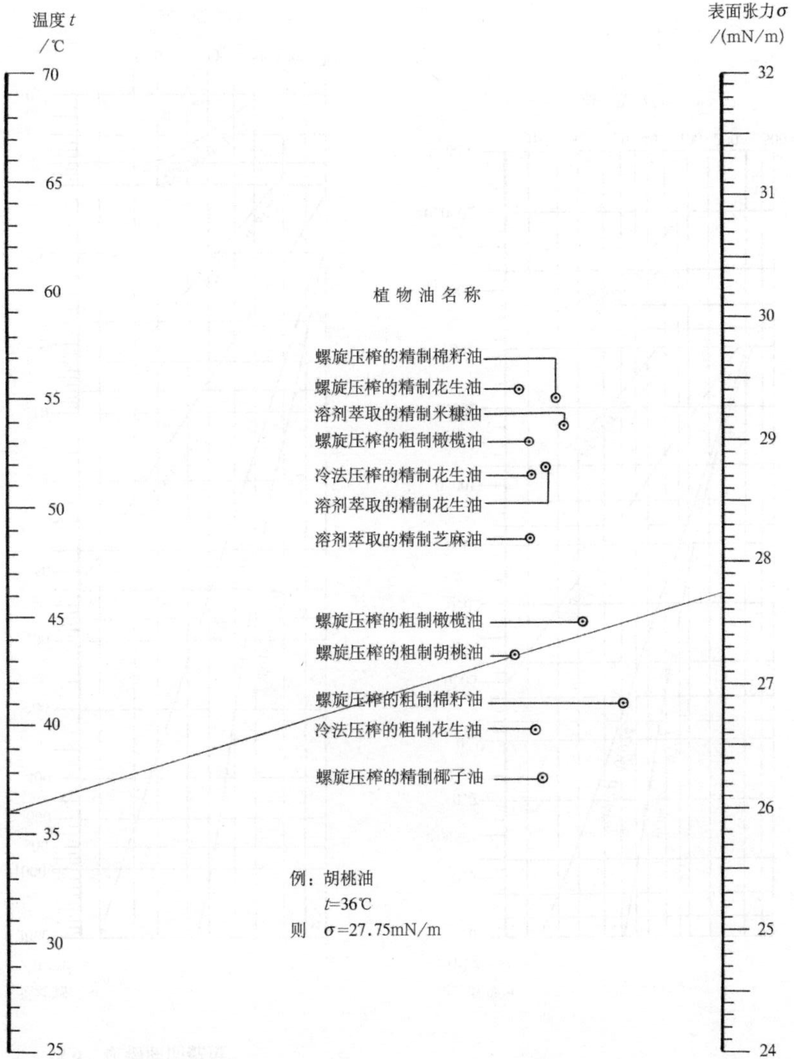

15.8 油类的黏度 - 密度常数

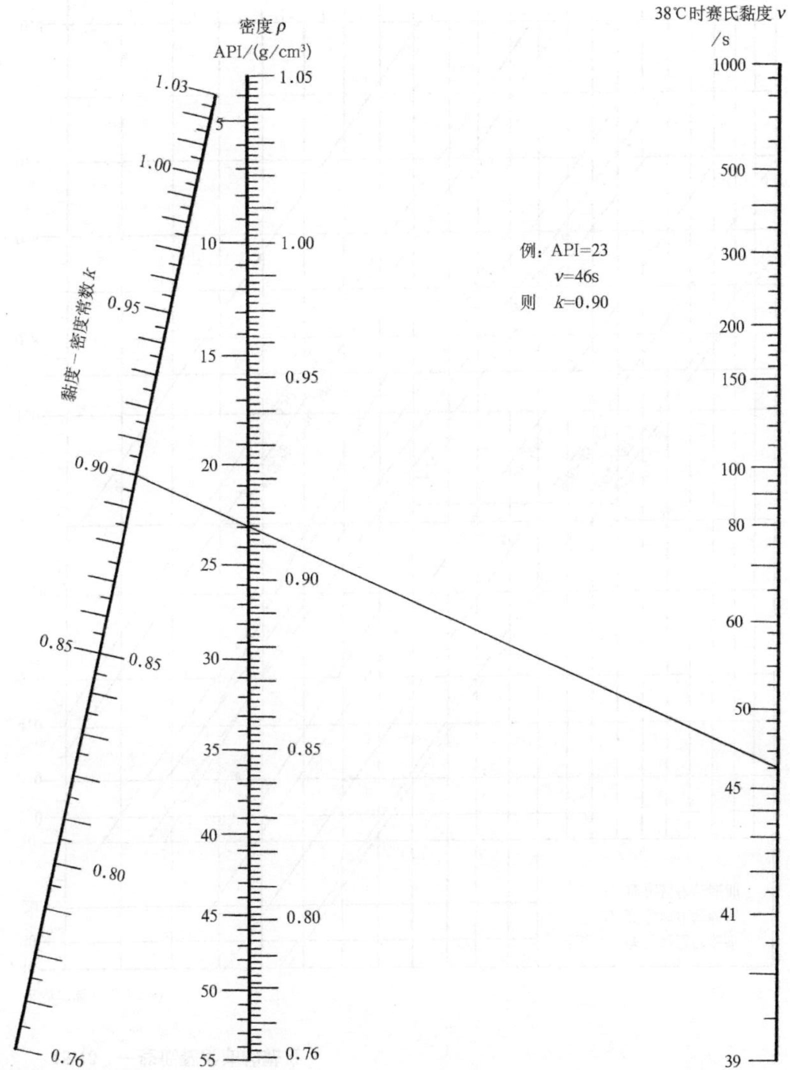

15.9 矿物油的黏度

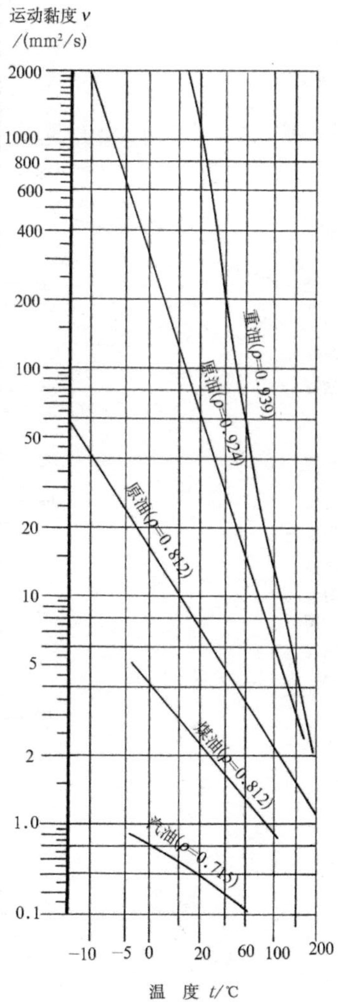

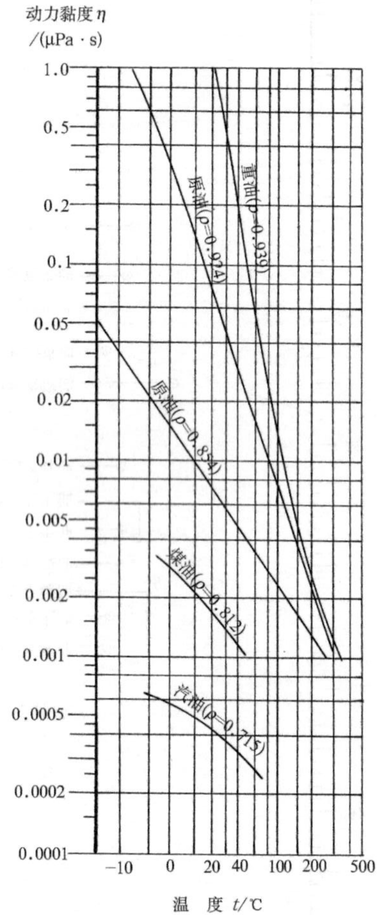

15.10 一些低黏度油的黏度

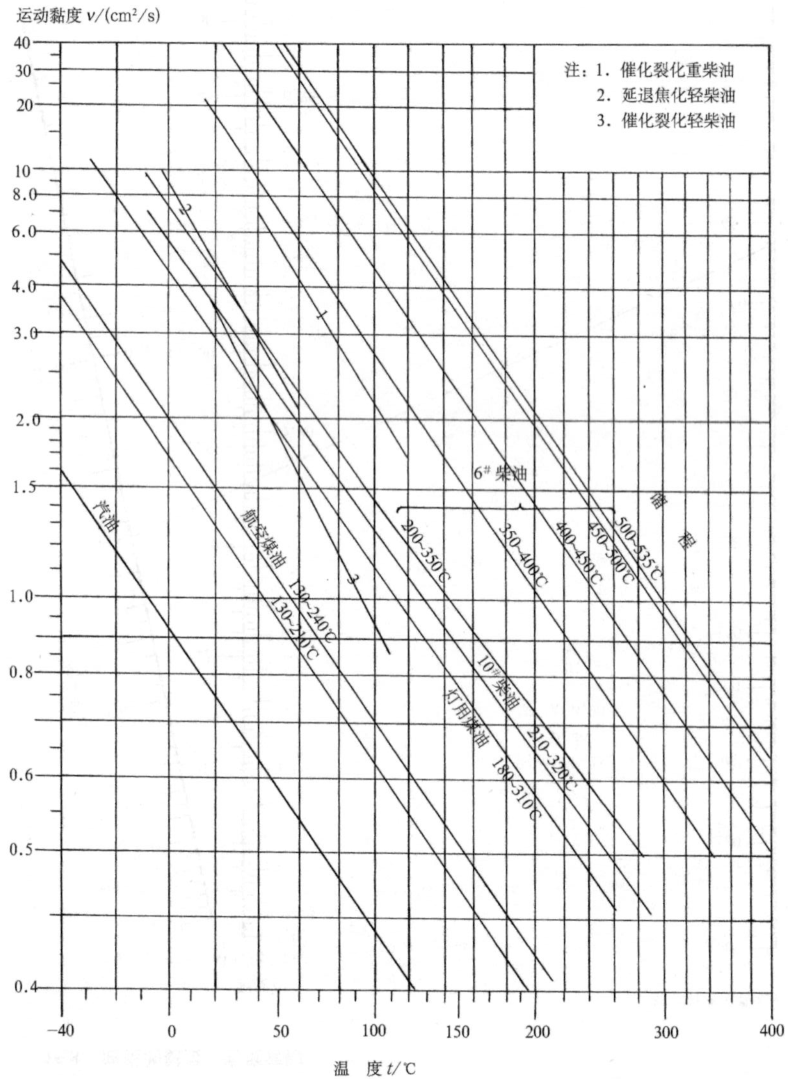

15.11 原油的运动黏度

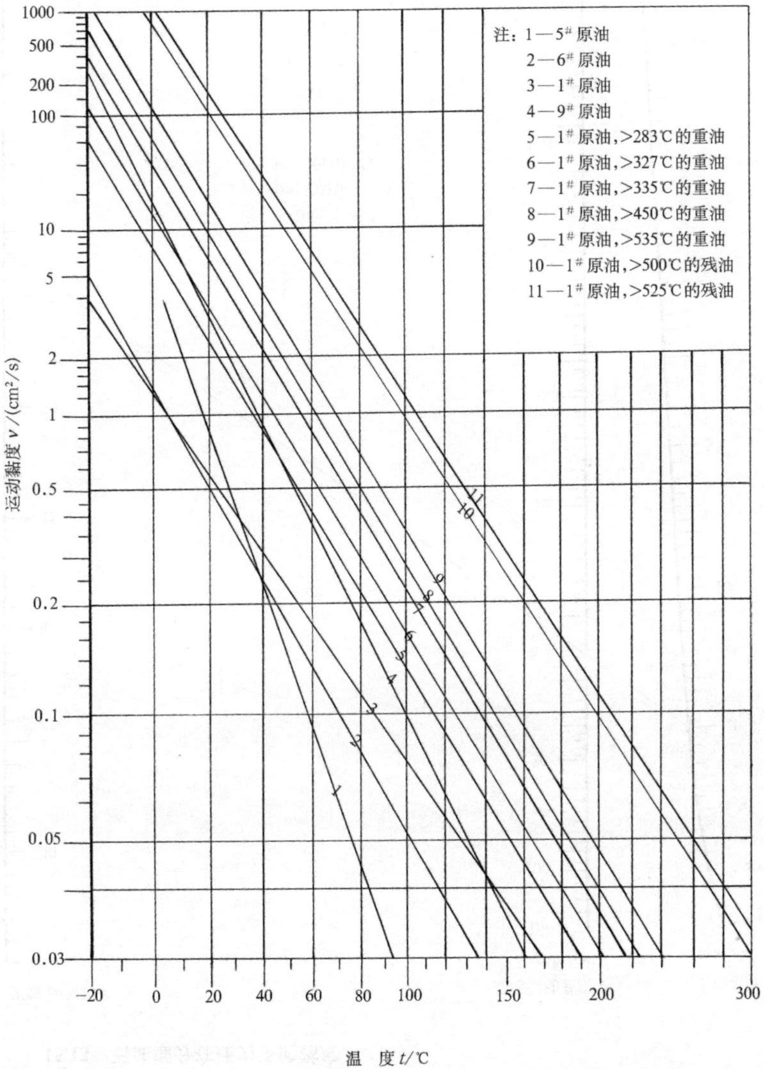

15.12 油液运动黏度和压力的关系

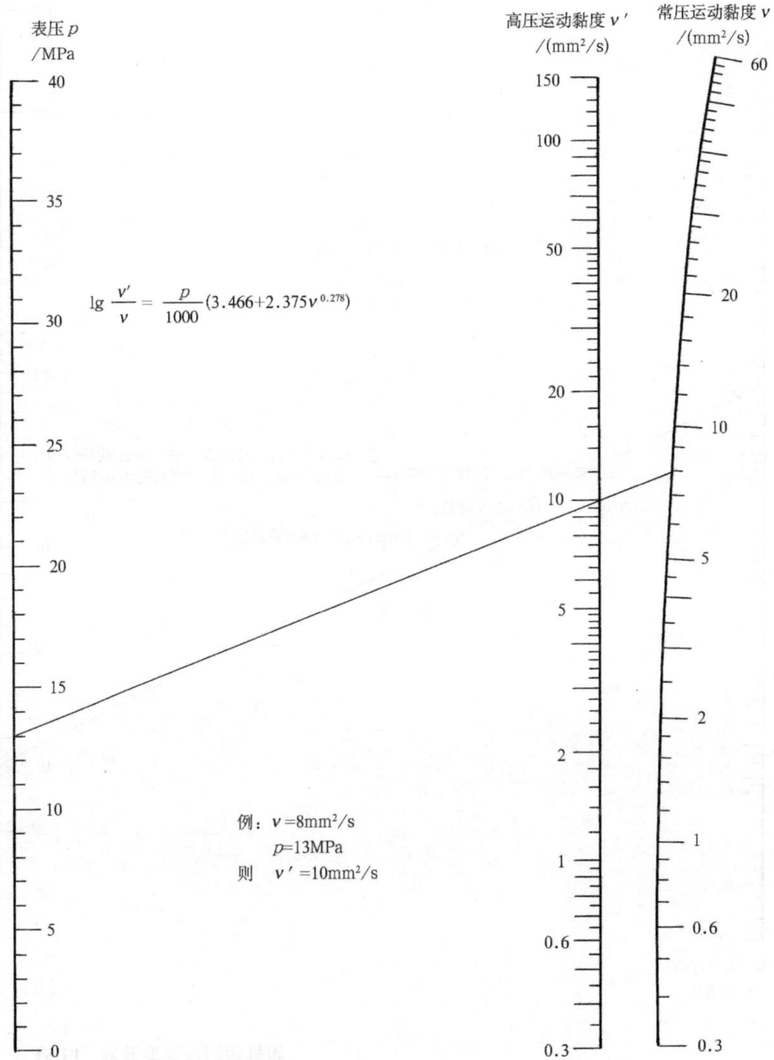

15.13 石油馏分在压力下的黏度

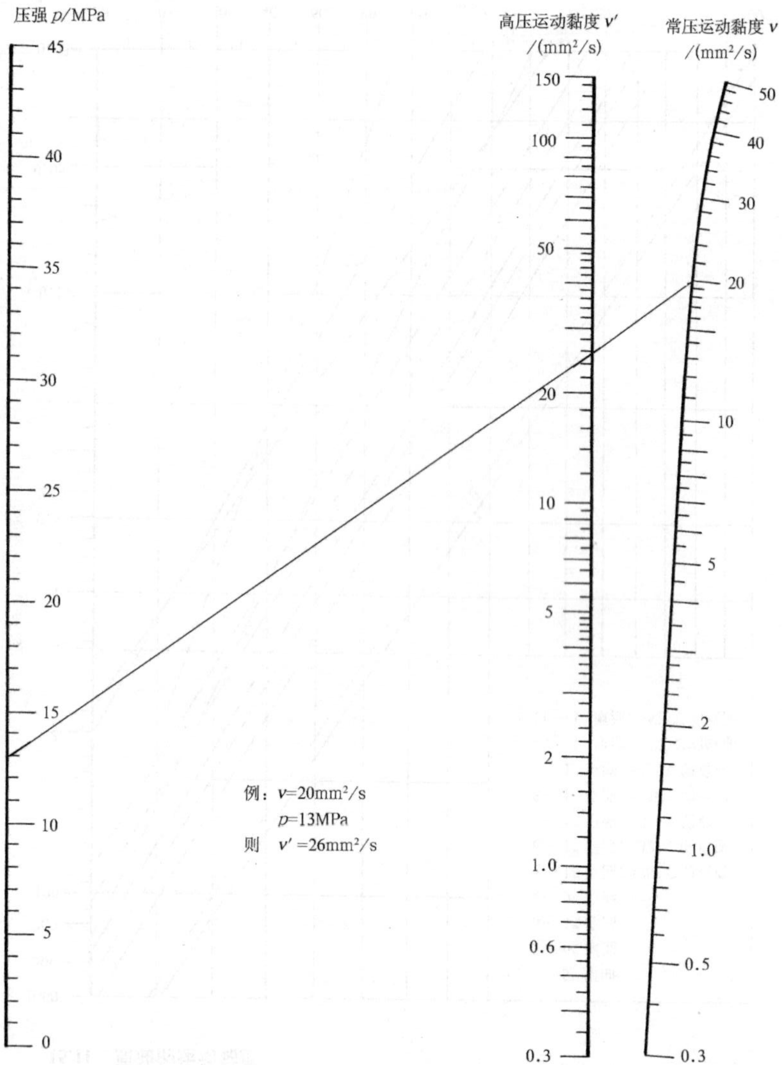

15.14 水在油类中的溶解度

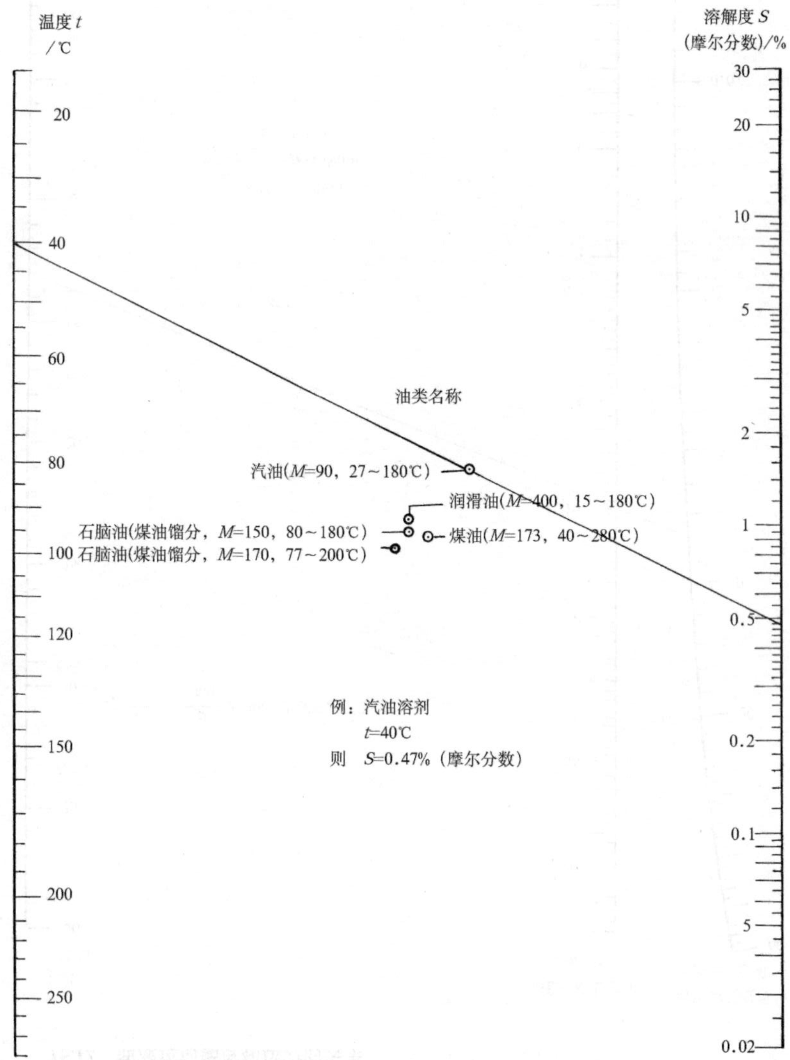

15.15 气体在石油中的溶解度

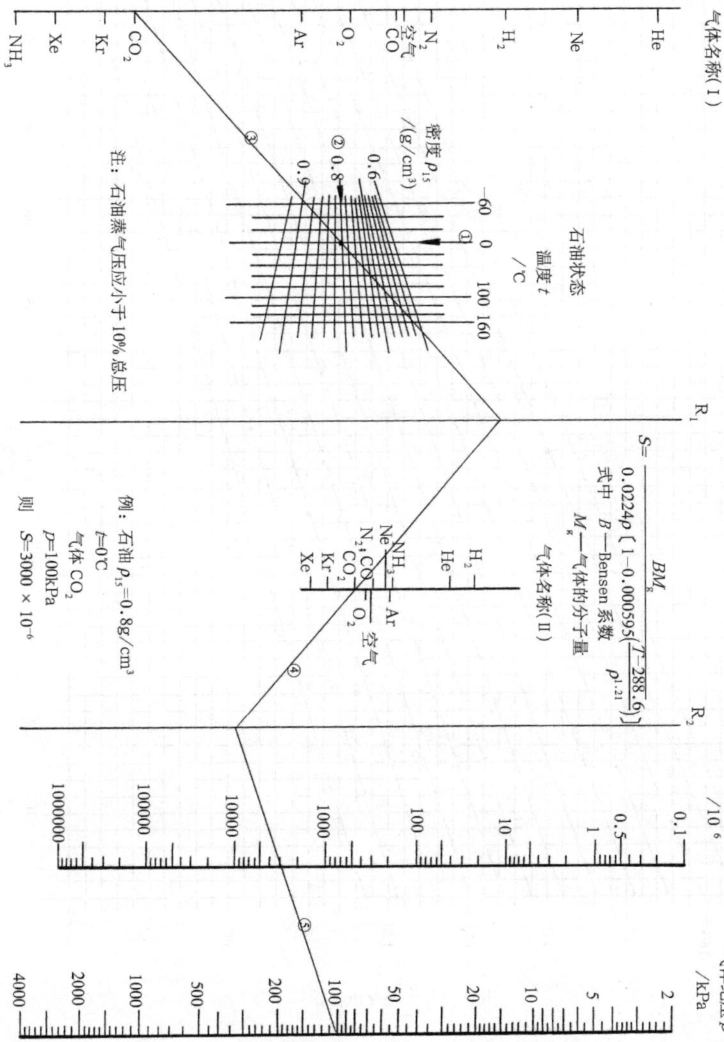

15.16 石蜡在石油中的溶解度

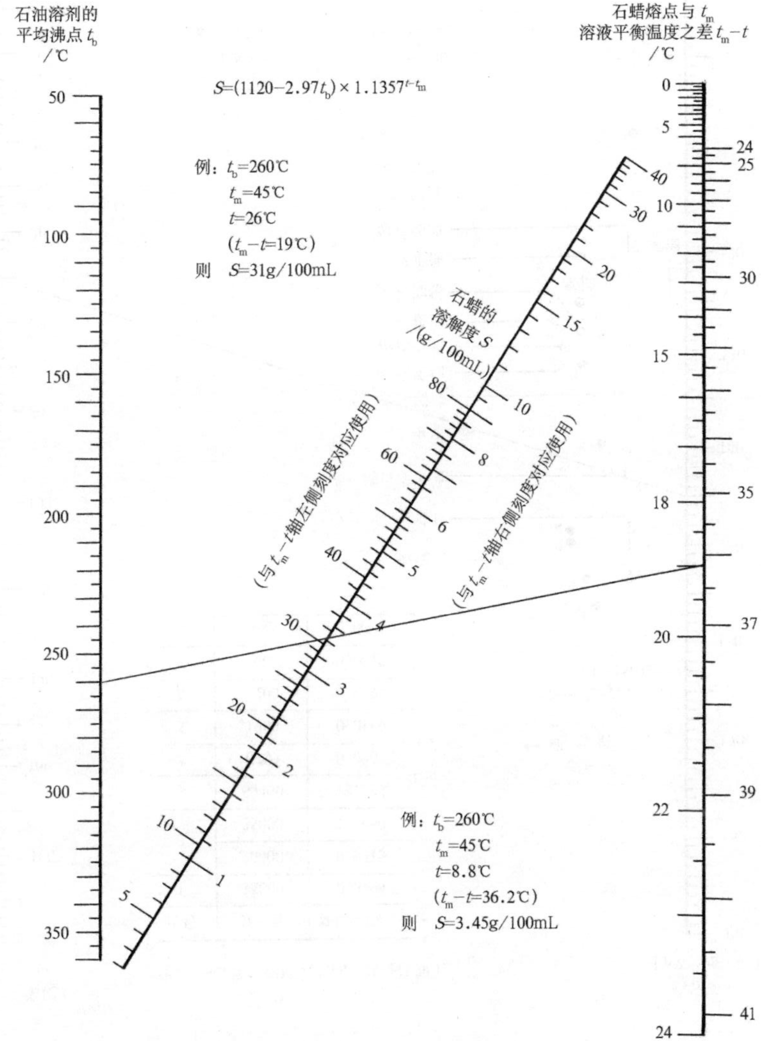

15.17 液态石油产品的热导率（Ⅰ）

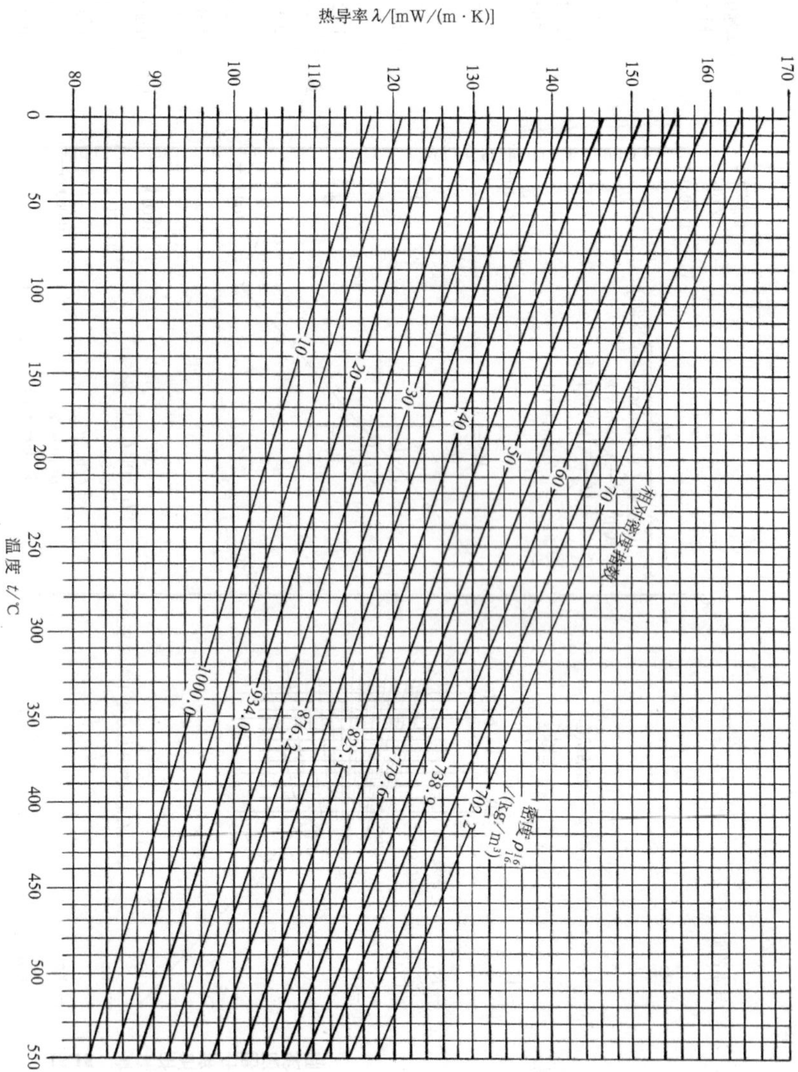

15.18 液态石油产品的热导率（Ⅱ）

代号1～8均为聚硅氧烷油，其特性如下

代号	分子量	黏度/Pa · s
1	15800	0.3394
2	26400	0.9715
	35000	1.9430
3	63400	12.133
4	6700	0.0967
5	1900	0.0189
6	1200	0.0094
7	384	0.0017
8	162	0.0005

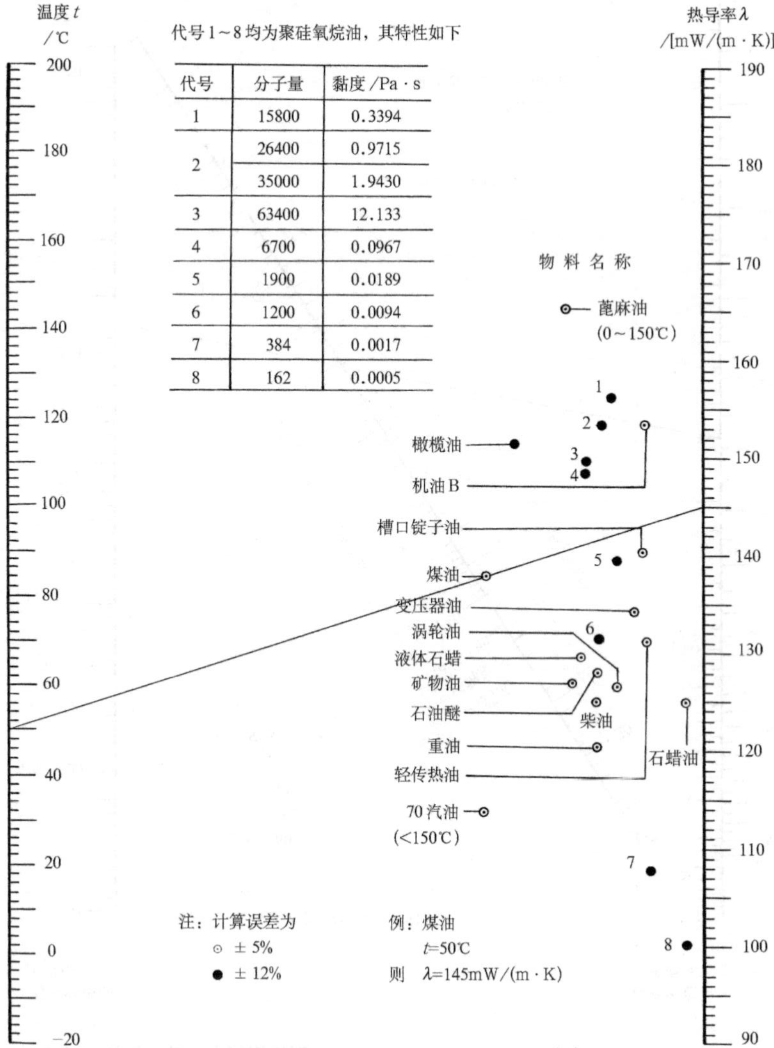

注：计算误差为
⊙ ±5%
● ±12%

例：煤油
t=50℃
则 λ=145mW/(m · K)

15.19 汽油的蒸气压

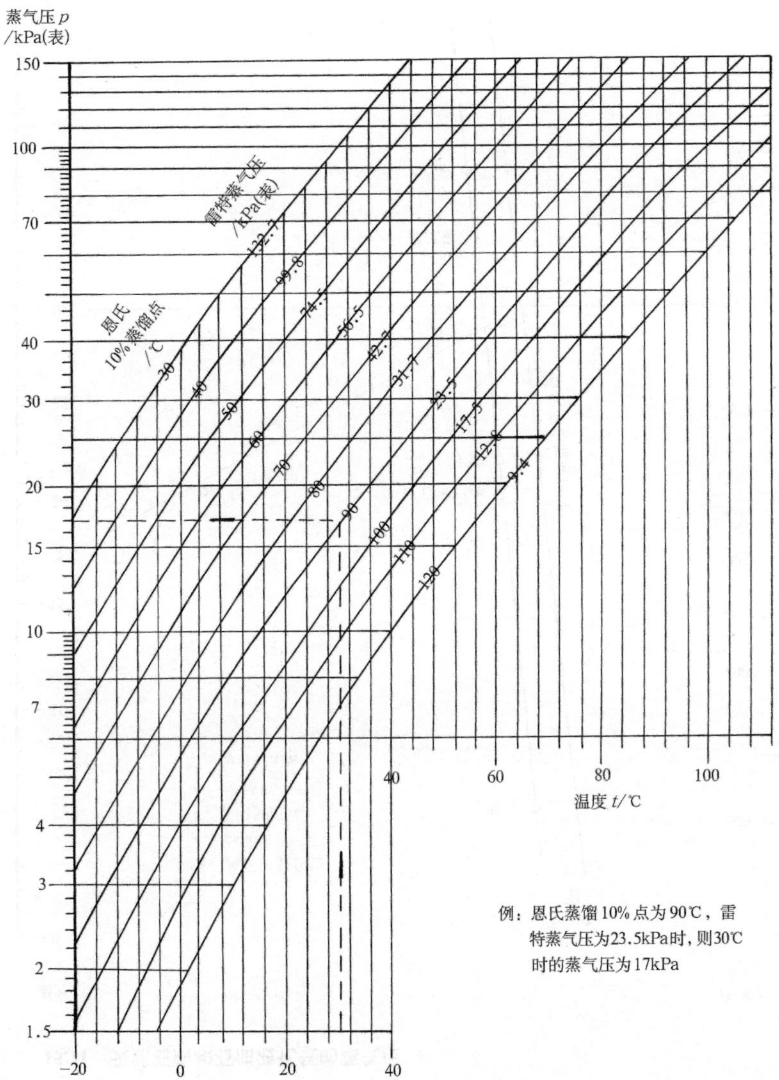

例：恩氏蒸馏 10% 点为 90℃，雷特蒸气压为23.5kPa时，则30℃时的蒸气压为17kPa

15.20 石蜡和石油混合物的蒸气压

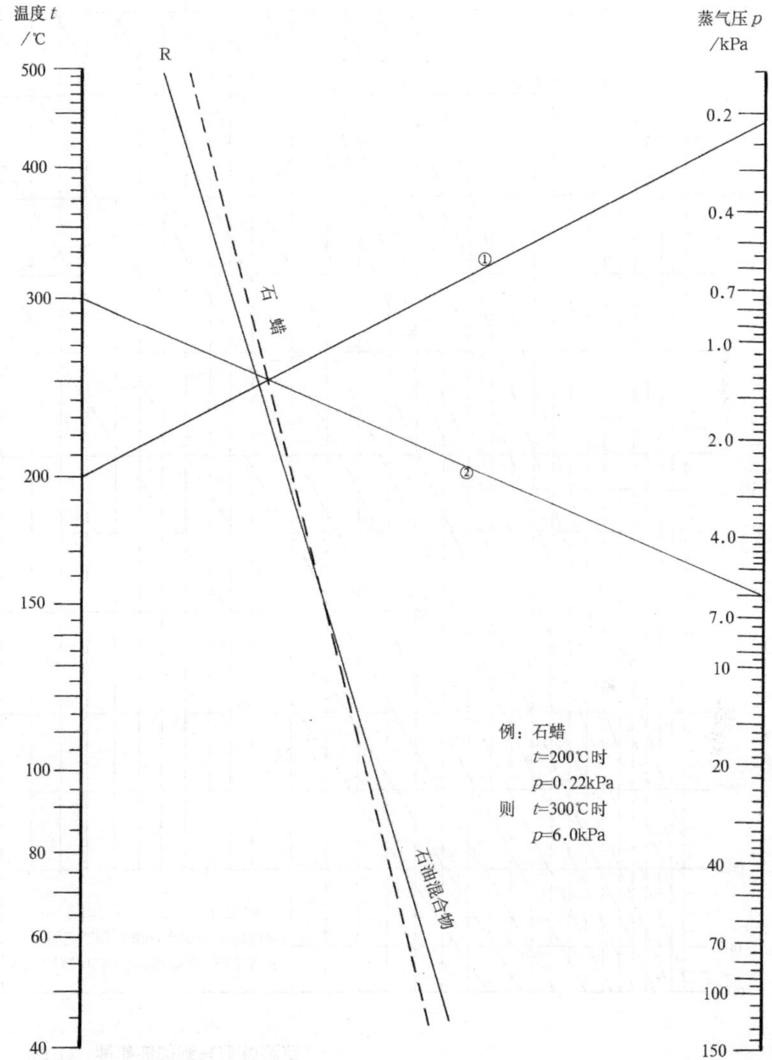

例：石蜡
t=200℃时
p=0.22kPa
则 t=300℃时
p=6.0kPa

15.21 天然石油和石油液化气的蒸气压

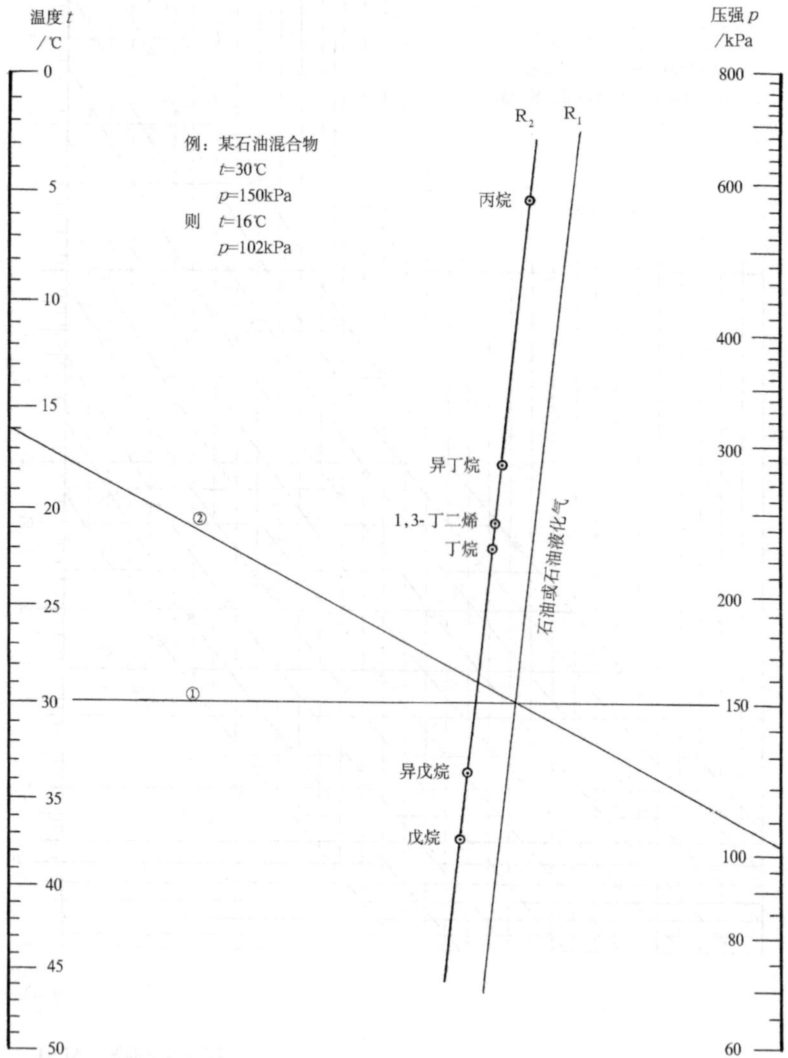

15.22 润滑油的蒸气压和燃点

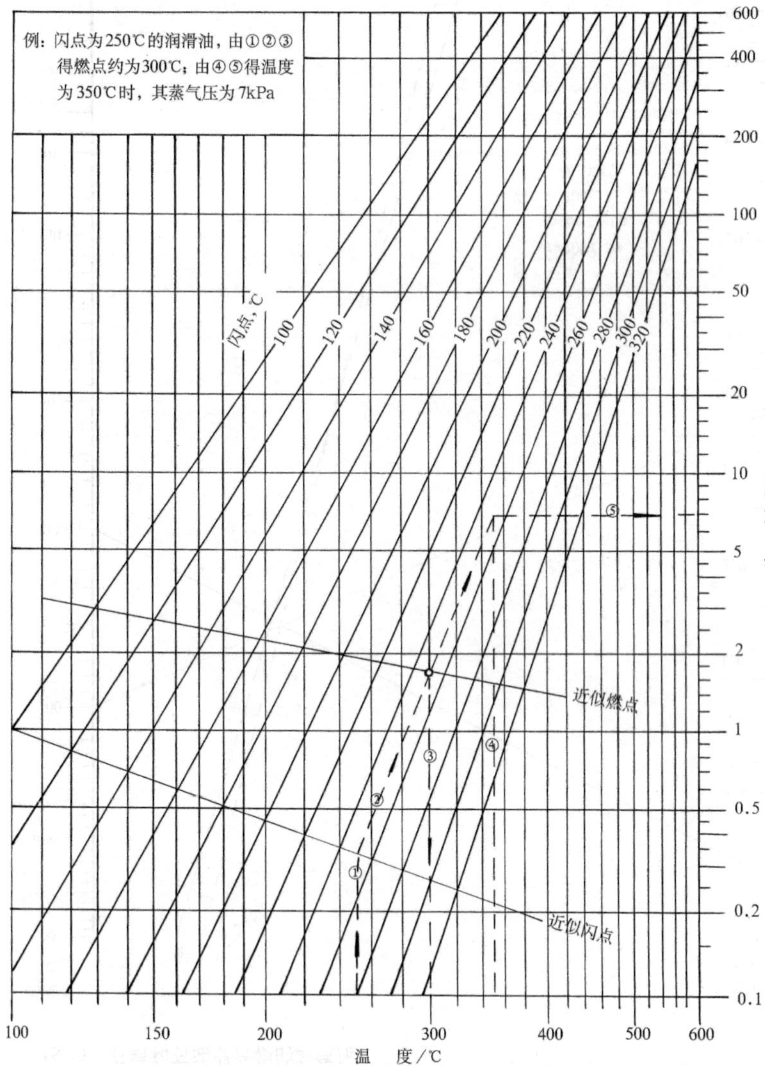

15.23 石油的比热容

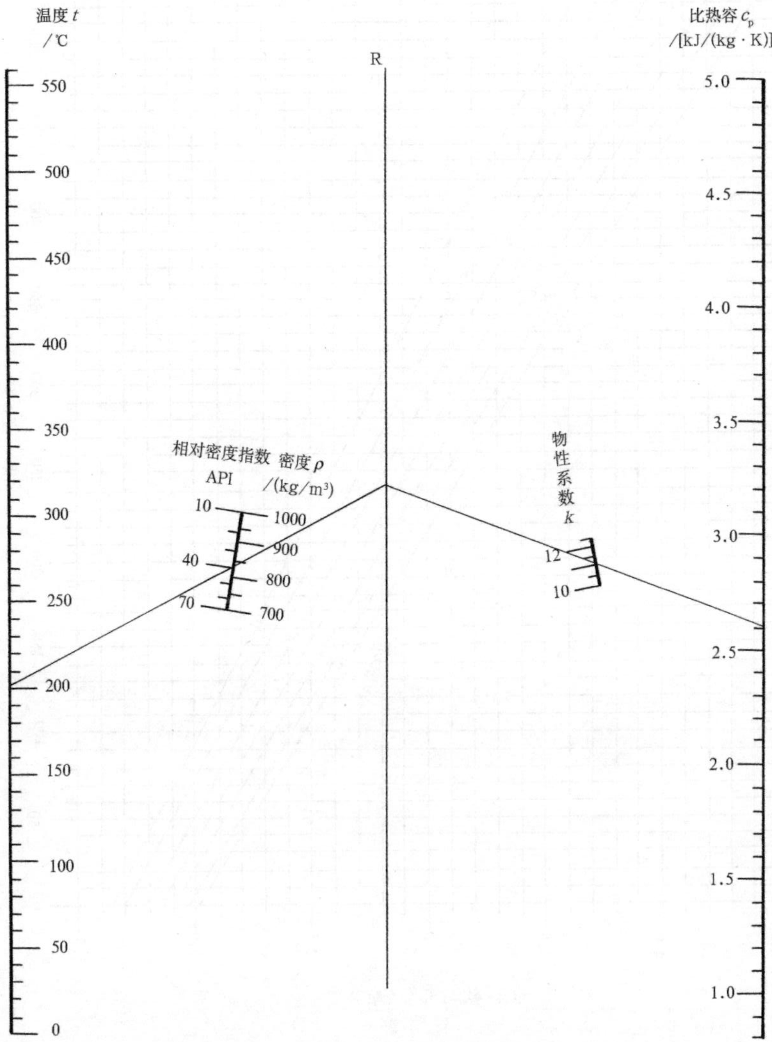

例：t=200℃ API=40 k=11 则 c_p=2.61kJ/(kg · K)

15.24 石油混合液体的比热容

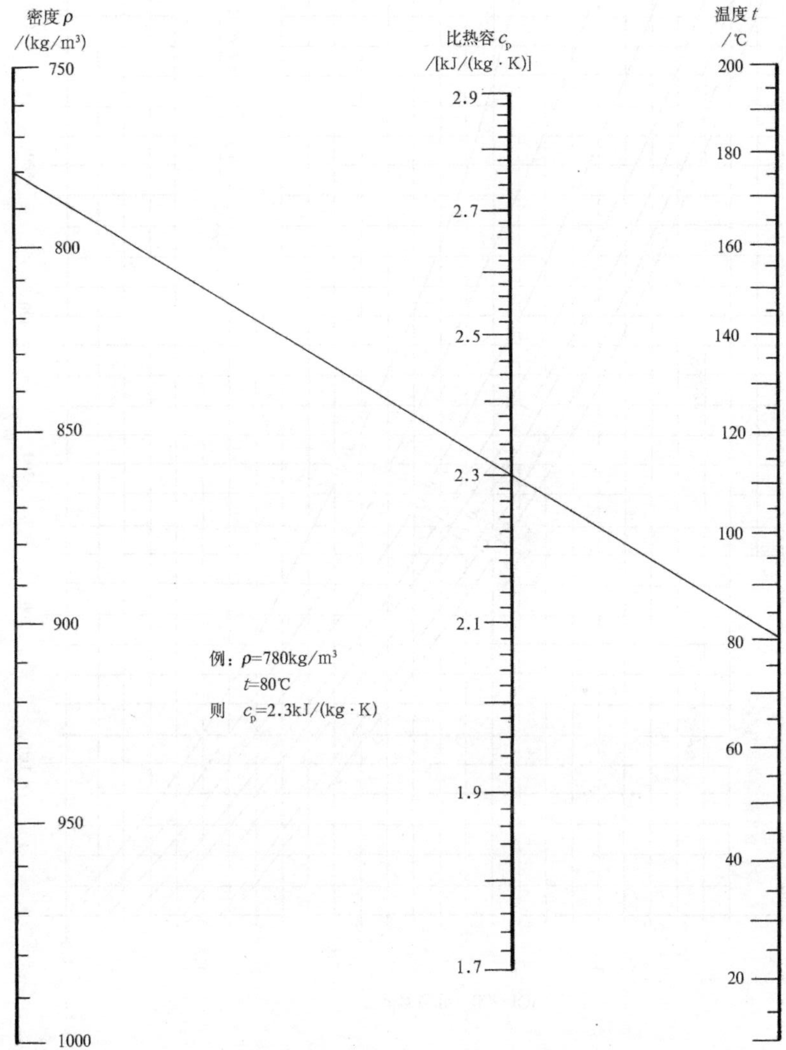

例：ρ=780kg/m³
t=80℃
则 c_p=2.3kJ/(kg · K)

15.26　石油蒸气在常压下的比热容

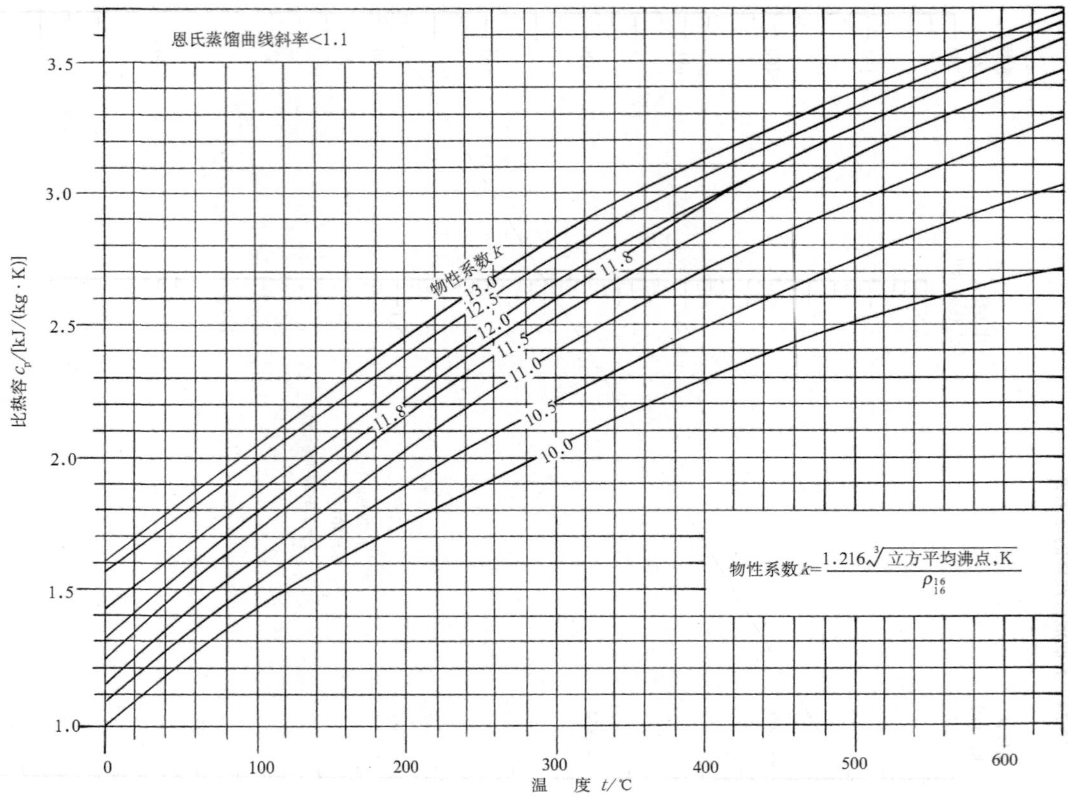

15.25　石油馏分液体的比热容

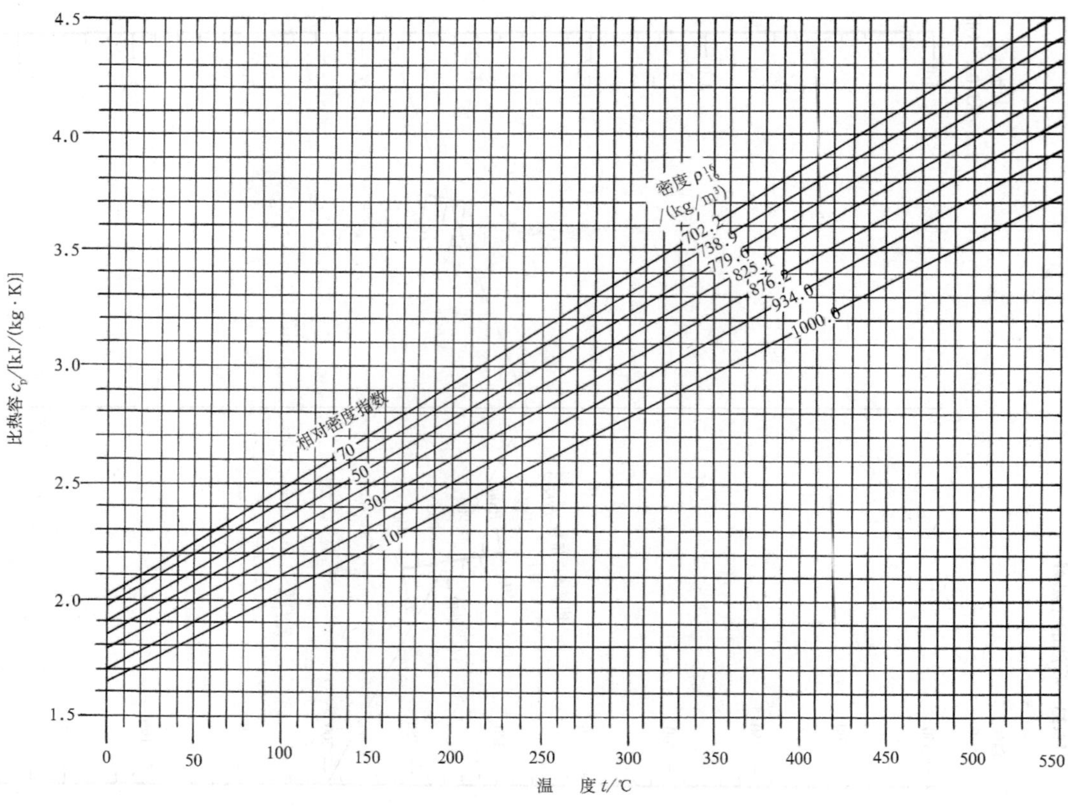

15.27 石油馏分的普朗特数

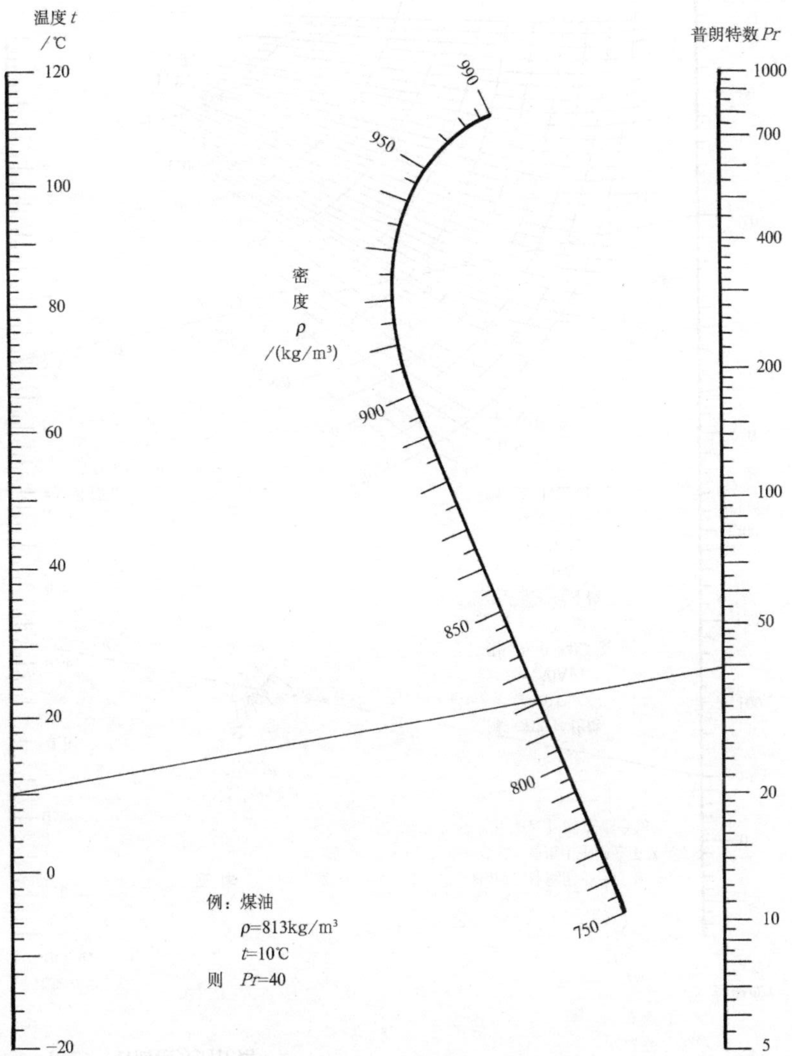

15.28 饱和油的普朗特数

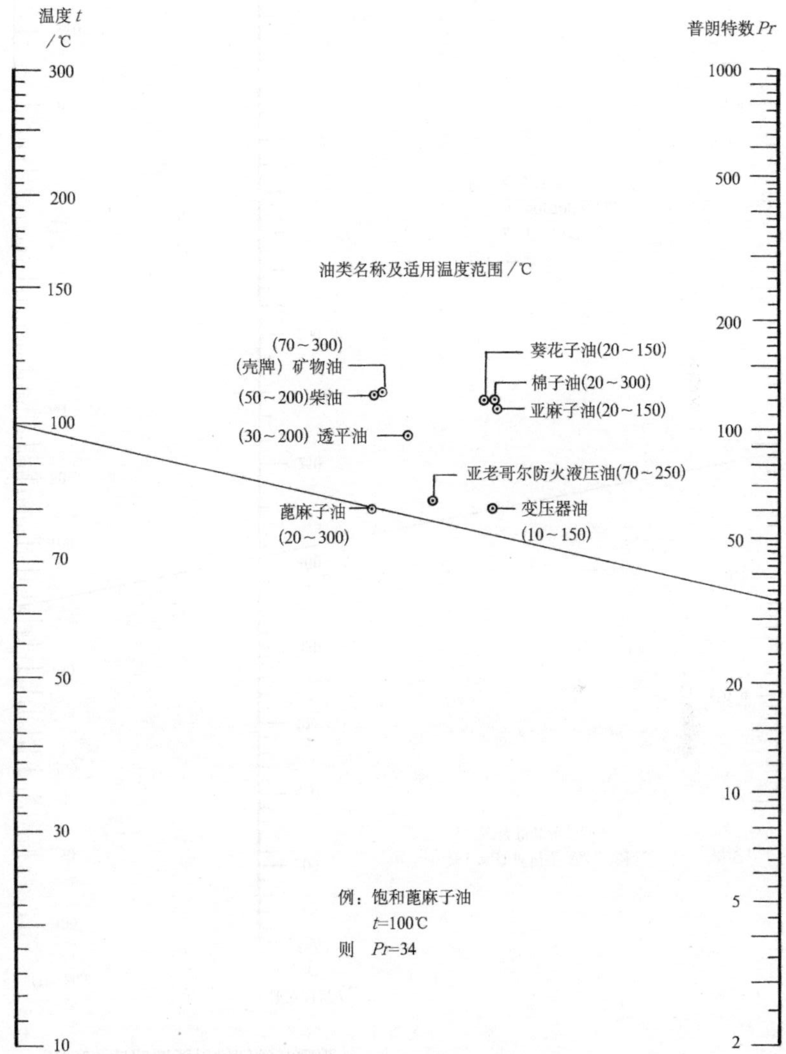

15.29 石油组分的比焓

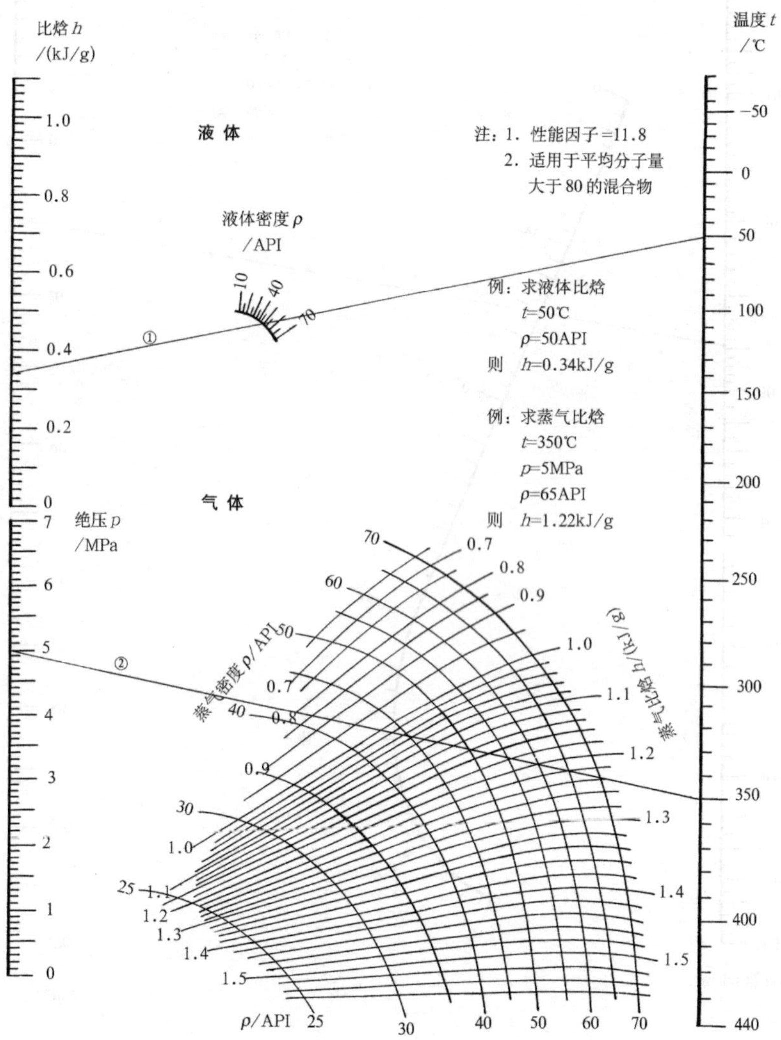

15.30 石油油类物料的临界温度

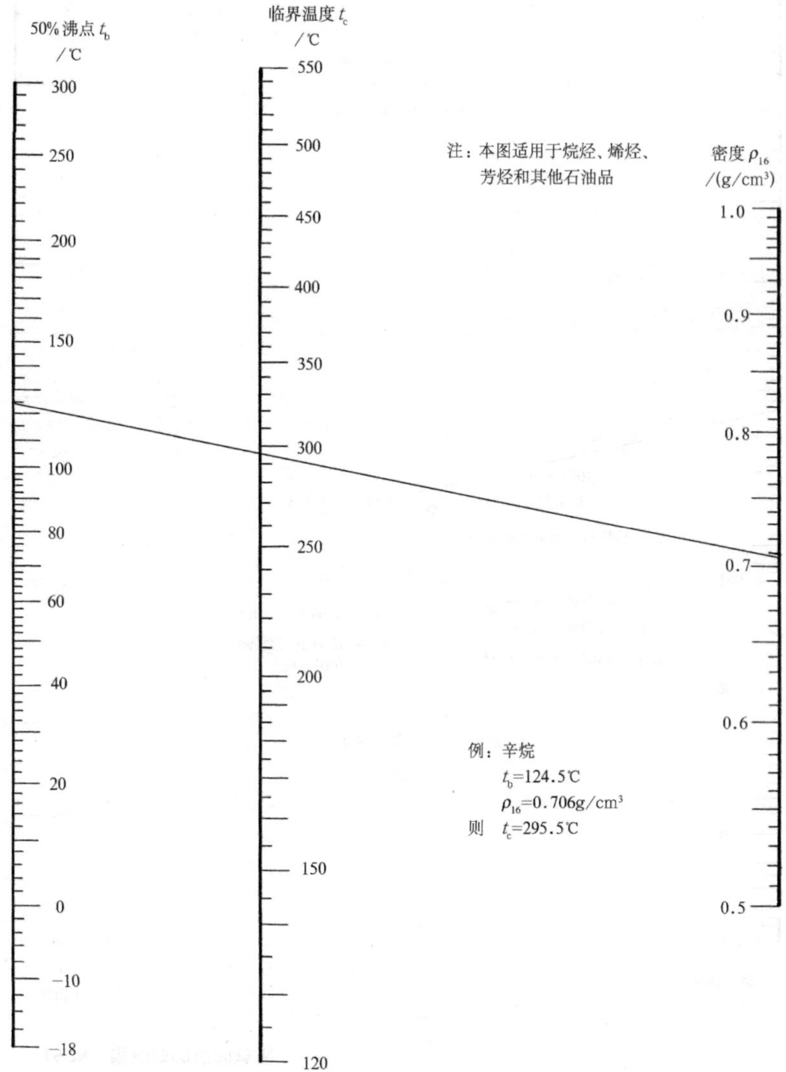

15.32 汽油辛烷值的估算

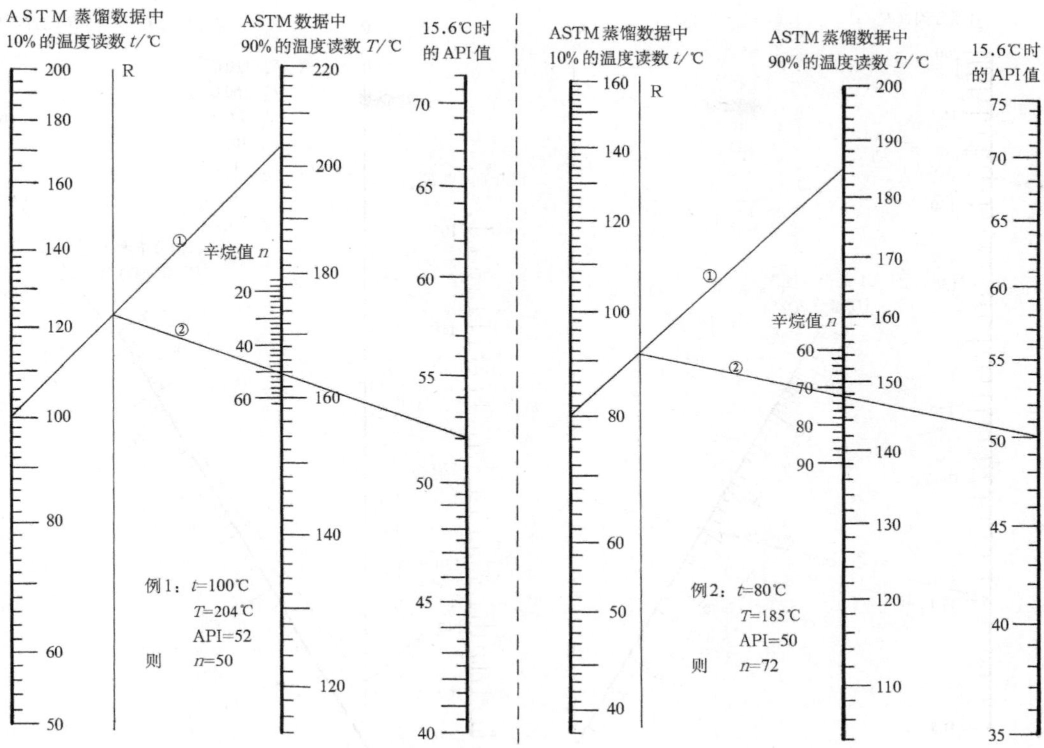

注：n为用CFR发动机测定的辛烷值。

15.31 润滑油的平均分子量

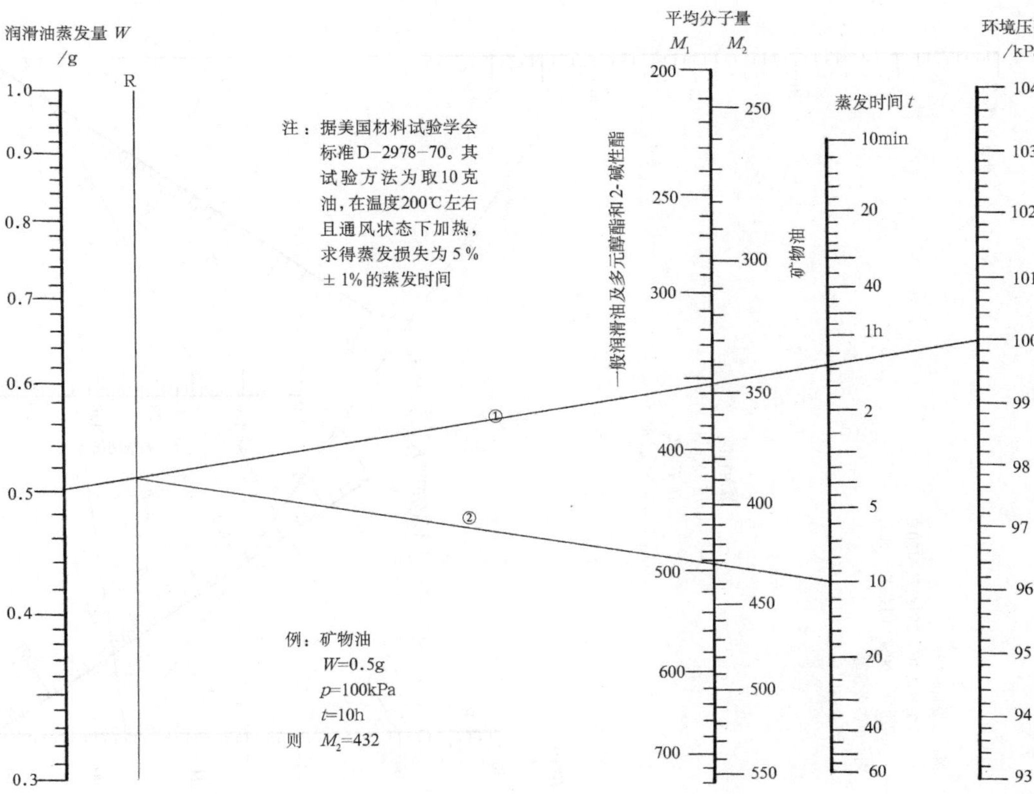

15.33 二元油类混合物的闪点（Ⅰ）

例：某混合物中
A组分占40%　闪点F_A=120℃
B组分占60%　闪点F_B=160℃
则　由①②③得
混合物闪点F_{mix}=135.3℃

算图轴组
① R_1−F_A−A
② B−F_B−R_2
③ R_1−F_{mix}−R_2

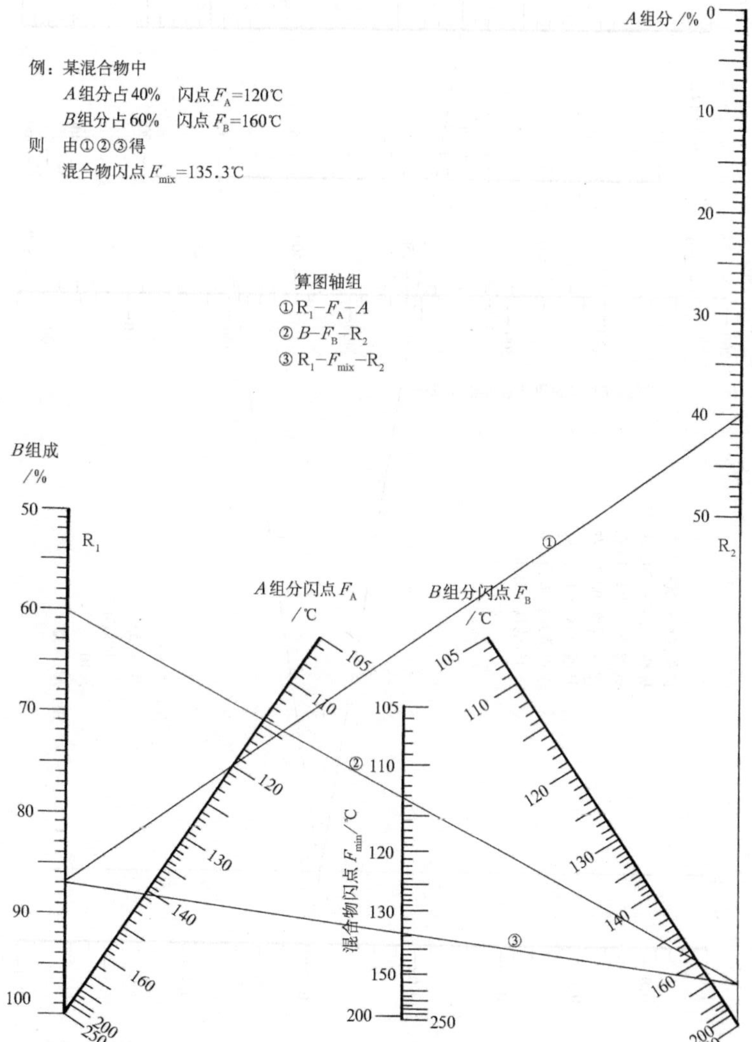

15.34 二元油类混合物的闪点（Ⅱ）

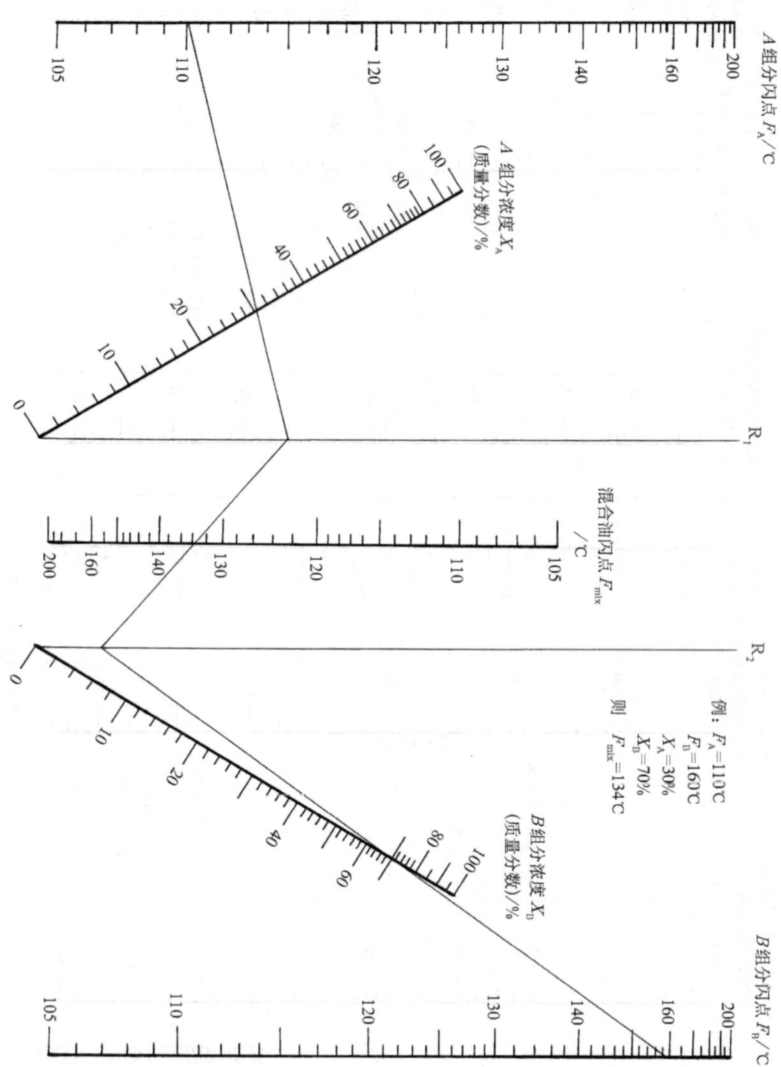

15.35 燃料的闪点

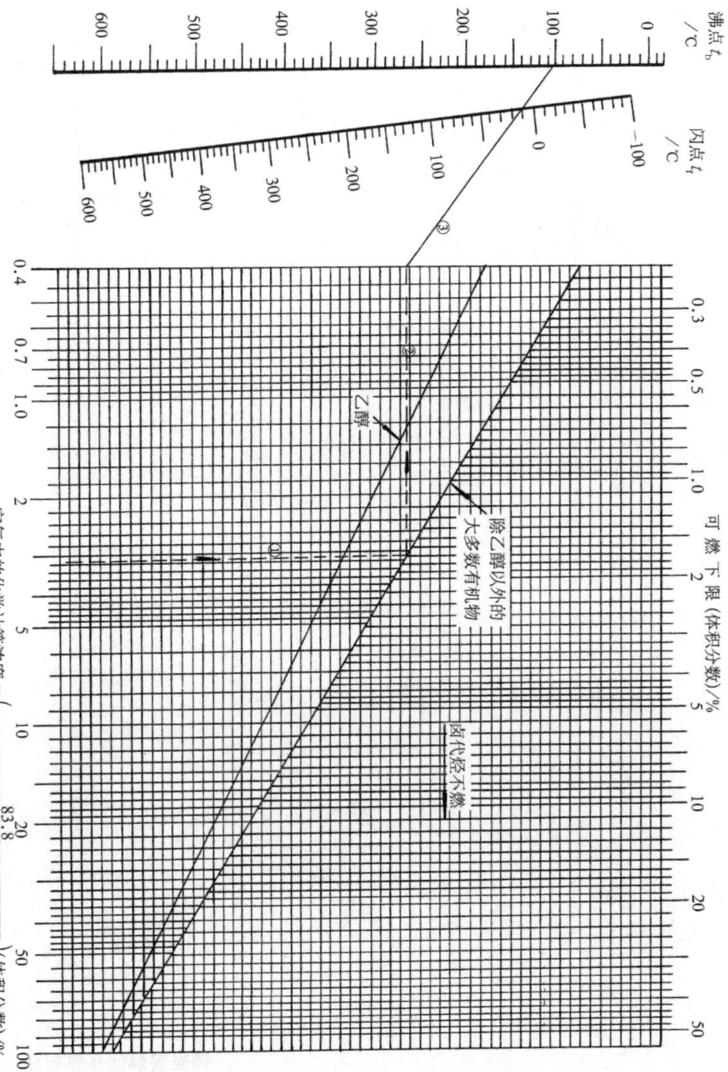

例：丁酸甲酯分子式 $CH_3COOCH_2CH_2CH_3$，含 5 个 C，2 个 O，无 S 和卤素，t_b=101.7℃

则 $x_{st}=\frac{83.8}{4\times5+4\times0+10-0-2\times2+0.84}$=3.12%（体积），故由图可得 t_f=10℃(实测 14℃)

15.36 渣油和沥青的针入度和运动黏度

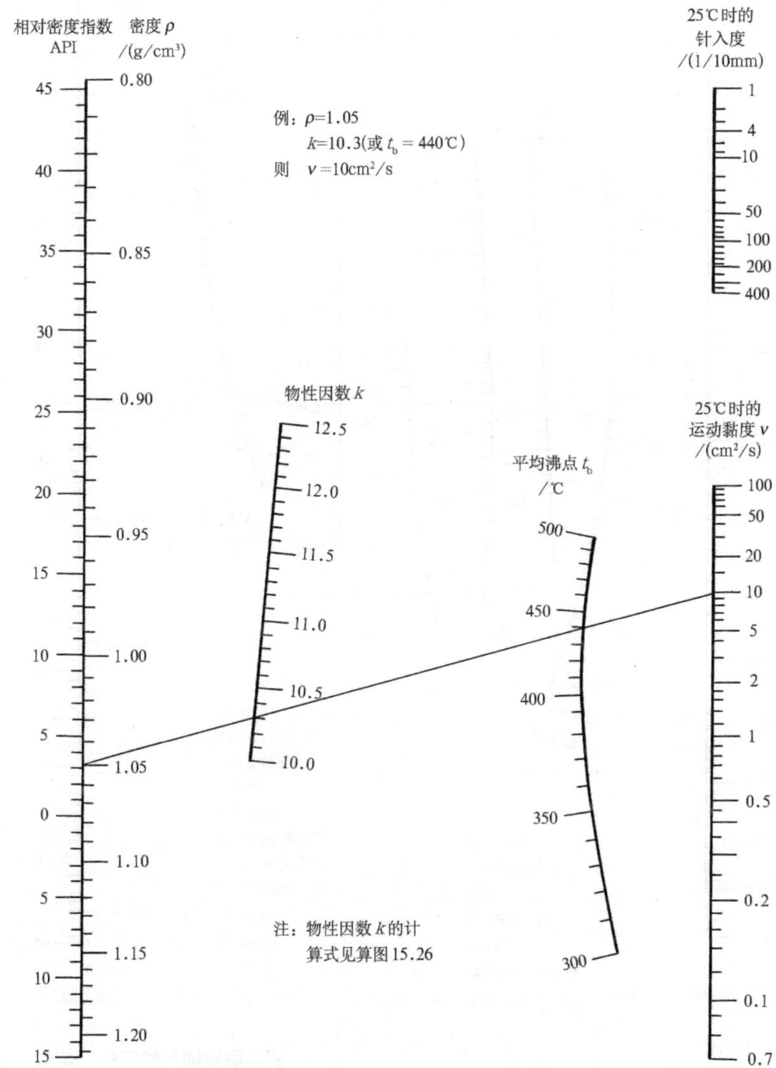

例：ρ=1.05

k=10.3(或 t_b = 440℃)

则 ν =10cm²/s

注：物性因数 k 的计算式见算图 15.26

15.37 石油馏分的特性系数

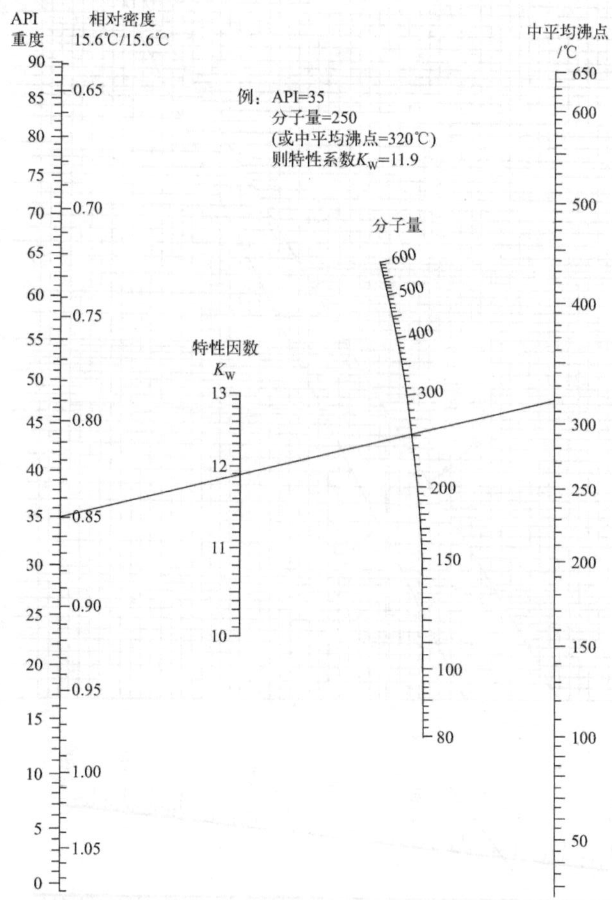

15.38 石油馏分的物理性质

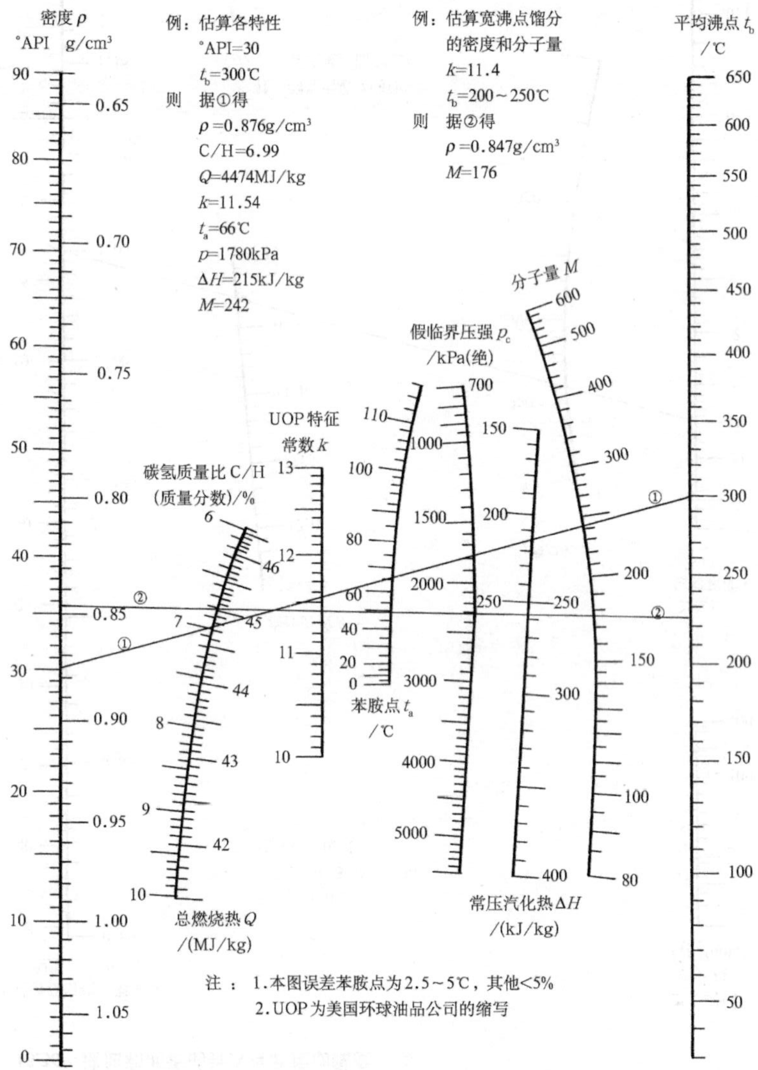

注： 1.本图误差苯胺点为2.5～5℃，其他<5%

2.UOP 为美国环球油品公司的缩写

15.39 石油馏分的临界压力

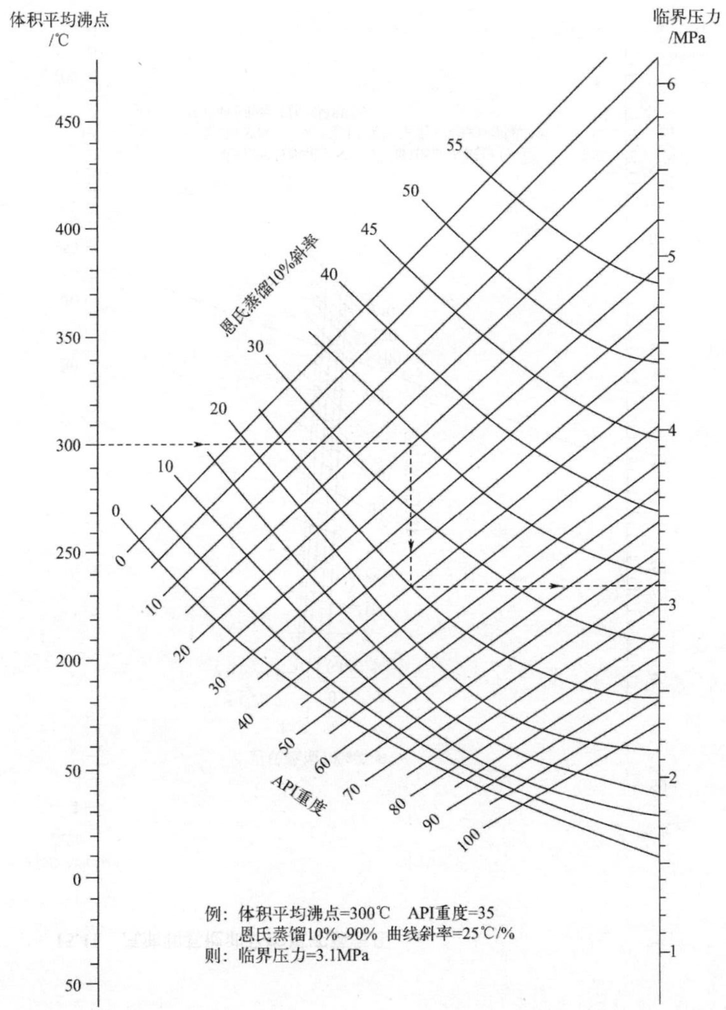

15.40 原油的真实蒸气压

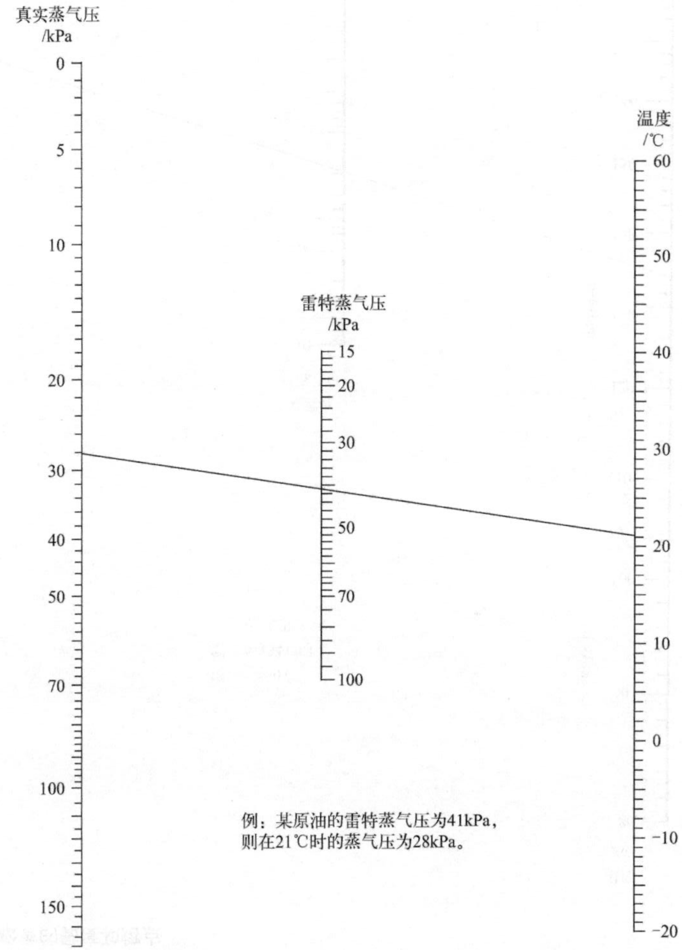

15.41 汽油和其他油品的真实蒸气压

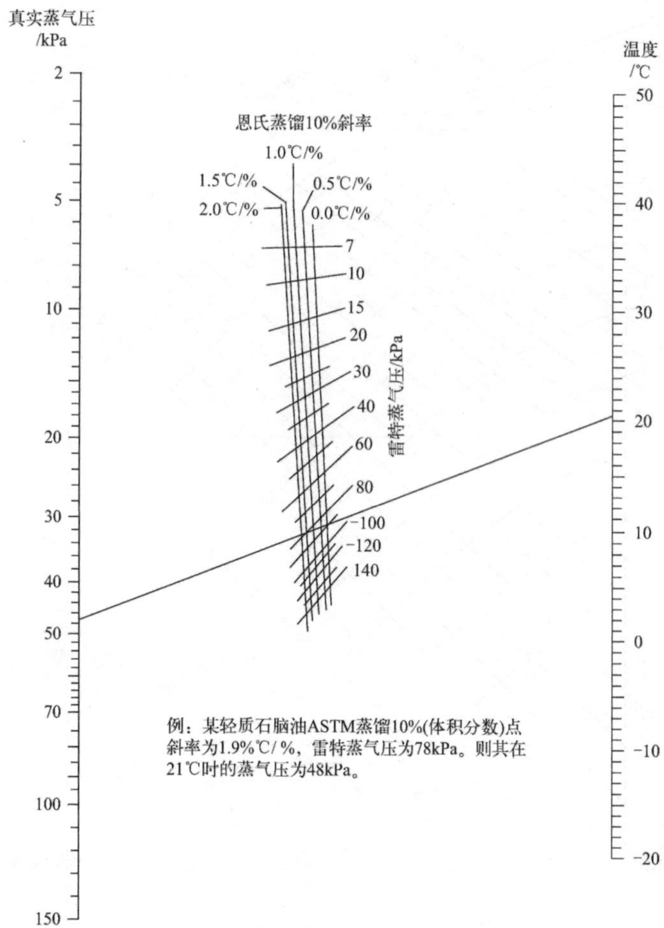

第 16 章

16.1 松香的黏度和熔点

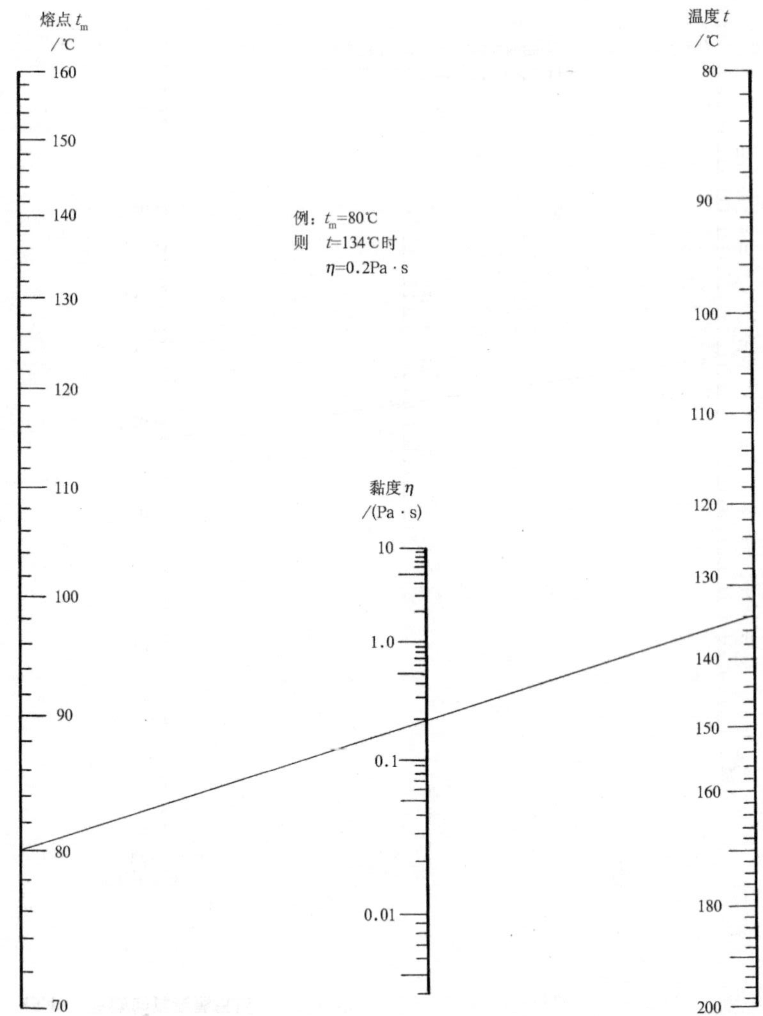

16.2 糖液温度和蔗糖的溶解度

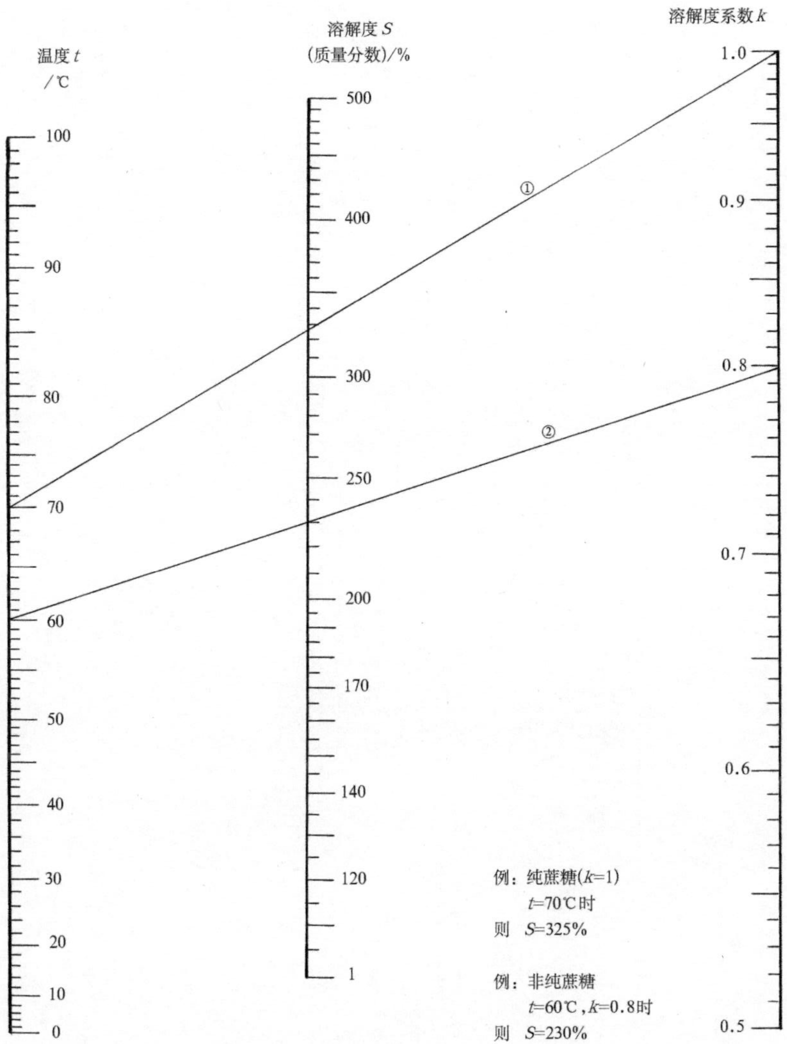

16.3 石蜡混合物和二硫化碳的蒸气压

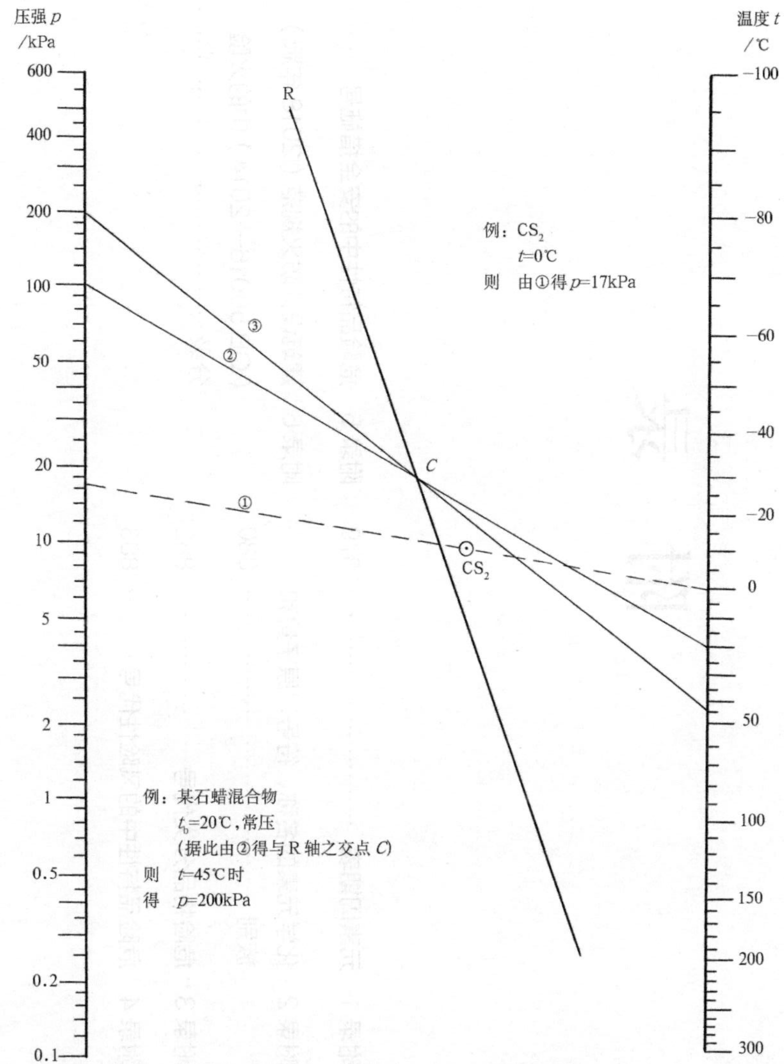

附　录

附录1　元素周期表

原子序数：43；元素符号：Tc；放射性元素：※；元素中文名称：锝；元素英文名称：technetium；人造元素：△；惯用原子量：97.907

1	2	3	4	5	6	7	8	9	10	11	12	13	14	15	16	17	18
1 H 氢 hydrogen 1.0079																	2 He 氦 helium 4.0026
3 Li 锂 lithium 6.9410	4 Be 铍 beryllium 9.0122											5 B 硼 boron 10.811	6 C 碳 carbon 12.011	7 N 氮 nitrogen 14.007	8 O 氧 oxygen 15.900	9 F 氟 fluorine 18.998	10 Ne 氖 neon 20.180
11 Na 钠 sodium 22.990	12 Mg 镁 magnesium 24.305											13 Al 铝 aluminium 26.982	14 Si 硅 silicon 28.086	15 P 磷 phosphorus 30.974	16 S 硫 sulfur 32.066	17 Cl 氯 chlorine 36.45	18 Ar 氩 argon 39.95
19 K 钾 potassium 39.098	20 Ca 钙 calcium 40.078	21 Sc 钪 scandium 44.956	22 Ti 钛 titanium 47.867	23 V 钒 vanadium 50.942	24 Cr 铬 chromium 51.996	25 Mn 锰 manganese 54.938	26 Fe 铁 iron 55.845	27 Co 钴 cobalt 58.933	28 Ni 镍 nickel 58.693	29 Cu 铜 copper 63.546	30 Zn 锌 zinc 65.38	31 Ga 镓 gallium 69.723	32 Ge 锗 germanium 72.630	33 As 砷 arsenic 74.922	34 Se 硒 selenium 78.971	35 Br 溴 bromine 79.904	36 Kr 氪 krypton 83.798
37 Rb 铷 rubidium 85.458	38 Sr 锶 strontium 87.62	39 Y 钇 yttrium 88.906	40 Zr 锆 zirconium 91.224	41 Nb 铌 niobium 92.906	42 Mo 钼 molybdenum 95.98	43 Tc ※锝 technetium △ 97.907	44 Ru 钌 ruthenium 101.07	45 Rh 铑 rhodium 102.91	46 Pd 钯 palladium 106.42	47 Ag 银 silver 107.87	48 Cd 镉 cadmium 112.41	49 In 铟 indium 114.82	50 Sn 锡 tin 118.71	51 Sb 锑 antimony 121.76	52 Te 碲 tellurium 127.60	53 I 碘 iodine 126.90	54 Xe 氙 xenon 131.29
55 Cs 铯 caesium 132.91	56 Ba 钡 barium 137.33	57-71 镧系 lanthanoids	72 Hf 铪 hafnium 178.49	73 Ta 钽 tantalum 180.95	74 W 钨 tungsten 183.84	75 Re 铼 rhenium 186.21	76 Os 锇 osmium 190.23(3)	77 Ir 铱 iridium 192.22	78 Pt 铂 platinum 195.08	79 Au 金 gold 196.97	80 Hg 汞 mercury 200.59	81 Tl 铊 thallium 204.38	82 Pb 铅 lead 207.2	83 Bi 铋 bismuth 208.98	84 Po ※钋 polonium 208.98	85 At ※砹 astatine 209.99	86 Rn ※氡 radon 222.02
87 Fr ※钫 francium 223.02	88 Ra ※镭 radium 226.03	89-103 ※锕系 actinoids	104 Rf ※𬬻 rutherfordium △ 261.11	105 Db ※𬭊 dubnium △ 262.11	106 Sg ※𬭳 seaborgium △ 263.12	107 Bh ※𬭛 bohrium △ 264.12	108 Hs ※𬭶 hassium △ 265.13	109 Mt ※鿏 meitnerium △ (268)	110 Ds ※𫟼 darmstadtium △ (271)	111 Rg ※𬬭 roentgenium △ (272)	112 Cn ※鿔 copernicium △ (277)	113 Nh ※鿭 nihonium △ (284)	114 Fl ※𫓧 flerovium △ (289)	115 Mc ※镆 moscovium △ (288)	116 Lv ※𫟷 livermorium △ (269)	117 Ts ※鿬 tennessine △	118 Og ※鿫 oganesson △

57 La 镧 lanthanum 138.91	58 Ce 铈 cerium 140.12	59 Pr 镨 praseodymium 140.91	60 Nd 钕 neodymium 144.24	61 Pm ※钷 promethium 144.91	62 Sm 钐 samarium 150.36	63 Eu 铕 europium 151.96	64 Gd 钆 gadolinium 157.25	65 Tb 铽 terbium 158.93	66 Dy 镝 dysprosium 162.50	67 Ho 钬 holmium 164.93	68 Er 铒 erbium 167.26	69 Tm 铥 thulium 168.93	70 Yb 镱 ytterbium 173.05	71 Lu 镥 lutetium 174.97
89 Ac ※锕 actinium (227)	90 Th ※钍 thorium 232.04	91 Pa ※镤 protactinium 231.04	92 U ※铀 uranium 238.03	93 Np ※镎 neptunium 237.05	94 Pu ※钚 plutonium 244.06	95 Am ※镅 americium △ 243.06	96 Cm ※锔 curium △ 247.07	97 Bk ※锫 berkelium △ 247.07	98 Cf ※锎 californium △ 251.08	99 Es ※锿 einsteinium △ 252.08	100 Fm ※镄 fermium △ 257.10	101 Md ※钔 mendelevium △ 258.10	102 No ※锘 nobelium △ 259.10	103 Lr ※铹 lawrencium △ 262.11

附录 2　化学元素的名称、符号、原子量和族别

（1）按原子序数排列

原子序数	名称	符号	原子量	族别	原子序数	名称	符号	原子量	族别
1	氢	H	1.0079	ⅠA	48	镉	Cd	112.41	ⅡB
2	氦	He	4.0026	ⅧA	49	铟	In	114.82	ⅢA
3	锂	Li	6.941	ⅠA	50	锡	Sn	118.71	ⅣA
4	铍	Be	9.0122	ⅡA	51	锑	Sb	121.76	ⅤA
5	硼	B	10.811	ⅢA	52	碲	Te	127.60	ⅥA
6	碳	C	12.011	ⅣA	53	碘	I	126.90	ⅦA
7	氮	N	14.007	VA	54	氙	Xe	131.29	ⅧA
8	氧	O	15.999	ⅥA	55	铯	Cs	132.91	ⅠA
9	氟	F	18.998	ⅦA	56	钡	Ba	137.33	ⅡA
10	氖	Ne	20.180	ⅧA	57	镧	La	138.91	ⅢB
11	钠	Na	22.990	ⅠA	58	铈	Ce	140.12	ⅢB
12	镁	Mg	24.305	ⅡA	59	镨	Pr	140.91	ⅢB
13	铝	Al	26.982	ⅢA	60	钕	Nd	144.24	ⅢB
14	硅	Si	28.086	ⅣA	61	钷	Pm	144.91	ⅢB
15	磷	P	30.974	VA	62	钐	Sm	150.36	ⅢB
16	硫	S	32.066	ⅥA	63	铕	Eu	151.96	ⅢB
17	氯	Cl	35.453	ⅦA	64	钆	Gd	157.25	ⅢB
18	氩	Ar	39.948	ⅧA	65	铽	Tb	158.93	ⅢB
19	钾	K	39.098	ⅠA	66	镝	Dy	162.50	ⅢB
20	钙	Ca	40.078	ⅡA	67	钬	Ho	164.93	ⅢB
21	钪	Sc	44.956	ⅢB	68	铒	Er	167.26	ⅢB
22	钛	Ti	47.867	ⅣB	69	铥	Tm	168.93	ⅢB
23	钒	V	50.942	VB	70	镱	Yb	173.04	ⅢB
24	铬	Cr	51.996	ⅥB	71	镥	Lu	174.97	ⅢB
25	锰	Mn	54.938	ⅦB	72	铪	Hf	178.49	ⅣB
26	铁	Fe	55.845	ⅧB	73	钽	Ta	180.95	VB
27	钴	Co	58.933	ⅧB	74	钨	W	183.84	ⅥB
28	镍	Ni	58.693	ⅧB	75	铼	Re	186.21	ⅦB
29	铜	Cu	63.546	ⅠB	76	锇	Os	190.23	ⅧB
30	锌	Zn	65.39	ⅡA	77	铱	Ir	192.22	ⅧB
31	镓	Ga	69.723	ⅢB	78	铂	Pt	195.08	ⅧB
32	锗	Ge	72.61	ⅣA	79	金	Au	196.97	ⅠB
33	砷	As	74.922	ⅤA	80	汞	Hg	200.59	ⅡB
34	硒	Se	78.96	ⅥA	81	铊	Tl	204.38	ⅢA
35	溴	Br	79.904	ⅦA	82	铅	Pb	207.2	ⅣA
36	氪	Kr	83.80	ⅧA	83	铋	Bi	208.98	VA
37	铷	Rb	85.468	ⅠA	84	钋	Po	208.98	ⅥA
38	锶	Sr	87.62	ⅡA	85	砹	At	209.99	ⅦA
39	钇	Y	88.906	ⅢB	86	氡	Rn	222.02	ⅧA
40	锆	Zr	91.224	ⅣB	87	钫	Fr	223.02	ⅠA
41	铌	Nb	92.906	ⅤB	88	镭	Ra	226.03	ⅡA
42	钼	Mo	95.94	ⅥB	89	锕	Ac	227.03	ⅢB
43	锝	Tc	97.907	ⅦB	90	钍	Th	232.04	ⅢB
44	钌	Ru	101.07	ⅧB	91	镤	Pa	231.04	ⅢB
45	铑	Rh	102.91	ⅧB	92	铀	U	238.03	ⅢB
46	钯	Pd	106.42	ⅧB	93	镎	Np	237.05	ⅢB
47	银	Ag	107.87	ⅠB	94	钚	Pu	244.06	ⅢB

续表

原子序数	名称	符号	原子量	族别	原子序数	名称	符号	原子量	族别
95	镅	Am	243.06	ⅢB	107	𬭛	Bh	264.12	ⅦB
96	锔	Cm	247.07	ⅢB	108	𬭶	Hs	265.13	ⅧB
97	锫	Bk	247.07	ⅢB	109	鿏	Mt	(268)[①]	ⅧB
98	锎	Cf	251.08	ⅢB	110	𫟼	Ds	(271)	ⅧB
99	锿	Es	252.08	ⅢB	111	𬬭	Rg	(272)	ⅠB
100	镄	Fm	257.10	ⅢB	112	鿔	Cn	(277)	ⅡB
101	钔	Md	258.10	ⅢB	113	鿭	Nh	(284)	ⅢA
102	锘	No	259.10	ⅢB	114	𫓧	Fl	(289)	ⅣA
103	铹	Lr	262.11	ⅢB	115	镆	Mc	(288)	ⅤA
104	𬬻	Rf	261.11	ⅣB	116	𫟷	Lv	(269)	ⅥA
105	𬭊	Db	262.11	ⅤB	117	石田	Ts		ⅦA
106	𬭳	Sq	263.12	ⅥB	118	气奥	Og		ⅧA

注：1. 本表根据IUPAC1995年提供的5位有效数字原子量数据，以 ^{12}C 的原子量=12为基准。对于原子序数87至118的元素，表中所列的原子量是基于半衰期最长的同位素（或最稳定的同位素之一）的原子量，（）内数字为最稳定的同位素的原子量。

2. 原子序数为1、3、11、19、37、55、87的元素分别为周期表中第1、2、3、4、5、6、7周期中的第1个元素；原子序数为43、61、62及84～112的元素为放射性元素（43、61及95～118为人造元素），原子序数为57～71的元素为镧系元素；原子序数为89～103的元素为锕系元素。

① 已发现质量数为259、260、261和263的四种同位素。半衰期最长的同位素是263.106。所以（268）存疑。

（2）按元素字母顺序排列

符号	名称	原子量	原子序数	族别	符号	名称	原子量	原子序数	族别
Ac	锕	227.03	89	ⅢB	Er	铒	167.26	68	ⅢB
Ag	银	107.87	47	ⅠB	Es	锿	252.08	99	ⅢB
Al	铝	26.982	13	ⅢA	Eu	铕	151.96	63	ⅢB
Am	镅	243.06	95	ⅢB	F	氟	18.998	9	ⅦA
Ar	氩	39.948	18	ⅧA	Fe	铁	55.845	26	ⅧB
As	砷	74.922	33	ⅤA	Fm	镄	258.10	100	ⅢB
At	砹	209.99	85	ⅦA	Fl	𫓧	(289)	114	ⅣA
Au	金	196.97	79	ⅠB	Fr	钫	223.02	87	ⅠA
B	硼	10.811	5	ⅢA	Ga	镓	69.723	31	ⅢB
Ba	钡	137.33	56	ⅡA	Gd	钆	157.25	64	ⅢB
Be	铍	9.0122	4	ⅡA	Ge	锗	72.61	32	ⅣA
Bh	𬭛	264.12	107	ⅦB	H	氢	1.0079	1	ⅠA
Bi	铋	208.98	83	ⅤA	He	氦	4.0026	2	ⅧA
Bk	锫	247.07	97	ⅢB	Hf	铪	178.49	72	ⅣB
Br	溴	79.904	35	ⅦA	Hg	汞	200.59	80	ⅡB
C	碳	12.011	6	ⅣA	Ho	钬	164.93	67	ⅢB
Ca	钙	40.078	20	ⅡA	Hs	𬭶	265.13	108	ⅧB
Cd	镉	112.41	48	ⅡB	I	碘	126.90	53	ⅦA
Ce	铈	140.12	58	ⅢB	In	铟	114.82	49	ⅢA
Cf	锎	251.08	98	ⅢB	Ir	铱	192.22	77	ⅧB
Cl	氯	35.453	17	ⅦA	K	钾	39.098	19	ⅠA
Cm	锔	247.07	96	ⅢB	Kr	氪	83.80	36	ⅧA
Cn	鿔	(277)	112	ⅣB	La	镧	138.91	57	ⅢB
Co	钴	58.933	27	ⅧB	Li	锂	6.941	3	ⅠA
Cr	铬	51.996	24	ⅥB	Lr	铹	262.11	103	ⅢB
Cs	铯	132.91	55	ⅠA	Lu	镥	174.97	71	ⅢB
Cu	铜	63.546	29	ⅠB	Lv	𫟷	(269)	116	ⅧB
Db	𬭊	262.11	105	ⅤB	Mc	镆	(288)	115	VA
Ds	𫟼	(271)	110	ⅧB	Md	钔	258.10	101	ⅢB
Dy	镝	162.50	66	ⅢB	Mg	镁	24.305	12	ⅡA

续表

符号	名称	原子量	原子序数	族别	符号	名称	原子量	原子序数	族别
Mn	锰	54.938	25	ⅦB	Rh	铑	102.91	45	ⅧB
Mo	钼	95.94	42	ⅥB	Rn	氡	222.02	86	ⅧA
Mt	鿏	(268)	109	ⅧB	Ru	钌	101.07	44	ⅧB
Nb	铌	92.906	41	ⅤB	S	硫	32.066	16	ⅥA
Nd	钕	144.24	60	ⅢB	Sq	𨭎	(266)*	106	ⅥB
N	氮	14.007	7	ⅤA	Sb	锑	121.76	51	ⅤA
Na	钠	22.990	11	ⅠA	Sc	钪	44.956	21	ⅢB
Ne	氖	20.180	10	ⅧA	Se	硒	78.96	34	ⅥA
Nh	鿭	(284)	113	ⅢA	Si	硅	28.086	14	ⅣA
Ni	镍	58.693	28	ⅧB	Sm	钐	150.36	62	ⅢB
No	锘	259.10	102	ⅢB	Sn	锡	118.71	50	ⅣA
Np	镎	237.05	93	ⅢB	Sr	锶	87.62	38	ⅡA
O	氧	15.999	8	ⅥA	Ta	钽	180.95	73	ⅤB
Og	鿫		118	ⅧA	Tb	铽	158.93	65	ⅢB
Os	锇	190.23	76	ⅧB	Tc	锝	97.907	43	ⅦB
P	磷	30.974	15	ⅤA	Te	碲	127.60	52	ⅥA
Pa	镤	231.04	91	ⅢB	Th	钍	232.04	90	ⅢB
Pb	铅	207.2	82	ⅣA	Ti	钛	47.867	22	ⅣB
Pd	钯	106.42	46	ⅧB	Tl	铊	204.38	81	ⅢA
Pm	钷	144.91	61	ⅢB	Tm	铥	168.93	69	ⅢB
Po	钋	208.98	84	ⅥA	Ts	鿬		117	ⅦA
Pr	镨	140.91	59	ⅢB	U	铀	238.03	92	ⅢB
Pt	铂	195.08	78	ⅧB	V	钒	50.942	23	ⅤB
Pu	钚	244.06	94	ⅢB	W	钨	183.84	74	ⅥB
Ra	镭	226.03	88	ⅡA	Xe	氙	131.29	54	ⅧA
Rb	铷	85.468	37	ⅠA	Y	钇	88.906	39	ⅢB
Re	铼	186.21	75	ⅦB	Yb	镱	173.04	70	ⅢB
Rf	𬬻	261.11	104	ⅣB	Zn	锌	65.39	30	ⅡA
Rg	𬬭	(272)	111	ⅠB	Zr	锆	91.224	40	ⅣB

注：同（1）表。

附录 3　危险物品分类代号

第一类　爆炸物质和物品		
1.1　有整体爆炸危险的物质和物品 1.2　1.1类之外的有喷射危险性物品 1.3　1.1类之外的有燃烧危险和较小爆炸或(和)较小喷射危险的物品	1.4　无重大危险的爆炸物质和物品 1.5　有整体爆炸危险性且敏感度极低的物质	1.6　无整体爆炸危险性且敏感度极低的物质
第二类　压缩气体和液化气体		
2.1　易燃气体	2.2　非易燃且无毒气体	2.3　有毒气体
第三类　易燃液体		
3.1　低闪点液体	3.2　中闪点液体	3.3　高闪点液体
第四类　易燃固体、自燃物品和遇湿易燃物品		
4.1　易燃固体	4.2　易自燃物质	4.3　遇水放出易燃气体的物质
第五类　氧化剂和有机过氧化物		
5.1　氧化剂(物质)	5.2　有机过氧化物	
第六类　有毒物质和感染性物品		
6.1　有毒物质	6.2　感染性物质	

续表

第七类　放射性物质（强制性要求：放射性物质标注"放射性"、品名和强度）		
i 级 ii 级	iii级	裂变性物质
第八类　腐蚀性物质		
8.1　酸性腐蚀品	8.2　碱性腐蚀品	8.3　其他腐蚀品
第九类　杂类危险物质和物品		

附录 4　危险品特性中的风险性代号

风险代号	风险性特征	风险代号	风险性特征
R1	干燥时易爆	R36	刺激眼睛
R2	受冲击、摩擦、着火或其他引燃源有爆炸危险	R37	刺激呼吸系统
R3	受冲击、摩擦、着火或其他引燃源有极高爆炸危险	R38	刺激皮肤
R4	生成极敏感的爆炸性金属化合物	R39	有极严重的不可逆后果的危险品
R5	受热可能引起爆炸	R40	少数报道有致癌后果
R6	极容易爆炸	R41	对眼睛有严重伤害
R7	可能引起火灾	R42	吸入可能致敏
R8	与可燃物料接触可能引起火灾	R43	与皮肤接触可能致敏
R9	与可燃物料混合有爆炸性	R44	密闭加热有爆炸危险
R10	易燃	R45	可能致癌
R11	高度易燃	R46	可能引起遗传性基因损害
R12	极度易燃	R47	可能引起胎儿缺陷
R13	极度易燃的液化气体	R48	长期接触严重危害健康
R14	遇水反应剧烈	R49	吸入可能致癌
R15	遇水释放极易燃烧的气体	R50	对水生生物有极高毒性
R16	与氧化性物质混合有爆炸性	R51	对水生生物有毒
R17	在空气中可自燃	R52	对水生生物有害
R18	使用时可能产生易燃易爆的蒸气-空气混合物	R53	可能对水体环境产生长期不良影响
R19	可能生成爆炸性过氧化物	R54	对植物有毒
R20	吸入有害	R55	对动物有毒
R21	与皮肤接触有害	R56	对土壤生物有毒
R22	吞食有害	R57	对蜂类有毒
R23	吸入有毒	R58	可能对环境产生长期不良影响
R24	与皮肤接触有毒	R59	对臭氧层有危害
R25	吞食有毒	R60	可能损害生育能力
R26	吸入有极高毒性	R61	可能对胎儿造成伤害
R27	与皮肤接触有极高毒性	R62	有损害生育能力的危险
R28	吞食有极高毒性	R63	可能有对胎儿造成伤害的危险
R29	遇水释放有毒气体	R64	可能对哺乳期婴儿造成伤害
R30	使用中高度易燃	R65	吞食可能造成肺部损伤
R31	遇酸释放有毒气体	R66	长期接触可能引起皮肤干裂
R32	与酸接触释放极高毒性气体	R67	蒸气可能引起困倦和眩晕
R33	有累积效应的危险品	R68	可能有不可逆后果的危险
R34	引起灼伤	R20/21	吸入及皮肤接触有害
R35	引起严重灼伤	R20/21/22	吸入、皮肤接触及吞食有害

续表

风险代号	风险性特征	风险代号	风险性特征
R20/22	吸入及吞食有害	R36/38	刺激眼睛和皮肤
R21/22	皮肤接触及吞食有害	R37/38	刺激呼吸系统和皮肤
R23/24/25	吸入、皮肤接触及吞食有毒	R42/43	吸入及皮肤接触可能致敏
R23/25	吸入及吞食有毒	R48/22	吞食长期接触严重危害健康
R26/27/28	吸入、皮肤接触及吞食有极高毒性	R50/53	对水生生物有极高毒性，可能对水体环境产生长期不良影响
R26/28	吸入及吞食有极高毒性	R51/53	对水生生物有毒，可能对水体环境产生长期不良影响
R36/37	刺激眼睛和呼吸系统	R52/53	对水生生物有害，可能对水体环境产生长期不良影响
R36/37/38	刺激眼睛、呼吸系统和皮肤		

附录 5　危险品特性中的安全措施号

安全措施号	安全措施	安全措施号	安全措施
S1	上锁保存	S38	通风不良时，须佩戴适当的呼吸器
S2	避免儿童触及	S39	戴护目镜或面具
S3	保存在阴凉处	S40	使用(适当的清洁物质)清理被污染的地面及其它所有物品
S4	远离生活区		
S5	内容物需保存在(某种液体)下面	S41	一旦发生火灾或爆炸，切勿吸入烟雾
S6	需保存在(某种惰性液体)下面	S42	熏蒸喷洒时，须佩戴适当的呼吸器
S7	保持容器密封	S43	一旦起火，用灭火设备灭火
S8	保持容器干燥	S45	若发生事故或感不适，立即就医(可能的话，出示其标签)
S9	保持容器置于良好通风处		
S12	勿将容器密封	S46	若不慎吞食，立即求医并出示其容器或标签
S13	远离食品、饮料和动物饲料保存	S47	保持温度不超过……
S14	远离(不相容物质)保存	S48	用(某种物质)保湿
S15	远离热源	S49	只能由原容器保存
S16	远离火源	S50	切勿与×××混合
S17	远离可燃性物质	S51	仅在通风良好的场所使用
S18	小心处理及开启容器	S52	不宜在表面积大的区域内部使用
S20	使用时不得进食、饮水	S53	避免接触，使用前须获得特别指示说明
S21	使用时禁止吸烟	S56	在危险或特殊性废料收集点处置该物质及其容器
S22	切勿吸入粉尘		
S23	切勿吸入蒸气	S57	使用适当容器避免环境污染
S24	避免皮肤接触	S59	参考制造商供货商提供的回收再利用信息
S25	避免眼睛接触	S60	该物质及其容器须作为危险性废料处置
S26	不慎与眼睛接触后，请立即用大量清水冲洗并征求医生意见	S61	避免释放至环境中参考特别说明安全数据说明书
S27	一旦衣物受到污染，请立即脱去	S62	若吞食，切勿自行采用催吐措施；应立即求医，并出示其容器或标签由医生处置
S28	不慎与皮肤接触后，立即用大量肥皂水冲洗		
S29	切勿倒入下水道	S1/2	上锁保存，并避免儿童触及
S30	切勿将水加入该产品中	S24/25	避免与皮肤和眼睛接触
S33	采取措施，预防静电发生	S36/37	穿戴适当的防护服和手套
S35	请小心处理该物质及其容器	S36/37/39	穿戴适当的防护服、手套和护目镜或面具
S36	穿戴适当的防护服	S37/39	戴适当的手套和护目镜或面具
S37	戴适当手套		

附录 6　建筑设计防火规范（2018 年版）（GB 50016—2014）中的火险分级

类别	火灾危险性特征
甲	1. 闪点小于28℃的液体 2. 爆炸下限小于10%的气体，受到水或空气中水蒸气的作用能产生爆炸下限小于10%气体的固体物质 3. 常温下能自行分解或在空气中氧化能导致迅速自燃或爆炸的物质 4. 常温下受到水或空气中水蒸气的作用，能产生可燃气体并引起燃烧或爆炸的物质 5. 遇酸、受热、撞击、摩擦、催化以及遇有机物或硫磺等易燃的无机物，极易引起燃烧或爆炸的强氧化剂 6. 受撞击、摩擦或与氧化剂、有机物接触时能引起燃烧或爆炸的物质
乙	1. 闪点不小于28℃，但小于60℃的液体 2. 爆炸下限不小于10%的气体 3. 不属于甲类的氧化剂 4. 不属于甲类的化学易燃危险固体 5. 助燃气体 6. 常温下与空气接触能缓慢氧化，积热不散引起自燃的物品
丙	1. 闪点不小于60℃的液体； 2. 可燃固体
丁	难燃烧物品
戊	不燃烧物品

主要参考文献

[1] 马沛生，夏淑倩，夏清．化工物性数据简明手册［M］．北京：化学工业出版社，2013.

[2] 马沛生，谢闯．第1篇 化工基础数据［M］//袁渭康，等．化学工程手册（第三版）．北京：化学工业出版社，2019.

[4] 赵晨阳．有机化工原料手册［M］．北京：化学工业出版社，2013.

[5] 解一军，杨宇婴，等．溶剂［M］．6版．北京：化学工业出版社，2016.

[6] 程能林．溶剂手册［M］．5版．北京：化学工业出版社，2015.

[7] 王子宗．石油化工基础数据［M］．修订版．北京：化学工业出版社，2015.

[8] 张向宇．实用化学手册［M］．2版．北京：国防工业出版社，2011.

[9] 马沛生．有机化合物实验物性数据手册［M］．北京：化学工业出版社，2006.

[10] 张海峰．危险化学品安全技术大典：Ⅰ卷-Ⅴ卷［M］．北京：化学工业出版社，2013.

[11] 上海化工设计院医药农药工业设计建设组编．化工工艺设计手册［M］．上海：1974.

[12] 罗家弼．炼油技术常用数据手册［M］．北京：中国石化出版社，2016.

[13] 詹姆斯．G.斯佩特．化学工程师实用数据手册——Perry's标准图表及公式［M］．陈晓春，孙巍，译．北京：化学工业出版社，2005.

[14] 卢焕章，等．石油化工基础物性数据手册［M］．北京：化学工业出版社，1984.

[15] 王子宗．石油化工设计手册［M］．修订版．北京：化学工业出版社，2015.

[16]《化学工程手册》编辑委员会．化学工程手册［M］．北京：化学工业出版社，1980.

[17] 刘光启，马连湘，邢志有．化工物性算图手册［M］．北京：化学工业出版社，2002.